Großkommentare der Praxis

Das Bürgerliche Gesetzbuch

mit besonderer Berücksichtigung der Rechtsprechung des Reichsgerichts und des Bundesgerichtshofes

Kommentar
herausgegeben von Reichsgerichtsräten und Bundesrichtern

Zehnte Auflage

V. Band

Erbrecht

bearbeitet von

Kurt H. Johannsen
Bundesrichter

Dr. Wilhelm Kregel
Bundesrichter

(Zitiermethode: RGR Komm. z. BGB)

Berlin 1956

WALTER DE GRUYTER & CO.

vormals G. J. Göschen'sche Verlagshandlung · J. Guttentag, Verlagsbuchhandlung · Georg Reimer · Karl J. Trübner · Veit & Comp.

Archiv-Nr. 22 01 56
Satz: Walter de Gruyter & Co., Berlin W 35.
Druck: Berliner Buchdruckerei Union GmbH., Berlin SW 29.

Inhaltsverzeichnis

Fünftes Buch. Erbrecht

Es haben bearbeitet:

Band 5 (Erbrecht)

Vorbemerkungen:	Bundesrichter Dr. Wilhelm Kregel
§§ 1922—1941	Bundesrichter Dr. Wilhelm Kregel
§§ 1942—2017	Bundesrichter Kurt H. Johannsen
§§ 2018—2063	Bundesrichter Dr. Wilhelm Kregel
§§ 2064—2196	Bundesrichter Kurt H. Johannsen
§§ 2197—2264	Bundesrichter Dr. Wilhelm Kregel
§§ 2265—2273	Bundesrichter Kurt H. Johannsen
§§ 2274—2302	Bundesrichter Dr. Wilhelm Kregel
§§ 2303—2338	Bundesrichter Kurt H. Johannsen
§§ 2339—2345	Bundesrichter Dr. Wilhelm Kregel
§§ 2346—2352	Bundesrichter Kurt H. Johannsen
§§ 2353—2385	Bundesrichter Dr. Wilhelm Kregel

Abkürzungen

Ortsnamen bei Entscheidungen sind das betreffende Oberlandesgericht

A = Anm	Anmerkung
aA	anderer Ansicht
aaO	am angegebenen Ort
ABGB	Österreichisches Allgemeines Bürgerliches Gesetzbuch
abl	ablehnend
Abs	Absatz
aE	am Ende
aF	alte Fassung
AG	Ausführungsgesetz
AGBGB	Ausführungsgesetz zum Bürgerlichen Gesetzbuch
AktG	Gesetz über Aktiengesellschaften und Kommanditgesellschaften auf Aktien vom 30. 1. 37
ALR	Preußisches Allgemeines Landrecht
aM	anderer Meinung
amZ	amerikanische Besatzungszone
AnfG	Gesetz, betr. die Anfechtung von Rechtshandlungen eines Schuldners außerhalb des Konkursverfahrens vom 21. 7. 79/20. 5. 98
AO	Anordnung
ArbGG	Arbeitsgerichtsgesetz vom 3. 9. 93
ArbR Samml	Arbeitsrechts-Sammlung, Entscheidungen des Reichsarbeitsgerichts, der Landesarbeitsgerichte und der Arbeitsgerichte (früher Bensh Samml)
ArchBR	Archiv für bürgerliches Recht
AS	Amtliche Sammlung (Entscheidungen des BGH in Zivilsachen)
AufwG	Gesetz über die Aufwertung von Hypotheken und anderen Ansprüchen vom 16. 7. 25
AV	Allgemeine Verfügung
AVO	Ausführungsverordnung
AZivPrax	Archiv für die zivilistische Praxis
BankA	BankArchiv
BAnz(BA)	Bundesanzeiger
BayObLG	Sammlung von Entscheidungen des Bayerischen Obersten Landesgerichts in Gegenständen des Zivilrechts
BayZ	Zeitschrift für Rechtspflege in Bayern
BB	Betriebsberater
Begr	Begründung
Bek	Bekanntmachung
Betrieb	Der Betrieb
BGBl	Bundesgesetzblatt
BGH	Bundesgerichtshof oder Entscheidungen des Bundesgerichtshofs in Zivilsachen (Amtliche Sammlung)
BGHSt	Entscheidungen des Bundesgerichtshofs in Strafsachen (Amtliche Sammlung)
britZ (BZ)	Britische Besatzungszone
D	Denkschrift zum Entwurf eines Bürgerlichen Gesetzbuchs
DArbR	Deutsches Arbeitsrecht (Zeitschrift)
DAutoR	Deutsches Autorecht
DBG	Deutsches Beamtengesetz
DDJ	Der Deutsche Justizbeamte
DepotG	Gesetz über die Verwahrung und Anschaffung von Wertpapieren vom 4. 2. 37
DevG	Gesetz über die Devisenbewirtschaftung vom 12. 12. 38
DFG	Deutsche Freiwillige Gerichtsbarkeit
DGemO	Deutsche Gemeindeordnung vom 30. 1. 35
DGWR	Deutsches Gemein- und Wirtschaftsrecht
DJ	Deutsche Justiz
DJZ	Deutsche Juristen-Zeitung
DNotV	Zeitschrift des Deutschen Notarvereins, später Deutsche Notarzeitschrift (DNotZ)
DNotZ	Deutsche Notar-Zeitschrift
DOfNot	Dienstordnung für Notare
DOG	Deutsches Obergericht für das Vereinigte Wirtschaftsgebiet
DR	Deutsches Recht
DReichs Anz	Deutscher Reichsanzeiger
DRiZ	Deutsche Richter-Zeitung
DRpfl	Deutsche Rechtspflege
DRspr	Deutsche Rechtsprechung
DRZ	Deutsche Rechtszeitschrift
DVO	Durchführungsverordnung
E I	Entwurf zum Bürgerlichen Gesetzbuch in der Bearbeitung der I. Kommission
E II	Derselbe Entwurf in der Bearbeitung der II. Kommission
EG	Einführungsgesetz zum Bürgerlichen Gesetzbuch
EheG	Ehegesetz vom 20. 2. 1946
EHRspr	Rechtsprechung in Erbhofsachen, herausgegeben von Vogels-Hopp

Einl	Einleitung
ErbschStG	Erbschaftsteuergesetz
Erl	Erläuterung
FamR ÄndG	Gesetz über die Änderung und Ergänzung familienrechtlicher Vorschriften und über die Rechtsstellung der Staatenlosen vom 12. 4. 38
FGG	Gesetz über die Angelegenheiten der freiwilligen Gerichtsbarkeit vom 17. 5. 98
GBl	Gesetzblatt
GBO	Grundbuchordnung vom 24. 3. 97/5. 8. 35
GenBl	Genossenschaftsblätter
GenG	Gesetz über die Erwerbs- und Wirtschaftsgenossenschaften vom 1. 5. 89/20. 5. 98
GewO	Gewerbeordnung
GKG	Gerichtskostengesetz
GmbHG	Gesetz über die Gesellschaften mit beschränkter Haftung vom 20. 4. 92/20. 5. 98
Gruch	Beiträge zur Erläuterung des Deutschen Rechts, begründet von Gruchot
GrundE	Das Grundeigentum
GrundG (GG)	Grundgesetz für die Bundesrepublik Deutschland
GRUR	Gewerblicher Rechtsschutz und Urheberrecht
GS	Preußische Gesetzsammlung
GVBl	Gesetz- und Verordnungsblatt
GVG	Gerichtsverfassungsgesetz
HannRpfl	Hannoversche Rechtspflege
HansGZ	Hanseatische Gerichtszeitung
HEZ	Höchstrichterliche Entscheidungen, Sammlung der Entscheidungen der Oberlandesgerichte und der Obersten Gerichte in Zivilsachen seit 1945
HGB	Handelsgesetzbuch
HinterlO	Hinterlegungsordnung vom 10. 3. 37
hM	herrschende Meinung
HöfeO	Höfeordnung vom 24. 7. 47 (VOBlBZ 33)
HRR	Höchstrichterliche Rechtsprechung
HuW	Haus und Wohnung
idF	in der Fassung
IPRspr	Die deutsche Rechtsprechung auf dem Gebiete des internationalen Privatrechts, Beihefte zur Zeitschrift für ausländisches und internationales Privatrecht
Jahrb AkDR	Jahrbuch der Akademie für Deutsches Recht
JFG	Jahrbuch für Entscheidungen in Angelegenheiten der freiwilligen Gerichtsbarkeit und des Grundbuchrechts
JherJ	Jherings Jahrbücher für die Dogmatik des bürgerlichen Rechts
JMBl	Justizministerialblatt
JMBl NRW	Justizministerialblatt Nordrhein-Westfalen
JRdsch (JR)	Juristische Rundschau
JW	Juristische Wochenschrift
JWG	Jugendwohlfahrtsgesetz vom 9. 7. 22
JZ	Juristenzeitung
KG	Kammergericht
KGBl	Blätter für Rechtspflege im Bezirk des Kammergerichts
KGJ	Jahrbuch für Entscheidungen des Kammergerichts in Sachen der freiwilligen Gerichtsbarkeit
KO	Konkursordnung
Konk TreuhW	Konkurs- und Treuhandwesen
KostO	Kostenordnung vom 25. 11. 35
KRG	Kontrollratsgesetz
LAG	Gesetz über den Lastenausgleich (Lastenausgleichsgesetz) vom 14. 8. 52
LM	Lindenmaier-Möhring, Das Nachschlagewerk des BGH in Zivil- und Strafsachen
LZ	Leipziger Zeitschrift für Deutsches Recht
M	Motive zu dem von der I. Kommission ausgearbeiteten Entwurfe des Bürgerlichen Gesetzbuchs
MDR	Monatsschrift für Deutsches Recht
MecklZ	Mecklenburgische Zeitschrift für Rechtspflege, Rechtswissenschaft, Verwaltung
MuW	Markenschutz und Wettbewerb
NdsRpfl	Niedersächsische Rechtspflege
nF	neue Fassung
NJ	Neue Justiz
NJW	Neue Juristische Wochenschrift
ÖABGB	Östereichisches allgemeines bürgerliches Gesetzbuch
OGH	Oberster Gerichtshof für die Britische Zone, auch Entscheidungen des Obersten Gerichtshofs für die Britische Zone in Zivilsachen
OLG	Rechtsprechung der Oberlandesgerichte auf dem Gebiete des Zivilrechts, herausgegeben von Falkmann und Mugdan
P = Prot	Protokolle der Kommission für die zweite Lesung des Entwurfs eines Bürgerlichen Gesetzbuchs, herausgegeben von Achilles, Gebhard und Spahn
PatG	Patentgesetz vom 5. 5. 36
PrBAergG	Preuß. Allg. Berggesetz

PrALR	Allgemeines Landrecht für die Preußischen Staaten vom 5. 2. 1794
PrOVG	Preußisches Oberverwaltungsgericht
PStG	Personenstandsgesetz (aPStG = Gesetz über die Beurkundung des Personenstandes und die Eheschließung vom 6. 2. 75/11. 6. 20; nPStG = Personenstandsgesetz v. 3. 11. 37)
RAbgO	Reichsabgabenordnung
RAG	Entscheidungen des Reichsarbeitsgerichts, herausgegeben von den Mitgliedern des Gerichtshofs. — Nicht abgedruckte Entscheidungen des Reichsarbeitsgerichts sind mit „RAG" nebst Datum und Aktenzeichen angeführt
RdbfDJA	Rundbrief des deutschen Jugendarchivs (früher Archiv deutscher Berufsvormünder)
RdErl	Runderlaß
RdK	Recht des Kraftfahrers
RdL oder Rechtd Landw	Recht der Landwirtschaft
RdRN	Recht des Reichsnährstandes
Recht	Das Recht, Übersicht über Schrifttum und Rechtsprechung (seit 1935 Beilage der „Deutschen Justiz")
REGamZ	Gesetz Nr 59 Rückerstattung feststellbarer Vermögensgegenstände in der amerikanischen Besatzungszone
RegBl	Regierungsblatt
REGbritZ	Gesetz Nr 59 Rückerstattung feststellbarer Vermögensgegenstände an Opfer der nationalsozialistischen Unterdrückungsmaßnahmen
REHG	Entscheidungen des Reichserbhofgerichts, herausgegeben von den beamteten Mitgliedern des Gerichtshofs
Reichshu BesBl	Reichshaushalts- und Besoldungsblatt
RErbhG	Reichserbhofgesetz vom 29. 9. 33
RFinH	Sammlung der Entscheidungen und Gutachten des Reichsfinanzhofs
RG	Entscheidungen des Reichsgerichts in Zivilsachen, herausgegeben von Mitgliedern des Gerichtshofs. — Nicht abgedruckte Entscheidungen des Reichsgerichts sind mit „RG" nebst Datum und Aktenzeichen angeführt
RGBl	Reichsgesetzblatt
RGSt	Entscheidungen des Reichsgerichts in Strafsachen, herausgegeben von den Mitgliedern des Gerichtshofs und der Reichsanwaltschaft
RJA	Entscheidungen in Angelegenheiten der freiwilligen Gerichtsbarkeit und des Grundbuchrechts, zusammengestellt im Reichsjustizamt, später Reichsjustizministerium
RJM	Reichsjustizminister
RNotO	Reichsnotarordnung vom 13. 2. 37
ROHG	Entscheidungen des Reichsoberhandelsgerichts
RPfl oder RPfleger	Der deutsche Rechtspfleger
RRAO	Reichs-Rechtsanwaltsordnung vom 21. 2. 36
RSteuerBl	Reichssteuerblatt
RVO	Reichsversicherungsordnung
ScheckG	Scheckgesetz vom 14. 8. 33
Sächs RpflA	Archiv für Rechtspflege in Sachsen, Thüringen und Anhalt
SchlHA	Schleswig-Holsteinische Anzeigen
SchiffsG	Gesetz über Rechte an eingetragenen Schiffen und Schiffsbauwerken vom 15. 11. 1940
SchiffsRO	Schiffsregisterordnung vom 26. 5. 51
SchRegG	Gesetz zur Regelung der landwirtschaftlichen Schuldverhältnisse vom 1. 6. 33
SeuffA	Seufferts Archiv für Entscheidungen der obersten Gerichte in den deutschen Staaten
SeuffBl	Seufferts Blätter für Rechtsanwendung
SJZ	Süddeutsche Juristenzeitung
StAnpG	Steueranpassungsgesetz vom 16. 10. 34
StAZ	Zeitschrift für Standesamtswesen
StGB	Strafgesetzbuch für das Deutsche Reich
StPO	Strafprozeßordnung
TestG	Gesetz über die Errichtung von Testamenten und Erbverträgen von 31. 7. 38
UmstG (UG)	Umstellungsgesetz (3. Gesetz zur Neuordnung des Geldwesens vom 20. 6. 48)
UnlWG	Gesetz gegen den unlauteren Wettbewerb vom 7. 6. 09
VAE	Verkehrsrechtliche Abhandlungen und Entscheidungen
VerkR	Verkehrsrechtliche Rundschau
VerlG	Gesetz über das Verlagsrecht vom 19. 6. 01
VerglO	Vergleichsordnung vom 26. 2. 35
VerschG	Verschollenheitsgesetz idF vom 15. 1. 51
VersVG	Gesetz über den Versicherungsvertrag vom 30. 5. 08
Vf	Verfügung
vgl	vergleiche
VHG	Gesetz über die richterliche Vertragshilfe (Vertragshilfegesetz) vom 26. 3. 52
VO	Verordnung
VOBlBZ	Verordnungsblatt für die Britische Zone
Vorbem	Vorbemerkung

WährG (WG)	Währungsgesetz (1. Gesetz zur Neuordnung des Geldwesens vom 20. 6. 48)
Warn = WarnR	Warneyers Jahrbuch der Entscheidungen, Ergänzungsband 1908ff., von 1919 an Rechtsprechung des Reichsgerichts
WechsG	Wechselgesetz vom 21. 6. 33
WeimVerf	Weimarer Verfassung vom 11. 8. 19
WiGBl	Gesetzblatt der Verwaltung des Vereinigten Wirtschaftsgebietes
WM	Wertpapier-Mitteilungen
ZAIP	Zeitschrift für ausländisches und internationales Privatrecht
ZAkDR	Zeitschr. d. Akademie f. Deutsches Recht
ZBlFG	Zentralblatt für freiwillige Gerichtkeit
ZBlJR	Zentralblatt für Jugendrecht und Jugendwohlfahrt
ZHR	Zeitschrift für das gesamte Handels- und Konkursrecht
ZJBlBZ	Zentraljustizblatt für die britische Zone
ZIR	Zeitschrift für internationales Recht, hrsg. v. Niemeyer
ZPO	Zivilprozeßordnung
zust	zustimmend
ZustErgG	Gesetz zur Ergänzung von Zuständigkeiten auf den Gebieten des bürgerlichen Rechts, des Handelsrechts und des Strafrechts (Zuständigkeitsergänzungsgesetz) vom 7. 8. 52
ZVG	Gesetz über die Zwangsversteigerung und die Zwangsverwaltung vom 24. 3. 97/20. 5. 98

Fünftes Buch

Erbrecht

1. Die Erbrechtsregelung des 5. Buches wird durch eine große Anzahl von **weiteren Einzelbestimmungen** ergänzt, die in anderen Büchern des BGB und in sonstigen Gesetzen verstreut sind. Es handelt sich zum Teil um Bestimmungen, die der Erläuterung, Erweiterung oder Einschränkung sachlich-erbrechtlicher Vorschriften dienen (vgl. BGB §§ 673, 857, 884, 1369, 1406 Nr 1, 1461, 1482, 1483ff., 1509, 1511ff., 1638ff., 1651, 1683, 1759, 1767, 1777; EheG §§ 69, 70; HGB §§ 22, 27, 139; GenG § 77; PatG § 9; GebrMG § 13; WZG § 8; VerlG § 34; VVG § 167), zum Teil um solche, die die technische Durchführung der sachlich-rechtlichen Erbrechtsregelung zur Aufgabe haben (vgl. den das Verfahren in Nachlaß- und Teilungssachen regelnden Abschn 5 des FGG — §§ 72ff. — mit den zugehörigen Vorschriften der KostO — §§ 93ff. — sowie zahlreiche Vorschriften der ZPO, KO, VerglO, des ZVG und des AnfG). Zu den letzteren gehören insbesondere auch die Bestimmungen der VO zur Vereinheitlichung der Zuständigkeit in Familien- und Nachlaßsachen vom 31. 5. 1934 (RGBl I 472) sowie der VO über die Zuständigkeit der Amtsgerichte in Vormundschafts- und Nachlaßsachen v. 10. 6. 36 (RGBl I 488), gegebenenfalls in Verbindung mit dem Zuständigkeitsergänzungsgesetz v. 7. 8. 1952 (BGBl I 407). Vgl. auch im Hinblick auf die Errichtung von Testamenten und Erbverträgen vor deutschen Konsuln §§ 16a, 37a des Gesetzes über die Organisation der Bundeskonsulate usw. v. 8. 11. 1867 idF d. Gesetze v. 14. 5. 1936 (RGBl I 447) und v. 16. 12. 1950 (BGBl I 784). In engerem Zusammenhang mit dem Erbrecht steht das Verschollenheitsgesetz v. 15. 1. 1951 (BGBl I 63). Von erheblicher Bedeutung sind ferner die erbrechtlichen Vorschriften der Rückerstattungsgesetze (AmREG Artt 10, 34, 41, 78ff.; BrREG Artt 8, 33, 43, 65ff.; BerlREAO Artt 9, 34, 44, 67ff.; FrMilRegVO Nr 120 Art 9), der Entschädigungsgesetze (vgl. vor allem § 10 BEG v. 18. 9. 1953 — BGBl I 1387 —) und des Lastenausgleichsgesetzes v. 14. 8. 1952 — BGBl I 446 — (§§ 67, 69ff., 122 Abs 3; vgl. auch Vorbem 7). Das Gesetz zur Wiederherstellung der Gesetzeseinheit auf dem Gebiete des bürgerlichen Rechts v. 5. 3. 1953 (BGBl I 33) hat aufgehoben: a) das Gesetz über erbrechtliche Beschränkungen wegen gemeinschaftswidrigen Verhaltens vom 5. 11. 1937 (RGBl I 1161), das schon vorher nicht mehr anwendbar war, b) das Gesetz über die Errichtung von Testamenten und Erbverträgen (TestG) vom 31. 7. 1938 (RGBl I 973) mit Ausnahme des § 51 (die Vorschriften des TestG wurden durch Teil I Art 5 Nr 5—10 aaO. mit geringen Änderungen wieder in das BGB eingefügt) und c) die Verordnung über den Anwendungsbereich erbrechtlicher Vorschriften vom 12. 12. 1941 (RGBl I 765). — Art 14 Abs 1 GrundG enthält eine Erbrechtsgarantie.

Die erbrechtlichen Sonderbestimmungen, die in Landesgesetzen und Hausverfassungen der ehemals landesherrlichen Häuser und Familien des hohen Adels enthalten und durch die Vorbehalte der Artt 57, 58 EG gedeckt waren, sind durch die Aufhebung der Landesherrlichkeit und durch die sich an Art 109 WeimVerf anschließende Landesgesetzgebung beseitigt worden; vgl. auch RG 103, 193; 136, 220.

Landesgesetzlicher Regelung waren durch das EG die erbrechtlichen Verhältnisse der Fideikommisse, Lehen und Stammgüter vorbehalten (Art 59). Art 155 Abs 2 Satz 2 WeimVerf schrieb die Auflösung der Fideikommisse im Wege der Landesgesetzgebung vor. Durch das Ges zur Vereinheitlichung der Fideikommißauflösung v. 26. 6. 35 (RGBl I 785) wurde die Auflösung der Fideikommisse, Lehen, Stammgüter und sonstigen gebundenen Vermögen sowie der Hausgüter und Hausvermögen reichsrechtlich geregelt (vgl. § 24). Auf Grund der §§ 1, 30 des Ges über das Erlöschen der Familienfideikommisse und sonstiger gebundener Vermögen v. 6. 7. 38 (RGBl I 825) sind mit Beginn des 1. 1. 39 alle in diesem Zeitpunkt noch bestehenden Familienfideikommisse und sonstigen gebundenen Vermögen erloschen.

Unberührt blieben nach den Artt 62—64 EG ferner die landesgesetzlichen Vorschriften über Rentengüter, über das Erbpachtrecht und das Anerbenrecht. Vgl. zum Anerbenrecht Vorbem Nr 2. Hinsichtlich der Rentengüter und des Erbpachtrechts vgl. ErbhRVO §§ 45, 46.

Weitere Vorbehalte für die landesgesetzliche Regelung: Erwerbsbeschränkungen der juristischen Personen und Ordensangehörigen Artt 86, 87 (aufgehoben durch Teil II Art 2 Abs 1, 3 des Gesetzes vom 5. 3. 1953 BGBl I 33); Feststellung des Ertragswerts eines Landguts Art 137; gewisse fiskalische und ähnliche Erbrechte Artt 138, 139; endlich die Voraussetzungen für das Tätigwerden des Nachlaßgerichtes in bezug auf Nachlaßfürsorge (Art 140;

vgl. § 1960), erbrechtliche Beurkundungen (Artt 141, 151; die Vorbehalte der Artt 149, 150 sind durch § 50 Abs 3 Nr 1 TestG aufgehoben worden; sie sind auch nach dem 1. 4. 1953 aufgehoben geblieben; vgl. Art 3 der Schlußvorschriften des Gesetzes vom 5. 3. 1953 BGBl I 41) und die Zuständigkeit zur Aufnahme des Inventars (Art 148; aufrechterhalten durch § 77 Abs 1 u. 3 RNotO). Die auf Grund des Art 147 durch die Landesgesetze bestimmte Zuständigkeit anderer als gerichtlicher Behörden für die Verrichtungen des Nachlaßgerichts ist durch die in Abs 1 angeführte VO über die Zuständigkeit der Amtsgerichte in Vormundschafts- und Nachlaßsachen v. 10. 6. 1936 grundsätzlich beseitigt worden.

Der Anteil des Staates am Erbgut ist abweichend von Art 154 Abs 2 WeimVerf im Bonner Grundgesetz nicht mehr ausdrücklich gewährleistet worden. Nur die Testierfreiheit genießt verfassungsrechtlichen Schutz (Staudinger-Boehmer 11. Aufl Einl § 23 Bem 18). Ein über das bisherige nur subsidiäre Erbrecht des Fiskus (§ 1936) hinausgehendes und die Verwandten fernerstehender Ordnungen von der gesetzlichen Erbfolge ausschließendes staatliches Erbrecht ist aus staatswirtschaftlichen und sozialen Gründen schon früher vielfach gefordert worden, hat sich aber bis jetzt nicht durchsetzen können (über die früheren und neueren Reformbestrebungen s. Staudinger-Boehmer Einl § 9 Bem 2–6). Die steuerlichen Verhältnisse bei Eintritt eines Erbfalls sind jetzt durch das Erbschaftsteuergesetz v. 22. 8. 25 (RGBl I 320ff.) geregelt, das durch das Ges v. 16. 10. 34 (RGBl 1056) in einigen wichtigen Punkten geändert und nunmehr durch Bundesgesetz v. 30. 6. 1951 (BGBl I 764) neu gefaßt worden ist.

Die Vorschriften des Allgemeinen Teils des BGB (1. Buch) finden auch im Erbrecht, die des Allgemeinen Teils des Rechts der Schuldverhältnisse (2. Buch, 1.–6. Abschn.) auf erbrechtliche Schuldverhältnisse, soweit nichts anderes bestimmt ist, Anwendung, insbesondere auch § 242 und die aus ihm sich ergebenden Aufwertungsgrundsätze (vgl. 9. Aufl § 242 A 5d γ Abs 5). — Vgl. zur Währungsreform § 18 Abs 1 Nr 3 UmstG v. 20. 6. 1948 (WiGBl 1948 Beil 5–13) und hierzu BGH 5 12; 7, 134; ferner BGH Recht d. Landw 1953, 10; Betrieb 1952, 287.

2. Anerbenrecht: Abweichend von den Erbfolgegrundsätzen des allgemeinen bürgerlichen Rechts bezweckt das Anerbenrecht eine Sonderregelung der Erbfolge in land- und forstwirtschaftliche Grundstücke mit dem Ziel, insoweit ein dinglich gebundenes und einen größeren Verwandtenkreis umfassendes Familienvermögen ungeteilt zu erhalten. Dieses Ziel suchte die Landesgesetzgebung von jeher vor allem auf zwei Wegen zu erreichen: a) durch Änderung der gesetzlichen Erbfolge in der Richtung, daß das dem Anerbenrecht unterliegende Grundstück nur einem unter mehreren sonst berufenen Erben zugewiesen wurde und b) durch Einschränkung der Verfügungs- und Testierbefugnis des Grundstückseigentümers zugunsten des Anerben. Art 64 EGBGB hielt diese landesgesetzlichen Regelungen mit der Maßgabe aufrecht, daß das Recht des Erblassers, über die dem Anerbenrecht unterliegenden Grundstücke von Todes wegen zu verfügen, durch Landesrecht nicht beschränkt werden konnte. Die Erbhofrechtsgesetzgebung des nat.-soz. Staates versuchte das Anerbenrecht im ganzen Reichsgebiet uneingeschränkt durchzusetzen. Die Lösung des RErbhG vom 29. 9. 1933 (RGBl I 685), das die Anerbenfolge zwangsweise für alle „Erbhöfe" einführte und die Rechte der weichenden Erben stark verkürzte, stieß jedoch trotz der in verschiedenen Änderungsvorschriften enthaltenen Zugeständnissen an praktische Bedürfnisse (vgl. vor allem die ErbhofrechtsfortbildungsVO v. 30. 9. 1943) in den beteiligten bäuerlichen Kreisen auf wachsenden Widerstand (vgl. im übrigen wegen der Grundsätze des Erbhofrechts die 9. Aufl dieses Kommentars).

Das RErbhG ist einschließlich aller Ergänzungsvorschriften durch das Kontrollratsgesetz Nr 45 v. 20. 2. 47 aufgehoben worden. Gleichzeitig hat dieses Gesetz hinsichtlich der Erbfolge in Höfe das am 1. 1. 33 bestehende Landesrecht wieder in Kraft gesetzt und die Zonenbefehlshaber ermächtigt, Änderungs- und Durchführungsbestimmungen zu erlassen. Auf Grund dieser Ermächtigung hat die britische Militärregierung für ihre ganze Zone die Höfeordnung v. 24. 4. 47 (durch MilRegVO Nr 84) erlassen. Im übrigen hat die Landesgesetzgebung teils alte anerbenrechtliche Vorschriften mit oder ohne Änderungen wiedereingeführt (so das Badische Gesetz über geschlossene Hofgüter v. 20. 8. 98, wiedereingeführt in Südbaden durch Badisches Landesgesetz v. 12. 7. 49, das Bremische Höfegesetz v. 18. 7. 99 idF d. Gesetzes v. 19. 7. 48, die frühere Landgüterordnung für den Regierungsbezirk Kassel v. 1. 7. 87 als hessische Landgüterordnung v. 1. 12. 47, das Württembergische Gesetz über das Anerbenrecht v. 14. 2. 30, eingeführt in Württemberg-Baden durch VO Nr 166 v. 16. 7. 47 idF v. 13. 1. 50 und in Württemberg-Hohenzollern durch Gesetz v. 13. 6. 50), teils neue Regelungen getroffen (so die an das Vorbild der Höfeordnung der brit. Zone angelehnte Höfeordnung für Rheinland-Pfalz v. 7. 10. 53). In Bayern ist das mit Gesetz v. 28. 3. 19 ausgesprochene Verbot der Errichtung sog. landwirtschaftlicher Erbgüter wiederhergestellt worden. Vgl. im einzelnen Wöhrmann-Herminghausen, § 1 LwVG Anm 115–117.

Den geltenden landesgesetzlichen Regelungen des Anerbenrechts ist gemeinsam, daß eine Hoferbenordnung aufgestellt wird, die von der gesetzlichen Erbfolgeordnung des BGB abweicht. Dagegen bleibt die durch Art 64 Abs 2 EGBGB gewährleistete Testierfreiheit aufrechterhalten, allerdings regelmäßig mit der Maßgabe, daß der ungeteilte Übergang des Hofes an einen Anerben durch testamentarische Anordnung nicht ausgeschlossen werden kann (vgl. § 16 Höfeordnung d. brit.

Zone). Die Testierfreiheit gestattet dem Hofeigentümer insbesondere, auch einen anderen als einen gesetzlichen Hoferben testamentarisch zum Erben zu bestimmen. Dies ist in § 6 d. BadGesetzes, Art 6 d. WürttGesetzes, § 27 d. HessLandgüterO, §§ 14, 15 d. RheinpfälzHöfeO ausdrücklich festgelegt worden, gilt aber auch für die Höfeordnung der brit. Zone (Staud.-Boehmer Einl § 19 Bem 13; OGH 3, 173ff. = Recht d. Landw 1950, 88; BGH 1, 126; a. A. Lange-Wulff Komm zu § 7 HöfeO Bem 3).

Die Änderungen des Kontrollratsgesetzes Nr 45 gelten vorbehaltlich rechtskräftiger gerichtlicher Entscheidungen sowie vorher getroffener rechtsgültiger Vereinbarungen für alle Nachlässe, die bei seinem Inkrafttreten (20. 4. 47) noch nicht geregelt waren (Art XII Abs 2 aaO.). Im Sinne dieser Bestimmung ist ein Nachlaß auch dann geregelt, wenn jemand drei Jahre nach dem Tode des Hofeigentümers den Hof als Erbe in unbestrittenem Besitz gehabt hat (vgl. zur Frage des ungeregelten Nachlasses BGH 1, 116; 1, 200; 7, 339; 10, 115). Wegen anerbenrechtlicher Einzelfragen wird auf das Fachschrifttum verwiesen (vgl. Wöhrmann, Landwirtschaftsrecht der brit. Zone, 1951; Wöhrmann-Herminghausen, Gesetz über das gerichtliche Verfahren in Landwirtschaftssachen 1954; Lange-Wulff, Die Höfeordnung — LVO — Sonstiges Landwirtschaftsrecht der brit. Zone, 4. Aufl 1954; Lange-Wulff, Ges üb. d. gerichtliche Verfahren in Landwirtschaftssachen, 1954; Friese, Landwirtschaftsrecht der amerik. Besatzungszone, 1949). Vgl. ferner Piepenbrock, Die Rechtsprechung des Bundesgerichtshofs in Landwirtschaftssachen, DRiZ 1954, 210.

3. Zeitliche Grenzen der Anwendung des BGB im Erbrecht. Nach Art 213 EG gilt der Grundsatz, daß, je nachdem der Erblasser vor oder nach Inkrafttreten des BGB gestorben ist, wegen der erbrechtlichen Verhältnisse das ältere oder das neuere Recht maßgebend ist (RG 50, 186; 87, 124). Jedoch wird die Errichtung und Aufhebung einer Verfügung von Todes wegen, wenn sie vor dem 1. 1. 1900 erfolgt ist, sowie die unter dem älteren Rechte bereits eingetretene Bindung des Erblassers bei einem Erbvertrag oder gemeinschaftlichen Testament, ferner werden die Errichtung und die Wirkungen eines vorher abgeschlossenen Erbverzichtsvertrags in jedem Falle nach den bisherigen Gesetzen beurteilt (Artt 214, 217 EG). Nach Art 200 bleibt das ältere Recht auch für die erbrechtlichen Wirkungen des Güterstandes vor dem 1. 1. 1900 geschlossener Ehen maßgebend.

Der Begriff der erbrechtlichen Verhältnisse ist im weitesten Sinne zu verstehen; es fallen unter ihn alle Verhältnisse, die mit dem Anfalle und Erwerbe einer Erbschaft zusammenhängen (RG 46, 73; 50, 186). Im einzelnen ist aus den höchstgerichtlichen Entscheidungen hervorzuheben: **Zu Art 200:** RG 17. 11. 02 IV 141/02 (Art 200 Abs 1 Satz 2 gilt auch für vor dem 1. 1. 1900 aufgelöste Ehen); RG 19. 3. 06 IV 496/05 (erbrechtliche Wirkungen des Güterstandes sind auch solche, die zwischen den Ehegatten und ihren Erben endgültig entstanden sind); RG 96, 202 (die Bestimmungen über die Voraussetzungen und die Form der Pflichtteilsentziehung wegen ehelicher Verfehlungen eines Ehegatten, §§ 2335, 2336, betreffen nicht die erbrechtlichen Wirkungen des Güterstandes); RG JW 03 Beil 13 Nr 28 (Totteilung der Kinder bei der Schichtung der fortgesetzten Gütergemeinschaft des lübischen Rechtes durch den überlebenden Elternteil schließt als erbrechtliche Wirkung des Güterstandes ein Pflichtteilsrecht der Abkömmlinge an dessen Nachlasse aus); RG 65, 249; 82, 264 (die im früheren Rechte begründeten erbrechtlichen Wirkungen des Güterstandes kommen nur insoweit in Betracht, als dadurch die Rechte anderer Beteiligter, insbesondere Pflichtteilsberechtigter — wegen der Erben vgl. Warn 09 Nr 516 — zugunsten des überlebenden Ehegatten eingeschränkt werden); RG 7. 7. 19 IV 155/19 (die Bestimmungen über die Voraussetzungen der Entziehung des Pflichtteils gehören nicht zu den erbrechtlichen Wirkungen des Güterstandes). Im übrigen vgl. zu § 1931 A 5. **Zu Art 213:** RG 46, 70; RG 22. 2. 32 IV 366/31 (Verhältnis zwischen Erben und Testamentsvollstrecker, Inhalt und Umfang der Befugnisse und Pflichten des Testamentsvollstreckers); RG 50, 181 (Anspruch aus Art 747 Code civil); RG 52, 174 und JW 02 Beil 209 Nr 47 (Auseinandersetzung unter Miterben); RG 54, 241 (Pflichtteilsergänzungsanspruch gegen den Beschenkten); RG 159, 385; JW 1909, 158[1] (Rechtsbeziehungen zwischen Vor- und Nacherben); RG 73, 291 und JW 1910, 572[1] (Erbschaftskauf); RG 59, 80 und 76, 20; Warn 1938 Nr 22 (Auslegung älterer Testamente; vgl. auch KG RJA 16, 71); RG 79, 392 (Miterbenanteil); RG 12. 1. 11 IV 213/10 (auch in älteren Verfügungen vorbehaltene Kodizille bedürfen der Formen des neuen Rechtes); RG 104, 195 (die Verjährung eines Pflichtteilsanspruchs, der am 1. 1. 1900 noch nicht verjährt war, bestimmt sich gemäß Art 169 EG von da ab nach dem Rechte des BGB, auch wenn der Erblasser vor diesem Zeitpunkte gestorben ist); RG JW 1937, 1716 (in einem vor dem 1. 1. 1900 geschlossenen Einkindschaftsvertrage nach PrALR ist regelmäßig ein Erbvertrag enthalten, durch den gleiche und gegenseitige Erbrechte zwischen den Eltern und den in die Einkindschaft gebrachten Kindern begründet werden). **Zu Art 214 Abs 1:** RG 49, 44 (Eheverträge des französischen Rechtes als Erbverträge); RG 49, 48 und 59, 80 (nur die Errichtung, nicht auch die Wirkungen der Verfügung sind nach älterem Rechte zu beurteilen, insbesondere sind die Auslegungsregeln des neuen Rechtes anzuwenden); RG HRR 1932 Nr 1452 (Ernennung von Testamentsvollstreckern durch Erbvertrag); RG 88, 156 (nur vom Erblasser selbst, nicht für ihn von seinen Eltern errichtete, sog. quasipupillarische Verfügungen unterliegen hinsichtlich ihrer

Errichtung dem älteren Rechte); RG 6. 7. 16 IV 135/16 (desgleichen nur vor dem 1. 1. 1900 fertig zum Abschluß gekommene, nicht zu dieser Zeit noch einer Ergänzung bedürftige Testamente). **Zu Art 214 Abs 2:** RG 78, 268 und 87, 121 (zur Bindung gehört auch die Verhinderung des Erblassers, durch Schenkungen unter Lebenden über sein Vermögen zu verfügen; die bisherigen Gesetze sind für die Frage maßgebend, ob und in welchem Umfange der Erblasser an seine Verfügungen gebunden ist); RG 7. 12. 12 IV 601/11 (desgleichen für die Frage, welche Rechte den vertragsmäßig Bedachten in bezug auf eine solche Schenkung unter Lebenden zustehen; die §§ 2287, 2288 BGB sind also nicht anwendbar); RG 77, 172, unter Aufgabe von 62, 13 (die Bindung betrifft nur die Widerruflichkeit, nicht die Anfechtbarkeit; diese ist sowohl hinsichtlich der Form wie hinsichtlich der materiellen Anfechtungsgründe, wenn diese nicht vor dem 1. 1. 1900 entstanden und dem Berechtigten bekannt geworden sind, nach BGB zu beurteilen); RG 77, 173 und 78, 268 (Bindung nach dem älteren Rechte zu beurteilen, auch wenn beide Erblasser erst nach dem Inkrafttreten des BGB gestorben sind); RG 50, 316; Warn 1911 Nr 252; RG 83, 302; Warn 1918 Nr 14 (ein nach PrALR von Ehegatten errichtetes wechselseitiges Testament kann auch nach dem 1. 1. 1900 durch einseitige Verfügung von Todes wegen, und zwar nunmehr auch durch eigenhändiges Testament, widerrufen werden; § 2271 in Verb. mit § 2296 ist nicht anwendbar). **Zu Art 217:** RG 63, 428 (Erbverzichtsvertrag ist nur ein mit dem Erblasser, nicht ein unter den künftigen Erben geschlossener Vertrag); RG JW 09, 220[10] unter Aufgabe von RG 49, 44 (Beschränkung des Ehegatten im Ehevertrag auf die Nutznießung unter Ausschluß von dem gesetzlichen Erbrecht des BGB enthält, wenn sie als gewollt anzusehen ist, einen nach früherem badisch-französischen Recht unzulässigen Erbverzichtsvertrag); vgl. auch A 5 zu § 1931. — Besondere Bestimmungen über Testierfähigkeit Art 215. Der Vorbehalt des Art 216 ist gegenstandslos geworden.

4. Internationales Privatrecht (insbesondere Artt 24ff. EG BGB). Der Geltungsbereich des deutschen Erbrechts bestimmt sich grundsätzlich nach der Staatsangehörigkeit des Erblassers. Der Deutsche wird auch dann nach deutschen Gesetzen beerbt, wenn er seinen Wohnsitz im Auslande hatte (EG Art 24 Abs 1). Dies bedeutet, daß sich alle Fragen, die mit der Beerbung eines Deutschen zusammenhängen, nach den deutschen Gesetzen bestimmen (RG Warn 1938 Nr 70). Umgekehrt wird ein Ausländer, der zur Zeit seines Todes seinen Wohnsitz im Inlande hatte, nach den Gesetzen seines Heimatstaates beerbt (Art. 25). Die Beerbung von Ausländern, die im Auslande ihren Wohnsitz haben, ist unter entsprechender Anwendung des Art 25 gleichfalls nach der Staatsangehörigkeit des Erblassers zu beurteilen (RG 91, 139; KG JW 1937, 2527[23]). Soweit danach ausländisches Recht anzuwenden ist, sind auch dessen Kollisionsnormen und, soweit diese auf deutsches Recht zurückverweisen, ist dieses anzuwenden (Gesamtverweisung: Art 27 EG; RG 78, 234; 91, 141; 136, 366). Eine Rückverweisung liegt z. B. vor, wenn das an sich anzuwendende Heimatrecht des Erblassers die lex domicilii für maßgebend erklärt (so das englische Recht für den beweglichen Nachlaß, DFG 1937, 35; a. M. JW 1936, 1154[43]; über amerikanisches Recht s. JW 1937, 2527[23]). Ebenso wenn das Heimatrecht des Erblassers für die Erbfolge in unbewegliche Sachen auf die lex rei sitae verweist. Dies ist u. a. nach englischem Recht (Staudinger-Raape Art 25 A C III; über amerikanisches Recht s. JW 1937, 2527[23]) sowie nach französischem Recht (Art 3 Code civil) der Fall. Daher richtet sich die Erbfolge in die unbeweglichen Sachen eines englischen oder französischen Staatsangehörigen, die in Deutschland gelegen sind, nach den deutschen Gesetzen (RG 78, 48; 145, 85; KG JFG 15, 78). Die Frage, was eine „unbewegliche Sache" ist, ist hierbei nach dem in Betracht kommenden ausländischen Recht zu entscheiden (RG 145, 85). Streitig ist, ob das schweizerische Recht (Art 28 des Bundesgesetzes v. 25. 6. 91) eine Rückverweisung auf das deutsche Recht enthält; richtiger Ansicht nach (vgl. BayObLG in RJA 16, 56; Staudinger-Raape Art 27 A C V 1) ist die Frage zu verneinen, so daß ein in Deutschland wohnhafter Schweizer nach schweizerischem Recht beerbt wird.

Eine Ausnahme von den Vorschriften der Artt 24 Abs 1, 25, 27 ergibt sich aus Art 28 für solche Gegenstände, die sich nicht im Gebiete des Staates befinden, dessen Gesetze nach jenen Vorschriften maßgebend sind, und die nach den Gesetzen des Staates, in dessen Gebiete sie sich befinden, besonderen Vorschriften unterliegen (vgl. hierzu Zeuge, Das Recht der belegenen Sache im deutschen internationalen Erbrecht, 1939, sowie v. Caemmerer DGWR 1939, 195ff.). Als solche besonderen Vorschriften kommen in Deutschland die gemäß Artt 57—59, 62, 63 EG unberührt gebliebenen Landesgesetze in Betracht (RG 2. 10. 30 IV 351/29). Ausländische, die Anwendung des Art 24 Abs 1 einschränkende Vorschriften dieser Art sind z. B. Art 3 Code civil und § 300 ÖABGB (vgl. RG Warn 1911 Nr 437 und v. Caemmer aaO. 196). Der Grundsatz, daß die Staatsangehörigkeit entscheidet, erleidet auch sonst mehrfache Ausnahmen. So genügt für die Form der Verfügungen von Todes wegen die Beobachtung der Gesetze des Errichtungsorts (Art 11 Abs 1 Satz 2; vgl. auch A zu § 2229; RG Warn 1913 Nr 151 will auch hierfür in erster Linie das Gesetz der Staatsangehörigkeit entscheiden lassen). Die Gesetze des Wohnsitzes finden Anwendung zugunsten der Erben eines im Auslande wohnhaft gewesenen Deutschen in Ansehung der Haftung für die Nachlaßverbindlichkeiten (Art 24 Abs 2); weiter zugunsten der deutschen Erben eines im Inlande wohnhaft gewesenen ausländischen Erblassers, wenn ihr Erbrecht oder Pflichtteilsrecht (RG Warn 1912 Nr 34) nur nach den deutschen Gesetzen begründet ist (Art 25 Satz 2 mit dem dort im Schlußhalbsatze gemachten Vorbehalte). Die deutschen Beteiligten können die ihnen hiernach zustehenden erbrechtlichen Ansprüche geltend machen, ohne daß deswegen auch zugunsten der etwa beteiligten Ausländer deutsches Recht zur Anwendung käme (RG 63, 356). Stützt sich ein Ausländer darauf, daß der von ihm vor einem deutschen Gericht erhobene Anspruch die Beerbung eines Ausländers zum Gegenstand habe, so ist der Fall des Art 25 Satz 1 gegeben; ob der Anspruch erbrechtlicher Natur ist, ist nach dem anwendbaren ausländischen Recht zu beurteilen (RG HRR 1932 Nr 1928). Ansprüche von Gläubigern des Nachlasses gegen die Erben sind keine „erbrechtlichen"Ansprüche (Staudinger-Raape Art 25 A D I 4).

Aushilfsbestimmungen in Ermangelung einer Staatsangehörigkeit des Erblassers Art 29, Schranken bei Anwendung des ausländischen Rechtes Art 30, Vergeltungsrecht Art 31, Sonderbestimmung für Ausantwortung von Vermögen, das deutschen Behörden aus einem ausländischen Nachlasse zur Übermittlung an Inländer anvertraut ist, Art 26.

Für die Flüchtlinge, die im Bundesgebiet leben, aber nicht deutsche Staatsangehörige sind, gilt das Heimatstatut. Das gilt auch für die Flüchtlinge, die von der IRO betreut werden und nach dem Bundesgesetz vom 25.4.51 (BGBl I 269) „Heimatlosenstatut" haben (vgl. Kipp-Coing § 136 III).

Erbrechtliche Bestimmungen in Reichsstaatsverträgen, die gesetzliche Geltung erlangt haben, so die Konvention mit Rußland von 1874, haben auch nach Inkrafttreten des BGB Geltung behalten (RG 71, 293); infolge des Ausbruchs des ersten Weltkrieges sind die mit feindlichen Mächten abgeschlossenen außer Kraft getreten; ihre Wiederinkraftsetzung ist in Teil X Abschn 2 (Artt 282 bis 295) des Versailler Vertrags v. 28. 6. 19 (RGBl S. 1089ff.), insbesondere in Art 289, geregelt worden (Sonderbestimmung für die Verträge mit Rußland in Art 292, mit den Zentralmächten in Art 290, für das Haager Übereinkommen v. 17. 7. 05 in Art. 287). In dem Nachlaßabkommen mit Rußland (Anlage zu Art 22 des Konsularvertrags v. 12. 10. 25, der durch Ges v. 6. 1. 26, RGBl II 1 ff. Gesetzeskraft erlangt hat) ist in § 13 angeordnet worden, daß die „erbrechtlichen Verhältnisse" sich in Ansehung des beweglichen Nachlasses nach den Gesetzen des Staates, dem der Erblasser zur Zeit seines Todes angehörte, in Ansehung des unbeweglichen Nachlasses nach den Gesetzen des Staates, in dem dieser Nachlaß liegt, bestimmen. Das deutsch-russische Nachlaßabkommen findet nur auf die nach dem 22. 5. 22 eingetretenen Erbfälle Anwendung. Über das bis dahin in Geltung gewesene Recht s. KG JW 1938, 2477[16] mit Anm von Süß. Inzwischen sind die meisten der zahlreichen sonstigen Abkommen, die Deutschland in Nachlaßsachen mit fremden Staaten geschlossen hatte (vgl. die Übersicht bei Enneccerus-Kipp 8. Aufl § 145), infolge des zweiten Weltkrieges suspendiert und noch nicht wieder in Kraft gesetzt worden. In Kraft geblieben sind die Verträge mit Japan vom 20. 7. 27 (RGBl II 1087) und mit Schweden vom 14. 5. 26 (RGBl II 383). — Für Streitigkeiten, welche die erbrechtlichen Verhältnisse an dem Nachlasse von Deutschen betreffen, wird durch § 27 Abs 2 ZPO, wenn der Erblasser keinen allgemeinen Gerichtsstand im Inlande hatte, der besondere Gerichtsstand der Erbschaft vor dem Gerichte begründet, in dessen Bezirke der Erblasser seinen letzten inländischen Wohnsitz hatte; hilfsweise findet § 15 Abs 1 Satz 2 ZPO Anwendung. Dadurch soll ein inländischer Gerichtsstand für die nach deutschem Rechte zu beurteilenden Streitigkeiten gesichert werden (Mot zur ZPONov. v. 1898 S. 84). Doch wird der Gerichtsstand auch begründet sein, wenn ausnahmsweise ausländisches Recht auf die Beerbung Deutscher anzuwenden ist (Art 28; s. oben). Wegen der örtlichen Zuständigkeit des Nachlaßgerichts vgl. § 1960 A 2.

5. Über das österreichische Erbrecht (§§ 531 ff. ÖABGB) vgl. die 9. Aufl Vorbem 6.

6. Interzonales Privatrecht: Die Aufspaltung Deutschlands in westliche und östliche Besatzungszonen im Jahre 1945 hat seine rechtliche Einheit unberührt gelassen. Hieran hat sich auch durch die verschiedene Rechtsentwicklung in den Zonen und durch die Gründung der Bundesrepublik Deutschland und der Deutschen Demokratischen Republik grundsätzlich nichts geändert; das ergibt sich insbesondere aus der Präambel zum Bonner Grundgesetz sowie aus den Artt 23, 116 GrundG (BGH 4, 66; BGH JZ 1952, 748 mit Anm Riezler). Im Verhältnis zwischen der Bundesrepublik und der Regierung der sowjetischen Besatzungszone sind daher, jedenfalls solange eine einheitliche deutsche Staatsangehörigkeit besteht (Art 116 GrundG), nicht die Grundsätze des internationalen, sondern diejenigen des interlokalen Privatrechts anzuwenden (vgl. hierzu Ficker, Grundfragen des deutschen interlokalen Privatrechts S. 29ff.). Auf das interlokale Privatrecht sind die Verweisungsgrundsätze des internationalen Privatrechts (Artt 7ff. EGBGB) im Bedarfsfall entsprechend anzuwenden. Das Erbstatut bestimmt sich im interlokalen Privatrecht jedoch nicht nach der Staatsangehörigkeit, sondern nach dem letzten Wohnsitz, evtl. dem letzten Aufenthalt des Erblassers. Der Wohnsitz oder Aufenthaltsort ist insbesondere auch für die Zuständigkeit des Nachlaßgerichts maßgebend (§ 73 FGG). Lag der letzte Wohnsitz eines verstorbenen Deutschen in der sowjetischen Besatzungszone, so ist das dortige Nachlaßgericht allein für die Erteilung des Erbscheins zuständig. Lehnt dieses die Erteilung des Erbscheins aus unsachlichen Gründen ab, so kommt die Zuständigkeit des zentralen Amtsgerichts (AG Berlin-Schöneberg) gemäß § 73 Abs 2 FGG in Betracht. Die Erteilung eines gegenständlich beschränkten Erbscheins bezüglich des in Westdeutschland gelegenen Teilvermögens durch das Amtsgericht des betreffenden Bezirks ist nicht möglich (KG DNotZ 1952, 231; vgl. auch OLG Stuttgart JR 1952, 73). Zur interzonalrechtlichen Behandlung von

Pflichtteilsansprüchen vgl. BGH 9, 151 = LM Interzon. WährR Nr 1 mit Anm Ascher = NJW 1953, 860 = DNotZ 1953, 492 = BB 1953, 397 mit Anm Ficker.

7. Der **Lastenausgleich** spielt im Erbrecht eine erhebliche Rolle. Die Rechtsprechung ist mit den einschlägigen Fragen bisher noch ziemlich wenig befaßt worden. Im wesentlichen kann vorerst auf die Erläuterungsbücher zum Lastenausgleichsgesetz (LAG) und die folgenden Abhandlungen hingewiesen werden:

Buchwald, Zu § 73 Lastenausgleichsgesetz, NJW 1953, 172; Donandt, Die Haftung für die Vermögensabgabe, Rundschau für den Lastenausgleich (RLA) 1952, 92 (95); Jebens, Nochmals: Zu § 73 Lastenausgleichsgesetz, NJW 1953, 410; Haegele, Güterrechtliche und erbrechtliche Fragen im Rahmen der Lastenausgleichsabgaben, RLA 1953, 18 (20); Haegele, Der Pflichtteil im Lastenausgleichsrecht, RLA 1953, 319, 362; Haegele, Fragen der Lastenausgleichsabgaben im Bereich der Landwirtschaft, RLA 1954, 4; Haegele, Nochmals Lastenausgleich in der notariellen Praxis, DNotZ 1953, 32; Haegele, Der Lastenausgleich in der gerichtlichen Praxis, I. Erbrecht, Rechtspfleger 1954, 117; Hense, Der Lastenausgleich im Erbfall und bei vorweggenommener Erbfolge, DNotZ 1953, 79 u. 192; Herold, Das Lastenausgleichsgesetz in der notariellen Praxis, DNotZ 1952, 417 (424); Krech, Erbfall und Lastenausgleich, Haus und Wohnung 1953, 42; von Klot, Die Stellung der Erben der Geschädigten im Lastenausgleich, RLA 1953, 298; Lange, Die gesetzlichen Abfindungsansprüche der Miterben und der Lastenausgleich, RdLandw 1953, 29; Meilicke, Auswirkungen des Lastenausgleichs auf das Privatrecht, Steuerberater-Jahrbuch 1952, 29; Mohrbutter-Gewehr, Pflichtteilanspruch und Lastenausgleich, MDR 1953, 405; Stammen, Die Bedeutung des § 73 LAG für die Abfassung von Testamenten, Betrieb 1953, 838; Susat, Zum Recht des Lastenausgleichs. Erbrechtliche Fragen, MDR 1953, 268, 341.

Aus der Rechtsprechung:

Ist in einem im Jahre 1946 über ein Hausgrundstück geschlossenen Mietvertrage vereinbart worden, der Mieter solle an Stelle eines Mietzinses die auf dem Grundstück ruhenden Steuern und öffentlichen Lasten einschließlich der Vermögenssteuer, jedoch keine Vermögensabgabe tragen, so schließt das eine ergänzende Vertragsauslegung des Inhalts nicht aus, daß der Mieter die Soforthilfe mittragen muß (BGH LM BGB Nr 3 zu § 133 [B] = RLA 1953, 212).

Die gesetzliche Vermutung des § 70 LAG, wonach im Zweifel die Kürzung des Vermächtnisses um den anteiligen Lastenausgleich als vom Erblasser gewollt anzusehen ist, wird durch die Feststellung widerlegt, er habe das Vermächtnis als Gegenleistung für geleistete Dienste angeordnet (OLG Köln NJW 1954, 356 = MDR 1954, 179 = DNotZ 1954, 496).

Bei der Berechnung des Pflichtteils hatte das OLG Karlsruhe die Vermögensabgabe für den Lastenausgleich in ihrem Ablösungswert nach § 199 LAG als Nachlaßverbindlichkeit berücksichtigt (DNotZ 1954, 146). Der BGH ist dem nicht gefolgt. Ist der Erblasser nach dem 20. Juni 1948 gestorben, so ist die nach dem LAG zu entrichtende Vermögensabgabe zwar eine Nachlaßverbindlichkeit. Bei der Pflichtteilsberechnung ist sie jedoch mit dem für den Erbfall maßgebenden Zeitwert im Sinne des § 77 LAG anzusetzen. Es verbietet sich schon deshalb, den Ablösungswert (§ 199 LAG) zu Grunde zu legen, weil der Zinssatz von 10 vom Hundert für diesen Wert nur gewählt worden ist, um einen Anreiz für eine vorzeitige Ablösung der Ausgleichsabgaben zu bieten. Für den Zeitwert spricht vor allem, daß der Gesetzgeber auch bei der Kürzung von Vermächtnissen und Auflagen auf den Zeitwert abgestellt hat (BGH 30. 9. 54 IV ZR 43/54 = BGH 14, 368 = NJW 1954, 1764).

Für Erbscheine für Vertriebene vgl. KG DNotZ 1954, 607.

Erster Abschnitt

Erbfolge

Erbfolge ist die Rechtsnachfolge in die gesamte vermögensrechtliche Stellung eines Verstorbenen. Sie umfaßt die Verbindlichkeiten des Erblassers und tritt daher auch dann ein, wenn diese überwiegen. Die Erbfolge beruht entweder auf dem Gesetz oder auf dem Willen des Erblassers. Das BGB stellt, im Gegensatz zum I. Entwurfe, die gesetzliche Erbfolge der gewillkürten voran. Der erste Abschnitt gibt zunächst die grundlegenden Bestimmungen für beide Arten (§§ 1922, 1923), sodann die Ordnung der gesetzlichen Erbfolge (§§ 1924—1936), schließlich (§§ 1937—1941) allgemeine Grundsätze für die gewillkürte Erbfolge, die im einzelnen erst später in Abschnitt 3 und 4 im Zusammenhange mit den Rechtsgeschäften, die sie begründen (Testament und Erbvertrag), geregelt wird.

§ 1922

Mit dem Tode einer Person (Erbfall) geht deren Vermögen (Erbschaft) als Ganzes auf eine oder mehrere andere Personen (Erben) über.

Auf den Anteil eines Miterben (Erbteil) finden die sich auf die Erbschaft beziehenden Vorschriften Anwendung.

E I 1749 Abs 1, 1750 Abs 2 E II 1799; M 5 2, 3; P 5 1—3.

Wirkungen des Erbfalls

1. Allgemeines: § 1922 Abs 1 gibt mehrere Begriffsbestimmungen und spricht zugleich die für das Wesen der Erbfolge grundlegenden Sätze aus: Gesamtnachfolge und Unmittelbarkeit. Das Vermögen des Erblassers (Erbschaft) geht „als Ganzes“, also als eine Einheit auf den oder die Erben über; es fällt außerdem kraft Gesetzes „mit dem Tode“ des Erblassers (Erbfall), also unmittelbar ohne besondere Rechtsgeschäfte an. Jedes hinterlassene Vermögen muß einen Erben finden, selbst wenn der Erblasser die Erbfolge verboten oder sämtliche Bestandteile seines Vermögens durch Einzelzuwendungen (§ 2087 Abs 2) vergeben hätte. Im Notfalle tritt der Fiskus als Erbe ein (§ 1936). Abs 2 stellt klar, daß die Bestimmungen über die Erbschaft auch auf den Anteil der Miterben (Erbteil) anzuwenden sind. Die Vorschriften sind zwingendes Recht.

2. „Erbfall“ ist der Eintritt der äußeren Voraussetzung für die Beerbung: der Tod des Erblassers. „Erbanfall“, „Anfall der Erbschaft“ (§ 1942) bezeichnet den Übergang des Vermögens auf den Erben. Der „Fall der Nacherbfolge“ (§ 2139) ist der Eintritt des die Nacherbfolge auslösenden Zeitpunktes oder Ereignisses (Tod des Vorerben, Eintritt der Bedingung).

3. Erblasser: Nur natürliche Personen können beerbt werden; diese aber ohne Ausnahme. Den sog. bürgerlichen Tod kennt das BGB nicht. Das Vermögen juristischer Personen geht, soweit nicht Verschmelzung eintritt (§§ 233ff. AktG), nach Erlöschen der Persönlichkeit gemäß §§ 45, 46, 88 und EG Art 85 über. Dabei finden, wenn das Vermögen an den Fiskus fällt, die Vorschriften über eine dem Fiskus zugefallene Erbschaft (§ 1936) entsprechende Anwendung (§ 46).

4. Erben: Unter den aktiv erbfähigen **anderen Personen** versteht das Gesetz, abweichend von der passiven Erbfähigkeit (A 3), natürliche und juristische Personen (vgl. § 2101 Abs 2); auch offene Handelsgesellschaften sind, da sie nach § 124 HGB unter ihrer Firma zum Erwerbe von Rechten fähig sind, erbfähig. In allen Fällen ist Rechtsfähigkeit (§§ 1, 21ff. BGB; 123 HGB) zur Zeit des Erbfalls (vgl. A 1 zu § 1923) vorausgesetzt. Nicht rechtsfähige Vereine (§ 54) können nicht erben. Doch kann unter Umständen eine ihnen gemachte Zuwendung (Erbeinsetzung) als Zuwendung an die Vereinsmitglieder mit der Auflage, das Zugewendete zu Vereinszwecken zu verwenden, aufrechterhalten werden (RG Warn 1911 Nr 89). Landesgesetzlich kann die Beerbung durch juristische Personen, soweit Werte von mehr als 5000 RM in Frage stehen, beschränkt oder von staatlicher Genehmigung abhängig gemacht werden; eine erteilte Genehmigung gilt als vor dem Erbfall erteilt (Art 86 EG); auf Feststellung kann auch vor erteilter Genehmigung geklagt werden (RG 75, 406). Für Mitglieder religiöser Orden, die Gelübde auf unbestimmte oder Lebenszeit ablegen, konnte landesgesetzlich gleichfalls Genehmigungspflicht angeordnet werden (Art 87 Abs 2, 3 EG).

Erbe im Sinne des Gesetzes ist nur, wer unmittelbar durch das Gesetz oder durch Verfügung von Todes wegen gemäß dem Gesetze als Gesamtnachfolger des Erblassers berufen ist. Hierzu gehört weder der Erbeserbe, noch der Erbschaftskäufer. Auch der Erwerber des Erbanteils (§ 2033) wird nicht Miterbe und hat keinen Anspruch auf Erteilung des Erbscheins (RG 64, 173). Vor dem Tode des Erblassers sind Erben im Rechtssinne noch nicht vorhanden; vgl. § 1935 A 2. „Künftige gesetzliche Erben“ im Sinne des § 312 Abs 2 sind alle diejenigen Personen, welche zur Zeit des Vertragsschlusses in einem solchen Verhältnisse zum Erblasser stehen, daß sie, falls er zu dieser Zeit stürbe, durch Simultanberufung (A 6) kraft Gesetzes zur Erbschaft berufen werden würden, also alle Verwandten des Erblassers, nicht nur die zur Zeit nächsten und deshalb nach § 1930 zunächst Berufenen, ferner der Ehegatte und auch (anders als in § 2346) der in § 1936 genannte Fiskus; der Vertrag muß, um wirksam zu sein, den Erbteil eines von ihnen betreffen; er wird gegenstandslos, wenn dieser nicht zu dem Erbteile kraft Gesetzes gelangt; daß der andere Vertragsteil tatsächlich gesetzlicher Erbe wird, ist zur Wirksamkeit nicht erforderlich (RG 98, 330 = SeuffA 75 Nr 149; auch Planck-Siber, 4. Aufl § 312 Erl 2b und § 312 A 2 dieses Kommentars).

Die Erbenstellung kann einem Dritten nicht durch Rechtsgeschäft, insbesondere nicht durch Anerkennung einer unwirksamen Verfügung von Todes wegen, übertragen werden (OLG 26, 286); deshalb ist bei Erteilung des Erbscheins zu prüfen, ob die Verfügung von Todes wegen, die die gesetzliche Erbfolge ändert, wirksam ist, auch wenn die durch sie Eingesetzten sie als unwirksam anerkannt haben (KGJ 33 A 112), und ebenso ob eine solche Verfügung mit Grund angefochten ist (KGJ 38 A 118). Das Nachlaßgericht hat von Amts wegen die erforderlichen Ermittlungen zu treffen, um festzustellen, ob der Antragsteller wirklich Erbe ist (§ 2358 A 1). Es darf ihn nicht auf den Prozeßweg verweisen. Ob der Nachlaßrichter das Verfahren aussetzen darf, wenn ein Rechtsstreit über das Erbrecht anhängig ist, ist zwischen BayObLG (Z 8, 367 und Recht 1921, 498) und KG (RJA 9, 75) streitig. Die die Aussetzung zulassende Ansicht des Kammergerichts ist vorzuziehen, da der Zwang, unter allen Umständen neben dem Prozeßverfahren ein besonderes Ermittlungsverfahren des Nachlaßgerichts zu führen, Weiterungen und Kosten verursachen würde und kein hinreichender Grund hierfür aus dem Gesetze zu entnehmen ist. Die Entscheidung über das Erbrecht im Prozesse zwischen mehreren Erbansprechern ist für das Nachlaßgericht unter Umständen von materieller Bedeutung, aber nicht bindend. Vgl. § 2359 A 2. Ebenso wenig schafft sie Rechtskraft gegenüber den Nachlaßgläubigern und Nachlaßschuldnern.

Die Witwe und die gemeinschaftlichen Abkömmlinge, welche nach dem Tode eines Ehegatten, der in der allgemeinen Gütergemeinschaft des BGB gelebt hat, miteinander die Gemeinschaft fortsetzen (§ 1483), sind nicht Erben des verstorbenen Ehegatten; § 40 GBO findet daher auf sie keine Anwendung (KGJ 38 A 212; OLG 21, 11). Für die auf Grund landesgesetzlicher Bestimmungen fortgesetzten Gütergemeinschaften bei Ehen, die durch den Tod eines Ehegatten aufgelöst worden sind, ist die Frage nach Maßgabe der landesgesetzlichen Bestimmungen zu entscheiden, auch wenn der Ehegatte nicht vor dem 1. 1. 00 gestorben ist (Artt 200, 218 EG; vgl. Vorbem 4 zu diesem Buche; RG 102, 28).

5. a) „Erbschaft" ist das auf einen Erben übergegangene Vermögen eines Verstorbenen. Das Gesetz gebraucht den Ausdruck vorzugsweise, wenn es sich um die Beziehungen des Erben zu dem hinterlassenen Vermögen handelt (§§ 1942ff.), während es den Ausdruck „Nachlaß" anwendet, wenn das Vermögen als solches, namentlich das Aktivvermögen, in Frage kommt (§§ 1960ff., 312). Doch ist die Ausdrucksweise keineswegs streng durchgeführt (vgl. z. B. §§ 2032ff.).

b) Unter **„Vermögen"** versteht das BGB in der Regel — vgl. namentlich §§ 311, 419, 1085, 1836 — nach deutschrechtlicher Auffassung die Gesamtheit (den Inbegriff) der einer Person zustehenden wirtschaftlich verwertbaren Sachen und Rechte, also das Aktivvermögen ohne Abzug der darauf lastenden Verbindlichkeiten (RG 149, 172; vgl. auch RG 69, 285). Dem äußeren Anscheine nach könnte der Ausdruck in diesem Sinne auch in § 1922 gebraucht sein; denn andernfalls wäre die besondere Bestimmung des § 1967, daß der Erbe für die Nachlaßverbindlichkeiten haftet, hinsichtlich der von dem Erblasser herrührenden Schulden überflüssig, da diese schon auf Grund des § 1922 auf ihn übergegangen wären. Anderseits spricht für einen weiteren Vermögensbegriff an dieser Stelle, daß der Erbe in die gesamte vermögensrechtliche Stellung des Verstorbenen eintritt und daß das „Vermögen" auch dann auf den oder die Erben übergeht, wenn keine Aktiva vorhanden sind. Die Streitfrage ist für das Erbrecht mehr theoretischer Natur, da auf jeden Fall der Erbe nach den §§ 1967ff., und nur nach dieser Maßgabe, für die Schulden des Erblassers haftet (vgl. zu dieser Streitfrage Staudinger-Boehmer A 64ff.; Kipp-Coing § 87 I 2; Planck Anm 2 a β). Es kann aber nicht anerkannt werden, es entspreche unbefangener Betrachtung, daß unser Gesetz aus dem Grundsatz der Universalsukzession in § 1922 die Folgerung für die Rechte, in § 1967 jedoch für die Verbindlichkeiten des Erblassers ziehe (so Coing aaO.); wie bei Planck aaO. überzeugend dargelegt ist, läßt sich diese Scheidung nicht durchführen, weil es zahlreiche vermögensrechtliche Beziehungen gibt, die weder Rechte noch Verbindlichkeiten sind, in die aber der Erbe mit dem Erbfall nach § 1922 „als Ganzes" eintritt. Klarer ist es daher, wenn unter dem Vermögensübergang nach § 1922 die Gesamtnachfolge in alle aktiven und passiven Vermögensrechtlichen Beziehungen des Erblassers verstanden wird, soweit sie nicht von der Vererbung ausgeschlossen sind (vgl. Anm 5c). — Auch ein Treugut gehört rechtlich, wenn auch nicht wirtschaftlich, zum Vermögen des Treuhänders und geht deshalb mit dessen Tode auf seinen Erben über (HRR 1931, 1866).

c) Unvererbliche Rechte sind: das Recht am Namen (die Übertragung des Namens richtet sich nach familienrechtlichen Grundsätzen); Mitgliedschaft an Vereinen, falls nicht die Satzung andere bestimmt (§§ 38, 40), und an Genossenschaften (§ 77 GenG); Gesellschafterrechte, falls nichts anderes vereinbart ist (§ 727 BGB, § 131 Nr 4 HGB, vgl. aber § 177); Vorkaufsrecht, falls nichts anderes bestimmt ist (§ 514), vererblich jedoch das Vorkaufsrecht der Miterben am Erbteil (§ 2034 Abs 2); ferner unvererblich: Recht des Ehegatten auf Übernahme des Gesamtguts (§ 1502); Ansprüche auf Ersatz immateriellen Schadens (§ 847 Abs 1 Satz 2); aus Defloration (§§ 847 Abs 2, 1300); ferner Rechte, die vertragsmäßig auf die Person des ursprünglich Berechtigten beschränkt sind (nur in diesem Falle auch das Bezugsrecht des Aktienzeichners, RG 65, 22); in der Regel auch der Anspruch auf Urlaubsvergütung (RAG 5, 157). Mit dem Tode des Berechtigten erlöschen ferner: Nießbrauch (§ 1061), beschränkte persönliche Dienstbarkeiten (§ 1090); Unterhaltsansprüche für die Zukunft (§§ 1615, 1713, EheG § 77 Abs 1), jedoch passiv vererblich der Unterhaltsanspruch des unehelichen Kindes (§ 1712; RG 90, 202) und des geschiedenen Ehegatten (EheG § 78); wegen des Aussteueranspruchs vgl. A 1 zu § 1623; nicht erlischt die Anweisung (§ 791). Dagegen sind keineswegs alle nicht übertragbaren Rechte (vgl. § 399 A 4) ohne weiteres auch nicht vererblich. Beschränkt vererblich: Recht auf Widerruf von Schenkungen (§ 530) und Stiftungen (§ 81).

d) Vererblich sind regelmäßig alle dinglichen Rechte und Forderungsrechte des Erblassers, einschließlich der Ansprüche aus unerlaubter Handlung. Vgl. wegen der Vererblichkeit eines Ankaufs- und Wiederkaufsrechts OGH DNotZ 1951, 128 mit Anm Hense (132 aaO.); wegen eines Anspruchs auf Übereignung aus einem Hofübergabevertrag nach Erbhofrecht und der Höfeordnung OLG Hamm MDR 1949, 175. Nach § 857 geht auch der Besitz auf den Erben über. Der Erbe tritt genau in die Besitzstellung des Erblassers zur Zeit seines Todes ein; er wird mithin wie dieser unmittelbarer oder mittelbarer Besitzer, Eigen- oder Fremdbesitzer (vgl. § 857 A Abs 1); er erlangt auch dann Eigenbesitz (§ 872) an den Nachlaßgegenständen, wenn er weder von dem Erbfalle noch von dem Eigenbesitz des Erblassers Kenntnis hat (BGH 23. 9. 53 VI ZR 313/52 = JZ 1953, 706). Von dem nach § 857 übergangenen Erbenbesitz ist jedoch der Besitz kraft tatsächlicher Machtausübung durch einen Miterben zu unterscheiden (OLG Celle Nds Rpfl 1949, 199). — Vererblich ist ferner das Handelsgeschäft und die Handelsfirma (§ 22 HGB). Auch gewerbliche Unternehmen, die kein Handelsgewerbe betreiben, wie Handwerksbetriebe, bilden einen Bestandteil des Vermögens ihres Inhabers und können Gegenstand eines Erwerbs von Todes wegen sein (BGH 22. 1. 51 IV ZR 172/50 = NJW 1951, 229 = LM § 1922 Nr 1b mit Anm Ascher), ebenso Beteiligungen an solchen Unternehmen (BGH 7, 136). Die Vererblichkeit eines Handels- oder gewerblichen Unternehmens oder einer Beteiligung hieran ist jedoch ausgeschlossen, wenn sie mit der Person des Unternehmers oder des Beteiligten so eng verknüpft sind, daß sie mit dem Erben nicht fortgesetzt werden können.

Die Stellung als Gesellschafter in einer Gesellschaft bürgerlichen Rechts, einer offenen Handelsgesellschaft oder als persönlich Haftender in einer Kommanditgesellschaft ist grundsätzlich unvererblich, da die Gesellschaft mit dem Tode eines Gesellschafters aufgelöst wird. Der Gesellschaftsvertrag kann aber vorsehen, daß die Gesellschaft mit den Erben des Gesellschafters oder einem von ihnen fortgesetzt wird; dadurch kann die Gesellschafterstellung zu einem vererblichen Rechtsgut werden. Die Erbeinsetzung und die Fortsetzungsklausel im Gesellschaftsvertrag müssen jedoch sorgfältig aufeinander abgestimmt werden, um das erwünschte Ergebnis zu erreichen (vgl. hierzu im einzelnen Kipp-Coing § 87 III 4; LG Bremen NJW 1954, 477 mit Anm Hueck; Schlicht NJW 1954, 984; Siebert, Gesellschaftsrecht und Erbrecht bei der Offenen Handelsgesellschaft, Heft 13 der Schriftenreihe der Jur. Studiengesellschaft Karlsruhe; vgl. auch § 2032 A 3b).

Auch bloße Möglichkeiten des Rechtserwerbs, sog. „Rechtslagen“, sind Gegenstand der Erbfolge (Ersitzungslage § 943; Anwartschaft des Nacherben § 2108 Abs 2, s. A 6 Abs 2); Recht zur Annahme eines Vertragsantrags (§ 153; OLG 41, 25); ebenso das Recht zur Ausschlagung von Erbschaften (vgl. A 6 und zu § 1952 A 1) und Vermächtnissen (§ 2180). Auch eine Auflassungsvormerkung, die für den darin als Berechtigter Bezeichneten erst nach seinem Tode eingetragen ist, begründet für seine Erben ohne weiteres die Rechte aus § 883 (RG JW 1926, 1955). Gleiches muß — wie das KG unter Aufgabe älterer Entscheidungen in HRR 1930, 1610 anerkannt hat — auch gelten, wenn der in einer Hypothekeneintragungsbewilligung oder in einer Auflassung als Berechtigter Bezeichnete vor der Eintragung verstorben ist; seine Erben können auf Grund der Bewilligung bzw. Auflassung die Eintragung auf ihren Namen verlangen, ohne daß das Grundbuchamt den Antrag wegen des formellen Konsensprinzips (§ 19 GBO) zurückweisen darf. Über das Einrücken des Erben in rechtliche Lagen, insbesondere in Pflicht-, Bindungs- und Haftungslagen, deren Entstehungstatbestand seinem entscheidenden rechtlichen Grunde nach noch in die Lebenszeit des Erblassers fällt, sich aber erst nach seinem Tode vollendet, s. Boehmer JW 1938, 2634 und bei Staudinger § 1922 A 182ff. — Vererblich ist auch der Pflichtteilsanspruch nach Eintritt des Erbfalles (§ 2317 Abs 2). Auch ein dem Erblasser zustehendes Anfechtungsrecht nach § 119 BGB ist vererblich; es kann aber nur von der Erbengemeinschaft ausgeübt werden, weil seine Ausübung eine Verfügung über den Nachlaß enthält (BGH 26. 1. 51 V ZR 61/50 = NJW 1951, 308 — nur Leitsatz —). — Wegen des Erlöschens von Verpflichtungen vgl. § 1967 A 2. — Über Vererblichkeit gewerblicher und literarischer Schutzrechte vgl. MustG v. 11. 1. 76 § 3; PatG v. 5. 5. 36 § 9, GebrMustG v. 5. 5. 36 § 13, WZG v. 5. 5. 36 § 8, LitUG v. 19. 6. 01 § 8, KunstUG v. 9. 1. 07 § 10.

e) Sonderfälle:

α) Ob eine von dem Erblasser „zugunsten seiner Erben“ ohne nähere Bestimmung abgeschlossene **Lebensversicherung** zum Nachlasse gehört oder den mit dem Ausdruck „Erben“ bezeichneten Personen nicht als Fortsetzern der Rechtspersönlichkeit des Erblassers, sondern als Sonderpersonen (Dritten; § 330) zufallen soll, ist Auslegungsfrage; von ihrer Beantwortung hängt namentlich ab, ob die Lebensversicherung dem Zugriff der Nachlaßgläubiger unterliegt und im Falle des Nachlaßkonkurses zur Konkursmasse gezogen werden kann, sowie ob die nachträgliche Bestimmung anderer Personen als der Erben zu Bezugsberechtigten durch den Versicherungsnehmer ein wegen Gläubigerverkürzung anfechtbares Rechtsgeschäft darstellt. Vor dem Inkrafttreten des Reichsgesetzes über den Versicherungsvertrag v. 30. 5. 08 (RGBl S. 263) hat die Rechtslehre und die Rechtsprechung (auch das Reichsgericht) geschwankt, was im Zweifel als Wille des Erblassers – der bei der Vertragsauslegung entscheidend in Betracht kommt, da der Versicherer ein Interesse in der einen oder andern Richtung regelmäßig nicht haben wird, – zu gelten hat, insbesondere ob eine tatsächliche Vermutung dafür spricht, daß er in Fürsorge für seine Erben (Hinterbliebenen) diesen die Lebensversicherungssumme habe zuwenden und sie seinem Nachlasse entziehen wollen; vgl. einerseits RG 11, 173 und 32, 162, anderseits 62, 259, aber auch schon 1, 378. Nunmehr hat § 167 Abs 2 des genannten Reichsgesetzes i. d. F. des Ges v. 19. 12. 39, RGBl I 2443 (vgl. auch § 180) für Kapitalversicherungen (nicht auch für Rentenversicherungen) auf den Todesfall die Frage dahin entschieden, daß im Zweifel diejenigen, welche zur Zeit des Todes als Erben berufen sind, nach dem Verhältnis ihrer Erbteile bezugsberechtigt sind und daß eine Ausschlagung der Erbschaft auf die Berechtigung keinen Einfluß hat. Dadurch ist eine gesetzliche Vermutung (Auslegungsregel) dafür geschaffen, daß der Erblasser den im Augenblicke seines Todes zur Erbschaft berufenen Personen ohne Rücksicht darauf, ob sie endgültige Erben werden (§ 1953), also als Dritten, die Versicherungssumme zuwenden wollte. Diese Vermutung ist aber widerlegbar; die Widerlegung kann aus tatsächlichen Umständen aller Art entnommen werden, u. a. auch aus der Absicht des Erblassers, der die Versicherung genommen hat, sich dadurch lediglich ein Darlehen zu verschaffen (OLG Hamburg, Veröffentlichungen des Aufsichtsamts für Privatversicherung 5, 89); auch mündliche Erklärungen des Versicherungsnehmers, insbesondere gegenüber dem Agenten des Versicherers, können dabei in Betracht gezogen werden (RG JW 1900, 496). Bezugsberechtigt sind die durch gesetzliche (§§ 1924–1936) oder gewillkürte (§§ 1937–1941) Erbfolge berufenen Personen nach Verhältnis ihrer Erbteile; auf einzelne Gegenstände eingesetzte, als Erben bezeichnete Personen kommen nicht in Betracht, wenn sie gemäß der Auslegungsregel des § 2087 Abs 2 (vgl. aber § 1937 A 3) nicht als Erben anzusehen sind. Nach Abs 3 des § 167 VersVG i. d. F. des Ges. v. 19. 12. 39 (RGBl I 2443) steht dem Fiskus, wenn er als Erbe berufen ist (§ 1936 BGB), kein Bezugsrecht im Sinne des Abs 2 zu (da nicht anzunehmen ist, daß der Erblasser für ihn eine Fürsorge hat ausüben wollen; ähnlich §§ 2104 Satz 2 und 2149 Satz 2 BGB); er erhält also die Versicherungssumme nur als Bestandteil des Nachlasses und sie ist dem Zugriffe der Nachlaßgläubiger und dem Nachlaßkonkurse unterworfen. Über die rechtliche Stellung der Erben und Angehörigen bei der Lebens- und bei der Unfallversicherung s. auch Plumbohm JW 1938, 349. Eine Sterbegeldversicherung ist im Sinne des § 167 VersVG der Lebensversicherung gleichzustellen (JW 1939, 165[23]). Für Rentenversicherungen bleibt es bei der freien Auslegung.

β) Der Annahme, daß der Erbe in das **Haftpflichtversicherungsverhältnis** des Erblassers eintreten kann, stehen keine grundsätzlichen Bedenken entgegen; ob der Vertrag auf den Erben übergeht, ist Auslegungsfrage; maßgebend sind hierfür der durch Auslegung zu ermittelnde Vertragswille, die Natur des versicherten Gefahrenbereichs und die Beziehungen des Erblassers wie des Erben zu diesem Bereiche. In jedem Falle des im Erbwege stattfindenden Übergangs eines Haftpflichtversicherungsverhältnisses tritt grundsätzlich der Erbe mit seiner Person in das Haftpflichtversicherungsverhältnis ein; Rechte und Pflichten entstehen von nun ab in seiner Person; weder die ersteren noch die letzteren gehören „zum Nachlaß", sofern sich nicht eine besondere Rechtslage dadurch ergibt, daß der Gegenstand, an dessen Betrieb oder Besitz die Haftpflichtversicherung anknüpft (z. B. ein Kraftwagen), zu einem Nachlaß gehört (RG 159, 337).

6. Unmittelbarkeit des Erbanfalls: Das Vermögen des Erblassers geht **mit dem Tode** auf den oder die Erben über, also unmittelbar durch dieses Ereignis, ohne zeitlichen Zwischenzustand („der Tote erbt den Lebendigen"; das BGB kennt keine ruhende Erbschaft) und ohne eine Willenserklärung des zur Erbschaft Berufenen; dieser kann jedoch den Erbanfall dadurch rückgängig machen, daß er die Erbschaft ausschlägt (§ 1942). Berufung (Delation) und Erbschaftserwerb (Anfall) fallen also regelmäßig zusammen. Die dadurch begründete Rechtsstellung geht auf die Erben des Berechtigten über (Transmission des Erbrechts, § 1952). Schon mit dem Tode ergeht aber auch die (im Sinne einer condicio iuris) bedingte Berufung an diejenigen, die im Falle des rückwirkenden Wegfalls des in erster Linie Berufenen (durch Ausschlagung oder Erbunwürdigkeitserklärung) zur Erbschaft gelangen **(Simultanberufung)**; das dadurch begründete Anwartschaftsrecht geht gleichfalls auf ihre Erben über. Tritt der Fall ein, so gilt die Erbschaft als mit dem Tode des Erblassers an sie angefallen (§§ 1953 Abs 2, 2344 Abs 2). Ein ähnlicher Schwebezustand tritt ein, wenn eine Leibesfrucht zur Erbschaft berufen ist (§ 1923 Abs 2, vgl. A 2 dazu) oder wenn eine Ehelichkeitserklärung (§ 1733) oder die Bestätigung einer Annahme an Kindes Statt (§ 1753) oder die Genehmigung einer Stiftung des Erblassers (§ 84) noch aussteht. In allen diesen Fällen wird erst durch das ausstehende Ereignis entschieden, wer Erbe geworden ist; je nachdem gilt die Erbschaft an die in Aussicht genommene Person oder aber an den an ihrer Stelle Berufenen als mit dem Tode des Erblassers angefallen.

Dagegen erlangt der Nacherbe die Erbenstellung erst mit dem Eintritt des die Nacherbfolge auslösenden Zeitpunkts oder Ereignisses (des Nacherbfalles), und zwar ex nunc; für die Zeit bis dahin hat nur der Vorerbe die rechtliche Stellung des Erben (§ 2139; vgl. A 2 dazu); doch ist der Erwerb des Nacherben bereits mit dem Tode des Erblassers für ihn als rechtlich gesicherte und vererbliche Erwerbsaussicht begründet. Nach dem Eintritte des Nacherbfalles ist nur der Nacherbe Erbe; der bisherige Vorerbe verliert seine Erbenstellung und kann deshalb auch von dem Nacherben nicht mehr als Vorerbe, insbesondere nicht auf Mitteilung eines Nachlaßverzeichnisses (§ 2121), in Anspruch genommen werden (RG 98, 25). — Wegen Einsetzung eines Erben unter einer aufschiebenden Bedingung vgl. §§ 2074, 2108 Abs 2 Satz 2.

Nach dem Zeitpunkte des Todes des Erblassers bestimmt sich auch, ob zwischen ihm und einer anderen Person ein Verwandschaftsverhältnis besteht, das diese zur Erbfolge berechtigt, z. B. infolge Legitimation durch nachfolgende Ehe von seiten eines Verwandten des Erblassers. Ein vor dem Erbfalle erzeugtes uneheliches Kind hat kein Erbrecht an dem Nachlasse eines Verwandten seines Vaters, wenn es durch eine erst nach dem Erbfalle, aber vor seiner Geburt geschlossene Ehe seiner Eltern legitimiert worden ist, da § 1923 Abs 2 eine Rückbeziehung zwar für den Zeitpunkt der Geburt, aber nicht für den der Eheschließung anordnet. Heiraten die Eltern eines unehelichen Kindes nach dessen Tode, so wird ein Erbrecht an deren Nachlaß für seine Abkömmlinge begründet (§ 1722).

Erst mit dem Tode tritt die Erbfolge ein (hereditas viventis non datur); die Feststellung eines erbrechtlichen Verhältnisses bezüglich des Nachlasses eines noch Lebenden ist daher ausgeschlossen (RG 49, 372); auch Verträge über den Nachlaß eines noch lebenden Dritten sind grundsätzlich nichtig (§ 312 Abs 1, vgl. aber Abs 2). Unzulässig ist auch eine Vormerkung oder Kautionshypothek zur Sicherung eines Erb- oder Vermächtnisanspruchs auf ein Grundstück vor dem Tode des Erblassers (KGJ 48 A 189; OLG 14, 97; 43, 12; BGH 12, 115; vgl. § 1941 A 2).

Nicht das ganze Vermögen, sondern nur der nicht zum Gesamtgute gehörige Teil geht durch Erbfolge über, wenn der Erblasser in allgemeiner Gütergemeinschaft gelebt hat, die nach seinem Tode fortgesetzt wird (§ 1483), oder wenn er als Abkömmling an einer fortgesetzten Gütergemeinschaft Anteil hatte (§ 1490). — Zeitpunkt des Todes im Falle der Todeserklärung §§ 9, 11 VerschG v. 15. 1. 51 (früher §§ 18, 20 BGB).

7. Gesamtnachfolge: Das Vermögen geht **„als Ganzes"** über (Universalsukzession), d. h. die Rechtsnachfolge geschieht in die Gesamtheit der durch die Person des Erblassers zu einer Einheit verbundenen und in dieser Einheitlichkeit auf den Erben übergehenden Vermögensgegenstände (Sachen und Rechte) des Erblassers oder in einen Bruchteil dieser Gesamtheit ($^1/_2$, ⅓ usw., was jedoch nicht etwa bedeutet, daß die entstehende Gemeinschaft eine Bruchteilsgemeinschaft wäre; s. § 2032 A 1—3); eine Nachfolge in einzelne Vermögensgegenstände oder Klassen von Vermögensgegenständen ist als Erbfolge grundsätzlich ausgeschlossen (RG 95, 14). Daher gibt es grundsätzlich keine Erbfolge in den „gesamten Grundbesitz" (RG 61, 78). Doch kommen solche Spezialsukzessionen als Ausnahmen vor: in Erbhöfe, Rentengüter, Erbpachtrechte, früher auch in Familienfideikommisse usw.; vgl. Vorbem 1 und 2 zu diesem Buche. Desgleichen auf Grund von Staatsverträgen mit Gesetzeskraft; vgl. das deutsch-russische Nachlaßabkommen, Vorbem 5 zu diesem Buche. Auch die kraft Gesetzes eintretende Nachfolge des Ehegatten in die Haushaltsgegenstände (Voraus, § 1932, vgl. A dazu) ist vom BGB nicht als Erbfolge, sondern nach den Vorschriften über Vermächtnisse ausgestaltet.

Die Erbfolge vollzieht sich dementsprechend durch einen einheitlichen Rechtsakt, ohne daß es der sonst für die Übertragung der einzelnen Rechte erforderlichen Einzelakte (Besitzübertragung, Auflassung, Eintragung) bedarf. Auch in die Stellung des Erblassers als mittelbaren Besitzers rückt der Erbe ohne weiteres kraft des Erbanfalls ein (§ 857; RG 83, 229). Trifft durch den Erbgang Berechtigung und Verpflichtung oder Berechtigung und Belastung einer beweglichen Sache oder eines Rechts zusammen (§§ 1063, 1072, 1256), so erlischt das Rechtsverhältnis; anders bei Zusammentreffen des Eigentums mit einem Rechte an einem fremden Grundstücke (§ 889). Eine Hypothek des Erben an einem Grundstücke des Erblassers und umgekehrt wird zur Eigentümergrundschuld (§§ 1163, 1177). Doch leben die erloschenen Rechtsverhältnisse wieder auf, wenn der zur Erbschaft Berufene die Erbschaft ausschlägt (§ 1953 A 1), ferner falls Nachlaßverwaltung oder Nachlaßkonkurs eintritt und in den übrigen Fällen der Nachlaßabsonderung (§§ 1976, 1990, 1991, 1992; über das Nachlaßvergleichsverfahren s. Vorbem II 3b vor § 1967); ebenso im Falle des Eintritts der Nacherbschaft (§ 2143) und des Erbschaftsverkaufs (§ 2377). Auch im Falle des § 2175 tritt kein Erlöschen ein; vgl. die Anmerkungen hierzu.

8. Der „Erbteil": Das Verhältnis mehrerer Personen, die miteinander zur Erbschaft gelangen, **(Miterben)** zueinander und zu den Nachlaßgläubigern wird erst in den §§ 2032ff. näher geregelt. § 1922 Abs 2 hat nur den Zweck, klarzustellen, daß die Vorschriften, welche das BGB über die „Erbschaft" — d. h. das gesamte hinterlassene Vermögen — gibt, ohne weiteres auch auf den **Anteil eines Miterben an der Erbschaft** Anwendung finden, z. B. die §§ 1942ff., ferner § 2371 (RG 137, 173; vgl. § 2371 A 3); aber auch die in anderen Teilen des BGB enthaltenen Vorschriften (§§ 1089, 1406 Nr 1, 1453, 1461, 1822 Nr 1, 2). Der Grundsatz ist aber nicht ausnahmslos durchgeführt: die Veräußerung der Erbschaft hat nur schuldrechtliche Wirkung unter den Beteiligten (§ 2374), während über einen Erbteil mit dinglicher Wirkung verfügt werden kann (§ 2033); ferner: Nachlaßkonkurs (KO § 235), Nachlaßverwaltung (§ 2062 BGB) und Vergleichsverfahren (VerglO § 113) können nur über die Erbschaft, nicht über einen Erbteil angeordnet werden. Dagegen ist eine Nachlaßpflegschaft (§ 1960) auch für den Anteil eines Miterben zulässig (ZBlFG 2, 831).

9. Beweislast. Den Tod des Erblassers und, sofern es darauf ankommt, den genauen Zeitpunkt des Todes hat zu beweisen, wer Erbe zu sein behauptet. Vermutung dafür im Falle der Todeserklärung VerschG v. 15. 1. 51 (BGBl I 63) § 9 (bisher BGB § 18). Für Erteilung des Erbscheins zu führende Beweise § 2356. Vermutung für den im Erbschein als Erbe Bezeichneten § 2365. Schutz des guten Glaubens an den Erbschein §§ 2366, 2367.

§ 1923

Erbe kann nur werden, wer zur Zeit des Erbfalls lebt.

Wer zur Zeit des Erbfalls noch nicht lebte, aber bereits erzeugt war, gilt als vor dem Erbfalle geboren.

E I 1752, 1758 Abs 1, 1964 Abs 2, 2026 Abs 2 II 1800; M 5 4, 11ff., 357ff., 488ff.; P 5 4, 7, 463, 614; 6 90, 335ff.

Übersicht:

Erbfähigkeit

1. Grundsatz, Abs 1
2. Leibesfrucht, Abs 2
3. Noch nicht erzeugte Personen
4. Juristische Personen
5. Beweislast

1. Zu Abs 1: Erbfähigkeit (Grundsatz): Der Unmittelbarkeit des Erbanfalls (§ 1922 A 6) entspricht es, daß Erblasser und Erbe während einer noch so geringen Zeit **gleichzeitig am Leben** gewesen sein müssen; der Erbe muß beim Tode des Erblassers (§ 1922 A 2) schon gelebt und noch gelebt haben. Vgl. aber hinsichtlich der Leibesfrucht die Ausnahmeregelung Abs 2 und A 2, 3. Das gilt auch für den durch Erbvertrag bestimmten Erben. Bei einer letztwilligen Zuwendung unter einer aufschiebenden Bedingung ist im Zweifel anzunehmen, daß der Bedachte den Eintritt der Bedingung erleben muß (§ 2074).

Für den Nacherben genügt jedoch, wenn er zur Zeit des Eintritts der Nacherbfolge, regelmäßig also beim Tode des Vorerben, lebt oder doch mindestens erzeugt war (§ 2108 A 1). Gleiches gilt für den Ersatzerben des Nacherben (HRR 1929 Nr 205). Für die Nacherbschaft gilt auch im übrigen der Nacherbfall als der Erbfall im Sinne der erbrechtlichen Vorschriften, insbesondere der §§ 2096, 1969 (KGJ 35 A 216; 49 A 79; HRR 1929 Nr 205). Stirbt der berufene Erbe vor dem Erblasser, so wird die Berufung gegenstandslos, das dem Berufenen zugedachte Erbrecht geht nicht auf seine Erben über. Anders ist es, wenn der Nacherbe zwar nach dem Erbfalle, aber vor dem Vorerben stirbt (§ 2108 Abs 2). Stirbt der Nacherbe vor dem Erblasser, so wird die Anordnung der Nacherbfolge unwirksam (§ 2108 Abs 1; RG 14. 3. 07, IV 375/06).

Im Falle der Verschollenheit greift die Lebensvermutung des § 10 VerschG (bisher § 19 BGB), beim Tode in gemeinsamer Gefahr die Vermutung der Gleichzeitigkeit (VerschG § 11, bisher BGB § 20) ein, so daß die Beerbung gegenseitig ausgeschlossen ist; der Beweis der Unrichtigkeit der Vermutungen ist unbeschränkt zulässig (RG 60, 198; 93, 108; 149, 201).

Verschollenheit (§ 1 VerschG) ist anzunehmen, wenn ernstliche Zweifel an dem Fortleben des Vermißten unter Berücksichtigung aller Umstände des Falles vom Standpunkt des vernünftig denkenden Menschen begründet erscheinen (BGH 3, 230). Über den Begriff des Vermißten vgl. OLG Hamm MDR 1950, 478 m. Anm Völker.

Die Lebensvermutung des § 10 VerschG gilt nur bis zu dem in § 9 Abs 3, 4 VerschG genannten Zeitpunkt. In den Fällen des Art II § 1 des G z Änderung von Vorschriften des Verschollenheitsrechts v. 15. 1. 51 (BGBl I, 59), d. h. bei Kriegsvermißten, tritt an Stelle des in § 9 VerschG genannten Zeitpunkts im allgemeinen der 31. 12. 45 (Art II § 2 Abs 3 Satz 1 d. Änderungsgesetzes; OLG Oldenburg NdsRpfl 1952, 53; BayObLG 2, 133). Soweit hiernach eine Lebensvermutung besteht, wird auch der Anfall der Erbschaft vermutet. Nach Ablauf der Lebensvermutung kann eine Erbschaft dem Vermißten nur anfallen, wenn er damals nachweislich noch lebte (OLG Karlsruhe NJW 1953, 1303). Siehe hierzu auch BGH Rpfleger 1952, 333.

Vgl. im übrigen zu den Fragen, die mit der Erbschaft von Kriegsvermißten zusammenhängen Völker NJW 1947/48, 375 (Commorienten), Holthöfer SJZ 1948, 622 (Erbschaft des vermißten Soldaten), Riedel JR 1949, 272 (Abwesenheitspflegschaft f. Kriegsvermißte, Erbfolge u. a.).

Der Vermächtnisnehmer braucht zur Zeit des Erbfalls noch nicht gelebt zu haben oder erzeugt gewesen zu sein, darf aber nicht vorher gestorben sein (§§ 2178, 2160).

2. Zu Abs 2: Der Grundsatz des Abs 1 wird zu Gunsten der **Leibesfrucht** durchbrochen: nasciturus pro iam nato habetur. Ein „Leben" im rechtlichen Sinne liegt bei der Leibesfrucht nicht vor; die Rechtsfähigkeit des Menschen beginnt nach § 1 BGB erst mit der Vollendung der Geburt; die Leibesfrucht gilt hiervon abweichend dennoch nach Abs 2 als vor dem Erbfall geboren. Dies betrifft nicht nur gesetzliche Erben, sondern jede zur Erbschaft berufene Leibesfrucht. Vorausgesetzt wird hierbei aber, daß die Leibesfrucht überhaupt „geboren" wird, d. h. lebend zur Welt kommt. Sie braucht nicht notwendig lebensfähig zu sein; es genügt, wenn sie auch noch so kurze Zeit nach der Geburt gelebt hat.

Solange der Erzeugte noch nicht geboren ist, kann der nach § 1912 oder § 1960 ernannte Pfleger die Erbschaft noch nicht für ihn annehmen; es bleibt also ungewiß, ob die Erbschaft ihm oder einem andern angefallen ist. Wird er lebend geboren, so gilt er, soweit seine Erbfähigkeit in Frage kommt, als vor dem Erbfalle geboren. Regelung für die Zwischenzeit: Unterhaltsanspruch der Mutter des zu erwartenden Erben §§ 1963, 2141; Aufschub der Erbauseinandersetzung § 2043; Pflegschaft für die Leibesfrucht § 1912; Nachlaßpflegschaft § 1960; Erbteilung eines Erbscheins für die Miterben vgl. A 5 zu § 2353.

3. Ist eine zur Zeit des Todes des Erblassers **noch nicht erzeugte Person** als Erbe eingesetzt worden, so kann dies als Nacherbeinsetzung aufrechterhalten werden, was im Zweifel als Wille des Erblassers anzunehmen ist (§ 2101 Abs 1). In dieser Weise kann auch die „künftige Nachkommenschaft" einer bestimmten Person eingesetzt oder mit Vermächtnissen bedacht und die Einsetzung oder Zuwendung durch Hypothek gesichert werden (RG 30. 6. 04, IV 516/03; RG 65, 280).

4. Für **juristische Personen** gilt § 1923 Abs 1 entsprechend. Auch sie sind aktiv erbfähig (§ 1922 A 4). Der Ausdruck „leben" bedeutet bei juristischen Personen „rechtsfähig bestehen"; sie müssen also zur Zeit des Erbfalls schon bestehen und noch bestehen (vgl. A 1), um Erben werden zu können. Eine Stiftung gilt für die Zuwendungen des Stifters als vor dessen Tode entstanden, auch wenn sie erst nachher genehmigt ist (§ 84); sie wird also, wenn sie vom Stifter zum Erben eingesetzt ist, dessen unmittelbare Erbin, nicht Nacherbin (vgl. A 3). Diese Sonderregelung kann jedoch ebensowenig wie die Ausnahmebestimmung des § 1923 Abs 2 auf juristische Personen ausgedehnt werden, die in der Entstehung begriffen sind. Noch nicht entstandene juristische Personen können jedoch wie noch nicht erzeugte natürliche Personen (A 3) als Nacherben zum Zuge kommen, falls sie nach dem Erbfall, jedoch vor Eintritt des Nacherbfalls Rechtsfähigkeit erlangen (§ 2101 Abs 2).

5. **Beweislast.** Dem Erben liegt der Beweis ob, daß er zur Zeit des Erbfalls gelebt hat oder doch erzeugt gewesen ist. Dabei entscheidet freie Beweiswürdigung; die in den §§ 1592, 1717 Abs 2 festgesetzte Empfängniszeit kommt nicht als bindende Rechtsregel, sondern nur als Erfahrungssatz für den Richter in Betracht. Anders ist es, wenn die eheliche oder uneheliche Abstammung die Vorfrage für die Erbberechtigung bildet (§§ 1591, 1717 Abs 1). — Wegen der Vermutungen der §§ 10, 11 VerschG vgl. A 1.

§ 1924

Gesetzliche Erben der ersten Ordnung sind die Abkömmlinge des Erblassers.

Ein zur Zeit des Erbfalls lebender Abkömmling schließt die durch ihn mit dem Erblasser verwandten Abkömmlinge von der Erbfolge aus.

An die Stelle eines zur Zeit des Erbfalls nicht mehr lebenden Abkömmlinges treten die durch ihn mit dem Erblasser verwandten Abkömmlinge (Erbfolge) nach Stämmen.

Kinder erben zu gleichen Teilen.

E I 1965 II 1801; M 5 353–360; P 5 463–467.

Übersicht:

Erben erster Ordnung

1. Gesetzliche Erbfolge, Allgemeines
2. Die erste Ordnung (Abs 1)
3. Ausschluß entfernter Abkömmlinge (Abs 2)
4. Erbfolge nach Stämmen (Abs 3)
5. Anteile der Kinder (Abs 4)

1. Die **gesetzliche Erbfolge** ist zwar im BGB als die dem Familienverhältnis unmittelbar entspringende vorangestellt; sie ist aber tatsächlich subsidiär, da sie nur eintritt, wenn eine Berufung des Erben durch den Willen des Erblassers nicht erfolgt ist oder sich erledigt hat. Sie kann auch zu einem Teile der Erbschaft gelten, während zu einem andern Teile gewillkürte Erbfolge eintritt (§ 2088); der Satz des römischen Rechtes: „nemo pro parte testatus" usw. ist dem BGB unbekannt. Die gesetzliche Erbfolge kann auch zeitlich vor oder nach der gewillkürten in der

Weise stattfinden, daß die gesetzliche Erben als Vorerben (§§ 2105, 2101) oder als Nacherben (§ 2104) eintreten.

Die gesetzliche Erbfolge des BGB beruht auf dem **Parentelensystem.** Der Grundgedanke dieses dem älteren deutschen Recht entstammenden Systems ist folgender (M 5, 357): Die Verwandten des Erblassers (§ 1589) werden zu Gruppen (Ordnungen, Parentelen) zusammengefaßt, je nachdem sie von dem Erblasser selbst abstammen oder durch einen näheren oder entfernteren gemeinschaftlichen Stammelternteil (parens), der selbst auch zu der Gruppe gerechnet wird, mit ihm verwandt sind; die Verwandten einer durch einen entfernteren Stammelternteil des Erblassers verbundenen Gruppe gelangen erst dann zur Erbschaft, wenn kein Angehöriger einer Gruppe mit näherem Stammelternteil vorhanden ist (§ 1930). Diese successio ordinis ist im BGB in streng formaler Weise durchgeführt. Das System ist aber weiter in der Weise ausgestaltet, daß innerhalb der drei ersten Ordnungen in der Richtung nach aufwärts Linearerbfolge, d. h. Teilung der Erbschaft in eine väterliche und eine mütterliche Linie, bzw. in je zwei großväterliche und großmütterliche Linien, in der Richtung nach abwärts aber Stammeserbfolge eintritt; dies bedeutet, daß jedes Stammesglied, solange es vorhanden ist, die von ihm abstammenden — durch ihn mit dem Erblasser verwandten — Stammesglieder von der Erbschaft ausschließt und daß an Stelle eines weggefallenen Stammesgliedes die von diesem abstammenden Stammesglieder ohne Rücksicht darauf treten, ob sie dem Grade nach näher oder entfernter mit dem Erblasser verwandt sind (Eintrittsrecht, auch Repräsentationsrecht genannt; vgl. aber A 4); in der vierten und den ferneren Ordnungen entscheidet dagegen lediglich die Nähe der Verwandtschaft mit dem Erblasser, ohne Unterscheidung von Linien und Stämmen (Gradualerbfolge). — Die Zahl der erbberechtigten Verwandtenordnungen ist eine unbeschränkte (der Code civil erkennt nur zwölf an). — Das gesetzliche Erbrecht des überlebenden Ehegatten (§§ 1931—1934) tritt teils neben das Erbrecht der Verwandten in der Weise, daß es dieses auf eine Quote beschränkt, teils schließt es dieses aus. Für gewisse Verwandte (Abkömmlinge, Eltern) und für den Ehegatten tritt, wenn sie durch das Gesetz zur Erbfolge berufen sein würden, aber durch Verfügung des Erblassers ausgeschlossen sind, an die Stelle des Erbrechts ein Pflichtteilsrecht (§ 2303).

Über die Neuordnung der gesetzlichen Erbfolge s. Lange, 2. Denkschr. des ERAusch. der AkDR; Boehmer, Vorschläge zur Neuordnung der gesetzlichen Erbfolge, 1938; Vogels ZAkDR 1938, 497; vgl. ferner Staudinger-Boehmer 11. Aufl. Einl zum Erbrecht und Vorbem 1 zu diesem Buche.

Eine von der Erbfolgeordnung des BGB abweichende Ordnung der gesetzlichen Erbfolge tritt in einzelnen Ländern vielfach kraft Anerbenrechts ein (vgl. Vorbem 2 zu diesem Buche).

Die Erben, auch diejenigen der ersten Ordnung, können zu Lebzeiten des Erblassers regelmäßig nicht auf Feststellung der erbrechtlichen Verhältnisse klagen (RG 49, 370 [372]; 92, 1 [2, 3]). Denn an dem Nachlaß eines noch Lebenden besteht kein „Erbrecht“ und die Feststellung künftig etwa entstehender Rechtsverhältnisse ist unzulässig. Unter Umständen kann jedoch eine Klage auf Feststellung, der Beklagte sei nicht der gesetzliche Erbe des Klägers, zwischen dem Erblasser und seinem nächsten gesetzlichen Erben zulässig sein (RG 169, 98; die Entscheidung wird schon durch den ersten Teil der Begründung getragen).

2. Der Erblasser selbst ist parens der **ersten Ordnung. Abkömmlinge** sind seine Kinder aus einer oder mehreren Ehen, auch aus geschiedener Ehe, seine Enkel, Urenkel usw. Nach der gesetzlichen Erbfolgeordnung regelt sich auch die gegenseitige Unterhaltspflicht (§§ 1606, 1609). Das uneheliche Kind steht nur zur Mutter und deren Verwandten im Verhältnis des Abkömmlings (§ 1705), zum Vater und seinen Verwandten erst nach der Legitimation durch nachfolgende Ehe (§§ 1719—1722).

Für das Erbrecht des unehelichen Kindes gegenüber seinem Vater nach der „Verfassung“ der DDR Graf NJ 1950, 14 und Koch NJ 1950, 345; a. A. Rademacher NJ 1950, 80.

Die Rechtsstellung der Kinder aus sog. postmortalen Ehen (nachträgliche Eheschließung mit dem verstorbenen Verlobten gemäß dem Führererlaß vom 6. 11. 41), deren Beurteilung früher Schwierigkeiten bereitete (vgl. einerseits OLG Braunschweig SJZ 1947, 663; KG SJZ 1947, 665 mit Anm Küster; LG Coburg MDR 1950, 160; anderseits OLG Dresden DRZ 1948, 214 mit Anm Coing; OLG Tübingen DRZ 1948, 139; OLG Hamm NJW 1948, 481 mit Anm Bröker; vgl. auch Zweigert DRZ 1948, 113 [115]), ist nunmehr bundesgesetzlich durch das G v. 29. 3. 51 (BGBl I, 215) geregelt worden. Kinder aus solchen Verbindungen haben die Rechtsstellung eines ehelichen Kindes erlangt; § 1720 BGB findet entsprechende Anwendung (§ 1 Abs 1 Nr 3 d. G). Vgl. die frühere Regelung für die BrZ durch VO v. 13. 8. 48 (VOBlBrZ 237) und für Rheinland-Pfalz durch G v. 24. 2. 49 (GVBl I 81).

Vgl. wegen eines vor dem Inkrafttreten des BGB geborenen sog. Brautkindes EG Art 208 Abs 2.

Die Ehelichkeitserklärung verschafft dem Kinde und seinen Abkömmlingen nur ein Erbrecht gegen den Vater, nicht gegen dessen Verwandte, somit auch nicht gegen die ehelichen oder andere gleichfalls legitimierte Kinder des Vaters und umgekehrt (§§ 1736, 1737). Wesentlich das gleiche gilt von der Annahme an Kindes Statt (§§ 1757, 1762, 1763). Über die Voraussetzungen für die Gültigkeit des Kindesannahmevertrages vgl. BGH 2, 62 (64). Das Erbrecht des Kindes kann im Annahmevertrage ausgeschlossen werden (§ 1767 Abs 1). Dem Annehmenden steht gegen das Kind überhaupt kein Erbrecht zu (§ 1759). Das Erbrecht des Kindes gegen seine leiblichen Verwandten bleibt unberührt (§ 1764). — Ein Kind aus einer nichtigen Ehe gilt als ehelich, sofern es bei gültiger Ehe ehelich wäre (§ 25 EheG). — Wegen der bisherigen landesherrlichen und der ehemals reichsständischen Familien vgl. Vorbem 1 zu diesem Buche.

3. Der dem Grade nach (§ 1589) **nähere Abkömmling schließt seine eigenen Abkömmlinge aus,** falls er endgültiger Erbe wird. Lebt er zwar beim Tode des Erblassers, wird aber der Erbschaftsanfall an ihn infolge Erbausschlagung oder Erbunwürdigkeitserklärung rückgängig gemacht (§§ 1953, 2344), so treten seine Abkömmlinge in der selben Weise an seine Stelle, als wenn er zur Zeit des Erbfalls nicht mehr gelebt hätte (§§ 1953 Abs 2, 2344 Abs 2). Ein Anwachsungsrecht zugunsten der Personen, mit denen der Weggefallene gemeinschaftlich zur Erbschaft gelangt wäre, findet nach dem Grundsatze der Simultanberufung (A 6 zu § 1922) nicht statt. Gleiches gilt, obwohl es an einer ausdrücklichen Bestimmung fehlt, wenn der nähere Abkömmling bei dem Tode des Erblassers zwar noch lebt, aber von der Erbschaft durch Verfügung von Todes wegen ausgeschlossen ist, ohne daß ein anderer als Erbe eingesetzt ist (§ 1938), sofern nicht der Wille des Erblassers, auch die Abkömmlinge des Ausgeschlossenen auszuschließen, zum Ausdruck gelangt ist (RG 61, 14; 93, 193; JW 1913, 869[14]; Warn 1917 Nr 181, 1937 Nr 132). Wegen des Erbverzichts vgl. A 4.

4. In Abs 3 wird die **„Erbfolge nach Stämmen"** ausdrücklich angeordnet. Das „An die Stelle treten" bedeutet kein bloßes Repräsentationsrecht, sondern ein grundsätzlich selbständiges Erbrecht des entfernteren Abkömmlings für den Fall, daß der nähere wegfällt (Ebbecke LZ 1919, 506ff., RG 61, 16; JW 1913, 869); es findet auch statt, wenn jener nicht Erbe desjenigen, der ihn ausgeschlossen haben würde, geworden ist. Doch erstreckt sich die Wirkung eines von dem näheren Abkömmlinge mit dem Erblasser geschlossenen Erbverzichtsvertrags im Zweifel auch auf seine Abkömmlinge (§ 2349); der Vorfahr kann also auf diese Weise über das Eintrittsrecht seiner Abkömmlinge verfügen. Haben die Vertragschließenden das nicht gewollt, so treten die Abkömmlinge auch hier an die Stelle ihres Vorfahren, gleich als wenn dieser zur Zeit des Erbfalls nicht mehr am Leben gewesen wäre (§ 2346 Abs 1 Satz 2). Der an die Stelle seines Vorfahren tretende Abkömmling tritt auch in dessen Ausgleichungspflicht ein (§ 2051).

5. Mehrere unmittelbare Abkömmlinge des Erblassers **(Kinder)** erhalten die ganze Erbschaft nach Kopfteilen, vorbehaltlich der Konkurrenz des überlebenden Ehegatten, der ein Viertel erhält. Mehrere an die Stelle ihres gemeinschaftlichen Stammelternteils tretende Abkömmlinge erhalten zusammen dessen Anteil unter sich zu gleichen Teilen; ist einer von ihnen weggefallen, so treten dessen Abkömmlinge in seinen Anteil ein (Unterstammteilung). Vgl. hierzu über den Gleichheitsgrundsatz im Erbrecht Raiser ZHR 111, 80. — Anteile im Falle mehrfacher Verwandtschaft § 1927. — Bei fortgesetzter Gütergemeinschaft findet keine Erbfolge der Abkömmlinge in den Anteil am Gesamtgute statt, weil der Anteil des verstorbenen Ehegatten am Gesamtgut in diesem Falle nicht zum Nachlaß gehört (§ 1483).

§ 1925

Gesetzliche Erben der zweiten Ordnung sind die Eltern des Erblassers und deren Abkömmlinge.

Leben zur Zeit des Erbfalls die Eltern, so erben sie allein und zu gleichen Teilen.

Lebt zur Zeit des Erbfalls der Vater oder die Mutter nicht mehr, so treten an die Stelle des Verstorbenen dessen Abkömmlinge nach den für die Beerbung in der ersten Ordnung geltenden Vorschriften. Sind Abkömmlinge nicht vorhanden, so erbt der überlebende Teil allein.

E I 1966 II 1802; M 5 361; P 5 467.

Erben zweiter Ordnung

1. Zu Abs 1: In der **zweiten Ordnung** rückt die Erbfolge aufwärts bis zu den Eltern (im Sinne von Einzelpersonen, keine „Elternschaft", RG 94, 242) und von diesen, soweit sie zur Zeit des Erbfalls weggefallen sind (Abs 2 u. 3), wieder abwärts auf ihre Abkömmlinge (§ 1924 A 2), d. h. auf die Geschwister, Neffen, Nichten, Großneffen usw. des Erblassers. Die zweite Ordnung tritt erst ein, wenn keine Abkömmlinge des Erblassers vorhanden sind. Dem Tode steht auch hier der Wegfall durch Ausschlagung, Erbunwürdigkeit, Erbunfähigkeit oder Ausschließung gleich (vgl. A 3 zu § 1924). Daneben ist der überlebende Ehegatte zur Hälfte der Erbschaft als gesetzlicher Erbe berufen, § 1931. Pflichtteilsrecht § 2303.

2. Zu Abs 2: Nur wenn beide Eltern leben, ist das Erbrecht ihrer Abkömmlinge gänzlich ausgeschlossen (Schoßfallrecht). Sonst gilt Abs 3. Auch hier ist vorausgesetzt, daß die Eltern wirklich erben (§ 1924 A 3). Ihr Verzicht (vgl. A 4 zu § 1924) bindet jedoch ihre Abkömmlinge nicht;

§ 2349 ist hier nicht anwendbar. Die Mutter des unehelichen Kindes beerbt dieses, wenn es keine Abkömmlinge hat, allein in der zweiten Ordnung (§ 1705), gegebenenfalls in Konkurrenz mit dem Ehegatten. Wird es für ehelich erklärt, so erlangt nur der Vater, nicht die Frau des Vaters Erbrecht (§§ 1736, 1737). Den Adoptiveltern steht kein Erbrecht zu (§ 1759). Ein Kind aus einer nach den §§ 17—22 EheG nichtigen Ehe gilt ohne Rücksicht auf Bösgläubigkeit der Eltern als ehelich (§ 25 EheG); auch der bösgläubige Vater ist daher dem Kinde gegenüber erbberechtigt.

3. Zu Abs 3 Satz 1: Ist **ein Elternteil verstorben,** so treten seine Abkömmlinge (die Geschwister und Geschwisterkinder des Erblassers) an die Stelle. Die auf den verstorbenen Elternteil vorbehaltlich eines etwaigen Ehegattenerbrechts entfallende Hälfte verteilt sich innerhalb der Linie gemäß § 1924 Abs 2, 3 nach Stämmen, unter Kindern desselben Stammes nach Kopfteilen (1924 Abs 4). Halbbürtige Geschwister und deren Abkömmlinge rücken mithin, zusammen mit den vollbürtigen Geschwistern, nur in die Erbhälfte desjenigen vorverstorbenen Elternteils ein, welchen sie mit dem Erblasser gemein haben. Zu der Hälfte des anderen Teiles haben sie überhaupt kein Erbrecht. Mehrere uneheliche Geschwister haben gegenseitiges Erbrecht, nachdem die Mutter weggefallen ist. Auch wenn beide Elternteile verstorben sind, erben die Geschwisterkinder und deren Abkömmlinge nicht nach Köpfen, sondern nach Stämmen.

4. Zu Abs. 4 Satz 2: Hat der verstorbene Elternteil **keine Abkömmlinge hinterlassen,** so geht die auf ihn treffende Hälfte nicht auf die vorhandenen Verwandten dritter Ordnung seiner Linie, sondern auf den überlebenden Elternteil über. Die Großeltern dieser Linie (Eltern des verstorbenen Elternteils) werden also durch den überlebenden Elternteil ausgeschlossen. Das Linienprinzip ist hier zugunsten der successio ordinis und deren reiner Durchführung durchbrochen. Sind beide Eltern verstorben und nur Abkömmlinge eines Elternteils (halbbürtige Geschwister) vorhanden, so erhalten (obwohl eine ausdrückliche Entscheidung dieses Falles durch das Gesetz fehlt) folgerichtig diese auch die auf den andern Elternteil entfallende Hälfte; sie schließen also dessen Eltern (die anderseitigen Großeltern des Erblassers) aus (so OLG 20, 425; JFG 18, 374; DRechtspflege 1939 Nr 181; Kipp-Coing § 6 A 12). Dieses Ergebnis ist nicht befriedigend, zumal dann, wenn der Nachlaß letztlich von den mit dem Erben nicht verwandten Großeltern des Erblassers stammt; angesichts der im Grundsatz jedoch klaren gesetzlichen Regelung müssen etwaige Unbilligkeiten im Einzelfalle jedoch hingenommen werden.

§ 1926

Gesetzliche Erben der dritten Ordnung sind die Großeltern des Erblassers und deren Abkömmlinge.

Leben zur Zeit des Erbfalls die Großeltern, so erben sie allein und zu gleichen Teilen.

Lebt zur Zeit des Erbfalls von den väterlichen oder von den mütterlichen Großeltern der Großvater oder die Großmutter nicht mehr, so treten an die Stelle des Verstorbenen dessen Abkömmlinge. Sind Abkömmlinge nicht vorhanden, so fällt der Anteil des Verstorbenen dem anderen Teile des Großelternpaars und, wenn dieser nicht mehr lebt, dessen Abkömmlingen zu.

Leben zur Zeit des Erbfalls die väterlichen oder die mütterlichen Großeltern nicht mehr und sind Abkömmlinge der Verstorbenen nicht vorhanden, so erben die anderen Großeltern oder ihre Abkömmlinge allein.

Soweit Abkömmlinge an die Stelle ihrer Eltern oder ihrer Voreltern treten, finden die für die Beerbung in der ersten Ordnung geltenden Vorschriften Anwendung.

E I 1968 II 1803; M 5 364, 365; P 5 467—469.

Erben dritter Ordnung

1. Zu Abs 1: In der **dritten Ordnung** rückt die Erbfolge aufwärts bis zu den Großeltern und von diesen, soweit sie zur Zeit des Erbfalls weggefallen sind, wieder abwärts auf ihre **Abkömmlinge** (§ 1924 A 2), d. h. auf die Onkel, Tanten, Vettern und Basen des Erblassers. Die dritte Ordnung rückt nur ein, wenn weder Verwandte der ersten noch der zweiten zur Erbschaft gelangen können (§ 1930). Der überlebende Ehegatte ist neben Großeltern zur Hälfte der Erbschaft als gesetzlicher Erbe berufen; er erbt allein gegenüber anderen Verwandten der dritten Ordnung, § 1931. Kein Pflichtteilsrecht der Verwandten dieser Ordnung.

2. Zu Abs 2: Auch nach § 1926 Abs 2 ist vorausgesetzt, daß alle, regelmäßig vier **Großelternteile** auch wirklich Erben werden (§§ 1924 A 3, 1925 A 2). Sie erben dann je $^1/_4$. Hatte der Erblasser von vornherein im Rechtssinne weniger als vier Großeltern (nämlich wenn er selbst oder seine beiden Eltern unehelich geboren waren, zwei; wenn ein Elternteil unehelich geboren war, drei), so ändern sich die Anteile der einzelnen Großelternteile entsprechend. Die uneheliche Großmutter nimmt hierbei für sich allein dieselbe Stellung ein wie ein Großelternpaar (Kipp-Coing § 6 Anm 13).

3. Zu Abs 3 Satz 1: Es gelten die für die Beerbung in der ersten Ordnung geltenden Vorschriften (Abs 5; vgl. A 6). Wegen der mit dem Erblasser nur durch einen Großelternteil verwandten Abkömmlinge von Großeltern (halbbürtige Onkel usw.) gilt gleiches wie von den halbbürtigen Geschwistern (vgl. ebenda).

4. Zu Abs 3 Satz 2: Die dem väterlichen und die dem mütterlichen Großelternpaare (vorbehaltlich immer eines konkurrierenden Ehegattenerbrechts) zukommenden Hälften der Erbschaft verbleiben den von ihnen ausgehenden Linien, solange auch nur ein Glied der betreffenden Linie vorhanden ist, auch wenn beide Großelternpaare verstorben sind (SeuffA 56 Nr 52). Jedes der **Großelternpaare** wird dabei unter sich als zu einer Einheit verbunden angesehen. Was nach § 1925 Abs 3 von dem überlebenden Elternteile gilt (vgl. A 4 dazu), das gilt hier von dem überlebenden Teile des in Frage kommenden Großelternpaares. Hat also der verstorbene Teil eines Großelternpaares keine Abkömmlinge hinterlassen, so erhält das auf ihn treffende Viertel der andere Teil dieses Großelternpaares. Ist auch dieser verstorben, so fällt er an dessen Abkömmlinge, also, da gemeinschaftliche Abkömmlinge in dem unterstellten Falle nicht vorhanden sind, an etwaige aus einer anderen Ehe dieses Großelternteils stammende Abkömmlinge oder, wenn es sich um eine Großmutter handelt, an deren uneheliche Abkömmlinge.

5. Zu Abs 4: Wenn gar keine Abkömmlinge des einen Großelternpaares oder eines Teiles von ihm vorhanden sind, so gehen die auf diese Linie entfallenden Anteile auf das andere Großelternpaar und dessen Abkömmlinge über. Erst wenn auch diese fehlen, tritt die vierte Ordnung ein. Das folgt auch hier aus der successio ordinis (§ 1930).

6. Zu Abs 5: Vgl. § 1924 Abs 2, 3: Ausschließung entfernterer durch lebende nähere Abkömmlinge; Eintrittsrecht; Stammeserbfolge. Vgl. ferner A 3, 4 zu § 1925.

§ 1927

Wer in der ersten, der zweiten oder der dritten Ordnung verschiedenen Stämmen angehört, erhält den in jedem dieser Stämme ihm zufallenden Anteil. Jeder Anteil gilt als besonderer Erbteil.

E I 1967 II 1804; M 5 363, 364; P 5 467.

Zugehörigkeit zu verschiedenen Stämmen

1. Mehrfache Verwandtschaft kommt hier nur insofern in Betracht, als sie innerhalb derselben Ordnung eine Zugehörigkeit zu mehreren Stämmen begründet. Eine mehrfache Verwandtschaft innerhalb derselben Ordnung, die ein mehrfaches Erbrecht begründet, kann dadurch entstehen, daß einer Ehe zwischen zwei dieser Ordnung angehörigen Verwandten des Erblassers, soweit eine solche nach § 1310 (jetzt EheG § 4) zulässig ist, ein Abkömmling entstammt, der durch beide Stammeseltern mit dem Erblasser verwandt, also in beiden Stämmen zur Erbschaft berufen ist, z. B. ein Urenkel des Erblassers aus einer Ehe zwischen einem Enkel und einer Enkelin (erste Ordnung) oder ein Abkömmling aus einer Ehe zwischen dem Sohne einer Schwester und der Tochter eines Bruders des Erblassers (zweite Ordnung).

Eine mehrfache Verwandtschaft solcher Art kann auch durch Annahme an Kindes Statt in der Weise herbeigeführt werden, daß eine Frau das uneheliche Kind ihrer Tochter an Kindes Statt annimmt; dieses erhält dadurch, ohne das ihm aus seiner natürlichen Verwandtschaft als Enkel zustehende Erbrecht zu verlieren (§ 1764), das Erbrecht eines ehelichen Kindes der annehmenden Großmutter (§ 1757), so daß es nach Maßgabe dieses doppelten Erbrechts mit anderen Abkömmlingen seiner Großmutter konkurriert. Mehrfache Verwandtschaft entsteht ferner dadurch, daß der Erblasser einen entfernteren Abkömmling an Kindes Statt annimmt, da dieser dadurch „verschiedenen Stämmen" angehörig wird (Planck-Flad 4. Aufl. Erl 2).

Dagegen entsteht kein mehrfaches Erbrecht, wenn die uneheliche Mutter selbst ihr Kind an Kindes Statt annimmt oder der Vater eines unehelichen Kindes es an Kindes Statt annimmt und später mit der Mutter die Ehe schließt; in diesen Fällen ergibt sich nur eine einfache Verwandtschaft als eheliches Kind aus mehreren rechtsbegründenden Tatsachen. Wegen des Ehegatten, der zugleich als Verwandter zur Erbfolge berufen ist, vgl. § 1934.

2. Die mehrfache Verwandtschaft hat nur Bedeutung, soweit die **Erbfolge nach Stämmen** reicht, also in den ersten drei Ordnungen. Der mehrfach Verwandte wird Inhaber einer seinen mehreren Verwandtschaftsverhältnissen entsprechenden Anzahl von Stammesanteilen. Ist er z. B. mit dem Erblasser doppelt verwandt und ist neben ihm als einzigem Angehörigen seines Stammes noch ein anderer Stamm vorhanden, so entfallen auf ihn zwei Stammesanteile, auf den anderen Stamm ein Stammesanteil.

3. Zu Satz 2: Die Vorschrift entspricht derjenigen des § 1934 Satz 2 bezüglich des überlebenden Ehegatten. Für **jeden Erbteil** gelten die sich auf die Erbschaft beziehenden Vorschriften (§ 1922 Abs 2). Daher Möglichkeit besonderer Verfügung aus § 2033, Haftung für die Verbindlichkeiten, als wenn jeder Erbteil einem anderen Erben gehörte (§ 2007; vgl. A 2 dazu), Berechnung des Pflichtteils für jeden Erbteil besonders (§ 2303). Auch das Ausschlagungsrecht kann für jeden Anteil besonders ausgeübt werden, da nach Satz 2 jeder Anteil unbeschränkt (im Gegensatze zu §§ 1935, 2095) als besonderer Erbteil gilt und als verschiedene Berufungsgründe im Sinne von § 1951 nicht nur Gesetz und Verfügung von Todes wegen, sondern auch die Berufung zu mehreren besonderen Erbteilen kraft Gesetzes infolge mehrfacher familienrechtlicher Beziehung zu dem Erblasser anzusehen ist (vgl. § 1951 A 2).

§ 1928

Gesetzliche Erben der vierten Ordnung sind die Urgroßeltern des Erblassers und deren Abkömmlinge.

Leben zur Zeit des Erbfalls Urgroßeltern, so erben sie allein; mehrere erben zu gleichen Teilen, ohne Unterschied, ob sie derselben Linie oder verschiedenen Linien angehören.

Leben zur Zeit des Erbfalls Urgroßeltern nicht mehr, so erbt von ihren Abkömmlingen derjenige, welcher mit dem Erblasser dem Grade nach am nächsten verwandt ist; mehrere gleich nahe Verwandte erben zu gleichen Teilen.

E I 1969 II 1805; M 5 366; P 5 469–471.

Erben vierter Ordnung

1. Zu Abs 1: In der **vierten Ordnung** rückt die Erbfolge aufwärts bis zu den vier Urgroßelternpaaren und von diesen, jedoch nur wenn sie zur Zeit des Erbfalls sämtlich weggefallen sind (Abs 2 u. 3), wieder abwärts auf ihre Abkömmlinge. Unter diesen schließt aber der dem Grade nach nächste Verwandte alle übrigen von der Erbfolge aus. Der überlebende Ehegatte erhält die ganze Erbschaft (§ 1931 Abs 2).

2. Zu Abs 2: Abweichend von §§ 1925 Abs 3 und 1926 Abs 3 schließt auch nur ein einziger noch lebender und wirklich zur Erbfolge gelangender (§ 1924 A 3) **Urgroßelternteil** die Abkömmlinge vorverstorbener Urgroßeltern gänzlich aus (unbeschränktes Schoßfallrecht).

Auch die Scheidung nach der Vater- und Mutterseite und die darauf gegründete Einheit der Vorfahrenpaare (§ 1926 A 4), also die **Linearerbfolge ist aufgegeben.**

3. Zu Abs 3: Abweichend von den drei ersten Ordnungen gilt von der vierten Ordnung ab (§§ 1928, 1929) innerhalb der Ordnung die **Gradualerbfolge.** Die Erbfolge nach Stämmen (§ 1924 Abs 3) ist aufgegeben. Unter den Nachkommen, die von den acht in der vierten Ordnung in Betracht kommenden Urgroßelternteilen abstammen, schließt derjenige, welcher mit dem Erblasser dem Grade nach am nächsten verwandt, d. h. durch die geringste Zahl von Zeugungen verbunden ist (§ 1589 Abs 1 Satz 3), ohne Rücksicht auf Voll- oder Halbbürtigkeit (§ 1925 A 3), alle anderen aus. Sind mehrere gleich nahe Verwandte des Erblassers in diesem Sinne vorhanden, so erben sie zu gleichen Teilen ohne Rücksicht auf etwaige mehrfache Verwandtschaft (§ 1927).

§ 1929

Gesetzliche Erben der fünften Ordnung und der ferneren Ordnungen sind die entfernteren Voreltern des Erblassers und deren Abkömmlinge.

Die Vorschriften des § 1928 Abs 2, 3 finden entsprechende Anwendung.

E I 1969 II 1806; M 5 366, 367; P 5 469–471.

Erben fünfter und fernerer Ordnung

1. Das Verwandtenerbrecht des BGB ist **unbegrenzt** (vgl. A 1 zu § 1924).

2. Auch in den ferneren Ordnungen tritt innerhalb einer jeden Ordnung (successio ordinis, § 1930) **reine Gradualerbfolge** ein. Ein noch lebender Vorelternteil schließt, als dem Grade nach am nächsten verwandt, alle Abkömmlinge dieser Ordnung aus, ohne Unterschied, ob sie von ihm oder von anderen Voreltern der gleichen Ordnung abstammen (darin liegt der Gegensatz zur Stammeserbfolge in den drei ersten Ordnungen). Ferner schließt von den Abkömmlingen der dem Grade nach nähere den entfernteren, ohne Rücksicht auf die Abstammung des letzteren von ihm oder von anderen Voreltern (auch hier Gegensatz zur Stammeserbfolge) aus (vgl. § 1928 A 2).

§ 1930

Ein Verwandter ist nicht zur Erbfolge berufen, solange ein Verwandter einer vorhergehenden Ordnung vorhanden ist.

E I 1970 II 1807; M 5 367; P 5 471.

Folge der Ordnungen

1. § 1930 spricht den durch die vorhergehenden Bestimmungen festgelegten Grundsatz der successio ordinis nochmals ausdrücklich aus. Unter **„Berufung“** ist hier der wirkliche Erbanfall zu verstehen; die bedingte Berufung als Anwartschaft für den Fall des Wegfallens des vorgehend Berufenen tritt schon mit dem Erbfalle ein (Simultanberufung; vgl. § 1922 A 6), so daß man von mehreren nacheinander erfolgenden (sukzessiven) Berufungen, wie sie der Wortlaut des § 1930 annehmen lassen könnte, nicht sprechen kann. Der einer späteren Ordnung angehörende Verwandte braucht daher den Wegfall der zu einer früheren Ordnung gehörigen durch Ausschlagung oder Erbunwürdigkeit nicht zu erleben; tritt der Wegfall ein, so gilt der Erbanfall an ihn als bereits mit dem Tode des Erblassers erfolgt (vgl. aaO.). Über den Ausschluß der Erben dritter Ordnung durch die halbbürtigen Geschwister des Erblassers vgl. Anm 4 zu § 1925.

§ 1931

Der überlebende Ehegatte des Erblassers ist neben Verwandten der ersten Ordnung zu einem Vierteile, neben Verwandten der zweiten Ordnung oder neben Großeltern zur Hälfte der Erbschaft als gesetzlicher Erbe berufen. Treffen mit Großeltern Abkömmlinge von Großeltern zusammen, so erhält der Ehegatte auch von der anderen Hälfte den Anteil, der nach § 1926 den Abkömmlingen zufallen würde.

Sind weder Verwandte der ersten oder der zweiten Ordnung noch Großeltern vorhanden, so erhält der überlebende Ehegatte die ganze Erbschaft.

E I 1971 Abs 1 II 1808; M 5 367–372; P 5 471–480; 6 100–102; KB 306.

Übersicht:

Ehegattenerbrecht

1. Ehegatte des Erblassers ist nur, wer bis zum Erbfall mit dem Erblasser in gültiger Ehe gelebt hat, ohne Rücksicht auf die Dauer der Ehe. Dies ist nicht der Fall, wenn die Ehe vor dem Tode des Erblassers auf Nichtigkeitsklage (§§ 23, 24 EheG; früher § 1329 BGB) für nichtig erklärt oder durch gerichtliche Scheidung (§ 41 EheG; früher § 1564 BGB) oder Aufhebung (§ 29) oder durch Schließung einer neuen Ehe nach Todeserklärung (§ 38 Abs 2 EheG; früher § 1348 Abs 2 BGB) aufgelöst worden ist. Während nach § 1329 BGB nach dem Tode des einen Ehegatten die Nichtigkeit der Ehe, auch ohne daß Nichtigkeitsklage erhoben worden war, gegenüber dem das Erbrecht in Anspruch nehmenden Ehegatten geltend gemacht werden konnte, kann sich nach § 23 EheG niemand auf die Nichtigkeit einer Ehe berufen, solange nicht die Ehe durch gerichtliches Urteil für nichtig erklärt worden ist. Die Nichtigkeitsklage kann, wenn die Ehe (z. B. durch Tod eines Ehegatten oder durch Scheidung) aufgelöst ist, nur vom Staatsanwalt (§ 24 Abs 2 Satz 2) und nach dem Tode beider Ehegatten auch von diesem nicht mehr erhoben werden (§ 24 Abs 3). Das EheG kennt keine Anfechtung der Ehe mit rückwirkender Kraft. An die Stelle der Anfechtungsklage ist die Aufhebungsklage getreten; die Folgen der Aufhebung bestimmen sich nach den Vorschriften über die Folgen der Scheidung (§ 37 Abs 1). Über die Wirkungen einer bei Lebzeiten des Erblassers erhobenen Scheidungs- oder Aufhebungsklage vgl. § 1933.

Eine nachträgliche Eheschließung nach dem Erlaß Hitlers vom 6. 11. 1941 hat grundsätzlich keine familien- und erbrechtlichen Wirkungen (OLG Braunschweig SJZ 1947, 663; KG SJZ 1947, 665 m. Anm Küster; LG Coburg MDR 1950, 160; a. A. OLG Dresden DRZ 1948, 214 m. Anm Coing). Der „Ehefrau“ stehen in einem solchen Fall an dem Nachlaß ihres verstorbenen Verlobten weder Erb- noch Pflichtteilsrechte zu (vgl. Anm 2 zu § 1924). Vgl. f. d. BrZ VO v. 13. 8. 1948 (VOBl BrZ S. 237), f. Rheinland-Pfalz G v. 24. 2. 1949 (GVBl I 81) und nunmehr f. d. gesamte Bundesgebiet das Gesetz über die Rechtswirkungen des Ausspruchs einer nachträglichen Eheschließung v. 29. 3. 51 (BGBl I, 215).

Auch an dem Nachlasse des bei der Scheidung oder Aufhebung allein für schuldig erklärten Ehegatten hat der andere Ehegatte kein Erbrecht; er hat nur Anspruch auf Unterhalt gemäß §§ 58ff., 37, 70 EheG (früher §§ 1578ff. BGB). Ebensowenig haben Ehegatten einer Ehe, die aus einem nicht auf Verschulden beruhenden Grunde geschieden worden ist (§§ 44—46, 48 EheG), ein gegenseitiges Erbrecht. Es besteht auch kein Erbrecht des gutgläubigen Ehegatten einer nichtigen Ehe; die in § 26 EheG (früher § 1345 BGB) zu seinen Gunsten aufgestellte Fiktion verleiht ihm nur die Rechte eines aus Verschulden des anderen Teils geschiedenen Ehegatten.

Der Scheidung steht die — nach § 78 EheG beseitigte — Aufhebung der ehelichen Gemeinschaft, sofern diese nicht vor dem Tode wiederhergestellt ist, auch hinsichtlich des Erbrechts gleich (§§ 1586, 1587 BGB; § 98 EheGaF; arg. auch § 1933, vgl. A 2 dazu; s. auch Vorbem 1 vor § 1418). Dagegen beeinträchtigt das bloße tatsächliche Getrenntleben bis zum Tode das Erbrecht nicht, außer wenn etwa bei einer vor dem 1. 1. 00 geschlossenen Ehe der für eine solche in Art 202 Satz 2 EG gemachte Vorbehalt zutrifft.

2. Das BGB beruft, in Anknüpfung an deutschrechtliche Anschauungen (preußisches, sächsisches Recht), den Ehegatten auch neben Abkömmlingen als **vollberechtigten Erben,** nicht nur zum Nießbrauch oder als Vorerben. Der auf ihn fallende Teil der Erbschaft wird deshalb, sofern nicht anders über ihn verfügt wird, auch auf die aus einer andern Ehe stammenden oder, sofern es sich um eine Frau handelt, unehelichen Abkömmlinge und auf die Seitenverwandten des überlebenden Ehegatten weitervererbt und dadurch der Familie des Erblassers insoweit endgültig entzogen. Die Berufung erfolgt neben Abkömmlingen des Erblassers (erste Ordnung, § 1924) und neben seinen Eltern und deren Abkömmlingen (zweite Ordnung, § 1925), sowie aus der dritten Ordnung neben seinen Großeltern als Miterbe zu einem Erbteile ($^1/_4$ bzw. $^1/_2$); andere Verwandte werden durch den Ehegatten ausgeschlossen.

Kein Erbrecht des überlebenden Ehegatten, weil überhaupt keine Erbfolge (vgl. § 1922 A 6 am Schlusse), tritt ein in den Anteil des verstorbenen Ehegatten am Gesamtgute bei fortgesetzter Gütergemeinschaft (§§ 1483 ff.).

3. Zu Abs 1 Satz 2: Die Bestimmung hängt mit dem in Abs 2 ausgesprochenen Grundsatze zusammen, daß der Ehegatte die Abkömmlinge von Großeltern ausschließen soll, und regelt die Art und Weise, in welcher sich diese Ausschließung bei dem **Zusammentreffen von Großeltern mit Abkömmlingen anderer Großeltern** vollzieht. Danach erhält der Ehegatte außer der ihm neben Großeltern überhaupt zustehenden Hälfte der Erbschaft diejenigen Anteile der anderen Hälfte, die, wenn er nicht vorhanden wäre, nach Maßgabe des § 1926 Abs 3—5 den Abkömmlingen weggefallener Großeltern zufallen würden. Diese Anteile gestalten sich verschieden groß, je nachdem ein, zwei oder drei Großelternteile, von denen auf jeden ein Achtel der Erbschaft fallen würde, mit oder ohne Abkömmlinge weggefallen sind. Der Ehegatte erhält das Achtel eines jeden weggefallenen Großelternteils, von dem Abkömmlinge vorhanden sind, an deren Stelle. Ist der eine Teil eines Großelternpaares ohne Abkömmlinge weggefallen, so geht sein Achtel auf den andern Teil des Paares über; der Ehegatte erhält es also nicht. Ist auch der andere Teil des Paares weggefallen, so erhält, wenn Abkömmlinge von ihm (halbbürtige) vorhanden sind, der Ehegatte die zwei Achtel, die diesen zufallen würden; andernfalls gehen diese zwei Achtel auf das andere Großelternpaar über. Ist auch von diesem ein Teil weggefallen, so erhält, wenn Abkömmlinge von ihm vorhanden sind, der Ehegatte die auf diese fallenden drei Achtel; andernfalls gehen sie auf den andern Teil dieses Großelternpaares über und dieser erhält also, als allein noch vorhandener Großelternteil, mit seinem Achtel die ganze andere Hälfte der Erbschaft; der Ehegatte bleibt auf seine Hälfte beschränkt.

4. Zu Abs 2: Andere Verwandte der dritten Ordnung als Großeltern (also Onkel, Tanten, Vettern usw.) sowie alle Verwandten der ferneren Ordnungen werden durch den Ehegatten ausgeschlossen.

5. Besonderes: § 1931 enthält kein zwingendes Recht (RG 49, 49). Über den Voraus des Ehegatten §§ 1932, 1933. Mehrfaches Erbrecht § 1934. Pflichtteilsrecht des Ehegatten § 2303. Fortgesetzte Gütergemeinschaft §§ 1483 ff.

6. Für das **Übergangsrecht** ist von Bedeutung, daß Art 200 EG die erbrechtlichen Wirkungen des bisherigen Güterstandes bestehen läßt (vgl. Vorbem 3 zu diesem Buche). Das in dem preuß. Ges v. 16. 4. 1860 geregelte Recht der westfälischen Gütergemeinschaft ist hinsichtlich seiner erbrechtlichen Wirkungen durch das AG als Ganzes aufrechterhalten worden, einschließlich der durch die Verweisung in § 7 zum Bestandteil des Sonderrechts gewordenen Vorschriften des PrALR; danach kann der überlebende Ehegatte weder im Falle beerbter noch unbeerbter Ehe ein Erbrecht auf Grund des § 1931 geltend machen (RG 60, 165). — Enthält das bisherige besondere Güterrecht keine Bestimmungen über das Recht des überlebenden Ehegatten für den Fall der Errichtung eines Testaments, insbesondere über ein Pflichtteilsrecht des Ehegatten, ohne ein solches auszuschließen, so sind die Vorschriften des BGB über das Pflichtteilsrecht anwendbar; sind dagegen in dem älteren Güterrechte gewisse unentziehbare Rechte des überlebenden Ehegatten, insbesondere ein Nutznießungsrecht, begründet, so ist daneben kein Raum für das Pflichtteilsrecht des BGB (JW 1912, 298[18]; vgl. auch 1905, 132[3]). — Sind unter der Herrschaft eines Rechtes, welches kein Erbrecht des überlebenden Ehegatten kannte, insbesondere des gemeinen Rechtes, einem Ehegatten von dem andern Zuwendungen für den Fall des Überlebens in Erb- oder Eheverträgen gemacht, so ist für die Frage, ob dadurch das Erbrecht des überlebenden Ehegatten nach BGB ausgeschlossen wird, entscheidend, ob der Wille des Erblassers (richtiger: der Vertragschließenden) dahin ging, daß der Bedachte lediglich das Zugewendete und sonst nichts aus dem Nachlasse erhalten sollte (RG Warn 1912 Nr 438; RG 49, 44; auch 25. 4. 11 III 55/10). Ein dahingehender Wille ist nur anzunehmen, wenn besondere Umstände dafür sprechen (BayObLG BayZ 1910, 160). Daraus, daß der Erblasser dem Ehegatten weniger zugewendet hat, als er ihm nach dem bestehenden Rechte hätte zuwenden können, ist ein solcher Wille noch nicht zu entnehmen. Ist der Wille, den Ehegatten von allen weiteren Bezügen aus dem Nachlasse auszuschließen, in einem Ehe- und Erbvertrage des französischen Rechtes zum Ausdruck gekommen, so kann er hinsichtlich des gesetzlichen Erbrechts des Ehegatten keine Wirkung äußern, weil Erbverzichtsverträge nach französischem Rechte ungültig waren (RG JW 09, 220[10], unter Aufgabe von 49, 44; ferner 2. 5. 12 IV 366/11; vgl. Vorbem 3 zu diesem Buche zu Art 217 EG). — Auslegungsfrage ist auch, ob der überlebende Ehegatte das ihm durch eine solche ältere Verfügung Zugewendete, insbesondere einen Nießbrauch, neben dem gesetzlichen Erbrecht des BGB verlangen kann oder nur, wenn er dieses ausgeschlagen hat (RG Warn 1913 Nr 231; ferner 2. 5. 12 IV 366/11 und 16. 5. 17 IV 74/17).

§ 1932

Ist der überlebende Ehegatte neben Verwandten der zweiten Ordnung oder neben Großeltern gesetzlicher Erbe, so gebühren ihm außer dem Erbteile die zum ehelichen Haushalte gehörenden Gegenstände, soweit sie nicht Zubehör eines Grundstücks sind, und die Hochzeitsgeschenke als Voraus. Auf den Voraus finden die für Vermächtnisse geltenden Vorschriften Anwendung.

E I 1971 Abs 3 II 1809; M 5 372–375; P 5 472, 480, 481.

Übersicht:

Voraus des Ehegatten

1. Voraussetzungen
2. Haushaltsgegenstände
3. Zubehör
4. Hochzeitsgeschenke
5. Vermächtnisvorschriften (Satz 2)

1. Die Vorschrift behandelt den **Voraus,** der dem überlebenden Ehegatten als gesetzlichen Erben neben Verwandten der zweiten Ordnung (§ 1925) oder neben Großeltern (§ 1926) gebührt. Der Ehegatte hat also kein Recht auf einen Voraus neben Abkömmlingen (§ 1924). Er hat ferner Anspruch auf die ganze Erbschaft, gegenüber Abkömmlingen von Großeltern und Verwandten fernerer Ordnungen, § 1931 Abs 2; insoweit brauchte ihm deshalb kein Voraus eingeräumt zu werden.

Der Ehegatte muß gesetzlicher Erbe geworden sein. Deshalb steht der Voraus dem auf Grund einer Verfügung von Todes wegen erbenden Ehegatten nicht zu (RG 62, 110); schlägt er aber die Einsetzung als Erbe aus und nimmt er die gesetzliche Berufung an (§ 1948), so kann er den Voraus beanspruchen. Ebensowenig steht der Voraus dem Ehegatten zu, der auf die Erbschaft verzichtet hat (§ 2346), von ihr ausgeschlossen (§ 1938), für unwürdig erklärt worden ist (§ 2339) oder sie ausgeschlagen hat (§ 1944; vgl. A 6 zu § 1922). Da in § 1932 Satz 1 ausdrücklich erfordert wird, daß der überlebende Ehegatte gesetzlicher Erbe ist, kann er die Erbschaft auch nicht ausschlagen und den Voraus annehmen (Planck-Flad 4. Aufl. Erl 4; a. M. die zweite Auflage dieses Kommentars A 5 mit Planck frühere Auflagen; die Anwendung der Vermächtnisgrundsätze, vgl. A 5, kann nicht dazu führen, von dem Erfordernisse abzusehen, daß der Ehegatte Erbe wird). Dagegen kann er die Erbschaft annehmen und den Voraus ausschlagen.

Ist der Ehegatte nicht zum Voraus berechtigt, so müssen die Gegenstände, die den Voraus gebildet haben würden, bei Berechnung seines Pflichtteils als zum Nachlasse gehörig angesehen werden (der § 1987 Satz 1 des I. Entwurfs, der das ausdrücklich anordnet, ist von der zweiten Kommission als selbstverständlich gestrichen; P 5, 518). Anderseits kommt der Voraus bei Berechnung des Pflichtteils der Eltern des Erblassers nicht als Teil des Nachlasses in Ansatz (§ 2311 Abs 1 Satz 2; die in RG 62, 110 offen gelassene Frage der Anwendbarkeit dieser Vorschrift, wenn der Ehegatte nicht vorausberechtigt ist, muß auf Grund des Wortlauts wie auch aus sachlichen Gründen verneint werden [vgl. §1987 Satz 2 des E I]; durch die Änderung der Fassung [P 5, 518] war wohl keine sachliche Änderung beabsichtigt).

Der Voraus kann dem Ehegatten vom Erblasser durch anderweitige Vergebung der dazu gehörigen Gegenstände oder auch mittelbar durch übermäßige Beschwerung des Erben mit anderen Vermächtnissen entzogen werden (vgl. A 5).

2. Als **Haushaltsgegenstände** (vgl. auch §§ 1382, 1620, 1640, 1969) kommen die den Zwecken des ehelichen Haushalts dienenden Gegenstände in Betracht, auch Luxussachen, nicht aber Gegenstände des individuellen Bedarfs des einzelnen Ehegatten (Kleidung, Schmuck) oder solche, die zu Erwerbs-, Dienst- oder Studienzwecken dienen. Nach der Ausdrucksweise des BGB (vgl. § 90) besteht kein durchgreifendes Bedenken, auch unkörperliche Gegenstände, also Rechte, als zum ehelichen Haushalte „gehörig" darunter zu begreifen, so namentlich Ansprüche aus Lieferungsverträgen für den Haushalt, aus Abzahlungsverträgen für Möbel, Wäsche u. dgl., ferner auch das Mietrecht auf die eheliche Wohnung; der Zweck, dem überlebenden Ehegatten die Fortsetzung des bisherigen Haushalts zu ermöglichen, wird gerade erst durch Einbeziehung dieser Rechte erreicht (so auch Planck-Flad 4. Aufl. Erl 2; Kipp-Coing § 7 Anm 7; a. M. die zweite Auflage dieses Kommentars).

Der Haushalt braucht nicht als gemeinschaftlicher zur Zeit des Todes zu bestehen; bei Getrenntleben fallen diejenigen Gegenstände unter den Voraus, die zu dem früheren gemeinschaftlichen Haushalte gehört haben oder im Wege der Surrogation an deren Stelle getreten sind (OLG 24, 80). § 1932 erfordert aber seinem Wortlaut („zum ehelichen Haushalt gehörenden Gegenstände") und seinem Zwecke nach, die Fortsetzung des Haushalts durch den überlebenden Gatten zu ermöglichen, daß ein gemeinsamer ehelicher Haushalt überhaupt einmal begründet worden ist (vgl. auch Seuff A 77, 148; Hann Rpfl 1946, 91; Kipp-Coing § 7 Anm 6). Haben die Ehegatten oder hat einer von ihnen die häusliche Gemeinschaft aufgehoben, dann muß mindestens von einem von beiden der bisherige Haushalt — als Grundlage für eine etwaige Wiederherstellung der ehelichen Lebensgemeinschaft und insofern als „ehelicher Haushalt" — aufrechterhalten worden sein. Hat sich nach der Trennung einer der Ehegatten eine eigene Wohnung neu eingerichtet, so fallen die dafür angeschafften Sachen nicht unter den Voraus. Die in der 9. Auflage vertretene Auffassung, es fielen auch solche Gegenstände unter den Voraus, die zu Zwecken des zu gründenden ehelichen Haushalts bereits angeschafft sind, auch wenn es zu einer Begründung des Haushalts nicht gekommen ist, z. B. weil ein Ehegatte vorher verstorben ist, ist hiernach bedenklich. Unbilligkeiten können in ähnlichen Fällen vielfach dadurch vermieden werden, daß — zumal unter den Kriegs- und Nachkriegsverhältnissen — in der Frage, wann ein ehelicher Haushalt begründet worden ist, einfache Anforderungen gestellt werden. So kann auch dann ein ehelicher Haushalt begründet worden sein, wenn die Ehegatten infolge Kriegsdienst des Mannes kaum zusammen gelebt haben und die Frau bei ihren Eltern gewohnt hat, sofern sie sich innerhalb ihres Elternhauses in irgendeiner Weise einen eigenen Bereich als ihren „ehelichen Haushalt" geschaffen hat. Dann fallen auch Anschaffungen für diesen — auch für seine spätere Erweiterung — ohne weiteres unter den § 1932.

Hat der verstorbene Ehegatte einen zum ehelichen Haushalt gehörenden Gegenstand unberechtigt verschleppt, dann gehört der Anspruch auf Herausgabe gleichfalls zum Voraus.

Den Voraus bilden nur die nach Maßgabe des Güterstandes zum Nachlasse des Verstorbenen gehörigen Gegenstände und Anteile an solchen; die dem Überlebenden gehörigen kommen ihm ohnedies und unter allen Umständen zu.

3. Zubehör: §§ 97, 98.

4. Hochzeitsgeschenke sind die den Ehegatten aus Anlaß ihrer Hochzeit dargebrachten unentgeltlichen Zuwendungen; sie sind gemeinschaftliches Eigentum, sofern sie nicht von dem Schenker ausdrücklich oder durch schlüssige Handlungen nur für einen Ehegatten bestimmt waren. Der überlebende Ehegatte erhält sie ganz, wenn er vorausberechtigt ist, sonst nur seinen Anteil. Zuwendungen, die bei Gelegenheit der Hochzeit von den Eltern eines Teiles im Rahmen ihrer durch § 1624 bestimmten Ausstattungspflicht gemacht werden, sind keine Hochzeitsgeschenke im Sinne des § 1932 (RG 2. 10. 22 IV 47/22).

5. Der Voraus ist vom BGB, entsprechend dem Grundsatze der erbrechtlichen Gesamtrechtsnachfolge (vgl. A 1, 7 zu § 1922), nicht als gesetzliches Erbrecht, sondern als ein dem Ehegatten neben dem Erbrecht vom Gesetze zugewendetes Vermächtnis (sog. **gesetzliches Vermächtnis**; vgl. auch § 1963) ausgestaltet. Er begründet somit ein Forderungsrecht (§ 2174) auf Verschaffung des Eigentums bzw. auf Übertragung der dazugehörigen Rechte gegen die als Beschwerte anzusehenden Erben, zu denen auch der Ehegatte selbst gehört. Soweit dieser beschwert ist, liegt ein Vorausvermächtnis (§ 2150) vor, also kein Recht des Nacherben auf den Voraus (§ 2110 Abs 2); beim Erbschaftskaufe gilt er nicht als mitverkauft (§ 2373). — Der Voraus gehört zu den Nachlaßverbindlichkeiten, für die der Erbe nach Maßgabe der §§ 1967, 1975 ff. haftet: er kann sie berichtigen, wie sie im Falle des Nachlaßkonkurses zur Berichtigung kommen würden (§ 1991 Abs 4), also nach den nicht aus Vermächtnissen und Auflagen herrührenden (§ 226 Abs 2 Nr 5 KO); zu den vom Erblasser angeordneten sind auch die gesetzlichen Vermächtnisse zu rechnen (Jaeger KO § 226 A 13, Begr zur KO 47); ein Vorzugsrecht vor anderen aus Vermächtnissen oder Auflagen herrührenden Verbindlichkeiten hat der Voraus nicht. Miterben haften als Gesamtschuldner (§ 2058); § 2148 findet keine Anwendung, da er nur das Verhältnis unter mehreren Beschwerten betrifft (vgl. A zu § 2148); der Ehegatte kann grundsätzlich Berichtigung des Voraus vor der Auseinandersetzung verlangen (§ 2046; vgl. aber A 1 dazu).

Zur Pflichtteilslast ist der Voraus gemäß §§ 2318 ff. heranzuziehen, sofern es sich um den Pflichtteil der Abkömmlinge handelt; nicht dagegen für den Pflichtteil der Eltern wegen § 2311 Abs 1 Satz 2 (vgl. A 1 zu § 2318).

§ 1933

Das Erbrecht des überlebenden Ehegatten sowie das Recht auf den Voraus ist ausgeschlossen, wenn der Erblasser zur Zeit seines Todes auf Scheidung oder Aufhebung der Ehe zu klagen berechtigt war und die Klage erhoben hatte, sofern im Falle der Scheidung oder Aufhebung der Ehegatte als schuldig anzusehen wäre.

E II 1810; M 5 370, 371; P 5 472, 480; JKB 308.

Scheidungs- oder Aufhebungsklage des Erblassers

Vorbemerkung: Die jetzige Fassung des § 1933 beruht auf § 27 der 1. DVO zum EheG v. 27. 7. 38; sie ist durch das EheG 46 nicht berührt worden (§ 79 aaO.). In der alten Fassung ist die Vorschrift noch anzuwenden, wenn der Erbfall vor dem Inkrafttreten des EheG 38 (1. 8. 1938) eingetreten ist (§ 27 Abs 2 der 1. DVO zum EheG 38). Nach § 1 der 5. Durchf VO zum EheG vom 18. März 1943 (RGBl 102) kann der Staatsanwalt nach dem Tode des klagenden Ehegatten Feststellung beantragen, daß das Scheidungsbegehren des Verstorbenen gerechtfertigt gewesen sei.

1. Ausschluß des Ehegattenerbrechts. Mit dem gesetzlichen Erbrecht (§ 1931) ist zugleich der hiernach (§ 2303) zu bemessende Pflichtteil ausgeschlossen (RG 17. 6. 37 IV 54/37), ebenso der Voraus, § 1932. Die gleichen Grundsätze gelten auch für die Unwirksamkeit von letztwilligen Zuwendungen an den Ehegatten (§ 2077), des gemeinschaftlichen Testaments (§ 2268), des Erbvertrags (§ 2279 Abs 2). Den Pflichtteil kann ein Ehegatte dem andern unter den Voraussetzungen des § 2335 entziehen, ohne eine Scheidungsklage zu erheben.

2. Im Rahmen des § 1933 muß die **Klage** beim Tode des Erblassers bereits **erhoben** und darf nicht wieder zurückgenommen sein (ZPO §§ 253, 271 Abs 3). Trotz Einführung des Amtsbetriebes (§ 2 der 4. Vereinf VO v. 12. 1. 1943, jetzt § 261b ZPO) ist weiterhin anzunehmen, daß die Klage erst mit der Zustellung erhoben worden ist (§ 253 Abs 1 ZPO; OLG Bamberg HEZ 2, 290). Die Widerklage steht der Klage gleich; sie gilt als erhoben mit der Stellung des Widerklageantrags in der mündlichen Verhandlung oder mit der Zustellung eines den Erfordernissen des § 253 Abs 2 Nr 2 ZPO entsprechenden Schriftsatzes (§ 281 ZPO). Der Antrag auf Mitschuldigerklärung genügt nicht; ebensowenig die Einreichung des Zustellungsgesuchs für eine Klage nach § 207 ZPO, falls die Klage erst nach dem Tode des klagenden Ehegatten zugestellt ist; auch nicht die Ladung zum Sühneversuch (EheG § 57 Abs 3; bisher BGB § 1571 Abs 3); in beiden Fällen beschränkt sich die Rückbeziehung auf die an den angeführten Gesetzesstellen bezeichneten Wirkungen; das muß für die Ladung zum Sühnetermin um so mehr gelten, als sie noch eine Versöhnung herbeiführen soll (so mit Recht Planck-Flad Bem 2c, auch RG 96, 201).

Auch die bei einem örtlich oder sachlich unzuständigen Gerichte angebrachte Klage ist „erhoben". Die durch Zustellung erhobene begründete Ehescheidungsklage schließt das Erbrecht des schuldigen-beklagten Ehegatten auch dann aus, wenn ihr ein wesentlicher, aber heilbarer Mangel anhaftet. Als eine solche Klage kann auch eine vor Zustellung der Klage durch Zustellung erhobene Widerklage angesehen werden (KG HRR 1942 Nr 478). Durch den Tod des klagenden Teils wird der Ehescheidungs- oder Aufhebungsprozeß als solcher erledigt (§ 628 ZPO); über die Berechtigung des Klagverlangens muß deshalb nötigenfalls in einem besonderen Prozesse zwischen dem Ehegatten, der das Erbrecht in Anspruch nimmt, und dem durch ihn ausgeschlossenen oder beschränkten Erben entschieden werden; dabei sind die besonderen Vorschriften der ZPO über das Verfahren in Ehesachen nicht anzuwenden. Auch andere als die in der Klage geltend gemachten Scheidungs- oder Aufhebungsgründe, sofern sie bei dem Tode des Erblassers noch bestanden haben und dieser sie durch Klageerweiterung gemäß § 614 hätte geltend machen können, kann der Erbe zur Zurückweisung des Erbanspruchs des Ehegatten benutzen. Diese Möglichkeit muß ihm jedenfalls dann gegeben sein, wenn der Erblasser zu seinen Lebzeiten bereits Tatsachen in Erfahrung gebracht hat, auf die eine Klageerweiterung gemäß § 614 ZPO hätte gestützt werden können, und wenn er auch entschlossen war, die erhobene Scheidungsklage nachträglich darauf zu stützen. § 1933 verlangt nur, daß die Klage bei dem Tode des Erblassers erhoben war, nicht aber, daß sie bereits auf eine Scheidung wegen Verschuldens gerichtet war (LG Kassel MDR 1950, 616). Die — nach § 78 EheG beseitigte — Klage auf Aufhebung der ehelichen Gemeinschaft (§ 1575) ist der Klage auf Scheidung in § 1933 bisheriger Fassung ausdrücklich gleichgestellt; vgl. A 1 zu § 1931.

Stirbt der beklagte Ehegatte vor Rechtskraft des Scheidungs- oder Aufhebungsurteils, so bleibt der Teil, der die Klage erhoben hatte, erbberechtigt.

3. Nur die **auf Verschulden beruhenden Scheidungsgründe** (EheG § 42 f.; BGB §§ 1565 bis 1568) kommen in Betracht, nicht die Scheidungsgründe, die kein Verschulden voraussetzen (EheG §§ 44 ff.; BGB § 1569); der Verlust des Erbrechts tritt aber auch in diesen Fällen mit der Rechtskraft des Scheidungsurteils ein (§ 1931 A 1). **Aufhebungsgründe:** EheG §§ 30 ff.; **Schuld an der Aufhebung:** EheG § 42 Abs 2; DurchfVO v. 27. 7. 38 § 19 Abs 2; vgl. auch §§ 17, 18. Das Scheidungs- oder Aufhebungsrecht darf nicht durch Verzeihung (EheG § 49; BGB § 1570), Bestätigung (EheG § 32 Abs 2), Fristablauf (EheG §§ 35, 50; BGB § 1571) oder nach ZPO § 616 erloschen sein.

4. Beweislast. Wer das Erbrecht des überlebenden Ehegatten bestreitet, hat zu beweisen, daß ein Scheidungs- oder Aufhebungsgrund (vgl. A 3) aus dessen Verschulden bestand, und daß die Klage beim Tode des Erblassers bereits erhoben war.

§ 1934

Gehört der überlebende Ehegatte zu den erbberechtigten Verwandten, so erbt er zugleich als Verwandter. Der Erbteil, der ihm auf Grund der Verwandtschaft zufällt, gilt als besonderer Erbteil.

E I 1971 Abs 2 II 1811; M 5 372; P 5 472.

Ehegatte als erbberechtigter Verwandter

1. Verwandtschaft des Ehegatten kann bei der ersten Ordnung (§ 1924) nicht in Frage kommen. In der dritten und den folgenden Ordnungen hat der Ehegatte als Abkömmling von mit dem Erblasser gemeinsamen Großeltern (Geschwisterkind mit dem Erblasser) kein Erbrecht neben seinem Ehegattenerbrecht (§ 1931 A 4). Es bleiben deshalb praktisch nur Fälle der zweiten Ordnung übrig (Heirat zwischen Onkel und Nichte, Tante und Neffen, Großonkel und Großnichte usw.).

2. Besonderer Erbteil. Gleichlautend mit § 1927; s. dort A 3.

§ 1935

Fällt ein gesetzlicher Erbe vor oder nach dem Erbfalle weg und erhöht sich infolgedessen der Erbteil eines anderen gesetzlichen Erben, so gilt der Teil, um welchen sich der Erbteil erhöht, in Ansehung der Vermächtnisse und Auflagen, mit denen dieser Erbe oder der wegfallende Erbe beschwert ist, sowie in Ansehung der Ausgleichungspflicht als besonderer Erbteil.

E I 1973 II 1812; M 5 377, 378; P 5 483, 484.

Übersicht:

Erhöhung des Erbteils bei Wegfall eines Mitberufenen

1. Allgemeines: Die Bestimmung will eine Beeinträchtigung des gesetzlichen Erben verhindern, die daraus folgen kann, daß sein Erbteil sich infolge des Wegfalls einer anderen Person erhöht, die mit Vermächtnissen oder Auflagen oder einer Ausgleichungspflicht beschwert war (M 5, 377).

Das BGB spricht bei der **gesetzlichen Erbfolge** (§§ 1924 ff.) von **„Erhöhung"** des Erbteils infolge Wegfalls eines Miterben. Bei der gewillkürten Erbfolge und beim Vermächtnis gebraucht es die Bezeichnung „Anwachsung", trifft aber sachlich die gleichen Vorschriften (§§ 2094, 2095 und §§ 2158, 2159). Die entsprechende Anwendung des § 1935 ist deshalb auch dann geboten, wenn der wegfallende Erbe letztwillig auf einen Bruchteil der Erbschaft berufen war, und dieser Bruchteil nunmehr unter Ausschließung der Anwachsung (§ 2094 Abs 2, 3) dem gesetzlichen Erben anfällt.

2. Vor dem Tode des Erblassers sind noch keine Erben im Rechtssinne vorhanden (§ 1922 A 4). Gemeint sind hier solche Personen, die kraft Gesetzes als die nächsten zur Erbschaft berufen gewesen sein würden, wenn der Erblasser in einem früheren Zeitpunkte gestorben wäre, aber vor dem Tode des Erblassers weggefallen sind. Das kann geschehen sein durch Tod vor dem Erblasser (§ 1923), Ausschließung ohne Einsetzung eines andern Erben (§ 1938), Erbverzicht (§ 2346). Waren also überhaupt einmal zwei Kinder des Erblassers vorhanden und ist eines davon vor dem Erblasser gestorben, so daß dem andern die ganze Erbschaft zufällt, so gilt die dadurch eingetretene „Erhöhung" um eine Hälfte für das überlebende Kind als besonderer Erbteil in dem beschränkten Sinne des § 1935 (vgl. A 5).

Nach dem Erbfalle kommt ein Wegfall durch Tod nicht mehr in Frage, da das Ausschlagungsrecht auf die Erben übergeht (§ 1952 Abs 1); dagegen tritt Wegfall nach dem Erbfalle, aber mit Rückbeziehung auf den Zeitpunkt des Erbfalls, ein durch Ausschlagung (§ 1953), Erbunwürdigkeitserklärung (§ 2344), ferner wenn die Leibesfrucht nicht lebend geboren wird (§ 1923 Abs 2).

3. Es ist vorausgesetzt, daß der **andere gesetzliche Erbe** bereits kraft eigenen Rechtes zu einem Erbteile berufen war und daß er nun erst, infolge des Wegfalls des neben ihm Berufenen, zu einem zweiten oder ferneren Erbteile berufen wird.

4. Im Gegensatz zu dem Falle der §§ 1934 u. 1927 tritt grundsätzlich nur eine **„Erhöhung"** des bisherigen Erbteils ein, die nur in den ausdrücklich hervorgehobenen Beziehungen als besonderer Erbteil (vgl. A 5) gilt. Im übrigen liegt eine einheitliche Erbfolge (Erbteil) vor. Deshalb ist hier eine gesonderte Annahme oder Ausschlagung des ursprünglichen Erbteils und der Erhöhung je für sich allein unzulässig; auch eine besondere Verfügung über den einen oder die andere (§ 2033) ist ausgeschlossen. Ist der Erbe infolge der Erhöhung zur ganzen Erbschaft gelangt, so kann er sie nur nach Maßgabe des § 2371 als Ganzes schuldrechtlich verkaufen, aber auch über den ursprünglichen Teil nicht mehr nach § 2033 mit dinglicher Wirkung verfügen. Doch wird, wenn die Erbschaft verkauft ist, eine nach dem Verkaufe eingetretene Erhöhung auch insofern als besonderer Erbteil behandelt, als sie im Zweifel als nicht mitverkauft gilt (§ 2373).

5. Aus Billigkeitsgründen gilt die Erhöhung in Ansehung der **Vermächtnisse** (§§ 2147 ff.), der **Auflagen** (§§ 2192 ff.) und der **Ausgleichungspflicht** (§§ 2050 ff.) als besonderer Erbteil. Das bedeutet, daß es in diesen Beziehungen so angesehen wird, als gehöre der ursprüngliche Erbteil und die Erhöhung auch jetzt noch zwei verschiedenen Erben (§ 2007). Hatte also der Erblasser den Anteil des Weggefallenen mit besonderen Vermächtnissen oder Auflagen beschwert, mit denen der Anteil des zur Erbschaft Gelangenden nicht belastet ist, so haftet der letztere den Vermächtnisnehmern und denjenigen, welche die Vollziehung der Auflage verlangen könnten (§ 2194) nur mit der Erhöhung, die ihm durch den Wegfall des Beschwerten zugefallen ist; er braucht deshalb ein Vermächtnis oder eine Auflage nur insoweit zu erfüllen, als diese Erhöhung nicht infolge Konkurrenz anderer Beschwerungen unzulänglich ist (§ 1991 Abs 4). Entsprechendes gilt, wenn der ursprüngliche Erbteil beschwert ist. Hat der Erblasser einem weggefallenen gesetzlichen Erben eine ausgleichungspflichtige Zuwendung unter Lebenden gemacht, so trifft die Ausgleichungspflicht nur die Erhöhung; war sie dem zur Erbschaft Gelangenden gemacht, so trifft sie nur dessen ursprünglichen Erbteil. Dagegen gilt hinsichtlich der Haftung für die übrigen Nachlaßverbindlichkeiten die Erhöhung nicht als besonderer Erbteil im Sinne des § 2007 (s. auch Staudinger-Lehmann A 13).

6. Beweislast. Der Erbe, der gegenüber einer Klage aus einem ihm oder dem Weggefallenen auferlegten Vermächtnisse die Beschränkung der Haftung auf den ursprünglichen Erbteil bzw. die Erhöhung geltend machen will, muß nachweisen, daß der beschwerte Erbteil unzulänglich ist.

§ 1936

Ist zur Zeit des Erbfalls weder ein Verwandter noch ein Ehegatte des Erblassers vorhanden, so ist der Fiskus des Bundesstaates, dem der Erblasser zur Zeit des Todes angehört hat, gesetzlicher Erbe. Hat der Erblasser mehreren Bundesstaaten angehört, so ist der Fiskus eines jeden dieser Staaten zu gleichem Anteile zur Erbfolge berufen.

War der Erblasser ein Deutscher, der keinem Bundesstaat angehörte, so ist der Reichsfiskus gesetzlicher Erbe.

E I 1974 Abs 1 II 1813; M 5 378, 379; P 5 484–487; KB 309.

Übersicht:

Das Erbrecht des Fiskus

1. Voraussetzungen: Der Fiskus tritt nach § 1936 als gesetzlicher Erbe ein, wenn zur Zeit des Erbfalls (§ 1922 A 2) weder ein Verwandter noch ein Ehegatte des Erblassers vorhanden ist (vgl. über das Erbrecht der Verwandten §§ 1924—1930, des Ehegatten §§ 1931—1934). Vorhandensein ist auch hier im Sinne von Erbewerden zu verstehen (vgl. § 1924 A 3). Auch bei Vorhandensein von Verwandten oder eines Ehegatten können neben ihnen oder sie ausschließend der Fiskus oder eine andere juristische Person auf Grund der durch Art 139 EG (vgl. A 5) aufrechterhaltenen landesgesetzlichen Bestimmungen gesetzliche Erben werden (s. hierüber Petzoldt JW 1938, 2163 ff.). Solche Bestimmungen finden sich vielfach; so im PrALR zugunsten der milden Stiftungen und öffentlichen Anstalten hinsichtlich der von ihnen aufgenommenen und bis zum Tode unentgeltlich verpflegten Personen (II 16 § 22 und II 19 § 50), sowie zugunsten der Waisenhäuser hinsichtlich ihrer vor dem 24. Lebensjahre verstorbenen Zöglinge (II 19 § 56). Das Erbrecht des Armenverbandes (jetzt des Fürsorgeverbandes, VO über die Fürsorgepflicht v. 13. 2. 24) auf Grund II 19 § 50 PrALR tritt nur ein, wenn die Aufnahme zur unentgeltlichen Verpflegung erfolgt ist; zu seiner Begründung genügt daher nicht die Aufnahme im Wege der öffentlichen

Armenpflege, vielmehr ist ein Verzicht des Armenverbandes auf Ersatzansprüche gegen die aufgenommene Person und etwaige unterhaltspflichtige Dritte erforderlich (RG JW 1897, 318[41]; KGJ 52, 62; anders KG JFG 13, 44). Zu ALR II 19 §§ 50 ff. vgl. auch JW 1938, 857[8] und DRW 1939, 248[21]. Über das Erbrecht des Fürsorgeverbandes in Hamburg (Hamb. Ges v. 11. 9. 07 § 22) s. Vogel HansRGZ A 1938, 429.

Über die Feststellung, wann die Voraussetzungen für das Erbrecht des Fiskus gegeben sind, und die Wirkungen dieser Feststellung vgl. die §§ 1964, 1965 und die Anmerkungen dazu.

2. a) An die Stelle der früheren **Bundesstaaten** sind auf Grund der WeimVerf die **Länder** getreten. Die Staatsangehörigkeit in einem Lande war nach § 1 des Reichs- und Staatsangehörigkeitsgesetzes v. 22. 7. 13 in der Regel (Ausnahmen: §§ 33, 34) Voraussetzung der Reichsangehörigkeit. Der Übergang der Hoheitsrechte der Länder auf das Reich gemäß Art 2 des Gesetzes über den Neuaufbau des Reichs v. 30. 1. 34 (RGBl I 75) hatte von selbst auch den Fortfall der Staatsangehörigkeit in den Ländern zur Folge. Es gibt seitdem nur noch eine deutsche Staatsangehörigkeit (Reichsangehörigkeit), wie durch § 1 der VO über die deutsche Staatsangehörigkeit v. 5. 2. 34 (RGBl I 85) klargestellt worden ist. Mit dem Wegfall der Staatsangehörigkeit in den Ländern ist auch die Grundlage für die Bestimmung des nach § 1936 als gesetzlicher Erbe berufenen Landesfiskus fortgefallen. Die hierdurch entstandene Lücke hat § 4 der VO v. 5. 2. 34 ausgefüllt. Nach Abs 1 ist gesetzlicher Erbe der Fiskus des Landes, in dem der Erblasser zur Zeit seines Todes seine Niederlassung hatte. Hatte er keine Niederlassung in einem deutschen Lande, so ist nacheinander maßgebend: die bisherige Landesangehörigkeit (d. h. die Staatsangehörigkeit in einem deutschen Lande, die der Erblasser bis zum 7. 2. 34, dem Tage des Inkrafttretens der VO v. 5. 2. 34, besessen hatte), die letzte Niederlassung im Inlande, die bisherige Landesangehörigkeit der Vorfahren des Erblassers, die letzte Niederlassung der Vorfahren im Inlande (Abs 2). Etwaige Zweifel darüber, welches deutsche Land hiernach in Betracht kommt, entscheidet der RMin des Innern (Abs 3). Diese Bestimmungen sind auch weiterhin mit der Maßgabe anzuwenden, daß an Stelle des RMin des Innern der BMin des Innern über Zweifel befindet. Die Frage der Staatsangehörigkeit ist nach 1945 nicht neu geregelt worden. Das Grundgesetz für die Bundesrepublik Deutschland geht von der „deutschen Staatsangehörigkeit" aus (Art 16, 116 GrundG).

Gesetzlicher Erbe eines deutschen Reichsangehörigen, der zur Zeit seines Todes seine Niederlassung im Gebiet der „Hansestadt Hamburg" hatte, ist die Hansestadt Hamburg als Gemeindekörperschaft, nicht der Reichsfiskus (KG HRR 1941 Nr 845).

b) Der Begriff der **Niederlassung** ist aus dem Reichs- und Staatsangehörigkeitsgesetz v. 22. 7. 13 entnommen. Er ist weiter als der des Wohnsitzes im Sinne des § 7 BGB; dieser setzt den Willen voraus, sich an einem Orte ständig niederzulassen, d. h. diesen Ort bleibend zum Mittelpunkt der Lebensverhältnisse zu machen (s. § 7 A 1). Nach § 4 der VO v. 5. 2. 34 genügt es, daß der Erblasser an einem bestimmten Orte Obdach und Unterkommen irgendwelcher Art hatte, sofern sich aus den Umständen des Falles ergibt, daß es nicht nur zum vorübergehenden Verweilen bestimmt war (Lösener in Pfundtner-Neubert, Das neue Deutsche Reichsrecht, Bem 3 zu § 4 der VO v. 5. 2. 34). Nach wie vor ist es möglich, daß die Fisci mehrerer Länder als gesetzliche Erben berufen sind (§ 1936 Abs 1 Satz 2; z. B. bei Niederlassung oder Landesangehörigkeit des Erblassers in mehreren Ländern). Unter den Fisci der mehreren Länder entsteht dann Erbengemeinschaft (§§ 2032ff.). Ein ausländischer Fiskus kann als gesetzlicher Erbe oder Miterbe eines Deutschen auch dann nicht in Betracht kommen, wenn der Erblasser zur Zeit seines Todes seine Niederlassung im Auslande hatte. Das Erbrecht des nach § 4 zu bestimmenden Landesfiskus greift vielmehr Platz, gleichviel ob der Deutsche seinen Wohnsitz (oder seine Niederlassung) im Inland oder im Auslande hatte und ob sich die Nachlaßgegenstände im Inland oder im Auslande befinden (RG 31. 5. 06 IV 573/05). Eine Ausnahme kann sich jedoch in letzterer Hinsicht aus Art 28 EG ergeben (s. Vorbem 4 zu diesem Buche). Eine ausländische Staatsangehörigkeit, die der Erblasser neben der deutschen Reichsangehörigkeit besaß, hat — vorbehaltlich etwaiger Staatsverträge — außer Betracht zu bleiben (vgl. RG 150, 382).

c) § 1936 **Abs 2** hat die Fälle der unmittelbaren Reichsangehörigkeit im Sinne der §§ 33, 34 des Reichs- und Staatsangehörigkeitsgesetzes v. 22. 7. 13 im Auge. Die Vorschrift bleibt für die Personen von Bedeutung, denen die Reichsangehörigkeit auf Grund der genannten Vorschriften verliehen worden ist oder künftig verliehen wird. Dies gilt auch, wenn sie zur Zeit ihres Todes eine Niederlassung in einem deutschen Lande hatten; § 4 der VO v. 5. 2. 34 findet hier keine Anwendung, da die Staatsangehörigkeit in einem deutschen Lande im Falle des § 1936 Abs 2 nicht rechtserheblich ist. An die Stelle des Reichsfiskus tritt nunmehr der Bundesfiskus.

d) Gilt für die Beerbung von **Ausländern** ausnahmsweise (z. B. infolge von Rückverweisung oder auf Grund von Staatsverträgen, vgl. Vorbem 4 zu diesem Buche) deutsches Recht, so ist, falls eins der Merkmale des § 4 der VO v. 5. 2. 34 vorliegt, entsprechend dieser Vorschrift der in Betracht kommende Landesfiskus zur Erbschaft berufen (so schon für den bisherigen Rechtszustand Endemann III § 26 bei A 19; a. M. Planck-Flad A 5 und die 8. Auflage dieses Kommentars). Liegt keins dieser Merkmale vor, so kommt als gesetzlicher Erbe nur der Fiskus des Heimatstaates in Betracht.

e) Auf die Beerbung von **Staatenlosen** findet nach Art 29 EG in der Fassung des § 25 FamRÄndG das deutsche Recht Anwendung, wenn sie zur Zeit ihres Todes im Deutschen Reiche ihren gewöhnlichen Aufenthalt oder mangels eines solchen ihren Aufenthalt gehabt hatten. Welcher deutsche Landesfiskus gegebenenfalls als gesetzlicher Erbe berufen ist, bestimmt sich nach dem — zum mindesten entsprechend anwendbaren — § 4 der VO v. 5. 2. 34,

3. Der Fiskus ist **wahrer Erbe** im privatrechtlichen Sinne. Mit Unrecht ist in einem Urteile des deutsch-englischen gemischten Schiedsgerichtshofes v. 26. 7. 25 (JW 1926, 415) die Auffassung vertreten worden, der Fiskus nach deutschem Recht sei nicht wirklicher Erbe; es ist daraus die Folgerung gezogen worden, Ansprüche gegen den Fiskus als gesetzlichen Erben fielen nicht unter das Ausgleichsverfahren des Art 296 des Versailler Vertrags. Anderseits ist in dem deutsch-russischen Nachlaßabkommen (Anlage zu Art 22 des Konsularvertrags v. 12. 10. 25, Ges v. 6. 1. 26, RGBl II 72ff.) in § 13 Abs 3 bestimmt, daß ein dem Staate oder juristischen Personen des öffentlichen Rechts zustehendes Recht auf den erblosen Nachlaß im Sinne dieser Anlage (d. h. für die konsularische Nachlaßbehandlung, §§ 1—12 des Abkommens, vgl. § 1960 A 3, sowie für die Anwendung des internationalen Privatrechts, § 13 Abs 1 u. 2 des Abkommens, vgl. Vorbem 4 zu diesem Buche) als Erbrecht zu behandeln ist.

Besonderheiten des fiskalischen Erbrechts sind: Der Fiskus kann nicht ohne Einsetzung eines andern Erben ausgeschlossen werden (§ 1938); er kann nicht ausschlagen (§ 1942) und nicht verzichten (§ 2346); sein Erbrecht bedarf stets der Feststellung durch das Nachlaßgericht (§§ 1964—1966); es kann ihm keine Inventarfrist bestimmt werden, doch ist er zur Auskunft gegenüber den Nachlaßgläubigern verpflichtet (§ 2011); das gegen ihn ergehende Urteil bedarf nicht des Vorbehalts aus ZPO § 780; er wird in den Fällen der §§ 2104, 2149 nicht Nacherbe, kann aber im Falle des § 2105 Vorerbe sein.

Urheberrechte gehen nicht auf den Fiskus über, sondern erlöschen, wenn dieser gesetzlicher Erbe wird (LitUG v. 9. 6. 01 § 8 Abs 2; KunstUG v. 9. 1. 07 § 10 Abs 2); sie im Verhältnisse zu Nachlaßgläubigern (auch Vermächtnisnehmern) als fortbestehend anzusehen, ist angesichts der positiven Gesetzesvorschriften nicht angängig (Kipp-Coing § 8 A 7).

Das Bezugsrecht, das bei einer Lebensversicherung zugunsten der Erben den als Erben berufenen Personen zusteht, aber nicht zum Nachlasse gehört (§ 167 VersVG i. d. F. des Ges v. 19. 12. 39, RGBl I 2443, vgl. § 1922 A 5eα), kommt nach Abs 3 daselbst dem als Erben berufenen Fiskus nicht zu; dieser erhält den Anspruch auf die Versicherungssumme nur als Bestandteil des Nachlasses, also in der Weise, daß er dem Zugriffe der Nachlaßgläubiger unterliegt.

Fällt Vereinsvermögen an den Fiskus, so sind die Vorschriften über eine dem Fiskus als gesetzlichem Erben anfallende Erbschaft entsprechend anzuwenden. Der Fiskus hat jedoch das Vermögen tunlichst in einer den Zwecken des Vereins entsprechenden Weise zu verwenden.

4. Gemäß Art 138 EG können kraft aufrechterhaltener landesgesetzlicher Vorschriften **an Stelle des Fiskus** Körperschaften, Stiftungen oder Anstalten des öffentlichen Rechts gesetzliche Erben werden. Demgemäß ist das gemeinrechtliche Erbrecht der Kirchen an den sonst erblosen Nachlässen ihrer Geistlichen (Windscheid-Kipp, Pandekten § 570 A 6) aufrechterhalten; nicht aber das des Regiments an denen der Soldaten, da ein Regiment keine Körperschaft des öffentlichen Rechtes ist (a. M. Kipp-Coing § 8 III); aufrechterhalten ferner die auf Privilegien beruhenden Rechte gewisser Städte und Universitäten als gesetzlicher Erben auf den Nachlaß ihrer Angehörigen; für die Aufrechterhaltung gesetzlicher Vermächtnisse zugunsten solcher Körperschaften bietet dagegen Art 139 keinen Anhalt (a. M. Kipp-Coing aaO.). Soweit demzufolge andere Körperschaften an Stelle des Fiskus treten, finden die für das Erbrecht des Fiskus geltenden Besonderheiten auch auf sie Anwendung.

5. Unberührt bleiben noch Art 139 EG ferner die landesgesetzlichen Vorschriften, nach denen dem Fiskus oder einer anderen juristischen Person in Ansehung des Nachlasses einer verpflegten oder unterstützten Person ein Erbrecht, ein Pflichtteilsanspruch oder ein Recht auf bestimmte Sachen zusteht. Hierbei tritt der Fiskus nicht deshalb ein, weil keine anderen Erben vorhanden sind; es handelt sich vielmehr um ein Erbrecht, Pflichtteilsrecht oder Vermächtnisrecht neben anderen Erben oder zu Lasten der Erben.

Vgl. im einzelnen für Preußen AGBGB Art 89, ALR II 16 § 22, II 19 §§ 50 ff., für Bayern AGBGB Artt 101, 102, für Sachsen AGBGB §§ 42 ff., für Hessen AGBGB Artt 127 ff.; umfassende Zusammenstellung bei Staudinger A 3 zu Art 139 EG.

Vorbemerkung zu §§ 1937—1941:

Übersicht:

1. **Allgemeines:** Die §§ 1937—1941 behandeln die von den Rechtsgeschäften unter Lebenden streng zu scheidenden Rechtsgeschäfte von Todes wegen. Sie enthalten die grundlegenden Vorschriften für die durch Bestimmung des Erblassers herbeigeführte **gewillkürte Erbfolge,** durch welche die in den vorhergehenden Paragraphen geregelte gesetzliche Erbfolge ganz oder teilweise ausgeschlossen oder geändert wird. Eine solche Bestimmung kann nur durch eine Verfügung von Todes wegen getroffen werden; solche Verfügungen können aber auch einen andern Inhalt haben als die Bestimmung der Erbfolge; auch darüber enthalten die nachstehenden Paragraphen die grundlegenden Vorschriften.

2. Als **Verfügungen von Todes wegen** (§§ 83, 1948, 2278, 2302, 2339) bezeichnet das Gesetz Willenserklärungen einer natürlichen Person, durch die sie bei ihrem Tode gegebene Rechtsbeziehungen regelt, insbesondere über das Schicksal ihres Vermögens nach ihrem Tode bestimmt. Sie sollen erst nach dem Tode des Verfügenden wirksam werden. Das Gesetz unterscheidet einseitige, die als letztwillige Verfügungen oder Testamente bezeichnet werden (§§ 1937—1940), und vertragsmäßige oder Erbverträge (§ 1941). Als zulässiger Inhalt einer letztwilligen Verfügung werden in diesem Abschnitt angegeben: Erbeinsetzungen (§ 1937); Ausschluß von der gesetzlichen Erbfolge ohne Erbeinsetzung (§ 1938); Vermächtnisse (§ 1939); Auflagen (§ 1940). Als zulässiger Inhalt eines Erbvertrags (§ 1941): Erbeinsetzungen, Vermächtnisse und Auflagen. Doch können auch andere erbrechtliche Bestimmungen durch letztwillige Verfügung getroffen werden (vgl. hierzu im allgemeinen RG 170, 383): Entziehung des Pflichtteils oder Beschränkung des Pflichtteilsrechts (§§ 2336, 2338), Widerruf und Aufhebung einer Verfügung von Todes wegen (§§ 2254, 2291, 2297), Bestimmungen über die Erbteilung (§§ 2044, 2048) und über die Testamentsvollstreckung (§§ 2197, 2207—2209, 2216 Abs 2, 2220); ebenso familienrechtliche auf dem Gebiete des ehelichen Güterrechts (§§ 1369, 1509, 1511 ff.), des Elternrechts (§§ 1638—1640, 1651, 1687f.) und des Vormundschaftsrechts (§§ 1777, 1782, 1792, 1797, 1803, 1856, 1868, 1880, 1909, 1917); ferner durch Verfügung von Todes wegen, also auch vertragsmäßig im Erbvertrag: die Errichtung einer Stiftung bei gleichzeitiger Zuwendung an sie (§ 83; über französisch-rheinisches Recht s. RG 161, 288); die bei einem Vertrag zugunsten eines Dritten dem Versprechensempfänger vorbehaltene Benennung eines anderen Dritten (§ 332). Im übrigen vgl. wegen des zulässigen Inhalts eines Erbvertrags §§ 2278 Abs 2, 2299 und Anmerkungen dazu.

3. Wird in einem Vertrage eine sofort wirksame Verpflichtung übernommen, so wird er **nicht** dadurch zu einer **Verfügung von Todes wegen,** daß die Erfüllung der Verpflichtung bis nach dem Tode des Sichverpflichtenden hinausgeschoben wird (OLG 39, 238; RG Seuff A 77 Nr 60, HRR 1930 Nr 1464; OLG Düsseldorf NJW 1954, 1041). Eine sofort wirksame Verpflichtung ist insbesondere dann anzunehmen, wenn zu ihrer Sicherstellung ein Pfandrecht bestellt ist (RG 8. 4. 07 IV 424/06). Auch eine in einem Vertrag unter Lebenden getroffene Vereinbarung, durch welche eine Vertragspartei sich für den Fall ihres Todes von der anderen eine Leistung an einen Dritten versprechen läßt, ist keine Verfügung von Todes wegen (Vermächtnis); der Dritte erwirbt hier den Anspruch auf die Leistung unmittelbar mit dem Tode des Versprechensempfängers; der Anspruch gehört nicht zum Nachlasse (§ 331): so bei Lebensversicherungsverträgen (vgl. §§ 166, 167 VersVG i. d. F. des Ges v. 19. 12. 39, RGBl I 2443, § 1922 A 5eα), aber auch sonstigen Verträgen zugunsten eines Dritten (§§ 328 ff.) auf den Todesfall, wie die Vereinbarung in einem Gesellschaftsvertrage, daß im Falle des Todes eines Gesellschafters dessen Gesellschaftsanteil einem Dritten zufallen solle (RG 80, 175). Gleiches gilt ,wenn in einem Kaufvertrage vereinbart wird, daß die gekauften Möbel nach dem Tode des Käufers an einen Dritten fallen sollen (RG Warn 1925 Nr 166), oder wenn mit einer Bank oder einer Sparkasse vereinbart wird, daß eine bereits früher oder gleichzeitig eingelegte Geldsumme nach dem Tode des Einlegers an einen Dritten ausgezahlt werden solle (RG 88, 137; 106, 1, wo die Bedenken fallen gelassen sind, die in RG 98, 281 gegen die Rechtsgültigkeit solcher Vereinbarungen aus der Gefahr einer Umgehung der für Verfügungen von Todes wegen bestehenden Formvorschriften hergeleitet wurden; Danzig DRW 1939, 1387[10]).

Ein Vertrag, durch den eine Person ihren Grundbesitz oder ihr Vermögen mit der Maßgabe übergibt, daß der Vertrag erst nach dem Tode des Übergebers durch Auflassung oder Übertragung der zu dem Vermögen gehörenden Rechte vollzogen werden soll, ist nicht stets und ausnahmlos ein verschleierter Erbvertrag. Es hängt von dem Inhalt und den Umständen des einzelnen Falles ab, ob ein solcher Vertrag als Vertrag unter Lebenden oder als verschleierte Verfügung von Todes wegen anzusehen ist. Das letztere kommt in Betracht, wenn sich der Vertrag nicht nur auf gegenwärtiges sondern auch auf zukünftiges Vermögen des Übergebers bezieht (BGH 8, 23; vgl. auch KGJ 41, 162; abw. für die Übergabe eines landwirtschaftlichen Hofes OGH NJW 1949, 822).

Dagegen finden auf ein Schenkungsversprechen, das gegenüber dem Begünstigten unter der Bedingung abgegeben ist, daß er den Schenkgeber überlebe (Schenkung von Todes wegen), die Vorschriften über Verfügungen von Todes wegen Anwendung (§ 2301 A 1).

4. Nichtigkeit und Anfechtbarkeit von Rechtsgeschäften von Todes wegen: Ob eine Verfügung von Todes wegen wegen Willensmangels nichtig ist, bestimmt sich nach den allgemeinen Vorschriften der §§ 116—118. Doch kommen die §§ 116 Satz 2 und 117 für letztwillige Verfügungen nicht in Betracht (§ 2078 A 1). Andere Willensmängel können nach §§ 2078 ff., 2279 Abs 1, §§ 2281 ff. zur Anfechtung führen.

Verfügungen von Todes wegen, die gegen ein gesetzliches Verbot oder gegen die guten Sitten verstoßen, sind nach den allgemein für Rechtsgeschäfte geltenden Grundsätzen (§§ 134, 138) nichtig, so z. B. eine letztwillige Verfügung, durch die ein Dritter bestimmt werden soll, ein unsittliches Verhältnis einzugehen (LZ 1915, 293), dagegen nicht ohne weiteres jede letztwillige Verfügung, die sich auf ein unsittliches Verhältnis in der Vergangenheit bezieht. Es kommt hierbei jedoch wie stets im Rahmen des § 138 auf die Umstände des einzelnen Falles an. Hat z. B. ein Erblasser seiner Geliebten im Wege einer letztwilligen Verfügung Zuwendungen gemacht, so kommt es für die Entscheidung, ob sie sittenwidrig sind, darauf an, ob der Erblasser sie auch ohne geschlechtliche Hingabe gemacht hätte. Ein Anzeichen dafür kann sein, in welchem Verhältnis die Zuwendungen zum Gesamtnachlaß stehen (OGH 1, 249). Die Erbesberufung der Geliebten kann auch dann unsittlich sein, wenn sie nicht dazu bestimmt ist, Geschlechtsverkehr zu erreichen, zu belohnen oder seine Fortsetzung zu sichern oder zu fördern (OGH 3, 158). Bestimmungen eines Testaments, in denen der Erblasser eine andere Frau vor seiner eigenen Frau und seinen Kindern bevorzugt bedacht hat, können auch dann wegen Verstoßes gegen die guten Sitten nichtig sein, wenn er mit jener nur ehewidrige, nicht auf geschlechtlichem Gebiet liegende Beziehungen unterhalten hat (BGH 6. 5. 54 IV ZR 53/54 = LM BGB § 138 (Cd) Nr 2, mit näheren Nachweisen über die einschlägige Rechtsprechung, insbesondere des Reichsgerichts). Für die Frage, ob ein Erbvertrag nach § 138 nichtig ist, kann auch erheblich sein, ob die Zuwendung, die der Vertragserbe erhält, in einem auffälligen Mißverhältnis zu den Pflichten steht, die der Vertragserbe übernommen hat und die den Erblasser veranlaßt haben, den Vertrag zu schließen (BGH 30. 9. 54 IV ZR 68/54). Sittenwidrige Umstände können auch darin bestehen, daß der Vertragserbe unter Mißbrauch einer Vertrauensstellung die Hilflosigkeit oder geistige Unbeweglichkeit des Erblassers in einer unanständigen Weise für sich ausnutzt (BGH LM § 138 Bc Nr 1 mit Anm Ascher).

5. Die **Testierfreiheit** (d. h. die Freiheit in der Verfügung von Todes wegen) im übrigen: Der Grundsatz der Testierfreiheit ist im BGB nicht ausdrücklich anerkannt worden; er ergibt sich aber aus der Gesamtheit der erbrechtlichen Vorschriften, insbesondere schon aus den §§ 1937—1941 selbst, aus § 2253 (Recht, jederzeit eine letztwillige Verfügung zu widerrufen) und 2302 (Nichtigkeit von Verträgen, die die Testierfreiheit beeinträchtigen).

Vgl. wegen der Ausübung der Testierfreiheit und ihrer Schranken im einzelnen Kipp-Coing § 1 II 3 und 10, Planck-Flad Vbm 2 vor § 1937, ferner § 2302 A 1 dieses Kommentars.

6. Die **Schiedsgerichtsklausel:** Inwieweit die Anordnung eines Schiedsgerichts über Streitigkeiten, die den Nachlaß betreffen, durch letztwillige Verfügung zulässig ist, war im Schrifttum streitig. Solche Anordnungen waren früher schon vielfach üblich; das BGB enthält keine ausdrückliche Entscheidung der Frage; in § 1048 ZPO wird die Anordnung als zulässig vorausgesetzt. Das Reichsgericht hat sich, ohne die Schiedsgerichtsklausel dem Gesichtspunkt der Auflage nach § 1940 zu unterstellen, für ihre Zulässigkeit ausgesprochen, soweit es sich nicht um Anordnungen handle, durch die dem Schiedsrichter die Befugnis eingeräumt wird, an Stelle des Erblassers Dinge zu ordnen, die dieser bewußterweise nicht geordnet hat (RG 100, 76; 170, 383). Unstatthaft ist danach, einem Schiedsgericht die Entscheidung zu überlassen, wer Erbe sein soll, ferner ob eine letztwillige Verfügung Geltung haben soll oder nicht (§ 2065 A 2b); zulässig ist dagegen die Überlassung der nach Rechtsgründen zu treffenden Entscheidung darüber, ob eine Person Erbe geworden ist und ob eine letztwillige Verfügung (nicht jedoch diejenige, in welcher der Schiedsrichter bestellt ist) gültig ist. Auch die Auslegung einer letztwilligen Verfügung kann, soweit sie dem ordentlichen Richter zusteht, dem Schiedsrichter überlassen werden, demgemäß auch eine „ergänzende" Auslegung (§ 2084 A 1c). Zum Schiedsrichter kann auch der Testamentsvollstrecker ernannt werden (RG 100, 78). Unstatthaft ist aber die Bestellung von eigentlichen Schiedsrichtern im Sinne der ZPO (§§ 1025 ff.) zum Erlasse von Anordnungen für die Auseinandersetzung (§ 2048 BGB), zur Bestimmung desjenigen von mehreren Bedachten, der das Vermächtnis erhalten soll (§ 2151) und zur Bestimmung der Leistung bei einem Vermächtnisse (§ 2156). Hierbei handelt es sich überhaupt nicht um Fragen, die ein Schiedsrichter an Stelle des ordentlichen Gerichts nach Rechtsgründen zu entscheiden hat, und es könnte deshalb auch durch Vertrag nicht die Bestellung von Schiedsrichtern dafür vereinbart werden. Vielmehr sind es, auch wenn sie als Schiedsrichter bezeichnet sind, lediglich Schiedsgutachter, d. h. Dritte, auf welche die Bestimmungen der §§ 2048

Satz 2, 3, 2151, 2156 in Verbindung mit §§ 317—319 Anwendung finden; ihre Entscheidung ist deshalb jedenfalls in den Fällen der §§ 2048, 2156 für die Erben nicht verbindlich, wenn sie offenbar unbillig ist (vgl. auch RG 24, 411; 45, 350; 67, 71; 96, 57; JW 00, 671[35]; 1911, 459[37]), während für den Fall des § 2151 diese Frage bestritten ist, vgl. § 2151 A 2. Über die Unzulässigkeit, Aufgaben des Nachlaßgerichts auf ein Schiedsgericht zu übertragen, im Bereiche des § 2227 s. dort A 1.

7. **Sonstige Anordnungen:** Der Schenker kann den Widerruf der Schenkung wegen groben Undanks in einem Testament erklären (RG 170, 383). — Der Erblasser kann in einem ordnungsgemäß zur Verwahrung abgelieferten öffentlichen Testament auch eine Auflassungsvollmacht wirksam erteilen (LG Siegen NJW 1950, 226). Eine in einem notariellen Testament oder in einem Erbvertrag erteilte Vollmacht ist auch dann rechtswirksam, wenn sie nach dem Willen des Erblassers erst nach dessen Tode durch Eröffnung der Verfügung von Todes wegen zur Kenntnis des zu Bevollmächtigenden gebracht worden ist (OLG Köln NJW 1950, 702). — Der Inhalt eines Testaments kann auch lediglich im Widerruf eines anderen Testaments bestehen (OLG Frankfurt NJW 1950, 607). — Auch Bestimmungen über die Bestattung können mit vermögensrechtlicher Wirkung in einer letztwilligen Verfügung getroffen werden (RG Warn 1912 Nr 219; § 1968 mit Anm; Ges über die Feuerbestattung v. 15. 5. 34, RGBl I 380, § 2 Abs 1, § 4 mit DurchfVOen v. 26. 6. 34, RGBl I 519, § 5 und v. 10. 8. 38, RGBl I 1000 §§ 1, 5, 15). Vgl. aber auch A 2 zu § 2259.

8. Der Erwerb von Todes wegen fällt nicht unter die Verfügungssperre des **MilRegG Nr 52.** Der Sicherungszweck des MilRegG Nr 52 ist nicht gefährdet, da der Nachlaß auch in der Hand des Erben gesperrt bleibt (vgl. Kleinrahm DRZ 1948, 73). Der Erblasser, dessen Vermögen gesperrt ist, kann daher durch letztwillige Verfügung über sein Vermögen verfügen (NdsRpfl 1947, 19). Auch braucht bei Eintragung eines Erben im Grundbuch keine eidesstattliche Versicherung gemäß MilRegG 52 beigebracht zu werden (LG Köln JMBl NRW 1947, 106).

§ 1937

Der Erblasser kann durch einseitige Verfügung von Todes wegen (Testament, letztwillige Verfügung) den Erben bestimmen.

E I 1753 Abs 1, 1755 Abs 1 II 1814; M 5 6, 9; P 5 5.

Einseitige Erbeinsetzung

1. Vgl. **im Allgemeinen** die Vorbemerkung zu §§ 1937—1941.

2. Die Ausdrücke **Testament** und **letztwillige Verfügung** werden hier und an anderen Orten als gleichbedeutend behandelt. Der Ausdruck „Verfügung" (= letztwillige Verfügung) wird aber auch in dem Sinne verwendet, daß er nur eine einzelne in einem Testament getroffene Anordnung bezeichnet (§§ 2085, 2253). Das Kennwort letztwillig für eine einseitige Verfügung von Todes wegen rechtfertigt sich damit, daß eine solche Verfügung vom Erblasser jederzeit widerrufen werden kann (§§ 2253 ff.) und daher, wenn sie bis zu seinem Tode unwiderrufen bleibt, den letzten von ihm über die Rechtsbeziehungen nach seinem Tode rechtsgültigerweise erklärten Willen enthält. Das Testament unterliegt ohne Rücksicht darauf, ob es eine Erbeinsetzung enthält oder sich auf sonstige Anordnungen beschränkt, bestimmten Anforderungen an die streng persönliche Natur und die Formen seiner Errichtung (§§ 2064 f., 2229 ff.). Formfreie Ergänzungen der Anordnungen des Testaments durch Kodizille (Nachzettel, testamentum mysticum), wie solche dem gemeinen, sächsischen, in gewissen Formen auch dem preußischen Rechte bekannt waren, sind im BGB absichtlich nicht zugelassen (M 5, 292 ff.; RG Warn 1915 Nr 210; § 2086 A 1). Doch können zur Auslegung zweifelhafter Bestimmungen eines Testaments auch formlose Urkunden herangezogen werden (RG Warn 1917 Nr 59; § 2084 A 1).

3. Bei der Bestimmung eines Erben **(Erbeinsetzung)** muß die Person des Erben so bestimmt werden, daß sie allein auf Grund der Willensäußerung im Testament ermittelt werden kann. Ist die Ermittlung des Erben nach dem Inhalt der letztwilligen Verfügung nur dadurch möglich, daß ein Dritter, gegebenenfalls auch das Nachlaßgericht, Tatsachen nach seinem Ermessen zu würdigen hat, so ist § 2065 Abs 2 anzuwenden (OLG Dresden NJW 1949, 346). Für die manchmal sehr zweifelhafte Frage, ob eine letztwillige Verfügung die Bestimmung eines Erben enthält, gibt § 2087 zwei Aushilfsregeln (s. dort A 1 bis 3). Ausgestaltungen der Erbeinsetzung regeln die §§ 2088 ff. Zulässig ist danach auch die Einsetzung eines Ersatzerben für den Fall, daß der zunächst als Erbe Berufene nicht zur Erbfolge gelangt (§§ 2096 ff.), und die Einsetzung eines Nacherben, der erst Erbe werden soll, nachdem zunächst ein anderer Erbe geworden ist (§§ 2100 ff.).

§ 1938

Der Erblasser kann durch Testament einen Verwandten oder den Ehegatten von der gesetzlichen Erbfolge ausschließen, ohne einen Erben einzusetzen.

E I 1755 Abs 2, 1972 II 1815; M 5 9, 376; P 5 5, 483.

Übersicht:

Enterbung

1. „Durch Testament"	3. Folgen der Enterbung
2. Wer ist enterbbar?	4. Besonderes

1. § 1938 behandelt die **Ausschließung eines gesetzlichen Erben** (Enterbung) ohne Einsetzung eines anderen (sog. negatives Testament). Die Ausschließung kann durch einseitige Verfügung im Testament (§ 1937) oder im Erbvertrag (§ 2299) angeordnet werden, dagegen nicht durch vertragsmäßige Verfügung; vertragsmäßig können nur Erbeinsetzungen, Vermächtnisse und Auflagen getroffen werden (§ 2278 Abs 2). Im übrigen ist die Enterbung — ebenso wie die Erbeinsetzung — an keine bestimmte Form gebunden.

2. Die Vorschrift betrifft nur **Verwandte** und **Ehegatten.** Vgl. wegen der gesetzlichen Erbfolge der Verwandten §§ 1924—1930, des Ehegatten §§ 1931—1934. Die Ausschließung des Ehegatten von der gesetzlichen Erbfolge enthält auch die Ausschließung vom Voraus (§ 1932 A 1). Dem Fiskus kann dagegen sein gesetzliches Erbrecht (§ 1936) nicht entzogen werden (s. auch A 3).

3. Die **Folgen,** die eintreten, wenn gesetzliche Erben ausgeschlossen werden, ohne daß ein Erbe eingesetzt wird, sind nicht näher angegeben worden. Sie gehen dahin, daß die Erbschaft dem Ausgeschlossenen nicht anfällt; an seine Stelle treten in den drei ersten Ordnungen seine Abkömmlinge, sofern nicht die Auslegung des Testaments dazu führt, daß auch diese als ausgeschlossen zu gelten haben (RG Warn 1937 Nr 132; KG DRW 1939, 1085[28]; BayObLG 34, 279; RG Warn 1942 Nr 23; § 1924 A 3), wenn Abkömmlinge nicht vorhanden, die in der gleichen Ordnung zunächst Berufenen, wenn solche fehlen, die Verwandten der nächsten Ordnung. Der Fiskus (§ 1936) oder wer nach Landesrecht (EG Art 138) an seine Stelle tritt, kann nicht in dieser Weise, sondern nur durch Einsetzung eines anderen als Erben ausgeschlossen werden, da sonst die Erbschaft erblos werden würde. Auch landesrechtliche Erbrechte der in EG Art 139 bezeichneten Art können unentziehbar sein, so das der Verpflegungsanstalten nach PrALR II 19 §§ 50ff., 75. In der Zuwendung des „Pflichtteils" kann der Ausschluß von der gesetzlichen Erbfolge gefunden werden, und zwar auch dann, wenn dem Pflichtteilsberechtigten außer dem Pflichtteile noch sonstige Vermächtnisse zugewendet sind (RG 61, 14; 18. 12. 11 IV 706/10; Warn 1913 Nr 329). — Über Ausschließung des Ehegattenerbrechts durch altrechtliche Ehe- oder Erbverträge vgl. A 6 zu § 1931.

4. Es besteht kein Hindernis, den Ausgeschlossenen anderweitig (durch Vermächtnisse) letztwillig zu bedenken. Die Ausschließung kann auch nur von einer Quote des gesetzlichen Erbrechts, ferner auch bedingt erfolgen. Der Erblasser braucht keine Gründe für die Ausschließung anzugeben; anders ist es jedoch, wenn einem Pflichtteilsberechtigten auch der Pflichtteil entzogen werden soll (§§ 2333ff.). — Anfechtung wegen Übergehung eines Pflichtteilsberechtigten §§ 2079ff. Ausschließung eines Abkömmlings von der fortgesetzten Gütergemeinschaft durch letztwillige Verfügung § 1511.

§ 1939

Der Erblasser kann durch Testament einem anderen, ohne ihn als Erben einzusetzen, einen Vermögensvorteil zuwenden (Vermächtnis).

E I 1756 Abs 1 II 1816; M 5 9, 10; P 5 6.

Übersicht:

Vermächtnis

Vorbemerkung	4. Zuwendung
1. „Durch Testament"	5. Gesetzliche Vermächtnisse
2. Unterschied zur Erbeinsetzung	6. Aufwertung, Umstellung
3. Vermögensvorteil	

Vorbemerkung: § 1939 gibt „eine Art Begriffsbestimmung" (M 5 9) für das **Vermächtnis.** Im einzelnen ist das Vermächtnisrecht in den §§ 2147—2191 geregelt. Ein Vermächtnisnehmer kann mit einem Vermächtnisse beschwert werden (Untervermächtnis).

1. Das Vermächtnis kann durch einseitige Verfügung im **Testament** (§ 1937), aber auch — einseitig oder vertragsmäßig — im Erbvertrag (§§ 1941, 2299, 2278, 2279) angeordnet werden, also nicht formlos durch Kodizill oder Nachzettel (§ 1937 A 2), auch nicht durch Bezugnahme auf solche; jedoch können sie zur Auslegung herangezogen werden (RG Warn 1915 Nr 210; 1917 Nr 59).

2. Der Vermächtnisnehmer ist im **Gegensatz zum Erben** (§ 1922 A 1) nicht Gesamtnachfolger. Es kann deshalb unmittelbar weder die ganze Erbschaft noch ein Erbschaftsbruchteil Gegenstand eines Vermächtnisses sein (§ 2087); doch läßt sich der Anspruch auf Ausantwortung eines Bruchteils der Erbschaft als Vermächtnis denken. Auch dem Erben kann ein Vermächtnis zugewendet werden (Vorausvermächtnis § 2150). Über die Abgrenzung zwischen Erbeinsetzung, Teilungsanordnung und Vermächtnis (oder Vorausvermächtnis), wenn der Erblasser angeordnet hat, daß einzelne Gegenstände bestimmt bezeichneten Personen zukommen sollen vgl. RG 23. 12. 1941 VII 46/41 = DNotZ 42, 182, ferner OGH 1, 165 = MDR 1949, 287 und BGH 8. 5. 52 IV ZR 144/51.

Auf den Vermächtnisnehmer geht der vermachte Gegenstand nicht, wie die Erbschaft auf den Erben, unmittelbar über, er erlangt vielmehr lediglich ein Forderungsrecht gegen den Beschwerten (§ 2174) und ist, wenn dieser Erbe wird, Nachlaßgläubiger (§ 1967 Abs 2); den Gegenstand des Vermächtnisses selbst erlangt er erst durch das dingliche Erfüllungsgeschäft: Übergabe, Auflassung, Abtretung usw.; kein Vindikationslegat. Unterschied von der Auflage vgl. A 2 zu § 1940.

Vor Eintritt des Erbfalls erlangt der Vermächtnisnehmer, selbst wenn das Vermächtnis auf einem Erbvertrag beruht, weder einen künftigen Anspruch, noch eine rechtlich gesicherte Anwartschaft, sondern lediglich eine tatsächliche Aussicht (BGH 12, 115; vgl. auch § 1941 A 2).

3. Vermögensvorteil. Nach dem von der 2. Kommission beschlossenen Wortlaut können den Gegenstand des Vermächtnisses nicht nur körperliche Gegenstände und Rechte, sondern es kann ihn alles bilden, was mit einem Vermögensvorteil für den Bedachten verbunden ist. Der Begriff ist im weitesten Sinne zu verstehen. Gegenstand eines Vermächtnisses können daher nicht nur die Verschaffung des Eigentums und des Besitzes, die Bestellung eines dinglichen Rechts, die schuldrechtliche Gebrauchsgewährung, Dienstleistungen u. dgl. sein, so z. B. auch ein Schulderlaß, die Aufgabe von Rechten des Erblassers oder des Beschwerten gegenüber dem Bedachten, bloße Rechtslagen oder Erwerbsmöglichkeiten (Erwerbsgeschäft als solches), auch nur mittelbare Vermögensvorteile (BayObLG OLG 32, 59), ferner das Recht zur Einsichtnahme von Familienpapieren oder zur literarischen Verwertung von Aufzeichnungen des Erblassers, wenn daraus ein vermögensrechtlicher Vorteil für den Bedachten, wiewohl nur mittelbar und nebenbei, erwachsen kann.

Fehlt jede Beziehung auf einen solchen, so kann ein Vermächtnis im Sinne von § 1939 nicht angenommen werden; unter Umständen kann aber darin die Anordnung einer auf einen gewissen Teil des Nachlasses beschränkten Testamentsvollstreckung (§ 2208 A 2) gefunden werden (RG 26. 9. 04 IV 76/04). Dadurch, daß der Erblasser den Bedachten mit einer Auflage oder einem Untervermächtnis bis zur vollen Höhe des von ihm zugewendeten Betrags belastet, wird die Verfügung nicht unwirksam (RG JW 1910, 6), ebensowenig dadurch, daß ein Gegenstand zugewendet ist, der dem Erblasser nur als Treuhänder, also nur rechtlich, nicht wirtschaftlich, gehört und der auch dem Bedachten nur in gleicher Eigenschaft zufallen soll (RG HRR 1928 Nr 1698); dabei ist allerdings der Begriff des Vermögensvorteils in einem gegenüber dem Wortlaute erweiterten Sinne aufgefaßt, wenigstens für solche Fälle, in denen kein eigenes vermögensrechtliches Interesse des Bedachten an der Treuhänderschaft, wie etwa Zins- oder Ertragsgenuß, besteht.

Bloße Annehmlichkeiten genügen nicht, z. B. das Recht, in einem Parke zu lustwandeln, wenn es nicht etwa zur Erhaltung der Gesundheit und damit der Arbeitskraft des Bedachten dient und dadurch mittelbar in Beziehung zu seinem Vermögen gebracht werden kann. Die weitergehende Auffassung Plancks in der 3. Aufl. A 2 (dagegen Flad in der 4. Aufl.) ist gegenüber dem klaren Wortlaute des Gesetzes nicht haltbar. Auf solche Zuwendungen können deshalb die Vermächtnisgrundsätze (Anspruch des Bedachten auf Erfüllung, Unwürdigkeit usw.) keine Anwendung finden, doch können sie unter Umständen als Auflagen (§ 1940) aufrechterhalten und durchgeführt werden.

Einzelfälle: Ferner kann den Gegenstand eines Vermächtnisses bilden: der Verzicht auf Geltendmachung dem Bedachten entgegenstehender Rechte (Anfechtung, Verjährung; RG 8. 11. 06 IV 155/06); die Ermächtigung zur Kreditbeschaffung durch Belastung von Nachlaßgrundstücken während des vermachten Nießbrauches (RG Warn 08 Nr 168; dazu Kipp-Coing § 50 A 1, dem so viel zuzugeben ist, daß ein solches Vermächtnis nur einen schuldrechtlichen Anspruch gegen den Grundstückseigentümer auf Erteilung der Ermächtigung begründen kann); die Gewährung einer Sicherheit für eine Forderung (RFH 29, 150); die Übertragung einer Hausverwaltung, für die eine Vergütung zu zahlen ist (OGH 4, 223). Der Vorteil kann auch in dem Anerkenntnis oder der Sicherung eines dem Bedachten bereits zustehenden Rechtes oder in dem Verzicht auf bestellte Sicherheiten bestehen. Vermächtnisgegenstand kann auch ein nicht zum Nachlasse gehöriger Gegenstand sein, sei es, daß er zum Vermögen des Beschwerten (RG 6. 3. 16, IV 320/15) oder eines Dritten (Verschaffungsvermächtnis) gehört.

Ob in der Zuwendung des Pflichtteils die Anordnung eines Vermächtnisses oder nur eine ausdrückliche Anerkennung des kraft Gesetzes bestehenden Pflichtteilsanspruchs unter Entziehung sonstiger entziehbarer Erbansprüche liegt, ist Auslegungsfrage (RG 129, 241; Hamm HRR 1935 Nr 1462; § 2304 A 1).

4. Die **Zuwendung** besteht in der Begründung eines Forderungsrechts (vgl. A 2). Das Zugewendete braucht nicht ohne Entgelt in das Vermögen des Bedachten gelangen zu sollen, z. B. kann die Zuwendung auch in der Verpflichtung des Beschwerten bestehen, eine Sache an den Bedachten zu einem bestimmten Preise zu verkaufen; doch muß eine Begünstigungsabsicht (Liberalität) zugrunde liegen (RG 26. 9. 04 IV 76/04; a. M. Staudinger-Lehmann Anm 10). Ein Vermächtnis liegt nicht vor, wenn dem Bedachten kein Forderungsrecht auf den Gegenstand zugewendet ist, sondern er ihn nur durch eine Leistung erhält, die ein anderer zur Erfüllung einer diesem vom Erblasser gestellten Bedingung (condicionis implendae causa) macht (M 5, 9; vgl. Windscheid-Kipp § 677 S. 738). Auch liegt kein Vermächtnis vor, wenn beim Vertrag zugunsten Dritter der Ver-

sprechensempfänger, wie ihm im Zweifel zu tun freisteht (vgl. § 332, VersVG § 166 Satz 2), den an die Stelle des ursprünglichen tretenden Dritten in einer Verfügung von Todes wegen bezeichnet; denn dieser erhält die Zuwendung im Zweifel nicht aus dem Nachlaß (vgl. §§ 330 A 2, 331 A 1). — Kein Vermächtnis, vielmehr ein ohne besondere Formen gültiger Vertrag unter Lebenden zugunsten eines Dritten (§§ 328, 331) liegt ferner vor, wenn in einem Vertrage vereinbart ist, daß die Leistung (z. B. die Auszahlung eines Sparkassenguthabens durch die Sparkasse oder die Auszahlung des Gesellschaftsanteils durch die Gesellschafter) nach dem Tode des Versprechensempfängers an einen Dritten erfolgen soll, obwohl ein solcher Vertrag zur Umgehung der Formvorschriften für letztwillige Verfügungen benutzt werden kann (RG 106, 1ff.; vgl. auch RG 80, 177; 88, 137; dahingestellt in RG 98, 279). Vgl. auch § 331 A 1.

Die in einem Testament enthaltene Anordnung, daß einer der Erben frühere Schenkungen nicht ausgleichen („haben und behalten") solle, kann, wenn die Schenkung unter Lebenden unwirksam war, möglicherweise als Vorausvermächtnis ausgelegt werden (RG 82, 149).

5. Sog. **gesetzliche Vermächtnisse,** d. h. Zuwendungen von Vermögensvorteilen, die das Gesetz aus dem Vermögen eines Verstorbenen gewissen Personen zuweist, ohne sie zu Erben zu berufen, sind: der Voraus des überlebenden Ehegatten (§ 1932); der Anspruch auf den sog. Dreißigsten (§ 1969); **nicht** der Anspruch der Mutter auf Unterhalt aus dem Nachlaß oder dem Erbteil des Kindes bis zur Entbindung (§ 1963 A 5a). — Das Versprechen der Schenkung einzelner Vermögensbestandteile auf den Todesfall wird als Vermächtnis behandelt (§ 2301 A 2).

6. Über die **Aufwertung** von Vermächtnissen vgl. 9. Auflage § 242 A 5dγ Abs 5, § 2174 A 3. Grundsätzlich sind Vermächtnisforderungen nach den „allgemeinen Vorschriften", d. h. nach den durch die Rechtsprechung entwickelten Grundsätzen des allgemeinen bürgerlichen Rechts in der Aufwertungsfrage aufzuwerten. Dabei kommt es in erster Linie auf den mutmaßlichen Willen des Erblassers an (BGH 20. 10. 52 IV ZR 99/52 = LM § 242 (A) Nr 7 = DNotZ 1953, 100).

Umstellung: Reine Geldvermächtnisse aus einem Erbfall vor der Währungsreform sind nach § 18 Abs 1 Nr 3 UmstG im Verhältnis 1 : 1 umgestellt worden, sofern sie nicht vorher erfüllt worden sind; sie können jedoch unter Umständen auf Grund des Vertragshilfegesetzes vom 26. 3. 1952 (BGBl I 198) geregelt werden.

§ 1940

Der Erblasser kann durch Testament den Erben oder einen Vermächtnisnehmer zu einer Leistung verpflichten, ohne einem anderen ein Recht auf die Leistung zuzuwenden (Auflage).

E I 1757 II 1817; M 5 10, 11; P 5 6, 7.

Übersicht:

Auflage

Vorbemerkung: § 1940 gibt eine Begriffsbestimmung der durch letztwillige Verfügung getroffenen **Auflage** und regelt gleichzeitig, wann eine Auflage gemacht werden kann. Im einzelnen ist das Recht der Auflage in den §§ 2192—2196 enthalten; vgl. ferner §§ 2186, 2187, 2189 (bei Beschwer eines Vermächtnisnehmers), 2278 (Erbvertrag), 525—527 (Schenkung unter Auflage).

1. Die Auflage kann durch einseitige Verfügung im **Testament** (§ 1937), aber auch — einseitig oder vertragsmäßig — im Erbvertrag (§§ 1941, 2299, 2278, 2279) angeordnet werden.

2. Die **Auflage** hat mit dem Vermächtnis (§ 1939) gemeinsam, daß sie **den Beschwerten zu einer Leistung verpflichtet,** unterscheidet sich aber dadurch, daß dem als Empfänger der Leistung in Betracht kommenden anderen kein Forderungsrecht eingeräumt ist. Es kann deshalb auch nicht von einer Zuwendung an ihn gesprochen werden (§ 1939 A 4). Es kann auch an einem Empfänger der Leistung ganz fehlen, z. B. bei der Verpflichtung, ein Grab zu pflegen. Die Leistung kann in einem Tun oder Unterlassen irgendwelcher Art bestehen (§ 241); z. B. Veröffentlichung hinterlassener Papiere des Erblassers, Zugänglichmachen eines Parkes für das Publikum, Sammeln von Geld zu einem bestimmten Zwecke (RG Recht 1913, 1613); Anordnung, daß einer der Erben oder ein Dritter das Geschäft des Erblassers weiterführen solle (RG 171, 358); auch, im Schrifttum mit Unrecht in Zweifel gezogen, Besorgung der Feuerbestattung, vgl. Abs 2. Abweichend vom Vermächtnis (§ 1939 A 3) braucht sie nicht vermögensrechtlichen Inhalts zu sein (ebenso Staudinger-Lehmann A 6; a.M. Kipp-Coing § 59 VI). Nichtig ist die Auflage unsittlicher (§ 138), unmöglicher und gesetzwidriger Leistungen (§§ 2171, 2192); dem Richter auch die Befugnis zu geben, eine Auflage für nichtig zu erklären, weil sie eines verständigen Inhalts ermangele, ist im allgemeinen nicht angängig, zumal die 2. Kommission das ausdrücklich abgelehnt hat (P 5, 243); doch kann bei Auflagen, die offensichtlich keinen ernsten Zweck verfolgen, trotzdem eine solche Befugnis aus dem Mangel eines Rechtsschutzinteresses hergeleitet werden. Auch eine Auflage, die dem Beschwerten selbst in seinem eigenen Interesse erteilt wird (z. B. seiner Gesundheit halber den Winter an der Riviera zuzubringen), kann, wenn sie nicht bloß als Ratschlag, sondern als förmliche Verpflichtung gemeint ist, wirksame Auflage sein.

Zu den Auflagen gehören, weil lediglich die Beschwerten verpflichtend, Veräußerungs- und Belastungsverbote (§ 137; vgl. RG 43, 338; SeuffA 87 Nr 10), die Anordnung eines Schiedsgerichts für den Fall entstehender Streitigkeiten (ZPO § 1048; vgl. § 1937 A 1), Bestimmungen wegen der Bestattung (RG Warn 1912 Nr 219). Ob Teilungsanordnungen (§§ 2048 u. 2306, wo sie neben Auflagen erwähnt sind), sowie Anordnungen wegen Ausgleichung von Vorempfängen (§ 2050) zu den Auflagen zu rechnen sind, hängt davon ab, ob den durch sie beschwerten Miterben lediglich Verpflichtungen auferlegt oder ob zugleich den übrigen Miterben entsprechende Rechte zugewendet sein sollten. Den Ausschlag gibt der zu ermittelnde Wille des Erblassers. Nicht selten verbirgt sich hinter einer Teilungsanordnung oder hinter dem Erlaß der Ausgleichungspflicht ein reines Vermächtnis (vgl. auch § 2048 A 1). In HRR 1929 Nr 500 hat das RG die Anordnung, daß die Verwaltung des Nachlasses bis zur Auseinandersetzung nicht, entsprechend der Regel des § 2038, den Miterben gemeinschaftlich, sondern einem von ihnen zustehen soll, als eine den übrigen Miterben gemachte Auflage gemäß § 1940 bezeichnet; richtiger dürfte wohl eine den übrigen Miterben auferlegte Vermächtnisbeschwerung nach §§ 1939, 2147 anzunehmen sein; vgl. § 2038 A 1. Auch die Verbindlichkeiten aus Auflagen sind Nachlaßverbindlichkeiten, § 1967.

3. Dem mit der Auflage Beschwerten steht **kein auf die Leistung Berechtigter** gegenüber. Der durch die Auflage Begünstigte hat auch keinen Anspruch auf Schadenersatz wegen Nichterfüllung der Auflage; ebensowenig besteht ihm gegenüber eine Haftung des Testamentsvollstreckers nach § 2219 (RG Warn 1937, 309). Doch finden gewisse für letztwillige Zuwendungen geltende Vorschriften entsprechende Anwendung, § 2192. Auch ist gewissen Personen und Behörden (§ 2194), sowie dem Testamentsvollstrecker (§§ 2203, 2208 Abs 2) das Recht verliehen, die Vollziehung der Auflage zu verlangen. Auch einen anderen Beauftragten als einen Testamentsvollstrecker kann der Erblasser im Testamente zur Vollziehung der Auflage bestellen, nicht aber formlos (RG 42, 133; BayObLG 5, 436). Die Errichtung sog. unselbständiger Stiftungen (Bildung von Zweckvermögen ohne juristische Persönlichkeit) durch Verfügung von Todes wegen stellt sich in der Regel als eine Auflage dar des Inhalts, daß der beschwerte Erbe oder Vermächtnisnehmer mit dem ihm Zugewendeten nach den Vorschriften des Erblassers zu einem bestimmten, nicht auf einen fest umgrenzten Personenkreis beschränkten Zwecke zu verfahren hat, ohne daß gewissen Personen wegen ihrer Zugehörigkeit zu diesem Kreise (z. B. den Verwandten des Erblassers) ein Anspruch auf eine Leistung eingeräumt wird (RG SeuffA 56 Nr 216; RG 75, 134, 380; 96, 15; LZ 1918, 267[14]); doch ist es begrifflich nicht ausgeschlossen, daß damit zugleich gewissen Personen ein Recht auf gewisse Leistungen gewährt werden soll; ob das zutrifft, ist Auslegungsfrage (RG Warn 1917 Nr 148; LZ 1918, 268). In diesem Falle würde es sich um ein Vermächtnis (Untervermächtnis) handeln; doch ist es fraglich, ob für ein solches die Persönlichkeit der Bedachten genügend bestimmt ist, namentlich ob sich nicht aus § 2162 Abs 2 Bedenken ergeben (RG 7. 6. 17 IV 68/1917).

4. Die Auflage ist begrifflich verschieden von der **Zuwendung unter der Bedingung** einer Leistung. Bei der bedingten Zuwendung ist die Leistung, als Erfüllung der Bedingung, in das Belieben des Bedachten gestellt; erst die Leistung erzeugt den Anspruch auf die Zuwendung, während er bei der Auflage unbedingt mit der Zuwendung bedacht und, wenn er diese annimmt, zur Leistung verpflichtet ist (KG OLG 42, 127).

§ 1941

Der Erblasser kann durch Vertrag einen Erben einsetzen sowie Vermächtnisse und Auflagen anordnen (Erbvertrag).

Als Erbe (Vertragserbe) oder als Vermächtnisnehmer kann sowohl der andere Vertragschließende als ein Dritter bedacht werden.

E I 1940 Abs 1, 2; 1962 II 1818; M 5 310–314, 349, 350; P 5 365–374, 423.

Übersicht:

Erbvertrag

1. Der **Erbvertrag** ist eine Unterart der Verfügung von Todes wegen (Vorbem vor § 1937). Sein Inhalt ist, soweit die Verfügung vertragsmäßig getroffen wird, auf Erbeinsetzungen, Vermächtnisse und Auflagen beschränkt, § 2278 Abs 2. Daneben sind jedoch ebensolche und alle anderen in Testamenten zu treffenden Anordnungen, insbesondere die Erbausschließung (§ 1938), als einseitige Verfügungen zulässig (§ 2299). Im einzelnen ist das Recht über den Erbvertrag in den §§ 2274—2300a geregelt worden.

2. Der Erbvertrag ist ein einheitlicher **Vertrag erbrechtlichen Inhalts,** d. h. er erzeugt erbrechtliche (die Rechtsnachfolge in das Vermögen eines Verstorbenen betreffende) Wirkungen: Erbfolge, Vermächtnisanspruch, Auflagenverpflichtung. Er ist kein schuldrechtlicher Vertrag, da weder der Erblasser noch der andere Teil sich darin zu schuldrechtlichen Leistungen verpflichten; schuldrechtliche Verbindlichkeiten werden erst durch die Annahme (Nichtausschlagung) der Zuwendung oder Beschwerung nach dem Eintritt des Erbfalls erzeugt. Dies gilt auch dann, wenn der Erbvertrag ausschließlich eine Zuwendung an einen Dritten enthält. Er hat in einem solchen Fall nicht die Wirkung eines Vertrages zugunsten Dritter. Vor Eintritt des Erbfalles erlangt der Vermächtnisnehmer daher, wenn das Vermächtnis auf einem Erbvertrag beruht, weder einen künftigen Anspruch noch eine rechtlich gesicherte Anwartschaft, sondern nur eine tatsächliche Aussicht. Vor Eintritt des Erbfalls ist ferner bei einem auf einem Erbvertrag beruhenden Grundstücksvermächtnis die Eintragung einer Auflassungsvormerkung zugunsten des Vermächtnisnehmers unzulässig, selbst wenn der Erblasser die Eintragung der Vormerkung bewilligt hat (BGH 12, 115 = NJW 1954, 633 = JZ 1954, 436 mit Anm. Coing = LM § 883 Nr 2 mit Anm. Pritsch).

Über die Abgrenzung zwischen Erbverträgen und entsprechenden Verträgen unter Lebenden vgl. im übrigen Anm 5.

Die Vertragsnatur äußert sich in der grundsätzlichen Bindung des Erblassers an seine Verfügungen, soweit sie vertragsmäßig getroffen sind; diese Verfügungen können nur unter besonderen Voraussetzungen durch beiderseitiges Einverständnis (§§ 2290—2292) oder Rücktritt (§§ 2293—2297) rückgängig gemacht werden. Ein als solcher nichtiger Erbvertrag kann unter Umständen gemäß § 140 BGB als letztwillige Verfügung aufrechterhalten werden, wenn sie bis zum Tode nicht widerrufen worden ist.

Rein schuldrechtlich wirkt der Vertrag zwischen Erben über den Nachlaß eines noch lebenden Dritten, soweit ein solcher nicht nichtig ist (§ 312 Abs 2; RG 65, 364; 71, 136; vgl. auch § 312 A 2).

3. Der Erbvertrag ist **Erbeinsetzungsvertrag, Vermächtnisvertrag, Auflagevertrag,** wenn er sich auf eine der betreffenden Anordnungen beschränkt. Alle drei können aber auch in demselben Vertrage verbunden werden. Kein Erbvertrag ist der besonders geregelte Erbverzichtsvertrag, §§ 2346—2352.

4. Von den **Vertragschließenden** muß mindestens der eine Teil als Erblasser auftreten, d. h. eine der in A 3 erwähnten Verfügungen von Todes wegen vertragsmäßig treffen. Es können auch beide Vertragsteile Anordnungen als Erblasser treffen. Insoweit können nur passiv beerbungsfähige, also natürliche, Personen (vgl. § 1922 A 3) in Betracht kommen. Mehrere solche Personen können in einem und demselben Erbvertrage gemeinschaftliche Verfügungen treffen, z. B. sich gegenseitig oder gemeinschaftlich einen Dritten zum Erben einsetzen, auch wenn sie nicht Eheleute sind (RG 67, 65; vgl. A 2 zu § 2246). Der andere Teil, der sich auf die Annahme der vertragsmäßigen Verfügungen des Erblassers beschränkt, kann auch eine juristische Person oder eine Mehrheit von Personen sein. Vertragliche Verfügungen können zugunsten des anderen Vertragschließenden oder zugunsten eines Dritten getroffen werden.

Ob eine Verfügung als vertragliche oder einseitige gemeint ist, ist Auslegungsfrage. Vgl. RG Warn 1917 Nr 91. Die gegenseitige Zuwendung der Nutznießung am Nachlasse ist unbedenklich als vertragsmäßige Verfügung anzusehen; die gegenseitige Ernennung zum Testamentsvollstrecker kann nur als einseitige Verfügung wirksam angeordnet werden (§§ 2197, 2278 Abs 2; RG 116, 322). Bei Verfügungen zugunsten eines Dritten, mit denen der andere Vertragschließende beschwert ist, ist in der Regel nicht anzunehmen, daß der Erblasser sie nicht einseitig widerrufen könne, da der andere Teil an der Aufrechterhaltung kein Interesse haben wird (P 5, 403); doch kann auch in solchem Falle wenigstens ein moralisches Interesse vorliegen; das genügt anzunehmen, der Widerruf solle ausgeschlossen sein (RG LZ 1916 Sp. 1032[18]; RG 116, 323).

Auf das vertragsmäßige Schenkungsversprechen für den Fall des Überlebens des Beschenkten (Schenkung auf den Todesfall) finden die Vorschriften über den Erbvertrag Anwendung (§ 2301, vgl. § 1937 Vorbem. 3 Abs 3).

5. Der **bedachte Dritte** erlangt im Gegensatz zu den entsprechenden Verträgen unter Lebenden (§ 328) durch den Abschluß des Erbvertrage, auch wenn er darin vertragsmäßig und nicht bloß einseitig (§ 2299) bedacht ist, keine Rechte. Denn der Erbvertrag hat nicht die Wirkung eines Vertrages zugunsten Dritter, auch dann nicht, wenn er — zulässigerweise — ausschließlich eine Zuwendung an einen Dritten enthält (BGH 12, 119; A 2). Das Recht des bedachten Dritten als Erbe oder Vermächtnisnehmer entsteht erst mit dem Erbfall, wenn der Erbvertrag in diesem Zeitpunkte noch wirksam ist. Die Vorschriften über Verträge zugunsten Dritter (§§ 328ff.) sind auch im übrigen auf Erbverträge nicht anwendbar (RG Warn 1917 Nr 91). Aus einer bloßen Auflage erlangt ein Dritter überhaupt kein Forderungsrecht (§ 1940). Die Entscheidung der Frage, ob ein Erbvertrag oder ein Vertrag unter Lebenden vorliegt, kann im Einzelfall schwierig sein. Wegen der Abgrenzung zwischen Erb- und Kaufvertrag vgl. OLG Hamburg MDR 1950, 615. Ein Vertrag, durch den eine Person ihren Grundbesitz oder ihr Vermögen mit der Maßgabe übergibt, daß der Vertrag erst nach dem Tode des Übergebers durch Auflassung oder Übertragung der zu dem Vermögen gehörenden Rechte vollzogen werden soll, ist nicht stets und ausnahmslos ein verschleierter Erbvertrag (abw. für einen landwirtschaftlichen Hof OGH NJW 1949, 822). Es hängt von dem Inhalt und den Umständen des einzelnen Falles ab, ob ein solcher Vertrag als Vertrag unter Lebenden oder als verschleierte Verfügung von Todes wegen anzusehen ist. Das letztere kommt in Betracht, wenn sich der Vertrag nicht nur auf gegenwärtiges, sondern auch auf zukünftiges Vermögen des Übergebers bezieht (BGH 8, 23 = DNotZ 1953, 275 = NJW 1953, 183). Der Gutsüberlassungsvertrag, durch den der Übernehmer zu bestimmten, nach dem Tode des Überlassenden zahlbaren Leistungen an Geschwister als Abfindung für ihr Erbrecht verpflichtet wird, ist in der Regel als Vertrag unter Lebenden zugunsten Dritter aufzufassen; vgl. § 1937 Vorbem. 3 Abs 2.

Zweiter Abschnitt

Rechtliche Stellung des Erben

Der Abschnitt regelt in vier Titeln die **rechtliche Stellung des Erben,** d. h. die Rechtsverhältnisse, in die eine Person dadurch eintritt, daß sie Erbe wird, nach den verschiedenen in Betracht kommenden Richtungen, und zwar: im ersten Titel die Entstehung und Entwicklung des Verhältnisses des Erben zur Erbschaft durch deren Annahme und Ausschlagung, einschließlich der bis zur endgültigen Inbesitznahme erforderlichenfalls eintretenden Fürsorge des Nachlaßgerichts (§§ 1942–1966); im zweiten Titel sein Verhältnis zu den Nachlaßgläubigern in Gestalt der Haftung für die Nachlaßverbindlichkeiten (§§ 1967—2017); im dritten Titel sein Verhältnis zu einem unrechtmäßigen Besitzer der Erbschaft, aus welchem für ihn der Erbschaftsanspruch entsteht (§§ 2018–2031); im vierten Titel schließlich das Verhältnis mehrerer Erben (Miterben) zueinander (§§ 2032–2057) und die aus dem Vorhandensein mehrerer Erben sich ergebenden Besonderheiten ihres Verhältnisses zu den Nachlaßgläubigern (§§ 2058–2063).

Erster Titel

Annahme und Ausschlagung der Erbschaft. Fürsorge des Nachlaßgerichts

Die Vorschriften dieses Titels behandeln zwei verschiedene Sachgebiete, die Annahme und Ausschlagung der Erbschaft, geregelt in den §§ 1942–1959 und die Fürsorge des Nachlaßgerichts, §§ 1960–1966.

A. Die Annahme und Ausschlagung der Erbschaft:

1. Nach dem gemeinen Recht erwarb, abgesehen von den Hauskindern, der zum Erben Berufene die Erbschaft nur durch einen Willensakt, dadurch, daß er die Erbschaft antrat. Dieses System ist grundsätzlich von dem bayLR und dem sächsGB beibehalten worden. Unmittelbar kraft Gesetzes vollzog sich dagegen der Erbschaftserwerb nach prALR und in den wichtigsten Fällen nach dem code civil. Das BGB hat sich aus praktischen Erwägungen heraus dem pr. System angeschlossen.

2. Der Grundsatz des Erwerbs der Erbschaft kraft Gesetzes ist aber, wie es in den Motiven heißt (Mot. 5, 685) ein mehr formaler. Er wird inhaltlich beschränkt durch das Recht der **Ausschlagung,** § 1942, die mit rückwirkender Kraft erfolgt (vgl. darüber § 1942 Anm. 1).

3. a) Die Annahme, sowohl die ausdrückliche wie die stillschweigende, und die Ausschlagung sind Rechtsgeschäfte, auf die die **Grundsätze über die Geschäftsfähigkeit** anzuwenden sind. Sie bringen dem Erklärenden nicht nur einen rechtlichen Vorteil. Mit der Ausschlagung ist eine Vermögenseinbuße, der Verzicht auf einen Vermögenserwerb verbunden; mit der Annahme wird die Haftung des Erben für die Nachlaßverbindlichkeiten verwirklicht. Daher setzen sie volle Geschäftsfähigkeit voraus. Für den geschäftsunfähigen Erben hat der gesetzliche Vertreter die Erklärung abzugeben. Vater und Mutter als Inhaber der elterlichen Gewalt sind dazu in der Regel auch dann berufen, wenn der Erwerb nach § 1638 Abs. 1, § 1651 Abs. 1 Nr. 2 freies Vermögen des Kindes wird (vgl. KGJ 48 A 23; OLG 32, 13). Der beschränkt Geschäftsfähige kann mit Einwilligung des gesetzlichen Vertreters selbst die Annahme oder Ausschlagung erklären. Eine nachträgliche Genehmigung seiner Erklärung ist nach § 111 nicht möglich. Sie kann aber in eine Erklärung, durch die der gesetzliche Vertreter selbst für den Minderjährigen annimmt oder ausschlägt, umgedeutet werden. Schwierigkeiten können sich ergeben, wenn für einen Minderjährigen nach § 1775 ausnahmsweise mehrere Vormünder bestellt sind und das Vormundschaftsgericht nach § 1797 Abs. 2 dem einen die Sorge für die Person, dem anderen die Vermögenssorge übertragen hat. Da der Schwerpunkt der Entschließung über die Annahme und Ausschlagung der Erbschaft in der Regel auf der vermögensrechtlichen Seite ruht, wird regelmäßig der Vormund, dem dieser Sorgebereich übertragen ist, die Erklärung allein abzugeben haben. Ist aber die Erbeinsetzung an Bedingungen geknüpft, die die Person des Mündels betreffen, ihm sind hinsichtlich seiner Lebensführung, seines Erziehungsganges, seiner Berufswahl Auflagen gemacht, so haben beide Vormünder gemeinsam zu entscheiden. Bei Meinungsverschiedenheiten entscheidet nach § 1798 das Vormundschaftsgericht.

Zur Abgabe der Erklärung befugt ist auch der nach § 1909 Abs. 1 u. Abs. 3 bestellte Pfleger. Denn er übt nur die Rechte des gesetzlichen Vertreters aus. Ebenso der Abwesenheitspfleger nach § 1911, wenn seine Vertretungsmacht nicht auf die Regelung anderer Vermögensangelegenheiten beschränkt ist (vgl. auch OLG 39, 11) und der nach § 1910 bestellte Gebrechlichkeitspfleger. Für den Pfleger einer Leibesfrucht, § 1912, kann die Frage, ob er die Annahme oder Ausschlagung erklären kann, nicht auftauchen, da die Erbschaft dem nasciturus erst mit seiner Geburt rückwirkend anfällt. In diesem Zeitpunkt hat er bereits einen gesetzlichen Vertreter. Die Erklärung kann auch durch einen Bevollmächtigten abgegeben werden (vgl. § 1945 Abs. 2). Die Vollmacht braucht keine Spezialvollmacht zu sein. Zu ihrer Abgabe sind dagegen nicht befugt, der Testamentsvollstrecker, Nachlaßpfleger, Konkursverwalter (§ 9 KO) oder der nach dem Mil.Reg.Ges. Nr. 52 bestellte Treuhänder.

b) Der Vater bedarf nach § 1643 Abs. 2, der Vormund und der Pfleger nach § 1822 Nr. 2 zur **Ausschlagung der Genehmigung des Vormundschaftsgerichts.** Tritt aber der Anfall an das Kind erst deswegen ein, weil der Vater die Erbschaft ausgeschlagen hat, so bedarf dieser nach § 1643 Abs. 2 Satz 2 zur Ausschlagung für das Kind nur dann der vormundschaftsgerichtlichen Genehmigung, wenn er neben dem Kind als Erbe berufen war.

B. I. 1. Der zweite Teil des ersten Titels enthält im wesentlichen die Bestimmungen, die die **Fürsorge des Nachlaßgerichts für den Nachlaß** regeln. Die Sicherheit des Rechtsverkehrs gebietet es, bei der Abwicklung des Erbfalls eine staatliche Stelle einzuschalten. Ihr gegenüber sind vor allem diejenigen, die Erbschaft als solche betr. Erklärungen der Erben abzugeben, die für etwa später berufene Erben oder für die Nachlaßgläubiger bedeutsam sind. Dazu gehören die Ausschlagung der Erbschaft, die Anfechtung letztwilliger Verfügungen u. ä. Nur eine staatliche Behörde kann dem Erben durch Ausstellung eines Erbscheines und dem Testamentsvollstrecker durch Ausstellung des Testamentsvollstreckerzeugnisses nach außen eine Legitimation verschaffen. Auch in vielen anderen Fällen, die im einzelnen hier nicht aufgezählt werden können, ist die Mitwirkung der Behörde geboten.

2. Es gibt zwei Möglichkeiten, staatliche Behörden bei der Abwicklung des Erbfalls einzuschalten. Sie können grundsätzlich in allen Fällen kraft Gesetzes zur Mitwirkung berufen sein. Eine solche Regelung war im prätorischen Erbrecht und vielfach auch im spätmittelalterlichen Stadtrecht getroffen. Heute noch kennt das österreichische Recht eine solche obligatorische staatliche Mitwirkung durch die in §§ 797ff. AGBGB geregelte, gerichtliche Einweisung in den Nachlaß. Auch das englische Recht ist von diesem System beherrscht.

Andere Rechte lassen die Behörden nur im Bedarfsfalle tätig werden, so das spätere gemeine Recht, das ALR und mit wenigen Ausnahmen auch das französische Recht. Diesem System hat sich auch das BGB angeschlossen.

II. 1. Die zur Mitwirkung berufene Behörde ist das **Nachlaßgericht.** Nachlaßgerichte sind nach § 72 FGG die Amtsgerichte als Organe der freiwilligen Gerichtsbarkeit. Nach Art. 147 EGBGB blieben jedoch die landesgesetzlichen Vorschriften, nach denen für die dem Nachlaßgericht obliegenden Verrichtungen andere als gerichtliche Behörden zuständig sind, weiter in Kraft. Durch die VO vom 10. 6. 36 (RGBl I, 488) sollten die Verrichtungen des Nachlaßgerichts, soweit in einzelnen Ländern für sie andere als gerichtliche Behörden oder staatliche Stellen zuständig sind, auf die Amtsgerichte übergehen. Nach § 2 der VO sollte der RMdJust. den Zeitpunkt und den Umfang des Übergangs bestimmen. In dem bestimmten Zeitpunkt sollten die betreffenden Landesvorschriften außer Kraft treten. Da diese Anordnung nicht getroffen ist, gilt das Landesrecht noch.

2. Das Verfahren vor dem Nachlaßgericht wird durch die allgemeinen Vorschriften des FGG geregelt. Danach wird das Gericht, sofern nicht im Einzelfall das Antragsprinzip ausdrücklich angeordnet ist, von Amts wegen tätig. Die vom Nachlaßgericht erlassenen Verfügungen können grundsätzlich vom Gericht wieder geändert werden (§§ 18, 32 FGG). Sie sind mit der Beschwerde nach §§ 19ff. FGG anfechtbar.

III. 1. § 1960 behandelt die vom Nachlaßgericht zu treffenden **Fürsorgemaßnahmen.** Ganz allgemein wird bestimmt, das Nachlaßgericht habe für die Sicherung des Nachlasses zu sorgen, soweit ein Bedürfnis bestehe. Abs 2 zählt auf, welche Maßnahmen insbesondere getroffen werden können. Dabei handelt es sich einmal um Sicherungsmaßnahmen tatsächlicher Art, zum anderen darum, einen Vertreter für den endgültigen Erben in bezug auf den Nachlaß zu bestimmen.

2. Das Nachlaßgericht hat nach §§ 1964ff. auch das Erbrecht des Fiskus festzustellen.

3. § 1963 gibt der Mutter des ungeborenen Erben einen Anspruch auf Unterhalt aus dem Nachlaß. Die systematische Einordnung dieser Bestimmung unter die die nachlaßgerichtliche Fürsorge betr. Vorschriften beruht darauf, daß es sich bei dem Anspruch nicht um einen Unterhaltsanspruch der Mutter gegen ihr Kind handelt, sondern um eine Fürsorgemaßnahme für den ungeborenen Erben. „Das Kind soll in der Mutter geschützt werden, in dem für diese gesorgt wird" (Mot. 5., 489). Den Anspruch hat daher auch nicht nur die Witwe des Erblassers, sondern jede Mutter deren noch nicht geborenes Kind kraft Gesetzes oder durch letztwillige Verfügung zur Erbschaft berufen ist. Auch mehreren Müttern kann er zustehen.

§ 1942

Die Erbschaft geht auf den berufenen Erben unbeschadet des Rechtes über, sie auszuschlagen (Anfall der Erbschaft).

Der Fiskus kann die ihm als gesetzlichem Erben angefallene Erbschaft nicht ausschlagen.

E I 1974 Abs 2, 2025 Abs 1, II 1819; M 5 379, 380, 488; P 5 487—490, 613; KB 309.

Übersicht:

Erbschaftsanfall

1. Das Ausschlagungsrecht
2. Anfall der Erbschaft
3. Stellung des Fiskus als gesetzlicher Erbe.

1. Daß die Erbschaft (oder der Erbteil, § 1922 Abs 2) mit dem Erbfall unmittelbar kraft Gesetzes übergeht, bringt schon § 1922 zum Ausdruck (vgl. A 1 dazu). Dieser Übergang ist zwingenden Rechts und kann auch dadurch nicht ausgeschlossen werden, daß der Erblasser die Einsetzung eines Erben an eine von ihm abzugebende Erklärung knüpft; in solchem Falle würde vielmehr der gesetzliche Erbe Vorerbe, der eingesetzte Nacherbe werden (Planck-Flad Vorbem II 2). — Die §§ 1942ff. ziehen die hieraus sich ergebenden Folgerungen und fügen zugleich die erforderlichen Beschränkungen hinzu.

Der Erbe erwirbt die Erbschaft mit dem Erbfalle, der Erwerb ist aber kein endgültiger, denn das moderne Recht zwingt den Erben nicht, die Erbschaft, zu der er berufen ist, auch wirklich zu übernehmen. Die Entschließung, ob er die Erbschaft übernehmen will, bleibt vielmehr dem freien Belieben des Erben überlassen. In diese Entscheidungsfreiheit kann nicht von dritter Seite eingegriffen werden. Um dem Erben seine Entschließungsfreiheit einzuräumen, gestattet ihm das Gesetz, die **Erbschaft auszuschlagen.** Mit Ausnahme des Fiskus (s. unten Anm 3) kann jeder Erbe die Erbschaft ausschlagen. Das Recht steht dem Vertragserben, der den Erbvertrag, durch den er zur Erbschaft berufen ist, mit dem Erblasser geschlossen hat, ebenso zu, wie dem hinterbliebenen Ehegatten, der durch das mit dem Erblasser errichtete gemeinschaftliche Testament zum Erben eingesetzt ist. Der Vorstand einer Stiftung, die der Erblasser durch Erbeinsetzung errichtet hat, kann allerdings die Erbschaft für die Stiftung nicht ausschlagen. Er würde damit die Stiftung wieder vernichten. Dazu ist er nicht befugt (vgl. Kipp-Coing § 72 Anm 1). Macht der Erbe von diesem Rechte Gebrauch, so tritt die Rechtsfiktion ein, daß er niemals Erbe geworden sei (§ 1953 Abs 1). Solange mithin der Erbe sich noch nicht für die Annahme oder Ausschlagung entschieden hat, besteht ein Schwebezustand; der Erwerb ist durch die condicio iuris der Ausschlagung auflösend bedingt, der Eintritt der Bedingung wirkt aber, abweichend von der regelmäßigen Wirkung rechtsgeschäftlich hinzugefügter Bedingungen (§ 158), ex tunc (unter Rückbeziehung). Der Grundsatz des unmittelbaren Erwerbes der Erbschaft ist, wie es in den Materialien zum BGB wiederholt ausgesprochen ist, „ein mehr formaler Grundsatz, sonst könnte nicht der Ausschlagung rückwirkende Kraft beigelegt werden" (Mot. 5., 685). Bis zum endgültigen Erwerb ist die Erbschaft nicht in dem Sinne von dem Erben bereits erworben und in sein Vermögen übergegangen, daß die Ausschlagung auch materiell als eine Aufgabe bereits erworbener Vermögensrechte (Verzicht, Veräußerung) anzusehen wäre. Daraus zieht das Gesetz eine Anzahl von Folgerungen: die Ausschlagung zum Vorteil eines anderen gilt nicht als Schenkung (§ 517); eine Ehefrau bedurfte auch früher nicht der Zustimmung des Ehemanns (§ 1406 Nr 1; wohl aber — aus anderen Gründen, wegen der Wichtigkeit des Geschäfts für den Mündel — der Vormund und Vater der Genehmigung des Vormundschaftsgerichts; § 1822 Nr 2, § 1643). Nach § 1958 BGB kann vor der Annahme der Erbschaft ein Anspruch, der sich gegen den Nachlaß richtet, nicht gegen den Erben gerichtlich geltend gemacht werden, ebenso findet nach § 778 ZPO vor diesem Zeitpunkt die Zwangsvollstreckung wegen eines solchen Anspruchs nur in den Nachlaß statt. In anhängigen Rechtsstreitigkeiten, die durch den Tod einer Partei unterbrochen sind, ist der Erbe nach § 239 Abs 5 ZPO vor der Annahme der Erbschaft nicht verpflichtet, den Rechtsstreit fortzusetzen; das Ausschlagungsrecht verbleibt im Falle des Konkurses des Erben dem Gemeinschuldner (§ 9KO). Folgerichtig hat RG 54, 289 entschieden, daß, obwohl im AnfG eine entprechende Bestimmung fehlt, die Ausschlagung nicht wegen Benachteiligung der Gläubiger des Erben angefochten werden kann. Ebenso bedarf die Ausschlagung nicht der Genehmigung nach MilRegGes Nr 52 (BayObLG NJW 53, 944). Die angeführten Rechtsfolgen sind vorwiegend daraus hergeleitet worden, daß die Erbschaft bis zu ihrem endgültigen Erwerb noch nicht eigentlich in das Vermögen des Erben übergegangen ist. Sie finden aber auch darin einen weiteren Rechtsgrund, daß es sich bei der Entscheidung über die Annahme der Erbschaft um eine freie, höchst persönliche Entschließung handelt.

Der Pflichtteilsberechtigte erhält den Pflichtteil in der Regel nicht als Erbe, er kann ihn somit nicht nach § 1942 ausschlagen, sondern erwirbt endgültig mit dem Erbfalle den Anspruch darauf (§ 2317) und sollte deshalb auf Grund des früheren Erbschaftsteuergesetzes nach RG 77, 238 die Erbschaftsteuer auch dann zahlen müssen, wenn er auf ihn verzichtet oder ihn nicht geltend machen will; dagegen Fuchs in LZ 1914 Sp 5. Die darin liegende, auch vom Reichsgericht in der genannten Entscheidung anerkannte Unbilligkeit ist beseitigt durch § 2 Nr 1 des Erbschaftsteuergesetzes in der Fassung der Bek vom 22. 8. 25 (RGBl I 320), wo bestimmt ist, daß als steuerpflichtiger Erwerb von Todes wegen nur ein Erwerb „auf Grund eines geltend gemachten Pflichtteilsanspruchs" zu gelten hat. — Die Möglichkeit der Ausschlagung soll dem Erben eine Überlegungsfrist gewähren; daher trifft das Gesetz Schutzmaßnahmen, daß ihm diese Frist nicht durch die Besorgnis vor Verjährung von Nachlaßforderungen oder durch das Vorgehen von Nachlaßgläubigern verkümmert werde (§§ 207, 1958, 1995 Abs 2; ZPO §§ 239 Abs 5, 778). Vgl. RG 60, 179 und § 1958 A 1.

Auch im Höferecht der brit. Zone kann nach § 11 der dort geltenden Höfeordnung vom 24. 4. 1947 der Hoferbe den Anfall des Hofes durch Erklärung gegenüber dem Landwirtschaftsgericht ausschlagen, ohne die Erbschaft in das übrige Vermögen ausschlagen zu müssen. Auf die Ausschlagung finden die Vorschriften des BGB über die Ausschlagung der Erbschaft entsprechende Anwendung. Über die Frist zur Ausschlagung in diesem Falle vgl. § 1944 A 2; über die Form der Ausschlagungserklärung § 1945 A 2.

2. **Anfall** der Erbschaft bedeutet sonach den „vorläufigen Erwerb, der durch Ausschlagung noch rückgängig gemacht werden kann" (M 5, 488). Anfall der Erbschaft und Erbfall (A 2 zu § 1922) werden in der Regel zusammentreffen. Auch wenn dies nicht der Fall ist, wenn z.B. die Erbschaft erst nach Wegfall des zunächst Berufenen (A 6 zu § 1922) einem anderen Erben „anfällt", gilt der Anfall an diesen als schon mit dem Eintritt des Erbfalls erfolgt, da die Erbschaft keinen Augenblick herrenlos sein soll (§§ 1953 Abs 2, 2344 Abs 2). Ist der Erbe unter einer aufschiebenden Bedingung berufen (§ 2074), so ist zwar bis zum Eintritt der Bedingung auch der Anfall der Erbschaft hinausgeschoben; für die Zeit des Schwebens trifft aber § 2105 Vorsorge dahin, daß so lange die gesetzlichen Erben Erben sind. Anfall der Nacherbschaft § 2139, des Vermächtnisses § 2176.

3. Dem **Fiskus** ist das Ausschlagungsrecht als gesetzlicher Erbe aus dem gleichen Grunde versagt, aus dem er nicht ohne Einsetzung eines anderen Erben ausgeschlossen werden kann (vgl. A 3 Abs 2 zu § 1936), nämlich damit die Erbschaft nicht erblos werde. Wenn er als Erbe durch Verfügung von Todes wegen berufen ist, so kann er diese Berufung ausschlagen. — Feststellung des fiskalischen Erbrechts §§ 1964—1966.

§ 1943

Der Erbe kann die Erbschaft nicht mehr ausschlagen, wenn er sie angenommen hat oder wenn die für die Ausschlagung vorgeschriebene Frist verstrichen ist; mit dem Ablaufe der Frist gilt die Erbschaft als angenommen.

E I 2029 II 1820 M 5 494—497; P 5 618—620; 6 336—338.

Übersicht:

Erbschaftsannahme

1. Annahme der Erbschaft
   a) Die Wirkungen
   b) Ihr Wesen
   c) Inhalt der Erklärung
   d) Allgemeine Vorschriften
   e) Einzelfälle
2. Ausschlagungsfrist
3. Annahme infolge Fristablaufs
4. Beweislast

1. **Die Annahme der Erbschaft.** Im Interesse der Sicherheit des Rechtsverkehrs, vor allem mit Rücksicht auf die Belange der Gläubiger des Erblassers muß innerhalb eines begrenzten Zeitraumes Klarheit darüber geschaffen werden, ob der zur Erbschaft Berufene endgültig Erbe wird. Das Ausschlagungsrecht kann daher zeitlich nicht unbegrenzt bestehen. Es erlischt auf doppelte Weise, dadurch, daß der Erbe die Erbschaft annimmt oder daß die für die Ausschlagung vorgeschriebene Frist ungenutzt verstreicht.

a) **Die Wirkung der Annahme** besteht darin, daß sie den zunächst vorläufigen Erwerb durch den Erben (§ 1942 A 1) in einen endgültigen verwandelt, indem sie, auch wenn sie vor Ablauf der Ausschlagungsfrist (§ 1944) erfolgt, ihm die rechtliche Möglichkeit der Ausschlagung entzieht, sofern sie nicht etwa angefochten werden kann (§§ 1954ff.).

b) Ihrem **Wesen** nach ist sie eine einseitige rechtsgeschäftliche Willenserklärung, die, im Gegensatze zur Ausschlagung (§ 1945), keiner Form bedarf, daher auch durch schlüssige Handlungen (pro herede gestio) betätigt werden kann und auch nicht gegenüber einer bestimmten anderen Person vorgenommen werden muß (kein empfangsbedürftiges Rechtsgeschäft; daher auch Annahme durch Erklärung in einer Zeitung wirksam). Da sowohl die ausdrückliche wie die stillschweigende Annahme Rechtsgeschäfte sind, finden die Grundsätze über Geschäftsfähigkeit (§§ 107, 111, 114, 115), Willenserklärungen (§§ 116ff.), Vertretung, Vollmacht (§§ 164ff.), Einwilligung, Genehmigung (§§ 182ff.) auf beide Arten Anwendung. Die Frau bedurfte auch früher zur Annahme (wie zur Ausschlagung, A 1 zu § 1942) nicht der Zustimmung des Mannes (§§ 1406 Nr 1, 1453); der gesetzliche Vertreter bedarf (anders als bei der Ausschlagung, § 1822 Nr 2) nicht der Genehmigung des Vormundschaftsgerichts. Nähere Vorschriften über die Annahme enthalten §§ 1946ff., bezüglich der Anfechtung §§ 1954—1957. Anfechtung nach § 119 ist zulässig, wenn infolge Irrtums ein Annahmewille nicht vorhanden war, aber auch erforderlich, außer im Falle des § 1949 Abs 1 (vgl. A 2 dazu). Vgl. auch § 1954 A 1 a.

c) Der Inhalt der Erklärung fordert, daß sie in solcher Weise vorgenommen wird, daß der Wille, endgültiger Erbe zu werden, darin zum Ausdruck kommt. Eine gegenüber Unbeteiligten abgegebene Erklärung wird dazu in der Regel nicht geeignet sein, während bei einer Annahmeerklärung gegenüber einem Nachlaßbeteiligten der rechtsgeschäftliche Wille in der Regel als zum Ausdruck gebracht angenommen werden muß. Die gegenüber einer bestimmten Person abgegebene Erklärung wirkt allen gegenüber. Auch dem Nachlaßgericht gegenüber kann sie abgegeben werden (bestr.). Daß die Annahmeerklärung, wenn sie einer bestimmten Person gegenüber abgegeben werden soll, erst wirksam wird, wenn sie dieser „zugeht" (Planck-Flad Erl 3), wird zwar nicht unmittelbar aus § 130, der nur einem anderen gegenüber „abzugebende" (d. h. kraft Gesetzes empfangsbedürftige) Willenserklärungen betrifft, wohl aber aus dem Willen des Erklärenden zu folgern und deshalb auch ein gemäß § 130 Abs 1 Satz 2 rechtzeitiger Widerruf gestattet sein.

Auch die pro herede gestio setzt eine Betätigung des Annahmewillens voraus (RG DJZ 1912 Sp 1185) und ist nicht etwa als Strafe an die Vornahme gewisser, nur dem Erben zustehender Handlungen (immixtio) geknüpft; das richterliche Ermessen entscheidet.

d) Hinsichtlich der **allgemeinen** für die Abgabe von Willenserklärungen geltenden **Bestimmungen,** die auch auf die Annahmeerklärung anzuwenden sind, vgl. Vorbem. vor § 1942 Anm. A3a.

e) Einzelfälle:

Als Betätigung des Annahmewillens wird in der Regel der Antrag auf Erteilung eines Erbscheins (arg. § 2357 Abs 3 Satz 1, vgl. KGJ 38 A 51; RJA 16, 63) anzusehen sein; ebenso die Erhebung des Erbschaftsanspruchs (§ 2018), Verkauf der Erbschaft und Verfügung über den Erbteil (§§ 2371, 2033), auch Verpfändung desselben (RG 80, 385); nicht dagegen ohne weiteres die Verfügung über einzelne Nachlaßgegenstände oder die Geltendmachung von Nachlaßforderungen (vgl. dazu auch Reichel, Prozesse des vorläufigen Erben, S. 117ff.) oder die Fortführung des Geschäfts, wenn diese Handlungen als Besorgung erbschaftlicher Geschäfte (§ 1959) gedeutet werden können (RG DJZ 1909 Sp 1329); unter der gleichen Voraussetzung auch nicht der Antrag auf Anordnung einer Nachlaßverwaltung (KGJ 31 A 73 und 38 A 51; a. M. für die Regelfälle Planck-Flad Erl 4a zu § 1981) oder der Antrag auf Eröffnung des Nachlaßvergleichsverfahrens (vgl. § 113 Nr 2 VerglO). Sogar eine Verfügung über den ganzen Nachlaß (alle vorhandenen Erbschaftssachen) kann ohne Rechtsirrtum dahin gedeutet werden, daß sie eine Annahme der Erbschaft nicht enthalte, namentlich wenn die Verfügung nur erfolgte, um dem Erben Mittel zur Bestreitung der Bestattungskosten zu verschaffen (RG 28. 11. 21 VI 437/21). — Annahme des Vermächtnisses § 2180.

Handlungen, die der Erbe vornimmt, um den Bestand des Nachlasses zu erhalten, können sich als eine Annahmeerklärung darstellen. Sie können aber auch nur Handlungen sein, die für Rechnung dessen vorgenommen werden, der endgültig Erbe wird. Wie die Handlungen im einzelnen zu beurteilen sind, ist im wesentlichen Tatfrage. Bei der Entscheidung dieser Frage kommt es darauf an, wie das nach außen gezeigte Verhalten verstanden werden muß. Hat der Handelnde seinem Tun den danach ermittelten Sinn nicht beilegen wollen, so muß er seine Erklärung nach § 119 anfechten. Nach Manigk, Willenserklärung und Willensgeschäft 216ff., 237ff., 255 soll, wenn nachgewiesen wird, daß der Erbe die Handlung ohne Annahmewillen vorgenommen hat, diese damit überhaupt ihren Charakter als pro herede gestio verlieren.

Da die pro herede gestio eine Willensäußerung ist, können auch grundsätzlich nur unbeschränkt Geschäftsfähige durch solche Handlungen Willenserklärungen abgeben. Hat der Minderjährige einen Vertrag geschlossen, der an sich als pro herede gestio angesehen werden kann, und genehmigt sein gesetzlicher Vertreter diesen Vertrag, so wird sich die Genehmigung in der Regel als pro herede gestio des gesetzlichen Vertreters darstellen, wegen § 111 aber nicht zugleich als Genehmigung der pro herede gestio des Minderjährigen (a. A. Planck-Flad 4. A. § 1949 Anm 4 Abs 2).

2. Ausschlagungsfrist § 1944. Der Verlust des Ausschlagungsrechts tritt ohne weiteres mit dem Ablaufe der Frist ein; ist innerhalb der Frist die Ausschlagung nicht erfolgt, so ist die Frist „versäumt" (§ 1956), auch ohne einen auf Annahme der Erbschaft gerichteten Willen (vgl. A 3). Unter Umständen kann aber die Versäumung angefochten werden (§ 1956).

3. Die **Annahme infolge Fristablaufs** ist eine Fiktion des Gesetzes („gilt") und der Satz spricht nur positiv aus, was im vorhergehenden Halbsatze negativ bestimmt ist. Auf diese kraft

Gesetzes eintretende Rechtswirkung finden daher die in A 1 besprochenen Grundsätze über Willen und Geschäftsfähigkeit keine Anwendung. Z. B. wird auch der geschäftsunfähige Erbe durch Ablauf der Frist ohne weiteres zum „annehmenden", endgültigen Erben; vgl. aber über den Lauf und die Dauer der Frist in diesem Falle § 1944 A 4. Versäumt der gesetzliche Vertreter die Ausschlagungsfrist, so wird dadurch der Vertretene endgültig Erbe. Er kann nicht mehr ausschlagen. — Feststellungsklage, daß der Betreffende bereits Erbe geworden, seine Ausschlagung deshalb unwirksam sei, ist zulässig (RG JW 06, 569[40]). — Gleiche Grundsätze bei der ehelichen Gütergemeinschaft für die Ablehnung der Fortsetzung durch den überlebenden Ehegatten (§ 1484).

4. Beweislast. Der Erbe braucht die Annahme nicht besonders nachzuweisen, wenn sie in der Erhebung des Anspruchs zu finden ist, also z. B. bei dem Erbschaftsanspruche, bei dem Antrage auf Erteilung des Erbscheins für sich (dagegen, wenn er einen gemeinschaftlichen Erbschein verlangt, die Annahme durch die Miterben, §§ 2357 Abs 3, 2356). Bei Stellung des Antrags auf Aufgebot zum Zwecke der Ausschließung von Nachlaßgläubigern muß der Erbe die Annahme nachweisen (ZPO § 991 Abs 3). Der Nachlaßgläubiger, der einen sich gegen den Nachlaß richtenden Anspruch gegen den Erben geltend machen (§ 1958) oder einen Rechtsstreit fortsetzen (ZPO § 239) oder eine Zwangsvollstreckung gegen ihn betreiben will (ZPO § 778), muß die Annahme nachweisen. Er hat daher in der Regel, wenn er nicht einen dem Erben erteilten Erbschein vorlegen kann, den Nachweis des Erbfalls und des Berufungsgrundes zu führen, sowie den der Annahme der Erbschaft, sei es durch ausdrückliche Erklärung oder durch Ablauf der Ausschlagungsfrist. Vor der Annahme ist der Anspruch gegen den Erben nicht begründet (er ist nicht passiv legitimiert, §§ 1958, 2014; RG 60, 179); der Gegner wird also, wenn er die Fiktion der Annahme durch Ablauf der Ausschlagungsfrist geltend machen will, zu behaupten und nötigenfalls zu beweisen haben, daß die Ausschlagungsfrist gemäß § 1944 Abs 2 zu laufen begonnen hat, sonach auch die Kenntnis des Erben von dem Anfalle und dem Grunde der Berufung (so mit Recht Planck-Flad Erl 7; a. M. die zweite Auflage dieses Kommentars). Ergibt sich hieraus der Ablauf der Ausschlagungsfrist, so muß der Erbe beweisen, daß er innerhalb der Frist ausgeschlagen hat (vgl. § 1944 A 7). Diese Beweislastverteilung entspricht der Regelung, wie sie allgemein für Ausschlußfristen gelten (Rosenberg, Die Beweislast, S. 378).

§ 1944

Die Ausschlagung kann nur binnen sechs Wochen erfolgen.

Die Frist beginnt mit dem Zeitpunkt, in welchem der Erbe von dem Anfall und dem Grunde der Berufung Kenntnis erlangt. Ist der Erbe durch Verfügung von Todes wegen berufen, so beginnt die Frist nicht vor der Verkündung der Verfügung. Auf den Lauf der Frist finden die für die Verjährung geltenden Vorschriften der §§ 203, 206 entsprechende Anwendung.

Die Frist beträgt sechs Monate, wenn der Erblasser seinen letzten Wohnsitz nur im Auslande gehabt hat oder wenn sich der Erbe bei dem Beginne der Frist im Ausland aufhält.

E I 2030 II 1821; M 5 497–501; P 5 620, 623.

Übersicht:

Ausschlagungsfrist

1. Sechswöchige Ausschlagungsfrist. Berechnung §§ 187 Abs 1, 188 Abs 2, 3, 193. Sie ist gesetzliche Ausschlußfrist, kann deshalb weder vom Erblasser noch vom Nachlaßgericht verlängert werden. Nur mittelbar kann der Erblasser eine Verkürzung dadurch herbeiführen, daß er den

Erben unter der Bedingung der Annahme innerhalb kürzerer Frist einsetzt; ebenso aber auch eine Verlängerung dadurch, daß er einen Erben unter der Bedingung einsetzt, innerhalb einer längeren Frist anzunehmen; in diesem Falle beginnt die gesetzliche Ausschlagungsfrist überhaupt nicht zu laufen, da sie vor Eintritt der Bedingung für den bedingt eingesetzten Erben nicht läuft (vgl. A 2 zu § 1942), mit Eintritt der Bedingung aber, die auf die Annahme abgestellt ist, die Ausschlagung ausgeschlossen ist (§ 1943). — Anfechtung der Fristversäumung § 1956.

2. a) Fristbeginn für den Erben, und zwar für jeden einzelnen, der vorläufiger Erbe geworden ist, besonders, mit der Kenntnis von dem Anfalle (A 2 zu § 1942) und dem Berufungsgrunde. Die Rückbeziehung des Anfalls in den Fällen des Geborenwerdens einer Leibesfrucht (§ 1923 Abs 2), des Wegfalls eines anderen durch Ausschlagung (§ 1953 Abs 2) oder Erbunwürdigkeitserklärung (§ 2344) hat auf den Beginn der Ausschlagungsfrist keinen Einfluß, da sie lediglich eine Fiktion bedeutet und die in § 1944 erforderte Kenntnis nicht vor dem wirklichen Anfalle vorhanden sein kann.

b) Die **Kenntnis** muß sich zunächst auf den **Erbfall** (Tod oder Todeserklärung des Erblassers) beziehen, sodann aber, wenn **Berufungsgrund das Gesetz** ist, auf das Bestehen des die gesetzliche Erbfolge nach §§ 1924—1935 (das gesetzliche Erbrecht des Fiskus, § 1936, kommt, da er nicht ausschlagen kann, nicht in Betracht) begründenden verwandtschaftlichen oder ehelichen Verhältnisses erstrecken, sowie darauf, daß vorgehende Erbberechtigte überhaupt nicht vorhanden waren oder vor oder nach dem Erbfalle weggefallen sind (A 2 zu § 1935) und daß die gesetzliche Erbfolge nicht durch Verfügung von Todes wegen ausgeschlossen ist. Doch ist in letzterer Beziehung nicht schon die entfernte Möglichkeit, daß der Erblasser eine Verfügung errichtet haben könnte, hinreichend, um den Beginn der Ausschlagungsfrist auszuschließen; es muß vielmehr genügen, wenn der Erbe keine begründete Vermutung haben kann und hat, daß eine ihn ausschließende Verfügung wirksam vorhanden sei (BayObLG LZ 1918 Sp 710[3] und NJW 53, 1431). War eine solche Verfügung vorhanden, und dem durch sie ausgeschlossenen Erben bekannt, so muß er von ihrer Unwirksamkeit oder von ihrem Widerrufe Kenntnis erhalten haben.

c) Handelt es sich um **Berufung durch Verfügung von Todes wegen,** so muß die Kenntnis des Erben dahin gehen, daß er kraft solcher Verfügung zur Erbschaft berufen ist; daß er die konkrete Verfügung und ihren sonstigen Inhalt kennt oder auch nur weiß, ob es ein Testament oder ein Erbvertrag sei, ist nicht erforderlich (RG HRR 1931 Nr 1140). Zwar beginnt in solchem Falle die Ausschlagungsfrist nicht vor Verkündung der Verfügung zu laufen (Abs 2 Satz 2); die Kenntnis von der Berufung kann aber auch auf andere Weise als durch Verkündung erworben werden (RJA 5, 146; a. M. RG JW 02 Beil 232[102]). Anderseits wird die Frist nicht laufen, solange der Erbe nur von einer konkreten Verfügung bestimmten Inhalts Kenntnis hat, durch die er berufen zu sein glaubt, wenn diese Verfügung sich als nichtig herausstellt, er aber durch eine andere Verfügung mit anderem Inhalte berufen ist; so zutreffend Planck-Flad Erl 3b. — Nicht erforderlich ist Kenntnis des Erben darüber, ob ihm die ganze Erbschaft oder nur ein Bruchteil und welcher zugefallen ist, wenn es sich um eine einheitliche Berufung handelt.

Steht eine **Berufung zu mehreren besonderen Erbteilen** in Frage, die gesondert ausgeschlagen werden können (§§ 1951, 1927; A 3 zu § 1927), so beginnt die Frist für jeden Erbteil besonders mit der Kenntnis von dessen Anfall.

d) Irrtum des Erben darüber, ob die Berufung auf dem Gesetze oder auf einer Verfügung von Todes wegen beruht, auch Rechtsirrtum, schließt den Beginn der Frist aus (KGJ 34 A 79; 41 A 56). Das dem Ehegatten nach PrAGBGB Art 46 §§ 2, 3 gegebene Wahlrecht gehört nicht zum Berufungsgrunde; Irrtum darüber schließt daher den Fristbeginn nicht aus (KGJ 41 A 56). Die irrtümliche Annahme (insbesondere eines gesetzlichen Vertreters, aber auch des Erben selbst), daß der Erbe bereits eine wirksame Ausschlagungserklärung abgegeben habe, steht einer Unkenntnis von dem Anfalle nicht gleich, da dieser durch die Ausschlagung nicht tatsächlich rückgängig gemacht wird, sondern nur gemäß der in § 1953 aufgestellten Fiktion als nicht erfolgt „gilt", wodurch nur seine Wirkungen beseitigt werden; ein solcher Irrtum könnte deshalb nur im Wege der Anfechtung der Versäumung der Ausschlagungsfrist (§ 1956) geltend gemacht werden, und zwar auch nur, wenn die in der Anmerkung zu § 1956 gegen RG 58, 81 vertretene Ansicht zutrifft. So RG Warn 1920 Nr 212; vgl. über den jetzigen Stand dieser Streitfrage zu § 1956 A 1.

e) α) **Kennenmüssen,** fahrlässiges Nichtkennen, ist der wirklichen Kenntnis nicht (wie in § 2140 und auch sonst im BGB) gleichgestellt (DNotZ 1937, 64). Ob das Nichtkennen auf tatsächlichem oder Rechtsirrtum (z. B. über die Gültigkeit eines Testaments, durch welches das gesetzliche Erbrecht beschränkt wird, RG Warn 1914 Nr 26) beruht, und ob es verschuldet ist oder nicht, ist gleichgültig. Ein eigentlicher Rechtsirrtum liegt vor, wenn der Erbe, obwohl ihm die einzelnen Tatsachen als solche bekannt sind, infolge Unkenntnis oder falscher Auslegung des Gesetzes von dem Anfall der Erbschaft oder dem Grunde seine Berufung keine Kenntnis hat. Folgert er die Ungültigkeit des Testaments daraus, daß er irrig annimmt, der Erblasser sei, als er das Testament niederschrieb, geisteskrank gewesen oder er habe es nicht eigenhändig unterschrieben, so befindet er sich nicht in einem Rechts-, sondern in einem gewöhnlichen Tatsachenirrtum.

β) Bloße **Zweifel** des Berufenen, ob er nicht vielleicht Erbe geworden sein könnte, genügen nicht für den Beginn der Ausschlagungsfrist. Anderseits wird auch eine volle Überzeugung, daß es so sei, nicht gefordert werden können. Es wird genügen müssen, daß dem Erben die tatsächlichen und rechtlichen Umstände in so zuverlässiger Weise bekannt geworden sind, daß dadurch die positive Vorstellung, er sei infolge eines bestimmten Berufungsgrundes Erbe geworden, in ihm zum mindesten als eine Wahrscheinlichkeitsvorstellung, mit der er rechnet, erregt worden ist. Im Einzelfalle wird dabei viel auf die Sachlage, namentlich auf die Persönlichkeit des Erben, ankommen. In dieser Weise werden die im Wortlaute einigermaßen voneinander abweichenden Entscheidungen des Reichsgerichts vereinigt werden können (vgl. einerseits JW 02 Beil 232[102], wo eine „bestimmte und überzeugende Kenntnis" gefordert wird, anderseits Gruch 59, 481, wo gesagt wird, daß zwar die volle Überzeugung nicht verlangt werden könne, wohl aber zuverlässiges Erfahren der in Betracht kommenden Umstände vorhanden sein muß und Zweifel, ob es nicht so sein könnte, nicht genügen; ebenso für den Fall des § 121: RG JW 1912, 741[2] und Warn 1914 Nr 108; vgl. RG 85, 223, ferner A 2 zu § 121 und A 2b zu § 2082).

f) Kenntnis in besonderen Fällen.

α) Ist für den unbeschränkt geschäftsfähigen Erben ein **Gebrechlichkeitspfleger** nach § 1910 bestellt, so wird die Ausschlagungsfrist, falls der Erbe trotz seiner Gebrechlichkeit ausreichende Kenntnis erlangt hat, außer durch die Kenntnis des Pflegers auch durch seine eigene Kenntnis in Lauf gesetzt (KG JW 1935, 3641[17]; a. M. Planck-Flad A 4). Ist aber der Erbe geschäftsunfähig oder in der Geschäftsfähigkeit beschränkt, so kommt es nicht auf seine Kenntnis, sondern auf die seines **gesetzlichen Vertreters** an.

β) Streitig ist, wie es sich verhält, wenn der Erbe einen **Bevollmächtigten** bestellt hat, sei es allgemein (Generalvollmacht) für seine Vermögensangelegenheiten oder zur Regelung der in Frage stehenden Erbschaftsangelegenheit oder auch speziell zur Vertretung im Willen bei der Entscheidung über Annahme oder Ausschlagung der Erbschaft. Einverständnis besteht zunächst, daß § 166 BGB keine Anwendung finden kann, da er sich nur auf die rechtlichen Folgen abgegebener Willenserklärungen bezieht, nicht auf die Folgen der Unterlassung von solchen (vgl. M 5, 500, wo die Frage im übrigen offen gelassen ist). Sicher ist auch wohl, daß der Erbe die durch das Gesetz an seine Kenntnis geknüpften Folgen nicht durch Bestellung eines Bevollmächtigten von sich abwälzen kann, daß also, wenn er selbst Kenntnis hat, der Lauf der Ausschlagungsfrist beginnt, auch wenn dem Bevollmächtigten die Kenntnis fehlt. Zweifelhaft kann nur sein, ob die Frist auch beginnt, wenn der Bevollmächtigte, nicht aber der Erbe, Kenntnis hat. Es wird aber anzunehmen sein, daß der Erbe sich die Kenntnis des Bevollmächtigten entgegenhalten lassen muß, dem er selbst zu seiner Vertretung im Willen Macht gegeben hat; denn die Willensentscheidung, die das Gesetz verlangt, kann nicht willkürlich von dem Wissen, das die Voraussetzung dafür bildet, getrennt werden (so Strohal II § 61 A 16a; Planck-Flad Erl 4; Kipp-Coing § 72 A 2 und BayObLG NJW 53, 1431; a. M. Kipp § 52 A 6 und die zweite Auflage dieses Kommentars).

γ) Für den **Nacherben** beginnt die Ausschlagungsfrist erst mit Kenntnis vom Eintritt des Nacherbfalles, da erst mit diesem die Erbschaft ihm anfällt (vgl. A zu § 2142). Besondere Ausschlagungsfrist für den durch Verfügung von Todes wegen beschränkten oder beschwerten Pflichtteilsberechtigten § 2306; vgl. A 5 dazu. Befugnis zur Ausschlagung schon vor Beginn der Ausschlagungsfrist § 1946.

g) Ist zur Annahme einer **Zuwendung an eine juristische Person** nach Landesrecht staatliche Genehmigung erforderlich (Art 86 EG; PrAGBGB Art 6), so kann sie eine ihr zugewendete Erbschaft vor Erteilung der Genehmigung nicht durch Annahme erwerben (RG 76, 384); deshalb kann auch die Ausschlagungsfrist vor Kenntnis der Genehmigung nicht zu laufen beginnen (so Kipp § 52 A 8; a. M. KGJ 40 A 25; 50 A 71; DJZ 1918 Sp 260).

Für die Frist, innerhalb der nach § 11 der Höfeordnung der brit. Zone vom 24. 4. 1947 der Anfall eines Hofes ausgeschlagen werden kann, gilt nach § 11 S 2 HöfeO der § 1944 entsprechend. Die Kenntnis wird sich hier darauf erstrecken müssen, daß in dem Nachlaß ein Hof vorhanden und daß der Betreffende nach den Grundsätzen des Höferechts als nächster Hoferbe zur Erbfolge in diesen berufen ist.

3. Verkündung der Verfügung. Gemeint ist die im Eröffnungstermin erfolgte „Verkündung" (§ 2260), auch wenn sie in Abwesenheit des Erben stattgefunden hat, nicht die Mitteilung des Nachlaßgerichts gemäß § 2262 (RG HRR 1931 Nr 1140, wo jedoch unentschieden gelassen ist, ob das auch zu gelten hat, wenn bis zum Ablauf der vom Verkündungstage ab zu berechnenden Frist der Erbe überhaupt noch keine Kenntnis von der Verkündung erlangt hat). Sie ist für den Fristbeginn selbst dann erforderlich, wenn der Erbe schon vor der Verkündung von der Verfügung Kenntnis erlangt hatte. Umgekehrt schließt auch die Verkündung an den Erben selbst nicht unbedingt aus, daß er gleichwohl, z. B. infolge von Mißverständnissen oder von Rechtsirrtum, die Kenntnis im Sinne des Gesetzes erst später erlangt. Die Verkündung ist auch dann erforderlich, wenn er selbst als Ehegatte das gemeinschaftliche Testament mit errichtet

(§ 2273) oder wenn er den Erbvertrag mit geschlossen hatte (§ 2300). Desgleichen, wenn das gemeinschaftliche Testament bereits nach dem Tode des zuerst verstorbenen Ehegatten auch hinsichtlich der Verfügungen des damals Überlebenden verkündet worden ist, weil diese sich nicht sondern ließen (§ 2273); so RG 137, 229 mit Anführung des Schrifttums und der Rechtsprechung in der bestrittenen Frage; nur mit Einschränkungen dieser Komm (6. Aufl.) zu § 2273 A 3. Die frühere Verkündung kann nicht maßgebend sein, da sie sich nicht auf den nunmehr eingetretenen Erbfall bezogen hat und die Vorschrift des Gesetzes formell ist. Verkündung eines gemeinschaftlichen Erbvertrags ist auch dann erforderlich, wenn der eine Erblasser bereits vor 1. 1. 00 verstorben war (RG 48, 100). Die Vorschrift des Abs 2 ist übrigens eine Sondervorschrift und auf die Verjährung des Pflichtteilsanspruchs (§ 2332 Abs 1) nicht übertragbar (RG 66, 30). Die Gültigkeit der Verfügung wird nicht dadurch beeinträchtigt, daß die Urkunde, die sie enthält, verlorengegangen ist. Eine Eröffnung ist dann aber nicht möglich. In diesen Fällen beginnt die Frist zu laufen, wenn der Erbe die Berufung, den Berufungsgrund und die Tatsachen kennt, aus denen sich ergibt, daß die Verfügung nicht verkündet werden kann (vgl. ähnl. Kipp-Coing § 72 II 1 b).

4. a) § 203: Stillstand der Rechtspflege oder höhere Gewalt hemmen den Lauf der Ausschlagungsfrist mit der Wirkung, daß der davon betroffene Teil der Frist nicht eingerechnet wird (§ 205). Die durch eine dem Vormundschaftsgericht zur Last fallende Verzögerung der nach § 1822 Nr 2 für den gesetzlichen Vertreter erforderlichen vormundschaftsgerichtlichen Genehmigung herbeigeführte Versäumung der Ausschlagungsfrist (vgl. A 1 zu § 1945) kann als höhere „Gewalt" anzusehen sein. Der gesetzliche Vertreter kann sich darauf verlassen, daß das Vormundschaftsgericht den Antrag auf Genehmigung der Ausschlagung ordnungsgemäß bearbeitet. Es ist im Einzelfall festzustellen, wann bei gehöriger Bearbeitung durch das Gericht die Genehmigung hätte erteilt werden können. Liegt dieser Zeitpunkt vor dem Ende der Frist, so ist sie, falls die Genehmigung erst später erteilt wird, von diesem Augenblick an gehemmt (a. A. die 9. A. an dieser Stelle, die den Erben in Fällen dieser Art nur einen Regreßanspruch gegen den Vormundschaftsrichter und den Staat geben wollte und KGJ 38 A 51. Wie hier Kipp-Coing § 72 II a. E.; Staudinger-Lehmann 11. A. §1944 Anm. 22; Eccius Gruch 44, 768, Rohde ZBlFG 10, 785).

Über die Hemmung der Ausschlagfrist auf Grund der während des 2. Weltkriegs und nach dem Zusammenbruch ergangenen besonderen gesetzlichen Bestimmungen vgl. § 202 Anm. 1 Abs. 2.

b) § 206: Hat der gesetzliche Vertreter eines geschäftsunfähigen oder in der Geschäftsfähigkeit beschränkten Erben die hier vorausgesetzte Kenntnis erlangt, der Erbe ermangelt aber am Schlusse der Frist der Vertretung, so läuft die Frist nicht zu Ende. Vielmehr läuft die Frist erst sechs Wochen bzw. sechs Monate nach der Behebung des Mangels ab. Auf die Kenntnis des neu eingetretenen Vertreters oder des geschäftsfähig gewordenen Erben kommt es aber für den Wiederbeginn und den Ablauf der Frist nicht mehr an. So die herrschende Meinung (namentlich Strohal II § 61 A 20), die zwar zu Härten führen kann, aber mit dem Gesetz wohl allein vereinbar ist. Auch wenn ohne dazwischenliegenden Vertretungsmangel ein neuer Vertreter eintritt oder der Erbe geschäftsfähig wird, kann es vorkommen, daß die einmal in Lauf gesetzte Frist abläuft, ohne daß der zu ihrer Wahrung Berufene die erforderliche Kenntnis besitzt. — Fristverlängerung für den Erbeserben § 1952 Abs 2. — Konkurseröffnung über das Vermögen des Erben ist für den Fristenlauf ohne Bedeutung (KO § 9).

5. Sechsmonatsfrist. Wohnsitz (§§ 7—11) **des Erblassers im Auslande.** Die Vorschrift bezieht sich nur auf im Auslande wohnende deutsche Erblasser, die nach Art 24 EG (Vorbem. 4 zu diesem Buche) nach deutschen Gesetzen beerbt werden. Wie die Fassung „der nur im Ausland gelebt hat" ergibt, gilt die Sechsmonatsfrist nicht, wenn der Erblasser neben seinem ausländischen auch einen Wohnsitz im Inland gehabt hat. Der rechtspolitische Grund für die Bestimmung liegt darin, daß in Fällen, in denen der Erblasser seinen Wohnsitz nur im Ausland gehabt hat, der Erbe in der Regel länger dauernde Ermittlungen anstellen muß, um sich über die Annahme oder Ausschlagung der Erbschaft entschließen zu können und daß auch oft das zuständige Nachlaßgericht gemäß § 73 FGG nicht so schnell bestimmt werden kann.

Das Saargebiet war nach dem ersten Weltkrieg Inland geblieben (Versailler Vertr. Art 49). Die deutschen Schutzgebiete haben als Ausland gegolten (SchutzgebG v. 10. 9. 00 § 3; KonsGG v. 7. 4. 00 §26). Unter den gegenwärtigen Verhältnissen können Zweifel darüber auftauchen, was unter Ausland im Sinne dieser Bestimmung heute zu verstehen ist. Die durch den Zusammenbruch geschaffenen neuen staatsrechtlichen Verhältnisse haben dazu geführt, daß alle Gebietsteile des Reichs, die diesem nach dem 31. 12. 1937 einverleibt worden sind, wieder vom Reich abgetrennt und damit Ausland geworden sind. Der Gesetzgeber hat den Begriff Ausland im staatsrechtlichen Sinn verstanden. Unter den gegenwärtigen ungeklärten Verhältnissen kann nicht allein auf die staatsrechtliche Gebietszugehörigkeit abgestellt werden. Sinn und Zweck der Bestimmung nötigen dazu, diejenigen Gebiete, in denen gegenwärtig eine deutsche Hoheitsgewalt tatsächlich überhaupt nicht ausgeübt wird, als Ausland im Sinne des § 1944 zu behandeln. Das Gebiet östlich der Oder-Neiße ist daher Ausland, nicht aber das Gebiet der DDR und das Saargebiet. Gleichgültig ist, ob der Erblasser im Inlande oder im Auslande gestorben ist.

6. Aufenthalt des Erben im Auslande. Es kommt nur darauf an, wo sich der Erbe im Augenblick nicht des Erbfalls, sondern der erlangten Kenntnis befindet. Auch ein vorübergehender Aufenthalt im Ausland sichert ihm die verlängerte Frist. Im Falle der gesetzlichen Vertretung kommt eigene Kenntnis des Erben überhaupt nicht in Betracht. Deshalb ist lediglich der Aufenthalt des gesetzlichen Vertreters maßgebend. Bei der gewillkürten Vertretung wird, wenn man von der in A 2 vertretenen Anschauung ausgeht, für den Erben, der nur persönlich im Auslande Kenntnis erhält, die sechsmonatige, wenn aber sein im Inlande sich aufhaltender Vertreter dort Kenntnis erhält, von da ab eine sechswöchige Frist laufen.

7. Beweislast. Zweifelhaft kann es sein, ob der Ausschlagende die Rechtzeitigkeit der Ausschlagung oder ob der Gegner zu beweisen hat, daß die Frist verstrichen ist. Nach dem Wortlaut des § 1944 Abs 1 ist die Frist, innerhalb der die Ausschlagung erklärt werden muß, als besonderes Tatbestandselement für die Ausübung dieses Rechts hervorgehoben. Daraus wäre im Gegensatz zur herrschenden Lehre (vgl. RG 57, 362; RG Gruch 48, 335; Warn 1911 Nr 361; Warn 1914 Nr. 108; Seuff Arch 78, 110; JW 04, 196; oben § 121 Anm. 5 u. § 124 Anm. 4; Rosenberg, Die Beweislast, 3. Aufl., S. 378) zu folgern, daß der Ausschlagende die Rechtzeitigkeit der Ausschlagung zu beweisen hat (so Leonhard, Die Beweislast, 2. Aufl. S. 411).

In Wahrheit bestimmt aber § 1944 Abs 1 nur den Zeitraum der Frist. Die Rechtsfolgen, die der Gesetzgeber an die Versäumung der Frist knüpft, hat er bereits in § 1943 geregelt. Diese Bestimmung ist auch für die Beweislastverteilung maßgebend. Danach aber hat derjenige, der aus der Ausschlagung Rechte herleitet — also namentlich der nach Ablauf der Ausschlagungsfrist als Erbe in Anspruch Genommene —, zunächst darzutun, daß und wann sie erfolgt ist. Behauptet sodann der Gegner, daß das Recht zur Ausschlagung (§ 1942) durch Fristablauf (§ 1943) bereits erloschen gewesen sei, so hat er diese Tatsache zu beweisen. Dazu gehört der Nachweis, daß und wann der Erbe Kenntnis von dem Anfalle und der Berufung erhalten hat, da mit dem Eintritt dieser Kenntnis der Lauf der Frist erst beginnt. Insoweit unterscheidet sich nach der hier vertretenen Ansicht die Regelung des § 1943 von der z. B. in §§ 121 Abs 1, 124 Abs 1 und 1954 Abs 1 getroffenen. Anders wiederum §§ 121 Abs 2, 124 Abs 2 und 1954 Abs 4.

Auf die Ausschlagung wird sich der Erbe in der Regel gegenüber Nachlaßgläubigern berufen, die die stillschweigende Annahme der Erbschaft behaupten (§ 1943 A 4); aber auch wenn er im Falle des § 2306 Abs 1 Satz 2 den Pflichtteil verlangen will; ferner diejenigen, welche infolge der Ausschlagung an die Stelle des Ausschlagenden als Erben getreten sind. Auf den Ablauf der Ausschlagungsfrist kann sich auch der Erbe berufen, um die Unwirksamkeit der von ihm erklärten Ausschlagung darzutun.

§ 1945

Die Ausschlagung erfolgt durch Erklärung gegenüber dem Nachlaßgerichte; die Erklärung ist in öffentlich beglaubigter Form abzugeben.

Ein Bevollmächtigter bedarf einer öffentlich beglaubigten Vollmacht. Die Vollmacht muß der Erklärung beigefügt oder innerhalb der Ausschlagungsfrist nachgebracht werden.

E I 2032 II 1822; M 5 502, 503; P 5 624, 626.

Übersicht:

Form der Ausschlagung

1. Die Ausschlagungserklärung
2. Abgabe gegenüber dem Nachlaßgericht
3. Öffentlich beglaubigte Form
4. Vollmacht

1. Die **Ausschlagung** ist (abweichend von der Annahme, § 1943 A 1b) an eine Form gebunden und empfangsbedürftig. Sie wird deshalb erst in dem Zeitpunkt wirksam, wo sie dem Nachlaßgericht zugeht (§ 130). Gleich der Annahme ist sie einseitige Willenserklärung, untersteht mithin den hierauf bezüglichen allgemeinen Vorschriften (§ 1943 A 1b).

Abweichend von der Annahme bedarf der gesetzliche Vertreter (Vater, Vormund, auch der Pfleger) dazu der Genehmigung des Vormundschaftsgerichts (§§ 1822 Nr 2, 1643 Abs 2, 1915). Die Genehmigung hat das Vormundschaftsgericht gegenüber dem gesetzlichen Vertreter zu erklären (§ 1828); sie wird also erst wirksam, sobald sie diesem zugeht (§ 130).

Als einseitiges Rechtsgeschäft würde die Ausschlagung, wenn § 1831 Satz 1 auf sie Anwendung fände, unwirksam sein, wenn sie ohne die vorher erteilte Genehmigung des Vormundschaftsgerichts erfolgte. Von dem Standpunkt der Anwendbarkeit dieser Vorschrift aus ist angenommen worden, daß die Ausschlagung wirksam sei, wenn die Genehmigung wirksam geworden ist, bevor die Ausschlagungserklärung dem Nachlaßgericht zugegangen ist, mag auch die Beurkundung oder Beglaubigung der Ausschlagungserklärung früher erfolgt sein (KGJ 21 A 197; 24 A 216; 29 A 40; 38 A 51; 42 A 89; RJA 5, 143). Auch wurde angenommen, daß bei Identität des Vormundschafts- und Nachlaßgerichts es genüge, wenn die Ausschlagungserklärung zunächst der Vormundschaftsabteilung vorgelegen hat und erst nach deren Genehmigung und Bekanntmachung dieser an den gesetzlichen Vertreter von der Nachlaßabteilung geschäftlich behandelt (entgegengenommen) worden ist (KGJ 42 A 89). Dagegen konnte von diesem Standpunkt aus die nachträgliche Erteilung der Genehmigung, auch wenn sie noch innerhalb der Ausschlagungsfrist wirksam geworden ist, nicht für genügend erachtet werden, um die vorher erklärte Ausschlagung wirksam erscheinen zu lassen; es wurde vielmehr Wiederholung der letzteren für erforderlich erachtet (KGJ 21 A 197; RJA 2, 216; KGJ 42, 89).

Das RG (LZ 1915, 751[12]) hat sich aber der zu § 1831 A 1 der zweiten Auflage dieses Kommentars vertretenen Ansicht angeschlossen, wonach § 1831 Satz 1 keine Anwendung finden kann, wenn das einseitige Rechtsgeschäft nach gesetzlicher Vorschrift binnen einer bestimmten Frist vorgenommen werden muß, weil der gesetzgeberische Grund, der dahin ging, diejenigen Personen, deren Rechtsverhältnisse durch das einseitige Rechtsgeschäft berührt werden, nicht für unbestimmte Zeit über die Frage seiner Wirksamkeit im ungewissen zu lassen, bei gesetzlich befristeten Rechtsgeschäften dadurch entfalle, daß bei diesen das Gesetz selbst für Beendigung des Zustandes der Ungewißheit innerhalb bestimmter Frist Sorge trage; in solchen Fällen müsse es genügen, daß alle zur Gültigkeit des Geschäfts erforderlichen Erklärungen bis zum Ablauf der Frist abgegeben sind; auf die Reihenfolge der Abgabe komme es nicht an; demgemäß hat das Reichsgericht eine Ausschlagung für wirksam erklärt, die vor Erteilung der vormundschaftsgerichtlichen Genehmigung erfolgt ist, wenn die Genehmigung nachher erteilt und innerhalb der Ausschlagungsfrist wirksam geworden ist. Dieser Auffassung hat sich KGJ 50 A 73 angeschlossen; jetzt auch RG 118, 145. Die Entscheidung ist geeignet, die durch die Anwendung des § 1831 auf die Ausschlagung entstehenden erheblichen Unzuträglichkeiten zu vermeiden, und deshalb zu billigen.

Die nachträglich erteilte Genehmigung muß aber innerhalb der Ausschlagungsfrist dem Nachlaßgericht eingereicht oder nachgewiesen sein. Es genügt nicht schon, daß sie innerhalb der Frist vom Vormundschaftsgericht dem Vormund gegenüber erklärt wird (RG 118, 147; Planck-Flad 4 A, § 1943 Anm. 6 d α; Staudinger-Lehmann 11 A § 1945 Anm. 5). Diese Rechtsansicht beruht auf der Überlegung, daß durch die Erklärung der Genehmigung eines Rechtsgeschäfts von seiten des Vormundschaftsgerichts gegenüber dem Vormunde die Genehmigung Dritten gegenüber noch nicht wirksam wird, es vielmehr im Ermessen des Vormundes liegt, ob er von ihr Gebrauch machen will (vgl. zu § 1828 A 1). Es muß deshalb auch ohne ausdrückliche Vorschrift das gleiche gelten, wie nach Abs 2 Satz 2 für die Vollmacht (vgl. A 4). Sind aber nicht alle zur Wirksamkeit der Ausschlagung erforderlichen Erklärungen vor Ablauf der Frist abgegeben und voll wirksam geworden, so ist sie unwirksam.

Eine nach Ablauf der Frist erteilte vormundschaftsgerichtliche Genehmigung kann die Versäumung der Ausschlagungsfrist nicht rückgängig machen, auch wenn man (vgl. RG 76, 366; 142, 62 und § 184 A 1) die Rückbeziehung des § 184 auf behördliche Zustimmungserklärungen für anwendbar hält (KGJ 50 A 73). Wegen Anfechtung vgl. § 1956 A 1; wegen der „höheren Gewalt" § 1944 A 4a.

Die Frau bedarf der Zustimmung des Mannes ebensowenig wie zur Annahme (§§ 1406 Nr. 1, 1453, 1519, 1549). Die Ausschlagung ist wie die Annahme unwiderruflich (§ 130), darf nicht bedingt oder befristet (§ 1947), nicht auf Teile der Erbschaft beschränkt sein, sofern nicht besondere Erbteile in Frage stehen (§§ 1950, 1951), steht auch im Konkurse des Erben nur dem Gemeinschuldner zu (KO § 9). Anfechtbarkeit § 1954.

Die Kosten der Ausschlagung fallen nicht dem Nachlasse, sondern dem Erklärenden zur Last. Gebühren für die Beurkundung und Entgegennahme der Ausschlagung: KostO §§ 31 Abs 2, 104 Abs 1 Nr 4 und Abs 3, 107.

Die Übernahme einer schuldrechtlichen Verpflichtung zur Ausschlagung einer Erbschaft ist formfrei (OLG 26, 288; 40, 121; RG HRR 1929 Nr 292 a. E.).

2. Gegenüber dem Nachlaßgericht. Nachlaßgerichte sind die Amtsgerichte (§ 72 FGG, § 1960 A 3). Eine Ausschlagungserklärung wird nicht dadurch unwirksam, daß das Nachlaßgericht sie zurückweist oder zurückschickt (KGJ 35 A 58). Bestritten ist, ob die Ausschlagung auch dann wirksam erfolgt ist, wenn der Erbe die Erklärung gegenüber einem örtlich unzuständigen Nachlaßgericht abgegeben hat. Die Gläubiger des Erblassers und die später berufenen Erben müssen sich Gewißheit darüber verschaffen können, wem der Nachlaß angefallen ist oder anfällt. Ihren Interessen würde es entsprechen, nur die Erklärung vor dem örtlich zuständigen Gericht wirken zu lassen. Andererseits können die Verhältnisse so liegen, daß es für den Erben schwierig ist, daß zuständige Nachlaßgericht zu ermitteln. Diese Erwägung und der in § 7 FGG zum Ausdruck gelangte Rechtsgedanke, nach dem gerichtliche Handlungen nicht deswegen unwirksam sind, weil sie von einem örtlich unzuständigen Gericht vorgenommen sind, der hier entsprechend anzuwenden ist, führen dazu, auch die vor dem unzuständigen Gericht abgegebene Erklärung als wirksam anzusehen (RG 71, 380 und die jetzt herrschende Lehre). Es kann jedoch dem Erben nicht überlassen bleiben, seine Erklärung vor einem beliebigen Gericht abzugeben. Das Gericht kann, wenn es seine Unzuständigkeit erkennt, die Erklärung zurückweisen, oder an das seiner Ansicht nach zuständige Gericht weitergeben. Im ersten Falle ist die Erklärung gänzlich wirkungslos, im zweiten wird sie wirksam, wenn sie bei dem Gericht, an das sie weitergeleitet wird, eingeht. Wirksam ist die vor dem unzuständigen Gericht abgegebene Erklärung, wenn dieses sie entgegennimmt, sich für zuständig hält oder nichts weiter veranlaßt (Staudinger-Lehmann 11 A § 1945 Anm 12; Kipp-Coing § 73 Anm 1).

Vor einem um Entgegennahme der Erklärung des Erben vom Nachlaßgericht im Wege der Rechtshilfe (§§ 1, 2 FGG) ersuchten Gerichte kann die Ausschlagung mit derselben Wirkung, wie vor dem Nachlaßgerichte selbst, erklärt werden; eine in dieser Weise innerhalb der Frist abgegebene Erklärung ist rechtzeitig erfolgt, auch wenn sie bei dem Nachlaßgerichte erst nach Ablauf der Frist eingeht (BayObLG RJA 16, 48; a. M. Keßler BayZ 3, 186; Planck-Flad Erl 1b).

Im **Höferecht** der brit. Zone ist die Ausschlagung des Anfalls des Hofs (vgl. § 1950 A 1) gegenüber dem Landwirtschaftsgericht zu erklären.

Die Ausschlagung eines Vermächtnisses erfolgt gegenüber dem Beschwerten (§ 2180 Abs 2).

3. Öffentlich beglaubigte Form § 129 FGG §§ 167, 183, 191. Telegramm genügt nicht.

4. Vollmacht. §§ 164ff. Besondere Vollmacht ist nicht erfordert, Generalvollmacht nicht ausgeschlossen. Die Erklärung darf wegen Mangels der Vollmacht nicht, wie nach § 174, zurückgewiesen werden. Geht die Vollmacht nicht vor Fristablauf, und zwar in formgerechter Gestalt ein, so ist die Ausschlagung wirkungslos.

§ 1946

Der Erbe kann die Erbschaft annehmen oder ausschlagen, sobald der Erbfall eingetreten ist.

E I 2033 II 1823; M 5 503, 504; P 5 624–626.

Frühester Zeitpunkt für die Ausschlagung

1. Annahme § 1943 A 1; Ausschlagung §§ 1942 A 1, 1945.

2. Beide Erklärungen können, die Annahme auch stillschweigend, **sogleich nach** dem Erbfall, d. i. dem Tode oder der Todeserklärung des Erblassers, abgegeben werden, auch bevor die Erbschaft dem Erklärenden angefallen ist und bevor die Ausschlagungsfrist zu laufen begonnen hat, also vor Kenntnis des Anfalls und des Berufungsgrundes. Die Ausschlagung kann in solchen Fällen vorsorglich für den Fall des Eintritts dieser Voraussetzungen erfolgen. Eine Bedingung ist darin, auch wenn es ausdrücklich ausgesprochen wird, nicht zu erblicken (vgl. § 1947 A 1). Auch ohne ausdrückliche Beifügung ist die Erklärung in diesem Sinne zu verstehen. Der Nachberufene kann schon vor dem Wegfall des zunächst Berufenen die Erbschaft für den Fall ausschlagen oder annehmen, daß sie an ihn gelangen sollte (Kipp-Coing § 73 IV).

Auch der Nacherbe kann vor Eintritt des Falles der Nacherbfolge die Nacherbschaft nicht nur ausschlagen (§ 2142), sondern auch annehmen (RG 80, 377; vgl. § 2142 A 1). Auch der Pflichtteilsberechtigte kann im Falle des § 2306 Abs 1 Satz 2, bevor er von der Beschränkung oder Beschwerung seines Erbteils Kenntnis erlangt hat, vorsorglich ausschlagen. Eine juristische Person, die nach Landsrecht (Art 86 EG; Art 6 PrAGBGB) der staatlichen Genehmigung zum Erwerbe von Todes wegen bedarf, kann vor deren Erteilung die Erbschaft nicht annehmen, wohl aber ausschlagen (RG 76, 384); wegen des Beginnes der Ausschlagungsfrist vgl. § 1944 A 2.

Eine vor dem Tode des Erblassers abgegebene einseitige Ausschlagungserklärung ist wirkungslos; nur ein vertragsmäßiger Erbverzicht (§§ 2346ff.) kann in Betracht kommen oder, soweit es sich um den gesetzlichen Erbteil oder den Pflichtteil handelt, auch schuldrechtliche Verpflichtung zur Ausschlagung gegenüber einem anderen gesetzlichen Erben (§ 312 Abs 2 und A 2).

§ 1947

Die Annahme und die Ausschlagung können nicht unter einer Bedingung oder einer Zeitbestimmung erfolgen.

E I 2035 II 1824; M 5 505; *P* 5 627.

Übersicht:

Bedingung und Zeitbestimmung

1. a) Ausschluß echter rechtsgeschäftlicher Bedingungen	b) Ausschlagung „zugunsten eines bestimmten Dritten"

1. a) Die Vorschrift entspricht den anderweiten Vorschriften, welche die Beifügung von Bedingungen und Zeitbestimmungen zu gewissen Rechtsgeschäften ausschließen: so für die Aufrechnung § 388 Satz 2, für die Auflassung § 925 Abs 2. Wie bei diesen (vgl. §§ 388 A 2, 925 A 14), sind auch hier **nur echte, rechtsgeschäftliche Bedingungen ausgeschlossen,** nicht Rechtsbedingungen, d. h. solche, in denen eine gesetzliche Voraussetzung des erklärten Rechtsgeschäfts noch besonders zum Ausdruck gebracht wird, sei es, weil dem Erklärenden nicht bekannt ist, ob sie bereits eingetreten (Ungewißheit über den Anfall oder den Berufungsgrund, vgl. § 1946 A 2), sei es, weil sich erst in Zukunft entscheidet, ob sie eintritt: Wegfall vorher Berufener, Eintritt der aufschiebenden Bedingung für die Erbeinsetzung, Eintritt der Nacherbfolge; auch Genehmigung des Vormundschaftsgerichts, sofern man annimmt, daß diese nachträglich erteilt werden kann (§ 1945 A 1). Zulässig ist auch die Beschränkung der Erklärung auf einen von mehreren Berufungsgründen oder besonderen Erbteilen (§§ 1951 Abs 1, 1927). Ist die Annahme auf einen bestimmten Berufungsgrund beschränkt, so gilt sie als nicht erfolgt, wenn der Erbe sich über ihn im Irrtum befand (§ 1949 A 1).

b) Wird eine **Ausschlagung „zugunsten eines bestimmten Dritten"** erklärt, so ist die Beifügung bedeutungslos, wenn dadurch nur das Motiv angegeben werden sollte, auch wenn in Wirklichkeit die Erbschaft dem Dritten nicht anfällt; dagegen macht sie die Ausschlagung unwirksam, wenn aus ihr zu entnehmen ist, daß die Ausschlagung nur für den Fall gelten soll, daß dem Dritten die Erbschaft wirklich zufällt (JW 1933, 2067[5]); die Ausschlagung wird auch nicht wirksam, wenn dieser Fall eintritt (KGJ 35 A 64). Dementsprechend ist eine von einem Teil der Abkömmlinge „nur zugunsten der Witwe" erklärte Ausschlagung als bedingt für unwirksam erklärt worden, weil die Witwe nicht als nächstberechtigte Alleinerbin nach den Ausschlagenden in Betracht gekommen sei (DJZ 1927 Sp 323). Hat die Erklärung die Bedeutung, daß der Ausschlagende die Erbschaft dem Dritten überlassen will, so kann sie als Annahme unter Hinzufügung der Bereitwilligkeit, sie an den Dritten zu veräußern, gedeutet und aufrechterhalten werden (KGJ 35 A 64).

Eine in einem Testament erklärte Ausschlagung ist unwirksam, weil sie an die Bedingung des Nichtwiderrufs bis zum Tode des Erklärenden geknüpft ist und dem Nachlaßgericht erst nach dem Tod des Erklärenden zugehen soll (JW 1919, 998[1]).

Die gleichen Vorschriften gelten auch für das Vermächtnis (§ 2180 Abs 2) und für die Annahme oder Ablehnung des Amtes als Testamentsvollstrecker (§ 2202 Abs 2).

§ 1948

Wer durch Verfügung von Todes wegen als Erbe berufen ist, kann, wenn er ohne die Verfügung als gesetzlicher Erbe berufen sein würde, die Erbschaft als eingesetzter Erbe ausschlagen und als gesetzlicher Erbe annehmen.

Wer durch Testament und durch Erbvertrag als Erbe berufen ist, kann die Erbschaft aus dem einen Berufungsgrund annehmen und aus dem anderen ausschlagen.

E I 2038 Abs 1, 2 II 1825; M 5 508—510; P 5 628, 629.

Übersicht.

Mehrere Berufungsgründe

1. Die Vorschriften des Paragraphen beziehen sich auf solche Fälle, in denen die Berufung einer Person zu der ganzen Erbschaft oder zu einem und demselben Erbteile infolge **mehrerer Berufungsgründe** in Frage kommt. Das kann der Fall sein: a) durch Erbeinsetzung einer Person, die ohne diese als gesetzlicher Erbe berufen sein würde (Abs. 1); b) infolge Erbeinsetzung einer und derselben Person durch mehrere nebeneinander bestehende Verfügungen von Todes wegen (Abs 2). Die Fälle der Berufung zu mehreren Erbteilen regelt ausschließlich § 1951 (vgl. A 1 dazu).

2. a) Wirkung der Ausschlagung.

Die Einsetzung eines Erben durch Verfügung von Todes wegen (§§ 1937, 1941) schließt, soweit sie reicht, den Eintritt der gesetzlichen Erbfolge aus (§ 1937 A 1). Ist also derjenige eingesetzt, der ohne die Verfügung als gesetzlicher Erbe berufen sein würde, so erwirbt er die Erbschaft zunächst als eingesetzter Erbe; es ist ihm aber die rechtliche Möglichkeit gegeben, durch Ausschlagung der Erbeinsetzung die vom Erblasser beabsichtigte gewillkürte Erbfolge zu Fall und sein gesetzliches Erbrecht zur Geltung zu bringen, sofern ihm nicht der Erblasser (was diesem zu tun freisteht) diese Möglichkeit dadurch entzogen hat, daß er ihn für den Fall der Ausschlagung der gewillkürten von der gesetzlichen Erbfolge ausgeschlossen hat (§ 1938). Dieses Recht des Erben hat das BGB ausdrücklich ausgesprochen, um der das Gegenteil bestimmenden Vorschrift des PrALR (I 9 § 401) entgegenzutreten (M 5, 508).

b) Eine Befreiung von den ihm mit der Erbeinsetzung auferlegten Lasten und Beschränkungen wird freilich der Erbe dadurch in der Regel nicht erreichen können; denn Vermächtnisse und Auflagen bleiben, sofern nicht ein anderer Wille des Erblassers erkennbar, auch gegenüber der gesetzlichen Erbfolge wirksam und der auf Grund des Gesetzes eintretende Erbe damit beschwert (§§ 2161, 2192); auch sonstige Beschränkungen — Anordnung einer Nacherbschaft (§§ 2100ff.), Ernennung eines Testamentsvollstreckers (§§ 2197ff.), Anordnungen für die Teilung oder die Tragung der Pflichtteilslast (§§ 2048, 2324) — bleiben bestehen, soweit nicht ein anderer Wille des Erblassers erhellt, und zwar auch wenn sie in der gleichen Verfügung enthalten sind wie die Erbeinsetzung (§ 2085).

Auch der Pflichtteilsberechtigte, der zu einem geringeren als dem gesetzlichen Erbteile zum Erben eingesetzt ist, wird, wenn er die Erbeinsetzung ausschlägt, nur zu diesem geringeren Erbteile gesetzlicher Erbe; die in der Einsetzung liegende Ausschließung von dem darüber hinausgehenden gesetzlichen Erbteile bleibt bestehen.

Ein Interesse daran, von dem Rechte des § 1948 Abs 1 Gebrauch zu machen, kann der Erbe allenfalls dann haben, wenn der Wille des Erblassers dahin zum Ausdruck gekommen ist, daß die angeordneten Belastungen nur bei Wirksamwerden der Erbeinsetzung in Wirksamkeit treten sollten (M 5, 509); auch kann seine Lage dadurch insofern verbessert werden, als er anderen gesetzlichen Erben gegenüber die Ausgleichung von Zuwendungen nur verlangen kann, wenn er gesetzlicher Erbe wird (§§ 2050ff.).

c) Der die Erbeinsetzung ausschlagende Erbe kann die Erbschaft auf Grund des Gesetzes nur annehmen, wenn und soweit sie ihm infolge der Ausschlagung anfällt, also nicht, wenn Ersatzerben, sei es durch ausdrückliche Bestimmung des Erblassers oder infolge der auf dem vermuteten Willen des Erblassers beruhenden Regeln der §§ 2069, 2094, 2102 als durch die Verfügung berufen an seine Stelle treten (OLG 21, 302; RG 2. 7. 06 IV 40/06; 28. 3. 23 IV 239/22; KGJ 38 A 107; KG RJA 16, 39). Er wird, wenn er sich über diese rechtliche Folge der Ausschlagung im Irrtum befunden hat, die Ausschlagung auch nicht anfechten können, da nur ein Irrtum im Beweggrunde vorliegt (vgl. § 1954 A 1 aβ).

3. a) War dem Erben bekannt, daß er infolge der Ausschlagung gesetzlicher Erbe werde, so enthält die ohne Einschränkung erklärte Ausschlagung im Zweifel, d. h. wenn nicht trotzdem ein anderer Wille erkennbar ist, ohne weiteres auch die Ausschlagung als gesetzlicher Erbe (§ 1949 Abs 2). Die Absicht, von dem Recht des § 1948 Gebrauch zu machen, wird also nicht vermutet. Lautet die Erklärung nur auf Ausschlagung der Erbeinsetzung, so wird Zweifel daran nicht bestehen können, daß nur diese ausgeschlagen werden sollte, auch wenn nicht ausdrücklich die Annahme der gesetzlichen Erbschaft erklärt oder vorbehalten ist.

b) Mit der Ausschlagung der Erbeinsetzung tritt der Anfall der gesetzlichen Erbschaft unter Rückbeziehung auf den Tod des Erblassers ein (§ 1942 A 2); für diese Berufung läuft eine neue Ausschlagungsfrist, aber erst von der Kenntnis des Erben vom Anfall und Berufungsgrund ab, die bei der Ausschlagung keineswegs immer vorhanden ist, z. B. nicht, wenn der Erbe erst später erfährt, daß er mit dem Erblasser verwandt oder daß nähere Verwandte nicht vorhanden sind (§ 1944 A 2b).

4. Berufung durch Testament und durch Erbvertrag: Innerhalb der durch den Willen des Erblassers bestimmten Erbfolge liegen mehrere Berufungsgründe vor, wenn der Erblasser eine Person zu einem und demselben Erbteile durch Testament und durch Erbvertrag berufen hat. Die mehreren Erbeinsetzungen können als solche nebeneinander bestehen; denn das Recht des vertragsmäßig Eingesetzten wird nicht durch seine Einsetzung als Testamentserbe, sondern nur durch die etwa der testamentarischen Einsetzung hinzugefügten Beschränkungen und Belastungen (Vermächtnisse, Auflagen, Nacherbeinsetzungen) beeinträchtigt; diese sind daher gemäß § 2289 Abs 1 Satz 1 u. 2 durch den Erbvertrag aufgehoben bzw. unwirksam, aber nicht die Erbeinsetzung, sofern nicht der Wille des Erblassers erhellt, daß die Einsetzung ohne die Belastungen nicht wirksam sein solle (§ 2085). Es bedarf daher der Ausschlagung, wenn der durch Erbvertrag und durch Testament Eingesetzte nur aus dem einen oder dem anderen Berufungsgrunde Erbe sein will, was ihm freisteht, aber in der Regel ohne besonderes praktisches Interesse für ihn sein wird, da er, auch wenn er beide Berufungen annimmt, nicht verpflichtet ist, die in dem Testament, mag dieses früher oder später als der Erbvertrag errichtet sein, ihm auferlegten Lasten zu tragen (so mit Recht Strohal, Erbrecht II § 61a Note 9c gegen Binder). Sind Lasten oder Beschränkungen der Einsetzung in dem Erbvertrag beigefügt, während die testamentarische Erbeinsetzung lastenfrei ist, so bleiben sie im Zweifel bestehen, wenn der Eingesetzte die vertragsmäßige Einsetzung ausschlägt und die testamentarische annimmt (arg. §§ 2161, 2192, 2085).

Sind die Erbeinsetzungen in mehreren Testamenten oder in mehreren Erbverträgen erfolgt, so wird nach dem aus der Gesetzesfassung wohl mit Sicherheit zu entnehmenden Schluß aus dem Gegenteil eine entsprechende Anwendung des § 1948 Abs 2 ausgeschlossen sein. Davon eine Ausnahme zu machen, wenn die Erbverträge mit verschiedenen Personen abgeschlossen sind (so Kipp § 55 I 2, Planck-Flad A 1c Abs 2), dürfte angesichts des Wortlauts der Vorschrift nicht angängig sein.

§ 1949

Die Annahme gilt als nicht erfolgt, wenn der Erbe über den Berufungsgrund im Irrtume war.

Die Ausschlagung erstreckt sich im Zweifel auf alle Berufungsgründe, die dem Erben zur Zeit der Erklärung bekannt sind.

E I 2038 Abs 3 II 1826; M 5 509, 510; P 5 624–626, 628, 629.

Übersicht:

Irrtum über den Berufungsgrund

1. **„Der Berufungsgrund“** ist der konkrete Tatbestand, aus dem sich die rechtliche Folge der Berufung zur Erbschaft ergibt (entsprechend dem Klagegrund im Zivilprozeß), also die bestehende Verwandtschaft, einschließlich des Wegfalls vorgehender Verwandter (§§ 1924 bis 1930) oder Ehe (§ 1931) oder die die Erbeinsetzung enthaltende Verfügung von Todes wegen: Testament (§ 1937), Erbvertrag (§ 1941).

Der Erbe **irrt** über den Berufungsgrund, wenn er einen anderen konkreten Tatbestand als den wirklich die Berufung begründenden als vorhanden annimmt und sich daraufhin zur Erbschaft berufen glaubt, etwa die Zugehörigkeit zu einer anderen Verwandtenklasse, Verwandtschaft statt Ehe (ein solcher Irrtum ist denkbar, wenn die Annahme durch einen Erbeserben in Frage steht), einen Erbvertrag statt eines Testaments oder umgekehrt, aber auch ein anderes Testament, einen anderen Erbvertrag als den wirklich in Frage kommenden (HRR 1929 Nr 205). Doch werden unwesentliche Abweichungen in Einzelheiten (z. B. das Datum der Verfügung) nicht in Betracht kommen, da sie die Identität des Tatbestandes nicht in Frage stellen. Der Erbe irrt aber über den Berufungsgrund auch, wenn er aus dem ihm bekannten Tatbestand nicht die richtige rechtliche Folgerung zieht (Rechtsirrtum; RG 18. 5. 22 IV 438/21; Recht 1923 Nr 52). Auf die Entschuldbarkeit des Irrtums kommt es nicht an. Die in § 1951 Abs 2 Satz 2 enthaltene Beschränkung des Begriffs der „verschiedenen Berufungsgründe“ trifft nach Wortlaut und Sinn nur den Fall mehrfacher Erbeinsetzung zu verschiedenen Erbteilen; sie kann auf den Irrtum darüber, ob die Erbeinsetzung in einem oder einem anderen Testamente oder Erbvertrage erfolgt ist, auch nicht entsprechend angewendet werden. Ein Irrtum über den Berufungsgrund liegt nur vor, wenn der Erbe glaubt, auf Grund eines anderen Tatbestandes als Erbe eingesetzt zu sein, nicht, wenn er über ihm auferlegte Beschränkungen oder Beschwerungen irrt; ein solcher Irrtum kann nur nach Maßgabe des § 119 in Betracht kommen, wird aber als bloßer Irrtum im Beweggrunde in der Regel nicht zur Anfechtung ausreichen (vgl. A 2).

Die Vorschrift bezieht sich sowohl auf die Annahme durch ausdrückliche Erklärung, wie auf die pro herede gestio (§ 1943 A 1b).

2. a) § 1949 Abs 1 regelt einen Fall des Irrtums im Beweggrund. Es könnte zweifelhaft sein, ob der Irrtum über den Berufungsgrund nach § 119 zur Anfechtung der Ausschlagung berechtigen oder als bloßer Irrtum im Beweggrund unbeachtlich sein würde. Der § 1949 Abs 1 ist aber dem System der Irrtumsanfechtung überhaupt nicht eingeordnet. Anknüpfend an die im gemeinen Recht getroffene Regelung, verleiht das Gesetz dem Irrtum hier eine Wirkung, die in zweifacher Hinsicht über die für den Irrtum sonst in § 119 getroffene Regelung hinausgeht. Der Irrtum hat die **Unwirksamkeit der Annahme** zur Folge, so daß es einer Anfechtung nicht bedarf. Deshalb wird auch eine Schadensersatzpflicht Dritten gegenüber, wie sie § 122 für den Fall der Irrtumsanfechtung festsetzt, nicht bestehen. Schließlich wird ein Bestimmtsein durch den Irrtum, wie in § 119 (Kausalität), nicht erfordert.

b) Beweislast. Hat der Erbe (was bei der stillschweigenden Annahme die Regel sein wird) die Annahme ohne Bezugnahme auf einen bestimmten Berufungsgrund erklärt, so wird er nachweisen müssen, daß er einen anderen als den wirklichen Berufungsgrund als vorhanden angenommen und im Hinblick auf diesen die Annahme erklärt oder betätigt hat.

c) Liegt überhaupt kein Berufungsgrund vor, so ist die Annahme gegenstandslos. Infolge der Wirkungslosigkeit der Annahme steht dem Erben ohne weiteres noch die Ausschlagung wegen des wirklich vorhandenen Berufungsgrundes innerhalb der für diesen laufenden Ausschlagungsfrist frei, die erst beginnt, wenn er von ihm Kenntnis erlangt.

3. Vermutung des Abs 2.

a) Der Erbe kann nach Eintritt des Erbfalls die Erbschaft aus **allen Berufungsgründen,** auch denjenigen, die ihm noch unbekannt sind oder noch nicht zum Anfalle der Erbschaft an ihn geführt haben, ausschlagen (§ 1946 A 2). Doch wird eine so weitgehende Bedeutung der Ausschlagung nicht vermutet. Dagegen stellt § 1949 Abs 2 eine Vermutung dahin auf, daß sich die Ausschlagung, wenn sie nicht unter Beschränkung auf einen bestimmten Berufungsgrund erklärt ist, auf alle dem Erben zur Zeit der Erklärung **bekannten** Berufungsgründe erstreckt. Dazu gehören auch diejenigen, auf Grund deren die Erbschaft dem Ausschlagenden infolge der Ausschlagung unmittelbar anfällt, sofern sie ihm bekannt sind, also z. B. wenn er für den Fall der Ausschlagung der testamentarischen oder erbvertraglichen Erbfolge als gesetzlicher Erbe berufen ist und das weiß, auch die gesetzliche Erbfolge, so daß es einer besonderen Ausschlagung für diese dann nicht mehr bedarf.

Als „bekannt" können nicht alle dem Erben als künftig möglicherweise eintretend bekannten Berufungsgründe gelten, namentlich diejenigen, auf Grund deren ihm erst infolge Wegfalls anderer, nach seiner Ausschlagung zunächst eintretender Erben oder infolge des noch nicht erfolgten Eintritts einer Bedingung oder eines Nacherbfalles die Erbschaft nochmals anfallen könnte: hinsichtlich ihrer besteht zwar die Möglichkeit einer vorsorglichen Ausschlagung vor dem Anfalle (§ 1946 A 2); aber die Vermutung bezieht sich nur auf die als eingetreten oder unmittelbar durch seine Ausschlagung eintretend dem Erben bekannten Berufungsgründe (a. M. Planck-Flad Erl 3 unter α, auch die zweite Auflage dieses Kommentars; RG 80, 377 — vgl. § 2142 A 1 — steht nicht entgegen). Die Vermutung wird auch eintreten, wenn der Erbe infolge mehrfacher Verwandtschaft in verschiedenen Ordnungen zur Erbfolge berufen ist und infolge seiner Ausschlagung als Verwandter der näheren Ordnung die Berufung aus der entfernteren Ordnung Platz greift; desgleichen wenn er zu mehreren Erbteilen berufen ist (§§ 1927, 1951).

b) Beweislast. Beruft sich ein für den Fall der Ausschlagung zur Erbschaft Berufener auf die ohne Einschränkung erfolgte Ausschlagung, so wird der Erbe, wenn er auf die Erbschaft auf Grund eines bestimmten Berufungsgrundes noch Anspruch erhebt, nachzuweisen haben, daß ihm dieser Berufungsgrund bei der Ausschlagungserklärung nicht bekannt war.

§ 1950

Die Annahme und die Ausschlagung können nicht auf einen Teil der Erbschaft beschränkt werden. Die Annahme oder Ausschlagung eines Teiles ist unwirksam.

E I 2036 II 1827; M 5 506; P 5 627.

Wirkungslosigkeit der Teilannahme oder Teilausschlagung

1. Der zum Ganzen oder zu einem Erbteile, d. h. einer einheitlichen Quote der Erbschaft (§ 1922 Abs 2), berufene Erbe kann nicht seinerseits willkürlich das Ganze oder den Erbteil in Bruchteile zerlegen und sich danach erklären wollen. Ein pflichtteilsberechtigter Erbe kann daher auch nicht unter Vorbehalt des Pflichtteils ausschlagen (RG Recht 1918 Nr 1013). Ebensowenig kann er sich auf einzelne Nachlaßgegenstände beschränken. Anders bei Berufung zu mehreren Erbteilen § 1951. Um eine Berufung zu einem einzigen Teil, der nur einheitlich angenommen oder ausgeschlagen werden kann, handelt es sich auch, wenn der Erbteil des gesetzlichen Erben sich infolge Wegfalls eines Nichterben nach § 1935 oder des durch Verfügung von Todes wegen zum Erben Berufenen durch Anwachsung nach § 2094 erhöht. Eine Erklärung, die sich auf den durch die Erhöhung oder Anwachsung zugefallenen Teil beschränken würde, wäre nach § 1950 Satz 2 wirkungslos, sofern nicht im Falle der Anwachsung ausnahmsweise ein Fall des § 1951 Abs 1 oder 3 gegeben ist. Die schon früher erklärte Annahme ergreift auch den durch Erhöhung oder Anwachsung hinzugekommenen Teil. Der Erbe, der bereits ausgeschlagen hat, ist überhaupt nicht mehr Erbe. Eine Erhöhung oder Anwachsung kann daher zu seinen Gunsten nicht mehr erfolgen. Wegen der Berufung zu einem weiteren Erbteil als Nacherbe (vgl. § 1951 Anm. 4).

Nach dem **Höferecht** der brit. Zone, § 11 Höfeordnung kann der Hoferbe den Anfall des Hofes ausschlagen, ohne die Erbschaft in das übrige Vermögen auszuschlagen. Auf diese Ausschlagung finden die Vorschriften des BGB über die Ausschlagung der Erbschaft entsprechende Anwendung. Die Ausschlagung muß gegenüber dem Landwirtschaftsgericht, d. i. das Amtsgericht in dessen Bezirk der Hof liegt, erklärt werden. Streitig ist, ob der Hoferbe auch den Hof annehmen und die übrige Erbschaft ausschlagen kann. Vgl. dazu Lange-Wulff, HöfeO 4. A. S. 251. Ähnlich die Rechtslage nach Art 9 Abs 3 des Württ-Bad. Gesetzes über das Anerbenrecht (RegBl 1948, 165), Art 9 Abs 3 des Württ.-Hohenz. Gesetzes über das Anerbenrecht (RegBl 1950, 279) und § 9 Abs 3 des Bremischen Höfegesetzes (GS 1948, 124).

2. Die Erklärung ist ebenso wie die nach §§ 1947, 1949 Abs 1 völlig **wirkungslos.** Hat der Erblasser teilweise Annahme oder Ausschlagung gestattet, so kann hierin Erbeinsetzung auf verschiedene Erbteile gefunden werden und kommt dann § 1951 Abs 3 zur Anwendung. — Ebenso beim Vermächtnis § 2180 Abs 3. Teilausschlagung der angefallenen Erbschaft im Falle der Weitervererbung § 1952 Abs 3.

§ 1951

Wer zu mehreren Erbteilen berufen ist, kann, wenn die Berufung auf verschiedenen Gründen beruht, den einen Erbteil annehmen und den anderen ausschlagen.

Beruht die Berufung auf demselben Grunde, so gilt die Annahme oder Ausschlagung des einen Erbteils auch für den anderen, selbst wenn der andere erst später anfällt. Die Berufung beruht auf demselben Grunde auch dann, wenn sie in verschiedenen Testamenten oder vertragsmäßig in verschiedenen zwischen denselben Personen geschlossenen Erbverträgen angeordnet ist.

Setzt der Erblasser einen Erben auf mehrere Erbteile ein, so kann er ihm durch Verfügung von Todes wegen gestatten, den einen Erbteil anzunehmen und den anderen auszuschlagen.

E I 2037 II 1828; M **5** 506–508; P **5** 627, 628.

Übersicht:

Berufung zu mehreren Erbteilen

1. Berufung zu mehreren Erbteilen
   a) Bei Erbfolge nach BGB
   b) Im Höferecht
2. Verschiedene Berufungsgründe
   a) Ein Berufungsgrund
   b) Ein Berufungsgrund nach §1951 Abs 2 Satz 2
   c) Beispiele verschiedener Berufungsgründe
3. Wirkung der Annahme und Ausschlagung im Falle der Berufung zu mehreren Erbteilen aus verschiedenen Berufungsgründen
4. Wirkung der Annahme oder Ausschlagung im Falle der Berufung zu mehreren Erbteilen aus einheitlichem Berufungsgrund
5. Möglichkeit der Annahme einzelner Erbteile auf Grund besonderer Gestattung durch den Erblasser (Abs 3)

1. a) Berufung zu mehreren Erbteilen. Im Gegensatz zu § 1948, der den Fall mehrfacher Berufung zu einem und demselben Erbteile behandelt, und zu § 1950, der die Berufung auf das Ganze oder einen einheitlichen Bruchteil der Erbschaft voraussetzt, regelt § 1951 den Fall der Berufung zu mehreren Erbteilen. Solche liegen vor, wenn die Berufung auf mehrere einzelne Bruchteile der Erbschaft lautet, die erst durch Zusammenrechnung den gesamten Anteil des Erben ergeben, sei es, daß er von vornherein zu mehreren Bruchteilen berufen ist, oder in der Weise, daß zunächst ein Bruchteil und später ein weiterer anfällt.

Das ist der Fall innerhalb der **gesetzlichen Erbfolge** bei mehrfacher Verwandtschaft (§ 1927) oder Zusammentreffen von Ehe und Verwandtschaft (§ 1934), innerhalb der **gewillkürten Erbfolge,** wenn dem Erben mehrere Bruchteile gesondert zugewiesen sind, sei es in gleicher Linie nebeneinander, oder der eine unbedingt, der andere bedingt, z. B. für den Fall des Wegfalls eines anderen eingesetzten Erben; ferner bei Zusammentreffen von gesetzlicher und gewillkürter Erbfolge (§ 1924 A 1), wenn dem Erben ein Bruchteil auf Grund Erbeinsetzung, ein anderer als gesetzlichem Erben anfällt. Die durch Wegfall eines gesetzlichen Erben eintretende Erhöhung des Erbteils eines anderen gesetzlichen Erben bildet dagegen hinsichtlich der Annahme und Ausschlagung keinen besonderen Erbteil (§ 1935 A 4, § 1950 A 1).

b) Auch in den Ländern, in denen Höfe- oder Anerbenrecht gilt, gibt es, wenn ein **Hof zum Nachlaß** gehört, nur einen Nachlaß. Der Hof ist Teil der Erbschaft. Er geht kraft Gesetzes auf den Hoferben über, so daß bezügl. des Hofes ein besonderer Berufungsgrund besteht (vgl. § 4 HöfeO der brit. Zone). Der Hoferbe kann nach § 11 HöfeO den Anfall des Hofes ausschlagen, ohne die Erbschaft in das übrige Vermögen ausschlagen zu müssen. Streitig ist, ob er in mindestens entsprechender Anwendung des § 1951 auch die übrige Erbschaft ausschlagen und den Anfall des Hofes annehmen kann (vgl. dazu Lange-Wulff, HöfeO 4. A. 251). Entsprechendes gilt in Württemberg-Baden, Württemberg-Hohenzollern und Bremen nach Art 3, 9 Abs 3 des Württ.-Bad. Gesetzes über das Anerbenrecht (RegBl 1948, 165); Art 3, 9 Abs 3 des Württ.-Hohenz. Gesetzes über das Anerbenrecht (RegBl 1950, 279) und § 9 Abs 1 u. 3 des Bremischen Höfeges (GS 1948, 124).

2. Verschiedene Berufungsgründe: Die geteilte Annahme und Ausschlagung mehrerer Erbteile ist aber nur statthaft, wenn die Berufung zu ihnen auf verschiedenen Berufungsgründen beruht. Über den Begriff des Berufungsgrundes vgl. § 1949 A 1.

a) Danach liegt nur **ein Berufungsgrund** vor, wenn der Erblasser in derselben Verfügung von Todes wegen, also durch einen einheitlichen Rechtsakt, den Erben zu mehreren Erbteilen berufen hat, wenn es auch in mehreren Sätzen oder Abschnitten geschehen sein sollte (KG HRR 1929 Nr 205; vgl. auch zu § 1949 Anm 1). Das gilt auch, wenn in einem und demselben Testamente eine mehrfache Nacherbeinsetzung derselben Person angeordnet ist, insbesondere auch sofern sie als Berufung zu mehreren Erbteilen anzusehen wäre; die getrennte Annahme oder Ausschlagung der mehreren Nacherbschaften ist daher in diesem Falle nur zulässig, wenn sie gemäß Abs 3 vom Erblasser besonders gestattet ist (KG aaO).

b) Dagegen würden an sich verschiedene Berufungsgründe vorliegen, wenn die Berufungen in mehreren Verfügungen von Todes wegen enthalten sind, sei es in mehreren Testamenten oder in mehreren Erbverträgen. **§ 1951 Abs 2 Satz 2** enthält jedoch eine positive Einschränkung des Begriffs der verschiedenen Berufungsgründe durch die Bestimmung, daß auch die Berufung auf demselben Grunde beruht, welche in verschiedenen Testamenten oder vertragsmäßig in verschiedenen zwischen denselben Personen geschlossenen Erbverträgen angeordnet ist. Diese Bestimmung beruht offenbar auf der Annahme eines einheitlichen Willens des Erblassers bei den mehreren Verfügungen zur Gestaltung der Erbfolge nach der Gesamtheit dieser Verfügungen, welchem durch die Annahme der einen und Ausschlagung der anderen zuwidergehandelt werden würde.

c) Verschiedene Berufungsgründe liegen dagegen vor, wenn die Berufung zu den mehreren Erbteilen teils durch Testamente, teils durch Erbvertrag erfolgt ist oder in mehreren mit verschiedenen Personen geschlossenen Erbverträgen oder auch in mehreren mit der gleichen Person geschlossenen Erbverträgen, aber nicht durch vertragsmäßige, sondern durch letztwillige (einseitige) Zuwendung (§ 2299). — Schon hieraus ergibt sich, daß nicht, wie manche lehren, nur einerseits Verfügung von Todes wegen, anderseits Gesetz als verschiedene Berufungsgründe gelten können. Insbesondere ist daraus nicht zu entnehmen, daß mehrfache Berufung durch das Gesetz, d. h. durch die Gesamtheit aller in Betracht kommenden gesetzlichen Bestimmungen, stets als einheitlicher Berufungsgrund angesehen werden müßte (so Strohal § 61b IIc bei Note 8; Planck-Flad A 3 Abs 2; auch die zweite Auflage dieses Kommentars). Der einheitliche Wille des Erblassers fällt hier ganz fort; daß das Gesetz ein Interesse daran haben könnte, daß die mehreren besonderen Erbteile, die es einem Erben zuweist, nur gemeinsam angenommen oder ausgeschlagen werden, ist für das heutige Recht ausgeschlossen. Anders in dem von Strohal und Planck-Flad hervorgehobenen Falle des § 2066, da hier der Wille des Erblassers auf einheitlich nach Maßgabe des Gesetzes zu gestaltende, nicht durch den Willen des Erben zu teilende Erbfolge in der Tat in Betracht kommt. Die Motive (5, 363, 510) sind unklar und widerspruchsvoll und können deshalb für die gegenteilige Auffassung nicht verwertet werden. In den Fällen der §§ 1927, 1934 liegt sonach nicht nur Berufung zu mehreren Erbteilen, sondern auch durch verschiedene Berufungsgründe vor und kann daher die Ausschlagung des einen und die Annahme des anderen Erbteils erfolgen, was auch praktisch das richtige Ergebnis sein dürfte. So mit Recht Binder, Rechtsstellung der Erben I, 111ff.; Kipp-Coing § 74 II 2d; Staudinger-Lehmann 11. A. § 1951 A 7; aM. die oben Genannten sowie Hans Hellwig AZivPrax 102, 416ff.

3. Beruht die Berufung zu **mehreren Erbteilen auf verschiedenen Berufungsgründen,** so steht es dem Erben frei, nach Belieben den einen oder den anderen auszuschlagen oder anzunehmen. Erklärt er die Ausschlagung des einen Erbteils, so kann darin im Zweifel noch nicht die stillschweigende Annahme des anderen gefunden werden. Wird die Annahme oder Ausschlagung ohne Beschränkung auf einen Erbteil erklärt, so wird sie im Zweifel auf alle zu dieser Zeit bereits angefallenen Erbteile, von deren Anfall der Erbe Kenntnis hat, zu beziehen sein, nicht aber auf solche, die ihm noch nicht angefallen sind oder von deren Anfall er noch keine Kenntnis hat, obwohl auch hinsichtlich dieser die Annahme oder Ausschlagung zulässig ist, sobald der Erbfall eingetreten (§ 1946; vgl. § 1949 A 3a).

4. a) Bei **mehreren Erbteilen, aber Einheitlichkeit des Berufungsgrundes,** erstreckt sich die Annahme oder Ausschlagung, auch wenn sie auf einen bestimmten Erbteil lautet, ohne weiteres auch auf die anderen, selbst wenn diese zur Zeit der Erklärung noch nicht angefallen sind; insbesondere also auch auf die Annahme (nicht nur die Ausschlagung, vgl. § 2142 A 1 und RG 80, 382) eines weiteren Erbteils als Nacherbe, wenn der Nacherbfall noch nicht eingetreten ist. Nach dem Wortlaute der Vorschrift müßte man annehmen, daß diese Wirkung auch dann eintritt, wenn der Erbe in Kenntnis des Anfalls oder möglichen Anfalls weiterer Erbteile die Erklärung bewußterweise auf einen Erbteil beschränkt und der dahin gehenden Absicht Ausdruck gibt oder gar erklärt, die anderen Erbteile auszuschlagen. Dadurch würde der Erklärung eine über den Erklärungswillen hinausgehende Wirksamkeit beigelegt werden, die dem Erklärenden nicht aufgedrängt werden kann. Da andererseits das Gesetz dem Erklärenden nicht gestattet, eine Erklärung mit der von ihm gewollten beschränkten Wirkung abzugeben, muß eine solche Erklärung als unwirksam erachtet werden (so auch Planck-Flad 4. A. § 1951 Anm 51; Staudinger-Lehmann 11. A. § 1951 A 5; Kipp-Coing § 74 II 1).

b) Beweislast: Die Absicht des Erben, nur einen von mehreren Erbteilen anzunehmen oder auszuschlagen, wird derjenige zu beweisen haben, der sich auf die Unwirksamkeit beruft. Wird dieser Beweis nicht geführt, so gilt die Erklärung für sämtliche Erbteile. Hat er von seiner Berufung zu anderen Erbteilen keine Kenntnis gehabt, so wird im Wege der Anfechtung aus §§ 119, 1954 (vgl. A 1 aα dazu) zu helfen sein, da ein Irrtum über den Inhalt der Erklärung vorliegt oder er doch eine Erklärung dieses Inhalts nicht hat abgeben wollen.

5. Eine besondere **Gestattung des Erblassers** ist nicht erforderlich, wenn die Berufung zu mehreren Erbteilen auf verschiedenen Berufungsgründen beruht (Abs 1). Eine Gestattung ist nicht zulässig, wenn nicht mehrere Erbteile vorliegen, also in den Fällen des § 1950. Der Erblasser kann aber mehrere Erbteile schon dadurch bilden, daß er die Erbschaft oder den Anteil des Erben an ihr in bestimmte Bruchteile zerlegt, sei es zum Zwecke besonderer Belastung oder auch nur zum Zwecke der Gestattung besonderer Annahme oder Ausschlagung der einzelnen Bruchteile. Er kann auch dadurch besondere Erbteile bilden, daß er dem Erben gestattet, von seinem gesetzlichen Erbteil einen Bruchteil anzunehmen oder auszuschlagen.

Anderseits kann er auch bei Vorliegen verschiedener Berufungsgründe die gesonderte Annahme oder Ausschlagung einzelner Erbteile ausschließen, indem er die Annahme oder Ausschlagung sämtlicher Erbteile zur Bedingung der Erbeinsetzung macht oder den Erben von der gesetzlichen Erbfolge ausschließt, falls er nicht die sämtlichen Erbteile, zu denen er kraft Gesetzes berufen ist, annehme.

§ 1952

Das Recht des Erben, die Erbschaft auszuschlagen, ist vererblich.

Stirbt der Erbe vor dem Ablaufe der Ausschlagungsfrist, so endigt die Frist nicht vor dem Ablaufe der für die Erbschaft des Erben vorgeschriebenen Ausschlagungsfrist.

Von mehreren Erben des Erben kann jeder den seinem Erbteil entsprechenden Teil der Erbschaft ausschlagen.

E I 2028 Abs 2, 3, 2031 II 1829; M 5 492–494, 502; P 5 618, 623.

Übersicht:

Vererblichkeit des Ausschlagungsrechts

1. **Allgemeines.** Die dem Erben nach § 1942 Abs 1 einmal angefallene Erbschaft geht beim Tode des Erben als Bestandteil seines Nachlasses auf den Erbeserben über, kann aber, wenn das Recht hierzu nicht bereits vom Erben verwirkt war (§ 1943) durch Ausschlagung des Erbeserben wieder aus dem Nachlasse seines unmittelbaren Erblassers ausgeschieden werden. Ebenso beim Vermächtnis (§ 2180 Abs 3). Die Erklärung des Erbeserben kann abgegeben werden, sobald sein unmittelbarer Erblasser gestorben ist, auch bevor er dessen Erbschaft angenommen hat. Der Erbeserbe erwirbt die dem Erben angefallene Erbschaft nur als dessen Erbe. Er kann daher nicht diese annehmen und die Erbeserbschaft ausschlagen. Die Erklärung, die dem Erben angefallene Erbschaft anzunehmen, ist nur wirksam, wenn der Erbeserbe auch die Erbeserbschaft annimmt. Ihre Annahme wird in der Regel in der Erklärung, die Erbeserbschaft annehmen zu wollen, enthalten sein. Der Erbe kann aber, falls er damit die Erbeserbschaft nicht annehmen wollte, seine Erklärung anfechten. Dadurch wird die Erklärung insgesamt, also auch soweit die Annahme der dem Erben angefallene Erbschaft erklärt ist, wirkungslos. Eine Erklärung des Erben, nur die dem Erben angefallene Erbschaft annehmen zu wollen und sich die Entschließung über die Annahme der Erbeserbschaft vorzubehalten, hat nur für den Fall Bedeutung, daß er die Erbeserbschaft nicht ausschlägt. Um eine rechtsgeschäftlich bedingte und daher nach § 1947 unwirksame Bedingung handelt es sich in diesem Falle nicht. Ob in der Ausschlagung der dem Erben angefallenen Erbschaft die Annahme der unmittelbar angefallenen zu finden ist, ist Tatfrage. Die Frage wird in der Regel zu bejahen sein. Denkbar ist aber auch, daß der Erbeserbe zunächst einmal die dem Erben angefallene Erbschaft ausschlagen will, da er diese unter keinen Umständen behalten, sich aber die Entschließung über die Annahme der ihm unmittelbar angefallenen Erbschaft noch vorbehalten will. Kommt dieser Wille nicht deutlich zum Ausdruck, und ist die Erklärung des Erbeserben seinem wirklichen Willen zuwider als Annahme der ihm unmittelbar angefallenen Erbschaft anzusehen, so kann er diese insoweit anfechten. Wird die dem Erbeserben unmittelbar angefallene Erbschaft nachher noch rechtswirksam ausgeschlagen, so wird dadurch die Annahme oder Ausschlagung der dem Erben angefallenen Erbschaft rechtsunwirksam; für den an die Stelle des Ausschlagenden tretenden Erbeserben bleibt jedoch die Annahme oder Ausschlagung der mittelbar angefallenen Erbschaft wirksam, wenn diese Verfügungen nicht ohne Nachteil für die unmittelbare Erbschaft aufgeschoben werden konnten (§ 1959 Abs 2).

Vererblich ist nicht nur das Ausschlagungsrecht der bereits angefallenen Erbschaft, sondern in den Fällen, wo der Anfall nicht zugleich mit dem Erbfall eingetreten ist (§ 1922 A 2), auch das Anwartschaftsrecht des Erben, auch des Nacherben (§ 2108 Abs 2), und das damit verbundene Recht, die Erbschaft schon vor dem Anfalle vorsorglich auszuschlagen (§ 1946 A 2).

Auf den Konkursverwalter geht das Ausschlagungsrecht nicht über (§ 9 KO.; vgl. § 1942 A 1). Doch fällt eine vor dem Konkurs angefallene Erbschaft, falls der Gemeinschuldner sie annimmt, in die Konkursmasse. Das Ausschlagungsrecht ist auch nicht veräußerlich, d. h. unter Lebenden dinglich übertragbar (RG 101, 188). Der Vorerbe kann eine dem Erblasser angefallene Erbschaft mit Wirkung für den Nacherben ausschlagen (vgl. § 2112 A 7).

2. Vorausgesetzt ist, daß die **Ausschlagungsfrist** dem Erben bereits zu laufen begonnen, d.h. daß er vom Anfall und dem Berufungsgrunde bereits Kenntnis erlangt hatte (§ 1944 Abs 2). Sie **verlängert sich** in diesem Falle **zugunsten des Erbeserben** um die volle durch den zweiten Erbfall eröffnete Ausschlagungsfrist. War die Frist für den ersten Erben noch nicht eröffnet, so beginnt für den Erbeserben bezüglich der ersten Erbschaft erst in seiner Person und frühestens von seiner Kenntniserlangung ab eine selbständige, gegebenenfalls nach seinem Aufenthaltsort im Auslande (§ 1944 Abs 3) zu bemessende Ausschlagungsfrist. Der Fristenlauf kann mithin bezüglich beider Erbschaften ein verschiedener sein. Dies gilt auch dann, wenn dem ersten Erben die Sechsmonatsfrist, dem Erbeserben dagegen die Sechswochenfrist läuft. Die erste Frist geht „nicht vor“, kann aber „nach“ Ablauf der zweiten Frist zu Ende gehen. War dem ersten Erben einmal die Ausschlagungsfrist eröffnet, so kommt darauf nichts an, ob auch der Erbeserbe vom Anfall der ersten Erbschaft Kenntnis erlangt; vgl. § 1944 A 4b. Sie wird ihm, den Ablauf der Ausschlagungsfrist vorausgesetzt, auch ohne sein Wissen mit Annahme der zweiten Erbschaft endgültig erworben. Nur Anfechtung gemäß §§ 1954, 1956 kann ihn hiervon befreien. – Die gleiche Bestimmung bei der Inventarfrist § 1998.

3. Durch Abs 3 dieses Paragraphen wird eine Abweichung von § 2033 Abs 2 begründet, da die **Ausschlagung eines von mehreren Erbeserben,** was von einigen mit Unrecht bestritten wird, eine Verfügung über seinen Anteil an einem einzelnen Nachlaßgegenstande bedeutet, nämlich an der einen Bestandteil der den mehreren Erbeserben unmittelbar angefallenen Erbschaft bildenden, mittelbar angefallenen (transmittierten) Erbschaft (RG 162, 397). Die verschiedenen Erbeserben bilden auf Grund der Tatsache, daß sie zusammen die Erben des Erben sind, und als solche die dem Erben angefallene Erbschaft erworben haben, in Ansehung dieser, ihnen mittelbar angefallenen Erbschaft eine gesamthänderisch geschlossene Gruppe. § 1952 Abs 3 durchbricht dieses Prinzip nur insoweit, als er jedem der mehreren Erbeserben gestattet, den seinem Erbteil entsprechenden Teil der Erbschaft auszuschlagen und dadurch aus dem Kreis dieser Gruppe auszuscheiden. Im übrigen wird aber durch diese Vorschrift die Gruppe nicht weiter aufgelockert oder erweitert. Der Anteil des Ausschlagenden fällt den anderen, zur gleichen Gruppe gehörenden Erbeserben zu und nicht etwa demjenigen, der an die Stelle des (unmittelbaren) Erben getreten wäre, wenn dieser selbst (was nach § 1950 überhaupt nicht zulässig wäre) einen entsprechenden Bruchteil wirksam ausgeschlagen hätte. Die der genannten Gruppe angehörenden und in ihr verbliebenen Erbeserben sind kraft ihrer Zugehörigkeit zu dieser Gruppe hinsichtlich des ausgeschlagenen Anteils näher zur Erbschaft berufen als andere außerhalb dieser Gruppe stehende Personen. Es ist auch hier der Rechtsgedanke, der den §§ 1935, 2094 zugrunde liegt, anzuwenden. Die Erwägung, daß der Erbeserbe nur das Ausschlagungsrecht des unmittelbaren Erben ausübt und daher gemäß § 1953 Abs 1 der Anfall an diesen als nicht erfolgt gelten und die in Abs 2 daselbst bestimmte Folge eintreten müsse, vermag demgegenüber nicht durchzugreifen. Die Frage ist sehr bestritten, wie hier Planck-Flad 4. A. § 1952 A 4; Staudinger-Lehmann 11. A. § 1952 A 6; Kipp-Coing § 74 IV und Note 5; a. A. Die neunte Aufl. an dieser Stelle; Binder I, 136ff.; BayObLG NJW 53, 1431.

4. Bezüglich der **Beweislast** gilt auch rücksichtlich des Erbeserben das § 1944 A 7 vom Erben Gesagte.

§ 1953

Wird die Erbschaft ausgeschlagen, so gilt der Anfall an den Ausschlagenden als nicht erfolgt.

Die Erbschaft fällt demjenigen an, welcher berufen sein würde, wenn der Ausschlagende zur Zeit des Erbfalls nicht gelebt hätte; der Anfall gilt als mit dem Erbfall erfolgt.

Das Nachlaßgericht soll die Ausschlagung demjenigen mitteilen, welchem die Erbschaft infolge der Ausschlagung angefallen ist. Es hat die Einsicht der Erklärung jedem zu gestatten, der ein rechtliches Interesse glaubhaft macht.

E I 1972, 2042 II 1830; M 5 375–377, 513, 514; P 5 483; 6 338, 339.

Übersicht:

Wirkung der Ausschlagung

1. Rückbeziehung auf die Zeit des Erbfalls
2. Wirkung für die Erbfolge
3. Rückwirkung des Anfalls auf den Zeitpunkt des Erbfalls
4. Mitteilungspflicht des Nachlaßgerichts
5. Einsicht in die Ausschlagungserklärung

1. Der Anfall ist zwar gemäß § 1942 Abs 1 bereits ipso jure mit dem Tod des Erblassers erfolgt, seine Wirkungen werden aber, und zwar mittels einer Rechtsfiktion unter **Rückbeziehung der Ausschlagung auf die Zeit des Erbfalls** wieder aufgehoben. Demgemäß leben die durch Vereinigung von Recht und Verbindlichkeit erloschenen Rechtsverhältnisse wieder auf (§ 1922 A 7), der Besitz (§ 857) geht dem Erben wieder verloren, soweit er ihn nicht bereits tatsächlich ergriffen hatte, er wird frei von der Haftung für die Nachlaßverbindlichkeiten (§ 1967 Abs 1). Doch behalten gewisse Rechtshandlungen, die vom vorläufigen Erben oder ihm gegenüber vorgenommen worden sind, ihre Wirksamkeit (§ 1959). Das gleiche gilt im Falle der Erbunwürdigkeit § 2344.

2. **Wirkung für die Erbfolge.** Vermittels einer zweiten Rechtsfiktion wird die Erbfolge nunmehr so geregelt, wie wenn der Ausschlagende bereits vor dem Erbfall weggefallen wäre (§ 1935 A 2). Es treten mithin an Stelle des Ausschlagenden die gesetzlichen Erben des Erblassers in der Reihenfolge der §§ 1924ff. oder im Falle gewillkürter Erbfolge der etwa berufene Ersatzerbe (§§ 2096, 2097, 2102, auch 2069, vgl. OLG 24, 77; RG 95, 98; 142, 174; und zu § 2108 A 3), oder es kommt unter Miterben zur Erhöhung des Erbteils oder zur Anwachsung (§§ 1935, 2094). Die auf der ausgeschlagenen Erbschaft haftenden Beschwerungen bleiben in Kraft (§§ 2161, 2192). Das dem Erben zugewendete Vorausvermächtnis (§ 2150) geht ihm durch die Ausschlagung grundsätzlich nicht verloren.

3. Wie die Ausschlagung (A 1), so wird auch der **Anfall zurückbezogen auf den Zeitpunkt des Erbfalls.** Hierdurch wird auch für den Fall der Ausschlagung der Grundsatz des unmittelbaren Übergangs der Erbschaft auf den Erben gewahrt (§ 1922 A 6). Voraussetzung ist nur, daß der nachrückende Erbe zur Zeit des Erbfalls schon gelebt und den Erblasser, wenn auch nur als bereits Erzeugter, überlebt hat (§ 1923). Nicht erforderlich ist, daß er auch den Zeitpunkt der Ausschlagung erlebt hat. Vielmehr vererbt sich, wenn die genannte Voraussetzung zutrifft, die Erbschaft auf seine Erben (§ 1952 A 1).

Gleiche Grundsätze bei Ausschlagung des Vermächtnisses (§ 2180 Abs 3) und bei Erbunwürdigkeit (§ 2344). Im Falle der Nacherbfolge gilt auch für § 1953 als Erbfall der Nacherbfall (HRR 1929 Nr 205; vgl. auch zu § 1923 A 1). Ebenso gilt nach dem Höferecht der brit. Zone im Falle der Ausschlagung des Hofs durch den Hoferben (§ 11 HöfeO. Vgl. auch § 1950 A 1, § 1951 A 1b) der Anfall an den nächstberufenen Hoferben als mit dem Erbfalle erfolgt.

4. **Mitteilungspflicht des Nachlaßgerichts,** dem die Ausschlagung bekannt geworden sein muß, da sie nach § 1945 nur ihm gegenüber wirksam erklärt werden kann. Es ist vermöge der ihm hier erteilten Ordnungsvorschrift zu Nachforschungen nach der Person des nächstberechtigten Erben, sowie gemäß § 1960 zur Fürsorge in der Zwischenzeit verpflichtet. Die Ausschlagungsfrist wird dem Nächstberufenen nicht erst mit dem Empfang der vorgeschriebenen Mitteilung, sondern auch durch anderweit erlangte Kenntnis vom Anfall und Berufungsgrunde eröffnet, kann jedoch nicht vor Verkündung einer ihn etwa berufenen Verfügung von Todes wegen beginnen (§ 1944 Abs 2).

5. Die **Einsicht der Ausschlagungserklärung** ist insbesondere jedem zu gewähren, der glaubhaft macht, daß er infolge der Ausschlagung zur Erbfolge berufen sein würde; ebenso den Nachlaßgläubigern. Erfordert wird aber ein rechtliches Interesse, d. h. ein solches, das sich in irgendeiner Weise auf die Rechtsverhältnisse desjenigen, der die Einsicht verlangt, bezieht (RG 16, 390; 35, 393; 94, 234; JW 06, 121[39] für § 256 ZPO; ferner OLG 5, 200; 10, 19ff.; 25, 403; RJA 17, 1; vgl. weiter § 2081 A 2 u. LM Nr 1 zu § 16 VerschG). Ein bloß berechtigtes Interesse, d. h. ein solches, das sich auf außerhalb des Rechtsgebietes liegende beachtungswerte Umstände gründet, gibt kein Recht auf die Einsicht, sondern nur ein Recht des Nachlaßgerichts, die Einsicht zu gestatten (§ 34 FGG). Glaubhaftmachung auch durch Versicherung an Eides Statt (FGG § 15 Abs 2). Beschwerderecht FGG §§ 19ff. – Der BMdJ kann durch Verwaltungsanordnung die Einsichtnahme allgemein oder im Einzelfalle versagen oder beschränken, wenn dies aus Gründen der öffentlichen Ordnung geboten ist (§ 1 des Ges über die Einsicht in gerichtliche öffentliche Bücher und Register v. 30. 9. 36, RGBl I 853).

§ 1954

Ist die Annahme oder die Ausschlagung anfechtbar, so kann die Anfechtung nur binnen sechs Wochen erfolgen.

Die Frist beginnt im Falle der Anfechtbarkeit wegen Drohung mit dem Zeitpunkt, in welchem die Zwangslage aufhört, in den übrigen Fällen mit dem Zeit-

punkt, in welchem der Anfechtungsberechtigte von dem Anfechtungsgrunde Kenntnis erlangt. Auf den Lauf der Frist finden die für die Verjährung geltenden Vorschriften der §§ 203, 206, 207 entsprechende Anwendung.

Die Frist beträgt sechs Monate, wenn der Erblasser seinen letzten Wohnsitz nur im Auslande gehabt hat oder wenn sich der Erbe bei dem Beginne der Frist im Ausland aufhält.

Die Anfechtung ist ausgeschlossen, wenn seit der Annahme oder der Ausschlagung dreißig Jahre verstrichen sind.

E I 2040 Abs 3–6, 2041 II 1831; M 5 510–513; P 5 630–632; 6 395.

Übersicht:

Anfechtung der Annahme oder Ausschlagung

1. Die §§ 1954–1957 geben nur Vorschriften über die Formen und Fristen der **Anfechtung.**

a) α) **Die Anfechtungsgründe** sowie die Wirkungen der Anfechtung regeln sich nach den allgemeinen Vorschriften über Willenserklärungen (§§ 119ff.), die auch für die Frage der von vornherein bestehenden Nichtigkeit (§§ 116–118) zur Anwendung kommen. Danach findet eine **Anfechtung wegen Irrtums** statt, wenn dieser den Inhalt der Erklärung betraf oder der Erbe eine Erklärung dieses Inhalts nicht abgeben wollte (§ 119 Abs 1). Ein solcher Irrtum liegt nicht nur vor, wenn überhaupt keine Annahme bzw. Ausschlagung erklärt werden sollte, sondern auch, wenn die Erklärung – etwa infolge Versprechens oder Verschreibens oder Nichtdurchlesens der Urkunde – auf eine andere Erbschaft oder einen anderen Erbteil lautet, als diejenigen, über welche der Erbe sich erklären wollte. Er liegt auch vor, wenn infolge Rechtsirrtums des Erklärenden über den mit der Erklärung zu erzielenden Erfolg eine Erbschaftsausschlagung erklärt worden ist, während in Wirklichkeit ein anderes Rechtsgeschäft, insbesondere die Einleitung einer Nachlaßverwaltung, beabsichtigt war (RG 9. 10. 19 IV 130/19; vgl. § 119 A 3). Ein Irrtum über den Inhalt der Erklärung soll jedoch vorliegen, wenn der Ausschlagende angenommen hat, daß durch seine Ausschlagung und als unmittelbare gesetzliche Folge seines darauf gerichteten Willens die Erbfolge einer bestimmten anderen Person eintreten werde; nicht dagegen, wenn er gewußt hat, daß, unabhängig von seinem Willen, die vom Gesetze nächstberufene Person als Erbe einzutreten habe, und er sich nur darüber getäuscht hat, welche Person die nächstberufene ist (KGJ 35 A 67 und HRR 1932 Nr 8). Es dürfte das eine reichlich spitzfindige und kaum durchführbare Unterscheidung sein. Ein Irrtum über den Inhalt der Erklärung liegt aber jedenfalls dann vor, wenn der Erklärende angenommen hat, daß die Ausschlagungserklärung die Form für die Übertragung des Erbteils auf einen Miterben sei (JFG 17, 69).

Eine Erklärung, die der Erbe nicht abgeben wollte, liegt vor, wenn sie auf einen bestimmten Erbteil lautet, der Erbe aber keine Kenntnis von dem schon erfolgten oder künftig möglichen Anfalle eines weiteren Erbteils hatte, für den die Erklärung nach § 1951 (vgl. A 4) gleichfalls gilt. Desgleichen ein Irrtum über den Inhalt der Erklärung, wenn der Erbe über den Berufungsgrund (ob Gesetz oder letztwillige Verfügung, vgl. zu § 1944 A 2) im Irrtum war (RG HRR 1931 Nr 1140).

β) **Irrtum im Beweggrund.** Die irrige Vorstellung über die auf der Erbschaft ruhenden Beschwerungen und Beschränkungen (Vermächtnisse, Auflagen, Nacherbschaft) ist nur ein Irrtum im Beweggrunde und daher unbeachtlich, soweit nicht für die Ausschlagung durch den Pflichtteilsberechtigten die besondere Vorschrift des § 2308 eingreift. Ebensowenig liegt ein beachtlicher Irrtum vor, wenn der Annehmende oder der Ausschlagende lediglich den Wert der ihm bekannten Nachlaßgegenstände oder den der ihm bekannten Nachlaßverbindlichkeiten falsch beurteilt hat (RG 103, 22; HRR 1930 Nr 1991). Ein beachtlicher Irrtum liegt auch dann nicht vor, wenn sich der Annehmende die – nicht überschuldete – Erbschaft größer vorgestellt hat, als sie ist (Kipp § 56 I u. Kipp-Coing § 76 I 2). Ein bloßer Irrtum im Beweggrunde ist der Irrtum darüber, wem die Ausschlagung zugute komme (vgl. § 1947 A 1; SeuffA 58 Nr 216; OLG 24, 61).

γ) Anders verhält es sich jedoch, wenn der Ausschlagende den Nachlaß für **überschuldet** gehalten hat, weil ihm das Vorhandensein wertvoller Nachlaßgegenstände unbekannt geblieben ist, oder wenn der Annehmende nicht alle tatsächlich vorhandenen Nachlaßverbindlichkeiten gekannt und aus diesem Grunde eine Überschuldung nicht als gegeben angesehen hat. In diesen Fällen handelt es sich um einen Irrtum über die Art der Zusammensetzung des Nachlasses nach der aktiven oder passiven Seite. Der Irrtum betrifft also eine Eigenschaft des Nachlasses in dem in A 5 zu § 119 dargelegten Sinne (vgl. auch RG 101, 68). Es kann auch nicht zweifelhaft sein, daß es im Verkehr als wesentlich angesehen wird, ob die Nachlaßverbindlichkeiten in den vorhandenen Nachlaßwerten Deckung finden oder nicht. Gleichwohl ließ die Rechtsprechung früher die Möglichkeit einer Anfechtung der Annahme oder Ausschlagung wegen eines Irrtums der dargelegten Art nicht zu, da unter „Sachen" i. S. des § 119 Abs 2 nur körperliche Sachen verstanden wurden (vgl. die in A 5 Abs 2 zu § 119 angeführten Entscheidungen). Gegen diese Rechtsprechung hatte der IV. ZS des RG bereits in der Entscheidung RG 103, 21 Bedenken geäußert, die Streitfrage aber — ebenso wie in HRR 1930 Nr 1991 — auf sich beruhen lassen. Nachdem dann der V. ZS., für die anderen Senate bindend, in der Entscheidung RG 149, 235 seine frühere Rechtsprechung aufgegeben und sich für eine sinngemäße Anwendung des § 119 Abs 2 auf Geschäfte über andere Dinge als körperliche Gegenstände ausgesprochen hat, ist das Hindernis, das der Anwendung des § 119 Abs 2 auf die Anfechtung einer Erbschaftsannahme oder -ausschlagung entgegenstand, weggefallen (RG 158, 50). A. M. Planck-Flad A 1; abw. auch Kipp § 56 I, der nur einen Irrtum über den Bestand der Aktiven, nicht aber einen solchen über den Bestand der Schulden für beachtlich hält. Wie hier jetzt Kipp-Coing § 76 I 3 u. Staudinger-Lehmann 11. A. § 1954 A 4.

b) Ursachlichkeit. Der Irrtum kommt nur in Betracht, wenn er im Sinne des § 119 für die Annahme oder Ausschlagung bestimmend war. Namentlich bei der Anfechtung einer Erbschaftsannahme wird mit besonderer Sorgfalt zu prüfen sein, ob nicht der Annehmende bei verständiger Würdigung des Falles mit Rücksicht auf die ihm vom Gesetz gegebene Möglichkeit der Haftungsbeschränkung die Erbschaft auch bei Kenntnis der Überschuldung angenommen hätte. Hierbei kann auch das Verwandtschaftsverhältnis des Erben zum Erblasser von Bedeutung sein, denn es entspricht der Lebenserfahrung, daß mit Rücksicht auf das Familienverhältnis häufig auch eine überschuldete Erbschaft in Kenntnis der Überschuldung angenommen wird, gleichviel ob der Annehmende dabei die Absicht hat, mit seinem eigenen Vermögen für die Nachlaßverbindlichkeiten einzustehen, oder ob er von dem Recht der Haftungsbeschränkung Gebrauch machen will. Hat sich der Annehmende über die Frage der Überschuldung überhaupt keine Gedanken gemacht, so kann er sich insoweit auch nicht im Irrtum befunden haben (A 2 Abs 1 zu § 119). Daher wird die Anfechtung in der Regel dem zu versagen sein, der die Annahme erklärt hat, ohne zuvor auch nur den Versuch gemacht zu haben, sich über den Stand des Nachlasses zu vergewissern.

c) Schadensersatzpflicht. Die Anfechtung verpflichtet zum Ersatz des Vertrauensschadens (§ 122). Anfechtung wegen arglistiger Täuschung und Drohung nach den allgemeinen Vorschriften (§ 123).

d) Ohne Anfechtung unwirksam ist eine Annahme oder Ausschlagung, die auf einen Teil der angefallenen Erbschaft beschränkt ist (§ 1950), sowie eine solche, bei der der Erbe über den Berufungsgrund im Irrtum war (§ 1949 Abs 1); vgl. die Anmerkungen zu diesen Paragraphen.

e) Liegen **mehrere Annahme- oder Ausschlagungserklärungen** oder Annahmebetätigungen vor, so werden durch die Anfechtung nur diejenigen beseitigt, bei welchen Anfechtungsgründe gegeben sind. Doch werden, wenn auf Grund einer anfechtbaren Annahmeerklärung Handlungen erfolgt sind, die eine Annahmebetätigung (pro herede gestio, § 1943 A 1) darstellen, diese nicht als selbständige Betätigungen des Annahmewillens gewertet werden können. Die Anfechtung der Annahme enthält zugleich die Anfechtung der im Falle des Wegfalles der Annahme etwa eingetretenen Versäumung der Ausschlagungsfrist (§ 1956).

2. Der **Fristbeginn** weicht von den allgemeinen Anfechtungsbestimmungen insofern ab, als einerseits die Anfechtung wegen Irrtums nicht „unverzüglich" (§ 121), sondern innerhalb einer festbestimmten Frist nach erlangter Kenntnis zu erfolgen hat und als anderseits für die Anfechtung wegen arglistiger Täuschung und Drohung nicht eine Jahresfrist (§ 124), sondern die gleiche Frist wie für die Irrtumsanfechtung, von erlangter Kenntnis bzw. Aufhören der Zwangslage ab, läuft.

3. Wegen des **Fristenlaufs** und seiner Hemmung vgl. § 1944 A 4. Außer den §§ 203, 206 ist hier auch der **§ 207** herangezogen. Das bedeutet, daß eine bei dem Tode des anfechtungsberechtigten Erben für ihn laufende Anfechtungsfrist nicht früher als sechs Wochen oder (im Falle des Abs 3) sechs Monate nach der Annahme der Erbschaft durch den Erbeserben oder der Bestellung eines zur Anfechtung befugten Vertreters des Erbeserben abläuft. Der Konkursverwalter gehört dazu nicht, da das Annahme- oder Ausschlagungs- und somit auch das Anfechtungsrecht nicht zur Konkursmasse gehören (§ 9 KO). Auch der Nachlaßverwalter (§ 1985) dürfte zur Anfechtung nicht befugt sein, da er die Interessen der Nachlaßgläubiger, entsprechend einem Konkursverwalter, zu vertreten hat, und diese kein Recht auf Annahme oder Ausschlagung einer im Nachlasse befindlichen Erbschaft haben. Wegen der höchstpersönlichen Natur des Anfechtungsrechts ist auch der Testamentsvollstrecker nicht zur Ausübung dieses Rechtes befugt (vgl. § 2205 A 3; ebenso Kipp-Coing § 76 III, 1. A. M. die achte Aufl.).

4. Die **Fristdauer** ist übereinstimmend mit § 1944 Abs 1 u. 3 geregelt (vgl. A 1, 5, 6 dazu).

5. Außer der in Abs 1 u. 3 bestimmten kürzeren Anfechtungsfrist läuft noch eine Ausschlußfrist von 30 Jahren, die ohne Rücksicht auf die Fortdauer des Irrtums oder der Zwangslage und ohne Hemmung durch die in §§ 203, 206, 207 bestimmten Hemmungsgründe (die auf Ausschlußfristen, soweit nichts Besonderes bestimmt ist, keine Anwendung finden; vgl. § 186 A 1) durch den bloßen Zeitablauf von 30 Jahren seit der Annahme oder Ausschlagung zu Ende geht.

6. Einen besonderen Anfechtungsgrund enthalten die **Rückerstattungsgesetze** (Art 79 REG amZ, Art 76 REG britZ). Danach können bestimmte nahe Angehörige, die in der Zeit vom 30. 1. 1933 bis 8. 5. 1945 eine Erbschaft ausgeschlagen haben, um dadurch einen aus rassischen, religiösen usw. Gründen erwarteten Zugriff des Staates auf die Vermögensgegenstände des Nachlasses zu verhindern, diese Ausschlagung anfechten. Die Anfechtung ist jedoch nur innerhalb bestimmter, im Gesetz näher bezeichneter Fristen zulässig.

7. Hinsichtlich der **Beweislast** nimmt die herrschende Lehre (vgl. die in Anm 7 zu § 1944 aufgeführten Entscheidungen und Stellen des Schrifttums) an, derjenige, der aus der Anfechtung Rechte für sich herleite, müsse zunächst dartun, daß und wann die Anfechtung erfolgt sei. Der Gegner habe zu behaupten und zu beweisen, daß das Anfechtungsrecht bereits durch Fristablauf erloschen sei. Dazu müsse er beweisen, wann die Frist zu laufen begonnen habe, also auch, wann die Zwangslage aufgehört oder der Anfechtende Kenntnis von dem Anfechtungsgrund erlangt habe. Diese Ansicht trifft nur für die in § 1954 Abs 4 bestimmte lange Frist zu. Dabei handelt es sich um eine Ausschlußfrist, mit deren Ablauf das Anfechtungsrecht erlischt. Daß diese rechtsvernichtende Tatsache eingetreten ist, muß derjenige beweisen, der sich darauf beruft. In Abs 1 dieser Bestimmung hat der Gesetzgeber die Befugnis, die Annahme oder Ausschlagung anzufechten, begründet. Er hat dabei zugleich eine Frist für ihre Ausübung gesetzt. Wenn auch der Inhaber eines Rechts grundsätzlich ohne weiteres befugt ist, sein Recht geltend zu machen oder auszuüben, folgt doch aus der Fassung des § 1954 Abs 1, daß hier die Frist, innerhalb der die Anfechtung allein erfolgen kann, ein besonderes Tatbestandselement für die Ausübung des Anfechtungsrechts ist. Dieses Tatbestandselement hat zwar keinen eigentlichen rechtsbegründenden Charakter. Daß es dennoch als solches besonders erwähnt ist, kann nicht ohne Grund geschehen sein. Es folgt daraus, daß der Anfechtende, ebenso wie die sonstigen Tatsachen, auf die sich sein Anfechtungsrecht gründet, beweisen muß, daß er dieses Recht noch ausüben kann. Es ist ihm nur unter der Bedingung, daß er es innerhalb der 6wöchigen Frist ausübt, gewährt (wie hier Leonhard, Die Beweislast 2. A. 162). Der BGH hat sich für die in § 1594 Abs 1 getroffene Regelung der Frist auf den Standpunkt der herrschenden Lehre gestellt (LM Nr 1 zu § 1594).

§ 1955

Die Anfechtung der Annahme oder der Ausschlagung erfolgt durch Erklärung gegenüber dem Nachlaßgerichte. Für die Erklärung gelten die Vorschriften des § 1945.

E I 2040 Abs 2 Satz 1, 2041 II 1832; M 5 512, 513; P 5 630–632.

1. Materiell ist **Anfechtungsgegner** derjenige, dem die Erbschaft infolge der Anfechtung der Annahme zufällt oder infolge der Anfechtung der Ausschlagung wieder entzogen wird, falls die Anfechtung begründet ist. Die Anfechtung erfolgt aber, abweichend von § 143, nicht gegenüber diesem, sondern gegenüber dem Nachlaßgerichte, das die Anfechtung dem Anfechtungsgegner mitzuteilen hat (§§ 1957 Abs 2, 1953 Abs 3 in Verb mit § 1957 Abs 1; vgl. A 2 zu § 1957). – Gleiche Vorschriften in §§ 1484, 1597, 2081. – Nachlaßgericht: vgl. § 1945 A 2. – Gebühren für die Beurkundung und Entgegennahme der Anfechtung: KostO §§ 31 Abs 2, 104 Abs 1 Nr 4, 107.

2. Abgabe in öffentlich beglaubigter Form (Anwaltsschriftsatz genügt nicht, BayObLG Recht 1918 Nr 878); Bevollmächtigung durch öffentlich beglaubigte Vollmacht; Beifügung der Vollmacht oder Nachbringung innerhalb der Erklärungsfrist. Vgl. § 1945 A 3, 4.

§ 1956

Die Versäumung der Ausschlagungsfrist kann in gleicher Weise wie die Annahme angefochten werden.

E II 1833; P 5 630–632.

1. An die bloße Tatsache des **Ablaufs der Ausschlagungsfrist** ist durch § 1943 Halbsatz 2 die Folge geknüpft, daß die Erbschaft als angenommen „gilt". Es bedarf also dazu weder einer ausdrücklichen noch stillschweigenden Willenserklärung (Willensbetätigung, vgl. Vorbem 2 vor § 116);

auch ist ein Gegenbeweis zur Widerlegung der aus dem Ablaufe der Frist herzuleitenden Vermutung der Annahme nicht zulässig (praesumtio iuris et de iure): die Annahmeerklärung wird sonach vom Gesetze fingiert. Zur Beseitigung dieser Folge wollte der erste Entwurf überhaupt keine Möglichkeit bieten (M 5, 513); die zweite Kommission hat „aus Billigkeitsgründen" die **Anfechtung** zugelassen (P 5, 632). Eine Anfechtung wegen Willensmängel (§§ 119ff.) setzt aber regelmäßig das Vorhandensein e ner wirklichen Willenserklärung voraus, während es sich hier um eine bloße Fristversäumung handelt; die Anfechtung gewinnt dadurch den Charakter einer Wiedereinsetzung in den vorigen Stand. RG 58, 81 wollte deshalb, im Anschlusse an Wendt ZivArch 92, 226, die Anfechtung wegen Irrtums auf die Fälle beschränken, in denen der Erbe in Kenntnis des Laufes der Ausschlagungsfrist und der sich aus ihrem Ablaufe ergebenden Rechtsfolge die Ausschlagung wissentlich unterlassen, also mit dem Willen, dadurch die Annahme zu erklären, dieser Wille aber auf einem nach § 119 beachtlichen Irrtum beruht hat. Diese Einschränkung hat in Rechtslehre und Rechtsprechung vielfach Widerspruch erfahren (dagegen Planck-Flad Erl 2; Crome 5, 219 A 17; Kipp § 56 V Note 12; OLG 30, 172; dahingestellt RG Warn 1920 Nr 212). Ihre rechtliche Begründung erscheint nicht überzeugend und den für sie angeführten praktischen Gründen wird mit Recht entgegengehalten, daß sehr wichtige und berücksichtigenswerte Irrtumsfälle, insbesondere bei Eintritt eines gesetzlichen Vertreters oder Erbeserben in eine bereits laufende Ausschlagungsfrist (vgl. § 1944 A 4b), dadurch von der Anfechtung ausgeschlossen werden. Übrigens hätte es des § 1956 nicht bedurft, wenn nur die wissentliche Versäumung der Ausschlagungsfrist für anfechtbar erklärt werden sollte, da diese als stillschweigende Annahme (pro herede gestio) schon nach §§ 119ff. anfechtbar ist (vgl. § 1954 A 1). Sonach wird die Anfechtung auch zulässig sein, wenn der Erbe oder sein Vertreter eine Annahmeerklärung in Wirklichkeit nicht hat abgeben wollen, die Ausschlagung vielmehr unterlassen hat in Unkenntnis des Laufes der Frist (namentlich in dem oben hervorgehobenen Falle) oder der Rechtsfolge ihres Ablaufs oder weil er geglaubt hat, eine Ausschlagungserklärung bereits rechtswirksam abgegeben zu haben. In diesem Sinne ist entschieden in OLG 30, 172; ZBlFG 14, 814. Nunmehr hat sich auch das Reichsgericht (RG 143, 419) unter Aufgabe der älteren Entscheidung dieser, auch in der 7. Auflage dieses Kommentars bereits vertretenen Auffassung angeschlossen, unter Hervorhebung des Umstandes, daß im übrigen die Voraussetzungen des § 119 für die Anfechtung wegen Irrtums gegeben sein müssen. Ein Unterschied zwischen Rechtsirrtum und Tatsachenirrtum kann danach auch hier nicht gemacht werden. Auch ist der Irrtum nur beachtlich, wenn er im Sinne von § 119 bestimmend war. — Wegen arglistiger Täuschung oder Drohung (§ 123) kann angefochten werden, wenn dadurch der Erbe von der Abgabe der Ausschlagungserklärung abgehalten worden ist.

§ 1957

Die Anfechtung der Annahme gilt als Ausschlagung, die Anfechtung der Ausschlagung gilt als Annahme.

Das Nachlaßgericht soll die Anfechtung der Ausschlagung demjenigen mitteilen, welchem die Erbschaft infolge der Ausschlagung angefallen war. Die Vorschrift des § 1953 Abs. 3 Satz 2 findet Anwendung.

E I 2040 Abs 2 Satz 2, 2041 II 1834; M 5 512, 513; P 5 630—632.

1. Ohne diese Bestimmung würde der Erbe, der die Annahme angefochten hat, wieder annehmen und derjenige, der die Ausschlagung angefochten hat, falls die Ausschlagungsfrist noch nicht abgelaufen ist, nochmals ausschlagen können; das soll nicht gestattet sein. Die Anfechtung der Annahme erfolgt gegenüber dem Nachlaßgericht (§ 1955), also in der gleichen Form wie die Ausschlagung (§ 1945); einer besonderen Ausschlagungserklärung bedarf es in diesem Falle nicht. Es müssen aber auch die sonstigen Voraussetzungen der Ausschlagung in der Person des Anfechtenden erfüllt sein, namentlich für den gesetzlichen Vertreter die Genehmigung des Vormundschaftsgerichts (§ 1831; vgl. § 1945 A 1); andernfalls wird die Erklärung auch als Anfechtung unwirksam sein. Ebenso müssen für die Anfechtung der Ausschlagung die subjektiven Voraussetzungen der Annahme (§ 1943 A 1) gegeben sein, wenn sie als Annahme gelten soll. Doch wird der Annahmewille ohne Zulassung eines Gegenbeweises vermutet (fingiert: „gilt" als Annahme).

2. Wer derjenige ist, dem die Mitteilung nach Abs 2 zu machen ist, bestimmt sich nach § 1953 Abs 2 (vgl. A 2 zu § 1953). — Die Anfechtung der Annahme ist als Ausschlagung schon nach § 1953 Abs 3 mitzuteilen. Ähnliche Vorschriften in § 1597 Abs 2 und (bei Anfechtung einer letztwilligen Verfügung) § 2081 Abs 2.

3. Vgl. § 1953 A 5.

§ 1958

Vor der Annahme der Erbschaft kann ein Anspruch, der sich gegen den Nachlaß richtet, nicht gegen den Erben gerichtlich geltend gemacht werden.

E I 2057 Abs 1 Satz 1 II 1835; M 5 539; P 5 660—664, 829—831.

1. Der Erbe ermangelt vor der Annahme der Passivlegitimation. Die Behauptung, daß er angenommen habe, gehört mithin zur Klagebegründung, der Kläger hat die Annahme nachzuweisen (§ 1943 A 4); der Klag- oder Widerklaganspruch einschließlich des Arrestanspruchs und der Feststellungsklage ist von Amts wegen abzuweisen, falls sich aus der Sachdarstellung des Klägers ergibt, daß der in Anspruch genommene Erbe die Erbschaft noch nicht angenommen hat, es sei denn, daß eine als Annahme auszulegende Einlassung des Beklagten den Mangel beseitigt (RG 60, 179). Der gefährdete Nachlaßgläubiger ist auf Herbeiführung einer Nachlaßpflegschaft aus § 1961 angewiesen. Gegen den Nachlaßpfleger (§ 1960 Abs 3), den Nachlaßverwalter (§ 1984 Abs 1) und den verwaltenden Testamentsvollstrecker (§ 2213 Abs 2) ist die Rechtsverfolgung ohne den Nachweis, daß der Erbe angenommen hat, zulässig. Der Erbe kann das Aufgebot der Nachlaßgläubiger erst nach der Annahme beantragen (ZPO § 991 Abs 3). Die Eröffnung des Nachlaßkonkurses ist von der Annahme des Erben nicht abhängig (KO § 216 Abs 1). Ebensowenig der Antrag auf Eröffnung des Nachlaßvergleichsverfahrens (§ 113 Nr 2 VerglO). Die außergerichtliche Geltendmachung des Anspruchs gegen den Erben (durch Mahnung, Aufrechnung, auch gegen persönliche Forderungen des Erben, Zurückbehaltung) ist dem Nachlaßgläubiger nicht verwehrt, vermag aber nicht, den Erben in Leistungsverzug zu setzen (RG 79, 203; LZ 1921 Sp. 274). S. auch § 1959 A 5. — Weitergehende aufschiebende Einreden §§ 2014ff., Vollendung der Verjährung § 207. Fiskus § 1966. Wegen der **Aktivprozesse** vgl. § 1959 A 2.

2. Ergänzende Bestimmungen. War der Rechtsstreit durch den Tod des Erblassers unterbrochen, so ist der Erbe vor der Annahme zur Fortsetzung nicht verpflichtet (aber berechtigt), ZPO § 239 Abs 5. Bis dahin ist wegen einer Nachlaßverbindlichkeit eine erst beginnende Zwangsvollstreckung und folgerecht auch die Erteilung der Vollstreckungsklausel (§ 727) nicht gegen den Erben selbst, sondern nur in den Nachlaß gegen einen Nachlaßverwalter, Testamentsvollstrecker oder Nachlaßpfleger, der nötigenfalls zu diesem Zwecke ernannt wird (§ 1961), zulässig (ZPO § 778 Abs 1). Anderseits können sich die eigenen Gläubiger des Erben vor der Annahme nicht an den ihrem Schuldner angefallenen Nachlaß halten (ZPO § 778 Abs 2). Dagegen wird die beim Tode des Schuldners bereits begonnene Zwangsvollstreckung in seinen Nachlaß fortgesetzt und, soweit die Zuziehung des Schuldners erforderlich, für den Erben ein einstweiliger besonderer Vertreter bestellt (ZPO § 779).

§ 1959

Besorgt der Erbe vor der Ausschlagung erbschaftliche Geschäfte, so ist er demjenigen gegenüber, welcher Erbe wird, wie ein Geschäftsführer ohne Auftrag berechtigt und verpflichtet.

Verfügt der Erbe vor der Ausschlagung über einen Nachlaßgegenstand, so wird die Wirksamkeit der Verfügung durch die Ausschlagung nicht berührt, wenn die Verfügung nicht ohne Nachteil für den Nachlaß verschoben werden konnte.

Ein Rechtsgeschäft, das gegenüber dem Erben als solchem vorgenommen werden muß, bleibt, wenn es vor der Ausschlagung dem Ausschlagenden gegenüber vorgenommen wird, auch nach der Ausschlagung wirksam.

E I 2056 II 1836; M 5 536–539; P 5 657–660.

Übersicht:

Erbschaftliche Geschäfte vor der Ausschlagung

1. Allgemeine Voraussetzungen
2. Geschäftsführung durch den vorläufigen Erben (Abs 1)
   a) Aktivprozesse
   b) Ansprüche des endgültigen Erben gegen den vorläufigen aus Geschäftsführung ohne Auftrag
3. Wirksamkeit dinglicher Verfügungen über Nachlaßgegenstände (Abs 2)
   a) Allgemeines
   b) Wirksamkeit dringlicher Geschäfte
   c) Wirksamkeit auf Grund der allgemeinen Vorschriften
4. Wirksamkeit dem Erben gegenüber vorzunehmender Rechtsgeschäfte (Abs 3)
   a) Allgemeines, Leistung an den Erben, Verzug
   b) Im Konkurs und Nachlaßkonkurs
5. Beweislast.

1. Allgemeine Voraussetzung ist

a) daß die Geschäfte oder Verfügungen von dem wirklich berufenen Erben oder (Abs 3; vgl. A 5) ihm gegenüber, nicht von oder gegenüber einem Nichtberufenen, etwa dem Erbschaftsbesitzer (§ 2018) vorgenommen worden sind,

b) daß sich darin nicht eine stillschweigende Annahme der Erbschaft, pro herede gestio (§ 1943 A 1) kundgibt,

c) daß der Erbe entweder noch nicht wirksam angenommen hat oder eine vorher erklärte Annahme oder Versäumung der Ausschlagungsfrist wirksam anficht (§§ 1954, 1956),

d) daß er noch nicht ausgeschlagen hat,

e) daß er später wirksam ausschlägt.

2. Geschäftsführung durch den vorläufigen Erben.

a) Aktivprozesse. Der Erbe ist während der Überlegungsfrist nicht verpflichtet, sich der Erbschaft anzunehmen, kraft seines Erbrechts aber an und für sich dazu befugt. Insbesondere ist ihm durch § 1958 zwar die Passiv-, nicht aber die **Aktivlegitimation** entzogen. So jetzt auch Planck-Flad 4. Aufl. Erl 7 gegen die 3. Aufl. Doch tritt durch die Prozeßführung, die keine Verfügung im Sinne des Abs 2 ist, keine Rechtskraft gemäß § 325 ZPO gegenüber dem endgültigen Erben ein. Der vorläufige Erbe kann im Interesse des Nachlasses, z. B. wegen drohender Verjährung, sogar zur Klageerhebung oder zur Fortsetzung eines Rechtsstreits genötigt sein. Inwiefern er durch Verwaltung des Nachlasses den Nachlaßgläubigern verantwortlich werden kann, bestimmt § 1978.

b) Im Verhältnis zum endgültigen Erben („demjenigen, der Erbe wird"), also nicht zu einem nachrückenden Erben, solange dieser selbst wieder nur vorläufiger Erbe ist, gelten die Grundsätze der **Geschäftsführung ohne Auftrag** (§§ 677ff.). Entgegen § 687 sind sie auch anwendbar, wenn der Erbe, weil er glaubte, endgültiger Erbe geworden zu sein, seine eigenen Geschäfte zu besorgen meinte. Als Geschäftsherr, auf dessen wirklichen oder mutmaßlichen Willen es ankommt (§§ 677, 679, 683, 684, 686), wird in der Regel nicht eine individuell bestimmte Person in Betracht kommen, da noch nicht feststeht, wer endgültig Erbe wird; vielmehr wird der bei einem sorgsamen Erben generell zu vermutende, den Interessen des Nachlasses entsprechende Wille dem geschäftsführenden Erben als Richtschnur zu dienen haben und werden danach, ob er dementsprechend gehandelt hat, sich die Folgen für sein Verhältnis zu dem endgültigen Erben bestimmen. Auch wenn er in der Meinung gehandelt hat, endgültiger Erbe geworden zu sein, wird er sich auf einen anders gearteten eignen Willen nicht berufen können, da er auch in diesem Falle „wie ein Geschäftsführer" berechtigt und verpflichtet wird. Aus §§ 681, 666 folgt insbesondere auch die Pflicht zur Auskunfterteilung und Rechenschaftslegung. Die aus der Geschäftsführung hervorgehenden Ansprüche gegen den (vorläufigen) Erben sind Aktiven des Nachlasses, die ihm zukommenden Ersatzansprüche Nachlaßverbindlichkeiten (§ 1967 Abs 2), im Konkurse Masseschulden (KO § 224 Nr 6; vgl. auch § 113 Nr 6 VerglO). Was der vorläufige Erbe aus der Geschäftsführung erlangt, hat er dem endgültigen Erben nach §§ 681, 667 herauszugeben; eine dingliche Surrogation nach § 2019 findet nicht statt, da er nicht Erbschaftsbesitzer ist.

3. a) Abs 2 betrifft die **Wirksamkeit der** von dem vorläufigen Erben vorgenommenen **dinglichen Verfügungen über Nachlaßgegenstände** (vgl. über den Verfügungsbegriff Vorbem. 7 vor § 104), über Sachen (§ 90) oder Rechte. Daher wird, wenn Miterben in Frage sind, gemeinsame Geschäftsführung vorausgesetzt, § 2040 Abs 1. Bloß schuldrechtliche Verpflichtungen des einstweiligen Erben verbinden den endgültigen Erben nicht, können aber einen Befreiungsanspruch aus §§ 683, 670, 257 gegen ihn begründen.

b) Da im Falle der Ausschlagung der Anfall als nicht erfolgt gilt (§ 1953 Abs 1), so werden damit an und für sich alle Verfügungen des einstweiligen Erben unwirksam. Sie sind jetzt wegen der rückwirkenden Kraft der Ausschlagung Verfügungen eines Nichtberechtigten, die grundsätzlich auch nach den für diese geltenden allgemeinen Vorschriften, wie im folgenden Absatz näher dargelegt wird, zu behandeln sind. Darüber hinaus behalten sie nach der besonderen Vorschrift des § 1959 Abs 2 in jedem Fall ihre **Wirksamkeit, wenn sie dringlich waren.** Ob dies zutrifft, kann nur nach den Umständen des Falles entschieden werden. Da das Gesetz nur eine objektive Voraussetzung aufstellt, bleibt das Wissen des Dritten von der Unaufschiebbarkeit der Verfügung oder davon, daß der Erbe noch ausschlagen kann, außer Betracht.

c) Auch die nicht unaufschiebliche Verfügung wird wirksam durch Genehmigung des endgültigen Erben (§ 185 Abs 2). Bei Verfügungen über bewegliche Sachen des Nachlasses, deren Besitz gemäß § 1922 (vgl. A 5 dazu) auf den vorläufigen Erben übergegangen ist, kommen die Vorschriften zum Schutze derjenigen, welche Rechte von einem Nichtberechtigten ableiten (§§ 932—936, 1032, 1207), zur Anwendung, so daß es im Falle der Gutgläubigkeit der Erwerber auf die Dringlichkeit der Verfügung nicht ankommt. Auch auf unfreiwilligen Besitzverlust (§ 935 Abs 1) wird sich der endgültige Erbe nicht berufen können. Zwar ist nach § 857 der Besitz von selbst auf den Erben übergegangen. Die in § 1953 Abs 2 angeordnete Rückwirkung kann für das Besitzrecht, bei dem es ausschlaggebend auf die tatsächlichen Verhältnisse ankommt, nicht die Tatsache ausräumen, daß der vorläufige Erbe tatsächlich Besitzer gewesen ist und als solcher verfügt hat. Es ist nicht anzunehmen, daß der Gesetzgeber durch die Bestimmung des § 1953 auch diese Tatsachen als nicht geschehen behandelt wissen will (ebenso Staudinger-Lehmann 11. A. § 1959 A 15; Kipp-Coing § 77 III 4 Note 8; a. M. Planck-Flad Erl 4bα). Auch ein Erwerb von Rechten an Grundstücken auf Grund des guten Glaubens an den Inhalt des Grundbuchs (§§ 892, 893) sowie ein Rechtserwerb auf Grund Erbscheins (§§ 2366, 2367) kann stattfinden, wenn der Erbe auf Grund erklärter Annahme bereits im Grundbuche eingetragen oder ihm ein Erbschein erteilt ist und er die Annahme wirksam anficht (§§ 1954, 1956) oder sie sich als unwirksam herausstellt (§§ 1949, 1950). Der endgültige Erbe ist auf die Ansprüche aus §§ 678, 681, 667, gegebenenfalls auf Schadensersatz aus §§ 823ff. gegen den vorläufigen Erben angewiesen.

4. a) Abs 3 hat **einseitige empfangsbedürftige Rechtsgeschäfte** im Auge, die, um wirksam zu sein, **gegenüber dem Erben** als Rechtsnachfolger des Erblassers vorgenommen werden müssen (Mahnung, Kündigung, Annahme eines vom Erblasser gestellten Vertragsantrags — § 153 —, Angebot einer Leistung). Dagegen gehört die Leistung selbst nicht dazu, da sie eine Verfügung des Erben, Annahme, erfordert; sie fällt vielmehr unter Abs 2 und wirkt also befreiend nur, wenn dessen Voraussetzungen (Unaufschieblichkeit der Annahme) vorlagen (a. M. Kipp § 51 II 3; ihm folgend Kipp-Coing § 77 III 3). Doch wird (wie Planck-Flad Erl 5 zutreffend hervorhebt) bei bereits fälligen Forderungen in der Regel anzunehmen sein, daß die Annahme der angebotenen Leistung nicht ohne Nachteil für den Nachlaß verschoben werden konnte, da durch die Nichtannahme Gläubigerverzug (§ 293) entstanden sein würde.

Leistungsverzug kann durch eine vor Annahme der Erbschaft gegenüber dem vorläufigen Erben erfolgte Mahnung nicht für diesen, wenn er nicht endgültiger Erbe wird (vgl. § 1958 A 1), wohl aber für den endgültigen Erben vom Tage der Annahme ab entstehen. Gleiches gilt für den Annahmeverzug infolge Angebots der Leistung, da der vorläufige Erbe zu der in der Annahme liegenden Verfügung über das Forderungsrecht zwar unter Umständen berechtigt, aber nicht verpflichtet ist (Abs 1 und A 2).

b) Auch wenn über das Vermögen des vorläufigen Erben Konkurs eröffnet ist, hat die Vornahme von Rechtsgeschäften ihm gegenüber, nicht gegenüber dem Konkursverwalter, zu erfolgen (KO § 9). Ist dagegen **Nachlaßkonkurs** eröffnet, so können ihm gegenüber keine Rechtsgeschäfte mehr wirksam vorgenommen werden, wie auch sein Geschäftsführungsrecht nach Abs 1 und sein Verfügungsrecht aus Abs 2 entfällt. Vor Eröffnung des Nachlaßkonkurses aus der Geschäftsführung des vorläufigen Erben ihm gegenüber entstandene Verpflichtungen des endgültigen Erben sind Masseschulden (§ 224 Nr 6 KO; vgl. auch § 113 Nr 6 VerglO). Ansprüche gegen den vorläufigen Erben aus seiner Geschäftsführung gehören zum Nachlaß und sind vom Konkursverwalter geltend zu machen. Verfügungen des vorläufigen Erben bleiben nach Maßgabe des Abs 2 (vgl. A 4), ihm gegenüber vorgenommene Rechtsgeschäfte nach Abs 3 (vgl. A 5) auch im Falle des Nachlaßkonkurses wirksam.

5. Beweislast. Erhebt der vorläufige Erbe auf Grund der Geschäftsführung Ansprüche gegen den endgültigen, so muß er beweisen, daß die Voraussetzungen dafür vorliegen. Behauptet der endgültige Erbe einem Dritten gegenüber die Wirksamkeit einer Verfügung des vorläufigen Erben, so liegt darin eine Genehmigung (§ 185) und bedarf es deshalb nicht des Nachweises der Dringlichkeit. Macht dagegen der Dritte die Wirksamkeit einer Verfügung des vorläufigen Erben gegenüber dem endgültigen geltend, so muß er die Dringlichkeit nachweisen.

§ 1960

Bis zur Annahme der Erbschaft hat das Nachlaßgericht für die Sicherung des Nachlasses zu sorgen, soweit ein Bedürfnis besteht. Das gleiche gilt, wenn der Erbe unbekannt oder wenn ungewiß ist, ob er die Erbschaft angenommen hat.

Das Nachlaßgericht kann insbesondere die Anlegung von Siegeln, die Hinterlegung von Geld, Wertpapieren und Kostbarkeiten sowie die Aufnahme eines Nachlaßverzeichnisses anordnen und für denjenigen, welcher Erbe wird, einen Pfleger (Nachlaßpfleger) bestellen.

Die Vorschrift des § 1958 findet auf den Nachlaßpfleger keine Anwendung.

E I 2058, 2059 Abs 1 II 1837, 1838 Abs 2; M 5 541–548; P 5 660, 664–667; 6 338; KB 310

Übersicht:

Fürsorge des Nachlaßgerichts

1. Die §§ 1960–1962 regeln die **Fürsorge für den Nachlaß** bis zum Eintritte des endgültigen Erben. Die Fürsorge tritt ein: a) wenn der Erbe dem Nachlaßgerichte bekannt ist, aber (wie gleichfalls bekannt ist) noch nicht angenommen hat (Satz 1); b) wenn ihm unbekannt ist, wer als vorläufiger Erbe zur Erbschaft berufen ist (Satz 2 Halbsatz 1); c) wenn ihm das bekannt, aber unbekannt ist, ob der Berufene die Erbschaft angenommen hat (Satz 2 Halbsatz 2). Ob der Fall zu b vorliegt, ist Sache der Beurteilung des Einzelfalls. Er liegt insbesondere vor, wenn zwar Verwandte bekannt sind, die als Erben berufen sein könnten, aber nicht ohne weiteres zu ermitteln ist, ob nicht andere gleich nahe oder nähere Verwandte vorhanden sind. Unbekannt ist der Erbe dem Nachlaßgerichte auch, wenn es sich nicht ohne weiteres davon überzeugen kann, wer von mehreren Erbprätendenten der wirkliche Erbe, insbesondere bei Vorliegen mehrerer Testamente, welches davon gültig ist (KGJ 45, 106; 52, 59 Düsseldorf JR 49, 354). Von umfangreichen und zeitraubenden Ermittlungen darf die Fürsorge, insbesondere auch die Anordnung der Nachlaßpflegschaft, nicht abhängig gemacht werden, da ihr Zweck ist, durch schleunige Maßnahmen den Nachlaß dem Erben zu sichern; die Ermittlung des Erben ist alsdann Sache des Nachlaßpflegers (KGJ 52, 59). Unbekannt ist der Erbe ferner, wenn der Nächstberufene Erbe oder Miterbe ein Verschollener ist, für den keine Lebensvermutung nach dem Verschollenheitsgesetz spricht (Karlsruhe DNotZ 53, 427; Arnold MDR 49, 248, 600; Holthöfer SJZ 1948, 622; Zimmermann JR 50, 751). Liegen keine Anhaltspunkte dafür vor, daß eine Verfügung von Todes wegen vorhanden ist, so werden die gesetzlich zu Erben Berufenen als bekannte Erben anzusehen sein. Volle Gewißheit kann nicht erfordert werden; es genügt, wenn auf Grund sorgfältiger Ermittlungen anzunehmen ist, daß keine gleich nahen oder näheren Verwandten vorhanden sind und daß eine Verfügung von Todes wegen nicht vorliegt. Daß die Voraussetzungen eines Erbscheins vorliegen, ist nicht erforderlich (BayObLGZ 3, 676; KGJ 29 A 208; 46 A 128; 52, 60; OLG 4, 420; 7, 132; 37, 250; SeuffArch 58 Nr 37; aber auch JFG 17, 106). Nicht genügend ist die Versicherung, Erbe geworden zu sein, ohne Angabe der tatsächlichen Unterlagen (OLG 7, 132).

Für das Bekanntsein der Annahme sind positive Feststellungen in dieser Hinsicht erforderlich. Ist das Verhalten des Erben nicht unzweideutig oder ist die Annahme angefochten oder ersichtlich anfechtbar, so besteht Ungewißheit über sie (Fall zu c; OLG 42, 143). Ein Nachlaßpfleger kann nicht schon deswegen bestellt werden, weil die Möglichkeit, das Testament anzufechten besteht, oder weil behauptet wird, der eingesetzte Testamentserbe sei erbunwürdig. Nachdem das Testament angefochten oder Anfechtungsklage wegen Erbunwürdigkeit erhoben ist, hat das Nachlaßgericht, bevor es eine Nachlaßpflegschaft anordnet, selbst zu prüfen, ob ernste Zweifel an dem Erbrecht des eingesetzten Erben bestehen (KG Recht 1929 Nr 2004).

Unbekannt ist der Erbe, solange die zum Erben eingesetzte Person erzeugt aber noch nicht geboren ist; wenn eine Stiftung als Erbe eingesetzt ist, solange die erforderliche staatliche Genehmigung noch nicht erteilt ist.

2. Die Fürsorge hat in diesen Fällen von Amts wegen zu erfolgen, aber nur **soweit ein Bedürfnis besteht.** Darüber entscheidet das Ermessen des Nachlaßgerichts, das sich von dem Interesse desjenigen, der endgültiger Erbe werden wird, an der Sicherung und Erhaltung des Nachlasses leiten zu lassen hat. Meldet sich der Erbe, so sind die angeordneten Maßregeln aufzuheben, wenn er es beantragt und dadurch die Erbschaft annimmt; auch von Amts wegen, wenn die Annahme bekannt wird. Abwesenheit des Erben ist kein Grund zur Fürsorge, sobald er angenommen hat.

Liegen die Voraussetzungen für die Fürsorge in der Person eines einzelnen Miterben vor, so hat sie sich auf dessen Anteil zu beschränken, soweit nicht Maßregeln in Betracht kommen, die körperliche Teile des Nachlasses ergreifen müssen, wie Siegelung und Hinterlegung vor der Auseinandersetzung (RJA 7, 29; OLG 5, 229; KGJ 33 A 92; 45 A 106). Nach KGJ 48 A 77, OLG 34, 321 soll die Bestellung eines Nachlaßpflegers auch dann zulässig sein, wenn die Personen der Miterben bekannt, aber die Größe der Erbteile ungewiß ist, jedoch unter Beschränkung auf den streitigen Erbteil.

Ein Bedürfnis wird in der Regel nicht vorliegen, wenn der vorläufige Erbe anwesend ist und die Erbschaft ordnungsmäßig verwaltet (§ 1959) oder wenn ein Testamentsvollstrecker vorhanden ist, der die Verwaltung ordnungsmäßig führt, oder vertrauenswürdige Miterben. Beschwerderecht des Beeinträchtigten (FGG § 20 Abs 1), des Antragstellers bei Ablehnung (ebenda). Landesgesetzlich kann bestimmt werden, daß gewisse Fürsorgemaßregeln (Anfertigung eines Nachlaßverzeichnisses, Anlegung von Siegeln bis zu dessen Fertigstellung) auch unter anderen Voraussetzungen vorgenommen werden können oder sollen Art 140 EG). Die Nachlaßpflegschaft muß bis zu ihrer Aufhebung als zu Recht bestehend angesehen werden, auch wenn sie angeordnet ist, obwohl ein Bedürfnis für ihre Anordnung nicht bestand (München DR 43, 491[14]).

3. Nachlaßgerichte sind die Amtsgerichte (FGG § 72; VO über die Zuständigkeit der Amtsgerichte in Vormundschafts- und Nachlaßsachen v. 10. 6. 36; vgl. Vorbem 1 zu diesem Buche). Die örtliche Zuständigkeit (§ 73 FGG) bestimmt sich nach dem Wohnsitze des Erblassers, in Ermangelung eines inländischen Wohnsitzes nach dem Aufenthalte; für Deutsche, die im Inlande weder Wohnsitz noch Aufenthalt hatten (FGG § 73 Abs 2), ist das Amtsgericht Schöneberg in Berlin-Schöneberg zuständig (VO zur Vereinheitlichung der Zuständigkeit in Familien- und Nachlaßsachen v. 31. 5. 34 § 14); für Ausländer, die im Inland weder Wohnsitz noch Aufenthalt hatten, ist jedes Gericht zuständig, in dessen Bezirk sich Nachlaßgegenstände befinden (FGG § 73 Abs. 3). Entsprechendes gilt für Staatenlose. Nach § 2369 Abs 2 sind Ansprüche von Ausländern und Staatenlosen als im Inland befindlich anzusehen, wenn ein deutsches Gericht für ihre Geltendmachung zuständig ist. Ebenso solche Gegenstände, für die von einer deutschen Behörde ein zur Eintragung des Berechtigten bestimmtes Buch oder Register geführt wird (vgl. § 2369 Anm 2). Jedes Amtsgericht, in dessen Bezirk sich Nachlaßgegenstände befinden, ist als Nachlaßgericht zuständig, wenn am Sitz des nach § 73 Abs 1 FGG zuständigen Nachlaßgerichts keine deutsche Gerichtsbarkeit mehr ausgeübt wird (dazu rechnen die in § 1 des Zuständigkeitsergänzungsgesetzes v. 7. 8. 52 — BGBl I, 407 — aufgeführten Gerichte) und hilfsweise ist für Deutsche, falls sich keine Nachlaßgegenstände im Geltungsbereich des Zuständigkeitsergänzungsgesetzes befinden, das Amtsgericht Berlin-Schöneberg als Nachlaßgericht zuständig (§ 7 ZustErgG). Wenn verschiedene Nachlaßgerichte zuständig sind, da der Erblasser einen doppelten Wohnsitz gehabt hat, ist nach § 4 FGG das zuerst tätig gewordene Gericht allein zuständig. Eine entsprechende Regelung ist auch in § 7 Abs 2 ZustErgG getroffen.

Neben der eben erörterten Zuständigkeit des Hauptnachlaßgerichts ist ferner für die in § 1960 vorgesehenen Sicherungsmaßregeln die örtliche Zuständigkeit überall gegeben, wo das Bedürfnis der Fürsorge hervortritt, unter Verpflichtung zur Benachrichtigung des ordentlichen Nachlaßgerichts (FGG § 74). In der DDR sind für Nachlaßsachen die Notare zuständig (VO über die Errichtung und Tätigkeit des staatl. Notariats v. 15. 10. 52 [GBl DDR 1952, 1055] und für Berlin Ost VO v. 21. 11. 52 [VOBl Berlin Ost I, 541]). Handlungen eines örtlich unzuständigen Gerichts als Nachlaßgericht sind nicht unwirksam (FGG § 7). Nichtigkeit ist dagegen nach den allgemeinen Regeln über die Nichtigkeit staatlicher Hoheitsakte anzunehmen, wenn der tätig gewordenen Behörde die sachliche Zuständigkeit fehlte.

Über die Zuständigkeit in Fällen, in denen der Erblasser zur Zeit des Erbfalles seinen Wohnsitz in der DDR hatte, vgl. Keidel FGG 6. Aufl § 73 Anm 4a.

Für die Sicherung des Nachlasses von Ausländern sind in erster Linie etwaige Staatsverträge maßgebend. Über die bis zum 2. Weltkrieg geltenden Staatsverträge vgl. die Zusammenstellung bei Schlegelberger FGG 5. Aufl § 73 Anm 3. Soweit solche Staatsverträge nicht bestehen, entspricht es internationalem Brauch, daß die Ausländer in Ansehung der amtlichen Fürsorge für ihren im Inland befindlichen Nachlaß ebenso wie die Inländer behandelt werden (KGJ 25 A 241; 36 A 85; 53, 77). Demnach haben die deutschen Gerichte bei der Sicherung des im Inland befindlichen Nachlasses eines Ausländers mitzuwirken ohne Rücksicht darauf, welchem materiellen Recht er untersteht. Die Zuständigkeit richtet sich nach §§ 73, 74 FGG. Mangels besonderer sich aus Staatsverträgen ergebender Vorschriften ist nach deutschem Recht zu beurteilen, welche Sicherungsmaßnahmen anzuwenden sind und in welchem Verfahren ihre Anwendung zu geschehen hat. Die Fideikommißgerichte sind im Rahmen der ihnen zugewiesenen Aufgaben auch für die Verrichtungen des Nachlaßgerichts zuständig, können diese Verrichtungen aber dem Amtsgericht übertragen (§ 30 Abs 2 der VO v. 20. 3. 39, RGBl I 509).

Der Nachlaßrichter haftet wegen schuldhafter Amtspflichtverletzung bei Beaufsichtigung des Nachlaßpflegers aus §§ 1960, 1961 nur dem Erben, nicht auch den Nachlaßgläubigern; anders im Falle der Nachlaßverwaltung (§ 1985 A 3; RG 88, 264).

4. Von den zu treffenden **Sicherungsmaßregeln** sind in Abs 2 nur die hauptsächlichsten hervor gehoben; das Nachlaßgericht ist auf sie nicht beschränkt. Die Anlage von Siegeln kann durch den Erblasser nicht, wie nach früheren Rechtsordnungen, verboten werden (M 5, 543). Die Aufnahme des Nachlaßverzeichnisses sowie die Anlegung von Siegeln kann auch einem Notar übertragen werden (RNotO § 22 Abs 1). Für die Hinterlegung sind jetzt die Vorschriften der HinterlO v. 10. 3. 37 maßgebend; die Artt 144—146 EG sind durch § 38 Abs 2 aufgehoben.

5. a) Auf die **Nachlaßpflegschaft** (s. über diese Höver DFG 1937, 29ff. und Greiser DFG 1938, 167ff.) als Unterart der Pflegschaft finden die für die Vormundschaft geltenden Vorschriften entsprechende Anwendung, auch hinsichtlich des Verfahrens, mit der Maßgabe, daß an die Stelle des Vormundschaftsgerichts das Nachlaßgericht tritt (§§ 1915, 1962; FGG § 75, vgl. § 1962 A 1). Allgemeine Verpflichtung zur Übernahme (§ 1785); Bestellung mehrerer Pfleger nur ausnahmsweise (§ 1775); Entlassung des Nachlaßpflegers (§§ 1886, 1915; vgl. JFG 14, 61); Beschränkung auf die Vertretung eines Miterben vgl. A 2. Die Nachlaßpflegschaft ist nur anzuordnen, wenn ein Bedürfnis gerade für dieses Sicherungsmittel besteht. Ist die Pflegschaft indes angeordnet, obwohl die sachlichen Voraussetzungen hierfür nicht vorlagen, so bleibt doch die Bestellung des Pflegers wirksam, bis sie vom Gericht wieder aufgehoben wird (OLG München DR 1943, 491 Nr 14).

b) Die Nachlaßpflegschaft wird grundsätzlich unentgeltlich geführt; das Nachlaßgericht kann dem Nachlaßpfleger aber eine **Vergütung** bewilligen, wenn das Vermögen (d. h. der Aktivnachlaß ohne Abzug der Nachlaßverbindlichkeiten, RG 149, 172; BayObLG 33, 147; vgl. § 1836 A 2) sowie der Umfang und die Bedeutung der mit der Pflegschaft verbundenen Geschäfte es rechtfertigen (RG Recht 1914 Nr 1548; OLG 18 S. 297, 301; KGJ 53 A 77, Ausländernachlaß; RG 154, 110, ungetreuer Nachlaßpfleger).

c) Die **Auslagen** des Nachlaßpflegers hat das Nachlaßgericht nicht festzusetzen (BayObLG 33, 147; vgl. § 1835 A 2).

d) Der **Nachlaßpfleger** ist nicht Vertreter des Nachlasses als eines Sondervermögens, sondern Vertreter einer allerdings noch nicht bestimmten individuellen Person, nämlich desjenigen, der schließlich als endgültiger Erbe eintritt, und hat dessen Rechte und Interessen zu wahren. Deshalb kann ihm das Armenrecht bewilligt werden (RG 50, 394). Als Vertreter des Erben ist er gemäß § 181 nicht befugt, einen Vertrag mit sich selbst im eigenen Namen über Nachlaßgegenstände abzuschließen; ein solcher Vertrag kann nur durch Genehmigung dessen, der endgültig Erbe wird, wirksam werden; ob dieser zur Genehmigung verpflichtet ist, entscheidet sich nach Treu und Glauben (RG 110, 214). Der Nachlaßpfleger hat eine andere Stellung als der nach § 1912 bestellte Pfleger für die Leibesfrucht. Dieser soll Maßnahmen treffen, um das Erbrecht für seinen Pflegling zu sichern, während der Nachlaßpfleger ganz allgemein die Interessen des noch unbestimmten Erben wahrnimmt.

Seine **Aufgabe** ist die Sicherung und Erhaltung des Nachlasses für den Erben; in dieser Beziehung ist er der gesetzliche Vertreter des Erben (RG 76, 125). Entsprechend dem vorliegenden Bedürfnis kann auch die Aufgabe des Pflegers beschränkt werden. Bei der Ermittlung des Erben hat er mitzuwirken; dagegen nicht für das Erbrecht einer bestimmten Person gegenüber einer anderen einzutreten. Er vertritt auch nicht den Erben in bezug auf diejenigen Entscheidungen, die dessen persönliche Stellung zum Nachlaß als ganzem betreffen. Daher ist er nicht berufen, die Erben oder einen von ihnen bei dem Streit um das Erbrecht zu vertreten (OLG 21, 305; 26, 288; 30, 174; RG 106, 46). Zwischen dem Erben und dem Nachlaßpfleger besteht, wie sich aus den §§ 1960, 1915, 1890 ergibt, ein Rechtsverhältnis, das, sofern ein rechtliches Interesse an alsbaldiger Feststellung gegeben ist, Gegenstand einer Feststellungsklage des Erben gegen den Nachlaßpfleger nach § 256 ZPO sein kann. Mit der auf Feststellung seines Erbrechts gerichteten Klage des Erben gegen den Nachlaßpfleger wird die Feststellung begehrt, daß der Nachlaßpfleger im Rahmen seines Amtes den Kläger vertritt und die sich für ihn aus diesem Amt ergebenden Pflichten dem Kläger gegenüber zu erfüllen hat (RG 106, 46; OGH 4, 219; LM Nr 1 zu § 1960).

Er hat den Nachlaß in Besitz zu nehmen, zu verzeichnen und das Verzeichnis dem Nachlaßgericht einzureichen (§ 1802). Die Verwaltung des Nachlasses hat er zu führen, soweit er dazu vom Nachlaßgerichte bestellt ist (vgl. § 2017; ZPO § 991 Abs 2); unter Umständen, namentlich bei längerer Ungewißheit, kann die teilweise oder gänzliche Liquidation erforderlich werden. Für die Bezahlung der Steuerschulden hat er Sorge zu tragen (RAbgO § 106 Abs 1, 2); eine Verletzung dieser Verpflichtung macht ihn unter Umständen persönlich haftbar (RAbgO § 109 Abs 1).

Die Durchführung und Überwachung der Erbauseinandersetzung unter den ermittelten Erben gehört nicht zu seinen Aufgaben (RG 154, 114). Deswegen berührt ihn auch eine Teilungsanordnung nicht (Dresden SächsRechtspflArch 13, 523). Er hat die letztwillige Verfügung nicht auszuführen (Motive 5, 548f.). An dem Streit über die Höhe der einzelnen Erbteile und über eine bestehende Ausgleichspflicht ist er nicht beteiligt (Hamburg HansGZ 1910 Beibl.192). Vermächtnisse hat er nicht anzufechten (OLG 21, 308). Das gilt aber nicht, wenn der Nachlaßpfleger nicht für die Verwaltung des ganzen Nachlasses, sondern nur beschränkt für die Erbteile einzelner unbekannter Miterben bestellt ist. Dieser Teilnachlaßpfleger hat die von ihm vertretenen unbekannten Miterben bei der Auseinandersetzung mit den übrigen Miterben zu vertreten (Hamm JMBl NRW 1953, 101; BayObLGZ 50/51, 346). Nach außen hat er die gleiche Vertretungsmacht wie jeder andere Pfleger, mit den Beschränkungen der §§ 1804, 1821, 1822. Er kann Verbindlichkeiten für den Erben eingehen, die Nachlaßverbindlichkeiten (§ 1967 Abs 2) und im Falle des Nachlaßkonkurses Masseschulden sind, wie auch die Kosten der Nachlaßpflegschaft und die Ansprüche des Nachlaßpflegers aus seiner Verwaltung (vgl. §§ 1959 A 2, 1960 A 6) es sind. Der (noch unbestimmte) Erbe ist auch der „Pflegebefohlene" des Nachlaßpflegers im Sinne des § 61 Nr 5 KO (RG 135, 307); anders beim Nachlaßverwalter (RG aaO; vgl. zu § 1985 A 1).

Der vorläufige Erbe ist neben dem Nachlaßpfleger nach Maßgabe des § 1959 (vgl. A 2 dazu) verfügungsberechtigt; im Falle von Kollisionen sollen die allgemeinen Grundsätze entscheiden (M 5, 553). Der Nachlaßpfleger kann auf die Beschränkung der Haftung des Erben nicht verzichten; er kann das Inventar für den Erben errichten (§ 1993 A 1), eine Inventarfrist kann ihm aber nicht gesetzt werden; doch ist er den Nachlaßgläubigern zur Auskunfterteilung über den Bestand des Nachlasses verpflichtet (§ 2012). Die Annahme und Ausschlagung der Erbschaft, für die er bestellt ist, für eine bestimmte Person liegt nicht in den Aufgaben des Nachlaßpflegers; wohl aber gegebenenfalls die Annahme und (mit Genehmigung des Nachlaßgerichts) Ausschlagung einer dem Erblasser angefallenen Erbschaft, sowie die Geltendmachung von Erbschaftsansprüchen aus einer solchen. Er kann weder einen Erbschein (KGJ 40 A 37ff.; 41 A 34ff.; KG Recht 1911 Nr 3102) beantragen, noch gegen die Erteilung eines Erbscheins Beschwerde einlegen (Celle JR 50, 58). Nachlaßverwaltung zur Abwehr der unbeschränkten Haftung für den Miterben kann er nicht beantragen (KG JFG 21, 213; Böhmer JW 1932, 1389). Wegen des Erbschaftsanspruchs aus der vom Nachlaßpfleger verwalteten Erbschaft vgl. § 2018 A 1.

e) **Haftung für den Nachlaßpfleger.** Aus schuldhaftem Verhalten des Nachlaßpflegers haftet gemäß § 278 der Erbe, wie der Mündel aus Handlungen des Vormundes, jedoch, da er nur als Erbe gesetzlich vertreten wird, nur als solcher, also mit der Möglichkeit der Beschränkung der Haftung auf den Nachlaß, wie bei sonstigen Nachlaßverbindlichkeiten (Planck-Flad Vorbem 5 c 3 vor § 1942).

Haftung des Nachlaßpflegers. Zu den Nachlaßgläubigern steht der Nachlaßpfleger des § 1960 (im Unterschiede von dem Nachlaßverwalter, vgl. § 1985 A 3) in keinem Vertragsverhältnis; daher haftet er ihnen, abgesehen von der Verletzung der ihm besonders auferlegten Auskunftspflicht (s. oben), nur aus unerlaubter Handlung; § 1985 Abs 2 ist ausdrücklich nur für den Nachlaßverwalter gegeben und kann auf den Nachlaßpfleger des § 1960 auch sinngemäß keine Anwendung finden (vgl. auch M 5, 552; a. M. Planck-Flad aaO, der zu Unrecht für seine Ansicht sich auf P 5, 669 beruft, die nur von der dem Nachlaßpfleger besonders auferlegten Auskunftspflicht sprechen).

f) Die **Beendigung der Nachlaßpflegschaft** erfolgt nicht schon durch Wegfall ihres Grundes, sondern nur **durch Aufhebung** von seiten des Nachlaßgerichts (RG LZ 1923 Sp 119; RG 106, 48), nach Wegfall ihrer Voraussetzungen von Amts wegen oder auf Antrag des endgültigen Erben, dem gegen die Ablehnung Beschwerde zusteht (vgl. § 1919 u. A 1 dazu; FGG § 20); der Pfleger hat den Nachlaß dem endgültigen Erben herauszugeben und über die Verwaltung Rechnung zu legen, die vom Nachlaßgericht zu prüfen ist (so RG Warn 1915 Nr 264). Solange es ihm noch zweifelhaft erscheint, wer der wirkliche Erbe ist, hat das Nachlaßgericht die Pflegschaft nicht aufzuheben; umfangreiche eigene Ermittlungen zum Zwecke der Aufhebung braucht es nicht anzustellen (KGJ 52, 59).

Die Aufhebung hat erst zu erfolgen, wenn feststeht, daß eine bestimmte Person oder mehrere endgültige Erben geworden sind (RG Recht 1917 Nr 1837). Steht die Person des endgültigen Erben zuverlässig fest, so ist die Aufhebung der Nachlaßpflegschaft nicht von der Beibringung eines Erbscheins abhängig (Greiser JW 1933, 2194; vgl. auch oben A 1). Die Eröffnung des Nachlaßkonkurses ist kein Grund für die Aufhebung (RJA 3, 179; OLG 5, 436; KGJ 38 A 116). Liegen die Voraussetzungen der Fürsorge nur für den Anteil eines Miterben vor, so hat sich die Pflegschaft auf diesen zu beschränken (KGJ 45 A 106; 48 A 77). Ist die Erteilung eines gemeinschaftlichen Erbscheins wegen der noch zu erwartenden Geburt eines Miterben unzulässig, so kann für dessen Anteil ein Pfleger bestellt werden (RJA 12, 99).

Das Nachlaßgericht hat von sich aus darüber zu wachen, ob die Voraussetzungen für die Anordnung der Pflegschaft noch bestehen. Ergibt sich im Verlauf eines Verfahrens um Genehmigung eines Vertrages durch das Nachlaßgericht, daß die Voraussetzungen für die Anordnung der Nachlaßpflegschaft fortgefallen sind oder daß sie von Anfang an nicht gegeben waren, so ist die Genehmigung nicht zu erteilen, vielmehr muß die Pflegschaft aufgehoben werden (München DR 1943, 491[14]). Verzögert der Nachlaßrichter schuldhaft die Aufhebung der Nachlaßpflegschaft, so haftet er dem Erben für den hierdurch entstandenen Schaden (RG 154, 114).

Über den Auseinandersetzungspfleger vgl. § 2042 A 1.

Auch dort, wo Höfe oder Anerbenrecht gilt, kann, wenn die Voraussetzungen des § 1960 Abs 1 hinsichtlich des Hof- oder Anerben vorliegen, eine Nachlaßpflegschaft eingeleitet werden; zuständig ist hierfür das Nachlaßgericht. (Vgl. für das frühere Erbhofrecht KG JW 1939, 290[19] mit Anm von Vogels).

6. Aktiv- und Passivprozesse des Nachlaßpflegers. Die in Abs 3 enthaltene Bestimmung bedeutet, daß die gegen den vorläufigen Erben vor der Annahme unzulässige Rechtsverfolgung gegen den Nachlaßpfleger statthaft ist, auch wenn er nicht gemäß § 1961 zu diesem Zwecke besonders bestellt worden ist. Er ist aktiv und passiv für den Nachlaß betreffende Rechtsstreitigkeiten legitimiert, auch für Ansprüche aus Vermächtnissen, Auflagen u. Pflichtteilsrechten. Ein durch den Tod des Erblassers unterbrochenes oder wegen des Todes ausgesetztes Verfahren kann für und gegen den Nachlaßpfleger aufgenommen werden (ZPO §§ 243, 241, 246 Abs 2). Das gegen ihn erwirkte Urteil schafft materielle Rechtskraft für und gegen den endgültigen Erben, da dieser im Rechtsstreite durch ihn vertreten war (M zur ZPO-Novelle von 1898, 111). Gegen den Erben kann aus einem gegen den Nachlaßpfleger ergangenen Urteil die Zwangsvollstreckung betrieben werden; die Klausel ist ohne Anwendung der §§ 727, 730 ZPO, wenn erforderlich, auf den Namen des Erben zu stellen, da es sich nicht um eine Rechtsnachfolge, sondern nur um die Aufdeckung des wahren Sachverhalts handelt (Jonas, ZPO § 727 I, 3; Eccius Gruch 43, 610; a. M. die früheren Auflagen).

Der Erbe kann die Beschränkung der Haftung geltend machen, ohne daß sie in dem gegen den Nachlaßpfleger ergangenen Urteile vorbehalten ist (§ 780 Abs 2 ZPO). Der Nachlaßpfleger kann das Aufgebot der Nachlaßgläubiger beantragen (§ 991 Abs 2 ZPO); ebenso die Zwangsversteigerung eines zum Nachlasse gehörigen Grundstücks (§ 175 ZVG), die Eröffnung des Nachlaßkonkurses (§ 217 Abs 1 KO) sowie die Eröffnung des Nachlaßvergleichsverfahrens (§ 113 Nr 1 VerglO); auch Eintragungen im Grundbuch kann er bewilligen (§ 40 GBO).

7. Die **Kosten der Nachlaßsicherungsmaßnahmen** fallen dem Nachlasse oder, wenn sie nur auf die Anteile einzelner Miterben beschränkt waren (oben A 1a), den betreffenden Miterben zur Last (vgl. § 5 Satz 1 KostO). Sie sind im Falle des Nachlaßkonkurses Masseschulden (§ 224 Nr 4 KO: vgl. auch § 113 Nr 6 VerglO). Das gilt auch von den Kosten der nach **§ 1961** bestellten Nachlaßpflegschaft (DJZ 03, 202; KGJ 33 A 90; BayObLG 19 A 24). — Gebühren: KostO §§ 46 9 98 .

§ 1961

Das Nachlaßgericht hat in den Fällen des § 1960 Abs 1 einen Nachlaßpfleger zu bestellen, wenn die Bestellung zum Zwecke der gerichtlichen Geltendmachung eines Anspruchs, der sich gegen den Nachlaß richtet, von dem Berechtigten beantragt wird.

E I 2059 Abs 2 II 1838 Abs 1 M 5, 546; P 5 666, 667.

1. **Nachlaßpflegschaft zum Zwecke der gerichtlichen Geltendmachung eines Anspruchs.** Die Verweisung auf § 1960 Abs 1 kann nicht den Sinn haben, daß auch hier ein Bedürfnis für die Sicherung des Nachlasses im allgemeinen bestehen müsse. Es genügt, daß ein Nachlaßgläubiger jemandes bedarf, gegen den er seine Rechte verfolgen oder nach dem Tode des ursprünglichen Beklagten weiter verfolgen kann. Dies ist immer der Fall, wenn der Erbe oder Miterbe unbekannt ist oder noch nicht angenommen hat oder ungewiß ist, ob er angenommen hat (vgl. dazu § 1960 A 1), und nicht anderweit, insbesondere durch Bestellung eines Testamentsvollstreckers, Ersatz geschaffen ist (§ 2213). Nur in dieser Beschränkung hat der Gläubiger das Bedürfnis glaubhaft zu machen. Insbesondere bedarf es keiner Glaubhaftmachung des Anspruchs (wie nach § 1994 Abs 2), sondern nur der Tatsache, daß er, wenn nötig, zur gerichtlichen Geltendmachung eines gewissen näher bezeichneten (nicht offenbar mutwilligen) Anspruchs entschlossen sei. Jeder, der einen Anspruch gegen den Nachlaß geltend machen will, ist berechtigt, die Bestellung zu beantragen, auch der Vermächtnisnehmer, auch wegen dinglicher Ansprüche. Zulässig ist die Bestellung eines Nachlaßpflegers ebenfalls, wenn ein Miteigentümer des Erblassers zum Zwecke der Aufhebung der Gemeinschaft die Zwangsversteigerung des Grundbesitzes beantragt hat (Düsseldorf JMBl NRW 54, 83). Die Bestellung des Nachlaßpflegers muß erfolgen und ist nicht wie in § 1960 Abs 2 in das Ermessen des Gerichts gestellt. Aus § 12 FGG ergibt sich die selbständige Ermittlungspflicht des Gerichts (KGJ 33 A 90; OLG 4, 420; 32, 46). Die Bestellung darf nicht abgelehnt werden, wenn dem Antragsteller wegen Weitläufigkeit oder Schwierigkeit der erbrechtlichen Verhältnisse in tatsächlicher oder rechtlicher Hinsicht die Beschaffung der Unterlagen für den Erbschein oder des Nachweises der Passivlegitimation für den Prozeß nicht zugemutet werden kann (KGJ 46 A 128). Auch dann hat die Bestellung des Nachlaßpflegers zu erfolgen, wenn gegen den im Inland befindlichen Nachlaß eines Ausländers ein Anspruch geltend gemacht werden soll (JW 1934, 909[5]; JFG 15, 78; 16, 98; v. Karger JW 1933, 147. A. M. Staudinger-Raape Art 25 G I 1). Ein Kostenvorschuß kann gemäß § 7 KostO verlangt werden. Gebühren: KostO § 98. Die Vorschriften über das Armenrecht finden Anwendung (§ 14 FGG); auch die §§ 39—41 RRAO (Beiordnung eines Rechtsanwaltes). — Bestellung eines Nachlaßpflegers zum Zwecke der Geltendmachung von Steueransprüchen auf Antrag des Finanzamts: RAbgO § 106 Abs 3 (vgl. JFG 16, 98 hinsichtlich des Nachlasses eines Ausländers.

2. Der einmal bestellte Pfleger ist **Nachlaßpfleger** im vollen Umfange der sonst diesem zustehenden Befugnisse (§ 1960 A 6), nicht bloß Vertreter im Prozesse (ZPO § 53), es sei denn, daß er nur neben dem Testamentsvollstrecker (zum Zwecke der Verfolgung des Pflichtteilsanspruchs, § 2213 Abs 1) oder neben dem bereits bestellten Nachlaßpfleger wegen Widerstreits der Interessen nur für eine einzelne Angelegenheit, den Prozeß, bestellt wäre. Abgesehen hiervon (§ 1918 Abs 3) erlischt sein Amt nur gemäß § 1919 mit der Aufhebung durch das Nachlaßgericht. Die Kosten der Pflegschaft gehören auch hier zu den Nachlaßverbindlichkeiten (§ 1960 A 5, 7), treffen deshalb nicht den Gläubiger. Beschwerderecht des Gläubigers bei Ablehnung, FGG § 57 Nr 3. Einstweiliger besonderer Vertreter des Erben für die Zwangsvollstreckung, ZPO § 779 Abs 2.

§ 1962

Für die Nachlaßpflegschaft tritt an die Stelle des Vormundschaftsgerichts das Nachlaßgericht.

E I 2061 II 1839; M 5 549; P 5 667; 6 338.

1. Die im übrigen gebotene Anwendung der Vorschriften des BGB über die Pflegschaft und des FGG über Vormundschaftssachen (vgl. § 1960 A 3, 5a) wird hier dadurch durchbrochen, daß **an Stelle des Vormundschaftsgerichts das Nachlaßgericht** tritt. Doch findet nach § 75 Satz 2 Halbsatz 2 FGG die Vorschrift des § 46 daselbst, wonach das Vormundschaftsgericht die Pflegschaft

unter Umständen an ein anderes Vormundschaftsgericht abgeben kann, auf die Nachlaßpflegschaft in der Weise Anwendung, daß die Abgabe nach Maßgabe dieser Vorschrift an ein anderes Nachlaßgericht erfolgen kann.

§ 1963

Ist zur Zeit des Erbfalls die Geburt eines Erben zu erwarten, so kann die Mutter, falls sie außerstande ist, sich selbst zu unterhalten, bis zur Entbindung standesmäßigen Unterhalt aus dem Nachlaß oder, wenn noch andere Personen als Erben berufen sind, aus dem Erbteile des Kindes verlangen. Bei der Bemessung des Erbteils ist anzunehmen, daß nur ein Kind geboren wird.

E I 2027 II 1840; M 5 489–491; P 5 614–618.

Übersicht:

Unterhaltsanspruch der Mutter

1. Der zu erwartende Erbe
2. Die Mutter als Anspruchsberechtigte
3. Umfang des Anspruchs, Entbindungskosten, Wochenbettkosten
4. Standesgemäßer Unterhalt
5. a) Rechtliche Natur des Anspruchs
   b) Anspruchsgegner
   c) Regelung durch einstweilige Verfügung
6. Bemessung des Erbteils

1. Der **zu erwartende Erbe** kann als Abkömmling oder sonstiger Verwandter des Erblassers kraft Gesetzes oder auch als gewillkürter Erbe durch Verfügung von Todes wegen berufen sein. Er muß zur Zeit des Erbfalls bereits erzeugt sein (§ 1923 Abs 2).

Ist er nicht unmittelbar mit dem Erbfalle, sondern nur für den Fall des Wegfalls eines zunächst Berufenen durch Ausschlagung (§ 1953) oder Erbunwürdigkeit (§ 2344) berufen oder als Ersatzerbe oder unter einer Bedingung eingesetzt, so ist nach dem Wortlaute der Vorschrift ein Anspruch nicht gegeben, da zur Zeit des Erbfalls seine Geburt als die eines Erben noch nicht zu erwarten ist; eine Ausdehnung der Vorschrift über den Wortlaut hinaus aber dürfte, da es sich um eine Sondervorschrift handelt, nicht zulässig sein (a. M. die 5. Aufl). Für die Mutter eines von der Erbschaft ausgeschlossenen Pflichtteilsberechtigten oder eines Vermächtnisnehmers besteht kein Unterhaltsanspruch.

2. Die **Mutter** jedes Erben, auch die außereheliche, nicht etwa nur die Witwe des Erblassers; auch mehrere Mütter zu erwartender Miterben können unterhaltsberechtigt sein.

3. „Bis zur Entbindung", d. h. bis zu ihrer Vollendung, also einschließlich der Entbindungskosten, die auch zum Unterhalt gehören, ebenso wie die durch die Schwangerschaft gesteigerten Kosten des Lebensbedarfs für ärztliche Behandlung, gesundheitliche Maßregeln usw. (§ 1610 Abs 2). Dagegen sind die Kosten des Wochenbetts und die sonstigen infolge der Entbindung, etwa durch Krankheit der Mutter, entstehenden Kosten ausgeschlossen. Das Gesetz will nur in der Mutter das Kind bis zu seiner Loslösung von der Mutter durch die Geburt schützen, indem es für die Mutter orgt (M 5, 489).

4. Standesmäßiger Unterhalt, gemessen an der Lebensstellung der Mutter (§ 1610 Abs 1) und (wie in § 1602 Abs 1) nur, soweit sie außerstande ist, sich selbst zu unterhalten, auch durch ihrem Stande angemessene Arbeit. Unterhaltspflicht von Verwandten (§§ 1601ff.) schließt den Anspruch nicht aus. Die entsprechende Anwendung von Vorschriften über die Unterhaltspflicht der Verwandten ist nicht, wie in §§ 1360 Abs 3 (vgl. auch EheG §§ 62, 64), ausdrücklich vorgeschrieben; doch wird ihrer Anwendung, soweit sie dazu geeignet, nichts entgegenstehen; so § 1613 (Anspruch für die Vergangenheit), § 1614 (Verzicht auf Unterhalt für die Zukunft), § 1612 (Geldrente, und zwar gemäß § 760 im voraus, jedoch wohl nicht unter allen Umständen für drei Monate, sondern in angemessenen Zeitabschnitten je nach der zu erwartenden Schwangerschaftsdauer).

5a) Der Unterhaltsanspruch gehört nicht wie der Voraus (§ 1932) oder der Dreißigste (§ 1969 Abs 2) zu den sog. gesetzlichen Vermächtnissen. Die besonderen auf Vermächtnisse bezüglichen Vorschriften (§§ 1972, 1991 Abs 4, 1992, 2345) finden mithin keine Anwendung. Er bildet vielmehr eine gewöhnliche, den Erben als solchen treffende Nachlaßverbindlichkeit (§ 1967 Abs 2). Der Anspruch ist nicht auf die Einkünfte des Nachlasses beschränkt, auch nicht von dessen Wert abhängig und wohl auch einem überschuldeten Nachlasse gegenüber nicht ausgeschlossen (a. M. Strohal II § 67 unter I, Planck-Flad Erl 4a). Im Nachlaßkonkurse bildet er eine gewöhnliche Konkursforderung. Dadurch, daß der Erbe nicht lebend geboren wird, fällt der rechtliche Grund für den Unterhalt der Mutter nicht fort; wohl aber ist ein solcher nicht vorhanden, wenn sie überhaupt nicht schwanger war oder nicht mit einer zum Erben berufenen Leibesfrucht; in diesen Fällen findet ein Bereicherungsanspruch (§ 812), gegebenenfalls auch ein Schadensersatzanspruch aus unerlaubter Handlung (§ 826) gegen sie statt.

b) Ist der Erbe, dessen Geburt erwartet wird, als Alleinerbe zur Erbschaft berufen, so richtet sich der Anspruch der Mutter **gegen den Nachlaß** und ist gegen einen nach § 1960 bestellten oder nach § 1961 aus diesem Anlasse zu bestellenden Nachlaßpfleger gerichtlich geltend zu machen.

Sehr zweifelhaft und bestritten ist aber, wie sich die Sache gestaltet, wenn der zu erwartende Erbe nur als Miterbe neben anderen berufen ist. Das Gesetz sagt, daß in solchem Falle die Mutter Unterhalt **„aus dem Erbteile des Kindes"** verlangen kann. Wollte man das wörtlich nehmen, so würde es ihr unmöglich oder doch sehr erschwert sein, vor der Entbindung Unterhalt zu erlangen, da der Erbteil des Kindes nicht ausgeschieden und bis dahin nicht ausscheidbar ist (§ 2043); sie würde also darauf angewiesen sein, den Erbteil des Kindes zu pfänden (§ 859 Abs 2 ZPO) und zu versuchen, etwa durch Veräußerung, über ihn zu ihrer Befriedigung zu verfügen (§ 2033); erst nach der Entbindung könnte sie, falls ein Erbe geboren wird, auf Grund der Pfändung des Erbteils die Auseinandersetzung betreiben. Wird kein Erbe geboren, so ist überhaupt kein ausscheidbarer Erbteil vorhanden. Als Meinung des Gesetzes muß deshalb wohl angenommen werden, daß auch der Anspruch der Mutter eines zu erwartenden Miterben sich gegen den ganzen Nachlaß richtet und gegen die Gesamtheit der Erben, einschließlich eines für den nasciturus zu bestellenden Pflegers, zu erheben ist; daß aber der Nachlaß nur bis zur Höhe des dem zu erwartenden Erben zufallenden Erbteils nach Maßgabe einer nötigenfalls vorzunehmenden Abschätzung für den Unterhalt haftet (so Binder I, 210; vgl. auch M 5, 490; P 5, 616; jetzt auch Planck-Flad Erl 4b).

c) Die Alimentationspflicht kann auch durch **einstweilige Verfügung** nach § 940 ZPO geregelt und der Nachlaßpfleger oder die Miterben dadurch zu Zahlungen an die Mutter angehalten werden (RG 9, 334; 27, 429).

6. Für die **Bemessung des Erbteils**, aus dem die Mutter eines zu erwartenden Miterben ihren Unterhaltsanspruch geltend machen kann (vgl. A 5), bleibt nach Satz 2 die Möglichkeit, daß Zwillinge, Drillinge usw. geboren werden und dadurch den Nachgeborenen ein größerer Erbteil zufallen könnte als im Fall einer Einzelgeburt (dieser Fall kann z. B. eintreten, wenn bereits ein Kind der Mutter vorhanden ist), grundsätzlich außer Betracht. Der Höchstbetrag wird unter Zugrundelegung der Annahme bemessen, daß nur **ein Kind** geboren wird. Auch nachträglich findet nicht etwa eine Erhöhung statt, wenn mehrere Kinder geboren werden.

§ 1964

Wird der Erbe nicht innerhalb einer den Umständen entsprechenden Frist ermittelt, so hat das Nachlaßgericht festzustellen, daß ein anderer Erbe als der Fiskus nicht vorhanden ist.

Die Feststellung begründet die Vermutung, daß der Fiskus gesetzlicher Erbe sei.

E I 2067 Abs 1, 4 II 1841 Abs 1; M 5 555; P 5 670; 6 338, 395.

Übersicht:

Feststellung des Erbrechts des Fiskus

1. Ermittlung der Erben durch das Nachlaßgericht
2. Feststellung des Erbrechts des Fiskus
3. Wirkung der Feststellung, Vermutung nach Abs 2

1. Aus der Vorschrift ergibt sich, daß die Fürsorge des Nachlaßgerichts (§ 1960) bei Unbekanntheit des Erben (§ 1960 A 1 Fall b) sich von Amts wegen auch auf die **Ermittlung des Erben** zu erstrecken hat (RG 164, 237). Es kann dazu einen Nachlaßpfleger bestellen (§ 1960 Abs 2). Wie weit die Ermittlungen auszudehnen sind und welche Frist den Umständen entspricht, ist dem pflichtmäßigen Ermessen des Nachlaßgerichts überlassen (RJA 9, 217). Einsichtnahme der Ermittlungen § 78 FGG (vgl. aber auch Ges über die Einsicht in gerichtliche öffentliche Bücher und Register v. 30. 9. 36, RGBl I 853). Die Ermittlung des Erben erfolgt gebührenfrei (KostO § 97). Gebühr für das Verfahren zur Feststellung des Erbrechts des Fiskus: KostO § 102.

2. Steht fest, daß ein nicht von der Erbschaft ausgeschlossener Verwandter vorhanden ist, so ist die Feststellung ausgeschlossen (JW 1935, 2518[69]), und zwar auch dann, wenn nicht ermittelt werden kann, ob nähere Verwandte vorhanden sind oder, wenn welche vorhanden waren, ob sie fortgefallen sind (RJA 7, 178).

Gegen die Feststellung steht einem übergangenen Erben und dem Fiskus (KGJ 27 A 49; 29 A 4; 39 A 88) die (nicht befristete) Beschwerde zu, dem Erben auch dann noch, wenn dem Fiskus bereits ein Erbschein erteilt ist (JW 1935, 2518[69]); gegen die Ablehnung der Feststellung dem Fiskus (FGG §§ 19ff.; JFG 16, 109).

Ist der Fiskus selbst Erbe kraft Verfügung von Todes wegen, so hat eine Feststellung nicht (wie der Wortlaut annehmen lassen könnte) zu erfolgen; das ergibt sich aus der durch Abs 2 der Feststellung beigelegten Vermutung, daß der Fiskus gesetzlicher Erbe sei.

Der Fiskus kann als gesetzlicher Erbe auch Vorerbe sein (§ 2105 Abs 1).

Fällt auf Grund landesgesetzlicher Vorschriften (§ 1936 A 4) der Nachlaß statt an den Fiskus an eine andere Körperschaft des öffentlichen Rechts, so hat die Feststellung, daß diese gesetzlicher Erbe, in entsprechender Weise zu erfolgen.

Auch bei Anfall von Vereins- oder Stiftungsvermögen an den Fiskus findet ein entsprechendes Feststellungsverfahren statt (§§ 46, vgl. A 1 dazu, 88).

3. Vgl. über das gesetzliche Erbrecht des Fiskus § 1936 und die Anmerkungen dazu. Gegen die **Vermutung** ist der Beweis des Gegenteils zulässig, ZPO § 292. Ebenso beim Erbschein § 2365, der nach § 2353 auf Antrag auch dem Fiskus zu erteilen ist. Die Vermutung des Abs 2 allein gewährt aber Dritten noch nicht den Schutz der §§ 2366, 2367. Sie kann von dem wahren Erben nicht bloß im Prozesse, sondern auch in einem von ihm zu beantragenden Erbscheinverfahren widerlegt werden. Das Nachlaßgericht ist, trotz der zugunsten des Fiskus getroffenen Feststellung, zur Einleitung dieses Verfahrens und nach Befinden zur Erteilung des Erbscheins an den neu ausgewiesenen Erben verpflichtet (KGJ 39 A 88). Auch von Amtswegen kann es die getroffene Feststellung aufheben, falls es sie nachträglich für ungerechtfertigt erachtet (§ 18 Abs 1 FGG). – Die Verfügung über die als erblos festgestellten Nachlaßmassen steht den Landesregierungen oder den von ihnen bestimmten Stellen zu (Art 2 der VO v. 18. 3. 35, RGBl. I 381).

§ 1965

Der Feststellung hat eine öffentliche Aufforderung zur Anmeldung der Erbrechte unter Bestimmung einer Anmeldungsfrist vorauszugehen; die Art der Bekanntmachung und die Dauer der Anmeldungsfrist bestimmen sich nach den für das Aufgebotsverfahren geltenden Vorschriften. Die Aufforderung darf unterbleiben, wenn die Kosten dem Bestande des Nachlasses gegenüber unverhältnismäßig groß sind.

Ein Erbrecht bleibt unberücksichtigt, wenn nicht dem Nachlaßgerichte binnen drei Monaten nach dem Ablaufe der Anmeldungsfrist nachgewiesen wird, daß das Erbrecht besteht oder daß es gegen den Fiskus im Wege der Klage geltend gemacht ist. Ist eine öffentliche Aufforderung nicht ergangen, so beginnt die dreimonatige Frist mit der gerichtlichen Aufforderung, das Erbrecht oder die Erhebung der Klage nachzuweisen.

E I 2067 Abs 1–3 II 1841 Abs 2, 3; M 5 554–556; P 5 670; 6 338.

Übersicht:

Öffentliche Aufforderung zur Anmeldung

1. Öffentliche Aufforderung zur Anmeldung der Erbrechte (Abs 1 Satz 1)
2. Unterbleiben der öffentlichen Aufforderung (Abs 1 Satz 2)
3. Zur Auslegung des Abs 2

1. Bekanntmachung der Aufforderung ZPO §§ 948, 949; Anmeldungsfrist mindestens sechs Wochen (§ 950). Für den Inhalt der Aufforderung ist § 947 nicht maßgebend; doch wird auch hier außer der Aufforderung die Bezeichnung des an die Unterlassung der Anmeldung geknüpften Rechtsnachteils, daß nämlich die in § 1964 bezeichnete Feststellung getroffen werden würde, angemessen sein. Auch wenn nach Ablauf der Anmeldungsfrist, aber vor dem Feststellungsbeschlusse, noch eine Anmeldung erfolgt, ist die dreimonatige Frist des Abs 2 abzuwarten; nicht dagegen, wenn keine Anmeldung erfolgt ist (KGJ 36 A 67; Planck-Flad A 3 a α).

2. Unterbleibt die öffentliche Aufforderung, so hat, falls eine Anmeldung erfolgt oder dem Nachlaßgericht sonst ein Erbansprecher bekannt geworden ist, an diesen eine gerichtliche Aufforderung zum Nachweise des Erbrechts oder der Klagerhebung zu ergehen, mit welcher die dreimonatige Frist des Abs 2 beginnt (Schlußsatz). Andernfalls kann die Feststellung sofort nach Abschluß der Ermittlungen, ohne Abwarten der Dreimonatsfrist des Abs 2, erfolgen (KGJ 36 A 67; a. M. Planck-Flad A 3b). – Ähnlich für das Aufgebot der Nachlaßgläubiger bei überschuldetem Nachlasse § 1980 Abs 2 Satz 2 Halbsatz 2.

3. Ist nach öffentlicher Aufforderung ein Erbrecht angemeldet (Abs 1 Satz 1; vgl. A 1) oder ist eine gerichtliche Aufforderung nach Abs 2 Satz 2 ergangen (vgl. A 2), so hat das Nachlaßgericht **drei Monate** von dem Ablaufe der Anmeldungsfrist bzw. von der Zustellung der Aufforderung ab **zu warten.**

Das Nachlaßgericht stellt durch Beschluß fest, daß ein anderer Erbe als der Fiskus nicht vorhanden ist, wenn sich innerhalb dieser Frist niemand, der das Erbrecht für sich in Anspruch nimmt, meldet.

Das Erbrecht von Personen, die ein solches für sich in Anspruch nehmen, kann nur berücksichtigt werden, wenn diese Erbprätendenten innerhalb der Frist dem Nachlaßgericht entweder ihr Erbrecht oder die Tatsache nachweisen, daß sie dieses Recht gegen den Fiskus im Wege der Klage geltend gemacht haben. Im letzten Fall hat die Feststellung des Erbrechts des Fiskus bis auf weiteres zu unterbleiben. Dabei genügt jedoch der Nachweis einer vom Fiskus erhobenen negativen Feststellungsklage nicht, vielmehr ist eine positive Feststellungsklage ohne Widerklage des Erbansprechers erforderlich. Soweit neben dem Fiskus das angebliche Erbrecht anderer Personen zu berücksichtigen ist, hat das Nachlaßgericht darüber zu befinden, ob das Erbrecht des Fiskus durch die Erbberechtigung einer dieser Personen ausgeschlossen ist. Dabei hat der Erbprätendent den von ihm verlangten Nachweis im Falle der gesetzlichen Erbfolge schon geführt, wenn er dartut, daß er für den Fall als gesetzlicher Erbe in Betracht kommt, falls andere Personen, die ihm in der gesetzlichen Erbfolge an sich vorgehen, vor dem Erblasser verstorben sein sollten (vgl. § 1964 Anm 2). Erachtet das Nachlaßgericht den von dem Erbprätendenten versuchten Beweis des Erbrechts nicht für ausreichend, so wird es den Erbansprecher, wenn möglich rechtzeitig, auf den Weg der Klage zu verweisen haben. Ist der Nachweis der Klagerhebung erbracht, so wird es von Amts wegen den Prozeß im Auge zu behalten und bei Säumigkeit des Erbansprechers ihm eine Frist zur Fortführung zu setzen haben, nach deren fruchtlosem Ablauf die Feststellung erfolgen kann. Feststellung unter Vorbehalt (wie früher nach preuß. Recht, RG 8, 243) wird nach BGB nicht zulässig, das Verfahren vielmehr bis zur Entscheidung des Rechtsstreites auszusetzen sein.

Ist das Nachlaßgericht überzeugt, daß ein anderer als der Fiskus als Erbe nicht vorhanden ist, so erläßt es einen Beschluß, in dem diese Feststellung getroffen wird. Etwa übergangenen Erben steht gegen diesen Beschluß die fristlose Beschwerde nach §§ 19ff. FGG zu. Allerdings kann derjenige, der sein Erbrecht in dem ordnungsgemäß durchgeführten Verfahren nicht angemeldet und verfolgt hat, keine Beschwerde führen (KGJ 39 A 88). Das Nachlaßgericht kann aber seine Feststellung jederzeit nach § 18 FGG wegen Unrichtigkeit von Amts wegen wieder aufheben, ebenso wie ein Erbschein, dessen Unrichtigkeit sich ergeben hat, jederzeit von Amts wegen nach § 2361 für kraftlos erklärt und eingezogen werden kann. Der untätige Erbe, der an sich kein Beschwerderecht hat, kann daher die Aufhebung der Feststellung nach § 18 FGG beantragen. Gegen die Ablehnung dieses Antrags steht ihm die Beschwerde zu (Kipp-Coing § 81 VI Anm 10). Dadurch, daß der Erbe sein Recht in dem Verfahren nach §§ 1964ff. nicht geltend gemacht hat, verliert er dieses nicht.

Ist das Nachlaßgericht überzeugt, daß ein anderer als der Fiskus Erbe ist, so lehnt es durch Beschluß die Feststellung, daß ein anderer Erbe als der Fiskus nicht vorhanden ist, ab. Gegen diesen Beschluß steht dem Fiskus die einfache Beschwerde zu.

Zweifelhaft ist, wie weit das Nachlaßgericht bei seiner Entscheidung an rechtskräftige Urteile über das Bestehen oder Nichtbestehen des Erbrechts einzelner Erbprätendenten gebunden ist. Grundsätzlich ist eine solche Bindung nicht anzunehmen. Die sachliche Bedeutung einer im ordentlichen Rechtsgang ergangenen Entscheidung wird das Nachlaßgericht jedoch nach Lage des Einzelfalles zu würdigen und bei der Bildung seiner Überzeugung zu berücksichtigen haben. Ist im Verhältnis des Erbprätendenten zum Fiskus rechtskräftig über das Bestehen oder Nichtbestehen des Erbrechts einer der beiden Parteien entschieden, dann ist das Nachlaßgericht an diese Entscheidung gebunden. Das Nachlaßgericht muß, wenn in einem solchen Rechtsstreit festgestellt ist, daß der Prätendent nicht Erbe geworden ist, wegen der zwischen den Parteien bestehenden Rechtskraft gleichfalls davon ausgehen, daß dieser Prätendent nicht als Erbe in Frage kommt. Die Feststellung des Erbrechts des Fiskus kann nicht getroffen werden, wenn in dem Verfahren das Erbrecht des Prätendenten rechtskräftig festgestellt ist. Denn die Vermutung, die damit nach § 1964 Abs 2 auch dem Prozeßgegner gegenüber aufgestellt würde, würde gegen die Rechtskraft des Urteils verstoßen. Sie könnte auch diesem gegenüber praktisch nicht wirksam werden. da der Prätendent sich dem Fiskus gegenüber jederzeit zu ihrer Entkräftung auf die Rechtskraft des Urteils berufen könnte (Planck-Flad Anm 5c; Kipp-Coing § 81 II 2).

§ 1966

Von dem Fiskus als gesetzlichem Erben und gegen den Fiskus als gesetzlichen Erben kann ein Recht erst geltend gemacht werden, nachdem von dem Nachlaßgerichte festgestellt worden ist, daß ein anderer Erbe nicht vorhanden ist.

E I 1974 Abs 5 II 1842; M 5 380; P 5 487–490.

1. Der **Fiskus** kommt hier nur als **gesetzlicher Erbe** (§ 1936) in Betracht. Im Falle der gewillkürten Erbfolge kann die Geltendmachung durch ihn ohne weiteres, gegen ihn nach der Annahme (§ 1958) erfolgen. Als Erbschaftsbesitzer (§ 2018) kann er ohne weiteres belangt werden.

2. Feststellung § 1964 Abs 1. Der Nachweis der erfolgten Feststellung liegt dem Kläger ob; er tritt an die Stelle des Beweises der Annahme (§ 1958 A 1). Eine anderweite aktive und passive

Legitimation des Fiskus ist ausgeschlossen; lehnt daher das Nachlaßgericht die Feststellung rechtskräftig ab, wozu es ungeachtet eines etwa zugunsten des Fiskus vorliegenden rechtskräftigen Feststellungsurteils befugt ist (vgl. § 1965 A 3), so kann ein Recht weder von ihm als gesetzlichem Erben noch von Nachlaßgläubigern gegen ihn geltend gemacht werden.

Zweiter Titel

Haftung des Erben für die Nachlaßverbindlichkeiten

I. 1. Mit dem Vermögen des Erblassers gehen auch seine Schulden auf den Erben über (§ 1922 A 5). Hierzu kommen neue durch Verfügungen von Todes wegen, durch den Erbfall selbst und durch Abwicklung des Nachlasses entstehende Verbindlichkeiten. Dies alles sind **„Nachlaßverbindlichkeiten"** (Unterabschnitt I; §§ 1967—1969). Ihr Schuldner ist, da es ein von seiner Person losgelöstes Nachlaßvermögen nicht gibt, der Erbe. Daraus folgt, daß alle Nachlaßverbindlichkeiten grundsätzlich gegen den Erben geltend zu machen sind. Fraglich ist aber, in welchem Umfang der Erbe für die Nachlaßverbindlichkeiten haften soll. Die verschiedenen Rechtsordnungen haben diese Frage unterschiedlich geregelt. Dem klassischen römischen Recht war eine Beschränkung der Erbenhaftung im allgemeinen unbekannt. Der Erbe mußte, wenn er die unbeschränkte Haftung für die Schulden nicht übernehmen wollte, die Erbschaft ausschlagen. Justinian führte allgemein die Möglichkeit einer Haftungsbeschränkung ein. Danach haftete der Erbe zwar im Grundsatz auch unbeschränkt. Er konnte aber seine Haftung auf den Nachlaß beschränken. Diese Möglichkeit hatte er, wenn er innerhalb einer bestimmten Frist ein amtliches Verzeichnis über den Nachlaß aufnehmen ließ. Dieses System war weitgehend Vorbild für die Regelung, die die Erbenhaftung in späterer Zeit fand. Das ALR, der Code civil und das ABGB haben sich ihm angeschlossen. Der Erbe muß aber, um sich die Wohltat der Haftungsbeschränkung zu erhalten, die Erbschaft mit Vorbehalt des Inventars annehmen. Ähnlich ist die Erbenhaftung auch im italienischen Recht. Das Schweizer Recht knüpft gleichfalls an das eben erwähnte System an. Auf die unterschiedliche Regelung im einzelnen kann hier nicht näher eingegangen werden.

Der Grundsatz der Universalsukzession müßte streng durchgeführt die unbeschränkte Erbenhaftung auslösen. Gegen die uneingeschränkte Durchführung dieses Prinzips sprechen die Folgen, die sich daraus für Dritte durch den Erbfall an sich nicht betroffene Personen ergeben. Der Erbe kann sich gegen die Übernahme der vielleicht drückenden Schuldenlast wehren, indem er die Erbschaft ausschlägt. Die Lage seiner Gläubiger kann aber erheblich beeinflußt werden, wenn plötzlich neue Gläubiger hinzutreten, mit denen sie bisher nicht rechnen konnten. Andererseits wird es für die Gläubiger des Erblassers oft ein unerwarteter und an sich durch die Gerechtigkeit nicht gebotener Gewinn sein, wenn auch das Vermögen des Erben für die Nachlaßverbindlichkeiten haftet. Es kann aber auch sein, daß ihre Lage durch den Erbfall verschlechtert würde. Reicht der Nachlaß an sich zur Befriedigung ihrer Ansprüche aus, so kann diese gefährdet sein, wenn die Gläubiger des Erben wegen ihrer Forderungen auch in das ererbte Vermögen vollstrecken können. Schließlich ist es erforderlich, eine Rangordnung zu bestimmen, nach der unter Umständen die verschiedenen Nachlaßverbindlichkeiten zu erfüllen sind. Es ist einleuchtend, daß Pflichtteilsverbindlichkeiten und Verbindlichkeiten aus Vermächtnissen und Auflagen hinter den sonstigen Nachlaßverbindlichkeiten zurücktreten müssen und daß die Pflichtteilsansprüche wiederum denen auf Erfüllung der Vermächtnisse und Auflagen vorzugehen haben (vgl. § 226 KO).

2. Der Entwurf I für das BGB schloß sich dem gemeinrechtlichen System der Haftungsbeschränkung durch Inventarerrichtung an. Danach hatte der Erbe, um seine Haftung zu beschränken, die Möglichkeit, Nachlaßkonkurs zu beantragen oder er konnte die ihm aus dem Inventarrecht (E I § 2092) erwachsende Abzugseinrede (E I § 2133) geltend machen. Dadurch konnte er von der Forderung des Nachlaßgläubigers den Betrag abziehen, mit dem dieser bei einem Nachlaßkonkurs ausfallen würde. Wegen der danach noch bestehenden Forderung sollte der Erbe nicht nur mit dem Nachlaßvermögen, sondern auch mit seinem eigenen Vermögen haften. Auf das Nachlaßvermögen sollte die Haftung nur beschränkt sein, falls der Erbe sein Inventarrecht nicht eingebüßt hatte und dazu der Nachlaßkonkurs eröffnet war. Eine unbeschränkte Haftung wegen der vollen Nachlaßschulden sollte eintreten, wenn der Erbe auf das Inventarrecht verzichtet, die Inventarfrist versäumt oder sich schwerer Verfehlungen bei der Inventarerrichtung schuldig gemacht hatte (E I §§ 2094, 2095).

Dieser Entwurf wurde durch die 2. Kommission erheblich umgestaltet. Die Abzugseinrede wurde im wesentlichen beseitigt und nur noch, allerdings in anderer Form, für den Fall des unzulänglichen Nachlasses aufrecht erhalten. Als Mittel für die Haftungsbeschränkung wurden Nachlaßkonkurs und Nachlaßverwaltung vorgesehen.

Ob nach dem System des BGB der Erbe für die Nachlaßverbindlichkeiten grundsätzlich unbeschränkt, d. h. sowohl mit dem ererbten als mit dem eigenen Vermögen haftet, oder ob seine Haftung grundsätzlich auf den Nachlaß beschränkt ist und nur ausnahmsweise auf sein eigenes

Vermögen übergreift, ist bestritten; für die erstere Auffassung auf Grund der gesamten Gestaltung der Haftungsbeschränkung, ungeachtet einigermaßen schwankender Ausdrucksweise, durch das Gesetz mit Recht die herrschende Meinung (vgl. Planck-Flad vor § 1967 Erl III; a. M. mit eingehender, aber nicht überzeugender Begründung Binder, Rechtsstellung des Erben II § 17 S. 49ff.). Die Frage hat keineswegs, wie behauptet wird, nur theoretische Bedeutung, wird vielmehr praktisch namentlich in dem Falle, wenn der Erbe von den ihm zur Beschränkung seiner Haftung durch das Gesetz gebotenen Mitteln keinen Gebrauch macht; in diesem Falle haftet er nicht etwa nur mit dem Nachlasse (cum viribus hereditatis), sondern auch mit seinem sonstigen Vermögen, also zunächst unbeschränkt, aber, solange er nicht des Beschränkungsrechts verlustig gegangen ist, mit dem Rechte, die Beschränkung herbeizuführen, also beschränkbar (RG Warn 1914 Nr 238; dahingestellt in RG 59, 303).

II. Den Gefahren, die dem Erben dadurch drohen, daß er für die Nachlaßverbindlichkeiten grundsätzlich unbeschränkt haftet, kann er nach dem BGB in verschiedener Weise begegnen. Welche Möglichkeit er benutzt oder benutzen muß, um einer persönlichen Inanspruchnahme für die Nachlaßverbindlichkeiten zu entgehen, hängt von dem Wert der zum Nachlaß gehörigen Vermögensgegenstände und dem Umfang der Nachlaßverbindlichkeiten ab.

1. Um sich über den Bestand des Nachlasses zu unterrichten, kann der Erbe ein **Inventar** errichten (§ 1993), in dem die bei Eintritt des Erbteils vorhandenen Nachlaßgegenstände und die Nachlaßverbindlichkeiten vollständig angegeben werden. Dadurch, daß der Erbe das Inventar errichtet, wird seine Haftung noch nicht beschränkt. Andererseits ist auch die Inventarerrichtung nicht in jedem Falle Voraussetzung für die Haftungsbeschränkung. Dennoch ist sie für die Berichtigung der Nachlaßverbindlichkeiten und die Haftung des Erben in verschiedener Hinsicht bedeutsam. Einerseits sichert sich der Erbe dadurch, daß er ordnungsgemäß ein Inventar errichtet, die Möglichkeit seine Haftung auf den Nachlaß zu beschränken. Das Inventar ermöglicht ihm weiter, sich auf die Vermutung des § 2009 zu berufen. Danach wird im Verhältnis zwischen dem Erben und den Nachlaßgläubigern vermutet, daß zur Zeit des Erbfalls weitere Nachlaßgegenstände als die in dem Inventar angegebenen nicht vorhanden sind. Diese Vermutung kann dem Erben in verschiedener Hinsicht bei der ihm obliegenden Beweislast zustatten kommen. Sie erleichtert ihm den Nachweis, daß der Nachlaß überschuldet ist und daß die Anordnung der Nachlaßverwaltung oder die Eröffnung des Nachlaßkonkurses wegen Mangels einer den Kosten entsprechenden Masse untunlich ist und damit die Voraussetzungen der §§ 1990ff. gegeben sind. Das Inventar erleichtert dem Erben, der seine beschränkte Haftung geltend macht, ferner den Nachweis, daß Vermögensgegenstände, in die der Nachlaßgläubiger die Zwangsvollstreckung betreibt, nicht zum Nachlaß gehören. Andererseits können Verfehlungen, deren sich der Erbe bei der Inventarerrichtung schuldig macht, dazu führen, daß er seine Haftung gegenüber den Nachlaßgläubigern nicht mehr beschränken kann. Diese Folge ergibt sich nach § 2005, wenn der Erbe

a) absichtlich eine erhebliche Unvollständigkeit der im Inventar enthaltenen Angabe der Nachlaßgegenstände herbeiführt,

b) in der Absicht, die Nachlaßgläubiger zu benachteiligen, bewirkt, daß nicht bestehende Nachlaßverbindlichkeiten in das Inventar aufgenommen werden,

c) die Auskunft, die er nach § 2003 Abs 2 für die Aufnahme des Inventars erteilen muß, verweigert oder absichtlich in erheblichem Maße verzögert.

Damit hat der Erbe zugleich das — nunmehr zwecklos gewordene — Recht verwirkt, das Aufgebotsverfahren oder die Anordnung der Nachlaßverwaltung oder die Eröffnung des Nachlaßvergleichsverfahrens zu beantragen (§ 2013; ZPO § 991 Abs 1; Vergleichsordnung § 113 Nr 3). Dieselben Rechtsfolgen treten ein, wenn der Erbe das Inventar nicht innerhalb einer ihm vom Nachlaßgericht hierzu gesetzten Frist errichtet (§ 1994).

2. Das Aufgebot der Nachlaßgläubiger (§§ 1970—1974) wird dem Erben vom Gesetz als Mittel gegeben, um zuverlässige Kenntnis von dem Umfang der Nachlaßverbindlichkeiten zu erlangen und um eine **teilweise Beschränkung seiner Haftung** zu erreichen. Hierzu führt das Aufgebot insofern, als der Erbe die durch das Aufgebot ausgeschlossener Gläubiger auf dasjenige verweisen kann, was nach Befriedigung der nicht ausgeschlossenen Gläubiger von dem Nachlasse übrigbleibt, eine Wirkung, die auch ohne Aufgebot durch bloßen Zeitablauf einem sich verspätet meldenden Gläubiger gegenüber eintritt (§ 1974).

Inventarerrichtung und Aufgebot der Nachlaßgläubiger zusammen sind bei einem nicht überschuldeten Nachlaß ein wirksames Mittel, um den Erben vor den Gefahren, die ihm daraus drohen, daß er für die Nachlaßverbindlichkeiten grundsätzlich unbeschränkt haftet, zu bewahren. Sie werden in der Regel bei kleineren Nachlässen durchaus ausreichend sein.

3. Zu einer **Beschränkung der Haftung gegenüber der Allgemeinheit der Gläubiger** führt

die Anordnung der Nachlaßverwaltung,

die Eröffnung des Nachlaßkonkurses,

die Eröffnung des Vergleichsverfahrens über den Nachlaß.

a. Nachlaßverwaltung und Nachlaßkonkurs: Wirkungen und Verfahren werden durch die KO §§214-235 und die §§1975-1989 geregelt. In beiden Füllen tritt für die Dauer des Verfahrens eine Absonderung der vermögensrechtlichen Persönlichkeit des Erben und seines Vermögens von dem Nachlasse ein: Nachlaßverbindlichkeiten können gegen ihn überhaupt nicht geltend gemacht werden; zur Empfangnahme von Leistungen, die zum Nachlasse geschuldet werden, ist er nicht berechtigt (KO § 8; BGB § 1984 Abs 1 Satz 3); er kann verlangen, daß Maßregeln der Zwangsvollstreckung, die vorher gegen ihn in sein nicht zum Nachlasse gehöriges Vermögen vorgenommen sind, aufgehoben werden (§ 784 ZPO). Weitere Wirkungen vgl. §§ 1976, 1977. Über die Rechtslage nach Aufhebung der Nachlaßverwaltung und des Nachlaßkonkurses vgl. unten § 1975 A 1.

Ist Nachlaßverwaltung oder Nachlaßkonkurs nicht eröffnet, so ist jeder Nachlaßgläubiger berechtigt, gegen den Erben vorerst unbeschränkt vorzugehen und kann abwarten, ob der Erbe im Rechtsstreite sich die Beschränkung der Haftung vorbehalten läßt und sodann auf Grund dieses Vorbehalts in der Zwangsvollstreckung Einwendungen erhebt (§§ 780, 781 ZPO).

b) Das Vergleichsverfahren über den Nachlaß richtet sich nach der Vergleichsordnung v. 26. 2. 35 (besondere Vorschriften in § 113, der mit § 92 der alten Vergleichsordnung v. 5. 7. 27 fast wörtlich übereinstimmt). Das Nachlaßvergleichsverfahren setzt, ebenso wie der Nachlaßkonkurs, die Überschuldung des Nachlasses voraus (§ 2 Abs 1 Satz 3 VerglO, § 215 KO). Es hat nach § 113 Nr 4 VerglO in Ansehung der Haftung des Erben für die Nachlaßverbindlichkeiten dieselbe Wirkung wie der Nachlaßkonkurs, beschränkt also ebenso wie dieser die Haftung des Erben auf den Nachlaß. Auch das Nachlaßvergleichsverfahren hat eine Vermögensabsonderung zur Folge (str.; wie hier Staudinger-Boehmer § 1922 A 141), die nur insofern unvollkommen ist, als dem Erben die Verfügungsbefugnis über den Nachlaß — anders als nach § 6 KO, § 1984 Abs 1 Satz 1 BGB im Falle des Nachlaßkonkurses und der Nachlaßverwaltung — grundsätzlich verbleibt (Ausnahmen: §§ 58—65 VerglO; vgl. auch § 57).

Gegenüber der Zwangsvollstreckung in sein Eigenvermögen kann der Erbe die Beschränkung der Haftung auf den Nachlaß nach § 781 ZPO geltend machen, wenn sie ihm nach § 780 Abs 1 ZPO vorbehalten worder ist; wegen bereits erfolgter Vollstreckungsmaßregeln vgl. § 784 ZPO. Den Nachlaßgläubigern als den Vergleichsgläubigern ist während der Dauer des Vergleichsverfahrens die Vollstreckung in den Nachlaß untersagt (§§ 47, 48 VerglO); ebenso den in § 226 Abs 2—4 KO genannten Gläubigern (§ 113 Nr 7 VerglO). Ob die Eigengläubiger des Erben vom Zugriff auf den Nachlaß ausgeschlossen sind, ist streitig, aber wohl zu bejahen; es kann nicht im Sinne des Gesetzes liegen, den Nachlaßgläubigern, denen der Erbe nur mit dem Nachlasse haftet, den Zugriff zu verwehren, ihn den Eigengläubigern des Erben aber zu gestatten (Bley A IV, 3 zu § 92; Vogels A III, 3a zu § 113. A. M. Kiesow A 12 zu § 92). Die §§ 1976—1979 BGB sind auch im Nachlaßvergleichsverfahren anwendbar (Bley A IV, 4 zu § 92; Vogels A III, 3a zu § 113; Krieg A 2 zu § 113. A. M. Kiesow A 28 zu § 92). Ist über den Nachlaß der Konkurs eröffnet oder die Nachlaßverwaltung angeordnet, so können Nachlaßgläubiger, denen gegenüber der Erbe unbeschränkt haftet, in einem Vergleichsverfahren über das Eigenvermögen des Erben ihre Forderungen nur in Höhe ihres Verzichts oder ihres Ausfalls im Konkurse geltend machen (§ 113 Nr 8 VerglO in Verb. mit § 234 Abs 1 KO). — Die Sondervorschriften des § 113 VerglO sind nicht anwendbar, wenn das Vergleichsverfahren über das den Nachlaß mitumfassende Gesamtvermögen des Erben eröffnet wird (Vogels A VII zu § 113).

c) Ohne besonderes Verfahren kann der noch nicht unbeschränkbar haftende Erbe eines geringwertigen Nachlasses seine Haftung beschränken. Geringwertig in diesem Sinne ist ein Nachlaß, der so klein ist, daß wegen Mangels einer den Kosten entsprechenden Masse die Anordnung der Nachlaßverwaltung oder die Eröffnung des Nachlaßkonkurses untunlich ist. Der Erbe eines solchen Nachlasses kann die Befriedigung der Nachlaßgläubiger insoweit verweigern, als der Nachlaß nicht ausreicht (§§ 1990, 1991). Die im ersten Entwurf vorgesehene Abzugseinrede ist hier in abgewandelter Form erhalten geblieben.

III. Auch wenn der Erbe im allgemeinen noch berechtigt ist, die Gläubiger auf den Nachlaß zu verweisen, kann er doch einem einzelnen Nachlaßgläubiger gegenüber dieses Recht verlieren und ihm unbeschränkt auch mit dem eigenen Vermögen haftbar werden, wenn er nicht Sorge trägt, daß ihm die Beschränkung der Haftung im Urteile vorbehalten wird (ZPO § 780 Abs 1), und wenn er nicht demnächst in der Zwangsvollstreckung auf Grund dieses Vorbehalts Einwendungen erhebt (ZPO §§ 781, 785). Es sei denn, daß, was zulässig ist, die Frage der Haftungsbeschränkung schon im Prozesse selbst mit entschieden wird (RG 69, 292; 77, 245; 162, 298). Ebenso haftet er unbeschränkt gegenüber dem antragstellenden Gläubiger, wenn er nach errichtetem Inventar die Leistung des Offenbarungseides verweigert (§ 2006 Abs 3). Auch durch Verzicht kann der Erbe der Beschränkbarkeit seiner Haftung gegenüber (einzelnen) Nachlaßgläubigern verlustig gehen; es bedarf aber dazu, wie auch sonst nach BGB auf dem Gebiete der Schuldverhältnisse (vgl. § 397 A 1b), eines Vertrags (a. M. Planck-Flad Vorbem 6c vor § 1993). Die Vertretungsmacht des Nachlaßpflegers erstreckt sich nicht auf einen Verzicht dieses Inhalts (§ 2012 Abs 1 Satz 3, vgl. A 3).

Eine unzulässige Rechtsausübung (§ 242 A 4) liegt in der Geltendmachung der beschränkten Erbenhaftung, wenn der Erbe einem Nachlaßgläubiger gegenüber jahrelang ein Verhalten gezeigt hat, aus dem dieser schließen mußte, daß der Erbe die beschränkte Erbenhaftung nicht geltend machen werde, und auf Grund dessen der Gläubiger davon Abstand genommen hat, rechtzeitig den Antrag auf Bestimmung einer Inventarfrist zu stellen, die nachträgliche Stellung eines solchen aber dem Gläubiger Nachteile bereiten würde, weil eine Nachprüfung der Vollständigkeit des Inventars und eine Wertermittlung nunmehr für ihn ausgeschlossen ist (RG Warn 1939 Nr 77).

IV. Die in Unterabschnitt V (§§ 2014–2017) dem Erben gewährten **aufschiebenden Einreden** haben mit der Frage der Schuldenhaftung nichts zu tun. Sie sichern ihm nur die Möglichkeit, sich ungestört von den Nachlaßgläubigern über den Bestand des Nachlasses zu vergewissern

V. Die **Haftung mehrerer Miterben** für die Nachlaßverbindlichkeiten wird erst im vierten Titel Unterabschnitt II (§§ 2058–2063) durch besondere Vorschriften geregelt. Sie haften grundsätzlich als Gesamtschuldner, aber bis zur Teilung nur mit ihrem Anteil am Nachlasse; nach der Teilung haftet der Miterbe, hinsichtlich dessen die in §§ 2060 Nr 1–3, 2061 aufgestellten Voraussetzungen erfüllt sind, hinsichtlich der dabei in Betracht kommenden Nachlaßverbindlichkeiten nur für den seinem Erbteile entsprechenden Teil dieser Verbindlichkeiten (also pro rata partis hereditariae). Näheres vgl. unten bei den genannten Paragraphen.

VI. Besondere Vorschriften für die Schuldenhaftung des Nacherben §§ 2144ff., bei Beendigung und Fortsetzung der allgemeinen Gütergemeinschaft §§ 1480, 1489, bei Fortführung eines zum Nachlasse gehörenden Handelsgeschäfts oder einer Handelsgesellschaft HGB §§ 27, 139. Über die Haftung des Erbschaftskäufers § 2382. Wegen des internationalen Privatrechts vgl. Vorbem 5 zu diesem Buche (Art 24 Abs 2 EG). Gerichtsstand der Erbschaft für Nachlaßverbindlichkeiten §§ 27, 28 ZPO.

Im Geltungsbereich der Höfeordnung der britischen Zone ist auch der Hoferbe Erbe, da ihm nach § 4 HöfeO der Hof als „Teil der Erbschaft" kraft Gesetzes anfällt. Er erwirbt ihn als Erbe. Ebenso nach dem Anerbenrecht der Länder Bremen, dem früheren Baden-Württemberg und Württemberg-Hohenzollern (vgl. § 1951 Anm 1b). Nach § 15 der HöfeO der britischen Zone haftet der Hoferbe auch, wenn er am übrigen Nachlaß nicht als Miterbe beteiligt ist, als Gesamtschuldner für die Nachlaßverbindlichkeiten. Der Hoferbe haftet somit unbeschränkt für alle Nachlaßverbindlichkeiten, nicht nur für die den Hof betreffenden. Er kann seine Haftung nur nach dem Recht des BGB beschränken. Besonderheiten ergeben sich hierbei nicht, da der Hof wie jeder andere landwirtschaftliche Grundbesitz der Zwangsvollstreckung unterliegt. Andererseits können auch die übrigen Miterben die Gläubiger wegen der Nachlaßschulden, die aus der Bewirtschaftung des Hofes entstanden sind, nicht an den Hoferben verweisen. Nur für die aui dem Hof ruhenden rein dinglichen Schulden können die übrigen Miterben von dem Gläubiger nicht in Anspruch genommen werden, da der Hof mit dem Erbfall Eigentum des Hoferben geworden ist. Im Verhältnis der Miterben untereinander sollen nach § 15 Abs 2 HöfeO, um den Hof möglichst leistungsfähig zu erhalten, die Nachlaßverbindlichkeiten einschließlich der auf dom Hof ruhenden Hypotheken, Grund- und Rentenschulden aus dem übrigen freien Nachlaß, soweit dieser dazu ausreicht, berichtigt werden.

VII. Über die Neugestaltung der Erbenhaftung s. Lange, 3. Denkschr. des ERAussch der AkDR, 1939; Siber, Haftung für Nachlaßschulden nach geltendem und künftigem Recht, 1937; Binder DRW 1939, 566; Vogels DR 1936, 275; Höver DFG 1938 S. 4, 21.

I. Nachlaßverbindlichkeiten

§ 1967

Der Erbe haftet für die Nachlaßverbindlichkeiten.

Zu den Nachlaßverbindlichkeiten gehören außer den vom Erblasser herrührenden Schulden die den Erben als solchen treffenden Verbindlichkeiten, insbesondere die Verbindlichkeiten aus Pflichtteilsrechten, Vermächtnissen und Auflagen.

E I 2051 Satz 1, 2092 Abs 2 II 1843; M 5 525–530, 602–604; P 5 649, 650, 731, 740.

Übersicht:

Umfang der Haftung

1. Grundsätzliche Ausgestaltung der Haftung für die **Nachlaßverbindlichkeiten** s. Vorbem I bis VII. — Das Gesetz unterscheidet zwischen den bereits in der Person des Erblassers vorhanden gewesenen und den erst in der Person des Erben entstehenden, den „Erben als solchen treffenden" Verbindlichkeiten. Es spricht ferner von gemeinschaftlichen, im Gegensatz zu den nur einigen Miterben zur Last fallenden Verbindlichkeiten (§§ 2058, 2046 Abs 2). War mit der Erbschaft zugleich eine weitere, bereits dem Erblasser angefallene Erbschaft auf den Erben übergegangen (§ 1952 Abs 1), so bilden, wenn er nicht unbeschränkt haftet, beide Nachlässe in Ansehung der Nachlaßverbindlichkeiten getrennte Massen. Verjährung § 207.

2. Über die Frage, ob die vom Erblasser herrührenden Verbindlichkeiten, **Erblasserschulden,** zum Vermögen des Erblassers im Sinne des § 1922 gehören und deshalb bereits auf Grund dieser Bestimmung auf den Erben übergehen, vgl. § 1922 A 5.

Gewisse Verpflichtungen erlöschen mit dem Tode, so im Zweifel die aus dem schenkweisen Versprechen wiederkehrender Leistungen (§ 520), die zur Leistung persönlicher Dienste (§ 613), ferner die gesetzlichen Unterhaltspflichten gegenüber Verwandten (§ 1615), nicht dagegen die gegenüber dem geschiedenen Ehegatten, die sich im Gegenteil erweitert. Die Beschränkung, der die Unterhaltspflicht nach § 59 EheG bei einer Gefährdung des eigenen angemessenen Unterhalts des verpflichteten Ehegatten unterliegt, entfällt mit dessen Tode. Dafür muß der Berechtigte sich die Herabsetzung des Unterhalts auf einen Betrag gefallen lassen, der bei Berücksichtigung der Verhältnisse des Erben und der Ertragsfähigkeit des Nachlasses der Billigkeit entspricht (§ 70 Abs 2 EheG). Bei einer wegen gleicher Schuld beider Ehegatten geschiedenen Ehe verliert der Ehegatte, dem nach § 60 EheG ein Unterhaltsbeitrag zugebilligt worden ist, diesen Anspruch mit dem Tode des Verpflichteten (§ 70 Abs 3 EheG). Mit dem Tode erlischt ebensowenig die Verpflichtung des Erblassers gegenüber dem unehelichen Kinde (§ 1712), die als gewöhnliche Nachlaßverbindlichkeit mit Vorrang vor Pflichtteilsberechtigten auf den Erben übergeht (RG 10. 5. 17 IV 104/17).

Verbindlichkeiten des Erblassers gegen den Erben erlöschen durch Vereinigung von Recht und Verbindlichkeit, leben aber wieder auf, falls Absonderung des Nachlaßvermögens von dem eignen des Erben eintritt.

Zum Übergange einer Verbindlichkeit auf den Erben genügt es, daß bei Lebzeiten des Erblassers der Verpflichtungsgrund (die causa), das Rechtsgeschäft oder die unerlaubte Handlung oder der sonstige die Verpflichtung begründende wesentliche Tatbestand, gegeben war, wenn auch erst nach dem Tode durch Hinzukommen weiterer Umstände (Erfüllung einer Bedingung, Eintritt einer Zeitbestimmung, Entstehung eines Schadens) die Verpflichtung in Kraft tritt (JW 1938, 1819[26] und hierzu Boehmer, Eintritt des Erben in pflichtbelastete Rechtslagen des Erblassers, JW 1938, 2634ff.). Zu den vom Erblasser herrührenden Schulden gehören somit Verbindlichkeiten aus einer vom Erblasser begangenen unerlaubten Handlung, deren schädigender Erfolg erst nach dem Tode des Erblassers eingetreten ist. Eine Nachlaßverbindlichkeit ist z. B. der Schadensersatzanspruch, der dadurch entstanden ist, daß der Erblasser seine Sorgfaltspflicht bei der Unterhaltung und Sicherung einer Sache verletzt hat, wodurch nach seinem Tode eine Person zu Schaden gekommen ist. Der Erbe haftet gleichzeitig persönlich aus seinem Verschulden, wenn er es seinerseits schuldhaft unterlassen hat, den gefahrdrohenden Zustand zu beseitigen (vgl. RG DR 1942, 849 Nr 7). Ähnlich vererbt sich auch die Rechtslage, an die sich eine gesetzliche Gefährdungshaftung knüpft. Eine Nachlaßverbindlichkeit entsteht, wenn der Erblasser Halter eines Tieres oder eines Kraftfahrzeuges war und der Haftungsfall nach dem Erbfall aber bevor der Erbe Halter geworden ist, eintritt (Kipp-Coing § 87 III 8; Staudinger-Boehmer 11. Aufl Anm 194 vor § 1922). Haftung der Erben des Komplementärs für die Verbindlichkeiten einer mit dem Tode des Erblassers in Liquidation getretenen Kommanditgesellschaft (RG 72, 119).

Eine Nachlaßverbindlichkeit ist die nach dem Lastenausgleichgesetz v. 14. 8. 52 (BGBl I, 446) auf dem Nachlaßvermögen ruhende Vermögensabgabeschuld, wenn der Erblasser nach dem 21. 6. 48 verstorben ist, da nach § 20 LAG die Abgabeschuld als zu Beginn des 21. 6. 48 als entstanden gilt (BGH 14, 368).

Auch Verpflichtungen zur Abgabe von Willenserklärungen können Nachlaßverbindlichkeiten sein (RG Gruch 56, 1005). Desgleichen die Verpflichtung zur Auskunfterteilung nach § 259 (RG HRR 1933 Nr 569; BGH 6. 3. 52. IV ZR 45/50, IV ZR 16/51). Desgleichen eine Verpflichtung aus einer Kreditbürgschaft, auch für den beim Tode des Erblassers noch nicht in Anspruch genommenen Kredit (RG JW 1911, 447); Verpflichtungen des Erblassers aus einem Unterhalts- oder Leibrentenvertrage mit seinem unehelichen Kinde, vorbehaltlich § 520 (RG Recht 1915 Nr 1114); doch ist ein Versprechen, daß das Kind „aus dem Vermögen" des Versprechenden eine Unterhaltssumme erhalten solle, dahin ausgelegt worden, daß aus dem Nachlasse nicht zu zahlen sei (RG Recht 1917 Nr 1223). Eine Nachlaßverbindlichkeit begründet ferner der Anspruch der **Fürsorgebehörde** gegenüber dem zu Vermögen oder Einkommen gelangten Hilfsbedürftigen auf Ersatz der ihm gemachten Fürsorgeleistungen (VO über die Fürsorgepflicht v. 13. 2. 24, § 25; RG 140, 163). Ist eine vom Erblasser herrührende Schuld zugleich persönliche Schuld des Erben, z. B. wenn der Bürge Erbe des Hauptschuldners geworden ist, so kann der Erbe sich wegen dieser Nachlaßverbindlichkeit nicht auf beschränkte Haftung berufen (RG 76, 57). — Nach

§ 12 Abs 2 des Ges über das Erlöschen der Familienfideikommisse und sonstiger gebundener Vermögen v. 6. 7. 38 (RGBl I 825) haftet der letzte Fideikommißbesitzer für die bei Erteilung des Fideikommißauflösungsscheins noch bestehenden Fideikommißverbindlichkeiten wie ein Erbe; die Fideikommißgläubiger haben die Rechtsstellung von Nachlaßgläubigern; vgl. auch die §§ 14 Abs 4, 23, 30 sowie VO v. 20. 3. 39 (RGBl I 509) § 21 Abs. 3.

3. a) Den **Erben als solchen** treffen die **Erbfallschulden.** Das sind die erst nach dem Tode des Erblassers aus Anlaß des Erbfalls und in Beziehung auf den Nachlaß neu entstehenden Verbindlichkeiten, die entweder durch den Willen des Erblassers oder unmittelbar durch das Gesetz dem Erben auferlegt sind. Dazu gehören außer den besonders hervorgehobenen Verbindlichkeiten aus Pflichtteilsrechten, Vermächtnissen und Auflagen (vgl. A 4) auch die sog. gesetzlichen Vermächtnisse: der Voraus des überlebenden Ehegatten (§ 1932), der Dreißigste (§ 1968); ferner der Unterhaltsanspruch der Mutter eines erwarteten Erben (§ 1963). Gewissen Verbindlichkeiten ist durch die Konkursordnung (§ 224) für den Fall des Nachlaßkonkurses eine bevorzugte Stellung in der Weise gegeben, daß sie als Massekosten zur Berichtigung gelangen, wodurch sie zugleich als Nachlaßverbindlichkeiten anerkannt sind (vgl. auch KostO § 5). Es sind dies namentlich: die Beerdigungskosten (KO § 224 Nr 2; vgl. auch § 1968); die Kosten der Todeserklärung des Erblassers (Nr 3; ZPO § 971; jetzt VerschG v. 4. 7. 39 § 34 Abs 2); ferner (Nr 4) der Eröffnung von Verfügungen des Erblassers von Todes wegen (§§ 2260, 2300), der gerichtlichen Siegelung und der Nachlaßpflegschaft (§§ 1960, 1961) — auch der Nachlaßverwaltung (§§ 1982, 1988; RG JW 06, 114[13]) —, der öffentlichen Aufforderung zur Anmeldung von Erbrechten, sowie des Aufgebots der Nachlaßgläubiger in den Fällen der §§ 1965 und 1970 — nicht auch des § 2061; vgl. Abs 2 Satz 3 daselbst — und der Inventarerrichtung (§ 1993).

b) Nachlaßverbindlichkeiten sind ferner die dem **Nachlaßpfleger, Testamentsvollstrecker** und dem **vorläufigen Erben,** der die Erbschaft ausgeschlagen hat, **zustehenden Ansprüche** aus ihrer Geschäftsführung, also einschließlich der etwa (vgl. §§ 1960 A 5d, 1987, 2221) geschuldeten Vergütung für diese, jedoch für den Fall des Konkurses mit der in KO § 224 Nr 6 hinzugefügten Beschränkung; ferner, falls Nachlaßverwaltung angeordnet oder Nachlaßkonkurs eröffnet ist, auch die dem Erben, der Erbe bleibt, gemäß §§ 1978, 1979 aus dem Nachlasse zu ersetzenden, aus seiner Verwaltung entstandenen Aufwendungen (Nr 1). Auch die Dritten gegenüber aus rechtsgeschäftlichen Handlungen des Testamentsvollstreckers und des Nachlaßpflegers bei der Verwaltung des Nachlasses entstandenen Verbindlichkeiten sind in KO § 224 (Nr 5) als Masseschulden anerkannt; das gilt jedoch nur insoweit, als sie durch eine ordnungsmäßige Verwaltung erforderlich geworden sind, erstreckt sich aber unter dieser Voraussetzung auch auf die entstandenen Prozeßkosten (RG 60, 30). Durch Verwaltungshandlungen des Erbschaftsbesitzers werden keine Nachlaßverbindlichkeiten begründet.

c) Nachlaßerbenschulden: Keine ausdrückliche Bestimmung enthält dagegen das Gesetz hinsichtlich der aus Rechtsgeschäften des Erben selbst, der Erbe bleibt — wegen des vorläufigen Erben, der später ausschlägt, vgl. § 1959 A 3 a — in Beziehung auf den Nachlaß Dritten gegenüber entstandenen Verbindlichkeiten. Diese Verbindlichkeiten werden Nachlaßerbenschulden genannt. Der Begriff ist von Boehmer geprägt worden (RG Festschr III, 264ff.; Staudinger-Boehmer 11. Aufl § 1922, Anm 214). Es ist sehr bestritten, ob und inwieweit bei eintretender Absonderung des Nachlaßvermögens von dem eigenen Vermögen des Erben solche Verbindlichkeiten gegen das eine oder andere Vermögen oder gegen beide geltend gemacht werden können. Vgl. darüber für das alte Recht RG 35, 419, ferner RG 62, 38 für den Fall eines Schuldanerkenntnisses, RG 72, 121 für die von den Liquidatoren eingegangenen Verbindlichkeiten einer durch den Tod des Erblassers aufgelösten, in Liquidation befindlichen Kommanditgesellschaft; und für den Fall einer vom Erben eingegangenen Dahrlehensschuld mit ausführlicher Begründung RG 90, 91. Danach ist es begrifflich nicht ausgeschlossen, daß eine solche Verbindlichkeit, nach Art einer Gesamtschuld, zugleich für das Nachlaßvermögen und für das persönliche Vermögen des Erben eingegangen wird (vgl. auch Bartholomeyczik DGWR 1938, 321); anderseits kann die Haftung auf den Nachlaß dadurch beschränkt werden, daß der Erbe erklärt, in Vertretung des Nachlasses zu handeln; aber auch ohne ausdrückliche Vereinbarung muß eine vom Erben in ordnungsmäßiger Verwaltung des Nachlasses eingegangene Verpflichtung als Nachlaßverbindlichkeit angesehen werden und also auch im Nachlaßkonkurse geltend gemacht werden können, allerdings in Ermangelung einer ausdrücklichen Bestimmung nicht als Masseschuld (RG 62, 44). Maßgebend ist für die Annahme einer Nachlaßverbindlichkeit der Umstand, ob die Verbindlichkeit vom Standpunkt eines sorgfältigen Verwalters in ordnungsmäßiger Verwaltung des Nachlasses eingegangen ist, ohne daß es entscheidend darauf ankommt, ob die Verbindlichkeit ausdrücklich für den Nachlaß übernommen oder die Beziehung zum Nachlaß für den Geschäftsgegner erkennbar gemacht ist (RG 90, 95; 112, 131; Warn 1926 Nr 216). Die Entscheidung ist nach rein objektiven Gesichtspunkten zu treffen. Aber selbst wenn hiernach eine Nachlaßverbindlichkeit entstanden ist, haftet der Erbe für die von ihm eingegangene Verbindlichkeit auch persönlich, sofern er nicht beweist, daß er die Beschränkung seiner Haftung auf den Nachlaß mit dem Gläubiger, sei es ausdrücklich, sei es stillschweigend, vereinbart hat (RG 146, 343; vgl. hierzu Fraeb JW 1935, 1406 Anm).

d) Auch für die Geschäfte, die der **Vorerbe** in ordnungsmäßiger Verwaltung des Nachlasses (§ 2130 Abs 1) abschließt, müssen die gleichen Grundsätze gelten; eine Verfügung über einen Nachlaßgegenstand, die im Wege der Zwangsvollstreckung usw. gegen den Vorerben erfolgt, ist deshalb gemäß § 2115 Satz 2 auch gegenüber dem Nacherben unbeschränkt wirksam, wenn der Anspruch auf Grund einer Verbindlichkeit geltend gemacht worden ist, die nach diesen Grundsätzen als Nachlaßverbindlichkeite zu gelnten hat (RG 90, 95). Doch soll besonders in diesem Falle der Übernahme einer eignen Verbindlichkeit unter Umständen die Bedeutung beizumessen sein, daß dadurch die Haftung des Nachlasses ausgeschlossen wird (RG 90, 96; RG 15. 5. 33 IV 68/33). Anderseits ist, wenn es sich um ein Geschäft des Vorerben handelt, auch ein ausdrücklich erklärter beiderseitiger Wille, eine Nachlaßverbindlichkeit zu begründen, dann nicht maßgebend, wenn die Eingehung des Rechtsgeschäfts zur ordnungsmäßigen Verwaltung des Nachlasses nicht erforderlich war (RG Warn 1938 Nr 143).

e) Ist der Erbe oder der Vorerbe in einem von ihm in ordnungsmäßige Verwaltung des Nachlasses geführten Rechtsstreit zur Tragung der **Prozeßkosten** verurteilt worden, so haftet er dem Prozeßgegner persönlich dafür, ohne die Beschränkung der Haftung auf den Nachlaß geltend machen zu können; doch kann der Gläubiger sich auch an den Nachlaß halten (a. M. anscheinend Stein-Jonas-Schönke 18. A. zu § 326 ZPO II Schlußsatz). Auf die Kosten eines vom Erblasser begonnenen, vom Erben fortgesetzten Prozesses erstreckt sich die Haftungsbeschränkung, sowohl dem Gegner wie dem Fiskus gegenüber, nur so weit, als die Kosten bereits zu Lebzeiten des Erblassers entstanden sind (RG 1912, 46[47]; Naumburg HRR 1937 Nr 700).

f) Eigenverbindlichkeiten des Erben sind ferner die Schadensersatzansprüche der Nachlaßgläubiger gegen ihn aus schuldhafter Verwaltung des Nachlasses (§§ 1978—1980); der Erbe haftet für sie mit seinem ganzen Vermögen, ohne sich auf die Beschränkung seiner Erbenhaftung auf den Nachlaß berufen zu können (RG 92, 343); auch in den Fällen der §§ 2313 Abs 2 Satz 2, 2314, 2384 haftet der Erbe dem Berechtigten persönlich.

Die nach dem Erbschaftsteuergesetze v. 22. 8. 25 zur Erhebung gelangende Erbschaftsteuer ist als Erbanfallsteuer eine persönliche Verpflichtung des Erben; neben ihm haftet aber auch der Nachlaß (§ 15 Abs 1, 3). Nach § 8 Abs 2 StAnpG, der an die Stelle des durch § 21 Nr 1 dieses Gesetzes gestrichenen § 115 Abs 3 RAbgO getreten ist, haften Erben für die aus dem Nachlaß zu entrichtenden Steuern „wie für Nachlaßverbindlichkeiten nach bürgerlichem Rechte".

4. Die Verbindlichkeiten aus **Pflichtteilsrechten** (§§ 2303ff.), **Vermächtnissen** (§ 2174) einschließlich der sog. gesetzlichen Vermächtnisse (§§ 1932, 1969) und aus **Auflagen** (§ 2192) nehmen in mehrfacher Beziehung eine Sonderstellung als Nachlaßverbindlichkeiten ein. Sie werden einerseits durch das Aufgebot nicht betroffen (§ 1972), anderseits aber gehen auch im Aufgebotsverfahren ausgeschlossene Gläubiger ihnen vor (§ 1973 Abs 1 Satz 2); sie bleiben für die Frage der Überschuldung behufs Eröffnung des Nachlaßkonkurses außer Betracht (§ 1980 Abs 1), werden aber im Konkurse und bei konkursmäßiger Befriedigung der Nachlaßgläubiger durch den Erben erst nach allen übrigen Verbindlichkeiten berichtigt (KO § 226; BGB § 1991 Abs 4); falls die Überschuldung des Nachlasses auf ihnen beruht, kann der Erbe ohne Nachlaßverwaltung oder Nachlaßkonkurs die Befriedigung verweigern, soweit der Nachlaß nicht ausreicht (§ 1992). — Nachlaßgläubiger ist auch der Miterbe, dem ein Vorausvermächtnis zugewendet ist (RG 93, 197); wegen der Geltendmachung gegen Miterben vgl. § 2058.

§ 1968

Der Erbe trägt die Kosten der standesmäßigen Beerdigung des Erblassers.

E I 2055 II 1844; M 5 535, 536; P 5 654.

Übersicht

Beerdigungskosten

1. Das BGB verpflichtet den Erben nicht zur Beerdigung des Erblassers. Hierüber bestimmt das öffentliche Recht. Der Erblasser kann seine Bestattung wirksam einem Dritten auftragen, seine Angehörigen haben hierauf kein unentziehbares Recht (RG Warn 1912 Nr 219). Wegen der Erbbegräbnisse s. EG Art 133. Nur die **Kosten** der Beerdigung hat der Erbe zu tragen. Diese Verpflichtung ist damit als Nachlaßverbindlichkeit anerkannt (§ 1967 A 3) und unterliegt als solche bezüglich des Umfangs der Haftung den allgemeinen Grundsätzen. Dies schließt nicht aus, daß der Erbe durch in bezug auf die Beerdigung vorgenommene Rechtsgeschäfte auch eine Eigenverbindlichkeit (§ 1967 A 3c) auf sich nimmt. Das Vermögen, das der Erblasser nur als Vorerbe besessen hat, haftet nicht für die Beerdigungskosten. Es gehört, da mit dem Tode des Erblassers der Nacherbfall eingetreten ist, nicht zum Nachlaß des Erblassers (Celle HRR 41, 127). Masseschuld im Konkurse KO § 224 Nr 2. Hat der Erbschaftsbesitzer die Beerdigungskosten getragen, so gehören sie zu den ihm vom Erben zu erstattenden Verwendungen, § 2022 Abs 2. Aushilfsweise Haftung des Unterhaltspflichtigen §§ 1615 Abs 2, 1360 Abs 3, EheG § 69 Abs 2, des unehelichen Vaters § 1713 Abs 2. Ersatzanspruch des Erben im Falle der Tötung § 844 Abs 1, HaftpflG § 3 Abs 1 (EG Art 42). Haftung des Reeders HGB § 554, SeemO § 64.

2. a) Standesmäßige Beerdigung. Der Beerdigung ist durch § 1 des Ges über die Feuerbestattung v. 15. 5.34 (RGBl I 380; vgl. Maßfeller DJ 1934, 766ff.) die **Feuerbestattung** grundsätzlich gleichgestellt. Der Erbe hat daher auch die Kosten der Feuerbestattung zu tragen (so auch schon die vorige Aufl.), selbst wenn sie höher sind als die der Beerdigung (nur zugunsten der Fürsorgebehörde ist in § 6 des Ges v. 15. 5. 34 insoweit eine Sonderbestimmung getroffen).

b) Die Standesmäßigkeit der Beerdigung bestimmt sich nach der Lebensstellung des Erblassers (§ 1610 Abs 1). Die **Beerdigungskosten** i. S. dieser Vorschrift schließen die landesüblichen kirchlichen und bürgerlichen Leichenfeierlichkeiten in sich; ferner die Herrichtung einer Grabstätte, wozu auch die Errichtung eines Grabdenkmals gehören kann (RG 139, 394; DJZ 1933, 977; Planck-Flad A 2d; vgl. auch § 23 Abs 4 Nr 1 ErbschStG; nicht aber auch die Kosten der Instandhaltung der Grabstätte und des Grabdenkmals: RG 160, 255; insoweit a. M. die achte Auflage). Unter Umständen auch die Überführung der Leiche nach einem entfernteren Orte (RG 66, 308), sowie die Beschaffung von Trauerkleidung für Gesinde oder bedürftige Angehörige. Die Kosten für die Todesanzeige und die Danksagung gehören zu den Bestattungskosten. Auch wenn eine Beisetzung des Leichnams nicht erfolgen kann, können aus Anlaß des Todes Kosten entstehen, die der Erbe nach § 1968 zu tragen hat. Die Kosten der Todeserklärung des Verschollenen gehören nicht zu den nach § 1968 zu ersetzenden Kosten. Diese sind Nachlaßverbindlichkeiten nach § 34 Abs 2 VerschollenheitsG (Vgl. § 1967 Anm 3a). Wohl gehören dazu auch in diesem Fall die Kosten der Todesanzeige, die Kosten für die Errichtung eines Gedenksteins und für eine Gedenkfeierlichkeit. Immerhin hat sich der Erbe nach dem Stande des Nachlasses und nach der Volkssitte (Beisetzung der Asche RG JW 09, 410[1]) zu richten und kann sich durch übermäßigen Aufwand den Nachlaßgläubigern aus §§ 1978—1980 ersatzpflichtig machen. Als Erblasser kommt im Falle der Nacherbschaft selbstverständlich nicht der Vorerbe in Betracht.

c) Für die **Bestattungsart** ist, wie das RG schon bisher in ständiger Rechtsprechung angenommen hat (RG 100, 172; 108, 220) und wie jetzt in § 2 Abs 1 FeuerbestG gesetzlich festgelegt ist, in erster Linie der Wille des Verstorbenen maßgebend. Dieser Wille braucht von ihm nicht in einer bestimmten Form kundgegeben zu sein (RG 154, 270). Liegt keine Willensbekundung des Verstorbenen vor, so haben die nächsten Angehörigen, soweit die geschäftsfähig sind, die Bestattungsart zu bestimmen, und zwar nacheinander der Ehegatte, Verwandte und Verschwägerte ab- und aufsteigender Linie, Geschwister und deren Kinder sowie der Verlobte (§ 2 Abs 2, 3 FeuerbestG). Dieses Recht der Angehörigen ist eine Nachwirkung des familienrechtlichen Verhältnisses und hat nichts zu tun mit der Frage, ob die Angehörigen die Erben des Verstorbenen geworden sind; ebensowenig beruht dieses Bestimmungsrecht der Angehörigen darauf, daß sie die Kosten der Bestattung zu tragen haben, RG 154, 271 in teilw. Abw. von der früheren Rechtsprechung (Warn 1912 Nr 219; RG 108 220). Bei Meinungsverschiedenheiten unter Angehörigen gleichen Grades entscheidet die Polizeibehörde, bei der die Genehmigung der Feuerbestattung beantragt ist (§ 2 Abs 4 FeuerbestG). In diesem Falle sowie dann, wenn die Feuerbestattung von einer Person beantragt ist, die nicht zu den Angehörigen des Verstorbenen gehört (§2 Abs 5), muß der Polizeibehörde der Nachweis, daß der Verstorbene die Feuerbestattung angeordnet oder gewollt hat, durch eine Erklärung des Verstorbenen erbracht werden, für die in § 4 FeuerbestG und § 1 DurchfVO v. 10. 8. 38 (RGBl I 1000) bestimmte Formen vorgeschrieben sind (vgl. auch § 1937 A 7).

d) Auch die **Bestimmung von Zeit und Ort der Bestattung,** insbesondere die Auswahl der letzten Ruhestätte, hat unter möglichster Wahrung des Willens des Verstorbenen zu erfolgen, gleichviel ob er formgerecht erklärt oder sonstwie zu ermitteln ist; persönliche Interessen und Wünsche der Hinterbliebenen müssen dabei zurücktreten (RG DJZ 04, 265[19]; RG 100, 173; 108, 220; 154, 272; Warn 1912 Nr 219; 1925 Nr 203). Vgl. hierzu auch oben § 1 A 1 sowie wegen letztwilliger Anordnungen über die Bestattung als Auflagen § 1940 A 2.

e) Zu einer **Umbettung** sind die Angehörigen nicht nach Belieben, sondern nur beim Vorliegen ausreichender Gründe berechtigt (z. B. Wunsch der Witwe, die Grabstätte mit ihrem verstorbenen Manne zu teilen, OLG 16, 262; RG 71, 2); 108, 220). Aschenresten eines Verstorbenen ist derselbe Anspruch auf ungestörte Ruhe zuzuerkennen wie einer Leiche, gleichviel ob die Urne mit den Aschenresten in einem bereits besetzten Grab oder in einem leeren Grab beigesetzt ist oder ob sie überhaupt nicht unter der Erde, sondern in einer Urnenhalle oder in einem Urnenhain über der

Erde beigesetzt ist (RG 154, 274 unter Hinweis auf die Bestimmungen des FeuerbestG; unentschieden gelassen in Warn 1925 Nr 203).

f) Der **Streit** über die Art der Bestattung oder über die Umbettung einer Leiche ist eine bürgerliche Rechtsstreitigkeit, für die der Rechtsweg zulässig ist (RG Warn 1913 Nr 303; RG 71, 20; 100, 172; 108, 219).

3. a) Der **Gewahrsam an einer schon bestatteten Leiche** steht nach gemeinem Recht, das als Landesrecht nach Art 133 EG noch maßgebend ist, nicht den Angehörigen, sondern dem zu, der die Verfügung über den Friedhof hat (RG Warn 1912 Nr 219; RG 108, 219). Der Erbe, insbesondere wenn es die Witwe ist, kann gegen eine Kirchengemeinde, bei der der Verstorbene eingepfarrt war, auf Grund der bestehengebliebenen Bestimmungen des PrALR (§§ 183ff. II, 11; Art 133 EG) den Anspruch auf Gewährung eines „ehrlichen", d. h. üblichen und regelmäßigen Begräbnisplatzes „in der Reihe" im ordentlichen Rechtswege geltend machen (RG 106, 188). Über die rechtliche Natur des Benutzungsrechtes an Friedhöfen s. RG 144, 285; 157, 246.

b) Nach § 189 Abs 2 StGB ist es Sache der nächsten Angehörigen und nicht des Erben, den Ehrenschutz gegen eine Verunglimpfung des Andenkens des Verstorbenen in Anspruch zu nehmen. Sie können auch nach § 823 Abs 2 BGB eine Schadensersatz- und eine vorbeugende Unterlassungsklage anstrengen.

§ 1969

Der Erbe ist verpflichtet, Familienangehörigen des Erblassers, die zur Zeit des Todes des Erblassers zu dessen Hausstande gehört und von ihm Unterhalt bezogen haben, in den ersten dreißig Tagen nach dem Eintritte des Erbfalls in demselben Umfange, wie der Erblasser es getan hat, Unterhalt zu gewähren und die Benutzung der Wohnung und der Haushaltsgegenstände zu gestatten. Der Erblasser kann durch letztwillige Verfügung eine abweichende Anordnung treffen.

Die Vorschriften über Vermächtnisse finden entsprechende Anwendung.

KB 310.

Übersicht:

Unterhalt für Angehörige des Erblassers

1. Das Recht auf den Dreißigsten als Nachlaßverbindlichkeit
2. a) Zugehörigkeit zur Familie
   b) Zugehörigkeit zum Hausstand
   c) Unterhaltsleistung durch den Erblasser
3. Fristberechnung
4. Umfang und Art des Anspruchs
5. Benutzung der Wohnung und der Haushaltsgegenstände
6. Ausschluß durch letztwillige Verfügung
7. Abs 2

1. Das **Recht auf den Dreißigsten** ist in das Gesetz aus sozialen Gründen und mit Rücksicht auf die Gewohnheiten in ländlichen Gegenden aufgenommen worden. Es begründet eine Nachlaßverbindlichkeit im Sinne von § 1967 Abs 1, für die der Erbe nach allgemeinen (Vorbem) und den besonderen für Vermächtnisse geltenden Grundsätzen (vgl. § 1967 A 4) die Haftung auf den Nachlaß beschränken kann. Vor Annahme der Erbschaft kann sie nicht gegen den Erben geltend gemacht werden, § 1958. Regelmäßig bedarf es deshalb der Bestellung eines Nachlaßpflegers, § 1961. Die aufschiebenden Einreden der §§ 2014, 2015 sind der Natur der Sache nach ausgeschlossen.

2) a. Das Gesetz gibt keine Begriffsbestimmung für die **Zugehörigkeit zur Familie,** ebensowenig wie ZPO § 181. Der in StGB § 52 Abs 2 aufgestellte engere Begriff der „Angehörigen" kann nicht maßgebend sein. Als Familienangehörige werden vielmehr alle mit dem Erblasser verwandten und durch Ehe verbundenen Personen (Ehegatte, Verschwägerte), außerdem aber alle diejenigen anzusehen sein, die tatsächlich vom Erblasser als zur Familiengemeinschaft gehörig betrachtet und behandelt worden sind, z. B. Pflegekinder, Freunde, sofern sie aus solchem Anlasse in den Hausstand aufgenommen worden sind, auch wenn die Beziehungen vertragsmäßig geregelt sind; nicht dagegen solche, bei denen die Aufnahme in den Hausstand auf rein wirtschaftlichen Verträgen beruht, z. B. auf einem Ernährungsvertrage mit einer dem Erblasser fernstehenden Person oder auf Dienstverträgen „mit Familienanschluß" bei Hauslehrern, Hausdamen, Erzieherinnen usw.; hier sind nur die vertraglichen Rechte maßgebend. Eine Ehebrecherin, die mit dem Erblasser in ehegleicher Gemeinschaft gelebt hat, gehört nicht zu den Familienangehörigen (HRR 1940 Nr 354).

b) Die **Zugehörigkeit zum Hausstande** (§ 1617) setzt ein auf längere Dauer berechnetes räumliches Zusammenleben mit den übrigen Familiengliedern voraus. Bloß vorübergehende Anwesenheit (zum Besuche) genügt nicht. Umgekehrt hebt vorübergehende Abwesenheit (auf Reisen, zu Studienzwecken) das Zugehörigkeitsverhältnis nicht auf. Inwieweit bei abgesonderter Wohnung (Auszügler) Gemeinsamkeit des Hausstandes zu verneinen sei, ist Tatfrage.

c) Die Betreffenden müssen tatsächlich **vom Erblasser Unterhalt bezogen** haben. Ob auf Grund gesetzlichen Unterhaltspflicht oder freiwillig oder auf Grund Vertrags, macht keinen Unterschied.

3. Fristberechnung §§ 187 Abs 1, 188 Abs 1. Im Falle der Todeserklärung kann die dreißigtägige Frist von dem als Zeitpunkt des Todes geltenden Tage (VerschG v. 4. 7. 39 § 9, bisher BGB § 18) nicht gewahrt werden und somit, da Unterhalt für die Vergangenheit nicht beansprucht werden kann (vgl. A 4), die Wohltat des Dreißigsten nicht in Frage kommen; § 1974 Abs 1 Satz 2 ist nicht übertragbar.

4. Für das **Maß des Unterhalts** und die Art der Gewährung ist nur die bisherige tatsächliche Übung, nicht der standesmäßige Bedarf (§ 1610 Abs 1) entscheidend. Der Anspruch erlischt durch Ausscheiden aus dem Hausstande, sofern dieser nach dem Tode des Erblassers noch fortgeführt wird. Er ist als gesetzlicher Unterhaltsanspruch grundsätzlich nicht übertragbar und unpfändbar (§§ 399, 400; ZPO § 850b Nr 2). Der Anspruch kann übertragen werden, wenn die in BGH 4, 153; 5, 342; 13, 360 dargelegten Grundsätze beachtet sind (vgl. § 400 A). Von den Vorschriften über die Unterhaltspflicht der Verwandten werden die §§ 1613, 1614— kein Anspruch für die Vergangenheit, Unverzichtbarkeit für die Zukunft, insbesondere bei Lebzeiten des Erblassers — als auf der Natur der Unterhaltsverbindlichkeiten beruhend entsprechend anwendbar sein (abw. Planck-Flad Erl 4d); die durch die Kürze der Frist aus § 1613 in Verbindung mit § 1958 sich ergebenden Schwierigkeiten lassen sich durch schleunigst erwirkte Bestellung eines Nachlaßpflegers (§ 1961) und, sofern nötig, einstweilige Verfügung überwinden. Keine Anwendung kann § 1612 finden; der Unterhalt ist vielmehr „in demselben Umfange wie der Erblasser es getan hat", also auch in der gleichen Art, und in der Regel sonach in Natur, zu gewähren. Wird jedoch der Haushalt infolge des Todes aufgelöst, so wird der Unterhalt in Geld zu gewähren sein.

5. Auch in der **Benutzung der Wohnung und der Haushaltsgegenstände** liegt die Gewährung eines Vermögensvorteils, die aus dem unzulänglichen Nachlaß nicht gefordert werden kann, § 1991 Abs 4. Schadensersatz kann nur gefordert werden, soweit Verzug vorliegt (§§ 286, 284).

6. Letztwillige Verfügung s. § 1937 A 2. Der Erblasser kann einen andern als den Erben beschweren (§ 2147), den Dreißigsten ganz ausschließen, ihn nach Umfang und Dauer vermindern oder einen Vorrang anordnen (§ 2189). Insoweit er ihn erweitert, handelt es sich um reines Vermächtnis.

7. Fall des **gesetzlichen Vermächtnisses** § 1939 A 5. Der Berechtigte hat nur ein Forderungsrecht aus § 2174, keinen dinglichen Anspruch und genießt keinen Besitzschutz nach §§ 858ff. Anfechtung wegen Vermächtnisunwürdigkeit § 2345. Als gesetzliches Vermächtnis kann das Recht auf den Dreißigsten wiederum mit einem Vermächtnis beschwert werden.

II. Aufgebot der Nachlaßgläubiger

Das Aufgebotsverfahren hat der Gesetzgeber dem preußischen Recht des 19. Jahrhunderts entnommen. Die öffentliche Aufforderung der Nachlaßgläubiger im Wege des Aufgebotsverfahrens (§ 1970) verschafft dem Erben nicht nur eine zuverlässige Übersicht über den Stand des Nachlasses, sondern sichert ihn auch gegen die Gefahr, mit dem eigenen Vermögen und über den Betrag seiner Bereicherung durch die Erbschaft hinaus für unbekannt gebliebene Nachlaßverbindlichkeiten in Anspruch genommen zu werden, ohne die Beschränkung seiner Haftung nach §§ 1975ff. herbeiführen zu müssen (§ 1973). In derselben Weise ist er auch ohne Aufgebot sichergestellt, wenn die Nachlaßverbindlichkeiten später als 5 Jahre nach dem Erbfall gegen ihn geltend gemacht werden (§ 1974). Die gleichen Grundsätze gelten, und zwar zugleich mit der Wirkung, die gesamtschuldnerische in eine Teilhaftung zu verwandeln, für die Miterben (§ 2060 Nr 1 u. 2, s. auch § 2045). Vgl. Vorbem 2 zu diesem Titel.

§ 1970

Die Nachlaßgläubiger können im Wege des Aufgebotsverfahrens zur Anmeldung ihrer Forderungen aufgefordert werden.

E I 2120 Abs 1 II 1845; M 5 644, 645; P 5 743, 774–777.

Übersicht:

Aufforderung zur Anmeldung

1. Die **Aufforderung richtet sich,** mit den Ausnahmen der §§ 1971, 1972, **an alle Nachlaßgläubige** ohne Unterschied, selbst wenn sie gegen den Erblasser oder den Erben bereits einen vollstreckbaren Titel oder ein rechtskräftiges Urteil erlangt haben oder dem Erben bekannt sind. Sie betrifft sowohl diejenigen Gläubiger, deren Forderungen schon gegen den Erblasser entstanden waren (Erblasserschulden), wie diejenigen, die erst nach dem Erbfalle Forderungen gegen den Erben als solchen erlangt haben (§ 1967 A 2, 3). Auch die Gläubiger solcher Forderungen, die zur Zeit des Erlasses des Aufgebots noch bedingt oder betagt oder erst dem Rechtsgrunde nach entstanden sind, z. B. Rückgriffsforderungen des Bürgen. Dagegen werden Gläubiger, deren Forderungen erst nach der öffentlichen Bekanntmachung des Aufgebots durch den Bundesanzeiger, mit welcher die Aufgebotsfrist beginnt (§ 950 ZPO), dem Grunde nach entstehen, von dem Aufgebote nicht betroffen werden; eine Anmeldung innerhalb einer schon in Lauf gesetzten Anmeldefrist kann dem Gläubiger nicht „zugemutet" werden (a. M. Planck-Flad Erl 3c vor §§ 1971, 1972; Strohal II § 75 II 3 und A 7). Zur Herbeiführung der Anmeldepflicht solcher Forderungen wird es eines neuen Aufgebots bedürfen. Der Erbe, der selbst das Aufgebot beantragt hat, wird seine eigenen Forderungen gegen den Nachlaß auch ohne Anmeldung vor den ausgeschlossenen Gläubigern zu befriedigen berechtigt sein; dagegen wird es der Anmeldung bedürfen, wenn das Befriedigungsrecht gegenüber einem anderen Miterben, dem das Aufgebot zugute kommt (ZPO § 997), oder gegenüber einem Nachlaßverwalter oder Testamentsvollstrecker erhalten bleiben soll. Diejenigen Gläubiger, denen der Erbe bereits unbeschränkt haftet (Vorbem 4 vor § 1967), gehen durch Versäumung der Anmeldung ihrer bereits erworbenen Rechte auf Befriedigung auch aus dem persönlichen Vermögen des Erben nicht verlustig. — Aus vertragswidrigem Handeln des Erben bei Erfüllung eines von dem Erblasser abgeschlossenen Vertrags entsteht eine persönliche Verbindlichkeit des Erben; der Gläubiger ist nicht verpflichtet, diesen Anspruch im Aufgebotsverfahren anzumelden (RG 92, 341).

2. Das hier in Frage stehende **Aufgebotsverfahren** ist durch die allgemeinen Bestimmungen der ZPO über Aufgebote (§§ 946—959) und durch die besonderen Vorschriften der §§ 989—1000 geregelt.

Antragsberechtigt ist jeder Erbe (§ 991 Abs 1), also auch jeder einzelne Miterbe, jedoch erst nach Annahme der Erbschaft, die in dem Antrage nicht ohne weiteres zu finden ist, so daß es, wenn nicht eine anderweite stillschweigende Annahme vorausgegangen ist, einer vorhergehenden ausdrücklichen Annahmeerklärung bedarf. Unter dieser Voraussetzung ist auch der Nacherbe schon vor dem Eintritte der Nacherbfolge zur Antragstellung berechtigt (vgl. § 1946 A 2 Abs 2). Das Antragsrecht des Erben ist ausgeschlossen, wenn er für die Nachlaßverbindlichkeiten bereits allgemein unbeschränkt, d. h. nicht mehr beschränkbar (§§ 1994, 2005), haftet; eine unbeschränkte Haftung gegenüber einzelnen Gläubigern entzieht ihm das Antragsrecht nicht. Doch kann auch der unbeschränkt haftende Miterbe das Aufgebot zum Zwecke der Herbeiführung der Teilhaftung (§ 2059) beantragen (ZPO § 997 Abs 2).

Außer dem Erben ist auch der Nachlaßpfleger einschließlich des Nachlaßverwalters (§§ 1960, 1975), und zwar schon vor Annahme der Erbschaft (ZPO § 991 Abs 2), sowie der Testamentsvollstrecker, dieser aber erst nach Annahme der Erbschaft durch den Erben, antragsberechtigt (ZPO § 991 Abs 2, 3), falls ihnen die Verwaltung zusteht, was beim Nachlaßverwalter stets zutrifft. Zweifelhaft ist, ob der Nachlaßpfleger und der Testamentsvollstrecker auch dann noch berechtigt sind, das Aufgebot zu beantragen, wenn der Erbe unbeschränkt haftet (bejahend Planck-Flad Erl 1; auch Kipp § 76 III; Kipp-Coing § 92 IV; OLG 19, 164; verneinend Strohal II § 75 A 2). In diesem Falle kann gemäß § 2013 die an die Durchführung des Aufgebotsverfahrens geknüpfte Folge der Beschränkung der Haftung des Erben gegenüber dem ausgeschlossenen Nachlaßgläubiger auf den Nachlaß (§ 1973) nicht eintreten; demzufolge kann auch die Aufforderung zur Anmeldung nicht den entsprechenden, zu § 995 ZPO vorgesehenen Rechtsnachteil androhen. Diesem einen anderen Rechtsnachteil zu substituieren, wie Planck-Flad will, erscheint bedenklich. Das Gesetz läßt ein Aufgebotsverfahren nur in ganz bestimmten Fällen mit genau festgesetzten Ausschlußfolgen zu und erklärt ein in Fällen, in welchen es ein Aufgebotsverfahren nicht zuläßt, ergangenes Ausschlußurteil für anfechtbar (ZPO § 957 Abs 2 Nr 1). Dafür, den Nachlaßgläubiger, der sich innerhalb einer durch Aufgebot bestimmten Frist nicht meldet, von der Befriedigung aus dem Nachlasse (statt aus dem persönlichen Vermögen des Erben) auszuschließen, fehlt es an einer gesetzlichen Grundlage. Auch aus der durch § 1980 in Verbindung mit § 1985 dem Nachlaßverwalter gegenüber den Nachlaßgläubigern auferlegten Verantwortlichkeit ist für die gegenteilige Ansicht nichts zu entnehmen, da eine Fahrlässigkeit in der Nichtstellung des Antrags selbstverständlich nicht gefunden werden kann, wenn ein Antragsrecht nicht mehr besteht, es seidenn, daß die Stellung schuldhafterweise verzögert worden ist. Gegen die Ansicht spricht auch die Fassung des § 175 Abs 2 ZVG.

Das von einem Miterben beantragte Aufgebot kommt auch den anderen Miterben, das vom Nacherben beantragte auch dem Vorerben und umgekehrt zugute (ZPO §§ 997, 998). Das vom Nachlaßpfleger oder Testamentsvollstrecker beantragte Aufgebot kommt auch ohne besondere Vorschrift dem Erben zugute, da es ja gerade die Beschränkung von dessen Haftung als Ausschlußfolge bewirkt.

In gewissen Fällen hat auch der Ehemann einer Erbin sowie der Käufer der Erbschaft das Antragsrecht (ZPO §§ 999, 1000).

Das Antragsrecht ist zeitlich nicht beschränkt; doch verliert der Erbe die aufschiebenden Einreden aus § 2015 und ZPO § 782, wenn er den Antrag nicht innerhalb Jahresfrist nach der Annahme gestellt hat. Während der Dauer der Nachlaßverwaltung wird das Antragsrecht des Erben ruhen, da ihm die Verwaltung entzogen ist (§ 1984). Ist die Eröffnung des Nachlaßkonkurses beantragt, so soll das Aufgebot nicht erlassen werden; durch die Eröffnung des Nachlaßkonkurses wird das Aufgebotsverfahren beendigt (§ 993 ZPO). Dies gilt entsprechend auch für das Nachlaßvergleichsverfahren (Vogels A III, 3c zu § 113). Nach § 992 ZPO hat der Antragsteller dem Antrag ein Verzeichnis der ihm bekannten Nachlaßgläubiger beizufügen. Die Nichtaufnahme eines bekannten Gläubigers in dieses Verzeichnis hindert dessen Ausschluß an sich nicht; kann aber, wenn sie durch den Erben zu vertreten ist (§ 276) und die Versäumung der Frist durch den Gläubiger zur Folge hat, im Wege der Herstellungspflicht (§ 249) dazu führen, daß der Erbe sich diesem Gläubiger gegenüber auf den Ausschluß nicht berufen darf (OLG 18, 324). — Auch dem Hof- oder Anerben steht, da er für die Nachlaßverbindlichkeiten haftet, das Antragsrecht zu; vgl. Vorbem 7 vor § 1967.

3. Der Erbe und der Nachlaßverwalter sind nach §§ 1980 Abs 2 und 1985 Abs 2 bei Vermeidung des Schadensersatzes **verpflichtet,** in den dort vorgesehenen Fällen **das Aufgebot zu beantragen.** Die Kosten des Verfahrens zählen zu den Nachlaßverbindlichkeiten, die im Falle des Konkurses Masseschulden sind (KO § 224 Nr 4; vgl. § 1967 A 3).

§ 1971

Pfandgläubiger und Gläubiger, die im Konkurse den Pfandgläubigern gleichstehen, sowie Gläubiger, die bei der Zwangsvollstreckung in das unbewegliche Vermögen ein Recht auf Befriedigung aus diesem Vermögen haben, werden, soweit es sich um die Befriedigung aus den ihnen haftenden Gegenständen handelt, durch das Aufgebot nicht betroffen. Das gleiche gilt von Gläubigern, deren Ansprüche durch eine Vormerkung gesichert sind oder denen im Konkurs ein Aussonderungsrecht zusteht, in Ansehung des Gegenstandes ihres Rechtes.

E I 2125 II 1847; M 5 647, 648; P 5 743, 777—780.

Übersicht:

Nicht betroffene Gläubiger

1. Pfandgläubiger und ihnen im Konkurs gleichgestellte Gläubiger
2. Realberechtigte aus § 10 ZVG
3. Ausfallforderung der bevorzugten Gläubiger
4. Vormerkungsgläubiger
5. Gläubiger mit Konkursaussonderungsrechten

1. Bestehende dingliche Sicherungsrechte der Nachlaßgläubiger an einzelnen Gegenständen des Nachlasses werden durch die Vorschriften über die Beschränkung der Haftung des Erben nicht berührt. Die Vorschrift beruht weniger auf der Überlegung, daß die Rechte dieser Gläubiger für den Erben in der Regel auch ohne Anmeldung erkennbar sind, sondern auf der stärkeren Stellung, die diese Gläubiger gegenüber dem nur persönlich Forderungsberechtigten einnehmen. Deswegen genießen sie das Vorrecht auch nur insoweit, als diese Stellung reicht. Die betreffenden Gläubiger können von der Befriedigung aus den ihnen verhafteten Gegenständen durch das Aufgebot nicht ausgeschlossen werden. **Pfandgläubiger** sind diejenigen, welche ein durch Rechtsgeschäft bestelltes Pfandrecht an einer beweglichen Sache oder einem Rechte haben (§§ 1204, 1273; KO § 48). Diesen stehen **für den Fall des Konkurses gleich** die in § 49 KO aufgeführten Gläubiger, also die öffentlichen Kassen hinsichtlich der wegen Abgaben beschlagnahmten Gegenstände (Nr 1; im übrigen werden aber auch fiskalische Steuerforderungen von dem Ausschlusse betroffen, RG 64, 248); ferner die mit gesetzlichen oder durch Pfändung erlangten Pfandrechten (ZPO § 804) oder mit Zurückbehaltungsrecht wegen Verwendungen oder kaufmännischem Zurückbehaltungsrechte (HGB §§ 369—371) ausgestatteten Gläubiger (Nr 2—4).

Den so bevorrechteten Gläubigern kann, soweit sie lediglich Befriedigung aus den ihnen verhafteten Gegenständen verlangen, der Erbe die Befriedigung auch während des Aufgebotsverfahrens nicht auf Grund des § 2015 verweigern (§ 2016 Abs 2). Sie werden vom Aufgebot auch dann nicht betroffen, wenn sie das dingliche Sicherungsrecht erst nach dem Erbfall durch ein Rechtsgeschäft mit dem Erben, Nachlaßverwalter oder Testamentsvollstrecker oder durch Zwangsvollstreckung vor oder während des Aufgebots (§ 782 Satz 2 ZPO) erworben haben; doch sind diejenigen, die nach Eintritt des Erbfalles das Sicherungsrecht auf prozessualem Wege erlangt haben, der aufschiebenden Einrede des § 2015 ausgesetzt (§ 2016 Abs 2).

Ein nach Erlaß des Ausschlußurteils erlangtes Sicherungsrecht kann jedoch die Wirkungen des Ausschlusses auch hinsichtlich der ihm unterliegenden Nachlaßgegenstände nicht beseitigen, soweit nicht etwa in der Einräumung eines solchen Rechtes durch den Erben ein Verzicht auf die Geltendmachung der Ausschlußwirkung gegenüber diesem Gläubiger zu finden ist.

2. Die **Realberechtigten** aus § 10 ZVG. Ihnen gegenüber kann als Ersatz des Aufgebots, von dem sie als solche gleichfalls nicht betroffen werden, gemäß §§ 175–179 ZVG durch den Antrag auf Zwangsversteigerung des Grundstücks, zu dessen Stellung die gleichen Personen berechtigt sind, wie zur Stellung des Aufgebotsantrags (§ 1970 A 2), festgestellt werden, ob sie aus dem Grundstücke Deckung finden oder der sonstige Nachlaß zu ihrer Befriedigung herangezogen werden muß. Gegen die Heranziehung des sonstigen Nachlasses erwächst dem Erben eine Einrede, wenn der Nachlaßgläubiger es unterläßt, in dem Zwangsversteigerungsverfahren zu verlangen, daß bei Feststellung des geringsten Gebots nur die seinem Anspruche vorgehenden Rechte berücksichtigt werden (§§ 179, 174 ZVG). Die Einrede ist begründet, auch wenn es zu einem Zuschlage nicht gekommen ist. Das Verfahren findet nicht statt, wenn der Erbe dem Gläubiger bereits unbeschränkt haftet oder der Gläubiger wegen seines Ausfalles im Aufgebotsverfahren ausgeschlossen ist oder einem ausgeschlossenen Gläubiger gleichsteht (§ 175 Abs 2 ZVG).

3. Wohl aber werden die dinglich gesicherten Gläubiger betroffen, soweit sie wegen des **Ausfalls** eine persönliche Forderung gegen den Nachlaß geltend zu machen berechtigt sind.

4. Die **Vormerkung** (§§ 883, 884), die schuldrechtliche Ansprüche auf Einräumung von Rechten an Grundstücken sichert, ist den dinglichen Sicherungsrechten an Grundstücken insofern gleichgestellt, als sich der Erbe, soweit der Anspruch durch die Vormerkung gesichert ist, auf die Beschränkung seiner Haftung nicht berufen kann (§ 884); deshalb wird ein so gesicherter Anspruch auch von dem Aufgebote nicht betroffen.

5. **Aussonderungsrecht** im Konkurse KO §§ 43ff.

§ 1972

Pflichtteilsrechte, Vermächtnisse und Auflagen werden durch das Aufgebot nicht betroffen, unbeschadet der Vorschrift des § 2060 Nr. 1.

E II 1846; P 5 774, 775.

1. **Pflichtteilsrechte** (§§ 2303ff.), **Vermächtnisse** (§§ 2147ff.) und **Auflagen** (§§ 2192ff.) gehören nach § 1967 zu den Nachlaßverbindlichkeiten, können jedoch nur gegenüber einem nicht durch andere Verbindlichkeiten überschuldeten Nachlaß geltend gemacht werden. Deshalb werden sie auch im Konkurse (KO § 226) und, wenn es hierzu nach § 1990 nicht gekommen ist, durch den Erben gemäß §§ 1991 Abs 3, 1992 erst hinter allen sonstigen Nachlaßverbindlichkeiten befriedigt. Aus dem gleichen Grunde ist die durch den Erben erfolgte Befriedigung sowohl im Falle des Konkurses wie außerhalb eines solchen der Anfechtung ausgesetzt (KO § 222; AnfG § 3a). Auch den im Aufgebotsverfahren ausgeschlossenen Gläubigern stehen die Gläubiger aus solchen Verbindlichkeiten nach (§ 1973 Abs 1 Satz 2; vgl. A 4 dazu). Sie selbst gelten aber zunächst nicht als ausgeschlossene Gläubiger, da sie vom Aufgebote nicht betroffen werden; infolgedessen können sie namentlich Ansprüche gegen den Erben aus dessen Verwaltung gemäß §§ 1978, 1979 erheben, was den ausgeschlossenen Gläubigern versagt ist (vgl. zu § 1973 A 5). Falls sie jedoch ihre Forderungen nicht innerhalb fünf Jahren nach dem Erbfalle geltend machen, werden sie, abweichend von den nach § 1971 vom Aufgebote nicht betroffenen Gläubigern, wie ausgeschlossene Gläubiger behandelt (§ 1974 Abs 1, 3).

2. Auch die Pflichtteilsberechtigten usw. haben Anlaß zur Anmeldung, wenn sie sich gegen einen Miterben die gesamtschuldnerische Haftung über die Teilung hinaus (§ 2060 Nr 1) sichern wollen.

§ 1973

Der Erbe kann die Befriedigung eines im Aufgebotsverfahren ausgeschlossenen Nachlaßgläubigers insoweit verweigern, als der Nachlaß durch die Befriedigung der nicht ausgeschlossenen Gläubiger erschöpft wird. Der Erbe hat jedoch den ausgeschlossenen Gläubiger vor den Verbindlichkeiten aus Pflichtteilsrechten, Vermächtnissen und Auflagen zu befriedigen, es sei denn, daß der Gläubiger seine Forderung erst nach der Berichtigung dieser Verbindlichkeiten geltend macht.

Einen Überschuß hat der Erbe zum Zwecke der Befriedigung des Gläubigers im Wege der Zwangsvollstreckung nach den Vorschriften über die Herausgabe einer ungerechtfertigten Bereicherung herauszugeben. Er kann die Herausgabe der noch vorhandenen Nachlaßgegenstände durch Zahlung des Wertes abwenden. Die rechtskräftige Verurteilung des Erben zur Befriedigung eines ausgeschlossenen Gläubigers wirkt einem anderen Gläubiger gegenüber wie die Befriedigung.

E I 2177 II 1848; M 5 649–651; P 5 780–783; KB 312.

Übersicht:
Wirkung des Ausschlußurteils

1. Rechtswirkungen des Aufgebots im allgemeinen

a) Bereits durch die **Einleitung des Aufgebots** entsteht die Rechtswirkung, daß der Erbe, sofern er den Antrag innerhalb eines Jahres nach der Annahme gestellt hat und sobald der Antrag zugelassen ist, die Berichtigung solcher Nachlaßverbindlichkeiten, die durch das Aufgebot betroffen werden, sowie der Verbindlichkeiten aus Pflichtteilsrechten, Vermächtnissen und Auflagen während der Dauer des Aufgebotsverfahrens verweigern darf (§§ 2015, 2016 und A dazu).

b) Als **Folge der Durchführung** des Aufgebotsverfahrens tritt ohne weiteres, insbesondere ohne daß es auch bei nicht dürftigem Nachlaß (§§ 1990, 1991) der Herbeiführung der Nachlaßverwaltung oder des Nachlaßkonkurses (§§ 1975ff.) oder des Nachlaßvergleichsverfahrens (Vorbem 2 Abs 4 vor § 1967) bedarf, eine Beschränkung der Haftung des Erben gegenüber den ausgeschlossenen Gläubigern ein, die im Ergebnisse dahin geht, daß der Erbe solchen Gläubigern nur insoweit haftet, als er durch den Nachlaß bereichert ist (Abs 1 Satz 1, Abs 2 Satz 1). Infolge dieser Beschränkung kann der Erbe nach Erlaß des Ausschlußurteils so verfahren, als wenn andere als die angemeldeten und die nicht durch das Aufgebot betroffenen Gläubiger nicht vorhanden wären. Erweist sich der Nachlaß als zulänglich für diese Gläubiger, so kann er sie aus seinen eigenen oder Mitteln des Nachlasses in beliebiger Reihenfolge befriedigen; andernfalls ist er den nicht ausgeschlossenen Gläubigern gegenüber, nicht aber den ausgeschlossenen, sofern der Nachlaß nicht dürftig ist, verpflichtet, Nachlaßkonkurs oder Nachlaßvergleichsverfahren zu beantragen. Macht ein ausgeschlossener Gläubiger seine Forderung geltend, so wird dadurch der Erbe nicht gehindert, auch weiterhin den Nachlaß zur Befriedigung nicht ausgeschlossener oder ausgeschlossener Gläubiger zu verwenden; nur Forderungen aus Pflichtteilsrechten, Vermächtnissen und Auflagen darf er jetzt nicht mehr befriedigen (Abs 1 Satz 2; vgl. A 4). Den ausgeschlossenen Gläubiger kann er auf das verweisen, was danach von dem Nachlasse noch übrig ist (Abs 2 Satz 1; vgl. A 5). Die Beschränkung geht also insofern weiter als die durch Nachlaßverwaltung, Nachlaßkonkurs oder Nachlaßvergleichsverfahren herbeigeführte, als der Erbe dem ausgeschlossenen Gläubiger für die bisherige Verwaltung des Nachlasses nicht, wie im Falle der §§ 1978, 1979, verantwortlich ist, vielmehr eine entsprechende Verantwortlichkeit erst vom Zeitpunkte der Rechtshängigkeit des Anspruchs oder der Kenntnis des Erben von dem Anspruche ab für die Zukunft eintritt (vgl. A 5). Die dem Erben damit eingeräumte freiere Stellung rechtfertigt sich daraus, daß der Erbe mit dem Vorhandensein der ausgeschlossenen Forderung nicht zu rechnen braucht. Er kann daher auch nicht verpflichtet sein, die Nachlaßgegenstände für die mit ihren Forderungen ausgeschlossenen Gläubiger zu verwalten.

c) Nur demjenigen Erben stehen die Rechte aus § 1973 zu, der zur Zeit des Erlasses des Ausschlußurteils noch nicht allen Nachlaßgläubigern gegenüber unbeschränkt im Sinne von §§ 1994, 2005, 2006, also unbeschränkbar, haftet (§ 2013 Abs 1 Satz 1); in diesem Falle stehen sie ihm aber einem ausgeschlossenen Gläubiger gegenüber auch weiter noch zu, wenn er später durch Versäumung der Inventarfrist oder ungetreues Inventar den übrigen Nachlaßgläubigern unbeschränkt haftbar wird (ebenda Satz 2).

2a) Der **Ausschluß bewirkt** nicht ein Erlöschen der Forderung des ausgeschlossenen Gläubigers, auch keine Änderung ihrer rechtlichen Natur, sondern nur ein **materielles Einrederecht** des Erben, das durch Verweigerung der Befriedigung innerhalb oder außerhalb eines Prozesses oder einer Zwangsvollstreckung (vgl. A 6) geltend gemacht werden kann (RG 19. 11. 20 III 216/20). Dadurch, daß der Gläubiger mit seiner Forderung ausgeschlossen wird, verliert er nicht das Recht, wegen dieser Forderung ein bestehendes Zurückbehaltungsrecht gegenüber einer gegen ihn bestehenden Nachlaßforderung geltend zu machen oder mit ihr aufzurechnen. Klagt der ausgeschlossene Gläubiger ohne entsprechende Beschränkung seines Antrags, so kann der Erbe, falls Erschöpfung des Nachlasses vorliegt, die Abweisung der Klage, falls noch etwas vorhanden ist, die Verurteilung nur zur Vermeidung der Zwangsvollstreckung in das noch Vorhandene beantragen, und es ist dann im Prozesse selbst festzustellen, ob und inwieweit noch etwas vorhanden ist, in das die Zwangsvollstreckung erfolgen kann (RG 61, 221; 77, 245; 137, 54).

b) Haftungsvorbehalt im Urteil. Streitig ist, ob der Erbe sich im Prozesse damit begnügen kann, zu beantragen, daß seine Verurteilung nur unter Vorbehalt der beschränkten Haftung erfolge, wie der Vorbehalt zu lauten hat und ob er auf Grund eines solchen Vorbehalts noch in der Zwangsvollstreckung die Einwendung der Erschöpfung des Nachlasses erheben kann. Die Rechtslehre (Strohal II § 75 III 4 bei A 29—30; auch Planck in der 3. Aufl., anders die 4. Aufl.) bejaht grundsätzlich die Zulässigkeit des Vorbehalts, nimmt aber an, daß die in § 780 ZPO bestimmte Fassung des Vorbehalts nicht genüge, vielmehr die besondere Beschränkung der Haftung aus § 1973 als einem ausgeschlossenen Gläubiger gegenüber eingetreten darin bereits zum Ausdrucke gekommen sein müsse. RG 61, 222 hat beide Fragen hinsichtlich des Erben dahingestellt gelassen; dem Nachlaßverwalter aber die Verweigerung der Befriedigung noch in der Zwangsvollstreckung gestattet. OLG 9, 385 hält anscheinend einen Vorbehalt gegenüber einem ausgeschlossenen Gläubiger überhaupt nicht für erforderlich. Der richtige Standpunkt dürfte folgender sein: Da es sich auch im Falle des § 1973 um eine Beschränkung der Haftung des Erben handelt (vgl. A 1), wird der Anwendung des § 780 ZPO auch auf diesen Fall nichts entgegenstehen. Für die Annahme, daß der Vorbehalt der beschränkten Haftung nicht genüge, vielmehr im Urteile bereits zum Ausdruck gekommen sein müsse, daß die Beschränkung infolge Ausschlusses durch Aufgebot gemäß § 1973 eingetreten sein soll, ist aus der Fassung des Gesetzes ein Anhaltspunkt nicht zu entnehmen; es dürfte auch sachlich nichts entgegenstehen, die Frage, ob und in welcher Weise eine Beschränkung eingetreten ist, auch in diesem Falle der Begründung der in der Zwangsvollstreckung zu erhebenden Einwendung zu überlassen (RG 83, 330; vgl. auch RG 137, 54). Anderseits wird (was in RG 83, 330 dahingestellt gelassen ist) auch unbedenklich Abs 2 des § 780 Anwendung finden können, so daß der Fiskus als gesetzlicher Erbe, der Testamentvollstrecker und der Nachlaßpfleger sich noch in der Zwangsvollstreckung auf § 1973 auch dann berufen können, wenn das Urteil ihnen gegenüber ohne Vorbehalt ergangen ist. Gleiches wird aber auch dem Erben freistehen, wenn aus einem dem Nachlaßpfleger oder dem Testamentsvollstrecker gegenüber ergangenen Urteile gegen ihn im Wege der Zwangsvollstreckung vorgegangen wird.

Ist in einem Vorprozesse der Eintritt des Erben in eine Nachlaßverbindlichkeit (Verpflichtung zu einer Verwaltung) unter Beschränkung des Klägers wegen seines Ausschlusses durch Aufgebot nach § 1973 ausgesprochen, so kann in dem Nachprozesse über diese Verpflichtung der Erbe die Erschöpfung des Nachlasses geltend machen (RG 19. 11. 20 III 216/20). Durch die Ausschließung wird das Recht, die Forderung zur Begründung der Einrede des nicht erfüllten gegenseitigen Vertrags (§§ 320ff.) oder zur Aufrechnung gegen Nachlaßforderungen zu benutzen, nicht berührt; § 390 Satz 1 steht nicht entgegen, da das Aufrechnungsrecht bereits vorher erwachsen war (§ 389, vgl. auch RG 42, 142).

3. Inhalt der Einrede. Der Einwand kann dahin gehen, daß die Nachlaßaktiva durch Verwendung in irgendwelcher Weise, auch durch Befriedigung ausgeschlossener Gläubiger oder von Pflichtteils- usw. Berechtigten oder auch durch Untergang, Abhandenkommen usw. der Nachlaßgegenstände bereits erschöpft seien, oder aber dahin, daß sie durch die noch ausstehende Befriedigung nicht ausgeschlossener Gläubiger erschöpft werden. Eine noch nicht erfolgte Befriedigung ausgeschlossener Gläubiger kann die Erschöpfungseinrede nur begründen, falls der Erbe zu ihrer Befriedigung bereits rechtskräftig verurteilt ist (Abs 2 Satz 3; vgl. A 8). Auf eine noch nicht erfolgte Befriedigung von Pflichtteils- usw. Berechtigten kann sich der Erbe überhaupt nicht berufen (Abs 1 Satz 2; vgl. A 4). Einem nicht ausgeschlossenen Gläubiger steht ein Widerspruchsrecht gegen die Zwangsvollstreckung ausgeschlossener Gläubiger in den Nachlaß nicht zu (OLG 5, 230).

4. Über die Stellung der **Verbindlichkeiten aus Pflichtteilsrechten, Vermächtnissen und Auflagen** vgl. § 1972 A 1, 2. Nichteinhaltung dieser Vorschrift macht den Erben auch den ausgeschlossenen Gläubigern gegenüber verantwortlich in der Weise, daß er den dafür verwendeten Betrag oder Vermögenswert nicht als Verringerung seiner Bereicherung aus dem Nachlasse (vgl. A 5b) in Abzug bringen darf. Nicht ausgeschlossenen Gläubigern haftet er dafür aus § 1978. Bloße Kenntnis der Forderung des ausgeschlossenen Gläubigers hindert den Erben nicht an der Befriedigung von Pflichtteils- usw. Berechtigten; es bedarf der gerichtlichen oder außergerichtlichen **Geltendmachung;** also Mahnung genügt. Soweit solche Verbindlichkeiten vorher befriedigt worden sind, steht aber dem ausgeschlossenen Gläubiger das Anfechtungsrecht aus KO § 222, AnfG § 3a gegenüber dem befriedigten Berechtigten zu.

5. Der **„Überschuß“** ist dasjenige, was nach den oben entwickelten Grundsätzen dem Erben noch als Bereicherung aus dem Nachlasse verbleibt. Für die Berechnung des Überschusses sind daher die Vorschriften der §§ 818, 819 maßgebend.

a) Danach sind **dem ursprünglichen Aktivbestande** des Nachlasses die gezogenen Nutzungen sowie dasjenige **zuzurechnen,** was der Erbe auf Grund zum Nachlasse gehöriger Rechte oder als Ersatz für die Zerstörung, Beschädigung oder Entziehung von Nachlaßgegenständen erlangt hat (Surrogate). Auch die Verbindlichkeiten und Lasten, die dem Erben gegenüber dem Erblasser oblagen und die durch Vereinigung erloschen sind, müssen dem Nachlasse zugerechnet werden.

b) Anderseits sind **abzuziehen** die durch Vereinigung erloschenen Forderungen und Rechte des Erben gegenüber dem Erblasser. Ferner die Forderungen der nicht ausgeschlossenen Gläubiger, auch soweit sie noch nicht berichtigt sind, jedoch die Ansprüche aus Pflichtteilsrechten usw. nur, soweit sie bereits vor der Geltendmachung des Anspruchs des ausgeschlossenen Gläubigers berichtigt waren (vgl. A 4); die Ansprüche anderer ausgeschlossener Gläubiger nur, soweit sie bereits berichtigt sind (A 1, 3). Sodann alle Aufwendungen, die der Erbe auf den Nachlaß gemacht hat, ohne Rücksicht auf ihre Notwendigkeit und Nützlichkeit (in letzterem Falle unter Anrechnung der dadurch bewirkten Wertsteigerung), auch etwaige nicht geschuldete Leistungen an vermeintliche Nachlaßgläubiger, in welchem Falle eine etwa entstandene condictio indebiti dem Nachlaßbestande zuzurechnen ist; endlich alles, was der Erbe ohne Gegenleistung, also namentlich auch schenkweise, aus dem Nachlasse fortgegeben hat.

c) Für die Frage, ob ein Überschuß vorhanden, ist nicht der Zeitpunkt der Rechtshängigkeit des Anspruchs, sondern, wenn sie im Hauptprozesse zur Entscheidung kommt, der **Zeitpunkt** des in diesem ergehenden Urteils, wenn sie auf Einwendung in der Zwangsvollstreckung zu entscheiden ist (vgl. A 2), der Beginn der Zwangsvollstreckung maßgebend. Der Erbe kann also auch noch nach der Rechtshängigkeit nicht ausgeschlossene und andere ausgeschlossene Gläubiger nach Maßgabe von A 1 befriedigen.

d) Eine **Haftung des Erben** für sein Gebaren mit dem Nachlasse tritt jedoch mit dem Zeitpunkte ein, in welchem der Anspruch des Gläubigers rechtshängig geworden oder der Erbe auch nur Kenntnis von ihm erlangt hat (§§ 819, 292). Von da ab ist er auch dem ausgeschlossenen Gläubiger gegenüber zur Sorgfalt in bezug auf den Nachlaß verpflichtet; er haftet also für schuldhaft nicht gezogene Nutzungen (§ 987) und für durch seine Schuld eintretende Verschlechterung, Untergang oder sonstige Herausgabeunmöglichkeit der Nachlaßgegenstände (§ 989); weitere Aufwendungen, die durch die anzuwendende Sorgfalt nicht geboten waren, kann er nicht mehr abziehen. Diese Haftung ist eine dem Erben persönlich obliegende Verbindlichkeit, für die er mit seinem eigenen Vermögen einzustehen hat; sie gilt nicht (wie im Falle des § 1978 Abs 2) als zum Nachlasse gehörend.

e) Besonderheiten: Auch während des Nachlaßkonkurses kann der durch Aufgebot ausgeschlossene Nachlaßgläubiger gegen den Erben auf Herausgabe des „Überschusses" klagen, sofern feststeht, daß ein solcher nach Befriedigung der nicht ausgeschlossenen Nachlaßgläubiger im Konkursverfahren vorhanden ist (RG 14. 4. 13 IV 603/12, unter Bezugnahme auf RG 29, 73). Hat der Erbe eine ausgeschlossene fiskalische Steuerforderung infolge Androhung der Zwangsvollstreckung aus seinem Vermögen bezahlt, so kann er den bezahlten Betrag, soweit er den „Überschuß" übersteigt, vom Fiskus zurückfordern (RG 64, 248). — Für die streitige Frage der Bereicherungshaftung gegenüber einem bei Liquidation eines Vereins, einer Aktiengesellschaft oder einer GmbH unter Beobachtung der gesetzlichen Vorschriften (§§ 50ff. BGB, 208, 213 AktG, 73 GmbHG) ausgeschlossenen Gläubiger läßt sich nach Ansicht des Reichsgerichts (RG 124, 215) die in § 1973 Abs 2 bestimmte Bereicherungshaftung nicht in bejahendem Sinne verwerten, da hier nicht, wie in den genannten Fällen, eine Sperrfrist für die Vereinigung der in Frage kommenden Vermögensmassen vorgeschrieben sei.

6. Die **Herausgabe** hat zu erfolgen nicht etwa „im Wege der Zwangsvollstreckung", so daß freiwillige Herausgabe ausgeschlossen wäre (OLG 11, 227), sondern „zum Zwecke der Befriedigung des Gläubigers im Wege der Zwangsvollstreckung", also nicht so, daß der Gläubiger unmittelbar Eigentümer würde und dadurch Befriedigung erlangte, sondern zur Verwertung durch Zwangsvollstreckung. Doch wird bei freiwillig herausgegebenen Geldbeträgen eine Pfändung und Ablieferung durch den Gerichtsvollzieher (ZPO § 815) nicht erforderlich sein. Im übrigen hat der Erbe die Pfändung oder Beschlagnahme durch den Gerichtsvollzieher oder das Vollstreckungsgericht zu dulden und die Nachlaßgegenstände zu diesem Zwecke zur Verfügung zu stellen (RG 137, 53; vgl. aber A 7). Der herauszugebende Überschuß ist ein Inbegriff von Gegenständen im Sinne des § 260. Der Erbe ist daher verpflichtet, ein Bestandsverzeichnis vorzulegen und den Offenbarungseid nach § 260 Abs 2 zu leisten. Dagegen ist er nicht verpflichtet, über die Verwaltung des Nachlasses Rechenschaft zu legen (Kipp-Coing § 92 Anm 2; Planck-Flad 4 A § 79 4 c α).

7. Der Erbe ist nicht verpflichtet, die noch vorhandenen Nachlaßgegenstände in Natur herauszugeben; es steht ihm vielmehr (abweichend von dem Falle des § 1990 Abs 1 Satz 2, aber in Übereinstimmung mit §§ 1992 Satz 2 und 1477 Abs 2) das **Recht** zu, die **Nachlaßgegenstände durch Zahlung ihres Wertes einzulösen.** Darin liegt eine Abweichung von der Haftung cum viribus hereditatis. Der Wert ist nach der Zeit zu bemessen, zu welcher das Recht ausgeübt wird, und durch Schätzung zu ermitteln; Angaben in einem etwa errichteten Inventar (§ 2001) können nur als Anhaltspunkte in Betracht kommen.

Streitig ist, ob der Erbe den Nachlaß soweit zurückbehalten kann, als ihm Ersatzforderungen für Aufwendungen zustehen oder ob er ihn ganz zur Zwangsvollstreckung stellen muß und darauf angewiesen ist, aus dem Erlöse Befriedigung vor dem Gläubiger zu verlangen. Für erstere Meinung Planck, für letztere Strohal bei Planck Erl 5 c α und Flad ebenda, 4. Aufl., Erl 5 c β Abs 2; vgl. auch RG 139, 202; Warn 1914 Nr 313. Der Wortlaut, wonach nur der „Überschuß" herauszugeben ist, spricht für die dem Erben günstigere Meinung, die auch der vom Gesetze dem ausgeschlossenen Gläubiger angewiesenen Stellung mehr entsprechen dürfte, derzufolge er nur auf die Bereicherung Anspruch hat.

8. Aus Billigkeitsgründen ist für die Berechnung des Überschusses der bereits erfolgten wirklichen Befriedigung eines ausgeschlossenen Gläubigers (vgl. A 1) die **rechtskräftige Verurteilung zur Befriedigung** gleichgestellt, da sich ihr der Erbe nicht mehr durch Hinweis auf nachträglichen Wegfall der Bereicherung durch Befriedigung eines anderen Gläubigers entziehen kann. Der Erbe kann deshalb die Forderung eines ausgeschlossenen Gläubigers, zu deren Befriedigung er rechtskräftig verurteilt ist, einem anderen ausgeschlossenen Gläubiger gegenüber so zur Anrechnung bringen, als wenn er sie bereits befriedigt hätte.

9. **Beweislast.** Der Erbe hat die seine Befriedigungsverweigerung begründende Einrede der Erschöpfung des Nachlasses darzutun. Dazu gehört als Grundlage der Berechnung die Feststellung des ursprünglichen Bestandes des Nachlasses. Hat der Erbe rechtzeitig ein Inventar (§ 1993) errichtet, so wird dadurch die Vermutung, daß keine anderen Nachlaßgegenstände vorhanden waren, begründet (§ 2009). Der Gläubiger kann diese Vermutung durch alle Beweismittel widerlegen. Er kann auch seinerseits den Erben zur Errichtung eines Inventars gemäß § 1994 anhalten. Steht der ursprüngliche Bestand des in das Vermögen des Erben gelangten Nachlasses fest, so muß der Erbe ferner beweisen, daß er nicht mehr bereichert ist (§ 818 Abs 3). Er hat also darzutun, was bisher schon aus dem Nachlasse weggegeben ist oder wodurch sich sonst sein ursprünglicher Bestand vermindert hat, und ferner, welche nicht ausgeschlossenen Gläubiger noch zu befriedigen sind. Ist die Verminderung durch Befriedigung von Pflichtteils- usw. Berechtigten herbeigeführt, so hat der Erbe den Zeitpunkt der Befriedigung, der Gläubiger, wenn er die Anrechnung nicht anerkennt, den Zeitpunkt der Geltendmachung seines Anspruchs (Abs 1 Satz 2 Halbsatz 2) zu beweisen. – Behauptete Zugänge oder Surrogate hat der Gläubiger darzutun. Der Erbe ist gemäß § 260 verpflichtet, ein Verzeichnis des Überschusses vorzulegen.

§ 1974

Ein Nachlaßgläubiger, der seine Forderung später als fünf Jahre nach dem Erbfalle dem Erben gegenüber geltend macht, steht einem ausgeschlossenen Gläubiger gleich, es sei denn, daß die Forderung dem Erben vor dem Ablaufe der fünf Jahre bekannt geworden oder im Aufgebotsverfahren angemeldet worden ist. Wird der Erblasser für tot erklärt oder wird seine Todeszeit nach den Vorschriften des Verschollenheitsgesetzes festgestellt, so beginnt die Frist nicht vor dem Eintritt der Rechtskraft des Beschlusses über die Todeserklärung oder die Feststellung der Todeszeit.

Die dem Erben nach § 1973 Abs 1 Satz 2 obliegende Verpflichtung tritt im Verhältnisse von Verbindlichkeiten aus Pflichtteilsrechten, Vermächtnissen und Auflagen zueinander nur insoweit ein, als der Gläubiger im Falle des Nachlaßkonkurses im Range vorgehen würde.

Soweit ein Gläubiger nach § 1971 von dem Aufgebote nicht betroffen wird, finden die Vorschriften des Abs. 1 auf ihn keine Anwendung.

E II 1849; P 5 795, 796; KB 312, 313.

Übersicht:

Verspätete Geltendmachung einer Forderung

1. In gleicher Weise, wie durch die Durchführung eines Aufgebotsverfahrens (§§ 1970 bis 1973) soll der Erbe, ohne ein solches durchführen zu müssen, geschützt werden gegen Ansprüche von Nach-

laßgläubigern, die erst lange Zeit nach dem Erbfalle sich melden und ihm bis dahin unbekannt geblieben sind, sog. **„verschwiegene Forderungen“.** Hat ein Aufgebotsverfahren stattgefunden, so sind die Ansprüche der in diesem angemeldeten Gläubiger durch die Anmeldung auch gegenüber dem Zeitablaufe gewahrt; gegenüber den durch das Verfahren ausgeschlossenen Gläubigern ist der Erbe durch § 1973 gedeckt; die durch das Aufgebot nicht betroffenen Gläubiger des § 1971 werden auch durch den Zeitablauf gemäß § 1974 nicht betroffen (vgl. Abs 3). Die Vorschrift des § 1974 hat deshalb in diesem Falle nur Bedeutung gegenüber den nach § 1972 von dem Aufgebot nicht betroffenen Gläubigern, also gegenüber Ansprüchen aus Pflichtteilsberechtigungen, Vermächtnissen und Auflagen; ferner aber auch gegenüber solchen Forderungen, die erst nach Beginn der Anmeldefrist in dem Aufgebotsverfahren oder (wenn man der anderen Ansicht folgt, vgl. § 1970 A 1) nach Erlaß des Ausschlußurteils entstanden sind.

2. Auch Forderungen, die bis zum Ablaufe der fünfjährigen Frist nur als bedingte oder betagte bestanden haben oder nur erst nach ihrem Grunde entstanden waren, unterliegen wie dem Aufgebote (vgl. § 1970 A 1), so auch der Beschränkung durch Zeitablauf. Sie können zur Vermeidung dieses Rechtsnachteils außergerichtlich, allerdings wohl nur durch das Verlangen eines Anerkenntnisses, oder auch, wenn dieses verweigert wird, gerichtlich im Wege der Feststellungsklage nach ZPO § 256, für die das erforderliche Feststellungsinteresse durch den drohenden Ablauf der Frist gegeben sein wird, oder durch Klage auf künftige Leistung gemäß §§ 257–259, deren Voraussetzungen gleichfalls vorliegen werden, **geltend gemacht** werden. Auch die Geltendmachung der Forderung gegenüber dem Nachlaßpfleger (einschließlich des Nachlaßverwalters), dem verwaltenden Testamentsvollstrecker sowie dem vorläufigen Erben, der später die Erbschaft ausgeschlagen hat (§ 1959 Abs 3), genügt zur Vermeidung des Rechtsnachteils. Nach dem Wortlaute und dem praktischen Zwecke des Gesetzes fallen aber auch solche Forderungen, die erst nach Ablauf der fünf Jahre als Nachlaßforderungen entstehen und deshalb nicht vorher geltend gemacht werden konnten, darunter, selbstverständlich nur soweit sie bloße Nachlaßverbindlichkeiten und nicht Eigenverbindlichkeiten des Erben sind, für die er persönlich haftet (vgl. § 1967 A 2, 3).

Fristberechnung nach §§ 187, 188. Es handelt sich um eine Ausschlußfrist; daher sind die Vorschriften über Hemmung der Verjährung (§§ 203, 206, 207) nicht anwendbar. Für den Fall der Todeserklärung vgl. Abs 1 Satz 2 und A 6.

3. Die **Rechtswirkungen des Fristablaufs** sind die gleichen wie diejenigen des Ausschlusses im Aufgebotsverfahren: die Haftung des Erben wird auf die Bereicherung beschränkt (vgl. § 1973 A 1–9). Wegen der Pflichtteilsrechte, Vermächtnisse und Auflagen vgl. A 7.

4. Auch ohne Geltendmachung der Forderung genügt es zur Vermeidung des Rechtsnachteils, daß sie **dem Erben während der Frist bekannt wird.** Die Kenntnisnahme des Nachlaßverwalters, des verwaltenden Testamentsvollstreckers oder des vorläufigen Erben derjenigen des Erben gleichzustellen (so Planck-Flad A 5a; Strohal II § 76 II 2), ist nicht unbedenklich, mindestens soweit es sich nicht um von ihnen oder ihnen gegenüber vorgenommene Rechtsgeschäfte handelt. Kennenmüssen (fahrlässiges Nichtkennen) steht dem Kennen nicht gleich. Aus einem solchen kann auch nicht (wie die zweite Auflage dieses Kommentars angenommen hat) ein Gläubiger, der die fünfjährige Frist versäumt hat, eine Schadensersatzpflicht auf Grund des § 1980 Abs 2 herleiten, weil ein solcher Gläubiger einem ausgeschlossenen Gläubiger gleichsteht und einem solchen der Erbe nur nach Maßgabe der Bereicherungsgrundsätze haftet (Planck-Flad A 5 Abs 2; vgl. § 1973 A 1, 5d). Auch aus § 228 Abs 2 KO ist zu entnehmen, daß der nach § 1974 einem ausgeschlossenen gleichstehende Gläubiger einen Anspruch auf Grund des § 1980 nicht erheben kann. Eine erweiterte Bereicherungshaftung aus § 819 (vgl. § 1973 A 5) kann nicht in Frage kommen, da auch sie wirkliche Kenntnis voraussetzt, bei deren Vorhandensein die Beschränkung der Haftung aus § 1974 ohnehin nicht eintritt.

Zum Kennen der Forderung wird hier genügen, daß der Erbe davon Kenntnis hat, daß der Gläubiger den Anspruch erhebt; von dem Begründetsein der Forderung braucht der Erbe nicht überzeugt zu sein.

5. Die **Anmeldung** in einem Aufgebotsverfahren nach § 1970 steht der Geltendmachung innerhalb der fünfjährigen Frist gleich und verhindert deshalb auch den Eintritt des Rechtsnachteils aus § 1974, auch wenn die Anmeldung etwa nicht zur Kenntnis des Erben gelangt sein sollte. Gläubiger aus Pflichtteilsrechten, Vermächtnissen und Auflagen, die zur Anmeldung im Aufgebotsverfahren nicht verpflichtet waren, sind, wenn sie trotzdem angemeldet haben, dadurch gegen die Folgen des Ablaufs der fünfjährigen Frist geschützt.

6. Die Frist beginnt, wenn der **Erblasser für tot erklärt** oder seine Todeszeit nach den Vorschriften des Verschollenheitsgesetzes festgestellt ist, nicht in dem Zeitpunkt, der in dem Beschluß als Todeszeitpunkt festgestellt ist. Andernfalls könnte die Frist des § 1974 abgelaufen sein, bevor eine Geltendmachung der Forderung gegenüber dem Erben überhaupt möglich war. § 1974 Abs 1 Satz 2 i. d. F. des Gesetzes zur Wiederherstellung der Gesetzeseinheit auf dem Gebiete des Bürgerlichen Rechts v. 5. 3. 1953 bestimmt daher, daß in diesen Fällen die Frist nicht vor dem Eintritt der Rechtskraft des Beschlusses über die Todeserklärung oder die Festsetzung der Todeszeit beginnt. Wird nachträglich ermittelt, daß der Verschollene zur Zeit des Ausspruchs der Todeserklärung noch nicht tot war, aber später gestorben ist, so beginnt die Frist erst mit dem ermittelten Zeitpunkte des wirklichen Todes. Nach der früher geltenden Fassung des § 1974 Abs 1 Satz 2 begann, wenn es zu einer Todeserklärung nicht kam, weil vorher der Zeitpunkt des wirklichen Todes ermittelt war, die Frist schon mit diesem Zeitpunkte der möglicherweise länger als fünf Jahre vor dem Bekanntwerden des Todes zurückliegen konnte, so daß der Gläubiger nicht in der Lage war, die Frist zu wahren. In solchen Fällen kann nach §§ 39ff. Verschollenheitsgesetz der Zeitpunkt des wirklichen Todes festgestellt werden. Nach der jetzt geltenden Fassung des Gesetzes beginnt dann die Frist mit dem Eintritt der Rechtskraft dieses Beschlusses.

7. Im Gegensatze zu dem Ausschlusse durch Aufgebot, von welchem die Verbindlichkeiten aus **Pflichtteilsrechten, Vermächtnissen und Auflagen** nicht betroffen werden (§ 1972), steht der Ablauf der Frist des § 1974 auch solchen Nachlaßgläubigern entgegen. Daß der Erbe solche Gläubiger erst nach anderen, die ihre Forderung, wenn auch verspätet, geltend machen, zu befriedigen hat, ergibt bereits die Anwendung des § 1973 Abs 1 Satz 2. Einer besonderen Regelung bedurfte es aber, wie der Erbe sich zu verhalten hat, wenn mehrere derartige Verbindlichkeiten nebeneinander in Betracht kommen. Der Erbe soll in solchem Falle nur dann verpflichtet sein, eine derartige Forderung, die nach Ablauf der Frist geltend gemacht wird, vor anderen noch nicht befriedigten derartigen Forderungen zu berichtigen, wenn jene diesen im Falle des Nachlaßkonkurses vorgehen würde. Nach § 226 Abs 2 Nr 4, 5 und Abs 4 KO gehen im Nachlaßkonkurse Verbindlichkeiten gegenüber Pflichtteilsberechtigten den Verbindlichkeiten aus Vermächtnissen und Auflagen vor und wird hieran auch durch den Fristablauf nichts geändert; der Pflichtteilsberechtigte ist daher ungeachtet des ihm gegenüber eingetretenen Fristablaufs vor einem Vermächtnisnehmer oder einer Auflagenverbindlichkeit zu befriedigen, auch wenn diese Forderungen nicht „verschwiegen" worden sind. Dagegen geht unter mehreren Verbindlichkeiten aus Pflichtteilsrechten untereinander oder unter mehreren Vermächtnis- und Auflageverbindlichkeiten untereinander diejenige, hinsichtlich deren eine Verschweigung nicht eingetreten ist, denjenigen, bei denen das der Fall ist, vor. Eine abweichende Rangordnung kann sich aus § 226 Abs 3 KO ergeben, wenn es sich um ein den Pflichtteil ausschließendes Vermächtnis (§ 2307) handelt oder wenn der Erblasser eine anderweite Rangordnung unter Vermächtnissen und Auflagen angeordnet hat.

8. Die mit **dinglichen Sicherungsrechten an einzelnen Nachlaßgegenständen** ausgestatteten Gläubiger des § 1971 bleiben auch von dem Ablaufe der fünfjährigen Frist unberührt, soweit sie sich auf die Befriedigung aus den ihnen verhafteten Gegenständen beschränken. Soweit sie Ausfallsforderungen geltend machen, stehen sie den übrigen Gläubigern gleich. Handelt es sich um dingliche Sicherungsrechte an Grundstücken, so kann der Erbe gemäß § 175 ZVG die Zwangsversteigerung beantragen, und es tritt dann im Falle des § 179 schon vor Ablauf der fünfjährigen Frist eine Beschränkung des Berechtigten auf das ihm verhaftete Grundstück ein (vgl. § 1971 A 2).

9. **Beweislast.** Der Gläubiger, der nach Ablauf von fünf Jahren seit dem Erbfall den Erben auf mehr als die Bereicherung (A 3) in Anspruch nehmen will, hat zu beweisen, daß der Anspruch bereits vor Ablauf der fünf Jahre geltend gemacht oder dem Erben sonst bekannt geworden oder daß er im Aufgebotsverfahren angemeldet worden ist. Im übrigen vgl. § 1973 A 9, insbesondere auch für den Fall der Verkürzung durch Befriedigung von Pflichtteilsberechtigten usw. Haftet der Erbe allen oder einzelnen Gläubigern gegenüber „unbeschränkt", so muß er, wenn er sich gegenüber einem Gläubiger, dem er in dieser Weise haftet, auf den Ablauf der fünfjährigen Frist berufen will, nachweisen, daß seine unbeschränkte Haftung erst nach Ablauf der Frist eingetreten ist (§ 2013 Abs 1; vgl. § 1973 A 1c). — Haftung des Miterben § 2060 Nr 2.

III. Beschränkung der Haftung des Erben

§ 1975

Die Haftung des Erben für die Nachlaßverbindlichkeiten beschränkt sich auf den Nachlaß, wenn eine Nachlaßpflegschaft zum Zwecke der Befriedigung der Nachlaßgläubiger (Nachlaßverwaltung) angeordnet oder der Nachlaßkonkurs eröffnet ist.

E I 2110 Abs 1 II 1850; M 5 623–625; P 5 488, 759–762, 807–810.

Übersicht:

Nachlaßverwaltung und Nachlaßkonkurs

1. a) Allgemeines. Grundsätzliches über die **Beschränkung der Haftung des Erben** für die Nachlaßverbindlichkeiten auf den Nachlaß vgl. Vorbem I vor § 1967. Das regelmäßige Mittel zur Herbeiführung dieser Beschränkung gegenüber der Gesamtheit der Gläubiger ist die Anordnung der Nachlaßverwaltung oder die Eröffnung des Nachlaßkonkurses, erstere im Falle der Zulänglichkeit des Nachlasses, letztere bei Überschuldung. An Stelle des Nachlaßkonkurses kann zu dessen Abwendung das Vergleichsverfahren über den Nachlaß beantragt werden (s. hierüber Vorbem II 3b vor § 1967).

b) Voraussetzung für den Eintritt der Beschränkung ist, daß der Erbe nicht bereits gegenüber der Gesamtheit der Nachlaßgläubiger infolge von Versäumung der Inventarfrist (§ 1994) oder ungetreuen Inventars (§ 2005) unbeschränkt, d. h. nicht mehr beschränkbar, haftet (Vorbem II, 1 vor § 1967). Die unbeschränkte Haftung einzelnen Gläubigern gegenüber, wie sie durch Nichtleistung des Offenbarungseides (§ 2006), oder dadurch, daß die Beschränkung im Urteil nicht vorbehalten wird (ZPO § 780), eintritt, hindert den Erben nicht, durch Herbeiführung der genannten Maßnahmen die Beschränkung gegenüber der Gesamtheit zu bewirken (§ 2013 Abs 2); doch bleibt er demjenigen Gläubiger, dem er bereits unbeschränkt haftet, in dieser Weise haftbar, auch wenn der Nachlaßkonkurs eröffnet ist (RG 59, 305). Der allen Nachlaßgläubigern gegenüber unbeschränkt haftende Erbe ist nicht mehr zum Antrage auf Nachlaßverwaltung berechtigt (§ 2013); wohl aber noch zum Antrage auf Nachlaßkonkurs (KO §§ 216, 217). Der Antrag auf Eröffnung des Nachlaßvergleichsverfahrens kann nicht mehr gestellt werden, wenn der Erbe oder einer der Erben allen oder einzelnen Nachlaßgläubigern gegenüber unbeschränkt haftet (§ 113 Nr 3 VglO).

c) Antragsrecht der Gläubiger: Die durch Nachlaßverwaltung oder Nachlaßkonkurs zugleich eintretende Absonderung des Nachlasses von dem eigenen Vermögen des Erben dient auch dem Interesse der Nachlaßgläubiger; deshalb sind auch diese nicht nur zu dem Antrag auf Nachlaßkonkurs, sondern unter gewissen Voraussetzungen (§ 1981 Abs 2) auch auf Nachlaßverwaltung berechtigt, und zwar auch wenn der Erbe bereits unbeschränkt haftet. Auf die von einem Nachlaßgläubiger herbeigeführte Maßnahme kann sich auch der Erbe berufen, wenn er nicht das Beschränkungsrecht bereits allgemein verloren hatte. Die Eröffnung des Nachlaßvergleichsverfahrens kann von den Nachlaßgläubigern nicht beantragt werden (§ 113 Nr 1 VglO).

d) Beginn der Haftungsbeschränkung: Die Beschränkung tritt ein mit dem Zeitpunkte der Anordnung der Nachlaßverwaltung oder der Eröffnung des Konkurses oder des Nachlaßvergleichsverfahrens; doch kann bereits vorher der Erbe den Vorbehalt der Beschränkung im Urteile verlangen (ZPO § 780), da er nur in diesem Falle bei der Zwangsvollstreckung sich auf die eingetretene Beschränkung berufen kann (§ 785).

e) Dauer der Haftungsbeschränkung: Die Fassung des Gesetzes muß die Annahme nahelegen, daß durch die Herbeiführung einer der dort bezeichneten Maßnahmen eine endgültige Beschränkung der Haftung des Erben auf den Nachlaß bewirkt werde, sofern er nicht etwa bereits unbeschränkbar haftet; doch ist das nicht unbestritten; vielmehr wird die Meinung vertreten, daß die Anordnung der Nachlaßverwaltung nur für deren Dauer die Wirkung der Beschränkung habe (s. Näheres über diese Streitfrage § 1986 A 4). Wegen der Wirkung des Nachlaßkonkurses nach seiner Beendigung auf die Beschränkung der Haftung s. § 1989 A 1.

f) Wirkung auf andere als Zahlungsverbindlichkeiten: Die Beschränkung ist nicht nur bei Verbindlichkeiten zu Geldleistungen, sondern auch zu vermögensrechtlichen Handlungen (Löschungsbewilligung einer Hypothek, RG Gruch 56, 1005) oder zur Abgabe von Willenserklärungen (Zession einer Forderung, RG 49, 115) von Bedeutung, und es kann deshalb auch in solchen Fällen ein entsprechender Vorbehalt im Urteile verlangt werden; die Vorschrift des § 894 ZPO kann alsdann keine Anwendung finden (RG aaO.).

g) Fortführung des Handelsgeschäfts: Eine unbeschränkte und nicht mehr beschränkbare Haftung des Erben tritt gemäß § 27 HGB für die Geschäftsschulden des Nachlasses ein durch Fortführung des Geschäfts des Erblassers mit der Firma nach Ablauf der in Abs 2 des § 27 vorgesehenen Überlegungsfrist; vgl. auch zu § 2032 A 3b.

2. Die **Nachlaßverwaltung** ist eine Unterart der Nachlaßpflegschaft, aber mit der Besonderheit, daß sie dem Zwecke der Befriedigung der Nachlaßgläubiger dient; über die rechtliche Stellung des Nachlaßverwalters vgl. zu § 1985 A 1. Im übrigen unterliegt die Nachlaßverwaltung den allgemeinen Vorschriften über die Pflegschaft (§ 1960 A 5), soweit nicht Abweichendes bestimmt ist (HRR 1932 Nr 956). An die Stelle des Vormundschaftsgerichts tritt das Nachlaßgericht (§ 1962). Die Nachlaßverwaltung wird dadurch nicht ausgeschlossen, daß ein Testamentsvollstrecker (§ 2205) bestellt ist, auch nicht dadurch, daß ein den Nachlaß ganz oder teilweise umfassendes Entschuldungsverfahren schwebt (DNotZ 1935, 833). Näheres vgl. §§ 1981 bis 1988. — Gebühren für die Nachlaßverwaltung: § 98 KostO.

3. Die Regelung des **Nachlaßkonkurses** ist in die KO (§§ 214—235) verwiesen. Daraus sei an dieser Stelle folgendes hervorgehoben: Die Eröffnung setzt die Überschuldung des Nachlasses voraus (§ 215); diese kann auch auf Pflichtteilsrechten, Vermächtnissen und Auflagen beruhen (RG Gruch 52, 1081), obwohl solche für die Pflicht des Erben, Konkurs zu beantragen, außer Betracht bleiben (§§ 1980 Abs 1 Satz 2 und 1992). Die Eröffnung kann auch vor der Annahme der

Erbschaft (BGB § 1943) erfolgen (§ 216). Antragsberechtigt ist außer dem Erben (auch jedem einzelnen Miterben) und jedem Nachlaßgläubiger (vgl. A 1) der verwaltende Testamentsvollstrecker und der Nachlaßverwalter; vgl. §§ 1985 Abs 2 Satz 2, 1980 (KO § 217). In dem Verfahren kann jede Nachlaßverbindlichkeit geltend gemacht werden; doch werden gewisse Arten von solchen erst nach allen übrigen und untereinander wieder in bestimmter Reihenfolge befriedigt, nämlich: 1. die seit der Eröffnung des Verfahrens laufenden Zinsen der Konkursforderungen, die im gewöhnlichen Konkurs überhaupt nicht geltend gemacht werden können (KO § 63 Nr 1); 2. die gegen den Erblasser erkannten Geldstrafen; 3. Verbindlichkeiten aus Freigebigkeiten des Erblassers unter Lebenden; 4. Verbindlichkeiten gegenüber Pflichtteilsberechtigten; 5. Verbindlichkeiten aus Vermächtnissen und Auflagen (KO § 226). Vgl. hinsichtlich Nr 4 u. 5 auch §§ 1973 A 4, 1974 A 7. Die vorstehend aufgeführten Nachlaßgläubiger sind am Nachlaßvergleichsverfahren nicht beteiligt und werden von einem Vergleiche nicht betroffen, können aber während der Dauer des Verfahrens nicht in den Nachlaß vollstrecken (§ 113 Nr 7 VglO). — Masseschulden: KO § 224; vgl. § 1967 A 3 sowie § 113 Nr 6 VglO. — Die vor Eröffnung des Verfahrens erfolgte Befriedigung von Pflichtteilsrechten, Vermächtnissen und Auflagen ist in gleicher Weise wie eine unentgeltliche Verfügung des Erben anfechtbar, also wenn sie innerhalb eines Jahres vor der Eröffnung des Verfahrens oder innerhalb zwei Jahren zugunsten seines Ehegatten erfolgt ist (KO §§ 222, 32); vgl. auch § 1979 A 1. Im übrigen vgl. noch § 1976 A 1. Der Erbe ist während des Konkurses über den Nachlaß als Gemeinschuldner anzusehen; Konkursforderungen können deshalb gegen ihn in dieser Zeit nicht geltend gemacht werden; der Anspruch auf Erteilung von Auskunft über den Nachlaß (§ 2314) wird dadurch nicht berührt (RG 9. 10. 19 IV 130/19).

§ 1976

Ist die Nachlaßverwaltung angeordnet oder der Nachlaßkonkurs eröffnet, so gelten die infolge des Erbfalls durch Vereinigung von Recht und Verbindlichkeit oder von Recht und Belastung erloschenen Rechtsverhältnisse als nicht erloschen.

E I 2114 II 1851; M 5 631; P 5 768, 813.

1. Soweit mit dem Tode des Erblassers durch Vereinigung von Recht und Verbindlichkeit oder von Recht und Belastung ein Erlöschen eingetreten ist (vgl. § 1922 A 7), wird dieses Erlöschen mit rückwirkender Kraft (ex tunc) wieder rückgängig gemacht. Diese Rückgängigmachung tritt auch ein, wenn der Erbe unbeschränkt haftet (in § 2013 Abs 1 ist § 1976 absichtlich nicht mit angezogen, da die Absonderungswirkungen auch im Interesse der Nachlaßgläubiger bestimmt sind). Damit leben auch die Nebenrechte der untergegangenen Forderung (Pfand, Bürgschaft) wieder auf. Der Erbe kann seine Ansprüche gegen den Erblasser im Nachlaßkonkurs (§ 225 Abs 1 KO) und im Nachlaßvergleichsverfahren geltend machen (Vogels A IV, 3 zu § 113; s. oben Vorbem II 3 a u. b vor § 1967). Gleiche Bestimmung, aber nur im Verhältnisse zwischen den Beteiligten, bei der Unzulänglichkeitseinrede (§ 1991 Abs 2) und beim Erbschaftskaufe (§ 2377); ferner bei Eintritt der Nacherbfolge (§ 2143) und bei dem Vermächtnisse des § 2175. — Auf das nicht durch Erbfolge, sondern zufolge des Gesellschaftsvertrags gemäß §§ 138 HGB, 738 BGB eingetretene Anwachsen des Anteils eines verstorbenen Gesellschafters einer offenen Handelsgesellschaft an den überlebenden Gesellschafter (vgl. zu § 738 A 2) kann § 1976 keine Anwendung finden (RG 136, 97). Aus § 1976 kann nicht gefolgert werden, daß in den dort bezeichneten Fällen auch neue Rechtsverhältnisse, insbesondere ein durch Hypothek zu sicherndes Darlehen, begründet werden können, kraft deren der Alleinerbe Schuldner des Nachlasses würde, da durch die Nachlaßverwaltung ihm zwar die Verfügung über das Nachlaßvermögen entzogen wird (§ 1984), er aber selbst Subjekt dieses Vermögens bleibt (so wohl rechtlich zutreffend KG HRR 1932 Nr 1661).

§ 1977

Hat ein Nachlaßgläubiger vor der Anordnung der Nachlaßverwaltung oder vor der Eröffnung des Nachlaßkonkurses seine Forderung gegen eine nicht zum Nachlasse gehörende Forderung des Erben ohne dessen Zustimmung aufgerechnet, so ist nach der Anordnung der Nachlaßverwaltung oder der Eröffnung des Nachlaßkonkurses die Aufrechnung als nicht erfolgt anzusehen.

Das gleiche gilt, wenn ein Gläubiger, der nicht Nachlaßgläubiger ist, die ihm gegen den Erben zustehende Forderung gegen eine zum Nachlasse gehörende Forderung aufgerechnet hat.

E I 2116 II 1852; M 5 634—636; P 5, 769, 792—794, 813.

Übersicht:

Unwirksamwerden der Aufrechnung

1. Allgemeines. Es stehen sich gegenüber in Abs 1: Forderung gegen den Nachlaß, private Schuld des Nachlaßgläubigers an den Erben. In Abs 2: private Forderung gegen den Erben und Schuld des Gläubigers an den Nachlaß. In beiden Fällen steht der Aufrechnung nach dem Erbfalle zunächst nichts im Wege; denn die Nachlaßforderungen sind auf den Erben übergegangen (§ 1922 A 5b) und er ist Schuldner der Nachlaßverbindlichkeiten geworden (§ 1967 A 2). Erst die mit Anordnung der Nachlaßverwaltung oder Eröffnung des Nachlaßkonkurses erfolgende Trennung des Nachlaßvermögens und des Privatvermögens des Erben erfordert zu ihrer Durchführung die Beseitigung der eingetretenen Aufrechnungswirkung. Die Beseitigung ist aber in der Regel (vgl. jedoch A 4) gegenstandslos, wenn der Erbe allen Nachlaßgläubigern unbeschränkt haftet; daher schließt § 2013 Abs 1 Satz 1 für diesen Fall die Anwendung des § 1977 aus. Auf den Fall, daß der Erbe nur dem Aufrechnungsgegner gegenüber unbeschränkt haftet, erstreckt sich die Ausschließung nicht (§ 2013 Abs 2) und es kann hier die Trennung, wenigstens im Falle des § 1977 Abs 2, wegen der eingetretenen Verkürzung der übrigen Nachlaßgläubiger einen guten Sinn haben. Freilich bleibt die in A 4 noch hervorzuhebende Unstimmigkeit für den Fall der allgemein unbeschränkten Haftung des Erben bestehen. – Über die Anwendbarkeit des § 1977 im Nachlaßvergleichsverfahren s. oben Vorbem 2 Abs 4 vor § 1967.

2. Macht sich der Nachlaßgläubiger gegenüber dem Erben durch einseitige Aufrechnung mit seiner Privatschuld an den Erben bezahlt, so würde der Erbe, wenn diese Verwendung seiner Privatforderung auch im Falle der Nachlaßverwaltung oder des Nachlaßkonkurses bestehen bliebe, der durch diese Maßnahmen bewirkten Beschränkung seiner Haftung auf den Nachlaß insoweit verlustig gehen. Deshalb werden die beiderseitigen Forderungen wiederhergestellt. Anders, wenn die Aufrechnungserklärung vom Erben selbst ausging oder wenn er der gegnerischen Aufrechnung zugestimmt hatte (Aufrechnungsvertrag). In beiden Fällen bleibt er an die darin enthaltene Verfügung über seine Privatforderung gebunden, die Nachlaßschuld bleibt getilgt, der Erbe hat aber wegen der aus seinem eigenen Vermögen gemachten Aufwendung den Ersatzanspruch des § 1978 Abs 3, falls dessen Voraussetzungen vorliegen; andernfalls hat er einen Bereicherungsanspruch, und im Konkurse tritt die Surrogation in die Forderung des Nachlaßgläubigers gemäß KO § 225 Abs 2 (vgl. § 1979 A 1) ein.

3. Geht die Aufrechnung **einer gegen den Erben bestehenden Privatforderung gegen eine Nachlaßforderung vom Nachlaßschuldner aus** (Fall des Abs 2), so tilgt dieser damit seine Schuld an den Nachlaß, ohne daß deren Wert dem Nachlasse zugeführt wird. Dadurch werden, falls nachträglich Nachlaßverwaltung oder Nachlaßkonkurs eintritt, die Nachlaßgläubiger verkürzt und in deren Interesse (vgl. § 1975 A 1) ist die Aufrechnung auch in diesem Falle für wirkungslos erklärt. Anders auch hier, wenn die Aufrechnung vom Erben erklärt wird; dann verfügt er in seinem Interesse über die Nachlaßforderung, wozu er rechtlich befugt ist, und es verbleibt bei der Aufrechnung; der Erbe ist aber den Nachlaßgläubigern nach § 1978 Abs 1 ersatzpflichtig; ist er freilich zahlungsunfähig, so bleiben sie geschädigt. Das wird sinngemäß auch auf den Fall einer vom Erben erklärten Zustimmung zu einer vom Nachlaßschuldner ausgehenden Aufrechnnng anzuwenden sein (RG LZ 1916 Sp 1364), obwohl Planck-Flad (A 2) nicht zugegeben werden kann, daß der Wortlaut („Das gleiche gilt") ohne weiteres dazu berechtige (a. A. Kipp-Coing § 94 IV 3 Anm 13; Staudinger-Lehmann 11 A § 1977 A II 2 b). Eine Unstimmigkeit liegt darin, daß die Aufrechnung, durch welche die Nachlaßgläubiger verkürzt werden, gemäß § 2013 Abs 1 Satz 1 (vgl. A 1) aufrechterhalten bleibt, wenn der Erbe ihnen allgemein unbeschränkt haftet, so daß eine zu ihren Gunsten eingetretene Rechtslage sie benachteiligt (vgl. Strohal II § 78 A 6). Nach Kipp-Coing § 94 IV 3 soll daher § 1977 Abs 2 trotz des Wortlauts des § 2013 auch in diesem Fall gelten, da er eine Schutzvorschrift zugunsten der Nachlaßgläubiger ist.

4. Die **Aufrechnung gilt als nicht erfolgt,** die Aufrechnungswirkung ipso iure als aufgehoben. Mit den erloschenen Forderungen leben auch ihre Nebenrechte (Pfand, Bürgschaft) wieder auf. Auf die Zeit, zu welcher Schuld und Forderung entstanden sind, ob vor oder nach dem Erbfalle, kommt nichts an. Dagegen ist es selbstverständlich, daß die Aufrechnung nach dem Erbfall erklärt sein muß, da vorher die Forderungen sich nicht als aufrechnungsfähig unter denselben Personen (§ 387) gegenüberstanden und eine bedingte oder betagte Aufrechnungserklärung nicht zulässig ist (§ 388).

5. Nach Anordnung der Nachlaßverwaltung oder Eröffnung des Konkurses kann ein Nachlaßgläubiger seine Forderung nicht mehr gegen eine Privatforderung des Erben an ihn aufrechnen

(§§ 1975, 1984 Abs 1 Satz 3); ebensowenig ein Nachlaßschuldner eine ihm gegen den Erben zustehende Privatforderung gegen die Nachlaßforderung (§ 1984 Abs 2). Der Erbe seinerseits kann nicht mehr eine Nachlaßforderung gegen eine Privatschuld aufrechnen (§ 1984 Abs 1 Satz 1), wohl aber (wie jeder Dritte) eine Nachlaßschuld durch Aufrechnung einer ihm zustehenden Privatforderung tilgen. Im letzteren Falle hat er aber nicht den Ersatzanspruch nach den Grundsätzen des Auftrags, sondern nur nach denjenigen von der Geschäftsführung ohne Auftrag, also in der Regel nur auf die Bereicherung (§§ 1978 Abs 3, 683, 684). — Die Bestimmungen über Aufrechnung im Konkurse (§§ 53—56) bleiben im übrigen unberührt. — Mehrheit von Erben § 2040 Abs 2.

§ 1978

Ist die Nachlaßverwaltung angeordnet oder der Nachlaßkonkurs eröffnet, so ist der Erbe den Nachlaßgläubigern für die bisherige Verwaltung des Nachlasses so verantwortlich, wie wenn er von der Annahme der Erbschaft an die Verwaltung für sie als Beauftragter zu führen gehabt hätte. Auf die vor der Annahme der Erbschaft von dem Erben besorgten erbschaftlichen Geschäfte finden die Vorschriften über die Geschäftsführung ohne Auftrag entsprechende Anwendung.

Die den Nachlaßgläubigern nach Abs 1 zustehenden Ansprüche gelten als zum Nachlasse gehörend.

Aufwendungen sind dem Erben aus dem Nachlasse zu ersetzen, soweit er nach den Vorschriften über den Auftrag oder über die Geschäftsführung ohne Auftrag Ersatz verlangen könnte.

E I 2112 Satz 1, 2 II 1853; M 5 626—628; P 5 765, 766, 813, 814.

Übersicht:

Verantwortlichkeit des Erben

1. **Verantwortlichkeit des Erben für die bisherige Verwaltung.** Der Erbe ist grundsätzlich in der Verfügung über den Nachlaß ebensowenig beschränkt wie in derjenigen über sein eignes Vermögen. Er haftet daher an sich für sein Gebaren mit jenem den Nachlaßgläubigern ebensowenig wie seinen eignen Gläubigern für sein Gebaren mit diesem. Durch vorsätzliche oder fahrlässige Schädigung des Nachlasses verliert er auch nicht die rechtliche Möglichkeit der Beschränkung seiner Haftung. Ist aber Nachlaßverwaltung angeordnet oder Nachlaßkonkurs oder Nachlaßvergleichsverfahren (s. oben Vorbem 2 Abs 4 vor § 1967) eröffnet, sei es auf Antrag des Erben oder eines sonstigen Antragsberechtigten, so tritt nachträglich eine Verantwortlichkeit des Erben gegenüber den Nachlaßgläubigern für die vor dieser Zeit liegende Behandlung des Nachlasses ein. Er haftet in diesem Falle wie ein Verwalter fremden Gutes, und zwar für die Zeit nach der Annahme der Erbschaft nach den Grundsätzen vom Auftrag, für die vorherliegende Zeit seit dem Erbanfalle nach denen von der Geschäftsführung ohne Auftrag. Ein vor Anordnung der Nachlaßverwaltung oder Eröffnung des Nachlaßkonkurses von dem Erben in eigenem Namen, aber wirtschaftlich betrachtet zur Verwaltung des Nachlasses abgeschlossenes Rechtsgeschäft gilt in diesem Falle als für Rechnung des Nachlasses abgeschlossen (RG 134, 259). Daß der Erbe auch für eine vor Eintritt des Erbfalls über ein Recht des Erblassers getroffene Verfügung, die gemäß § 185 Abs 2 wirksam geworden ist, den Nachlaßgläubigern in gleicher Weise verantwortlich wäre, als wenn er nach Eintritt des Erbfalls verfügt hätte (Mot 5, 632), kann nicht zugegeben werden (so auch Planck-Flad A 2a Abs 2). — Die gleiche Verantwortlichkeit tritt ein, wenn er unter den Voraussetzungen der §§ 1990—1992 von den dort gewährten Einreden ohne Nachlaßverwaltung oder Nachlaßkonkurs Gebrauch macht (§ 1991). Haftet der Erbe unbeschränkt, so findet § 1978 keine Anwendung (§ 2013 Abs 1 Satz 1), obwohl auch dann noch Nachlaßverwaltung und Nachlaßkonkurs möglich sind (§ 1975 A 1 Abs 2). — Besondere Verantwortlichkeit des Erben § 1980, des Nachlaßverwalters § 1985 Abs 2 wegen nicht rechtzeitigen Konkursantrags.

2. Eine **Pflicht zur Verwaltung des Nachlasses** wird für den Erben durch die Annahme der Erbschaft begründet für den Fall, daß später Nachlaßverwaltung oder Konkurs oder Vergleichsverfahren eintritt. Nur nachdem dieser Fall oder der Fall der §§ 1990, 1992 eingetreten ist, können die Nachlaßgläubiger aus der nicht gehörigen Erfüllung dieser Verwaltungspflicht Schadensersatzansprüche erheben. Für die Verantwortlichkeit kommen die Vorschriften über den Auftrag (§§ 662

bis 676) zu „entsprechender" Anwendung, also nur insoweit, als sie zur Anwendung geeignet sind. Und zwar hat der Erbe Vorsatz und Fahrlässigkeit zu vertreten (§ 276), also für die im Verkehr erforderliche Sorgfalt, nicht nur für diligentia quam suis, einzustehen. In dieser Weise haftet er dafür, daß er den Nachlaß ordnungsmäßig in Besitz und Verwahr genommen, für seine Erhaltung gesorgt und die ordnungsmäßig daraus zu ziehenden Nutzungen gezogen hat, insbesondere auch durch Weiterführung eines Geschäfts oder einer Landwirtschaft. Es wird angenommen werden können, daß er berechtigt ist, die Verwaltung einem Dritten zu übertragen (entgegen der in § 664 aufgestellten Vermutung), und daß er in diesem Falle nur für Sorgfalt bei der Auswahl haftbar ist (§ 664 Abs 1 Satz 2). Besonderen Weisungen einzelner Nachlaßgläubiger (§ 665) braucht er nicht Folge zu leisten. Nach Eintritt der Nachlaßverwaltung oder des Konkurses ist er zur Auskunft und Rechnungslegung, sowie zur Herausgabe des Nachlasses und des aus Anlaß der Verwaltung Erhaltenen, einschließlich des aus ihm Gewonnenen (auch eines Losgewinnes) und der Surrogate für nicht mehr vorhandene Nachlaßgegenstände, verpflichtet (§§ 666, 667). Jedoch tritt nicht, wie in den Fällen des Erbschaftsbesitzers (§ 2019 Abs 1) und des Vorerben (§ 2111) eine (auch nicht gewollte) dingliche Surrogation des mit Mitteln der Erbschaft Erlangten ein, sondern nur schuldrechtliche Ersatzverpflichtung (RG Warn 1913 Nr 427; OLG 19, 231). Empfangenes Geld hat er zu verzinsen, wenn er es für sich verwendet hat (§ 668).

Inwieweit der Erbe zur Berichtigung von Nachlaßverbindlichkeiten berechtigt ist, bestimmt sich nach § 1979. Insoweit ist er auch zur Berichtigung verpflichtet, soweit Nachlaßmittel vorhanden sind und Verzugsfolge oder Prozeßkosten dadurch vermieden werden. Stehen ihm aber aufschiebende Einreden (§§ 2014, 2015) gegen Nachlaßforderungen zu, so muß er davon Gebrauch machen und die Einschränkung der Zwangsvollstreckung gemäß §§ 782, 783 ZPO gegenüber den Nachlaßgläubigern und seinen eignen Gläubigern, wenn diese in Nachlaßgegenstände vollstrecken wollen, herbeiführen. Er kann jedoch nicht seine Verurteilung zur Befriedigung eines Nachlaßgläubigers schon damit abwenden, daß er im allgemeinen die Befürchtung erhebt, es möchten noch andere ungedeckte Verbindlichkeiten vorhanden sein (RG 28. 11. 07, IV 146/07). Daß der Erbe für Annahme oder Ausschlagung einer dem Nachlasse zugefallenen Erbschaft den Nachlaßgläubigern nicht verantwortlich ist, dürfte aus § 9 KO zu folgern sein (vgl. § 1942 A 1).

3. Vor der Annahme der Erbschaft ist der Erbe den Nachlaßgläubigern zu positivem Handeln in bezug auf den Nachlaß nicht verpflichtet. Mischt er sich aber durch Besorgung erbschaftlicher Geschäfte in den Nachlaß ein, ohne daß darin eine Annahme zu finden ist, so haftet er im Falle der Nachlaßverwaltung, des Nachlaßkonkurses oder des Nachlaßvergleichsverfahrens den Nachlaßgläubigern unter entsprechender Anwendung der Vorschriften über die **Geschäftsführung ohne Auftrag** (§§ 677–682), wobei jedoch nicht der „mußmaßliche Wille" einzelner Nachlaßgläubiger, sondern die objektive Wahrung der Interessen des Nachlasses maßgebend sein muß (vgl. auch § 1959 A 2 Abs 2).

Ist ein Nachlaßpfleger nach §§ 1960, 1961 bestellt, so haftet der Erbe für dessen Handlungen wie für die eines gesetzlichen Vertreters nach § 278, jedoch mit der Möglichkeit der Beschränkung auf den Nachlaß; der Nachlaßpfleger selbst haftet nicht unmittelbar den Nachlaßgläubigern (beide Fragen streitig; vgl. § 1960 A 4).

4. Die auf Grund des Abs 1 entstandenen Verpflichtungen sind Eigenverbindlichkeiten des Erben (§ 1967 A 3b), für die er mit seinem Vermögen aufzukommen hat, auch wenn seine Haftung im übrigen auf den Nachlaß beschränkt ist (OLG 24, 64; RG Recht 1913 Nr 362). Die Ansprüche gegen ihn gelten als **zum Nachlasse gehörend** und können deshalb während der Dauer von Nachlaßverwaltung oder Nachlaßkonkurs nur vom Verwalter geltend gemacht werden (§ 1985; HRR 1938 Nr 210). Nach Aufhebung des Konkurses infolge Masseverteilung oder Zwangsvergleich werden ausgefallene Gläubiger eine etwa noch nicht liquidierte Forderung gegen den Erben aus § 1978 pfänden und sich überweisen lassen können (vgl. § 1989 A 1). Ebenso, auch wenn man der zu § 1975 A 1 Abs 4 und § 1986 A 4 vertretenen Ansicht über die Fortdauer der Haftungsbeschränkung folgt, nach Aufhebung der Nachlaßverwaltung. Die Zugehörigkeit zum Nachlasse hat weiter die Folge, daß die Forderungen bei den Fragen der Überschuldung des Nachlasses (§ 1980), des Vorhandenseins zulänglicher Masse (§§ 1988 Abs 2, 1990 VerglO § 17 Nr 6) und der Angemessenheit des Vergleichsvorschlages (VerglO §§ 18 Nr 3, 40 Abs 3, 69 Abs 1) zu berücksichtigen sind.

Der Nachlaß- oder Nachlaßkonkursverwalter kann den Anspruch schon vor der Auseinandersetzung gegen die Miterben als Gesamtschuldner (§ 427) geltend machen (RG 10. 7. 16, IV 64/15; OLG 24, 64). Auch ein einzelner Miterbe ist, ungeachtet der Vorschrift des § 2059 Abs 1 Satz 1 (vgl. A 1 dazu), verpflichtet, das aus dem noch ungeteilten Nachlasse vorläufig Empfangene, soweit es zur Berichtigung von Nachlaßverbindlichkeiten erforderlich ist, zum Nachlasse zurückzugewähren (RG 89, 408). Verletzt der Erbe durch positive Handlungen, die den Vertragszweck vereiteln, schuldhaft eine dem Erblasser gegenüber einem andern obliegende Vertragsverpflichtung, so macht er sich diesem für seine Person aus dem Vertrage schadensersatzpflichtig und gehört der andere Teil wegen dieses Anspruchs nicht lediglich zu den Nachlaßgläubigern; der Erbe kann deshalb ihm gegenüber nicht einen Ausschluß wegen Nichtanmeldung im Aufgebotsverfahren (§ 1970) oder eine Haftungsbeschränkung geltend machen (RG 92, 343). Ein solcher Anspruch kann daher auch während der Nachlaßverwaltung oder des Nachlaßkonkurses durch den Gläubiger persönlich geltend gemacht werden. Im übrigen vgl. über die Verpflichtung des Erben aus Rechtsgeschäften, die er in Ausübung der Verwaltung des Nachlasses vorgenommen hat, § 1967 A 3c.

5. Ersatzanspruch für Aufwendungen: für nach der Erbschaftsannahme gemachte nach entsprechender Maßgabe der Vorschriften über den Auftrag (§ 670), also soweit der Erbe sie den Umständen nach für erforderlich halten durfte; für vorher gemachte Aufwendungen nach den Vorschriften über Geschäftsführung ohne Auftrag (§§ 683, 684), gleichfalls in entsprechender Anwendung, demnach nur soweit, als die Übernahme der Geschäftsführung dem Interesse der Nachlaßbeteiligten wirklich entsprochen hat, andernfalls nur auf die Bereicherung. Verzinsung der Aufwendungen (§ 256); Befreiung von Verbindlichkeiten (§ 257). Im Nachlaßkonkurse ist der Ersatzanspruch des Erben Masseschuld (§ 224 Nr 1 KO). Am Nachlaßvergleichsverfahren ist er gemäß § 113 Nr 6 VerglO nicht beteiligt (Bley A IV, 4c zu § 92; Vogels A IV, 1a zu § 113). Ein Zurückbehaltungsrecht (§ 273 Abs 2) ist für den Fall des Konkurses dem Erben versagt (KO § 223). Diese Vorschrift auch auf den Fall der Nachlaßverwaltung auszudehnen (so Planck-Flad A 5 und die zweite Auflage dieses Kommentars), ist bedenklich, da der in jenem Falle durch die Eigenschaft der Forderung als Masseschuld gewährte Schutz in diesem Falle fehlt. Dagegen auch OLG 35, 18; vgl. auch Warn 1910 Nr 141 sowie Kipp § 78 VII, 3 u. Kipp-Coing § 94 V 4.

§ 1979

Die Berichtigung einer Nachlaßverbindlichkeit durch den Erben müssen die Nachlaßgläubiger als für Rechnung des Nachlasses erfolgt gelten lassen, wenn der Erbe den Umständen nach annehmen durfte, daß der Nachlaß zur Berichtigung aller Nachlaßverbindlichkeiten ausreiche.

E II 1854 Abs 1; P 5 742, 766.

1. Das Rechtsverhältnis zwischen dem Erben und den Nachlaßgläubigern im Falle von Nachlaßverwaltung oder Nachlaßkonkurs, das seine allgemeine Regelung in § 1978 gefunden hat, ist in § 1979 besonders geregelt hinsichtlich der vor der Herbeiführung dieser Maßnahmen erfolgten **Berichtigung von Nachlaßverbindlichkeiten durch den Erben.** Über die Anwendbarkeit des § 1979 im Nachlaßvergleichsverfahren s. oben Vorbem II 3 b vor § 1967. Ob der Erbe nach den Grundsätzen vom Auftrage, die gemäß § 1978 für die Zeit nach der Annahme der Erbschaft, und von der Geschäftsführung ohne Auftrag, die für die Zeit vor der Annahme zur Anwendung kommen, überhaupt befugt sein würde, Nachlaßverbindlichkeiten für Rechnung des Nachlasses zu berichtigen und ob er nicht vielmehr, wenn sich nachträglich die Überschuldung herausstellte, unter allen Umständen auf den Eintritt in die Rechte des befriedigten Gläubigers und damit auf die Konkursdividende (§ 225 Abs 2 KO) angewiesen sein würde, konnte nach der Fassung des ersten Entwurfs zweifelhaft sein (vgl. M 5, 633). Um Härten und Unbilligkeiten gegen den Erben zu vermeiden, stellt deshalb die von der zweiten Kommission eingefügte Bestimmung des § 1979, und zwar einheitlich für die Zeit vor und nach der Annahme, darauf ab, ob der Erbe annehmen durfte, daß der Nachlaß zur Befriedigung aller Gläubiger ausreichen würde. Liegt diese Voraussetzung vor, so kann er, wenn er die Nachlaßgläubiger aus Nachlaßmitteln befriedigt hat, die dadurch entstandene Minderung des Nachlasses bei der Herausgabe (§ 1985 A 2) in Anrechnung bringen, und wenn er aus eignen Mitteln gezahlt hat, steht ihm ein Ersatzanspruch für die Aufwendung zu, der eine Masseschuld im Konkurse bildet (§ 224 Nr 1 KO; s. A 5 zu § 1978). Erforderlich ist, daß die Verbindlichkeit wirklich berichtigt worden ist; die rechtskräftige Verurteilung (§§ 1973 Abs 2 Satz 3, 1989, 1991 Abs 3) genügt hier nicht. Der Ersatzanspruch geht nur auf den wirklich aufgewendeten Betrag, also wenn der Gläubiger mit einem geringeren als dem wirklichen Forderungsbetrage abgefunden ist, nicht auf den Mehrbetrag (anders im Falle des § 225 Abs 2 KO).

Liegt die Voraussetzung nicht vor, so tritt der Erbe, wenn er aus eigenen Mitteln bezahlt hat, im Konkurse an die Stelle des befriedigten Gläubigers und hat nur Anspruch auf eine dem wirklich geschuldeten Betrage der berichtigten Forderung (jedoch ohne Rücksicht auf den etwa zur Befriedigung aufgewendeten niederen Betrag) entsprechende Konkursdividende (§ 225 Abs 2 KO); mit der Forderung verbundene Hypotheken- oder Pfandrechte sowie Rechte aus einer Bürgschaft gehen gemäß §§ 412, 401 auf ihn über (RG 55, 158) und begründen für ihn Absonderungsrechte nach Maßgabe der KO. Außerhalb des Konkurses wird er einen Ersatzanspruch nur soweit haben, als die Masse bereichert ist.

Hat der Erbe aus Nachlaßmitteln bezahlt, ohne daß die Voraussetzung des § 1979 vorliegt, so ist er nach Maßgabe des § 1978 den Nachlaßgläubigern zum Ersatz verpflichtet.

Besonderes Anfechtungsrecht der Nachlaßgläubiger gegen Berichtigung von Pflichtteilsrechten, Vermächtnissen und Auflagen im Konkurse KO §§ 222, 32; vgl. § 1975 A 3; außerhalb des Konkurses § 3a AnfG. Die Berichtigung anderer Nachlaßverbindlichkeiten ist nach Maßgabe der gewöhnlichen Anfechtungsgrundsätze (KO § 30; AnfG § 3) anfechtbar. Durch den Nachlaßverwalter kann das Anfechtungsrecht nicht ausgeübt werden, da es nicht (wie die Ersatzforderung gegen den Erben, § 1978 Abs 2) als zum Nachlasse gehörend gilt; zur Ausübung wird daher, auch wenn Nachlaßverwaltung besteht, jeder einzelne durch die Berichtigung verkürzte Nachlaßgläubiger berechtigt sein.

Haftet der Erbe unbeschränkt, so kommt § 1979 ebensowenig wie § 1978 (vgl. A 1 dazu) zur Anwendung. Haftet der Erbe nur einzelnen Gläubigern gegenüber beschränkt und hat er die Forderung eines dieser Gläubiger befriedigt, so gilt gleichfalls § 1979 in Bezug auf die Gläubiger denen der Erbe noch nicht unbeschränkt haftet. Der Erbe kann im Konkurs daher entweder die befriedigte Forderung nach § 224 Abs 1 Nr 1 KO als Masseschuld geltend machen oder er kann die auf ihn nach § 225 Abs 2 KO übergegangene Forderung anmelden. Meldet ein Gläubiger, dem der Erbe unbeschränkt haftet, seine Forderung im Konkurs nicht an, so braucht der Erbe diese Forderung nicht zu befriedigen, um nach § 225 Abs 2 KO den Forderungsübergang herbeizuführen und sich damit die Anmeldemöglichkeit zu verschaffen. § 225 Abs 3 KO gestattet ihm, diese Forderung ohnedem anzumelden. Er bekommt dadurch die Konkursdividende, die den übrigen Gläubigern durch eine Anmeldung von Seiten des Gläubigers gleichfalls entzogen würde. Damit wird im Konkurs die unbeschränkte Haftung des Erben praktisch zu einer Ausfallhaftung abgeschwächt (vgl. Jäger KO 6. und 7. Aufl § 225 Anm 11).

Entsprechende Anwendung auf den Nachlaßverwalter § 1985 Abs 2 Satz 2; auf den Fall des dürftigen Nachlasses § 1991.

2. Zu der **Annahme, der Nachlaß werde ausreichen,** wird der Erbe regelmäßig nur dann berechtigt sein, wenn er alle Mittel zur Feststellung des Aktiv- und Passivstandes erschöpft, insbesondere Inventar errichtet (§§ 1993, 2009) und im Falle des § 1980 Abs 2 Satz 2 das Aufgebot der Gläubiger beantragt hat. Auf das Vorhandensein von Vermächtnisnehmern oder zu erfüllenden Auflagen braucht er hierbei keine Rücksicht zu nehmen (§ 1980 Abs 1 Satz 2). Sie kommen überhaupt nur in Betracht, wenn sich ein Nachlaßüberschuß ergibt. Auch auf das Vorhandensein ausgeschlossener oder ihnen gleichstehender Gläubiger (§§ 1973, 1974) braucht der Erbe bei Bemessung der Zulänglichkeit des Nachlasses keine Rücksicht zu nehmen.

3. Die **Beweislast** dafür, daß er die Zulänglichkeit des Nachlasses annehmen durfte, trifft den Erben, der als ersatzpflichtig in Anspruch genommen wird. Die Frage ist im Prozesse selbst auszutragen, da es sich hierbei um eine eigne Schuld des Erben handelt. §§ 780ff. ZPO kommen nicht in Frage.

§ 1980

Hat der Erbe von der Überschuldung des Nachlasses Kenntnis erlangt, so hat er unverzüglich die Eröffnung des Konkursverfahrens oder, sofern nach § 113 der Vergleichsordnung ein solcher Antrag zulässig ist, die Eröffnung des gerichtlichen Vergleichsverfahrens über den Nachlaß zu beantragen. Verletzt er diese Pflicht, so ist er den Gläubigern für den daraus entstehenden Schaden verantwortlich. Bei der Bemessung der Zulänglichkeit des Nachlasses bleiben die Verbindlichkeiten aus Vermächtnissen und Auflagen außer Betracht.

Der Kenntnis der Überschuldung steht die auf Fahrlässigkeit beruhende Unkenntnis gleich. Als Fahrlässigkeit gilt es insbesondere, wenn der Erbe das Aufgebot der Nachlaßgläubiger nicht beantragt, obwohl er Grund hat, das Vorhandensein unbekannter Nachlaßverbindlichkeiten anzunehmen; das Aufgebot ist nicht erforderlich, wenn die Kosten des Verfahrens dem Bestande des Nachlasses gegenüber unverhältnismäßig groß sind.

E II 1854 Abs 2, 3; P 5 765, 766.

Übersicht:

Überschuldeter Nachlaß

1. a) Allgemeines: § 1980 legt dem Erben, neben der aus § 1978 sich ergebenden allgemeinen Verwaltungspflicht, noch eine besondere Verpflichtung auf unter der in Abs 1 Satz 1 und Abs 2 Satz 1 ausgesprochenen Voraussetzung, daß er von der Überschuldung des Nachlasses entweder positive Kenntnis erlangt oder aus Fahrlässigkeit keine Kenntnis erlangt hat. Die jetzige Fassung des Abs 1 und 2 beruht auf Art II Nr 3 des Ges v. 25. 3. 30 (RGBl I S. 93) in Verb. mit § 125 VerglO v. 26. 2. 35.

b) Überschuldung ist objektiv vorhanden, wenn der Wert der Nachlaßaktiva hinter dem Werte der Nachlaßpassiva zurückbleibt, so daß der Nachlaß zur Befriedigung aller Nachlaßgläubiger nicht hinreicht; dann ist die gesetzliche Voraussetzung für die Eröffnung des Konkurses oder des Vergleichsverfahrens gegeben, auch wenn nur Vermächtnisse oder Auflagen nicht erfüllt werden können (§ 215 KO; § 2 Abs 1 Satz 3 VerglO; RG Gruch 52, 1084); Die Verpflichtung des Erben, Konkurs oder Vergleichsverfahren zu beantragen, tritt aber nur ein, wenn andere Nachlaßverbindlichkeiten, als die zuletzt genannten, nicht erfüllt werden können (Satz 3 und A 4).

c) Subjektiv genügt zur **Kenntnis von der Überschuldung** nicht das Wissen von dem tatsächlichen Vorhandensein der einzelnen Aktiven und Passiven, vielmehr ist erforderlich Kenntnis des Verhältnisses ihrer beiderseitigen Gesamtwerte zueinander, die durch Prüfung der Einzelwerte und Vergleichung des Ergebnisses gewonnen werden muß; doch wird in der Regel die Unterlassung einer solchen Prüfung und Vergleichung bei Kenntnis der Tatsachen Fahrlässigkeit darstellen, und die durch diese verursachte Unkenntnis ist der Kenntnis gleichgestellt. Der Umstand, daß der Erbe die Zahlungen eingestellt hat, kann als Anzeichen für sein Bewußtsein von der Überschuldung in Betracht kommen, ist jedoch nicht unbedingt ausschlaggebend, da die Einstellung auch aus Vorsicht (vgl. § 1979) erfolgt sein kann. Auch eine Forderung, für die ein rechtskräftiges Urteil vorliegt, darf der Erbe nicht befriedigen, wenn er Anlaß hat, die Unzulänglichkeit des Nachlasses anzunehmen; er muß vielmehr in diesem Falle Konkurs oder Vergleichsverfahren beantragen.

d) Unverzüglich, d. h. ohne schuldhafte Verzögerung (vgl. § 121); ob eine solche vorliegt, ist Tatfrage, nicht übermäßig langes Zögern kann unter Umständen entschuldigt sein durch die begründete Erwartung, unter Vermeidung schädigender Zugriffe einzelner Gläubiger ohne gerichtliches Verfahren zu einer Einigung mit ihnen zu gelangen. — Über die Anwendbarkeit des § 1980 im Falle des § 1990 (bei Dürftigkeit des Nachlasses) vgl. § 1991 A 1.

2. Zu dem **Antrag auf Eröffnung des Konkurs- oder des Vergleichsverfahrens** ist der Erbe nur nach Annahme der Erbschaft verpflichtet. Vorher ist der Erbe hierzu nur berechtigt (KO § 216; VerglO § 113 Nr 2) und kann für die Unterlassung nur haftbar werden, wenn er durch Einmischung in die Geschäfte des Nachlasses, insbesondere Befriedigung einzelner Gläubiger, die Stellung des Antrags erforderlich gemacht hat. Der Erbe, der vor Annahme der Erbschaft in Kenntnis der Überschuldung des Nachlasses oder in fahrlässiger Nichtkenntnis dieser Tatsache einzelne Nachlaßgläubiger befriedigt, haftet den anderen gemäß § 1978 Anm 1 Satz 2 nach den Vorschriften der Geschäftsführung ohne Auftrag. Jeder Miterbe, dem die Kenntnis innewohnt und der zugleich die Überschuldung glaubhaft zu machen vermag (KO § 217 Abs 2), ist zur Stellung des Konkursantrags selbständig verpflichtet. Die Eröffnung des Vergleichsverfahrens kann dagegen von mehreren Erben nur gemeinschaftlich beantragt werden (§ 113 Nr 1 Satz 3 VerglO). Mit Anordnung der Nachlaßverwaltung geht auch die Pflicht zur Stellung des Antrags auf den Verwalter über (§ 1985 Abs 2). Neben ihm bleibt der Erbe nur in besonderen Fällen (z. B. wegen mangelhafter Information des Verwalters) verantwortlich. Im Verhältnis zu ausgeschlossenen oder ihnen gleichstehenden Gläubigern ist der Erbe zur Antragstellung nicht verpflichtet (§ 1973 A 1b). Trotz festgestellter Überschuldung des Nachlasses besteht die Pflicht aus § 1980 nicht, wenn der Erbe oder der Nachlaßverwalter mit allen Nachlaßgläubigern eine Vereinbarung über ihre verhältnismäßige Befriedigung aus dem Nachlaß getroffen hat. Um festzustellen, ob wirklich alle Gläubiger beigetreten sind, kann ein Aufgebot der Nachlaßgläubiger erforderlich sein. Nachlaßgläubiger, die der Vereinbarung nicht beigetreten sind, können, wenn sie sich im Aufgebotsverfahren nicht melden, die bezweckten Wirkungen der Vereinbarung im Hinblick auf § 1973 Abs 1 Satz 1 nicht gefährden. Von der Verpflichtung, bei Überschuldung die Eröffnung des Konkursverfahrens zu beantragen, war der Erbe mit Rücksicht auf die Verhältnisse der Inflationszeit durch die VO v. 28. 4. 20 (RGBl S. 696) unter gewissen Voraussetzungen befreit worden. Diese Verordnung ist durch Art I des Ges v. 25. 3. 30 wieder aufgehoben worden.

3. Schadensersatz §§ 249ff. Er besteht in dem Unterschiede zwischen dem, was die Gläubiger bei rechtzeitiger Eröffnung des Konkurs- oder Vergleichsverfahrens aus dem Nachlaß erlangt haben würden, und dem, was sie tatsächlich erlangen. Der Ersatzanspruch gehört im Nachlaßkonkurs zur Masse (KO § 228 Abs 2), kann demnach nur vom Konkursverwalter geltend gemacht werden. Als „zum Nachlasse gehörend" gilt er nach § 1978 Abs 2, da er nur eine besondere Wirkung der daselbst in Abs 1 dem Erben auferlegten Verwaltungspflicht darstellt (vgl. über seine Geltendmachung §§ 1978 A 4 und 1991 A 1). Schaden kann durch die Unterlassung der Herbeiführung des Konkurs- oder des Vergleichsverfahrens allein noch nicht entstehen. Es müssen vielmehr noch andere Umstände hinzukommen. Ein Schaden kann darin bestehen, daß dadurch, daß die Eröffnung des

Konkurs- oder Vergleichsverfahrens nicht beantragt worden ist, einzelne Nachlaßgläubiger durch Zwangsvollstreckung vor anderen zur Befriedigung gelangt sind, oder daß infolge der eingetretenen Verzögerung unnötige Prozeß- oder Zwangsvollstreckungskosten verursacht worden sind. Schließlich kann der Schaden darin bestehen, daß der Erbe oder der Nachlaßverwalter Verwaltungshandlungen vorgenommen hat, die mit Rücksicht auf die Überschuldung hätten unterbleiben müssen. In diesem Fall kann der Anspruch mit einem Anspruch aus § 1978 Abs 1 Satz 1 konkurieren. Der Anspruch ist gegenstandslos, wenn der Erbe unbeschränkt haftet (§ 2013).

Da nach § 217 Abs 1 KO jeder Miterbe den Antrag auf Eröffnung des Nachlaßkonkurses stellen kann, kann eine Haftung im Falle der Miterbschaft nur eintreten, wenn keiner der Miterben rechtzeitig den Antrag auf Konkurseröffnung stellt oder wenn ein einzelner nach § 217 Abs 2 KO zu hörender Miterbe dadurch, daß er sich an dem Verfahren schuldhaft nicht beteiligt hat, die Eröffnung des Verfahrens verzögert. Die Haftung trifft die Miterben nach §§ 823 Abs 2, 840 Abs 1 als Gesamtschuldner (vgl. Planck-Flad 4. A § 1980 Anm 3 Abs 2).

4. Vermächtnisse und Auflagen gelangen auch im Konkurse nur zur Befriedigung, wenn alle übrigen Nachlaßverbindlichkeiten, auch die aus Pflichtteilsrechten, berichtigt sind und noch ein Überschuß vorhanden ist (KO § 226 Abs 2). Am Vergleichsverfahren sind sie nicht beteiligt (§ 113 Nr 7 VerglO). Deshalb ist dem Erben nicht zur Pflicht gemacht, Konkurs oder Vergleichsverfahren zu beantragen, wenn der Nachlaß zur Befriedigung der sonstigen Verbindlichkeiten ausreicht oder er das ohne Fahrlässigkeit annehmen kann. Anders, wenn die Überschuldung nur auf Pflichtteilsrechten beruht.

5. Die Unkenntnis von der Überschuldung muß **auf Fahrlässigkeit beruhen,** hierdurch verursacht sein. Es muß mithin die Möglichkeit bestanden haben, durch Anwendung der im Verkehr erforderlichen Sorgfalt (§ 276) von der Überschuldung, z. B. von Uneinbringlichkeit bekannter Außenstände, vom Vorhandensein unbekannter Schulden usw. sich zu vergewissern.

6. Unterlassen des Aufgebots (§§ 1970ff.) ist immer Fahrlässigkeit, wenn Veranlassung vorlag, das Vorhandensein unbekannter Nachlaßverbindlichkeiten anzunehmen und der Nachlaß nicht zu dürftig ist. Das Aufgebot allein ist aber nicht immer für sich allein genügend. Insbesondere wird regelmäßig Inventarerrichtung geboten sein (§ 1979 A 2).

7. Aus dem gleichen Grunde kann im Falle des § 1965 die öffentliche Aufforderung unterbleiben (vgl. auch §§ 1982, 1990 Abs 1; KO § 107). Doch wird der Erbe in solchem Falle, wenn im übrigen die Voraussetzungen vorliegen, wenigstens zum Erlasse eines Privataufgebots, etwa in der Form des § 2061, verpflichtet sein. Daß der Nachlaß zur Bestreitung der Kosten des Aufgebots unzulänglich sein würde, ist nicht erforderlich, um die Unterlassung zu rechtfertigen.

8. Beweislast. Im Gegensatz zu § 1979 (vgl. A 3 dazu) müssen hier die Gläubiger nachweisen, daß der Nachlaß überschuldet war und daß der Erbe davon Kenntnis hatte oder daß seine Unkenntnis auf Fahrlässigkeit beruhte, daß er also durch geeignete Maßregeln sich von der Überschuldung hätte Kenntnis verschaffen können. Ist aber das Aufgebot unterblieben, so wird sowohl die Fahrlässigkeit als auch (was der Wortlaut allerdings nicht deutlich hervortreten läßt) das Beruhen der Unkenntnis auf der Unterlassung vermutet, falls nur der Erbe Grund hatte, das Vorhandensein unbekannter Nachlaßverbindlichkeiten anzunehmen; die Gläubiger brauchen also nur hierfür Beweis zu erbringen, und es ist dann Sache des Erben, darzulegen, daß er auch durch ein Aufgebot keine Kenntnis von dem Vorhandensein von Gläubigern erlangt haben würde, welche den Nachlaß als überschuldet hätten erscheinen lassen (so auch Planck-Flad A 1c). Wendet der Erbe Unverhältnismäßigkeit der Kosten ein (A 7), so hat er diese nachzuweisen. — Die Gläubiger haben Entstehung und Höhe des Schadens darzutun. Mehrere schuldige Miterben haften als Gesamtschuldner (§§ 1978, 662, 427).

§ 1981

Die Nachlaßverwaltung ist von dem Nachlaßgericht anzuordnen, wenn der Erbe die Anordnung beantragt.

Auf Antrag eines Nachlaßgläubigers ist die Nachlaßverwaltung anzuordnen, wenn Grund zu der Annahme besteht, daß die Befriedigung der Nachlaßgläubiger aus dem Nachlasse durch das Verhalten oder die Vermögenslage des Erben gefährdet wird. Der Antrag kann nicht mehr gestellt werden, wenn seit der Annahme der Erbschaft zwei Jahre verstrichen sind.

Die Vorschriften des § 1785 finden keine Anwendung.

E II 1855; P 5 810, 872.

Übersicht:

Anordnung der Nachlaßverwaltung

1. a) aa) Der **Antrag des Erben** ist zeitlich nicht beschränkt, kann also auch noch nach Ablauf der fünf Jahre des § 1974 gestellt werden (anders der Antrag der Nachlaßgläubiger, Abs 2 Satz 2). Auch schon vor Annahme der Erbschaft (a. A. Kipp-Coing § 94 I 1); daß diese in der Regel in dem Antrage zu finden sei (so Planck-Flad A 4a), kann nicht anerkannt werden, da der Erbe dabei recht wohl nur aus Vorsicht behufs Wahrung seiner Rechte für alle Fälle bis zur Entschließung über Annahme oder Ablehnung gehandelt haben kann, sonach eine unzweideutige pro herede gestio darin nicht liegt (vgl. § 1943 A 1 und die dort angeführten Entscheidungen). Anders als die den Antrag stellenden Nachlaßgläubiger braucht der Erbe keinen besonderen Grund für die Anordnung der Nachlaßverwaltung anzugeben.

Daß der Nachlaß bereits mit dem eignen Vermögen des Erben vermischt oder vom Erben versilbert ist, steht dem Antrage nicht entgegen, da die an die Stelle der ursprünglichen Nachlaßgegenstände getretenen Ersatzansprüche gegen den Erben zum Nachlasse gehören (§ 1978 Abs 2). Im Falle der Erschöpfung des Nachlasses ohne Ersatzansprüche kann der Antrag gemäß § 1982 abgelehnt werden. Miterben sind nur gemeinsam und nur, solange die Teilung nicht erfolgt ist, antragsberechtigt (§ 2062).

Ausgeschlossen ist der Antrag, wenn der Erbe (bei Erbengemeinschaft auch nur einer der Miterben, vgl. zu § 2062 A 1) den Nachlaßgläubigern allgemein unbeschränkt (nicht mehr beschränkbar) haftet (§ 2013); anders für den Konkursantrag (KO § 216 Abs 1; wegen des Antrags auf Eröffnung des Vergleichsverfahrens s. § 113 Nr. 3 VerglO). Das Nachlaßgericht wird die Frage der unbeschränkten Haftung von Amts wegen (FGG § 12) zu prüfen Anlaß haben, wenn es selbst dem Erben eine Inventarfrist gesetzt hat und diese unbenutzt verstrichen ist (§ 1994). Hat es gleichwohl die Nachlaßverwaltung angeordnet, so kann dieser Beschluß eine Beschränkung der Haftung des Erben (§ 1975) nicht herbeiführen; im übrigen ist er wirksam, solange er nicht aufgehoben ist; die Aufhebung kann in diesem Falle von Amts wegen (FGG § 18) durch das Nachlaßgericht erfolgen, nicht aber durch das Beschwerdegericht, da Beschwerde nicht zulässig (FGG § 76 Abs 1); durch die Aufhebung wird die Wirksamkeit der inzwischen von dem Verwalter und ihm gegenüber vorgenommenen Rechtsgeschäfte nicht berührt (FGG § 32). Im übrigen vgl. wegen Aufhebung der Nachlaßverwaltung § 1988 A 2, 3. Daß der Nachlaß überschuldet, ist kein Grund zur Zurückweisung des Antrags; doch muß der ernannte Verwalter in solchem Falle „unverzüglich" Konkurs beantragen, wodurch die Nachlaßverwaltung gleich wieder endigt (§§ 1980, 1985 Abs 2, 1988; RJA 8, 32; BayObLG 32, 336).

bb) Außer dem Erben ist antragsberechtigt der **Ehemann der Erbin,** wenn der Nachlaß zum Gesamtgute gehört, kraft seines Verwaltungsrechts (vgl. auch § 218 KO); dagegen wird die Vorschrift der KO (§ 218), wonach auch die Erbin selbst in solchem Falle den Antrag ohne Zustimmung des Ehemanns stellen kann, auf die Nachlaßverwaltung nicht ausgedehnt werden können, da § 1453 nur das Recht zur Annahme oder Ausschlagung, aber nicht das Recht zur Verwaltung einer ihr zufallenden Erbschaft der Ehefrau vorbehält. Könnte die Frau allein die Anordnung der Nachlaßverwaltung beantragen, so würde sie damit hinsichtlich eines Teils des Gesamtguts das dem Mann nach § 1443 zustehende Verwaltungsrecht vereiteln (bestr. a. A. Planck-Flad 4. A. § 1981 A 2a; Staudinger-Lehmann 11. A. § 1981 A 4). Entsprechendes galt vor dem 1. 4. 53, wenn der Nachlaß zum eingebrachten Gut der Ehefrau gehörte (§§ 1374, 1406 Nr 1).

cc) Ferner ist antragsberechtigt der **Erbschaftskäufer** (§ 2383); neben ihm auch der Erbe, der verkauft hat, nach Maßgabe der entsprechend anwendbaren Vorschrift des § 232 Abs 2 KO (vgl. P II 5, 826; Denkschr zur KO 51) wie ein Nachlaßgläubiger, also wenn eine Nachlaßverbindlichkeit, für die er fortdauernd haftet (§ 2382), gefährdet ist (A 3), und zwar, falls eine solche in Frage steht, zu deren Berichtigung der Käufer ihm gegenüber verpflichtet ist (was nach § 2378 die Regel bildet), auch im Falle unbeschränkter Haftung; andernfalls nur, wenn er seine Haftung noch beschränken kann.

dd) Auch der **Testamentsvollstrecker** wird, wenn er die Verwaltung des Nachlasses hat, zu dem Antrage befugt sein (a. M. Planck-Flad § 1981 A 1 und Vorbem 5cγ vor §§ 2197ff.), wie anderseits durch das Vorhandensein eines Testamentsvollstreckers die Anordnung der Nachlaßverwaltung auf Antrag des Erben nicht ausgeschlossen wird (RG LZ 1919, 875; OLG 18, 316; 39, 12).

ee) Höfe- und Anerbenrecht. Auch der Anerbe oder Hoferbe ist als Erbe zum Antrage berechtigt (JW 1934, 2701³). Die für das Erbhofrecht bestehende Zweifelsfrage, ob die Nachlaßverwaltung sich auch auf den Erbhof erstrecke, beruhte darauf, daß der Erbhof zur Befriedigung von Geldforderungen gegen den Nachlaß grundsätzlich nicht herangezogen werden konnte (vgl. die 9. Aufl an dieser Stelle). Sie kann für das geltende Recht, nach dem der Hof dem Zugriff der Nachlaßgläubiger ebenso wie der übrige Nachlaß offensteht (vgl. z. B. § 15 Abs 1 HöfeO der brit. Zone) nicht mehr bestehen.

b) Der **Nachlaßpfleger** der §§ 1960, 1961 ist nicht antragsberechtigt, da er weder für die Beschränkung der Haftung des Erben Sorge zu tragen hat, noch zu den Nachlaßgläubigern in rechtlichen Beziehungen steht (vgl. § 1960 A 5d; str.; wie hier KG DR 1940, 801[18]; Kipp-Coing § 94 I, 1; Staudinger-Lehmann 11. A. § 1981 A 8).

c) Gegen die Ablehnung des Antrags steht dem Antragsteller das Recht der einfachen **Beschwerde** zu (§§ 19, 20 Abs 2 FGG), nicht auch anderen dadurch etwa beschwerten Personen. Ebenso gegen die Aufhebung der angeordneten Nachlaßverwaltung als ungerechtfertigt (§ 18 FGG); hatte jedoch ein Nachlaßpfleger den Antrag gestellt, so steht nach Aufhebung der Pflegschaft die — allerdings (vgl. oben) unbegründete — Beschwerde dem Erben zu, da dieser durch den Pfleger vertreten war, vgl. zu § 1960 Anm 5d (HRR 1932 Nr 956). — Zuständigkeit des Nachlaßgerichts an Stelle des Vormundschaftsgerichts FGG §§ 73, 75. Der Erbe kann, wenn auf seinen Antrag die Nachlaßverwaltung angeordnet ist, sie nicht durch Rücknahme des Antrags wieder zum Erlöschen bringen. Der Antrag ist nur Voraussetzung für die Anordnung als solche. Da die angeordnete Verwaltung nicht nur den Interessen des Erben, sondern auch denen der Gläubiger dient, hat der Gesetzgeber in § 76 Abs 1 FGG dem die Anordnung der Verwaltung beantragenden Erben wie auch Dritten das Recht zur Beschwerde gegen die Anordnung der Verwaltung versagt. Daraus folgt, daß der Erbe grundsätzlich auch nicht befugt ist, die Aufhebung der Verwaltung zu beantragen. Dieser Antrag ist allerdings begründet, wenn die förmlichen oder sachlichen Voraussetzungen für die Anordnung nicht vorgelegen haben. Den die Aufhebung ablehnenden Beschluß kann der Erbe mit der Beschwerde anfechten (KG DR 1940, 2170 Nr 11). Ebenso kann der vorläufige Erbe, nachdem er die Erbschaft ausgeschlagen hat, die Aufhebung der auf seinen Antrag angeordneten Nachlaßverwaltung beantragen. Das gleiche Recht hat in diesem Fall der nach ihm zur Erbschaft Berufene (KGJ 31 A 73; Schlegelberger 6. Aufl § 76 Anm 3).

2. Der **Nachlaßgläubiger** (§ 1967 Abs 2, nicht also auch der Privatgläubiger des Erben) ist auch dann antragsberechtigt, wenn der Erbe unbeschränkt haftet (§ 2013); an der unbeschränkten Haftung wird dadurch nichts geändert. Er hat seine Forderung und deren Gefährdung (vgl. A 3) glaubhaft zu machen. Die Vorlegung eines rechtskräftigen Urteils ist zur Glaubhaftmachung der Forderung nicht erforderlich (JW 1934, 1586³). Der Nachweis, daß der Erbe angenommen habe, wird vom Gesetz nicht gefordert (a. A. Kipp-Coing § 94 I 2). Auch dem ausgeschlossenen und dem ihm gleichstehenden Gläubiger (§§ 1973, 1974) ist das Antragsrecht nicht versagt. Der Gläubiger hat gegen Ablehnung des Antrags die einfache Beschwerde aus FGG §§ 19, 20. Gegen die Anordnung steht nur dem Erben, jedem Miterben und dem Testamentsvollstrecker die sofortige Beschwerde zu (FGG §§ 76 Abs 2, 22). Ein persönlicher Gläubiger des Erben, der in Nachlaßgegenstände Zwangsvollstreckung erwirkt hat, kann den Antrag des Erben auf Anordnung der Nachlaßverwaltung nicht anfechten, da von einer Gläubigerbenachteiligung keine Rede sein kann, wenn der Schuldner gerichtliche Mitwirkung behufs Befriedigung seiner Gläubiger nach Maßgabe des Gesetzes anruft (RG 27. 9. 07 VII 504/06).

3. a) Der **Grund zur Annahme einer Gefährdung** kann subjektiv gegeben sein **in dem Verhalten des Erben** (Gleichgültigkeit, Unwirtschaftlichkeit, ungetreue Verwaltung § 1978 Abs 1) oder objektiv in der schlechten Vermögenslage des Erben, die einen Zugriff seiner eignenen Gläubiger besorgen läßt (BayObLG 32, 336); dagegen ist Überschuldung des Nachlasses kein Grund dazu (KG HRR 1930 Nr 1109; vgl. KGJ 43, 79). Es genügt, daß diese Voraussetzungen auch nur bei einem Miterben zutreffen (KG aaO.). Bloße Säumnis in der Befriedigung der Gläubiger genügt nicht (RJA 8, 179).

b) Ob auch das **Verhalten des verwaltenden Testamentsvollstreckers** Anlaß geben kann, ist bestritten; bejahend OLG 18, 316; 39, 12; Planck-Flad A 3a zu § 1981 und Vorbem 5c vor §§ 2197 ff.; Kipp-Coing § 94 I, 2 Anm 7; da der Testamentsvollstrecker nicht Vertreter des Erben ist (vgl. Vorbem vor § 2197), werden seine Handlungen oder Unterlassungen nicht ohne weiteres dem Erben zugerechnet werden können; anders wenn den Erben ein Verschulden dabei trifft. — Die Tatsachen, welche die Gefährdung begründen sollen, sind glaubhaft zu machen; nötigenfalls hat das Nachlaßgericht nach § 12 FGG weitere Ermittlungen anzustellen. Mehr als Glaubhaftmachung kann hier nicht verlangt werden, da nicht eine tatsächliche Gefährdung, sondern nur „Grund für die Annahme" einer solchen die Voraussetzung der Vorschrift bildet (KG aaO.; RJA 7, 18; a. M. Planck-Flad A 3d). Andererseits dürfte das Offizialprinzip des § 12 FGG nicht so weit gehen, daß das Nachlaßgericht zu umfangreichen Ermittlungen schreiten müßte, wenn der Antragsteller seine Legitimation zum Antrage und die Tatsachen zu seiner Begründung dem Gerichte nicht wenigstens einigermaßen glaubhaft gemacht hat, wozu unter Umständen schon die Sachdarstellung und die Angabe der Beweismittel genügen kann. Daß die Gesamtheit der Nachlaßgläubiger gefährdet sein müßte (so KGJ 43 A 79; München JFG 15, 267), läßt sich aus dem Gebrauche der Mehrzahl wohl nicht ohne weiteres herleiten; ein zureichender sachlicher Grund, dem als Einzelner gefährdeten Gläubiger die Antragsbefugnis in allen Fällen zu versagen, dürfte nicht gegeben sein. Die Entscheidung kann nur nach der besonderen Lage des Falles getroffen werden. Ergibt sich, daß der Erbe nur versucht hat, die Befriedigung gerade des antragstellenden Gläubigers wegen eines Individualanspruchs zu vereiteln, während er sonst den Nachlaß ordnungsgemäß verwaltet, so sind die Voraussetzungen für die Anordnung der Nachlaßverwaltung in der Regel nicht gegeben (KG HRR 41 Nr 325). Anders wird es sein, wenn die Gefährdung auf eine schlechte Verwaltung des Nachlasses überhaupt zurückzuführen ist. In diesem Fall ist der Grund für die Anordnung der Nachlaßverwaltung in der Regel schon dargetan, wenn der Antragsteller auch nur nachweist, daß seine Forderung durch das Verhalten des Erben gefährdet ist. Die Gefährdung kann vom Erben durch Sicherheitsleistung beseitigt werden, nicht aber durch bloßes Erbieten dazu (RJA 7, 18). Ähnlich § 1391.

4. **Zweijährige Ausschlußfrist,** laufend seit Annahme der Erbschaft (§ 1943 A 1). Die **Frist** (§ 187) läuft nur den Nachlaßgläubigern, nicht dem Erben. Im Falle der Erbenmehrheit ist die zuletzt erklärte Annahme maßgebend. Ebenso KO § 220.

5. Auch die Nachlaßverwaltung ist **Nachlaßpflegschaft** (§ 1975 A 2). Der Verwalter ist aber nicht wie der Pfleger (§§ 1915, 1785) zur Übernahme des Amtes verpflichtet. Dagegen hat er Anspruch auf Vergütung (§ 1987). Der Erbe kann wegen der vorhandenen Interessenkollision nicht selbst zum Verwalter bestellt werden. Wohl aber der Testamentsvollstrecker; vgl. A 1. Auch mehrere Verwalter können bestellt werden (§§ 1797, 1915).

§ 1982

Die Anordnung der Nachlaßverwaltung kann abgelehnt werden, wenn eine den Kosten entsprechende Masse nicht vorhanden ist.

E II 1856; P 5 810.

1. Vgl. auch §§ 1965 Abs 1 Satz 2, 1980 a. E. Die Masse entspricht nicht den Kosten, wenn ihre Verwertung einen die Kosten übersteigenden Betrag nicht ergeben würde; nicht schon (wie in OLG 11, 227 angenommen), wenn durch die Kosten das Befriedigungsobjekt für die Gläubiger unverhältnismäßig geringer werden würde. Vgl. die entsprechende Vorschrift in § 107 Abs 1 KO, wo aus der in Satz 2 vorgesehenen Abwendung der Abweisung des Konkurseröffnungsantrags durch Hinterlegung eines zur Deckung der Verfahrenskosten (§ 58 Nr 1, 2) hinreichenden Betrags sich mit Sicherheit ergibt, daß nur ein die Kosten deckender Wert der Masse für die Eröffnung erfordert wird (vgl. auch § 17 Nr 6 VerglO). Entsprechend in § 204 KO für die Abwendung der Einstellung. Diese Vorschriften werden unbedenklich auf die Nachlaßverwaltung entsprechend angewendet werden können. Ein für die Verfahrenskosten ausreichender Vorschuß ersetzt daher auch hier die Unzulänglichkeit der Masse. — Der Erbe hat in diesem Falle die Unzulänglichkeitseinrede aus §§ 1990, 1991 zur Beschränkung seiner Haftung. Als zur Masse gehörig gelten auch die nach §§ 1978—1980 gegen den Erben bestehenden Ansprüche. Aufhebung der angeordneten Verwaltung aus dem gleichen Grunde § 1988 Abs 2.

§ 1983

Das Nachlaßgericht hat die Anordnung der Nachlaßverwaltung durch das für seine Bekanntmachungen bestimmte Blatt zu veröffentlichen.

E II 1857; P 5 808.

1. Der Name des Nachlaßverwalters ist bekannt zu machen. Dagegen braucht der Name des Erben und die Tatsache, auf wessen Antrag die Nachlaßverwaltung angeordnet ist, nicht bekannt gemacht zu werden. Die angeordnete Nachlaßverwaltung wird nicht dadurch wirkungslos, daß ihre Anordnung nicht veröffentlicht worden ist.

2. Die Bekanntmachung hat entsprechend § 76, 81, 111 KO zu erfolgen. — Der Nachlaßverwalter ist seinerseits verpflichtet, die Anordnung der Nachlaßverwaltung, sofern zu dem Nachlasse Grundstücke oder Rechte an solchen gehören, unverzüglich **in das Grundbuch eintragen zu lassen,** um dadurch die sonst gemäß §§ 892, 893 in Verb. mit § 1984 Abs 1 Satz 2, KO § 7 zugunsten gutgläubiger Dritter eintretenden Wirkungen von Verfügungen des Erben auszuschließen. Eine ausdrückliche Vorschrift darüber, daß die Nachlaßverwaltung in das Grundbuch einzutragen ist, enthalten das BGB und die GBO zwar nicht. Dennoch muß

im Hinblick auf die oben angegebenen, sonst möglicherweise eintretenden Folgen ihre Eintragung für zulässig und auch für notwendig angesehen werden. Damit stimmt überein, daß auch sonstige Fälle der Verfügungsbeschränkung durch Eintragung im Grundbuch kundgemacht werden, § 53 GBO Testamentsvollstreckung, § 113 KO Konkurseröffnung und §§ 19, 146 ZVG Zwangsversteigerung und Zwangsverwaltung. Die Anordnung der Nachlaßverwaltung ist daher einzutragen bei den zum Nachlaß gehörigen Grundstücken und unter den Voraussetzungen des § 113 Abs. 1 Nr. 2 KO auch bei den zum Nachlaß gehörigen eingetragenen Rechten an Grundstücken oder eingetragenen Rechten an Grundstücksrechten. Ein Vorgehen des Nachlaßgerichts von Amts wegen zur Herbeiführung der Eintragung ist durch das Gesetz nicht vorgeschrieben; die entsprechende Anwendung der für das Konkursgericht bestehenden Vorschrift (KO § 113) erscheint bedenklich, da die Stellung des Nachlaßgerichts wesentlich verschieden von der des Konkursgerichts ist, das nicht nur das Verfahren zu eröffnen, sondern auch bei der Durchführung mitzuwirken hat (str.; wie hier Planck-Flad A 2). Danach wird das Grundbuchamt auch nicht befugt sein, die Eintragung auf Grund eines Ersuchens des Nachlaßgerichts (§ 38 GBO) zu vollziehen. Planck-Flad aaO. hält einen solchen Antrag des Nachlaßgerichts nicht schlechthin für unzulässig. Er ist der Ansicht, das Grundbuchamt könne ihm entsprechen. Praktisch geboten sei dies, wenn zwischen der Anordnung der Nachlaßverwaltung und dem Zeitpunkt, in dem der Nachlaßverwalter seine Geschäfte aufnehmen könne, ein längerer Zeitraum liege. Das Nachlaßgericht kann aber den Nachlaßverwalter zur Herbeiführung der Eintragung anhalten; vgl. § 1985 A 1. Die öffentliche Bekanntmachung ist für die Beweislast bei nach Anordnung der Nachlaßverwaltung erfolgten Leistungen an den Erben von Bedeutung (vgl. § 1984 A 3b).

§ 1984

Mit der Anordnung der Nachlaßverwaltung verliert der Erbe die Befugnis, den Nachlaß zu verwalten und über ihn zu verfügen. Die Vorschriften der §§ 7, 8 der Konkursordnung finden entsprechende Anwendung. Ein Anspruch, der sich gegen den Nachlaß richtet, kann nur gegen den Nachlaßverwalter geltend gemacht werden.

Zwangsvollstreckungen und Arreste in den Nachlaß zugunsten eines Gläubigers, der nicht Nachlaßgläubiger ist, sind ausgeschlossen.

E II 1858; P 5 811, 812.

Übersicht:

Wirkungen der Anordnung der Nachlaßverwaltung

1. Inkrafttreten der Anordnung
2. Wirkung der Anordnung
   a) Verlust der Verwaltungsbefugnis des Erben
   b) Verlust der Verfügungsbefugnis des Erben
3. a) Entsprechende Anwendung des § 7 KO
   b) Entsprechende Anwendung des § 8 KO
4. Einwirkung der Nachlaßverwaltung auf die Stellung des Erben im Prozeß und in der Zwangsvollstreckung
5. Einwirkung der Nachlaßverwaltung auf die Rechte der Privatgläubiger des Erben

1. Die **Anordnung der Nachlaßverwaltung tritt** als gerichtliche Verfügung gemäß § 16 FGG mit der Bekanntmachung an denjenigen **in Kraft,** für den sie ihrem Inhalte nach bestimmt ist. Als solcher wird der Erbe zu gelten haben, da dessen Verfügungsbefugnis und Verwaltungspflicht durch die Anordnung betroffen wird (so für den rechtsähnlichen Fall der Anordnung einer Fideikommißverwaltung RG 21. 2. 21 IV 388/20, unvollständig abgedruckt Warn 1921 Nr 92). Die für den Fall der Eröffnung des Konkursverfahrens in § 108 KO gegebene Sonderbestimmung, derzufoge die Wirksamkeit mit dem Erlasse des gerichtlichen Beschlusses eintritt, kann in Ermangelung einer gesetzlichen Grundlage auf die Nachlaßverwaltung, die vom Gesetze, wenn auch mit gewissen Besonderheiten, als Pflegschaft gestaltet ist, nicht angewendet werden. So Kipp § 78 N 9; Planck-Flad A 1. Da Miterben nach §§ 2033 Abs 2, 2038 die Verwaltung des Nachlasses nur gemeinschaftlich zusteht und sie auch nur gemeinschaftlich über Nachlaßgegenstände verfügen können, erlischt ihr Verfügungsrecht bereits mit der ersten Bekanntmachung an einen der Miterben.

Mit der Bekanntmachung an den Erben wird auch die Befugnis des Nachlaßverwalters zu Rechtshandlungen für den Nachlaß eintreten; seine Verwaltungspflicht kann aber erst beginnen, wenn er von seiner Bestellung Kenntnis erhalten hat.

Für die Bekanntmachung ist Zustellung nach den Vorschriften der ZPO nur erforderlich, wenn der Antrag von einem Nachlaßgläubiger gestellt ist, da in diesem Falle die Frist zur sofortigen Beschwerde mit der Bekanntmachung beginnt (FGG § 76 Abs 2 Satz 1, § 22; vgl. § 1981 A 2). Hatte der Erbe selbst den Antrag gestellt, so kann die Bekanntmachung auch formlos erfolgen, unter entsprechendem Vermerk in den Akten (FGG § 16 Abs 2 Satz 2). Wegen der Wirkung der öffentlichen Bekanntmachung vgl. A 3.

2. a) Mit der **Befugnis, den Nachlaß zu verwalten,** erlischt auch die in § 1978 (A 2) dem Erben auferlegte Verwaltungspflicht und seine daraus fließende Verantwortlichkeit. Hat er von der Anordnung ohne sein Verschulden keine Kenntnis erhalten (was trotz der an ihn geschehenen „Bekanntmachung" – A 1 – der Fall sein kann), so gilt der Auftrag zur Verwaltung zu seinen Gunsten als fortbestehend (§ 674).

b) Mit der Anordnung verliert der Erbe auch die **Befugnis** (Legitimation) **zu Verfügungen über den Nachlaß** sowie zur Führung von Rechtsstreitigkeiten über zum Nachlasse gehörige Ansprüche (Aktivlegitimation); die von ihm nach diesem Zeitpunkte vorgenommenen Rechtshandlungen sind unwirksam, allerdings nach dem gemäß Satz 2 anwendbaren § 7 (früher § 6) KO nur gegenüber den Nachlaßgläubigern. Das bedeutet aber nicht, daß lediglich ein nur den Schutz bestimmter Personen bezweckendes Veräußerungsverbot (§ 135) vorläge, bei dem derjenige, gegen den das Verbot sich richtet, verfügungsberechtigt bleibt, wenn auch unbeschadet des gesetzlich geschützten Rechtes des anderen; vielmehr ist dem Erben das Verfügungsrecht entzogen, er ist nicht mehr zur Ausübung des Verfügungsrechts berechtigt. Daher können auf Grund von Eintragungs- oder Löschungsbewilligungen, die von ihm, wenn auch noch vor der Anordnung, erklärt, aber erst nachher dem Grundbuchamte eingereicht sind (§ 878), keine Eintragungen im Grundbuch erfolgen (vgl. für den gleichliegenden Fall des Konkurses RG 71, 40); auch kann der Schuldner einer vom Erben nach der Anordnung abgetretenen Forderung sich gegenüber dem Erwerber auf die Unwirksamkeit der Abtretung berufen (RG LZ 1913 Sp 398; RG 83, 189; Jaeger, KO § 7 A 9).

Ein Miterbe ist an der Verfügung über seinen Anteil am Nachlasse (§ 2033 Abs 1) durch die Anordnung nicht gehindert (JFG 14, 61).

Keine Verfügung soll nach einem Beschlusse der Grundbuch- und Aufwertungsrichter Groß-Berlins (DJZ 1926 Sp 445) in der Anmeldung und dem Einspruche im Falle des § 16 AufwG liegen; deshalb ist dazu auch der Erbe während bestehender Nachlaßverwaltung für befugt erklärt. Dem wird, da es sich um lediglich schadenvorbeugende Maßnahmen handelt, beizustimmen sein.

Der Erbe bleibt Subjekt des Nachlaßvermögens; vgl. zu § 1976 Anm. 1. Rechte, die der Nachlaßverwaltung nicht unterliegen, hat daher der Erbe weiter auszuüben, so z. B. die persönlichen Gesellschaftsrechte, die der Erbe durch sein Einrücken in eine Gesellschafterstellung des Erblassers erlangt hat (vgl. § 1985 Anm 2).

Eine vom Erblasser über seinen Tod hinaus erteilte Vollmacht kann nur solange fortbestehen, als die auf den Erben übergegangene Verfügungsbefugnis besteht. Sie erlischt daher mit der Anordnung der Nachlaßverwaltung. Zugunsten des gutgläubigen Beauftragten findet § 674 und zugunsten gutgläubiger Dritter finden §§ 170–173 Anwendung.

3. a) Die **entsprechende Anwendung der §§ 7, 8 KO** bedeutet zunächst die schon aus Satz 1 (entsprechend dem jetzigen § 6 KO) sich ergebende Unwirksamkeit der nach der Anordnung der Nachlaßverwaltung in bezug auf den Nachlaß vom Erben vorgenommenen Rechtshandlungen mit der Einschränkung, daß sie nur gegenüber den Nachlaßgläubigern unwirksam sind (A 2), ferner aber mit dem (durch die Novelle zur KO hinzugefügten) Vorbehalte, daß die den öffentlichen Glauben des Grundbuchs betreffenden §§ 892, 893 „unberührt bleiben", also (was früher streitig war) zur Anwendung gelangen können **(§ 7 KO).** Demgemäß erwirbt, ungeachtet der durch die Nachlaßverwaltung eingetretenen Verfügungsbeschränkung des Erben, gemäß § 892 Abs 1 Satz 2, falls die Anordnung im Grundbuche nicht eingetragen ist (§ 1983 A 2) und auch nicht nachgewiesen wird, daß sie dem Erwerber bekannt war, der Erwerber eines Rechtes an einem zum Nachlasse gehörigen Grundstücke oder eines zum Nachlasse gehörigen Rechtes an einem Grundstücke das Recht von dem Erben mit Wirksamkeit auch gegenüber den Nachlaßgläubigern. Dagegen sind die sonstigen Vorschriften zugunsten derjenigen, welche Rechte von einem Nichtberechtigten herleiten, auf den Erwerb von dem in der Verfügung über den Nachlaß beschränkten Erben, der aber Subjekt der Nachlaßrechte bleibt, nicht ohne weiteres anwendbar und auch, und zwar absichtlich (vgl. Begr der Novelle zur KO § 10), nicht für entsprechend anwendbar erklärt. Der Erwerb des Eigentums an beweglichen Sachen und an Rechten, die mit dem Besitze beweglicher Sachen verbunden sind (§§ 932–936, 1032, 1207 in Verbindung mit 135 Abs 2 BGB), ist deshalb den Nachlaßgläubigern gegenüber auch dann unwirksam, wenn die Sache von dem Erben übergeben ist und der Erwerber die Anordnung der Nachlaßverwaltung nicht gekannt hat. Dagegen werden die Vorschriften zur Anwendung zu kommen haben, wenn dem Erwerber die Zugehörigkeit zum Nachlasse ohne grobe Fahrlässigkeit unbekannt geblieben ist, da der Erwerb von dem nicht verfügungsberechtigten Eigentümer dem Erwerbe vom Nichteigentümer zum mindesten gleichstehen muß (str., wie hier Strohal § 79 A 19a; Planck-Flad A 2a). Ein Dritter kann von demjenigen, dem der Erbe infolge Anordnung der Nachlaßverwaltung das Eigentum nicht verschaffen konnte, gutgläubig Eigentum erwerben. Ein gutgläubiger Erwerb ist jedoch nach § 935 dann nicht möglich, wenn die Sachen dem Nachlaßverwalter abhanden gekommen sind. Sachen, die der Nachlaßverwalter überhaupt noch nicht in unmittelbaren Besitz genommen hatte, können ihm nicht abhanden gekommen sein. Ebenso sind ihm diejenigen vom Erben oder einem Dritten veräußerten Nachlaßgegenstände nicht abhanden gekommen, an denen der Erbe oder der Dritte den unmittelbaren und der Nachlaßverwalter nur den mittelbaren Besitz hatte. In den Fällen des § 934 sind sowohl der erste als auch weitere gutgläubige Erwerber nur geschützt, wenn sie den unmittelbaren Besitz vom Drittbesitzer erlangen und zu dieser Zeit noch gutgläubig sind. Denn der Erbe kann seinen Herausgabeanspruch nach dem entsprechend anzuwenden § 7 KO nicht zum Nachteil der Konkursgläubiger abtreten und daher weder auf den ersten noch auf spätere Erwerber einen mittelbaren Besitz übertragen (Strohal § 79 Anm 19a).

Rückgabe der Gegenleistung, soweit die Nachlaßverwaltungsmasse bereichert ist (KO § 7 Abs 2).

Nach § 7 Abs. 3 KO wird vermutet, daß die am Tage des Wirksamwerdens der Anordnung (A 1) vorgenommenen Rechtshandlungen nach der Anordnung vorgenommen worden sind. Rechtshandlungen des Erben, die nach § 7 KO unwirksam sind, werden, wenn der Nachlaßverwalter sie genehmigt, mit rückwirkender Kraft wirksam (§§ 184, 185). Sie werden gleichfalls, jedoch ohne Rückwirkung wirksam, wenn die Sache oder das Recht in die freie Verfügungsbefugnis des Erben zurückgelangt, sei es, daß der Nachlaßverwalter dem Erben die Verfügungsbefugnis eingeräumt hat oder daß die Nachlaßverwaltung aufgehoben ist.

b) Entsprechende Anwendbarkeit des § 8 KO: Leistungen auf Nachlaßforderungen, die nach dem Wirksamwerden der Anordnung (A 1) erfolgt sind, befreien den Schuldner unbedingt, soweit das Geleistete in die Masse der Nachlaßverwaltung gelangt ist (also, da Bereicherung nicht verlangt wird, auch wenn es ihr nachträglich wieder verlorengegangen ist); doch tritt auch darüber hinaus Befreiung ein, falls die Leistung auf ein im Grundbuch eingetragenes Recht ohne Kenntnis der im Grundbuche nicht eingetragenen Anordnung der Nachlaßverwaltung erfolgt ist (§ 893); im übrigen auch, wenn dem Leistenden bei der Leistung die Anordnung nicht bekannt war, jedoch unter verschiedener Regelung der Beweislast, je nachdem die Leistung vor oder nach der öffentlichen Bekanntmachung (§ 1983) erfolgt ist (KO § 8 Abs 2, 3). Die Befreiung wird nur durch die wirkliche Kenntnis, nicht, wie in andern Fällen (§§ 1070 Abs 2, 1275, 2129 Abs 2 BGB), auch schon durch die Zustellung einer Mitteilung von der Anordnung an den Schuldner ausgeschlossen (RG 87, 417; 21. 2. 21 IV 388/20).

Aufrechnung nach Anordnung der Nachlaßverwaltung § 1977 A 5.

Dem Schuldner kann gegen den Erben ein Bereicherungsanspruch nach § 812 Abs 1 Satz 2 Halbsatz 2 zustehen, der nicht in allen Fällen durch § 815 ausgeschlossen ist, wenn seine Leistung keine schuldbefreiende Wirkung hatte und er nochmals an den Nachlaßverwalter leisten mußte (Planck-Flad 4. Aufl § 1984 Anm 2d).

4. Wie die Aktivlegitimation (A 2), so verliert der Erbe auch die **Passivlegitimation.** Eine nach der Anordnung erhobene Klage gegen den Erben ist daher von Amts wegen abzuweisen, wenn sich die Anordnung aus den Parteierklärungen des Klägers oder des Beklagten ergibt. Der vorher vom Erben oder gegen ihn anhängig gemachte Rechtsstreit wird unterbrochen, soweit nicht Vertretung durch einen Prozeßbevollmächtigten besteht (ZPO §§ 241 Abs 2, 246). Ist in der Revisionsinstanz zur Begründung eines Antrags auf Aussetzung des Verfahrens der Nachweis erbracht worden, daß nach Erlaß des Berufungsurteils die Nachlaßverwaltung angeordnet worden ist, so muß diese Tatsache vom Revisionsgericht auch sachlich berücksichtigt werden (RG JW 1938, 1025[24]). Der Anspruch des Pflichtteilsberechtigten auf Auskunfterteilung über den Nachlaß (§ 2314) kann auch während der Nachlaßverwaltung gegen den Erben geltend gemacht werden (vgl. für den gleichliegenden Fall des Konkurses RG 9. 10. 19 IV 130/19 und § 1975 A 3). Der Erbe kann die Aufhebung von Zwangsvollstreckungsmaßregeln verlangen, die zugunsten eines Nachlaßgläubigers in sein nicht zum Nachlasse gehöriges Vermögen erfolgt sind (ZPO § 784). Gegen die Vollstreckung eines Urteils in sein Privatvermögen kann der Erbe sich nach §§ 781, 795 ZPO durch Erhebung der Klage und Antrag auf Erlaß einstweiliger Anordnungen nach §§ 767, 769, 770 ZPO sichern. Diese Vorschriften finden aber keine Anwendung, wenn der Erbe bereits allgemein unbeschränkbar haftet; in diesem Falle sind Rechtsverfolgung und Zwangsvollstreckung gegen ihn in sein persönliches Vermögen auch weiter zulässig. Die Unterbrechung des Rechtsstreits tritt nur ein, soweit dieser den Nachlaß betrifft. Soweit dagegen der Gläubiger einer Nachlaßverbindlichkeit die Haftung des Erben mit seinem persönlichen Vermögen beansprucht, wird der gegen den Erben geführte Rechtsstreit durch die Anordnung der Nachlaßverwaltung nicht unterbrochen. Das gegen den Erben erwirkte Urteil kann aber während der Dauer der Nachlaßverwaltung nicht in das Nachlaßvermögen vollstreckt werden. Ein Streit über die Zugehörigkeit des Streitgegenstandes zum Nachlaß kann in dem anhängigen Verfahren im Zusammenhang mit der Frage, ob eine Unterbrechung eingetreten ist, durch Zwischenurteil nach § 303 ZPO entschieden werden, bei Verneinung auch in den Gründen des Endurteils. Auch § 280 ZPO kann anzuwenden sein (Stein-Jonas-Schönke ZPO 18. Aufl Vorbem I 1d vor § 239 und § 241 Anm I 3).

Das vorher wegen einer Nachlaßverbindlichkeit gegen den Erben ergangene Urteil kann, ohne daß es einer Vollstreckungsklausel gegen den Nachlaßverwalter (§ 727 ZPO) bedarf, in den Nachlaß vollstreckt werden. Vorher durch Zwangsvollstreckung in den Nachlaß erlangte Pfändungspfandrechte bleiben wirksam (anders im Konkursfalle, § 221 KO, und im Vergleichsverfahren, § 48

VerglO). Wird aus einem gegen den Nachlaßverwalter ergangenen Urteile nach Aufhebung der Nachlaßverwaltung die Zwangsvollstreckung gegen den Erben betrieben, so kann dieser die Beschränkung seiner Haftung geltend machen, auch wenn sie ihm im Urteile nicht vorbehalten ist (ZPO § 780 Abs 2).

5. Entsprechend KO § 14. — Durch die Anordnung der Nachlaßverwaltung wird den **Privatgläubigern des Erben** die ihnen durch die Annahme der Erbschaft (ZPO § 778 Abs 2) gewährte Möglichkeit, sich aus dem Nachlasse zu befriedigen, wieder entzogen. Sie können nur noch im Wege der Pfändung des Anspruchs des Erben gegen den Nachlaßverwalter auf Herausgabe des künftigen Nachlaßüberschusses (§ 1986) mittelbar Befriedigung aus dem Nachlasse zu erlangen suchen. Vor Anordnung der Nachlaßverwaltung erfolgte Vollstreckungshandlungen von Privatgläubigern des Erben in den Nachlaß werden durch § 1984 nicht betroffen; der Nachlaßverwalter kann aber auf Grund des § 784 Abs 2 ZPO ihre Aufhebung verlangen (RG 27. 9. 07 VII 504/06).

§ 1985

Der Nachlaßverwalter hat den Nachlaß zu verwalten und die Nachlaßverbindlichkeiten aus dem Nachlasse zu berichtigen.

Der Nachlaßverwalter ist für die Verwaltung des Nachlasses auch den Nachlaßgläubigern verantwortlich. Die Vorschriften des § 1978 Abs 2 und der §§ 1979, 1980 finden entsprechende Anwendung.

E II 1859, 1861; P 5 813–819.

Übersicht:

Aufgaben des Nachlaßverwalters

1. **Die Rechtsstellung des Nachlaßverwalters** ist der des Konkursverwalters ähnlich. Gleich diesem ist er weder gesetzlicher Vertreter des Erben noch der Nachlaßgläubiger, noch der Erbschaft, sondern Organ für Durchführung der Zwecke der Verwaltung mit eigener Parteistellung (RG 65, 287; die dort gezogene Folgerung, daß der Nachlaßverwalter keinen Anspruch auf Armenrecht habe, ist durch § 114 Abs 3 ZPO in der Fassung der Bekanntmachung vom 8. 11. 1933 beseitigt worden; ferner RG 135, 307; 151, 62). Kipp-Coing § 94 VI 1 spricht dem Nachlaßverwalter eine Doppelstellung zu, die eines amtlich bestellten Pflegers und, soweit er Rechte des Erben geltend macht oder darüber verfügt, die eines gesetzlichen Vertreters des Erben. Auf die Stellung des Nachlaßverwalters finden die Vorschriften über die Stellung des Pflegers, und mittelbar also des Vormundes (§ 1915), Anwendung, soweit nicht Sonderbestimmungen (§§ 1981 Abs 3, 1987; vgl. § 1960 A 4) bestehen. Aus der Anwendung dieser Vorschriften ergibt sich insbesondere, daß der Verwalter ein Verzeichnis des Nachlaßvermögens aufzustellen und dem Nachlaßgericht einzureichen (§ 1802), daß er während der Dauer der Nachlaßverwaltung dem Gerichte und nach ihrer Beendigung dem Erben Rechnung zu legen (§§ 1840, 1841, 1890), aus besonderen Gründen auch Sicherheit zu leisten hat (§ 1844), daß er in den Fällen der §§ 1821, 1822 der Genehmigung des Nachlaßgerichts bedarf (so RG 12. 1. 17 II 390/16), daß er der Aufsicht des Gerichts untersteht (§ 1837) und nötigenfalls von ihm entlassen werden kann (§ 1886). Dem Verwalter kann eine Inventarfrist nicht bestimmt werden, er ist aber den Nachlaßgläubigern zur Auskunft verpflichtet (§ 2012 Abs 2). Nicht unzulässig ist es, den Zwangsverwalter eines Nachlaßgrundstücks zum Nachlaßverwalter zu bestellen (JFG 18, 329).

2. Das nach § 1984 (A 2) dem Erben verlorengehende **Verwaltungs- und Verfügungsrecht** geht nebst der Aktiv- und Passivlegitimation im Prozesse auf den Verwalter über; auch die Ansprüche der Nachlaßgläubiger gegen den Erben aus § 1978, die nach Abs 2 daselbst zum Nachlasse gehören (vgl. § 1978 A 4), kann er während der Dauer der Nachlaßverwaltung ausschließlich geltend machen. Er hat den Nachlaß zu diesem Zwecke in Besitz zu nehmen. Streitig ist, ob es dazu der Erhebung einer Klage bedarf, wenn der Erbe sich weigert, die Nachlaßgegenstände herauszugeben. Die Frage wurde früher mit dem Hinweis bejaht, daß der Anordnungsbeschluß keinen vollstreckbaren Titel gemäß § 794 Nr 3 ZPO bildet (so Kipp § 78 VII, 3; a. M. für den Fall des Konkurseröffnungsbeschlusses RG 37, 399). Staudinger-Lehmann 11. Aufl § 1985 Anm 3; Palandt-Rechenmacher 13. Aufl § 1985 Anm 2 und Kipp-Coing § 94 VI 3 halten es auch für zulässig, daß das Nachlaßgericht die Herausgabe der Nachlaßgegenstände an den Verwalter anordnet und sie durch den Gerichtsvollzieher wegnehmen läßt. Dieser Ansicht ist zuzustimmen, soweit es sich um die Herausgabe von Gegenständen handelt, die unstreitig zum Nachlaß gehören. Es ist dagegen nicht Aufgabe des Nachlaßgerichts, darüber zu entscheiden, welche Gegenstände

zum Nachlaß und welche zum übrigen Vermögen des Erben gehören. Ein darüber bestehender Streit ist vor dem ordentlichen Gericht auszutragen.

Gegenüber dem Anspruch des Nachlaßverwalters auf Herausgabe der Nachlaßgegenstände kann der Erbe kein Zurückbehaltungsrecht wegen etwaiger Ersatzansprüche aus seiner bisherigen Verwaltung geltend machen. Das ist in § 223 KO für den Fall des Nachlaßkonkurses bezüglich der Ansprüche des Erben nach §§ 1978, 1979 ausdrücklich ausgesprochen. Diese sind nach § 224 Nr 1 KO Masseschulden. Entsprechendes muß für die Nachlaßverwaltung gelten, da die Befriedigung der Erstattungsansprüche des Erben durch den Nachlaßverwalter den Besitz und die Verwertung der Nachlaßgegenstände voraussetzt und da ein Zurückbehaltungsrecht den Zweck der Nachlaßverwaltung wesentlich erschweren oder unter Umständen vereiteln würde (ebenso Planck-Flad 4. Aufl § 1985 Anm 1a; Staudinger-Lehmann 11. Aufl § 1985 Anm 5; Kipp-Coing § 94 Anm 30).

Testamentsvollstreckung und Nachlaßverwaltung können grundsätzlich nebeneinander bestehen. Jedoch ist die Tätigkeit des Testamentsvollstreckers durch die Nachlaßverwaltung insoweit ausgeschaltet, als der Nachlaßverwalter die Verwaltungs- und Verfügungsbefugnis hat. Nach Aufhebung der Nachlaßverwaltung erlangt der Testamentsvollstrecker wieder seine vollen Befugnisse (RG LZ 1919, 875). Doch steht ihm auch während der Dauer der Nachlaßverwaltung, ebenso wie dem Erben (RG 72, 263), eine Kontrolle in der Weise zu, daß er durch geeignete Anträge bei dem Nachlaßgerichte auf Abstellung von Mängeln in der Nachlaßverwaltung dringen kann (RG 13. 1. 19 IV 299/18). Der Erbe (nicht auch der von ihm mit der Verwaltung des Nachlasses Beauftragte, HRR 1938 Nr 1116) ist verpflichtet, den Nachlaß herauszugeben und ein Bestandsverzeichnis vorzulegen (§ 260). Er kann dem Herausgabeanspruche des auf Antrag eines durch Erbschein legitimierten gesetzlichen Erben ernannten Verwalters nicht mit Berufung darauf entgegentreten, daß er Testamentserbe sei; doch kann er in solchem Falle die Aufhebung der Nachlaßverwaltung erwirken (RG Recht 09, 2127; vgl. § 1988 A 3). Der Nachlaßverwalter hat auch für die Eintragung der erforderlichen Vermerke im Grundbuche zu sorgen (s. § 1983 A 1, 2). Er hat sodann den Nachlaß insoweit zu versilbern, als es zur Berichtigung der Nachlaßverbindlichkeiten erforderlich ist, und zu diesem Zwecke die Nachlaßforderungen einzuziehen, insbesondere auch vom Erben, einschließlich der den Nachlaßgläubigern gegen diesen gemäß § 1978 zustehenden Ansprüche. Der Erbe kann ihm im Prozesse nicht entgegenhalten, daß die Einziehung unnötig oder unzweckmäßig sei (RG 72, 262). Im übrigen ist aber der Nachlaßverwalter verpflichtet, soweit es mit seiner Aufgabe, für die Berichtigung der Nachlaßverbindlichkeiten zu sorgen, vereinbar ist, auch die Interessen des Erben wahrzunehmen und seine Wünsche zu berücksichtigen, und der Erbe kann sich, um das zu erreichen, an das Nachlaßgericht wenden (RG aaO.). Die Verteilung des Nachlasses unter die Miterben ist nicht Aufgabe des Nachlaßverwalters (RG 72, 260); gerichtliche Auseinandersetzung ist während der Dauer der Nachlaßverwaltung ausgeschlossen (RJA 15, 279; KGJ 49 A 84); ebenso ein Antrag auf Leistung des Offenbarungseides nach § 2006 gegen den Erben (RJA 4, 201). Die Bezahlung der Steuerschulden liegt dem Nachlaßverwalter in derselben Weise wie dem Nachlaßpfleger ob (§ 1960 A 4). Ein Schuldenbereinigungsverfahren kann der Nachlaßverwalter für den Erben nicht betreiben (JFG 18, 301).

Zur Verfügung über Nachlaßgegenstände bedarf der Nachlaßverwalter der gerichtlichen Genehmigung in gleichem Umfange wie der Vormund (§§ 1821, 1822; RG Recht 1917 Nr 422), also insbesondere auch zur Veräußerung eines Erwerbsgeschäfts (RJA 6, 119); auch den Vorschriften über Anlegung und Hinterlegung von Geld und Wertpapieren (§§ 1806, 1814) wird er, soweit es der Zweck der Nachlaßverwaltung zuläßt, unterworfen sein (Planck-Flad A 1a Abs 2). Der Nachlaßrichter ist verpflichtet, ihn, falls erforderlich, dazu anzuhalten und die Anlage zu überwachen, und zwar auch für solche Beträge, die zur Ausschüttung an die Nachlaßgläubiger bestimmt sind, sofern die Ausschüttung nicht alsbald erfolgen kann; das Flüssighalten des Geldes ist nicht unvereinbar mit mündelsicherer Anlage (RG 88, 266).

Schwierig abzugrenzen sind die Befugnisse des Nachlaßverwalters dort, wo den Erben nicht nur reine Vermögensrechte angefallen sind, sondern wo er auch in persönliche Rechtsbeziehungen des Erblassers eingerückt ist. Das ist der Fall, wo gesellschaftsrechtliche Ansprüche zum Nachlaß gehören. Die daraus erwachsenden persönlichen Gesellschaftsrechte kann nur der Erbe ausüben (vgl. § 1984 Anm 2). Soweit aber eine hiernach dem Erben zustehende Entscheidung unmittelbar zum Nachlaß gehörige Vermögensrechte berührt, bedarf der Erbe der Zustimmung des Nachlaßverwalters, da er nicht in dessen Verwaltungsbefugnisse eingreifen kann. Die Entschließung, eine durch den Tod des Erblassers nach § 727 aufgelöste Gesellschaft bürgerlichen Rechts oder eine nach § 131 Nr 4 HGB aufgelöste OHG, die als Abwicklungsgesellschaft fortbesteht, wieder in eine werbende umzuwandeln, steht dem Erben zu. Er bedarf dazu der Zustimmung des Nachlaßverwalters, weil damit die Liquidation unterbleibt und der Anspruch auf das Auseinandersetzungsguthaben der Verwaltung des Nachlaßverwalters unterliegt. Nicht der Nachlaßverwalter, sondern nur der Erbe mit Zustimmung des Nachlaßverwalters kann auch das Ausscheiden des Erben aus der Abwicklungsgesellschaft vereinbaren (KG DR 42, 973[3]). Die Mitgliedschaftsrechte einer mit den Erben fortgesetzten Gesellschaft hat der Erbe wahrzunehmen. Das gilt auch bezüglich der Befugnisse des

Erben nach § 139 HGB. Der Nachlaßverwalter kann aber, sofern es erforderlich ist, den Anteil des Erben am Gesellschaftsvermögen zur Befriedigung der Nachlaßgläubiger heranziehen. Dazu kann er in entsprechender Anwendung des § 725 oder des § 135 HGB die Gesellschaft kündigen (KG DR 42, 973[3]; Kipp-Coing § 94 Anm 27; Michaelis ZAkDR 42, 27).

3. Der Verwalter ist gleich dem Vormunde (§ 1833) dem Erben (RG Warn 1936 Nr 190), aber, abweichend vom Nachlaßpfleger (§ 1960 A 6), auch unmittelbar **den Nachlaßgläubigern verantwortlich,** und zwar auf Grund eines vertragsähnlichen Verhältnisses, das durch seine Bestellung begründet wird und auf Grund dessen er (entsprechend der Haftung des Erben aus § 1978 Abs 1) wie ein Beauftragter für jede Fahrlässigkeit haftet (DJZ 05, 652). Die sich hieraus ergebenden Ansprüche gegen ihn gehören zum Nachlasse (§ 1978 Abs 2; vgl. A 4 dazu). Sie können daher von einem späteren Nachlaßverwalter gegen ihn geltend gemacht werden; doch steht ihnen das Konkursvorrecht des § 61 Nr 5 KO nicht zu, da der Erbe nicht „Pflegebefohlener" des Nachlaßverwalters ist; anders bei der fürsorglichen Nachlaßpflegschaft, vgl. zu § 1960 Anm 5 (RG 135, 305). Vgl. über den darin zum Ausdruck kommenden Rechtsgrundsatz der dinglichen Surrogation zu § 2041 Anm 3.

Auch die besondere Verpflichtung des Erben, falls sich Überschuldung herausstellt, Konkurs oder Vergleichsverfahren zu beantragen (§ 1980) und die daraus sich ergebende Verantwortlichkeit ist dem Nachlaßverwalter auferlegt. Um diese Verantwortlichkeit auszuschließen, muß er auch gegebenenfalls das Aufgebot der Nachlaßgläubiger beantragen. Anderseits ist auch er bei sich später ergebender Überschuldung zur Anrechnung berichtigter Verbindlichkeiten auf den Nachlaß berechtigt, wenn er nach den Umständen annehmen durfte, die Berichtigung der Verbindlichkeiten sei zulässig (§ 1979). Unter dieser Voraussetzung ist er nicht verpflichtet, eine bestimmte Reihenfolge bei der Berichtigung von Verbindlichkeiten einzuhalten, und er kann auch solche aus Pflichtteilsrechten, Vermächtnissen oder Auflagen berichtigen. Nach durchgeführtem Aufgebot kann er einem ausgeschlossenen und ohne solches einem verspäteten Gläubiger (§ 1974) gegenüber gemäß § 1973 verfahren, und zwar auch noch in der Zwangsvollstreckung (RG 61, 221, wo dahingestellt gelassen ist, ob es dazu eines besonderen Vorbehalts im Urteile bedürfe).

Ist die Konkurseröffnung wegen Mangels an Masse nicht tunlich, so wird der Nachlaßverwalter nicht, wie der Erbe, nach §§ 1990, 1991 verfahren dürfen, da diese Paragraphen nicht, wie § 1978 Abs 2 und §§ 1979, 1980, für entsprechend anwendbar erklärt sind; vielmehr wird er in solchem Falle gemäß § 1988 Abs 2 die Aufhebung der Nachlaßverwaltung zu beantragen haben. Auch § 1992 ist nicht für entsprechend anwendbar erklärt; der Nachlaßverwalter wird deshalb die Konkurseröffnung auch beantragen müssen, wenn die Überschuldung auf Vermächtnissen oder Auflagen beruht (a. M. Planck-Flad A 1b und die zweite Auflage dieses Kommentars).

Dem Erben kann der Nachlaßverwalter unter Umständen ersatzpflichtig werden, wenn er statt des sachgemäßen Nachlaßvergleichsverfahrens den Konkurs beantragt (Kiesow § 92 A 5, 18).

Der Nachlaßrichter ist wegen schuldhafter Amtspflichtverletzung bei der Beaufsichtigung des Nachlaßverwalters sowohl dem Erben wie auch den Nachlaßgläubigern verantwortlich (RG 88, 264); anders beim Nachlaßpfleger der §§ 1960, 1961 (§ 1960 A 3).

§ 1986

Der Nachlaßverwalter darf den Nachlaß dem Erben erst ausantworten, wenn die bekannten Nachlaßverbindlichkeiten berichtigt sind.

Ist die Berichtigung einer Verbindlichkeit zur Zeit nicht ausführbar oder ist eine Verbindlichkeit streitig, so darf die Ausantwortung des Nachlasses nur erfolgen, wenn dem Gläubiger Sicherheit geleistet wird. Für eine bedingte Forderung ist Sicherheitsleistung nicht erforderlich, wenn die Möglichkeit des Eintritts der Bedingung eine so entfernte ist, daß die Forderung einen gegenwärtigen Vermögenswert nicht hat.

Übersicht:

Herausgabe des Nachlasses an die Erben

1. Die **Aushändigung des Nachlasses** an den Erben darf nicht erfolgen, bevor der Zweck der Nachlaßverwaltung, die Berichtigung der Nachlaßverbindlichkeiten, erreicht ist, also keinenfalls, solange die bekannten Nachlaßverbindlichkeiten noch nicht sämtlich berichtigt sind. Besteht

aber Grund zu der Annahme, daß unbekannte Nachlaßverbindlichkeiten vorhanden sein könnten, so wird der Nachlaßverwalter gegenüber dem Erben berechtigt sein, den Nachlaß so lange zurückzubehalten, bis das zu seiner Deckung gegenüber den Nachlaßgläubigern (§ 1985 A 3) erforderliche Aufgebot (§§ 1970ff.) durchgeführt ist. Mehreren Miterben ist der Nachlaß gemeinschaftlich auszuhändigen oder auf Verlangen eines von ihnen für alle zu hinterlegen (§ 2039). Wegen der Vornahme der Teilung s. § 1985 A 2.

2. Sicherheitsleistung §§ 232ff. Ebenso § 52 Abs 2. Die Hinterlegung gemäß §§ 372ff. ist damit nicht ausgeschlossen.

3. Bedingte Forderung. Ebenso beim Arrest ZPO § 916 Abs 2 und bei der Verteilung im Konkurse KO §§ 154, 171.

4. Haftung nach Aufhebung der Nachlaßverwaltung. Die Nachlaßverwaltung bleibt trotz Ausantwortung des Nachlasses bestehen, bis sie gemäß § 1919 vom Nachlaßgericht aufgehoben ist. Meldet sich vor der Aufhebung noch ein Gläubiger, so kann der Verwalter vom Erben entsprechende Wiederaushändigung des Nachlasses fordern. Nach Aufhebung der Nachlaßverwaltung haftet, wenn ein Aufgebot (§§ 1970ff.) stattgefunden hat oder die in § 1974 vorgeschriebene „Verschweigungsfrist" abgelaufen ist, der Erbe einem ausgeschlossenen oder einem solchen gleichstehenden Gläubiger nur nach Maßgabe des § 1973 (A 1), also auf die Bereicherung. Ist der Nachlaß nur noch so gering, daß keine zur Deckung der Kosten der Verwaltung oder des Konkurses ausreichende Masse vorhanden ist (§ 1990) oder ist der Nachlaß infolge von Vermächtnissen und Auflagen unzulänglich (§ 1992), so kann der Erbe gegenüber sich meldenden Gläubigern nach § 1990 verfahren, vgl. A 1b dazu. Bestritten ist aber, wie sich die Haftung gestaltet, wenn (was allerdings nicht häufig vorkommen wird) ein Aufgebot in der Nachlaßverwaltung oder sonst nicht stattgefunden hat und der Nachlaß noch zur Deckung der Kosten einer Verwaltung oder eines Konkurses ausreicht, also weder der Fall des § 1973 noch der des § 1990 vorliegt. Es wird die Meinung vertreten, daß in diesem Falle der Erbe zunächst wieder nach allgemeinen Grundsätzen, also unbeschränkt, haftet und daß nur durch eine neue Nachlaßverwaltung oder einen Konkurs wieder die Beschränkung der Haftung herbeigeführt werden könne (so Strohal II § 79 A 33; Planck-Flad A 3d; vgl. auch Planck DJZ 1899, 366). Diese Auffassung findet im Gesetze keine Stütze, da § 1975 als Wirkung der Nachlaßverwaltung die Beschränkung der Haftung ohne Einschränkung auf die Dauer der Verwaltung ausspricht. Der Erbe haftet also, wenn er nicht vorher schon unbeschränkbar gehaftet hat (§ 1994), auch nach aufgehobener Verwaltung zunächst weiter nur mit dem Nachlasse (cum viribus hereditatis); er kann eine Zwangsvollstreckung in sein eigenes Vermögen, falls ihm die Beschränkung in dem Urteile vorbehalten ist, gemäß ZPO §§ 780, 781, 785, also im Wege der Widerspruchsklage des § 767, abwehren. So auch BGH NJW 1954, 635 Nr 4; Staudinger-Lehmann 11. Aufl § 1975 Anm 4; Kipp-Coing § 94 XI, 2. Die Bemerkung in den ziemlich unklaren Verhandlungen der zweiten Kommission (5, 817), daß der Erbe in solchem Falle haften solle, „wie wenn die Pflegschaft nicht bestellt gewesen wäre", auf die Strohal besonderen Wert legt, kann nicht maßgebend sein. Entscheidend ist vielmehr, daß der Erbe nach Aufhebung der Nachlaßverwaltung erwarten kann, einen schuldenfreien Nachlaß übergeben zu erhalten, da in der Nachlaßverwaltung alle Nachlaßverbindlichkeiten zu befriedigen oder, wenn dies nicht möglich ist, sicherzustellen sind. Ob insoweit § 1990 entsprechend angewandt wird, wie es der BGH in dem oben angeführten Urteil will, oder ob eine entsprechende Anwendung dieser Bestimmung abgelehnt wird, wie es in der 9. Aufl an dieser Stelle geschehen ist, ist im Hinblick auf das Ergebnis zu dem beide Rechtsansichten übereinstimmend gelangen, bedeutungslos. Eine etwa gewollte Einschränkung hätte im Gesetze (§ 1975) Ausdruck finden müssen, zumal sie sachlich keineswegs gerechtfertigt ist, vielmehr das ohnehin schon verwickelte Haftungssystem des BGB noch weiter verwickeln würde. Doch ist die Bestimmung einer Inventarfrist nach Beendigung der Nachlaßverwaltung nicht, wie nach Durchführung des Nachlaßkonkurses, durch § 2000 (vgl. A 3 dazu) ausgeschlossen. Auf diese Weise kann daher auch nach durchgeführter Nachlaßverwaltung die unbeschränkte, d. h. nicht mehr beschränkbare Haftung gegebenenfalls eintreten. Doch kann sich der Erbe auf ein von dem Nachlaßverwalter errichtetes Inventar berufen, wenn es den Vorschriften der §§ 2002, 2003 entspricht (§ 2004).

Anderseits findet auch § 1973 nicht, wie nach durchgeführtem Konkurse (§ 1989), Anwendung. Vielmehr ist die Stellung des Erben zu den Nachlaßgläubigern hinsichtlich der Verantwortlichkeit für den ihm wieder ausgeantworteten Nachlaß wiederum die eines Beauftragten und sind die §§ 1978–1980, jedenfalls entsprechend, unbedenklich anwendbar. Der Erbe darf daher auch jetzt wieder Nachlaßverbindlichkeiten nur solange berichtigen, als er die Zulänglichkeit des Nachlasses annehmen kann (§ 1979); hat er Anlaß zu der Annahme des Vorhandenseins unbekannter Verbindlichkeiten, so muß er Aufgebot und bei Kenntnis der Überschuldung, der fahrlässige Unkenntnis gleichsteht, Konkurs oder Vergleichsverfahren beantragen (§ 1980); andernfalls ist er den Gläubigern schadensersatzpflichtig. Eine nochmalige Nachlaßverwaltung zu beantragen, ist er zwar berechtigt (§ 1981), aber nicht verpflichtet; auch ein nicht befriedigter oder ausgeschlossener Nachlaßgläubiger kann von neuem Nachlaßverwaltung beantragen.

Ist die Anordnung als nicht gerechtfertigt aufgehoben (FGG §§ 18, 76 Abs 2), so muß die Beschränkung der Haftung als nicht eingetreten gelten. Ist die Aufhebung wegen Mangels einer den Kosten entsprechenden Masse erfolgt (§ 1988 Abs 2), so kann nunmehr der Erbe nach § 1990, dessen entsprechende Anwendung auf diesen Fall (vgl. dagegen oben) keinen Bedenken unterliegen wird, verfahren. Kommt aber der Nachlaß wieder zu Kräften, so wird die Anordnung einer neuen Nachlaßverwaltung erforderlich sein.

§ 1987

Der Nachlaßverwalter kann für die Führung seines Amtes eine angemessene Vergütung verlangen.

E II 1862; P 5 820.

1. Der Verwalter, der zur Übernahme des Amtes nicht wie ein Vormund oder sonstiger Pfleger kraft Gesetzes verpflichtet ist (§ 1981 Abs 3), hat, ebenso wie der Konkursverwalter (KO § 85) und mangels abweichender Bestimmung des Erblassers der Testamentsvollstrecker (§ 2221), einen **Rechtsanspruch auf Vergütung.** Nicht so der Nachlaßpfleger, § 1960 A 5b. Sie wird vom Nachlaßgericht mit Rücksicht auf den Umfang der Mühewaltungen (vgl. BayZ 1934, 177) und den Bestand der Masse festgesetzt. Auch der Erfolg der Tätigkeit des Nachlaßverwalters kann berücksichtigt werden (DNotZ 1935, 403). Dagegen darf, wenn der Verwalter anschließend zum Konkursverwalter bestellt wird, die Vergütung, die er als solcher erhält, nicht in Betracht gezogen werden (JFG 14, 272). Auch die Richtlinien für die Vergütung des Konkursverwalters v. 22. 2. 36 (DJ 311) sind nicht anwendbar (JFG 17, 206; a. M. Planck-Flad A 2). Beschwerde gegen die Festsetzung der Vergütung FGG §§ 19, 20 (vgl. DRW 1939, 1384[7]). Ein Dritter, der die Haftung für die Kosten der Nachlaßverwaltung übernommen hat, ist gleichfalls berechtigt, gegen die Festsetzung der Vergütung Beschwerde einzulegen (KGJ 20, 89). Das Nachlaßgericht entscheidet nur über die Höhe der Vergütung; diese Entscheidung bildet die Voraussetzung für die Geltendmachung des Anspruchs im Rechtswege vor dem Prozeßgerichte, das seinerseits die Entscheidung über die Entstehung des Anspruchs in der vom Nachlaßgerichte festgesetzten Höhe nicht nachzuprüfen, aber allein über solche Tatsachen zu entscheiden hat, welche den entstandenen Anspruch als erloschen erscheinen lassen oder seine Geltendmachung hindern (HRR 1928 Nr 2279; JFG 17, 148; vgl. über die gleiche Frage bei der Vergütung für den Vormund zu § 1836 A 2). Über den Anspruch auf Auslagenersatz entscheidet ausschließlich das Prozeßgericht (BayObLG 33, 147). – Der Anspruch auf Vergütung und Ersatz der Aufwendungen (§ 1835) ist im Konkurse Masseschuld (KO § 224 Nr 4, 6). Am Vergleichsverfahren sind diese Ansprüche nicht beteiligt (VerglO § 113 Nr 6).

§ 1988

Die Nachlaßverwaltung endigt mit der Eröffnung des Nachlaßkonkurses.

Die Nachlaßverwaltung kann aufgehoben werden, wenn sich ergibt, daß eine den Kosten entsprechende Masse nicht vorhanden ist.

E II 1863; P 5 819, 820.

1. a) Die **Nachlaßverwaltung endigt** im Konkursfalle ohne weiteres kraft Gesetzes. Vom Nachlaßverwalter nach dieser Zeit vorgenommene Rechtshandlungen sind in Ermangelung einer Vertretungsmacht unwirksam (§§ 177ff.); die §§ 7, 8 KO, die sich nur auf Verfügungen des Gemeinschuldners beziehen, können auf den Nachlaßverwalter, der nicht gesetzlicher Vertreter des Erben ist (vgl. § 1985 A 1), keine Anwendung finden (a. M. Planck-Flad A 1a). Doch kann der Verwalter, falls er ohne sein Verschulden von der Erledigung keine Kenntnis hatte, zu seinen Gunsten die Vorschrift des § 674 anrufen. Dagegen dauert die Nachlaßpflegschaft auch nach der Konkurseröffnung fort (§ 1960 A 4). Der Pfleger vertritt den nunmehrigen Gemeinschuldner.

b) Daß auch die **Eröffnung des Vergleichsverfahrens** die Beendigung der Nachlaßverwaltung zur Folge habe (so Bley § 92 A I, 3d), ist im Gesetze nicht vorgeschrieben. Auch sonst ist kein Grund hierfür ersichtlich (Vogels § 113 A III, 3d; Kiesow § 92 A 5; Krieg § 113 A 6; Klien JW 1936, 1196).

2. Die Nachlaßverwaltung kann nach Abs 2 aufgehoben werden, wenn sich ergibt, daß eine den Kosten entsprechende Masse nicht vorhanden ist. Diese Vorschrift entspricht dem § 1982. Eine entsprechende Regelung trifft § 204 KO für das Konkursverfahren. Vgl. § 1982 A 1. Hinterlegung eines Kostenvorschusses wendet auch hier die Aufhebung ab. Dem Erben wie den Nachlaßgläubigern steht gegen den Aufhebungsbeschluß einfache Beschwerde zu, FGG §§ 19, 20. Ob auch dem Nachlaßverwalter, ist bestritten; verneinend RG 151, 57.

3. Abgesehen von Abs 1 dauert die Verwaltung fort, bis sie gemäß § 1919 durch Beschluß des Nachlaßgerichts **aufgehoben** ist (RG 72, 263; HRR 1932 Nr 956). Die Aufhebung hat zu erfolgen, sobald der Zweck der Nachlaßverwaltung erreicht ist (§ 1919). Zurücknahme des vom Erben selbst gestellten Antrags hindert die Durchführung der Verwaltung nicht (RJA 12, 108). Gleiches muß gelten, wenn der von einem Nachlaßgläubiger gestellte Antrag zurückgenommen wird, nachdem die Verwaltung angeordnet ist. Dagegen ist die Anordnung aufzuheben, wenn sie ungerechtfertigt war (FGG §§ 18, 76 Abs 2). Auch bevor die Nachlaßgläubiger befriedigt sind, kann die Nachlaßverwaltung aufgehoben werden, wenn alle Gläubiger zustimmen.

Über die Wirkung der erfolgten Aufhebung auf die Haftung des Erben s. § 1986 A 4. Der Verwalter hat den Nachlaß an den Erben herauszugeben und Schlußrechnung zu legen (§ 1890). Hierbei — nicht auch im Konkurse (KO § 223) — kann er wegen seiner Aufwendungen das Zurückbehaltungsrecht ausüben. Die im Grundbuch eingetragenen Verfügungsbeschränkungen sind auf Antrag des Erben zu löschen (GBO § 22). Der Tod des Erben ist auf die Fortführung der Verwaltung ohne Einfluß. Wohl aber ist sie aufzuheben nach dem Tode des Vorerben, wenn damit der Fall der Nacherbfolge eintritt, da der Nacherbe zunächst unbeschränkt, wenn auch beschränkbar, haftet und es zur Beschränkung seiner Haftung der Anordnung einer neuen Nachlaßverwaltung bedarf, wobei an die Stelle des Nachlasses dasjenige tritt, was der Nacherbe aus der Erbschaft erlangt (§ 2144). — Bekanntmachung des Aufhebungsbeschlusses ist reichsgesetzlich nicht vorgeschrieben.

§ 1989

Ist der Nachlaßkonkurs durch Verteilung der Masse oder durch Zwangsvergleich beendigt, so finden auf die Haftung des Erben die Vorschriften des § 1973 entsprechende Anwendung.

E I 2118 II 1864; M 5 640, 641; P 5 771—774.

Übersicht:

Einrede der Erschöpfung des Nachlasses

1. Beendigung des Nachlaßkonkurses. Die durch Eröffnung des Nachlaßkonkurses eingetretene Beschränkung der Haftung des Erben auf den Nachlaß muß nach der hier vertretenen Ansicht (§ 1975 A 1 e) auch nach Beendigung des Nachlaßkonkurses, wie der Nachlaßverwaltung (§ 1986 A 4), fortdauern. Wird aber der Nachlaßkonkurs durch Verteilung der Masse oder Zwangsvergleich bendet, so tritt nach § 1989 eine noch weitergehende Beschränkung ein in der Weise, daß der Erbe nunmehr allgemein nur noch wie nach § 1973 einem durch Aufgebot ausgeschlossenen Gläubiger haftet; die im Konkursverfahren erfolgte Aufforderung zur Anmeldung und der Ablauf der Ausschlußfrist (KO §§ 110, 111, 152), im Falle des Zwangsvergleichs statt der Ausschlußfrist die öffentliche Bekanntmachung des Vergleichstermins (§ 179 KO; § 22 VerglO), ersetzen das in §§ 1970ff. vorgesehene Aufgebot. Ist ein Ausschlußurteil in einem Aufgebotsverfahren ergangen, so ist den dadurch betroffenen Gläubigern gegenüber § 1973 unmittelbar anwendbar. § 1974 steht auch nach beendigtem Konkursverfahren dem Erben ohne weiteres zur Seite. Eine entsprechende Anwendung des § 1973 ist ausgeschlossen, wenn der Erbe für die Nachlaßverbindlichkeiten bereits bei Eröffnung des Konkurses oder des Vergleichsverfahrens allgemein unbeschränkbar haftete (§ 2013). Nach Beendigung des Konkurses durch Verteilung oder Zwangsvergleich kann dem Erben eine Inventarfrist nicht mehr gesetzt, also seine unbeschränkbare Haftung nicht mehr herbeigeführt werden (§ 2000 Satz 3); ebensowenig nach Annahme des Vergleichsvorschlags im Vergleichsverfahren (§ 2000 A 3).

Wird das Konkursverfahren auf andere Weise beendet, insbesondere durch Einstellung mit Zustimmung aller Konkursgläubiger (Gantverzicht, KO § 202), so kann § 1989 keine Anwendung finden. Maßgebend sind dann in erster Linie die von den Erben mit den Gläubigern getroffenen Vereinbarungen. Hiervon abgesehen, haftet der Erbe nach den allgemeinen Grundsätzen. Soweit nicht die Voraussetzungen der §§ 1973, 1974, 1990, 1992 erfüllt sind, muß der Erbe, um in den Genuß der Haftungsbeschränkung zu gelangen, die Anordnung der Nachlaßverwaltung oder die Eröffnung des Nachlaßkonkurses beantragen. Letzteres wird durch den Konkursverzicht nicht ausgeschlossen (ebenso Planck-Flad 4. Aufl § 1989 Anm 1b β; Kipp-Coing § 95 IV 4). Erfolgt die Einstellung wegen Mangels an Masse (KO § 204), so kann der Erbe nach § 1990 vorgehen (s. § 1986 A 4). Die kraft Gesetzes durch die Konkurseröffnung herbeigeführten Rechtsfolgen entfallen wieder, wenn die Eröffnung des Konkursverfahrens auf die Beschwerde des Erben wieder aufgehoben worden ist (§§ 109, 116 KO). Der Erbe haftet dann wieder nach den allgemeinen Grundsätzen. Zur Beschränkung seiner Haftung ist Anordnung der Nachlaßverwaltung oder erneute Konkurseröffnung notwendig, wenn die Voraussetzungen der §§ 1973, 1974, 1990, 1992 gegeben sind.

Sind mehrere Miterben vorhanden und ist der Nachlaß geteilt, so haftet nach Beendigung des Konkurses durch Verteilung oder Zwangsvergleich jeder Miterbe nur nach Verhältnis seines Erbanteils (§ 2060 Nr 3).

Das Reichsgericht hat schon vor Beendigung des Konkurses die Klage eines Nachlaßgläubigers, der infolge Versäumung der Ausschlußfrist von dem Verfahren ausgeschlossen ist (KO §§ 152, 161), gegen den Erben zugelassen, soweit sie nur auf Befriedigung nach Beendigung des Konkurses aus dem Überschusse gemäß § 1973 gerichtet ist (RG JW 1913, 752. Gegen diese Entscheidung hat Jaeger in LZ 1913, 693 beachtenswerte Bedenken aus §§ 12, 14 KO und aus § 1984 Abs I Satz 3 hergeleitet).

2. Beendigung durch Verteilung der Masse. Schlußverteilung, KO §§ 161–163. Sobald das Verfahren nach erfolgter Schlußverteilung und Abhaltung des Schlußtermins aufgehoben ist, können die Konkursgläubiger gemäß KO § 164 ihre Forderungen gegen den Schuldner „unbeschränkt" geltend machen, das heißt ohne die sich aus der Eröffnung des Konkursverfahrens allgemein ergebenden Beschränkungen; das hat aber mit der Fortdauer der beschränkten Haftung des Erben (A 1) nichts zu tun. Die Eintragung in die Tabelle (§ 164 Abs 2 KO) im Nachlaßkonkurse gewährt einen vollstreckbaren Titel nur gegen den Nachlaß; der Erbe kann also, ohne daß es eines Vorbehalts bedarf, eine auf Grund dieser Eintragung betriebene Zwangsvollstreckung in sein eigenes Vermögen gemäß ZPO §§ 781, 785 abwehren. Er ist aber ferner berechtigt, sowohl gegenüber Gläubigern, die im Konkurse angemeldet haben, aber nicht befriedigt worden sind, wie gegenüber solchen, die sich neu melden, in der gleichen Weise zu verfahren wie gegenüber einem durch Aufgebot ausgeschlossenen Gläubiger. Das gilt aber nicht gegenüber solchen Gläubigern, denen er bereits unbeschränkt, d. h. unbeschränkbar, haftet (§§ 2006 BGB, 780 ZPO; vgl. § 1975 A 1). Auch nicht, wenn er bereits allgemein in dieser Weise haftet (§ 2013 Abs 1). Näheres s. A 4. Nach der Beendigung des Konkursverfahrens durch Verteilung der Masse kann ein Überschuß nur vorhanden sein, wenn alle an dem Konkursverfahren beteiligten Gläubiger voll befriedigt sind. Solche Fälle werden selten vorkommen. Die in § 1989 bestimmte Haftung kommt dann nur für diejenigen Nachlaßgläubiger in Frage, die an der Verteilung nicht teilgenommen haben, sei es, daß sie ihre Forderung nicht angemeldet oder ihre Anmeldung zurückgezogen hatten, daß ihre Forderung nach §§ 152–156 KO nicht berücksichtigt werden konnte oder, soweit die Forderungen nach § 63 Nr 2 KO im Konkursverfahren nicht geltend gemacht werden konnten.

Als Überschuß, mit dem der Erbe haftet, kommt der nach Beendigung des Verteilungsverfahrens verbliebene Überschuß in Frage, der dem Erben ausgekehrt worden ist, ferner solche Gegenstände, die im Konkursverfahren nicht verwertbar waren und daher den Erben überlassen sind. Schließlich kann dazu auch eine Forderung der Nachlaßgläubiger gegen den Erben nach § 1978 zählen, die im Konkurs nicht beigetrieben worden ist, weil sie nicht verwirklicht werden konnte. Gelangt der Erbe nach Beendigung des Konkurses wieder zu Vermögen, dann werden auch die am Nachlaßkonkurs beteiligten Konkursgläubiger durch §§ 1989, 1973 nicht gehindert, wegen des ausgefallenen Betrages ihrer Forderung in die gegen den Erben bestehende Forderung nach § 1978 zu vollstrecken.

Eine nachträgliche Verteilung findet nach § 166 KO statt, wenn nach dem Vollzug der Schlußverteilung Beträge, die von der Masse zurückbehalten sind, für diese frei werden oder Beträge, die aus der Masse gezahlt sind, zur Masse zurückgelangen. Hierfür kann die Haftungsvorschrift des § 1989 nicht in Betracht kommen. Die fraglichen Beträge sind vielmehr an die teilnahmeberechtigten Gläubiger nach den Regeln des Konkursrechts auszuschütten.

3. Beendigung durch Zwangsvergleich. Hinsichtlich der Haftung des Erben für die Nachlaßverbindlichkeiten hat ein im Nachlaßvergleichsverfahren geschlossener Zwangsvergleich dieselben Wirkungen wie ein im Konkursverfahren geschlossener Zwangsvergleich (§ 113 Nr 4 VerglO). Für die Haftung des Erben nach Beendigung des Nachlaßkonkurses oder des Nachlaßvergleichsverfahrens durch Zwangsvergleich kommen für diejenigen Gläubiger, die durch den Zwangsvergleich betroffen werden, in erster Linie die Bestimmungen des Vergleichs in Betracht und kann daher für diese Gläubiger § 1989, insoweit als der Vergleich abweichende Bestimmungen enthält, keine Anwendung finden. Hat der Erbe in dem Vergleiche persönliche Verbindlichkeiten übernommen, so haftet er für sie unbeschränkt mit seinem ganzen Vermögen. Ob dieser Fall vorliegt, ist eine Frage der Auslegung; häufig werden die Gläubiger nur unter dieser Voraussetzung dem Erben den Nachlaß zur freien Verfügung (KO § 192; vgl. auch VerglO § 90 Abs 1 Nr 1) überlassen. Im Zweifel wird aber nicht angenommen werden können, daß der Erbe sich persönlich verbindlich gemacht hat (so auch Kipp-Coing § 95 IV 2b; a. M. Planck-Flad A 3a; Bley § 92 A VII, 3e; Kiesow § 92 A 39). — Nach § 193 KO wirkt der Zwangsvergleich auch für und gegen solche nicht bevorrechtigte Konkursgläubiger, die am Konkursverfahren oder an der Beschlußfassung über den Vergleich nicht teilgenommen haben (entsprechendes bestimmt § 82 Abs 1 VerglO). Danach müßte angenommen werden, daß auch diejenigen Gläubiger, die im Konkursverfahren nicht angemeldet hatten, die von dem Erben übernommene persönliche Verpflichtung für sich geltend machen können. Das hätte möglicherweise zur Folge, daß der Erbe aus seinem Vermögen zuschießen muß, um Gläubiger zu befriedigen, mit denen er zur Zeit des Vergleichschlusses überhaupt nicht gerechnet hat und auch nicht rechnen konnte. Diese Folge zeigt, daß § 193 KO und § 82 Abs 1 VglO für den Nachlaßkonkurs nicht passen. Entgegen der in der vorigen Auflage vertretenen Ansicht ist daher anzunehmen, daß die Gläubiger, die ihre Forderung in dem Verfahren nicht angemeldet haben, an dem Vergleich nicht teilnehmen. Sie können ihre Forderung in ursprünglicher Höhe geltend machen. Der Erbe haftet ihnen aber nur mit dem Überschuß gemäß §§ 1989, 1973 (ebenso Planck-Flad 4. Aufl § 1989 Anm 3d; Staudinger-Lehmann 11. Aufl § 1989 Anm 8; Kipp-Coing § 95 IV 2b). § 82 Abs 1 VglO und § 193 KO sind aber nur insoweit nicht anwendbar, als sie für das Nachlaßkonkursverfahren nicht passen. Das trifft nur zu, soweit es sich um Gläubiger handelt, mit deren Vorhandensein der Erbe nicht rechnen konnte. Der Zwangsvergleich wirkt daher für alle Gläubiger, die ihre Forderung in den Verfahren angemeldet haben, ohne Rücksicht darauf, ob sie an der Beschlußfassung über den Vergleich mitgewirkt oder gegen den Vergleich gestimmt haben.

Die Gläubiger minderen Rechtes, das sind diejenigen, die nach § 226 Abs 2 Nr 2—5, Abs 4 KO im Konkurse erst nach anderen Forderungen befriedigt werden, nehmen zwar, falls sie angemeldet haben, am Konkurse, aber nicht am Zwangsvergleiche teil (§ 230 Abs 2), d. h. sie werden von dem Vergleiche nicht betroffen (im Unterschiede von denjenigen, die nur an der Beschlußfassung über den Zwangsvergleich nicht teilgenommen haben, § 193); sie können daher ohne Rücksicht auf den Zwangsvergleich ihre Forderungen in ganzer Höhe geltend machen, aber nur gegen den Nachlaß und mit den aus § 1973 sich ergebenden Beschränkungen. Die in § 226 Abs 2 und 4 KO genannten Gläubiger werden auch von dem im Nachlaßvergleichsverfahren geschlossenen Vergleich nicht betroffen (§ 113 Nr 7 VerglO).

Massegläubiger (§§ 59, 224 KO) und bevorrechtigte Konkursgläubiger werden gleichfalls vom Zwangsvergleiche nicht betroffen (KO § 193); die ersteren sind vor Aufhebung des Konkursverfahrens durch den Verwalter zu befriedigen oder, falls ihre Forderungen bestritten sind, sicherzustellen; ebenso die letzteren, soweit ihre Forderungen festgestellt oder glaubhaft gemacht sind (§ 191). Hat eine Berichtigung oder Sicherstellung nicht stattgefunden, so haftet der Erbe auch ihnen nur mit dem Nachlaßüberschuß gemäß § 1973. Für das Nachlaßvergleichsverfahren s. § 113 Nr 6 VerglO.

Hat der Erbe die Verpflichtungen im Zwangsvergleiche nur für den Nachlaß übernommen, so haftet er den vom Zwangsvergleiche betroffenen Gläubigern nur mit diesem, aber auf Grund der besonders übernommenen Verpflichtung; § 1989 und demzufolge § 1973 sind deshalb nicht anwendbar, wohl aber entsprechend die §§ 1978—1980.

4. Die entsprechende Anwendung des § 1973 bedeutet, daß der Erbe die Befriedigung eines Gläubigers insoweit verweigern kann, als der noch vorhandene Nachlaßüberschuß durch Befriedigung anderer Gläubiger erschöpft wird; er kann also die Gläubiger befriedigen ohne Einhaltung einer bestimmten Reihenfolge (auch anders als nach Maßgabe der Meldung) und ohne Rücksicht auf die dadurch etwa eintretende Unzulänglichkeit des Nachlasses zur Befriedigung aller noch vorhandenen Nachlaßgläubiger, und zwar kann er in dieser Weise auch Ansprüche aus Pflichtteilsrechten, Vermächtnissen und Auflagen berichtigen, diese jedoch nicht mehr zuungunsten eines andern Gläubigers, der seine Forderung bereits geltend gemacht hatte (vgl. § 1973 A 4). Konkurrieren mehrere Pflichtteils- usw. Berechtigte miteinander, so wird auch § 1974 Abs 2 (A 7 zu § 1974) entsprechende Anwendung zu finden haben. Die Beweislast dafür, daß der Nachlaß erschöpft ist, hat der Erbe. Den Überschuß hat der Erbe, soweit er dadurch bereichert ist, an den Gläubiger zum Zwecke der Befriedigung im Wege der Zwangsvollstreckung herauszugeben, kann aber die Herausgabe in Natur durch Zahlung des Wertes abwenden (§ 1973 A 6, 7). Die Bereicherung mindert sich entsprechend, wenn der Erbe die im Zwangsvergleich übernommenen Verpflichtungen aus seinem privaten Vermögen erfüllt hat. Der Befriedigung eines Gläubigers steht die rechtskräftige Verurteilung zur Befriedigung auch hier gleich (§ 1973 A 8). Noch unerfüllte Ansprüche aus dem Zwangsvergleich gehen den nach § 1989 vorgehenden Nachlaßgläubigern vor. Der Erbe braucht daher eine Zwangsvollstreckung dieser Gläubiger in den Nachlaß nur in der Weise zu dulden, daß die Verbindlichkeiten aus dem Zwangsvergleich vorher befriedigt oder ihre Befriedigung sichergestellt wird. Diese Haftungsbeschränkungen treten ein gegenüber allen Nachlaßgläubigern, denen der Erbe nicht bereits unbeschränkt, d. h. unbeschränkbar (vgl. § 780 ZPO, § 2006 Abs 2 BGB) haftet.

§ 1990

Ist die Anordnung der Nachlaßverwaltung oder die Eröffnung des Nachlaßkonkurses wegen Mangels einer den Kosten entsprechenden Masse nicht tunlich oder wird aus diesem Grunde die Nachlaßverwaltung aufgehoben oder das Konkursverfahren eingestellt, so kann der Erbe die Befriedigung eines Nachlaßgläubigers insoweit verweigern, als der Nachlaß nicht ausreicht. Der Erbe ist in diesem Falle

verpflichtet, den Nachlaß zum Zwecke der Befriedigung des Gläubigers im Wege der Zwangsvollstreckung herauszugeben.

Das Recht des Erben wird nicht dadurch ausgeschlossen, daß der Gläubiger nach dem Eintritte des Erbfalls im Wege der Zwangsvollstreckung oder der Arrestvollziehung ein Pfandrecht oder eine Hypothek oder im Wege der einstweiligen Verfügung eine Vormerkung erlangt hat.

E I 2133 II 1865; M 5 654–657; P 5 745, 796–802.

Übersicht:

Einrede der Dürftigkeit des Nachlasses

1. a) Wesen und Zweck der Einrede
   b) Geltendmachung und Behandlung der Einrede im Prozeß
2. Untunlichkeit der Nachlaßverwaltung oder der Eröffnung des Nachlaßkonkurses
3. Unzulänglichkeit des Nachlasses
4. Umfang der Herausgabepflicht
5. a) Dingliche Sicherungsrechte der Gläubiger am eigenen Vermögen des Erben
   b) Dingliche Sicherungsrechte der Gläubiger am Nachlaß
6. Vormerkung
7. Verfahren und Beweislast
8. Entsprechende Anwendung des § 1990 in anderen Fällen

1. a) Auch wenn die Aktiva des Nachlasses so gering sind, daß sie die Kosten einer Nachlaßverwaltung oder eines Nachlaßkonkurses nicht decken (vgl. § 1982 A 1), muß dem Erben ein Mittel zur Beschränkung seiner Haftung auf den Nachlaß gegeben sein. Diesen **Zweck** verfolgen die §§ 1990, 1991, deren freilich recht unklare Fassung dem doch wesentlich verschiedenen Falle des § 1973 nachgebildet ist. Durch sie wird dem Erben in solchem Falle das Recht verliehen, ohne Nachlaßverwaltung oder Nachlaßkonkurs herbeiführen zu müssen, die Gläubiger einzeln auf den Nachlaß zu verweisen und, soweit dieser zu ihrer Befriedigung nicht ausreicht, die Befriedigung zu verweigern. Dadurch, daß der Erbe sich auf § 1990 beruft, setzt er der Forderung des Nachlaßgläubigers eine Einrede entgegen. Voraussetzung für die Verweisung auf den Nachlaß ist also nur die „Dürftigkeit" des Nachlasses (A 2); durch den Nachweis, daß diese vorliegt, kann der Erbe ohne weiteres den Zugriff eines Gläubigers auf sein eigenes Vermögen wegen einer Nachlaßverbindlichkeit abwehren; des Nachweises der Überschuldung bedarf es dazu nicht. Behauptet aber der Erbe, daß der Nachlaß zur Befriedigung des Befriedigung aus ihm verlangenden Gläubigers nicht ausreichend sei (A 3), so muß er außerdem die Unzulänglichkeit, also „Überschuldung" in diesem Sinne, nachweisen (RG 28. 11. 07 IV 146/07; Warn 1940 Nr 61). Die Einrede nach § 1990 bewirkt sonach zunächst nur, daß der Zugriff des Nachlaßgläubiger auf den Nachlaß beschränkt wird. Nur wenn der Nachlaß unzulänglich ist, führt sie auch dazu, daß der Gläubiger wegen seiner Forderung ganz oder teilweise nicht befriedigt wird.

b) Die **Einreden** der Dürftigkeit und der Unzulänglichkeit bei Dürftigkeit können schon im **Prozesse** erhoben und darüber entschieden werden (OLG 34, 375; RG 82, 276); die Entscheidung darüber gehört in das Verfahren über den Grund des Anspruchs (RG 61, 294; 104, 340). Die Unzulänglichkeitseinrede kann zur Abweisung der Klage, soweit diese auf Befriedigung aus dem Nachlasse gerichtet ist, jedoch nur führen, wenn das Nachlaß- (oder im Falle des § 419 das übernommene) Vermögen nicht mehr in Natur vorhanden, sondern bereits in Geld umgesetzt ist (oder, wie hinzuzufügen ist, von vornherein nur oder in der Hauptsache aus Geld bestanden hat), so daß sich Geldforderungen gegenüberstehen; andernfalls muß durch Zwangsvollstreckung, zu deren Behuf es herauszugeben ist, festgestellt werden, ob der Nachlaß unzulänglich ist (RG 137, 54; vgl. zu § 419 A 3). Rechtlich möglich ist es auch, den Erben mit dem allgemeinen Zusatz zu verurteilen, daß die Zwangsvollstreckung nur in den Nachlaß betrieben werden könne oder in dem Urteilsspruch die einzelnen Nachlaßgegenstände aufzuführen, in die die Zwangsvollstreckung zulässig sein soll (OLG 11, 229; 30, 189; JW 05, 532). Die Haftungsbeschränkung kann ihrem Betrag nach im Urteil festgestellt werden, wenn der Nachlaßrest, den der Erbe herauszugeben hat, in einem Geldbetrag besteht (RG 54, 413; Warn 1918 Nr 122). Doch kann das Prozeßgericht sich mit dem Vorbehalte gemäß § 780 ZPO begnügen und die Entscheidung, ob dem Beklagten wirklich die Beschränkung zur Seite steht und in welchem Umfange, in das Zwangsvollstreckungsverfahren verweisen (RG 54, 413; 69, 291; 77, 245; 162, 298; BGH NJW 1954, 635[4]), ebenso kann der Erbe sich darauf beschränken, im Prozesse den nach ZPO § 780 erforderlichen Vorbehalt zu erwirken und dann im Zwangsvollstreckungsverfahren durch Vollstreckungsgegenklage die Einwendung zu erheben (RG 69, 291; 77, 245; Warn 1913 Nr 377 und 2. 5. 18 IV 70/18). Ist der Erbe ohne Vorbehalt verurteilt, so muß er die Zwangsvollstreckung auch in sein eigenes Vermögen dulden (§ 780; vgl. A 7).

Die §§ 1990, 1991 sind auch anwendbar, wenn die Eröffnung des Nachlaßvergleichsverfahrens wegen Mangels einer den Kosten entsprechenden Masse untunlich ist oder das Verfahren aus diesem Grunde eingestellt wird (Bley § 92 A VII, 2a; Vogels § 113 A III, 3e). Das Verweigerungsrecht aus den §§ 1990, 1992 steht auch dem Nachlaßpfleger und dem Testamentsvollstrecker, im Falle des § 1992 auch dem Nachlaßverwalter zu (RG Warn 1918 Nr 122; OLG 35, 373; Prot II 5 S. 816 zu 6). Des Vorbehalts im Urteile bedarf es in diesen Fällen nicht (§ 780 Abs 2 ZPO).

2. Um die **Untunlichkeit der Nachlaßverwaltung oder der Eröffnung des Konkurs- oder Vergleichsverfahrens** zu erweisen, ist nicht erforderlich, daß die betreffenden Anträge gestellt und nach § 1982, KO § 107 oder VerglO § 17 Nr 6 abgelehnt sind. Auch die erfolgte Ablehnung schließt das Prüfungsrecht des Prozeßgerichts darüber, ob die bezeichneten Maßregeln zu dem in Betracht kommenden Zeitpunkte tunlich waren, nicht aus. Das Gesetz stellt es für die Frage, ob die Anordnung der Nachlaßverwaltung oder die Eröffnung des Nachlaßkonkurses untunlich ist, nicht auf die Entscheidung des Nachlaßgerichts oder des Konkursgerichts ab, sondern auf den tatsächlichen Stand des Nachlasses. Regelmäßig wird der Erbe allerdings seiner Beweispflicht dadurch genügen, daß er eine Entscheidung des Nachlaßgerichts oder des Konkursgerichts vorlegt, aus der sich ergibt, daß die Anordnung der Nachlaßverwaltung oder die Eröffnung des Nachlasskonkurses wegen Dürftigkeit des Nachlasses unterblieben ist. Der Gläubiger kann aber demgegenüber dartun, daß die Entscheidung sachlich nicht gerechtfertigt ist, da z. B. dem Gericht nicht der volle Bestand des Nachlaßvermögens bekannt war (a. M. OLG 11, 228; ZBlFG 6, 414; Staudinger-Lehmann 11. A. § 1990 A 4; Kipp-Coing § 96 II, 1 wie hier Planck-Flad A aα). Ist aber das eingeleitete Verfahren wegen Mangels einer den Kosten entsprechenden Masse aufgehoben bzw. eingestellt (§ 1988 Abs 2; KO § 204; VerglO § 100 Abs 1 Nr 1), so ist eine Nachprüfung im Prozesse ausgeschlossen. Hier hat das Gesetz auf die gerichtliche Entscheidung selbst abgestellt. Gleichgültig ist, ob die Dürftigkeit des Nachlasses schon zur Zeit des Erbfalls vorlag oder ob sie erst im Laufe der Abwicklung, sei es auch durch Befriedigung von Nachlaßgläubigern, eingetreten ist, vorausgesetzt, daß die Befriedigung ordnungsmäßig erfolgen durfte (§ 1991 A 1: RG Warn 1913 Nr 232), während, wenn der Erbe sich dadurch den Nachlaßgläubigern verantwortlich gemacht hat, die Ersatzansprüche gegen ihn zum Nachlasse gehören und dessen Dürftigkeit ausschließen, falls sie nicht etwa uneinbringlich sind. Grundsätzlich ist hierfür, falls sich die Unzulänglichkeit nicht schon früher ergeben hat, der Zeitpunkt der Erhebung des Anspruchs maßgebend (RG Warn 1913 Nr 232). RG DJZ 1907 Sp 881 läßt jedoch nach der Teilung (§ 2059) die Einrede nur dann noch zu, wenn der Nachlaß bereits zur Zeit der Teilung unzulänglich war, wobei jedoch vorausgesetzt werden muß, daß die Miterben ein von ihnen nach §§ 1978, 1980 zu vertretendes Verschulden an der nachträglich eingetretenen Minderwertigkeit des Nachlasses trifft. Der Klage des Erben, mit der er seine beschränkte Haftung nach §§ 780, 781, 785, 767 ZPO geltend macht, kann eine Arglisteinrede entgegengesetzt werden, wenn der Erbe durch sein Verschulden die Befriedigung des Gläubigers aus dem Nachlaß vereitelt hat und deswegen nach §§ 1991, 1978 haftbar ist (vgl. Herschel DR 40, 324 in der Anmerkung zu einem Urteil des OLG Köln, dessen Begründung nicht zugestimmt werden kann).

3. Unzulänglichkeit des Nachlasses: Die Dürftigkeits- und Unzulänglichkeitseinreden (A 1) stehen dem Erben nicht zu, wenn er bereits, sei es allen oder auch nur dem Befriedigung heischenden Nachlaßgläubiger (diesem z. B., weil er den Vorbehalt des § 780 ZPO nicht erwirkt hat, A 1), unbeschränkbar haftet (§ 2013). Für die Frage, ob der Nachlaß zur Befriedigung des Gläubigers unzulänglich ist, ist gleichfalls, wie für die Frage der Dürftigkeit (A 2), der Bestand zur Zeit der Geltendmachung des Anspruchs maßgebend; dabei sind die den Nachlaßgläubigern gegen den Erben aus der Verwaltung des Nachlasses durch diesen zustehenden Ersatzansprüche (§ 1978) dem Nachlasse zuzurechnen; eigene Ersatzansprüche des Erben wegen seiner Aufwendungen (§ 1978 Abs 3) als Passiva abzusetzen. Aufrechnung eines Nachlaßgläubigers mit seiner Forderung gegen eine Privatforderung des Erben an ihn wird durch die Unzulänglichkeitseinrede verhindert; nicht aber (trotz § 390 Satz 1) Aufrechnung der Forderung des Nachlaßgläubigers gegen eine Nachlaßforderung an ihn (s. § 1973 A 2b Abs 2 am Schlusse). Soweit auf Grund des § 1990 der Erbe eines Getöteten zur Verweigerung der Befriedigung eines Nachlaßgläubigers berechtigt ist, ist dem Dritten, dem der Getötete kraft Gesetzes unterhaltspflichtig war, das Recht auf den Unterhalt im Sinne von § 844 Abs 2 auch dann entzogen, wenn die Unterhaltspflicht an sich auf den Erben übergegangen ist (RG 74, 375); vgl. § 844 A 5.

4. Von der **Herausgabeverpflichtung** gilt das zu § 1973 A 6, 7 Gesagte, insofern als es sich auch hier nur um Duldung der Zwangsvollstreckung handelt (RG 137, 53, 55); doch steht dem Erben kein Einlösungsrecht zu; er muß die Nachlaßgegenstände in Natur herausgeben, abgesehen von dem Falle des § 1992, vgl. A 4 zu diesem Paragraphen. Auch sind die Bereicherungsgrundsätze nicht anwendbar; vielmehr ist alles herauszugeben, was der Erbe aus Anlaß der Verwaltung des Nachlasses erlangt hat (§§ 1991, 667, 668), insbesondere also die gezogenen Nutzungen (für verbrauchte ist Ersatz zu leisten) und das an Stelle weggegebener Nachlaßgegenstände oder sonst aus der Verwaltung des Nachlasses Erlangte (§ 667); wegen der „Surrogate" anscheinend a. M. RG Warn 1913 Nr 427; auch RG 12. 6. 13 IV 115/13 hinsichtlich des Vorerben im Falle des § 2111. Wegen seiner eigenen Forderungen an den Nachlaß muß der Erbe einem Gläubiger gleichgestellt werden, der ein rechtskräftiges Urteil gegen den Erben erlangt hat (s. § 1991 Abs 3 u. A 2). Ebenso der Nachlaßpfleger (OLG 35, 373).

5. a) Die im Falle des § 1990 eintretende Beschränkung der Haftung des Erben auf den Nachlaß (A 1) läßt die **vorher von Nachlaßgläubigern durch Zwangsvollstreckung in das eigene Vermögen des Erben erwirkten dinglichen Sicherungsrechte** (Pfändungspfandrechte, Sicherungshypotheken, denen hier eine durch einstweilige Verfügung erlangte Vormerkung gleichgestellt ist, ZPO §§ 804, 866, BGB § 885) an diesem Vermögen als nicht mehr gerechtfertigt erscheinen. Deshalb schreibt Abs 2 vor, daß durch sie das Recht des Erben aus Abs 1 nicht berührt wird, was nur dahin verstanden werden kann, daß sie außer Wirksamkeit treten; eine Aufhebung, wie in § 784 ZPO für den Fall der Nachlaßverwaltung oder des Nachlaßkonkurses, ist nicht ausdrücklich vorgeschrieben; doch wird der entsprechenden Anwendung dieser Vorschrift nichts im Wege stehen; die Aufhebung ist im Wege der Vollstreckungsgegenklage (ZPO §§ 785, 767) zu erwirken. Voraussetzung ist auch hier, daß im Urteil der Vorbehalt der Haftungsbeschränkung gemacht war (A 3).

b) Sicherungsrechte am Nachlaß, die durch gegen den Nachlaß gerichtete Zwangsvollstreckungsakte erwirkt sind, sind insoweit unwirksam, als sie die Ausübung des dem Erben nach Abs 1 zustehenden Rechtes beeinträchtigen; das kann namentlich der Fall sein, wenn ein Gläubiger aus Pflichtteilsrecht, Vermächtnis oder Auflage dadurch eine ihm nach den Vorschriften über seine Befriedigung im Konkurse (KO § 226 Abs 2 Nr 4, 5; Abs 4) nicht zustehende vorzugsweise Befriedigung erlangen würde (§ 1991 Abs 4) oder wenn und insoweit der Erbe durch die von dem Gläubiger erlangten Sicherungsrechte an der Selbstbefriedigung für eine ihm gegen den Nachlaß zustehende Ersatzforderung (A 4) gehindert sein würde. Das in § 784 Abs 2 ZPO dem Nachlaßverwalter gegebene Recht auf Aufhebung von Zwangsvollstreckungsmaßregeln persönlicher Gläubiger des Erben in den Nachlaß kann dem Erben im Falle des § 1990 nicht zugestanden werden; aber auch nicht den einzelnen Nachlaßgläubigern.

6. Die Behinderung des Erben, sich gegenüber dem durch **Vormerkung** gesicherten Anspruch auf die Beschränkung seiner Haftung zu berufen (§ 884), wird durch Abs. 2 für den Fall des dürftigen Nachlasses außer Kraft gesetzt, falls die Vormerkung im Wege der einstweiligen Verfügung angeordnet ist. War die Vormerkung infolge Bewilligung des Erben eingetragen, so kommt die Vorschrift nicht zur Anwendung.

7. Verfahren und Beweislast. Die Klage gegen den Erben kann auf Verurteilung ohne Beschränkung, aber auch von vornherein (wenn der Gläubiger die Dürftigkeit des Nachlasses nicht bestreiten will) nur auf Befriedigung aus dem Nachlasse gerichtet sein (SeuffA 62, 337; wegen des Streitwertes in diesem Falle s. RG 54, 411). In letzterem Falle hat der Erbe nur die Unzulänglichkeit (A 1, 3) darzutun. Ist ein Inventar, freiwillig oder nach Fristsetzung rechtzeitig, errichtet, aus dem sich die Unzulänglichkeit ergibt, so hat der Gläubiger die dadurch geschaffene Vermutung (§ 2009) zu widerlegen. Eine Verminderung gegenüber dem inventarisierten Bestande hat der Erbe darzutun; eine Vermehrung des Bestandes durch Schadensersatzforderungen an den Erben (§ 1978 Abs 2) der Gläubiger. Der Erbe ist aber verpflichtet, ein Verzeichnis des zeitigen Bestandes vorzulegen (§ 260), auch wenn er Inventar errichtet hat.

Im Zwangsvollstreckungsverfahren kann der Erbe die Beschränkung seiner Haftung nur geltend machen, wenn sie ihm im Urteil vorbehalten ist; sie bleibt auch dann unberücksichtigt, solange nicht auf Grund ihrer der Erbe Einwendungen gegen die Zwangsvollstreckung erhebt, und zwar im Wege der Widerspruchsklage nach § 767 ZPO. Behauptet er, daß der Nachlaß erschöpft sei, so hat er den Beweis zu führen, daß er das Nachlaßvermögen restlos zur Bezahlung von Nachlaßschulden verwendet hat; der Beweis, daß es nicht mehr vorhanden ist, genügt nicht (HRR 1929 Nr 1069). Der Offenbarungseid des § 807 ZPO hat sich auf das gesamte Vermögen des Erben zu erstrecken; eine Beschränkung des Eides auf das Nachlaßvermögen soll nicht zulässig sein, da es sich nicht um ein dem Erben fremdes Vermögen handle, so mit wohl recht formalistischer Begründung (es handelt sich doch um ein Sondervermögen!) die ständige Rechtsprechung der Oberlandesgerichte: OLG 11, 99; 19, 4; HRR 1929 Nr 1069. Mit Recht nimmt dagegen Stein-Jonas-Schönke ZPO 18. Aufl § 781 Anm 3 an, daß der Gläubiger von vornherein nur einen auf den Nachlaß beschränkten Offenbarungseid verlangen kann. Es wäre vom Standpunkt einer gesunden Prozeßökonomie aus unsinnig, wenn der Gläubiger den Offenbarungseid bezüglich des gesamten Vermögens des Erben verlangen muß, auch wenn er weiß, daß der Erbe sich mit Recht auf die ihm im Urteil vorbehaltene Beschränkung seiner Haftung berufen wird.

8. Entsprechende Anwendung auf die Haftung des Übernehmers eines Vermögens (§ 419 Abs 2; RG 82, 274; 137, 50; 139, 199, 205), auf die Haftung des an sich nicht persönlich verpflichteten Ehegatten für eine Gesamtgutsschuld (§§ 1480, 1489, 1504; vgl. aber RG 75, 297 und § 1480 A 7), auf die Haftung des Käufers eines Erbanteils nach Ausübung des Vorkaufsrechts der Miterben (§ 2036), auf die Haftung des Vorerben nach Eintritt der Nacherbfolge

§ 2145 Abs 2), auf die Haftung des Vermächtnisnehmers für die ihm auferlegten Vermächtnisse und Auflagen, mit der aus § 1992 Satz 2 sich ergebenden Maßgabe (§ 2187 Abs 3; vgl. A 3 zu § 2187). Dürftigkeit der Vermögensmasse, auf die sich die Haftung beschränkt, ist in allen diesen Fällen nicht vorausgesetzt.

§ 1991

Macht der Erbe von dem ihm nach § 1990 zustehenden Rechte Gebrauch, so finden auf seine Verantwortlichkeit und den Ersatz seiner Aufwendungen die Vorschriften der §§ 1978, 1979 Anwendung.

Die infolge des Erbfalls durch Vereinigung von Recht und Verbindlichkeit oder von Recht und Belastung erloschenen Rechtsverhältnisse gelten im Verhältnisse zwischen dem Gläubiger und dem Erben als nicht erloschen.

Die rechtskräftige Verurteilung des Erben zur Befriedigung eines Gläubigers wirkt einem anderen Gläubiger gegenüber wie die Befriedigung.

Die Verbindlichkeiten aus Pflichtteilsrechten, Vermächtnissen und Auflagen hat der Erbe so zu berichtigen, wie sie im Falle des Konkurses zur Berichtigung kommen würden.

E I 2133 II 1866; M 5 654–657; P 5 745, 796–802; KB 314.

Übersicht:

Rechtsfolgen der Einrede aus § 1990

1. Die **Verantwortlichkeit des Erben** tritt rückwirkend ein, sobald er auf Grund des § 1990 die Befriedigung des Gläubigers, sei es auch nur außergerichtlich, verweigert hat. Sie erstreckt sich vorwärts auf die Zeit bis zur Herausgabe des Nachlasses zur Zwangsvollstreckung, also grundsätzlich solange, als noch Nachlaßgegenstände vorhanden sind (§ 1990 A 4). Sie bestimmt sich rückwärts für die Zeit vor der Annahme der Erbschaft entsprechend den Vorschriften über die Geschäftsführung ohne Auftrag, für die Zeit nachher entsprechend denjenigen über den Auftrag (§ 1978 A 1–4). Als Geschäftsherr bzw. Auftraggeber kann aber nicht der einzelne Nachlaßgläubiger, sondern nur die Gesamtheit der Nachlaßbeteiligten in Betracht kommen; deren Interessen sind von dem Erben zu wahren (§ 1978 A 3, 4). Für die daraus entspringenden Verbindlichkeiten haftet er mit seinem eigenen Vermögen, kann sie also nicht unter Berufung auf § 1990 ablehnen (RG 10. 5. 06 IV 551/05). Auch die besondere Verantwortlichkeit aus § 1980 wird, obwohl die Reichstagskommission die Anführung dieses Paragraphen in § 1991 irrtümlich als gegenstandslos gestrichen hat, den Erben des dürftigen Nachlasses treffen, wenn der Nachlaß zur Zeit, als er die Überschuldung erkannte oder erkennen mußte, noch nicht dürftig war (RG 2. 12. 12 VI 266/12; Planck-Flad A 1a Abs 2). In diesem Falle kann ihm auch die Unterlassung des Aufgebots der Nachlaßgläubiger als Fahrlässigkeit angerechnet werden (§ 1980 Abs 2 Satz 2), nicht aber, wenn der Nachlaß damals bereits dürftig war.

Solange der Erbe den Nachlaß ohne Verschulden als zulänglich erachten kann, darf er Nachlaßverbindlichkeiten aller Art, auch solche aus Pflichtteilsrechten, Vermächtnissen und Auflagen (Abs 4), in beliebiger Reihenfolge berichtigen (§ 1979). Erst von da ab, wo er mit der Unzulänglichkeit zur Befriedigung aller Nachlaßgläubiger rechnen muß, ist er den anderen Nachlaßgläubigern gegenüber verpflichtet, falls Nachlaßverwaltung oder Eröffnung des Konkurses oder Vergleichsverfahrens nicht herbeigeführt werden kann (vgl. § 1990 A 2), von dem Verweigerungsrechte gegenüber einem Befriedigung verlangenden Gläubiger Gebrauch zu machen, und macht sich verantwortlich, wenn er das nicht tut. Er darf daher nicht mehr einen Gläubiger, dessen Titel noch nicht rechtskräftig ist, befriedigen oder seine Befriedigung im Wege der Zwangsvollstreckung dulden zuungunsten eines andern, der, wie ihm bekannt, bereits einen rechtskräftigen Titel gegen ihn erlangt hat (Abs 3, vgl. A 3), und ebensowenig einen Pflichtteils- usw. Gläubiger vor einem ihm im Konkurse vorgehenden Gläubiger, auch wenn jener bereits einen rechtskräftigen Titel gegen ihn erlangt hat (Abs 4, vgl. A 4). Im übrigen aber muß und darf er, auch nachdem ihm die Unzulänglichkeit des Nachlasses für alle Gläubiger bekannt geworden, die einzelnen Gläubiger, solange der Nachlaß ausreicht, so befriedigen, wie sie sich melden, da ihm das Verweigerungsrecht aus § 1990 nur soweit zusteht, als der Nachlaß für den einzelnen, gerade Befriedigung verlangenden Gläubiger nicht mehr ausreicht. Auch für seine eigenen Forderungen gegen den Nachlaß darf er sich auch jetzt noch befriedigen (A 2). Zu einer konkursmäßigen Verteilung ist er, abgesehen von dem Falle des Abs 4, weder berechtigt noch verpflichtet. Er ist auch nicht verpflichtet, die Gläubiger in der Reihenfolge, in der sie sich gemeldet haben, zu befriedigen, sondern er kann grundsätzlich frei wählen, in welcher Reihenfolge er sie befriedigen will und wem gegenüber er sich auf die Erschöpfung des Nachlasses berufen will. Diese Befugnis des Erben ergibt sich daraus, daß nur in § 1991 Abs 4 eine bestimmte Reihenfolge für die Befriedigung einzelner Nachlaßgläubiger vorgeschrieben ist. § 1979, der nach § 1991 Abs 1 anzuwenden ist, wird dadurch, daß der Erbe grundsätzlich wählen kann, in welcher Reihenfolge er die Gläubiger befriedigen will, nicht bedeutungslos. Für die Zeit, während der der Bestand des Nachlasses die Kosten eines Konkursverfahrens noch gedeckt hatte, ist § 1979 voll anwendbar. Liegt ein dürftiger Nachlaß vor, so kann der Erbe nach § 1979, solange er die Überschuldung des Nachlasses nicht kannte und nicht kennen mußte, für eine Verletzung der § 1991 Abs 3 und 4 nicht haftbar gemacht werden (ebenso Planck-Flad 4. Aufl § 1991 Anm 1d β).

Die Befriedigung der Gläubiger kann nicht nur im Wege der Duldung ihrer Zwangsvollstreckung, sondern auch freiwillig erfolgen; für schuldhafte Berichtigung nicht bestehender oder dem Betrage nach nicht gerechtfertigter Forderungen ist er aber nach § 1978 verantwortlich. Die Sonderbestimmung des § 225 Abs 2 KO, wonach der Erbe an die Stelle eines von ihm befriedigten Gläubigers tritt, wenn die Berichtigung nicht nach § 1979 als für Rechnung des Nachlasses erfolgt zu gelten hat, kann hier keine Anwendung finden.

2. Als **nicht erloschen gelten Rechte und Verbindlichkeiten** nicht allgemein (§ 1976), sondern nur im Verhältnis zu dem betreffenden, die Befriedigung fordernden Nachlaßgläubiger. Bezüglich der eigenen Forderungen an den Nachlaß, sowohl der bereits gegen den Erblasser begründeten wie der Ersatzforderungen für Aufwendungen (§ 1978 A 5), muß der Erbe, da er selbst nicht klagen kann, von vornherein einem Gläubiger gleichstehen, der ein rechtskräftiges Urteil gegen ihn erlangt hat (Abs 3; vgl. A 3). Er darf deshalb, falls eine der Voraussetzungen des § 1990 vorliegt, die Befriedigung eines Gläubigers und die Herausgabe der Nachlaßgegenstände an ihn insoweit verweigern, als diese zu seiner eigenen Befriedigung erforderlich sind, und zwar auch gegenüber einem Gläubiger, der selbst bereits gegen ihn ein rechtskräftiges Urteil erlangt hat (RG 82, 278; Warn 1914 Nr 213; RG 139, 202; RG 7. 3. 35, IV 309/34). In letzterem Falle wird allerdings zu erfordern sein, daß dem Erben die Beschränkung seiner Haftung in dem Urteile vorbehalten war (§ 780 ZPO). Der Erbe kann auch seine Ansprüche auf Ersatz von Aufwendungen von einer dem Gläubiger gegenüber nach §§ 1978—1980 obliegenden Ersatzpflicht abziehen.

Eine vom Erblasser herrührende Forderung des Nachlasses an den Erben gilt gegenüber dem Befriedigung verlangenden Gläubiger als nicht erloschen und ist daher bei der Frage der „Dürftigkeit" des Nachlasses als Nachlaßaktivum in Rechnung zu setzen; ist der Nachlaß trotzdem dürftig, so darf dennoch der Erbe, soweit die Forderung besteht, die Befriedigung des Gläubigers nicht verweigern, da insoweit der Nachlaß nicht unzulänglich ist; einer Pfändung oder Überweisung der Forderung bedarf es nicht. — Ähnlich §§ 2175, 2377.

3. Abs 3 entspricht dem § 1973 Abs 2 Satz 3; vgl. A 8 dazu. Der Erbe darf mithin dem andern Gläubiger gegenüber die Herausgabe derjenigen Nachlaßgegenstände verweigern (§ 1990 A 3), welche zur tatsächlichen Befriedigung des mit **rechtskräftigem Urteil** ausgestatteten Gläubigers erforderlich sind. Geht die rechtskräftige Forderung auf einen bestimmten Leistungsgegenstand, so kann der Erbe der Zwangsvollstreckung in diesen Gegenstand durch den andern Gläubiger widersprechen; im übrigen kann er der Zwangsvollstreckung in einen bestimmten Nachlaßgegenstand sich nur insoweit widersetzen, als er nachweist, daß die übrigen Nachlaßgegenstände zur Befriedigung der rechtskräftigen Forderung nicht hinreichen würden: eine Auswahl der zur Zwangsvollstreckung zu stellenden Gegenstände dürfte ihm nicht zustehen. Dem Verweigerungsrechte entspricht auch die Verpflichtung des Erben, den mit rechtskräftigem Urteile versehenen Gläubiger vor den übrigen, und, wenn mehrere rechtskräftige Urteile ergangen sind, den älteren Titel vor dem späteren zu befriedigen. Ein Zuwiderhandeln macht den Erben nach Abs 1 persönlich verantwortlich (A 1), würde evtl. auch einen Bereicherungsanspruch des geschädigten gegen den ungerechtfertigterweise befriedigten Gläubiger begründen.

4. Die Verpflichtung des Erben, die **Verbindlichkeiten aus Pflichtteilsrechten** usw. konkursmäßig, d. h. nach allen übrigen Verbindlichkeiten, unter sich aber in der durch KO §§ 226, 227 bestimmten Rangordnung zu befriedigen, entsteht erst mit dem Augenblicke, wo er die Unzulänglichkeit des Nachlasses zur Befriedigung der übrigen Nachlaßgläubiger zu übersehen vermag (oben A 1). Läßt er trotzdem die Pflichtteilsberechtigten usw. zum Zuge kommen, so wird er den benachteiligten Gläubigern persönlich verantwortlich. Zugleich steht diesen das Anfechtungsrecht aus § 3a AnfG zu, nicht aber ohne weiteres auch ein Herausgabeanspruch gegen den befriedigten Vermächtnisnehmer (RG JW 08, 487[21]). Doch kann ein Bereicherungsanspruch (§ 812) in Frage kommen; vgl. A 3. Auch einen mit rechtskräftigem Urteil (Abs 3) ausgestatteten Pflichtteils- usw. Berechtigten darf der Erbe nicht befriedigen, sobald er mit Unzulänglichkeit des Nachlasses rechnen muß, solange nicht alle vorgehenden Nachlaßgläubiger befriedigt sind (A 1). Hat der Erblasser gemäß § 2189 einem Vermächtnis oder einer Auflage den Vorrang vor den übrigen Beschwerungen eingeräumt, so bleibt die sich hieraus ergebende und nicht die konkursmäßige Rangordnung für den Erben maßgebend (RG 20. 1. 13 IV 399/12). Der Erbe ist in entsprechender Anwendung des § 372 Satz 2 berechtigt, den Betrag zu hinterlegen, wenn er wegen der schwierigen Rechtslage nicht zu entscheiden vermag, in welcher Reihenfolge die in Abs 4 genannten Verbindlichkeiten zu befriedigen sind. Der BGH hat in dem nicht mitabgedruckten Teil des in NJW 54, 635[4] veröffentlichten Urteils die Möglichkeit einer solchen Hinterlegung angedeutet, die Frage ihrer Zulässigkeit jedoch nicht entschieden.

5. **Beweislast:** Siehe § 1990 A 7. Der Gläubiger ist, falls der Erbe den ihm danach obliegenden Beweis führt, seinerseits dafür beweispflichtig, daß und inwieweit ihm der Erbe persönlich verantwortlich sei. Der Erbe hat zu beweisen die Aufwendungen, wegen deren er Ersatz oder nach § 257 Befreiung fordert oder das Bestehen sonstiger eigener Forderungen an den Nachlaß (A 2) oder gegen ihn ergangener rechtskräftiger Urteile (A 3). Den Pflichtteilsberechtigten usw. gegenüber hat der Erbe das Vorhandensein anderer ihnen vorgehender Nachlaßgläubiger zu beweisen, durch deren Befriedigung der Nachlaß für sie unzulänglich wird, wogegen ihnen der Beweis der Befriedigung dieser Gläubiger offensteht.

§ 1992

Beruht die Überschuldung des Nachlasses auf Vermächtnissen und Auflagen, so ist der Erbe, auch wenn die Voraussetzungen des § 1990 nicht vorliegen, berechtigt, die Berichtigung dieser Verbindlichkeiten nach den Vorschriften der §§ 1990, 1991 zu bewirken. Er kann die Herausgabe der noch vorhandenen Nachlaßgegenstände durch Zahlung des Wertes abwenden.

E II 1867; P 5 762, 763, 802–804, 816.

1. Auch wenn der Nachlaß nicht „dürftig" (§ 1990 A 1, 2), aber überschuldet ist und deshalb die Eröffnung des Nachlaßkonkurses „tunlich" wäre, soll der Erbe zwar berechtigt (KO § 215), aber nicht genötigt sein, Konkurs zu beantragen, um seine beschränkte Haftung herbeizuführen, sofern die Überschuldung **auf Vermächtnissen und Auflagen beruht,** weil es als nicht dem Willen des Erblassers entsprechend angesehen werden muß, daß seine letztwilligen Verfügungen zu einem ohne sie vermeidlichen Konkursverfahren über seinen Nachlaß Veranlassung geben. Deshalb ist in solchem Falle dem Erben das Recht gegeben, diese Verbindlichkeiten ohne Konkurs nach den Vorschriften der §§ 1990, 1991 zu berichtigen. Voraussetzung ist aber, daß die Überschuldung „nur" auf Vermächtnissen und Auflagen beruht, daß also, abgesehen von ihnen, die Nachlaßaktiva zur Berichtigung der Nachlaßverbindlichkeiten ausreichen würden (RG Warn 1912 Nr 33; a. M. Hamburg DRW 1940, 727[7]; Staudinger-Lehmann 11. Aufl § 1992 A 2; Kipp-Coing § 96 VI 1). Doch werden ausgeschlossene oder ihnen gleichgestellte Gläubiger (§§ 1973, 1974) für die Frage, ob die Überschuldung auf Vermächtnissen und Auflagen beruht, nicht in Betracht kommen, soweit sie ihre Forderungen noch nicht geltend gemacht haben (§ 1973 Abs 1 Satz 2). Beruht die Überschuldung auf Pflichtteilsrechten, so muß Konkurs beantragt werden. Die Vermächtnisnehmer und Auflageberechtigten haben ihrerseits das Recht, Konkurs zu beantragen, falls über das eigene Vermögen des Erben Konkurs eröffnet ist (KO § 219); andernfalls können sie, wenn ihre Ansprüche durch das Verhalten oder die Vermögenslage des Erben gefährdet werden, Nachlaßverwaltung beantragen (§ 1981 Abs 2), die dann, wenn der Nachlaßverwalter Konkursantrag stellt, wozu er berechtigt, aber nicht verpflichtet ist (§§ 1985 Abs 2 Satz 2, 1980 Abs 1 Satz 2), zum Nachlaßkonkurse führt.

2. Der Erbe kann die Vermächtnisse und Auflagen auch dann nach §§ 1990, 1991 berichtigen, wenn die Voraussetzungen des § 1990 nicht vorliegen, eine **den Kosten der Nachlaßverwaltung oder des Nachlaßkonkurses entsprechende Masse** vorhanden ist, und zwar selbst dann, wenn nach Berichtigung der übrigen Nachlaßverbindlichkeiten noch eine solche Masse verbleibt.

3. Der Erbe kann gegenüber der Zwangsvollstreckung eines Vermächtnisgläubigers oder Auflageberechtigten von dem in § 1992 gewährten Rechte nur Gebrauch machen, wenn ihm im Urteile die beschränkte Haftung gemäß § 780 ZPO vorbehalten ist, obwohl er nicht als „Erbe des Schuldners" verurteilt ist, da es sich nicht um eine Schuld handelt, die vom Erblasser herrührt (RG Warn 1913 Nr 377). Er kann aber, wie im Falle des § 1990 (vgl. A 1 dazu), auch schon im Prozesse selbst die Befriedigung insoweit verweigern, als er nachweist, daß der Nachlaß nach Befriedigung der nicht aus Vermächtnissen und Auflagen herrührenden Verbindlichkeiten, einschließlich der Pflichtteilsrechte, zur Befriedigung des klagenden Gläubigers oder, wenn mehrere Vermächtnis-

gläubiger oder Auflageberechtigte vorhanden sind, zu ihrer gleichmäßigen Befriedigung nicht hinreichen würde (§ 1990 A 1). In diesem Falle hat er dem Gläubiger den nach Befriedigung der diesem vorgehenden und verhältnismäßiger Berücksichtigung der ihm gleichstehenden Verbindlichkeiten verbleibenden Nachlaßrest zur Zwangsvollstreckung herauszugeben (vgl. § 1990 A 4; aber auch § 1992 A 4). Der Vermächtnis- oder Auflageanspruch wird, da es sich im Falle des § 1992 stets um einen überschuldeten Nachlaß handelt, seinem Geldwert nach geltend gemacht werden müssen. Geht der Anspruch aber auf einen im Nachlaß noch vorhandenen bestimmten Gegenstand, dann kann dessen Leistung verlangt werden, wenn der Berechtigte den Wert, den der Erbe nach § 1992 von dem Gegenstand abziehen dürfte, an den Nachlaß zahlt. Dem Erben steht dann auch das Abfindungsrecht nach Satz 2 nicht zu (ebenso Planck-Flad 4. Aufl. § 1992 Anm 1). Falls der noch vorhandene Nachlaßüberschuß in Geld besteht, kann in dem auf die Klage des Vermächtnisnehmers oder Auflageberechtigten ergehenden Urteil auch der Betrag festgesetzt werden, der auf das Vermächtnis oder die Auflage entfällt. Kommt es dann doch noch zum Nachlaßkonkurs, dann kann der Vermächtnisnehmer oder Auflageberechtigte seine Forderung in der vollen ursprünglichen Höhe geltend machen. Andernfalls müßte er sich eine doppelte Kürzung gefallen lassen, für die im Gesetz keine Grundlage vorhanden ist.

Wegen seiner eigenen Forderungen an den Nachlaß kann er sich vorher befriedigen (§ 1991 A 2). Für die Behandlung des Nachlasses ist er dem Gläubiger nach Maßgabe der §§ 1978, 1979 verantwortlich (§ 1991 A 1). Er hat dafür Sorge zu tragen, daß mehrere Vermächtnisnehmer oder Auflageberechtigte in der konkursmäßigen Weise befriedigt werden, auch wenn einer von ihnen bereits ein rechtskräftiges Urteil erstritten hat (§ 1991 A 3, 4). Haftet der Erbe unbeschränkt, so ist § 1992 nicht anwendbar (§ 2013 Abs 1). Die gleichen Rechte und Pflichten sind auch dem überschwerten Vermächtnisnehmer gegeben (§ 2187).

Ein Vermächtnisnehmer, der zugleich Schuldner des Nachlasses ist, kann aufrechnen, wenn die Überschuldung des Nachlasses erst nach dem Erbfall eingetreten ist. Der rechtliche Vorteil der bereits früher gegebenen Aufrechnungslage kann ihm durch die nachträgliche Überschuldung nicht verloren gehen. Diese Gedanken haben im Konkursverfahren in den §§ 53ff. KO Ausdruck gefunden. Die Aufrechnung ist dagegen nach § 390 ausgeschlossen, wenn der Nachlaß bereits zur Zeit des Erbfalles überschuldet war. In diesem Fall ist die Vermächtnisforderung von vornherein mit der Einrede aus § 1992 behaftet.

4. Dem Erben steht, wie im Falle des § 1973 Abs 2 (vgl. A 7 dazu) das **Einlösungsrecht** zu. Auch hier ist der für die Zeit der Ausübung dieses Rechts zu ermittelnde Schätzungswert der Nachlaßgegenstände maßgebend. Die Unzulänglichkeitseinrede verwandelt sich damit in eine reine Abzugseinrede, die Haftung cum viribus in eine solche pro viribus hereditatis. Sie führt zur entsprechenden Kürzung aller in Betracht kommenden Beschwerungen des Nachlasses. Über die Möglichkeit einer Hinterlegung vgl. § 1991 A 4.

IV. Inventarerrichtung. Unbeschränkte Haftung des Erben

Die Inventarerrichtung ist an sich kein Mittel, die Beschränkung der Haftung auf den Nachlaß herbeizuführen; auch nach errichtetem Inventar haftet er zunächst noch unbeschränkt, aber beschränkbar (RG Warn 1914 Nr 238). Die rechtzeitige Inventarerrichtung erhält ihm nur die rechtliche Möglichkeit, durch eines der dazu bestimmten Mittel (Aufgebot der Nachlaßgläubiger, §§ 1970ff Nachlaßverwaltung oder Nachlaßkonkurs, 1975ff., Unzulänglichkeitseinrede, 1990ff.) seine Haftung auf den Nachlaß zu beschränken. Anderseits tritt der Verlust dieser Möglichkeit ein, wenn er die ihm gesetzte Inventarfrist versäumt (§ 1994) oder wenn er ein ungetreues Inventar errichtet (§ 2005). In diesen beiden Fällen wird er allen Nachlaßgläubigern gegenüber unbeschränkt haftbar, während er im Falle der Verweigerung des Offenbarungseides nur dem betreffenden, den Eid verlangenden einzelnen Gläubiger unbeschränkt haftet (§ 2006).

Die Verletzung der dem Erben im Zusammenhang mit der Errichtung eines Inventars obliegenden Pflichten sind sonach die praktisch bedeutsamen Umstände, durch die der Erbe die Möglichkeit, seine Haftung auf den Nachlaß zu beschränken, verlieren kann (vgl. auch Vorbem II vor § 1967).

Zur Errichtung des Inventars kann es auf zweifache Weise kommen. Wegen der großen Bedeutung, die die Inventarerrichtung sowohl für den Erben als auch für die Nachlaßgläubiger hat, gestattet das Gesetz einerseits in § 1993 den Erben, jederzeit ein Inventar zu errichten und beim Nachlaßgericht einzureichen. Andererseits können die Nachlaßgläubiger nach § 1994 beim Nachlaßgericht beantragen, daß den Erben eine Frist zur Errichtung des Inventars bestimmt wird. Dem Fiskus als gesetzlichem Erben, § 2011, und dem Nachlaßpfleger und Nachlaßverwalter kann jedoch keine Inventarfrist gesetzt werden. Die §§ 1995—2000 enthalten Bestimmungen über die Dauer und den Lauf der Frist. Sie soll mindestens einen und höchstens drei Monate betragen. Auf Antrag des Erben kann sie von dem Nachlaßgericht verlängert werden.

Die Errichtung des Inventars hat in der Weise zu erfolgen, daß der Erbe das Inventar selbst unter Hinzuziehung einer Amtsperson aufstellt (§ 2002). Der Erbe kann aber auch bei dem Nachlaßgericht den Antrag stellen, daß das Inventar durch eine Amtsperson aufgenommen wird. In diesem Falle ist er verpflichtet, der Amtsperson die erforderliche Auskunft zu erteilen (§ 2003). Von dieser Möglichkeit wird der Erbe insbesonder dann Gebrauch machen, wenn ihm infolge des unmittelbar bevorstehenden Fristablaufs Nachteile drohen, da die Stellung des Antrags genügt, um die Frist zu wahren. Ist beim Nachlaßgericht bereits ein den gesetzlichen Bestimmungen genügendes Inventar vorhanden, ein solches kann z. B. von einem Nachlaß-, Konkursverwalter, Testamentsvollstrecker oder einem auftragslosen Geschäftsführer errichtet sein, so genügt es nach § 2004, wenn der Erbe dem Nachlaßgericht gegenüber erklärt, daß das Inventar als von ihm eingereicht gelten soll. In den Fällen, in denen die Inventarerrichtung unmittelbar auch für den Erben wirkt (§ 2008 Inventar des Ehemanns, § 2063 Inventar eines Miterben, § 2144 Inventar des Vorerben und § 2383 Inventar des Erbschaftsverkäufers) ist die Erklärung nicht notwendig. Dem Erben darf in diesen Fällen überhaupt keine Frist gesetzt werden (vgl. § 2004 Anm 1). Nach § 2001 soll das Inventar Aufschluß über die Aktiven und Passiven des Nachlasses geben. Die einzelnen Nachlaßgegenstände mit der Angabe ihrer Beschaffenheit und ihres Wertes und die Nachlaßverbindlichkeiten sollen in dem Inventar verzeichnet werden.

Die für den Erben bedeutsame Wirkung des Inventars besteht nach § 2009 darin, daß in seinem Verhältnis zu den Nachlaßgläubigern vermutet wird, daß zur Zeit des Erbfalls weitere Nachlaßgegenstände als die angegebenen nicht vorhanden gewesen sind. Da das Inventar aber auch für Dritte, insbesonder für die Nachlaßgläubiger, die Befriedigung aus dem Nachlaß suchen, von Interesse ist, gestattet § 2010 die Einsicht in das Inventar allen, die ein rechtliches Interesse an der Einsichtsnahme geltend machen können.

Der Erbe kann allen Gläubigern gegenüber unbeschränkt haftbar werden, wenn er die ihm im Zusammenhang mit der Inventarerrichtung obliegenden Pflichten verletzt. Diese Folge kann nach § 2005 in drei Fällen eintreten, wenn der Erbe die Aktiven des Nachlasses arglistig erheblich unvollständig angibt, wenn er, um die Nachlaßgläubiger zu benachteiligen, nicht bestehende Passiven in das Inventar aufnimmt oder wenn er in den Fällen, in denen das Inventar nach § 2003 durch eine Amtsperson aufgenommen wird, sich weigert, dieser Auskunft zu erteilen oder die Erteilung der Auskunft arglistig erheblich verzögert.

Mit Rücksicht auf die weit reichende Bedeutung, die dem Inventar im Verhältnis des Erben zu den Nachlaßgläubigern zukommt, kann jeder Nachlaßgläubiger verlangen, daß der Erbe die Vollständigkeit des Inventars durch einen Offenbarungseid nach § 2006 erhärtet. Dieses Verlangen kann zwar nicht erzwungen werden. Dem das Verlangen stellenden Gläubiger haftet der Erbe aber unbeschränkt, wenn er den Eid verweigert oder wenn er, nachdem er erstmals in dem zur Eidesleistung bestimmten Termin nicht erschienen war, auch einem zweiten hierzu bestimmten Termin ohne triftigen Grund ferngeblieben ist.

Die unbeschränkte Haftung tritt jedoch nach § 2007, wenn der Erbe zu mehreren Erbteilen berufen ist, nicht ohne weiteres hinsichtlich der ganzen ihm angefallenen Erbschaft ein. Es ist vielmehr der Umfang der Haftung so zu bestimmen, wie wenn die Erbteile verschiedenen Erben gehören würden.

Die Wirkungen, die der Verlust des Rechts, die Erbenhaftung zu beschränken, nach sich zieht, werden in § 2013 klargestellt. Hier ist bestimmt, welche Rechte der unbeschränkt haftende Erbe verloren hat. Dazu werden diejenigen Vorschriften des 2. Titels aufgeführt, die bei der unbeschränkten Haftung des Erben nicht anzuwenden sind.

§ 1993

Der Erbe ist berechtigt, ein Verzeichnis des Nachlasses (Inventar) bei dem Nachlaßgericht einzureichen (Inventarerrichtung).

E I 2095 Abs 1 II 1868 Abs 1; M 5 608; P 5 731–733; 6 395.

1. Durch **freiwillige Inventarerrichtung** sichert sich der Erbe die Vermutung des § 2009, vergewissert sich in Verbindung mit dem Aufgebot über den Bestand des Nachlasses (§ 1980 und erleichtert sich die ihm obliegenden Nachweisungen, um die Haftung auf den Nachlaß zu beschränken (§§ 1973 A 9, 1990 A 7). Auch beseitigt er dadurch die Möglichkeit, daß ihm eine Frist zur Errichtung des Inventars mit der aus ihrer Versäumung sich ergebenden Wirkung der unbeschränkten (nicht mehr beschränkbaren) Haftung gesetzt werden kann (Planck-Flad A 1). § 2004 steht nicht entgegen, da er ein von einem anderen als dem Erben eingereichtes Inventar voraussetzt. Dagegen verliert der Erbe mit der Errichtung die aufschiebende Einrede des § 2014. Inhalt des Inventars § 2001, Aufnahme §§ 2002–2004, getreue Errichtung § 2005. Auch wenn der Nachlaß die Schulden erheblich übersteigt und deshalb für den Erben kein Anlaß besteht, die Beschränkung seiner Haftung auf den Nachlaß herbeizuführen oder sich die Möglichkeit dazu zu erhalten, hat die Errichtung eines Inventars erhebliche praktische Bedeutung und muß von dem

Erben so sorgfältig vorgenommen werden, daß er imstande ist, das errichtete und eingereichte Inventar auf Verlangen eines Berechtigten (§ 2006, vgl. A 1 dazu) durch einen Offenbarungseid zu bekräftigen (RG 129, 244).

Das Inventar ist erst mit der Einreichung (§ 2003 Abs 3) errichtet. Einreichung eines versiegelten Inventars wird nur wirksam sein, wenn das Nachlaßgericht ermächtigt wird, es zu eröffnen, sobald ein Berechtigter Einsicht verlangt (§ 2010).

Die Kosten der Inventarerrichtung gehören zu den Nachlaßverbindlichkeiten (§ 1967 A 3a) und sind im Konkurse Masseschulden (KO § 224 Nr 4); am Vergleichsverfahren sind sie nicht beteiligt (VerglO § 113 Nr 6).

Das vom Nachlaßpfleger als dem gesetzlichen Vertreter des Erben (§ 1960 A 4) errichtete Inventar ist vom Erben errichtet. Das vom Nachlaßverwalter oder Testamentsvollstrecker (§ 2215) eingereichte Inventar kann er gemäß § 2004 für sein Inventar erklären. Inventar des Ehemannes der Erbin § 2008, des Miterben § 2063, des Vorerben § 2144, des Erbschaftskäufers oder Verkäufers § 2383. Das Inventar kann auch durch einen Bevollmächtigten errichtet und eingereicht werden; Miteinreichung einer Vollmachtsurkunde oder Nachbringung innerhalb der Frist ist nicht (wie bei der Erbschaftsausschlagung, § 1945 A 4) vorgeschrieben. Das Nachlaßgericht kann das Inventar nicht wegen fehlender Vollmacht zurückweisen; § 174 findet keine Anwendung. Der Erbe, der sich auf die Wirksamkeit des eingereichten Inventars beruft, muß aber nachweisen, daß der Einreicher von ihm bevollmächtigt war.

Die Errichtung durch einen Geschäftsführer ohne Auftrag ist unwirksam (§ 180), kann aber wirksam werden, wenn der Erbe innerhalb der Inventarfrist das Inventar für das seinige erklärt (§ 2004).

Jeder Miterbe ist selbständig zur Inventarerrichtung befugt. Das von einem Miterben errichtete Inventar kommt nach § 2063 auch den anderen Miterben zugute, soweit sie nicht für die Nachlaßverbindlichkeiten unbeschränkt haften. Ein Miterbe ist den anderen gegenüber nicht verpflichtet, zur Errichtung des Inventars mitzuwirken (OLG 14, 295; Motive 5, 616).

Der Testamentvollstrecker ist verpflichtet, dem Erben bei der Errichtung des Inventars Hilfe zu leisten, insbesondere auch bei der Wertsermittlung (§ 2215; RG 17. 2. 16 IV 370/15).

Gebühr für die Entgegennahme des Inventars §§ 106 Nr 1, 107; Haftung des Erben für die Kosten der Inventarerrichtung § 5 KostO.

§ 1994

Das Nachlaßgericht hat dem Erben auf Antrag eines Nachlaßgläubigers zur Errichtung des Inventars eine Frist (Inventarfrist) zu bestimmen. Nach dem Ablaufe der Frist haftet der Erbe für die Nachlaßverbindlichkeiten unbeschränkt, wenn nicht vorher das Inventar errichtet wird.

Der Antragsteller hat seine Forderung glaubhaft zu machen. Auf die Wirksamkeit der Fristbestimmung ist es ohne Einfluß, wenn die Forderung nicht besteht.

E I 2095, 2096 II 1868 Abs 1, 1869; M 5 608–610; P 5 732–734, 740; 6 395.

Übersicht:

Bestimmung der Inventarfrist

1. a) **Antragsberechtigt sind die Nachlaßgläubiger** einschließlich der Pflichtteilsberechtigten, Vermächtnisnehmer und Auflageberechtigten (§ 1967); den Pflichtteilsberechtigten ist der Erbe überdies zur Auskunfterteilung verpflichtet (§ 2314). Darin, daß der Erbe auf Verlangen eines angeblich Pflichtteilsberechtigten dem Nachlaßgerichte ein Inventar einreicht und es auf dessen weiteres Verlangen durch Leistung des Offenbarungseides (§ 2006) bekräftigt, soll unter Umständen eine Anerkennung des Pflichtteilsanspruchs gefunden werden können (RG 113, 239). Im Zweifel wird das jedoch nicht ohne weiteres angenommen werden können, da die Vornahme der bezeichneten Handlungen sich auch dadurch erklären läßt, daß der Erbe sie vorsorglicherweise vorgenommen hat, um nicht das Recht zur Haftungsbeschränkung zu verlieren, namentlich wenn ihm das Nachlaßgericht eine Inventarfrist gesetzt hat. Hat der Erbe den Anspruch allerdings ohne Vorbehalt in das Inventar oder die erteilte Auskunft als Nachlaßverbindlichkeit aufgenommen (wie vom RG aaO. weiterhin unterstellt wird), so wird insoweit darin eher ein Anerkenntnis gefunden werden können. Für andere Nachlaßverbindlichkeiten wird die Frage in gleicher Weise zu entscheiden sein.

Ob, wie die herrschende Meinung annimmt (Planck-Flad A 2 zu diesem Paragraphen und 8 zu § 1973), auch der ausgeschlossene und der diesem gleichstehende Gläubiger (§§ 1973, 1974) zu dem Antrage berechtigt ist, erscheint mindestens zweifelhaft; der Redaktionsausschluß der zweiten Kommission stand auf dem Standpunkte, daß auf den Antrag eines solchen Gläubigers das Nachlaßgericht keine Frist setzen solle. Das erscheint auch, ungeachtet des nicht eingeschränkten Ausdrucks „Nachlaßgläubiger", als das Richtigere. Eine im Rechtswege erzwingbare Verpflichtung des Erben zur Errichtung des Inventars ist im Gesetze überhaupt nicht aufgestellt; vielmehr ist nur an die Nichterrichtung nach Setzung der Frist der Rechtsnachteil der unbeschränkten Haftung geknüpft (OLG 34, 276; RG 129, 241). Diese Folge kann einem bereits ausgeschlossenen Gläubiger gegenüber nicht eintreten, da der Erbe sich ihm gegenüber auf die Vorschriften der §§ 1973, 1974 berufen kann, wenn er später den andern Gläubigern durch Versäumung der Inventarfrist (§ 1994 Satz 2) oder ungetreues Inventar (§ 2005 Abs 1) unbeschränkbar haftbar wird (§ 2013 Abs 1 Satz 2).

Der Erbe wird aber, wenn er die auf Antrag des ausgeschlossenen Gläubigers gesetzte Frist versäumt, den anderen Gläubigern gegenüber unbeschränkt haftbar (Planck-Flad 4. Aufl § 1994 Anm. 2; Kipp-Coing § 91 Anm 9). A. A. die 9. Aufl an dieser Stelle. Es ist aber unzutreffend, wenn es dort heißt, dem ausgeschlossenen Gläubiger werde, wenn man der hier jetzt vertretenen Ansicht folgt, die Möglichkeit verliehen, den Erben indirekt zur Errichtung eines Inventars zu zwingen. Diese Möglichkeit ist ihm deswegen nicht eingeräumt, da das Nachlaßgericht dem Antrag des ausgeschlossenen Gläubigers überhaupt nicht entsprechen darf. Der Erbe hat, wenn dies dennoch geschieht, die Möglichkeit, die Verfügung, durch die ihm die Frist gesetzt worden ist, mit der sofortigen Beschwerde (vgl. unten Anm 1b) anzufechten. Hat seine Beschwerde keinen Erfolg oder ficht er die Verfügung nicht an, so kann sie nicht deswegen der ihr an sich nach dem Gesetz zukommenden Wirkungen entbehren, weil der Antragssteller überhaupt nicht antragsberechtigt war. Die gegenteilige Ansicht würde den allgemeinen Grundsätzen über die Wirksamkeit staatlicher Hoheitsakte widersprechen, die hier in § 1994 Abs 2 Satz 2 einen besonderen Ausdruck gefunden haben.

Auch einem Miterben, der Nachlaßgläubiger ist, wird nicht das Recht zugebilligt werden können, seinen Miterben eine Inventarfrist setzen zu lassen, da diese, auch wenn sie andern Gläubigern unbeschränkbar haften, ihm gegenüber immer noch die Beschränkung ihrer Haftung herbeiführen können, § 2063 Abs 2 (so Kretzschmar § 78 A 10; a. M. Planck-Flad A 2).

Ein Pflichtteilsberechtigter, der nicht Erbe ist, hat nach § 2314 außer dem Rechte aus § 1994 einen Anspruch auf Auskunft durch Vorlegung eines Bestandsverzeichnisses, das nach § 206 unter Umständen durch einen Offenbarungseid des Erben zu bekräftigen ist; vgl. zu § 2314 A 1. Den gleichen Anspruch hat ein Vermächtnisnehmer, wenn er als ihm mitvermacht zu gelten hat (vgl. zu § 2174 A 1). In diesen Fällen kann der Offenbarungseid durch Klage erzwungen und es kann, wenn der Erbe ein Inventar nach §§ 1993, 1994 vorgelegt hat, die eidliche Bekräftigung dieses Inventars im Klagewege verlangt werden, ohne daß es erst noch einer Klage auf Vorlegung eines Bestandsverzeichnisses bedarf (RG 129, 242; vgl. zu § 2006 A 1).

b) Die Förmlichkeiten des Antrags: Der Antrag kann schriftlich oder zu Protokoll des Urkundsbeamten eines Amtsgerichts gestellt werden (FGG § 11); an eine Frist ist er an sich nicht gebunden, doch kann nach der oben vertretenen Ansicht ein Gläubiger, der wegen Ablaufs der fünfjährigen Verschweigungsfrist einem ausgeschlossenen Gläubiger gleichsteht (§ 1974), ihn nicht mehr stellen. Wenn der Erbe oder der ihn vertretende Nachlaßpfleger des § 1960 bereits ein formgerechtes Inventar eingereicht oder der Erbe ein vom Nachlaßverwalter oder Testamentsvollstrecker eingereichtes für das seinige erklärt hat (§ 2004), so wird das Nachlaßgericht den Antrag des Gläubigers auf Bestimmung einer Inventarfrist ablehnen müssen (RJA 8, 185); vgl. § 1993 A 1. Gegen den die Frist setzenden Beschluß steht dem Erben die sofortige Beschwerde zu, mit der er geltend machen kann, daß bereits ein Inventar eingereicht oder daß er nicht Erbe oder daß die Frist zu kurz bemessen sei; ebenso jedem Nachlaßgläubiger, wenn die Frist zu lang bemessen ist; die Beschwerdefrist beginnt für jeden Gläubiger mit der Zustellung an den Antragsteller (FGG § 77). Gegen die Ablehnung steht dem antragstellenden Gläubiger die einfache Beschwerde zu (FGG § 20). — Gebühr für die Bestimmung der Inventarfrist: §§ 106 Nr. 1, 107 KostO.

2. Glaubhaftmachung der Forderung FGG § 15 Abs 2. Die Vorschriften der ZPO (§ 294) sind nicht, wie für die durch FGG § 15 Abs 1 geregelten Verfahrensakte, allgemein als entsprechend anwendbar erklärt, insbesondere also nicht die Unzulässigkeit einer nicht sofort möglichen Beweisaufnahme; nur die Zulassung zur Versicherung an Eides Statt ist herübergenommen. — Die Vorschrift enthält eine Ausnahme von der dem Nachlaßgerichte obliegenden Pflicht zur Ermittlung von Amts wegen (§ 12); sie kann deshalb nicht auf die Feststellung der Erbeigenschaft desjenigen, dem die Inventarfrist bestimmt werden soll, ausgedehnt werden; die hierzu etwa erforderlich scheinenden Ermittlungen hat vielmehr das Nachlaßgericht von Amts wegen anzustellen (RJA 11, 89). Dazu wird es den Antragsteller und den angeblichen Erben hören können; bleibt die Erbeigenschaft zweifelhaft, so wird der Antrag abzulehnen sein. Hat derjenige, dem die Inventarfrist gesetzt werden soll, die Erbschaft ausgeschlagen, so hat das Nachlaßgericht auch zu entscheiden, ob die Ausschlagung rechtswirksam ist; Einwendungen im Prozesse werden aber dadurch nicht abgeschnitten (RJA 3, 176).

3. **Inventarfrist** als technische Bezeichnung. Daß der Erbe bereits angenommen habe, ist nicht erforderlich (§ 1995 Abs 2). Doch darf er nicht bereits wirksam ausgeschlagen haben. Herrscht Streit darüber, ob ausgeschlagen sei, so kann Aussetzung der Inventaraufnahme nicht verlangt werden (RJA 3, 176). Schlägt er hinterher aus, so wird die Fristbestimmung von selbst wirkungslos. Auch dem geschäftsunfähigen oder in der Geschäftsfähigkeit beschränkten Erben kann die Frist bestimmt werden; doch läuft die Frist nur nach Maßgabe des § 206 ab (§ 1997) und ist die in § 1999 bestimmte Vorsichtsmaßregel zu beobachten. Nicht aber dem Fiskus (§ 2011), dem Nachlaßpfleger oder Nachlaßverwalter (§ 2012) oder dem Erben während der Dauer der Nachlaßverwaltung und des Nachlaßkonkurses (§ 2000) sowie des Nachlaßvergleichsverfahrens (§ 2000 A 2). Die Frist ist eine richterliche; Beginn, Dauer und Verlängerung § 1995. Sie braucht mehreren Erben gegenüber nicht einheitlich festgesetzt zu werden. Sie wird gewahrt durch Einreichung des Inventars, aber auch durch Stellung des Antrags nach § 2003 Abs 1 oder durch Erklärung nach § 2004; auch kommt dem Inventarpflichtigen das von gewissen andern Personen errichtete Inventar ohne weiteres zustatten; vgl. §§ 2008 (A 5), 2063 (A 1), 2144 (A 3), 2383.

4. Die **unbeschränkte Haftung** tritt durch Nichteinhaltung der Frist ipso jure gegenüber allen Nachlaßgläubigern ein, auch wenn sie an der Antragstellung nicht beteiligt waren. Nicht jedoch gegenüber einem bereits ausgeschlossenen oder einem solchen gleichstehenden Gläubiger (§ 2013 Abs 1 Satz 2, vgl. § 1993 A 1); auch nicht zuungunsten eines Miterben gegenüber den übrigen Erben, die Nachlaßgläubiger sind (§ 2063 Abs 2, vgl. A 2 dazu), ebensowenig zuungunsten eines Nacherben gegenüber dem Vorerben als Nachlaßgläubiger (§ 2144 Abs 3). — Darauf, ob die Versäumnis vom Erben verschuldet war oder nicht, kommt nichts an, sofern nicht einer der Fälle des § 1996 vorliegt. Auch wenn der Erbe sich unverschuldet nicht für den Erben hält, darf er die ihm gesetzte Inventarfrist nicht außer acht lassen. Er handelt auf seine Gefahr, wenn er es dennoch tut. Bei einer späteren Inanspruchnahme kann er, wenn er tatsächlich Erbe ist, falls die Inventarfrist verstrichen ist, seine Haftung nicht mehr beschränken. Wirkungen der unbeschränkten Haftung § 2013 A 2. Auch wenn eine aktive Nachlaßmasse (Nachlaßgegenstände) überhaupt nicht vorhanden, bedarf es zur Erhaltung der Beschränkbarkeit der Haftung einer Inventarerrichtung in der vorgeschriebenen Form (ZBlFG 5, 797). Es genügt auch nicht, daß der Erbe dem Nachlaßgericht gegenüber innerhalb der Inventarfrist angibt, ein aktiver Nachlaß sei nicht vorhanden. Eine solche Anzeige muß mit Rücksicht auf die Formvorschrift des § 2002 unter Mitwirkung des zuständigen Beamten erfolgen, der dem Erben die nötigen Belehrungen erteilen soll. Die Kosten für die Heranziehung dieses Beamten muß der Erbe aus seinem Vermögen bestreiten (Motive 5, 616). Wegen der Beweislast vgl. § 2013 A 4.

Der säumige Erbe wird auch, wenn die **Forderung des antragstellenden Gläubigers nicht besteht,** durch Versäumung der Nachlaßfrist den Nachlaßgläubigern allgemein unbeschränkt haftbar. Das Nachlaßgericht kann die Fristbestimmung nicht zurücknehmen, auch wenn es nachträglich ihre Voraussetzungen für nicht gegeben erachtet (FGG § 18 Abs 2).

§ 1995

Die Inventarfrist soll mindestens einen Monat, höchstens drei Monate betragen. Sie beginnt mit der Zustellung des Beschlusses, durch den die Frist bestimmt wird.

Wird die Frist vor der Annahme der Erbschaft bestimmt, so beginnt sie erst mit der Annahme der Erbschaft.

Auf Antrag des Erben kann das Nachlaßgericht die Frist nach seinem Ermessen verlängern.

E I 2097 II 1870; M 5 610, 611; P 5 734.

1. **Dauer der Frist.** Eine Verletzung der Sollvorschrift macht die Fristbestimmung nicht unwirksam, sondern begründet nur ein Beschwerderecht (§ 1994 A 1); das wird gelten müssen, auch wenn die einmonatige Mindestfrist unterschritten ist. Fristberechnung §§ 186–193.

2. Die **Zustellung** erfolgt nach FGG § 16 Abs 2, ZPO §§ 208–213. Sie setzt für jeden der mehreren Erben eine besondere Frist in Lauf. Für den Fall unverschuldeter Unkenntnis von der Zustellung gewährt § 1996 Abs 1 Satz 2 Hilfe. Zustellung an den gesetzlichen Vertreter des Erben ZPO § 171, Mitteilung an das Vormundschaftsgericht § 1999. Dem Antragsteller gegenüber genügt Bekanntmachung zu Protokoll, FGG § 16 Abs 3.

3. **Annahme der Erbschaft** § 1943 A 1 u. § 1957 A 1. Die Fristbestimmung kann vorher erfolgen; der Lauf der Frist beginnt aber erst mit der Annahme.

4. **Fristverlängerung** § 190. Sie kann nur in Frage kommen, wenn der Antrag gestellt wird, solange die bestimmte Frist noch nicht abgelaufen ist. Gegen die auf den Verlängerungsantrag ergehende Verfügung sofortige Beschwerde des Erben wie des Gläubigers (FGG § 77 Abs 2, 3). Wiederholte Verlängerung ist nicht ausgeschlossen. Für die Verlängerung der Frist besteht keine Zeitgrenze. Verkürzung der einmal bestimmten Frist ist weder bei der ersten noch bei einer späteren Fristbestimmung zulässig. — Gebühr für die Verlängerung der Inventarfrist: §§ 106 Nr. 1, 107 KostO.

§ 1996

Ist der Erbe durch höhere Gewalt verhindert worden, das Inventar rechtzeitig zu errichten oder die nach den Umständen gerechtfertigte Verlängerung der Inventarfrist zu beantragen, so hat ihm auf seinen Antrag das Nachlaßgericht eine neue Inventarfrist zu bestimmen. Das gleiche gilt, wenn der Erbe von der Zustellung des Beschlusses, durch den die Inventarfrist bestimmt worden ist, ohne sein Verschulden Kenntnis nicht erlangt hat.

Der Antrag muß binnen zwei Wochen nach der Beseitigung des Hindernisses und spätestens vor dem Ablauf eines Jahres nach dem Ende der zuerst bestimmten Frist gestellt werden.

Vor der Entscheidung soll der Nachlaßgläubiger, auf dessen Antrag die erste Frist bestimmt worden ist, wenn tunlich gehört werden.

E I 2098 II 1871; M 5 611, 612; P 5 734.

1. Begriff der **höheren Gewalt** s. § 203 A 2; doch ist für den Fall des Stillstandes der Rechtspflege (§ 203 Abs 1) besondere Regelung durch § 1997 getroffen (s. A 1 dazu). In anderen Fällen der höheren Gewalt wird der Lauf der Frist nicht gehemmt, aber Abhilfe nach Art einer Wiedereinsetzung in den vorigen Stand (RG **54**, 151) durch Bestimmung einer neuen Inventarfrist gewährt. Für diese gelten die Bestimmungen des § 1995; sie soll also wiederum mindestens einen Monat betragen und kann gleichfalls verlängert werden. Die Bestimmung einer neuen Frist kann wiederholt erfolgen, jedoch nur innerhalb der durch Abs 2 gegebenen Jahresfrist vom Ende der zuerst bestimmten Frist.

Die Verhinderung muß entweder die Errichtung des Inventars innerhalb der Frist oder auch nur die rechtzeitige Stellung des Antrags auf Verlängerung der Frist (§ 1995 Abs 3; s. A 4 dazu) unmöglich gemacht haben, letzteres z. B. durch Postsperre oder Verkehrsstockung, wobei jedoch in letzterem Falle weiter erforderlich ist, daß der Verlängerungsantrag den Umständen nach gerechtfertigt gewesen wäre, eine Frage, über die das Nachlaßgericht nachträglich nach Ermessen zu entscheiden hat. Die Voraussetzungen des Abs 1 Satz 1 liegen nicht vor, wenn der Erbe das Inventar nicht errichtet hat, weil ein Dritter im Besitz des Nachlasses ist und sich geweigert hat, dem Erben die erforderliche Auskunft zu erteilen. Denn der Erbe hätte auch in diesem Fall den Antrag nach § 2003 stellen können.

Gebühr für die Bestimmung einer neuen Inventarfrist: §§ 106 Nr 1, 107 KostO.

2. Die Bestimmung in Abs I Satz 2 entspricht ZPO § 233 Abs 2. So besonders im Falle der Ersatzzustellung nach ZPO §§ 181, 182 oder der öffentlichen Zustellung nach ZPO § 203. Das Verschulden des gesetzlichen Vertreters oder des Generalbevollmächtigten (ZPO §§ 171, 173) ist vom Erben zu vertreten.

3. Die Frist für den Antrag ist ebenso wie in § 234 ZPO geregelt. Hemmung der Antragsfrist § 1997, Tod des Erben § 1998.

4. **Anhörung des antragstellenden Nachlaßgläubigers** vor der Entscheidung „wenn tunlich". Sofortige Beschwerde des Erben oder des Nachlaßgläubigers gegen die ablehnende bzw. stattgebende Verfügung FGG § 77 Abs 2. Die rechtskräftige Entscheidung des Nachlaßgerichts kann auch im Prozesse nicht wieder in Frage gestellt werden. — Neue Frist zur Ergänzung des Inventars § 2005 Abs 2.

§ 1997

Auf den Lauf der Inventarfrist und der im § 1996 Abs 2 bestimmten Frist von zwei Wochen finden die für die Verjährung geltenden Vorschriften des § 203 Abs 1 und des § 206 entsprechende Anwendung.

E I 2100 II 1872; M 5 613. 614; P 5 734, 741.

1. Der **Lauf** und somit auch der Ablauf der ursprünglichen, der verlängerten und der neubestimmten **Inventarfrist** sowie der zweiwöchigen Antragsfrist (§§ 1995, 1996) wird gehemmt durch den Stillstand der Rechtspflege (**§ 203 Abs 1**). Andere Fälle der höheren Gewalt wirken nur nach § 1996. Hemmung tritt ferner ein, wenn während des Laufes der Fristen der Erbe geschäftsunfähig wird oder sein gesetzlicher Vertreter wegfällt, bis zum Eintritt bzw. Wiedereintritt eines gesetzlichen Vertreters (**§ 206**). Besteht dieser Mangel schon, bevor die Fristen zu laufen begonnen haben, so können sie überhaupt nicht in Lauf gesetzt werden, bevor der Mangel behoben ist, da die erforderliche Zustellung (§ 1995 Abs 1 Satz 2) an den gesetzlichen Vertreter nicht möglich ist. Waren die Fristen bereits im Laufe, als der Mangel eintrat, so laufen sie von seiner Behebung durch Eintritt bzw. Wiedereintritt der Geschäftsfähigkeit des Erben oder eines gesetzlichen Vertreters ab weiter, unter Ausschaltung des zwischen dem Eintritt und der Behebung des Mangels liegenden Zeitraums (§ 205). Ihr Lauf vollendet sich, falls sie sechs Monate oder mehr betragen, nicht vor dem Ablauf von sechs Monaten von der Behebung des Mangels ab (§ 206 Abs 1 Satz 1); falls sie aber weniger betragen, nicht vor dem Ablaufe ihrer vollen Dauer von dem gleichen Zeitpunkte ab, ohne Einrechnung des vor dem Eintritt des Mangels abgelaufenen Zeitraums (§ 206 Abs 1 Satz 2). Der Ablauf der Frist tritt auch ein, wenn der geschäftsfähig gewordene Erbe oder der neu eingetretene gesetzliche Vertreter von der Fristsetzung keine Kenntnis erhalten hat (vgl. § 1944 A 4); doch kann in diesem Falle Abhilfe durch Bestimmung einer neuen Inventarfrist nach § 1996 Abs 1 Satz 2 geschaffen werden.

§ 1998

Stirbt der Erbe vor dem Ablaufe der Inventarfrist oder der im § 1996 Abs 2 bestimmten Frist von zwei Wochen, so endigt die Frist nicht vor dem Ablaufe der für die Erbschaft des Erben vorgeschriebenen Ausschlagungsfrist.

E I 2099 II 1873; M 5 612, 613; P 5 734.

1. Die Vorschrift des § 1952 Abs 2 ist auf die **Inventarfrist** und die Frist zum Verlängerungsantrage (**§ 1996 Abs 2**) übertragen. Das Ende der Fristen wird in diesem Falle so lange hinausgeschoben, bis die Ausschlagungsfrist für die dem Erbeserben angefallene Erbschaft des unmittelbaren Erben abgelaufen ist (§ 1944). Auch hier (vgl. § 1997 A 1) kann die einmal in Lauf gesetzte Inventar- usw. Frist ablaufen, ohne daß der Erbeserbe davon Kenntnis erhält, daß eine Frist bestimmt ist; alsdann ist gegebenenfalls § 1996 Abs 1 Satz 2 anwendbar. — Fällt die Erbschaft des Erben an mehrere Erben, so ist jeder Miterbe zur Errichtung des Inventars über die ganze dem ersten Erben angefallene Erbschaft verpflichtet. Die Frist kann für jeden verschieden laufen (§ 1944 A 2). Wahrung der Frist durch einen Miterben kommt auch den andern nicht schon unbeschränkt haftbar gewordenen Miterben zustatten (§ 2063). Auch der Erbeserbe kann Verlängerung (§ 1995 Abs 3) und neue Fristbestimmung (§ 1996) beantragen.

§ 1999

Steht der Erbe unter elterlicher Gewalt oder unter Vormundschaft, so soll das Nachlaßgericht dem Vormundschaftsgerichte von der Bestimmung der Inventarfrist Mitteilung machen.

E I 2101 II 1874; M 5 614; P 5 734.

1. Das Vormundschaftsgericht soll damit in den Stand gesetzt werden, von Aufsichts wegen (§§ 1837, 1667 ff.) über Einhaltung der Inventarfrist durch Vormund (Pfleger § 1915) oder Gewalthaber zu wachen; vgl. § 1994 A 2. Für den Fristablauf selbst ist die Mitteilung ohne Bedeutung.

§ 2000

Die Bestimmung einer Inventarfrist wird unwirksam, wenn eine Nachlaßverwaltung angeordnet oder der Nachlaßkonkurs eröffnet wird. Während der Dauer der Nachlaßverwaltung oder des Nachlaßkonkurses kann eine Inventarfrist nicht bestimmt werden. Ist der Nachlaßkonkurs durch Verteilung der Masse oder durch Zwangsvergleich beendigt, so bedarf es zur Abwendung der unbeschränkten Haftung der Inventarerrichtung nicht.

E I 2095 Abs 2 II 1868 Abs 3; M 5 609; P 5 733, 741.

1. **Nachlaßverwaltung** und **Nachlaßkonkurs** sichern dem Erben ohnedies die beschränkte Haftung (§ 1975), den Nachlaßgläubigern aber die ordnungsmäßige Befriedigung. Pflicht des Verwalters,

ein Verzeichnis des Nachlasses aufzustellen § 1985 A 1; des Erben, ihm Auskunft zu erteilen und ein Nachlaßverzeichnis vorzulegen §§ 1978, 666, 260. — Auch wenn das **Nachlaßvergleichsverfahren** eröffnet wird, wird die Bestimmung einer Inventarfrist unwirksam (§ 113 Nr 4 VerglO; Vogels § 113 A III, 3b).

2. Die **Inventarfrist** kann während dieser Zeit weder dem Erben, noch dem Nachlaßverwalter (§ 2012), noch dem Konkursverwalter, dem schon das Gesetz Anfertigung des Inventars und der Bilanz auferlegt (KO § 124), bestimmt werden. Auch die Beeidigung eines vom Erben bereits errichteten Inventars (§ 2006) mit der dort für den Verweigerungsfall angedrohten Folge der unbeschränkten Haftung kann jetzt nicht mehr in Frage kommen, wohl aber kann der Erbe zur Leistung des Offenbarungseides als Gemeinschuldner gemäß KO § 125 angehalten werden. — Satz 2 findet auch während der Dauer des Nachlaßvergleichsverfahrens Anwendung (§ 113 Nr. 4 VerglO; s. A 1).

3. Ist der **Nachlaßkonkurs durch Schlußverteilung oder durch Zwangsvergleich beendet,** so haftet der Erbe nach § 1989 (vgl. A 4 dazu) allen Gläubigern gegenüber nur so, wie er den gemäß § 1973 ausgeschlossenen Gläubigern nach Aufgebot haften würde. Ein Verlust der einmal auf Grund von § 1973 eingetretenen Haftungsbeschränkung gegenüber ausgeschlossenen Gläubigern tritt auch durch spätere Versäumung der Inventarfrist nach § 2013 Abs 1 Satz 2, vgl. A 2 zu § 2013, nicht ein. Im Falle des § 1989 haben, ohne daß es eines Aufgebots bedarf, alle Gläubiger mit Ausnahme derjenigen, denen der Erbe bereits unbeschränkt haftet, die Stellung ausgeschlossener Gläubiger (vgl. § 1989 A 4). Deshalb kann in diesem Falle der Verlust der Haftungsbeschränkung durch Versäumung einer Inventarfrist keinem Gläubiger gegenüber mehr eintreten und ist folgerichtig auch die Bestimmung einer solchen durch § 2000 ausgeschlossen. Dies gilt nach § 113 Nr 4 VerglO auch, wenn das Nachlaßvergleichsverfahren durch Vergleich beendigt worden ist. Dagegen ist dem Erben auf Antrag neue Frist zu bestimmen, wenn der Konkurs auf andere Weise beendet worden ist (§ 1989 A 1). Da es an einer gleichen Bestimmung für den Fall der durchgeführten Nachlaßverwaltung (vgl. § 1986 A 4) fehlt, wird man annehmen müssen, daß nach Aufhebung einer solchen dem Erben wieder eine Inventarfrist bestimmt werden kann, bei deren Nichtbeachtung er auch jetzt noch unbeschränkt haftbar wird. Doch kann er sich auf ein vom Nachlaßverwalter formgerecht errichtetes und dem Nachlaßgerichte eingereichtes Inventar berufen (§ 2004).

4. Der Erbe ist für die Nachlaßverbindlichkeiten unbeschränkt haftbar geworden, wenn er, bevor die Nachlaßverwaltung angeordnet oder der Nachlaßkonkurs eröffnet ist, ein Inventar errichtet und sich dabei einer Verfehlung nach § 2005 Abs 1 schuldig gemacht hat. Diese Wirkung entfällt nicht dadurch, daß die dem Erben gesetzte Frist noch nicht abgelaufen war, als die Nachlaßverwaltung oder der Nachlaßkonkurs angeordnet wurde. Dagegen kann ein von dem Erben während der Dauer der Nachlaßverwaltung oder des Nachlaßkonkurses freiwillig oder auf Verlangen des Nachlaßverwalters errichtetes fehlerhaftes Inventar nicht zur unbeschränkten Haftung nach § 2005 Abs 1 führen. Dem steht § 2000 Satz 2 entgegen (ebenso Planck-Flad 4. Aufl § 2000 Anm 4).

§ 2001

In dem Inventar sollen die bei dem Eintritte des Erbfalls vorhandenen Nachlaßgegenstände und die Nachlaßverbindlichkeiten vollständig angegeben werden.

Das Inventar soll außerdem eine Beschreibung der Nachlaßgegenstände, soweit eine solche zur Bestimmung des Wertes erforderlich ist, und die Angabe des Wertes enthalten.

E I 2105 II 1875; M 5 618; P 5 735–737.

1. Für die **Nachlaßgegenstände** (Sachen und Rechte, vgl. § 90 A 3) ist lediglich die Zeit des Erbfalls maßgebend. Ebenso für die Wertangabe. Seit dem Tode des Erblassers eingetretene Veränderungen bleiben außer Betracht. Es sind also auch diejenigen Nachlaßgegenstände aufzuführen, die zur Zeit der Errichtung nicht mehr vorhanden sind; andererseits nicht die nach dem Erbfalle dem Nachlasse erworbenen Gegenstände, insbesondere nicht die Ersatzforderungen gegen den Erben (§ 1978 Abs 2). Dagegen entscheidet für die **Nachlaßverbindlichkeiten** (§ 1967 Abs 2) der Zeitpunkt der Errichtung. Hierzu gehören auch die Kosten des Inventars (im Konkurse als Masseschuld KO § 224 Nr 4). Dies schließt nicht aus, daß sich der Erbe zu Zwecken der Inventarerrichtung durch Rechtsgeschäft auch persönlich verpflichtet (§ 1967 A 3). Aus dem Zwecke der Inventarerrichtung ist zu entnehmen, daß die durch Vereinigung erloschenen Rechte und Verbindlichkeiten aufzuführen sind, da sie wiederaufleben können (§§ 1976, 1991 Abs 2). Vergleichung und Ermittelung des Bestands- oder Schuldenüberschusses ist zweckmäßig, aber nicht vorgeschrieben. Auch das von einem Miterben errichtete Inventar (vgl. RJA 8, 100) muß sich über den ganzen Nachlaß verhalten. Ausgleichungsposten (§ 2057) gehören nicht herein.

2. Die **Beschreibung und Wertangabe** liegt im Falle des § 2002 dem Erben, im Falle des § 2003 dem aufnehmenden Beamten, dem der Erbe, soweit erforderlich, Auskunft zu erteilen hat, ob. Vgl. die Verhandlungen der 2. Komm. (Prot. aaO.). Vgl. auch § 2002 A 1. Abschätzung durch Sachverständige ist nicht erforderlich.

3. Die Vorschriften des Paragraphen sind nur **Ordnungsvorschriften („soll")**; von ihrer Beobachtung ist die Wirksamkeit der Inventarerrichtung nicht abhängig. Doch muß das eingereichte Schriftstück sich wenigstens als ein „Inventar", d. h. als eine Bestandsaufnahme des Nachlasses, darstellen. Über den Einfluß von Unrichtigkeiten und Unvollständigkeiten bestimmt im übrigen § 2005.

§ 2002

Der Erbe muß zu der Aufnahme des Inventars eine zuständige Behörde oder einen zuständigen Beamten oder Notar zuziehen.

E I 2102 II 1876; M 5 615, 616; P 5 734, 737.

1. Ein vom Erben selbst ohne Zuziehung einer Amtsperson aufgenommenes Inventar ist unwirksam, selbst wenn es öffentlich beglaubigt wäre (anders bei dem vom Vorerben nach § 2121 oder vom Testamentsvollstrecker nach § 2215 mitzuteilenden Verzeichnis). Er bedarf in jedem Falle, auch wenn kein Nachlaß vorhanden ist, der **amtlichen Mitwirkung** gemäß § 2002 oder § 2003. Anderseits ist auch ein von der Amtsperson selbst aufgenommenes Inventar kein solches nach § 2002; vielmehr müssen Erbe und Amtsperson zur Aufnahme zusammenwirken, insbesondere ist die Unterschrift des Erben erforderlich (RG 77, 247). Die zugezogene Amtsperson hat nur die Stellung eines Beistandes und ist zur Prüfung der Vollständigkeit und Richtigkeit des Inventars, insbesondere auch der Wertangaben (§ 2001 Abs 2), nicht verpflichtet. Doch wird es ihr nicht verwehrt werden können, ihrer von der des Erben abweichenden Meinung Ausdruck zu geben, da sie andernfalls ja nur als Statist erscheinen würde. Eine solche Äußerung kann auf die Wirksamkeit der Inventarerrichtung keinen unmittelbaren Einfluß haben, aber unter Umständen für die Frage erheblich sein, ob dem Erben eine Pflichtverletzung nach § 2005 zur Last fällt. In welcher Weise die Mitwirkung der Amtsperson zu beurkunden, ist nicht vorgeschrieben; Mit-Unterschrift wird genügen, aber nicht zur Wirksamkeit erforderlich sein (a. M. anscheinend Planck-Flad A 3). Die **Zuständigkeit** der Behörde, des Beamten oder Notars bestimmt sich nach den aufrechterhalten gebliebenen landesrechtlichen Vorschriften (vgl. § 2003 A 1). Nach preußischem Rechte ist ein Gerichtsvollzieher nur zuständig, wenn er vom Gerichte beauftragt ist (§ 74 Nr 3 PrAGGVG; RG 77, 246). Ein unter Zuziehung einer „unzuständigen" Amtsperson aufgenommenes Inventar ist unwirksam. Doch wird dabei nur die sachliche Zuständigkeit in Frage kommen, wie sich wohl aus dem Gebrauche des unbestimmten Artikels („eine zuständige Behörde usw.") entnehmen läßt (a. M. anscheinend Planck-Flad A 2). Der Erbe hat selbst für rechtzeitige Einreichung zu sorgen (§ 1994 A 3). Die Frist wird im Falle des § 2002 nur durch die Einreichung, nicht durch die Zuziehung einer Amtsperson (wie im Falle des § 2003 durch den Antrag auf Aufnahme) gewahrt. Der Erbe kann sich bei der Aufnahme durch einen Bevollmächtigten vertreten lassen; Einreichung der Vollmacht mit dem Inventar oder innerhalb der Frist ist nicht (wie bei der Erbschaftsausschlagung, § 1945 Abs 2) vorgeschrieben. Die Einreichung des Inventars durch einen Geschäftsführer ohne Auftrag ist unwirksam (§ 180); doch wird sie wirksam, wenn der Erbe innerhalb der Frist auf das eingereichte Inventar gemäß § 2004 Bezug nimmt.

§ 2003

Auf Antrag des Erben hat das Nachlaßgericht entweder das Inventar selbst aufzunehmen oder die Aufnahme einer zuständigen Behörde oder einem zuständigen Beamten oder Notar zu übertragen. Durch die Stellung des Antrags wird die Inventarfrist gewahrt.

Der Erbe ist verpflichtet, die zur Aufnahme des Inventars erforderliche Auskunft zu erteilen.

Das Inventar ist von der Behörde, dem Beamten oder dem Notar bei dem Nachlaßgericht einzureichen.

1. **Nachlaßgericht** § 1960 A 3. Aufrechterhalten geblieben sind die auf Grund des Art 148 EG erlassenen landesrechtlichen Vorschriften, nach denen die Zuständigkeit des Nachlaßgerichts zur Aufnahme des Inventars ausgeschlossen ist, sowie die landesrechtlichen Vorschriften über die Zuständigkeit der Notare für die Aufnahme des Inventars (§ 77 Abs 3 RNO). In Preußen sind zur Aufnahme der Inventare für zuständig erklärt die Amtsgerichte und Notare, unter Umständen auch

die Urkundsbeamten bei den Amtsgerichten, die Gerichtsvollzieher (diese aber nur kraft Auftrags des Gerichts, vgl. § 2002 A 1), Dorfgerichte (vgl. § 2004 A 1), Ortsgerichte (PrFGG v. 21. 9. 99 Artt 31, 32, 38, 108, 111ff., 122ff., 131; AGGVG v. 24. 4. 78, §§ 70, 74); in Bayern kann das Nachlaßgericht das Inventar überhaupt nicht selbst aufnehmen. Es muß stets einen Notar beauftragen; in Württemberg Amtsgerichte und öffentliche Notare (AGBGB Artt 125ff.); in Baden ausschließlich die Notare unter Mitwirkung der Ortsgerichte (FGG v. 13. 10. 25, § 31); in Hessen die Amtsgerichte und Notare, kraft Übertragung auch die Gerichtsvollzieher und Ortsgerichte (AGBGB Art 117, AGFGG Artt. 1, 2, NotGes v. 15. 3. 99 Art 10). In der DDR sind die Staatsnotariate ausschließlich zuständig. Vgl. § 1960 Anm. 3. Die Übertragung kann nur an eine zuständige Behörde usw. erfolgen; die Zuständigkeit bestimmt sich auch hier nach Landesrecht. Auch hier wird die Wirksamkeit des Inventars nur von der sachlichen Zuständigkeit abhängen (vgl. § 2002 A 1). Das Nachlaßgericht kann auch im Wege der Rechtshilfe ein anderes Nachlaßgericht oder eine andere landesgesetzlich an Stelle des Nachlaßgerichts bestimmte Behörde (in Baden die Notare) um Aufnahme des Inventars ersuchen (RG 106, 287). Der Erbe darf den Beamten nicht unter Übergehung des Nachlaßgerichts selbst beauftragen (RG 77, 246). Der Antrag kann auch von einem Miterben wirksam gestellt werden (RJA 8, 100).

2. **Inventarfrist** § 1995, verlängerte und neu bestimmte Frist §§ 1995 Abs 3, 1996. Der von einem Miterben gestellte Antrag wahrt die Frist auch für die übrigen Erben (§ 2063 Abs 1, OLG 10, 296). Er kann darauf gerichtet werden, das Inventar bei dem im Besitze des Nachlasses befindlichen Miterben aufzunehmen (OLG 5, 342).

3. Die **Aufnahme** liegt abweichend von § 2002 nicht dem Erben, sondern dem amtlichen Organe ob. Nach RJA 12, 111 soll dieses im Interesse der Aufklärung auch dritte Personen, sogar einen Nachlaßgläubiger zuziehen dürfen. Der Erbe ist zur Mitwirkung nur durch Erteilung von Auskunft verpflichtet. An seine Angaben ist aber das amtliche Organ nicht gebunden. Unmittelbare Zwangsmittel zur Erwirkung der Auskunfterteilung bestehen nicht. Ihre Verweigerung oder absichtliche Verzögerung sowie die absichtliche Unrichtigkeit der Auskunft sind aber mit dem Verluste der beschränkten Haftung bedroht (§ 2005 Abs 1). Aus der Auskunftspflicht wird auch die Pflicht zur Vorlegung eines Verzeichnisses (§ 260) zu folgern sein. Für die Kosten der Inventarerrichtung haften nur die Erben (§ 5 KostO). Gebühren: §§ 106 Nr 1, 107 KostO.

4. Die Amtspersonen sind zur **Einreichung** nicht bloß (wie die Notare in FGG §§ 71, 129, GBO § 15) ermächtigt, sondern verpflichtet. Gegen Verzögerungen ist die Aufsichtsbeschwerde gegeben.

5. Das Verfahren nach § 2003 ist für den Erben bequemer, wenngleich teurer als das Verfahren nach § 2002. Von der Möglichkeit, die Aufnahme des Inventars durch eine Amtsperson zu beantragen, muß der Erbe in den Fällen Gebrauch machen, in denen er das Inventar nicht selbst errichten kann, z. B. weil der Nachlaß in den Händen einer dritten Person ist, die sich weigert, die erforderlichen Auskünfte zu geben.

§ 2004

Befindet sich bei dem Nachlaßgerichte schon ein den Vorschriften der §§ 2002, 2003 entsprechendes Inventar, so genügt es, wenn der Erbe vor dem Ablaufe der Inventarfrist dem Nachlaßgerichte gegenüber erklärt, daß das Inventar als von ihm eingereicht gelten soll.

E I 2104 II 1878; M 5 617, 618; P 5 735.

1. **Das bei dem Nachlaßgericht befindliche Inventar** darf nicht bloß als Privatinventar errichtet worden sein. War vorschriftsmäßiges Inventar vom Erben oder mit Wirkung für den Erben (§§ 2008, 2063, 2144, 2383) von einem andern, auch von einem Nachlaßpfleger (§ 1960 Abs 2), errichtet, so kommt § 2004 nicht in Frage. Die Frist darf ihm in diesem Falle überhaupt nicht bestimmt werden (§ 1994 A 1). Das in Bezug zu nehmende Inventar kann vom Nachlaß- oder Konkursverwalter, vom Testamentsvollstrecker, Erbschaftsbesitzer, auch von einem nicht ausgewiesenen Bevollmächtigten oder einem auftragslosen Geschäftsführer des Erben errichtet und dem Nachlaßgericht von vornherein eingereicht oder von ihm herbeigezogen sein. Es kann auch vom Nachlaßgericht selbst gemäß § 1960 Abs 2 errichtet sein. Die Bezugnahme auf ein von einem preußischen Dorfgerichte auf Grund des Art 104 PrAG aufgenommenes Nachlaßinventar ist ausgeschlossen (Art 104 Abs 2 aaO.).

2. Die Bezugnahme muß erfolgen vor Ablauf der ersten oder der verlängerten oder der neu bestimmten **Inventarfrist** (§§ 1995, 1996).

3. Die **Erklärung** ist an keine Form oder Formel gebunden. Sie kann auch durch einen Bevollmächtigten erfolgen; doch wird sie in diesem Falle vom Nachlaßgerichte gemäß § 174 zurückgewiesen werden können, wenn Vollmachtsurkunde nicht vorgelegt wird, da eine den § 174 aus-

schließende Bestimmung, wie in § 1945 Abs 2 Satz 2 für die Ausschlagung, hier nicht getroffen ist. Beglaubigung oder Nachbringen der Vollmacht innerhalb der Frist (so bei der Ausschlagung § 1945 Abs 2) ist nicht vorgeschrieben (vgl. § 1933 A 1). Auch durch Bezugnahme auf ein fremdes Inventar kann ungetreue Errichtung im Sinne von § 2005 (A 1) begangen werden. Die Frist wird durch die Bezugnahme auf ein nach § 2005 fehlerhaft errichtetes Inventar nicht gewahrt. Unerheblich ist, ob der Erbe die Fehlerhaftigkeit kennt oder ob er sie ohne Schuld nicht kennen konnte. Denn der Erbe ist grundsätzlich verpflichtet, das Inventar selbst zu errichten oder durch eine nach § 2003 zuständige Person aufnehmen zu lassen. Nimmt er statt dessen auf ein bereits beim Nachlaßgericht befindliches Inventar Bezug, so tut er das auf eigene Gefahr. Durch die Bezugnahme auf das fehlerhafte Inventar wird jedoch die unbeschränkte Haftung noch nicht sofort ausgelöst. Diese Rechtsfolge tritt erst ein, wenn der Erbe nicht innerhalb der gegen ihn laufenden Frist ein ordnungsmäßiges Inventar einreicht oder einen Antrag nach § 2003 stellt.

§ 2005

Führt der Erbe absichtlich eine erhebliche Unvollständigkeit der im Inventar enthaltenen Angabe der Nachlaßgegenstände herbei oder bewirkt er in der Absicht, die Nachlaßgläubiger zu benachteiligen, die Aufnahme einer nicht bestehenden Nachlaßverbindlichkeit, so haftet er für die Nachlaßverbindlichkeiten unbeschränkt. Das gleiche gilt, wenn er im Falle des § 2003 die Erteilung der Auskunft verweigert oder absichtlich in erheblichem Maße verzögert.

Ist die Angabe der Nachlaßgegenstände unvollständig, ohne daß ein Fall des Abs 1 vorliegt, so kann dem Erben zur Ergänzung eine neue Inventarfrist bestimmt werden.

E I 2106 II 1879; M 5 618–621; P 5 738–741, 754–756.

Übersicht:

Mängel des Inventars

1. Absichtlich unvollständige Angabe der Nachlaßgegenstände
2. Aufnahme nicht bestehender Nachlaßverbindlichkeiten
3. Verweigerung und Verzögerung der Auskunft
4. Haftung für Vertreter
5. Eintritt der unbeschränkten Haftung
6. Frist zur Ergänzung des Inventars
7. Die neue Inventarfrist
8. Beweislast

1. **Absichtlich unvollständige Angabe der Nachlaßgegenstände:** Das Gesetz unterscheidet beim ungetreuen Inventar zwischen den auf die Aktiven und den auf die Passiven des Nachlasses (§ 2001 Abs 1) bezüglichen Angaben. Es macht dabei zwischen dem freiwilligen (§ 1993) und dem erzwungenen Inventar (§§ 1994ff.) keinen Unterschied. Bezüglich der Nachlaßgegenstände (vgl. § 2001 A 1) ist Vollständigkeit der Angaben erfordert. Mängel der Beschreibung und der Wertangabe (§ 2001 Abs 2) bleiben außer acht. Der Erbe kann die Unvollständigkeit auf verschiedene Weise herbeiführen, unmittelbar, wenn er das Inventar selbst errichtet (§ 2002), mittelbar durch die Art der von ihm erteilten Auskunft, wenn er die amtliche Errichtung veranlaßt (§ 2003 Abs 2), im Falle des § 2004 dadurch, daß er auf ein Inventar Bezug nimmt, von dem er weiß, daß es unvollständig hinsichtlich der Nachlaßgegenstände ist oder nicht bestehende Nachlaßverbindlichkeiten enthält. Mit der Strafe der unbeschränkten Haftung bedroht ist aber nur absichtliches Handeln oder Unterlassen im Gegensatze zur bloßen Fahrlässigkeit. Gleichgültig ist, welchen Zweck er damit verfolgt, insbesondere ob er damit jemand zu benachteiligen sucht. Die Unvollständigkeit muß aber eine erhebliche, je nach dem Umfange des Nachlasses auch für die Interessen der Gläubiger ins Gewicht fallende sein. Auch dessen muß sich der Erbe bewußt sein. Es schadet also nicht, wenn der Erbe kleinere wertlose Nachlaßgegenstände nicht in das Inventar aufnimmt.

2. Bezüglich der **Nachlaßverbindlichkeiten** genügt dagegen die bloße Absicht, d. h. die wissentlich falsche Aufnahme einer nicht oder nicht in der angegebenen Höhe bestehenden Schuld nicht. Es muß vielmehr die **Benachteiligungsabsicht** in bezug auf die Nachlaßgläubiger hinzukommen. In der Regel die Absicht, ihnen die Überschuldung des Nachlasses vorzuspiegeln und sie hierdurch zur Ermäßigung ihrer Forderungen zu bewegen oder auch, ihnen Nachlaßgegenstände durch Anrechnung auf die nicht bestehenden Nachlaßverbindlichkeiten, sei es zum Vorteile der angeblichen Gläubiger dieser Verbindlichkeiten oder zu eigenem Vorteile, zu entziehen (vgl. auch KO § 239 Nr 2). Das Weglassen bestehender Verbindlichkeiten ist unschädlich. Da das Inventar mit der Einreichung errichtet ist (§§ 1993, 2003 Abs 3), so kommt es darauf an, ob die Inventarpflicht in diesem Augen-

blicke verletzt ist, sei es auch, daß die Frist noch nicht abgelaufen oder im Falle des § 2003 bereits durch den Antrag gewahrt war, oder daß, wie im Falle des § 1993, eine Frist überhaupt nicht läuft. Der Erbe kann deshalb zwar bis zur Einreichung, nicht aber bis zum Fristablauf, durch Berichtigung der ungetreuen Angaben die Folgen abwenden (str.). Denn auch vor Fristablauf kann das Vorhandensein eines ungetreuen Inventars bereits eine Schädigung der Nachlaßgläubiger in der Richtung der Absicht des Erben herbeiführen.

3. Verweigerung und Verzögerung der Auskunft, zu der der Erbe nach § 2003 Abs 2 verpflichtet ist, setzen voraus, daß er durch das das Inventar aufnehmende Amtsorgan zur Erteilung der Auskunft aufgefordert worden ist. Die Verweigerung bedeutet eine ausdrückliche Ablehnung, enthält also ohne weiteres die Absicht (den Vorsatz), die Auskunft nicht zu erteilen, während die Verzögerung, die an sich auch auf Fahrlässigkeit beruhen kann, nur in Betracht kommt, wenn sie die Absicht, die Inventaraufnahme hinauszuziehen, erkennen läßt. Nicht die Verweigerung oder Verzögerung der Auskunft über eine einzelne Tatsache, sondern nur die Verletzung der einheitlichen Auskunftspflicht in bezug auf die gesamte Tätigkeit des Amtsorgans oder doch einen wesentlichen Teil dieser Tätigkeit soll nach den Kommissionsprotokollen (5, 756) den Rechtsnachteil zur Folge haben. Die Vorschrift des Abs 1 Satz 2, die als zu streng in der zweiten Kommission ohne Erfolg bekämpft wurde, bezweckt zu verhindern, daß der Erbe, der die ihm bestimmte Inventarfrist durch Antrag gemäß § 2003 Abs 1 gewahrt hat, die ordnungsmäßige Errichtung des Inventars durch das amtliche Organ dadurch hindert, daß er die dazu erforderliche Auskunft verweigert oder verzögert; in solchem Falle soll er sich so behandeln lassen müssen, wie wenn er die Errichtung des Inventars innerhalb der Frist unterlassen hat (Prot 5, 756). Aus dieser Zweckbestimmung, die auch im Gesetze hinreichenden Ausdruck gefunden hat, ist zu entnehmen, daß die Vorschrift keine Anwendung finden kann, wenn dem Erben eine Inventarfrist noch nicht bestimmt war (§ 1993); aber auch nicht, wenn die Behörde ungeachtet der Verweigerung das Inventar errichtet hat, sei es, weil sie die Auskunft von anderer Seite erhalten oder sie für nicht erforderlich gehalten hat. Ist das Inventar infolgedessen unvollständig hinsichtlich der Aktiva geworden (eine betrügerische Aufnahme von Passiven kommt hier nicht in Frage), so haftet der Erbe, wenn er die Unvollständigkeit der Auskunftsverweigerung absichtlich herbeigeführt hat, gemäß Abs 1 Satz 1 unbeschränkt. Andernfalls kann ihm nur eine neue Inventarfrist zur Ergänzung bestimmt werden (Abs 2). Kann dann diese Ergänzung nicht erfolgen, weil der Erbe wiederum die Auskunft verweigert, so haftet er nunmehr nach Abs 1 Satz 2 unbeschränkt. Abweichend Planck-Strohal, 3. Aufl., A 2, der die unbeschränkte Haftung dann eintreten lassen will, wenn infolge der Verweigerung oder Verzögerung der Auskunft die Inventarfrist verstrichen ist, wobei aber nicht beachtet zu sein scheint, daß die Inventarfrist bereits durch den Antrag nach § 2003 gewahrt ist, also nicht mehr verstreichen kann; richtiggestellt jetzt in der 4. Aufl A 2 c.

4. Haftung für Vertreter: Der Erbe haftet auch für Verfehlungen seines gesetzlichen Vertreters oder Bevollmächtigten bei Errichtung des Inventars, da es sich dabei um die Erfüllung einer bestehenden schuldrechtlichen Verbindlichkeit handelt (§ 278), auch wenn eine Inventarfrist noch nicht bestimmt ist. Dagegen können Verfehlungen solcher Personen, deren Inventarerrichtung ihm nur „zustatten kommt" (§§ 2008, 2063, 2144, 2383), seine unbeschränkte Haftung gemäß § 2005 nicht bewirken; sie können aber, wenn ihm eine Inventarfrist bestimmt ist und er nicht selbst ein Inventar errichtet hat, dazu führen, daß diese als versäumt gilt (§ 1994 Abs 1 Satz 2), da die Errichtung eines ungetreuen Inventars zur Wahrung der Frist nicht geeignet ist. Näheres § 2008 A 5.

5. Er haftet unbeschränkt gegenüber allen Nachlaßgläubigern, nicht bloß wie im Falle des § 2006 Abs 3 dem Antragsteller. Ausnahmen §§ 2013 Abs 1 Satz 2, 2063 Abs 2, 2144 Abs 3.

6. Frist zur Ergänzung des Inventars: Ist die Unvollständigkeit (A 1 a) durch unverschuldete Unkenntnis oder durch Fahrlässigkeit des Erben herbeigeführt worden, dann kann dem Erben zur Ergänzung des Inventars nach Abs 2 eine neue Frist bestimmt werden. Keine Nachfrist zur Berichtigung der Angaben bezüglich der Nachlaßverbindlichkeiten.

7. Die **neue Inventarfrist** ist im technischen Sinne verstanden (§ 1994 A 3), sie kann deshalb dem Erben nur auf Antrag eines Nachlaßgläubigers, nicht des Erben selbst oder von Amts wegen bestimmt werden (str.). Die Bestimmung kann auch erstmalig erfolgen, wenn das Inventar freiwillig eingereicht war (§ 1993). Der Antrag ist an keine Frist gebunden; grundsätzlich wird auch ihm gegenüber die Offizialermittlungspflicht des Gerichts (FGG § 12) Platz greifen; doch wird das Gericht keinen Anlaß haben, besondere Ermittlungen anzustellen, wenn der Antrag nicht irgendwelche Anhaltspunkte dafür gibt, daß und in welcher Richtung das Inventar unvollständig sein soll. Er ist vom Nachlaßgericht abzulehnen, wenn es den Fall des Abs 1 gegeben findet. Gegen die darauf ergehende Entscheidung sofortige Beschwerde nach FGG § 77 Abs 2. Die neue Frist kann auch wiederholt bestimmt werden und unterliegt den allgemeinen Vorschriften der §§ 1994–2000. Die Ergänzung hat in den Formen der §§ 2002 bis 2004 zu geschehen. Selbstverständlich kann der Erbe durch getreue und fristgemäße Vervollständigung die einmal eingebüßte Beschränkbarkeit seiner Haftung nicht zurückgewinnen.

8. **Beweislast.** Daß die Voraussetzungen des § 2005 Abs 1 gegeben sind, ist von dem Gläubiger zu beweisen, der unbeschränkte Haftung des Erben geltend macht. Die Annahme des Nachlaßgerichts, daß Abs 1 nicht vorliege, bindet den Prozeßrichter nicht. Eine Klage auf Feststellung der unbeschränkten Erbenhaftung ist nach § 256 ZPO möglich.

§ 2006

Der Erbe hat auf Verlangen eines Nachlaßgläubigers vor dem Nachlaßgerichte den Offenbarungseid dahin zu leisten:

daß er nach bestem Wissen die Nachlaßgegenstände so vollständig angegeben habe, als er dazu imstande sei.

Der Erbe kann vor der Leistung des Eides das Inventar vervollständigen.

Verweigert der Erbe die Leistung des Eides, so haftet er dem Gläubiger, der den Antrag gestellt hat, unbeschränkt. Das gleiche gilt, wenn er weder in dem Termine noch in einem auf Antrag des Gläubigers bestimmten neuen Termin erscheint, es sei denn, daß ein Grund vorliegt, durch den das Nichterscheinen in diesem Termine genügend entschuldigt wird.

Eine wiederholte Leistung des Eides kann derselbe Gläubiger oder ein anderer Gläubiger nur verlangen, wenn Grund zu der Annahme besteht, daß dem Erben nach der Eidesleistung weitere Nachlaßgegenstände bekannt geworden sind.

E I 2142 II 1880; M 5 620, 669–672; P 5 741, 757, 758.

Übersicht:

Offenbarungseid

1. **Antrag auf Leistung des Eides:** Die Eidesabnahme ist ein Akt der freiwilligen Gerichtsbarkeit, FGG §§ 79, 15 Abs 1; ZPO §§ 478–484. Es ist ausgeschlossen, im Klagewege eine Verurteilung des Erben zur Eidesleistung (ZPO § 889) herbeizuführen (RG Warn 1912 Nr 116). Anders, wenn der Erbe auf Grund des § 1978 (A 2) zur Leistung des Offenbarungseides aus §§ 259–261 angehalten werden soll. Voraussetzung ist, daß ein Inventar, sei es ohne (§ 1993) oder nach Bestimmung einer Inventarfrist (§ 1994), von dem Erben oder für ihn durch einen Bevollmächtigten oder gesetzlichen Vertreter (auch den Nachlaßpfleger, vgl. § 2004 A 1) oder nach § 2003 Abs 3 durch die aufnehmende Amtsstelle eingereicht oder von dem Nachlaßgerichte selbst aufgenommen ist (§ 2003 Abs 1) oder daß er ein bei dem Nachlaßgerichte befindliches Inventar sich durch Erklärung angeeignet hat (§ 2004); vgl. KGJ 28 A 27. Der Antrag eines Nachlaßgläubigers, der mit dem Antragsteller aus § 1994 nicht identisch zu sein braucht, genügt. Soweit nicht bereits geschehen, hat er seine Gläubigereigenschaft bei Stellung des Antrags glaubhaft zu machen (§ 1994 Abs 2, vgl. A 4 dazu). Auch einem ausgeschlossenen Gläubiger gegenüber kann der Erbe durch Nichtleistung des Offenbarungseides auf dessen Antrag hin unbeschränkt haftbar werden (§ 2013 A 2a); deshalb muß auch ein solcher Gläubiger berechtigt sein, die Beeidigung eines eingereichten Inventars zu verlangen. Ein Pflichtteilsberechtigter, der nicht Erbe und dem daher nach § 2314 der Erbe auskunftpflichtig ist, sowie ein Vermächtnisnehmer, dem ein Anspruch auf Auskunft ausdrücklich oder stillschweigend mitvermacht ist (was insbesondere bei der Zuwendung des Pflichtteils als Vermächtnis anzunehmen ist; vgl. zu § 2174 A 1), kann an Stelle des nach § 260 vorzulegenden Bestandsverzeichnisses, falls die Voraussetzungen des § 260 Abs 2 vorliegen, die offenbarungseidliche Bekräftigung eines von dem Erben errichteten und eingereichten Inventars verlangen und in diesem Falle auch durch Klage erzwingen (RG 129, 244; München JFG 15, 118; vgl. zu § 1994 A 1).

2. Zuständig zur Abnahme des Eides ist das **Nachlaßgericht** § 1960 A 3. Auch wenn die Verrichtungen des Nachlaßgerichts landesgesetzlich einer anderen Behörde übertragen sind, ist nach Art 147 Abs 2 EGBGB für die Abnahme des Eides das Amtsgericht zuständig, in dessen Bezirk die Behörde ihren Sitz hat.

3. **Umfang der Offenbarungspflicht:** Der Offenbarungseid bezieht sich nur auf die Nachlaßgegenstände (§ 2001 A 1), und zwar so, wie sie bei Eintritt des Erbfalls vorhanden waren, nicht auch auf die Nachlaßverbindlichkeiten, die Beschreibung und die Wertangabe (§ 2001 Abs 2a). Im Unterschiede von §§ 260, 261 ist nicht Voraussetzung, daß Verdacht unsorgfältiger Aufstellung des Inventars begründet sei. Eine etwas abweichende Eidesform wird unter Umständen erforderlich

sein, namentlich wenn der Erbe ein von einem gesetzlichen Vertreter oder Bevollmächtigten für ihn eingereichtes (§ 1993 A 1) oder ihm zustatten kommendes Inventar (§§ 2008, 2063, 2144, 2383) oder ein solches, auf das er Bezug genommen hat (§ 2004), beschwören soll. Im Falle des § 2003 wird eine Änderung nicht erforderlich, die „Angabe" vielmehr ohne weiteres auf die dem aufnehmenden Amtsorgane erteilte Auskunft zu beziehen sein. Soweit eine Änderung erforderlich, wird das Gericht auch ohne besondere Vorschrift (wie in § 261 Abs 2) dazu befugt sein (a. M. Planck-Flad A 3; vgl. auch ZBlFG 1916, 629 Nr 459). Der Erbe hat nur sein bestes Wissen zur Zeit der Eidesleistung zu beschwören, er wird deshalb durch den Eid nicht zu besonderen Nachforschungen verpflichtet. Nur der Erbe selbst, im Falle des § 2008 also nur die Frau, nicht auch ihr Mann, ist eidespflichtig.

4. Die **Vervollständigung des Inventars** soll den Erben nur in die Lage bringen, den Eid ohne Gewissensverletzung zu schwören. Die nach § 2005 einmal verlorene beschränkte Haftung erlangt er damit nicht zurück. Die Vervollständigung kann im Eidestermine oder bis zu einem auf Antrag des Erben vertagten Termine erfolgen. Der Gläubiger kann aber hierzu auch neue Inventarfrist bestimmen lassen, § 2005 A 7. Trotz geschehener Eidesleistung ist der Gläubiger nicht an dem Nachweise gehindert, daß das Inventar unvollständig und daß nach § 2005 die unbeschränkte Haftung eingetreten sei.

5. **Folgen der Nichtleistung des Eides.** Die Eidesleistung kann ebensowenig wie die Errichtung des Inventars (§ 1994 A 1) durch zivilprozessuale Zwangsmittel (Haft, ZPO §§ 901ff.) erzwungen werden; ihre Unterlassung hat nur den Rechtsnachteil der unbeschränkten Haftung zur Folge; einer Androhung dieses Nachteils bedarf es nicht. Durch Auszahlung des die Eidesleistung betreibenden Gläubigers kann sich der Erbe von der Eidespflicht ihm gegenüber befreien, da mit der Gläubigereigenschaft auch das Antragsrecht nach Abs 1 erlischt. Der betreibende Gläubiger kann als solcher nur mit derjenigen Forderung in Betracht kommen, welche er im Offenbarungseidesverfahren geltend macht und nach A 1 glaubhaft gemacht hat. Nur bezüglich dieser Forderung, nicht auch wegen aller sonstigen oder gar erst künftiger Ansprüche des betreibenden Gläubigers tritt die unbeschränkte Haftung ein. Sie wirkt im Gegensatz zu §§ 1994, 2002 nicht allen, sondern nur dem betreffenden einzelnen Gläubiger gegenüber. Diesem gegenüber aber auch, wenn er bereits ausgeschlossen war oder einem ausgeschlossenen gleichstand (§ 2013 A 2a). Hat der Erbe einem Gläubiger gegenüber die Eidesleistung verweigert, so kann er von anderen Gläubigern dazu geladen und durch neue Verweigerungen auch diesen unbeschränkt haftbar werden.

6. Darüber, ob das **Nichterscheinen des Erben in dem** auf Antrag des Gläubigers bestimmten **zweiten Termine** genügend entschuldigt — hierfür ist der Erbe beweispflichtig — und ob damit die unbeschränkte Haftung von ihm abgewendet ist, kann nur in dem Prozesse zwischen Gläubiger und Erben entschieden werden (OLG 4, 118). Dieser Entscheidung wird dadurch nicht vorgegriffen, daß der Nachlaßrichter das Nichterscheinen für entschuldigt angesehen und den Erben in einem dritten oder späteren Termine zum Eide gelassen hat (a. M. Crome § 722 A 110, Kretzschmar § 79 A 34; wie hier Planck-Flad A 4 b).

7. **Wiederholte Eidesleistung** nur, wenn Bekanntwerden weiterer Nachlaßgegenstände (§ 2001 A 1) anzunehmen, entsprechend § 903 ZPO, jedoch ohne Zeitbeschränkung. Daß Grund zu der Annahme bestehe, ist vom Antragsteller glaubhaft zu machen. Gegen die darauf ergehende ablehnende oder stattgebende Entscheidung Beschwerde des Gläubigers oder des Erben aus § 20 FGG.

8. Die **Kosten** der Eidesabnahme treffen den Gläubiger entsprechend § 261 Abs 3 BGB (vgl. auch § 2 Nr 1 KostO). Gebühr für die Verhandlung in dem Termin zur Abnahme des Offenbarungseides § 115 KostO. Einsicht des Eidesprotokolls FGG § 78. Offenbarungseidespflicht des Erben, der als Gemeinschuldner gilt, im Nachlaßkonkurse KO § 125. Dem Nachlaßverwalter steht das Antragsrecht nicht zu, doch kann er auf Grund von § 1985 (A 2) vom Erben die Leistung des Eides nach § 260 im Klagewege fordern. Während der Dauer der Nachlaßverwaltung kann die Eidesleistung auch nicht von einem Gläubiger verlangt werden (RJA 4, 201; KGJ 28 A 27).

§ 2007

Ist ein Erbe zu mehreren Erbteilen berufen, so bestimmt sich seine Haftung für die Nachlaßverbindlichkeiten in Ansehung eines jeden der Erbteile so, wie wenn die Erbteile verschiedenen Erben gehörten. In den Fällen der Anwachsung und des § 1935 gilt dies nur dann, wenn die Erbteile verschieden beschwert sind.

E I 2147 II 1881; M 5 677, 678; P 5 747, 805, 806.

Übersicht:

Haftung des zu mehreren Erbteilen berufenen Erben

1. Berufung zu mehreren Erbteilen
2. Auswirkung auf die Haftung
3. Erhöhung und Anwachsung

1. Berufung zu mehreren Erbteilen, s. § 1951 A 1. Echte Fälle einer solchen Berufung liegen vor bei mehrfacher Verwandtschaft (§ 1927) oder Zusammentreffen von Verwandtschaft und Ehe (§ 1934) mit dem Erblasser; bei Zuweisung mehrerer gesonderter Bruchteile der Erbschaft durch Verfügung des Erblassers von Todes wegen an den gleichen Erben oder Zuweisung eines Bruchteils und Anfall eines andern Bruchteils auf Grund gesetzlicher Erbfolge (§§ 2088, 1924 A 1). Daß die Berufung zu den mehreren Erbteilen auf verschiedenen Berufungsgründen beruhe (§ 1951 A 2), ist für die Anwendung des § 2007 nicht erforderlich.

Außerdem gibt es noch sog. unechte Fälle der Berufung zu mehreren Erbteilen, insofern nämlich erstens die Erhöhung des ursprünglichen gesetzlichen Erbteils durch Wegfall eines andern gesetzlichen Erben (§ 1935 A 5) und zweitens die Anwachsung infolge Wegfalls eines eingesetzten Erben (§§ 2094, 2095) in beschränktem Sinne, und zwar nur in Ansehung der Vermächtnisse und Auflagen (die in § 2095 noch genannte Ausgleichungspflicht kommt hier nicht in Frage, da sie keine Nachlaßverbindlichkeit begründet), als besondere Erbteile gelten. Von diesen unechten Fällen handelt Satz 2 des Paragraphen.

2. Im Falle der Berufung zu mehreren Erbteilen (echte Fälle, A 1) soll der Erbe, der zunächst nur zu einem Erbteile unbedingt berufen war oder nur von der Berufung zu diesem Erbteile Kenntnis hatte, wenn er in dieser Lage die Beschränkbarkeit der Haftung durch Versäumung der Inventarfrist (§ 1994), ungetreues Inventar (§ 2005) oder Verweigerung des Offenbarungseides (§ 2006, in diesem Falle nur gegenüber dem antragstellenden Gläubiger) verloren hat, nicht gehindert sein, wenn ihm nach diesem Verluste ein weiterer Erbteil angefallen oder der Anfall ihm bekannt geworden ist, nunmehr in Ansehung dieses Erbteils die Beschränkung seiner Haftung auf den Nachlaß durch eines der dafür gegebenen Mittel (Nachlaßverwaltung, Konkurs oder Vergleichsverfahren, Vorbem II 3 b vor § 1967, bei dürftigem Nachlasse Vorgehen nach § 1990, auch Aufgebot der Nachlaßgläubiger § 1973) herbeizuführen. Die mehreren Erbteile sollen in diesem Falle hinsichtlich der Haftung für die Nachlaßverbindlichkeiten so behandelt werden, als wenn sie verschiedenen Erben gehörten. Nach der herrschenden Lehre würde freilich die Vorschrift keine praktische Bedeutung für den Erben haben, wenn die mehreren ihm angefallenen Erbteile die ganze Erbschaft erschöpfen, es sei denn, daß einer der mehreren Erbteile nicht mit Vermächtnissen oder Auflagen beschwert ist, die auf dem andern lasten. Denn es wird angenommen, daß in diesem Falle der Erbe schon wegen seiner schlechthin unbeschränkten Haftung in Ansehung des einen Erbteils mit seinem eigenen Vermögen für die gesamten Nachlaßverbindlichkeiten in vollem Umfang einzutreten hat und daher die gegen sein eigenes Vermögen gerichtete Zwangsvollstreckung eines Nachlaßgläubigers für den ganzen Betrag der Nachlaßverbindlichkeit dulden muß, ohne Rücksicht darauf, daß ihm noch ein weiterer Erbteil angefallen ist. Ist dagegen noch ein anderer Erbe (Miterbe) vorhanden, dem ein Erbteil angefallen ist, so soll auch nach der herrschenden Lehre § 2059 Abs 1 Satz 2 zur Anwendung kommen und deshalb die unbeschränkte Haftung nur für einen dem Erbteil, in Ansehung dessen der Erbe unbeschränkt haftet, entsprechenden Teil (Quote) einer jeden einzelnen Nachlaßverbindlichkeit eintreten, während für den andern Teil der Nachlaßverbindlichkeit die Haftung noch auf den Nachlaß beschränkt werden kann. So Planck, 3. Aufl, A 2 a, anders anscheinend Flad in der 4. Aufl; Kretzschmar § 79 IV 1; Kipp § 75 VII N 26. Betrüge also der Erbteil, in Ansehung dessen der Erbe unbeschränkt haftet, $\frac{1}{2}$, der ihm nachträglich angefallene $\frac{1}{4}$ und der Erbteil eines Miterben $\frac{1}{4}$, so würde der Erbe die Zwangsvollstreckung in sein eigenes Vermögen nur wegen $\frac{1}{2}$ einer jeden Nachlaßverbindlichkeit zu dulden haben, während, wenn der ursprüngliche Erbteil $\frac{1}{2}$ und der ihm später angefallene $\frac{1}{2}$ betrüge, er für die ganzen Nachlaßverbindlichkeiten mit seinem Vermögen eintreten müßte. Dieses Ergebnis erscheint wenig einleuchtend und wird auch wohl der Vorschrift des § 2007 nicht voll gerecht, wonach es, wenn ein Erbe zu mehreren Erbteilen berufen ist, hinsichtlich der Haftung für die Nachlaßverbindlichkeiten so angesehen werden soll, als wenn die mehreren Erbteile verschiedenen Erben gehörten. Diese Rechtsfiktion muß zur entsprechenden Anwendung des § 2059 Abs 1 Satz 2 führen, auch wenn in Wirklichkeit nur noch ein Erbe vorhanden ist; die Voraussetzung, daß mehrere Miterben beteiligt sind, wird eben durch die Vorstellung ersetzt, daß die einzelnen Erbteile verschiedenen Personen gehören. Da eine Teilung des Nachlasses (§ 2059 Abs 1 Satz 1) in solchem Falle nicht stattfindet, wird man folgern müssen, daß der durch den Anfall mehrerer Erbteile Alleinerbe gewordene Erbe, solange er hinsichtlich eines Erbteils seine Haftung noch auf den Nachlaß beschränken kann, die Befriedigung eines Nachlaßgläubigers aus seinem eigenen Vermögen für denjenigen Teil der Nachlaßverbindlichkeit verweigern darf, der den Erbteil, in Ansehung dessen er bereits unbeschränkbar haftet, übersteigt, in obigem Beispiele also für $\frac{1}{2}$ der Forderung (wie hier Kipp-Coing § 91 VII). — Sind die mehreren Erbteile verschieden belastet, ist insbesondere der Erbteil, in Ansehung dessen der Erbe unbeschränkt haftet, von einem Vermächtnisse oder einer Auflage oder einer sonstigen nicht allen Erbteilen gemeinschaftlichen Nachlaßverbindlichkeit (§ 2058 A 1) frei, so kann der Erbe die gegen sein eigenes Vermögen gerichtete Zwangsvollstreckung des betreffenden Gläubigers dadurch abwehren, daß er von einem der Mittel zur Beschränkung seiner Haftung in Ansehung des beschwerten Erbteils Gebrauch macht.

3. In den unechten Fällen der Berufung zu mehreren Erbteilen (A 1) kann die Beschränkung der Haftung in Ansehung der eingetretenen **Erhöhung** oder **Anwachsung,** wenn der Erbe in Ansehung seines ursprünglichen Erbteils bereits unbeschränkt haftet, nur noch gegenüber Vermächtnisnehmern und Auflageberechtigten herbeigeführt werden, und zwar nur unter der Voraussetzung, daß der ursprüngliche Erbteil einerseits und die Erhöhung oder Anwachsung anderseits verschieden beschwert sind, also nur gegenüber solchen Vermächtnisnehmern und Auflageberechtigten, deren Rechte allein auf der Erhöhung oder Anwachsung lasten, während der ursprüngliche Erbteil davon frei ist. Andern Nachlaßgläubigern gegenüber gilt die Erhöhung oder Anwachsung nicht als besonderer Erbteil und kann deshalb § 2007, der die Berufung zu mehreren Erbteilen auch in Satz 2 voraussetzt, nicht zur Anwendung kommen, ohne daß man (wie Planck, 3. Aufl., A 3, anders Flad in der 4. Aufl.) ein Redaktionsversehen annehmen müßte. Die unbeschränkte Haftung des Erben, die hinsichtlich des ursprünglichen Erbteils eingetreten ist, erstreckt sich deshalb auf die nachträglich hinzugekommene Erhöhung oder Anwachsung auch dann, wenn lediglich diese mit der Nachlaßverbindlichkeit belastet war (§ 2058 A 1).

§ 2008

Ist eine Ehefrau die Erbin und gehört die Erbschaft zum eingebrachten Gute oder zum Gesamtgute, so ist die Bestimmung der Inventarfrist nur wirksam, wenn sie auch dem Manne gegenüber erfolgt. Solange nicht die Frist dem Manne gegenüber verstrichen ist, endigt sie auch nicht der Frau gegenüber. Die Errichtung des Inventars durch den Mann kommt der Frau zustatten.

Gehört die Erbschaft zum Gesamtgute, so gelten diese Vorschriften auch nach der Beendigung der Gütergemeinschaft.

Übersicht:

Inventarfrist für die in Gütergemeinschaft lebende Ehefrau

1. Allgemeines, Auswirkung der Gleichberechtigung
2. Sinn und Zweck der Vorschrift
3. Fristbestimmung
4. Dauer der Frist
5. Inventarerrichtung durch den Mann
6. Geltung nach Beendigung der Gütergemeinschaft (Abs 2)

1. Allgemeines, Auswirkung der Gleichberechtigung: Die Bestimmung knüpft an die vor dem 1. 4. 53 bestehenden güterrechtlichen Verhältnisse an. Damals kam die Eigenschaft als Ehefrau für die Inventarerrichtung über eine der Ehefrau angefallene Erbschaft nur dann nicht in Betracht, wenn Gütertrennung (§§ 1426—1431, 1436) bestand oder wenn die Erbschaft zum Vorbehaltsgute der Frau gehörte. Vorbehaltsgut war die Erbschaft, wenn sie im Ehevertrag als Vorbehaltsgut erklärt war, was auch hinsichtlich einer erst in Zukunft anfallenden Erbschaft geschehen konnte (§ 1368 A 1), oder wenn sie nach Eingehung der Ehe angefallen war und der Erblasser durch letztwillige Verfügung bestimmt hatte, daß sie Vorbehaltsgut sein sollte; dagegen konnte durch eine solche Bestimmung des Erblassers für eine bereits vor der Ehe angefallene Erbschaft die Eigenschaft als Vorbehaltsgut nicht begründet werden (§§ 1369 A 2, 1440, 1526 Abs 1, 1549; RG 65, 367). Seit dem 1. 4. 53 gilt der Güterstand der Verwaltung und Nutznießung nicht mehr als gesetzlicher Güterstand. § 2008 hat daher praktisch erheblich an Bedeutung verloren. Er gilt jedoch noch für die Fälle der vertraglichen Güterstände.

2. Sinn und Zweck der Vorschrift: § 2008 beruht nicht auf einer minderen Rechtsstellung der Ehefrau. Er enthält auch keine Benachteiligung für die Ehefrau. Die Frau kann, wenn sie Ehefrau ist, unter allen Güterrechtssystemen das Inventar wirksam ohne Zustimmung des Mannes errichten (§§ 1453 Abs 2, 1519 Abs 2, 1549). Der Sinn der Vorschrift ist es, den Ehemann vor den Nachteilen zu schützen, die ihm daraus erwachsen können, daß er kraft der güterrechtlichen Bestimmungen unter Umständen mit seinem eigenen Vermögen für die Nachlaßverbindlichkeiten einer der Ehefrau angefallenen Erbschaft haften muß. Soweit der Rechtszustand vor dem 1. 4. 53 in Frage kommt, sollte im gesetzlichen Güterstand der Ehemann vor einer Beeinträchtigung seiner Rechte am eingebrachten Gut der Frau geschützt werden. Gehört die Erbschaft zum eingebrachten Gute, so können die Nachlaßgläubiger, wenn die Haftung der Frau nicht auf den Nachlaß beschränkt wird, auch aus dem nicht zum Nachlasse gehörigen Teile des eingebrachten Gutes ohne Rücksicht auf die Rechte des Mannes an diesem Befriedigung verlangen (§§ 1525 Abs 2, 1550 Abs 2, 1411, 1412, 1406 Nr 1 A 1, 2); gehört sie zum Gesamtgute, so haftet im gleichen Falle der Mann unbeschränkt auch mit seinem eigenen Vermögen für die Nachlaßverbindlichkeiten als Gesamtgutsverbindlichkeiten (§§ 1459, 1460 A 4, 1453 A 1). Deshalb muß dem Manne die Möglichkeit gewährt werden, seinerseits selbständig sowohl die Beschränkung der Haftung der Frau auf den Nachlaß durch Anwendung der dafür vom Gesetze gegebenen Mittel herbeizuführen (vgl. darüber § 1406 A 2), wie auch die Möglichkeit der Beschränkung durch Errichtung des Inventars innerhalb der Inventarfrist zu erhalten. Diesem letzteren Zweck dient die Vorschrift des § 2008, durch die ausgeschlossen wird, daß die Frau ohne aktive oder passive Beteiligung des Mannes durch Versäumung der Inventarfrist (§ 1994), ungetreues Inventar (§ 2005) oder auch Nichtleistung des Offenbarungseides (§ 2006; vgl. A 5) der Beschränkbarkeit ihrer Haftung auf den Nachlaß verlustig geht.

3. Die **Wirksamkeit der Fristbestimmung** ist auch der Frau gegenüber davon abhängig, daß die Bestimmung auch gegenüber dem Manne erfolgt. Der die Frist bestimmende Beschluß muß zum Ausdruck bringen, daß er auch dem Manne gegenüber ergeht. Daß die Frist gegenüber der Frau und dem Manne verschieden lang bemessen wird, ist nicht ausgeschlossen und kann in Ausnahmefällen sich als zweckmäßig erweisen. Hat der Gläubiger nur Fristbestimmung gegenüber der Frau beantragt, so hat sie von Amts wegen auch gegenüber dem Manne zu erfolgen, wenn dem Nachlaßgerichte bekannt ist oder durch die von ihm anzustellenden Ermittlungen (FGG § 12) bekannt wird, daß die Erbschaft zum eingebrachten Gute oder zum Gesamtgute gehört. Der Beschluß ist sowohl dem Manne wie auch der Frau zuzustellen (§ 1995 A 2); die Frist beginnt für jeden von ihnen mit der Zustellung an ihn, wegen der Beendigung s. Abs 1 Satz 2 und A 4.

§ 2008 findet schon seinem Wortlaute nach auch dann Anwendung, wenn erst nach Anfall der Erbschaft die Frau Ehefrau oder die Erbschaft durch Ehevertrag Bestandteil des eingebrachten oder Gesamtgutes geworden ist. Tritt die Zugehörigkeit der Erbschaft zum eingebrachten oder Gesamtgute während des Laufes der gegenüber der Frau bestimmten Frist ein (durch Eheschließung oder Ehevertrag), so bedarf es einer nachträglichen Fristbestimmung gegenüber dem Manne, durch die auch der Ablauf der Frist gegenüber der Frau gemäß Abs 1 Satz 2 (s. A 4) hinausgeschoben wird. Endigt die Zugehörigkeit zum eingebrachten oder Gesamtgute während des Laufes der beiden Eheleuten gegenüber bestimmten Frist durch Auflösung der Ehe oder Ehevertrag, durch den die Erbschaft als Vorbehaltsgut erklärt oder Gütertrennung eingeführt wird, so bleibt die Fristbestimmung der Frau gegenüber wirksam. Hinsichtlich des Mannes wird sie, wenn die Erbschaft eingebrachtes Gut war, gegenstandslos, da seine Rechte an diesem erlöschen und er persönlich für die Nachlaßverbindlichkeiten nicht haftet. War, obwohl die Erbschaft bereits zum eingebrachten oder Gesamtgute gehörte, die Frsit nur der Frau gegenüber bestimmt worden, so wird die Fristbestimmung nicht dadurch wirksam, daß später diese Zugehörigkeit aufhört. Entsprechendes gilt bezüglich der Fristen, die vor dem 1. 4. 53 einer im gesetzlichen Güterstand lebenden Ehefrau oder beiden Ehegatten gesetzt worden sind für die spätere Zeit. War sie beiden Ehegatten gesetzt, so gilt sie für die Frau weiter und wurde für den Mann gegenstandslos. Die nur der Frau gesetzte Frist war von vornherein wirkungslos und mußte neu gesetzt werden. War die Erbschaft Gesamtgut, so findet Abs 2 Anwendung. (Vgl. Anm 6).

4. **Dauer der Frist:** War die Frist für den Mann schon ursprünglich länger bemessen als für die Frau (A 3) oder ist sie für ihn später verlängert (§ 1995 Abs 3) oder ist die Zustellung an ihn später erfolgt (A 3) oder ist ihm wegen Verhinderung eine neue Frist bestimmt worden (§ 1996) oder war die Frist ihm gegenüber gehemmt (§ 1997), so kommen diese Umstände auch der Frau zugute: **die Frist endigt für die Frau nicht früher als für den Mann.** Durch Schluß auf das Gegenteil wird man folgern müssen, daß nicht umgekehrt diese Umstände, wenn sie in der Person der Frau eintreten, auch dem Manne zugute kommen; doch werden die praktischen Konsequenzen dieser Folgerung im wesentlichen beseitigt durch Satz 3 (A 5), da auch ein nach Ablauf der Frist für den Mann von diesem innerhalb der für die Frau noch laufenden Frist errichtetes Inventar die Möglichkeit der Beschränkung der Haftung der Frau wahrt und davon auch der Mann noch weiter Gebrauch machen kann. Haftet die Frau unbeschränkt, so muß der Mann die Zwangsvollstreckung auch in das nicht zum Nachlasse gehörige eingebrachte Gut bzw. in das übrige Gesamtgut und in sein eigenes Vermögen (§ 1459 Abs 2) wegen Nachlaßverbindlichkeiten dulden, sobald ein Urteil gemäß §§ 739, 740 ZPO gegen ihn ergangen ist.

5. **Die Errichtung des Inventars durch den Mann** kommt auch der Frau zustatten. Eine dem § 2008 Abs 1 Satz 3 entsprechende Bestimmung gilt auch im Verhältnis der Miterben untereinander, § 2063, des Vorerben und des Nacherben, § 2144, und des Erbschaftsverkäufers und Erbschaftskäufers, § 2383. Damit der Frau das von ihrem Ehemann errichtete Inventar zustatten kommt, braucht sie sich nicht auf dieses zu berufen. Auch das freiwillige (§ 1993) Inventar des Mannes kommt der Frau zustatten und verhindert, daß ihr aus § 1994 Frist bestimmt werden kann. Auch ein Inventar, das nach Ablauf der Frist für den Mann von diesem innerhalb der für die Frau laufenden Frist errichtet wird, kommt der Frau noch zustatten.

Die Eheleute können das Inventar gemeinschaftlich oder jeder besonders errichten; dabei kann sich jeder von ihnen des ungetreuen Inventars im Sinne von § 2005 schuldig machen. Haben sich beide Eheleute in dieser Weise verfehlt oder hat die Frau ungetreues Inventar errichtet, der Mann aber die Frist ohne eigene Tätigkeit verstreichen lassen, so haftet die Frau unbeschränkt. Haben beide gemeinschaftlich oder jeder gesondert Inventar errichtet und hat dabei nur die Frau sich verfehlt, so wird man annehmen müssen, daß das getreue Inventar des Mannes den Eintritt des Rechtsnachteils hindert, da der Wortlaut der Vorschrift auch hier zutrifft und andernfalls der vom Gesetze gewollte Schutz des Mannes (A 2) versagen würde (str.; wie hier Planck-Flad A 4bβ). Ebenso wenn der Mann vor Ablauf der Frist gutgläubig auf das von der Frau ungetreu errichtete Inventar Bezug nimmt oder es berichtigt oder die von der Frau verweigerte Auskunft erteilt. Hat der Mann allein sich verfehlt, so wird dadurch die Frau der Beschränkbarkeit ihrer Haftung nicht verlustig; auch nicht, wenn sie das ungetreue Inventar des Mannes gutgläubig zu dem ihrigen gemacht hat. Sie kann auch ,solange die Inventarfrist für sie noch läuft, immer noch das Inventar des Mannes berichtigen, die verlangte Auskunft erteilen oder ein eigenes Inventar errichten.

Über die Leistung des Offenbarungseides in dem von § 2008 vorausgesetzten Falle fehlt es an einer ausdrücklichen Bestimmung. Von manchen wird angenommen, daß nur „der Erbe", also die Frau, durch Leistung des Offenbarungseides die unbeschränkte Haftung abwenden kann. Diese Meinung dürfte indessen dem Rechtsgedanken des § 2008 nicht gerecht werden; der dem Manne zu gewährende Schutz (A 2) würde versagen, wenn die Frau durch Verweigerung der Eidesleistung über ein von ihr oder dem Manne errichtetes Inventar selbständig die unbeschränkte Haftung herbeiführen könnte. Es wird deshalb angenommen werden müssen, daß, ebenso wie die Bestimmung der Inventarfrist, auch die Ladung zur Leistung des Offenbarungseides nur gegenüber beiden Ehegatten erfolgen kann, sei es, daß der eine oder der andere das Inventar errichtet hat, und daß der Eid des Mannes auch der Frau zustatten kommt. Wegen der Eidesformel vgl. § 2006 A 3. Daß in § 2006 nur von dem „Erben" die Rede ist, dürfte nicht entgegenstehen (vgl. auch § 2383). Dazu, jeden Ehegatten nur zur Beeidigung des von ihm errichteten Inventars zuzulassen (wie Planck-Flad A 4c will), dürfte im Hinblick darauf, daß jeder sich das Inventar des andern aneignen kann (§ 2004), kein Grund bestehen.

6. **Beendigung der Gütergemeinschaft** durch Aufhebung §§ 1468ff., Auflösung der Ehe § 1482, Beendigung der fortgesetzten Gütergemeinschaft §§ 1492ff., 1542ff., 1549, 1557. Gehörte die Erbschaft zum Gesamtgute, so finden die Vorschriften des Abs 1 **auch nach der Aufhebung der Gemeinschaft** Anwendung in gleicher Weise, als wenn diese noch bestünde, sei es, daß die Gemeinschaft vor oder nach Bestimmung der Inventarfrist aufgehoben wird, und zwar auch noch über die Auseinandersetzung hinaus, da der Mann auch weiter noch für die Nachlaßverbindlichkeiten als Gesamtschuldner persönlich haftet, wenn nicht die Haftung der Frau auf den Nachlaß beschränkt wird (§§ 1459 Abs 2 Satz 1 und A 10; 1463 A 1). Ist die Ehe durch den Tod des Mannes aufgelöst, so ist die Inventarfrist an seiner Stelle auch seinen Erben gegenüber zu bestimmen, bzw. läuft diesen gegenüber weiter, wenn sie schon dem Manne gegenüber bestimmt war; doch findet zu ihren Gunsten § 1998 Anwendung. Bei der fortgesetzten Gütergemeinschaft kann den Abkömmlingen des Mannes eine Inventarfrist nicht bestimmt werden, da sie nicht an Stelle des Mannes stehen (§ 1487 Abs 1 Halbsatz 2) und nicht persönlich für die Nachlaßverbindlichkeiten haften (§ 1489 Abs 3).

§ 2009

Ist das Inventar rechtzeitig errichtet worden, so wird im Verhältnisse zwischen dem Erben und den Nachlaßgläubigern vermutet, daß zur Zeit des Erbfalls weitere Nachlaßgegenstände als die angegebenen nicht vorhanden gewesen seien.

E II 1883; P 5 741, 757.

1. Das **Inventar** muß, um als solches gelten zu können, sich als eine Aufzeichnung des Nachlaßbestandes darstellen und in den Formen der §§ 2002, 2003 errichtet sein. Im übrigen sind die in § 2001 erforderten Angaben nicht unbedingt wesentliches Erfordernis (Sollvorschriften; das Erfordernis der Vorschriftsmäßigkeit ist von der zweiten Kommission, Prot 5, 757, gestrichen worden). Insbesondere wird durch etwaige Unvollständigkeit der Angaben die Eigenschaft des Inventars als solchen nicht aufgehoben und dadurch nicht ohne weiteres der Verlust der Haftungsbeschränkung begründet (§ 2005 Abs 2). Ob hiernach noch ein Inventar vorliegt, ist „nach den Zwecken, die mit der Inventarerrichtung verfolgt werden, an der Hand des einzelnen Falles" zu beurteilen (Prot aaO.). Ist das zu bejahen, so greift die Vermutung Platz. — Das Inventar ist rechtzeitig errichtet, wenn es vor Bestimmung der Inventarfrist, wiewohl lange Zeit nach dem Erbfalle, freiwillig (§ 1993) oder wenn es vor Ablauf der in den §§ 1994—1998 geordneten Fristen eingereicht ist.

2. Die Vermutung ist eine gesetzliche Tatsachen-Vermutung, die durch einfachen Gegenbeweis entkräftet werden kann (ZPO § 292). Der **Gegenbeweis** ist auf das Vorhandensein bestimmter, nicht aufgeführter Nachlaßgegenstände zu richten und entkräftet im übrigen die Vermutung der Vollständigkeit nicht. — Die Vermutung gilt nur **im Verhältnis zu den Nachlaßgläubigern** (§ 1967), also nicht im Verhältnis zu Miterben (soweit sie nicht zugleich als Nachlaßgläubiger auftreten), zwischen Erben und Erbschaftsbesitzer (§ 2027), Vor- und Nacherben (§ 2127), Erbschaftskäufer und -verkäufer (§ 2374). Auch nicht im Verhältnis zu den persönlichen Gläubigern des Erben, soweit sie aus dem Nachlaß Befriedigung suchen (ZPO § 778 Abs 2). Das Inventar bildet die Grund-

lage für die Rechenschaftspflicht des Erben (§ 1978 A 2) und für Begrenzung seiner Herausgabeverpflichtung aus §§ 1973, 1974, 1990, 1992. Durch Verweigerung des Offenbarungseides einem Gläubiger gegenüber (§ 2006 A 5) wird die Vermutung gegenüber andern Gläubigern nicht entkräftet, wie umgekehrt auch die Eidesleistung den Gegenbeweis nicht ausschließt.

3. Die Vermutung erstreckt sich nur darauf, daß **weitere Nachlaßgegenstände als die angegebenen** zur Zeit des Erbfalls **nicht vorhanden** gewesen sind. Sie bezieht sich nicht auf die Nachlaßverbindlichkeiten und die Wertangaben (§ 2001), auch nicht darauf, daß die angegebenen Aktiven wirklich zum Nachlaß gehören. Soweit sie nicht Platz greift, unterliegt es der freien Beweiswürdigung des Richters, welcher Beweiswert den Angaben des Inventars beizumessen ist.

§ 2010

Das Nachlaßgericht hat die Einsicht des Inventars jedem zu gestatten, der ein rechtliches Interesse glaubhaft macht.

E I 2107 II 1884; M 5 621; P 5 756.

1. Das Gesetz sagt nicht, wann ein **rechtliches Interesse** gegeben ist. Der Begriff des rechtlichen Interesses ist, wie schon der allgemeine Sprachgebrauch zeigt, enger als der des „berechtigten Interesses“, der z. B. in §§ 34 FGG von dem Gesetzgeber verwandt worden ist. Das rechtliche Interesse muß sich immer irgenwie aus der Rechtsordnung selbst ergeben. Es setzt ein auf Rechtsnormen beruhendes oder durch solche geregeltes in die Gegenwart wirkendes Verhältnis einer Person zu einer anderen Person oder einer Sache voraus. Diese Voraussetzungen müssen mindestens vorliegen, damit von einem rechtlichen Interesse gesprochen werden kann. Für das in § 2010 geregelte Recht auf Einsicht in das Inventar werden sie auch genügen, um das dort geforderte rechtliche Interesse zu begründen. Dagegen kann der in anderen gesetzlichen Bestimmungen (z. B. § 16 VerschG) verwandte gleichlautende Begriff weitere Vorausetzungen erfordern (BGH 4, 332). Danach ist ein rechtliches Interesse für Nachlaßgläubiger, Nachlaßverwalter, und Testamentsvollstrecker stets gegeben (OLG 9, 385). Das Interesse ist glaubhaft zu machen (FGG § 15 Abs 2). War das Inventar versiegelt eingereicht, so ist es nunmehr zu eröffnen (§ 1993 A 1). Demjenigen, der nur ein berechtigtes Interesse hat, „kann“ das Nachlaßgericht nach pflichtmäßigem Ermessen die Einsicht gestatten, auch Abschriften erteilen (FGG § 34 Satz 2); doch wird zu diesem Zwecke die Eröffnung eines verschlossen eingereichten Inventars nicht statthaft sein. Ein unbedingtes Recht auf Abschriften besteht auch bei rechtlichem Interesse nicht. Beschwerde nach FGG §§ 19, 20 kann sich auch gegen unrichtige Ausübung des pflichtmäßigen Ermessens richten, sofern ein Recht dadurch beeinträchtigt wird. — Ähnlich §§ 1953, 1957, 2081, 2146, 2228, 2384. — Versagung oder Beschränkung der Einsichtnahme durch Verwaltungsanordnung: § 1953 A 5.

§ 2011

Dem Fiskus als gesetzlichem Erben kann eine Inventarfrist nicht bestimmt werden. Der Fiskus ist den Nachlaßgläubigern gegenüber verpflichtet, über den Bestand des Nachlasses Auskunft zu erteilen.

E I 1974 Abs 3, 4 II 1885; M 5 380, 381; P 5 488–490.

1. Gesetzliches Erbrecht des **Fiskus** ohne Ausschlagungsrecht §§ 1936, 1942 Abs 2, Feststellung §§ 1964–1966. Er kann die beschränkte Haftung auf dem Wege des § 1994 nicht einbüßen, muß sich aber, wenn er sie geltend machen will, hierzu derselben Rechtsbehelfe wie andere Erben bedienen (Vorbem II vor § 1967). Doch bedarf er nicht des Vorbehalts im Urteile (ZPO § 780 Abs 2). Dagegen könnte durch (allerdings kaum anzunehmende) freiwillige Einreichung eines ungetreuen Inventars (§ 2005), aber auch durch Verweigerung der Eidesleistung über ein freiwillig eingereichtes Inventar (§ 2006, vgl. A 1 dazu) die unbeschränkte Haftung des Fiskus als gesetzlichen Erben eintreten (a. M. hinsichtlich des § 2006 Planck-Flad A 1). Von der Notwendigkeit, gegen die Zwangsvollstreckung Einwendungen zu erheben (ZPO § 781), kann er durch Landesgesetz befreit werden (EGZPO § 15 Nr. 3).

2. Die **Auskunft** kann erst nach geschehener Feststellung des fiskalischen Erbrechts (§ 1966) verlangt werden; der Anspruch ist nötigenfalls im ordentlichen Rechtswege geltend zu machen. Sie begreift nach § 260 die Vorlegung eines Verzeichnisses in sich, und es ist wenigstens denkbar, daß ein Vertreter des Fiskus nach § 261 zum Offenbarungseide angehalten werde. Abweichend von § 2001 betrifft die Auskunft den gegenwärtigen Nachlaßbestand. Die Verantwortlichkeit aus § 1978 und die daraus sich ergebende Rechenschaftspflicht trifft auch den Fiskus neben der hier geregelten Auskunftspflicht, falls die Voraussetzungen dafür vorliegen; da er nicht ausschlagen kann, wird von der rechtskräftigen Feststellung ab die Rechnung zu legen sein.

3. Die nach EG Art 138 als gesetzliche Erben an die Stelle des Fiskus tretenden Stiftungen und Anstalten sind von der Inventarpflicht gleichfalls befreit. Auch wenn der Fiskus auf Grund landesgesetzlicher Bestimmung gemäß Art 139 EG Erbe ist, wird § 2011 Anwendung finden, sofern nicht, was zulässig sein dürfte, das Landesgesetz etwas anderes vorschreibt. — Ist der Fiskus Erbe auf Grund einer Verfügung von Todes wegen, so kann ihm wie andern Erben eine Inventarfrist gesetzt werden und er durch deren Versäumung der Haftbeschränkung verlustig gehen.

§ 2012

Einem nach den §§ 1960, 1961 bestellten Nachlaßpfleger kann eine Inventarfrist nicht bestimmt werden. Der Nachlaßpfleger ist den Nachlaßgläubigern gegenüber verpflichtet, über den Bestand des Nachlasses Auskunft zu erteilen. Der Nachlaßpfleger kann nicht auf die Beschränkung der Haftung des Erben verzichten.

Diese Vorschriften gelten auch für den Nachlaßverwalter.

E I 2063, 2065 Abs 2 II 1866; M 5 550—552; P 5 667—669.

1. Gleiche Vorschrift für den Fiskus, vgl. § 2011 und A 1 dazu. Es ist nicht ausgeschlossen, auch während des Bestehens der **Nachlaßpflegschaft** dem Erben die Inventarfrist zu bestimmen. Doch beginnt sie erst mit der Annahme der Erbschaft zu laufen (§ 1995 Abs 2). Die Annahme führt aber zur Aufhebung der Pflegschaft (§ 1960 A 5f.).

2. Auch hier wie für den Fiskus, vgl. § 2011 und A 2 dazu. Die **Auskunftspflicht** begreift nach Befinden (§ 260) auch die Pflicht zur Leistung des Offenbarungseides in sich, der im Rechtswege erzwingbar ist (§§ 889, 888 ZPO), dessen Verweigerung aber, falls er sich nicht auf ein dem Nachlaßgerichte eingereichtes Inventar bezieht, nicht die unbeschränkte Haftung des Erben (§ 2006) herbeiführen kann. Der Pfleger macht sich durch Verletzung der ihm für seine Person auferlegten Auskunftspflicht den Nachlaßgläubigern auch persönlich haftbar (Prot 5, 669 im Gegensatze zu Mot 5, 552); angesichts der Fassung des § 2012 Satz 2 wird angenommen werden müssen, daß es sich hier um eine persönliche Verpflichtung des Nachlaßpflegers den Nachlaßgläubigern gegenüber handelt, woraus aber ein Entscheidungsgrund für die Stellung des Nachlaßpflegers gegenüber den Nachlaßgläubigern im übrigen nicht, eher ein Gegengrund entnommen werden kann; vgl. § 1960 Erl 5. Gegenüber dem Nachlaßgericht ist er durch §§ 1802, 1915 zur Aufstellung eines Verzeichnisses verpflichtet.

3. Die Möglichkeit des **Verzichts auf die Beschränkung der Haftung** ist hier nur negativ erwähnt, im übrigen ist vom Gesetz als selbstverständlich angenommen, daß der Erbe der beschränkten Haftung auch durch Verzicht verlustig geht. Vgl. Vorbem III vor § 1967. Da der Nachlaßpfleger, auch der Nachlaßverwalter, nicht auf die Beschränkung der Haftung des Erben verzichten können, ist auch der Vorbehalt der Beschränkung in einem ihnen gegenüber ergehenden Urteile nicht erforderlich (ZPO § 780 Abs. 2).

4. Während der Dauer der **Nachlaßverwaltung,** des Nachlaßkonkurses und des Nachlaßvergleichsverfahrens kann auch dem Erben keine **Inventarfrist** gesetzt werden; eine ihm vorher gesetzte Frist wird mit Anordnung der Nachlaßverwaltung unwirksam (§ 2000 A 1, 2).

§ 2013

Haftet der Erbe für die Nachlaßverbindlichkeiten unbeschränkt, so finden die Vorschriften der §§ 1973 bis 1975, 1977 bis 1980, 1989 bis 1992 keine Anwendung; der Erbe ist nicht berechtigt, die Anordnung einer Nachlaßverwaltung zu beantragen. Auf eine nach § 1973 oder nach § 1974 eingetretene Beschränkung der Haftung kann sich der Erbe jedoch berufen, wenn später der Fall des § 1994 Abs 1 Satz 2 oder des § 2005 Abs 1 eintritt.

Die Vorschriften der §§ 1977 bis 1980 und das Recht des Erben, die Anordnung einer Nachlaßverwaltung zu beantragen, werden nicht dadurch ausgeschlossen, daß der Erbe einzelnen Nachlaßgläubigern gegenüber unbeschränkt haftet.

E I 2110 Abs 2, 2125 Satz 3 II 1868 Abs 2, 1887; M 5 625, 648; P 5 765, 778; 6 395ff; KB 384.

Übersicht:

Folgen der unbeschränkten Haftung

1. Fälle unbeschränkter Erbenhaftung
2. Rechtsstellung des allen Gläubigern gegenüber unbeschränkt haftenden Erben
3. Rechtsstellung des nur einzelnen Gläubigern gegenüber unbeschränkt haftenden Erben
4. Beweislastfragen

1. Der Erbe haftet für die Nachlaßverbindlichkeiten unbeschränkt, wenn er seine Haftung nicht mehr auf den Nachlaß beschränken kann (vgl. Vorbem I vor § 1967). Das ist der Fall, wenn er der Beschränkbarkeit seiner Haftung, sei es allen Nachlaßgläubigern gegenüber durch Versäumung der Inventarfrist (§ 1994), ungetreues Inventar (§ 2005) oder gegenüber einzelnen Gläubigern durch Verweigerung des Offenbarungseides (§ 2006), Nichtgeltendmachen des Vorbehalts im Prozesse (ZPO § 780) oder Verzicht (Vorbem III vor § 1967, § 2012 A 3) verlustig gegangen ist. Er kann, wenn einer dieser Fälle eingetreten ist, von den Rechtsmitteln keinen Gebrauch mehr machen, die vom Gesetze zur Herbeiführung der beschränkten Haftung sonstgegeben sind. Die hierdurch eintretende Rechtslage wird in § 2013 im einzelnen klargestellt durch Aufzählung der in Betracht kommenden Bestimmungen, deren Anwendung ausgeschlossen ist (Abs 1 Satz 1), und derjenigen, die noch anwendbar sind (Abs 1 Satz 2 und, soweit die unbeschränkte Haftung gegenüber einzelnen Nachlaßgläubigern in Frage steht, Abs 2).

2. Die Nichtanwendbarkeit der aufgezählten Vorschriften, falls der Erbe allgemein unbeschränkt haftet (Abs 1), hat folgende Bedeutung:

a) Daß der unbeschränkt haftende Erbe das Aufgebot der Nachlaßgläubiger (§§ 1970ff.) nicht mehr beantragen kann, ist in ZPO § 991 Abs 1 bestimmt. Wegen des Antragsrechts des Nachlaßpflegers und des Testamentsvollstreckers, wenn der Erbe unbeschränkt haftet, vgl. § 1970 A 2. Aus der in § 2013 angeordneten Nichtanwendbarkeit des **§ 1973** ergibt sich, daß der Erbe auch nicht das Recht hat, die Befriedigung eines Gläubigers zu verweigern, der in einem vor Eintritt der unbeschränkten Haftung durch den Erben oder (falls man dies für zulässig halten würde, vgl. A 2 zu § 1970) nachher durch einen Nachlaßpfleger oder Testamentsvollstrecker eingeleiteten Verfahren ausgeschlossen ist, sofern das Ausschlußurteil erst nach Eintritt der unbeschränkten Haftung ergangen ist. Gleiches gilt, wenn der Erbe vor Ablauf der fünfjährigen Verschweigungsfrist (**§ 1974**) unbeschränkt haftbar geworden ist.

Dagegen kann der Erbe, wenn seine unbeschränkte Haftung erst nach Erlaß des Ausschlußurteils oder Ablauf der Verschweigungsfrist durch Versäumung der Inventarfrist (**§ 1994 Abs 1 Satz 2**) oder ungetreues Inventar (**§ 2005 Abs 1**) eingetreten ist, sich einem ausgeschlossenen oder einem solchen gleichstehenden Gläubiger gegenüber auf die durch das Ausschlußurteil oder den Fristablauf bereits eingetretene Haftungsbeschränkung auch nachher noch berufen (Abs 1 Satz 2; vgl. RG SeuffA 78, 65). Ist die unbeschränkte Haftung durch Verweigerung des Offenbarungseides (§ 2006) eingetreten, so kann sich der Erbe auch einem bereits vorher ausgeschlossenen Gläubiger gegenüber nicht auf die nach §§ 1973 oder 1974 eingetretene Beschränkung seiner Haftung berufen (§ 2006 ist in § 2013 Abs 1 Satz 2 absichtlich — vgl. Prot. 6 S 395, 396 — nicht angeführt).

Ein Miterbe kann, auch wenn er unbeschränkt haftet, behufs Herbeiführung der Teilhaftung (§ 2060) den Antrag auf Aufgebot stellen (§ 997 Abs 2 ZPO; vgl. § 1970 A 2). Auch zu dem Antrage auf Zwangsversteigerung des Grundstücks im Falle des § 175 ZVG (vgl. § 1971 A 2) ist der unbeschränkt haftende Erbe nicht berechtigt (§ 175 aaO.Abs 2).

b) Der unbeschränkt haftende Erbe kann nicht mehr auf Grund des § 1981 Abs 1 **Nachlaßverwaltung** beantragen (§ 2013 Abs 1 Satz 1 Halbsatz 2), auch nicht das Nachlaßvergleichsverfahren (§ 113 Nr 3 VerglO), wohl aber Nachlaßkonkurs (KO §§ 216 Abs 1, 217). Auch Nachlaßverwaltung kann auf Antrag eines Nachlaßgläubigers noch angeordnet werden (§ 1981 Abs 2 ist nicht für unanwendbar erklärt). Eine Beschränkung der Haftung des Erben auf den Nachlaß (**§ 1975**) wird aber durch keine dieser Maßregeln mehr herbeigeführt, wenn er bereits unbeschränkt haftet. Jeder Nachlaßgläubiger kann auch während der Dauer der Nachlaßverwaltung oder des Nachlaßkonkurses seine Ansprüche in das persönliche Vermögen des Erben verfolgen; § 1984 Abs 1 Satz 3 betrifft nur das Vorgehen gegen den Nachlaß; § 14 Abs 1 KO findet auf den Nachlaßkonkurs, wenn der Erbe unbeschränkt haftet, keine Anwendung; doch werden die Nachlaßgläubiger, falls auch über das Vermögen des Erben Konkurs eröffnet ist, in diesem Konkurse wie absonderungsberechtigte Gläubiger behandelt (KO §§ 234, 64).

Dem unbeschränkt haftenden Erben ist auch das Recht versagt, die Aufhebung von Zwangsvollstreckungsmaßregeln zu verlangen, die vor Anordnung der Nachlaßverwaltung oder Eröffnung des Nachlaßkonkurses in sein persönliches Vermögen erwirkt worden sind (ZPO § 784 Abs 1), während der Nachlaßverwalter, auch wenn der Erbe unbeschränkt haftet, Zwangsvollstreckungsmaßregeln seiner Privatgläubiger in den Nachlaß zur Aufhebung bringen kann (ebenda Abs 2) und im Falle des Konkurses solche Maßregeln kein Absonderungsrecht begründen (KO § 221).

c) Da **§ 1976** nicht für unanwendbar erklärt ist, bleibt es bei der durch Nachlaßverwaltung, Nachlaßkonkurs oder Nachlaßvergleichsverfahren (Vorbem II, 3 vor § 1967) eingetretenen Rückgängigmachung des Erlöschens der durch Konfusion oder Konsolidation erloschenen Rechtsverhältnisse, und auch durch eine nach Eintritt der unbeschränkten Haftung noch erfolgende Herbeiführung einer dieser Maßregeln wird das Erlöschen rückgängig gemacht; auch der unbeschränkt haftende Erbe kann also in solchem Falle seine Forderungen an den Erblasser gegen den Nachlaß geltend machen (vgl. auch KO § 225 Abs 1). Dagegen ist die Anwendung des **§ 1977** ausgeschlossen; die vorher erfolgte Aufrechnung von Forderungen der Nachlaßgläubiger gegen Privatforderungen des Erben, aber auch von Forderungen der Privatgläubiger des Erben gegen

Nachlaßforderungen bleibt also, auch wenn jetzt noch Nachlaßverwaltung oder Nachlaßkonkurs herbeigeführt wird, in Kraft, bzw. tritt, soweit sie vorher herbeigeführt waren, wieder in Kraft (§ 1977 A 1, 4).

d) Die in **§§ 1978, 1980** bestimmte Verantwortlichkeit des Erben im Falle von Nachlaßverwaltung oder Nachlaßkonkurs für die bisherige Verwaltung des Nachlasses und für die Nichtbeantragung des Konkurses im Falle der Überschuldung findet nicht statt, wenn der Erbe allgemein unbeschränkt haftet; es entstehen also auch keine Ansprüche der Nachlaßgläubiger gegen den Erben auf Schadensersatz; ebensowenig aber Ansprüche des Erben auf Ersatz seiner Aufwendungen (§ 1978 Abs 3) oder Anrechnung von ihm berichtigter Nachlaßverbindlichkeiten (§ 1979); auch tritt der Erbe im Nachlaßkonkurse nicht an die Stelle eines von ihm befriedigten Gläubigers (KO § 225 Abs 2). Diese Regelung erklärt sich daraus, daß den Nachlaßgläubigern der Zugriff auf das gesamte Vermögen des Erben freisteht, so daß weder sie noch der Erbe Interesse daran haben, daß der Nachlaß und das eigene Vermögen des Erben durch Ersatzansprüche des einen gegen das andere im Verhältnis zueinander vergrößert oder verringert werden.

e) Nach Beendigung des Nachlaßkonkurses durch Verteilung oder Zwangsvergleich (**§ 1989** A 1), sowie im Falle des dürftigen Nachlasses (§ **1990**) und der nur auf Vermächtnissen oder Auflagen beruhenden Überschuldung (**§ 1992**) kann der unbeschränkt haftende Erbe die Unzulänglichkeitseinrede mit den in **§§ 1990, 1991** bezeichneten Folgen nicht geltend machen. Außerdem stehen dem unbeschränkt haftenden Erben auch die aufschiebenden Einreden aus §§ 2014, 2015 nicht zu (§ 2016 A 1).

3. Haftet der Erbe nur **einzelnen Nachlaßgläubigern** unbeschränkt, so wird dadurch die Beschränkbarkeit seiner Haftung gegenüber den übrigen Nachlaßgläubigern durch Nachlaßverwaltung oder Nachlaßkonkurs (§ 1975) nicht beeinträchtigt; das ist als selbstverständlich in **Abs 2** nicht besonders hervorgehoben, sondern nur ausgesprochen, daß er in diesem Falle nicht gehindert sein soll, Nachlaßverwaltung zu beantragen, und daß die Anwendbarkeit der §§ 1977—1980 nicht ausgeschlossen ist. Demgemäß greifen den übrigen Nachlaßgläubigern gegenüber die Aufrechnungseinschränkungen (§ 1977) Platz und ist der Erbe ihnen gegenüber nach Maßgabe der §§ 1978—1980 verantwortlich und ersatzberechtigt. Aber auch die sonstigen, nach Abs 1 nicht anwendbaren Vorschriften über die Haftungsbeschränkung finden selbstverständlich im Verhältnisse zu den übrigen Gläubigern Anwendung; insbesondere bleibt der Erbe berechtigt, das Aufgebot der Nachlaßgläubigr (§ 1970) zu beantragen und gegenüber einem ausgeschlossenen oder einem solchen gleichstehenden (§ 1974) Gläubiger (nur nicht demjenigen, dem er unbeschränkt haftet) nach § 1973 zu verfahren; ebenso die Unzulänglichkeitseinrede nach Maßgabe der §§ 1990—1992 geltend zu machen. Durch Nachlaßvergleichsverfahren kann der nur einzelnen Nachlaßgläubigern unbeschränkt haftende Erbe seine Haftung gegenüber den übrigen Nachlaßgläubigern nicht mehr beschränken (§ 113 Nr 3 VerglO).

4. Beweislast. Dem Erben, der geltend macht, daß er nur beschränkt hafte, liegt es zunächst ob, darzutun, daß und durch welche Mittel er die Beschränkung der Haftung herbeigeführt hat (vgl. Vorbem I vor § 1967; §§ 1973 A 9, 1974 A 9, 1979 A 3, 1980 A 8, 1990 A 7, 1991 A 5). Demgegenüber hat der Gläubiger, wenn er den Erben trotzdem als unbeschränkt haftend in Anspruch nimmt, zu behaupten und zu beweisen, daß und wodurch dieser der Beschränkbarkeit seiner Haftung verlustig gegangen ist, also Bestimmung und Ablauf der Inventarfrist (§ 1994; die Wahrung der Frist wird der Erbe zu beweisen haben), Untreue bei der Inventarerrichtung (§ 2005 A 8), Eidesverweigerung ihm gegenüber (§ 2006 A 6). Diesen Beweis kann der Gläubiger, wenn der Erbe den Vorbehalt der Haftungsbeschränkung verlangt (ZPO § 780), schon im Prozesse führen und dadurch die vorbehaltlose Verurteilung erreichen. Ist im Prozesse der Vorbehalt gemacht, aber über die beschränkte oder unbeschränkte Haftung selbst noch nicht entschieden oder war der Vorbehalt zur Erhaltung der Haftungsbeschränkung nicht erforderlich (§ 780 Abs 2 ZPO), so ist darüber im Zwangsvollstreckungsverfahren auf die Einwendung des Erben hin zu entscheiden (§§ 785, 767 ZPO).

V. Aufschiebende Einreden

Nachdem der Erbe die Erbschaft angenommen hat, können die Nachlaßgläubiger ihre Ansprüche gegen ihn geltend machen und auch die persönlichen Gläubiger des Erben können wegen ihrer gegen ihn gerichteten Ansprüche in den Nachlaß vollstrecken. Hieraus können für den noch nicht unbeschränkt haftenden Erben Gefahren entstehen. Es muß ihm daher die Möglichkeit eingeräumt werden, die Befriedigung dieser Gläubiger so lange hinauszuschieben, bis er sich über den Bestand des Nachlasses und über den Umfang der Nachlaßverbindlichkeiten Klarheit verschafft hat, damit er sich entschließen kann, ob und in welcher Weise er von seinem Recht, die Haftung auf den Nachlaß zu beschränken, Gebrauch machen will. Diesem Schutz des Erben dienen die aufschiebenden Einreden der §§ 2014, 2015.

Die Einrede nach § 2014 dient in erster Linie dazu, dem Erben zu ermöglichen, sich Kenntnis von den Aktiven des Nachlasses zu verschaffen. Er ist daher berechtigt, bis zur Errichtung des Inventars, längstens jedoch bis zum Ablauf der ersten drei Monate nach der Annahme der Erbschaft, die Berichtigung der Nachlaßverbindlichkeiten zu verweigern.

Um sich Kenntnis von den Nachlaßverbindlichkeiten verschaffen zu können, gestattet § 2015 dem Erben, die Berichtigung der Nachlaßverbindlichkeiten bis zur Beendigung des Aufgebotsverfahrens zu verweigern. Im Interesse der Nachlaßgläubiger ist jedoch bestimmt, daß dem Erben dieses Recht nur zusteht, wenn er den Antrag auf Erlaß des Aufgebots innerhalb eines Jahres nach der Annahme der Erbschaft gestellt hat.

Da der Zweck dieser Einrede nur darin besteht, dem noch nicht unbeschränkt haftenden Erben seine auf die Verwirklichung der Haftungsbeschränkung zielenden Entschließungen zu ermöglichen, sind diese Einreden nach § 2016 überall dort nicht gegeben, wo dieser Zweck nicht erreicht werden kann oder der Erbe des Schutzes nicht bedarf. Sie stehen dem unbeschränkt haftenden Erben nicht zu und können denjenigen Nachlaßgläubigern nicht entgegengesetzt werden, die wegen der dinglichen Sicherung ihres Rechts eine Vorzugsstellung genießen und daher auch nicht nach § 1971 von dem Aufgebot der Nachlaßgläubiger betroffen werden. Eine Ausnahme ist für die Gläubiger gemacht, die ihre Pfand- und Vorzugsrechte erst nach dem Erbfall im Weg der Zwangsvollstreckung, der Arrestvollziehung oder durch eine einstweilige Verfügung erlangt haben. Diese Ausnahme ist notwendig, da das Verweigerungsrecht nach §§ 2014, 2015 nicht jegliche Geltendmachung der Ansprüche der Nachlaßgläubiger ausschließt. Das Verweigerungsrecht führt vielmehr nur dazu, daß dem Erben die Beschränkung seiner Haftung im Urteil vorbehalten wird (§ 305 ZPO) und daß die Zwangsvollstreckung nach § 782 ZPO für die Dauer der in §§ 2014, 2015 bestimmten Fristen auf Verlangen des Erben auf solche Maßregeln beschränkt wird, die zur Vollziehung eines Arrestes zulässig sind, also zur Pfändung beweglicher Sachen und zur Eintragung einer Sicherungshypothek bei Grundstücken (vgl. § 2014 Anm 4). Der Schutz der §§ 2014, 2015 wäre hinfällig, wenn § 2016 dem Nachlaßgläubiger gestatten würde, aus einem so erworbenen Recht weiter zu vollstrecken. Der Grund für die in § 2016 gemachte Ausnahme besteht aber vor allem darin, daß nach § 221 KO beim Nachlaßkonkurs auf Grund einer nach dem Eintritt des Erbfalls gegen den Nachlaß erfolgten Maßregel der Zwangsvollstreckung oder Arrestvollziehung keine abgesonderte Befriedigung verlangt werden kann und daß auch die in dieser Zeit im Wege der einstweiligen Verfügung eingetragenen Vormerkungen unwirksam sind. Die in § 2016 gemachte Ausnahme soll daher verhindern, daß ein Gläubiger sich ohne Mitwirkung des Erben eine Befriedigung verschafft, die ihm im Verhältnis zu den übrigen Gläubigern nicht zukommt.

Der dem Erben durch die §§ 2014, 2015 gewährte Schutz wird durch § 782 Satz 2 ZPO zeitlich erweitert. Falls der Erbe vor Ablauf der sich nach §§ 2014, 2015 ergebenden Fristen die Eröffnung des Nachlaßkonkurses beantragt, erstreckt sich die Beschränkung der Zwangsvollstreckung bis über die Eröffnung des Konkursverfahrens rechtskräftig entschieden ist.

§ 783 ZPO erweitert darüber hinaus die Vorschriften des BGB im Interesse der Nachlaßgläubiger dadurch, daß dem Erben gestattet wird, die Beschränkung der Zwangsvollstreckung auf Maßregeln, die zur Vollziehung eines Arrestes zulässig sind, auch gegenüber seinen eigenen Gläubigern zu verlangen, die in Nachlaßgegenstände vollstrecken wollen.

Für den zur Verwaltung des Nachlasses bestellten Nachlaßpfleger beginnen die Schutzfristen nach § 2017 bereits mit seiner Bestellung.

§ 2014

Der Erbe ist berechtigt, die Berichtigung einer Nachlaßverbindlichkeit bis zum Ablaufe der ersten drei Monate nach der Annahme der Erbschaft, jedoch nicht über die Errichtung des Inventars hinaus, zu verweigern.

E I 2057 Abs 1, 2143 Abs 1, 2 II 1888; M 5 539, 540, 672, 673; P 5 660–664, 784–791, 805.

Übersicht:

Dreimonatseinrede

1. **Einredeberechtigt** ist in erster Linie der Erbe, wenn er nicht unbeschränkt haftet (§ 2016 Abs 1). Ebenso dem verwaltenden Testamentsvollstrecker (§ 2213 A 2; ZPO § 748), dem nach §§ 1960, 1961 bestellten Nachlaßpfleger (§ 2017) und, da die Einrede auch im Interesse der Nachlaßgläubiger gegeben ist, dem Nachlaßverwalter. Vgl. § 2017 A 1, 2. Dabei macht es keinen Unterschied, ob der Anspruch bereits gegen den Erblasser erhoben war oder ob von vornherein der Erbe verklagt ist. Der Erbe ist nicht nur berechtigt, sondern im Hinblick auf seine unter Umständen

eintretende Verantwortlichkeit aus § 1978 (vgl. A 2 dazu) den Nachlaßgläubigern gegenüber verpflichtet, von der Einrede Gebrauch zu machen, sofern bei in Aussicht stehender Unzulänglichkeit des Nachlasses es im Interesse der Gesamtheit der Nachlaßgläubiger liegt, die vorzeitige Befriedigung eines einzelnen Gläubigers abzuwehren (vgl. aber auch A 4). Der nach ZPO §§ 739, 740 verklagte Ehemann der Erbin kann sich selbständig der Einreden bedienen. Wegen der fortgesetzten Gütergemeinschaft vgl. ZPO § 305 Abs 2.

2. a) Berechnung der **Dreimonatsfrist** §§ 187, 188 Abs 2. Eine Verlängerung tritt nach § 782 Satz 2 ZPO ein, wenn vor Ablauf der Frist die Eröffnung des Nachlaßkonkurses (oder des Nachlaßvergleichsverfahrens, § 113 Nr 4 VerglO) beantragt wird.

b) Bis zur **Annahme** der Erbschaft (§ 1943) ist der Erbe durch § 1958 gegen jede gerichtliche Geltendmachung eines Nachlaßanspruchs ihm gegenüber geschützt; doch kann die Verfolgung des Anspruchs gegenüber einem Nachlaßpfleger (§ 1961; s. auch § 2017) und die Zwangsvollstreckung in Nachlaßgegenstände diesem gegenüber (§ 778 Abs 1 ZPO) stattfinden.

3. Die Schutzfrist endet spätestens mit **Einreichung des Inventars** als dem maßgebenden Zeitpunkt der Errichtung, gleichviel, ob es hierzu freiwillig oder infolge Bestimmung der Inventarfrist gekommen ist (§§ 1993,1994).

4. Das **Verweigerungsrecht** ist prozessual in der Weise gestaltet, daß der Erbe nicht die Abweisung der Klage, sondern nur den Vorbehalt der beschränkten Haftung beantragen kann und dementsprechend zu verurteilen ist (ZPO § 305) und daß er auch der Zwangsvollstreckung an sich nicht entgegentreten, sondern nur ihre Beschränkung auf Sicherungsmaßregeln, wie sie zur Vollziehung eines Arrestes zulässig sind, also bei beweglichen körperlichen Sachen Pfändung (ZPO § 930), bei Grundstücken Eintragung einer Sicherungshypothek (§ 932), herbeiführen kann (§ 782 ZPO). Es geht aber zu weit, wenn um deswillen die Bedeutung der Einrede als eines materiellen Leistungsverweigerungsrechts geleugnet wird (so Strohal bei Planck Vorbem 6 vor § 2014 gegen Strohal, Erbrecht II § 74 Nr III). Der Erbe kann zur Leistung nicht angehalten werden, da eine Versteigerung der gepfändeten Sachen, Überweisung der Forderung, Zwangsversteigerung des Grundstücks unstatthaft sind und nur Sicherung der künftigen Leistung in Frage kommt. Ist er aber zur Leistung zur Zeit noch nicht verpflichtet, so erscheint es bedenklich, anzunehmen, daß er durch Geltendmachen der Einrede in Leistungsverzug geraten könne (so mit der herrschenden Meinung RG 79, 204; a. M. Kipp § 81 IV; Kipp-Coing § 97 IV 1; Planck noch in der 3. Aufl. seines Kommentars gegen Strohal aaO., ebenso Planck-Flad in der 4. Aufl; KG OLG 26, 294 unter Aufgabe von 18, 318; 30, 203; KGBl 1917, 3). Verzug setzt nach § 284 Fälligkeit und nach § 285 schuldhaftes Unterbleiben der Leistung wegen eines vom Schuldner zu vertretenden Umstandes voraus, das nicht vorliegen dürfte, wenn er von einem ihm gesetzlich zustehenden Rechte Gebrauch macht (vgl. § 284 A 2; RG JW 1911, 486[4]). Der Vorteil, den das Gesetz dem Erben und den Nachlaßgläubigern durch die Vorschriften gewähren will, würde übrigens nicht verwirklicht werden, wenn (zwar nicht der Erbe persönlich, aber doch) der Nachlaß die Verzugsfolgen (Zinsen, Schadensersatz usw.) auf sich nehmen müßte. Daß dem Gläubiger durch die Verzögerung Schaden entstehen kann, ist eine Folge des Todes seines Schuldners und der Gestaltung des Vermögensübergangs auf den Erben, die er als kasuelles Ereignis zu tragen haben wird. Auch die Verhandlungen der zweiten Kommission (Prot. 5, 744; Art 2130 der damaligen Vorlage und S. 790) zeigen deutlich, daß das Berechtigtsein zur Verweigerung der Berichtigung gerade den Nichteintritt des Verzugs zum Ausdruck bringen sollte. Nach ausdrücklicher Vorschrift in § 202 Abs 2 (vgl. A 3), deren es nicht bedurft hätte, wenn die Einreden nicht ein Leistungsverweigerungsrecht im Sinne des Abs 1 begründen würden, tritt eine Hemmung der Verjährung durch das Bestehen des Einrederechts nicht ein. Da der Erbe, solange er seine Leistung nach §§ 2014, 2015 verweigern kann, nicht in Verzug gerät, kann der Nachlaßgläubiger auch nicht die Rechte aus § 326 geltend machen. Es kann aber sein, daß das Festhalten des Gläubigers an dem Vertrag infolge der durch das Leistungsverweigerungsrecht eintretenden Verzögerung bei der Vertragserfüllung gegen Treu und Glauben verstoßen würde. In diesem Fall muß dem Gläubiger nach § 242 gestattet sein, von dem Vertrag zurückzutreten. Der Nachlaßgläubiger, der zugleich Schuldner einer Nachlaßforderung ist, kann, da seine Forderung gegen den Nachlaß einredebehaftet ist, nach § 390 nicht aufrechnen. Der Erbe verstößt aber gegen Treu und Glauben, wenn er während des Bestehens der Einreden aus §§ 2014, 2015 die Forderung gegen den Nachlaßgläubiger geltend macht, ohne seine Befriedigung durch eine von ihm erklärte Aufrechnung zu suchen. Entsprechendes gilt, wenn der Nachlaßgläubiger, falls die Einreden nicht bestehen würden, wegen seiner Forderung gegenüber der gegen ihn gerichteten Forderung ein Zurückbehaltungsrecht geltend machen könnte.

Die aufschiebende Einrede ist der Natur der Sache nach ausgeschlossen gegenüber den besonderen Unterhaltsansprüchen der Mutter des zu erwartenden Erben und der zum Bezuge des Dreißigsten berechtigten Angehörigen (§§ 1963, 1969 A 1). Sie geht verloren, wenn der Erbe den Vorbehalt der beschränkten Haftung im Urteile nicht erwirkt hat und dadurch dem klagenden Gläubiger gegenüber unbeschränkt haftbar geworden ist (§§ 305, 780 ZPO). Dagegen bedarf es des

Vorbehalts nicht, wenn die Vollstreckung aus einem bereits gegen den Erblasser erlangten Schuldtitel gegen den Erben begonnen oder fortgesetzt wird (ZPO § 779).

5. **Beweislast.** Der Gläubiger hat zur Begründung der sog. Passivlegitimation des Erben zunächst die Annahme der Erbschaft zu beweisen, sonach, wenn diese durch Ablauf der Ausschlagungsfrist erfolgt sein soll, auch den Zeitpunkt, in dem der Erbe von dem Erbanfalle Kenntnis erhalten und somit die Ausschlagungsfrist zu laufen begonnen hat (§§ 1958 A 1, 1943 A 4). Aus diesem Nachweise wird sich dann ohne weiteres ergeben, ob die dreimonatige Frist noch läuft. Behauptet der Gläubiger, daß der Erbe bereits Inventar errichtet habe oder daß er unbeschränkt haftbar geworden sei (§ 2016), so muß er auch dies beweisen. Behauptet der Erbe, daß er innerhalb der Ausschlagungsfrist ausgeschlagen habe, so muß er den Nachweis dafür erbringen (§ 1943 A 4).

§ 2015

Hat der Erbe den Antrag auf Erlassung des Aufgebots der Nachlaßgläubiger innerhalb eines Jahres nach der Annahme der Erbschaft gestellt und ist der Antrag zugelassen, so ist der Erbe berechtigt, die Berichtigung einer Nachlaßverbindlichkeit bis zur Beendigung des Aufgebotsverfahrens zu verweigern.

Der Beendigung des Aufgebotsverfahrens steht es gleich, wenn der Erbe in dem Aufgebotstermine nicht erschienen ist und nicht binnen zwei Wochen die Bestimmung eines neuen Termins beantragt oder wenn er auch in dem neuen Termine nicht erscheint.

Wird das Ausschlußurteil erlassen oder der Antrag auf Erlassung des Urteils zurückgewiesen, so ist das Verfahren nicht vor dem Ablauf einer mit der Verkündung der Entscheidung beginnenden Frist von zwei Wochen und nicht vor der Erledigung einer rechtzeitig eingelegten Beschwerde als beendigt anzusehen.

E I 2130 Abs 1, 2131, 2132 II 1889; M 5 653, 654; P 5 744, 784–787.

Übersicht:

Einrede des Aufgebotsverfahrens

1. Zulassung des Aufgebots als Voraussetzung für die Einrede
2. Fortfall der Einrede durch Beendigung des Aufgebotsverfahrens oder Säumnis des Erben (Abs 2)
3. Einfluß des Erlasses des Ausschlußurteils oder der Zurückweisung des Antrags auf die Einrede
4. Wirkungen der Einrede

1. **Aufgebotsverfahren** §§ 1970ff.; ZPO §§ 989ff. Durch Stellung des Antrags wahrt der Miterbe die Frist auch für die andern Erben, soweit sie nicht unbeschränkt haften (ZPO § 997), der Nachlaßpfleger, Nachlaßverwalter, Testamentsvollstrecker (§ 1970 A 2) auch für die andern Beteiligten. Um von der Einrede Gebrauch machen zu können, muß der Antrag nicht bloß gestellt, sondern auch, evtl. im Wege der Beschwerde nach ZPO § 567, **zugelassen,** d. h. der Erlaß des Aufgebots muß angeordnet sein (ZPO § 947 Abs 2). Verlängerung der Frist im Falle des § 782 Satz 2 ZPO: § 2014 A 2.

2. **Fortfall der Einrede durch Beendigung des Aufgebotsverfahrens oder Säumnis des Erben:** Die Einrede hat ihren Zweck erfüllt, wenn das Aufgebotsverfahren beendet ist. Um Verschleppungen des rechtzeitig in Gang gebrachten Aufgebotsverfahrens zu vermeiden, entfällt die Einrede nach Abs 2 auch dann, wenn der Erbe das Verfahren säumig betreibt. Das Aufgebotsverfahren endet normalerweise mit Erlaß des (unanfechtbaren) Ausschlußurteils (ZPO §§ 952, 957 Abs 1) oder mit Rechtskraft des den Antrag zurückweisenden Beschlusses (ZPO § 952 Abs 4). Versäumt der Erbe oder sonstige Antragsteller den Aufgebotstermin, so kann er innerhalb einer Frist von sechs Monaten die Bestimmung eines neuen Termins beantragen (§ 954 ZPO). Das Ende der Verweigerungsfrist soll aber nicht so lange hinausgeschoben werden; vielmehr ist im Sinne des § 2015 Abs 1 das Verfahren schon dann als beendigt anzusehen, wenn er nicht innerhalb von zwei Wochen den Antrag auf Bestimmung eines neuen Termins gestellt hat oder in diesem nicht erschienen ist. Dem Erscheinen im Termine wird (in Ergänzung des Wortlauts mit Rücksicht auf den zur Zeit des Erlasses der Vorschrift bestehenden Rechtszustand, § 829 Abs 1 ZPO a. F.) nunmehr der Fall gleichzustellen sein, daß der Antrag auf Erlaß des Ausschlußurteils vor dem Termine nach Vorschrift des § 952 Abs 2 ZPO gestellt worden ist. In diesem Falle bedarf es auch keiner Wiederholung des Antrags im Termine, falls der Erbe in diesem erschienen ist. Hat er aber vorher den Antrag nicht gestellt, so steht es dem Nichterscheinen gleich, wenn er erscheint, aber keinen Antrag stellt (ZPO § 333).

3. Wird der Antrag auf Erlaß des Ausschlußurteils durch Beschluß **zurückgewiesen** oder das Ausschlußurteil nur mit Beschränkungen oder Vorbehalten erlassen, so steht dem Erben oder sonstigen

Antragsteller (A 1) die sofortige Beschwerde zu (ZPO § 952 Abs 4). Daß in solchem Falle das Verfahren nicht vor Ablauf der zweiwöchigen Beschwerdefrist (§ 577 ZPO) und nicht vor Erledigung einer rechtzeitig eingelegten Beschwerde beendigt ist, hätte kaum einer Hervorhebung bedurft. Die Bedeutung der Vorschrift besteht aber darin, daß im Sinne des Abs 1 das Verfahren auch dann nicht vor Ablauf einer zweiwöchigen Frist von der Verkündung ab als beendigt anzusehen ist, wenn das **Ausschlußurteil ohne Vorbehalte oder Einschränkungen ergangen** und deshalb ein Rechtsmittel nicht stattfindet (§ 957 Abs 1 ZPO). Durch Einlegung einer unzulässigen Beschwerde wird die Beendigung des Verfahrens nicht hinausgeschoben. — Das Verfahren endet auch mit der Zurücknahme des Aufgebotsantrags, der Einstellung im Falle nachträglich sich ergebender Unzulässigkeit und der Eröffnung des Nachlaßkonkurses (§ 993 Abs 2 ZPO) oder des Nachlaßvergleichsverfahrens (§ 1970 A 2).

4. Die **Wirkung der Einrede** ist dieselbe wie im Falle des § 2014 A 4. Ist das Ausschlußurteil erlassen, so steht dem Erben nunmehr auch die Beschränkungseinrede aus § 1973 zu. Durch Inventarerrichtung geht, abweichend von § 2014, die Einrede nicht verloren.

§ 2016

Die Vorschriften der §§ 2014, 2015 finden keine Anwendung, wenn der Erbe unbeschränkt haftet.

Das gleiche gilt, soweit ein Gläubiger nach § 1971 von dem Aufgebote der Nachlaßgläubiger nicht betroffen wird, mit der Maßgabe, daß ein erst nach dem Eintritte des Erbfalls im Wege der Zwangsvollstreckung oder der Arrestvollziehung erlangtes Recht sowie eine erst nach diesem Zeitpunkt im Wege der einstweiligen Verfügung erlangte Vormerkung außer Betracht bleibt.

E I 2130 Abs 1, 2143 Abs 3 II 1890; M 5 653, 673; P 5 784—787.

1. Unbeschränkte Haftung § 2013 A 1. Ist sie nur einzelnen Gläubigern gegenüber eingetreten, so gehen dem Erben die Einreden gegenüber den übrigen Gläubigern nicht verloren.

2. Pfandgläubiger und andere **dinglich berechtigte Nachlaßgläubiger** sind in der Rechtsverfolgung gegen den Erben, soweit sie sich auf den dinglichen Anspruch beschränken, ebensowenig durch die aufschiebenden Einreden der §§ 2014, 2015 beschränkt, wie durch die Einrede der beschränkten Haftung aus § 1973 (§ 1971 A 1). Der Erbe kann also der Befriedigung dieser Gläubiger aus den ihnen verhafteten Nachlaßgegenständen weder während der dreimonatigen Frist nach Annahme der Erbschaft noch während eines eingeleiteten Aufgebotsverfahrens widersprechen.

3. Auch diejenigen Gläubiger, welche ein dingliches Recht an Nachlaßgegenständen durch **Pfändung** im Wege der Zwangsvollstreckung oder Arrestvollziehung erlangt haben, werden durch das Aufgebot nicht betroffen, da sie für den Fall des Konkurses den Pfandgläubigern gleichstehen (KO § 49 Nr 2; § 1971 A 1). Ist aber das **Pfandrecht erst nach dem Erbfalle** erlangt worden, so bleibt es für die Anwendung der §§ 2014, 2015 **außer Betracht,** d. h. der Erbe kann der Zwangsvollstreckung in die gepfändeten Gegenstände in der gleichen Weise entgegentreten, als wenn es sich um Gläubiger handelte, die von dem Aufgebote betroffen werden, nämlich durch Einschränkung der Zwangsvollstreckung auf Sicherungsmaßnahmen (§ 2014 A 4) während der ersten drei Monate nach der Annahme, sofern er nicht vorher Inventar errichtet hat, und während der Dauer eines eingeleiteten Aufgebotsverfahrens. Das entspricht der Vorschrift des § 221 Abs 1 KO, derzufolge solche Gläubiger abgesonderte Befriedigung im Nachlaßkonkurse nicht verlangen können. Ähnlich § 1990 Abs 2; vgl. A 5 dazu.

4. Auch Gläubiger, deren Ansprüche durch eine **Vormerkung** (§ 883) gesichert sind, werden von dem Aufgebote nicht betroffen (§ 1971 Satz 2). Ist aber die dingliche Sicherung durch Eintragung der Vormerkung nach dem Erbfalle durch einstweilige Verfügung (§ 885) erlangt, so bleibt sie gleichfalls außer Betracht (A 3). Erfolgte die Eintragung nach dem Erbfalle auf Grund einer Bewilligung des Erben (§ 885), so kann dieser sich nach Entstehung des gesicherten Rechtes gegenüber der Zwangsvollstreckung in das Grundstück nicht auf die Einreden aus §§ 2014, 2015 berufen; er muß die Zwangsversteigerung des Grundstücks ohne Aufschub dulden. Ähnlich auch in diesem Punkte § 1990 Abs 2; vgl. A 6 dazu.

§ 2017

Wird vor der Annahme der Erbschaft zur Verwaltung des Nachlasses ein Nachlaßpfleger bestellt, so beginnen die im § 2014 und im § 2015 Abs 1 bestimmten Fristen mit der Bestellung.

E I 2143 Abs 2 II 1891; M 5 673; P 5 785, 786, 829—836; 6 340.

1. Durch Bestellung eines zur Verwaltung des Nachlasses berufenen **Nachlaßpflegers nach** §§ 1960, 1961 wird die Verfolgung von Ansprüchen gegen den Nachlaß schon vor Annahme der Erbschaft durch den Erben ermöglicht; auch ein Nachlaßverwalter kann vor Annahme der Erbschaft bestellt (§ 1981 A 1 a aa), und es können dann Ansprüche gegen den Nachlaß ihm gegenüber bereits erhoben werden. Doch soll auch ihnen die Möglichkeit gegeben werden, im Interesse des Erben und der Nachlaßgläubiger die Befriedigung eines einzelnen Gläubigers hinauszuschieben, bis der Nachlaßbestand ermittelt und dadurch die Grundlage für die Entschließung des Erben über Herbeiführung der Haftungsbeschränkung geschaffen werden kann. Deshalb können auch sie von den Einreden der §§ 2014, 2015 Gebrauch machen (§ 2014 A 1). — Ob der nach § 1960 bestellte Nachlaßpfleger die Verwaltung des Nachlasses zu führen hat, regelt sich nach der Bestimmung des Nachlaßgerichts (§ 1960 A 5 d); ist er nur zur Sicherung des Nachlasses bestellt, so findet § 2017, wie sein Wortlaut ergibt, auf ihn keine Anwendung (vgl. A 2).

2. Da durch die Nachlaßpflegschaft, sofern der Pfleger zur Verwaltung berufen ist (A 1), und durch die Nachlaßverwaltung bereits vor der Annahme der Erbschaft die Möglichkeit geschaffen ist, den Nachlaßbestand, nötigenfalls auch durch Aufgebot der Nachlaßgläubiger (§ 991 ZPO; § 1970 A 2), zu ermitteln, so können die Fristen, innerhalb deren die aufschiebenden Einreden erhoben werden können, für sie schon vor der Annahme, und zwar mit der **Bestellung** (die nach § 16 FGG mit der Bekanntmachung an den Pfleger wirksam wird) beginnen. Sowohl die dreimonatige Frist des § 2014 wie die einjährige des § 2015 ist sonach statt von der Annahme der Erbschaft von der Bestellung des Nachlaßpflegers ab zu berechnen. Der Erbe wird durch den Nachlaßpfleger gesetzlich vertreten und auch die Handlungen und Unterlassungen des Nachlaßverwalters in bezug auf den Nachlaß sind für ihn wirksam. Der Erbe muß sich deshalb den jenen gegenüber abgelaufenen Zeitraum auf die Fristen anrechnen lassen; sie können sonach schon abgelaufen sein, wenn er annimmt. Ist der Nachlaßpfleger des § 1960 nicht zur Verwaltung des Nachlasses berufen (A 1), so beginnen auch für ihn die Fristen erst mit der Annahme der Erbschaft; er kann also vorher ohne zeitliche Beschränkung die Einreden aus §§ 2014, 2015 geltend machen, wenn ihm gegenüber Ansprüche gegen den Nachlaß erhoben werden; jedoch die Einrede aus § 2014 nicht mehr, wenn er bereits Inventar errichtet hat. — Wird der Nachlaßverwalter nach der Annahme der Erbschaft bestellt, so muß auch er sich den seit der Annahme für den Erben abgelaufenen Zeitraum anrechnen lassen.

Dritter Titel

Erbschaftsanspruch

Vorbemerkung:

Der Erbe tritt mit dem Erbfalle in die Erbschaft als Ganzes, zugleich aber ohne besondere Rechtsakte in die einzelnen, zum Vermögen des Erblassers gehörigen Rechte an Stelle des Erblassers ein (§ 1922 A 7). Er kann diese einzelnen Rechte (auch Rechtslagen, Besitz usw.; vgl. § 1922 A 5) mit den gewöhnlichen dafür gegebenen dinglichen oder persönlichen Rechtsschutzmitteln, z. B. mit einem Anspruch aus ungerechtfertigter Bereicherung RG Warn 1941 Nr. 9, mit Besitz klagen (§§ 861, 862) und der Klage aus früherem Besitz (§ 1007) im Wege der Leistungs- und gegebenenfalls der Feststellungsklage gegen denjenigen geltend machen, der sie ihm vorenthält oder bestreitet, sei es, daß dieser ein eigenes (nicht vom Erblasser herrührendes) Recht zur Vorenthaltung in Anspruch nimmt oder daß er selbst Erbe zu sein behauptet. In letzterem Falle kann der Erbe auch sein Erbrecht als solches durch Feststellungsklage zur Geltung bringen.

Außer diesen Rechtsbehelfen hat aber das Gesetz, im Anschlusse an die gemeinrechtliche hereditatis petitio, dem Erben noch ein besonderes, erbrechtliches Rechtsschutzmittel verliehen, den **Erbschaftsanspruch.** Dieser Anspruch richtet sich gegen denjenigen, der seinerseits ein Erbrecht beansprucht und diesen Anspruch dadurch betätigt hat, daß er etwas aus der Erbschaft erlangt hat (Erbschaftsbesitzer); er geht auf Herausgabe des Erlangten als Gesamtheit (§ 2018). Der mit der Gewährung dieses Anspruchs vom Gesetz verfolgte Zweck ist darauf gerichtet, es dem wahren Erben zu erleichtern, in den Besitz der Erbschaft zu gelangen, ohne auf die Einzelklagen angewiesen zu sein (M 5, 575ff.). Die Erleichterung liegt darin, daß der Erbe die Erwerbstitel der Einzelgegenstände, die der Erbschaftsanspruch umfaßt, — anders als bei etwaigen Einzelklagen auf Herausgabe — nicht nachweisen, sondern nur beweisen muß, daß er Erbe ist und daß der Beklagte den Besitz nach dem Erbfall auf Grund eines ihm nicht zustehenden Erbrechts (als sog. Erbansprecher) erlangt hat, nicht jedoch, daß er ihn noch hat.

Dem vorerörterten Zweck entsprechend ist der Anspruch im Einzelnen ausgestaltet. Der Anspruch ist ein quasi-dinglicher; er entspricht dem Eigentumsanspruch auf Herausgabe der Sache. Die Herausgabepflicht erstreckt sich aber nicht nur auf die gezogenen Nutzungen (§ 2020), sondern auch auf dasjenige, was an Stelle von ursprünglichen Nachlaßgegenständen mit Mitteln der Erbschaft erlangt ist (Surrogate, § 2019). Anderseits haftet der Erbschaftsbesitzer im Falle des Unvermögens zur Herausgabe der Regel nach nur nach Bereicherungsgrundsätzen (§ 2021) und hat Anspruch auf Ersatz von Verwendungen, der durch ein Zurückbehaltungsrecht geschützt ist (§ 2022). Doch tritt strengere Haftung unter gewissen Umständen (Rechtshängigkeit, böser Glaube, verbotene Eigenmacht) ein (§§ 2023—2025). Ersitzung der zur Erbschaft gehörigen Sachen durch den Erbschaftsbesitzer als solchen kann gegenüber dem Erbschaftsanspruche nicht geltend gemacht werden (§ 2026). Von besonderer Wichtigkeit ist die dem Erbschaftsbesitzer auferlegte Auskunftspflicht (§ 2027).

In einzelnen Beziehungen sind die für den Erbschaftsanspruch geltenden Grundsätze über dessen eigentliches Gebiet hinaus erstreckt, so die Auskunftspflicht auf denjenigen, der von einzelnen Nachlaßgegenständen vor Besitznahme der Erbschaft durch den Erben Besitz ergriffen hat (§ 2027 Abs 2) sowie auf Hausgenossen des Erblassers (§ 2028); ferner die Grundsätze über die Haftung des Erbschaftsbesitzers auf die Einzelansprüche des Erben hinsichtlich der Erbschaftsgegenstände (§ 2029); dem Erbschaftsbesitzer ist derjenige gleichgestellt, der von diesem die Erbschaft erworben hat (§ 2030); endlich steht demjenigen, der nicht tot ist, aber für tot erklärt oder dessen Todeszeit festgestellt oder dessen Tod ohne Todeserklärung oder Feststellung der Todeszeit angenommen worden ist, das Recht zu, sein Vermögen nach den Vorschriften, die für den Erbschaftsanspruch gelten, herauszuverlangen (§ 2031 neuer Fassung). — Besonderer Gerichtsstand für den Erbschaftsanspruch nach § 27 ZPO. — Steuerliche Verpflichtungen des Erbschaftsbesitzers RAbgO § 106 Abs 1, 2.

§ 2018

Der Erbe kann von jedem, der auf Grund eines ihm in Wirklichkeit nicht zustehenden Erbrechts etwas aus der Erbschaft erlangt hat (Erbschaftsbesitzer), die Herausgabe des Erlangten verlangen.

E I 2080 II 1892; M 5 578–580; P 5 696–710.

Übersicht:

Herausgabeanspruch gegen Erbschaftsbesitzer

1. Der „Erbe" (Klagebefugnis)
2. Der „Erbschaftsbesitzer" (Anspruchsgegner)
3. „aus der Erbschaft erlangt" (Streitgegenstand)
4. Ziel des Anspruchs, Prozeßrechtliches
5. Beweislast

1. Der Erbschaftsanspruch steht dem **Erben** zu, sowohl dem alleinigen Erben als (mit der durch § 2039 gebotenen Einschränkung) auch dem Miterben, und zwar als hereditatis petitio partiaria auch gegen einen Miterben, der die Erbschaft für sich allein oder der daran einen höheren als den ihm zukommenden Erbteil in Anspruch nimmt (RG JW 03 Beil 64[148] und RG 81, 293). Die Erbschaftsklage hat jedoch in letzterem Falle regelmäßig die Natur einer Erbteilungsklage (RG 11. 12. 16 IV 316/16). Der Miterbe kann mit ihr Feststellung seines Miterbenrechts und dessen Quote sowie Auseinandersetzung verlangen, außerdem regelmäßig nur die Einräumung eines entsprechenden Mitbesitzes an der Erbschaft, nicht die Zahlung bestimmter Beträge; ist aber vom Erblasser eine Teilungsanordnung dahin getroffen, daß ein Miterbe durch Zahlung einer bestimmten Summe abzufinden ist (vgl. § 2048 A 1), so kann dieser unmittelbar auf Zahlung der Abfindungssumme klagen, da eine weitere Auseinandersetzung mit ihm in diesem Falle nicht erforderlich ist (RG 24. 10. 21 IV 147/21; 2. 3. 22 IV 516/21). Der abzufindende Miterbe kann in solchem Falle, ebenso wie ein Miterbe, der Nachlaßgläubiger ist (§ 2046 A 1), die Auszahlung der Abfindungssumme vor der Auseinandersetzung der übrigen Miterben verlangen, sofern nicht besondere Schwierigkeiten entgegenstehen (RG 2. 3. 22 IV 516/21). Soll eine Feststellungsklage eines Miterben gegen die anderen Miterben nur einen Rechnungsposten klarstellen, der bei der künftigen Erbauseinandersetzung zu seinen Gunsten zu berücksichtigen ist, so ist diese Klage keine Erbschaftsklage im Sinne der §§ 2018ff.; sie fällt vielmehr in den Rahmen des gegenseitigen Auseinandersetzungsanspruchs der Miterben (§§ 2042ff.), bei dem nach den §§ 756, 2042 BGB auch die Forderungen der Miterben gegeneinander auszugleichen sind, die sich auf die Erbengemeinschaft gründen (RG Warn 1941 Nr. 54 = DR 1941, 999).

Der Erbschaftsanspruch steht ferner zu: dem Rechtsnachfolger des Miterben im Falle des § 2033, dem Nacherben nach Eintritt der Nacherbfolge (§ 2139; OLG 21, 310), auch gegenüber dem Vorerben; dem Erbschaftskäufer dagegen nur nach geschehener Abtretung, zu der der Verkäufer nach § 2374 verpflichtet ist. Obwohl durch Anerkenntnis der Beteiligten eine in einem nichtigen Testamente eingesetzte Person nicht Erbe werden kann (vgl. § 1922 A 4 Abs 3), kann sich doch der wahre (gesetzliche oder Testaments-) Erbe, der die Gültigkeit des

Testaments in der für Veräußerung der Erbschaft vorgeschriebenen Form (§§ 2371, 2385 Abs 1) anerkannt hat, gegenüber dem Erbschaftsanspruche des Eingesetzten auf die Nichtigkeit des Testaments nicht mehr berufen (RG 72, 209).

Während der Dauer einer Nachlaßverwaltung kann nur der Nachlaßverwalter den Erbschaftsanspruch geltend machen, da er zum Nachlasse gehört (§ 1984 A 2b); ebenso während des Nachlaßkonkurses der Nachlaßkonkursverwalter (KO § 6); auch dem verwaltenden Testamentsvollstrecker steht er zu. Dagegen ist es bedenklich, mit der herrschenden Meinung (Planck-Flad A 1bα und die zweite Auflage dieses Kommentars; ferner RG HRR 1930 Nr 1465) auch dem Nachlaßpfleger des § 1960 die Befugnis zuzuerkennen; handelt es sich doch dabei (wenn auch nur als Präjudizialpunkt) um die Frage, ob dem einen oder dem andern Erbansprecher das Erbrecht zusteht; der Nachlaßpfleger aber, der nicht für eine bestimmte Person, sondern „für den, der Erbe wird", bestellt ist (§ 1960 A 5d), ist nicht dazu berufen, diese Frage zur Entscheidung zu bringen. Die von Planck-Flad unterstellte Sachlage, daß der Erbschaftsbesitzer als Erbe zweifellos nicht in Betracht kommen könne, greift dem Ergebnisse des Rechtsstreits, in dem beide Parteien das Erbrecht beanspruchen, in unzulässiger Weise vor. Der Nachlaßpfleger kann schon auf Grund seines Rechtes zum Besitze und zur Verwaltung (§ 1960 A 5d) die Herausgabe der Nachlaßgegenstände auch von dem Erbschaftsbesitzer verlangen, ohne daß er dessen Nichtberechtigung nachzuweisen braucht (RG HRR 1930 Nr 1465; RG Warn 1942 Nr 24); das ist aber kein Erbschaftsanspruch, auf den die Vorschriften dieses Titels Anwendung finden könnten (vgl. die Vorbem zu diesem Titel). Vgl. auch OLG 26, 288; 30, 174.

2. Der Anspruch geht nur gegen denjenigen (sog. Passivlegitimation), der **auf Grund eines ihm in Wirklichkeit nicht zustehenden Erbrechts oder Miterbrechts** etwas aus der Erbschaft erlangt hat, insbesondere gegen denjenigen, der sich ein solches Erbrecht oder Miterbrecht angemaßt hat, indem er, in gutem oder bösem Glauben, Erbe oder Miterbe zu sein behauptete oder als Miterbe einen größeren als den ihm wirklich zustehenden Erbanteil in Anspruch nahm. Ihm steht derjenige gleich (pro herede possidet), der aus anderm Rechtstitel oder ohne Rechtstitel etwas aus der Erbschaft erlangt hat, es aber nunmehr auf Grund eines angeblichen Erbrechts behalten will. Dagegen geht der Erbschaftsanspruch nicht gegen denjenigen, der nur auf Grund eines behaupteten Einzelrechtstitels oder (insoweit abweichend vom gemeinen Rechte) ohne einen Rechtstitel zu behaupten (pro possessore), den Besitz von Erbschaftsgegenständen erlangt hat oder ausübt. Doch wird auch in diesem Falle eine Auskunftspflicht begründet (§ 2027 Abs 2). Gibt derjenige, der Erbschaftssachen in Besitz genommen hat, keine Auskunft über seine damit verbundenen Absichten, so ist es Sache der Beweiswürdigung, ob er ein Erbrecht in Anspruch nimmt (nach den Mot 5, 579 soll das „die mildeste Auslegung" seines Verhaltens sein).

Der Anspruch geht nicht gegen den vorläufigen Erben, der die Erbschaft ausgeschlagen hat; gegen ihn können nur Ansprüche aus Geschäftsführung ohne Auftrag geltend gemacht werden (§ 1959). Gegen denjenigen, der auf Grund eines anfechtbaren Erbrechtstitels (Verfügung von Todes wegen, gesetzliche Erbfolge im Falle der Erbunwürdigkeit) besitzt, kann der Erbschaftsanspruch erst nach etwaiger Anfechtung oder zugleich mit dieser geltend gemacht werden; wegen des Beginnes der Verjährung s. aber § 2026 A 2.

Wer die streitige Erbschaft für einen angeblichen Erben, der in Wirklichkeit nicht Erbe ist, als Testamentsvollstrecker besitzt, kann als solcher (anders, wenn er zugleich für sich ein Miterbrecht in Anspruch nimmt) nicht mit der Erbschaftsklage belangt werden (RG 81, 151), ebensowenig der Nachlaßpfleger (A 1) oder der Nachlaßverwalter. Doch kann sowohl gegen den Testamentsvollstrecker (RG JW 09, 52[18]; Warn 1912 Nr 174[3]; Gruchot 62, 631) wie gegen den Nachlaßpfleger (RG 106, 46) Klage auf Feststellung des Erbrechts erhoben werden, wenn die Voraussetzungen des § 256 ZPO vorliegen. Dem Erlangen aus der Erbschaft steht es gleich, wenn etwas vor dem Erbfalle aus dem Vermögen des Erblassers erlangt ist, das nunmehr auf Grund des beanspruchten Erbrechts zurückbehalten wird (RG 81, 293). Anderseits stellt sich, wenn der Beklagte das Erlangte seinerzeit zwar auf Grund eines beanspruchten Erbrechts erlangt hat, sich aber der Klage gegenüber nur noch durch Inanspruchnahme eines Singularrechts oder ohne Berufung auf einen Rechtsgrund verteidigt, der Anspruch nicht mehr als Erbschaftsanspruch dar. Der Anspruch geht auch gegen den Vorerben, wenn dieser die Herausgabe von Nachlaßgegenständen verweigert, weil er den Eintritt des Falles der Nacherbfolge nicht anerkennt; nicht aber, wenn er wegen Verwendungen Nachlaßgegenstände zurückbehalten will.

3. Der zu Verklagende muß **etwas aus der Erbschaft erlangt** haben. Die Fassung entspricht dem Bereicherungsanspruche des § 812. Doch besteht ein wesentlicher Unterschied insofern, als dort in der Regel eine Vermögensverschiebung in Gestalt einer eingetretenen formalen Rechtsänderung vorausgesetzt wird, obwohl schon die Erlangung des Besitzes sich als Bereicherung darstellen kann (§ 812 A 1). Hier steht dagegen regelmäßig nur eine tatsächliche Vorteilserlangung, ohne Veränderung der sonstigen Rechtslage, in Frage. Das gilt namentlich für körperliche Sachen, von denen der Erbansprecher Besitz ergriffen hat, ohne dadurch ein Recht an der Sache erwerben zu können; hier geht der Anspruch dinglich (§ 985) auf Herausgabe der Sache und ist im Konkursfalle ein Aussonderungsanspruch begründet. Der Besitz braucht nicht Eigenbesitz, kann vielmehr auch Besitz für einen anderen (§ 868) sein, wenn der Erblasser die Sache als Nutznießer, Pächter usw. besessen hat und der Besitzwille des Erbansprechers ein dementsprechender ist. Der Erbansprecher kann auch nur den mittelbaren Besitz erlangt haben, z. B. wenn die Sache hinterlegt ist und der unmittelbare Besitzer den Willen hat, für ihn zu besitzen (RG 81, 296). — Bei Grundstücken kann der Erbansprecher, wenn er auf Grund eines ihm erteilten unrichtigen Erbscheins als Erbe eingetragen ist, das sog. Bucheigentum erlangt haben, ebenso bei Rechten an Grundstücken die entsprechende grundbuchliche Rechtslage; dann geht der Anspruch auf Berichtigung des Grundbuchs (§§ 891 A 6, 894; RG SächsA 14, 66).

Der Erbansprecher kann durch unmittelbare Besitzergreifung oder durch Leistung seitens eines Dritten (auch des Erben, wenn dieser den andern für den richtigen Erben gehalten hat) etwas **erlangt** haben, insbesondere durch Einziehung von Nachlaßforderungen; soweit dadurch (namentlich wenn sie auf Grund eines Ausweises des Erbansprechers durch Erbschein erfolgt ist) der Schuldner befreit ist, tritt an die Stelle der untergegangenen Forderung nach dem Surrogationsprinzip (§ 2019) der dafür erlangte Gegenstand; soweit dieser (insbesondere Geld) nicht mehr in Natur vorhanden, der Ersatzanspruch nach §§ 2021ff. Darin, daß der Erbansprecher sich einer Nachlaßforderung „berühmt“ oder daß er sie ohne Erfolg einzuziehen versucht hat, liegt noch kein „Erlangen“; wohl aber, wenn der Schuldner die Gläubigerschaft des (durch Erbschein ausgewiesenen) Erbansprechers anerkannt, insbesondere die Schuld auf dessen Namen umgeschrieben hat (so bei Eintragungen im Reichs- oder Staatsschuldbuch). Hat der Erbansprecher Beweismittel (Schuldschein) oder auch die die Forderung verkörpernde Schuldurkunde (Wechsel, Inhaberpapier) in seinen Besitz gebracht, so sind diese „erlangt“.

Als **Erbschaftsbesitzer** bezeichnet das Gesetz jeden, der nach den vorstehend entwickelten Grundsätzen etwas als Erbansprecher aus der Erbschaft erlangt hat, auch wenn es sich nicht um Besitz im Sinne des BGB (an körperlichen Sachen, § 854 A 2) handelt. Ihm ist derjenige gleichgestellt, der die Erbschaft durch Vertrag von einem Erbschaftsbesitzer erworben hat (§ 2030); auch gegen diesen kann also der Erbschaftsanspruch erhoben werden. — Das Erlangen kann ferner in der Aufrechnung einer Schuld des Erbschaftsbesitzers gegen eine Forderung des Nachlasses gegenüber dem Nachlaßschuldner bestehen; ist hierdurch die Nachlaßforderung untergegangen, so muß der Erbschaftsbesitzer dem Erben die dadurch eingetretene Befreiung von seiner Schuld „herausgeben“, die Schuld also an ihn zahlen. Als „erlangt“ gilt auch der Vorteil, den der Erbschaftsbesitzer hat, weil er eine ihm gegen den Nachlaß obliegenden Verbindlichkeit infolge der Erbrechtsanmaßung nicht berichtigt (so jetzt auch Staudinger-Lehmann Anm 17, ferner Planck-Flad A 3).

Eine Sache ist auch dann aus der Erbschaft erlangt, wenn jemand vor dem Erbfalle als mittelbarer Besitzer den Besitz für den Erblasser ausgeübt hat und diesen Besitz nach dem Erbfalle durch Geltendmachung eines angeblichen Erbrechts in Eigenbesitz verwandelt (RG 81, 294 für den Miterben, der ein größeres als das ihm zustehende Erbrecht geltend macht, vgl. oben A 1; gleiches muß aber auch für den Nichtmiterben als Erbansprecher gelten). Gleiches soll (wie aaO. weiter entschieden) auch gelten, wenn ein Miterbe (oder Fremder) „mit oder ohne Einverständnis des Erblassers“, bereits vor dem Erbfalle Gegenstände, die zur Erbschaft gehören, in der Absicht in Besitz genommen hat, sich unter Vereitelung des Rechts der Miterben (Erben) den Alleinbesitz (Besitz) zu sichern und gemäß dieser Absicht nach Eintritt des Erbfalles den Miterben (Erben) den Alleinbesitz (Besitz) vorenthält, wobei er ein Alleinerbrecht (Erbrecht) beansprucht. Doch ist hierbei zu prüfen, ob etwa darin eine durch Übergabe vollzogene Schenkung auf den Todesfall (§§ 2301 Abs 2, 518 Abs 2) gefunden werden müßte, wenn die Besitzergreifung mit Einverständnis des Erblassers geschehen ist. Ein Erlangen aus der Erbschaft wird aber, was vom RG aaO. offengelassen ist, auch angenommen werden können, wenn jemand vom Erblasser bei Lebzeiten ein Darlehen erhalten hat und nach dessen Tode unter Berufung auf ein angebliches Erbrecht oder Miterbenrecht die Rückzahlung ganz oder teilweise verweigert.

4. Der Anspruch geht auf **Herausgabe des Erlangten.** Die Art der Herausgabe bestimmt sich nach der Art des Erlangten (A 3). Das Erlangte ist als Ganzes herauszugeben (Vorbem vor § 2018); hierauf kann der Klagantrag unter Vorbehalt der Bezeichnung der einzelnen herauszugebenden Erbschaftsgegenstände zunächst gerichtet werden, bis der Beklagte die mit der Klage gleichfalls zu verlangende Auskunft (§ 2027) erteilt hat (ZPO § 254). Soweit der Erbschaftsanspruch in einer Geldforderung besteht, scheidet der Einwand, die Leistung sei unmöglich, nach § 275 aus (RG Recht 1920 Nr 417). Die Verurteilung bewirkt Rechtskraft nur für den Herausgabeanspruch hinsichtlich der darin bezeichneten Erbschaftsgegenstände; zur rechtskräftigen Feststellung des Erbrechts ist ein besonderer darauf gerichteter Feststellungsantrag und ein ihm entsprechender Ausspruch erforderlich. Die Verurteilung zur Herausgabe bewirkt Rechtskraft nur unter den als Parteien bei dem Rechtsstreite beteiligten Erbansprechern. Miterben sind, auch wenn sie unter sich über das Erbrecht streiten (A 1), keine notwendigen Streitgenossen (RG 11. 7. 05 IV 282/05; auch JW 05, 146[28] und RG 95, 97; ebenso Staudinger-Lehmann A 13 a. E., Planck-Flad A 2b δ, Kipp-Coing § 100 A 8, Stein-Jonas-Schönke § 62 III 3 A 51; a. M. OGH 3. 242 = NJW 50,597, Rosenberg 6. Aufl § 95 II 2b). — Besondere Rechtsmittel zur Erlangung des vorläufigen Erbschaftsbesitzes (missio in bona) gewährt das BGB nicht; doch können erforderlichenfalls einstweilige Verfügungen (ZPO § 940) erlassen werden. — Besonderer Gerichtsstand ZPO § 27. Ein Dritter, der eine zum Nachlasse gehörige bewegliche Sache vom Erbschaftsbesitzer ohne Vorlegung eines Erbscheines (§ 2366) erworben hat, ist (anders als beim Erwerb vom vorläufigen Erben, § 1959 A 3c), sofern es sich nicht um Geld oder Inhaberpapiere handelt, nach § 935 durch guten Glauben nicht geschützt, falls die Sache ohne Willen des Erben in den Besitz des Erbschaftsbesitzers gelangt, also jenem, der nach § 857 Besitzer war, abhanden gekommen ist.

5. Beweislast. Der Kläger hat sein Erbrecht zu beweisen. Er muß also im Streitfalle den Erbfall und den ihm zur Seite stehenden Berufungsgrund, im Falle der gesetzlichen Erbfolge auch den Wegfall ihm vorgehender Erbberechtigter, falls solche vorhanden waren (was Beklagter mindestens konkret zu behaupten haben wird), nachweisen: OLG 30, 185; vgl. auch 32, 49. An Stelle des Nachweises der Erbberechtigung genügt die Vorlage eines ihm erteilten Erbscheins, welche die Vermutung, daß er Erbe sei, begründet (§ 2365; vgl. RG Warn 1913 Nr 300). Behauptet der Beklagte, daß ihm ein besseres Erbrecht wegen Ausschließung, Erbunwürdigkeit, Verzicht des Klägers oder seiner Rechtsvorgänger oder wegen letztwilliger Berufung zustehe, so hat er diese besonderen Umstände nachzuweisen. Doch genügt zur Klagabweisung das Mißlingen des dem Kläger obliegenden Erbenbeweises, auch wenn der Beklagte kein eigenes Erbrecht dartun kann. Kläger hat weiter den Erbschaftsbesitz des Beklagten zu beweisen, also daß dieser einen Erbschaftsgegenstand mit dem Willen, Erbe zu sein, erlangt hat, nicht daß er ihn jetzt noch hat. Zur Begründung des Herausgabeanspruchs im einzelnen hat der Kläger, soweit ihm nicht das nach § 260 vorzulegende Verzeichnis zustatten kommt, die Zugehörigkeit der einzelnen herausverlangten Gegenstände zum Nachlaß, sofern sie bestritten wird, zu beweisen. Bestreitet der Beklagte die Zugehörigkeit der Sache zum Nachlasse mit der Behauptung, daß er sie durch einen Rechtstitel unter Lebenden erworben habe, so hat der Kläger zu beweisen, daß jener die Sache als Erbansprecher erlangt hat (a. M. für das gemeine Recht RG 10, 165). Dazu ist bei beweglichen Sachen erforderlich, daß er die Eigentumsvermutung aus § 1006 Abs 1, die dem Beklagten zur Seite steht, ausräumt; das kann nach Satz 2 daselbst dadurch geschehen, daß er nachweist, die Sache sei dem Erblasser oder nach dem Erbfalle ihm als damaligem Besitzer (§ 857) abhanden gekommen, insbesondere in der Weise, daß der Beklagte sich gegen seinen Willen in den Besitz der bis zum Tode des Erblassers in dessen Besitz gewesenen Sache gesetzt hat. Führt der Kläger diesen Nachweis, so hat der Beklagte etwaige besondere Erwerbstitel oder den Wegfall seiner Herausgabepflicht nach §§ 2021 ff. zu beweisen (Prot 5, 700 ff.).

§ 2019

Als aus der Erbschaft erlangt gilt auch, was der Erbschaftsbesitzer durch Rechtsgeschäft mit Mitteln der Erbschaft erwirbt.

Die Zugehörigkeit einer in solcher Weise erworbenen Forderung zur Erbschaft hat der Schuldner erst dann gegen sich gelten zu lassen, wenn er von der Zugehörigkeit Kenntnis erlangt; die Vorschriften der §§ 406 bis 408 finden entsprechende Anwendung.

E I 2081 Nr 3 II 1893; M 5 583—585; P 5 710—714, 719, 720; 6 168, 316, 324—326.

Übersicht:

Ersatzherausgabe

1. Allgemeines (Ersetzungsgrundsatz)
2. Voraussetzungen des Abs 1
3. Schutz gutgläubiger Schuldner (Abs 2)

1. Allgemeines: Abs 1 enthält einen Anwendungsfall des Grundsatzes der **dinglichen Ersetzung (Surrogation)**; vgl. zu § 2041 Anm 1, 3 und RG 138, 134. Das von dem Erbschaftsbesitzer durch Rechtsgeschäft mit Mitteln der Erbschaft Erlangte **gilt als aus der Erbschaft erlangt,** d. h. es wird in bezug auf die in § 2018 bestimmte Herausgabepflicht als Erbschaftsgegenstand, als zur Erbschaft gehörig behandelt. Damit wird erreicht, daß das Nachlaßvermögen unter den genannten Voraussetzungen in seinem wechselnden Bestande dem Zugriff des oder der Erben unterliegt. Das mit Mitteln der Erbschaft erworbene Eigentum, Forderungsrecht, Recht an fremder Sache usw. steht sonach nicht dem Erbschaftsbesitzer, sondern unmittelbar dem wahren Erben zu; es bedarf keiner Übertragung oder Abtretung von seiten des Erbschaftsbesitzers. Ist dieser als Berechtigter im Grundbuche eingetragen worden, so geht der Herausgabeanspruch auf Berichtigung des Grundbuchs. Hat der Erbschaftsbesitzer das mit Mitteln der Erbschaft Erlangte wiederum rechtsgeschäftlich veräußert gegen anderes, so tritt dieses in der gleichen Weise an die Stelle des ersteren, so daß sich die Surrogation mehrmals wiederholen kann, z. B. wenn ein Erbschaftsgrundstück verkauft und der Erlös in einer Hypothek angelegt worden ist. Erwirbt der Erbschaftsbesitzer teils mit Mitteln der Erbschaft, teils mit eigenen Mitteln, so tritt Miteigentum ein. Ausgeschlossen ist die dingliche Ersetzung bei dem Erwerbe höchstpersönlicher Rechte (Nießbrauch, beschränkte persönliche Dienstbarkeit) oder solcher Rechte, die Bestandteile eines dem Erbschaftsbesitzer gehörigen Grundstücks werden (Grunddienstbarkeiten, § 96); vgl. § 2021 A 1. Dagegen gilt, wenn durch Verbindung oder Vermischung beweglicher Sachen Miteigentum entsteht, dieses als aus der Erbschaft erlangt; es unterliegt deshalb dem Herausgabeanspruch.

In der 9. Aufl ist die Ansicht vertreten worden, die Surrogationswirkungen träten nur ein, wenn die Verfügung des Erbschaftsbesitzers über die Erbschaftsmittel dem Erben gegenüber wirksam geworden sei; das sei der Fall, wenn der Dritte, an den die Erbschaftsgegenstände veräußert sind, sie rechtswirksam erworben habe, also bei beweglichen Sachen durch gutgläubigen Erwerb mittels Übergabe (§§ 929ff.; vgl. aber § 2018 A 4), bei Rechten an Grundstücken auf Grund des Grundbuchs (§ 892), im übrigen, namentlich bei Forderungsübertragungen und Leistungen auf Forderungen durch den Schuldner, wenn der Erbschaftsbesitzer durch Erbschein ausgewiesen war (§§ 2366, 2367). Die Verfügung werde auch wirksam, wenn der Erbe sie genehmige (§ 185); die Genehmigung könne schon in der Erhebung des Erbschaftsanspruchs auf Herausgabe des Gegenstandes gefunden werden. Liege keiner dieser Fälle vor, so könne der Erbe den Anspruch auf Herausgabe des vom Erbschaftsbesitzer weggegebenen Erbschaftsgegenstandes gegen den Dritten nur mit den gewöhnlichen Einzelklagen geltend machen. — Diese Auffassung wird aufgegeben. Es muß bei wirtschaftlicher Betrachtungsweise genügen, wenn der Erbschaftsbesitzer tatsächlich etwas aus der Erbschaft weggegeben hat, um den Anspruch des Erben auf die Gegenleistung zu begründen, die tatsächlich an dessen Stelle in die Erbschaft gelangt ist (vgl. Staudinger-Lehmann A 11; Kipp-Coing § 100 II 1 A 4 mit weiteren Nachweisen).

2. Mit Mitteln der Erbschaft durch Rechtsgeschäft erworben ist dasjenige, was als Gegenleistung gegen die Hingabe eines Erbschaftsgegenstandes von dem Erbschaftsbesitzer erlangt ist. Es genügt daher nicht (wie in §§ 1370, 2041, 2374), daß das den Erwerb vermittelnde Rechtsgeschäft sich auf die Erbschaft bezieht; es müssen dabei vielmehr Erbschaftsgegenstände aufgeopfert worden sein; vgl. für andere Fälle von Sondervermögen RG 72, 166; 87, 439. Deshalb erstreckt sich der Erbschaftsanspruch nicht auf Gegenstände, die der Erbschaftsbesitzer für die Erbschaft, z. B. um als Zubehör eines Erbschaftsgrundstücks zu dienen, mit eigenen Mitteln erworben hat. Dagegen ist es unerheblich, ob er die Gegenstände für sich persönlich hat erwerben wollen, etwa um sie dem wahren Erben oder den Nachlaßgläubigern zu entziehen; seine Willensrichtung ist nicht, wie in §§ 1381, 1646, entscheidend. — Wegen der Nutzungen vgl. § 2020 A 1. — Mit Mitteln der Erbschaft ist auch erlangt, was ein Nachlaßschuldner zur Tilgung seiner Schuld an den Erbschaftsbesitzer gezahlt hat; es gehören ferner hierher: die Forderungen, die durch Ausleihen von Erbschaftskapital entstanden sind (Gruchot 51, 919); ebenso Forderungen aus Versicherungsverträgen, für welche die Prämien aus Erbschaftsmitteln bezahlt sind; auch ein Rückforderungsanspruch wegen einer aus Mitteln der Erbschaft bezahlten Nichtschuld (§§ 812, 813, 814.) — Soweit dingliche Ersetzung stattfindet, hat der Erbe im Konkurse des Erbschaftsbesitzers ein Aussonderungsrecht (KO § 43). — Was ohne Vermittlung eines Rechtsgeschäfts auf Grund eines zur Erbschaft gehörigen Rechtes erworben wird, fällt (ohne daß es einer ausdrücklichen Vorschrift bedurfte) kraft Gesetzes dem wahren Erben zu, so die Hälfte des auf einem Erbschaftsgrundstück gefundenen Schatzes (§ 984) und eine zur Eigentümergrundschuld gewordene Hypothek (§ 1163); hat der Erbschaftsbesitzer es „erlangt", so steht dem Erben der Erbschaftsanspruch auf Herausgabe zu. Auch die Ansprüche wegen Zerstörung, Beschädigung oder Entziehung eines Erbschaftsgegenstandes gehören zur Erbschaft; es findet deshalb, wenn die Entschädigungssumme rechtswirksam an den Erbschaftsbesitzer bezahlt worden ist, der Herausgabeanspruch des Erben auf Grund dinglicher Ersetzung statt. Einer ausdrücklichen Bestimmung wie in §§ 1370, 2041, 2111, 2374 bedurfte es dazu nicht.

3. Schutz des gutgläubigen Schuldners. Die Vorschrift des Abs 2 enthält eine den Bestimmungen der §§ 720, 1473 Abs 2, 1524 Abs 2, 2111 Abs 1 Satz 2 entsprechende Regelung. Sie bezweckt den Schutz des gutgläubigen Schuldners einer von dem Erbschaftsbesitzer mit Mitteln der Erbschaft in eigenem Namen begründeten Forderung gegenüber der in Abs 1 bestimmten dinglichen Ersetzung, derzufolge die Forderung zur Erbschaft gehört. Solange der Schuldner nicht weiß, daß die Forderung mit Mitteln der Erbschaft begründet und der Erbschaftsbesitzer nicht der wahre Erbe ist, kann er jenen als Gläubiger ansehen. Zugleich ist damit ausgesprochen, daß der

Schuldner, sobald er die bezeichnete Kenntnis erlangt, nunmehr die Zugehörigkeit der Forderung zur Erbschaft gegen sich gelten lassen, also den wahren Erben als seinen Gläubiger behandeln muß, als hätte der Erbschaftsbesitzer diesem die Forderung abgetreten. Diese Rechtslage tritt mit der Kenntnis des Schuldners ein, nicht etwa erst mit der Geltendmachung des Erbschaftsanspruchs durch den Erben. — Ohne weiteres folgt aus der Bestimmung, daß der Schuldner dem Erben alle Einwendungen entgegensetzen kann, die gegenüber dem Erbschaftsbesitzer zur Zeit, als der Schuldner Kenntnis erhielt, entstanden waren, wenn auch nur dem Rechtsgrunde nach (§ 404 A 2). Im übrigen sind zum Schutze des Schuldners die **§§ 406—408 für entsprechend anwendbar erklärt.** Die entsprechende Anwendung bedeutet, daß der Schuldner eine ihm gegen den Erbschaftsbesitzer zustehende Forderung auch gegenüber dem Erben aufrechnen kann, sofern er nicht von der Zugehörigkeit zur Erbschaft beim Erwerbe der Forderung Kenntnis hatte oder die Forderung erst nach Erlangung der Kenntnis und später als die Erbschaftsforderung fällig geworden ist (§ 406 A 1); ferner daß der Erbe Leistungen an den und Rechtsgeschäfte mit dem Erbschaftsbesitzer in Ansehung der Forderung gegen sich gelten lassen muß, sofern nicht der Schuldner dabei die Kenntnis gehabt hat (§ 407); endlich, daß Gleiches auch für Leistungen und Rechtsgeschäfte des Schuldners mit einem Zessionar des Erbschaftsbesitzers gilt (§ 408). Dagegen findet die besondere Vorschrift des § 405 keine Anwendung; der Schuldner kann also auch gegenüber einer von ihm ausgestellten Urkunde den Einwand des Scheingeschäfts gegen den Anspruch des Erben erheben.

§ 2020

Der Erbschaftsbesitzer hat dem Erben die gezogenen Nutzungen herauszugeben; die Verpflichtung zur Herausgabe erstreckt sich auch auf Früchte, an denen er das Eigentum erworben hat.

E I 2081 Nr 4 II 1894; M 5 585, 586; P 5 710, 714, 715.

Herausgabe von Nutzungen.

1. Nutzungen sind nach § 100 die Früchte einer Sache oder eines Rechts sowie die Vorteile, welche der Gebrauch der Sache oder des Rechts gewährt. Nach §§ 987—993 würde der Erbschaftsbesitzer **Nutzungen,** die er aus Sachen (§ 90) gezogen hat, die zur Erbschaft gehören, nur in dem dort bestimmten beschränkten Umfange herauszugeben haben, während er Nutzungen von Rechten, die Teil der Erbschaft sind, unbeschränkt nach den Vorschriften über Bereicherung herausgeben müßte (§ 987 A 1). Diesen Unterschied will § 2020 für den Erbschaftsanspruch beseitigen, indem er auch für die Nutzungen körperlicher Sachen die Herausgabepflicht als Regel einführt (M 5, 585). Der Herausgabeanspruch ist, soweit die Nutzungen noch in Natur vorhanden und nicht mit der Trennung Eigentum des Erbschaftsbesitzers geworden sind (A 2), ein dinglicher, da die Nutzungen insoweit zur Erbschaft gehören und also aus der Erbschaft erlangt sind (§ 2018). Gleiches muß gelten, wenn die Nutzungen von Erbschaftsgegenständen auf Grund von Rechtsgeschäften mit Mitteln der Erbschaft erlangt sind (§ 2019), z. B. durch Vermietung oder Verpachtung von Nachlaßgrundstücken (so jetzt auch Kipp-Coing § 101 II 4; ferner Staudinger-Lehmann A 2 Abs 1; a. M. Planck-Flad A 2a—c, wo ohne zureichenden Grund angenommen ist, daß die „bürgerlichen Früchte" unter allen Umständen durch den Übertragungsakt Eigentum des Erbschaftsbesitzers werden). Freilich ergibt sich aus Halbsatz 2, daß der Eigentumserwerb des gutgläubigen Besitzers an den Früchten nach § 955 auch für den Erbschaftsbesitzer nicht ausgeschlossen sein soll; aber das ist kein Grund, auch im übrigen die dingliche Surrogation der §§ 2018, 2019 auf die Herausgabe der Nutzungen für nicht anwendbar zu erklären. Handelt es sich um nicht herausgabefähige Nutzungen, z. B. bloße tatsächliche Vorteile, die der Erbschaftsbesitzer aus dem Besitze gehabt hat (§ 100 A 3), oder sind die Nutzungen nicht mehr in Natur vorhanden, so tritt der Bereicherungsanspruch des § 2021 ein (so auch Strohal bei Planck, 3. Aufl, A 2a—c). — Steigerung der Herausgabepflicht im Falle der Rechtsfähigkeit und des bösen Glaubens §§ 2023, 2024.

2. Herausgabe von Früchten (Begriff § 99). Halbsatz 2 erstreckt die Herausgabepflicht auch auf solche Früchte, an denen der Erbschaftsbesitzer **mit der Trennung Eigentum erworben hat.** Das ist der Fall bei Erzeugnissen und sonstigen zu den Früchten der Sache gehörigen Bestandteilen, wenn der Erbschaftsbesitzer bei Erwerb des Erbschaftsbesitzes in gutem Glauben, Erbe zu sein, gewesen ist und nicht vor der Trennung von dem Mangel seines Rechtes erfahren hat (§ 955 Abs 1). Der Unterschied von dem Falle des Halbsatzes 1 besteht darin, daß hier nur ein schuldrechtlicher Anspruch auf Herausgabe in Betracht kommen kann. Doch hat er auch hier die Früchte, soweit sie noch vorhanden sind, in Natur herauszugeben, und zwar durch Eigentumsübertragung an den Erben; andernfalls greift § 2021 ein. Bei bösgläubigem Erwerb des Erbschaftsbesitzers tritt dinglicher Erwerb der Früchte für den Erben ein.

§ 2021

Soweit der Erbschaftsbesitzer zur Herausgabe außerstande ist, bestimmt sich seine Verpflichtung nach den Vorschriften über die Herausgabe einer ungerechtfertigten Bereicherung.

E I 2083 II 1895; M 5 587, 588; P 5 696ff., 710, 716.

Herausgabe nach Bereicherungsrecht

1. Voraussetzungen: Die einzelnen Nachlaßgegenstände sowie die an deren Stelle getretenen Ersatzstücke (Surrogate, § 2019 A 1), die noch vorhandenen Nutzungen (§ 2020), überhaupt die gesamte Erbschaft ist dem Erben grundsätzlich in Natur herauszugeben. Wegen der Früchte vgl. § 2020 A 2.

Nur soweit **der Erbschaftsbesitzer zur Herausgabe außerstande** und auch ein Surrogat, das herausgegeben werden könnte, nicht an die Stelle getreten ist, greift der Bereicherungsanspruch Platz. Die Unmöglichkeit der Herausgabe kann ihren Grund darin haben, daß die Nachlaßgegenstände oder ihre Surrogate untergegangen oder verbraucht oder daß sie vom Erbschaftsbesitzer höchstpersönlich erworben sind (Leibrenten usw. § 2019 A 1) oder daß ein Recht für ein Grundstück des Erbschaftsbesitzers (Grunddienstbarkeit, § 96) erworben ist, aber auch darin, daß die Erbschaft Nutzungen abgeworfen hat, die nur in Gebrauchsvorteilen (Bewohnen des Nachlaßgrundstücks) bestanden (§ 2020 A 1). Die Bereicherung besteht dann in der Ersparnis der sonst erforderlich gewesenen Aufwendungen.

Gemäß § 951 kann die Herausgabe auch nicht verlangt werden, wenn das Erlangte wesentlicher Bestandteil (§ 93) eines dem Erbschaftsbesitzer gehörigen Grundstücks geworden ist, z. B. eine dem Grundstücke fest eingefügte Sache (§ 94); ebenso wenn eine bewegliche Erbschaftssache mit einer beweglichen Sache des Erbschaftsbesitzers dergestalt verbunden ist, daß diese als die Hauptsache erscheint (§ 947 Abs 2). Entsteht dagegen durch Verbindung oder Vermischung Miteigentum (§§ 947 Abs 1, 948), so ist dieses herauszugeben (vgl. § 2019 A 1).

2. Anwendung des Bereicherungsrechts: Die Bezugnahme auf die Bereicherungsvorschriften, die sich hier und an anderen Stellen des BGB, wo es sich um Herausgabepflichten handelt, z. B. § 2329, wie auch in der ZPO (§ 717 Abs 3) findet, dient nicht dazu, die Tatbestände für die Herausgabepflicht festzustellen; sie soll nur den Umfang einer vom Gesetz bestimmten oder als bereits vorhanden vorausgesetzten Herausgabepflicht bestimmen, und zwar in der Regel (so auch hier) im Sinne einer Beschränkung dieses Umfanges auf die nach den Grundsätzen der §§ 812ff. vorhandene Bereicherung (RG 81, 206; 139, 22). Der Umfang des Herausgabeanspruchs bestimmt sich daher auch in diesem Falle nach §§ 818ff. Er geht also auf Ersatz des Wertes des Erlangten in Geld (§ 818 Abs 2); er fällt fort, wenn der Erbschaftsbesitzer nicht mehr bereichert ist (§ 818 Abs 3), also auch wenn er das Erlangte unentgeldlich weggegeben hat; in diesem Falle geht aber der Bereicherungsanspruch gegen den Dritten, dem die Zuwendung gemacht ist (§ 822).

Für die Frage, ob eine Bereicherung vorliegt, kommt die Vermögensvermehrung, die durch die Erbschaft als Ganzes dem Vermögen des Erbschaftsbesitzers zugeflossen und noch vorhanden ist, unter Abzug der ihm dadurch entstandenen Vermögensverminderungen in Betracht. Verwendungen auf die Erbschaft sind auf die Bereicherung anzurechnen (§ 2022 A 2). Nach allgemeinen Bereicherungsgrundsätzen kann der Herausgabepflichtige allerdings Aufwendungen, die er gemacht hat, um in den Besitz des Gutes zu kommen, nicht von der Bereicherung absetzen (vgl. BGH 9, 333 = NJW 1953, 1020 und BGH NJW 1954, 1194). Der Erbschaftsbesitzer kann daher z. B. die Kosten eines (unrichtigen) Erbscheins oder die Kosten eines Rechtsstreits um sein vermeintliches Erbrecht nicht abziehen (OLG Kiel LZ 1917, 888). Die Frage, ob der Erbschaftsbesitzer auch Ausgaben, die er nur mit Rücksicht auf den vermeintlichen Erbschaftsanfall aus seinem Vermögen gemacht hat, z. B. Kosten einer Vergnügungsreise, in Abzug bringen kann, ist zu bejahen; dafür auf Grund der Prot 5, 717 Planck-Flad A 5 zu § 2022; auch in RG 83, 163 sind die Ausgaben für eine „bessere Lebenshaltung“ als Wegfall der Bereicherung bezeichnet worden; a. M. Kipp § 68 III. Verzinsungspflicht nach § 291 von der Rechtshängigkeit ab. Erweiterte Haftung bei nach Rechtshängigkeit eingetretener Unmöglichkeit der Herausgabe § 2023, bei Bösgläubigkeit und Verzug § 2024.

§ 2022

Der Erbschaftsbesitzer ist zur Herausgabe der zur Erbschaft gehörenden Sachen nur gegen Ersatz aller Verwendungen verpflichtet, soweit nicht die Verwendungen durch Anrechnung auf die nach § 2021 herauszugebende Bereicherung gedeckt werden. Die für den Eigentumsanspruch geltenden Vorschriften der §§ 1000 bis 1003 finden Anwendung.

Zu den Verwendungen gehören auch die Aufwendungen, die der Erbschaftsbesitzer zur Bestreitung von Lasten der Erbschaft oder zur Berichtigung von Nachlaßverbindlichkeiten macht.

Soweit der Erbe für Aufwendungen, die nicht auf einzelne Sachen gemacht worden sind, insbesondere für die im Abs 2 bezeichneten Aufwendungen, nach den allgemeinen Vorschriften in weiterem Umfang Ersatz zu leisten hat, bleibt der Anspruch des Erbschaftsbesitzers unberührt.

E I 2084 II 1896; M 5 589, 590; P 5 716–718.

Übersicht:

Rechte des Erbschaftsbesitzers wegen Verwendungen

1. Allgemeines: Die Bestimmung stellt den gutgläubigen Erbschaftsbesitzer (anders bei bösem Glauben und bei Rechtshängigkeit, §§ 2023—2025) gegenüber dem Anspruch auf Herausgabe „der zur Erbschaft gehörenden Sachen" besser als den Besitzer im Verhältnis zum Eigentümer (§§ 985ff.). Das entspricht der von den §§ 987ff. gleichfalls abweichenden Regelung des § 2020, nach welcher er dem Erben alle gezogenen Nutzungen herauszugeben hat. § 2022 betrifft den dinglichen Herausgabeanspruch, der sich auf die noch in Natur vorhandenen körperlichen Erbschaftssachen (§ 2018 A 2), desgleichen auf Surrogate (§ 2019 A 1, 2) und herausgabefähige Nutzungen erstreckt, soweit diese nicht als Früchte Eigentum des Erbschaftsbesitzers geworden sind (§ 2020 A 1); doch hat sinngemäß das gleiche für den nur schuldrechtlichen Anspruch auf Herausgabe der Früchte (§ 2020 A 2) zu gelten, die Eigentum des Erbschaftsbesitzers geworden sind, obwohl es an einer ausdrücklichen Bestimmung für sie hier (anders § 2023 Abs 2) fehlt (ebenso Staudinger-Lehmann A 2, 14; a. M. Planck-Flad A 1 a γ). Soweit dagegen nur ein Ersatzanspruch auf Bereicherung besteht, ergibt sich schon aus § 2021 (A 2), daß die Verwendung als Minderung der Bereicherung abgezogen werden können.

Auf den Anspruch auf Berichtigung des Grundbuchs bei erlangter grundbuchlicher Rechtslage (§ 2018 A 3) ist die Vorschrift entsprechend anzuwenden; demnach ist der Erbschaftsbesitzer berechtigt, die Zustimmung zur Umschreibung, z. B. einer auf seinen Namen eingetragenen Hypothek, zu verweigern, bis ihm alle Verwendungen ersetzt worden sind (so Strohal II, 400; Planck-Flad A 3).

2. Alle Verwendungen sind zu ersetzen, also nicht nur — wie dem Besitzer einzelner Sachen (§§ 994ff.) — die notwendigen und werterhöhenden, und zwar ohne Beschränkung hinsichtlich der Erhaltungskosten und der Lasten, da dem Erbschaftsbesitzer die Nutzungen für keinen Zeitraum verbleiben (§ 2021). Es kommen nur die bis zur Rechtshängigkeit des Erbschaftsanspruchs und vor der Kenntnis des Erbschaftsbesitzers, daß er nicht Erbe sei, gemachten Verwendungen in Betracht; für die späteren Verwendungen greifen §§ 2023 Abs 2, 2024 Platz. Ist eine Verwendung auf Erbschaftssachen bereits als Minderung der Bereicherung abgesetzt worden (§ 2021 A 2), so kann die Herausgabe wegen dieser Verwendung nicht mehr verweigert werden. — Abtrennungsrecht nach § 997. — Einschränkungen mit Eintritt der Rechtshängigkeit § 2023 Abs 2 (A 4), im Falle der Bösgläubigkeit § 2024 (A 2).

3. Geltendmachung der Rechte wegen Verwendungen: Die Herausgabepflicht besteht nur **gegen Ersatz** aller Verwendungen. Der Erbschaftsbesitzer kann daher die Herausgabe der von dem Erben beanspruchten Erbschaftssachen verweigern, bis er wegen aller auf die Erbschaft gemachten Verwendungen, auch der auf andere Erbschaftssachen und der für die Erbschaft im allgemeinen (Abs 2) gemachten, befriedigt ist (RG Warn 1913 Nr 233). — Die in Abs 1 Satz 2 vorgeschriebene **Anwendung der §§ 1000—1003** kann nur eine entsprechende sein. Das Verweigerungsrecht (Zurückbehaltungsrecht) besteht danach nicht, wenn der Erbschaftsbesitzer den Erbschaftsbesitz durch eine vorsätzlich begangene unerlaubte Handlung (§§ 823ff.) erlangt hat (§ 1000 Satz 2); der bösgläubige Erwerb wird sich in aller Regel ohne weiters als eine solche vorsätzliche Verletzung des Erbrechts des Erben — das kein bloßes Forderungsrecht ist, § 823 Abs 1 (A 9) — darstellen. Der Erbschaftsbesitzer hat im übrigen über das Zurückbehaltungsrecht hinaus einen im Wege der Klage verfolgbaren Ersatzanspruch, der jedoch davon abhängig ist, daß der Erbe die „Sache" wiedererlangt (sei es durch Herausgabe von dem Erbschaftsbesitzer oder auf andere Weise) oder die Verwendungen genehmigt (§ 1001). Als Sache kommt hier diejenige Sache in Betracht, auf welche die Verwendungen gemacht sind; dem Zurückerlangen der Sache steht das Erlangen eines Surrogats (§ 2019) oder Herausgabeersatzes (§ 2021) gleich. Handelt es sich um Verwendungen auf die Erbschaft im allgemeinen (§ 2022 Abs 2, vgl. A 4), so kann der Anspruch nur geltend gemacht werden, wenn die Erbschaft als

Ganzes, soweit noch vorhanden, herausgegeben und für das nicht mehr Vorhandene der Herausgabeersatz geleistet ist. Die Klage ist an eine kurze Erlöschungsfrist gebunden (§ 1002). Hinsichtlich des Laufes und der Berechnung der Frist führt die entsprechende Anwendung des § 1002 dahin, daß bei Verwendungen auf einzelne Erbschaftssachen die Frist mit der Herausgabe dieser Sachen beginnt und einen Monat oder, wenn die Sache ein Grundstück ist, sechs Monate beträgt; wenn Verwendungen auf die Erbschaft als Ganzes (Abs 2) in Frage stehen, beginnt die Frist erst mit der Herausgabe sämtlicher in den Besitz des Erbschaftsbesitzers gelangter Sachen; sie beträgt einen Monat, sofern aber Grundstücke darin enthalten sind, sechs Monate (ebenso Staudinger-Lehmann A 10; abweichend für den letzteren Fall Planck-Flad A 2 Abs 2).

4. Aufwendungen, die der Erbschaftsbesitzer macht, um Lasten der Erbschaft zu bestreiten oder Nachlaßverbindlichkeiten zu berichtigen, gehören zu den Verwendungen im Sinne des Abs 1. Das stellt Abs 2 ausdrücklich klar. Die Vorschrift entspricht dem § 995 Satz 1 (Gegenanspruch des Besitzers, der Lasten der Sache bestritten hat).

Zu den öffentlichen oder privatrechtlichen **Lasten der Erbschaft** gehört auch die vom Erbschaftsbesitzer gezahlte Erbschaftssteuer, die übrigens auch eine Nachlaßverbindlichkeit darstellt. Soweit der wirkliche Erbe zu einem geringeren Satze steuerpflichtig ist, hat der Erbschaftsbesitzer ihm seinen Rückforderungsanspruch an den Fiskus abzutreten.

Bezüglich der **berichtigten Nachlaßverbindlichkeiten** (§ 1967) ist der gutgläubige Erbschaftsbesitzer unbeschränkt ersatzberechtigt, auch wenn er sich dabei nicht im Rahmen der durch §§ 1978—1980, 1991 dem Erben auferlegten Verantwortlichkeit gehalten hat. Vgl. aber wegen der Geltendmachung eines Zurückbehaltungsrechts für Berichtigung von Nachlaßverbindlichkeiten § 273 A 1a.

5. Zu Abs 3: Die Vorschrift betrifft Aufwendungen, die nicht auf einzelne Sachen gemacht worden sind, also auf die Erbschaft im ganzen oder auf unkörperliche Nachlaßgegenstände. In Frage kommt der **Bereicherungsanspruch** (§§ 812ff.); für Ansprüche aus Geschäftsführung ohne Auftrag ist kein Raum (§ 687), da der Erbschaftsbesitzer kein fremdes Geschäft besorgen will (vgl. auch Staudinger-Lehmann A 12; Kipp-Coing § 101 IV 4).

6. Beweislast. Der Erbschaftsbesitzer hat die nach Abs 1, 2 auf einzelne Nachlaßgegenstände oder auf den ganzen Nachlaß gemachten Verwendungen zu beweisen, insbesondere auch, daß die berichtigten Nachlaßverbindlichkeiten als solche bestanden haben; vgl. aber A 4. Der Erbe hat zu beweisen, daß der Erbschaftsbesitzer hierfür schon durch Anrechnung auf die nach § 2021 herauszugebende Bereicherung gedeckt ist. Zu Abs 3 hat der Erbschaftsbesitzer, der im weiteren Umfang Ersatz fordert, die besonderen Tatbestände zu beweisen, welche dies rechtfertigen.

§ 2023

Hat der Erbschaftsbesitzer zur Erbschaft gehörende Sachen herauszugeben, so bestimmt sich von dem Eintritte der Rechtshängigkeit an der Anspruch des Erben auf Schadensersatz wegen Verschlechterung, Unterganges oder einer aus einem anderen Grunde eintretenden Unmöglichkeit der Herausgabe nach den Vorschriften, die für das Verhältnis zwischen dem Eigentümer und dem Besitzer von dem Eintritte der Rechtshängigkeit des Eigentumsanspruchs an gelten.

Das gleiche gilt von dem Anspruche des Erben auf Herausgabe oder Vergütung von Nutzungen und von dem Anspruche des Erbschaftsbesitzers auf Ersatz von Verwendungen.

E I 2085 II 1897; M 5 591; P 5 718, 719.

Übersicht:

Einfluß der Rechtshängigkeit

1. Herausgabeanspruch des Erben	3. Nutzungen
2. Anwendung der §§ 989—993	4. Verwendungen

1. Erweiterung des Herausgabeanspruchs durch Rechtshängigkeit (§§ 263, 281 ZPO). § 2023 Abs 1 betrifft den dinglichen Herausgabeanspruch wegen der **zur Erbschaft gehörigen** Sachen (§§ 2018, 2019) einschließlich der Surrogate; wegen der Nutzungen ist gleiches bestimmt in Abs 2, der sonach auch gilt, wenn sie nur schuldrechtlich herauszugeben oder zu vergüten sind (§ 2020 A 1). Daneben besteht der Bereicherungsanspruch des Erben aus § 2021. Inwieweit dieser Anspruch durch die Rechtshängigkeit beeinflußt wird, bestimmt sich nach § 818 Abs 4; es gelten also die allgemeinen Vorschriften über Schuldverhältnisse (Verzinsungspflicht bei Geldschulden nach § 291, keine Beschränkung durch Wegfall der Bereicherung).

2. Die entsprechende Anwendung der **für den Eigentumsanspruch geltenden Vorschriften (§§ 989—993)** bedeutet nach § 989, daß der Erbschaftsbesitzer für den Schaden verantwortlich ist, der durch Verschlechterung, Untergang oder Unmöglichkeit der Herausgabe von Erbschaftssachen dem Erben entsteht, wenn diese Umstände nach der Rechtshängigkeit des Erbschaftsanspruchs infolge Verschuldens (§ 276) des Erbschaftsbesitzers eintreten. Er haftet danach nicht ohne weiteres für den durch den Verzug entstehenden Schaden (vgl. § 989 A 1); anders im Falle der §§ 2024 (vgl. A 4 dazu) und 2025 (vgl. A 4 dazu). Der Inhalt des Schadenersatzanspruchs selbst ergibt sich aus §§ 249—255. Ähnliche verweisende Bestimmungen in §§ 292, 347.

3. Demgemäß hat von der Rechtshängigkeit ab der Erbschaftsbesitzer nicht nur die gezogenen **Nutzungen** (§ 2020 A 1) herauszugeben, sondern auch Ersatz zu leisten für diejenigen Nutzungen, die zu ziehen er schuldhaft versäumt hat (§ 987 Abs 2). Sofern der Erbschaftsbesitzer vorher gezogene Nutzungen noch herauszugeben oder zu vergüten hat, haftet er nach Eintritt der Rechtshängigkeit auf Schadenersatz wie für ursprüngliche Erbschaftssachen (A 2).

4. Der Anspruch auf **Ersatz der Verwendungen (§§ 994—1003)** beschränkt sich von der Rechtshängigkeit ab auf notwendige Verwendungen im Rahmen der Geschäftsführung ohne Auftrag (§ 994 Abs 2). Die Verwendungen brauchen nicht auf die herauszugebenden Sachen gemacht worden zu sein, da der Erbschaftsanspruch auch nach der Rechtshängigkeit ein Gesamtanspruch bleibt (Planck-Flad A 1c; Staudinger-Lehmann A 3c Abs 3).

Soweit die Verwendungen in der Berichtigung von Nachlaßverbindlichkeiten bestehen, ist der Ersatzanspruch davon abhängig, daß sich der Erbschaftsbesitzer dabei an die Vorschriften der §§ 1978—1980, 1991 gehalten hat. Das Abtrennungsrecht gemäß § 997 kann er nur noch für die vor der Rechtshängigkeit verbundenen Sachen geltend machen (§ 997 Abs 2), den Anspruch aus § 998 nur für die vorher zur Fruchterzielung aufgewendeten Kosten, auch Ersatz von Verwendungen eines Vorbesitzers, insbesondere im Falle des § 2030, nur soweit diese vor der Rechtshängigkeit erfolgt sind (§§ 999, 994 Abs 2).

§ 2024

Ist der Erbschaftsbesitzer bei dem Beginne des Erbschaftsbesitzes nicht in gutem Glauben, so haftet er so, wie wenn der Anspruch des Erben zu dieser Zeit rechtshängig geworden wäre. Erfährt der Erbschaftsbesitzer später, daß er nicht Erbe ist, so haftet er in gleicher Weise von der Erlangung der Kenntnis an. Eine weitergehende Haftung wegen Verzugs bleibt unberührt.

E I 2085, 2086 II 1898; M 5 591, 592; P 5 718, 719.

Übersicht:

Böser Glaube des Erbschaftsbesitzers

1. Voraussetzungen des Satzes 1:
   a) „Beim Beginne des Erbschaftsbesitzes“
   b) „Nicht in gutem Glauben“
2. Haftung
3. Spätere Kenntnis (Satz 2)
4. Verzug (Satz 3)
5. Beweislast

1. Zu Satz 1:

a) Der Erbschaftsbesitz beginnt mit dem Zeitpunkte, in dem der Besitzer zuerst mit Erbenwillen etwas aus der Erbschaft erlangt hat, § 2018 A 3.

b) Der Erbschaftsbesitzer ist nicht gutgläubig, wenn er beim Besitzerwerb weiß oder infolge grober Fahrlässigkeit nicht weiß, daß er nicht Erbe ist (vgl. § 932 Abs 2). Positive Kenntnis des Rechtsmangels wird also hier (anders im Falle von Satz 2, vgl. A 3) nicht gefordert (RG 56, 317). Das gilt sowohl für den Herausgabeanspruch (§§ 2018, 2019, 2020) wie für den Bereicherungsanspruch (§ 2021), während nach § 819 Abs 1 für letzteren sonst positive Kenntnis des Rechtsmangels beim Empfange der Bereicherung für die verstärkte Haftung erfordert wird.

2. Haftung des bösgläubigen Erbschaftsbesitzers. Die Vorschriften betreffen sowohl den dinglichen und schuldrechtlichen Herausgabeanspruch (§§ 2018 A 3, 4, 2019 A 1, 2020 A 1), wie den Bereicherungsanspruch (§ 2021 A 2). Für den ersten sind sonach gemäß § 2023 (vgl. A 1, 2 dazu) die Vorschriften der §§ 989ff. bereits von den in § 2024 Satz 1 und 2 als maßgebend bezeichneten Zeitpunkten ab anzuwenden; für den Bereicherungsanspruch (vgl. § 2023 A 2) von den gleichen Zeitpunkten ab der § 818 Abs 4, es tritt also Haftung nach allgemeinen Vorschriften ein, d. h. ohne Beschränkung durch den Wegfall der Bereicherung sowie gemäß § 291 Verzinsung auch ohne Verzug. Hinsichtlich des Inhalts der Haftung ist auf die Vorschriften über die Rechtshängigkeit verwiesen; er bestimmt sich also für den Herausgabeanspruch nach § 2023 (A 2), für den Bereicherungsanspruch nach § 818 Abs 4 (vgl. § 2023 A 1).

3. **Zu Satz 2:** Das Gesetz verlangt (übereinstimmend mit §§ 819, 937, 955, 957, 990) „Erfahren", also die positive Kenntnis des Erbschaftsbesitzers davon, daß ihm kein Erbrecht zusteht (§ 1944 A 2; RG 56, 317). War der Erbschaftsbesitzer beim Besitzerwerb gutgläubig, dann haftet er also nicht schon dann, wenn er später infolge grober Fahrlässigkeit nicht erfährt, daß er nicht der Erbe ist, z. B. wenn er nachträglich an seinem eigenen Erbrecht zweifelt, diesem Zweifel aber nicht nachgeht. Er ist grundsätzlich nur im Zeitpunkt des Besitzerwerbs verpflichtet, bei Bedenken nachzuforschen. Verschließt sich der Erbschaftsbesitzer jedoch bewußt der naheliegenden Möglichkeit, nachträglich zu erfahren, daß er nicht Erbe ist, lehnt er es z. B. ab, ein ihm vorgelegtes Testament zu lesen oder beharrt er auf einem offensichtlichen Rechtsirrtum, ohne Rechtsrat einzuholen, dann ist Satz 2 entsprechend anzuwenden. Denn die bedingte Kenntnis, d. h. das Bewußtsein des Erbschaftsbesitzers, daß der andere Erbe sein kann, ist der Kenntnis gleichzusetzen (vgl. auch Kipp-Coing § 102 II mit Hinweis auf § 162 BGB, Staudinger-Lehmann A 2; A. M. Planck-Flad § 2024 A 1 Abs 1).

4. **Zu Satz 3:** Die Rechtslage des gutgläubigen Erbschaftsbesitzers wird dadurch, daß er in **Verzug** gerät (§§ 284, 285), nicht verschlechtert; vgl. § 2023 A 2. Auch beim Eigentumsanspruch kommt eine Steigerung der Haftung durch Verzug nur gegenüber dem unredlichen Besitzer in Frage (§ 990 A 4). Sie besteht nach §§ 286, 287 in der Haftung für Schadenersatz ohne weiteres Verschulden und unter Umständen für die durch Zufall eintretende Unmöglichkeit der Leistung.

5. **Beweislast.** Der Erbe hat den bösen Glauben zur Zeit des Besitzbeginns (Satz 1) oder die spätere Kenntnis (Satz 2) und deren Zeitpunkt, ebenso die Verzugstatsachen (Satz 3) nachzuweisen.

§ 2025

Hat der Erbschaftsbesitzer einen Erbschaftsgegenstand durch eine strafbare Handlung oder eine zur Erbschaft gehörende Sache durch verbotene Eigenmacht erlangt, so haftet er nach den Vorschriften über den Schadensersatz wegen unerlaubter Handlungen. Ein gutgläubiger Erbschaftsbesitzer haftet jedoch wegen verbotener Eigenmacht nach diesen Vorschriften nur, wenn der Erbe den Besitz der Sache bereits tatsächlich ergriffen hatte.

E I 2086 II 1899; M 5 591, 592; P 5 720–723.

Übersicht:

Strafbare Handlung; verbotene Eigenmacht

1. **Erbschaftsgegenstand** sind die ursprünglich zur Erbschaft gehörigen Sachen und Rechte (§ 2018), die Ersatzstücke (Surrogate) (§ 2019) und die herauszugebenden Nutzungen (§ 2020). Daß auch die Ersatzstücke darunter fallen, ergibt sich daraus, daß diese nach § 2019 Abs 2 zur Erbschaft gehören; nach der Absicht der zweiten Kommission (Prot 5, 720) war namentlich der Fall der Einziehung einer Nachlaßforderung ins Auge gefaßt. § 2025 Satz 1 gilt auch, wenn der Erbschaftsbesitzer die ganze Erbschaft durch eine strafbare Handlung, z. B. auf Grund einer Urkundenfälschung oder der Abgabe einer falschen eidesstattlichen Versicherung, erlangt hat. Dagegen trifft § 2025 nicht den Fall, daß kein Erbschaftsgegenstand, sondern in anderer Weise auf Kosten der Erbschaft ein Vorteil erlangt ist, z. B. Nichtzahlung einer Schuld infolge Aufrechnung einer Nachlaßforderung (§ 2018 A 3) oder nicht herausgabefähige Nutzungen (§ 2020 A 1).

2. **Strafbare Handlungen,** eine Unterart der unerlaubten Handlungen (§§ 823ff.), sind solche, die mit öffentlicher Strafe bedroht sind, sei es, daß Vorsatz oder (wie z. B. bei Falscheid oder Abgabe falscher eidesstattlicher Versicherungen, StGB § 163) nur Fahrlässigkeit zum gesetzlichen Tatbestand erfordert wird. In Betracht kommt namentlich die Aneignung von Erbschaftssachen in rechtswidriger Absicht (Diebstahl, Unterschlagung, §§ 242, 246), für die erforderlich ist, daß der Täter weiß, daß er nicht Erbe ist; ferner Betrug, Urkundenfälschung (§§ 263, 267), die, um Erbschaftsgegenstände zu erlangen, gegenüber dem Erben selbst oder gegenüber dem Nachlaßgerichte, einem Nachlaßpfleger oder Testamentsvollstrecker begangen sein können oder auch (etwa durch Vorlegung eines gefälschten Erbscheins) gegenüber einem Nachlaßschuldner; bei diesen Straftaten ist es denkbar, daß der Täter hinsichtlich seines Erbrechts in gutem Glauben war und die strafbaren Handlungen begangen hat, um sich den Nachweis dieses vermeintlichen Erbrechts zu erleichtern. Die strenge Haftung des § 2025 tritt nach seinem Wortlaut auch in diesem Falle ein (vgl. Kipp-Coing § 102 Abs IV; Planck-Flad § 2025 A 1 Abs 1).

3. Verbotene Eigenmacht (§ 858), Eingriff in den Besitz, sei es des Erben oder eines Dritten, durch Entziehung oder Störung, ist nur bei körperlichen Erbschaftsgegenständen (Sachen) und nur gegen den unmittelbaren Besitzer (RG 15. 3. 20 IV 473/19) denkbar. Beschränkung in Satz 2 (A 5).

4. Die Haftung ist gesteigert durch Bestimmung einer **Schadenersatzpflicht nach den Vorschriften über unerlaubte Handlungen** (§§ 823ff.). Sie geht also auf Herstellung des früheren Zustandes (§§ 823, 249). Der Erbschaftsbesitzer ist auch für zufälligen Untergang oder sonstige zufällige Unmöglichkeit der Herausgabe, ohne Rücksicht auf Bereicherung (§ 2021), verantwortlich (§ 848), zur Zinszahlung für geschuldeten Wertersatz verpflichtet (§ 849); er kann nicht Ersatz aller Verwendungen (§ 2022), sondern nur der notwendigen und nützlichen beanspruchen (§§ 850, 994—996), auch wenn er hinsichtlich seines Erbrechts in gutem Glauben war (vgl. A 2). Der Schadenersatzanspruch unterliegt der dreijährigen Verjährung (§ 852). Der Herausgabeanspruch wird dadurch nicht berührt.

5. Zu Satz 2: Da der **Besitz** nach § 857 von Gesetzes wegen auf den Erben übergeht, enthält jede Besitznahme von Erbschaftssachen, die beim Tode des Erblassers in dessen Besitz waren, durch einen andern als den Erben, auch wenn dieser die tatsächliche Gewalt über sie noch nicht erlangt hatte, einen Eingriff in seinen Besitz und deshalb verbotene Eigenmacht im Sinne des § 858; deshalb würde auch in solchem Falle neben den gewöhnlichen Besitzschutzmitteln der Schadenersatzanspruch des § 2025 Satz 1 bestehen. Diese Folge schließt Satz 2 gegenüber dem gutgläubigen Erbschaftsbesitzer (§2024 A1b) für den Fall aus, daß der Erbe den Besitz noch nicht **tatsächlich ergriffen,** also die tatsächliche Gewalt über die Sache noch nicht mit Besitzwillen erlangt hatte. Ist dies aber der Fall gewesen, so haftet der Erbschaftsbesitzer wegen der eigenmächtigen Besitzentziehung auf Schadenersatz, auch wenn er hinsichtlich seines Erbrechts in gutem Glauben war.

§ 2026

Der Erbschaftsbesitzer kann sich dem Erben gegenüber, solange nicht der Erbschaftsanspruch verjährt ist, nicht auf die Ersitzung einer Sache berufen, die er als zur Erbschaft gehörend im Besitze hat.

E I 888 II 1900; M 3 356; P 3 236, 237; 6 234, 235.

Übersicht:

Verjährung des Erbschaftsanspruchs; Ersitzung

1. Allgemeines: Die Vorschrift behandelt das **Verhältnis zwischen Ersitzung und Verjährung.** Sie ist nur für die Ersitzung beweglicher Sachen von Bedeutung. Sie trägt der Tatsache Rechnung, daß der Erbschaftsanspruch erst in 30 Jahren verjährt (§§ 194, 195), bewegliche Sachen aber schon innerhalb von 10 Jahren ersessen werden können (§§ 937ff.). Für die Buchersitzung (Tabularersitzung) an Grundstücken gilt dagegen gleichfalls eine dreißigjährige Frist (§ 900 Abs 1).

Für die Ersitzung des Grundstückseigentums auf Grund der Eintragung im Grundbuche kommt daher § 2026 nicht in Betracht, da ihr Lauf und ihre Vollendung regelmäßig mit der Verjährung des Erbschaftsanspruchs zusammenfallen wird. — Eine Ersitzung der Erbschaft als solcher oder des Erbrechts ist dem BGB unbekannt.

Der gutgläubige Erbschaftsbesitzer (§2024 A1b) ist Eigenbesitzer der von Anfang an oder durch Ersetzung (Surrogation § 2019) oder als Nutzungen (§ 2020) zur Erbschaft gehörigen beweglichen Sachen. Er erwirbt mithin das Eigentum an ihnen durch zehnjährigen Besitz, sofern er nicht vorher erfährt, daß er nicht Erbe ist (§ 937). Das so erworbene Eigentum kann er Dritten gegenüber zunächst unbeschränkt geltend machen, insbesondere durch Eigentums- oder Abwehrklage (§§ 985, 1004), während der Erbe dazu nicht mehr befugt ist. Der Erbe kann aber den noch nicht verjährten Erbschaftsanspruch gegen den Erbschaftsbesitzer erheben und dieser kann sich **dem Erben gegenüber nicht auf die Ersitzung berufen,** muß ihm also die Sachen herausgeben. Der Herausgabeanspruch des Erben kann nur ein schuldrechtlicher sein, da das BGB kein geteiltes Eigentum kennt (vgl. § 903 A 1). Mit der Herausgabe erlischt das Eigentum des Erbschaftsbesitzers und der Erbe wird auch Dritten gegenüber wieder als Eigentümer klagebefugt.

2. § 2026 erkennt die **Verjährung des Erbschaftsanspruchs** als eines Gesamtanspruchs an. Sie ergreift die Erbschaft als Ganzes und beginnt deshalb nach § 198 einheitlich mit dem Zeitpunkte, in welchem der Erbschaftsbesitzer „etwas" aus der Erbschaft erlangt hat, wenn auch die Sache, um deren Ersitzung es sich handelt, erst später in seinen Besitz gelangt ist. Wollte man die Verjährung für jeden erbschaftlichen Gegenstand gesondert mit dem Zeitpunkt der Besitzergreifung beginnen lassen, so würde das zu praktisch schwer zu überwindenden Schwierigkeiten führen (vgl. im einzelnen Planck-Flad Anm 1a mit Nachw.; ebenso Staudinger-Lehmann A 2).

Steht dem Erbschaftsbesitzer ein Erbrecht zu, das anfechtbar ist (§§ 2078, 2340; vgl. § 2018 A 2), so beginnt die Verjährung nach § 200 nicht erst mit der Ausübung des Anfechtungsrechts also der Anfechtungserklärung, sondern schon mit der Zulässigkeit der Anfechtung, also sobald derjenige, gegen den sich die Anfechtung richtet, etwas aus der Erbschaft erlangt hat; die Kenntnis des Anfechtungsberechtigten von dem Anfechtungsgrunde ist zum Beginne der Verjährung nicht erforderlich.

Die Unterbrechung der Verjährung wirkt hinsichtlich des gesamten Anspruchs, wenn der Klageantrag auf Herausgabe der Erbschaft als Ganzes gerichtet war, sonst nur hinsichtlich der in dem Klageantrage bestimmt bezeichneten Sachen (vgl. § 2018 A 4). Hat nur einer der einzelnen Miterben die Unterbrechung herbeigeführt, so kommt sie nur diesem zustatten (§ 2039 A 2). Vgl. auch § 2027 A 1. — Die Dauer der Verjährungsfrist ist, abgesehen von dem Schadenersatzanspruche des § 2025 (A 4), der der dreijährigen Verjährung des § 852 unterliegt, die gewöhnliche dreißigjährige (§ 195). Nach § 221 kommt die gegenüber dem Erbschaftsbesitzer verstrichene Verjährungsfrist auch seinem Rechtsnachfolger (§ 2030) zustatten.

Wirkung der Verjährung: Mit dem Ablauf der Verjährungsfrist erwirbt der Erbschaftsbesitzer nur die Verjährungseinrede; er erlangt aber nicht die rechtliche Stellung des Erben; er haftet daher nicht für die Nachlaßverbindlichkeiten; der wirkliche Erbe bleibt für sie verhaftet. Da der Erbe trotz des Ablaufs der Verjährungsfrist sein Erbrecht behält, kann er auch weiterhin erbschaftliche Gegenstände, die sich im Besitze anderer Personen als des Erbschaftsbesitzers befinden, von diesen herausverlangen.

3. Als zur Erbschaft gehörend hat der Erbschaftsbesitzer auch solche Sachen im Besitze, die in fremden Eigentume stehen, von denen er aber glaubt, daß sie zur Erbschaft gehören. Auch an diesen Sachen erwirbt durch die Ersitzung zunächst der Erbschaftsbesitzer das Eigentum; er muß sie aber dem Erben herausgeben, wenn dieser den unverjährten Erbschaftsanspruch geltend macht; der Erbe wird dann auf Grund der von dem Erbschaftsbesitzer vollendeten Ersitzung Eigentümer, auch wenn er selbst nicht in gutem Glauben hinsichtlich der Zugehörigkeit der Sache zur Erbschaft war.

Gibt der Erbschaftsbesitzer die Sache (während des Laufes der Ersitzungszeit) heraus, so kommt die zugunsten des Erbschaftsbesitzers abgelaufene Ersitzungszeit dem Erben zustatten (§ 944); dieser kann die Ersitzung aber nur vollenden, wenn er guten Glaubens ist und bleibt (§ 937 Abs 2). —

4. Beweislast. Der Erbschaftsbesitzer, der sich auf Ersitzung beruft, hat außer dieser auch die Verjährung des Erbschaftsanspruchs zu beweisen.

§ 2027

Der Erbschaftsbesitzer ist verpflichtet, dem Erben über den Bestand der Erbschaft und über den Verbleib der Erbschaftsgegenstände Auskunft zu erteilen.

Die gleiche Verpflichtung hat, wer, ohne Erbschaftsbesitzer zu sein, eine Sache aus dem Nachlaß in Besitz nimmt, bevor der Erbe den Besitz tatsächlich ergriffen hat.

E I 2032 II 1901; M 5 586, 587; P 5 697—699, 704, 707, 708, 715, 716.

Übersicht:
Auskunftspflicht des Erbschaftsbesitzers

1. Der Auskunftsberechtigte
2. Die Auskunftspflicht nach Abs 1
   a) Der Auskunftspflichtige
   b) Inhalt der Auskunft
3. Zu Abs. 2
4. Gerichtsstand

1. Auskunftsberechtigt ist nicht nur der Erbe. Die Auskunftspflicht besteht auch gegenüber dem Nachlaßpfleger (§ 1960, vgl. Anm 5 dazu), dem Nachlaßverwalter (§ 1985), dem verwaltenden Testamentsvollstrecker und dem Nachlaßkonkursverwalter; nach Eintritt der Nacherbfolge auch gegenüber dem Nacherben (OLG 21, 310), ferner gegenüber einem Gläubiger, der den Erbteil gepfändet hat (RG Warn 1911 Nr 139). Der Ehemann, der kraft Ehevertrages (§ 1432) in dem (früheren gesetzlichen) Güterstande der Verwaltung und Nutznießung lebt, kann wegen einer der Frau angefallenen Erbschaft das Recht auf Auskunft geltend machen entweder mit Zustimmung der Frau oder in der Weise, daß er Leistung an die

Frau verlangt (vgl. für den früheren gesetzlichen Güterstand: RG 77, 34; 92, 157). Durch die Klage auf Auskunftserteilung wird nach RG 115, 28 die Verjährung des Pflichtanspruchs nicht unterbrochen; gleiches gilt für die Unterbrechung der Verjährung des Erbschaftsanspruchs (§ 2026 A 2) durch die Klage auf Auskunftserteilung nach §§ 2027, 2028.

Der Anspruch auf Auskunftserteilung gehört zum Nachlasse und unterliegt deshalb den Vorschriften des § 2039; die Mitteilung eines einzigen Verzeichnisses für alle Erben wird in der Regel genügen (OLG 30, 186; vgl. RG LZ 1919, 1239[17]). — Auskunftspflicht im Falle unrichtigen Erbscheins § 2362 Abs 2.

2. Die **Auskunftspflicht** nach Abs 1:

a) Die Auskunftspflicht liegt nur dem **Erbschaftsbesitzer** im technischen Sinne (§ 2018 A 2) ob, wird also durch das bloße Berühmen mit dem Erbrechte, auch wenn deswegen Feststellungsklage erhoben ist, nicht begründet. Ein Miterbe wird nicht dadurch Erbschaftsbesitzer und gemäß Abs 1 auskunftspflichtig, daß er von Erbschaftsgegenständen für die Gesamtheit der Erben Besitz ergriffen hat; wohl aber, wenn er ein über seinen Erbteil hinausgehendes Erbrecht für sich in Anspruch genommen hat (A 2 zu § 2018; RG 81, 32 und 295). Das gilt auch dann, wenn er, um sich den über seinen Erbteil hinausgehenden Teil an der Erbschaft zu sichern, schon vor dem Tode des Erblassers diesem gehörige Sachen in Besitz genommen und sie nach Eintritt des Erbfalles den übrigen Miterben vorenthalten hat (RG 81, 295). Darüber, inwieweit Miterben als solche untereinander auskunftspflichtig sind, vgl. § 2038 A 7.

b) Inhalt der Auskunftspflicht: Der Erbschaftsbesitzer hat, weil er zur Herausgabe nach §§ 2018ff. verpflichtet ist, dem Erben schon nach § 260 ein Verzeichnis des **Bestandes der Erbschaft** vorzulegen und, wenn die Voraussetzungen des § 260 Abs 2 vorliegen, den Offenbarungseid zu leisten. Das Verzeichnis hat den Bestand zur Zeit seiner Aufstellung zu ergeben einschließlich der herauszugebenden Surrogate (§ 2019) und Nutzungen (§ 2020). Zum Bestande des Nachlasses gehören auch solche Gegenstände, an denen der Erblasser bei seinem Tode nur den Besitz gehabt hat (BGH 6. 3. 52 IV ZR 45/50 u. 16/51 = LM § 260 Nr 1). Darüber hinaus hat der Erbschaftsbesitzer Auskunft über den **Verbleib der Erbschaftsgegenstände** zu erteilen, also derjenigen Gegenstände, deren Zugehörigkeit zur Erbschaft (infolge eines früher etwa aufgestellten Nachlaßverzeichnisses oder auf sonstige Weise) festgestellt ist, die aber nicht mehr in der Erbschaft vorhanden sind oder deren Aufbewahrungsort nicht bekannt ist. Vgl. über den Begriff des Verbleibes im übrigen § 2028 A 2b. Der Erbschaftsbesitzer hat anzugeben, was ihm darüber bekannt geworden ist; weiter erstreckt sich seine Auskunftspflicht nicht. Er hat sonach Rechenschaft über die Veränderungen abzulegen, die der Erbschaftsbestand, soweit er in seinen Besitz gelangt ist, durch Veräußerungen, Untergang, Verschlechterung erlitten hat. Wertangabe der Aktiva und Angabe der Nachlaßverbindlichkeiten (§ 2001) ist nicht erforderlich (OLG 18, 337; 20, 428; 26, 297; RGSt 71, 360).

Darüber, ob durch eine Auskunft, die der Auskunftspflichtige auf Grund einer Verurteilung hierzu gegeben hat, der Auskunftspflicht genügt ist, ist im Zwangsvollstreckungsverfahren auf Vollstreckungsgegenklage (§ 767) zu entscheiden. Hat aber der Verpflichtete eine formell genügende Auskunft erteilt, so kann eine Vervollständigung in der Regel nur durch Anhalten zum Offenbarungseide erzielt werden; eine Verurteilung zu weiterer Auskunftserteilung ist regelmäßig ausgeschlossen und nur dann ausnahmsweise zulässig, wenn ein ganzer selbständiger Vermögensteil, z. B. der Anteil an einem Geschäfte, nicht in die Auskunft aufgenommen war (RG 84, 44; LZ 1919, 1239; OLG 40, 109; RG 20. 11. 19 IV 246/19). Der Erbe kann ferner Ergänzung des Bestandsverzeichnisses verlangen, wenn der Verpflichtete eine unbestimmte Mehrheit von Nachlaßgegenständen aus Rechtsirrtum zunächst nicht aufgeführt hat (BGH LM § 260 Nr 1).

3. Zu Abs 2: Wer Erbschaftsgegenstände auf Grund behaupteten Einzeltitels oder ohne jeden Titel (pro possessore) besitzt, ist nicht Erbschaftsbesitzer und dem Erbschaftsanspruche sowie der aus diesem sich ergebenden Auskunftspflicht (Abs 1) nicht ausgesetzt (§ 2018 A 2). Ausnahmsweise kann er jedoch auf **Auskunftserteilung,** und zwar in dem vollen Umfange des Abs 1, belangt werden, wenn er eine Sache **aus dem Nachlasse,** d. h. nach eingetretenem Erbfalle **in Besitz genommen hat,** solange der Erbe, auf den der Besitz kraft der Fiktion des § 857 rechtlich übergegangen ist (§ 1922 A 5 d), den Besitz **tatsächlich noch nicht ergriffen hat,** also die tatsächliche Gewalt weder selbst noch durch einen Besitzdiener ausübt (§§ 854, 855), noch zu dem unmittelbaren Besitzer in ein Verhältnis gemäß § 868 (A 5) getreten ist. Es ist streitig, ob Abs 2 nur dann gilt, wenn der Täter von dem Erbfall gewußt hat (dafür Planck-Flad Anm 2a und die 9. Auflage des vorliegenden Kommentars, ferner KG OLG 9, 386). Zu einer solchen Einschränkung zwingen aber weder die Entstehungsgeschichte noch der Wortlaut des Abs 2 („aus dem Nachlaß"), während praktische Erwägungen (Schutz des Erben, Beweisbarkeit) dafür sprechen, von einer solchen (subjektiven) Voraussetzung abzusehen (im Ergebnis ebenso Kipp-Coing § 104 Anm 7; F. Leonhard III). Die Auskunftspflicht besteht ohne Rücksicht darauf, ob der Besitzer den Besitz bösgläubig in rechtswidriger Absicht oder gutgläubig in der Meinung, zum Besitze berechtigt zu sein, erlangt hat, z. B. als Eigentümer oder als Pächter oder Mieter des Erbschaftsbesitzers oder auch als Geschäftsführer des angeblichen Erben. Sie greift auch Platz, wenn die Besitznahme in gutem Glauben an das eigene Erbrecht stattgefunden hat (RG LZ 1923, 453; HRR 1930, 1465); in diesem Falle würde übrigens der Besitznehmer auch als Erbschaftsbesitzer (vgl. § 2018 Anm 1, 3) anzusehen und deshalb nach § 2027 Abs 1 auskunftspflichtig sein. Auch derjenige, dem ein Recht auf den Besitz wirklich zusteht, z. B. wer noch vom Erblasser die Sache gemietet oder gepachtet, aber noch nicht übergeben erhalten hatte, macht sich auskunftspflichtig, wenn er sie in der in Frage stehenden Zeit eigenmächtig in Besitz nimmt. Eine Eigenmacht gegen den Erben, der die Sache schon tatsächlich in Besitz genommen hat, macht nur auskunftspflichtig, wenn dadurch Erbschaftsbesitz begründet wird.

Keine Auskunftspflicht besteht in folgenden Fällen: Wer nach dem Tode des Erblassers eine Sache in Besitz nimmt, die der Erblasser schon zu seinen Lebzeiten einem Dritten übergeben hatte, nimmt die Sache nicht im Sinne des Abs 2 „aus dem Nachlaß" in Besitz (BGH 8. 11. 1951 IV ZR 55/51 = LM Nr 1 zu § 1421 BGB = JR 1952, 104). Ein Miterbe, der von Nachlaßgegenständen nicht nur für sich, sondern für die Gesamtheit der Erben als deren Vertreter Besitz ergriffen hat, ohne ein über seinen wirklichen Erbanteil hinausgehendes Erbrecht in Anspruch zu nehmen und aus diesem Grunde als Erbschaftsbesitzer nach Abs 1 auskunftspflichtig zu sein (vgl. Anm. 2a), ist dadurch auch nach Abs 2 nicht auskunftspflichtig geworden (RG Gruch 48, 973; RG 81, 32; HRR 1932 Nr 1928); das gilt jedoch unbeschadet der ihm als Beauftragten oder Geschäftsführer ohne Auftrag nach §§ 666, 681 obliegenden Auskunftspflicht.

Wird ein Anspruch auf Auskunft auf Grund eines aus § 2027 Abs 2 hergeleiteten Tatbestandes hinsichtlich eines zu dem Nachlasse eines Ausländers gehörigen Vermögensgegenstandes mit der Behauptung erhoben, daß ein solcher Anspruch im Sinne des Art 25 EG BGB erbrechtlicher Natur sei, so ist die Frage, ob das wirklich der Fall ist, nicht nach deutschem Recht, sondern nach dem maßgebenden ausländischen Rechte zu entscheiden (RG HRR 1932 Nr 1928).

4. Gerichtsstand. Der Anspruch aus Abs 1 kann ohne weiteres nach § 27 ZPO vor dem Gericht erhoben werden, bei dem der Erblasser zur Zeit seines Todes den allgemeinen Gerichtsstand gehabt hat, weil er ein Anspruch „des Erben gegen einen Erbschaftsbesitzer" ist. Die überwiegende Meinung geht aber dahin, § 27 ZPO auch auf den Auskunftsanspruch nach Abs. 2 (ebenso auf § 2028) entsprechend anzuwenden, obwohl dieser sich nicht gegen einen Erbschaftsbesitzer richtet (vgl. Rosenberg Lehrbuch 6. Aufl. § 35 IV 1; Staudinger-Lehmann A 6; Kipp-Coing § 104 A 1 im Anschluß an OLG Jena DJZ 1921, 632; a. M. Stein-Jonas-Schönke 18. Aufl. § 27 ZPO III 2; Planck-Flad A 2c; RGR Komm. 9. Aufl. A 3 a. E.). Das ist sachdienlich und deshalb beifallswert, wenn es auch mit dem Gesetzeswortlaut nicht ganz im Einklang steht.

§ 2028

Wer sich zur Zeit des Erbfalls mit dem Erblasser in häuslicher Gemeinschaft befunden hat, ist verpflichtet, dem Erben auf Verlangen Auskunft darüber zu erteilen, welche erbschaftliche Geschäfte er geführt hat und was ihm über den Verbleib der Erbschaftsgegenstände bekannt ist.

Besteht Grund zu der Annahme, daß die Auskunft nicht mit der erforderlichen Sorgfalt erteilt worden ist, so hat der Verpflichtete auf Verlangen des Erben den Offenbarungseid dahin zu leisten:

daß er seine Angaben nach bestem Wissen so vollständig gemacht habe, als er dazu imstande sei.

Die Vorschriften des § 259 Abs 3 und des § 261 finden Anwendung.

E II 1902; P 5 715, 716.

Übersicht:

Auskunftspflicht des Hausgenossen

1. Der Auskunftspflichtige	c) Keine Auskunftspflicht
2. Umfang der Auskunftspflicht	3. Der Offenbarungseid
a) Erbschaftliche Geschäfte	4. Zu Abs. 4
b) Verbleib der Erbschaftsgegenstände	5. Gerichtsstand

1. Auch ohne daß Erbschaftsbesitz oder ein Eingriff in den Nachlaß vorliegt (§ 2027), begründet schon die Tatsache **häuslicher Gemeinschaft mit dem Erblasser zur Zeit seines Todes** die Verpflichtung zu gewissen Auskünften. Dabei ist Zugehörigkeit zum Hausstande (§ 1617), oder

gar — wie in § 1969 — Familienangehörigkeit und Bezug des Unterhalts nicht vorausgesetzt. Unter Umständen genügt es z. B., daß ein auswärts wohnendes Familienglied aus Anlaß der letzten Krankheit des Erblassers seine Wohnung besuchsweise geteilt hat (RG 80, 285). Überhaupt ist jeder auskunftspflichtig, der zu dem Erblasser und zu den ihm gehörigen Sachen zur Zeit des Todes in eine derart enge räumliche Beziehung getreten war, daß ihm jederzeit die Möglichkeit offenstand, „sich eine mehr oder weniger genaue Kenntnis von dem Verbleib der Erbschaftsgegenstände zu verschaffen und sich an diesen zu vergreifen"; so RG Warn 1922 Nr 75. Die in der 9. Auflage geäußerten Bedenken, ob diese Ausdehnung des Begriffs der häuslichen Gemeinschaft zu weit geht, sind nicht gerechtfertigt (a. M. Staudinger-Lehmann A 3); soweit keine beachtlichen Interessen Dritter entgegenstehen, muß dem Erben die Möglichkeit, Klarheit zu gewinnen, erleichtert werden. Auskunftspflichtig sind auch Personen, die auf Grund eines Vertragsverhälsnisses nicht bloß vorübergehend den Hausstand geteilt haben, z. B Dienstboten. Auch der Miterbe, der Hausgenosse des Erblassers war, ist zur Auskunft nach § 2028 verpflichtet (RG 58, 89; 80, 287; vgl. aber auch Hamburg DRW 1939, 1535[43], ferner KG DR 1940, 1775).

2. Umfang der Auskunftspflicht:

a) Begriff der **erbschaftlichen Geschäfte** § 1959 A 1, 2. Auch hier ist vorausgesetzt, daß es sich nicht um pro herede gestio handelt, da sonst regelmäßig Erbschaftsbesitz im Sinne von § 2018 vorliegt. Der Hausgenosse hat sich vor allem darüber zu äußern, ob er solche Geschäfte geführt hat. Soweit dies geschehen ist, ist die Auskunftspflicht ohnedies aus §§ 681, 666, 259, 260 begründet.

b) Darüber hinaus hat er aber auch mitzuteilen, was ihm sonst über den **Verbleib der Erbschaftsgegenstände** bekannt ist, d. h. über den Verwahrungsort und das Schicksal derjenigen Gegenstände, deren Zugehörigkeit zur Erbschaft feststeht, die aber verschwunden sind. Unter die Auskunftspflicht des Hausgenossen fallen auch Gegenstände, die schon vor dem Erbfalle beiseite geschafft worden sind (RG 28. 11. 12 IV 265/12; vgl. RG 81, 296); nicht aber Schenkungen, die der Erblasser bei Lebzeiten dem Hausgenossen gemacht hat (RG 84, 206; 73, 371; 9. 10. 19 IV 130/19); denn letztere sind keine Erbschaftsgegenstände. Sie auf körperliche Sachen, einschließlich der Urkunden über Rechte, zu beschränken, dürfte der Ausdruck „Verbleib" nicht nötigen, da auch bei Rechten von einem „Verbleib" gesprochen werden kann, z. B. wenn eine Forderung eingezogen worden ist, ohne daß feststeht, wer sie eingezogen hat. Unter dem „Verbleibe" ist nicht nur der örtliche, sondern auch der wirtschaftliche Verbleib zu verstehen (Prot 5, 715), d. h. Auskunft darüber, ob und welcher Wertersatz für die verschwundenen Gegenstände in den Nachlaß gelangt ist. Die Auskunftspflicht geht nur so weit, als das Wissen des Hausgenossen sich erstreckt.

c) Der Hausgenosse ist zur Auskunft über den Bestand der Erbschaft als Inbegriff, d. h. darüber, was zur Erbschaft gehört, (§ 2027 A 2b) und demgemäß auch zur Vorlegung eines Verzeichnisses (§ 260) oder zur Rechnungslegung über andere als die von ihm geführten einzelnen Geschäfte, nicht verpflichtet (RG JW 02 Beil 266[197]; RG Warn 1920 Nr 171; 1922 Nr 75).

3. Der **Offenbarungseid** unterscheidet sich von dem des § 260 dadurch, daß nicht die Vollständigkeit des „Bestandes", sondern nur der nach Abs. 1 zu machenden „Angaben" zu beschwören ist. Er kann, wenn der Eidespflichtige hierzu bereit ist, als Akt der freiwilligen Gerichtsbarkeit vor dem Nachlaßgerichte geleistet werden (FGG §§ 163, 79). Wird der Eid verweigert, so kann er nur im Klagewege erzwungen werden; er ist dann vor dem Prozeßgerichte zu schwören (ZPO § 889). Die Verurteilung zur Leistung des Offenbarungseids kann erst verlangt werden, wenn die Auskunft vorliegt. Es muß Grund zu der Annahme bestehen, daß sie nicht mit der erforderlichen Sorgfalt erteilt worden ist; dazu genügt auch die objektive Unrichtigkeit einer schon erteilten Auskunft nicht ohne weiteres (RG SeuffA 77, 233). Die Weigerung, Auskunft zu erteilen, oder der Verdacht, sie werde unsorgfältig erteilt werden, genügt nicht (RG Warn 1920 Nr 171, 1922 Nr 75; RG 73, 243). Eine ausdehnende Auslegung des Wortlautes auf den Fall, daß mit Sicherheit vorauszusehen ist, die Auskunft werde nicht mit der erforderlichen Sorgfalt erteilt werden, hat das Reichsgericht abgelehnt. Der Offenbarungseid kann danach bei Weigerung des Auskunftspflichtigen, die Auskunft zu erteilen, nur auf dem Umwege erzwungen werden, daß zunächst auf Erteilung der Auskunft geklagt und auf Grund der rechtskräftigen Verurteilung hierzu die Zwangsmaßnahmen aus § 888 ZPO zur Anwendung gebracht werden; führen diese nicht dazu, daß die Auskunft erteilt wird, so ist auch die Klage auf Verurteilung zur Leistung des Offenbarungseids nicht durchführbar.

4. Zu Abs 4: § 259 Abs 3: keine Eidespflicht in Angelegenheiten von geringer Bedeutung. § 261: Zuständigkeit, Änderungsmöglichkeit, Kostenlast (vgl. auch KostO § 2 Nr 1). — Gebühr für die Verhandlung im Offenbarungseidstermin KostO § 115.

5. Gerichtsstand: ZPO § 27 (OLG Jena DJZ 1921, 632; vgl. § 2027 A 4).

§ 2029

Die Haftung des Erbschaftsbesitzers bestimmt sich auch gegenüber den Ansprüchen, die dem Erben in Ansehung der einzelnen Erbschaftsgegenstände zustehen, nach den Vorschriften über den Erbschaftsanspruch.

E I 2088 II 1903; M 5 592, 593; P 5 722, 723.

Erbschaftliche Einzelansprüche

1. Der Erbe kann auch gegen denjenigen, der mit der Behauptung, Erbe zu sein (pro herede), besitzt und gegen den deshalb der Erbschaftsanspruch geht, die gewöhnlichen dinglichen und schuldrechtlichen **Ansprüche in Ansehung der einzelnen Erbschaftsgegenstände** erheben, also die Herausgabe einer Sache mittels der Eigentumsklage (§ 985) verlangen, Bereicherungsansprüche (§§ 812ff.), insbesondere auf Ersatz für eine vom Erbschaftsbesitzer eingezogene Nachlaßforderung, und Schadenersatzansprüche wegen unerlaubter Handlung (§§ 823ff.) erheben. Hierzu ist nachzuweisen, daß der Gegenstand zum Vermögen des Erblassers gehört hat und daß der Kläger Erbe geworden ist.

Nach dem ersten Entwurf (§ 2088) sollte der Erbschaftsbesitzer diesen Einzelklagen gegenüber im Wege der Einrede verlangen können, daß seine Verpflichtung nach den Vorschriften über den Erbschaftsanspruch beurteilt werde. Nach der jetzigen, auf Beschlüssen der zweiten Kommission (Prot 5, 722) beruhenden Fassung hat das Gericht, auch wenn ein solcher Einwand nicht erhoben wird, die Haftung des Erbschaftsbesitzers nach diesen Vorschriften zu beurteilen; es hat sie also insoweit von Amts wegen anzuwenden. Doch setzt die Anwendung nach den prozessualen Verhandlungsgrundsätzen voraus, daß sich aus dem Vortrage der Parteien, sei es des Klägers oder des Beklagten, ergibt, daß der Beklagte ein Erbrecht in Anspruch nimmt; eine Ermittlung darüber von Amts wegen geht über die Aufgabe des Gerichts (§ 139 ZPO) hinaus. Liegen die Voraussetzungen vor, so sind die Vorschriften ohne Rücksicht darauf anzuwenden, ob sie dem Erbschaftsbesitzer zum Vorteile oder zum Nachteile gereichen. Insbesondere ist demgemäß auch die Vorschrift über die Voraussetzungen der Bösgläubigkeit (§ 2024 A 2), welche die Haftung des Erbschaftsbesitzers im Verhältnisse zu dem gewöhnlichen Bereicherungsanspruche verschärft, anzuwenden.

Als Vorschriften über die **Haftung des Erbschaftsbesitzers** sind alle Bestimmungen anzusehen, welche die Art und den Umfang seiner Leistungspflicht betreffen; dazu gehören die Vorschriften über die Herausgabe der Surrogate und Nutzungen (§§ 2019, 2020), über den Ersatz von Verwendungen (§ 2022 A 2, 3), über die Wirkungen der Rechtshängigkeit (§ 2023), sowie über die Voraussetzungen (vgl. oben) und Folgen der Bösgläubigkeit (§ 2026), auch über die Verjährung und den Einwand der Ersitzung (§ 2026 A 1, 2), so mit Recht Planck-Flad A 1 Abs 2 und A 3.

2. Die **Anwendung der Vorschriften über den Erbschaftsanspruch** führt dazu, daß der gutgläubige Erbschaftsbesitzer (§ 2024 A 1b), der zur Herausgabe eines erlangten Erbschaftsgegenstandes nicht imstande ist, nur soweit haftet, als er durch den Besitz der Erbschaft im ganzen bereichert ist (§ 2021 A 2) und daß die Herausgabe nur gegen Ersatz aller (nicht nur der notwendigen und nützlichen) Verwendungen verlangt werden kann, insbesondere auch solcher, die nicht auf den mit der Einzelklage verlangten Erbschaftsgegenstand, sondern auf andere Erbschaftsgegenstände oder auf die Erbschaft als Ganzes gemacht worden sind (§ 2022 A 2, 3).

Das Zurückbehaltungsrecht wegen solcher Verwendungen kann der Erbschaftsbesitzer, ungeachtet § 863, auch gegenüber Einzelklagen aus dem Besitze (§§ 861, 862) insoweit geltend machen, als es gegenüber dem Erbschaftsanspruche begründet sein würde, demnach aber nur, wenn er gutgläubig ist und der Erbe den Besitz der Sache noch nicht tatsächlich ergriffen hatte. Andernfalls würde gegenüber der Einrede des Zurückbehaltungsrechts auch dem Erbschaftsanspruche der Gegeneinwand der Haftung auf Schadenersatz durch Herstellung des früheren Zustandes (§ 249) wegen verbotener Eigenmacht entgegenstehen (§ 2025).

Der Rechtsnachfolger des Erbschaftsbesitzers im Besitze einzelner Sachen (wegen des Rechtsnachfolgers im Besitze der Erbschaft als Ganzen vgl. § 2030) kann nur für die von dem Erbschaftsbesitzer auf die einzelne Sache gemachten Verwendungen nach Maßgabe des § 999 Ersatz verlangen; auf ihn bezieht sich § 2029 nicht.

Rechtskraft hinsichtlich des Erbrechts wird durch Zusprechung oder Abweisung der Einzelklage ebensowenig erzeugt wie bei dem Erbschaftsanspruche (§ 2018 A 4); doch kann der Erbschaftsbesitzer durch Erhebung einer Inzidentfeststellungswiderklage (§ 280 ZPO) rechtskräftige Entscheidung darüber herbeiführen.

3. Die Vorschrift über den besonderen **Gerichtsstand** des Erbschaftsanspruchs (§ 27 ZPO) findet auf die Einzelklagen keine Anwendung.

§ 2030

Wer die Erbschaft durch Vertrag von einem Erbschaftsbesitzer erwirbt, steht im Verhältnisse zu dem Erben einem Erbschaftsbesitzer gleich.

E II 1904; P 5 723, 724.

Erbschaftsanspruch bei Veräußerung

1. Allgemeines: Die Vorschrift will dem Erben den Erbschaftsanspruch mit seinen Besonderheiten entsprechend der herrschenden Anschauung des gemeinen Rechts auch gegen den Erbschaftserwerber, insbesondere gegen den Erbschaftskäufer gewähren.

Durch den Verkauf oder einen anderweitigen auf Veräußerung gerichteten **Vertrag** über eine ganze Erbschaft (§§ 2371, 2384) entsteht zunächst nur eine schuldrechtliche Verpflichtung des Verkäufers auf Herausgabe der zur Erbschaft gehörigen Gegenstände, an den Käufer (§ 2374). Von einem **Erwerbe der Erbschaft** durch den Käufer kann erst die Rede sein, wenn ihm auf Grund des Veräußerungsvertrags Erbschaftsgegenstände übereignet worden sind; erst dann hat er etwas „aus der Erbschaft erlangt", und zwar auf Grund des von seinem Verkäufer beanspruchten, aber nicht bestehenden Erbrechts, und wird deshalb im Verhältnisse zum Erben einem Erbschaftsbesitzer gleichgestellt (A 2). Die Veräußerung des Anteils eines Miterben (§ 2033), der gleichfalls unter den Begriff der Erbschaft fällt (§ 1922 Abs 2), durch den „Besitzer" dieses Anteils (Erbschaftsbesitzer im Sinne des § 2018) ist zwar als dingliche Verfügung möglich (§ 2033), aber als Verfügung eines Nichtberechtigten unwirksam (§ 185); auch hier kann daher von einem **„Erwerbe"** der Erbschaft erst die Rede sein, wenn der Erwerber tatsächlich etwas aus der Erbschaft erlangt hat (§ 2018 A 3). Ist dieser Fall eingetreten, so kann der Erbe den Erbschaftsanspruch unmittelbar gegen den Erwerber richten.

Der Erbe kann aber auch das für die Veräußerung erhaltene Entgelt (Kaufpreis) als Surrogat gemäß § 2019 von dem Veräußerer herausverlangen. Es trifft nicht zu, daß es dazu einer Genehmigung der Veräußerung durch den Erben bedürfte (so Planck-Flad A 2) und daß diese deshalb regelmäßig in der Erhebung des Anspruchs gegen den Veräußerer gefunden werden müsse, wodurch der Erbe jeden Anspruch gegen den Erwerber verliere (so die zweite Auflage dieses Kommentars); auch das, was der Veräußerer auf Grund der rechtlich unwirksamen, aber tatsächlich erfolgten Weggabe von Erbschaftsgegenständen als Entgelt erhalten hat, ist „mit Mitteln der Erbschaft" erlangt und unterliegt deshalb als Surrogat dem Herausgabeanspruche des Erben; dessen Rechte wären erheblich gefährdet, wenn er, um diesen Anspruch gegen den Veräußerer geltend zu machen, auf den Anspruch gegen den Erwerber verzichten müßte. Der Sinn der Vorschrift liegt darin, den Erben gegen eine Weiterveräußerung des Erbschaftsbesitzers zu sichern; andererseits soll er aber nicht auf Kosten eines anderen die Erbschaft im Ergebnis doppelt erhalten. Der Erbe kann daher bis zu seiner vollen Befriedigung sowohl den Anspruch auf das vom Veräußerer erlangte Entgelt, wie den auf die vom Erwerber erlangten Erbschaftsgegenstände geltend machen; nur wenn der eine Verpflichtete ihn befriedigt, muß er diesem die Rechte gegen den andern Verpflichteten abtreten (vgl. auch Kipp-Coing § 103 III; Staudinger-Lehmann A 6). Über die entsprechende Streitfrage zu § 816 s. dort A 1b. Wegen der Anrechnung des vom Erwerber bezahlten Entgelts durch diesen s. A 2.

Die Vorschriften des § 2030 sind über den Wortlaut hinaus entsprechend auch auf den Erwerb der Erbschaft anwendbar, der nicht auf Grund Vertrags (unter Lebenden oder Erbvertrag), sondern auf Grund letztwilliger Verfügung, und zwar Vermächtnisses der Erbschaft durch den Erbschaftsbesitzer an einen Dritten, erfolgt ist; daß der (gesetzliche oder eingesetzte) Erbe des Erbschaftsbesitzers wie dieser zur Herausgabe verpflichtet ist, ergibt sich schon aus allgemeinen Grundsätzen.

2. Den **dritten Erwerber,** gleichviel, ob er die Erbschaft gegen oder ohne Entgelt erlangt hat, trifft in demselben Umfange **wie den Erbschaftsbesitzer** die Pflicht zur Herausgabe der Surrogate (§ 2019), der Nutzungen (§ 2020) und gegebenenfalls der Bereicherung (§ 2021). Soweit der Erwerber ein Entgelt geleistet hat, ist in der 9. Auflage die Ansicht vertreten worden, den gezahlten Kaufpreis könne der gutgläubige Erwerber der Erbschaft (§ 2024 A 1b) sowohl gegenüber dem Herausgabeanspruch als Verwendung (§ 2022) wie auch als Minderung der Bereicherung gegenüber dem Bereicherungsanspruch (§ 2021) in Anrechnung bringen, jedenfalls soweit er nicht durch den ihm gegen den Veräußerer zustehenden Gewährleistungsanspruch (§ 2376) gedeckt sei. Zur Begründung ist dort ausgeführt worden, die Ansicht, welche den Anspruch auf Erstattung des gezahlten Kaufpreises gegenüber dem Herausgabeanspruch nicht zulassen wolle, berücksichtige nicht genügend, daß nach § 2022 Abs 1, 2 alle Verwendungen, d. h. alle dem Erbschaftsbesitzer durch den Erbschaftsbesitz erwachsenen Aufwendungen ohne Rücksicht auf Notwendigkeit oder Nützlichkeit (§ 2022 A 2, 4) zu erstatten sind, wozu im Falle des Erbschaftserwerbs auch die Aufwendungen für den Erwerb gehörten; sie sei auch mit dem Schutze gegen Benachteiligung, den das Gesetz dem gutgläubigen Erbschaftserwerber, wie Erbschaftsbesitzer, gewähren wolle, kaum in Einklang zu bringen. Diese Rechtsansicht hält aber näherer Prüfung nicht Stand. Planck-Flad (A 1) haben schon zutreffend Bedenken dagegen erhoben, „das vom Erwerber aufgewendete Entgelt als Verwendung auf die Erbschaft" zu behandeln. Der Bestand der Erbschaft als solcher wird nicht dadurch berührt, ob für seine Veräußerung ein Entgelt gezahlt wird oder nicht. § 2022 ist daher nicht anwendbar. Der Verpflichtete kann aber auch gegenüber dem Erbschaftsanspruch persönlicher Art (§ 2021; insoweit abweichend Planck-Flad A 1) den Kaufpreis nicht als Minderung der Bereicherung abziehen. Das widerspräche allgemeinen Grundsätzen des Bereicherungsrechts, nach denen der Verpflichtete den Preis, den er aufgewendet hat, um in den Besitz des fremden Gutes zu kommen, das oder dessen Wert er herausgeben muß .nicht absetzen darf (so richtig Kipp-Coing § 101 III; vgl. auch zu §§ 816, 818 Abs 3 BGH 9, 333 = NJW 1953, 1020 und BGH 14, 7 = NJW 1954, 1194 = JZ 1954, 700 mit Anm Lehmann).

Auch im übrigen gelten die Bestimmungen der §§ 2022—2027 Abs 1, 2029 ebenfalls für den Erwerber der Erbschaft. Insbesondere kann er als Rechtsnachfolger des Erbschaftsbesitzers (entsprechend § 999) die von diesem gemachten Verwendungen vom Erben ersetzt verlangen und sich gemäß § 943 auch auf dessen Ersitzungszeit berufen. Der Erbschaftsanspruch gegen den Erwerber der Erbschaft wird durch dessen Gutgläubigkeit nicht ausgeschlossen; die Vorschriften über den Erwerb im guten Glauben vom Nichtberechtigten finden nur auf den Erwerb einzelner Erbschaftssachen Anwendung. Die verschärfte Haftung gemäß §§ 2024, 2025 tritt aber nur ein, soweit die Voraussetzungen dafür (böser Glaube, strafbare Handlung, verbotene Eigenmacht) in der Person des Erwerbers gegeben sind.

§ 2031

Überlebt eine Person, die für tot erklärt oder deren Todeszeit nach den Vorschriften des Verschollenheitsgesetzes festgestellt ist, den Zeitpunkt, der als Zeitpunkt ihres Todes gilt, so kann sie die Herausgabe ihres Vermögens nach den für den Erbschaftsanspruch geltenden Vorschriften verlangen. Solange sie noch lebt, wird die Verjährung ihres Anspruchs nicht vor dem Ablauf eines Jahres nach dem Zeitpunkte vollendet, in welchem sie von der Todeserklärung oder der Feststellung der Todeszeit Kenntnis erlangt.

Das gleiche gilt, wenn der Tod einer Person ohne Todeserklärung oder Feststellung der Todeszeit mit Unrecht angenommen worden ist.

E I 2089 II 1905; M 5 597—599; P 5 7 [illegible],726; 6 316, 317.

Erbschaftsanspruch des scheinbar Toten

1. Allgemeines: Die Vorschrift gewährt dem scheinbar Toten einen Gesamtanspruch auf Herausgabe seines Vermögens entsprechend dem Erbschaftsanspruch, weil sich für ihn eine ähnliche Lage wie für einen Erben ergeben kann, wenn sein Vermögen in andere Hände gelangt ist.

Die Vorschrift ist durch Teil I Art 5 Nr 3 des Gesetzes vom 5. März 1953 (BGBl I 33) neu gefaßt worden. — Der **Zeitpunkt des Todes im Falle der Todeserklärung** war nach BGB § 18 Abs 1, ZPO § 970 im Ausschlußurteile und ist jetzt nach §§ 9, 23, 44 VerschG v. 15. 1. 51 (BGBl I 63) durch Beschluß festzustellen.

2. Die **Anwendung der Vorschriften über den Erbschaftsanspruch** kann nur eine entsprechende sein. Der scheinbar tote „Erblasser", der nicht tot war, aber dafür gehalten, für tot erklärt oder dessen Todeszeit festgestellt worden ist, hat dabei die Stellung des Erben; derjenige, der infolge der Todeserklärung oder der Feststellung der Todeszeit auf Grund des vermeintlichen Erbfalls etwas aus dem Vermögen des scheinbar Toten erlangt hat, die Stellung des Erbschaftsbesitzers (§ 2018), und zwar ohne Rücksicht darauf, ob im Falle wirklich eingetretenen Todes er oder ein anderer als Erbe berufen, er also dann wirklicher Erbe oder auch nur Erbschaftsbesitzer geworden sein würde. Auch sein Rechtsnachfolger gemäß § 2030 steht dem Erbschaftsbesitzer gleich.

In der 9. Auflage ist es noch abgelehnt worden, den Anspruch aus § 2031 als Gesamtanspruch (Vorbem zu § 2018) auch einem verschollen Gewesenen gegen denjenigen zu gewähren, der sich als der Verschollene ausgegeben und dadurch in den Besitz seines Vermögens gesetzt hat, wie Strohal II 381 will. Eine entsprechende Anwendung der Vorschrift auch auf diesen Fall entspricht jedoch dem Zweck des Gesetzes, wenn sie auch über seinen Wortlaut hinausgeht. Der Berechtigte wäre sonst gegenüber dem Betrüger, der sich für den Verschollenen ausgegeben hat, schlechter gestellt als dem gewöhnlichen Erbansprecher gegenüber. Es widerspräche dem Sinn des § 2031 (s. A 1) und wäre höchst unbillig, wenn er dem Betrüger gegenüber nur auf die Einzelklagen angewiesen sein sollte (vgl. Staudinger-Lehmann A 3; Kipp-Coing § 99 A 13).

Wird festgestellt, daß derjenige, der für tot erklärt oder dessen Todeszeit festgestellt worden ist, vor dem im Beschluß (früher Ausschlußurteil) bezeichneten Zeitpunkte gestorben ist, so ist für den, der demzufolge zur Erbschaft berufen ist, der gewöhnliche Erbschaftsanspruch gegen denjenigen begründet, der die Erbschaft auf der Grundlage des Zeitpunktes des Erbfalls erhalten hat, der nach Maßgabe des Beschlusses angenommen worden ist. Stirbt der scheinbar Tote später als in dem Beschluß angenommen, so geht der für ihn bereits begründete Anspruch aus § 2031 auf seinen Erben über; doch verliert er seine besondere Natur und stellt sich als ein wirklicher Erbschaftsanspruch eines Erben gegen einen Erbschaftsbesitzer dar (a. M. Planck-Flad A 1 Abs 2; Staudinger-Lehmann A 5). Ein praktischer Unterschied ergibt sich daraus nicht, da auch auf den aus § 2031 begründeten Anspruch von vornherein die Vorschriften über den Erbschaftsanspruch anzuwenden waren.

3. **Satz 2** beugt dem vor, daß zum Schaden des vermeintlichen Erblassers die 30jährige **Verjährung** des Erbschaftsanspruchs abgelaufen oder dem Ablaufen nahe ist (§§ 195, 198), wenn er von seiner Todeserklärung oder davon, daß er als gestorben gilt (Abs 2), Kenntnis erlangt. Der Zeitpunkt erlangter Kenntnis ist vom Anspruchsgegner zu beweisen. Stirbt der scheinbar Tote nach Ablauf der gewöhnlichen Verjährungsfrist von 30 Jahren, aber früher als ein Jahr nach erlangter Kenntnis, so ist die Verjährung vollendet; seine nunmehr zur Erbschaft berufenen Erben können sich nicht auf die Verlängerung der Frist berufen.

4. Die **irrtümliche Annahme des Todes** kann z. B. auf dem Grunde unrichtiger Sterbeurkunden beruhen. Sie liegt auch vor, wenn der Todeserklärungs- oder Todeszeitfeststellungsbeschluß mit Erfolg angefochten oder wenn die Todeserklärung gemäß den §§ 30ff. VerschG v. 15. 1. 51 aufgehoben worden ist. Ähnlich beim Erbschein § 2370. Ist die Annahme des Todes hinfällig, so kann der Anspruch aus § 2031 auch von einem bestellten Abwesenheitspfleger (§ 1911) verfolgt werden.

5. Vgl. auch Schubart, Scheinbarer Tod im Erbrecht und Eherecht, JR 1948, 296.

Vierter Titel

Mehrheit von Erben

Der vierte Titel regelt die Besonderheiten, die dadurch entstehen, daß durch den Erbfall die Erbschaft als Ganzes (§ 1922 A 7) nicht auf einen, sondern auf **mehrere Erben** übergeht, was in der Wirklichkeit der häufigste Fall ist. Dieser Fall ist schon in § 1922 Abs 1 („eine oder mehrere Personen") und Abs 2 („Anteil eines Miterben", A 7) ausdrücklich vorgesehen, während im übrigen der erste Abschnitt und die drei ersten Titel des zweiten Abschnitts, wohl lediglich aus Rücksichten sprachlicher Vereinfachung, von „dem Erben" in Einzelform sprechen; das bedeutet aber nicht, daß nicht ihre Vorschriften, soweit der vierte Titel nicht Abweichungen bringt, auch auf den Fall einer Mehrheit von Erben Anwendung zu finden hätten.

Innerhalb des vierten Titels ist zunächst das Rechtsverhältnis der Miterben untereinander geordnet (I §§ 2032—2057), sodann (II §§ 2058—2063) ihr Verhältnis zu den Nachlaßgläubigern, dieses soweit durch das Vorhandensein mehrerer Erben Besonderheiten gegenüber der im zweiten Titel enthaltenen allgemeinen Regelung des Verhältnisses des Erben zu den Nachlaßgläubigern bedingt werden. In beiden Richtungen beruht die Regelung auf dem Grundsatze der Gemeinschaft zur gesamten Hand, der von der zweiten Kommission (Prot 5, 835ff.) im Anschlusse an das preußische Recht (RG 49, 406; 79, 394) eingeführt worden ist, im Gegensatze zu dem ersten Entwurfe (§ 2151), der in Anknüpfung an das gemeine Recht die Vorschriften der Gemeinschaft nach Bruchteilen angewendet wissen wollte (Näheres s. § 2032 A 2b).

Die Vorschriften über das Rechtsverhältnis unter den Miterben gliedern sich in der Weise, daß die §§ 2032—2041 das Verhältnis bis zur Auseinandersetzung betreffen, die §§ 2042 bis 2049 die Auseinandersetzung selbst und die §§ 2050—2057 die dabei stattfindende Ausgleichung von Zuwendungen des Erblassers an Abkömmlinge.

I. Rechtsverhältnis der Erben untereinander

§ 2032

Hinterläßt der Erblasser mehrere Erben, so wird der Nachlaß gemeinschaftliches Vermögen der Erben.

Bis zur Auseinandersetzung gelten die Vorschriften der §§ 2033 bis 2041.

E I 2051 Abs 2, 2151 II 1906; M 5 526–530, 687, 688; P 5 650, 835–837; 6 346, 347.

Übersicht:

Die Erbengemeinschaft

1. Die **mehreren Erben** können durch das Gesetz (§§ 1924ff.) oder durch Verfügung von Todes wegen (§§ 1937ff., 2087ff.) oder teils in der einen, teils in der andern Weise berufen sein (§ 2088). Ein nach einem andern oder an Stelle eines andern Berufener (Ersatzerbe, § 2096; Nacherbe, § 2100) ist im Verhältnis zu jenem nicht Miterbe im Sinne des Gesetzes. Mehrere Nacherben bilden jedoch nach Eintritt des Nacherbfalls unter sich eine Erbengemeinschaft, da auch sie dann „mehrere Erben“ sind (§ 2100; RG 93, 296; 152, 383).

Die Frage, welche Personen als Erben berufen sind und wie groß der Anteil eines jeden von ihnen ist, bedarf keiner einheitlichen Entscheidung unter den Beteiligten; daher kann der Erbschaftsanspruch eines Miterben (hereditatis petitio partiaria, § 2018 A 1) gegen einzelne der übrigen Miterben gerichtet werden; die Einrede der mehreren Streitgenossen ist nicht begründet und es besteht zwischen den gemeinschaftlich verklagten keine notwendige Streitgenossenschaft (so RG 8. 6. 05 IV 207/05; 11. 7. 05 IV 282/05 und RG 95, 97; ebenso Rosenberg 6. Aufl. § 95 II 1b; vgl. § 2018 A 4). Freilich lassen sich die Schwierigkeiten nicht verkennen, die dadurch für die Berechnung der Erbquoten, bei der gemeinschaftlichen Verwaltung und Benutzung der Erbschaft (§§ 2038, 743, 745) und bei der Auseinandersetzung wie auch gegenüber den Nachlaßgläubigern (§ 2060) entstehen können. Dagegen besteht regelmäßig Notwendigkeit, einheitlich zu entscheiden, und deshalb exceptio plurium und notwendige Streitgenossenschaft bei der Klage des Nachlaßgläubigers gemäß § 2059 Abs 2; nicht aber wiederum bei der Klage aus dem Gesamtschuldverhältnis nach § 2058 (RG 71, 369). Notwendige Streitgenossenschaft besteht auch für die Nichtigkeitsklage gegen ein auf gemeinschaftliche Klage aller Miterben ergangenes Urteil über eine Nachlaßforderung (RG 96, 52).

2. **Gemeinschaftliches Vermögen der Erben**

a) Durch den Ausdruck „gemeinschaftliches Vermögen der Erben“ ist zum Ausdruck gebracht, daß die Erbschaft auch nach dem Übergange auf mehrere Erben ein Ganzes, ein Vermögensinbegriff (§ 1922 A 7), bleibt. Die Miterben werden durch den Erbfall auch Mitbesitzer der Nachlaßsachen (§§ 857, 866).

b) Die Gemeinschaftlichkeit ist nach den Grundsätzen der Gemeinschaft zur gesamten Hand gestaltet (RG 57, 434), wie bei der Gesellschaft (§ 718 A 1) und der ehelichen Gütergemeinschaft (§ 1438 A 1). Über die begriffliche Natur dieser deutschrechtlichen Gemeinschaftsform herrscht in der Wissenschaft Streit (vgl. zum Wesen der Gesamthand die Übersicht über den Meinungsstreit bei Staudinger-Lehmann A 6); sie ist wohl im wesentlichen in der dinglichen Bindung eines Vermögens für die gemeinschaftlichen Zwecke zu finden, wobei keine besondere Rechtspersönlichkeit geschaffen oder unterstellt wird, vielmehr die Gemeinschaftsteilhaber selbst (Genossen) die Träger der Rechtspersönlichkeit, aber in der Ausübung ihrer Rechte durch den Gemeinschaftszweck beschränkt sind; sie können insbesondere über ihre Anteile an den einzelnen Vermögensbestandteilen nicht verfügen (§ 2033 Abs 2). Im übrigen sind die Fälle der Gemeinschaft zur gesamten Hand im BGB verschieden ausgestaltet; bei der Erbengemeinschft ist die Bindung mit Rücksicht darauf weniger streng, daß sie ohne einen darauf gerichteten Willen der Beteiligten entsteht und von vornherein nicht auf Fortdauer, sondern auf Beendigung durch Auseinandersetzung gerichtet ist. Dementsprechend ist namentlich, anders als bei der Gesellschaft, § 719, und der ehelichen Gütergemeinschaft, § 1442, jedem einzelnen Miterben das Recht zugestanden, über seinen Anteil am Nachlasse zu verfügen (§ 2033 Abs 1; s. A 1 dazu). Auch treten die Individualrechte der einzelnen Gemeinschaftsgenossen stärker hervor, so bei der Verwaltung, Nutzung und Fruchtziehung, wofür die Vorschriften über die Gemeinschaft nach Bruchteilen gelten (§ 2038 A 4), ferner bei der Geltendmachung von Ansprüchen für den Nachlaß (§ 2039) und bei der Berechtigung, grundsätzlich zu jeder Zeit die Auseinandersetzung zu verlangen (§ 2042).

c) Die Miterben können die Erbengemeinschaft sowohl hinsichtlich der ganzen Erbschaft wie hinsichtlich einzelner Nachlaßgegenstände in eine Gemeinschaft nach Bruchteilen umwandeln; doch hat eine solche Vereinbarung nur schuldrechtliche Bedeutung und bedarf, soweit Grundstücke in Frage kommen, der Form des § 313; zur dinglichen Wirkung muß bei Grundstücken die Auflassung hinzukommen (RG 57, 432; 67, 62; 105, 251). Ist ein Minderjähriger beteiligt, so bedarf, soweit Grundstücke in Betracht kommen, die Vereinbarung und die Auflassung der vormundschaftlichen Genehmigung (RG 6. 6. 07 IV 527/06); sind dabei mehrere Minderjährige beteiligt, so muß wegen § 181 jeder von ihnen durch einen besonderen Pfleger vertreten sein (RG 67, 61).

d) Ein Erlöschen von Rechten und Verbindlichkeiten, die zwischen dem Erblasser und einem Miterben bestanden haben, tritt durch den Erbfall nicht ein; eine Bürgschaft erlischt auch nicht teilweise, wenn der Gläubiger und der Bürge Miterben des Hauptschuldners werden (RG 76, 58). Ebensowenig wird eine vor dem Erbfall getroffene Verfügung eines Nichtberechtigten über einen zum Vermögen des Erblassers gehörigen Gegenstand dadurch, daß der Verfügende Miterbe wird, ganz oder teilweise wirksam (§ 185 Abs 2 Satz 1). Anderseits wird eine Verfügung des Erblassers über eine Sache oder ein Recht des Miterben wirksam, wenn dieser auch nur für einen seinem Erbteile entsprechenden Teil der Nachlaßverbindlichkeiten unbeschränkt haftet (§ 185 Abs 2 Satz 1). Aufrechnung eines Nachlaßschuldners mit einer Forderung gegen einen einzelnen Miterben ist ausgeschlossen (§ 2040 Abs 2; vgl. das. A 2).

e) Die Gemeinschaft erstreckt sich auch auf die Nachlaßforderungen; der Satz: „nomina ipso iure divisa sunt" ist für die Miterben ausgeschlossen (§ 2039 Satz 1). In die Gemeinschaft treten auch die Surrogate ein (§ 2041). Auch Nachlaßverwaltung (§ 2062) und Nachlaßvergleichsverfahren (§ 113 Nr 1 Satz 3 VerglO) können nur gemeinschaftlich beantragt werden (anders beim Nachlaßkonkurs, KO § 217); Zwangsvergleich im Konkurse nur auf Vorschlag aller Erben (KO § 230); über einen Erbteil findet kein Konkursverfahren statt (KO § 235). — Gemeinschaftlicher Erbschein auf Antrag jedes Erben (§ 2357). Bei Eintragungen im Grundbuche soll das Erbengemeinschaftsverhältnis bezeichnet werden (GBO § 47); dagegen sind die Anteile der einzelnen Teilhaber nicht in das Grundbuch einzutragen (RG HRR 1930 Nr 1219). Sind im Grundbuche mehrere Personen mit der Bezeichnung „als Miterben zu gleichen Teilen" als Eigentümer eingetragen, so ist hinreichend erkennbar gemacht, daß es sich um eine Miterbengemeinschaft zur gesamten Hand, nicht um ein Miteigentum nach Bruchteilen handelt, und ist deshalb eine an dem Anteile eines einzelnen Miterben bestellte Hypothek nichtig (§ 1114); sie kann auch nicht auf Grund guten Glaubens an die Richtigkeit des Grundbuchs (§ 892) rechtswirksam von einem Dritten erworben werden (RG 88, 22, vgl. die A dazu in JW 1916, 480[4]; ferner 23. 3. 18 V 371/17).

3. a) Die Erbengemeinschaft des BGB entsteht unmittelbar **kraft Gesetzes** (§ 1922 A 6). Sie kann nicht durch Vertrag der Beteiligten geschaffen werden (BayObLG 32, 381). Sie kann auch nicht vertraglich wiedereingeführt werden, wenn die Miterben sich rechtsgültig auseinandergesetzt haben (OLG 5, 357; DNotZ 1952, 84; vgl. auch § 2042 A 2d). Treten Miterben jedoch wirksam von einem Erbauseinandersetzungsvertrage zurück und verlangen sie Rückgewähr der Nachlaßgegenstände an die Erbengemeinschaft, dann wird damit die Erbengemeinschaft weder „vertraglich begründet" noch „nach Aufhebung wiederhergestellt"; der durch den Rücktritt ausgelöste Anspruch auf Rückgewähr (§ 346 Abs 1) steht vielmehr der Erbengemeinschaft mindestens nach § 2041 (kraft Ersetzung) als gemeinschaftliches Nachlaßvermögen zu; insoweit besteht daher auch die Erbengemeinschaft „kraft Gesetzes" fort (BGH 26. 2. 1953 IV ZR 207/52 = MDR 1953 B 54 Nr 524/53 = LM § 433 Nr 4). Die Erbengemeinschaft wird ferner unter den übrigen Erben fortgesetzt, nachdem ein oder einige Erben durch Abfindung u. dgl. aus ihr ausgeschieden sind. Darüber, ob und wann die Erbengemeinschaft durch die fortschreitende Aufteilung des Nachlasses beendigt wird, vgl. § 2059 A 2.

b) Die Erbengemeinschaft kann, obwohl sie keine eigene Rechtspersönlichkeit hat, ein ererbtes **Handelsgeschäft fortführen** (RG 132, 138 [142]; JFG 5, 209). Durch die Fortführung des Geschäfts des Erblassers mit der Firma und die dadurch nach § 27 HGB eintretende unbeschränkte Haftung der Erben für die Geschäftsschulden des Nachlasses (vgl. zu § 1975 A 1 g) wird die Erbengemeinschaft nicht ohne weiteres in eine offene Handelsgesellschaft umgewandelt; dazu bedarf es vielmehr eines Gesellschaftsvertrages, der aber auch stillschweigend geschlossen werden kann (RG 16, 341; 35, 19; JW 1926, 352; KGJ 35 A 152; HRR 1938 Nr 1540; DJ 1939, 400 mit Anm von Vogels; Hamburg HRR 1930 Nr 1484; München HRR 1937 Nr 1593; vgl. auch RG JW 1936, 2918[11], ferner BGH 17. 1. 51 II ZR 16/50 = NJW 1951, 311). Hierbei muß stets der gemeinsame Wille der Erben ersichtlich sein, sich zur gemeinsamen Fortführung des Geschäfts als Gesellschaft zusammenzuschließen. Ein stillschweigender Vertragsschluß kann daher weder allein aus der langen Dauer der Fortführung noch aus der Aufnahme eines Firmenzusatzes oder aus der Annahme einer neuen Firma zwingend gefolgert werden (BGH aaO.). Das ererbte Handelsgeschäft kann auch dann, wenn einer der Miterben aus der Erbengemeinschaft ausgeschieden ist, von den anderen weitergeführt werden (KG JW 1939, 565). Die Erbengemeinschaft als solche kann auch ein gewerbliches Unternehmen, das nach § 2 HGB durch Eintragung zum Handelsgewerbe geworden ist, mit entsprechender Firma fortführen (KG JW 1938, 3117). Sie kann aber als Erbengemeinschaft kein Handelsgeschäft neu errichten oder erwerben (KG HRR 1932, 749). Ein Handelsgeschäft kann vielmehr — abgesehen von dem vorerörterten Falle, daß die Erben ein ererbtes Geschäft fortführen — von mehreren Personen nur in den vom Handelsrecht gebotenen Gesellschaftsformen betrieben werden (RG 132, 138 [144]; KG JW 1935

3642). Die Erbengemeinschaft kann auch einen Miterben nicht zum Prokuristen bestellen (KG JW 1939, 565). Sie kann aber als Inhaberin eines Handelsgeschäfts einen Prokuristen haben, wenn dies ein Dritter ist (KG DR 1939, 1949 = JFG 20, 286 = DNotZ 1940, 415). Jeder einzelne Miterbe kann eine solche Prokura durch Widerruf zum Erlöschen bringen; es müssen aber alle Miterben das Erlöschen anmelden (KG aaO.).

Über die Unterschiede zwischen den rechtlichen Verhältnissen einer Erbengemeinschaft und denen einer handelsrechtlichen Gesellschaft (offenen HG, Kommanditges.) vgl. oben A 2 und RG 117, 264. Wegen dieser Unterschiede wird mit Recht überwiegend angenommen, daß es zur Übereignung eines Grundstücks, das zur Erbengemeinschaft gehört, an eine von den Miterben gebildete handelsrechtliche Gesellschaft der Auflassung bedarf (KGJ 45, 230; 51, 183; JFG 21, 168 = HRR 1940, 742; dahingestellt in RG 117, 265; vgl. auch zu § 925 A 2 c); eine Auflassung ist jedoch dann entbehrlich, wenn eine von den Miterben gebildete Gesellschaft des bürgerlichen Rechts sämtliche Erbteile erworben hat und die Miterben ein Nachlaßgrundstück auf die Gesellschaft „umschreiben" lassen wollen (KG DR 1944/45 S. 455 Nr 35).

Beteiligung an einer Gesellschaft des Handelsrechts. Die Erbengemeinschaft kann sich als solche nicht an einer Kommanditgesellschaft beteiligen (KGJ 37 A 145); sie kann nicht als Rechtsnachfolgerin eines Kommanditisten in das Handelsregister eingetragen werden (RG 171, 328 = RG DR 1943, 1228 gegen RG 123, 366; s. ferner NJW 1947/48, 377) und auch nicht Gesellschafter einer offenen Handelsgesellschaft sein (KGJ 49 A 109, 268).

Die Erben des Mitgliedes einer offenen Handelsgesellschaft oder eines Kommanditisten treten zwar kraft Gesamtrechtsnachfolge in die Rechtsstellung des Erblassers ein, aber nicht als Erbengemeinschaft sondern so, daß jeder Miterbe selbständiger Gesellschafter wird. Das Gesellschaftsverhältnis vervielfältigt sich also zu so vielen selbständigen Mitgliedschaften, als Erben für den Anteil des Erblassers da sind (vgl. Staudinger-Lehmann A 23 mit näheren Nachweisen). Für die offene Handelsgesellschaft folgt das schon aus § 139 HGB, wonach jeder Erbe die dort bestimmten Rechte hat, um ihn vor den Nachteilen zu schützen, die mit der Gesellschafterstellung verbunden sind. Die Erbengemeinschaft kann auch als solche weder im Rechtsverkehr als geschlossene Einheit auftreten noch eine unbeschränkte Haftung für ihre Mitglieder übernehmen (Vgl. RG 16, 40ff., 56; 170, 392; RG JW 1912, 475; RG DR 1943, 1224, 1228; KG JW 1935, 1794). Für die Kommanditgesellschaft trifft insbesondere die Erwägung gleichfalls zu, daß die Erbengemeinschaft mangels selbständiger Rechtspersönlichkeit nicht als Rechtsträger im Rechtsverkehr auftreten kann.

Die Rechtsstellung, die der Erbe mit dem Eintritt in die offene Handelsgesellschaft oder Kommanditgesellschaft erwirbt, beruht zwar auf der Erbfolge; ihr Inhalt soll sich nach der letzten Rechtsprechung des Reichsgerichts aber nicht nach erbrechtlichen Grundsätzen, sondern sowohl im Innen- und Außenverhältnis wie auch personen- und vermögensrechtlich ausschließlich nach Gesellschaftsrecht bestimmen (RG 170, 392 [394]). Siebert (aaO. S. 1; vgl. § 1922 A 5d) hat mit Recht Bedenken angemeldet, daß diese Abgrenzung zugunsten des Gesellschaftsrechts zu weit gehe. Angesichts der rechtlichen Schwierigkeiten ist es angebracht, die erbrechtlichen und gesellschaftsrechtlichen Maßnahmen sorgfältig aufeinander abzustimmen. Im Gesellschaftsvertrag einer Kommanditgesellschaft (oder einer offenen Handelsgesellschaft) kann wirksam vereinbart werden, daß beim Tode eines Gesellschafters dessen sämtliche Erben ohne weiteres Einzelkommanditisten mit gesonderten Teilen der Einlage werden (KG JFG 21, 222 = DNotZ 1940, 279) oder daß nur ein Miterbe in die Gesellschafterstellung einrückt (KG DNotZ 1935, 988). Die Anmeldungen zum Handelsregister müssen aber von allen Miterben bewirkt werden (KG JW 1935, 3642).

4. Anerbenrecht: Aus dem Anerbenrecht können sich Ausnahmen von der Gesamtrechtsnachfolge der Miterben ergeben.

Unter der Geltung des Reichserbhofgesetzes vom 29. 3. 1933 gehörte der Erbhof nicht zum gemeinschaftlichen Vermögen im Sinne des § 2032; er bildete einen besonderen Teil der Erbschaft, der kraft Gesetzes ungeteilt auf den Anerben überging (RErbhG § 19). Hinsichtlich des Erbhofs bestand daher keine Erbengemeinschaft zwischen dem Anerben und den Erben des erbhoffreien Vermögens (KG JW 1938, 3171[21]). Eine Erbengemeinschaft konnte auch nicht Erbhofträger sein (REHG 2, 285: HRR 1937 Nr 1414).

Das Kontrollratsgesetz Nr 45 vom 20. 2. 47 (ABl KR 256) hat die Befugnis des bisherigen Erbhofeigentümers, über die Grundstücke und das Zubehör seines Hofes unter Lebenden frei zu verfügen, für alle drei Westzonen wiederhergestellt, abgesehen von der Genehmigungspflicht bei Veräußerungen, Belastungen und Verpachtungen landwirtschaftlicher Grundstücke. Art II KRG 45 hat jedoch die bis zum Erlaß des REG in Kraft gewesenen landesrechtlichen Anerbengesetze wieder in Kraft gesetzt, soweit sie nicht dem KRG 45 selbst oder anderen gesetzlichen Vorschriften des Kontrollrats widersprechen. Daraus folgen für einzelne Länder, soweit in ihnen ein besonderes Anerbenrecht gilt, Beschränkungen für Verfügungen von Todes wegen (vgl. Vbm 2 vor § 1922).

5. Übergangsrecht. Die Erbengemeinschaft des BGB entsteht nur, wenn der Erbfall am 1. 1. 00 oder später eingetreten ist (EG Art 213; RG JW 02 Beil 268[203]).

§ 2033

Jeder Miterbe kann über seinen Anteil an dem Nachlasse verfügen. Der Vertrag, durch den ein Miterbe über seinen Anteil verfügt, bedarf der gerichtlichen oder notariellen Beurkundung.

Über seinen Anteil an den einzelnen Nachlaßgegenständen kann ein Miterbe nicht verfügen.

E II 1907; P 5 837–839.

Übersicht:

Verfügungsrecht eines Miterben

1. Allgemeines: § 2033 regelt das Verfügungsrecht des Miterben. Abweichend von den andern Fällen der Gemeinschaft zur gesamten Hand: Gesellschaft § 719, eheliche Gütergemeinschaft § 1442 (vgl. § 2032 A 2b; RG 60, 128), kann der Miterbe über seinen **Anteil an dem Nachlasse** als Ganzem, d. h. über die Gesamtheit der ihm als Teilhaber der Erbengemeinschaft zustehenden Rechte, verfügen, d. h. sie in der Weise auf einen andern übertragen, daß dieser in die Rechtsstellung des Miterben als Teilhabers der Gemeinschaft eintritt (RG 60,131; 83,30), und zwar solange noch gemeinschaftliches Nachlaßvermögen (ein ungeteilter Nachlaßgegenstand) vorhanden ist (KGJ 52, 272); die Frage, ob der Erwerber des Erbteils dadurch an Stelle des Veräußerers „Erbe" (Miterbe) im Rechtssinne wird, ist in RG 83, 30 und 88, 117 offen gelassen, aber grundsätzlich zu verneinen, da abgesehen von der Erbeinsetzung selbst das Erbrecht als solches nicht durch Privatwillkür entstehen oder aufhören kann (§§ 1922 A 4, 2032 A 3a); der veräußernde Miterbe bleibt vielmehr Erbe (RG 64, 175; RG 11. 6. 34, IV 50/34); es tritt daher auch keine Nacherbfolge ein. Deshalb ist zur Fortführung einer Handelsfirma die Einwilligung sämtlicher Miterben erforderlich, auch wenn einer von ihnen alle Erbteile erworben hat (RJA 5, 185). Ein Erbschein kann nur auf den Namen des veräußernden Miterben, nicht auf den des Erwerbers gestellt werden (RG 64, 173). A. M. in allen diesen Beziehungen Endemann 3, 1033ff.

Die Übertragung des Erbteils im Ganzen ist zu unterscheiden von der Abtretung des Anspruchs auf dasjenige, was dem Miterben bei der Auseinandersetzung zukommt; eine solche Abtretung soll nach RG 60, 126, anders als bei der Gesellschaft (§ 717 Satz 2), nicht mit dinglicher Wirkung (§ 398) erfolgen können, so daß eine nach der Abtretung erfolgende Verfügung über den Erbteil (auch dessen Pfändung, s. A 3) einer früheren Abtretung der Forderung auf das Auseinandersetzungsergebnis vorgehen würde (im Ergebnisse zustimmend Planck-Ebbecke A 4 Abs 2). Die Entscheidung ist trotz der Zustimmung, die sie im Schrifttum gefunden hat (vgl. Staudinger-Lehmann A 8) nicht unbedenklich; der Umstand, daß die Forderung ein Bestandteil des Erbteils, und zwar ein sehr wesentlicher ist, zwingt nicht zu dem Schlusse, sie könne nicht aus diesem ausgeschieden und nach allgemeinen Grundsätzen (§ 398) mit dinglicher Wirkung auf einen andern übertragen werden; ihre Veräußerung erscheint gegenüber der des Erbteils als das geringere. Der nachher pfändende Gläubiger kann dann ein Pfandrecht an dem Erbteile nur mit dem Inhalte erwerben, den dieser zur Zeit der Pfändung noch hatte (A 3), also ohne den vorher abgetretenen Anspruch auf das Auseinandersetzungsergebnis. Die Abtretung dieses Anspruchs kann unter Umständen (ebensogut wie dessen Pfändung A 3b) auch als Übertragung des Erbteils ausgelegt werden (vgl. Prot II 5, 839).

Die für die Übertragung einzelner Erbschaftsgegenstände erforderlichen Formen (insbesondere bei Grundstücken die Auflassung) kommen für die Übertragung des Erbteils nicht in Betracht, da dieser von dem Anteil an einzelnen Nachlaßgegenständen verschieden ist (A 5). Die Übertragung eines Erbteils an einem Nachlasse, zu dem landwirtschaftlich oder forstwirtschaftlich genutzter Grundbesitz gehört, bedarf regelmäßig auch nicht der Genehmigung nach § 1 GrundstVerkBek (KG JW 1938, 887[43]). Ist der Miterbe als Teilhaber der Erbengemeinschaft im Grundbuch eingetragen (GBO § 47; § 2032 A 2e), so wird durch die Übertragung das Grundbuch unrichtig; der Erwerber kann daher von dem Veräußerer die Berichtigung fordern (§ 894, RG 90, 235). Auch ist die Berichtigung nach § 22 GBO möglich (JFG 13, 72).

Der Verfügung kann ein entgeltliches (Kauf) oder sonstiges schuldrechtliches Geschäft zugrunde liegen. Ist es ein Kauf, so tritt das Vorkaufsrecht der Miterben (§§ 2034ff.) in Kraft. Ob der als „Verkauf" bezeichnete Veräußerungsvertrag zugleich die dingliche Übertragung des Erbteils enthält, ist Sache der Auslegung (RG Warn 1915 Nr 264). Der schuldrechtliche Verkauf (§ 2371) und die dingliche Übertragung des Erbanteils können in einer notariellen oder gerichtlichen Urkunde verbunden werden (RG HRR 1930 Nr 298); diese muß aber in solchem Falle den Erfordernissen beider Rechtsgeschäfte Rechnung tragen, also sowohl die Bestimmungen des Kaufvertrages, insbesondere die Angabe des (richtigen) Kaufpreises, wie auch die dingliche Einigung über den Übergang des Erbteils enthalten (RG 137, 173). In einem Vergleiche zwischen den Testamentserben und den von der Erbfolge ausgeschlossenen gesetzlichen Erben, durch den diesen bestimmte Anteile am Nachlasse zugewiesen werden, kann gegebenenfalls eine Übertragung von Erbteilen zu erblicken sein (RG 11. 6. 34, IV 50/34; vgl. auch § 2371 A 3). Nach Teilung des Nachlasses kann ein Miterbe die schuldrechtlich übernommene Verpflichtung zur Übertragung seines Erbanteils nicht mehr durch einheitliches dingliches Rechtsgeschäft nach § 2033, sondern nur durch Einzelübertragung der Nachlaßgegenstände erfüllen (RG 134, 299).

Die Veräußerlichkeit des Erbteils kann auch durch Verfügung des Erblassers nicht ausgeschlossen oder beschränkt, insbesondere nicht an die Zustimmung eines Testamentsvollstreckers geknüpft werden (RG Warn 1915 Nr 292). — Der „Erbteil" ist zwar keine Forderung, kann aber in eine solche übergehen (durch Auseinandersetzung) und es kann deshalb zu seiner Sicherung eine Höchstbetragshypothek (§ 1190) bestellt werden (RG 65, 366 für gemeines Recht; a. M. KGJ 40, 260). Der Bestellung einer Grundschuld zum Zwecke der Sicherung künftiger Erbansprüche stehen keinesfalls Bedenken entgegen, da die Grundschuld keine Forderung voraussetzt (RG 22. 12. 19 IV 303/19). — In der Verfügung über den Erbteil ist in der Regel die Annahme der Erbschaft zu finden (§ 1943 A 1e).

2. Nur dem **Miterben** und seinem Rechtsnachfolger (§ 2037) ist die dingliche Verfügungsmacht eingeräumt, nicht dem Alleinerben, auch nicht über einen Bruchteil der Erbschaft. Dadurch, daß ein Miterbe sämtliche Erbanteile erwirbt, wird er zwar nicht Alleinerbe im Rechtssinne (A 1); aber eine Erbengemeinschaft besteht nun nicht mehr; er ist dann zur dinglichen Verfügung über einzelne Erbteile nach § 2033 nicht mehr in der Lage; eine dingliche Verfügung über die ihm zustehende ganze Erbschaft oder über einen Bruchteil davon ist auch in diesem Falle ausgeschlossen (KGJ 46 A 181, 187; RG 88, 116). Der Erbe kann die ganze Erbschaft oder einen Bruchteil nur in der Weise übertragen, daß er eine schuldrechtliche Verpflichtung eingeht (§§ 2371, 2385) und in Erfüllung dieser Verpflichtung die Nachlaßgegenstände einzeln auf den Erwerber überträgt (§ 2374). — Auch zugunsten eines andern Miterben kann ein Miterbe über seinen Erbteil verfügen; jener kommt aber dann nicht als Dritter im Sinne des § 2034 (A 1) in Betracht. — Der Miterbe kann auch einen Bruchteil seines Erbteils an eine andere Person oder seinen Erbteil nach Bruchteilen an mehrere andere übertragen; der oder die Erwerber stehen dann zu dem veräußernden Miterben oder untereinander in Bruchteilsgemeinschaft (RG Warn 1913 Nr 234). Mehrere Erben eines Miterben bilden eine besondere gesamthänderische Untergruppe innerhalb der Erbengemeinschaft. Sie können über den Erbteil des Miterben nur gemeinsam verfügen, während der einzelne Erbeserbe über seinen Anteil an dem Erbteil nicht verfügen kann (RG 162, 397 = HRR 1940, 538; vgl. auch § 1952 A 3).

Auch der nur bedingt oder betagt zu einem Erbteile berufene Erbe kann nach Eintritt des Erbfalls über den Erbteil verfügen; insbesondere der Vor-Miterbe auf Grund seines auflösend bedingten oder mit Endtermin befristeten Miterbrechts, unbeschadet des Bestehenbleibens der Belastung seines Erbteils mit der Nacherbfolge (vgl. A 3).

Die Anwartschaft des Nacherben ist nach dem Eintritte des Vorerbfalls ein unentziehbares Vermögensrecht und deshalb nicht nur vererblich (§ 2108 Abs 2), sondern auch, jedenfalls wenn sie sich auf einen Erbteil bezieht, dinglich veräußerlich, insbesondere auch verpfändbar (RG Gruch 52, 680; RG 80, 384; 83, 434; KG HRR 1929 Nr 549; vgl. ErbschStG § 2 Abs 2 Nr 5, wo die Zulässigkeit der Übertragung der Anwartschaft eines Nacherben vorausgesetzt ist, und hierzu Smolla DNotZ 1939, 391). Auch Anwartschaftsrechte aus einer bedingten Nacherbfolge sind abtretbar (RG 170, 169).

Streitig ist, ob dies auch von dem Rechte des Allein-Nacherben gilt. In RG 101, 185 ist dies mit eingehender Begründung — gegen die damals im Schrifttum überwiegende Meinung — bejaht worden (ebenso RG 103, 358; 1. 3. 23 IV 358/22). Im neueren Schrifttum hat sich die Ansicht des Reichsgerichts nahezu völlig durchgesetzt (vgl. Staudinger-Lehmann A 7; ausführliche Angaben bei Hankel, Neuere Rechtsprechung auf dem Gebiete des Vor- und Nacherbrechts, 1939, S. 74 N 83—85; s. ferner Schiedermair AZivPrax 139, 129ff.; gegen das Reichsgericht Oertmann JR 1934, 37). Diese Rechtsprechung ist auch durch wirtschaftliche Bedürfnisse gerechtfertigt. Für die Praxis muß die Streitfrage daher als ausgetragen gelten, so daß die in der 8. Auflage an dieser Stelle geäußerten Bedenken auf sich beruhen können. Die Formvorschrift des § 2033 Abs 1 ist auf die Verfügung des Allein-Nacherben sinngemäß anzuwenden; das gilt daher auch für den Verzicht eines Kindes auf das Nacherbenrecht durch Vertrag mit dem Vorerben, weil darin eine Verfügung über die Nacherbenanwartschaft liegt (RG DNotZ 42, 145). Vgl. auch § 2108 A 2.

3. a) **Verfügung** ist ein Rechtsgeschäft, durch das der Verfügende auf ein Recht unmittelbar einwirkt, es also entweder auf einen Dritten überträgt oder mit einem Recht belastet oder das Recht aufhebt oder es sonstwie in seinem Inhalt ändert (BGH 1, 294 [304]; Vorbem 7 vor § 104). Die Verfügung über den Erbteil ist daher von dem über den Erbteil geschlossenen schuldrechtlichen

Vertrag (Kaufvertrag, Schenkung) zu unterscheiden. Verfügung ist auch die Verpfändung (§ 1274; RG 84, 396; 87, 324; 90, 234) und die Bestellung eines Nießbrauchs (§ 1068) an dem Erbteile.

b) Der rechtsgeschäftlichen Verfügung steht die Zwangsvollstreckung gegen den verfügungsberechtigten Miterben gleich; durch § 859 Abs 2 ZPO ist anerkannt, daß der Erbteil, im Gegensatze zu den einzelnen Nachlaßgegenständen, der Pfändung unterworfen ist (RG 59, 180). Bei der Zwangsvollstreckung in den Erbteil (§§ 829, 857 ZPO) sind die Miterben als Drittschuldner anzusehen (RG 42, 327; 49, 407; 74, 54; 75, 180); in dem Pfändungsbeschlusse müssen daher sämtliche Miterben erkennbar, wenn auch nicht mit Namen bezeichnet sein (RG 42, 330); auch muß er das an die Miterben gerichtete Leistungsverbot enthalten; ein Pfändungsbeschluß, der nur das Verfügungsverbot an den Schuldner enthält, ist unwirksam, da kein Fall des § 857 Abs 2 ZPO vorliegt (RG 21.1.14 V 414/13). Der Ehemann einer im früheren gesetzlichen Güterstande lebenden Miterbin war nicht Drittschuldner (RG 74, 51). Der Wortlaut des Pfändungsbeschlusses und der darin enthaltenen Verbote ist nicht wesentlich; auch wenn ungenauerweise der Anspruch auf Auseinandersetzung oder Auszahlung des Erbteils als gepfändet bezeichnet ist, kann darin durch Auslegung eine Pfändung des Erbteils gefunden werden (RG 49, 408; RG Warn 1911 Nr 139). Durch die Pfändung des Erbteils wird die Wirksamkeit späterer Verfügungen des Schuldners über diesen dem pfändenden Gläubiger gegenüber verhindert (§§ 135, 136); ebenso sind gemeinschaftliche Verfügungen der Miterben über einzelne Nachlaßgegenstände ohne Zuziehung des Gläubigers diesem gegenüber unwirksam. Der gepfändete Erbteil ist dem Gläubiger zur Einziehung zu überweisen (Überweisung an Zahlungs Statt zum Nennwerte ist ausgeschlossen, da ein solcher nicht besteht); doch kann das Vollstreckungsgericht auch die Veräußerung (Versteigerung) anordnen (ZPO § 857 Abs 5); ein vorgehender Pfandgläubiger kann einer solchen Anordnung nicht widersprechen (RG 87, 325). Durch den Zuschlag des Gerichtsvollziehers bei einer auf solche Anordnung hin erfolgenden Versteigerung geht der Erbanteil auf den Meistbietenden über, ohne daß es eines rechtsgeschäftlichen Übertragungsaktes in der Form des § 2033 Abs 1 Satz 2 bedarf (HRR 1929 Nr 549).

c) Durch die Verfügung erlangt der Erwerber, obwohl er nicht Erbe im Rechtssinne wird (A 1), die Befugnis, die dem Miterben als Teilhaber der Erbengemeinschaft zustehenden Rechte auszuüben, soweit sie nicht höchst persönlicher Natur sind, insbesondere das Verwaltungs-, Benutzungs- und Fruchtziehungsrecht (§ 2032 A 2b); er erhält ferner das Recht, die Auseinandersetzung zu verlangen und den Antrag auf gerichtliche Vermittlung der Auseinandersetzung zu stellen (FGG § 86 Abs 2), ferner zur Auseinandersetzung zugezogen zu werden (§ 2042) und das Recht auf den Überschuß (§ 2047), RG 83, 30. Der Miterbe bleibt für die Nachlaßverbindlichkeiten verpflichtet; doch haftet auch der Erwerber des Erbteils für sie, wenn der Übertragung auf ihn ein Erbschaftskauf oder ein anderes auf Veräußerung gerichtetes Rechtsgeschäft zugrunde liegt (§§ 2383, 2385; RG 60, 131). Der Erbteil geht mit dem Inhalt, mit dem die darin begriffenen Rechte zur Zeit der Verfügung dem Miterben noch zustanden, auf den Erwerber über (vgl. wegen einer vorher erfolgten Abtretung des Anspruchs auf das Auseinandersetzungsergebnis A 1). Die Rechte des Nutznießers bestimmen sich nach §§ 1085ff., diejenigen des Pfandgläubigers nach §§ 1258, 1273. Vgl. §§ 1258 A 1—7, 1273 A 2. Dem rechtsgeschäftlichen oder Pfändungspfandgläubiger „gebührt das Pfandrecht" an den Gegenständen, die bei der Auseinandersetzung auf den Erbteil fallen (§ 1258 Abs 3); aus dieser Ausdrucksweise wird in RG 84, 397 (abweichend von RG 60, 126) gefolgert, daß der Gläubiger dieses Pfandrecht nicht ohne weiteres von Gesetzes wegen erwirbt, sondern nur einen Anspruch darauf hat, daß ihm ein solches bestellt werde (vgl. auch § 1258 A 5). Doch kann das verpfändete Miterbrecht nicht ohne Zustimmung des Pfandgläubigers durch Auseinandersetzung aufgehoben werden (§ 1276; RG 83, 31; 84, 399; 90, 236). Haben die Miterben von der Verpfändung Kenntnis erhalten, so sind sie dem Pfandgläubiger schadenersatzpflichtig, wenn sie ohne seine Zustimmung ein zum Nachlasse gehöriges Grundstück an einen gutgläubigen Dritten veräußern und auflassen (RG 83, 31). Es bedarf zur Entstehung des Pfandrechts an dem Erbteile nicht der in § 1280 für die Verpfändung von „Forderungen" geforderten Anzeige an den Schuldner (RG 83, 28f). Auch im übrigen sind die Bestimmungen über das Pfandrecht an Forderungen (§§ 1279ff.) auf das Pfandrecht an einem Erbteile nicht anwendbar (RG 84, 397). Ebensowenig kommt § 399 in Frage (RG JW 1915, 245; Warn 1915 Nr 292). Das rechtsgeschäftlich oder durch Pfändung erlangte Pfandrecht an dem Anteile eines Miterben kann in das Grundbuch eines zum Nachlasse gehörigen Grundstücks mit der Wirkung eingetragen werden, daß eine gemeinschaftliche Verfügung der Miterben über das Grundstück nur mit Zustimmung des Pfandgläubigers erfolgen kann; die Eintragung gehört in die für Verfügungsbeschränkungen des Eigentümers bestimmte Rubrik (RG 90, 233; Stein-Jonas-Schönke ZPO § 859 III, 3; Güthe-Triebel GBO § 35 A 19; a. M. Achilles-Strecker GBO § 48 Erl 2). Auch die Veräußerung des Miterbenanteils wird auf Antrag des Erwerbers — falls die Miterben schon eingetragen sind, im Wege der Grundbuchberichtigung — einzutragen sein mit der Wirkung, daß es zur gemeinschaftlichen Verfügung der Miterben über das Grundstück (§ 2040) statt der Mitwirkung des Miterben, der veräußert hat, nunmehr derjenigen des Erwerbers bedarf (RG 60, 131; OLG 5, 426; 4, 189). Zur Eintragung der Veräußerung eines verpfändeten Miterbenanteils im Grundbuche (vgl. oben) bedarf es nicht der Zustimmung des Pfandgläubigers nach § 1276 Abs 2, da der Anteil nur mit der Belastung durch das Pfandrecht auf den Erwerber übergeht, auch wenn er es nicht gekannt hat; erst zur Veräußerung eines zum Nachlasse gehörigen Grundstücks ist die Zustimmung des Pfandgläubigers erforderlich (HRR 1934 Nr 265).

4. Gerichtliche oder notarielle Beurkundung des Vertrags, § 128, EG Art 141, RNotO § 77, FGG §§ 168—182. Wird die in § 2033 Abs 1 Satz 2 vorgeschriebene Form nicht beobachtet, so ist der Vertrag nichtig (§ 125), wenn nicht in dem Vertrage Übertragung des Rechtes auf künftige Auszahlung der Nachlaßdividende gefunden werden kann (vgl. unten und A 1). Beruft sich eine Vertragspartei auf Nichtigkeit wegen Formmangels, so kann die andere Vertragspartei ihr unter Umständen den Einwand der Arglist (exceptio doli praesentis) entgegenhalten, wenn die Partei, die sich auf die Nichtigkeit beruft, die andere — obschon nicht vorsätzlich — in den Irrtum versetzt hat, daß die Form nicht erforderlich sei (RG Warn 1925 Nr 162 in Anwendung der in RG 107, 361 — vgl. §§ 242 A 4, 313 A 5 — ausgesprochenen Rechtsgrundsätze; s. ferner RG 157, 207; 169, 73; 170, 203; OGH 1, 218). In den Fällen der §§ 2371, 2383 (Erbschaftsverkauf) muß auch das Verpflichtungsgeschäft gerichtlich oder notariell beurkundet werden. Wie in den Fällen des § 313 (vgl. A 2 dazu) ist ein solches Geschäft nichtig, wenn in der notariellen oder gerichtlichen Urkunde der Kaufpreis unrichtig angegeben ist (RG Warn 1925 Nr 162; RechtdLandw 1951, 103). Dieser Mangel kann durch die formgerechte dingliche Übereignung nicht geheilt werden; für eine entsprechende Anwendung des § 313 Satz 2 ist kein Raum (RG 129, 123; 137, 175; HRR 1934 Nr 1035; RG Warn 1942 Nr 92; vgl. auch zu § 2371 A 3). Dadurch wird aber das dingliche Verfügungsgeschäft nicht nichtig, auch nicht, wenn es in der selben Urkunde beurkundet ist, wie das schuldrechtliche Geschäft; es gelten auch hier die Rechtsgrundsätze entsprechend, die das Reichsgericht für die in Grundstückskaufverträgen mitbeurkundete Auflassung und Auflassungsvollmacht aufgestellt hat (vgl. § 313 A 6 Abs 4). Die dingliche Verfügung kann jedoch in diesem Falle im Wege des Bereicherungsanspruchs (§§ 812ff.) zurückgefordert werden, sofern nicht § 817 Satz 2 entgegensteht (RG Warn 1925 Nr 162). Dasselbe gilt, wenn der Erbschaftskaufvertrag überhaupt nicht beurkundet worden ist (RG 137, 174). Verpflichtungs- und Verfügungsgeschäft werden vielfach in derselben Urkunde vereint; es muß durch Auslegung ermittelt werden, ob das geschehen ist. In der Beurkundung eines Erbteilsverkaufs kann auch zugleich seine unmittelbare Übertragung mitbeurkundet worden sein (vgl. RGZ 137, 171; RG Warn 1915 Nr 264). Auch die Erbteilsübertragung, durch die ein formlos gültiger Erbauseinandersetzungsvertrag erfüllt werden soll, unterliegt § 2033 Abs 1 Satz 2 (so richtig Rötelmann gegen OLG Celle in NJW 1951, 198; vgl. ferner Grunau DNotZ 1951, 366). Der Formmangel eines Versprechens der schenkungsweisen Übereignung des Erbanteils wird durch die formgerechte dingliche Verfügung geheilt (§ 518 Abs 2). In einer Verfügung über den Erbanteil, die als solche unwirksam ist, kann eine wirksame schuldrechtliche Verpflichtung zur Übereignung desjenigen gefunden werden, was dem Verpflichteten bei der Auseinandersetzung zukommt (RG 26. 9. 07 IV 37/07). Genehmigung des Vormundschaftsgerichts §§ 1822 Nr 1, 1643 Abs 1, 1686. — Eine Vollmacht zur Übertragung eines Erbteils bedarf der gerichtlichen oder notariellen Beurkundung, wenn mit ihr eine ähnliche Rechtslage geschaffen werden soll wie mit einem Veräußerungsvertrage (DNotZ 1937, 687).

5. Ob man bei der Erbengemeinschaft des BGB von einem **Anteile des Miterben an einzelnen Nachlaßgegenständen** überhaupt sprechen kann, ist fraglich (verneinend RG 61, 78; dahingestellt 88, 26; bejahend 94, 243). § 2033 Abs 2 scheint allerdings vorauszusetzen, daß solche Anteile bestehen (dafür Staudinger-Lehmann § 2032 A 8). Auf alle Fälle aber ist der Anteil durch das Gesamthandverhältnis in der Weise gebunden, daß weder der einzelne Miterbe noch die Gesamtheit der Miterben über ihn verfügen kann. Deshalb ist die Belastung des Anteils eines Miterben an einem zum Nachlasse gehörigen Grundstücke mit einer Hypothek oder Grundschuld rechtlich unmöglich (RG 88, 26) und eine Vormerkung hierfür unzulässig (RJA 4, 253). Es ist auch nach RG 88, 27 wegen § 1114 ausgeschlossen, daß eine solche Belastung gemäß § 185 Abs 2 dadurch wirksam wird, daß der Miterbe bei der Auseinandersetzung das Grundstück erwirbt (anders für das preußische Recht: RG 79, 395). Auch eine schuldrechtliche Verpflichtung zur Übertragung der dem Veräußerer zustehenden „Erbansprüche an dem gesamten Grundbesitz" wird (RG 61, 76) wegen Fehlens eines Verpflichtungsgegenstandes für nichtig erklärt: doch hätte hier eine Auslegung dahin, daß als Gegenstand der dem Verpflichteten bei der Auseinandersetzung zufallende Grundbesitz gemeint war, es ermöglicht, die Abrede aufrechtzuerhalten. Daß ein einzelner Miterbe oder mehrere einzelne Miterben sich zur Beschaffung eines Nachlaßgegenstandes für den Fall, daß dieser ihnen bei der Auseinandersetzung zufällt, verpflichten können, ist anerkannt (RG 60, 126; 61, 76; JW 1909, 20[14]).

Streitig ist aber, ob § 2033 Abs 2 auf einen Vertrag anzuwenden ist, durch welchen einzelne Miterben sich unmittelbar und unbedingt zur Übertragung des Eigentums an einem Nachlaßgegenstande verpflichten. Für den ähnlich liegenden Fall des § 1442 hat das RG (JW 1903 Beil. S.26 Nr 54) aus dem Verbote von Verfügungen des Ehegatten über seinen Anteil am Gesamtgute gefolgert, auch eine schuldrechtliche Verpflichtung zu einer solchen — „unmöglichen" — Verfügung (Abtretung) sei nichtig; vgl. dagegen diesen Komm. 9. Aufl. zu § 1442 A 2. Für den hier vorliegenden Fall des § 2033 Abs 2 hat das RG in RG 118, 247 die obige Frage dahingestellt gelassen, sich aber in HRR 1929 Nr 2084 auf den Standpunkt gestellt, § 2033 Abs 2 stehe einer schuldrechtlichen Verpflichtung zu Verfügungen des Miterben über einzelne Nachlaßgegenstände nicht entgegen (ebenso Hamburg HRR 1934 Nr 1125). Dieser Auffassung ist beizutreten. Eine Verfügung (vgl. Vorbem 7 vor § 104) ist in der Übernahme einer schuldrechtlichen Verpflichtung zu einer solchen noch nicht enthalten; auch eine Nichtigkeit aus § 306 liegt nicht vor, da es sich nur um ein persönliches Unvermögen zur Leistung handelt (vgl. zu § 306 A 2). Ob freilich in einer dinglichen Verfügung, die als solche nichtig ist, eine schuldrechtliche Verpflichtung des bezeichneten oder irgendwelchen Inhalts gefunden werden kann, ist Sache der Auslegung (RG JW 1909, 20[14]; HRR 1931 Nr 840).

Mehrere Verfügungen über den Anteil an einzelnen Nachlaßgegenständen in eine Verfügung über den Anteil des Miterben an dem Nachlasse umzudeuten, hat RG (HRR 1931 Nr 840) „als unmöglich" abgelehnt, auch wenn kein weiterer Nachlaßbestand vorhanden ist; diese Ansicht greift der Beurteilung des Einzelfalles durch den Tatrichter jedoch zu sehr vor. — Aus einem zum Nachlasse gehörigen Geschäfte soll ein einzelner Miterbe nicht ohne Zustimmung der andern ausscheiden können, weil darin eine Verfügung über seinen Anteil an einem einzelnen Nachlaßgegenstande liegen würde (RJA 13, 226; vgl. auch BayOLG 19 A 9).

Wegen der Verfügung über einzelne Nachlaßgegenstände durch sämtliche Miterben s. § 2040 A 1; auch KG JR 52, 324.

§ 2034

Verkauft ein Miterbe seinen Anteil an einen Dritten, so sind die übrigen Miterben zum Vorkaufe berechtigt.

Die Frist für die Ausübung des Vorkaufsrechts beträgt zwei Monate. Das Vorkaufsrecht ist vererblich.

E II 1908; P 5 839–841; 6 318, 319.

Übersicht:

Vorkaufsrecht der Miterben

1. Das **Vorkaufsrecht** ist den Miterben — als einziges gesetzliches Vorkaufsrecht des BGB — gegeben, um das Eindringen Fremder in die Erbengemeinschaft, das infolge der Zulässigkeit von Verfügungen jedes einzelnen Miterben über seinen Erbteil (§ 2033 Abs 1) möglich ist, einigermaßen einzuschränken. Es reicht jedoch nicht aus, um Fremde ganz vom Nachlaß fernzuhalten.

2. Das Vorkaufsrecht ist nur für den **Verkaufsfall** (§ 2371), nicht für andere Veräußerungsverträge (Tausch, Schenkung, Vergleich, § 2385, vgl. A 2 dazu) gegeben, noch weniger, wenn am Anteil bloß ein Pfand- oder Nießbrauchsrecht bestellt ist. Der Kaufvertrag muß wirksam geschlossen sein. Berufen sich der Miterbe, der seinen Anteil verkauft hat, und sein Käufer darauf, daß der Kauf wegen Formmangels ungültig sei, so kann der vorkaufsberechtigte Miterbe den Einwand der Arglist nicht erheben (RG 170, 203).

Der Kaufvertrag muß den **Miterbenanteil** betreffen; auf die Miteigentumsanteile nach der Auseinandersetzung der Erbengemeinschaft erstreckt das Vorkaufsrecht sich nicht (OLG Hamm Recht dLandw 1953, 52). Einem Verkauf des Erbteils, der das Vorkaufsrecht der anderen Miterben auslöst, ist es gleichzustellen, wenn ein Miterbe sich wegen eines Grundstücks, das — dem Vertragsgegner bekannt — den einzigen Nachlaßgegenstand bildet, gegen Entgelt schuldrechtlichen Verpflichtungen unterwirft, die es dem anderen Vertragsteil gewährleisten sollen, die Miterbenrechte restlos und zeitlich unbeschränkt für eigene Rechnung wahrzunehmen (RG 171, 185).

Der Verkauf muß freiwillig vom **Miterben,** darf also nicht im Wege der Zwangsvollstreckung oder durch den Konkursverwalter vorgenommen sein (§ 512).

Es muß weiter **an einen Dritten,** d. h. an einen außerhalb der Erbengemeinschaft stehenden Fremden verkauft worden sein. Daher entsteht kein Vorkaufsrecht, wenn ein Miterbe an den andern verkauft. Ob dem Verkaufe durch einen Miterben der Verkauf durch den Erwerber eines Erbteils gleichzustellen ist, ist streitig; da der Erbteilserwerber nicht „Miterbe" ist (vgl. § 2033 A 3c und zu diesem Paragraphen A 3, 5) und auch der Rechtsgrund für das Vorkaufsrecht (A 1) auf diesen Fall angesichts des Umstandes, daß bereits ein Fremder in die Erbengemeinschaft eingedrungen ist, nicht zutrifft, ist die Frage zu verneinen; vgl. auch § 2037 A 1.

3. Das **Vorkaufsrecht** steht **den übrigen Miterben** zu, nicht aber auch Dritten, an die ein Miterbe seinen Erbteil gemäß § 2033 übertragen hat (A 5). Es wirkt insofern dinglich, als es nach Übertragung des Erbteils auf den Käufer unmittelbar gegen diesen und den weiteren Erwerber des Anteils geltend gemacht werden kann (§§ 2035, 2037). Im übrigen sind die Bestimmungen über das persönliche Vorkaufsrecht (§§ 504—514) ergänzend heranzuziehen. Hervorzuheben ist, daß das Recht mit Abschluß des Kaufvertrages entsteht (§ 504) und durch formlose Erklärung gegenüber dem verkaufenden Miterben (§ 505), nach Übertragung des Anteils gegenüber dem Käufer ausgeübt wird (§ 2035). Mehrere Erben können es nur im ganzen, müssen es aber nicht notwendig alle ausüben (§ 513). Auch so lange das Vorkaufsrecht der übrigen noch besteht, können einzelne Miterben es unter der ausdrücklichen oder stillschweigenden Bedingung ausüben, daß die übrigen davon innerhalb der Frist des Abs 2 keinen Gebrauch machen (HRR 1932 Nr 451). Der Vorkauf kommt hingegen nicht zustande, wenn die Miterben zwar erklären, daß sie das Vorkaufsrecht ausüben, einer von ihnen jedoch die Übertragung des verkauften Erbteils auf sich allein verlangt; § 513 Satz 2 ist in diesem Falle nicht entsprechend anwendbar (RG 158, 57). — Die Miterben, die das Vorkaufsrecht ausüben, haften für den Kaufpreis als Gesamtschuldner (§ 427). Soweit sich durch den Vorkauf ihr bisheriger Anteil erhöht, sind §§ 1935, 2095 entsprechend anwendbar.

4. Die **Zweimonatsfrist** beginnt mit der Mitteilung des Vertragsinhalts an die einzelnen Vorkaufsberechtigten, zu welcher der Verkäufer gemäß § 510 verpflichtet ist, und läuft für jeden besonders. Sie entspricht der gesetzlichen Frist beim Vorkaufsrecht an Grundstücken (§ 510 Abs 2). Sie läuft auch im Falle des § 2037 immer nur vom ersten Verkaufsfalle. Berechnung der Frist §§ 187, 188. Da die Vorschrift des § 510 auch auf das gesetzliche Vorkaufsrecht des Miterben anzuwenden ist, beginnt die Frist, sobald entweder der verkaufende Miterbe oder der Käufer der Miterbenanteile dem Vorkaufsberechtigten den Inhalt des Kaufvertrages mitgeteilt hat (RG 108, 96; BGH 8. 7. 54 IV ZR 24/54). Die Mitteilung kann zwar formlos und mündlich erfolgen, doch muß sie den Inhalt des Kaufvertrags wiedergeben (vgl. § 510 A 1) und so gefaßt sein, daß der Empfänger aus ihr entnehmen kann, es handele sich nicht nur um gesprächsweise Äußerungen, sondern um eine Erklärung von rechtlicher Bedeutung (RG HRR 1930 Nr 297; ebenso BGH 8. 7. 54 IV ZR 24/54). Sie setzt die Frist auch nur dann in Lauf, wenn sie den Inhalt des Vertrages richtig wiedergibt (RG Recht 1924 Nr 1522).

5. Das Vorkaufsrecht ist **nicht selbstständig übertragbar** und geht mit Übertragung des Anteils gemäß § 2033 Abs 1 nur dann auf den Erwerber über, wenn er Miterbe ist (a. M. Planck-Ebbecke A 2a). Denn die Miterbenschaft, die ein dritter Erwerber des Erbteils nicht zu erlangen vermag (§ 2033 A 1), ist nach Abs 1 für die Ausübung des Vorkaufsrechts wesentlich (OLG 26, 302). Die **Vererblichkeit** ist gegen die Regel des § 514 anerkannt.

Verpfändet ein Miterbe seinen Erbanteil, so ist das gesetzliche Vorkaufsrecht der anderen Miterben kein Recht im Sinne der §§ 1249, 1273; denn es ist kein (dingliches) „Recht an dem Pfande" (RG 167, 298).

6. Erlöschen: Das Vorkaufsrecht erlischt durch Fristablauf (A 4) und durch Verzicht aller Berechtigten. Der Verzicht kann schon vor der Mitteilung nach § 510 formlos erklärt werden (RG JW 24, 1247). Der Grund des Vorkaufsrechts fällt ferner fort, wenn die Erbanteile in die Hand der Miterben zurückkehren, die sie vergeben hatten; auch dann ist der Zweck des Vorkaufsrechts (s. A 1) erreicht (RG 170, 207).

§ 2035

Ist der verkaufte Anteil auf den Käufer übertragen, so können die Miterben das ihnen nach § 2034 dem Verkäufer gegenüber zustehende Vorkaufsrecht dem Käufer gegenüber ausüben. Dem Verkäufer gegenüber erlischt das Vorkaufsrecht mit der Übertragung des Anteils.

Der Verkäufer hat die Miterben von der Übertragung unverzüglich zu benachrichtigen.

E II 1909; P 5 839—842; 6 174, 328.

Ausübung des Vorkaufsrechts

1. Zu Abs 1: Nach der Regel des § 505 wäre das Vorkaufsrecht durch formlose Erklärung gegenüber dem Verpflichteten, d. h. dem verkaufenden Miterben, auszuüben, während es dem Dritten, dem Käufer, gegenüber überhaupt keine Wirkung äußern würde. Hiervon abweichend gewährt das Vorkaufsrecht der Miterben eine dingliche, auch dem Käufer und seinen Rechtsnachfolgern (§ 2037) gegenüber wirksame Sicherung. Deshalb wird unterschieden, ob sich der verkaufende Miterbe durch den Kaufabschluß nur erst schuldrechtlich zur Übertragung des Erbteils verpflichtet hat (§ 433) oder den Anteil schon auf den Erwerber übertragen hat. Im ersteren Falle bleibt es bei der Regel des § 505. Die übrigen Miterben haben es nur mit dem verkaufenden Miterben zu tun und sind ihm nach den mit dem Dritten vereinbarten Bestimmungen als Käufer verpflichtet. Ist es bereits zur Erfüllung des Kaufes, zur **Übertragung des Anteils** mittels der dinglichen Verfügung des § 2033 gekommen, dann **erlischt** nach Satz 2 **gegenüber dem verkaufenden Miterben** jeder Anspruch. Es bleibt **nur der Anspruch gegen den Käufer.** Er geht auf „Übertragung des Anteils auf die Miterben" (§ 2036). Damit ist zugleich ausgesprochen, daß der verkaufte Anteil kraft Ausübung des Vorkaufsrechts den übrigen Miterben nicht schon ipso iure anfällt (OLG 9, 387; RG Warn 1925 Nr 131). Es kommt zwischen den Miterben, die das Vorkaufsrecht ausüben, und dem Käufer im Falle des § 2035 auch kein Kaufvertrag zustande; vielmehr entsteht ein gesetzliches Schuldverhältnis, kraft dessen der Käufer verpflichtet ist, den von ihm erworbenen Anteil auf die Miterben zu übertragen, während diese ihm den etwa schon bezahlten Kaufpreis erstatten müssen (BGH 6, 85 = NJW 52, 870, ferner BGH 4. 12. 52 IV ZR 61/52 = LM Nr 1 zu § 2034, wo außerdem ausgesprochen worden ist, daß der Anspruch des Verkäufers nicht bezüglich einzelner Nachlaßgegenstände geltend gemacht werden könne). Der Anteil ist in der Form des § 2033 Abs 1 Satz 2 zu übertragen; die Kosten tragen nach Treu und Glauben (§ 242) die das Vorkaufsrecht ausübenden Miterben; § 448 Abs 2 ist auf die gesetzliche Verpflichtung des Erbteilskäufers zum Verkaufe an die Miterben nicht anwendbar (RG Warn 1925 Nr 131 = JW 1925, 2119). Die Miterben sind ihrerseits dem Käufer zur Erstattung des gezahlten Kaufpreises und der etwa auf die Erbschaft gemachten Aufwendungen und zur Befreiung von etwa übernommenen Verbindlichkeiten, und zwar gesamtschuldnerisch (§ 427) verpflichtet (RG Warn aaO.). Kommen die Miterben mit der Zahlung des Erwerbspreises an den Erwerber in Verzug, so kann dieser das zwischen ihnen bestehende gesetzliche Schuldverhältnis nicht nach § 326 BGB durch Rücktritt zum Erlöschen bringen (BHG 21. 10. 54 IV ZR 128/54).

Mit der Übertragung des Erbteils auf die Vorkäufer wächst er ihnen, wie in den Fällen der §§ 1935, 2094, nach dem Verhältnis ihrer Erbteile an (Staudinger-Lehmann A 17 zu § 2034).

2. Zu Abs 2: Daß der verkaufende Miterbe zur unverzüglichen Mitteilung (§ 121) des mit dem Dritten geschlossenen schuldrechtlichen Vertrags verpflichtet ist und daß dieser Mitteilungspflicht auch durch den Dritten genügt werden kann, bestimmt schon § 510 Abs 1. Der Empfang dieser Mitteilung ist für den Lauf der zweimonatigen Frist zur Ausübung des Vorkaufsrechts entscheidend (§ 2034 A 4). Es ist also, um die Zweimonatsfrist in Gang zu bringen, nicht erforderlich, den vorkaufsberechtigten Miterben auch von der Abtretung der Anteile zu verständigen (BGH 8. 7. 54 IV ZR 24/54). Die dem Verkäufer des Erbteils ferner auferlegte Verpflichtung, **die Miterben von der geschehenen Übertragung unverzüglich zu benachrichtigen,** soll sie nur darüber aufklären, daß sie von jetzt ab nur noch mit dem Käufer zu tun haben und nur diesem gegenüber die Frist wahren können. Solange sie diese Mitteilung nicht erhalten haben, müssen sie die Frist durch Erklärung gegenüber dem Verkäufer wahren können. Bei der Gleichheit der Formvorschriften in § 2033 Abs 1 und § 2371 (s. § 1922 Abs 2) wird Vertrag und Verfügung meist zusammenfallen, so daß es nur einer Mitteilung des Verkäufers bedarf.

3. Währungsumstellung: Hat der Käufer den Kaufpreis in Reichsmark bezahlt, so haben die Miterben, die das Vorkaufsrecht nach der Währungsumstellung ausüben, ihm den Kaufpreis im Verhältnis 10:1 umgestellt zu erstatten (BGH 6, 85).

§ 2036

Mit der Übertragung des Anteils auf die Miterben wird der Käufer von der Haftung für die Nachlaßverbindlichkeiten frei. Seine Haftung bleibt jedoch bestehen. soweit er den Nachlaßgläubigern nach den §§ 1978 bis 1980 verantwortlich ist; die Vorschriften der §§ 1990, 1991 finden entsprechende Anwendung.

E II 1910; P 5 839–842; 6 328.

Stellung des Erbteilskäufers

1. Zu Satz 1: Nach § 2382 haftet der Käufer von dem Abschluß des Kaufes an den Nachlaßgläubigern, unbeschadet der Fortdauer der Haftung des Verkäufers. Von dieser Haftung wird der Käufer unter den Voraussetzungen des § 2036 frei. Die Vorschrift schließt sich an § 2035 an und hat den dort geregelten Fall im Auge, daß dem Käufer der Erbteil bereits übertragen war; in diesem Falle wird **der Käufer von der Haftung für die Nachlaßverbindlichkeiten frei,** sobald er den Erbteil auf die Miterben weiter übertragen hat, die das Vorkaufsrecht ihm gegenüber ausüben. Der Käufer haftet aber nach § 2382 bereits vom Abschlusse des Kaufes ab, also schon vor Übertragung des Erbteils auf ihn; wird bei dieser Sachlage das Vorkaufsrecht gemäß § 2034 gegenüber dem Verkäufer ausgeübt, so kommt der Kaufvertrag unmittelbar zwischen diesem und den Miterben zustande und tritt der Kaufvertrag mit dem Käufer außer Kraft; deshalb muß auch schon mit diesem Zeitpunkte die Haftung des Käufers erlöschen (a. M. Planck-Ebbecke A 2). Auch § 2036 Satz 2 kann in diesem Falle keine Anwendung finden, da der Käufer noch nicht in den Mitbesitz und die Mitverwaltung der Erbschaft gelangt war.

Der Käufer wird, abgesehen von Satz 2, von jeder Haftung befreit, auch wenn er vermöge eines in seiner Person liegenden Umstandes (z.B. nach §§ 1994, 2005, 2006, ZPO § 780 Abs 1) unbeschränkt haftbar geworden sein sollte. Doch geht in diesem Falle die unbeschränkte Haftung in Ansehung des hinzuerworbenen Anteils auf die das Vorkaufsrecht ausübenden Miterben über (§ 2007).

2. Solange der Käufer auf Grund einer Verfügung gemäß § 2033 der Erbengemeinschaft angehört, hat er auch die den Miterben obliegenden Verpflichtungen zu erfüllen. Hierzu gehört ordnungsmäßige Verwaltung, Sorgsamkeit in der Berichtigung der Nachlaßverbindlichkeiten, unter Umständen rechtzeitige Herbeiführung des Nachlaßkonkurses (§§ 1978—1980). Die durch Verletzung dieser Verpflichtungen entstehenden **Eigenverbindlichkeiten des Käufers** (§ 1978 A 4) bleiben bestehen, und zwar auch dann, wenn wegen Dürftigkeit des Nachlasses keine Nachlaßverwaltung und kein Nachlaßkonkurs stattgefunden hat, sondern der Käufer des Erbteils gemäß § 1990 vorgegangen und deshalb auf Grund des § 1991 verantwortlich geworden ist. Nur dies will die Verweisung auf §§ 1990, 1991 besagen. Denn von einer Beschränkung der Haftung auf den Nachlaß im Sinne dieser Paragraphen kann bei einem Käufer, der sich des gekauften Anteils schon wieder entledigt hat, nicht mehr die Rede sein. Soweit der Käufer aus derartigen Eigenverbindlichkeiten haftet, kann er während der Dauer einer Nachlaßverwaltung oder eines Nachlaßkonkurses nur von dem Nachlaß- oder Konkursverwalter (§ 1978), im Falle des § 1990 aber von den Nachlaßgläubigern unmittelbar in Anspruch genommen werden (a. M. Strohal bei Planck 3. Aufl. A 1; wie hier Planck-Ebbecke 4. Aufl.). Seine Aufwendungen kann er von den Nachlaßgläubigern nach Maßgabe des § 1978 Abs 3 erstattet verlangen.

§ 2037

Überträgt der Käufer den Anteil auf einen anderen, so finden die Vorschriften der §§ 2033, 2035, 2036 entsprechende Anwendung.

E II 1911; P 5 839—841; 6 318, 319, 328.

Vorkaufsrecht bei Weiterveräußerung

Der Käufer des Erbanteils, dem dieser übertragen ist, kann seinerseits wieder hierüber dinglich verfügen (§ 2033), hat aber dann gleichfalls die Benachrichtigungspflicht aus § 2035 Abs 2. Unter dem Ausdruck „andere" sind nicht auch die Miterben zu verstehen (RG 170, 207). Auch gegenüber dem zweiten und den ferneren Erwerbern sind die Miterben zur Ausübung des Vorkaufsrechts befugt (§ 2035 Abs 1), und zwar ohne Rücksicht darauf, ob dieser Übertragung ein Kauf oder ein anderes schuldrechtliches Geschäft zugrunde liegt. In diesem Falle werden alle vorangehenden Erwerber von der Schuldenhaftung befreit (§ 2036). Das auszuübende Vorkaufsrecht ist jedoch nur dasjenige, welches den Miterben gegen den verkaufenden Miterben gemäß § 2034 (vgl. A 2 dazu) zusteht. Deshalb läuft die Zweimonatsfrist des § 2034 Abs 2 den Miterben auch gegenüber allen späteren Erwerbern von dem ersten Verkaufe durch den Miterben ab und das Vorkaufsrecht erlischt ein für allemal durch Nichtausübung innerhalb dieser Frist oder durch Verzicht gegenüber einem Erwerber.

§ 2038

Die Verwaltung des Nachlasses steht den Erben gemeinschaftlich zu. Jeder Miterbe ist den anderen gegenüber verpflichtet, zu Maßregeln mitzuwirken, die zur ordnungsmäßigen Verwaltung erforderlich sind; die zur Erhaltung notwendigen Maßregeln kann jeder Miterbe ohne Mitwirkung der anderen treffen.

Die Vorschriften der §§ 743, 745, 746, 748 finden Anwendung. Die Teilung der Früchte erfolgt erst bei der Auseinandersetzung. Ist die Auseinandersetzung auf längere Zeit als ein Jahr ausgeschlossen, so kann jeder Miterbe am Schlusse jedes Jahres die Teilung des Reinertrags verlangen.

E II 1912; P 5 861, 862.

Übersicht:

Verwaltung des Nachlasses

1. Die **gemeinschaftliche Verwaltung des Nachlasses** umfaßt die Maßregeln, die zur Verwahrung, Sicherung, Erhaltung und Vermehrung sowie zur Gewinnung der Nutzungen erforderlich oder geeignet erscheinen; dazu kann auch die Fortführung eines Handelsgeschäfts im Namen der Erbengemeinschaft gehören (RG 132, 138; KG HRR 1932 Nr 749); vgl. aber unten A 4, ferner § 2032 A 3b. Die Art der Verwaltung kann bei Übereinstimmung sämtlicher Miterben von ihnen frei bestimmt werden, vorbehaltlich ihrer Verantwortung gegenüber den Nachlaßgläubigern bei Beschränkung ihrer Haftung (§ 1978). Zur Verwaltung können unter Umständen auch Verfügungshandlungen erforderlich werden, d. h. solche, welche die Substanz des Nachlasses durch Veräußerung oder Belastung von Nachlaßgegenständen dinglich verändern; über diese sind besondere Bestimmungen getroffen (§§ 2033 Abs 2, 2040 Abs 1, 2046 Abs 3). Als reine Verwaltungshandlungen, die keine Verfügung enthalten, sind in der Rechtsprechung anerkannt worden: Der Widerruf der Vollmacht für den Hausverwalter eines Nachlaßgrundstücks und die Kündigung des zugrundeliegenden Dienstvertrages (KG DR 1941, 1013 mit Anm Vogels); die Kündigung eines Pachtvertrages über eine Nachlaßbesitzung (BGH RechtdLandw 1951, 87 = LM § 2033 Nr 1); die Durchführung von Baumaßnahmen am Nachlaßgrundstück (OLG Düsseldorf MDR 1947, 289). Wegen der sofortigen Beschwerde eines einzelnen Miterben, gegen die Verlängerung eines Pachtvertrages über ein land- oder forstwirtschaftliches Grundstück, das zum Nachlaß gehört, vgl. BGH NJW 1952, 419 (L) = LM § 2033 Nr 2. Über die Aufhebung einer mit einem Dritten bestehenden Gemeinschaft vgl. § 2039 A 1. Für die Verwaltungsgemeinschaft der Erben ist nur Raum, wenn die Verwaltung nicht einem Nachlaßverwalter (§ 1984), Konkursverwalter (KO § 6) oder Testamentsvollstrecker (§ 2205) zusteht. Wegen der Ansprüche der Erben, wenn der Nachlaßpfleger eines der Miterben Nachlaßgegenstände veräußert hat, vgl. OGH DRZ 1949, 66 mit Anm Grußendorf.

Durch letztwillige Verfügung des Erblassers kann die Verwaltung anders geregelt, insbesondere einem oder mehreren einzelnen Miterben übertragen sein. In einer solchen Verfügung liegt in der Regel keine Auflage nach § 1940 (vgl. A 2, 3 zu § 1940 und Vorbem vor § 2192; so RG HRR 1929 Nr 500 im Anschlusse an die 6. Aufl. dieses Kommentars), da der Miterbe, dem die Verwaltung übertragen ist, als Berechtigter auftritt; sie enthält vielmehr je nach den Umständen eine Vermächtnisanordnung nach § 1939 zugunsten dieses Miterben, soweit ihm dadurch etwa ein Vermögensvorteil (vgl. OGH 4, 223; § 1939 A 3) zugewendet wird, oder aber (was in der Regel vorliegen wird) die Einsetzung dieses Miterben als Testamentsvollstrecker mit auf die Verwaltung des Nachlasses beschränkter Aufgabe (§ 2209). Bei wichtigem Grunde, von den Bestimmungen des Erblassers abzuweichen, ist § 712 entsprechend anzuwenden. Die Miterben können daher auch einem durch Vorausvermächtnis eingesetzten Nachlaßverwalter (hier zugleich Miterbe) die Verwaltung aus wichtigem Grunde entziehen (OGH 4, 223).

Der an einzelne Miterben von den anderen erteilte Verwaltungsauftrag ist jederzeit widerruflich und kündbar (§ 671). Der Erlaß einer zum Nachlasse gehörenden Forderung fällt nicht unter die einem Miterben übertragene Verwaltungsbefugnis (RG HRR 1929 Nr 500). Hat der Gläubiger eines Miterben dessen Erbteil gepfändet, so steht ihm auch das Recht auf Mitverwaltung zu (OLG Königsberg HRR 1941, 182 betr. Kündigung einer Mietwohnung in einem Nachlaßgrundstück).

2. Die **Mitwirkung** ist nicht bloß Zustimmung (§ 744); sie erfordert vielmehr je nach den Umständen auch tätiges und rechtsgeschäftliches Handeln. Den Nachlaßgläubigern haften daraus die Miterben als Gesamtschuldner mit dem eigenen Vermögen. Untereinander haben sie sich über die geführten Geschäfte Auskunft zu erteilen, nach Befinden Rechenschaft zu legen (§§ 681, 666), sich Treu und Glauben zu halten (s. auch RG 63, 283). Sie haften einander für Verschulden nach §§ 276, 278. Ersatzansprüche an den Nachlaß sind, sobald es der Stand des Nachlasses gestattet, spätestens bei der Auseinandersetzung, auszugleichen (§ 2046). Die Mitwirkung kann nur zur ordnungsmäßigen Verwaltung verlangt werden. Diese (vgl. auch §§ 745, 1374, 1472, 2120, 2130, 2206, 2216) besteht insbesondere in der Besitznahme, Verwahrung und Sicherung des Nachlasses, Instandhaltung, Regelung des Gebrauchs und Nutzbarmachung fruchtbringender Sachen, Versicherung der Erbschaftssachen, soweit dies nach den Verhältnissen üblich ist, Klarstellung bestrittener Rechtsverhältnisse, Einziehung gefährdeter Außenstände, Anlegung verfügbarer Kapitalien usw. Die Anregung, eine Nachlaßverwaltung aufzuheben und deren Weiterverfolgung mittels Beschwerde fällt unter § 2038 Abs 1 Satz 1, nicht unter Abs 1 Satz 2 (JFG 14, 61). Die Ausübung des Vorkaufsrechts nach § 2034 ist keine Verwaltungsmaßnahme (RG 158, 62). Antrag auf Erbschein § 2357. Wegen der Errichtung eines Nachlaßverzeichnisses vgl. A 7.

3. **Erhaltungsmaßregeln,** d. h. Maßregeln, die zur Erhaltung des Nachlasses notwendig sind, kann jeder Miterbe ohne Mitwirkung der anderen treffen. Das entspricht fast wörtlich der Regelung bei der Gemeinschaft, § 744 Abs 2, ebenso wenn mehrere Testamentsvollstrecker bestellt sind (§ 2224 Abs 2). Die Zustimmung der Miterben gilt als im voraus erteilt. Der handelnde Miterbe verpflichtet insoweit im Zweifel zugleich die Gemeinschaft.

Erhaltungsmaßregeln können sich auf den Nachlaß im Ganzen, aber auch auf einzelne Nachlaßgegenstände beziehen. Notwendige Maßregeln zur Erhaltung einzelner Nachlaßgegenstände sind nur solche, die auch der ordnungsmäßigen Verwaltung des Gesamtnachlasses dienen. Sie müssen sich daher im Rahmen seiner wirtschaftlichen Leistungsfähigkeit halten; es ist insbesondere zu berücksichtigen, ob und in welchem Umfange die erforderlichen

Mittel aus dem Nachlaß verfügbar sind und ob die ordnungsmäßige Verwaltung auch den damit verbundenen Eingriff in das Recht der anderen Miterben verträgt, den Nachlaß gemeinschaftlich zu verwalten (BGH 6, 76 = NJW 1952, 1252). Die Kündigung einer Nachlaßforderung ist keine Erhaltungsmaßregel, sondern eine Verfügung im Sinne des § 2040 Abs 1 (RG 65, 6). Die Stellung des Antrags auf Bestimmung einer Inventarfrist gegen den Erben des Schuldners einer zum Nachlasse gehörigen Forderung kann nicht durch einen einzelnen Miterben erfolgen, da sie keine zur Erhaltung notwendige, sondern nur eine zur Erlangung des Rechtes auf unbeschränkte Haftung nützliche Maßregel ist (RJA 16, 50 = OLG 35, 360).

4. Zu Abs 2 Satz 1: § 743 in Verbindung mit **§ 745 Abs 3 Satz 2:** Durch Mehrheitsbeschluß nicht entziehbares Recht jedes Miterben auf einen seinem Erbanteile entsprechenden Bruchteil der Früchte (Nutzungen), RG HRR 1931 Nr 942.

§ 745: Regelung der Verwaltung und Benutzung im übrigen durch Stimmenmehrheit nach der Größe der Erbanteile, somit ohne Rücksicht auf das Ergebnis der Ausgleichungspflicht nach §§ 2050 ff., aber immer nur innerhalb der Grenzen einer der Beschaffenheit der Erbschaftsgegenstände entsprechenden ordnungsmäßigen Verwaltung. Gehört ein Gegenstand (Grundstück) den Teilhabern einer aufgelösten, aber noch nicht auseinandergesetzten ehelichen Gütergemeinschaft, nämlich dem überlebenden Ehegatten und der Erbengemeinschaft des verstorbenen, so gilt für die Regelung der Verwaltung § 745 Abs 1 Satz 2 nur hinsichtlich der Bildung der Stimmenmehrheit innerhalb der Erbengemeinschaft; im Verhältnis unter den beiden Gruppen von Gesamtgutsbeteiligten sind nach § 1472 beide gleichberechtigt: eine Verwaltungshandlung in bezug auf das Grundstück (Verpachtung) kann daher nur in gemeinschaftlichem Zusammenwirken der beiden Gruppen erfolgen, vgl. § 1472 A 2 (RG 136, 22); doch kann die Mitwirkung des andern Teils zu ordnungsmäßig erforderlichen Verwaltungshandlungen nach § 1472 Abs 2 (vgl. A 4 dazu) im Klagewege erzwungen werden. Die Art der Bestattung des Erblassers wird in Ermangelung einer letztwilligen Anordnung nicht durch Stimmenmehrheit der Miterben, sondern nach Maßgabe des mutmaßlichen Willens des Erblassers im Streitfalle durch das Gericht geregelt (RG 100, 173; vgl. § 1968 A 2c). Kein Stimmrecht im Falle widerstreitender Interessen (BayObLG Recht 05, 344[1579]). Über die Frage, ob ein Miterbe über den Antrag, ihn zum Leiter der Verwaltung zu bestellen, und bei der Regelung einer etwaigen Vergütung mitstimmen kann, s. Nipperdey AZivPrax 143, 315 ff. Sonst Verwaltung und Benutzung nach billigem Ermessen, nötigenfalls Entscheidung darüber im Rechtswege auf Grund bestimmt zu fassender Anträge (s. § 745 A 3). Zur Einwilligung in Fortführung eines Handelsgeschäfts kann ein Miterbe wegen der nach HGB §§ 27, 25 für ihn dadurch entstehenden persönlichen Haftung für die Verbindlichkeiten (vgl. darüber RG 132, 143) nicht durch Mehrheitsbeschluß genötigt werden. Auch eine wesentliche Veränderung der Nachlaßgegenstände kann nicht verlangt werden (§ 745 Abs 3 Satz 1). — **§ 746:** Wirkung für und gegen den Sondernachfolger (Erwerber eines Erbteils). — **§ 748:** Die Verpflichtung, die Lasten und Kosten anteilig zu tragen, beschränkt sich auf die im Nachlaß vorhandenen bereiten Mittel und begründet keine Vorschußpflicht. Da es sich um eine Nachlaßverbindlichkeit handelt, kann jeder Miterbe den Gläubigern gegenüber ihre Berichtigung aus dem eigenen Vermögen bis zur Teilung des Nachlasses verweigern (§ 2059 Abs 1).

5. Abweichend von § 743 Abs 1 ist die **Teilung der Früchte** bis zur Auseinandersetzung hinausgeschoben (§§ 2042 ff.). Erst dann kann übersehen werden, ob dem einzelnen Miterben mit Rücksicht auf Ausgleichsposten und Schulden an den Nachlaß überhaupt etwas zukommt. Eine frühere Verteilung kann auch nicht durch Mehrheitsbeschluß ins Werk gesetzt werden, wohl aber durch Vereinbarung sämtlicher Miterben (RG 81, 241). Dem ganz unbegründeten Widerspruch eines einzelnen Miterben wird nur etwa mit § 226 begegnet werden können (vgl. JW 1937, 643[31]). Ist ein Teil des Nachlasses noch nicht verteilt worden, hat aber einer der Miterben aus der Nachlaßmasse schon einen Vorschuß erhalten, den er sich auf den Anteil anrechnen lassen muß, der sich für ihn bei der Auseinandersetzung schließlich ergibt, und ist dadurch sein Anteil erschöpft, so hat er, obwohl formell noch Miterbe, keinen Anspruch auf Teilnahme an den Nutzungen der unverteilten Masse (RG 17. 2. 21 IV 366/20). — Verlangt ein Miterbe von einem anderen Miterben anteilige Herausgabe der Nutzungen, die dieser aus einem Nachlaßgrundstück gezogen hat, so ist das keine Erbschaftsklage aus § 2018, sondern eine Erbauseinandersetzungsklage i. S. des § 2042 (RG Warn 41 Nr 54 = DR 41, 999).

6. Zu Abs 2 Satz 3: Vorausgesetzt ist, daß die **Auseinandersetzung** nach §§ 2043, 2044 durch letztwillige Verfügung, wegen der zu erwartenden Geburt eines Miterben oder durch Vereinbarung der Erben **auf länger als ein Jahr ausgeschlossen** ist. Der Teilungsanspruch entsteht nicht schon dadurch, daß sich die Auseinandersetzung über Jahresfrist verzögert (RG 81, 244). Ist die Auseinandersetzung ausgeschlossen, so tritt die Regel des § 743 Abs 1 ein, wiewohl unter Beschränkung auf den **Reinertrag,** also die Früchte nach Abzug der Gewinnungskosten.

7. Eine **allgemeine gegenseitige Auskunftspflicht** der Miterben als solcher untereinander über den Nachlaß als Inbegriff (§ 260) ist vom Gesetze nicht anerkannt und vom Reichsgericht wiederholt abgelehnt worden (vgl. besonders RG 81, 30 und 21. 2. 21 IV 459/20; ebenso Celle HRR 1935

Nr 680; KG DR 40, 1775 mit Anm. Vogels; Braunschweig OLG 39, 14; a. M. Braunschweig OLG 30, 176; Erman-Bartholomeyczik A 7). In der zweiten Auflage dieses Kommentars ist sie als für die Praxis unentbehrlich bezeichnet und ihre Entwicklung zu einer Rechtsregel befürwortet worden. Ohne eine durch das Gesetz gebotene Handhabe ist es aber nicht angängig, den Miterben allgemein eine solche Verpflichtung aufzuerlegen, die mit ihren (namentlich aus § 260 sich ergebenden) Folgen für diejenigen, die dem Nachlasse ganz ferngestanden haben, recht drückend sein kann. Das Gesetz hat für die einzelnen Fälle, in denen es eine besondere erbrechtliche Auskunftspflicht – über die aus den allgemeinen Vorschriften über Geschäftsführung und Auftrag (§§ 681, 666) sich ergebende hinaus — für geboten erachtete (§§ 2027 Abs 1, 2, 2028, 2057), ganz bestimmte Voraussetzungen aufgestellt und damit zu erkennen gegeben, daß es die Auskunftspflicht unter Miterben als allgemeine Regel nicht aufstellen wollte. Dem praktischen Bedürfnis ist durch die vorerwähnten Einzelbestimmungen auch weitgehend genügt. Danach ist auskunftspflichtig: jeder Miterbe, der sich unter Inanspruchnahme eines größeren als des ihm zustehenden Erbrechts oder auch ohne solche in den Besitz von Erbschaftsgegenständen aus dem Nachlasse gesetzt hat, der noch nicht in den tatsächlichen Mitbesitz sämtlicher Miterben übergegangen ist (§ 2027 Abs 1, 2); wer auch nur in häuslicher Gemeinschaft mit dem Erblasser gelebt (§ 2028) oder ausgleichungspflichtige Zuwendungen erhalten (§ 2057) oder Geschäfte für die Erbschaft geführt hat, sei es mit oder ohne Auftrag (§§ 666, 681; vgl. DRW 1939, 1535[43]). Eine solche Auskunftspflicht etwa jedem Miterben, der aus irgendeinem Grunde Schuldner einer Nachlaßforderung geworden ist, hinsichtlich dieser seiner Schuld aufzuerlegen, ohne daß sie in dem Schuldverhältnisse an sich begründet wäre, besteht kein Bedürfnis. Ein besonderes Treueverhältnis unter den Miterben, das über die allgemein in Rechtsverhältnissen bestehende Pflicht zur Wahrung von Treu und Glauben hinausgeht, ist auch in RG 65, 10 nicht anerkannt. Hat ein voraussichtlich zum Miterben Berufener, ohne in häuslicher Gemeinschaft mit dem Erblasser zu leben, schon bei dessen Lebzeiten Erbschaftsgegenstände an sich gebracht, so ist die Auskunftspflicht jedenfalls dann anzunehmen, wenn er diese Erbschaftsgegenstände nach dem Erbfalle unter Beanspruchung eines größeren als des ihm zustehenden Erbrechts für sich zurückbehält (RG 81, 295; vgl. auch § 2028 A 2 b). Eine allgemeine Auskunftspflicht ist auch aus der in § 2038 Abs 1 Satz 2 gebotenen Mitwirkung zu Maßregeln der ordnungsmäßigen Verwaltung nicht zu entnehmen. Doch wird den älteren Auflagen zugegeben werden müssen, daß zu solchen Maßregeln auch, wie in vielen anderen Fällen, die Errichtung eines Nachlaßverzeichnisses gehört, die die Grundlage einer ordnungsmäßigen Verwaltung fremden oder mit anderen gemeinschaftlichen Vermögens bildet, und daß deshalb die Mitwirkung dazu von den Miterben verlangt werden kann (a. M. anscheinend RG 81, 32). Daraus ist zu folgern, daß der Miterbe bei der Errichtung des Verzeichnisses nach Treu und Glauben anzugeben hat, was ihm über Nachlaßgegenstände bekannt ist; darin liegt keine Auskunftspflicht im eigentlichen Sinne mit den aus § 260 sich ergebenden Folgen (selbständige Vorlage eines Verzeichnisses und Offenbarungseid).

§ 2039

Gehört ein Anspruch zum Nachlasse, so kann der Verpflichtete nur an alle Erben gemeinschaftlich leisten und jeder Miterbe nur die Leistung an alle Erben fordern. Jeder Miterbe kann verlangen, daß der Verpflichtete die zu leistende Sache für alle Erben hinterlegt oder, wenn sie sich nicht zur Hinterlegung eignet, an einen gerichtlich zu bestellenden Verwahrer abliefert.

E II 1913; P 5 843, 862–865.

Übersicht:

Nachlaßansprüche

1. Der zum **Nachlasse gehörende Anspruch** (vgl. auch §§ 1978, 1991, 2019, 2041, 2383 Abs 1 Satz 2) kann dinglicher oder persönlicher Art sein. Hierzu gehört auch der Erbschaftsanspruch §§ 2018 ff. Immerhin muß es sich um einen Anspruch im Sinne von § 194, somit um Geltendmachung eines Rechtes handeln, von einem andern ein bestimmtes Tun oder Unterlassen zu verlangen. Daran fehlt es, solange sich die Miterben erst in einer Rechtslage befinden, kraft deren es noch von ihrer Entschließung abhängt, ob und welche Rechte sie in Anspruch nehmen wollen. Eine solche Ent-

schließung enthält eine Verfügung über einen Nachlaßgegenstand (§ 2040 Abs 1). Deshalb können Rücktrittsrechte (RG 107, 240; 151, 312; 18. 5. 25 V 426/24; 15. 2. 37 IV 295/36), Wahlrechte, Wiederkaufs- und Vorkaufsrechte, außer im Falle des § 2034 (A 3), Anfechtungsrechte auf Grund der §§ 119ff. BGB (RG 107, 238; OLG Düsseldorf NJW 1954, 1041, anders bei solchen auf Grund des Anfechtungsgesetzes), Rechte auf Wandelung oder Minderung, der Widerruf der Schenkung nicht auf Grund von § 2039 Satz 1 von jedem Miterben für alle (vgl. A 2), sondern nur von allen Erben gemeinschaftlich ausgeübt werden. Ist die Fälligkeit einer zum Nachlasse gehörenden Forderung von einer *Kündigung* abhängig, so ist zu dieser ein einzelner Miterbe nicht befugt, da sie eine Verfügung über die Forderung (§ 2040 Abs 1) enthält (RG 65, 6).

Wird das Verfahren über eine *Nichtigkeitsklage* durch Tod des Klägers unterbrochen, so ist ein einzelner Miterbe nach § 2039 jedenfalls dann zur *Aufnahme* berechtigt, wenn das angefochtene rechtskräftige Urteil einen zum Nachlaß gehörigen Anspruch abgewiesen hatte Die Nichtigkeitsklage geht selbst zwar nicht auf ein Tun oder Unterlassen, also nicht auf Leistung oder Feststellung einer Leistungspflicht; sie ist vielmehr eine Rechtsgestaltungsklage, jedoch als solche nur das Mittel, um den zum Nachlaß gehörigen Leistungsanspruch erneut zu verfolgen (BGH 13. 7. 54 V ZR 56/50 = BGH 14, 251 = NJW 1954, 1523).

Ferner ist jeder einzelne Miterbe befugt, den Schuldner einer fälligen Forderung, wie durch Klagerhebung, so auch durch Mahnung zur Leistung an alle oder Hinterlegung für alle in Verzug zu setzen (vgl. A 2). Zu dem Antrage auf Bestimmung einer *Inventarfrist* gegen den Erben des Schuldners (§ 1994) soll nach Ansicht des Kammergerichts (RJA 16, 50) die Mitwirkung aller Miterben des Gläubigers erforderlich sein. Doch ist das nicht gerechtfertigt; mit dem Antrage wird die Inventarerrichtung gefordert; diese stellt sich, wenn sie auch nicht direkt erzwungen werden kann (§ 1994 A 1), als eine „Leistung" dar; da diese Leistung nicht an den einzelnen Miterben, sondern zugunsten des gesamten Nachlasses erfolgen soll, treffen also die wesentlichen Erfordernisse des § 2039 Satz 1 zu. Die Vorschrift ist auch auf die Erhebung positiver wie negativer *Feststellungsklagen*, die auf das Bestehen oder Nichtbestehen eines zum Nachlasse gehörigen Anspruchs gerichtet sind, anzuwenden (RG JW 1905, 146[28]; 1935, 3463[6]; LZ 1917, 44[9]). Doch muß zum Ausdruck kommen, daß sich die Feststellung auf die Leistungspflicht an *alle* beziehen soll.

Gegen einen *Testamentsvollstrecker* kann jeder einzelne Miterbe unbeschränkt auf Einhaltung der Grenzen seiner Verwaltungsbefugnisse und ordnungsmäßige Verwaltung klagen (RG 73, 26; 29. 10. 17 IV 241/17); es handelt sich dabei nicht um zum Nachlasse gehörige Ansprüche, sondern um persönliche Rechte des einzelnen Miterben. Über die Frage, inwieweit *Schadenersatzansprüche* gegen den Testamentsvollstrecker zum Nachlasse gehören, s. § 2219 A 1 (vgl. auch Hamburg HansRGZ B 33, 127). Der Anspruch gegen den *Nachlaßverwalter* auf Herausgabe des Nachlasses gehört zwar nicht zum Nachlasse, jedoch ist § 2039 auf diesen Anspruch entsprechend anwendbar (RG 151, 190).

Ob der Antrag auf *Aufhebung einer mit einem Dritten bestehenden Gemeinschaft*, insbesondere durch Zwangsversteigerung eines Grundstücks, das zu dieser Gemeinschaft gehört, als Geltendmachung eines *Anspruchs* im Sinne des § 2039 angesehen werden kann, ist streitig; KG (OLG 25, 267) und OLG Naumburg (Zeitschr. d. Naumb. AnwKammer 1921, 22) haben die Frage verneint; doch hat das KG (Beschluß vom 24. 2. 22) diese Auffassung ausdrücklich aufgegeben; RG 108, 424 hat die Frage bejaht und demgemäß anerkannt, daß ein solcher Antrag durch einen einzelnen Miterben zugunsten aller gestellt werden könne. Vgl. auch RG 136, 358.

Ein Anspruch auf *Berichtigung des Grundbuchs* (insbesondere gegen einen Miterben, der als Alleineigentümer auf Grund einer Auflassung eingetragen wurde, die infolge Anfechtung nichtig geworden ist) fällt unter § 2039 (RG JRdsch 1925 Nr 674; HRR 1930 Nr 1220; RG 132, 83; vgl. auch BGH 13. 7. 54 V ZR 56/50 = BGH 14, 255). Ebenso konnte der Antrag auf *Aufwertung* einer zum ungeteilten Nachlasse gehörigen Forderung auf Grund des Aufwertungsgesetzes (vgl. § 242 A 5) von einem einzelnen Miterben bei der Aufwertungsstelle gestellt werden (RG 17. 6. 25 V B 14/25). Die Herausgabe dessen, was ein *Geschäftsführer ohne Auftrag* bei Führung eines Geschäfts für den Nachlaß erlangt hat, kann ein einzelner Erbe erst verlangen, nachdem die Miterbengemeinschaft die Geschäftsführung genehmigt hat (RG 31. 1. 27 IV 567/26).

Wegen der Ausübung eines *Zurückbehaltungsrechts* gegenüber Miterbenansprüchen, die zum Nachlasse gehören, vgl. zu § 273 A 1a.

2. a) Daß sich der Nachlaßschuldner nur durch **Erfüllung an die Erbengemeinschaft** befreien kann, folgt schon aus §§ 2032, 2033 Abs 2, 2040. Am Erfüllungsort wird durch den Erbfall nichts geändert. Über die Befreiung durch Leistung an den durch *Erbschein* als Alleinerbe ausgewiesenen Erben vgl. § 2367.

b) Aus dem Grundsatz der gesamten Hand würde an sich auch folgen, daß die Miterben nur gemeinschaftlich die **Leistung zu fordern** berechtigt sind. Dieser Grundsatz ist aber im BGB, im Anschluß an eine im Gebiete des PrALR ausgebildete Praxis durch Gewährung eines *Individualklagrechts* an die einzelnen Teilhaber der Erbengemeinschaft durchbrochen worden. Die Vorschrift entspricht derjenigen des § 432, die für den Fall gegeben ist, daß mehrere (ohne Gesamtgläubiger zu sein) eine unteilbare Leistung zu fordern haben. Sie gilt hier aber auch für teilbare Leistungen. Leistung an sich selbst kann der Miterbe in der Regel weder ganz noch zu einem seinem Erbteile entsprechenden Teile verlangen, ausgenommen, wenn es sich etwa um einen Rechtseingriff (Eigentumsstörung) handelt, der ihn allein berührt (RG Warn 1916 Nr 248). Er kann auch dann auf Leistung an sich allein klagen, wenn die anderen Miterben mit einer solchen Prozeßführung einverstanden sind (MDR 1947, 123). Ist im Regelfalle der Klageantrag nicht entsprechend beschränkt, d. h. nicht auf Leistung an alle gerichtet, so soll das Gericht in Ausübung des Fragerechts (§ 139 ZPO) eine sachgemäße Beschränkung des Antrags herbeiführen (RG Warn 1913 Nr 236d); in RG 30. 5. 07 IV 503/06 ist die Beschränkung sogar von Amts wegen beigefügt. Jeder Miterbe kann, ebenso wie er auf Leistung an alle Miterben klagen kann, gegenüber der Klage eines Nachlaßgläubigers gegen ihn allein auch ein Zurückbehaltungsrecht zugunsten der Erbengemeinschaft geltend machen (RG Recht 1917 Nr 1021; BGH 5, 176). — Widerspruch der übrigen Miterben steht der Geltendmachung des Anspruchs durch einen Miterben nicht entgegen; sind die übrigen nicht zur Empfangnahme der Leistung bereit, so kann er die Hinterlegung für alle erwirken (RG 24. 2. 12 IV 345/11). Klagen sämtliche Miterben auf Leistung an die Erbengemeinschaft, so besteht, da jeder von ihnen den gleichen Anspruch auch allein erheben könnte, keine notwendige Streitgenossenschaft (so Stein-Jonas-Schönke ZPO § 62 III 3 bei N 51; RG Warn 1913 Nr 235; RG 16. 3. 16 IV 378/15; dahingestellt RG 75, 26; a. M. OGH 3, 242 = NJW 1950, 597; Rosenberg 6. Aufl. § 95 II 2b; vermittelnd Erman-Bartholomeyczik A 2: Notwendige Streitgenossenschaft, wenn alle Miterben gemeinschaftlich klagen, nicht, wenn nur mehrere es tun). Auch ein Arrest kann von einem einzelnen Miterben zugunsten der Gesamtheit, aber nicht zur Sicherung seines Anteils beantragt werden (RG 30. 5. 07 IV 503/06). Den Anspruch auf Teilungsversteigerung eines nur mit einem Bruchteil zum Nachlaß gehörigen Grundstücks kann jeder Miterbe allein geltend machen (DNotZ 1952, 36 = DRsp IV[420] 50f.). Hat bei der Zwangsversteigerung eines Grundstücks, das zu einem ungeteilten Nachlaß gehört, ein Miterbe den Zuschlag erhalten, im Verteilungstermin jedoch das Bargebot nicht berichtigt und ist deshalb der auf die Erbengemeinschaft entfallende Teilbetrag auf diese übertragen worden, so kann jeder Miterbe für sich allein den Antrag auf Wiederversteigerung stellen (OLG Frankfurt NJW 1953, 1877). — Wegen der Beschwerde eines Miterben gegen einen Pachtverlängerungsbeschluß vgl. RechtdLandw 1952, 152 = NJW 1952, 419.

Für die Klage auf Nichtigkeit eines Testaments sind, obwohl es sich eigentlich nicht um einen zum Nachlaß gehörenden Anspruch handelt, die dem § 2039 zugrundeliegenden Erwägungen in dem Sinne maßgebend, daß jeder Miterbe allein klageberechtigt ist (OLG München HRR 1942, 302). Im Falle des Todes einer Partei kann jeder einzelne Miterbe das durch den Tod unterbrochene Verfahren aufnehmen (RG Warn 1939 Nr 23; OGH JR 1950, 245).

Auch einen Anspruch auf Berichtigung des Grundbuchs auf Grund eines den sämtlichen Miterben zustehenden Eigentums an einem Grundstücke (vgl. A 1) kann ein einzelner Miterbe zugunsten aller gegenüber dem als Eigentümer Eingetragenen geltend machen; § 22 GBO steht nicht entgegen (RG HRR 1930 Nr 1220).

Die Einziehungsbefugnis ist dem einzelnen Miterben aus praktischen Gründen gewährt worden, weil die Erhebung der Klage durch alle Miterben häufig unausführbar ist (RG 149, 194). Der Miterbe ist nicht Vertreter der andern, sondern klagt in eigenem Namen. Aus dem ergangenen Urteile kann nur der Miterbe, der geklagt hat, Zwangsvollstreckung betreiben; deren Vollziehung kommt allerdings auch den andern zugute. Rechtskraft wird nur für und gegen ihn geschaffen; die übrigen Miterben sind dadurch, daß er abgewiesen ist, nicht gehindert, den gleichen Anspruch auch ihrerseits geltend zu machen; anderseits kann der Schuldner, der auf die Klage eines Miterben verurteilt ist, den von den andern erhobenen gleichen Anspruch noch bestreiten (RG Warn 1913 Nr 235; ebenso RG 17. 6. 25 V B 14/25). Durch die Erhebung der Sonderklage eines Miterben wird die Verjährung gegenüber den andern nicht unterbrochen (vgl. auch § 432 Abs 2; str.); deshalb beginnt auch die Frist des § 207 für die Vollendung der Verjährung nicht schon mit dem Zeitpunkte, in dem ein Miterbe die Erbschaft angenommen hat.

c) Unter Umständen kann ausnahmsweise die Sache so liegen, daß ein einzelner Miterbe Leistung **an ihn selbst** verlangen kann: so wenn er dazu von den übrigen Miterben ermächtigt ist (RG Warn 08 Nr 651; MDR 1947, 123); namentlich aber in solchen Fällen, wo das Ergebnis der Auseinandersetzung in zulässiger Weise durch die Klage vorweggenommen und dadurch ein weiteres Auseinandersetzungsverfahren vermieden werden kann. Solche Fälle hat das Reichsgericht als vorliegend angesehen, wenn die eingeklagte Forderung das einzige Nachlaßaktivum bildet, andere Miterben als die Parteien nicht in Betracht kommen, der Nachlaß mit Verbindlichkeiten nicht belastet ist oder doch eine noch bestehende Nachlaßverbindlichkeit unmittelbar zwischen den Parteien ausgeglichen werden kann und der Kläger nur den Anteil an der Forderung verlangt, der ihm bei der Auseinandersetzung zufallen würde, indem er zugleich zu erkennen gibt, daß der Forderungsanteil, der bei der Auseinandersetzung auf den Beklagten entfallen würde, diesem verbleiben und dadurch dessen Schuld an den Nachlaß als getilgt gelten soll. Erforderlich ist aber, daß alle Voraussetzungen für die Durchführung einer Erbauseinandersetzung (§§ 2042ff.) in dieser abgekürzten

Form, insbesondere Verfügungsbefugnis der Parteien, vorliegen (vgl. RG Warn 1913 Nr 236a, b, c). Zugelassen ist vom Reichsgericht auch, daß ein einzelner Miterbe den Anspruch auf Rechnungslegung gegen einen Miterben geltend macht, wenn andere Miterben als Berechtigte nicht in Frage kommen oder den Anspruch nicht geltend machen wollen (RG Warn 1913 Nr 236d).

Unter Miterben kann die Herausgabepflicht unter besonderen Umständen vor der Auseinandersetzung eingeschränkt sein; so hat das OLG Königsberg unter Berücksichtigung der Kriegsverhältnisse einen Verstoß gegen Treu und Glauben darin gesehen, daß Miterben von einem anderen Miterben, der die zahnärztliche Praxis des Erblassers fortführte, deren Herausgabe an einen Verwahrer verlangten, obwohl der andere Miterbe bereit war, den Betrieb zu angemessenen Bedingungen zu übernehmen (HRR 1942, 301).

d) Der Miterbe als Schuldner: Auch gegen den Miterben, der Nachlaßschuldner ist, kann grundsätzlich von einem anderen Miterben, wenn nicht auf Leistung an alle (BGH LM § 249 [Fa] Nr 3: OLG 14, 286), so doch auf Hinterlegung des ganzen Schuldbetrags aus § 2039 geklagt werden, da ein teilweises Erlöschen durch Konfusion nicht eingetreten ist (§ 2032 A 2 i), und zwar ohne Rücksicht darauf, ob die Schuld bei der Auseinandersetzung durch Teilung in Natur ausgeglichen werden könnte (RG 65, 5). Doch läßt die letzterwähnte Entscheidung (ebenso Warn 1913 Nr 236a u. b und HRR 1934 Nr 1458) dem beklagten Miterben den Einwand nach, daß die Einziehung der Forderung zum Nachlasse vor der Auseinandersetzung schikanös sei (§ 226) oder doch gegen Treu und Glauben verstoße, wenn mit Sicherheit zu übersehen ist, daß seine Schuld durch seinen Erbteil gedeckt wird, sofern nicht ein besonderer Grund vorliegt, der dennoch das Verlangen der Hinterlegung rechtfertigt. Anderseits kann gegen einen Miterben, der Mieter eines Nachlaßgrundstücks ist, von den übrigen Miterben auch auf Zahlung an die Erbengemeinschaft geklagt werden, wenn die Einziehung des Mietzinses zur ordnungsmäßigen Grundstücksverwaltung unbedingt erforderlich ist (RG 10. 12. 36, IV 140/36; vgl. hierzu Fuchs JW 1938, 355). Gegen einen Miterben, der als Bürge für eine Forderung eines andern Miterben an den Erblasser haftet, kann die ganze Bürgschaftsschuld eingeklagt werden, sofern wegen Überschuldung des Nachlasses anzunehmen ist, daß der Miterbe, der Gläubiger ist, aus dem Nachlasse nichts erhalten würde (RG 76, 58). Daß die Einklagung der Forderung gegen einen Miterben nur zulässig wäre, wenn die Einziehung zur Tilgung der Nachlaßverbindlichkeiten erforderlich erscheint, kann nicht anerkannt werden. Auch der Klage des Nachlaßverwalters oder des Testamentsvollstreckers gegenüber kann der Miterbe, der Nachlaßschuldner ist, sich nicht darauf berufen, daß die Einziehung nicht zum Zwecke der Berichtigung von Nachlaßverbindlichkeiten erfolge (RG 72, 260; RG 6. 1. 36, IV 231/35; vgl. § 1985 A 2).

e) Wegen der beschränkten Wirkungen der Sonderklage hat das Reichsgericht früher in ständiger Rechtsprechung angenommen, der **Wert des Streitgegenstandes** sei, obwohl die Klage auf die ganze Leistung gerichtet ist, auch wenn der Gegenstand der Leistung eine bestimmte Sache oder Geldsumme ist, nicht gemäß § 6 nach dem Werte der Sache oder dem Betrage der Geldsumme, sondern gemäß § 3 ZPO nach dem Interesse des klagenden Miterben an der zum Nachlasse zu machenden Leistung zu bemessen; es komme einem seinem Anteile an der Erbschaft entsprechenden Bruchteile des Wertes der Leistung gleich. Diese — zuletzt in RG 93, 127 ausführlicher begründete — Rechtsprechung, gegen die auch in der früheren Auflage dieses Kommentars Bedenken geltend gemacht worden waren, ist durch den Beschluß RG 149, 193 mit Recht aufgegeben worden. Trotz der Besonderheiten der dem Miterben durch § 2039 eingeräumten Klagbefugnis bleibt die Tatsache unberührt, daß der gesamte Anspruch den Gegenstand des Rechtsstreits bildet und daß sich der Gegner im Falle der Verurteilung nur durch volle Leistung befreien kann. Der Wert des Streitgegenstandes bestimmt sich daher grundsätzlich nach dem vollen Betrage der geforderten Geldsumme oder nach dem vollen Werte der im Streit befangenen Sache (§ 6 ZPO; vgl. auch Kassel SJZ 1949, 418; ferner Hillach DR 1941, 1446). Dieser Grundsatz muß jedoch eingeschränkt werden, wenn ein Miterbe auf Grund des § 2039 eine zum Nachlasse gehörende Forderung gegen einen Schuldner-Miterben geltend macht (über die Zulässigkeit einer solchen Klage s. unten); in diesem Falle ist der dem beklagten Miterben an der geforderten Leistung zukommende Anteil als außer Streit befindlich anzusehen und daher von dem Werte der Leistung abzusetzen (RG JW 1937, 2281[1]; Warn 1937 Nr 145; RG 23. 11. 37 VII 85/37; 17. 11. 38 IV 159/38; über die Bemessung des Streitwerts für die Klage eines Gläubiger-Miterben gegen einen anderen Miterben s. § 2058 A 2). Die vorstehend entwickelten Grundsätze gelten nicht für Klagen, mit denen von einem Miterben die Feststellung der Nichtigkeit eines Testaments begehrt wird; für solche Klagen bestimmt sich der Streitwert allein nach dem Interesse des klagenden Miterben an der begehrten Feststellung (RG DRpfl 1936 Nr 600).

3. Zu Satz 2: Hinterlegung §§ 372ff. Maßgebend sind jetzt die Vorschriften der HinterlO v. 10. 3. 37 (RGBl I 285). Jedoch kann kein Miterbe auf Hinterlegung bestehen, wenn die Zahlung gerade für eine ordnungsmäßige Verwaltung erforderlich ist, z. B. beim Einziehen von Mieten; das wäre eine unzulässige Rechtsausübung (RG JW 1938, 356).

Handelt es sich um ein Grundstück, so kann die Herausgabe an einen **gerichtlich zu bestellenden Verwahrer** verlangt werden (RG 105, 250). Der Verwahrer wird von dem Amtsgericht bestimmt, in dessen Bezirk sich die Sache befindet (FGG § 165). Der Verwahrer ist allen Miterben gegenüber zur ordnungsmäßigen Verwaltung verpflichtet; er hat daher nur den gemeinschaftlichen Weisungen aller Miterben (§ 2038) zu folgen; er braucht daher auch Urkunden nicht einem der Miterben vorzulegen, wenn ein anderer Miterbe wiederspricht (OLG 14, 288). Gebühr für die Bestellung des Verwahrers: KostO § 111 Nr 2.

4. Die Vorschrift des § 2039 über das Individualklagerecht des einzelnen Miterben wird vom Reichsgerichte, im Anschluß an die ältere preußische Praxis (vgl. auch Prot II 5, 864), in ständiger Rechtsprechung auf die **andern Gesamthandsverhältnisse** des BGB als anwendbar erklärt: so (unter Heranziehung des § 432 Abs 1) auf die Gesellschaft (RG 70, 34 und JW 1900, 553[5]; 1933, 166[13]); ferner auf die eheliche Gütergemeinschaft, wenn die die dem Manne zustehende Verfügungsgewalt durch den Tod seines Ehegatten erloschen und nicht infolge Fortsetzung der Gütergemeinschaft auf den überlebenden Ehegatten übergegangen ist (andernfalls kann nur der zur Verwaltung und Verfügung berufene Ehegatte — §§ 1443. 1487 — die Klage erheben); vgl. RG 158, 40; JW 1905, 146[28]; 1933, 166[13]; Warn 1913 Nr 150; 1936 Nr 137; 1939 Nr 23.

5. Höferecht: Stand einem Erblasser ein Anspruch auf Auflassung eines Hofes im Sinne der Höfeordnung zu, so kann die Auflassung nach Eintritt des Erbfalles nur von dem Erben verlangt werden, dem der Hof nach den Regeln der Höfeordnung zugefallen wäre, wenn der Hof dem Erblasser schon im Zeitpunkt seines Todes gehört hätte. Dieser Erbe ist daher auch berechtigt zu verlangen, daß der Hof unmittelbar an ihn aufgelassen wird (OGH 2, 175 = RechtdLandw 1949, 107). — Die Erbfolge in den Anspruch auf Übereignung eines Hofes auf Grund eines Übergabevertrages vollzieht sich nach den für die Erbfolge in den Hof selbst geltenden Vorschriften (OLG Hamm RechtdLandw 1951, 106 unter Bezug auf KG DNotZ 1943, 62).

§ 2040

Die Erben können über einen Nachlaßgegenstand nur gemeinschaftlich verfügen.

Gegen eine zum Nachlasse gehörende Forderung kann der Schuldner nicht eine ihm gegen einen einzelnen Miterben zustehende Forderung aufrechnen.

E II 1914; P 5 865, 866.

Übersicht:

Verfügung über Nachlaßgegenstände

1. Zu Abs 1:
   a) Verfügung
   b) Gemeinschaftliche Verfügung
   c) Einwilligung und Genehmigung anderer Miterben
   d) Klage auf Verfügung über Nachlaßgegenstände
2) Zu Abs 2

1. Gemeinschaftliche Verfügung über Nachlaßgegenstände. Abs 1 ergänzt, übereinstimmend mit dem für Bruchteilsgemeinschaften geltenden § 747 Abs 1 Satz 2 (für die Gesellschaft vgl. §§ 709ff.) positiv die negative Bestimmung des § 2033 Abs 2. Nachlaßgegenstand begreift Sachen (§ 90) und Rechte.

a) Verfügung: Begriff der Verfügung § 2033 A 3; vgl. auch § 2039 A 1. Hierzu gehören die Kündigung eines Mietverhältnisses und die Erhebung der Mietaufhebungsklage (DRW 1940, 868[13]) sowie die Kündigung einer Nachlaßforderung (RG 65, 6; 146, 314;) nicht dagegen die Kündigung eines Pachtvertrages über eine Nachlaßbesitzung (BGH RechtdLandw 1951, 87 = LM § 2038 Nr 1); Baumaßnahmen an Nachlaßgrundstücken (OLG Düsseldorf MDR 47, 289), da insoweit Verwaltungshandlungen vorliegen; ist der Nachlaßschuldner Miterbe, so bedarf es seiner Mitwirkung bei der Kündigung nicht (BayObLG 6, 326; a. M. OLG 26, 304). Entsprechendes gilt für den Miterben, der mit der Erfüllung seiner Abfindungsverpflichtungen aus einem Erbauseinandersetzungsvertrage in Verzug kommt; die anderen Miterben können dann allein vom Vertrage zurücktreten und Rückgewähr an die Erbengemeinschaft verlangen (BGH 26. 2. 53 IV ZR 207/52 = LM § 433 Nr 4). Auch eine Mietaufhebungsklage kann ein Miterbe gegen den andern ohne dessen Zustimmung erheben (Haus und Wohnung 1947, 313 = DRspr I [170] 2) Ein Verzicht auf ein Kündigungs-, Rücktritts- u. dgl. Recht stellt eine Verfügung im Sinne des § 2040 dar (RG SeuffA 79 Nr 180), ebenso der Widerruf eines Auftragsverhältnisses (RG LZ 1926 Sp 228; SeuffA 79 Nr 221), während der Widerruf einer abstrakten Vollmacht durch jeden einzelnen Miterben mit Wirkung für ihn erfolgen kann, da er keine Aufgabe eines Rechts enthält (vgl. RG JW 1938, 1892[33]; KG HRR 1937

Nr 1368; über Zulässigkeit und Wirkung des Widerrufs einer von der Erbengemeinschaft erteilten Prokura durch einen einzelnen Miterben s. KG DRW 1939, 1949[4]), ferner das Anerkenntnis einer Nachlaßverbindlichkeit gegenüber dem aus § 2059 Abs 2 von dem Gläubiger gegen die Gesamthand erhobenen Anspruche auf Befriedigung aus dem ungeteilten Nachlasse; dagegen kann die gesamtschuldnerische Verpflichtung aus § 2058 von jedem einzelnen Miterben mit Wirkung für ihn anerkannt werden (RG JW 02 Beil 208; Gruch 46, 661). In der Übertragung des Aktienbesitzes und der Aktionärrechte auf einen Treuhänder, der diese Rechte für eine bestimmte Zeit unwiderruflich auszuüben berechtigt sein sollte, ist eine Verfügung im Sinne von § 2040 gefunden worden (RG 111, 405); auch gutgläubiger Erwerb solcher fiduziarischen Berechtigung von einem einzelnen Miterben ist ausgeschlossen (RG aaO.); anders wenn es sich um einen bloßen Verwahrungsvertrag handelt; dieser kann eine Erhaltungsmaßregel nach § 2038 Abs 1 Satz 2 Halbsatz 2 sein (RG ebenda). Auch die Annahme der geschuldeten Leistung enthält eine Verfügung; daß sie den Schuldner nur befreit, wenn er an sämtliche Miterben leistet, folgt schon aus § 2039 Satz 1. Auch wenn es sich um eine gegenüber der Erbengemeinschaft zu treffende Verfügung handelt (Kündigung, Anfechtung usw.), kann sie nur Wirkung äußern, wenn sie allen Erben gegenüber erfolgt ist. Ein Zwangsvergleich im Nachlaßkonkurse und im Nachlaßvergleichsverfahren kann nur auf Vorschlag sämtlicher Miterben zustande kommen (KO § 230; VerglO § 113 Nr 1 Satz 3). Auch die Ermächtigung an einen Dritten, über Nachlaßgegenstände zu verfügen, muß von allen Erben erteilt sein (RG 67, 27).

b) Gemeinschaftliche Verfügung. Es ist nicht erforderlich, daß die Verfügung sämtlicher Miterben in der selben Urkunde erfolgt (RG 93, 295; HRR 1929 Nr 1831). Ebensowenig ist Gleichartigkeit der Mitwirkung aller Beteiligten geboten (RG 152, 384; KGJ 53, 133). Eine gemeinschaftliche Verfügung der Miterben liegt daher auch vor, wenn ihre Erklärungen zwar verschiedenartig sind, aber dasselbe Ziel verfolgen (z.B. Löschungsbewilligung durch einen Teil der Miterben, Bewilligung der pfandfreien Abschreibung einer Parzelle durch die anderen; JW 1937, 1553[14]). Bei einer gemeinschaftlichen Auflassungserklärung der Miterben ist die Erklärung jedes einzelnen von ihnen nicht auf die Übertragung seines Anteils, sondern auf die des ganzen Gegenstandes gerichtet; deshalb ist sie auch hinsichtlich desjenigen von ihnen wirksam, der sie in der Annahme abgegeben hat, nur Miterbe zu sein, während er in Wirklichkeit Alleinerbe war, vorbehaltlich einer etwa begründeten Irrtumsanfechtung (RG 125, 131). Die gemeinschaftliche Verfügung kann auch in der Weise erfolgen, daß ein Miterbe unter Mitwirkung der anderen einen Nachlaßgegenstand übernimmt (HRR 1929 Nr 1831). Haben sich Miterben über ein Nachlaßgrundstück so auseinandergesetzt, daß sie es an eine verheiratete Miterbin übertrugen, und zwar ohne Gegenleistung aus deren sonstigem Vermögen, so brauchte die Miterbin auch vor dem 1. 4. 1953 zu diesem Teilauseinandersetzungsvertrag nicht die Einwilligung ihres Mannes nach § 1395 BGB (BayObLG 53, 183). — Durch gutgläubigen Erwerb von einzelnen Miterben kann gemäß §§ 932ff. ein Pfandrecht an Inhaberpapieren erworben werden (RG 67, 27).

Dagegen ist kein Miterbe daran gehindert, sich in Beziehung auf einen Nachlaßgegenstand schuldrechtlich zu verpflichten, ihn z.B. zu verkaufen. Befugnis des Erbeserben, den seinem Erbteil entsprechenden Teil der Erbschaft auszuschlagen: § 1952 Abs 3. Über den Nachlaß im ganzen können die Miterben ebensowenig dinglich verfügen wie der Alleinerbe (§ 2033 A 2). Wohl aber kann jeder Miterbe gemäß § 2033 Abs 1 die gleiche Verfügung über seinen Anteil treffen und dadurch derselbe Erfolg herbeigeführt werden.

c) Einwilligung und Genehmigung anderer Miterben: Die nur von einem Teile der Miterben getroffene Verfügung ist wirksam, wenn die anderen Miterben vorher ihre Einwilligung erklärt haben (§ 185 Abs 1; RG 129, 284; RG 18. 12. 33, IV 307/33; vgl. auch RG 149, 23/24 für die Gesamthandberechtigung aus einem Gesellschaftsverhältnis). Die Einwilligung kann nach § 182 Abs 1 sowohl gegenüber dem verfügenden Miterben wie auch gegenüber seinem Vertragsgegner erklärt werden. Streitig war bisher, ob die nur von einem Teile der Miterben vorgenommene Verfügung durch nachfolgende Genehmigung (§ 185 Abs 2) der anderen Miterben rechtswirksam werden kann. Dies hatte der V. ZS. in RG 93, 292 (ihm folgend auch der IV. ZS. in JW 1925, 604[7]) verneint und angenommen, daß die nur von einem Teile der Miterben vorgenommene Verfügung völlig wirkungslos sei. Diese Rechtsauffassung hat im Schrifttum nahezu einhelligen Widerspruch gefunden (so auch in der 8. Aufl. dieses Komm.) und wurde vom Kammergericht in ständiger Rechtsprechung abgelehnt (vgl. u.a. HRR 1933 Nr 1201; s. ferner München DNotZ 1936, 807). In dem Beschl. RG 152, 380 hat der V. ZS. die früher vertretene Ansicht ausdrücklich aufgegeben und die Anwendbarkeit des § 185 Abs 2 bejaht. Verweigert jedoch der Berechtigte vorbehaltlos, die Genehmigung zu erteilen, so ist das Rechtsgeschäft endgültig vernichtet, eine nachträgliche Genehmigung also nicht mehr möglich (RG 139, 118). Ein einseitiges Rechtsgeschäft, das von einzelnen Miterben ohne Einwilligung der anderen vorgenommen wird (z.B. eine Kündigung), kann, wie sich aus § 182 Abs 3 ergibt, nicht durch Genehmigung der anderen Miterben mit rückwirkender Kraft wirksam werden; es ist vielmehr schlechthin wirkungslos (RG 146, 314; RG 7.2.35, IV 356/34). Der für das Rechtsgeschäft erforderlichen Form bedarf weder die Einwilligung noch die Genehmigung (§ 182 A 3; RG 129, 286; KG JFG 16, 296).

d) **Klage auf Verfügung** über einen Nachlaßgegenstand: Wegen eines Anspruchs, der auf eine Verfügung über Nachlaßgegenstände gerichtet ist, kann nur gegen alle Miterben gemeinschaftlich Klage erhoben werden, sofern nicht einige oder einer von ihnen sich bereits freiwillig in rechtsverbindlicher Weise zu der Verfügung bereit erklärt hat oder dazu verurteilt ist (RG 93, 292) oder, was dem gleichzustellen ist, die Bereitwilligkeit der übrigen Miterben in dem gegen einzelne Miterben eingeleiteten Rechtsstreite unstreitig bleibt (RG 28. 9. 22 IV 548/21 und 111, 338; 112, 132; Warn 1926 Nr 93; 1933 Nr 44). Es ist, wie in der zuletzt angeführten Entscheidung dargetan ist, nicht angängig, gegen einen einzelnen Miterben ein ihn mit Kosten belastendes Urteil zu erlassen, das möglicherweise in der Hauptsache gar nicht vollstreckt werden kann (vgl. auch Planck-Ebbecke § 2040 A 1). Daß der Klagantrag nur im Sinne einer Verurteilung zur Mitwirkung bei der von allen Miterben gemeinschaftlich zu vollziehenden Verfügung zu verstehen sei, kann aus der Klagebehauptung, daß die übrigen Erben dazu bereit seien, entnommen werden (RG 111, 338; 112, 132). Zulässig ist die Klage gegen einzelne Miterben auch, wenn nur ein schuldrechtlicher Anspruch auf Herbeiführung einer Verfügung in Frage steht; ein solcher kann unter Vorbehalt der Einrede der Haftungsbeschränkung auf den Anteil am Nachlasse gegen jeden einzelnen Erben als Gesamtschuldner nach § 2058 gerichtet werden (§ 2059 Abs 1; RG 71, 370; Gruch 54, 1064; RG 111, 339). Dabei ist in RG 71, 370 der Antrag auf „Auflassung" als Antrag auf Herbeiführung der Auflassung gedeutet worden, während in RG 93, 296 der Antrag auf Bewilligung einer Löschung keine gleich wohlwollende Auslegung erfahren hat. Jedenfalls stehen einem auf Mitwirkung bei der Verfügung gerichteten Antrage gegen einzelne Miterben keine Bedenken entgegen. Dagegen erfordert der Anspruch auf Befriedigung aus dem ungeteilten Nachlasse gemäß § 2059 Abs 2 (vgl. Anm 5 dazu) die Verklagung sämtlicher Miterben. Zur Zwangsvollstreckung in den Nachlaß ist ein gegen alle Erben ergangenes Urteil erforderlich (§ 747 ZPO).

2. Zu Abs 2: Die Vorschrift entspricht der Regelung bei der Gesellschaft § 719 Abs 2 und der allgemeinen Gütergemeinschaft § 1442 Abs 2. Die **Aufrechnung** wird auch nicht dadurch wirksam, daß ihr der einzelne Miterbe zustimmt, da hierin eine Verfügung über die Nachlaßforderung (vgl. A 1) enthalten wäre (§ 1977 A 4). Dagegen ist der nach § 2039 von einem Miterben belangte Nachlaßschuldner nicht gehindert, diesem gegenüber mit seiner ganzen Forderung gegen den Nachlaß aufzurechnen. Auch der einzelne Miterbe darf eine Nachlaßschuld dadurch tilgen, daß er gegenüber dem Nachlaßgläubiger mit einer gegen diesen ihm zustehenden Privatforderung aufrechnet (RG 11, 119 für älteres Recht). Dem Nachlaßschuldner ist auch nicht die Ausübung des Zurückbehaltungsrechts an einer gegen einen Miterben ihm zustehenden Forderung gestattet (RG 18. 12. 30 VI 176/30 und 132, 84). Ebensowenig darf der Nachlaßschuldner die Befriedigung eines Nachlaßanspruchs mit Hilfe des Arglisteinwands wegen eines ihm nur gegen einen einzelnen Miterben zustehenden Schadenersatzanspruchs aus unerlaubter Handlung verweigern (RG JW 1936, 249[6]).

§ 2041

Was auf Grund eines zum Nachlasse gehörenden Rechtes oder als Ersatz für die Zerstörung, Beschädigung oder Entziehung eines Nachlaßgegenstandes oder durch ein Rechtsgeschäft erworben wird, das sich auf den Nachlaß bezieht, gehört zum Nachlasse. Auf eine durch ein solches Rechtsgeschäft erworbene Forderung findet die Vorschrift des § 2019 Abs 2 Anwendung.

E II 1915; P 5 866, 867.

Dingliche Ersetzung

1. Voraussetzungen: Vermöge der **dinglichen Ersetzung (Surrogation)** wird im Verhältnisse unter den Miterben ohne weiteres Bestandteil des Nachlasses, was a) auf Grund eines Rechtes, z. B. durch Erfüllung einer Schuld an den Nachlaß, oder b) als Ersatz für Nachlaßgegenstände, Sachen und Rechte, oder c) durch Rechtsgeschäft, das sich auf den Nachlaß bezieht, erworben wird. Dieselben Grundsätze gelten für das Gesamtgut (§ 1473) und beim Erbschaftskauf (§ 2374), während beim Erbschaftsanspruch (§ 2019 A 2) und bei der Nacherbschaft (§ 2111) entscheidend ist, ob der rechtsgeschäftliche Erwerb mit Mitteln der Erbschaft erfolgt. Demnach gehört auch zum Nachlasse, was ein Miterbe mit eigenen Mitteln für den Nachlaß erworben hat, sofern sich das den Erwerb vermittelnde Rechtsgeschäft auf den Nachlaß bezieht.

Ob das Rechtsgeschäft sich **auf den Nachlaß bezieht,** ist Sache der Beurteilung des Einzelfalles. Regelmäßig hängt es von der Willensrichtung des rechtsgeschäftlich tätig werdenden Miterben ab, nämlich davon, ob er für sich oder für den Nachlaß erwerben will, z. B. bei Anschaffung von Maschinen oder sonstigen Inventarstücken, die im Forstbetriebe, in der Landwirtschaft oder im Gewerbe für den Nachlaß oder als Zubehör eines Nachlaßgrundstücks verwendet werden sollen, oder bei Ersteigerung eines Grundstücks, um eine zum Nachlasse gehörige Hypothek zu retten (RG 117, 264) oder beim Erwerb einer ideellen Grundstückshälfte, wenn die andere Hälfte schon zum Nachlaß gehört (JW 1937, 2199[13]; vgl. hierzu Roskothen JW 1937, 2955). Erforderlich ist, daß das Geschäft auch objektiv mit dem Nachlasse in Zusammenhang gebracht werden kann (SächsArch 6, 516). So können mehrere Personen, die „in Erbengemeinschaft" Eigentümer eines Grundstücks sind, in dieser gesamthänderischen Verbindung ein anderes Grundstück erwerben, wenn der Erwerb bezweckt, das Nachlaßgrundstück wirtschaftlich besser auszunutzen (KG DR 1944, 190 Nr 9).

§ 2041 ist unabhängig von der Willensrichtung des Erwerbers in der Regel aber auch dann anzuwenden, wenn ein Erwerb mit Mitteln des Nachlasses gemacht worden ist. Denn auch dadurch wird durchweg eine „Beziehung zum Nachlaß" hergestellt (ebenso Staudinger-Lehmann A 3b; Kipp-Coing § 105 II 2; Planck-Ebbecke A 1; aM. die 9. Aufl. dieses Kommentars; OGH 2, 226; DNotZ 1950, 65). Aus dem verschiedenen Wortlaut der §§ 2019, 2111 („mit Mitteln der Erbschaft") und § 2041 („durch Rechtsgeschäft, das sich auf den Nachlaß bezieht") läßt sich der gegenteilige Schluß nicht zwingend begründen. Deshalb gehört auch der für ein Nachlaßgrundstück erzielte Erlös regelmäßig zum Nachlaß. Das Pfandrecht am Erbteil, das durch die Veräußerung des Grundstücks nicht in seinem rechtlichen Bestande berührt wird, erstreckt sich nunmehr auch auf den Erlös (KG DJ 1941, 351).

Als nicht zum Nachlasse gehörig sind jedoch solche Vermögensstücke angesehen worden, die nach dem freien Willen der Erben von einem einzelnen Miterben durch Umsatz der den Nachlaß bildenden Vermögensstücke zu Sondereigentum erworben worden und nach außen hin seiner unumschränkten rechtlichen Verfügung unterworfen sind, mag dieser auch im Innenverhältnisse nur die Rechtsstellung eines Treuhänders der übrigen Beteiligten haben (RG 5. 7. 21 VII 3/21). Hat er hierzu eigene Mittel verwendet, so ist er nach §§ 1978, 1991 gegenüber den Nachlaßgläubigern und nach §§ 670, 683f. gegenüber den Miterben ersatzberechtigt. Hat ein Dritter, der ein Nachlaßgrundstück im Wege der Enteignung erworben hat, an einen Miterben als Anerkennung dafür, daß dieser bei den Verhandlungen über den Erwerb des Grundstücks keine Schwierigkeiten gemacht hatte, aus freier Entschließung eine Zahlung geleistet, so gehört diese nicht zum Nachlaß (RG 4. 3. 37, IV 291/36). Das gilt auch ein Gleichstellungsgeld, das ein Miterbe von einem anderen Miterben, der den Nachlaß übernahm, aus dessen Vermögon erhalten hat (DJZ 1908, 1949).

Zutreffend spricht jedoch die Stempelentscheidung RG 5. 7. 21 VII 3/21 aus, ein mit Mitteln des Nachlasses von einem Miterben im Einverständnisse der übrigen zu Alleineigentum erworbenes Grundstück gehöre nicht zum Nachlasse, auch wenn die Miterben noch gemeinschaftlich die Erträge beziehen; bereits durch den Erwerb des Grundstücks auf den Namen des einen Miterben sei eine Auseinandersetzung des Nachlasses insoweit erfolgt. Soweit ein Miterbe als Erbschaftsbesitzer in Betracht kommt (§ 2018 A 1), bestimmt sich der durch ihn vermittelte rechtsgeschäftliche Surrogatserwerb nach § 2019; danach entscheidet lediglich, ob hierzu die Mittel des Nachlasses verwendet sind. — Über die Frage, unter welchen Voraussetzungen eine nach dem Erbfall entstandene Eigentümergrundschuld zum Nachlaß gehört, s. v. Rozycki-v. Hoewel DRZ 1933, 210.

2. Rechtsfolge: Auch die Surrogate sind als Nachlaßgegenstände der Verfügungsmacht des einzelnen Erben entzogen (§ 2033) und sind Gegenstände der Verwaltung und Auseinandersetzung.

Wegen Zugehörigkeit der Forderung zum Nachlaß mit Wirkung auf den Schuldner vgl. § 2019 Abs 2 u. A 3. Die Anwendung dieser Vorschrift bedeutet, daß der Schuldner einer Forderung, die von einem Miterben für einen Nachlaß begründet wird, die Zugehörigkeit der Forderung zu diesem Nachlasse erst dann gegen sich gelten lassen muß, wenn er von der Zugehörigkeit (also davon, daß das Rechtsgeschäft sich auf den Nachlaß bezieht) Kenntnis erhalten hat; er kann somit bis dahin an den Miterben, der die Forderung gegen ihn begründet hat oder an einen Dritten, dem dieser sie abgetreten hat, mit befreiender Wirkung leisten, auch mit diesen Personen in Ansehung der Forderung mit Wirkung für den Nachlaß Rechtsgeschäfte vornehmen und Rechtsstreitigkeiten führen (§§ 407, 408), ferner eine ihm gegen den Miterben zustehende Forderung auch dem Nachlasse gegenüber aufrechnen (§ 406).

3. Sonstige Fälle der dinglichen Ersetzung: Der Grundsatz der dinglichen Ersetzung (Surrogation), der für die familienrechtlichen Sondervermögen anerkannt ist (vgl. zu §§ 1370 A 1, 1524 A 1, 1638 A 3, 1651 A 3) gilt auf dem Gebiete des Erbrechts auch für andere Fälle, in denen das Nachlaßvermögen von dem Vermögen des Erben gesondert werden muß, so insbesondere, wenn nur ein Erbe vorhanden ist, aber der Nachlaß einer Testamentsvollstreckung untersteht; das bewirkt, daß der Testamentsvollstrecker die dem Erben aus Handlungen eines früheren Testamentsvollstreckers gegen diesen gemäß § 2219 entstandenen Schadenersatzansprüche geltend machen kann (RG 138, 132). Er gilt ebenso auf Grund besonderer Vorschrift im Falle der Nachlaßverwaltung hinsichtlich der den Nachlaßgläubigern gegen den Erben und den Erben gegen einen Nachlaßverwalter entstandenen Schadenersatzansprüche (§§ 1978 Abs 2, 1985 Abs 2 Satz 2; vgl. zu §§ 1978 A 4, 1985 A 3, aber auch HRR 1938 Nr 1116). Dagegen gehört der nach § 2219 einem Vermächtnisnehmer zustehende Schadenersatzanspruch gegen den Testamentsvollstrecker nicht zum Nachlasse (RG 138, 132). Ist von mehreren Miterben nur einer durch den Testamentsvollstrecker oder Nachlaßverwalter geschädigt (z. B. bei der Auseinandersetzung durch den Testamentsvollstrecker), so gehört der Anspruch nicht zum Nachlasse und kann deshalb nur von dem geschädigten Miterben, nicht von einem späteren Testamentsvollstrecker oder Nachlaßverwalter geltend gemacht werden (RG 138, 134).

§ 2042

Jeder Miterbe kann jederzeit die Auseinandersetzung verlangen, soweit sich nicht aus den §§ 2043 bis 2045 ein anderes ergibt.

Die Vorschriften des § 749 Abs 2, 3 und der §§ 750 bis 758 finden Anwendung.

E II 1916; P 5 881, 882.

Übersicht:

Auseinandersetzung, Allgemeines

1. Die Auseinandersetzung
   a) durch die Miterben allein
   b) durch Testamentsvollstrecker
   c) durch Vermittlung staatlicher Stellen
   d) bei Beteiligung Minderjähriger
2. Das Recht auf Auseinandersetzung
   a) „jederzeit“
   b) Ausnahmen von a)
   c) Die Berechtigten
   d) Die Teilauseinandersetzung
   e) Die Auseinandersetzungsklage
3. Zu Abs 2
4. Währungsreform

1. Auseinandersetzung ist die Aufhebung der unter den Miterben bestehenden Gemeinschaft zur gesamten Hand (§ 2032 A 2b). Entsprechend bei anderen Gesamthandsverhältnissen: Gesellschaft §§ 730ff., eheliche Gütergemeinschaft §§ 1471ff. Soweit das Verhältnis zu den Nachlaßgläubigern in Betracht kommt, spricht das Gesetz von Teilung (§§ 2059, 2060); es versteht darunter die dingliche Überführung der Nachlaßgegenstände oder ihres Erlöses in das Einzelvermögen der Miterben (vgl. das Nähere zu den genannten Vorschriften). — Zum Begriff der Auseinandersetzungsforderung nach § 18 Abs 1 Nr 3 UmstG OLG Köln NJW 1949, 951; OLG Hamm NJW 1951, 33f.; für weite Auslegung insbesondere BGH 2, 270. —

a) Die Auseinandersetzung kann zunächst durch **außergerichtlichen Vertrag unter den Miterben** selbst geschehen; in diesem Falle sind die Erben, soweit nicht bindende Teilungsanordnungen des Erblassers (§ 2048 A 1) vorliegen, weder hinsichtlich des Zeitpunkts, der Art und Weise oder des Inhalts noch hinsichtlich der Form beschränkt, da das Gesetz nach keiner Richtung zwingende Vorschriften aufstellt (RG Warn 09 Nr 512). Insbesondere kann die Erbauseinandersetzung in der Weise stattfinden, daß ohne förmliche Berechnung und Verständigung über den Bestand und den Wert des Nachlasses der gesamte Nachlaßbestand gegen gewisse an die übrigen Miterben zu zahlende Abfindungen in Bausch und Bogen einem oder mehreren Miterben zugewiesen wird; eine solche Vereinbarung ist nicht etwa als Erbschaftsverkauf wegen Nichtbeobachtung der für diesen bestehenden Formvorschrift (§ 2371) nichtig; sie erzeugt ferner auch ohne Beobachtung der Form für Verfügungen über den Erbanteil (§ 2033 Abs 1 Satz 2) die schuldrechtliche Verpflichtung, keine erbrechtlichen Ansprüche gegenüber den Miterben mehr geltend zu machen (RG Warn 09 Nr 512). Auch eine Vereinbarung im Wege des Vergleichs, durch welche Personen, die auf die Eigenschaft als Miterben Anspruch gemacht hatten, deren Erbberechtigung aber bestritten war (Erbansprecher), sich gegen gewisse Zuwendungen aus dem Nachlasse verpflichten, erbrechtliche Ansprüche nicht weiter geltend zu machen, kann als Erbauseinandersetzungsvertrag angesehen werden (RG aaO.). Verlangt ein Miterbe von einem anderen Miterben anteilige Herausgabe der aus einem Nachlaßgrundstück gezogenen Nutzungen, so ist das keine Erbschaftsklage aus § 2018, sondern die Geltendmachung des Auseinandersetzungsanspruchs aus § 2042; der Beklagte kann also nicht auf Grund des § 2021 Wegfall der Bereicherung einwenden; der Anspruch ist vielmehr bei der Auseinandersetzung zu verrechnen (RG Warn 1941 Nr 54 = DR 1941, 999). In einem wegen Formmangels (wegen unrichtiger Angabe des Kaufpreises in der notariellen Urkunde) gemäß § 2371 nichtigen Verkaufe eines Erbanteils unter Miterben kann im Wege der Umdeutung (Konversion) unter Umständen ein Erbauseinandersetzungsvertrag erblickt und der Vertrag als solcher aufrechterhalten werden (RG 129, 123). Der Umstand, daß ein ererbtes Geschäft nach außen hin von einem Miterben auf seinen Namen allein fortgeführt wird, läßt noch nicht ohne weiteres darauf schließen, daß über das Geschäft eine Auseinandersetzung stattgefunden habe; die Fortführung wäre auch mit einer Beteiligung der Miterben im Innenverhältnis vereinbar (RG 29. 8. 35, IV 91/35).

Der Erbauseinandersetzungsvertrag als solcher bedarf keiner Form; soweit jedoch darin die Verpflichtung begründet wird, Nachlaßgrundstücke an einen Miterben oder an mehrere Miterben nach Bruchteilen zu übereignen (auch wenn die Bruchteile die gleichen sind wie die bisherigen Erbanteile), ist die Form des § 313 zu beobachten (RG 57, 432; KGJ 52, 272; vgl. ferner Kötelmann zu OLG Celle NJW 1951, 198 und Grunau zum selben Beschluß DNotZ 1951, 366). Um Rechtsstreitigkeiten zu vermeiden und spätere Nachweise zu erleichtern, empfiehlt sich allerdings bei Erbauseinandersetzungen die gerichtliche oder notarielle Beurkundung in jedem Falle. Die dingliche Übereignung einzelner Nachlaßgegenstände an einen Miterben in Ausführung der Auseinandersetzung bedarf der dafür vorgeschriebenen Formen, bei Grundstücken der Auflassung (RG 57, 434; 89, 57).

Der Erwerb von Nachlaßgrundstücken durch Miterben im Wege der Auseinandersetzung unterlag früher der Genehmigung nach § 1 GrundstVerkBek (KG JW 1938, 887[43]). Die Aufhebung der Erbengemeinschaft kann auch gegenständlich beschränkt werden; sie besteht dann als solche an den vorerst ungeteilten Nachlaßgegenständen weiter. Doch kann gegen den Willen eines Miterben eine gegenständliche beschränkte (teilweise) Auseinandersetzung nur ausnahmsweise unter besonderen Umständen verlangt werden (RG HRR 1929 Nr 1831; s. A 2 d). Sie kann auch in mehreren einzelnen Verträgen je zwischen einem Teile der Miterben erfolgen; doch müssen diese Verträge miteinander in einem gewollten Zusammenhange stehen, so daß die Auseinandersetzung sich als Ganzes auf sämtliche Miterben erstreckt (RG HRR 1930 Nr 1466; 1934 Nr 1458). Zur Auseinandersetzung kann auch eine Gemeinschaft nach Bruchteilen an dem ganzen Nachlasse oder an einzelnen Nachlaßbestandteilen (z. B. dem Mietertrag eines Hauses, RG 26. 3. 09 VII 450/08) unter den bisherigen Erbgemeinschaftern begründet werden (BayObLG 32, 381). Nach ihrer Aufhebung kann sie nicht durch Vereinbarung wiederhergestellt werden (vgl. § 2032 A 3a).

Auch im Wege eines Bereicherungsanspruchs kann die Wiederherstellung nicht herbeigeführt werden (RG 22. 2. 34, IV 364/33). Die letzterwähnte Entscheidung betraf folgenden Fall: Ein Miterbe hatte die Erbanteile aller übrigen Miterben durch Kauf und wirksame dingliche Übertragung der Erbanteile erworben, so daß die Miterbengemeinschaft endgültig beendet war; einer der früheren Miterben erhob einen Bereicherungsanspruch, weil der Verkauf seines Erbteils wegen unrichtiger Angabe des Kaufpreises nichtig sei. Das RG hat die Rückauflassung eines früher zum Nachlaß gehörenden Grundstücks an den Kläger und den Käufer der Erbanteile „in Miterbengemeinschaft" zutreffend abgelehnt. Steht jedoch der Bereicherungsanspruch nicht dem einzelnen Miterben sondern der Erbengemeinschaft als solcher zu, dann besteht sie insoweit fort.

Nach der Auseinandersetzung kann der Erbanteil als Ganzes nicht mehr durch einheitliches dingliches Rechtsgeschäft (§ 2033, vgl. Anm 1 dazu) zur Erfüllung eines Erbteilsverkaufes (§ 2371) auf den Käufer übergehen; die Erfüllung kann aber auch jetzt noch, wie die eines Verkaufes der ganzen Erbschaft durch den Alleinerben (vgl. zu § 2371 Anm 1), dadurch geschehen, daß die einzelnen Sachen und Rechte, die den Erbteil gebildet haben, auf den Käufer übertragen werden; deshalb ist der Abschluß eines Erbteilsverkaufes auch nach der Auseinandersetzung nicht ausgeschlossen (RG 134, 296); vgl. auch BGH LM § 433 Nr 4: Danach kann ein Erbauseinandersetzungsvertrag über einen einzigen vorhandenen Nachlaßgegenstand die Rechtsnatur eines Kaufvertrages haben; kommt hierbei der übernehmende Miterbe mit seinen Leistungen an die abzufindenden Miterben in Verzug, dann können diese von dem Vertrage zurücktreten und Rückgewähr an die Erbengemeinschaft verlangen (vgl. auch § 2032 A 3a). Durch vertragsmäßigen Rücktritt der beteiligten Miterben vom Auseinandersetzungsvertrage kann jedoch die auseinandergesetzte Erbengemeinschaft nicht wiederhergestellt werden (KG DNotZ 1952, 84; OLG Düsseldorf Rpfleger 1952, 243).

Einem abwesenden Beteiligten kann, wenn die Voraussetzungen der Abwesenheitspflegschaft vorliegen (§ 1911 A 1), durch das Nachlaßgericht für das Auseinandersetzungsverfahren ein Pfleger bestellt werden (§ 88 FGG); ein solcher Pfleger ist auch zur Annahme der Erbschaft für den Abwesenden befugt; die Bestellung kann deshalb schon vor der Annahme der Erbschaft durch diesen stattfinden; auch kann der Pfleger einen Erbschein für den Abwesenden beantragen (OLG Kolmar in RJA 16, 63). Steht ein Miterbe unter Vormundschaft oder Pflegschaft, so bedarf der Auseinandersetzungsvertrag (Erbteilungsvertrag) der Genehmigung des Vormundschaftsgerichts (§ 1822 Nr 2); an dessen Stelle tritt im Falle des § 88 FGG im Auseinandersetzungsvermittlungsverfahren das Nachlaßgericht (§ 97 FGG). Die Erbauseinandersetzung ist aber grundsätzlich nicht Aufgabe des für die unbekannten Erben bestellten Nachlaßpflegers (KG DFG 1940, 26). — Der Vater braucht nach § 1643 die Genehmigung nur, soweit es sich bei der Auseinandersetzung um Rechtsgeschäfte im Sinne der §§ 1821 Abs 1 Nr 1—3, Abs 2, 1822 Nr 1, 3, 5 handelt. Bei Eheleuten war bis zum 1. 4. 1953 im gesetzlichen Güterstande für die Frau die Zustimmung des Mannes erforderlich, wenn der Erbanteil zum eingebrachten Gute gehörte (§ 1395); bei der Gütergemeinschaft war, wenn der Erbanteil zum Gesamtgute gehörte, die Zustimmung der Frau nicht erforderlich, auch nicht wenn Grundstücke zum Nachlasse gehören, da die Verfügung über den Erbanteil keine Verfügung über die Grundstücke (§ 1445) darstellt (RJA 4, 117); gehörte die Erbschaft zum Vorbehaltsgute, so brauchte die Frau nicht die Zustimmung des Mannes (RG 29. 10. 17 IV 241/17). (Vgl. jetzt aber Artt 3 Abs 2, 117 Abs 1 GrundG).

b) Ist ein oder sind mehrere **Testamentsvollstrecker** vorhanden, so liegt diesen die Auseinandersetzung ob, sofern nicht anzunehmen ist, daß das Recht dazu ihnen vom Erblasser nicht gewährt werden sollte (§§ 2204, 2208); die Auseinandersetzung durch Vereinbarung unter den Miterben ist dann ausgeschlossen. Der Testamentsvollstrecker hat die Auseinandersetzung unter Beobachtung der Vorschriften der §§ 2042—2056 vorzunehmen (§ 2204 Abs 1), soweit nicht Teilungsanordnungen des Erblassers vorliegen, insbesondere ihm überlassen ist, nach billigem Ermessen zu verfahren (§ 2048 Satz 2). Doch ist nach RG 108, 289 die durch § 2042 Abs 2 vorgeschriebene Anwendung des § 753, soweit danach die Aufhebung der Gemeinschaft bei Grundstücken in Ermangelung einer Einigung der Beteiligten durch Zwangsversteigerung erfolgen müßte, auf die Auseinandersetzung durch einen Testamentsvollstrecker ausgeschlossen, der vom Erblasser ohne Einschränkung der einem solchen kraft Gesetzes zustehenden Befugnisse ernannt ist. Es würde dem mutmaßlichen Willen des Erblassers nicht entsprechen, die dem Testamentsvollstrecker bei der Verwaltung des Nachlasses zustehende freie Verfügungsbefugnis über die Nachlaßgegenstände (§ 2205) bei Veräußerungen zum Zwecke der Auseinandersetzung einzuschränken.

c) Ist kein Testamentsvollstrecker bestellt oder der bestellte Testamentsvollstrecker nicht befugt, die Auseinandersetzung vorzunehmen, so hat auf Antrag (landesgesetzlich auch von Amts wegen, FGG § 192) das **Nachlaßgericht** in einem durch das FGG (§§ 86—98) geregelten Verfahren der freiwilligen Gerichtsbarkeit die **Vermittlung der Auseinandersetzung** in die Hand zu nehmen. Es hat hierbei die unter den Beteiligten infolge ausdrücklicher Zustimmung oder eingetretener Versäumnis zustande gekommenen Vereinbarungen zu beurkunden und zu bestätigen; die rechtskräftig bestätigte Auseinandersetzung hat sodann die Wirkung eines rechtsgeschäftlichen Auseinandersetzungsvertrags. Inwieweit die Notare zur Vermittlung der Auseinandersetzung zuständig sind, bestimmt sich nach den bisherigen landesgesetzlichen Vorschriften (RNotO § 77 Abs 3). Gebühr für die Vermittlung der Auseinandersetzung: KostO §§ 108, 147. Die praktische Bedeutung des Vermittlungsverfahrens ist gering, da jeder Miterbe in der Lage ist, durch seinen Widerspruch die Auseinandersetzung zu verhindern. Mit einer Neugestaltung des Auseinandersetzungsverfahrens ist daher zu rechnen (vgl. Bartholomeyczik ZAkDR 1938, 626; s. auch Wilcke DR 1938, 70).

d) Mehrere **minderjährige Miterben** müssen, wenn die Auseinandersetzung vertragsmäßig durch Aufhebung der unter ihnen selbst bestehenden Gemeinschaft und unter Abweichung von den gesetzlichen Auseinandersetzungsregeln geschehen soll, wegen § 181 jeder durch einen besonderen gesetzlichen Vertreter (Inhaber der elterlichen Gewalt, Vormund, Pfleger) vertreten sein (RG 67, 61; 71, 162; 93, 334; vgl. § 1795 A 1). Das gilt nach RG 93, 336 auch, wenn die Auseinandersetzung nur eine „rechnerische" ist und daher kein eigentlicher Interessengegensatz unter ihnen besteht, weil nicht darauf abgestellt werden kann, ob eine Auseinandersetzung einfach oder mit Schwierigkeiten verknüpft ist. Rechtlich anders liegt es, wenn die Minderjährigen den gesamten Nachlaß (also die Summe der Erbteile) an einen großjährigen Miterben gegen bestimmte, an jeden einzelnen von ihnen zu zahlende Abfindungssummen übertragen (§ 2033 Abs 1), vorausgesetzt, daß die dafür vorgeschriebene Form gewahrt ist; in solchem Falle kann ein gesetzlicher Vertreter den Vertrag namens aller beteiligten Minderjährigen schließen, nicht dagegen wenn einzelne Nachlaßgegenstände in dieser Weise an den Miterben übergehen sollen (RG 93, 335; a. M. für letzteren Fall BayObLG 9, 126; vgl. im einzelnen auch Riedel JR 1950, 140; DNotZ 1951, 229). — Die minderjährigen Erben müssen auch bei Rechtsgeschäften mit einem anderen Erben, durch die dieser privatrechtlich befugt werden soll, ein zum Nachlaß gehörendes Handelsgeschäft im eigenen Namen und auf eigene Rechnung weiterzuführen und zu verpachten, durch einen Pfleger vertreten werden (OLG München HRR 1940, 779 betr. Kinder und Frau eines verstorbenen Apothekenbesitzers). Das Vormundschaftsgericht kann die Vertretungsbefugnis eines gesetzlichen Vertreters für mehrere minderjährige Miterben nicht durch Gestattung nach § 181 erweitern (RG 71, 162). Findet aber die Auseinandersetzung unter Beobachtung der gesetzlichen Auseinandersetzungsregeln (§§ 2046ff., 2042 Abs 2, 752ff.), ohne Abweichung von ihnen statt, und stellt sich infolgedessen der Auseinandersetzungsvertrag als ein lediglich zur Erfüllung der Auseinandersetzungsverbindlichkeit (§ 2042 Abs 1) geschlossenes Rechtsgeschäft dar, so steht der einheitlichen Vertretung nichts entgegen (RG 67, 64; 93, 336).

2. a) Das **Verlangen** kann grundsätzlich **jederzeit** gestellt werden, entsprechend § 749 Abs 1 für die Gemeinschaft; immerhin läßt das unter Miterben bestehende, den Regeln von Treu und Glauben unterliegende Verhältnis (s. RG 65, 10) kein schikanöses (§ 226) oder auch nur arglistiges Vorgehen eines Miterben zu (HRR 1937 Nr 1581).

b) Das Verlangen kann nicht gestellt werden, solange und soweit die **Bestimmungen der §§ 2043—2045** entgegenstehen (vgl. das Nähere zu diesen Vorschriften). Außerdem ist es ausgeschlossen, wenn die Miterben die Ausschließung für immer oder auf Zeit vereinbart haben, und es kann, wenn eine Kündigungsfrist vereinbart ist, nur unter Einhaltung der Frist gestellt werden. Zulässig ist auch eine Vereinbarung, durch die der Verkauf im Wege der Zwangsversteigerung, der im § 753 für die Aufhebung der Gemeinschaft an Grundstücken vorgesehen ist, ausgeschlossen wird; ist die Vereinbarung nur von einem Teile der Miterben geschlossen worden, so beschränkt sich ihre Wirksamkeit auf diese Miterben (RG Warn 1938 Nr 70). Jedoch ergibt die **Anwendbarkeit der §§ 749 Abs 2, 3, 750, 751,** daß die Auseinandersetzung gleichwohl verlangt werden kann, wenn ein wichtiger Grund vorliegt (vgl. hierzu auch § 749 A 4 und RG Warn 1938 Nr 70, wonach die Aufhebung der Gemeinschaft nicht zur Unzeit verlangt werden darf), und, sofern sie nur auf Zeit ausgeschlossen ist, nach dem Tode eines Miterben; ferner daß die Vereinbarung der Ausschließung auch für und gegen einen Sondernachfolger, insbesondere also den Übernehmer eines Erbanteils (§ 2033) wirkt (und zwar auch ohne Eintragung im Grundbuche, die daher als überflüssig abzulehnen ist, JW 1935, 3121[42]), nicht aber gegenüber dem Gläubiger eines Miterben, der auf Grund eines nicht nur vorläufig vollstreckbaren Schuldtitels den Erbanteil seines Schuldners gepfändet hat.

c) Berechtigt, das Verlangen zu stellen, ist außer jedem Miterben auch der Erwerber eines Erbteils (§ 2033 A 3c), der Nießbraucher eines Erbteils nur in Gemeinschaft mit dem Miterben, dem der Erbteil gehört (§§ 1066 Abs 2, 1089 A 1), ebenso der Pfandgläubiger bis zum Eintritt der Verkaufsberechtigung (§§ 1258 Abs 2, 1273 Abs 2 Satz 2).

d) Teilauseinandersetzung: Das Verlangen ist grundsätzlich auf Auseinandersetzung der gesamten Erbengemeinschaft zu richten. Das Verlangen einzelner Teilauseinandersetzungen ist in der Regel unzulässig (RG JW 1919, 42[9]; 108, 423). Jedoch können die Erben sich in allseitigem Einverständnis darauf beschränken, sich wegen eines Teiles des Nachlasses auseinanderzusetzen, wobei die Erbengemeinschaft im übrigen fortbesteht (OLG 21, 317). Es können auch einzelne Miterben durch Abfindung ausscheiden, während die Erbengemeinschaft im übrigen bestehen bleibt (OLG 11, 230; vgl. auch KG OLG 43, 392). Gegen den Willen eines Miterben kann eine teilweise Auseinandersetzung unter vorläufiger Ausscheidung eines bestimmten Teiles des Nachlasses jedoch nur verlangt werden, wenn besondere Gründe es rechtfertigen und dadurch den Belangen der Erbengemeinschaft und der anderen Miterben kein Eintrag geschieht (RG JW 1910, 846[92]; RG 24. 9. 36, IV 110/35; RG 95, 326; RG HRR 1929 Nr 1831; vgl. auch Planck-Ebbecke A 2 Abs 2 vor § 2042; Staudinger-Lehmann § 2042 A 12; Kipp-Coing § 108 V). Man sollte in dieser Frage nicht zu engherzig sein, insbesondere dann, wenn eine Auseinandersetzung nur wegen einzelner Gegenstände noch nicht möglich ist oder wenn ein einzelner Miterbe sich wegen untergeordneter Fragen gegen die Gesamtauseinandersetzung sperrt.

Setzen sich die Miterben in mehreren jeweils zwischen einem Teil von ihnen geschlossenen Einzelverträgen auseinander, die in einem gewollten Zusammenhang stehen, so daß die Auseinandersetzung im Ganzen sich auf alle Miterben und den gesamten Nachlaß erstreckt (vgl. A 1; RG HRR 1930 Nr 1466; 1934 Nr 1458), so liegt **keine Teilauseinandersetzung** in dem vorerörterten Sinne vor, ebenso nicht, wenn die Miterben vertraglich eine Bruchteilsgemeinschaft am ganzen Nachlaß begründen (BayObLG 32, 381). In beiden Fällen wird die Erbengemeinschaft in vollem Umfange aufgehoben. Eine Teilauseinandersetzung findet jedoch statt, wenn die Miterben eine Bruchteilsgemeinschaft nur an einzelnen Nachlaßgegenständen begründen, z.B. an den Mieterträgen eines Hauses (RG 26. 3. 09 VII 450/08).

Eine Teilauseinandersetzung kann nicht innerhalb der fortbestehenden Erbengemeinschaft eine engere, nur einen Teil der Miterben umfassende „Erbengemeinschaft" begründen; denn auch dies wäre ein unzulässiger Versuch, vertraglich eine Erbengemeinschaft zu begründen (vgl. § 2032 A 3a). Deshalb kann eine zum Nachlaß gehörende Hypothek auch nicht auf einen Teil der Erben „in ungeteilter Erbengemeinschaft" umgeschrieben werden (KG Recht 1927 Nr 349 = DRZ 1927 Nr 195; vgl. ferner KG OLG 43, 392; KGJ 31 A 138 = Recht 1906 Nr 1251; KG DNotZ 1952, 84 und § 2032 A 3a zur Frage, ob eine Erbengemeinschaft vertraglich hergestellt werden kann).

Über eine Teilauseinandersetzung wegen der Vermögensabgabe nach dem Lastenausgleichsgesetz vgl. Hense, DNotZ 1953, 81 (vgl. Vorbem 7 zu diesem Buche).

e) Die Auseinandersetzungsklage: Das gerichtliche Verlangen kann auf Feststellung einzelner Streitpunkte zur Vorbereitung der außergerichtlichen oder gerichtlichen Auseinandersetzung beschränkt werden, auch wenn der Erhebung der Auseinandersetzungsklage selbst kein Hindernis entgegensteht (RG JW 1909, 223[15]; 1910, 655[14]; Recht 1925 Nr 461; Stein-Jonas-Schönke ZPO § 256 N 107). Der Miterbe kann die **Auseinandersetzungsklage** aber auch unmittelbar erheben; sie ist auf Zustimmung zu der von dem Kläger beantragten Auseinandersetzung, auf Schließung eines Auseinandersetzungsvertrags zu richten (RG JW 1910, 655[14]); durch das rechtskräftige Urteil wird die Zustimmungserklärung ersetzt (§ 894 ZPO). Das auf die Klage ergehende Urteil ist daher nicht, wie bei der gemeinrechtlichen actio familiae erciscundae, ein Gestaltungsurteil, durch welches der Richter nach freiem Ermessen die Nachlaßgegenstände zuteilt und Rechte an ihnen schafft; vielmehr hat das Gericht nur nach Maßgabe der gestellten Anträge, an die es gebunden ist, über deren Berechtigung zu befinden (deklaratorisches Urteil). Der Kläger muß deshalb einen Auseinandersetzungsplan vorlegen und bestimmte Anträge für die Art der Durchführung der Auseinandersetzung stellen (RG 22. 12. 19 IV 303/19; 2. 3. 22 IV 516/21); jedoch kann der Teilungsplan, den der Kläger in seinem Klageantrag genau aufzustellen hat (OLG Kassel SeuffA 64 Nr 10), sich nur auf Anordnungen des Erblassers, Vereinbarungen der Miterben und auf gesetzliche Teilungsregeln stützen (vgl. Erman-Bartholomeyczik A 6). Der Richter soll besonders sorgfältig durch Ausübung des Fragerechts (§ 139 ZPO) darauf hinwirken, daß klare und sachgemäße Anträge gestellt werden (RG 24. 9. 36, IV 110/35; vgl. auch RG Warn 1913 Nr 236 d). Ist der Nachlaß durch Teilungsanordnung des Erblassers (§ 2044) vollständig verteilt, so ist dadurch bereits die schuldrechtliche Verbindlichkeit der Miterben zur wechselseitigen Überlassung der entsprechenden Nachlaßbestandteile begründet worden; dann ist für einen Auseinandersetzungsvertrag kein Raum mehr (HRR 1930 Nr 1806); dem kann jedoch nur mit der Einschränkung beigepflichtet werden, daß unter den Miterben keine sonstigen Punkte, die sich auf die Erbschaft beziehen (Nachlaßverbindlichkeiten, Vorempfänge usw.), zu regeln sind; vgl. auch SeuffA 77, 149. — Eine letztwillige Teilungsanordnung, die unter gesicherten Währungsverhältnissen (1935) getroffen worden ist und durch die einem Miterben ein Grundstück, den anderen Miterben hypothekarisch zu sichernde Geldforderungen zuerkannt worden sind, ist nicht schon wegen des späteren Währungsverfalls unwirksam (OLG Düsseldorf SJZ 1947, 192).

Die Auseinandersetzungsklage kann gegen einen oder einzelne Miterben ohne Zuziehung aller oder gegen einen von mehreren Testamentsvollstreckern gerichtet werden, wenn es sich nur darum handelt, deren Widerspruch gegen die Vornahme der Auseinandersetzung zu beseitigen (RG 29. 10. 17 IV 241/17). Aber auch die Klage auf Feststellung des Bestandes des Nachlasses zur Vorbereitung der Auseinandersetzung sowie die Auseinandersetzungsklage selbst (vgl. oben) kann, wie das RG (23. 1. 05 IV 298/04) unter Einschränkung der in JW 04, 61[18] aufgestellten Grundsätze ausgesprochen hat, grundsätzlich gegen einzelne Miterben erhoben werden, ungeachtet der Schwierigkeiten, die sich dadurch für die Auseinandersetzung möglicherweise ergeben; die Einrede der mehreren Streitgenossen steht dem verklagten Miterben nur zu, wenn bei besonderer Sachlage die Rechtsverfolgung gegen ihn allein so sehr Treu und Glauben zuwiderlaufen würde, daß ihm die Erzwingung der gemeinsamen Rechtsverfolgung aller Miterben nicht versagt werden könnte (so auch RG 20. 11. 19 IV 246/19; Warn 1919 Nr 42). Es sind das allerdings reichlich unbestimmte Vorbehalte. Richtiger ist es wohl, wenigstens für die Auseinandersetzungsklage selbst (wenn auch nicht für die zur Vorbereitung dienenden Feststellungsklagen, RG Recht 1924 Nr 1002), die Heranziehung sämtlicher Miterben zu verlangen.

Besteht der Nachlaß aktiv nur aus einer oder mehreren Forderungen gegen einen Miterben, so kann in der Klage auf Herauszahlung der Anteile an diesen Forderungen, die den Klägern unter Berücksichtigung der bestehenden Nachlaßverbindlichkeiten nach Maßgabe ihrer Erbanteile zukommen, eine zulässige Klage auf Auseinandersetzung gefunden werden, auch wenn die Kläger das, was auf sie selbst entfällt, in einem einheitlichen Betrage, ohne Auseinandersetzung unter ihnen selbst, verlangen (RG Warn 1913 Nr 236 b; s. auch § 2039 A 2 c). Hat ein Miterbe den gesamten Barüberschuß des mit Verbindlichkeiten nicht oder nicht mehr belasteten Nachlasses in Händen, so können die andern Miterben unmittelbar auf Herauszahlung des Anteils an diesem Barüberschusse, der ihnen nach Maßgabe ihrer Erbanteile zukommt, klagen, ohne daß sie den ursprünglichen Passivbestand oder das Bestehen oder Nichtbestehen von Ausgleichungspflichten darlegen müssen (RG Warn 1913 Nr 236 c). Das muß um so mehr gelten, wenn durch Teilungsanordnung des Erblassers (§ 2048 A 1) einem oder mehreren Miterben eine bestimmte Summe als Erbteil zugewiesen ist; in solchen Fällen können diese, sofern keine besonderen Bedenken bestehen, unmittelbar auf Auszahlung des ihnen zugewiesenen Betrags klagen (RG SeuffA 77 Nr 149). Auf alle Fälle kann, falls die Auseinandersetzung Vorbedingung der Zahlung ist, in dem Verlangen der Zahlung das stillschweigend zum Ausdruck gebrachte Verlangen der Auseinandersetzung gefunden werden; der Vorlegung eines Auseinandersetzungsplans bedarf es angesichts der Teilungsanordnung nicht (RG SeuffA aaO. S. 235).

3. Wegen Anwendung der **§§ 749 Abs 2, 3, 751** s. A 2. — Die weiter angezogenen **§§ 752—758** betreffen die Art und Weise der Durchführung der Teilung bei einer Gemeinschaft nach Bruchteilen. Ihre Anwendung auf die Auseinandersetzung der Erbengemeinschaft ergibt in Verbindung mit den §§ 2046, 2047 folgendes:

Zunächst sind die Nachlaßverbindlichkeiten, für welche die Miterben als Gesamtschuldner haften (§ 2058 A 2), aus den, soweit erforderlich, in Geld umzusetzenden Nachlaßaktiven zu berichtigen (§§ 755, 2046), ebenso auf Verlangen der beteiligten Miterben die unter den Erben stehenden Schuldverhältnisse, soweit sich die Forderungen auf die Erbengemeinschaft gründen (§ 756), wozu auch die bereits vor dem Erbfalle zwischen Erblasser und Miterben entstandenen Schuldverhältnisse gehören, so daß sich der Miterbe, der Schuldner des Nachlasses ist, und ebenso seine Konkursgläubiger, sowie der Erwerber seines Erbanteils (§ 2033) ihre ganze Schuld auf ihren Erbteil anrechnen lassen müssen (RG 78, 273; Planck-Ebbecke § 2042 A 1 und § 2046 A 3; Mot 2, 886; vgl. Näheres § 2046 A 1). Auch Vorempfänge sind vorweg auszugleichen (§ 2050).

Sodann werden nach § 752 die Nachlaßgegenstände (Sachen und Rechte, auch Forderungen) geteilt, soweit sich der Nachlaß oder die einzelnen Gegenstände in gleichartige, den Erbanteilen entsprechende Teile zerlegen lassen; nötigenfalls werden die so gebildeten Teile durch das Los

(FGG § 94) zugeteilt. Auch eine Grundschuld ist in dieser Weise in Natur zu teilen (RG 22. 12. 19 IV 303/19). Für Wohngrundstücke ergibt sich neuerdings eine Teilungsmöglichkeit auf Grund des Gesetzes über das Wohnungseigentum und das Dauerwohnrecht vom 15. März 1951 (BGBl I 175). Soweit Teilung in Natur ausgeschlossen ist, erfolgt nach § 753 Verkauf nach den Vorschriften über den Pfandverkauf, also durch Versteigerung (§§ 1235ff.), bei Grundstücken durch Zwangsversteigerung (ZVG §§ 180ff.; vgl. dazu Maier, Gegen die Teilungsversteigerung im Auseinandersetzungsstreit in DJ 1942, 729; mit dem geltenden Recht schwer vereinbar), die, falls der Erblasser die Veräußerung an einen Fremden untersagt hat, unter den Miterben allein durchzuführen ist (§ 2048, vgl. auch RG 52, 177; vgl. wegen des Testamentsvollstreckers auch A 1); der Erlös ist zu teilen. Hierbei ist ein im Zwangsversteigerungsverfahren im Beschwerderechtszug geschlossener, gehörig niedergeschriebener Vergleich einem öffentlich beurkundeten (§§ 313) gleich zu erachten (RG 165, 163). Zuteilung von Bruchteilseigentum an Stelle der Zwangsversteigerung von Grundstücken kann ein einzelner Miterbe nicht beanspruchen; dazu bedarf es eines schuldrechtlichen Vertrags und der Auflassung (RG 67, 64; vgl. § 2032 A 2c). Der Erblasser kann die Zwangsversteigerung wie auch den freihändigen Verkauf von Grundstücken zum Zwecke der Auseinandersetzung ausschließen (RG DJZ 1925, 1265; vgl. auch § 2044 A 1). Nach § 754 ist der Verkauf von Forderungen ausgeschlossen, wenn sie bereits eingezogen werden können (RG 65, 7). Gehört zum Nachlasse ein auf den Namen eines Miterben lautendes Sparkassenguthaben, so kann diesem gegenüber nicht Barzahlung des Betrags, sondern nur Auseinandersetzung und zu diesem Zwecke gemeinschaftliche Einziehung der Forderung, falls solche möglich, andernfalls Verkauf der Forderung und Teilung des Erlöses verlangt werden (RG 20. 11. 19 IV 246/19).

Die gegenseitige Gewährleistungspflicht der Miterben für die zugeteilten Gegenstände regelt sich nach § 757; ein Verlust, der vor der endgültigen Auseinandersetzung an einem noch zur Gemeinschaft gehörigen Vermögensstücke eingetreten ist, ist von sämtlichen Miterben zu tragen; dagegen trifft, wenn der Nachlaß bereits nach Erbsträngen auseinandergesetzt ist, ein nach dieser Auseinandersetzung eintretender Verlust nur die Beteiligten des Erbstranges, dem der Vermögensgegenstand zugeteilt ist (RG LZ 1918, 159). Über die Aufwertung der auf erbrechtlichen Auseinandersetzungsverträgen beruhenden Geldansprüche vgl. 9. Aufl. § 242 A 5dγ Abs 5. Verlangt ein Miterbe auf Grund einer Teilauseinandersetzung (vgl. oben A 1, 2d) Zahlung an ihn, so kann ihm der Einwand eines Verstoßes gegen Treu und Glauben entgegengehalten werden, wenn wegen der unterdessen eingetretenen Änderung der Verhältnisse „die Möglichkeit besteht“ (richtiger wohl einschränkend: „mit Sicherheit anzunehmen ist“), daß er nach dem Ergebnisse der noch ausstehenden Schlußauseinandersetzung den jetzt verlangten Betrag nicht zu fordern haben werde und daher wieder herauszahlen müßte. Das entspricht dem für Klagen gegen einen Miterben auf Zahlung an den Nachlaß vom RG (vgl. zu § 2039 A 2d) ausgesprochenen Rechtsgrundsatze (RG HRR 1934 Nr 1458.

Unverjährbarkeit des Auseinandersetzungsanspruchs (§ 758); verjährbar aber ist die Klage gegen einen Miterben als Erbschaftsbesitzer auf Herausgabe des Nachlasses (§ 2018 A 1 Abs 1); durch den Eintritt dieser Verjährung wird der Auseinandersetzungsanspruch einem solchen Miterben gegenüber, soweit er die Erbschaft besitzt, praktisch wirkungslos; so (für altes preußisches Recht) RG 11. 12. 16 IV 316/16 und 19. 12. 21 IV 179/21.

Grundbucheintragungen auf Grund der Auseinandersetzung auf Vorlage eines Zeugnisses des Nachlaßgerichts: GBO §§ 36, 37; über die Prüfungspflicht des Grundbuchamts gegenüber einem solchen Zeugnis s. DRW 1939, 1821[7]. Ein Zeugnis nach § 36 GBO kann auch dann erteilt werden, wenn der Erblasser nur als Miteigentümer oder Gesamthandberechtigter an einem Grundstück beteiligt war (KG DNotZ 1940, 411). — Ein Auseinandersetzungszeugnis kann dagegen nicht erteilt werden, wenn das Eigentum an einem Nachlaßgrundstück nicht auf einen Miterben, sondern auf einen Dritten übertragen werden soll (KG JFG 22, 161). Gebühr für das Zeugnis: KostO § 103 (hierzu Witte DWohnA 1939, 267). Urkundensteuer für die Erbauseinandersetzung: UrkStG § 18 (vgl. RFinH JW 1939, 588[54]).

Die Vorschriften über die Art und Weise der Auseinandersetzung sind sämtlich dispositiver Natur (A 1).

Im **Erbhofrecht** (vgl. Vorbem 2 vor diesem Buche) war eine Teilung des Erbhofs in Natur und ebenso eine Veräußerung zum Zwecke der Auseinandersetzung ausgeschlossen; der Erbhof fiel ungeteilt in Natur an den Anerben (§ 19 RErbhG); vgl. auch § 2032 A 4.

4. Über den **Einfluß der Währungsmaßnahmen** auf die Auseinandersetzung vgl. zusammenfassend Klee NJW Fundhefte Heft 2 Nr 60a vor § 1; ferner zu Einzelfragen NJW 1947/48, 599 Nr 978—981; OLG Hamburg MDR 1950, 421; LG Göttingen JR 1950, 664; OLG Oldenburg MDR 1951, 105.

Nach § 18 Abs 1 Nr 3 UmstG werden „Verbindlichkeiten aus der Auseinandersetzung“ zwischen Miterben im Verhältnis 1:1 umgestellt (vgl. Däubler DRZ 1949, 3; JZ 1951, 97; NJW 1952, 486; Skaupy JR 1949, 20; Häusler MDR 1949, 145; Patschke BB 1952, 486; Schubert SJZ 1950, 172f.). Der Begriff der Auseinandersetzungsforderung ist weit auszulegen (BGH 2,

229 u. 270 = NJW 1951, 648 u. 921; vgl. auch BGH 8, 265 = NJW 1953, 502; NJW 1951, 920 Nr 6; zum Begriff als solchen auch OLG Köln NJW 1949, 951; OLG Hamm NJW 1951, 33f.). Nach der ständigen Rechtsprechung des BGH ist es nicht erforderlich, daß die Forderung auf der Auseinandersetzung einer sachlich-rechtlichen Gemeinschaft beruht; es genügt, wenn wirtschaftlich gesehen ein gemeinschaftlicher Vermögensbestand vorliegt, mit dessen „Auseinandersetzung" die Forderung zusammenhängt, so z.B. wenn Personen, die zu einem der in § 18 Abs 1 Nr 3 UmstG umschriebenen Personenkreise gehören, Vermögen oder Einkünfte vermischt haben. Die Forderung braucht auch nicht notwendig aus einer durchgeführten Auseinandersetzung erwachsen zu sein; § 18 Abs 1 Nr 3 umfaßt auch Forderungen aus Schuldverhältnissen, die im Hinblick auf eine künftige Auseinandersetzung begründet werden (BGH 2, 229 und 270 = NJW 1951, 648 und 921; BGH 8, 265 = NJW 1953, 502; vgl. ferner BGH NJW 1954, 107 für Rechtsgeschäfte zwischen Vor- und Nacherben). Eine Erbauseinandersetzungsforderung wird nicht etwa durch Zeitablauf zu einer Vermögensanlage, die von bevorzugter Umstellung ausgeschlossen ist (KG NJW 1952, 885). Eine Auseinandersetzungsforderung verliert das Umstellungsvorrecht weder durch einen Wechsel in der Person des Gläubigers noch in der Person des Schuldners, wenn der neue Gläubiger und der neue Schuldner den gleichen rechtlichen und persönlichen Beziehungen wie die ursprünglich an der Forderung beteiligten Personen unterliegen (BGH 2, 229 = NJW 1951, 648). Das Vorrecht des § 18 Abs 1 Nr 3 UmstG geht bei Abtretung der Forderung vor dem Währungsstichtag aber auch dann nicht verloren, wenn der neue Gläubiger nicht zu dem bevorrechtigten Personenkreise gehört (BGH 3, 135, 352; BGH NJW 1951, 842, 920; BayObLG 1951, 279; LG Hamburg MDR 1949, 293; LG Göttingen NdsRpfl 1950, 109; a.M. AG Schönberg SchlHA 1950, 50; OLG Oldenburg NJW 1951, 488 mit Anm Wörbelauer; OLG Braunschweig MDR 1951, 679). Anders ist es jedoch, wenn mit der Abtretung eine echte Schuldumschaffung (Novation) verbunden ist; so kann durch die Abtretung einer bevorrechtigten Forderung an eine Bank unter Erhöhung des Zinsfußes die ursprüngliche Auseinandersetzungsforderung in eine reine Darlehnsforderung umgeschaffen worden sein, die nur noch als eine zinsbringende Kapitalsanlage dienen soll; dann ist die Forderung im Verhältnis 10:1 umzustellen (BGH 3, 352 = NJW 52, 99). Wird die Erbauseinandersetzungsforderung jedoch nur „als Darlehen gestundet", so wird mit dieser Abrede die Schuld im Zweifel nur umgewandelt, nicht umgeschaffen; sie bleibt dann eine im Verhältnis 1:1 umzustellende „Verbindlichkeit aus der Auseinandersetzung" (BGH LM Art 7ff. EGBGB Nr 3 = NJW 1952, 871). Das Umstellungsvorrecht wird auch durch einen Wechsel auf der Schuldnerseite grundsätzlich nicht berührt (KG NJW 1952, 885 für Hypothek bei Wechsel des Grundeigentums; BayObLG 1951, 486).

§ 18 Abs 1 Nr 3 UmstG kann unter Umständen auch auf die Auseinandersetzung unter Bruchteilseigentümern angewandt werden, wenn die Bruchteilsgemeinschaft aus Gesamthandseigentum von Miterben entstanden ist (BGH LM § 18 Abs 1 Nr 3 UmstG Nr 20 = NJW 1953, 1021).

Bevorzugte Umstellung findet auch dann statt, wenn die spätere Erbauseinandersetzung durch Abfindung eines oder mehrerer präsumtiver Erben vorweggenommen worden ist (BayObLG 1951, 193, 241, 273, 559; OLG Düsseldorf NJW 1950, 33; OLG Hamm MDR 1951, 363; ebenso bei Ausstattung oder Aussteuer BGH 2, 229 = NJW 1951, 648; BayObLG 1951, 215, 220).

Keine Auseinandersetzung i.S. des § 18 Abs 1 Nr 3 UmstG sind Vereinbarungen von Miterben über Forderungen, die einem Miterben gegen den Nachlaß zustehen (BGH NJW 1951, 355 mit Anm Reinecke).

Der Nachlaß ist nach dem Zeitpunkt des Erbfalls zu bewerten. Wertminderungen sind im Vertragshilfeverfahren zu berücksichtigen (VertragshilfeG v. 26. 3. 52 BGBl I 198). Neben dieser Möglichkeit kann der Schuldner Rechtsbehelfe aus § 242 BGB nur geltend machen, soweit ein Tatbestand vorliegt, der im Vertragshilferecht nicht geregelt ist, oder wenn er Hilfsmaßnahmen begehrt, die über das Vertragshilferecht hinausgehen (BGH 2, 150 [153]; 8, 344 [347]).

Nach OLG Hamm DRZ 1949, 470 soll nur im Verhältnis 10:1 umzustellen sein, wenn die Auseinandersetzungsforderung vor der Währungsreform fällig und der Gläubiger im Annahmeverzug war (a. M. LG Tübingen JR 1950, 664 mit Nachweisen). Die Ausübung eines Übernahmerechts und die Hinterlegung von Abfindungsbeträgen vor der Währungsreform konnte gegen Treu und Glauben (§ 242) verstoßen (OLG Hamburg MDR 1950, 420; 1951, 236; LG Köln DRZ 1947, 374 mit Anm Duden). Ebenso konnte das Verlangen nach Erbauseinandersetzung damals Rechtsmißbrauch sein (LG Verden NdsRpfl 1948, 110). Daher konnte auch eine Zwangsversteigerung zum Zwecke der Aufhebung der Erbengemeinschaft mit Rücksicht auf die Geldentwertung einstweilen eingestellt werden (LG Arnsberg SJZ 1947, 193 = JMBlNRW 1948, 81; LG Göttingen HannRpfl 1947, 69; a. M. LG Hagen MDR 1947, 258). War einem Testament zu entnehmen, daß der Erblasser einen im Rahmen der Auseinandersetzung seines Nachlasses vorgesehenen Verkauf seines Hofes für den Fall einer Geldentwertung bis zu einer Festigung der Währungsverhältnisse hinausgeschoben wissen wollte, so stand der Wirksamkeit einer solchen Anordnung auch die VO Nr 92 der brit. MilReg nicht entgegen (entschieden für ein Testament aus dem Jahre 1923, OLG Oldenburg NdsRpfl 1947, 101 = MDR 1948, 17 mit Anm Beitzke = SJZ 1948, 90 mit Anm Jordan).

§ 2043

Soweit die Erbteile wegen der zu erwartenden Geburt eines Miterben noch unbestimmt sind, ist die Auseinandersetzung bis zur Hebung der Unbestimmtheit ausgeschlossen.

Das gleiche gilt, soweit die Erbteile deshalb noch unbestimmt sind, weil die Entscheidung über eine Ehelichkeitserklärung, über die Bestätigung einer Annahme an Kindes Statt oder über die Genehmigung einer vom Erblasser errichteten Stiftung noch aussteht.

E I 2154 II 1917; M 5 690, 691; P 5 883–885.

Ausschluß der Auseinandersetzung bei unbestimmtem Erbteil

1. Die **Leibesfrucht** (der **nasciturus**) kann, wenn sie zur Zeit des Erbfalls bereits erzeugt war, Erbe werden (§ 1923 Abs 2). Nur „soweit" durch die zu erwartende Geburt die Erbteile unbestimmt werden, ist die Auseinandersetzung ausgeschlossen. Es besteht deshalb kein Hindernis, sie im übrigen durchzuführen, wenn von der Geburt z.B. nur die Anzahl und Höhe der Kopfteile eines Erbstamms beeinflußt wird. Dann bleibt die Erbengemeinschaft nur in Ansehung der diesem Stamme zugeteilten Nachlaßgegenstände bestehen (s. § 2042 A 1). Dem nach § 1912 bestellten Pfleger oder dem Gewalthaber des nasciturus steht die Teilnahme an der Verwaltung (§ 2038) zu.

2. Ehelichkeitserklärung §§ 1723ff., FamRÄndG §§ 22ff., **Annahme an Kindes Statt** §§ 1741ff., FamRÄndG §§ 10ff. (vgl. § 1922 A 6). In beiden Fällen hat die Verfügung oder Bestätigung, wenn sie nach dem Tode des Vaters oder des Annehmenden ergeht, rückwirkende Kraft (§§ 1733, 1753). Die Vorschrift gilt auch, wenn der Erblasser die Abkömmlinge eines Dritten als Erben eingesetzt hat (§ 2070) und die Eigenschaft als Abkömmling des Dritten von der noch ausstehenden Entscheidung über eine Ehelichkeitserklärung oder Annahme an Kindes Statt abhängt.

Bezüglich der **Stiftung** ist gleichgültig, ob sie vom Erblasser durch Stiftungsgeschäft unter Lebenden (§ 81) oder durch Verfügung von Todes wegen (§ 83) errichtet ist, sofern nur bis zum Tode des Erblassers die nach §§ 80, 84 erforderliche Genehmigung noch nicht erteilt war; in beiden Fällen gilt die nach dem Tode des Erblassers genehmigte Stiftung hinsichtlich der Erbeinsetzung als vor dessen Tode entstanden (§ 84). Nach EG Artt 86, 87 galt das gleiche, wenn die Erbeinsetzung juristischer Personen oder der Mitglieder religiöser Orden usw. nach Landesrecht von staatlicher Genehmigung abhing. Schon vor der Erteilung dieser Genehmigung war Feststellungsklage der betreffenden Bedachten zulässig (RG 75, 406).

3. Eine Auseinandersetzung, die dem Gesetze zuwider vorgenommen wird, hat keine Nichtigkeit aus § 134 zur Folge (vgl. auch Staudinger-Lehmann A 6). Mit Rücksicht auf § 2042 Abs 1 und die Entstehungsgeschichte (E I § 2154, Prot II 5, 883) kann § 2043 nicht als zwingendes Verbot, sondern nur so verstanden werden, daß das jedem Miterben an sich jederzeit zustehende Verlangen bis zur Hebung der Unbestimmtheit nicht gestellt werden darf. Ist trotzdem die Auseinandersetzung erfolgt und wird die Unbestimmtheit später in der Weise behoben, daß der erwartete Miterbe nicht Miterbe wird, so bleibt die Auseinandersetzung in Kraft; war dabei ein Erbteil für den Erwarteten zurückbehalten, so ist dieser nachträglich zu verteilen. Wird der Erwartete wirklich Miterbe, so ist die Auseinandersetzung unwirksam; daran kann auch nichts ändern, daß bei ihr ein Pfleger mitgewirkt oder ihr zugestimmt hat, der etwa für den erwarteten Miterben nach § 1912 bestellt war; denn angesichts der Vorschrift des § 2043 ist ein solcher zur Vertretung des Erwarteten bei einer Auseinandersetzung nicht berufen.

Andere Fälle bestehender Unbestimmtheit, z.B. Verschollenheit eines Miterben, noch bestehende Ausschlagungsmöglichkeit eines Miterben, rechtfertigen den Aufschub nicht; dem Bedürfnis nach einer Vertretung ist durch Bestellung eines Abwesenheits- oder Nachlaßpflegers für den Erbteil (§§ 1911, 1960) abzuhelfen. Der Abwesenheitspfleger kann für den Miterben, für den er bestellt ist, auch die Annahme der Erbschaft erklären und ihn bei der Auseinandersetzung vertreten (Kipp-Coing § 107 II 1e). Auf etwaige unbekannte Abkömmlinge eines für tot Erklärten wird keine Rücksicht genommen (OLG München SeuffA 63 Nr 126). — Wegen Erteilung eines Erbscheins bei bestehender Unbestimmtheit der Erbteile s. § 2353 A 5.

§ 2044

Der Erblasser kann durch letztwillige Verfügung die Auseinandersetzung in Ansehung des Nachlasses oder einzelner Nachlaßgegenstände ausschließen oder von der Einhaltung einer Kündigungsfrist abhängig machen. Die Vorschriften des § 749 Abs 2, 3, der §§ 750, 751 und des § 1010 Abs 1 finden entsprechende Anwendung.

Die Verfügung wird unwirksam, wenn dreißig Jahre seit dem Eintritte des Erbfalls verstrichen sind. Der Erblasser kann jedoch anordnen, daß die Verfügung bis zum Eintritt eines bestimmten Ereignisses in der Person eines Miterben oder, falls er eine Nacherbfolge oder ein Vermächtnis anordnet, bis zum Eintritte der Nacherbfolge oder bis zum Anfalle des Vermächtnisses gelten soll. Ist der Miterbe, in dessen Person das Ereignis eintreten soll, eine juristische Person, so bewendet es bei der dreißigjährigen Frist.

E I 2153 II 1918; M 5 688–690; P 5 882, 883.

Übersicht:

Ausschluß der Auseinandersetzung durch den Erblasser

1. a) Allgemeines
b) durch Vermächtnis
c) durch Auflage
d) Umfang der Ausschließung
2. Zu Abs 1 Satz 2
3. Zu Abs 2

1. a) Die **Ausschließung der Auseinandersetzung** kann, außer in einer Vereinbarung der Miterben (§ 2042 A 2b), auch in einer **letztwilligen Verfügung** des Erblassers angeordnet werden. Nach dem Wortlaute („letztwillige Verfügung"; vgl. zu § 1937 A 2) könnte die Anordnung nur durch Testament oder einseitig in einem Erbvertrage (§ 2299) getroffen werden; die Anordnung kann jedoch, soweit sie entweder ein Vermächtnis oder eine Auflage darstellt, auch vertragsmäßig in einem Erbvertrage enthalten sein (§ 2278 Abs 2). Die Ausschließung wirkt nicht dinglich (vgl. KG OLG 40, 112; Staudinger-Lehmann A 3). Die Beschränkung der Erbauseinandersetzung durch das Teilungsverbot braucht nicht in das Grundbuch eingetragen zu werden und darf es auch nicht (KG DR 1944/45, 191 = DNotZ 1944, 15; vgl. aber Anm 2 a. E.). Bestritten ist, ob eine solche Anordnung regelmäßig oder nur in besonderen Fällen eine Auflage (§§ 1940, 2192) enthält (für letztere Auffassung Planck-Ebbecke A 3). Die Bedeutung der Anordnung ist durch Auslegung zu ermitteln.

b) Geht ihr Sinn lediglich dahin, daß den einzelnen Miterben das jedem von ihnen zustehende Recht entzogen werden soll, auch gegen den Willen der andern jederzeit die Auseinandersetzung zu verlangen, so wird sie einer Auseinandersetzung mit Zustimmung sämtlicher Miterben nicht entgegenstehen; in solchem Falle hat die Anordnung den Charakter einer jedem Miterben zu Lasten der übrigen gemachten Zuwendung des Rechtes, die Vornahme der Auseinandersetzung zu verweigern bzw. die Unterlassung der Auseinandersetzung zu fordern, und stellt sich als ein **Vermächtnis** (§§ 1939, 2147ff.) dar (ebenso Staudinger-Lehmann A 5 gegen Kipp-Coing § 107 IV 3a, die nur „vermächtnisähnliche" Rechtsnatur annehmen).

c) Die Anordnung kann aber und wird bei obigem Wortlaute in der Regel auch die Bedeutung eines von dem Willen der Erben unabhängigen, selbständigen Willens des Erblassers haben, daß die Auseinandersetzung unterbleibe; in diesem Falle setzt sich auch eine Auseinandersetzung, die mit Zustimmung aller Miterben erfolgt, zu ihr in Widerspruch. Dadurch wird freilich ihre dingliche Wirksamkeit hinsichtlich der erfolgten Zuteilung der einzelnen Nachlaßgegenstände gegenüber dritten Erwerbern nicht beeinträchtigt; denn die Erbteile, die durch die Auseinandersetzung realisiert werden, sind veräußerliche Rechte (§ 2033), und die Verfügung über sie kann durch Rechtsgeschäft nicht ausgeschlossen werden (§ 137). Ein gesetzliches Veräußerungsverbot (§ 134) liegt nicht vor; eine Auseinandersetzung, die dem Willen des Erblassers widerspricht, verstößt auch nicht ohne weiteres gegen die guten Sitten (§ 138). Die Anordnung hat in diesem Falle den Charakter einer **Auflage;** das Recht, ihre Vollziehung, also die Unterlassung der Auseinandersetzung, zu fordern, steht den einzelnen Miterben nicht im eigenen Vermögensinteresse als durch die Verfügung Bedachten, sondern nur nach § 2194, also zur Aufrechterhaltung und Durchführung des Willens des Erblassers, zu; außer ihnen noch demjenigen, der im Falle des Wegfalls der Miterben oder eines von ihnen durch Gesetz oder Verfügung von Todes wegen unmittelbar berufen ist, an ihre Stelle zu treten (nächster an die Stelle tretender gesetzlicher Erbe, eingesetzter Ersatzerbe, im Zweifel auch Nacherbe, §§ 2096, 2102); ferner bei bestehendem öffentlichem Interesse auch die zuständige Behörde, z. B. wenn es sich um Auflösung einer der Öffentlichkeit zugänglichen Kunstsammlung oder einer dem Gemeinwohl dienenden sonstigen Anstalt handelt. Das um die Vermittlung der Auseinandersetzung, wenn auch durch Antrag sämtlicher Miterben, angegangene Nachlaßgericht muß bei einer Auseinandersetzung, die dem Willen des Erblassers widerspricht, seine Mitwirkung versagen. Um aber die Ausführung seiner Anordnung wirksam zu sichern, wird der Erblasser gut tun, einen Testamentsvollstrecker zu ernennen, wodurch die Auseinandersetzung unter den Erben selbst rechtlich und tatsächlich verhindert wird.

d) Umfang: Die Anordnung kann sich auf den gesamten Nachlaß, auf einzelne Erbstränge, aber auch auf einzelne Nachlaßgegenstände oder einen Inbegriff von solchen (§ 260), z. B. den Grundbesitz

(RG 110, 271), **erstrecken;** auch im letzteren Falle bleibt die Erbengemeinschaft als solche wegen dieser einzelnen Gegenstände bestehen und wird nicht zur Bruchteilsgemeinschaft (§ 2042 A 1 a). Aus dem Rechte des Erblassers, die Auseinandersetzung auszuschließen, folgt als minderes das Recht, sie durch Anordnungen zu erschweren, z. B. durch die Bestimmung, daß nicht der einzelne Miterbe, sondern nur die Mehrheit die Auseinandersetzung des Grundbesitzes verlangen könne (RG 110, 273), oder daß nicht die Kinder, sondern nur die miterbende Witwe Teilung der Grundstücke oder Veräußerung zum Zwecke der Auseinandersetzung fordern könne (RG Recht 1917 Nr 69); wegen Erleichterungen vgl. § 2048 A 1.

Ist unter Ehegatten der Überlebende letztwillig bis zu seiner Verheiratung als Testamentsvollstrecker berufen, die Auseinandersetzung über den Nachlaß des Erstversterbenden jedoch bis zur Wiederheirat des Überlebenden ausgeschlossen worden, so ist im Zweifel anzunehmen, daß der Ausschluß nur im Interesse des überlebenden Ehegatten angeordnet worden ist, daß er also die Auseinandersetzung auch vor der Wiederheirat bewirken darf (OLG Stuttgart HEZ 2, 115).

Die Anordnung ist als beschwerende Teilungsanordnung gegenüber einem als Miterbe berufenen Pflichtteilsberechtigten unwirksam, wenn der ihm hinterlassene Erbteil die Hälfte des gesetzlichen Erbteils nicht übersteigt (§ 2306); ferner gegenüber der Konkursmasse eines Miterben (§ 16 Abs 2 Satz 2 KO).

2. Ebenso wie auf die Vereinbarung der Miterben über Ausschließung der Auseinandersetzung (§ 2042 A 2 b), sind auch auf die vom Erblasser getroffene Anordnung der Ausschließung die für die Gemeinschaft geltenden Vorschriften der **§§ 749 Abs 2, 3, 750, 751** als anwendbar erklärt. Die Anwendung soll hier aber nur eine **entsprechende** sein, weil nicht eine Vereinbarung, sondern die Anordnung eines Dritten in Frage steht. Danach kann ungeachtet der Anordnung die Auseinandersetzung verlangt werden, wenn ein wichtiger Grund vorliegt (§ 749 Abs 2), eine Voraussetzung, über deren Vorhandensein im Streitfalle das Prozeßgericht zu entscheiden hat, die aber auch von dem um die Vermittlung angegangenen Nachlaßgerichte zu prüfen ist, falls die Anordnung eine Auflage (s. A 1 c) darstellt, die nicht durch Vereinbarung der Erben außer Kraft gesetzt werden kann. Hat der Erblasser einen Testamentsvollstrecker ernannt, dem die Aufgaben des § 2204 obliegen, so hat dieser nach pflichtmäßigem Ermessen über das Vorliegen eines wichtigen Grundes zu entscheiden (RG 11. 6. 34, IV 50/34; KG RJA 16, 323 und Recht 1919 Nr 1524). Eine nur auf Zeit getroffene Anordnung tritt mit dem Tode eines Miterben außer Kraft (§ 750). Die Anordnung wirkt auch für und gegen den „Sondernachfolger", d. h. den Übernehmer des Erbanteils eines Miterben (§ 2033), nicht aber gegenüber dem mit endgültigem Vollstreckungstitel versehenen Gläubiger eines Miterben, der dessen Erbanteil gepfändet hat, auch nicht gegenüber der Konkursmasse eines Miterben (KO § 16 Abs 2). Außer den genannten Paragraphen ist hier aber auch der **§ 1010 Abs 1** für entsprechend anwendbar erklärt; er setzt eine Sondernachfolge in den Anteil an einzelnen Nachlaßgegenständen, und zwar an Grundstücken, voraus, so daß er nur zur Anwendung kommt, wenn der Erblasser die Umwandlung der Erbengemeinschaft wegen der in Betracht kommenden Grundstücke in Bruchteilsgemeinschaft zwar gestattet, die Teilung der letzteren aber ausgeschlossen hat; in diesem Falle wird dem Sondernachfolger in den Anteil eines Miterben an dem Grundstücke das Recht, die Teilung zu verlangen, durch die Anordnung nur dann entzogen, wenn sie als Belastung des Anteils im Grundbuche eingetragen ist (vgl. KG DR 1944/45, 191).

3. Abs 2 zieht der Wirksamkeit des letztwilligen Teilungsverbots ähnliche **zeitliche Grenzen,** wie sie für die Nacherbfolge (§ 2109), das bedingte oder betagte Vermächtnis (§§ 2162, 2163) und die Verwaltung eines Testamentsvollstreckers (§ 2210) gesteckt sind. Das bestimmte Ereignis kann irgendwelchen Inhalts sein, wenn es nur die Person eines Miterben betrifft, z. B. Verheiratung, Erreichung eines gewissen Alters, Tod (vgl. § 2109 A 2 a). Die dreißigjährige Frist verlängert sich deshalb möglicherweise bis zum Tode des längstlebenden Miterben. Ist aber der Miterbe, in dessen Person das Ereignis eintreten soll, eine juristische Person (z. B. eine Stiftung, bis zu deren Erlöschen die Auseinandersetzung ausgeschlossen sein soll), so bewendet es bei der dreißigjährigen Frist. Das Verbot bleibt ferner über die dreißigjährige Frist hinaus in den Grenzen der §§ 2109, 2162, 2163 wirksam, wenn die Teilung bis zum Eintritt einer Nacherbfolge (§ 2139) oder bis zum Anfall eines Vermächtnisses (§ 2177) hinausgeschoben ist.

4. Währungsreform: Trotz der Änderung des MRG Nr 51 durch die Zusatzanordnungen der Militärregierungen vom Juli 1947 (VO Nr 92 BrMR, VOBlBrZ 1947, 111; BayGVBl 1947, 161; WürttRBl 1947, 141; HessGVBl 1947 Beil 6; sämtlich aufgehoben durch AHKGes Nr 21, ABlAHK 51, 1352), nach denen alle Markschulden bei Fälligkeit nach dem Grundsatz „Mark gleich Mark" erfüllt werden mußten, konnte der Erblasser die Erbauseinandersetzung im Hinblick auf die fortschreitende Geldentwertung vor der Währungsumstellung hinausschieben, bis sie auf einer wertbeständigen Grundlage durchgeführt werden konnte. Das galt insbesondere für den Verkauf eines Anwesens zum Zwecke der Auseinandersetzung (OLG Oldenburg NdsRpfl 1947, 101 = MDR 1948, 17 mit Anm. Beitzke = SJZ 1948, 90). Denn hierbei lag keine Nennwertschuld vor, die etwa durch eine Währungsklausel gesichert war.

§ 2045

Jeder Miterbe kann verlangen, daß die Auseinandersetzung bis zur Beendigung des nach § 1970 zulässigen Aufgebotsverfahrens oder bis zum Ablaufe der im § 2061 bestimmten Anmeldungsfrist aufgeschoben wird. Ist das Aufgebot noch nicht beantragt oder die öffentliche Aufforderung nach § 2061 noch nicht erlassen, so kann der Aufschub nur verlangt werden, wenn unverzüglich der Antrag gestellt oder die Aufforderung erlassen wird.

E II 1919; P 5 881, 882.

Aufschub der Auseinandersetzung bis zur Gläubigerermittlung

1. Zu Satz 1: Das Recht jedes Miterben, den **Aufschub der Auseinandersetzung** nach § 2045 zu verlangen, steht im Zusammenhang mit der ihm in den §§ 2060, 2061 gewährten Möglichkeit, durch gerichtliches Aufgebot der Nachlaßgläubiger gemäß § 1970 oder durch private Aufforderung der Gläubiger zur Anmeldung seine Haftung gegenüber den Gläubigern, die im Aufgebotsverfahren ausgeschlossen sind oder auf die Aufforderung hin nicht anmelden, nach der Teilung auf den seinem Erbanteile entsprechenden Teil jeder einzelnen Nachlaßverbindlichkeit zu beschränken, und zwar auch dann, wenn er unbeschränkt (d. h. nicht mehr beschränkbar mit seinem eigenen Vermögen) haftet (ZPO § 997 Abs 2; vgl. Näheres zu §§ 2060, 2061).

Beendigung des Aufgebotsverfahrens § 2015 A 2, 3. Auch die Fälle der Versäumnis des Aufgebotstermins und der Frist zur Beantragung eines neuen oder gegebenenfalls auch der Versäumnis des neuen Termins (§ 2015 Abs 2), die der Beendigung gleichstehen, schließen das Aufschubsrecht des Miterben aus (a. M. anscheinend Planck-Ebbecke A 1).

2. Zu Satz 2: Wird die Auseinandersetzung verlangt, **bevor** das gerichtliche **Aufgebotsverfahren beantragt** oder **zur Anmeldung** nach § 2061 **aufgefordert** worden ist, so kann der Miterbe eine angemessene Frist verlangen, um **unverzüglich**, d. h. ohne schuldhaftes Zögern (§ 121), den Antrag zu stellen oder die Aufforderung zu erlassen. Nach Ablauf der Frist kann er sich der Auseinandersetzung nicht mehr widersetzen, falls er nicht inzwischen den Antrag gestellt oder die Aufforderung erlassen hat. Ist das Verlangen im Wege der Auseinandersetzungsklage gestellt, so führt der Aufschubseinwand, wenn er erst im Laufe des Rechtsstreits erhoben wird, nicht dazu, die Klage als verfrüht abzuweisen, sondern nur dahin, die Verhandlung bis zum Ablauf einer vom Gerichte zu bestimmenden Frist zur Stellung des Antrags oder zum Erlassen der Aufforderung auszusetzen; § 148 ZPO ist wenigstens entsprechend anzuwenden.

§ 2046

Aus dem Nachlasse sind zunächst die Nachlaßverbindlichkeiten zu berichtigen. Ist eine Nachlaßverbindlichkeit noch nicht fällig oder ist sie streitig, so ist das zur Berichtigung Erforderliche zurückzubehalten.

Fällt eine Nachlaßverbindlichkeit nur einigen Miterben zur Last, so können diese die Berichtigung nur aus dem verlangen, was ihnen bei der Auseinandersetzung zukommt.

Zur Berichtigung ist der Nachlaß, soweit erforderlich, in Geld umzusetzen.

E II 1920; P 5 885, 886.

Übersicht:

Berichtigung der Nachlaßverbindlichkeiten

1. Zu Abs 1 Satz 1: Nachlaßverbindlichkeiten § 1967 A 1. Die **Berichtigung** der gemeinschaftlichen Nachlaßverbindlichkeiten, für welche die Miterben den Nachlaßgläubigern als Gesamtschuldner haften (§ 2058 A 1, 2), kann nach §§ 755, 2042 Abs 2 bei der Auseinandersetzung aus dem Nachlasse (dem gemeinschaftlichen „Gegenstande" im Sinne des § 755) verlangt werden (vgl. § 2042 A 3). Weitergehend bestimmt § 2046, daß sämtliche Nachlaßverbindlichkeiten (wegen der nicht gemeinschaftlichen vgl. aber Abs 2, A 3) **„zunächst"** zu berichtigen sind, also bevor die Aktiva verteilt werden. Die Vorschrift ist dispositiver Natur (§ 2042 A 1, 3); die Miterben können auch die Verteilung aller oder einzelner Aktiva vor Berichtigung aller oder einzelner Nachlaßverbindlichkeiten vereinbaren. Zur Feststellungsklage wegen einer solchen Vereinbarung vgl. RG

JW 1909, 223[15]. Auch der Erblasser kann Abweichendes anordnen (§ 2048 A 1). Ist das nicht geschehen, so hat der Testamentsvollstrecker die Vorschrift zu beobachten (§ 2204; RG 95, 329). Auch das Nachlaßgericht hat ihr nachzukommen, falls nicht sämtliche Miterben abweichende Anträge stellen. Die Nachlaßgläubiger haben kein Recht auf Beachtung der Vorschrift; sie können aber nach § 2059 Abs 2 in den ungeteilten Nachlaß vorgehen und nötigenfalls Sicherungsmaßregeln ergreifen. Für die ordnungsmäßige Berichtigung der Nachlaßverbindlichkeiten sind ihnen außerdem die Miterben, auch wenn sie im übrigen beschränkt haften, im Falle von Nachlaßverwaltung oder Nachlaßkonkurs oder bei dürftigem Nachlasse nach Maßgabe der §§ 1978—1980, 1990—1992 mit ihrem eigenen Vermögen verantwortlich.

1a. Auch die **Forderung eines Miterben,** der Nachlaßgläubiger ist, muß, da keine Konfusion eingetreten ist (§ 2032 A 2d), auf sein Verlangen vor der Teilung der Aktiva berichtigt werden; zu diesem Zwecke muß der Nachlaß, soweit nötig, in Geld umgesetzt werden (Abs 3); die entgegenstehende Praxis des PrALR (JW 1896, 326[34]; 1897, 356[46]), die den Miterben, der Gläubiger ist, auf Befriedigung bei der Auseinandersetzung verweist, findet im BGB keine Stütze. Der Miterbe, der gleichzeitig Nachlaßgläubiger ist, kann bei ungeteilter Erbengemeinschaft regelmäßig Vorwegbefriedigung wegen seiner Forderung beanspruchen. Er kann sich z. B. wegen seiner Forderung in der Weise befriedigen, daß er als Mieter eines zum Nachlaß gehörenden Grundstückes bis zur Höhe seiner Forderung keine Miete zahlt (OLG Marienwerder HRR 1940, 290). — Doch kann unter besonderen Umständen, namentlich wenn keine bereiten Zahlungsmittel vorhanden sind, das Verlangen, vorweg befriedigt zu werden, Treu und Glauben, die unter Miterben zu berücksichtigen sind (vgl. RG 65, 10), widersprechen und deshalb ausgeschlossen sein (RG 93, 197). In diesem Sinne hat das Reichsgericht ausgesprochen, daß ein Miterbe wegen einer Forderung gegen den Nachlaß gegenüber einem auf Eigentum gegründeten Grundbuchberichtigungs- oder Herausgabeanspruch der Miterben kein Zurückbehaltungsrecht (§ 273) ausüben dürfe, sofern die Berichtigung oder Herausgabe die Miterben erst in den Stand setzen würde, den Nachlaß zur Auseinandersetzung gemäß §§ 2042, 2046, 2047 und dabei auch zur Berichtigung der Nachlaßforderung des Miterben zu verwerten (RG 30. 6. 24 IV 965/23; vgl. auch Warn 1910 Nr 141; 1913 Nr 233; RG 132, 83 und zu § 273 A 1a).

Bei einer aus **zwei Miterben** bestehenden Erbengemeinschaft kann der eine Miterbe auch vor der Auseinandersetzung des Nachlasses eine Forderung, die ihm gegen den Erblasser zugestanden hat, gegen den anderen Miterben zu dem Teil geltend machen, zu dem der andere Miterbe geworden ist. Die Geltendmachung ist jedoch ausgeschlossen, wenn z. Zt. für den Nachlaß ohne besondere Verluste noch keine bereiten Zahlungsmittel zur Verfügung stehen und dem Miterbengläubiger nach der Sachlage zugemutet werden kann, zu warten, oder wenn er etwa aus einer bereits teilweise durchgeführten Auseinandersetzung mit dem anderen Miterben noch etwas schuldet und diese Schuld die Höhe der geltend gemachten Nachlaßforderung erreicht oder übersteigt (BGH 14. 1. 53 II ZR 20/52 = LM § 2046 Nr 1 = NJW 1953, 501 = JZ 1953, 313).

Auch der Miterbe, dem ein Vorausvermächtnis (§ 2150) zugewendet ist, kann grundsätzlich die Vorwegbefriedigung verlangen, sofern kein anderer Wille des Erblassers ersichtlich ist (RG 93, 197). Der Bundesgerichtshof hat an der Rechtsprechung des Reichsgerichts festgehalten und ausgesprochen, ein Miterbe, der Nachlaßgläubiger sei, dem insbesondere ein Vorausvermächtnis zugewendet worden sei, könne seinen Anspruch auf Leistung schon vor der Auseinandersetzung erheben; allerdings könnten sich aus seiner Doppelstellung als Miterbe und Nachlaßgläubiger bei besonderen Umständen nach Treu und Glauben gewisse Einschränkungen ergeben (BGH 5. 7. 54 IV ZR 35/54). Nach dem gemäß § 2042 Abs 2 anwendbaren § 756 sind auch Forderungen eines Miterben gegen einen andern, die sich auf die Miterbengemeinschaft gründen, bei der Auseinandersetzung zu berichtigen, und zwar aus dem auf den oder die Miterben, die Schuldner sind, entfallenden Überschusse. Dieser Überschuß ist also insoweit dem oder den Miterben, die Gläubiger sind, zuzuweisen. Zu diesen Forderungen gehören nicht nur solche, die ihre Grundlage ausschließlich in der Gemeinschaft haben, wie diejenigen, die aus der Verwaltung des Nachlasses einem Miterben gegen einen anderen entstanden sind (vgl. § 2038 A 2), oder Ersatzforderungen eines Miterben gegen die übrigen Miterben, wenn der erstere von einem Nachlaßgläubiger auf Grund des § 2058 (vgl. A 2 dazu) auf mehr, als seinem Erbteile entspricht, in Anspruch genommen worden ist, sondern auch solche Forderungen, die sich auf ein zwischen dem Erblasser und einem Miterben entstandenes Schuldverhältnis gründen; vgl. Näheres § 2042 A 3 Abs 2.

Entsprechende Bestimmungen enthalten für die Auseinandersetzung des Gesellschaftsvermögens § 733, des Gesamtgutes der ehelichen Gütergemeinschaft § 1475.

2. Zu Abs 1 Satz 2: Es genügt, daß auch nur unter den Erben die **Verbindlichkeit streitig** ist. Der Gläubiger-Miterbe kann schon vor der Teilung gegenüber den anderen Erben die Feststellung der ihm gegen den Nachlaß zustehenden Forderung beanspruchen (RG 18. 5. 05 IV 1/05). Unter § 2046 Abs 1 Satz 2 fallen auch Verbindlichkeiten, die aus einer Prozeßführung des Testamentsvollstreckers erwachsen (RG 28. 1. 32, IV 354/31). Der Gläubiger hat auf die Zurückbehaltung **keinen Anspruch**; er kann deshalb auch nicht (wie im Falle des § 52 Abs 2) Sicherheit verlangen;

doch können die Miterben die Zurückbehaltung und Hinterlegung bestimmter Nachlaßbestandteile oder Sicherheitsleistung mit ihm vereinbaren, um ihn davon abzuhalten, in den sonstigen Nachlaß vorzugehen. — In entsprechender Anwendung der Vorschrift ist auch bei Streitigkeiten über eine Ausgleichungspflicht (§§ 2050ff.) das Erforderliche zurückzubehalten (OLG 9, 389). An den zurückbehaltenen Gegenständen dauert die Erbengemeinschaft fort (§ 2042 A 1a).

3. Zu Abs 2: Eine Nachlaßverbindlichkeit **fällt nur einem oder einigen Miterben zur Last,** wenn der Erblasser bei der Anordnung von Vermächtnissen oder Auflagen (§§ 2147, 2148, 2192) nur einen oder einige Miterben damit beschwert hat; in diesem Falle haften auch nur die beschwerten Miterben dem Vermächtnisnehmer oder Vollziehungsklagberechtigten gegenüber. Aber auch Nachlaßverbindlichkeiten, für welche dem Gläubiger gegenüber sämtliche Miterben gemäß § 2058 als Gesamtschuldner haften, können im Verhältnisse unter den Miterben nur einem oder einigen von ihnen zur Last fallen; so namentlich, wenn der Erblasser eine entsprechende Teilungsanordnung (§ 2048; RG 95, 328) getroffen hat. In beiden Fällen können diejenigen Miterben, welchen die Verbindlichkeit zur Last fällt, ihre Berichtigung nicht aus dem Gesamtnachlasse, sondern nur aus demjenigen verlangen, **was ihnen bei der Auseinandersetzung zukommt,** also aus dem ihnen zuzuweisenden Überschusse (§ 2047 Abs 1). Auch in diesem Falle findet aber § 2046 Abs 1 grundsätzlich Anwendung, da Abs 2 sich nicht auf die Zeit der Berichtigung, sondern nur auf die Mittel bezieht, aus denen sie zu erfolgen hat. Sind daher einzelnen Miterben durch eine Teilungsanordnung des Erblassers (§ 2048) bestimmte Nachlaßgegenstände, die mit Schulden belastet sind (insbesondere Grundstücke, auf denen Hypotheken lasten, aber auch mit Faustpfandrechten belastete bewegliche Sachen), auf ihren Erbteil zugewiesen worden und sollen die darauf lastenden Schulden ihnen allein zur Last fallen, so können sie verlangen, daß diese Schulden aus den Gegenständen berichtigt, diese also zu diesem Zwecke nötigenfalls in Geld umgesetzt werden, bevor ihnen die Nachlaßgegenstände (gegebenenfalls der Überschuß) zugeteilt werden, z.B. also die Auflassung angetragen wird; sie brauchen sich nicht darauf verweisen zu lassen, die Schulden selbst zu berichtigen (RG 95, 327). Im übrigen ist die Auseinandersetzung so vorzunehmen, daß zunächst der Überschuß berechnet wird, der den für die Schuld haftenden Miterben zukommt, daß er, soweit nötig, durch Versilberung von Nachlaßgegenständen, bereitgestellt und dann aus ihm, soweit er reicht, die Schuld berichtigt wird. Diejenigen Miterben, welchen die einzelne Nachlaßverbindlichkeit im Verhältnisse unter den Miterben nicht zur Last fällt, können nur dann ihre Berichtigung gemäß §§ 755, 2042 Abs 2 aus dem Nachlasse verlangen, wenn sie dem Gläubiger gemäß § 2058 als Gesamtschuldner dafür haften; nicht aber im andern Falle, also bei Vermächtnissen und Auflagen, mit denen sie nicht beschwert sind (§ 2058 A 1), da sie an deren Berichtigung kein Interesse haben. — Werden bei der Auseinandersetzung einer Gruppe von Miterben, die mit einer Nachlaßverbindlichkeit als Gesamtschuld beschwert sind, einzelne Nachlaßgegenstände unverteilt zur weiteren Teilung unter ihnen zugewiesen, so kann jeder Angehörige dieser Gruppe die Berichtigung der Verbindlichkeit vor der Unterteilung dieser Gegenstände verlangen.

4. Zu Abs 3: Soweit zur Berichtigung von Nachlaßverbindlichkeiten Mittel beschafft werden müssen, unterbleibt die Teilung in Natur (§ 752); der Nachlaß ist dann auf dem Wege der §§ 753, 754, also, soweit die Miterben nicht anderes vereinbaren, durch Einziehung der bereits einziehbaren Nachlaßaußenstände, im übrigen durch gerichtlichen Verkauf zu **versilbern.** Welche Gegenstände nach § 753 zunächst zum Verkaufe zu stellen sind, kann, da es sich hierbei nicht um einen Verwaltungsakt handelt (§ 2038), nicht durch Stimmenmehrheit (§ 745), sondern im Streitfalle nur vom Prozeßrichter entschieden werden. Ein Miterbe darf die Versilberung nicht dadurch verhindern, daß er ein Zurückbehaltungsrecht wegen seiner Ansprüche auf Erstattung von Auslagen für den Nachlaß ausübt (RG Warn 1910 Nr 141).

§ 2047

Der nach der Berichtigung der Nachlaßverbindlichkeiten verbleibende Überschuß gebührt den Erben nach dem Verhältnisse der Erbteile.

Schriftstücke, die sich auf die persönlichen Verhältnisse des Erblassers, auf dessen Familie oder auf den ganzen Nachlaß beziehen, bleiben gemeinschaftlich.

E I 2155 II 1921; M 5 691, 692; P 5 886, 887.

Teilung des Überschusses

1. Der **Überschuß** (ebenso bei Auflösung der Gesellschaft § 734 und der Gütergemeinschaft § 1476) besteht in den Nachlaßgegenständen, die nach Berichtigung der Nachlaßverbindlichkeiten (§ 2046), einschließlich der Forderungen einzelner Miterben als Nachlaßgläubiger (vgl. § 2046 A 1a), übrigbleiben, also dem reinen Aktivbestande des Nachlasses, zu welchem rechnerisch gemäß § 2055 Abs 1 Satz 2 der Wert der sämtlichen zur Ausgleichung zu bringenden Zuwendungen hinzuzufügen ist. Der Überschuß ist zunächst noch gemeinschaftliches (Gesamthands-) Vermögen der Miterben und nunmehr nach den Grundsätzen der §§ 752—754, also soweit möglich durch Teilung in Natur, in Sondervermögen der einzelnen Miterben umzuwandeln. Die Gemeinschaftsteilhaber (Miterben und Übernehmer von Erbanteilen) haben gegenseitig einen schuldrechtlichen Anspruch darauf, daß die übrigen Teilhaber bei der Umwandlung mitwirken und die erforderlichen dinglichen Übereignungsakte vollziehen (Einigung und Besitzübertragung bei beweglichen Sachen, Auflassung bei Grundstücken, Einigung und Eintragung bei Rechten an solchen, Abtretungsvertrag bei Forderungen). Wegen der Übertragung des Anspruchs auf das Auseinandersetzungsguthaben und deren Wirkung gegenüber Gläubigern eines Miterben, die dessen Erbanteil gepfändet haben, vgl. RG 60, 126 und dazu § 2033 A 1.

2. Das **Beteiligungsverhältnis** der einzelnen Miterben an dem Überschusse (A 1) bestimmt sich **nach dem Verhältnisse der Erbteile.** Die Erbteile (vgl. § 1922 A 8, § 1927 A 3, § 1951 A 1) sind die durch Verfügung des Erblassers oder Gesetz bestimmten, in der Regel nach Bruchteilen (Quoten) ausgedrückten Anteilsberechtigungen am Nachlasse (so auch Staudinger-Lehmann § 2047 A 2; a. M. Planck-Ebbecke A 1, der hier einen anderen Erbteilsbegriff als den „nominellen Erbteil" zugrunde legen will). Nach diesen Quoten ist der Überschuß zu verteilen, also z.B. bei gesetzlicher Erbfolge erhält A (Sohn) $1/2$, B und C (Enkel) je $1/4$ des Überschusses. Jedem von ihnen wird der Wert der Zuwendungen, die von ihm im Wege der Idealkollation zur Ausgleichung zu bringen sind, auf seinen Anteil an dem Überschusse angerechnet (§ 2055 Abs 1 Satz 1; vgl. Näheres A 1ff. zu § 2055); ebenso aber auch der Wert der Nachlaßverbindlichkeiten, die ihm allein zur Last fallen, jedoch aus der gemeinschaftlichen Erbmasse berichtigt worden sind (vgl. zu § 2046 A 3) und der Wert sonstiger, dem Nachlasse gegen ihn zustehender Forderungen. Die „Erbteile" als Grundlage des Beteiligungsverhältnisses bleiben dadurch unberührt.

3. Zu Abs 2: Die dort bezeichneten Schriftstücke sind von der Teilung ausgeschlossen. Es ist im Gesetze nicht zum Ausdruck gekommen, daß die fortdauernde **Gemeinschaftlichkeit der Schriftstücke** keine Erbengemeinschaft, sondern eine Gemeinschaft nach Bruchteilen sei (so Prot II 5, 887 und die zweite Auflage dieses Kommentars). Falls nicht etwas anderes im Auseinandersetzungsvertrage bestimmt ist, dauert daher die Gemeinschaft als Gesamthandverhältnis fort (§ 2032 A 2), zumal da dieses Verhältnis die Erhaltung der Schriftstücke in einer Hand und die Einheitlichkeit der Verfügung über sie, an der ein wesentliches Interesse bestehen kann, am besten verbürgt. Die Verwaltung und Benutzung der gemeinschaftlichen Papiere regelt sich nach den §§ 2038, 745.

Die Vorschrift bedeutet übrigens nur, daß ein Anspruch auf Teilung dieser Schriftstücke (§ 2042 A 3) ausgeschlossen ist; einer Verfügung über sie durch sämtliche Miterben, etwa durch Begründung einer Bruchteilsgemeinschaft oder Zuteilung an einen Miterben oder auch Veräußerung an Dritte, sei es bei der Auseinandersetzung oder nachträglich, steht die Vorschrift nicht entgegen. Sie gilt auch von solchen Schriftstücken, die Vermögens- oder Verkehrswert haben, namentlich von persönlichen, nicht zur Veröffentlichung bestimmten Lebenserinnerungen des Erblassers, die literarische oder historische Bedeutung besitzen; zu ihrer Veröffentlichung oder der Abtretung des Urheberrechts an ihnen ist deshalb in der Regel auch nach der Auseinandersetzung des Nachlasses das Einverständnis aller Miterben erforderlich. Auch zur Überweisung der Familienpapiere (nicht der Familienbilder, § 2373 Satz 2) an die Familie des Erblassers ist grundsätzlich die Zustimmung sämtlicher Miterben nötig; ein Wille des Erblassers, der diese Zustimmung ersetzt (vgl. Planck-Ebbecke A 2), wird unter Umständen anzunehmen sein, wenn er die gesetzliche Erbfolge seiner Verwandten ausgeschlossen und Fremde als Erben eingesetzt hat, ohne Bestimmung über die Familienpapiere zu treffen. — Als Schriftstücke, die sich auf den ganzen Nachlaß beziehen, kommen hauptsächlich die Rechnungen und Belege über die Verwaltung des Nachlasses, die Urkunden über die Auseinandersetzung, ferner Urkunden über Verfügungen von Todes wegen und gemeinschaftliche Erbausweise in Betracht.

§ 2048

Der Erblasser kann durch letztwillige Verfügung Anordnungen für die Auseinandersetzung treffen. Er kann insbesondere anordnen, daß die Auseinandersetzung nach dem billigen Ermessen eines Dritten erfolgen soll. Die von dem Dritten auf Grund der Anordnung getroffene Bestimmung ist für die Erben nicht verbindlich, wenn sie offenbar unbillig ist; die Bestimmung erfolgt in diesem Falle durch Urteil.

E I 2152 II 1922; M 5 688; P 5 885.

Übersicht:

Teilungsanordnungen des Erblassers

1. Zu Satz 1: Teilungsanordnungen können durch Testament oder einseitig im Erbvertrag (§ 2299), und zwar auch ohne Erbeinsetzung, nicht aber, soweit sie nicht ein Vermächtnis oder eine Auflage enthalten, vertragsmäßig (§ 2278) getroffen werden. Sie können die Art der Verwaltung (§ 2038) wie die eigentliche Auseinandersetzung, insbesondere die Art der Teilung, namentlich die Zuweisung bestimmter Nachlaßgegenstände an einzelne Erben mit der Folge regeln, daß diese sich die Gegenstände nach ihrem Werte oder zu vom Erblasser festgesetzten Preisen auf ihren Erbteil anrechnen lassen sollen.

Sie können aber nicht bewirken, daß ein Miterbe mehr oder weniger als seinen Erbteil erhält; es sind lediglich Anordnungen des Erblassers für die Auseinandersetzung, die erst bei der Erbteilung bedeutsam werden (RG Warn 1942 Nr 62 = DNotZ 1942, 182 = DR 1942, 977 mit Anm Hopp). Ist die Anrechnung vom Erblasser nicht ausdrücklich vorgeschrieben worden, so ist es Auslegungsfrage, ob eine Teilungsanordnung oder eine nicht anrechnungspflichtige Zuwendung, also ein Vorausvermächtnis (§ 2150), vorliegt (RG SeuffA 63, 404; RG 13. 6. 18 IV 386/17). Zum Begriff der Teilungsanordnung und der nicht anrechnungspflichtigen Zuwendung vgl. auch RG 170, 163. Wegen der Abgrenzung eines Vorausvermächtnisses auf entgeltliche Übernahme eines Grundstücks gegenüber einer Teilungsanordnung vgl. OGH 1, 161 = MDR 1949, 287 mit Anm Boehmer, ferner OLG Hamburg MDR 1951, 236. Vgl. auch OLG Hamburg MDR 1950, 420 = DRZ 1950, 853: Vorausvermächtnis auf Übernahme eines Grundstücks gegen Auszahlung der Erben unter Verrechnung des Erbanteils des Vermächtnisnehmers. Auch eine Zuweisung bestimmter Nachlaßgegenstände, die auf den Erbteil anzurechnen sind, kann eine Begünstigung entweder desjenigen Miterben, dem die Gegenstände zugewiesen sind, zu Lasten der übrigen oder umgekehrt dieser zu Lasten jenes enthalten, je nachdem der Übernahmepreis zu niedrig oder zu hoch angesetzt ist, und demnach ein Vermächtnis (Zuwendung eines Vermögensvorteils, § 1939 A 3) darstellen (RG SeuffA 63, 404; Warn 1908 Nr 326; RG 29. 6. 22 IV 766/21; 108, 84; vgl. ferner RG 170, 170f.; OGH 1, 165). Anderseits ist aber daraus, daß ein zu niedriger oder zu hoher Übernahmepreis festgesetzt ist, nicht ohne weiteres zu entnehmen, daß es sich um ein Vorausvermächtnis (§ 2150) handelt, also die zugewendeten Gegenstände nicht auf den Erbteil angerechnet werden sollen (RG SeuffA aaO.). Auch die in einer letztwilligen Verfügung getroffene Anordnung, daß eine Zuwendung zur Ausgleichung gebracht werden soll (§ 2050 A 1), hat den Charakter einer Teilungsanordnung. Ebenso die Bestimmung, daß im Innenverhältnis unter den Miterben die Nachlaßverbindlichkeiten nur einem von ihnen zur Last fallen sollen (RG HRR 1937 Nr 809; vgl. auch § 2046 A 3).

In der Bestimmung einer letztwilligen Verfügung, daß eine als „Erbe" bezeichnete Person „als Erbteil" einen bestimmten Betrag erhalten soll, kann eine Erbeseinsetzung dieser Person (vgl. § 2087 A 3) und zugleich eine Teilungsanordnung des Inhalts gefunden werden, daß eine Auseinandersetzung mit ihr nicht stattfinden, sie vielmehr den bestimmten Betrag als Abfindung erhalten solle (RG 24. 10. 21 IV 147/21; KG JW 1937, 2200[14]); in diesem Falle ist die Zahlbarkeit der Abfindung regelmäßig nicht von der Durchführung der Auseinandersetzung abhängig (RG 2. 3. 22 IV 516/21).

Die Teilungsanordnung hat in der Regel die Bedeutung, daß jedem Miterben das Recht zustehen soll, von den andern die Auseinandersetzung entsprechend der Anordnung zu verlangen; in diesem Falle können sich die Miterben im allseitigen Einverständnisse über die Anordnung hinwegsetzen, sofern kein Testamentsvollstrecker vorhanden ist, der für ihre Ausführung zu sorgen hat. Aber auch wenn kein Testamentsvollstrecker bestellt ist, kann der Wille des Erblassers dahin gehen, daß die Anordnung unabhängig von dem Willen der Miterben zur Ausführung gelangen solle; in diesem Fall hat die Anordnung den Charakter einer Auflage (§ 1940); wegen ihrer Vollziehung gilt dann die Bemerkung zu § 2044 A 1 hinsichtlich der Ausschließung der Auseinandersetzung durch den Erblasser. — Die Teilungsanordnung gilt als nicht getroffen, soweit durch sie ein pflichtteilsberechtigter Erbe beschränkt wird, dem nicht mehr als die Hälfte des gesetzlichen Erbteils hinterlassen ist (§§ 2306, 2311 Abs 2 Satz 2). — Sowenig wie durch ein Vermächtnis (§ 1939 A 2), kann durch eine Teilungsanordnung dingliche Wirkung erzielt werden; sie begründet lediglich schuldrechtliche Verpflichtungen der Miterben gegeneinander, die ihr entsprechenden dinglichen Übertragungsakte vorzunehmen.

Der Vorerbe braucht, um eine Teilungsanordnung zu erfüllen, die Zustimmung des Nacherben auch dann nicht einzuholen, wenn ein Nachlaßgrundstück übereignet werden soll (KG HRR 1941, 129). — War jemand in einem Testament derart bedacht worden, daß er innerhalb einer bestimmten Frist ein Grundstück zu festgesetzten Bedingungen von den Erben erwerben durfte, so schadete die Überschreitung der Frist dann nicht, wenn die Übernahmeerklärung dem Testamentsvollstrecker aus kriegsbedingten Gründen nicht innerhalb der Frist zugestellt werden konnte (OLG Kiel JR 1947, 54).

2. Zu Satz 2: Billiges Ermessen eines Dritten entsprechend § 317. Mit der Berufung des Dritten kann auch seine Ernennung zum Testamentsvollstrecker unter Beschränkung auf die Aufgaben des § 2204 gewollt sein (§ 2208 Abs 1; vgl. A 4 zu § 2208). Soweit er nicht Vollstrecker ist, kann der

Dritte die Teilung nicht selbst vornehmen, sondern nur für die Erben verbindliche Bestimmungen treffen. Die nach billigem Ermessen zu treffende Entscheidung über die Art der Auseinandersetzung, insbesondere auch über die Veräußerung eines Nachlaßgrundstücks auf andere Weise als durch Zwangsversteigerung, kann der Erblasser auch einem Miterben oder der Mehrheit der Miterben übertragen; den übrigen Miterben wird dadurch nicht die dingliche Befugnis zur Teilnahme an der Verfügung über den Nachlaßgegenstand (§ 2040) entzogen; sondern sie werden nur untereinander schuldrechtlich verpflichtet, die Auseinandersetzung in der durch das billige Ermessen der dazu berufenen Miterben bestimmten Weise vorzunehmen; das ist nach § 137 Satz 2 zulässig (RG 110, 273). — Letztwillige Anordnung eines Schiedsgerichts ZPO § 1048; RG 100, 77; vgl. § 1937 A 6.

3. Zu Satz 3: Offenbar unbillig: s. hierüber § 319 A 1. Offenbar unbillig ist auch die durch eine Mehrheit der Erben, die vom Erblasser dazu berufen ist, getroffene Bestimmung, wenn den übrigen zugemutet wird, auf Grund einer von jenen mit einem Dritten früher getroffenen Vereinbarung das Grundstück an den Dritten gegen einen gänzlich entwerteten Papiermarkpreis ohne Aufwertung zu verkaufen (RG 110, 274).

Die Bestimmung braucht, wenn die Erben über die offenbare Unbilligkeit einig sind, von ihnen nicht beachtet zu werden. Des Urteils bedarf es nur im Streitfalle. Die Klage ist nicht gegen den Dritten (außer wenn er Testamentsvollstrecker ist), sondern gegen die widersprechenden Miterben zu richten. Ist die Bestimmung des Dritten unverbindlich, so trifft sie das Gericht an Stelle des Dritten durch Urteil, und zwar, entsprechend dem Willen des Erblassers, gleichfalls nach billigem Ermessen (vgl. Staudinger-Lehmann A 14; a. M. Planck-Ebbecke A 1 Abs 2 und die 2. Aufl. dieses Kommentars).

Der Fall, daß der Dritte die Bestimmung nicht treffen kann oder will oder sie verzögert, ist hier dem Falle, daß seine Entscheidung offenbar unbillig ist, nicht, wie in § 319 Abs 1 Satz 2, ausdrücklich gleichgestellt; doch braucht man nicht anzunehmen, daß das absichtlich geschehen und deshalb die entsprechende Anwendung dieser Vorschrift hier ausgeschlossen sei; vielmehr wird, um dem Willen des Erblassers im Sinne des Gesetzes möglichst zu entsprechen, auch in diesem Falle die Entscheidung durch das Gericht, und zwar nach billigem Ermessen, zu treffen sein (a. M. die fünfte Auflage dieses Kommentars; wie hier Staudinger-Lehmann A 14; Planck-Ebbecke aaO. mit der Abweichung, daß er das billige Ermessen des Gerichts ausschließt, vgl. oben).

4. Aufwertung, Umstellung: Der in einer Teilungsanordnung bestimmte Übernahmepreis, insbesondere für ein Grundstück, unterliegt gegebenenfalls der Aufwertung nach den über diese in der Rechtsprechung (vgl. 9. Aufl. § 242 A 5 d γ Abs 5) entwickelten Grundsätzen (RG 108, 85; Warn 1926 Nr 6).

Über die Einwirkung der Währungsreform auf Teilungsanordnungen vgl. OLG Halle HEZ 1, 9; OLG Düsseldorf SJZ 1947, 192; LG Rottweil DRZ 1948, 24; OLG Stuttgart NJW 1949, 348 und HEZ 2, 234; OLG Hamburg MDR 1950, 421. — Eine Teilungsanordnung aus dem Jahre 1935, durch die einem Miterben ein Grundstück und den anderen Miterben hypothekarisch gesicherte Geldforderungen zugewendet worden sind, ist trotz der Geldentwertung vor der Währungsreform nicht unwirksam (OLG Düsseldorf SJZ 1947, 192).

§ 2049

Hat der Erblasser angeordnet, daß einer der Miterben das Recht haben soll, ein zum Nachlasse gehörendes Landgut zu übernehmen, so ist im Zweifel anzunehmen, daß das Landgut zu dem Ertragswert angesetzt werden soll.

Der Ertragswert bestimmt sich nach dem Reinertrage, den das Landgut nach seiner bisherigen wirtschaftlichen Bestimmung bei ordnungsmäßiger Bewirtschaftung nachhaltig gewähren kann.

P 5 860, 861; 6 330–335, 448ff.

Übernahme eines Landgutes

1. Zu Abs 1: Begriff des **Landguts,** im Gegensatz zum landwirtschaftlichen Grundstück (§§ 592, 1421, 1663, 2130), s. § 98, auch §§ 1515, 2312. Nicht jedes landwirtschaftlich genutzte Grundstück ist ein Landgut; dazu gehört vielmehr eine Grundstückseinheit oder -mehrheit, die mit den erforderlichen Einrichtungen (Hofstelle mit Wohn- und Wirtschaftsgebäuden) versehen ist, um selbständig Land- oder Forstwirtschaft betreiben zu können (vgl. OLG 22, 125; 29, 211).

Das Gesetz stellt eine Auslegungsregel auf, „im Zweifel", die durch den Nachweis eines andern Willens des Erblassers entkräftet wird (RG HRR 1932 Nr 9). Sie beruht auf der Vermutung, der Erblasser habe durch die Bestimmung ermöglichen wollen, daß das Landgut, ohne verkauft zu werden, von dem Miterben in der Weise weiterbewirtschaftet werde, die seiner bisherigen wirtschaftlichen Bestimmung entspricht. Die Auslegungsregel trifft deshalb nicht zu, wenn der Ertragswert höher ist als der Verkaufswert, wie es mitunter der Fall sein kann (Schätzungswert; vgl. § 2312 Abs 1 Satz 3, auch von Hausen DJZ 1926 Sp 1489). Die Anordnung des Erblassers, daß einem Abkömmlinge ein Gut, das über bäuerliche Verhältnisse hinausgeht, zu einem den Ertragswert übersteigenden Preis anzurechnen sei, ist auch unter den heute herrschenden Anschauungen nicht ohne weiteres sittenwidrig (RG SeuffA 90, 38). Der Ausdruck „Nutzungswert" ist mehrdeutig und nicht ohne weiteres dem „Ertragswert" gleichzusetzen (RG 21. 12. 31, IV 295/31).

Zur Auslegung einer letztwilligen Verfügung über ein Landgut (Teilungsanordnung, Vermächtnis, Erbeinsetzung) vgl. RG 170, 169. Über die Wirksamkeit und Auslegung der durch Verfügung von Todes wegen eingeräumten Befugnis zur Übernahme eines Erbhofs s. Haegele DFG 1936, 95.

2. Zu Abs 2: Der **Ertragswert,** im Gegensatze zum Verkehrs-(Verkaufs-, Schätzungs-) Werte, vgl. A 1. Die Art der Ermittlung des Ertragswertes ist nach Art 137 EG in erster Linie den Landesgesetzen überlassen; § 2049 Abs 2 tritt nur hilfsweise ein. In den bisher preußischen Ländern soll nach Art 83 Abs 1 PrAGBGB idF des SchätzungsamtsG vom 8. 6. 1918 (§ 23 IV) als Ertragswert der 25fache Betrag des jährlichen Reinertrags gelten; das entsprach dem z. Zt. des Inkrafttretens des BGB verkehrsüblichen Zinssatze. Von dem Vorbehalte, daß durch VO eine andere Verhältniszahl bestimmt werden kann, ist ungeachtet der seitdem eingetretenen starken Erhöhung dieses Zinssatzes in Preußen, soweit ersichtlich (vgl. RG HRR 1932 Nr 9), kein Gebrauch gemacht worden; anders in Bayern, wo auf Grund des in Art 103 bayr. AGBGB enthaltenen Vorbehalts durch VO v. 21. 7. 26 (GuVOBl S. 387) an Stelle des 25fachen bis auf weiteres der 18fache Betrag gesetzt worden ist; ähnlich in Baden (AGBGB in der Fassung v. 13. 10. 25 Art 38 und AusfVO v. 11. 11. 1899 §§ 38ff.) und in Hessen (AGBGB Artt 106, 130). Die Vorschriften der Landesgesetze beziehen sich jedoch nur auf die in Art 137 ausdrücklich genannten Bestimmungen des BGB; daher finden sie keine unmittelbare Anwendung, wenn kein Fall des § 2049 Abs 1 vorliegt, weil kein Zweifel darüber besteht, daß nach dem Willen des Erblassers der Ertragswert nicht maßgebend sein soll; vgl. A 1. Die an sich, wenn auch nicht naheliegende, so doch denkbare entsprechende Anwendung der Preußischen Vorschrift auf einen solchen Fall zur Bestimmung des dem Willen des Erblassers entsprechenden Übernahmebetrags hat das RG (aaO.) zutreffend abgelehnt.

Die bisherige wirtschaftliche Bestimmung des Landguts als solchen ist maßgebend; doch wird anderseits ordnungsmäßige Bewirtschaftung, auch wenn sie bisher nicht stattgefunden hat, unterstellt. Danach können zweckmäßige Änderungen der Bewirtschaftungsweise im einzelnen, die ohne Änderung der wirtschaftlichen Bestimmung des Ganzen durchgeführt werden können, bei der Bemessung des Reinertrags berücksichtigt werden (z.B. Ausübung des Gartenbaues auf dazu geeignetem Boden an Stelle bisherigen Getreidebaues), nicht aber solche, durch welche die wirtschaftliche Bestimmung als Landgut verändert wird, z.B. Ausnutzung einer Fläche als Bauplatz für andere als zum Landgute gehörige Gebäude (RG Warn 09 Nr 411) oder bergmännische Aufschließung. — Die gleichen Grundsätze gelten für die Berechnung des Pflichtteils (§ 2312); ebenso im Falle des § 1515 Abs 2.

§ 2050

Abkömmlinge, die als gesetzliche Erben zur Erbfolge gelangen, sind verpflichtet, dasjenige, was sie von dem Erblasser bei dessen Lebzeiten als Ausstattung erhalten haben, bei der Auseinandersetzung untereinander zur Ausgleichung zu bringen, soweit nicht der Erblasser bei der Zuwendung ein anderes angeordnet hat.

Zuschüsse, die zu dem Zwecke gegeben worden sind, als Einkünfte verwendet zu werden, sowie Aufwendungen für die Vorbildung zu einem Berufe sind insoweit zur Ausgleichung zu bringen, als sie das den Vermögensverhältnissen des Erblassers entsprechende Maß überstiegen haben.

Andere Zuwendungen unter Lebenden sind zur Ausgleichung zu bringen, wenn der Erblasser bei der Zuwendung die Ausgleichung angeordnet hat.

E I 2157—2159, 2164 Abs 3 II 1923; M 5 698—704, 710, 711; P 5 889—891.

Übersicht:

Ausgleichspflicht unter Abkömmlingen als gesetzlichen Erben

1. Allgemeines. Die **Ausgleichspflicht** beruht auf dem Gedanken, daß bei gewissen Zuwendungen unter Lebenden, die der Erblasser seinen Abkömmlingen gemacht hat, die z. Zt. der Zuwendung als voraussichtliche Erben in Betracht kamen, im Zweifel nicht angenommen werden kann, er habe dadurch die gleichheitliche Stammeserbfolge der Abkömmlinge (§§ 1924ff.) durchbrechen wollen. Vielmehr ist anzunehmen, daß die Zuwendung nur eine durch die Verhältnisse gebotene Vorausgabe auf den künftigen Erbteil enthalten soll. Eine solche Vermutung stellt das Gesetz auf: für Kapitalzuwendungen zur Ausstattung (§ 2050 Abs 1); für Zuschüsse, die zur Verwendung als Einkünfte oder Vorbildung für einen Beruf gegeben sind, falls sie im Verhältnisse zu dem Vermögen des Erblassers übermäßig sind (§ 2050 Abs 2); für andere Zuwendungen, die kraft einer besonderen Anordnung des Erblassers ausgleichspflichtig sind (§ 2050 Abs 3). Die Vermutung greift in der Regel nur bei gesetzlicher Erbfolge der Abkömmlinge, bei gewillkürter nur unter den besonderen Voraussetzungen des § 2052 ein. Sie gilt nur für Zuwendungen an Abkömmlinge, nicht an andere Verwandte oder an den Ehegatten. Als ausgleichspflichtige Zuwendungen kommen nach dem Sinne der Ausgleichspflicht nur solche Zuwendungen des Erblassers in Betracht, deren Gegenstand ohne sie zum Nachlaß gehört haben würde; das ist bei Gegenständen, die einer Sondernachfolge unterliegen, nicht der Fall (RG JW 1937, 2201[15] für Lehnvermögen).

Die Vorschriften über die Ausgleichung sind nicht zwingender Natur und hindern keine anderweite Regelung durch die Miterben bei der Auseinandersetzung in allseitigem Einverständnisse (RG 30. 5. 07 IV 524/06; RG 149, 131); die Ausgleichspflicht kann auch durch selbständigen Vertrag der Miterben (Anerkenntnisvertrag) begründet werden (RG BayZ 08, 19 und 20. 11. 19 IV 246/19).

Die Ausgleichspflicht ist kein gesetzliches Vermächtnis zugunsten der ausgleichsberechtigten Miterben; sie begründet daher keine Nachlaßverbindlichkeit (§ 1967), auch nicht, wenn sie durch den Erblasser bei der Zuwendung angeordnet ist.

Rechtsnatur: Die Ausgleichung erfolgt nicht durch Rückgewähr (Rückbringen) des zugewendeten Gegenstandes in Natur oder dem Werte nach in die Erbmasse (Realkollation), sondern lediglich durch Anrechnung und Minderempfang auf den Erbteil (sog. Idealkollation). Die zur Ausgleichung zu bringenden Vorempfänge stehen im freien Vermögen des Zuwendungsempfängers und bilden rechtlich keinen Bestandteil des Nachlasses; ihre Zugehörigkeit zum Nachlass wird weder durch die Anordnung der Ausgleichspflicht seitens des Erblassers noch durch den Vollzug der Ausgleichung begründet; dieser ist nur ein rechnerischer Vorgang; eine angeordnete fideikommissarische Substitution in den Nachlaß (Nacherbfolge) erstreckt sich deshalb nicht auf die Vorempfänge und begründet keinen Anspruch auf deren Herausgabe; nur im Wege des Verschaffungsvermächtnisses (§§ 2169 A 1, 2170 A 1) kann der Erblasser den Zuwendungsempfänger oder dessen Erben damit beschweren, das Zugewendete an den Nacherben herauszugeben. Diese für das gemeine Recht vom RG (25. 11. 20 IV 191/20) ausgesprochenen Rechtssätze treffen auch für das Recht des BGB zu. Auch nach der Gestalt, welche die Ausgleichspflicht schließlich in dem Gesetzbuche erhalten hat (vgl. Staudinger-Lehmann Anm 3 Abs 2: „an die Anteilsberechtigung aktiv und passiv gebundene Obligation"; § 2055 A 4), sind die Vorempfänge nicht in Natur in den Nachlaß einzubringen; ihr Wert wird vielmehr nur rechnerisch bei der Auseinandersetzung berücksichtigt.

Die Erbengemeinschaft als solche wird durch das Bestehen von Ausgleichspflichten nicht berührt, auch nicht, wenn ein Miterbe infolge ihrer aus der Erbschaft nichts zu erhalten hat; er bleibt gleichwohl Teilhaber der Erbengemeinschaft mit den Rechten und Pflichten eines solchen (Anteil an Verwaltung und Benutzung § 2038, sowie an Verfügungsberechtigung § 2040; Schuldenhaftung §§ 2058, 2059 A 4, 2060 A 1, vgl. aber § 2058 A 2). Auch der Erwerber eines Miterbenanteils (§ 2033) tritt in die Rechte und Pflichten auf Ausgleichung ein. Dem Erbschaftskäufer kommt der Vorteil aus der Ausgleichspflicht eines Miterben zugute (§ 2372), anderseits ist ihm für eine bestehende Ausgleichspflicht des Verkäufers dieser gewährleistungspflichtig (§ 2376).

Ist der Erbfall nach Inkrafttreten des BGB eingetreten, so sind die Ausgleichsvorschriften des neuen Rechtes auch dann anzuwenden, wenn die Zuwendung unter früherem Rechte erfolgt ist (RG SeuffA 67, 409 a. E. und Warn 1910 Nr 245; 1932 Nr 120). — Ausgleichung nach Beendigung der fortgesetzten Gütergemeinschaft § 1503, bei Berechnung des Pflichtteils §§ 2315ff.

2. Nur die **Abkömmlinge** des Erblassers selbst und nur soweit sie **als gesetzliche Erben** (vgl. aber § 2052) zur Erbfolge gelangen, also die gesetzlichen Erben der ersten Ordnung (§ 1924 A 2), sind an der Ausgleichung beteiligt; nicht also die Abkömmlinge der Eltern, Großeltern, Urgroßeltern und entfernteren Voreltern des Erblassers (§§ 1925ff.), auch nicht der Ehegatte. Abkömmlinge, die wegen Verzichts, Ausschließung, Erbunwürdigkeit oder infolge Ausschlagung nicht zur Erbfolge gelangen, bleiben außer Betracht. Doch sind nach § 2051 die an ihre Stelle tretenden entfernteren Abkömmlinge (s. aber auch § 2053) ausgleichspflichtig.

3. Die **Ausstattung** ist im Sinne von § 1624 zu verstehen, einschließlich der Aussteuer der Tochter (§§ 1620ff.); auf letztere besteht regelmäßig auch nach dem 1. 4. 1953 weiterhin ein Rechtsanspruch, soweit die Tochter bei Berücksichtigung der Zuwendungen, die sie einschließlich der Aufwendungen für ihre Berufsausbildung schon erhalten hat, nicht gegenüber den Söhnen bevorzugt würde (BGH 11, 206 = NJW 1954, 469, vgl. auch BGH 8. 7. 54 IV ZR 67/54 = BGH 14, 205 = NJW 1954, 1522 ferner OLG Frankfurt und Celle NJW 1954, 157). Die Ausstattung begreift aber, soweit nicht § 2053 zutrifft, auch die Ausstattung in sich, die unmittelbar einem entfernteren Abkömmlinge gewährt worden ist. Ob der Erblasser zur Gewährung rechtlich verpflichtet war, wie im Falle des § 1620, ob sie den Verhältnissen entspricht oder übermäßig ist, ob sie bereits gewährt oder nur erst versprochen und demgemäß zugleich als Nachlaßverbindlichkeit einzustellen ist, macht keinen Unterschied. Doch unterliegt der Ausgleichspflicht ohne Beschränkung nur diejenige Ausstattung, die bestimmt ist, das Kapitalvermögen des Abkömmlings, sei es das Betriebs- oder bloße Nutzungsvermögen, zu vermehren, und die deshalb in Form einmaliger Leistung von Geld oder sonstigen Gegenständen, die dauernde Nutzung gewähren, gegeben wird; eine in Form von Rente gegebene Ausstattung wird in der Regel als Zuschuß zu den Einkünften bestimmt sein und deshalb unter Abs 2 fallen. Unter den Begriff der Ausstattung fällt auch das, was einem bisher überhaupt nicht oder geringer ausgestatteten Kinde zur Gleichstellung mit der Ausstattung eines anderen gegeben wird (RG Warn 1938 Nr 22). Auch Aufwendungen für Berufsvorbildung fallen unter den Begriff der Ausstattung, unterliegen aber nur unter der Voraussetzung des Abs 2 der Ausgleichspflicht. Näheres in A 6.

4. Die **Ausgleichspflicht entfällt,** da die Ausgleichung auf dem zu vermutenden Willen des Erblassers beruht, soweit sie der Erblasser durch besondere Anordnungen ganz oder teilweise erlassen oder von Bedingungen abhängig gemacht oder sonst abweichend geregelt hat. Dies kann formlos, auch stillschweigend (vgl. A 7), muß aber schon bei der Zuwendung (wegen des Begriffs der Zuwendung vgl. A 7) geschehen sein, kann also durch späteres einseitiges oder vertragsmäßiges Rechtsgeschäft unter Lebenden, auch durch Erlaßvertrag, nicht nachgeholt werden; wohl aber durch Verfügung von Todes wegen, und zwar einseitig durch Vermächtnis in der Weise, daß die Miterben zugunsten des Abkömmlings, dem die Zuwendung gemacht ist, damit beschwert werden, ihn von der Ausgleichspflicht freizustellen, oder aber durch einen Erbvertrag mit dem Abkömmlinge (RG 90, 422). Zum Nachteil von Pflichtteilsberechtigten kann der Erblasser eine Zuwendung, die der Ausgleichung nach § 2050 Abs 1 oder 2 unterliegt, weder bei ihrer Hingabe noch nachträglich von der durch § 2316 vorgeschriebenen Anrechnung beim Bestimmen seines Pflichtteils ausschließen; § 2316 Abs 3, vgl. A 6 dazu.

5. **Zuschüsse** sind, auch sofern sie zur Begründung oder Erhaltung der Wirtschaft eines verheirateten Kindes oder einer selbständigen Lebensstellung bestimmt waren und deshalb unter den Begriff der Ausstattung fallen (A 3; RG 67, 206), nicht ausgleichspflichtig, wenn sie als Einkünfte dienen sollen und das den Vermögensverhältnissen des Erblassers entsprechende Maß nicht übersteigen (RG 79, 266). Die Bestimmung als **Einkünfte** setzt voraus, daß sie dazu bestimmt sind, den fortlaufenden Verbrauch zu bestreiten, und daß deshalb eine Wiederholung in gewissen Zeitabschnitten in Aussicht genommen ist, ohne daß aber eine Verpflichtung dazu, insbesondere in Form einer Leibrente (§ 759), übernommen zu sein braucht (vgl. RG Recht 1910 Nr 2578, 2580). Ein nur als einmalige Zuwendung gedachter Zuschuß zu einer Badereise fällt deshalb nicht darunter (RG Warn 1910 Nr 288; a. M. Leonhard IV C; Kipp-Coing § 111 A 10). Auch Zuschüsse, die als Einkünfte dienen sollen, aber keine Ausstattung darstellen, sind ausgleichspflichtig, wenn sie das bezeichnete Maß übersteigen.

6. Die **Aufwendungen für die Vorbildung zu einem Berufe** sind von den Ausgaben für die durch Volksschulen oder höhere Lehranstalten vermittelte allgemeine Ausbildung zu unterscheiden. Sie müssen also darüber hinausgehen. Hierher gehören Lehrgelder, die Kosten des Besuchs von Fachschulen, Studien- und Promotionskosten einschließlich der Beschaffung der Lernmittel. Solche Aufwendungen fallen meist unter den Begriff der Ausstattung (A 3), sind aber trotzdem nur ausgleichspflichtig, soweit sie das bezeichnete Maß übersteigen. Auch Aufwendungen für die Berufsausbildung, die nicht in Erfüllung einer gesetzlichen Unterhaltspflicht gemacht werden und deshalb nicht unter § 1610 Abs 2 in Verbindung mit § 1602 fallen (z. B. weil der Abkömmling eigenes Vermögen besitzt, vgl. A 1 zu § 1602), sind nur unter den Voraussetzungen des Abs 2, nicht unbeschränkt als Ausstattung nach Abs 1 zur Ausgleichung zu bringen (RG 114, 53). Aufwendungen für die Berufsausübung selbst (Anschaffung von Instrumenten für einen Arzt, einer Büroeinrichtung für einen Anwalt u. dgl.) unterstehen dagegen dem Recht der Ausstattung; sie sind daher stets ausgleichspflichtig.

Die Berufsausbildung ist regelmäßig beendet, wenn die Befähigung zur Bekleidung der betreffenden Berufsstellung durch Ablegung der Prüfungen nachgewiesen ist (RG Warn 1913 Nr 237). Doch ist nicht ausgeschlossen, daß unter besonderen Umständen nach Abschluß der ersten Berufsausbildung ein neuer Beruf ergriffen wird. Die Aufwendungen für die Vorbildung zu diesem neuen Berufe fallen dann gleichfalls unter Abs 2, nicht unter Abs 1 des § 2050 (RG 114, 54). Der Unterhalt während des Vorbereitungsdienstes fällt unter die Zuwendungen zur Erlangung einer Lebensstellung, ist aber als Zuschuß zu Einkünften, wie auch für die Vorbildung zu einem Berufe, nur nach Abs 2 ausgleichspflichtig.

Eine Aussteuer, die eine Tochter an Stelle der ihr zukommenden Vorbildung zu einem Berufe erhält, ist gleichfalls nicht ausgleichspflichtig, soweit sie die Kosten einer solchen Vorbildung nicht überschreitet (OLG Hamburg NJW 1953, 1353).

6a. Ob das bezeichnete **Übermaß** vorliegt, richtet sich nicht danach, ob die Zuschüsse oder Aufwendungen zur Erreichung des Zweckes erforderlich waren, und auch nicht nach den Standesverhältnisses des Erblassers oder des Abkömmlings, sondern lediglich **nach den Vermögensverhältnissen des Erblassers.** Bei ihrer Beurteilung ist zu berücksichtigen, für wieviel Kinder der Erblasser z. Zt. der Zuwendung zu sorgen hatte und mit welchen Veränderungen der Kinderzahl oder seiner Vermögensverhältnisse er als vorsichtiger Familienvater für die Zukunft noch rechnen mußte. Ob der Erblasser die Beträge aus seinen Einkünften oder aus dem Stamme seines Vermögens entnommen hat, ist nicht entscheidend, aber für die Frage des Übermaßes immerhin zu beachten.

7. Der Erblasser kann **Zuwendungen jeder Art durch eine bei der Zuwendung formlos getroffene Anordnung ausgleichspflichtig** machen.

a) Die **Zuwendung** (vgl. auch § 1939 A 4) erfordert kein Rechtsgeschäft zwischen dem Erblasser und dem Abkömmling; sie kann in rein wirtschaftlichen Maßnahmen des Erblassers oder Rechtsgeschäften zwischen ihm und Dritten zum Ausdruck gekommen sein, durch die dem Abkömmling bei Lebzeiten des Erblassers ein Vermögensvorteil aus dessen Vermögen zugeflossen ist; z.B. Zahlung von Schulden des Abkömmlings, Aufwendungen für seine Berufsvorbildung oder Lebensstellung. Rechtsgeschäftliche Zuwendungen können in der Übereignung von Vermögensgegenständen (Eigentumsübertragung an beweglichen Sachen, Geldzahlungen, Auflassung von Grundstücken) oder in sonstigen dinglichen Verfügungen zu seinen Gunsten (Erlaß einer Forderung, Aufgabe eines dinglichen Rechts) bestanden haben; aber auch schon in der Begründung eines schuldrechtlichen Anspruchs des Abkömmlings gegen den Erblasser (Schenkungsversprechen, § 516, konstitutives Schuldversprechen oder Schuldanerkenntnis, §§ 780, 781) wird der Begriff der Zuwendung erfüllt. Auch Leistungen, durch die einer gesetzlichen Pflicht (z.B. der Unterhaltspflicht) genügt wird, können unter den Begriff der Zuwendung fallen (RG 73, 377; RG 2. 3. 33 IV 352/33). Nicht erforderlich ist vollständige Unentgeltlichkeit der Leistung (RG 73, 377); auch in der Ausbedingung einer absichtlich zu geringwertig bemessenen Gegenleistung bei einem Kauf- oder sonstigen gegenseitigen Vertrage, ferner in der Zinsfreiheit oder dem geringen Zinsfuße eines Darlehens kann eine Zuwendung liegen (entsprechend der gemischten Schenkung, § 516 A 7). Einigkeit beider Teile über die Unentgeltlichkeit, wie bei der Schenkung (§ 516) ist nicht erforderlich (RG 18. 4. 10 IV 38/10).

Auch ein Betrag, der mit der Bestimmung hingegeben wird, daß die Hauptsumme nicht zurückbezahlt, aber Zinsen davon entrichtet werden sollen, kann eine Zuwendung enthalten und ausgleichspflichtig sein, wenn er als Ausstattung gegeben worden ist (RG 30. 10. 16 IV 193/16). Die bei Hingabe oder später getroffene Bestimmung, daß ein als „Darlehen" hingegebener Betrag nicht zurückgezahlt, sondern nur nach dem Tode des Erblassers von dem Abkömmlinge zur Ausgleichung gebracht werden soll, enthält eine Zuwendung (RG 14. 4. 32 IV 375/31). Es muß sich aber um eine Zuwendung unter Lebenden handeln; ein Vermächtnis, das auf den Erbteil angerechnet werden soll (§ 2048 A 1), fällt nicht darunter; demnach auch nicht eine Anordnung, daß ein als Darlehen geschuldeter Betrag, wenn er bis zum Tode des Erblassers noch nicht zurückbezahlt sei, nunmehr nicht mehr zurückbezahlt, sondern zur Ausgleichung gebracht werden solle; eine solche Anordnung bedarf der Form der letztwilligen Verfügung; sie schließt dann das Verlangen aus, das Darlehen vor der Auseinandersetzung zurückzuzahlen (§ 2039 A 2 d). Ob die Hingabe eines Darlehens unter die Ausgleichspflicht zwischen Miterben fällt, hängt von den besonderen Umständen ab; daher kann bei vollem oder teilweisem Erlaß der Rückzahlung eine ausgleichspflichtige Ausstattung vorliegen (RG Warn 1941 Nr 10). Für Beträge, die ein Abkömmling dem Erblasser schuldet, können die Miterben auch ohne besondere Anordnung des Erblassers statt der Zahlung Ausgleichung bei der Auseinandersetzung nach Maßgabe der Auseinandersetzungsregeln (§§ 2042ff., 756; vgl. § 2042 A 3, § 2046 A 1a) fordern (RG JW 02 Beil 266 Nr 198).

Soweit eine Leistung mit der Verpflichtung zur vollen Rückgewähr (credendi causa) oder zur Erfüllung einer Verbindlichkeit (solvendi causa) gemacht ist, enthält sie **keine Zuwendung** (RG JW 02 Beil 266 Nr 198 und 13. 6. 10 IV 537/09; RG 67, 308).

Die Ausgleichspflicht setzt ferner voraus, daß aus dem Vermögen des Erblassers in das Vermögen des Abkömmlings etwas in solcher Weise übergeführt ist, daß dadurch der Nachlaß verringert worden ist. Sie findet deshalb z.B. nicht statt, wenn der Erblasser zugunsten eines Abkömmlings in einem Gesellschaftsvertrage für diesen ein Eintrittsrecht in eine Gesellschaft bedungen hat, an der seine Teilhaberschaft mit seinem Tode erlosch; denn dadurch sind die Erbansprüche der übrigen Miterben nicht beeinträchtigt worden, es sei denn, daß festgestellt würde, der Erblasser habe für die Ausbedingung des Eintrittsrechts besondere Aufwendungen aus seinem Vermögen gemacht (RG JW 1927, 1201[14]; RG 5. 12. 35 IV 190/35). Dagegen kann in der Einräumung der stillen Teilhaberschaft am Geschäft des Erblassers eine ausgleichspflichtige Zuwendung liegen; ebenso in einer über das Angemessene hinausgehenden Aufwertung eines Geschäftsguthabens (RG Warn 1939 Nr 20).

b) Die **Ausgleichung** kann nur **bei der Zuwendung angeordnet** werden, und zwar formlos, sofern nicht die Zuwendung selbst ein formbedürftiges Rechtsgeschäft bildet, dessen Bestandteil die Anordnung ist. Sie ist aber nur von Bedeutung, wenn sie dem Abkömmlinge gegenüber erklärt ist und dieser sich, ausdrücklich oder stillschweigend durch Annahme der Zuwendung, mit ihr einverstanden erklärt hat (RG 67, 308). Sie kann auch auf Vertrag beruhen (RG 20. 11. 19 IV 246/19). Die Anordnung braucht nicht ausdrücklich getroffen zu sein; sie kann sich auch aus den Umständen als stillschweigend gewollt ergeben, z. B. wenn ein Erblasser sein Vermögen in bestimmter Weise unter die Abkömmlinge bei Lebzeiten verteilt hat; auch kann bei einer unter dem alten Rechte gemachten Zuwendung die Absicht des Erblassers, daß sie ausgeglichen werden soll, aus den damals geltenden Ausgleichungsvorschriften gefolgert werden (RG Warn 1910 Nr 245).

Nachträglich kann die Ausgleichung nicht durch Rechtsgeschäft unter Lebenden (OLG 21, 318), sondern nur in der Form einer Verfügung von Todes wegen angeordnet werden; sie enthält ein Vermächtnis, mit welchem der Abkömmling, der die Zuwendung erhalten hat, zugunsten seiner Miterben beschwert wird, und ist für ihn bindend, ohne daß jedoch sein Pflichtteil dadurch beeinträchtigt wird, weil dieser nur nach dem gesetzlichen Erbteile zu berechnen ist (§ 2316 Abs 1; RG 67, 309; 71, 135). Der Pflichtteil des Abkömmlings kann durch die nachträgliche Anordnung der Ausgleichspflicht nur dann beeinträchtigt werden, wenn sie in einem zwischen dem Erblasser und dem Abkömmlinge abgeschlossenen Erbverzichtsvertrage (§ 2346) vereinbart worden ist (RG 67, 307; 71, 136; 90, 422; vgl. auch A 4).

Daß der Erblasser auch bei **Zuwendungen an andere** voraussichtliche Erben **als Abkömmlinge** (z. B. an Geschwister) eine Ausgleichspflicht gemäß § 2050 anordnen könne, ist aus Abs 3 nicht zu entnehmen (so auch Staudinger-Lehmann A 20; a. M. Planck-Ebbecke A 4 Abs 2; die 2. Aufl. dieses Kommentars); eine solche Anordnung kann aber, wenn sie in der Form der letztwilligen Verfügung getroffen ist, als Teilungsanordnung (§ 2048) aufrechterhalten werden; die Ausgleichungsvorschriften (§§ 2055 f.) sind dann entsprechend anzuwenden. Auch im übrigen kann der Erblasser durch letztwillige Verfügung die Ausgleichung von Zuwendungen zugunsten und zu Lasten gesetzlicher oder eingesetzter Erben, die Abkömmlinge sind, wie anderer Erben beliebig anordnen, solange er dadurch den Pflichtteil keines von ihnen verletzt (RG 30. 10. 16 IV 193/16). Mit der gleichen Einschränkung kann er auch entfernteren Abkömmlingen, die er unmittelbar zu Erben beruft, die Anrechnung eines durch den näheren Abkömmling, von dem sie abstammen, ihm geschuldeten Betrags auferlegen (RG 13. 6. 10 IV 537/09).

Haben die Miterben sich auseinandergesetzt, ohne die Ausgleichspflicht eines Abkömmlings zu berücksichtigen, so ist im Zweifel ein Bereicherungsanspruch (condictio indebiti) der Miterben gegen ihn begründet, falls nämlich nicht erhellt, daß diese die Auseinandersetzung in Kenntnis der Ausgleichspflicht vollzogen haben (§ 814; RG 20. 11. 19 IV 246/19).

8. Die **Beweislast** für eine Ausgleichspflicht trifft grundsätzlich den, der Anrechnung der betreffenden Zuwendung auf den Erbteil verlangt. Behauptet der Erbe in den Fällen der Abs 1 u. 2, daß ihm die Ausgleichung durch Anordnung des Erblassers erlassen worden sei, so ist er für die Einrede beweispflichtig.

Die Miterben sind gegenseitig zur Auskunft über Zuwendungen verpflichtet (§ 2057).

9. Aufwertung, Umstellung: Die Aufwertung von Ausgleichsansprüchen unter Miterben erfolgt gemäß § 62 AufwG nach den allgemeinen Vorschriften (vgl. 9. Aufl. § 242 A 5 d γ Abs 5); deshalb finden auf Vergleiche über solche Ansprüche die Vorschriften des § 67 Abs 1 u. 2 AufwG keine Anwendung (RG JW 1926, 975[1]; LZ 1927, 601[2]; HRR 1928 Nr 559). Der Wert, den die Zuwendung seiner Zeit hatte, wird nicht zu hoch veranschlagt, wenn er in Reichsmark zum gleichen Nennwert berechnet wird (RG Warn 1932 Nr 120).

Der Umstellung unterliegen Ausgleichsansprüche nicht. Sie sind keine Reichsmarkforderungen oder -verbindlichkeiten i. S. der §§ 16, 18 UmstG, sondern nur Wertposten, die in die Auseinandersetzungsrechnung einzustellen sind. Dabei wird es vielfach gerechtfertigt sein, vom Zeitpunkt der Zuwendung ausgehend, nach § 242 BGB Geldzuwendungen, die in Reichsmark gemacht worden sind, voll zu ihrem Nennwert auch in Deutscher Mark zu berücksichtigen, im Ergebnis also § 18 Abs 1 Nr 3 UmstG auch auf solche einzelnen Rechnungsposten entsprechend anzuwenden; das gilt insbesondere in allen Fällen, in denen die Reichsmarkzuwendung noch vollwertig war und dem Ausgleichspflichtigen entsprechende wertbeständige Anschaffungen od. dgl. ermöglicht hat (vgl. im einzelnen auch § 2055 A 3 und Staudinger-Lehmann A 23 mit Nachweisen).

Wegen der Umstellung von Ausstattungshypotheken nach § 18 Abs 1 Satz 3 UmstG vgl. Stepp MDR 1950, 194.

10. Anerbenrecht: Zu HöfeO § 12: Bei Vorempfängen aus einem Hof besteht für den Hoferben und für die weichenden Erben eine Ausgleichspflicht, nicht nur eine Anrechnungspflicht. Zur Ausgleichung werden die Vorempfänge dem Hofeswert, der nach Abzug der Nachlaßverbindlichkeiten und des Voraus verbleibt, hinzugerechnet. Nicht nur Zuwendungen aus der Substanz des Hofes, sondern auch solche aus dem Wirtschaftsertrag einer Hofesgeneration stellen Vorempfänge aus dem Hofe dar (BGH 4, 344).

§ 2051

Fällt ein Abkömmling, der als Erbe zur Ausgleichung verpflichtet sein würde, vor oder nach dem Erbfalle weg, so ist wegen der ihm gemachten Zuwendungen der an seine Stelle tretende Abkömmling zur Ausgleichung verpflichtet.

Hat der Erblasser für den wegfallenden Abkömmling einen Ersatzerben eingesetzt, so ist im Zweifel anzunehmen, daß dieser nicht mehr erhalten soll, als der Abkömmling unter Berücksichtigung der Ausgleichungspflicht erhalten würde.

E I 2160 II 1924; M 5 704–706; P 5 892, 893; 6 340, 342.

Ausgleichspflicht bei Wegfall eines Abkömmlings

1. **Wegfall eines Abkömmlings:** durch Tod vor dem Erbfalle (§ 1924), Ausschließung (§ 1938 Ausschlagung (§ 1953), Erbunwürdigkeit (§ 2344), Erbverzicht (§ 2346).

2. In diesen Fällen (A 1) **treten an Stelle des ausgleichspflichtigen Abkömmlings,** aber kraft eigenen Erbrechts (§ 1924 A 4), **seine Abkömmlinge** nach Verhältnis ihrer Erbteile, falls sie nicht durch die Ausschließung (§ 1938 A 2) oder den Verzicht (§ 2349) gleichfalls ausgeschlossen sind. Sie treten dann auch in die Ausgleichspflicht ein, da diese andernfalls durch Ausschlagung oder Verzicht des Empfängers der Zuwendung vereitelt werden könnte. Ist der Abkömmling mit Übergehung seines Vorfahren vom Erblasser durch Verfügung von Todes wegen unmittelbar als Erbe eingesetzt, so ist er nicht an die Stelle eines andern getreten; § 2051 findet dann keine Anwendung (RG Warn 1913 Nr 238). Darauf, ob die Abkömmlinge Erben des Weggefallenen geworden sind und ob der Vorempfang ihnen selbst zugute gekommen ist, kommt es nicht an. Der an die Stelle tretende Abkömmling des Erblassers braucht nicht Abkömmling des ursprünglich Ausgleichsverpflichteten zu sein; fällt z. B. der mit einer Zuwendung bedachte Enkel des Erblassers (der nach § 2053 ausgleichspflichtig war) weg, ohne Abkömmlinge zu haben, so erhöht sich dadurch der Erbanteil seiner Geschwister; diese treten also auch hinsichtlich der Ausgleichspflicht an seine Stelle. Ihre Ausgleichspflicht beschränkt sich aber auf den Erbanteil des Empfängers der Zuwendung; ihr eigener ursprünglicher Erbanteil wird davon nicht berührt (§ 1935). Ist anderseits der Erbanteil eines Abkömmlings des Erblassers mit einer Ausgleichspflicht belastet und kommt zu ihm der Erbanteil eines andern weggefallenen Abkömmlings hinzu, so wird dieser durch die auf dem ursprünglichen Erbanteile lastende Ausgleichspflicht nicht betroffen. Stirbt der ausgleichspflichtige Abkömmling, nachdem er die Erbschaft angenommen hat, so geht die Ausgleichspflicht mit der Erbschaft auf seine Erben über, gleichviel, ob sie Abkömmlinge des Erblassers sind oder nicht. Stirbt er vor der Annahme und nehmen seine Erben die Erbschaft an, so trifft sie gleichfalls die in der Person ihres unmittelbaren Erblassers begründete Ausgleichspflicht.

§ 2051 Abs 1 trifft auch zu, wenn an die Stelle des ausgleichspflichtigen ein anderer Abkömmling des Erblassers nicht als dessen gesetzlicher Erbe, sondern infolge Erbeinsetzung nach Verhältnis der gesetzlichen Erbteile tritt (§ 2052). Ist dagegen der kraft solcher Erbeinsetzung eintretende Erbe nicht ein Abkömmling, so kann nur Abs 2 des § 2051 (vgl. A 3) Platz greifen.

3. **Zu Abs 2: Ersatzerbe** (§§ 2096ff., 2102). Der Ersatzerbe kann eingesetzt sein sowohl für den Fall, daß ein als gesetzlicher Erbe, wie für den Fall, daß ein nach dem Verhältnisse der gesetzlichen Erbteile durch Erbeinsetzung (§ 2052) berufener Abkömmling wegfällt. Ein solcher Ersatzerbe soll, auch wenn er nicht Abkömmling des Erblassers ist (andernfalls trifft Abs 1 zu; vgl. A 2), nach dem zu vermutenden Willen des Erblassers („im Zweifel") nicht mehr erhalten, als der weg gefallene Abkömmling unter Berücksichtigung der Ausgleichspflicht erhalten hätte. Damit ist ausgedrückt, daß bei Berechnung des Erbteils des fremden Ersatzerben einerseits die Ausgleichspflicht, die zu Lasten des weggefallenen Abkömmlings wegen der diesem gemachten Zuwendungen begründet gewesen ist, anderseits aber auch das für ihn begründet gewesene Recht, von andern Abkömmlingen Ausgleichung wegen der diesen gemachten Zuwendungen zu verlangen, berücksichtigt werden soll; was der Weggefallene danach erhalten hätte (also das Gesamtergebnis der Auseinandersetzung für ihn), bildet die Höchstgrenze dessen, was der Ersatzerbe erhält. Einen abweichenden Willen des Erblassers nach der einen oder anderen Richtung hat der Ersatzerbe zu beweisen.

§ 2052

Hat der Erblasser die Abkömmlinge auf dasjenige als Erben eingesetzt, was sie als gesetzliche Erben erhalten würden, oder hat er ihre Erbteile so bestimmt, daß sie zueinander in demselben Verhältnisse stehen wie die gesetzlichen Erbteile, so ist im Zweifel anzunehmen, daß die Abkömmlinge nach den §§ 2050, 2051 zur Ausgleichung verpflichtet sein sollen.

E II 1925; P 5 891, 892.

Ausgleichspflicht bei testamentarischer Erbfolge

1. Die an sich nur für die gesetzliche Erbfolge (§ 2050 A 2) vorgeschriebene Ausgleichung unter den Abkömmlingen soll „im Zweifel" auch eintreten, wenn der Erblasser durch **Erbeinsetzung** entweder den gleichen Erfolg herbeigeführt hat, wie er im Falle der gesetzlichen Erbfolge eingetreten sein würde, indem er die Abkömmlinge **auf dasjenige eingesetzt hat, was sie als gesetzliche Erben erhalten würden** (was auch dadurch geschehen kann, daß er sie ohne nähere Bestimmung einsetzt, § 2066), oder wenn er sie wenigstens durch entsprechende **Bestimmung ihrer Erbteile im Verhältnis zueinander** so gestellt hat, wie sie bei gesetzlicher Erbfolge stehen würden. Letzterer Fall liegt auch vor, wenn der Erblasser seine Enkel „zu gleichen Teilen" als Erben eingesetzt hat und sie bei seinem Tode infolge Wegfalls ihrer Mutter, der Tochter des Erblassers, seine gesetzlichen Erben waren; auch in diesem Falle sind daher die eingesetzten Abkömmlinge gemäß §§ 2050, 2051 im Zweifel zur Ausgleichung der vor dem Tode des Erblassers empfangenen Zuwendungen verpflichtet (RG 149, 133; vgl. auch § 2053 A 1). Hat der Erblasser die Erbteile der Abkömmlinge so bestimmt, daß sie zueinander in demselben Verhältnis stehen wie die gesetzlichen Erbteile, so können die den Abkömmlingen zugewiesenen Erbteile absolut kleiner oder größer sein als die gesetzlichen, indem neben ihnen noch andere, und zwar Nichtabkömmlinge, als Erben berufen oder solche, die als gesetzliche Erben neben ihnen berufen wären (Ehefrau), ausgeschlossen sind. Ist ein Stamm von der Erbfolge ausgeschlossen oder sind die Erbteile nur für einen Teil der Abkömmlinge nach dem gesetzlichen Verhältnis, für die übrigen Abkömmlinge in anderer Weise bestimmt, so ist für die nach dem gesetzlichen Verhältnis eingesetzten Abkömmlinge in ihrem Verhältnis zueinander § 2052 anwendbar (RG 90, 420; Warn 1938 Nr 22; Planck-Ebbecke A 1; a. M. die 8. Auflage dieses Komm.). § 2052 ist auch anwendbar, wenn einem Abkömmling ein Vorausvermächtnis ausgesetzt worden ist. Das Verhältnis der Erbteile zueinander wird dadurch nicht berührt; auch folgt daraus nicht ohne weiteres der Wille des Erblassers, den durch ein solches, auf den Erbteil nicht anzurechnendes Vermächtnis begünstigten Abkömmling noch weiter dadurch zu bevorzugen, daß er auch die ihm unter Lebenden gemachten Zuwendungen nicht zur Ausgleichung zu bringen habe (RG 13. 1. 10 IV 150/09 und RG 90, 422). Anderseits kann in der Zuwendung eines Vorausvermächtnisses an einen Abkömmling, wenn andere Abkömmlinge an sich ausgleichspflichtige Zuwendungen unter Lebenden erhalten haben, nach Lage der Sache unter Umständen der Wille des Erblassers gefunden werden, diesen die Ausgleichung zu erlassen (RG 90, 421).

1a. Obwohl im Regelfalle des § 2269 die in dem gemeinschaftlichen Testamente zu Erben eingesetzten Abkömmlinge grundsätzlich nur Erben des zuletzt verstorbenen Ehegatten sind, muß doch auch der zuerst verstorbene Ehegatte ihnen gegenüber als **„Erblasser"** im Sinne des § 2052 (und ebenso im Sinne der §§ 2066—2069) gelten; die im Verhältnis der gesetzlichen Erbteile gemäß § 2052 eingesetzten Abkömmlinge haben deshalb die Zuwendungen, die ihnen von dem zuerst verstorbenen Ehegatten oder aus dessen Nachlaß von dem überlebenden gemacht worden sind, nach dem Tode des zuletzt verstorbenen bei der Auseinandersetzung seines Nachlasses nach Maßgabe der §§ 2050, 2051 auszugleichen (RG 26. 3. 14 IV 686/13; RG Warn 1938 Nr 22; vgl. auch § 2269 A 2). — Entsprechende Bestimmung für die fortgesetzte Gütergemeinschaft § 2054 Abs 2 (A 3).

2. Liegen die Voraussetzungen des § 2052 vor, so tritt eine gesetzliche Tatsachen-Vermutung **(„im Zweifel")** für den Willen des Erblassers, also eine Auslegungsregel, dahin ein, daß der Erblasser die Ausgleichung unter den Abkömmlingen nach Maßgabe der **§§ 2050, 2051** gewollt habe, nämlich sowohl zu Lasten derjenigen Abkömmlinge, die selbst eine Zuwendung erhalten haben (§ 2050), wie auch derjenigen, die kraft gesetzlicher Erbfolge oder als Ersatzerben an ihre Stelle getreten sind (§ 2051 Abs 1, 2). Im Falle der Erhöhung des Erbteils eines Abkömmlings durch Anwachsung (§ 2095) gilt auch hier das in A 2 zu § 2051 hinsichtlich der Erhöhung des gesetzlichen Erbteils Gesagte. — Die Vermutung kann der Abkömmling, der bei ihrem Zutreffen ausgleichspflichtig sein würde, widerlegen, indem er einen gegenteiligen Willen des Erblassers nachweist.

§ 2053

Eine Zuwendung, die ein entfernterer Abkömmling vor dem Wegfalle des ihn von der Erbfolge ausschließenden näheren Abkömmlinges oder ein an die Stelle eines Abkömmlinges als Ersatzerbe tretender Abkömmling von dem Erblasser erhalten hat, ist nicht zur Ausgleichung zu bringen, es sei denn, daß der Erblasser bei der Zuwendung die Ausgleichung angeordnet hat.

Das gleiche gilt, wenn ein Abkömmling, bevor er die rechtliche Stellung eines solchen erlangt hatte, eine Zuwendung von dem Erblasser erhalten hat.

E I 2161 II 1926; M 5 706, 707; P 5 892, 893.

Ausgleichspflicht bei Zuwendungen an entferntere Abkömmlinge

1. Wegfall des näheren Abkömmlings § 2051 A 1, s. auch § 2069. Die Ausgleichspflicht entspricht dem mutmaßlichen Willen des Erblassers in der Regel nur dann, wenn er sich den mit einer Zuwendung bedachten Abkömmling dabei als seinen unmittelbaren Erben vorgestellt hat, dem er gewissermaßen einen Teil der Erbschaft vorausgewähre. Diese Absicht ist regelmäßig ausgeschlossen, wenn die **Zuwendung an einen entfernteren Abkömmling** vor Wegfall des näheren, z. B. dem Enkel bei Lebzeiten des Vaters, gemacht wird. Daher sind unter dieser Voraussetzung auch solche Zuwendungen, die nach § 2050 Abs 1, 2 zur Ausgleichung zu bringen wären (Ausstattung, übermäßige Zuschüsse und Aufwendungen der dort bezeichneten Art) nicht ausgleichspflichtig, falls die Ausgleichspflicht nicht besonders angeordnet worden ist (A 3). Da hiernach die Vorstellung des Erblassers das Entscheidende ist, trifft die Ausgleichspflicht auch den mit der Zuwendung bedachten Abkömmling, dessen Vorfahr zu dieser Zeit bereits weggefallen war, dann nicht, wenn der Erblasser den Vorfahren irrig noch am Leben glaubte, obwohl der Wortlaut des Gesetzes diesen Fall nicht trifft. Umgekehrt ist im Zweifel Ausgleichung gewollt, wenn er den Bedachten z. Zt. der Zuwendung irrig für seinen gesetzlich berufenen Erben hielt; desgleichen wenn er ihm die Zuwendung zu einer Zeit gemacht hat, als er den näheren Abkömmling bereits von der Erbfolge ausgeschlossen hatte (RG 149, 134).

2. Die gleiche Erwägung (A 1) trifft auch zu, wenn ein vom Erblasser als **Ersatzerbe** (§§ 2096 ff., 2102) **eingesetzter Abkömmling,** und zwar (wie in Ergänzung des Wortlauts des Gesetzes hinzugefügt werden muß) zu einer Zeit, zu der sein als gesetzlicher oder gemäß § 2052 eingesetzter Erbe in erster Linie berufener Vormann noch nicht weggefallen war, eine Zuwendung erhalten hat. Bei einem Ersatzerben, der nicht Abkömmling ist, kommt eine Ausgleichspflicht wegen Zuwendungen, die er persönlich erhalten hat, (wegen der seinem Vormanne gemachten Zuwendungen vgl. § 2051 Abs 2 u. A 3), nicht in Frage.

3. Abweichend von § 2050 bedarf es in den Fällen des § 2053 auch für sonst ausgleichspflichtige Zuwendungen einer besonderen **Anordnung des Erblassers,** die **bei der Zuwendung** getroffen sein muß. Näheres vgl. § 2050 A 7. Die Beweislast, daß eine solche Anordnung erfolgt sei, trifft die Miterben, welche die Ausgleichung des Vorempfangs verlangen.

4. Abs 2 bezieht sich auf die Legitimation durch nachfolgende Ehe (§ 1719), durch Ehelichkeitserklärung (§§ 1723 ff.) und auf die Annahme an Kindes Statt (§§ 1741 ff., 1762).

§ 2054

Eine Zuwendung, die aus dem Gesamtgute der allgemeinen Gütergemeinschaft, der Errungenschaftsgemeinschaft oder der Fahrnisgemeinschaft erfolgt, gilt als von jedem der Ehegatten zur Hälfte gemacht. Die Zuwendung gilt jedoch, wenn sie an einen Abkömmling erfolgt, der nur von einem der Ehegatten abstammt, oder wenn einer der Ehegatten wegen der Zuwendung zu dem Gesamtgut Ersatz zu leisten hat, als von diesem Ehegatten gemacht.

Diese Vorschriften finden auf eine Zuwendung aus dem Gesamtgute der fortgesetzten Gütergemeinschaft entsprechende Anwendung.

E I 2162 II 1927; M 5 707, 708; P 5 893.

Zuwendungen aus dem Gesamtgut

1. Zu Abs 1 Satz 1: Die Bestimmung ist in ihrem Ausgangspunkt dadurch überholt, daß de Verwaltung des Gesamtguts gemäß den Artt 3 Abs 2, 117 Abs 1 GrundG seit dem 1. 4. 1953 nicht mehr dem Ehemann allein, sondern beiden Ehegatten gemeinsam zusteht. Inhaltlich wird die Vorschrift jedoch durch den Gleichberechtigungsgrundsatz nicht berührt, da sie ihm ohnehin nicht widerspricht.

Nach der Regel der §§ 1443, 1519, 1549 empfangen bis zum 31. 3. 1953 Abkömmlinge **Zuwendungen aus dem Gesamtgute** vom Manne als dem Verfügungsberechtigten, auch wenn die Frau zu Schenkungen ihre Zustimmung erteilt (§ 1466) oder wenn sie in Vertretung des Mannes gehandelt hatte (§ 1450). An sich wären daher die Abkömmlinge nur gegenüber dem Nachlasse des Mannes ausgleichspflichtig gewesen. Da dieses Ergebnis dem Wesen der Gütergemeinschaft und dem Gedanken der Ausgleichspflicht nicht entspricht, schreibt das Gesetz die Ausgleichung der an gemeinschaftliche Abkömmlinge gemachten Zuwendungen gegenüber den Nachlässen beider Ehegatten je zur Hälfte vor. Die Angleichung hat deshalb, wenn sie nicht bis zur Beendigung der fortgesetzten Gütergemeinschaft hinausgeschoben ist (§§ 1483, 1557, 1497; vgl. Abs 2 und A 3), regelmäßig zweimal, je zur Hälfte, stattzufinden.

2. Zu Abs 1 Satz 2: Die Zuwendung an einen **Abkömmling, der nur von einem der Ehegatten abstammt, gilt als nur von diesem Ehegatten geleistet;** ebenso gilt eine Zuwendung, für die einer der Ehegatten **dem Gesamtgute Ersatz zu leisten hat,** als **nur von diesem Ehegatten gemacht.** Entscheidend ist nicht, welcher Ehegatte die Zuwendung gemacht hat, sondern die Abstammung bzw. die Ersatzpflicht. RG 94, 262 legt die Vorschrift — u. ebenso die gleichlautende des § 2331 — unter Einschränkung ihres Wortlauts, aber in zutreffender Begrenzung ihres Sinnes und Zweckes dahin aus, daß die Zuwendung nur insoweit als von dem betreffenden Ehegatten gemacht gilt, als die ihm zukommende Hälfte des Gesamtgutes reicht; hierbei soll nicht der Zeitpunkt der Zuwendung, sondern derjenige der Beendigung der Gütergemeinschaft maßgebend sein (vgl. auch § 2331 A 1). Die Ersatzpflicht besteht für den Mann, soweit er eine Ausstattung verspricht oder gewährt, die das Maß übersteigt, das dem Gesamtgut entspricht (§§ 1465, 1467, 1476 Abs 2, 1538, 1549). Bei Zuwendungen anderer Art (§ 2050 Abs 2, 3) kann er ersatzpflichtig werden, wenn er sie in böslicher Absicht oder ohne Zustimmung der Frau vornimmt (§§ 1456, 1446) oder wenn er entsprechende Verbindlichkeiten in bezug auf sein Vorbehaltsgut eingegangen ist, sie aber demnächst aus dem Gesamtgute berichtigt hat (§ 1466). Die Frau wird, soweit sie in Vertretung des Mannes handelt (§ 1450) oder sonst das Gesamtgut wirksam verpflichtet (§ 1460), nach Maßgabe der Vorschriften über Geschäftsführung oder Auftrag ersatzpflichtig. Soweit es nach §§ 2050—2053 für die Ausgleichspflicht auf Anordnungen oder auf den Willen des Erblassers ankommt, ist die Person des Ehegatten maßgebend, der als Geber der Zuwendung gilt.

3. Zu Abs. 2: Fortgesetzte Gütergemeinschaft §§ 1483ff., 1557. Der überlebende Ehegatte hat hierbei die rechtliche Stellung des Mannes, die beteiligten Abkömmlinge haben diejenige der Frau, § 1487. Die Ausstattung gemeinschaftlicher Abkömmlinge gilt hiernach als zur Hälfte aus dem Anteile des überlebenden Ehegatten, zur Hälfte aus demjenigen der übrigen Abkömmlinge, soweit aber der überlebende Ehegatte ersatzpflichtig ist, als nur aus dessen Vermögen gewährt. Der Überlebende ist nach § 1499 Nr 3 ersatzpflichtig, wenn die Ausstattung im Verhältnis zu dem Gesamtgute übermäßig oder einem infolge Verzichts (§ 1491) oder Ausschließung (§ 1511) oder als nicht gemeinschaftlich (§ 1483) nicht anteilsberechtigten Abkömmling gewährt ist. Ist die Zuwendung an einen nicht gemeinschaftlichen Abkömmling gemacht, so kann demnach zweifelhaft sein, ob sie demjenigen Ehegatten zuzurechnen ist, von dem der Abkömmling abstammt (vgl. Abs 1 Satz 2 Halbsatz 1 und A 2) oder dem Überlebenden, der ersatzpflichtig ist (vgl. Abs 1 Satz 2 Halbsatz 2 sowie § 1499 Nr 3). Die Ersatzpflicht ist jedoch in erster Linie maßgebend. Hat also der überlebende Ehemann einem Abkömmlinge seiner Frau eine Zuwendung aus dem Gesamtgute gemacht, für die er diesem Ersatz leisten muß, so ist zum Nachlasse des Mannes auszugleichen. Dasselbe gilt von anderen Zuwendungen (§ 2050 Abs 2, 3), durch die sich der überlebende Ehegatte, wenn die übrigen Abkömmlinge nicht zustimmen, regelmäßig ersatzpflichtig macht, § 1456. — Entsprechende Bestimmungen beim Pflichtteilsergänzungsanspruch § 2331.

§ 2055

Bei der Auseinandersetzung wird jedem Miterben der Wert der Zuwendung, die er zur Ausgleichung zu bringen hat, auf seinen Erbteil angerechnet. Der Wert der sämtlichen Zuwendungen, die zur Ausgleichung zu bringen sind, wird dem Nachlasse hinzugerechnet, soweit dieser den Miterben zukommt, unter denen die Ausgleichung stattfindet.

Der Wert bestimmt sich nach der Zeit, zu der die Zuwendung erfolgt ist.

E I 2163 II 1928; M 5 708, 709; P 5 893, 894.

Übersicht:

Vollzug der Ausgleichung

1. § 2055 regelt den Vollzug der Ausgleichung nach den Grundsätzen der **Idealkollation;** dabei ist die Rückgewähr in Natur ausgeschlossen (§ 2050 A 1). Die Ausgleichung vollzieht sich danach erst gelegentlich der Auseinandersetzung, nur rechnerisch und nur innerhalb des Kreises der hiervon betroffenen Abkömmlinge. Dieselben Grundsätze gelten für die Berechnung des Pflichtteils (§§ 2315, 2316).

Der **Wert der Zuwendung** (maßgebender Zeitpunkt Abs 2; A 3) bestimmt sich nach Vereinbarung der Beteiligten, sonst nach freier Schätzung. Wer einen höheren als den vom Ausgleichspflichtigen zugegebenen Wert behauptet, ist hierfür beweispflichtig. Der Wert kann bei der Zuwendung von dem Erblasser formlos, nachher nur im Wege der Verfügung von Todes wegen **festgesetzt** werden. Die Festsetzung ist für die Beteiligten maßgebend, soweit sie nicht den

Pflichtteil der Ausgleichsberechtigten oder des Ausgleichsverpflichteten beeinträchtigt (vgl. A 4, 7 zu § 2050).

2. Zu Abs 1 Satz 2: Sind neben den an der Ausgleichung beteiligten Abkömmlingen noch andere gesetzlich oder letztwillig berufene Erben vorhanden, so ist von der ermittelten Teilungsmasse zunächst der Betrag der Erbteile zu berechnen, die auf die an der Ausgleichung nicht beteiligten Erben entfallen. Zu dem verbleibenden Reste wird der ziffermäßige **Gesamtbetrag der Zuwendungen hinzugerechnet.** Von der so gefundenen Masse werden die Erbteile der an der Ausgleichung beteiligten Abkömmlinge berechnet. Von diesem rechnungsmäßigen Erbteil wird jedem ausgleichspflichtigen Abkömmling der Wert der empfangenen Zuwendung abgezogen. Der Rest bildet den ihm wirklich auszuschüttenden Erbteil. Beispiel: Nachlaß 2000. Erben Witwe W (¼), 3 Abkömmlinge X, Y, Z (je ¼). Vorweg Erbteil der W 500, verbleibt Teilungsmasse für die Abkömmlinge 1500. Es haben vorempfangen und einzuwerfen X 500, Y 300, Z 100, zusammen 900. Es entfallen mithin von 1500 + 900 = 2400 auf jeden Abkömmling ⅓ = 800. In Wirklichkeit erhalten X 800 — 500 = 300, Y 800 — 300 = 500, Z 800 — 100 = 700, zusammen 1500, womit (zuzüglich der vorweg der W überwiesenen 500) der Nachlaß aufgeht.

Die Vorschriften des Gesetzes sind nicht zwingend; die Beteiligten können deshalb die Ausgleichung auch in anderer Weise (so durch Einbringen in Natur) durchführen (vgl. § 2050 A 1). Ist die Ausgleichung bei der Auseinandersetzung unterblieben, so ist unter den Voraussetzungen der §§ 812 ff. ein Bereicherungsanspruch gegeben (vgl. § 2050 A 7b). — Vgl. ferner A 4.

3. Zu Abs 2: Die **Zeit der Zuwendung** bleibt maßgebend, auch wenn inzwischen Werterhöhungen oder Wertverminderungen stattgefunden haben oder die zugewendeten Gegenstände untergegangen sein sollten (RG Warn 1932 Nr 120). Zinsen, Nutzungen u. dgl. kommen nicht in Betracht. Etwaige abweichende Anordnungen des Erblassers sind nur mit der oben (A 1) angegebenen Beschränkung wirksam. Doch bezieht sich die Maßgeblichkeit der Zeit der Zuwendung nur auf den Sachwert; später eingetretene scheinbare Wertänderungen, die in Wirklichkeit nur Veränderungen des Wertmessers, in welchem der Sachwert ausgedrückt ist, nämlich des Geldes, bedeuten, sind, wie bei sonstigen Ansprüchen auf Ersatz des Sachwertes, z. B. bei der Enteignung (vgl. 9. Aufl. § 242 A 5 dδββ), so auch bei der Ausgleichspflicht zu berücksichtigen (RG 108, 340; HRR 1930 Nr 1805; 1931 Nr 513; 1932 Nr 1307). Beruht die Ausgleichspflicht auf testamentarischer Anordnung (§§ 2050 Abs 3, 2052), so kann wegen des für die Wertbemessung maßgebenden Zeitpunktes bei besonderen Umständen einem etwa abweichenden Willen des Erblassers Rechnung getragen werden (JRdsch 1927, 1120; HRR 1930 Nr 1805).

Auch die Geldentwertung vor der **Währungsumstellung** (1948) ist zu berücksichtigen. Der Anspruch auf Ausgleichung von Voremptängen ist keine Forderung. Doch kann es vielfach gerechtfertigt sein, auch Vorempfänge entsprechend der Vorschrift des § 18 Abs 1 Nr 3 UmstG mit ihrem Nennwert z. Zt. der Zuwendung im Verhältnis 1:1 in Deutscher Mark in der Ausgleichsrechnung einzusetzen (vgl. im einzelnen Harmening-Duden, Die Währungsgesetze, § 18 UmstG. Erl 27; Däubler DRZ 1949, 6; JZ 1951, 97; Merkert, DNotZ 1950, 425; auch LG Bremen NJW 1951, 199).

4. Sehr bestritten ist die Frage, in welcher Art eine bestehende Ausgleichspflicht auf die **Rechtsstellung der ausgleichspflichtigen und der ausgleichsberechtigten Miterben in der Erbengemeinschaft** und die sich aus ihr ergebenden rechtlichen Beziehungen einwirkt. Nach dem E I zum BGB (§§ 2157, 2163) sollte die Ausgleichspflicht von der Auseinandersetzung losgelöste, rein schuldrechtliche Beziehungen unter den beteiligten Miterben erzeugen, die dingliche Gestaltung des Miterbenrechts aber nicht beeinflussen. Dieser Standpunkt hat eine von der zweiten Kommission (Prot 5, 893) ausdrücklich als grundsätzlich bezeichnete Änderung erfahren; die Ausgleichung ist in der Weise in die Auseinandersetzung eingegliedert worden, daß die Anteilsberechtigung an der Teilungsmasse durch sie von dem Verhältnisse der Erbschaftsquoten (Erbteile, § 1922 A 8) abweichend gestaltet worden ist. Diese Wirkung tritt aber erst bei der Auseinandersetzung ein.

Bis zur Auseinandersetzung hat die Ausgleichspflicht grundsätzlich keinen Einfluß auf die Gestaltung der Erbengemeinschaft, weder im inneren Verhältnisse noch nach außen; die Miterben sind nur im Rahmen der den einzelnen zustehenden Erbschaftsquoten an der Verwaltung und Verfügung über die Erbschaft beteiligt und dabei stimmberechtigt (§ 2038 A 4); auch ein durch ausgleichspflichtige Zuwendungen schon vollständig gedeckter Miterbe ist von der Teilnahme nicht ausgeschlossen; nur im Falle einer Gefährdung der bei der späteren Auseinandersetzung zu berücksichtigenden Ausgleichspflicht können im Wege der einstweiligen Verfügung Sicherungsmaßnahmen ergriffen werden, z. B. die Aussetzung oder Einschränkung der Verwaltungs- und Nutzungsrechte (s. auch Staudinger-Lehmann A 9; teilweise abweichend Planck-Ebbecke A 3 Abs 2). Die Früchte werden nach § 2038 Abs 2 Satz 2 bei der Auseinandersetzung geteilt; etwa dennoch schon vorher gemäß den Erbquoten erfolgte Früchteverteilungen werden bei dieser in der Weise berücksichtigt, daß der ausgleichspflichtige Miterbe die nach seiner Ausgleichspflicht zuviel bezogenen Früchte zu erstatten hat. Den Nachlaßgläubigern gegenüber bewirkt die Ausgleichspflicht vor der Auseinandersetzung keine Änderung der gesamtschuldnerischen Haftung nach Maßgabe der §§ 2058, 2059 (vgl. A 4 zu § 2059).

Nach der Auseinandersetzung haften die Miterben untereinander für etwa noch nicht berichtigte Nachlaßverbindlichkeiten, die bei der Auseinandersetzung nicht berücksichtigt sind, nach Bereicherungsgrundsätzen unter Berücksichtigung der Ausgleichspflicht. Den Nachlaßgläubigern gegenüber haften sie auch jetzt grundsätzlich als Gesamtschuldner, jedoch, falls sie das Beschränkungsrecht nicht verloren haben, unter Vorbehalt der Beschränkung auf das, was sie wirklich, unter Berücksichtigung der Ausgleichspflicht, aus dem Nachlasse erhalten haben. Wegen der Berücksichtigung der Ausgleichspflicht bei der anteiligen Haftung, die in den Ausnahmefällen des § 2060 eintritt, vgl. § 2060 A 1.

Der Erwerber des Anteils eines Miterben (§ 2033) und der Gläubiger eines Miterben, der dessen Anteil am Nachlasse pfändet, sowie der Nachlaßgläubiger, der die Zwangsvollstreckung in den Anteil des Miterben vor der Teilung betreibt (§ 2059 Abs 1 Satz 1), erlangen dadurch hinsichtlich der Ausgleichspflicht die gleiche Stellung wie der Miterbe selbst.

§ 2056

Hat ein Miterbe durch die Zuwendung mehr erhalten, als ihm bei der Auseinandersetzung zukommen würde, so ist er zur Herauszahlung des Mehrbetrags nicht verpflichtet. Der Nachlaß wird in einem solchen Falle unter die übrigen Erben in der Weise geteilt, daß der Wert der Zuwendung und der Erbteil des Miterben außer Ansatz bleiben.

E I 2164 II 1929; M 5 709, 710; P 5 893.

Keine Rückgewähr des Mehrempfangs

1. Zu Satz 1: Der Ausgleichspflichtige ist nicht oder doch nur rechnungsmäßig Schuldner des Nachlasses. Die **Zuwendung verbleibt dem Abkömmling** ganz, auch wenn sie rechnerisch den Betrag des auf ihn entfallenden Auseinandersetzungsguthabens übersteigt. Auch ein pflichtteilsberechtigter Abkömmling hat auf Grund der bei Berechnung seines Pflichtteils zu berücksichtigenden Ausgleichspflicht (§ 2316) keinen Anspruch auf Herauszahlung einer ausgleichspflichtigen Zuwendung (RG 77, 282). Der Pflichtteilsergänzungsanspruch (§ 2325) erstreckt sich nur auf eigentliche Schenkungen; andere ausgleichspflichtige Zuwendungen (so eine Ausstattung, soweit sie nicht als Schenkung gilt, § 1624) sind bei Berechnung der Pflichtteilsergänzung dem Nachlasse nicht hinzuzurechnen (RG 77, 282). Der Ausgleichspflichtige geht somit schlimmstenfalls bei der Auseinandersetzung leer aus, ohne daß dadurch übrigens seine Erbeneigenschaft beeinträchtigt wird (vgl. § 2055 A 4). Schuldenhaftung s. § 2058 A 2. Wegen der Vorempfänge aus einem Hof vgl. BGH 4, 341.

2. Zu Satz 2: Der hierdurch entstehende **Ausfall** läßt zwar die ideellen Erbteile der ausgleichsberechtigten Miterben unberührt, führt aber zu einer Verringerung des auf sie entfallenden Anteils am Überschusse. Der leer ausgehende Miterbe scheidet sowohl mit der ihn treffenden Einwerfungspost als auch mit dem Erbteile für die Auseinandersetzung aus. Es mindert sich mithin die Teilungsmasse (durch Streichung der Einwerfungspost), es ändert sich aber auch (infolge Wegfalls eines Bruchteils) der Teilungsquotient; die Bruchteile sind daher auf einen andern Nenner zu bringen. Dabei müssen jedoch die Bruchteile der Miterben, die bei der Auseinandersetzung beteiligt bleiben, zueinander in dem gleichen Verhältnisse stehen wie vorher, da sich sonst grobe Unbilligkeiten ergeben würden. Der Wortlaut des Gesetzes, demzufolge der **Erbteil des Miterben außer Ansatz bleibt,** trägt dem nicht vollständig Rechnung. Beispiel: Nachlaß 2000, Erben 3 Abkömmlinge X mit $\frac{1}{2}$, Y und Z mit je $\frac{1}{4}$. Es haben vorempfangen und einzuwerfen: X 400, Y nichts, Z 1000, zusammen 1400. Sonach würden an sich entfallen: von $2000 + 1400 = 3400$ auf X $\frac{1}{2} = 1700 - 400 = 1300$, auf Y $\frac{1}{4} = 850 - 0 = 850$, auf Z $850 - 1000 = 0$, da er den Mehrempfang von 150 nicht herauszuzahlen hat. Z bleibt deshalb sowohl mit seinem $\frac{1}{4}$ Erbteil als mit seinem Vorempfang von 1000 außer Ansatz. Somit sind bei der Auseinandersetzung beteiligt: X mit $\frac{1}{2} = \frac{2}{4}$, Y mit $\frac{1}{4}$ oder im Verhältnis ihrer Erbteile zueinander X mit $\frac{2}{3}$, Y mit $\frac{1}{3}$ von 2000 Nachlaß + 400 Einwerfungspost des X = 2400. Hiervon erhalten X $\frac{2}{3} = 1600 - 400 = 1200$, Y $\frac{1}{3} = 800$, womit der Nachlaß aufgeht.

Auch bei Berechnung des Pflichtteils eines Abkömmlings (§ 2316 Abs 1 Satz 1) darf die Zuwendung, die einem Miterben gemacht ist, der wegen zu hohen Vorempfangs für die Auseinandersetzung ausscheidet dem Nachlasse nicht hinzugerechnet werden; der Pflichtteil ist vielmehr nur von dem wirklich vorhandenen Nachlasse zu berechnen, zuzüglich des Wertes von ausgleichspflichtigen Zuwendungen an die Miterben, die beteiligt bleiben (RG 3. 7. 11 IV 619/10).

Infolge Minderung der Teilungsmasse kann das Ausscheiden von Miterben, die mehr als ihren rechnungsmäßigen Erbteil zugewendet erhalten haben, und erneute Berechnung der Anteile am Überschusse wiederholt notwendig werden. Darüber, daß bei Erhöhung des gesetzlichen Erbteils durch Wegfall eines gesetzlichen Erben (§ 1935) die Ausgleichung, welche den einen Erbteil überschwert von dem andern Erbteil nicht zu tragen ist, s. § 1935 A 5. Dasselbe gilt von dem Falle der Anwachsung (§ 2095) und von der Berufung zu mehreren Erbteilen durch mehrfache Verwandtschaft (§ 1927) oder Testament (§ 2066).

§ 2057

Jeder Miterbe ist verpflichtet, den übrigen Erben auf Verlangen Auskunft über die Zuwendungen zu erteilen, die er nach den §§ 2050 bis 2053 zur Ausgleichung zu bringen hat. Die Vorschriften der §§ 260, 261 über die Verpflichtung zur Leistung des Offenbarungseids finden entsprechende Anwendung.

E II 1930; P 5 8.

Auskunftspflicht über Zuwendungen

1. Zu Satz 1: Das **Auskunftsverlangen** ist kein Anspruch, der zum Nachlasse gehört (§ 2039); es kann vielmehr von den „übrigen Erben" (vgl. auch § 2034) und, da die gebrauchte Mehrheitsform dem nicht entgegensteht, von jedem einzelnen Miterben für sich gegen einen andern Miterben gestellt und weiter bis zur Eidesleistung verfolgt werden.

Auskunftsberechtigt sind nach § 2057 grundsätzlich nur die Miterben; die sinnentsprechende Anwendung des § 2057 führt aber dazu, daß auch ein Abkömmling, der nicht erbt, aber den Pflichtteil fordert, von einem erbenden Abkömmling Auskunft über die ihm unter Lebenden gemachten ausgleichspflichtigen Zuwendungen verlangen kann (RG 73, 372; Warn 1933 Nr 64; BGH 24. 9. 53 IV ZR 37/53; vgl. auch § 2314 A 1). Das Recht auf Auskunft steht neben den Erben auch dem mit der Auseinandersetzung beauftragten Testamentsvollstrecker (§ 2204) zu (str.). Der Nachlaß- und Nachlaßkonkursverwalter darf das Verlangen beim Nachweis eines besonderen Interesses stellen.

Bezüglich des **Auskunftspflichtigen** muß feststehen, daß er zu den von der Ausgleichspflicht nach §§ 2050—2053 betroffenen Personen gehört, insbesondere also, daß die gesetzliche Erbfolge oder § 2052 Platz greift.

Gegenstand der Auskunftspflicht sind grundsätzlich nur die ausgleichspflichtigen Zuwendungen; der Auskunftspflichtige braucht deshalb nicht (wie RG 58, 91 ausgeführt hatte) alle Zuwendungen anzugeben, die er jemals von dem Erblasser empfangen hat, damit auf Grund dieser Angaben festgestellt werden kann, ob sie ausgleichspflichtig sind (RG 73, 376). Der Auskunftspflichtige muß aber solche Zuwendungen offenbaren, die auch nur möglicherweise ausgleichspflichtig sind (vgl. auch Staudinger-Lehmann A 4; a. M. die 9. Aufl. dieses Kommentars). Ergeben sich Zweifel, ob eine bestimmte Zuwendung des Erblassers an ihn ausgleichspflichtig ist, so ist er gehalten, alle für und gegen die Ausgleichspflicht sprechenden Umstände anzugeben (RG Warn 1933 Nr 64; RG 14. 7. 32, IV 83/32). Nötigenfalls ist der Auskunftspflichtige im Prozeßwege und durch Zwangsvollstreckung (§ 888 ZPO) zur Erteilung der Auskunft anzuhalten. Handelt es sich um ein schon bekanntes Rechtsgeschäft, das sich äußerlich nicht als Zuwendung darstellt, so hat der Miterbe, der die Auskunft verlangt, nachzuweisen, daß es, ganz oder zum Teile, eine Zuwendung (§ 2050 A 7 a) enthält (RG JW 06, 358[20]). Durch die Angabe, er habe keine ausgleichspflichtigen Zuwendungen erhalten, genügt der Auskunftspflichtige zunächst seiner Auskunftspflicht, vorbehaltlich des Offenbarungseides.

Die Auskunftspflicht des ausgleichspflichtigen Miterben erstreckt sich auch auf den Wert, den die Zuwendung z. Zt. des Empfanges hatte; er muß auf Verlangen des Berechtigten alles angeben, was ihm über den Wert oder über Anhaltspunkte, um ihn zu bestimmen, bekannt ist (OLG 40, 149).

Wegen der Auskunftspflicht der Miterben als solcher untereinander im übrigen s. § 2038 A 7.

2. Zu Satz 2: Nach **§ 260** ist ein **Bestandsverzeichnis** jedenfalls dann vorzulegen, wenn die Zuwendung einen Inbegriff von Gegenständen umfaßt hat. Im übrigen ist für die Auskunft die Form des Verzeichnisses nicht vorgeschrieben; doch wird sie aus Zweckmäßigkeitsgründen, vor allem im Interesse der Klarheit und Rechtssicherheit, insbesondere um unnötigen Rechtsstreitigkeiten vorzubeugen, regelmäßig schriftlich und unter Angabe der für die Feststellung der Art und des Wertes sowie der Ausgleichspflicht erforderlichen Einzelheiten zu erteilen sein. Eine mündliche Auskunft, die nur allgemeine Erklärungen enthält, kann leicht den Verdacht begründen, daß die Auskunft nicht mit der erforderlichen Sorgfalt erteilt ist, und damit gemäß § 260 Abs 2 **die Verpflichtung zur Leistung des Offenbarungseides nach**

sich ziehen. Die Vorschrift des § 259 Abs 3 ist nicht für anwendbar erklärt worden; es trifft daher nicht zu, daß der Offenbarungseid nicht verlangt werden kann, wenn es sich um Zuwendungen von geringer Bedeutung handelt, sofern nicht etwa § 226 einschlägt.

Nach **§ 261** ist der Offenbarungseid, falls der Miterbe im Prozeßwege dazu verurteilt worden ist, vor dem Prozeßgericht erster Instanz (§ 889 ZPO), andernfalls vor dem Amtsgerichte des Wohnsitzes des schwurpflichtigen Miterben, der für die Verpflichtung Erfüllungsort ist (§ 269), zu leisten. Über die Form der Eidesleistung bestimmen die §§ 163, 79 FGG. Der Inhalt des Eides hat, entsprechend dem Inhalte der Auskunftspflicht (A 1), dahin zu gehen, daß der Schwurpflichtige die zur Ausgleichung zu bringenden Zuwendungen so vollständig angegeben habe, als er dazu imstande sei. Dabei empfiehlt es sich nach RG 73, 377 (vgl. 374), die Fassung an die zur Bezeichnung der Ausgleichsfälle vom Gesetze (§§ 2050—2053) gebrauchten Ausdrücke anzuschließen, um auch rechtsunkundige Schwurpflichtige über die Bedeutung des Eides möglichst aufzuklären (für den Einzelfall einschränkend OLG 40, 149). Im übrigen muß es dem Schwurpflichtigen unter eigener Verantwortung überlassen bleiben, sich zu erkundigen, welche Zuwendungen er anzugeben hat, und im Zweifel zur Wahrung seines Gewissens eine Zuwendung unter Vorbehalt als empfangen zu benennen. Eine den Umständen entsprechende Änderung der Eidesform **(§ 261 Abs 2)** wird namentlich etwaige Behauptungen des Auskunftsberechtigten über bestimmte Zuwendungen zu berücksichtigen haben. Die Kosten fallen nach **§ 261 Abs 3** dem Auskunftsberechtigten zur Last, der die Eidesleistung verlangt. Gebühr für die Verhandlung im Termin zur Abnahme des Offenbarungseides: KostO § 115.

II. Rechtsverhältnis zwischen den Erben und den Nachlaßgläubigern

1. Soweit nicht die **§§ 2058—2063** Abweichungen enthalten, sind auch bei Vorhandensein mehrerer Erben die Vorschriften des zweiten Titels über die **Haftung des Erben für die Nachlaßverbindlichkeiten** (§§ 1967—2017) anzuwenden, ebenso die ergänzenden Verfahrensvorschriften der ZPO (§§ 780—785). Auch ein Miterbe kann nicht verklagt werden, bevor er die Erbschaft angenommen hat (§ 1958). Nach der Annahme stehen jedem Miterben die aufschiebenden Einreden der §§ 2014, 2015 zu. Nachlaßverwaltung, Nachlaßkonkurs und Nachlaßvergleichsverfahren, von denen jedoch Nachlaßverwaltung und Nachlaßvergleichsverfahren nur gemeinschaftlich von allen Miterben und nur bis zur Teilung beantragt werden können (§ 2062; VerglO § 113 Nr 1, 3; wegen des Nachlaßkonkurses vgl. KO § 217), sichern auch den Miterben die beschränkte Haftung (§§ 1975ff.). Auf Antrag jedes noch nicht unbeschränkt haftenden Miterben (ZPO § 991) kann das Aufgebot der Nachlaßgläubiger durchgeführt und dadurch die Haftung der Miterben gegenüber ausgeschlossenen Gläubigern beschränkt werden (§§ 1970ff.); auch die Verspätung gemäß § 1974 kann jeder Miterbe geltend machen. Die Unzulänglichkeitseinrede der §§ 1990ff. ohne amtliche Nachlaßabsonderung steht jedem nicht unbeschränkt haftenden Miterben zu, und zwar bis zur Teilung auch dann, wenn die Voraussetzungen dieser Vorschriften (Dürftigkeit des Nachlasses oder Überschuldung auf Grund von Vermächtnissen und Auflagen) nicht vorliegen (§ 2059 Abs 1 Satz 1). Die Möglichkeit, die Erbenhaftung allen oder einzelnen Nachlaßgläubigern gegenüber zu beschränken, verlieren infolge Versäumens der Inventarfrist, wegen Mangel des Inventars, Nichtleistung des Offenbarungseides (§§ 1994 Abs 1, 2005 Abs 1, 2006 Abs 3) sowie fehlenden Vorbehalts im Prozesse (§ 780 Abs 1 ZPO) diejenigen Miterben, in deren Person die Voraussetzungen dafür vorliegen, jedoch vorbehaltlich der Vorschrift des § 2063 Abs 1 (A 1 dazu). Gegenüber einem Miterben, der Nachlaßgläubiger ist, haften die übrigen Miterben auch dann nicht unbeschränkt, wenn sie die Beschränkungsmöglichkeit den anderen Nachlaßgläubigern gegenüber verloren haben (§ 2063 Abs 2 und A 2).

2. Unabhängig davon, ob die mehreren Erben **beschränkt oder unbeschränkt** haften, d. h. mit welchen Mitteln sie für die Nachlaßverbindlichkeiten aufzukommen haben — ob nur mit dem ererbten oder auch mit dem eigenen Vermögen —, ist die Frage, ob jeder von ihnen den Gläubigern für den ganzen Schuldbetrag **(gesamtschuldnerisch)** haftet oder ob die Schuld nach dem Verhältnis ihrer Erbquoten geteilt ist **(anteilige Haftung)**. Sowohl die gesamtschuldnerische wie die anteilige Haftung kann sich auf den Nachlaß beschränken oder auch auf das eigene Vermögen des Miterben erstrecken. Das Gesetz stellt die gesamtschuldnerische Haftung als Regel auf (§ 2058); es durchbricht diesen Grundsatz aber zugunsten der anteiligen Haftung nach der Teilung unter den besonderen Voraussetzungen der §§ 2060, 2061, für die unbeschränkte Haftung eines Miterben schon vorher (§ 2059 Abs 1 Satz 2). Hiernach ist, wie Planck hervorhebt, eine vierfach verschiedene Haftung der Miterben denkbar: a) anteilig und beschränkbar, b) gesamtschuldnerisch, aber beschränkbar, c) anteilig, aber unbeschränkt, d) gesamtschuldnerisch und unbeschränkt.

Haftung bei der fortgesetzten Gütergemeinschaft § 1489. Für Schulden des Handelsgeschäfts HGB §§ 27, 139.

§ 2058

Die Erben haften für die gemeinschaftlichen Nachlaßverbindlichkeiten als Gesamtschuldner.

E I 2051 Satz 2 II 1932; M 5 526–530; P 5 867–871.

Gesamtschuldnerische Haftung der Erben

1. **Gemeinschaftliche Nachlaßverbindlichkeiten** (Nachlaßverbindlichkeiten s. § 1967 A 1) sind zunächst diejenigen, die im Verhältnisse zu den Nachlaßgläubigern allen Miterben zur Last fallen (vgl. § 2046 A 3); nicht gemeinschaftlich unter allen sind also diejenigen aus Vermächtnissen und Auflagen, mit denen nur ein Miterbe oder mehrere einzelne Miterben beschwert worden sind, ferner die Verbindlichkeit der Miterben eines Pflichtteilsberechtigten, dessen Pflichtteil zu vervollständigen oder zu ergänzen (§§ 2305, 2326); für solche Verbindlichkeiten haben die nicht beschwerten Miterben nicht einzustehen.

Sind zwar nicht alle, aber mehrere Miterben mit einer Nachlaßverbindlichkeit belastet, so ist sie unter ihnen gemeinschaftlich; es steht nichts im Wege, den § 2058 auf sie in der Weise anzuwenden, daß die mit ihr belasteten Miterben für sie als Gesamtschuldner haften (so mit Recht Staudinger-Lehmann A 4, Planck-Ebbecke A 1; a. M. die 1. u. 2. Aufl. von Planck und die zweite Auflage dieses Kommentars unter Berufung auf § 2046 Abs 2, der jedoch nur das innere Verhältnis unter den Erben betrifft). Es ist nicht abzusehen, aus welchem Grunde das Gesetz, das die gesamtschuldnerische Haftung der Miterben als Regel aufstellt, eine nur anteilsmäßige Haftung gemäß § 420 gewollt haben sollte, wenn nicht alle, sondern nur einige Miterben für sie als Haftpflichtige in Betracht kommen; auch der Wortlaut nötigt nicht, das anzunehmen.

Die Ansprüche der Nachlaßgläubiger gegen alle oder einzelne Miterben wegen schuldhaften Gebarens mit dem Nachlasse im Falle eintretender Nachlaßabsonderung (§§ 1978ff.) sind keine Nachlaßverbindlichkeiten, sondern persönliche Verbindlichkeiten der Miterben; sie gelten als zum Nachlaß gehörig und sind also Nachlaßaktiva (vgl. § 1978 A 4); § 2058 ist daher auf sie nicht anwendbar; doch kann eine gesamtschuldnerische Haftung aus der gemeinschaftlichen Führung der Verwaltung, die einer Auftragsübernahme gleichsteht (§§ 1978, 427), oder aus gemeinschaftlicher unerlaubter Handlung (§ 830) gegeben sein. Inwieweit Nachlaßverbindlichkeiten durch Rechtsgeschäfte begründet werden können, welche Erben nach Eintritt des Erbfalles und nach endgültigem Erwerb der Erbschaft vornehmen, ist streitig. Das Reichsgericht hat in seiner Rechtsprechung als maßgeblich bezeichnet, ob die Verbindlichkeit vom Standpunkt eines sorgfältigen Verwalters aus in ordnungsmäßiger Verwaltung des Nachlasses eingegangen worden sei und bejahendenfalls eine Nachlaßverbindlichkeit angenommen (so auch OLG Hamburg MDR 1952, 548 unter Bezugnahme auf RG 90, 95; 112, 131; Warn 1926 Nr 216; vgl. auch § 1967 A 3c). Durch genehmigungspflichtige, aber nicht genehmigte Geschäfte des Pflegers eines Erben können jedoch keine Nachlaßverbindlichkeiten begründet werden (OLG Hamburg NJW 1952, 938).

2. Die **gesamtschuldnerische Haftung** entsteht mit der Erbengemeinschaft (§ 2032 A 2, 9) und dauert grundsätzlich auch fort, wenn diese endet. Nur im Falle des § 2059 Abs 1 Satz 2 (A 4 dazu) und nach der Teilung unter den besonderen Voraussetzungen der §§ 2060, 2061 verwandelt sich die gesamtschuldnerische in eine bloß anteilige Haftung. Die Nachlaßgläubiger können die gesamtschuldnerische Haftung schon vor der Auseinandersetzung gegenüber den Miterben geltend machen, jedoch nur mit der Haftungsbeschränkung, die sich aus § 2059 Abs 1 Satz 1 ergibt.

Auch der Gläubiger, der Miterbe ist, ist hieran in der Regel (vgl. aber § 2046 A 1) nicht gehindert. RG 93, 197 (ebenso JW 1929, 584[14] und Warn 1935 Nr 125) will freilich die Gesamtschuldklage eines Miterben als Gläubigers gegen seine Miterben überhaupt ausschließen, weil im Innenverhältnis unter den Miterben keine gesamtschuldnerische Haftung stattfinde; doch ist die Begründung nicht überzeugend, da der Miterbe, der den Anspruch erhebt, nicht als Miterbe, sondern als Gläubiger klagt (vgl. Bender JheringsJ 88, 31ff; ferner Hallstein zu JW 1929, 584[14]; Kipp-Coing § 112 III 3; OGH 1, 46 u. 163; OLG Hamburg HEZ 2, 326 = SJZ 1950, 238). Nach den letzterwähnten Entscheidungen kann ein Miterbe, der zugleich Nachlaßgläubiger ist, seine Ansprüche gegen die anderen Miterben als Gesamtschuldner verfolgen, und zwar auch durch Einzelklagen. Für diese Ansicht spricht auch die Rechtsprechung des Reichsgericht im Gesellschaftsrecht; vgl. insoweit RGZ 153, 305; JW 1937, 1986; ferner Weipert HGB RGRK § 128, A 32; Würdinger, JW 1937, 1638.

Ein Miterbenschuldner kann vor der Erbauseinandersetzung einen Miterbengläubiger mit Wirkung für sich selbst befriedigen (OGH 1, 42 = MDR 48, 395).

Bei einer aus zwei Miterben bestehenden Erbengemeinschaft kann der eine Miterbe gegen den anderen Miterben noch vor der Auseinandersetzung des Nachlasses eine Forderung, die ihm gegen den Erblasser zugestanden hat, zu dem Teil geltend machen, zu dem der andere Miterbe geworden ist. Die Geltendmachung ist jedoch ausgeschlossen, wenn z. Zt. für den Nachlaß ohne besondere Verluste noch keine bereiten Zahlungsmittel zur Verfügung stehen und dem Miterbengläubiger nach der Sachlage zugemutet werden kann, zu warten, oder wenn eine ausreichende Aussicht für die Annahme besteht, daß er etwa aus einer bereits teilweise durchgeführten Auseinandersetzung mit dem anderen Miterben noch etwas schuldet und diese Schuld die Höhe der geltend gemachten Nachlaßforderung erreicht oder übersteigt (BGH LM § 2046 Nr 1 = NJW 53, 501 [L] = JZ 53, 313 [L]).

In RG 150, 344 ist ausgesprochen, daß auch der Gläubiger-Miterbe die gesamtschuldnerische Haftung seiner Miterben jedenfalls nach der Teilung des Nachlasses in Anspruch nehmen kann; vgl. auch HRR 1939 Nr 83. Er muß sich dann den Anteil an der Verbindlichkeit abziehen lassen, der auf ihn nach dem Verhältnisse seines Erbteils als Miterbe entfällt (RG 150, 347); auch sind im Falle bestehender Ausgleichspflicht des Miterben-Gläubigers die übrigen Miterben berechtigt, einen entsprechenden Betrag bis zur Auseinandersetzung zurückzubehalten (vgl. § 2055 A 4). Tilgt der Miterbe einer ungeteilten Erbengemeinschaft Hypotheken, die auf einem Nachlaßgrundstück lasten, aus eigenen Mitteln, so soll er nach OLG Freiburg (HEZ 2, 259 = DRZ 1950, 159 = MDR 1950, 484 mit zust. Anm. Reinecke) die Hypothek in unmittelbarer oder mindestens entsprechender Anwendung des § 1164 auch in Höhe des auf ihn selbst entfallenden Teils der Nachlaßschuld erworben. Die übrigen Miterben sollen dann berechtigt sein, durch Hinterlegung des auf sie entfallenden Teils der Hypothekenschuld für den Gläubiger-Miterben einen entsprechenden Anteil an der Hypothek zu erlangen, wenn der Gläubiger-Miterbe die Annahme der Teilbeträge ablehnt und dies nach den besonderen Umständen gegen Treu und Glauben verstößt (vgl. auch OLG Celle NdsRpfl 1951, 6). Es ist jedoch mit Strecker JR 1951, 582 daran festzuhalten, daß § 1164 nicht anwendbar ist, wenn ein Miterbe eine solche Nachlaßschuld aus eigenen Mitteln tilgt (vgl. § 1143 A 1 a. E.; KGJ 50, 208; OGH 1, 44).

Die Gesamtschuldklage braucht nicht gegen sämtliche Miterben erhoben zu werden; es besteht auch keine notwendige Streitgenossenschaft (ZPO § 62) unter den als Gesamtschuldner verklagten Miterben (RG 25. 1. 09 IV 297/08 und 29. 9. 19 IV 156/19; LZ 1915, 1100[30]; RG 68, 222; 71, 370; 121, 345; Warn 1926 Nr 216); das gilt auch dann, wenn der Nachlaß noch nicht geteilt worden ist (RG 13. 4. 34 III B 2/34). Anders ist es bei der Gesamthandklage aus § 2059 Abs 2 (A 5); sie muß gegen sämtliche Miterben gerichtet werden (RG 71, 370; 157, 33; vgl. § 2059 A 5). Doch kann der Gläubiger das Klagbegehren, daß ein Miterbe sich die Befriedigung des Klägers aus dem ungeteilten Nachlasse gefallen zu lassen habe, gegen diesen im Wege der Einzelklage richten (RG Gruchot 57, 158). Auch die Feststellung der Forderung kann der Gläubiger gegenüber einzelnen Miterben, die sie bestreiten, betreiben (RG 29. 9. 19 IV 156/19); denn das Urteil wirkt nur unter den Prozeßparteien (RG Warn 08 Nr 487). Zur Vollstreckung in den ungeteilten Nachlaß bedarf aber der Gläubiger eines gegen alle Miterben, wenn auch auf Einzelklagen, ergangenen Urteils; andernfalls kann er nur die Anteile der verurteilten Miterben in Anspruch nehmen (ZPO § 747; RG 68, 221; 71, 371).

Bei der Bemessung des Streitwerts ist, wenn ein Gläubiger-Miterbe eine Forderung, die ihm gegen den Nachlaß zusteht, gegen einen anderen Miterben verfolgt, der Anteil des klagenden Gläubiger-Miterben an der den Nachlaß belastenden Schuld außer Betracht zu lassen (RG 156, 263).

Der Erwerber des Erbteils (§ 2033) tritt neben dem veräußernden Miterben in die gesamtschuldnerische Haftung ein (A 1 zu § 2033).

Besonderer Gerichtsstand der Erbschaft nach ZPO § 28 auch wegen anderer als der in § 27 aufgezählten Nachlaßverbindlichkeiten, solange die mehreren Erben noch als Gesamtschuldner haften.

3. Innenverhältnis der Miterben: Die Miterben untereinander sind zunächst nur verpflichtet, zu der Berichtigung der Forderung eines Nachlaßgläubigers, der Befriedigung vor der Auseinandersetzung verlangt, mitzuwirken und bei der Auseinandersetzung für die Berichtigung der Nachlaßverbindlichkeiten aus dem Nachlasse zu sorgen (§§ 2038 Abs 1 Satz 2, 2046). Ist eine Nachlaßverbindlichkeit bei der Auseinandersetzung nicht berichtigt und ist sie nachträglich von dem Gläubiger gegen einen Miterben auf Grund der gesamtschuldnerischen Haftung beigetrieben worden, so kann dieser von den übrigen Miterben anteilsgemäße Erstattung, aber nicht nach gleichen Anteilen (§ 426), sondern nach dem Verhältnisse der Erbanteile verlangen. Handelt es sich dabei um ausgleichspflichtige Miterben (§§ 2050ff.), so richtet sich der Erstattungsanspruch nicht nach den quotenmäßigen Erbteilen, sondern danach, was den einzelnen Miterben unter Berücksichtigung der Ausgleichspflicht bei der Auseinandersetzung zugeflossen ist (ihr reeller Erwerb aus der Erbschaft; vgl. § 2055 A 4.

§ 2059

Bis zur Teilung des Nachlasses kann jeder Miterbe die Berichtigung der Nachlaßverbindlichkeiten aus dem Vermögen, das er außer seinem Anteil an dem Nachlasse hat, verweigern. Haftet er für eine Nachlaßverbindlichkeit unbeschränkt, so steht ihm dieses Recht in Ansehung des seinem Erbteil entsprechenden Teiles der Verbindlichkeit nicht zu.

Das Recht der Nachlaßgläubiger, die Befriedigung aus dem ungeteilten Nachlasse von sämtlichen Miterben zu verlangen, bleibt unberührt.

E II 1933; P 5 868–875.

Übersicht:

Erbenhaftung bis zur Teilung

1. **Allgemeines:** Die gesamtschuldnerische Haftung der mehreren Erben (§ 2058) entsteht zwar, vorbehaltlich § 1958, schon mit dem Erbfall. Sie ist aber dadurch gemildert, daß die Nachlaßgläubiger, wenn sie Befriedigung aus dem noch ungeteilten Nachlasse verlangen, gleichzeitig oder nacheinander (RG 68, 222) gegen sämtliche Miterben vorgehen müssen (Abs 2) und die Zwangsvollstreckung in den Nachlaß nur auf Grund eines gegen alle Erben erlangten Urteils betreiben können (ZPO § 747).

Der Gläubiger des Erblassers, der selbst zur Erbengemeinschaft gehört, braucht die Klage nur gegen die übrigen Miterben zu richten (RG Warn 08 Nr. 221; vgl. auch A 5). Wenden sich die Nachlaßgläubiger gegen einen einzelnen Miterben, so steht ihnen nur der Zugriff in seinen Anteil am Nachlaß offen (Abs 1 Satz 1). In dem einen wie dem andern Falle sind die Miterben berechtigt, die Befriedigung aus ihrem Eigenvermögen bis zur Teilung zu verweigern, und zwar ohne daß, auch wenn der Nachlaß nicht dürftig (§§ 1990, 1992) ist, der Miterbe eine Haftungsbeschränkung durch Nachlaßverwaltung, Nachlaßkonkurs oder Nachlaßvergleichsverfahren herbeizuführen braucht. Er kann bei ungeteilter Erbengemeinschaft außerdem regelmäßig Vorwegbefriedigung wegen seiner Forderung verlangen, z. B. sich in der Weise befriedigen, daß er als Mieter eines zum Nachlaß gehörenden Grundstücks bis zur Höhe seiner Forderung keine Miete zahlt (OLG Marienwerder HRR 1940, 290). Besteht die Erbengemeinschaft aus zwei Miterben und hat einer von ihnen eine Forderung gegen den Erblasser, so kann er sie auch schon vor der Auseinandersetzung des Nachlasses gegen den anderen Miterben zu dem Teil geltend machen, zu dem dieser Miterbe geworden ist (BGH LM § 2046 Nr 1 = NJW 1953, 501 [L] = JZ 1953, 313 [L]). Vgl. auch § 2058 A 2.

Ein Miterbenschuldner kann vor der Auseinandersetzung einen Miterbengläubiger mit Wirkung für sich selbst befriedigen (OGH 1, 42 = MDR 1948, 395).

Solange durch das Bestehen der gesamthandlich gebundenen Erbengemeinschaft (§ 2032 A 2b) die Zusammengehörigkeit des Nachlasses als eines Ganzen und die Trennung von dem eigenen Vermögen der Miterben gewahrt ist, erschien die Beschränkung der Haftung auf den Anteil am Nachlasse auch ohne amtliche Nachlaßabsonderung für die Interessen der Nachlaßgläubiger unbedenklich (Planck-Ebbecke A 1; Prot II 5, 871). Selbst wenn ein Miterbe unbeschränkt haftet, braucht er vor der Teilung dem Nachlaßgläubiger aus seinem Eigenvermögen zunächst nicht gesamtschuldnerisch, sondern nur für die seinem Erbteil entsprechende Quote der Nachlaßverbindlichkeit aufzukommen (Abs 1 Satz 2). Die Nachlaßgläubiger sind sonach, falls sie nicht nach Abs 2 in den ungeteilten Nachlaß vorgehen wollen, darauf angewiesen, den ungeteilten Anteil des Miterben an dem Nachlasse zu pfänden und sich überweisen zu lassen oder im Zwangswege zu veräußern (§§ 859, 857 Abs 5 ZPO; vgl. aber auch A 2). — Haftung nach der Teilung § 2060.

2. Die **Teilung des Nachlasses** ist vollzogen, wenn die Erbengemeinschaft des § 2032 durch Vereinbarung der Erben oder deklarative Entscheidung des Richters (§ 2042 A 1) aufgehoben worden ist und die Nachlaßgegenstände den einzelnen Miterben überwiesen sind. Gleichgültig ist, ob nach Vorschrift des § 2046 Abs 1 zuvor die Nachlaßverbindlichkeiten berichtigt worden sind. Der Nachlaß ist im Sinne des Gesetzes auch dann geteilt, wenn die Erbengemeinschaft nur in Ansehung einzelner Nachlaßgegenstände (Grundstück, Handelsgeschäft), sei es nach Vereinbarung der Erben (§ 2042 A 1 a) oder auf Anordnung des Erblassers (§ 2044 A 1), fortgeführt wird. Anderseits bedeutet die Verteilung einzelner, auch wertvoller Nachlaßgegenstände nicht ohne weiteres die Teilung des Nachlasses als solchen (RG 89, 407). Entscheidend ist nicht die subjektive Auffassung der Beteiligten (so die zweite Auflage dieses Kommentars), sondern der Umstand, ob bereits ein so erheblicher Teil der Nachlaßgegenstände aus der Erbengemeinschaft in das Einzelvermögen der Miterben übergeführt ist, daß die Erbengemeinschaft in ihren wesent-

lichen Bestandteilen als Ganzes aufgelöst erscheint und das, was in ihr zurückgeblieben ist, sich als etwas von dem ursprünglichen Gemeinschaftsvermögen Verschiedenes darstellt (HRR 1938 Nr 1602). Wann dies eintritt, ist eine nicht immer leicht zu entscheidende Tatfrage.

Bedenklich ist es aber, wenn RG 89, 408 (gegen Hagen Jherings J 42, 135 Anm 95 und Kretschmar ZBlFG 15, 337; vgl. auch Staudinger-Lehmann § 2059 A 6 Abs 2) die Nachlaßgegenstände, die vor der endgültigen Nachlaßteilung einzelnen Miterben zugewiesen worden sind, dem unmittelbaren Zugriffe der Gläubiger entziehen will, weil sie nicht zu dem „Anteile des Miterben am Nachlasse", sondern zu dem Vermögen gehörten, das der Miterbe außer seinem Anteile am Nachlasse habe. Wenn das Gesetz von dem „Anteile am Nachlasse" vor der Teilung spricht, so denkt es dabei an den Regelfall, daß der gesamte Nachlaß noch in der Gemeinschaft der Miterben steht und das Recht der Miterben sich in einem Anteile an dieser Gemeinschaft erschöpft. Soweit aber bereits einzelne Nachlaßgegenstände aus der Erbengemeinschaft ausgeschieden und Sonderrechte einzelner Miterben an ihnen begründet worden sind, treten diese Sonderrechte, also im Falle des Eigentums die Gegenstände selbst, an die Stelle des Anteils am Nachlasse und sind sie dem Zugriffe der Gläubiger auch vor der endgültigen Teilung des Nachlasses unterworfen. Zu dem Eigenvermögen des Miterben, das vor dem Zugriffe der Gläubiger geschützt werden soll, gehören sie nicht, zumal, wie die angeführte Reichsgerichtsentscheidung selbst annimmt, der Miterbe gemäß §§ 1978 Abs 2, 1991 Abs 1 verpflichtet ist, sie auf Verlangen der Gläubiger zum Nachlasse zurückzugewähren. Die Gläubiger auf diesen Anspruch zu verweisen, dessen Begründung und Durchsetzung nicht zweifelsfrei ist (vgl. A 5), würde eine erhebliche Gefährdung ihrer Forderungen bedeuten.

Die Teilung kann auch in der Überlassung des Aktiv-Nachlasses als Ganzen an einen Miterben gegen Abfindung der übrigen durch Zuweisung von einzelnen Nachlaßgegenständen bestehen. Dagegen ist es keine Teilung, wenn ein Miterbe die Anteile der sämtlichen übrigen Miterben gegen ein nicht aus dem Nachlasse entnommenes Entgelt erwirbt und dadurch die Erbschaft als Ganzes in seiner Hand vereinigt (RG 27. 9. 07 VII 504/06). In diesem Falle wird aber weder dem Erwerber der sämtlichen Anteile noch den übrigen Miterben das Verweigerungsrecht aus § 2059 Abs 1 noch zustehen, da die Voraussetzung dafür, das Bestehen einer Erbengemeinschaft (A 1), weggefallen ist. Ebenso liegt es, wenn infolge Ausgleichung bei der Auseinandersetzung der gesamte Aktivnachlaß einem Miterben zugefallen oder wenn er zur Tilgung von Schulden verbraucht worden ist. Wegen der Art der Haftung in diesen Fällen (ob gesamtschuldnerisch oder anteilig) vgl. § 2060 A 1; wegen der Zulässigkeit der Nachlaßverwaltung § 2062 A 2. Wirkung der Teilung auf die Pflichtteilslast § 2319.

3. Abs 1 Satz 1 billigt jedem Miterben als Einrederecht ein **Verweigerungsrecht** entsprechend §§ 1990 Abs 1, 1992 zu, aber nur mit aufschiebender Wirkung bis zur Teilung. Die Verurteilung des Miterben als Gesamtschuldner wird dadurch nicht gehindert. Das Verweigerungsrecht stellt ein Mittel dar, die Haftung des Erben auf den Nachlaß (hier: Nachlaßanteil) zu beschränken; sie kann daher in der Zwangsvollstreckung nur geltend gemacht werden, wenn es dem als solcher verurteilten Miterben in dem Urteile vorbehalten worden ist (ZPO § 780; ein diese Bestimmung einschränkender Zusatz, den die zweite Kommission — Prot 5, 875 — beschlossen hatte ist vom Bundesrat gestrichen worden). Der allgemeine Vorbehalt der Haftungsbeschränkung genügt; es braucht nicht besonders ausgesprochen zu werden, daß die Beschränkung auf den Anteil, und zwar bis zur Teilung, vorbehalten wird (RG 71, 371). Ist nur auf Leistung „aus dem Erbteile" geklagt und verurteilt worden, so kann auch ohne Vorbehalt nur in den Erbteil vollstreckt werden. Im übrigen kann der Miterbe auf Grund des Vorbehalts gegen eine in sein Eigenvermögen gerichtete Zwangsvollstreckung im Wege der §§ 781, 785, 767 ZPO Einwendung erheben. Wird auf Grund der vollstreckbaren Ausfertigung eines gegen den Erblasser ergangenen Urteils vollstreckt, die gemäß § 727 ZPO erteilt worden ist, so kann die Einwendung ohne Vorbehalt im Urteil erhoben werden.

4. Zu Abs 1 Satz 2: Der **unbeschränkt haftende Miterbe** hätte an sich als Gesamtschuldner (§ 2058) dem Nachlaßgläubiger für dessen ganze Forderung schon vor der Teilung mit seinem Eigenvermögen aufzukommen. Zur Milderung der hierin liegenden Härte gibt ihm aber das Gesetz bis zur Teilung das beneficium divisionis: er braucht bis dahin die Befriedigung des Gläubigers aus seinem Eigenvermögen nur für einen seinem Erbteil entsprechenden Bruchteil der Forderung zu dulden; hierfür ist die ideelle Erbquote, nicht der Anteil am Überschusse maßgebend; letzterer ergibt sich aus einer etwaigen Ausgleichspflicht, die vor der Teilung noch gar nicht durchgeführt sein kann (vgl. §§ 2055 A 4, 2060 A 1). Es handelt sich auch hier, ungeachtet der im übrigen bereits bestehenden Unbeschränkbarkeit, um eine, freilich eigenartige Beschränkung der Haftung des Erben (§ 780 ZPO) in der Form des Verweigerungsrechts ohne amtliche Nachlaßabsonderung (A 1, 3). Der Miterbe kann gleichwohl als Gesamtschuldner zur Zahlung des ganzen Betrags verurteilt werden. Der allgemeine Vorbehalt des § 780 genügt auch in diesem Falle; doch ist, wenn die im übrigen unbeschränkte Haftung schon feststeht, der Vorbehalt auf Antrag des Gläubigers entsprechend einzuschränken, also z. B. wenn die Forderung 3000, der Erbteil ⅓ beträgt, dahin, daß dem Beklagten bis zur Teilung die Beschränkung der Haftung für mehr als 1000 DM auf seinen Anteil am Nachlasse vorbehalten wird. Hat der Miterbe überhaupt keinen Vorbehalt im Urteile erwirkt, so kann er, auch wenn er im allgemeinen noch nicht unbeschränkt haftet, gegenüber der Zwangsvollstreckung desjenigen Gläubigers, der das Urteil erwirkt hat, auch die Haftungsbeschränkung aus § 2059 Abs 1 Satz 2 nicht mehr geltend machen.

Eine auf eine unteilbare Leistung (§ 431) gerichtete Nachlaßverbindlichkeit kann für die Beitreibung aus dem eigenen Vermögen des Miterben nur ihrem Geldwerte nach in Betracht kommen und in dieser Gestalt der Teilung nach Maßgabe des Erbanteils unterworfen sein.

5. Zu Abs 2: Die Nachlaßgläubiger können vor der Teilung statt gegen die einzelnen Miterben als Gesamtschuldner (§§ 2058, 2059 Abs 1 Satz 1 u. 2) auch gegen den **ungeteilten Nachlaß** vorgehen. Das Recht zu diesem Vorgehen wird, wie Abs 2 ausdrücklich hervorhebt, durch die in Abs 1 Satz 1 u. 2 vorgesehenen Beschränkungen des Vorgehens gegen die einzelnen Miterben nicht berührt. Erforderlich und genügend ist hierfür ein gegen alle Erben ergangenes Urteil (§ 747 ZPO). Dazu können die gegen die einzelnen Miterben als Gesamtschuldner in einem oder mehreren Prozessen erwirkten Urteile dienen, sofern nicht etwa die Verurteilung ausdrücklich nur auf Leistung „aus dem Erbteil" lautet; der Vorbehalt der Haftungsbeschränkung steht nicht entgegen (RG 71, 371; 88, 222).

Der Gläubiger kann aber auch, um gegen den ungeteilten Nachlaß vorzugehen, die gegen die Erbengemeinschaft als solche gerichtete **Gesamthandklage** erheben. Diese Klage muß gegen sämtliche Teilnehmer der Erbengemeinschaft (Miterben, Übernehmer von Erbteilen) einheitlich gerichtet werden und begründet unter ihnen notwendige Streitgenossenschaft (ZPO § 62; RG 71, 371; RG 157, 33 = JW 1938, 1183[40], im letzteren Falle für die Klage eines Hypothekengläubigers gegen sämtliche Miterben auf Duldung der Zwangsvollstreckung in ein Nachlaßgrundstück; vgl. ferner BGH 4.6.54 V ZR 89/53 = LM Nr. 2 zu § 62 ZPO für eine Klage auf Auflassung). Wie das Reichsgericht (RG 157, 33 [35]) dargelegt hat, ist bei der Gesamthandklage nach § 2059 Abs 2 die begehrte Duldung einer Verfügung über einen einzelnen Gegenstand des ungeteilten Nachlasses gleichzustellen, die ebenfalls nur von allen Miterben gemeinsam getroffen werden könnte (§§ 2033 Abs 2, 2040).

Auch die Gesamthandklage braucht aber nicht notwendig gegen alle Miterben zusammen erhoben zu werden. Soweit die Verbindlichkeit geltend gemacht wird, eine Verfügung vorzunehmen, z. B. ein Grundstück aufzulassen, genügt eine Klage gegen den oder die widerstrebenden Miterben, wenn die anderen Miterben die erforderlichen Erklärungen abgegeben haben oder wenn feststeht, daß sie zur Abgabe bereit sind (RG 111, 138; 112, 132; Kipp-Coing § 112 III 2d Anm 22; Staudinger-Lehmann A 2).

Ob eine Gesamthandklage oder Gesamtschuldklage erhoben worden ist, ist, wenn es nicht ausdrücklich erklärt wird, im Wege der Auslegung zu ermitteln. Nach RG 7. 11. 16 III 208/16 ist die Klage eines Nachlaßgläubigers, auch wenn sie gegen sämtliche Miterben gerichtet ist, nur dann als Gesamthandklage anzusehen, wenn sie unzweideutig auf Befriedigung nur aus dem ungeteilten Nachlaß, ihr Antrag dementsprechend auf ein Zahlungsurteil zur Vermeidung der Zwangsvollstreckung in diesen gerichtet ist. Für die Annahme einer Gesamthandklage soll die Klagebehauptung nicht genügen, daß der Nachlaß noch ungeteilt sei, da auch bei ungeteiltem Nachlaß eine Gesamtschuldklage gegen sämtliche Miterben erhoben werden könne. Dem ist nicht zu folgen. Es dürfte bei ungeteiltem Nachlaß keine Vermutung für eine Gesamtschuldklage sprechen, vielmehr die Annahme näher liegen, daß Befriedigung aus dem Nachlaß verlangt werde (so auch RG Warn 1935 Nr 125). Ein Übergang von der Gesamtschuldklage zur Gesamthandklage soll nicht als Klagänderung, sondern als Einschränkung des Klageantrags (§ 268 Nr 2 ZPO) gelten (RG 93, 198). Auch der Miterbe, der Gläubiger ist, kann die Gesamthandklage erheben; er braucht sie nur gegen die anderen Miterben zu richten und kann sodann nach § 747 ZPO in den Nachlaß vollstrecken (RG Gruch 57, 158; RG 13. 6. 18 IV 386/17). Ist ein Testamentsvollstrecker bestellt, so kann in Nachlaßbestandteile, die seiner Verwaltung unterstellt sind, nur auf Grund eines gegen ihn ergangenen Urteils vollstreckt werden.

Auch gegenüber der Gesamthandklage können die Miterben, sofern sie nicht ausdrücklich nur auf Leistung aus dem Nachlasse gerichtet ist, den Vorbehalt der Haftungsbeschränkung verlangen, da andernfalls auch das auf eine solche Klage ergangene Urteil dazu dienen könnte, gegen ihre Anteile am Nachlasse und gegen ihr Eigenvermögen vorzugehen. Bei Nachlaßverwaltung oder Nachlaßkonkurs kann während ihrer Dauer weder die Klage auf Grund des Gesamtschuldverhältnisses noch die Gesamthandklage gegen die Miterben erhoben werden. Für das Nachlaßvergleichsverfahren s. VerglO § 49. Zum ungeteilten Nachlasse gehören auch die Forderungen gegen die Miterben aus der von ihnen geführten Verwaltung des Nachlasses, falls amtliche Nachlaßabsonderung herbeigeführt ist (§ 1978) oder ein Miterbe von dem Rechte aus § 1991 Gebrauch gemacht hat. Daß solche Ansprüche auch geltend gemacht werden könnten, wenn ohne amtliche Nachlaßabsonderung und ohne die Voraussetzungen der §§ 1990, 1992 die Miterben nur das Verweigerungsrecht aus § 2059 Abs 1 geltend gemacht haben (so anscheinend RG 89, 408), kann mangels gesetzlicher Grundlage nicht anerkannt werden.

6. Beweislast. Steht fest, daß die Personen, die der Nachlaßgläubiger in Anspruch genommen hat, Miterben sind, so stellt sich die Klage gegen sie als Gesamtschuldner zunächst als begründet dar (§§ 1967, 2058); deshalb hat der Miterbe, der das Verweigerungsrecht aus § 2059 Abs 1 geltend machen will, dessen Voraussetzungen darzutun, also zu beweisen, daß noch keine Teilung stattgefunden hat (RG Warn 1914 Nr 300; dahingestellt RG 13. 1. 12 V 276/11; dort ist jedoch anerkannt, daß der Miterbe die Ungeteiltheit behaupten muß; a.M. Planck-Ebbecke A 3 zu § 2058 und die dort Angeführten). Ist im Urteil der allgemeine Vorbehalt des § 780 ZPO enthalten, so kann der Beweis, die besonderen Voraussetzungen des Verweigerungsrechts nach § 2059 Abs 1 lägen vor, noch in der Zwangsvollstreckungsinstanz geführt werden. Behauptet der Gläubiger, daß der Miterbe unbeschränkt hafte und deshalb nur Satz 2 zur Anwendung kommen könne, so hat er den Eintritt der Unbeschränkbarkeit der Haftung nachzuweisen. Die Höhe der Erbquote, die nach Satz 2 in Betracht kommt, muß der Miterbe, wenn sie bestritten ist, gleichfalls beweisen, weil er nur dadurch den Umfang seines Verweigerungsrechts darlegen kann (so auch Staudinger-Lehmann A 12; a. M. Jaeger, Erbenhaftung 26).

§ 2060

Nach der Teilung des Nachlasses haftet jeder Miterbe nur für den seinem Erbteil entsprechenden Teil einer Nachlaßverbindlichkeit:

1. **wenn der Gläubiger im Aufgebotsverfahren ausgeschlossen ist; das Aufgebot erstreckt sich insoweit auch auf die im § 1972 bezeichneten Gläubiger sowie auf die Gläubiger, denen der Miterbe unbeschränkt haftet;**
2. **wenn der Gläubiger seine Forderung später als fünf Jahre nach dem im § 1974 Abs 1 bestimmten Zeitpunkte geltend macht, es sei denn, daß die Forderung vor dem Ablaufe der fünf Jahre dem Miterben bekannt geworden oder im Aufgebotsverfahren angemeldet worden ist; die Vorschrift findet keine Anwendung, soweit der Gläubiger nach § 1971 von dem Aufgebote nicht betroffen wird;**
3. **wenn der Nachlaßkonkurs eröffnet und durch Verteilung der Masse oder durch Zwangsvergleich beendigt worden ist.**

E II 1934; P 5 875–879.

Übersicht:

Erbenhaftung nach der Teilung

1. Allgemeines: Mit der Teilung entfällt die Haftung zur gesamten Hand. Der Grundsatz gesamtschuldnerischer Haftung mehrerer Erben (§ 2058) bleibt aber auch nach der Teilung des Nachlasses (§ 2059 A 2) in Kraft. Er wird nur in den Ausnahmefällen der Nr 1—3 des § 2060 und des § 2061 insofern durchbrochen, als der einzelne Erbe nicht für den ganzen Betrag der Nachlaßverbindlichkeit, sondern nur **für den seinem Erbteil entsprechenden Bruchteil der Schuld haftet.** Der in den §§ 2059 Abs 1 Satz 2 (vgl. A 4), 2060 und 2061 gleichlautend wiederkehrende Ausdruck kann nicht verschieden gemeint sein. Auch hier ist deshalb im Verhältnis zu den Nachlaßgläubigern wie in § 2059 (A 4) die ideelle Erbquote, nicht der durch etwaige Ausgleichungen beeinflußte Anteil am Überschusse maßgebend; nur im Verhältnisse der Miterben untereinander kommt das Ergebnis der Ausgleichung in Betracht (vgl. § 2055 A 4).

Können die Miterben ihre Haftung noch auf den Nachlaß beschränken, dann kann hiernach der Gläubiger, hinsichtlich dessen die Voraussetzungen der §§ 2060, 2061 zutreffen, von dem Miterben, der infolge der Ausgleichung aus dem Nachlasse nichts erhalten hat, nichts und von den Miterben, die den ganzen Nachlaß erhalten haben, nur einen ihren ideellen Erbanteilen entsprechenden Bruchteil seiner Forderung erlangen. Damit fällt er mit dem Bruchteile, der dem Erbteile des leer ausgegangenen Miterben entspricht, ungeachtet vorhandener Zulänglichkeit des Nachlasses aus. Beispiel: Nachlaß 3000, Miterben A, B, C je zu $\frac{1}{3}$; C hat bei der Auseinandersetzung infolge Ausgleichung nichts, A und B haben je 1500 erhalten. Ein ausgeschlossener Gläubiger, der 1500 zu fordern hat, kann von C, wenn dieser die Beschränkung seiner Haftung auf den Nachlaß herbeiführt, nichts, von A und B unter der gleichen Voraussetzung hinsichtlich ihrer Haftungsbeschränkung nur je $\frac{1}{3}$ = 500, zusammen 1000, erlangen, fällt also mit 500 aus. Dieses unbillige Ergebnis suchen Planck und Strohal (bei Planck 3. Aufl. zu § 2061 Erl 6) auf zwei verschiedenen Wegen zu vermeiden, die jedoch beide nicht zum Ziele führen: Planck meint, wegen des im inneren Verhältnisse der Miterben zu berücksichtigenden Ergebnisses der Ausgleichspflicht sei der leer ausgegangene Miterbe verpflichtet, dem Gläubiger den Erstattungsanspruch abzutreten, den er gegen seine Miterben haben würde, falls er an den Gläubiger einen seinem ideellen Erbteile entsprechenden Betrag zahlen müßte; diesen hat er aber in Wirklichkeit nicht, da er dem Gläubiger nichts zu zahlen hat. Strohal will die Grundsätze der Haftung des Übernehmers eines Vermögens für die Schulden (§§ 419, 1086 usw.) auf die Haftung der Miterben, die den Nachlaß erhalten haben, entsprechend anwenden; diese haben jedoch von dem leer ausgegangenen Miterben nicht dessen Erbteil übernommen, sondern nur das, was ihnen zustand, aus dem Nachlasse erhalten. In der 9. Aufl. dieses Kommentars wurde die Ansicht vertreten, es werde richtiger sein, sich mit dem Ergebnisse abzufinden; es sei auch nicht unannehmbar, wenn man bedenkt, daß es sich bei Zulänglichkeit des Nachlasses nur um solche Gläubiger handeln könne, die ihre ungünstige Stellung der Versäumung rechtzeitiger Meldung zuzuschreiben hätten (§§ 2060 Nr 1 u. 2, 2061). Befriedigender wäre der bei Staudinger-Lehmann A 4 a. E. gewiesene Weg: Der Gläubiger könne den Erbteil des C pfänden und mit den Ansprüchen aus dem Innenverhältnis der Miterben auch die Rechte aus § 2046, sonach auch den Anspruch auf Befriedigung der Nachlaßgläubiger aus dem Nachlaß geltend machen; hierbei sei für die Beitragspflicht der einzelnen Erben nicht der ideelle Anteil am Nachlaß, sondern der tatsächliche Anteil unter Berücksichtigung der Ausgleichspflicht maßgebend; soweit die Miterben die Beitragspflicht nicht vor der Teilung erfüllt hätten, müßten sie ihr nachträglich nachkommen. Gegen diese Lösung ist jedoch einzuwenden, daß § 2046 nur für das Verhältnis der Miterben zueinander gilt; in dem gegebenen Beispiel wird C — nach der Teilung — keinen Anspruch auf eine weitergehende Befriedigung des Nachlaßgläubigers mehr haben, weil die Frage, ob der Gläubiger 1000 oder 1500 DM erhält, ihn nicht berührt. Die Rechtslage ist bei dieser Pfändung nicht grundsätzlich anders als bei der von Planck vorgeschlagenen Abtretung.

Die Frage der Teilhaft, d. h. der Haftung mehrerer Erben je nur für einen Bruchteil der Nachlaßverbindlichkeiten (pro rata crediti), ist von der Frage der beschränkten Haftung, d. h. der Haftung nur mit den Mitteln des Nachlasses (cum viribus hereditatis) streng zu sondern (Vorbem 2 zu § 2058). — Neben dem Erwerber eines Erbteils bleibt auch der veräußernde Miterbe im Falle der §§ 2060, 2061 anteilig haftbar, und zwar sind beide für den dem Erbteile entsprechenden Bruchteil der Forderung Gesamtschuldner (§ 421).

Hat ein Miterbe den ganzen Nachlaß ohne Teilung erhalten (vgl. § 2059 A 2), so muß er jedenfalls auch ausgeschlossenen und verspäteten Gläubigern (§§ 2060, 2061) gesamtschuldnerisch für die ganze Forderung haften, während bei den übrigen Miterben, obwohl der Wortlaut des Gesetzes („nach der Teilung") nicht zutrifft, nur anteilige Haftung anzunehmen sein wird; sie können nicht schlechter gestellt werden, als wenn sie etwas aus dem Nachlasse erhalten hätten (für nur anteilige Haftung aller Miterben wegen § 2007 Planck 3. Aufl. A 6; anders anscheinend Planck-Ebbecke 4. Aufl. zu § 2059 A 4 Abs 2). Praktisch kommt allerdings die Haftung derjenigen Miterben, die aus dem Nachlasse nichts erhalten, nur in Betracht, wenn sie nicht mehr in der Lage sind, sie auf den Nachlaß zu beschränken. — Im Falle des § 2060 entsteht von Gesetzes wegen der Tatbestand, daß eine ursprünglich für den Erblasser eingetragene einheitliche Hypothek zur Sicherung von Forderungen gegen mehrere Schuldner dient, die nicht (genauer: nicht mehr) in einer Verpflichtungsgemeinschaft stehen. Vgl. über die Frage, ob eine solche Hypothek gültig bestellt werden kann, zu § 1113 A 5c. In RG 126, 277 hat der 5. ZivSen seine frühere ablehnende Auffassung aufgegeben, unter anderem mit der Begründung, es könne nicht angenommen werden, daß bei Eintritt der Voraussetzungen des § 2060 die bisherige dingliche Sicherung aufhöre.

Zu Nr 1 (A 2, 3):

2. Aufgebot der Nachlaßgläubiger §§ 1970—1974; entsprechende Wirkung des Privataufgebots § 2061. Der von einem Erben gestellte Antrag und das von ihm erwirkte Ausschlußurteil kommen mit dem nach ZPO § 997 Abs 1 Satz 2 dem Gläubiger besonders anzudrohenden Rechtsnachteil der anteiligen Haftung auch den übrigen Erben zustatten, vorbehaltlich der Vorschriften des BGB über die unbeschränkte Haftung; nach diesen steht einem Miterben, der unbeschränkt haftet, das Verweigerungsrecht gegenüber einem ausgeschlossenen Gläubiger (§ 1973) nicht zu (§ 2013). Der Antrag begründet zugleich die aufschiebende Einrede aus § 2015. Aufschub der Auseinandersetzung (§ 2045) kommt hier „nach Teilung des Nachlasses" nicht mehr in Frage. Ob der Miterbe die Forderung des ausgeschlossenen Gläubigers gekannt hat oder nicht, ist hier ebenso gleichgültig wie nach § 1973 (A 4 dazu). Anders unten A 4. Daß das Aufgebot vor der Teilung durchgeführt sein müßte, ergibt weder § 2060 Nr 1 noch § 997 ZPO; es ist daher anzunehmen, daß die Miterben noch nachträglich die bloß anteilige Haftung durch das Aufgebot herbeiführen können, auch wenn sie bereits geteilt haben (a. M. Staudinger-Lehmann A 5 Abs 5 wesentlich auf Grund bloßer Billigkeitserwägungen, die nicht immer zutreffen; Planck-

Ebbecke A 3 erklärt zwar die vorherige Einleitung, aber nicht die Durchführung des Aufgebotsverfahrens als erforderlich für die Ausschlußwirkung des § 997 ZPO; vgl. auch A 6).

3. Pflichtteilsrechte, Vermächtnisse und Auflagen werden, was das Verweigerungsrecht aus § 1973 und die damit verbundene Beschränkung der Erbenhaftung auf den Nachlaß angeht, nach § 1972, Gläubiger, denen der Erbe unbeschränkt haftet, werden nach § 2013 von dem Aufgebote der §§ 1970ff. nicht betroffen. Dagegen kann die Teilhaftung der Miterben auch solchen Gläubigern gegenüber durch ein Aufgebot herbeigeführt werden. Zu diesem Zwecke ist auch der unbeschränkt haftende Miterbe zu dem Antrage auf Erlaß des entsprechenden Aufgebots (A 2) berechtigt (ZPO § 997 Abs 2). — Nur den in § 1971 genannten dinglich berechtigten Gläubigern kann, auch wenn sie im übrigen durch Ausschlußurteil im Aufgebotsverfahren ausgeschlossen worden sind, soweit sie sich auf die Befriedigung aus den ihnen verhafteten Gegenständen beschränken, die Teilhaftung ebensowenig wie die Haftungsbeschränkung aus § 1973 entgegengehalten werden, was wohl als selbstverständlich hier (anders im Falle der Nr 2, vgl. A 5) nicht besonders hervorgehoben ist.

Zu Nr 2 (A 4, 5):

4. Dem Ausschlusse eines Gläubigers im Aufgebotsverfahren (Nr 1, A 2) steht, wie für die Begründung der Erschöpfungseinrede nach §§ 1973, 1974, so auch für den Eintritt der nur anteiligen Haftung des Miterben die **verspätete Geltendmachung der Forderung** gleich. Sie gilt als verspätet und der Miterbe haftet daher nur noch anteilig, wenn sie später als fünf Jahre nach dem Erbfalle (§ 1922 A 2) erfolgt; nach § 1974 Abs 1 Satz 2 beginnt jedoch die Frist, wenn der Erblasser für tot erklärt oder seine Todeszeit festgestellt wird, nicht vor dem Eintritt der Rechtskraft des Beschlusses über die Todeserklärung oder die Feststellung der Todeszeit (s. § 1974 A 6). Die Frist kann auch außergerichtlich, durch Mahnung usw., gewahrt werden. Die gesamtschuldnerische Haftung bleibt aber, auch wenn der Gläubiger seine Forderung nicht innerhalb der Frist geltend gemacht hat, bestehen, wenn der Miterbe innerhalb der Frist von der Forderung **Kenntnis erhalten hat** oder die Forderung in einem von einem der Miterben veranlaßten **Aufgebotsverfahren angemeldet war;** in letzterem Falle kommt es auf die persönliche Kenntnis des in Frage stehenden Miterben nicht an (§ 1974 A 4, 5). Im übrigen ist aber persönliche Kenntnis des Miterben erforderlich; deshalb kann für dieselbe Forderung ein Miterbe gesamtschuldnerisch, der andere nur noch anteilig haften. — Die Anmeldung auf eine nach § 2061 ergangene Aufforderung hin steht der Anmeldung in einem Aufgebotsverfahren nicht gleich; über ihre Wirkung vgl. § 2061 A 2.

5. Daß den **in § 1971 genannten dinglich Berechtigten,** soweit sie sich auf die Befriedigung aus den ihnen verhafteten Gegenständen beschränken, wie der Ausschluß im Aufgebotsverfahren (vgl. A 3), so auch die verspätete Geltendmachung ihrer Forderungen nicht entgegengehalten werden kann, um eine Teilhaftung der Miterben zu begründen, ist vom Gesetze hier (anders wie in jenem Falle) besonders hervorgehoben werden. — Dagegen wird gegenüber **Pflichtteils-, Vermächtnis- und Auflageberechtigten** dadurch, daß sie ihre Forderungen erst nach Ablauf der in § 1974 Abs 1 bestimmten Frist geltend machen, wie gegenüber andern Nachlaßgläubigern (vgl. A 4), die Teilhaftung der Miterben nach der Teilung begründet; hätte dies entsprechend Nr 1 Halbsatz 2 (vgl. A 3) gleichfalls ausgeschlossen sein sollen, dann hätte es auch in Nr 2 besonders hervorgehoben werden müssen. Gleiches gilt in Ermangelung einer dem § 2013 entsprechenden Vorschrift gegenüber den Nachlaßgläubigern, denen der Erbe unbeschränkt haftet.

6. Zu Nr 3: Das Gesetz läßt die **Eröffnung des Nachlaßkonkurses** (im Gegensatze zur Nachlaßverwaltung und zum Nachlaßvergleichsverfahren, § 2062 Halbsatz 2, VerglO § 113 Nr 3) auch nach der Teilung des Nachlasses zu (KO § 216 Abs 2) und gewährt sogar dem unbeschränkt haftenden Miterben das Recht, die Konkurseröffnung zu beantragen (KO § 217 Abs 1). § 2060 Nr 3 muß deshalb auch den nachträglichen Nachlaßkonkurs im Auge haben. Da das Gesetz selbst nicht unterscheidet, ist es unzulässig, die Teilhaftung nur für den Fall eintreten zu lassen, daß der Konkurs bereits vor der Teilung eröffnet worden ist (so die herrschende Meinung, vgl. Planck 3. Aufl. A 2c, Staudinger-Lehmann A 7a; anders Planck-Ebbecke 4. Aufl. A 5). Es wäre auch unbillig, wenn bei einem Konkurse, der infolge nachträglich bekannt gewordener Forderungen nach der Teilung eintritt, die Miterben die aus dem Nachlasse empfangenen Überschüsse herausgeben müßten, aber der Rechtswohltat der anteiligen Haftung verlustig gingen; diese steht sogar den unbeschränkt haftenden Miterben zu, wenn der Konkurs vor der Teilung eröffnet worden ist. Lehmann meint aaO., der Hinweis auf diese Unbilligkeit sei wenig überzeugend, weil schon die anteilige Haftung des unbeschränkt haftenden Erben vor der Teilung verfehlt sei; damit ist aber gerade anerkannt, daß die hier vertretene Ansicht nach dem geltenden Recht allein folgerichtig ist.

Für Verzögerungen des Eröffnungsantrags bleiben die Erben aus § 1980 verantwortlich. Ob die Masse unter die Gläubiger aufgeteilt oder ob hiervon etwas für die Erben übriggeblieben ist, macht keinen Unterschied. Auch im ersteren Falle liegt „Teilung des Nachlasses" vor (§ 2059 A 2). Die Teilhaftung tritt im Falle des Zwangsvergleichs (KO § 230) nur ein, soweit der Vergleich selbst nichts anderes bestimmt.

Ein Zwangsvergleich, der im **Nachlaßvergleichsverfahren** geschlossen worden ist, wirkt nach § 113 Nr 4 VerglO auf die Haftung des Erben für die Nachlaßverbindlichkeiten wie ein im Konkursverfahren geschlossener Zwangsvergleich. Er sichert den Miterben daher, soweit der Vergleich selbst nichts anderes bestimmt, ebenfalls die Rechtswohltat der anteiligen Haftung.

7. Beweislast. Wird ein Miterbe als Gesamtschuldner auf die ganze Forderung verklagt und macht er geltend, daß er nach §§ 2060, 2061 nur anteilig hafte, so hat er zunächst zu beweisen, daß die Teilung erfolgt ist (entsprechend im Falle des § 2059, A 6). Sodann hat er darzutun, zu Nr 1: daß der Gläubiger ausgeschlossen ist, zu Nr 2: daß die Fünfjahrefrist verstrichen ist, wogegen dem Gläubiger der Nachweis früher erlangter Kenntnis des Miterben oder Anmeldung offensteht, zu Nr 3: Beendigung des Nachlaßkonkurses in der dort angegebenen Weise. Bestehen die Umstände, welche die nur anteilige Haftung begründen, z. Zt. der Verhandlung des Rechtsstreits bereits, so ist der Miterbe auf seine Einwendung hin nur zur Zahlung eines Teiles der Forderung zu verurteilen, der seinem Erbteile entspricht. Ist er als Gesamtschuldner verurteilt, so kann er, falls nachträglich solche Umstände eintreten, die nur anteilige Haftung noch im Zwangsvollstreckungsverfahren im Wege des § 767 Abs 2 ZPO geltend machen. Wegen vorher eingetretener Umstände ist eine solche Einwendung im Zwangsvollstreckungsverfahren ausgeschlossen. Der Vorbehalt der Haftungsbeschränkung im Urteile (§ 780 ZPO, s. § 2059 A 3) greift hier nicht durch, da es sich nicht um Absonderung des Eigenvermögens vom Nachlasse handelt.

§ 2061

Jeder Miterbe kann die Nachlaßgläubiger öffentlich auffordern, ihre Forderungen binnen sechs Monaten bei ihm oder bei dem Nachlaßgericht anzumelden. Ist die Aufforderung erfolgt, so haftet nach der Teilung jeder Miterbe nur für den seinem Erbteil entsprechenden Teil einer Forderung, soweit nicht vor dem Ablaufe der Frist die Anmeldung erfolgt oder die Forderung ihm zur Zeit der Teilung bekannt ist.

Die Aufforderung ist durch den Deutschen Reichsanzeiger und durch das für die Bekanntmachungen des Nachlaßgerichts bestimmte Blatt zu veröffentlichen. Die Frist beginnt mit der letzten Einrückung. Die Kosten fallen dem Erben zur Last, der die Aufforderung erläßt.

E II 1935; P 5 877—879.

Öffentliche Aufforderung der Nachlaßgläubiger durch Miterben

1. Durch das sog. **Privataufgebot** sichert der einzelne Miterbe sich und zugleich den übrigen Erben die Teilhaftung. Für die davon verschiedene Frage der Haftungsbeschränkung (Vorbem 2 vor § 2058) ist dagegen nur das förmliche Aufgebotsverfahren (§§ 1970ff.) von Bedeutung. Auch der unbeschränkt haftende Erbe ist zum Privataufgebot berechtigt; vgl. zu § 2060 A 2. Ein Rechtsnachteil braucht, abweichend von § 997 ZPO, nicht angedroht zu werden. — Aufschub der Auseinandersetzung § 2045.

2. Eintritt der Teilhaftung: Aufforderung, Fristablauf und Teilung (§ 2059 A 2) zusammen lassen erst die Teilhaftung eintreten (§§ 2059 A 4, 2060 A 1), und zwar auch zugunsten der unbeschränkt haftenden Erben. War die Teilung schon vor Fristablauf vorgenommen, so tritt der Erfolg erst mit dem Fristablauf ein. Es ist auch hier (vgl. zu § 2060 A 2) nicht gesagt und ist deshalb nicht anzunehmen, daß das Aufforderungsverfahren vor der Teilung eingeleitet oder durchgeführt sein müßte; a. M. die 2. Aufl. dieses Komm., während Staudinger-Lehmann A 4 und Planck-Ebbecke zwar den vorherigen Erlaß der Aufforderung, aber nicht den Ablauf der Anmeldefrist für erforderlich erklären. Es verbleibt bei der gesamtschuldnerischen Haftung der Erben (§ 2058), wenn der Nachlaßgläubiger seine Forderung bei dem Miterben, der das Aufgebot erlassen hat, oder bei dem Nachlaßgericht — nicht bei einem beliebigen Miterben — anmeldet. Die ordnungsmäßige Anmeldung wirkt gegen alle Erben. Dagegen schließt Kenntnis der Forderung nur bei demjenigen Miterben die Teilhaftung aus, in dessen Person sie, und zwar zur Zeit der Teilung, bestand. Dieser Zeitpunkt bleibt entscheidend, wenn die Teilung auch erst geraume Zeit nach Ablauf der Frist vollzogen wird. Anderseits kann die verfrühte Teilung dem Miterben nicht zugute kommen, wenn er noch vor Fristablauf Kenntnis erlangt; so abweichend vom gerichtlichen Aufgebotsverfahren, bei dem die Kenntnis oder Unkenntnis des Miterben bedeutungslos ist (§ 2060 A 2). Das Privataufgebot wirkt auch gegen die Pflichtteilsberechtigten usw. (§ 1972); es berührt aber die dinglich Berechtigten (§ 1971) hinsichtlich der Befriedigung aus den ihnen verhafteten Gegenständen nicht, obgleich das hier nicht, wie in § 2060 Nr 2 (vgl. A 5 und 3 zu § 2060), ausdrücklich gesagt ist. Wegen der Fälle, in denen keine Teilung stattfindet, vgl. § 2060 A 1.

3. Zu Abs 2: Vgl. wegen der Bekanntmachungsblätter, die an die Stelle des **Deutschen Reichsanzeigers** getreten sind: DRZ 1947, 151, 335; ZJBlBrZ 1948, 158; Gesetz über Bekanntmachungen vom 17. 5. 1950 (BGBl 183) (danach Bundesanzeiger maßgebend); für Berlin Gesetz vom 9. 1. 1951 (VOBl 241).

Fristberechnung §§ 187, 188, 193. Die Frist ist eine Ausschlußfrist; daher ist Hemmung durch Stillstand der Rechtspflege oder höhere Gewalt (§ 203) ausgeschlossen (vgl. zu § 186 A 1 und RG 128, 47).

Nur die **Kosten** des gerichtlichen Aufgebotsverfahrens sind von vornherein Nachlaßverbindlichkeiten (§ 1967 A 3), nicht auch diejenigen des privaten Aufgebots. Der Miterbe, der das Privataufgebot erlassen hat, kann jedoch einen Erstattungsanspruch nach den Grundsätzen der Geschäftsführung (§ 683) haben. — Gebühr für die Entgegennahme der Anmeldung von Forderungen durch das Nachlaßgericht im Falle des § 2061: KostO § 104 Abs 1 Nr 5.

4. Beweislast. Vgl. § 2060 A 7. Der Erbe, der sich nach der Teilung auf Teilhaftung aus § 2061 beruft, hat außer der Teilung den ordnungsmäßigen Erlaß der Aufforderung, der Gläubiger seine rechtzeitige Anmeldung oder die Kenntnis des betreffenden Erben z. Zt. der Teilung zu beweisen.

§ 2062

Die Anordnung einer Nachlaßverwaltung kann von den Erben nur gemeinschaftlich beantragt werden; sie ist ausgeschlossen, wenn der Nachlaß geteilt ist.

P 6 342–344.

Nachlaßverwaltung bei mehreren Erben

1. Der **Antrag auf Anordnung der Nachlaßverwaltung** (§ 1981) steht, ebenso wie der Antrag auf Eröffnung des Nachlaßvergleichsverfahrens (VerglO § 113 Nr 1 Satz 3), den Miterben **nur gemeinschaftlich,** nicht, wie der Antrag auf Eröffnung des Nachlaßkonkurses (KO § 217) jedem Miterben zu. Der Antrag ist deshalb unzulässig, wenn auch nur ein Miterbe allen (nicht bloß einzelnen) Nachlaßgläubigern gegenüber unbeschränkt haftbar geworden ist und dadurch das Antragsrecht nach § 2013 verloren hat. Ein Mehrheitsbeschluß ist nicht bindend, da es sich nicht um einen Akt der Verwaltung handelt (§ 2038 A 1). Das Einverständnis und die Antragsberechtigung sämtlicher Miterben muß noch z. Zt. der Entscheidung über den Antrag bestehen (KG HRR 1932 Nr 956). Auch die Beschwerde gegen die Zurückweisung des Antrags muß von sämtlichen Erben eingelegt werden (KG aaO.). Ist die Nachlaßverwaltung in einer hiernach unzulässigen Weise angeordnet worden, so kann der Beschluß von den widersprechenden Miterben trotz FGG § 76 Abs 1 mit Beschwerde angefochten werden (Denkschrift zum FGG S. 45, 46). Zu einem Antrage der Nachlaßgläubiger gemäß § 1981 Abs 2 kann schon das Verhalten eines einzelnen Miterben Anlaß geben.

Hat die Nachlaßverwaltung ihren Zweck erreicht, so braucht der „Antrag", sie aufzuheben, nicht von allen Miterben gestellt zu werden; denn hierbei handelt es sich nur um eine Anregung, die das Nachlaßgericht schon von Amts wegen verfolgen muß (OLG Frankfurt JZ 1953, 53 gegen OLG München JFG 14, 61).

2. Die Nachlaßverwaltung ist nach Teilung des Nachlasses ausgeschlossen (§ 2059 A 2), abweichend von § 1981, der für den Alleinerben keine zeitliche Schranke enthält, und von KO § 216 Abs 2, der auch nach der Teilung den Nachlaßkonkurs zuläßt, aber übereinstimmend mit VerglO § 113 Nr 3, der den Antrag auf Eröffnung des Nachlaßvergleichsverfahrens nach der Teilung ausschließt. Die Nachlaßverwaltung kann dann auch von einem Nachlaßgläubiger nicht mehr beantragt werden. Ist die Erbengemeinschaft ohne Teilung aufgehoben worden, z. B. durch Vereinigung sämtlicher Erbteile in der Hand eines Miterben (§ 2059 A 2), so ist die Nachlaßverwaltung nicht ausgeschlossen (RG 27. 9. 07 VII 504/06). Über einen Erbteil kann weder Nachlaßverwaltung angeordnet noch Nachlaßkonkurs eröffnet werden (KO § 235), infolgedessen auch nicht das Nachlaßvergleichsverfahren zur Abwendung des Nachlaßkonkurses; wohl ist Pfändung des Erbteils zulässig (§ 2033 A 3b). Nach der Teilung können hiernach die

Miterben die beschränkte Haftung nur verwirklichen, indem sie beantragen, den Nachlaßkonkurs zu eröffnen (§§ 216 Abs 2, 217 KO), oder das Aufgebotsverfahren einleiten (§§ 1970ff.) oder die Unzulänglichkeitseinrede (§§ 1990—1992) erheben. Wegen Herbeiführung der nur anteiligen Haftung nach der Teilung vgl. §§ 2060 A 2, 4, 6, 2061 A 2.

§ 2063

Die Errichtung des Inventars durch einen Miterben kommt auch den übrigen Erben zustatten, soweit nicht ihre Haftung für die Nachlaßverbindlichkeiten unbeschränkt ist.

Ein Miterbe kann sich den übrigen Erben gegenüber auf die Beschränkung seiner Haftung auch dann berufen, wenn er den anderen Nachlaßgläubigern gegenüber unbeschränkt haftet.

E I 2146 II 1936; M 5 676, 677; P 5 741, 747, 805.

Inventarerrichtung bei mehreren Erben

1. Zu Abs 1: Zur **Inventarerrichtung** §§ 1993ff. Gleiches gilt im Verhältnis zwischen Ehegatten § 2008 Abs 1 Satz 3, Vor- und Nacherben § 2144 Abs 2, Erbschaftskäufer und Verkäufer § 2383 Abs 2, beim Antrag auf Erlaß des Aufgebots ZPO § 997. Die Bestimmung der Inventarfrist muß gegenüber jedem Miterben besonders und braucht nicht einheitlich zu erfolgen. Das auch nur von einem Erben, jedoch über den ganzen Nachlaß (§ 2001 A 1) rechtzeitig und getreu errichtete Inventar wendet die unbeschränkte Haftung von allen Miterben ohne Bezugnahme gemäß § 2004 ab. Das gilt jedoch nicht, soweit der eine oder andere infolge Fristablaufs (§ 1994) oder ungetreuer Errichtung (§ 2005) oder Eidesverweigerung (§ 2006 Abs 3) oder endlich infolge vorbehaltloser Verurteilung (ZPO § 780) schon unbeschräkt haftet.

Ist das Inventar nur durch einen Miterben errichtet worden und den anderen lediglich gemäß § 2063 **zustatten gekommen,** so kann diesen letzteren gegenüber nicht gesagt werden, daß sie es „an der erforderlichen Sorgfalt hätten fehlen lassen" und deshalb gemäß § 260 Abs 2 von einem Auskunftsberechtigten zur Leistung des dort bestimmten Offenbarungseides im Prozeßwege angehalten werden könnten (vgl. zu §§ 2006 A 1, 2174 A 1). Anders ist es jedoch, wenn das Inventar durch einen Notar angefertigt und eingereicht worden ist, den sämtliche Miterben, wenn auch unter Vermittelung eines von ihnen, beauftragt haben (RG 129, 246).

2. Zu Abs 2: Die unklar gefaßte Vorschrift betrifft den Fall, daß ein Miterbe oder mehrere von ihnen, aber nicht alle (als **„die übrigen Erben"** bezeichnet) eine Forderung gegen den Nachlaß haben, die vor dem Erbfalle gegen den Erblasser oder nachher entstanden sein kann, z. B. einen Ersatzanspruch wegen Aufwendungen für den Nachlaß (§ 1978 Abs 3). Ein **Miterbe,** der wegen einer solchen Nachlaßverbindlichkeit in Anspruch genommen wird, soll sich demgegenüber **auf die Beschränkung seiner Haftung auf den Nachlaß auch dann berufen können,** wenn er die Möglichkeit dazu gegenüber der Gesamtheit der Gläubiger (**„den anderen Nachlaßgläubigern"**) bereits durch Versäumung der ihm gesetzten Inventarfrist oder ungetreues Inventar (§§ 1994, 2005) verloren hat. Das bedeutet nicht, daß er einem Miterben, der Nachlaßgläubiger ist, ohne weiteres nur mit dem Nachlasse hafte; sondern nur, daß der eingetretene Verlust der Beschränkungsmöglichkeit diesem gegenüber unbeachtlich ist. Somit hat er, solange der Nachlaß noch ungeteilt ist, gegenüber einem Miterben, der wegen einer Nachlaßforderung in sein Eigenvermögen vorgeht, die Verweigerungseinrede aus § 2059 Abs 1, und zwar nicht nur für den seinen Erbteil übersteigenden Teil (ebenda Satz 2), sondern für die ganze Forderung; er kann jedoch diese Einrede in der Zwangsvollstreckung nur dann erheben, wenn sie ihm im Urteile vorbehalten ist, da § 780 ZPO durch § 2063 Abs 2 nicht berührt wird. Nach der Teilung kann er, wenn der Nachlaß z. Zt. der Teilung (§ 1990 A 2) dürftig oder unzulänglich war, von den Einreden aus §§ 1990, 1992 Gebrauch machen, auch sich auf ein früheres Aufgebotsverfahren, bei dem der Miterbe als Gläubiger ausgeschlossen worden ist (§§ 1973, 1974), eine vorher angeordnete Nachlaßverwaltung oder einen durchgeführten Nachlaßkonkurs (§§ 1975 A 1, 1989 A 1) oder ein durchgeführtes Nachlaßvergleichsverfahren (§ 1989 A 3) berufen. Er kann aber auch jetzt noch Konkurseröffnung über den Nachlaß (KO § 216 Abs 2), nicht mehr dagegen Nachlaßverwaltung (§ 2062 A 2) oder Nachlaßvergleichsverfahren (VerglO § 113 Nr 3) herbeiführen; er kann ferner das Aufgebot der Nachlaßgläubiger (§§ 1970ff.) beantragen, was aber nur zum Ziele führt, wenn der Gläubiger sich in dem Aufgebotsverfahren nicht meldet. Macht er von keinem dieser Beschränkungsmittel Gebrauch, so haftet er auch dem Gläubiger, der Miterbe ist, mit seinem eigenen Vermögen; ob er gesamtschuldnerisch oder anteilig haftet, bestimmt sich nach §§ 2060, 2061. Haftet er als Gesamtschuldner, so kann er dem Gläubiger, der Miterbe ist, den Anteil an der Nachlaßverbindlichkeit abziehen, der nach Maßgabe der Auseinandersetzung unter Berücksichtigung etwaiger Ausgleichspflichten, auf diesen entfällt; er kann auch von den übrigen Miterben Erstattung des nach dieser Maßgabe zu viel Geleisteten verlangen (§ 2058 A 2). In RG 110, 96 ist freilich angenommen worden, die Haftung der Miterben untereinander sei von vornherein und endgültig beschränkt; ebenso anscheinend schon RG 93, 197.

Hat der Erblasser über einen Gegenstand, hinsichtlich dessen einer oder mehrere oder auch sämtliche Miterben verfügungsberechtigt sind, unberechtigterweise zugunsten eines Miterben verfügt, so tritt danach durch die Beerbung keine Konvaleszenz der unwirksamen Verfügung auf Grund des § 185 Abs 2 ein, da keine unbeschränkte Haftung der Miterben untereinander und infolgedessen keine Vereinigung von Recht und Pflicht stattfindet; der oder die verfügungsberechtigten Miterben können deshalb den Gegenstand aus dem Nachlasse dinglich zurückfordern (RG 110, 94). Das gilt auch dann, wenn der Erblasser als Vorerbe unentgeltlich über einen Erbschaftsgegenstand in solcher Weise verfügt hat, in welchem Falle die Verfügung zwar zunächst wirksam ist, aber mit dem Eintritt des Falles der Nacherbschaft gemäß § 2113 unwirksam wird (RG aaO.); vgl. zu dieser Frage auch BGH 13. 3. 52 IV 101/51 = JZ 53, 599 = LM § 2113 Nr 1.

Dritter Abschnitt

Testament

Nachdem in den beiden ersten Abschnitten des V. Buches die Erbfolge und die Rechtsstellung des Erben behandelt worden sind, enthalten die beiden nächsten Abschnitte die Bestimmungen über die Verfügung von Todes wegen, durch die der Erblasser die Erbfolge abweichend von der gesetzlichen Erbfolge seinem Willen entsprechend regeln kann. Zwei Arten letztwilliger Verfügungen kennt das Gesetz, die einseitige Verfügung von Todes wegen, das Testament, und die vertragsmäßige, der Erbvertrag. Der dritte Abschnitt behandelt das Testament. Sein möglicher Inhalt ist zu §§ 1937 bis 1940 erörtert. Daß es eine Erbeinsetzung enthalte, ist nicht notwendig. Von den verschiedenen Arten des Testaments, den Voraussetzungen und Formen der Errichtung und Aufhebung sowie von der amtlichen Verwahrung und Eröffnung handeln die §§ 2229–2264, beim gemeinschaftlichen Testament die §§ 2265–2267, 2272, 2273. Diese Vorschriften waren zeitweilig durch das Gesetz über die Errichtung von Testamenten und Erbverträgen v. 31. 7. 38 (TestG) § 50 Abs 3 Nr 1 aufgehoben. Die §§ 2229–2264 in ihrer ursprünglichen Fassung bleiben jedoch nach § 51 TestG anwendbar für Erbfälle, die sich vor dem am 4. 8. 38 erfolgten Inkrafttreten des Testamentsgesetzes ereignet haben und abgesehen davon in jedem Fall für die vor diesem Zeitpunkt erfolgte Errichtung oder Aufhebung eines Testaments oder eines Erbvertrages. Jedoch dürfen nach Abs 3 dieser Bestimmung bei Erbfällen, die sich nach Inkrafttreten des TestG ereignen, an die Gültigkeit des Testaments oder Erbvertrages keine höheren Anforderungen gestellt werden, als sie nach dem TestG für eine Verfügung der betreffenden Art zulässig sind. Damit kommt den Erleichterungen, die das TestG bezüglich der Form der letztwilligen Verfügungen brachte, für die nach dem Inkrafttreten dieses Gesetzes erfolgten Erbfälle rückwirkende Kraft zu.

An die Stelle der genannten Vorschriften des BGB, die zum Teil nur formell aufgehoben wurden, ihrem sachlichen Inhalt nach aber weitergelten, traten die folgenden Vorschriften des TestG:

§ 2064 = § 1 Abs 1
§ 2229 = § 1 Abs 2, 3, § 2 Abs 1
§ 2230 = § 3
§ 2231 = §§ 4, 21 Abs 1–3
§ 2232 = § 5
§ 2233 = § 6
§ 2234 = § 7
§ 2235 = § 8
§ 2236 = § 9
§ 2237 = § 10
§ 2238 = § 11
§ 2239 = § 12
§ 2240 = § 13 Abs 1
§ 2241 = § 13 Abs 2, 3
§ 2242 = § 16
§ 2243 = § 17
§ 2244 = § 18
§ 2245 = § 19
§ 2246 = § 20
§ 2247 = § 21 Abs 4
§ 2248 = § 22
§ 2249 = § 23
§ 2250 = § 24
§ 2251 = § 25
§ 2252 = § 26
§ 2253 = § 32
§ 2254 = § 33 Abs 1
§ 2255 = § 33 Abs 2
§ 2256 = § 34 Abs 1–3
§ 2257 = § 35
§ 2258 = § 36
§ 2259 = § 39
§ 2260 = § 40
§ 2261 = § 41
§ 2262 = § 42
§ 2263 = § 43
§ 2264 = § 47
§ 2265 = § 28 Abs 1
§ 2266 = § 28 Abs 3
§ 2267 = § 28 Abs 2
§ 2272 = § 34 Abs 4
§ 2273 = § 44
§ 2274 = § 29 Abs 1
§ 2275 = § 29 Abs 2–4
§ 2276 = § 30
§ 2277 = § 31
§ 2300 = § 45

Durch das Gesetz zur Wiederherstellung der Gesetzeseinheit auf dem Gebiete des bürgerlichen Rechts vom 5. 3. 53 (BGBl I, 33) ist das TestG mit Ausnahme des eben erörterten § 51 aufgehoben worden. Die in diesem Gesetz enthaltenen Vorschriften sind wieder in dem dritten und vierten Abschnitt des V. Buches eingefügt worden, so daß seit dem 1. 4. 53 der § 2064 und die

§§ 2229 bis 2267, 2272 bis 2277 in allerdings zum Teil neuer Fassung wieder gelten. An die Stelle der nachstehend aufgeführten §§ des Testamentsgesetzes sind die folgenden Paragraphen des BGB getreten.

TestG §§	BGB §§	TestG §§	BGB §§
1 Abs 1	2064	27	—
1 Abs 2	2229 Abs 1	28 Abs 1	2265
1 Abs 3	2229 Abs 2	28 Abs 2	2267
2 Abs 1	2229 Abs 3	28 Abs 3	2266
2 Abs 2	2229 Abs 4	29 Abs 1	2274
3	2230	29 Abs 2-4	2275
4	2231	30	2276
5	2232	31	2277
6	2233	32	2253
7	2234	33 Abs 1	2254
8	2235	33 Abs 2	2255
9	2236	34 Abs 1-3	2256
10	2237	34 Abs 4	2272
11	2238	35	2257
12	2239	36	2258
13 Abs 1	2240	37	2258a, 2300
13 Abs 2-5	2241	38	2258b, 2300
14	2241a	39.	2259
15	2241b	40	2260
16	2242	41	2261
17	2243	42	2262
18	2244	43	2263
19	2245	44	2273
20	2246	45	2300
21	2247	46	2263a, 2300a
22	2248	47	2264
23	2249	48-50	—
24	2250	51	—
25	2251	52	—
26	2252		

Erster Titel

Allgemeine Vorschriften

1. Der erste Titel enthält allgemeine Vorschriften über letztwillige Verfügungen. Die **Testierfreiheit** gibt dem Erblasser eine sehr weit reichende Macht, über sein Hab und Gut zu verfügen. Das Prinzip der Testierfreiheit, wie es im BGB verwirklicht ist, ist weitgehend eine Folge der Anerkennung des Privateigentums und des Rechts der Persönlichkeit, den eigenen Willen hinsichtlich des Eigentums durchzusetzen. Wegen dieses engen Zusammenhangs stellt das Gesetz in § 2064 den Grundsatz auf, daß nur der eigene von ihm selbst geäußerte Wille des Erblassers Anspruch erheben kann, als letztwillige Verfügung zu gelten. Aus dem gleichen Grunde muß dieser Wille von dem Erblasser selbst in allen seinen wesentlichen Teilen vollständig gebildet sein. § 2065 Abs 2 verwehrt dem Erblasser die Möglichkeit, seinen letzten Willen durch Willensentschlüsse Dritter ergänzen zu lassen. Die letztwillige Verfügung hat nicht selten für die Allgemeinheit und besonders für die Angehörigen des Erblassers weittragende Folgen. Wenn daher das Gesetz dem Erblasser die Freiheit einräumt, über sein Hab und Gut von Todes wegen zu verfügen und damit tief in die Belange seiner Familienangehörigen einzugreifen, so soll er auch allein dafür die sittliche Verantwortung über nehmen. Ebensowenig wie der Erblasser sich seiner Testierfreiheit begeben kann, kann er diese daraus für ihn folgende Verantwortung auf einen Dritten abwälzen. Er bleibt mit ihr belastet, mindestens insoweit, als der Eintritt der gesetzlichen Erbfolge die Folge davon ist, daß der Erblasser keine letztwilligen Bestimmungen getroffen hat.

2. Trotz der sich aus § 2065 Abs 2 ergebenden Pflicht des Erblassers, seinen letzten Willen in allen wesentlichen Teilen selbst zu bilden, bleibt es doch hier wie überall im Rechtsleben möglich, daß der Erblasser seinen letzten Willen unklar äußert. In diesem Fall ist durch Auslegung zu ermitteln, was der Erblasser gewollt hat. Das Gesetz hat hier für verschiedene, insbesondere den Kreis der Personen betreffende Unklarheiten, die sich erfahrungsgemäß häufig ergeben, bestimmte **Aus-**

legungsregeln aufgestellt. Diese sind in den §§ 2066 bis 2072 enthalten. Teilweise handelt es sich dabei um Bestimmungen, durch die klargestellt wird, welche Personen unter einem bestimmten Begriff, den der Erblasser gebraucht hat, z. B. gesetzlicher Erbe, Verwandte, Kinder, Abkömmlinge eines Dritten usw. zu verstehen sind, §§ 2066, 2067, 2068, 2070. Zum Teil handelt es sich um eine Klarstellung darüber, wer für den Fall, daß innerhalb eines bestimmten bedachten Personenkreises nach Errichtung des Testaments eine Veränderung eingetreten ist, als bedacht anzusehen ist, § 2069. Schließlich handelt es sich um Bestimmungen darüber, welche Personen zu einem bestimmten, vom Erblasser bedachten Personenkreis zuzurechnen sind, § 2071. Dabei werden insbesondere auch die Fälle geregelt, in denen die Unklarheit darauf beruht, daß die Zuwendung infolge einer Fristbestimmung oder einer Bedingung den Bedachten erst in einem nach dem Erbfall liegenden Zeitpunkt zukommen soll, §§ 2066 Satz 2, 2070. Die hier angeführten Auslegungsregeln beruhen auf Erfahrungssätzen. Es kann zweifelhaft sein, ob derartige gesetzliche Auslegungsregeln, die Niederschlag einer für einen bestimmten Tatbestand geltenden Lebenserfahrung sind, überhaupt auf andere Tatbestände analog angewandt werden können. Die Frage ist praktisch nicht bedeutsam. Der Richter hat in ähnlich liegenden Fällen stets zu prüfen, ob dort eine entsprechende Lebenserfahrung gilt. Ist diese Frage zu bejahen und ergeben sich aus dem Testament oder andern für die Auslegung zu berücksichtigenden Umständen keine Anhaltspunkte dafür, daß der Erblasser den von ihm verwandten Begriff anders verstanden hat, als er erfahrungsgemäß allgemein verstanden wird, dann ist von diesem allgemeinen Begriffsinhalt auszugehen. Das ergibt sich aus den allgemeinen Auslegungsgrundsätzen und Sätzen der Beweiswürdigung. Eine analoge Anwendung anderer Vorschriften ist dann unmöglich.

3. Für den Fall, daß bei einer **mehrdeutigen Bezeichnung** des Bedachten sich nicht ermitteln läßt, welche von mehreren bestimmten Personen der Erblasser gemeint hat, ordnet das Gesetz in § 2073 an, daß diese Personen als zu gleichen Teilen bedacht gelten. Damit wird dem Willen des Erblassers, der sonst unbeachtet bleiben müßte, da die Testamentsbestimmung wegen der in ihr enthaltenen Unklarheit ungültig wäre, wenigstens teilweise Geltung verschafft.

4. a) Letztwillige Verfügungen können ebenso wie andere rechtsgeschäftliche Erklärungen bedingt oder befristet getroffen werden. Hinsichtlich der **Bedingungen** und der **Zeitbestimmungen** gelten die §§ 158ff. des allgemeinen Teils des BGB. Eine Folge der Zulässigkeit bedingter und befristeter letztwilliger Verfügungen sind die Rechtseinrichtungen der Ersatzberufung §§ 2096ff., 2190 und der Nachberufung (§§ 2100ff., 2191). Hat der Erblasser eine Person unter einer aufschiebenden Bedingung oder von einem bestimmten Zeitpunkt an zum Erben berufen und ist zur Zeit des Erbfalls die Bedingung noch nicht eingetreten oder der Zeitpunkt noch nicht erreicht, so würde unbestimmt sein, wer bis zum Eintritt der Bedingung oder bis zur Erreichung des Zeitpunktes Erbe ist. Eine solche Ungewißheit verträgt sich mit dem im Gesetz durchgeführten Grundsatz der Universalsukzession, die im Augenblick des Erbfalls eintritt, nicht. Das Gesetz bestimmt daher, daß wenn in diesen Fällen der Erblasser selbst keine Bestimmung darüber getroffen hat, wer in der Zwischenzeit Erbe sein soll, die gesetzlichen Erben Vorerben werden und daß der bedingt oder befristet Bedachte die Stellung eines Nacherben hat (§ 2105). Entsprechendes gilt nach § 2104, wenn der Erblasser eine Person nur bis zu einem bestimmten Zeitpunkt oder auflösend bedingt als Erbe berufen hat. Sie hat in diesen Fällen die Stellung eines Vorerben. Nacherben sind mangels anderer letztwilliger Bestimmungen des Erblassers diejenigen Personen, die gesetzliche Erben des Erblassers sein würden, wenn er zur Zeit des Eintritts des Nacherbfalls gestorben wäre. Jedoch gehört der Fiskus nicht zu den gesetzlichen Erben im Sinne dieser Bestimmung. Eine Ausnahme gilt für die Berufung eines Ersatzerben nach § 2096. Hierbei handelt es sich um eine Erbeinsetzung, die unter der Bedingung erfolgt, daß der zunächst berufene Erbe vor oder nach dem Erbfall wegfällt. Auch wenn diese Bedingung sich erst nach dem Erbfall erfüllt, tritt kein Fall der Vor- und Nacherbfolge ein, sondern der Anfall der Erbschaft an den Ersatzberufenen wird auf den Zeitpunkt des Erbfalls zurückbezogen (vgl. § 2096 Anm 1).

b) Für drei Zweifelsfragen, die im Zusammenhang mit einer bedingten letztwilligen Zuwendung auftreten können, hat der Gesetzgeber **Auslegungsregeln** gegeben. § 2074 bezieht sich auf den Fall, daß der unter einer aufschiebenden Bedingung Bedachte den Eintritt der Bedingung nicht erlebt. Hier soll die Zuwendung im Zweifel als nicht erfolgt gelten. § 2075 bezieht sich auf den Fall, daß eine Zuwendung unter der Bedingung erfolgt ist, daß der Bedachte etwas in seinem Willen Stehendes während eines Zeitraumes von unbestimmter Dauer tut oder unterläßt. Im Zweifel ist die Bedingung als eine auflösende anzusehen. § 2076 regelt den Fall, daß der Eintritt der Bedingung, an den die Zuwendung geknüpft ist, dadurch vereitelt wird, daß der Dritte, dessen Vorteil die Bedingung bezweckt, seine zum Eintritt der Bedingung erforderliche Mitwirkung versagt. Die Bedingung gilt dann im Zweifel als eingetreten.

c) Keine besonderen Vorschriften enthält das Gesetz über die **unmöglichen, widersinnigen und unerlaubten Bedingungen.** Die unmögliche auflösende Bedingung ist ohne Bedeutung. Bei der unmöglichen aufschiebenden Bedingung kommt es darauf an, ob die Unmöglichkeit schon bestand, als die letztwillige Verfügung errichtet wurde oder ob der Eintritt der Bedingung erst später unmöglich geworden ist. Die in § 2195 für die Auflage getroffene Bestimmung, nach der die Unwirksamkeit einer Auflage die Unwirksamkeit der unter der Auflage gemachten Zuwendung nur zur Folge hat, wenn anzunehmen ist, daß der Erblasser die Zuwendung nicht ohne die Auflage gemacht haben würde, kann auf den Fall der Unmöglichkeit des Eintritts einer aufschiebenden Bedingung nicht entsprechend angewandt werden. Die Auflage ist eine letztwillige Verfügung, die grundsätzlich selbständig neben der Verfügung steht, durch welche dem mit der Auflage Beschwerten etwas zugewandt wird. Beide Verfügungen sind daher in ihrem Bestand voneinander rechtlich unabhängig. Die Bedingung ist dagegen ein Teil der an sie geknüpften letztwilligen Verfügung. Diese hängt in ihrem rechtlichen Bestand grundsätzlich von dem Eintritt der Bedingung ab. Eine unter einer aufschiebenden Bedingung gemachte letztwillige Verfügung ist daher jedenfalls dann unwirksam, wenn der Eintritt dieser Bedingung schon in dem Zeitpunkt der Testamentserrichtung unmöglich war und dem Erblasser dieser Umstand bekannt war. Hat dagegen der Erblasser die Unmöglichkeit des Eintritts der Bedingung nicht gekannt oder ist der Eintritt der Bedingung erst nach der Testamentserrichtung unmöglich geworden, dann ist durch Auslegung des Testaments zu ermitteln, welches rechtliche Schicksal diese Verfügung nach dem Willen des Erblassers haben soll. Es kann sein, daß der Erblasser die Bedingung in der Absicht gesetzt hat, daß die Verfügung ohne ihren Eintritt in keinem Fall wirksam werden soll. Möglich ist auch, daß nach dem Willen des Erblassers die Bedingung in dem Augenblick als eingetreten angesehen werden soll, in dem ihre Erfüllung unmöglich geworden ist. Unter Umständen kann in solchen Fällen auch im Wege der ergänzenden Testamentsauslegung ein anderes als das ursprünglich vom Erblasser gesetzte Ereignis als Bedingung ermittelt werden. Eine ergänzende Testamentsauslegung ist in diesen Fällen zulässig, wenn der Erblasser mit der von ihm gesetzten Bindung einen bestimmten Erfolg herbeiführen wollte, der, nachdem die gesetzte Bedingung unmöglich geworden ist, bei Eintritt einer anderen Bedingung in gleicher Weise verwirklicht würde.

Eine unverständliche oder widersinnige letztwillige Bedingung macht dem Wesen der Bedingung entsprechend die mit ihr verbundene Verfügung in der Regel unwirksam. Das gilt sowohl für die aufschiebende wie für die auflösende Bedingung. Denn auch im letzteren Fall läßt sich der wahre Wille des Erblassers nicht ermitteln. Soweit es allerdings bei der auflösenden unverständlichen Bedingung möglich ist, festzustellen, was der Erblasser mit dieser bedingten Verfügung mindestens gewollt hat, ist diesem Willen Geltung zu verschaffen (so auch Planck-Flad 4. Aufl Vorbem vor §§ 2074 bis 2076 Anm 2b).

Unerlaubte Bedingungen, d. h. Bedingungen, die gesetz- oder sittenwidrig sind, machen die Verfügung, mit der sie verbunden sind, nach den für die unmögliche Bedingung entwickelten Grundsätzen in der Regel unwirksam. Welche Bedingungen sittenwidrig sind, ist nach den bei § 138 ausgeführten Rechtssätzen zu bestimmen. Sittenwidrig und unwirksam sind u. a. Verfügungen, mit deren Bedingungen der Erblasser darauf abzielt, in einer sittlich zu mißbilligenden Weise auf rein persönliche Entschließungen des Bedachten einzuwirken. Das ist z. B. der Fall, wenn der Erblasser die Zuwendung davon abhängig macht, daß der Bedachte ein bestimmtes Glaubensbekenntnis annimmt, seine Kinder in einem anderen als dem von ihm gewählten Glaubensbekenntnis erziehen läßt oder eine bestimmte Staatsangehörigkeit erwirbt. Ähnliches gilt, wenn die Erfüllung der Bedingung zu einer übermäßigen Beschränkung der persönlichen Freiheit des Bedachten führt. Im Einzelfall wird es oft schwierig sein, zu entscheiden, wann ein unzulässiger Eingriff in die persönliche Entschließungsfreiheit des einzelnen vorliegt oder wann eine Beschränkung der persönlichen Freiheit des Bedachten ein solches Ausmaß erreicht hat, daß sie mit dem Sittengesetz nicht mehr vereinbar ist. Stets sind alle Umstände des Falles, insbesondere auch die vom Erblasser verfolgten Zwecke zu berücksichtigen. Eine Einflußnahme auf die persönliche Entschließungsfreiheit des Bedachten kann sittlich erlaubt sein, wenn sie in dessen richtig verstandenem Interesse erfolgt. Sittenwidrig und unwirksam ist eine Verfügung, deren Bedingung darauf zielt, ein verbotenes oder sittenwidriges Verhalten des Bedachten zu fördern oder herbeizuführen.Dabei ist die Frage, ob das Verhalten verboten oder sittenwidrig ist, nicht nach den Verhältnissen und Anschauungen zur Zeit des Erbfalles, sondern nach den Verhältnissen, in denen das Verhalten Wirklichkeit werden soll, zu beurteilen. Unwirksam ist schließlich eine Verfügung, deren Bedingung nur den Zweck hat, es der Willkür des Bedachten zu überlassen, ob die Verfügung wirksam sein soll (vgl. § 2065 Anm 2).

d) Über die **Verwirkungsklausel** vgl. § 2074 Anm 1b.

e) § 2077 beruht auf der Erwägung, daß der Erblasser eine Zuwendung an seinen Verlobten oder Ehegatten in der Regel nur gelten lassen will, wenn die Ehe oder das Verlöbnis gültig gewesen und bis zu seinem Tode gedauert hat. § 2077 begründet die allerdings widerlegbare Vermutung, daß der Erblasser die Zuwendung unter einer entsprechenden Bedingung gemacht hat.

5. Die Anfechtung letztwilliger Verfügungen. Der Erblasser selbst bedarf bei der einseitigen letztwilligen Verfügung keines Anfechtungsrechts, da er die Verfügung jederzeit widerrufen kann. Sie muß aber, wenn sie durch Irrtum oder Drohung beeinflußt ist und der Erblasser sie selbst nicht mehr beseitigen und richtigstellen konnte, anfechtbar sein. Wegen der hier gegebenen eigenen Verhältnisse ist ihre Anfechtung in den §§ 2078 bis 2083 besonders geregelt.

a) §§ 2078, 2079 enthalten Bestimmungen über die **Anfechtungsgründe.** Da die letztwillige Verfügung nicht einer anderen Person gegenüber abzugeben ist, die darauf vertrauen können muß, ihr Verhalten nach der abgegebenen Erklärung einrichten zu können, konnte der Gesetzgeber der Anfechtung der letztwilligen Verfügung einen breiteren Raum gewähren, als es für die Anfechtung rechtsgeschäftlicher Erklärungen unter Lebenden möglich ist. Diese Erweiterung besteht in doppelter Hinsicht. Einmal gestattet § 2078 Abs 2 auch die Anfechtung wegen jedes Irrtums im Beweggrund, der für die Errichtung der Verfügung bestimmend gewesen ist; zum anderen ist das Anfechtungsrecht gänzlich auf den Willen des Erblassers abgestellt. Im § 119 entfällt das Anfechtungsrecht schon dann, wenn anzunehmen ist, daß der Erklärende seinen Willen bei Kenntnis der Sachlage und verständiger Würdigung des Falles ebenso geäußert hätte. Die subjektive Denk- und Anschauungsweise des Erklärenden bleibt, soweit sie der verständigen Würdigung des Falles entgegensteht, außer Betracht. Anders bei der Anfechtung der letztwilligen Verfügung. Hier kann, da das Vertrauen Dritter nicht berührt wird, für die Fragen, wie der Erblasser bei Kenntnis der Sachlage verfügt hätte, vollständig auf seine subjektive Denk- und Anschauungsweise abgestellt werden.

§ 2079 regelt einen besonderen Fall des Irrtums im Beweggrund, daß der Erblasser einen Pflichtteilsberechtigten, der ihm zur Zeit der Testamentserrichtung nicht bekannt war, übergangen hat.

b) Der Anfechtungsberechtigte mußte gleichfalls besonders bestimmt werden. Nach den allgemeinen Bestimmungen würde nur der Erbe, auch derjenige, der erst durch die Anfechtung zur Erbschaft berufen wird, anfechtungsberechtigt sein. Diese Regelung genügt nicht, um in allen Fällen die mit Willensmängeln behafteten letztwilligen Verfügungen zu beseitigen. Deswegen gewährt das Gesetz das Anfechtungsrecht teilweise entgegen der allgemeinen Regel nicht nur dem Erben, sondern ganz allgemein demjenigen, dem die Aufhebung der letztwilligen Verfügung unmittelbar zustatten kommt. Bezieht sich der Irrtum nur auf eine bestimmte Person, so soll sie allein anfechtungsberechtigt sein. Es wäre unbillig, wenn andere aus diesem Irrtum dadurch, daß sie anfechten, Vorteile ziehen wollten, obwohl der durch den Irrtum allein Betroffene sich mit der Verfügung so wie sie erklärt ist, abfinden will. Aus denselben Gründen kann im Falle des § 2079 nur der übergangene Pflichtteilsberechtigte anfechten.

c) Form und Frist der Anfechtung regeln die §§ 2081, 2082. Soweit eine Verfügung angefochten werden soll, durch die ein Erbe eingesetzt, ein gesetzlicher Erbe von der Erbschaft ausgeschlossen, ein Testamentsvollstrecker ernannt oder eine dieser Verfügungen wieder aufgehoben ist, ist die Anfechtung entgegen der in § 143 enthaltenen allgemeinen Regel dem Nachlaßgericht gegenüber zu erklären. Dasselbe gilt für die Anfechtung einer Auflage oder einer Verfügung, die zwar eine Verpflichtung aber kein Recht für einen anderen begründet. Im übrigen ist die Anfechtung nach § 143 Abs 4 Satz 1 demjenigen gegenüber zu erklären, der durch die Verfügung unmittelbar einen rechtlichen Vorteil erlangt hat. Die Anfechtungsfrist ist nicht entsprechend der allgemeinen für die Irrtumsanfechtung getroffenen Bestimmung des § 121 geregelt, sondern ähnlich wie die Frist für die Anfechtung wegen arglistiger Täuschung. Sie braucht nicht unverzüglich zu erfolgen. Der Anfechtende hat eine Überlegungsfrist von einem Jahr.

d) Eine **Einrede** steht dem Anfechtungsberechtigten, dem durch die anfechtbare Verfügung eine Leistung auferlegt ist, gegenüber dem Verlangen des Leistungsberechtigten auch noch nach dem Verlust des Anfechtungsrechts zu.

6. Die Auslegung letztwilliger Verfügungen. Trotz des für die Erklärung einer letztwilligen Verfügung bestehenden Formzwangs braucht der letzte Wille doch nicht in bestimmten Worten oder durch den Gebrauch bestimmter Formeln geäußert zu werden. Jede formgerecht abgegebene Erklärung, die den Willen des Erblassers, wenn auch nur unter Berücksichtigung anderer außerhalb der Testamentsurkunde gelegener Umstände genügend deutlich erkennen läßt, gilt. Der Auslegung kommt daher auf dem Gebiete der letztwilligen Verfügung eine erhebliche praktische Bedeutung zu.

Anzuwenden sind in erster Linie die allgemeine für Willenserklärungen geltende Vorschrift des § 133. Danach gilt für die Auslegung grundsätzlich das Willensdogma, das jedoch, um die notwendige Sicherheit bei der Feststellung des letzten Willens des Erblassers zu erreichen, nach zwei Richtungen eingeschränkt ist. Einer letztwilligen Verfügung, die einen klaren und unzweideutigen Willen des Erblassers enthält, darf auch im Wege der Auslegung kein anderer Sinn beigelegt werden (vgl. § 2084 Anm 1a). Schließlich darf die Auslegung keinem Willen Geltung verschaffen, der in der Testamentsurkunde überhaupt keinen, auch keinen unvollkommenen Ausdruck gefunden hat.

Neben den allgemeinen Auslegungsregeln der §§ 2066 bis 2077 enthält das Gesetz in diesem Abschnitt in den §§ 2084ff. Bestimmungen, die auf dem Gedanken beruhen, die Absichten des Erblassers, die in einer formgerechten letztwilligen Verfügung Ausdruck gefunden haben, so weit als möglich zu verwirklichen. Deswegen soll nach § 2084, wenn der Inhalt der Verfügung verschieden gedeutet werden kann, die Auslegung gelten, die zur Verwirklichung des von dem Erblasser erstrebten Erfolges führen würde. Nach § 2085 soll grundsätzlich die Unwirksamkeit einzelner Bestimmungen eines Testaments die Gültigkeit der übrigen nicht berühren und schließlich soll die Gültigkeit eines Testaments nach § 2086 nicht dadurch in Frage gestellt werden, daß der Erblasser nicht mehr dazu gekommen ist, oder davon abgesehen hat, die Ergänzung einer letztwilligen Verfügung, die er sich vorbehalten hatte, vorzunehmen.

§ 2064

Der Erblasser kann ein Testament nur persönlich errichten.

E I 1911 II 1937; M 5 246, 247; P 5 317.

1. Die gleiche Bestimmung gilt auch für den Erbvertrag (§ 2274) und den Erbverzicht (§ 2347). Die Notwendigkeit **persönlicher Errichtung des Testaments** besagt, daß der Erblasser die von ihm gewollten letztwilligen Verfügungen schlechterdings nur mit eigenem Mund oder eigener Hand erklären, daß er sich hierbei weder im Willen selbst noch in der Erklärung des Willens von anderen (Boten oder irgendwelchen Mittelspersonen, auch nicht von seinem gesetzlichen Vertreter) vertreten lassen kann. Er kann deshalb den Erben nicht wirksam ermächtigen, seinerseits ein das Erbvermögen belastendes Vermächtnis anzuordnen (RG Warn 1911 Nr 42). Dies schließt nicht aus, daß er sich bei seinen letztwilligen Verfügungen beraten läßt (FGG § 13); und daß er sich insbesondere zur Beurkundung oder zur vorbereitenden Niederschrift der letztwilligen Erklärungen (§ 2238 Abs 1) fremder Hilfe bedient. Durch § 2064 BGB wurde das Pupillar- und Quasipupillartestament des gemeinen Rechts und der §§ 521 ff. II 2 PrALR beseitigt; ein solches früher errichtetes Testament ist unwirksam, wenn das testierunfähige Kind nach dem 31. 12. 99 stirbt (RG 88, 152; 106, 392; LZ 1922, 465[11] mit Folgerungen für die Auslegung eines Testaments gegen § 2102 Abs 2 im Sinne der Anordnung nicht nur der Ersatz-, sondern auch der Nacherbfolge; RG DNotV 1931, 312[4]: Umdeutung einer gemeinrechtlichen Quasipupillarsubstitution beim Tode des testierenden Vaters vor dem und des testierunfähigen Kindes nach dem Inkrafttreten des BGB in ein gemeinrechtliches Universalfideikommiß).

2. **Höferecht:** Von den hier dargelegten Grundsätzen ergeben sich Ausnahmen im Höferecht der brit. Zone. Nach § 8 Abs 2 S 2 HöfO kann bei einem Ehegattenhof unter den dort angebenen Umständen der Ehegatte, von dem der Hof stammt, allein den Hoferben bestimmen und damit zugleich letztwillig über einen Teil des Eigentums des anderen Ehegatten verfügen. Nach § 8 Abs 3 HöfO kann der Ehegatte, der nur Hofvorerbe geworden ist, wenn keine gemeinsame oder nach § 8 Abs 2 S 2 wirksame Bestimmung des weiteren Hoferben getroffen ist, den weiteren Hoferben aus dem Kreis der Personen bestimmen, die als Hoferben desjenigen Ehegatten bestimmt werden könnten, von dem der Hof stammt. Er kann die Verfügung des Erblassers ergänzen und seinen eigenen Nacherben bestimmen.

§ 2065

Der Erblasser kann eine letztwillige Verfügung nicht in der Weise treffen, daß ein anderer zu bestimmen hat, ob sie gelten oder nicht gelten soll.

Der Erblasser kann die Bestimmung der Person, die eine Zuwendung erhalten soll, sowie die Bestimmung des Gegenstandes der Zuwendung nicht einem anderen überlassen.

E I 1765, 1770 Satz 1, 1777 Satz 1 II 1938; M 5 30, 34–36, 41, 42; P 5 15–21, 23, 30, 39, 40.

Übersicht:

Unzulässigkeit der Vertretung im Willen

1. Abs 1 setzt eine in sich vollständige Willenserklärung voraus, deren Gültigkeit aber von der Bestimmung eines Dritten abhängig gemacht wird. Abs 2 handelt von der Ergänzung einer an sich unvollständigen Willenserklärung durch Dritte. In beiden Fällen ist die Verfügung, ohne daß es einer Anfechtung bedarf, unwirksam, weil sie gegen den Grundsatz der Bestimmtheit und Selbständigkeit des letzten Willens verstößt (Flad, ZAkDR 1938, 431 ff.). Als der **„andere"** (im Gegensatze zum Erblasser) kommt insbesondere auch der Beschwerte in Betracht.

2. **a) Bestimmung eines andern über Geltung der letztwilligen Verfügung.** Hierunter fällt die in das nackte Wollen oder auch das verständige Wollen oder das billige Ermessen eines andern gesetzte Bedingung. Ebenso der Vorbehalt der Zustimmung, z. B. des Gewalthabers, oder die Anordnung einer Testamentsvollstreckung für den Fall, daß sie von einem Dritten verlangt werden sollte (KGJ 42, 223). Der überlebende Ehegatte kann im gemeinschaftlichen Testamente nicht wirksam ermächtigt werden, letztwillige Anordnungen des Zuerstvertsorbenen, die sich auf dessen Nachlaß beziehen, zu ändern oder zu widerrufen (RG 79, 32, wo die Beurteilung des Falles dadurch beeinträchtigt erscheint, daß im Gegensatz zu anderen weiter unten angeführten Entscheidungen die Möglichkeit einer Verfügung des erstversterbenden Gatten unter der Bedingung, daß der Überlebende nicht anders verfüge, nicht erwogen ist; dasselbe gilt für die Entscheidung RG Warn

1939 Nr 47). Jedoch steht RG 79, 32 der Entscheidung, die die Einsetzung eines Nacherben unter der Bedingung, daß der Vorerbe über den Nachlaß nicht anders verfügt, für zulässig hält, nicht entgegen. Der in der Amtlichen Sammlung wiedergegebene Wortlaut dieser Entscheidung, nachdem ein solcher Widerspruch angenommen werden könnte, ist wegen der dort vorgenommenen Kürzungen mißverständlich). Um eine unzulässige Vertretung im Willen des Erblassers handelt es sich auch, wenn dieser dem Testamentsvollstrecker oder sonst einem andern die für die Beteiligten und den Richter maßgebende Auslegung des letzten Willens überträgt (RG 66, 103).

b) Grundsätzlich ist hiervon, trotzdem die Abgrenzung in der Praxis Schwierigkeiten machen kann, der Fall zu unterscheiden, daß im Testament zur Entscheidung von Streitigkeiten über die Gültigkeit oder Anfechtbarkeit von Testamentsbestimmungen und über die Auslegung des Testaments ein Schiedsgericht angeordnet wird, das nicht an die Stelle des Erblassers, sondern des ordentlichen Richters tritt (ZPO §§ 1048, 1040). Einer solchen Anordnung steht § 2065 nicht entgegen (BayObLG 30, 75); zum Schiedsrichter kann auch ein Testamentsvollstrecker bestellt werden (RG 100, 76; § 1937 A 1). Es ist ferner möglich, die Gültigkeit der Verfügung von dem Handeln oder Unterlassen eines Dritten abhängig zu machen, auch wenn es in seine Willkür gestellt ist (Potestativbedingungen); es sei denn, daß das Handeln oder Unterlassen (Beispiel von Raape, AZivPrax 140, 233: „Meine Nichte soll Erbin sein, falls meine Frau nicht binnen gewisser Frist seit dem Erbfall in einem an das Nachlaßgericht gesandten Schreiben widerspricht") nur auf eine Vertretung des Erblassers im reinen Wollen hinauslaufen soll. Die Frage, welche an das Tun oder Unterlassen eines Dritten geknüpften Bedingungen zulässig sind, entscheidet sich danach, was der Erblasser damit, daß er die Bedingung setzte, bezweckte. Um eine zulässige Bedingung und nicht um eine bloße Vertretung im Willen handelt es sich, wenn der Erblasser die Gültigkeit einer Verfügung von einem Verhalten einer Person abhängig macht, an dem er in irgendeiner Weise interessiert ist, so daß die Zuwendung erfolgt, um dieses Verhalten zu fördern oder zu verhindern. Um eine zulässige Bedingung handelt es sich gleichfalls, wenn der Erblasser den Inhalt seiner letztwilligen Verfügung auf die Sachlage abstellen wollte, die durch das als Bedingung gesetzte Tun oder Unterlassen verwirklicht werden würde (vgl. BGH 18. 11. 54 IV ZR 152/54 — Abdruck erfolgt in der amtlichen Sammlung). So kann, auch in einem gemeinschaftlichen Testament, ein Nacherbe unter der aufschiebenden oder auflösenden Bedingung, daß der Vorerbe nicht anders über den Nachlaß von Todes wegen verfüge, eingesetzt oder dem Nacherben unter einer derartigen Bedingung ein Vermächtnis auferlegt werden (RG 95, 278 = JW 1920, 286[8] mit zustimmender Anmerkung von Kipp; JW 1910, 820[42]; 1925, 2121[11] mit zustimmender Anmerkung von Siber; Recht 1916 Nr. 253; SeuffA 76 Nr 163; BayObLG 17 A 18; 22, 275; KG DRW 1939, 1443[13] mit Anmerkung von Vogels; RG DR 1942, 1368; BGH 2, 35 dagegen Maenner LZ 1925, 572—574; dahingestellt gelassen RG Warn 1938 Nr 103). Dementsprechend kann auch der überlebende Ehegatte, der auf Grund einer letztwilligen Verfügung seines verstorbenen Ehegatten Vorerbe geworden ist, unter den vom Erblasser zu Nacherben eingesetzten Abkömmlingen den Hoferben auswählen, wenn ihm der Erblasser in seinem Testament diese Befugnis erteilt. Die Anordnung des Erblassers verleiht dem Ehegatten keine Testierbefugnis, sondern ermächtigt ihn, die Nacherbschaft zu beseitigen und zum Vollerben zu werden. Als solcher kann er nach § 7 der HöfeO der brit. Zone unter den Abkömmlingen den Hoferben frei bestimmen (LM Nr 2 zu § 2065). Ebensowenig ist es zu beanstanden, wenn dem Dritten bloß die Entscheidung darüber übertragen ist, ob eine vom Erblasser gesetzte Bedingung der Gültigkeit eingetreten ist (RG JW 00, 765[48]), z. B. ob der bedingt Bedachte sich wohlverhalten habe (OLG 43, 394). So ist an sich auch ein Vermächtnis gültig, wenn der Erbe nur für einen bestimmten nicht eingetretenen Fall, dessen nähere Voraussetzungen der Erblasser selbst bestimmt hatte, nach seinem Gutbefinden von der Auszahlungspflicht entbunden war (RG 6. 6. 07 IV 529/06). Durch § 2065 wird auch nicht ausgeschlossen, daß dem Testamentsvollstrecker für gewisse Zuwendungen ein gewisser Spielraum gelassen wird (RG Warn 1912 Nr 174).

3. a) Bestimmung eines anderen rücksichtlich der Zuwendung. Die Zuwendung von Todes wegen umfaßt die Erbeinsetzung, das Vermächtnis und das Schenkungsversprechen (§ 2301 Abs 1). Die Vorschrift des § 2065 ist durch § 2192 auch auf die Auflage übertragen. Sie greift auch dann ein, wenn der Erblasser einen andern, z. B. den Testamentsvollstrecker über seinen Willen mündlich unterrichtet hat (JW 1925, 2147[5]). Nicht hierher gehört der Fall, daß nach dem Willen des Erblassers die **Person des Bedachten** erst durch den Eintritt gewisser Umstände (Geburt eines Sohnes, vgl. auch § 2105) bestimmt werden oder das Los darüber entscheiden soll, wer von mehreren bestimmten Personen Erbe werden soll (RG SeuffA 91 Nr 106); noch weniger der Fall, daß die Bestimmung erst im Wege der Auslegung zu ermitteln ist. In der Entscheidung RG 159, 296 (=DRW 1939, 310[4] mit Anm von Vogels) ist es ferner für zulässig erklärt worden, daß sich der Erblasser damit begnügt, einen begrenzten Kreis von Personen zu bezeichnen, aus dem der Erbe nach bestimmten sachlichen Gesichtspunkten, z. B. seiner Eignung für eine besondere Aufgabe, durch einen Dritten bindend ausgewählt werden soll, sofern nur der Personenkreis so eng begrenzt ist und die Gesichtspunkte für die Auswahl so genau festgelegt sind, daß für eine Willkür des Dritten kein Raum bleibt, sondern die Entscheidung auf sein Urteil über das Vorliegen jener Voraussetzungen abgestellt ist. Vgl. dagegen die ablehnende Stellungnahme von Kipp-Coing § 10 IIb. Mit Vorsicht angewandt, dürfte gegen die Ansicht des RG im Grundsatz nichts einzuwenden sein. Die sachlichen Gesichtspunkte, nach denen der Bedachte aus dem bestimmten Personenkreis auszuwählen ist, müssen allerdings so klar und eindeutig sein, daß weder dem subjektiven Wollen, noch dem Ermessen desjenigen, der die Wahl vorzunehmen hat, Raum bleibt. Diese Voraussetzung ist gegeben, wenn die Auswahl von jeder mit genügender Sachkunde ausgestatteten Person in derselben Weise getroffen würde. In diesem Fall hat der Erblasser selbst objektiv die Person des Bedachten bestimmt, daß er sie in der letztwilligen Verfügung namentlich bezeichnet oder daß er sich eine Vorstellung darüber gemacht hat, welche konkrete Person von ihm bedacht ist, ist nicht erforderlich (Vgl. BGH 18. 11. 54 IV ZR 152/54 — Abdruck in der amtlichen Sammlung erfolgt.) Zu weitgehend OLG Hamm (DNotZ 51, 369) in der Begründung zu Ziffer b). Unwirksam ist eine letztwillige Verfügung, in der die Erblasserin ein Altersheim und ein Hundeasyl einer bestimmten Stadt zu Erben eingesetzt hat, wenn in der Stadt mehrere Institute dieser Art vorhanden sind. Dem Testamentsvollstrecker kann die Wahl unter den in Frage kommenden Instituten nicht überlassen werden (so zutreffend KG JR 53, 422). Falls die Erblasserin an zwei ganz bestimmte Institute gedacht hätte, wäre § 2073 anzuwenden gewesen.

b) Unter den Bestimmungen über den **Gegenstand der Zuwendung** sind diejenigen Bestimmungen zu verstehen, in denen das Ausmaß der Zuwendung als solcher allgemein bestimmt ist. Bei der einfachen Erbeinsetzung gehören dazu alle Bestimmungen, aus denen sich die Höhe der Quote ergibt, zu der der Bedachte als Erbe eingesetzt ist. Bei der Vor- und Nacherbschaft rechnen dazu auch die Bestimmungen über den Zeitpunkt des Eintritts des Nacherbfalls. Der Erblasser kann es daher nicht einem Dritten überlassen, den Zeitpunkt des Eintritts des Nacherbfalls zu bestimmen (BGH 18. 11. 54 IV ZR 152/54 — Abdruck in der amtlichen Sammlung erfolgt; § 2106 A 3).

c) Ausnahmsweise kann bei Vermächtnissen und gemäß §§ 2192, 2193 bei Auflagen die Bestimmung der Person des Bedachten oder doch die Auswahl unter gewissen mehreren Bedachten (§§ 2151—2153, auch § 2072) und ebenso unter gewissen Voraussetzungen die Bestimmung des Gegenstandes der Zuwendung (§§ 2154—2156) gewissen Dritten überlassen sein. Während daher die Erbeinsetzung „irgendeiner" für Kriegsbeschädigte gegründeten Stiftung als gegen § 2065 Abs 2 verstoßend nichtig ist (RJA 16, 257), könnte ein Vermächtnis an eine so bezeichnete Stiftung gemäß § 2152 gültig sein. Bestimmung der Person des Testamentsvollstreckers §§ 2198—2200. Erbauseinandersetzung nach billigem Ermessen eines Dritten § 2048 (vom KG JW 1937, 2200[14] durch eine dem § 2084 entsprechende Auslegung auf ein Testament des Inhalts, daß nach der Bestimmung eines Dritten von zwei als Erben bezeichneten Personen die eine den vorhandenen Grundbesitz und die andere einen vom Erblasser bestimmten Barbetrag erhalten soll, auch für den Fall angewendet, daß der Nachlaß ausschließlich aus dem Grundbesitz besteht).

§ 2066

Hat der Erblasser seine gesetzlichen Erben ohne nähere Bestimmung bedacht, so sind diejenigen, welche zur Zeit des Erbfalls seine gesetzlichen Erben sein würden, nach dem Verhältnis ihrer gesetzlichen Erbteile bedacht. Ist die Zuwendung unter einer aufschiebenden Bedingung oder unter Bestimmung eines Anfangstermins gemacht und tritt die Bedingung oder der Termin erst nach dem Erbfall ein, so sind im Zweifel diejenigen als bedacht anzusehen, welche die gesetzlichen Erben sein würden, wenn der Erblasser zur Zeit des Eintritts der Bedingung oder des Termins gestorben wäre.

E I 1771 Abs 2 II 1939; M 5 37; P 5 32, 33.

1. Vorausgesetzt ist, daß der Erblasser die Personen der Bedachten als **„seine gesetzlichen Erben"** oder doch mit einem gleichwertigen Ausdruck (Intestaterben, Erben schlechthin, falls er überhaupt noch keine Erben berufen hat) bezeichnet. Sie sind **ohne nähere Bestimmung** bedacht, wenn es an jeder Angabe des Namens, Wohnorts oder sonstiger Merkmale bestimmter Personen und an einem Anhalt für Bemessung der Erbteile fehlt. Dann gelten nach positiver, den Willen des Erblassers ergänzender Vorschrift diejenigen Personen, und zwar als Testamentserben berufen, die ohne Testament nach der gesetzlichen Erbfolge gemäß §§ 1924ff. berufen sein würden, vgl. aber auch § 2078 A 9a (RG 70, 391).

Die Zeit des Erbfalls — nicht der Testamentserrichtung — ist schon nach § 1923 maßgebend. Ähnlich bei der Ausgleichungspflicht § 2052. Bei Änderung der gesetzlichen Erbfolge zwischen Testamentserrichtung und Erbfall bestimmt sich der Kreis der vom Erblasser bedachten „gesetzlichen Erben" nach neuem Recht, es sei denn, daß das Testament eine, auch durch Auslegung ermittelbare, „nähere Bestimmung" enthält, die den Willen des Erblassers kundgibt, die von ihm eingesetzten gesetzlichen Erben seien nach dem zur Zeit der Testamentserrichtung geltenden Rechte zu bestimmen (RG LZ 1917, 746[10]; Recht 1923 Nr 53).

Eine Testamentsbestimmung, daß der Nachlaß unter die Kinder und die von einem vorverstorbenen Kinde abstammenden mehreren Enkelkinder gleichmäßig zu verteilen sei, ist nicht eindeutig in dem Sinne, daß die Verteilung nach Kopfteilen zu erfolgen habe, kann vielmehr je nach den Umständen (§ 2084 A 2) auch dahin ausgelegt werden, daß nach Stämmen zu teilen sei (JFG 16, 246). Hat der Erblasser diejenigen Personen, welche bei seinem Tode seine gesetzlichen Erben geworden wären, dem Namen nach als seine Erben bezeichnet, ohne die Erbteile ausdrücklich zu bestimmen oder sonst einen Anhalt für ihre Bemessung zu geben, so ist nicht § 2066, sondern § 2091 anwendbar (JW 1938, 2475[14]).

2. In Übereinstimmung mit §§ 158 Abs 1, 163, 2074 gilt bei **bedingter oder befristeter Erbeinsetzung** als mutmaßlicher und bis zum Beweise des Gegenteils („im Zweifel") maßgeblicher Wille des Erblassers, daß für die Erbfolge die künftige Gestaltung der Verhältnisse zur Zeit des Eintritts der Bedingung oder des Anfangstermins maßgebend sein soll. So auch bei der Nacherbfolge § 2104.

Sind die gesetzlichen Erben eines Dritten bedacht, so entscheidet freie Auslegung. § 2066 kann nicht unmittelbar angewandt werden. Die Auslegung wird oft dazu führen, auch in diesen Fällen bei einem Wegfall des zunächst Bedachten eine Anordnung nach dem Grundsatz des § 2066 als dem Willen des Erblassers entsprechend anzunehmen. Zweifelsfragen ergeben sich, wenn der Erblasser für den Fall des Wegfalls des zunächst Bedachten dessen Erben als Ersatzerben berufen hat. In diesem Fall muß ermittelt werden, ob der Erblasser darunter die gesetzlichen Erben des zunächst Bedachten oder die tatsächlich zur Erbfolge gelangenden Personen bedacht hat. Im letzteren Fall würde der Wirksamkeit dieser Bestimmung § 2065 entgegenstehen, wenn der Erblasser für diesen Fall selbst keine letztwillige Verfügung treffen, sondern die Bildung seines Willens dem zunächst Bedachten überlassen wollte. Das trifft zu, wenn ihm der Verbleib des dem zunächst Bedachten Zugewandten gleichgültig ist. Will der Erblasser dagegen, daß der fragliche Teil seines Nachlasses dem Erben des zunächst Bedachten anfallen soll, weil sie dessen Rechtsnachfolger werden, dann liegt kein Verstoß gegen § 2065 vor. Denn der Erblasser hat in diesem Fall die Bestimmung des unter Umständen Bedachten nicht von dem Belieben einer dritten Person abhängig machen wollen, sondern bestimmt angeordnet, derjenige, der nach den Vorschriften des bürgerlichen Rechts Erbe des zunächst Bedachten werde, solle auch von ihm bedacht sein (Planck-Flad 4. Aufl § 2066 Anm 2a). Ein dahingehender Wille des Erblassers ist z. B. anzunehmen, wenn der Nachlaß des Erblassers im wesentlichen in der Teilhaberschaft an einem Unternehmen besteht, das er gemeinsam mit dem zunächst Bedachten betreibt. Hier kann sein Wunsch dahin gehen, im Interesse des Unternehmens dieses in eine Hand zusammenzuführen.

§ 2067

Hat der Erblasser seine Verwandten oder seine nächsten Verwandten ohne nähere Bestimmung bedacht, so sind im Zweifel diejenigen Verwandten, welche zur Zeit des Erbfalles seine gesetzlichen Erben sein würden, als nach dem Verhältnis ihrer gesetzlichen Erbteile bedacht anzusehen. Die Vorschrift des § 2066 Satz 2 findet Anwendung.

E I 1771 II 1940; M 5 36, 37; P 5 32, 33.

1. Gesetzliche Erbfolge der **Verwandten** §§ 1924—1930. Der überlebende Ehegatte und die Verschwägerten sind somit „im Zweifel" nicht bedacht. Auch die Bezeichnung „nächste Verwandte" schließt die Verwandten der entfernteren Ordnungen an sich nicht aus. Doch ist Auslegungsfrage, ob und inwieweit der Kreis der Bedachten mit Rücksicht auf Gradesnähe etwa enger gezogen werden sollte. Sind nicht die „Verwandten" oder „nächsten Verwandten" schlechthin, sondern gewisse Verwandtengruppen genannt (Enkel, Geschwister, Vettern), so entscheidet freie Auslegung (JFG 10, 65), insbesondere auch, ob und wie halbbürtige Geschwister und Geschwisterkinder bedacht sind. (Abweichend RG Warn 1939 Nr 9, das dort, ohne entscheidendes Gewicht darauf zu legen, eine entsprechende Anwendung des gemeinsamen Grundgedankens der §§ 2066, 2067 dann für zulässig erklärt, wenn eine geschlossene Gruppe der zu den gesetzlichen Erben gehörenden Personen ohne Angabe ihres Beteiligungsverhältnisses zu Erben berufen ist). Anerkanntermaßen gilt freie Auslegung, wenn den Verwandten eines Dritten etwas zugewendet ist. § 2067 will für diesen Fall keine Bestimmung treffen (RG Gruch 50, 386). Über die Auslegung eines Testaments, in dem der Erblasser auf den nicht durch Vermächtnisse vergebenen Rest seines Nachlasses seine „Geschwister bzw. deren Kinder und Hinterbliebene" berufen hatte, s. BayObLG 30, 206. Ohne nähere Bestimmung s. § 2066 A 1. — In der Einsetzung der namentlich genannten Ehefrau zur alleinigen Erbin kann, auch auf dem Wege ergänzender Testamentsauslegung

(§ 2084 A 2), nicht die Einsetzung oder Ersatzberufung der Frau gefunden werden, mit der sich der Erblasser nach dem Tode der im Testament Genannten verheiratet hat (RG 134, 277).

2. Maßgebend Zeit des Eintritts der Bedingung oder des Anfangstermins.

§ 2068

Hat der Erblasser seine Kinder ohne nähere Bestimmung bedacht und ist ein Kind vor der Errichtung des Testaments mit Hinterlassung von Abkömmlingen gestorben, so ist im Zweifel anzunehmen, daß die Abkömmlinge insoweit bedacht sind, als sie bei der gesetzlichen Erbfolge an die Stelle des Kindes treten würden.

E I 1772 II 1941; M 5 37, 38; P 5 33–35.

1. Ohne nähere Bestimmung § 2066 A 1.

2. Es handelt sich im Gegensatze zu § 2070 um die **eigenen Kinder** des Erblassers, seien es leibliche oder ihnen nach § 1757 gleichstehende angenommene Kinder, und im Gegensatze zu § 2069 darum, daß das Kind vor der Testamentserrichtung, und zwar durch den Tod weggefallen ist. Ob der Erblasser hierbei den Tod des betreffenden Kindes gekannt hat oder nicht, macht keinen Unterschied. „Im Zweifel" (Auslegungsregel) denkt der Erblasser, wenn er von Kindern spricht, nicht bloß an Söhne und Töchter, sondern an Abkömmlinge schlechthin. An Stelle des verstorbenen Kindes treten dann seine Abkömmlinge nach Stämmen (§ 1924 Abs 3). Uneheliche Abkömmlinge des Erblassers kommen bei der Erbfolge nach dem Vater nicht in Betracht, da sie nicht gesetzliche Erben ihres Erzeugers sind. Sind die Kinder eines Dritten bedacht, so ist nach allgemeinen Auslegungsregeln zu entscheiden, ob hiermit auch deren Abkömmlinge gemeint sind (RG Gruch 50, 386; § 2069 A 1). Die Vorschrift gilt nicht, wenn das Erbrecht eines Kindes vor der Testamentserrichtung in anderer Weise als durch den Tod erledigt ist: Ausschließung durch Testament (§ 1938), Erbverzicht (§ 2349). Anfechtungsrecht übergangener pflichtteilsberechtigter Abkömmlinge § 2079. Die Vorschrift gilt auch dann, wenn der Erblasser nur eine Gruppe seiner Kinder, z. B. die Söhne, bedacht hat.

§ 2069

Hat der Erblasser einen seiner Abkömmlinge bedacht und fällt dieser nach der Errichtung des Testaments weg, so ist im Zweifel anzunehmen, daß dessen Abkömmlinge insoweit bedacht sind, als sie bei der gesetzlichen Erbfolge an dessen Stelle treten würden.

E I 1773 II 1942; M 5 37, 38; P 5 33–35.

1. Der **eigene Abkömmling des Erblassers** kann namentlich bedacht sein oder durch Auslegung (§ 2068) als bedacht ermittelt werden. Für diesen Fall wird eine Auslegungsregel (RG 99, 86; 142, 173; LZ 1923, 451[5]) des Inhalts gegeben, daß der Erblasser stillschweigend eine Ersatzberufung (§§ 2096, 2190) zugunsten derjenigen Abkömmlinge des Bedachten erklärt habe, welche nach § 1924 Abs 3 gesetzlich an dessen Stelle berufen wären, mögen sie auch zur Zeit der Testamentserrichtung noch nicht geboren, ihr im Testament bedachter Elternteil damals vielleicht noch gar nicht verheiratet gewesen sein (RG SeuffA 77 Nr 191).

Diese Regel gilt auch in den Fällen, in denen der Erblasser überhaupt nicht mit der Möglichkeit des vorzeitigen Wegfalls des eingesetzten Erben gerechnet hat (RG 99, 86; LZ 1923, 451; SeuffA 77, 303 Nr 191). Die Vorschrift ist auch anwendbar, wenn der in dem Testament bedachte Abkömmling, bevor er bedacht wurde, auf sein künftiges gesetzliches Erbrecht verzichtet hatte. § 2349 steht dem nicht entgegen, da der weggefallene Abkömmling nicht als gesetzlicher, sondern als Testamentserbe berufen war und § 2069 die gesetzliche Erbfolge nur unterstellt (KGJ 23, 255). Anders ist zu entscheiden, wenn der in dem Testament bedachte Abkömmling dadurch wegfällt, daß er nach der Testamentserrichtung durch Vertrag mit dem Erblasser auf alle Erbansprüche verzichtet und wenn der Verzicht seinen Grund in einer vollständigen Abfindung des Verzichtenden hat. In diesem Fall ist anzunehmen, daß nach dem Willen des Erblassers die Abkömmlinge des abgefundenen Erben nicht als Ersatzerben bedacht sein sollen (KGJ 20, 160. Soweit dort unter Hinweis auf § 2349 ausgeführt ist, daß die Abkömmlinge des Verzichtenden nach § 2069 nicht als Ersatzerben berufen sind, kann dem nicht zugestimmt werden). Bei einer Nacherbfolge gilt die Regel in dem Sinne, daß, wenn der als Nacherbe eingesetzte Abkömmling wegfällt, diejenigen seiner Abkömmlinge Ersatznacherben werden, welche zur Zeit des Nacherbfalls (nicht des Erbfalls) nach § 1924 Abs 3 an seine Stelle treten würden (JFG 1, 154; 6, 138 gegen KGJ 31 A 124). Hat das durch gemeinschaftliches Testament zum Nacherben berufene Kind des überlebenden Ehegatten die Nacherbschaft ausgeschlagen und seinen Pflichtteil gefordert, so wird die Anwendung des § 2069 im Zweifel dem Willen des Erblassers widersprechen (KG DR 1941, 2242[8]; vgl. dazu auch Celle NRpfl 53, 69). Eine tatsächliche Vermutung dahin, daß die Ausschlagung durch den Nacherben auch dessen Abkömmlinge von der Erbschaft ausschließen soll, besteht, wenn der Erblasser den als Nacherben eingesetzten Abkömmling für den Fall seiner Unzufriedenheit mit dem Testament auf den Pflichtteil beschränkt hat (KGJ 20, 17). Das gilt auch dann, wenn sämtliche Kinder mit der Nacherbeinsetzung unzufrieden sind und die Erbschaft ausschlagen, so daß eine Benachteiligung der verschiedenen Stämme durch den Eintritt der Ersatzerbfolge der Abkömmlinge nicht erfolgen würde (KG DNotZ 42, 147). Stirbt der Nacherbe erst nach dem Eintritt des Erbfalls, aber vor Eintritt des Nacherbfalls, so gilt die Auslegungsregel des § 2108 Abs 2. Denn es besteht keine Rechtsvorschrift, dergemäß bei der Einsetzung eines Abkömmlings als Nacherbe entgegen der Regel des § 2108 Abs 2 Satz 1 im Zweifel die Vererblichkeit der Nacherbenanwartschaft wegen einer nach § 2069 anzunehmenden ersatzweisen Einsetzung der Abkömmlinge des Nacherben als vom Erblasser nicht gewollt anzusehen wäre (RGZ 169, 38ff.; vgl. auch § 2108 Anm 2). Hat aber der Erblasser zu erkennen gegeben, daß er ein Einrücken familienfremder Personen in die Erbengemeinschaft anstelle der von ihm in erster Linie berufenen Erben hat vermeiden wollen, so greift nicht mehr die Auslegungsregel des § 2108 Abs 2, sondern die des § 2069 durch (KG DNotZ 43, 117). Auch wenn eine nicht zu den Abkömmlingen des Erblassers gehörige Person, insbesondere ein anderer naher Angehöriger, bedacht ist, kann in der Einsetzung dieser Person die Grundlage gefunden werden, von der aus im Wege der Auslegung unter Zuhilfenahme anderweitiger, außerhalb des Testaments liegender Umstände ein weitergehender, auf Ersatzberufung der Abkömmlinge des Bedachten gerichteter Wille des Erblassers als im Testament enthalten ermittelt wird (RG JW 1911, 544[27]; Gruch 61, 324; SeuffA 75 Nr 37; KG MDR 54, 39); auf dem Wege ergänzender Testamentsauslegung (§ 2084 A 2) kann eine solche stillschweigende Ersatzberufung unter Umständen selbst dann angenommen werden, wenn der Erblasser an die Möglichkeit des Wegfalls des Bedachten nicht gedacht hat (RG 99, 82; HRR 1928 Nr 959; Oldenburg, NRpfl 50, 73).

Eine Testamentsauslegung entsprechend den in § 2069 enthaltenen Gedanken ist nicht möglich, wenn der Erblasser zwar jeden Geschwisterstamm bedacht hat, aber nicht gleichförmig und lückenlos, sondern wenn er die Personen, denen er etwas zugewandt hat, nach besonderen Gesichtspunkten ausgewählt hat. In diesem Fall kann, wenn einer der eingesetzten Erben fortfällt, eine Anwachsung nach § 2094 erfolgen (OGH 4, 219 [222f.]). Anders wäre zu entscheiden, wenn der Erblasser seine beiden Schwestern zu je ⅓ und die Kinder eines verstorbenen Sohnes gleichfalls zu ⅓ als Erben eingesetzt hat. Verstirbt eine der Schwestern nach Errichtung des Testaments, so kann, wenn nicht andere Umstände dagegen sprechen, angenommen werden, daß nach dem Willen des Erblassers deren Kinder als Ersatzerben berufen sein sollen.

2. Im Gegensatz zu § 2068 ist vorausgesetzt, daß der unmittelbar Bedachte erst **nach der Testamentserrichtung,** vielleicht erst nach dem Erbfall **wegfällt,** sei es durch Tod (wie in § 2068), Erbverzicht (vgl. aber KG HRR 1939 Nr 1163) oder auf eine der andern in § 2094 A 1 (RG 95, 98f.) bezeichneten Arten (JFG 2, 160f. und JW 1938, 1600[28]: Eintritt des Falles einer Verwirkungsklausel § 2074 A 1). Die Vorschrift ist auch anwendbar, wenn der näher bezeichnete Abkömmling zwar schon vor der Testamentserrichtung gestorben ist, aber wenigstens nach der Vorstellung des Erblassers noch gelebt hat (§ 2053 A 1, § 2107). Sie gilt auch beim Erbvertrag (§ 2279) und dem gemeinschaftlichen Testament, auch wenn es sich um Abkömmlinge des zuerst versterbenden Ehegatten handelt (RJA 4, 27; KGJ 51, 101). Ein nach § 2069 Berufener ist nicht übergangen und daher nicht nach § 2079 anfechtungsberechtigt (RG SeuffA 77 Nr 191; JW 1925, 2756[7]).

3. § 2069 enthält keine gesetzliche Vermutung, sondern eine Auslegungsregel. Der Gegenbeweis dahin, daß die Vorschrift nicht dem wirklichen Willen des Erblassers entsprochen hat, ist zulässig. Er wird allerdings noch nicht durch den Nachweis geführt, daß dem Erblasser der Fortfall des bedachten Abkömmlings bekannt war und daß er trotzdem seine letztwillige Verfügung nicht geändert und die Abkömmlinge des Fortgefallenen bedacht hat. Selbst wenn dem Erblasser die gesetzlichen Bestimmungen nicht bekannt waren, kann er doch die Vorstellung gehabt haben, daß ohne weiteres die Abkömmlinge der von ihm bedachten Kinder an deren Stelle treten.

Der als Erbe eingesetzte Abkömmling kann, wenn der Erblasser die gesetzliche Erbfolge ausgeschlossen hat, nicht das ihm durch letztwillige Verfügung Zugewandte ausschlagen, um damit für sich die gesetzliche Erbfolge zu eröffnen und so den Eintritt des nach § 2069 nach ihm Bedachten auszuschließen. § 1948 setzt voraus, daß der Erbe, nachdem er seine Berufung zum Testamentserben ausgeschlagen hat, sogleich als gesetzlicher Erbe berufen ist. Das ist nicht der Fall, wenn durch letztwillige Verfügung ein Ersatzerbe berufen ist. Als solche kommen auch die nach § 2069 berufenen Abkömmlinge des Erben in Betracht.

§ 2070

Hat der Erblasser die Abkömmlinge eines Dritten ohne nähere Bestimmung bedacht, so ist im Zweifel anzunehmen, daß diejenigen Abkömmlinge nicht bedacht sind, welche zur Zeit des Erbfalls oder, wenn die Zuwendung unter einer

aufschiebenden Bedingung oder unter Bestimmung eines Anfangstermins gemacht ist und die Bedingung oder der Termin erst nach dem Erbfall eintritt, zur Zeit des Eintritts der Bedingung oder des Termins noch nicht erzeugt sind.

E I 1774 II 1943; M 5 38, 39; P 5 35.

1. Ohne nähere Bestimmung § 2066 A 1. **Abkömmlinge eines Dritten** im Gegensatze zu eigenen Abkömmlingen in §§ 2068, 2069. Bei Bedenkung eigener Abkömmlinge, z. B. derjenigen, welche aus der Ehe einer Tochter des Erblassers noch geboren werden sollten (JFG 10, 63), entscheidet freie Auslegung darüber, ob auch solche Abkömmlinge gemeint sind, die erst nach dem Erbfall erzeugt werden. Ist eine Erbeinsetzung in diesem Sinne zu verstehen, so könnte sie zugunsten von Personen, die erst später erzeugt werden, nach § 1923, § 2101 (A 1) nur als Nacherbeinsetzung wirken.

2. Die Auslegungsregel des Gesetzes („im Zweifel") geht davon aus, daß die Absicht des Erblassers, der Abkömmlinge eines Fremden bedenkt, nicht auf Begründung einer Nacherbfolge, eines in seinem Anfall hinausgeschobenen Vermächtnisses (§ 2178) oder eines Nachvermächtnisses (§ 2191) zugunsten solcher Abkömmlinge gerichtet ist, die in dem für maßgebend erklärten Zeitpunkt nicht mindestens erzeugt sein würden. Die Regel wird, obschon immer nur im Zweifelsfall, trotz § 2084 auch dann anzuwenden sein, wenn in dem entscheidenden Zeitpunkt Abkömmlinge des Dritten überhaupt noch nicht erzeugt oder nicht mehr vorhanden sind, aber später erzeugt werden (str.). Die Hinausschiebung bis zur Zeit des Eintritts der Bedingung oder des Anfangstermins entspricht § 2066 A 2.

§ 2071

Hat der Erblasser ohne nähere Bestimmung eine Klasse von Personen oder Personen bedacht, die zu ihm in einem Dienst- oder Geschäftsverhältnisse stehen, so ist im Zweifel anzunehmen, daß diejenigen bedacht sind, welche zur Zeit des Erbfalls der bezeichneten Klasse angehören oder in dem bezeichneten Verhältnisse stehen.

E I 1775 II 1944; M 5 39, 42; P 5 35, 36.

1. **Personenklasse,** z. B. die Schüler einer von dem Erblasser als Lehrer geleiteten Klasse oder die Mitglieder eines Vereins. Solche Mitglieder können im Wege der Auslegung, insbesondere bei fehlender Rechtsfähigkeit des Vereins, auch dann als bedacht angesehen werden, wenn die Zuwendung auf den Verein selbst lautet (§ 2084 A 3). Als Personen, die zu dem Erblasser in einem **Dienst- oder Geschäftsverhältnisse** stehen, kommen Hausgehilfen, Gewerbegehilfen, Privatbeamte u. dgl. in Betracht. Ohne nähere Bestimmung § 2066 A 1. Immerhin muß der Kreis der Bedachten so fest umgrenzt sein, daß die Einordnung bestimmter Personen möglich ist.

2. Die **Zeit des Erbfalls** gilt, und zwar in Abweichung von den Fällen §§ 2066 A 2, 2070 A 2 auch bei bedingter oder befristeter Zuwendung, als der maßgebende Zeitpunkt (Auslegungsregel „im Zweifel"), wenn nicht ein anderer z. B. auf frühere Angestellte hinweisender Wille des Erblassers bewiesen werden kann.

§ 2072

Hat der Erblasser die Armen ohne nähere Bestimmung bedacht, so ist im Zweifel anzunehmen, daß die öffentliche Armenkasse der Gemeinde, in deren Bezirk er seinen letzten Wohnsitz gehabt hat, unter der Auflage bedacht ist, das Zugewendete unter Arme zu verteilen.

E I 1776 II 1945; M 5 39, 40; P 5 36, 37.

1. Erbeinsetzung und Vermächtnis zugunsten der **„Armen"** schlechthin werden umgedeutet in die Zuwendung an eine bestimmte öffentliche Kasse (VO über die Fürsorgepflicht v. 13. 2. 24, RGBl I 100, § 1 Abs 2, §§ 2, 3, 5 in der Fassung v. 5. 6. 31, RGBl I 305) mit der Auflage, das Zugewendete nach ihrem Ermessen unter beliebige Arme — nicht bloß der letzten Wohnsitzgemeinde — zu verteilen, § 2193. Eigene verfolgbare Rechte erwachsen daher den Armen nicht, die Vollziehung kann nur gemäß § 2194 verlangt werden. Ohne nähere Bestimmung § 2066 A 1. Wohnsitz §§ 7—11. Für den Fall, daß der Erblasser zur Zeit seines Todes mehrere Wohnsitze hatte (§ 7 Abs 2), s. § 2073. Auch wenn die Armen nur auf die Zinsen angewiesen sind, kann das Kapital selbst als der Armenkasse zugewendet gelten (RG 52, 283).

§ 2073

Hat der Erblasser den Bedachten in einer Weise bezeichnet, die auf mehrere Personen paßt, und läßt sich nicht ermitteln, wer von ihnen bedacht werden sollte, so gelten sie als zu gleichen Teilen bedacht.

E I 1768 II 1946; M 5 32, 33; P 5 22.

1. Vorausgesetzt ist, daß der Erblasser einen bestimmten Bedachten im Auge gehabt, ihn auch unter irgendeiner näheren Bestimmung (§ 2066 A 1) an sich genügend bezeichnet hat, daß aber, weil die Merkmale auf mehrere Personen passen, eine **Ungewißheit des Bedachten** bestehen bleibt, z. B. mein Enkel Karl, die Luisenstiftung, wenn mehrere Enkel, mehrere Stiftungen dieses Namens bestehen. Die Bezeichnung „paßt" nur dann auf mehrere, wenn für sie die gleichen, nicht bloß ähnlichen Voraussetzungen zutreffen (RG 1. 10. 06 IV 80/06). Zunächst sind die gewöhnlichen Auslegungsmittel zu erschöpfen (§ 133). Erst wenn sie versagen, greift das Gesetz im Widerspruch mit der wahren Absicht des Erblassers mit der Fiktion ein, daß Teilung der Zuwendung unter die mehreren gewollt sei. Verschieden hiervon der Fall, daß der Erblasser von vornherein mehrere wahlweise bedacht hat, §§ 2151, 2152. Ist der Bedachte so unvollkommen bezeichnet, daß seine Persönlichkeit schlechterdings nicht zu ermitteln ist, so ist die Zuwendung wirkungslos (KGJ 42, 136).

§ 2074

Hat der Erblasser eine letztwillige Zuwendung unter einer aufschiebenden Bedingung gemacht, so ist im Zweifel anzunehmen, daß die Zuwendung nur gelten soll, wenn der Bedachte den Eintritt der Bedingung erlebt.

E I 1761 II 1947; M 5 24, 25; P 5 11—13.

Übersicht:

Bedingte Zuwendung

1. a) Die allgemeinen Vorschriften über **Bedingung und Zeitbestimmung** (§§ 158—163) gelten grundsätzlich auch für Verfügungen von Todes wegen. Insbesondere sind Erbeinsetzungen und Vermächtnisse unter aufschiebenden wie auflösenden Bedingungen, unter Bestimmung eines Anfangs- wie eines Endtermins zulässig. Bei Erbeinsetzungen kommt dann Nacherbfolge in Frage (§§ 2103—2105, 2139), Anfall des Vermächtnisses §§ 2174, 2176, 2177. Über gewisse Arten von Bedingungen enthält das Gesetz auch für das Erbrecht keine besonderen Vorschriften (M 5, 16—23). So nicht über uneigentliche Bedingungen (notwendige, weil auf Gegenwart oder Vergangenheit abgestellte oder Rechtsbedingungen) oder unmögliche, widersinnige und unerlaubte Bedingungen. Eine unerlaubte Bedingung wird, mag sie als aufschiebende oder auflösende gesetzt sein, nach §§ 134, 138 regelmäßig die unter ihr getroffene letztwillige Verfügung (Einzelverfügung, § 2085) nichtig machen (vgl. dazu Vorbem 4c vor § 2064). Über die vom nackten Wollen oder vom Handeln eines Dritten abhängig gemachten Zuwendungen vgl. § 2065 A 2. Endlich sind Zuwendungen unter der Bedingung, daß der Bedachte dem Erblasser von Todes wegen oder unter Lebenden etwas zuwende (kaptatorische Verfügungen) an sich nicht verboten.

b) Die **Verwirkungsklausel** (Entziehung des Zugewendeten oder Beschränkung auf den Pflichtteil, falls die Verfügung angegriffen oder angefochten werde) ist zulässig. Wie im allgemeinen durch freie richterliche Auslegung zu ermitteln ist, ob überhaupt eine Bedingung gesetzt ist und welche Wirkung ihr nach dem Willen des Erblassers zukommen soll, so gilt dies auch für die Frage, welche Handlungen durch die Verwirkungsklausel getroffen werden sollen (RG JW 1924, 1717[9]); insbesondere dafür, ob die Klausel nur auf Fälle zu beziehen ist, in denen der Bedachte einen Nichtigkeitsgrund (§ 2078 A 1) oder Anfechtungsgrund (§ 2078 A 2, 4) geltend macht oder ob sie auch solche Fälle treffen soll, in denen er die Bestimmungen des Testaments zwar formell unangetastet läßt, ihnen aber materiell zuwiderhandelt (RG LZ 1922, 197[7]), z. B. dadurch, daß er das Zugewendete oder einen Teil davon auf einen vom Erblasser Ausgeschlossenen überträgt.

Bei der Auslegung der Verwirkungsklausel ist der Zweck, den der Erblasser mit ihr verfolgt hat, entscheidend zu berücksichtigen. Die Absicht des Erblassers kann dahin gegangen sein, jeden Streit über die Wirksamkeit des Testaments auszuschließen. In diesem Fall kann unter Umständen schon die bloße Behauptung, das Testament sei unwirksam, den Verlust der Zuwendung zur Folge haben. Erst das Vorgehen und unter Umständen nur das erfolgreiche Vorgehen gegen die letztwillige Verfügung kann die Klausel auslösen, wenn sie nur den Bestand des letzten Willens des Erblassers sichern soll (BGH 24. 4. 52 IV ZR 116/51).

Der Erblasser kann den Erben durch eine Verwirkungsklausel nicht beliebig in seiner Verfügungsfreiheit beschränken. Die Klausel muß sich innerhalb der durch Gesetz und gute Sitten gebotenen Grenzen halten. Grundsätzlich kann der Erblasser dem Erben aufgeben, daß ihm Zugewandte anderweitig zu veräußern. Dieses Gebot kann er durch eine Verwirkungsklausel sicherstellen. § 137 steht dem nicht entgegen. Zweifelhaft ist, ob dem Bedachten unter einer Verwirkungsklausel aufgegeben werden kann, über das ihm Zugewandte in einem bestimmten Sinn letztwillig zu verfügen oder ob hierin ein unzulässiger Eingriff in die Testierfreiheit liegt. Die Antwort kann nicht für alle Fälle gleichlautend gegeben werden. Wesentlich ist, welche Zwecke der Erblasser mit dieser Bestimmung verfolgt. Eine nach §§ 2104, 2191 angeordnete Nacherbfolge oder ein Nachvermächtnis kann von dem Erblasser durch eine Verwirkungsklausel geschützt werden. Nichtig ist diese Klausel insoweit, als dadurch die in §§ 2109, 2210 zwingend vorgeschriebenen zeitlichen Grenzen umgangen werden sollen. Nichtig ist auch eine Verwirkungsklausel, die darauf zielt, den letzten Willen des Erben in eine dem Willen des Erblassers entsprechende Richtung zu drängen.

Unter einer Verwirkungsklausel des Inhalts, daß der den letzten Willen des Erblassers mit Erfolg anfechtende Erbe nur den Pflichtteil erhalten und sein Erbteil den übrigen Erben anwachsen solle, kann auch die Ausschlagung der Erbschaft durch einen unter Beschränkung eingesetzten Erben in Verbindung mit dem Verlangen des Pflichtteils gemäß § 2306 fallen (JFG 17, 240).

Handlungen eines Erben, die sich zwar äußerlich als Angriffe gegen das Testament darstellen, aber als solche nicht ernstlich gemeint sind, sondern ihm nur dazu dienen sollen, sich noch nach Ablauf der Ausschlagungsfrist den ihm im Testament auferlegten Verpflichtungen zu entziehen und sich die ihm nachträglich als vorteilhafter erscheinende Stellung eines Pflichtteilsberechtigten zu verschaffen, sind zur Herbeiführung dieses Erfolges nicht geeignet (RG LZ 1932, 1049[8]; zu vergleichen mit SeuffA 70 Nr 18 in A 2 zu § 2075).

Der Streit über die Echtheit oder (RG 10.7.22 IV 692/21) den Sinn des Testaments oder den Bestand des Nachlasses (RG JW 1924, 1718[9]: Klage gegen einen Miterben auf Leistung des Offenbarungseides hinsichtlich des Nachlaßverzeichnisses) fällt nicht ohne weiteres unter die Klausel. Ebenso fällt hierunter nicht ohne weiteres eine Klage auf Feststellung der Nichtigkeit des Testaments wegen Geschäftsunfähigkeit des Erblassers. In diesen Fällen geht der Erbe nicht gegen das Testament vor, um den dort erklärten Willen des Erblassers zu Fall zu bringen, sondern um ihn, so wie er in Wahrheit erklärt ist, festzustellen und durchzusetzen. Eine Verwirkungsklausel, die allein den Fall treffen will, daß der Erbe den Willen des Erblassers mißachtet, würde hier nicht zum Zuge kommen. Anders kann es sein, wenn der Erblasser die Verwirkungsklausel in der Absicht gesetzt hat, damit überhaupt jeden Streit unter den Miterben oder über seine letztwillige Verfügung auszuschließen. Auch in diesem Fall führt aber das eben bezeichnete Vorgehen des Erben nicht ohne weiteres zum Verlust seines Erbrechts kraft der Verwirkungsklausel. Denn es kann dem Erblasser nicht gestattet werden, durch eine Verwirkungsklausel zu bewirken, daß ein formungültiges Testament oder ein wegen Geschäftsunfähigkeit nichtiges Testament praktisch Geltung erlangt. Klagen, die auf Feststellung der Formnichtigkeit oder der Nichtigkeit mangels Testierfähigkeit des Erblassers zielen, können daher, auch wenn sie keinen Erfolg haben, die in der Verwirkungsklausel vorgesehenen Rechtsfolgen nur auslösen, wenn sie von dem Erben leichtfertig angestrengt worden sind. Haben die Klagen Erfolg, dann ist damit zugleich die Nichtigkeit der Verwirkungsklausel festgestellt.

Regelmäßig ist bewußter Ungehorsam gegen den letzten Willen zu erfordern; solcher liegt nicht vor, wenn ein mit der Klage gegen die Miterben aus einem andern Grunde beauftragter Rechtsanwalt die Anfechtung ohne Wissen und Willen des unter der Verwirkungsklausel stehenden Erben erklärt (RG JW 1916, 1193[12]). Dagegen macht es regelmäßig keinen Unterschied, ob die gegen den Bestand der Verfügung gerichteten Angriffe im Wege der Klage oder eines Antrags des Erben, ihm für die Durchführung einer auf Ungültigkeit des Testaments gestützten Klage das Armenrecht zu bewilligen (JW 1936, 2744[45]), oder zur Entkräftung eines auf das Testament gestützten Anspruchs im Wege der Einrede erhoben werden (RG Recht 1916 Nr 1549). Auslegungsfrage ist es auch, ob der Erblasser durch eine Verwirkungsklausel nur den unzufriedenen Erben selbst oder auch dessen Stamm von der Erbfolge hat ausschließen wollen (RG Warn 1917 Nr 181; KG DRW 1939, 1085[28]). Wird durch eine Anfechtung die Verwirkungsklausel selbst vernichtet, was nach § 2085 auch eine Folgeerscheinung der Anfechtung anderer Verfügungen des Testaments sein kann, so kann die Klausel selbstverständlich keine Wirksamkeit entfalten (RG JW 1937, 2201[15]). Vgl. über die Verwirkungsklausel auch Natter DRZ 46, 163. Über die Verwirkungsklausel im gemeinschaftlichen Testament vgl. § 2271 A 4 Abs. 2.

2. Aufschiebende Bedingung § 158 Abs 1. Daß der Erbe jedenfalls den Erbfall erlebt haben muß, bestimmt schon § 1923 Abs 1. Ist er zu diesem Zeitpunkt nur aufschiebend bedingt berufen, so würde sich die ihm hierdurch eröffnete Anwartschaft, Erbe oder doch Nacherbe zu werden (§ 2105 Abs 1), gemäß § 1952 auf seine Erben vererben. Da dies regelmäßig nicht dem Willen des Erblassers entspricht, so legt ihn das Gesetz dahin aus („im Zweifel"), daß der Bedachte, um Erbe zu zu werden, nicht bloß den Erbfall, sondern auch den Eintritt der Bedingung erlebt haben müsse. Erst damit vollzieht sich der Anfall der Erbschaft im Sinne von § 1942. Stirbt er vor diesem Zeitpunkte, so gilt die Bedingung als ausgefallen und von einem Übergang der erloschenen Anwartschaft auf seine Erben kann nicht mehr die Rede sein.

Auch der nur bedingt eingesetzte Erbe kann, ohne den Eintritt der Bedingung abzuwarten, die Erbschaft annehmen oder ausschlagen, sobald der Erbfall eingetreten ist (§ 1946). Unter einer aufschiebenden Bedingung: Wegfall des Bedachten ist an sich auch der Ersatzerbe berufen (§ 2096). Allein daß der zuerst Bedachte wegfällt, ist ein gesetzliches Begriffserfordernis jeder Ersatzberufung, die ja gerade für den Weggefallenen einen Ersatz schaffen will. Der Wegfall des zuerst Bedachten kann deshalb nicht als aufschiebende Bedingung im Sinne des § 2074 aufgefaßt werden. Das Nähere hierüber § 2096 A 1. Die Auslegungsregel des § 2074 gilt auch für den unter einer aufschiebenden Bedingung eingesetzten Nacherben (§ 2108 Abs 2). Auch das Ersatzvermächtnis (§ 2190) gilt entgegen der Regel des § 2177 als dem Ersatzvermächtnisnehmer schon mit dem Zeitpunkte angefallen, wo es der zunächst Bedachte, wenn er nicht ausgeschlagen hätte, erworben haben würde (§ 2180 Abs 3). Jedenfalls muß der Vermächtnisnehmer den Erbfall erlebt haben (§ 2160).

Ist für die Zuwendung ein Anfangstermin bestimmt (§ 163), so handelt es sich bei der Erbeinsetzung immer um den Fall der Nacherbfolge (§ 2105 Abs 1). Das Erbrecht geht dann im Falle des § 2108 Abs 2 Satz 1 regelmäßig auf die Erben des Berufenen über. Bei Vermächtnissen ist damit nach § 2177 (A 2) auch der Anfall hinausgeschoben. Ob ein ungewisser Termin der Bedingung gleichzustellen sei, ist Tatfrage.

§ 2075

Hat der Erblasser eine letztwillige Zuwendung unter der Bedingung gemacht, daß der Bedachte während eines Zeitraums von unbestimmter Dauer etwas unterläßt oder fortgesetzt tut, so ist, wenn das Unterlassen oder das Tun lediglich in der Willkür des Bedachten liegt, im Zweifel anzunehmen, daß die Zuwendung von der auflösenden Bedingung abhängig sein soll, daß der Bedachte die Handlung vornimmt oder das Tun unterläßt.

E I 1764 II 1948; M 5 28, 29; P 5 14, 15.

1. Ist das **Unterlassen oder Tun als Bedingung der Zuwendung** für bestimmte Dauer vorgeschrieben (drei Jahre nicht Alkohol trinken), so ist der Fall des § 2074 gegeben. Bei **unbestimmter Dauer** (wenn der Bedachte sich nicht scheiden läßt, sich nicht verheiratet, allsonntäglich zur Kirche geht, dem Testamente nicht zuwiderhandelt) wäre die Zuwendung nach § 2074 auf unabsehbare Zeit, vielfach bis zum Tode des Bedachten hinausgeschoben. Dies entspricht regelmäßig nicht dem Willen des Erblassers.

Unzulässig ist die Bedingung, wenn der Erblasser sie nur aus eigener Unentschlossenheit beigefügt hat, um dem Bedachten die Entscheidung darüber zu überlassen, ob die Verfügung gelten soll. Angenommen werden kann eine solche Absicht des Erblassers, wenn sich ergibt, daß ihm das Tun oder Unterlassen, an das er die Wirksamkeit seiner Verfügung geknüpft hat, an sich gleichgültig ist und wenn er auch den Inhalt seiner Verfügung nicht gerade auf die durch den Eintritt der Bedingung verwirklichte Sachlage abstellen wollte (vgl. § 2065 Anm 2b; BGH 18. 11. 54 IV ZR 152/54 — Abdruck in der amtlichen Sammlung vorgesehen).

2. Das Gesetz deutet deshalb mittels einer Auslegungsregel („im Zweifel") die aufschiebende in eine **auflösende Bedingung entgegengesetzten Inhalts** um, jedoch nur, wenn die Erfüllung der Bedingung in die **Willkür** des Bedachten gestellt ist (Potestativbedingung). Die Zuwendung fällt nach § 2075 dem Bedachten sogleich mit dem Erbfall an, ihre Wirkung endigt aber gemäß § 158 Abs 2 mit dem Eintritte der auflösenden Bedingung, d. h. mit dem Augenblicke des Zuwiderhandelns oder des Nichtmehrhandelns. Handelt es sich um eine in dieser Weise bedingte Erbeinsetzung, so ist, wenn der Erblasser keine Bestimmung darüber getroffen hat, wer im Falle des Zuwiderhandelns Erbe werden soll, ein Fall des § 2104 gegeben. Bei einem auflösend bedingten Vermächtnis ist der vermachte Gegenstand nach Eintritt der Bedingung an den mit dem Vermächtnis Beschwerten zurückzugewähren. Das Recht des Vermächtnisnehmers endigt nur dann von selbst mit dem Eintritt der Bedingung, wenn die in Erfüllung des Vermächtnisanspruchs erfolgte Zuwendung selbst rechtlich zulässig unter einer auflösenden Bedingung erfolgt war (§ 158 Abs 2). Der Beschwerte hat jedoch unter Umständen, wenn der Vermächtnisnehmer in der Zwischenzeit nach § 161 über den vermachten Gegenstand verfügt hat, nur einen Schadensersatzanspruch nach § 160 Abs 2. Sicherheit für Widerherstellung des früheren Zustandes, Herausgabe der Zuwendung hat der Bedachte nicht zu leisten. Darüber, ob der Bedachte auch die in der Zwischenzeit gezogenen Nutzungen herauszugeben hat (§ 159), entscheidet der zu ermittelnde Wille des Erblassers.

Unter § 2075 kann auch der Fall zu bringen sein, daß der Erblasser seine Kinder zu Erben ernannt, sie bei einer Zuwiderhandlung gegen das Testament aber auf den Pflichtteil gesetzt hat. Die Kinder haben dann, trotz § 2306 Abs 1 Satz 2 auch nach der Annahme der Erbschaft, die Wahl, ob sie unter den angeordneten Beschwerungen Erben bleiben oder durch Herbeiführung der auflösenden Bedingung ihre Erbeneigenschaft beseitigen und sich mit dem Pflichtteil begnügen wollen (RG SeuffA 70 Nr 18 zu vergleichen mit LZ 1932, 1049[8] in A 1 zu § 2074).

§ 2076

Bezweckt die Bedingung, unter der eine letztwillige Zuwendung gemacht ist, den Vorteil eines Dritten, so gilt sie im Zweifel als eingetreten, wenn der Dritte die zum Eintritte der Bedingung erforderliche Mitwirkung verweigert.

E I 1763 II 1949; M 5 27, 28; P 5 13, 14.

1. Bedingung zum Vorteil eines Dritten. Vor Anwendung des § 2076 ist zunächst zu prüfen, ob die Bedingung, an die die Zuwendung geknüpft ist, nicht in Wahrheit ein Vermächtnis zugunsten des Dritten ist oder eine Auflage, mit der die Zuwendung beschwert ist. In diesem Fall ist die Zuwendung gültig, auch wenn das Vermächtnis oder die Auflage nicht erfüllt werden kann. Das folgt aus dem in § 2085 enthaltenen Grundsatz, nach dem die einzelnen letztwilligen Verfügungen hinsichtlich ihrer rechtlichen Gültigkeit grundsätzlich selbständig sind. Für die Auflage ist dieser Grundsatz in § 2195 nochmals besonders niedergelegt.

Der allgemeine Grundsatz des § 162, wonach böswillige Vereitelung der Bedingung als Eintritt der Bedingung gilt, findet auch bei den Verfügungen von Todes wegen Anwendung. Im übrigen wird der wirkliche Eintritt der Bedingung durch bloße Erfüllungsbereitschaft des Bedachten nicht ersetzt, wenn sie nicht nach freier Auslegung vom Erblasser als genügend erachtet worden ist. Eine den Willen des Erblassers ergänzende, aber widerlegbare Vorschrift gibt § 2076 nur für den Fall, daß die Zuwendung nicht bloß wie jede Zuwendung unmittelbar den Vorteil des Bedachten, sondern zugleich mittelbar den Vorteil eines Dritten bezweckt (X soll 100 erhalten, wenn er dem Z die Benutzung seiner Giebelmauer gestattet). Dieser Zweck darf regelmäßig als gewollt gelten, wenn der Vorteil selbst außer Zweifel steht. Verschieden von dem hier vorausgesetzten Tatbestand ist die Zuwendung an X unter einer Auflage zugunsten des Z (§§ 1940, 2195). Nach dem in § 2076 enthaltenen Rechtsgedanken soll die bedingte Zuwendung von einem Dritten, dessen Vorteil der Erblasser mit dieser Bedingung bezweckt hat, nicht dadurch vereitelt werden können, daß jener den Vorteil zurückweist und seine Mitwirkung zur Ausführung der Bedingung verweigert. § 2076 ist nur anzuwenden, wenn der Eintritt der Bedingung allein aus diesem Grunde vereitelt worden ist. Die Bestimmung kann nicht angewandt werden, wenn auch der Bedachte überhaupt nicht gewillt war, die Bedingung zu erfüllen oder wenn sie auch aus anderen Gründen nicht erfüllt werden konnte. Durch Auslegung des Testaments ist zu ermitteln, ob die bedingte Zuwendung auch dann gültig bleibt, wenn die Bedingung von dem Bedachten ohne sein Verschulden nicht erfüllt werden kann. Dafür ist zu ermitteln, welchen Zweck die Zuwendung an den Bedachten nach dem Willen des Erblassers haben soll und welche Vorstellung er sich von der Bedeutung der Bedingung gemacht hat. Es kann sein, daß der Erblasser die Zuwendung nur vorgenommen hat, damit der Bedachte die Bedingung erfülle. Dann ist die Erfüllung der Bedingung der eigentliche Zweck der Zuwendung. Regelmäßig wird die Zuwendung dann nicht wirksam bleiben sollen, wenn die Bedingung nicht erfüllt werden kann. Anders ist zu entscheiden, wenn die Erfüllung der Bedingung nach dem Willen des Erblassers nur ein Nebenzweck ist und der Hauptzweck seiner Verfügung darin besteht, dem Bedachten etwas zukommen zu lassen. Das kann angenommen werden, wenn der Erblasser seine nahen Verwandten oder ihm sonst nahestehende Personen bedacht hat.

Die Bestimmung, eines der zu gleichen Teilen als Erben eingesetzten Kindes des Erblassers solle ein Nachlaßgrundstück zu einem bestimmten Preis erhalten, ist als Vorausvermächtnis ausgelegt worden, das unter der Bedingung zugewandt ist, daß der Bedachte einen entsprechenden Teil des genannten Preises an jeden Miterben zahle. Diese Auslegung hat der BGH gebilligt und entschieden, ein Fall des § 2076 liege vor, wenn einer der Miterben sich weigere, bei der Auflassung des Grundstücks Zug um Zug gegen Zahlung des entsprechenden Betrages an ihn mitzuwirken (BGH 19. 6. 52 IV ZR 205/51).

Die an den Dritten zur Erfüllung einer Bedingung gemachte Leistung ist nicht selbst Zuwendung (§ 1939 A 4). Ist sie als Vermächtnis gewollt (§ 1939), so geht der hiermit beschwerte zunächst Bedachte dadurch, daß der Dritte das Vermächtnis ablehnt, der ihm gemachten Zuwendung überhaupt nicht verlustig (§ 2085).

§ 2077

Eine letztwillige Verfügung, durch die der Erblasser seinen Ehegatten bedacht hat, ist unwirksam, wenn die Ehe nichtig oder wenn sie vor dem Tode des Erblassers aufgelöst worden ist. Der Auflösung der Ehe steht es gleich, wenn der Erblasser zur Zeit seines Todes auf Scheidung oder Aufhebung der Ehe zu klagen berechtigt war und die Klage erhoben hatte, sofern im Falle der Scheidung oder Aufhebung der Ehegatte als schuldig anzusehen wäre.

Eine letztwillige Verfügung, durch die der Erblasser seinen Verlobten bedacht hat, ist unwirksam, wenn das Verlöbnis vor dem Tode des Erblassers aufgelöst worden ist.

Die Verfügung ist nicht unwirksam, wenn anzunehmen ist, daß der Erblasser sie auch für einen solchen Fall getroffen haben würde.

E I 1783 II 1950; M 5 53—55; P 5 58, 59.

Übersicht:

Zuwendung unter Ehegatten und Verlobten

1. Die hier wiedergegebene **Fassung** hat § 2077 Abs 1 Satz 2 durch die DVO vom 27. 7. 38 (RGBl I 923) zum Ehegesetz vom 6. 7. 38 erhalten, um die Bestimmung des § 2077 mit diesem Gesetz in Einklang zu bringen. Nach § 28 der DVO vom 27. 7. 38 ist auf die Erbfälle, die vor dem am 1. 8. 38 erfolgten Inkrafttreten des Ehegesetzes eingetreten sind, § 2077 in seiner bisherigen Fassung anzuwenden. Danach lautete § 2077 Abs 1 Satz 2:

Der Auflösung der Ehe steht es gleich, wenn der Erblasser zur Zeit seines Todes auf Scheidung wegen Verschuldens des Ehegatten zu klagen berechtigt war und die Klage auf Scheidung oder auf Aufhebung der ehelichen Gemeinschaft erhoben hatte.

2. Die **Unwirksamkeit der Verfügung zugunsten des Ehegatten** wird auf den mutmaßlichen Willen des Erblassers zurückgeführt, bedarf deshalb nicht der Anfechtung, tritt aber nach Abs 3 nicht ein, wenn ein gegenteiliger Wille erhellt. Der Ehegatte oder Verlobte braucht nicht ausdrücklich in dieser Eigenschaft bedacht zu sein. Auch muß es genügen, wenn er in Erwartung des Zustandekommens der Ehe bedacht und die Zuwendung nach Eheschließung nicht widerrufen ist. Das **BGB** ließ die **Nichtigkeit** der Ehe nach § 1323 nur in den Fällen der §§ 1324—1328, in die durch das Gesetz gegen Mißbräuche bei der Eheschließung usw. v. 23. 11. 33 (RGBl I 979) Art I Nr 1 der § 1325a eingefügt wurde, und nach § 1343 Abs 1 infolge wirksamer Anfechtung eintreten. **Auflösung** der Ehe war nach BGB die Folge von Scheidung (§ 1564), der Aufhebung der ehelichen Gemeinschaft in dieser Beziehung gleichstand (§§ 1575, 1586), oder der Wiederverheiratung nach vorausgegangener Todeserklärung (§ 1348).

Das **Ehegesetz** kennt keine Anfechtung der Ehe mit rückwirkender Kraft. Es bestimmt die Nichtigkeit für die Fälle der §§ 16—22, dagegen die Auflösung nicht bloß als Folge der Scheidung (§ 41) und der Wiederverheiratung nach vorausgegangener Todeserklärung (§ 38), sondern auch als Folge der (die frühere Nichtigkeitserklärung bei der Anfechtung ersetzenden) Aufhebung (§§ 28, 29). Ist die Ehe oder das Verlöbnis bereits vor dem Erbfall durch Tod des Bedachten aufgelöst, so werden die ihm gemachten Zuwendungen schon nach §§ 1923, 2108, 2160 hinfällig. Entziehung des Pflichtteils § 2335.

3. Abs 1 S 2: Der Bedingungssatz stimmt in seiner neuen wie in seiner alten Fassung wörtlich überein mit dem (durch § 27 DurchfVO zum EheG neu gefaßten) § 1933, wonach unter den gleichen Voraussetzungen das gesetzliche Erbrecht des überlebenden Ehegatten ausgeschlossen ist. Wegen der Voraussetzungen im einzelnen vgl. § 1933 Anm 2 und 3. Für die Frage, ob der Erblasser berechtigt war, auf Scheidung oder Auflösung seiner Ehe zu klagen, kommt es auf den Zeitpunkt seines Todes an. Ob die Klage, als sie von dem Erblasser erhoben wurde, begründet war, ist unerheblich. Die letztwillige Verfügung bleibt daher wirksam, wenn das Recht des Erblassers, auf Scheidung oder Aufhebung seiner Ehe zu klagen, erst im Laufe des Rechtsstreits durch Verzeihung oder aus anderem Grunde (§§ 49, 30 Abs 2, 31 Abs 2, 32 Abs 2, 33 Abs 2, 34 Abs 3 EheG) verloren gegangen ist. Sie ist unwirksam, wenn die anfangs unbegründete Klage im Laufe des Rechtsstreits durch eine Verfehlung des überlebenden Ehegatten ihre Rechtfertigung gefunden hatte. Dabei ist es unerheblich, ob der Erblasser selbst von dieser Verfehlung Kenntnis erlangt hatte. Auch in diesem Falle ist die Verfügung ohne Anfechtung unwirksam; die Berechtigung der Scheidungs- oder Aufhebungsklage hat das Nachlaßgericht, wenn es von dem überlebenden Ehegatten um die Erteilung eines Erbscheins angegangen wird, unter Mitberücksichtigung der Ergebnisse des Rechtsstreits, nach den §§ 2358, 2359 selbständig zu prüfen (JFG 6, 169). Nach der richtiger Ansicht nach im Gebiete der Bundesrepublik auch jetzt noch geltenden 5. DVO zum EheG vom 18. 3. 43 (RGBl I, 145) — vgl. BGH 18. 2. 54 IV ZR 188/53 — kann der Staatsanwalt die Feststellung beantragen, daß das Scheidungsbegehren des verstorbenen Ehegatten berechtigt war. Damit ist zugleich auszusprechen, inwieweit der überlebende Ehegatte als schuldig anzusehen ist. Nach § 6 der 5. DVO erlangt der überlebende Ehegatte nach Rechtskraft der getroffenen Feststellung mit Wirkung von dem dem Todestag vorausgegangenen Tage die Rechtsstellung eines geschiedenen Ehegatten. Damit kommt nicht mehr § 2077 Abs 1 Satz 2, sondern Satz 1 zur Anwendung.

Sachlich erweitert wird der Anwendungsbereich des § 2077 durch § 7 der 5. DVO zum EheG. Danach kann auf Antrag des Staatsanwalts das Scheidungsrecht des Verstorbenen auch festgestellt werden, wenn der Ehegatte, der berechtigt gewesen war, auf Scheidung der Ehe wegen Verschuldens zu klagen, vor Erhebung der Scheidungsklage gestorben ist, ohne sein Recht, die Scheidung zu begehren, verloren zu haben. Auch in diesem Fall bewirkt die Feststellung, daß der überlebende Ehegatte mit Wirkung von dem dem Todestag des Verstorbenen vorausgegangenen Tage die rechtliche Stellung eines geschiedenen Ehegatten erlangt, so daß damit gleichfalls § 2077 Abs 1 Satz 1 anwendbar wird.

4. Verlöbnis §§ 1297ff. Auch der ungerechtfertigte Rücktritt bewirkt Auflösung. Für die hierdurch vereitelten Erbaussichten ist nur im Rahmen des § 1298 Ersatz möglich. Hat das Verlöbnis zur Ehe geführt, so bleibt A 2 anwendbar. – Auf „eheähnliche" oder Freundschaftsverhältnisse ist § 2077 auch nicht entsprechend anzuwenden (RG JW 1927, 1202[16]).

5. Die **Beweislast** für die in Abs 3 bestimmten Voraussetzungen trifft den früheren Ehegatten oder Verlobten, der behauptet, die Aufrechterhaltung der Zuwendung entspreche dem Willen des Erblassers. War der Ehegatte ausdrücklich auch für den Fall der Scheidung mit Zuwendungen bedacht, so ist Tatfrage, ob der Erblasser nur die bei Errichtung der Verfügung ihm bekannten oder allgemein auch spätere Eheverfehlungen nachsehen wollte (RG 14. 6. 06 IV 532/05). Maßgebend ist nach zutreffender herrschender Lehre die Einstellung des Erblassers zur Zeit der Testamentserrichtung (vgl. Kipp-Coing § 21 V 3). Die letztwillige Verfügung kann in ihrem alten ursprünglichen Sinn aufrecht erhalten werden, wenn der Erblasser seine von ihm geschiedene Ehefrau wieder geheiratet hat und für die neue Ehe die Voraussetzungen des § 2077 nicht gegeben sind. Hat der Erblasser nach der Scheidung eine andere Frau geheiratet, so bezieht sich eine Zuwendung, die er seiner Ehefrau in einem vor der Scheidung seiner ersten Ehe errichteten Testament gemacht hat, auch nur auf die erste, von ihm geschiedene Frau. Nach § 2077 bestimmt sich, ob die Zuwendung weiter gelten soll. Da auf den Willen des Erblassers zur Zeit der Testamentserrichtung abzustellen ist, können aus dem Umstand, daß der Erblasser später eine andere Frau geheiratet hat, keine Schlüsse gezogen werden. Aus gleichem Grunde kann auch die zweite Frau nicht durch die bezüglich der ersten Frau nach § 2077 Abs 1 Satz 1 unwirksame Verfügung bedacht sein (RG 134, 277 [281]).

Entsprechende Bestimmungen beim gemeinschaftlichen Testament § 2268 und beim Erbvertrag § 2279.

§ 2078

Eine letztwillige Verfügung kann angefochten werden, soweit der Erblasser über den Inhalt seiner Erklärung im Irrtume war oder eine Erklärung dieses Inhalts überhaupt nicht abgeben wollte und anzunehmen ist, daß er die Erklärung bei Kenntnis der Sachlage nicht abgegeben haben würde.

Das gleiche gilt, soweit der Erblasser zu der Verfügung durch die irrige Annahme oder Erwartung des Eintritts oder Nichteintritts eines Umstandes oder widerrechtlich durch Drohung bestimmt worden ist.

Die Vorschriften des § 122 finden keine Anwendung.

E I 1779–1781 II 1951; M 5 45–50; P 5 44–52, 62, 63.

Übersicht:

Anfechtung wegen Irrtums

8. Kein Schadensersatzanspruch des anfechtbar Bedachten (Abs 3)
9. Die Wirkung der Anfechtung und der Verlust des Anfechtungsrechts
   a) Nichtigkeit oder teilweise Nichtigkeit der angefochtenen Verfügung
   b) Rechte Dritter (gutgläubiger Erwerb)
   c) Keine Heilung durch Bestätigung nach § 144 durch den Erblasser
   d) Bestätigung durch den Anfechtungsberechtigten und Verzicht auf das Anfechtungsrecht
   e) Wirkungen einer früher erfolgten Ausschlagung
10. Anfechtung nach den Rückerstattungsges.

1. Von der Anfechtbarkeit zu unterscheiden ist die **Nichtigkeit letztwilliger Verfügungen.** Sie kann darauf beruhen, daß der Erblasser der Testierfähigkeit ermangelt (§§ 104, 105, 2229, 2230). Durch das Gesetz über die Errichtung von Testamenten und Erbverträgen vom 31. 7. 38 wurden die §§ 2229 und 2230 BGB außer Kraft gesetzt und durch §§ 1 Abs 2 und 3, §§ 2, 3 Testamentsgesetz ersetzt. Dieses Gesetz ist durch das Gesetz zur Wiederherstellung der Gesetzeseinheit auf dem Gebiete des bürgerlichen Rechts vom 5. 3. 53 wieder aufgehoben worden. Es gelten jetzt wieder die §§ 2229 und 2230; vgl. über die Nichtigkeit eines im Zustande vorübergehender Störung der Geistestätigkeit auf Grund falscher Vorstellungen errichteten Testaments RG LZ 1920, 299[5]), daß die gesetzliche Form nicht beobachtet ist (§ 125), daß die Verfügung ihrem Inhalte nach etwas völlig Unbestimmtes, Widersinniges, rechtlich oder tatsächlich Unmögliches, Unerlaubtes oder Unsittliches anordnet (§§ 134, 138).

Der vom Erblasser mit der letztwilligen Verfügung verfolgte Zweck kann gegen das Anstandgefühl aller billig und gerecht denkenden Menschen verstoßen, so daß die Verfügung nach § 138 nichtig ist. Eine Verfügung ist nach dieser Bestimmung nichtig, soweit sie Zuwendungen enthält, mit denen ein verheirateter Mann eine Frau für den ehebrecherischen Verkehr, den beide unterhalten haben, belohnen will oder soweit er sie durch die Zuwendung zur Fortsetzung solchen Verkehrs bestimmen will (RG JW 1910, 6; 1911, 29). Dem ehebrecherischen Verkehr ist in dieser Hinsicht ein anderer, gegen die guten Sitten verstoßender Verkehr gleichzustellen, der den Verdacht des Ehebruchs begründet (RG Warn 1929, 166). Jedoch ist die letztwillige Zuwendung, auch wenn die bedachte Frau zu dem Erblasser in einem ehebrecherischen oder ehewidrigen Verhältnis gestanden hat, nicht in jedem Fall ungültig. Verfolgt der Erblasser mit ihr in erster Linie sittlich zu billigende Zwecke, so kann sie ganz oder teilweise gültig sein. Diese Voraussetzung kann z. B. gegeben sein, wenn die bedachte Frau dem Erblasser wertvolle Dienste geleistet hat, für die er sie entschädigen will, wenn der Erblasser ein an ihr begangenes Unrecht wieder gutmachen oder seiner Verantwortung für ihre von ihm erzeugten Kinder genügen will (RG Warn 1910, 388; 1928, 342 [345]; 1934, 193 [194]; RG LZ 1927, 531 [533]; OGH 1, 249 [251, 253]). Der BGH hat in einem Fall die Einsetzung einer Frau, zu der der Erblasser nicht auf geschlechtlichem Gebiet liegende ehewidrige Beziehungen unterhalten hatte, als Miterbin neben den Kindern unter gleichzeitiger Enterbung der Ehefrau für zulässig erachtet. Für sittenwidrig und ungültig sind aber diejenigen Bestimmungen des Testaments erklärt worden, durch die diese Frau gegenüber den Kindern bevorzugt worden ist (BGH 6. 5. 54 IV ZR 53/54). Feste Regeln lassen sich für die Entscheidung der Frage, wann eine Zuwendung an eine Frau, mit der der Erblasser unerlaubte Beziehungen unterhalten hat, sittenwidrig ist, nicht aufstellen. Es sind vielmehr alle Umstände des Falles zu berücksichtigen. Dabei ist auch zu prüfen, ob es den Angehörigen des Erblassers zugemutet werden kann, die Bedachte als Alleinerbin oder neben sich als Miterbin oder Vermächtnisnehmerin anzuerkennen (RG Warn 1929, 166 [168]; RG DR 1940, 2167 [2168]; OGH 3, 158 [161 f.]). Bei einem langjährigen ehebrecherichen Umgang des Erblassers mit der bedachten Frau hat diese zu beweisen, daß die Zuwendung den Umständen nach nicht sittenwidrig ist (RG SeuffA 96, 171; OGH 1, 249 [252]; RG DR 1942, 1341[22]; ähnlich auch RG 166, 395 [399]).

Eine durch Erbvertrag erfolgte Erbeinsetzung kann sittenwidrig sein, wenn die bedachte Person selbst den geistig minderwertigen leicht beeinflußbaren Erblasser unter Ausnutzung ihrer Vertrauensstellung bestimmt hat, sie zur Erbin einzusetzen (LM Nr 1 zu § 138 [B c]; BGH 28. 6. 54 IV ZR 25/54). Ein Erbvertrag ist niemals allein deswegen nichtig, weil wirtschaftlich gesehen der Vorteil, den der Vertragserbe dadurch erlangt, daß er zum Erben eingesetzt wird, erheblich größer ist als etwaige von ihm übernommene Verpflichtungen, die den Erblasser zum Abschluß des Erbvertrags veranlaßt haben (BGH 30. 9. 54 IV ZR 68/54).

Auch der Mangel der Ernstlichkeit der Verfügung (das fertige Testament bedeutet nur eine Schreibübung, ist einem Dritten nur erst zur Begutachtung vorgelegt, § 118) bewirkt Nichtigkeit. Die Nichtigkeitsgründe des § 116 Satz 2 (Vorbehalt) und des § 117 (Scheingeschäft) kommen nicht in Frage, weil bei der letztwilligen Verfügung kein Erklärungsempfänger vorhanden ist (RG 104, 322). § 48 Abs 2 und 3 TestG bestimmten weiter, daß eine Verfügung von Todes wegen nichtig sei, soweit sie in einer gesundem Volksempfinden gröblich widersprechenden Weise gegen die Rücksichten verstieß, die ein verantwortungsbewußter Erblasser gegen Familie und Volksgemeinschaft zu nehmen hatte und soweit ein anderer den Erblasser durch Ausnutzung seiner Todesnot zu ihrer Errichtung bestimmt hatte. Diese teilweise auf nationalsozialistischen Gedankengängen beruhenden

Bestimmungen sind fortgefallen. Die von ihnen erfaßten Tatbestände fallen teilweise aber auch unter § 138. Letztwillige Verfügungen, durch die der Erblasser seine Geliebte unter Zurücksetzung seiner Witwe oder seiner Kinder bevorzugt, sind stets darauf zu prüfen, ob und wieweit sie mit den guten Sitten vereinbar sind.

In den hier erwähnten Fällen tritt die Nichtigkeit, sei es des ganzen Testaments oder einer Einzelverfügung im Testament oder des vom Nichtigkeitsgrunde betroffenen Teiles der Einzelverfügung, ohne weiteres ein und kann jederzeit von jedem Beteiligten, so auch in Form der Feststellungsklage (§ 256 ZPO), geltend gemacht werden. Mit Rücksicht auf die für die Errichtung letztwilliger Verfügung geltenden Formvorschriften kann eine nichtige Verfügung nicht dadurch wirksam werden, daß der Erblasser sie einfach bestätigt. Er muß vielmehr alle nichtigen Bestimmungen formgerecht neu treffen. Auch durch Vergleich der Beteiligten können nichtige Verfügungen nicht mit erbrechtlicher Wirkung in Kraft gesetzt oder durch andere dergleichen ersetzt, sondern nur schuldrechtliche Verbindlichkeiten begründet werden (RG 72, 210; auch JW 1911, 804[5]: Wirkung eines Anerkenntnisvertrags, § 781, auf solche nichtige letztwillige Verfügungen, die, wie die Teilungsanordnungen, dem Erben nur eine schuldrechtliche Verpflichtung auferlegen).

2. Die Willensmängel des Irrtums und der Drohung führen nun zur **Anfechtbarkeit** und erst im Erfolge (§ 142 Abs 1) zur Nichtigkeit der letztwilligen Verfügung. § 2078 gibt ein Anfechtungsrecht, wenn entweder der wirkliche Wille des Erblassers in der letztwilligen Verfügung keinen richtigen Ausdruck gefunden hat oder wenn der von dem Erblasser geäußerte Wille fehlerhaft zustande gekommen ist. In wörtlicher Übereinstimmung mit § 119 Abs 1 unterscheidet das Gesetz beim **Irrtum** — dem Unkenntnis gleichsteht — zwischen Irrtum über den Inhalt der Erklärung, insbesondere über das Wesen der Erklärung als einer Verfügung von Todes wegen (der Erblasser kleidet unverbindliche briefliche Wünsche in die Form des Privattestaments) und Irrtum, der zur Abgabe einer Erklärung anderen als des gewollten Inhalts veranlaßt (sich verschreiben, versprechen). Ein Erklärungsirrtum im Sinne des § 2078 Abs 1 liegt nicht vor, wenn behauptet wird, der Erblasser habe infolge seiner durch das Alter bedingten geistigen Verfassung die Bedeutung der von ihm erklärten letztwilligen Verfügung nicht erkannt. In diesem Fall würde es sich um die Nichtigkeit des Testaments wegen Testierunfähigkeit des Erblassers nach § 2229 Abs 4 handeln. Der Tatbestand des § 2078 Abs 1 kann nur vorliegen, wenn der testierfähige Erblasser in Bezug auf die Errichtung einer letztwilligen Verfügung einen bestimmten in seiner Bedeutung von ihm voll erkannten Willen gehabt hat, der in der abgegebenen Erklärung infolge eines Irrtums nicht zutreffend ausgedrückt worden ist. Ist der Erblasser dagegen unfähig, bestimmte, in ihrer Bedeutung von ihm erkannte Willensentschlüsse zu fassen, so sind die dennoch von ihm in der letztwilligen Verfügung abgegebenen Erklärungen nach § 2229 Abs 4 nichtig (so auch das insoweit nicht veröffentlichte Urteil des BGH vom 12. 4. 51 IV ZR 22/50).

Wegen Irrtums über den Inhalt der Erklärung läßt RG LZ 1920, 340[6] die Anfechtung eines notariellen Testaments zu, in dem ein Nießbrauchvermächtnis statt der gewollten Vorerbfolge angeordnet war, RG 6. 11. 05 IV 229/05 die Anfechtung eines unter Zuziehung eines Dolmetschers aufgenommenen gerichtlichen Testaments, in dem nur die gesetzlichen Erben des Mannes als Nacherben berufen waren, während Erblasserin die beiderseitigen Verwandten als solche einsetzen wollte. Für Anfechtung ist jedoch kein Raum, wenn es sich lediglich um eine ungenaue oder unrichtige, aber im Wege der Auslegung richtigzustellende Ausdrucksweise des Erblassers handelt; Auslegung und zwar auch die ergänzende Testamentsauslegung geht der Anfechtung vor (RG SeuffA 76 Nr 145; JW 1925, 359[12]; 1927, 1203[17]). Es ist daher, wenn die Nichtigkeit einer letztwilligen Verfügung infolge Anfechtung geltend gemacht wird, stets zunächst zu prüfen, welchen Inhalt die Verfügung notfalls nach einer ergänzenden Auslegung überhaupt hat. Ausgehend von dem so ermittelten Verfügungsinhalt, ist dann festzustellen, ob ein Anfechtungsgrund nach § 2078 gegeben ist (OGH 1, 156; LM Nr 1 zu § 2100). Dieses logisch gebotene Verfahren führt praktisch zu allein brauchbaren Ergebnissen, da damit der wirkliche Wille des Erblassers durchgesetzt werden kann, während bei der Anfechtung, wenigstens, wenn diese die ganze Verfügung des Erblassers ergreift, ohne Rücksicht auf dessen Willen entweder die gesetzliche Erbfolge oder die Erbfolge auf Grund einer früher errichteten letztwilligen Verfügung eintritt.

Für die Anwendung des § 2078, namentlich auch in den Fällen des Abs 2 ist ohne Bedeutung, wodurch der Erblasser,insbesondere ob er durch Täuschung in den Irrtum versetzt worden (RG 59, 40: Verhältnis zu § 2339 Nr 3) und ob der Irrtum dem tatsächlichen oder dem Rechtsgebiet angehört (RG Gruch 67, 667; Warn 1934 Nr 128 und JW 1938, 1900[41]: irrige Vorstellung eines rechtlichen Erfolgs).

Immer wird die letztwillige Verfügung durch Anfechtung nur beseitigt, **soweit** sie vom Irrtum oder von der Drohung beeinflußt war. Es ist deshalb zugleich in Hinblick auf § 2085 von Amts wegen zu prüfen, ob die Tragweite einer ohne Einschränkung erklärten Anfechtung eines Testaments nicht auf eine einzelne darin enthaltene Verfügung oder einen Teil einer Einzelverfügung zu beschränken ist (RG 70, 394f.; Gruch 48, 982). So erscheint auch zulässig, die Anfechtung oder ihre Wirkung auf die Testamentsbestimmung zu beschränken, durch die ein Vorerbe von den in

§ 2136 angeführten Beschränkungen und Verpflichtungen befreit wird, oder auf die Unterstellung des Vorerben unter diese Beschränkungen und Verpflichtungen, die der Erblasser durch die Unterlassung des Ausspruchs der Befreiung vorgenommen hat (JFG 13, 129). Eine auf § 2079 gegründete Anfechtung schließt nicht zugleich auch die Anfechtung wegen Irrtums aus § 2078 in sich (RG JW 1911, 656[31]; Recht 07 Nr 1171; 28. 3. 23 IV 239/22); über die Möglichkeit der Verbindung der beiden Anfechtungsgründe s. § 2079 A 1a. E.

3. Abweichend von § 119 Abs 1 ist die irrtümlich getroffene Verfügung nicht darauf zu prüfen, ob sie der Erblasser „bei verständiger Würdigung des Falls" abgegeben haben würde. Das Gesetz läßt keinen objektiven Maßstab, sondern nur die **subjektive Denk- und Anschauungsweise des Erblassers** entscheiden. Das ihm ein Irrtum in der Person des Bedachten gleichgültig gewesen sei, wird nicht leicht nachzuweisen sein. Unbedeutende Irrungen in der Summe und dem Gegenstande der Zuwendung, bei Teilungs- und anderen Anordnungen, werden die Wirksamkeit der Verfügung kaum beeinträchtigen. Hierbei kann das Verhalten des Erblassers selbst, der von dem Anfechtungsgrunde noch Kenntnis erhalten hat, von Bedeutung sein (RG 77, 170). Daß er den Widerruf der Verfügung unterlassen hat, schließt jedoch die Anfechtung nicht aus.

4. Als Anfechtungsgrund läßt das Gesetz auch den gemeinhin (aber unter Widerspruch von Reichel, AZivPrax 138, 207 A 10, 11) als **Irrtum im Beweggrund** bezeichneten Irrtum über den Eintritt oder Nichteintritt eines Umstandes gelten, dem es sonst grundsätzlich die Anerkennung versagt. In diesem Fall, ebenso wie in dem der Anfechtung wegen Drohung (Anm 5) ist Anfechtungsgrund die Tatsache, daß der in der letztwilligen Verfügung zum Ausdruck gelangte Wille des Erblassers fehlerhaft gebildet worden ist. Während im Falle des § 2078 Abs 1 ein Unterschied zwischen dem wirklichen und dem erklärten Willen besteht, stimmen in den Fällen des § 2078 Abs 2 wirklicher und erklärter Wille überein. Die Willensbildung ist aber fehlerhaft,weil sachwidrige oder fremde Einflüsse bei dem gefaßten Willensentschluß allein oder mitbestimmend gewesen sind.

a) Es ist gleichgültig, ob der Irrtum von selbst aufgetreten oder von einem Dritten durch arglistige Täuschung hervorgerufen ist (A 2). Er kann den Erblasser dazu verleitet haben, einen vermeintlich der Vergangenheit oder Gegenwart angehörenden Umstand zur Zeit der Verfügung als eingetreten anzunehmen (Tod eines früher eingesetzten Erben, besondere Bedürftigkeit des Bedachten). Oder einen Umstand als künftig, sei es noch zu seinen Lebzeiten oder später (RG 86, 210 Abs 2; LZ 1923, 603[6]), eintretend oder nicht eintretend in Betracht zu ziehen, der sich wider sein Erwarten demnächst nicht verwirklicht oder verwirklicht, vielleicht, ohne daß er hiervon weiß, sich schon zur Zeit der Errichtung der Verfügung verwirklicht oder nicht verwirklicht hatte (daß sich der Bedachte mit der X verheiraten oder nicht verheiraten werde; daß die von dem Vater oder Ehemann auf den Nießbrauch oder ein Vorerbrecht an ihren Erbteilen beschränkten Kinder oder die Witwe von den Erträgnissen dieses Vermögens allein oder in Verbindung mit ihren sonstigen Einkünften ihren standesmäßigen Unterhalt bestreiten können, vgl. Neukirch JW 1922, 19). Dabei kommt auch der Eintritt solcher vom Erblasser zur Zeit der Testamentserrichtung nicht erwarteter Umstände sowie der Nichteintritt solcher von ihm erwarteter Umstände in Betracht, die, wie seine künftige Heirat oder die Unterhaltung eines Hauses in gutem baulichen Zustande, von seinem Belieben abhängen (so in jetzt ständiger Rechtsprechung RG 50, 240; 148, 218; JW 1936, 250[7] gegen JW 1927, 1203[17]). Anfechtungsgrund kann auch eine unsittliche oder im Widerspruch zu einem gesetzlichen Verbot stehende irrige Annahme oder Erwartung des Erblassers sein, falls nicht die Verfügung aus diesem Grund bereits nichtig ist.

b) Daß der Erblasser sich hinsichtlich derjenigen Sachlage, die entgegen seiner Erwartung später tatsächlich eingetreten ist, eine **bestimmte Vorstellung** gemacht habe, ist nicht erforderlich (RG JW 1925, 356[10]). Hat er den später eingetretenen Umstand überhaupt nicht bedacht, so steht dies der irrigen Annahme, d. h. der positiven Vorstellung von dem Nichteintritte des Umstandes nicht gleich (RG 86, 206 gegen 77, 174). Eine auf die Zukunft gerichtete Annahme oder Erwartung kann aber auch unbewußt bestehen, dann nämlich, wenn sie zu den Vorstellungen gehört, die dem Erblasser als **Selbstverständlichkeiten** erscheinen (RG Warn 1931 Nr 50 mit unrichtigem Aktenzeichen; richtig: IV 764/29. So kann ein Erblasser als Ehemann einer schwangeren Frau stillschweigend und unbewußt von der Erwartung der Geburt eines lebenden Kindes ausgegangen sein (Kipp, JW 1925, 356 zu 10). Ebenso kann ein Erblasser, der in der Zeit vor merkbarer Inflation über sein Vermögen verfügte, ohne sich eines besonderen Vertrauens zu den Währungsverhältnissen bewußt zu sein, mit der Fortdauer des in dieser Hinsicht bestehenden Zustandes als etwas Selbstverständlichem gerechnet, also den Nichteintritt einer wesentlichen Veränderung dieser Verhältnisse erwartet haben (RG LZ 1923, 603[6]; vgl. § 242 A 5 d γ Abs 5). Irrtum im Beweggrund (Abs 2, falsche Vorstellung über die Höhe des Nachlasses) kann zugleich einen Irrtum über den Inhalt (Abs 1) herbeiführen (RG Warn 1912 Nr 88). Eine letztwillige Verfügung, die eine Ehefrau zugunsten einer anderen Frau getroffen hat, kann in der Regel angefochten werden, wenn die Bedachte nach Errichtung der letztwilligen Verfügung ehewidrige Beziehungen zu dem Gatten der Erblasserin angeknüpft hat. Denn es kann davon ausgegangen werden, daß diese bei der Errichtung der letztwilligen Verfügung als selbstverständlich davon ausging, ihr Eheglück werde durch das Verhalten der Bedachten nicht getrübt werden. Nicht ohne weiteres anfechtbar ist die letztwillige Verfügung dagegen, wenn die bedachte Frau sich selbst tadelfrei verhalten hat, die Ehe der Erblasserin aber dadurch getrübt worden ist, daß ihr Ehemann versuchte, ehewidrige Beziehungen mit jener Frau anzuknüpfen. In diesem Fall müssen, damit ein Irrtum im Sinne des § 2078 angenommen werden kann, Umstände dargetan sein, aus denen folgt, daß die Erblasserin, als sie die letztwillige Verfügung errichtete, mit dem Nichteintritt einer solchen Trübung ihrer Ehe als selbstverständlich rechnen konnte (vgl. das in LM Nr. 3 zu § 2078 nur auszugsweise veröffentlichte Urteil des BGH vom 22. 10. 53 IV ZR 67/53). Gegen diese Rechtsprechung äußert Coing (Kipp-Coing § 22 II 2b) Bedenken. Er will der positiv vorhandenen aber unrichtigen Vorstellung des Erblassers später eintretende Umstände, die der Erblasser überhaupt nicht ins Auge gefaßt hat, gleichstellen, wenn ihre Kenntnis den Erblasser veranlaßt hätte, anders als geschehen zu testieren. Diese Ansicht berücksichtigt nicht genügend, daß der Erblasser im Falle des § 2078 Abs 2 durch den Irrtum zu der Verfügung bestimmt sein muß. Auch der Hinweis auf § 2079, der von der ersten Kommission bei der Beratung des Gesetzes für einen Unterfall des § 2078 Abs 2 gehalten worden ist, rechtfertigt die von Coing vorgenommene Gleichstellung nicht. § 2079 hat einen an sich von § 2078 Abs 2 schon erfaßten Tatbestand dadurch besonders geregelt, daß er einer allgemeinen Lebenserfahrung entsprechend von der Ursächlichkeit des Irrtums über das Vorhandensein des Pflichtteilsberechtigten für die Errichtung der letzwilligen Verfügung ausgeht. Insoweit weicht er von § 2078 Abs 2 ab. Die von Coing vertretene Auffassung wird zwar in der Mehrzahl der Fälle praktisch zu denselben Ergebnissen wie die Rechtsansicht der herrschenden Lehre und der Rechtsprechung führen. Sie räumt aber dem Anfechtungsrecht einen zu breiten Raum ein, indem sie die Anfechtung auch in Fällen ermöglicht, in denen sie nach dem Gesetzeswortlaut unzulässig ist.

c) Vorausgesetzt ist, daß der Erblasser durch derartige irrtümliche Gründe zur letztwilligen Verfügung überhaupt oder zu einzelnen darin getroffenen Anordnungen bestimmt oder doch wesentlich mitbestimmt ist, daß also zwischen Irrtum und Verfügung ein **ursächlicher Zusammenhang** besteht (RG 50, 240, bes. 59, 33; HRR 1938 Nr 441; ferner Warn 1914 Nr 125: Mitberufung eines zu erwartenden, später totgeborenen Kindes; BayObLG 24, 270 = JFG 3, 144: Irrtum über die Fortdauer der Vermögenslage; RG JW 1927, 1203[17]: Irrtum über den Fortbestand der Währung). Anfechtungsgrund ist immer nur der eigentlich bestimmende Beweggrund für die getroffene Verfügung. A. vermacht der B. eine Rente, weil er irrtümlich annimmt, sie habe das von ihrem Vater ererbte Vermögen verloren und leide daher Not. Tatsächlich hat sie ihr väterliches Vermögen nicht verloren. Sie befindet sich aber in einer Notlage, weil sie ,was dem A. nicht bekannt war, an einer unheilbaren Krankheit leidet und daher laufend erhebliche Ausgaben hat, die sie nicht bestreiten kann. Die letztwillige Verfügung des A. kann nicht wegen Irrtums angefochten werden. Ursächlich für ihre Errichtung war nicht die irrige Vorstellung von dem Vermögensverlust, sondern die Vorstellung von der Notlage der A. Diese entsprach den Tatsachen. Daß sie auf unrichtigen Voraussetzungen beruhte, ist unerheblich. Der Beweis für den ursächlichen Zusammenhang wird erleichtert, wenn der Erblasser in der Verfügung selbst seinen Beweggrund, etwa in Form der Voraussetzung angegeben hat. Nach der Lebenserfahrung und dem gewöhnlichen Lauf der Dinge kann davon ausgegangen werden, daß der angegebene Grund den Erblasser auch zu seiner letztwilligen Anordnung bestimmt hat und daß, wenn dieser Grund nicht gegeben ist, ein rechtserheblicher Irrtum vorliegt (RG 172, 84; BGH 26. 11. 53 IV ZR 110/53). Er kann aber auch, wenn dies nicht geschehen, durch andere Umstände erbracht werden. War die Erwartung des Erblassers, daß durch die Überlassung seines gesamten Grundbesitzes an einen seiner Söhne für diesen ein Erbhof geschaffen werden könne, nach dem bei seinem Tode geltenden Rechte irrig, so wird die Anfechtung nicht dadurch ausgeschlossen, daß eine spätere Rechtsänderung (ErbhRVO § 1) die Möglichkeit zur Bildung des Erbhofs eröffnet (RG JW 1938, 1900[41]).

d) Ebenso wie für die Abs 1 geregelten Tatbestände gilt auch für die Fälle des Abs 2, daß das Anfechtungsrecht nur besteht, wenn anzunehmen ist, daß der **Erblasser die Erklärung bei Kenntnis der Sachlage nicht abgegeben haben würde.** Obwohl im Einzelfall der Irrtum nach Abs 2 für die Errichtung der Verfügung bestimmend war, kann sich doch ergeben, daß der Erblasser aus anderen Gründen, die nachweislich für die angefochtene Verfügung nicht bestimmend waren, bei Kenntnis der wahren Sachlage dieselbe Verfügung getroffen hätte. In diesem Fall besteht kein Anfechtungsrecht. Für die Ermittlung des anzunehmenden Willens des Erblassers ist von der zur Zeit der Testamentserrichtung wirklich vorhanden gewesenen Sachlage auszugehen, und zwar so, wie sie bei der Geltendmachung der Anfechtung offenbar geworden ist. Es kommt nicht darauf an, ob dem Erblasser selbst diese Sachlage in allen Einzelheiten bekannt war. Ist der Erblasser durch die irrige Annahme von Umständen zu seiner Verfügung bestimmt worden und ist anzunehmen, daß er die Verfügung bei Kenntnis dieses Irrtums unter Berücksichtigung der ihm bekannten Sachlage nicht errichtet hätte, so besteht dennoch kein Anfechtungsrecht, wenn auf Grund anderer Umstände, die dem Erblasser nich bekannt waren, anzunehmen ist, daß er, wenn er auch sie gekannt hätte, in gleicher Weise verfügt hätte. Demgegenüber kann nicht eingewandt werden, die letztwillige Verfügung beruhe dann im Rechtssinne auf Beweggründen, die den Erblasser tatsächlich nicht bestimmt haben und ein anders motivierter Wille als der vom Erblasser geäußerte würde dann rechtlich gelten. Entscheidend ist, daß der rechtliche Erfolg der Verfügung dem auf Grund der objektiven Sachlage anzunehmenden Willen des Erblassers entspricht.

5. Die Anfechtbarkeit der durch **Drohung** erzwungenen letztwilligen Verfügung entspricht den allgemeinen Grundsätzen (§ 123 Abs 1). Erbunwürdigkeit des Drohenden § 2339 Nr 3. Widerrechtlichkeit des mit der Drohung verfolgten Zwecks genügt, so die Drohung einer Familienangehörigen oder der Haushälterin, den hilfsbedürftigen Erblasser zu verlassen, wenn er nicht oder nicht über das von ihm ursprünglich beabsichtigte Maß hinaus zu ihren Gunsten verfüge (HansRGZ 1934 B Nr 194; RG JW 02 Beil. 286[242]).

6. Als anfechtbare letztwillige Verfügung kommt auch der **Widerruf einer letztwilligen Verfügung** in Betracht, mag er durch Testament (§ 2254) oder in anderer Weise (§§ 2255, 2256, 2272) vorgenommen sein (RG 102, 69; KG RJA 11, 180f.; Dresden JW 1934, 2635[9]; dagegen für andere Fälle als die des § 2254 Maenner LZ 1925, 509). Der Widerruf eines öffentlichen Testaments, der in dessen Rücknahme aus der amtlichen Verwahrung liegt (§ 2256), kann sowohl mit der Begründung angefochten werden, daß der Erblasser die rechtliche Bedeutung der Rücknahme als Widerruf nicht gekannt habe (KG DR 1940, 1684) als auch mit der Begründung, daß der Erblasser zur Rücknahme und damit zum Widerruf durch einen Irrtum im Beweggrund veranlaßt worden sei (KG DR 1942, 143).

7. Die Geltendmachung eines an sich bestehenden Anfechtungsrechts kann sich im Einzelfall als **unzulässige Rechtsausübung** darstellen. Coing (Kipp-Coing § 22 Anm 28) nimmt eine unzulässige Rechtsausübung in allen Fällen an, in denen das Ergebnis der Anfechtung zu dem Willen des Erblassers in noch größerem Widerspruch steht als die angefochtene Verfügung. Dem ist für besonders kraß liegende Fälle beizutreten. Nach Planck-Flad 4. Aufl § 2078 Anm 3 soll in diesem Fall der Tatbestand des § 2078 Abs 2 überhaupt nicht gegeben sein. Der Begriff der unzulässigen Rechtsausübung würde zu sehr erweitert, wenn die Anfechtung in jedem Fall als unzulässig angesehen würde, in dem die angefochtene Verfügung dem Willen des Erblassers besser gerecht wird als die nach ihrer Anfechtung eintretenden Rechtsfolgen.

Eine unzulässige Rechtsausübung liegt vor, wenn derjenige, dem die Anfechtung unmittelbar zustatten kommt, der Anfechtungsberechtigte selbst in sittlich zu mißbilligender Weise zur Verwirklichung des Anfechtungstatbestandes beigetragen hat. Der Erblasser hat seine Ehefrau als Erbin eingesetzt in der Erwartung, sie werde ihm auch während seiner Abwesenheit die Treue halten. Sie hat aber mit dem Bruder des Erblassers die Ehe gebrochen. Es wäre unzulässig, wenn dieser die Verfügung anfechten könnte, um dadurch als gesetzlicher Erbe selbst zur Erbfolge zu gelangen. Eine andere Frage ist, ob andere Geschwister aus diesem Grund das Testament anfechten können. Ist der Ehebrecher neben der Ehefrau der einzige gesetzliche Erbe, dann kann angenommen werden, daß der Erblasser bei Kenntnis der wahren Sachlage trotz der allgemeinen Erwartung in bezug auf die Treue seiner Ehefrau doch nicht anders verfügt hätte.

Der BGH hat für einen besonders liegenden Fall entschieden, daß die letztwillige Verfügung nach § 2078 Abs 2 nicht angefochten werden kann, wenn der Erblasser selbst die Voraussetzungen für das Anfechtungsrecht durch sein eigenes gegen Treu und Glauben verstoßendes Verhalten verschuldet hat (BGH 4, 91). In dem entschiedenen Fall handelte es sich um die Anfechtung eines Erbvertrags durch die gesetzlichen Erben. Sie war darauf gestützt, daß die Erblasserin sich in ihrer Erwartung getäuscht hatte, der Vertragserbe werde sich ihr gegenüber so verhalten, wie es zu einer zweckentsprechenden Durchführung des Erbvertrags erforderlich sei, er werde alles tun, um den in dem Vertrag eingegangenen Verpflichtungen gerecht zu werden. Sein vertragswidriges Verhalten war aber durch das eigene vertragswidrige Verhalten der Erblasserin verursacht worden. Der Entscheidung ist zuzustimmen, obwohl der Anfechtungsberechtigte selbst keinerlei Einfluß auf das Geschehen genommen hatte. Dennoch verstößt es gegen Treu und Glauben, wenn er anficht, weil er damit ein Recht ausübt, das zwar formal für ihn selbst gesetzlich begründet ist, das aber doch sachlich aus der Rechtsstellung der Erblasserin erwachsen ist. Der Anfechtende nimmt für sich in Anspruch, Erbe zu sein. Als solcher muß er sich hier das frühere Verhalten der Erblasserin zurechnen lassen. Der vom BGH aufgestellte Grundsatz gilt aber nicht uneingeschränkt, wenn es sich um die Anfechtung einer einseitigen letztwilligen Verfügung handelt. Dabei ist zu beachten, daß der Erblasser diese jederzeit frei widerrufen konnte. Mit Rücksicht darauf kann in der Geltendmachung eines Anfechtungsgrundes, der durch das eigene Verhalten des Erblassers verursacht ist, in der Regel keine unzulässige Rechtsausübung gesehen werden. Aus der Tatsache, daß der Erblasser, dem das Verhalten des Erben bekannt geworden ist, keinen Anlaß genommen hat, seine letztwillige Verfügung zu widerrufen, wird aber in der Regel geschlossen werden können, daß der für die Anfechtung notwendige ursächliche Zusammenhang zwischen Irrtum und Verfügung fehlt, mindestens aber, daß der Erblasser auch bei Kenntnis der wahren Sachlage in gleicher Weise verfügt hätte.

8. Kein Anspruch des Bedachten, der infolge der Anfechtung die ihm gemachte Zuwendung verliert, auf Ersatz des negativen Interesses.

9. a) Die **Wirkung der Anfechtung** erschöpft sich in der **Nichtigkeit** der angefochtenen Verfügung oder des betroffenen Teils der Verfügung (§ 142 Abs 1; s. aber über die mittelbar weitere Wirkung der Anfechtung eines wechselseitigen Testaments RG 130, 213 in A 3 zu § 2271). Die Anfechtung führt nicht zur Nichtigkeit des ganzen Testaments, sondern sie ergreift von vornherein nur diejenigen Verfügungen, für die der Anfechtungsgrund besteht. Das sind die Verfügungen, bezüglich deren ein Erklärungs- oder Motivirrtum vorliegt oder zu denen der Erblasser durch Drohung bestimmt worden ist. Alle anderen Verfügungen des Testaments werden von der Anfechtung nicht erfaßt. Ihre Wirksamkeit oder Unwirksamkeit bestimmt sich nach § 2085. Die Anfechtung kann nicht dem wahren, nicht erklärten Willen des Erblassers zur Wirksamkeit verhelfen (RG LZ 1920, 340[6]). Sie kann insbesondere nicht demjenigen, welchen der Erblasser aus Irrtum zu bedenken unterlassen und deshalb gar nicht erwähnt oder ausgeschlossen hat, nachträglich die ihm eigentlich zugedachte Zuwendung verschaffen (RG 15. 10. 06 IV 111/06). Er könnte nur kraft gesetzlicher Erbfolge Erbe werden und auch diese ist ausgeschlossen, wenn der ganze Nachlaß gültig vergeben bleibt (RG BayZ 06, 15).

Die angefochtene einzelne Verfügung wird nicht immer ganz unwirksam. In § 2078 Abs 2 ist die Wirkung der Anfechtung insofern eingeschränkt, als die Verfügung nur angefochten werden kann, soweit der Anfechtungsgrund ursächlich für ihren Bestand ist. Es kann daher sein, daß die Verfügung durch die Anfechtung nur eingeschränkt wird, im übrigen aber bestehen bleibt, ohne daß § 2085 geprüft werden müßte. Diese Vorschrift kann hier nicht unmittelbar angewandt werden, da sie nur das Verhältnis mehrerer in einem Testament enthaltener Verfügungen betrifft. Sie ist auch nicht entsprechend anzuwenden, da der gültig bleibende Teil der Verfügung gerade deswegen bestehen bleibt, weil der Anfechtungsgrund sich nicht auf ihn erstreckt. Wäre i. S. des § 2085 anzunehmen, daß der nach der Anfechtung als gültig angesehene Teil der Verfügung von dem Erblasser ohne den ungültig gewordenen Teil nicht getroffen worden wäre, so wäre das nur ein Beweis dafür, daß der Anfechtungsgrund sich auch auf den als gültig angesehenen Teil der Verfügung erstreckt und daß dieser in Wahrheit von der Anfechtung mitergriffen wird. So kann die vom Erblasser gebrauchte zu allgemeine Bezeichnung der Erben („meine gesetzlichen Erben") durch Anfechtung auf den wirklich gewollten engeren Kreis dieser Erben (nur die vollbürtigen, nicht auch die halbbürtigen Geschwister) beschränkt und die Erbeinsetzung insoweit aufrechterhalten werden. Die Wirkung der Anfechtung ist dann die, daß die Gesamtbezeichnung „gesetzliche Erben" auf den vom Erblasser gewollten Umfang zurückgeführt wird und die vollbürtigen Geschwister zu testamentarischen Alleinerben berufen sind (RG 70, 391). Es ist nicht etwa so, daß diese nur nach dem Verhältnis ihrer gesetzlichen Erbteile zu Testamentserben berufen sind und daß hinsichtlich der nach dem Wortlaut des Testaments an die Halbgeschwister fallenden Erbteile nunmehr infolge der Anfechtung die gesetzliche Erbfolge eintritt. Der Wille des Erblassers ging dahin, daß die vollbürtigen Geschwister allein erben sollten, und zwar unter Berücksichtigung der Auslegungsregeln des § 2066 so, als wenn sie allein seine gesetzlichen Erben wären. Dieser Wille hat auch, nachdem die von ihm gewählte Gesamtbezeichnung durch die Anfechtung auf den Kreis der von ihm als Erben gewollten Personen beschränkt worden ist, einen klaren Ausdruck gefunden. Für die Bemessung der Erbteile kann daher die Auslegungsregel des § 2091 nicht in Betracht kommen.

Anders wäre zu entscheiden, wenn der Erblasser in demselben Falle angenommen hätte, daß A, B und seine unehelichen Kinder E und F seine gesetzlichen Erben seien, während tatsächlich A, B, C und D seine gesetzlichen Erben sind. Hier erstreckt sich in Bezug auf C und D die gewählte Gesamtbezeichnung über den von dem Erblasser mit ihr gemeinten Personenkreis hinaus. Der erklärte Wille geht insoweit weiter als der wirklich gewollte. Hinsichtlich E und F bleibt dagegen der gewollte Wille hinter dem erklärten zurück. Der erklärte Wille enthält ein Mehr und ein Weniger des Gewollten. Durch die Anfechtung kann das Mehr des erklärten Willens beseitigt und insoweit der erklärte Willen mit dem gewollten in Übereinstimmung gebracht werden. Dagegen kann die Anfechtung dem Mehr des gewollten Willens keinen Eingang in den erklärten Willen verschaffen. Sie kann immer nur zu einer Einengung des erklärten Willens, nicht aber zu seiner Erweiterung führen. Da die im Wege der Anfechtung an sich mögliche Einschränkung der Gesamtbezeichnung hier den Erklärungsirrtum nicht im vollen Umfang ausräumt und eine Erweiterung des erklärten Willens über seinen Wortlaut hinaus im Wege der Anfechtung nicht möglich ist, kann diese hier nur dazu führen, daß die letztwillige Verfügung über die Erbeinsetzung als ganze nichtig ist (vgl. ähnlich für den etwas anders liegenden Fall Hamm JMinBlNRW 1951, 9). Die teilweise Anfechtung einer letztwilligen Verfügung ist in folgendem vom Kammergericht entschiedenen Fall zutreffend für zulässig erklärt worden. Der Erblasser hatte seine Witwe in der irrigen Annahme, sie könne allein von den Zinsen seines Vermögens leben, zur nicht befreiten Vorerbin eingesetzt. Die Witwe hat das Testament angefochten, da sie infolge der Geldentwertung nicht in der Lage war, ihren Unterhalt aus den Einkünften des Nachlasses zu bestreiten. Das Kammergericht hat dargelegt, daß ohne Rücksicht darauf, ob die Witwe nur die in dem Testament enthaltene Beschränkung ihrer Vorerbenstellung angefochten hat oder ob die Anfechtung unbeschränkt ausgesprochen sei, diese in jedem Fall nur bewirke, daß die Witwe befreite Vorerbin sei (JFG 13, 129). Ebenso kann, wenn für eine Zuwendung irrig eine auflösende Bedingung oder Befristung gesetzt worden ist, diese

Bedingung oder Befristung durch Anfechtung beseitigt werden, so daß die Verfügung jetzt unbedingt oder unbefristet gilt. Eine aufschiebend bedingte oder befristete Zuwendung kann dagegen nicht durch Anfechtung zu einer unbedingten oder unbefristeten gemacht werden. Gegenüber der Geldentwertung wird häufig durch die der Anfechtung vorgehende Auslegung geholfen werden können (RG JW 1925, 359[12]; 1927, 1203[17]; vgl. A 2 und § 2084 A 2).

b) Da die Anfechtung die Erbenstellung des auf Grund der angefochtenen Verfügung zur Erbschaft Berufenen beseitigt, sind die von diesem vorgenommenen Verfügungen über Erbschaftsgegenstände Verfügungen eines Nichtberechtigten. Der Rechtserwerb Dritter, die von ihm Gegenstände erworben haben, richtet sich nach den allgemeinen Vorschriften über die Wirksamkeit von Verfügungen eines Nichtberechtigten (§§ 892, 893, 932, 936, 1032, 1207). Der Dritte wird, wenn der Scheinerbe durch einen Erbschein legitimiert ist, weiter durch §§ 2366, 2367 geschützt. Zutreffend weist Planck-Flad 4. Aufl vor § 2078 Anm 2b β darauf hin, daß der Gutglaubensschutz nach § 142 Abs 2 nicht schon entfällt, wenn der Dritte infolge bloßer Fahrlässigkeit die Anfechtbarkeit des Testaments nicht kannte. Nach §§ 892, 893, 2366, 2367 entfällt der Gutglaubensschutz nur bei Kenntnis der Unrichtigkeit der Eintragung oder des Erbscheins und im Fahrnisrecht außerdem noch bei grob fahrlässiger Unkenntnis der Nichtberechtigung. § 142 Abs 2 schränkt in jenen Fällen den gutgläubigen Erwerb nur insoweit weiter ein, als die Kenntnis der Anfechtbarkeit des Testaments der Kenntnis der Unrichtigkeit der Eintragung oder des Erbscheins gleichzuachten ist, im Fahrnisrecht die Kenntnis oder grob fahrlässige Unkenntnis der Anfechtbarkeit der Kenntnis oder grob fahrlässigen Unkenntnis der Nichtberechtigung.

c)) Eine Bestätigung der anfechtbaren Verfügung (§ 144) durch den Erblasser, der selbst nicht Anfechtungsberechtigter ist, ist dem geltenden Recht unbekannt (unter dem Gesichtspunkt künftiger Gesetzgebung s. 1. Denkschr des ErbRAusch der AkDR 124, 127). Doch kann sich der Erblasser in einer neuen letztwilligen Verfügung darauf beschränken, die ältere trotz ihrer Anfechtbarkeit aufrechtzuerhalten.

d) Ob der Anfechtungsberechtigte die Verfügung, trotzdem er nicht ihr Urheber ist, auch gemäß § 144 einseitig formlos bestätigen kann, ist eine Streitfrage, die (mit Planck-Flad, Vorbem 2b γ vor § 2078 und BayObLG 30, 269 gegen Kipp-Coing § 22 VII) zu bejahen sein wird. Der Anfechtungsberechtigte kann aber auch durch Vertrag mit dem Anfechtungsgegner auf sein Anfechtungsrecht verzichten. Solche Verträge haben in der Regel die Rechtsnatur eines Vergleichs oder eines Anerkenntnisses. Über ihre Wirkung gilt folgendes:

aa) Die Erklärung des Anfechtungsberechtigten wirkt auch gegenüber Dritten, wenn in dem Vergleich oder Anerkenntnisvertrag sein Wille zum Ausdruck kommt, allgemein auf das Anfechtungsrecht zu verzichten und damit die anfechtbare Verfügung zu bestätigen.

bb) Wird in dem Vergleich das Erbrecht selbst geregelt, so ist zu beachten, daß die Parteien es nicht in der Hand haben, durch ihre Vereinbarungen selbst eine Erbeinsetzung vorzunehmen. Der wirkliche Erbe kann immer nur, soweit das Gesetz es ihm gestattet, über sein Erbrecht oder die sich daraus ergebenden Ansprüche verfügen. Er kann die Erbschaft ausschlagen. Eine dahingehende Erklärung ist jedoch nach § 1945 dem Nachlaßgericht gegenüber abzugeben. Der andere Vertragsteil wird dadurch aber nur dann Erbe, wenn er infolge der Ausschlagung nach § 1953 Abs 2 zum Erben berufen ist. Der Erbe kann schließlich auf seinen Erbschaftsherausgabeanspruch verzichten, ohne allerdings dadurch dem Erbschaftsbesitzer die Erbenstellung verschaffen zu können. Er kann seinen Miterbenanteil nach § 2033 übertragen, die ganze Erbschaft oder auch einen Bruchteil der Erbschaft nach §§ 2371, 2385 veräußern. Ein Vergleich, durch den der Erbe und der Anfechtungsberechtigte sich dahin einigen, daß sie die Erbschaft untereinander nach Anteilen in bestimmter Weise aufteilen, muß daher, um wirksam zu sein, nach § 2033 oder §§ 2371, 2385 gerichtlich oder notariell beurkundet werden. Dieselbe Form muß praktisch gewahrt werden, wenn der Anfechtende, nachdem er das Testament angefochten hat, das Erbrecht des Gegners anerkennt. Dieses Anerkenntnis wäre nur dann formlos gültig, wenn die Anfechtung tatsächlich unbegründet war. Andernfalls liegt in dem Anerkenntnis die Erklärung, die Erbschaft oder den Erbteil, der dem Anfechtenden infolge der Anfechtung bereits angefallen war, auf den Gegner zurückübertragen zu wollen, die nur in gerichtlich oder notariell beurkundeter Form abgegeben werden kann. Die Wirkung einer einmal erfolgten Anfechtung kann nicht durch Rücknahme der Anfechtungserklärung beseitigt werden. Ist ein Miterbenanteil Gegenstand der Vereinbarung, dann hat sie nicht nur schuldrechtliche, sondern als Verfügung nach § 2033 dingliche Wirkung. Falls ein Dritter im Erbschaftsbesitz ist, ist zu prüfen, ob in dem Anerkenntnis des Erbrechts zugleich die Abtretung des Erbschaftsherausgabeanspruchs enthalten ist. Eine Haftung des Anerkennenden nach § 2376 Abs 1 kommt nicht in Frage (Planck-Flad 4. Aufl vor § 2078 Anm 3b).

cc) Wird die Gültigkeit einer ein Vermächtnis anordnenden letztwilligen Verfügung anerkannt, dann kann der anerkannte Anspruch auf das Vermächtnis, wenn dem Anerkenntnis ein Vergleich zugrundeliegt, unmittelbar auf diesen (§ 782), andernfalls auf das Anerkenntnis selbst gestützt werden, wenn die Form des § 781 gewahrt ist. Das Anerkenntnis der Nichtigkeit einer Vermächtnisverfügung ist stets formlos gültig, da auch der Verzicht auf den Anspruch keiner Form bedarf.

e) Eine in der angefochtenen Verfügung enthaltene Berufung zur Erbschaft gilt als nicht erfolgt. Die von dem Erben auf Grund der angefochtenen Verfügung vorher erklärte Ausschlagung ist daher durch die Anfechtung gegenstandslos geworden. Falls der Erbe nach der Anfechtung aus anderem Grunde zur Erbschaft berufen ist, muß er erneut ausschlagen. Die frühere Erklärung kann sich nach § 1949 auf den jetzt zur Wirksamkeit gelangten neuen Berufungsgrund wegen der veränderten Sachlage nicht erstrecken. Der Erbe kann nicht mehr ausschlagen, wenn er die Verfügung selbst angefochten und damit zu erkennen gegeben hat, daß er die Erbschaft aus dem jetzt wirksam werdenden Berufungsgrund annimmt.

Person des Anfechtungsberechtigten § 2080 Abs 1, 2. Anfechtung des Erbvertrags §§ 2281ff., eines gemeinschaftlichen Testaments § 2271 A 4 Abs 1 a. E. und A 6.

10. Anfechtung nach den Rückerstattungsgesetzen. Einen besonderen Anfechtungstatbestand enthalten die Rückerstattungsgesetze (Art 79 REG amZ; Art 66 REG britZ) für den Fall, daß in letztwilligen Verfügungen oder Erbverträgen aus der Zeit vom 30. 1. 1933 bis zum 8. 5. 1945 bestimmte nahe Angehörige von der Erbfolge ausgeschlossen worden sind, um ihren Erbteil einem vom Erblasser aus Gründen der Rasse, Religion usw. erwarteten Zugriff des Staates zu entziehen. Die Anfechtung mußte jedoch bis zu einem bestimmten, inzwischen verstrichenem Zeitpunkt, erfolgt sein. Die Bestimmungen der Rückerstattungsgesetze sind gegenüber § 2078 Spezialvorschriften, so daß, wenn die für die Anfechtung nach den Rückerstattungsgesetzen bestimmte Frist verstrichen ist, keine Anfechtung wegen des hierunter fallenden Sachverhalts nach § 2078 Abs 2 möglich ist (Frankfurt NJW 52, 105 mit ablehnender Anmerkung von Zimmer NJW 52, 472. Vgl. dazu Burkhardt NJW 52, 590). Anders, wenn ein unter § 2078 fallender Irrtum vorliegt, der über den Tatbestand der Rückerstattungsanfechtung hinausgeht.

§ 2079

Eine letztwillige Verfügung kann angefochten werden, wenn der Erblasser einen zur Zeit des Erbfalles vorhandenen Pflichtteilsberechtigten übergangen hat, dessen Vorhandensein ihm bei der Errichtung der Verfügung nicht bekannt war oder der erst nach der Errichtung geboren oder pflichtteilsberechtigt geworden ist. Die Anfechtung ist ausgeschlossen, soweit anzunehmen ist, daß der Erblasser auch bei Kenntnis der Sachlage die Verfügung getroffen haben würde.

E I 1782 II 1952; M 5 50–53; P 5 52–58.

Übersicht:

Anfechtung wegen Übergehens unbekannter Pflichtteilsberechtigter

1. Allgemeines
2. Übergehen eines Pflichtteilsberechtigten
3. Irrtum oder Unkenntnis des Erblassers über das Vorhandensein d. Pflichtteilsberechtigten
4. Umfang der Anfechtung
5. Beweislast

1. § 2079 gibt dem in einer letztwilligen Verfügung unabsichtlich übergangenen Pflichtteilsberechtigten ein Anfechtungsrecht. Der gesetzgeberische Grund hierfür ist die Annahme, daß eine letztwillige Verfügung, in der ein Pflichtteilsberechtigter übergangen ist, weil der Erblasser dessen Vorhandensein bei der Errichtung der Verfügung nicht kannte oder nicht kennen konnte, da er erst später Pflichtteilsberechtigter geworden ist, auf dieser Unkenntnis des Erblassers und damit auf einem Irrtum im Beweggrund beruht. Die Vorschrift betrifft somit an sich schon unter § 2078 Abs 2 fallende Tatbestände, die jedoch eine von dieser allgemeinen abweichende Regelung erfahren haben. Der dem § 2079 entsprechende § 1782 des 1. Entwurfs ist daher auch als Unterfall des dem § 2078 entsprechenden § 1781 bezeichnet worden (Motive 5, 50). Die besondere Regelung, die die unter § 2079 fallenden Tatbestände in dieser Bestimmung gefunden haben, besteht darin, daß das Gesetz davon ausgeht, der Erblasser habe sich bei der Errichtung des Testaments in einem Irrtum befunden und daß die Ursächlichkeit dieses Irrtums für die Errichtung des Testaments vermutet wird und daher von dem Anfechtungsberechtigten nicht bewiesen zu werden braucht. Sie besteht weiter darin, daß, solange nicht das Gegenteil bewiesen ist, gleichfalls davon auszugehen ist, der Erblasser hätte bei Kenntnis der Sachlage die Verfügung nicht getroffen (vgl. Anm 4).

2. Übergehung des Pflichtteilsberechtigten (§ 2303) liegt vor, wenn ihm im Testament, und zwar unabsichtlich, keine Zuwendung gemacht wird (RG LZ 1923, 451[5]). Die Übergehung steht im Gegensatz zur Ausschließung (§ 1938). Die Ausschließung setzt die Absicht des Erblassers voraus, dem Pflichtteilsberechtigten nichts zuzuwenden.

Auch die bei der Testamentserrichtung dem Erblasser unbekannten oder noch nicht vorhanden gewesenen Pflichtteilsberechtigten können ausgeschlossen sein, wenn die Absicht des Erblassers dahin ging, allgemein etwa sonst noch vorhandene, ihm unbekannte Pflichtteilsberechtigte oder einzelne bestimmte oder alle nach Errichtung des Testaments hinzutretenden Pflichtteilsberechtigten von der Erbschaft auszuschließen. Dieser Wille muß, damit das Anfechtungsrecht nach § 2079 ausgeschlossen ist, in dem Testament selbst zum Ausdruck gelangt sein. Das Testament braucht zwar keine ausdrückliche Bestimmung in diesem Sinne zu enthalten. Es genügt, wenn sich der dahingehende Wille des Erblassers durch Auslegung aus dem Testament entnehmen läßt. Sofern aber dem Testament kein dahingehender Wille des Erblassers entnommen werden kann, können seine Äußerungen aus einer späteren Zeit nicht den Schluß rechtfertigen, er habe die Pflichtteilsberechtigten ausschließen wollen. Sie können aber unter Umständen geeignet sein, den Beweis nach Satz 2 zu führen, daß der Erblasser auch bei Kenntnis der Sachlage die Verfügung getroffen hätte. Bei der Übergehung fehlt es an dieser Absicht, der Übergangene geht aber infolge anderweiter Vergebung des Nachlasses tatsächlich leer aus und behält nur den Pflichtteilsanspruch (RG 59, 62). Der Pflichtberechtigte ist nicht übergangen, wenn ihm in dem Testament überhaupt eine Zuwendung, sei es auch nur in der Form eines Vermächtnisses, gemacht worden ist. Es ist nicht erforderlich, daß der Erblasser diese Zuwendung in Kenntnis der Pflichtteilsberechtigung gemacht hat. Übergangen ist der Pflichtteilsberechtigte selbst dann nicht, wenn ihm die Zuwendung in einer letztwilligen Verfügung gemacht wurde, die der Erblasser errichtet hat, bevor der Bedachte überhaupt pflichtteilsberechtigt wurde (RG 50, 238; Warn 26 Nr 17; RG JW 25, 2756; KGJ 38 A 119; KG OLG 26, 312). Es kann nicht verkannt werden, daß diese Rechtsauffassung nicht ganz vereinbar ist mit der, die das Anfechtungsrecht auch bejaht, wenn der Erblasser eine ihm bekannte Person übergangen hat, von der er nicht wußte, daß sie pflichtteilsberechtigt war (vgl. Anm 3). In diesem wie in jenem Fall beruht der das Anfechtungsrecht begründende Fehler bei der Willensbildung darauf, daß dem Erblasser das Pflichtteilsrecht der betreffenden Person unbekannt war. Dennoch muß aus Gründen der Rechtssicherheit daran festgehalten werden, daß als Voraussetzung des Anfechtungsrechts ein Übergehen im rein objektiven Sinn vorliegen muß. In der Regel handelt es sich bei den hier in Betracht kommenden Fällen darum, daß eine Person, die der Testator bedacht hat, dadurch pflichtteilsberechtigt geworden ist, daß dieser sie später geheiratet hat. Wenn der Testator dann sein Testament nicht ändert, ist die Annahme begründet, daß er es bei der erfolgten Zuwendung hat bewenden lassen wollen. Es würde in der Regel dem Willen des Erblassers nicht entsprechen, wenn die Verfügung in diesem Fall nach § 2079 angefochten werden könnte. Wo die eben erwähnte Annahme nicht zutrifft, kann unter Umständen eine Anfechtung aus § 2078 Abs 2 möglich sein. Dieser Anfechtungstatbestand ist z.B. gegeben, wenn der Erblasser eine Person bedacht hat, von der er nicht wußte, daß sie mit ihm verwandt war, und wenn die getroffene Verfügung von dieser irrigen Annahme beeinflußt ist. Übergangen ist der Pflichtteilsberechtigte auch, wenn der Erblasser nur über einen Teil seines Nachlasses verfügt hat, so daß bezüglich des Restes nach § 2088 die gesetzliche Erbfolge eintritt, an der auch der Pflichtteilsberechtigte teilnimmt. Die letztwillige Verfügung, die nur Vermächtnisse und Auflagen enthält, die ein Erblasser nicht getroffen hätte, wenn er sich der Tatsache bewußt gewesen wäre, auch diesen pflichtteilsberechtigten Erben zu haben, kann gleichfalls nach § 2079 angefochten werden (Planck-Flad 4. Aufl § 2079 Anm 2a).

Daß der übergangene Pflichtteilsberechtigte infolge anderweiter Vergabe des Nachlasses leer ausgeht, pflegt dem Willen des Erblassers nicht zu entsprechen. Das Gesetz gewährt deshalb mit dem Anfechtungsrecht dem Übergangenen ein Mittel, sich mehr als den Pflichtteil, regelmäßig den vollen gesetzlichen Erbteil zu verschaffen. Er muß jedoch zur Zeit des Erbfalls, wenn auch nur als Erzeugter, und zwar als Pflichtteilsberechtigter (über die entfernteren Abkömmlinge und die Eltern vgl. § 2309) vorhanden gewesen sein. Ist er zu dieser Zeit wieder verstorben oder noch nicht einmal erzeugt, so stehen ihm oder seinen Erben nach §§ 1923, 2303 weder Erb- noch Pflichtteilsrechte zu. Pflichtteilsberechtigt ist auch das Kind, das der Erblasser mit einer Frau erzeugt hat, wenn die nachträgliche Eheschließung der Kindeseltern nach dem Tode des Erblassers unter den in § 1 des Bundesgesetzes über die Rechtswirkungen des Ausspruchs einer nachträglichen Eheschließung vom 29. 3. 51 (BGBl I, 215) ausgesprochen ist. Die Kindesmutter selbst hat durch die nachträgliche Eheschließung kein Erbrecht erlangt. Sie kann daher das Testament des Erblassers nicht nach § 2079 anfechten.

Ist ein Abkömmling erst infolge Wegfalls eines Vorfahren pflichtteilsberechtigt geworden, so wird er meist nach § 2069 als bedacht und deshalb nicht übergangen zu gelten haben (§ 2069 A 2 a. E.). Die Anfechtung ist dagegen grundsätzlich möglich, wenn § 2069 nicht durchgreift. Der Erblasser hat seinen leichtsinnigen, zur Zeit der Testamentserrichtung noch unverheirateten Sohn ausdrücklich auf den Pflichtteil gesetzt. Vor Eintritt des Erbteils stirbt der Sohn, der sich inzwischen verheiratet hat und aus dessen Ehe Abkömmlinge vorhanden sind. Diese pflichtteilsberechtigten Abkömmlinge können das Testament anfechten. Dasselbe muß gelten, wenn sie zur Zeit der Testamentserrichtung bereits vorhanden waren. Jedoch wird in diesen Fällen häufig nach § 2079 Satz 2 anzunehmen sein, daß der Erblasser die Verfügung auch bei Kenntnis der Sachlage getroffen hätte. Nicht übergangen ist das Kind des vorverstorbenen Sohnes, wenn der Erblasser dem ganzen Sohnesstamm nur den Pflichtteil zugewendet hatte (RG 2. 7. 06 IV 40/06). § 2079 schließt das Recht des Pflichtteilsberechtigten nicht aus, eine letztwillige Verfügung auch aus § 2078 anzufechten, wenn dessen besondere Voraussetzungen gegeben sind (KGJ 38 A 121; RG JW 1925, 2756[7]). Jedoch schließt die auf § 2079 gegründete Anfechtung nicht zugleich die Anfechtung wegen Irrtums nach § 2078 in sich (JW 1911, 656).

3. Das Anfechtungsrecht ist weiter davon abhängig, daß der Pflichtteilsberechtigte, **aus Irrtum oder Unkenntnis des Erblassers** übergangen, nicht bedacht ist. Sonst könnte nur bewußte Übergehung, d. h. Ausschließung (A 1) in Frage kommen. Die Unkenntnis kann darauf beruhen, daß der Erblasser vom Vorhandensein des Pflichtteilsberechtigten überhaupt nichts gewußt oder ihn bereits verstorben geglaubt hat. Daß der Erblasser von einer bestimmten Vorstellung hierüber beherrscht gewesen sei, ist nicht nötig. Jedoch begründen bloße Zweifel daran, ob der Pflichtteilsberechtigte noch lebt, nicht schon die Unkenntnis des Erblassers von dem Vorhandensein des Pflichtteilsberechtigten. Diese kann nur angenommen werden, wenn der Erblasser irrig annimmt, der Pflichtteilsberechtigte sei verstorben. Dieser Annahme steht aber nicht entgegen, daß der Erblasser auch mit der Möglichkeit rechnet, seine Annahme sei irrig. In dem vom RG in JW 07, 203[9] entschiedenen Fall ist daher angenommen worden, die Bemerkung, „da mein Ehemann vor 25 Jahren nach Amerika ausgewandert und voraussichtlich nicht mehr am Leben ist", schließe als bloße Mutmaßung die Unkenntnis der Erblasserin davon, daß er noch am Leben war, nicht aus. Vgl. die vom OLG Freiburg getroffenen gegenteiligen Feststellungen in einem Fall, wo eine Ehefrau, nachdem ihr Mann im Krieg vermißt war, in einem Testament ihre Mutter zur Alleinerbin eingesetzt hatte (DRZ 1949, 235). Wie im Einzelfall zu entscheiden ist, hängt von den tatsächlichen Umständen ab. Wenn der Erblasser irrig den Tod des Pflichtteilsberechtigten annimmt, aber doch an die Möglichkeit eines Irrtums denkt, kann unter Umständen die Annahme gerechtfertigt sein, der Erblasser hätte die Verfügung auch bei Kenntnis der Sachlage getroffen, so daß die Anfechtung nach Satz 2 ausgeschlossen ist.

Die Anfechtung ist auch möglich, wenn der Erblasser zwar die Person des Pflichtteilsberechtigten, vielleicht sogar seine das Pflichtteilsrecht begründenden verwandtschaftlichen Beziehungen zu ihm gekannt, aber aus tatsächlichem oder aus Rechtsirrtum (OLG 34, 313; RG Warn 1927 Nr 35) sein Pflichtteilsrecht als nicht bestehend oder, z. B. infolge der Annahme eines Verzichts (§ 2346), als wieder erloschen angesehen hat. Die Anfechtung wird nicht dadurch ausgeschlossen, daß die Pflichtteilsberechtigung einer zur Zeit der Testamentserrichtung bereits lebenden Person, später durch einen Willensakt des Erblassers begründet worden ist, z. B. Legitimation, §§ 1719, 1736, Annahme an Kindes Statt, § 1757, oder Eheschließung. So kann der Ehegatte ein gemeinschaftliches Testament, das er mit seinem ersten Ehegatten errichtet hat, anfechten, wenn er sich nach dessen Tod wieder verheiratet hat (vgl. dazu näher § 2271 Anm 6). Unkenntnis wird vom Gesetz immer vermutet, wenn das Pflichtteilsrecht des Übergangenen erst **nach Errichtung der letztwilligen Verfügung entstanden** ist. So insbesondere, wenn er erst nach dieser Zeit geboren oder legitimiert (§§ 1719, 1723, 1736), oder an Kindes Statt angenommen (§§ 1741, 1757), oder Ehegatte des Erblassers geworden ist (§ 2303 Abs 2). Läßt der Erblasser in Kenntnis der neuen Sachlage das nunmehr anfechtbar gewordene Testament auch jetzt noch bei Kräften, so kann nach Satz 2 die Anfechtung ausgeschlossen sein (RG 77, 170 u. Warn 1918 Nr 212).

4. Umfang der Anfechtung. Nach Satz 2 ist die Anfechtung ausgeschlossen, soweit anzunehmen ist, daß der Erblasser auch bei Kenntnis der Sachlage die Verfügung nicht getroffen haben würde. Das in § 2079 geordnete Anfechtungsrecht dient — abweichend von § 2078 — dem Schutz des Pflichtteils- und Anfechtungsberechtigten. Deswegen soll nur der die Übergehung des Pflichtteilsberechtigten betreffende Irrtum unschädlich gemacht werden. Unter Kenntnis der Sachlage i. S. des Satzes 2 kann daher auch nur die aus der Kenntnis des Pflichtteilsberechtigten sich ergebende Sachlage verstanden werden. Nicht berücksichtigt werden darf, daß die Sachlage sich auch in anderer Beziehung verändert hat. Die nach § 2079 Satz 2 vorzunehmende Prüfung ist nur darauf zu richten, wie der Erblasser zur Zeit der Testamentserrichtung verfügt haben würde, wenn er zwar hinsichtlich der Person des Pflichtteilsberechtigten die später eingetretene oder damals vorhanden gewesene Sachlage richtig überschaut hätte, im übrigen aber diejenigen Umstände auf sich hätte wirken lassen, die ihn zur Zeit der Errichtung der Verfügung hierzu bestimmt haben (Warn 1912 Nr 117; LM Nr 1 zu § 2079).

Satz 2 besagt zugleich, daß die Anfechtung nicht notwendig zur Nichtigkeit des ganzen angefochtenen Testaments führt. Unter „letztwilliger Verfügung" ist zwar in § 2079 anders als in § 2078 der Regelung des § 1937 entsprechend das ganze Testament zu verstehen, so daß der übergangene Pflichtteilsberechtigte grundsätzlich das ganze Testament anfechten muß. Seine Anfechtung wirkt aber nach Satz 2 soweit nicht, als anzunehmen ist, daß der Erblasser die Verfügung auch bei Kenntnis der Sachlage getroffen hätte. Es ist daher in jedem Falle zu prüfen, ob der unterrichtete und alle Möglichkeiten bedenkende Erblasser die angefochtene Verfügung vollinhaltlich ebenso oder nur in einem zugunsten des Pflichtteilsberechtigten beschränkten Umfange (**„soweit"**) getroffen haben würde; je nach der Sachlage kann es deshalb genügen, die den Pflichtteilsberechtigten verkürzenden Anordnungen nicht ganz zu streichen, sondern nur entsprechend zu mindern

(RG 59, 63; KG Recht 1923 Nr 1247). In einem Fall, in dem der Erblasser seine gesetzlichen, nicht pflichtteilsberechtigten Erben durch Einsetzung eines Dritten übergangen hat, wirkt die Anfechtung des irrtümlich übergangenen Pflichtteilsberechtigten dahin, daß er neben den Testamentserben zur Miterbschaft berufen ist, und zwar mit einer Quote, die im Falle des Eintritts der gesetzlichen Erbfolge dem gesetzlichen Erbteil des Anfechtenden entsprechen würde (Planck-Flad 4. Aufl § 2079 Anm 3).

Der anfechtungsberechtigte Pflichtteilsberechtigte braucht nicht anzufechten. Er kann auch seinen Pflichtteilsanspruch geltend machen. Darin kann eine die spätere Anfechtung ausschließende Bestätigung des Testaments nach § 144 liegen (§ 2078 Anm 9c). Der wegen des Pflichtteils in Anspruch genommene Erbe kann diese Last nach Maßgabe der §§ 2318ff. teilweise auf die Vermächtnisnehmer abwälzen (Warn 1927 Nr 35).

Die Anfechtungsgrundsätze des BGB gelten nicht bloß hinsichtlich der Formen und Fristen, sondern auch hinsichtlich der materiellrechtlichen Wirkung der Anfechtung auch gegenüber letztwilligen Verfügungen (gemeinschaftlichen Testamenten), die **vor 1. 1. 00** errichtet worden sind, wenn der Anfechtungsgrund unter dem neuen Recht entstanden oder bekannt geworden ist (RG 77, 173; Vorbem 3 zu diesem Buche; § 2271 A 6). Pflichtteilsrecht des überlebenden Ehegatten nach Übergangsrecht § 1931 A 6.

5. Beweislast. Der übergangene Pflichtteilsberechtigte braucht, um seine sich nach der Anfechtung ergebenden Ansprüche geltend zu machen, nur zu beweisen, daß er rechtzeitig angefochten hat und daß der Tatbestand des § 2079 Satz 1 erfüllt ist. Da der Gesetzgeber von der Vermutung ausgeht, daß in diesen Fällen die angefochtene Verfügung auf dem Irrtum des Erblassers beruht (vgl. Anm 1), ist es Sache des Gegners, zu beweisen, daß oder inwieweit der Erblasser auch bei Kenntnis der Sachlage in derselben Weise verfügt hätte, um damit die Klage ganz oder teilweise zu Fall zu bringen. Auch wenn der Pflichtteilsberechtigte die Nichtigkeit des ganzen Testaments geltend macht, ist es Sache des Gegners, darzulegen und zu beweisen, daß die Anfechtung wegen Satz 2 nur beschränkt zulässig ist.

§ 2080

Zur Anfechtung ist derjenige berechtigt, welchem die Aufhebung der letztwilligen Verfügung unmittelbar zustatten kommen würde.

Bezieht sich in den Fällen des § 2078 der Irrtum nur auf eine bestimmte Person und ist diese anfechtungsberechtigt oder würde sie anfechtungsberechtigt sein, wenn sie zur Zeit des Erbfalls gelebt hätte, so ist ein anderer zur Anfechtung nicht berechtigt.

Im Falle des § 2079 steht das Anfechtungsrecht nur dem Pflichtteilsberechtigten zu.

E I 1784 II 1953; M 5 55–57; P 5 59–66.

Übersicht:

Anfechtungsberechtigte

1. Anfechtungsberechtigte. Der Erblasser selbst bedarf bei der freien Widerruflichkeit letztwilliger Verfügungen (§ 2253) der Anfechtung nicht. Dritte sind hierzu nur berechtigt, soweit ihnen die Aufhebung **unmittelbar,** also nicht erst „beim Wegfall eines anderen" (§ 2341) **zustatten kommt.** Hiernach sind — in Ansehung der ganzen oder nur eines Teiles der letztwilligen Verfügung (§§ 2078 A 2, 2079 A 4) — anfechtungsberechtigt: die gesetzlichen Erben, soweit Fremde; der früher Berufene, soweit ein später eingesetzter Erbe; der Ersatzerbe, soweit der Haupterbe; der Alleinerbe und die Miterben, soweit Miterben überhaupt oder soweit sie zu höheren Anteilen anfechtbar berufen sind. Bei Vermächtnissen kommt die Aufhebung dem Beschwerten, bei anfechtbarem Widerruf dem Bedachten zustatten. Die durch Verbot der Auseinandersetzung (§ 2044), durch Teilungsanordnungen (§ 2048), durch Bestellung eines Testamentsvollstreckers Beschwerten, die im Pflichtteil Beschränkten (§§ 2305, 2336) sind an der Beseitigung solcher anfechtbaren Beschränkungen, der bestellte Testamentsvollstrecker ist an der Aufhebung des Widerrufs seiner Bestellung unmittelbar interessiert. Die nächsten Interessenten an den in familienrechtlicher Beziehung getroffenen Anordnungen (§ 1937 A 2) ergeben sich von selbst. Maßgebend für das Interesse ist die Zeit des Erbfalls. Da aber die Wirkung der Ausschlagung auf diesen Zeitpunkt zurückverlegt wird (§ 1953 A 1), so muß bei der Erbeinsetzung und dem Vermächtnis (§ 2180 Abs 3), wenn der eigentlich Anfechtungsberechtigte ausschlägt, auch der statt seiner Berufene als unmittelbar beteiligt und deshalb anfechtungsberechtigt gelten. Ob der zunächst Berechtigte sogleich ausgeschlagen oder erst angefochten und dann ausgeschlagen hat, macht keinen Unterschied, vorausgesetzt, daß die Anfechtung nicht als Annahme zu gelten hat (§ 1943), ohne daß diese mit Erfolg angefochten ist (§ 1954). Unter dieser Voraussetzung bricht mit der Ausschlagung auch die Legitimation des Ausschlagenden zur Anfechtung nachträglich, aber mit Rückbeziehung auf die Zeit des Erbfalls zusammen. Das gleiche hat zu gelten, wenn der Nächstberechtigte für erbunwürdig erklärt wird (§ 2344). Die Anfechtung der letztwilligen Verfügung kann dem hierdurch Benachteiligten nur dann zustatten kommen, wenn sie den erlittenen Nachteil auch wirklich auszugleichen vermag. Dies ist nicht der Fall, wenn der Erblasser zwar dem Fremden X eine Zuwendung machen wollte, sich aber durch Irrtum oder Drohung hiervon hat abhalten lassen. Die Anfechtung (des X) kann niemals den Erfolg haben, einem zwar gehegten, aber überhaupt nicht erklärten Willen des Erblassers Geltung zu verschaffen (RG LZ 1920, 340[6]).

2. a) Abs 2 regelt das Anfechtungsrecht in den Fällen, in denen der Irrtum sich nur auf eine bestimmte Person bezieht. Es wäre unbillig, in diesen Fällen Dritten wegen des sie gar nicht betreffenden Irrtums ein Anfechtungsrecht zu gewähren. Anfechtungsberechtigt ist nur der von dem Irrtum Betroffene, und, falls er nach dem Erblasser verstorben ist, auch seine Erben. Wenn der Erblasser aus Irrtum seinen Bruder A nur deshalb nicht bedacht hat, weil er ihn verstorben glaubte, so ist nur A, und wenn er nach dem Erblasser stirbt, so sind nur A.s Kinder und Erben aus § 2078 anfechtungsberechtigt. Sie sind es aber nicht, wenn A schon vor dem Erblasser verstorben ist, obwohl sie im Falle erfolgreicher Anfechtung unmittelbar als gesetzliche Erben in Betracht kämen. Denn auf die Kinder hatte sich der Irrtum des Erblassers nicht bezogen.

b) Im Fall der **Drohung** gilt die Beschränkung des Abs 2 nicht. Doch ist nach Abs 1 nur anfechtungsberechtigt, wem die Anfechtung zustatten kommt (A 1 a. E.).

3. Daß **nur der Pflichtteilsberechtigte** als anfechtungsberechtigt erklärt ist, will besagen, daß im Falle des § 2079 lediglich Pflichtteilsberechtigte, nicht auch sonstige Dritte als Personen in Betracht kommen, denen nach Abs 1 die Aufhebung unmittelbar zustatten kommen würde. Das eigene Anfechtungsrecht des Erblassers gegenüber einem für ihn bindend gewordenen gemeinschaftlichen Testamente wird hierdurch nicht ausgeschlossen (§ 2271 A 6).

4. Von **mehreren Berechtigten** ist jeder für sich zur Ausübung des Anfechtungsrechts befugt, soweit die Voraussetzung des Abs 1 auf ihn zutrifft. Über das Anfechtungsrecht mehrerer Erben oder mehrerer Vermächtnisnehmer, die mit demselben Vermächtnis beschwert sind, s. § 2148 A 1.

5. Das einmal entstandene Anfechtungsrecht ist Vermögensrecht und deshalb **vererblich.** Dagegen ist das nackte Recht unter Lebenden **nicht übertragbar,** da die Entscheidung darüber, ob hiervon Gebrauch zu machen sei, nur demjenigen zusteht, auf dessen Person die Voraussetzungen des § 2080 zutreffen. Nur nach seiner Person bestimmt sich auch der Fristenlauf. Wohl aber kann die Ausübung einem Dritten überlassen werden. Hat der Berechtigte das im Wege der Anfechtung erst zu verwirklichende Recht (das Recht auf den Nachlaßanteil § 2033, die Vermächtnisforderung) übertragen, so muß auch das hierzu dienende Anfechtungsrecht als mit übertragen gelten. Umgekehrt kann mit Abtretung des Anfechtungsrechts zugleich die Abtretung des damit erst zu erstreitenden Rechtes gemeint sein. Zusammen mit diesem abgetretenen Recht ist das Anfechtungsrecht auch pfändbar. Doch kann der Schuldner nicht wider seinen Willen zur Anfechtungserklärung genötigt werden.

Das Anfechtungsrecht gehört, wenn der nach § 2080 Anfechtungsberechtigte in Konkurs fällt, wie sich aus § 9 KO ergibt, nicht zur Masse. Kann nur der Gemeinschuldner persönlich darüber entscheiden, ob er eine ihm angefallene Erbschaft annehmen oder ausschlagen will, dann muß dies um so mehr hinsichtlich der Anfechtung gelten, die erst die Voraussetzung für den Anfall der Erbschaft schafft. Aus dieser Bestimmung und aus den §§ 851, 852, 857 ZPO folgt weiter, daß das Anfechtungsrecht unpfändbar ist, solange seine Ausübung nicht zusammen mit einem pfändbaren Gegenstand, dessen Verwertung die Anfechtung voraussetzt, einem Dritten übertragen ist.

§ 2081

Die Anfechtung einer letztwilligen Verfügung, durch die ein Erbe eingesetzt, ein gesetzlicher Erbe von der Erbfolge ausgeschlossen, ein Testamentsvollstrecker ernannt oder eine Verfügung solcher Art aufgehoben wird, erfolgt durch Erklärung gegenüber dem Nachlaßgerichte.

Das Nachlaßgericht soll die Anfechtungserklärung demjenigen mitteilen, welchem die angefochtene Verfügung unmittelbar zustatten kommt. Es hat die Einsicht der Erklärung jedem zu gestatten, der ein rechtliches Interesse glaubhaft macht.

Die Vorschrift des Abs 1 gilt auch für die Anfechtung einer letztwilligen Verfügung, durch die ein Recht für einen anderen nicht begründet wird, insbesondere für die Anfechtung einer Auflage.

E II 1954; P 5 66–68, 70–72; 6 344.

Übersicht:

Form der Anfechtung

1. a) **Allgemeines.** Der 1. Entwurf enthielt keine besonderen Vorschriften darüber, wie eine letztwillige Verfügung anzufechten sei. Danach sollten die allgemeinen Vorschriften gelten. Im BGB ist die Anfechtung für die wichtigsten Fälle besonders geregelt und für sie, ebenso wie in § 1955 für die Anfechtung der Annahme oder Ausschlagung der Erbschaft, die Abgabe der Erklärung gegenüber dem Nachlaßgericht vorgeschrieben. Der Grund hierfür besteht darin, daß bei den in Betracht kommenden Fällen in der Regel ein größerer Personenkreis durch die Anfechtung betroffen wird und daß auch nicht selten Zweifel daran bestehen, wer nach § 143 Anfechtungsgegner sein würde. Abweichend von der Regel des § 143 Abs 1, wonach die Anfechtung dem jeweiligen Anfechtungsgegner gegenüber zu erklären ist, schreibt das Gesetz daher im Interesse der Rechtssicherheit (RG 143, 352) in den Fällen des Abs 1 u. 3 **Erklärung gegenüber dem Nachlaßgericht** vor (so auch § 1955).

b) Daß der **Grund der Anfechtung** angegeben werde, fordert das Gesetz weder in dem Sinne, daß abstrakt die einzelnen Fälle der §§ 2078, 2079 unterschieden, noch in dem Sinne, daß die konkreten Tatsachen, auf die die Anfechtung gegründet wird, angegeben werden müssen (vgl. RG 65, 88); es ist deshalb auch, wenn in der Erklärung nur ein Grund oder nur ein „Umstand" (§ 2078 Abs 2) vorgebracht wird, das Vorbringen weiterer Gründe oder Umstände im Prozeß nicht ausgeschlossen (RG 25. 2. 24 IV 100/23). Dabei kann es sich jedoch nur um solche Gründe handeln, die bereits bestanden, als die Anfechtung erklärt wurde. Anfechtungsgründe, die erst später entstehen, erfordern eine neue Anfechtungserklärung (OGH 3, 378).

c) Die Erklärung bedarf keiner besonderen **Form,** muß aber, um wirksam zu werden, dem Nachlaßgericht zugegangen sein (§ 130). Erbeinsetzung §§ 2087ff. einschließlich der Einsetzung eines Nacherben § 2100, Ausschließung § 1938, Ernennung eines Testamentsvollstreckers und Bestimmung seines Wirkungskreises §§ 2197ff., Aufhebung solcher Verfügungen §§ 2253ff. (RG Gruch 65, 480: Anwendung des § 2081 auf den Fall des § 2255).

d) **Gebühr** für die Entgegennahme der Anfechtungserklärung KostO § 104 Abs 1 Nr 6, § 107.

2. **Mitteilungspflicht** übereinstimmend mit §§ 1953, 1957 u. a. Die Wirksamkeit der Anfechtung selbst ist hiervon nicht abhängig. In der Entgegennahme der Anfechtungserklärung und ihrer Mitteilung erschöpft sich regelmäßig die Tätigkeit des Nachlaßgerichts. Eine Entscheidung darüber, ob die Anfechtung gültig ist, steht ihm nur aus besonderem Anlaß zu, z.B. wenn die Erteilung eines Erbscheins beantragt wird (JFG 16, 244).

Das Nachlaßgericht hat die Einsicht der Anfechtungserklärung jedem zu gestatten, der ein rechtliches Interesse glaubhaft macht. Das Gesetz, das den Begriff rechtliches Interesse an den verschiedensten Stellen, z.B. in §§ 66, 256, 299 ZPO, § 57 FGG, §§ 810, 1953, 2010, 2081, 2146, 2228 und 2384 BGB verwendet, enthält keine Bestimmung dieses Begriffs. Die Auslegung muß daher an den allgemeinen Sprachgebrauch anknüpfen. Danach erfordert das rechtliche Interesse mehr als das berechtigte Interesse, das der Gesetzgeber z.B. in § 34 FGG voraussetzt. Das rechtliche Interesse muß sich stets aus der Rechtsordnung selbst ergeben. Es muß sich um ein Interesse handeln, das aus einem gegenwärtig bestehenden, auf Rechtsnormen beruhenden oder durch sie geregelten Verhältnis einer Person zu einer anderen Person oder zu einer Sache erwachsen ist (LM Nr 1 zu § 16 VerschollenheitsG). Ist diese Voraussetzung gegeben, dann wird ein rechtliches Interesse i. S. des § 2081 Abs 2 Satz 2 in der Regel zu bejahen sein.

3. Die Anfechtung ist nach **Abs 3** auch dann dem Nachlaßgericht gegenüber zu erklären, wenn durch die angefochtene Verfügung keine Rechte für einen anderen begründet worden sind. Nur Ver-

pflichtungen, **keine Rechte werden begründet** durch die Auflage (§ 1940), durch das Verbot der Auseinandersetzung (§ 2044) und durch familienrechtliche Anordnungen (§ 1937 A 2). Auch durch die Aufhebung derartiger Verfügungen wird kein Recht begründet. Dasselbe gilt von Beschränkungen und Entziehung des Pflichtteils (§§ 2305, 2336). Auch hier geschieht in Ermangelung eines Berechtigten die Anfechtung gegenüber dem Nachlaßgerichte. Auch wenn die Pflichtteilsentziehung aufgehoben wird, wird durch diese Verfügung der Pflichtteilsanspruch nicht begründet. Es wird dem Berechtigten nur der gesetzlich begründete Anspruch belassen (Planck-Flad 4. Aufl § 2081 Anm 2b bezüglich der Entziehung des Pflichtteilanspruchs und der Aufhebung dieser Verfügung a. A. Kipp-Coing § 22 IV 2).

4. Anfechtung durch Erklärung gegenüber dem anderen Teil. Die **Regel des § 143 Abs 1** (mit Abs 4 Satz 1) bleibt in der Hauptsache nur bestehen, wenn es sich um die Anfechtung von Vermächtnis- und (Rechte begründenden) Teilungsanordnungen (§ 2048) oder um die Anfechtung der Aufhebung solcher Anordnungen handelt.

Anfechtungsgegner ist in diesen Fällen nach § 143 Abs 4 Satz 1 jeder, der durch die angefochtene Verfügung unmittelbar einen rechtlichen Vorteil erlangt hat. Auch die Anfechtung eines vor einem Richter nach § 2231 Nr 1 errichteten Testaments kann nicht nach § 143 Abs 4 Satz 2 durch Erklärung gegenüber dem Gericht erfolgen. Denn dieses Testament ist keine Erklärung, die dem Gericht gegenüber abgegeben worden ist. Wird die Anfechtungserklärung in solchem Falle statt an den Anfechtungsgegner (also bei Anfechtung eines Vermächtnisses den Bedachten) fälschlich an das Nachlaßgericht gerichtet, so wird sie immerhin mit dem Zugang an den Anfechtungsgegner wirksam, wenn das Nachlaßgericht sie — seiner Pflicht gemäß und entsprechend dem vermutlichen Willen des Erklärenden — dem Anfechtungsgegner mitteilt. War eine im gesetzlichen Güterstand lebende Ehefrau mit einem Vermächtnis bedacht, so war die Anfechtungserklärung gemäß § 1403 an den Ehemann zu richten, es sei denn, daß der Erblasser eine Bestimmung aus § 1369 getroffen hatte. Befindet sich der Bedachte im Konkurs, so kommt es nach KO §§ 1, 6 darauf an, ob der Erbfall vor oder nach der Konkurseröffnung eingetreten ist. Im ersten Fall ist die Anfechtung des Vermächtnisses dem Konkursverwalter, im zweiten Fall dem Bedachten selbst zu erklären (Reichel, AZivPrax 138, 214).

5. Anfechtung mehrerer Anordnungen eines Testaments. Enthält das Testament mehrere letztwillige Verfügungen und ist es in seinem ganzen Umfang anfechtbar oder sollen mehrere Vefügungen dieses Testaments angefochten werden, so ist nicht immer eine einheitliche Anfechtung möglich. Einheitlich angefochten werden können durch Erklärung gegenüber dem Nachlaßgericht nur die unter Abs 1 und 3 fallenden Verfügungen. Im übrigen müssen die Verfügungen, soweit sie nicht nach § 2085 von der Nichtigkeit ergriffen werden, durch Erklärung gegenüber dem durch sie jeweils Begünstigten angefochten werden.

§ 2082

Die Anfechtung kann nur binnen Jahresfrist erfolgen.

Die Frist beginnt mit dem Zeitpunkt, in welchem der Anfechtungsberechtigte von dem Anfechtungsgrunde Kenntnis erlangt. Auf den Lauf der Frist finden die für die Verjährung geltenden Vorschriften der §§ 203, 206, 207 entsprechende Anwendung.

Die Anfechtung ist ausgeschlossen, wenn seit dem Erbfalle dreißig Jahre verstrichen sind.

E I 1785 II 1955; M 5 68, 69; 6 396

Übersicht:

Anfechtungsfrist

1. Die (abweichend von § 121 Abs 1 bestimmte) **Jahresfrist** ist sowohl dem Anfechtungsgegner im Falle des § 143 als dem Nachlaßgerichte gegenüber (§ 2081) maßgebend. Fristberechnung §§ 187, 188.

2. Fristbeginn. Die Frist beginnt nach Abs 2 mit dem Zeitpunkt, in dem der Anfechtungsberechtigte von dem Anfechtungsgrund Kenntnis erlangt.

a) Anfechtungsgrund sind nicht nur die Tatsachen, die die letztwillige Verfügung anfechtbar machen, d.h. die Drohung, die den Irrtum nach § 2078 begründenden Tatsachen und der Umstand, daß der Erblasser hierdurch zur Errichtung der Verfügung bestimmt worden ist oder im Falle des

§ 2079 die Tatsache, daß ein Pflichtteilsberechtigter erst nach Errichtung der Verfügung bekannt geworden oder neu hinzugetreten ist und daß er in der Verfügung übergangen ist. Der Begriff Anfechtungsgrund muß, um den praktischen Bedürfnissen gerecht zu werden, weiter ausgelegt werden. Der 1. Entwurf gebrauchte an Stelle dieses Begriffs den Begriff „die das Anfechtungsrecht begründenden Tatsachen". Zu diesen gehören auch das Vorhandensein einer gültigen letztwilligen Verfügung, des Anfechtungsgegenstandes, und der Eintritt des Erbfalls. Ein Antrag, an Stelle des Begriffs „die das Anfechtungsrecht begründenden Tatsachen" den Begriff „Anfechtungsgrund" zu setzen, wurde von der 2. Kommission abgelehnt und die Fassung des Entwurfs ausdrücklich gebilligt (Protokolle 5, 68 III A; vgl. auch RGZ 107, 193). Es ist nicht ersichtlich, wie dennoch die jetzige Fassung des Gesetzes zustande gekommen ist. Jedenfalls kann der Begriff „Anfechtungsgrund" nach dem Willen des Gesetzgebers nicht anders verstanden werden als der ursprünglich gewählte Begriff „die das Anfechtungsrecht begründenden Tatsachen". Zur Kenntnis des Anfechtungsgrundes gehört daher auch die Kenntnis von dem Eintritt des Erbfalls, dem Vorhandensein einer gültigen letztwilligen Verfügung und von ihrem Inhalt.

b) Von allen diesen Umständen muß der Anfechtungsberechtigte ausreichende **Kenntnis** erlangt, d. h. sie in zuverlässiger Weise erfahren haben (RG Gruch 59, 481; 65, 480). Die Anfechtungsfrist läuft daher nicht, solange der Anfechtungsberechtigte infolge eines Tatsachenirrtums keine Kenntnis von dem Anfechtungsgrund hat. Ein Irrtum, der die Unkenntnis einer zum Anfechtungsgrund gehörenden Tatsache zur Folge hat, kann sich auch aus einer unzutreffenden rechtlichen Beurteilung ergeben. Nimmt der Anfechtungsberechtigte infolge falscher Schlußfolgerungen an, daß das anfechtbare Testament nicht gültig sei, so kennt er eine zum Anfechtungsgrund gehörende Tatsache nicht. Dabei handelt es sich um einen Tatsachenirrtum und nicht um einen Rechtsirrtum, wenn der Irrtum über die Gültigkeit oder den Inhalt des Testaments nur auf Unkenntnis von Tatsachen oder irriger Annahme des Vorhandenseins in Wahrheit nicht vorliegender Tatsachen beruht, z. B. wenn der Anfechtungsberechtigte das Testament für nichtig oder unwirksam ansieht, weil er irrtümlich annimmt, es sei nicht eigenhändig geschrieben, der Erblasser sei bei der Testamentserrichtung geisteskrank gewesen oder er habe das Testament durch eine spätere Verfügung widerrufen. In diesen Fällen beurteilt der Anfechtungsberechtigte zwar die Rechtslage, die Gültigkeit oder Ungültigkeit des Testaments falsch. Diese Falschbeurteilung beruht aber ausschließlich auf einer irrigen Vorstellung des tatsächlichen Geschehens und nicht auf Unkenntnis oder unrichtiger Auslegung der gesetzlichen Bestimmungen. Ein wirklicher Rechtsirrtum liegt nur dann vor, wenn der Anfechtungsberechtigte trotz vollständiger und richtiger Kenntnis der Tatsachen infolge Unkenntnis oder irriger Auslegung der gesetzlichen Bestimmungen zu falschen Schlußfolgerungen gelangt. Hinsichtlich der Gültigkeit des Testaments würde ein wirklicher Rechtsirrtum vorliegen, wenn der Anfechtungsberechtigte annimmt, das Testament sei nichtig oder unwirksam aus Gründen, die nach der geltenden Rechtsordnung diese Rechtsfolge nicht herbeiführen. Dabei spielt es keine Rolle, ob die tatsächlichen Voraussetzungen für diese Gründe wirklich vorgelegen haben, ob also der Rechtsirrtum auch noch auf einem Tatsachenirrtum beruht. Ein solcher weiterer Tatsachenirrtum wäre in jedem Fall bedeutungslos, da in diesem Falle auch das Vorhandensein der etwa irrig angenommenen Tatsache nicht zu der angenommenen Rechtsfolge führen kann.

Daß der Rechtsirrtum für den Lauf der Anfechtungsfrist bedeutsam sein kann, wird im Schrifttum und Rechtsprechung nahezu einhellig angenommen. Frommhold (JW 1924, 295) führt in einer Anmerkung zu einer Entscheidung des Reichsgerichts mit beachtlichen dogmatischen Gründen aus, daß der Rechtsirrtum für den Lauf der Frist nach § 2082 grundsätzlich ohne Einfluß sei. Ebenso jetzt auch Kipp-Coing § 22 IV 3. Wenig Klarheit besteht in der Rechtsprechung darüber, in welchen Fällen ein Rechtsirrtum den Lauf der Anfechtungsfrist nicht beginnen läßt. Abzulehnen ist auf jeden Fall der vom Oberlandesgericht Dresden in JFG 1, 163 und 5, 174 vertretene Standpunkt, nach dem die Frist nach § 2082 selbst dann nicht zu laufen beginnt, wenn der Anfechtungsberechtigte trotz Kenntnis aller sein Anfechtungsrecht begründenden Tatsachen aus Unkenntnis der gesetzlichen Bestimmungen von seinem Anfechtungsrecht nicht unterrichtet ist. Die Kenntnis des Anfechtungsgrundes umfaßt nicht die Kenntnis des Anfechtungsrechts. Der Anfechtungsgrund kann einer Person bekannt sein, auch ohne daß ihr bekannt ist, daß aus diesen Tatsachen das Recht zur Anfechtung folgt. § 2082 Abs 2 Satz 1 verlangt nur die Kenntnis des Anfechtungsgrundes. Die Frist kann daher auch zu laufen beginnen, wenn dem Anfechtungsberechtigten infolge Unkenntnis oder irriger Auslegung des Gesetzes sein Anfechtungsrecht unbekannt ist (vgl. RG Recht 1920 Nr 424; RG 107, 193; 132, 1ff.). Ein Rechtsirrtum kann daher, wenn überhaupt, nur dann bedeutsam sein, wenn der Irrtum die Unkenntnis einer zum Anfechtungstatbestand gehörenden Tatsache zur Folge hat (RG Recht 1920, 424; RG 132, 1ff. und RG JW 1935, 2716). Der Rechtsirrtum kann aber auch nicht in allen so gelagerten Fällen bedeutsam sein. Da die Unkenntnis der gesetzlichen Bestimmungen über das Anfechtungsrecht keine Voraussetzung für den Beginn der Anfechtungsfrist ist, muß folgerichtig auch jeder Rechtsirrtum, der auf der Unkenntnis dieser Bestimmungen beruht, ohne Einfluß auf den Beginn der Anfechtungsfrist sein. Ein Rechtsirrtum, der nur eine rechtsirrtümliche Beurteilung des Anfechtungstatbestandes darstellt, kann daher den Lauf der Anfechtungsfrist nicht hemmen. Der Rechtsirrtum kann sonach allenfalls erheblich sein, wenn er außerhalb der rechtlichen Beurteilung des Anfechtungstatbestandes selbst liegt, wenn er seinen Grund nicht in der Unkenntnis der gesetzlichen Bestimmungen über das Anfechtungsrecht hat (RG 107, 194; 132, 4; JW 1935, 2716[5]; KG DNotZ 1933, 580f. und JW 1937, 2976[22]). Diese von der Rechtsprechung entwickelten Grundsätze sind nicht in allen Entscheidungen genügend beachtet worden. Der Irrtum über die Gültigkeit des Testaments ist entgegen der in RG 107, 193 vertretenen Ansicht nicht in jedem Fall für den Beginn der Anfechtungsfrist bedeutsam. RG 132, 1ff. führt aus, er sei unbeachtlich, wenn der Anfechtungsberechtigte die Ungültigkeit aus Umständen herleitet, die ihrerseits erst das Anfechtungsrecht begründen. Im Widerspruch dazu steht RG JW 35, 2716[5], sofern dort gesagt sein soll, die Anfechtungsfrist habe nicht zu laufen begonnen, wenn der Anfechtungsberechtigte geglaubt habe, das frühere gemeinschaftliche Testament sei durch die Wiederheirat des einen Ehegatten „erledigt" gewesen. Zutreffend KG in DNotZ 1933, 580. Koblenz NJW 48, 628 erklärt einen Rechtsirrtum, der nicht die Gültigkeit, sondern nur die Auslegung des Testaments betrifft, allgemein für unbeachtlich. Kipp-Coing § 22 IV 3 weist mit Recht darauf hin, daß diese von der Rechtsprechung getroffenen Unterscheidungen zu ungerechtfertigten und unverständlichen Ergebnissen führen und daß klare Ergebnisse erzielt werden, wenn dem Grundsatz des Gesetzes entsprechend der Rechtsirrtum überhaupt unbeachtet bleibt. Die Zweifelhaftigkeit der von der Rechtsprechung gemachten Unterscheidungen läßt der Beschluß des KG (JW 37, 2976) deutlich erkennen. Dort hatte der überlebende Ehegatte angenommen, ein mit seinem früheren Ehegatten errichtetes gemeinschaftliches Testament sei durch die Geldentwertung ungültig geworden. Diesen Irrtum hat das KG für beachtlich erklärt. Diese Entscheidung entspricht der Rechtsprechung über den Irrtum, wenn der Sachverhalt so lag, daß die Vorstellungen des Testators über die Geldentwertung nicht den Tatbestand des § 2078 Abs 2 erfüllten. Wäre das der Fall gewesen, dann wäre der Irrtum unbeachtlich gewesen. Das Ergebnis der Entscheidung von derartig kleinen, schwer feststellbaren tatsächlichen Unterschieden abhängig zu machen, die sich in der Regel nur aus der Vorstellung des Testators ergeben, ist wenig billig. Man wird daher besser entgegen der bisherigen Rechtsprechung den reinen Rechtsirrtum grundsätzlich für unerheblich halten müssen. Dieser Standpunkt dürfte auch nicht zu Schwierigkeiten führen, wenn im Sinne der oben gemachten Ausführungen stets zwischen dem unbeachtlichen wirklichen reinen Rechtsirrtum und der beachtlichen auf einem Tatsachenirrtum beruhenden falschen Beurteilung der Rechtslage unterschieden wird. Im Falle des § 2079 fehlt es an der Kenntnis des Anfechtungsgrundes, solange der Anfechtungsberechtigte ein späteres, ihn berücksichtigendes Testament, wenn auch aus Rechtsirrtum, für rechtswirksam (KGJ 40, 47) hält.

Der Fristbeginn ist nicht wie in § 1944 Abs 2 auf die Verkündung der Verfügung abgestellt. Es genügt, daß der Anfechtungsberechtigte irgendwie von ihrem Inhalt unterrichtet worden ist (RG 66, 31).

c) § 203: Stillstand der Rechtspflege und höhere Gewalt (über die Hemmung der Frist infolge des Kriegszustandes vgl. § 202 A 1 Abs 2); § 206: Mangel der Vertretung des Geschäftsunfähigen usw. (RG 143, 350: ein Ehegatte, den der vorverstorbene Ehegatte als Erben eingesetzt hat, ist gemäß §§ 1630 Abs 2, 1795 Abs 2, 181 gehindert, als gesetzlicher Vertreter eines nach der Errichtung des Testaments aus der Ehe hervorgegangenen Kindes die Anfechtung nach §§ 2079, 2081 Abs 1 zu erklären); § 207: wenn das Anfechtungsrecht zu einem Nachlasse gehört oder gegen den Nachlaß des Anfechtungsgegners zusteht.

3. Die **dreißigjährige Frist** (entsprechend § 195) greift ohne Rücksicht auf erlangte Kenntnis durch.

4. **Beweislast.** Nach der wohl herrschenden Lehre (vgl. die 9. Aufl. an dieser Stelle und Planck-Flad, 4. Aufl. § 2082 A 2) hat der Gegner des Anfechtenden zu beweisen, in welchem Zeitpunkt der Anfechtende von dem Anfechtungsgrund Kenntnis erlangt hat. Der Anfechtende muß beweisen, daß die Anfechtung innerhalb der in Abs 2 bestimmten Jahresfrist erfolgt ist. Diese Unterscheidung findet im Gesetz keine Stütze. Der Anfechtende hat, wie die Fassung des § 2082 Abs 1 ergibt, zu beweisen, daß die Anfechtung rechtzeitig innerhalb der Jahresfrist erfolgt ist. Den Beweis kann er nicht mit der bloßen Behauptung führen, er habe von dem Anfechtungsgrund erst in einem Zeitpunkt Kenntnis erlangt, der weniger als ein Jahr vor der Abgabe der Anfechtungserklärung liegt. Vielmehr muß er auch beweisen, wann er von dem Anfechtungsgrund Kenntnis erlangt hat (vgl. dazu die näheren Ausführungen zu § 1954 A 6, die hier ebenso gelten).

Die in Abs 3 bestimmte Frist von 30 Jahren ist eine echte Ausschlußfrist; als solche hat ihr Verstreichen derjenige zu beweisen, der Rechte daraus herleiten will.

§ 2083

Ist eine letztwillige Verfügung, durch die eine Verpflichtung zu einer Leistung begründet wird, anfechtbar, so kann der Beschwerte die Leistung verweigern, auch wenn die Anfechtung nach § 2082 ausgeschlossen ist.

E II 1956; P 5 70.

1. Der durch eine anfechtbare letztwillige Verfügung beschwerte Erbe oder Vermächtnisnehmer wird in der Regel, solange der Bedachte die Leistung von ihm nicht fordert, keinen Anlaß haben, die Verfügung anzufechten. Macht der Bedachte sein Recht erst geltend, nachdem die Anfechtungsfrist verstrichen ist, so wäre es unbillig, wenn der früher Anfechtungsberechtigte jetzt leisten müßte. Dem Anfechtungsberechtigten, dem durch die anfechtbare Verfügung eine Leistung (Vermächtnis, Auflage, Einwerfung eines Vorempfangs) auferlegt ist, gewährt das Gesetz daher noch nach Versäumung der Anfechtungsfrist ein zeitlich unbeschränktes, durch **Einrede** geltend zu machendes Leistungsverweigerungsrecht (ähnlich §§ 821, 853). Auf Erbeinsetzungen oder Teilungsanordnungen ist die Vorschrift nicht anwendbar. Auch nicht auf die Einsetzung eines Nacherben; denn die nach § 2130 dem Vorerben obliegende Herausgabepflicht ist keine für sich bestehende Leistungspflicht, sondern nur die gesetzliche Folge davon, daß er mit dem Eintritt der Nacherbfolge aufhört, Erbe zu sein. Zutreffend weist Planck-Flad 4. Aufl. § 2083 A 2 darauf hin, daß die Bestimmung in folgendem Fall analog anzuwenden ist: Ein Miterbe wird nach durchgeführter Erbauseinandersetzung von einem anderen Miterben in Anspruch genommen, da ihm auf Grund einer anfechtbaren, bei der Auseinandersetzung unbeachtet gebliebenen letztwilligen Verfügung die Pflicht auferlegt worden ist, einen Vorempfang zur Ausgleichung zu bringen. — Übertragen auf den Fall der Erbunwürdigkeit § 2345. — Ob das Leistungsverweigerungsrecht auch während des Laufes der Anfechtungsfrist ohne besondere Anfechtungserklärung gegeben ist, wird (mit Reichel, AZivPrax 138, 219) zu bejahen sein, ist aber für die hauptsächlich in Betracht kommenden Fälle der Anfechtung gemäß § 143 Abs 1, 4 (§ 2081 A 4) ohne praktische Bedeutung, da in der mit Berufung auf einen Anfechtungsgrund erhobenen Einrede immer die gegenüber dem Anfechtungsgegner erklärte Anfechtung zu finden sein wird.

§ 2084

Läßt der Inhalt einer letztwilligen Verfügung verschiedene Auslegungen zu, so ist im Zweifel diejenige Auslegung vorzuziehen, bei welcher die Verfügung Erfolg haben kann.

E I 1778 II 1957; M 5 43—45; P 5 43, 44.

Übersicht:

Testamentsauslegung

1. a) Allgemeine Auslegungsgrundsätze. Feststellung des wirklichen Willens
b) Feststellung des mutmaßlichen Willens
c) Ergänzende Testamentsauslegung
2. Grundsatz der wohlwollenden Auslegung
a) Unmittelbare Anwendung
b) Entsprechende Anwendung
3. Umgestaltung der Verfügung (§ 140)
4. Beweislast
5. Auslegung der vor dem 1. 1. 00 und der im Ausland errichteten Testamente

1. a) Allgemeine Auslegungsgrundsätze. Aufgabe der Auslegung ist es zunächst, den zur Zeit der Testamentserrichtung vorhanden gewesenen in der Verfügung zum Ausdruck gelangten wirklichen Willen des Erblassers zu ermitteln. Das Gesetz läßt für die Auslegung letztwilliger Verfügungen das Willensdogma gelten. Dieser Grundsatz, der bei der Auslegung rechtsgeschäftlicher Erklärungen unter Lebenden durch § 157 eingeschränkt wird, gilt hier in erheblich weiterem Umfange. Da bei der Testamentsauslegung anders als im Vertragsrecht nicht darauf Rücksicht genommen zu werden braucht, wie dritte Personen die Erklärung verstehen konnten, kann der in § 157 aufgestellte, die Interessen des Vertragsgegners berücksichtigende Grundsatz hier außer Betracht bleiben (RG JW 1912, 344[8] und BayZ 1920, 208). Jedoch hat der Gesetzgeber, wie die Vorschrift über die Anfechtung wegen eines Irrtums über den Inhalt der Erklärung (§ 2078 Abs 1) erkennen läßt, das Willensdogma auch für die Testamentsauslegung nicht völlig uneingeschränkt gelten lassen. Einer nach dem allgemeinen Sprachgebrauch völlig klaren und unzweideutigen Erklärung eines Testaments kann durch die Auslegung kein anderer Sinn beigelegt werden (RG 70, 393; Warn 1913 Nr 329; 1918 Nr 123; RG DR 1939, 936; BGH NJW 51, 959). Das Testament kann, wenn ein auf diese Weise klar und unzweideutig ausgedrückter Wille nicht dem wirklichen Willen des Erblassers entspricht, nur nach § 2078 Abs 1 angefochten werden (a.A. Kipp-Coing § 18 II u. III 3).

In der Gesetzessprache verwandte Rechtsbegriffe, z. B. Vor- und Nacherbschaft, Ersatzerbe, Nutznießung u. a., haben für die Allgemeinheit keinen unzweideutigen und klaren Sinn. Sie sind daher einer Auslegung zugänglich und der Nachweis, daß der Erblasser diesen Begriffen eine andere Bedeutung als das Gesetz beigelegt hat, ist möglich (LM Nr 1 und 2 zu § 2100). Bei einem zu notariellem Protokoll erklärten Testament kann allerdings in der Regel davon ausgegangen werden, daß der Notar den Inhalt des Testaments vorher eingehend mit dem Erblasser besprochen hat und ihm die fraglichen Rechtsbegriffe erläutert hat. Dann ist auch die Annahme gerechtfertigt, daß der

Erblasser seinen Willen unter Benutzung der zutreffenden Rechtsbegriffe niedergelegt hat, so daß diese das besagen, was der Erblasser wirklich gewollt hat. Diese Annahme entfällt aber, wenn der sonstige Testamentsinhalt nicht dem Sinn der darin verwandten Begriffe entspricht (BGH 14.6.51 IV ZR 10/50 insoweit bei LM Nr 2 zu § 2100 nicht veröffentlicht und das insoweit gleichfalls nicht veröffentlichte Urteil vom 2. 10. 52 IV ZR 24/52). Bei der Auslegung kommt es dann nicht darauf an, wie der beurkundende Notar, sondern wie der Erblasser den von ihm gebrauchten Rechtsbegriff verstanden hat (LM Nr 1 zu § 2100).

Auch in einem formgerechten Testament mitenthaltene stillschweigende Willenserklärungen sind wirksam, und zwar unabhängig davon, ob der Wille des Erblassers dem das Testament beurkundenden Richter oder Notar erkennbar war und ihm bewußt geworden ist; immerhin kann die Auffassung, die die Urkundsperson von der Willensrichtung des Erblassers gewonnen hat, für den Beweis dieser Willensrichtung bedeutungsvoll sein (RG JW 1910, 61[4]; 27. 10. 24 IV 713/23).

Die Auslegung muß ferner an der vorliegenden Willenserklärung irgendeinen, wenn auch noch so geringen Anhaltspunkt finden. Sie darf nicht dazu führen, einem Willen Geltung zu verschaffen, für den sich aus dem Testament nicht ergibt, daß er zur Zeit der Testamentserrichtung bei dem Erblasser vorhanden war. Das gilt auch, wenn der Erblasser in späterer Zeit einen solchen Willen geäußert hat. Dieser erst später gefaßte Wille kann nur durch Errichtung eines neuen Testaments Geltung erlangen. Mit Hilfe der Testamentsauslegung kann daher auch grundsätzlich keine auf Irrtum beruhende Entschließung des Erblassers seinem wahren Willen entsprechend berichtigt werden. Denn dieser hat infolge des Irrtums keinen Ausdruck im Testament gefunden. Hier besteht nur die Möglichkeit, das Testament anzufechten. Soweit wie die Auslegung, auch die ergänzende, möglich ist, ist die Irrtumsanfechtung schon logisch undenkbar und umgekehrt.

Bei der Auslegung können auch sonstige formlose, sogar wegen Formmangels oder aus anderen Gründen nichtige Äußerungen des Erblassers und andere außerhalb des Testaments liegende Umstände für die Willenserforschung verwertet werden (RG JW 1913, 991[20]; 1918, 172[8]; Recht 1920 Nr 419, 422; 1925 Nr 900; HRR 1931 Nr 1319, anderseits 1928 Nr 939), unter Umständen selbst Bestimmungen eines früheren, aufgehobenen Testaments (RG LZ 1916, 1295[13]). Der Umstand, daß zwischen dem auszulegenden Testament und dem bekannten früheren noch ein weiteres Testament errichtet worden ist, über dessen Inhalt nichts bekannt ist, braucht die Berücksichtigung der früheren Testamente nicht auszuschließen (BGH 26. 6. 54 IV ZR 221/53). Die Tatsachen, die sich unabhängig von dem Willen des Erblassers erst nach seinem Tode ereignen, lassen denkgesetzlich keine Schlüsse auf den Willen und die Willensrichtung des Erblassers zur Zeit der Testamentserrichtung zu. Sie können daher für die gewöhnliche Auslegung nicht in Betracht gezogen werden. Möglicherweise geben sie aber Anlaß, eine ergänzende Testamentsauslegung vorzunehmen (LM Nr 5 zu § 2084). Bei der Auslegung eines gemeinschaftlichen Testaments ist zu beachten, daß die darin von beiden Ehegatten gemeinsam getroffenen Bestimmungen auf dem Willen beider Ehegatten beruhen. Es ist daher in diesen Fällen stets zu prüfen, ob eine nach dem Verhalten des einen Gatten mögliche Auslegung auch dem Willen des anderen entsprochen hat. Läßt sich das nicht feststellen, dann wird die Bestimmung in der Regel so auszulegen sein, wie es nach ihrem Wortlaut angenommen werden muß (BGH NJW 51, 959).

Beim Vorhandensein mehrerer, nebeneinander geltender Testamente (vgl. § 2258; RG Warn 1931 Nr 12) läßt sich die Frage, ob und welche Rechte bestimmten Personen am Nachlasse zustehen, nur auf Grund sämtlicher Testamente beurteilen, die in ihrer Gesamtheit den letzten Willen enthalten; bei der Ermittlung des letzten Willens ist der Richter in diesem (RG JW 1916, 405[9]; 8. 3. 20 IV 432/19) wie in sonstigen Fällen (RG 134, 279) an die Auffassung der einen oder der andern Partei nicht gebunden. Auch die Auslegung durch Testamentsvollstrecker ist für den Richter nicht maßgebend (§ 2065 A 2; RG Warn 1939 Nr 9). Dessen Bestreben muß es sein, „im Rahmen der Erklärung zu einem vernünftigen und billigen Ergebnis zu gelangen“ (ErbRAussch aaO. 106). Er darf einerseits die Auslegung von ihrer Grundlage, dem im Testament niedergelegten Willen des Erblassers nicht loslösen; anderseits darf er, solange das Gegenteil nicht erhellt, davon ausgehen, daß der Verfügende als ein sich seiner Verantwortung gegenüber seiner Familie bewußter Erblasser verfügen wollte.

Nach § 2 WährungsG tritt, wenn in einer letztwilligen Verfügung die Rechnungseinheit Reichsmark oder Rentenmark verwendet worden ist, an deren Stelle die Rechnungseinheit D-Mark. Diese Bestimmung macht eine Auslegung des Testaments, die zu abweichenden Ergebnissen führt, nicht unmöglich. § 2 WährungsG soll in erster Linie dazu dienen, den Währungswechsel technisch und münzrechtlich durchzuführen. Hat der Erblasser z. B. in einem vor dem Währungsstichtag errichteten Testament eine Teilungsanordnung dahin getroffen, daß ein Miterbe einen Nachlaßgegenstand erhalten soll, der mit einem bestimmten in Reichsmark angegebenen Betrag anzurechnen sei, so ist, falls der Erbfall nach dem Währungsstichtag eintritt, an die Stelle des Reichsmarkbetrages der entsprechende D-Mark-Betrag nach § 2 WährungsG zu setzen, wenn der Betrag nur eine bestimmte feste Geldsumme, die als Ausgleich für die Übernahme des Gegenstandes auf den Erbteil angerechnet werden soll, angibt. Die Auslegung des Testaments kann ergeben, daß nicht nur schlechthin die genannte Geldsumme unabhängig von den Wertverhältnissen angerechnet werden soll, sondern daß damit ein Wertausgleich nach bestimmten Vorstellungen, die der Erblasser sich gemacht hatte, herbeigeführt werden soll. In solchem Falle ist durch Auslegung und zwar notfalls durch ergänzende Testamentsauslegung zu ermitteln, in welcher Weise der übernommene Gegenstand auf den Erbteil anzurechnen ist. Bei dieser Auslegung sind nicht nur die nach der Testamentserrichtung eingetretenen, unvorhergesehenen und von dem Erblasser nicht erwarteten Veränderungen seiner Vermögensverhältnisse, sondern auch die Zwecke, die der Erblasser mit den verschiedenen Bestimmungen seines Testaments verfolgt hat, zu berücksichtigen. Zu beachten ist insbesondere, ob die mit bestimmten Zuwendungen verfolgten Zwecke nach dem durch Auslegung zu ermittelnden Willen des Erblassers den Vorrang vor denen anderer Verfügungen genießen. Entsprechendes gilt für die Zuwendung eines in Reichsmark bezifferten Vermächtnisses. Ein reines festbeziffertes Reichsmarkvermächtnis ist, wenn der Erbfall vor dem Währungsstichtag eingetreten ist, nach § 18 Nr 3 UmstG im Verhältnis von 1 RM: 1 DM umzustellen. Tritt der Erbfall nach dem Währungsstichtag ein, so führt § 2 WährungsG praktisch gleichfalls zu demselben Ergebnis. Ein anderes Umstellungsverhältnis kann in diesen Fällen durch eine ergänzende Testamentsauslegung nicht ermittelt werden (BGH 21. 5. 53 IV ZR 228/52). § 2 WG und § 18 Nr 3 UmstG können dagegen nicht angewandt werden, wenn die Auslegung ergibt, daß das Vermächtnis den Charakter einer Wertschuld hat. Dann ist durch ergänzende Testamentsauslegung der Wert des Vermächtnisses zu ermitteln (BGH 17. 12. 53 IV ZR 101/53 insoweit nicht veröffentlicht). Das Vermächtnis ist eine Wertschuld, wenn es zwar durch Geld zu erfüllen ist, sein Umfang aber nicht durch eine bestimmte Zahl von Geldeinheiten festliegt, sondern von außerhalb des Testaments liegenden veränderlichen oder künftigen Umständen abhängt.

Besondere Fälle: RG Warn 1927 Nr 35 (durch Auslegung ermittelte Anordnung im Sinne des § 2324); RG LZ 1927, 531[5] (eigenhändiges Testament in Briefform ohne namentliche Bezeichnung des Empfängers, aber mit einem Hinweis auf ihn, der durch Umstände außerhalb der Urkunde ergänzt werden kann); RG LZ 1932, 388[1] (Mehrdeutigkeit des Ausdrucks „Nutzungswert“ in einer testamentarischen Übernahmebestimmung, § 2049); Mehrdeutigkeit des Begriffs Ersatzerbe (LM Nr 1 zu § 2100); Mehrdeutigkeit des Begriffs Nutznießung (LM Nr 2 zu § 2100); ein Testament, in dem der Ehemann seine Kinder als Erben eingesetzt und seiner Ehefrau den Nießbrauch am Nachlaß mit der Befugnis eingeräumt hat, auch über die Substanz des Nachlasses frei zu verfügen, kann unter Umständen die Einsetzung der Ehefrau zur Vorerbin und der Kinder zu Nacherben enthalten (Oldenburg NRPfl 51, 198); vgl. auch § 2096 A 2 als ein Beispiel dafür, daß die Auslegung auch vor einer von einem Urkundsbeamten geförmelten, juristisch-technisch eindeutigen Erklärung nicht Halt zu machen braucht.

b) Feststellung des mutmaßlichen Willens. Den wirklichen Willen des Erblassers festzustellen, wird oft schwierig sein. Der in § 2084 aufgestellte, unten näher zu erläuternde Grundsatz der benigna interpretatio gestattet es, in solchen Fällen den mutmaßlichen Willen des Erblassers zu ermitteln und maßgeblich sein zu lassen. Das ist der Wille, den der Erblasser mutmaßlich bei der Testamentserrichtung wirklich gehabt hat. Um diesen Willen festzustellen, muß geprüft werden, was der Erblasser, als er das Testament errichtete, vernünftigerweise gewollt haben kann. Anhaltspunkte dafür sind aus dem Testament, den sonstigen Umständen und auch aus der allgemeinen Lebenserfahrung zu entnehmen. Das BGB gibt in den §§ 2066ff. Auslegungsregeln, die auf Erfahrungssätzen beruhen. Ein allgemeiner Erfahrungssatz, daß ein Erblasser, der seine Ehefrau zur Alleinerbin eingesetzt hat, zu einer Zeit, als er in erster Ehe verheiratet war, damit seine jeweilige Ehefrau hat einsetzen wollen, besteht nicht. Die zweite Ehefrau ist daher auf Grund dieses Testaments nicht erbberechtigt, wenn der Erblasser nach dem Tode der ersten Ehefrau wieder geheiratet hat (RG 134, 277).

c) Ergänzende Testamentsauslegung. Da die letztwillige Verfügung nicht vor dem Erbfalle wirksam wird, können in der Zwischenzeit hinsichtlich des Personenkreises der Bedachten oder hinsichtlich eines vermachten Gegenstandes Änderungen vorkommen. Das Gesetz gibt für einzelne solche Fälle Auslegungsregeln (§§ 2067—2071, 2169 Abs 3, 2172 Abs 2, 2173). In den durch diese Regeln gewiesenen Richtungen ist auch in anderen Fällen sachlicher oder persönlicher Veränderung durch ergänzende Auslegung zu ermitteln, was nach der Willensrichtung des Erblassers zu der Zeit, als die Verfügung von ihm getroffen wurde, als von ihm gewollt anzusehen ist, sofern er vorausschauend das spätere Ereignis bedacht haben würde (RG 99, 82; 110, 306; Gruch 62, 250; 4. 1. 23 IV 100/22; LZ 1929, 1408). Die ergänzende Testamentsauslegung ist nicht nur zulässig, wenn hinsichtlich des Kreises der bedachten Personen oder bezüglich der zugewandten Gegenstände nachträglich eine Veränderung eingetreten ist. Sie kann vielmehr immer in Betracht kommen, wenn nach der Testamentserrichtung Ereignisse eingetreten sind, deren Kenntnis für die Entschließung des Erblassers bedeutsam gewesen wäre. So hat der Bundesgerichtshof die ergänzende Testamentsauslegung auch in dem Fall für möglich erklärt, daß die durch letztwillige Verfügung erfolgte Bestimmung eines Anerben infolge Aufhebung der Anerbengesetze gegenstandslos geworden war (LM Nr 3 zu § 2078). Bei der ergänzenden Testamentsauslegung handelt es sich nicht mehr darum, daß der (erwiesenermaßen oder auch nur mutmaßlich) wirkliche Wille des Erblassers zur Geltung gebracht werde, sondern um die Berücksichtigung eines unwirklichen (sog. irrealen oder hypothetischen)

Willens, eines Willens, der vermutlich wirklich wäre, wenn der Erblasser bei der Testamentserrichtung die künftige Entwicklung wenigstens als möglich vorausgesehen hätte. Eine derartige Willensergänzung kann nur vorgenommen werden, wenn die für die Zeit der Testamentserrichtung an Hand des Testaments, gegebenenfalls unter Zuhilfenahme von Umständen außerhalb des Testaments oder der allgemeinen Lebenserfahrung festzustellende Willensrichtung des Erblassers dafür eine genügende Grundlage bietet (RG 134, 280; 142, 175; vgl. § 2067 A 1 a. E.). Äußerungen des Erblassers oder sonstige Umstände aus der Zeit nach der Testamentserrichtung kommen bei der ergänzenden wie bei der erläuternden Auslegung nur insoweit in Betracht, als sie einen Rückschluß auf das mit dem Testament Gewollte gestatten, nicht insoweit, als sie eine spätere Willensänderung ergeben; eine solche hätte nur durch ein neues Testament zur Geltung gebracht werden können (anders 1. Denkschr des ErbRAussch der AkDR 107 f.). Bei der ergänzenden Auslegung eines gemeinschaftlichen Testaments ist wiederum zu beachten, daß die gemeinsam getroffenen Verfügungen auf dem Willen beider Ehegatten beruhen. Es ist daher die Willensrichtung beider Ehegatten zu ermitteln. Aus dem späteren Verhalten des überlebenden Ehegatten allein können in der Regel keine Schlüsse gezogen werden (LM Nr 7 zu § 242 [A]; vgl. oben Anm 1a). Durch die ergänzende Auslegung kann auch der Geldentwertung Rechnung getragen werden, insbesondere wenn in einer Teilungsanordnung (§§ 2048, 2049) einem Miterben das Recht eingeräumt ist, einen Nachlaßgegenstand zu einem in Mark bestimmten Preise zu übernehmen (RG 108, 83; JW 1925, 359[12]; 6. 11. 30 IV 778/29), oder wenn ein Summen- oder Rentenvermächtnis in Mark, Goldmark oder Reichsmark ausgesetzt ist (BGH 17. 12. 53 IV ZR 101/53 insoweit in LM Nr 1 zu § 1975 nicht veröffentlicht); vgl. auch § 2134 A 3, § 2192 A 2, § 2216 A 2.

2. a) Wohlwollende Auslegung. § 2084 gibt die allgemeine Auslegungsregel des § 133 in besonderer Beziehung auf das Erbrecht wieder. Er gilt nur für den Zweifelsfall, also nicht, wenn den Richter zulässige Willenserforschung (A 1a) in den Stand setzt, die eine von zwei sich darbietenden Auslegungen für zutreffend oder unzutreffend zu erklären (RG Recht 1919 Nr. 1527; vgl. auch RG Warn 1916 Nr 111: einer ihrem Wortlaute nach für einen bestimmten, nicht eingetretenen Fall getroffenen Verfügung wird nach dem Gesamtinhalte des Testaments weitergehende Bedeutung beigelegt). Die Vorschrift geht nicht darauf aus, den Bedachten zu begünstigen, sondern hat den Sinn, daß, wenn einerseits eine Auslegung möglich ist, nach der die letztwillige Verfügung hinfällig werden würde, anderseits eine Auslegung, nach der sie aufrechterhalten werden könnte, der zweiten Auslegung der Vorzug zu geben sei (RG Gruch 53, 97; Warn 1919 Nr 198); für die Anwendung der Vorschrift ist deshalb kein Raum, wenn die Verfügung sowohl nach der einen als auch nach der andern Auslegung einen, nur mehr oder minder weitgehenden Erfolg hat (RG SeuffA 75 Nr 107: Streit über die Erstreckung des Vermächtnisses eines „Schreibtischs mit Inhalt" auf die Brief- und Buchhypotheken, über die die Hypothekenbriefe und Eintragungsbenachrichtigungen im Schreibtisch aufbewahrt werden; RG 13. 11. 24 IV 70/24; BGH 30. 4. 53 IV ZR 161/52, wo auch zutreffend ausgesprochen ist, daß die eine der beiden Möglichkeiten nicht deswegen keinen Erfolg i. S. des § 2084 hat, weil die in ihr angeordnete Rechtsfolge sich ohnehin nach den gesetzlichen Bestimmungen ergibt; sowie Karlsruhe JFG 9, 87: Streit über die Einsetzung des überlebenden Ehegatten zum Vollerben oder bloßen Vorerben). Dagegen ist bei verschiedenen Auslegungsmöglichkeiten einer letztwilligen Verfügung nach § 2084 diejenige vorzuziehen, die den von dem Erblasser gewollten Erfolg auf dem einfachsten und am wenigsten Kosten verursachenden Wege eintreten läßt (KG HRR 1940 Nr 1428).

b) **Entsprechende Anwendung.** Die Vorschrift betrifft unmittelbar nur die Auslegung des Inhalts einer letztwilligen Verfügung. Doch kann sie auch da, wo für die Beobachtung der vorgeschriebenen Form die Willensrichtung des Erblassers von Bedeutung ist, entsprechend angewendet werden. So, wenn bei einem vor Inkrafttreten des TestG eingetretenen Erbfall Zweifel darüber besteht, ob der Erblasser mit einer Ortsangabe im eigenhändigen Testament den Ort der Testamentserrichtung oder seinen Wohnort hat bezeichnen wollen. Dann wird die erste der beiden möglichen Willensrichtungen, bei der das Testament nach § 2231 Nr 2 gültig sein würde, als gegeben anzusehen sein (HRR 1930 Nr 712; JW 1936, 2564[44]; JFG 16, 93 u. 95).

§ 2084 kann entsprechend auch dann angewendet werden, wenn die rechtliche Natur der Verfügung selber zweifelhaft ist (RG Recht 1919 Nr 602, 603; LZ 1924, 161[2]: Privatschenkungsurkunde oder eigenhändiges Testament; Warn 1938 Nr 51: Vermächtnisanordnung im Testament zugunsten namentlich genannter und „evtl. noch weiterer aus der Traubibel zu ersehender Patenkinder"; LM Nr 3 zu § 2084 privatschriftliche Erklärung oder eigenhändiges Testament). Er gibt aber keinen Anhalt für die Auslegung, wenn darüber Streit besteht, ob eine Erklärung des Erblassers eine Verfügung oder nur einen unverbindlichen Wunsch enthält (RG LZ 1927, 523[7]; HRR 1931 Nr 1319). Die Bestimmung rechtfertigt es grundsätzlich auch nicht, den Bedachten auf Kosten des Erben zu bevorzugen, oder einen bloßen Entwurf als gültiges Testament zu behandeln (RG LZ 1927, 523 Nr 7) und über Formfehler hinwegzusehen.

3. Daneben kommt der Grundsatz der **Umgestaltung,** § 140, in Betracht (§ 140 A 2). Je nach der Lage des Falles kann die eine oder die andere dieser beiden Vorschriften die Grundlage dafür geben, die Anordnung einer gesetzlich nicht zulässigen Pflegschaft in die Bestellung eines Testamentsvollstreckers (RG Warn 1913 Nr 239 und 24. 10. 21 IV 147/21), die Anordnung einer im gegebenen Falle rechtlich unmöglichen Testamentsvollstreckung in eine treuhänderische Geschäftsinhaberschaft (JFG 18, 276), die Anordnung einer nach § 137 unwirksamen dinglichen Verfügungsbeschränkung in die Anordnung einer Vor- und Nacherbfolge oder einer Testamentsvollstreckung (RG SeuffA 78 Nr 3), die testamentarische Anordnung der Errichtung eines Familienfideikommisses nach dem gesetzlichen Verbot der Fideikommißerrichtung in die Anordnung einer Nacherbschaft oder eines Nachvermächtnisses (RG DNotV 1931, 500[7]; vgl. PrALR I 12 § 55), die Zuwendung an einen nicht rechtsfähigen Verein in eine Zuwendung an dessen einzelne Mitglieder (RG JW 1911, 115[53]) oder in ein Vermächtnis an die jeweiligen Mitglieder (JFG 13, 133) umzudeuten (vgl. auch JW 1938, 2273[6]).

4. Beweislast. Die Auslegung einer letztwilligen Verfügung ist eine vom Richter zu erfüllende Aufgabe. Als solche hat sie mit der Beweisführung und Beweislast an sich nichts zu tun. Auch wenn die Parteien eine Bestimmung übereinstimmend in einer bestimmten Weise auslegen, ist der Richter hieran nicht gebunden; es sei denn, daß die Parteien sich darüber geeinigt haben, daß sie die Bestimmungen in ihrem Verhältnis zueinander in diesem Sinne gelten lassen wollen.

Aufgabe der Parteien ist es, dem Gericht das Material für die Auslegung zu unterbreiten. Soweit dabei außerhalb der Testamentsurkunde liegende Umstände in Betracht kommen, spielt auch die Frage der Beweislast eine Rolle. Derjenige, der sich für die von ihm vertretene Ansicht auf einen außerhalb der Urkunde liegenden Umstand beruft, ist für dessen Vorhandensein beweispflichtig (LM Nr 7 zu § 242 [A]).

Die Auslegung einer letztwilligen Verfügung gehört, da es sich darum handelt festzustellen, welche Erklärung der Erblasser abgegeben hat, in den Aufgabenbereich des Tatrichters. Dessen Feststellung kann von dem Revisionsgericht nur im Rahmen der §§ 549, 550 ZPO nachgeprüft werden. Es kann daher, abgesehen von Verfahrensverstößen, mit der Revision nur gerügt werden, daß die Auslegung gegen gesetzliche Auslegungsregeln, Denkgesetze oder allgemeine Erfahrungssätze verstößt (LM Nr 1 zu § 133[B]).

5. Die Auslegungsregeln des BGB gelten, wenn der Erbfall unter seiner Herrschaft eingetreten ist, auch für die Auslegung der **vor 1. 1. 00 errichteten Testamente.** Doch ist auf die dem Erblasser etwa bekannten Auslegungsregeln und die Sprachweise des älteren Rechtes insofern Bedacht zu nehmen, als er sich dem anpassen und den Inhalt jenes Rechtes zum Bestandteil seines Willens machen wollte (RG 59, 83; 79, 33; JRdsch 1927 Nr 482; vgl. für gemeinschaftliche Testamente § 2269 A 3). Ebenso muß bei der Auslegung nicht von den heute, sondern von den zur Zeit der Testamentserrichtung herrschenden Anschauungen ausgegangen werden (Celle HRR 1941 Nr 769). Ist der Erblasser bereits vor 1. 1. 00 verstorben, so bleibt für die Testamentsauslegung ausschließlich das ältere Recht maßgebend (EG Art 213; RG 76, 20). Bei Auslegung einer von einem Deutschen **im Ausland errichteten** Verfügung von Todes wegen kommen, obwohl hierfür nach EG Art 24 an sich deutsches Recht gilt, doch die Besonderheiten der ausländischen Sprache und des ausländischen Rechtsgebrauchs in Betracht (RG LZ 1924, 741[9]; 24. 5. 16 IV 38/16; vgl. auch Warn 1939 Nr 46).

§ 2085

Die Unwirksamkeit einer von mehreren in einem Testament enthaltenen Verfügungen hat die Unwirksamkeit der übrigen Verfügungen nur zur Folge, wenn anzunehmen ist, daß der Erblasser diese ohne die unwirksame Verfügung nicht getroffen haben würde.

E I 1787 II 1958; M 5 60; P 5 69.

Übersicht:

Teilweise Unwirksamkeit

1. a) Grundsatz der Selbständigkeit der Einzelverfügungen
   b) Unwirksamkeit
   c) Anwendung des Grundsatzes in besonderen Fällen
2. Unwirksamkeit eines Bestandteils einer Verfügung (§ 139)
3. Gemeinschaftliches Testament

1. a) Der Grundsatz des § 139, daß teilweise Nichtigkeit in der Regel das ganze Rechtsgeschäft nichtig mache, ist für das Verhältnis der mehreren in einem Testament getroffenen Verfügungen in das Gegenteil verkehrt: grundsätzliche **Selbständigkeit der Einzelverfügungen.** Steht hiernach die Unwirksamkeit der einen Verfügung fest, so ist derjenige, welcher die Unwirksamkeit auch der übrigen Verfügungen behauptet, beweispflichtig dafür, daß sie der Erblasser ohne die unwirksame Verfügung nicht getroffen haben würde (RG 63, 29; 116, 151).

b) Die in § 2085 vorausgesetzte **Unwirksamkeit** begreift in sich nicht bloß die Nichtigkeit, z. B. wegen Formmangels (RG 63, 23: von fremder Hand, oder RG Recht 1921 Nr 582: mit der Maschine geschriebene Verfügung in einem sonst eigenhändigen Testament), sondern auch das Hinfälligwerden der Verfügung aus andern Gründen: Ausschlagung, Ausfall der Bedingung usw.

c) Besondere Anwendung des Grundsatzes beim Vermächtnis § 2161, bei der unter einer Auflage gemachten Zuwendung § 2195, bei Zuwendungen an Urkundspersonen § 2235, bei Beurteilung der Tragweite des Widerrufs § 2258. Zuwendung und Auflage sind im Verhältnis zueinander selbständige Verfügungen. Teilweise Unwirksamkeit der Zuwendung hat deshalb nicht notwendig den Wegfall der damit verknüpften Auflage zur Folge, wenn nicht vom Erblasser die Abhängigkeit der Auflage vom Bestande der Zuwendung gewollt war (RG Gruch 52, 1087). Ein Nachtragstestament kann trotz Nichtigkeit des ersten Testaments bei Kräften bleiben (RG Warn 08 Nr 74). Bei Formungültigkeit des auf ein formgerechtes Testament gesetzten, dieses abändernden Nachtrags kommt weder § 2085 noch § 2255 in Betracht; das ursprüngliche Testament gilt fort, vorbehaltlich seiner möglicherweise nach § 2078 bestehenden Anfechtbarkeit (RG SeuffA 87 Nr 46). § 2085 ist grundsätzlich nicht anwendbar, wenn in einem Testament eine nach der gesetzlichen Erbfolge nicht als Erbe in Betracht kommende Person zum Alleinerben eingesetzt und zugleich der Ehegatte des Erblassers auf den Pflichtteil verwiesen wird. Die Verweisung des Ehegatten auf den Pflichtteil ist dann in der Regel keine ihrer Art nach selbständige Verfügung, sondern drückt nur das aus, was als gesetzliche Folge durch die Einsetzung des Alleinerben ohnehin eintreten würde. Der Ehegatte ist daher als gesetzlicher Erbe zur Erbschaft berufen, wenn die Einsetzung des Alleinerben nichtig ist. Anders wäre es, wenn sich ergibt, daß die Verweisung des Ehegatten auf den Pflichtteil nach dem Willen des Erblassers unabhängig von der Einsetzung des Alleinerben gelten soll (RG DR 41, 1000[10]).

2. Handelt es sich nicht um mehrere Verfügungen oder Anordnungen, sondern um die mehreren Bestandteile, aus denen sich eine Verfügung zusammensetzt, so ist § 2085 nicht anwendbar, möglicherweise aber § 139. Aus diesem Gesichtspunkt kann unter Umständen ein mehreren Erben auferlegtes Vermächtnis (§ 2148), das einem Teile der Belasteten gegenüber unwirksam ist, den anderen gegenüber teilweise aufrechterhalten werden (RG SeuffA 75 Nr 36). Die Anordnung der Vorerbschaft kann wirksam bleiben, wenn die gleichzeitig erfolgte Nacherbeneinsetzung wegen eines Grundes angefochten ist, der nur diesen Teil der Verfügung ergreift (BGH 15. 10. 53 IV ZR 93/53. Dort ist nicht entschieden, ob die Anordnung von Vor- und Nacherbschaft eine Verfügung ist, so daß § 139 anzuwenden ist oder ob es sich dabei um zwei selbständige Verfügungen handelt, so daß § 2085 anzuwenden wäre). Dagegen wollen Siber, Reichsgerichtsfestgabe III, 372 und Kipp-Coing § 18 IV, § 2085 auch im Falle der Unwirksamkeit einer unselbständigen Teilverfügung anwenden. Anderseits hat die vom Erblasser gewollte, aber anders als eigenhändig bewirkte Niederschrift einzelner Worte oder Zahlen in einer in einem Privattestament getroffenen Verfügung regelmäßig die Nichtigkeit dieser Verfügung zur Folge (RG SeuffBl 78, 210).

3. Wegen der wechselbezüglichen Verfügungen in einem **gemeinschaftlichen Testament** s. § 2270, wegen der beiderseitigen vertragsmäßigen Verfügungen § 2298.

§ 2086

Ist einer letztwilligen Verfügung der Vorbehalt einer Ergänzung beigefügt, die Ergänzung aber unterblieben, so ist die Verfügung wirksam, sofern nicht anzunehmen ist, daß die Wirksamkeit von der Ergänzung abhängig sein sollte.

E I 1767 II 1859; M 5 31, 32; P 5 21.

1. Während Unvollständigkeit der Einigung im Zweifel das Zustandekommen des Vertrags hindert (§ 154), gilt im Gegenteil die letztwillige Verfügung als jetzt schon wirksam, obgleich der Erblasser durch einen **Vorbehalt** in der Verfügung selbst angedeutet hat, daß sie in der vorliegenden Gestalt seinen endgültigen letzten Willen noch nicht enthalte. Die in § 2086 getroffene Bestimmung entspricht der Lebenserfahrung, daß das, was der Erblasser zunächst einmal als seinen letzten Willen niedergeschrieben hat, auf alle Fälle gelten soll, auch wenn es nicht zu den beabsichtigten Ergänzungen kommt. Sie rechtfertigt sich aber auch daraus, daß die Verfügung, soweit sie getroffen ist, eine formell ordnungsgemäß errichtete letztwillige Verfügung darstellt. Der Umstand, daß die Ergänzung unterblieben ist, kann ihre Wirksamkeit nicht weiter beeinträchtigen, als dieses nach § 2085 geschehen würde, wenn die Ergänzung zwar getroffen, aber aus irgendeinem Grunde unwirksam wäre.

§ 2086 gilt auch dann, wenn der Erblasser den Vorbehalt nicht ausdrücklich gemacht, aber in seinem eigenhändigen Testament Raum freigelassen hat, um ergänzende Anordnungen später hineinzuschreiben (RG LZ 1914, 1116[17]). Unter Umständen kann bloßen Unvollständigkeiten der Verfügung durch Auslegung nachgeholfen werden (Offenlassen der Summe bei einem Vermächtnis RG JW 1912, 39[33]). Nicht nur unvollständig, sondern unfertig ist die letztwillige Verfügung, wenn ihr ein wesentlicher Bestandteil fehlt. Der Erblasser hat den Namen desjenigen, den er bedenken wollte, noch offengelassen. Eine solche Verfügung ist unwirksam, auch wenn aus Äußerungen, die der Erblasser später gemacht hat, zu entnehmen ist, wen er hat bedenken wollen. Der Beweis, daß die letztwillige Verfügung als jetzt schon wirksam nicht gewollt sei, liegt demjenigen ob, welcher sich auf die Unwirksamkeit beruft. — Der Vorbehalt von Nachzetteln (Kodizillarklausel) ist für das BGB bedeutungslos, da auch die „Ergänzung" immer an die Formen der letztwilligen Verfügung gebunden ist. Dasselbe gilt von den im Testament (testamentum mysticum des gemeinen Rechts) in bezug genommenen Urkunden, soweit sie das Testament ergänzende Willenserklärungen, nicht bloß genauere Bezeichnungen und Erläuterungen des Erklärten enthalten.

2. Formnichtigkeit tritt ein, wenn die Verfügung unvollendet geblieben ist, da der Errichtungsakt überhaupt noch nicht zu Ende geführt worden ist. Formgültig getroffene letztwillige Bestimmungen, für die der Vorbehalt einer Ergänzung weder ausdrücklich gemacht, noch sonst aus dem Testament zu entnehmen ist, gelten, auch wenn sich aus Äußerungen des Erblassers gegenüber dritten Personen ergibt, daß die Bestimmungen nur zusammen mit anderen noch zu treffenden Verfügungen wirksam sein sollten. Die in der übergebenen Schrift enthaltenen Erklärungen gelten, wenn der Erblasser bei einem nach § 2238 errichteten Testament versehentlich nicht die ganze Schrift übergeben hat. Die in dem nichtübergebenen Schriftteil enthaltenen Erklärungen sind formnichtig. Sie können aber zur Auslegung der übergebenen Schrift verwertet werden. Die in der überreichten Schrift enthaltenen Erklärungen können nach § 2085 unwirksam werden, wenn anzunehmen ist, daß der Erblasser sie nicht ohne die in der nichtüberreichten Schrift enthaltenen Erklärungen getroffen hätte (Kipp § 18 IV).

Zweiter Titel

Erbeinsetzung

1. Im republikanischen und im klassischen römischen Recht mußte die Erbeinsetzung unter bestimmten Formeln erfolgen. Dort konnte es nicht zweifelhaft sein, ob eine Erbeinsetzung erfolgt war. Diese Formstrenge war zu starr. Sie konnte sich nicht lange halten und mußte einer freieren Auffassung weichen. Da nach dem Recht des BGB der Wille, eine Person zum Erben einzusetzen, in beliebiger Weise im Testament geäußert werden kann, ist es ein Hauptanliegen der Testamentsauslegung, zu ermitteln, ob eine letztwillige Verfügung eine Erbeinsetzung enthält. § 2087 kommt der Auslegung mit einer grundsätzlichen Regel zur Hilfe. Danach ist die Zuwendung des Vermögens als ganzes oder die Zuwendung eines Bruchteils des Vermögens grundsätzlich als Erbeinsetzung anzusehen, während umgekehrt die Zuwendung nur einzelner Vermögensgegenstände grundsätzlich selbst dann nicht als Erbeinsetzung anzusehen ist, wenn der Bedachte als Erbe bezeichnet ist. Der so Bedachte ist im Zweifel nur Vermächtnisnehmer.

2. Das römische Recht war von dem Grundsatz der Ausschließlichkeit der testamentarischen Berufung beherrscht. Hatte der Erblasser über seinen Nachlaß auch nur teilweise letztwillig verfügt, so war damit die gesetzliche Erbfolge ausgeschlossen. Das BGB hat diesen Grundsatz, der der deutschen Rechtsauffassung nicht entsprach, nicht übernommen und im § 2088 ausdrücklich bestimmt, daß Erbfolge kraft letztwilliger Verfügung und gesetzliche Erbfolge nebeneinander bestehen können. Neben der testamentarischen Erbfolge tritt die gesetzliche ein, wenn der Erblasser nicht über seinen ganzen Nachlaß verfügen wollte. Dieser Wille des Erblassers ist durch Auslegung seiner Verfügung zu ermitteln. Die Möglichkeit, daß der Erblasser über seinen ganzen Nachlaß verfügen wollte, daß aber die Bruchteile, auf die die einzelnen Miterben eingesetzt sind, das Ganze nicht erschöpfen, kann nicht ausgeschlossen werden. Für diesen Fall, ebenso wie für den umgekehrten, daß die den Miterben zugewandten Bruchteile zusammen mehr als ein Ganzes ergeben, gibt das Gesetz in den §§ 2089, 2090 Auslegungsregeln.

3. Falls der Erblasser die gesetzliche Erbfolge ausschließen wollte, würde es schwierig sein, seinen letzten Willen zu verwirklichen, wenn nach Errichtung der letztwilligen Verfügung, sei es vor oder nach dem Erbfall, einer der eingesetzten Erben wegfällt. Das Gesetz gibt in § 2096 dem Erblasser die Möglichkeit, für diesen Fall einen anderen ersatzweise zum Erben zu berufen. Diese Bestimmung wird ergänzt durch die §§ 2069 und 2102, nach denen im Zweifel die Abkömmlinge eines vom Erblasser eingesetzten Abkömmlings als dessen Ersatzerbe und der Nacherbe als Ersatzerbe für den Vorerben gilt. Das Gesetz achtet den Willen des Erblassers, die gesetzliche Erbfolge auszuschließen, auch, wenn er nicht durch Benennung eines Ersatzerben für den Wegfall eines zum Erben Berufenen Vorsorge getroffen hat. In diesem Fall tritt nach § 2094 eine Anwachsung ein. Der Erbteil des weggefallenen Erben wächst den übrigen Erben an. Die gesetzliche Erbfolge muß eintreten, wenn alle Erben und Ersatzerben weggefallen sind.

Eine besondere Stellung genießen die Erben, die auf einen und denselben Bruchteil der Erbschaft, einen gemeinschaftlichen Erbteil, eingesetzt sind. Der Kreis dieser Erben bildet hinsichtlich der Erhöhung, Kürzung, Bemessung, der Anwachsung und der gegenseitigen Ersatzberufung eine besondere Gemeinschaft (§§ 2093, 2094 Abs 1 Satz 2, 2098 Abs 2).

§ 2087

Hat der Erblasser sein Vermögen oder einen Bruchteil seines Vermögens dem Bedachten zugewendet, so ist die Verfügung als Erbeinsetzung anzusehen, auch wenn der Bedachte nicht als Erbe bezeichnet ist.

Sind dem Bedachten nur einzelne Gegenstände zugewendet, so ist im Zweifel nicht anzunehmen, daß er Erbe sein soll, auch wenn er als Erbe bezeichnet ist.

E I 1788 II 1960; M 5 61; P 5 72, 73; 6 347, 348.

Übersicht:

Erbeinsetzung

1. a) **Grundsatz des Abs 1:** Es kommt lediglich auf den durch Auslegung zu ermittelnden, sachlichen und rechtlichen Inhalt der letztwilligen Verfügung, nicht auf die gesetzestechnische Bezeichnung oder auf sakramentale Worte an (§ 133). Hat der Erblasser als seinen Willen kundgegeben, daß sein Vermögen als Ganzes oder nach Bruchteilen des Ganzen auf eine oder mehrere andere Personen übergehen soll, so ist nach dem vorliegenden Abs 1, der nicht wie Abs 2 eine bloße Auslegungsregel, aber auch keinen zwingenden Rechtssatz, sondern wie § 2103 eine Ergänzungsregel (Dispositivvorschrift KGJ 38 A 71f., RG HRR 1937 Nr 297a) aufstellt, die Berufung des so Bedachten zum Gesamtnachfolger, also eine **Erbeinsetzung** anzunehmen (§§ 1922, 1937).

b) Eine unter der Herrschaft des code civil im Rheinland errichtete Verfügung, daß dem Ehegatten alles, was ihm gesetzlich geschenkt und vermacht werden könne, dem Eigentume wie der Nutznießung nach geschenkt und vermacht werde, kann danach, bei Eintritt des Erbfalls nach dem 31. 12. 99, den Sinn der Einsetzung des Ehegatten zum Alleinerben haben, wenn sich aus den Umständen (§ 2084 A 1a) ergibt, daß der Erblasser dem Gatten alles das hat zuwenden wollen, was er ihm nach dem zur Zeit seines Todes geltenden Rechte nur irgend zuwenden könnte (KG RJA 16, 70 u. RheinNotZ 1926, 42; RG 23. 9. 20 IV 126/20). Über die im früheren Gebiet des Bayrischen Landrechts in Erbverträgen zwischen gütergemeinschaftlichen Eheleuten häufige Bestimmung, daß der Überlebende den Kindern das Vater- oder Muttergut auszuzeigen habe, vgl. BayObLG 22, 255; 23, 17; 25, 340.

c) **Bedingte und befristete Erbeinsetzung** § 2074 (A 1, 2). Die Erbeinsetzung kann als unbedingt gewollt auch in einen Bedingungssatz eingekleidet sein.

d) Die Erbeinsetzung kann sich auch auf einen **Teil des Nachlasses** beschränken mit der Folge, daß zum anderen Teil die vom Gesetz Berufenen Erben werden; eine solche Verbindung von testamentarischer und gesetzlicher Erbfolge erfordert aber, daß sich aus dem Testament der bruchteilsmäßige Anteil des oder der Testamentserben an dem zum gemeinschaftlichen Vermögen der sämtlichen Erben werdenden Gesamtnachlaß bestimmen läßt (§ 2088, BayObLG 34, 98).

e) Ob und mit welchem Inhalt eine **alternative Erbeinsetzung** (die Einsetzung mehrerer Personen in der Weise, daß nur die eine oder die andere Erbe werden soll) wirksam ist, unterliegt freier Auslegung. Im Anschluß an das römische Recht bestimmte der erste Entwurf in § 1769 Abs 1 (M 5, 33), daß die in dieser Weise bedachten Personen als zu Miterben eingesetzt gelten sollten. Die zweite Kommission hat diese Vorschrift wieder gestrichen (Prot 5, 24). Die Auslegung kann unter Heranziehung des in § 2073 enthaltenen Gedankens ergeben, daß die alternative Erbeinsetzung i. S. des § 1769 Abs 1 des ersten Entwurfs auszulegen ist. Möglich ist aber auch, die Anordnung einer Ersatzerbschaft anzunehmen oder daß durch die Benennung der zweiten Person die Erbeinsetzung der erstgenannten aufgehoben werden soll. Falls im Wege der Auslegung kein bestimmtes Ergebnis ermittelt werden kann, ist die Bestimmung unwirksam.

2. **Zuwendung eines Bruchteils als Vermächtnis.** Die Verfügung ist aber auch, wenn der Erblasser dem Bedachten einen Bruchteil seines Vermögens zugedacht hat, rechtlich nur ein Vermächtnis, wenn die Auslegung ergibt, daß der Bedachte nicht Erbe sein, sondern nur einen Anspruch gegen den Erben erlangen sollte. Es handelt sich dann um ein Quotenvermächtnis, dessen Zulässigkeit nicht bezweifelt werden kann. Der gesamte Nachlaß kann jedoch nach dem im BGB herrschenden Grundsatz der Universalsukzession nicht einer Person in der Weise als Vermächtnis zugewandt werden, daß dadurch die Erbfolge ausgeschlossen wird. Der Erblasser kann aber die ihm angefallene Erbschaft eines Dritten einer anderen Person als Vermächtnis zuwenden. Ein solches Vermächtnis bewirkt keine Gesamtrechtsnachfolge. Vielmehr muß der Erbe die einzelnen

von dem Vermächtnis erfaßten Gegenstände auf den Vermächtnisgeber übertragen. Diesem wiederum ist auferlegt, die Nachlaßverbindlichkeiten aus dem ihm übertragenen Nachlaß des Dritten zu berichtigen. Im Verhältnis zwischen dem Vermächtnisnehmer und dem Erben sind die Bestimmungen über den Erbschaftskauf entsprechend anzuwenden.

3. a) Grundsatz des Abs 2: Mit **Zuwendung einzelner Gegenstände** (Sachen oder Rechte § 90) oder mit Zuwendung des Pflichtteils (RG 61, 15) will der Erblasser, wenn er sich über die rechtliche Bedeutung seiner Verfügung klar ist, nur Forderungen an seinen Nachlaß begründen (§§ 1939, 2174, 2304, 2317). So legt das Gesetz seinen Willen „im Zweifel" sogar dann aus, wenn er sich hierbei der technischen Bezeichnung „Erbe" oder „Nacherbe" (BayObLG 30, 198; 31, 464) bedient hat.

b) Es kann sich aber hinter dem ungenauen nur einzelne Gegenstände hervorhebenden Ausdruck auch wahrer **Erbeinsetzungswille** verbergen. So wenn das ganze Vermögen nur nach besonders wichtigen Vermögensstücken bezeichnet wird (mein Hof, mein Geschäft, meine Wertpapiere, OLG 44, 88) oder wenn das Vermögen nach Gruppen von Gegenständen ganz aufgeteilt wird (bewegliches, unbewegliches Vermögen, BayObLG 11, 172). Dabei ist es unerheblich, wenn der Erblasser einzelne Vermögensgegenstände nicht erwähnt hat, da er an sie nicht gedacht hat. Eine Erbeinsetzung ist regelmäßig anzunehmen, wenn der Erblasser von der irrigen Voraussetzung ausging, daß die Gegenstände, die er den einzelnen Personen zugewandt hat, seinen Nachlaß im wesentlichen erschöpfen. Wenn er kleinere Vermögensgegenstände unerwähnt gelassen hat, ist in der Regel nicht anzunehmen, daß insoweit andere Personen Erbe werden sollen.

Ob eine letztwillige Verfügung, die nur die Zuwendung eines einzelnen Vermögensgegenstandes an eine bestimmte Person ausspricht, als Erbeinsetzung anzusehen ist, wird von dem Verhältnis des Wertes dieses Gegenstandes zum sonstigen Vermögen des Erblassers abhängen. Maßgeblich sind dafür die Vorstellungen, die der Erblasser zur Zeit der Testamentserrichtung von dem Verhältnis dieser Werte hatte (BGH 21. 6. 54 IV ZR 221/53). Auch wenn der Erblasser in einem Testament bestimmte Personen als Erben eingesetzt und anderen einzelne Gegenstände zugewandt hat, kann sein Wille dahin gegangen sein, daß auch diese Personen die ihnen zugewandten Gegenstände im Rahmen einer Gesamtrechtsnachfolge erhalten sollen. Sie sind dann gleichfalls Miterben. Das Verhältnis des Wertes des dem einzelnen zugewandten Gegenstandes zum Gesamtnachlaß ergibt den Bruchteil, zu dem er an der Gesamtrechtsnachfolge in das Vermögen des Erblassers beteiligt ist. Die Anordnung des Erblassers hat weiter die Bedeutung einer Teilungsanordnung, so daß der bestimmte Gegenstand dem Miterben bei der Teilung zuzuweisen ist, ohne daß er weitere Ansprüche bei der Auseinandersetzung geltend machen kann (RG DNotZ 42, 182). Auch die Zuwendung einer Summe kann unter Umständen als Bruchteil der zu einem gewissen Wert veranschlagten Erbschaft gemeint sein. Selbst in der Zuwendung eines bestimmten Grundstücks an die eine und des gesamten übrigen Nachlasses an die andere von zwei als Erben bezeichneten Personen kann unter besonderen Umständen eine Erbeinsetzung beider Bedachten gefunden werden (RG HRR 1937 Nr 809; zumal wenn beide Bedachte ausdrücklich zu „Erben" ernannt sind: RG Warn 1938 Nr 157). Gegebenenfalls sind dann die Erbteile nach dem Wertverhältnis der vom Erblasser den einzelnen Miterben gemäß § 2048 zugeteilten Vermögensstücke oder Sachgesamtheiten zu bestimmen (RG Warn 1913 Nr 240 und LZ 1932, 1050[9]; KGJ 52, 65; abzulehnen BayObLG 34, 276 insoweit, als dort gesagt ist, daß für die Wertberechnung stets die zur Zeit der Testamentserrichtung, nicht die zur Zeit des Erbfalls bestehenden Vermögensverhältnisse des Erblassers maßgebend seien; es handelt sich auch hierbei um eine von der Lage des einzelnen Falles abhängige Auslegungsfrage). Soweit Höfe- oder Anerbenrecht gilt, hat der Hof bei der Beurteilung der Frage, ob in der Zuwendung eines zum hoffreien Vermögen des Bauern gehörigen einzelnen Gegenstandes eine Einsetzung des Bedachten zum Erben dieses Vermögens liegt, außer Betracht zu bleiben (JFG 18, 214).

c) Die erschöpfende Zuwendung von Vermögensstücken an die gesetzlichen Erben kann aber auch bedeuten, daß der Erblasser es bei der gesetzlichen Erbfolge auch hinsichtlich der sich aus ihr ergebenden Bruchteile belassen und sich auf eine **Anordnung der Auseinandersetzung** (Teilung § 2048) mit der Maßgabe beschränken will, daß, falls einem Miterben mehr zugeteilt ist, als ihm nach der gesetzlichen Erbfolge gebührt, insoweit ein Vorausvermächtnis (§ 2150) vorliegt (KGJ 52, 70; vgl. auch JW 1937, 2200[14]).

d) Es ist auch möglich, daß von zwei je auf bestimmte Vermögensstücke Eingesetzten der eine als Alleinerbe, der andere lediglich als Vermächtnisnehmer anzusehen ist (RG HRR 1930 Nr 1806; LZ 1932, 1050[9]).

Hat der Erblasser, was zulässig ist (RG 15. 2. 40 IV 111/39), den Erbteil eines Miterben im Wege der Teilungsanordnung auf eine bestimmte Summe beschränkt, soll dieser Miterbe also durch Zahlung der Summe abgefunden werden, so ist die Fälligkeit dieser Abfindung regelmäßig nicht von der Durchführung der Auseinandersetzung abhängig (RG 24. 10. 21 IV 147/21 u. SeuffA 77 Nr 149), wie für einen Auseinandersetzungsvertrag überhaupt kein Raum ist, wenn die Teilungsanordnung den Nachlaß vollständig verteilt, somit die schuldrechtliche Bindung der Miterben, sich die betreffenden Nachlaßbestandteile wechselseitig zu überlassen, unmittelbar durch das Testament begründet wird (RG HRR 1930 Nr 1806).

Zuwendung einer dem Erblasser selbst angefallenen Erbschaft oder des Bruchteils einer solchen Erbschaft oder des Anteils an einer fortgesetzten Gütergemeinschaft ist regelmäßig Vermächtnis (RG Warn 1917 Nr 122); Erbeinsetzung kann aber z. B. dann gewollt sein, wenn der Erblasser außer dem Gegenstande der Zuwendung kein weiteres Vermögen hinterläßt oder diesen Gegenstand doch bei Errichtung des Testaments im wesentlichen als seinen voraussichtlichen ganzen Nachlaß betrachtet hat (RG 1. 7. 20 IV 82/20; BayObLG 19 A 146; 34, 98).

Die Zuwendung eines Bruchteils vom Reinertrage des Nachlasses stellt sich regelmäßig als ein Vermächtnis dar. Dagegen ist es Nacherbfolge, wenn dem Erben auferlegt ist, die Erbschaft ganz oder zu einem ideellen Anteil an einen Dritten herauszugeben, § 2103.

Über die Bedeutung der Einsetzung auf ein bestimmtes Vermögensstück nach gemeinem Recht vgl. KG DRW 1939, 250[23].

§ 2088

Hat der Erblasser nur einen Erben eingesetzt und die Einsetzung auf einen Bruchteil der Erbschaft beschränkt, so tritt in Ansehung des übrigen Teiles die gesetzliche Erbfolge ein.

Das gleiche gilt, wenn der Erblasser mehrere Erben unter Beschränkung eines jeden auf einen Bruchteil eingesetzt hat und die Bruchteile das Ganze nicht erschöpfen.

E I 1790 II 1961; M 5 63, 64; P 5 73, 74.

1. Das BGB lehnt hiermit den römischrechtlichen, der deutschen Rechtsanschauung fremden Satz ab: nemo pro parte testatus pro parte intestatus decedere potest. Vorausgesetzt ist, daß der oder die mehreren eingesetzten Erben auf — für jeden besonders oder gemeinschaftlich — ausgeworfene **Bruchteile beschränkt** sind, die den Nachlaß nicht erschöpfen und nach der Ansicht des Erblassers nicht erschöpfen sollten. Sonst schlägt § 2089 ein. Nach dem Wortlaut des Abs 2 gilt dieser nur, wenn jeder der mehreren Erben auf einen Bruchteil eingesetzt ist. Diese Fassung ist zu eng. Nach ihrem Sinn und Zweck gilt die Bestimmung auch, wenn die mehreren Erben zusammen auf einen Bruchteil eingesetzt sind.

Gehört der eingesetzte zugleich zu den gesetzlichen Erben, so ist es Auslegungsfrage, ob und wieweit er in letzterer Eigenschaft nochmals zur Erbfolge gelangen soll. Die Verfügung des Erblassers kann so auszulegen sein, daß der mit einem Bruchteil bedachte Erbe auf keinen Fall mehr als den in der Verfügung genannten Bruchteil erhalten soll. Sie stellt sich dann zugleich als eine teilweise Ausschließung von der Erbschaft dar, so daß der Bedachte, auch wenn er das ihm Zugewandte ausschlägt, als gesetzlicher Erbe zu keinem höheren Bruchteil berufen sein kann. Es kann aber auch so liegen, daß der letztwillig Bedachte nur für den Fall, daß er die Zuwendung annimmt, von der im übrigen eintretenden Erbfolge ausgeschlossen sein soll. Diese Annahme wird in der Regel zutreffend sein, wenn der Erblasser einen seiner Abkömmlinge zu einem Bruchteil als Erbe eingesetzt hat. Es ist dann anzunehmen, daß der Rest seines Vermögens den anderen Abkömmlingen als gesetzlichen Erben anfallen soll. Wenn in diesem Fall jedoch die als gesetzliche Erben berufenen Abkömmlinge wegfallen, so daß nunmehr gesetzliche Erben der zweiten Ordnung zum Zuge kommen würden, kann in der Regel als Wille des Erblassers angenommen werden, daß jetzt die zu Bruchteilen eingesetzten Abkömmlinge, auch wenn sie das ihnen Zugedachte nicht ausgeschlagen haben, von der gesetzlichen Erbfolge nicht ausgeschlossen sein sollen.

§ 2089

Sollen die eingesetzten Erben nach dem Willen des Erblassers die alleinigen Erben sein, so tritt, wenn jeder von ihnen auf einen Bruchteil der Erbschaft eingesetzt ist und die Bruchteile das Ganze nicht erschöpfen, eine verhältnismäßige Erhöhung der Bruchteile ein.

E I 1794 II 1964; M 5 65, 66; P 5 74.

1. Die Berufenen sind die **alleinigen Erben,** wenn sie nach dem Willen des Erblassers nicht, wie im Falle des § 2088, auf Bruchteile beschränkt sind. Das **Verhältnis** der bestimmten Bruchteile zueinander, nicht Kopfteile sind maßgebend. Es sind eingesetzt A zu $^1/_3$, B zu $^1/_4$, C zu $^1/_8$ oder auf den gemeinschaftlichen niedrigsten Nenner gebracht A zu $^8/_{24}$, B zu $^6/_{24}$, C zu $^3/_{24}$. Sie erben $(8 + 6 + 3 = 17)$ je $^8/_{17}$, $^6/_{17}$ und $^3/_{17}$. Ebenso beim Vermächtnis § 2157. Gemeinschaftlicher Erbteil § 2093.

§ 2090

Ist jeder der eingesetzten Erben auf einen Bruchteil der Erbschaft eingesetzt und übersteigen die Bruchteile das Ganze, so tritt eine verhältnismäßige Minderung der Bruchteile ein.

E I 1793 II 1963; M 5 65; P 5 74.

1. Es sind A zu $^1/_2$, B zu $^1/_3$, C zu $^1/_4$ eingesetzt oder auf den gemeinschaftlichen niedrigsten Nenner gebracht A zu $^6/_{12}$, B zu $^4/_{12}$, C zu $^3/_{12}$. Sie erben (6 + 4 + 3 = 13) je $^6/_{13}$, $^4/_{13}$ und $^3/_{13}$. Ebenso beim Vermächtnis § 2157. Gemeinschaftlicher Erbteil § 2093. S. auch § 2092 Abs 2. Daß die Auslegung zu einem andern Ergebnis führt, ist nicht ausgeschlossen. Das Testament beruht auf einem einheitlichen Errichtungsakt. Es wird daher nur unter ganz besonderen Umständen zutreffen, daß die an späterer Stelle der Verfügung erfolgte Einsetzung eines Erben die teilweise Aufhebung der vorher erfolgten Einsetzung bedeutet. Diese Annahme kann berechtigt sein, wenn das Testament durch Übergabe einer Schrift (§ 2238) errichtet ist und die Erbeinsetzungen in verschiedenen Teilen dieser Schrift vorgenommen sind, die zu verschiedenen, länger auseinanderliegenden Zeiten niedergeschrieben sind. Wird der Nachlaß nach und nach in aufeinander folgenden Testamenten vergeben, so kommt auch § 2258 in Betracht.

§ 2091

Sind mehrere Erben eingesetzt, ohne daß die Erbteile bestimmt sind, so sind sie zu gleichen Teilen eingesetzt, soweit sich nicht aus den §§ 2066 bis 2069 ein anderes ergibt.

E I 1792 II 1962; M 5 64, 65; P 5 74.

1. Sind die **Erbteile unbestimmt** gelassen und kann durch Auslegung ein anderer Wille des Erblassers nicht ermittelt werden (so insbesondere aus der Gruppierung der Erben nach Stämmen, RG Warn 1918 Nr 123, „Frau und Kinder" oder anderen auf das gesetzliche Erbrecht deutenden Bezeichnungen, RG 27. 1. 38 IV 191/37), so ergänzt das Gesetz den erklärten Willen dahin, daß Teilung nach Köpfen gewollt sei (so insbesondere, wenn die Erben hintereinander namentlich aufgeführt sind). Hat der Erblasser mehrere Erben ohne Angabe von Bruchteilen eingesetzt, aber den Nachlaß erschöpfend unter sie verteilt, so ist § 2091 unanwendbar; die Erbteile bestimmen sich vielmehr nach dem Verhältnisse der Werte der den einzelnen Erben zugewiesenen Vermögensstücke zum Werte des Gesamtnachlasses (§ 2087 A 3). Es behandeln § 2066: Einsetzung der „gesetzlichen Erben", § 2067: der „Verwandten", § 2068: der „Kinder", § 2069: eines eigenen Abkömmlings. Für Einsetzung der Enkel stellt das BGB keine Regel auf. Ebenso beim Vermächtnis § 2157. Gemeinschaftlicher Erbteil § 2093. Unbestimmtheit infolge eines nicht ergänzten Vorbehalts § 2086.

§ 2092

Sind von mehreren Erben die einen auf Bruchteile, die anderen ohne Bruchteile eingesetzt, so erhalten die letzteren den freigebliebenen Teil der Erbschaft.

Erschöpfen die bestimmten Bruchteile die Erbschaft, so tritt eine verhältnismäßige Minderung der Bruchteile in der Weise ein, daß jeder der ohne Bruchteile eingesetzten Erben so viel erhält wie der mit dem geringsten Bruchteile bedachte Erbe.

E I 1795 II 1965; M 5 66—68; P 5 74, 75.

1. Eingesetzt sind A zu $^1/_3$, B zu $^1/_4$, C und D ohne Bruchteile. Es erhalten C und D die freigebliebenen $^5/_{12}$, und zwar gemäß § 2091 zu gleichen Teilen, somit jeder $^5/_{24}$ der Erbschaft.

2. Eingesetzt sind A zu $^3/_4$, B zu $^1/_3$, C und D ohne Bruchteile. Es erhalten zunächst C und D jeder soviel wie B, also je $^1/_3$. Gemäß § 2090 sind sodann die auf $^3/_4$, $^1/_3$, $^1/_3$ und $^1/_3$ anzunehmenden Erbteile in $^9/_{12}$, $^4/_{12}$, $^4/_{12}$, $^4/_{12}$ oder $^9/_{21}$, $^4/_{21}$, $^4/_{21}$, $^4/_{21}$ = $^{21}/_{21}$ umzuwandeln. Sind die Erben ausdrücklich auf den nach Abzug der bestimmten Bruchteile verbleibenden Überrest eingesetzt, so ist die Erbeinsetzung im Falle des Abs 2 widersinnig und könnte nur gehalten werden, wenn damit Ersatz- oder Nacherbenberufung gewollt ist. Ebenso beim Vermächtnis § 2157. Das Vorausvermächtnis gilt für den damit bedachten Erben als reines Vermächtnis (§ 2150) und erleidet deshalb keine Minderung. Gemeinschaftlicher Erbteil § 2093.

§ 2093

Sind einige von mehreren Erben auf einen und denselben Bruchteil der Erbschaft eingesetzt (gemeinschaftlicher Erbteil), so finden in Ansehung des gemeinschaftlichen Erbteils die Vorschriften der §§ 2089 bis 2092 entsprechende Anwendung.

E I 1796 II 1966; M 5 68, 69; P 5 75.

1. Der **gemeinschaftliche Erbteil,** dessen Begriffsbestimmung hier gegeben wird, begründet nach dem mutmaßlichen Willen des Erblassers eine besondere Gemeinschaft der darauf berufenen Erbengruppen, die vermöge des Anwachsungsrechts (§§ 2094, 2095) und der Bevorzugung in der Ersatzerbfolge (§ 2098 Abs 2) auch beim Wegfall einzelner daran beteiligter Erben aufrechterhalten bleibt. Es können nicht nur mehrere Erbengruppen nebeneinander, sondern auch innerhalb einer Gruppe Untergruppen gebildet sein, die dann entsprechend der hier gegebenen Regel zu behandeln sind. Ob der Erblasser die mehreren Erben auf einen und denselben Erbteil berufen wollte, ist durch freie Auslegung zu ermitteln. Die bloße Zusammenfassung mehrerer in einem Satze (A, B und C sollen $^1/_6$ erben) oder unter einer Gesamtbezeichnung (meine Brüder sollen die Hälfte erben) wird in der Regel nicht genügen. Eher wird die Zusammenfassung verschiedener Erbengruppen unter gemeinsamen laufenden Ziffern einen Anhalt bieten. Dagegen wird gemeinschaftlicher Erbteil anzunehmen sein, wenn mehrere als wahre Erben (§ 2087 A 3) auf denselben Gegenstand (A und B auf das Gut, C und D auf das Kapitalvermögen) berufen sind. Gemeinschaftlichkeit des Erbteils kann auch beabsichtigt sein, wenn der Erblasser daneben noch die auf die einzelnen entfallenden Unterbruchteile bestimmt hat (A, B und C sollen zusammen ein Drittel, und zwar A $^2/_9$, B und C je $^1/_{18}$ erben).

2. Die **Unterbruchteile** der mehreren auf denselben Bruchteil eingesetzten Erben sind, wenn der Erblasser nicht anders verfügt hat, oder wenn nicht §§ 2066—2069 eingreifen, unter sich gleich (§ 2091). In den besonderen Fällen der §§ 2089, 2090, 2092 bestimmen sie sich nach den dort gegebenen Vorschriften. — Gemeinschaftliches Vermächtnis § 2157.

§ 2094

Sind mehrere Erben in der Weise eingesetzt, daß sie die gesetzliche Erbfolge ausschließen, und fällt einer der Erben vor oder nach dem Eintritte des Erbfalls weg, so wächst dessen Erbteil den übrigen Erben nach dem Verhältnis ihrer Erbteile an. Sind einige der Erben auf einen gemeinschaftlichen Erbteil eingesetzt, so tritt die Anwachsung zunächst unter ihnen ein.

Ist durch die Erbeinsetzung nur über einen Teil der Erbschaft verfügt und findet in Ansehung des übrigen Teiles die gesetzliche Erbfolge statt, so tritt die Anwachsung unter den eingesetzten Erben nur ein, soweit sie auf einen gemeinschaftlichen Erbteil eingesetzt sind.

Der Erblasser kann die Anwachsung ausschließen.

E I 1797, 1798 Abs 1 II 1967; M 5 69—72; P 5 75, 76.

Übersicht:

Anwachsung unter Miterben

1. a) Voraussetzungen der Anwachsung
   b) Wirkung der Anwachsung
2. Anwachsung nach dem Verhältnis der Erbteile
3. Anwachsung bei der Einsetzung von Erben auf einen gemeinschaftlichen Erbteil (Abs 1 Satz 2)
4. Zusammentreffen von gewillkürter und gesetzlicher Erbfolge (Abs 2)
5. Ausschluß der Anwachsung durch den Erblasser

1. a) Das BGB spricht von **Anwachsung** im technischen Sinne nur bei der gewillkürten Erbfolge, wendet aber den Grundsatz des § 2094 auch auf den Fall der Erhöhung des Erbteils bei der gesetzlichen Erbfolge an (§ 1935). Voraussetzung ist, daß die **gesetzliche Erbfolge ausgeschlossen** ist (§ 1938), sei es, daß der Erblasser die Erbschaft ganz vergeben oder bei nicht erschöpfender Vergebung doch zu erkennen gegeben hat, daß die eingesetzten seine alleinigen Erben sein sollten (§ 2089). Ferner, daß **einer der eingesetzten Erben** vor dem Erbfall (durch Tod § 1923, auch Totgeburt eines erwarteten Kindes RG Warn 1914 Nr 125, Erbverzicht § 2352) oder nach dem Erbfall (durch Ausschlagung § 1953, Erbunwürdigkeitserklärung § 2344, Nichterleben der aufschiebenden Bedingung § 2074 oder Nichterteilung der nach Art 86 EG erforderlichen staatlichen Genehmigung,

RG 95, 98f.) **weggefallen** ist. Von dem Wegfall eines Erben kann nur gesprochen werden, wenn der Betreffende überhaupt zunächst einmal gültig als Erbe eingesetzt war. Das trifft bei der von Anfang an nichtigen Erbeinsetzung nicht zu. Eine von vornherein, z. B. nach § 2235 Abs 2 nichtige Erbeinsetzung ist (gegen OLG 43, 394; JFG 18, 164) als nicht geschrieben zu behandeln, so daß gegebenenfalls § 2089 anzuwenden ist. Kipp-Coing § 45 Anm 3b will hier § 2094 entsprechend anwenden. Bei Wegfall des Erben infolge durchgeführter Anfechtung ist § 2094 anwendbar (RG 95, 98f.), da in diesem Fall bis zur Anfechtung eine wirksame Erbeinsetzung bestanden hat.

b) Ist dieser Wegfall vom Erblasser nicht bereits vorgesehen, so ergänzt das Gesetz seinen mutmaßlichen Willen dahin, daß auch in den Erbteil des Weggefallenen die gesetzliche Erbfolge ausgeschlossen, dieser freigewordene Erbteil vielmehr den übrigen eingesetzten Erben zugewendet sein solle. Der in dieser Weise anwachsende Erbteil gilt nach § 1953 Abs 2 als bereits mit dem Erbfall angefallen und geht, wenn einer der eingesetzten Erben nach dem Erblasser verstirbt, zusammen mit dem ursprünglichen Erbteil auf dessen Erben über (§ 1952). Beide Erbteile, der ursprüngliche und der angewachsene, bilden, abgesehen von den Sondervorschriften der §§ 2007, 2095, zusammen einen einheitlichen Erbteil. Die Annahme oder Ausschlagung des ursprünglichen ergreift mit Notwendigkeit auch den erst später anwachsenden Erbteil (§ 1951 Abs 2). Über Wegfall eines Erben durch Eintritt einer auflösenden Bedingung s. § 2104 A 1.

2. Verhältnis der Erbteile. Es sind eingesetzt A zu $^1/_2$, B zu $^1/_3$, C zu $^1/_6$. A fällt weg. Von seinem Erbteil ($^1/_2$) wachsen an $^2/_3$ (oder $^1/_3$ der ganzen Erbschaft) dem B, $^1/_3$ (oder $^1/_6$ der ganzen Erbschaft) dem C. Es erben somit B $^1/_3 + ^1/_3 = ^2/_3$, C $^1/_6 + ^1/_6 = ^1/_3$ der Erbschaft. B und C teilen mithin die Erbschaft, wie wenn A überhaupt nicht bedacht wäre (§ 2089).

3. Gemeinschaftlicher Erbteil § 2093. Die auf einen gemeinschaftlichen Erbteil eingesetzten Personen bilden gegenüber den anderen Miterben eine besondere Gemeinschaft, die ähnlich wie nach § 2093 auch hinsichtlich des Anwachsungsrechts besonders behandelt wird. Fällt einer der zu dieser besonderen Gemeinschaft gehörigen Erben fort, so findet die Anwachsung zunächst nur innerhalb dieser besonderen Gemeinschaft statt. Sein Erbteil wächst den übrigen zu der besonderen Gemeinschaft gehörigen Personen an. Wenn sämtliche zu dieser besonderen Gemeinschaft gehörigen Miterben weggefallen sind, findet die Anwachsung unter den übrigen Miterben statt. Ebenso wie in § 2093 können auch hier mehrere Gruppen, die ihrerseits wieder in Untergruppen geteilt sein können, nebeneinander bestehen. Es sind eingesetzt A zu $^1/_3$, B zu $^1/_4$, C und D gemeinschaftlich auf $^5/_{12}$. Es fallen weg erst D, sodann C. Der Anteil des D ($^5/_{24}$) wächst zunächst an dem C, dessen Erbteil sich hierdurch auf $^5/_{12}$ der Erbschaft erhöht. Diese $^5/_{12}$ wachsen demnächst mit $^5/_{12} \times ^4/_7 = ^5/_{21}$ dem A, mit $^5/_{12} \times ^3/_7 = ^5/_{28}$ dem B an. Es erben somit A $^1/_3 + ^5/_{21} = ^4/_7$, B $^1/_4 + ^5/_{28} = ^3/_7$ der Erbschaft.

4. Im Falle des Abs 2 (§ 2088 Abs 2) **Zusammentreffen der gewillkürten und der gesetzlichen Erbfolge** gilt die Anwachsung in der Regel nicht als gewollt. Der durch Wegfall eines eingesetzten Erben frei werdende Erbteil vererbt sich weiter nach der gesetzlichen Erbfolge. Nur innerhalb der auf einen gemeinschaftlichen Erbteil (§ 2093) berufenen Erbengruppe findet Anwachsung statt. Ob und inwieweit schon in der Beschränkung der eingesetzten Erben auf einen Teil der Erbschaft die Berufung dieser Erben auf einen gemeinschaftlichen Erbteil zu finden sei, ist Auslegungsfrage.

5. Der Erblasser kann die **Anwachsung ausschließen** nur durch letztwillige Verfügung, es muß aber nicht mit ausdrücklichen Worten geschehen (RG Warn 1914 Nr 125). Erforderlich ist aber, daß sich der Erblasser der Möglichkeit des Wegfalls eines Miterben bewußt ist und gerade für diesen Fall eine von der gesetzlichen abweichende Regelung treffen will (RG 15. 12. 38 IV 143/38). Die Anwachsung ist immer ausgeschlossen im Falle der Berufung von Ersatzerben (§ 2099), zu denen nach § 2069 A 1 auch die nachrückenden Abkömmlinge gehören, oder eines Nacherben (§ 2102). Die Anwachsung kann auch nur bezüglich eines einzelnen Miterben ausgeschlossen sein. Sei es, daß er ausdrücklich auf den ihm zugewendeten Erbteil beschränkt oder, was dem regelmäßig gleichzustellen sein wird, nur auf den „Pflichtteil", und zwar entgegen der Regel des § 2304 als einen Erbteil eingesetzt ist (RGWarn 1928 Nr 47). Oder daß sein Erbteil ausdrücklich von der Anwachsung ausgenommen und damit für den Fall des Freiwerdens den gesetzlichen Erben zugewendet ist.

Bezüglich des frei gewordenen Erbteils tritt, wenn die Anwachsung ausgeschlossen ist, die gesetzliche Erbfolge ein. Wenn die Anwachsung für nur einen Miterben ausgeschlossen ist, tritt sie bezüglich der anderen ein.

Den Beweis, daß die Anwachsung ausgeschlossen ist, hat die Partei zu führen, die sich darauf beruft. § 2094 Abs 1 und 2 enthalten dispositive Rechtsnormen, die dem vermutlichen Willen des Erblassers Geltung verschaffen sollen. Wer demgegenüber behauptet, der Erblasser habe einen entgegenstehenden Willen in seinem Testament zum Ausdruck gebracht, muß das beweisen. Der anwachsende Erbteil ist auch Bestandteil der Nacherbschaft (§ 2110), gilt aber beim Erbschaftskauf im Zweifel als nicht mit veräußert (§ 2373). Anwachsung bei Vermächtnissen §§ 2158, 2159, beim Erbvertrag § 2279 A 1.

§ 2095

Der durch Anwachsung einem Erben anfallende Erbteil gilt in Ansehung der Vermächtnisse und Auflagen, mit denen dieser Erbe oder der wegfallende Erbe beschwert ist, sowie in Ansehung der Ausgleichungspflicht als besonderer Erbteil.

E I 1799 II 1968; M 5 73, 74; P 5 76; 6 90.

Übersicht:

Angewachsener Erbteil als besonderer Erbteil

1. Selbständigkeit der Erbteile bezüglich der auf ihnen ruhenden Vermächtnisse und Auflagen
2. Selbständigkeit der Erbteile in Ansehung von Ausgleichspflichten
3. Möglichkeit abweichender Anordnungen durch den Erblasser

1. Wörtlich übereinstimmend mit § 1935 (Erhöhung des gesetzlichen Erbteils). Der Grundsatz der Einheitlichkeit beider Erbteile (§ 2094 A 1) ist insofern streng durchgeführt, als die Annahme oder Ausschlagung des einen stets auch den andern Erbteil ergreift und als der Erbe für die Nachlaßverbindlichkeiten im allgemeinen unterschiedlos mit beiden Erbteilen haftet (§ 1935 A 5). Es würde aber zu unbilliger Beschwerung des Erben führen, wenn er genötigt wäre, zur Tilgung der nur auf dem einen Erbteil ruhenden, diesen überschwerenden Verbindlichkeiten auch den andern freien Erbteil mit zu verwenden. Dies verhütet § 2095, wiewohl **nur in Beziehung auf Vermächtnisse und Auflagen,** die nach §§ 2161, 2192 auch bei Wegfall des damit zunächst Beschwerten wirksam bleiben. Voraussetzung ist nach § 2007 ferner, daß die mehreren Erbteile verschieden beschwert sind (Sonderfall bei Planck-Flad A 1). § 2095 dient nicht nur dem Schutz des Erben, sondern gleichfalls dem der verschiedenen Vermächtnisnehmer. Wenn der Erbe seine Haftung beschränkt hat und die Erbschaft zur Befriedigung der Vermächtnisnehmer nicht ausreicht, dient jeder der beiden Erbteile in erster Linie zur Befriedigung der auf ihm ruhenden Vermächtnisse und Auflagen. Über die besonderen Haftungsgrundsätze bei Vermächtnissen und Auflagen s. § 1992. Der § 2095 ist namentlich dann von Bedeutung, wenn der Erbe mit beiden Erbteilen nur beschränkt oder mit dem einen beschränkt, mit dem andern unbeschränkt haftet. Aber auch der schlechthin unbeschränkt haftende Erbe kann in den Fällen des § 2060 wenigstens so viel erreichen, daß sich nach der Teilung seine Leistungspflicht bezüglich der auf dem ursprünglichen und dem anwachsenden Erbteil ruhenden Vermächtnisse und Auflagen nur auf einen nach der Quote eines jeden dieser Erbteile zu bemessenden Betrag beschränkt. Nur in Höhe dieser Quote haftet er sodann unbeschränkt auch mit dem eigenen Vermögen (§ 2060 A 1).

§ 2095 ist entsprechend anzuwenden, wenn Vermächtnisse und Auflagen, die auf einem von vornherein nicht wirksam vergebenen Erbteil ruhen, wirksam bleiben (so auch Planck-Flad 4. A § 2094 Anm 2b).

2. Das Anwachsungsrecht gilt nur für die gewillkürte, die **Ausgleichungspflicht** regelmäßig nur für die gesetzliche Erbfolge. Es kann sich deshalb hier nur um die letztwillige Berufung von Abkömmlingen nach § 2052 handeln. Daß zugleich mit dem Erbteile des Wegfallenden auch seine Ausgleichungspflicht dem andern Erben anwächst, ergibt § 2051. Aus § 2056 folgt, daß ungeachtet der Vereinigung beider Erbteile in einer Hand bei der Auseinandersetzung sowohl der mit der Ausgleichungspflicht überschwerte (ursprüngliche oder anwachsende) Erbteil, wie auch die darauf lastenden Vorempfängnisse ganz außer Betracht zu bleiben haben.

3. Der Erblasser kann **abweichende Anordnungen** treffen. Er kann zugunsten von Vermächtnissen und Auflagen bestimmen, daß sie nicht bloß von dem ursprünglichen, sondern auch von dem durch etwaige Anwachsung vergrößerten Erbteile zu tragen seien. Ebenso bezüglich der Ausgleichungspflicht. Der Erbe darf jedoch hierdurch nicht im Pflichtteil verkürzt werden (§§ 2306 Abs 1, 2318, 2316) und kann selbstverständlich die Beschränkung seiner Haftung dagegen geltend machen (§ 2007). — Gleiche Grundsätze beim Vermächtnis § 2159. Entsprechende Anwendbarkeit beim Verkauf unter Miterben, § 2034 Abs 1.

§ 2096

Der Erblasser kann für den Fall, daß ein Erbe vor oder nach dem Eintritte des Erbfalls wegfällt, einen anderen als Erben einsetzen (Ersatzerbe).

E I 1800 II 1969; M 5 74, 75, 77—79; P 5 76.

1. Die Einsetzung eines **Ersatzerben** ist an sich Erbeinsetzung unter der aufschiebenden Bedingung des Wegfalls des zunächst Berufenen (§ 2094 A 1), würde also nach § 2074 an sich voraussetzen, daß der Ersatzerbe den Wegfall erlebt. Allein um eine eigentliche, d. h. um eine willkürlich und rechtsgeschäft. ch vom Erblasser gesetzte Bedingung handelt es sich bei der Berufung eines

Ersatzerben überhaupt nicht (§ 2074 A 2). Da überdies die Wirkung des Anfalls auf die Zeit des Erbfalls zurückbezogen wird (s. unten), so genügt es regelmäßig, daß der Ersatzerbe den Erbfall wenigstens als Erzeugter erlebt hat (§ 1923). Stirbt er erst nach dem Erbfall, aber vor Wegfall des zunächst Berufenen, so geht das Ersatzerbrecht auf die Erben des Ersatzerben über (§ 1952), wenn nicht nach dem Willen des Erblassers das Erleben des Wegfalls durch den Ersatzerben als besonders aufgestellte Bedingung anzusehen ist (RJA 12, 23). Dagegen ist kein Raum für die Ersatzerbfolge, wenn der zunächst Berufene nach dem Erblasser, aber vor Ablauf der Ausschlagungsfrist verstirbt. Die Erbschaft (das Ausschlagungsrecht) geht dann auf die Erben des zunächst Berufenen über, § 1952. Erst wenn diese ausschlagen, tritt die Ersatzberufung in Kraft.

Nach der Auslegungsregel des § 2069 gelten die Abkömmlinge eines vom Erblasser eingesetzten eigenen Abkömmlings, falls dieser nach der Testamentserrichtung wegfällt, als stillschweigend berufene Ersatzerben. Ebenso gilt der Nacherbe zugleich als zum Ersatzerben für den Vorerben berufen, § 2102.

Der Ersatzerbe ist auch dann zur Erbschaft berufen, wenn die Einsetzung des zunächst berufenen Erben von Anfang an unwirksam war oder wenn der Erblasser sie selbst in einer späteren letztwilligen Verfügung widerrufen hat.

Der Erblasser kann mehrere Ersatzerben neben- oder hintereinander berufen. Der an zweiter oder späterer Stelle berufene Ersatzerbe rückt auch dann ein, wenn seine nächsten Vordermänner schon vor dem zuerst Berufenen weggefallen waren.

Der Ersatzerbe kann Fremder oder Miterbe, er kann auf den ganzen Nachlaß oder einen Nachlaßanteil, an Stelle eines gewillkürten oder eines gesetzlichen Erben (§ 2051 Abs 2) berufen sein. Es kann unter Umständen auch nur gewollt sein, daß der ersatzweise Berufene an Stelle eines Pflichtteilsberechtigten in den diesem zugewendeten Pflichtteil einrücken solle (RG 2. 7. 06 IV 40/06) Die Erbschaft fällt ihm an mit dem Wegfall des Erben, jedoch nicht vor Eintritt des Erbfalls. Fällt der Erbe erst später weg, sei es infolge Ausschlagung § 1953, Erbunwürdigkeitserklärung § 2344, Todes vor Eintritt der mit der Wirkung der Unvererblichkeit des Erbrechts gesetzten Bedingung § 2074, erfolgreicher Anfechtung der Erbeinsetzung § 2078 A 2 oder Nichterteilung der nach Art 86 EG erforderlichen staatlichen Genehmigung, so wird doch der Verlust des Erbrechts auf den Zeitpunkt des Erbfalls zurückbezogen; es wird in allen diesen Fällen so angesehen, als ob der zunächst Berufene bereits vor dem Erbfalle gestorben wäre (RG 95, 98). Die Ersatzberufung kann auch auf den Fall beschränkt sein, daß der zunächst Berufene nur aus einem bestimmten Grunde wegfällt. Dann kann es sich um eine echte Bedingung mit der Wirkung aus § 2074 handeln.

Die dem zunächst Berufenen auferlegten Beschwerungen gehen auf den Ersatzerben über (§§ 2161, 2192). Ebenso die Ausgleichungspflicht (§ 2051 Abs 2). Auch an Teilungsanordnungen (§ 2048) ist er gebunden. Ob seine Berufung von derselben Bedingung abhängig sein soll, die dem zunächst Berufenen gesetzt war, ist Auslegungsfrage. Die Frage wird in der Regel zu bejahen sein, wenn die Bedingung in einer Handlung besteht, die der Erbe vornehmen soll, um einen von dem Erblasser gewünschten Erfolg herbeizuführen und wenn der Ersatzerbe die Handlung in gleicher Weise vornehmen kann. Das Vorausvermächtnis (§ 2150) fällt dem Ersatzerben an, wenn es vom zunächst Bedachten nicht schon erworben war und nach § 2190 als dem Ersatzerben zugewendet anzusehen ist (s. auch §§ 2110 Abs 2, 2373). Auf den Voraus des überlebenden Ehegatten (§ 1932) hat der an seiner Statt berufene Erbe mangels des hierfür vorausgesetzten persönlichen Verhältnisses zum Erblasser im Zweifel keinen Anspruch.

Ersatznacherbe § 2108 A 3, Ersatzerbe beim Erbvertrag § 2279. Ersatzvermächtnis § 2190. Über das Verhältnis des § 2096 zu § 2108 Abs 2 s. § 2108 A 2.

2. Eine vom Urkundsbeamten **dem Wortlaut** des § 2096 **angepaßte Testamentsbestimmung** kann, soweit sie sich auf den Wegfall des Erben nach dem Eintritt des Erbfalls bezieht, von Personen, die mit dem Sprachgebrauch des BGB nicht vertraut sind, auch auf den Fall bezogen werden, daß mehrere Personen in zeitlicher Aufeinanderfolge zu Erben berufen werden, also auf den Fall der Nacherbfolge. Läßt sich daher aus Umständen außerhalb des Testaments feststellen, daß der Erblasser eine Nacherbeinsetzung gewollt habe, so kann eine Auslegung des Testaments in diesem Sinn nicht mit der Begründung (§ 2084 A 1) abgelehnt werden, daß sie an der völlig unzweideutigen Willenserklärung keinen auch noch so geringen Anhalt finde (RG HRR 1932 Nr 1055, LM Nr 1 zu § 2100).

§ 2097

Ist jemand für den Fall, daß der zunächst berufene Erbe nicht Erbe sein kann, oder für den Fall, daß er nicht Erbe sein will, als Ersatzerbe eingesetzt, so ist im Zweifel anzunehmen, daß er für beide Fälle eingesetzt ist.

E I 1801 II 1970; M 5 75; P 5 76.

1. Auslegungsregel. Ebenso beim Ersatzvermächtnis § 2190.

§ 2098

Sind die Erben gegenseitig oder sind für einen von ihnen die übrigen als Ersatzerben eingesetzt, so ist im Zweifel anzunehmen, daß sie nach dem Verhältnis ihrer Erbteile als Ersatzerben eingesetzt sind.

Sind die Erben gegenseitig als Ersatzerben eingesetzt, so gehen Erben, die auf einen gemeinschaftlichen Erbteil eingesetzt sind, im Zweifel als Ersatzerben für diesen Erbteil den anderen vor.

E I 1803 II 1971; M 5 76, 77; P 5 77.

Übersicht:

Gegenseitige Ersatzberufung

1. Erben als Ersatzerben (Abs 1)
2. Die auf einen gemeinschaftlichen Erbteil eingesetzten Erben (Abs 2)
3. a) Annahme und Ausschlagung des Ersatzerbteils
   b) Gegenseitige Ersatzberufung und Anwachsung

1. Erben als Ersatzerben. A, B, C sind zu $^1/_2$, $^1/_3$ und $^1/_6$ eingesetzt und gegenseitig, oder es sind B und C für A als Ersatzerben berufen. A fällt weg. B und C rücken (wie im Falle der Anwachsung § 2094) in die Hälfte des A nach Verhältnis ihrer eigenen Erbteile (2:1) ein. Es erben deshalb B $^1/_3 + (^2/_3$ von $^1/_2 =) ^1/_3 = ^2/_3$, C $^1/_6 + (^1/_3$ von $^1/_2 =) ^1/_6 = ^1/_3$ der Erbschaft. Sind nur einige der übrigen Miterben für einen oder mehrere Miterben als Ersatzerben eingesetzt (A und B für C und D), so rücken A und B gemäß § 2091 zu gleichen Teilen in die freiwerdenden Erbteile des C oder D ein. Das Gesetz gibt nur eine Auslegungsregel (im Zweifel). Die Vorschrift findet keine Anwendung, wenn von den mehreren Erben nur einige für einen Miterben oder wenn neben dem Erben noch ein Dritter als Ersatzerbe berufen ist. In diesem letztgenannten Fall ist durch Auslegung zu ermitteln, ob die Ersatzerben nach Kopfteilen berufen sind oder ob der Fremde einen Kopfteil erhalten soll und der Rest unter die Miterben nach dem Verhältnis ihrer Erbteile aufzuteilen ist.

2. Gemeinschaftlicher Erbteil § 2093. A ist zu $^1/_2$, B, C und D sind zusammen auf $^1/_2$, alle vier sind gegenseitig als Ersatzerben eingesetzt. B fällt weg. Dann rücken (wie im Falle der Anwachsung § 2094) nur C und D in den freiwerdenden Erbteil des B ein. A ist nicht beteiligt. Seine Ersatzberufung wird erst wirksam, wenn auch C und D weggefallen sind.

3. a) Den Erbteil anzunehmen, den Ersatzerbteil aber auszuschlagen oder umgekehrt, ist nur gestattet, wenn beide Berufungen auf verschiedenen Gründen (z. B. Testament und Erbvertrag) beruhen oder wenn der Erblasser eine verschiedenartige Erklärung zugelassen hat (§ 1951 Abs 1, 2 u. 3).

b) Gegenseitige Ersatzberufung und Anwachsung, die nach dem Gesetz ohne die Ersatzberufung eintreten würden, führen im wesentlichen zu denselben Ergebnissen. Ein Unterschied besteht darin, daß der Ersatzerbteil nicht nur wie der angewachsene Erbteil hinsichtlich der Vermächtnisse, Auflagen und der Ausgleichspflicht, sondern in jeder Hinsicht als besonderer Erbteil gilt. Der durch die Ersatzberufung angefallene Erbteil wird daher nach § 2007 auch hinsichtlich der Haftung für die Nachlaßverbindlichkeiten als besonderer Erbteil behandelt. Während die Annahme und Ausschlagung des ursprünglichen Erbteils notwendig auch den angewachsenen Erbteil ergreift (§ 2094 Anm 1b), kann der Ersatzerbteil unter Umständen für sich angenommen oder ausgeschlagen werden (vgl. Anm 3a). Ersatzvermächtnis § 2190.

§ 2099

Das Recht des Ersatzerben geht dem Anwachsungsrechte vor.

E I 1798 Abs 2 II 1972; M 5 73; P 5 76.

1. Ersatzerbe § 2096, **Anwachsungsrecht** § 2094. Die Einsetzung eines Ersatzerben bedeutet deshalb immer Ausschließung der Anwachsung (§ 2094 Abs 3). Ob der für mehrere Erben berufene Ersatzerbe bei Wegfall schon eines oder erst aller Miterben einrücken soll, so daß zunächst innerhalb der Miterben die Anwachsung erfolgt, ist Auslegungsfrage. Ersatzvermächtnis § 2190.

Dritter Titel

Einsetzung eines Nacherben

1. Im römischen Recht galt der Grundsatz semel heres semper heres. Danach war es grundsätzlich nicht möglich, daß mehrere Personen nacheinander Erbe wurden. Praktisch wurde dieser Grundsatz aber durch die Einrichtung des Universalfideikommisses eingeschränkt. Wenn auch die Stellung des Fideikommissars in späterer Zeit der eines Erben angenähert wurde, blieb jener doch Vermächtnisnehmer. Auch das gemeine Recht wich von diesem Grundsatz nicht ab.

Das ALR, das sächsische Recht und auch das österreichische schufen hier Wandel. Sie gaben den römisch-rechtlichen Grundsatz auf und erkannten ein zeitlich beschränktes Erbrecht an, so daß eine mehrmalige Gesamtrechtsnachfolge nach dem Tode des Erblassers möglich wurde. Dem ist das **BGB** aus praktischen Erwägungen gefolgt und hat zu diesem Zweck die Rechtseinrichtung der Vor- und Nacherbschaft geschaffen. Da es aus volkswirtschaftlichen Gründen bedenklich ist, ein Vermögen über einen längeren Zeitraum hinaus festzulegen, hatten schon die älteren Rechte Beschränkungen angenommen. Das BGB hat aus denselben Erwägungen eine zeitliche Grenze für die Bindung des Nachlasses gesetzt und sich im Grundsatz dazu bekannt, daß die Bindung nicht länger als ein Menschenalter dauern soll. Hierauf beruht § 2109.

2. Die Nacherbfolge tritt regelmäßig nur **auf Grund einer letztwilligen Verfügung** des Erblassers ein. Jedoch gibt es Fälle, in denen auch ohne eine dahingehende ausdrückliche Bestimmung kraft Gesetzes das Rechtsverhältnis einer Vor- und Nacherbschaft anzunehmen ist. Sie werden als **konstruktive Nacherbfolge** bezeichnet. Es sind dies Fälle, in denen der vom Erblasser geäußerte letzte Wille lückenhaft ist. Um ihm Geltung verschaffen zu können, hat der Gesetzgeber die Lücke geschlossen und dabei auf die Rechtseinrichtung der Vor- und Nacherbschaft zurückgegriffen. Im einzelnen handelt es sich dabei um Folgendes: Der Erblasser hat eine zur Zeit des Erbfalls noch nicht erzeugte Person als Erben eingesetzt (§ 2101). Er hat bestimmt, eine Person solle nur bis zu einem bestimmten Zeitpunkt oder erst von einem bestimmten Zeitpunkt an Erbe sein (§§ 2104, 2105), ohne zu bestimmen, wer vor- oder nachher Erbe sein soll. Das Gesetz legt den letzten Willen dahin aus, daß eine Vor- und Nacherbschaft angeordnet ist. Die fehlende Bestimmung über die Person der Vor- oder Nacherben wird zugleich dahin ergänzend getroffen, das die gesetzlichen Erben des Erblassers hierzu berufen sind. Somit beruht die konstruktive Nacherbfolge in Wahrheit auch auf einer letztwilligen Anordnung des Erblassers, die der Gesetzgeber nur umgedeutet und ergänzt hat, damit sie wirksam sein kann.

3. Die Rechtsstellung des Vorerben während der Dauer seiner Berechtigung. Das Wesen der Vor- und Nacherbschaft besteht darin, daß sowohl der Vorerbe als auch der Nacherbe Gesamtrechtsnachfolger des Erblassers sind. Daraus folgt, daß der Vorerbe während der Zeit, in der er Erbe ist, grundsätzlich auch berechtigt ist, über den Nachlaß zu verfügen (§ 2112). Seine Verfügungsmacht ist aber im Interesse des Nacherben eingeschränkt. Er kann nicht unentgeltlich über Nachlaßgegenstände verfügen. Er kann auch nicht über Grundstücke, Rechte an Grundstücken oder bestimmte ihnen gleichgestellte Rechte verfügen (§ 2113). Eine Ausnahme enthält § 2114. Auch sonst hat das Gesetz dem Vorerben im Interesse des Nacherben bestimmte Pflichten auferlegt, die er bei der Verwaltung des Nachlasses zu erfüllen hat (§§ 2116 bis 2119). Jedoch hat er, da er mit der Verwaltung des Nachlasses sein eigenes Vermögen verwaltet, nach § 2131 dem Nacherben gegenüber in Ansehung der Verwaltung nur für diejenige Sorgfalt einzustehen, die er in eigenen Angelegenheiten anzuwenden pflegt. Der Erblasser kann durch Auflagen, mit denen er den Vorerben beschränkt, dessen Rechte noch weiter einschränken. Diese Auflagen beschränken allerdings die Verfügungsmacht des Vorerben nicht unmittelbar, sondern begründen für ihn nur schuldrechtliche Pflichten (LM Nr 2 zu § 2100; unten § 2112 Anm 1).

Der Erblasser kann dem Vorerben aber auch eine freiere Stellung einräumen, indem er ihn nach § 2136 von einem wesentlichen Teil seiner Beschränkungen und Pflichten befreien kann. Er kann jedoch dem Vorerben keine Herrschaftsbefugnisse einräumen, die über den hiernach zulässigen Rahmen hinausgehen. Das würde dem Wesen der Rechtseinrichtung der Vor- und Nacherbschaft widersprechen. Der Erblasser kann daher den Vorerben weder nach § 2222 zum Testamentsvollstrecker für den Nacherben einsetzen, noch kann er den Vorerben bevollmächtigen, den Nacherben vor Eintritt des Nacherbfalls in Ansehung der ihm zustehenden Rechte zu vertreten (vgl. § 2112 Anm 1 und 4).

Mit Rücksicht auf die Rechte des Nacherben bildet der Nachlaß in der Hand des Vorerben in gewisser Hinsicht ein Sondervermögen. Das zeigt sich besonders in der Zwangsvollstreckung und im Konkurs, (§ 2115, § 128 KO). Es gilt deswegen auch nach § 2111 der Grundsatz der dinglichen Ersetzung. Aus gleichem Grunde fällt auch nach § 2143 die mit dem Erbfall eingetretene Konfusion von Rechten und Verbindlichkeiten im Augenblick des Nacherbfalls wieder fort.

4. Das Anwartschaftsrecht des Nacherben vor Eintritt des Nacherbfalls. Schon vor Eintritt des Nacherbfalls hat der Nacherbe eine feste Anwartschaft, die übertragbar und in der Regel auch vererblich ist. Auf Grund dieser Anwartschaft hat der Vorerbe dem Nacherben gegenüber bestimmte Pflichten und dieser kann von jenem bestimmte Maßnahmen fordern, die der Sicherung seines Rechts dienen (§§ 2116, 2118, 2121, 2122 Satz 2, 2123). Besondere Rechte stehen dem Nacherben zu, wenn Grund zu der Annahme besteht, daß der Vorerbe durch seine Verwaltung die Rechte des Nacherben erheblich verletzt. Der Nacherbe kann nach § 2127 Auskunft über den Bestand der Erbschaft verlangen. § 2128 gibt ihm das Recht auf Sicherheit, das nach §§ 2128 Abs 2, 1052, 2129 dazu führen kann, daß der Vorerbe das Recht verliert, den Nachlaß zu verwalten und über Nachlaßgegenstände zu verfügen.

Anderseits hat auch der Nacherbe Pflichten gegenüber dem Vorerben. Er ist nach § 2120 verpflichtet, den Verfügungen des Vorerben, die zur ordnungsmäßigen Verwaltung des Nachlasses erforderlich sind und die dieser nicht ohne Zustimmung des Nacherben vornehmen kann, zuzustimmen.

5. Die Rechtslage nach Eintritt des Nacherbfalls. Mit Eintritt des Nacherbfalls hört der Vorerbe auf, Erbe zu sein. Der Nacherbe wird von diesem Augenblick an Gesamtrechtsnachfolger des Erblassers (§ 2139). Er haftet daher jetzt auch für die Nachlaßverbindlichkeiten. § 2144 enthält besondere Bestimmungen über seine Haftung. Die Haftung des Vorerben müßte folgerichtig enden. Das Gesetz läßt sie jedoch nach § 2145 insoweit bestehen, als der Nacherbe nicht haftet oder die Verbindlichkeiten im Verhältnis zwischen dem Vor- und Nacherben jenem zur Last fallen.

Nicht immer erlangt der Vorerbe von dem Eintritt des Nacherbfalls sofort Kenntnis. Für ihn und auch für dritte Personen können sich Schwierigkeiten ergeben, wenn er infolge Unkenntnis von dem Eintritt des Nacherbfalls weiter über Nachlaßgegenstände verfügt. Das Gesetz trifft deswegen in § 2140 eine Übergangsvorschrift. Danach bleibt der Vorerbe verfügungsberechtigt, bis er von dem Eintritt des Nacherbfalls Kenntnis erlangt oder hiervon Kenntnis erlangt haben müßte. Den Interessen der Nachlaßgläubiger dient § 2146, der den Vorerben verpflichtet, den Eintritt des Nacherbfalls unverzüglich dem Nachlaßgericht anzuzeigen.

Der mit dem Nacherbfall eintretende Eigentumswechsel macht es notwendig, besondere Bestimmungen darüber zu treffen, wer die Aufwendungen für Nachlaßgegenstände und die darauf ruhenden Lasten zu tragen hat. Desgleichen waren Bestimmungen zu treffen über den Ersatz von Verwendungen, über eine Ersatzpflicht des Vorerben für den Fall, daß er Früchte im Übermaß gezogen oder Nachlaßgegenstände für sich verwandt hat, und über seine Herausgabepflicht. Sie sind in den §§ 2124, 2125, 2126, 2130, 2132 bis 2135, 2137 und 2138 enthalten. Die von dem Gesetzgeber hierin getroffene Regelung beruht auf dem Gedanken, daß der Vorerbe während der Dauer seiner Berechtigung Herr des Nachlasses war, daß ihm die in dieser Zeit gezogenen Nutzungen verbleiben, daß er aber den Stamm des Vermögens den Nacherben herauszugeben hat. Als dem Herrn des Nachlasses können ihm Verschlechterungen und Abnutzungen, die durch die ordnungsgemäße Benutzung von Nachlaßgegenständen herbeigeführt sind, nicht zur Last gelegt werden (§ 2132). Seiner Rechtsstellung entspricht es, daß ihm nur die normalen Nutzungen, die die Nachlaßgegenstände während der Dauer seiner Berechtigung abwerfen, gebühren. Übermaßfrüchte kann er daher nach § 2133 nur zu dem Teil beanspruchen, der einem gewöhnlichen ordnungsmäßigen Fruchtgenuß entspricht. In diesem Umfang stehen sie ihm auch nur dann zu, wenn der Wert dieser Früchte bei einer ordnungsmäßigen Wirtschaftsführung nicht zur Wiederherstellung der Sache zu verwenden ist. Da dem Vorerben die Nutzungen verbleiben, hat er auch während der Dauer seiner Berechtigung dem Nacherben gegenüber die gewöhnlichen Erhaltungskosten zu tragen (§ 2124), während anderseits, da er den Stamm des Vermögens herausgeben muß, weder die außerordentlichen Lasten (§ 2126) noch Aufwendungen, die er für erforderlich halten durfte und die nicht zu den gewöhnlichen Erhaltungskosten gehören (§ 2124 Abs 2) ihm zur Last fallen können. Er kann diese aus dem Nachlaßvermögen bestreiten oder, wenn er sie aus seinem Vermögen bestritten hat, beim Eintritt des Nacherbfalls von dem Nacherben Ersatz verlangen. Im übrigen regelt sich die Ersatzpflicht des Nacherben für Verwendungen des Vorerben nach den Vorschriften der Geschäftsführung ohne Auftrag (§ 2125). Da dem nicht befreiten Vorerben nur die gewöhnlichen Nutzungen gebühren, ist er bei Eintritt des Nacherbfalls nach § 2134 ersatzpflichtig, wenn er Nachlaßgegenstände für sich verwandt hat.

Die Pflicht des Vorerben, den Nachlaß bei Eintritt des Nacherbfalls an den Nacherben herauszugeben, ist in den §§ 2130, 2137 und 2138 näher geregelt.

§ 2100

Der Erblasser kann einen Erben in der Weise einsetzen, daß dieser erst Erbe wird, nachdem zunächst ein anderer Erbe geworden ist (Nacherbe).

E I 1804 Satz 1 II 1973; M 5 81—83; P 5 78.

Übersicht:

Begriff des Nacherben

1. a) Wesen der Vor- und Nacherbschaft: Vorerbe und Nacherbe sind in zeitlicher Aufeinanderfolge wahre Erben, Gesamtrechtsnachfolger (§ 1922) einer und derselben Erbschaft. Der Nacherbe ist nicht etwa Erbe des Vorerben. Die Erteilung einer Vollmacht durch den Vorerben ist deshalb unwirksam, wenn sie erst nach Eintritt der Nacherbfolge zur Geltung kommen soll (KGJ 50, 159); auch wenn sie nicht ausschließlich für die Zeit nach Eintritt des Nacherbfalls erteilt ist, ermächtigt sie den Bevollmächtigten zur Vertretung des Nacherben nach Eintritt des Nacherbfalls jedenfalls dann nicht, wenn ihr nicht ein dem Nacherben gegenüber wirksames Rechtsverhältnis zugrunde liegt (§ 168; JFG 5, 308; vgl. dazu § 2112 A 4). Vorerbe und Nacherbe haften für die Nachlaßverbindlichkeiten (§§ 2144, 2145).

b) Stellung des Vorerben im allgemeinen: Der Vorerbe hat während der Dauer seines Rechts die Verwaltung des Nachlasses. Er ist zum Besitz und zum Gebrauch der Nachlaßgegenstände berechtigt und hat das Recht, die Früchte zu ziehen. Er ist nicht bloß Nutzungsberechtigter am Nachlaß (§§ 2111 A 3, 2133), wie beim Nießbrauch an der Erbschaft (§ 1089). Er hat vielmehr das Verfügungsrecht über die Erbschaftsgegenstände (§§ 2112, 2129, 2140), soweit er darin nicht zugunsten des Nacherben dinglich (§§ 2113ff.) oder schuldrechtlich (§§ 2116ff.) beschränkt ist. Ebensowenig wie der Erblasser dem Vorerben die Verfügungsmacht über die Nachlaßgegenstände mit unmittelbarer Wirkung gänzlich entziehen kann, kann er auch den Erwerb des Vorerben an den Früchten und sonstigen Nutzungen des Nachlasses nicht mit dinglicher Wirkung zugunsten des Nacherben ausschließen. Er kann aber den Vorerben mit Vermächtnissen und Auflagen zugunsten des Nacherben belasten und auf diese Weise den Fruchtgenuß des Vorerben beschränken oder diesen verpflichten, über Nachlaßgegenstände nicht zu verfügen.

Auf die Übertragung und Pfändung des Rechts des Vorerben finden die gleichen Vorschriften Anwendung, die für die Übertragung und Pfändung des Vollerbrechts gelten. Ist der Vorerbe Miterbe, so steht ihm die Verfügung über seinen Anteil an der Vorerbschaft zu und auch die Pfändung dieses Anteils ist zulässig (§ 2033 A 3 b), wiewohl unvorgreiflich dem Rechte des Nacherben (§ 2115, ZPO § 773). Der pfändende Gläubiger bleibt deshalb praktisch auf die Nutzungen des Erbteils oder, wenn der Vorerbe Alleinerbe ist, des gepfändeten Erbschaftsgegenstandes beschränkt (ZPO §§ 857 Abs 4, 863). Obwohl praktisch nur die Nutzungen gepfändet werden können, genießt der Vorerbe doch nicht den Pfändungsschutz nach § 850b Nr 3 ZPO, da er Fruchtziehungsberechtigter und außerdem während der Dauer seines Rechts Eigentümer der Substanz ist (vgl. JW 1919, 119[5]; Planck-Flad 4. Aufl. Vorbem. 4a vor § 2100).

Im Konkurs des Vorerben gehört die Erbschaft zur Masse. Der Konkursverwalter darf aber nach § 128 KO die zur Erbschaft gehörigen Gegenstände nicht veräußern, wenn die Veräußerung nach § 2115 im Falle des Eintritts der Nacherbfolge dem Nacherben gegenüber unwirksam ist. Praktisch ist damit der Nacherbe ebenso geschützt, als wenn ihm ein Aussonderungsrecht zustünde. Der Masse kommen, wenn die Verwertung nicht zugunsten eines nach § 2115 Satz 2 bevorrechtigten Gläubigers erfolgt, nur die Nutzungen bis zum Eintritt des Nacherbfalls zugute.

c) Stellung des Nacherben. Der Nacherbe wird erst Erbe mit Eintritt des „Falles der Nacherbfolge" (§ 2139). Ist er vor dem Erblasser gestorben, so wird der Vorerbe bei Eintritt des Erbfalls Vollerbe. Stirbt der Vorerbe vor dem Nacherbfall, so geht sein Recht auf seinen Erben über, bleibt diesem aber nur bis zum Eintritt des Nacherbfalls (RG Recht 1928 Nr 298). In der Zwischenzeit steht dem Nacherben aber bereits eine Anwartschaft auf die Erbschaft, ein „Recht" zu, das auch schon vor dem Eintritt der Nacherbfolge gewisse Wirkungen äußert (RG 65, 145; 139, 347), auf seine Erben übergeht und Gegenstand rechtsgeschäftlicher Verfügungen und der Pfändung sein kann. Er kann auch die dem Erben nach §§ 2027, 2028 zustehenden Ansprüche auf Auskunftserteilung schon vor Eintritt des Nacherbfalls geltend machen, um sein Recht zu sichern, wenn der Vorerbe dies nicht genügend wahrnimmt. Nach Eintritt des Erbfalls und vor Eintritt des Nacherbfalls kann der Nacherbe bereits schuldrechtliche Verträge über die ihm anfallende Erbschaft schließen. § 312 steht dem nicht entgegen, da der Vertrag nicht den Nachlaß eines noch lebenden Dritten betrifft. Er kann ferner vor Eintritt des Nacherbfalls sein Nacherbenrecht in entsprechender Anwendung des § 2033 mit dinglicher Wirkung übertragen, so daß der Erwerber in die Rechtsstellung des Nacherben einrückt. (§ 2108 A 2 Abs 4). Der Vorerbe ist dann nach Maßgabe der §§ 2113ff., 2120 an die Zustimmung des Dritten gebunden. Mit Eintritt des Nacherbfalls erwirbt dieser unmittelbar die Erbschaft. Er kann annehmen oder ausschlagen und haftet den Gläubigern (RG 83, 434 [436]; 90, 234 [235]; 101, 185; 103, 354; 170, 163 [168]; RG Recht 1923 Nr 1248; OLG 40, 120). Dagegen kann der Nacherbe seinen gegen den Vorerben gerichteten Anspruch auf künftige Herausgabe des Nachlasses nicht selbständig abtreten. Dieser Anspruch dient der Verwirklichung des Nacherbenrechts und ist daher mit diesem unlöslich verbunden (ebenso Kipp-Coing § 115 I 3c, a. A. Planck-Flad 4. Aufl Vorbem 4b vor § 2100). Eine Übertragung seines Rechts auf den Vorerben liegt in dem Verzicht des Nacherben auf sein Recht zugunsten des Vorerben. Dieser Verzicht kann daher nur in der Form des § 2033 erklärt werden. Die Übertragung des Nacherbenrechts auf den Vorerben kann unter Umständen wegen Verstoßes gegen die guten Sitten nichtig sein. Nichtigkeit hat das Reichsgericht in folgendem Fall angenommen. Der Erblasser hatte seine Ehefrau zur Erbin eingesetzt und bestimmt, daß sie im Falle ihrer Wiederheirat hinsichtlich drei Viertel des Nachlasses nur Vorerbin, die gemeinsame Tochter insoweit Nacherbin sein solle. Am Tage der Volljährigkeit der Tochter veranlaßte die Mutter diese, zu ihren Gunsten auf ihr Nacherbenrecht zu verzichten und heiratete sodann (vgl. DNotZ 1942, 145). Durch die Annahme der Übertragung erlangt der Vorerbe die Rechtsstellung des Nacherben hinzu. Damit wird er in der Regel dieselbe

Rechtsstellung wie ein Vollerbe erhalten. Er erlangt diese Rechtsstellung unter Umständen nicht, wenn der Erblasser die Vererblichkeit des Nacherbenrechts ausgeschlossen und für den Nacherben einen Ersatznacherben bestimmt hat. Dadurch, daß der Nacherbe seine Stellung auf den Vorerben überträgt, kann er die Rechtsstellung des Ersatznacherben nicht beeinträchtigen. Fällt daher der Nacherbe vor Eintritt des Nacherbfalls fort, so wird der Ersatzerbe Nacherbe, auch wenn der zuerst berufene Nacherbe seine Anwartschaft auf den Vorerben übertragen hat (KG JW 37, 1553 und 38, 3118). Entsprechendes gilt, wenn der Erblasser für den Nacherben einen weiteren Nacherben bestimmt hat (Hamm JMBL NRW 53, 80). Man kann in diesem Fall jedoch nicht, wie es in dem angeführten Beschluß des OLG Hamm heißt, von einem Aufrücken des zweiten Nacherben sprechen. Denn dieser erhält die Erbschaft, auch wenn der erste Nacherbe sein Recht auf den Vorerben übertragen hat, erst, wenn die Bedingungen für den zweiten Nacherbfall eingetreten sind.

Das Anwartschaftsrecht des Nacherben ist pfändbar und verpfändbar. (§ 2108 A 2 Abs. 4). Daß es im Konkurs zur Konkursmasse des Nacherben gehört, braucht nicht besonders hervorgehoben zu werden. Die Befugnis, die Erbschaft auszuschlagen (§ 2142), verbleibt aber nach § 9 KO dem Nacherben.

2. Die **Einsetzung des Nacherben** kann, wie die Einsetzung jedes Erben, nur durch Verfügung von Todes wegen erfolgen (§§ 1937, 1941). Bleibt nach der Verfügung unklar, ob es sich um Vor- und Nacherbschaft oder um Zuwendung des bloßen Nießbrauchs am Erbteil, z. B. der eingesetzten Kinder handelt, so ist entscheidend, ob der in der Form des Nießbrauchs Bedachte, wenn auch unter weitgehenden Verfügungsbeschränkungen, nicht dennoch Herr des Nachlasses und ein anderer erst nach ihm Erbe sein soll, oder ob er darauf angewiesen sein soll, von dem anderen, allein als Erbe Eingesetzten die Einräumung des Nießbrauchs zu fordern, § 2174 (RG JW 1911, 283[15]; 1918, 434[3] mit A; Warn 1927 Nr 57; 1939 Nr 47; Dresden JFG 3, 156). In der Bestimmung des Erblassers, seine Witwe solle die Nutznießung des Nachlasses haben und befugt sein, über Nachlaßgrundstücke zu verfügen, nach ihrem Tode solle der Nachlaß auf Verwandte übergehen, liegt regelmäßig die Anordnung einer Vor- und Nacherbschaft (KG HRR 41, Nr 376 = DR 41, 594[17]). OLG Celle hat die Anordnung einer Nacherbschaft zutreffend in der Bestimmung erblickt: A. solle Erbe sein, falls er jedoch unverheiratet und kinderlos versterbe, bevor er ein bestimmtes Alter erreicht habe, solle seine Schwester den Nachlaß erhalten (NRpfl 49, 176). Selbst dann, wenn einer Person praktisch nur die Nutznießung am Nachlaß zugewandt ist, kann sie rechtlich Vorerbe sein. Der Erblasser hat es in der Hand, das Verfügungsrecht des Vorerben durch diesen schuldrechtlich verpflichtende Auflagen weiter zu beschränken, als es durch das Gesetz in den §§ 2113 bis 2115 geschehen ist. Dem Vorerben brauchen nicht mehr Rechte belassen zu werden, als sie für die Nutznießung des Nachlasses und dessen Verwaltung erforderlich sind. Auch der nach den Anordnungen des Erblassers auf den Nießbrauch und die Verwaltung Beschränkte kann, wenn er nach dem Willen des Erblassers sein Erbe sein soll, Vorerbe sein (LM Nr 2 zu § 2100). Über Auslegungszweifel beim gemeinschaftlichen Testament vgl. § 2269 A 2. Auch im Falle des § 2104 wird die Einsetzung der gesetzlichen Erben vom Gesetze wenigstens fingiert.

Der Nacherbe kann auf das Ganze oder nur auf einen Bruchteil der Erbschaft berufen sein (§ 2087). Mehrere Erben können, wiewohl mit der zeitlichen Grenze des § 2109, als sich nacheinander folgend bestimmt werden. Der erste Nacherbe steht dann nach Eintritt des ersten Falles der Nacherbfolge dem folgenden Nacherben wieder als Vorerbe gegenüber usw. Ersatznacherbe § 2096.

Auslegungsfrage ist, ob in dem an den Erben gerichteten Verbote, letztwillig zu verfügen, eine Nacherbeneinsetzung seiner gesetzlichen Erben enthalten ist (§ 2103 A 1); ebenso, ob die Testamentsbestimmung, daß der Erbe den Grundbesitz an keinen anderen als an seine Nachkommen veräußern dürfe, als Nacherbeinsetzung der Nachkommen oder als ein Vermächtnis oder, was am nächsten liegt, als eine bloße Auflage aufzufassen ist (HRR 1935 Nr 184). Die Bestimmung, der Erblasser erwarte, daß der eingesetzte Erbe den ihm zugewandten Teil des Nachlasses bei seinem Tode einer dritten Person zukommen lasse, kann, wenn sich genügend Anhaltspunkte für einen dahingehenden Willen des Erblassers ergeben, als Anordnung einer Nacherbschaft ausgelegt werden (BGH 11. 10. 51 IV ZR 70/50, insoweit in LM Nr 1 zu § 133 [B] nicht veröffentlicht). Das gleiche gilt, wenn der Erblasser angeordnet hat, das einem Erben Zugewandte solle, falls dieser nach Eintritt des Erbfalls versterbe, anderen Miterben „anwachsen“ (BGH aaO.). Die Auferlegung der Verpflichtung, einen Bruchteil der reinen Erbschaft herauszugeben, ist regelmäßig nicht als Anordnung einer Nacherbschaft, sondern eines Vermächtnisses zu verstehen (§ 2087 A 3d). Kommt es nicht zur Erbfolge des Vorerben, weil er vor dem Erblasser verstorben ist, oder weil das sein Erbrecht beendigende Ereignis schon vor dem Erbfall eintrat, so kommt es auch nicht zur Nacherbfolge. Wohl aber wird der Nacherbe dann regelmäßig als Ersatzerbe eintreten (§ 2102).

Der Nacherbe kann auch unter einer auflösenden oder aufschiebenden Bedingung oder unter Bestimmung eines Endtermins eingesetzt werden. Die Bedingung kann auch in einem Tun oder Unterlassen des bedachten Vorerben bestehen. Zulässig ist es, jemand zum Nacherben zu berufen unter der Bedingung, daß der Vorerbe nicht anders über den Nachlaß verfügt (Warn 1910 Nr 390; RG 95, 278; RG SeuffA 76, 163; BGH 2, 35, vgl. auch § 2065 Anm 2b).

Noch nicht erzeugte Person als Nacherbe

§ 2101

Ist eine zur Zeit des Erbfalls noch nicht erzeugte Person als Erbe eingesetzt, so ist im Zweifel anzunehmen, daß sie als Nacherbe eingesetzt ist. Entspricht es nicht dem Willen des Erblassers, daß der Eingesetzte Nacherbe werden soll, so ist die Einsetzung unwirksam.

Das gleiche gilt von der Einsetzung einer juristischen Person, die erst nach dem Erbfalle zur Entstehung gelangt; die Vorschrift des § 84 bleibt unberührt.

E I 1758 Abs 2 II 1974; M 5 12, 13; P 5 7—10; 6 90; KB 317.

1. Nach § 1923 kann nicht Erbe werden, wer zur Zeit des Erbfalls nicht wenigstens **erzeugt** war (anders beim Vermächtnis § 2178). Die Berufung einer solchen Person als Erbe (oder Ersatzerbe) muß deshalb unwirksam bleiben, wenn sie schlechterdings nur als Erbeinsetzung gewollt ist. Das Gesetz wandelt aber durch Auslegungsvorschrift („im Zweifel") die äußerlich unwirksame Erklärung in eine wirksame um (§ 140), indem es sie in eine Nacherbeinsetzung umdeutet, für deren Bestand Leben oder Erzeugtsein des Bedachten zur Zeit des Erbfalls nicht Voraussetzung ist (RG JW 1929, 2596[10]; § 2108 A 1). Danach ist eine Berufung des noch nicht Erzeugten als Nacherbe anzunehmen, sowohl, wenn nicht festgestellt werden kann, ob der Erblasser ihn als Erben oder als Nacherben einsetzen wollte, als auch, wenn feststeht, daß der Erblasser nur an eine Erbeinsetzung und nicht an eine Einsetzung als Nacherbe gedacht hat. Nur wenn die Auslegung der letztwilligen Verfügung ergibt, daß eine Berufung als Nacherbe unter keinen Umständen mit dem Willen des Erblassers vereinbar ist, kann § 2101 Abs 1 Satz 1 nicht angewandt werden und die Verfügung ist nach Satz 2 unwirksam.

Praktisch bedeutsam ist die Vorschrift vor allem, wenn der Erblasser allgemein die Kinder eines nahen Angehörigen zu Erben eingesetzt hat und entgegen § 2070 anzunehmen ist, daß er damit auch die Kinder gemeint hat, die später noch geboren werden. In diesen Fällen ist anzunehmen, daß die als Erben eingesetzten Kinder auch Vorerben bezüglich des Erbteils der noch nicht Erzeugten sind. Denn dadurch, daß der Erblasser seinen gesamten Nachlaß den in dem Testament bezeichneten Personen vermacht hat, hat er zu erkennen gegeben, daß er die gesetzliche Erbfolge ausschließen will. Sobald nach dem Erbfall ein Kind geboren wird, fällt diesem ein Erbteil als Nacherbe an. In Ansehung eines Teils seiner Erbschaft ist dieser Nacherbe wiederum nur Vorerbe, da sein Erbteil, wenn später noch weitere Geschwister geboren werden, eine entsprechende Minderung erfahren muß.

Der Fall der Nacherbfolge, gegebenenfalls auch einer zweiten Nacherbfolge (RG Warn 09 Nr 30), tritt mit der Geburt des oder der mehreren solchergestalt Bedachten ein (§ 2106 Abs 2). Die Frage der Nacherbfolge ist mithin erst dann erledigt, der Kreis der in Betracht kommenden Personen erst dann geschlossen, wenn gewiß ist, daß eine Geburt nicht mehr zu erwarten steht. Bis dahin besteht ein Schwebezustand. Bis zum Eintritt des Falles der Nacherbfolge sind, soweit nicht andere Personen als zur Erbfolge berufen anzusehen sind, Vorerben die gesetzlichen Erben (§ 2105 Abs 2; vgl. Planck-Flad A 3). Pflegschaft für die noch unbekannten Nacherben § 1913, Testamentsvollstrecker § 2222. „Die Xsche Nachkommenschaft" kann hiernach als Nacherbe berufen sein, auch die Eintragung oder Umschreibung einer Hypothek auf ihren Namen ist zulässig (RG 61, 355; 65, 277; JW 1911, 362[10]).

2. Entstehung einer **juristischen Person,** d. h. Erlangung der Rechtsfähigkeit beim Verein §§ 21—23, bei der Stiftung § 80. Mit der Entstehung tritt der Anfall der Nacherbschaft ein (§ 2106 Abs 2; auf wohlwollender Auslegung, § 2084 A 1, beruhender Anwendungsfall JW 1938, 2273[6]). Bei einer Stiftung, die vom Erblasser in der Verfügung von Todes wegen selbst begründet, aber erst nach seinem Tode genehmigt ist, fingiert das Gesetz, sie sei schon vor dem Tode entstanden (§§ 83, 84). Da bis zur Genehmigung eine Stiftung, von der die Erbschaft angenommen werden könnte, nicht vorhanden ist, auch ein Vorerbe nicht eintritt, so muß die Verwaltung des Nachlasses bis dahin gemäß §§ 1960ff. von einem Nachlaßpfleger geführt werden. — Halbs 1 des Abs 2 hat von Stiftungen nur solche im Auge, die auch vom Stifter noch nicht begründet oder die von anderen Personen als dem Stifter in Erwartung des Entstehens eingesetzt sind.

3. Beweispflichtig dafür, daß eine Nacherbeinsetzung nicht beabsichtigt war, ist derjenige, welcher die Unwirksamkeit der Einsetzung behauptet. Kein Beschwerderecht des Vorerben gegen Anordnung der Pflegschaft (A 1) OLG 8, 323.

§ 2102

Die Einsetzung als Nacherbe enthält im Zweifel auch die Einsetzung als Ersatzerbe.

Ist zweifelhaft, ob jemand als Ersatzerbe oder als Nacherbe eingesetzt ist, so gilt er als Ersatzerbe.

E I 1802 II 1975; M 5 75, 76; P 5 76, 77.

1. Die Auslegungsregel („im Zweifel") gibt der erklärten Berufung des Z zum **Nacherben** nach dem X als Vorerben den nicht erklärten Inhalt: Z werde zugleich zum **Ersatzerben** für den etwa wegfallenden Erben X berufen. Diese Ersatzberufung ist nur wirksam, wenn Z zur Zeit des Erbfalls mindestens erzeugt ist (§ 2096 A 1). Trifft dies nicht zu, so könnte er nur Nacherbe werden, und zwar gemäß § 2106 Abs 2 mit seiner Geburt. Bis dahin oder bis zum Eintritt eines sonstigen die Nacherbfolge eröffnenden Ereignisses wären (da der Vorerbe X weggefallen ist) die gesetzlichen Erben die Vorerben (§ 2105). Lebte Z bereits zur Zeit des Erbfalls, so wird er, wenn der Vorerbe X wegfällt, unmittelbar gewöhnlicher Erbe. War er als (Nach- und nunmehr) Ersatzerbe eines Miterben berufen, so schließt er das Anwachsungsrecht der übrigen Miterben aus (§ 2099). In einem Testament, in dem die Ehegatten einander gegenseitig zu Vorerben und die gemeinsamen Kinder zu Nacherben eingesetzt haben, sind danach die Kinder Nacherben des zuerst versterbenden Ehegatten und Erben des letztversterbenden. Schlägt ein Kind die Erbschaft nach dem Tode des erstversterbenden Ehegatten aus, so bezieht sich diese Erklärung nur auf die Nacherbschaft nach dem zuerst verstorbenen Ehegatten (KG DR 41, 2242[8]).

Die Auslegungsregel kann nicht nur in dem Fall angewandt werden, daß der Nacherbe nach dem Tod des Vorerben zur Nacherbschaft berufen ist, sondern grundsätzlich in jedem Fall der Vor- und Nacherbschaft. Sie beruht auf dem Gedanken, daß der Erblasser in der Regel den Rechtserwerb des Nacherben nur mit Rücksicht auf den Vorerben hinausschieben will. Fällt der Vorerbe weg, dann besteht meistens kein Anlaß, dem Nacherben nicht sofort die Erbschaft zukommen zu lassen. Anders ist es häufig, wenn der Eintritt der Nacherbfolge an einen bestimmten Zeitpunkt oder an eine Bedingung geknüpft ist. In diesen Fällen ist zu prüfen, ob der Wille des Erblassers dahin ging, daß der Nacherbe die Erbschaft erst zu dem genannten Zeitpunkt oder bei Eintritt der Bedingung erhalten soll. Eine Anwachsung unter Miterben ist nach § 2099 insoweit ausgeschlossen, als für die einzelnen Miterben Nacherben bestimmt sind, die nach § 2102 Abs 2 zugleich Ersatzerben sind. Die Ersatzberufung als solche enthält keine Nacherbeinsetzung. Der Erblasser kann aber, wenn er eine Person als Ersatzerben bezeichnet hat, damit eine Nacherbschaft gewollt haben. Vgl. aber § 2096 A 2.

2. Der einmal zur Erbfolge kommende Erbe soll **im Zweifel nicht mit einer Nacherbschaft beschwert** sein. Hat z. B. der Erblasser als Erben berufen den X und „an Stelle des X oder nach ihm" die sämtlichen Kinder des Z, so rücken, wenn X weggefallen ist, nur die lebenden oder doch bereits erzeugten Kinder des Z als Ersatzerben ein. Die noch nicht erzeugten gelten hier nicht (wie nach § 2101 Abs 1) als Nacherben, sondern nur als Ersatzerben berufen, und diese ihre Berufung ist nach § 1923 unwirksam. Ist X wirklich Erbe geworden, so ist er, da die Kinder des Z nicht als Nacherben zu gelten haben, gewöhnlicher, unbeschwerter Erbe, während die Ersatzberufung der Zschen Kinder durch den Erbantritt des X hinfällig geworden ist. Über einen Fall, in dem eine „Substitution" gegen die für Zweifelsfälle gegebene Regel aus dem Zusammenhange des Testaments im Sinne der Anordnung nicht nur der Ersatz-, sondern auch der Nacherbfolge auszulegen war, weil sich nur so der vom Erblasser verfolgte Zweck erreichen ließ, s. RG LZ 1922, 465[11]. Die Bestimmung gilt auch, wenn der Erblasser seine Ehefrau als Erbin eingesetzt hat und zweifelhaft ist, ob die gleichfalls erwähnten Kinder als Ersatz- oder Nacherben eingesetzt sind. Eine gegenteilige allgemeine Lebenserfahrung, die in diesem Fall die Regel des § 2102 Abs 2 entkräftet, besteht nicht (OGH MDR 49, 483). — Entsprechende Anwendung von Abs 1 u. 2 beim Nachvermächtnis § 2191.

§ 2103

Hat der Erblasser angeordnet, daß der Erbe mit dem Eintritt eines bestimmten Zeitpunkts oder Ereignisses die Erbschaft einem anderen herausgeben soll, so ist anzunehmen, daß der andere als Nacherbe eingesetzt ist.

E I 1805 II 1976; M 5 83, 84; P 5 78.

1. Die **Anordnung, die Erbschaft** oder einen Teil der Erbschaft (§ 1922) **einem andern herauszugeben** (§ 2130), enthält nach ergänzender Bestimmung des Gesetzes eine Nacherbeinsetzung. Doch kann Auslegung im einzelnen Falle, insbesondere dann, wenn nach dem wahren Willen des Erblassers nur ein Wertanteil der Erbschaft herauszugeben ist, zu der Annahme einer bloßen Vermächtnisanordnung führen (§ 2087 A 3d, BayObLG 22, 94; 31, 281). Die Herausgabe kann einem gewillkürten oder einem gesetzlichen Erben auferlegt sein. Immerhin muß erkennbar sein, daß der hiermit Beschwerte wenigstens vorübergehend Erbe (Vorerbe) sein soll (RG LZ 1923, 321[10]).

Die Anordnung, A solle Erbe sein, habe aber die Erbschaft sofort an X herauszugeben, verneint damit zugleich das angebliche Erbrecht des A und ist nichtig, wenn sie nicht als unmittelbare Erbeinsetzung des X, möglicherweise in Verbindung mit der Ernennung des A zum Testamentsvollstrecker, gehalten werden kann.

Es ist Auslegungsfrage, ob in dem Verbot, über die Erbschaft letztwillig zu verfügen, oder in dem Gebot, einen bestimmten Dritten als Erben zu ernennen, eine Herausgabeverpflichtung und damit eine Nacherbschaft zugunsten der gesetzlichen Erben oder des Dritten gefunden werden kann (§ 2100 A 2).

§ 2104

Hat der Erblasser angeordnet, daß der Erbe nur bis zu dem Eintritt eines bestimmten Zeitpunkts oder Ereignisses Erbe sein soll, ohne zu bestimmen, wer alsdann die Erbschaft erhalten soll, so ist anzunehmen, daß als Nacherben diejenigen eingesetzt sind, welche die gesetzlichen Erben des Erblassers sein würden, wenn er zur Zeit des Eintritts des Zeitpunkts oder des Ereignisses gestorben wäre. Der Fiskus gehört nicht zu den gesetzlichen Erben im Sinne dieser Vorschrift.

E I 1807 II 1917; M 5 86, 87; P 5 79, 80.

1. Beschränkt sich der Erblasser darauf, das Erbrecht des eingesetzten Erben durch Bestimmung eines Anfangs- oder Endtermins, einer aufschiebenden oder auflösenden Bedingung zeitlich zu begrenzen, so will er jedenfalls eine Vor- und Nacherbfolge. Seine Verfügung ist aber unvollständig, wenn er entweder a) die Nacherben (§ 2104) oder b) die Vorerben (§ 2105) weder ausdrücklich noch in sonstiger durch Auslegung (§ 2084 A 2; OLG 43, 398) zu ermittelnder Weise bezeichnet hat. Das Gesetz ergänzt für beide Fälle (a und b) seinen Willen dahin, daß damit die **gesetzlichen Erben** gemeint seien (konstruktive Nacherbfolge). Kommen sie als **Nacherben** in Betracht, so bestimmen sich ihre Personen und ihre Erbteile nicht nach dem sonst für die gesetzliche Erbfolge maßgebenden Zeitpunkt des Todes des Erblassers (§ 1922), sondern auf Grund der Fiktion, daß der Erblasser selbst den Eintritt der Nacherbfolge (§ 2139) erlebt hätte. So auch im Falle des § 2066 Satz 2. Es können mithin schließlich ganz andere als die eigentlichen gesetzlichen Erben des Erblassers Nacherben werden. Sie bleiben während der Schwebezeit unbekannt und können deshalb ihre mit der Nacherbeneigenschaft verbundenen Rechte und Pflichten nur durch einen Pfleger (§ 1913) oder Testamentsvollstrecker (§ 2222) ausüben. Die Bestimmung beruht auf der Vermutung, daß die in ihr getroffene Regelung dem Willen des Erblassers entspricht. Daraus folgt, daß gesetzliche Erben, die nach § 1938 durch den Erblasser von der gesetzlichen Erbfolge ausgeschlossen sind oder die gemäß §§ 2346, 2349 auf ihr gesetzliches Erbrecht verzichtet haben, auch nicht nach § 2104 als Nacherben berufen sind. Die gleiche Wirkung hat, wie sich aus § 2340 Abs 2 Satz 2 ergibt, die Erbunwürdigkeitserklärung eines gesetzlichen Erben.

Die Benennung eines Nacherben schließt die Anwendung des § 2104 regelmäßig auch dann aus, wenn der Benannte schon vor dem Erblasser verstorben ist (RG JW 07, 259[20]). Der Nacherbe braucht nicht ausdrücklich benannt zu sein. Es genügt, wenn seine Berufung im Wege der Testamentsauslegung festgestellt werden kann. Wenn aber nach dem erklärten Willen des Erblassers der Vorerbe auf jeden Fall nur bis zu einem bestimmten Zeitpunkt Erbe sein soll, kann auch beim Tode des eingesetzten Nacherben vor dem Erblasser die Annahme gerechtfertigt sein, daß als Ersatznacherben die gesetzlichen Erben nach Maßgabe des § 2104 eintreten sollen (RG aaO.; KG DNotV 1933, 286). Dieselbe Annahme kann unter der angegebenen Voraussetzung auch in den Fällen gerechtfertigt sein, in denen die Unwirksamkeit der Einsetzung eines benannten Nacherben auf anderen vor dem Erbfall eingetretenen Gründen, z. B. einem Verstoß gegen § 2235 Abs 2 beruht (HRR 1938 Nr 1399 = ZAkDR 1939, 30 m. Anm von Lange), oder wenn die Berufung des Nacherben durch Anfechtung des Testaments fortgefallen ist, ohne daß damit zugleich die Anordnung der Vorerbschaft hinfällig geworden ist (BGH 15. 10. 53 IV ZR 93/53). Haben sich Ehegatten in einem gemeinschaftlichen Testament als Vorerben eingesetzt, aber nur für den Fall, daß aus der Ehe Kinder hervorgehen, bestimmt, daß die Kinder Nacherben sein sollen, so kommt bei Kinderlosigkeit der Ehe § 2104 nur in Betracht, wenn aus dem Testament der Wille der Erblasser hervorgeht, daß der überlebende Ehegatte auf jeden Fall, also gleichviel, ob Kinder aus der Ehe hervorgehen oder nicht, die Erbschaft nur bis zum festgesetzten Zeitpunkt behalten soll (JFG 2, 151). Die Bestimmung eines gemeinschaftlichen Testaments, in dem jeder der beiden Ehegatten den anderen als seinen Erben eingesetzt hat, daß nach dem Tode des Längstlebenden die gesetzlichen Erben des Erstverstorbenen dessen Nacherben sein sollen, kann entsprechend dem § 2104 dahin ausgelegt werden, daß sich der Kreis der zu Nacherben berufenen gesetzlichen Erben des Erstverstorbenen nach dem Zeitpunkt des Ablebens des Letztversterbenden richtet (DNotZ 1935, 826; JFG 14, 471). Wenn Ehegatten einander in einem gemeinschaftlichen Testament nicht unbeschränkt zu Vollerben eingesetzt haben und dem Testament zu entnehmen ist, daß die Beschränkung zugunsten der gemeinsamen Kinder erfolgt ist, ohne daß diese ausdrücklich zur Erbschaft berufen sind, ist nicht ohne weiteres ein Fall des § 2104 gegeben. Vielmehr ist zunächst zu prüfen, ob der Wille der Erblasser dahin ging, daß nach dem Tode des Längstlebenden der beiderseitige Nachlaß an die Kinder fallen soll, so daß die Auslegungsregel des § 2269 anzuwenden wäre, die den überlebenden Ehegatten besser stellt (BGH 3. 4. 52 IV ZR 128/51).

Sind zur Zeit des Eintritts der Nacherbfolge andere gesetzliche Erben als der Fiskus überhaupt nicht vorhanden, oder ist ihr Erbrecht durch Ausschließung, Erbverzicht, Erbunwürdigkeit weggefallen, so verbleibt, da der Fiskus nicht in Frage kommt (A 2), die Erbschaft dem Vorerben oder seinen Erben. Dagegen ist der gesetzliche Erbe, der den Anteil an der Erbschaft ausgeschlagen hat, dadurch nicht gehindert, demnächst den Anteil an der Nacherbschaft anzunehmen (§ 1951 Abs 1). Sind von mehreren anwachsungsberechtigten Miterben einer oder einige nur auf Zeit oder auflösend bedingt als Erben eingesetzt, so wird sowohl die entsprechende Anwendung des § 2094 wie die Auslegung des letzten Willens regelmäßig dazu führen, daß der erledigte Erbteil den übrigen Miterben als Nacherben anwachsen und nicht den gesetzlichen Erben zukommen soll.

2. Kein Nacherbrecht des **Fiskus** (§ 1936). Wohl aber kann er nach § 2105 Vorerbe werden. Vgl. für das Vermächtnis § 2149.

3. Die gesetzliche Erbfolge tritt ein, falls die auflösende Bedingung oder der Endtermin schon vor dem Tode des Erblassers eingetreten ist. Sofern jedoch in diesem Fall der Fiskus Erbe werden würde, ist nach dem in § 2104 Satz 2 ausgedrückten Rechtsgedanken die auflösende Bedingung oder Befristung zu streichen (vgl. Planck-Flad 4. Aufl. § 2104 Anm 6).

§ 2105

Hat der Erblasser angeordnet, daß der eingesetzte Erbe die Erbschaft erst mit dem Eintritt eines bestimmten Zeitpunkts oder Ereignisses erhalten soll, ohne zu bestimmen, wer bis dahin Erbe sein soll, so sind die gesetzlichen Erben des Erblassers die Vorerben.

Das gleiche gilt, wenn die Persönlichkeit des Erben durch ein erst nach dem Erbfall eintretendes Ereignis bestimmt werden soll oder wenn die Einsetzung einer zur Zeit des Erbfalls noch nicht erzeugten Person oder einer zu dieser Zeit noch nicht entstandenen juristischen Person als Erbe nach § 2101 als Nacherbeinsetzung anzusehen ist.

E I 1808 II 1978; M 5 87, 88; P 5 80.

1. Das BGB kennt keine ruhende Erbschaft. Es muß daher für den Fall, daß die Erbschaft dem eingesetzten Erben im Augenblick des Erbfalls noch nicht anfallen kann (Abs 2) oder nach dem Willen des Erblassers noch nicht anfallen soll (Abs 1) eine Regelung treffen, wenn der Erblasser selbst keinen Vorerben eingesetzt hat. Ein solcher Fall kann auch vorliegen, wenn die Berufung des Vorerben durch Testamentsanfechtung fortgefallen ist, ohne daß damit zugleich die Anordnung der Nacherbschaft hinfällig geworden ist. Durch eine sog. Dispositivvorschrift (RG JW 1935, 1845[5]) ergänzt das Gesetz die unterbliebene Bestimmung der **Vorerben,** wie § 2104 diejenige der Nacherben, indem es die **gesetzlichen Erben,** aber abweichend von § 2104 nach dem hierfür allgemein geltenden Zeitpunkt des Erbfalls (§ 1922) als berufen ansieht. Hierzu gehört auch der Fiskus § 1936. Der Fall des Abs 1 ist namentlich gegeben, wenn der Erbe unter einer aufschiebenden Bedingung eingesetzt ist (§ 2074). Fehlt es für die Zeit des Schwebens der Bedingung an einem Erben, so treten die gesetzlichen Erben inzwischen als Vorerben ein (§ 1942 A 2).

2. Durch ein **künftiges Ereignis bestimmt** ist z. B. der künftige Ehemann der X. Tritt das Ereignis schon vor dem Erbfall ein, so kommt es sogleich zur gewöhnlichen Erbfolge. Auch dann wird der Eingesetzte sofort Erbe, wenn der Erblasser bei der Erbeinsetzung eine bestimmte, ihm jedoch unbekannt gebliebene Person im Auge hatte und diese nur nach einem der Vergangenheit angehörigen Ereignis bestimmt hat, z. B. seinen Lebensretter (§ 1960 Abs 1). Ist von mehreren eingesetzten Erben der X unter einer aufschiebenden Bedingung oder von einem Anfangstermin ab als Erbe eingesetzt, so kann als Wille des Erblassers auch ermittelt werden, daß nicht die gesetzlichen, sondern die übrigen eingesetzten Miterben Vorerben auf den Erbteil des X sein sollen.

3. Die bereits **erzeugte Person** wird mit der Geburt (§ 1923 Abs 2), die vom Erblasser selbst errichtete **Stiftung** mit der Genehmigung (§ 84) unter Rückbeziehung auf den Erbfall sogleich gewöhnlicher Erbe.

§ 2106

Hat der Erblasser einen Nacherben eingesetzt, ohne den Zeitpunkt oder das Ereignis zu bestimmen, mit dem die Nacherbfolge eintreten soll, so fällt die Erbschaft dem Nacherben mit dem Tode des Vorerben an.

Ist die Einsetzung einer noch nicht erzeugten Person als Erbe nach § 2101 Abs 1 als Nacherbeinsetzung anzusehen, so fällt die Erbschaft dem Nacherben mit dessen Geburt an. Im Falle des § 2101 Abs 2 tritt der Anfall mit der Entstehung der juristischen Person ein.

E I 1809 II 1979; M 5 88, 89; P 5 80, 81.

1. Innerhalb der Grenzen des § 2109 steht dem Erblasser frei, den **Zeitpunkt des Anfalls der Erbschaft an den Nacherben** nach seinem Belieben zu bestimmen. Ist dies unterblieben, so bestimmt ergänzend das Gesetz den Tod des Vorerben als den regelmäßigen Fall des Eintritts der Nacherbfolge (§ 2139). Dasselbe gilt, wenn die Zeit der Herausgabe an den eingesetzten Nacherben dem freien Belieben des Vorerben überlassen ist (§ 2181). Ist zur Zeit des Todes des Vorerben der Fall der Nacherbfolge noch nicht eingetreten, so geht die Erbschaft, belastet mit der Pflicht zur künftigen Herausgabe an den Nacherben, zunächst auf die Erben des Vorerben über (§ 2100 A 1b). Das Erleben eines Zeitpunkts oder der Eintritt eines Ereignisses kann aber auch in dem Sinne als Bedingung der Nacherbfolge bestimmt sein, daß hiervon zwar die Berufung als Nacherbe, nicht aber zugleich auch der Anfall der Nacherbschaft abhängig sein soll, z. B. X soll Nacherbe werden, wenn er bis . . . ein Amt erlangt hat (aber — selbstverständlich — die Erbschaft erst nach dem Tode des Vorerben erhalten). Vererblichkeit des Anwartschaftsrechts schon vor dem Anfall § 2108 Abs 2.

2. Abs 2 ergänzt den Willen des Erblassers nur für den Fall, daß er die **noch nicht erzeugte** Person oder die noch nicht entstandene **juristische Person** schlechthin als Erben eingesetzt hat. Diese Einsetzung wird nach § 2101 in eine Nacherbeinsetzung umgedeutet. Ist der noch nicht erzeugte Z ausdrücklich als Nacherbe nach dem X berufen, so ist nach Abs 1 als Wille des Erblassers zu vermuten, daß Z erst nach dem Tode des X Nacherbe werden solle. Sicherungsrechte der noch nicht erzeugten Nacherben schon vor der Geburt RG 65, 2 3. Diese Rechte können nur im Rechtswege gegen den Vorerben, nicht durch Verwaltungsanordnungen des Vormundschaftsgerichts gewahrt werden (OLG 32, 55). Vgl. auch § 2101 A 1.

3. Gegen Hachenburg (DNotZ 6, 332) ist mit Planck-Flad 4. A § 2106 A 5 anzunehmen, daß der Erblasser die Entscheidung darüber, wann der Nacherbfall eintreten soll, weder dem Vorerben noch einem Dritten überlassen kann. Einer solchen Bestimmung würde § 2065 entgegenstehen. (Ebenso BGH 18. 11. 54 IV ZR 152/54, vorgesehen zum Abdruck in der amtlichen Sammlung).

§ 2107

Hat der Erblasser einem Abkömmlinge, der zur Zeit der Errichtung der letztwilligen Verfügung keinen Abkömmling hat oder von dem der Erblasser zu dieser Zeit nicht weiß, daß er einen Abkömmling hat, für die Zeit nach dessen Tode einen Nacherben bestimmt, so ist anzunehmen, daß der Nacherbe nur für den Fall eingesetzt ist, daß der Abkömmling ohne Nachkommenschaft stirbt.

E I 1811 II 1980; M 5. 89, 90; P 5 82, 83.

Übersicht:

Abkömmlinge des Vorerben

1. Das Gesetz vermutet, ähnlich wie bei der unwissentlichen Übergehung eines Pflichtteilsberechtigten (§ 2079, s. auch § 2069), der Erblasser wolle seine entfernteren Abkömmlinge nicht hinter einem Fremden zurücksetzen. Die Vorschrift regelt einen an sich unter § 2078 Abs 2 fallenden Tatbestand. Ihre Besonderheit besteht darin, daß der Irrtum des Erblassers kein Anfechtungsrecht begründet, sondern die Unwirksamkeit der die Nacherbfolge aussprechenden Verfügung herbeiführt. Die in der Verfügung unbedingt erklärte Nacherbeneinsetzung wird in eine bedingte umgedeutet.

Begriff des Abkömmlings § 1924 A 2. Maßgebend ist die Zeit der Errichtung der letztwilligen Verfügung. Unkenntnis vom Vorhandensein eines Abkömmlings § 2079 A 3. Ob sie dadurch ausgeschlossen wird, daß der Erblasser von der Schwangerschaft eines weiblichen Abkömmlings weiß, ist Tatfrage (RG 9. 6. 04 IV 504/03).

2. Der Nacherbe muß ausdrücklich oder stillschweigend (§ 2106 Abs 1) **für die Zeit nach dem Tode des Vorerben** bestimmt sein. Die „Annahme" greift deshalb nicht Platz, wenn der Nacherbe für einen andern Zeitpunkt oder für den Fall des Eintritts eines bestimmten Ereignisses (§ 2105) oder wenn eine noch nicht erzeugte Person oder eine noch nicht entstandene juristische Person als Nacherbe eingesetzt ist, da dann der Zeitpunkt der Geburt des Nacherben usw. entscheidet (§ 2106 Abs 2). In diesen Fällen gilt als genügend deutlich ausgedrückt, daß der etwa nachgeborene oder der unbekannte Abkömmling — unbeschadet natürlich seines Pflichtteilsrechts — ganz von der Erbschaft ausgeschlossen sein soll.

3. a) Abkömmlinge des Vorerben. Der von dem Vorerben hinterlassene Nachkomme muß Abkömmling im Sinne des Gesetzes sein. Das ist auch ein von dem Vorerben an Kindesstatt angenommenes Kind. Dabei ist es unerheblich, ob die Annahme vor oder nach der Testamentserrichtung erfolgt ist. Selbst eine Annahme nach Eintritt des Erbfalls kann dazu führen, daß die Anordnung der Nacherbfolge nach § 2107 fortfällt. Ein dieser Vorschrift entgegenstehender Wille des Erblassers wird aber anzunehmen sein, wenn die Annahme nur deswegen erfolgt ist, um die Bestimmung des Erblassers über die Nacherbfolge zu vereiteln (Planck-Flad 4. Aufl § 2107 Anm 2b; Kipp-Coing § 113 III 4).

b) Der von dem Vorerben hinterlassene Abkömmling braucht weder dem Erblasser noch dem Vorerben gegenüber erbberechtigt zu sein. Es kommt daher nicht darauf an, ob er die Erbschaft des Vorerben ausgeschlagen, hiervon ausgeschlossen ist, darauf verzichtet hat oder für erbunwürdig erklärt ist. Der Vorteil, den § 2107 bezweckt, tritt in der Person des Vorerben ohne Rücksicht darauf ein, ob er auch dem hinterlassenen Abkömmling zugute kommt. Daraus, daß die angeordnete Nacherbfolge entfällt, folgt, daß der Vorerbe unbeschränkter Herr des Nachlasses war, der über diesen unter Lebenden wie von Todes wegen frei verfügen konnte. Der hinterlassene Abkömmling tritt nicht etwa an die Stelle des zum Nacherben Eingesetzten. § 2107 beruht daher auf anderen Erwägungen als § 2069.

Trotz der scheinbar entgegenstehenden Fassung ist der eingesetzte Nacherbe nicht aufschiebend, sondern auflösend bedingt berufen. § 2074 kommt deshalb nicht in Frage. Jener erwirbt vielmehr das „Nacherbenrecht" schon mit dem Erbfall als vererbliches Recht (§ 2108 A 2), geht aber, wenn der als Vorerbe eingesetzte Abkömmling Nachkommenschaft hinterläßt, seiner Nacherbenstellung wieder verlustig und ist, wenn er die Erbschaft angenommen hat, dem Erbschaftsanspruch der Erben des Vorerben ausgesetzt.

4. Fortfall des Rechts des Nacherben. Die Abkömmlinge des Vorerben müssen bei seinem Tode leben. Es genügt auch, daß sie in diesem Augenblick erzeugt sind, wenn sie demnächst lebend geboren werden.

Da die Nachkommen beim Tode des Vorerben leben müssen, wird die Rechtsstellung des Nacherben dadurch, daß dem Vorerben ein Abkömmling geboren wird, noch nicht berührt. Der Nacherbe verliert sein Recht erst, wenn der Abkömmling zur Zeit des Todes des Vorerben noch lebt. Der Vorerbe kann aber, wenn er nachzuweisen vermag, daß der Erblasser sich hinsichtlich des Vorhandenseins oder der Geburt des Nacherben in einem Irrtum nach § 2078 Abs 2 befunden hat, das Testament auch anfechten. Damit kann er die Anwartschaft des Nacherben sofort beseitigen und er behält dann seine durch die Nacherbfolge nicht beschränkten Rechte auch, wenn bei seinem Tod der Abkömmling nicht mehr lebt.

5. Abweichende Bestimmungen des Erblassers, die § 2107 ausschließen, sind zulässig. Ein dahin gehender Wille des Erblassers muß zur Zeit der Testamentserrichtung vorhanden gewesen sein und er muß notfalls durch Auslegung aus dem Testament ermittelt werden können. Der Umstand, daß der Erblasser, nachdem er das Testament errichtet hat, von dem Vorhandensein der Abkömmlinge des Vorerben Kenntnis erhalten und seine Verfügung dennoch nicht geändert hat, kann die Anwendung des § 2107 nicht ausschließen. Hierzu genügen auch formlose Erklärungen des Erblassers aus späterer Zeit nicht. Sie können aber mit anderen Umständen zusammen als Anhaltspunkte für einen dem § 2107 entgegenstehenden Willen des Erblassers zur Zeit der Testamentserrichtung in Betracht kommen.

6. Wegfall des Vorerben. § 2107 kann nicht angewandt werden, wenn der Vorerbe vor oder nach Eintritt des Erbfalls wegfällt. Dieser Bestimmung ist nicht zu entnehmen, wer an die Stelle des weggefallenen Vorerben tritt. § 2069 kann gleichfalls nicht angewandt werden. Diese Vorschrift ist nur anzuwenden, wenn der Erblasser selbst nichts anderes bestimmt hat. Nach § 2102 Abs 1 enthält aber die Einsetzung als Nacherbe, im Zweifel die Einsetzung als Ersatzerbe (Planck-Flad 4. Aufl § 2107 Anm 3). Der Abkömmling des Vorerben kann jedoch die Verfügung des Erblassers nach § 2078 Abs 2 oder § 2079 anfechten.

§ 2108

Die Vorschriften des § 1923 finden auf die Nacherbfolge entsprechende Anwendung.

Stirbt der eingesetzte Nacherbe vor dem Eintritte des Falles der Nacherbfolge, aber nach dem Eintritte des Erbfalls, so geht sein Recht auf seine Erben über, sofern nicht ein anderer Wille des Erblassers anzunehmen ist. Ist der Nacherbe unter einer aufschiebenden Bedingung eingesetzt, so bewendet es bei der Vorschrift des § 2074.

E I 1810, 2026 Abs. 2 II 1981; M 5 89, 489; P 5 81, 82, 614.

Übersicht:

Vererblichkeit des Anwartschaftsrechts des Nacherben

1. Entsprechende Anwendung des § 1923 (Abs 1)
2. Vererblichkeit der Anwartschaft (Abs 2 Satz 1)
3. Einsetzung des Nacherben unter einer aufschiebenden Bedingung (Abs 2 Satz 2)
4. Juristische Person als Nacherbe

1. Die entsprechende Anwendung des § 1923 führt dazu, daß Nacherbe nur werden kann, wer **zur Zeit des Eintritts der Nacherbfolge** (§ 2139), also beim Eintritt des hierfür bestimmten Zeitpunkts oder Ereignisses (§§ 2103—2105) oder beim Tode des Vorerben (§ 2106) **lebt oder** doch mindestens **erzeugt ist,** wenn er demnächst lebend geboren wird. Nicht erforderlich ist dagegen, daß er bereits zur Zeit des Erbfalls gelebt hat oder wenigstens erzeugt war (§ 2101; RG JW 1929, 2596[10]). Wenn die als Nacherbe eingesetzte Person zur Zeit des Nacherbfalls noch nicht erzeugt ist, ist im Zweifel anzunehmen, daß sie als zweiter Nacherbe eingesetzt ist (§ 2101; Warn 09 Nr 30). Abs 2 läßt es indessen vermöge der Vererblichkeit des erlangten Rechtes auch dann zur Nacherbfolge — und zwar nicht des Nacherben selbst, wohl aber seiner Erben — kommen, wenn der Nacherbe zur Zeit des Eintritts der Nacherbfolge **nicht mehr lebt,** jedoch nach dem Erbfall gelebt und die Anwartschaft auf die Nacherbfolge bereits erworben hatte. Entsprechend § 1923 Abs 2 gilt der zur Zeit des Eintritts der Nacherbfolge nur erst erzeugte Nacherbe schon als vor diesem Zeitpunkte geboren. Bis zur Geburt des Nacherben besteht ein Schwebezustand in dem es ungewiß ist, ob der Nacherbfall eintritt oder die Erbschaft dem Vorerben verbleibt. Für die Dauer des Schwebezustandes kann nach § 1960 Abs 1 Satz 2 eine Nachlaßpflegschaft angeordnet werden. Dagegen kommt eine Rückbeziehung nicht in Frage, wenn in dem Falle des § 2101 nach § 2106 Abs 2 gerade mit der Geburt der Eintritt der Nacherbfolge begründet wird (Ebbecke, Recht 1914, 182 gegen Planck-Flad A 4bγ). S. auch § 2109 A 3b.

2. Stirbt der eingesetzte Nacherbe vor dem Erblasser, so wird seine Berufung von selbst hinfällig; der eingesetzte Erbe tritt nunmehr als Erbe zu vollem Rechte in die Erbfolge ein (RG JW 07, 259[20]). Hat er dagegen, gleichviel ob er als erster oder späterer Nacherbe eingesetzt ist, den Erblasser überlebt, so hat er damit unentziehbare Rechte erworben, die vermöge des Grundsatzes der **Vererblichkeit dieser Anwartschaft** als Bestandteil seines Nachlasses auf seine Erben übergehen (RG 65, 144; 103, 354. Diese Entscheidung folgert hieraus, daß der Nacherbe seine Erben auch in Ansehung des ihnen beim Eintritte des Nacherbfolgefalls anfallenden Vermögens durch die Anordnung einer weiteren Nacherbfolge oder einer verwaltenden Testamentsvollstreckung beschränken kann). Den Erwerb dieser Anwartschaft hat Strohal I § 27 Anm 20 als Voranfall bezeichnet. Hiervon ist jedoch nur in den Fällen zu sprechen, in denen der Nacherbe eine vererbliche Anwartschaft erlangt hat. Die dem Vorerben mit Rücksicht auf den Nacherben auferlegten Beschränkungen und Verpflichtungen haben mit dem Voranfall nichts zu tun. Regelmäßig fällt der Voranfall mit dem Erbfall zusammen. Er kann niemals vor dem Erbfall liegen. Nach dem Erbfall liegt er, wenn der Nacherbe erst nach dem Erbfall erzeugt, aber vor dem Nacherbfall geboren wird oder wenn die Nacherbfolge aufschiebend bedingt und die Bedingung bei dem Erbfall noch nicht eingetreten ist. Die Vererblichkeit ist jedoch ausgeschlossen, wenn ein gegenteiliger Wille des Erblassers besonders erklärt ist oder aus den Umständen erhellt. Abs 2 stellt danach keinen ergänzenden Rechtssatz, sondern eine bloße Auslegungsregel auf (RG 106, 355; 142, 173). Wer die Unübertragbarkeit der Anwartschaft behauptet, ist für den darauf gerichteten Willen des Erblassers beweispflichtig.

Der Übergang wird nicht ohne weiteres dadurch ausgeschlossen, daß der Erblasser für den Nacherben durch besondere Anordnung (§ 2096) oder stillschweigend (§ 2069) einen Ersatzerben ernannt hat; es ist vielmehr nach dem übrigen Inhalte der Verfügung und auf Grund sonstiger zur Auslegung geeigneter Umstände, die zu einer ergänzenden Testamentsauslegung führen können, zu prüfen, ob der Erblasser durch die Ersatzberufung hat zum Ausdrucke bringen wollen, daß die Erbanwartschaft nicht auf die Erben des Nacherben, sondern auf den Ersatzerben übergehen soll (RG 95, 97; 142, 174 und 19. 2. 20 IV 446/19; RG 169, 38ff.; RG DR 42, 1187[7]; BGH 19. 5. 52 IV ZR 213/51; LM Nr 5 zu § 2084 a. M. in Übereinstimmung mit der 2. Aufl. KG 1. ZS RJA 16,

249, gekürzt JW 1919, 513[1], und Dresden JFG 4, 134. Schiedermaier DR 1942, 1188ff. und ihm folgend Kipp-Coing § 113 IV 2b nehmen an, im Falle einer ausdrücklich angeordneten Ersatznacherbfolge gehe diese der Vererblichkeit des Anwartschaftsrechts vor. Ein dem entgegenstehender Wille des Erblassers müsse der beweisen, der sich darauf berufe. Die Streitfrage ist von keiner großen praktischen Bedeutung. Das Reichsgericht ist sowohl in RG 95, 97 und IV 446/19 als auch in zwei Beschlüssen v. 11. 7. 21, SeuffA 77 Nr 39 und Recht 1922 Nr 1429, in denen es die vom Kammergericht auf Grund FGG § 28 Abs 2 nachgesuchte neue grundsätzliche Stellungnahme abgelehnt hat, dazu gelangt, daß Auslegung des Testaments die Vererblichkeit als nicht vom Erblasser gewollt ergebe). Der Umstand, daß der Erblasser seine Ehefrau in der ihr eingeräumten Vorerbenstellung weitgehend beschränkt hat, kann als Anzeichen für seinen Willen verwertet werden, daß die Rechte seiner zu Nacherben berufenen Kinder bei deren vorzeitigem Versterben auf ihre Abkömmlinge als Ersatznacherben übergehen sollen (KG DR 42, 1769[9]). Zutreffend weist Planck-Flad 4. Aufl § 2108 Anm 3 darauf hin, daß die Vererblichkeit des Nacherbenrechts als ausgeschlossen angesehen werden kann, wenn der Erblasser für den Nacherben einen weiteren Nacherben bestimmt, aber einen Zeitpunkt, in dem der zweite Nacherbfall eintreten soll, nicht angegeben hat. Da dem ersten Nacherben der Nachlaß nur für die Dauer seines Lebens gehören soll, rückt der zweite auf, wenn jener vor Eintritt des Nacherbfalls stirbt. Er rückt nicht dadurch auf, daß der erste Nacherbe sein Recht auf den Vorerben überträgt (vgl. § 2100 Anm 1c).

Entsprechendes gilt für das Verhältnis des Nacherbenrechts zum Anwachsungsrechte von Mitnacherben (§ 2094); die Vererblichkeit geht, soweit kein entgegengesetzter Wille des Erblassers erhellt (RG 106, 357), der Anwachsung vor (RG 16.3.31 IV 294/30; BGH 6.12.51 IV ZR 173/50; KG 1. ZS JFG 15, 309; vgl. auch KG 3. ZS JW 1919, 836[1] für preußisches Recht und v. Blume das.)

Im Falle des § 2104 kann die Vererblichkeit begriffsmäßig nicht in Frage kommen, da die Person des Nacherben erst mit dem Eintritt der Nacherbfolge feststeht.

Mit der Möglichkeit eines Übergangs der Anwartschaft von Todes wegen ist zugleich anerkannt, daß sie auch durch Rechtsgeschäft unter Lebenden übertragen (oder verpfändet) werden kann (RG 170, 163 [168]); die Verfügung bedarf der Form des auch bei Vorhandensein nur eines Nacherben sinngemäß anzuwendenden § 2033 Abs 1 (RG 101, 185 und 103, 358; Gruch 52, 680; KG RJA 16, 235f.). Vgl. auch § 2033 A 2. Überträgt der Nacherbe sein Recht dem Vorerben, so wird dieser Vollerbe (KG aaO., RG SeuffA 78 Nr 141, 30.4.31 IV 372/30; § 2100 A 1c). Bei einer Mehrheit von Nachberufenen tritt dieser Erfolg nur ein, wenn sämtliche Nacherben und Ersatznacherben ihre Anwartschaften übertragen (JW 1937, 1553[15]; HRR 1938 Nr 1541). Für schuldrechtliche Verträge gelten die §§ 2371, 2385, für die Pfändung ZPO §§ 851, 857 (hierzu KGJ 42 S. 234 u. 242; OLG 26, 332; JFG 6, 273). Ist das Nacherbenrecht im Grundbuch eingetragen (GBO § 51), so ist auch das daran durch Verpfändung oder Pfändung begründete Pfandrecht eintragbar (RG 83, 434).

3. Unter der **aufschiebenden Bedingung** ist nicht die gesetzliche Bedingung jeder Nacherbeinsetzung: Erleben des Eintritts der Nacherbfolge, sondern der Fall verstanden, daß das Nacherbewerden außerdem vom Eintritt oder Nichteintritt irgendeines Ereignisses abhängig gemacht ist. Deshalb läßt sich auch die Berufung eines Ersatznacherben nicht im technischen Sinne als Einsetzung eines Nacherben unter einer aufschiebenden Bedingung (Wegfall des zunächst berufenen Nacherben) bezeichnen. (Vgl. § 2074 A 2, § 2096 A 1.) Vielmehr hat auch der Ersatznacherbe, trotzdem er erst mit dem Ersatzfall in die Stellung des Nacherben einrückt (§ 2113 A 7), gleich diesem (A 2), im Zweifel schon mit dem Erbfall eine Anwartschaft auf die Nacherbschaft erworben, die sich auf seine Erben vererbt, wenn er vor Wegfall des zunächst berufenen Nacherben verstirbt (RJA 12, 22). Handelt es sich dagegen um eine eigentliche, d. h. eine vom Erblasser willkürlich und rechtsgeschäftich gesetzte Bedingung, so fällt gemäß § 2074 die Nacherbschaft nur an, wenn die Bedingung bei Lebzeiten des Nacherben oder Ersatznacherben eingetreten ist. Der Anfall kann deshalb unter Umständen bis zum Tode des berufenen Nacherben in der Schwebe bleiben. So namentlich, wenn es sich um Potestativbedingungen handelt, z. B. Berufung des X für den Fall, daß er die Z heirate oder nicht heirate. Hat der Nacherbe den Erbfall erlebt und ist die Bedingung eingetreten, so ist die dadurch für ihn entstandene Anwartschaft nach der Auslegungsregel des § 2108 Abs 2 Satz 1 vererblich. Im Falle der Einsetzung eines Nacherben unter der aufschiebenden Bedingung, daß der Vorerbe nicht anders über den Nachlaß verfügt (§ 2065 A 2b), bleibt der Anfall in der Schwebe, bis mit dem Tode des Vorerben gewiß wird, ob er eine die Nacherbschaft beseitigende Verfügung von Todes wegen getroffen hat. Während dieses Schwebezustandes kann die Anwartschaft, doppelt bedingt durch die gesetzliche wie durch die eigentliche Bedingung, zwar nicht Gegenstand der Vererbung sein, denn der Tod des Berufenen vor Eintritt der Bedingung macht ja sein Recht nach § 2074 hinfällig. Wohl aber kann er hierüber unter Lebenden für den Fall seiner Nacherbfolge wirksam verfügen (RG 170, 163 [168]).

4. Ist eine **juristische Person** als Nacherbe eingesetzt, so muß sie spätestens zur Zeit des Eintritts der Nacherbfolge bestanden haben und noch bestehen. Doch genügt, daß die Stiftung erst nach diesem Zeitpunkt staatlich genehmigt wird, wenn sie vom Erblasser selbst errichtet ist, § 84. § 2108 ist nicht entsprechend anzuwenden, wenn eine als Nacherbe eingesetzte juristische Person vor Eintritt des Nacherbfalls erloschen ist. In diesem Fall wird der Eintritt der Nacherbfolge unmöglich Soweit ein Ersatznacherbe bestimmt ist, wird dieser Nacherbe. Andernfalls verbleibt die Erbschaft dem Vorerben als Vollerben.

§ 2109

Die Einsetzung eines Nacherben wird mit dem Ablaufe von dreißig Jahren nach dem Erbfall unwirksam, wenn nicht vorher der Fall der Nacherbfolge eingetreten ist. Sie bleibt auch nach dieser Zeit wirksam:

1. wenn die Nacherbfolge für den Fall angeordnet ist, daß in der Person des Vorerben oder des Nacherben ein bestimmtes Ereignis eintritt, und derjenige, in dessen Person das Ereignis eintreten soll, zur Zeit des Erbfalls lebt;

2. wenn dem Vorerben oder einem Nacherben für den Fall, daß ihm ein Bruder oder eine Schwester geboren wird, der Bruder oder die Schwester als Nacherbe bestimmt ist.

Ist der Vorerbe oder der Nacherbe, in dessen Person das Ereignis eintreten soll, eine juristische Person, so bewendet es bei der dreißigjährigen Frist.

E I 1813 II 1982; M 5 90—92; P 5 83—89, 214, 215, 237—240; 6 91, 92.

Übersicht:

Dauer der Wirksamkeit einer Nacherbeneinsetzung

1. a) Die 30jährige Frist nach Satz 1
   b) Fideikommisse
2. Die Ausnahme des Satz 2 Nr 1
3. Die Ausnahme des Satz 2 Nr 2
4. Beweislast
5. Juristische Person als Nacherbe

1. Dem Willen des Erblassers ist grundsätzlich die Kraft abgesprochen, durch Einsetzung eines Nacherben wirksam Verfügungen zu treffen für den Fall des Eintritts von Umständen, die sich nicht längstens ein Menschenalter, **dreißig Jahre nach seinem Tode** verwirklicht haben. Ebenso bei Anordnung von Vermächtnissen §§ 2162, 2163, bei Bestellung eines Testamentsvollstreckers § 2210, beim Erlaß von Teilungsanordnungen § 2044 (vgl. auch §§ 567, 1202). In allen Fällen des § 2109 ist gleichgültig, wie oft innerhalb des zulässigen Zeitraums der Fall der Nacherbfolge eintritt. Der einrückende Nacherbe tritt dann dem hinter ihm berufenen Nacherben als Vorerbe gegenüber. Haben sich die vorgesehenen Umstände innerhalb des dreißigjährigen oder des in den Fällen der Nr 1 u. 2 zulässigen längeren Zeitraums nicht verwirklicht, so verbleibt der Nachlaß dem berufenen (oder letztberufenen) Vorerben zu vollem unbeschränktem Erbrecht und vererbt sich nach ihm auf seine Erben weiter. Die für einen späteren als den gesetzlich zulässigen äußersten Zeitpunkt angeordnete Nacherbeinsetzung ist von vornherein unwirksam. Es müßte denn im Wege der Auslegung (§ 2084) gelingen, eine Verkürzung der Frist auf das zulässige Maß als aushilfsweise vom Erblasser gewollt zu ermitteln. — Fristberechnung §§ 187, 188.

Die landesrechtlichen Vorschriften über **Familienfideikommisse** waren durch EG Art 59 aufrechterhalten; nach WeimVerf Art 155 Abs 2 waren die Fideikommisse aufzulösen. Die Auflösung erfolgte nach Landesrecht, und zwar in den meisten Ländern allmählich; teilweise so, daß der letzte Fideikommißbesitzer nach Art eines Vorerben in der Verfügung über das in seiner Hand frei gewordene Vermögen beschränkt blieb und der nächste Folger die Stellung eines Nacherben erhielt, unter Umständen auch noch eine zweite Nacherbfolge eintreten sollte (Schulz, JW 1929, 1929 u. 1930, 2349). Das Ges über das Erlöschen der Familienfideikommisse und sonstiger gebundener Vermögen v. 6. 7. 38 (RGBl I 825) führt die Auflösung alles außerhalb des Erbhofrechts gebundenen Besitzes zu einem beschleunigten Ende. Es erklärt die bei Beginn des 1. 1. 39 noch bestehenden Familienfideikommisse, Hausvermögen, Stammgüter u. dgl. für diesen Zeitpunkt als erloschen, auch diejenigen, deren Auflösung bereits durch einen Familienschluß oder sonstwie für einen späteren Zeitpunkt angeordnet war. Es greift auch da ein, wo bei der bisherigen Auflösung Reste der fideikommissarischen Bindung in Formen des allgemeinen Rechts bestehen geblieben oder neue Bindungen von Grund und Boden entstanden waren. Mit dem Fideikommiß usw. sind auch die Anwartschafts- und Anfallrechte sowie die Nacherbenrechte erloschen (Koehler, DJ 1938, 1227; Heinemann, DR 1938, 325). Das Kontrollratsgesetz Nr 45 hat in Art 10 Abs 2 die Auflösung der Fideikommisse bestätigt.

2. Nr 1 stellt zwei Erfordernisse auf, die beide zusammentreffen müssen.

a) Die Nacherbfolge muß auf ein **in der Person** des jeweils in Betracht kommenden **Vorerben oder Nacherben eintretendes Ereignis** abgestellt sein. Dies trifft zu, wenn das Ereignis in einem Tun oder Unterlassen oder Erleiden des Betreffenden besteht. So vor allem Tod des Vorerben und Potestativbedingungen (Z soll Nacherbe sein, wenn er die N heiratet, wenn der Vorerbe X sich wieder verheiratet). Jedenfalls muß das Ereignis die Person des Vor- oder Nacherben in irgendwelchen rechtlichen oder wirtschaftlichen, z. B. in Familienbeziehungen zu beeinflussen geeignet sein (Geburt eines Kindes). Die rein äußerliche Verbindung eines für den Betreffenden völlig gleichgültigen Ereignisses mit seiner Person (Z soll Nacherbe sein, wenn er den Ausbruch des Ätna erlebt) kann dem Gesetze nicht genügen (a. M. Planck-Flad A 3a Abs 2 u. dort Angeführte). Das Ereignis braucht den Eintritt der Nacherbfolge nicht unmittelbar herbeizuführen, es genügt, daß der Nacherbe damit nur die Anwartschaft auf den künftigen (z. B. bis zum Tode des Vorerben hinausgeschobenen) Anfall der Erbschaft erlangen soll.

b) Der betreffende Vor- oder Nacherbe muß zugleich **zur Zeit des Erbfalls gelebt haben.** Nach § 1923 genügt jedoch, daß er beim Tode des Erblassers bereits erzeugt war. Unter dieser zweiten Voraussetzung ist gleichgültig, ob das als Bedingung der Nacherbfolge gesetzte Ereignis (a) sich vor oder erst nach Ablauf von dreißig Jahren nach dem Erbfall verwirklicht. Es genügt, wenn der Nacherbe innerhalb des 30jährigen Zeitraums erzeugt ist. Wenn die Nacherbfolge an ein bestimmtes Ereignis geknüpft ist, genügt es, daß dieses innerhalb des Zeitraums eingetreten ist. Daß der erste Vorerbe den Erbfall erlebt haben muß, folgt schon aus § 1923. Sind mehrere Nacherben hintereinander berufen, so kann geschehen, daß der für den betreffenden Nacherbfolgefall in Betracht kommende zweite oder spätere Vorerbe (früherer Nacherbe) erst nach dem Tode des Erblassers erzeugt ist (so § 2101). Dies ist innerhalb von dreißig Jahren jedenfalls kein Hindernis dafür, daß er Nacherbe wird. Aber auch nach ihm (als nunmehrigem Vorerben) kann es zu einer weiteren Nacherbfolge kommen. Und zwar selbst dann, wenn sich das maßgebende Ereignis auch erst nach Ablauf von dreißig Jahren in der Person des jetzt einrückenden Nacherben verwirklicht, falls nur dieser neue Nacherbe schon zur Zeit des Erbfalls gelebt hat. Die Grundsätze der Nr 1 treffen auch zu, wenn eine Ersatznacherbfolge angeordnet ist (§ 2096).

3. Nr 2 sieht in dem behandelten Falle von jeder Fristsetzung und auch davon ab, daß (außer dem ersten Vorerben) irgend eine der sonst in Betracht kommenden Personen (Nacherben, Nacherbengeschwister) schon zur Zeit des Erbfalls gelebt haben müsse (A 3b). Die **Geschwister des Vorerben oder Nacherben** müssen mit ihm durch (eheliche oder uneheliche) Geburt verbunden sein. Dies trifft auch zu auf Halbgeschwister und Legitimierte (§§ 1719, 1736), nicht aber auf angenommene Kinder (§ 1763). Der Wille des Erblassers ist dafür maßgebend, ob die als Nacherben bestimmten Geschwister sogleich mit der Geburt des betreffenden Geschwisterteils (§ 2106 Abs 2) einrücken sollen oder nacheinader (je nach dem Tode des älteren Geschwisterteils) oder erst mit dem Eintritte eines bestimmten Ereignisses (Erreichung eines gewissen Lebensalters). Regelmäßig werden die lebenden Geschwister den nachgeborenen nur den auf sie entfallenden Anteil der Erbschaft als Nacherben herauszugeben haben. Die zeitliche Beschränkung ergibt sich hier aus der Lebensdauer der Eltern des Vor- oder Nacherben, für den ein noch nicht geborener Bruder oder eine noch nicht geborene Schwester als Nacherbe bestimmt ist. Die Bestimmung ermöglicht dem Erblasser, seinen Nachlaß einer ganzen Generation zukommen zu lassen, sei es, daß alle Geschwister als Erben eingesetzt werden (vgl. § 2101 Anm 1) oder daß z. B. nach dem Willen des Erblassers der Nachlaß dem jeweils lebenden ältesten Geschwisterteil anfallen soll.

4. Beweislast. Die Voraussetzungen der in Nr 1 u. 2 getroffenen **Ausnahmebestimmungen** von der Regel des Satz 1 sind von demjenigen zu beweisen, welcher sich auf die Wirksamkeit der Nacherbeinsetzung beruft.

5. Zu einer innerhalb 30 Jahre nach dem Erbfall eintretenden Nacherbfolge können auch **juristische Personen** bedingt oder unbedingt berufen werden, soweit nicht landesgesetzliche Vorschriften entgegenstehen, EG Art 86.

§ 2110

Das Recht des Nacherben erstreckt sich im Zweifel auf einen Erbteil, der dem Vorerben infolge des Wegfalls eines Miterben anfällt.

Das Recht des Nacherben erstreckt sich im Zweifel nicht auf ein dem Vorerben zugewendetes Vorausvermächtnis.

E I 1814 II 1983; M 5 92, 93; P 5 89, 90.

1. Der Nacherbe rückt „im Zweifel“ (A 2) in den gesamten Erbteil des Vorerben ein, auch insoweit er sich infolge **Wegfalls eines Miterben** durch Erhöhung des gesetzlichen Erbteils (§ 1935) oder durch Anwachsung (§ 2094) oder durch Berufung des Vorerben zum Ersatzerben eines Miterben (§ 2096) erweitert hat. Ob der Miterbe vor oder nach Eintritt des Falles der Nacherbfolge

(§ 2139) weggefallen ist, macht keinen Unterschied. Rückbeziehende Wirkung der Ausschlagung § 1953, der Erbunwürdigkeitserklärung § 2344, des Nichterlebens der aufschiebenden Bedingung § 2074 sowie in den Fällen des § 2078 und des EG Art 86 Satz 2 Fall 2, Art 87 Abs 2 Satz 2 (§ 2096 A 1; RG 95, 98f.).

2. Vorausvermächtnis § 2150. — Abs 1 u. 2 geben nur Auslegungsregeln („im Zweifel"). Ein gegenteiliger Wille des Erblassers ist von dem zu beweisen, der hieraus Rechte ableitet. Beim Vorausvermächtnis fragt sich dann, ob sein Gegenstand auf den Nacherben als Vermächtnisnehmer (Nachvermächtnisnehmer § 2191) übergehen oder ob ihn der Nacherbe als solcher, also als Gesamtnachfolger des Erblassers (nicht des Vorerben) erhalten soll; s. darüber Flad, DGWR 1937, 233ff. Dem Abs 2 entsprechende, von Abs 1 abweichende Regelung beim Erbschaftskauf § 2373. Das einem Alleinerben zugewandte Vorausvermächtnis hat die unmittelbar dingliche Wirkung, daß der Vorerbe hinsichtlich des Gegenstandes des Vorausvermächtnisses nicht mit der Nacherbschaft beschwert ist. Er ist insoweit Vollerbe. Im Erbschein muß, wenn nicht die Vermutung des Abs 2 widerlegt ist, angegeben werden, daß das Recht des Nacherben sich nicht auf diesen Gegenstand erstreckt (KG DR 1940, 455[20] = JFG 21, 122). Ebenso ist die Eintragung des Nacherbenvermerks bei einem Grundstück, das dem Vorerben als Vorausvermächtnis zugewandt ist, unzulässig (München HRR 42, 716 = JFG 23, 300).

§ 2111

Zur Erbschaft gehört, was der Vorerbe auf Grund eines zur Erbschaft gehörenden Rechtes oder als Ersatz für die Zerstörung, Beschädigung oder Entziehung eines Erbschaftsgegenstandes oder durch Rechtsgeschäft mit Mitteln der Erbschaft erwirbt, sofern nicht der Erwerb ihm als Nutzung gebührt. Die Zugehörigkeit einer durch Rechtsgeschäft erworbenen Forderung zur Erbschaft hat der Schuldner erst dann gegen sich gelten zu lassen, wenn er von der Zugehörigkeit Kenntnis erlangt; die Vorschriften der §§ 406 bis 408 finden entsprechende Anwendung.

Zur Erbschaft gehört auch, was der Vorerbe dem Inventar eines erbschaftlichen Grundstücks einverleibt.

E I 1825 II 1984; M 5 109—111; P 5 100, 114, 115; 6 168, 319, 324—326.

Übersicht:

Dingliche Ersetzung

1. Dingliche Ersetzung wie beim Erbschaftsanspruch (§ 2019) und bei der Erbengemeinschaft (§ 2041). Die näher bezeichneten Erwerbungen werden, auch im Falle befreiter Vorerbschaft (RG Warn 1920 Nr 203), ohne weiteres Bestandteile der Erbschaftsmasse, unterliegen je nach ihrer Art den sich aus den §§ 2112ff. ergebenden Verfügungsbeschränkungen, sowie gegebenenfalls der Eintragungspflicht nach GBO § 51 (HRR 1938 Nr 1285) und gehen seinerzeit mit auf den Nacherben über (RG Warn 1913 Nr 427). Dagegen kann der Vorerbe nicht Gegenstände seines freien Vermögens mit dinglicher Wirkung der Erbschaft zuweisen, da er keine Rechtsgeschäfte mit sich selbst abschließen kann (KGJ 40, 183; JFG 7, 272; vgl. RG 92, 142 zu § 1370 und 25. 10. 20 IV 116/20 für preußisches Recht). Die Vorschrift ist eine auf Zweckmäßigkeitsgründen beruhende Ausnahmevorschrift, die nicht ausdehnend ausgelegt werden kann (RG JR 1928 Nr 1952).

2. Von den **drei Gründen,** auf denen die **Ersetzung** beruhen kann, stimmen die beiden ersten überein mit § 2041.

Zum Erwerb auf Grund eines Rechtes gehört Verbindung, Vermischung (§§ 946ff.), die Schatzhälfte (§ 984), die Anlandung (EG Art 65), die Ersitzung vermöge des zur Erbschaft gehörigen Besitzes (§§ 857, 937ff.), die Annahme einer dem Erblasser angefallenen Erbschaft (§ 1952), nicht aber Erwerb des Eigentums am Grundstücke des Erblassers auf Grund eines Ausschlußurteils nach § 927 (RG 76, 360).

Erwerb des Vorerben durch Rechtsgeschäft mit Mitteln der Erbschaft wie § 2019 A 2. Nur was der Vorerbe so erwirbt, gehört zur Erbschaft, nicht auch, was ein anderer sich auf solche Weise beschafft.

Eine Dahrlehnsforderung fällt deshalb nicht hierunter, wenn das Darlehn zwar aus Mitteln des Nachlasses gewährt, aber weder vom Vorerben selbst noch in dessen Namen gegeben wurde (RG Warn 1937 Nr 37). Um ein Surrogat dieser Gruppe handelt es sich dagegen, wenn eine Eigentümergrundschuld dadurch entsteht, daß eine auf dem Nachlaßgrundstück ruhende Hypothek mit Erbschaftsmitteln bezahlt wird. Erfolgt die Zahlung aus eigenen Mitteln des Vorerben, so fällt die Eigentümergrundschuld dann als ein Surrogat der ersten Gruppe in den Nachlaß, wenn ihr Erwerb durch den Vorerben wesentlich darauf beruht, daß er infolge der Vorerbfolge Eigentümer des Grundstücks geworden ist; die erforderlich gewesene Aufwendung hat ihm der Nacherbe zu ersetzen (Planck-Flad § 2126 A 2; a. M. KG RJA 16, 118 sowie JFG 8, 355 mit der auch in JFG 2, 159 vertretenen, nicht zu billigenden Begründung, daß auf Grund eines zur Erbschaft gehörenden Rechts nur ein Erwerb gemacht sei, der auf Grund des Rechts ohne vermittelndes Rechtsgeschäft des Vorerben erzielt worden sei; desgl. Hamburg JFG 2, 431).

Der Erwerb des Eigentums an einem Grundstück durch Zuschlag in einer Zwangsversteigerung ist kein Erwerb „durch Rechtsgeschäft" im Sinne des BGB (RG HRR 1928 Nr 1592). Auch wenn der Vorerbe die Zwangsversteigerung auf Grund einer zur Vorerbschaft gehörenden Hypothek betreibt, wird das Grundstück durch Zuschlag an ihn nicht Bestandteil der Vorerbschaft (RG 136, 353). Kipp-Coing § 116 II 2a will in diesem Fall § 2111 entsprechend anwenden.

Mittel der Erbschaft im Sinne des § 2111 sind auch die Rechte, die dem Vorerben in seiner Eigenschaft als Miterbe in bezug auf die einzelnen Gegenstände des ungeteilten Nachlasses zustehen. Das Recht des Nacherben erstreckt sich daher auf die Gegenstände, die dem Vorerben bei der Auseinandersetzung zugeteilt werden. Das gleiche gilt bezüglich des Anspruchs auf Abfindung, den der Vorerbe gegen seinen Miterben hat, der einen Erbschaftsgegenstand übernommen hat. Bei einer für diesen Anspruch eingetragenen Hypothek ist die Nacherbfolge einzutragen (OLG 8, 321; KJG 40 A 190).

Wird ein Erwerb teilweise mit Mitteln der Erbschaft gemacht (z. B. dem Vorerben bei der Auseinandersetzung mit seinen Miterben auf seinen Erbteil ein Nachlaßgrundstück mit der Bestimmung zugeteilt, daß er die auf dem Grundstücke lastenden Hypotheken als Selbstschuldner übernimmt), so gehört der Erwerb zu dem entsprechenden Teile zur Erbschaft (RG 89, 53; 90, 97.).

Werden Erbschaftsgegenstände in eine Gesellschaft eingebracht, so fällt ein entsprechender Anteil an dem Anspruch auf das künftige Auseinandersetzungsguthaben in den Nachlaß (RG Warn 1920 Nr 203). Die bei einer Kapitalerhöhung ausgegebenen neuen Anteile unterliegen dem Nacherbenrecht, wenn die Gesellschaftsanteile der die Kapitalerhöhung vornehmenden GmbH zur Erbschaft gehören (OLG 44, 97).

Das für eine Veräußerung der ganzen Erbschaft erzielte Entgelt ist, soweit nicht § 2112ff. die Veräußerung ausschließen, Gegenstand des Nacherbrechts. Dagegen bezieht sich bei einer Veräußerung des Miterbenanteils nach § 2033 die Nacherbschaft nach wie vor auf den veräußerten Anteil selbst und nicht auf das Entgelt (ebenso Planck-Flad 4. Aufl. § 2111 Anm 2a; Kipp-Coing § 116 II 2a).

Nicht erforderlich ist es, daß sich das Rechtsgeschäft „auf den Nachlaß bezieht" (§ 2041 A 1; RG 1. 2. 40 IV 145/39). Der Vorerbe kann mithin, sobald er ursprüngliche Erbschaftsgegenstände oder deren Surrogate, auch verbrauchbare Sachen zum Zwecke des Erwerbs aufwendet, die Zugehörigkeit des Erworbenen zur Erbschaft durch seinen Willen überhaupt nicht hindern. Dies trifft auch auf bedingte Erwerbungen zu. Hierzu gehört der Versicherungsanspruch, wenn die Prämie aus Mitteln der Erbschaft bezahlt ist. Auch wenn dies nicht geschieht, wird die Versicherung von Erbschaftssachen als zugunsten auch des Nacherben genommen zu gelten haben. Ersatzfrage s. § 2124. Fällige Versicherungsansprüche gehören zu dem als Ersatz für die Zerstörung usw. gemachten Erwerbe.

3. Im Gegensatze zum Erbschaftsbesitzer (§ 2020) gebührt dem Vorerben als wahrem Erben und Träger der zur Erbschaft gehörigen Rechte endgültig der Bezug der **Nutzungen** (§ 100). Dem entspricht, daß er auch die gewöhnlichen Erhaltungskosten zu tragen hat (§ 2124). Nutzung eines Waldes § 2123, ordnungswidriger und übermäßiger Fruchtbezug § 2133. Das Recht auf die Nutzungen beginnt mit dem Erbfall und endet mit Eintritt der Nacherbfolge. Es verbleibt dem Vorerben, auch wenn ihm durch Bestellung eines Testamentsvollstreckers die Verwaltung entzogen ist (§ 2209). Der Erblasser kann jedoch durch Anordnung von Vermächtnissen zugunsten des Nacherben oder durch Auflagen den Vorerben — unbeschadet seines Pflichtteilsrechts — schuldrechtlich verpflichten, dem Nacherben schon vor Eintritt der Nacherbfolge die Nutzungen herauszugeben (RG Warn 1912 Nr 174). Für eine etwaige Verteilung ist § 101 maßgebend, soweit nicht ein anderer Wille des Erblassers erhellt. So bei Dividenden und Gewinnanteilen (RG Warn 08 Nr 71). Darüber, ob Bezugsrechte bei Kapitalerhöhungen einer Aktiengesellschaft oder Gesellschaft m. b. H. zu den Nutzungen gehören, vgl. § 99 A 10, § 100 A 5, § 1068 A 3; JFG 2, 159; OLG 44, 97; oben A 2 Abs 8. Obwohl freies Eigentum des Vorerben, gelten die Früchte den Nachlaßgläubigern gegenüber doch als Bestandteile des Nachlasses.

4. **Die Schutzvorschrift des Abs 1 S 2** stimmt wörtlich überein mit § 2019, s. dort A 3. Vgl. auch §§ 2129 A 3, 2140 A 1.

5. Entsprechend bei der Pacht § 588, beim Nießbrauch § 1048 und bei der Nutznießung des Mannes § 1378. Dabei ist vorausgesetzt, daß der Vorerbe die **Einverleibung in das Inventar** aus eigenen Mitteln vornimmt, da sonst schon Abs 1 einschlägt. Voraussetzung ist, daß das Inventar tatsächlich und nicht nur buchmäßig einverleibt ist. Inwieweit er Ersatz verlangen kann, bestimmen §§ 2124, 2125. Eine „Einrichtung" und damit das Recht der Wegnahme kommen nicht in Frage, da es sich hier nur um den Ersatz oder die Vermehrung eines bereits vorhandenen Inventars handelt.

§ 2112

Der Vorerbe kann über die zur Erbschaft gehörenden Gegenstände verfügen, soweit sich nicht aus den Vorschriften der §§ 2113 bis 2115 ein anderes ergibt.

E I 1815, 1828 Abs 1, 2 II 1985; M 5 93, 94, 114—116; P 5 97—99.

Übersicht:

Verfügungsrecht der Vorerben

1. Die Rechtsstellung des Vorerben im allgemeinen
2. Rechtsgeschäftliche Verfügungen
3. Verfügungen durch Urteil
4. Vollmacht
5. Tatsächliche Eingriffe in Nachlaßgegenstände
6. Verfügung über den Vorerbteil
7. Erbauseinandersetzung
8. Verfügungen von Todes wegen
9. Prozeßführung des Vorerben
10. Verfügungsbeschränkungen durch Bestellung eines Testamentsvollstreckers

1. Der Vorerbe ist wahrer Erbe. Er kann deshalb grundsätzlich gleich dem gewöhnlichen Erben über die Erbschaftsgegenstände auch mit Wirkung gegenüber dem Nacherben verfügen. Doch sind ihm dabei im Interesse des hierdurch gefährdeten Nacherben dingliche (§§ 2113—2115) und schuldrechtliche (§§ 2116ff., 2130) Beschränkungen auferlegt. Zwischen Vor- und Nacherben besteht insoweit ein gesetzliches Schuldverhältnis (RG 59, 202). Von den meisten dieser Beschränkungen kann ihn der Erblasser befreien (§ 2136). Anderseits kann ihm die Verwaltung und damit die Verfügungsmacht durch gerichtliche Anordnung auch ganz entzogen werden (§ 2129). Der Erblasser kann dem Vorerben auch über den Rahmen der gesetzlich bestehenden Beschränkungen hinaus weitere auferlegen. Diese haben keine unmittelbare Wirkung, sondern verpflichten den Vorerben nur schuldrechtlich (LM Nr 2 zu § 2100 BGB).

2. Die Vorschrift bezieht sich nur auf **Verfügungen** im Sinne von § 185, nicht auf die Begründung bloß schuldrechtlicher Verhältnisse. Der Vorerbe behält mithin die Befugnis, sich in bezug auf die seiner Verfügung entzogenen Gegenstände z. B. durch Abschluß von Kaufverträgen wirksam zu verpflichten (RG JW 1912, 188[3] und Recht 1921 Nr 1631). Die von den Vorerben eingegangenen Verbindlichkeiten haben zugleich die rechtliche Natur von Nachlaßverbindlichkeiten, für die auch der Nacherbe nach Eintritt des Nacherbenfalls haftet, wenn der Vorerbe sie vom Standpunkt eines sorgfältigen Verwalters aus beurteilt, zur ordnungsmäßigen Verwaltung des Nachlasses eingegangen ist (RG 90, 91; 112, 131; JW 1927, 1196[11]; Gruch 72, 330; § 1967 A 3c).

3. Von einer **Verfügung durch Urteil** spricht man, wenn der Vorerbe mit den sich aus §§ 894ff. ZPO ergebenden Wirkungen zur Abgabe einer Willenserklärung über ein zur Erbschaft gehörendes Recht verurteilt wird. Diese Verfügungen stehen den rechtsgeschäftlichen gleich. Zu beachten ist, daß die Verfügungsmacht des Vorerben grundsätzlich nur bis zum Eintritt des Nacherbfalls besteht (vgl. dagegen § 2140). Daraus folgt, daß eine Wegnahme durch den Gerichtsvollzieher, die nach § 897 ZPO in Ansehung einer zur Erbschaft gehörigen Sache zu erfolgen hat, auch nach Rechtskraft des Urteils nicht mehr zulässig ist, wenn inzwischen der Nacherbfall eingetreten ist (vgl. Planck-Flad 4. Aufl § 2112 Anm 5).

4. Eine vom Erblasser erteilte und über seinen Tod hinauswirkende **Vollmacht** ermächtigt den Bevollmächtigten, vor Eintritt des Nacherbfalls den Vorerben zu vertreten. Der Bevollmächtigte ist aber durch das Recht des Nacherben ebenso beschränkt wie der von ihm vertretene Vorerbe selbst. Nach KG OLG 18, 338 und KGJ 36 A, 166; 43 A, 157, soll die Vollmacht den Bevollmächtigten aber zugleich ermächtigen, auch den Nacherben zu vertreten und für diesen die zu den Verfügungen etwa notwendigen Zustimmungen zu erklären. Demgegenüber hat Heldrich JehrJ 79, 328 Anm 1 darauf hingewiesen, daß der Nacherbe vor Eintritt des Nacherbfalls an dem Rechtsverhältnis, auf dem die Fortdauer der Vollmacht nach § 168 beruhen kann, noch gar nicht beteiligt ist. Dem ist zuzustimmen. Die Rechtspersönlichkeit des Erblassers wird vor Eintritt des Nacherbfalls allein durch den Vorerben fortgesetzt. Der Bevollmächtigte kann daher auch nur diesen vertreten. Daß zu bestimmten Rechtsgeschäften die Zustimmung des Nacherben erforderlich ist, ist eine Folge der durch das Gesetz begründeten Rechtseinrichtung der Vor- und Nacherbschaft. Der Erblasser

kann, solange der Vorerbe noch Erbe ist, für den Nacherben keinen Bevollmächtigten bestellen, sondern nur einen Testamentsvollstrecker nach § 2222. Dauert die von dem Erblasser erteilte Vollmacht bei Eintritt des Nacherbfalls noch an, so ermächtigt sie jetzt den Bevollmächtigten, den Nacherben zu vertreten.

Hat der Erblasser dem Vorerben Vollmacht erteilt, dann ist diese mit Eintritt des Erbfalls gegenstandslos geworden. Sie gibt dem Vorerben, wie auch das Kammergericht für seine Rechtsansicht anerkennt, nicht die Befugnis, den Nacherben hinsichtlich seiner ihm vor Eintritt des Nacherbfalls zustehenden Rechte zu vertreten. Das würde den Zwecken, die der Gesetzgeber mit der Einrichtung der Vor- und Nacherbschaft verfolgt, widerstreiten.

Eine vom Vorerben erteilte Vollmacht kann den Bevollmächtigten nach Eintritt des Nacherbfalls grundsätzlich nicht ermächtigen, den Nacherben zu vertreten, da der Vorerbe nicht in die Rechte des Nacherben eingreifen kann. Sein Recht endet mit dem Eintritt des Nacherbfalls. Er kann auch dem Bevollmächtigten nicht mehr Rechte übertragen, als ihm selber zustehen. Die Vollmacht ist daher unwirksam, wenn sie ausdrücklich oder ihrer Natur nach erst nach dem Eintritt des Nacherbfalls gelten soll (KGJ 50A, 159). Das gleiche gilt für die Zeit nach dem Eintritt des Nacherbfalls, wenn ihr ein dem Nacherben gegenüber wirksames Rechtsverhältnis nicht zugrunde liegt (KG JR 1928 Nr 130). Dagegen bleibt sie wirksam, soweit sie auf einem Rechtsverhältnis beruht, das der Vorerbe im Rahmen der ordnungsmäßigen Verwaltung des Nachlasses begründet hat, das durch seinen Tod nicht beendet und für den Nacherben verbindlich ist (in JR 1928 Nr 130 angedeutet, aber nicht entschieden).

5. Rein tatsächliche Eingriffe (Zerstörungen, Beschädigungen) machen den Vorerben nach § 2130 ersatzpflichtig.

6. Seine Verfügungsmacht ist nur beschränkt in Ansehung einzelner zur Erbschaft gehörender Gegenstände, Sachen und Rechte (§ 90). Nicht also, wenn er **Miterbe** ist, **in Ansehung des Vorerbteils** selbst, den er vielmehr gemäß § 2033 frei veräußern kann, jedoch unbeschadet des Rechtes des Nacherben, mit dem der Erbteil auch in der Hand des Erwerbers belastet bleibt (§ 2100 A 1b; s. auch § 2376 Abs 1).

Ebensowenig stellt sich die vertragsmäßige Einführung der allgemeinen Gütergemeinschaft als eine den Beschränkungen der §§ 2113f. unterliegende Verfügung über die dem einen Ehegatten als Vorerben gehörenden Gegenstände zugunsten des anderen Ehegatten dar (HRR 1929 Nr 2085).

7. Als Miterbe kann der Vorerbe, gleichviel ob er allein oder ob auch andere Miterben mit der Nachbarschaft belastet sind, jederzeit **Auseinandersetzung** verlangen (§ 2042). Vgl. hierzu RG 75, 366. Nur soweit bei der Durchführung der Auseinandersetzung Verfügungen im Sinne von §§ 2113ff. nötig werden, bedarf er der Mitwirkung des Nacherben.

Ihm allein steht unbeschadet seiner Verantwortung aus § 2130 die Entschließung zu über die Annahme einer dem Erblasser angefallenen Erbschaft (§ 1952). Ebenso über die Fortführung eines Handelsgeschäfts (HGB §§ 22, 31, OLG 4, 456). Er kann nach § 2112 seine Eintragung in das Handelsregister verlangen. Die Anordnung der Nacherbfolge ist dagegen nicht ins Handelsregister einzutragen (München JFG 22, 89).

8. Auch durch **Verfügung von Todes wegen** kann der Vorerbe die Erbschaft und damit die Vorerbenstellung für sich allein oder zusammen mit seinem eigenen Vermögen einem Dritten zuwenden. Diese Verfügung wird gegenstandslos, wenn der Eintritt der Nacherbfolge mit dem Tode des Vorerben zusammentrifft. Sie bleibt jedoch unbeschadet aller Rechte des Nacherben in der Zwischenzeit auf so lange wirksam, als der Anfall der Nacherbschaft noch weiter hinausgeschoben ist (§ 2106 A 1). Ein dem Erben von dem Vorerben auferlegtes Vermächtnis, das sich auf Gegenstände, die der Nacherbschaft unterliegen, bezieht, ist nach § 2169 in der Regel dahin auszulegen, daß dem Bedachten die Vorteile zukommen sollen, die sonst der Beschwerte von diesem Gegenstand haben würde.

9. Die **Prozeßführung** ist an sich und abgesehen von der verfügenden Wirkung gewisser Urteile, die zur Abgabe von Willenserklärungen verpflichten (ZPO §§ 894, 895), nicht Verfügung, der Vorerbe ist an sich hierin nicht beschränkt (RG JW 1918, 434[3]). Das ergangene rechtskräftige Urteil kommt nach ZPO § 326 auch dem Nacherben zugute, wenn es zu seinen Gunsten ausgefallen ist und über eine Nachlaßverbindlichkeit oder über einen der Nacherbfolge unterliegenden Gegenstand ergeht. Nur wenn der Vorerbe über einen solchen Gegenstand ohne Zustimmung des Nacherben zu verfügen befugt ist, wirkt es auch gegen den Nacherben (vgl. auch § 1380). Unterbrechung des Verfahrens bei Eintritt der Nacherbfolge ZPO §§ 242, 246 (hierzu RG 75, 363), vollstreckbare Ausfertigung § 728 Abs 1.

10. Der Erblasser kann die Verfügungsmacht des Vorerben durch Anordnung einer **Testamentsvollstreckung** (§§ 2211ff., siehe auch § 2222) ganz oder teilweise ausschließen (KG OLG 26, 346; 44, 92). Eintragungen im Grundbuch § 51 GBO (§ 2113 Anm 3a). Zu Testamentsvollstreckern neben den Vorerben können auch die Nacherben mit der Wirkung eingesetzt werden, daß sie bei der Verwaltung und Verfügung über Nachlaßgegenstände mitzuwirken haben (KG OLG 40, 136;

41, 92). Dagegen kann der alleinige Vorerbe, solange er Vorerbe ist, nicht zugleich Testamentsvollstrecker sein, auch nicht Testamentsvollstrecker für den Nacherben nach § 2222. Eine solche Bestimmung würde dem Wesen der Rechtseinrichtung der Vor- und Nacherbschaft widersprechen und dem Vorerben eine freiere Stellung einräumen, als dies nach § 2136 überhaupt möglich ist (RG 77, 177; KG OLG 40, 136; a. A. Kipp § 95 VI wie hier jedoch jetzt Kipp-Coing § 124 I 9d).

§ 2113

Die Verfügung des Vorerben über ein zur Erbschaft gehörendes Grundstück oder Recht an einem Grundstück oder über ein zur Erbschaft gehörendes eingetragenes Schiff oder Schiffsbauwerk ist im Falle des Eintritts der Nacherbfolge insoweit unwirksam, als sie das Recht des Nacherben vereiteln oder beeinträchtigen würde.

Das gleiche gilt von der Verfügung über einen Erbschaftsgegenstand, die unentgeltlich oder zum Zwecke der Erfüllung eines von dem Vorerben erteilten Schenkungsversprechens erfolgt. Ausgenommen sind Schenkungen, durch die einer sittlichen Pflicht oder einer auf den Anstand zu nehmenden Rücksicht entsprochen wird.

Die Vorschriften zugunsten derjenigen, welche Rechte von einem Nichtberechtigten herleiten, finden entsprechende Anwendung.

E I 1828, 1839 II 1986; M 5 114—116, 129, 130; P 5 97—104, 109—112, 130; 6 129, 130.

Übersicht:

Verfügungsbeschränkungen

1. a) Grundstücke, Rechte an Grundstücken usw.
   b) Verfügungen über Grundstücke, Rechte an Grundstücken usw.
2. a) Unwirksamkeit der Verfügung im allgemeinen
   b) Wirksamkeit der Verfügung infolge Zustimmung des Nacherben
   c) Geltendmachen der Unwirksamkeit
   d) Vereitelung oder Beeinträchtigung des Nacherbenrechts im Falle des Abs 1
3. a) Eintragung und Löschung des Nacherbenvermerks im Grundbuch
   b) Wirkung der Eintragung des Nacherbenvermerks
   c) Eintragung ohne vorherige Eintragung des Nacherbenvermerks
4. a) Die unentgeltliche Verfügung im allgemeinen
   b) Einzelfälle (Veräußerung zur Zeit der Geldentwertung und vor der Währungsreform)
   c) Teilweise unentgeltliche Verfügungen
5. Erlaubte Schenkungen (Abs 2 Satz 2)
6. Gutglaubensschutz (Abs 3)
7. Die Stellung weiterer Nacherben und der Ersatznacherben.

Zu Abs 1 Befreiung zulässig § 2136.

1. a) Grundstücke, Rechte an Grundstücken usw.: Die Grundstücke und Rechte an Grundstücken bilden nach allgemeiner Auffassung den Stamm eines Vermögens. Nach dem Willen des Gesetzgebers soll dieses der Substanz nach und nicht nur dem Werte nach für den Nacherben erhalten bleiben. Deswegen wird den Vorerben die Verfügungsmacht darüber entzogen. Den Grundstücken sind gleichgestellt Erbbaurechte (VO v. 15. 1. 19 § 11) und die EG Artt 63, 196 erwähnten Rechte. Rechte an Grundstücken § 873 A 6. Wegen der Hypothekenforderungen, Grundschulden und Rentenschulden s. auch § 2114 A 1. Durch die DVO zum Schiffsgesetz vom 21. 12. 1940 sind die §§ 2113ff erweitert und eingetragene Schiffe und Schiffsbauwerke den Grundstücken und Rechten an Grundstücken gleichgestellt worden. Gleichgültig ist, ob das Grundstück usw. schon von Anfang an zur Erbschaft gehört oder erst im Wege der Surrogation (§ 2111) Bestandteil geworden ist.

b) Verfügung über ein Grundstück (vgl. auch §§ 1445, 1821 Nr 1) ist Übertragung des Eigentums, Dereliktion (§ 928) und Belastung mit einem Rechte (§ 873); Verfügung über ein Recht am Grundstück ist Aufhebung des Rechtes, Übertragung, Belastung mit einem Rechte, Änderung des Rechtsinhalts (§§ 873—877), nicht aber Vermietung und Verpachtung (§ 2135).

2. a) Die **Unwirksamkeit der Verfügung** beruht nicht auf einem gesetzlichen Veräußerungsverbot (§ 135). Sie ist bedingt (durch den Fall des Eintritts der Nacherbfolge) und zugleich ihrem Umfang nach begrenzt (soweit sie das Recht des Nacherben vereiteln oder beeinträchtigen würde). In § 1828 des ersten Entwurfs hieß es, die Verfügung „wird“ unwirksam. Die Fassung des Gesetzes, die Verfügung „ist“ unwirksam, gibt zu erkennen, daß die Verfügung von Anfang an mit einem Mangel behaftet ist, dessen Wirkungen allerdings nur unter den vom Gesetz weiter geforderten Voraussetzungen in Erscheinung treten. Die Unwirksamkeit ist keine nur relative, sondern in dem Sinne absolut, daß jeder Dritte, der daran ein rechtliches Interesse hat, sich auf sie berufen kann (Warn 1914 Nr 126). Sie ergibt sich im Nacherbfall von selbst, ohne daß der Nacherbe sie besonders geltend machen müßte. Sie ist daher auch, wenn die Tatsachen, aus denen sie folgt, vorgetragen sind, im Prozeß von Amts wegen zu berücksichtigen, ohne daß der Nacherbe sich darauf berufen muß. Die Verfügung ist deshalb von Anfang an voll wirksam, wenn sie auf die Dauer des Rechtes des Vorerben beschränkt ist. Sie wird ferner voll wirksam, sobald feststeht, daß es überhaupt nicht zur Nacherbfolge kommen wird.

b) Auch **Zustimmung des Nacherben** macht die Verfügung voll wirksam (§ 185; RG 65, 219; Warn 1914 Nr. 126). Die Zustimmung kann dem Dritten wie dem Vorerben gegenüber erklärt werden. Die für den minderjährigen Nacherben erklärte Zustimmung bedarf der vormundschaftsgerichtlichen Genehmigung. Das RG hat die Annahme einer in der Zeit der Geldentwertung an den nicht befreiten Vorerben zum Nennbetrag zurückgezahlten Hypothekenschuld für unwirksam erklärt, weil der zustimmende Pfleger des Nacherben hierzu keine vormundschaftsgerichtliche Genehmigung hatte (LZ 1928, 893). Die Verfügung wird gleichfalls voll wirksam, wenn der Vorerbe das mit dem Rechte des Nacherben belastete Grundstück oder Recht zum freien Eigentum erwirbt, oder wenn der Nacherbe unbeschränkter Erbe des Vorerben wird (§ 185 Abs 2); hat der Vorerbe die Verfügung indessen zugunsten eines der mehreren Mitnacherben getroffen und wird er von allen diesen beerbt, so wird die Verfügung nach § 185 Abs 2 Satz 1 Fall 3 nicht wirksam, weil dann im Verhältnis der Miterben untereinander die unbeschränkte Haftung nach § 2063 Abs 2 ausgeschlossen ist (RG 110, 94; LM Nr 1 zu § 2113). Zur Einwilligung kann der Nacherbe unter Umständen gezwungen werden (§ 2120). Nach der auf preuß. Recht beruhenden Entscheidung RG 159, 385ff. (zustimmend Vogels DRW 1939, 638 Anm) soll die in der Belastung eines Nachlaßgrundstücks für das einem einzelnen Nacherben gewährte Darlehen liegende Beeinträchtigung der Rechte der übrigen Nacherben dadurch ausgeglichen werden können, daß der begünstigte Nacherbe im Hinblick auf den Vorempfang die Nacherbschaft ausschlägt.

c) Der Nacherbe kann die **Unwirksamkeit** der ihn benachteiligenden Verfügung unter Umständen schon vor Eintritt der Nacherbfolge durch Feststellungsklage gegen den Vorerben oder den beteiligten Dritten **geltend machen** (RG HRR 1928 Nr 1629 und schon für einen landrechtlichen Fall 24. 6. 07 IV 551/06; Düsseldorf HRR 1936 Nr 404). Schadensersatzansprüche stehen ihm vor Eintritt der Nacherbfolge nicht zu; bis dahin hat er wegen eines seine Rechte schädigenden Verhaltens des Vorerben nur die Befugnisse aus §§ 2127—2129 (RG Warn 1937 Nr 133).

d) Die **Vereitelung oder Beeinträchtigung des Nacherbenrechts** (§§ 161 Abs 1, 883 Abs 2) wird im Falle der Veräußerung oder Belastung eines Grundstücks regelmäßig (s. aber für den Fall der Bestellung eines dinglichen Vorkaufsrechts HRR 1930 Nr 984) gegeben sein, wenn die Verfügung nicht in Erfüllung einer bereits vom Erblasser eingegangenen Verbindlichkeit (Auflassung eines von ihm verkauften Hauses) vorgenommen wird. Ebenso bei der Verfügung über ein Recht am Grundstück, es müßte denn damit eine bloß formale Rechtsänderung (Verwandlung der Buchhypothek in Briefhypothek oder umgekehrt) oder sogar eine Besserung z. B. in der Rangstellung (§ 880) herbeigeführt oder etwa eine Hypothekenforderung an einen Gläubiger des Erblassers, für den sie gepfändet und dem sie zur Einziehung überwiesen worden war, abgetreten werden (HRR 1934 Nr 172; JFG 15, 189). Die Übereignung eines Grundstücks an den damit bedachten Vermächtnisnehmer kann eine Beeinträchtigung der Rechte des Nacherben zur Folge haben. Über die Wirksamkeit einer solchen Übereignung vgl. unten Anm 3c. Keine Beeinträchtigung des Nacherbenrechts liegt vor, wenn der Vorerbe die Löschung einer Eigentümergrundschuld bewilligt, die er mit eigenen Mitteln zurückgezahlt hat, oder wenn es sich um die rangletzte auf dem Grundstück ruhende Belastung handelt (München JFG 21, 81). Jedenfalls wird die Beeinträchtigung dadurch allein nicht beseitigt, daß wirtschaftlich angesehen die Lage des Nacherben durch die Verfügung nicht verschlechtert wird, daß z. B. der Vorerbe für das veräußerte Grundstück den vollen Geldwert gezahlt erhält. Immerhin geht ihm das ihm zugedachte Grundstück dadurch verloren. Nur für die Fälle des Abs 2 kommt die Entgeltlichkeit in Betracht (RG 133, 266f.: Abs 1 und Abs 2 enthalten selbständig nebeneinander stehende Ausnahmen von der Regel des § 2112). Bei einer Verfügung, die nur nach Abs 2 unwirksam ist, ist zu beachten, daß der Nacherbe kein Recht auf den in Frage stehenden Gegenstand hat. Eine Beeinträchtigung seines Rechts besteht daher nicht schon darin, daß er diesen Gegenstand nicht erwirbt. Sie liegt dann nur vor, wenn objektiv betrachtet das wirtschaftliche Ergebnis der Verfügung für den Gesamtnachlaß die Rechte des Nacherben beeinträchtigt hat. Ein mit der Verfügung in Zusammenhang stehender wirtschaftlicher Vorteil für den Nachlaß kann in diesem Fall bei einer unentgeltlichen Verfügung die Beeinträchtigung der Nacherbenrechte ausschließen (BGH 7, 274 [277, 279]). Mit dem Eintritt der Nacherbfolge endigt die Wirkung der dem Abs 1 zuwiderlaufenden Verfügung und tritt der frühere Rechtszustand wieder ein (§§ 163, 158). Mit diesem Zeitpunkt kann deshalb die Unwirksamkeit von jedem, nicht bloß vom Nacherben geltend gemacht werden (RG Warn 1914 Nr 126; a. M. Güthe-Triebel, GBO[6] Vorbem 78 Abs 7 vor § 13), jedoch unbeschadet der während der Schwebezeit von Dritten erlangten Rechte (Abs 3). Ist ein Alleinerbe (der überlebende Ehegatte) auf einen Bruchteil des Nachlasses (zu $^1/_8$) als Vollerbe, im übrigen (zu $^7/_8$ unter Berufung der 7 Kinder des Erblassers zu Nacherben) als bloßer Vorerbe eingesetzt, so ist eine Verfügung dieses Erben über einen Nachlaßgegenstand, die er nicht mit Wirksamkeit gegen die Nacherben treffen kann, im Falle des Eintritts der Nacherbfolge im ganzen unwirksam (RG Recht 1930 Nr 1506).

3. a) Das Recht des Nacherben (auch eines zweiten Nacherben und — trotz A 7, entsprechend den in RG 142, 172f. für den Erbschein entwickelten Gründen — auch eines Ersatznacherben, JW 1938, 1411[21]) und, soweit der Vorerbe von der Beschränkung seines Verfügungsrechts befreit ist, auch die Befreiung sind, wenn der Nacherbe nicht hierauf verzichtet hat (RG 61, 232), von Amts wegen im **Grundbuch** einzutragen (GBO § 51). Hat der Vorerbe sein Nacherbenrecht auf eine andere Person übertragen, so ist diese einzutragen. Die Eintragung des Nacherbenvermerks setzt nicht voraus, daß die Person des Nacherben bereits feststeht oder daß der Nacherbe schon geboren ist (KGJ 28 A 85). Kann die Person des Nacherben nicht individuell angegeben werden, so ist der Vermerk so zu fassen, daß das Nacherbenrecht der als Nacherbe in Frage kommenden Personen erkennbar wird. Die Kenntnis von dem Nacherbenrecht erlangt das Grundbuchamt regelmäßig aus dem vorgelegten Erbschein oder dem Testament. Falls das Grundstück durch dingliche Ersetzung (§ 2111) in den Nachlaß gelangt ist, kann das Grundbuchamt in der Regel nicht ohne weiteres dem § 51 GBO genügen. Eine Eintragung des Vorerben ohne den Nacherbenvermerk macht das Grundbuch unrichtig. Der Nacherbe kann nach § 22 GBO verlangen, daß das Grundbuch berichtigt wird. Das Grundbuchamt hat den Nacherbenvermerk, wenn ihm das Nacherbenrecht nachträglich bekannt wird, nach § 51 GBO von Amts wegen nachträglich einzutragen. Hierdurch darf jedoch die Rechtsstellung Dritter, die inzwischen Rechte erworben haben, nicht beeinträchtigt werden. Verzicht des Nacherben (oder des für ihn ernannten Testamentsvollstreckers, HRR 1930 Nr 1734) auf die Eintragung oder die von ihm bewilligte Löschung der Eintragung des Nacherbenrechts hat nicht den Verlust dieses Rechtes zur Folge, sondern nur, daß er den sich aus der Eintragung nach § 892 Abs 1 Satz 2 ergebenden Schutz gegen beeinträchtigende Verfügungen des Vorerben gegenüber einem gutgläubigen Erwerber einbüßt (RG 26. 5. 21 IV 574/20; KG RJA 17, 64); doch kann in der Bewilligung der Löschung des Nacherbenvermerks, zumal wenn sie im Zusammenhang mit einer Verfügung des Vorerben über das Grundstück oder Grundstücksrecht erklärt wird, die Zustimmung des Nacherben zu dieser Verfügung liegen (DRZ 1931 Nr 490). Der Nacherbenvermerk ist zu löschen, wenn dem Grundbuchamt nachgewiesen wird, daß der Eintritt des Nacherbfalls ausgeschlossen ist oder daß das in Frage stehende Recht endgültig aus dem der Nacherbschaft unterliegenden Nachlaß ausgeschieden ist. Das trifft zu, wenn der Vorerbe mit Wirkung auch für den Nacherben über das Recht verfügt hat, z. B. das von dem Erblasser einem Dritten vermachte Grundstück diesem übereignet hat (vgl. unten Anm 3c).

b) Wirkung der Eintragung des Nacherbenvermerks. Durch die Eintragung des Nacherbenrechts entsteht kein Recht am Grundstück oder an dem zur Erbschaft gehörenden Rechte am Grundstück (RG 83, 436), auch keine dingliche Belastung im Sinne von ZPO § 24 (RG 102, 103); zwischen dem eingetragenen Nacherbenrecht und den Rechten am Grundstück besteht auch kein Rangverhältnis i. S. des § 879 (A 3 das.; JFG 13, 111; 16, 234). Ist das Nacherbenrecht eingetragen, so steht der grundbücherlichen Eintragung von Verfügungen des Vorerben, auch unentgeltlichen Verfügungen, da eine Sperre des Grundbuchs nicht eintritt (§ 892), nichts entgegen (SeuffA 69 Nr 253; JFG 14, 340; JW 1936, 3562[32] a. E.; RG 148, 392); ausgenommen, wenn es sich um Löschungen auf Grund einer Verfügung des Vorerben handelt, da das Grundbuchrecht bedingt wirkende Löschungen nicht kennt (RG 65, 219; 102, 338; gegen diese Ausnahme Maenner LZ 1925, 13ff.).

c) Eintragung von Rechtsänderungen auf Grund von Verfügungen des Vorerben ohne vorherige Eintragung des Nacherbenvermerks. Nach § 40 GBO kann eine Eintragung in das Grundbuch, die die Übertragung oder Aufhebung eines Rechts zum Gegenstand hat, auch erfolgen, wenn der Vorerbe nicht eingetragen ist. In diesem Fall kann das Recht des Nacherben nicht eingetragen werden (Planck-Flad 4. Aufl § 2113 Anm 4e). Das Grundbuchamt darf dann auf Grund einer Verfügung auch des befreiten Vorerben eine Rechtsänderung in das Grundbuch nur eintragen, wenn die Einwilligung des Nacherben in die Verfügung gemäß GBO § 29 ihm nachgewiesen oder offenkundig ist oder wenn ihre Notwendigkeit nach der ganzen Sachlage ausgeschlossen ist. So geeignetenfalls auch, wenn es sich um eine Löschungsbewilligung des befreiten Vorerben handelt (RG 69, 260). Ein Nachlaßgrundstück kann der Vorerbe an den hiermit bedachten Vermächtnisnehmer ohne Zustimmung des Nacherben übereignen. Das gleiche gilt, wenn er das Grundstück übereignet, um damit eine Teilungsanordnung zu erfüllen. Denn es ist anzunehmen, daß der Erblasser den Vorerben für diese Verfügungen nach § 2136 von den Beschränkungen des § 2113 Abs 1 befreit hat. Eine solche Befreiung kann hinsichtlich einzelner Beschränkungen und auch hinsichtlich einzelner Nachlaßgegenstände erfolgen. Sie braucht nicht ausdrücklich erklärt zu sein, sondern kann sich aus Sinn und Zweck der letztwilligen Anordnung ergeben (KG JFG 22, 98; vgl. auch § 2136 Anm. 2). Sie berechtigt den Vorerben aber nicht, in anderer Weise über das Nachlaßgrundstück ohne Zustimmung des Nacherben zu verfügen, als es im Testament vorgesehen ist. Im allgemeinen läßt sich mit den im Grundbuchverfahren zulässigen Beweismitteln, außer durch eine beglaubigte Erklärung des Nacherben, nicht mit Sicherheit feststellen, ob die Verfügung des Vorerben eine entgeltliche oder unentgeltliche und ob sie deshalb nach Abs 2 auch dem befreiten Vorerben verboten ist. So ausführlich RG 61, 228; 65,

214 u. 70, 333 (dagegen Güthe-Triebel, GBO⁶ Vorbem 78 Abs 9 vor § 13). Die Rechtsprechung, wie sie sich seit 1909 entwickelt hat, sieht die Unentgeltlichkeit einer Verfügung des befreiten Vorerben indessen regelmäßig als durch die Sachlage ausgeschlossen an, wenn die Eintragungsbewilligung des Vorerben Bestandteil eines zweiseitigen entgeltlichen Geschäfts ist (KGJ 38 A 223; 40, 174) oder die von ihm erklärte Auflassung auf einem zweiseitigen entgeltlichen Geschäfte beruht (RJA 11, 123; 16, 330; JFG 18, 173; RG SeuffA 78 Nr 192; s. aber auch Dresden JFG 4, 291: Einbringung eines Grundstücks in eine unter nahen Verwandten begründete offene Handelsgesellschaft). Sie läßt auch eine einseitige Erklärung eines solchen Vorerben zum Nachweise der Entgeltlichkeit genügen, wenn die Richtigkeit dieser Erklärung durch andere in der Form von GBO § 29 nachgewiesene Umstände bestätigt wird (KGJ 40, 180; 41, 176; OLG 30, 201; noch weitergehend BayObLG JW 1923, 1036[1]: der Grundbuchrichter werde einer Erklärung des Vorerben, daß die Verfügung entgeltlich sei, Vertrauen schenken dürfen, wenn nicht besondere Anhaltspunkte für die Unrichtigkeit der Erklärung gegeben seien). Die Frage ist gegenstandslos, wenn der Nacherbe, sei es auch vertreten durch den Vorerben, die Veräußerung des Grundstücks selbst mit vorgenommen hat (RG Warn 1912 Nr 399). Einen Nachweis darüber, wie der an den befreiten Vererben gezahlte Kaufpreis für das von ihm veräußerte Grundstück verwandt worden ist, kann das Grundbuchamt selbst dann nicht verlangen, wenn der Erblasser letztwillig bestimmt hat, daß der Kaufpreis in bestimmter Weise verwandt werden soll. Es genügt, wenn dargetan ist, daß ein entsprechendes Entgelt an den Nachlaß gelangt ist. Das Grundbuchamt hat grundsätzlich nicht zu prüfen, wie der Vorerbe den erzielten Erlös angelegt hat. Anders wäre es, wenn feststeht, daß die Zahlung nur zum Schein erfolgt ist und der Kaufpreis sogleich dem Käufer wieder zurückgezahlt wurde (München JFG 20, 214). Eine auf dem Nachlaßgrundstück eingetragene Eigentümergrundschuld ist auf Antrag eines befreiten Vorerben zu löschen, ohne daß der Nacherbe zuzustimmen hat, wenn dieses Grundstücksrecht im Zuge eines entgeltlichen Rechtsgeschäfts aufgegeben wird. Darüber, wann in diesen Fällen ein entgeltliches Rechtsgeschäft anzunehmen ist, vgl. KGJ 41, 180; 43, 263; JFG 2, 431; DRZ 1930 Nr 79; HRR 1933 Nr 1660; Saarbrücken DNotZ 50, 66. Die Zustimmung des Nacherben ist in keinem Fall, auch nicht für den nichtbefreiten Vorerben erforderlich, wenn der Vorerbe die Hypothek mit eigenen Mitteln, also nicht mit Mitteln des Nachlasses zurückgezahlt hat. Die dadurch entstandene Eigentümergrundschuld gehört nicht zum Nachlaß. Der Nacherbe braucht gleichfalls in keinem Fall zuzustimmen, wenn die zu löschende Hypothek die rangletzte auf dem Nachlaßgrundstück ruhende Belastung ist, da durch ihre Löschung die Rechte der Nacherben nicht beeinträchtigt werden können (KG JFG 15, 187 unter Aufgabe der früher in KGJ 35 A 305 vertretenen gegenteiligen Meinung; München JFG 21, 81).

4. a) Die unentgeltliche Verfügung über Erbschaftsgegenstände jeder Art, Sachen und Rechte (§ 90), nicht bloß Grundstücke, ist auch dem befreiten Vorerben nicht gestattet (A 2) und macht ihn nach § 2138 Abs 2 gegenüber dem Nacherben schadensersatzpflichtig. Sie wird stets eine Vereitelung des Rechtes des Nacherben enthalten und kann deshalb nur Wirksamkeit behalten, wenn der Nacherbe zustimmt oder wenn es überhaupt nicht zur Nacherbfolge kommt. Sie ist nicht notwendig Schenkung (§ 516). Es genügt, daß ohne Gegenleistung, vielleicht nur in Erwartung einer solchen verfügt ist. Die Verfügung ist indessen nicht schon dann ganz oder teilweise unentgeltlich, wenn der Vorerbe für das, was er aus der Erbschaft opfert, bei objektiver Betrachtung kein oder kein volles Entgelt erhält, sondern es muß hinzukommen entweder, daß er auch nach seiner eigenen Einschätzung kein oder kein volles Entgelt erhält, oder daß er unter dem für ihn (wie für den Testamentsvollstrecker § 2216 Abs 1, § 2205 A 4) maßgebenden Gesichtspunkt der ordnungsmäßigen Verwaltung (§§ 2120, 2130) bei Rücksichtnahme auf seine künftige Herausgabepflicht das von der andern Seite Geleistete nicht als entsprechenden Gegenwert hätte ansehen dürfen (RG 81, 364; 105, 248; 125, 245; HRR 1930 Nr 984a; SeuffA 91, 117; JW 1937, 743[5]; 1938, 525[30]; Warn 1938 Nr 37; DRW 1939, 1949[5]; DR 45, 57[26]; BGH 7, 274 [278]; 5, 173 [182]). Dabei ist einerseits zu beachten, daß ein Gegenwert, der nicht dem Vorerben oder der Gesamtheit der Nacherben zufließt, sondern in das freie Vermögen eines einzelnen Nacherben gelangt, kein Entgelt im Sinne dieser Vorschrift ist (RG 125, 246; vgl. aber auch RG 159, 385ff. für den Fall einer Anrechnungsvereinbarung). Eine entgeltliche Verfügung liegt auch nicht vor, wenn das Entgelt für den übereigneten Gegenstand als Abfindung an diejenigen Personen gezahlt werden soll, die in dem Zeitpunkt, in dem die Verfügung vorgenommen wird, als Nacherben in Betracht kommen, falls es möglich ist, daß bei Eintritt des Nacherbfalls andere Personen als Nacherben berufen sein werden. Eine solche Verfügung ist auch nicht deswegen entgeltlich, weil der Vorerbe sie für eine entgeltliche gehalten hat. Subjektive Erwägungen des Vorerben kommen nur in Frage, soweit es sich darum handelt, den Wert der veräußerten Gegenstände und des eingetauschten Entgelts zu bemessen. Sie scheiden aus, soweit es sich darum handelt, ob eine bestimmte Gegenleistung überhaupt rechtlich als Entgelt im Sinne des § 2113 Abs 2 angesehen werden kann (BGH 7, 274 [278f]). Dementsprechend wird auch eine Leistung, für die der Leistende gar keine Gegenleistung erhält, auch nicht dadurch entgeltlich, daß sie in dem irrigen Glauben an eine Gegenleistung bewirkt wird (RG 105, 246; Gruch 68, 67: Erfüllung einer vermeintlichen Nachlaßverbindlichkeit; DR 1939, 1949[5]). Anderseits ist zu beachten, daß einer Verfügung des befreiten Vorerben nicht deshalb die Entgeltlichkeit abgesprochen werden muß, weil der Gegenwert ihm allein zugute kommt; auch eine solche Verfügung kann ordnungsmäßiger Verwaltung entsprechen, wenn sie dem Vorerben in wirtschaftlich gerechtfertigter Weise den Lebensunterhalt, auch durch Hingabe von Nachlaßwerten, zu verschaffen bezweckt (§§ 2137, 2138; HRR 1930 Nr 984). Dagegen ist die Beleihung eines Nachlaßgrundstücks zugunsten eines einzelnen Nacherben mit ordentlicher Verwaltung nicht vereinbar (RG 159, 390). Die Vorschrift bezieht sich auf Verfügungen jeder Art. Auch Befreiungen von Verbindlichkeiten, die in Schenkungsabsicht erfolgen, zählen hierher. Keine Verfügung liegt vor, wenn der Vorerbe es absichtlich unterläßt, eine Sache für den Nachlaß zu erwerben oder wenn er die Verjährungsfrist für Ansprüche, die zum Nachlaß gehören, verstreichen läßt. Eine unentgeltliche Verfügung im Sinne des § 2113 Abs 2 liegt nicht vor, wenn der Vorerbe eine zur Vorerbschaft gehörende Erbschaft ausschlägt, die der Erblasser noch nicht angenommen hatte (Planck-Flad. 4. Aufl § 2113 Anm 2).

b) Einzelfälle. Von dem gekennzeichneten grundsätzlichen Standpunkt aus ist auch der Verkauf eines Hauses zu einem den niedrigen Grundstückspreisen der Inflationszeit entsprechenden Preise (RG JRdsch 1926 Nr 940; KG JW 1925, 379[7] und JFG 3, 278) sowie der in zahlreichen Entscheidungen (so JW 1924, 2043[1]; 1925, 396[11] u. 503[9]; OLG 44, 56; JFG 2, 388, 433, 436; RG HRR 1928 Nr 1629) behandelte Fall zu beurteilen, daß der Vorerbe (oder Testamentsvollstrecker) in der Inflationszeit über eine Hypothek gegen Auszahlung in Papiermark durch vorbehaltlose Quittung, Löschungsbewilligung oder Abtretung verfügt; vgl. auch RG 117, 97.

Die Frage, ob der Verkauf eines Grundstücks gegen Reichsmark in der Zeit zwischen der Kapitulation und der Währungsreform als unentgeltliche Verfügung im Sinne des § 2113 Abs 2 anzusehen ist (so Celle MDR 1948, 142; Hamburg MDR 47, 118), kann nicht allgemein beantwortet werden. Die Verfügung ist nicht schon deswegen unentgeltlich, weil sie sich nachträglich als unvorteilhaft für den Nachlaß erweist oder weil die Erwartungen, die der Vorerbe hinsichtlich der künftigen Reform des Geldwesens hegte, nicht eingetreten sind. Zu beachten ist, daß insoweit, als der Käufer in Anrechnung auf den Kaufpreis Grundstücksbelastungen übernommen hat, auch objektiv ein Wertausgleich eingetreten ist. Im übrigen kommt es wesentlich auf die Vorstellungen an, die der Vorerbe sich über die Entgeltlichkeit des Geschäfts gemacht hat (vgl. BGH 5, 173 [182f]).

Die Übereignung eines Nachlaßgrundstücks unter Vorbehalt des Nießbrauchs für die Lebenszeit des Vorerben ist eine unentgeltliche Verfügung i. S. des § 2113 Abs 2. Der Nießbrauch ist nur eine Beschränkung des Eigentums, das wirtschaftlich gesehen nicht im vollen Umfang auf den Erwerber übergeht. Das, was der Vorerbe in Form des Nießbrauchs für sich zurückbehält, ist kein eigentliches Entgelt. Denn es stammt, wirtschaftlich gesehen, ohnehin aus dem zum Nachlaß gehörigen Vermögen (so auch im Ergebnis mit nicht voll zutreffender Begründung KG OLG 35, 371. Soweit diese Entscheidung auch eine an die Vorerben zu zahlende lebenslängliche Rente nicht als Entgelt ansehen will, kann ihr nicht uneingeschränkt zugestimmt werden; BGH 13. 3. 52 IV ZR 101/51 insoweit nicht veröffentlicht).

Keine unentgeltliche Verfügung ist die Abtretung einer Forderung zur Einziehung gegen eine nicht übermäßige Provision (RG Warn 1937 Nr 37), die Versäumnis eines Erwerbs, Ausschlagung einer dem Erblasser angefallenen Erbschaft, Duldung der Verjährung.

Der Vorerbe verfügt nicht unentgeltlich, wenn er die Löschung einer zur Eigentümergrundschuld gewordenen Hypothek bewilligt, um damit eine von dem Erblasser bewilligte Löschungsvormerkung zu erfüllen. Der Gegenwert für seine Verfügung besteht darin, daß die Erben von der Verpflichtung, die sich aus der Vormerkung für sie ergab, befreit werden. Diese Verpflichtung traf auch den Nacherben (Saarbrücken DNot 50, 66; vgl. weiter Anm 3c a. E.).

c) Erfolgt die **Verfügung** des Vorerben nur **teilweise unentgeltlich,** zum überwiegenden Teile dagegen entgeltlich (zu unterscheiden von dem Fall der Einkleidung der Schenkung in ein scheinbar entgeltliches Geschäft, RG Warn 1938 Nr 37), so soll nach RG LZ 1932, 94[19] entsprechend der zu §§ 527, 531 Abs 2 für Fälle einer gemischten Schenkung (§ 516 A 7) entwickelten Rechtsprechung (RG 68, 326; SeuffA 78 Nr 15, Warn 1933 Nr 180 u. a.) in Frage kommen, daß der Nacherbe vom Erwerber des Gegenstandes nicht dessen Herausgabe gegen Rückerstattung der für ihn geleisteten Zahlung, sondern nur die Ausgleichung zwischen Leistung und Gegenleistung durch eine weitere Zahlung fordern kann. Bei der Anwendung der §§ 527, 531 Abs 2 handelt es sich indessen nicht darum, ob der Schenker berechtigt war, die Schenkung vorzunehmen, sondern lediglich darum, wie eine Bereicherung zurückzuerstatten ist. Dagegen handelt es sich bei teilweiser Unentgeltlichkeit einer Verfügung des Vorerben (wie des Testamentsvollstreckers) um seine Berechtigung zur Vornahme des Geschäfts; die Verneinung seiner Berechtigung, das Geschäft, wie es geschlossen ist, vorzunehmen, begründet die Annahme der Unwirksamkeit seiner Verfügung (so für ein Verpflichtungsgeschäft des Testamentsvollstreckers RG HRR 1937 Nr 11). Dementsprechend hat auch das Reichsgericht in dem in DR 45, 57[26] veröffentlichten Urteil den oben wiedergegebenen Standpunkt abgelehnt und entschieden, daß auch die teilweise unentgeltliche Verfügung unwirksam ist. Dieser Auffassung hat sich auch der BGH in ständiger Rechtsprechung angeschlossen (BGH 5, 173 [182]; 7, 274 [279]; LM Nr 1 zu § 2113 BGB).

5. Erlaubte Schenkungen s. § 534 (auch §§ 1446, 1641, 1804, 2205, 2330). Der Satz bezieht sich nur auf Verfügungen unter Lebenden (BayObLG 25 A 4). Ausgenommen sind nach Abs 2 Satz 2 nur

Schenkungen, deren Bewirkung aus dem Stamm der Erbschaft durch sittliche Pflichten oder Anstandsrücksichten geboten ist. Diese Voraussetzungen sind nicht gegeben, wenn der als Vorerbe eingesetzte überlebende Ehemann seiner Hausdame, zu der er nähere Beziehungen unterhält, Schmuckstücke schenkt, die seiner verstorbenen Ehefrau gehört haben und die bei seinem Tode seinen Kindern als Nacherben zufallen würden (BGH 21. 5. 53 IV ZR 228/52). Keine sittliche oder Anstandspflicht besteht für den zum Vorerben berufenen überlebenden Elternteil, eine Ausgleichung unter den Kindern wegen ihrer bereits empfangenen Ausstattungen (vgl. §§ 2050, 2052) schon durch Rechtsgeschäft unter Lebenden vorzunehmen (RG LZ 1922, 410[7]; Warn 1942 Nr 89).

6. Die **Vorschrift des Abs 3** stimmt überein mit § 161 Abs 3, dort A 3 und ZPO § 325 Abs 2. Der **gutgläubige Erwerber** muß darüber in Unkenntnis sein, daß der vom Vorerben veräußerte Gegenstand zur Erbschaft gehört, oder den Vorerben irrig für befreit gehalten haben. Guter Glaube ist in der Regel nicht anzunehmen, wenn der Erwerber eines Gegenstandes weiß, daß dieser zu einer der Nacherbfolge unterliegenden Erbmasse gehört. Bei beweglichen Sachen genügt es, wenn ihm die aufgeführten Tatsachen infolge grober Fahrlässigkeit unbekannt sind. Der Schutz kommt auch dem Empfänger der unentgeltlichen Leistung (A 3) zugute, doch bleibt er dem Bereicherungsanspruch aus § 816 Abs 1 ausgesetzt. Noch weitergehender Schutz des Erwerbers bei Erteilung eines Erbscheins an den Vorerben, worin die Nacherbfolge unerwähnt geblieben ist, §§ 2366, 2363.

7. Die Beschränkungen des Vorerben durch die §§ 2113—2119 gelten auch zugunsten eines **zweiten Nacherben.** Soweit eine Verfügung des Vorerben zu ihrer Wirksamkeit der Zustimmung „des Nacherben" bedarf, bindet die Zustimmung des voreingesetzten Nacherben nicht den zweiten Nacherben, so daß auch dessen Zustimmung erforderlich ist. Dagegen rückt ein **Ersatznacherbe** erst mit dem Ersatzfall in die Rechtsstellung des Nacherben ein; bis dahin ist zu einer rechtsgültigen Verfügung die Zustimmung desjenigen Nacherben erforderlich und endgültig genügend, an dessen Stelle später der zum Erben werdende Ersatznacherbe tritt (Zimmer, JRdsch 1934, 241; RG 145, 316; zustimmend Flad ZAkDR 1936, 421 III 1; Recke JW 1936, 1037f. u. KG JW 1937, 1533[15]; Düsseldorf JR 52, 405; a. M. Zilkens JW 1935, 513 zu 7; Kipp-Coing § 116 bei Anm 33). Der an Stelle eines nur bedingt eingesetzten Nacherben für den Fall des Ausfalls der Bedingung anderweit berufene Nacherbe ist nicht Ersatznacherbe (§ 2096), sondern ebenfalls bedingt eingesetzter Nacherbe. Zur vollen Wirksamkeit einer Verfügung des Vorerben ist deshalb gegebenenfalls die Zustimmung beider unter entgegengesetzten Bedingungen berufener Nacherben erforderlich (JW 1936, 3562[32]).

§ 2114

Gehört zur Erbschaft eine Hypothekenforderung, eine Grundschuld, eine Rentenschuld oder eine Schiffshypothekenforderung, so steht die Kündigung und die Einziehung dem Vorerben zu. Der Vorerbe kann jedoch nur verlangen, daß das Kapital an ihn nach Beibringung der Einwilligung des Nacherben gezahlt oder daß es für ihn und den Nacherben hinterlegt wird. Auf andere Verfügungen über die Hypothekenforderung, die Grundschuld, die Rentenschuld oder die Schiffshypothekenforderung finden die Vorschriften des § 2113 Anwendung.

E I 1818—1821, 1828 II 1987; M 5 96—98, 114—116; P 5 104.

Übersicht:

Kündigung und Einziehung von Hypothekenforderungen, Grund- und Rentenschulden.

1. Kündigung
2. Einziehung
3. Andere Verfügungen

Befreiung zulässig § 2136.

1. Hypothek §§ 1113ff., **Grundschuld** §§ 1191ff., **Rentenschuld** §§ 1199ff. sind Rechte am Grundstück. Die Verfügung hierüber, wozu auch Kündigung und Einziehung gehören, unterliegt deshalb an sich den Beschränkungen des § 2113. Der Vorerbe ist jedoch (in weiterem Maße als der Nießbraucher §§ 1077, 1080) insofern freier gestellt, als ihm die **Kündigung** unter der aus § 2131 sich ergebenden Verantwortung selbständig überlassen ist. Demgemäß ist auch die vom Schuldner dem Vorerben gegenüber erklärte Kündigung voll wirksam.

2. Auch die **Einziehung,** unter deren Begriff auch der Antrag auf Zwangsversteigerung des mit der Nachlaßhypothek belasteten Grundstücks fällt (RG 136, 353), ist nicht (wie beim Nießbrauche § 1078) von der Mitwirkung des Nacherben abhängig. Das Zahlungsverlangen ist aber inhaltlich in der

Weise beschränkt, daß den Rechten des Nacherben kein Abbruch geschehen kann. Seine Einwilligung, d. h. vorherige Zustimmung (§ 183) ist auf Verlangen und regelmäßig schon im Hinblick auf GBO § 29 in öffentlich beglaubigter Form zu erteilen, § 2120. Sie kann zum Zwecke der Befreiung auch vom Schuldner beansprucht werden. Hinterlegung § 372. Der hinterlegte Betrag wird im Falle des § 378 Surrogat der Erbschaft (§ 2111); zur Verfügung hierüber ist die Zustimmung des Nacherben erforderlich (§ 2116 Abs 2). Die Vorschrift trifft auch gegenüber dem persönlichen Schuldner zu, der nicht Eigentümer ist (§ 1143). Sie findet auch Anwendung, wenn der Schuldner freiwillig leistet (RJA 16, 145; RG HRR 1928 Nr 1629). Dagegen ist der Vorerbe in Ansehung anderer Forderungen, insbesondere solcher auf Zinsrückstände nach § 2112 nicht beschränkt.

3. Andere Verfügungen als Kündigung und Einziehung § 2113 A 1. Hierzu gehört auch die Aufrechnung, wenn sie vom Vorerben erklärt wird.

§ 2115

Eine Verfügung über einen Erbschaftsgegenstand, die im Wege der Zwangsvollstreckung oder der Arrestvollziehung oder durch den Konkursverwalter erfolgt, ist im Falle des Eintritts der Nacherbfolge insoweit unwirksam, als sie das Recht des Nacherben vereiteln oder beeinträchtigen würde. Die Verfügung ist unbeschränkt wirksam, wenn der Anspruch eines Nachlaßgläubigers oder ein an einem Erbschaftsgegenstande bestehendes Recht geltend gemacht wird, das im Falle des Eintritts der Nacherbfolge dem Nacherben gegenüber wirksam ist.

E I 1829 II 1988; M 5 117; P 5 112—114; 6 92, 93.

Übersicht:

Verfügungen im Wege der Zwangsvollstreckung oder des Konkursverwalters

1. Verfügungen im Wege der Zwangsvollstreckung oder Vollziehung eines Arrestes
2. Verfügungen des Konkursverwalters
3. Unwirksamkeit der Verfügungen
4. Unbeschränkt wirksame Verfügungen nach Satz 2
5. Gutglaubensschutz
6. Ansprüche des geschädigten Nacherben

1. Wie die vom Vorerben vorgenommenen Verfügungen im Falle des § 2113, so sind auch die gegen ihn ergehenden Verfügungen unwirksam, wenn sie im Wege der **Zwangsvollstreckung oder Arrestvollziehung** stattfinden. Und zwar auch wenn der Vorerbe nach §§ 2136, 2137 befreit ist, sowie rücksichtlich aller Arten von Erbschaftsgegenständen, also auch beweglicher Sachen und Rechte, die zur Erbschaft gehören. Auch soweit der Vorerbe über die zum Nachlaß gehörigen Gegenstände ohne Zustimmung des Nacherben verfügen kann, können seine Gläubiger doch grundsätzlich wegen ihrer Forderungen keine Befriedigung aus diesen Gegenständen suchen. Diese Regelung rechtfertigt sich aus dem Gedanken, daß es ungerechtfertigt wäre, wenn die Gläubiger des Vorerben wegen ihrer gegen diesen gerichteten Forderungen letztlich auf Kosten des Nacherben befriedigt würden, zumal der Vorerbe, auch wenn er über die Erbschaftsgegenstände ohne Zustimmung des Nacherben verfügen kann, diesem doch nach §§ 2130, 2131 verantwortlich ist. ZPO § 773 verbietet mit Rücksicht auf § 2115 die Veräußerung und Überweisung der zu einer Vorerbschaft gehörenden Gegenstände und gibt dem Nacherben ein Widerspruchsrecht.

Unter Verfügungen im Wege der Zwangsvollstreckung sind nach dem Sprachgebrauch des Gesetzes und den Absichten des Gesetzgebers nur Verfügungen im Rahmen der Zwangsvollstreckung wegen Geldforderungen zu verstehen (vgl. Strohal I § 28 Anm 32; Kretzschmar ZBlFG 12, 1; Staudinger-Seybold 11. Aufl. § 2115 A 2; Planck-Flad 4. Aufl § 2115 Anm 1). § 2115 ist daher nicht anzuwenden, wenn der Schuldner zur Abgabe einer Willenserklärung nach §§ 894, 895 ZPO, zur Herausgabe von Sachen verurteilt worden ist oder wenn die Übergabe einer Sache nach § 897 ZPO durch die Wegnahme durch den Gerichtsvollzieher zu ersetzen ist. In diesen Fällen handelt es sich der Sache nach um eine rechtsgeschäftliche Verfügung des Vorerben. Das Urteil oder die Vollstreckungshandlung ersetzt nur die Erklärung oder die Tätigkeit, die der Schuldner selbst abzugeben oder vorzunehmen verpflichtet ist.

Der Zwangsvollstreckung muß folgerichtig auch die Aufrechnung als eine Form der Selbstbefriedigung gleichgestellt werden. In Fortbildung des § 394 ist deshalb dem Nachlaßschuldner, der zugleich persönlicher Gläubiger des Vorerben ist, verwehrt, mit dieser Forderung gegen seine Nachlaßschuld aufzurechnen (RG 80, 32).

2. Im **Konkurs** über das Vermögen des Vorerben ist das dem Konkursverwalter zustehende Verfügungsrecht (KO § 6 Abs 2) mit Bezug auf die Erbschaftsgegenstände beschränkt. Freie Verfügung ist ihm auch nicht zur Erfüllung eines zweiseitigen Vertrags (KO § 17) eingeräumt. Die Veräußerung der Erbschaftsgegenstände ist ihm durch KO § 128 noch besonders untersagt. Der Nacherbe kann hiergegen den Schutz des Konkursgerichts anrufen (KO § 83), hat aber kein Aussonderungsrecht aus KO § 43, da der Erbschaftsgegenstand immerhin bis zum Eintritt der Nacherbfolge dem Gemeinschuldner als wahren Erben gehört. Zu den Verfügungen des Konkursverwalters, auf die sich § 2115 bezieht, zählen auch die Befriedigung von Konkursgläubigern mit Mitteln des Nachlasses, die Erfüllung der vom Vorerben eingegangenen Verpflichtungen zur Veräußerung von Nachlaßgegenständen, die Belastung von Erbschaftsgegenständen und die den §§ 2113, 2114 widersprechenden Verfügungen über Hypothekenforderungen, Grund- und Rentenschulden, die zum Nachlaß gehören. Die dem Vorerben nach § 2114 zustehenden Rechte kann auch der Konkursverwalter ausüben. Das vom Konkursverwalter eingezogene Kapital gehört dann nach dem Grundsatz der dinglichen Ersetzung (§ 2111) zum Nachlaß. Es ist nach § 2115 der Verfügung des Konkursverwalters entzogen.

3. Die **Unwirksamkeit der Verfügung** ist eine bedingte und begrenzte wie § 2113 A 2. Jedenfalls ist die Vornahme der Zwangsvollstreckung zulässig. Dem Nacherben steht insoweit kein Widerspruchsrecht zu, als es sich um die Begründung von Pfandrechten gemäß ZPO §§ 804, 829, 846ff. 857ff., 930 oder um Eintragung einer Sicherungshypothek nach § 866ff. (RJA 4, 59; a. M. Güthe-Triebel, GBO[6] Vorbem 78 Abs 7 vor § 13) oder nur um Beschlagnahme des Grundstücks nach ZVG §§ 20ff. handelt. Nicht betroffen durch § 2115 sind Vollstreckungshandlungen, die sich auf die dem Vorerben zustehenden Nutzungen (§ 2111 A 3) beschränken (RG 80, 7). S. jedoch ZPO § 863. Auch die Zwangsverwaltung nach ZVG §§ 146ff. kann durchgeführt werden. Nur die Veräußerung und Überweisung ist ausgeschlossen (ZPO § 773). Erst wenn es zur Nacherbfolge kommt, kann der Nacherbe Beseitigung aller Vollstreckungsmaßregeln verlangen. Vorher hat er nach § 2128 gegebenenfalls das Recht auf Sicherheitsleistung.

4. Das Recht des Nacherben wie jedes anderen Erben muß unbedingt den **Ansprüchen der Nachlaßgläubiger** weichen (§ 1967). Auch dann ist ohne Rücksicht auf den Nacherben die völlige Durchführung der Zwangsvollstreckung zulässig, wenn sie auf Grund eines **Rechtes an einem Erbschaftsgegenstande** vorgenommen wird, das entweder bereits vom Erblasser (somit zugunsten eines Nachlaßgläubigers) oder auch erst vom Vorerben begründet worden ist, vorausgesetzt, daß das Recht auch gegenüber dem Nacherben wirksam ist. So bei allen Verfügungen, zu denen der Nacherbe eingewilligt hat (§ 2120) oder die der Vorerbe in Beziehung auf Grundstücke oder Rechte an Grundstücken ohne Benachteiligung des Nacherben (§ 2113 Abs 1) oder in Beziehung auf andere Gegenstände, als befreiter Vorerbe auch in Beziehung auf Grundstücke oder Rechte an Grundstücken entgeltlich vorgenommen hat (§ 2113 Abs 2; RG 133, 263: Duldung der Zwangsvollstreckung in ein Grundstück durch den Nacherben wegen einer vom befreiten Vorerben für eine persönliche Schuld aufgenommenen Sicherungshypothek). Ebenso bei Hypothekenzinsen und Reallasten, die der Vorerbe unbefriedigt gelassen hat (§§ 1107, 1108, 1118). Unter den gleichen Voraussetzungen sind die Verfügungen des Konkursverwalters unbeschränkt wirksam. Ein besonderer Duldungstitel gegen den Nacherben ist in den Fällen des Satz 2 nicht erforderlich (JW 1938, 458[18] mit Anm von Fraeb). Ist das Recht am Erbschaftsgegenstand erst im Wege der Zwangsvollstreckung gegen den Vorerben erlangt (Pfandrecht, Sicherungshypothek), so ist seine fernere Geltendmachung durch Satz 1 (A 3) ausgeschlossen.

5. Gutglaubensschutz: Die Vorschrift zum Schutze des Erwerbes vom Nichtberechtigten (§ 2113 A 6) ist hier nicht aufgenommen, da die Vorschriften über den öffentlichen Glauben des Grundbuchs und über den gutgläubigen Erwerb beweglicher Sachen nur den rechtsgeschäftlichen Erwerb, nicht aber den Erwerb im Wege der Zwangsvollstreckung oder Arrestvollziehung schützen. Hiernach erlangt auch der gutgläubig, d. h. ohne Kenntnis des Nacherbenrechts mit der Zwangsvollstreckung vorgehende Gläubiger keine gegen den Nacherben wirksamen Rechte. Kommt es jedoch zu einer wirklichen Veräußerung, so gelten die allgemeinen, die Veräußerung betreffenden Vorschriften und der Erwerber wird nach §§ 1244, 932ff., 892 geschützt. Der nach § 892 geschützte Erwerber erwirbt daher, auch wenn der Konkursverwalter das Grundstück entgegen § 128 KO veräußert, Eigentum. Ebenso ist ein gutgläubiger Erwerb an Fahrnis bei freihändiger Veräußerung durch den Konkursverwalter oder den Gerichtsvollzieher möglich. Desgleichen bei einer öffentlichen Versteigerung (Planck-Flad 4. Aufl § 2115 Anm 4; Jäger KO 7. Aufl § 128 Anm 9). Bei der Zwangsversteigerung gilt dies sogar dann, wenn dem Ersteher das Nacherbenrecht bekannt war, sofern es nicht eingetragen oder rechtzeitig angemeldet war (ZVG § 37 Nr 4, 5, §§ 44f., 52, 90f.). — Ähnliche Vorschriften in §§ 135, 161, 184, 353, 499, 883.

6. Ansprüche des geschädigten Nacherben. Wegen des Rechtsverlustes, den der Nacherbe da durch erleidet, daß der Gerichtsvollzieher oder das Vollstreckungsgericht entgegen § 773 ZPO über Nachlaßgegenstände verfügt hat, steht ihm im Falle eines Verschuldens der Vollstreckungsorgane ein Schadensersatzanspruch wegen Amtspflichtverletzung zu. Er kann aber auch gegen den nichtbefreiten Vorerben einen Erstattungsanspruch nach § 1234 oder gegen den die Zwangsvollstreckung betreibenden Gläubiger Bereicherungsansprüche geltend machen.

§ 2116

Der Vorerbe hat auf Verlangen des Nacherben die zur Erbschaft gehörenden Inhaberpapiere nebst den Erneuerungsscheinen bei einer Hinterlegungsstelle oder bei der Reichsbank, bei der Deutschen Zentralgenossenschaftskasse oder bei der Deutschen Girozentrale (Deutschen Kommunalbank) mit der Bestimmung zu hinterlegen, daß die Herausgabe nur mit Zustimmung des Nacherben verlangt werden kann. Die Hinterlegung von Inhaberpapieren, die nach § 92 zu den verbrauchbaren Sachen gehören, sowie von Zins-, Renten- oder Gewinnanteilscheinen kann nicht verlangt werden. Den Inhaberpapieren stehen Orderpapiere gleich, die mit Blankoindossament versehen sind.

Über die hinterlegten Papiere kann der Vorerbe nur mit Zustimmung des Nacherben verfügen.

E I 1822 II 1989; M 5 98—100; P 5 99, 106—109; 6 93, 94.

Übersicht:

Hinterlegung von Wertpapieren

1. Inhaberpapiere (Abs 1 Satz 1)
2. Ausnahmen nach Abs 1 Satz 2
3. Orderpapiere (Abs 1 Satz 3)
4. Zustimmung des Nacherben (Abs 2)

Befreiung zulässig § 2136.

1. Der Vorerbe ist bezüglich der **Inhaberpapiere** (§§ 793ff., 1195; Inhaberaktien, AktG §§ 10, 219) und Erneuerungsscheine (§ 805) nur schuldrechtlich und nur insoweit gebunden, als der Nacherbe das Verlangen nach Hinterlegung gestellt hat. Schadensersatzpflicht nach § 2130. Legitimationspapiere (§ 808), z. B. Sparkassenbücher gehören nicht zu den Inhaberpapieren. Hinterlegungsstellen früher nach Landesgesetz EG Art 144–146, jetzt nach HinterlO §§ 1, 2, 27, 31ff. Die im Gesetzestext neben den Hinterlegungsstellen und der Reichsbank genannten beiden Stellen sind eingefügt durch die NotVO v. 18. 3. 33 (RGBl I 109) Kap XI Art 1. Die Bestimmung ist insoweit gegenstandslos geworden, da die genannten Institute nicht mehr bestehen und die Bank Deutscher Länder und die Landeszentralbanken, die teilweise Aufgaben dieser Institute übernommen haben, insoweit nicht an ihre Stelle getreten sind. Die gleiche Art der Hinterlegung ist vorgesehen beim Nießbrauch § 1082 und für die vormundschaftliche Verwaltung §§ 1814, 1818, 1897, 1915, unter Umständen auch für die Verwaltung des eingebrachten Guts der Frau §§ 1525, 1550, 1392 und des Kindesvermögens §§ 1667, 1686.

Die Hinterlegung hat mit der Bestimmung zu erfolgen, daß die Herausgabe nur mit Zustimmung des Nacherben verlangt werden kann. Gibt die Hinterlegungsstelle die Wertpapiere heraus, ohne daß der Nacherbe zustimmt, so wird sie dadurch diesem gegenüber nicht befreit. Der Nacherbe kann aber nach § 2120 verpflichtet sein, dem Herausgabeverlangen zuzustimmen, wenn die Rücknahme der Wertpapiere aus der Verwahrung zur ordnungsmäßigen Verwaltung des Nachlasses erforderlich ist.

2. Die Inhaberpapiere sind **verbrauchbare Sachen,** wenn ihr bestimmungsmäßiger Gebrauch in dem Verbrauch oder in der Veräußerung besteht, z. B. Banknoten, das Betriebskapital eines Bankgeschäfts (s. auch § 1084).

3. **Orderpapiere** mit Blankoindossament HGB §§ 363, 365; WechsG Artt 11, 13, 14, 16, 77. Der Vorerbe kann mithin jedenfalls, solange der Nacherbe das Hinterlegungsverlangen nicht gestellt hat, die Hinterlegungspflicht dadurch abwenden, daß er das Blankoindossament ausfüllt.

4. Ist es einmal zur Hinterlegung gekommen, so ist, solange sie dauert, jede ohne **Zustimmung des Nacherben** (§§ 182–184) vorgenommene Verfügung von Anfang an und nicht bloß wie im Falle der §§ 2113 A 2, 2115 A 3 bedingungsweise unwirksam. Verpflichtung des Nacherben zur Zustimmung § 2120. Der Vorerbe ist nur solange in seiner Verfügungsmacht beschränkt, wie die Wertpapiere tatsächlich hinterlegt sind. Er erlangt die volle Verfügungsmacht auch, wenn ihm die Wertpapiere bestimmungswidrig ohne Zustimmung des Nacherben ausgehändigt werden.

Ein gutgläubiger Erwerb an den hinterlegten Papieren durch Abtretung des Herausgabeanspruchs durch den Vorerben kann nach § 934 nur dadurch eintreten, daß die Hinterlegungsstelle den Besitz an den Papieren auf den Erwerber überträgt. Da der Herausgabeanspruch des Vorerben von der Zustimmung des Nacherben abhängig ist, kann er den mittelbaren Besitz im Sinne des § 934 nicht auf den Erwerber übertragen.

§ 2117

Der Vorerbe kann die Inhaberpapiere, statt sie nach § 2116 zu hinterlegen, auf seinen Namen mit der Bestimmung umschreiben lassen, daß er über sie nur mit Zustimmung des Nacherben verfügen kann. Sind die Papiere von dem Reiche oder einem Bundesstaat ausgestellt, so kann er sie mit der gleichen Bestimmung in Buchforderungen gegen das Reich oder den Bundesstaat umwandeln lassen.

E I 1822 Abs 1 II 1990; M 5 99, 106—108; 6 93, 94.

Befreiung zulässig § 2136.

1. Umschreibung auf den Namen § 806, EG Art 101. RSchuldbG v. 31. 5. 10 §§ 1, 4, 10, 18; Reichsschuldenordnung v. 13. 2. 24 § 21 i. d. F. v. 5. 7. 34; Staatsschuldbuch EG Art 97. Entsprechende Vorschriften für die Verwaltung des Mannes §§ 1525, 1550, 1393; des Vormundes oder Pflegers §§ 1815, 1897, 1915 und des Inhabers der elterlichen Gewalt §§ 1667, 1686.

§ 2118

Gehören zur Erbschaft Buchforderungen gegen das Reich oder einen Bundesstaat, so ist der Vorerbe auf Verlangen des Nacherben verpflichtet, in das Schuldbuch den Vermerk eintragen zu lassen, daß er über die Forderungen nur mit Zustimmung des Nacherben verfügen kann.

E II 1191; P 5 99, 106—108; 6 93, 94.

Befreiung zulässig § 2136.

1. Wie nach § 1816 (§§ 1897, 1915; 1667, 1686). RSchuldbG v. 31. 5. 10 §§ 3, 10, 18. Trifft auch zu, wenn die **Buchforderungen** erst nachträglich zur Erbschaft erworben sind (§ 2111). Die Eintragung des Vermerks bewirkt keine Verfügungsbeschränkung für den Vorerben nach § 399 (Planck-Flad 4. Aufl § 2118 Anm 2).

§ 2119

Geld, das nach den Regeln einer ordnungsmäßigen Wirtschaft dauernd anzulegen ist, darf der Vorerbe nur nach den für die Anlegung von Mündelgeld geltenden Vorschriften anlegen.

E II 1992; P 5 104, 105.

Befreiung zulässig § 2136.

1. Der Vorerbe ist etwas freier gestellt als der Mann (§§ 1525, 1550, 1377), der Inhaber der elterlichen Gewalt (§§ 1642, 1686) und der Vormund oder Pfleger (§§ 1806, 1897, 1915), indem er nicht verpflichtet ist, **Geld dauernd anzulegen,** soweit es nicht zur Bestreitung von Ausgaben bereitzuhalten ist. Immerhin sind hierfür nicht seine eigenen Gepflogenheiten (§ 2131), sondern die Regeln einer ordnungsmäßigen Wirtschaft (§ 2038 A 2) maßgebend. Jedenfalls aber hat er, wenn er einmal eine dauernde Anlage vornimmt, hierbei auf mündelmäßige Sicherheit (§§ 1807, 1808, EG Art 212) Bedacht zu nehmen, hierzu RG 73, 4. Die Genehmigung des Nacherben zur Erhebung des Geldes wie in § 1809 braucht er bei der Anlegung nicht auszubedingen. Auch seine Zustimmung zur Anlegung wie in § 1810 braucht er nicht einzuholen (s. jedoch § 2128). In der Anlegung von Geldern zu bloß vorübergehenden Zwecken (Bankguthaben, Ansammlung von Betriebsmitteln) ist er nur nach Maßgabe der §§ 2131, 277 beschränkt. Keinesfalls ist er genötigt, vom Erblasser übernommene unsichere Anlagen in mündelmäßige umzuwandeln. § 2119 bezieht sich sowohl auf das bei Eintritt des Erbfalls im Nachlaß vorhandene Geld, als auch auf Gelder, die erst später infolge dinglicher Ersetzung (§ 2111) zum Nachlaß gelangt sind. Der Vorerbe hat daher Kapital, das der Erblasser angelegt hatte und das an den Vorerben zurückgezahlt wird, wenn die Voraussetzungen des § 2119 vorliegen, auch dann mündelsicher anzulegen, wenn der Erblasser selbst eine andere Anlage gewählt hatte. -- Ähnlich beim Nießbrauch § 1079 und beim Pfandrecht an Forderungen § 1288.

§ 2120

Ist zur ordnungsmäßigen Verwaltung, insbesondere zur Berichtigung von Nachlaßverbindlichkeiten, eine Verfügung erforderlich, die der Vorerbe nicht mit Wirkung gegen den Nacherben vornehmen kann, so ist der Nacherbe dem Vorerben gegenüber verpflichtet, seine Einwilligung zu der Verfügung zu erteilen. Die Einwilligung ist auf Verlangen in öffentlich beglaubigter Form zu erklären. Die Kosten der Beglaubigung fallen dem Vorerben zur Last.

E I 1823, 1828 Abs 3, 1831 II 1993; M 5 107, 108, 116, 117, 120; P 5 109, 112; 6 94.

1. Ordnungsmäßige Verwaltung § 2038 A 2, § 2113 A 4. Gedacht ist vorzugsweise an die Notwendigkeit einer Versilberung von Nachlaßgegenständen, um Mittel zur Bezahlung von Nachlaßschulden zu gewinnen. Diese Versilberung ist mit Wirkung gegen den Nacherben dem nichtbefreiten Vorerben allein nicht gestattet, wenn es sich handelt um Grundstücke oder Rechte an Grundstücken (§§ 2113 Abs 1, 2114) oder um die Verfügung über Papiere oder Buchforderungen, die gemäß §§ 2116–2118 hinterlegt oder umgeschrieben sind. Die **Einwilligung des Nacherben** (auch eines zweiten Nacherben, nicht eines Ersatznacherben, § 2113 A 7) oder des für ihn bestellten Testamentsvollstreckers (§ 2222), die gemäß § 183 im voraus zu erklären ist, aber auch als Genehmigung (§ 184) die Verfügung nachträglich wirksam macht, ist in solchen Fällen unentbehrlich und darf nicht verweigert werden. Sie kann nach § 182 sowohl dem Vorerben als auch dem Vertragsgegner gegenüber erklärt werden.

Die ordnungsmäßige Verwaltung einer Erbschaft kann unter Umständen, z. B. zur grundbuchmäßigen Erledigung eines Geschäfts oder mit Rücksicht auf ein Verlangen des Vertragsgegners des Vorerben, die Zustimmung des Nacherben selbst dann erfordern, wenn es sich um ein entgeltliches Geschäft des befreiten Vorerben handelt, das dieser an sich ohne jene Zustimmung wirksam vornehmen könnte. Auch dann begründet entsprechende Anwendung des § 2120 die Pflicht des Nacherben gegenüber dem Vorerben, ihm die notwendig werdende Zustimmung zu erteilen (RG 148, 390; SeuffA 78 Nr 192).

Auch wenn eine Nachlaßverbindlichkeit unmittelbar in der Vornahme einer Verfügung nach § 2113 Abs 1, z. B. in der Auflassung eines bereits vom Erblasser verkauften Grundstücks besteht, bedarf es zwar materiell der Einwilligung des Nacherben nicht, immerhin hat der Vorerbe ein berechtigtes Interesse, daß durch die Zustimmung des Nacherben diesem gegenüber das Bestehen der Nachlaßverbindlichkeit und damit die Erforderlichkeit der Verfügung festgestellt wird. Dem Grundbuchamt gegenüber wird (mit KG HRR 1934 Nr 172) die Vorlegung einer äußerlich und inhaltlich einwandfreien Verpflichtungsurkunde des Erblassers für genügend zu erachten sein (§ 2113 A 3c). Auch einem befreiten Vorerben gegenüber kann dem Nacherben nicht angesonnen werden, bei einem Rechtsgeschäft mitzuwirken, das außerhalb des Rahmens einer ordnungsmäßigen Verwaltung der Erbschaft liegt (RG 148, 391; dazu Vogler JW 1936, 40 I) oder durch das gar die Vereitelung des dem Nacherben nach §§ 2130, 2138 zustehenden Herausgabeanspruchs bezweckt wird (RG 70, 332).

Die erörterte Verpflichtung des Nacherben besteht nur gegenüber dem Vorerben, nicht also auch gegenüber dem Dritten, der an der Wirksamkeit der Verfügung interessiert ist. Der Vorerbe kann aber an den Dritten seinen Anspruch auf Einwilligung abtreten. Macht der Nacherbe gegen den dritten Erwerber eines Erbschaftsgegenstandes die Unwirksamkeit geltend, so darf ihm der Dritte, falls er nicht ohnedies durch § 2113 Abs 3 in seinem Erwerbe geschützt ist, mit der Einrede (exceptio doli) begegnen, daß er gemäß § 2120 die Verfügung nachträglich zu genehmigen habe. Ebenso kann, wer ein Grundstück vom befreiten Vorerben entgeltlich erworben hat und geltend machen will, daß der Nacherbenvermerk (§ 51 GBO) dadurch gegenstandslos geworden sei, gegen den einen gegenteiligen Standpunkt vertretenden Nacherben unmittelbar auf Einwilligung in die Löschung klagen (RG JRdsch 1926 Nr 939).

Der Beweis, daß der Nacherbe zur Einwilligung verpflichtet sei, ist vom Vorerben (oder gegebenenfalls dem dritten Erwerber) zu führen.

Die Vorschrift gilt in dem RG 90, 96 dargelegten Sinne entsprechend, wenn zur ordnungsmäßigen Verwaltung die Eingehung einer Nachlaßverbindlichkeit erforderlich ist.

2. **Beglaubigung** § 129, FGG §§ 167, 183, 191, RNotO § 77.

3. Die **Kosten** gehören also nicht zu den Nachlaßverbindlichkeiten § 1967, sondern zählen zu den Erhaltungskosten § 2124 Abs 1.

§ 2121

Der Vorerbe hat dem Nacherben auf Verlangen ein Verzeichnis der zur Erbschaft gehörenden Gegenstände mitzuteilen. Das Verzeichnis ist mit der Angabe des Tages der Aufnahme zu versehen und von dem Vorerben zu unterzeichnen; der Vorerbe hat auf Verlangen die Unterzeichnung öffentlich beglaubigen zu lassen.

Der Nacherbe kann verlangen, daß er bei der Aufnahme des Verzeichnisses zugezogen wird.

Der Vorerbe ist berechtigt und auf Verlangen des Nacherben verpflichtet, das Verzeichnis durch die zuständige Behörde oder durch einen zuständigen Beamten oder Notar aufnehmen zu lassen.

Die Kosten der Aufnahme und der Beglaubigung fallen der Erbschaft zur Last.

E I 1815, 993, 1042 II 1994; M 5 103; P 5 93, 94, 98; 3 394—396.

1. Befreiung nach § 2136 nicht zulässig. Das **Verzeichnis der Erbschaftsgegenstände** (so auch beim Nießbrauch § 1035 sowie bei der Errungenschafts- und der Fahrnisgemeinschaft mit Bezug auf das eingebrachte Gut §§ 1528, 1550) umfaßt nur die Aktiven der Erbschaft, Sachen und Rechte (§ 90). Es braucht nicht, wie das Inventar (§ 2001 Abs 2) eine Beschreibung und Wertangabe zu enthalten. Das Verzeichnis ist nach dem Stand der Erbschaft zur Zeit der Aufstellung und Erteilung des Verzeichnisses abzufassen. In der 9. Auflage war an dieser Stelle der Zeitpunkt des Erbfalls für maßgebend erklärt worden. Dem kann nicht gefolgt werden. Das Gesetz selbst enthält keine ausdrückliche Angabe darüber, auf welchen Zeitpunkt das Verzeichnis abzustellen ist. Zu den zur Erbschaft gehörenden Gegenständen, die in das Verzeichnis aufzunehmen sind, gehören indes auch die Surrogate nach § 2111. Die Bestimmung des Abs 3 deutet gleichfalls darauf hin, daß der Zeitpunkt der Aufnahme des Verzeichnisses maßgebend ist (ebenso RG 164, 208 = Warn 1940 Nr 155 mit zustimmender Anmerkung von Vogels in DR 1942, 1684; Planck-Flad 4. Aufl § 2121 Anm 1). Seine Beweiskraft ist, da die Vermutung des § 2009 hier nicht gilt, nach allgemeinen Grundsätzen zu beurteilen.

Es ist mitzuteilen nur auf Verlangen des Nacherben, das im Prozeßwege durchzusetzen ist (OLG 8, 274) und nur während der Dauer der Vorerbschaft, nicht mehr nach Eintritt des Nacherbfalls gestellt werden kann (RG 98, 25). Sind mehrere Nacherben nebeneinander oder nacheinander eingesetzt, so kann jeder einzelne dieses Recht, wie die Rechte aus §§ 2122, 2123, 2127, 2128, selbständig geltend machen (so für den ersten Fall RG 98, 26 und SeuffA 74 Nr 34). Einem Ersatznacherben stehen diese Sicherungsrechte vor dem Wegfall des zunächst berufenen Nacherben nicht zu (RG 145, 316). Ist der Vorerbe zugleich Gewalthaber des Nacherben, so ist er schon nach §§ 1640, 1686 zur Aufnahme und Einreichung des Verzeichnisses an das Vormundschaftsgericht verpflichtet (RG 65, 142). Das Verzeichnis braucht nur einmal aufgestellt zu werden. Über spätere Veränderungen im Bestande der Erbschaft (Anfall eines Miterbenanteils § 2110, Surrogation § 2111) hat der Vorerbe nur im Falle des § 2127 Auskunft zu erteilen und nur insoweit ist er nach § 260 zum Offenbarungseide verpflichtet (OLG 21, 325; 26, 337; 32, 57). Beglaubigung § 129, FGG §§ 167, 183, 191 RNotO § 77.

2. Der **Nacherbe** ist zur **Anwesenheit** nur berechtigt, nicht aber, auch auf Verlangen des Vorerben nicht, dazu verpflichtet. Ebensowenig zur Mitwirkung oder auch nur zur Äußerung über die Richtigkeit und zur Mitunterzeichnung.

3. Die **Zuständigkeit** bestimmt sich nach RNotO §§ 22, 75, 77, sonst nach Landesrecht. Der Nacherbe kann sich auch damit begnügen, daß der Vorerbe die Behörde nur zuzieht (§ 2002).

4. Die **Kosten** sind Nachlaßverbindlichkeit §1967. Dies schließt nicht aus, daß sie den Vorerben im Verhältnis zu Dritten als eigene Verbindlichkeit treffen. Hat der Vorerbe das Verzeichnis aus eigener Bewegung aufgestellt, so können die Kosten als Verwendungen nach §§ 2124, 2125 in Betracht kommen. Gebühr für die Aufnahme des Nachlaßverzeichnisses: KostO § 46.

§ 2122

Der Vorerbe kann den Zustand der zur Erbschaft gehörenden Sachen auf seine Kosten durch Sachverständige feststellen lassen. Das gleiche Recht steht dem Nacherben zu.

E I 1815, 992 II 1995; M 5 103; P 5 94, 99.

1. Befreiung nach § 2136 nicht zulässig. Wie beim Nießbrauch § 1034 sowie bei dem Güterstand, der Errungenschafts- und der Fahrnisgemeinschaft mit Bezug auf das eingebrachte Gut §§ 1528 Abs 2, 1550. Die **Feststellung des Zustandes** der Sachen (§ 2111) kann (aber immer nur während der Dauer der Vorerbschaft, RG 98, 26) auch wiederholt und ohne die Voraussetzungen der §§ 2127, 2128 verlangt werden, solange das Verlangen nicht in Schikane ausartet (§ 226). Vorzeigungspflicht des Vorerben § 809. Verfahren FGG §§ 15, 164.

§ 2123

Gehört ein Wald zur Erbschaft, so kann sowohl der Vorerbe als der Nacherbe verlangen, daß das Maß der Nutzung und die Art der wirtschaftlichen Behandlung durch einen Wirtschaftsplan festgestellt werden. Tritt eine erhebliche Änderung der Umstände ein, so kann jeder Teil eine entsprechende Änderung des Wirtschaftsplans verlangen. Die Kosten fallen der Erbschaft zur Last.

Das gleiche gilt, wenn ein Bergwerk oder eine andere auf Gewinnung von Bodenbestandteilen gerichtete Anlage zur Erbschaft gehört.

E II 1996; P 5 127, 128; 6 344.

Befreiung zulässig § 2136.

1. **Wald- und Bergwerksnutzung** wie beim Nießbrauch vgl. § 1038. Die Kosten sind Nachlaßverbindlichkeit § 1967.

§ 2124

Der Vorerbe trägt dem Nacherben gegenüber die gewöhnlichen Erhaltungskosten.

Andere Aufwendungen, die der Vorerbe zum Zwecke der Erhaltung von Erbschaftsgegenständen den Umständen nach für erforderlich halten darf, kann er aus der Erbschaft bestreiten. Bestreitet er sie aus seinem Vermögen, so ist der Nacherbe im Falle des Eintritts der Nacherbfolge zum Ersatze verpflichtet.

E I 1815, 997—999 II 1997; M 5 103, 104; P 5 100, 115—121.

1. Die **gewöhnlichen Erhaltungskosten** sind in Gegensatz gestellt zu anderen Aufwendungen zum Zwecke der Erhaltung (Abs 2), zu Verwendungen (§ 2125) und zu den außerordentlichen Lasten (§ 2126). Es fallen deshalb darunter, obschon nicht eigentlich der Erhaltung, sondern der Verwaltung der Erbschaft dienend (Prot 5, 119), die gewöhnlichen Lasten wie Abgaben, Renten, Zinsen der Nachlaßschulden, die üblichen Versicherungsprämien usw. Eigentliche Erhaltungskosten sind Aufwendungen für Erhaltung der Sache in ihrem wirtschaftlichen Bestande einschließlich der zur gewöhnlichen Unterhaltung gehörenden Ausbesserungen und Erneuerungen (§ 1041, auch §§ 582, 601), somit auch die zur Fortführung eines gewerblichen oder landwirtschaftlichen Betriebs im bisherigen Umfange notwendigen Ausgaben. Dazu rechnen u. a. die Ausgaben für die Beschaffung der Rohstoffe, Gehälter, Löhne usw. Der Vorerbe hat diese Kosten als Gegensatz für die ihm gebührenden Nutzungen (§ 2111 A 3) — jedoch regelmäßig ohne Rücksicht darauf, ob er hierin volle Deckung findet oder nicht — auf die Dauer seines Rechts selbst zu tragen (§ 103). Immerhin kann im Einzelfall auch der Umstand, ob Erhaltungskosten aus den regelmäßigen jährlichen Nutzungen bestritten werden können, für ihre Unterordnung unter die gewöhnlichen oder die außerordentlichen Erhaltungskosten erheblich sein; so konnten Kosten der Ausbesserung einer Hausfassade als außerordentliche Aufwendungen angesehen werden, wenn infolge der Zwangswirtschaft die Hauserträgnisse für diese Kosten auch bei Zugrundelegung eines mehrjährigen Bewirtschaftungszeitraums nicht ausreichten (JW 1924, 987[26]). Daß der Vorerbe die Kosten dem Nacherben gegenüber zu tragen hat, bedeutet, daß er hierfür nicht Ersatz oder Befreiung nach § 257 verlangen kann und daß er auch nach Eintritt der Nacherbfolge dafür aufzukommen hat (§ 2145 Abs 1), soweit nicht nach §§ 2130, 592, 593 für das letzte Jahr ein Ausgleich stattfindet. Vernachlässigt er die Erhaltung der Erbschaft, so macht er sich gemäß §§ 2130, 2131 schadensersatzpflichtig. Der Erblasser kann ihn von der Verpflichtung nach Abs 1 nicht befreien (§2136). Dagegen kann er sich vom Nacherben ermächtigen lassen, Aufwendungen, die nicht unter Abs 2 fallen, aus der Erbschaft zu bestreiten (BayObLG 21, 5).

2. Zu den **anderen Aufwendungen** gehören außergewöhnliche Ausbesserungen und Erneuerung von Erbschaftsgegenständen (§§ 1042, 1043), wobei auch an Sachinbegriffe (Landgut, Herde, Handelsgeschäft) zu denken ist. Auch die Kosten des im Interesse der Erbschaft über einen Erbschaftsgegenstand nicht leichtfertig geführten Rechtsstreits fallen (abweichend § 1387 Nr 1) der Erbschaft zur Last. Über Notwendigkeit und Umfang der Aufwendungen zu entscheiden, steht wie beim Beauftragten (§ 670) in dem gutgläubig ausgeübten Ermessen des Vorerben. Er kann die Aufwendungen aus der Erbschaft oder ihren Surrogaten (§ 2111) bestreiten, somit auch Erbschaftsgegenstände hierzu in Geld umsetzen und in den Fällen des § 2120 die erforderliche Einwilligung des Vorerben erzwingen.

3. Aus seinem Vermögen bestreitet der Vorerbe die Aufwendungen auch dann, wenn er hierzu die Nutzungen der Erbschaft verwendet (§ 2111 A 3). Die **Ersatzpflicht des Nacherben** ent-

steht erst **mit der Nacherbfolge** (§ 2139). Bis dahin verbleiben dem Vorerben die Nutzungen der Erbschaft, er kann deshalb auch erst von diesem Zeitpunkt ab Verzinsung verlangen (§ 256). Anspruch auf Befreiung von Verbindlichkeiten § 257. Der Ersatzanspruch ist nicht wie gegenüber dem Eigentumsanspruch (§ 1001) davon abhängig, daß der Nacherbe den betreffenden Erbschaftsgegenstand erlangt. Auch Verwendungen auf untergegangene Gegenstände sind zu ersetzen (s. jedoch § 2138 A 2). Die Ersatzpflicht ist aber Nachlaßverbindlichkeit und unterliegt deshalb in jedem Falle der Beschränkung der Haftung, auch wenn der Nacherbe sonst unbeschränkt haftet, § 2144 Abs 3. Zurückbehaltungsrecht des Vorerben § 273.

§ 2125

Macht der Vorerbe Verwendungen auf die Erbschaft, die nicht unter die Vorschrift des § 2124 fallen, so ist der Nacherbe im Falle des Eintritts der Nacherbfolge nach den Vorschriften über die Geschäftsführung ohne Auftrag zum Ersatze verpflichtet.

Der Vorerbe ist berechtigt, eine Einrichtung, mit der er eine zur Erbschaft gehörende Sache versehen hat, wegzunehmen.

E I 1815, 1010 II 1998; M 5 103, 104; P 5 100, 115—121.

1. Die **Verwendungen** sind hier in Gegensatz gestellt zu den gewöhnlichen und außergewöhnlichen Erhaltungskosten des § 2124. Im übrigen ist die Bestimmung dem Nießbrauch nachgebildet § 1049. Es handelt sich somit a) um Ausgaben im Interesse der Erbschaft, die über den Erhaltungszweck hinausgehen, z. B. Verbesserungen in der Kulturart, Um- und Erweiterungsbauten, Vermehrung des Betriebskapitals, oder b) um Ausgaben, die zwar dem Erhaltungszwecke dienen, aber (wie die Ausbesserung einer veralteten Maschinenanlage) vom Vorerben nicht hätten für erforderlich erachtet werden dürfen. Die Verwendungen können auf einzelne Gegenstände, aber auch auf die Erbschaft im ganzen gemacht sein, z. B. die Kosten eines Rechtsstreits, der zur Feststellung des Erbrechts geführt wird.

2. Der Nacherbe ist, wie nach § 2124 Abs 2 nicht vor Eintritt der Nacherbfolge, jedoch nicht gleich dem Auftraggeber, sondern nach den Vorschriften über die **Geschäftsführung ohne Auftrag** ersatzpflichtig. Danach steht dem Vorerben wie nach § 2124 Abs 2 bei den Verwendungen zu Erhaltungszwecken der volle Ersatzanspruch aus §§ 683, 670 zu, soweit die Verwendungen dem Interesse und dem wirklichen oder dem mutmaßlichen Willen des Nacherben entsprechen oder soweit dem Vorerben § 679 zur Seite steht, und es sich um Maßnahmen handelt, die der Vorerbe den Umständen nach für erforderlich halten durfte (§§ 670, 683). Trifft dies nicht zu, so haftet der Nacherbe nach § 684 jedenfalls soweit er bereichert ist. Im übrigen gilt von dem Ersatzanspruch das § 2124 A 3 Gesagte.

3. Das **Wegnahmerecht** (§ 258) steht dem Geschäftsführer an sich nicht zu, ist deshalb dem Vorerben besonders eingeräumt. Der Vorerbe ist zur Wegnahme nur berechtigt, nicht verpflichtet.

§ 2126

Der Vorerbe hat im Verhältnisse zu dem Nacherben nicht die außerordentlichen Lasten zu tragen, die als auf den Stammwert der Erbschaftsgegenstände gelegt anzusehen sind. Auf diese Lasten finden die Vorschriften des § 2124 Abs 2 Anwendung.

E I 1815, 1003 Nr 1 II 1999; M 5 103, 104; P 5 100, 115—120.

1. Indem der Vorerbe von Tragung der **außerordentlichen Lasten** (wie beim Besitz § 995, beim Nießbrauch § 1047, im ehelichen Güterrecht §§ 1529 Abs 2, 1550 Abs 2, bei der Verwaltung des Kindesvermögens §§ 1654, 1686 und beim Erbschaftskauf § 2379) befreit wird, ist mittelbar zugleich seine Verpflichtung anerkannt, die ordentlichen öffentlichen oder privatrechtlichen Lasten (§ 103) als Gegensatz für die ihm zufließenden Nutzungen selbst zu tragen (§ 2124 A 1). Dies gilt auch von den außerordentlichen Lasten, soweit sie, wie z. B. die Einquartierungslast, nicht auf den Stammwert gelegt sind. Dagegen kommen als solche den Stammwert ergreifende Lasten (M 3, 516) in Betracht: a) fällig werdende Hypotheken und Grundschulden, Zwangsaufwendungen für Neu- und Umbauten, Straßenanliegerbeiträge u. dgl.; b) die der Erbschaft als Ganzem — nicht dem Vorerben für seine Person — auferlegten Vermächtnisse und Auflagen (RG Recht 09 Nr 694: Auslegungsfrage, ob ein Rentenvermächtnis im Verhältnisse zwischen dem Vorerben und dem Nacherben nur die Einkünfte oder das Stammvermögen belasten soll); c) die Besitzsteuer nach dem BesStG v. 3. 7. 13; der Wehrbeitrag nach dem WehrbG v. 3. 7. 13 und die außerordentlichen Kriegsabgaben, soweit sie

vom Vermögen und nicht vom Einkommen erhoben wurden (JW 1920, 564[2]); das Reichsnotopfer nach dem Ges. v. 31. 12. 19 § 54; der Zuschlag zur Vermögenssteuer nach dem Ges v. 8. 4. 22 § 32, die Vermögensteuer nach dem Ges v. 10. 8. 25 und in der Fassung v. 22. 5. 31 (RGBl I 161, 237) § 19 (anders nach dem VStG v. 16. 10. 34, in dem eine dem § 19 entsprechende Bestimmung „im Hinblick auf den geringen Steuersatz" weggelassen ist); die Industriebelastung nach dem AufbringungsG v. 30. 8. 24 mit der 2. DurchfVO v. 4. 12. 25 (RGBl II 1135) § 20 (nicht mehr die Aufbringungsumlage nach der VO v. 3. 7. 37, RGBl I 765, durch die, unter Aufhebung aller älteren Durchführungsvorschriften und damit auch des § 20 aaO., die volle Anpassung jener Umlage an die Vermögensteuer herbeigeführt wurde); die Erbschaftsteuer nach dem ErbschStG in der Fassung v. 22. 8. 25 (RGBl I 320) §§ 7, 15 Abs 4 (über das frühere Recht vgl. Hirschwald und Kretzschmar JW 1921 S 73, 569, 570). Die Abgaben nach den Gesetzen über die Besteuerung der Betriebe und über die Erhebung einer Rhein-Ruhr-Abgabe v. 11. 8. 23 sollten vom Ertrag erhoben werden und gehören deshalb nicht hierher (BayObLG 22, 324). Für den Lastenausgleich bestimmt § 73 LAG vom 14. 8. 52 (BGBl I 446), daß die Hälfte der Vierteljahresbeträge als eine auf den Stammwert des Vermögens gelegte, außerordentliche Last im Sinne der Vorschriften des bürgerlichen Rechts anzusehen ist. Im Falle der Ablösung der Ausgleichsabgabe nach § 199 LAG oder ihrer sofortigen Fälligkeit nach §§ 50 bis 52, 63, 200 LAG gilt der gesamte Ablösungs- oder Zeitwert als eine auf den Stammwert des Vermögens gelegte außerordentliche Last. Der Vor- und Nacherbe können etwas anderes vereinbaren. OLG Celle (MDR 51, 687) hatte für die nach dem Soforthilfegesetz vom 8. 8. 49 (WiGBl S 205) zu leistende Abgabe entschieden, diese sei keine auf den Stammwert des Vermögens gelegte außerordentliche Last. Dem kann nicht beigetreten werden. Auch auf diese Abgabe ist § 73 LAG entsprechend anzuwenden, da die Abgabe nach dem LAG an die Stelle der Soforthilfeabgabe getreten ist und diese nach § 32 LAG auf die Abgabeschuld nach dem LAG anzurechnen ist.

2. Der Vorerbe kann derartige Lasten aus der Erbschaft bestreiten und hat, insoweit er sie aus seinem Vermögen bestreitet, den Ersatzanspruch (§ 2124 A 2/3).

§ 2127

Der Nacherbe ist berechtigt, von dem Vorerben Auskunft über den Bestand der Erbschaft zu verlangen, wenn Grund zu der Annahme besteht, daß der Vorerbe durch seine Verwaltung die Rechte des Nacherben erheblich verletzt.

E II 2000; P 5 96, 97.

Befreiung zulässig § 2136.

1. Das Recht, **Auskunft zu verlangen,** schließt nach § 260 das Recht in sich, Vorlegung eines (privatschriftlichen) Verzeichnisses des derzeitigen Bestandes und gegebenenfalls den Offenbarungseid zu verlangen. Hat der Vorerbe bereits nach § 2121 Verzeichnis gelegt, so genügt Angabe der seidem eingetretenen Veränderungen. Die Auskunft kann, wenn ein neuer Grund gegeben ist, wiederholt verlangt werden. Von mehreren, auch nacheinander berufenen Nacherben steht das Recht jedem besonders zu (§ 2121 A 1). Für den noch unbekannten Nacherben hat sein nach § 1913 bestellter Pfleger zu sorgen. Ist nach § 2222 ein Testamentsvollstrecker bestellt, so ist dieser zu dem Auskunftsverlangen ausschließlich berechtigt. Der Nacherbe kann von dem den Vorerben beschränkenden Testamentsvollstrecker nur unter denselben Voraussetzungen Auskunft verlangen, unter denen er sie auch von dem Vorerben verlangen könnte (RG Recht 1913 Nr 221).

2. Das Recht des Nacherben besteht in dem Anspruch auf Herausgabe der Erbschaft in der § 2130 vorausgesetzten Beschaffenheit. Daraus folgt, daß **nicht ordnungsmäßige Verwaltung,** auch wenn sie nicht böswillig ist, das Verlangen rechtfertigt, wenn sie zugleich eine erhebliche Verletzung der Rechte des Nacherben (auf sorgsame Verwaltung) enthält. Immerhin muß die Besorgnis durch die Art der Verwaltung begründet sein (vgl. § 2128 A 1). Ungünstige Vermögenslage des Vorerben (§ 2128 A 1) reicht für sich allein nicht aus. Die Gefährdung braucht nicht derart zu sein, daß dadurch der Nachlaß als solcher gefährdet ist. Es genügt, wenn diese Voraussetzung hinsichtlich eines erheblichen Teils des Nachlasses eingetreten ist. Obwohl der Vorerbe nicht verpflichtet ist, in dem nach § 2121 aufzustellenden Verzeichnis die Nachlaßverbindlichkeiten aufzuführen, kann, wenn er sie dennoch aufnimmt, die Besorgnis einer erheblichen Verletzung der Rechte des Nacherben dadurch begründet sein, daß seine Angaben über die Nachlaßverbindlichkeiten unzutreffend sind (RG Recht 1922 Nr 86). — Das Verlangen ist nötigenfalls im Klagewege geltend zu machen. Es kann nur während der Dauer der Vorerbschaft gestellt werden, nach deren Beendigung dem Nacherben das Recht aus § 260 ohne weiteres zusteht (RG 98, 26). Für die Voraussetzungen ist der Nacherbe beweispflichtig.

§ 2128

Wird durch das Verhalten des Vorerben oder durch seine ungünstige Vermögenslage die Besorgnis einer erheblichen Verletzung der Rechte des Nacherben begründet, so kann der Nacherbe Sicherheitsleistung verlangen.

Die für die Verpflichtung des Nießbrauchers zur Sicherheitsleistung geltenden Vorschriften des § 1052 finden entsprechende Anwendung.

E I 1815, 1005, 1006 II 2001; M 5 104; P 5 100, 121—125.

Befreiung zulässig § 2136.

1. Der Vorerbe ist, wie der Nießbraucher (§ 1051) nicht allgemein, sondern nur unter den besonderen Voraussetzungen des § 2128 zur Sicherheitsleistung verpflichtet. Ähnlich § 1981 Abs 2. Daneben bleibt das Recht des Nacherben bestehen, auf Befolgung des § 2119 zu dringen (RG 73, 7). Das **Verhalten des Vorerben** braucht weder arglistig noch überhaupt pflichtwidrig zu sein (RG SeuffA 74 Nr 34), muß aber objektiv die vom Gesetz erforderte Besorgnis rechtfertigen. So insbesondere bei unordentlicher Verwaltung des der Nacherbschaft unterliegenden Vermögens (§§ 2127, 2130), bei unrichtigen Angaben in einem Nachlaßverzeichnisse, das der Vorerbe mit oder ohne gesetzlichen Zwang aufgestellt hat (RG Recht 1922 Nr 86), regelmäßig auch bei eigenmächtiger Vornahme von Verfügungen, die nach §§ 2113f. im Falle des Eintritts der Nacherbfolge unwirksam sind, eintretendenfalls aber trotz dieser rechtlichen Unwirksamkeit die Stellung des zum Erben gewordenen Nacherben bis zur Berichtigung des Grundbuchs oder dergl. wenigstens tatsächlich beeinträchtigen; eine solche Verfügung reicht indessen zur Begründung der Besorgnis einer erheblichen Verletzung dann nicht aus, wenn sie zur ordnungsmäßigen Verwaltung der Erbschaft erforderlich war, so daß der Nacherbe nach § 2120 seine Einwilligung zu ihrer Vornahme hätte erteilen müssen (RG 149, 65). Unter Umständen kann die Besorgnis auch bei schlechter Verwaltung eines anderen als des der Nacherbschaft unterliegenden Vermögens, insbesondere des eigenen freien Vermögens des Vorerben begründet sein (RG JW 1920, 380[10]; Warn 1922 Nr 17). Ob die **ungünstige Vermögenslage** schon bei Anfall der Erbschaft vorhanden war oder erst später eintritt, ist gleichgültig. Sie allein genügt aber nicht. Es muß auch hier dazukommen, daß, etwa wegen drohenden Zugriffs der Gläubiger des Vorerben oder zu befürchtender Veräußerung von Nachlaßgegenständen eine, und zwar erhebliche Verletzung der Nacherbenrechte zu besorgen steht. Diese Besorgnis muß objektiv bestehen; daß eine Verletzung der Rechte des Nacherben bereits eingetreten ist, wird nicht gefordert.

2. Das Verlangen kann (bei einer Mehrheit von Nacherben von jedem einzelnen, § 2121 A 1) unmittelbar auf **Sicherheitsleistung** gemäß §§ 232ff. gerichtet werden und setzt nicht voraus, daß der Vorerbe hierzu bereits rechtskräftig verurteilt oder daß ihm zuvor nach § 2129 die Verwaltung entzogen ist (RG 59, 200). Die Sicherheit ist vom Vorerben nicht bloß mit der Erbschaft, sondern auch mit dem eigenen Vermögen zu leisten. Wie Sicherheit zu leisten ist, bestimmen §§ 232ff. Die Höhe der Sicherheit wird vom Prozeßgericht festgesetzt. Sie wird grundsätzlich nach dem Wert des Nachlasses, der nach Eintritt des Nacherbfalls dem Nacherben herauszugeben ist, zu bemessen sein (Planck-Flad 4. Aufl § 2128 A 2). Über die Geltendmachung des Anspruchs auf Sicherheitsleistung durch Ausübung eines Zurückbehaltungsrechts nach § 273 vgl. RG 59, 200.

3. Der Anspruch gegen den Vorerben steigert sich gemäß § 1052 bis zur **Entziehung der Verwaltung** und Bestellung eines Verwalters mit den weiteren Folgen des § 2129, wenn es zur rechtskräftigen Verurteilung dazu gekommen ist, die Sicherheit zu leisten, und wenn die ihm hierfür zu bestimmende Frist verstrichen ist. Unter Aufgabe der in älteren Auflagen vertretenen Meinung, daß die Entziehung der Verwaltung im Klagewege, die Bestellung des Verwalters durch das Prozeßgericht erfolge, ist schon in der vorigen Auflage der Gegenmeinung zugestimmt, daß der Nacherbe auf Grund des rechtskräftigen Urteils betr. die Sicherheitsleistung und des Nachweises, daß die schon im Urteil (ZPO § 255 Abs 2) oder durch besonderen Beschluß des Vollstreckungsgerichts (ZPO § 764) bestimmte Frist abgelaufen ist, beim Vollstreckungsgericht die Entziehung der Verwaltung und zugleich deren Übertragung auf einen vom Gericht zu bestellenden Verwalter beantragen kann (§ 1052 A 1, 2; Weber, SächsRpflA 1933, 1). Die Anordnung ist aufzuheben, wenn die Sicherheit nachträglich geleistet wird.

Allgemeine Sicherungsmaßregeln zugunsten des Nacherben im Wege des Arrestes oder der einstweiligen Verfügung sind durch § 2128 nicht ausgeschlossen. Sie können sich bis zur vorläufigen Entziehung der Verwaltung steigern (ZPO §§ 940, 938; HRR 1934 Nr 1683) und sind auch dann möglich, wenn der Erblasser Befreiung angeordnet oder den Nacherben nur auf den Überrest eingesetzt hat (§§ 2136, 2137).

§ 2129

Wird dem Vorerben die Verwaltung nach den Vorschriften des § 1052 entzogen, so verliert er das Recht, über Erbschaftsgegenstände zu verfügen.

Die Vorschriften zugunsten derjenigen, welche Rechte von einem Nichtberechtigten herleiten, finden entsprechende Anwendung. Für die zur Erbschaft gehörenden Forderungen ist die Entziehung der Verwaltung dem Schuldner gegenüber erst wirksam, wenn er von der getroffenen Anordnung Kenntnis erlangt oder wenn ihm eine Mitteilung von der Anordnung zugestellt wird. Das gleiche gilt von der Aufhebung der Entziehung.

E II 2002; P 5 124, 126; 6 319.

Befreiung zulässig § 2136.

1. Die Entziehung der Verwaltung (§ 2128 A 3) hat schlechthin den **Verlust des Verfügungsrechts** zur Folge. Zugleich ist der Vorerbe dem bestellten Verwalter zur Herausgabe der Erbschaft verpflichtet, behält aber den Anspruch auf die Nutzungen (§ 2111 A 3). Die erforderlichen Verfügungen, wo nötig mit Zustimmung des Nacherben, sind vom Verwalter zu treffen. Doch erlangt auch eine vom Vorerben getroffene Verfügung durch Genehmigung des hieran allein interessierten Nacherben Wirksamkeit (§ 185 Abs 2). Die Entziehung tritt ein mit der Vollstreckbarkeit der sie anordnenden Entscheidung. Die Verfügungsbeschränkung ist, wenn auch nicht von Amts wegen wie GBO § 51, so doch auf Antrag des Nacherben oder des bestellten Verwalters im Grundbuch einzutragen (GBO §§ 22, 13).

2. **Schutz gutgläubiger Dritter.** Dritten, denen nicht bekannt ist, daß der Vorerbe die Verfügungsmacht verloren hat, werden nach den entsprechend anzuwendenden Vorschriften zugunsten derjenigen, die Rechte von einem Nichtberechtigten herleiten, geschützt. Vgl. dazu § 2113 Anm 6. Der gute Glaube muß sich auf die Unkenntnis von dem Wegfall der Verfügungsmacht des Vorerben beziehen. In Ansehung von Grundstücken und Rechten an Grundstücken ist er ausgeschlossen, wenn der Wegfall der Verfügungsmacht des Vorerben im Grundbuch eingetragen ist.

3. **Abs 2 S 2** entspricht dem für den Nießbrauch geltenden § 1070 Abs 2 und dem für das Pfandrecht an Rechten geltenden § 1275. Die regelmäßig vom Verwalter oder vom Nacherben ausgehende **Mitteilung an den Schuldner** ist, wenn sie erfolgt in Form der Zustellung, auch der Ersatzzustellung (ZPO §§ 181–184), ohne Rücksicht auf erlangte Kenntnis wirksam. Nicht geschützt ist der Dritte, der vom Vorerben eine Forderung durch Abtretung erwirbt, soweit ihm nicht §§ 892, 893 zustatten kommen. Auch auf Erbschein kann er sich nicht berufen (§ 2366), da der Erbschein über das Fortbestehen des Verfügungsrechts nicht Auskunft zu erteilen bestimmt ist.

4. Gutgläubige Dritte und die Schuldner der zur Erbschaft gehörenden Forderungen werden in gleicher Weise geschützt, wenn die Entziehung der Verfügungsbefugnis wieder aufgehoben wird. Auch diese Vorschrift entspricht der in § 1070 für den Nießbrauch getroffenen. Die Entziehung der Verwaltung ist **aufzuheben,** wenn der Vorerbe nachträglich Sicherheit leistet, § 1052 Abs 3.

§ 2130

Der Vorerbe ist nach dem Eintritte der Nacherbfolge verpflichtet, dem Nacherben die Erbschaft in dem Zustande herauszugeben, der sich bei einer bis zur Herausgabe fortgesetzten ordnungsmäßigen Verwaltung ergibt. Auf die Herausgabe eines landwirtschaftlichen Grundstücks findet die Vorschrift des § 592, auf die Herausgabe eines Landguts finden die Vorschriften der §§ 592, 593 entsprechende Anwendung.

Der Vorerbe hat auf Verlangen Rechenschaft abzulegen.

E I 1815, 1007 II 2003; M 5 101, 102; P 5 95, 96, 100, 128.

Übersicht:

Herausgabe der Erbschaft

1. a) Der Herausgabeanspruch im allgemeinen
   b) Umfang der Herausgabepflicht
   c) Prüfung der Empfangsberechtigung
   d) Rechte und Pflichten des Vorerben im übrigen
2. Herausgabe eines landwirtschaftlichen Grundstücks oder Landguts
3. Rechenschaftspflicht

Befreiung zulässig § 2136.

1. a) Die Fassung des § 2130 Satz 1 zeigt, daß der **Herausgabeanspruch** nicht nur auf Herausgabe schlechthin geht, sondern zugleich ein haftungsrechtliches Element enthält. Der Vorerbe hat auf Grund des Anspruchs die Erbschaft einmal so herauszugeben, wie er sie in dem Augenblick besitzt, in dem der Anspruch geltend gemacht wird. Er ist ferner aber auch dafür verantwortlich, daß die herauszugebende Erbschaft sich in dem Zustand befindet, der sich bei einer bis zur Herausgabe fortgesetzten ordnungsmäßigen Verwaltung ergeben würde. Auch diese Verantwortlichkeit wird mit dem Herausgabeanspruch nach § 2130 geltend gemacht. Die Herausgabepflicht, die so als Maßstab für die Bemessung der Haftung des Vorerben angeordnet ist, bestimmt sich ebenso wie in § 591 bei der Pacht nach einem objektiven Maßstab, nach dem Ergebnis der bis zur Herausgabe fortgesetzten ordnungsmäßigen Verwaltung. Was dem Vorerben hiernach im einzelnen obliegt (§ 2038 A 2), bestimmt sich nach allgemeinen Lebensanschauungen. Der Nacherbe kann nicht eine einzelne Verwaltungshandlung des Vorerben herausgreifen und für ihre Verletzung Schadensersatz fordern, sondern er muß auf das Gesamtergebnis der Verwaltung sehen (Prot 5, 96; RG Warn 1937 Nr 133). Soweit dieses hinter demjenigen zurückbleibt, daß sich unter Berücksichtigung des gesetzlich vorgeschriebenen Maßstabes ergibt, kann der Nacherbe Wertausgleich fordern. Der Vorerbe kann sich von der objektiv gegen ihn begründeten Haftung durch den Nachweis befreien, daß er auch in eigenen Angelegenheiten nicht sorgfältiger zu verfahren pflege (§ 2131), wenn ihm nicht grobe Fahrlässigkeit zur Last fällt (§ 277).

Der Herausgabeanspruch ist aber seiner Natur nach schuldrechtlich und entsteht erst mit Eintritt der Nacherbfolge (§ 2139). Nimmt der Vorerbe darüber hinaus die Erbenstellungen auch für die Zeit nach Eintritt des Nacherbfalls für sich in Anspruch, so ist er nunmehr Erbschaftsbesitzer im technischen Sinn und auch dem Erbschaftsanspruch des Nacherben ausgesetzt (§§ 2018ff.). Die Vorschriften über den Erbschaftsanspruch können aber nicht schlechthin angewandt werden. Die besondere Stellung des Vorerben insbesondere in der Zeit vor Eintritt des Nacherbfalls und auch § 2140 sind dabei zu berücksichtigen.

b) Der Herausgabeanspruch umfaßt auch die Surrogate der Erbschaft (§ 2111) sowie solche körperlichen Gegenstände, die, ohne selbst ursprüngliche Erbschaftsgegenstände oder Ersatzstücke solcher zu sein, vermöge ihrer Beziehung auf Erbschaftsgegenstände lediglich dazu dienen können, dem Vorerben oder seinem Erben eine Rechtsstellung zu verleihen, die nach dem Nacherbfalle nicht ihnen, sondern dem Nacherben zukommt, im übrigen aber wertlos sind (RG 163, 51: Ausfertigung einer vollstreckbaren Schuldurkunde über eine Nachlaßforderung). Der Vorerbe muß auch in die Umschreibung von Vollstreckungstiteln auf den Nacherben willigen.

Daraus, daß der Vorerbe den Nachlaß so herauszugeben hat, wie er ihn besitzt, folgt, daß der Nacherbe gebunden ist, wenn der befreite Vorerbe vor Eintritt des Nacherbfalls ein Grundstück aufgelassen hat, die Umschreibung aber bis zum Eintritt des Nacherbfalls noch nicht erfolgt ist (KG DNotZ 42, 108 = DR 41, 2196[20]).

Der Herausgabeanspruch ist kein Anspruch auf Erbauseinandersetzung. Soweit eine Umstellung in Frage steht, kann daher nicht § 18 Abs 1 Nr 3 UmstG angewandt werden. Vielmehr ist bei jedem einzelnen zur Erbschaft gehörenden Anspruch, der einer Umstellung unterliegt, zu prüfen, wie er nach den für ihn geltenden gesetzlichen Bestimmungen umgestellt worden ist.

Auch im Falle der Befreiung (§ 2136) kann der Vorerbe von der Herausgabeverpflichtung selbstverständlich nicht ganz entbunden werden. Sie beschränkt sich nach § 2138 nur auf die noch vorhandenen Erbschaftsgegenstände.

c) Die Prüfung der Empfangsberechtigung ist Sache des bisherigen Vorerben. Gibt er die Erbschaft einem Nichtberechtigten heraus, so kann er sich dem wahren Nacherben gegenüber nicht etwa auf § 2140 berufen (RG Warn 1918 Nr 213).

d) Rechte und Pflichten des Vorerben im übrigen. Ersatzanspruch des Vorerben wegen seiner Verwendungen §§ 2124, 2125, Zurückbehaltungsrecht § 273, Verpflichtung zum Wertersatz § 2134, Verteilung der Früchte und Lasten §§ 101—103. Schutz des Vorerben gegen ordnungswidrige Verwaltung vor Eintritt der Nacherbfolge §§ 2127—2129. Tritt die Nacherbfolge durch den Tod des Vorerben ein, so trifft die Herausgabepflicht an seiner Stelle seinen Erben (RG Recht 1920 Nr 421).

2. Gehört ein **landwirtschaftliches Grundstück** zu der herauszugebenden Erbschaft, so ist § 592, gehört ein **Landgut** dazu, so sind §§ 592, 593 entsprechend anzuwenden. Entsprechendes bestimmt § 1055 Abs 2 für den Nießbrauch. Maßgebender Zeitraum ist bei der Erbschaftsherausgabe das mit dem Erbfall beginnende Erbjahr.

3. Die **Rechenschaftspflicht** umfaßt nach § 259 und ebenso die Herausgabepflicht nach § 260 gegebenenfalls die Pflicht zur Leistung des Offenbarungseides. Bei der Rechnungslegung scheiden die Einnahmen aus, soweit sie Nutzungen sind (§ 2111 A 3). Ebensowenig kommen unter den Ausgaben die vom Vorerben zu tragenden gewöhnlichen Erhaltungskosten in Frage (§ 2124 Abs 1). Die Rechenschaftspflicht bezieht sich im wesentlichen nur auf die Substanz. An die Rechnung des Vorerben, der Herr der Erbschaft ist und nur nach Art eines Verwalters beurteilt wird, dürfen nicht gleich strenge Anforderungen wie an den eigentlichen Verwalter fremden Gutes gestellt werden.

§ 2131

Der Vorerbe hat dem Nacherben gegenüber in Ansehung der Verwaltung nur für diejenige Sorgfalt einzustehen, welche er in eigenen Angelegenheiten anzuwenden pflegt.

E I 1815, 991 II 2004; M 5 102; P 5 96, 99.

Befreiung zulässig § 2136.

1. Der subjektive Maßstab der **Sorgfalt in eigenen Angelegenheiten** (vgl. auch §§ 690, 708, 1359, 1664) kommt von vornherein nicht in Betracht, soweit das Gesetz dem Vorerben bestimmte Verhaltungsmaßregeln vorschreibt (§§ 2116–2119, 2123, 2133, auch RG 73, 6), oder ihn schlechthin zum Wertersatz verpflichtet (§ 2134). Ferner nicht, wenn es sich um ein grobfahrlässiges (§ 277) oder gar um ein arglistiges, auf Benachteiligung des Nacherben abzielendes Verhalten handelt. Für letzteren Fall kann ihm auch vom Erblasser die Haftung nicht erlassen werden (§ 2138 Abs 2). Im übrigen steht dem aus § 2130 an sich haftpflichtigen Vorerben der Gegenbeweis offen, daß er auch in eigenen Angelegenheiten nicht anders zu verfahren pflege.

§ 2132

Veränderungen oder Verschlechterungen von Erbschaftssachen, die durch ordnungsmäßige Benutzung herbeigeführt werden, hat der Vorerbe nicht zu vertreten.

E I 1815, 1007 Abs 1 II 2006 Abs 2; M 5 93; P 5 101, 128.

1. Übereinstimmend mit dem Grundsatze des § 2130, auch bei der Miete § 548, der Leihe § 602 und dem Nießbrauch § 1050. Damit ist zugleich anerkannt, daß der Vorerbe für **Veränderungen und Verschlechterungen** einzustehen hat, soweit er den Beweis nicht führen kann, daß sie durch ordnungsmäßige oder doch mindestens seinen sonstigen Gepflogenheiten entsprechende Benutzung (§ 2131) verursacht sind. Für den befreiten Vorerben (§ 2136) entfällt jede Beweispflicht.

§ 2133

Zieht der Vorerbe Früchte den Regeln einer ordnungsmäßigen Wirtschaft zuwider oder zieht er Früchte deshalb im Übermaße, weil dies infolge eines besonderen Ereignisses notwendig geworden ist, so gebührt ihm der Wert der Früchte nur insoweit, als durch den ordnungswidrigen oder den übermäßigen Fruchtbezug die ihm gebührenden Nutzungen beeinträchtigt werden und nicht der Wert der Früchte nach den Regeln einer ordnungsmäßigen Wirtschaft zur Wiederherstellung der Sache zu verwenden ist.

E I 1815, 988 Abs 2 II 2005; M 5 101; P 5 127, 128.

Befreiung zulässig § 2136.

1. Die Vorschrift ist der entsprechenden Bestimmung beim Nießbrauch (§ 1039) nachgebildet. Daß dem Vorerben die bei ordnungsmäßiger Verwaltung (§ 2130 A 1a) gezogenen Nutzungen eigentümlich gehören, ergibt § 2111 (A 3). Hier ist vorausgesetzt, daß im Vergleich zu den gewöhnlichen Nutzungen ein **Übermaß von Früchten** gezogen wird, entweder infolge ordnungswidriger Bewirtschaftung (Raubbau, Verkauf des zur Fortführung der Wirtschaft nötigen Strohes usw.) oder notgedrungen infolge eines besonderen zufälligen Ereignisses (Windbruch usw.). Auch diese übermäßigen Früchte würden nach §§ 100, 953 an sich dem Vorerben gebühren, wenn das Gesetz nicht einen Ausgleich träfe.

2. Der Vorerbe bleibt auf die tatsächlich im Übermaß gezogenen Früchte nur insoweit berechtigt, als sie dem Ergebnis der gewöhnlichen, ordnungsmäßigen Bewirtschaftung entsprechen. Den **Mehrertrag** hat er bei Eintritt der Nacherbfolge mit der Erbschaft grundsätzlich an den Nacherben **herauszugeben** oder zu ersetzen. Hiervon **kürzt sich** jedoch der **Ausfall an Früchten,** den er infolge ordnungswidrigen oder übermäßigen Fruchtbezugs erleidet. (Der Morgen Wald trägt normal 100, hat infolge Windbruchs getragen im 1. Jahre 1000, im 2., 3. und 4. Jahre nur 25. Dem Vorerben gebühren auf 4 Jahre 400, er hat gezogen 1075 und hat dem Nacherben deshalb herauszugeben 675.) Diese Kürzung ist jedoch („und nicht") insoweit ausgeschlossen, d. h. der übermäßige Fruchtbezug (1000 infolge Windbruchs) ist an den Nacherben insoweit unverkürzt herauszugeben, als er zur **Wiederherstellung der Sache** zu verwenden ist. Beträgt somit der Aufforstungsaufwand 900, so hat der Vorerbe ohne Anspruch auf Ersatz wegen des Fruchtausfalls im 2. bis 4. Jahre dem

Nacherben die vollen 900 herauszugeben. Hat der Vorerbe die Wiederherstellung selbst vorgenommen, so hat er insoweit, als er durch die mehr gezogenen Früchte nicht gedeckt ist, den Ersatzanspruch wegen Verwendungen aus §§ 2124, 2125. Beruht der übermäßige Fruchtbezug auf einem nach §§ 2130 bis 2132 vom Vorerben zu vertretenden Verschulden, so ist er dem Nacherben (wie in § 2134) für den hiernach nicht ausgeglichenen Schaden ersatzpflichtig. Zur Sicherheitsleistung (wie in § 1039) ist er nicht verbunden, wenn nicht § 2128 einschlägt.

§ 2134

Hat der Vorerbe einen Erbschaftsgegenstand für sich verwendet, so ist er nach dem Eintritte der Nacherbfolge dem Nacherben gegenüber zum Ersatze des Wertes verpflichtet. Eine weitergehende Haftung wegen Verschuldens bleibt unberührt.

E I 1815, 1007 Abs 1 II 2006 Abs 1; M 5 93; P 5 100, 128, 129.

Befreiung zulässig § 2136.

1. Vorausgesetzt ist die **Verwendung eines Erbschaftsgegenstandes** (oder eines dafür erlangten Surrogats § 2111), die dem Vorerben die ihm durch § 2130 auferlegte Verpflichtung zur Herausgabe des Gegenstandes unmöglich macht. An die Stelle des Gegenstandes tritt in diesem Falle wie bei der Surrogation eine Forderung gegen den Vorerben auf Wertersatz. Der Erbschaftsgegenstand kann auch in einem z. B. vom Vorerben zur Aufrechnung mit einer eigenen Schuld benutzten Rechte (§ 90) bestehen. Hauptfall ist die Verwendung von Geld und anderen verbrauchbaren Sachen (§§ 92, 1377 Abs 2). Auch andere Sachen können durch Verbindung oder Vermischung mit eigenen Sachen des Vorerben oder durch eine von ihm vorgenommene Verarbeitung (§§ 946, 948, 950) vom Vorerben verwendet und dadurch untergegangen sein. Maßgebend für die Höhe des **Wertersatzes** ist die Zeit der Verwendung. Er kann nicht vor Eintritt der Nacherbfolge gefordert werden.

2. Die **Schadensersatzpflicht wegen Verschuldens** im Umfange der §§ 280, 249ff. ist schon durch die Tatsache der Verwendung begründet, wenn hierin ein Akt ordnungswidriger Verwaltung zu finden ist, § 2130, und der Erbe sich auch nicht mit der Einrede aus § 2131 befreien kann. Böswillige Verminderung der Erbschaft § 2138 Abs 2. Auch die Art der Verwendung kann eine schuldhafte sein, z. B. Schädigung des Nachlaßgrundstücks durch Herausnahme und Verwendung eines Balkens.

3. Ist ein nichtbefreiter Vorerbe, insbesondere die Witwe des Erblassers, durch die von diesem nicht vorhergesehene Wirtschaftskatastrophe **(Geldentwertung)** in Not geraten, so kann ergänzende Testamentsauslegung (§ 2084 A 1 c) den Vorerben unter Umständen trotz §§ 2130, 2134 berechtigt erscheinen lassen, das Kapital anzugreifen oder von dem es verwaltenden Testamentsvollstrecker die zur Abwendung der Notlage erforderlichen Zuschüsse zu fordern; es kommt für die Auslegungsfrage darauf an, ob der Erblasser in erster Linie den Vorerben sicherstellen oder dem Nacherben das Kapital erhalten wollte (vgl. einerseits ZBlFG 22, 346, auch JW 1922, 1343[16] u. 1346[1], andererseits SeuffA 78 Nr 38).

§ 2135

Hat der Vorerbe ein zur Erbschaft gehörendes Grundstück oder eingetragenes Schiff vermietet oder verpachtet, so finden, wenn das Miet- oder Pachtverhältnis bei dem Eintritte der Nacherbfolge noch besteht, die Vorschriften des § 1056 entsprechende Anwendung.

E I 1815, 1008 II 2007; M 5 104, 105; P 5 101, 129.

1. Ebenso bei der väterlichen oder mütterlichen Nutznießung §§ 1423, 1663, 1686. Danach tritt der Nacherbe mit Eintritt der Nacherbfolge an Stelle des Vorerben in die aus dem **Miet- oder Pachtverhältnis** sich ergebenden Pflichten des Vermieters oder Verpächters ein, der Vorerbe bleibt aber innerhalb der Grenzen des § 571 als Bürge haftbar. Dem Nacherben kommt die vom Mieter oder Pächter geleistete Sicherheit zugute, § 572. Verfügungen des Vorerben über den Miet- oder Pachtzins sind im Umfange des § 573 Satz 1, Rechtsgeschäfte zwischen Mieter oder Pächter und dem Vorerben und Aufrechnung gegen die Miet- oder Pachtzinsforderung des Nacherben mit einer dem Mieter oder Pächter gegen den Vorerben zustehenden Forderung nach Vorschrift der §§ 574, 575 wirksam. Die Anzeige des Vorerben an den Mieter oder Pächter, daß die Nacherbfolge eingetreten sei, ist für den Vorerben bindend, § 576. Die gleichen Wirkungen treten in Beziehung auf den Nacherben ein, der das vermietete Grundstück einem folgenden Nacherben herauszugeben hat, § 579.

Kündigungsrecht des Nacherben gegenüber dem Mieter oder Pächter §§ 1056 Abs 2, 565, 566, Recht des Mieters oder Pächters, den Nacherben hierüber zur Erklärung aufzufordern § 1056 Abs 3. — Nach § 2120 kann der Nacherbe dazu angehalten werden, in eine über den Eintritt der Nacherbfolge hinaus wirksame Verlängerung des Pacht- oder Mietvertrags einzuwilligen, wenn sie durch die Umstände geboten ist.

§ 2136

Der Erblasser kann den Vorerben von den Beschränkungen und Verpflichtungen des § 2113 Abs 1 und der §§ 2114, 2116 bis 2119, 2123, 2127 bis 2131, 2133, 2134 befreien.

E I 1824 II 2008; M 5 103, 109; P 5 109.

1. Die Zulässigkeit einer **Befreiung des Vorerben** von den hier erwähnten Beschränkungen und Verpflichtungen (s. auch § 2137) ist bereits bei den einzelnen Paragraphen hervorgehoben und erläutert. Daraus ergibt sich, daß auch bei weitestgehender Befreiung der Vorerbe nicht unentgeltlich über Erbschaftsgegenstände verfügen darf (§ 2113 Abs 2), daß der Erblasser Verfügungen im Wege der Zwangsvollstreckung oder durch den Konkursverwalter nicht für wirksam erklären kann (§ 2115) und daß er den Vorerben nicht von der Inventarpflicht (§§ 2121, 2122), auch nicht von der Verpflichtung zur Tragung der gewöhnlichen Erhaltungskosten (§ 2124 Abs 1) befreien kann. Doch kann er ihm in letzterer Beziehung die aus §§ 2130, 2131, 2134 sich ergebende Vertretungspflicht erlassen. Völlige Befreiung des Vorerben von allen Schranken ist auch dadurch nicht zu erreichen, daß er unzulässigerweise zum Testamentsvollstrecker für den Nacherben (§ 2222) oder vom Erblasser für sich und seine Erben zum Bevollmächtigten in allen seinen Angelegenheiten bestellt wird (RG 77, 177; KGJ 43, 157; 52, 78; § 2222 A 1). Der Erblasser kann auch nicht die sich aus § 2111 ergebenden Rechtsfolgen der dinglichen Ersetzung ausschließen. Er kann aber anordnen, daß der Vorerbe einzelne Nachlaßgegenstände bei Eintritt des Nacherbfalls dem Nacherben nicht herauszugeben braucht. Hinsichtlich dieser Gegenstände ist dann ein Vorausvermächtnis zugunsten des Vorerben anzunehmen. In der Bestimmung des Erblassers, der Vorerbe dürfe über einzelne Gegenstände unentgeltlich verfügen, kann gleichfalls die Zuwendung dieser Gegenstände als Vorausvermächtnis liegen. Hachenburg DNotV 6, 330 nimmt für besonders liegende Fälle an, der Nacherbe sei durch eine Auflage verpflichtet, den unentgeltlichen Verfügungen zuzustimmen, Kipp-Coing § 118 III 1b nimmt an, der Erblasser könne den Nacherben durch besonderes Vermächtnis verpflichten, der unentgeltlichen Verfügung des Vorerben zuzustimmen oder ihn von dem Ersatzanspruch wegen dieser Verfügung zu befreien. Gegen diese Auffassung äußern Bedenken Dernburg V § 61 Anm 6; Jastrow DNotV 6, 103; Planck-Flad 4. Aufl § 2136 Anm 2. Zutreffend hat der BGH angenommen, die Testamentsbestimmung, die als Vorerbin eingesetzte Ehefrau solle von allen gesetzlichen Beschränkungen eines Vorerben befreit sein und über den gesamten Nachlaß frei nach ihrem Willen verfügen können, gebe der Ehefrau nicht das Recht, über einen Nachlaßgegenstand unentgeltlich zu verfügen (BGH 7, 274). Daß dem Vorerben die Haftung für Arglist nicht erlassen werden kann, ist in § 2131 A 1 schon erwähnt, vgl. auch § 2138 Abs 2. Grundsätzlich kann der Erblasser dem Vorerben auch nicht gestatten, über den Nachlaß oder einzelne dazu gehörige Gegenstände letztwillig zu verfügen. Eine Bestimmung dahin, daß der Vorerbe über den ganzen Nachlaß letztwillig verfügen kann, wird in der Regel dahin auszulegen sein, daß die Nacherbfolge nur unter der Bedingung angeordnet ist, daß der Vorerbe nicht über den Nachlaß letztwillig verfügt. Er ist, wenn er in dieser Weise verfügt, Vollerbe. Der Nacherbfall tritt, da die dafür gesetzte Bedingung sich nicht erfüllt hat, nicht ein. Falls dem Vorerben gestattet ist, letztwillig über einzelne Nachlaßgegenstände zu verfügen, kann es sich hinsichtlich dieser Gegenstände um ein Vorausvermächtnis zugunsten des Vorerben handeln.

Andererseits kann der Erblasser dem Vorerben durch Vermächtnisse und Auflagen Beschränkungen auferlegen, die über die gesetzlich vorgesehenen hinausgehen. Diese Beschränkungen schränken zwar die Verfügungsmacht des Vorerben über die Nachlaßgegenstände nicht ein. Sie verpflichten ihn aber schuldrechtlich. Zuwiderhandlungen können den Vorerben schadensersatzpflichtig machen. Das Wesen der Vorerbschaft besteht nicht darin, daß dem Vorerben die Verfügung über den Nachlaß im eigenen Interesse, zum eigenen Nutzen und Vorteil zustehen muß. Es ist nicht erforderlich, daß ihm mehr Rechte belassen werden, als sie für die Nutznießung am Nachlaß und dessen Verwaltung erforderlich sind (LM Nr 2 zu § 2100). Auch die Nutznießung des Vorerben kann durch Vermächtnisse zugunsten des Nacherben oder anderer Personen mehr oder weniger weit beschränkt werden. Schließlich kann auch der Erblasser die Verwaltung ganz einem Testamentsvollstrecker übertragen (§§ 2205, 2209, 2338 Abs 1).

2. Die Befreiung kann sich auf alle (§ 2137 Abs 1) oder nur auf einzelne Beschränkungen und Verpflichtungen erstrecken. Sie kann auch hinsichtlich einzelner Gegenstände und weiter in Bezug auf einzelne bestimmte Verfügungen über einzelne Gegenstände erklärt werden. Eine Befreiung für eine bestimmte Verfügung über einen einzelnen Gegenstand ist in der Regel anzunehmen, wenn

der Erblasser ein Nachlaßgrundstück einer dritten Person vermacht hat. Der Vorerbe kann dieses Vermächtnis erfüllen, ohne daß der Nacherbe zustimmen müßte (KG KGJ 22, 98 = DR 1940, 2256[27] = HRR 1941, 129 = DJ 1941, 258). Sie braucht nicht ausdrücklich erklärt zu werden. Es genügt, wenn der dahin gehende Wille überhaupt irgendwie, wenn auch nur andeutungsweise im Testament zum Ausdruck gelangt (RG 69, 259; Warn 1931 Nr 113; OLG 26, 338; KG JFG 20, 73 = HRR 39 Nr 1165). So kann, wenn jemand in erster Linie (z. B. gemäß § 2269) zum Vollerben berufen und zugleich unter einer Bedingung, deren Ausfall sich ihrer Natur nach erst bei seinem Tode entscheiden kann (Wiederverheiratung, kinderloses Versterben), mit einer Nacherbschaft beschwert ist, beim Fehlen entgegenstehender Umstände angenommen werden, daß der Berufene in seiner Eigenschaft als bedingter Vorerbe von den gesetzlichen Beschränkungen eines solchen, soweit möglich, befreit sein soll (KGJ 42, 109; JFG 13, 155; 17, 154 gegen JFG 6, 162; vgl. auch Weihe DNotZ 1939, 247ff.). Die Bezeichnung des Erstbedachten als „Universalerbe" ergibt allein noch keinen Anhalt für eine befreite Vorerbschaft (HRR 1939 Nr 1165; KG JFG 20, 73 = HRR 39 Nr 1165).

Im Grundbuch ist neben dem Rechte des Nacherben auch die Befreiung des Vorerben von Amts wegen einzutragen, GBO § 51 (§ 2113 A 3a). Im Erbschein ist nicht nur völlige Befreiung des Vorerben, sondern auch eine Teilbefreiung zu beurkunden (§ 2363 A 4).

§ 2137

Hat der Erblasser den Nacherben auf dasjenige eingesetzt, was von der Erbschaft bei dem Eintritte der Nacherbfolge übrig sein wird, so gilt die Befreiung von allen im § 2136 bezeichneten Beschränkungen und Verpflichtungen als angeordnet.

Das gleiche ist im Zweifel anzunehmen, wenn der Erblasser bestimmt hat, daß der Vorerbe zur freien Verfügung über die Erbschaft berechtigt sein soll.

E I 1839, 1841 II 2009; M 5 129, 130, 132; P 5 150—158.

1. **Einsetzung auf den Überrest.** Ist sie erklärt, so ist kraft ergänzender, aber eine andere Auslegung nicht zulassender Bestimmung des Gesetzes vom Erblasser auch Befreiung von allen Beschränkungen und Verpflichtungen gewollt. Soweit jedoch dem Erblasser die Möglichkeit einer Befreiung des Vorerben überhaupt entzogen ist (§ 2136 A 1), bleibt er auch bei der Einsetzung auf den Überrest gebunden. Ebenso verbleibt es bei dem Grundsatze der Surrogation nach § 2111 (s. § 2138 A 1).

2. Räumt der Erblasser dem Vorerben **„freie Verfügung"** ein (s. über diesen Begriff KGJ 44, 77), so stellt das Gesetz nur eine Auslegungsregel auf. Der Wille des Erblassers kann insbesondere auf Befreiung bloß von den eigentlichen Verfügungsbeschränkungen (§§ 2113 Abs 1, 2114) gerichtet sein (vgl. Recht 1929 Nr. 2006). Mit der Ernennung eines auch während der Dauer der Vorerbschaft zur Verwaltung des Nachlasses und zur Verfügung über ihn berechtigten Testamentsvollstreckers (§§ 2205, 2211) ist eine Testamentsbestimmung aus § 2137 Abs 2 nicht unvereinbar; sie hat dann allerdings nur für die Fälle Bedeutung, daß der Testamentsvollstrecker dem Vorerben Nachlaßgegenstände gemäß § 2217 zur freien Verfügung überläßt oder daß die Testamentsvollstreckung infolge Ablehnung des Amtes durch den Ernannten oder infolge Kündigung nicht in Wirksamkeit tritt oder endigt (RG Warn 1938 Nr 123). — Eintragung im Grundbuch GBO § 51, Angabe im Erbschein § 2363.

§ 2138

Die Herausgabepflicht des Vorerben beschränkt sich in den Fällen des § 2137 auf die bei ihm noch vorhandenen Erbschaftsgegenstände. Für Verwendungen auf Gegenstände, die er infolge dieser Beschränkung nicht herauszugeben hat, kann er nicht Ersatz verlangen.

Hat der Vorerbe der Vorschrift des § 2113 Abs 2 zuwider über einen Erbschaftsgegenstand verfügt oder hat er die Erbschaft in der Absicht, den Nacherben zu benachteiligen, vermindert, so ist er dem Nacherben zum Schadensersatze verpflichtet.

E I 1840 II 2010; M 5 130—132; P 5 150—158.

Übersicht:

Herausgabe im Falle des § 2137

1. Umfang der Herausgabepflicht (Abs 1 Satz 1)
2. Ersatzanspruch wegen Verwendungen (Abs 1 Satz 2)
3. Unentgeltliche Verfügungen und Arglist des Vorerben (Abs 2)
4. Schadensersatz im Falle des Abs 2

1. Für den **Umfang der Herausgabepflicht** mit den aus § 260 sich ergebenden weiteren Verpflichtungen ist nicht, wie nach § 2130 der bei ordnungsmäßiger Verwaltung sich ergebende, sondern der tatsächliche Zustand der Erbschaft, der „Überrest" in der Hand des Vorerben bei Eintritt der Nacherbfolge maßgebend. (Anscheinend für eine weitergehende Herausgabepflicht RG 148, 391; dagegen Vogler, JW 1936, 41 II.) Der Nacherbe hat daher, soweit nicht Abs 2 durchgreift, keinen Anspruch auf Ersatz desjenigen, was der Vorerbe zu seinem Nutzen verwandt hat. Das gilt auch dann, wenn das eigene Vermögen des Vorerben durch die Verwendung noch bereichert ist. Daraus allein, daß der Vorerbe aus früherer Zeit herrührende Verbindlichkeiten mit Mitteln der Erbschaft beglichen hat oder daß er an Erbschaftsgegenständen durch Verbindung, Vermischung, Verarbeitung Eigentum erworben hat, kann der Nacherbe keine Ersatzansprüche herleiten. Selbstverständlich sind auch die nach § 2111 an Stelle der ursprünglichen Erbschaftsgegenstände getretenen und noch vorhandenen Surrogate herauszugeben. Ein gesetzliches Recht des Vorerben, irgend etwas von der Erbschaft für sich zurückzubehalten (wie nach römischem Recht die quarta Falcidia), besteht nicht.

2. Der **Ersatzanspruch wegen Verwendungen** (§§ 2124 Abs 2, 2125) steht dem Vorerben nur zu, soweit es wirklich zur Herausgabe der Erbschaft (wenn hierauf im ganzen Verwendungen erfolgt sind, § 2125 A 1) oder der einzelnen von der Verwendung betroffenen Erbschaftsgegenstände kommt. Sein Ersatzanspruch bleibt jedoch bestehen, soweit die Gegenstände etwa durch Zufall untergegangen sind („infolge dieser Beschränkung"). Für Gegenstände, die der Vorerbe, sei es auch schuldvoll (jedoch nicht arglistig Abs 2) für sich verwendet hat, braucht er vermöge der Befreiung von § 2134 nicht aufzukommen.

3. Auch der auf den Überrest eingesetzte Vorerbe ist nicht zu **unentgeltlichen Verfügungen** oder zu Verfügungen ermächtigt, die zum Zwecke der Erfüllung eines selbst erteilten Schenkungsversprechens erfolgen, § 2113 Abs 2. Ebensowenig kann ihm die Haftung für **Arglist** erlassen werden (§§ 276 Abs 2, 226; ebenso bei der Gütergemeinschaft §§ 1456, 1519, 1549).

4. Schadensersatz §§ 249ff., 280. Schon vor Eintritt der Nacherbfolge ist der Schutz durch allgemeine Sicherungsmaßregeln (§ 2128 A 3 Abs 2) und selbst die Erhebung einer Feststellungsklage (§ 2113 A 2c) nicht ausgeschlossen. Der Schadensersatzanspruch, für dessen Umfang die Zeit des Eintritts der Nacherbfolge maßgebend ist, steht nicht bloß aushilfsweise zu. Soweit der Nacherbe die Unwirksamkeit der unentgeltlichen Verfügung auch gegen den dritten Erwerber geltend machen kann, ist er nicht gehindert, bis zum völligen Ausgleich des Schadens (§ 251) neben- oder nacheinander sowohl gegen den Dritten als gegen den Vorerben vorzugehen. Die nach Abs 2 bestehende Schadensersatzpflicht kann über die bloße Pflicht, den Wert zu ersetzen, erheblich hinausgehen. Es kann daher, auch wenn der Nacherbe den Gegenstand, über den der Vorerbe unentgeltlich verfügt hat, von dem Dritten zurückerhalten hat, noch ein weiterer Schadensersatzanspruch gegen den Vorerben bestehen. Dieser Anspruch ist z. B. gegeben, wenn der Nacherbe Kosten aufgewandt hat, um den Gegenstand wieder zu erlangen oder wenn er dadurch, daß der Gegenstand sich bei Eintritt des Nacherbfalls nicht im Nachlaßvermögen befand, Schaden erlitten hat. Für eine Schmälerung des Nachlasses, die dadurch eingetreten ist, daß der Gegenstand schon vor Eintritt des Nacherbfalls dem Nachlaßvermögen entzogen war, kann der Nacherbe den befreiten Vorerben in der Regel nicht in Anspruch nehmen, da dieser den Nachlaß nur in seinem tatsächlichen Zustand herauszugeben hat und für die unsachgemäße Verwaltung des Nachlasses nicht haftbar ist. Bloß vorsätzliches Handeln genügt für die Schadensersatzpflicht aus Abs 2 Halbsatz 2 nicht. Es muß eine gegen den Erben gerichtete Benachteiligungsabsicht festgestellt werden. Eine Ersatzpflicht kann auch nach § 826 gegeben sein. Vgl. dazu Planck-Flad § 2138 Anm 4.

§ 2139

Mit dem Eintritte des Falles der Nacherbfolge hört der Vorerbe auf, Erbe zu sein, und fällt die Erbschaft dem Nacherben an.

E I 1804 Satz 2 II 2011; M 5 82, 83; P 5 78.

Übersicht:

Anfall der Erbschaft an den Nacherben

1. Eintritt des Nacherbfalls
2. Anfall der Erbschaft an den Nacherben
3. Fortbestehen von Rechten und Pflichten des Vorerben

1. Darüber, wann der **Fall der Nacherbfolge eintritt,** oder die Erbschaft dem Nacherben „anfällt", bestimmt zunächst der Wille des Erblassers (§ 2100), aushilfsweise das Gesetz (Tod des Vorerben, Geburt des Nacherben oder Entstehung der juristischen Person, § 2106). Einsetzung des Nacherben unter einer aufschiebenden Bedingung § 2108 A 3. Vorausgesetzt ist, daß der Nacherbe oder daß doch seine Erben den Eintritt der Nacherbfolge erlebt (§ 2108 A 1) und die Nacherbschaft nicht bereits ausgeschlagen haben (§ 2142).

2. Der **Anfall der Erbschaft** tritt wie im Falle der gewöhnlichen Erbfolge (§§ 1922 A 7, 1942 A 1) unmittelbar kraft des Gesetzes ein, d. h. das Vermögen des Erblassers – nicht des Vorerben – geht nunmehr mit einem Rechtsakt als Ganzes (RG 65, 144) auf den Nacherben über. Eine Rückbeziehung auf den Zeitpunkt des Erbfalls tritt nicht ein. Der Nacherbe erwirbt also, vorbehaltlich des Ausschlagungsrechts, schon vor der Herausgabe (§ 2130 A 1) das Eigentum an den zur Erbschaft gehörigen Sachen, die damit verbundenen Gläubigerrechte und tritt in die Nachlaßverbindlichkeiten ein (§ 2144). Auch der Besitz geht nach § 857 grundsätzlich ohne weiteres auf den Nacherben über. Soweit jedoch der Vorerbe den Besitz schon tatsächlich ausgeübt hatte, ist hierzu Besitzübertragung durch den Vorerben oder seine Erben erforderlich. Auf den Nacherben geht danach der dem Vorerben zustehende mittelbare Besitz unmittelbar über, da der Herausgabeanspruch dem Nacherben zusteht. Testamentsvollstrecker und Nachlaßpfleger vermitteln den Besitz mit Eintritt des Nacherbfalls für den Nacherben. Soweit der Vorerbe den Besitz nur nach § 857 erlangt und ihn noch nicht tatsächlich ergriffen hat, geht er gleichfalls unmittelbar auf den Nacherben über. Vor Eintritt der Nacherbfolge kann sich der Vorerbe seiner Erbenstellung und damit der Schuldenhaftung (§ 2145) auch nicht durch Rechtsgeschäft mit dem Nacherben zu dessen Gunsten entäußern (RFinH JW 1923, 138[2]). Doch kann er dem Nacherben gegenüber auf die Ausübung des Vorerbrechts verzichten und ihm den Nachlaß herausgeben (RG Recht 1916 Nr 831). Bei einer Mehrheit von Nacherben kann die vorzeitige Auflassung eines Nachlaßgrundstücks an sie nicht in der Weise erfolgen, daß sie als Nacherben zur gesamten Hand eingetragen werden sollen; denn vor Eintritt der Nacherbfolge besteht zwischen den Nacherben keine Erbengemeinschaft und deshalb auch kein Gesamthandverhältnis, solange ein solches (Gesellschaftsverhältnis) nicht durch einen von ihnen unter sich geschlossenen Vertrag begründet wird (JW 1938, 2409[19]). Die schuldrechtliche Veräußerung an den Nacherben durch Erbschaftskauf (§§ 2371ff.) oder die dingliche Übertragung des dem Vorerben als Miterben zustehenden Nachlaßanteils (§ 2033) ist ihm nicht verwehrt. Dagegen kann nicht nur der Mitnacherbe, sondern auch der Alleinnacherbe seine Anwartschaft vor Eintritt der Nacherbfolge mit dinglicher Wirkung veräußern, und zwar auch an den Vorerben (§ 2108 A 2).

Prozessual bewirkt der Eintritt der Nacherbfolge unter Umständen Unterbrechung des zwischen dem Vorerben und einem Dritten anhängigen Rechtsstreits, ZPO §§ 242, 246. Der Nacherbe kann den Rechtsstreit aufnehmen, ist aber vor der Annahme zur Fortsetzung nicht verpflichtet, ZPO § 239 Abs 5. Wirksamkeit des ergangenen Urteils ZPO §§ 326, 728. Vgl. hierzu § 2112 A 1. Im Nachlaßkonkurse KO § 231. Anspruch des Nacherben auf Herausgabe des dem Vorerben erteilten Erbscheins § 2363 Abs 2.

3. Der Grundsatz, daß der Vorerbe mit Eintritt des Nacherbfalls aufhört Erbe zu sein, ist teilweise eingeschränkt. Nach § 2142 Abs 2 bleibt der Vorerbe Erbe, wenn der Nacherbe die Erbschaft ausschlägt und der Erblasser für diesen Fall nichts anderes bestimmt hat. Der Vorerbe ist auch nach Eintritt des Nacherbfalls berechtigt, über die Erbschaftsgegenstände zu verfügen, bis er vom Eintritt des Nacherbfalls erfährt oder bis er hiervon Kenntnis erlangt haben müßte (§ 2140). Für gewisse Nachlaßverbindlichkeiten haftet der Vorerbe auch nach Eintritt des Nacherbfalls (§ 2145).

§ 2140

Der Vorerbe ist auch nach dem Eintritte des Falles der Nacherbfolge zur Verfügung über Nachlaßgegenstände in dem gleichen Umfange wie vorher berechtigt, bis er von dem Eintritte Kenntnis erlangt oder ihn kennen muß. Ein Dritter kann sich auf diese Berechtigung nicht berufen, wenn er bei der Vornahme eines Rechtsgeschäfts den Eintritt kennt oder kennen muß.

KB 317.

1. Die Vorschrift ist dem ehelichen Güterrecht (§§ 1472, 1497, 1546, 1549), der elterlichen (§§ 1682, 1686) und vormundschaftlichen Verwaltung (§§ 1893, 1915) entlehnt. Ähnlich bei der Vollmacht § 169, dem Auftrage § 674, der Gesellschaft § 729. Das **Verfügungsrecht** des gutgläubigen Vorerben (§§ 2112ff.) bleibt auch **nach Eintritt der Nacherbfolge** zu seinen eigenen Gunsten (in Ansehung der Verantwortlichkeit gegenüber dem Nacherben) und bei gutem Glauben des Dritten auch zu dessen Gunsten (Wirksamkeit der Verfügung) bestehen. Kenntnis erlangen § 1944 A 2, Kennenmüssen § 122 Abs 2. Ist der Vorerbe in bösem Glauben, so ist auch der gutgläubige Erwerber nicht geschützt, es sei denn, daß er sich auf den öffentlichen Glauben des Grundbuchs (§§ 892, 893), bei beweglichen Sachen auf § 932 oder auf einen die Vorerbeneigenschaft nicht kennzeichnenden Erbschein (§ 2366) berufen kann. Augenscheinlich hat das Gesetz nicht bloß dingliche Verfügungen im technischen Sinne (§ 2112 A 1), sondern (vgl. Satz 2) auch rechtsgeschäftliche, bloß schuldrechtliche Verpflichtungen im Auge. Dies führt zur entsprechenden Anwendbarkeit auch der zum Schutze des Schuldners getroffenen Bestimmungen der §§ 406–408, 412. Jedoch wird insoweit (mit

Planck-Flad A 2) überall das Kennenmüssen des Schuldners der Kenntnis gleichzustellen sein. Verfügt, nachdem mit dem Tode des Vorerben der Fall der Nacherbfolge eingetreten ist, sein Erbe über einen Gegenstand, ohne zu wissen, daß dieser zu einer Nacherbschaft gehört, so ist § 2140 auch nicht entsprechend anwendbar (RG Warn 1918 Nr 213); s. auch § 2130 A 1.

§ 2141

Ist bei dem Eintritte des Falles der Nacherbfolge die Geburt eines Nacherben zu erwarten, so finden auf den Unterhaltsanspruch der Mutter die Vorschriften des § 1963 entsprechende Anwendung.

E I 2027 II 2014; M 5 489, 490; P 5 618.

1. Ist eine noch nicht erzeugte Person als Erbe eingesetzt, so ist, streng genommen, der Fall der Nacherbfolge nicht vor ihrer Geburt eingetreten (§ 2106 Abs 2). Augenscheinlich will aber das Gesetz den **Unterhaltsanspruch der Mutter** schon zulassen, wenn der berufene Nacherbe auch nur als Erzeugter vorhanden ist. Im übrigen vgl. § 1963.

§ 2142

Der Nacherbe kann die Erbschaft ausschlagen, sobald der Erbfall eingetreten ist. Schlägt der Nacherbe die Erbschaft aus, so verbleibt sie dem Vorerben, soweit nicht der Erblasser ein anderes bestimmt hat.

E I 1832 II 2012; M 5 120—123; P 5 131.

Übersicht:

Ausschlagung durch den Nacherben

1. a) Was Abs 1 für **die Ausschlagung** besonders ausspricht, folgt für diese **und die Annahme** bereits aus § 1946. Der Nacherbe kann danach **vom Erbfall an** (§ 1922 A 2). schon bevor die Erbschaft ihm angefallen ist (§ 2139), Ausschlagung oder Annahme mit bindender Wirkung erklären. Ist die Gleichstellung beider nach der Fassung des Gesetzes auch zweifelhaft, so sprechen für sie doch überwiegende Gründe, insbesondere der Billigkeit und des Verkehrs, so das Bedürfnis, denjenigen, welchem der Nacherbe seine Anwartschaft veräußert oder verpfändet hat (§ 2108 A 2), gegen eine spätere Ausschlagung des Nacherben zu sichern (RG 80, 377; 10. 7. 34 III 47/34; dagegen 2. Aufl und Mantey, Gruch 60, 937; gegen diesen Predari ebenda 959). Auch der unter aufschiebender Befristung oder Bedingung (§§ 2105, 2108) oder der erst an zweiter und fernerer Stelle berufene Nacherbe kann sogleich nach dem Erbfall ausschlagen oder annehmen.

b) Die Annahme kann nach allgemeinen Grundsätzen (§ 1943 A 1) auch durch ein Verhalten erfolgen, das den Willen, die Erbschaft zu behalten, erkennen läßt (pro herede gestio). Ein solches Verhalten liegt in der Veräußerung oder Verpfändung der Anwartschaft durch den Nacherben, dagegen für sich allein noch nicht in der Wahrnehmung von Rechten und Pflichten, die unabhängig davon, ob der Nacherbe die Erbschaft bereits angenommen hat, während der Dauer der Vorerbschaft zwischen dem Nacherben und dem Vorerben bestehen, §§ 2116ff., 2127f., 2120 (RG 80, 383, 385).

c) Die Ausschlagungsfrist beginnt nach § 1944 mit dem Zeitpunkte, zu welchem der Nacherbe von dem Anfall und dem Grunde der Berufung Kenntnis erlangt hat, also nicht früher als der Fall der Nacherbfolge eingetreten ist; in dem besonderen Falle des § 2306 ist der Fristbeginn zugunsten des Pflichtteilsberechtigten, der als Nacherbe eingesetzt ist, sogar noch weiter hinausgeschoben (RG 59, 341; LZ 1925, 1071[10]). Für den Fristenlauf bleibt gemäß § 1944 Abs 3 der letzte Wohnsitz des Erblassers, nicht etwa des Vorerben maßgebend. Ob der Nacherbe von dem Rechte der Ausschlagung schon nach Eintritt des Erbfalls Gebrauch machen will, steht bei ihm. Doch kann er durch § 2306 und die ihm drohende dreijährige Verjährung des Pflichtteilsanspruchs (§ 2332) als Pflichtteilsberechtigter genötigt sein, schon vor Eintritt der Nacherbfolge auszuschlagen (RG 59, 346). Da RG 66, 30 den Beginn der Verjährung nicht von der amtlichen Verkündung der beeinträchtigenden Verfügung abhängig sein läßt, kann der Pflichtteilsberechtigte der Regel des § 1944 Abs 2 zuwider sogar schon vor der Verkündung sich zur Ausschlagung gezwungen sehen.

2. Die Ausschlagung des Nacherben macht die **Nacherbfolge hinfällig,** wie wenn sie nicht angeordnet wäre. Dasselbe gilt, wenn der Nacherbe schon vor dem Erbfall durch Tod (§ 2108 A 2), Erbverzicht (§ 2352), oder nach dem Erbfall, sei es vor oder nach Eintritt der Nacherbfolge, durch Erbunwürdigkeitserklärung (§§ 2340 Abs 2, 2344) oder sonst mit rückbeziehender Wirkung (§ 2110 A 1) weggefallen ist (HRR 1933 Nr 1202). Unter mehreren Nacherben greift in den Fällen des § 2094 das Anwachsungsrecht Platz. Vertragsmäßiger Verzicht auf die Nacherbschaft zwischen Vor- und Nacherben ist nur schuldrechtlich wirksam; s. aber über die Möglichkeit und die Wirkung der Übertragung der Anwartschaft des Alleinnacherben auf den Vorerben § 2139 A 2, § 2108 A 2.

3. Eine **anderweitige Bestimmung des Erblassers** liegt insbesondere in der Berufung eines Ersatznacherben (§ 2096), auch in der stillschweigenden Berufung der Abkömmlinge eines weggefallenen Abkömmlings (§ 2069 A 1; RG Warn 1913 Nr 241). Sind die Nacherben im Falle des § 2104 durch das Gesetz bestimmt, so rücken im Falle der Ausschlagung der zunächst Berufenen gemäß § 1953 die entfernteren gesetzlichen Erben nach. Erst wenn alle ausgeschlagen haben, ist die Nacherbfolge vereitelt, da der Fiskus als Nacherbe nicht in Frage kommt.

§ 2143

Tritt die Nacherbfolge ein, so gelten die infolge des Erbfalls durch Vereinigung von Recht und Verbindlichkeit oder von Recht und Belastung erloschenen Rechtsverhältnisse als nicht erloschen.

E I 1833 II 2013; M 5 107, 123; P 5 131.

1. Der Vorerbe erlangt mit dem Aufhören seines Erbrechts (§ 2139) seine frühere Rechtsstellung als Gläubiger oder Schuldner des Erblassers gegenüber der nun in der Hand des Nacherben befindlichen Erbschaft, und zwar ohne weiteres zurück (§§ 158 Abs 2, 163). Auch die damit verbunden gewesenen Nebenrechte (Pfand, Bürgschaft) leben im vollen Umfange wieder auf. Ist eine Geldforderung dadurch erloschen, daß der Schuldner vor oder während der Inflationszeit Vorerbe des Gläubigers wurde, so lebte die Forderung, ihre Aufwertungsfähigkeit vorausgesetzt, mit dem nach der Inflationszeit eingetretenen Nacherbfall in aufgewerteter Form wieder auf (RG JW 1929, 2593[8] betr. den Anspruch einer von ihrem Manne als Vorerben und von ihren Kindern als Nacherben beerbten Frau auf Rückgewähr ihres dem Manne zur eigenen Verwendung überlassenen eingebrachten Gutes). Entsprechendes gilt für Reichsmark-Forderungen, wenn der Erbfall vor dem Stichtag der Währungsreform und der Nacherbfall später eingetreten ist. Die Forderung lebt umgestellt in D-Mark wieder auf. Die Umstellung ist dabei nicht nach § 18 Abs 1 Nr 3 erfolgt, sondern nach den für die betreffende Forderung geltenden Vorschriften. Die Verjährung der in Betracht kommenden Ansprüche ist während der Dauer des Vorerbenverhältnisses nach § 202 Abs 1 gehemmt. Dies gilt auch dann, wenn der Vorerbe dem Nacherben nur einen Bruchteil der Erbschaft herauszugeben hat. Denn die damit entstehende Erbengemeinschaft hat zur Folge, daß sich Erbschaft und eigenes Vermögen des Vorerben nun gesondert gegenüberstehen, § 2032 A 2. Vgl. auch §§ 1976, 1991, 2175, 2377.

§ 2144

Die Vorschriften über die Beschränkung der Haftung des Erben für die Nachlaßverbindlichkeiten gelten auch für den Nacherben; an die Stelle des Nachlasses tritt dasjenige, was der Nacherbe aus der Erbschaft erlangt, mit Einschluß der ihm gegen den Vorerben als solchen zustehenden Ansprüche.

Das von dem Vorerben errichtete Inventar kommt auch dem Nacherben zustatten.

Der Nacherbe kann sich dem Vorerben gegenüber auf die Beschränkung seiner Haftung auch dann berufen, wenn er den übrigen Nachlaßgläubigern gegenüber unbeschränkt haftet.

E I 1836 II 2015; M 5 126; P 5 149, 829.

Übersicht:

Haftung des Nacherben

1. Haftung des Nacherben für die Nachlaßverbindlichkeiten. Da Vorerbe und Nacherbe beide wahre Erben sind, so haften beide für die Nachlaßverbindlichkeiten. Die Grundsätze über Beschränkung der Haftung des Erben (§§ 1975—1992) finden daher, soweit nicht §§ 2144, 2145 Abweichendes bestimmen, auf beide unmittelbare Anwendung. Insbesondere ist der Nacherbe berechtigt, auch seinerseits das Aufgebotsverfahren zu beantragen (§ 1970 A 2) und die vom Vorerben daraus bereits erlangten Rechte geltend zu machen (ZPO §§ 998, 997). Die Fünfjahresfrist des § 1974 beginnt jedoch auch hier mit dem Erbfall.

Der Nachlaßkonkurs kann jetzt nicht mehr vom Vorerben, der aufgehört hat, Erbe zu sein (KO § 217), aber jederzeit vom Nacherben, von einem Nachlaßgläubiger nur innerhalb zweier Jahre seit dem endgültigen Erwerbe der Erbschaft durch den Nacherben beantragt werden (KO § 220; so jetzt auch Jaeger, KO[6/7] §§ 217—220 A 23, der in der 5. Aufl die Frist schlechthin mit der Annahme der Erbschaft durch den Vorerben beginnen ließ).

Befand sich bei Eintritt der Nacherbfolge die Erbschaft unter Nachlaßverwaltung, so dauert sie fort, wenn sie von einem Nachlaßgläubiger beantragt war und die Gründe des § 1981 A 3 auch für den Nacherben zutreffen. Sie ist dagegen aufzuheben, wenn der Antrag vom Vorerben gestellt war (§ 1988 A 3). Seinerseits kann der Nacherbe die Anordnung der Verwaltung jederzeit auch von neuem (§ 1981 A 1a, aa), die Nachlaßgläubiger können sie innerhalb zweier Jahre seit dem endgültigen Erwerbe der Erbschaft durch den Nacherben beantragen (§ 1981 A 4). Nachlaßvergleichsverfahren: VerglO § 113 Nr 1.

Bei Geltendmachung der Unzulänglichkeitseinrede (§§ 1990—1992) bleiben die dem Vorerben nur für seine Person oder aus den Nutzungen der Erbschaft auferlegten Beschwerungen ganz außer Betracht. Sie sind im Verhältnis zum Nacherben überhaupt nicht Nachlaßverbindlichkeiten. Ebensowenig gehören hierzu die Kosten der Beerdigung des Vorerben und der seinen Angehörgen gebührende Dreißigste (§§ 1968, 1969), die vielmehr den Erben des Vorerben zur Last fallen. Im übrigen hat der Nacherbe alle Nachlaßverbindlichkeiten im Sinne des § 1967, und zwar in dem durch etwaige Säumnis oder durch Verschulden des Vorerben gesteigerten Umfange (Zinsen, rückständige und Verzugszinsen, Vertragsstrafen) vorbehaltlich seines Rückgriffs aus §§ 2130, 2131 zu vertreten. Beschränkte Wirkung des gegen den Vorerben ergangenen Urteils ZPO § 326 (§ 2112 A 1). Verbindlichkeiten, die der Vorerbe zur Verwaltung des Nachlasses eingegangen ist, sind zunächst Eigenverbindlichkeiten für ihn. Sie sind aber zugleich Nachlaßverbindlichkeiten, soweit der Nacherbe sie gegen sich gelten lassen muß, da sie vom Standpunkt einer ordnungsgemäßen Verwaltung des Nachlasses aus eingegangen werden durften (vgl. § 1967 Anm 3d).

2. Der Nacherbe haftet nicht mit dem ursprünglichen, sondern **nur mit dem gemäß § 2130 ihm herauszugebenden Nachlasse.** Als aus der Erbschaft erlangt gelten dieser Herausgabeanspruch selbst (s. auch § 2383 A 3) sowie etwaige gegen den Vorerben aus §§ 2130—2134, 2138 Abs 2 zu erhebende Schadensersatzansprüche, gegebenenfalls gekürzt durch die Ersatzansprüche des Vorerben wegen Verwendungen aus §§ 2124, 2125. Nur derartige Ansprüche stehen dem Nacherben gegen den Vorerben „als solchen" zu. Sonstige zwischen beiden bestehende Schuldverhältnisse kommen den Nachlaßgläubigern gegenüber nicht in Betracht.

3. Das **Inventar des Vorerben** kann dem Nacherben in Wahrheit nur dann „zustatten kommen", wenn seine Inventarpflicht mit derjenigen des Vorerben inhaltlich identisch ist. So auch im Falle des § 2008 A 5. Schon hieraus ergibt sich, daß das vom Nacherben zu legende Inventar in Übereinstimmung mit § 2001 die beim Eintritt des Erbfalls vorhandenen Nachlaßgegenstände, nicht das aus der Erbschaft Erlangte (A 2) anzugeben hat (str.; vgl. unten Abs 2). Für diese Angaben gewährt das nach § 2121 vom Vorerben mitzuteilende Verzeichnis einen guten Anhalt. Dem berechtigten Interesse der Nachlaßgläubiger, von den seitdem vorgekommenen Änderungen und dem dermaligen Stande des Nachlasses Kenntnis zu erhalten, wird durch die nach §§ 1978 A 2, 1991 A 1 dem Nacherben obliegende Auskunftspflicht genügt. Die Unterlagen hierfür stehen ihm in der vom Vorerben gelegten Rechenschaft (§ 2130 A 3) oder, wenn dieser befreit war, in der von ihm nach § 260 zu erteilenden Auskunft (§ 2138 A 1) zu Gebote. Hat der Vorerbe ein ordnungsmäßiges Inventar errichtet, so darf dem Nacherben die Inventarfrist aus § 1994 überhaupt nicht bestimmt werden. Ein dahingehender Antrag des Nachlaßgläubigers ist zurückzuweisen. Wird eine Inventarfrist dennoch bestimmt, so kann der Nacherbe die Verfügung auf Grund des § 2144 Abs 2 mit der sofortigen Beschwerde anfechten (FGG § 77). Die Zweifelsfrage, ob die unbeschränkte Erbenhaftung in diesem Fall selbst dann nicht eintritt, wenn der Nacherbe, ohne gegen die Verfügung vorzugehen, die Frist einfach verstreichen läßt, dürfte zu bejahen sein. Daraus, daß dem Nacherben nach § 2144 Abs 2 das von dem Vorerben errichtete Inventar zustatten kommt, folgt, daß er die ihm gesetzte Inventarfrist nicht versäumen kann, so daß die Folgen des § 1994 Abs 1 Satz 2 nicht eintreten können (ebenso Planck-Flad 4. Aufl § 2144 Anm 5a). Nur die neue Inventarfrist aus § 2005 Abs 2 könnte in Frage kommen, sie kann aber damit allein, daß sich der Bestand der Erbschaft seit dem Erbfall verändert habe, nicht begründet werden. Hatte der Vorerbe durch ungetreue Inventarerrichtung nach § 2005 Abs 1 die Haftungsbeschränkung verwirkt, so kann das nicht einmal dem Vorerben nützende Inventar auch dem Nacherben nicht „zustatten kommen". Da der Nacherbe nicht wissen kann, ob nicht das Inventar des Vorerben an dem Mangel des § 2005 Abs 1 leidet und deshalb für ihn nutzlos ist, so gebietet die Vorsicht, sich nicht auf das Inventar des Vorerben zu verlassen, vielmehr ein eigenes Inventar zu errichten oder sich mindestens auf das Inventar des Vorerben zu berufen, und damit, sofern er gutgläubig ist, der Inventarpflicht gemäß § 2004 zu genügen.

Hatte der Vorerbe überhaupt kein Inventar gelegt, so ist die selbständige Inventarpflicht des Nacherben aus § 1994 begründet. Das Inventar ist, da für den Nacherben keine besonderen Bestimmungen in dieser Hinsicht erlassen sind, vielmehr ein von dem Vorerben errichtetes Inventar dem Nacherben zustatten kommt, nach der allgemeinen Regel des § 2001 auf den Zeitpunkt des Erbfalls, nicht des Nacherbfalls abzustellen (ebenso Planck-Flad 4. Aufl § 2144 Anm 5b; Kipp-Coing § 119 I 3a; Staudinger-Seybold 11. Aufl § 2144 A 13; a. A. Herzfelder in der 9. Aufl § 2144 Anm II 2 Abs 2). Der Nachlaßgläubiger muß wissen, welche Gegenstände zur Zeit des Erbfalles zum Nachlaß gehört haben. Nur dann kann er übersehen, ob der Vorerbe seiner Verwaltungspflicht genügt hat, was er dem Nacherben herauszugeben hatte, welche Ersatzansprüche der Nacherbe gegen den Vorerben nach §§ 2130 bis 2134 oder mindestens nach § 2138 Abs 2 hat oder ob er noch nach § 1978 Abs 1 Ansprüche gegen den Vorerben hat. Soweit die Nachlaßgläubiger, um diese Fragen beurteilen zu können, den gegenwärtigen Stand des Nachlaßvermögens kennen müssen, kommt ihnen die dem Nacherben nach §§ 1978, 1991 obliegende Auskunftspflicht zustatten. Der Nacherbe kann sich die für die Errichtung des Inventars erforderliche Kenntnis dadurch verschaffen, daß er nach § 2130 Abs 2 den Vorerben veranlaßt, Rechenschaft abzulegen. Falls der Erblasser den Vorerben von dieser Pflicht befreit hat, muß der Nacherbe rechtzeitig ein Verzeichnis nach § 2121 verlangen.

4. Auch die dem **Vorerben gegenüber dem Nacherben** aus §§ 2124 Abs 2 bis 2126, 2121 Abs 4 zustehenden Ersatzansprüche sind Nachlaßverbindlichkeiten. Ebenso die gemäß § 2143 wieder aufgelebten Forderungen des Vorerben gegen den Nachlaß. Insoweit kann der Nacherbe, gleich dem Miterben, der beschränkten Haftung niemals verloren gehen. Immerhin hat er sie besonders geltend zu machen und den Vorbehalt im Urteil nach ZPO § 780 zu erwirken (§ 2063 A 2).

§ 2145

Der Vorerbe haftet nach dem Eintritte der Nacherbfolge für die Nachlaßverbindlichkeiten noch insoweit, als der Nacherbe nicht haftet. Die Haftung bleibt auch für diejenigen Nachlaßverbindlichkeiten bestehen, welche im Verhältnisse zwischen dem Vorerben und dem Nacherben dem Vorerben zur Last fallen.

Der Vorerbe kann nach dem Eintritte der Nacherbfolge die Berichtigung der Nachlaßverbindlichkeiten, sofern nicht seine Haftung unbeschränkt ist, insoweit verweigern, als dasjenige nicht ausreicht, was ihm von der Erbschaft gebührt. Die Vorschriften der §§ 1990, 1991 finden entsprechende Anwendung.

E I 1837 Abs 1 II 2016; M 5 126, 127; P 5 149, 150, 829.

Übersicht:

Haftung des Vorerben nach Eintritt des Nacherbfalls

1. a) Grundsätzliches über die Haftung des Vorerben. Die Haftung des Vorerben ist mit dem Aufhören seiner Vorerbeneigenschaft (§ 2139), falls er nicht bereits unbeschränkt haftbar geworden ist, grundsätzlich erloschen. Er verliert damit für die gegen den Nachlaß zu erhebenden Ansprüche die Passivlegitimation und kann noch im Zwangsvollstreckungsverfahren geltend machen, daß sie nicht mehr vorhanden ist (ZPO §§ 767, 769). Verbindlichkeiten, die aus Rechtsgeschäften hervorgegangen sind, die der Vorerbe zur ordnungsmäßigen Verwaltung des Nachlasses geschlossen hat, sind auch, soweit sie Nachlaßverbindlichkeiten sind, zugleich Eigenverbindlichkeiten des Vorerben. Der Vorerbe kann daher aus ihnen auch nach Eintritt des Nacherbfalls weiter in Anspruch genommen werden (vgl. § 1967 Anm 3d; § 2144 Anm 1 a. E.). Diese Haftung des Vorerben wird nicht dadurch berührt, daß er von dem Nacherben verlangen kann, von diesen Verbindlichkeiten befreit zu werden.

b) Fortbestand der Haftung des Vorerben. Die Haftung für Nachlaßverbindlichkeiten bleibt ausnahmsweise auf dem noch nicht unbeschränkt haftbar gewordenen Vorerben liegen, soweit sie nicht gemäß § 2144 auf den Nacherben übergegangen ist. Daß und inwieweit der Nacherbe nicht haftet, ist von dem gegen den Vorerben klagenden Gläubiger zu beweisen.

Der Nacherbe haftet nicht für Eigenverbindlichkeiten des Vorerben, wofür dieser von vornherein nur mit seinem Vermögen haftet. Hierher gehören die Ansprüche wegen Verletzung der in § 1978 vorgesehenen Verwaltungspflicht (A 4). Ferner die dem Nacherben aus Verschulden des Vorerben (§§ 2131, 2134, 2138) entstandenen Ansprüche. Endlich rechtsgeschäftliche Verpflichtungen, die der Vorerbe, wenn auch in Beziehung auf den Nachlaß, so doch als persönlicher Schuldner eingegangen ist (§ 1967 A 3c, § 2112 A 1), ohne daß der Nachlaß auch nur mit der Verpflichtung ihn hiervon zu befreien, belastet wäre (so z. B. aus Rechtsgeschäften zu Zwecken der gewöhnlichen Erhaltung § 2124 Abs 1, Beglaubigungskosten § 2120, Sachverständigenkosten § 2122).

Die Haftung des Nacherben kann ferner ausgeschlossen sein, weil der Nacherbe nur beschränkt haftet und der Nachlaßgläubiger infolge der Erschöpfung des Nachlasses in der Hand des Nacherben ganz oder teilweise leer ausgeht. „Insoweit" dies der Fall ist, kann der Vorerbe auch nach vollständiger Herausgabe des Nachlasses mit dem Betrage der hiervon gezogenen Nutzungen (§ 2111 A 3) haftbar gemacht werden (A 3). Endlich kommt eine Haftung des Nacherben von vornherein nicht in Frage, soweit es sich um letztwillige Beschwerungen lediglich des Vorerben handelt (§ 2144 A 1).

c) **Haftete der Vorerbe selbst unbeschränkt,** so erstreckt sich seine Haftung, ohne daß hieran durch den Eintritt der Nacherbfolge etwas geändert würde, nach wie vor auf die ganze betreffende Nachlaßschuld, also ohne Rücksicht darauf, wieviel davon aus der Erbschaft in der Hand des Nacherben beizutreiben wäre. Sie mindert sich nur um dasjenige, was tatsächlich vom Nacherben erlangt ist.

d) Ist außer dem Vorerben **auch der Nacherbe unbeschränkt haftbar geworden**, so gilt dasselbe Der Gläubiger kann sich dann nach seiner Wahl an den Vorerben oder den Nacherben halten. Vgl. dazu mit näherer Begründung Planck-Flad A 3c (str.). Gegenüber den Ersatzansprüchen des Vorerben kommt dem Nacherben auch in diesem Falle die Ausnahmevorschrift des § 2144 Abs 3 zustatten.

e) Der nicht unbeschränkt haftende Vorerbe wird grundsätzlich von seiner Haftung frei, soweit der Nacherbe unbeschränkt haftbar geworden ist. Aber auch in diesem Fall haftet der Vorerbe mit dem, was ihm aus dem Nachlaß verblieben ist (vgl. Anm 3), falls von dem Nacherben nichts zu erlangen ist (vgl. Planck-Flad § 2145 Anm 3a; Kipp-Coing § 119 II 1cβ; Staudinger-Seybold 11. Aufl. § 2145 A 7; a. A. Herzfelder in der 9. Aufl § 2144—45 Anm II 4 Abs 4).

2. Abs 1 Satz 2 läßt die Haftung des Vorerben für diejenigen Nachlaßverbindlichkeiten bestehen, die im Verhältnis zwischen dem Vor- und dem Nacherben dem ersteren zur Last fallen. Es ist sinnvoll und einfacher, in diesem Fall dem Nachlaßgläubiger zu ermöglichen, seinen Anspruch gleich gegen den Vorerben geltend zu machen. Der Nachlaßgläubiger verliert dadurch aber nicht sein Recht, auch den Nacherben in Anspruch zu nehmen. Dieser kann die Verbindlichkeit auch freiwillig erfüllen. Falls der Nacherbe geleistet hat, steht ihm ein Ersatzanspruch gegen den Vorerben zu. Eigenverbindlichkeiten des Vorerben im Sinne von A 1a kommen von vornherein für den Nacherben nicht in Frage. Im Verhältnisse zwischen Vorerben und Nacherben hat der Vorerbe allein, als Gegensatz für die ihm gebührenden Nutzungen, für Zinsen, Lasten als gewöhnliche Erhaltungskosten aufzukommen (§ 2124 A 1). Sie können aber, soweit sie rückständig gelassen sind, auch vom Nacherben, je nachdem unter seiner beschränkten oder unbeschränkten Haftung beigetrieben werden.

3. Der **Vorerbe** hat nach Eintritt der Nacherbfolge den Nachlaß an den Nacherben herauszugeben und kann deshalb, soweit er für Nachlaßverbindlichkeiten noch in Anspruch genommen werden darf, seine **Haftungsbeschränkung** nicht mehr dadurch geltend machen, daß er die Gläubiger auf den Nachlaß und damit auf den Nacherben verweist. Während Abs 1 bestimmt, für welche Ansprüche der noch nicht unbeschränkt haftende Vorerbe nach dem Eintritt des Nacherbfalls weiter haftet, bestimmt Abs 2, mit welchem Vermögen er haftet. Eine Haftung mit seinem ganzen Vermögen kann für Nachlaßverbindlichkeiten nur in Betracht kommen, wenn er unbeschränkt haftbar geworden wäre. Wenn er nur beschränkt haftet, muß er aber mit denjenigen Vermögensteilen haften, die zum Nachlaß gehören oder doch aus diesem herrühren und nach Eintritt des Nacherbfalls ihm verblieben sind. Dieses Vermögen kann dem Zugriff der Gläubiger nicht dadurch entzogen werden, daß der Erblasser eine Nacherbschaft angeordnet hat. Dies sind vor allem die von der Erbschaft gezogenen und die etwa noch vorhandenen Nutzungen (§ 2111) und im Falle der befreiten Vorerbschaft Verwendungen, die er aus der Erbschaft seinem eigenen Vermögen zugeführt hat (§ 2134).

4. Bei **Geltendmachung der beschränkten Haftung** ist der Vorerbe, da für ihn Nachlaßkonkurs, Nachlaßvergleichsverfahren und Nachlaßverwaltung nicht mehr in Frage kommen (§ 2144 A 1), ohne Rücksicht auf den Umfang des Nachlasses auf die Unzulänglichkeitseinrede der §§ 1990, 1991 beschränkt. Die Bezugnahme auf § 1991 und damit §§ 1978, 1979 ergibt zugleich, daß der Vorerbe, selbst der befreite Vorerbe auch insoweit für die Nachlaßverbindlichkeiten, und zwar aus eigenem Vermögen aufzukommen hat, als er für ordnungswidrige Verwaltung, insbesondere für Verschleuderung des Nachlasses verantwortlich geworden ist (§ 1978 A 2). Diese Ansprüche werden zugunsten der Gläubiger als ein noch bei dem Vorerben vorhandenes Aktivum des Nachlasses behandelt (§ 1978 A 4). Damit identische Ansprüche können unter den Gesichtspunkten der §§ 2130 bis 2134, 2138 Abs 2 auch dem Nacherben gegen den Vorerben zustehen und insofern auch Bestandteile des in der Hand des Nacherben befindlichen Nachlasses bilden. Die Nachlaßgläubiger sind aber nicht genötigt, sich auf dem Umwege der Pfändung beim Nacherben an diese Ansprüche zu halten, sondern können sich, falls ihnen der Vorerbe überhaupt haftet soweit seine Haftung reicht, auch unmittelbar an seinem Vermögen erholen.

Auch der Vorerbe hat sich die Geltendmachung der beschränkten Haftung gemäß ZPO § 780 zu sichern, wenn er den Nachweis seiner Befreiung nicht schon im Prozesse führen will.

Haftung des Vorerben für die Verbindlichkeiten eines von ihm fortgeführten Handelsgeschäfts HGB § 27.

§ 2146

Der Vorerbe ist den Nachlaßgläubigern gegenüber verpflichtet, den Eintritt der Nacherbfolge unverzüglich dem Nachlaßgericht anzuzeigen. Die Anzeige des Vorerben wird durch die Anzeige des Nacherben ersetzt.

Das Nachlaßgericht hat die Einsicht der Anzeige jedem zu gestatten, der ein rechtliches Interesse glaubhaft macht.

E II 2017; P 5 149, 150.

1. Die **Anzeigepflicht** ist dem Vorerben, nach seinem Tode seinen Erben auferlegt. Verstoß hiergegen macht ihn den Nachlaßgläubigern schadensersatzpflichtig. Unverzüglich § 121. Nachlaß gericht FGG §§ 72, 73 mit VO v. 31. 5. 34 (RGBl I 472) § 14; EG Art 147 mit VO v. 10. 6. 36 (RGB I 488).

2. Das Nachlaßgericht ist nicht wie in § 1953 Abs 3 zur Mitteilung an die Interessenten verpflichtet. Zu diesen gehören die Nachlaßgläubiger, aber mit Rücksicht auf §§ 2111, 2129 auch die Nachlaßschuldner und Dritte (§ 2140). Ähnlich § 2010 und die dort A 1 angeführten Vorschriften. — Gebühr für die Entgegennahme der Anzeige KostO § 104 Abs 1 Nr 7, § 107.

Vierter Titel
Vermächtnis

I. 1. Eine letztwillige Zuwendung kann durch Erbeinsetzung oder durch ein Vermächtnis erfolgen. Während die Erbeinsetzung zu einer Gesamtrechtsnachfolge führt, hat das Vermächtnis eine Einzelzuwendung zum Gegenstand. Diese Form der letztwilligen Zuwendung geht auf das Legatum des älteren **römischen Rechts** zurück. An strenge Formen gebunden, hatte das Legatum, je nachdem welche der vier zur Verfügung stehenden Formeln verwandt worden war, entweder dingliche oder auch nur obligatorische Wirkung. Daneben entwickelte sich das unfeierliche bloß bittweise angeordnete Vermächtnis, das Fideikommiß. Dieses wurde durch den Kaiser Augustus gleichfalls als ein obligatorisch wirkendes, rechtsverbindliches Vermächtnis anerkannt. Das Legat und das Fideikommiß verschmolzen allmählich, so daß es im justinianischen Recht nur noch ein Vermächtnis gab. Dieses Vermächtnis begründete stets eine Verpflichtung des Beschwerten zur Erfüllung. Hierauf gründete sich die persönliche Legatsklage. Das Vermächtnis wirkte aber zugleich dinglich, wenn der Erblasser direkt das Eigentum oder ein sonstiges dingliches Recht an einer Sache vermacht hatte, die sich in der Erbschaft befand.

Dieses Recht wurde gemeines Recht.

2. Das Vermächtnisrecht des BGB hat an die gemeinrechtliche Tradition angeknüpft. Jedoch hat das Vermächtnis des BGB nur noch rein obligatorische Wirkung. Ein dinglich wirkendes Vermächtnis kennt das bürgerliche Recht nicht. Diese Form des Vermächtnisses wurde nicht übernommen, da das Sachenrecht des BGB auch sonst grundsätzlich keinen Übergang des Eigentums an einer Sache durch einen bloßen Willensentschluß kennt und da angenommen wurde, ein dinglich wirkendes Vermächtnis würde Schwierigkeiten im Grundbuchrecht machen. Maßgebend war aber vor allem die Erwägung, daß der vermachte Gegenstand auch für die Schulden des Erblassers haften muß und daß es den Erben möglich sein muß, den Gegenstand zu verwerten, um Nachlaßverbindlichkeiten zu begleichen. Diese Möglichkeit würden sie nicht haben, wenn der Gegenstand einem Vermächtnisnehmer gehören würde. Die Erben hätten dann nur einen persönlichen Ersatzanspruch gegen diesen, der unter Umständen wertlos sein kann. In solchem Fall würden auch die Nachlaßgläubiger mittelbar betroffen werden (Mot. 5, 133 ff.).

Das nur schuldrechtlich wirkende Vermächtnis muß wie jedes andere obligatorische Rechtsgeschäft durch ein dingliches Geschäft erfüllt werden. Ebenso wie bereits vorher der Code civil, das ALR und das ABGB läßt auch das BGB das Vermächtnis wirksam werden ohne Rücksicht darauf, ob der mit dem Vermächtnis beschwerte Erbe die Erbschaft annimmt oder nicht. Ferner wurde der noch im gemeinen Recht geltende Grundsatz, daß den beschwerten Erben eine bestimmte Quote des Nachlasses verbleiben muß, die Falzidische Quart, aufgegeben. Der Gesetzgeber sah darin eine Einschränkung der Testierfreiheit des Erblassers, die ihm nicht gerechtfertigt schien. Auch nahm er an, daß die praktische Durchführung dieses Rechtsinstituts erhebliche Schwierigkeiten bieten würde (Mot. 5, 205).

3. Ausländisches Recht. Im Gegensatz zum BGB kennen das französische, das italienische und auch das neue schwedische Erbrecht auch das dinglich wirkende Vermächtnis, während das österreichische und das schweizerische Recht ebenso wie das deutsche nur das obligatorisch wirkende kennen.

II. 1. Begriffsbestimmung. Der Begriff des Vermächtnisses ist in § 1939 bestimmt. Danach besteht das Vermächtnis in der Zuwendung eines Vermögensvorteiles, die keine Erbeinsetzung sein darf. Der Begriff Vermögensvorteil ist im weitesten Sinne zu verstehen. Ein Vermögensvorteil kann z. B. auch das vom Erblasser einem Erben eingeräumte Recht sein, bei der Erbauseinandersetzung ein Grundstück gegen Zahlung des vollen Wertes zu übernehmen (OGH 1, 165; Hamburg MDR 1950, 420; vgl. weiter § 2150 Anm 2c und § 1939 Anm 3). Zu beachten ist, daß das Wort Vermächtnis allgemein und auch vom Gesetz in verschiedenem Sinne gebraucht wird. Es bezeichnet einmal die letztwillige Verfügung, durch die die Zuwendung angeordnet wird. Ferner wird dadurch der Erfolg der Verfügung als solcher ausgedrückt, der für den Beschwerten eine Belastung und für den bedachten Vermächtnisnehmer einen Vorteil darstellt. Schließlich wird mit dem Wort Vermächtnis auch der vermachte Gegenstand selbst bezeichnet.

2. Über Anordnung und Gegenstand des Vermächtnisses vgl. § 1939 Anm 1, 3.

3. Über die Aufwertung, Umstellung, Vertragshilfe und die Auswirkung des Lastenausgleichsgesetzes auf Vermächtnisses vgl. § 2174 Anm 4, 5, 6.

III. Systematische Übersicht. Mit einem Vermächtnis kann nach § 2147 sowohl der Erbe als auch ein Vermächtnisnehmer beschwert werden. In diesem Fall spricht man von einem Untervermächtnis. Hat der Erblasser keine nähere Bestimmung darüber getroffen, wer beschwert sein soll, dann ist im Zweifel der Erbe beschwert. § 2148 enthält sodann eine Auslegungsregel dafür, wie sich die durch das Vermächtnis begründete Last verteilt, wenn mehrere Personen beschwert sind. Der Verteilungsmaßstab ist, wenn mehrere Erben beschwert sind, das Verhältnis ihrer Erbteile, und wenn mehrere Vermächtnisnehmer beschwert sind, das Verhältnis des Wertes der ihnen zugewandten Vermächtnisse.

Das Vermächtnis wird nach § 2161, falls nicht ein anderer Wille des Erblassers anzunehmen ist, nicht dadurch unwirksam, daß der Beschwerte nicht Erbe oder Vermächtnisnehmer wird. Beschwert ist dann derjenige, dem der Wegfall des zunächst Beschwerten unmittelbar zustatten kommt. Dagegen ist das Vermächtnis nach § 2160 unwirksam, wenn der Bedachte zur Zeit des Erbfalls nicht mehr lebt. Diese Regel entspricht dem Grundsatz, daß auch der Erbe den Erbfall erlebt haben muß.

Das Vermächtnis kann schließlich noch durch Zeitablauf unwirksam werden. Der Gesetzgeber hat sich zu dem Grundsatz bekannt, daß der Erblasser den Erben nicht auf unabsehbare Zeit in der freien Verfügung über die Erbschaft einengen darf. Dieser Gedanke ist im Gesetz an verschiedenen Stellen zum Ausdruck gelangt. § 2210 läßt die Testamentsvollstreckung in bestimmten Fällen nach Ablauf von 30 Jahren enden. § 2109 beschränkt den Anfall der Erbschaft an einen Nacherben zeitlich. Entsprechendes bestimmen hier §§ 2162, 2163 für den Anfall eines Vermächtnisses, daß unter einer aufschiebenden Bedingung oder unter der Bestimmung eines Anfangstermins angeordnet ist. Tritt der Termin oder die Bedingung nicht vorher ein, dann wird das Vermächtnis grundsätzlich mit dem Ablauf von 30 Jahren nach dem Erbfall unwirksam. § 2162 Abs 2 behandelt entsprechend den Fall, daß der Bedachte zur Zeit des Erbfalls noch nicht erzeugt oder bestimmt ist. § 2163 regelt Ausnahmen von dem in § 2162 aufgestellten Grundsatz.

Bezüglich der Person des Bedachten stellt § 2150 klar, daß auch dem Erben selbst ein Vermächtnis zugewandt werden kann. Ein solches Vermächtnis bezeichnet das Gesetz als Vorausvermächtnis. Schließlich schränkt das Gesetz die in § 2065 Abs 2 enthaltene Regel, daß der Erblasser die Bestimmung der Person, die eine Zuwendung erhalten soll, nicht einem anderen überlassen kann, für das Vermächtnis ein. Der Gesetzgeber gestattet in § 2151 dem Erblasser, einen Dritten die Auswahl des Vermächtnisnehmers unter mehreren von den Erblassern bestimmten Personen vornehmen zu lassen. Falls der Erblasser angeordnet hat, daß die eine oder andere Person ein Vermächtnis erhalten soll, ist nach § 2152 anzunehmen, daß der Beschwerte bestimmen soll, wer das Vermächtnis erhält.

In § 2190 ermöglicht das Gesetz, ähnlich wie bei der Erbfolge, auch für das Vermächtnis, einen Ersatzvermächtnisnehmer zu bestimmen, und § 2191 sieht gleichfalls die Möglichkeit vor, ein der Nacherbfolge entsprechendes Nachvermächtnis anzuordnen.

Besondere Bestimmungen sind in §§ 2157, 2158, 2159 für den Fall getroffen, daß mehreren Personen derselbe Gegenstand vermacht worden ist. § 2157 betrifft die Bestimmung der Anteile der mehreren Vermächtnisnehmer. Die §§ 2089–93, die die Bestimmung der Anteile mehrerer Erben regeln, sollen entsprechend angewandt werden. Jedoch kann der Erblasser es nach § 2153 auch dem Beschwerten oder einem Dritten überlassen zu bestimmen, was jeder von dem vermachten Gegenstand erhalten soll. Auch diese Bestimmung enthält eine Ausnahme von dem Grundsatz des § 2065 Abs 2. Die §§ 2158 und 2159 regeln die Anwachsung, im Falle daß einer der mehreren Bedachten vor oder nach dem Eintritt des Erbfalls wegfällt.

Weitere Ausnahmen von dem Grundsatz des § 2065 Abs 2 enthalten die §§ 2154, 2155 und 2156. § 2154 behandelt das Wahlvermächtnis. Der Erblasser kann bestimmen, daß der Vermächtnisnehmer nur den einen oder anderen Gegenstand erhalten soll. Er kann die Wahl einem Dritten überlassen. Falls dieser die Wahl nicht treffen kann, geht das Wahlrecht auf den Beschwerten über. § 2155 regelt den Fall, daß der Erblasser die vermachte Sache nur der Gattung nach bestimmt hat. Schließlich ermöglicht § 2156 dem Erlasser, sich damit zu begnügen, die Person des Bedachten und den Zweck des Vermächtnisses zu bestimmen. In diesem Fall kann er die Bestimmung der Leistung dem billigen Ermessen eines Dritten oder des Beschwerten überlassen.

Umfang und Inhalt des Vermächtnisses bestimmen die §§ 2164–2173. § 2164 enthält den Grundsatz, daß das Vermächtnis sich im Zweifel auch auf das Zubehör der vermachten Sache erstreckt, das zur Zeit des Erbfalls vorhanden ist, und daß Ersatzansprüche für Beschädigungen, die die vermachte Sache nach der Anordnung des Vermächtnisses erlitten hat, im Zweifel mit vermacht sind. § 2165 behandelt die auf den vermachten Gegenstand ruhenden Lasten. Der Vermächtnisnehmer kann grundsätzlich nicht verlangen, daß sie beseitigt werden. Wenn aber dem Erblasser ein Anspruch auf ihre Beseitigung zusteht, ist dieser im Zweifel mit vermacht. § 2165 Abs 2–§ 2168 enthalten noch besondere Regeln für die Belastungen eines vermachten Grundstücks. § 2165 Abs 2 betrifft die Belastung mit Grundpfandrechten, die dem Erblasser selbst zustehen. Hier soll aus den Umständen entnommen werden, ob die Grundpfandrechte mit vermacht sind. § 2166 betrifft den Fall, daß das vermachte Grundstück mit einer Hypothek belastet ist. Da der Vermächtnisnehmer nicht verlangen kann, daß die Lasten beseitigt werden, war es folgerichtig, wenn das Gesetz ausspricht, daß der Vermächtnisnehmer im Zweifel dem Erben gegenüber verpflichtet ist, den Hypothekengläubiger rechtzeitig zu befriedigen. Allerdings kann diese Verpflichtung nur so weit gehen, wie die Schuld durch den Wert des Grundstücks gedeckt wird. Die Höchstbetragshypothek ist von dieser Regel ausgenommen. Die §§ 2167 und 2168 behandeln die Verpflichtung des Vermächtnisnehmers, den Gläubiger einer Gesamthypothek oder einer Gesamtgrundschuld zu befriedigen. § 2168a läßt die in § 2165 Abs 2–2167 aufgestellten Grundsätze sinngemäß für eingetragene Schiffe, Schiffsbauwerke und für Schiffshypotheken gelten.

§ 2169 regelt den Fall, daß der vermachte Gegenstand zur Zeit des Erbfalles nicht zur Erbschaft gehört. Das Vermächtnis ist in diesem Fall unwirksam, falls es nicht nach dem Willen des Erblassers als Verschaffungsvermächtnis gelten soll. Über dieses enthält § 2170 nähere Bestimmungen. Falls das Vermächtnis des bestimmten Gegenstandes nach § 2169 Abs 1 als solches unwirksam ist, kann es nach Abs 2 und 3 in anderer Form gelten. Der Besitz gilt im Zweifel als vermacht, wenn der Erblasser den Besitz der vermachten Sache hatte. Als vermacht gilt im Zweifel auch der Anspruch auf Leistung des Gegenstandes, wenn dem Erblasser ein solcher zustand, und der Anspruch auf Ersatz des Wertes, wenn der Gegenstand nach der Anordnung des Vermächtnisses untergegangen oder dem Erblasser entzogen ist. Unwirksam ist nach § 2171 auch ein Vermächtnis, das auf eine zur Zeit des Erbfalls unmögliche Leistung gerichtet oder das gegen ein zu dieser Zeit bestehendes gesetzliches Verbot verstößt. Soweit es sich nur um eine vorübergehende Unmöglichkeit handelt, gilt § 308 entsprechend. § 2172 regelt die Rechtsfolgen, die sich ergeben, wenn der vermachte Gegenstand mit einem anderen verbunden oder vermischt worden ist, so daß das Eigentum an der anderen Sache sich auf den vermachten Gegenstand erstreckt oder daß Miteigentum eingetreten ist. Er regelt ferner den Fall, daß der Gegenstand in der Weise verarbeitet oder umgebildet worden ist, daß der Verarbeiter nach § 950 Eigentümer geworden ist. Hat der Erblasser die Verbindung, Vermischung oder Verarbeitung vorgenommen, dann ist das Vermächtnis unwirksam. Ist die Verbindung, Vermischung oder Verarbeitung durch einen anderen vorgenommen, dann sind nach § 2172 Abs 2 im Zweifel die etwaigen Ersatzrechte des Erblassers vermacht. § 2173 behandelt schließlich den Fall, daß der Erblasser eine Forderung vermacht hat, die noch vor dem Erbfall durch Leistung erfüllt worden ist. Ist der geleistete Gegenstand noch in der Erbschaft vorhanden, dann gilt er im Zweifel als vermacht. Handelt es sich um eine Geldforderung, dann gilt im Zweifel die entsprechende Geldsumme als vermacht ohne Rücksicht darauf, ob ein solcher Geldbetrag in der Erbschaft vorhanden ist. Die mit dem Erbfall eingetretene Konfusion kann nicht dazu führen, die Leistung des vermachten Gegenstandes unmöglich zu machen. Das folgt aus § 2175. Falls eine Forderung gegen den Erben oder ein Recht, das auf einer Sache oder einem Recht des Erben ruht, vermacht ist, gilt das infolge der Konfusion durch den Erbfall eingetretene Erlöschen der Forderung oder des Rechts in Ansehung des Vermächtnisses als nicht erfolgt.

Die Rechtsnatur des Vermächtnisses als einem nur schuldrechtlichen Anspruch bestimmt § 2174.

Das Vermächtnis fällt nach § 2176 grundsätzlich mit dem Erbfall an. Vorher kann es nie anfallen, dagegen kann es nach §§ 2177, 2178 in einem späteren Zeitpunkt anfallen, wenn es unter einer aufschiebenden Bedingung oder einem Anfangstermin angeordnet ist und die Bedingung oder der Termin zur Zeit des Erbfalls noch nicht eingetreten sind. Entsprechendes gilt, wenn der Bedachte zur Zeit des Erbfalls noch nicht geboren oder bestimmt ist. In den Fällen, in denen das Vermächtnis erst nach dem Erbfall anfällt, sind nach § 2179 für die Zeit zwischen dem Erbfall und dem Anfall des Vermächtnisses die Vorschriften anzuwenden, die gelten, wenn eine Leistung unter einer aufschiebenden Bedingung geschuldet wird.

Ebenso wie die Erbschaft kann auch das Vermächtnis angenommen und ausgeschlagen werden. Darüber bestimmt § 2180.

Die §§ 2181—2185 enthalten Bestimmungen darüber, wie die Forderung aus dem Vermächtnis zu erfüllen ist. Von dem Zeitpunkt, in dem das Vermächtnis anfällt, ist der Zeitpunkt, in dem die Forderung aus dem Vermächtnis fällig wird, zu unterscheiden. § 2181 enthält als Auslegungsregel den Satz, daß das Vermächtnis, falls die Zeit seiner Erfüllung dem freien Belieben des Beschwerten überlassen ist, im Zweifel erst beim Tode des Beschwerten fällig wird. Bestimmungen über die Gewährleistungspflicht für Rechts- und Sachmängel enthalten die §§ 2182 und 2183. Zu beachten ist, daß die Sachmängelhaftung nur für das Gattungsvermächtnis und die Rechtsmängelhaftung nur für das Gattungs- und das Verschaffungsvermächtnis in Betracht kommen. Falls ein bestimmter, zur Erbschaft gehörender Gegenstand vermacht ist, behandelt das Gesetz den Vermächtnisnehmer hinsichtlich des Fruchtgenusses und der Pflicht, die Lasten zu tragen, so als sei er mit dem Anfall des Vermächtnisses Eigentümer des Gegenstandes geworden. Nach § 2184 hat der Beschwerte ihm die seit dem Anfall des Vermächtnisses gezogenen Früchte und das sonst auf Grund des vermachten Rechts Erlangte herauszugeben. Jedoch hat er für Nutzungen, die keine Früchte sind, keinen Ersatz zu leisten. Andererseits trifft den Vermächtnisnehmer für diese Zeit, wenn es sich um das Vermächtnis einer bestimmten, zur Erbschaft gehörenden Sache handelt, nach § 2183 eine Ersatzpflicht. Er hat dem Beschwerten die Verwendungen zu ersetzen, die dieser auf die vermachte Sache nach dem Erbfall gemacht hat. Er hat ihm ferner die Aufwendungen zu ersetzen, die der Beschwerte nach dem Erbfall gemacht hat, um Lasten zu bestreiten, die auf der vermachten Sache ruhen. Maßgeblich sind dafür die Vorschriften, die für das Verhältnis zwischen dem Eigentümer und dem Besitzer gelten.

Die §§ 2186—2189 betreffen schließlich das Untervermächtnis oder die Auflage, mit der ein Vermächtnisnehmer beschwert werden kann. Das Untervermächtnis wird nach § 2186 nicht fällig, bevor nicht das Vermächtnis, auf dem es lastet, fällig geworden ist. § 2187 beschränkt die Haftung des Hauptvermächtnisnehmers, wenn das ihm Zugewandte nicht ausreicht, um das Untervermächtnis oder die Auflage zu erfüllen. Falls aus dem eben angeführten Grunde oder mit Rücksicht auf die beschränkte Haftung des Erben der Vermächtnisnehmer sich selbst eine Kürzung seines Vermächtnisses gefallen lassen muß, kann er nach § 2188, falls nicht ein anderer Wille des Erblassers anzunehmen ist, die ihm auferlegten Untervermächtnisse und Auflagen verhältnismäßig kürzen. § 2189 sieht vor, daß der Erblasser bei derartigen Kürzungen bestimmten Vermächtnissen oder Auflagen einen Vorrang vor anderen Beschwerungen einräumen kann.

§ 2147

Mit einem Vermächtnisse kann der Erbe oder Vermächtnisnehmer beschwert werden. Soweit nicht der Erblasser ein anderes bestimmt hat, ist der Erbe beschwert.

E I 1756 Abs 2, 1842 II 2018; M 5 10, 136, 137; P 5 6, 160, 161.

Entsprechend anwendbar auf die Auflage § 2192.

Übersicht:

Beschwerter

1. Die Anordnung des Vermächtnisses
2. Der Beschwerte
   a) Der Erbe als Beschwerter
   b) Vermächtnisnehmer als Beschwerter
3. Auslegungsregel (Satz 2)
4. Testamentsvollstrecker
5. Nichtigkeit wegen Verstoßes gegen die guten Sitten

1. Die Anordnung des Vermächtnisses (Begriff § 1939) kann nur durch Testament oder Erbvertrag erfolgen. Im Erbvertrage sowohl durch vertragsmäßige Verfügung, die sich auch auf das Vermächtnis beschränken kann, Vermächtnisvertrag (§ 2278), als durch einseitige Verfügung

(§ 2299). Auch die nicht sogleich vollzogene Schenkung von Todes wegen wird als Vermächtnis behandelt, § 2301.

Über die Aufwertung von Geldansprüchen aus Vermächtnissen und die sich aus der Umstellung ergebenden Fragen s. § 2174 A 5 u. 6.

2. Der **Beschwerte** ist Schuldner, der Bedachte Gläubiger in dem durch das Vermächtnis begründeten Schuldverhältnis, § 2174. Es entsteht hiermit eine Nachlaßverbindlichkeit, § 1967 A 4. Nur der Erbe oder der Vermächtnisnehmer kann beschwert werden.

a) Der Erbe als Beschwerter. Beschwert kann der Erbe, und zwar sowohl der gewöhnliche, der gesetzliche oder gewillkürte, Testaments- oder Vertragserbe, der bedingt eingesetzte Erbe, der Vor- oder Nacherbe sein. Dem Vertragserben muß das Vermächtnis in dem Vertrag auferlegt werden, durch den er als Erbe eingesetzt wird. Später kann ihm ein Vermächtnis nur auferlegt werden, wenn die Voraussetzungen gegeben sind, unter denen das vertragsmäßige Erbrecht aufgehoben oder geändert werden könnte (§§ 2289 Abs 1 Satz 2, 2290ff.). Ein dem Vertragserben vor Abschluß des Erbvertrages auferlegtes Vermächtnis tritt, wenn es in dem Erbvertrag nicht ausdrücklich oder stillschweigend wiederholt wird, nach § 2289 Abs 1 durch dessen Abschluß außer Kraft. Das dem Ersatzerben auferlegte Vermächtnis kann nur wirksam werden, wenn er tatsächlich zur Erbschaft berufen ist, weil der vorher Berufene vor oder nach Eintritt des Erbfalls weggefallen ist. Ebenso kann das Vermächtnis, das dem unter einer aufschiebenden Bedingung eingesetzten Erben auferlegt ist, nur gelten, wenn die Bedingung eingetreten ist. Beschwert ist jeder Erbe für seine Person oder schlechthin die Erbschaft (RG 14. 4. 21 IV 562/20) mit der Wirkung, daß der das Vermächtnis erfüllende Vorerbe dieserhalb dem Nacherben einen Abzug machen kann (§ 2126 A 1).

Sind dem Nacherben Leistungen auferlegt, die er schon vor Eintritt der Nacherbfolge bewirken soll, so kann es sich nur um die Setzung einer Bedingung für das Nacherbenrecht oder um einen unverbindlichen Wunsch des Erblassers handeln (RG aaO.).

Nicht beschwert werden kann der Erbeserbe, obschon er in die Lage kommen kann, ein erst beim Tode des Erben fällig gewordenes Vermächtnis aus der ihm angefallenen Erbschaft zu entrichten (§ 2181 A, RG Warn 1919 Nr 198). Die Verfügung, durch die dem Erbeserben oder den Erben eines Vermächtnisnehmers ein Vermächtnis auferlegt worden ist, wird, worauf Planck-Flad, 4. Aufl § 2147 Anm 2a zutreffend hinweist, häufig als ein dem Erben oder dem Vermächtnisnehmer auferlegtes, auf seinen Tod befristetes Vermächtnis ausgelegt werden müssen. In diesen Fällen hat der Erbeserbe oder der Erbe des Vermächtnisnehmers das Vermächtnis als eine Nachlaßverbindlichkeit zu erfüllen. Über die Beschwerung des als Erben berufenen Pflichtteilsberechtigten mit Vermächtnissen vgl. § 2306.

b) Ist der **Vermächtnisnehmer** selbst wiederum mit einem Vermächtnis beschwert (§§ 2186 bis 2188), so spricht man von einem Untervermächtnis. Nachvermächtnis § 2191, sog. gesetzliche Vermächtnisse § 1939 A 5. Auch derjenige, dem ein gesetzliches Vermächtnis angefallen ist, der überlebende Ehegatte, dem nach § 1932 der Voraus gebührt oder derjenige, dem nach § 1969 der Dreißigste zusteht, kann mit einem Vermächtnis beschwert werden (Planck-Flad, 4. Aufl § 2147 Anm 1b; Staudinger-Sevbold, 11. Aufl § 2147 Anm 5).

Der von Todes wegen Beschenkte kann nur, soweit er als Vermächtnisnehmer zu gelten hat, mit einem Vermächtnis beschwert werden, also nicht der Empfänger einer bereits vollzogenen, wenn auch unter Vorbehalt des Widerrufs erklärten Schenkung (§ 2301). Hier kann nur eine Auflage im Sinne von § 525 in Frage kommen. Ferner kann mit einem Vermächtnis nicht beschwert werden, wer nur mittelbar aus der Erbschaft etwas erlangt. So der Empfänger einer Leistung, die ein unter einer Bedingung Bedachter zur Erfüllung dieser Bedingung bewirkt (§ 1939 A 4), oder der Ehemann oder Gewalthaber, dem die Nutznießung an den der Frau oder den Gewaltunterworfenen gemachten Zuwendungen zusteht. Im Falle des § 331 kann der Versprechensempfänger die für den Dritten ausbedungene Leistung zwar vertragsmäßig von anderweiten erst durch den Dritten zu erfüllenden Leistungen abhängig machen. Dies kann nach § 332 auf Grund vertragsmäßigen Vorbehalts auch einseitig in einer Verfügung von Todes wegen geschehen. Eine eigentliche Beschwerung des Dritten mit einem Vermächtnis liegt aber auch hierin nicht.

3. Auslegungsregel (Satz 2). Der Erbe ist beschwert kraft verfügender, den Willen des Erblassers ergänzender Bestimmung. Der abweichende Wille braucht jedoch nicht ausdrücklich erklärt zu sein. Das Vermächtnis bleibt regelmäßig auch nach Wegfall des Beschwerten wirksam, § 2161.

4. Hat der Erblasser einen **Testamentsvollstrecker** eingesetzt, so ist es nach § 2203 dessen Aufgabe, die angeordneten Vermächtnisse zu erfüllen, falls nicht nach dem Willen des Erblassers ihm dieses Recht nicht zustehen soll (§ 2208). Der Erblasser kann nach § 2223 einen Testamentsvollstrecker allein zu dem Zweck ernennen, daß dieser für die Ausführung der einem Vermächtnisnehmer auferlegten Beschwerungen sorgt.

5. Nichtigkeit wegen Verstoßes gegen die guten Sitten. Eine Vermächtnisanordnung kann nach § 138 wegen Verstoßes gegen die guten Sitten nichtig sein (vgl. dazu § 2078 Anm 1 Abs 2).

§ 2148

Sind mehrere Erben oder mehrere Vermächtnisnehmer mit demselben Vermächtnisse beschwert, so sind im Zweifel die Erben nach dem Verhältnisse der Erbteile, die Vermächtnisnehmer nach dem Verhältnisse des Wertes der Vermächtnisse beschwert.

E I 1843 II 2019; M 5 137; P 5 161.

Entsprechend anwendbar auf die Auflage § 2192.

Mehrere Beschwerte

Gegenüber der gesetzlichen Auslegungsregel steht der Nachweis offen, daß der Erblasser insbesondere mit Rücksicht auf die Art der Vermächtnisleistung und die persönlichen Verhältnisse der mehreren Beschwerten eine andere Verteilung gewollt habe. Ob er bei der Anordnung die mehreren Beschwerten namentlich oder nur in ihrer Erben- usw. Eigenschaft bezeichnet hat, macht keinen Unterschied. Die mehreren Erben sind, wenn sie sämtlich beschwert sind, dem Bedachten gegenüber Gesamtschuldner, §§ 2058ff. Die Erbteile sind nur im Verhältnisse der Miterben zueinander maßgebend (§ 426). Maßgebend für die Ausgleichspflicht der Erben untereinander ist nach dieser Gesetzesbestimmung das Verhältnis ihrer Erbteile. Danach haben Vorausvermächtnisse, die dem einzelnen Erben zugewandt sind, ebenso außer Betracht zu bleiben, wie Vermächtnisse, die ihm allein auferlegt sind.

§ 2148 kann nicht unmittelbar angewandt werden, wenn Erben und Vermächtnisnehmer gemeinsam beschwert sind. In einem solchen Fall ist er entsprechend anzuwenden, so daß das Verhältnis des Wertes der verschiedenen Zuwendungen maßgebend ist. Dabei muß, falls das zugleich beschwerte Vermächtnis auf dem gleichfalls beschwerten Erbteil ruht, jenes bei der Ermittlung des Wertes des beschwerten Erbteils berücksichtigt werden. Nicht erforderlich ist es, zunächst unter Berücksichtigung des Wertes der Zuwendungen die ganzen Beschwerungen der beteiligten Erben und die der Vermächtnisse zu ermitteln und dann innerhalb der beiden Gruppen § 2148 anzuwenden, wie Staudinger-Seybold 11 Aufl § 2148 Anm 2 vorschlägt.

Sind nur einige von mehreren Miterben (§ 2046 Abs 2) oder sind mehrere Vermächtnisnehmer beschwert, so sind sie, wenn die Vermächtnisleistung teilbar ist, im Zweifel nach § 420 (zu vgl. mit § 421) dem Bedachten von vornherein nur nach Anteilen verpflichtet, die gemäß § 2148 zu bemessen sein werden. Dementsprechend kann in diesem Falle jeder das Vermächtnis zu seinem Anteil anfechten (§§ 2078, 2080).

Für die Ermittlung des Wertes der von dem streitigen Vermächtnis betroffenen Vermächtnisse ist die Zeit des Erbfalls, gegebenenfalls unter Berücksichtigung der Zwischenzinsen (§§ 272, 813 Abs 2) maßgebend. Falls der Erblasser nicht etwas anderes bestimmt hat, sind bei der Wertermittlung Beschwerungen der einzelnen Miterben oder Vermächtnisnehmer durch Vermächtnisse oder Auflagen unberücksichtigt zu lassen.

Ist die Vermächtnisleistung unteilbar, so sind zwar auch dann, wenn einige von mehreren Miterben oder mehrere Vermächtnisnehmer beschwert sind, die Beschwerten Gesamtschuldner (§ 431). Trotzdem wird jeder von ihnen für sich anfechten können mit der Folge, daß er aus dem Gesamtschuldverhältnis ausscheidet (§ 425). Anders, wenn die mehreren Erben sämtlich beschwert sind; dann greift § 2038 Abs 1 ein (Reichel, AZivPrax 138, 213).

Die alternative Beschwerung (A oder B soll zahlen) wird in der Regel als Auferlegung eines gesamtschuldnerischen Vermächtnisses aufzufassen sein (§ 421). Über die Möglichkeit, ein Vermächtnis, das gegenüber einem Teile der mehreren Belasteten unwirksam ist, teilweise aufrechtzuerhalten, s. § 2085 A 2.

§ 2149

Hat der Erblasser bestimmt, daß dem eingesetzten Erben ein Erbschaftsgegenstand nicht zufallen soll, so gilt der Gegenstand als den gesetzlichen Erben vermacht. Der Fiskus gehört nicht zu den gesetzlichen Erben im Sinne dieser Vorschrift.

E I 1791 II 2020; M 5 64; P 5 74, 79, 80.

1. Die Bestimmung ist nur anzuwenden, wenn der Erblasser in der letztwilligen Verfügung seinen Willen dahin ausgedrückt hat, daß der eingesetzte Erbe den betreffenden Gegenstand nicht haben soll. Hat der Erblasser ein Vermächtnis angeordnet, so ist darin, falls die Anordnung unwirksam ist, in der Regel nicht die Bestimmung enthalten, daß die den Gegenstand des Vermächtnisses bildende Sache dem Erben nicht zufallen soll. Das Testament gilt vielmehr regelmäßig so, als wenn das Vermächtnis überhaupt nicht angeordnet wäre. Anders wäre es, wenn durch Auslegung des Testaments als Wille des Erblassers zu ermitteln wäre, daß die Erben den betreffenden Gegenstand unter keinen Umständen haben sollen. In diesem Fall hätte der Erblasser seinen letzten Willen nur lückenhaft geäußert, da er nicht wirksam bestimmt hat, wem der Gegenstand zufallen soll. Diese Lücke seines Willens wird durch § 2149 geschlossen, der eine ähnliche Aufgabe hat wie der § 2088, wenn der Erblasser seinen Nachlaß nicht vollständig vergeben hat oder die §§ 2104, 2105, wenn er es unterlassen hat, den Nacherben oder den Vorerben zu bestimmen. Ebenso wie in den genannten Bestimmungen wird die Lücke auch hier dadurch geschlossen, daß die gesetzlichen Erben als Berechtigte eintreten. Der den Erben vorenthaltene Gegenstand gilt den gesetzlichen Erben als vermacht.

§ 2149 kann nicht angewandt werden, wenn der Erblasser sich vorbehalten hat, noch über bestimmte Gegenstände zu verfügen. In diesem Fall gilt § 2086, so daß die Verfügung ohne den Vorbehalt gilt, falls der Erblasser die vorbehaltene Verfügung nicht getroffen hat. § 2149 ist dagegen anzuwenden, wenn sich aus dem Vorbehalt ausnahmsweise ergibt, daß die eingesetzten Erben die genannten Gegenstände unter keinen Umständen erhalten sollen.

Falls der Erblasser seine gesetzlichen Erben eingesetzt hat, kann er eine Bestimmung, daß ihnen einzelne Gegenstände nicht zufallen sollen, nicht treffen, ohne zu bestimmen, wem diese Gegenstände zufallen sollen. Die bloße Bestimmung, daß die Gegenstände den eingesetzten gesetzlichen Erben nicht zufallen sollen, wäre unwirksam. In der Regel wird das Testament so gültig sein, als wäre diese Bestimmung nicht getroffen.

Ein Verbot des Erblassers, über einen Nachlaßgegenstand unter Lebenden oder von Todes wegen zu verfügen, ist regelmäßig unwirksam, wenn es nicht als Nachvermächtnis aus §§ 2191, 2338 aufrechtzuerhalten ist. Ebensowenig steht es in der Macht des Erblassers, eine Zuwendung an den Bedachten dem Zugriffe der Gläubiger des Bedachten zu entziehen, wenn der Bedachte nicht zugleich selbst in der Verfügung wirksam beschränkt ist. Ein durch Pfändung, z. B. der vermachten Rente, auflösend bedingtes Vermächtnis ist zulässig (RG LZ 1915, 1097[17]).

2. Ausschluß des Fiskus (§ 1936) wie bei der Nacherbfolge § 2104 a. E. Beim Mangel gesetzlicher Erben verbleibt mithin der ausgenommene Gegenstand dem eingesetzten Erben.

§ 2150

Das einem Erben zugewendete Vermächtnis (Vorausvermächtnis) gilt als Vermächtnis auch insoweit, als der Erbe selbst beschwert ist.

E I 1845 Abs 1, 2 II 2021; M 5 139, 140; P 5 162, 163.

1. Vorausvermächtnis (Prälegat) **des Alleinerben.**

a) Handelt es sich um einen Alleinerben, so ist die Anordnung, er solle einen Erbschaftsgegenstand im voraus als Vermächtnis erhalten, an sich bedeutungslos. Sie ist aber wirksam, insofern sie dem Erben in der Eigenschaft als Vermächtnisnehmer eine günstigere Stellung gewährt (RG ZBlFG 14, 236; Warn 1913 Nr 428). So hat die Unwirksamkeit der Erbeinsetzung regelmäßig nicht auch die Unwirksamkeit des Vermächtnisses zur Folge (§ 2085). Schlägt er die Erbschaft aus, so kann er doch das Vermächtnis annehmen, wenn er nicht mit diesem nur unter der Bedingung, daß er Erbe werde, bedacht ist. Eine Bedingung, unter der der Bedachte als Erbe eingesetzt ist, gilt in der Regel nicht zugleich für das Vorausvermächtnis.

b) Im Falle der Nacherbfolge verbleibt das Vorausvermächtnis im Zweifel dem Vorerben, § 2110 Abs 2. Ein Grundstück, das dem Vorerben als Vorausvermächtnis zugewandt ist, gehört ihm als alleinigem und unbeschränktem Eigentümer. Im Grundbuch kann daher auch kein Nacherbenvermerk eingetragen werden. Bei Eintritt des Nacherbfalls verbleibt dieses Grundstück dem Vorerben, ohne daß es etwa von dem Nacherben dem Vorerben aufgelassen werden müßte (München KGJ 23, 300). Im Erbschein muß angegeben werden, daß sich das Recht des Nacherben nicht auf den Gegenstand des Vorausvermächtnisses erstreckt (KG KGJ 21, 122).

Beim Erbschaftskauf gilt das Vorausvermächtnis im Zweifel als nicht mitverkauft, § 2373. In allen Fällen, wo auch sonst die durch Vereinigung von Rechten und Verbindlichkeiten erlöschenden Rechtsverhältnisse nicht erlöschen, kann der Bedachte seine Rechtsstellung als Nachlaßgläubiger (§ 1967) unbeschränkt geltend machen. So im Falle der Nachlaßverwaltung und des Nachlaßkonkurses (§§ 1976, 1984; KO § 226 Nr 5; über das Nachlaßvergleichsverfahren s. VerglO § 113 Nr 7 in Verbindung mit KO § 226 Nr 5), der Unzulänglichkeitseinrede (§ 1991 Abs 2), beim Erbschaftskauf (§ 2377). Ebenso gegen den Testamentsvollstrecker (§ 2213).

2. a) Daß der Bedachte seine Rechtsstellung als Nachlaßgläubiger geltend machen kann, tritt besonders hervor, wenn **einer von mehreren Erben** im voraus **bedacht und** zugleich **selbst mit beschwert** ist. Er kann seine Vermächtnisforderung gegen die Miterben, wie jeder andere Miterbengläubiger, mit der Gesamthandsklage aus § 2059 Abs 2 geltend machen. Grundsätzlich kann er den vermachten Gegenstand von dem Miterben schon vor der Auseinandersetzung fordern, jedoch muß er sich unter Umständen, § 2046 A 1a, darauf verweisen lassen, seine Befriedigung bei der Auseinandersetzung zu suchen (RG 93, 196). Der Vermächtnisnehmer, der zugleich Miterbe ist, ist verpflichtet, dazu beizutragen, daß der Nachlaß bis zur Auseinandersetzung der Erbengemeinschaft ungeschmälert erhalten und vor unnötigen Verlusten bewahrt bleibt. Die Geltendmachung des Vorausvermächtnisses kann daher gegen Treu und Glauben verstoßen, wenn die Befriedigung dieses Anspruchs vor der Auseinandersetzung für den Nachlaß sonst vermeidliche Verluste bringen würde, oder wenn es zweifelhaft ist, ob der Vorausvermächtnisnehmer mit Rücksicht auf frühere Zuwendungen bei der Teilung überhaupt noch etwas beanspruchen kann (RG 93, 196; BGH 5. 7. 54 IV ZR 35/54). Der mit dem Vorausvermächtnis bedachte Miterbe kann vor der Auseinandersetzung nicht gegen einen einzelnen Miterben auf Erfüllung des Vermächtnisses klagen, da der einzelne Miterbe nach §§ 2059 Abs 1 Satz 1, 2063 einem anderen Miterben gegenüber stets nur beschränkt und bis zur Teilung nur mit seinem Anteil am Nachlaß haftet.

b) Ist mehreren Miterben dasselbe Vorausvermächtnis vermacht, so gelten sie nach §§ 2157, 2091 im Zweifel nicht als nach dem Verhältnis ihrer Erbteile, sondern als nach gleichen Teilen bedacht. Die allgemeinen, für das Vermächtnis geltenden Regeln sind auch anzuwenden, wenn der Vorausvermächtnisnehmer zusammen mit anderen Personen mit demselben Gegenstand bedacht ist.

Der Vorausvermächtnisnehmer genießt anderen Vermächtnisnehmern gegenüber, wenn der Erblasser gemäß § 2189 nicht etwas anderes angeordnet hat, keinen Vorrang. Bei der Berichtigung ihrer Forderungen haben die Vermächtnisnehmer nach §§ 1992, 1991 und im Nachlaßkonkurs nach § 226 Nr 5 KO gleichen Rang. An dem Vergleichsverfahren über den Nachlaß sind sie nach § 113 Nr 7 VerglO nicht beteiligt. Für die Anrechnung des Vorausvermächtnisses auf den Pflichtteil s. § 2307.

c) Ist der mit dem Vermächtnis bedachte Miterbe selbst nicht mit beschwert, ist das Vermächtnis vielmehr lediglich den anderen Miterben auferlegt, so gelten die allgemeinen Grundsätze (§ 2046 A 3). So namentlich auch dann, wenn sich hinter einer **Teilungsordnung** eine Bevorzugung des einen Erben auf Kosten der übrigen Erben verbirgt und in Wahrheit damit ein Vermächtnis gewollt ist (vgl. § 2048 A 1, 2087 A 3c). Ob das der Fall ist, muß durch Auslegung des Testaments ermittelt werden. Ein Vorausvermächtnis kann vorliegen, wenn die Übernahme des zugewandten Gegenstandes zu einem besonders günstigen oder einem besonders hohen Preis erfolgen soll. In diesem Fall ist der den Gegenstand übernehmende Erbe zugunsten der Miterben beschwert, in jenem sind die Miterben zugunsten desjenigen beschwert, der den Gegenstand erhalten soll.

Falls der Erblasser den Übernahmepreis noch in Reichsmark bezeichnet hat, tritt, wenn der Erbfall nach dem 20. 6. 48 eingetreten ist, an die Stelle dieser Rechnungseinheit nach § 2 Währungsgesetz die Rechnungseinheit DM. Dadurch kann das Vorausvermächtnis wirtschaftlich eine ganz andere Bedeutung erlangt haben, als der Erblasser es beabsichtigte. Es ist daher in diesen Fällen stets zu prüfen, ob diese Änderung dem Willen des Erblassers entspricht. Notfalls im Wege der ergänzenden Testamentsauslegung ist festzustellen, was der Erblasser bestimmt hätte, wenn er den Währungswechsel vorausschauend bedacht hätte.

Die Anordnung, daß ein Miterbe das Recht erhält, einen bestimmten Nachlaßgegenstand zu übernehmen, kann aber auch dann ein Vorausvermächtnis sein, wenn die Übernahme zum normalen Preis erfolgen soll. Schon das Recht, den Gegenstand nach Belieben zu erwerben oder nicht zu erwerben, kann den Gegenstand des Vermächtnisses bilden, wenn darin ein Vermögensvorteil liegt (OGH 1, 165; Hamburg MDR 1950, 420). Eine derartige Zuwendung unterscheidet sich dadurch von der Teilungsanordnung, daß der Erbe den zugewandten Gegenstand neben seinem Erbteil erhält, während er ihn sich bei der Teilungsanordnung auf seinen Erbteil anrechnen lassen muß (RG 170, 163; OGH 1, 165).

d) Gegenstand eines Vorausvermächtnisses kann auch ein einem Miterben an einem Nachlaßgrundstück zu bestellendes dingliches Vorkaufsrecht sein (RG 108, 84). Die letztwillige Anordnung über die Ausgleichung einer Schenkung kann als ein den Gegenstand der Schenkung betreffendes Vorausvermächtnis ausgelegt werden, wenn die Schenkung unter Lebenden unwirksam war (RG 82, 149).

e) Ob in der Einsetzung als **Ersatzerbe** zugleich eine Ersatzberufung auf das Vorausvermächtnis (§ 2190) liegt, ist eine (nicht aus den §§ 2110 Abs 2, 2373 zu entscheidende) Auslegungsfrage (OLG 34, 283).

§ 2151

Der Erblasser kann mehrere mit einem Vermächtnis in der Weise bedenken, daß der Beschwerte oder ein Dritter zu bestimmen hat, wer von den mehreren das Vermächtnis erhalten soll.

Die Bestimmung des Beschwerten erfolgt durch Erklärung gegenüber demjenigen, welcher das Vermächtnis erhalten soll; die Bestimmung des Dritten erfolgt durch Erklärung gegenüber dem Beschwerten.

Kann der Beschwerte oder der Dritte die Bestimmung nicht treffen, so sind die Bedachten Gesamtgläubiger. Das gleiche gilt, wenn das Nachlaßgericht dem Beschwerten oder dem Dritten auf Antrag eines der Beteiligten eine Frist zur Abgabe der Erklärung bestimmt hat und die Frist verstrichen ist, sofern nicht vorher die Erklärung erfolgt. Der Bedachte, der das Vermächtnis erhält, ist im Zweifel nicht zur Teilung verpflichtet.

E I 1770 Satz 2, 1769 Abs 2 II 2022; M 5 33–36; P 5 23–30, 42, 43.

Übersicht:

Bestimmung des Bedachten durch den Beschwerten oder durch Dritte

1. Allgemeines. In § 2065 Abs 2 ist der Grundsatz aufgestellt, daß der Erblasser die Bestimmung der Person, die eine Zuwendung erhalten soll, oder die Bestimmung des Gegenstandes der Zuwendung keinem Dritten überlassen kann. Von diesem Grundsatz machen die §§ 2151, 2152 eine Ausnahme, soweit es sich um die Bestimmung der Person handelt, die ein Vermächtnis erhalten soll, und die §§ 2353–2356 hinsichtlich der Bestimmung des Gegenstandes des Vermächtnisses. Während der erste Entwurf vorsah, daß der Erblasser auch bei einem Vermächtnis die Person des Bedachten selbst zu bestimmen hatte, hat die II. Kommission es entsprechend dem bisherigen Recht für notwendig gehalten, bei den Vermächtnissen den Grundsatz des § 2065 Abs 2 weitgehend aufzugeben. Bestimmend war der Gedanke, daß der Erblasser oft die künftige Entwicklung nicht voraussehen kann und daß es ihm gestattet sein muß, sich auf das Urteil einsichtiger und vertrauenswürdiger Dritter zu verlassen. Die Gründe, die eine entsprechende Regelung für die Erbeinsetzung ausschließen, gelten hier nicht. Einmal handelt es sich bei dem Vermächtnis nur um die Zuwendung einzelner Gegenstände, nicht um eine Gesamtrechtsnachfolge, und zum anderen ist bei der Zuwendung eines Vermächtnisses häufig mehr der damit verfolgte Zweck als die Person des Bedachten maßgebend. § 2151 gilt auch für das Vorausvermächtnis (§ 2150; JW 1937, 2200[14]).

2. Mehrere Bedachte. Vorausgesetzt ist, daß der Kreis der mehreren — mindestens zwei — Personen, unter denen zu wählen ist, vom Erblasser wenigstens so genau umgrenzt ist, daß es nicht zweifelhaft ist, wer überhaupt zu diesem Kreis zählt, so daß ein sachlicher Anhalt dafür gegeben ist, wer als Bedachter bestimmt werden kann. Wo die Grenze liegt, ist Tatfrage. RG 96, 15 hat die hiernach erforderliche Umgrenzung bei einer Verfügung vermißt, nach der eine bestimmte Geldsumme „an verschiedene Vereine und wohltätige oder gemeinnützige Anstalten sowie bedürftige Personen" einer Stadt verteilt werden sollte. Die Verfügung wurde aber als die Anordnung einer Auflage nach § 2193 gelten gelassen; s. auch JW 1925, 2147[5]. Da für die Auflage nach §§ 2192, 2193 die Bestimmung des Zweckes genügt und die Bestimmung der Person, an die die Leistung erfolgen soll, dem Beschwerten oder einem Dritten überlassen werden kann, liegt es allgemein nahe, eine Vermächtnisanordnung, in der der Kreis der im Sinne des § 2151 Bedachten nicht genügend bestimmt ist, in eine Auflage umzudeuten.

Der Erblasser kann es nach § 2065 Abs 1 nicht dem Beschwerten oder einem Dritten überlassen zu bestimmen, ob die Vermächtnisanordnung überhaupt gelten soll. Der zur Bestimmung berechtigte Dritte oder auch der Beschwerte, und zwar selbst dann, wenn er die Bestimmung selbst zu treffen hat, kann auch zu dem Kreis der bedachten Personen gehören. Zu dem Kreis der Bedachten gehören nach § 2160 nur diejenigen Personen, die zur Zeit des Erbfalls noch gelebt haben. Soweit sie nach dem Erbfall verstorben sind, können sie grundsätzlich weiterhin als bedacht mit der Wirkung bestimmt werden, daß ihre Erben den Gegenstand der Zuwendung erhalten.

3. Die Auswahl des Bedachten (Abs 2). Die Auswahl kann dem Beschwerten (§ 2147) oder einem Dritten, insbesondere dem Testamentsvollstrecker, auch mehreren Personen gemeinsam übertragen sein. Die Bestimmung kann dem Belieben des Bestimmenden überlassen sein. Der Erblasser kann aber auch anordnen, daß die Bestimmung nach bestimmten Gesichtspunkten zu erfolgen hat. Eine Verweisung auf die Billigkeit wie in den Fällen der § 2155 Abs 3, 2156 oder 319 fehlt hier, da es grundsätzlich nicht als Verstoß gegen die Billigkeit angesehen werden kann, wenn eine Person bestimmt wird, die der Erblasser selbst als in Betracht kommend bezeichnet hat. Die Bestimmung kann deshalb, selbst wenn der Erblasser für die Auswahl bestimmte Weisungen erteilt hat und wenn hiergegen verstoßen ist, grundsätzlich nicht durch das Gericht überprüft werden. Sie ist aber unwirksam, wenn sie arglistig erfolgt ist. Diese Unwirksamkeit kann gerichtlich festgestellt werden. Gehört derjenige, der die Bestimmung zu treffen hat, selbst zu dem Kreis der bedachten Personen und hat er sich als Empfänger der Zuwendung bezeichnet, so ist zu prüfen, ob dies mit dem Willen des Erblassers zu vereinbaren ist. Die Bestimmung wäre arglistig und unwirksam, wenn der Bestimmende sich dem Willen des Erblassers zuwider als der Bedachte bezeichnet hat. Ergibt sich bereits aus der letztwilligen Verfügung, daß der die Auswahl Treffende sich nicht selbst bezeichnen darf, dann hat der Erblasser ihn schon dadurch aus dem Kreis der Bedachten, zu dem er sonst gehören würde, ausgenommen.

Die Bestimmung ist eine einem andern gegenüber abzugebende Willenserklärung und unwiderruflich (§§ 130–132). Sie kann nach den allgemeinen Bestimmungen wegen Willensmängel, Irrtum, Täuschung und Drohung angefochten werden. Wenn der Beschwerte sich selbst als bedacht bestimmen kann, genügt es, wenn er nach außen zu erkennen gibt, daß er den Gegenstand der Zuwendung erhalten will. Ist sie mehreren übertragen, so gilt § 317 Abs 2, bei mehreren Testamentsvollstreckern § 2224.

4. Die Bestimmung kann nicht erfolgen (Abs 3 Satz 1). Die Bedachten sind Gesamtgläubiger, wenn der Beschwerte die Bestimmung nicht treffen kann, sei es, weil er verstorben ist, sei es, weil er keine rechtswirksame Willenserklärung abgeben kann (§ 428ff.). Die Vorschrift weicht von § 2157 ab, nach der die mehreren regelmäßig nach Bruchteilen bedacht sind. Der Schlußsatz des § 2151 schließt die aus § 430 folgende Verpflichtung eines Berechtigten aus, das ausgezahlte Vermächtnis den Mitberechtigten anteilig zukommen zu lassen. Vielmehr sichert ihm der erste Zugriff das ganze Vermächtnis. Da die Bestimmung aber nur im Zweifel gilt, ist stets zu prüfen, ob der Erblasser nicht etwas anderes gewollt hat. Der Beschwerte kann gemäß § 428 nach seinem Belieben an jeden Berechtigten leisten. Praktisch ist daher, wenn er leistet, das Bestimmungsrecht auf ihn übergegangen. Gegenüber einer mehrfachen Verurteilung ist er durch ZPO § 767 mit dem Nachweise geschützt, daß er inzwischen die Bestimmung getroffen oder geleistet habe.

5. Verzögerung der Bestimmung (Abs 3 Satz 2). Im Falle der Verzögerung durch die Wahlberechtigten steht den möglichen Bedachten kein Klagerecht zu, vielmehr setzt auf ihren Antrag das Nachlaßgericht Frist nach FGG § 80. Als Beteiligter kommt, wenn die Bestimmung einem Dritten übertragen ist, auch der Beschwerte in Betracht. Die sofortige Beschwerde des § 80 kann rügen, daß der Aufgeforderte überhaupt nicht zur Erklärung verpflichtet sei oder daß er sich bereits erklärt habe, oder sie kann die Art der Fristsetzung betreffen. Gegen Ablehnung der Verfügung einfache Beschwerde nach FGG §§ 19ff. Hat der Dritte die Frist verstreichen lassen, so kann der Beschwerte nach seinem Belieben leisten (A 3). Eine nach Fristablauf, sei es auch vor der Leistung abgegebene Erklärung des Dritten bindet ihn nicht.

6. Beweislast. Wer das Vermächtnis fordert, hat zu beweisen, daß er als Berechtigter bestimmt ist. Klagt er als Gesamtgläubiger, so hat er zu beweisen, daß die Bestimmung (z. B. wegen Todes oder Geschäftsunfähigkeit des hierzu Berufenen) nicht erfolgen kann oder daß die Frist bestimmt und verstrichen ist. Der Beschwerte kann einwenden, daß die Frist gewahrt sei, oder, wenn er selbst wahlberechtigt ist, jetzt noch die Wahl treffen (Kosten ZPO § 93).

§ 2152

Hat der Erblasser mehrere mit einem Vermächtnis in der Weise bedacht, daß nur der eine oder der andere das Vermächtnis erhalten soll, so ist anzunehmen, daß der Beschwerte bestimmen soll, wer von ihnen das Vermächtnis erhält.

E I 1769 Abs 2 II 2023; M 5 34; P 5 23–26, 42, 43.

Sind **mehrere alternativ bedacht,** so ergänzt das Gesetz in Übereinstimmung mit § 262 den Willen des Erblassers dahin, daß die Bestimmung gemäß § 2151 Abs 2, 3 durch den Beschwerten erfolgen soll. Die Bestimmung gilt nicht nur, wenn der Erblasser nur zwei Bedachte bezeichnet hat, sondern allgemein, wenn er mehrere Personen bezeichnet hat ohne anzugeben, wer die Auswahl vorzunehmen hat. Kann der Beschwerte die Bestimmung nicht treffen oder verzögert er sie, dann gilt auch hier § 2151 Abs 3. — Alternative Beschwerung § 2148 A 1.

§ 2153

Der Erblasser kann mehrere mit einem Vermächtnis in der Weise bedenken, daß der Beschwerte oder ein Dritter zu bestimmen hat, was jeder von dem vermachten Gegenstand erhalten soll. Die Bestimmung erfolgt nach § 2151 Abs 2.

Kann der Beschwerte oder der Dritte die Bestimmung nicht treffen, so sind die Bedachten zu gleichen Teilen berechtigt. Die Vorschrift des § 2151 Abs 3 Satz 2 findet entsprechende Anwendung.

E I 1777 Satz 2 II 2024; M 5 41, 42; P 5 39—42.

Übersicht:

Die Verteilung eines mehreren Personen vermachten Gegenstandes

1. Die Bestimmung der Anteile an dem Gegenstand
2. Die Verteilung.

1. Die Bestimmung der Anteile an dem vermachten Gegenstand. Abweichend von dem Grundsatze des § 2065 Abs 2 läßt das Gesetz zu, die Bestimmung der Anteile an einem vermachten Gegenstande (Summe, Sache, Recht § 90) einem andern zu überlassen. Die Anteile können körperlich, oder, so bei unteilbaren Sachen (Landgut), nach ideellen Bruchteilen bestimmt werden. Nach § 2151 Abs 2 erklärt der Beschwerte die Bestimmung gegenüber dem, der das Vermächtnis erhalten soll, der Dritte gegenüber dem Beschwerten. Der Bestimmungsberechtigte kann nach dem Willen des Erblassers auch als ermächtigt gelten, ungleich zu teilen, sogar einen der Bedachten ganz zu übergehen. Die Bestimmung braucht nicht gleichzeitig, sie kann aber, weil einen Teilungsausspruch enthaltend, nur einheitlich in dem Sinne erfolgen, daß sie für die Beteiligten erst dann verbindlich wird, wenn die völlige Aufteilung des Gegenstandes durchgeführt ist (str. Die gegenteilige Ansicht führt praktisch zu erheblichen Schwierigkeiten, worauf Planck-Flad 4. Aufl § 2153 Anm 2 zutreffend hinweist, wie hier auch Staudinger-Seybold 11. Aufl § 2153 Anm 4). Verzögerungen bei der Zuwendung wird durch Fristsetzung nach § 2151 Abs 3 Satz 2 abgeholfen. Ist die vollzogene Aufteilung in sich widerspruchsvoll, sind z. B. mehr Teile vergeben als das Ganze hergibt, so ist sie im vollen Umfange nichtig. Nach Abs 2 Satz 1 sind dann die Bedachten nach gleichen Teilen berechtigt.

2. Die Verteilung. Die einmal vollzogene Verteilung ist für den Bestimmenden unwiderruflich und für die Bedachten, außer im Falle der Arglist, unanfechtbar (§ 2151 A 2). Kommt es nicht zur Verteilung, so werden die mehreren Bedachten abweichend von § 2151 A 3 nicht als Gesamtgläubiger, sondern als Bruchteilsgläubiger zu gleichen Teilen auf den Gegenstand des Vermächtnisses berechtigt.

§ 2151 Abs 3 Satz 2 behandelt die Fristsetzung durch das Nachlaßgericht.

Die §§ 2151 u. 2153 können verbunden anwendbar werden, wenn der Erblasser es dem Beschwerten oder einem Dritten überlassen hat, sowohl die Empfänger aus einem Kreise mehrerer Personen als auch die ihnen zuzuwendenden Vermächtnisanteile zu bestimmen (RG 96, 17). Kommt es in diesem Falle nicht zur Bestimmung, so kann jeder Angehörige des bedachten Personenkreises den Gegenstand als Gesamtgläubiger fordern (§ 2151 A 3), muß aber jedem Mitbedachten den ihm gebührenden gleichen Anteil zukommen lassen.

§ 2154

Der Erblasser kann ein Vermächtnis in der Art anordnen, daß der Bedachte von mehreren Gegenständen nur den einen oder den anderen erhalten soll. Ist in einem solchen Falle die Wahl einem Dritten übertragen, so erfolgt sie durch Erklärung gegenüber dem Beschwerten.

Kann der Dritte die Wahl nicht treffen, so geht das Wahlrecht auf den Beschwerten über. Die Vorschrift des § 2151 Abs 3 Satz 2 findet entsprechende Anwendung.

E I 1862 II 2025; M 5 170—172; P 5 193—196.

Entsprechend anwendbar auf die Auflage § 2192.

Übersicht:

Wahlvermächtnis

1. **Allgemeines.** Gleichgültig ist, ob die mehreren Gegenstände individuell oder nur der Gattung nach (§ 2155) bestimmt sind, ob sie bereits zur Erbschaft gehören oder dem Bedachten erst noch zu verschaffen sind (§§ 2169, 2170). Die Voraussetzung des Gesetzes ist auch gegeben, wenn der Erblasser das Vermächtnis in einer Weise bezeichnet hat, die auf mehrere in der Erbschaft vorhandene Gegenstände zutrifft. Dagegen handelt es sich um ein bedingtes Vermächtnis, wenn die Bestimmung des Gegenstandes von einem Ereignis abhängig gemacht ist (Losziehung, das gewinnende Pferd). Das Wahlrecht begründet ein alternatives Schuldverhältnis, auf das die allgemeinen Bestimmungen der §§ 262–265 anzuwenden sind.

2. **Das Wahlrecht steht** nach § 262 im Zweifel **dem Beschwerten** zu. Die Wahl erfolgt dann durch Erklärung gegenüber dem Bedachten. Die gewählte Leistung gilt nach § 263 als die von Anfang an geschuldete. Nimmt der Beschwerte die Wahl nicht vor dem Beginn der Zwangsvollstreckung vor, so kann der Vermächtnisnehmer nach § 264 Abs 1 die Zwangsvollstreckung nach seiner Wahl auf den einen oder anderen Gegenstand richten. Der Beschwerte kann aber, solange der Vermächtnisnehmer den von ihm gewählten Gegenstand nicht ganz oder teilweise empfangen hat, sich durch Leistung des anderen Gegenstandes von seiner Verpflichtung befreien. Ist die Leistung des einen Gegenstandes von Anfang an unmöglich oder wird sie später unmöglich, so beschränkt sich das Vermächtnis auf die übrigen Gegenstände; es sei denn, daß die Unmöglichkeit infolge eines Umstandes eingetreten ist, den der Bedachte zu vertreten hat (§ 265). In diesem Fall kann der Beschwerte sich nach § 275 dadurch befreien, daß er die durch das Verschulden des Bedachten unmöglich gewordene Leistung wählt. Für die Erklärung des Dritten gegenüber dem Beschwerten vgl. § 2151 A 2.

3. Der Erblasser kann aber auch bestimmen, daß **der Bedachte die Wahl** vornehmen soll. Die Wahl erfolgt dann nach § 263 Abs 1 durch Erklärung gegenüber dem Beschwerten, und auch dann gilt die gewählte Leistung als von Anfang an geschuldet. Der Beschwerte kann nach § 264 Abs 2 den Bedachten unter Bestimmung einer angemessenen Frist zur Wahl auffordern, wenn dieser mit ihrer Vornahme in Verzug ist. Läßt der Bedachte die Frist ungenutzt verstreichen, dann geht das Wahlrecht auf den Beschwerten über. Falls die Leistung eines der in Betracht kommenden Gegenstände von Anfang an unmöglich ist oder später unmöglich wird, gilt wiederum § 265. Der Vermächtnisnehmer kann nach § 280 Schadensersatz fordern, wenn er eine Leistung wählt, die durch das Verschulden des Beschwerten unmöglich geworden ist.

4. Schließlich kann der Erblasser bestimmen, daß ein **Dritter die Wahl** vornehmen soll. Für diesen Fall trifft § 2154 besondere Bestimmungen.

a) Wird die Wahl durch den Dritten unmöglich, so wird die Regel des § 262, Wahlrecht des Schuldners, wiederhergestellt.

b) Wird die Wahl verzögert, so greift die Fristsetzung durch das Nachlaßgericht (§ 2151 A 4), nach verstrichener Frist wiederum das Wahlrecht des Beschwerten ein.

5. Sind hüben oder drüben **mehrere Wahlberechtigte** vorhanden, so können sie regelmäßig (§ 747, bei beschwerten Miterben auch § 2040 Abs 1) die Wahl nur gemeinschaftlich vornehmen. Für die Wahl ist Übereinstimmung aller erforderlich. Erst wenn diese gegeben ist, ist die Wahl vorgenommen. Dazu ist, wenn die mehreren Beschwerten wahlberechtigt sind, notwendig, daß alle die Erklärung gegenüber dem Bedachten abgegeben haben. Es kann jedoch einer von ihnen durch die anderen bevollmächtigt werden, die Erklärung auch für sie abzugeben. Kommt es nicht zu einer übereinstimmenden Erklärung der mehreren Wahlberechtigten, so gilt, wenn das Wahlrecht den Bedachten zusteht, § 264 Abs 2, und wenn es den Beschwerten zusteht, § 264 Abs 1.

§ 317 Abs 2 ist entsprechend anzuwenden, wenn mehrere Dritte wahlberechtigt sind. Falls mehrere Testamentsvollstrecker wahlberechtigt sind, ist § 2224 anzuwenden.

Ist in verschiedenen letztwilligen Verfügungen das Wahlrecht nacheinander verschiedenen Personen übertragen, ohne daß die jüngere die ältere aufhebt, so sind alle wahlberechtigt und die zuerst ausgeübte Wahl entscheidet.

6. **Die Pflicht zur Vorzeigung** der für die Wahl in Betracht kommenden Gegenstände liegt dem Beschwerten nach §§ 242, 809 ob.

§ 2155

Hat der Erblasser die vermachte Sache nur der Gattung nach bestimmt, so ist eine den Verhältnissen des Bedachten entsprechende Sache zu leisten.

Ist die Bestimmung der Sache dem Bedachten oder einem Dritten übertragen, so finden die nach § 2154 für die Wahl des Dritten geltenden Vorschriften Anwendung.

Entspricht die von dem Bedachten oder dem Dritten getroffene Bestimmung den Verhältnissen des Bedachten offenbar nicht, so hat der Beschwerte so zu leisten, wie wenn der Erblasser über die Bestimmung der Sache keine Anordnung getroffen hätte.

E I 1863 II 2026; M 5 173, 174; P 5 193–201.

Entsprechend anwendbar auf die Auflage § 2192.

Übersicht:

Gattungsvermächtnis

1. a) Allgemeines
   b) Die geschuldete Leistung
2. Die Bestimmung der Leistung
3. a) Offenbare Unbilligkeit der Bestimmung
   b) Mangelhafte Leistung des die Bestimmung treffenden Beschwerten
4. Beweislast
5. Das Vermächtnis eines Sachinbegriffs.

1. a) Allgemeines. Die vermachte (körperliche) Sache kann schlechthin nur der Gattung nach bestimmt sein (§ 243). Dabei ist es gleichgültig, ob Sachen der fraglichen Art zum Nachlaß gehören. § 2169, der die Unwirksamkeit eines Vermächtnisses anordnet, wenn der vermachte Gegenstand zur Zeit des Erbfalls nicht zur Erbschaft gehört, bezieht sich nur auf das Vermächtnis eines bestimmten Gegenstandes, nicht auf das Gattungsvermächtnis. Das Vermächtnis kann aber auch auf eine im Nachlaß vorhandene Gattungssache beschränkt sein. Man spricht dann von einem gemischten Gattungsvermächtnis. Im letzteren Falle kann es sich auch um ein Wahlvermächtnis nach § 2154 handeln.

b) Die geschuldete Leistung. Die individuelle Sachleistung bestimmt sich nach den Verhältnissen (nicht den Bedürfnissen) des Bedachten. Ist z. B. dem X und dem Z je ein Pferd vermacht und sind im Nachlasse ein Reit- und ein Wagenpferd vorhanden, so gebührt dem Kavalleristen X das Reitpferd, dem lahmen Z das Wagenpferd. Wenn dieser Maßstab versagt, hat der Beschwerte nach § 243 Sachen von mittlerer Art und Güte zu leisten. Hat der Erblasser dem Bedachten eine Sache der vermachten Art in der Absicht, das Vermächtnis im Voraus zu erfüllen, schon unter Lebenden zugewendet, so wird das Gattungsvermächtnis dadurch allein noch nicht hinfällig. In der Regel wird aber anzunehmen sein, daß der Erblasser das Vermächtnis nur unter der stillschweigenden Bedingung angeordnet hat, daß er die Zuwendung nicht noch unter Lebenden vornehmen werde (RG Gruch 63, 476f.; § 2174 Anm 2h). Ein in dieser Weise bedingtes Vermächtnis wird dadurch, daß der Erblasser dem Bedachten den Gegenstand schon zu seinen Lebzeiten zuwendet, gegenstandslos. Ändert der Erblasser später seinen Willen und will er die Bedingung nicht mehr, dann muß er eine neue letztwillige Verfügung treffen. Durch seine Willensänderung allein tritt das gegenstandslos gewordene Vermächtnis nicht wieder in Kraft (RG Warn 1930 Nr 60). Es kann aber auch ein unbedingt angeordnetes Vermächtnis des Erblassers schon zu dessen Lebzeiten erfüllt werden. Die Leistungen werden dann unter der Bedingung erbracht, daß die Schuld später entsteht (RG Warn 1941 Nr 56).

2. Die **Bestimmung der Sache** liegt nach § 243 **grundsätzlich dem Beschwerten ob.**

Ist sie dem **Bedachten oder einem Dritten übertragen,** so hat sich der Bestimmungsberechtigte nach § 2154, gegebenenfalls nachdem ihm auf Antrag des Beschwerten gemäß § 2151 Abs 3 S 2 Frist gesetzt ist, gegenüber dem Beschwerten zu erklären. Im Falle der Unmöglichkeit einer Erklärung oder des Verstreichens der Frist fällt das Bestimmungsrecht an den Beschwerten zurück.

3. a) Offenbare Unbilligkeit. Auch für die von dem Bedachten oder dem Dritten zu treffende Bestimmung sind nach Abs 1 die Verhältnisse des Bedachten maßgebend. Die von ihnen getroffene Bestimmung ist zwar unwiderruflich, aber abweichend von §§ 2151 A 2, 2153 A 2, 2154 A 2 nicht unanfechtbar. Sie ist vielmehr unwirksam, wenn sie offenbar unbillig ist. Das trifft zu, wenn sie im Hinblick auf die Verhältnisse des Bedachten den Maßstab von Treu und Glauben in grober Weise verletzt und ihre Unrichtigkeit sich dem Blick eines sachkundigen und unbefangenen Beurteilers sofort aufdrängen muß. Damit ist nicht etwa gesagt, daß nicht eine Beweisaufnahme notwendig sein kann, um die offenbare Unbilligkeit festzustellen. Im einzelnen vgl. dazu § 319 Anm 1; vgl. auch §§ 2048, 2217. Grundsätzlich ist der Wille des Erblassers, daß die von ihm bezeichnete Person die Bestimmung vornehmen soll, zu beachten. Deswegen kann nicht schon jede Abweichung in der Auffassung des Richters oder des Beschwerten von der des Bestimmenden dazu führen, dessen Bestimmungen wirkungslos zu machen. Diese Folge kann nur eintreten, wenn der Bestimmende die ihm übertragene Befugnis mißbraucht hat oder wenn er einem groben Irrtum unterlegen ist. In diesem Fall widerspricht seine Anordnung den eigentlichen Absichten des Erblassers (vgl. Prot 5, 198).

Die offenbare Unbilligkeit der Bestimmung hat den Rückfall des Bestimmungsrechts an den Beschwerten zur Folge (der mit einem Pferde bedachte Gutsverwalter wählt aus dem auch mit Gebrauchspferden besetzten Stalle das teuerste Rennpferd).

b) Entspricht die von dem Beschwerten getroffene Bestimmung nicht den Verhältnissen des Bedachten, dann braucht dieser die Leistung nicht als Erfüllung seines Vermächtnisanspruchs anzunehmen. Er kann vielmehr, auch wenn keine offenbare Unbilligkeit gegeben ist, auf Leistung einer seinen Verhältnissen entsprechenden Sache klagen. Das Gericht muß dann die Grundsätze aufstellen, nach welchen die zu leistende Sache auszuwählen ist (Prot 5, 200). Befinden sich Sachen der fraglichen Art im Nachlaß, dann hat die Zwangsvollstreckung nach Maßgabe des § 884 ZPO zu erfolgen. Andernfalls kann der Bedachte, wenn der Beschwerte keine Leistung in der bestimmten Art macht, nach § 893 ZPO auf Leistung des Interesses klagen (ebenso Planck-Flad 4. Aufl § 2155 Anm 1 und Staudinger-Seyboldt 11. Aufl § 2155 Anm 6).

Über die Gewährleistungspflicht vgl. §§ 2182 Abs 1 und 2183.

4. Beweislast. Der Bedachte hat zu beweisen, daß die von ihm beanspruchte Sache seinen Verhältnissen entspricht oder nach Abs 2 vom Dritten bestimmt ist. Will der Beschwerte hiervon abweichen, so hat er die offenbare Unbilligkeit der getroffenen Bestimmung zu beweisen.

5. Das Vermächtnis eines Sachinbegriffs (§ 92 Abs 2) mit wechselndem Bestand (Hausrat, Weinkeller, Bücherei, Warenlager, Herde) umfaßt im Zweifel, entsprechend der in § 2071 für die Zuwendung an einen Personeninbegriff gegebenen Vorschrift, diejenigen Gegenstände, welche zur Zeit des Erbfalls (nicht der Testamentserrichtung) dazu gehören. Darüber, ob durch ein derartiges Vermächtnis eine einheitliche Schuld oder eine Mehrheit von Einzelschulden begründet wird, und über die sich hieraus für die Ausschlagung, die Anfechtung und die Erfüllung ergebenden Folgerungen s. Reichel, AZivPrax 138, 199f.

§ 2156

Der Erblasser kann bei der Anordnung eines Vermächtnisses, dessen Zweck er bestimmt hat, die Bestimmung der Leistung dem billigen Ermessen des Beschwerten oder eines Dritten überlassen. Auf ein solches Vermächtnis finden die Vorschriften der §§ 315 bis 319 entsprechende Anwendung.

E I 1777 Satz 1 II 2037; M 5 41; P 5 39, 43.

Entsprechend anwendbar auf die Auflage § 2192.

Übersicht:

Bestimmung der Leistung nach billigem Ermessen

1. Zweckbestimmung. Vorausgesetzt ist, daß der Erblasser die Vermächtnisanordnung selbst getroffen (nicht bloß einen Dritten hierzu ermächtigt hat, RG Warn 1911 Nr 42), daß die Person des Bedachten bestimmt oder doch nach §§ 2151, 2152 bestimmbar ist (weitergehend bei Auflagen § 2193), daß aber der Gegenstand der Leistung nur aus dem angegebenen Zwecke ermittelt werden kann. Inwieweit diese Zweckangabe ausreicht, ist Tatfrage (Vermächtnis an X zur Bestreitung seiner Studienkosten, zu einer Reise nach Indien). Sie muß so weit gehen, daß sie genügend Anhaltspunkte für die Bestimmung der Leistung nach billigem Ermessen bietet. Hat der Erblasser die Person des Bedachten nicht bestimmt und auch keinen Personenkreis angegeben, aus dem der Bedachte nach §§ 2151, 2152 ausgewählt werden kann, dann ist das Vermächtnis unwirksam. Es wird aber in der Regel als Auflage aufrecht erhalten werden können (vgl. dazu § 2151 Anm 1).

2. Billiges Ermessen. Der Erblasser kann die Bestimmung der Leistung nicht dem freien Belieben des Beschwerten oder eines Dritten überlassen. Die Anordnung, daß der Beschwerte oder

der Dritte nach billigem Ermessen zu entscheiden hat, braucht aber nicht wörtlich in dem Testament enthalten zu sein. Es genügt auch hier, wenn dieser Wille des Erblassers durch Auslegung aus dem Testament entnommen werden kann.

3. Nach § 2156 Satz 2 sind die **§§ 315–319** entsprechend anzuwenden.

a) Nach § 315 Abs 2 erfolgt die von dem **Beschwerten** zu treffende Bestimmung durch Erklärung gegenüber dem Bedachten. Die von einem **Dritten** zu treffende Bestimmung erfolgt nach § 318 Abs 1 durch eine Erklärung gegenüber dem Beschwerten oder dem Bedachten.

b) Für den Fall, daß **mehrere die Bestimmung zu treffen** haben, gilt § 317 Abs 2. Danach ist im Zweifel Übereinstimmung aller erforderlich. Wenn aber nur die Höhe eines Vermächtnisses bestimmt werden soll, so ist, wenn verschiedene Summen genannt werden, im Zweifel die Durchschnittssumme maßgebend.

c) **Anfechtung der Bestimmung.** Die Bestimmung kann wegen Irrtums, Drohung oder arglistiger Täuschung angefochten werden. Die Anfechtung steht nach § 318 Abs 2 nur dem Beschwerten oder dem Bedachten zu. Sie ist jeweils unverzüglich, nachdem der Anfechtende von dem Anfechtungsgrund Kenntnis erlangt hat, dem anderen Teil gegenüber zu erklären. Nach 30 Jahren, seit dem die Bestimmung getroffen ist, ist keine Anfechtung mehr möglich. Der Dritte, der die Bestimmung getroffen hat, kann seine Erklärung nicht anfechten.

d) **Unverbindlichkeit der Bestimmung.** Die Bestimmung ist nicht verbindlich, wenn sie dem Beschwerten überlassen und unbillig ist (§ 315 Abs 3) oder einem Dritten überlassen und offenbar unbillig ist (§ 319 Abs 1).

e) Die **Bestimmung** erfolgt **durch Urteil,** wenn sie in den unter d) erwähnten Fällen nicht verbindlich ist, wenn der Beschwerte, der die Bestimmung zu treffen hat, sie verzögert oder wenn der Dritte, dem sie überlassen ist, sie nicht treffen kann oder will oder wenn er sie verzögert (§§ 315 Abs 3; 319 Abs 1). Eine Fristbestimmung durch das Nachlaßgericht wie in den §§ 2151, 2153–2155 ist nicht vorgesehen.

§ 2157

Ist mehreren derselbe Gegenstand vermacht, so finden die Vorschriften der §§ 2089 bis 2093 entsprechende Anwendung.

E I 1846 II 2028; M 5 140, 141; P 5 163.

Übersicht:

Gemeinschaftliches Vermächtnis

1. Teilungsverhältnis
2. Verminderung und Erhöhung der Teile
3. Vermächtnis einer teilbaren Leistung

1. **Teilungsverhältnis.** Derselbe Gegenstand kann den mehreren in derselben oder in mehreren nacheinander errichteten Verfügungen (s. jedoch § 2258) vermacht sein. Nach den für die Einsetzung mehrerer Erben geltenden Vorschriften sind die mehreren Vermächtnisnehmer, soweit sich nicht aus §§ 2066, 2069 (gesetzliche Erben, Abkömmlinge) ein anderes ergibt, zu gleichen Teilen bedacht (§§ 2091, 2093). Es entsteht mithin unter ihnen Gemeinschaft nach Bruchteilen, §§ 741 ff.

2. **Verminderung und Erhöhung der Teile.** Sind die Bruchteile oder Summen bestimmt und übersteigen sie das den mehreren zugewendete Ganze oder erschöpfen sie das Ganze nicht, so tritt entsprechende Verminderung oder Erhöhung der Teile ein (§§ 2089, 2090). Zuwendung teils nach Bruchteilen, teils ohne Bruchteile § 2092.

3. **Vermächtnis einer teilbaren Leistung.** Ob beim Vermächtnis einer teilbaren Leistung, insbesondere beim Summenvermächtnis, ein gemeinschaftliches oder ob mehrere Vermächtnisse anzunehmen sind (§ 420), ist Auslegungsfrage.

§ 2158

Ist mehreren derselbe Gegenstand vermacht, so wächst, wenn einer von ihnen vor oder nach dem Erbfalle wegfällt, dessen Anteil den übrigen Bedachten nach dem Verhältnis ihrer Anteile an. Dies gilt auch dann, wenn der Erblasser die Anteile der Bedachten bestimmt hat. Sind einige der Bedachten zu demselben Anteile berufen, so tritt die Anwachsung zunächst unter ihnen ein.

Der Erblasser kann die Anwachsung ausschließen.

E I 1870, 1871 II 2029; M 5 184–186; P 5 215, 216.

Übersicht:

Das Anwachsungsrecht

1. a) Gemeinschaftliches Vermächtnis	2. Engere Gruppe von Bedachten
b) Wegfall eines Mitbedachten	3. Ausschließung der Anwachsung

1. Das Anwachsungsrecht beim Vermächtnis entspricht der Anwachsung der Erbteile in §§ 2094, 2095. Voraussetzung ist

a) **ein gemeinschaftliches Vermächtnis** im Sinne von § 2157. Es ist immer gegeben bei Unteilbarkeit der Leistung. Es ist aber bei teilbaren Leistungen auch dann nicht ohne weiteres ausgeschlossen, wenn der Erblasser die Anteile nach Bruchteilen oder Summen bestimmt hat. Sind 1000 oder ist eine Forderung von 1000 dem A, B, C mit $^5/_{10}$, $^3/_{10}$, $^2/_{10}$ oder auch mit 500, 300, 200 vermacht, so ist es Auslegungsfrage, ob ein Vermächtnis zu 1000 oder ob drei Einzelvermächtnisse zu 500, 300 und 200 vorliegen.

b) **Wegfall eines Mitbedachten,** sei es vor dem Erbfalle durch Tod, Verzicht (§§ 2160 2352), oder nach dem Erbfalle, aber mit Rückbeziehung auf den Zeitpunkt des Erbfalls durch Ausschlagung, Unwürdigkeit (§§ 2180, 2345), Unwirksamwerden der Zuwendung infolge Anfechtung (§ 2078 A 9 a), Ausfalls der Bedingung (§§ 2074, 2177), insbesondere auch nach §§ 2162, 2163 oder infolge Nichterteilung der nach Artt 86, 87 EG erforderlichen staatlichen Genehmigung. Fällt der Mitbedachte erst nach der Annahme durch Eintritt einer auflösenden Bedingung (oder mit Eintritt eines Endtermins; RG 148, 336: Ableben eines von mehreren mit der lebenslänglichen Nutznießung am Nachlaß Bedachten) weg, so wird mit Planck-Flad A 5 gegen Strohal § 29 A 27 anzunehmen sein, daß die übrigen Bedachten für diesen Fall aufschiebend (oder befristet) mitbedacht sind. Über die sonstigen Wirkungen der Anwachsung vgl. § 2094 A 1 b.

2. **Engere Gruppe** der gemeinschaftlich Bedachten wie § 2094 A 3.

3. **Ausschließung der Anwachsung** wie § 2094 A 5, sei es durch Berufung eines Ersatzvermächtnisnehmers (§§ 2190, 2099) oder dadurch, daß der Erblasser zu erkennen gibt, das Vermächtnis solle beim Wegfall des Bedachten hinfällig werden, d. h. dem Beschwerten zugute kommen.

§ 2159

Der durch Anwachsung einem Vermächtnisnehmer anfallende Anteil gilt in Ansehung der Vermächtnisse und Auflagen, mit denen dieser oder der wegfallende Vermächtnisnehmer beschwert ist, als besonderes Vermächtnis.

E I 1872 II 2030; M 5 186; P 5 215, 216.

Selbständigkeit der Vermächtnisanteile

Wörtlich übereinstimmend (bis auf die hier nicht in Betracht kommende Ausgleichungspflicht) mit § 1935, Erhöhung des gesetzlichen Erbteils, und § 2095, Anwachsung eines Erbteils. Der Vermächtnisnehmer, dem durch Anwachsung ein Anteil anfällt, kann deshalb von dem Unterbedachten nur bis zum Werte des beschwerten Anteils in Anspruch genommen werden (§ 2187). Kommt der Wegfall des Bedachten infolge Ausschließung der Anwachsung dem Erben oder einem sonstigen Beschwerten zustatten (§ 2158 A 3), so haftet auch dieser für das auf dem frei gewordenen Anteil ruhende Untervermächtnis oder die Auflage nur mit der gleichen Beschränkung (§ 2187 Abs 2).

§ 2160

Ein Vermächtnis ist unwirksam, wenn der Bedachte zur Zeit des Erbfalls nicht mehr lebt.

E I 1868 II 2031; M 5 181; P 5 212.

Erleben des Vermächtnisanfalls

Der Bedachte muß den Anfall des Vermächtnisses (vgl. dazu §§ 2176, 2177) ebenso wie der Erbe den Anfall der Erbschaft (§§ 1923 Abs 1, 2074) erlebt haben. Die Zuwendung ist nur unter dieser Bedingung wirksam.

Im Gegensatze zum Erben (§ 1923 Abs 2), aber entsprechend der Nacherbfolge (§§ 2101 A 1, 2108 A 1), braucht jedoch der Vermächtnisnehmer zur Zeit des Erbfalls nicht bereits erzeugt oder sonst bestimmt zu sein (§ 2178).

Die Unwirksamkeit tritt nur ein, wenn kein Ersatzvermächtnisnehmer (§ 2190, auch nicht stillschweigend § 2069 A 1) berufen ist und keine Anwachsung (§ 2158) stattfindet. Sie kommt dem Beschwerten zugute, nicht etwa dem gesetzlichen Erben (vgl. § 2149) oder beim Untervermächtnisse dem eingesetzten Erben.

§ 2161

Ein Vermächtnis bleibt, sofern nicht ein anderer Wille des Erblassers anzunehmen ist, wirksam, wenn der Beschwerte nicht Erbe oder Vermächtnisnehmer wird. Beschwert ist in diesem Falle derjenige, welchem der Wegfall des zunächst Beschwerten unmittelbar zustatten kommt.

E I 1876 II 2032; M 5 189–191; P 5 221.

Entsprechend anwendbar auf die Auflage § 2192.

1. Wegfall des Beschwerten. Entsprechend dem Gedanken des § 2085 bleibt die Wirksamkeit des Vermächtnisses von dem Wegfall des damit beschwerten Erben oder Vermächtnisnehmers grundsätzlich unberührt. Dies gilt auch dann, wenn infolge Wegfalls des beschwerten Erben der mit dem Vermächtnisse Bedachte gesetzlicher Miterbe wird (§ 2150; RG Recht 1913 Nr 1615). Ein anderer Wille des Erblassers braucht nicht notwendig in der letztwilligen Verfügung erklärt zu sein, er kann sich auch aus den Umständen, insbesondere aus einem Inhalt des Vermächtnisses ergeben, der nur von dem eigentlich Beschwerten geleistet werden kann (Erteilung von Unterricht).

2. Es kommt darauf an, wem der Wegfall rein rechtlich **unmittelbar zustatten kommt.** Unerheblich ist, ob damit auch ein wirtschaftlicher Vorteil verbunden ist. Der an die Stelle des Weggefallenen Tretende haftet daher auch dann, wenn ihm die Zuwendung überhaupt keinen wirtschaftlichen Vorteil gebracht hat. Der Wegfall des zunächst beschwerten Erben oder Vermächtnisnehmers kommt je nachdem dem Ersatzberufenen, dem Anwachsungsberechtigten oder an Stelle des eingesetzten Erben dem gesetzlichen und an Stelle des nächstberufenen gesetzlichen Erben dem entfernteren, evtl auch dem Fiskus zustatten. Der Bedachte soll aber aus dem Wegfall auch keinen Vorteil haben. Der nachrückende Vermächtnisnehmer haftet deshalb nach § 2187 Abs 2 nicht weiter, als der Weggefallene gehaftet haben würde.

§ 2162

Ein Vermächtnis, das unter einer aufschiebenden Bedingung oder unter Bestimmung eines Anfangstermins angeordnet ist, wird mit dem Ablaufe von dreißig Jahren nach dem Erbfall unwirksam, wenn nicht vorher die Bedingung oder der Termin eingetreten ist.

Ist der Bedachte zur Zeit des Erbfalls noch nicht erzeugt oder wird seine Persönlichkeit durch ein erst nach dem Erbfall eintretendes Ereignis bestimmt, so wird das Vermächtnis mit dem Ablaufe von dreißig Jahren nach dem Erbfall unwirksam, wenn nicht vorher der Bedachte erzeugt oder das Ereignis eingetreten ist, durch das seine Persönlichkeit bestimmt wird.

E I 1869 II 2033; M 5 182, 183; P 5 212–215.

1. §§ 2162, 2163 beschränken die **zeitliche Wirksamkeit der Vermächtnisse** in demselben Maße, wie § 2109 diejenige der Nacherbschaft. Bedingtes und betagtes Vermächtnis §§ 2177, 2074. Auch das Untervermächtnis (§ 2186) und das Nachvermächtnis (§ 2191) fallen hierunter.

2. Nach § 2178 fällt enin d Fällen des Abs 2 das Vermächtnis an mit der Geburt des Bedachten oder mit Eintritt des maßgebenden Ereignisses. Die dreißigjährige Frist kann sich deshalb noch um die Empfängniszeit verlängern.

§ 2163

Das Vermächtnis bleibt in den Fällen des § 2162 auch nach dem Ablaufe von dreißig Jahren wirksam:

1. wenn es für den Fall angeordnet ist, daß in der Person des Beschwerten oder des Bedachten ein bestimmtes Ereignis eintritt, und derjenige, in dessen Person das Ereignis eintreten soll, zur Zeit des Erbfalls lebt;

2. wenn ein Erbe, ein Nacherbe oder ein Vermächtnisnehmer für den Fall, daß ihm ein Bruder oder eine Schwester geboren wird, mit einem Vermächtnisse zugunsten des Bruders oder der Schwester beschwert ist.

Ist der Beschwerte oder der Bedachte, in dessen Person das Ereignis eintreten soll, eine juristische Person, so bewendet es bei der dreißigjährigen Frist.

E II 2034; P 5 212–215, 225, 237–240; 6 91, 92.

Die beiden hier zugelassenen **Ausnahmen** von der Regel des § 2162 entsprechen wörtlich den für die Nacherbschaft gegebenen Vorschriften des § 2109, s. dort.

§ 2164

Das Vermächtnis einer Sache erstreckt sich im Zweifel auf das zur Zeit des Erbfalls vorhandene Zubehör.

Hat der Erblasser wegen einer nach der Anordnung des Vermächtnisses erfolgten Beschädigung der Sache einen Anspruch auf Ersatz der Minderung des Wertes, so erstreckt sich im Zweifel das Vermächtnis auf diesen Anspruch.

E I 1859 II 2035; M 5 163, 164; P 5 179, 180.

Übersicht:

Erstreckung des Vermächtnisses auf das Zubehör

1. **Wesentliche Bestandteile und Bestandteile.** Eine Bestimmung darüber, daß das Vermächtnis sich auf die wesentlichen und sonstigen Bestandteile der vermachten Sache erstreckt, war entbehrlich, da die Sache ohnehin aus ihren Bestandteilen besteht und da die wesentlichen Bestandteile nach § 93 auch nicht Gegenstand besonderer Rechte sein können. Möglich ist es aber, Teile einer Sache oder deren wesentliche Bestandteile zum Gegenstand eines Vermächtnisses zu machen. Das Vermächtnis begründet nur einen schuldrechtlichen Anspruch auf Leistung der vermachten Sache. Der Eigentümer kann dadurch, daß er die einfachen oder wesentlichen Bestandteile von der Sache trennt, die Bestandteilseigenschaft aufheben und die abgetrennten Teile dem Bedachten zur Erfüllung des Vermächtnisanspruchs übereignen. Umgekehrt kann der Erblasser auch einzelne einfache oder wesentliche Bestandteile einer Sache von dem Vermächtnis ausnehmen. Eine dahingehende Bestimmung ist darauf zu prüfen, ob nach dem Willen des Erblassers die Bestandteile getrennt und dem Beschwerten verbleiben sollen, oder ob der Bedachte sie zwar übernehmen, dem Beschwerten aber ihren Wert zu ersetzen hat (vgl. dazu Planck-Flad 4. Aufl § 2164 Anm 3; Staudinger-Seybold 11. Aufl § 2164 Anm 1).

2. **Das Zubehör** ist nach Abs 1 im Zweifel mit vermacht, soweit es beim Erbfall vorhanden war. Es handelt sich um eine Auslegungsregel. Ähnliche Vorschriften enthält das BGB in den §§ 314, 498, 926, 1031, 1062, 1096, 1120 und 1551. Die §§ 97, 98 bestimmen, was Zubehör einer Sache ist. Eine Sache, die zur Zeit des Erbfalls nur vorübergehend für den wirtschaftlichen Zweck der Hauptsache benutzt wird, ist nach § 97 Abs 2 nicht Zubehör und daher nicht mit vermacht (vgl. dazu § 97 Anm 11). Anderseits geht die Zubehöreigenschaft nicht dadurch verloren, daß die Sache vorübergehend von der Hauptsache getrennt worden ist. Mitvermacht sind daher im Zweifel auch diejenigen Zubehörsachen, die im Zeitpunkt des Erbfalls vorübergehend von der Hauptsache getrennt waren. Darüber, was Zubehör ist, entscheidet allein das Gesetz und nicht die Meinung des Erblassers; es sei denn, daß die Anordnung des Vermächtnisses eine über das Gesetz hinausgehende Tragweite haben soll. Es ist nicht notwendig, daß das Zubehör auch Eigentum des Erblassers ist. Grundsätzlich gilt nach §2164 auch solches Zubehör als mitvermacht, das dem Erblasser nicht gehört. In solchen Fällen ist aber zu prüfen, ob der Erblasser diese Zubehörstücke von dem Vermächtnis nicht ausnehmen wollte oder ob er den Bedachten nicht nur dieselben Rechte zuwenden wollte, die er selbst an diesen Gegenständen hatte. Hatte der Erblasser Gegenstände, die der Bewirtschaftung des vermachten Gutes dienten, nur gemietet, dann kann es sein, daß er dem Bedachten nur die Rechte aus diesen Mietverträgen zuwenden wollte. Dabei wäre wiederum zu prüfen, ob nach dem Willen des Erblassers der Bedachte den Mietzins zu entrichten hat, oder ob diese Verpflichtung dem Beschwerten obliegen soll. Mit Recht weist Staudinger-Seybold 11. Aufl § 2164 Anm 2 auch darauf hin, daß es regelmäßig näher liegt anzunehmen, der Bedachte

habe die noch offenstehenden Kaufpreisraten für ein Zubehörstück zu zahlen, das auf Raten unter Eigentumsvorbehalt gekauft ist, als anzunehmen, der Beschwerte habe dem Bedachten das Eigentum an diesem Zubehörstück zu verschaffen. § 2169 ist allerdings nicht anzuwenden. Wenn daher ein anderer Wille des Erblassers weder unmittelbar noch durch Auslegung aus dem Testament zu ermitteln ist, ist das in fremdem Eigentum stehende Zubehör nach der Regel des § 2164 mit vermacht und es handelt sich insoweit um ein Verschaffungsvermächtnis im Sinne des § 2170.

Entscheidend für die Frage, welches Zubehör mitvermacht ist, ist auch dann, wenn es sich um ein aufschiebend bedingtes oder betagtes Vermächtnis handelt, bei dem der Anfall nach § 2177 erst später eintritt, der Zeitpunkt des Erbfalls (aM Planck-Flad § 2164 Anm 1).

Der Wortlaut des Abs 1 ist unzweideutig, § 2177 stellt den Anfall ausdrücklich in Gegensatz zum Erbfall, ein Übersehen scheint deshalb ausgeschlossen. Auch innere Gründe sprechen dafür, hinsichtlich des Zubehörs den bedingt Beschwerten schon vom Erbfall ab als gebunden zu behandeln (vgl. auch §§ 160 Abs 1 u. 2179).

3. Ersatzansprüche wegen Beschädigung. Sie können hervorgehen aus schon bestehenden Schuldverhältnissen (gegen den Mieter) oder sonstwie aus Rechtsgeschäft (Versicherung) oder aus unerlaubter Handlung. Wenn die Sache vollständig zerstört oder dem Eigentümer entzogen ist, ist § 2164 Abs 2 nicht anzuwenden. In dem Fall gelten nach § 2169 der Anspruch auf Ersatz des Wertes oder nach § 2172 die dort bezeichneten Rechte als vermacht. § 2164 Abs 2 erstreckt sich auch nicht auf die Ansprüche, die der Erblasser dadurch erworben hat, daß er die Sache nach Anordnung des Vermächtnisses veräußert hat. Das Vermächtnis erstreckt sich nicht auf die dadurch erworbene Gegenleistung. Ebenso fallen unter diese Bestimmung nicht die Ersatzansprüche, die der Erblasser wegen einer Beschädigung erworben hat, die eingetreten ist, bevor er das Vermächtnis angeordnet hatte. Zu beachten ist, daß der Entschädigungsanspruch (§§ 249 ff.) bereits bei Lebzeiten des Erblassers, aber erst nach Anordnung des Vermächtnisses entstanden sein muß, wenn die Auslegungsregel Platz greifen soll. Nach § 2174 steht ferner dem Bedachten der Anspruch auf Abtretung des Ersatzanspruchs nur dem Beschwerten gegenüber zu. Er kann ihn nicht ohne weiteres gegen den Dritten geltend machen. Im Sinne des Gesetzes dürfte liegen, auch die Gewährleistungsansprüche wegen Mängel der Sache (§§ 459 ff.) zu den hier gemeinten Ansprüchen zu zählen. Nur der Wandlungsanspruch ist, weil nicht auf Ersatz einer Wertminderung gerichtet, hiervon auszunehmen. Ersatzanspruch des Beschwerten wegen Verwendungen § 2185.

4. Der Umfang und Bestand der vermachten Sache bestimmt sich allgemein nach dem Zeitpunkt des Erbfalls. Die Verbesserungen, die der Erblasser vorgenommen hat, und die Sachen, die er der vermachten Sache als Bestandteile eingefügt hat, kommen dem Bedachten zugute.

5. Andere Sachen können als **mitvermacht** gelten, wenn sie nach dem Willen des Erblassers erforderlich sind, um die vermachte Sache so zu nutzen, wie der Erblasser es gewollt hat. Hierauf hat Planck-Flad 4. Aufl § 2164 Anm 4 zutreffend hingewiesen und als Beispiel angeführt, daß dem Bedachten ein Grundstück zugewandt ist, das nur über ein dem Beschwerten verbleibendes Grundstück Zugang zu einem öffentlichen Weg hat. Der Vermächtnisnehmer kann dann nach § 918 Abs 2 verlangen, daß der Beschwerte den Notweg über das ihm verbliebene Grundstück duldet. Es dürfte dem Willen des Erblassers entsprechen, daß der Bedachte hierfür keine Entschädigung nach § 917 zu zahlen hat. Man muß daher annehmen, daß ein entsprechendes Wegerecht mitvermacht ist.

§ 2165

Ist ein zur Erbschaft gehörender Gegenstand vermacht, so kann der Vermächtnisnehmer im Zweifel nicht die Beseitigung der Rechte verlangen, mit denen der Gegenstand belastet ist. Steht dem Erblasser ein Anspruch auf die Beseitigung zu, so erstreckt sich im Zweifel das Vermächtnis auf diesen Anspruch.

Ruht auf einem vermachten Grundstück eine Hypothek, Grundschuld oder Rentenschuld, die dem Erblasser selbst zusteht, so ist aus den Umständen zu entnehmen, ob die Hypothek, Grundschuld oder Rentenschuld als mitvermacht zu gelten hat.

E I 1861 II 2036; M 5 165–169; P 5 181–188.

Übersicht:

Beseitigung von Lasten

1. Keine Beseitigung dinglicher Rechte. Die §§ 2165–2168a enthalten Bestimmungen darüber, welche Ansprüche dem Vermächtnisnehmer zustehen, wenn die ihm vermachte Sache mit einem dinglichen Recht belastet ist. Sie sind Auslegungsregeln und gelten daher nur im Zweifel. Grundsätzlich gilt, daß der Vermächtnisnehmer die Beseitigung der auf dem vermachten Gegenstand ruhenden dinglichen Rechte nicht verlangen kann.

§ 2165 setzt voraus, das der vermachte Gegenstand, sei es eine bewegliche, eine unbewegliche Sache oder ein Recht (§ 90) im Zeitpunkt des Erbfalls zur Erbschaft gehört. Die Vorschrift ist daher nicht anwendbar auf das Verschaffungsvermächtnis § 2170. Der Vermächtnisnehmer kann vielmehr im Zweifel verlangen, daß ihm der Gegenstand lastenfrei verschafft wird (§§ 2169, 2170, 2182). Bildet ein Grundstück den Gegenstand des Verschaffungsvermächtnisses, so haftet allerdings der Beschwerte im Zweifel nicht dafür, daß das Grundstück frei von Grunddienstbarkeiten, beschränkten persönlichen Dienstbarkeiten und Reallasten ist (§ 2182 Abs 3). Auch beim Gattungsvermächtnis können die §§ 2165–2168a nicht angewandt werden. Es gelten vielmehr die §§ 2155, 2182 Abs 1, 2183. Dagegen kann § 2165 Abs 1 wiederum angewandt werden bei dem gemischten Gattungsvermächtnis, einem Vermächtnis, das auf die im Nachlaß vorhandenen Sachen der betreffenden Gattung beschränkt ist (§ 2155 Anm 1a).

Die Zuwendung des Erbschaftsgegenstandes muß ferner unmittelbar den Inhalt des Vermächtnisses bilden. Wäre nur das Recht vermacht, einen solchen Gegenstand aus der Erbschaft zu kaufen, so käme die Gewährleistung des Beschwerten nach §§ 434ff. in Frage (RG Warn 1913 Nr 242).

Nicht nur zur Erbschaft gehören **Gegenstände,** die einem Dritten **zur Sicherheit** übereignet sind. Da diese Gegenstände wirtschaftlich zum Vermögen des Erblassers gehören, ist in der Regel anzunehmen, daß der Wille des Erblassers im Sinne des § 2169 war, daß der Beschwerte den Gegenstand dem Bedachten verschaffen soll. Die §§ 2165–2168a sind nicht anzuwenden, sondern die §§ 2182 Abs 2 und 2183. Der Beschwerte muß dafür sorgen, daß das Sicherungsrecht abgelöst wird. Ergibt die Auslegung, daß der Beschwerte nicht verpflichtet sein soll, dem Bedachten den zur Sicherheit übereigneten Gegenstand zu verschaffen, dann gilt der Anspruch auf Rückübereignung nach § 2169 Abs 3 als vermacht. Dazu muß durch Auslegung des Testaments ermittelt werden, ob der Bedachte nach dem Willen des Erblassers verpflichtet sein soll, die durch die Übereignung gesicherte Schuld zu tilgen oder dem Erben die für die Tilgung dieser Schuld gemachten Auslagen zu ersetzen. Falls ein dahingehender Wille des Erblassers nicht festzustellen ist, hat der Erbe als Gesamtrechtsnachfolger die Schuld zu tilgen, ohne daß er von dem Vermächtnisnehmer seine Auslagen ersetzt verlangen kann.

Als Grundsatz gilt, daß der Gegenstand auf den Vermächtnisnehmer übergeht in derjenigen nicht bloß tatsächlichen (§ 2164 A 1, 4), sondern auch rechtlichen Beschaffenheit, in welcher er sich zur Zeit des Anfalls befindet, also auch mit den dem Erblasser gegen das den Gegenstand belastende Recht etwa entstandenen Einreden (§§ 1137, 1211, 1254). In Betracht kommen nur dingliche Belastungen, diese aber auch dann, wenn der Beschwerte der Berechtigte ist (§ 2175 A 3).

Handelt es sich um Rückstände von wiederkehrenden dinglichen Leistungen, so wird meist Befreiung des Bedachten von der nachträglichen Erfüllung gewollt sein. Gleichgültig ist, ob der Erblasser die Belastung gekannt hat. Trifft dies zu, so ist umso mehr anzunehmen, daß der Bedachte die Belastung tragen solle.

Der Vermächtnisnehmer muß zwar das Pfandrecht, das auf dem belasteten Gegenstand ruht, dulden. Er ist aber nicht verpflichtet, die persönliche Schuld, für die der vermachte Gegenstand haftet, zu tragen. Falls der Erblasser nichts anderes bestimmt hat, kann der Erbe, wenn er die persönliche Schuld getilgt hat, keinen Ersatz von dem Vermächtnisnehmer fordern. Hat dagegen der Vermächtnisnehmer die persönliche Schuld getilgt, so ist die Forderung gegen den Erben nach §§ 1249, 268 Abs 3 auf ihn übergegangen. Wegen der Belastung des vermachten Gegenstandes mit Hypotheken und Grundschulden vgl. auch §§ 2166–2168a.

Ein der Auslegungsregel des § 2165 Abs 1 Satz 1 entgegenstehender Wille des Erblassers ist regelmäßig anzunehmen, wenn die vermachte Sache mit dem gesetzlichen Pfandrecht des Vermieters (§ 559) oder mit dem Unternehmerpfandrecht (§ 647) belastet ist. Dasselbe ist anzunehmen, wenn die vermachten Wertpapiere nur zu einem vorübergehenden Zweck lombardiert sind (ebenso Planck-Flad 4. Aufl § 2165 Anm 1; Staudinger-Seybold 11. Aufl § 2165 Anm 6).

Zu den dinglichen Belastungen gehört nicht das Miet- und Pachtrecht. Der Vermächtnisnehmer tritt vielmehr regelmäßig in den Vertrag ein (§ 571) und muß die Verfügungen des Erblassers gegen sich gelten lassen (§ 573).

2. Absatz 1 Satz 2 bestimmt, daß sich das Vermächtnis im Zweifel auf einen dem **Erblasser zustehenden Anspruch auf Beseitigung** der auf dem vermachten Gegenstand ruhenden Rechte erstreckt. Das gilt auch dann, wenn der Beseitigungsanspruch gegen den Erben selbst oder gegen den sonstigen Beschwerten gerichtet ist. Das durch den Erbfall durch Vereinigung von Recht und Verbindlichkeit erloschene Rechtsverhältnis gilt nach § 2175 in Ansehung des Vermächtnisses nicht als erloschen. Der Vermächtnisnehmer hat den Beseitigungsanspruch durch Klage oder Einrede geltend zu machen. Er kann die Beseitigung regelmäßig nicht von dem Beschwerten verlangen.

3. Absatz 2 betrifft den Fall, daß ein vermachtes **Grundstück mit einer dem Erblasser selbst zustehenden Hypothek, Grund- oder Rentenschuld belastet** ist. Dabei ist es unerheblich, ob das Grundrecht auf den Namen des Erblassers eingetragen ist oder ob es noch auf den Namen eines anderen lautet. Entscheidend ist, ob es sachlichrechtlich dem Erblasser zusteht (vgl. §§ 1163, 1168, 1170 Abs 2, 1171, 1177, 1196). Für diese Fälle hat das Gesetz keine Vermutung aufgestellt. Es soll vielmehr nach den Umständen entschieden werden, ob das Grundpfandrecht als mitvermacht zu gelten hat. Staudinger-Seybold 11. Aufl § 2165 Anm 8 weist zutreffend darauf hin, daß ein Grundstückseigentümer, der keine Rechtskenntnisse und auch keine besonderen Erfahrungen besitzt, in der Regel annimmt, das Grundstück sei durch die Tilgung der Schuld, für die ein Grundpfandrecht haftete, insoweit lastenfrei geworden. Unter diesen Voraussetzungen sprechen die Umstände dafür, daß der Vermächtnisnehmer einen Anspruch auf Freistellung von den noch eingetragenen Belastungen haben soll, daß wenigstens das dem Erblasser insoweit zustehende Recht mitvermacht und daher dem Vermächtnisnehmer mitzuübertragen ist.

Für den Fall der Belastung eines vermachten Grundstücks mit einer **Eigentümerhypothek** oder **Eigentümergrundschuld** (§§ 1163, 1177, 1196 u. a.) stellt das Gesetz überhaupt keine Regel auf, sondern läßt lediglich die Umstände entscheiden.

4. Beweislast. Der Vermächtnisnehmer ist dafür beweispflichtig, daß der Erblasser seine Befreiung von den Lasten gewollt habe. Beweist er, daß der Beseitigungsanspruch bereits dem Erblasser erwachsen war (A 2), so trifft den Beschwerten der Gegenbeweis, daß dieser Anspruch gleichwohl nicht mit vermacht sei. Der Bedachte ist auch dafür beweispflichtig, daß ihm die Eigentümergrundschuld vermacht sei (A 3).

§ 2166

Ist ein vermachtes Grundstück, das zur Erbschaft gehört, mit einer Hypothek für eine Schuld des Erblassers oder für eine Schuld belastet, zu deren Berichtigung der Erblasser dem Schuldner gegenüber verpflichtet ist, so ist der Vermächtnisnehmer im Zweifel dem Erben gegenüber zur rechtzeitigen Befriedigung des Gläubigers insoweit verpflichtet, als die Schuld durch den Wert des Grundstücks gedeckt wird. Der Wert bestimmt sich nach der Zeit, zu welcher das Eigentum auf den Vermächtnisnehmer übergeht; er wird unter Abzug der Belastungen berechnet, die der Hypothek im Range vorgehen.

Ist dem Erblasser gegenüber ein Dritter zur Berichtigung der Schuld verpflichtet, so besteht die Verpflichtung des Vermächtnisnehmers im Zweifel nur insoweit, als der Erbe die Berichtigung nicht von dem Dritten erlangen kann.

Auf eine Hypothek der im § 1190 bezeichneten Art finden diese Vorschriften keine Anwendung.

E II 2037; P 5 182, 183, 188–192; 6 396.

Übersicht:

Belastung eines vermachten Grundstücks mit Hypotheken

1. Allgemeines. § 2166 enthält eine Auslegungsregel für den Fall, daß ein vermachtes Grundstück belastet ist mit einer Hypothek zugunsten eines Dritten für eine persönliche Schuld des Erblassers oder für eine Schuld, zu deren Berichtigung dieser dem Schuldner gegenüber verpflichtet ist. Die Vorschrift bezieht sich nicht auf das Verschaffungsvermächtnis § 2170, das vermachte Grundstück muß vielmehr (wie in § 2165) zur Erbschaft gehören. Die Verpflichtung, im Zweifel die Geltendmachung dinglicher Rechte in das vermachte Grundstück geschehen zu lassen, ergibt sich schon aus § 2165 A 1. Die in § 2166 enthaltene Vorschrift war notwendig, da andernfalls der bereits mit § 2165 Abs 1 Satz 1 vom Gesetzgeber beabsichtigte Gedanke nicht voll zur Geltung gelangt wäre. Nach dieser Vorschrift wäre der Vermächtnisnehmer zwar verpflichtet gewesen, die Befriedigung des Hypothekengläubigers aus dem vermachten Grundstück geschehen zu lassen, ohne Ersatzansprüche gegen den Erben geltend machen zu können. Wenn er aber, um die Zwangsvollstreckung in das Grundstück abzuwenden, die infolge des Erbfalls den Erben treffende persönliche Schuld tilgt, würde die persönliche Forderung des Gläubigers gegen den Erben nach § 1143 auf ihn übergehen. Anderseits würde der Erbe, wenn er die persönliche Schuld tilgt, keinen Ersatzanspruch gegen den Vermächtnisnehmer erwerben. Wirtschaftlich gesehen würde daher entgegen der in § 2165 Abs 1 Satz 1 zum Ausdruck gelangten Absicht des Gesetzgebers die Belastung doch den Erben treffen. Um diese Folge auszuschließen, erstreckt sich die aus § 2165 Abs 1 Satz 1 ergebende Verpflichtung bis zu einem persönlichen Schuldverhältnis des Vermächtnisnehmers gegenüber dem Erben (auch wenn er nicht der Beschwerte ist) des Inhalts, daß er rechtzeitig für Befriedigung des Gläubigers zu sorgen hat und dem Erben aus der Verzögerung schadensersatzpflichtig wird. Der Gläubiger erwirbt dadurch (so auch § 329) keine unmittelbaren Rechte. Die gesteigerte Verpflichtung tritt jedoch nur unter der Voraussetzung ein, daß der Erblasser entweder persönlicher Schuldner der durch die Hypothek gesicherten Forderung war oder daß er, wenn die Hypothek für eine fremde Schuld bestellt war (§ 1113), dem Schuldner persönlich aufzukommen hatte. Nicht also, wenn der Erblasser überhaupt nur mit dem Grundstück haftete.

2. Begrenzung der Haftung. Die Haftung des Vermächtnisnehmers ist durch den Wert des Grundstücks begrenzt. Er ist nur insoweit verpflichtet, als die Schuld durch den Wert des Grundstücks gedeckt wird. Daraus folgt, daß der Vermächtnisnehmer, der den Gläubiger durch freiwillige Zahlung befriedigt, nach § 1143 die Forderung gegen den persönlichen Schuldner in der Höhe erwirbt, in der sie durch den Grundstückswert nicht mehr gedeckt war. Umgekehrt geht die Hypothek, wenn der Erbe den Gläubiger befriedigt, nach § 1164 auf jenen in der Höhe über, in der sie durch den Grundstückswert gedeckt ist, da der Vermächtnisnehmer insoweit verpflichtet war, den Gläubiger zu befriedigen.

3. Für die **Wertbestimmung** ist nicht die Zeit des Vermächtnisanfalls (§§ 2176–2178), sondern der zufällige Zeitpunkt entscheidend, wo das vermachte Grundstück dem Bedachten aufgelassen worden ist (§§ 873, 925). § 2166 enthält, abgesehen von der Vorschrift über den Abzug bestimmter Belastungen, keine Bestimmung darüber, wie der Wert des Grundstücks zu berechnen ist. Ähnlich wie bei der Berechnung des Pflichtteils (vgl. dazu BGH 13, 45) ist auch hier grundsätzlich der wahre, innere Wert maßgebend. Ein besonderer Liebhaberwert, den das Grundstück gerade für den Vermächtnisnehmer hat, bleibt unberücksichtigt. In der Regel wird sich der innere Wert mit dem gemeinen Verkaufswert decken. Abweichungen können aber bestehen, wenn für den Verkauf bestimmte Höchstpreise vorgeschrieben sind. Dieser auf rein wirtschaftspolitischen Erwägungen beruhende Wert gibt die wahren Wertverhältnisse nicht richtig wieder. Er kann daher für die nach § 2166 zu treffenden Entscheidungen grundsätzlich nicht maßgebend sein. Falls jedoch der Gläubiger zu einer Zeit zu befriedigen ist, während der der Höchstpreis noch galt, muß geprüft werden, inwieweit unter Berücksichtigung dieses Umstandes der Vermächtnisnehmer nach dem Willen des Erblassers dem Erben gegenüber verpflichtet ist, die an sich durch den wahren Wert des Grundstücks gedeckte Schuld zu tilgen. Der Wille des Erblassers kann dahin gegangen sein, daß diese Verpflichtung nur insoweit bestehen soll, als die Schuld durch den im Zeitpunkt der Befriedigung des Gläubigers geltenden gemeinen Verkaufswert unter Abzug der vorgehenden Belastungen gedeckt sein würde.

Von dem so ermittelten Wert sind die der Hypothek im Range vorgehenden Belastungen abzuziehen. Dazu rechnen Belastungen jeder Art, also auch Nießbrauchsrechte, Altenteile usw.

Da nach Absatz 3 die Bestimmungen auf die Höchstbetragshypothek nicht anzuwenden sind, sind etwa im Range vorgehende Sicherungshöchstbetragshypotheken ebenfalls bei der Wertberechnung nicht abzuziehen. Der Grundgedanke des Gesetzes ist der, daß der Vermächtnisnehmer mit dem ganzen ihm zugewandten Grundstückswert haften soll, aber nicht darüber hinaus. Deswegen sind bei der Wertberechnung auch diejenigen Grundpfandrechte, die dem Erblasser selbst zugestanden und die mitvermacht sind, nicht abzuziehen (Staudinger-Seybold 11. Aufl § 2166 Anm 4). Anders ist es, wenn der durch Auslegung zu ermittelnde Wille des Erblassers ergibt, daß der Wert dieser Pfandrechte dem Vermächtnisnehmer auf jeden Fall erhalten bleiben soll.

Der hiernach festgestellte Grundstückswert bleibt im Verhältnis zwischen Erben und Vermächtnisnehmer maßgebend, auch wenn sich bei der späteren Zwangsversteigerung ein höherer oder geringerer Wert herausstellen sollte. Der bei der Zwangsversteigerung erzielte Mehrerlös verbleibt dem Vermächtnisnehmer. Umgekehrt bleibt der Vermächtnisnehmer dem Erben gegenüber verpflichtet, wenn der Gläubiger bei der Zwangsversteigerung nicht voll befriedigt wird, obwohl die Hypothek in dem maßgebenden Zeitpunkt durch den Grundstückswert gedeckt war.

4. Im Falle des **Abs 2** ist der Vermächtnisnehmer nur hilfsweise verhaftet und kann, wenn er den Hypothekengläubiger voll befriedigt, vom Erben insoweit Abtretung seiner Rückgriffsansprüche an den Dritten verlangen. Der Erbe ist jedoch nicht genötigt, bevor er den Vermächtnisnehmer in Anspruch nimmt, den Dritten auszuklagen, wenn er sonst seine Zahlungsunfähigkeit nachweisen kann.

5. **Abs 3** nimmt die Höchstbetragshypothek des § 1190 von der in § 2166 getroffenen Regelung aus.

6. **Beweislast.** § 2166 enthält eine Auslegungsvorschrift. Sie gilt im Zweifel. Derjenige, der behauptet, der Erblasser habe etwas anderes gewollt, als es in dieser Vorschrift bestimmt ist, hat diejenigen Umstände darzulegen und zu beweisen, aus denen sich der entgegenstehende Wille des Erblassers ergibt.

7. Sind **bewegliche Sachen,** die mit einem Pfandrecht belastet sind, Gegenstand eines Vermächtnisses, so kann der Vermächtnisnehmer zwar nicht Beseitigung des Pfandrechts verlangen (§ 2165). Er ist aber auch nicht, wie bei der Hypothek, zur Befriedigung des Gläubigers verpflichtet. Tut er es doch, so erwirbt er gemäß §§ 1249, 268 Abs 3 dessen Forderung gegen den Erben.

§ 2167

Sind neben dem vermachten Grundstück andere zur Erbschaft gehörende Grundstücke mit der Hypothek belastet, so beschränkt sich die im § 2166 bestimmte Verpflichtung des Vermächtnisnehmers im Zweifel auf den Teil der Schuld, der dem Verhältnisse des Wertes des vermachten Grundstücks zu dem Werte der sämtlichen Grundstücke entspricht. Der Wert wird nach § 2166 Abs 1 Satz 2 berechnet.

E II 2038; P 5 182, 183, 188–193; 6 396.

Übersicht:

Belastung des vermachten Grundstücks mit einer Gesamthypothek

1. **Allgemeines.** Die Auslegungsvorschrift des § 2166 ist für den Fall näher ergänzt, daß eine Gesamthypothek sowohl auf dem vermachten, als auch auf anderen Nachlaßgrundstücken eingetragen ist. Der Vermächtnisnehmer ist dem Gläubiger der Gesamthypothek selbstverständlich mit dem Grundstück unbeschränkt verhaftet (§ 1132 Abs 1). Im Verhältnis zum Erben beschränkt sich aber seine Haftung auf den zu ermittelnden verhältnismäßigen Teilbetrag (vgl. auch § 1172 Abs 2). Um den Umfang der Verpflichtung des Vermächtnisnehmers festzustellen, ist zunächst nach § 2167 zu ermitteln, in welchem Verhältnis der Wert des vermachten Grundstücks zu dem Wert aller zum Nachlaß gehörenden mit der Gesamthypothek belasteten Grundstücke steht. Der Vermächtnisnehmer haftet dem Erben gegenüber höchstens für einen diesem Verhältnis entsprechenden Teil der Gesamthypothek. Nach § 2166 ist weiter zu ermitteln, inwieweit der Vermächtnisnehmer dem Erben gegenüber verpflichtet ist, in Ansehung dieses Teiles den Gläubiger zu befriedigen. Die Verpflichtung besteht nur insoweit, als der Teil, für den der Vermächtnisnehmer nach § 2167 dem Erben gegenüber überhaupt nur haftet, im Sinne des § 2166 durch den Wert des vermachten Grundstücks gedeckt ist.

2. **Die Wertbestimmung.** Der Wert der in Betracht kommenden Grundstücke wird nach den in § 2166 Abs 1 Satz 2 enthaltenen Grundsätzen berechnet. Maßgebender Zeitpunkt für die Wertbestimmung aller Grundstücke ist danach derjenige, in dem der Vermächtnisnehmer Eigentümer des ihm vermachten Grundstücks geworden ist. Bei sämtlichen Grundstücken werden von deren Wert die der Gesamthypothek vorgehenden Belastungen abgezogen. Im einzelnen vgl. § 2166 Anm 3.

3. Haftet die **Hypothek noch auf anderen nicht zur Erbschaft gehörenden Grundstücken,** so kommen für das Rechtsverhältnis zwischen Erben und Vermächtnisnehmer diese Grundsätze überhaupt nicht in Betracht. Es verbleibt bei der Regel des § 2166. Danach ist der Vermächtnisnehmer dem Erben gegenüber verpflichtet, den Gläubiger rechtzeitig zu befriedigen. Sofern auch noch andere zur Erbschaft gehörige Grundstücke mit der Hypothek belastet sind, beschränkt sich diese Verpflichtung auf den sich nach § 2167 ergebenden Betrag, der sich allein nach dem Verhältnis der zum Nachlaß gehörenden mit der Gesamthypothek belasteten Grundstücke bestimmt. Die gleichfalls mithaftenden, nicht zum Nachlaß gehörenden Grundstücke bleiben unberücksichtigt. Dasselbe gilt in entsprechender Anwendung des § 2168 Abs 2, wenn bei einer

Gesamthypothek der Erblasser zur Zeit des Erbfalls dem Eigentümer des zur Erbschaft nicht gehörigen, mit der Hypothek belasteten Grundstücks oder einem Rechtsvorgänger des Eigentümers zur Befriedigung des Gläubigers verpflichtet ist (Planck-Flad 4. Aufl § 2167 Anm 2). Ist dagegen der Eigentümer des nicht zum Nachlaß gehörenden Grundstücks dem Erben gegenüber zur Berichtigung der Schuld für die die Gesamthypothek haftet, verpflichtet, so besteht die Verpflichtung des Vermächtnisnehmers nach § 2166 Abs 2 nur insoweit, als der Erbe die Berichtigung nicht von dem Dritten verlangen kann (vgl. dazu § 2166 Anm 4).

4. Ideeller Anteil. § 2167 ist entsprechend anzuwenden, wenn ein ideeller Anteil an einem mit einer Hypothek belasteten, zum Nachlaß gehörenden Grundstück den Gegenstand des Vermächtnisses bildet (vgl. Stillschweig JW 1914, 7ff., 13). Für den Anteil an einem Schiff, der zusammen mit anderen Anteilen mit einer Schiffshypothek belastet ist, ergibt sich das bereits aus § 28 Abs 1 SchiffG (vgl. dazu § 2168a Anm 2).

§ 2168

Besteht an mehreren zur Erbschaft gehörenden Grundstücken eine Gesamtgrundschuld oder eine Gesamtrentenschuld und ist eines dieser Grundstücke vermacht, so ist der Vermächtnisnehmer im Zweifel dem Erben gegenüber zur Befriedigung des Gläubigers in Höhe des Teiles der Grundschuld oder der Rentenschuld verpflichtet, der dem Verhältnisse des Wertes des vermachten Grundstücks zu dem Werte der sämtliche Grundstücke entspricht. Der Wert wird nach § 2166 Abs 1 Satz 2 berechnet.

Ist neben dem vermachten Grundstück ein nicht zur Erbschaft gehörendes Grundstück mit einer Gesamtgrundschuld oder einer Gesamtrentenschuld belastet, so finden, wenn der Erblasser zur Zeit des Erbfalls gegenüber dem Eigentümer des anderen Grundstücks oder einem Rechtsvorgänger des Eigentümers zur Befriedigung des Gläubigers verpflichtet ist, die Vorschriften des § 2166 Abs 1 und des § 2167 entsprechende Anwendung.

E II 2039; P 5 182, 183, 188–193; 6 396.

Übersicht:

Belastung eines vermachten Grundstücks mit Gesamtgrund- oder Gesamtrentenschulden

1. Die Auslegungsgrundsätze der §§ 2166, 2167 sind weiter ergänzt für den Fall, daß auf dem vermachten Grundstück eine **Gesamtgrundschuld oder Gesamtrentenschuld** eingetragen ist (§§ 1132, 1102, 1199). Abs 1 setzt voraus, daß **nur Nachlaßgrundstücke** damit belastet sind. In diesem Falle tritt der Vermächtnisnehmer, falls er nicht Beseitigung der Grundschuld verlangen kann (§ 2165 A 1, 2), zu dem Erben in ein persönliches Schuldverhältnis, kraft dessen er dem Erben gegenüber — unbeschadet seiner vollen Haftung gegenüber dem Gläubiger — nur auf den verhältnismäßigen Teilbetrag der Grundschuld (§ 2167), sowie selbstverständlich nur mit dem nach § 2166 Abs 1 Satz 2 zu bestimmenden Werte des Grundstücks als verhaftet gilt. Nur innerhalb der hierdurch gezogenen Grenzen findet § 1173 in Verb. mit § 1192 Anwendung.

2. Sind neben dem vermachten **noch andere nicht zur Erbschaft gehörende Grundstücke** belastet, so kommt es darauf an, ob der Erblasser zur Zeit des Erbfalls gegenüber dem Eigentümer eines der anderen Grundstücke oder einem Rechtsvorgänger des Eigentümers zur Befriedigung des Gesamtgrundschuldgläubigers verpflichtet war (z. B. aus der Schuldübernahme im Falle des § 415 Abs 3, vgl. auch § 1173). Trifft dies zu, so wird, wie die Verweisungen ergeben, der Vermächtnisnehmer dem Erben bis zum Werte des ihm zugewendeten Grundstücks verpflichtet, wenn dieses das einzige mit der Gesamtgrundschuld belastete Nachlaßgrundstück ist (§ 2166 Abs 1). Sind daneben noch andere Nachlaßgrundstücke belastet, so vermindert sich seine Verpflichtung weiter bis zu dem auf das vermachte Grundstück entfallenden Teilbetrag (§ 2167). Bestand auf seiten des Erblassers keine Befriedigungsverpflichtung gegenüber den sonstigen, dermaligen oder früheren Grundschuldnern, so entstehen zwischen Erben und Vermächtnisnehmer überhaupt keine besonderen Verpflichtungen, der Bedachte ist vielmehr von der Auflassung ab Gesamtgrundschuldner neben den anderen Eigentümern.

§ 2168 a

§ 2165 Abs 2, §§ 21666, 2167 gelten sinngemäß für eingetragene Schiffe, Schiffbauwerke und für Schiffshypotheken

1. Die Bestimmung ist eingefügt durch Art II Nr 29 der VO zur Durchführung des Gesetzes über Rechte an eingetragenen Schiffen und Schiffsbauwerken vom 21. 12. 40 (RGBl I, 1609). Sie ist gleichzeitig mit dem Gesetz über Rechte an eingetragenen Schiffen und Schiffsbauwerken vom 15. 11. 40 (RGBl I, 1499) am 1. 1. 41 in Kraft getreten.

2. § 2168 ist nicht mit aufgeführt, da das Gesetz als dingliche Rechte an eingetragenen Schiffen nur die Schiffshypothek und den Nießbrauch, an Schiffsbauwerken nur die Schiffshypothek kennt. Die Schiffshypothek entspricht der Sicherungshypothek des BGB. § 8 Abs 1 SchiffsGes bestimmt, daß das Recht des Gläubigers aus der Schiffshypothek sich nur nach der Forderung bestimmt. Trotz Eintragung besteht daher keine Schiffshypothek, wenn die Forderung nicht entstanden ist. Die Schiffshypothek erlischt mit dem Erlöschen der Forderung (§ 57 Abs 1 SchiffsG), durch Verzicht des Gläubigers (§ 57 Abs 2 SchiffsG) und dadurch, daß sich Hypothek und Eigentum in einer Person vereinigen (§ 64 Abs 1 SchiffsG). Eine Ausnahme macht § 64 Abs 2 SchiffsG für den Fall, daß die Forderung bestehen bleibt oder zugunsten eines Dritten als bestehend gilt. Da die Schiffshypothek regelmäßig erlischt, wenn sie auf den Schiffseigentümer übergeht, bleibt für eine entsprechende Anwendung des § 2165 Abs 2 nur in den seltenen Fällen des § 64 Abs 2 SchiffsG Raum. § 2165 Abs 2 kann nicht entsprechend angewandt werden auf das nach § 57 Abs 3 SchiffsG dem Eigentümer zustehende Recht, an die Stelle einer erloschenen, aber im Register noch nicht gelöschten Schiffshypothek eine andere eintragen zu lassen. Dieses Recht ist untrennbar mit dem Eigentum verbunden. Es geht mit der Übereignung des Schiffes an den Vermächtnisnehmer auf diesen über und kann nicht bei dem beschwerten Erben verbleiben. Falls der beschwerte Erbe, bevor er das Vermächtnis durch Übereignung des Schiffes erfüllt, von dem Recht nach § 57 Abs 3 SchiffsG für sich Gebrauch macht, kann der Vermächtnisnehmer die Beseitigung dieser Last verlangen. Dieser Anspruch steht ihm nicht zu, wenn der Erblasser dem beschwerten Erben das Recht eingeräumt hat, das vermachte Schiff, bevor es dem Vermächtnisnehmer übereignet wird, für sich zu belasten.

§ 2167 ist auch entsprechend anzuwenden, wenn ein Anteil an einem Schiff vermacht ist und wenn außer diesem Anteil auch andere Schiffsanteile mit der Hypothek belastet sind. Das folgt schon daraus, daß § 28 Abs 1 SchiffsG als Gesamtschiffshypothek eine Hypothek bezeichnet, die für eine Forderung besteht, und entweder auf mehreren Schiffen oder auf mehreren Anteilen an einem Schiff ruht.

§ 2169

Das Vermächtnis eines bestimmten Gegenstandes ist unwirksam, soweit der Gegenstand zur Zeit des Erbfalls nicht zur Erbschaft gehört, es sei denn, daß der Gegenstand dem Bedachten auch für den Fall zugewendet sein soll, daß er nicht zur Erbschaft gehört.

Hat der Erblasser nur den Besitz der vermachten Sache, so gilt im Zweifel der Besitz als vermacht, es sei denn, daß er dem Bedachten keinen rechtlichen Vorteil gewährt.

Steht dem Erblasser ein Anspruch auf Leistung des vermachten Gegenstandes oder, falls der Gegenstand nach der Anordnung des Vermächtnisses untergegangen oder dem Erblasser entzogen worden ist, ein Anspruch auf Ersatz des Wertes zu, so gilt im Zweifel der Anspruch als vermacht.

Zur Erbschaft gehört im Sinne des Abs 1 ein Gegenstand nicht, wenn der Erblasser zu dessen Veräußerung verpflichtet ist.

E I 1848 II 2040; M 5 142–148; P 5 165–170.

Übersicht:

Vermächtnis eines bestimmten Gegenstandes

1. Allgemeines
2. Das Verschaffungsvermächtnis
3. Beweislast
4. Besondere Fälle
5. Zuwendung des Besitzes (Abs 2)
6. Ersatzansprüche (Abs 3)
7. Veräußerungspflicht des Erblassers (Abs 4)
8. Begründung von Rechten an nicht zum Nachlaß gehörigen Gegenständen durch Vermächtnis

1. Allgemeines. Grundsatz des Absatz 1 Halbsatz 1. § 2169 bezieht sich nur auf das Vermächtnis bestimmter Gegenstände, Sachen oder Rechte. Auf die Zugehörigkeit zum Nachlaßvermögen kommt es für die Wirksamkeit eines Gattungsvermächtnisses nicht an. Dafür gilt vielmehr § 2155. Der in Abs 1 Halbsatz 1 enthaltene Grundsatz knüpft an eine ähnliche im gemeinen Recht enthaltene Regel an, die sich bereits im klassischen römischen Recht entwickelt hatte. Er beruht auf der Erwägung, daß nach dem eigentlichen Sinn und Zweck der letztwilligen Verfügung in der Regel davon auszugehen ist, daß der Erblasser nur über diejenigen Vermögensgegenstände verfügen will, die zu seinem Nachlaß gehören. Zur Wirksamkeit eines Vermächtnisses ist daher grundsätzlich erforderlich, daß der vermachte Gegenstand, Sache oder Recht (§ 90), oder der Gegenstand, an dem durch Vermächtnis ein Recht begründet werden soll, wenn auch nicht zur Zeit der Anordnung, so doch zur Zeit des Erbfalls sich im Vermögen des Erblassers befindet. Danach wird auf die Zugehörigkeit des vermachten Gegenstandes zur Erbschaft im Zeitpunkt des Erbfalls abgestellt. Entscheidend ist, ob der vermachte Gegenstand in dem maßgeblichen Zeitpunkt nach der tatsächlichen Rechtslage zur Erbschaft gehörte. Es ist unerheblich, welche Vorstellungen der Erblasser sich hiervon machte. Unerheblich ist auch, ob der vermachte Gegenstand bereits zum Vermögen des Erblassers gehörte, als er das Vermächtnis anordnete, oder welches rechtliche Schicksal er in der Zeit zwischen der Anordnung des Vermächtnisses und dem Erbfall gehabt hat. Das Vermächtnis ist daher auch dann gültig, wenn der Erblasser den vermachten Gegenstand, nachdem er ihn einem Dritten vermacht hatte, veräußert, aber später wieder zurückerworben hat. Dabei spielt es keine Rolle, ob er den Rückerwerb von vornherein beabsichtigt hatte. Ist das Vermächtnis unwirksam, weil der Gegenstand im Zeitpunkt des Erbfalls nicht zur Erbschaft gehört, dann kommt es auch nicht darauf an, aus welchem Grund der Gegenstand aus dem Vermögen des Erblassers ausgeschieden ist, insbesondere, ob dies gegen oder mit Willen des Erblassers geschah. Es macht auch keinen Unterschied, ob der Gegenstand dem Beschwerten, dem Bedachten oder einem Dritten gehört.

2. Das Verschaffungsvermächtnis. Auch das Vermächtnis eines individuell bestimmten Gegenstandes kann trotz der Nichtzugehörigkeit zur Erbschaft ausnahmsweise wirksam sein, wenn die Anordnung dahin auszulegen ist, daß sie auch für diesen Fall in Kraft treten solle (Begründung eines Insitzrechts oder Nutzungsrechts an einem nicht zum Nachlasse gehörigen Hause oder landwirtschaftlichen Grundstücke, RG Warn 1911 Nr 278, SeuffA 80 Nr 14). Es handelt sich dann um das Verschaffungsvermächtnis des § 2170. Durch Auslegung der letztwilligen Verfügung ist zu ermitteln, ob der Erblasser ein Verschaffungsvermächtnis gewollt hat. Anhaltspunkte für die Ermittlung des Willens des Erblassers können insbesondere auch aus dem Umstand entnommen werden, ob der Gegenstand, als der Erblasser das Vermächtnis anordnete, zu seinem Vermögen gehörte. In der Regel kann angenommen werden, daß der Erblasser ein Verschaffungsvermächtnis gewollt hat, wenn er, als er das Vermächtnis anordnete, wußte, daß der Gegenstand nicht zu seinem Vermögen gehörte (Celle HEZ 3, 39). Anders ist es, wenn er die Absicht hatte, diesen Gegenstand nach Errichtung seiner Verfügung zu erwerben. Ein Verschaffungsvermächtnis wird dann, wenn der Erblasser seine Absicht nicht verwirklicht hat, in der Regel nicht angenommen werden können. Für die Auslegung bedeutsam kann es auch sein, aus welchem Grunde der vermachte Gegenstand, nachdem der Erblasser das Vermächtnis angeordnet hatte, aus seinem Vermögen ausgeschieden ist und ob der Gegenstand nach den Vorstellungen des Erblassers oder dem Zweck des Rechtsgeschäfts nur vorübergehend aus dessen Vermögen ausscheiden sollte. Bei Gegenständen, die infolge Sicherungsübereignung aus dem Vermögen des Erblassers ausgeschieden sind, ist in der Regel als Wille des Erblassers anzunehmen, daß der Erbe sie dem Bedachten verschaffen soll (Staudinger-Seybold 11. Aufl § 2169 Anm 3). Dasselbe gilt, wenn der Erblasser einem Dritten eine Grundschuld vermacht hat, die er sicherungshalber an einen Kreditgeber abgetreten hat. Der Beschwerte ist dann im Zweifel nicht berechtigt, das Vermächtnis um den Betrag zu kürzen, den er aufwenden muß, um die Grundschuld zu verschaffen (vgl. dazu Kiel SchlHolstA 1939, 37). Regelmäßig von Bedeutung für die Auslegung der Vermächtnisanordnung ist es, ob der Erblasser die Nichtzugehörigkeit gekannt hat oder nicht (RG HRR 1934 Nr 815).

3. Beweislast. Der Beweis, daß der Gegenstand nicht zur Erbschaft gehört, ist vom Beschwerten, der Gegenbeweis, daß die Zuwendung auch für diesen Fall gewollt war, vom Bedachten zu führen (RG SeuffA 80 Nr 14; RG 164, 202).

4. Besondere Fälle. Sind nur Teile des vermachten Gegenstandes vorhanden, so bleibt das Vermächtnis „soweit" in Kraft.

Gehört der vermachte Gegenstand zu dem noch ungeteilten Nachlaß eines Dritten, an dem der Erblasser als Miterbe beteiligt ist (RG 105, 246), oder zum Gesamtgut einer ehelichen oder fortgesetzten Gütergemeinschaft, deren Teilhaber der Erblasser ist (RG HRR 1934 Nr 815), so gehört der Gegenstand auch nicht zu einem Bruchteile zur Erbschaft dieses Erblassers. Das Vermächtnis ist nach der Regel des § 2169 Abs 1 unwirksam. Ob es, wenn kein Verschaffungsvermächtnis vorliegt, im ersten Falle in das Vermächtnis eines Teiles des Anteils des Erblassers an dem Nachlasse des Dritten umzudeuten ist, ist Auslegungsfrage. Wirksam ist danach auch das Vermächtnis, durch das ein Recht an einer Sache begründet werden soll. die nur zu einem ideellen Anteil im Eigentum des Erblassers steht (Celle HEZ 3, 39). In diesem Fall wird in der Regel anzunehmen sein, daß der Erblasser ein Verschaffungsvermächtnis gewollt hat. Unter Umständen kann auch erst die ergänzende Testamentsauslegung dazu führen, ein Verschaffungsvermächtnis anzunehmen (vgl. RG 164, 196).

Ist die in der Erbschaft steckende Erbschaft eines Dritten selbst vermacht, so betrifft das Vermächtnis eine Rechtsgesamtheit, nicht bestimmte einzelne Gegenstände im Sinne der §§ 2169, 2170 (RG Warn 1917 Nr 122).

Hatte der Erblasser den Gegenstand des Vermächtnisses bereits vor Errichtung des Testaments durch Vertrag mit einem nichtbevollmächtigten Vertreter des Dritten veräußert, so ist das Vermächtnis nach der Regel des Abs 1 auch dann unwirksam, wenn der Vertrag durch den Dritten erst nach dem Tode des Erblassers genehmigt wird; insbesondere kann die das Vermächtnis enthaltende letztwillige Verfügung nicht aus § 184 Abs 2 aufrechterhalten werden, da diese Vorschrift eine vor der Genehmigung von dem Genehmigungsberechtigten selbst oder aus dessen Recht zugunsten eines Dritten vorgenommene Verfügung voraussetzt (§ 184 A 2; RG 25. 4. 21 IV 549/20). Unwirksam ist das Vermächtnis auch, wenn das vermachte Grundstück, zu dessen Übereingung der Erblasser sich bindend verpflichtet hatte, von ihm bereits aufgelassen, die Umschreibung im Grundbuch bei seinem Tode aber noch nicht erfolgt war, so daß das Grundstück ihm formell noch gehörte (RG 164, 196).

5. Die Zuwendung des Besitzes (Abs 2.) Wenn der Erblasser dem Vermächtnisnehmer eine Sache zugewandt hat, die nicht zur Erbschaft gehört, die er aber im Zeitpunkt des Erbfalls in Besitz hatte, ist zunächst zu prüfen, ob ein Verschaffungsvermächtnis gewollt ist. Läßt sich ein dahingehender Wille nicht ermitteln, dann ist das Vermächtnis nach § 2169 Abs 1 nicht ganz unwirksam. Vielmehr gilt nach Abs 2 im Zweifel der Besitz als vermacht. Denn auch der bloße Besitz kann als Vermögensvorteil (§ 1939) vermacht werden. Ein auf Zuwendung des Gegenstandes selbst (des Hauses, des Pferdes) lautendes Vermächtnis soll deshalb nach der Auslegungsregel des Gesetzes in eine Zuwendung des Besitzes am Gegenstande umgedeutet werden, wenn der Erblasser selbst hieran nur den — mittelbaren oder unmittelbaren — Besitz gehabt hat (der Erblasser hatte das Haus nur mietweise inne, das Pferd nur in Verwahrung). Auch hier kommt es auf die Vorstellung des Erblassers über sein Recht an der besessenen Sache nicht an.

Der Beschwerte kann sich mit dem Gegenbeweis befreien, daß der Besitz dem Bedachten keinen rechtlichen Vorteil gewähre. Dies kann jedoch nur bei dem wissentlich unrechtmäßigen Besitz zutreffen, da sonst schon die Tatsache des Besitzes Rechte erzeugt (Besitzschutz §§ 858ff., Ersitzung §§ 937ff., Nutzungsrechte §§ 987ff., Ersatz wegen Verwendungen §§ 994ff., Vermutung des Eigentums § 1006).

6. Ersatzansprüche. Auch hier ist Voraussetzung, daß die Vermächtnisanordnung auf einen bestimmten, zur Zeit des Erbfalls aber noch nicht oder nicht mehr im Nachlaß vorhandenen Gegenstand lautet. Die Anordnung wird dann (ähnliche Surrogationsgrundsätze §§ 2041, 2111, 2146, 2374) in das Vermächtnis des betreffenden Ersatzanspruchs umgedeutet. Dies hat auch zu gelten, wenn der Ersatzanspruch bereits vor Anordnung des Vermächtnisses entstanden, dem Erblasser aber hiervon nichts bekannt geworden war.

Zu den Ersatzansprüchen gehört auch der Bereicherungsanspruch, wie für den besonderen Fall des § 951 in § 2172 A 4 anerkannt ist.

War der Wertsatz schon vor Eintritt des Erbfalls geleistet, so gilt nach § 2173 im Zweifel der geleistete Gegenstand als zugewendet. Hat der Erblasser für den in der Vermächtnisanordnung bezeichneten bestimmten Gegenstand (Zuchthengst „Jupiter") nachher selbst Ersatz beschafft (Zuchthengst „Exzelsior"), so ist es reine Auslegungsfrage, ob der Ersatzgegenstand als zugewendet gelten darf. Der in Abs 3 enthaltene Rechtsgedanke kann nicht allgemein dahin erweitert werden, daß stets oder in der Regel der Gegenstand als vermacht gilt, der an die Stelle des vermachten, ausgeschiedenen getreten ist (vgl. Planck-Flad 4. Aufl § 2169 Anm 5). Demnach tritt auch, wenn der Erblasser den vermachten Gegenstand veräußert hat, nicht der dafür erzielte Erlös an dessen Stelle.

7. Die hinsichtlich eines Gegenstandes bestehende **Veräußerungspflicht** hebt seine Zugegörigkeit zur Erbschaft an sich nicht auf, hat aber trotzdem die Unwirksamkeit des den Gegenstand betreffenden Vermächtnisses grundsätzlich zur Folge. Das Vermächtnis wird auch dadurch nicht wirksam, daß die Veräußerungspflicht nach dem Erbfall wieder wegfällt. Nach Abs 2 kann auch an einer solchen Sache der Besitz bis zur Herausgabe vermacht sein und entsprechend Abs 3 kann die dem Erblasser für die Veräußerung gebührende Gegenleistung als vermacht gelten.

8. Begründung von Rechten an nicht zum Nachlaß gehörigen Gegenständen durch Vermächtnis. Die zu § 2169 entwickelten Rechtssätze sind, worauf bereits in Anm 1 hingewiesen ist, sinngemäß anzuwenden, wenn durch Vermächtnis ein Recht an einem Gegenstand begründet werden soll. Für die Wirksamkeit dieses Vermächtnisses kommt es grundsätzlich darauf an, ob der Gegendem Nachlasse des Dritten umzudeuten ist, ist Auslegungsfrage. Wirksam ist danach auch das Vermächtnis, durch das ein Recht an einer Sache begründet werden soll, die nur zu einem ideellen stand, an dem das Recht begründet werden soll, zum Nachlaß des Erblassers gehört und ob der Erblasser, falls diese Voraussetzung nicht gegeben ist, ein Verschaffungsvermächtnis gewollt hat.

§ 2170

Ist das Vermächtnis eines Gegenstandes, der zur Zeit des Erbfalls nicht zur Erbschaft gehört, nach § 2169 Abs 1 wirksam, so hat der Beschwerte den Gegenstand dem Bedachten zu verschaffen.

Ist der Beschwerte zur Verschaffung außerstande, so hat er den Wert zu entrichten. Ist die Verschaffung nur mit unverhältnismäßigen Aufwendungen möglich, so kann sich der Beschwerte durch Entrichtung des Wertes befreien.

E I 1849 II 2041; M 5 148, 149; P 5 170, 171.

Übersicht:

Verschaffungsvermächtnis

1. a) Allgemeines. Gehört der individuell bestimmte Gegenstand, der selbst oder an welchem ein noch zu begründendes Recht vermacht ist (§ 2169 A 1 u. 8; RG LZ 1923, 454[7]), einem Dritten, so hat ihn der Beschwerte vom Dritten zu erwerben und nebst dem Zubehör (§ 2164) auf den Bedachten zu übertragen oder ihm das Recht vom Dritten zu verschaffen. Gehört er dem Beschwerten, so ist dieser kraft § 2174 dem Bedachten unmittelbar zur Leistung verpflichtet.

Die Gewährleistungspflicht des Beschwerten bestimmt sich nach § 2182 Abs 2 u. 3. Er haftet wie ein Verkäufer nach den Vorschriften der §§ 433 Abs 1, 434–437, 440 Abs 2–4 und der §§ 441–444. Ist ein Grundstück Gegenstand des Vermächtnisses, so haftet der Beschwerte nach § 2182 Abs 3 im Zweifel nicht für die Freiheit des Grundstücks von Grunddienstbarkeiten, beschränkten persönlichen Dienstbarkeiten und Reallasten. Eine Haftung für Sachmägel trifft ihn nicht, da der Gegenstand in der Beschaffenheit vermacht ist, in der er sich befindet.

b) Vermächtnis von Gegenständen, die dem Bedachten gehören. Gehört der vermachte Gegenstand bereits dem Bedachten, so ist das Vermächtnis in der Regel gegenstandslos. Das trifft insbesondere zu, wenn der Erblasser selbst dem Bedachten den Gegenstand bereits zu seinen Lebzeiten zugewandt hat. Falls der Erblasser den Besitz an dem Gegenstand hat, kann dieser nach § 2169 Abs 2 vermacht sein (vgl. § 2169 Anm 5). Das Vermächtnis kann unter Umständen auch dahin auszulegen sein, daß der Beschwerte die auf dem Gegenstand ruhenden Belastungen zu beseitigen habe, unter Umständen, daß er dem Bedachten seine etwaigen Anschaffungskosten, vielleicht auch den Wert des Gegenstandes zu vergüten habe. War der Bedachte dem Erblasser zur Herausgabe verpflichtet, so liegt ein Befreiungsvermächtnis vor.

c) Da zur Ausgleichung zu bringende **Vorempfänge** (§§ 2050, 2052) keinen Bestandteil des Nachlasses bilden und sich eine vom Erblasser angeordnete Nacherbfolge daher nicht auf sie erstreckt, so kann ein dem Nacherben zugedachtes Recht auf diese Gegenstände nur im Wege des Verschaffungsvermächtnisses begründet werden (RG 25. 11. 20 IV 191/20).

2. a) Objektive Unmöglichkeit.

aa) War die Leistung **zur Zeit des Erbfalls** objektiv unmöglich, dann ist das Vermächtnis nach § 2171 überhaupt unwirksam.

bb) Ist die Leistung **nach Eintritt des Erbfalls** infolge eines Umstandes, den der Beschwerte nicht zu vertreten hat, objektiv unmöglich geworden, so wird dieser nach der allgemeinen Vorschrift des § 275 Abs 1 von der Verpflichtung zur Leistung frei. Objektive Unmöglichkeit kann z. B. dadurch eingetreten sein, daß die vermachte Sache untergegangen ist. Der Bedachte kann, falls der Beschewrte infolge des Umstandes, der die Leistung unmöglich macht, für den geschuldeten Gegenstand einen Ersatz oder Ersatzanspruch erlangt, nach § 281 Abs 1 Herausgabe des Ersatzes oder Abtretung des Ersatzanspruchs verlangen. Ein dahingehender Anspruch wird dem

Beschwerten in der Regel nur zustehen, wenn ihm der vermachte Gegenstand selbst gehörte oder wenn er einen Anspruch auf Lieferung dieses Gegenstandes gegen einen Dritten hatte.

Wird die Leistung infolge eines Umstandes unmöglich, den der Beschwerte zu vertreten hat, so hat er dem Bedachten nach § 280 Abs 1 den durch die Nichterfüllung entstandenen Schaden zu ersetzen. Das trifft zu, wenn der Erblasser dem Bedachten ein Wohnrecht an einem zum Nachlaß gehörenden Grundstück vermacht hat und der Beschwerte die Erfüllung dieses Vermächtnisses dadurch vereitelt, daß er das Grundstück veräußert, ohne zuvor das Wohnrecht dinglich sicherzustellen (Düsseldorf HRR 42, 193).

Nach § 287 ist der Beschwerte, wenn er sich im Verzug befindet, auch für eine durch Zufall eingetretene Unmöglichkeit verantwortlich, es sei denn, daß der Schade auch bei rechtzeitiger Leistung eingetreten wäre.

Hat der Beschwerte die teilweise Unmöglichkeit der Leistung verschuldet, so kann der Bedachte nach § 280 Abs 2, wenn die teilweise Erfüllung für ihn kein Interesse hat, den noch möglichen Teil der Leistung ablehnen und Schadensersatz wegen Nichterfüllung der ganzen Verbindlichkeit fordern.

b) Das subjektive Unvermögen. Für den Fall, daß der Beschwerte die an sich objektiv mögliche Leistung nicht erbringen kann, trifft § 2170 Abs 2 Satz 1 eine Regel, die von der allgemeinen des § 275 Abs 2 abweicht. Der Beschwerte wird nicht, wie diese Vorschrift bestimmt, von der Leistung frei, sondern er hat den Wert der vermachten Sache zu ersetzen. Das subjektive Unvermögen des Beschwerten ist anzunehmen, wenn der Dritte, dem der Gegenstand gehört, sich weigert, diesen dem Beschwerten zur Verfügung zu stellen. Das auf Verschaffung des Gegenstandes gerichtete Vermächtnis wandelt sich dann in einen Anspruch des Bedachten auf Wertersatz. Der Beschwerte wird aber auch in diesem Fall von der Verpflichtung, Wertersatz zu leisten, frei, wenn die ursprünglich angeordnete Leistung, nachdem das Schuldverhältnis sich in die Verpflichtung zum Wertersatz umgewandelt hat, objektiv unmöglich geworden ist. Die eigentlich geschuldete Leistung ist die Verschaffung des Gegenstandes. Die Verpflichtung, Wertersatz zu leisten, soll nur das etwaige subjektive Unvermögen des Beschwerten, seine Verpflichtung zu erfüllen, ausgleichen. Sie soll dem Bedachten keine bessere Rechtstellung verschaffen als er sie hätte, wenn für den Beschwerten die ihn persönlich treffenden Hinderungsgründe der Leistung nicht bestehen würden. Ebensowenig soll der Umstand, daß der Beschwerte aus subjektiven Gründen nicht zu leisten vermag, seine Verpflichtung nicht über den Rahmen hinaus erweitern, der gegeben wäre, wenn diese Hinderungsgründe nicht bestünden. Nach dem Sinn und Zweck des Gesetzes muß daher der Beschwerte im Falle einer von ihm nicht verschuldeten objektiven Unmöglichkeit der Leistung von seiner Verpflichtung frei werden, ohne Rücksicht darauf, ob diese sich bereits nach § 2170 Abs 2 Satz 1 in die Pflicht, Wertersatz zu leisten, umgewandelt hat (aA Prot 5, 171; Strohal I § 34 Anm 5 und wohl auch die 9. Aufl dieses Kommentars in Anm 2. Dagegen mit Recht Planck-Flad 4. Aufl § 2170 Anm 2b; vgl. auch Staudinger-Seybold 11. Aufl § 2170 Abm 4, der auf die erheblichen praktischen Bedenken, die gegen die gegenteilige Ansicht bestehen, hinweist). Steht das subjektive Unvermögen des Beschwerten fest, dann wandelt sich damit das Schuldverhältnis endgültig. Der Bedachte kann nur noch Wertersatz fordern. Die Verschaffung des Gegenstandes kann er auch dann nicht verlangen, wenn der Eigentümer sich nachträglich bereit erklärt, dem Beschwerten den Gegenstand zur Verfügung zu stellen.

c) Unverhältnismäßigkeit der Aufwendungen. Dem subjektiven Unvermögen stellt das Gesetz in Abs 2 Satz 2 den Fall gleich, daß der Beschwerte unverhältnismäßige Aufwendungen machen müßte, um den Gegenstand zu verschaffen (der Dritte fordert einen übermäßig hohen Preis). In diesem Falle bleibt jedoch der ursprüngliche Verschaffungsanspruch bestehen, bis sich der Beschwerte durch die Wertentrichtung davon befreit (vgl. auch §§ 251 Abs 2, 633 Abs 2).

3. Wertersatz. Der zu ersetzende Wert bemißt sich nach objektiven, durch die Verkehrsanschauung bestimmten Maßstäben. Ein besonderer Liebhaberwert, den der vermachte Gegenstand für den Bedachten hat, bleibt unberücksichtigt, wenn sich nicht durch Auslegung der letztwilligen Verfügung ergibt, daß der Erblasser diesen Wert maßgebend sein lassen wollte. Als Zeitpunkt, der für die Bestimmung des Wertes maßgebend ist, kommt beim subjektiven Unvermögen des Abs 2 Satz 1 derjenige in Betracht, in dem die Wertersatzpflicht entsteht. Das ist der Zeitpunkt, in dem sich das subjektive Unvermögen des Beschwerten endgültig herausstellt. Im Falle des Abs 2 Satz 2 (unverhältnismäßige Aufwendungen) ist für die Wertfestsetzung der Zeitpunkt der tatsächlichen Leistung des Ersatzes maßgebend, da bis dahin die Verpflichtung zur Leistung des Gegenstandes fortbesteht (ebenso Staudinger-Seybold 11. Aufl § 2170 Anm 5).

4. Über die bösliche Vereitelung des Vermächtnisses beim **Erbvertrag** vgl. § 2288.

§ 2171

Ein Vermächtnis, das auf eine zur Zeit des Erbfalls unmögliche Leistung gerichtet ist oder gegen ein zu dieser Zeit bestehendes gesetzliches Verbot verstößt, ist unwirksam. Die Vorschriften des § 308 finden entsprechende Anwendung.

E I 1853 II 2042; M 5 154—156; P 5 172, 173.

Entsprechend anwendbar auf die Auflage § 2192.

Übersicht:

Das auf eine unmögliche Leistung gerichtete Vermächtnis

1. Allgemeines
2. Unmöglichkeit der Leistung
3. Verstoß gegen ein gesetzliches Verbot
4. Verstoß gegen die guten Sitten
5. Ausnahmsweise Wirksamkeit des Vermächtnisses (Satz 2)
6. Vermächtnis mit aufschiebenden oder auflösenden unmöglichen Bedingungen

1. Allgemeines. § 2171 regelt den Fall, daß ein Vermächtnis bereits zur Zeit des Erbfalls auf eine unmögliche Leistung gerichtet ist. Falls die objektive Unmöglichkeit erst nach dem Erbfall eintritt, sind die allgemeinen Vorschriften der §§ 275ff. anzuwenden. Danach wird der Beschwerte von der Leistungspflicht frei, soweit er die eingetretene Unmöglichkeit nicht zu vertreten hat. Hat er die Unmöglichkeit zu vertreten, so hat er nach § 280 Abs 1 dem Bedachten den durch die Nichterfüllung entstandenen Schaden zu ersetzen. Nach § 287 ist er, wenn er sich im Verzug befindet, auch für eine durch Zufall eintretende Unmöglichkeit verantwortlich, es sei denn, daß der Schaden auch bei rechtzeitiger Leistung eingetreten wäre. Für das Verschaffungsvermächtnis enthält § 2170 Abs 2 für den Fall des subjektiven Unvermögens zur Leistung eine besondere Regel (vgl. § 2170 Anm 2). § 2172 behandelt den Fall einer Verbindung, Vermischung oder Verarbeitung der vermachten Sache unter dem Gesichtspunkt der Unmöglichkeit.

2. Unmöglichkeit der Leistung. Das Vermächtnis ist auf eine unmögliche Leistung gerichtet, wenn die Leistung als solche objektiv unmöglich ist, also von niemand erbracht werden kann. Gleichgültig ist, ob die Leistung aus tatsächlichen oder aus Rechtsgründen nicht erbracht werden kann. Demnach liegt eine Unmöglichkeit der Leistung auch vor, wenn für ihre Vornahme eine behördliche Genehmigung notwendig ist, die nicht erteilt wird (z. B. für die Übereignung landwirtschaftlicher Grundstücke nach KRG 45, oder eine Devisengenehmigung nach MilRegG 53). Die Leistung ist im Zeitpunkt des Erbfalls nicht unmöglich, wenn sie nicht erbracht werden kann, weil die Behörde nach Eintritt des Erbfalls über den Gegenstand anders verfügt hat. So hat das RG § 2171 in folgendem Fall nicht angewandt: Der Erblasser hatte dem Bedachten eine Wohnung in seinem Hause zugewandt. Der Erbe konnte das Vermächtnis nicht erfüllen, weil die zuständige Behörde den Wohnraum für einen anderen Mieter in Anspruch nahm und den Abschluß eines Mietvertrages mit diesem Mieter erzwang (DR 1944, 292). § 2171 konnte deswegen nicht angewandt werden, weil die Leistung als solche im Zeitpunkt des Erbfalls noch möglich war. Es bestand nur eine Rechtslage, nach der sie unmöglich werden konnte. In diesem Fall gebührt dem Vermächtnisnehmer nach § 281 der von dem Zwangsmieter gezahlte Mietzins als Ersatz. Ein Fall des § 2171 würde dagegen vorliegen, wenn die Wohnung im Zeitpunkt des Erbfalls nach dem RLG in Anspruch genommen gewesen wäre, so daß der Erbe über sie nicht hätte verfügen können. In derartigen Fällen muß aber das Vermächtnis in der Regel dahin ausgelegt werden, daß es für den Fall gelten soll, daß die Wohnung freigegeben wird (vgl. unten Anm 5).

Nicht auf eine unmögliche Leistung gerichtet und daher gültig ist das Vermächtnis des überlebenden Ehegatten, der in allgemeiner Gütergemeinschaft und dann mit den Kindern in fortgesetzter Gütergemeinschaft gelebt hatte, das darauf gerichtet ist, einem der Abkömmlinge einen zum Gesamtgut gehörenden Gegenstand zu verschaffen. Der Erblasser kann daher bestimmen, daß eines der Kinder das zum Gesamtgut gehörende Anwesen gegen Auszahlung der anderen Kinder erhalten soll (Tübingen DRZ 50, 519).

Falls der vermachte Gegenstand nach der Anordnung des Vermächtnisses dem Erblasser entzogen oder untergegangen ist und falls der Erblasser deswegen einen Anspruch auf Ersatz des Wertes erlangt hat, gilt nach § 2169 Abs 3 im Zweifel dieser Anspruch als vermacht. Für den Fall, daß eine den Gegenstand des Vermächtnisses bildende Forderung des Erblassers bereits zu seinen Lebzeiten durch Erfüllung untergegangen ist, bestimmt § 2173, daß im Zweifel der geleistete Gegenstand, wenn er noch in der Erbschaft vorhanden ist, als vermacht gilt. Wenn die Forderung auf Zahlung einer Geldsumme gerichtet war, gilt im Zweifel eine entsprechende Summe als vermacht, auch wenn sich eine solche in der Erbschaft nicht vorfindet.

3. Verstoß gegen ein gesetzliches Verbot. Der Unmöglichkeit der Leistung ist der Fall gleichzustellen, daß die durch das Vermächtnis angeordnete Leistung gegen ein gesetzliches Verbot verstößt, z. B. ein Ein- oder Ausfuhrverbot.

4. Verstoß gegen die guten Sitten. Da die ein Vermächtnis enthaltende letztwillige Verfügung ein Rechtsgeschäft ist, ist das gegen die guten Sitten verstoßende Vermächtnis nach § 138 BGB nichtig. Nichtig ist das Vermächtnis z. B., wenn der verheiratete Erblasser durch die Zuwendung eine Frau für den ehebrecherischen Verkehr, den er mit ihr unterhalten hat, entlohnen will oder wenn er sie durch die Zuwendung zur Fortsetzung dieses Verkehrs bewegen will (RG JW 1910, 6; 1911, 29). Das Vermächtnis zugunsten der Ehebrecherein kann aber ganz oder teilweise gültig sein, wenn der Erblasser damit sittlich zu billigende Zwecke verfolgt, sei es, daß er damit das an der Frau begangene Unrecht wiedergutmachen oder einen Beitrag für den Unterhalt und die Erziehung der von ihm mit dieser Frau gezeugten Kinder leisten will. In diesen Fällen ist aber stets auch zu prüfen, ob den Angehörigen des Erblassers, die er als Erben eingesetzt hat, zugemutet werden kann, der Bedachten, die den Familienfrieden gestört hat, die Leistung zu erbringen. (Vgl. dazu § 2078 Anm 1 und die dort angeführte Rechtsprechung.)

5. Ausnahmeweise Wirksamkeit des Vermächtnisses (Satz 2). Die zur Zeit des Erbfalls bestehende Unmöglichkeit oder Verbotswidrigkeit der Leistung steht der Wirksamkeit des Vermächtnisses dann nicht entgegen, wenn das Hindernis gehoben werden kann und das Vermächtnis für den Fall ausgesetzt ist, daß das Hindernis wegfällt; ferner dann nicht, wenn die Leistung unter einer anderen aufschiebenden Bedingung oder unter Bestimmung eines Anfangstermins vermacht ist; in diesem Fall ist das Vermächtnis wirksam, wenn die Unmöglichgkeit der Leistung oder das entgegenstehende Verbot vor dem Eintritt der Bedingung oder des Termins, also vor dem Anfall des Vermächtnisses (§ 2177), gehoben wird. Das ergibt die Bezugnahme auf § 308 und damit auch auf § 309 in § 2171.

6. Vermächtnisse mit aufschiebenden und auflösenden unmöglichen Bedingungen. Ist das Vermächtnis aufschiebend oder auflösend unter einer unmöglichen Bedingung (Verheiratung mit der Schwester) angeordnet, so ist nach allgemeinen Grundsätzen im ersteren Falle die Zuwendung als unwirksam, die auflösende Bedingung dagegen als nicht beigefügt zu behandeln.

§ 2172

Die Leistung einer vermachten Sache gilt auch dann als unmöglich, wenn die Sache mit einer anderen Sache in solcher Weise verbunden, vermischt oder vermengt worden ist, daß nach den §§ 946 bis 948 das Eigentum an der anderen Sache sich auf sie erstreckt oder Miteigentum eingetreten ist, oder wenn sie in solcher Weise verarbeitet oder umgebildet worden ist, daß nach § 950 derjenige, welcher die neue Sache hergestellt hat, Eigentümer geworden ist.

Ist die Verbindung, Vermischung oder Vermengung durch einen anderen als den Erblasser erfolgt und hat der Erblasser dadurch Miteigentum erworben, so gilt im Zweifel das Miteigentum als vermacht; steht dem Erblasser ein Recht zur Wegnahme der verbundenen Sache zu, so gilt im Zweifel dieses Recht als vermacht. Im Falle der Verarbeitung oder Umbildung durch einen anderen als den Erblasser bewendet es bei der Vorschrift des § 2169 Abs 3.

E I 1854 II 2043; M 5 173, 174; 6 396.

Übersicht:

Unmöglichkeit infolge Verbindung, Vermischung und Verarbeitung

1. Allgemeines
2. Verbindung, Vermischung, Verarbeitung durch den Erblasser selbst oder in seinem Auftrage
3. Verbindung, Vermischung, Verarbeitung durch einen anderen als den Erblasser
4. Bereicherungsansprüche bei der Verarbeitung und Umbildung
5. Verbindung und Vermischung der dem Erblasser gehörenden Sachen durch einen anderen

1. Allgemeines. Die Verbindung beweglicher Sachen mit einem Grundstück (§ 946) oder mit anderen beweglichen Sachen (§ 947) oder die Vermischung beweglicher Sachen miteinander (§ 948) bewirkt Untergang der Sache im Rechtssinn und deshalb Unmöglichkeit der Leistung. Das gleiche gilt, wenn die vermachte Sache im Wege der Verarbeitung oder Umbildung als Stoff zur Herstellung einer neuen Sache benutzt worden ist und der Wert des Stoffes nicht überwiegt (§ 950).

2. Verbindung, Vermischung, Verarbeitung durch den Erblasser selbst oder in seinem Auftrage. Hat der Erblasser selbst oder hat mit seinem Willen ein Dritter nach Anordnung des Vermächtnisses die Verbindungen vorgenommen, so gilt das Vermächtnis als erledigt. Die Sache, mit der der vermachte Gegenstand vermischt oder verbunden wird, kann gleichfalls dem Erblasser gehören, so daß ein Eigentumswechsel nicht eingetreten ist. Das Gesetz stellt darauf ab, daß die Sache, die den Gegenstand des Vermächtnisses bildete, als solche durch die Verbindung, Vermischung oder Verarbeitung untergegangen und in einer anderen Sache aufgegangen oder zu einer anderen verarbeitet ist. Das ist stets der Fall, wenn die Eigentumsverhältnisse sich geändert hätten, falls die betroffenen Sachen verschiedenen Eigentümern gehört hätten. Doch kann unter Umständen der Vermächtniswille auch dahin ausgelegt werden, daß die neugebildete Sache oder daß Wertersatz für die untergegangene Sache vermacht sein sollte. Auch Miteigentum oder ein Wegnahmeanspruch gegen den Beschwerten im Sinne von Abs 2 kann als vermacht gelten, obwohl bei einer vom Erblasser selbst vorgenommenen Umgestaltung seiner eigenen Sachen von Rechten solchen Inhalts, die schon in seiner Person entstanden wären, nicht eigentlich gesprochen werden kann.

Unberührt bleibt das Vermächtnis, wenn die Verbindung, Vermischung oder Verarbeitung eine solche war, daß unter der Voraussetzung, daß die davon betroffenen Sachen verschiedenen Eigentümern gehören würden, das Eigentum an der den Gegenstand des Vermächtnisses bildenden Sache unverändert geblieben wäre. Bei einer Verbindung und Vermischung würde das nach §§ 947 Abs 2, 948 zutreffen, wenn die vermachte Sache als Hauptsache anzusehen war, bei der Verarbeitung nach § 950, wenn der Wert der Verarbeitung oder der Umbildung erheblich geringer war als der Wert des vermachten Stoffes.

3. Verbindung, Vermischung, Verarbeitung durch einen anderen als den Erblasser. Ist die Verbindung durch einen andern als den Erblasser und ohne seinen Willen erfolgt, so verbleibt es zwar bei der Unmöglichkeit der Leistung und infolgedessen der Unwirksamkeit dieses Vermächtnisses. Es wird aber nach gesetzlicher Auslegungsregel („im Zweifel" bis zum Gegenbeweis des Beschwerten) dahin umgedeutet, daß an Stelle des ursprünglichen Gegenstandes die dem Erblasser aus §§ 947, 948, 951 Abs 2 entstandenen Miteigentums- und Wegnahmerechte als vermacht gelten.

4. Bereicherungsansprüche bei der Verarbeitung und Umbildung. Soweit dem Erblasser, wie insbesondere im Falle der Verarbeitung und Umbildung der Bereicherungsanspruch aus § 951 Abs 1 zustand, gilt nunmehr dieser als vermacht (§ 2169 A 6).

5. Verbindung oder Vermischung der dem Erblasser gehörenden Sachen durch einen anderen. Falls die von einem anderen verbundenen und vermischten Sachen sämtlich dem Erblasser gehören, entsteht kein Miteigentum, das als vermacht gelten könnte. Mit Planck-Flad 4. Aufl § 2172 Anm 1b ist anzunehmen, daß es in diesem Fall naheliegt anzunehmen, der Beschwerte sei nach dem Willen des Erblassers verpflichtet, für den Bedachten Miteigentum an der entstandenen einheitlichen Sache oder an dem Gemisch nach dem Verhältnis des Wertes der verbundenen oder vermischten Sachen zu begründen. Hatte der Erblasser ein Wegnahmerecht nach §§ 951, 997, dann kann als Wille des Erblassers angenommen werden, daß der Beschwerte, der das Eigentum an der Hauptsache erlangt hat, verpflichtet sein soll, die Wegnahme durch den Bedachten zu dulden.

§ 2173

Hat der Erblasser eine ihm zustehende Forderung vermacht, so ist, wenn vor dem Erbfalle die Leistung erfolgt und der geleistete Gegenstand noch in der Erbschaft vorhanden ist, im Zweifel anzunehmen, daß dem Bedachten dieser Gegenstand zugewendet sein soll. War die Forderung auf die Zahlung einer Geldsumme gerichtet, so gilt im Zweifel die entsprechende Geldsumme als vermacht, auch wenn sich eine solche in der Erbschaft nicht vorfindet.

E I 1855 II 2044; M 5 157, 158; P 5 174–176.

Übersicht:

Zuwendung beim Erbfall bereits getilgter Forderungen

1. a) Allgemeines. Das Gesetz regelt den Fall, daß die vermachte Forderung dem Erblasser selbst als Gläubiger zustand und daß sie vor dem Erbfall durch Erfüllung untergegangen ist. Unerheblich ist es, ob die Forderung dem Erblasser schon zustand, als er das Vermächtnis anordnete, ob er sie erst später erworben hat oder ob das Vermächtnis ursprünglich auf einen anderen Gegenstand gerichtet war und sich erst später wegen Beschädigung oder Untergangs der vermachten Sache nach §§ 2164 Abs 2, 2169 Abs 3 auf eine Ersatzforderung gerichtet hat.

Ist die Forderung durch Leistung an den Gläubiger erloschen, so kann sie auch nicht mehr Gegenstand des Vermächtnisses sein und das Vermächtnis wäre insoweit nach § 2171 unwirksam. Es kommt grundsätzlich für die Anwendung des § 2173 nicht darauf an, ob und aus welchem Grunde der Erblasser die Erfüllung der Forderung verlangt hat oder ob die Forderung erloschen ist, weil der Schuldner freiwillig geleistet hat. Diese Umstände können jedoch für den Beweis erheblich sein, daß der Erblasser entgegen der Auslegungsregel des § 2173 dem Bedachten den geleisteten Gegenstand nicht zuwenden wollte. Zu beachten ist, daß die Auslegungsregel des § 2173 nur entkräftet wird, wenn der Erblasser bei der Anordnung des Vermächtnisses einen entgegenstehenden Willen gehabt hat. Die angeführten Umstände können daher nur insoweit beweiserheblich sein, als sie Rückschlüsse auf den früheren Willen des Erblassers zulassen.

Das Vermächtnis wird ähnlich wie in § 2169 Abs 3 in ein Vermächtnis auf Leistung des Forderungsgegenstandes umgedeutet. Das Gesetz enthält insoweit eine Auslegungsregel. Der Beschwerte kann den Gegenbeweis dahin führen, daß das Vermächtnis nur auf die Forderung in dem zur Zeit des Erbfalls bestehenden Umfang gerichtet war (RG Warn 1930 Nr 60). Dann ist das Vermächtnis dadurch, daß die Forderung vor dem Erbfall getilgt worden ist, nach § 2171 unwirksam geworden.

b) Voraussetzung der Umdeutung. Die Umdeutung des Vermächtnisses in ein Vermächtnis auf den geleisteten Gegenstand findet statt, wenn dieser zur Zeit des Erbfalls noch in der Erbschaft vorhanden ist.

Beim Geldforderungsvermächtnis kommt es nach Satz 2 nicht darauf an, daß die geleistete Summe noch in der Erbschaft vorhanden ist. Vielmehr gilt die entsprechende Geldsumme im Zweifel in jedem Fall als vermacht, auch wenn überhaupt kein Geld im Nachlaß vorhanden ist. Der Gesetzgeber geht davon aus, daß bei einem Geldforderungsvermächtnis anders als bei dem Vermächtnis einer bestimmten Sache der Wille des Erblassers letztlich dahin ging, dem Bedachten eine Geldsumme zuzuwenden. § 2173 Satz 2 kann aber nicht entsprechend angewandt werden, wenn die vermachte Forderung nicht auf Geld, sondern auf Leistung verbrauchbarer oder vertretbarer Sachen gerichtet ist.

c) Ist der **Forderungsgegenstand nicht mehr vorhanden,** hat ihn namentlich der Erblasser selbst schon weiter veräußert, so wird das Vermächtnis nur schwer als Verschaffungsvermächtnis (§ 2170) aufrechtzuerhalten sein.

d) Aufrechnung steht der Leistung gleich. Die den Gegenstand der Forderung bildende Geldsumme gilt daher nach Satz 2 als vermacht, gleichgültig, ob die Forderung durch Aufrechnung von seiten des Erblassers oder des Schuldners vor dem Erbfall erloschen ist.

Wenn der Beschwerte nach dem Erbfall über die Forderung verfügt, so wird er dem Bedachten ersatzpflichtig. Erlischt sie durch Aufrechnung von seiten des Schuldners, so haftet er dem Bedachten auf Bereicherung.

2. Forderungen des Beschwerten oder Dritter als Gegenstand eines Vermächtnisses. Stand die Forderung nicht dem Erblasser, sondern dem Beschwerten oder einem Dritten zu und war ein Verschaffungsvermächtnis gemeint, so ist es Sache freier Auslegung, ob der vor dem Erbfall an den Gläubiger geleistete Gegenstand als vermacht zu gelten hat.

3. Besondere Fälle. Das Forderungsvermächtnis kann im übrigen auch durch das Vermächtnis der Schuldurkunde, des Sparkassenbuchs usw. ausgedrückt sein (s. aber auch RG SeuffA 75 Nr 107: Das Vermächtnis eines „Schreibtisches mit Inhalt" braucht nicht auf die Brief- und Buchhypotheken bezogen zu werden, über die die Hypothekenbriefe und Eintragungsbenachrichtigungen im Schreibtisch aufbewahrt wurden, § 2084 A 2a). Wenn ein Sparkassenbuch vermacht ist, werden regelmäßig nicht die einzelnen darin beurkundeten Forderungen, sondern nur die beim Erbfall bestehende Forderung des Erblassers den Gegenstand des Vermächtnisses bilden.

Sind verkehrsfähige Schuldverschreibungen auf den Inhaber vermacht und hat der Erblasser durch Verkauf darüber verfügt, so bildet im Zweifel der erzielte Erlös jetzt den Gegenstand des Vermächtnisses (OLG 10, 302).

4. Nebenrechte und Zinsen. Bestehende Nebenrechte der Forderung (Pfand, Bürgschaft) gelten im Zweifel als mitvermacht.

Aus § 2174 hat der Bedachte gegen den Beschwerten den Anspruch auf Übertragung der Forderung nach §§ 398ff. mit Zinsen seit Anfall des Vermächtnisses (§ 2184).

5. Nicht besonders geregelt, aber auch nach BGB zulässig ist

a) das Befreiungsvermächtnis: Zuwendung der Befreiung von einer dem Bedachten gegen den Erblasser, den beschwerten Erben oder einen Dritten obliegenden Schuld. Sie kann insbesondere dann, wenn der Bedachte Schuldner des Erblassers ist, auch in dem Vermächtnis der Forderung an den Bedachten ausgedrückt sein (RG 5. 10. 31 IV 102/31). Sie verpflichtet den Beschwerten in den beiden ersten Fällen zum Schulderlaß, je nach Umständen zu Quittungsleistung und Rückgabe des Schuldscheins (§§ 368, 371), Freigabe der bestellten Sicherheiten und gewährt dem Bedachten eine Einrede, wenn er vom Erben aus eigenem Recht oder aus dem des Erblassers auf Erfüllung belangt wird.

Ist der Gläubiger ein Dritter, so hat der Beschwerte die Befreiung herbeizuführen (RG LZ 1914, 760[3]).

Ist die Schuld schon vor dem Erbfall von dem Bedachten zurückgezahlt, so kann die Auslegung zu der Annahme führen, daß ein Vermächtnis der Schuldsumme gewollt ist. So RG Gruch 62, 248 für einen Fall, in dem die Schuld des Bedachten an den Erblasser nicht von diesem selbst, sondern von dessen Pfleger ohne Kenntnis des Befreiungsvermächtnisses eingezogen worden war. Für den Fall, daß der Erblasser dem Bedachten seine gegen diesen selbst gerichtete Forderung zugewandt hat, ist, falls die Schuld vor dem Erbfall getilgt ist, § 2173 anzuwenden. Planck-Flad 4. Aufl § 2173 Anm 3a will diese Bestimmung in allen Fällen anwenden, wenn bei einem Befreiungsvermächtnis die Schuld vor dem Erbfall durch Leistung des Bedachten erloschen ist.

b) das Schuldvermächtnis: Das Schuldvermächtnis ist das Vermächtnis dessen, was der Erblasser dem Bedachten schuldet oder schuldig zu sein erklärt (RG Warn 1936 Nr 41). Darin kann die Bestätigung eines schon bestehenden, wenn auch vielleicht unwirksamen Schuldverhältnisses (gleich dem Schuldanerkenntnis § 781) oder die selbständige Begründung eines solchen (gleich dem Schuldversprechen § 780) enthalten sein. Bestätigung einer unwirksamen Schenkung RG 82, 149 (§ 2150 A 2d). Im ersten der beiden Fälle ist, wenn die Schuld nicht bestand, gegebenenfalls Anfechtung wegen Irrtums aus § 2078 möglich. War die Schuld zur Zeit des Erbfalls schon getilgt, so ist das Vermächtnis nach § 2171 unwirsam. Hat ein in allgemeiner Gütergemeinschaft lebender Ehemann verfügt, daß dem Gläubiger einer das Gesamtgut belastenden Forderung das ihm Zukommende ausgezahlt werden solle, so kann dies dahin verstanden werden, daß die Schuld im Verhältnisse zwischen den Ehegatten bei Auseinandersetzung der Gütergemeinschaft nicht dem Gesamtgute, sondern dem persönlichen Nachlasse des Mannes zur Last fallen solle (RG 21. 11. 21 IV 264/21).

6. Sonstige Rechte als Gegenstand eines Vermächtnisses. Sind sonstige Rechte oder eine Rechtsgesamtheit Gegenstand des Vermächtnisses, so bestimmt sich sein Inhalt nach den besonderen hierfür geltenden Vorschriften (Leibrente §§ 759–761, Nießbrauch §§ 1030–1089, Ausstattung § 1624; Handelsgeschäft HGB § 22 usw.).

§ 2174

Durch das Vermächtnis wird für den Bedachten das Recht begründet, von dem Beschwerten die Leistung des vermachten Gegenstandes zu fordern.

E I 1865 II 2045; M 5 176; P 5 201–210; 6 344–346.

Übersicht:

Rechtsnatur des Vermächtnisses

1. Rechtsnatur des Anspruchs aus dem Vermächtnis
2. Anwendung der allgemeinen Vorschriften über Schuldverhältnisse
   - a) Haftung, Verzug, Zinsen
   - b) Anwendung des § 242
   - c) Pflichten des Beschwerten vor Annahme der Erbschaft und vor dem Anfall des Vermächtnisses
   - d) Die Erfüllung des Anspruchs
   - e) Leistungsort und Gerichtsstand
   - f) Anspruch des Bedachten auf Sicherstellung
   - g) Anspruch des Bedachten auf Auskunft
   - h) Zuwendung des vermachten Gegenstandes an den Bedachten zu Lebzeiten des Erblassers
   - i) Fälligkeit, Gewährleistungsansprüche, Anspruch auf Früchte und auf Ersatz von Verwendungen
   - k) Abtretung und Pfändung
   - l) Verjährung
   - m) Erbschaftssteuer
3. Die Vermächtnisschuld als Nachlaßverbindlichkeit
4. Vermächtnis und Lastenausgleich
5. Aufwertung
6. Umstellung

1. Rechtsnatur des Anspruchs aus dem Vermächtnis. Durch das Vermächtnis wird, wie auch beim Pflichtteil § 2303, nur ein **Forderungsrecht des Bedachten gegen den Beschwerten** begründet. Der zugewendete Gegenstand geht daher nicht, wie beim Vindikationslegat des gemeinen Rechtes, unmittelbar kraft Gesetzes auf den Bedachten über. Vielmehr liegt dem Beschwerten ob, die zur Verwirklichung der Vermächtnisanordnung erforderlichen Rechtsakte vorzunehmen

(Eigentumsübertragung, Abtretung, Neubegründung von Rechten, Erlaß der Schuld beim Befreiungsvermächtnis § 2173 A 5a usw.). Der Erblasser hat keine Möglichkeit, einen dinglichen Rechtsübergang des vermachten Gegenstandes auf den Bedachten herbeizuführen. Falls er dem Bedachten ein unmittelbares Recht an dem Gegenstand einräumen will, muß er ihn als Miterben einsetzen und durch eine Teilungsanordnung bestimmen, daß der Bedachte den betreffenden Gegenstand erhalten soll. Auch dann erlangt der Bedachte bei Eintritt des Erbfalls nur Miteigentum. Alleineigentümer kann er nur durch eine Verfügung der Miterbengemeinschaft werden. Auch das dem Miterben zugewandte Vorausvermächtnis hat nur schuldrechtliche Wirkungen. Ein Vorausvermächtnis an einen Vorerben wirkt allerdings insofern dinglich, als sich das Recht des Nacherben nicht auf den Gegenstand des Vorausvermächtnisses erstreckt. Der Erblasser kann, um die Durchführung seiner Vermächtnisanordnung zu gewährleisten, einen Testamentsvollstrecker einsetzen, der nach § 2203 die letztwilligen Verfügungen des Erblassers auszuführen hat.

Der Anspruch des Vermächtnisnehmers kann vor Eintritt des Erbfalls auch nicht dinglich sichergestellt werden. Insbesondere kann, wenn ein Grundstück vermacht ist, keine Auflassungsvormerkung zugunsten des Vermächtnisnehmers eingetragen werden. Dabei ist es unerheblich, ob das Vermächtnis in einem Testament oder einem Erbvertrag angeordnet ist. Künftige oder bedingte Ansprüche sind nur dann vormerkungsfähig, wenn bereits eine feste, die Gestaltung des Anspruchs bestimmende Grundlage vorhanden ist. Der Vermächtnisnehmer hat aber vor dem Erbfall weder einen Anspruch noch eine rechtlich gesicherte Anwartschaft, sondern nur die Hoffnung, den ihm vermachten Gegenstand zu erwerben. Auch der Erbvertrag begründet keinen Anspruch des Bedachten gegen den Erben. Dieser entsteht erst mit dem Erbfall. Er richtet sich auch nicht gegen den Erblasser, sondern gegen den Erben. Grundsätzlich muß aber der Anspruch, der durch Vormerkung gesichert werden soll, gegen denjenigen bestehen oder entstehen, dessen Grundstück von der Vormerkung betroffen wird (BGH 12; 115. Dagegen für die Zulässigkeit der Eintragung der Vormerkung beim Erbvertrag Celle NJW 53, 27 und Schulte DNotZ 53, 360ff.; vgl. dazu auch Hieber DNotZ 52, 432; 53, 635).

2. Anwendung der allgemeinen Vorschriften über Schuldverhältnisse

a) Haftung, Verzug, Zinsen. Die gegenseitigen Rechte und Pflichten der Beschwerten und Bedachten bestimmen sich im übrigen nach den allgemeinen Vorschriften über Schuldverhältnisse. So insbesondere in der Frage der Vertretung eigenen und fremden Verschuldens (§§ 276ff.) und der Verzugsfolgen (§§ 286ff.). Demgemäß sind Zinsen von einem Geldvermächtnis regelmäßig nur als Verzugs- oder Prozeßzinsen nach §§ 288, 291 zu entrichten (RG LZ 1917, 191[8]; Warn 1927 Nr 35).

b) Anwendung des § 242. Die Bewirkung der Leistung auf die Vermächtnisschuld untersteht auch den Anforderungen des § 242 (RG 11. 11. 20 IV 231/20; A 5a). Wie aber eine günstige Entwicklung des Nachlasses, insbesondere eines vom Erben fortgeführten Geschäftsunternehmens, allein dem Erben und nicht dem zu seinen Lasten mit einem bestimmten Geldvermächtnis Bedachten zugute kommt, so kann der Erbe regelmäßig die Folgen einer nach dem Erbfall eintretenden ungünstigen Entwicklung nicht auf einen seiner Vermächtnisnehmer abwälzen und ihm eine Verkürzung oder Stundung des Vermächtnisses aufdrängen (RG ZAkDR 1938, 277 mit kritischer Bemerkung von Boehmer).

c) Pflichten des Beschwerten vor Annahme der Erbschaft und vor dem Anfall des Vermächtnisses. Auch schon vor Annahme der Erbschaft oder des mit einem Untervermächtnis belasteten Vermächtnisses darf der Beschwerte der Verwirklichung des Vermächtnisanspruchs nicht entgegenhandeln. Für die Zeit vor der Annahme der Erbschaft, beim Untervermächtnis für die Zeit vor Anfall des Vermächtnisses ist für die Verantwortlichkeit des Beschwerten § 1978 Abs 1 Satz 2 entsprechend anzuwenden, so daß sich die Haftung des Beschwerten nach den Vorschriften der Geschäftsführung ohne Auftrag bestimmt (Planck-Flad 4. Aufl § 2174 Anm 3a η). Beim hinausgeschobenen Vermächtnisanfall ergibt sich die Haftung des Beschwerten bis zum Anfall des Vermächtnisses aus den §§ 2179, 160.

d) Die Erfüllung des Vermächtnisanspruchs. Besondere Vorschriften für die Erfüllung enthalten die §§ 2181–2189. Die durch die Erfüllung entstehenden Kosten sind vom Beschwerten zu tragen. So die Kosten der Umschreibung einer Hypothekenforderung auf den Namen des Vermächtnisnehmers, mag die Hypothekenforderung selbst vermacht worden sein oder auf ein Geldvermächtnis an Erfüllungs Statt hingegeben werden (RFinH 1 A 124).

e) Leistungsort und Gerichtsstand. Als Leistungsort ergibt sich aus § 269 der Wohnort des Beschwerten, aber nur für den Fall, daß ein anderer Ort vom Erblasser weder ausdrücklich noch stillschweigend bestimmt noch aus den Umständen, insbesondere aus der Natur des Schuldverhältnisses zu entnehmen ist. Regelmäßig wird hiernach der letzte Wohnort des Erblassers in Frage kommen. Wohnt der Bedachte außerhalb des Leistungsortes, so darf als Wille des Erblassers vielfach unterstellt werden, daß der Beschwerte den Gegenstand wenigstens auf den Weg bringt (Schickschuld), unter Umständen auch, daß er ihn auf seine Kosten übersendet (Bringschuld). Vgl. Reichel AZivPrax 134, 201. Für Klagen, welche Ansprüche aus Vermächtnissen betreffen, ist ohne Rücksicht auf den Leistungsort, das Gericht der Erbschaft (ZPO § 27) zuständig.

f) Anspruch des Bedachten auf Sicherstellung. Ein gesetzlicher Anspruch auf Sicherstellung steht dem Vermächtnisnehmer nicht zu. Doch kann sich ein solcher Anspruch für ihn unter Umständen aus der Vermächtnisanordnung ergeben (RG JRdsch 1925 Nr 1526; BayObLG 34, 365); so insbesondere auch bei einem auf den Tod des Erben befristeten Vermächtnis eines Nachlaßgrundstücks aus der Anordnung, daß das Grundstück nicht veräußert werden dürfe (RG SeuffA 87 Nr 10). Unter den Voraussetzungen des § 1981 Abs 2 kann der Vermächtnisnehmer als Nachlaßgläubiger die Nachlaßverwaltung beantragen. Ferner kann er sich gegebenenfalls durch Arrest oder einstweilige Verfügung, insbesondere durch Eintragung einer Vormerkung (§ 885) schützen lassen.

g) Anspruch des Bedachten auf Auskunft. Einen Anspruch auf Auskunfterteilung hat er, abgesehen von dem Vermächtnis eines Sachinbegriffs (§ 2155 A 5, § 260), gegen den Beschwerten nur, wenn ihm der Anspruch mitvermacht ist, was als stillschweigend geschehen z. B. angenommen werden kann, wenn Gegenstand des Vermächtnisses „der doppelte Pflichtteilsbetrag", „der halbe Wert des Nachlasses" oder ein bestimmter Teil des sich „bei günstiger Verwertung der Immobilien" ergebenden Erlöses ist (RG 129, 239; OLG 26, 340; 42, 136); ist ein Vermächtnisnehmer mit einem Bruchteil des sich bei späterer Liquidierung ergebenden Wertes des Nachlasses und bis dahin mit einem Bruchteil der Reinerträgnisse des Nachlasses bedacht, so kann nicht nur das Recht auf Auskunft über den Bestand des Nachlasses, sondern auch das Recht auf Rechenschaftsablegung über die Einnahmen und Ausgaben, die mit der Verwaltung des Nachlasses bis zu seiner Liquidierung verbunden sind, als mitvermacht angesehen werden (RG LZ 1931, 688[3]).

h) Zuwendung des vermachten Gegenstandes an den Bedachten zu Lebzeiten des Erblassers. Hat der Erblasser dem Bedachten den Vermächtnisgegenstand bereits unter Lebenden zugewendet (vgl. über die Möglichkeit der Rechtsnatur einer solchen Zuwendung als Schenkung RG 95, 12), so ist das Vermächtnis, wenn es sich um eine Einzelsache handelt, nach § 2169 Abs 1 unwirksam. Das Gattungsvermächtnis (§ 2155) bleibt an sich in Kraft. Doch ist Tatfrage, ob das Vermächtnis nicht unter der stillschweigenden Bedingung angeordnet ist, daß der Erblasser den Bedachten nicht selbst noch befriedigen werde (RG Gruch 63, 476f.); ist eine solche auflösende Bedingung nach dem Inhalt des Testaments anzunehmen, so ist eine spätere, auf den Fortfall der Bedingung gerichtete Sinnesänderung des Erblassers ohne Bedeutung, wenn keine formgültige Abänderung des Testaments erfolgt (RG Warn 1930 Nr 60). Der in der Annahme der Zuwendung unter Lebenden regelmäßig enthaltene Verzicht des Bedachten auf das Vermächtnis bedarf, um wirksam zu sein, der Form des § 2348 (§ 2352).

i) Fälligkeit, Gewährleistungsansprüche, Ansprüche auf Früchte und auf Ersatz von Verwendungen. Der Anspruch aus dem Vermächtnis wird regelmäßig mit dessen Anfall fällig. Die Fälligkeit tritt also, soweit nicht die Ausnahmevorschriften der §§ 2177, 2178 durchgreifen, grundsätzlich mit dem Tode des Erblassers ein (§§ 2176, 271). Um eine bedingte Zuwendung handelt es sich, wenn der Erblasser dem Bedachten einen Gegenstand vermacht und ihn verpflichtet hat, aus seinem, des Bedachten, Vermögen eine Abfindung an andere Personen zu zahlen. Der Bedachte kann in solchem Fall die Erfüllung des Vermächtnisses nicht fordern, bevor er nicht die ihm auferlegte Zahlung angeboten hat (BGH 8. 5. 52 IV ZR 144/51). Ist dagegen die Zeit der Erfüllung eines Vermächtnisses dem freien Belieben des Beschwerten überlassen, dann wird die Leistung nach § 2181 im Zweifel erst beim Tode des Beschwerten fällig. Für das Untervermächtnis bestimmt § 2186, daß der Beschwerte erst dann zur Erfüllung verpflichtet ist, wenn er die Erfüllung des ihm zugewandten Vermächtnisses verlangen kann. Die Gewährleistungspflicht beim Gattungs- und Verschaffungsvermächtnis regeln die §§ 2182, 2183. Über den Anspruch des Bedachten auf Herausgabe der Früchte und den Anspruch des Beschwerten auf Ersatz von Verwendungen bei dem Vermächtnis einer bestimmten zur Erbschaft gehörigen Sache vgl. §§ 2184, 2185.

k) Abtretung und Pfändung. Die Forderung aus dem Vermächtnis kann abgetreten und gepfändet werden (RG 67, 425). Diese Möglichkeiten kann der Erblasser als solche nicht ausschließen. Er kann aber das Vermächtnis unter der auflösenden Bedingung anordnen, daß die Forderung daraus weder abgetreten noch gepfändet wird. Die Pfändung schließt das Recht des Beklagten, das Vermächtnis nach § 2180 auszuschlagen, nicht aus, sie macht es ihm aber unmöglich, auf seinen Anspruch durch eine Erklärung gegenüber dem Beschwerten zu verzichten.

l) Verjährung. Der Anspruch aus dem Vermächtnis verjährt nach § 198 in dreißig Jahren, gerechnet von dem Zeitpunkt, in dem das Vermächtnis anfällt (vgl. dazu §§ 2176 ff.). Ist eine Forderung vermacht, so richtet sich deren Verjährung nach den für sie geltenden Bestimmungen.

m) Erbschaftssteuer. Die Erbschaftssteuer hat der Vermächtnisnehmer nach §§ 15, 2 Abs 1 Nr 1 des Erbschaftssteuergesetzes in der Fassung vom 30. 6. 51 (BGBl I, 764) zu tragen. Neben ihm haftet nach § 15 Abs 3 Erbschaftssteuergesetz als Gesamtschuldner der Nachlaß sowie jeder Erbe in Höhe des Wertes des aus der Erbschaft Empfangenen. Der mit dem Vermächtnis beschwerte Erbe kann daher bei einem Geldvermächtnis einen entsprechenden Betrag für die Entrichtung der Steuer einbehalten (RG Recht 1907 Nr 1856; OLG 26, 342). Beim Vermächtnis eines anderen Gegenstandes kann er diesen bis zur Entrichtung der Steuer zurückbehalten. Grunderwerbssteuer ist, wenn dem Bedachten das vermachte Grundstück übereignet wird, nicht zu entrichten (vgl. Staudinger-Seybold 11. Aufl § 2174 Anm 8).

3. Die Vermächtnisschuld als Nachlaßverbindlichkeit. Die Vermächtnisschuld ist, wenn der Erbe damit beschwert ist, Nachlaßverbindlichkeit (§ 1967). Sie unterscheidet sich aber von anderen Verbindlichkeiten dadurch, daß sie — gleich dem Pflichtteil — zur Voraussetzung hat, daß nach Tilgung der eigentlichen Nachlaßschulden ein Nachlaßüberschuß vorhanden ist. Die Forderung aus dem Vermächtnis rangiert somit nach den gewöhnlichen Nachlaßverbindlichkeiten. Anderseits hat der Erbe keinen Anspruch darauf, daß ihm irgend etwas (Falzidische Quart) vom Nachlaß verbleibe. Hierauf und auf der Tatsache, daß dem Erben das Vermächtnis regelmäßig aus den letztwilligen Verfügungen des Erblassers bekannt ist, beruhen folgende Besonderheiten:

Das Vermächtnis wird, außer nach Teilung des Nachlasses unter Miterben (§ 2060 A 3) durch das **Aufgebot** nicht betroffen, § 1972, hat aber sogar hinter den ausgeschlossenen Gläubigern zurückzutreten (§§ 1973 A 4, 1974 A 7). Im Verhältnis von Pflichtteilsrechten, Vermächtnissen und Auflagen zueinander haben die Pflichtteilsrechte den Vorrang, § 1974 A 7; KO § 226. Im übrigen kann der Erblasser den Rang ordnen, § 2189. In diesem Verhältnis hat der Erbe auch im Falle der **Unzulänglichkeitseinrede** für die Berichtigung Sorge zu tragen, § 1991 A 4, aber auch § 1979. Beruht die Überschuldung des Nachlasses auf Vermächtnissen, so ist der Erbe deshalb allein nicht zum Antrag auf Eröffnung des Nachlaßkonkurses verpflichtet, §§ 1980, 1992. Inwieweit im übrigen Vermächtnisse vom **Pflichtteilsrechte** beeinflußt werden, ergeben §§ 2306, 2318, 2321—2323. Besonderheiten im **Nachlaßkonkurse** KO §§ 219, 222, 226, 227, 230. An einem **Vergleichsverfahren** über den Nachlaß sind die Vermächtnisnehmer weder beteiligt noch werden sie von einem Vergleich betroffen (VerglO § 113 Nr 7). Haftung des Vorerben § 2145. Fälligkeit des **Untervermächtnisses,** mit dem ein Vermächtnisnehmer beschwert ist, und Beschränkung seiner Haftung §§ 2186—2188, **Anfechtung** des Vermächtnisses **wegen Erbunwürdigkeit** des Bedachten § 2345.

4. Vermächtnis und Lastenausgleich. Daraus, daß das am 1. 9. 52 in Kraft getretene Lastenausgleichsgesetz die Vermögensabgabeschuld rückwirkend zu Beginn des 21. 6. 48 entstehen läßt, können sich Unbilligkeiten ergeben, wenn ein nach dem 20. 6. 48 verstorbener Erblasser ein Vermächtnis oder eine Auflage angeordnet hat, bevor er von dem Bestehen der Vermögensabgabeschuld Kenntnis erlangt hatte. Ist der Erblasser davon ausgegangen, daß der Beschwerte das ihm zugewandte Vermögen ungeschmälert erhalten würde, dann wird es in der Regel seinen Vorstellungen und Absichten nicht entsprechen, wenn dieser, obwohl er die Vermögensabgabe leisten muß, auch die Beschwerungen in vollem Umfange zu erfüllen hat. § 70 LAG trifft daher eine Übergangsbestimmung. Sie betrifft Vermächtnisse und Auflagen, die vor dem 1. 10. 52 angeordnet sind, wenn der Erbfall nach dem 20. 6. 48 eingetreten ist.

Für Erbfälle vor dem 21. 6. 48 war keine besondere Regelung erforderlich. Denn in diesen Fällen ist nicht schon der Erblasser, sondern erst der Erbe Schuldner der Vermögensabgabe geworden. Bei der Ermittlung seines für die Berechnung der Abgabeschuld maßgebenden Vermögens sind aber die ihn treffenden Verbindlichkeiten aus Vermächtnissen und Auflagen ohnehin schon zu berücksichtigen. Hat der Erblasser Vermächtnisse und Auflagen nach dem 30. 9. 52 angeordnet, dann muß regelmäßig davon ausgegangen werden, daß er seine Bestimmung in Kenntnis der auf seinem Vermögen lastenden Abgabeschuld getroffen hat. Dann ist anzunehmen, daß der Beschwerte das Vermächtnis oder die Auflage erfüllen soll ohne Rücksicht darauf, daß ihn die Abgabeschuld des Erblassers als Nachlaßverbindlichkeit trifft. Falls der Erblasser jedoch ausnahmsweise auch nach dem 30. 9. 52 noch irrige Vorstellungen von dem Bestehen der Abgabeschuld und der sich daraus für den Beschwerten ergebenden Belastung gehabt hat, kann seine letztwillige Verfügung unter Umständen wegen Irrtums nach § 2078 angefochten werden.

§ 70 LAG lautet:

Hat ein nach dem 20. 6. 48 verstorbener Erblasser vor dem 1. 10. 52 ein Vermächtnis angeordnet und dabei die durch dieses Gesetz entstehende Verpflichtung des Erben, die auf den Nachlaß entfallende Vermögensabgabe zu tragen, nicht berücksichtigt, so ist im Zweifel als Wille des Erblassers anzunehmen, daß der Erbe berechtigt sein soll, das Vermächtnis um den Anteil des Zeitwerts der Abgabeschuld zu kürzen, der dem Anteil des gemeinen Werts des

Vermächtnisses an dem gemeinen Wert des Nachlasses entspricht. Für den Zeitwert (§ 77) der Abgabeschuld, für den Wert des Vermächtnisses und den Wert des Nachlasses ist der Zeitpunkt des Erbfalls maßgebend. Zur Ermittlung des Nachlasses sind Vermächtnisse, Auflagen, Pflichtteile und die Vermögensabgabe außer Betracht zu lassen.

In den Fällen des Abs 1 kann der Vermächtnisnehmer die Kürzung des Vermächtnisses dadurch abwenden, daß er die Verpflichtung zur Entrichtung des Vierteljahresbetrags zu dem sich aus Abs 1 ergebenden Anteil dem Erben gegenüber übernimmt und sich auf dessen Verlangen an der Stellung eines Antrags auf Genehmigung der Schuldübernahme nach § 60 beteiligt.

Die Absätze 1 und 2 gelten entsprechend im Falle einer Auflage.

Wird die einem Vermächtnisnehmer gebührende Leistung auf Grund des Abs 1 gekürzt, so kann der Vermächtnisnehmer die ihm selbst auferlegten Beschwerungen um den Anteil des ihn betreffenden Kürzungsbetrages mindern, der dem Verhältnis der auferlegten Beschwerungen zu dem Vermächtnis entspricht. Abs 2 gilt entsprechend.

Die Abs 1, 2 und 4 gelten nicht für die Fälle, in denen das Vermächtnis in einem Nießbrauch besteht; insoweit verbleibt es hinsichtlich der Lastenverteilung zwischen Eigentümer und Nießbraucher bei den Vorschriften des bürgerlichen Rechts in Verbindung mit § 73

Danach kommt es zeitlich allein darauf an, daß der Erbfall nach dem 20. 6. 48 eingetreten und daß das Vermächtnis oder die Auflage vor dem 1. 10. 52 angeordnet ist. Es ist unerheblich, wann das Vermächtnis angefallen und ob es schon erfüllt ist. Der Beschwerte kann, falls er das Vermächtnis vor dem Inkrafttreten des Lastenausgleichsgesetzes bereits erfüllt hatte, den Betrag, um den das Vermächtnis nach § 70 LAG zu kürzen gewesen wäre, von dem Bedachten zurückzufordern.

§ 70 Abs 1 LAG enthält eine Auslegungsregel. Der Gegenbeweis, daß der Erblasser keine Kürzung der von ihm angeordneten Vermächtnisse und Auflagen trotz der den Beschwerten treffenden Abgabenschuld gewollt hat, ist zulässig. Der Beweis muß dahin geführt werden, daß der Erblasser diese Kürzung, als er die Beschwerung anordnete, nicht wollte. Es braucht jedoch nicht bewiesen zu werden, daß der Erblasser sich bestimmte Vorstellungen über das Bestehen oder das spätere Entstehen einer Abgabeschuld gemacht hat. Es genügt, wenn erwiesen ist, daß der Wille des Erblassers allgemein dahin ging, das Vermächtnis oder die Auflage solle unter allen Umständen in voller Höhe geleistet werden. Anhaltspunkte für die Erforschung des Willens des Erblassers können seine Beweggründe für die Bestimmung, insbesondere die mit ihr verfolgten Zwecke ergeben. Eine ungeschmälerte Erfüllung des Vermächtnisses wird der Erblasser häufig gewollt haben, wenn er durch das Vermächtnis ihm geleistete wertvolle Dienste entlohnen (Köln NJW 1954, 356) oder eine Entschädigung für ihm gebrachte Opfer gewähren will. Daraus allein, daß der Erblasser, nachdem er von dem Bestehen der Abgabeschuld Kenntnis erlangt hatte, seine früheren Verfügungen nicht geändert hat, kann nicht geschlossen werden, daß er die Kürzung nicht will. Er kann von einer Änderung gerade mit Rücksicht auf § 70 LAG abgesehen haben. Auch kann das Verhalten des Erblassers nach der Errichtung der Verfügung bei der Auslegung des Testaments nur insoweit berücksichtigt werden, als es Rückschlüsse auf den Willen zuläßt, den der Erblasser hatte, als er die Verfügung errichtete. § 70 LAG ist nicht mehr anzuwenden, wenn der Erblasser seine Verfügung nach dem 30. 9. 52 inhaltlich derart geändert hat, daß sie als neu getroffen angesehen werden muß.

Vermächtnisse und Auflagen können nur wegen der Vermögensabgabe und nicht wegen der vom Erblasser nicht berücksichtigten Hypotheken- und Kreditgewinnabgabe gekürzt werden.

Der Gesetzgeber geht davon aus, daß der Vermächtnisnehmer nach dem Willen des Erblassers den Teil der Abgabeschuld tragen soll, der dem Verhältnis entspricht, in dem der gemeine Wert des Vermächtnisses zu dem gemeinen Wert des Nachlasses steht. Die Vermögensabgabe ist dabei mit ihrem nach § 70 LAG zu errechnenden Zeitwert anzusetzen. Der Kürzungsbetrag errechnet sich sonach nach der Formel

$$K = \frac{\text{gemeiner Wert des Nachl.} \times \text{Zeitwert der auf den Nachl. fallenden Vermögensabgabeschuld}}{\text{gemeiner Wert des Nachlasses}}$$

Auszugehen ist dabei von den für den Zeitpunkt des Erbfalls geltenden Werten. Die gewöhnlichen Nachlaßverbindlichkeiten und auch die Erbschaftssteuer, die Hypothekengewinnabgabe, die Kreditgewinnabgabe und die Soforthilfeabgabe, soweit sie nicht auf die Vermögensabgabe angerechnet wird, sind bei der Ermittlung des Nachlaßwertes abzusetzen. Dagegen dürfen die Verbindlichkeiten aus Vermächtnisse, Auflagen, Pflichtteil und die Vermögensabgabe selbst nicht abgesetzt werden.

Falls eine Kürzung des Vermächtnisses oder der Auflage wegen der Natur der geschuldeten Leistung nicht möglich ist, muß dem Beschwerten ein Ausgleichsanspruch in Höhe des sich rechnerisch ergebenden Kürzungsbetrages zugebilligt werden.

Abs 2 gestattet dem Bedachten, die Kürzung seiner Zuwendung dadurch abzuwenden, daß er sich verpflichtet, die Vermögensabgabeschuld zu dem auf ihn entfallenden Anteil zu übernehmen. Er ist dann dem Beschwerten gegenüber verpflichtet, diesen von dem entsprechenden Teil der ihn treffenden Abgabeschuld zu befreien. Auf Verlangen des Beschwerten muß er sich an einem von diesem zu stellenden Antrag auf Genehmigung der teilweisen Übernahme der Abgabeschuld nach § 60 LAG beteiligen. Mit der Genehmigung wird der Bedachte für den auf ihn entfallenden Teil Schuldner der Vermögensabgabe. Der Beschwerte wird insoweit von seiner Verpflichtung frei.

Abs 4 gestattet dem Vermächtnisnehmer, dessen Vermächtnis nach Abs 1 gekürzt wird, die ihm selbst auferlegten Beschwerungen verhältnismäßig zu kürzen. Die Vorschrift entspricht dem § 2188. Das Kürzungsrecht muß dem Vermächtnisnehmer auch zustehen, wenn er von der Möglichkeit Gebrauch gemacht hat, die Kürzung nach Abs 2 abzuwenden. Derjenige, dem das Untervermächtnis zugewandt ist, oder der durch die Auflage begünstigt ist, kann die Kürzung durch den beschwerten Vermächtnisnehmer gleichfalls dadurch abwenden, daß er sich entsprechend Abs 2 verpflichtet, die Abgabeschuld anteilsmäßig zu übernehmen.

Die angeführten Vorschriften gelten nach Abs 5 nicht, wenn das Vermächtnis in einem Nießbrauch besteht. Hier verbleibt es wegen der Verteilung der Lasten zwischen Eigentümer und Nießbraucher bei den Vorschriften des bürgerlichen Rechts in Verbindung mit § 73 LAG. Diese Vorschrift bestimmt, inwieweit die Abgabeschuld als eine auf den Stammwert des Vermögens gelegte außerordentliche Last im Sinne des § 1047 anzusehen ist. Eigentümer und Nießbraucher haben die Vierteiljahresbeträge im Innenverhältnis je zur Hälfte zu tragen. Eine Kürzung des des Vermächtnisses kommt daher nicht in Betracht.

§ 71 LAG schreibt für diejenigen, die nach dem 20. 6. 48 auf Grund eines Vermächtnisses oder einer Auflage Vermögen erworben haben, eine Mithaft für die Abgabeschuld des Erblassers vor. Die Mithaft besteht in Höhe des gemeinen Werts der Bereicherung zur Zeit des Erbfalls. Die Bestimmung soll verhindern, daß die Erfüllung der Abgabeschuld dadurch gefährdet wird, daß der Erblasser sein Vermögen von Todes wegen solchen Personen zuwendet, die für die auf diese Vermögensteile entfallende Abgabeschuld an sich nicht haften. Der Vermächtnisnehmer oder der durch die Auflage Begünstigte kann auf Antrag oder auch von Amts wegen aus der Haftung entlassen werden, wenn die Aussichten für die Verwirklichung des Abgabeanspruchs dadurch nicht wesentlich verschlechtert werden. Falls der Vermächtnisnehmer oder der durch die Auflage Begünstigte einen Teil der Abgabeschuld des Erblassers durch Vertrag mit dem Erben übernommen oder auf Grund einer letztwilligen Verfügung des Erblassers zu tragen hat, gilt § 60 LAG entsprechend. Danach kann die Abwälzung der Abgabeschuld mit der Folge genehmigt werden, daß der Vermächtnisnehmer oder der durch die Auflage Begünstigte für den übernommenen Teil allein haftet. Bezüglich des Restes der Abgabeschuld trifft ihn gleichwohl weiter die Mithaft nach § 71 LAG, falls er nicht nach Abs 2 hieraus entlassen wird.

5. Aufwertung. a) Darüber, ob ein vor oder während der Inflation in Mark ausgesetztes Summen- oder Rentenvermächtnis aufzuwerten ist, entscheidet in erster Linie der im Testament kundgegebene Wille des Erblassers. So kann sich ergeben, daß jede Aufwertung zu unterbleiben hat (RG 7. 2. 27 IV 702/26: Ein Hamburger Kaufmann hatte in seinem Testament vom 29. 6. 22 einer Person eine Jahresrente von 60000 Mk., dann in einem Nachtrage vom 21. 2. 23, ohne dieses Markvermächtnis zu streichen, eine Jahresrente von 4 Contos de reis, brasilianischem Rechnungsgeld, und schließlich in einem Nachtrage vom 11. 11. 23 noch von 4 weiteren Contos de reis vermacht). In der Regel wird, insbesondere bei Markvermächtnissen aus der Zeit vor merkbarer Inflation, Aufwertung geboten sein; und zwar, namentlich bei einem zum Unterhalt bestimmten Rentenvermächtnis (wie in dem Falle RG JW 1928, 885[3]), auch dann, wenn der Erblasser noch längere Zeit während der Inflation gelebt hat, ohne sein Testament zu ändern (RG JW 1929, 586[16]). Es muß in diesen Fällen im Wege ergänzender Testamentsauslegung (§ 2084 A 1c) festzustellen versucht werden, wie der Erblasser selbst nach seiner aus dem Testament, gegebenenfalls unter Mitberücksichtigung von Umständen außerhalb des Testaments, zu entnehmenden Willensrichtung die Aufwertungsfrage gelöst haben würde, wenn er mit der Geldentwertung gerechnet hätte (LM Nr 7 zu BGB § 242 [A]). Versagt dieses Hilfsmittel, so ist über die Frage an der Hand des § 242 zu entscheiden (A 2b; 9. A § 242 A 5d8 Abs 5). Unter dem einen wie unter dem andern Gesichtspunkt wird im allgemeinen (vorausgesetzt, daß der Erblasser vom Werte seines Vermögens bei der Testamentserrichtung eine wenigstens annähernd richtige Vorstellung gehabt hat, RG HRR 1931 Nr 1742) einerseits davon auszugehen sein, in welchem Wertverhältnis das Vermächtnis zum Vermögen des Erblassers im Zeitpunkt der Testamentserrichtung stand, anderseits davon, in welchem Maße der Nachlaß bei der nach der Testamentserrichtung eingetretenen Entwicklung der wirtschaftlichen Verhältnisse seinen Wert behalten hat (RG Warn 1938 Nr 54). Für die Bestimmung dieses Maßes kommt es grundsätzlich nicht auf den Zeitpunkt des Erbfalls (so KG JW 1926, 1589[1] und für den besonderen Fall, daß nicht eine bestimmte Summe vermacht, die Höhe des Vermächtnisses vielmehr vom Stande des Nachlasses abhängig gemacht war, auch RG JW 1929, 585[15]), sondern auf den Zeitpunkt an, in dem der Bedachte das ihm zugewendete in die Hand bekommt; beruht eine Hinausschiebung dieses Zeitpunkts auf vertretbaren Handlungen des einen oder des anderen Beteiligten, so kann ein früherer Zeitpunkt in Betracht kommen (RG 108, 86

Abs 3; JW 1925, 360[12], 1930, 994[13]; vgl. auch Bamberg BayZ 1925, 294 über die Berechnung eines Quotenvermächtnisses). Eine über das angegebene Maß hinausgehende Aufwertung bedarf der Begründung aus den besonderen Umständen des Falles (RG Warn 1927 Nr 35: Testament, aus dem der Wille des Erblassers erhellte, hinsichtlich der Erhaltung des Wertes der Zuwendungen den Vermächtnisnehmer vor dem Erben zu bevorzugen; KG JW 1926, 1846[2]: Vermächtnis einer zum Unterhalt bestimmten Rente an den Stiefbruder zu Lasten der als Erbin eingesetzten Stadtgemeinde; RG Warn 1926 Nr 6: Vermächtnis einer zum Unterhalt bestimmten Rente an die zweite Ehefrau gegen deren Verzicht auf ihr gesetzliches Erbrecht, nachdem der mit dem Vermächtnis als gesetzlicher Erbe beschwerte Sohn erster Ehe schon vorher durch die Überlassung des väterlichen Geschäfts versorgt worden war; RG Warn 1927 Nr 85: Vermächtnis einer Pension durch die Mutter eines damaligen Landesherrn an die Witwe ihres früheren Hofmarschalls). Der Fall eines Rentenvermächtnisses kann auch so liegen, daß es für die Aufwertung nicht sowohl auf das Maß der Erhaltung des Wertes der Substanz als vielmehr auf das Maß der Erhaltung der Erträge des Nachlasses ankommt (JW 1925, 2668[3]; 1926, 835[2]; vgl. auch RG LZ 1926, 1192[3] betreffend eine in einem Erbauseinandersetzungsvertrage zur Abfindung eines Miterben festgesetzte Rente). Bei der Aufwertung eines Summen- oder Rentenvermächtnisses gegenüber einem Erben, der sich den Nachlaß in seinem ursprünglichen Wert erhalten hat, braucht der sog. Verarmungsfaktor (9. Aufl. § 242 A 5dα Abs 2) auf seiten des Vermächtnisnehmers jedenfalls dann nicht berücksichtigt zu werden, wenn das Vermächtnis nach dem Willen des Erblassers in einem bestimmten Verhältnisse zum Werte des Nachlasses stehen sollte (RG JW 1927, 1833[14]; 1929, 3488[1]; 1930, 995[13]). Ob eine während der Inflation, wenn auch vor Mitte August 1922 (RG 113, 136), auf ein Geldvermächtnis geleistete Zahlung noch als Vollzahlung oder nur als eine durch einen Aufwertungsanspruch auszugleichende Teilzahlung zu gelten hat, hängt von den nach Treu und Glauben zu beurteilenden Umständen des einzelnen Falles ab (RG 114, 404; 115, 205; JW 1927, 1833[14]).

b) In die Anwendung dieser „allgemeinen Vorschriften" greift das Aufwertungsgesetz v. 16. 7. 25 grundsätzlich nicht ein (§ 62). Es bestimmt in § 63 Abs 2 Nr 2 sogar ausdrücklich, daß als Vermögensanlagen, deren Aufwertung 25 v.H. des Goldmarkbetrags nicht übersteigen darf, Ansprüche nicht gelten, die auf den Beziehungen zwischen Erben und Vermächtnisnehmern beruhen. Diese Bestimmung erstreckt sich auch auf den Fall, daß eine Vermächtnisforderung nach § 607 Abs 2 BGB in ein Darlehn umgewandelt oder zum Gegenstand eines Vergleichs gemacht ist (RG JW 1926, 1143[1]; 1927, 1833[14]). Nach § 63 Abs 4 kann das Gericht über die Fälligkeit und die Verzinsung des Aufwertungsbetrags nach billigem Ermessen entscheiden; es darf jedoch über das aus §§ 25, 26, 28 AufwG ersichtliche Maß hinaus ohne Zustimmung des Vermächtnisnehmers Stundung oder Zinsermäßigung nicht gewähren. Ist die Vermächtnisforderung durch eine Hypothek gesichert, so bestimmt sich die Aufwertung der Hypothek nach §§ 4ff. und diejenige der persönlichen Forderung, mit den sich aus §§ 11, 12 ergebenden Einschränkungen, nach § 10 Abs 1 Nr 2 AufwG. Hat der Bedachte auf das Vermächtnis eine zum Nachlaß gehörige Hypothekenforderung an Erfüllungs Statt angenommen, so ist die Berechnung des der Aufwertung zugrunde zu legenden Goldmarkbetrags nach § 3 Nr 2 AufwG, also ebenso vorzunehmen, wie wenn die Hypothekenforderung vermacht worden wäre (KG JW 1926, 2696[2]; BayObLG 25, 402).

6. Umstellung. Eine auf Geld lautende Forderung aus einem Vermächtnis, die vor dem 21. 6. 48 entstanden ist, ist nach §§ 13 Abs 3, 18 Abs 1 Nr 3 UmstG im Verhältnis 1:1 auf Deutsche Mark umgestellt. Das gilt auch für Ansprüche aus Vermächtnissen, die noch auf die alte, vor 1924 geltende Markwährung lauten, wenn sie vor dem 21. 6. 48 entstanden, aber noch nicht beglichen sind. Sie sind zunächst nach den in Anm 5 aufgeführten Aufwertungsgrundsätzen zu behandeln. Auf diese Weise ist zu ermitteln, auf welchen Reichsmarkbetrag das Vermächtnis lautet. DieserBetrag ist im Verhältnis 1:1 auf DeutscheMark umgestellt (LM Nr 7 zu § 242 [A] BGB).

Der Beschwerte kann, wenn sich für ihn Schwierigkeiten aus der Umstellung ergeben, richterliche Vertragshilfe nach dem Vertragshilfegesetz vom 26. 3. 52 (BGBl I, 198) geändert durch das Gesetz vom 24. 8. 53 (BGBl I, 1003) in Anspruch nehmen. Falls mehrere Miterben mit dem Vermächtnis beschwert sind, ist nach § 2038 Abs 1 S 2 Hs 2 jeder Miterbe allein berechtigt, den Antrag auf Vertragshilfe zu stellen (BGH 6. 7. 55 IV ZB 54/55). Auf den Antrag kann das Vertragshilfegericht die Forderung stunden oder herabsetzen, wenn und soweit die fristgemäße oder volle Leistung dem Schuldner bei gerechter Abwägung der Interessen und der Lage beider Teile nicht zugemutet werden kann. Auch wenn das Vermächtnis keinen Geldbetrag, sondern eine andere Leistung zum Gegenstand hat, kann Vertragshilfe gewährt werden. In diesem Fall kann die Leistung, falls eine Herabsetzung geboten ist, auf einen Betrag in Deutscher Mark festgesetzt werden. Vertragshilfe wird nach §§ 7ff. VHG in einem besonderen Verfahren durch das Gericht gewährt, bei dem der Schuldner seinen allgemeinen Gerichtsstand hat. Sie kann aber auch, wenn der Gläubiger einverstanden ist, in einem anhängigen Rechtsstreit durch das Prozeßgericht nach § 11 Abs 4 VHG gewährt werden. Maßgebend für die Frage, ob und wieweit Vertragshilfe zu gewähren ist, ist hier in erster Linie, ob der Wert, den der Nachlaß hatte, als die Forderung aus dem Vermächtnis entstand, so erheblich gemindert ist, daß es dem Beschwerten nicht zugemutet werden kann, die im Verhältnis 1 : 1 in Deutsche Mark umgestellte Vermächtnisforderung sofort und in voller Höhe zu begleichen. Diese Art der Vertragshilfe wird „korrigierende Vertragshilfe" genannt. Auch bei ihr können aber unter Umständen die persönlichen Verhältnisse der Beteiligten, insbesondere ihre Vermögens- und Einkommensverhältnisse mitzuberücksichtigen sein (LM Nr 1 zu § 1 VHG, dazu Anm von Duden JZ 1954, 390; aA Staudinger-Seybold 11. Aufl vor § 2147 Anm 14b; Stuttgart NJW 1952, 1219).

Der Beschwerte kann sich gegenüber dem Anspruch des Vermächtnisnehmers grundsätzlich nicht auf § 242 BGB berufen. Aus dieser Vorschrift kann er nur Rechte herleiten, soweit er sich auf einen Tatbestand beruft, der im Vertragshilferecht nicht geregelt ist oder soweit er Rechte in Anspruch nimmt, die über die im Vertragshilferecht gegebenen Möglichkeiten hinausgehen (BGH 2, 153; 8, 347; LM Nr 13 zu § 242 [A] BGB).

Hat der Erblasser dem Bedachten durch das Vermächtnis eine Forderung zugewandt, die ihm gegen einen Dritten zusteht, so erfolgt die Umstellung dieser Forderung nach den für sie geltenden Bestimmungen. § 18 Abs 1 Nr 3 ist auf sie nur anzuwenden, wenn die zugewandte Forderung selbst zu den dort genannten Verbindlichkeiten gehört.

Falls die Forderung aus dem Vermächtnis erst nach dem 20. 6. 48 entstanden ist, war am Währungsstichtag noch keine Forderung vorhanden, die umgestellt werden konnte. Vielmehr tritt an die Stelle der in der letzwilligen Verfügung gewählten Rechnungseinheit Reichsmark, Goldmark oder Rentenmark nach § 2 WährG die Rechnungseinheit Deutsche Mark. Die Verbindlichkeit aus dem Vermächtnis ist dann von vornherein als DM-Verbindlichkeit entstanden. Für eine solche Verbindlichkeit kann keine Vertragshilfe gewährt werden. Stets und besonders in den zuletzt behandelten Fällen muß geprüft werden, ob nicht die gewöhnliche oder die ergänzende Testamentsauslegung dazu führt, die Höhe des Vermächtnisses anders zu bemessen. Das kann der Fall sein, wenn das Vermächtnis den Charakter einer Wertschuld hat und das mit seinem DM-Nennwert bezifferte Vermächtnis das vom Erblasser gewollte Wertverhältnis unrichtig wiedergibt (vgl. über die Testamentsauslegung in ihrem Verhältnis zur Umstellung und zu § 2 WährG § 2084 Anm 1a Abs 7).

§ 2175

Hat der Erblasser eine ihm gegen den Erben zustehende Forderung oder hat er ein Recht vermacht, mit dem eine Sache oder ein Recht des Erben belastet ist, so gelten die infolge des Erbfalls durch Vereinigung von Recht und Verbindlichkeit oder von Recht und Belastung erloschenen Rechtsverhältnisse in Ansehung des Vermächtnisses als nicht erloschen.

E I 1866 II 2046; M 5 176, 177; P 5 203, 210.

Übersicht:

Vermächtnis von Forderungen oder Rechten des Erblassers gegen den Erben

1. Ist eine zur Zeit des Erbfalls bereits bestehende **Forderung gegen den Erben** oder ein gegen ihn zustehendes **dingliches Recht** Gegenstand des Vermächtnisses, so würde nach dem vom BGB stillschweigend angenommenen Grundsatz der Konfusion oder Konsolidation (Vorbem 2 vor § 241) das Recht mit dem Erbfall erlöschen und das Vermächtnis nach § 2169 A 1 unwirksam werden. Dieser Erfolg ist unvermeidlich, wenn es sich um nicht übertragbare (§§ 399f., 1059, 1092) oder um mit dem Tode des Erblassers erlöschende Rechte handelt (§§ 1061, 1090). Das Gesetz verhindert aber im übrigen die Unwirksamkeit dadurch, daß es (übereinstimmend mit §§ 1976, 1991, 2143, 2377, für Grundstücke vgl. § 889) das vermachte Recht weiter bestehen läßt. Damit sind zugleich die hiermit verbundenen Neben- und Sicherungsrechte mit Wirkung auch gegen Dritte aufrechterhalten. Die Vereinigung gilt nur in Ansehung des Vermächtnisses als nicht erfolgt. Die Privatgläubiger des Erben können sich deshalb nicht darauf berufen, um zum Schaden des Vermächtnisnehmers die ererbte (und zugleich vermachte) Forderung für sich mit Beschlag zu belegen. Im übrigen tritt die Vereinigung ein, so daß sich die Nachlaßgläubiger nur unter den Voraussetzungen der §§ 1976, 1991 an die Forderung oder das gegen den Erben bestehende Recht halten könnten.

2. Die Geltendmachung der vermachten Forderung. Auch wenn dem Bedachten eine Forderung gegen den Erben zugewandt ist, wirkt das Vermächtnis nur schuldrechtlich. Der Bedachte braucht jedoch nicht doppelt, zunächst auf Abtretung der Forderung und dann auf Erfüllung zu klagen. Er kann vielmehr beide Klagen miteinander verbinden (Planck-Flad 4. Aufl § 2175 Anm 4). Die Zwangsvollstreckung kann aber auch mit Rücksicht auf § 894 ZPO erst erfolgen, wenn das die Abtretung aussprechende Urteil rechtskräftig geworden ist.

3. Belastung der vermachten Sache mit einem Recht des Erben. Ist umgekehrt der vermachte Gegenstand mit einem dem Erben gegen den Erblasser zustehenden Rechte, z. B. einem Pfandrechte belastet, so folgt aus § 2165 Abs 1 S 1, daß der Bedachte die Beseitigung dieses Rechtes im Zweifel nicht verlangen kann und daß schon deshalb die Vereinigung als ausgeschlossen zu gelten hat (§ 1256).

Bestand die vermachte Forderung überhaupt nicht, so kann gleichwohl ein Verschaffungsvermächtnis gewollt sein (§ 2170).

§ 2176

Die Forderung des Vermächtnisnehmers kommt, unbeschadet des Rechtes, das Vermächtnis auszuschlagen, zur Entstehung (Anfall des Vermächtnisses) mit dem Erbfalle.

E I 1867 Abs 1 II 2047 Satz 1; M 5 177, 178; P 5 210, 211.

Übersicht:

Anfall des Vermächtnisses

1. Anfall des Vermächtnisses. Wie die Erbschaft mit dem Tode des Erblassers, dem Erbfall auf den Erben übergeht (§§ 1922, 1942), so entsteht mit demselben Zeitpunkt, gleichfalls unmittelbar kraft des Gesetzes, auch der Vermächtnisanspruch des § 2174 als ein zum Vermögen des Bedachten gehöriger veräußerlicher und vererblicher Bestandteil.

Auch ein Vermächtnis, dessen Anfall gemäß §§ 2177ff. hinausgeschoben ist, gewährt dem Berechtigten mit dem Erbanfall eine, einen Vermögenswert darstellende, rechtlich geschützte Anwartschaft (§ 2177 A 1, 2; § 2179 A 1). Diese Anwartschaft ist übertragbar und pfändbar. Vor dem Erbfall besteht noch kein Recht des Bedachten, auch keine Anwartschaft, sondern nur eine Hoffnung, den Anspruch auf den vermachten Gegenstand zu erwerben (BGH 12, 118).

Der Anfall ist nicht davon abhängig, daß der Erbe die Erbschaft angenommen hat. Doch besteht vorher kein Klagerecht, § 1958. Ebenso ist der mit einem Untervermächtnis beschwerte Bedachte nicht vor Fälligkeit des Hauptvermächtnisses zur Erfüllung verpflichtet, § 2186.

Der Anfall des Vermächtnisses hat ebenso wie der Erbschaftsanfall (§ 1942 A 2) den vorläufigen Erwerb des Vermächtnisanspruchs vorbehaltlich des Ausschlagungsrechts zur Folge. Doch ist abweichend von der Erbschaft die Möglichkeit der Ausschlagung regelmäßig an keine Frist und keine Form gebunden, § 2180 A 1, 2a.

Fallen Erbfall und Vermächtnisfall zusammen, so muß der Vermächtnisnehmer (wie der Erbe) den Erbfall erlebt haben. § 2160. Ist der Vermächtnisanfall auf einen späteren Zeitpunkt hinausgeschoben (§§ 2177ff.), so genügt, daß der Vermächtnisnehmer wenigstens zu diesem Zeitpunkt gelebt hat, während die Erbeinsetzung im gleichen Falle nur als Nacherbfolge gehalten werden kann (§ 2101 A 1). Dem Erleben steht jedoch bei der Erbfolge wie beim Vermächtnis gleich, daß der Bedachte wenigstens als Erzeugter vorhanden ist (§§ 1923 Abs 2, 2178).

Wegen der Rechte in der Zwischenzeit zwischen Erbfall und Anfall vgl. § 2179. Recht des Bedachten auf den Fruchtgenuß vom Anfall ab § 2184. Unwirksamkeit des Vermächtnisses durch Zeitablauf §§ 2162, 2163.

2. Fälligkeit des Anspruchs an dem Vermächtnis. Von dem Anfall des Vermächtnisses ist die Fälligkeit des sich aus dem Vermächtnis ergebenden Anspruch zu unterscheiden. Über den Zeitpunkt der Fälligkeit entscheidet in erster Linie der in der letztwilligen Verfügung geäußerte Wille des Erblassers. Hat dieser keine Bestimmung getroffen, so wird das Vermächtnis nach § 271 mit dem Anfall fällig. § 2186 enthält eine besondere Bestimmung für die Fälligkeit des Untervermächtnisses und § 2181 eine Auslegungsregel für den Fall, daß der Erblasser den Zeitpunkt der Erfüllung dem freien Belieben des Beschwerten überlassen hat (vgl. auch § 2074 Anm 2 i).

§ 2177

Ist das Vermächtnis unter einer aufschiebenden Bedingung oder unter Bestimmung eines Anfangstermins angeordnet und tritt die Bedingung oder der Termin erst nach dem Erbfall ein, so erfolgt der Anfall des Vermächtnisses mit dem Eintritte der Bedingung oder des Termins.

E I 1867 Nr 1 II 2047 Satz 2; M 5 178–181; P 5 210–212.

Übersicht:

Aufschiebend bedingtes oder befristetes Vermächtnis

1. Handelt es sich um ein **aufschiebend bedingtes Vermächtnis**, so ist zunächst zu untersuchen, ob die Zuwendung nach dem Willen des Erblassers nur gelten soll, wenn der Bedachte den Eintritt der Bedingung erlebt.

a) Ist diese Frage nach der Regel des § 2074 zu bejahen, was insbesondere dann zutrifft, wenn das als Bedingung gesetzte Ereignis zu der Person des Bedachten in Beziehung steht, so ist die Zuwendung doppelt bedingt durch den Eintritt des Ereignisses und sein Erleben durch den Bedachten.

b) Ist die Frage zu verneinen, so erhellt zugleich als wahrer Wille des Erblassers, daß die Zuwendung für den Fall des Eintritts der Bedingung entweder dem Bedachten selbst oder wenn er zu diesem Zeitpunkte nicht mehr lebt, seinen Erben gemacht sein soll. Der Bedachte erwirbt aber nicht nur in diesem Falle, sondern auch im Falle a (anders 2. Aufl) mit dem Erbfall eine Anwartschaft, die gleich anderen bedingten Rechten (§ 2179) einen Bestandteil seines Vermögens bildet, für den Beschwerten Pflichten begründet und zum Gegenstand einer rechtsgeschäftlichen Verfügung gemacht und gepfändet werden kann (RG RJA 16, 208; Warn 1920 Nr 202; JW 1929, 586[15]), einem hypothekarisch gesicherten Anwärter auch die Befugnis gewährt, die Aufwertung der Vermächtnisforderung nach dem AufwG zu betreiben (RG DRZ 1931 Nr 82). Der Vermächtnisanspruch kommt jedoch nach der allgemeinen Vorschrift des § 158 Abs 1 erst mit Eintritt der Bedingung zur Entstehung. Dies bringt das Gesetz dadurch zum Ausdruck, daß es bis dahin den Anfall des Vermächtnisses hinausschiebt.

2. Handelt es sich um eine Zuwendung **unter Bestimmung eines Anfangstermins,** so kommt § 2074 von vornherein nicht in Frage; die Zuwendung ist (falls freie Auslegung nicht etwa ergibt, daß sie nach dem wahren Willen des Erblassers unter der Bedingung des Erlebens des bestimmten Zeitpunkts durch den Bedachten gemacht ist) als vererbliche Anwartschaft erworben (RG Warn 1919 Nr 99; 1920 Nr 202). Aber auch hier soll der Vermächtnisanspruch als künftiges Recht erst mit dem Anfangstermin zur Entstehung kommen (§ 163). Insbesondere ist nicht bloß die Fälligkeit des Anspruchs (§ 2181), sondern der Anfall selbst hinausgeschoben. Dies hat namentlich zur Folge, daß der Bedachte erst vom Eintritte des Termins ab auf die Früchte Anspruch hat (§ 2184).

3. **a) Hinausschieben der Fälligkeit.** Stets ist zu prüfen, ob es sich um ein aufschiebend bedingtes oder aufschiebend befristetes Vermächtnis handelt oder ob nach dem wahren Willen des Erblassers nicht sofortiger Anfall und nur Aufschub der Fälligkeit gewollt ist (RG JW 1929, 586[15]). So insbesondere, wenn dem X 1000, zahlbar 10 Jahre nach dem Tode des Erblassers, mit der Bestimmung vermacht sind, daß der Beschwerte bis dahin die Zinsen zu zahlen habe (ähnliche Fälle OLG 30, 206; RG Recht 1913 Nr 2883). RG Recht 1911 Nr 1326 behandelt die Auslegung einer Bestimmung, daß ein Vermächtnis aus bestimmten, dem Erblasser gehörigen Hypotheken gezahlt werden soll. Durch die Anordnung, der Bedachte solle das Vermächtnis erst beim Tode des Erben (Warn 1918 Nr 198) oder der nießbrauchberechtigten Witwe (OLG 30, 207) ausgezahlt erhalten, wird der Anfall des Vermächtnisses nicht notwendig hinausgeschoben.

b) Vermächtnis wiederkehrender Leistungen. Auch beim Vermächtnis wiederkehrender Leistungen ist Tatfrage, ob das Bezugsrecht als sofort anfallendes einheitliches Recht, oder ob eine Reihe einzelner nach § 2177 zu beurteilender Vermächtnisse zugewendet ist. So kann eine Jahresrente auf die Lebenszeit des Sohnes und Erben diesem als Vorausvermächtnis, zugleich von seinem Tode ab aber dem Enkel vermacht sein (RG Recht 07 Nr 1128).

c) Vermächtnis einer Leibrente. Bei der Leibrente (§ 759) wird es sich nach RG 67, 210 immer um ein derartiges in sich geschlossenes einheitliches Recht handeln.

4. Zeitliche Grenzen für den Anfall. Gemeinschaftliches Testament. In den Fällen des § 2177 ist das Vermächtnis nur wirksam, wenn und soweit der Anfall innerhalb der zeitlichen Grenzen der §§ 2162, 2163 stattfindet. Hinausschiebung des Vermächtnisanfalls beim gemeinschaftlichen Testamente (§ 2269 Abs 2) und beim Erbvertrag (§ 2280).

5. Zuwendung bedingter oder betagter Rechte. Der Fall, daß der Gegenstand der Zuwendung selbst in einem bedingten oder betagten Rechte besteht, hat nichts Besonderes. Nur darauf kommt es an, ob die Zuwendung bedingt oder betagt gewollt ist.

6. Auflösend bedingtes oder befristetes Vermächtnis. Das Vermächtnis kann auch unter einer auflösenden Bedingung oder Befristung zugewandt werden. Ein Nachvermächtnis im Sinne des § 2191 liegt vor, wenn der Erblasser bestimmt hat, daß der vermachte Gegenstand bei Eintritt der Bedingung oder des bestimmten Zeitpunkts einem Dritten herausgegeben werden soll. Ist die Bedingung oder der Termin schon vor der Erfüllung des Vermächtnisses eingetreten, so gilt nach § 2191 in Verbindung mit dem entsprechend anzuwendenden § 2102 der als Nachvermächtnisnehmer Bedachte als Ersatzbedachter. Der Beschwerte hat einen Anspruch auf Rückgewähr des vermachten Gegenstandes, wenn der Erblasser niemand bezeichnet hat, der den Gegenstand bei Eintritt der Bedingung oder des Termins erhalten soll. Der Beschwerte erlangt in diesem Fall mit dem Eintritt der Bedingung oder des Termins das Eigentum unmittelbar zurück, wenn der Gegenstand vorher unter der auflösenden Bedingung oder auflösend befristet an den Vermächtnisnehmer übereignet war. Bei Grundstücken ist eine derartige auflösend bedingte oder befristete Übereignung nicht möglich. Falls die auflösende Bedingung oder Befristung schon vor der Erfüllung des Vermächtnisses eingetreten ist und der Erblasser keinen Nachvermächtnisnehmer bestimmt hat, wird das Vermächtnis hinfällig.

§ 2178

Ist der Bedachte zur Zeit des Erbfalls noch nicht erzeugt oder wird seine Persönlichkeit durch ein erst nach dem Erbfall eintretendes Ereignis bestimmt, so erfolgt der Anfall des Vermächtnisses im ersteren Falle mit der Geburt, im letzteren Falle mit dem Eintritte des Ereignisses.

E I 1867 Nr 2, 3 II 2048; M 5 180, 181; P 5 210–212.

1. a) Abweichend von der Erbfolge (§ 1923), aber übereinstimmend mit der Nacherbfolge (§§ 2101, 2105) läßt das Gesetz ein Vermächtnis wirksam werden, das einem bei Eintritt des Erbfalls **noch nicht einmal erzeugten** oder **noch nicht bestimmten Bedachten** zugewendet ist, vorausgesetzt, daß die zeitlichen Grenzen der §§ 2162, 2163 innegehalten sind. Der Anfall wird aber in diesen Fällen bis zur Hebung der Unbestimmtheit hinausgeschoben (§ 2106 Abs 2). War der Bedachte bei Eintritt des Erbfalls bereits erzeugt, so wird der Anfall nach der entsprechend anzuwendenden Regel des § 1923 Abs 2 von der Geburt auf den Zeitpunkt des Erbfalls zurückbezogen. Es bleibt mithin bei der Regel des § 2176.

b) Der Wortlaut des Gesetzes deckt auch den Fall, daß eine noch nicht entstandene **juristische Person** bedacht ist. Ist der Erblasser zugleich deren Stifter, so gilt sie nach § 84 im Falle späterer Genehmigung als schon mit seinem Tode entstanden und auch hier bleibt es bei der Regel des § 2176.

§ 2179

Für die Zeit zwischen dem Erbfall und dem Anfalle des Vermächtnisses finden in den Fällen der §§ 2177, 2178 die Vorschriften Anwendung, die für den Fall gelten, daß eine Leistung unter einer aufschiebenden Bedingung geschuldet wird.

E I 1867 Abs 3 II 2049; M 5 179–181; P 5 211, 212.

Übersicht:

Anwartschaftsrecht bei späterem Anfall

1. Allgemeines. In denjenigen Fällen, in denen der Anfall des Vermächtnisses nach §§ 2177, 2178 über den Erbfall hinaus auf einen späteren Zeitpunkt hinausgeschoben ist, erwirbt der Bedachte mit dem Erbfall eine rechtlich geschützte Anwartschaft. Diese ist grundsätzlich übertragbar, pfändbar und auch vererblich. Falls es sich um ein aufschiebend bedingtes Vermächtnis handelt und falls nach der Auslegungsregel des § 2074 die Zuwendung nur gelten soll, wenn der

Bedachte den Eintritt der Bedingung erlebt, ist die Vererblichkeit praktisch ausgeschlossen. Diese Regel gilt nicht für das unter einen Anfangstermin gestellte Vermächtnis. Der Erblasser kann aber in beiden Fällen etwas anderes bestimmen. Durch die Pfändung der Anwartschaft wird das Recht des Bedachten, das Vermächtnis auszuschlagen, nicht berührt.

2. Pflichten des Beschwerten in der Zwischenzeit. Wenn auch während des Schwebens der Bedingung, vor Eintritt des Anfangstermins und solange die Unbestimmtheit des Bedachten andauert (§§ 2177, 2178) ein Schuldverhältnis im Sinne von § 2174 noch nicht besteht, so sind doch nach Maßgabe der §§ 158—163 bereits für die Zwischenzeit Pflichten des Beschwerten vorhanden. Insbesondere macht er sich nach § 160 Abs 1 durch schuldhafte Vereitelung oder Beeinträchtigung des Vermächtnisses dem Bedachten schadensersatzpflichtig und muß nach § 162 Abs 1, wenn er den Eintritt der Bedingung arglistig verhindert, die Bedingung als eingetreten gelten lassen.

Der Bedachte kann die ihm aus Verschulden des Beschwerten entstandenen Schadensersatz- und Surrogatsansprüche (§ 281) erst nach dem Anfall des Vermächtnisses geltend machen. Schon vorher ist aber nicht ausgeschlossen, daß er sich durch einstweilige Verfügung sichert oder im Konkurse Sicherung beansprucht (ZPO §§ 916 Abs 2, 936, KO § 67). Unter Umständen kann auch ein Anspruch auf Sicherstellung als mitvermacht gelten (RG DNotV 1932, 539[30] bei § 2174 A 2f). Geeignetenfalls sind die Rechte des Bedachten durch einen Pfleger wahrzunehmen (§ 1913).

Auch wenn er vor Annahme der Erbschaft oder des mit einem Untervermächtnis beschwerten Vermächtnisses der Zuwendung arglistig entgegenhandelt, macht sich der Beschwerte haftbar (§ 2174 A 2c).

3. Auflösend bedingtes Vermächtnis. Entsprechende Verpflichtungen entstehen nach § 160 Abs 2 auf seiten des Bedachten, wenn ihm das Vermächtnis unter einer auflösenden Bedingung zugewendet war. Nach § 159 endlich kann der Erblasser, innerhalb der Zeitgrenzen der §§ 2161, 2162 die Rückbeziehung des Anfalls auf einen früheren Zeitpunkt und damit zugleich die Herausgabe der Früchte von diesem Zeitpunkt ab anordnen (§ 2184).

§ 2180

Der Vermächtnisnehmer kann das Vermächtnis nicht mehr ausschlagen, wenn er es angenommen hat.

Die Annahme sowie die Ausschlagung des Vermächtnisses erfolgt durch Erklärung gegenüber dem Beschwerten. Die Erklärung kann erst nach dem Eintritte des Erbfalls abgegeben werden; sie ist unwirksam, wenn sie unter einer Bedingung oder einer Zeitbestimmung abgegeben wird.

Die für die Annahme und die Ausschlagung einer Erbschaft geltenden Vorschriften des § 1950, des § 1952 Abs 1, 3 und des § 1953 Abs 1, 2 finden entsprechende Anwendung.

E I 1873 II 2050; M 5 186—189; P 5 216—220.

Übersicht:

Annahme und Ausschlagung des Vermächtnisses

1. Allgemeines. Zum Erwerbe des Vermächtnisses bedarf es an sich (wie auch bei der Erbschaft § 1943 A 1) keiner Annahme. Der Vermächtnisanspruch entsteht vielmehr unmittelbar kraft des Gesetzes (§ 2176 A 1). Hat der Bedachte aber die Annahme (zu unterscheiden von der Annahme des geleisteten Vermächtnisgegenstandes) einmal erklärt, so ist sie und ebenso ist die einmal erklärte Ausschlagung (wie bei der Erbschaft §§ 1943 A 1 a, 1945 A 1) unwiderruflich. Abweichend von der Erbschaft (§ 1944) besteht jedoch für das Vermächtnis keine Ausschlagungsfrist. Das — noch nicht angenommene — Vermächtnis kann mithin jederzeit, auch von den Erben des Bedachten (Abs 3) noch ausgeschlagen werden. Nur in dem besonderen Falle des § 2307 Abs 2 darf der mit einem Vermächtnisse beschwerte Erbe dem bedachten Pflichtteilsberechtigten zur Erklärung Frist setzen.

2. a) Form der Erklärung. Weder die Annahme- noch (abweichend von der Erbschaft § 1945) die Ausschlagungserklärung ist an eine Form gebunden. Beide können somit auch stillschweigend abgegeben werden (RG 22. 12. 38 IV 39/38). So insbesondere die Annahme durch Annahme der Vermächtnisleistung, die Ausschlagung durch deren Verweigerung (Reichel AZivPrax 138, 203f.) oder dadurch, daß der Bedachte eine anderweite Verfügung über den Vermächtnisgegenstand geschehen läßt.

Die Annahme einzelner von mehreren vermachten Gegenständen enthält, wenn der wenn der Bedachte den vollen Umfang des Vermächtnisses nicht kennt, nicht notwendig die Erklärung, das Vermächtnis anzunehmen (BGH 24. 9. 53 IV ZR 37/53).

b) Empfänger der Erklärung. Annahme und Ausschlagung können wirksam nur gegenüber dem Beschwerten (§§ 130–132), nicht also, wie für die Ausschlagung der Erbschaft vorgeschrieben (§ 1945), gegenüber dem Nachlaßgericht abgegeben werden. Doch ist die Ausschlagung wirksam, wenn sie dem Nachlaßgericht zugegangen und von diesem dem vermutlichen Willen des Erklärenden gemäß dem Beschwerten übermittelt ist (RG 113, 237; 19. 3. 06 IV 496/05). Die Erklärung gegenüber dem Nachlaßpfleger oder dem Testamentsvollstrecker (auch gegenüber einem nach § 2223 zur Fürsorge für die Ausführung eines Unter- oder Nachvermächtnisses bestellten Testamentsvollstrecker (RG DJZ 1924, 475) ist wirksam, sofern der Vermächtnisanspruch gegen diese Personen geltend gemacht werden kann (§§ 1960 A 6, 1961 A 1; § 2213).

3. Zeitpunkt für die Abgabe der Erklärung. Die vor Eintritt des Erbfalls (§ 1922) abgegebene Annahme- oder Ausschlagungserklärung bindet den Bedachten nicht. Nur der Verzicht durch Vertrag mit dem Erblasser ist sogleich wirksam, § 2352. Er muß nach § 2348 gerichtlich oder notariell beurkundet werden. Wohl aber können die Erklärungen schon vor Anfall des Vermächtnisses erfolgen, wenn der Anfall über den Zeitpunkt des Erbfalls hinausgeschoben ist (§ 2176 A 1), insbesondere also schon vor Eintritt der Bedingung oder des Anfangstermins (§ 2177). Das Verbot der Bedingung und Zeitbestimmung entspricht dem § 1947.

4. Auf die Erklärung anzuwendende Rechtsvorschriften. Annahme und Ausschlagung unterliegen den allgemeinen Vorschriften über Willenserklärungen § 116ff insbesondere denen über die Vertretung und Vollmacht § 164ff., Einwilligung und Genehmigung §§ 182ff. Die Erklärung kann durch einen Generalbevollmächtigten abgegeben werden. Bevollmächtigt kann auch der Beschwerte sein. Falls dieser die Annahme erklärt und dadurch seinen Pflichten aus dem der Vollmacht zugrunde liegenden Auftragsverhältnis zuwiderhandelt, muß er den Bedachten so stellen, als hätte er die Erklärung nicht abgegeben. Ist der Beschwerte Alleinerbe und der Bedachte pflichtteilsberechtigt, dann kann der Beschwerte sich ihm gegenüber nicht darauf berufen, daß er, da er das Vermächtnis angenommen hat, keine Pflichtteilsansprüche geltend machen kann. Dabei kommt es nicht darauf an, ob auch die Voraussetzungen für einen gegen Treu und Glauben verstoßenden Mißbrauch der Vollmacht gegeben sind (BGH 24. 9 53 IV ZR 37/53).

Die Frau bedurfte schon nach dem vor dem 1 4. 53 geltenden Recht nicht der Zustimmung des Mannes (§§ 1406 Nr 1, 1453, 1519, 1549). Das Erfordernis vormundschaftsgerichtlicher Genehmigung für Gewalthaber und Vormund ist in §§ 1643 Abs 2, 1822 Nr 2 geregelt. Im Konkurs ist nur der Gemeinschuldner zur Annahme oder Ausschlagung des vor Eröffnung des Verfahrens angefallenen Vermächtnisses befugt (KO § 9). Durch die Pfändung wird die Ausschlagung des Vermächtnisses nicht gehindert. Der Ausschlagende bedarf für seine Erklärung keiner Genehmigung nach MilRegG 52 oder 53.

5. Teilweise Annahme und Ausschlagung. Gemäß § 1950 können Annahme und Ausschlagung nicht wirksam auf einen Teil des Vermächtnisses beschränkt werden. Wohl aber kann grundsätzlich der mit mehreren Vermächtnissen Bedachte das eine annehmen und das andere ausschlagen.

6. Vererblichkeit des Rechts zur Annahme und Ausschlagung. Nach § 1952 Abs 1 ist das Annahme- und Ausschlagungsrecht vererblich, nach Abs 3 das. kann von mehreren Erben des Bedachten jeder den seinem Erbteil entsprechenden Teil des Vermächtnisses ausschlagen.

7. Wirkung der Ausschlagung. Nach § 1953 Abs 1, 2 wird die Wirkung der Ausschlagung auf den Zeitpunkt des Vermächtnisanfalls zurückbezogen. Das Vermächtnis gilt in diesem Falle, soweit nicht Anwachsung eintritt (§§ 2158, 2159), als sogleich dem Ersatzbedachten (§ 2190) angefallen. Von der einmal erklärten Annahme oder Ausschlagung wird zugleich auch das erst künftig anwachsende Vermächtnis mitergriffen.

Der Ersatzbedachte braucht nicht, wie der Ersatzerbe, im Falle des § 1953 Abs 2 schon zur Zeit des Erbfalls gelebt zu haben (§ 2160 A). Er muß aber auch nicht notwendig den Vermächtnisfall selbst erlebt haben, wenn dessen Zeitpunkt nach §§ 2176–2178 hinausgeschoben war. Fällt vielmehr der zunächst Bedachte durch Ausschlagung weg, nachdem er bereits eine vererbliche Anwartschaft auf das Vermächtnis erworben hatte (§ 2177 A 1 Fall b, A 2), so rückt der Ersatzbedachte in dieses Anwartschaftsrecht ein und vererbt es an seine Erben, wenn er selbst vor dem eigentlichen Vermächtnisanfall verstirbt. Das Untervermächtnis wird durch Ausschlagung des beschwerten Hauptvermächtnisses nicht berührt (§ 2161). Dem Beschwerten kommt die Ausschlagung zustatten, falls kein Ersatzbedachter vorhanden ist. Die Ausschlagung ist keine Schenkung § 517.

8. **Die Anfechtung der Erklärung.** Die Anfechtung unterliegt, außer in dem Sonderfalle des Pflichtteilsberechtigten (§ 2308), nicht den für die Erbschaft gegebenen (§§ 1954–1957), sondern den allgemeinen Vorschriften der §§ 142ff. Sie erfolgt also gegeüber dem Beschwerten und nicht gegenüber dem Nachlaßgericht. Abweichend von § 1957 gilt auch die Anfechtung der Annahme nicht als Ausschlagung und die Anfechtung der Ausschlagung nicht als Annahme. Durch die Anfechtung wird vielmehr nur der Zustand der Unentschiedenheit wieder hergestellt. Abweichendes gilt nach § 2308 nur, falls ein Pflichtteilsberechtigter die Ausschlagung anficht, weil ihm der Wegfall von Beschwerungen, die auf dem Vermächtnis lasten, bei Abgabe seiner Erklärung nicht bekannt war. Die Erklärung ist zwar gleichfalls gegenüber dem Beschwerten abzugeben, im übrigen sind aber die §§ 1954ff. entsprechend anzuwenden. Die Anfechtung muß binnen einer Frist von 6 Wochen erfolgen und sie wirkt als Annahme.

§ 2181

Ist die Zeit der Erfüllung eines Vermächtnisses dem freien Belieben des Beschwerten überlassen, so wird die Leistung im Zweifel mit dem Tode des Beschwerten fällig.

E I 1766 II 2051; M 5 31; P 5 21.

Entsprechend anwendbar auf die Auflage § 2192.

Die Zulässigkeit der Anordnung, daß der mit einem Vermächtnisse Bedachte dieses erst beim Tode des Beschwerten erhalten solle, wird in § 2181 vorausgesetzt (RG SeuffA 87 Nr 13). Die Vorschrift läßt den nach §§ 2176ff. sich bestimmenden Zeitpunkt des Vermächtnisanfalls unberührt, sie schiebt nur wie in § 2186 „im Zweifel" die **Fälligkeit** des bereits entstandenen Anspruchs hinaus (§ 271). Auf die unter diese Vorschrift fallenden Vermächtnisse sind daher auch die §§ 2162, 2163 nicht anwendbar. Selbstverständlich kann der Beschwerte schon früher leisten. Ob dem Bedachten die Früchte bis zum Tode des Beschwerten gebühren sollen (§ 2184), ist Sache freier Auslegung.

Wenn in diesem Falle die Entrichtung des Vermächtnisses auch erst durch die Erben des beschwerten Erben oder Vermächtnisnehmers erfolgen kann, so werden diese doch nicht selbst mit dem Vermächtnisse beschwert, was nach § 2147 A 2a unzulässig wäre; gegenüber dem Beschwerten kann seine lediglich befristete Verpflichtung auch durch Urteil festgestellt werden (RG Warn 1919 Nr 198). Die Anordnung enthält begrifflich nur eine Zeitbestimmung. Ob damit zugleich die Bedingung gesetzt sein sollte, daß der Bedachte den Zeitpunkt erlebe, ist Auslegungsfrage (RG JW 1918, 502[2]).

§ 2182

Ist eine nur der Gattung nach bestimmte Sache vermacht, so hat der Beschwerte die gleichen Verpflichtungen wie ein Verkäufer nach den Vorschriften des § 433 Abs 1, der §§ 434 bis 437, des § 440 Abs 2 bis 4 und der §§ 441 bis 444.

Dasselbe gilt im Zweifel, wenn ein bestimmter nicht zur Erbschaft gehörender Gegenstand vermacht ist, unbeschadet der sich aus dem § 2170 ergebenden Beschränkung der Haftung.

Ist ein Grundstück Gegenstand des Vermächtnisses, so haftet der Beschwerte im Zweifel nicht für die Freiheit des Grundstücks von Grunddienstbarkeiten, beschränkten persönlichen Dienstbarkeiten und Reallasten.

E I 1879 II 2052; M 5 196–198; P 5 226–230.

Übersicht:

Gewährleistung für Rechtsmängel

1. Allgemeines
2. Gewährleistung beim Gattungsvermächtnis
3. Gewährleistung beim Verschaffungsvermächtnis
4. Gewährleistung beim Vermächtnis eines zu verschaffenden Grundstücks
5. Gewährleistung beim Wahlvermächtnis
6. Anwendung der Vorschriften über den Erwerb vom Nichtberechtigten

1. Allgemeines. Die §§ 2182, 2183 regeln die Gewährleistungspflichten des Beschwerten für Sach- und Rechtsmängel gegenüber dem Vermächtnisnehmer. § 2182 bestimmt sowohl für das Gattungs- als auch für das Verschaffungsvermächtnis, daß der Beschwerte dem Bedachten den vermachten Gegenstand tatsächlich zu gewähren und für Rechtsmängel zu haften hat. § 2183 bezieht sich nur auf das Gattungsvermächtnis und regelt die Sachmängelhaftung. Soweit sich die §§ 2182, 2183 auf das Gattungsvermächtnis beziehen, enthalten sie dispositives Recht. Zwingenden Charakter hat § 2183 Satz 2 und der in Bezug genommene § 443. Die das Verschaffungsvermächtnis betreffende Vorschrift des § 2182 Abs 2 und der ein Grundstücksvermächtnis betreffende § 2182 Abs 3 enthalten Auslegungsregeln.

Ist ein bestimmter, zur Erbschaft gehörender Gegenstand vermacht, so kommt eine Sach- und Rechtsmängelhaftung grundsätzlich nicht in Betracht. Sie können nur in Frage kommen, wenn die Mängel nach dem Erbfall infolge schuldhaften Verhaltens des Beschwerten eingetreten sind. Im übrigen gelten für diese Vermächtnisse die §§ 2165 —2168a. Danach kann der Vermächtnisnehmer im Zweifel nicht die Beseitigung der aus dem vermachten Gegenstand ruhenden Rechte verlangen.

Die Herausgabepflicht der von dem Beschwerten gezogenen Früchte regelt § 2184, den Anspruch des Beschwerten auf Ersatz von Verwendungen und Aufwendungen § 2185, die Erstreckung des Vermächtnisses auf das Zubehör § 2164.

2. Gewährleistung beim Gattungsvermächtnis (§ 2155). Sie bestimmt sich beim Fehlen anderer Bestimmungen des Erblassers nach den ergänzend anzuwendenden Vorschriften **für Rechtsmängel** (Sachmängel vgl. § 2183) wie folgt:

§ 433 Abs 1: Der Beschwerte hat dem Bedachten die Sache zu übergeben und ihm daran das Eigentum zu verschaffen, und zwar nach § 434 frei von Rechten Dritter, nach § 435 unter kostenfreier Löschung nicht bestehender, im Grundbuch oder Schiffsregister eingetragener Rechte, jedoch gemäß § 436 ohne Haftung für Freiheit des Grundstücks von öffentlichen Abgaben und anderen nicht eintragungsfähigen öffentlichen Lasten; § 437 Abs 2 (Abs 1 kommt nur für das Verschaffungsvermächtnis A 3 in Frage): beim Vermächtnis von Wertpapieren haftet der Beschwerte dafür, daß sie nicht zum Zwecke der Kraftloserklärung aufgeboten sind. § 440 Abs 2—4 macht den Beschwerten, wenn er die vermachte bewegliche Sache dem Bedachten übergeben hat, unter gewissen Voraussetzungen wegen Entwährung schadensersatzpflichtig, § 441 ebenso, wenn Besitzrechte vermacht sind. § 442 erklärt den Bedachten für Mängel im Rechte beweispflichtig, § 443 spricht im Falle der Arglist des Beschwerten einer auf Erlaß oder Beschränkung der Gewährleistungspflicht gerichteten Vereinbarung die Wirksamkeit ab, § 444 endlich begründet eine Verpflichtung des Beschwerten zur Auskunftserteilung und zur Herausgabe von Beweisurkunden.

3. Beim **Verschaffungsvermächtnis** (§ 2170) gelten „im Zweifel", somit nur als Auslegungsregel dieselben Grundsätze, gleichviel ob es sich um das Vermächtnis einer körperlichen Sache oder eines Rechtes handelt (§ 90). Im letzteren Falle hat der Beschwerte, wenn das vermachte Recht zum Besitz der Sache berechtigt, dem Bedachten auch die Sache zu übergeben (§ 433 Abs 1). Im übrigen haftet er nur für den rechtlichen Bestand des Rechtes (§ 437 Abs 1), hat deshalb auch etwaige Mängel des verschafften Rechtes zu beseitigen. Jede Haftung entfällt, wenn der Beschwerte gemäß § 2170 Abs 2 den Wert entrichtet hat.

Zweifelhaft ist die Rechtslage, wenn ein Recht verschafft werden soll, dessen Bestehen der Erblasser vorausgesetzt hat, das aber tatsächlich nicht bestand oder doch im Zeitpunkt des Erbfalls nicht mehr bestand. Es ist eine Frage der Auslegung des letzten Willens, ob der Beschwerte auch in diesem Fall entsprechend § 2170 Abs 2 Satz 1 dem Bedachten den Wert des Rechtes ersetzen soll. Läßt sich ein dahingehehder Wille des Erblassers nicht ermitteln, so ist das Vermächtnis als auf eine unmögliche Leistung gerichtet nach § 2171 unwirksam (Planck-Flad 4. Aufl § 2182 Anm 2b γ). Ersatzpflichtig ist der Beschwerte, falls das Recht nach dem Erbfall infolge seines Verschuldens untergegangen ist (vgl. § 2170 Anm 2 a bb).

Eine Sachmängelhaftung gibt es beim Verschaffungsvermächtnis nicht, da die bestimmte Sache in dem Zustand, in dem sie sich befindet, gewährt werden soll.

4. Beim **Vermächtnis eines zu verschaffenden Grundstücks** wird die aus § 434 sich ergebende Verpflichtung des Beschwerten, das Grundstück frei von Rechten Dritter zu verschaffen, zunächst durch § 436 dahin eingeschränkt, daß derBeschwerte nicht für die Freiheit des Grundstücks von öffentlichen Abgaben und von anderen öffentlichen Lasten, die zur Eintragung in das Grundbuch nicht geeignet sind, haftet. Eine Ausnahme gilt nach § 123 Abs 2 LAG für die auf dem Grundstück ruhende, nach § 111 LAG eine öffentliche Last darstellende Hypothekengewinnabgabe. § 2182 Abs 3 schränkt die Haftung des Beschwerten weiter dahin ein, daß er auch nicht für die Freiheit des Grundstücks von Grunddienstbarkeiten (§§ 1018ff.), beschränkten persönlichen Dienstbarkeiten (§§ 1090ff) und Reallasten (§§ 1105ff.) einzustehen hat. Wohl aber ist er abweichend von § 2165 Abs 1 S 1 beim Verschaffungsvermächtnis im Zweifel zur Beseitigung der darauf ruhenden Grundschulden und Hypotheken usw. verpflichtet.

Nach § 435 ist der Beschwerte verpflichtet, die im Grundbuch eingetragenen Rechte, die nicht bestehen, auf seine Kosten löschen zu lassen, wenn sie im Falle ihres Bestehens das dem Bedachten zu verschaffende Recht beeinträchtigen würden. Das gleiche gilt, wenn ein eingetragenes Schiff, Schiffsbauwerk oder eine Schiffshypothek Gegenstand des Vermächtnisses ist, für die im Schiffsregister eingetragenen nicht bestehenden Rechte.

5. Beim **Wahlvermächtnis** (§ 2154) bestimmt sich der Umfang der Haftung nach der Natur des gewählten Gegenstandes. Je nachdem, ob ein zur Erbschaft gehörender Gegenstand, eine nur der Gattung nach bestimmte Sache oder ein bestimmter, nicht zur Erbschaft gehörender Gegenstand gewährt worden sind, sind die für die betreffende Vermächtnisart geltenden Bestimmungen anzuwenden.

6. **Anwendung der Vorschriften über den Erwerb vom Nichtberechtigten.** Soweit der gutgläubige Vermächtnisnehmer durch § 932 geschützt ist, hat er gegen den Beschwerten keinen Gewährleistungsanspruch, auch nicht insoweit er nach § 816 Abs 1 Satz 2 zur Herausgabe der Bereicherung genötigt worden ist.

§ 2183

Ist eine nur der Gattung nach bestimmte Sache vermacht, so kann der Vermächtnisnehmer, wenn die geleistete Sache mangelhaft ist, verlangen, daß ihm an Stelle der mangelhaften Sache eine mangelfreie geliefert wird. Hat der Beschwerte einen Fehler arglistig verschwiegen, so kann der Vermächtnisnehmer statt der Lieferung einer mangelfreien Sache Schadensersatz wegen Nichterfüllung verlangen. Auf diese Ansprüche finden die für die Gewährleistung wegen Mängel einer verkauften Sache geltenden Vorschriften entsprechende Anwendung.

E I 1879 II 2053; M 5 196–198; P 5 226–230.

Übersicht:

Gewährleistung für Sachmängel

1. Allgemeine Voraussetzungen
2. Entsprechende Anwendung der Kaufvorschriften

1. **Allgemeine Voraussetzungen.** Eine Gewährleistung für Sachmängel (Rechtsmängel § 2182) findet nur beim Gattungsvermächtnis (§ 2155) statt. Nach § 459 haftet der Beschwerte dafür, daß die geleistete Sache in dem Zeitpunkt, in dem die Gefahr auf den Bedachten übergeht, nicht mit Fehlern behaftet ist, die den Wert oder die Tauglichkeit zu dem gewöhnlichen oder zu dem nach dem Inhalt des Vermächtnisses vorausgesetzten Gebrauch aufheben oder mindern. Für die Frage, ob die Sache mangelhaft ist, kommt es daher in erster Linie darauf an, welchen Zwecken sie nach dem Willen des Erblassers dienen soll. Ergibt die Anordnung des Erblassers dafür keine Anhaltspunkte, so sind die Zwecke nach § 2155 aus den Verhältnissen des Bedachten zu ermitteln. Falls der Erblasser die Bestimmung der zu leistenden Sache einem Dritten überlassen hatte und falls dieser eine Bestimmung getroffen hat, die den Verhältnissen des Bedachten offenbar nicht entspricht, braucht dieser die Leistung dieser Sache nach § 2155 Abs 3 nicht als Erfüllung entgegenzunehmen.

Macht der Bedachte Gewährleistungsansprüche geltend, so ist er von den drei im Falle des Gattungskaufs ihm zur Verfügung gestellten Ansprüchen des § 480 Abs 1 nur auf den dritten: Lieferung einer mangelfreien Sache und entsprechend § 480 Abs 2 auf Schadensersatz wegen arglistiger Verschweigung eines Fehlers beschränkt. Die Ansprüche auf Minderung und Wandlung kommen der Natur der Sache nach hier nicht in Frage.

2. Die **entsprechende Anwendung der Kaufvorschriften** §§ 459ff. ergibt insbesondere, daß Kenntnis des Mangels auf seiten des Bedachten grundsätzlich die Haftung ausschließt (§§ 460, 464) und daß die Ansprüche bei beweglichen Sachen in 6 Monaten verjähren (§ 477). Viehmängel §§ 481ff.

§ 2184

Ist ein bestimmter zur Erbschaft gehörender Gegenstand vermacht, so hat der Beschwerte dem Vermächtnisnehmer auch die seit dem Anfalle des Vermächtnisses gezogenen Früchte sowie das sonst auf Grund des vermachten Rechtes Erlangte herauszugeben. Für Nutzungen, die nicht zu den Früchten gehören, hat der Beschwerte nicht Ersatz zu leisten.

E I 1878 II 2054 Abs 1; M 5 194–196; P 5 221–225, 230–232.

Übersicht:

Herausgabe von Früchten und des Erlangten

1. Voraussetzungen der Herausgabepflicht. Die Herausgabe der Früchte kommt nur in Frage, wenn ein bestimmter zur Erbschaft gehörender Gegenstand, Sache oder Recht (§ 90), vermacht ist. Also nicht beim Gattungsvermächtnis (§ 2155). Dort können weitergehende Ansprüche nur als Verzugsfolgen nach §§ 286ff. geltend gemacht werden. Ebenso werden bei einem auf Leistung einer Geldsumme gerichteten Vermächtnis, bevor der Beschwerte in Verzug gesetzt ist, keine Zinsen geschuldet. Auch wenn der Nacherbe mit einem Vermächtnis beschwert ist, kommt es für die Frage, ob der vermachte Gegenstand zur Erbschaft gehört, nur auf den Zeitpunkt des Erbfalls an. § 2111 ist insoweit nicht anzuwenden, da er nur das Verhältnis zwischen Vor- und Nacherben betrifft (Staudinger-Seybold 11. Aufl § 2184 Anm 3). Beim Wahlvermächtnis (§ 2154) ist vorgängige Bestimmung des Gegenstandes durch Vollziehung der Wahl vorausgesetzt. Die Vorschriften des § 2184 sind übrigens nur ergänzender Natur. Der Erblasser kann etwas anderes bestimmen. Eine abweichende Bestimmung wird häufig anzunehmen sein, wenn der Zeitpunkt der Erfüllung des Vermächtnisses im Sinne des § 2181 dem freien Belieben des Beschwerten überlassen ist.

2. Umfang der Herausgabepflicht. Herauszugeben sind die natürlichen oder bürgerlichen Früchte (§ 99), die der Beschwerte seit Anfall des Vermächtnisses (§§ 2176–2178) wirklich aus dem Gegenstande des Vermächtnisses gezogen hat, gleichviel ob auch der Bedachte bei sofortiger Erfüllung die Früchte gezogen haben würde. Da eine Verwaltungspflicht des Beschwerten nicht besteht, hat er grundsätzlich keinen Ersatz dafür zu leisten, daß er es versäumt hat, Früchte zu ziehen. Hat er dies jedoch vorsätzlich unterlassen, dann kann er sich unter Umständen nach § 826 schadensersatzpflichtig gemacht haben. Mit dem Eintritt des Verzuges oder der Rechtshängigkeit verschärft sich die Haftung des Beschwerten. Er haftet jetzt nach § 292 auch, wenn er es unterlassen hat, Früchte zu ziehen. Dagegen wird diese verschärfte Haftung nicht, wie in der 9. Aufl in Anm 5 ausgeführt ist, bereits durch die Kenntnis des Beschwerten von dem Bestehen der Erfüllungspflicht ausgelöst (vgl. dazu die Kritik bei Staudinger-Seybold 11. Aufl § 2184 Anm 5).

Nach allgemeinen Grundsätzen haftet der Beschwerte für die Früchte nur unter Abzug der Gewinnungskosten (§ 102), gegebenenfalls nach den Teilungsgrundsätzen des § 101 und, soweit die Früchte nicht mehr in Natur vorhanden sind, auf Bereicherung. Der Beschwerte haftet, wenn er den Verlust der gezogenen Früchte verschuldet hat, z. B. wenn er sie in Kenntnis von dem Anfall des Vermächtnisses verbraucht hat (Prot. 5, 230ff.). Ist ein Wohnungsrecht Gegenstand des Vermächtnisses, so kommt der Fruchtbezug aus diesem Rechte nach OLG 6, 313 nicht in Frage, weil die Mietzinseinnahme keine Frucht des Wohnrechts, sondern des vermieteten Gebäudes ist (vgl. dazu die kritische Bemerkung bei Planck-Flad 4. Aufl bei § 2184 Anm 1). Hat der Erblasser dem Bedachten ein freies Wohnrecht in einem ihm gehörigen Haus vermacht und kann der Erbe dieses Vermächtnis nicht erfüllen, da er auf Grund behördlicher Weisung gezwungen worden ist, die Wohnung an einen anderen Mieter zu vermieten, so gebührt dem Bedachten als Ersatz der von dem Beschwerten für diese Wohnung erzielte Mietszins (RG DR 44, 292; § 2171 Anm 2).

3. Herausgabe des auf Grund des vermachten Rechts Erlangten. Auf Grund des vermachten Rechtes können erlangt sein die Schatzhälfte (§ 984), die Anlandung (EG Art 65), durch Verbindung der vermachten Sache hinzugefügte Bestandteile (§§ 946, 947 Abs 2), während der infolge Untergangs des Vermächtnisgegenstandes erlangte Ersatz oder Ersatzanspruch schon durch § 281 von der Herausgabepflicht betroffen wird.

4. Keine Herausgabe von Nutzungen. Dagegen verbleiben dem Beschwerten die Nutzungen, soweit sie bloß in den Vorteilen bestehen, welche der Gebrauch der Sache oder des Rechtes gewährt (§ 100, z. B. Gartengenuß, wohnen in dem vermachten Hause), auf so lange, als er mit Erfüllung des Vermächtnisanspruchs nicht in Verzug gerät. Nach Eintritt der Rechtshängigkeit oder des Verzuges sind auch die Nutzungen herauszugeben und ist für nicht gezogene Nutzungen Ersatz zu leisten.

§ 2185

Ist eine bestimmte zur Erbschaft gehörende Sache vermacht, so kann der Beschwerte für die nach dem Erbfall auf die Sache gemachten Verwendungen sowie für Aufwendungen, die er nach dem Erbfalle zur Bestreitung von Lasten der Sache

gemacht hat, Ersatz nach den Vorschriften verlangen, die für das Verhältnis zwischen dem Besitzer und dem Eigentümer gelten.

E I 1880 II 2055; M 5 199–204; P 5 233–236.

Übersicht:

Ersatz von Verwendungen und Aufwendungen

1. Allgemeine Voraussetzungen des Ersatzanspruchs
2. Umfang des Ersatzanspruchs

1. Allgemeine Voraussetzungen des Ersatzanspruchs. Wie in § 2184 ist vorausgesetzt, daß es sich um einen **bestimmten zur Erbschaft gehörenden Gegenstand** handelt. Maßgebend ist auch, wenn das Vermächtnis einem Nacherben auferlegt ist, der Zeitpunkt des Erbfalls. § 2111 ist nicht anzuwenden. Für § 2185 kommt aber nur eine **Sache** (§ 90), nicht ein Recht in Betracht. Beim Wahl-, Gattungs- und Verschaffungsvermächtnis (§§ 2154, 2155, 2170) kann es sich nur fragen, ob nach allgemeinen Grundsätzen ein Bereicherungsanspruch des Beschwerten gegeben ist.

2. Umfang des Ersatzanspruchs. Der Ersatzanspruch des Beschwerten wegen Verwendungen und Aufwendungen regelt sich nach Vorschrift der §§ 994–1003. Er besteht grundsätzlich schon wegen der vom Erbfall (§ 2176), nicht erst von dem etwa hinausgeschobenen Vermächtnisanfall ab (§§ 2177, 2178) gemachten Verwendungen. Hierzu gehören nach Befinden auch die in Ansehung des Vermächtnisgegenstandes entstandenen Rechtsstreitskosten.

Hinsichtlich der Lasten der Sache ist nicht unterschieden zwischen öffentlichen und privatrechtlichen, gewöhnlichen und außerordentlichen Lasten (so §§ 103, 1047, 2126). Doch ist insoweit gemäß §§ 994 Abs 1 Satz 2, 995 Satz 2 der Ersatzanspruch eingeschränkt für die Zeit, für welche dem Beschwerten die Nutzungen der Sache verbleiben. Dies trifft nach § 2184 regelmäßig zu für die Zeit vom Erbfall bis zum Vermächtnisanfall. Da aber nach § 2184 A 4 dem Beschwerten die Nutzungen, soweit sie in Gebrauchsvorteilen bestehen, noch darüber hinaus zukommen können, so hat er auch für diejenigen Verwendungen keinen Ersatzanspruch, welche er zu eben diesen Gebrauchszwecken gemacht hat (Fütterung des von ihm benutzten Zug- oder Reitpferdes). In demselben Umfange ist nach § 256 auch der Zinsanspruch des Beschwerten eingeschränkt. Anderseits kann er, sofern er dem Bedachten die Früchte herauszugeben hat, die für den Fruchtertrag gemachten Verwendungen ersetzt verlangen. Die Kosten für die Gewinnung der Früchte kann er bereits nach § 102 fordern. Läßt sich im Einzelfall nicht sagen, ob die Verwendung dem Gebrauchszweck oder dem Fruchtertrag dient, so ist darauf abzustellen, ob der Fruchtertrag oder der Gebrauch der Hauptzweck der Sache ist (ebenso Planck-Flad 4. Aufl § 2185 Anm 2d; Staudinger-Seybold 11. Aufl § 2185 Anm 5). Anspruch auf Befreiung von Verbindlichkeiten § 257.

Im einzelnen genügt hervorzuheben: Der Beschwerte kann notwendige Verwendungen immer, jedoch soweit sie nach erlangter Kenntnis vom eingetretenen oder für einen bestimmten Zeitpunkt bevorstehenden Vermächtnisanfall gemacht sind (§ 990), nur nach den Vorschriften über auftragslose Geschäftsführung ersetzt verlangen, § 994, 995.

Insoweit der beschwerte Erbe gegen den Willen des Bedachten, aber in Ausübung seiner Verwaltungspflicht Aufwendungen vornimmt, steht ihm nach § 1978 Abs 3 der Ersatzanspruch nur gegen den Nachlaß, nicht gegen den Bedachten zu (§ 683; a.M. Strohal I § 33 A 27[1]).

Wegen anderer als notwendiger Aufwendungen besteht der Ersatzanspruch nur, soweit sie vor Kenntnis des Vermächtnisanfalls gemacht sind und der Wert der Sache hierdurch erhöht bleibt, § 996.

Der Beschwerte kann auch die Ersatzansprüche eines Rechtsvorgängers (Vorerben, Vorvermächtnisnehmers) geltend machen, § 999, die von ihm verbundene Sache abtrennen, § 997, und seinen Ersatzanspruch sowohl klageweise als durch Ausübung des Zurückbehaltungsrechts verfolgen, §§ 1000–1003, 273.

Der Bedachte kann sich vom Ersatzanspruch durch Zurückgabe befreien, § 1001.

Die für das Vermächtnis geschuldete Erbschaftssteuer kann der Erbe bei Auszahlung des Vermächtnisses abziehen (Recht 1907 Nr 1856; § 2174 Anm 2m).

§ 2186

Ist ein Vermächtnisnehmer mit einem Vermächtnis oder einer Auflage beschwert, so ist er zur Erfüllung erst dann verpflichtet, wenn er die Erfüllung des ihm zugewendeten Vermächtnisses zu verlangen berechtigt ist.

E I 1877 II 2056; M 5 192, 193; P 5 221.

Übersicht:

Fälligkeit des Untervermächtnisses

1. Allgemeines
2. Fälligkeit des Untervermächtnisses
3. Beweislast

1. **Allgemeines.** Die §§ 2186—2188 schützen den mit einem Untervermächtnis beschwerten Vermächtnisnehmer davor, daß er durch das Untervermächtnis über den ihm durch das Vermächtnis zuteil gewordenen Vorteil hinaus belastet wird. § 2186 betrifft die Fälligkeit des Untervermächtnisses, § 2187 den Umfang der Haftung des mit dem Untervermächtnis beschwerten Vermächtnisnehmers und § 2188 das Recht des Vermächtnisnehmers, das Untervermächtnis zu kürzen, wenn das Hauptvermächtnis gekürzt worden ist.

2. **Fälligkeit des Untervermächtnisses** (§2147 A 2b). Ist das damit beschwerte Hauptvermächtnis selbst noch nicht angefallen, weil es bedingt oder betagt ist (§§ 2176—2178), so kann von Geltendmachung des Untervermächtnisses regelmäßig nicht die Rede sein. Das Untervermächtnis ist dann in der Regel gleichfalls mittelbar betagt oder bedingt. Anders ist es, wenn sich ergibt, daß das Untervermächtnis nach dem Willen des Erblassers auch gelten soll, wenn die für das Hauptvermächtnis gesetzte Bedingung nicht eintritt. Fällt in diesen Fällen die Bedingung aus, so ist derjenige beschwert, dem der Wegfall des mit dem Untervermächtnis beschwerten Vermächtnisses unmittelbar zu statten kommt. In diesem Fall ist, worauf Planck-Flad 4. Aufl § 2186 Anm 2 zutreffend hinweist, das Untervermächtnis so zu behandeln, als sei es zugleich mit der Erbschaft angefallen, so daß § 2186 anzuwenden ist. Voraussetzung für die Anwendung dieser Bestimmung ist, daß beide Vermächtnisse angefallen sind, daß aber die Fälligkeit des Untervermächtnisses vor derjenigen des Hauptvermächtnisses eintritt, sei es infolge letztwilliger Anordnung (X soll zu ihm beliebender Zeit dem Y 1000, Y aber der Z bei ihrer Verheiratung 500 auszahlen, § 2181), sei es weil sich die Erfüllung des Hauptvermächtnisses wegen Verzögerung der Erbschaftsannahme (§ 1958) oder durch Geltendmachung der aufschiebenden Einreden hinauszieht (§§ 2014, 2015). In diesen Fällen wird auch die Fälligkeit des Untervermächtnisses entsprechend hinausgeschoben.

Fürsorge für Ausführung der auferlegten Beschwerungen durch einen Testamentsvollstrecker § 2223.

3. **Beweislast.** Der Untervermächtnisnehmer hat im Bestreitungsfalle die Fälligkeit beider Vermächtnisse nachzuweisen. Dagegen gehört nicht zur Klagebegründung, daß das Hauptvermächtnis von dem damit Bedachten angenommen oder gar, daß es schon erfüllt sei. Es genügt, daß er es „zu verlangen berechtigt ist". Der Beschwerte kann dem Anspruch des Vermächtnisnehmers jedoch entgegenhalten, daß er das ihm zugewandte Vermächtnis selbst nicht oder davon doch nicht so viel erhalten werde, daß er daraus das Untervermächtnis erfüllen kann. Behauptet der Beschwerte, das Hauptvermächtnis ausgeschlagen zu haben (§ 2180), so ist er damit beweispflichtig. Schlägt er erst nach der Klageerhebung aus, so wird die Klage hinfällig, der Untervermächtnisnehmer trägt die Kosten und wird nur ausnahmsweise aus § 826 Schadloshaltung fordern dürfen.

§ 2187

Ein Vermächtnisnehmer, der mit einem Vermächtnis oder einer Auflage beschwert ist, kann die Erfüllung auch nach der Annahme des ihm zugewendeten Vermächtnisses insoweit verweigern, als dasjenige, was er aus dem Vermächtnis erhält, zur Erfüllung nicht ausreicht.

Tritt nach § 2161 ein anderer an die Stelle des beschwerten Vermächtnisnehmers, so haftet er nicht weiter, als der Vermächtnisnehmer haften würde.

Die für die Haftung des Erben geltenden Vorschriften des § 1992 finden entsprechende Anwendung.

E I 1876 Abs 2, 1881 II 2057; M 5 190, 191, 206, 207; P 5 221, 227, 834, 835.

Übersicht:

Haftung des Vermächtnisnehmers für die ihm auferlegten Beschwerungen

1. Grundsatz der Haftungsbeschränkung
2. Geltendmachung der Haftungsbeschränkung
3. Haftung eines nach § 2161 an die Stelle des ursprünglich Beschwerten Tretenden (Abs 2)
4. Mehrere Vermächtnisse. Anwachsung von Anteilen anderer Vermächtnisse

1. **Grundsatz der Haftungsbeschränkung.** Entsprechend der beschränkten Haftung des Erben (ähnlich auch bei der Schenkung § 526) reicht die Haftung des mit einem Untervermächtnis beschwerten Hauptvermächtnisnehmers nicht weiter als auf dasjenige, was er selbst aus dem Hauptvermächtnis erhält. Ob er das letztere schon angenommen hat oder nicht, ist gleichgültig. Erhält der Vermächtnisnehmer X 100 und ist er zugunsten des Z mit 1000 beschwert, so hat Z nur auf 100 Anspruch. Der Beschwerte kann deshalb einwenden und hat gegebenenfalls zu beweisen, daß das Hauptvermächtnis von vornherein oder z. B. weil er es nur zum Teil habe beitreiben können, zur Erfüllung des Untervermächtnisses nicht ausreiche. Er bleibt jedoch durch das nach § 2174 begründete Schuldverhältnis dem Untervermächtnisnehmer zur Sorgfalt in Geltendmachung seines eigenen Vermächtnisses verpflichtet und kann ihm aus Verschulden mit dem eigenen Vermögen haftbar werden. Keinesfalls ist er genötigt, den Zweitbedachten vorschußweise zu befriedigen. – Weiteres Kürzungsrecht § 2188.

Auch mit einer **Auflage** kann der Erblasser den Vermächtnisnehmer nur bis zur Höhe des Betrags, den dieser selbst erhält, belasten. Vermacht jemand einer Kirchengemeinde einen Geldbetrag mit der Auflage, eine auf ihrem Friedhof liegende Grabstätte, solange der Friedhof als solcher bestehe, zu unterhalten, so wird die Zuwendung in der Regel so bemessen, daß ihr Ertrag die laufenden Ausgaben der Unterhaltung reichlich deckt, ihr Stamm mithin der Gemeinde als freie Bereicherung verbleibt, wenn die Erfüllung der Auflage mit der Einziehung des Friedhofs dereinst wegfällt. Wurde in einem solchen Falle der vermachte Geldbetrag in Händen der Gemeinde von der Geldentwertung betroffen, so kann ergänzende Testamentsauslegung dazu führen, daß die Gemeinde zur Aufwendung von Unterhaltungskosten nur noch nach Maßgabe des nunmehrigen Zinsertrags verpflichtet ist (so für einen nach PrALR, aber aus allgemeinen Erwägungen entschiedenen Fall RG 120, 237 = JW 1928, 1936[7]; vgl. § 2192 A 5 a).

2. **Geltendmachung der Haftungsbeschränkung.** Für die Geltendmachung der Haftungsbeschränkung gelten die Grundsätze der Unzulänglichkeitseinrede, wobei der Wert des Hauptvermächtnisses dem Nachlaß im Sinne von §§ 1990–1992 entspricht. Hiernach hat der Beschwerte, wenn er die Unzulänglichkeit nicht schon im Prozesse nachweist, nach ZPO § 786 den Vorbehalt der beschränkten Haftung im Urteile zu erwirken und demnächst in der Zwangsvollstreckung seine Einwendungen geltend zu machen.

Er hat das aus dem Hauptvermächtnis Erlangte dem Zweitbedachten zum Zwecke der Befriedigung im Wege der Zwangsvollstreckung herauszugeben und kann sich durch Abtretung des eigenen Vermächtnisanspruchs (§ 1990 Abs 1), aber auch durch Auszahlung des Wertes des Hauptvermächtnisses (§ 1992 Satz 2) von jedem Anspruch des Zweitbedachten befreien.

Nach §§ 1991, 1978, 1979 ist er dem Zweitbedachten für die Vereitelung seiner Befriedigung verantwortlich, anderseits zu Ersatzansprüchen noch über § 2185 hinaus berechtigt.

Die Wirkung der Konfusion tritt nicht ein (§ 1991 Abs 2), die rechtskräftige Verurteilung des Beschwerten zur Leistung eines Untervermächtnisses wirkt anderen Zweitbedachten gegenüber wie Befriedigung (§ 1991 Abs 3).

Mehrere Untervermächtnisse hat er in der Reihenfolge des § 1991 Abs 4 (vgl. aber auch § 2189) zu erfüllen.

3. Die **Haftung des andern** bleibt **in gleichem Umfange** wie nach Abs 1 auch dann **beschränkt,** wenn der durch Wegfall des Vermächtnisses (Hauptvermächtnisses) frei werdende Erbe oder wenn ein Anwachsungsberechtigter oder der vielleicht auch ohnedies bedachte Ersatzvermächtnisnehmer (§§ 2159, 2161) zur Erfüllung des Untervermächtnisses oder der Auflage aus den ihm sonst gewordenen Zuwendungen an sich imstande wäre oder wenn der Erbe unbeschränkt haftete.

4. **Mehrere Vermächtnisse. Anwachsung von Anteilen anderer Vermächtnisse.** Ist ein Vermächtnisnehmer mit mehreren selbständigen Vermächtnissen bedacht, so gilt jedes dieser Vermächtnisse hinsichtlich der ihm auferlegten Beschwerungen für die Frage der Haftungsbeschränkung als selbständig. Der Vermächtnisnehmer haftet also nicht mit Gegenständen eines zweiten Vermächtnisses für die dem ersten Vermächtnis auferlegten Beschwerungen und umgekehrt. Entsprechendes gilt nach § 2159, soweit dem Vermächtnisnehmer durch Anwachsung ein Anteil von einem anderen Vermächtnis zugefallen ist.

§ 2188

Wird die einem Vermächtnisnehmer gebührende Leistung auf Grund der Beschränkung der Haftung des Erben, wegen eines Pflichtteilsanspruchs oder in Gemäßheit des § 2187 gekürzt, so kann der Vermächtnisnehmer, sofern nicht ein anderer Wille des Erblassers anzunehmen ist, die ihm auferlegten Beschwerungen verhältnismäßig kürzen.

E I 1882 II 2058; M 5 207; P 5 237.

Übersicht:

Kürzung der einem Vermächtnis auferlegten Beschwerungen

1. Verhältnismäßige Kürzung der Beschwerungen. Zu einer Kürzung des beschwerten Hauptvermächtnisses kann es kommen

a) auf Grund der Haftungsbeschränkung des Erben, soweit das Vermächtnis im Nachlaßkonkurs (KO § 226; nicht auch im Nachlaßvergleichsverfahren, da die Vermächtnisforderung am Verfahren nicht beteiligt ist und von einem Vergleiche nicht betroffen wird, VerglO § 113 Nr 7) oder infolge Geltendmachung der Unzulänglichkeitseinrede (§§ 1990–1992) ausfällt;

b) wegen eines Pflichtteilsanspruchs §§ 2318, 2322–2324;

c) gemäß § 2187, wenn der Beschwerte selbst schon als Untervermächtnisnehmer eine Kürzung erfahren hatte und nun einem Drittbedachten gegenübersteht.

In diesen Fällen ist er nach der zu vermutenden, aber durch den Bedachten widerlegbaren Absicht des Erblassers auch dann berechtigt, die erlittene Einbuße verhältnismäßig auf den Bedachten zu übertragen, wenn das Vermächtnis trotz der Kürzung an sich zur vollen Befriedigung des Bedachten ausreichen würde. Sind ihm von 1000 Hauptvermächtnis 250 = $^1/_4$ gekürzt, so kann er von 200 Untervermächtnis gleichfalls $^1/_4$ = 50 abziehen. Ist die Kürzung wegen Unteilbarkeit der Zuwendung ausgeschlossen und versteht sich der Nächstbedachte nicht zur Abfindung, so braucht der Beschwerte nur den entsprechend gekürzten Wert der Zuwendung zu leisten.

2. Geltendmachung der Kürzung. Die Kürzung tritt nicht kraft Gesetzes ein. § 2188 gibt dem beschwerten Vermächtnisnehmer nur eine Befugnis. Es steht in seinem Belieben, ob er davon Gebrauch machen will. Die Befugnis muß spätestens während des Rechtsstreits, in dem die ihm auferlegte Leistung begehrt wird, ausgeübt werden. Die Voraussetzungen des Kürzungsrechts hat der Vermächtnisnehmer zu beweisen. Im späteren Zwangsvollstreckungsverfahren können nur noch die weniger weitgehenden Rechte aus § 2187 (vgl. dort Anm 2) geltend gemacht werden.

3. Entsprechende Anwendung. § 2188 ist entsprechend anzuwenden, wenn ein beschwerter Vermächtnisanteil bei einem mehreren gemeinschaftlich zugewandten Vermächtnis nach §§ 2157, 2090 deswegen gekürzt wird, weil die einzelnen zugewandten Bruchteile das Ganze übersteigen. Auch in diesem Fall ist zu prüfen, ob nicht nach dem Willen des Erblassers eine Kürzung ausgeschlossen ist (Staudinger-Seybold 11. Aufl § 2188 Anm 13).

4. Kürzung nach § 70 LAG. Für Erbfälle, die nach dem 20. 6. 48 eingetreten sind, gewährt § 70 Abs 1 LAG im Zweifel dem Erben das Recht, die Vermächtnisse um den Anteil des Zeitwerts der Abgabeschuld zu kürzen, der dem Anteil des gemeinen Werts des Vermächtnisses an dem gemeinen Wert des Nachlasses entspricht. Voraussetzung dafür ist, daß das Vermächtnis vor dem 1. 10. 52 von dem Erblasser angeordnet ist und daß dieser dabei die durch das Lastenausgleichsgesetz begründete Verpflichtung des Erben, die auf den Nachlaß entfallende Vermögensabgebeschuld zu tragen, nicht berücksichtigt hat. Ein von einer solchen Kürzung betroffener Vermächtnisnehmer ist nach § 70 Abs 4 LAG seinerseits berechtigt, die seinem Vermächtnis auferlegten Beschwerungen um den Anteil des ihn treffenden Kürzungsbetrages zu mindern, der dem Verhältnis des Wertes der auferlegten Beschwerung zu dem Wert des beschwerten Vermächtnisses entspricht. Diese Kürzung kann von den von ihr Betroffenen in entsprechender Anwendung des § 70 Abs 2 LAG abgewandt werden (vgl. § 2174 Anm 4).

§ 2189

Der Erblasser kann für den Fall, daß die dem Erben oder einem Vermächtnisnehmer auferlegten Vermächtnisse und Auflagen auf Grund der Beschränkung der Haftung des Erben, wegen eines Pflichtteilsanspruchs oder in Gemäßheit der §§ 2187, 2188 gekürzt werden, durch Verfügung von Todes wegen anordnen, daß ein Vermächtnis oder eine Auflage den Vorrang vor den übrigen Beschwerungen haben soll.

E I 2117 Abs 2 Nr 4 II 2059; M 5 638; P 5 770; 6 319.

Vorrang

Hat X von den ihm zugewendeten 1200 an A, B und C je 100, 400 und 1000 zu entrichten und ist angeordnet, daß C den Vorrang haben soll, so empfängt C volle 1000, in den Rest von 200 teilen sich A und B nach dem Verhältnis von 1 : 4, es empfangen somit A 40, B 160. Eine derartige Rangordnung bleibt auch im Nachlaßkonkurse wirksam, das dem Pflichtteil gleichkommende Vermächtnis geht jedoch den übrigen Beschwerungen vor (KO § 226 Abs 3).

§ 2190

Hat der Erblasser für den Fall, daß der zunächst Bedachte das Vermächtnis nicht erwirbt, den Gegenstand des Vermächtnisses einem anderen zugewendet, so finden die für die Einsetzung eines Ersatzerben geltenden Vorschriften der §§ 2097 bis 2099 entsprechende Anwendung.

E I 1871 Abs 2 Satz 2, 1883 II 2060; M 5 186, 207, 208; P 5 216, 237.

Ersatzvermächtnis

Ersatzvermächtnis entsprechend der Berufung eines Ersatzerben § 2096.

Die entsprechend anwendbaren Vorschriften ergeben nach § 2097: es macht keinen Unterschied, ob der Ersatzbedachte für den Fall berufen ist, daß der Erstbedachte das Vermächtnis nicht annehmen kann oder nicht annehmen will.

§ 2098: Die Gleichartigkeit mit der Erbeinsetzung ist nur dann gegeben, wenn die mehreren Bedachten zu Bruchteilen auf denselben Vermächtnisgegenstand berufen sind. Sind sie sich in diesem Falle zugleich gegenseitig oder sind für einen die übrigen nacheingesetzt, so rücken sie nach Verhältnis des einem jeden zugewendeten Vermächtnisses ein.

Sind mehrere mit selbständigen Vermächtnissen Bedachte sich gegenseitig nacheingesetzt, so rücken sie nach Kopfteilen ein.

§ 2098 Abs 2 ergibt den Vorrang der zu einer Untergruppe vereinigten vor den übrigen Ersatzbedachten, § 2099 den Vorrang der Ersatzberufung vor dem Anwachsungsrecht (§ 2158).

Der Nachvermächtnisnehmer gilt zugleich als Ersatzbedachter, §§ 2191 Abs 2, 2102.

Die Abkömmlinge eines bedachten eigenen Abkömmlings gelten immer zugleich als Ersatzbedachte, § 2069.

Darüber, ob der Ersatzbedachte den Erbfall oder den Vermächtnisfall erlebt haben müsse, vgl. § 2180 A 7 Abs 2.

§ 2191

Hat der Erblasser den vermachten Gegenstand von einem nach dem Anfalle des Vermächtnisses eintretenden bestimmten Zeitpunkt oder Ereignis an einem Dritten zugewendet, so gilt der erste Vermächtnisnehmer als beschwert.

Auf das Vermächtnis finden die für die Einsetzung eines Nacherben geltenden Vorschriften des § 2102, des § 2106 Abs 1, des § 2107 und des § 2110 Abs 1 entsprechende Anwendung.

E I 1884, 1885 II 2061; M 5 208–211; P 5 237.

Übersicht:

Nachvermächtnis

1. Die Rechtsnatur des Nachvermächtnisses. Der Nachvermächtnisnehmer erwirbt den Anspruch auf den Vermächtnisgegenstand (Einzelsache oder vertretbare Sache, Geld), nachdem zuvor ein anderer,der Vorvermächtnisnehmer, denselben Gegenstand gehabt hat (§ 2100). Das Wesen des Nachvermächtnisses besteht darin, daß derselbe Gegenstand nacheinander verschiedenen Personen zugewandt wird. Nicht erforderlich ist die Identität des Gegenstandes, wie sie bestehen würde, wenn einzelne bestimmte Sachen den Gegenstand der Vermächtnisse bilden. Möglich ist, daß das Nachvermächtnis nur einen realen oder ideellen Bruchteil des vermachten Gegenstandes ergreift. Auch eine bestimmte Menge vertretbarer Sachen oder eine bestimmte Geldsumme kann Gegenstand des Nachvermächtnisses sein. Ein solches liegt dagegen nicht vor, wenn die dem Vermächtnisnehmer auferlegte Leistung eine gänzlich andere ist als die ihm zugewandte. Die Rechtsprechung hat die Gleichheit des vermachten Gegenstandes und damit ein Nachvermächtnis verneint in einem Falle, in dem der Erblasser die Nutznießung an seinem ganzen Vermögen seiner Ehefrau und nach deren Tode die Nutznießung an der Hälfte seines Nachlasses einer Vewandten zugewandt hatte (Els. LothZ 1907, 412).

Das Nachvermächtnis kann nacheinander beliebig vielen Bedachten anfallen. Es unterliegt aber der zeitlichen Beschränkung der §§ 2162, 2163.

Beschwerter und somit Schuldner des durch § 2174 begründeten Anspruchs ist der erste Vermächtnisnehmer. Gegen diesen und nicht gegen den Erben ist daher auch eine Klage auf Feststellung des Nachvermächtnisses zu richten (RG Warn 1916 Nr 54). Die Klage auf Erfüllung des Nachvermächtnisses ist auch dann gegen den ersten Vermächtnisnehmer zu richten, wenn nicht dieser, sondern der Erbe als Eigentümer des vermachten Grundstücks eingetragen ist. Dem steht nicht entgegen, daß der erste Vermächtnisnehmer nicht ohne Mitwirkung des Erben erfüllen kann. Entscheidend ist, daß der Nachvermächtnisnehmer nur einen Anspruch gegen den ersten Vermächtnisnehmer hat und daß über diesen Anspruch zu entscheiden ist (OGH 3, 378).

Das Nachvermächtnis ist stets ein aufschiebend bedingtes oder befristetes Vermächtnis. Es fällt niemals mit dem Erbfall, sondern immer erst in dem für seinen Anfall maßgebenden Zeitpunkt an (vgl. dazu auch Anm 2). Für die Zeit zwischen dem Erbfall und dem Anfall gilt § 2179. Schlägt der Berufene das Nachvermächtnis aus, so verbleibt es dem ersten Vermächtnisnehmer, es sei denn, daß ein Anwachsungsberechtigter (§ 2158) oder Ersatzbedachter (§ 2190) vorhanden ist (RG aaO.).

2. Entsprechende Anwendung des Nacherbenrechts.

a) Entsprechend anwendbar sind: § 2102: Das Nachvermächtnis gilt im Zweifel zugleich als Ersatzvermächtnis, eine ihrer Art nach zweifelhafte Berufung nur als Ersatzvermächtnis. § 2106 Abs 1: In Ermangelung anderer Bestimmungen fällt das Nachvermächtnis den späteren Bedachten mit dem Tode des Vorvermächtnisnehmers an. § 2107: Ist ein Abkömmling, der zur Zeit der Vermächtnisanordnung keinen Abkömmling hatte oder von dem der Erblasser zu dieser Zeit nicht wußte, daß er einen Abkömmling habe, für die Zeit nach seinem Tode mit einem Nachvermächtnisse belastet, so ist anzunehmen, daß das Nachvermächtnis nur für den Fall angeordnet ist, daß der zunächst Bedachte ohne Nachkommenschaft stirbt. § 2110 Abs 1: Das Nachvermächtnis erstreckt sich im Zweifel auf das dem Vorvermächtnisnehmer infolge Wegfalls eines Mitbedachten angefallene Vermächtnis.

b) Nicht entsprechend anwendbar sind: Von den auf das Nachvermächtnis nicht übertragenen Vorschriften sind hervorzuheben: DasNachvermächtnis bewirkt keinen Übergang des Vermächtnisgegenstandes kraft Gesetzes (§ 2139), sondern erzeugt nur den schuldrechtlichen Anspruch des § 2174. Der Vorvermächtnisnehmer ist nicht wie der Vorerbe (§§ 2112 ff.) in der Verfügung über den Vermächtnisgegenstand dinglich beschränkt. Besondere Sicherungsrechte hat das Gesetz dem Nachvermächtnisnehmer nicht eingeräumt. Die Sicherungsvorschriften der §§ 2113 ff., die §§ 2127 ff. über die Auskunftspflicht oder Sicherheitsleistung sind weder unmittelbar noch entsprechend anzuwenden. Der Vorvermächtnisnehmer ist daher nicht nach bürgerlichem Recht zur Sicherheitsleistung verpflichtet (RG Warn 1910 Nr 157). Das Recht des Nachvermächtnisnehmers kann auch nicht, wie das Recht des Nacherben nach § 51 GBO, ins Grundbuch eingetragen werden (KG OLG 41, 31). Der Vorausvermächtnisnehmer ist aber dem Nachbedachten schon vorher schuldrechtlich verhaftet und kann deshalb nach Maßgabe der prozeß- und konkursrechtlichen Vorschriften unter Umständen auch zur Sicherung angehalten werden (§ 2179 A 2).

Arreste und einstweilige Verfügungen können gegen ihn erwirkt und auf die Weise auch die Eintragung einer Vormerkung zur Sicherung des Rechtes im Grundbuch erlangt werden. Die Surrogationsgrundsätze (§ 2111) kommen nur beschränkt zur Anwendung (§§ 2164 A 3, 2169 A 6).

Fünfter Titel

Auflage

Die Begriffsbestimmung der Auflage ist in § 1940 gegeben. Eine Auflage ist danach eine letztwillige Verfügung, durch die dem Erben oder dem Vermächtnisnehmer die Verpflichtung auferlegt wird, zu einem bestimmten Zwecke etwas zu tun oder zu lassen, ohne daß ein anderer das Recht erhält, die Leistung für sich zu verlangen. Vorausgesetzt ist danach wie bei dem Vermächtnis ein Beschwerter, dagegen ist kein Bedachter vorhanden, da demjenigen, welchem die Erfüllung der Auflage zustatten kommt, dem Begünstigten, keinerlei Rechte zustehen. Soweit der Erbe beschwert ist, gehören die Verbindlichkeiten aus Auflagen zu den Nachlaßverbindlichkeiten, § 1967. Sie sind nicht in den Erbschein aufzunehmen (KG HRR 1941 Nr 327). Der Gerichtsstand bestimmt sich nach § 27 ZPO.

Da die Auflage in vielen Beziehungen dem Vermächtnis ähnelt, hat der Gesetzgeber in § 2192 angeordnet, daß zahlreiche, das Vermächtnis betreffende Bestimmungen auf die Auflage entsprechend anzuwenden sind. In der Regel ist die Zweckbestimmung das für die Auflage Entscheidende. § 2193 gestattet daher dem Erblasser davon abzusehen, den Empfänger der Leistung zu bestimmen. Er kann, wenn er den Zweck der Auflage angegeben hat, die Bestimmung des Empfängers der Leistung dem Beschwerten oder einem Dritten überlassen. § 2193 bestimmt dann ferner, wie die Bestimmung in diesem Falle zu erfolgen hat. Da bei der Auflage anders als beim Vermächtnis der Begünstigte nicht berechtigt ist, die Leistung zu fordern, hat das Gesetz in § 2194 bestimmt, daß der Erbe, der Miterbe und derjenige, dem der Wegfall des mit der Auflage zunächst Beschwerten unmittelbar zustatten kommen würde, den Vollzug der Auflage fordern kann. Dadurch wird sichergestellt, daß der Beschwerte sich seiner Leistungspflicht nicht entziehen kann. Aus demselben Grunde bestimmt § 2196, daß derjenige, dem der Wegfall des zunächst Beschwerten unmittelbar zustatten kommen würde, Ansprüche gegen den Beschwerten geltend machen kann, wenn dieser den Vollzug der Auflage schuldhaft unmöglich gemacht hat oder wenn die auf Erfüllung der Auflage gerichtete Zwangsvollstreckung erfolglos geblieben ist. Der Beschwerte muß dann das ihm Zugewandte insoweit herausgeben, als es zum Vollzug der Auflage hätte verwandt werden müssen. Die etwaige Unwirksamkeit der Auflage hat nach § 2195 die Unwirksamkeit der unter der Auflage gemachten Zuwendung nur zur Folge, wenn anzunehmen ist, daß der Erblasser die Zuwendung nicht ohne die Auflage gemacht haben würde.

§ 2192

Auf eine Auflage finden die für letztwillige Zuwendungen geltenden Vorschriften der §§ 2065, 2147, 2148, 2154 bis 2156, 2161, 2171, 2181 entsprechende Anwendung.

E I 1886 II 2062; M 5 211, 212; P 5 240–243, 305, 308.

Übersicht:

Für entsprechend anwendbar erklärte Rechtsnormen

1. Für entsprechend anwendbar erklärte Rechtsnormen. Die hier angezogenen Bestimmungen über das Vermächtnis sind bereits bei den einzelnen Paragraphen als auf die Auflage entsprechend anwendbar kenntlich gemacht. Sie betreffen:

a) Die Unwirksamkeit der Auflage nach § 2065. § 2065 Abs 1, der die Unwirksamkeit einer letztwilligen Verfügung vorschreibt, wenn der Erblasser einem anderen überlassen hat zu bestimmen, ob die Verfügung gelten oder nicht gelten soll, ist unmittelbar anzuwenden. Für eine entsprechende Anwendung kommt allein Abs 2 in Betracht. Danach kann der Erblasser die Bestimmung der Person des Empfängers oder des Gegenstandes einer Auflage keinem Dritten überlassen. Diese Vorschrift verliert aber durch die §§ 2156 und 2193 erheblich an Bedeutung. Der Erblasser kann nach § 2156, der für die Auflage entsprechend anzuwenden ist, wenn er den Zweck der Auflage bestimmt hat, die Bestimmung der Leistung dem billigen Ermessen des Beschwerten oder eines Dritten überlassen. Unter derselben Voraussetzung kann er nach § 2193 die Bestimmung der Person, an welche die Leistung erfolgen soll, dem Beschwerten oder dem Dritten überlassen.

b) Die Person des Beschwerten. Nach § 2147 kann mit der Auflage der Erbe oder ein Vermächtnisnehmer beschwert werden. Falls der Erblasser nichts anderes bestimmt hat, ist der Erbe beschwert.

c) Mehrere mit derselben Auflage Beschwerte. Nach § 2148 sind im Zweifel mehrere Beschwerte Erben nach dem Verhältnis ihrer Erbteile, mehrere Beschwerte Vermächtnisnehmer nach dem Verhältnis des Wertes der beschwerten Vermächtnisse beschwert.

d) Wahlschuld. Auch eine Auflage kann nach § 2154 in der Weise angeordnet werden, daß der Beschwerte von mehreren Leistungen nur die eine oder die andere erbringen soll. Hat der Erblasser die Wahl einem Dritten überlassen, so erfolgt sie durch Erklärung gegenüber dem Beschwerten. Wenn der Dritte die Wahl nicht treffen kann oder wenn er sie nicht innerhalb einer ihm auf Antrag des Beschwerten vom Nachlaßgericht gesetzten Frist vornimmt, geht das Wahlrecht auf den Beschwerten über.

e) Gattungsschuld. Bildet die Leistung einer nur der Gattung nach bestimmten Sache den Inhalt der Auflage, so hat der Beschwerte nach § 2155 eine den Verhältnissen des Bedachten, d. h. hier in der Regel eine den Zwecken der Auflage entsprechende Sache zu leisten. § 2154 Abs 2 gilt hier ebenfalls, wenn die Bestimmung der zu leistenden Sache dem Bedachten oder einem Dritten übertragen ist. Falls die von dem Bedachten oder dem Dritten getroffene Bestimmung den Verhältnissen des Bedachten oder gegebenenfalls den Zwecken der Auflage offenbar nicht entspricht, hat der Beschwerte so zu leisten, als wenn der Erblasser keine Anordnung über die Bestimmung der Sache getroffen hätte.

f) Wegfall des Beschwerten. Nach § 2161 bleibt, falls nicht ein anderer Wille des Erblassers anzunehmen ist, die Auflage auch wirksam, wenn der Beschwerte nicht Erbe oder Vermächtnisnehmer wird. Beschwert ist dann derjenige, dem der Wegfall des zunächst Beschwerten unmittelbar zustatten kommt.

g) Die Unwirksamkeit einer auf eine unmögliche Leistung gerichteten oder einer gegen ein gesetzliches Verbot verstoßenden Auflage. Für die in § 2171 vorgeschriebenen Rechtsfolgen kommt es auf die Verhältnisse zur Zeit des Erbfalls an. Nach dem entsprechend anzuwendenden § 308 ist die Auflage wirksam, wenn die Unmöglichkeit behoben werden kann oder das Verbot aufgehoben wird und die Auflage auch für diese Fälle angeordnet ist. Eine aufschiebend bedingte oder betagte Auflage ist wirksam, wenn die Unmöglichkeit behoben oder das gesetzliche Verbot aufgehoben wird, bevor die Bedingung oder der gesetzte Termin eingetreten ist.

h) Die Fälligkeit der Auflage tritt nach § 2181, wenn die Leistung dem freien Belieben des Beschwerten überlassen ist, im Zweifel mit dem Tode des Beschwerten ein.

2. Auf das Vermächtnis und die Auflage gemeinsam anzuwendende Vorschriften. Sowohl vom Vermächtnis als von der Auflage handeln § 2159 (Fall der Anwachsung) und §§ 2186–2189 (Hinausschiebung der Fälligkeit der Auflage, beschränkte Haftung, Kürzungsrecht des Beschwerten, Rangverhältnis mehrerer Auflagen).

3. Unanwendbare Vorschriften aus dem Vermächtnisrecht. Nicht anwendbar sind die auf den Bedachten bezüglichen Bestimmungen, da ein mit Forderungsrecht ausgestatteter Begünstigter bei der Auflage nicht denkbar ist (s. jedoch § 2193). Auch § 2307 ist auf Auflagen nicht entsprechend anwendbar (RG HRR 1928 Nr 427). Zeitlich ist der Wirksamkeit der Auflage, wie die Nichtübernahme der §§ 2162, 2163 ergibt, keine Grenze gezogen.

4. Anwendbarkeit der die letztwilligen Verfügungen allgemein betreffenden Vorschriften. Die die letztwilligen Verfügungen allgemein betreffenden Vorschriften des ersten Titels des III. Abschnitts gelten selbstverständlich auch für die Auflage. In Betracht kommen außer dem schon erwähnten § 2065 Abs 1 insbesondere die Bestimmungen über die Anfechtung letztwilliger Verfügungen §§ 2078ff., über die Auslegung § 2084, über die teilweise Unwirksamkeit § 2085 und über den Vorbehalt einer Ergänzung § 2086.

5. Geldentwertung.

a) Aufwertung. Besteht die Leistung, zu der der Erblasser den Erben oder Vermächtnisnehmer durch die Auflage verpflichtet hat, in einer in Mark festgesetzten Zahlung, so gilt für die Frage, ob und in welchem Maße eine Aufwertung stattzufinden hat, das für die Aufwertung von Geldvermächtnissen § 2174 A 5 Ausgeführte sinngemäß. Anderseits kann, wenn Gegenstand der Auflage ein Veräußerungsverbot (§ 1940 A 2) ist und dieses Verbot durch die vom Erblasser nicht vorhergesehene Wirtschaftskatastrophe den ihm vom Erblasser beigelegten Sinn verloren hat, ergänzende Testamentsauslegung unter Umständen zur Beseitigung oder Einschränkung der Auflage führen (vgl. § 2134 A 3). Hat die Geldentwertung das dem Beschwerten vermachte oder auf ihn vererbte Kapital in dem Maße betroffen, daß ihn die Vollziehung der ihm auferlegten Sachleistung ärmer machen würde, als er ohne die letztwillige Zuwendung gewesen wäre, so haftet er nach § 2187 und dem in § 526 zu findenden allgemeinen Rechtsgedanken (RG 112, 213) nicht über den Wert des Empfangenen hinaus. Im Wege ergänzender Testamentsauslegung (§ 2084 A 1 c) kann möglicherweise das nachträglich entstandene Mißverhältnis zwischen der entwerteten Zuwendung und der wertbeständigen Auflage noch in weitergehendem Maße ausgeglichen werden (§ 2187 A 1 Abs 2).

b) Umstellung und Lastenausgleich. Die Umstellung spielt für das Recht der Auflage gleichfalls keine bedeutende Rolle. Bildet eine Geldleistung den Gegenstand der Auflage, dann gilt das zu § 2174 Anm 6 Ausgeführte. § 70 LAG gibt dem Beschwerten unter bestimmten, dort näher bezeichneten Voraussetzungen das Recht, eine Auflage mit Rücksicht auf die ihn treffende Vermögensabgabeschuld verhältnismäßig zu kürzen (vgl. darüber § 2174 Anm 4). Nach § 71 LAG haftet derjenige, der nach dem 20. 6. 48 auf Grund einer Auflage Vermögen erworben hat oder erwirbt, neben dem Erben für die Abgabeschuld des Erblassers in Höhe des gemeinen Werts der Bereicherung zur Zeit des Erwerbs (vgl. dazu § 2174 Anm 4 a. E.).

§ 2193

Der Erblasser kann bei der Anordnung einer Auflage, deren Zweck er bestimmt hat, die Bestimmung der Person, an welche die Leistung erfolgen soll, dem Beschwerten oder einem Dritten überlassen.

Steht die Bestimmung dem Beschwerten zu, so kann ihm, wenn er zur Vollziehung der Auflage rechtskräftig verurteilt ist, von dem Kläger eine angemessene Frist zur Vollziehung bestimmt werden; nach dem Ablaufe der Frist ist der Kläger berechtigt, die Bestimmung zu treffen, wenn nicht die Vollziehung rechtzeitig erfolgt.

Steht die Bestimmung einem Dritten zu, so erfolgt sie durch Erklärung gegenüber dem Beschwerten. Kann der Dritte die Bestimmung nicht treffen, so geht das Bestimmungsrecht auf den Beschwerten über. Die Vorschrift des § 2151 Abs 3 Satz 2 findet entsprechende Anwendung; zu den Beteiligten im Sinne dieser Vorschrift gehören der Beschwerte und diejenigen, welche die Vollziehung der Auflage zu verlangen berechtigt sind.

E II 2063; P 5 30–32.

Übersicht:

Bestimmung des Begünstigten durch Dritte

1. Allgemeines
2. Bestimmung durch den Beschwerten
3. Bestimmung durch einen Dritten
4. Fristsetzung durch das Nachlaßgericht

1. Allgemeines. Der Grundsatz des § 2065 Abs 2 , der dem Erblasser untersagt, die Bestimmung der Person des Bedachten oder des Gegenstandes der Zuwendung einem anderen zu überlassen, ist beim Vermächtnis schon hinsichtlich des Gegenstandes der Leistung durchbrochen (§ 2156). Er wird bei der Auflage noch weiter abgeschwächt, insofern auch die Person des Begünstigten nicht vom Erblasser selbst bestimmt zu sein braucht. Nur die Zweckbestimmung der Auflage muß von diesem selbst ausgehen und zugleich genügend deutlich sein, um danach dem Beschwerten oder dem Dritten die Auswahl des Leistungsempfängers zu ermöglichen (10000 dem akademischen Senat zu X zu Reisestipendien für Xsche Künstler; vgl. auch RG 96, 15 [Auflage zugunsten verschiedener Vereine oder gemeinnütziger Anstalten sowie bedürftiger Personen einer bestimmten Stadt, deren genaue Bezeichnung der Erblasser sich vorbehalten hatte], ferner RG Recht 1920 Nr 1531, wonach die nach der Aussetzung von Vermächtnissen getroffene Anordnung, daß der Rest des Vermögens zu Wohltätigkeitszwecken nach dem Ermessen des Testamentsvollstreckers Verwendung finden soll, dem § 2193 genügt). Auch eine allgemeine Angabe der Empfänger, aus der die Zweckbestimmung ersichtlich wird, genügt, z. B. „für die Armen" (für diesen Fall ist jedoch die Auslegungsregel des § 2072 zu beachten), „für fleißige Schüler", „für Kriegsblinde", „für bedürftige Verwandte" usw. (OLG 21, 359). Die angegebene Zweckbestimmung braucht keinen Hinweis auf den Empfänger zu enthalten. Als genügend wurde angesehen die Bestimmung „zu römisch-katholischen kirchlichen Zwecken" (OLG 18, 319) und „zu frommen und wohltätigen Zwecken" (BayObLG 13, 743). Die Bestimmungen der §§ 2151 Abs 1, 2, 2152, 2153 Abs 1 – nur insoweit könnten sie bei der Auflage in Frage kommen – sind, weil durch § 2193 ersetzt, auch nicht entsprechend anwendbar (str.). Für die Bestimmung ist, wenn feststeht, daß die Voraussetzungen des Abs 1 gegeben sind, freies, auch nicht durch Billigkeit beschränktes Ermessen maßgebend, eine Anfechtung deshalb wie im Falle des § 2151 A 3 nur wegen Arglist statthaft.

2. Bestimmung durch den Beschwerten. Vorausgesetzt ist, daß einer der nach § 2194 Berechtigten oder daß der Testamentsvollstrecker (§§ 2208 Abs 2, 2223) die Vollziehung der Auflage betrieben hat und daß die Frist entweder im Urteile (ZPO § 255) oder daß sie nachmals vom Kläger selbst bestimmt ist. Letzterenfalls ist der Streit über Angemessenheit der Frist nach ZPO § 766 vor dem Vollstreckungsgericht auszutragen. Die rechtzeitige Vollziehung der Auflage muß vor Fristablauf erfolgt sein. Nachträgliche Vollziehung befreit den Beschwerten nicht, wenn er an eine andere als die nunmehr vom Kläger bezeichnete Person leistet.

3. Bestimmung durch einen Dritten. Unwiderrufliche Erklärung gegenüber dem Beschwerten wie in § 2151 Abs 2, Übergang des Bestimmungsrechts wie beim Wahlvermächtnis § 2154 Abs 2, entweder sogleich, wenn die Bestimmung durch den Dritten unmöglich ist oder wenn er sie verzögert oder verweigert und die ihm vom Nachlaßgericht gesetzte Frist verstrichen ist.

4. Fristsetzng durch das Nachlaßgericht. Das Nachlaßgericht kann nur dem Dritten, nicht auch dem Beschwerten (hierüber A 2) die Frist nach § 80 FGG bestimmen. Beschwerderecht § 2151 A 5. Beteiligte sind der Beschwerte, der Dritte sowie die nach §§ 2194, 2208 Abs 2, 2223 zu dem Verlangen auf Vollziehung der Auflage Berechtigten, nicht aber diejenigen, welchen die Erfüllung der Auflage zugunsten gereichen würde (die Xschen Künstler).

§ 2194

Die Vollziehung einer Auflage können der Erbe, der Miterbe und derjenige verlangen, welchem der Wegfall des mit der Auflage zunächst Beschwerten unmittelbar zustatten kommen würde. Liegt die Vollziehung im öffentlichen Interesse, so kann auch die zuständige Behörde die Vollziehung verlangen.

E I 1888 II 2064; M 5 214–216; P 5 244–246.

Übersicht:

Vollzug der Auflage

1. Die klageberechtigten Personen
2. Klagerecht der zuständigen Behörde
3. Rechtsnatur des Klagerechts

1. Die klageberechtigten Personen. Ein anderer, dem ein Recht auf die Leistung zustünde, ist bei der Auflage nach § 1940 nicht vorhanden. Insbesondere hat derjenige, welchem die Erfüllung zugunsten gereichen würde, kein Klagerecht, z. B. nicht der Z, wenn dem X 100 mit der Auflage vermacht sind, davon 50 dem Z zu schenken, es sei denn, daß sich hinter der gewählten Form eine Vermächtnisanordnung (von 50 zugunsten des Z) verbirgt. Das Gesetz verleiht deshalb ein Klagerecht auf Vollziehung der Auflage jedenfalls dem Erben (gegen den beschwerten Vermächtnisnehmer), jedem Miterben (gegen den beschwerten Miterben oder Vermächtnisnehmer). Diese Befugnis hat der Miterbe auch, wenn auch er durch die Auflage beschwert ist. Das Klagerecht hat ferner, obwohl er in dieser Vorschrift nicht benannt ist, der Testamentsvollstrecker, da er nach § 2203 die letztwilligen Verfügungen des Erblassers zur Ausführung zu bringen hat, mindestens aber nach § 2208 Abs 2, sofern nicht der Erblasser etwas anderes bestimmt hat, deren Ausführungen von den Erben verlangen kann. RG 172, 204 behandelt den Fall, daß der Erblasser den Erben, der durch die Erfolge in die Gesellschafterstellung einer OHG eingerückt ist, eine Auflage dahin gemacht hat, daß er die Ausübung seiner höchstpersönlichen Gesellschaftsrechte dem Testamentsvollstrecker zu überlassen hat. Der Erbe kann sich nicht widersetzen, wenn der Testamentsvollstrecker von dieser Befugnis Gebrauch machen will. Es kommt aber darauf an, ob die übrigen Gesellschafter mit dieser Anordnung einverstanden sind. § 2223 gestattet dem Erblasser einen Testamentsvollstrecker nur zu dem Zweck zu ernennen, daß er für die Ausführung der einem Vermächtnisnehmer auferlegten Beschwerungen sorgt. Das Klagerecht auf Vollzug der Auflage hat schließlich jeder, dem der Wegfall des zunächst Beschwerten unmittelbar zugute kommen würde, da er nach §§ 2161, 2192 in diesem Falle selbst zur Erfüllung der Auflage gehalten sein würde. In Frage kommen die § 2161 A 2 bezeichneten Personen.

Einer der in § 2194 genannten Personen steht das Klagerecht insoweit nicht zu, als damit der Vollzug einer zu ihren Gunsten gemachten Auflage verlangt werden soll. Dem steht entgegen, daß der Begünstigte nach § 1940 keinen Anspruch auf die dem Beschwerten auferlegte Leistung hat. Dem Wesen der Auflage würde es widersprechen, wenn er sich diesen Anspruch praktisch auf dem Umweg verschaffen würde, daß er das Klagerecht aus § 2194, das einen anderen Zweck hat, ausübt (BGH 8. 5. 52 IV ZR 220/51).

Nach Staudinger-Seybold 11. Aufl § 2194 Anm 5 ist klageberechtigt ferner derjenige, dem der Erblasser das Klagrecht in der letztwilligen Verfügung ausdrücklich beigelegt hat (dagegen Kipp-Coing § 58 III 4). Staudinger-Seybold aaO. hält es gleichfalls für zulässig, daß der Erblasser bestimmt, daß einzelnen der in § 2194 genannten Personen das Klagerecht nicht zustehen soll.

2. Klagerecht der zuständigen Behörde. In zweiter Linie ist das Klagerecht der zuständigen Behörde verliehen, wenn die Vollziehung im öffentlichen Interesse liegt. Ein solches Interesse kann auf wirtschaftlichem, religiösem oder ideellem Gebiete (Kunst und Wissenschaft) liegen und steht im Gegensatz zum reinen Privatinteresse. Welche Behörden zuständig sind, bestimmt sich das Landesrecht. Über die einzelnen in Frage kommenden Behörden vgl. Staudinger-Seybold 11. Aufl § 2194 Anm 6. Ähnlich bei der Schenkung § 525 Abs 2.

3. Rechtsnatur des Klagerechts. Das Klagerecht der in dieser Vorschrift genannten Personen enthält keine Klagepflicht. Es wird von dem Berechtigten im eigenen Namen ausgeübt, er ist Partei im Prozesse, Gläubiger im Konkurse sowohl des Nachlasses (KO § 226 Nr 5) als des Beschwerten, kann aber die Leistung nicht an sich selbst beanspruchen und an ihrer Stelle nicht Schadensersatz wegen Nichterfüllung fordern. Das Recht ist, soweit es sich um Privatpersonen handelt, vererblich, aber, wie in Einschränkung dieses Satzes der früheren Auflagen hinzugefügt werden muß, nur in dem Sinne, daß es bei Vererblichkeit der Rechtsstellung, auf der es beruht (Erbrecht oder Miterbrecht), mit dieser Rechtsstellung auf den Erben übergeht (Planck-Flad A 1 Abs 3). Mangels eines Vermögenswerts ist es nicht pfändbar und kann nicht abgetreten werden (BGH 8. 5. 52 IV ZR 220/51). Es gehört deshalb im Konkurs des Klageberechtigten auch nicht zur Konkursmasse (RG 15. 5. 33 IV 68/33). Von mehreren Berechtigten kann jeder die Vollziehung der ganzen Auflage selbständig fordern, aber er verlangt die Leistung nicht für sich; die mehreren sind deshalb nicht Gesamtgläubiger im Sinne der §§ 428ff.

Die Frage, ob der zur Klage Berechtigte dem Beschwerten gegenüber auf dieses Recht verzichten oder einen Vergleich darüber abschließen kann, kann nur unter Berücksichtigung der Umstände des einzelnen Falles entschieden werden. Der Verzicht ist zulässig, wenn eine Sachlage besteht, die dem Erblasser selbst, z. B. wegen der veränderten Umstände, Veranlassung gegeben hätte, von der Anordnung der Auflage abzusehen. Ein Vergleich ist zulässig, wenn auch der Erblasser den Streit oder die Ungewißheit in dem gegebenen Fall durch einen Vergleich behoben hätte. Dagegen wäre ein Abkommen, auf Grund dessen der Klageberechtigte gegen die Gewährung eines Vermögensvorteils auf sein Klagerecht verzichtet, sittenwidrig und nichtig. Das Klagrecht wird dadurch nicht berührt. In jedem Fall beseitigt ein wirksamer Verzicht nur das Klagerecht desjenigen, der verzichtet hat und der Vergleich berührt nur das Klagrecht der an ihm beteiligten Klageberechtigten. Das Klagerecht der anderen nach § 2194 Berechtigten bleibt davon unberührt. Ebenso wirkt auch ein Urteil, das gegen einen Klageberechtigten ergangen ist, nicht gegen die anderen Klageberechtigten (Planck-Flad 4. Aufl § 2194 Anm 1).

§ 2195

Die Unwirksamkeit einer Auflage hat die Unwirksamkeit der unter der Auflage gemachten Zuwendung nur zur Folge, wenn anzunehmen ist, daß der Erblasser die Zuwendung nicht ohne die Auflage gemacht haben würde.

E I 1887 II 2065; *M* 5 243, 245; 6 95.

Selbständigkeit von Auflage und Zuwendung

Die Vorschrift enthält einen besonderen Anwendungsfall des in § 2085 aufgestellten Grundsatzes der Unabhängigkeit mehrerer in einem Testament aufgestellter letztwilliger Verfügungen (RG 28. 5. 06 IV 565/05). Die Wirksamkeit der Auflage bleibt ganz unberührt, wenn sie ohne jede Rücksicht auf eine Zuwendung angeordnet ist. An Stelle des wegfallenden rückt dann einfach ein anderer Beschwerter ein (§§ 2161, 2192). Aber auch wenn zwischen Zuwendung und Auflage ein Zusammenhang besteht, kommt mit der Unwirksamkeit der Auflage nicht notwendig auch die Zuwendung zu Falle. Entscheidend ist die frei zu ermittelnde Willensmeinung des Erblassers. Sie wird in der Regel nur dann zur Unwirksamkeit der Zuwendung führen, wenn die Auflage als Zweck der Zuwendung erscheint, so daß der Beschwerte, ähnlich dem Verhältnis von Leistung und Gegenleistung, durch die Zuwendung in den Stand gesetzt oder doch dazu bewogen werden soll, die Auflage zu erfüllen.

Der Beweis, daß eine derartige Abhängigkeit der Zuwendung von Erfüllung der Auflage gewollt sei, ist von demjenigen zu führen, welcher die Unwirksamkeit der Zuwendung behauptet.

Umgekehrt fällt auch nicht notwendig die Auflage weg, wenn sich die Zuwendung (zu einem Teile) als unwirksam erweist (RG Gruch 52, 1087).

Es macht keinen Unterschied, ob die Unwirksamkeit der Auflage schon von vornherein vorhanden war (z. B. Unmöglichkeit, Willensmängel der betreffenden Anordnung) oder ob sie erst nachträglich eintritt (Ausfall der Bedingung, Verweigerung der zur Vollziehung notwendigen Mitwirkung eines Dritten, wobei § 2076 nicht anwendbar). Die Auflage ist nicht schon dann unwirksam, wenn es sich bloß um eine durch die veränderten Umstände gebotene andere Art der Vollziehung handelt (RG 29. 4. 07 IV 506/06). Über Unmöglichkeit der Vollziehung s. auch § 2196.

§ 2196

Wird die Vollziehung einer Auflage infolge eines von dem Beschwerten zu vertretenden Umstandes unmöglich, so kann derjenige, welchem der Wegfall des zunächst Beschwerten unmittelbar zustatten kommen würde, die Herausgabe der Zuwendung nach den Vorschriften über die Herausgabe einer ungerechtfertigten Bereicherung insoweit fordern, als die Zuwendung zur Vollziehung der Auflage hätte verwendet werden müssen.

Das gleiche gilt, wenn der Beschwerte zur Vollziehung einer Auflage, die nicht durch einen Dritten vollzogen werden kann, rechtskräftig verurteilt ist und die zulässigen Zwangsmittel erfolglos gegen ihn angewendet worden sind.

E II 2066; P 5 246, 247; 6 95.

Übersicht:

Herausgabe der Zuwendung bei nicht vollziehbarer Auflage

1. Grundgedanke der Vorschrift. Die Unmöglichkeit der Vollziehung der Auflage kann die Unwirksamkeit auch der Zuwendung zur Folge haben. Es ist daher, bevor § 2196 angewandt werden kann, zunächst zu prüfen, ob die Zuwendung trotz der Unmöglichkeit, die Auflage zu vollziehen, rechtlich bestehenbleibt. Sie ist infolge der Unmöglichkeit unwirksam, wenn der Vollzug der Auflage nach dem Willen des Erblassers die Bedingung für die Zuwendung ist. Sie ist ferner nach § 2195 unwirksam, wenn ausnahmsweise anzunehmen ist, daß der Erblasser die Zuwendung nicht ohne die Auflage gemacht haben würde. Bleibt die Zuwendung bei Kräften, so kommt die Unmöglichkeit der Vollziehung dem Beschwerten zustatten (§ 275). Er soll sich jedoch nicht dadurch bereichern dürfen, daß er die Erfüllung schuldhaft unterläßt (§§ 276ff.). § 2196 enthält kein zwingendes Recht. Der Erblasser kann Abweichendes bestimmen. Falls die Unmöglichkeit, die Auflage zu vollziehen, nur eine subjektive ist, ist als Wille des Erblassers anzunehmen, daß der Berechtigte den ihm nach § 2196 zustehenden Anspruch nur unter der Bedingung haben soll, daß er das danach Erlangte verwendet, um die Auflage, deren Vollzug objektiv möglich ist, zu vollziehen (Planck-Flad 4. Aufl § 2196 Anm 6; Kipp-Coing § 59 III).

2. Bereicherungsanspruch. Ein Gläubiger, der wegen Nichterfüllung der Auflage aus §§ 280ff. Schadensersatz beanspruchen könnte, ist bei der Auflage nicht vorhanden (§ 1940 A 3). Das Gesetz gibt statt dessen den gegebenenfalls nachrückenden Beschwerten (§ 2161 A 2) – nicht aber auch dem Testamentsvollstrecker und nicht den nach § 2194 Satz 2 klageberechtigten Behörden – den Bereicherungsanspruch insoweit, als der Beschwerte durch schuldhafte Nichterfüllung der Auflage einen ungerechtfertigten Gewinn machen würde. Ebensowenig wie dem durch die Auflage Begünstigten das Klagerecht nach § 2194 zusteht, wenn er zu dem dort genannten Personenkreis gehört (vgl. § 2194 Anm 1), steht ihm, auch wenn ihm der Wegfall des zunächst Beschwerten unmittelbar zustatten kommen würde, der Bereicherungsanspruch aus § 2196 zu. Dieser Anspruch ist für ihn durch das Wesen der Auflage ausgeschlossen (ebenso Staudinger-Seybold 11. Aufl § 2196 Anm 3). Kommt der Wegfall der Auflage neben dem Begünstigten unmittelbar auch anderen Personen zustatten, so haben diese allein den Bereicherungsanspruch aus § 2196.

Steht der Anspruch einer Personenmehrheit zu, so kann, wenn er eine teilbare Leistung betrifft, jeder nach § 420 nur den auf ihn entfallenden Teil fordern. Geht er auf eine unteilbare Leistung, dann kann jeder nach § 432 die ganze Leistung an alle gemeinsam verlangen. Der Betrag der Bereichrung wird regelmäßig dem Betrage des ersparten Erfüllungsaufwandes gleichkommen und bemißt sich im übrigen nach § 818. Der Anspruch auf Herausgabe der Bereicherung oder auf Wertersatz ist nach § 818 Abs 3 ausgeschlossen, soweit der Beschwerte durch die Zuwendung nicht mehr bereichert ist. Eine verschärfte Haftung tritt nach § 818 Abs 4 mit der Rechtshängigkeit ein und in entsprechender Anwendung des § 819 auch, wenn der Beschwerte in Kenntnis des Bestehens der Auflage und der Unmöglichkeit, sie zu erfüllen, den ihm zugewandten Gegenstand vernichtet, beschädigt oder vergeudet hat. (Planck-Flad 4. Aufl § 2196 Anm 4b; Staudinger-Seybold 11. Aufl § 2196 Anm 5). Mehrere Beschwerte haften, soweit jeder bereichert ist. Entsprechender Anspruch des Schenkers § 527.

3. Fruchtlose Zwangsvollstreckung gegen den Beschwerten steht der verschuldeten Unmöglichkeit der Erfüllung gleich, wenn es sich bei der Auflage um unvertretbare Handlungen oder um Unterlassungen handelt. Klageberechtigte § 2194. Die zulässigen Zwangsmittel ergeben sich aus ZPO §§ 888, 890. § 887 (vertretbare Handlungen) kommt nicht in Frage. Erfordert die Erfüllung der Auflage überhaupt keine Aufwendungen (jährlicher Besuch des Grabes), so ist nach Erschöpfung der Zwangsmittel auch kein Bereicherungsanspruch gegeben.

4. Entsprechende Anwendung. § 2196 ist entsprechend anzuwenden, wenn dem gesetzlichen Erben eine Auflage gemacht ist (Planck-Flad 4. Aufl § 2196 Anm 7).

Sechster Titel

Testamentsvollstrecker

1. Gliederung des Sechsten Titels:

a) Ernennung des Testamentsvollstreckers, §§ 2197–2201;
b) Annahme und Ablehnung des Amtes, § 2202;
c) Allgemeine Aufgaben und Befugnisse, §§ 2203–2206;
d) Besondere Arten der Testamentsvollstreckung, §§ 2207–2210, 2222–2224;
e) Prozeßführung des Testamentsvollstreckers, §§ 2212, 2213 (auch § 2214);
f) Verhältnis zum Erben, §§ 2211, 2215–2221;
g) Ende des Amtes, §§ 2225–2227;
h) Einsicht rechtlich Beteiligter, § 2228.

2. Geschichtliches. Der Testamentsvollstrecker hat im germanischen Recht einen Vorläufer in dem Treuhänder (Salmann); diesem übereignet der letztwillig Verfügende sein Vermögen ganz oder teilweise mit näherer Weisung, es in bestimmter Weise zu verwenden. Erst die mittelalterliche, insbesondere kirchliche Rechtsübung hat jedoch – vor allem um letztwillige Zuwendungen zu frommen Zwecken zu überwachen – einen Testamentsvollstrecker im heutigen Sinne geschaffen (vgl. Kipp-Coing § 123 I). In den späteren Landesgesetzgebungen (preuß. ALR I 12 §§ 557ff., bayr. LR III 2 §§ 15ff., Code Civil Art 1025ff.) ist die Testamentsvollstreckung nur dürftig geregelt worden. Das BGB hat sie erstmals umfassend behandelt und hierbei auch viele ganz neue Rechtssätze aufgestellt.

Außer den §§ 2197–2228 enthalten u. a. noch folgende Vorschriften Bestimmungen über den Testamentsvollstrecker: BGB §§ 83, 2306, 2338, 2364, 2368–2376; ZPO §§ 243, 327, 728, 748, 749, 779, 780, 863, 991; FGG §§ 76, 78, 80–82, 85, 86; KO §§ 217, 224; GBO §§ 35, 40, 52; ZVG § 175; SchiffsRO §§ 41, 55.

Die Gesamtregelung, die das Testamentsvollstreckerrecht im BGB und in den bezeichneten Vorschriften gefunden hat, hat dem Testamentsvollstrecker eine sehr freie und selbständige Stellung mit umfassenden Machtbefugnissen gegeben.

3. Rechtsstellung. Der Testamentsvollstrecker des BGB ist eine Rechtsgestalt, die schwer einzuordnen ist. Er hat lediglich den Willen des Erblassers auszuführen und stets im Interesse des Nachlasses zu handeln (RG 74, 218; 75, 302). Er ist jedoch weder Vertreter des Erblassers noch des oder der Erben (RG 56, 330; 61, 145; 76, 125; BGH 13, 203), aber auch nicht des Nachlasses. Er ist vielmehr, wie auch § 2202 Abs 1 ausdrücklich besagt, **Träger eines (privaten) Amtes,** und zwar der geschichtlichen Herkunft und seinen Aufgaben nach ein nichtöffentlicher Treuhänder. Das Amt erhält zwar seinen wesentlichen Inhalt aus den letztwilligen Anordnungen des Erblassers (RG 75, 302; 130, 134); es ist jedoch vom Gesetz mit weitgehenden selbständigen Befugnissen ausgestattet worden, die gegen den Erben und Dritte wirken (§§ 2208 Abs 2, 2211, 2214), insbesondere mit einem umfassenden Verwaltungs- und Verfügungsrecht. Vgl. im einzelnen zur rechtlichen Natur der Testamentsvollstreckung Planck-Flad Vbm 2, Kipp-Coing § 123 II, Bartholomeyczik, Erbrecht 1954 § 42 I 3.

Wenn der Testamentsvollstrecker auch Träger eines Amtes ist, so leitet sich dieses doch aus einem rechtsgeschäftlichen Akt her. Er hat deshalb auch in vielen Beziehungen – nach außen (§ 2208) wie nach innen (§ 2218) – keine wesentlich andere Stellung als die eines Bevollmächtigten (RG 75, 302; 130, 134). Daher können Rechtsgedanken, die das Vollmachtverhältnis beherrschen, auch auf die Testamentsvollstreckung übertragen werden. So kann ein Dritter aus einem Rechtsgeschäft, das der Testamentsvollstrecker unter Mißbrauch seiner Befugnisse mit ihm geschlossen hat, dann keine Rechte herleiten, wenn er den Mißbrauch hätte erkennen müssen (RG ebenda).

Die Amtstheorie hindert auch nicht, den Testamentsvollstrecker im weiteren Sinne des § 207 als Vertreter des Nachlasses (RG 100, 281), im weiteren Sinne der §§ 278 (dort A 2) und 254 (dort A 3) als gesetzlichen Vertreter des Erben (RG 144, 399) sowie als gesetzlichen Vertreter im Sinne gewisser Prozeßvorschriften (§ 2212 A 1) zu behandeln. Über den Unterschied zwischen dem Testamentsvollstrecker und einem Generalbevollmächtigten, der eine für die Erben wirksame Vollmacht des Erblassers hat, vgl. Vbm 10.

Die Befugnisse des Testamentsvollstreckers beschränken den Erben dinglich. Seine Ernennung beeinträchtigt daher ebenso die Rechte des Vertragserben (§ 2289; KG HRR 1934, 17) wie sie das Pflichtteilsrecht verletzt (§§ 2306, 2338).

4. Aufgaben. Die §§ 2303–2305 führen nacheinander die drei Hauptaufgaben auf, die der Testamentsvollstrecker für den Regelfall hat:

a) die letztwilligen Verfügungen des Erblassers auszuführen;
b) bei mehreren Erben die Auseinandersetzung zu bewirken;
c) den Nachlaß zu verwalten.

Der Erblasser kann sein Aufgabengebiet jedoch weitgehend beschränken (§§ 2208ff.), z. B. auf einzelne Nachlaßgegenstände (§ 2208 Abs 1 Satz 2) oder auch nur einzelne Maßnahmen (Erd- oder Feuerbestattung, Grabpflege, Vermächtnis) oder allein auf die Verwaltung des Nachlasses (§ 2209) im ganzen oder einzelner Gegenstände. Er kann die Testamentsvollstreckung auch zeitlich begrenzen.

Das Gesetz führt folgende Arten der Testamentsvollstreckung für bestimmte einzelne Zwecke auf:
a) für den Nacherben, § 2222;
b) bei Beschwerungen des Vermächtnisnehmers, § 2223;
c) bei der Pflichtteilsbeschränkung in guter Absicht, § 2238.

5. **Befugnisse.** Der Testamentsvollstrecker hat nicht nur die Pflicht, sondern auch das Recht, den Nachlaß zu verwalten, ihn hierzu in Besitz zu nehmen und ferner über die Nachlaßgegenstände zu verfügen (§ 2205 Satz 2). Er darf zur ordnungsmäßigen Verwaltung und, soweit er verfügungsberechtigt ist, auch sonst Verbindlichkeiten für den Nachlaß eingehen (§ 2206 Abs 1). Der Erblasser kann dieses Recht gemäß § 2207 ausdehnen. Er kann die Befugnisse des Testamentsvollstreckers aber nicht über das gesetzliche Höchstmaß hinaus erweitern (JW 1915, 245[7] = Warn 1915 Nr 292). Nur der Testamentsvollstrecker kann ein Recht gerichtlich geltend machen, das seiner Verwaltung unterliegt (§ 2212). Mehrere Testamentsvollstrecker führen das Amt gemeinschaftlich (§ 2224).

6. **Ernennung.** Der Erblasser ernennt den Testamentsvollstrecker durch Testament (§ 2197 Abs 1). Er kann es aber auch einem Dritten überlassen oder das Nachlaßgericht ersuchen, den Testamentsvollstrecker zu bestimmen (§§ 2198, 2200). Er kann ferner den Testamentsvollstrecker ermächtigen, einen oder mehrere Mitvollstrecker und einen Nachfolger zu ernennen (§ 2199). Das Amt des Testamentsvollstreckers beginnt jedoch weder mit dem Erbfall noch mit der Ernennung, sondern mit dem Zeitpunkt, in dem der Ernannte das Amt endgültig und bedingungslos annimmt (§ 2202). Das steht in jedem Falle, auch wenn das Nachlaßgericht ihn ernennt, in seinem freien Belieben.

7. **Amtsende.** Das Amt des Testamentsvollstreckers endet, wenn er stirbt oder einer der Unfähigkeitsgründe des § 2201 eintritt („erlischt"; § 2225), wenn er kündigt (§ 2226) oder das Nachlaßgericht ihn bei wichtigem Grunde auf Antrag eines der Beteiligten entläßt (§ 2227). Außer in diesen besonders geregelten Fällen endet das Amt, wenn eine auflösende Bedingung eintritt, eine Endfrist oder die Frist des § 2210 abläuft oder wenn sämtliche Aufgaben, die dem Testamentsvollstrecker obliegen, erfüllt sind (RG 81, 169). Vgl. im einzelnen auch § 2225 A 1, ferner Hartung JR 1950, 695.

8. **Verhältnis zum Erben.** Zwischen dem Testamentsvollstrecker und dem Erben besteht ein gesetzliches Verpflichtungsverhältnis eigener Art. Der Testamentsvollstrecker hat dem Erben gemäß § 2215 ein Nachlaßverzeichnis mitzuteilen und ihm bei der Aufnahme des Inventars zu helfen. Er ist vor allem zur ordnungsmäßigen Verwaltung des Nachlasses verpflichtet (§ 2216). Er hat dem Erben Nachlaßgegenstände, die er nicht braucht, zu überlassen (§ 2217). Für schuldhafte Pflichtverstöße ist er dem Erben schadenersatzpflichtig (§ 2219). Ergänzend sind auf das Rechtsverhältnis zwischen dem Testamentsvollstrecker und dem Erben eine Reihe im einzelnen aufgeführter Vorschriften aus dem Auftragsrecht entsprechend anzuwenden (§ 2218). Der Erblasser kann den Testamentsvollstrecker nicht von den ihm nach den §§ 2215, 2216, 2218, 2219 obliegenden Pflichten befreien (§ 2220).

Der Testamentsvollstrecker kann regelmäßig eine Vergütung verlangen (§ 2221).

9. **Das Nachlaßgericht** hat kein allgemeines Aufsichtsrecht wie etwa das Vormundschaftsgericht gegenüber dem Vormund. Der Erblasser kann auch keine solche Aufsicht anordnen (OLG 14, 302; 26, 344). Der Testamentsvollstrecker braucht daher keine Genehmigung des Nachlaßgerichts zu irgendwelchen Maßnahmen (vgl. dazu Backs DFG 1937, 45). Er kann auch — bei minderjährigen Erben — nicht der Aufsicht des Vormundschaftsgerichts unterstellt werden (a.M. Greiser DFG 1936, 245).

Das Nachlaßgericht hat nur in gesetzlich genau festgelegten Fällen mitzuwirken:
a) bei der Ernennung, §§ 2198 Abs 2, 2200;
b) bei der Annahme oder Ablehnung des Amtes, § 2202;
c) bei Anordnungen des Erblassers, die den Nachlaß erheblich gefährden, § 2216 Abs 2;
d) bei Meinungsstreit mehrerer Vollstrecker, § 2224 Abs 1;
e) bei der Kündigung seitens des Testamentsvollstreckers, § 2226;
f) bei der Entlassung des Testamentsvollstreckers, § 2227;
g) bei der Einsicht in Erklärungen, § 2228;
h) beim Testamentsvollstreckerzeugnis, § 2368.

Das Nachlaßgericht ist andererseits nicht einmal befugt, die Auseinandersetzung von Miterben zu vermitteln, wenn der Testamentsvollstrecker sie zu bewirken hat, § 86 Abs 1 FGG.

10. Prozeßführung.

a) Aktivprozesse kann nur der Testamentsvollstrecker führen, soweit er verwaltungsbefugt ist, § 2212. Im übrigen ist der Erbe streitberechtigt. Im ersteren Falle wirkt das Urteil für und gegen den Erben, § 327 Abs 1 ZPO. Vollstreckbare Ausfertigung: ZPO § 728 Abs 2.

b) Passivprozesse aus Ansprüchen gegen den Nachlaß können sowohl gegen den Erben als gegen den Testamentsvollstrecker geführt werden, § 2213 Abs 1 Satz 1, jedoch gegen den Erben allein, wenn der Testamentsvollstrecker nicht verwaltungsbefugt ist oder ein Pflichtteilsanspruch erhoben wird. Soweit der Testamentsvollstrecker streitberechtigt ist, wirkt ein Urteil zwischen ihm und einem Dritten gleichfalls für und gegen den Erben, § 327 Abs 2 ZPO. Zwangsvollstreckung nach §§ 728 Abs 2, 748, 780 Abs 2 ZPO.

c) Der Testamentsvollstrecker führt die Prozesse als „Partei kraft Amtes" im eigenen Namen. „Wirtschaftlich beteiligt" im Sinne des § 114 Abs 3 ZPO sind jedoch die Erben. Sie können Streitgehilfen, § 66 ZPO, und Zeugen sein.

d) Erbengläubiger können sich nicht an den Nachlaß halten, den der Testamentsvollstrecker verwaltet, § 2214.

11. Postmortale Vollmacht. Vollmachten, die über den Tod des Erblassers hinaus wirken sollen, können wirtschaftlich zu einem ähnlichen Erfolg führen wie die Testamentsvollstreckung (vgl. Lindemann, Erben nach Gegenständen, DNotZ 1951, 215 über Auflassungsvollmacht und Testamentsvollstreckung als Wege, um einem Erben einzelne Gegenstände zuzuwenden). Solche Vollmachten können jedoch im Einzelfalle wegen übermäßiger Beschränkung des Erben oder unzulässiger Umgehung der Sicherungen, welche die §§ 2197ff. beim Testamentsvollstrecker vorsehen, sittenwidrig und daher nichtig sein. Das gilt insbesondere für eine unwiderrufliche Generalvollmacht, mindestens soweit der Widerruf ausgeschlossen ist.

Der so Bevollmächtigte ist — anders als der Testamentsvollstrecker — nicht Träger eines Amtes, sondern Vertreter des Erben, der infolge des Erbfalls in die bisherige Stellung des Erblassers ihm gegenüber eingerückt ist. Er kann auch nur so lange auf den Nachlaß einwirken, als der Erbe die Vollmacht nicht widerruft (vgl. im einzelnen Planck-Flad Vbm 6 vor § 2197; Staudinger-Boehmer Erbrecht Einl § 26 Bem 17, 18; § 1922 Anm 224ff.; zum Widerruf der Vollmacht durch einzelne Miterben vgl. RG JR 1925 Nr 1860; KG JFG 15, 334; RG JW 1938, 1892 = DJ 1938, 1127; über den Unterschied zwischen dem Generalbevollmächtigten und dem Testamentsvollstrecker s. auch BayObLG 19, 171 = OLG 40, 129).

12. Neueres Schrifttum.

A. Bücher. Haegele, Der Testamentsvollstrecker, Regensburg, Walhalla-Verlag, 1953.

B. Aufsätze. Backs, Selbständigkeit der Verfügungsmacht des Testamentsvollstreckers, DFG 1937, 45; v. Burchard, Befugnisse eines Testamentsvollstreckers in einer GmbH, Rdsch für GmbH 1954, 150; Donner, Der Testamentsvollstrecker des eingetragenen Einzelkaufmanns, des offenen Handelsgesellschafters, des Komplementärs und des Kommanditisten, DNotZ 1944, 143; Flad, Testamentsvollstrecker, DFG 1936, 133; Greiser, Über einige Fragen aus dem Recht des Testamentsvollstreckers, DFG 1936, 245; Greiser, Nachlaßgericht und Testamentsvollstrecker, DFG 1939, 216; Groschuff, Zur Frage der Registerfähigkeit der Testamentsvollstrecker . . ., JW 1938, 1361; Haegele, Der Testamentsvollstrecker im Landwirtschaftsrecht, RdL 1954, 144; Heise, Zur Höhe der Vergütung des Testamentsvollstreckers, DFG 1944, 96; Höver, Die Einschaltung des Nachlaßgerichts bei der Ernennung des Testamentsvollstreckers, DFG 1939, 25; Perkuhn, Ostzonaler Testamentsvollstrecker und Wertpapierbereinigung, WM IV B 1952, 729; Sauerlandt, Meinungsverschiedenheiten zwischen Testamentsvollstreckern, DFG 1940, 11; Waldmann, Zum Recht des Testamentsvollstreckers, DFG 1944, 37; Weiler, Die Rechtsstellung des Testamentsvollstreckers gegenüber den Erben hinsichtlich einer personengesellschaftlichen Beteiligung des Erblassers, DNotZ 1952, 283ff.

§ 2197

Der Erblasser kann durch Testament einen oder mehrere Testamentsvollstrecker ernennen.

Der Erblasser kann für den Fall, daß der ernannte Testamentsvollstrecker vor oder nach der Annahme des Amtes wegfällt, einen anderen Testamentsvollstrecker ernennen.

E I 1889 II 2067; M 5 217–219; P 5 248.

Übersicht:

Ernennung von Testamentsvollstreckern

1. Zu Abs 1:

a) Die **Ernennung eines Testamentsvollstreckers** ist bei gewillkürter und bei gesetzlicher Erbfolge zulässig. § 2197 Abs 1 schreibt Ernennung **„durch Testament"** vor. Es braucht keine Erbeinsetzung zu enthalten (§ 1938), kann sich vielmehr sogar auf die Ernennung beschränken. Die Ernennung kann auch in einem gemeinschaftlichen Testament ausgesprochen werden; ob in einem solchen Falle die Testamentsvollstreckung erst nach dem Tode des letztversterbenden oder schon nach dem Tode des erstversterbenden Ehegatten eintreten soll, ist Frage der Auslegung (JFG 14, 275). Dem Testament steht eine einseitige Verfügung im Erbvertrage gleich (§ 2299), dagegen ist eine erbvertragsmäßige Ernennung unstatthaft (§ 2278 Abs 2). Eine Bestellung des Testamentsvollstreckers durch Vertrag mit dem Erblasser ist nur als Auftrag wirksam und kann nach § 671 vom Erblasser wie vom Erben jederzeit widerrufen werden (RG 139, 41). Wohl aber kann sich der Testamentsvollstrecker durch Vertrag mit dem Erblasser zur Annahme des Amtes wirksam verpflichten (§ 2202 A 2).

Eine letzwillige Verfügung, durch die ein Testamentsvollstrecker ernannt worden ist, kann durch Erklärung gegenüber dem Nachlaßgericht angefochten werden (§ 2081). Von der Gültigkeit anderer im Testament getroffener letztwilliger Verfügungen hängt die Ernennung zum Testamentsvollstrecker nur nach Maßgabe des § 2085 ab.

b) **Wortlaut.** Die Testamentsvollstreckung braucht nicht mit feierlichen Worten angeordnet zu werden, wenn nur über den Willen des Erblassers kein Zweifel besteht (RG 130, 134). Der Wille kann in die Form einer Hoffnung oder eines Wunsches gekleidet sein; der Anordnung steht auch die Angabe des Beweggrundes (Hilfe für den Erben) oder die Bezeichnung als Pfleger nicht entgegen (RG 92, 72). Über die Möglichkeit, die Anordnung einer gesetzlich nicht zulässigen Pflegschaft in die Bestellung eines Testamentsvollstreckers umzudeuten, s. § 2084 A 3. Nicht jede Übertragung von Verwaltungsgeschäften ist als Bestellung eines Testamentsvollstreckers aufzufassen. Es kann sich auch um ein Vermächtnis handeln (OGH 4, 223). Wer Verwaltungsbefugnisse im Testament ausschließlich im eigenen Interesse übertragen erhält, ist nicht Testamentsvollstrecker, möglicherweise aber Vorerbe (KGJ 38 A 124; BayZ 1923, 20; DRZ 1927 Nr 680; JFG 16, 309; RG 16. 4. 30 IV 252/29; vgl. § 2100 A 2 Abs 1).

c) Hinsichtlich der **Person des Vollstreckers** bestehen außer nach § 2201 keine Beschränkungen. Auch Frauen, Ausländer, juristische Personen (wiewohl mit der zeitlichen Grenze des § 2210) können bestellt werden, ebenso Miterben (RG 61, 139; KG JR 1952, 324). Der alleinige Erbe oder Vorerbe kann zwar, von dem Falle des § 2223 abgesehen, da der Testamentsvollstrecker den Erben in seinen Befugnissen beschränken soll und eine solche Anordnung eine Mehrheit von Personen voraussetzt, nicht zum alleinigen Testamentsvollstrecker bestellt werden (RG 77, 177; 163, 58; KG RJA 17, 60; anders für den Statutarerben nach Frankfurter Recht KG JFG 5, 150); er kann aber einer von mehreren Testamentsvollstreckern sein, die ihr Amt gemeinschaftlich oder in Kollegialverfassung, § 2224 A 1 u. 4, führen (BayObLG 20 A 242; KG JFG 11, 126; JW 1933, 2915[1] mit Anm von Löning). Die Ernennung sämtlicher Miterben zu Testamentsvollstreckern ist jedenfalls dann zulässig, wenn neben ihnen noch ein weiterer Testamentsvollstrecker berufen ist (RG 163, 57). Es ist auch zulässig, den Nacherben als Testamentsvollstrecker einzusetzen, sofern er als solcher nur den Vorerben beschränken soll (KGJ 52, 77); s. ferner § 2222 A 1. Inwiefern eine Behörde als solche (im Gegensatz zu dem jeweiligen Inhaber eines Amtes, z. B. eines bayrischen Notariats, RJA 17, 55) bestellt werden kann, ist nach ihrer landesrechtlichen Verfassung zu beurteilen. Jedenfalls ist das neben und über dem Testamentsvollstrecker amtierende Nachlaßgericht hiervon ausgeschlossen.

d) **Sonderfälle.** Der Testamentsvollstrecker kann auch bloß für einen bestimmten Erbteil oder nur einem bestimmten Erben gegenüber ernannt werden, weiter unter der Bestimmung eines Anfangs- oder Endtermins, unter einer auflösenden oder (Abs 2) einer aufschiebenden Bedingung, so in einem gemeinschaftlichen Testament durch den erstversterbenden Ehegatten für seinen Nachlaß unter der Bedingung, daß der überlebende Ehegatte für seinen eigenen Nachlaß einen Vollstrecker ernenne (RG LZ 1921, 457[7]). Die Testamentsvollstreckung kann auch für ein Vermächtnis angeordnet werden. In diesem Fall kann der Testamentsvollstrecker gleichzeitig für den Erben und den Vermächtnisnehmer bestimmt werden. Dem steht § 181 BGB nicht entgegen, weil der Testamentsvollstrecker weder Vertreter des Erben noch des Vermächtnisnehmers ist und weil er auch seine Rechte weder von dem einen noch von dem andern ableitet (BGH 13, 203). Mehrere Testamentsvollstrecker § 2224, Ernennung durch andere als den Erblasser §§ 2198 bis 2200.

Die Ernennung eines Testamentsvollstreckers, damit dieser das Gesamtgut der fortgesetzten Gütergemeinschaft in Besitz und Verwaltung nehme, ist unwirksam (§ 1518; RG LZ 1916, 476[11] = JW 1916, 43). Über die Ernennung eines Testamentsvollstreckers durch den überlebenden Ehegatten bei der fortgesetzten Gütergemeinschaft des westfälischen Güterrechts s. KG JFG 17, 244; 19, 111.

2. Zu Abs 2: Die **Ersatzernennung** gilt auch für den Fall, daß der Ernannte das Amt ablehnt. Es können mehrere Ersatzmänner nacheinander bestellt sein.

3. Die Anordnung der Testamentsvollstreckung wird bei der Eintragung des Erben im Grundbuch (GBO § 52) und im Schiffsregister (früher FGG § 118, jetzt Schiffsregisterordnung i. d. F. vom 26. 5. 51 [BGBl I 360] § 55) miteingetragen. Dagegen gehört der Testamentsvollstreckervermerk als solcher nicht in das Handelsregister. Der Testamentsvollstrecker darf insbesondere nicht neben den als Firmeninhabern eingetragenen Erben im Handelsregister erscheinen (OLG Dresden JFA 5, 217; RG 132, 138; KG JW 1937, 2599; vgl. auch § 2205 A 1b). Zeugnis über die Ernennung § 2368. Angabe im Erbschein § 2364, Nachweis vor dem Grundbuchamt GBO § 35 Abs 2 und zum Schiffsregister SchiffsRO § 41.

§ 2198

Der Erblasser kann die Bestimmung der Person des Testamentsvollstreckers einem Dritten überlassen. Die Bestimmung erfolgt durch Erklärung gegenüber dem Nachlaßgerichte; die Erklärung ist in öffentlich beglaubigter Form abzugeben.

Das Bestimmungsrecht des Dritten erlischt mit dem Ablauf einer ihm auf Antrag eines der Beteiligten von dem Nachlaßgerichte bestimmten Frist.

E I 1890 II 2068; M 5 219; P 5 248–250; 6 95, 96.

Übersicht:

Ernennung durch einen Dritten

1. Allgemeines (Abs 1 Satz 1)
2. Form der Bestimmung (Abs 1 Satz 2)
3. Fristsetzung (Abs 2)

Schrifttum: Höver, Die Einschaltung des Nachlaßgerichts bei der Ernennung des Testamentsvollstreckers, DFG 1939, 25.

1. Allgemeines (Abs 1 Satz 1). Die **Bestimmung des Testamentsvollstreckers durch einen Dritten** durchbricht wie beim Vermächtnis (§§ 2151 ff.) den Grundsatz des § 2065. Die Ermächtigung des Dritten kann wie in § 2197 Abs 1 nur durch Testament ausgesprochen werden. In der Auswahl des Dritten, der geschäftsfähig sein muß, ist der Erblasser nicht beschränkt, er kann die Bestimmung auch mehreren Dritten oder einer Körperschaft, sogar (RG 92, 68, 72) dem Erben selbst überlassen. Auch eine öffentliche Behörde kann der Erblasser rechtswirksam mit der Ernennung eines Testamentsvollstreckers beauftragen; fällt jedoch die Ernennung nicht in den Rahmen der ihr gesetzlich übertragenen Zuständigkeit, so ist nur der jeweilige Leiter der Behörde als Privatperson beauftragt (JW 1938, 1900[12]). Der Dritte bestimmt den Testamentsvollstrecker nach freiem Belieben; er ist im allgemeinen nicht gehindert, sich auch selbst zu bestimmen und haftet — außer im Falle der Arglist — nicht für schuldhafte Auswahl. Bei offenbaren Mißgriffen hilft das Entlassungsrecht des Nachlaßgerichts aus (§ 2227). Die Bestimmung darüber, ob überhaupt eine Testamentsvollstreckung stattfinden soll, kann einem Dritten nicht überlassen werden (RJA 12, 63 = KGJ 42 A 210; OLG 44, 100). Eine solche letztwillige Verfügung wäre unwirksam. Hat ein Erblasser in seiner Verfügung von Todes wegen die Bestimmung der Person des Testamentsvollstreckers einem Dritten überlassen und macht der Dritte von diesem Recht Gebrauch, so steht dem Dritten kein Beschwerderecht zu, wenn das Nachlaßgericht einen anderen Testamentsvollstrecker ernennt (KG HRR 1939 Nr 1166).

2. Art und Form der Bestimmung (Abs 1 Satz 2). Die Bestimmung ist (wie bei der Ausschlagung § 1945 Abs 1) durch unwiderrufliche **Erklärung gegenüber dem Nachlaßgericht** zu treffen (§§ 130 ff.). Beglaubigung § 129, FGG §§ 167 Abs 2, 183, 191, 200; RNotO § 77. Öffentliche Beglaubigung ist nur erforderlich, wenn es sich um eine Privaturkunde handelt. Der Präsident einer Rechtsanwaltskammer wird, wenn er auf das Ersuchen eines Erblassers einen Testamentsvollstrecker aus dem Kreise der Rechtsanwälte seines Bezirks ernennt, in seiner amtlichen Eigenschaft tätig. Das Schriftstück, das solche Ernennung in gehöriger Form enthält, ist demgemäß eine der öffentlichen Beglaubigung nicht fähige öffentliche Urkunde (KG DR 1942, 1330[8] = JFG 23, 306 gegen KG JFG 21, 100).

Die Erklärung über die Testamentsvollstreckerbestimmung braucht ferner nicht öffentlich beglaubigt zu werden, wenn die Bestimmung einem Notar als Inhaber eines öffentlichen Amtes überlassen worden war (OLG Neustadt/W. DNotZ 1951, 339). Akteneinsicht § 2228. Gebühr für die Entgegennahme der Erklärung KostO § 104 Abs 1 Nr 8, § 107.

3. Fristsetzung (Abs 2). Damit die Frage, ob eine Testamentsvollstreckung eintritt und wer Vollstrecker wird, nicht längere Ze t ungeklärt bleibt, ist die Möglichkeit vorgesehen worden, dem Bestimmungsberechtigten wie beim Vermächtnis und der Auflage (§§ 2151 Abs 3, 2193 Abs 2; vgl. auch § 2202 Abs 3) eine Frist zu setzen. **Beteiligte** sind, wie in §§ 2202 Abs 3, 2216 Abs 2, 2227 Abs 1 außer dem Erben, Nacherben, Pflichtteilsberechtigten, Vermächtnisnehmer, Auflageberechtigten (§ 2194) auch die sonstigen Nachlaßgläubiger (§ 2213, ZPO § 748) und die Mitvollstrecker. Hat der Erblasser eine Frist gesetzt, so erlischt das Bestimmungsrecht des Dritten jedenfalls mit dem Ablaufe dieser Frist; die Setzung einer kürzeren Frist durch das Nachlaßgericht wird dadurch aber nicht ausgeschlossen. Die Fristbemessung durch das Nachlaßgericht unterliegt der sofortigen Beschwerde nach FGG § 80 (OLG Stuttgart RJA 5, 41; über die Frage, in welchem Umfang dem Dritten ein Beschwerderecht zusteht, s. HRR 1939 Nr 1166), die Ablehnung einfacher Beschwerde nach FGG §§ 19, 20. Eine Verlängerung der Frist ist nicht statthaft (FGG § 18 Abs 2). Unterläßt der Dritte die Bestimmung innerhalb der Frist, so wird die Bestellung eines Testamentsvollstreckers überhaupt hinfällig. Gebühr für die Fristbestimmung KostO §§ 105, 107.

§ 2199

Der Erblasser kann den Testamentsvollstrecker ermächtigen, einen oder mehrere Mitvollstrecker zu ernennen.

Der Erblasser kann den Testamentsvollstrecker ermächtigen, einen Nachfolger zu ernennen.

Die Ernennung erfolgt nach § 2198 Abs 1 Satz 2.

E I 2069; P 5 248–250.

Übersicht:

Ernennung durch den Testamentsvollstrecker

1. Ernennung von Mitvollstreckern (Abs 1)
2. Ernennung eines Nachfolgers (Abs 2)
3. Form der Ernennung (Abs 3)

1. Die **Ermächtigung des Testamentsvollstreckers zur Ernennung von Mitvollstreckern (Abs 1)** kann wie die Ernennung des Testamentsvollstreckers selbst nur durch Testament angeordnet werden (§ 2197). Sie kann jedem der gemäß §§ 2197, 2198, 2200 ernannten Vollstrecker, auch mehreren gemeinsam (Zuwahl) beigelegt werden, entweder so, daß nur der übereinstimmende Wille der bisherigen Vollstrecker zur Ernennung eines Mitvollstreckers führt (OLG 44, 96) oder mit Stichentscheid des Nachlaßgerichts (KG Recht 1914 Nr 1117; § 2224 A 2). Der Testamentsvollstrecker kann vom Erblasser in der Auswahl beschränkt, aber zur Wahl auch förmlich verpflichtet sein. Jedenfalls ist er dem Erben für sorgfältige Wahl durch §§ 2218, 2219 verhaftet. Aus eigener Machtvollkommenheit kann er eine Wahl nicht vornehmen. Es ist auch ausgeschlossen, daß der Erblasser, statt die Ermächtigung selbst zu erteilen, einem andern das Recht einräumt, den ernannten Testamentsvollstrecker zur Ernennung eines Mitvollstreckers zu ermächtigen (OLG 44, 102).

2. Die **Ernennung des Nachfolgers (Abs 2)** gehört n cht zur „Amtsführung" des Testamentsvollstreckers im Sinne des § 2224 (KG DFG 1942, 45). Der Testamentsvollstrecker kann sie regelmäßig nur vornehmen, solange er selbst noch im Amte ist und nur für den Fall der Beendigung seines Amtes gemäß §§ 2225–2227 (a. M. Planck-Flad A 4), nicht indem er die Ausführung der ihm übertragenen Aufgaben ganz, etwa mittels einer Generalvollmacht unmittelbar auf einen Dritten überträgt (RG 81, 170; OLG 9, 408; 10, 303). Das Kammergericht (RJA 12, 112 = KGJ 43 A 88) gestattet ihm auch die Ernennung eines Nachfolgers mit abgegrenztem Wirkungskreise, während er im übrigen das Amt weiterführt, falls sich ein entsprechender Wille des Erblassers ermitteln läßt.

Der Testamentsvollstrecker kann seinen Nachfolger auch in einer Erklärung ernennen, die dem Nachlaßgericht erst nach seinem Tode übermittelt werden soll. Er muß nur dafür sorgen, daß seine in gehöriger Form abgegebene Erklärung (§ 2198 Abs 1 Satz 2) dem Nachlaßgericht alsbald nach seinem Tode zugeht (§ 130 Abs 2; vgl. KG JW 1936, 2462[13]; auch RG 170, 382).

Darüber, inwieweit der Testamentsvollstrecker sich in Ausübung des Amtes vertreten lassen darf, s. § 2218 A 1. Die Ernennung setzt die Bezeichnung einer bestimmten Person voraus, der Testamentsvollstrecker kann mithin nicht schlechthin seine Erben zu Nachfolgern berufen (§ 2225 A 2). Durch Auslegung des Testaments ist zu ermitteln, ob dem ernannten Nachfolger wiederum das Recht zustehen soll, seinen Nachfolger zu ernennen.

3. Form der Ernennung (Abs 3). Öffentlich beglaubigte **Erklärung gegenüber dem Nachlaßgericht,** wenn der Erblasser nicht mehr, z. B. Beurkundung nach § 128, vorgeschrieben hat. Die in der gehörigen Form erklärte Ernennung des Nachfolgers ist wirksam, auch wenn sie dem Nachlaßgericht erst nach dem Ableben des Testamentsvollstreckers zugeht, sofern sie nur mit seinem Willen beim Nachlaßgericht eingereicht wird (JW 1936, 2462[13]). Akteneinsicht § 2228. Gebühr für die Entgegennahme der Erklärung KostO § 104 Abs 1 Nr 8, § 107 (vgl. KG DRM 1939, 494[512]).

§ 2200

Hat der Erblasser in dem Testamente das Nachlaßgericht ersucht, einen Testamentsvollstrecker zu ernennen, so kann das Nachlaßgericht die Ernennung vornehmen.

Das Nachlaßgericht soll vor der Ernennung die Beteiligten hören, wenn es ohne erhebliche Verzögerung und ohne unverhältnismäßige Kosten geschehen kann.

E II 2070; P 5 250–252.

Übersicht:

Ernennung durch das Nachlaßgericht

1. Zu Abs 1: Die Ernennung durch das Nachlaßgericht.

a) Die **Ernennung** geschieht nie von Amts wegen, sie **setzt** vielmehr ein **Ersuchen** des Erblassers **voraus,** das im Testamente gestellt sein muß, aber durch freie Auslegung daraus ermittelt werden kann (vgl. OLG 40, 132; 42 S. 128 u. 139; 43, 401 A 1b; Warn 13 Nr 239; DRZ 1934 Nr 264). Für die Annahme, daß der Erblasser das Nachlaßgericht um die Ernennung habe ersuchen wollen, muß im Testament irgendein Anhalt gegeben sein (KG DFG 1944, 57; a.M. OLG Hamburg JW 1934, 2247[9], allerdings unter Hinweis auf die besonderen Hamburger Verhältnisse). Ob ein solches Ersuchen vorliegt, ist nur vom Nachlaßgericht und den ihm übergeordneten Beschwerdeinstanzen (A 2) zu prüfen; hat das Nachlaßgericht den Testamentsvollstrecker ernannt, so kann dessen Berechtigung nicht vom Prozeßgericht oder vom Grundbuchamt daraufhin nachgeprüft werden, ob ein Ersuchen vorliegt (Planck-Flad A 10, KG Recht 1925 Nr 2438; Stuttgart JW 1934, 923[18] m. Anm von v. Rozycki-v. Hoewel; a.M. Schlegelberger FGG § 81 A 4 und für das frühere preußische Recht KGJ 31 A 86; vgl. § 2227 A 2 a. E.). Hat das Nachlaßgericht einen Testamentsvollstrecker ernannt, ohne daß ein Ersuchen des Erblassers vorlag, so liegt darin ein wichtiger Grund, ihn auf Antrag eines der Beteiligten nach § 2227 BGB zu entlassen (KG Recht 1925 Nr 2438). Die abweichende Ansicht bei Kipp-Coing § 124 I 7, der Ernannte werde in einem solchen Falle nicht Testamentsvollstrecker, stellt den Willen des Erblassers ohne Grund über die Entscheidung des Gerichts und widerspricht auch dem Erfordernis der Rechtssicherheit. Der Hinweis auf § 2201 paßt nicht, weil dort eine Ausnahme geregelt ist, die allgemeinen Rechtsgrundsätzen entspricht (im Ergebnis wie hier auch Palandt-Rechenmacher 14. Aufl Anm 1). – Das Ersuchen kann bedingungsweise gestellt und auf Ernennung eines Mitvollstreckers gerichtet sein; es begreift regelmäßig auch die Bestellung eines etwaigen Nachfolgers in sich und bleibt jedenfalls in Kraft, bis ein zur Annahme bereiter Testamentsvollstrecker gefunden oder der Versuch der Bestellung mißlungen ist. Über die Haftung des Testamentsvollstreckers und seinen Vergütungsanspruch im Falle der Unwirksamkeit der Ernennung s. § 2219 A 1, § 2221 A 1.

b) Die **Entscheidung** über das Ersuchen ist in das pflichtmäßige Ermessen des Gerichts gestellt (JW 1937, 475[24]); sie kann nicht nur aus dienstgeschäftlichen Gründen, sondern auch deswegen abgelehnt werden, weil eine Testamentsvollstreckung mit Rücksicht auf die Lage des Nachlasses und berechtigte Interessen der Nachlaßbeteiligten nicht zweckmäßig erscheint (KGJ 45, 114). Das Gericht hat völlig freie Wahl und kann auch ohne besonderes Ersuchen mehrere Vollstrecker ernennen. Die Ernennung des Testamentsvollstreckers kann unter Umständen in der Erteilung des Testamentsvollstreckerzeugnisses gefunden werden (JFG 19, 40). Sie wird jedoch erst wirksam, wenn sie dem Ernannten durch förmliche Zustellung oder zur Niederschrift bekannt gemacht ist (KG JW 1939, 421).

Der Notar ist vom Amt des Testamentsvollstreckers nicht deshalb ausgeschlossen, weil er den Erbvertrag beurkundet hat (LG Göttingen DNotZ 1952, 445).

Aus dem Grundsatz der Gleichbehandlung von sachlichem und Verfahrensrecht folgt, daß wegen eines dem holländischen Recht unterworfenen inländischen Nachlasses das deutsche Nachlaßgericht auch nicht auf Ersuchen des Erblassers befugt ist, einen Testamentsvollstrecker zu ernennen (OLG Neustadt/W. JZ 1951, 644 mit krit. Anm von Neuhaus).

2. Zu Abs 2: Vor der Ernennung sind die Beteiligten tunlichst zu hören. Zum Begriff der **Beteiligten** vgl. § 2198 Abs 3. Es handelt sich um eine bloße Ordnungsvorschrift, s. auch §§ 2216 Abs 2 Satz 3, 2227 Abs 2. Die Beteiligten sind darüber zu hören, ob überhaupt ein Testamentsvollstrecker und wer dazu ernannt werden soll. Auch die Nachlaßgläubiger gehören zwar zu den Beteiligten, doch wird ihre Anhörung in der Regel zu zeitraubend und daher untunlich oder doch nur in beschränktem Umfange angebracht sein. Das Nachlaßgericht darf aber nur dann davon absehen, die Beteiligten zu hören, wenn es nicht ohne erhebliche Verzögerung und nicht ohne unverhältnismäßige Kosten geschehen könnte (HansGZ 1928 B 608). Ein Verstoß hiergegen gibt Grund zur Beschwerde.

Die Verfügung, welche die Ernennung ausspricht, wird mit der Bekanntmachung an den Ernannten wirksam.

Recht der Beteiligten auf Akteneinsicht und Ausfertigungen FGG §§ 78, 85; vgl. auch § 2228 A. Gebühr für die Ernennung KostO §§ 105, 107.

3. Rechtsmittel gegen die Entscheidung des Nachlaßgerichts. Sofortige Beschwerde gegen die Ernennung FGG § 81 (KGJ 31 A 91; 49 A 249), deren jedoch der nach § 2202 Abs 2 ablehnungsberechtigte Testamentsvollstrecker selbst nicht bedarf. Wird die Ernennung auf Beschwerde aufgehoben, so bleiben doch die inzwischen vom Testamentsvollstrecker oder ihm gegenüber vorgenommenen Rechtsgeschäfte wirksam, FGG § 32. Gegen die Ablehnung der Ernennung ist einfache Beschwerde nach FGG §§ 19, 20 Abs 1 gegeben. Beschwerdeberechtigt sind die Erben, und zwar jeder einzelne Miterbe, auch wegen einer vom Erblasser für den Erbteil eines andern Erben angeordneten Testamentsvollstreckung (RJA 11, 15), der Mitvollstrecker und die Nachlaßgläubiger, insbesondere auch Vermächtnisnehmer (RJA 8, 189) und Pflichtteilsberechtigte (OLG 40, 132 A 1b). Hat das Nachlaßgericht einen Testamentsvollstrecker ernannt und dieser das Amt angenommen, das Beschwerdegericht aber die Ernennung aufgehoben, so hat der Ernannte die weitere Beschwerde gegen die Aufhebung (KGJ 40, 42; HRR 1939 Nr 166).

§ 2201

Die Ernennung des Testamentsvollstreckers ist unwirksam, wenn er zu der Zeit, zu welcher er das Amt anzutreten hat, geschäftsunfähig oder in der Geschäftsfähigkeit beschränkt ist oder nach § 1910 zur Besorgung seiner Vermögensangelegenheiten einen Pfleger erhalten hat.

E I 1891 II 2071; M 5 219, 220; P 5 252.

Übersicht:

Unfähigkeit zum Testamentsvollstrecker

1. Unwirksamkeit der Ernennung	3. Gründe der Unwirksamkeit
2. Maßgebender Zeitpunkt	4. Besonderes

1. Unwirksamkeit der Ernennung. Die Ernennung verliert in allen Fällen (§§ 2197—2200) durch Mängel der Geschäftsfähigkeit, die bis zu dem in A 2 angegebenen Zeitpunkt eintreten, von selbst ihre Kraft, ohne daß sie, auch im Falle des § 2200, noch besonders aufgehoben zu werden braucht.

2. Maßgebend ist der **Zeitpunkt, zu welchem er das Amt anzutreten hat,** d. h. in dem der Ernannte, abgesehen von der Geschäftsfähigkeit, in der Lage ist, sich über die Annahme des Amtes nach § 2202 Abs 2 zu erklären (RJA 11, 92 = KGJ 41 A 70). Steht die Ernennung unter einem Anfangstermin oder unter einer aufschiebenden Bedingung (§ 2197 A 1 d), so ist, wenn die Annahme schon vorher erklärt war (§ 2202 A 3), der Eintritt des Termins oder der Bedingung entscheidend. Wird die Entmündigung oder die vorläufige Vormundschaft erst nach dem hiernach maßgebenden Zeitpunkte aufgehoben, so hat das (abweichend von dem Grundsatze des § 115 und FGG § 61) keine rückwirkende Kraft. Erlöschen des Amtes infolge später eintretender Unfähigkeit § 2225. Vgl. zum maßgebenden Zeitpunkt im einzelnen auch Planck-Flad A 3.

3. Geschäftsunfähigkeit § 104, **beschränkte Geschäftsfähigkeit** des Minderjährigen § 106, des wegen Geistesschwäche, Verschwendung oder Trunksucht Entmündigten oder nach § 1906 unter vorläufige Vormundschaft Gestellten § 114.

§ 1910 betrifft **Pflegschaft** wegen geistiger oder körperlicher Gebrechen. Doch ist der Testamentsvollstrecker nicht unfähig, dem ein Pfleger nach § 1910 Abs 2 nur für seine Person oder für einzelne Vermögensangelegenheiten bestellt ist.

4. Besonderes. Neben den Unfähigkeitsgründen gibt es beim Testamentsvollstrecker **keine** gesetzlich festgelegten **Untauglichkeitsgründe** (anders beim Vormund, §§ 1780, 1781). Der Gemeinschuldner ist nicht unfähig zum Testamentsvollstrecker. Doch kann die Konkurseröffnung, und zwar schon vor Antritt des Amtes, einen Grund zur Entlassung bilden (§ 2227). Dasselbe gilt vom Ehrverlust. Wer den Offenbarungseid geleistet hat oder gerichtlich bestraft worden ist, kann unter Umständen gleichfalls als Testamentsvollstrecker entlassen werden.

Die Ernennung durch den Erblasser kann, wie jede letztwillige Verfügung, gemäß §§ 2078, 2081 Abs 1 angefochten werden.

§ 2202

Das Amt des Testamentsvollstreckers beginnt mit dem Zeitpunkt, in welchem der Ernannte das Amt annimmt.

Die Annahme sowie die Ablehnung des Amtes erfolgt durch Erklärung gegenüber dem Nachlaßgerichte. Die Erklärung kann erst nach dem Eintritte des Erbfalls abgegeben werden; sie ist unwirksam, wenn sie unter einer Bedingung oder einer Zeitbestimmung abgegeben wird.

Das Nachlaßgericht kann dem Ernannten auf Antrag eines der Beteiligten eine Frist zur Erklärung über die Annahme bestimmen. Mit dem Ablaufe der Frist gilt das Amt als abgelehnt, wenn nicht die Annahme vorher erklärt wird.

E I 1892 II 2072; M 5 220–222; P 5 252, 253.

Übersicht:

Annahme und Ablehnung des Amtes

1. Zu Abs 1: Beginn des Amtes. Das Amt des Testamentsvollstreckers fällt dem Ernannten nicht kraft Gesetzes an; er erhält dessen Rechte und Pflichten vielmehr erst durch die von ihm selbst abzugebende Annahmeerklärung. Der Beginn des Amtes fällt mit der Annahmeerklärung nur der Regel nach zusammen. Ausnahme s. A 3.

Hatte sich der Ernannte durch Vertrag mit dem Erblasser zur künftigen Annahme des Amtes verpflichtet, so kann er hierauf oder auf Zahlung einer etwa bedungenen Vertragsstrafe oder Nichterfüllung auf Schadenersatz verklagt werden (vgl. DRW 1939, 1524[35] mit Anm von Smolla). Der Zwangsvollstreckung aus dem auf Annahme oder Wahrnehmung des Amtes lautenden Urteil könnte der widerstrebende Schuldner jederzeit mit der Kündigung begegnen (§ 2226). Ist dem in Aussicht genommenen Testamentsvollstrecker eine Zuwendung mit der Auflage gemacht, das Amt zu übernehmen, so entscheiden §§ 2194, 2195. Die unter einer Bedingung gleichen Inhalts gemachte Zuwendung wird mit der Ablehnung ohne weiteres hinfällig.

Rechtsgeschäfte, die der Testamentsvollstrecker vor Amtsantritt vornimmt, sind unwirksam und können auch durch den bloßen Amtsantritt nicht wirksam werden, wohl aber dadurch, daß der Testamentsvollstrecker den von ihm geschlossenen Vertrag oder das vorgenommene einseitige Rechtsgeschäft gemäß §§ 177, 180 nach dem Amtsantritt genehmigt. Denn er kann hierbei nur als Vertreter des künftigen Testamentsvollstreckers — allerdings seiner selbst — gehandelt haben. Nimmt er Verfügungen vor, so sind es Verfügungen eines Nichtberechtigten, die gemäß § 185 Abs 2 dadurch wirksam werden, daß er sie nach Amtsantritt als nunmehr Berechtigter genehmigt.

2. Zu Abs 2 Satz 1: Form. Die **Annahme oder Ablehnung** ist nur wirksam, wenn sie **dem Nachlaßgericht gegenüber** abgegeben wird (§ 130 Abs 3). Eine Annahme durch schlüssige Handlungen, entsprechend der Erbschaftsannahme durch Betätigung als Erbe (§ 1943 A 1e) ist deshalb ausgeschlossen. Immerhin ist die Erklärung an keine Form gebunden; sie braucht insbesondere nicht beglaubigt zu werden (KGJ 28 A 284); sie kann privatschriftlich (RG JW 1910, 903[9]), auch durch Bevollmächtigte abgegeben werden und in anderen an die Behörde gerichteten Anträgen oder

Äußerungen stillschweigend enthalten sein, z. B. in Eingaben an das Nachlaßgericht, in denen der Ernannte sich darauf beruft, daß er Testamentsvollstrecker sei und um Urkundenabschriften bittet (RG 81, 171; Warn 1914 Nr 63; über die Abgabe der Erklärung gegenüber der das Grundbuch führenden Abteilung des Amtsgerichts s. JFG 17, 282).

Erklärt der Testamentsvollstrecker, er sei grundsätzlich bereit, das Amt anzunehmen, bittet er jedoch zugleich, die Erklärungsfrist zu verlängern, so liegt darin nur eine Bereitschaft zur Annahme, aber noch nicht die Annahme selbst (KG DFG 1944, 34 = DNotZ 1944, 99).

Annahme und Ablehnung (KGJ 29 A 45) sind unwiderruflich, doch verbleibt dem Annehmenden das Kündigungsrecht.

Die im gesetzlichen Güterstande lebende Ehefrau brauchte zur Annahme des Amtes auch schon vor dem 1. 4. 53 nicht die Zustimmung des Mannes (§ 1399 Abs 1). Da es sich bei der Amtsübernahme jedoch nicht um die Verpflichtung zu einer Leistung im Sinne des § 1358 handelt, war auch das Kündigungsrecht des Mannes ausgeschlossen (a.M. Planck-Flad A 10, Crome § 674 A 37; Kipp-Coing § 124 A 26).

3. Zu Abs 2 Satz 2 Halbsatz 1: Zeitpunkt der Erklärung. Wenn die Annahme oder Ablehnung auch **nicht vor dem Erbfall,** oder falls es sich um Testamentsvollstrecker für die Nacherbschaft handelt, nicht vor Eintritt der Nacherbfolge (§ 2139) erklärt werden kann, so ist doch der Ernannte nicht notwendig schon von diesem Zeitpunkte ab verpflichtet, sich zu erklären. Insbesondere kann er, wenn er unter Bestimmung eines späteren Anfangstermins oder unter einer aufschiebenden Bedingung ernannt ist, nicht vor Eintritt des Termins oder der Bedingung durch Fristsetzung (Abs 3) zur Erklärung angehalten werden. Keinesfalls kann in diesem Falle die etwa schon vorher erklärte Annahme den Beginn des Amtes (Abs 1) zur Folge haben. Die Erklärung kann auch abgegeben werden, bevor das Testament eröffnet worden ist (RG 74, 37f.) Es gehört eigentlich sogar zu den Aufgaben eines Testamentsvollstreckers, der um seine Ernennung weiß und das Amt annehmen will, die Eröffnung des Testaments schnellstens zu betreiben.

4. Zu Abs 2 Satz 2 Halbsatz 2: Inhalt der Erklärung. Damit alsbald und endgültig geklärt wird, wer Testamentsvollstrecker ist, darf der Ernannte seine Erklärung **nicht** unter einer **Bedingung** oder **Zeitbestimmung** abgeben. Ein Verstoß hiergegen macht die Erklärungen unwirksam (vgl. auch §§ 1947, 2180 Abs 2 Satz 2). Die Vorschrift hindert jedoch nicht, sich sogleich nach dem Erbfall endgültig über die Annahme oder Ablehnung des nur bedingt oder befristet angetragenen Amtes zu erklären (Planck-Flad A 11 Abs 2). Ist der Ernannte zur Zeit dieser Erklärung in der Geschäftsfähigkeit beschränkt, so kann er die Annahme nach allgemeinen Grundsätzen (§§ 107, 114) unter Einwilligung seines gesetzlichen Vertreters erklären. § 2201 fordert Geschäftsfähigkeit nur für die Zeit des Amtsantritts. Daß für einen Geschäftsunfähigen sein gesetzlicher Vertreter die Annahme erklären könnte, ist wegen der höchstpersönlichen Natur der Berufung zum Amte zu verneinen (Planck-Flad A 10).

5. Zu Abs 3: Von der **Fristbestimmung durch das Nachlaßgericht** und dem Beschwerderecht gilt das in § 2198 A 3 Gesagte. Die Frist läuft auch gegen den über seine Ernennung im Rechtsirrtum befindlichen Testamentsvollstrecker und ungeachtet der gegen die Fristbestimmung eingelegten Beschwerde (KGJ 43, 86). Über Ablehnung der Fristbestimmung im Falle befristeter oder bedingter Ernennung s. oben A 3.

6. Besonderes. Das Nachlaßgericht hat dem Testamentsvollstrecker auf Antrag ein Zeugnis über die Ernennung zu erteilen (vgl. im einzelnen § 2368 mit Anm). Zeugnis über die Ernennung des Testamentsvollstreckers § 2368. Es dient dem Grundbuchamt gegenüber zugleich als Nachweis der Annahme (RG JW 06, 132[3]; SeuffA 61, 382). Angabe im Erbschein § 2364, Akteneinsicht § 2228, Vergütung § 2221, Gebühr für die Entgegennahme der Erklärungen KostO § 104 Abs 1 Nr 8, § 107, Haftung der Erben KostO § 5.

§ 2203

Der Testamentsvollstrecker hat die letztwilligen Verfügungen des Erblassers zur Ausführung zu bringen.

E I 1897 Abs 1 II 2073; M 5 226–228; P 5 261–272, 283.

Übersicht:

Ausführung der letztwilligen Verfügungen

1. Allgemeines
2. Stellung des Testamentsvollstreckers
   a) gegenüber den Erben
   b) gegenüber Erbansprechern
3. Besonderes Rechte des Testamentsvollstreckers

1. Allgemeines. Die **Ausführung der letztwilligen Verfügungen** ist die vornehmste, wenn auch nicht die einzige Aufgabe des Testamentsvollstreckers (§§ 2204ff.). Die Aufgabe obliegt grundsätzlich auch dem zum Testamentsvollstrecker bestellten Miterben (RG 61, 142) und betrifft Verfügungen aller Art, auch familienrechtlichen Inhalts, sofern der Testamentsvollstrecker rechtlich und tatsächlich zu der Ausführung imstande und nicht vom Erblasser selbst beschränkt ist. Auch mit der Ausführung einer Bestattungsanordnung, selbst als einziger Aufgabe, kann ein Testavollstrecker betraut werden (RG JW 1912, 540[19]; Josef Gruch 65, 308–310 gegen Kipp § 113 A 5). Wenn der Testamentsvollstrecker Verfügungen nicht selbst unmittelbar ausführen kann, kann er im Zweifel die Ausführung, insbesondere die Erfüllung einer Auflage vom Erben verlangen (§ 2208 Abs 2). Der Testamentsvollstrecker kann auch berufen sein, dafür zu sorgen, daß die einem Vermächtnisnehmer auferlegten Beschwerungen ausgeführt werden (§ 2223). Insoweit kann er gleichzeitig für den Erben tätig werden (BGH 13, 203; vgl. auch Anm 1 zu § 2197). Nach § 83 hat er die Genehmigung einer vom Erblasser errichteten Stiftung nachzusuchen.

2. Stellung des Testamentsvollstreckers. Der Testamentsvollstrecker handelt bei der Ausführung kraft eigenen, ihm vom Erblasser übertragenen Rechtes (RG 56, 330; 59, 365).

a) Gegenüber den Erben ist er deshalb von Weisungen unabhängig. Er kann auch durch den übereinstimmenden Willen der Miterben nicht gebunden oder zur Vornahme ihm untersagter Handlungen, z. B. unentgeltlicher Verfügungen, ermächtigt werden (RG 74, 215; 105, 249f.). Das gilt insbesondere bei der Enterbung in guter Absicht (§ 2338 Abs 1).

Das Rechtsverhältnis zwischen Testamentsvollstrecker und Erben regelt im übrigen § 2218. Der Erbe kann auch seinerseits den Testamentsvollstrecker auf Ausführung der letztwilligen Verfügungen, z. B. Auszahlung von Vermächtnissen, in Anspruch nehmen. Entsteht Streit über Gültigkeit und Tragweite einzelner Verfügungen, z. B. einer Vermächtnisanordnung, so steht beiden gegeneinander die Feststellungsklage zu. Das rechtliche Interesse des Erben besteht darin, daß er Träger der Verpflichtungen bleibt, dasjenige des Testamentsvollstreckers in seiner Verantwortlichkeit nach § 2219 (hierzu RG Warn 1912 Nr 174, 3). Für die Kosten eines Rechtsstreits, den der Testamentsvollstrecker gegen die Erben verliert, haftet der Nachlaß; der Testamentsvollstrecker haftet nur bei Verschulden aus dem Gesichtspunkt des Schadenersatzes persönlich (OLG Hamburg DNotZ 1939, 127). Die Erfüllung einer Verbindlichkeit muß der Erbe zwar gelten lassen, doch steht ihm unter Umständen nach § 812 der Bereicherungsanspruch, z. B. gegen den Empfänger eines diesem nicht gebührenden Vermächtnisses, zu (RG 1. 10. 06 IV 80/06). Geeignetenfalls kann der Erbe einstweilige Verfügungen gegen den Testamentsvollstrecker ausbringen. Der Testamentsvollstrecker ist nicht unbedingt verpflichtet, den Erben die Ausführung einer letztwilligen Verfügung gemäß § 2203 vorher anzuzeigen. Aber vielfach wird sich aus dem besonderen Vertrauensverhältnis, das zwischen ihm und den Erben herrschen soll, die Pflicht ergeben, die Erben vor einscheidenden Maßnahmen zu hören (RG 130, 139).

b) Zwischen **Erbansprechern** und dem Testamentsvollstrecker kann über Bestehen oder Nichtbestehen eines Erbrechts oder Nacherbrechts grundsätzlich nicht gestritten werden; das folgt daraus, daß der Testamentsvollstrecker weder einen bestimmten Erben vertritt noch die Rechte der Erben am Nachlasse, sondern gegebenenfalls (§ 2205) den Nachlaß selbst für den wahren Erben zu verwalten hat (RG Warn 1919 Nr 136; HRR 1932 Nr 1453). Besondere Umstände können eine Ausnahme von dem Grundsatze begründen; so, wenn von der mit der Klage begehrten Feststellung, daß ein unter der Verwirkungsklausel (§ 2074 A 1) zugewendetes Erbrecht verwirkt oder nicht verwirkt sei, die Art der Erbteilung durch den Testamentsvollstrecker oder sonst die Vollziehung einer letztwilligen Verfügung abhängt (RG 106, 47f.; Gruch 62, 631; LZ 1922, 197[7]). Die Frage des Erbrechts kann auch, wenn der Testamentsvollstrecker aus Anlaß der ihm obliegenden Geschäftsführung klagt oder verklagt wird, als bloße Vorfrage in den Urteilsgründen oder gemäß ZPO § 280 entschieden werden (RG JW 1909, 52[18]; 13. 11. 19 IV 218/19). Daß in dem Prozesse mit dem Testamentsvollstrecker insbesondere die Gültigkeit des Testaments, das seine Ernennung enthält, zu prüfen ist, ergibt sich aus der Bedeutung dieses Punktes für seine Sachbefugnis (RG JW 1919, 724[11]; vgl. auch RG LZ 1922, 513[3]).

3. Besondere Rechte des Testamentsvollstreckers. Das Anfechtungsrecht (§ 2078) hat der Testamentsvollstrecker nur gegenüber Verfügungen, die seine Rechte aufheben oder beschränken. Gegen den dritten Erbschaftsbesitzer steht dem verwaltenden Testamentsvollstrecker der Erbschaftsanspruch zu (§ 2018 A 1 Abs 3). Im übrigen s. wegen der Prozeßführung §§ 2212, 2213. Antrag auf Erteilung des Erbscheins § 2353 A 3, auf Einziehung des unrichtigen Erbscheins § 2364 A 2.

Darüber, daß der Testamentsvollstrecker vom Erblasser nicht zur authentischen Auslegung des letzten Willens ermächtigt (RG Warn 31 Nr 9), dagegen zum Schiedsrichter bestellt werden kann, vgl. im einzelnen RG 66, 103; 100, 96; § 2065 A 2a, b; auch § 2084 A 1a Abs 6. Der Erblasser kann die Machtbefugnisse des Testamentsvollstreckers nicht über das Höchstmaß hinaus, das in den §§ 2203–2210 zugelassen worden ist, erweitern, soweit es sich nicht um Befugnisse handelt, die er auch jedem Dritten übertragen könnte (Warn 1915 Nr 292).

§ 2204

Der Testamentsvollstrecker hat, wenn mehrere Erben vorhanden sind, die Auseinandersetzung unter ihnen nach Maßgabe der §§ 2042 bis 2056 zu bewirken.

Der Testamentsvollstrecker hat die Erben über den Auseinandersetzungsplan vor der Ausführung zu hören.

E I 1898, 2156 II 2074; M 5 228–231; P 5 272–276; 6 96–98, 348, 349.

Auseinandersetzung der Miterben

1. Zu Abs 1: Die **Auseinandersetzung unter Miterben** gehört ohne weiteres zu den Aufgaben des Testamentsvollstreckers, wenn sie ihm nicht nach §§ 2208, 2209 entzogen ist. Eine gerichtliche Auseinandersetzung findet deshalb überhaupt nicht statt, auch auf übereinstimmenden Antrag aller Beteiligten nicht, wenn ein hierzu berechtigter Testamentsvollstrecker vorhanden ist (FGG § 86 Abs 1).

Wie die in bezug genommenen Bestimmungen ergeben, hat sich der Testamentsvollstrecker der Auseinandersetzung zu enthalten, solange einer der Gründe der §§ 2043–2045 der Vornahme entgegensteht; ihn bindet auch eine Vereinbarung der Erben, die Erbengemeinschaft fortzusetzen (§§ 2042, 749ff.; RG Warn 1934 Nr 21). Jedoch haben diese Beschränkungen nur schuldrechtliche Bedeutung, eine im Widerspruche mit ihnen vorgenommene Verfügung des Testamentsvollstreckers ist wirksam (KGJ 52, 113). Heben die Erben die Vereinbarung über die Fortsetzung der Erbengemeinschaft auf oder verlangt trotz einer solchen Vereinbarung einer der Erben aus wichtigem Grunde (§ 749 Abs 2, 3) die Aufhebung der Gemeinschaft, so ist der Testamentsvollstrecker berufen, die Auseinandersetzung durchzuführen. Die abweichende Ansicht des OLG München (JFG 14, 190), in einem solchen Falle sei nur die gerichtliche Auseinandersetzung zulässig, weil „ein zur Bewirkung der Auseinandersetzung berechtigter Testamentsvollstrecker nicht vorhanden sei", ist weder zwingend begründet noch zweckmäßig (vgl. auch Erman-Hense A 1). Ist unter Ehegatten letztwillig der Überlebende bis zu seiner Wiederverheiratung als Testamentsvollstrecker berufen, aber die Auseinandersetzung über den Nachlaß des Erstversterbenden bis zur Wiederheirat des Überlebenden ausgeschlossen worden, so ist regelmäßig der Ausschluß nur im Interesse des überlebenden Ehegatten angeordnet; er darf daher die Auseinandersetzung auch schon vor seiner Wiederheirat bewirken (OLG Stuttgart HEZ 2, 115). Für die Auseinandersetzung selbst sind zunächst die Anordnungen des Erblassers bindend. Wenn sie dem billigen Ermessen des Testamentsvollstreckers anheimgestellt ist (§ 2048; RG SeuffA 88 Nr 124), ist dieses Ermessen, sonst sind die gesetzlichen Vorschriften der angezogenen §§ 2042ff. maßgebend (vgl. wegen der Bindung des Testamentsvollstreckers an die Vorschriften des § 2046 RG 95, 325). Kraft seiner Verfügungsmacht über den Nachlaß (§ 2205) kann der Testamentsvollstrecker den Erben einzelne Erbschaftsgegenstände unmittelbar übertragen, z. B. Nachlaßgrundstücke an sie auflassen und Rechte für sie begründen (über die Notwendigkeit, die Erbfolge bei der Umschreibung eines Grundstücksrechtes des Erblassers auf den Erben grundbuchmäßig nachzuweisen s. KG HRR 1938 Nr 314). Er ist auch trotz § 753 zum freihändigen Verkauf zu Zwecken der Teilung berechtigt, und zwar nicht nur nach außen hin, sondern auch im schuldrechtlichen Innenverhältnisse zu den Erben; es steht insbesondere in seinem freien Ermessen, ob er ein Nachlaßgrundstück auch gegen den Willen der Erben freihändig verkaufen oder ob er es versteigern lassen will (RG 108, 289; zustimmend Planck-Greiff A 3d; Endemann JW 1925, 785 zu 38; vgl. KGJ 52, 119; ferner OLG Saarbrücken JZ 1953, 509 mit Anm Keidel). Ist der Testamentsvollstrecker zugleich Miterbe, so kann er regelmäßig das zu teilende Nachlaßgrundstück zu dem ihm zukommenden Bruchteil auch an sich selbst auflassen (RG 61, 142; § 2205 A 3).

Der Testamentsvollstrecker hat auch die Ausgleichung der Miterben herbeizuführen, bleibt aber bei der nachgiebigen Natur der §§ 2050–2056 (§ 2050 A 1 Abs 2) an eine etwaige abweichende Regelung der Ausgleichspflicht durch Vertrag der Erben gebunden. Einen Streit über die Ausgleichspflicht haben die Miterben grundsätzlich untereinander und nicht gegen den Testamentsvollstrecker auszutragen (RG Recht 1929 Nr 516; HRR 1932 Nr 1307); besondere Umstände können aber ein Rechtsschutzbedürfnis für eine von ihm oder gegen ihn zu betreibende Feststellung begründen (vgl. die für Erbanwärterstreitigkeiten ergangenen Entscheidungen bei § 2203 A 2b).

Das Auskunftsverlangen des (nicht mit angezogenen) § 2057 steht dem Testamentsvollstrecker außer in Vollmacht eines Erben nicht zu. Im übrigen braucht er Vereinbarungen der Erben über eine von den Anordnungen des Erblassers oder den gesetzlichen Vorschriften abweichende Auseinandersetzung nicht zu berücksichtigen (RG 61, 145). Vielmehr bindet seine Auseinandersetzung die Erben. Diese braucht nicht gemäß § 1822 Nr 2 vom Vormundschaftsgericht genehmigt zu werden, da es sich dabei nicht um einen Vertrag handelt.

Der nur für einen Erbteil oder einen bestimmten Erben ernannte Testamentsvollstrecker kann die Auseinandersetzung betreiben und vertritt hierbei den Erben; er kann sie aber nicht selbst — wie der gewöhnliche Testamentsvollstrecker — im Sinne des § 2204 Abs 1 „bewirken". Er kann vielmehr nur an Stelle des Erben, jedoch kraft seines Amtes aus eigenem Recht, einen Auseinandersetzungsvertrag schließen, wobei gegebenenfalls seine Willenserklärungen hinsichtlich einzelner Nachlaßgegenstände, aber auch nur insoweit, den Miterben binden (Planck-Flad § 2204 A 9 und § 2211 A 2; BGH 21. 5. 53 IV ZR 234/52). Ist der Testamentsvollstrecker nur eingesetzt worden, um den Erbteil eines Minderjährigen bis zu dessen Volljährigkeit zu verwalten, so ist er auch nicht ohne weiteres befugt, einen Erbauseinandersetzungsvertrag zu schließen (BGH aaO.).

2. Zu Abs 2: Ein **Auseinandersetzungsplan** ist zwar nicht unbedingt erforderlich, aber durch Abs 2 ist dem Testamentsvollstrecker (wie nach § 93 FGG dem Nachlaßgericht) die Anfertigung für den Regelfall vorgeschrieben. Sie ist erst dann geboten, wenn die Nachlaßverbindlichkeiten getilgt sind (§ 2046; RG 95, 329) und der Überschuß (§ 2047 A 1) zur Verteilung reif ist. Die Erben brauchen den Plan nicht zu genehmigen; sie sind nur zu hören. Die Planfeststellung hat keine dingliche Wirkung. Sie verpflichtet die Erben, einander die ihnen zugeteilten Nachlaßgegenstände zu übertragen. Der Testamentsvollstrecker kann kraft seiner Verfügungsmacht (A 1) die Verpflichtung trotz eines etwaigen Widerspruchs der Verpflichteten erfüllen; zur Übertragung auf den berechtigten Miterben muß dieser aber mitwirken (RG JW 1916, 1586[5]). Der Nachweis, daß die Erben gehört sind, braucht gegenüber dem Grundbuchamt nicht erbracht zu werden (KGJ 31 A 299). Die Erben bleiben berechtigt, die Ausführung des Planes durch einstweilige Verfügung zu hemmen und klagend anderweite Auseinandersetzung zu verlangen, wenn sie Verletzung der letztwilligen oder gesetzlichen Teilungsvorschriften oder im Falle des § 2048 Satz 2, 3 offenbare Unbilligkeit nachweisen können (vgl. RG Warn 1934 Nr 21).

§ 2205

Der Testamentsvollstrecker hat den Nachlaß zu verwalten. Er ist insbesondere berechtigt, den Nachlaß in Besitz zu nehmen und über die Nachlaßgegenstände zu verfügen. Zu unentgeltlichen Verfügungen ist er nur berechtigt, soweit sie einer sittlichen Pflicht oder einer auf den Anstand zu nehmenden Rücksicht entsprechen.

E I 1899 Abs 1 Satz 1, 1900 II 2075; M 5 231–233; P 5 276–282, 527, 528.

Übersicht:

Verwaltung des Nachlasses

1. Zu Satz 1: Verwaltung des Nachlasses.

a) Allgemeines. Zur Verwaltung des Nachlasses (§ 2038 A 1, 2) ist der Testamentsvollstrecker kraft seines Amtes ohne weiteres sowohl berechtigt als auch verpflichtet (§ 2216 Abs 1). Sie endet, wenn mehrere Erben vorhanden sind, regelmäßig mit Vollzug der Auseinandersetzung (§ 2204). Wie lange sie sonst zu dauern hat, bestimmt sich nach den Anordnungen des Erblassers. Sie ist regelmäßig nicht als Selbstzweck gedacht, sondern als Mittel zur Ausführung der letztwilligen Verfügungen und zur Auseinandersetzung sowie zur Erfüllung der sonstigen dem Testamentsvollstrecker zugewiesenen Aufgaben (§ 2209 A 2), kann ihm aber auch als einzige Aufgabe übertragen sein, §§ 2209, 2210. Zur Verwaltung gehört es insbesondere, den Nachlaß in Besitz zu nehmen (A2), ihn zu sichern, Nachlaßforderungen einzuziehen (zum Einziehungsrecht gegenüber einem Schuldner-Miterben s. § 2039 A 2d), Vermächtnisverbindlichkeiten zu erfüllen (BGH 13, 203), ein Nachlaßverzeichnis aufzustellen (§ 2215), die Erbschaftsgegenstände instandzuhalten, Nachlaßbetriebe zu bewirtschaften, Sach- und Rechtsfrüchte zu ziehen usw. Die Vorschriften der §§ 2042, 752, nach denen bei teilbaren Gegenständen die Erbengemeinschaft durch Teilung in Natur aufzuheben ist, schränken die Verwaltungs- und Verfügungsbefugnis des Testamentsvollstreckers nicht ein (RG 6. 1. 36 IV 231/35). Er ist auch befugt, empfangsbedürftige Willenserklärungen, die der Durchführung oder Vorbereitung der Auseinandersetzung dienen, entgegenzunehmen (RG IV 283/23, in JW 1924, 970[14] mit unrichtigem Aktenzeichen).

Berichtigung der Nachlaßverbindlichkeiten ist nicht (wie bei der Nachlaßverwaltung § 1985 Abs 1) Ziel der Verwaltung. Diese bringt aber von selbst mit sich, daß fällige Schulden bezahlt und lästige abgestoßen werden. Jedenfalls darf die Auseinandersetzung nicht vor Berichtigung oder Sicherung der Verbindlichkeiten vorgenommen werden (§ 2046 Abs 1). Auch für die Berichtigung der Steuern, die der Erblasser schuldig geblieben ist, und der aus dem Nachlaß als solchem zu entrichtenden Steuern hat der Testamentsvollstrecker unter persönlicher Verantwortung zu sorgen (§§ 103, 104, 106, 109, 117 RAbgO in der Fassung v. 22. 5. 31 mit Änderungen in Verbindung mit ErbschStG v. 30. 6. 51 § 15 Abs 3, 5). Die Vertretung des Erben im Steuerprozeß gehört nicht zu den Aufgaben, die regelmäßig einem Testamentsvollstrecker obliegen (RFinH JW 1923, 622[4]).

b) Verwaltung eines Handelsgeschäfts. Gehört zum Nachlaß ein Handelsgeschäft oder war der Erblasser Gesellschafter einer OHG oder KG, deren Fortsetzung mit seinen Erben vereinbart ist, dann können sich für die Verwaltung durch den Testamentsvollstrecker Schwierigkeiten ergeben, weil der Geschäftsinhaber und der persönlich haftende Gesellschafter unbeschränkt haften, der Erbe jedoch aus Geschäften, die der Testamentsvollstrecker als solcher abschließt, nur beschränkt, nämlich mit dem Nachlaß haftet (§ 2206). Es bieten sich jedoch folgende rechtliche Möglichkeiten:

Hat der Erblasser die Testamentsvollstreckung zur Verwaltung eines Handelsgeschäfts angeordnet, so kann der Testamentsvollstrecker die Anordnung dadurch ausführen, daß er das Geschäft im eigenen Namen unter persönlicher Haftung als Treuhänder für den Erben betreibt; er kann aber auch das Geschäft als Bevollmächtigter des Erben in dessen Namen und unter dessen persönlicher Haftung führen, sofern eine derartige Ermächtigung der letztwilligen Anordnung zu entnehmen ist (BGH 12, 100 = NJW 1954, 636 = DNotZ 1954, 270 = LM § 2216 Nr 1 mit Anm von Johannsen). Führt der Testamentsvollstrecker das seiner Verwaltung unterworfene Handelsgeschäft im eigenen Namen, so muß er sich, weil er nach außen als Inhaber des Geschäfts auftritt, in das Handelsregister eintragen lassen; dagegen kann neben der Eintragung der Erben als Firmeninhaber die Ernennung des Testamentsvollstreckers nicht eingetragen werden (OLG Dresden JFG 5, 217; JW 1936, 1137[16]; 1937, 2599[38]; 1939, 104[27]; RG 132, 138 = JW 1931, 1361); über die Registerfähigkeit des Testamentsvollstreckers s. auch Groschuff JW 1938, 1361).

Der Testamentsvollstrecker kann auch Prokuristen für das zum Nachlaß gehörige Handelsgeschäft bestellen (RJA 11, 271).

Für Personalgesellschaften gilt, weil die Rechte der Gesellschafter grundsätzlich unübertragbar sind (§ 717 BGB), noch Besonderes. Der Machtbereich des Testamentsvollstreckers ist grundsätzlich auf den Nachlaß beschränkt. Ihm ist daher jede Einwirkung auf die Rechtsbeziehungen des Erben versagt, die nicht ausschließlich in den Bereich des Nachlasses fallen. Zu diesen Rechtsbeziehungen gehören die Rechte und Pflichten, die dem Erben aus der Rechtsnachfolge in der Gesellschafterstellung des Erblassers vermöge entsprechender Vereinbarung im Gesellschaftsvertrag einer OGH erwachsen (RG 170, 392). Solche Mitgliedschaftsrechte kann der Testamentsvollstrecker nur mit Zustimmung der übrigen Gesellschafter und grundsätzlich nur bei entsprechender ausdrücklicher letztwilliger Verfügung des Erblassers ausüben (Weiler DNotZ 1952, 283, 299; vgl. auch Kipp-Coing § 125 III 1 mit weiteren Nachweisen). Diese Grundsätze gelten auch für die Kommanditgesellschaft, und zwar auch für die Stellung des Kommanditisten (RG 172, 199 = DR 1944, 339[14]). Zum Einfluß der Testamentsvollstreckung auf die Ausübung der Mitgliedschaftsrechte des Gesellschafter-Erben vgl. auch KG DNotZ 1955, 419.

Über die Befugnisse eines Testamentsvollstreckers in einer GmbH vgl. v. Burchard, Rundschau für GmbH 1951, 150: Der Testamentsvollstrecker führt — unter Ausschaltung der Erben — auch die Verwaltung der in den Nachlaß fallenden Geschäftsanteile an der GmbH.

Der Gesellschafter einer OHG kann den Testamentsvollstrecker nicht letztwillig ermächtigen, an Stelle der als Gesellschafter eintretenden Erben einen vertretungsberechtigten Geschäftsführer zu bestellen (KG DR 1943, 353[10] unter Hinweis auf JFG 18, 344).

c) Einzelfragen. Für die Dauer der Nachlaßverwaltung geht das Verwaltungsrecht im vollen Umfange auf den Nachlaßverwalter über (§ 1985 Abs 1). Der Testamentsvollstrecker kann aber selbst zum Verwalter bestellt werden (§ 1981 A 5).

Beschränkung und Ausdehnung der Verwaltungsbefugnisse §§ 2208—2210, Unübertragbarkeit § 2218 A 1, Prozeßführung §§ 2212, 2213 (s. auch § 2203 A 1), Verantwortlichkeit § 2219. Der Testamentsvollstrecker kann die Eröffnung des Nachlaßkonkurses (KO § 217) und des Nachlaßvergleichsverfahrens (VerglO § 113 Nr 1), das Aufgebot der Nachlaßgläubiger (§ 1970 A 2), die Zwangsversteigerung der Nachlaßgrundstücke beantragen (ZVG § 175), sich auch für den Erben den Erbschein (§ 2353 A 3) und für sich selbst ein besonderes Zeugnis des Nachlaßgerichts erteilen lassen (§ 2368).

2. Der **Besitz** geht nach § 857 nur auf den Erben, nicht auf den Testamentsvollstrecker über (a.M. F. Leonhard Erl. II B). Hat der Erbe vom Nachlasse schon (tatsächlich) Besitz ergriffen, so kann der Testamentsvollstrecker von ihm wie von jedem Dritten Übertragung des Besitzes und Auskunft nach § 260 verlangen (RG Recht 1907 Nr 3830), soweit er dem Erben nicht einzelne Gegenstände gemäß § 2217 zu überlassen hat. Der Erbe ist, sobald der Testamentsvollstrecker die tatsächliche Gewalt (§ 854 Abs 1) erlangt hat, und solange er für den Erben besitzt, mittel-

barer Besitzer (§ 868; Planck-Flad A 4). Der Testamentsvollstrecker ist nicht nur berechtigt, den Nachlaß in Besitz zu nehmen, sondern auch dazu verpflichtet (Hamburg HansGZ, Beiblatt Zivilrecht, 1920, 190).

3. Die **Verfügungsmacht** ist dem Testamentsvollstrecker zwar nur zur Verwirklichung seiner Aufgaben eingeräumt; sie steht ihm aber (abgesehen von Satz 3) unbeschränkt und ausschließlich (§ 2211) mit der Wirkung zu, daß die von ihm (und ihm gegenüber) vorgenommenen dinglichen und rechtsgeschäftlichen Akte im Bereiche des Nachlaßvermögens für (und gegen) den Erben oder die Erbengemeinschaft rechtlich wirksam sind (RG 59, 366; 68, 258; 76, 126). Dies gilt von dem zum Testamentsvollstrecker bestellten Miterben auch dann, wenn die Verfügungen zugleich seinem eigenen Interesse dienen (Auflassung zu Bruchteilen an sich selbst); § 181 steht nicht entgegen (RG 61 S. 139, 145; KG Recht 1929 Nr 983; s. aber auch § 181 A 1 Abs 3). Liegt ein Widerstreit der persönlichen Interessen des Testamentsvollstreckers mit denen seines Amtes vor, wie in der Regel beim Verkauf eines Nachlaßgegenstandes an ihn, so kann er nicht verfügen, gleichviel ob er Miterbe ist oder nicht (RG 61, 143; KG JFG 12, 202); das Verfügungsrecht steht dann (wenn nicht etwa Mitvollstrecker vorhanden sind — s. hierüber DNotZ 1937, 337 sowie § 2224 A 3, 4) dem oder den Erben zu (KG RJA 16, 139; § 2225 A 4). An entgeltlichen Verfügungen über Nachlaßgegenstände kann der Testamentsvollstrecker durch die Erben nicht gehindert werden, falls seine Rechte nicht vom Erblasser entsprechend eingeschränkt worden sind (OLG Düsseldorf NJW 1952, 1259). Auch der lediglich zur Verwaltung des Nachlasses berufene Testamentsvollstrecker darf im Zweifel über die Nachlaßgegenstände verfügen (KG DR 1944, 245). Eine nach § 2205 Satz 3 (A 4) unwirksame Verfügung des Testamentsvollstreckers über einen Nachlaßgegenstand (Bestellung einer Hypothek) kann nachträglich durch Erwerb des Gegenstandes seitens des Verfügenden wirksam werden (§ 185 Abs. 2; RG DRW 1939, 1949[5]).

Zur Frage des Mißbrauchs des Testamentsvollstreckeramts vgl. OGH 3, 242 (247). Rechtsgeschäfte, die der Testamentsvollstrecker mit Dritten unter Mißbrauch seines Amtes abschließt, sind für die Erben nicht verbindlich, wenn der Dritte den Mißbrauch erkannte oder infolge von Fahrlässigkeit nicht erkannte (RG 75, 301; 83, 348; 130, 134). Ein für den Nachlaß gemachter Erwerb kommt zwar dem Erben zu, unterliegt aber sogleich wieder der Verwaltung des Testamentsvollstreckers. Sein guter Glaube ist hierbei entscheidend. Der Grundsatz der dinglichen Ersetzung, § 2041, ist auf den durch einen Testamentsvollstrecker verwalteten Nachlaß auch dann anwendbar, wenn der Nachlaß einem Alleinerben zusteht (RG 138, 132).

Das Verfügungsrecht (Inhalt Vorbem 7 vor § 104) erstreckt sich auf alle Nachlaßgegenstände, Sachen und Rechte (§ 90), soweit sie dem Erben nicht als höchstpersönliche zustehen (wie z. B. die Rechte aus einem Gesellschaftsverhältnis, JFG 13, 98). Der Testamentsvollstrecker kann das in § 1477 Abs 2 bestimmte Übernahmerecht ausüben, weil die Bestimmung kein höchstpersönliches Recht des Ehegatten oder seiner Erben festgesetzt hat, sondern dem Anspruch auf Auseinandersetzung nur eine von den allgemeinen Teilungsgrundsätzen abweichende Gestaltung seines Inhalts hat geben sollen (RG 85, 1). Dagegen kann der Testamentsvollstrecker eine Schenkung des Erblassers nicht widerrufen (§ 530 Abs 2), sie nicht wegen Erbunwürdigkeit anfechten (§ 2340), sich auch nicht über Annahme oder Ausschlagung einer dem Erblasser vererbten Erbschaft erklären (§ 1952; wie hier Planck-Flad A 19; Staudinger-Herzfelder 9. Aufl A 2 Abs 3; a.M.: Strohal I § 40a A 14; F. Leonhard Erl III c 3; Kipp-Coing § 125 III 6). Insbesondere letztere vertreten die Ansicht, Rechte, die dem Erblasser angefallen und jetzt auf dessen Erben übergegangen seien, gehörten zum Nachlaß und würden vom Testamentsvollstrecker verwaltet, auch wenn sie einen persönlichen Einschlag hätten. Damit wird jedoch verkannt, daß das Recht, eine Erbschaft anzunehmen oder auszuschlagen, höchstpersönlicher Natur ist (vgl. auch §§ 6, 9 KO) und daß es auch als solches auf den Erben übergeht.

Das Recht am Namen (§ 12) kann der Testamentsvollstrecker auch dann, wenn es vom Erblasser zum Gegenstand einer vertraglichen Abrede gemacht worden ist, wegen der auch dann fortbestehenden höchstpersönlichen Natur des Rechtes nicht wahrnehmen (RG Recht 1921 Nr 2319). Über die Frage, inwieweit der Testamentsvollstrecker zur Geltendmachung eines Haftpflichtversicherungsanspruchs befugt ist, wenn das Schadensereignis und der Versicherungsfall nach dem Ableben des Erblassers als des Versicherungsnehmers eingetreten sind, s. RG 159, 337.

Ist der Erbe minderjährig, so steht dem Vormund oder Gewalthaber keine Anteilnahme an der Verwaltung, nur die Vertretung des Erben gegenüber dem Testamentsvollstrecker zu; die Bestimmungen, welche die gesetzlichen Vertreter Minderjähriger an die Genehmigung des Vormundschaftsgerichts binden, greifen gegenüber dem Testamentsvollstrecker nicht Platz (SeuffA 78 Nr 142; RG 61, 144; Backs DFG 1937, 45; a.M. Greiser DFG 1936, 245).

In der Verfügung über Nachlaßgrundstücke und Rechte, die im Grundbuch oder im Schiffsregister eingetragen sind, ist er, auch beim Vorhandensein eines Nacherben (LZ 1916, 962[5]), gleichfalls nur durch Satz 3 beschränkt. Seine Eintragungsbewilligung genügt ohne Zwischeneintrag des Erben (GBO § 40 Abs 2, FGG § 111 Abs 2). Unterliegt ein Nachlaßgrundstück der Verwaltung des Testamentsvollstreckers, dann steht ihm auch ausschließlich das Recht zu, die Berichtigung des Grundbuchs zu beantragen (OLG München JFG 20, 373). Über die Miteintragung der Testamentsvollstreckung, wenn der Erbe im Grundbuch und Schiffsregister eingetragen wird (anders beim Handelsregister A 1), und über den Nachweis der Befugnisse des Testamentsvollstreckers s. § 2197 A 3. Über den Testamentsvollstrecker im Grundbuchrecht s. auch Kutzner DWohnA 1938, 385. Erwähnung des Testamentsvollstreckers im Zuschlagsbeschlusse, falls durch ihn oder mit seiner Einwilligung durch den Erben ein Grundstück mit Mitteln des Nachlasses erstanden wird: Seibert JW 1934, 1542.

Das Recht, über seinen Anteil am Nachlasse zu verfügen (§ 2033), verbleibt dem Miterben, ändert aber nichts an dem Umfange des dem Testamentsvollstrecker zustehenden Verfügungsrechts (vgl. § 2208 A 4). Der Testamentsvollstrecker darf auch nicht im Rahmen der von ihm zu bewirkenden Erbauseinandersetzung (§ 2204) über den Erbteil eines Miterben verfügen (BGH 21. 5. 53 IV ZR 234/52; vgl. auch § 2204 A 1 a. E.). – Die Pfändung oder Verpfändung eines Miterbenanteils beschränkt die gesetzlichen Rechte des Testamentsvollstreckers nicht; er kann also auch über ein Grundstück verfügen, es insbesondere belasten, ohne daß die Pfandgläubiger einzelner Erbanteile zustimmen müßten (KG JR 1952, 323). – Auch ein Vermächtnisnehmer kann einem als Verwalter des Nachlasses eingesetzten Testamentsvollstrecker die Veräußerung von Nachlaßgrundstücken nicht untersagen (OLG Düsseldorf JR 1952, 365).

4. Zu Satz 3: Nur **unentgeltliche Verfügungen** (mit der dem § 534 entsprechenden Ausnahme) sind dem Testamentsvollstrecker verwehrt und, wenn sie dennoch vorgenommen sind, ohne Rücksicht auf die Kenntnis des Empfängers und selbst mit Zustimmung des Erben (RG 74, 218; 105, 249f.; OLG Düsseldorf JMBl NRW 1949, 26 mit Anm Bettermann S. 65) unwirksam. Auch der Erblasser ist nicht in der Lage, den Testamentsvollstrecker von dieser Beschränkung seines Verfügungsrechtes zu befreien (RG DRW 1939, 776[12]). Das Grundbuchamt kann sich jedoch hier, wo es sich anders als beim Vorerben (§ 2113 A 3a) lediglich um eine Frage der Legitimationsprüfung des Verwalters eines fremden Vermögens handelt (RG SeuffA 91, 117), bei den im einzelnen zu erläuternden Erklärungen der Beteiligten, daß die Verfügung keine unentgeltliche sei, begnügen, wenn ihre Darlegung verständlich ist und der Wirklichkeit gerecht wird und wenn ferner kein Anlaß besteht zu zweifeln, daß der Testamentsvollstrecker pflichtgemäß handelt (RG 65, 223; KG JFG 7, 284; 17, 63; JW 1932, 1390[8]; HRR 1933 Nr 19; München JFG 19, 241; vgl. aber auch KG HRR 1938 Nr 1428). Immerhin setzen die in der Rechtsprechung für die Entgeltlichkeit einer Verfügung aufgestellten Erfahrungssätze normale wirtschaftliche Verhältnisse voraus und gelten deshalb nicht für die Inflationszeit mit ihrer erfahrungsmäßigen Wertverschleuderung (JFG 3, 278; auch 2, 433).

Zum Begriff der unentgeltlichen Verfügung § 2113 A 4a–c; die dort angeführten Entscheidungen sind zum Teil zu § 2205 ergangen. Zum Begriff der Unentgeltlichkeit vgl. auch RG 163, 348 (GrSen f. Zivilsachen), wo mehrfach (S. 354, 357, 359) auf die zu § 2205 ergangene Entscheidung RG 105, 246 verwiesen wird. Hiernach ist auch die rechtsgrundlose Verfügung als unentgeltlich zu behandeln (Kipp-Coing § 125 IV Anm 39).

Fallen beim Vorhandensein zweier Testamentsvollstrecker die auf eine Verfügung gerichtete Willenserklärung des einen und die zur Wirksamkeit der Verfügung erforderliche Genehmigung des andern zeitlich auseinander, so kommt es für die Frage, ob auch der zweite Testamentsvollstrecker das von der anderen Seite Geleistete als einen entsprechenden Gegenwert für das aus der Erbschaft Hingegebene angesehen hat und nach dem Maßstab ordnungsmäßiger Verwaltung ansehen durfte, auf die zur Zeit der Genehmigung bestehenden Verhältnisse an (RG JW 1932, 1358[15]). Eine Verfügung, für die der Nachlaß eine vollwertige Gegenleistung erhält, wird nicht dadurch zu einer unentgeltlichen, daß der Testamentsvollstrecker die Gegenleistung pflichtwidrig zu unentgeltlichen Zuwendungen an andere Personen verwendet (JW 1938, 949[13]). Die Verfügung über ein Nachlaßgrundstück, die der Testamentsvollstrecker unter Zustimmung der Erben zur Erfüllung einer vermeintlichen, in Wahrheit nicht bestehenden Vermächtnisschuld vornimmt, ist als unentgeltliche Verfügung unwirksam (RG DR 1941, 59 mit Anm von v. Hippel S. 157). Belastet ein Testamentsvollstrecker ein Nachlaßgrundstück mit einer Hypothek, deren Bestellung als unentgeliche Verfügung über den Nachlaßgegenstand unwirksam ist, und erwirbt der Testamentsvollstrecker später einen Bruchteil des Grundstücks, auf dem die Hypothek eingetragen wurde, als sein Eigentum, so wird die Hypothek auf diesem Bruchteil voll wirksam (RG HRR 1939 Nr 1462).

Der Nacherbe kann eine Grundbucheintragung, die auf einer unentgeltlichen Verfügung des Testamentsvollstreckers beruht, selbständig mit der Beschwerde anfechten und beantragen, daß ein Amtswiderspruch zugunsten des Vorerben eingetragen werde (KG DR 1943, 90).

Die Frage, wann eine sittliche Pflicht oder eine auf den Anstand zu nehmende Rücksicht zu bejahen ist, ist insbesondere in A 1, 2 zu § 534 erörtert worden (vgl. auch §§ 1446, 1641, 1804, 2113, 2330). Auch mündliche Wünsche des Erblassers können unter Umständen eine solche sittliche Pflicht begründen (OLG Kiel SchlHA 1917, 169 unter Hinweis auf RG 70, 19 und 385, auch 73, 49; 75, 136).

§ 2206

Der Testamentsvollstrecker ist berechtigt, Verbindlichkeiten für den Nachlaß einzugehen, soweit die Eingehung zur ordnungsmäßigen Verwaltung erforderlich ist. Die Verbindlichkeit zu einer Verfügung über einen Nachlaßgegenstand kann der Testamentsvollstrecker für den Nachlaß auch dann eingehen, wenn er zu der Verfügung berechtigt ist.

Der Erbe ist verpflichtet, zur Eingehung solcher Verbindlichkeiten seine Einwilligung zu erteilen, unbeschadet des Rechtes, die Beschränkung seiner Haftung für die Nachlaßverbindlichkeiten geltend zu machen.

E I 1902 II 2076; M 5 234, 235; P 5 528–530, 544, 545.

Übersicht:

Eingehung von Verbindlichkeiten

1. Verbindlichkeiten für den Nachlaß
2. Verbindlichkeiten zu einer Verfügung
3. Einwilligung des Erben
4. Haftungsbeschränkung

1. Zu Abs 1 Satz 1: Die Befugnis des Testamentsvollstreckers, **Verbindlichkeiten für den Nachlaß einzugehen,** besteht nicht wie seine Verfügungsmacht nach § 2205 unbeschränkt. Sie reicht nur so weit, als zur ordnungsmäßigen Verwaltung (vgl. § 2216 A 1) erforderlich ist. Das Ausbieten einer Nachlaßhypothek in der Zwangsversteigerung gehört regelmäßig hierher, selbst wenn der Testamentsvollstrecker bei seinem schließlichen Gebot über das unbedingt erforderliche Maß hinausgeht (KG OLG 17, 354; JW 1932, 1398[4]). Auch eine Wechselverbindlichkeit kann in diesen Rahmen fallen (RG 60, 30), nicht aber der Abschluß eines Gesellschaftsvertrags, durch den die Erben Gesellschafter einer GmbH werden (KGJ 33 A 135; RJA 8, 127; vgl. hierzu auch Sommer DNotZ 1936, 937). Das Erfordernis ist nicht in objektivem Sinne zu verstehen; es genügt vielmehr, wenn der Gläubiger die Übernahme der Verbindlichkeit nach den Umständen ohne Fahrlässigkeit als geboten angesehen hat (RG 83, 348; HRR 1929 Nr 2004; Planck-Flad A 3; Kipp-Coing § 125 III 4a; a.M. F. Leonhard Erl I A 2). Soweit die Grenze weder objektiv noch nach der entschuldbaren Auffassung des Gläubigers eingehalten ist, erwirbt dieser gegen den Nachlaß keine Rechte; er kann sich gemäß § 179 nur an den Testamentsvollstrecker halten. Dafür, daß die Grenze eingehalten sei, ist der Gläubiger beweispflichtig. Die Befugnis kann dem Testamentsvollstrecker vom Erblasser entzogen, inhaltlich oder gegenständlich beschränkt (§ 2208), er kann auch umgekehrt von jeder Beschränkung entbunden sein (§§ 2207, 2209 A 3).

Wegen der Eingehung von Verbindlichkeiten für ein Handelsgeschäft, das der Verwaltung des Testamentsvollstreckers unterliegt, vgl. Anm 1b zu § 2205.

2. Zu Abs 1 Satz 2: Die Beschränkung der A 1 entfällt auch dann, wenn der Testamentsvollstrecker zur Verfügung über einen Nachlaßgegenstand berechtigt ist und eine **Verbindlichkeit zu eben dieser Verfügung eingeht.** Da die Verfügungsmacht des Testamentsvollstreckers grundsätzlich und abgesehen von § 2205 A 4 und § 2208 A 1 unbeschränkt ist, braucht der Gläubiger, der z. B. mit dem Testamentsvollstrecker einen Kaufvertrag über einen Nachlaßgegenstand abschließt, nicht zu prüfen, ob das Rechtsgeschäft zur ordnungsmäßigen Verwaltung erforderlich sei, sondern nur, ob dem Testamentsvollstrecker hierüber die Verfügung zusteht (KGJ 27 A 192, vgl. auch §§ 1445, 1821 Nr 3, 1822 Nr 1). Doch kann er aus einem vom Testamentsvollstrecker unter Mißbrauch seiner Befugnisse abgeschlossenen Verpflichtungsgeschäft keine Rechte herleiten, wenn er diesen Mißbrauch erkannte oder hätte erkennen müssen (§ 2205 A 3).

3. Zu Abs 2 Halbs 1: Die im Rahmen des Abs 1 eingegangenen („solche") Verbindlichkeiten verpflichten zwar den Erben ohne weiteres („für den Nachlaß"). Die **Einwilligung des Erben** (§ 183) schützt aber den Testamentsvollstrecker vor Schadenersatzansprüchen aus § 2219, den Vertragsgegner vor Einwendungen des Erben aus Abs 1. Sie entbindet den Testamentsvollstrecker jedoch nicht von der Pflicht, die letztwilligen Verfügungen auszuführen (§ 2203) und deckt nicht unentgeltliche (§ 2205 Satz 3) oder zu eigenem Nutzen vorgenommene Verfügungen des Testamentsvollstreckers (RG 74, 215). Die Einwilligung kann ferner notwendig werden, wenn der Erbe, z. B. durch Eintragungen im Grundbuche, als allein verfügungsberechtigt ausgewiesen ist. Der Testamentsvollstrecker (nicht auch der Dritte) kann gleich dem Vorerben (§ 2120) die Einwilligung des Erben im Klagewege herbeiführen. Umgekehrt steht dem Erben frei, gegen den Testamentsvollstrecker oder den Dritten auf Feststellung zu klagen, daß das Geschäft unverbindlich sei.

4. Zu Abs 2 Halbs 2: Die vom Testamentsvollstrecker eingegangenen Verbindlichkeiten sind, weil sie den Erben als solchen treffen, Nachlaßverbindlichkeiten, § 1967. Sie unterliegen deshalb auch den Grundsätzen der **beschränkten Erbenhaftung.** Darf er sich hierauf nicht berufen (Vorbem vor § 1967), so haftet er auch für diese Verbindlichkeiten unbeschränkt. Doch bedarf das wegen einer Nachlaßverbindlichkeit gegen den verwaltenden Testamentsvollstrecker ergehende Urteil keines Vorbehalts (ZPO § 780 Abs 2). Im Nachlaßkonkurse gehören die vom Testamentsvollstrecker eingegangenen Verbindlichkeiten zu den Masseschulden (KO § 224 Nr 5). Am Nachlaßvergleichsverfahren sind sie auch dann nicht beteiligt und werden von einem Vergleiche nicht betroffen, wenn sie zur Zeit der Eröffnung des Verfahrens bereits begründet waren (VerglO § 113 Nr 6).

§ 2207

Der Erblasser kann anordnen, daß der Testamentsvollstrecker in der Eingehung von Verbindlichkeiten für den Nachlaß nicht beschränkt sein soll. Der Testamentsvollstrecker ist auch in einem solchen Falle zu einem Schenkungsversprechen nur nach Maßgabe des § 2205 Satz 3 berechtigt.

E I 1902 II 2077; M 5 234, 235; P 5 528–530, 542, 543.

Erweiterte Verpflichtungsbefugnis

1. **Zu Satz 1:** Die Bestimmung gestattet eine **Befreiung von den Beschränkungen des § 2206** durch letztwillige Anordnung, wie sie in § 2136 auch gegenüber den Beschränkungen des Vorerben zugelassen ist. Sie gilt im Falle des § 2209 als stillschweigend ausgesprochen (§ 2209 Satz 2). Der Testamentsvollstrecker bleibt gleichwohl zur ordnungsmäßigen Verwaltung verpflichtet (§§ 2220, 2216); er kann deshalb auch in diesem Falle zu seiner Entlastung die Einwilligung des Erben nach § 2206 Abs 2 verlangen (str.; wie hier Planck-Flad A 3). Der Auftrag des Erblassers, ein Verschaffungsvermächtnis zu erfüllen, enthält regelmäßig auch die nach § 2207 wirksame Ermächtigung für den Testamentsvollstrecker, solche Verpflichtungen einzugehen, die zum Erwerbe des Vermächtnisgegenstandes unumgänglich sind (RG 85, 7).

2. **Zu Satz 2:** Zu **Schenkungsversprechen** kann der Testamentsvollstrecker allgemein auch vom Erblasser nicht ermächtigt werden (ebensowenig wie der Vorerbe §§ 2136, 2113 Abs 2). Vgl. auch § 2205 A 4.

§ 2208

Der Testamentsvollstrecker hat die in den §§ 2203 bis 2206 bestimmten Rechte nicht, soweit anzunehmen ist, daß sie ihm nach dem Willen des Erblassers nicht zustehen sollen. Unterliegen der Verwaltung des Testamentsvollstreckers nur einzelne Nachlaßgegenstände, so stehen ihm die im § 2205 Satz 2 bestimmten Befugnisse nur in Ansehung dieser Gegenstände zu.

Hat der Testamentsvollstrecker Verfügungen des Erblassers nicht selbst zur Ausführung zu bringen, so kann er die Ausführung von dem Erben verlangen, sofern nicht ein anderer Wille des Erblassers anzunehmen ist.

E I 1905 II 2078; M 5 241; P 5 302, 309, 310, 528, 542, 543, 545.

Übersicht:

Beschränkte Testamentsvollstreckung

1. **Zu Abs 1 Satz 1:** Die **Beschränkung der Rechte** des Testamentsvollstreckers oder die völlige Entziehung einzelner Rechte braucht nicht ausdrücklich angeordnet zu sein; sie kann sich vielmehr auch aus den Umständen ergeben, so für Verfügungen, bei denen ein schwerwiegender Interessenwiderstreit gegeben ist (RG SeuffA 85 Nr 165). Daß sie als Ausnahme von der Regel der §§ 2203–2206 gewollt sei, hat zu beweisen, wer sich hierauf beruft (RG 61, 142; Warn 1938 Nr 123; München HRR 1938 Nr 381).

Die Beschränkung ist auch gegen Dritte wirksam, selbst wenn jene die Beschränkung weder kannten noch kennen mußten. Sie ist in dem Zeugnis des § 2368 anzugeben, soweit sie sich auf das Verwaltungsrecht des Testamentsvollstreckers bezieht. Ist dies unterblieben, so ist der Dritte gemäß § 2366 durch den öffentlichen Glauben des Zeugnisses geschützt. Hiervon abgesehen kann er sich nicht auf Unkenntnis der Beschränkung berufen.

2. Zu Abs 1 Satz 2: Ist das Verwaltungsrecht des Testamentsvollstreckers **gegenständlich beschränkt,** so hat er nur in Ansehung der einzelnen Nachlaßgegenstände (Sachen, Rechte, auch Inbegriffe von Gegenständen, z. B. Handelsgeschäft) das Recht auf Besitznahme und das Verfügungsrecht, jedoch inhaltlich im vollen Umfange des § 2205. Insbesondere ist er ermächtigt, wegen dieses Gegenstandes nach § 2206 für den Nachlaß Verbindlichkeiten einzugehen.

Die Verfügungsbefugnis des Testamentsvollstreckers ist nach der Auffassung des Gesetzes ein Ausfluß und notwendiger Bestandteil seiner Verwaltungsbefugnis, da der Erbe sonst die Verwaltungsmacht des Testamentsvollstreckers und damit die Erledigung der ihm zugewiesenen Aufgaben willkürlich vereiteln könnte. Gleichwohl ist es nicht schlechthin unzulässig, lediglich die Verfügungsbefugnis des Testamentsvollstreckers zugunsten des Erben zu beschränken; doch muß ein solcher Wille des Erblassers wegen der rechtlichen und tatsächlichen Schwierigkeiten, die sich aus einem Auseinanderfallen der Verwaltungs- und der Verfügungsbefugnis ergeben können, deutlich erkennbar sein (RG Warn 1938 Nr 123). Die Aussetzung eines Nießbrauchsvermächtnisses enthält grundsätzlich keine Beschränkung der Befugnisse des Testamentsvollstreckers (OLG Düsseldorf NJW 1952, 1259).

Über die Frage, ob mit der Ernennung eines Testamentsvollstreckers die Befreiung des Vorerben gemäß § 2137 Abs 2 vereinbar ist, s. § 2137 A 2. Die Anordnung, der Testamentsvollstrecker solle zwischen den Erben eine „friedliche Auseinandersetzung" herbeiführen, braucht nicht zu bedeuten, daß ihm lediglich eine vermittelnde Tätigkeit zugewiesen sein solle (RG 28. 1. 32 IV 354/31).

Die nur für einen Erbteil angeordnete Vollstreckung berechtigt den Testamentsvollstrecker nicht zur Verfügung nach § 2033 (vgl. die folgende A 4), sondern nur zur Vertretung dieses Miterben und Mitwirkung bei der Auseinandersetzung. Ob ihm auch die Verwaltung an den dem Miterben zugeteilten Gegenständen zustehen soll, ist Auslegungsfrage.

Zur Frage der Fortführung von Handelsgeschäften durch den Testamentsvollstrecker vgl. Anm 1b zu § 2205.

3. Zu Abs 2: Dem Testamentsvollstrecker bleibt das **Aufsichtsrecht über die Ausführung der letztwilligen Verfügungen,** wenn ihm, entgegen § 2203, die Ausführung selbst nicht zusteht. Kraft dessen kann er gegen den Erben oder nach § 2223 gegen den beschwerten Vermächtnisnehmer auf Ausführung klagen, wenn der Beschwerte keinen andern Willen des Erblassers nachweist. Ein Testamentsvollstrecker kann auch mit der Bestimmung ernannt werden, daß er nur Verfügungen des Erben über Nachlaßgegenstände zustimmen soll (KGJ 44, 81).

4. Eine **Erweiterung der Machtbefugnisse** des Testamentsvollstreckers über die Grenzen der §§ 2203–2210 hinaus, insbesondere die allgemeine Ermächtigung zu Schenkungen ist ungültig (§ 2207 A 2). Auch die Befugnis, über einen Erbteil zu verfügen oder bei einer solchen Verfügung des Miterben (§ 2033) mitzuwirken, kann ihm nicht mit dinglicher Wirkung eingeräumt werden (RG JW 1915, 245[7]). Ebenso kann zur Eingehung einer persönlichen Verpflichtung durch den Erben, mag sich die Verpflichtung auch auf einen Nachlaßgegenstand beziehen, die Zustimmung des Testamentsvollstreckers nicht mit Wirkung gegenüber dem anderen Vertragsteile für erforderlich erklärt werden (KGJ 44, 86). Der Erblasser kann den Testamentsvollstrecker auch nicht ermächtigen, die letztwillige Verfügung maßgebend auszulegen; denn es ist rechtsgrundsätzlich ausgeschlossen, den Erblasser im Willen zu vertreten (RG 66, 103 [105]; § 2065 A 2a). Überall da jedoch, wo einem Dritten vom Erblasser gewisse Befugnisse übertragen werden dürfen (so §§ 2048, 2151, 2153–2156, 2193), kann auch der Testamentsvollstrecker als dieser Dritte bestimmt werden (RG SeuffA 88 Nr 124). Soweit dem Testamentsvollstrecker „sonstige Aufgaben" zugewiesen sind (§ 2209 A 2), erwachsen ihm daraus keine selbständigen Befugnisse.

§ 2209

Der Erblasser kann einem Testamentsvollstrecker die Verwaltung des Nachlasses übertragen, ohne ihm andere Aufgaben als die Verwaltung zuzuweisen; er kann auch anordnen, daß der Testamentsvollstrecker die Verwaltung nach der Erledigung der ihm sonst zugewiesenen Aufgaben fortzuführen hat. Im Zweifel ist anzunehmen, daß einem solchen Testamentsvollstrecker die im § 2207 bezeichnete Ermächtigung erteilt ist.

E II 2079; P 5 302, 303, 305–307, 529, 530, 543, 546.

Übersicht:

Verwaltungstestamentsvollstreckung

1. Die Verwaltung des Nachlasses ohne andere Aufgaben
2. Die Verwaltung des Nachlasses nach Erledigung der sonstigen Aufgaben
3. Erweiterte Verpflichtungsbefugnis
4. Zeitliche Beschränkung

1. Die Verwaltung des Nachlasses ohne andere Aufgaben (Satz 1 Halbs 1) kann sich auf den ganzen Nachlaß erstrecken (§ 2205) und wird dann regelmäßig ein Teilungsverbot in sich begreifen (§ 2044). Sie kann nach § 2208 auch inhaltlich oder gegenständlich, nämlich auf einen Erbteil oder einzelne Nachlaßgegenstände (für diese mit der Folge eines Teilungsverbots, RG Warn 1934 Nr 21) beschränkt sein. Die Anordnung ermöglicht dem Erblasser, den Erben auf geraume Zeit, insbesondere über die Volljährigkeit hinaus von der Verfügung über den Nachlaß auszuschließen (§ 2211 Abs 1; vgl. JFG 16, 306), so insbesondere bei der Enterbung in guter Absicht, § 2338 A 4, und zugleich den Zugriff der Gläubiger des Erben auf den Nachlaß zu verhindern, § 2214. Sie ist ferner ein Mittel, das gesetzliche Verwaltungsrecht des elterlichen Gewalthabers oder des Vormundes (§§ 1638, 1686, 1794) auszuschließen.

Die Bestellung eines Pflegers nach § 1909 Abs 1 Satz 2, die von Amts wegen zu erfolgen hat, wird allerdings durch die Anordnung nicht entbehrlich gemacht (KGJ 38 A 73; a.M. Palandt-Rechenmacher A 2). Diese kann auch dazu dienen, dem Gewalthaber (z. B. der Witwe) die Verwaltung in der Eigenschaft als Testamentsvollstrecker und deshalb frei von den sonst bestehenden gesetzlichen Beschränkungen zu übertragen. Von den hierin liegenden Beschränkungen seines Erbrechts kann sich der Erbe nur gemäß § 2306 (Pflichtteil) frei machen. Für das Rechtsverhältnis zwischen Testamentsvollstrecker und Erben bleiben während der Dauer der Verwaltung die §§ 2215–2219 maßgebend. Über die entsprechende Anwendung des § 2209 auf den Fall der Beschränkung eines Vermächtnisnehmers durch die Ernennung eines Testamentsvollstreckers (vgl. BGH 13, 203) s. § 2223 A 2. Der lediglich zur Verwaltung des Nachlasses berufene Testamentsvollstrecker ist im Zweifel auch befugt, über Nachlaßgegenstände zu verfügen (KG DR 1944, 245[19]).

2. Die Verwaltung des Nachlasses nach Erledigung der sonstigen Aufgaben (Satz 1 Halbs 2): Dieses Verwaltungsrecht unterscheidet sich in seiner Beschaffenheit nicht von dem Verwaltungsrecht des Halbs 1; insbesondere treten die Besonderheiten des selbständigen Verwaltungsrechts auch hier sogleich ein und nicht erst dann, wenn die sonstigen Aufgaben des Testamentsvollstreckers erledigt sind (Planck-Flad A 4b). Der Kreis der dem Testamentsvollstrecker zuzuweisenden **sonstigen Aufgaben** (z. B. Erziehung der Kinder, Herausgabe des literarischen Nachlasses, Leistung von Rechtsbeistand) ist auf Grund der Testierfreiheit unbeschränkt, der Erblasser kann sich hierzu auch der Auflage (§ 1940) oder der bedingten Zuwendung an den Testamentsvollstrecker bedienen. Die gesetzlichen Befugnisse des Testamentsvollstreckers kann er hierdurch aber nicht erweitern (§ 2208 A 4).

3. Erweiterte Verpflichtungsbefugnis (Satz 2): Eine Nachlaßverwaltung erfordert regelmäßig, daß der Testamentsvollstrecker immer wieder neue Geschäfte abschließt. Die Beschränkungen des § 2206 wären insoweit hinderlich. Deshalb stellt § 2209 Satz 2 die Vermutung auf, daß der Erblasser angeordnet hat, der Testamentsvollstrecker solle in der Befugnis, Verbindlichkeiten für den Nachlaß eingehen, nicht beschränkt sein. Die Ermächtigung gilt für den ganzen Nachlaß (§ 2207) oder – bei der gegenständlich beschränkten Testamentsvollstreckung – für die einzelnen Nachlaßgegenstände (§ 2208 A 4).

4. Zeitliche Beschränkung. Ist dem Testamentsvollstrecker **nur die Verwaltung** als einzige oder doch als eine die beiden anderen Hauptaufgaben (§§ 2203, 2204) überdauernde Verrichtung zugewiesen worden, so ist die Wirksamkeit einer solchen Anordnung nach § 2210 zeitlich begrenzt.

Die Anordnung des Erblassers, es solle gewöhnliche Testamentsvollstreckung eintreten, die Auseinandersetzung jedoch bis zum Tode des Testamentsvollstreckers aufgeschoben sein (OLG Stuttgart HEZ 2, 115; vgl. auch § 2204 A 1), fällt nicht unter § 2209.

§ 2210

Eine nach § 2209 getroffene Anordnung wird unwirksam, wenn seit dem Erbfalle dreißig Jahre verstrichen sind. Der Erblasser kann jedoch anordnen, daß die Verwaltung bis zum Tode des Erben oder des Testamentsvollstreckers oder bis zum Eintritt eines anderen Ereignisses in der Person des einen oder des anderen fortdauern soll. Die Vorschrift des § 2163 Abs 2 findet entsprechende Anwendung.

E II 2080; P 5 303, 305, 308; 6 91, 92.

Befristung der Verwaltungsvollstreckung

1. Zu Satz 1, 2: Nur die **besondere Verwaltung** des § 2209 ist, wie die Nacherbschaft (§ 2109), das Vermächtnis (§ 2162) und das Teilungsverbot (§ 2044), **zeitlich begrenzt** (RG 155, 352). Die allgemeine Verwaltungsbefugnis, die erforderlich ist, um die dem Testamentsvollstrecker nach

§§ 2203, 2204 obliegenden oder ihm sonst zugewiesenen Aufgaben (§ 2209 A 2) zu erfüllen, unterliegt diesen Grenzen nicht. Ein Wechsel in der Person des Testamentsvollstreckers während dieses Zeitraums ist ohne Bedeutung, wenn die Verwaltungsdauer nicht auf die Lebenszeit des Testamentsvollstreckers abgestellt ist.

Dem Erblasser ist eine **Verlängerung des Zeitraums** unter den gleichen Voraussetzungen wie in §§ 2109 Nr 1, 2163 Nr 1 (s. dort) gestattet. Soll die Verwaltung bis zum Tode eines Nachfolgers des Testamentsvollstreckers (§ 2199 A 2) oder bis zum Eintritt eines Ereignisses in der Person dieses Nachfolgers dauern, so muß der betreffende Nachfolger, wenn eine Umgehung des Gesetzes verhütet werden soll, vor Ablauf von 30 Jahren mindestens ernannt worden sein. – Lebenszeit des Abkömmlings als Zeitgrenze im Falle des § 2338 (dort A 6).

2. Zu Satz 3: Ist der Erbe oder der Testamentsvollstrecker eine **juristische Person,** so bleibt es bei der 30jährigen Frist. Die Vorschrift ergibt übrigens, daß auch juristische Personen (z. B. Treuhandinstitute, Banken) Testamentsvollstrecker sein können; vgl. auch Flad DFG 1936, 136.

§ 2211

Über einen der Verwaltung des Testamentsvollstreckers unterliegenden Nachlaßgegenstand kann der Erbe nicht verfügen.

Die Vorschriften zugunsten derjenigen, welche Rechte von einem Nichtberechtigten herleiten, finden entsprechende Anwendung.

E I 1901 II 2081 Abs 1 Satz 1, Abs 2; M 5 233, 234; P 5 286, 287, 531, 532; 6 129, 130.

Verfügungsbeschränkung des Erben

1. Zu Abs 1: Kein Verfügungsrecht des Erben. Das durch § 2205 dem Testamentsvollstrecker übertragene und nicht gemäß § 2208 entzogene Verfügungsrecht über die Nachlaßgegenstände schließt, solange der Nachlaß im ganzen oder ein einzelner Nachlaßgegenstand der Verwaltung des Testamentsvollstreckers unterliegt (§§ 2205 A 1, 2209, 2217 A 1; vgl. auch § 2225 A 4), das Verfügungsrecht des Erben ganz aus. Das gilt sogleich vom Erbfall, nicht erst vom Amtsantritt des Testamentsvollstreckers ab (§ 2202; KGJ 40, 196). So ist nur der Testamentsvollstrecker und nicht der Erbe des Mieters berechtigt, das Mietverhältnis zu kündigen (RG 74, 35 = JW 1910, 820[43]). Auch der befreite Vorerbe kann durch die Anordnung einer Testamentsvollstreckung in seiner Verfügungsbefugnis über Nachlaßgegenstände beschränkt werden (BGH 28. 5. 51 IV ZR 68/50).

Zum Schutze des Testamentsvollstreckers dient die Eintragung im Grundbuch und Schiffsregister (GBO § 52, SchiffsRegO § 55; darüber, daß kein Testamentsvollstreckervermerk einzutragen ist, falls ein Bevollmächtigter, dem vom Erblasser mit Wirkung über den Tod hinaus Vollmacht erteilt ist, über Nachlaßgrundstücke oder Grundstücksrechte verfügt, s. JFG 12, 274).

Verfügung ist gemeint als dingliche im Gegensatze zur tatsächlichen Verfügung und zur bloß schuldrechtlichen Verpflichtung (Vorbem 7 vor § 104; BGH 1, 294 [304]). Der Erbe ist daher durch das Verfügungsrecht des Testamentsvollstreckers nicht gehindert, Schuldverhältnisse in Beziehung auf einen Nachlaßgegenstand einzugehen (RG Recht 1921 Nr 1394; HRR 1929 Nr 1833) oder auch die ihm angefallene Erbschaft zu verkaufen (§ 2376 A 3). Er kann aber nicht erfüllen, solange ihm das Verfügungsrecht des Testamentsvollstreckers entgegensteht oder wenn der Testamentsvollstrecker anderweit verfügt hat. Die dennoch vorgenommene Verfügung des Erben ist nicht, wie bei einem Veräußerungsverbote im Sinne des § 135, nur relativ, d. h. nur gegenüber dem Testamentsvollstrecker selbst und denjenigen Personen, in deren Interesse die Testamentsvollstreckung angeordnet ist (so 2. Aufl sowie beiläufig RG Warn 1919 Nr 71), sondern schlechthin unwirksam, da die Beschränkungen des Erben bei der Testamentsvollstreckung über den Mangel der Veräußerungsbefugnis hinausgehen; sie kann aber nach § 185 Abs 2 dadurch wirksam werden, daß der Testamentsvollstrecker sie genehmigt oder daß sein Recht wegfällt, bevor er eine entgegenstehende Verfügung getroffen hat (RG 87, 432; Warn 1915 Nr 292 S. 455; LZ 1931, 1325[4]). Eine bedingt oder betagt – für den Fall der Erlangung des freien Verfügungsrechts – vom Erben vorgenommene Verfügung wird mit Eintritt der Bedingung oder des Termins ohne weiteres wirksam und erzeugt gemäß § 160 schon vorher eine Bindung der Beteiligten.

Gebührt ein Nachlaßgegenstand auf Grund der letztwilligen Verfügung dem Testamentsvollstrecker für seine Person (z. B. ein ihm vermachtes Grundstück), so kann er gegen den Erben auf die Leistung (Auflassung) klagen. Er begibt sich damit hinsichtlich dieser Leistung der eigenen Verfügung über den Gegenstand und überläßt ihn zum Erfüllen der Verbindlichkeit dem Erben (RG 82, 149). Er kann aber auch die Verbindlichkeit an sich selbst erfüllen (vgl. RG 61, 139; § 2205 A 3).

Der Erbe ist nicht gehindert, gemäß § 2033 über seinen Anteil am Nachlasse zu verfügen. Hierdurch wird jedoch die Fortdauer der dem Testamentsvollstrecker zustehenden Rechte nicht beeinträchtigt (§ 2208 A 2). Ist die Verpfändung des Erbbauteils eines Miterben im Grundbuch eingetragen, so verliert die Eintragung ihre Bedeutung und kann als gegenstandslos gelöscht werden, wenn der Testamentsvollstrecker des Nachlasses das Grundstück wirksam veräußert (OLG Celle HRR 1941 Nr 128).

Die Anmeldung zur Aufwertung gemäß AufwG § 16 stellte weder eine Verfügung über das angemeldete Recht noch seine gerichtliche Geltendmachung im Sinne des § 2212 dar; zur Anmeldung einer der Verwaltung des Testamentsvollstreckers unterliegenden Forderung war daher neben diesem auch der Erbe selbst befugt (RG 121, 393).

Gehört das Recht, über dessen Umstellung in einem Verfahren nach Art II § 6 der 40. DVO z. UmstG entschieden wird, zu einem Nachlaß, welcher der Verwaltung eines Testamentsvollstreckers unterliegt, so kann der beteiligte Erbe seine Rechte als Beteiligter nicht selbst wahrnehmen. Ein solches Recht kann vielmehr nur der Testamentsvollstrecker kraft seines Amts gerichtlich geltend machen. Er ist daher als Beteiligter zu hören, ihm sind die ergehenden Beschlüsse zuzustellen, er allein ist statt des Erben beschwerdeberechtigt (BayObLG 1, 454; 1, 544).

2. Zu Abs 2: Der **Schutz des guten Glaubens** steht dem Erwerber eines Grundstücks oder eines eingetragenen Rechtes (§§ 892, 893), einer beweglichen Sache (§§ 932ff.), eines Nießbrauchs oder Pfandrechts (§§ 1032, 1207) zur Seite, wenn er sich unverschuldet in Unkenntnis darüber befindet, daß die Sache zum Nachlaß gehört oder daß ein Testamentsvollstrecker bestellt ist, oder wenn er irrig glaubt, daß die Sache der Verwaltung des Testamentsvollstreckers nicht unterliege. Dagegen ist ein Irrtum über die allgemeinen Schranken, die den Verwaltungsbefugnissen des Testamentsvollstreckers gezogen sind, für den Dritten kein Entschuldigungsgrund (RG 74, 219).

§ 2212

Ein der Verwaltung des Testamentsvollstreckers unterliegendes Recht kann nur von dem Testamentsvollstrecker gerichtlich geltend gemacht werden.

E I 1903 Abs 1 II 2082; M 5 235, 236; P 5 287–291, 532.

Übersicht:

Prozeßführungsrecht des Testamentsvollstreckers

1. Stellung des Testamentsvollstreckers
2. Rechte des Erben
3. Zum Erbschaftsanspruch

1. Stellung des Testamentsvollstreckers. Die **gerichtliche Geltendmachung** eines Rechtes ist dem Testamentsvollstrecker ebenso ausschließlich vorbehalten wie das Verfügungsrecht (§§ 2205, 2211), wenn und soweit das betreffende Recht seiner Verwaltung unterliegt (§§ 2205 A 1, 2208, 2209, 2217 A 1). Das gilt für die Geltendmachung vor den ordentlichen, vor den Verwaltungsgerichten oder sonstigen Gerichten, im Schiedsverfahren, im Wege der Klage, Einrede, Widerklage oder durch Aufrechnung im Prozesse oder im Verfahren der freiwilligen Gerichtsbarkeit, z. B. mit dem Antrag, das Grundbuch durch Eintragung des Erben als Berechtigten zu berichtigen (RG 61, 145; KG RJA 16, 232; München JFG 14, 9; die Anmeldung gemäß AufwG § 16 gehört nicht hierher: RG 121, 393; § 2111 A 1). Der Erbe ist von der Geltendmachung ganz ausgeschlossen; nur der Testamentsvollstrecker ist Partei (RG JW 1912, 147[26]).

Es besteht aber kein zwingender Grund, dem Erben das Recht aus § 2194 abzuschneiden, gerichtlich die Vollziehung einer Auflage zu verlangen, wenn ein Testamentsvollstrecker ernannt worden ist. § 2212 ist nicht anwendbar, weil insoweit kein Recht besteht, das der Verwaltung des Testamentsvollstreckers unterliegt (a. M. LG Braunschweig MDR 1955, 169 = DRspr I [174] 52 b, das § 2212 entsprechend anwenden will, weil § 2194 nach der Systematik des Gesetzes subsidiär gelte). Das Klagrecht des § 2194 soll sicherstellen, daß die Auflage erfüllt wird. Dieser Zweck rechtfertigt es, den Kreis der Klagberechtigten möglichst groß zu halten und ihn nicht ohne Not einzuschränken.

Für die Kosten eines Prozesses, in dem dieser ein Recht verfolgt, das seiner Verwaltung unterliegt, oder gegen ihn ein Anspruch geltend gemacht wird (§ 2113), der sich gegen den Nachlaß richtet, haftet er nur mit dem Nachlaß. Daraus wurde in den früheren Auflagen in Übereinstimmung mit RG (II. ZS.) 81, 292 gefolgert, daß ihm mangels der Voraussetzungen des § 114 ZPO das Armenrecht nicht bewilligt werden könne. Abweichend hiervon hat RG (VI. ZS.) JW 1930, 1487[2] (Anm dazu 2049[10]), RG 143, 97 nach Zustimmung des II. ZS ausgesprochen: Wenn in einem solchen Falle der Nachlaß nicht ausreiche, um die Prozeßkosten zu bestreiten, sei die Frage des Unvermögens im Sinne des § 114 ZPO aus der Person der Erben zu beantworten, deren Rechte und

Pflichten der Testamentsvollstrecker wahrnehme. Diese neuere, den Lebensbedürfnissen entsprechende Ansicht ist auf der Grundlage der Amtstheorie (Vorbem 3 vor § 2197) in § 114 Abs 3 ZPO gesetzlich anerkannt worden.

Die Eigenart der Parteistellung kraft Amtes bringt es mit sich, daß vielfach und insbesondere da, wo die materiellen Wirkungen entscheiden, nicht die für Parteien, sondern die für gesetzliche Vertreter geltenden Prozeßvorschriften sinngemäß anzuwenden sind, so bei dem Wechsel der Person des Testamentsvollstreckers (ZPO § 241; RG Warn 1913 Nr 330; 1915 Nr 34) und beim Wegfall des Amtes des Testamentsvollstreckers oder seines für den Rechtsstreit maßgebenden Verwaltungsrechts (ZPO §§ 239, 246; RG 155, 350).

Der Testamentsvollstrecker ist wegen eines Nachlaßanspruchs, der nur von ihm geltend gemacht werden kann, auch Vertreter des Nachlasses in dem weiteren Sinne des § 207; die Verjährung eines solchen Anspruchs vollendet sich deshalb nicht vor Ablauf von sechs Monaten oder des für die Verjährung bestimmten kürzeren Zeitraums von dem Zeitpunkt an, in dem er sein Amt gemäß § 2202 angenommen hat (RG 100, 279).

Aufnahme des durch den Tod des Erblassers unterbrochenen Verfahrens ZPO § 243. Vollstreckbare Ausfertigung für und gegen den Erben ZPO § 728 Abs 2.

Der verwaltende Testamentsvollstrecker ist berechtigt, das Aufgebot der Nachlaßgläubiger (§ 1970; ZPO § 991), die Eröffnung des Nachlaßkonkurses (KO § 217) und des Nachlaßvergleichsverfahrens (VerglO § 113 Nr 1) sowie die Anordnung der Nachlaßverwaltung zu beantragen (§ 1981 A 1a) dd). Passivprozeß § 2213.

2. Rechte des Erben. Lehnt der Testamentsvollstrecker ab, einen Rechtsstreit zu führen, so kann der Erbe ihn nach § 2218 im Klagewege dazu anhalten (RG Gruch 50, 387) oder seine Entlassung beantragen (§ 2227). Da jedoch das Urteil für und gegen den Erben wirkt (ZPO § 327), kann er als Nebenintervenient beitreten; er gilt dann als Streitgenosse des Testamentsvollstreckers (ZPO §§ 66, 69). Wegen der §§ 2216 Abs 1, 2219 kann der Testamentsvollstrecker auch verpflichtet sein, ihm den Streit zu verkünden (ZPO §§ 72ff.). Hauptintervention des Erben (ZPO § 64) ist denkbar, wenn er dem Testamentsvollstrecker seine Vollstreckereigenschaft abspricht, oder wenn er bestreitet, daß das betreffende Recht seiner Verwaltung unterliege.

3. Zum Erbschaftsanspruch. Der Testamentsvollstrecker ist auch ausschließlich befugt, den Erbschaftsanspruch gegen den dritten Erbschaftsbesitzer zu erheben (§ 2018 A 1), ebenso die erbschaftlichen Einzelansprüche nach § 2029 und den Anspruch auf Auskunft und Rechnungslegung über den Nachlaß (RG Warn 1938 Nr 103); das gleiche gilt für die Geltendmachung eines zum Nachlasse gehörigen Erbanspruchs an dem Nachlaß eines vor dem Erblasser gestorbenen Dritten (RG Warn 1919 Nr 136 = SeuffA 74, 249). Dagegen ist es ausgeschlossen, daß der Testamentsvollstrecker gegen den durch Verfügung von Todes wegen ernannten Erben den Erbschaftsanspruch mit dem Vorbringen erhebt, jener sei nicht Erbe (§ 2203 A 2). Wird in einem Prozesse mit dem Testamentsvollstrecker, was gemäß § 2203 A 2 unter Umständen allerdings möglich ist, das Bestehen oder Nichtbestehen eines Erbrechts festgestellt, so schafft diese nicht unter ZPO § 327 fallende Entscheidung keine Rechtskraft unter den mehreren Erbansprechern (RG JW 1909, 52[18]; 1919, 724[11]). Anderseits bindet auch eine unter den Erbansprechern ergehende Entscheidung den Testamentsvollstrecker nicht; die Leistung an die siegreiche Partei wird ihn aber regelmäßig befreien.

§ 2213

Ein Anspruch, der sich gegen den Nachlaß richtet, kann sowohl gegen den Erben als gegen den Testamentsvollstrecker gerichtlich geltend gemacht werden. Steht dem Testamentsvollstrecker nicht die Verwaltung des Nachlasses zu, so ist die Geltendmachung nur gegen den Erben zulässig. Ein Pflichtteilsanspruch kann, auch wenn dem Testamentsvollstrecker die Verwaltung des Nachlasses zusteht, nur gegen den Erben geltend gemacht werden.

Die Vorschrift des § 1958 findet auf den Testamentsvollstrecker keine Anwendung.

Ein Nachlaßgläubiger, der seinen Anspruch gegen den Erben geltend macht, kann den Anspruch auch gegen den Testamentsvollstrecker dahin geltend machen, daß dieser die Zwangsvollstreckung in die seiner Verwaltung unterliegenden Nachlaßgegenstände dulde.

E I 1903 Abs 2, 1904 II 2083 Abs 1, 2; M 5 236, 237; P 5 287–289, 291–301, 532–539, 541, 542; 6 349, 350, 396, 397.

Übersicht:

Verteidigungsprozesse

1. Zu Abs 1 Satz 1: Passivlegitimation bei Ansprüchen, die sich gegen den Nachlaß richten. Während im Aktivprozesse die Prozeßführung dem verwaltenden Testamentsvollstrecker ausschließlich zusteht (§ 2212), kann im Passivprozesse regelmäßig sowohl der Erbe, als Schuldner der betreffenden dinglichen oder persönlichen Nachlaßverbindlichkeit, wie der Testamentsvollstrecker, dieser mit Rücksicht auf sein Verfügungsrecht über den Nachlaß (§ 2205 A 3) in den Rechtsstreit hineingezogen werden. Dies gilt auch dann, wenn es sich um einen bloßen Feststellungsanspruch handelt. Auch der Anspruch auf Herausgabe eines Gegenstandes, der sich in dem Nachlasse befindet, den der Testamentsvollstrecker gemäß § 2205 A 2 in Besitz genommen hat, kann gegen den Erben geltend gemacht werden; ZPO § 748 steht nur der Zwangsvollstreckung in den Nachlaß entgegen, solange die Verwaltungsbefugnis des Testamentsvollstreckers dauert (RG Recht 1921 Nr 1395). Anderseits kann z. B. der Anspruch auf Leistung eines vermachten Gegenstandes auch dann gegen den Testamentsvollstrecker erhoben werden, wenn dieser den Nachlaß noch nicht in Besitz genommen hat (HansGZ 1920 Beibl 190). Das gegenüber dem Testamentsvollstrecker allein ergehende Urteil wirkt nach ZPO § 327 auch (für und) gegen den Erben, selbst wenn dieser unbeschränkt haftet. Dagegen wirkt das gegen den Erben allein ergehende Urteil nicht gegen den Testamentsvollstrecker; zur Zwangsvollstreckung in den von ihm verwalteten Nachlaß ist nach ZPO § 748 ein gegen ihn ergehendes Urteil erforderlich. Aus einem nur gegen den Erben erlassenen Schiedsspruch kann daher auch das Vollstreckungsurteil des § 1042 ZPO, das die Zwangsvollstreckung erst ermöglicht, nicht ergehen (RG 56, 327). Ist die Klage nur gegen den Testamentsvollstrecker oder nur gegen den Erben erhoben, so kann jeder dem andern als Nebenintervenient beitreten (ZPO §§ 66ff.), der Erbe wird dadurch Streitgenosse des verklagten Testamentsvollstreckers, nicht aber umgekehrt der Testamentsvollstrecker Streitgenosse des verklagten Erben (ZPO § 69). Die Streitverkündung an den andern steht dem Testamentsvollstrecker immer, gegebenenfalls auch dem Erben zu (ZPO § 72).

Ist ein Rechtsstreit, der gegen den Erblasser anhängig war, durch dessen Tod unterbrochen, so kann das Verfahren gemäß ZPO § 243 durch den Testamentsvollstrecker oder, nach Beginn seines Amtes (§ 2202), auch gegen ihn aufgenommen werden. Außerdem kann das Verfahren gemäß ZPO § 239 von dem Erben aufgenommen oder die Aufnahme gegen ihn vom Gegner erzwungen werden; der Testamentsvollstrecker und der Erbe sind, wenn beide freiwillig oder gezwungen den Prozeß fortsetzen, Streitgenossen.

Über den Wegfall der Testamentsvollstreckung und den Wechsel in der Person des Testamentsvollstreckers während des Rechtsstreits s. § 2212 A 1. Vollstreckbare Ausfertigung des gegenüber dem Testamentsvollstrecker ergangenen Urteils für und gegen den Erben ZPO § 728 Abs 2, desgleichen des gegen den Erblasser ergangenen Urteils für und gegen den Testamentsvollstrecker ZPO § 749, s. auch § 779 Abs 2. Das gegen den Testamentsvollstrecker erlassene Urteil bedarf nicht des Vorbehalts, ZPO § 780 Abs 2.

Neben dem Gerichtsstande der Erbschaft (ZPO §§ 27, 28) kommt, da der Testamentsvollstrecker selbst Partei ist (§ 2212 A 1), auch sein allgemeiner Gerichtsstand nach ZPO §§ 13ff. in Betracht.

Der Testamentsvollstrecker ist gegen den Erbschaftsanspruch passiv nicht legitimiert (RG 81, 151); vgl. sonst über die Grenzen seiner Passivlegitimation § 2203 A 2, § 2204 A 1.

Der Testamentsvollstrecker ist allein und persönlich zu verklagen, wenn festgestellt werden soll, daß er nicht berechtigt ist, das Testamentsvollstreckeramt auszuüben oder wenn von ihm ein Nachlaßgegenstand herausverlangt wird, den er auf Grund eines vermeintlichen Vermächtnisanspruchs in Besitz genommen hat (OGH 2, 47f.).

2. Zu Abs 1 Satz 2: Voraussetzung für die (von Amts wegen zu prüfende, RG HansRGZ 1932 B 323) Passivlegitimation des Testamentsvollstreckers ist, daß ihm die **Verwaltung des ganzen Nachlasses** zusteht (§ 2205 A 1), mag er auch einzelne Nachlaßgegenstände dem Erben nach § 2217 zur freien Verfügung überlassen haben, es sei denn, daß sich der Rechtsstreit gerade hierauf bezieht. Der Testamentsvollstrecker ist nicht verklagbar, wenn ihm die Verwaltung völlig entzogen ist; er kann dann auch der Zwangsvollstreckung nicht widersprechen. Ist die Verwaltung auf einzelne Nachlaßgegenstände beschränkt (§ 2208 A 2), so ist der Anspruch selbst dann gegen den Erben zu verfolgen, wenn er sich, wie z. B. bei den dinglichen Klagen des § 24 ZPO, auf eben diesen Gegenstand bezieht. Doch ist nach ZPO § 748 Abs 2 die Zwangsvollstreckung in den

Gegenstand nur zulässig, wenn zugleich der Testamentsvollstrecker zur Duldung verurteilt ist (A 5). Es genügt deshalb nicht, die Hypothekenklage auf Zahlung aus dem Grundstück (§§ 1113, 1191) nur gegen den Testamentsvollstrecker zu richten, obwohl die Urteilsformel in diesem Falle der Fassung des Abs 3 zu entsprechen pflegt.

Dem Falle, daß der Testamentsvollstrecker den ganzen Nachlaß behandelt, ist es gleichzustellen, wenn er einen Erbteil verwaltet und ein Vermächtnis erfüllt werden soll, mit dem der Erbteil belastet ist (RG 27. 1. 38 IV 191/37).

3. Zu Abs 1 Satz 3: Der **Pflichtteilsanspruch,** §§ 2303ff., einschließlich des Verlangens, Auskunft nach § 2314 zu erteilen (so RG 50, 224), kann zwar **nur gegen den Erben** geltend gemacht werden; doch ist nach ZPO § 748 Abs 3 auch in diesem Falle, soweit der Berechtigte sich an den der Testamentsvollstreckung unterliegenden Nachlaß oder die einzelnen vom Testamentsvollstrecker verwalteten Nachlaßgegenstände halten will, ein Urteil gegen den Testamentsvollstrecker auf Duldung der Zwangsvollstreckung erforderlich (A 5).

Folgende Fälle gehören nicht hierher: Wenn der Pflichtteilsberechtigte auf Grund von § 2306 geltend macht, die Testamentsvollstreckung, die ihn beschränke, sei unwirksam, und deshalb negative Feststellungsklage gegen den Testamentsvollstrecker erhebt, ferner wenn über den Bestand des Pflichtteilsrechts nur als Voraussetzung eines andern Anspruchs gestritten wird.

4. Zu Abs 2: Der Anspruch kann **vor Annahme der Erbschaft** nach § 1958 nicht gegen den Erben, wohl aber gegen den Testamentsvollstrecker, soweit er passiv legitimiert ist, erhoben werden. Vorausgesetzt ist, daß sein Amt nach § 2202 begonnen hat. Entsprechend beim Nachlaßpfleger § 1960 Abs 3.

5. Zu Abs 3: Steht dem Testamentsvollstrecker die Verwaltung zu (A 2) und handelt es sich nicht um einen Pflichtteilsanspruch (A 3), so steht es im Belieben des Nachlaßgläubigers, ob er Erben und Testamentsvollstrecker — als Streitgenossen oder in verschiedenen Rechtsstreitigkeiten — beide auf Leistung (a. M. OLG 3, 12) oder ob er nur den Erben auf Leistung, den **Testamentsvollstrecker auf Duldung der Zwangsvollstreckung** verklagen will. Auf diesen Anspruch ist er beschränkt, wenn das Verwaltungsrecht des Testamentsvollstreckers sich nur auf einzelne Nachlaßgegenstände bezieht oder wenn der Pflichtteil verlangt wird.

Ist der Klageantrag gegen den Testamentsvollstrecker gleichwohl auf Leistung gerichtet, so ist doch darin der Anspruch auf Duldung der Zwangsvollstreckung als das Mindere mit enthalten und dementsprechend sogar im Revisionsrechtszuge zu erkennen (RG 24. 6. 07 IV 121/07; HRR 1932 Nr 1453).

Ohne ein Urteil dieses Inhalts kann der Kläger nach ZPO § 748 Abs 2, 3 die Zwangsvollstreckung nicht betreiben. Daraus folgt aber nicht, daß die Klage gegen den Testamentsvollstrecker mit derjenigen gegen den Erben verbunden werden muß, oder daß der Testamentsvollstrecker nur verurteilt werden kann, wenn vorher der Erbe zur Leistung verurteilt ist (RG 109, 166; vgl. für den ähnlichen Fall von ZPO § 739: RG 59, 234; JW 1919, 319[22]).

Der auf Duldung belangte Testamentsvollstrecker ist nicht gehindert, gegen den geltend gemachten Anspruch, auch gegen den Pflichtteilsanspruch, alle dem Erben zustehenden materiellen Einreden geltend zu machen. Daß gegen den Erben bereits rechtskräftiges Leistungsurteil ergangen ist, steht ihm ebensowenig entgegen, wie dem Erben ein gegen den Testamentsvollstrecker ergangenes rechtskräftiges Duldungsurteil. Das Urteil gegen den Testamentsvollstrecker erzeugt keine Rechtskraft gegen den Erben (RG 109, 167). Wohl aber kann der Testamentsvollstrecker sich auf die Rechtskraft eines Urteils berufen, das den Anspruch gegen den Erben abgewiesen hat. Zulässig ist gegebenenfalls auch eine Klage auf Feststellung der Duldungspflicht wenn die ziffernmäßige Berechnung des Anspruchs noch nicht möglich ist (RG 23. 2. 39 IV 178/38).

§ 2214

Gläubiger des Erben, die nicht zu den Nachlaßgläubigern gehören, können sich nicht an die der Verwaltung des Testamentsvollstreckers unterliegenden Nachlaßgegenstände halten.

E II 2083 Abs 3; P 5 297, 298, 542; 6 398.

Eigengläubiger des Erben

1. Die Stellung der Nachlaßgläubiger regelt § 2213. Durch Bestellung eines verwaltenden Testamentsvollstreckers (§§ 2205, 2209) und auf die Dauer dieser Verwaltung (§ 2210) werden die **Eigen-(Privat-)gläubiger des Erben** vom Zugriff auf den Nachlaß überhaupt **ausgeschlossen** oder doch, wenn die Verwaltung des Testamentsvollstreckers gegenständlich beschränkt ist (§ 2208 A 2), vom Zugriff auf die ihr unterliegenden Gegenstände. Eine Zwangsvollstreckung in diese

Gegenstände zu ihren Gunsten ist nicht statthaft (RG LZ 1916, 1473[8]; KG JR 1952, 324). Dieser Rechtszustand ist eine Folge der dem Testamentsvollstrecker eingeräumten ausschließlichen Verfügungsmacht und tritt (wie § 2211 A 1) sogleich mit dem Erbfall, nicht erst mit dem Amtsbeginn des Testamentsvollstreckers ein. Er wirkt praktisch wie eine zugunsten der Nachlaßgläubiger eintretende Absonderung des Nachlasses vom Eigenvermögen des Erben, verhindert aber mangels einer positiven dem § 1976 entsprechenden Vorschrift nicht das Erlöschen durch Vereinigung von Recht und Verbindlichkeit (a.M. Strohal § 40a A 44).

Wer ein dingliches Recht an einem Erbschaftsgegenstande hat, kann den Gegenstand trotz des Verwaltungsrechts des Testamentsvollstreckers in Anspruch nehmen; auch der Inhaber der elterlichen Gewalt über den Erben kann die Ansprüche, die ihm auf Grund seines gesetzlichen Nutznießungsrechts zustehen, gegen den Testamentsvollstrecker erheben (RG JW 1913, 740[10]).

Die Vorschrift des § 2214 gehört dem sachlichen Recht an, sie wirkt deshalb trotz KO § 13 auch im Konkurse des Erben voll. Sie ist von Amts wegen zu beachten und notfalls auf dem Wege des § 766 ZPO zur Geltung zu bringen (vgl. Schmidt DJZ 1935, 552). Die Pfändung des Anteils eines Miterben (§ 2033 A 3) ist dem Eigengläubiger des Miterben nicht verwehrt. Die Pfändung eines Erbanteils darf ferner — ohne Zustimmung des Testamentsvollstreckers — im Wege der Grundbuchberichtigung auf Antrag des Pfändungsgläubigers als Verfügungsbeschränkung eingetragen werden, auch wenn der Testamentsvollstrecker das Grundstück verwaltet (RJA 10, 69 = KGJ 37 A 273).

§ 2215

Der Testamentsvollstrecker hat dem Erben unverzüglich nach der Annahme des Amtes ein Verzeichnis der seiner Verwaltung unterliegenden Nachlaßgegenstände und der bekannten Nachlaßverbindlichkeiten mitzuteilen und ihm die zur Aufnahme des Inventars sonst erforderliche Beihilfe zu leisten.

Das Verzeichn s ist mit der Angabe des Tages der Aufnahme zu versehen und von dem Testamentsvollstrecker zu unterzeichnen; der Testamentsvollstrecker hat auf Verlangen die Unterzeichnung öffentlich beglaubigen zu lassen.

Der Erbe kann verlangen, daß er bei der Aufnahme des Verzeichnisses zugezogen wird.

Der Testamentsvollstrecker ist berechtigt und auf Verlangen des Erben verpflichtet, das Verzeichnis durch die zuständige Behörde oder durch einen zuständigen Beamten oder Notar aufnehmen zu lassen.

Die Kosten der Aufnahme und der Beglaubigung fallen dem Nachlasse zur Last.

E I 1906 II 2084; M 5 241, 242; P 5 310–312.

Übersicht:

Nachlaßverzeichnis

1. Mitteilungspflicht gegenüber dem Erben
2. Beihilfepflicht gegenüber dem Erben
3. Förmlichkeiten (Abs 2)
4. Zuziehung des Erben (Abs 3)
5. Aufnahme eines amtlichen Verzeichnisses (Abs 4)
6. Kostenlast (Abs 5)

Befreiung unzulässig § 2220.

1. Der Testamentsvollstrecker hat dem Erben das **Nachlaßverzeichnis** unverzüglich (§ 121) nach Annahme des Amtes (§ 2202) und unverlangt mitzuteilen. Doch kann ihm der Erbe — nicht auch der Erblasser — die Mitteilung erlassen (LZ 1924, 239[2] = OLG 43, 403). Die Verpflichtung besteht gegenüber dem Erben, erstreckt sich aber, wenn mehrere Erben vorhanden sind, jedem gegenüber auf den ganzen Nachlaß. Sie besteht auch gegenüber demjenigen, dem ein Erbteil im Wege der Zwangsvollstreckung überwiesen worden ist (KG in OLG 12, 273; abweichend jedoch, wenn dem Pfändungsgläubiger der Erbanteil nur zum Teil überwiesen worden ist). Der Vermächtnisnehmer hat als solcher darauf keinen Anspruch (vgl. OLG 21, 330). Ist er jedoch mit dem Nießbrauche am Nachlaß bedacht, so ergibt sich die Pflicht des Testamentsvollstreckers zur Mitwirkung und Auskunft aus §§ 1035, 1068 (RG JW 1904, 338[7]).

Gegebenenfalls hat der Testamentsvollstrecker nach § 260 Abs 1 den Offenbarungseid zu leisten. Das Verzeichnis dient als Grundlage der dem Testamentsvollstrecker obliegenden ordnungsmäßigen Verwaltung (§ 2216 Abs 1) und ist für seine Schadenersatzpflicht bedeutsam (§ 2219). Die für das Inventar erforderliche Beschreibung und Wertangabe (§ 2201 Abs 2) ist zweckmäßig, aber für das Verzeichnis des Testamentsvollstreckers nicht vorgeschrieben.

2. Die Pflicht zur **Beihilfe des Testamentsvollstreckers bei Aufnahme des Inventars** besteht selbständig neben der Verzeichnispflicht des Testamentsvollstreckers, wenn der Erbe ein Inventar freiwillig errichtet (§ 1993) oder weil ihm Inventarfrist bestimmt ist (§ 1994). Dem Testamentsvollstrecker selbst kann die Frist nicht bestimmt werden. Die Beihilfe besteht insbesondere darin, über die in seinem Besitze befindlichen Nachlaßgegenstände und über die Nachlaßschulden Auskunft zu geben, erstere auch vorzuzeigen.

Hat der Erbe gemäß § 2314 auf Verlangen eines Pflichtteilsberechtigten ein Verzeichnis der Nachlaßgegenstände unter Zuziehung des Pflichtteilsberechtigten herzustellen und dabei auch den Wert der Gegenstände ermitteln zu lassen, so hat der Testamentsvollstrecker seinerseits entsprechende Verpflichtungen gegenüber dem Erben. Dies folgt aus der Beihilfepflicht nach § 2215 Abs 1, auch aus § 2218 mit § 666 (RG JW 1916, 673[4]). Genügt das Verzeichnis des Testamentsvollstreckers den Anforderungen des Inventars, so kann der Erbe sich nach § 2004 hierauf berufen. Der Erbe ist seinerseits dem Testamentsvollstrecker auskunftspflichtig, soweit er Nachlaßgegenstände in Besitz genommen hat (§ 2205 A 2).

3. **Zu Abs 2:** Das privatschriftliche Verzeichnis genügt wie beim Vorerben (§ 2121). **Beglaubigung** (§ 129) kann vom Erben verlangt werden. Auf die Unterzeichnung durch den Testamentsvollstrecker kann der Erbe, auch stillschweigend, verzichten (RG 22. 11. 34 IV 160/34).

4. **Zu Abs 3: Zuziehung** wie beim Nacherben § 2121 Abs 2. Der Erbe ist jedoch nicht, auch nicht auf Verlangen des Testamentsvollstreckers, verpflichtet, bei der Aufnahme des Verzeichnisses anwesend zu sein oder gar mitzuwirken, seine Richtigkeit anzuerkennen oder es mitzuunterzeichnen.

5. **Zu Abs 4:** Entsprechend § 2121 Abs 3. Ein Verzicht auf ein amtliches Verzeichnis kann nicht ohne weiteres daraus gefolgert werden, daß der Erbe sich jahrelang bei dem ihm mitgeteilten Privatverzeichnisse beruhigt hat (RG JW 1916, 673[4]).

6. **Zu Abs 5:** Entsprechend § 2121 Abs 4. Die **Kosten** sind im Konkurse Masseschulden, KO § 224 Nr 5. Am Nachlaßvergleichsverfahren ist die Kostenschuld nicht beteiligt (VerglO § 113 Nr 6). Die Kosten eines Rechtsstreits gegen den Testamentsvollstrecker wegen der Pflichten aus § 2115 (auch § 2118) trägt dieser persönlich, nicht der Nachlaß (KG in OLG 10, 303). Zur Sicherheitsleistung ist der Testamentsvollstrecker durch das Gesetz nicht verpflichtet.

§ 2216

Der Testamentsvollstrecker ist zur ordnungsmäßigen Verwaltung des Nachlasses verpflichtet.

Anordnungen, die der Erblasser für die Verwaltung durch letztwillige Verfügung getroffen hat, sind von dem Testamentsvollstrecker zu befolgen. Sie können jedoch auf Antrag des Testamentsvollstreckers oder eines anderen Beteiligten von dem Nachlaßgericht außer Kraft gesetzt werden, wenn ihre Befolgung den Nachlaß erheblich gefährden würde. Das Gericht soll vor der Entscheidung soweit tunlich die Beteiligten hören.

E I 1899 Abs 1 Satz 1 II 2085; M 5 231; P 5 276–279, 283, 284, 531.

Übersicht:

Verwaltungspflicht

1. Pflicht zur ordnungsmäßigen Verwaltung (Abs 1)	3. Eingreifen des Nachlaßgerichts (Abs 2 Satz 2)
2. Anordnungen des Erblassers (Abs 2 Satz 1)	4. Anhören der Beteiligten (Abs 2 Satz 3)

Befreiung unzulässig § 2220.

1. **Zu Abs 1:** Zum Begriff der **ordnungsmäßigen Verwaltung** §§ 2038, 276. Der Inhalt der Verwaltungspflicht bestimmt sich näher danach, ob dem Testamentsvollstrecker die Verwaltung nur als Mittel zur Ausführung der letztwilligen Verfügungen und zur Erbauseinandersetzung (§§ 2203, 2204), oder ob sie ihm für längere Dauer, in größerem oder geringerem Umfange, als Selbstzweck oder zur Erfüllung sonstiger Aufgaben übertragen ist (§§ 2205, 2208, 2209). Zur ordnungsmäßigen Führung einer solchen Verwaltung kann es gehören, die Rechtswirksamkeit von Veräußerungsgeschäften des Erblassers und die Zugehörigkeit von Aufwertungsansprüchen zum Nachlaß nachzuprüfen (BayObLG 27, 78; 28, 34), ferner dem Erben zu ermöglichen, nicht nur seinen standesmäßigen Unterhalt zu bestreiten (RG Recht 1922 Nr 615), sondern auch seinen Unterhaltspflichten zu genügen (RG LZ 1918, 1268[15]).

Der Erblasser kann den Testamentsvollstrecker von der Pflicht zur ordnungsmäßigen Verwaltung weder befreien noch das Maß der von ihm zu vertretenden Sorgfalt (§ 276) herabmindern (a. M. Strohal § 40a A 37), noch die Unabänderlichkeit seiner Anordnungen bestimmen.

Für die Behandlung von Nachlaßgeldern und Wertpapieren durch den Testamentsvollstrecker gelten die §§ 2116ff. auch dann nicht, wenn der Nacherbe vorhanden ist (KGJ 44, 87). Eingehung von Verbindlichkeiten aus Anlaß der Verwaltung §§ 2206, 2207. Über die Frage, ob der Testamentsvollstrecker berechtigt und gegebenenfalls auch verpflichtet ist, den Nachlaß zum Zwecke der Umschuldung eines Familiengutes zu verwenden, s. Heck ArchZivPrax 141, 335ff.

Verantwortlichkeit. Der Testamentsvollstrecker ist für seine Verwaltung den Erben, die ihn zur Vornahme einer pflichtmäßigen Verwaltungshandlung auch durch Klage zwingen können (RG 73, 26; auch LZ 1929, 1408) und etwaigen Vermächtnisnehmern (§ 2219), nicht aber, wie der Nachlaßverwalter (§ 1985 A 3) unmittelbar auch sonstigen Nachläßgläubigern verantwortlich. Doch versteht sich von selbst, daß er ihre Interessen gleich dem Erben selbst (§ 1978 A 2) vorzugsweise mit im Auge zu behalten hat. Grobe Pflichtverletzung und Unfähigkeit als Entlassungsgrund § 2227 Abs 1. Amtsmißbrauch kann dem Testamentsvollstrecker nicht allein deshalb vorgeworfen werden, weil er sich auch von seinen persönlichen Interessen hat leiten lassen. Er darf sich aber wegen seiner eigenen Belange nicht mit einem mäßigen Erfolge begnügen, wenn er ein besseres Ergebnis erzielen könnte (OGH 3, 247).

Ordnet ein Erblasser letztwillig eine Testamentsvollstreckung zur Verwaltung eines von ihm betriebenen Handelsgeschäfts an, so kann der Testamentsvollstrecker die Anordnung dadurch ausführen, daß er das Geschäft für den Erben im eigenen Namen unter persönlicher Haftung als Treuhänder betreibt; er kann aber auch das Geschäft als Bevollmächtigter des Erben in dessen Namen und unter dessen persönlicher Haftung führen, falls eine solche Ermächtigung der letztwilligen Anordnung zu entnehmen ist (BGH 12, 102 = LM § 2216 Nr 1 mit Anm von Johannsen = NJW 1954, 636).

2. Zu Abs 2 Satz 1: Anordnungen des Erblassers verpflichten den Testamentsvollstrecker nur, wenn sie letztwillig getroffen sind, dann aber so, daß er auch nicht von ihnen abgehen darf, wenn alle Beteiligten darüber einig sind, sie nicht zu befolgen. Daraus folgt aber nicht, daß sich der Testamentsvollstrecker immer schadenersatzpflichtig macht, wenn er sich mit den Erben über ein Abweichen von bestimmten Anordnungen des Erblassers verständigt (RG 11. 6. 34 IV 50/34).

Verfügungen, die er den Anordnungen zuwider vorgenommen hat, sind gleichwohl wirksam (RJA 10, 114).

Sind die Anordnungen in der Form von Wünschen getroffen worden, so sind sie verbindlich, wenn der Erblasser wollte, daß der Testamentsvollstrecker ihnen folgen sollte (RG HansRGZ B 33, 325). Weisungen, die ihm im Wege eines Auftrags unter Lebenden erteilt worden sind, können vom Erben jederzeit widerrufen werden (§ 2197 A 1a). Soweit letztwillige Anordnungen seine Rechte aufheben oder beschränken, ist er gegebenenfalls zur Anfechtung berechtigt (§ 2203 A 3). Der Dritte, dem die Anordnung zustatten kommt, kann aus ihr kein Recht für sich herleiten, so auch in dem Falle, daß dem Testamentsvollstrecker aufgegeben ist, dem zu seiner Unterstützung anzunehmenden Rechtsanwalt eine bestimmte Vergütung zu zahlen (RG Recht 1907 Nr 2334).

Als eine Verwaltungsanordnung ist bei einer dauernden Verwaltung auch die Bestimmung möglich, daß der Testamentsvollstrecker eine feste Jahressumme an den Erben zu dessen freier Verfügung auszahlen soll; es liegt dann kein Vorausvermächtnis einer Rente (§ 2150) vor; was in solchem Falle nach einer Geldentwertung an den Erben zu zahlen ist, bestimmt sich nicht nach Aufwertungsgrundsätzen (§ 2174 A 3), sondern lediglich nach dem, nötigenfalls durch ergänzende Testamentsauslegung (§ 2084 A 2) zu ermittelnden Willen des Erblassers (RG LZ 1929, 1406[5] = HRR 1929 Nr 1652).

3. Zu Abs 2 Satz 2: Außerkraftsetzung durch das Nachlaßgericht setzt einen Antrag des Testamentsvollstreckers (bei gemeinschaftlicher Führung des Amtes aller Testamentsvollstrecker, DRM 1939, 586[683]) oder anderer Beteiligter (wie in § 2198 A 3, aber mit Ausschluß einfacher Nachlaßgläubiger) und die Besorgnis einer erheblichen Gefährdung des Nachlasses voraus (ähnlich bei der Verwaltung des Vormundes und des Gewalthabers, §§ 1803 Abs 2, 1639 Abs 2). Von der Vorschrift werden insbesondere auch solche Fälle getroffen, bei denen die maßgebenden Umstände sich in der Zeit zwischen der Anordnung und ihrer Vollziehung geändert haben (HRR 1933 Nr 19). Hierher gehörte in der Zeit fortschreitender Geldentwertung z. B. der Fall, daß der Erblasser die Anlegung des Nachlasses in mündelsicheren Staatspapieren angeordnet hatte (HansGZ 1923 Bbl 61).

Eine Anordnung kann nach Ansicht des Kammergerichts nicht mehr außer Kraft gesetzt werden, wenn eine Gefährdung des Nachlasses durch sie schon dadurch beseitigt ist, daß der Testamentsvollstrecker ihr eigenmächtig zuwidergehandelt hat (RJA 10, 114). Das ist jedoch bedenklich. Der Testamentsvollstrecker kann gerade wegen seiner Eigenmacht bemüht sein, die Entscheidung des Nachlaßgerichts nachträglich herbeizuführen, um sich tunlichst auch gegen etwaige Ersatzansprüche zu schützen (Kipp-Coing § 130 A 7; Planck-Flad A 5 Abs 2).

Bloße Unzweckmäßigkeit begründet noch kein Eingreifen des Nachlaßgerichts. Doch kann unter Gefährdung des Nachlasses auch eine Gefährdung derjenigen Erbinteressen verstanden werden, welche der Erblasser mit der besonderen Zweckbestimmung, die er dem Nachlaß zugunsten der Bedachten gegeben hat, durch Verwaltungsanordnungen hat fördern wollen (HRR 1933 Nr 1765; DRM 1939, 586[683]). Auch die Änderung wird möglichst im Sinne des Erblassers zu treffen sein.

Teilungsanordnungen (§ 2048) kann das Nachlaßgericht nur aufheben, soweit sie mit Verwaltungsanordnungen zusammenfallen (JFG 14, 154; DRM 1939, 586[683]), z. B. die übertrieben hohe Preisfestsetzung für ein zu veräußerndes Grundstück (zu weitgehend KG DJZ 1927, 1559; hiernach soll das Nachlaßgericht eine Anordnung, daß einem Miterben bei der Auseinandersetzung ein bestimmter Gegenstand aus dem Nachlaß zuzuteilen sei, unter den Voraussetzungen des § 2216 Abs 2 Satz 2 insofern außer Kraft setzen können, als sie zugleich das Verbot für den Testamentsvollstrecker enthalte, den Gegenstand anderweit zu veräußern).

Die Aufhebungsbefugnis des Nachlaßgerichts bezieht sich nicht auf die Anordnung der Testamentsvollstreckung als solche, die Bestimmung des Zeitpunkts, bis zu dem sie dauern soll, auf die Zahl der Testamentsvollstrecker und die ihnen zustehende Vergütung (HRR 1934 Nr 1681; JW 1937, 475[24]). Unter Umständen kann ein auf diesem Wege nicht zu erreichender Erfolg aber das Ergebnis einer ergänzenden Testamentsauslegung sein (§ 2084 A 2); hierüber hat jedoch im Streitfall das Prozeßgericht zu entscheiden.

Das Nachlaßgericht ist grundsätzlich weder befugt, die Amtsführung des Testamentsvollstreckers zu beaufsichtigen (so schon KG in OLG 14, 302) noch die Testamentsvollstreckung aufzuheben (KG JR 1951, 732).

4. Zu Abs 2 Satz 3: Anhören der Beteiligten. Als Beteiligte kommen neben den Erben, Vermächtnisnehmern und Auflageberechtigten auch der Testamentsvollstrecker selbst (wie in §§ 1826, 1827, 2200, 2227, 2360) in Betracht, nicht jedoch sonstige Nachlaßgläubiger oder -schuldner (zum Begriff des „Beteiligten" vgl. KG in HRR 1928, 2281; Planck-Flad A 6). Sie sind zu hören, d. h. es ist ihnen Gelegenheit zu geben, sich zu äußern, und zwar nur soweit dies tunlich, d. h. ohne übermäßigen Aufwand an Zeit und Kosten ausführbar ist.

Gegen die Entscheidung ist die einfache Beschwerde gegeben; beschwerdeberechtigt ist im Falle der Zurückweisung des Antrags nur der Antragsteller, sonst jeder in seinem Rechte Beeinträchtigte, von mehreren ihr Amt gemeinschaftlich führenden Testamentsvollstreckern jeder einzelne (FGG §§ 19, 20, 82; a. M. DRM 1939, 586[683]). Gebühr für die Entscheidung des Nachlaßgerichts KostO §§ 105, 107.

§ 2217

Der Testamentsvollstrecker hat Nachlaßgegenstände, deren er zur Erfüllung seiner Obliegenheiten offenbar nicht bedarf, dem Erben auf Verlangen zur freien Verfügung zu überlassen. Mit der Überlassung erlischt sein Recht zur Verwaltung der Gegenstände.

Wegen Nachlaßverbindlichkeiten, die nicht auf einem Vermächtnis oder einer Auflage beruhen, sowie wegen bedingter und betagter Vermächtnisse oder Auflagen kann der Testamentsvollstrecker die Überlassung der Gegenstände nicht verweigern, wenn der Erbe für die Berichtigung der Verbindlichkeiten oder für die Vollziehung der Vermächtnisse oder Auflagen Sicherheit leistet.

E I 1907 II 2086; M 5 242, 243; P 5 312–314, 543.

Übersicht:

Herausgabe von Nachlaßgegenständen

1. Voraussetzungen der Herausgabepflicht (Abs 1 Satz 1)
2. Die Überlassung und ihre Folgen (Abs 1 Satz 2)
3. Recht des Erben, Sicherheit zu leisten (Abs 2)

1. Zu Abs 1 Satz 1: Der Testamentsvollstrecker hat schon vor Beendigung seines Amtes **Nachlaßgegenstände dem Erben zu überlassen,** soweit **offenbar,** d. h. ohne weitläufige Beweiserhebungen (Prot 5, 313, s. auch §§ 319, 1591, 1717, 2048) erhellt, daß er sie nicht braucht.

Beschränken sich die Obliegenheiten des Testamentsvollstreckers auf die Ausführung letztwilliger Verfügungen und die Auseinandersetzung (§§ 2203, 2204), so bedarf er der Nachlaßgegenstände nur insoweit, als er sie Dritten herauszugeben oder zu versilbern hat, um Mittel zur Tilgung der Nachlaßverbindlichkeiten zu gewinnen. Ist er dagegen schlechthin und auf längere Dauer mit der Verwaltung beauftragt (§ 2209), so werden hiervon regelmäßig alle Nachlaßgegenstände umfaßt, an denen fremde Verwaltung möglich ist (§ 2205 A 3); für die Anwendung des § 2217 ist dann kein Raum (RG 19. 3. 23 IV 313/22; LZ 1929, 1407). Ist die Verwaltung auf einzelne Nachlaßgegenstände beschränkt (§ 2208 A 2), z. B. auf ein Landgut, Handelsgeschäft, so ist es Tatfrage, welche einzelne Gegenstände dem Testamentsvollstrecker hierfür entbehrlich sind.

Der Testamentsvollstrecker ist nur auf das Verlangen des Erben (bei mehreren Erben der Gesamtheit der Erben, RG 2. 3. 22 IV 516/21) zur Überlassung verpflichtet. Der Erbe muß notfalls Klage erheben. Dies schließt nicht aus, daß der Testamentsvollstrecker, unter seiner Verantwortung aus § 2219, die Gegenstände dem Erben auch unverlangt überläßt (KGJ 40, 210). Jedenfalls hat er ihm, wenn er die Gegenstände herauszugeben oder von vornherein im Besitze des Erben belassen hat (§ 2205 A 2), die freie Verfügung darüber zu verschaffen, also auch Eintragungen, die ihn beschränken (GBO § 52; SchiffsRegO § 55) löschen zu lassen; vgl. aber LG Hannover, wonach es, um Nachlaßgegenstände zur Verfügung der Erben zu überlassen, genügen soll, ihnen die Verwaltungsbefugnis zu übertragen (JR 1950, 693 mit Anm von Hartung).

Der Testamentsvollstrecker kann den Erben Nachlaßgegenstände erst dann wirksam überlassen, wenn er das Amt angenommen hat (RG HRR 1942 Nr 567 = DR 1942, 980).

Der Testamentsvollstrecker ist ferner regelmäßig dann nicht befugt, dem Erben Nachlaßgegenstände zur freien Verfügung zu überlassen, wenn ihm die Veräußerung dieser Gegenstände auf Zeit untersagt und sein Verfügungsrecht insoweit eingeschränkt ist (KG HRR 1939 Nr 1398 = DR 1939, 1951[6]).

Der Testamentsvollstrecker kann durch den Erblasser von der Überlassungspflicht befreit werden; in § 2220 ist § 2217 nicht mit angezogen.

Haftung des Testamentsvollstreckers bei vorzeitiger Ausantwortung von Nachlaßgegenständen gegenüber dem Steuerfiskus gemäß den § 2205 A 1a angeführten Steuergesetzen.

2. Zu Abs 1 Satz 2: Eine **Überlassung** im Sinne dieser Vorschrift liegt nur dann vor, wenn der Testamentsvollstrecker die Gegenstände, sei es auch nur hinsichtlich der Verwaltung und Nutznießung zugunsten des Erben rechtswirksam und endgültig so aufgegeben hat, daß der Erbe im Rechtsverkehr Verfügungen treffen kann, ohne ihn in Anspruch zu nehmen, nicht aber dann, wenn die Beteiligten die Auseinandersetzung als eine lediglich innere Angelegenheit angesehen und an der Verfügungsmacht des Testamentsvollstreckers nach außen hin nichts geändert haben (RG HRR 1930 Nr 985).

Gibt ein Testamentsvollstrecker einen Nachlaßgegenstand entgegen den Bestimmungen des Testaments dem Erben irrtümlich frei, so kann er gemäß § 812 verlangen, daß sein Verwaltungsrecht wiederhergestellt werde (BGH 12, 104 = LM § 2216 Nr 1 = NJW 1954, 636; Kipp-Coing § 130 II 4 A 13; Planck-Flad A 4; a. M. die 9. Aufl dieses Kommentars).

Mit der Überlassung **erlischt das Verwaltungsrecht,** zugleich aber das hiervon unzertrennliche Verfügungsrecht des Testamentsvollstreckers (§§ 2205 A 3, 2211 A 1), ebenso sein Recht, wegen dieser Nachlaßgegenstände Nachlaßverbindlichkeiten einzugehen (§ 2206 A 1) und darüber Prozeß zu führen (§§ 2212 A 1, 2213 A 2).

3. Zu Abs 2: Durch **Sicherheitsleistung** nach §§ 232ff. kann der Erbe die Herausgabe immer dann erzwingen, wenn der Testamentsvollstrecker die Nachlaßgegenstände zurückhalten will, um sie zur Tilgung gewöhnlicher Nachlaßverbindlichkeiten einschließlich der Pflichtteilsansprüche zu versilbern, oder wenn er bestimmte Gegenstände beim Eintritt einer Bedingung oder eines Termins an bestimmte Bedachte oder Auflageberechtigte auszuhändigen hat. Nicht dagegen kann er die Überlassung von Gegenständen fordern, die zur Vollziehung bereits fälliger Vermächtnisse und Auflagen bestimmt sind.

Die Sicherheit ist dem Testamentsvollstrecker zu bestellen und kann von dem beteiligten Gläubiger nur in Anspruch genommen werden, wenn sie ihm abgetreten oder im Wege der Zwangsvollstreckung überwiesen ist.

§ 2218

Auf das Rechtsverhältnis zwischen dem Testamentsvollstrecker und dem Erben finden die für den Auftrag geltenden Vorschriften der §§ 664, 666 bis 668, 670, des § 673 Satz 2 und des § 674 entsprechende Anwe dung.

Bei einer länger dauernden Verwaltung kann der Erbe jährlich Rechnungslegung verlangen.

E I 1908 Abs 1, 2 II 2087; M 5 244; P 5 263, 314–316.

Übersicht:

Anwendung der Auftragsvorschriften

1. Zu Abs 1:	2. Länger dauernde Verwaltung (Abs 2)
a) Allgemeines	
b) Einzelheiten	

Befreiung unzulässig § 2220.

1. Zu Abs 1:

a) Allgemeines: Das **Rechtsverhältnis zwischen Testamentsvollstrecker und Erben** ist nicht selbst Auftrag, sondern nur in gewissen Beziehungen dem Auftrage nachgebildet. Rechtlich ist es ein besonderes gesetzliches Verpflichtungsverhältnis, das durch den Willen des Erblassers ausgelöst wird (vgl. Vorbem 3, 8). Testamentsvollstrecker und Erben können sich allerdings innerhalb bestimmter Grenzen außerhalb der gesetzlichen Regelung einigen (Flad DFG 1936, 134f.). Einzelbestimmungen enthalten die Vorschriften der §§ 2206 Abs 2, 2208 Abs 2, 2215 und 2217. Auf das Auftragsrecht ist nur deshalb ergänzend verwiesen worden, um das Gesetz kürzer zu fassen (Planck-Flad A 1).

Zu anderen Beteiligten als dem Erben steht der Testamentsvollstrecker, von § 2219 A 2 abgesehen, überhaupt in keinem Rechtsverhältnis. Insbesondere ist er dem Pflichtteilsberechtigten und regelmäßig auch dem Vermächtnisnehmer nicht zur Auskunft verpflichtet (RG 50, 224 und JW 04, 388[7]). In den besonderen Fällen, in denen ein Anspruch auf Auskunftserteilung als mitvermacht anzusehen ist (§ 2174 A 2g), kann dieser Anspruch aber gemäß § 2213 auch gegen den verwaltenden Testamentsvollstrecker geltend gemacht werden.

b) Einzelheiten: § 664: Der Testamentsvollstrecker kann sein Amt zwar jederzeit niederlegen (§ 2226), auch im Falle des § 2199 Abs 2 einen Nachfolger ernennen; er darf aber die Ausführung der ihm übertragenen Aufgaben nicht, auch nicht mit Zustimmung des Erben, im ganzen einem Dritten übertragen (RG 81, 170). Die Bestellung von Prokuristen für das zum Nachlaß gehörige Handelsgeschäft ist als Verwaltungsmaßregel (§ 2205 A 1b, § 2216 A 1) nicht ausgeschlossen (RJA 11, 271). Auch die Bestellung eines Dritten oder eines Mitvollstreckers zum Generalbevollmächtigten ist wirksam, sofern eine solche Bevollmächtigung nicht durch das Testament untersagt und die Vollmacht nicht unter Ausschluß des Widerrufsrechts erteilt ist, der Vollmachtgeber also nicht nur in der rechtlichen Lage ist, während der Dauer der gewährten Vertretungsbefugnis die Testamentsvollstreckergeschäfte in vollem Umfange selbst zu besorgen, sondern auch, die Vertretungsbefugnis durch Widerruf jederzeit zu beendigen (KG in JFG 7, 279 gegen KGJ 27 A 197). Über die Bestellung eines Generalbevollmächtigten als möglichen Grund für die Entlassung des Testamentsvollstreckers s. § 2227 A 2.

Der Testamentsvollstrecker wird regelmäßig ermächtigt sein, einzelne Verrichtungen zu übertragen; bei Verhinderung kann er sogar dazu verpflichtet sein. Soweit ihm die Übertragung gestattet ist, haftet er nur für ein Verschulden bei der Übertragung. Für das Verschulden eines Gehilfen haftet er in gleichem Umfange wie für eigenes Verschulden. Umgekehrt kann auch der Erbe Ansprüche selbst, die ihm aus §§ 2215—2217 gegen den Testamentsvollstrecker zustehen, nicht übertragen, wohl aber die aus diesem Grunde entstandenen Herausgabe- und Ersatzansprüche. Der Testamentsvollstrecker tritt jedoch bei Veräußerung des Erbanteils (§ 2033) zu dem Erwerber ohne weiteres in Beziehungen.

§ 666: Benachrichtigungs- und Auskunftspflicht (vgl. § 2215 A 1, 2). Sie besteht für einen den Vorerben beschränkenden Testamentsvollstrecker bloß gegenüber dem Vorerben; der Nacherbe kann von einem solchen Testamentsvollstrecker Auskunft nur unter den besonderen Voraussetzungen des § 2127 verlangen (RG Recht 1913 Nr 221). Die Auskunft ist nur auf Verlangen zu erteilen und erstreckt sich auch auf bevorstehende Geschäfte; die erforderlichen Nachrichten sind auch unaufgefordert zu geben (RG 130, 139). Rechenschaft ist zu legen, sobald der Testamentsvollstrecker die ihm obliegende Aufgabe im wesentlichen erfüllt hat; s. auch Abs 2 und § 259 (Erstreckung des Offenbarungseids darauf, daß der Nachlaßbestand nicht durch den Ansatz von Ausgaben, die nicht zu Nachlaßzwecken gemacht worden sind, als zu niedrig hingestellt wird, RG JW 1913, 1150[7]). Unter Umständen besteht auch schon, bevor das Amt des Testamentsvollstreckers geendet hat, einerseits Anspruch gegen ihn auf Schlußrechnung, z. B. dann, wenn die Verwaltungstätigkeit, die den letzten Willen durchführen soll, im Sinne des § 2205 beendigt ist und eine selbständige Verwaltungstätigkeit im Sinne des § 2209 beginnt (RG LZ 1919, 1243[19]), anderseits kann auch schon ein Anspruch des Testamentsvollstreckers auf Entlastung wegen eines einzelnen Geschäfts (RG Warn 1909 Nr 245) oder eine Klage auf Feststellung eines künftigen Empfangsberechtigten gegeben sein (RG Warn 1912 Nr 174, 3). Die Ansprüche auf Auskunft und Rechenschaft sind als bloße Hilfsansprüche für sich allein nicht übertragbar und daher (ZPO § 851) für sich allein auch nicht pfändbar (RG JW 1931, 525[10]); sie können anderseits bei der Pfändung eines Erbteils (ZPO § 859 Abs 2) auch, ohne daß die Pfändung ausdrücklich auf sie ausgedehnt wird, als mitgepfändet gelten; dies gilt auch dann, wenn die Forderung, für die gepfändet wird, den Wert des Erbteils nicht erschöpft (vgl. JW 1929, 869[3] mit Anm von Kipp und 1930, 1014[7]); erschwert das Vorhandensein mehrerer Pfändungsgläubiger die Verpflichtung des Testamentsvollstreckers, so ist dem durch entsprechende Anwendung des § 432 zu begegnen (RG LZ 1916, 1473[9]). Zum Unvermögen des Testamentsvollstreckers, Rechnung zu legen, wenn durch ein Versehen seiner Ehefrau die Belege über die Nachlaßverwaltung vernichtet worden sind, vgl. OLG München HRR 1941 Nr 628.

§ 667: Herausgabe der Erbschaft nach, im Falle des § 2217 schon vor Endigung des Amtes.

§ 668: Der Testamentsvollstrecker ist verpflichtet, Geld, das er dem Erben herauszugeben oder für ihn zu verwenden hat, von der Zeit der Verwendung an zu verzinsen, wenn er dieses Geld für sich selbst verwendet (vgl. §§ 246, 1834).

§ 670: Ersatzpflicht des Erben für Aufwendungen des Testamentsvollstreckers innerhalb der Grenzen seiner Haftung für Nachlaßverbindlichkeiten (s. auch KO § 224 Nr 6). Zu den Auslagen, deren Ersatz der Testamentsvollstrecker nach § 670 fordern kann, sind entsprechend § 1835 Abs 2 (s. dort A 2) auch die Gebühren zu rechnen, die ihm nach den gesetzlichen Bestimmungen als Rechtsanwalt für die Dienste erwachsen, die er auf Grund seines Berufs leistet (RG 149, 121). Ein Zurückbehaltungsrecht des Testamentsvollstreckers folgt aus § 273; er hat aber kein Recht auf Vorschuß (§ 669 nicht anwendbar).

§ 673 Satz 2: Anzeige- und vorläufige Besorgungspflicht der Erben des Testamentsvollstreckers, wenn das Amt nach § 2225 durch seinen Tod endete.

§ 674: Erlischt das Amt des Testamentsvollstreckers ohne sein Wissen, z. B. durch Eintritt einer auflösenden Bedingung (Verheiratung des Erben) oder gemäß § 2210 Satz 2, so gilt es zugunsten des Testamentsvollstreckers als fortbestehend, bis er vom Erlöschen Kenntnis erlangt oder das Erlöschen kennen muß. Unter diesen Voraussetzungen ist auch der vom Testamentsvollstrecker abgeleitete Erwerb des gutgläubigen Dritten geschützt (§ 169). Das gilt jedoch nicht, wenn der Testamentsvollstrecker in bösem oder wenn er fahrlässigerweise in falschem Glauben war. Auch der Vorweis des Zeugnisses deckt in diesem Falle den Dritten nicht (§ 2368 A 5). Nur der öffentliche Glaube des Grundbuchs (§§ 892, 893) kann ihm helfen.

2. Zu Abs 2: Die Vorschrift enthält eine Abweichung von § 666 in besonderem Hinblick auf §§ 2209, 2210. In welcher Weise die Pflicht zur Rechnungslegung zu erfüllen ist, bestimmt sich nach den Umständen des einzelnen Falles und nach dem gemäß § 242 zu beobachtenden billigen Ermessen (RG Warn 1936 Nr 159).

Der Übergang von dem Anspruch aus Abs 2 zu dem Anspruch aus Abs 1 ist Klageänderung (RG Warn 1936 Nr 159).

§ 2219

Verletzt der Testamentsvollstrecker die ihm obliegenden Verpflichtungen, so ist er, wenn ihm ein Verschulden zur Last fällt, für den daraus entstehenden Schaden dem Erben und, soweit ein Vermächtnis zu vollziehen ist, auch dem Vermächtnisnehmer verantwortlich.

Mehrere Testamentsvollstrecker, denen ein Verschulden zur Last fällt, haften als Gesamtschuldner.

E I 1908 Abs 1 II 2088; M 5 244; P 5 263, 315.

Übersicht:

Verantwortlichkeit des Testamentsvollstreckers

Befreiung unzulässig § 2220.

1. Der Testamentsvollstrecker steht nur zum Erben, gegebenenfalls auch zum Vor- oder Nacherben, in einem gesetzlichen Schuldverhältnis (§ 2218) und ist deshalb grundsätzlich **nur dem Erben schadenersatzpflichtig,** ausnahmsweise auch dem Vermächtnisnehmer (A 2). Sämtliche dem Testamentsvollstrecker obliegende Verrichtungen (§§ 2203—2209, 2212—2218, 2226 Satz 3) unterstehen danach dem Grundsatze des § 276, wonach er Vorsatz und Fahrlässigkeit zu vertreten hat (RG 27. 9. 28 IV 118/28). Für das von ihm zu vertretende Maß von Gewissenhaftigkeit und Sorgfalt ist auf seine besondere Vertrauensstellung sowie darauf Rücksicht zu nehmen, daß der Erbe nicht immer sein Recht in gleicher Weise schützen kann, wie es der Erblasser hätte tun können (RG 130, 134f.). Der Testamentsvollstrecker ist für den Schaden verantwortlich, der dem Nachlaß durch eine überflüssige, leichtfertige oder durch persönliche Interessen beeinflußte Prozeßführung entsteht (RG JW 1936, 3388[7]). Amtsmißbrauch liegt jedoch nicht schon deshalb vor, weil der Testamentsvollstrecker im eigenen Interesse gehandelt hat (OGH 3, 247; vgl. § 2216 A 1 a. E.) Hat er das in seiner Verwaltung befindliche, von ihm nach den bisher maßgebenden Grundsätzen angelegte Vermögen in der Inflationszeit der Entwertung verfallen lassen, so kann ihm dies nicht ohne weiteres zum Verschulden angerechnet werden (RG JR 1927 Nr 114; vgl. AufwG § 79). Über die Grenzen der Verwaltungsbefugnis bei Fortführung eines Handelsgeschäfts vgl. BGH 12, 100 = LM § 2216 Nr 1.

Jeder einzelne Miterbe kann den Testamentsvollstrecker darauf verklagen, die Grenzen seiner Verwaltungsbefugnis einzuhalten oder eine pflichtmäßige Verwaltungshandlung vorzunehmen (RG 73, 28; § 2216 A 1). Ist, wie bei der Auskunftspflicht oder der Herausgabepflicht (§ 2218 A 1), eine Leistung an den Erben zu bewirken, so bestimmt sich beim Vorhandensein einer Erbengemeinschaft das Klagerecht des einzelnen Miterben zwar, da der Anspruch nicht zum Nachlasse gehört, sondern erst in der Person der Erben entsteht, nicht nach § 2039, wohl aber nach der entsprechenden Vorschrift des § 432 (vgl. RG 86, 68). Der dem Erben oder einer Erbengemeinschaft aus der Pflichtverletzung eines früheren Testamentsvollstreckers erwachsene Ersatzanspruch gehört zum Nachlaß, sofern der Nachlaß als solcher und nicht (z. B. durch Benachteiligung bei der Auseinandersetzung) ein einzelner Miterbe geschädigt ist; dann steht nach § 2212 die gerichtliche Geltendmachung des Anspruchs allein dem neuen Testamentsvollstrecker zu; dabei ist ein mitwirkendes Verschulden des geschädigten Rechtsinhabers (des oder der Erben) nach § 254 zu beachten (RG 138, 132; Hildebrandt JW 1933, 1311 zu 14).

Soweit der Erblasser den Testamentsvollstrecker von der Erfüllung seiner Obliegenheiten nicht befreien kann (§ 2220), kann er auch das Maß seiner Vertretungspflicht nicht herabmindern (vgl. RG 133, 135; a. M. Strohal § 40a A 36). Seine Haftung für Vertreter und Gehilfen ergibt § 664 (§ 2218 A 1). Steht ihm die Ernennung eines Mitvollstreckers oder des Nachfolgers zu (§ 2199), so hat er ein bei der Auswahl ihn treffendes Verschulden gleichfalls zu vertreten. Ebenso haftet im Falle des § 2200 nach § 839 der Nachlaßrichter.

Ist die Bestellung des Testamentsvollstreckers durch das Nachlaßgericht unwirksam, so ist der Bestellte gleichwohl, solange er das Amt im Vertrauen auf die Gültigkeit der Bestellung ausgeübt hat, den Beteiligten gegenüber verantwortlich wie ein wirksam bestellter Testamentsvollstrecker (vgl. RG JW 1937, 3187[46]).

Die Haftung des Erben für Handlungen des Testamentsvollstreckers erstreckt sich so weit, als dadurch Nachlaßverbindlichkeiten begründet werden (§ 1967). Dies trifft zu, soweit der Testamentsvollstrecker innerhalb des durch die letztwillige Verfügung des Erblassers und die gesetzlichen Vorschriften bestimmten Rechtskreises tätig wird, nicht aber soweit er aus Veranlassung seines Amtes Dritten Schaden zufügt (Streitfrage, vom RG Warn 1914 Nr 127 dahingestellt gelassen).

Schadenersatz §§ 249ff. Strafrechtliche Verantwortung des Testamentsvollstreckers StGB § 266; Haftung für die Erbschaftsteuer und für Steuern, die der Erblasser schuldig geblieben ist, § 2205 A 1). Wegen der Haftung für die Kosten eines Rechtsstreits, den der Testamentsvollstrecker gegen den Erben verliert, vgl. OLG Hamburg DNotZ 1939, 127; § 2203 A 2a.

2. Die Haftung des Testamentsvollstreckers ist ausdrücklich auch **gegenüber dem Vermächtnisnehmer** begründet (RJA 10, 115), und zwar auch wenn es sich, wie im Falle des § 2223, um ein Untervermächtnis handelt (vgl. zur Testamentsvollstreckung für ein Vermächtnis BGH 13, 203). Der Vermächtnisnehmer kann den Testamentsvollstrecker auch dann auf Schadenersatz in Anspruch nehmen, wenn ihm aus demselben Grunde ein Ersatzanspruch gegen den mit dem Vermächtnis beschwerten Erben zusteht. Er muß nicht zunächst seine Ersatzansprüche gegen den Erben geltend machen (BGH LM § 2258 Nr 1; anders die vorige Auflage im Anschluß an RG 27. 9. 28 IV 118/28). Die Schadenersatzpflicht tritt überdies, wenn der Erbe beschwert ist, nur in dem Umfange ein, in dem dieser nach §§ 1991 Abs 4, 1992 zur Entrichtung des Vermächtnisses verbunden war. Der Vermächtnisnehmer hat keinen Anspruch auf Rechnungslegung (Kassel OLG 21, 330).

Gegenüber dem durch eine Auflage Begünstigten besteht keine Haftung des Testamentsvollstreckers (RG Warn 1937 Nr 133; s. § 1940 A 3).

3. Die **gesamtschuldnerische Haftung mehrerer Vollstrecker** (§§ 421ff.) — vorausgesetzt, daß jeden ein Mitverschulden trifft — entspricht der Haftung mehrerer Vorstandsmitglieder und Liquidatoren (§§ 42, 53) oder mehrerer Vormünder (§ 1833). Sie besteht nur, soweit sie das Amt gemeinschaftlich führen (§ 2224). Ist jedem ein besonderer Wirkungskreis zugewiesen, so haftet er für sich allein, wenn den übrigen auch kein Aufsichtsrecht zusteht.

Im Verhältnis zueinander sind sie nach § 426 zu gleichen Teilen ersatzpflichtig. Der bloß aufsichtsführende Testamentsvollstrecker (§ 2208 A 3) kann jedoch entsprechend § 1833 Abs 2 von den übrigen nicht mit in Anspruch genommen werden.

Verjährung § 195. Haftung aus unerlaubter Handlung §§ 840, 852.

§ 2220

Der Erblasser kann den Testamentsvollstrecker nicht von den ihm nach den §§ 2215, 2216, 2218, 2219 obliegenden Verpflichtungen befreien.

E I 1906 Abs 1, 1908 Abs 3 II 2089; M 5 241, 242, 244; P 5 263, 310, 314, 316; 6 98.

Befreiungsverbot

Die Bestimmung ist schon in den Anmerkungen zu den in ihr genannten Vorschriften berücksichtigt. Das Gesetz läßt es danach nicht zu, daß ein Erblasser den Erben mit gebundenen Händen dem ausgedehnten Machtbereich des Testamentsvollstreckers überliefert. Aus diesem Grundgedanken ergibt sich die Unverbindlichkeit aller Umgehungsversuche, insbesondere auch einer Anordnung, durch die der Erblasser den Erben in der Befugnis beschränkt, die Entlassung des Testamentsvollstreckers gemäß § 2227 zu beantragen (RG 133, 128; § 2227 A 1). Der Erblasser kann ferner nicht anordnen, daß der Testamentsvollstrecker nur für Vorsatz oder nur für grobes Verschulden haften solle (Kipp-Coing § 130 II 7). Das Nachlaßgericht darf nicht nur prüfen, ob die Einzelbestimmungen für sich allein wirksam sind; es muß vielmehr erörtern, ob das Testament, wenn man seinen Inhalt und seine Auswirkungen im ganzen betrachtet, für die Erben eine übermäßige Beschränkung ihrer Persönlichkeit und Bewegungsfreiheit bewirkt und deshalb etwa sogar sittenwidrig ist (vgl. OLG München JFG 14, 428 unter Hinweis auf Flad DFG 1936, 133).

Der Erbe kann auf den Schutz des § 2220 dem Testamentsvollstrecker gegenüber wirksam verzichten (Hamburg OLG 43, 403).

§ 2221

Der Testamentsvollstrecker kann für die Führung seines Amtes eine angemessene Vergütung verlangen, sofern nicht der Erblasser ein anderes bestimmt hat.

E I 1909 Satz 1 II 2090; M 5 244, 245; P 5 316, 317.

Übersicht:

Vergütung

1. Vergütung
2. Auslagen
3. Vorschüsse

Schrifttum: Heise, Zur Höhe der Vergütung des Testamentsvollstreckers, DFG 1944, 96.

1. Vergütung. Hat der Erblasser letztwillig selbst eine Vergütung ausgeworfen oder hat er jede Vergütung ausgeschlossen, so bleibt seine Bestimmung maßgebend, wenn sie nicht durch Vertrag mit dem Erben geändert wird. Ist dem Testamentsvollstrecker eine Zuwendung gemacht, so ist es Auslegungsfrage, ob damit ein besonderer Vergütungsanspruch ausgeschlossen werden sollte.

Die Vergütung ist, auch wenn sie letztwillig zugesprochen ist, kein Vermächtnis, sondern eine gewöhnliche Nachlaßverbindlichkeit, es sei denn, daß aus der unangemessenen Höhe der zugebilligten Vergütung ein Vermächtniswille erhellt (§ 1939). Die Vergütung ist im Nachlaßkonkurse Masseschuld (KO § 224 Nr 6) und selbst dann aus dem ganzen Nachlasse zu entrichten, wenn der Testamentsvollstrecker nur für einen Erbteil bestellt ist. Am Nachlaßvergleichsverfahren ist die Vergütung des Testamentsvollstreckers nicht beteiligt (VerglO § 113 Nr 6).

Dem Nachlaßgericht steht (anders beim Nachlaßpfleger, §§ 1960 A 4, 1836, und beim Nachlaßverwalter, § 1987 A 1) die Festsetzung nicht zu (RJA 4, 140). Es kann die Befugnis, da seine Zuständigkeit gesetzlich umgrenzt ist, auch nicht durch eine letztwillige Verfügung erhalten; eine solche Verfügung kann unter Umständen jedoch dahin ausgelegt werden, daß die mit den Verrichtungen des Nachlaßgerichts betraute Person die Vergütung entsprechend den §§ 317, 2156 festsetzen solle; die Festsetzung kann dann, wenn sie der Billigkeit nicht entspricht, auf Klage geändert werden (SeuffA 78 Nr 143). Beansprucht und behält der Testamentsvollstrecker eine Vergütung ein, die nach der Ansicht des Nachlaßgerichts zu hoch ist, so liegt darin nur unter besonderen Umständen ein Entlassungsgrund (§ 2227; KG JW 1937, 475[25]).

Im allgemeinen hat der Testamentsvollstrecker den Vergütungsanspruch, nötigenfalls im Prozesse, gegen den Erben geltend zu machen, der die beschränkte Haftung vorschützen kann. Der Klageantrag muß, von ganz besonderen Umständen abgesehen, die begehrte Vergütung ziffernmäßig bezeichnen (ZPO § 253 Abs 2 Nr 2; RG Warn 1937 Nr 170). Es kann auch zu einer negativen Feststellungsklage des Erben gegen den Testamentsvollstrecker darüber kommen, daß dieser nicht mehr als den vom Kläger bezeichneten Betrag als Vergütung verlangen dürfe. Zur

Führung eines solchen Prozesses brauchte auch schon nach früherem Recht eine Ehefrau als Erbin nicht die Zustimmung ihres Mannes, wenn ihr die Erbschaft gemäß § 1369 als Vorbehaltsgut zugewendet war (RG 29. 10. 17 IV 241/17).

Der Richter kann die Vergütung in Hundertteilen der Nachlaßmasse oder als runde Summe festsetzen; er braucht dabei, unter gebotener Würdigung der besonderen Verhältnisse des Einzelfalles, nur den Wert der Gesamtarbeit, nicht den jeder einzelnen Arbeit des Testamentsvollstreckers zu berücksichtigen (RG 1. 11. 18 VII 219/18). Wird die Vergütung nach Hundertteilen des reinen Nachlasses bemessen, so sind bei dessen Berechnung für die Regel nur die vom Erblasser herrührenden Nachlaßschulden, nicht die Verbindlichkeiten aus Vermächtnissen oder Pflichtteilsrechten abzuziehen (HRR 1933 Nr 1766; dort ist auch der mögliche Einfluß einer nach dem Erbfall ohne Verschulden des Testamentsvollstreckers eingetretenen Entwertung des Nachlasses auf die Höhe der Vergütung erörtert). Über anderweitige Festsetzung einer in der Inflationszeit in Papiermark festgesetzten Vergütung s. HRR 1934 Nr 1684, über den Verlust des Anspruchs auf Vergütung bei groben Verstößen gegen die Treupflicht s. SchlHolstAnz 1938, 128. Über Richtlinien für die Bemessung der Vergütung s. Plaßmann JW 1935, 1830. Bemessung und Fälligkeit der Vergütung nach Hamburger Ortsgebrauch: RG HansRGZ B 1934, 58; Hamburg das. 1933 S. 127, 639; 1936, 145; DNotZ 1939, 127. Die zwischen den Erben und dem Testamentsvollstrecker vereinbarte einmalige Vergütung — neben einer laufenden Vergütung — kann mit der Konstituierung des Nachlasses verdient sein (RG JW 1936, 3388[7]).

Die Vergütung ist regelmäßig nach Beendigung des Amtes, bei länger andauernder Verwaltung periodisch (§ 2218 Abs 2) zu entrichten. Im Falle vorzeitiger Beendigung des Amtes ist der an sich angemessene Satz entsprechend zu mindern (vgl. auch § 628).

Verjährung: § 195 (JW 1918, 741[5]).

Ist die Bestellung des Testamentsvollstreckers durch das Nachlaßgericht unwirksam, so hat der Bestellte gleichwohl, solange er das Amt im Vertrauen auf die Gültigkeit der Bestellung ausgeübt hat, Anspruch auf eine angemessene Vergütung (vgl. RG JW 1937, 3187[46]; s. auch § 2219 A 1).

2. Neben der Vergütung hat der Testamentsvollstrecker Anspruch auf Ersatz seiner **Auslagen** (§§ 2218, 670) sowie auf Bezahlung der berufsmäßigen, regelmäßig nur gegen Entgelt geleisteten Dienste (als Rechtsanwalt, Bankier, Makler, Wirtschafts- und Steuerberater, Treuhänder, Arzt, Handwerker oder sonstwie), soweit auch der Laien-Testamentsvollstrecker derartige Dienste innerhalb seines Amtes nicht selbst verrichtet hätte (§ 1835 Abs 2; RG 149, 121 = JW 1936, 571[3] mit Anm von Plaßmann; s. § 2218 A 1 zu § 670). KG in OLG 25, 16 will ihm nicht Ersatz der Kosten gestatten, die er für Aufstellung des Teilungsplans durch einen Rechnungsverständigen gezahlt hat. Ist jedoch die vom Erblasser ausgesetzte Vergütung ausdrücklich oder stillschweigend so bemessen worden, daß sie auch eine Pauschalvergütung für solche beruflichen Dienste darstellen sollte, dann kann der Testamentsvollstrecker, der sein Amt in Kenntnis dieser Anordnung vorbehaltlos angenommen hat, auch für berufliche Tätigkeiten keine besondere Vergütung verlangen (Kipp-Coing § 130 IV 2 und Anm 39). Bestellt ein Rechtsanwalt, der Testamentsvollstrecker ist, einen anderen Anwalt zum Prozeßbevollmächtigten, so kann er die Gebühren und Auslagen eines Verkehrsanwalts weder dem Gegner berechnen noch vom Nachlaß ersetzt verlangen; denn die Prozeßunterweisung gehört zu den Pflichten und Aufgaben jedes Testamentsvollstreckers (OLG Hamburg JW 1937, 834 Nr 34). Anderseits können jedoch Kosten des Testamentsvollstreckers in Verfahren, die seine Absetzung oder die Ernennung eines Mitvollstreckers betreffen, dem Nachlaß entnommen werden, falls jener den letzten Willen des Erblassers in berechtigter Weise verteidigt hat (RG JW 1936, 1388[7]).

3. Leistung von **Vorschüssen** (§ 669, in § 2218 nicht mit angezogen) kann er vom Erben nicht verlangen, um so weniger, als er gewöhnlich über den Nachlaß verfügen und sich daraus wegen seiner Aufwendungen und der ihm zustehenden Vergütung selbst befriedigen kann (SeuffA 75 Nr 227).

§ 2222

Der Erblasser kann einen Testamentsvollstrecker auch zu dem Zwecke ernennen, daß dieser bis zu dem Eintritt einer angeordneten Nacherbfolge die Rechte des Nacherben ausübt und dessen Pflichten erfüllt.

E II 2091; P 5 309; 6 99.

Testamentsvollstrecker für Nacherben

1. Testamentsvollstrecker im Interesse des Nacherben. Der Wirkungskreis des Testamentsvollstreckers umfaßt regelmäßig auch eine durch Erbfall oder Eintritt der Nacherbfolge bereits eröffnete Erbschaft. § 2222 gestattet, für die Zeit vor Anfall der Nacherbschaft (§ 2139) einen Testamentsvollstrecker zu bestellen, der dessen Rechte (§§ 2116–2119, 2121 bis 2123, 2127–2129, ZPO § 773) wahrnehmen und dessen Pflichten (§§ 2120, 2123) erfüllen soll. Innerhalb der hierdurch gezogenen Grenzen gelten für den Testamentsvollstrecker die allgemeinen Grundsätze, insbesondere über seine ausschließliche Verfügungsmacht und Streitbefugnis (§§ 2211–2213). Die hierin liegende Beschränkung der Rechte des Nacherben macht es notwendig, auch in der Eintragung nach GBO § 51 die Bestellung des Testamentsvollstreckers mit zu erwähnen (KGJ 40, 198). Vermerk im Erbschein § 2363 A 3. Durch die Ernennung eines solchen Testamentsvollstreckers kann sich die sonst nach §§ 1912, 1913 gebotene Bestellung eines Pflegers für den Nacherben erledigen.

Ist dem Vorerben ein Testamentsvollstrecker bestellt, so steht an und für sich nichts im Wege, demselben Testamentsvollstrecker auch die Fürsorge für den Nacherben zu übertragen, so insbesondere im Falle des § 2338. Denn mit der Bestellung einer gemeinschaftlichen Vertrauensperson für Vor- und Nacherben ist nicht notwendig ein Interessenwiderstreit geschaffen (a.M. KG in OLG 10, 305). Der für den Vorerben und den Nacherben bestellte Testamentsvollstrecker ist auch rechtlich in der Lage, Nachlaßgegenstände dem Vorerben zur freien Verfügung dergestalt zu überlassen, daß die Gegenstände aus dem durch die nacherbrechtlichen Beschränkungen gebundenen Nachlaß endgültig ausscheiden (KG JFG 11, 121 = HRR 1933, 1202). Dagegen würde es dem Gesetzesgedanken des § 2222 zuwiderlaufen, wenn der Vorerbe selbst zum Testamentsvollstrecker für den Nacherben bestellt würde. Eine solche Bestellung ist deshalb unwirksam (RG 77, 177; KGJ 52, 78; Planck-Flad A 2; Kipp-Coing § 124 I 9d mit Nachweisen, s. aber § 133 II ebenda), außer wenn der Vorerbe und Testamentsvollstrecker nur Miterbe oder wenn er nur einer von mehreren Testamentsvollstreckern ist, die ihr Amt gemeinschaftlich oder in Kollegialverfassung führen (JFG 11, 126; § 2197 A 1). Zur Übertragung des Rechts des Nacherben auf den Vorerben (§ 2108 A 2 Abs 5) ist der gemäß § 2222 bestellte Testamentsvollstrecker nicht befugt (JW 1937, 1553[15]).

Das Amt des nach § 2222 bestellten Testamentsvollstreckers erledigt sich durch Ausschlagung des Vor- oder Nacherben und endigt mit Eintritt der Nacherbfolge. Eine hiermit erst wirksam werdende Testamentsvollstreckung für den Nacherben unterliegt den allgemeinen Vorschriften. Der Erblasser kann es dem nach § 2222 ernannten Testamentsvollstrecker jedoch nicht überlassen, den Zeitpunkt zu bestimmen, in dem die Nacherbfolge eintreten soll (BGH 15, 199).

§ 2223

Der Erblasser kann einen Testamentsvollstrecker auch zu dem Zwecke ernennen, daß dieser für die Ausführung der einem Vermächtnisnehmer auferlegten Beschwerungen sorgt.

E I 1910 II 2092; M 5 245, 246; P 5 317.

Beschwerungen eines Vermächtnisnehmers

1. Dem Testamentsvollstrecker ist zwar durch § 2203 allgemein die Ausführung letztwilliger Verfügungen übertragen. Da er jedoch grundsätzlich nur zum Erben in einem Rechtsverhältnis steht (§ 2218 A 1a), so bedurfte es einer besonderen Vorschrift, um ihn auch dem beschwerten Vermächtnisnehmer gegenüber zur **Fürsorge für Untervermächtnisse und Auflagen,** auch Nachvermächtnisse (§ 2191) zu ermächtigen. Der hierfür maßgebende Wille des Erblassers kann durch Auslegung aus der allgemeinen Bestellung des Testamentsvollstreckers ermittelt werden. Die Fürsorge kann ihm aber auch als einzige Aufgabe übertragen sein. Auch für die so beschränkte Testamentsvollstreckung gelten, soweit anwendbar, die allgemeinen Vorschriften, wobei das beschwerte Vermächtnis der Erbschaft gleichzustellen ist. Daraus folgt insbesondere, daß der Vermächtnisnehmer, soweit die Verwaltung dem Testamentsvollstrecker zusteht, von der Verfügung über den Vermächtnisgegenstand und dessen gerichtlicher Einforderung ausgeschlossen ist (§§ 2211, 2212) und daß der Testamentsvollstrecker gegen die Klage des Zweitbedachten und der Auflageberechtigten (§ 2194) im Umfange des § 2213 der richtige Beklagte ist (RG DJZ 1924, 475). Anderseits steht dem Testamentsvollstrecker, soweit er die Beschwerung nicht selbst ausführen kann, nach § 2208 Abs 2 die Klage gegen den Beschwerten zu.

2. **Vermächtnisvollstreckung im allgemeinen.** Darüber, ob dem Testamentsvollstrecker, der einen Vermächtnisnehmer beschränkt, die **Verwaltung der vermachten Gegenstände als einzige Aufgabe** oder noch für die Zeit nach „Ausführung der dem Vermächtnisnehmer auferlegten Beschwerungen“ übertragen werden kann, besteht keine ausdrückliche Vorschrift. Die Frage ist in entsprechender Anwendung der §§ 2209, 2210 (mit Sachse LZ 1932, 301 gegen Planck-Flad A 3 Abs 3) zu bejahen. Der Wortlaut des § 2223 und sein Inhalt stehen dem nicht entgegen; die Vorschrift soll den Wirkungskreis des Testamentsvollstreckers (§ 2203) nicht beschränken, sondern nur Zweifel ausschließen, die sich aus § 2194 ergeben könnten (BGH 13, 206).

§ 2224

Mehrere Testamentsvollstrecker führen das Amt gemeinschaftlich; bei einer Meinungsverschiedenheit entscheidet das Nachlaßgericht. Fällt einer von ihnen weg, so führen die übrigen das Amt allein. Der Erblasser kann abweichende Anordnungen treffen.

Jeder Testamentsvollstrecker ist berechtigt, ohne Zustimmung der anderen Testamentsvollstrecker diejenigen Maßregeln zu treffen, welche zur Erhaltung eines der gemeinschaftlichen Verwaltung unterliegenden Nachlaßgegenstandes notwendig sind.

E I 1893 II 2093; M 5 222, 223; P 5 255–257.

Übersicht:

Mehrere Testamentsvollstrecker

1. Mehrere Testamentsvollstrecker (§§ 2197 Abs 1, 2199 Abs 1, 2200 A 1b) führen das Amt **gemeinschaftlich** sowohl nach innen, indem sie ihre Beschlüsse nur einstimmig fassen können, wie nach außen, indem sie (abweichend von HGB § 115 Abs 1) grundsätzlich sämtlich bei einem Rechtsgeschäfte tätig zu werden haben. Sie können z. B. auch den Antrag, das Grundbuch zu berichtigen, nur gemeinsam stellen (OLG München HRR 1938, 1019). Doch können sie unbeschadet ihrer Haftung nach §§ 2218 A 1b, 664 die Ausführung einem aus ihrer Mitte oder einem Dritten übertragen. Soweit mehreren von ihnen ein Verschulden zur Last fällt, haften sie als Gesamtschuldner, § 2219 Abs 2. Eigenmächtige Teilung des Wirkungskreises entbindet sie nicht von der gemeinschaftlichen Verantwortung, s. aber A 4 u. 5.

Unter Umständen kann es zweifelhaft sein, ob überhaupt ein Mitvollstrecker bestellt worden ist oder nur eine Verwaltungsanordnung aus § 2216 Abs 2 vorliegt, so wenn der Testamentsvollstrecker nach dem Testament für gewisse Geschäfte an die Zustimmung eines anderen (Rechts- oder Wirtschaftskundigen) gebunden ist; es handelt sich dann um eine Auslegungsfrage (RG 130, 138).

Das Auskunfts- und Rechenschaftsverlangen kann auch gegen einen einzelnen Testamentsvollstrecker geltend gemacht werden (RG JW 1913, 495[17]). Die Steuerbehörde (§ 2205 A 1c) kann bis zur Höhe des von mehreren Testamentsvollstreckern verwalteten Nachlasses jeden von ihnen in Anspruch zu nehmen und es ihm überlassen, die nach dem bürgerlichen Recht etwa erforderliche Mitwirkung des oder der Mitvollstrecker seinerseits herbeizuführen (RFinH JW 1925, 2038[7]).

2. Das **Nachlaßgericht** ist zur **Entscheidung von Meinungsverschiedenheiten** wie im Falle des § 1797 Abs 1 das Vormundschaftsgericht berufen. Eine Meinungsverschiedenheit im Sinne des § 2224 besteht z. B., wenn mehrere Testamentsvollstrecker sich nicht über die Ernennung eines weiteren Mitvollstreckers einigen können (vgl. § 2199 Abs 1; KG Recht 1914 Nr 1117). Die Entscheidung kann nicht nur von jedem Testamentsvollstrecker, sondern auch von sonstigen Beteiligten beantragt werden (RJA 13, 94).

Der Prozeßweg unter den Testamentsvollstreckern zur Schlichtung einer Meinungsverschiedenheit über eine gemeinschaftlich auszuführende Amtshandlung ist ausgeschlossen (OLG 1, 196). Steht aber nicht fest, daß die in Rede stehende Amtshandlung den mehreren Vollstreckern gemeinschaftlich obliegt, besteht vielmehr Streit darüber, wer von ihnen sie vorzunehmen hat oder ob sie gemeinschaftlich vorzunehmen ist, so entscheidet hierüber das Prozeßgericht (OLG 26, 357). Eine Meinungsverschiedenheit im Sinne des § 2224 liegt auch nicht vor, wenn unter zwei Testamentsvollstreckern, von denen der eine zugleich Nachlaßschuldner oder Nachlaßgläubiger ist, Streit darüber besteht, ob dieser auf Grund seiner Schuld eine Leistung an den Nachlaß zu bewirken oder auf Grund seiner Forderung etwas aus dem Nachlaß zu erhalten hat. In solchem Falle ist der zweite Testamentsvollstrecker gemäß A 3, unter Umständen auch A 5 für sich allein befugt, die Nachlaßforderung einzuklagen oder die gegen den Nachlaß gerichtete Forderung abzuwehren (RG 98, 173 sowie HRR 1930 Nr 1110; KGJ 46, 134).

Streiten mehrere Testamentsvollstrecker darüber, ob einer von ihnen dem von einem anderen beabsichtigten Rechtsgeschäft zuzustimmen hat, so kann das Nachlaßgericht, wenn es das Rechtsgeschäft billigt, nur aussprechen, daß der sich Weigernde zuzustimmen habe, nicht dagegen, daß seine Zustimmung ersetzt werde. Das Nachlaßgericht schaltet sich also nicht an Stelle des einen Testamentsvollstreckers in den rechtsgeschäftlichen Vorgang ein; es hat vielmehr nur eine Art schiedsrichterlicher Stellung des Inhalts, daß es von den widerstreitenden Meinungen eine als sachgemäß und richtig bezeichnen und deren Durchführung anordnen kann (KG DR 1943, 353). Das Nachlaßgericht darf sich erst recht nicht insofern an die Stelle der Testamentsvollstrecker setzen, als es eine von keinem von ihnen vertretene Meinung zur Geltung bringt (JW 1936, 1017[55]; Kipp-Coing § 131 I 1 A 4 mit Nachweisen; über Änderungen von untergeordneter Bedeutung s. JFG 15, 344). Anderseits kann es nicht gezwungen werden, einer der Meinungen beizutreten, wenn es sämtliche Meinungen verwirft. Es hat deshalb, wenn es ihm nicht gelingt, einen der Testamentsvollstrecker zur entsprechenden Antragstellung zu bestimmen, die Entscheidung abzulehnen und in wichtigen Angelegenheiten den Beteiligten zu überlassen, die Entlassung des oder der widerspenstigen Testamentsvollstrecker nach § 2227 herbeizuführen (Schaub DJZ 1908, 700). Das Nachlaßgericht hat auch nur bei Meinungsverschiedenheiten mehrerer Testamentsvollstrecker wegen der sachlichen Amtsführung zu entscheiden, jedoch nicht bei Meinungsverschiedenheiten über Rechtsfragen, z. B. Auslegung einzelner Testamentsbestimmungen, und zwar auch nicht insoweit, als diese als Vorfragen für die beabsichtigte Amtsführung erheblich sind (OLG Hamburg MDR 1953, 364; vgl. auch Planck-Flad A 3).

Die auf Vornahme eines Rechtsgeschäfts lautende Entscheidung des Nachlaßgerichts wird nach FGG §§ 82 Abs 2, 53 Abs 1, vorbehaltlich § 53 Abs 2 erst mit der Rechtskraft wirksam. Die Beschwerde steht, und zwar als sofortige jedem Testamentsvollstrecker selbständig, überdies aber den sonstigen Beteiligten, Erben, Bedachten und Auflageberechtigten aus § 2194 zu (FGG §§ 60 Nr 6, 20, 82 Abs 1).

Gebühr für die Entscheidung des Nachlaßgerichts KostO §§ 105, 107.

3. Der **Wegfall** eines Testamentsvollstreckers kann in der Ablehnung des Amtes oder in der Beendigung nach §§ 2225, 2227, aber auch darin seinen Grund haben, daß er im einzelnen Falle durch rechtliche, in seiner Person liegende Gründe dauernd verhindert ist, an einem Rechtsgeschäfte (RG 58, 300; 61, 139) oder an einer Prozeßhandlung (RG 98, 173) mitzuwirken. Vorübergehende Verhinderung durch Krankheit u. dgl. ist kein Wegfall. Der Rechtsgedanke des § 2224 Abs 1 Satz 2 ist entsprechend anzuwenden, wenn der Testamentsvollstrecker zu einer Zeit, in der er tätig werden soll, nicht verfügbar ist. Von zwei eingesetzten Testamentsvollstreckern kann daher einer allein amtsbefugt sein, weil z. B. der andere vermißt ist (OGH NJW 1950, 64; OLG Oldenburg NdsRpfl 1948, 10).

4. Der Erblasser kann letztwillig **abweichende Anordnungen** insofern treffen, als er jedem der mehreren Testamentsvollstrecker einen besonderen Wirkungskreis mit eigener Verantwortung anweist (JFG 14, 9), jeden nach außen zur vollen Vertretung ermächtigt (A 1), Mehrheitsbeschlüsse zuläßt (Kollegialverfassung), die Entscheidung des Nachlaßgerichts ausschließt, sie einem Dritten oder auch einem der Testamentsvollstrecker überträgt, mit Wegfall des einen auch das Amt der anderen erlöschen läßt oder nach § 2197 Abs 2 für Ersatz sorgt u. dgl. Die abweichenden Anordnungen sind im Vollstreckerzeugnis (§ 2368) mit anzugeben (KGJ 22 A 269; 31 A 94).

Unzulässig ist, die Wirksamkeit von Rechtshandlungen des Testamentsvollstreckers von der Genehmigung des Nachlaßgerichts abhängig zu machen, da der Erblasser über den Wirkungskreis von Behörden nicht bestimmen kann.

5. Ohne Zustimmung der anderen zu handeln ist der Testamentsvollstrecker, wie bei der Gemeinschaft (§ 744 Abs 2) und der Erbengemeinschaft (§ 2038 Abs 1) nur ermächtigt, wenn es sich um dringliche Erhaltungsmaßregeln handelt, z. B. unaufschiebbare Erneuerungsarbeiten, Zahlung von Hypothekenzinsen, um die Zwangsvollstreckung abzuwenden, Bestellung von Äckern. Dazu kann auch die Klage auf Feststellung einer Nachlaßforderung oder ihre gerichtliche Beitreibung gehören (RG 98, 173; JW 1902 Beil 244[135]).

Nimmt ein Testamentsvollstrecker ein Rechtsgeschäft oder eine dingliche Verfügung vor, ohne durch Abs 2 gedeckt zu sein, so kann die Handlung nach §§ 177ff., 185 nur durch Genehmigung der übrigen oder durch eine zustimmende Entscheidung des Nachlaßgerichts (A 2) oder des durch eine abweichende Anordnung des Erblassers (A 4) sonst zur Entscheidung Berufenen wirksam werden.

Das Recht, innerhalb des Rahmens des Abs 2 selbständig zu handeln, kann der Erblasser dem einzelnen Testamentsvollstrecker nicht entziehen. Das ist (mit Planck-Flad A 10) aus dem Zweck des Abs 2 und seiner Stellung gegenüber dem Abs 1 Satz 3 zu folgern.

§ 2225

Das Amt des Testamentsvollstreckers erlischt, wenn er stirbt oder wenn ein Fall eintritt, in welchem die Ernennung nach § 2201 unwirksam würde.

E I 1894 II 2094; M 5 223; P 5 257–259.

Übersicht:

Erlöschen des Amtes

1. Das Erlöschen des Amtes im allgemeinen
2. Tod des Testamentsvollstreckers
3. Die Fälle des § 2201
4. Folgen der Amtsbeendigung

1. Das **Amt** des Testamentsvollstreckers **endet** von selbst, ohne daß es (wie bei der Nachlaßpflegschaft § 1960 A 5f) einer förmlichen Aufhebung oder einer Anzeige der Amtsniederlegung an das Nachlaßgericht bedarf, so durch Erledigung aller dem Testamentsvollstrecker zugewiesenen Aufgaben (RG81, 166; BayObLG 1953, 360; Planck-Flad 4. Aufl Vorbem 1b vor §§ 2225–2227; Kipp-Coing § 132 V), ebenso durch Eintritt der auflösenden Bedingung oder des Endtermins, insbesondere im Falle des § 2210.

Nicht beendet wird das Amt des Testamentsvollstreckers dadurch, daß er zum Vormunde des Alleinerben bestellt wird (KGJ 48, 141), auch nicht durch Eröffnung des Nachlaßkonkurses oder der Nachlaßverwaltung (RG Gruch 63, 617). Konkurseröffnung über das Vermögen des Testamentsvollstreckers kann nur einen Entlassungsgrund nach § 2227 bilden. Die Testamentsvollstreckung erlischt regelmäßig auch nicht beim Tode des Erben, sondern nur dann, wenn sie gerade für den Erben oder für dessen Lebenszeit angeordnet ist (Planck-Flad A 3; OLG München NJW 1951, 74 Nr 9).

Ist streitig, ob das Amt des Testamentsvollstreckers beendet ist, so entscheidet hierüber nicht das Nachlaßgericht. Denn diesem steht nicht allgemein das Recht zu, den Testamentsvollstrecker zu beaufsichtigen und über Streitigkeiten zwischen ihm und den Erben zu befinden. Notfalls ist der Streit im ordentlichen Rechtswege auszutragen (KG JR 1951, 732; BayObLG 1953, 361 mit Nachw).

2. Tod des Testamentsvollstreckers. Das Amt geht nicht auf seine Erben über, soweit nicht der Erblasser einen bestimmten Erben nach § 2197 Abs 2 als Nachfolger ernannt hat. Die Berufung des oder der Erben schlechthin ist keine „Ernennung". Anzeigepflicht und vorläufige Fortführung des Amtes durch die Erben des Testamentsvollstreckers §§ 2218 A 1, 673 Satz 2.

Dem Tode eines Menschen steht bei einer juristischen Person der Verlust eigener Rechtsfähigkeit gleich. Das Testamentsvollstreckeramt einer Aktiengesellschaft erlischt aus diesem Grunde auch dann, wenn sie durch Verschmelzung nach HGB § 306 (jetzt AktG § 233) in einer anderen Aktiengellschaft aufgeht (HansRGZ B 1932, 791).

3. Die Fälle des § 2201: Geschäftsunfähigkeit oder beschränkte Geschäftsfähigkeit, Bestellung eines Pflegers nach § 1910 zur Besorgung der Vermögensangelegenheiten. Wird die Entmündigung oder Pflegschaft wieder aufgehoben, so lebt hiermit das einmal erloschene Amt nicht wieder auf.

4. Folgen der Amtsbeendigung. Das dem Testamentsvollstrecker erteilte Zeugnis wird mit Beendigung des Amtes von selbst kraftlos, § 2368 Abs 3; die Vermerke im Grundbuch und Schiffsregister (GBO § 52, FGG § 118) sind auf Antrag des Erben zu löschen. Herausgabe- und Rechenschaftspflicht §§ 2218 A 1b, 666, 667, Wirksamkeit einer nach Beendigung des Amtes vorgenommenen Verfügung § 674.

Eine vom Testamentsvollstrecker erteilte Vollmacht erlischt mit Beendigung des Amtes (KGJ 41, 79). Läßt er die Vollmacht nebst dem Testamentsvollstreckerzeugnis in den Händen des Bevollmächtigten, so haftet er entsprechend § 179, wenn der Bevollmächtigte auf Grund dieser Urkunden einen Vertrag schließt (RG DNotZ 1933, 303[19]).

Über den Einfluß der Beendigung des Amtes auf den Gang eines schwebenden Prozesses s. § 2212 A 1).

Der Wegfall der Testamentsvollstreckung bewirkt, daß der Erbe nicht mehr in der Verfügungsmacht beschränkt ist (§ 2211 A 1). Diese Folge tritt auch dann ein, wenn der Testamentsvollstrecker durch rechtliche, in seiner Person liegende Gründe an einer bestimmten Verfügung über einen Nachlaßgegenstand verhindert ist (vgl. § 2224 A 3). Auch in einem solchen Falle steht das Verfügungsrecht dem Erben zu (KG RJA 16, 139), falls der Erblasser keine andere Regelung für den Wegfall oder die Verhinderung des Testamentsvollstreckers vorgesehen hat (DNotZ 1937, 337). Vgl. auch § 2205 A 3.

Stellt sich nachträglich heraus, daß zum Nachlaß Rückerstattungsansprüche gehören, dann lebt nicht die beendete Testamentsvollstreckung wieder auf (so Leitsatz zu OLG München NJW 1951, 74 Nr 9); es erweist sich in diesem Falle nur, daß die Testamentsvollstreckung noch nicht beendet war.

§ 2226

Der Testamentsvollstrecker kann das Amt jederzeit kündigen. Die Kündigung erfolgt durch Erklärung gegenüber dem Nachlaßgerichte. Die Vorschriften des § 671 Abs 2, 3 finden entsprechende Anwendung.

E I 1895 II 2095; M 5 223, 224; P 5 259, 260.

Kündigung des Testamentsvollstreckers

1. Das **Kündigungsrecht** steht dem Testamentsvollstrecker gleich dem Beauftragten (§ 671 Abs 1) jederzeit zu, und zwar ohne daß er dabei über den Grund Rechenschaft zu geben hätte. Doch darf er, außer wenn ein wichtiger Grund vorliegt, nicht zur Unzeit kündigen (§ 671 Abs 2). Hatte er durch Vertrag mit dem Erblasser oder dem Erben auf das Kündigungsrecht verzichtet, so darf er nur aus wichtigen Gründen kündigen (§ 671 Abs 3). Aber auch die unzeitige oder grundlose Kündigung bringt das Amt zum Erlöschen und kann den Testamentsvollstrecker nur schadenersatzpflichtig machen. Das KG hat in RJA 12, 112 (§ 2199 A 2) die Beschränkung der Kündigung auf einen Teil des Amtes zugelassen, wenn sich ein entsprechender Wille des Erblassers feststellen läßt (ebenso JFG 19, 40). Dem Ehemann stand auch schon vor dem 1. 4. 53 aus § 1358 kein Kündigungsrecht zu (§ 2202 A 2). Zulässig ist eine Vereinbarung zwischen dem Erben und dem Testamentsvollstrecker über die Niederlegung des Testamentsvollstreckeramtes (RG 156, 70 [75f.]).

Die Testamentsvollstreckung selbst wird durch die Amtsniederlegung des Testamentsvollstreckers dann nicht beendigt, wenn der Erblasser Ersatzbestimmungen getroffen hat (§ 2197 Abs 2, §§ 2198–2200; RG 156, 70 [76]).

2. **Zu Satz 2:** Die **Erklärung ist gegenüber dem Nachlaßgericht** abzugeben, jedoch ohne Formzwang wie § 2202 A 2. Wirksamkeit § 130. Einsicht der Akten § 2228. Gebühr für die Entgegennahme der Kündigung KostO §§ 104 Abs 1 Nr 8, 107; vgl. auch KostO § 5 Satz 2 wegen der Haftung des Erben für die entstehenden Kosten.

§ 2227

Das Nachlaßgericht kann den Testamentsvollstrecker auf Antrag eines der Beteiligten entlassen, wenn ein wichtiger Grund vorliegt; ein solcher Grund ist insbesondere grobe Pflichtverletzung oder Unfähigkeit zur ordnungsmäßigen Geschäftsführung.

Der Testamentsvollstrecker soll vor der Entlassung wenn tunlich gehört werden.

E I 1896 II 2096; M 5 224–226; P 5 260, 261.

Übersicht:

Entlassung des Testamentsvollstreckers

1. Die **Entlassung** des Testamentsvollstreckers kann nicht von Amts wegen, sondern nur auf Antrag, auch schon vor Beginn des Amtes (§ 2202) ausgesprochen werden. § 2227 schließt eine Klage auf Feststellung, daß die Einsetzung des Testamentsvollstreckers nichtig sei, nicht aus; die Entlassung aus wichtigem Grunde setzt vielmehr sogar voraus, daß der Testamentsvollstrecker gültig ernannt worden ist. Ein Streit hierüber kann nur im ordentlichen Verfahren ausgetragen werden, nicht vor dem Nachlaßgericht. Wird die Klage abgewiesen, weil die Anordnung des Erblassers rechtswirksam sei, dann kann der Erbe bei wichtigem Grunde die Entlassung des Testamentsvollstreckers beantragen (RG 168, 179; s. auch A 3). Auch die Frage, ob die Testamentsvollstreckung beendet ist, ist bei Streit im ordentlichen Rechtswege zu entscheiden, weil das Nachlaßgericht kein allgemeines Aufsichtsrecht hat und nicht befugt ist, eine Testamentsvollstreckung aufzuheben oder für beendet zu erklären (KG JR 1951, 732; vgl. auch § 2225 A 1 a.E.).

a) **Antragsberechtigt** sind die **Beteiligten** im Sinne von § 2198 A 3, also einschließlich der Nachlaßgläubiger, auch soweit sie nicht Vermächtnisnehmer oder Pflichtteilsberechtigte sind (ebenso Planck-Flad A 2; a.M. KG in JFG 5, 154; Kipp-Coing § 132 IV A 4), und Mitvollstrecker, dagegen nicht der Testamentsvollstrecker selbst; ihm steht vielmehr nach § 2226 das Kündigungsrecht zu. Ein Miterbe ist auch dann, wenn sein Erbteil gepfändet worden ist oder wenn er seinen Erbteil verpfändet oder übertragen hat (§ 2033), weiter als Beteiligter anzusehen, und zwar im Falle der Übertragung, weil seine Haftung nach §§ 2382, 2385 fortdauert (DRZ 1929 Nr 656). Nach JFG 16, 74 steht das Antragsrecht auch der Devisenstelle zu. Die Dienstbehörde eines Beamten, deren Genehmigung nach § 65 Abs 1 Nr 1 BBG zur Übernahme des Testamentsvollstreckeramtes erforderlich ist, hat kein eigenes Antragsrecht, sie kann den Beamten nur zur Kündigung anhalten.

b) Das **Nachlaßgericht** wird im Wege der freiwilligen Gerichtsbarkeit tätig; der Prozeßweg ist damit ausgeschlossen. Einem Schiedsspruch oder einem Schiedsgutachten darüber, ob ein wichtiger Entlassungsgrund vorliege, kommt für die im Verfahren der freiwilligen Gerichtsbarkeit

(FGG § 12) zu treffende Entscheidung keine Bedeutung zu; der Erblasser darf auch einem Schiedsgericht nicht die Entscheidung darüber übertragen, ob der Erbe nach § 2227 berechtigt sei, einen Antrag zu stellen, oder ob er einen etwa schon gestellten Antrag zurückzunehmen habe (RG 133, 128). Eigentliche Aufsichtsrechte stehen dem Nachlaßgerichte nicht zu, auch nicht bei entsprechenden Anordnungen des Erblassers (OLG 40, 136 A 1; KG JR 1951, 732). Eine zeitweilige Entlassung ist unstatthaft; desgleichen eine einstweilige Anordnung des Nachlaßgerichts auf vorläufige Amtsenthebung (JFG 3, 172). Die Entlassung kann auch nicht in der Weise beschränkt werden, daß der Testamentsvollstrecker für bestimmte Verrichtungen im Amte bleibt (DRZ 1929 Nr 498).

Sind die Aufgaben des Testamentsvollstreckers erledigt und ist damit sein Amt erloschen, so kann er nicht mehr entlassen werden (JFG 14, 275).

2. Was als **wichtiger Grund** zu gelten habe, ist dem pflichtmäßigen Ermessen des Nachlaßgerichts anheimgestellt. Daß der wichtige Grund in dem Verhalten des Testamentsvollstreckers zu erblicken sein müßte, ist nicht erforderlich (Vogel JW 1934, 1400 gegen Donner das. 887). Pflichtverletzung grober Art, z. B. durch eine von den Umständen nicht gebotene Bevorzugung der eigenen geldlichen Interessen vor denen der Erben (OLG 44, 98; JW 1937, 475[25] betr. Einbehaltung einer vermeintlich zu hohen Vergütung; vgl. § 2221 A 1 Abs 1) und Unfähigkeit sind (wie in § 27 Abs 2 beim Vereinsvorstand) nur beispielsweise aufgeführt. Über die Voraussetzungen des Amtsmißbrauchs vgl. OGH 3, 247.

Verschulden des Testamentsvollstreckers ist nicht vorausgesetzt (KGJ 36 A 74; BayObLG 28, 34; 1953, 361); es genügt, daß er durch sein persönliches Verhalten oder die bei ihm tatsächlich bestehenden Verhältnisse begründeten Anlaß zu der Annahme gibt, sein Verbleiben im Amte werde die Ausführung des letzten Willens beeinträchtigen oder die berechtigten Interessen der Beteiligten gefährden (OLG 30, 210; DRZ 1934 Nr 11). In der Regel muß jedenfalls eine objektive Gefährdung des Nachlasses und des Erben festzustellen sein (OLG Düsseldorf DNotZ 1950, 67). Unter diesem Gesichtspunkte sind auch Feindschaft oder ein erheblicher Interessengegensatz zwischen dem Vollstrecker und dem Erben (OLG 26 S. 357 u. 358; 40, 137; RG 18. 5. 31 IV B 10/31; RG 168, 179; BayObLG 1953, 361) oder zwischen Mitvollstreckern (RJA 14, 25) und längere Abwesenheit des Vollstreckers (KGJ 47, 92) als Entlassungsgründe zu würdigen; ebenso wenn er einen Generalbevollmächtigten (§ 2218 A 1 zu § 664) unter Umständen bestellt, welche die Erteilung einer Generalvollmacht überhaupt als unsachgemäß und gefährlich oder den bestellten Bevollmächtigten als ungeeignet erscheinen lassen (JFG 7, 282). Die Internierung des Testamentsvollstreckers ist jedoch für sich allein kein ausreichender Entlassungsgrund, jedenfalls so lange nicht, als die Geschäfte durch Bevollmächtigte weitergeführt werden (OLG Celle HannRpfl 1946, 134). Auch die Tatsache allein, daß der Testamentsvollstrecker als Notar den Erbvertrag beurkundet hat, in dem das Nachlaßgericht gebeten worden war, einen Notar des Gerichtsbezirks zum Testamentsvollstrecker zu ernennen, rechtfertigt die Entlassung nicht (LG Göttingen DNotZ 1952, 445).

Die Verhinderung des Vollstreckers, bei einer einzelnen Nachlaßangelegenheit, z. B. infolge seiner Eigenschaft als Nachlaßschuldner, mitzuwirken, ist an sich und vorbehaltlich einer besonderen Sachlage (wie in dem Falle JFG 3, 169) noch kein wichtiger Grund zu seiner Entlassung (RG 98, 174; vgl. §§ 2224 A 2,3, 2225 A 4 a. E.).

Wird klargestellt, daß das Nachlaßgericht den Testamentsvollstrecker ohne ein entsprechendes Ersuchen des Erblassers ernannt hat (§ 2200 A 1a), so besteht gleichfalls ein wichtiger Grund für die Entlassung; sie setzt auch in diesem Falle einen Antrag voraus (Recht 1925 Nr 2438).

3. **Zu Abs 2: Anhörung** wie § 2216 A 4 nur „wenn tunlich"; da die Entlassung eine besonders einschneidende Maßnahme ist, sollte jedoch nur in ganz besonderen Ausnahmefällen davon abgesehen werden, den Testamentsvollstrecker zu hören.

Dem Testamentsvollstrecker steht gegen seine Entlassung sofortige Beschwerde (FGG § 81 Abs 2), den Beteiligten gegen die Ablehnung einfache Beschwerde zu (FGG §§ 19ff.). Akteneinsicht und Ausfertigungen FGG §§ 78, 85. Gebühr für die Entlassung KostO §§ 105, 107.

Der Testamentsvollstrecker kann die Kosten, die ihm durch ein auf seine Entlassung abzielendes Verfahren entstehen, dem Nachlaß entnehmen, wenn er sich in berechtigter Verteidigung des letzten Willens des Erblassers befunden hat (RG JW 1936, 3388[7]).

Anwendbarkeit des älteren Rechtes RG 46, 70.

§ 2228

Das Nachlaßgericht hat die Einsicht der nach § 2198 Abs 1 Satz 2, § 2199 Abs 3, § 2202 Abs 2, § 2226 Satz 2 abgegebenen Erklärungen jedem zu gestatten, der ein rechtliches Interesse glaubhaft macht.

P 6 338, 339.

Akteneinsicht ist jedem zu gewähren, der ein rechtliches, nicht nur ein berechtigtes (OLG 10, 18) Interesse glaubhaft macht. Vgl. zum Begriff des rechtlichen Interesses im allgemeinen BGH 4, 323 (324f.); 9, 111, ferner § 1953 A 5. Verwandte Vorschriften enthalten die §§ 1953 Abs 3 Satz 2, 1957 Abs 2 Satz 2, 2010, 2081 Abs 2 Satz 2, 2146 Abs 2, 2264, 2384 Abs 2.

Es betreffen § 2198: Die Bestimmung des Testamentsvollstreckers durch einen Dritten, § 2199: Bestimmung des Mitvollstreckers oder Nachfolgers durch den Testamentsvollstrecker, § 2202: Annahme- oder Ablehnungserklärung, § 2226: Kündigung. Vgl. auch FGG §§ 34, 78, 85.

Das Gesetz über die Einsicht in gerichtliche öffentliche Bücher und Register vom 30. 9. 36 (RGBl I 853) ist durch das KRG Nr 24 aufgehoben worden.

Siebenter Titel

Errichtung und Aufhebung eines Testaments

1. Über das Verhältnis zum Testamentsgesetz. Die Vorschriften des Siebenten Titels (§§ 2229–2264) waren zeitweilig durch das Gesetz über die Errichtung von Testamenten und Erbverträgen vom 31. 7. 38 – RGBl I 973 – (TestG) aufgehoben und durch dessen Bestimmungen ersetzt. Sie sind nunmehr durch den Ersten Teil Art 5 Nr 5 des Gesetzes zur Wiederherstellung der Gesetzeseinheit auf dem Gebiete des bürgerlichen Rechts vom 5. 3. 53 – BGBl I 33 – (GesEinG) wieder in das BGB eingefügt worden. In den Schlußvorschriften im Zweiten Teil Art 1 Nr 6 dieses Gesetzes ist das TestG gleichzeitig mit Ausnahme des § 51 aufgehoben worden. Die §§ 2229–2264 in ihrer neuen Fassung übernehmen jedoch nahezu vollinhaltlich die Regelung des TestG, das gegenüber der ursprünglichen Fassung der Bestimmungen des BGB zahlreiche erwünschte Formerleichterungen gebracht und sich in der Praxis bewährt hat. Die **Abweichungen** gegenüber dem TestG bestehen im wesentlichen in folgendem: Der in § 27 TestG enthaltene Hinweis auf Sondervorschriften für Wehrmachtsangehörige ist entfallen. Die Vorschrift über das Seetestamt (§ 2251, früher § 25 TestG) ist den gegenwärtigen Verhältnissen angepaßt. Die Bestimmungen des § 48 Abs 1 und 3 TestG über die Nichtigkeit einer Verfügung von Todes wegen sind nicht übernommen worden. Bei den sonstigen Änderungen handelt es sich vorwiegend darum, das Testamentsrecht der Fassung und dem Sprachgebrauch des BGB anzugleichen. Diesem ist es insbesondere fremd, Beispiele und Empfehlungen im Gesetzestext (so in §§ 2 Abs 2, 21, 24 TestG) anzuführen (vgl. nunmehr §§ 2229 Abs 4, 2247, 2250). Die Bestimmung des § 48 Abs 2 TestG, die schon durch das KRG Nr 37 vom 30. 10. 46 (KRABl S. 220) aufgehoben wurde (für die Zeit vorher vgl. Meiss SJZ 1946, 65), ist nicht wiederhergestellt worden. Wegen der Einzelheiten wird auf die vergleichenden Gegenüberstellungen der Vorschriften des TestG zu den entsprechenden Vorschriften des BGB (ursprünglicher und neuer Fassung) in der Einleitung zum Dritten Abschnitt (vor § 2064; S. 231,232) verwiesen.

2. Übergangsbestimmungen:

A. Für das Inkrafttreten des **BGB** gelten die Übergangsvorschriften der Art 214, 215 EGBGB.

B. Die Übergangsregelung, die für die Ablösung der alten Vorschriften des Siebenten Titels durch das am 4. 8. 38 in Kraft getretene **TestG** gilt, enthält § 51 TestG. Das Gesetz zur Wiederherstellung der Gesetzeseinheit auf dem Gebiete des bürgerlichen Rechts vom 5. 3. 53 hat die Bestimmung aufrechterhalten (Zweiter Teil Art 1 Nr 6 aaO.).

TestG § 51 lautet:

Das Gesetz gilt nicht für Erbfälle, die sich vor seinem Inkrafttreten ereignet haben.

Die vor dem Inkrafttreten des Gesetzes erfolgte Errichtung oder Aufhebung eines Testaments oder Erbvertrags wird nach den bisherigen Vorschriften beurteilt, auch wenn der Erblasser nach dem Inkrafttreten des Gesetzes stirbt.

Bei Erbfällen, die sich nach dem Inkrafttreten des Gesetzes ereignen, sind an die Gültigkeit eines Testaments keine höheren Anforderungen zu stellen, als nach diesem Gesetz für ein Testament der betreffenden Art zulässig ist, auch wenn das Testament vor dem Inkrafttreten dieses Gesetzes errichtet ist. Dies gilt entsprechend für Erbverträge.

a) Aus den Vorschriften des § 51 ergibt sich folgende **Übergangsregelung:**

Ist **der Erbfall vor dem Inkrafttreten des Testamentsgesetzes** (4. 8. 38) **eingetreten,** so ist, wie durch Abs 1 klargestellt wird, ausschließlich das alte Recht anzuwenden (RG HRR 1939 Nr 150

u. Warn 1939 Nr 80). An einer nach altem Recht eingetretenen Erbfolge soll durch das TestG nichts geändert werden (Begr.).

Ist **der Erbfall nach dem Inkrafttreten des Gesetzes eingetreten,** so finden grundsätzlich die Vorschriften des TestG Anwendung. Jedoch wird die vor dem Inkrafttreten des Gesetzes erfolgte Errichtung oder Aufhebung eines Testaments oder Erbvertrags nach altem Recht beurteilt (Abs 2); eine Ausnahme hiervon gilt nach Abs 3 für die Errichtung eines Testaments oder Erbvertrags insofern, als die vom TestG vorgesehenen Formerleichterungen auch den vor seinem Inkrafttreten errichteten Testamenten und Erbverträgen zugute kommen sollen.

Ist im Falle eines vor dem Inkrafttreten des TestG errichteten gemeinschaftlichen Testaments der Mann vor dem Inkrafttreten des Gesetzes verstorben, so richtet sich seine Beerbung nach altem Recht (Abs 1); ist die Beitrittserklärung der Frau nichtig, weil sie entgegen der zwingenden Formvorschrift des § 2267 nicht eigenhändig datiert ist, so ist eine Auslegung des Testaments nach § 2269 mit Rücksicht auf § 2270 Abs 2 unmöglich (KG JW 1938, 3169[20] mit Anm von Vogels = ZAkDR 1939, 173 mit Anm von Boehmer). Die Verfügung der Frau ist nach Abs 3 als formgültig anzusehen; stehen aber die Verfügungen der Ehegatten miteinander in Wechselbeziehung, so hat die nach altem Recht begründet gewesene Formnichtigkeit der Verfügung der Frau gemäß § 2270 Abs 1 die Verfügung des Mannes unwirksam gemacht; dies hat zur Folge, daß auch die Verfügung der Frau als unwirksam anzusehen ist. Hieraus ergibt sich weiter, daß die Frau auch an der Errichtung einer neuen, von der früheren abweichenden Verfügung nicht gehindert ist (KG JFG 20, 298 = HRR 1939, 1506 = DRW 1939, 1955[11] = ZAkDR 1939, 688 mit Anm von Boehmer; vgl. auch Vogels JW 1938, 3170. Waren bei einem gemeinschaftlichen Testament, das vor dem 4. 8. 38 errichtet worden ist, die Verfügungen des einen Ehegatten wegen Formmangels nichtig, war deshalb der andere nicht gebunden und hat er darauf seine Verfügung in einem neuen Testament einseitig widerrufen, so ist der Widerruf mit dem Inkrafttreten des TestG nicht deshalb unwirksam geworden, weil das gemeinschaftliche Testament nunmehr in vollem Umfange als formgültig anerkannt wurde (KG JFG 22, 119 = DR 1941, 103 mit Anm von Vogels = HRR 1941 Nr 324 = DNotZ 1941, 110). Vgl. auch Imlau, Fragen des Übergangsrechts des Testamentsgesetzes vom 21. 7. 38, DFG 1941, 19.

b) Die Abs 2 u. 3 haben nur die **Formvorschriften** (aber einschließlich der Vorschriften über die Testierfähigkeit, § 1 Abs 2, §§ 2, 3, 11 Abs 3, 21 Abs 4 TestG; vgl. §§ 2229 Abs 1, 3, 4, 2238 Abs 3, 2247 Abs 4) jedoch nicht die Vorschriften im Auge, welche die sachliche Wirksamkeit eines Testaments oder Erbvertrags berühren. § 51 Abs 3 TestG will den Erblasser dagegen schützen, daß infolge der früheren strengeren Vorschriften des BGB der von ihm erklärte letzte Wille nicht zur Geltung gelangt, obwohl er nach dem TestG gültig erklärt war. Die Vorschrift will aber nicht den Erblasser gegen seinen Willen an einer Erklärung festhalten, die nach dem BGB nichtig war und von ihm als nichtig anerkannt worden ist (BGH LM § 986 BGB Nr 1 mit Anm von Pritsch). Ein nach früherem Recht wegen Formmangels nichtiger Erbvertrag wird auch nach § 51 Abs 3 TestG nicht mit dem Inkrafttreten des Gesetzes von selbst voll wirksam. Der Erblasser kann daher anderweit letztwillig verfügen. Erst mit dem Erbfall wird der Formmangel nach § 51 Abs 3 TestG geheilt, soweit nicht inzwischen getroffene andere letztwillige Verfügungen entgegenstehen (BGH aaO.). Enthält der Erbvertrag wechselbezügliche Verfügungen der Ehegatten, dann wird er insoweit mit dem ersten Erbfall voll wirksam, wenn er bis zu diesem Zeitpunkt unverändert bestehengeblieben ist (BGH LM § 51 TestG Nr 2).

c) Die vom TestG vorgesehenen **Formerleichterungen** sollen den vor seinem Inkrafttreten errichteten Testamenten oder Erbverträgen zugute kommen. Soweit das TestG strengere Anforderungen stellt (z. B. § 16 Abs 3 u. § 18 Abs 1 gegenüber § 2242 Abs 2 u. § 2244 Abs 1 BGB), bleiben gemäß Abs 2 die bisherigen Vorschriften ausschließlich maßgebend.

C. Die Übergangsregelung zur **Aufhebung des § 48 Abs 2 TestG** hat Art II KRG 37 getroffen. Hiernach beschränkt sich die Wirkung der Aufhebung auf diejenigen Erbfälle, die bei Verkündung des KRG 37 (5. 11. 46) noch nicht geregelt waren. Geregelt ist ein Erbfall im Sinne des Art II KRG 37 jedenfalls dann, wenn durch rechtskräftiges Urteil oder Einigung der Beteiligten die erbrechtlichen Verhältnisse und die Ansprüche der Beteiligten am Nachlaß festgestellt sind. Es kommt in diesen Fällen nicht darauf an, ob die Ansprüche erfüllt worden sind oder ob Auseinandersetzungsstreitigkeiten bestehen (OLG Dresden JR 1950, 85). Jedoch ist nach dem Grundgedanken, der in Art XII Abs 2 KRG 45 und in § 58 Abs 2 der Verfahrensordnung für Landwirtschaftssachen (LVO) vom 2. 12. 47 (VOBl BZ S. 157) zum Ausdruck gelangt ist, ein geregelter Erbfall auch dann anzunehmen, wenn der Tod des Erblassers vom Zeitpunkt des Inkrafttretens des KRG 37 an gerechnet länger als drei Jahre zurückliegt, ohne daß bis zu diesem Zeitpunkt gegen die Personen, die die Erbschaft in Besitz genommen haben, im Klagewege ein Anspruch geltend gemacht worden ist, der die Erbfolge in Frage stellt. Zur Inbesitznahme der Erbschaft ist unmittelbarer oder mittelbarer Besitz notwendig; der nur auf § 857 BGB gestützte Besitz als Erbe reicht nicht aus (BGH 10, 115). Ein Testament, das während der Herrschaft des TestG errichtet worden ist und damals gegen § 48 Abs 2 TestG verstieß, bleibt daher nur nichtig, wenn der Erbfall vor dem Inkrafttreten des KRG 37 eingetreten und in diesem Zeitpunkt geregelt war. In allen anderen Fällen ist das Testament gültig. Auf diese Weise können auch solche Verfügungen von Todes wegen wirksam sein, von deren Ungültigkeit sich der Erblasser nach dem früheren Gesetzesstande überzeugt und deren Widerruf er daher unterlassen hatte. Schwierigkeiten, die sich hieraus ergeben, kann gegebenenfalls durch Anfechtung nach § 2078 BGB abgeholfen werden.

Im übrigen ist zu beachten, daß sich die Nichtigkeit einer letztwilligen Zuwendung, nachdem § 48 Abs 2 TestG weggefallen ist, aus **§ 138 BGB** ergeben kann. Der Erblasser ist auch jetzt nicht von jeder Rücksichtnahme und jeder Verantwortung gegenüber seinen Angehörigen frei. Der Ausschließung erbberechtigter Verwandter von der Erbfolge sind vielmehr durch die guten Sitten Grenzen gesetzt. Verteilt jemand seine Erbschaft unter Verletzung der durch die Familienzugehörigkeit gebotenen Rücksicht, so stellt dies freilich für sich allein noch keinen Verstoß gegen die guten Sitten dar. Die Übergehung eines Angehörigen kann aber unsittlich sein, wenn besonders erschwerende Umstände hinzukommen (OGH 3, 161).

D. Für die Übernahme der Vorschriften des TestG durch das Gesetz zur Wiederherstellung der Gesetzeseinheit auf dem Gebiet des bürgerlichen Rechts (GesEinhG) am 1. 4. 53 sind keine besonderen Überleitungsbestimmungen erlassen worden. Sie erschienen entbehrlich, weil die Wiedereinfügung der §§ 2229—2264 mit keiner sachlichen Änderung des durch das TestG geschaffenen Rechtszustandes verbunden sein sollte. Hierbei ist übersehen, daß der ersatzlose Fortfall des § 48 Abs 3 TestG eine Übergangslösung notwendig machen könnte. § 51 TestG kann nicht entsprechend angewandt werden. Ebensowenig ist der Grundgedanke des Art 213 EGBGB zu verwenden (a.M. Palandt-Rechenmacher Einf vor § 2229 BGB Anm 3). Es wird vielmehr Art 214 EGBGB entsprechend anzuwenden sein. Hat also der Erblasser vor dem 1. 4. 53 eine Verfügung von Todes wegen errichtet, so ist sie im Hinblick auf § 48 Abs 3 TestG auch dann nach dem alten Rechtszustand zu beurteilen, wenn er erst nach dem 1. 4. 53 stirbt.

3. Testamentsform. Das BGB unterscheidet zwischen der ordentlichen und außerordentlichen Testamentsform. Ordentliche Testamentsformen sind das vor einem Richter oder Notar durch mündliche Erklärung zur Niederschrift oder durch Übergabe einer Schrift errichtete öffentliche Testament (§§ 2231 Nr. 1, 2232—2246) und das eigenhändige Privattestament (§§ 2231 Nr 2, 2247—2248). Außerordentliche Testamentsformen sind das Nottestament vor dem Bürgermeister (§§ 2249, 2250 Abs 1), das Dreizeugentestament am abgesperrten Ort und bei naher Todesgefahr (§ 2250) und das Dreizeugentestament in der besonderen Erscheinungsform des Seetestaments (§ 2251).

4. Neben dem BGB bestehen **Sondervorschriften:**

A. für Testamente von Wehrmachtsangehörigen (Militärtestamente) im Gesetz über die freiwillige Gerichtsbarkeit und andere Rechtsangelegenheiten in der Wehrmacht (WehrmFGG) vom 24. 4. 34 (RGBl I 335, 352) idF der 5. ErgVO vom 6. 9. 43 (RGBl I 537). Sie sind auch heute noch für unerledigte Fälle früherer Wehrmachtsangehöriger und für Kriegsgefangene bedeutsam;

B. für die Errichtung von Testamenten und Erbverträgen deutscher Staatsangehöriger im Ausland von dem deutschen Konsul (Konsulartestamente) im Gesetz betr. die Organisation der Bundeskonsulate sowie die Amtsrechte und Pflichten der Bundeskonsuln (Konsulargesetz) vom 8. 11. 67 idF des Gesetzes vom 14. 5. 36 (RGBl I 447) und des Gesetzes vom 16. 12. 50 (BGBl 784). Die hier einschlägigen Bestimmungen haben folgenden Wortlaut:

KonsGes § 16a. Vor den Berufskonsuln können von deutschen Staatsangehörigen Testamente und Erbverträge errichtet werden. Auf das dabei zu beobachtende Verfahren sind die Vorschriften der §§ 2233 bis 2246, 2256 Abs 1 und 2, 2276, 2277 des Bürgerlichen Gesetzbuchs entsprechend anzuwenden. Der Berufskonsul tritt an die Stelle des Richters; ein Kanzler oder Konsulatssekretär tritt an die Stelle des Urkundsbeamten der Geschäftsstelle; ein etwa zugezogener Dolmetscher braucht nicht vereidigt zu werden.

Der das Errichtungsprotokoll nebst Anlagen enthaltende verschlossene Umschlag ist dem Amtsgericht Berlin-Schöneberg zur Verwahrung zu übermitteln; das Amtsgericht Berlin-Schöneberg erteilt den Hinterlegungsschein. Stirbt der Erblasser, bevor das Testament abgesandt worden ist, so kann der Konsul es eröffnen; das bei der Eröffnung anzuwendende Verfahren bestimmt sich nach den Vorschriften der §§ 2260, 2261 Satz 2 des Bürgerlichen Gesetzbuchs.

KonsGes § 37a. Die Befugnisse . . . zur Aufnahme von Testamenten und Erbverträgen (§§ 16, 16a) stehen nur denjenigen Konsuln zu, die dazu von der für auswärtige Angelegenheiten zuständigen Obersten Bundesbehörde besonders ermächtigt sind.

Die in Absatz 1 bezeichneten Befugnisse . . . können durch Verfügung der in Absatz 1 genannten Obersten Bundesbehörde auch einem an einer konsularischen Behörde beschäftigten Beamten, der nicht Konsul ist, übertragen werden, wenn er die in § 7 Absatz 1 bezeichnete Prüfung bestanden oder die Fähigkeit zum Richteramt oder zum höheren Verwaltungsdienst auf Grund der dafür vorgeschriebenen Prüfungen in einem deutschen Land erlangt hat.

Die §§ 16a, 37a KonsGes sind durch das Gesetz zur Wiederherstellung der Gesetzeseinheit auf dem Gebiet des bürgerlichen Rechts vom 5. 3. 53 unberührt geblieben (Zweiter Teil Art 4 Nr 2). Soweit in ihnen auf Vorschriften des TestG verwiesen ist (§ 16a des Konsulargesetzes; § 50 Abs 6 TestG), treten jedoch an deren Stelle wiederum die entsprechenden Vorschriften des BGB (unrichtig Soergel Vorbem vor § 2229 BGB Erl IIIb);

C. Für die Testamente von Verfolgten in den Rückerstattungsgesetzen (REGamZ Art 80, REGbrZ Art 67, BerlREAO Art 69; vgl. ferner Firsching DNotZ 1955, 298f.).

5. Internationales Privatrecht. Aus den Art 24 Abs 1 und 25 Abs 1 EGBGB ist als Grundsatz abzuleiten: Jeder Erblasser wird nach den Gesetzen des Staates beerbt, dem er zur Zeit seines Todes angehört (Erbstatut). Hiernach bestimmen sich insbesondere auch seine Testierfähigkeit und der zulässige Inhalt des Testaments. Bei einem deutschen Erblasser ist also das deutsche Recht maßgebend (vgl. auch Art 7 Abs 1 EGBGB). Die Testamentsform regelt Art 11 EGBGB. Das im Ausland von einem Deutschen errichtete Testament ist hiernach grundsätzlich ohne Rücksicht auf entgegenstehende Vorschriften des Ortsrechts formgültig, wenn die — deutsche — Heimatform gewahrt ist (Art 11 Abs 1 Satz 1 EGBGB). Es genügt aber auch, wenn die — vom Recht des Errichtungsorts vorgeschriebene — Ortsform beobachtet wird (Art 11 Abs 1 Satz 2 EGBGB). Ist der Erblasser ein Ausländer, so gilt für das von ihm auf deutschem Gebiet errichtete Testament ebenfalls das Erbstatut (Art 7 Abs 1, 25 EGBGB), also das betreffende ausländische Recht. Die Testamentsform bestimmt sich jedoch auch bei ausländischen Erblassern nach Art 11 EGBGB, d. h. entweder nach Heimatrecht oder nach — deutschem — Ortsrecht. Für den Wechsel der Staatsangehörigkeit enthält Art 24 Abs 3 EGBGB Sondervorschriften.

Im interzonalen Privatrecht sind die vorstehenden Grundsätze entsprechend anwendbar.

6. Neueres Schrifttum:

A. Handbücher: Leopold, Testamentsrecht, 1939; Vogels-Seybold, Gesetz über die Errichtung von Testamenten und Erbverträgen vom 31. 7. 38, 4. Aufl 1949.

B. Aufsätze: Boehmer, Fragen zum Testamentsgesetz, DNotZ 1940, 97, 140, 187; Daimer, Belehrungspflicht bei Beurkundungen von letztwilligen Verfügungen, DJ 1941, 1102; Dirian, Die Testierfähigkeit der deutschen Kriegsgefangenen und Zivilinternierten, NJW 1954, 1636; Firsching, Fragen des Testamentsrechts, DNotZ 1955, 283; Hilderscheid, Die Amtspflichten des Notars bei der Beurkundung von Testamenten und Erbverträgen, DNotZ 1939, 13; Höver, Die Ablieferung und Eröffnung von letztwilligen Verfügungen, DFG 1937, 133; Imlau, Fragen des Übergangsrechts des Testamentsgesetzes vom 31. 7. 38, DFG 1941, 19; Ischinger, Nicht vorhandene Testamentsurkunden, Rpfleger 1949, 559; Lange, Das Gesetz über die Errichtung von Testamenten und Erbverträgen, ZAkDR 1938, 577; Raape, § 2225 n. F. BGB (vordem § 8 TestG) in international-privatrechtlicher Hinsicht, SRZ 1954, 65; Rohs, Die Belehrungspflicht bei Beurkundung einer Verfügung von Todes wegen, DJ 1942, 422; Rohs, Die Verschließung öffentlicher Testamente (§ 20 TestG), JR 1949, 143; Schmidt, Der Widerruf des Testaments durch Vernichtung oder Veränderung der Testamentsurkunde, MDR 1951, 321; Schmidt, Überspannung des Formalismus im Testamentsrecht, JZ 1951, 745; Seybold, Formvorschriften für den Ehe- und Erbvertrag, DNotZ 1943, 125; Vogels, Sicherstellung der Testamentseröffnung gemäß AV v. 24. 4. 1936, DFG 1936, 109; Vogels, Das neue Testamentsrecht, DJ 1938, 1269; Vogels, Das eigenhändige Testament nach dem Gesetz vom 31. 7. 1938, JW 1938, 2161; Vogels, Die Durchführung des Testamentsgesetzes vom 31. 7. 1938, DR 1940, 1649 mit weiteren Nachweisen; Weihe, Zur Anwendung der Dienstordnung für Notare, DNotZ 1938, 767; Weyer, Gefahren des eigenhändigen Testaments, DFG 1936, 116; Weyer, Das neue Testamentsrecht, DNotZ 1938, 574; Zillmer, Anwesenheitspflicht der Zeugen bei der Testamentserrichtung, JZ 1952, 748.

§ 2229

Ein Minderjähriger kann ein Testament erst errichten, wenn er das sechzehnte Lebensjahr vollendet hat.

Der Minderjährige oder ein unter vorläufige Vormundschaft gestellter Volljähriger bedarf zur Errichtung eines Testaments nicht der Zustimmung seines gesetzlichen Vertreters.

Wer entmündigt ist, kann ein Testament nicht errichten. Die Unfähigkeit tritt schon mit der Stellung des Antrags ein, auf Grund dessen die Entmündigung ausgesprochen wird.

Wer wegen krankhafter Störung der Geistestätigkeit, wegen Geistesschwäche oder wegen Bewußtseinsstörung nicht in der Lage ist, die Bedeutung einer von ihm ab-

gegebenen Willenserklärung einzusehen und nach dieser Einsicht zu handeln, kann ein Testament nicht errichten.

E I 1912 II 2097; M 5 247—253; P 5 317—325; 6 73.

Übersicht:

Testierfähigkeit

1. Allgemeines
2. Beginn der Testierfähigkeit (Abs 1)
3. Testierfähige Minderjährige und Gleichgestellte (Abs 2)
4. Testierunfähigkeit Entmündigter (Abs 3)
5. Testierunfähigkeit geistig Gestörter (Abs 4)
6. Beweislast
7. Testierfreiheit

1. **Allgemeines.** § 2229 faßt die früheren Bestimmungen der §§ 1 Abs 2, 3 und 2 TestG zusammen. Die Vorschrift des § 1 Abs 1 TestG erscheint wieder als § 2064. Weitere als die in § 2229 bestimmten Beschränkungen der Testierfähigkeit sind dem Gesetze unbekannt.

Beim Güterstande der allgemeinen Gütergemeinschaft ist zur Wirksamkeit der in den §§ 1511—1515 bezeichneten Verfügungen eines Ehegatten die Zustimmung des anderen Ehegatten erforderlich (§ 1516).

2. **Beginn der Testierfähigkeit (Abs 1).** Die Vorschrift entspricht § 2229 Abs 2 aF und § 1 Abs 2 TestG. Der **Minderjährige** unter 16 Jahren (Berechnung des Lebensalters § 187 Abs 2) ist schlechthin testierunfähig. Er kann auch durch seinen gesetzlichen Vertreter kein Testament errichten (§ 2064). Das von ihm errichtete Testament ist nichtig.

Von der Vollendung des 16. Lebensjahres an steht der Minderjährige dem Volljährigen gleich; nur darf er sich während der ganzen Dauer der Minderjährigkeit der Form des eigenhändigen Testaments nicht bedienen (§ 2247 Abs 4) und das öffentliche Testament nur durch mündliche Erklärung oder durch Übergabe einer offenen Schrift errichten (§ 2238 Abs 3). Für den Erbvertrag s. § 2275 sowie §§ 2290, 2292. Ein im mobilen Verhältnis befindlicher minderjähriger Wehrmachtangehöriger konnte ein eigenhändiges Testament nach § 3 WehrmFGG v. 24. 4. 34 errichten.

Die §§ 2238 Abs 3, 2247 Abs 4 beschränken sachlich die persönliche Fähigkeit zur Testamentserrichtung (vgl. RG 111, 252); sie werden aber im Zusammenhange des Gesetzes als Formvorschriften behandelt. Daraus ist gemäß EG Art 11 Abs 1 Satz 2 zu folgern, daß das von einem minderjährigen Deutschen über 16 Jahre im Ausland durch Übergabe einer verschlossenen Schrift oder eigenhändig errichtete Testament gültig ist, wenn ihm das Gesetz des Errichtungsortes eine solche Errichtung gestattet (Planck-Strecker § 2238 A 5a, § 2247 A 2; a. M. Staudinger-Raape Art 24 A B IV, 1). Über die Testierfähigkeit eines in Deutschland testierenden Ausländers s. EG Art 7 (vgl. auch Art 24 Abs 3).

Um nichts anderes als um eine **Beschränkung der Testierfähigkeit** handelt es sich bei der durch EG Art 200, PrAG Art 48 aufrechterhaltenen Bestimmung des PrGes v. 16. 4. 1860 § 6, wonach Eheleute in westfälischer Gütergemeinschaft bei bestehender beerbter Ehe über das gemeinschaftliche Vermögen nur gemeinschaftlich von Todes wegen verfügen können, also von einseitigen letztwilligen Verfügungen ausgeschlossen sind (RG 2. 6. 21 IV 622/20; vgl. auch RG 111, 249ff. und dagegen Endemann JW 1926, 543, der die Gültigkeit einer einseitigen letztwilligen Verfügung eines westfälischen Ehegatten nur nach der Rechtslage entschieden sehen will, die zur Zeit seines Todes bestanden habe; damit wird er aber dem in den Mot zu § 6 des Münsterschen Entwurfs ausgesprochenen, dem § 6 des Ges von 1860 zugrunde liegenden Gedanken nicht gerecht, daß in einer für den Zusammenhalt der Familie so wichtigen Angelegenheit ein Zusammenwirken beider Ehegatten zu fordern sei).

3. **Testierfähige Minderjährige (Abs 2).** Die Vorschrift entspricht § 2229 Abs 1 aF und § 1 Abs 3 TestG. Sie behandelt testierfähige Minderjährige (Abs 1) und Volljährige, die unter vorläufiger Vormundschaft stehen, gleich. Die vorläufige Bevormundung, die nach der Stellung einer Entmündigungsantrags angeordnet werden kann (§ 1906), ist als solche kein Hindernis der Testamentserrichtung. Nur würde der unter vorläufige Vormundschaft gestellte Volljährige, da es nach § 114 hinsichtlich der Geschäftsfähigkeit einem Minderjährigen, der das 7. Lebensjahr vollendet hat, gleichsteht, ebenso wie dieser der Zustimmung des gesetzlichen Vertreters zur Testamentserrichtung bedürfen (§ 107). Hiervon abweichend erklärt Abs 3 die **Zustimmung des gesetzlichen Vertreters** des Minderjährigen oder des unter vorläufige Vormundschaft gestellten Volljährigen für **nicht erforderlich.** Die Pflegschaft wegen Gebrechlichkeit nach §1910 ist ebenfalls kein Hindernis der Testamentserrichtung.

Abs 2 ist, soweit er die vorläufige Vormundschaft betrifft, nur für den Fall bedeutsam, daß das Verfahren nicht zur Entmündigung führt, sei es, daß der Entmündigungsantrag zurückgenommen oder abgewiesen oder daß der Entmündigungsbeschluß infolge einer Anfechtungsklage aufgehoben wird (vgl. § 115 Abs 2) oder daß der unter vorläufige Vormundschaft Gestellte stirbt, bevor der Entmündigungsbeschluß unanfechtbar geworden ist (§ 2230 Abs 1). Wird die Entmündigung bei seinen Lebzeiten unanfechtbar ausgesprochen, so ist das Testament nach § 2229 Abs 3 nichtig.

4. Testierunfähigkeit Entmündigter (Abs 3). Die Vorschrift entspricht § 2 Abs 1 TestG. Die einzelnen Fälle der **Entmündigung** ergeben sich aus § 6; vgl. die Erläuterungen hierzu. Solange die Entmündigung nicht ausgesprochen ist, kann sich die Testierunfähigkeit nur aus § 2229 Abs 4 ergeben. Auch die Entmündigung steht unter den besonderen Voraussetzungen des § 2230 der Gültigkeit des Testaments nicht entgegen. Wer wegen Geistesschwäche, Verschwendung oder Trunksucht entmündigt ist, bleibt nach § 2253 Abs 2 (bisher § 32 Abs 2 TestG) befugt, ein vor der Entmündigung errichtetes Testament zu widerrufen (vgl. § 2253 A 3; OLG Köln NJW 1955, 466 zum Widerruf eines Widerrufstestaments). L i c h t e Z w i s c h e n r ä u m e werden, wenn die Entmündigung erfolgt ist, nicht berücksichtigt.

Kommt es nicht zur Entmündigung, so bleibt das während des Verfahrens errichtete Testament wirksam, auch wenn eine vorläufige Vormundschaft nach § 1906 angeordnet war (s. A 2). Dagegen wird die Wirkung der einmal ausgesprochenen Entmündigung (ZPO §§ 661, 683 **auf den Zeitpunkt der Antragstellung zurückbezogen** (ZPO §§ 647, 680). Das gilt — abweichend vom früheren Recht (BGB § 2229 Abs 3 aF) — auch bei Entmündigung wegen Geisteskrankheit.

5. Testierunfähigkeit geistig Gestörter (Abs 4). Die Vorschrift entspricht § 2 Abs 2 TestG. Hinter dem Worte „Bewußtseinsstörung" ist nur der Klammerzusatz „(zum Beispiel wegen Trunkenheit)" als entbehrlich und unüblich fortgelassen worden. Abs 4 unterscheidet sich (entsprechend schon § 2 Abs 2 TestG) von den §§ 104 Nr 2, 105 Abs 2 vor allem darin, daß neben der **„krankhaften Störung der Geistestätigkeit"** die **„Geistesschwäche"** besonders genannt und daß das Tatbestandsmerkmal des „Ausschlusses der freien Willensbestimmung" entsprechend dem § 51 StGB dahin umschrieben ist, daß der Erklärende „nicht in der Lage ist, die Bedeutung einer von ihm abgegebenen Willenserklärung einzusehen und nach dieser Einsicht zu handeln". Hieraus ergibt sich keine sachliche Änderung gegenüber dem früher geltenden Recht.

Der Begriff der „krankhaften Störung der Geistestätigkeit" umfaßte schon nach § 104 Nr 2 die **Geistesschwäche,** unter der lediglich ein geringerer Grad der geistigen Erkrankung zu verstehen ist (§ 6 A 1a, § 104 A 3). Zwischen einer dauernden oder nur vorübergehenden Störung der Geistestätigkeit oder Geistesschwäche wird nicht unterschieden. Auch im Falle eines dauernden Zustandes ist das Testament jedoch, solange nicht die Entmündigung erfolgt ist, wirksam, wenn es in einem sog. l i c h t e n Z w i s c h e n r a u m errichtet worden ist.

Die **Bewußtseinsstörung** ist an Stelle der „Bewußtlosigkeit" (§ 105 Abs 2) getreten. Auch damit ist keine sachliche Änderung verbunden; als Bewußtlosigkeit war auch nach bisherigem Recht schon eine erhebliche Trübung des Bewußtseins anzusehen (§ 105 A 2; RGSt 64, 353). Hauptbeispiel der Bewußtseinsstörung ist weiterhin die Trunkenheit. Zum Ausschluß der freien Willensbestimmung durch Arteriosklerose vgl. BGH NJW 1951, 481. Über die Testierfähigkeit beim Vorliegen heimlicher Geisteskrankheiten und ihre Feststellung im Rechtsstreit s. ferner M e y e r DJ 1941, 755. Unheilbare Gehirnerweichung spricht nicht unbedingt für Testierunfähigkeit; es muß in jedem Falle nachgewiesen werden, daß die freie Willensbestimmung gerade in dem Zeitpunkt ausgeschlossen war, in welchem die letztwillige Verfügung, die wegen Geschäftsunfähigkeit als nichtig beanstandet wird, errichtet wurde (OLG Hamburg MDR 1950, 731).

Es gibt keine abgestufte Testierfähigkeit dergestalt, daß der Erblasser zur Errichtung eines schwierigen Testaments nicht mehr, wohl aber zur Errichtung eines einfachen Testaments rechtlich fähig wäre (OGH 2, 45).

Nach § 2241a Abs 3 sollen sich der Richter oder der Notar davon überzeugen, daß der Erblasser testierfähig ist, und seine Wahrnehmungen über die Testierfähigkeit in der Niederschrift angeben (für die Fälle der Nottestamente s. §§ 2249 Abs 1, 2250 Abs 3, 2251).

6. Beweislast. Gegenüber einem ordnungsmäßig errichteten, zumal einem öffentlichen Testamente, das die Testierfähigkeit bezeugt, ist die Behauptung, der Erblasser sei zur Zeit der Testamentserrichtung nicht testierfähig gewesen, von demjenigen zu beweisen, der die Nichtigkeit des Testaments behauptet (RG Warn 1913 Nr 243; RG 18. 5. 08 IV 367/07). Im Falle des Abs 4 genügt nicht der Nachweis, daß sich der Erblasser „um" diese Zeit in dem dort vorausgesetzten Zustande befunden hat (RG Warn 1919 Nr 179; vgl. aber auch RG 162, 229). Für ein e i g e n h ä n d i g e s T e s t a m e n t, das keine Angabe über die Zeit der Errichtung enthält, ergibt sich aus § 2247 Abs 5 eine Umkehr der Beweislast (s. § 2247 A 7).

7. Von der Testierfähigkeit zu unterscheiden ist die **Testierfreiheit** (§ 2302 A 1). Sie findet ihre Schranken in den Vorschriften über den Pflichtteil (§§ 2303 ff.) und über die Bindung an einen Erbvertrag (§ 2289, § 2278 A 1) und an die wechselbezüglichen Verfügungen in einem gemeinschaftlichen Testament (§ 2271). Die Beschränkung der Testierfähigkeit durch § 48 Abs 2 TestG ist fortgefallen (vgl Vbem 1 und 2 C vor § 2229).

Die Vorschrift des EG Art 64 Abs 2, wonach die Landesgesetze das Recht des Erblassers, über ein dem Anerbenrecht unterliegendes Grundstück von Todes wegen zu verfügen, nicht beschränken können, ist, nachdem das Reichserbhofgesetz durch das KRG Nr 45 aufgehoben worden ist, insofern wieder bedeutsam geworden, als nunmehr landesgesetzliche (und zonenrechtliche) Regelungen des Anerbenrechts gelten, denen eine von der Erbfolgeordnung des BGB abweichende Hoferbenordnung gemeinsam ist. Die Erbfolge kraft Höferechts, d. h. den ungeteilten Übergang des Hofes an einen Anerben, kann der Eigentümer hiernach nicht durch letztwillige Verfügung ausschließen (vgl. § 16 HöfeO BrZ). Die durch Art 64 Abs 2 EGBGB aufrechterhaltene Testierfreiheit gestattet ihm jedoch, einen anderen als den gesetzlichen Hoferben letztwillig zum Erben zu bestimmen (vgl im einzelnen Vbem 2 vor § 1922).

§ 2230

Hat ein Entmündigter ein Testament errichtet, bevor der Entmündigungsbeschluß unanfechtbar geworden ist, so steht die Entmündigung der Gültigkeit des Testaments nicht entgegen, wenn der Entmündigte noch vor dem Eintritt der Unanfechtbarkeit stirbt.

Hat ein Entmündigter nach der Stellung des Antrags auf Wiederaufhebung der Entmündigung ein Testament errichtet, so steht die Entmündigung der Gültigkeit des Testaments nicht entgegen, wenn die Entmündigung auf Grund des Antrags wiederaufgehoben wird.

E II 2098; P 5 320, 321, 326.

Sonderfälle bei Entmündigung

1. Die Vorschrift entspricht § 3 TestG. Die **Testierunfähigkeit des Entmündigten** (§ 2229 Abs 3) wird nach ZPO §§ 661, 683 mit Zustellung des Entmündigungsbeschlusses wirksam und und wird sogar auf den Zeitpunkt der Antragstellung zurückbezogen. Der Beschluß wird unanfechtbar, wenn die Monatsfrist der §§ 664, 684 ZPO abgelaufen oder wenn die rechtzeitig erhobene Klage rechtskräftig abgewiesen oder wenn sie zurückgenommen worden ist. Solange hiernach die Anfechtung möglich oder ein Erfolg der schon eingeleiteten Anfechtung nicht ausgeschlossen ist, hindert die Tatsache der Entmündigung für sich allein nicht, wirksam ein Testament zu errichten, wenn der Entmündigte innerhalb dieses Zeitraums stirbt. Vielmehr hat derjenige, welcher Unwirksamkeit des vom Entmündigten errichteten Testaments behauptet, nach allgemeinen Grundsätzen (s. § 2229 A 6) den Mangel der Testierfähigkeit aus § 2229 Abs 4 für die Zeit der Testamentserrichtung zu beweisen.

2. **Zu Abs 2:** Ist die Entmündigung unanfechtbar geworden, so kann der Entmündigte ein gültiges Testament errichten, wenn vorher beantragt worden ist, die Entmündigung wieder aufzuheben (ZPO §§ 675, 685) und wenn es demnächst wirklich zur **Wiederaufhebung der Entmündigung** kommt (ZPO §§ 672, 679 Abs 4, 686 Abs 4). Damit ist zugleich ausgesprochen, daß zur Zeit des Beschlusses oder Urteils, welche die Wiederaufhebung anordnen, kein Grund zur Entmündigung nach § 6 mehr vorgelegen habe. Demjenigen, der die Ungültigkeit des Testaments behauptet, ist jedoch der Beweis nicht abgeschnitten, daß der Erblasser gleichwohl zur Zeit der Testamentserrichtung willensunfrei im Sinne von § 2229 Abs 4 gewesen sei. Dagegen ist nach Abs 2 der Beweisantritt ausgeschlossen, daß der Erblasser damals noch mit Recht entmündigt gewesen sei. Das Testament, das in der Zeit nach Zustellung des unangefochtenen oder erfolglos angefochtenen Entmündigungsbeschlusses bis zur Stellung des Wiederaufhebungsantrags errichtet worden ist, ist und bleibt dagegen nichtig.

Abs 2 ist nicht anwendbar, wenn der Entmündigte stirbt bevor über den Wiederaufhebungsantrag entschieden worden ist; der Antrag wird in diesem Falle gegenstandslos (Stein-Jonas-Schönke, ZPO § 675 A II a. E.; Palandt-Rechenmacher A 2; a. M. AG Breslau DJ 1937, 945; Vogels-Seybold zu § 3 TestG A 3; Denecke in A 4 zu § 6 dieses Komm; Kipp-Coing § 11 A 7, die es zulassen wollen, das Aufhebungsverfahren auch nach dem Tode des Entmündigten fortzuführen und gegebenenfalls festzustellen, daß der Aufhebungsantrag gerechtfertigt war).

§ 2231

Ein Testament kann in ordentlicher Form errichtet werden:

1. vor einem Richter oder vor einem Notar;

2. durch eine vom Erblasser nach § 2247 abgegebene Erklärung.

E I 1914, 1915 Abs 1 Satz 1 II 2099 Abs 1; M 5 261; P 5 326–330; KB 318–321; RTVerh 726–741.

Übersicht:

Ordentliche Testamentsformen

1. **Allgemeines.** Die Vorschrift entspricht § 4 TestG. Als **ordentliche Testamentsformen** kennt das BGB ebenso wie das TestG das öffentliche Testament (Nr 1) und das eigenhändige Testament (Privattestament; Nr 2 in Verb mit § 2247). Über außerordentliche Formen und sonstige in Kraft gebliebene Testamentsformen s. Vorbem 4 vor § 2229.

2. Zur Aufnahme des **richterlichen Testaments** ist nur der verfassungsmäßig (GVG §§ 2ff.) bestellte Einzelrichter („vor einem Richter"), sonach der Amtsrichter befugt (FGG § 167 Abs 1). Inwieweit die Geschäfte des Amtsrichters von einem bei dem Amtsgerichte nicht planmäßig angestellten Richter oder von einem Gerichtsassessor wahrgenommen werden können, bestimmte sich früher einheitlich nach § 10 Abs 2 der VO zur einheitlichen Regelung der Gerichtsverfassung v. 20. 3. 35 (RGBl I 403) und § 7 der VO v. 16. 5. 39 (RGBl I 917). Nach dem durch FGG § 2 für anwendbar erklärten § 166 (früher § 167) GVG darf der Richter Amtshandlungen außerhalb seines Bezirks ohne Zustimmung des Amtsgerichts des Ortes nur vornehmen, wenn Gefahr im Verzug obwaltet; er hat in diesem Falle dem zuständigen Amtsgericht nachträglich hiervon Anzeige zu machen. Liegen die Voraussetzungen des § 166 GVG nicht vor und trifft das Landesrecht keine Sonderbestimmungen, so ist die Beurkundung außerhalb des Amtsbezirks nichtig. § 7 FGG greift nicht ein, da einem Gericht außerhalb seines Bezirks die Gerichtsbarkeit fehlt, also nicht nur die örtliche Zuständigkeit mangelt (Keidel 6. Aufl FGG § 2 A 4h, § 7 A 3a; Schlegelberger 6. Aufl FGG § 167 A 17; Firsching DNotZ 1955, 284; a.M. die 9. Aufl dieses Kommentars).

3. Der **Notar** darf nach § 12 RNotO Amtshandlungen außerhalb seines Amtsbezirks (des Oberlandesgerichtsbezirks, in dem sich sein Amtssitz befindet) nur vornehmen, wenn Gefahr im Verzuge ist oder die Aufsichtsbehörde es genehmigt; jedoch berührt ein Verstoß hiergegen nicht die Gültigkeit der Amtshandlung (Abs 3).

Früher bestand Streit darüber, ob die von einem Notar außerhalb der Grenzen des Landes, in dem er zum Notar bestellt war, vorgenommene Amtshandlung gültig war oder nicht. Für die Gültigkeit die früheren Auflagen dieses Komm.; anders jedoch KG JFG 10, 9 sowie RG JW 1927, 2126[25]. Die Streitfrage wurde durch das Erste Gesetz zur Überleitung der Rechtspflege auf das Reich v. 16. 2. 34 (RGBl I 91) Art 4 dahin entschieden, daß „notarielle Urkunden im gesamten Reichsgebiet dieselbe Wirksamkeit" haben. Ferner traf die VO über die Amtsbezirke der Notare v. 17. 6. 34 (RGBl I 514) eine dem jetzigen § 12 RNotO entsprechende Vorschrift. Diese Bestimmungen gelten als Bundesrecht weiter (Art 74, 123, 125 GrundG; vgl. Wolff NJW 1951, 303).

4. **Landesrecht zu Nr 1.** EG Art 141 ermächtigte die Landesgesetzgebung, zu bestimmen, daß für die Beurkundung von Rechtsgeschäften, die nach den Vorschriften des BGB gerichtlicher oder notarieller Beurkundung bedürfen, entweder nur die Gerichte oder nur die Notare zuständig sind. Diese landesgesetzlichen Vorschriften gelten, soweit sie **nur die Notare** für zuständig erklären, nach § 77 Abs 2 RNotO, § 50 Abs 5 TestG und dem Gesetz v. 5. 3. 53 Zweiter Teil Art 4 Nr 1 weiter. Landesgesetze, nach denen — mit Ausnahmen, insbesondere für Grundbuch- und Erbrecht — nur die Notare zuständig sind, bestehen für Baden, Bayern, Bremen und Hamburg-Stadt. Vgl. für Baden §§ 22, 23 FGG, für Bayern Art 15 AGGVG, Art 167 AGBGB, für Bremen § 6 AGBGB, für Hamburg §§ 8, 9 FGG v. 29. 12. 99.

5. **Eigenhändiges Testament.** Das TestG hat sich trotz der mit dem eigenhändigen Testament gemachten ungünstigen Erfahrungen und trotz der mit ihm verbundenen Nachteile für seine Beibehaltung entschieden, jedoch die Formvorschriften erheblich gemildert. Das Gesetz v. 5. 3. 53 hat es hierbei belassen. Vgl. die Erläuterungen zu § 2247. Im allgemeinen behandelt das Gesetz das eigenhändige Testament als dem öffentlichen Testament gleichwertig. Jedoch ist das eigenhändige Testament in Grundbuchangelegenheiten (GBO § 35), beim Schiffspfandrecht (SchiffsRegO § 41) und nach RSchuldbG v. 31. 5. 10 § 16 nicht als Beweismittel für die Erbfolge und für die Ernennung eines Testamentsvollstreckers zugelassen, so daß dieser Beweis durch einen Erbschein oder ein ihm gleichgestelltes Zeugnis geführt werden muß. Anders ZVG § 17 Abs 3.

Wer minderjährig ist oder Geschriebenes nicht zu lesen vermag, kann kein eigenhändiges Testament errichten (§ 2247 Abs 4). Gemeinschaftliches eigenhändiges Testament § 2267. Amtliche Verwahrung §§ 2248, 2256 Abs 3, 2258a, 2258b. Ablieferungspflicht § 2259.

§ 2232

Für die Errichtung eines Testaments vor einem Richter oder vor einem Notar gelten die Vorschriften der §§ 2233 bis 2246.

KB 321.

Öffentliches Testament

1. **Allgemeines.** Die Vorschrift entspricht § 5 TestG. Neben den hier angezogenen Vorschriften kommen an sich **ergänzend** die Bestimmungen der §§ 168–180, 182 FGG über gerichtliche und notarielle Urkunden in Betracht (vgl. § 168: „unbeschadet" usw.). Jedoch ist für die Anwendung der §§ 168—180 FGG tatsächlich kaum noch Raum, weil diese Vorschriften schon durch die in die neue Fassung der §§ 2233–2246 übernommenen §§ 6–20 TestG fast lückenlos ersetzt worden sind (Vogels-Seybold § 5 TestG A 23; KGJ 51, 91). § 182 ist nur für Erbverträge bedeutsam.

Für die richterliche Beurkundungstätigkeit gelten auch die allgemeinen Vorschriften des FGG, insbesondere § 6 Abs 2, wonach ein Richter sich der Ausübung seines Amtes wegen Befangenheit enthalten kann. Die Beurkundungstätigkeit der Notare regeln auch die Vorschriften der RNotO und der Dienstordnung für Notare (DOfNot) v. 5. 6. 37 (DJ 874) i.d.F. der AV v. 11. 7. 38 u. 25. 4. 39 (DJ 38, 1088; 39, 699). Bei Abweichungen sind die Vorschriften der §§ 2229 ff. maßgebend.

Nach EG Art 151 und FGG § 200 greifen ergänzend auch etwaige Vorschriften der Landesgesetze über die Errichtung gerichtlicher oder notarieller Urkunden ein. Diese Vorschriften gelten weiter (vgl. RNotO § 81, TestG § 50 Abs 3 Nr 1; Gesetz v. 5. 3. 53 Zweiter Teil Art 4 Nr 1). Ein Verstoß hiergegen ist ohne Einfluß auf die Gültigkeit der Verfügung von Todes wegen (RG 53, 152); nur eine Verletzung der Vorschriften über die sachliche Zuständigkeit (z. B. EG Art 141, s. § 2231 A 4) kann nach Maßgabe der Landesgesetze (Staudinger-Keidel Art 151 A 2b) die Verfügung nichtig machen (EG Art 151 Satz 2; FGG § 200 Abs 2).

2. **Haftung** für Versehen

a) des Richters: BGB § 839; WeimVerf Art 131, jetzt GrundG Art 34; VO über die Haftung des Reichs für die Justizbeamten v. 3. 5. 35 (RGBl I 587); Gesetz über die Haftung des Reiches für seine Beamten v. 22. 5. 10 (RGBl 798, vgl. hierzu Schröer DRZ 1948, 232); vgl. auch § 23 DGB jetzt § 78 BBG (BGBl 1953 I 551);

b) des Notars: RNotO §§ 21, 30, 35; AusfVO v. 26. 6. 37 (RGBl I 663) § 7.

Die Haftung besteht insbesondere auch gegenüber denjenigen Personen, zu deren Gunsten das ungültige Testament errichtet wurde (RG 58, 296; 74, 426; 95, 219; Warn 1917 Nr 243, 1939 Nr 63, 80).

3. **Gebühr** für die Beurkundung eines Testaments KostO §§ 40, 144 Abs 1; **Urkundensteuer** wird seit dem 1. 9. 41 nicht mehr erhoben (RGBl 1941 I 511).

§ 2233

Ist der Erblasser nach der Überzeugung des Richters oder Notars taub, blind, stumm oder sonst am Sprechen verhindert, so muß der Richter einen Urkungsbeamten der Geschäftsstelle oder zwei Zeugen, der Notar einen zweiten Notar oder zwei Zeugen zuziehen.

In anderen Fällen steht es dem Richter oder Notar frei, die im Abs 1 bezeichneten Personen zuzuziehen. Von dieser Befugnis soll er Gebrauch machen, wenn der Erblasser es verlangt. Die Zuziehung soll unterbleiben, wenn der Erblasser ihr widerspricht.

E I 1915 Abs 1 Satz 2, Abs 2 II 2099 Abs 2; M 5 261–263; P 5 330–332.

Übersicht:

Mitwirkende Personen

1. **Allgemeines.** Die Vorschrift entspricht § 6 TestG. — Nach BGB § 2233 aF mußte in allen Fällen der Richter einen Urkundsbeamten der Geschäftsstelle oder zwei Zeugen, der Notar einen zweiten Notar oder zwei Zeugen zur Errichtung des Testaments zuziehen. § 6 TestG hatte diesen

Zuziehungszwang entsprechend § 169 FGG auf die Fälle beschränkt, in denen der Erblasser an bestimmten Gebrechen leidet (Abs 1), es im übrigen aber in das Ermessen des Richters oder des Notars gestellt, ob er Überwachungspersonen zuziehen wollte (Abs 2). § 2233 nF hat diese Regelung wörtlich übernommen. Es wird ferner verwiesen: Wegen der Anwesenheit der **„mitwirkenden Personen“** (d. h. des Richters oder des Notars und der in § 2233 Abs 1 genannten Personen, nicht des Erblassers, vgl. § 2241 Abs 1 Nr 2) während der ganzen Verhandlung auf § 2239, wegen der Angabe ihrer Namen in der Niederschrift auf § 2241 Abs 1 Nr 2, wegen der Unterzeichnung der Niederschrift durch sie auf § 2242 Abs 4.

§ 2233 gilt auch für den Erbvertrag (§ 2276), nicht aber für die Nottestamente; für letztere ist die Zuziehung von Überwachungspersonen besonders geregelt.

Werden die in **Abs 1** vorgeschriebenen Überwachungspersonen nicht zugezogen, so hat das die Nichtigkeit des Testaments zur Folge („muß“; BGB § 125). Jedoch entscheidet darüber, ob der Erblasser an einem Gebrechen der in Abs 1 bezeichneten Art leidet, lediglich die pflichtmäßige, nach freier Prüfung gewonnene Überzeugung des beurkundenden Richters oder Notars. Das Testament kann daher, wenn der Richter oder der Notar von der Zuziehung einer Überwachungsperson abgesehen hatte, weil nach seiner Überzeugung ein solches Gebrechen nicht vorlag, nicht mit der Behauptung angefochten werden, der Erblasser habe zur Zeit der Testamentserrichtung in Wirklichkeit an einem Gebrechen der in Abs 1 bezeichneten Art gelitten (vgl. § 2243 A 2).

Abs 2 enthält bloße Ordnungsvorschriften („soll“). Das Testament ist auch dann gültig, wenn sie selbst oder die sonstigen Bestimmungen über die mitwirkenden Personen verletzt werden (ebenso Kipp-Coing § 14 V, Vogels-Seybold § 6 TestG A 13; OGH JR 1949, 321; Rohs DNotZ 1951, 176; Firsching DNotZ 1955, 287; a. M. Palandt-Rechenmacher A 4; Zillmer JZ 1952, 748). Es ist daher z. B. unschädlich, wenn eine nach den §§ 2234—2237 ausgeschlossene Urkundsperson zugezogen worden ist oder wenn ein Zeuge die Niederschrift nicht mit unterschrieben hat.

2. Taubheit kann auch bei hochgradiger Schwerhörigkeit gegeben sein. Eine Sondervorschrift für die Testamentserrichtung durch einen tauben Erblasser enthält § 2242 Abs 2. Wer taub ist, soll nicht als Testamentszeuge zugezogen werden (§ 2237 Nr 4).

3. Als **blind** ist auch der in hohem Grade Schwachsichtige (RG JW 1903, 130[23]) sowie derjenige anzusehen, dessen Sehvermögen vorübergehend (z. B. infolge einer Augenkrankheit) gestört ist. Das folgt aus dem Gesetzeszweck; er will den Erblasser davor schützen, daß ihm eine Verfügung unterschoben wird, die seinem Willen nicht entspricht (OLG Oldenburg Nds Rpfl 1948, 175 = MDR 1949, 178). § 2238 Abs 4 trifft eine Sonderregelung für die Testamentserrichtung durch einen Blinden. Als Testamentszeuge soll ein Blinder nicht zugezogen werden (§ 2237 Nr 4).

4. Stummheit liegt vor, wenn sich der Erblasser infolge eines natürlichen Fehlers durch die Sprache überhaupt nicht verständlich machen kann (Planck-Strecker § 2243 A 2). Dem Stummen ist gleichgestellt, wer aus anderen Gründen (z. B. wegen Erkrankung der Sprachorgane oder auch infolge eines ärztlichen Verbots) **am Sprechen verhindert** ist. Eine Sondervorschrift für die Testamentserrichtung durch einen Stummen oder Sprachverhinderten ist § 2243. Stumme sollen nicht als Testamentszeugen mitwirken (§ 2237 Nr 4).

5. Nach GVG § 153 wird bei jedem Gericht eine **Geschäftsstelle** eingerichtet, die mit der erforderlichen Zahl von **Urkundsbeamten** besetzt wird. Die allgemeinen Anordnungen für die Geschäftsstellen (vgl. § 12 der VO zur einheitlichen Regelung der Gerichtsverfassung v. 20. 3. 35, RGBl I 403) werden jetzt für den Bereich der Länder wieder durch die Landesjustizverwaltungen getroffen. Ob die Niederschrift, die über die Errichtung des Testaments aufzunehmen ist (§§ 2240ff.), vom Richter oder vom Urkundsbeamten der Geschäftsstelle angefertigt wird, ist gleichgültig.

6. Die **Zeugen** sind bloße Überwachungspersonen. Sie werden nicht besonders verpflichtet (so mit Recht Leopold, Testamentsrecht S. 20; jetzt auch Palandt-Rechenmacher A 3; Vogels-Seybold § 6 TestG A 10). Sie erfüllen ihr Amt, indem sie während des Errichtungsaktes anwesend sind (§ 2239; bisher § 12 TestG) und die Niederschrift mit unterschreiben (§ 2242 Abs 4; bisher § 16 Abs 4 TestG). Ausschließungsgründe ergeben die §§ 2234—2237, bisher §§ 7—10 TestG. Eine besondere Verschwiegenheitspflicht ist den Zeugen gesetzlich nicht auferlegt (vgl. aber RNotO § 19 Abs 1 Satz 1). Über die Vergütung der Zeugen bestehen keine Vorschriften; die GebO für Zeugen und Sachverständige ist nicht anwendbar. Die an Urkundszeugen gezahlten Vergütungen werden als bare Auslagen erhoben (KostO §§ 139 Abs 1 Nr 4, 144 Abs 1).

Einen besonderen Schreibzeugen sieht § 2242 Abs 3 vor, wenn der Erblasser nach der Überzeugung der Urkundsperson nicht schreiben kann.

7. Dem nur als Überwachungsperson amtierenden **„zweiten Notar“** steht der die Testamentsverhandlung leitende und die Niederschrift besorgende als „beurkundender Notar“ gegenüber (vgl. §§ 2236, 2237 Nr 6). Ausschließungsgründe für den zweiten Notar ergeben die §§ 2234—2236. Vgl. wegen der Gebühren des zweiten Notars KostO § 151.

8. **„Zuziehen“:** Der Urkundsbeamte der Geschäftsstelle, die Zeugen oder der zweite Notar müssen vom Richter oder vom beurkundenden Notar (nicht vom Erblasser, RG ZBlFG 14, 168 mit Folgerungen für die Regreßpflicht des Richters oder Notars) zugezogen, d. h. in irgendeiner Form zur Anwesenheit bei der Testamentserrichtung veranlaßt und in die Lage gebracht werden, dabei „mitzuwirken“ (§§ 2239, 2242 Abs 4). Bloß zufällige Anwesenheit genügt nicht. Zufällig Anwesende können jedoch „zugezogen“ werden (Firsching DNotZ 1955, 287; vgl. auch KG DFG 43, 42).

9. **Zu Abs 2:** Über die Rechtsnatur des Abs 2 als einer bloßen **Ordnungsvorschrift** s. A 1 a. E. Anlaß, Überwachungspersonen zuzuziehen, kann dem Richter oder Notar z. B. die Befürchtung geben, daß die Erben später einwenden könnten, er habe den Willen des Erblassers nicht richtig wiedergegeben, oder der Erblasser sei infolge geistiger oder körperlicher Schwäche bei der Beurkundung nicht mehr verfügungsfähig gewesen.

Der Erblasser wird eie Zuziehung z. B. dann verlangen, wenn er sie für dienlich hält, um Streitigkeiten unter den zukünftigen Erben auszuschließen; er wird ihr widersprechen, wenn er besonderen Wert darauf legt, sein Testament geheimzuhalten. Vgl. Begr. zum TestG in DJ 1938, 1255. Den Wünschen des Erblassers „soll“ der Richter oder Notar nachkommen. Auf die Gültigkeit des Testamentes ist es aber ohne Einfluß, wenn er ihnen nach pflichtmäßigem Ermessen nicht nachkommen zu können glaubt.

2234

Als Richter, Notar, Urkundsbeamter der Geschäftsstelle oder Zeuge kann bei der Errichtung des Testaments nicht mitwirken:

1. der Ehegatte des Erblassers, auch wenn die Ehe nicht mehr besteht;

2. wer mit dem Erblasser in gerader Linie oder im zweiten Grade der Seitenlinie verwandt oder verschwägert ist.

E I 1916 Abs 1 II 2100; M 5 263, 264; P 5 332–334.

Ausschließung wegen des Verhältnisses zum Erblasser

1. § 2234 stimmt wörtlich mit § 7 TestG überein.

2. Die **Ausschließungsgründe** der §§ 2234, 2235 sind im Gegensatz zu denen der §§ 2236, 2237 zwingend („kann nicht“). Sie beziehen sich sowohl auf den beurkundenden wie auf den zweiten Notar (§ 2233 A 7). Die trotzdem erfolgende Mitwirkung hat Nichtigkeit des Testaments oder der Zuwendung (§ 2235 Abs 2) zur Folge. Entsprechend anwendbar auf den Dolmetscher (§ 2244 Abs 1), den Schreibzeugen (§ 2242 Abs 3), bei den außerordentlichen Testamentsformen (§§ 2249 Abs 1, 2250 Abs 3, 2251) und beim Erbvertrage (§ 2276), nicht aber auf die Vertrauensperson nach § 2242 Abs 2 Satz 2 (s. dort A 7). Die Ausschließungsgründe für den Richter nach FGG § 6 kommen daneben nicht in Betracht.

3. **Ehegatte** wie FGG § 170 Nr 2, nicht auch der Verlobte.

4. **Verwandte** (§ 1589) **und Verschwägerte** (§ 1590) wie FGG § 170 Nr 3. Die Schwägerschaft dauert auch nach Auflösung der Ehe fort, § 1590 Abs 2. Legitimation und Ehelichkeitserklärung §§ 1719, 1736ff., Annahme an Kindes Statt §§ 1757, 1762ff., uneheliche Kinder § 1705.

§ 2235

Als Richter, Notar, Urkundsbeamter der Geschäftsstelle oder Zeuge kann bei der Errichtung des Testaments nicht mitwirken, wer in dem Testament bedacht oder zum Testamentsvollstrecker ernannt wird oder wer zu einem Bedachten oder Ernannten in einem Verhältnis der im § 2234 bezeichneten Art steht.

Die Mitwirkung einer hiernach ausgeschlossenen Person hat nur zur Folge, daß die Zuwendung an den Bedachten oder die Ernennung zum Testamentsvollstrecker nichtig ist.

E I 1916 Abs 2 II 2101; M 5 265, 266; P 5 332–334.

Übersicht:

Ausschließung wegen des Verhältnisses zum Bedachten

1. **Allgemeines.** Die Vorschrift entspricht § 8 TestG. Abweichend von § 2235 aF hatte schon das Testamentsgesetz neben dem Bedachten auch den Testamentsvollstrecker einbezogen (s. A 3). § 2235 ist gleichfalls zwingenden Rechtes (§ 2234 A 2; s. aber Abs 2) und bezieht sich sowohl auf den beurkundenden wie auf den zweiten Notar (§ 2233 A 7).

2. **Bedachte** sind der Erbe (auch der Nach- und Ersatzerbe), Vermächtnisnehmer, nicht aber der durch eine Auflage Begünstigte (Vorbem Abs 1 vor § 2192; ebenso Palandt-Rechenmacher A 2; jetzt auch Vogels-Seybold § 8 TestG A 2), auch nicht der im Testament als Vormund oder Pfleger Benannte (§§ 1776 Abs 1 Nr 1 u. 2, 1777, 1915–1917; RJA 16, 167).

Die Folge des Abs 2 tritt auch dann ein, wenn der Bedachte oder Ernannte, weil das Testament verschlossen übergeben wird, von der Zuwendung oder Ernennung keine Kenntnis erlangt (KGJ 51, 93). Sie bleibt aber gültig, wenn das übergebene Testament als eigenhändiges Testament aufrechterhalten werden kann (§ 2238 A 4). Für den Bestand der Zuwendung oder Ernennung ist es unschädlich, wenn der Richter usw. nicht persönlich, sondern nur als gesetzlicher Vertreter (der Gemeinde, RG Warn 1911 Nr 279) bedacht oder ernannt ist, oder wenn er zu dem Bedachten oder Ernannten erst nach der Testamentserrichtung in ein Verhältnis der im § 2234 bezeichneten Art tritt.

3. Anders als nach § 2235 aF ist von der Mitwirkung auch ausgeschlossen, wer im Testament zum **Testamentsvollstrecker** ernannt ist oder zu dem Ernannten in einem Verhältnis der im § 2234 bezeichneten Art steht. Die Ernennung zum Testamentsvollstrecker ist häufig mit Vorteilen verbunden und aus diesem Grunde einer Zuwendung im engeren Sinne gleichgestellt worden (Begr. zum TestG). Vgl. auch Raape in SRZ (Saarländische Rechts- und Steuerzeitschrift) 1954, 65: „§ 2235 nF BGB (vordem § 8 TestG) in internationalprivatrechtlicher Hinsicht."

4. **Zu Abs 2:** Ein **Verstoß** gegen Abs 1 bewirkt zunächst nur **teilweise Nichtigkeit,** während die Verletzung des § 2234 das ganze Testament nichtig macht. Es ist nach § 2085 zu beurteilen, ob etwa die Nichtigkeit der Zuwendung oder Ernennung das ganze Testament unwirksam werden läßt.

Hat der Erblasser angeordnet, daß der Erbe nur bis zum Eintritt eines bestimmten Zeitpunktes oder Ereignisses Erbe sein soll, und ist die Bestimmung, wer dann die Erbschaft erhalten soll, nach der vorliegenden Vorschrift nichtig, so ist § 2104 anwendbar (HRR 1938 Nr 1399 = ZAkDR 1939, 30 mit Anm von Lange). Entsprechendes gilt für den Fall des § 2105.

Der Schreiber des übergebenen Testaments kann gültig bedacht oder ernannt werden. Gegebenenfalls Anfechtung aus § 2078. Nach dem Wortlaut und dem Zweck des Gesetzes sind auch Zuwendungen an solche Zeugen nichtig, die nur nach § 2233 Abs 2 zugezogen worden sind (LG Dortmund MDR 1951, 34; OLG Hamm DNotZ 1951, 176; Kipp-Coing § 2 III und A 15; Firsching DNotZ 1955, 287; a.M. Rohs DNotZ 1951, 176 Anm).

§ 2236

Als Urkundsbeamter der Geschäftsstelle oder zweiter Notar oder Zeuge soll bei der Errichtung des Testaments nicht mitwirken, wer zu dem Richter oder dem beurkundenden Notar in einem Verhältnis der im § 2234 bezeichneten Art steht.

E I 1917 Abs 1 II 2102; M 5 266; P 5 334, 335.

Ausschließung wegen des Verhältnisses zu den Urkundspersonen

1. Die Vorschrift entspricht dem § 9 TestG. Während § 2236 aF jedoch zwingenden Rechts war (ebenso nach wie vor FGG § 172), hat § 2236 nF (wie § 9 TestG) nur die Bedeutung einer **Ordnungsvorschrift** („soll"), deren Verletzung auf die Gültigkeit des Testaments ohne Einfluß ist. — § 2234: Ehe, Verwandtschaft, Schwägerschaft. Ob die Überwachungspersonen untereinander in einem derartigen Verhältnis stehen, ist unerheblich.

§ 2237

Als Zeuge soll bei der Errichtung des Testaments nicht mitwirken:

1. ein Minderjähriger;

2. wer der bürgerlichen Ehrenrechte für verlustig erklärt ist, während der Zeit, für welche die Ehrenrechte aberkannt sind;

3. wer nach den gesetzlichen Vorschriften wegen einer strafgerichtlichen Verurteilung unfähig ist, als Zeuge eidlich vernommen zu werden;

4. wer geisteskrank, geistesschwach, taub, blind oder stumm ist oder nicht schreiben kann;
5. wer die deutsche Sprache nicht versteht; dies gilt nicht im Falle des § 2245;
6. wer als Hausangestellter oder Gehilfe im Dienste des Richters oder des beurkundenden Notars steht.

E I 1917 Abs 2, 3 II 2103; M 5 266–270; P 5 334–336.

Besondere Ausschließungsgründe für Zeugen

1. Die Vorschrift entspricht dem § 10 TestG. Sie enthält – wie FGG § 173 – nur **Ordnungsvorschriften,** deren Verletzung das Testament nicht unwirksam macht. Gegenüber § 2237 aF sind neu eingefügt die Fälle der Nr 4 und 5. Schon für das frühere Recht folgte aber aus der Natur der Sache, daß als Zeuge nur mitwirken kann, wer fähig ist, die einzelnen Vorgänge der Testamentserrichtung wahrzunehmen (so auch Firsching DNotZ 1955, 286), sollte er tatsächlich auch nicht darauf geachtet oder das Gehörte nicht erfaßt oder verstanden haben (OLG 32, 64). S. hierüber und über die Frage, welchen Einfluß nach früherem Recht die Mitwirkung eines hiernach ausgeschlossenen früheren Zeugen auf die Gültigkeit des Testaments hat, § 2237 A 2 der 9. Aufl dieses Kommentars. Frauen und Ausländer sind unbeschränkt zeugenfähig. Weitergehende landesgesetzliche Vorschriften sind auf die Gültigkeit des Testaments ohne Einfluß (EG Art 151).

Zu Nr 1: **Minderjährige** (und nicht für volljährig erklärte) BGB §§ 2, 3. Dagegen sind die wegen Verschwendung und Trunksucht Entmündigten oder vorläufig Bevormundeten den Minderjährigen nur in Ansehung der Geschäftsfähigkeit gleichgestellt (BGB § 114), sonach zur Mitwirkung als Überwachungspersonen an sich nicht untauglich. Wegen der Geistesschwachen s. Nr 4.

Zu Nr 2: **Verlust der bürgerlichen Ehrenrechte** StGB §§ 32–36. Die nach § 34 Nr 3 eintretende Unfähigkeit, Zeuge bei Aufnahmen von Urkunden zu sein, ist durch die Sollvorschrift des § 2237 Nr 2 für Testamente entsprechend abgeschwächt.

Zu Nr 3: **Unfähigkeit zum Zeugnis** StGB § 161 als Folge der Verurteilung wegen Meineids.

Zu Nr 4: **Geisteskranke usw.** § 2229 A 5, § 2233 A 2–4. Die **Schreibunfähigkeit** kann darauf beruhen, daß der Zeuge nicht Schreiben gelernt hat (Analphabeten), oder körperlich behindert ist. Erforderlich ist im Hinblick auf § 2242 Abs 4, daß der Zeuge wenigstens seinen Namen schreiben kann. Obwohl § 2237 Nr 4 nur eine Sollvorschrift aufstellt, so kann doch in den Fällen, in denen die Zuziehung von Zeugen zwingend vorgeschrieben ist (§§ 2233 Abs 1, 2242 Abs 3 Satz 2), das Testament nicht wirksam zustandekommen, falls sich herausstellt, daß ein Zeuge schreibunfähig ist. Es ist im Gesetz nicht vorgesehen, daß die Unterschrift durch ein Handzeichen oder durch Feststellung der Schreibunfähigkeit ersetzt werden kann. Notfalls muß die Testamentsverhandlung nach Zuziehung eines anderen Zeugen wiederholt werden.

Zu Nr 5: vgl. § 2245 A 2.

Zu Nr 6: **Hausangestellte** (BGB § 2237 Nr 4 aF: Gesinde) sind Personen, die dem Richter oder dem beurkundenden Notar häusliche oder persönliche Dienste leisten.

Gehilfen des Richters können nicht in Betracht kommen, da sowohl Richter wie Gehilfe (z. B. Urkundsbeamter der Geschäftsstelle, Referendar) im Dienste des Staates stehen. Zu den Gehilfen des Notars gehören nur die zur dauernden Dienstleistung im Berufe, gleichviel ob zu juristischen oder rein mechanischen Verrichtungen angenommenen Hilfspersonen, nicht bloß vorübergehend Beschäftigte (Gepäckträger). Ob die Zeugen zum Erblasser oder zum zweiten Notar (§ 2233 A 7) im Hausangestellten- oder Gehilfenverhältnis stehen, ist gleichgültig.

2. Die Bestimmung ist **ferner anzuwenden** auf den Dolmetscher, § 2244 Abs 1 Satz 2, auf das Nottestament vor dem Bürgermeister, § 2249 Abs 1 Satz 3, auf das Nottestament am abgesperrten Ort, das Nottestament bei naher Todesgefahr und das Seetestament, §§ 2250 Abs 3 Satz 2, 2251 (mit Ausnahme von Nr 6), auf den Erbvertrag, § 2276 Abs 1 Satz 2.

§ 2238

Das Testament wird in der Weise errichtet, daß der Erblasser dem Richter oder dem Notar seinen letzten Willen mündlich erklärt oder eine Schrift mit der mündlichen Erklärung übergibt, daß die Schrift seinen letzten Willen enthalte.

Der Erblasser kann die Schrift offen oder verschlossen übergeben. Die Schrift kann von dem Erblasser oder von einer anderen Person geschrieben sein. Der Richter oder der Notar soll von dem Inhalt der offen übergebenen Schrift Kenntnis nehmen.

Wer minderjährig ist, kann das Testament nur durch mündliche Erklärung oder durch Übergabe einer offenen Schrift errichten.

Ist der Erblasser nach der Überzeugung des Richters oder des Notars nicht imstande, Geschriebenes zu lesen, so kann er das Testament nur durch mündliche Erklärung errichten.

E I 1918, 1922 II 2104; M 5 270, 271, 277; P 5 336, 339.

Übersicht:

Errichtung des Testaments

1. Allgemeines

Zu Abs 1:

2. Die Errichtung des Testaments im allgemeinen
3. Die mündliche Erklärung des letzten Willens
4. Die Übergabe einer Schrift mit dem letzten Willen

Zu Abs 2: Übergabe einer Schrift

5. Die Übergabe, Förmlichkeiten (Satz 1, 3)
6. Der Schreiber (Satz 2)
7. Zu Abs 3: Errichtung durch Minderjährige
8. Zu Abs 4: Errichtung durch Lesensunkundige

1. Die Vorschrift entspricht dem § 11 TestG.

2. Die eigentliche **Errichtung des Testaments** besteht in der mündlichen Erklärung des letzten Willens oder in der Übergabe der Schrift und der sie begleitenden Erklärung (RG 61, 149). Im Sinne des Gesetzes gehört aber zu dem Testamentsakt auch die Herstellung der „über die Errichtung“ aufzunehmenden Niederschrift (§§ 2240, 2241; bisher § 13 TestG), der sich zufolge einer Ordnungsvorschrift (§ 2246) die Verschließung und Verwahrung der Niederschrift anschließen soll. Ein Verstoß gegen die Formvorschriften des § 2238 bewirkt, von Abs 2 Satz 3 abgesehen, immer Nichtigkeit (BGB § 125). Der Erblasser kann vor einem Richter oder Notar in der einen oder der anderen Form nur persönlich testieren (§ 2064). Wegen der Testierfähigkeit vgl. §§ 2229, 2230.

3. Die **mündliche Erklärung des letzten Willens** richtet sich an den amtierenden Richter oder Notar. Sie ist allein maßgebend; darauf, ob sie von der Amtsperson richtig verstanden ist, kommt nichts an (RG JW 1910, 61[4]; 27. 10. 24 IV 713/23; vgl. § 2084 A 1a).

Sie kann nur durch das Mittel der Sprache, auch einer fremden Sprache (RG 85, 308), also nur durch die lautliche Bildung von Worten, die von den mitwirkenden Personen (§§ 2233, 2239) zu verstehen sein müssen (RG 108, 400f.), niemals durch bloße Zeichen oder Gebärden (Kopfnicken) geschehen (so bereits RG 85, 125f.; 29. 6. 31 IV 449/30). Gegen diese „enge Auslegung“ sind in RG 161, 378, ohne daß es für die Entscheidung darauf angekommen wäre, Bedenken in folgender Richtung erhoben worden: Das Erfordernis der mündlichen Erklärung als Form der Testamentserrichtung sei vom Gesetzgeber möglicherweise nur als Gegensatz zu der Testamentserrichtung durch Übergabe einer Schrift gemeint; deshalb müsse eine „mündliche“ Erklärung in diesem Sinne unter Umständen auch dann angenommen werden, wenn der Erblasser seine Zustimmung zu einem ihm vorgelesenen Entwurf nicht mit einem vernehmlichen „Ja“, sondern aus irgendeinem Grunde nur durch Kopfnicken oder eine sonstige Gebärde in einer für die mitwirkenden Personen klaren, unmißverständlichen Weise zu erkennen gegeben habe (ausgenommen den Sondertatbestand des § 2243). Es konnte jedoch schon für § 2238 aF nicht und noch weniger für § 11 TestG angenommen werden, daß der Gesetzgeber von einer solchen Auffassung ausgegangen sei. Wenn er eine Erklärung durch bloße Gebärden für eine zuverlässige Kundgabe des letzten Willens hätte ansehen wollen, so hätte es nahe gelegen, dem Stummen oder Sprechverhinderten diese Art der Erklärung zu gestatten. Diesen hat der Gesetzgeber aber in § 2243 (sofern nicht etwa der Stumme sich in der Lautsprache verständlich machen kann, vgl. § 2243 A 2) nur die schriftliche Erklärung gestattet und dabei auch noch besondere Sicherungsmittel (vgl. auch § 2233 Abs 1) für nötig erachtet. Es wäre ein widersinniges Ergebnis, wenn die Erklärung durch Gebärden dem Erblasser, der nicht sprechen kann, verwehrt, dagegen dem Erblasser, der nicht sprechen will, gestattet wäre. Eindeutig wird aber durch die Entstehungsgeschichte des TestG widerlegt, daß der Gesetzgeber von der vom Reichsgericht als möglich angenommenen Auffassung ausgegangen ist. Der ERAussch der AkDR hatte dazu geneigt, die Form der Testamentserrichtung dem FGG, das an die Art der Erklärung der Beteiligten keine besonderen Anforderungen stellt, anzupassen und sich — wie Schweizer ZGB Art 500 — mit der „Mitteilung“ des letzten Willens zu begnügen (wonach jedes vom Erblasser selbst ausgehende Ausdrucksmittel genügen würde; vgl. Gmür-Tuor, Komm z. Schw. ZGB A I, 1 zu Art 500); darauf, daß die Verständigung gerade mündlich erfolge, legte er kein besonderes Gewicht (vgl. 1. Denkschr. S. 36, 64, 65, 69/70). Diesen Vorschlägen zu folgen, hat aber der Gesetzgeber bewußt abgelehnt, und zwar aus Sorge um eine eindeutige Übermittlung des letzten Willens an den Beurkundenden (Lange ZAkDR 1938, 579). Abgesehen hiervon könnte es kein Richter oder Notar mit seiner Amtspflicht vereinbaren, ein Testament als „mündlich" errichtet zu beurkunden, wenn der Erblasser in Wirklichkeit bei dem ganzen Testamentsakt kein Wort gesprochen hat. Trotz der in RG 161, 378 geäußerten Zweifel ist daher auch für § 2238 nF an der älteren reichsgericht-gerichtlichen Rechtsprechung festzuhalten. Auch der Bundesgerichtshof hat zu § 11 Abs 1 TestG entschieden, der Erblasser könne seinen letzten Willen mündlich („mit dem Munde") nur mit Mitteln der Lautsprache — durch das verständlich gesprochene Wort —, nicht durch Kopfnicken, Gebärden oder sonstige Zeichen erklären (BGH 2, 172 = LM § 11 TestG Nr 1 mit Anm Ascher = DNotZ 1952, 75 mit Anm Seybold; zustimmend Firsching DNotZ 1955, 288; vgl. ferner OGH 2, 45; 3, 383; OLG Schleswig SchlHA 1954, 15).

Der Gültigkeit des Testaments tut es keinen Abbruch, daß in der Niederschrift der Wille des Erblassers nicht ausdrücklich als „mündlich" erklärt festgestellt ist; die Feststellung, daß der Erblasser dem Richter oder Notar seinen letzten Willen „erklärt" oder „kundgegeben" habe, ist ohne weiteres im Sinne einer mündlichen Erklärung zu verstehen (RG 161, 381).

Der Erblasser braucht sich nicht in ausführlicher oder zusammenhängender Rede zu äußern, die Erklärung kann vielmehr auch im Wege der Rede und Gegenrede, Frage und Antwort zwischen dem verhandelnden Beamten und dem Erblasser zum Ausdruck gelangen (RG Gruch 65, 99). Auch die Benutzung von Niederschriften ist hierbei nicht ausgeschlossen (RG 63, 87). Das bloße Vorlesen der Niederschrift über die Testamentserrichtung und deren Genehmigung durch den Erblasser (§ 2242) soll nach RG 85, 120; 86, 391; JW 1920, 641[7]; Gruch 65, 99; 29. 6. 31 IV 449/30 die mündliche Erklärung nie ersetzen können, weil derselbe Vorgang nicht zugleich bedeuten könne, eine Erklärung werde abgegeben wie eine schon abgegebene Erklärung werde genehmigt. Abweichend hiervon ist in RG 161, 378 für den Fall, daß bei der Testamentserrichtung zulässigerweise (s. o.) ein vorher fertiggestellter Entwurf benutzt und Satz für Satz vorgelesen wird, angenommen worden, es könne in der Billigung des vorgelesenen Entwurfs durch den Erblasser sowohl die Erklärung des letzten Willens selbst als auch die Anerkennung der Niederschrift gefunden werden. Dabei wird vorausgesetzt, daß die Billigung an sich sowohl dem Erfordernis der mündlichen Erklärung des letzten Willens wie dem der Genehmigung der Niederschrift genügt (vgl. auch OGH 2, 51). Die Bezugnahme auf eine Schrift gemäß § 176 Abs 2 FGG reicht nicht aus, wenn sie nicht von der besonderen hierfür vorgeschriebenen Erklärung (A 4) begleitet ist (FGG § 168; RG 61, 149; Recht 1918 Nr 736). Jedoch kann in der Genehmigung der Niederschrift zugleich die Erklärung liegen, daß die übergebene Schrift den letzten Willen enthalte (RG 92, 27).

4. Übergabe des letzten Willens. Für die zu übergebende Schrift gilt hinsichtlich des Stoffes, der Sprache, der Schriftzeichen das beim eigenhändigen Testament Gesagte (§ 2247 A 2). Dagegen braucht die Schrift nicht eigenhändig verfaßt zu sein (A 6); die Benutzung von Typen (Druck, Maschinenschrift) ist zulässig, Datierung und Unterschrift sind entbehrlich. Mehrere gleichzeitig überreichte Willenserklärungen, auch wenn sie verschieden datiert sind, gelten als einheitlich im Augenblicke der Übergabe abgegeben. Soweit sie sich widersprechen, heben sie sich gegenseitig auf. Erfüllt die übergebene Schrift sämtliche Erfordernisse des § 2247, so bleibt sie als eigenhändiges Testament in Kraft, wenn der öffentliche Errichtungsakt aus irgendeinem Grunde ungültig sein oder gemäß § 2252 werden sollte (KGJ 50, 81; RG Warn 1931 Nr 50 mit unrichtigem Aktenzeichen, richtig: IV 764/29). Es müßte denn bewiesen werden, daß der Erblasser die fertiggestellte Schrift bis zur Übergabe in Amtshand nur als unverbindlichen Entwurf behandelt wissen wollte (vgl. aber § 2086).

Die Übergabe erfordert, schon um Identitätszweifel zu beseitigen, daß der Erblasser selbst die Schrift dem Richter oder Notar körperlich, wenn auch nicht gerade von Hand zu Hand aushändigt. Es genügt deshalb nicht, daß er ein Schriftstück als sein Testament bezeichnet, das sich überhaupt nicht mehr in seinem Besitz, vielleicht bereits in der Hand einer der mitwirkenden Personen befindet (RG 81, 34). Dagegen genügt es, wenn der Richter oder Notar das in seinem Besitze befindliche Schriftstück dem Erblasser in greifbare Nähe hinlegt und dann in Gegenwart der übrigen mitwirkenden Personen mit erklärter Zustimmung des Erblassers an sich nimmt (RG 150, 189; Warn 1914 Nr 88; OLG 44, 99).

Die mündliche Erklärung, die den Übergabeakt begleitet, erfordert nicht den Gebrauch feierlicher Worte. Es genügt, wenn der Erblasser die Frage des Testamentsbeamten, ob die übergebene Schrift seinen letzten Willen enthalte, mit „Ja" beantwortet (A 3); es genügt ferner, daß der Testamentsbeamte dem Erblasser sagt, wenn er wolle, daß die Schrift als sein Testament gelten solle, müsse er ihm die Worte „das ist mein Testament" nachsprechen, und daß der Erblasser, der etwa infolge einer Krankheit nur mühsam sprechen kann, darauf die vier ihm einzeln vorgesprochenen Worte einzeln nachspricht; auch auf solche Weise kann, wie durch die Antwort „Ja" auf eine entsprechende Frage, ein auf eigenem Willensentschluß beruhendes Bekenntnis zum Inhalte der Schrift als letztem Willen kundgegeben werden (RG 108, 400). Im übrigen gilt das A 3 Gesagte.

Durch die Überreichung und durch Aufnahme der Niederschrift wird das überreichte Schriftstück selbst Bestandteil der öffentlichen Urkunde (RG 84, 165f.). Die mündliche Erklärung kann sich zugleich auf Zusätze, Änderungen oder Berichtigungen zu dem sachlichen Inhalt des übergebenen Testaments erstrecken. Gesetzlich besteht kein Hindernis, in dieser Weise beide Formen der Testamentserrichtung zusammenzufassen (RG 82, 149; Warn 1931 Nr 50).

5. **Förmlichkeiten bei der Übergabe (Abs 2 Satz 1, 3):** Die **verschlossen** übergebene Schrift darf der Richter oder Notar nicht öffnen. Dagegen soll er von dem Inhalt der **offen** übergebenen Schrift Kenntnis nehmen (Abs 2 Satz 3; anders nach früherem Recht, vgl. § 2238 aF). Hierdurch soll ihm ermöglicht werden, den Erblasser auf Bedenken gegen den Inhalt des Testaments oder auf Zweifel an seiner Gültigkeit hinzuweisen (2241b). Übergabevermerk auf der Schrift selbst ist zweckmäßig, aber gesetzlich nicht vorgeschrieben.

6. **Zu Abs 2 Satz 2:** Die übergebene Schrift braucht **nicht eigenhändig** geschrieben zu sein (A 4). Derjenige, welcher sie niedergeschrieben hat, ist von der Mitwirkung bei der Testamentserrichtung nicht ausgeschlossen. Soweit nicht § 2235 (Ausschließung wegen des Verhältnisses zum Bedachten) entgegensteht, kann er darin auch wirksam bedacht werden.

7. **Zu Abs 3: Minderjährige,** soweit sie nicht für volljährig erklärt sind (§ 3), sind vom öffentlichen Testament in der Form der Übergabe einer verschlossenen Schrift ausgeschlossen. Nach früherem Recht (§ 2238 Abs 2 aF) konnten sie auch durch Übergabe einer offenen Schrift kein Testament errichten. Da sie nach § 2247 auch kein eigenhändiges Testament errichten konnten, waren Stumme oder sonst am Sprechen Verhinderte, solange sie minderjährig waren, im Hinblick auf § 2243 von der Testamentserrichtung ganz ausgeschlossen. § 2238 Abs 3 ermöglicht ihnen nunmehr, ein Testament durch Übergabe einer offenen Schrift zu errichten.

8. **Zu Abs 4:** Wer nicht imstande ist, **Geschriebenes zu lesen,** ist — wie nach § 2238 Abs 2 aF — von der Errichtung eines Testaments durch Übergabe einer — offenen oder verschlossenen — Schrift ausgeschlossen, gleichviel ob er am Lesen durch dauerndes körperliches Unvermögen wie der Blinde oder im hohen Grade Schwachsichtige (RG 86, 386; JW 1903, 130[23]) oder durch vorübergehende Beeinträchtigung der Sehkraft oder wegen Verstandes- oder Erziehungsmängeln (Analphabet) verhindert ist. Das Lesevermögen muß auch in bezug auf die überreichte Schrift wenigstens so weit vorhanden sein, daß der Erblasser Geschriebenes dieser Art im allgemeinen zu lesen vermag (RG 76, 94). Der Erblasser muß die gebrauchten Schriftzeichen (Kurzschrift usw.) entziffern oder die benutzte fremde Sprache verstehen können. Bloßes Schreibunvermögen ist unschädlich. Darüber, ob Leseunvermögen vorliegt, entscheidet lediglich die nach freier Prüfung gewonnene Überzeugung des beurkundenden Richters oder Notars (s. § 2233 A 1), wie durch die gegenüber § 2238 Abs 2 aF geänderte Fassung des Abs 4 klargestellt wird.

Ist der Erblasser, der Geschriebenes nicht zu lesen vermag, zugleich stumm oder sonst am Sprechen verhindert, so kann er nach § 2243 auch durch mündliche Erklärung kein Testament errichten; er ist mithin, da er sich auch des eigenhändigen Testaments nicht bedienen kann (§ 2247), von der Testamentserrichtung ganz ausgeschlossen.

§ 2239

Die bei der Errichtung des Testaments mitwirkenden Personen müssen, soweit sich aus § 2242 Abs 2, 3 nichts anderes ergibt, während der ganzen Verhandlung zugegen sein.

E I 1915 Abs 3 II 2105; M 5 263; P 5 331, 332.

Übersicht:

Anwesenheit der mitwirkenden Personen

Schrifttum: Zillmer, JZ 1952, 745.

1. Die Vorschrift stimmt inhaltlich mit § 12 TestG überein, von § 2239 aF unterscheidet sie sich durch den Hinweis auf § 2242 Abs 2, 3; § 2239 ist auch auf die außerordentlichen Testamentsformen (§§ 2249–2251) und auf den Erbvertrag (§ 2276) anzuwenden.

2. Die **mitwirkenden Personen** sind die in § 2233 Genannten. Der Erblasser gehört nicht dazu; er ist vielmehr in §§ 2241 Nr 2, 2242, 2245, 2246 zu den Mitwirkenden ausdrücklich in Gegensatz gestellt worden und braucht mithin der Vollziehung der Testamentsniederschrift durch die Mitwirkenden (§ 2242 Abs 3) nicht notwendig beizuwohnen (RG 85, 123; JW 1905, 24[26], 1936, 989[3]). Das Gleiche gilt für den Dolmetscher (vgl. § 2244 Abs 1, wo § 2239 nicht mit angezogen worden ist; Näheres § 2244 A 9).

3. Die **ganze Verhandlung** begreift nicht nur die eigentliche Testamentserklärung und den Akt der Schriftübergabe nach § 2238, sondern auch die in §§ 2242–2245 erwähnten Erklärungen und sonstigen Vorgänge, demgemäß auch die Verlesung, Genehmigung und Unterzeichnung der Niederschrift in sich. Insbesondere genügt nicht, daß die Zeugen nur diesem letzten Teile der Testamentsverhandlung beigewohnt haben (RG 63, 86; vgl. § 2238 A 2, 3) oder daß der Urkundsbeamte der Geschäftsstelle nur das Diktat des Richters zu hören bekommt (RG JW 1909, 461[21]). Abwesenheit eines Mitwirkenden auch nur bei einem dieser Vorgänge macht das ganze Testament nichtig (§ 125). Insofern enthält § 2239 eine bewußte Abweichung von FGG § 174. Die Unterschrift eines Mitwirkenden kann, soweit das noch zulässig ist (§ 2242 A 10), nur in Gegenwart der übrigen Mitwirkenden rechtswirksam nachgeholt werden (RJA 14, 270; vgl. aber auch den besonderen Fall RG JW 1936, 989[3]).

4. **Zugegensein** setzt voraus, daß die Mitwirkenden den Erblasser während der ganzen Verhandlung (RG 161, 128), soweit sie in seiner Gegenwart stattzufinden hat (vgl. A 1), sehen und hören können. Ob die Zeugen der Verhandlung tatsächlich gefolgt sind, ist nicht entscheidend (KG OLG 32, 64; Firsching DNotZ 1955, 287 vor Anm 33). Die Mitwirkung bei der Versiegelung und Verwahrung des Testaments ist nur durch die Ordnungsvorschrift des § 2246 angeordnet. Bei vorbereitenden Gesprächen ist die Anwesenheit der übrigen Mitwirkenden nicht erforderlich, ebensowenig während der Abfassung und Herstellung der Niederschrift, die (als vorbereitender Entwurf) der eigentlichen Testamentsverhandlung sogar vorausgegangen sein darf (RG 85, 124; JW 1915, 581[15]; Gruch 50, 115 u. 65, 99; HRR 1932 Nr 130).

Überhaupt erfordert das Gesetz, wenngleich „die ganze letztwillige Erklärung eine Einheit bildet" (RG 161, 128), keine Einheit der Errichtungshandlung. Unterbrechungen selbst von längerer Dauer sind zulässig (vgl. hierzu Seybold DNotZ 1952, 77); die Niederschrift muß aber über eine etwaige Änderung des Tages der Verhandlung (§ 2241 Abs 1 Nr 1; vgl. aber auch Abs 3, 4) und soll über eine Änderung des Ortes der Verhandlung (§ 2241 Abs 2) Aufschluß geben. Aus § 2241 Nr 1 aF ergaben sich insoweit weitergehende Anforderungen. Entfernt sich ein Mitwirkender zeitweilig, so ist das unerheblich, wenn in seiner Abwesenheit nicht verhandelt worden ist (RG Warn 1913 Nr 207 u. 244). Ein Wechsel der mitwirkenden Personen vor Abschluß des Testamentsaktes ist dagegen schon wegen § 2242 Abs 4 unzulässig.

§ 2240

Über die Errichtung des Testaments muß eine Niederschrift in deutscher Sprache aufgenommen werden.

E I 1919 Abs 1 II 2106; M 5 271; P 5 336, 337.

Deutschsprachige Niederschrift

1. Die Vorschrift stimmt wörtlich mit § 13 Abs 1 TestG überein und entspricht § 2240 aF.

2. Die **Niederschrift** (§§ 2241, 2241 a, 2242) ist wesentlicher Bestandteil des Errichtungsakts; ebenso bei den außerordentlichen Testamentsformen (§§ 2249–2251; s. aber auch § 2249 Abs 6) und beim Erbvertrag (§ 2276). Die **deutsche Sprache** ist auch bei Zuziehung eines Dolmetschers anzuwenden (§ 2244); im Falle des § 2245 ist durch Ordnungsvorschrift wenigstens deutsche Übersetzung vorgeschrieben. – Entsprechend FGG § 175.

§ 2241

Die Niederschrift muß enthalten:

1. den Tag der Verhandlung;

2. die Bezeichnung des Erblassers und der mitwirkenden Personen;

3. die nach § 2238 erforderlichen Erklärungen des Erblassers und im Falle der Übergabe einer Schrift die Feststellung der Übergabe.

Die Niederschrift soll ferner den Ort der Verhandlung enthalten.

Das Fehlen einer Angabe über den Tag der Verhandlung steht der Gültigkeit des Testaments nicht entgegen, wenn diese Angabe aus dem vom Richter oder Notar nach § 2246 auf den Testamentsumschlag gesetzten Vermerk hervorgeht.

Das Testament ist nicht schon deshalb ungültig, weil die Angabe über den Tag der Verhandlung unrichtig ist.

E I 1919 Abs 2 II 2107.

Übersicht:

Inhalt der Niederschrift

1. Allgemeines
2. Mußerfordernisse (Abs 1)
3. Der Tag der Verhandlung (Abs 1 Nr 1, Abs 3, 4)
4. Personenbezeichnung (Abs 1 Nr 2)
5. Erklärungen des Erblassers und Feststellung bei Übergabe einer Schrift (Abs 1 Nr 3)
6. Der Ort der Verhandlung (Abs 2)

1. § 2241 stimmt mit § 13 Abs 2–5 TestG überein. Die Abs 2–4 der neuen Fassung wurden durch das TestG neu eingefügt, um häufige Fehlerquellen auszuschließen.

2. Die in Abs 1 aufgestellten **Erfordernisse der Testamentsniederschrift** sind zwingend („muß“). Ihre Verletzung hat die Nichtigkeit des Testaments zur Folge (§ 125), soweit nicht die in den Abs 3 u. 4 vorgesehenen Milderungen Platz greifen. Die Verletzung weitergehender Vorschriften (z. B. EG Art 151, DOfNot §§ 24–29; s. § 2232 A 1) ist auf die Gültigkeit ohne Einfluß. Die Beweiskraft der danach hergestellten öffentlichen Urkunde ist nach ZPO §§ 415, 418, 419 zu beurteilen. Wer die Nichteinhaltung der Formvorschriften behauptet, muß daher den nach § 415 Abs 2 zugelassenen Nachweis der Unrichtigkeit führen (RG 161, 381).

3. Der Tag der Verhandlung (Abs 1 Nr 1, Abs 3, 4). Nach § 2241 Nr 1 aF war die Angabe des Ortes und des Tages der Verhandlung zwingend vorgeschrieben. Die neue Fassung hält — im Anschluß an das TestG — hieran nur wegen des Tages der Verhandlung fest; sie hat aber auch dieses Erfordernis in den Abs 3 u. 4 stark gemildert. Wegen des Ortes der Verhandlung besteht nur noch eine Sollvorschrift (Abs 2; A 7).

Es genügt, wenn sich der Tag der Verhandlung aus dem Text der Niederschrift ergibt (RG JW 1911, 589[36]). Nur die ausgeschriebene kalendermäßige Bezeichnung des Tages entspricht der Bedeutung der öffentlichen Urkunde, wenn auch der Gebrauch üblicher Abkürzungen die Gültigkeit nicht beeinträchtigen mag (RG 53, 152). Eine mangelhafte oder unvollständige Tagesangabe ist unschädlich, wenn sie aus der Niederschrift selbst (OLG 44, 99), gegebenenfalls unter Verwendung offenkundiger Tatsachen, oder aus den die Testamentserrichtung betreffenden, gesetzlich vorgeschriebenen Beurkundungen, die mit dem Errichtungsakt in unmittelbarem Zusammenhang stehen, z. B. aus dem nach § 2246 auf den Testamentsumschlag gesetzten Vermerk, ergänzt werden kann (RG 81, 95; 84, 163; JW 1929, 587[17]; KGJ 50, 76; s. auch RG Warn 1917 Nr 243). Die Einträge in dem vom Amtsgericht nach § 27 der Aktenordnung (in der Fassung der AV v. 4. 8. 38, DJ 1259), zu führenden Verwahrungsbuch oder in der vom Notar nach § 7 DOfNot zu führenden Urkundenrolle sind hierfür ungeeignet, da sie nicht zu den unmittelbaren Beurkundungsvorgängen gehören (vgl. RG Warn 1931 Nr 129).

Auch das völlige Fehlen der Tagesangabe in der Niederschrift beeinflußt nach **Abs 3** (anders als nach § 2241 aF) die Gültigkeit des Testaments nicht, wenn die Angabe aus dem nach § 2246 auf den Testamentsumschlag gesetzten Vermerk hervorgeht. In anderer als der hier vorgesehenen Weise darf die fehlende Tagesangabe nicht ergänzt werden, da Abs 3 eine Ausnahmevorschrift ist, die nicht ausdehnend angewandt werden kann (Vogels-Seybold § 13 TestG A 8 Abs 3). Die Einträge im Verwahrungsbuche des Amtsgerichts oder in der Urkundenrolle des Notars können daher auch insoweit nicht herangezogen werden.

Daß die Tagesangabe unrichtig ist, steht nach **Abs 4** der Gültigkeit des Testaments nicht entgegen (anders nach § 2241 aF), gleichviel ob der Tag nur versehentlich oder mit Absicht unrichtig angegeben ist (s. aber die Strafvorschrift des § 348 StGB für den Fall einer vorsätzlichen Falschbeurkundung). Es ist daher auch unschädlich, wenn die Niederschrift nicht darüber Aufschluß gibt, daß sich die Testamentsverhandlung über mehrere Tage erstreckt hat s. § 2239 A 2).

4. Die **Bezeichnung** des **Erblassers** und der **mitwirkenden Personen (Abs 1 Nr 2)** muß nicht notwendig eine namentliche, aber doch so bestimmt sein, daß sie die Personen der Beteiligten ergibt. Zur Person des Erblassers kann auch ein regelmäßig geführtes Pseudonym genügen. Es ist ratsam, die Mitwirkenden als Richter, beurkundenden Notar, zweiten Notar (§ 2233 A 7), Zeugen besonders zu kennzeichnen; jedoch ist dies entbehrlich, wenn hierüber nach dem Gesamtinhalt der Niederschrift kein berechtigter Zweifel möglich ist (vgl. JW 1925, 387[19] sowie Josef das. 754). Die Personen brauchen nicht feierlich als „bei der Verhandlung mitwirkend“ genannt zu werden (RG JW 1909, 20[15]). Die Bezeichnung gehört ordnungsgemäß in den Text der Niederschrift, es kann aber, falls an der Einheitlichkeit der Beurkundung kein Zweifel besteht, unter Umständen genügen, wenn sich die Bezeichnung am Rande der Niederschrift befindet, oder wenn sie (RG 50, 16) erst aus der Niederschrift ersichtlich wird, während im Texte nur von „den unterzeichneten Gerichtspersonen“ die Rede ist. Vgl. auch KG JFG 20, 319 = DFG 1939, 206 = HRR 1939 Nr 1505 = DRW 1939, 1953[9] über die Möglichkeit, stillschweigend auf die Unterschrift hinzuweisen. Aufnahme einer Feststellung über die Person des Erblassers § 2241 a.

5. Zu Abs 1 Nr 3: Die Niederschrift muß als Haupterfordernis die mündlichen Erklärungen des Erblassers in den beiden Formen des § 2238 Abs 1 enthalten, also die Erklärung des Testamentsinhalts selbst oder, bei Übergabe einer Schrift, die sie begleitende Erklärung.

Die weiter vorgeschriebene **Feststellung der Übergabe** kann auch in der niedergeschriebenen Erklärung: „Wir überreichen hiermit ...“ gefunden werden (RG Warn 1908 Nr 74). Ob die Schrift offen oder verschlossen übergeben war, muß nicht notwendig festgestellt werden. Es genügt, daß die rechtserheblichen Umstände und Erklärungen schriftlich und in Gegenwart der mitwirkenden Personen niedergelegt sind und dies durch Unterschrift bezeugt ist (KG HEZ 1, 233 = SJZ 1948, 200 mit Anm von Weigelin).

Verschließung, Aufschrift und Verwahrung § 2246.

6. Zu Abs 2: § 2241 Nr 1 aF schrieb die Angabe des **Ortes der Verhandlung** zwingend vor. Abs 2 hat diese Vorschrift zu einer bloßen Sollvorschrift abgeschwächt. Auf die Gültigkeit des Testaments ist es daher ohne Einfluß, wenn die Ortsangabe fehlt oder unrichtig ist.

§ 2241a

Kennt der Richter oder der Notar den Erblasser, so soll er dies in der Niederschrift feststellen. Kennt er ihn nicht, so soll er angeben, wie er sich Gewißheit über seine Person verschafft hat.

Kann sich der Richter oder der Notar über die Person des Erblassers keine volle Gewißheit verschaffen, wird aber gleichwohl die Aufnahme der Verhandlung verlangt, so soll er dies in der Niederschrift unter Anführung des Sachverhalts und der zur Feststellung der Person beigebrachten Unterlagen angeben.

Der Richter oder der Notar soll sich davon überzeugen, daß der Erblasser testierfähig ist (§ 2229). Er soll seine Wahrnehmungen über die Testierfähigkeit in der Niederschrift angeben.

Übersicht:

Feststellung der Person und Prüfung der Testierfähigkeit des Erblassers

1. Feststellung der Person, insbesondere nach Abs 1
2. Mangelnde Gewißheit (Abs 2)
3. Bedeutung der Feststellungen
   a) gemäß Abs 1
   b) gemäß Abs 2
4. Prüfung der Testierfähigkeit (Abs 3)

Schrifttum: Firsching, Fragen des Testamentsrechts, DNotZ 1955, 283 [284—286].

1. Über die **Feststellung der Person des Erblassers** enthielt das BGB ursprünglich keine Bestimmungen. Jedoch galten die Vorschriften des § 176 Abs 3 FGG auch für die Testamentserrichtung (§ 2232 A 1). Diese hat das TestG in § 14 Abs 1 u. 2 in etwas anderer Fassung übernommen; sie sind in § 2241a ebenso beibehalten worden. Vgl. auch § 31 DOfNot und Begründung zum TestG DJ 1938, 1256.

Die Abs 1 u. 2 sind lediglich Sollvorschriften. Das Fehlen der hier vorgeschriebenen Feststellungen und Angaben ist daher auf die Gültigkeit des Testaments ohne Einfluß. In welcher Weise sich der Richter oder Notar, falls er den Erblasser nicht schon vor der Testamentserrichtung gekannt hat, Gewißheit über seine Person verschafft, ist seinem pflichtmäßigen Ermessen überlassen. In jedem Falle muß er hierbei die äußerste Sorgfalt anwenden (RG 124, 63). Das zuverlässigste Mittel zur Feststellung der Person ist ein mit einem Lichtbild versehener amtlicher Ausweis (RG 156, 87), der in der Niederschrift zweckmäßig genau bezeichnet wird.

In Betracht kommt ferner die Vorstellung des Erblassers durch Erkennungszeugen, deren Zuverlässigkeit dem beurkundenden Beamten bekannt sein muß (RG 124, 63; DOfNot § 31 Abs 2). Ihre Namen sind nach Abs 1 Satz 2 in der Niederschrift anzuführen. Sie gehören jedoch nicht zu den mitwirkenden Personen im Sinne des § 2239 und brauchen daher, falls sie nicht zugleich in anderer Eigenschaft mitwirken, die Niederschrift nicht zu unterschreiben (RJA 2, 33). Andere Erkenntnisquellen (z. B. Sachkenntnis der als Erblasser auftretenden Person, sonstige von ihr vorgelegte Urkunden, vgl. RG 156, 88/89) wird der beurkundende Beamte nur unter besonderen Umständen (z. B. bei lebensgefährlicher Erkrankung des Erblassers) verwenden.

2. Zu Abs 2: Kann sich der beurkundende Beamte über die Person des Erblassers **keine volle Gewißheit** verschaffen, so darf er, falls gleichwohl die Aufnahme der Verhandlung verlangt wird, die Entgegennahme des Testaments nicht ablehnen (anders § 31 Abs 4 DOfNot). Denn es ist immer ungewiß, ob der Erblasser später noch imstande sein wird, ein Testament zu errichten

(Firsching DNotZ 1955, 285). Die Feststellung der Person muß dann zunächst offen bleiben. In der Niederschrift soll in einem solchen Falle nach Abs 2 angegeben werden, a) daß sich der beurkundende Beamte keine volle (oder unter Umständen überhaupt keine) Gewißheit über die Person des Erblassers verschaffen kann, b) daß der Erschienene gleichwohl die Aufnahme der Verhandlung verlangt, und es sollen c) der Sachverhalt und die vom Erschienenen zur Feststellung seiner Person beigebrachten Unterlagen angeführt werden.

3. Bedeutung der Feststellungen nach Abs 1 und 2:

a) Die dem Abs 1 entsprechende Feststellung stellt sich als ein Zeugnis des beurkundenden Beamten darüber dar, daß das Testament von der in der Niederschrift angegebenen Person errichtet worden ist. Sie begründet daher nach § 418 Abs 1 ZPO vollen **Beweis** für die Person des Erblassers (Stein-Jonas-Schönke, ZPO § 418 Bem II; RJA 9, 224). Der Gegenbeweis, daß das Testament in Wirklichkeit nicht von der in der Niederschrift angegebenen Person errichtet worden sei, ist nach § 418 Abs 2 ZPO zulässig. Erforderlich ist aber ein voll überzeugender Beweis der Unrichtigkeit; bloße Erschütterung der Glaubwürdigkeit der Beurkundung genügt nicht (RG JW 1938, 1538[32]).

b) Hat sich der beurkundende Beamte keire Gewißheit über die Person des Erblassers verschaffen können (Abs 2) oder fehlt es in der Niedersch ift an den nach den Abs 1 u. 2 vorgeschriebenen Angaben, so muß im Streitfalle derjenige, der aus dem Testament Rechte herleitet, beweisen, daß es von der in der Niederschrift angegebenen Person errichtet worden ist.

4. Prüfung der Testierfähigkeit (Abs 3). Die Bestimmung enthält ebenfalls eine Sollvorschrift. Vgl. auch § 32 DOfNot, ferner Seybold-Hornig-Lemmens 3. Aufl § 21 RNotO VIII S. 223.

Die Testierfähigkeit ist ein Unterfall der Geschäftsfähigkeit. Wie es grundsätzlich keine auf besonders schwierige Geschäfte beschränkte (partielle) Geschäftsunfähigkeit gibt (BGH NJW 1953, 1342 = MDR 1953, 605 gegen RG JW 1938, 1590), so gibt es auch keine abgestufte Testierfähigkeit; der Erblasser kann also nicht fähig sein, ein einfaches Testament, dagegen unfähig, ein schwieriges Testament zu errichten (OGH 2, 53 = NJW 1949, 544; vgl. auch OLG Hamburg MDR 1950, 731).

Steht die Testierunfähigkeit zweifellos fest (z. B. weil der Erblasser noch nicht 16 Jahre alt oder weil er unanfechtbar entmündigt ist), dann sollte der Richter oder Notar die Entgegennahme des Testaments ablehnen. Auch bei ernsten Zweifeln an der Testierfähigkeit sollte dagegen die Urkundsperson das Testament aufnehmen, ihre Zweifel jedoch in geeigneter Weise mit beurkunden oder anderweitig niederlegen (so schon v. Dassel, Das Recht 1917 Sp. 329).

Über die Beweislast hinsichtlich der Testierfähigkeit s. § 2229 A 6.

§ 2241b

Der Richter oder der Notar soll den Erblasser auf Bedenken gegen den Inhalt seiner mündlichen Erklärung oder der offen übergebenen Schrift hinweisen.

Bestehen Zweifel an der Gültigkeit des beabsichtigten Testaments, so sollen die Zweifel dem Erblasser mitgeteilt und der Inhalt der Mitteilung und die hierauf vom Erblasser abgegebenen Erklärungen in der Niederschrift festgestellt werden.

Übersicht:

Bedenken gegen die Errichtung des Testaments

Schrifttum: Daimer, Belehrungspflicht bei Beurkundung von letztwilligen Verfügungen, DJ 1941, 1102; 1942, 488; vgl. auch 1943, 399.

1. Allgemeines. Die Vorschrift stimmt mit § 15 TestG überein. Die alte Fassung des BGB enthielt keine entsprechende Bestimmung.

2. Zu Abs 1: Eine besondere **Belehrungspflicht** ist dem Richter oder dem Notar ausdrücklich weder in der aF des BGB noch im FGG, wohl aber vielfach in den landesrechtlichen Ausführungsvorschriften auferlegt worden (z. B. PrFGG Art 40). Vgl. auch DOfNot § 30. Im Zusammenhang mit § 2241b bestimmt § 2238 Abs 2 Satz 3, daß der Richter oder der Notar von dem Inhalt der offen übergebenen Schrift Kenntnis nehmen soll. Wird die Schrift verschlossen übergeben und gestattet der Erblasser dem beurkundenden Beamten nicht, sie zu öffnen (s. § 2238 A 5), so muß die Belehrungspflicht aus Abs 1 entfallen. Abs 1 enthält, ebenso wie Abs 2, eine bloße Sollvorschrift. Die in Abs 1 bestimmte Belehrungspflicht schließt die Pflicht in sich, den Erblasser bei der Bildung seines letzten Willens zu beraten und auf eine sachgemäße Fassung des Testaments hinzuwirken, die Zweifel nach Möglichkeit ausschließt.

3. Zu Abs 2: Bloße **Zweifel an der Gültigkeit** des beabsichtigten Testaments berechtigen den Richter oder den Notar nicht, die Beurkundung abzulehnen. Er soll aber in diesem Falle nach Abs 2 verfahren. In Betracht kommen z. B. Bedenken, die sich hinsichtlich der Testierfähigkeit des Erblassers oder aus einer entgegenstehenden erbvertraglichen Bindung ergeben (Begr. zum TestG). Vgl. auch DOfNot § 34. Steht die Ungültigkeit des beabsichtigten Testaments zweifellos fest oder werden mit dem Testament erkennbar unerlaubte oder unredliche Zwecke verfolgt, so hat der Richter oder der Notar die Beurkundung abzulehnen (RNotO § 15 Abs 2; PrFGG Art 40 Abs 2; Lange ZAkDR 1938, 579; vgl. auch oben § 2241a A 4).

§ 2242

Die Niederschrift muß vorgelesen, vom Erblasser genehmigt und von ihm eigenhändig unterschrieben werden. In der Niederschrift soll festgestellt werden, daß dies geschehen ist. Hat der Erblasser die Niederschrift eigenhändig unterschrieben, so wird vermutet, daß sie vorgelesen und von ihm genehmigt ist. Die Niederschrift soll dem Erblasser auf Verlangen auch zur Durchsicht vorgelegt werden.

Ist der Erblasser taub, so soll ihm die Niederschrift zur Durchsicht vorgelegt werden, auch wenn er dies nicht verlangt; in der Niederschrift soll festgestellt werden, daß dies geschehen ist. Kann der taube Erblasser Geschriebenes nicht lesen, so soll bei dem Vorlesen eine Vertrauensperson zugezogen werden, die sich mit ihm zu verständigen vermag; in der Niederschrift soll die Zuziehung festgestellt werden.

Kann der Erblasser nach der Überzeugung des Richters oder des Notars nicht schreiben, so wird die Unterschrift des Erblassers durch die Feststellung dieser Überzeugung in der Niederschrift ersetzt. In einem solchen Falle muß der Richter oder der Notar bei dem Vorlesen und der Genehmigung einen Zeugen zuziehen; der Zuziehung des Zeugen bedarf es nicht, wenn der Richter oder der Notar gemäß § 2233 oder nach einer anderen gesetzlichen Vorschrift einen Urkundsbeamten der Geschäftsstelle oder einen zweiten Notar oder zwei Zeugen zuzieht.

Die Niederschrift muß von den mitwirkenden Personen unterschrieben werden

E I 1919 Abs 3, 4, 1920 II 2108; M 5 273–275; P 5 536–539.

Übersicht:

Verlesung, Genehmigung und Unterzeichnung

1. Allgemeines. Die Vorschrift entspricht § 16 TestG. Die Abs 1, 3 u. 4 des § 16 TestG waren an die Stelle des § 2242 aF getreten. Abs 2 ist also gegenüber der alten BGB-Fassung neu.

Die Beobachtung der **wesentlichen Förmlichkeiten** muß, soweit das Gesetz nicht bloße Sollvorschriften aufstellt, aus der Niederschrift selbst hervorgehen oder, wenn es sich nicht um die Ergänzung von Lücken, sondern um die bloße Beseitigung von Zweifeln oder Unklarheiten handelt, aus urkundlichen Vorgängen, die mit der Errichtung der Niederschrift in unmittelbarem Zusammenhange stehen (RG 86, 390; 97, 298; JW 1927, 1205[19]; 1929, 587[17]; § 2241 A 3), **kann** dagegen nicht anderweitigen Ermittlungen entnommen werden (RG JW 1904, 208[21]; Warn 1931 Nr 86, 1939 Nr 80; s. auch A 8; anders BayObLG 31, 371 für ein Gemeindetestament nach § 2249).

2. Abs 1 Satz 1 betrifft nur die Niederschrift im engeren Sinne, d. h. alle nach § 2241 Abs 1 Nr 1–3 wesentlichen Bestandteile, nicht die in § 2241 Abs 1 Nr 3 bezeichnete Schrift, auch wenn sie offen übergeben wird (RG 84, 165), ebensowenig die Feststellungen, die nach § 2242 Abs 1 Satz 2 (RG 79, 368), nach Abs 3 (RG 63, 31; 86, 391) und nach § 2243 Abs 2, § 2244 Abs 3, § 2245 Abs 2 in der Niederschrift zu treffen sind. Vorzulesen und zu genehmigen ist insbesondere auch die Beurkundung über Ort und Tag der Verhandlung (RG 50, 215; 109, 373); ebenso die Bezeichnung der bei der Verhandlung mitwirkenden Personen (RG JW 1911, 804[5]). Nach Firsching DNotZ 1955, 289 soll allerdings § 2242 Abs 1 Satz 1 sich nur auf § 2241 Abs 1 Nr 3 erstrecken und das Testament auch dann gültig sein, wenn die Orts- und Zeitangabe nicht mit vorgelesen ist. Dem steht jedoch entgegen, daß nach § 2241 auch diese Angaben Teile der Niederschrift sind. Es ist aber zulässig, daß zunächst der Teil der Niederschrift vorgelesen wird, der die einleitenden Angaben des § 2241 Abs 1 Nr 1 u. 2 enthält, daß dann erst der nach § 2238 erforderliche eigentliche Errichtungsvorgang vollzogen, gemäß § 2241 Abs 1 Nr 3 beurkundet und darauf dieser Teil der Niederschrift vorgelesen wird (RG 108, 403).

a) Die **Verlesung,** gleichviel von welchem der Mitwirkenden sie vorgenommen wird, ist auch bei Taubheit des Erblassers (Abs 2) wesentlich, unverzichtbar und wird weder durch lautes Diktat, noch durch die Durchsicht der Niederschrift (Abs 1 Satz 4, Abs 2 Satz 1) ersetzt.

b) Für die **Genehmigung** ist keine mündliche Erklärung (§ 2238 A 3) vorgeschrieben, sie kann deshalb auch stillschweigend ausgedrückt werden (Kopfnicken; RG 108, 403). Der Erblasser kann die Genehmigung auch in der Weise äußern, daß er, nachdem die Niederschrift vorgelesen worden ist, ohne Widerspruch unterschreibt; nach Abs 1 Satz 3 (s. A 4) wird vermutet, daß die Niederschrift vorgelesen und vom Erblasser genehmigt worden ist, wenn er sie eigenhändig unterschrieben hat. Über die Frage, ob die mündliche Erklärung, durch die das Testament errichtet wird, mit der Vorlesung und Genehmigung der Niederschrift in einem einzigen Verhandlungsvorgang zusammengezogen werden kann, s. § 2238 A 3 a. E.; RG 85, 120; 161, 378; OGH 2, 51.

c) Die **Unterschrift** muß eine **eigenhändige** sein. Dies ist nicht deshalb ausgeschlossen, weil eine zweite Person mitbestimmend an der Herstellung der Unterschrift mitgewirkt hat (RG Warn 1911 Nr 336; s. auch § 2247 A 2). Die mit Unterstützung eines Dritten geleistete Unterschrift verliert die Eigenschaft der Eigenhändigkeit noch nicht, solange der Unterschreibende den Willen hat, seine Unterschrift zu leisten und diesen Willen so betätigt, daß die Leistung der Unterschrift von seinem Willen abhängig bleibt (BGH LM TestG § 16 Nr 1 mit Nachw). Die Hilfe darf daher nicht so weit gehen, daß der Erblasser sich die Hand wie ein willenloses Werkzeug führen läßt und die Schriftzüge somit nicht mehr von ihm, sondern alleinbestimmend von dem Dritten hergestellt werden (vgl. BayObLG 1948–1951, 598 mit Nachw = DNotZ 1952, 78 mit Anm Rechenmacher). Durch Handzeichen kann die Unterschrift nicht ersetzt werden. Erforderlich ist Namensunterschrift (BGB § 126; dahingestellt gelassen RG 87, 110f., ausgesprochen für § 2231 Nr 2 aF RG 110, 168; 134, 310; 137, 216). Sie wird verständigerweise so geleistet, daß sie in Verbindung mit dem Inhalte des Testaments oder offenkundigen Tatsachen die Personengleichheit des Erblassers außer Zweifel stellt. Inwieweit hierzu der bloße Familienname genügt, oder auch Vor- und Zuname oder eine sonstige nähere Bezeichnung nötig ist, ist Tatfrage. Die Formvorschrift wird aber durch die Unterzeichnung mit dem bloßen Familiennamen stets erfüllt. Frauen brauchen ihren Mädchennamen nicht hinzuzufügen (DJ 1935, 1772). Der Gebrauch eines unrichtigen, aber tatsächlich vom Erblasser geführten Vornamens ist unschädlich (RG Warn 1913 Nr 300), ebenso eine Verstümmelung des Namens, wenn sie dessen Erkennbarkeit nicht ausschließt (s. einerseits KGJ 50, 79, anderseits RGSt 43, 231). Die für das eigenhändige Testament in § 2247 Abs 3 vorgesehenen Erleichterungen gelten für das öffentliche Testament nicht. Die Unterzeichnung durch Angabe der Familienstellung genügt daher nicht; ebensowenig die Unterzeichnung mit dem bloßen Vornamen, es sei denn, daß sein alleiniger Gebrauch — wie seinerzeit in Deutschland bei fürstlichen Personen oder wie bei kirchlichen Würdenträgern — üblich ist. Die Unterschrift muß nicht notwendig mit der in der Niederschrift enthaltenen Bezeichnung des Erblassers (§ 2241 Abs 1 Nr 2) übereinstimmen. Räumlich muß sie zu der vorangehenden Niederschrift in einem Verhältnis stehen, daß sie deren Inhalt deckt; darauf, ob sich die Unterschrift des Erblassers über oder unter dem Feststellungsvermerk (A 3) befindet, kommt es nicht an (JFG 4, 275; RG 62, 1; 63, 37; 69, 82). Auch der Blinde hat, wenn er dazu imstande ist, zu unterzeichnen; andernfalls muß der Ersatzformvorschrift des Abs 3 genügt werden (RG 86, 385).

Satz 1 ist nach wie vor eine Mußvorschrift (Begr. zum TestG); das Testament ist daher nichtig, wenn die Niederschrift nicht vorgelesen oder nicht vom Erblasser genehmigt oder nicht von ihm eigenhändig unterschrieben worden ist.

3. Zu Abs 1 Satz 2: Schon das TestG hatte, um Formnichtigkeit möglichst zu vermeiden, die Mußvorschrift des § 2242 Abs 1 Satz 2 aF (und des § 177 Abs 1 Satz 2 FGG) zu einer Sollvorschrift abgeschwächt. Die neue Fassung hat hieran festgehalten. Das bedeutet nicht, daß der beurkundende Beamte insoweit nicht mehr dieselbe Sorgfalt wie bisher anzuwenden brauchte. Es ist nach wie vor von erheblicher Bedeutung, ob die Vorlesung, Genehmigung und eigenhändige Unterschrift des Erblassers in der Niederschrift festgestellt worden ist oder nicht (vgl. A 4).

Mit der **Feststellung** bezeugen die mitwirkenden Personen, daß Abs 1 Satz 1 beachtet worden ist. Die Feststellung braucht nicht besonders verlesen und vom Erblasser genehmigt zu werden; sie wird aber auch durch seine Unterschrift nicht ersetzt. Sie hat sich auf alle drei Erfordernisse: Vorlesung, Genehmigung, Unterzeichnung zu erstrecken (JFG 1, 355; RG 50, 217; JW 1904, 208[21]; Warn 1931 Nr 86). Daß die Unterzeichnung eigenhändig erfolgt ist, braucht nicht besonders hervorgehoben zu werden (JFG 14, 472; 15, 262). Der Feststellungsvermerk muß nicht notwendig der gesamten Niederschrift räumlich nachfolgen, sondern kann auch einen nun erst beginnenden, vom Erblasser unterschriebenen Zusatz decken, wenn der Niederschrift zu entnehmen ist, daß sich der Vermerk auch hierauf beziehen soll (RG JW 1911, 766[28]). Der Gebrauch der üblichen Abkürzung „V. g. u." genügt (RG 53, 150), ebenso die Feststellung, „das Testament" (statt der Niederschrift) sei vorgelesen worden (RG 50, 23; BayZ 1908, 19; JW 1929, 587[17]).

4. Die Vermutung des Abs 1 Satz 3: Die Vorlesung, Genehmigung und eigenhändige Unterzeichnung durch den Erblasser ist ein zwingendes Formerfordernis (A 2 a. E.). Fehlt dagegen eine diese Vorgänge bezeugende Feststellung in der Niederschrift, so folgt hieraus allein nicht schon die Nichtigkeit des Testaments (A 3). Doch müßte in diesem Falle derjenige, der sich auf das Testament beruft, im Streitfalle mit sonstigen Beweismitten den Beweis erbringen, daß die Erfordernisse des Satz 1 erfüllt sind. Satz 3 will erreichen, daß die Urkunde auch beim Fehlen der nach Satz 2 vorgeschriebenen Feststellung in sich beweiskräftig ist (Begr. zum TestG). Er knüpft daher an die eigenhändige Unterzeichnung der Niederschrift durch den Erblasser die Vermutung, daß die Niederschrift vorgelesen und von ihm genehmigt ist. Damit die Vermutung Platz greifen kann, muß also feststehen, daß der Erblasser die Niederschrift eigenhändig unterschrieben hat; würde es hieran fehlen, so wäre das Testament schon aus diesem Grunde nichtig. Daß der Erblasser die Niederschrift eigenhändig unterschrieben hat, muß, falls es auch insoweit an einer Feststellung nach Satz 2 fehlt, beweisen, wer sich auf die Gültigkeit des Testaments beruft. Die dann eintretende Vermutung, daß die Niederschrift vorgelesen und vom Erblasser genehmigt ist, kann von demjenigen, der die Nichtigkeit des Testaments wegen Fehlens eines dieser Erfordernisse geltend macht, mit allen zulässigen Beweismitteln widerlegt werden (ZPO § 292).

Da die Vermutung die eigenhändige Unterzeichnung durch den Erblasser voraussetzt, kann sie im Falle des Abs 3 (Schreibunfähigkeit des Erblassers) nicht Platz greifen.

5. Zu Abs 1 Satz 4: Die **Vorlage zur Durchsicht** (für den Fall, daß der Erblasser sie verlangt, durch bloße Ordnungsvorschrift angeordnet) braucht nicht beurkundet zu werden. Sie kann die Vorlesung auch dann nicht ersetzen, wenn alle Mitwirkenden von ihr Kenntnis genommen haben.

6. Zu Abs 2 Satz 1: Die Verständigung mit einem **tauben Erblasser** (§ 2233 A 2) war ursprünglich im BGB nicht geregelt. Jedoch waren insoweit die landesrechtlichen Vorschriften anwendbar, z. B. Art 41 PrFGG. Abs 2 knüpft an diese Vorschriften an, indem er eine Reihe von Ordnungsvorschriften aufstellt. Die Vorlage zur Durchsicht macht die nach Abs 1 Satz 1 zwingend vorgeschriebene Vorlesung der Niederschrift nicht entbehrlich (A 5).

7. Zu Abs 2 Satz 2: Eine **Vertrauensperson** für den Fall zuzuziehen, daß der taube Erblasser auch lesensunfähig ist, ist nur für die Verlesung der Niederschrift vorgeschrieben. Ist die Vertrauensperson zugezogen worden, so gehört sie, wie aus § 2239 zu folgern ist, für diesen Teil der Testamentsverhandlung zu den „mitwirkenden Personen"; sie hat daher nach Abs 4 auch die Niederschrift mit zu unterschreiben. Unterzeichnet die Vertrauensperson nicht, so ist dies jedoch — anders als bei den übrigen mitwirkenden Personen (A 10) — auf die Gültigkeit des Testaments ohne Einfluß; denn dieses wäre selbst dann gültig, wenn die Zuziehung der Vertrauensperson entgegen der Ordnungsvorschrift des Abs 2 Satz 2 gänzlich unterblieb. Die Ausschließungsgründe der §§ 2234—2237 sind auf die Vertrauensperson nicht anzuwenden; als Vertrauenspersonen werden vielfach gerade die nächsten Angehörigen in Betracht kommen. Es steht auch nichts entgegen, als Vertrauensperson den Urkundsbeamten der Geschäftsstelle, den zweiten Notar oder einen der Zeugen (§ 2233 Abs 1) zuzuziehen, falls er sich mit dem tauben und lesensunkundigen Erblasser verständigen kann (vgl. PrFGG Art 41 Abs 2 Satz 4).

8. Zu Abs 3 Satz 1: Schreibunfähigkeit des Erblassers im Sinne des Abs 3 liegt nicht vor, wenn er wenigstens seinen Namen schreiben kann (vgl. § 2237 A 1 zu Nr 4). Kann er das nicht, so ist die **Unterschrift entbehrlich,** wenn ein Doppeltes vorliegt: Überzeugung des beurkundenden Beamten von der Schreibunfähigkeit und Feststellung dieser Überzeugung in der Niederschrift (Abs 3 Satz 1); hinzukommen muß ferner ein besonderer „Schreibzeuge", falls nicht ohnehin eine Überwachungsperson für die ganze Testamentsverhandlung zugezogen ist (Abs 3 Satz 2; s. A 9).

a) Nach § 2242 Abs 2 aF (ebenso wie nach § 177 Abs 2 Satz 1 FGG) genügte die bloße, durch den beurkundenden Beamten nicht nachzuprüfende Erklärung des Erblassers, daß er nicht schreiben könne, um seine Unterschrift entbehrlich zu machen. Wegen des Beweiswerts, den die eigenhändige Unterschrift u. a. für die Personengleichheit des Erblassers hat (vgl. Begr zum TestG), ist der Erblasser nunmehr erst dann von der Unterzeichnung befreit, wenn er nach der **Überzeugung des beurkundenden Beamten** nicht schreiben kann. In welcher Weise sich der beurkundende Beamte diese Überzeugung verschafft, ist seinem pflichtgemäßen Ermessen überlassen (vgl. § 2233 A 1, § 2238 A 8).

b) Die **Feststellung der Überzeugung in der Niederschrift** ist auch hier lediglich Zeugnis der Urkundspersonen (A 3) und bildet keinen Bestandteil der vorzulesenden, vom Erblasser zu genehmigenden und zu unterzeichnenden Niederschrift. Eine Vorlesung und Genehmigung dieses Feststellungsvermerks durch den Erblasser ist daher überflüssig. In anderer Weise (als durch die Feststellung der Überzeugung von der Schreibunfähigkeit des Erblassers in der Niederschrift) kann dessen fehlende Unterschrift (A 2) nicht ersetzt werden (KG DRW 1939, 1953[10] = ZAkDR 1939, 652 gegen Boehmer ZAkDR 1939, 461; OLG Frankfurt HEZ 1, 34; OLG Celle HEZ 3, 39 = JR 1950, 725; vgl. hierzu Kipp-Coing § 15 A 1; s. auch oben A 1). Abs 3 Satz 1 enthält eine zwingende Formvorschrift; ein Verstoß gegen sie hat die Nichtigkeit des Testaments zur Folge. Es ist jedoch nicht erforderlich, daß die Feststellung ausdrücklich mit den Worten des Gesetzes getroffen wird; vielmehr genügt es, wenn sich die Überzeugung des beurkundenden Beamten aus dem sonstigen Inhalt der Niederschrift zweifelsfrei ergibt (KG DRW 1939, 384[39] mit Anm von Ripfel = ZAkDR 1939, 460 mit Anm von Boehmer; DRW 1939, 1388[11] = DJ 1939, 1049 mit Anm von Vogels; DRW 1939, 1953[10] = DJ 1939, 1591 mit Anm von Vogels = ZAkDR 1939, 652 mit Anm von Boehmer. Vgl. auch Leopold DRM 1939, 416). In diesen vom KG entschiedenen Fällen hatten sich die beurkundenden Notare auf die dem bisherigen Recht entsprechende Feststellung der Erklärung des Erblassers, nicht schreiben zu können, beschränkt, also die durch § 16 Abs 3 Satz 1 angeordnete Formerschwerung offensichtlich übersehen. Es ist bedenklich, in der Niederschrift die Feststellung der Überzeugung des beurkundenden Beamten zu finden, wenn dieser selbst sich infolge Unkenntnis der gesetzlichen Vorschrift nicht seiner Pflicht bewußt war, sich über die Schreibunfähigkeit des Erblassers ein eigenes Urteil zu bilden. Jedenfalls ist das KG, wie Vogels DJ 1939, 1050 (noch schärfer Coing NJW 1949, 755 zu Nr 6) mit Recht bemerkt, in dem Bestreben, die Testamente nach Möglichkeit aufrechtzuerhalten, bis an die äußerste Grenze einer weitherzigen Auslegung gegangen (vgl. auch KG DNotZ 1942, 184 mit Anm Fraas). Der BGH hat die von Vogels geäußerten Bedenken aufgenommen, jedoch grundsätzlich die Rechtsprechung des Kammergerichts bestätigt und ausgesprochen, der sonstige Inhalt der Niederschrift müsse ergeben, daß die Urkundsperson ihre Überzeugung festgestellt habe, der Erblasser könne nicht (oder „nicht mehr") schreiben. Er hat insoweit jedoch Umstände, die außerhalb der Niederschrift liegen, für unbeachtlich erklärt (BGH 17, 36 = NJW 1955, 787 gegen OLG Hamm NJW 1955, 520 — nur Leitsatz —). Es ist auch bedenklich, allein in dem niederschriftlichen Hinweis: „Es erschien der ... trotz seiner Blindheit voll geschäftsfähige ..." eine Feststellung der Schreibunfähigkeit zu sehen (a.M. OLG Stuttgart HEZ 2, 195 = NJW 1949, 755 mit abl. Anm von Coing = DRZ 1949, 521 mit zust. Anm von Natter); ein Blinder ist nicht immer schreibunfähig; es besteht auch keine allgemeine Überzeugung, daß er es sei. Die Urkundsperson ist verpflichtet, ihre Überzeugung in der Niederschrift eindeutig festzustellen.

9. Zu Abs 3 Satz 2: Schreibzeuge. Abs 3 Satz 2 entspricht dem § 177 Abs 2 Satz 2 u. 3 FGG. Die Vorschrift ist dadurch erforderlich geworden, daß nach § 2233 nF — wie schon nach § 16 TestG — abweichend von § 2233 aF die Zuziehung von Überwachungspersonen nicht allgemein vorgeschrieben ist. Der Schreibzeuge gehört, wie sich aus § 2239 ergibt, zu den „mitwirkenden Personen" und muß daher nach § 2242 Abs 4 die Niederschrift mitunterschreiben (A 10). Er braucht jedoch, abweichend von § 2239, nicht während der ganzen Verhandlung, sondern nur während der Vorlesung, Genehmigung und Unterzeichnung anwesend zu sein. Anderseits genügt es nicht, daß er ausweislich der Niederschrift als Erkennungszeuge mitgewirkt hat und dann anwesend geblieben, aber erst nach der Vorlesung und Genehmigung wieder zugezogen worden ist, lediglich um die von dem Schreibunfähigen gefertigten Kreuze zu bestätigen (KG DR 1940, 1849). Die Niederschrift braucht nicht notwendig zu ergeben, in welchem Abschnitt der Verhandlung der Schreibzeuge zugezogen worden ist, wenn nur anderweit bewiesen werden kann, daß er rechtzeitig, also vor dem Vorlesen, zugezogen worden ist. Es genügt ferner, wenn dem Zeugen irgendwie erkennbar geworden ist, daß er als Zeuge zugezogen wird (KG DR 1943, 697). Die Ausschließungsgründe der §§ 2234—2237 gelten auch für den Schreibzeugen (§ 2234 A 2). Angabe des Schreibzeugen in der Niederschrift § 2241 Abs 1 Nr 2. Ist die Zuziehung eines Schreibzeugen entgegen Abs 3 Satz 2 unterblieben, so ist das Testament nichtig.

Als andere gesetzliche Vorschrift im Sinne des Halbs 2 kommt z. B. Art 2 PrFGG in Betracht.

10. Zu Abs 4: Die **Unterschrift der mitwirkenden Personen** (§ 2239 A 1; s. auch oben A 7 u. 9) muß zu der Niederschrift auch räumlich so stehen, daß dadurch ihr gesamter Inhalt, einschließlich etwaiger Randvermerke, des Vermerks über die Vorlesung und Genehmigung, der Unterschrift des Erblassers und der sonst vorgeschriebenen Feststellungen gedeckt wird. Auf die Reihenfolge der Unterschriften kommt es nicht an; zweckmäßig ist es aber, daß der Richter oder der beurkundende Notar die ganze Urkunde mit seiner Unterschrift abschließt (RG JW 1936, 989[3] a. E.). Fehlt die Unterschrift der Urkundsperson unter der Niederschrift, so ist das Testament ungültig; die Namensunterschrift auf dem Umschlag, in den die Niederschrift nach § 2246 zu nehmen ist, ersetzt jene Unterschrift nicht (OLG München DNotZ 1944, 12; OLG Hamm DNotZ 1952, 80; Firsching DNotZ 1955, 292). Die Unterschriften brauchen nicht notwendig die letzten Worte der Niederschrift zu bilden (RG 68, 297: Vermerk „unterschrieben" erst unter der Namenszeichnung, vgl. auch KGJ 43, 100). Daß die mitwirkenden Personen nur die vom Erblasser überreichte Schrift mit unterschreiben, genügt nicht (HRR 1936 Nr 598).

Die Mitwirkenden müssen eigenhändig unterschreiben. Das kann weder durch Handzeichen noch durch Feststellung der Schreibunfähigkeit ersetzt werden (vgl. § 2237 A 1 zu Nr 4). Ist die Unterzeichnung ganz unterblieben, so darf sie durch einen besonders zu beurkundenden Akt in Gegenwart der übrigen „mitwirkenden Personen" nachgeholt werden. Das gilt jedoch mindestens dann nicht, wenn das Testament schon eröffnet ist (RG JW 1936, 989[3]; KGJ 38 A 141; OLG München DNotZ 1944, 12, 14; s. aber auch § 2239 A 3 sowie RG 79, 366). Firsching, DNotZ 1955, 290, will insoweit allein auf den Todeszeitpunkt des Erblassers (oder den vorhergehenden eines anderen Mitwirkenden) abstellen. Planck-Strecker, § 2242 A 4c und Vogels-Seybold § 16 TestG A 16 halten die Übergabe des Testaments zur Verwahrung (§ 2246) für maßgebend. Für einen solchen engeren Standpunkt bestehen aber keine zwingenden Gründe. Dagegen hat die von Firsching aaO. vertretene Ansicht gute Gründe für sich. Es ist mißlich, wenn im Zeitpunkt des Erbfalls nicht feststeht, wer Erbe ist. Mit einer bedingten Erbeinsetzung (unter der Bedingung, daß die Unterschrift bis zur Eröffnung nachgeholt wird) zu helfen, wäre gekünstelt. § 2105 paßt auf diese Fälle nicht.

Es ist jedoch nicht wesentlich, daß auch der Erblasser, der selbst nicht zu den mitwirkenden Personen gehört, der Unterzeichnung beiwohnt (§ 2239 A 2). Es ist auch unschädlich, wenn der Erblasser stirbt oder geschäftsunfähig wird, unmittelbar nachdem er die verlesene Niederschrift genehmigt und unterzeichnet oder sie im Falle des Abs 3 (A 9) in Gegenwart des Schreibzeugen genehmigt hat (DJ 1935, 1772; RG JW 1936, 989[3]; Firsching aaO. A 52a; a. M. Kipp § 14 bei A 41).

§ 2243

Wer nach der Überzeugung des Richters oder des Notars stumm oder sonst am Sprechen verhindert ist, kann das Testament nur durch Übergabe einer Schrift errichten. Er muß die Erklärung, daß die Schrift seinen letzten Willen enthalte, bei der Verhandlung eigenhändig in die Niederschrift oder auf ein besonderes Blatt schreiben, das der Niederschrift als Anlage beigefügt werden muß.

Das eigenhändige Niederschreiben der Erklärung sowie die Überzeugung des Richters oder des Notars, daß der Erblasser am Sprechen verhindert ist, sollen in der Niederschrift festgestellt werden. Die Niederschrift braucht von dem Erblasser nicht besonders genehmigt zu werden.

E I 1921 II 2109; M 5 276, 277; P 5 339.

Übersicht:

Verhinderung des Erblassers am Sprechen

1. Allgemeines
2. Stummheit oder Sprechverhinderung (Abs 1 Satz 1)
3. Die eigenhändige Erklärung (Abs 1 Satz 2)
4. Die Feststellungen der Urkundsperson (Abs 2 Satz 1)
5. Sonstige Förmlichkeiten (Abs 2 Satz 2)
6. Anderweit Behinderte

1. Die Vorschrift entspricht § 17 TestG. Vgl. auch § 178 FGG.

2. **Zu Abs 1 Satz 1: Stummheit** oder **Sprechverhinderung** s. § 2233 A 4. Entscheidend ist auch hier, wie nach §§ 2233 Abs 1, 2238 Abs 4, 2242 Abs 3, 2244 Abs 1, 2245 Abs 1 lediglich die pflichtmäßige, nach freier Prüfung gewonnene Überzeugung der Urkundsperson. Das Testament kann deshalb nicht mit der Behauptung angefochten werden, der Erblasser hätte sprechen können; es könnte höchstens durch den nach § 418 Abs 2 ZPO zulässigen Beweis entkräftet werden, daß die Urkundsperson jene Überzeugung nicht gehabt habe (RG 108, 402).

Kann sich der Stumme in der Lautsprache verständlich machen, so ist er auch zu mündlichen Erklärungen im Sinne von § 2238 befähigt. Dagegen ist die Zeichensprache zur Kundgebung des letzten Willens ausgeschlossen. Wer am Sprechen und gleichzeitig am Schreiben (A 3) verhindert ist, kann deshalb überhaupt nicht testieren (vgl. RJA 17, 70). Diese schon nach BGB aF gegebene Rechtslage hat das TestG bewußt auch weiterhin in Kauf genommen (Begr. zum TestG). Dasselbe gilt für den Sprechverhinderten, der Geschriebenes nicht lesen kann (§ 2238 A 8). Dagegen hat § 2238 Abs 3 dem sprechverhinderten Minderjährigen die Testamentserrichtung durch Übergabe einer offenen Schrift ermöglicht (§ 2238 A 7).

Übergabe einer Schrift § 2238 A 4, Zeugenzwang § 2233 Abs 1.

§ 2243 gilt auch für das Nottestament vor dem Bürgermeister (§§ 2249 Abs 1, 2250 Abs 1). Für das Dreizeugentestament, das nur durch mündliche Erklärung errichtet werden kann, ist § 2243 gegenstandslos und daher in § 2250 Abs 3 nicht mit angezogen; die Zeichensprache ist auch hier ausgeschlossen (Vogels-Seybold A 3).

3. Zu Abs 1 Satz 2: Die **eigenhändige schriftliche Erklärung** (§ 2242 A 2) ersetzt die mündliche Erklärung nach § 2238 Abs 1. Sie muß deshalb gleich dieser bei der Verhandlung, d. h. vor den Augen der mitwirkenden Personen (§ 2239) niedergeschrieben werden, darf nicht schon vorher hergestellt sein, braucht aber nicht unterschrieben zu werden und dem Gesetze nicht wörtlich zu entsprechen. Da die Erklärung in die Niederschrift oder auf ein besonderes Blatt, das der Niederschrift als Anlage beigefügt werden muß, zu schreiben ist, darf der Umschlag des verschlossen übergebenen Schriftstücks zum Niederschreiben der Erklärung nicht benutzt werden.

4. Zu Abs 2 Satz 1: Die Mußvorschrift des § 2243 Abs 2 Satz 1 aF ist schon in § 17 Abs 2 Satz 1 TestG – entsprechend der Regelung in § 16 Abs 1 Satz 2 TestG – zu einer bloßen Sollvorschrift abgeschwächt worden. Fehlt es in der Niederschrift an den nach Abs 2 Satz 1 vorgeschriebenen **Feststellungen,** so hat dies nicht die Nichtigkeit des Testaments zur Folge. Doch muß, wer sich auf das Testament beruft, im Streitfalle mit sonstigen Beweismitteln den Beweis erbringen, daß die Urkundsperson sich von der Sprechverhinderung überzeugt hat und daß der Erblasser die nach Abs 1 Satz 2 erforderliche Erklärung in der Verhandlung eigenhändig niedergeschrieben hat (vgl. auch § 2242 A 4). Wird dieser Beweis nicht erbracht, dann ist das Testament nichtig.

Neben den hier vorgeschriebenen besonderen Feststellungen ist die Feststellung der Schriftübergabe (§ 2241 A 5) sowie die der Vorlesung und Unterzeichnung erforderlich. Darüber, daß diese Feststellungen nicht vorgelesen zu werden brauchen, s. § 2242 A 3. Die Feststellung der Genehmigung entfällt im Hinblick auf Abs 2 Satz 2 (s. A 5).

5. Zu Abs 2 Satz 2: Die **Niederschrift** braucht zwar nicht vom Erblasser besonders genehmigt zu werden, sie muß aber – einschließlich der niedergeschriebenen Erklärung – vorgelesen und vom Erblasser unterzeichnet werden (§ 2242 A 2); das gilt selbst dann, wenn die eigenhändige Erklärung (A 3) von ihm bereits unterschrieben worden ist.

6. Anderweit Behinderte. Blinde sind auf das öffentliche, mündlich erklärte Testament beschränkt (§ 2238 A 8; § 2247 A 6). Taube sind unbeschränkt testierfähig (§ 2242 A 6, 7). Taubstumme können, wenn schreibkundig, nach § 2247, wenn sie die Lautsprache beherrschen, auch nach § 2238 testieren (oben A 2).

§ 2244

Ist der Erblasser nach der Überzeugung des Richters oder des Notars der deutschen Sprache nicht mächtig, so muß bei der Errichtung des Testaments ein beeidigter Dolmetscher zugezogen werden. Auf den Dolmetscher sind die nach den §§ 2234 bis 2237 für einen Zeugen geltenden Vorschriften entsprechend anzuwenden.

Die Niederschrift muß in die Sprache, in der sich der Erblasser erklärt, übersetzt werden. Die Übersetzung muß von dem Dolmetscher angefertigt oder beglaubigt und vorgelesen werden; die Übersetzung muß der Niederschrift als Anlage beigefügt werden.

In der Niederschrift soll die Überzeugung des Richters oder des Notars, daß der Erblasser der deutschen Sprache nicht mächtig sei, festgestellt werden. Die Niederschrift muß den Namen des Dolmetschers und die Feststellung enthalten, daß der Dolmetscher die Übersetzung angefertigt oder beglaubigt und sie vorgelesen hat. Der Dolmetscher muß die Niederschrift unterschreiben.

E I 1923 Abs 1–3 II 2110; M 5 278, 279; P 5 339–342.

Übersicht:

Unkenntnis der deutschen Sprache

1. Die Vorschrift entspricht dem § 18 TestG. Vgl. auch §§ 179, 180 FGG.

2. Während nach § 2244 aF die bloße Erklärung des Erblassers, der deutschen Sprache nicht mächtig zu sein, genügte, um die Urkundsperson zu zwingen, einen Dolmetscher zuzuziehen, ist das nach § 2244 nF nur erforderlich — wie in § 18 TestG —, wenn der Erblasser nach der **Überzeugung des beurkundenden Richters oder Notars der deutschen Sprache nicht mächtig** ist. Hierdurch soll verhindert werden, daß der Erblasser lediglich aus politischen oder sonstigen unsachlichen Gründen den Gebrauch der deutschen Sprache ablehnt (Begr zum TestG). Weigert sich der Erblasser, sich der deutschen Sprache zu bedienen, obwohl er ihrer nach der Überzeugung des Beurkundenden mächtig ist, so ist die Entgegennahme des Testaments abzulehnen.

Ein Irrtum der Urkundsperson darüber, ob der Erblasser der deutschen Sprache mächtig ist oder nicht, ist auf die Gültigkeit des Testaments ohne Einfluß. Nichtig wäre das Testament nur dann, wenn sie die Zuziehung eines Dolmetschers unterlassen hätte, obwohl sie wußte, daß der Erblasser der deutschen Sprache nicht mächtig ist.

Wegen der Feststellung der Überzeugung der Urkundsperson in der Niederschrift s. A 7. Der Erblasser kann auf die Einhaltung der Mußvorschrift des Abs 1 Satz 1 nicht verzichten.

Deutsche ist nicht gleich hochdeutsche Sprache. Versteht der Richter (Notar) die vom Erblasser gebrauchte Mundart nicht, so ist er in der Wahl der Mittel, um eine gegenseitige Verständigung herbeizuführen, nicht beschränkt.

3. Der **Dolmetscher** ist förmlich **zuzuziehen** (§ 2233 A 8), und zwar neben den in § 2233 genannten Personen. Er kann daher nicht gleichzeitig als Urkundsbeamter der Geschäftsstelle (RJA 2, 59; abweichend GVG § 190, FGG § 8), zweiter Notar oder Zeuge mitwirken. Der Dolmetscher muß **beeidigt** sein. Ist er nicht im allgemeinen beeidigt, so hat der Richter oder der Notar ihn nach den insoweit in Kraft gebliebenen landesrechtlichen Vorschriften (vgl. z. B. PrFGG Art 86), gegebenenfalls nach GVG § 189 (FGG § 8) zu beeidigen.

Anwendbarkeit des § 2244 auf das Nottestament vor dem Bürgermeister §§ 2249 Abs 1, 2250 Abs 1, auf den Erbvertrag § 2276 Abs 1. Das Dreizeugentestament kann nicht unter Zuziehung eines Dolmetschers errichtet werden (§ 2250 Abs 3).

Zusatzgebühr bei Erklärung des Erblassers in einer fremden Sprache KostO § 53 Abs 1; durch Zuziehung des Dolmetschers entstandene Auslagen KostO §§ 53 Abs 2, 139 Abs 1 Nr 4, 144 Abs 1.

4. **Zu Abs 1 Satz 2:** Die entsprechend anzuwendenden Vorschriften betreffen: § 2234: Ausschließung des Ehegatten, gewisser Verwandter und Verschwägerter des Erblassers; § 2235: Ausschließung wegen des Verhältnisses zum Bedachten; § 2236: Sollvorschrift wegen des Verhältnisses zum beurkundenden Beamten; § 2237: Sollvorschriften wegen gewisser Untauglichkeitsgründe.

5. **Zu Abs 2 Satz 1:** Der eigentlichen Testamentserrichtung nach §§ 2238, 2243, die seitens des Erblassers in der fremden Sprache erklärt und vom Dolmetscher deutsch wiedergegeben wird, folgt die Aufnahme der **Niederschrift in deutscher Sprache,** im Falle des § 2243 zugleich die Entgegennahme der die Übergabe begleitenden fremdsprachlichen Erklärung und deren Übersetzung. Die deutsche Niederschrift ist darauf in die fremde Sprache **schriftlich zu übersetzen.** Keine Nebenniederschrift in der fremden Sprache, s. jedoch § 2245.

6. **Zu Abs 2 Satz 2:** Ob die **Übersetzung** vom Dolmetscher selbst oder einer anderen Person angefertigt wird, ist gleichgültig. Jedenfalls muß sie vom Dolmetscher selbst vorgelesen und, wenn er sie nicht selbst angefertigt hat, mit seiner Namensunterschrift beglaubigt werden. Hat er die Übersetzung selbst angefertigt, so braucht er sie nicht zu unterschreiben. Der Erblasser braucht die Übersetzung nicht zu genehmigen. Als eigentlicher maßgebender Inhalt der Testamentserklärung gilt die deutsche Niederschrift. Die Behandlung der Übersetzung als Anlage (§ 2246) erfordert keine förmliche Verbindung mit der Niederschrift (s. aber die Ordnungsvorschrift des § 28 Abs 2 DOfNot).

7. **Abs 3 Satz 1** enthält eine Sollvorschrift, deren Verletzung die Gültigkeit des Testaments nicht beeinflußt. Auch wenn die Feststellung fehlt, wird in aller Regel schon die Tatsache, daß

ein Dolmetscher zugezogen worden ist, den Schluß auf die Überzeugung der Urkundsperson zulassen, daß der Erblasser der deutschen Sprache nicht mächtig ist. Die Feststellung bedarf nicht der Verlesung, Genehmigung und Unterschrift des Erblassers (s. § 2242 A 3 u. 8b).

8. Die in **Abs 3 Satz 2** genannten **Feststellungen** sind dagegen zwingend vorgeschrieben. Werden sie nicht beachtet, so ist das Testament nichtig. Der Dolmetscher muß aufgeführt oder sonstwie genügend bezeichnet werden (KGJ 35 A 83; vgl. auch § 2241 A 4). Wesentlich ist ferner, daß der Dolmetscher in der Niederschrift als derjenige genannt ist, der die Übersetzung angefertigt oder beglaubigt und sie vorgelesen habe (KGJ 39 A 75; RG JW 1915, 582[16]; aber auch RG 97, 295, wonach die Anfertigung oder Beglaubigung der Übersetzung durch den Dolmetscher in der Niederschrift genügend festgestellt ist, wenn darin gesagt wird, der Dolmetscher habe die Verhandlung in der „beigefügten" Übersetzung vorgelesen, und wenn die Übersetzung mit einem Vermerk abgeschlossen ist, der vom Dolmetscher unterschrieben ist und die Richtigkeit der Übersetzung bezeugt. Die Feststellungen bedürfen ebensowenig wie die durch Abs 3 Satz 1 vorgeschriebene (A 7) der Verlesung, Genehmigung und Unterschrift des Erblassers.

9. **Zu Abs 3 Satz 3:** Geziemenderweise hat der Dolmetscher dem ganzen Errichtungsakte beizuwohnen. Da er jedoch nicht zu den mitwirkenden Personen gehört (§ 2239 A 1), genügt die **Anwesenheit des Dolmetschers,** solange er gebraucht wird. Insbesondere ist sie während des ihm allein obliegenden Vorlesens der Übersetzung unerläßlich.

Seine **Unterschrift** hat er in Gegenwart der Mitwirkenden, nicht notwendig auch des Erblassers (§ 2242 A 10), unter die Niederschrift zu setzen. Daraus folgt, daß er es nicht später nachholen kann, die Übersetzung anzufertigen oder sie zu beglaubigen und sie der Niederschrift als Anlage beizufügen.

§ 2245

Sind sämtliche mitwirkenden Personen nach der Überzeugung des Richters oder des Notars der Sprache, in der sich der Erblasser erklärt, mächtig, so ist die Zuziehung eines Dolmetschers nicht erforderlich.

Unterbleibt die Zuziehung eines Dolmetschers, so muß die Niederschrift in der fremden Sprache aufgenommen werden und die Überzeugung des Richters oder des Notars feststellen, daß die mitwirkenden Personen der fremden Sprache mächtig seien. In der Niederschrift soll die Überzeugung des Richters oder des Notars, daß der Erblasser der deutschen Sprache nicht mächtig sei, festgestellt werden. Eine deutsche Übersetzung der Niederschrift soll als Anlage beigefügt werden.

E I 1923 Abs 4 II 2111; M 5 279, 280; P 5 339–342.

Niederschrift in fremder Sprache

1. § 2245 stimmt mit § 19 TestG überein. Von § 2245 aF weicht die Vorschrift in mehreren Punkten ab (vgl. auch § 179 FGG). § 2245 ist auf die Nottestamente §§ 2249 Abs 1, 2250 Abs 3 und auf den Erbvertrag § 2276 anzuwenden.

2. **Zu Abs 1: Niederschrift in fremder Sprache.** Erste Voraussetzung für die Niederschrift in fremder Sprache ist, daß der Erblasser nach der Überzeugung des Richters oder Notars der deutschen Sprache nicht mächtig ist (§ 2244 A 2). Die Überzeugung soll in der Niederschrift festgestellt werden (A 5). Ferner müssen sämtliche mitwirkenden Personen (§ 2239) nach der Überzeugung des Richters oder Notars der Sprache, in der sich der Erblasser erklärt, mächtig sein. Ihre bloße Versicherung, daß dies der Fall sei, genügt (anders als nach § 2245 Abs 1 aF) nicht. Daß die zugezogenen Zeugen die deutsche Sprache verstehen, ist im Falle des § 2245 nicht erforderlich (§ 2237 Nr 5). Die Überzeugung des Richters oder Notars, daß die mitwirkenden Personen der fremden Sprache mächtig sind, muß in der Niederschrift festgestellt werden (A 4). Werden keine Überwachungspersonen zugezogen, so ist der beurkundende Richter oder Notar die einzige mitwirkende Person.

Die Zuziehung eines **Dolmetschers** ist „nicht erforderlich". Die Urkundsperson ist aber nicht daran gehindert, auch wenn die Voraussetzungen des Abs 1 gegeben sind. Wird der Dolmetscher zugezogen, so sind lediglich die Formvorschriften des § 2244 maßgebend. Die nach KostO § 53 zu erhebende Zusatzgebühr ist in beiden Fällen die gleiche.

3. **Zu Abs 2 Satz 1:**

a) Die Vorschrift bestimmt eine Ausnahme von § 2240 (Aufnahme in deutscher Sprache). Im Gegensatz zu § 2244 A 6 ist die **fremdsprachliche Niederschrift maßgebend.** Sie muß allen sonstigen für die Niederschrift gegebenen Formvorschriften entsprechen. Das Testament ist nichtig, wenn die Niederschrift in deutscher Sprache aufgenommen wird, ohne daß ein Dolmetscher mitgewirkt hat. Der nach § 2246 auf den Umschlag zu setzende Vermerk ist in deutscher Sprache abzufassen.

b) Die Urkundsperson muß ihre **Überzeugung feststellen,** daß die Mitwirkenden der fremden Sprache mächtig seien. Fehlt die Feststellung, so ist das Testament nichtig. Werden keine Überwachungspersonen zugezogen, so muß der Beurkundende jedenfalls seine eigne Kenntnis der fremden Sprache in der Niederschrift feststellen. Die Feststellung braucht nicht vorgelesen, genehmigt und vom Erblasser unterschrieben zu werden (§ 2242 A 3 u. 8b, § 2244 A 7).

4. Abs 2 Satz 2 ist, ebenso wie § 2244 Abs 3 Satz 1, eine bloße Sollvorschrift. Vgl. § 2244 A 7. Die Vorlesung usw. der Feststellung ist auch hier nicht erforderlich.

5. Zu Abs 2 Satz 3: Eine **deutsche Übersetzung** als Anlage beizufügen, ist nur ordnungshalber vorgeschrieben. Es ist gleichgültig, von wem sie angefertigt ist; sie braucht auch nicht — wie im Falle des § 18 A 6 — beglaubigt und vorgelesen zu werden (zum Vorlesen a. M. Vogels-Seybold § 19 TestG A 4).

§ 2246

Der Richter oder der Notar soll die Niederschrift über die Errichtung des Testaments mit den Anlagen, insbesondere im Falle der Errichtung durch Übergabe einer Schrift mit dieser Schrift, in Gegenwart der übrigen mitwirkenden Personen und des Erblassers in einen Umschlag nehmen und diesen mit dem Amtssiegel verschließen. Der Richter oder der Notar soll das Testament auf dem Umschlag nach der Person des Erblassers sowie nach der Zeit der Errichtung näher bezeichnen und diese Aufschrift unterschreiben.

Der Richter oder der Notar soll veranlassen, daß das verschlossene Testament unverzüglich in besondere amtliche Verwahrung gebracht wird (§§ 2258a, 2258b). Dem Erblasser soll über das in Verwahrung genommene Testament ein Hinterlegungsschein erteilt werden.

E I 1932 Abs 1, 2 II 2112; M 2 295, 296; P 5 351.

Verschließung und Verwahrung des Testaments

Schrifttum: Rohs, Die Verschließung öffentlicher Testamente, JR 1949, 143.

1a. § 2246 stimmt mit § 20 TestG inhaltlich überein.

1. Zu Abs 1 Satz 1: Amtliche Verschließung und Verwahrung des Testaments. Der Testamentsakt geht mit der Unterzeichnung der Niederschrift nach § 2242 Abs 4 zu Ende. Werden die in § 2246 erteilten Ordnungsvorschriften nicht befolgt, so ist das auf die Gültigkeit des Testaments ohne Einfluß. Da diese Vorschriften auch im Interesse der im Testament Bedachten erlassen sind, können sie durch den Willen des Erblassers nicht außer Kraft gesetzt werden (RG Warn 1938 Nr 21).

Als Anlagen kommen in Frage die übergebene Schrift (§ 2238 Abs 1), das besondere Blatt (§ 2243 Abs 1), die Übersetzung (§§ 2244, 2245). Die Beifügung sonstiger Anlagen ist unstatthaft, aber unschädlich.

Die zwingende Vorschrift des § 2239 über die **Gegenwart der mitwirkenden Personen** (vgl. hierzu den Vorschlag von Rohs aaO., das Gesetz zu ändern) wird infolge der Natur der Vorschriften des § 2246 als bloßer Ordnungsvorschriften insoweit von selbst ebenfalls zur Ordnungsvorschrift. Die Anwesenheit des **Erblassers** ist gleichfalls nicht wesentlich (§ 2242 A 10).

Das **Amtssiegel** wird durch Trocken- oder Farbstempel, die keinen Verschluß herzustellen vermögen, nicht ersetzt. Mitverschluß durch sein Privatsiegel ist dem Erblasser nicht verwehrt. Über die Feststellung der Unversehrtheit des Verschlusses bei der Testamentseröffnung vgl. § 2260 Abs 3 Satz 2.

2. Zu Abs 1 Satz 2: Nähere Anweisungen für den **Vermerk auf dem Umschlag** enthält die AV des RJM und des RMdInn v. 15. 6. 39 (DJ 1078) Abschn I Nr 1. Die Unterschrift auf dem Umschlag kann die Unterschrift der Urkundsperson unter der Niederschrift nicht ersetzen (vgl. § 2242 A 10).

3. Zu Abs 2 Satz 1: Besondere amtliche Verwahrung im Gegensatz zu der gewöhnlichen Aktenverwahrung (RG 48, 99). Nähere Vorschriften in den §§ 2258a, 2258b (vgl. die Erläuterungen hierzu). Testamentsakten des Amtsgerichts: Aktenordnung § 27 Abs 2 i. d. F. der AV v. 4. 8. 38 (DJ 1259); Vermerkblatt des Notars: DOfNot §§ 16, 20. Gebühr für die amtliche Verwahrung: KostO §§ 93, 95. — Amtliche Verwahrung des eigenhändigen Testaments § 2248, des Nottestaments § 2249 Abs 1, des Erbvertrages § 2277; wegen der Anwendbarkeit der §§ 2246,

2248 auf das Dreizeugentestament s. § 2250 A 7. Rücknahme aus der Verwahrung § 2256. Die vor einem deutschen Konsul errichteten Testamente sind in der Regel an das Amtsgericht Berlin-Schöneberg zur Verwahrung zu übermitteln (§ 50 Abs 4; § 16a des Ges betr. die Organisation der Bunderkonsulate usw. v. 8. 11. 67 idF des Ges v. 14. 5. 36, RGBl I 447 und des Ges v. 16. 12. 50, BGBl 748; vgl. Vorbem 4 B vor § 2229).

Das Standesamt ist von der Verwahrung zu benachrichtigen; es teilt seinerseits dem Gericht oder Notar den Tod des Erblassers mit. Die frühere einheitliche Regelung durch die AV des RJM und des RMdInn v. 15. 6. 39 (DJ 1078) Abschn I Nr 2 (vgl. hierzu Vogels DJ 1939, 1197), v. 19. 5. 43 (DJ 287) und v. 12. 2. 45 (DJ 48) ist jetzt durch landesrechtliche Bestimmungen ersetzt worden, vgl. für die BrZ AV ZJA v. 12. 8. 49 (ZJBl BrZ 170), geändert durch AV d. Nds. JM v. 18. 9. 52 (Nds Rpfl 162), durch GemAV d. JM u. d. IM NRW v. 9. 8. 52 (JMBl 187) u. durch Hamb. AV v. 23. 9. 52 (JVerwBl 11); s. ferner Gem. AV d. JM u. d. IM Bad.-Württ. v. 29. 1. 53 (Justiz 55), die Bayer. Bekanntmachungen v. 28. 6. 49 (JMBl 120) u. v. 18. 9. 52 (JMBl 234), die Brem. AO v. 10. 10. 49 (GBl 213) u. v. 6. 2. 54 (GBl 29), die Hess. RdE v. 21. 4. 49 (JMBl 57) u. v. 27. 6. 52 (JMBl 53) und die Rhld.-Pf. VO v. 20. 10. 49 (JBl 98) u. v. 20. 12. 52 (JBl 111).

4. Zu Abs 2 Satz 2: Der **Hinterlegungsschein** ist von Amts wegen und trotz etwaigen Verzichts zu erteilen. Form des Hinterlegungsscheins Aktenordnung § 27 Abs 6 i. d. F. der AV v. 4. 8. 38 (DJ 1259).

§ 2247

Der Erblasser kann ein Testament in ordentlicher Form durch eine eigenhändig geschriebene und unterschriebene Erklärung errichten.

Der Erblasser soll in der Erklärung angeben, zu welcher Zeit (Tag, Monat und Jahr) und an welchem Ort er sie niedergeschrieben hat.

Die Unterschrift soll den Vornamen und den Familiennamen des Erblassers enthalten. Unterschreibt der Erblasser in anderer Weise und reicht diese Unterzeichnung zur Feststellung der Urheberschaft des Erblassers und der Ernstlichkeit seiner Erklärung aus, so steht eine solche Unterzeichnung der Gültigkeit des Testaments nicht entgegen.

Wer minderjährig ist oder Geschriebenes nicht zu lesen vermag, kann ein Testament nicht nach obigen Vorschriften errichten.

Enthält ein nach Abs 1 errichtetes Testament keine Angabe über die Zeit der Errichtung und ergeben sich hieraus Zweifel über seine Gültigkeit, so ist das Testament nur dann als gültig anzusehen, wenn sich die notwendigen Feststellungen über die Zeit der Errichtung anderweit treffen lassen. Dasselbe gilt entsprechend für ein Testament, das keine Angabe über den Ort der Errichtung enthält.

KB 321.

Übersicht:

Eigenhändiges Testament

1. Allgemeines. Die Vorschrift stimmt inhaltlich mit § 21 TestG überein; Abs 2 ist neu gefaßt; in Abs 3 u. 5 sind die in § 21 TestG angeführten Beispiele gestrichen worden. § 2247 aF enthielt nur eine Bestimmung, die dem jetzigen Abs 4 entsprach. Die jetzigen Abs 1 u. 2 sind teilweise an die Stelle des § 2231 Nr 2 aF getreten. Die Abs 3 u. 5 sind durch das TestG neu eingefügt worden.

Das **eigenhändige Testament** ist eine ordentliche Testamentsform neben dem öffentlichen Testament (§ 2231 Nr 2). Als Privaturkunde (ZPO § 416) steht es jedoch an Beweiswert erheblich hinter dem öffentlichen Testament zurück (s. § 2231 A 5 sowie unten A 7).

Damit unnötige Formenstrenge vermieden, anderseits eine zuverlässige Wiedergabe des Willens des Erblassers sichergestellt wird, hat das TestG die vom BGB ursprünglich an das eigenhändige Testament gestellten Formanforderungen stark gemildert: Die Angabe des Ortes und des Tages der Errichtung ist nur noch als Sollvorschrift angeordnet (Abs 2); statt der Namensunterschrift ist unter gewissen Voraussetzungen auch eine andere Art der Unterzeichnung für zulässig erklärt (Abs 3); beim gemeinschaftlichen eigenhändigen Testament ist die nach § 2267 aF erforderlich gewesene Erklärung des anderen Ehegatten weggefallen und die Mitunterzeichnung für genügend erklärt worden (§ 28 Abs 2 TestG, jetzt 2267). Damit sind die Hauptursachen der Formnichtigkeit zahlreicher eigenhändiger Testamente beseitigt. Die weiterhin beibehaltenen Formerfordernisse — eigenhändige Niederschrift und Unterschrift — sind so leicht zu erfüllen, daß an ihnen kein eigenhändiges Testament zu scheitern brauchte. Immerhin wird es auch in Zukunft Fälle geben, in denen selbst diese auf ein Mindestmaß herabgesetzten Formgebote nicht beachtet werden. In diesen Fällen ist das Testament **nichtig.** Die Nichtigkeitsfolge kann, soweit zwingende Formvorschriften verletzt worden sind, nicht mit der Begründung ausgeräumt werden, das Ergebnis sei den Umständen nach unbillig oder damit, die Vorschrift sei im allgemeinen oder für den besonderen Fal zwecklos oder ihr Zweck werde auf andere Weise erreicht (vgl. KG JFG 17, 274; a.M. Rumpf JW 1938, 2579). Solche Gesichtspunkte können zwar unter Umständen für die Auslegung von Formvorschriften durch den Richter insofern bedeutsam sein, als bei Zweifeln über den Umfang eines Formgebotes derjenigen Auslegung der Vorzug zu geben ist, bei der eine unnötige Formenstrenge vermieden wird. Unnötig ist sie jedoch dann nicht, wenn sie geboten ist, um den Willen des Erblassers zuverlässig wiederzugeben oder seine Urheberschaft und die Ernstlichkeit seiner Erklärung festzustellen.

Diese Auslegungsgrundsätze ermächtigen den Richter jedoch nicht, über die zwingenden Formerfordernisse hinwegzusehen, die der Gesetzgeber für unabweislich gehalten hat. Das TestG hat nur für Nottestamente in § 23 Abs 6 und § 24 Abs 3 den Richter ermächtigt, gegebenenfalls zur Aufrechterhaltung des Testaments auch über die Verletzung zwingender Formvorschriften hinwegzusehen. Die neue Fassung des BGB ist dabei verblieben. Für das eigenhändige Testament (wie auch für das ordentliche öffentliche Testament) fehlt es an einer solchen Ermächtigung.

Für das eigenhändige Testament genügt die Form eines an einen Bedachten, einen Beschwerten, einen Testamentsvollstrecker oder eine sonstige Vertrauensperson gerichteten **Briefes** (oder einer Postkarte, JFG 16, 91). Der Erblasser muß aber den Willen gehabt haben, seine letztwillige Verfügung schon in dem Briefe selbst zu treffen (KG DFG 1941, 9). Ist die Person des Bedachten im Texte des Briefes nicht genannt, enthält der Brief aber Anhaltspunkte zur Bestimmung seiner Persönlichkeit, so können auch äußere Umstände, insbesondere die auf dem Umschlage des Briefes stehende Anschrift zu seiner näheren Kennzeichnung herangezogen werden (§ 2084 A 1a; RG LZ 1927, 531[5]; wegen der Möglichkeit, das Testament mit anderen brieflichen Mitteilungen zu verbinden, vgl. A 2).

Ist der Verfasser eines Schriftstücks, das den Erfordernissen des eigenhändigen Testaments entspricht, überzeugt, daß auf diese Weise kein rechtsgültiges Testament zustande gekommen sei, so kann der Inhalt des Schriftstücks nicht als rechtsgeschäftliche Willenserklärung aufgefaßt werden; bloße Zweifel an der Gültigkeit schaden jedoch nicht (RG LZ 1922, 293[5]). Ebenso ist zu entscheiden, wenn der Erblasser die Möglichkeit, ein Testament in mehreren Urschriften herzustellen (A 2 gegen E.), nicht kennt und deshalb eine von ihm nach der Urschrift gefertigte, überall den Erfordernissen des eigenhändigen Testaments genügende Abschrift für kein gültiges Testament hält (RG LZ 1923, 322[11]). Hat der Erblasser auf einem Fragebogen, den die Erbschaftsteuerbehörde ihm anläßlich des Todes seiner Ehefrau zugesandt hat, Bestimmungen über seinen eigenen Nachlaß niedergeschrieben, so liegt darin nur dann ein wirksames Testament, wenn erwiesen ist, daß er damit rechtsgeschäftlich handeln wollte (RG DR 1942, 1340).

2. Erstes Erfordernis ist **eigenhändige Niederschrift** des Testaments in seinem gesamten Wortlaute. Daran hat schon das TestG festgehalten (OLG Düsseldorf DR 1943, 698[8]), weil die Aufgabe dieses Erfordernisses die beim eigenhändigen Testament schon ohnehin vorhandene Gefahr der Fälschung oder Verfälschung so erheblich vergrößern würde, daß der Schaden den Nutzen überwöge (Begr. zum TestG). Wer nicht schreiben oder Geschriebenes nicht lesen kann, kann daher kein eigenhändiges Testament errichten (A 6). Das bloße Nachmalen der von einem anderen geschriebenen Erklärung durch den Erblasser, der Geschriebenes dieser Art nicht selbst lesen kann, genügt dem Erfordernis der Eigenhändigkeit nicht (DNotZ 1937, 68).

Der Erblasser muß sich (wenn er nicht auf den Gebrauch eines anderen Körperteils, etwa Fuß oder Mund, angewiesen ist) zum Schreiben unmittelbar der Hand bedienen. Deshalb ist mechanische Herstellung mit Hilfe von Typen (Druck, Maschinenschrift) oder durch mittelbare Kraftanwendung (Durchpausen) ausgeschlossen. Schreiben mit fremder Hilfe (geführter Feder) ist solange eigenhändiges Schreiben, als der Schreibende dabei selbst noch die Gestalt der Schriftzüge bestimmt; nicht wenn die Hand des Erblassers bei der Niederschrift, sei es auch nur einzelner Worte oder Zahlen, völlig unter fremder Herrschaft und Leitung steht (RG Warn 1909 Nr 31, 1911 Nr 336; KGJ 48, 82; BayObLG JW 1921, 276[1]).

Der Stoff, auf dem (Papier, Holz, Metall, Stein) und mittels dessen (Tinte, Bleistift, Pinsel, Griffel, Meißel) das Testament niedergeschrieben wird, ist gleichgültig. In RG JW 1910, 291[26] ist die Niederschrift mittels Griffels auf einer Schiefertafel für einfache ländliche Verhältnisse nicht beanstandet, aber hervorgehoben worden, daß die Benutzung besonders rasch vergänglicher Stoffe dem Wesen des Testaments widerspreche und seine Ernstlichkeit in Frage stellen könne.

Die Wahl der Sprache — einer toten oder lebendigen — steht dem Erblasser frei, falls er sich darin genügend verständlich machen kann. Ebenso die Wahl der Schriftzeichen (der benutzten oder einer anderen Sprache), insbesondere der Kurzschrift, wenn die Möglichkeit, sie zu entziffern, nicht auf einen engen Kreis von Sachkennern beschränkt ist, sowie der Rundschrift (JW 1937, 44[29]). Konnte der Erblasser selbst das von ihm Geschriebene nicht lesen, so ist das Testament nach Abs 4 nichtig.

Der Zusatz einzelner Verfügungen, den der Erblasser bei der Abfassung des Testaments von fremder Hand fertigen läßt oder in Maschinenschrift fertigt, macht nicht notwendig das ganze Testament nichtig, vielmehr ist hierüber nach § 2085 zu entscheiden (RG 63, 23 und Recht 1921 Nr 582).

Die Niederschrift muß keine in sich geschlossene selbständige Urkunde bilden, sofern sie nur nach dem Willen des Erblassers eine sogleich wirksame Verfügung von Todes wegen (nicht bloß ein Entwurf, die Mitteilung des Vorhabens zu testieren u. dgl.) sein soll. Das Testament kann deshalb auch einem Brief (RG JW 1907, 143[25]; A 1 Abs 3) oder dem Antrag an eine Behörde (RWirtschG JW 1923, 197[2]) einverleibt sein. Ebenso kann es mehrere lose Blätter umfassen, wenn deren Zusammengehörigkeit feststeht. Es kann endlich auch in mehreren Urschriften hergestellt werden (JW 1934, 2563[2]), wozu besonderer Anlaß vorliegt, wenn (z. B. bei einer Errichtung im Felde) der Verlust einer Testamentsschrift zu befürchten ist (RG LZ 1923, 322[11]). S. auch A 1 Abs 3 gegen Ende. Unzulässig ist es, auf eine Urkunde zu verweisen, die ihrerseits der Testamentsform entbehrt (RG Warn 1915 Nr 210; 1917 Nr 59; 1925 Nr 29; vgl. aber A 4 über den Fall, daß die frühere Erklärung zum Bestandteil einer neuen formgerechten Verfügung gemacht ist, und RG Warn 1938 Nr 51: Anordnung von Vermächtnissen in einem gemeinschaftlichen Testament für „weitere aus unser Traubibel zu ersehende Patenkinder").

3. Die **Unterschrift** ist ein zwingendes Erfordernis. Es genügt nicht, daß auch ohne solche Unterschrift die Urheberschaft des Erblassers und die Ernstlichkeit seiner Erklärung klargestellt wird. Ein eigenhändiges Testament, das weder unterschrieben ist noch die Bezeichnung des Testators im Text enthält, ist nichtig (RG DJ 1942, 20 = HRR 1942, 267 = DNotZ 1942, 308). Die Unterschrift bildet den eigentlichen Abschluß des Testaments und gehört deshalb richtigerweise als unterste Zeile unter die Urkunde. Doch kann auch eine auf ein voll beschriebenes Blatt oder eine auf die voll beschriebene Vorderseite eines Blattes quer gesetzte Unterschrift genügen (RG LZ 1920, 161[10]), wie überhaupt eine solche räumliche Beziehung der Namensschrift zum Text ausreicht, daß sie diesen nach der Verkehrsauffassung deckt (JFG 5, 171; 16, 91; BayObLG 31, 316; RG HRR 1942, 754 = DR 1942, 1340 = DNotZ 1942, 336; ähnlich DFG 1942, 62).

Bei einem Testament in Briefform kann die in dem Brief fehlende Unterschrift des Erblassers durch seine Namensunterschrift auf dem Umschlage ersetzt werden (KG DR 1940, 199 = DFG 1940, 4 = HRR 1940, 292 = JFG 21, 36). Befindet sich die Unterschrift lediglich auf dem verschlossenen Briefumschlag, der das Testament enthält, so kommt es darauf an, ob sie der äußeren Erscheinung nach als Fortsetzung des im Umschlag befindlichen Schriftstücks dessen Inhalt oder ob sie nur einen selbständigen, auf den Umschlag gebrachten Vermerk deckt; der durch Umstände außerhalb der Urkunde, d. h. des Umschlags mit der Einlage, nachweisbare Wille des Erblassers, durch die Unterschrift auf dem Umschlage die letztwillige Verfügung zu vollziehen, ersetzt nicht die Erfüllung des Formerfordernisses, daß die Unterschrift die Verfügung der äußeren Erscheinung nach decken muß (RG 61, 7; 110, 166).

Ein Absendervermerk, der auf einem dem Nachlaßgericht geöffnet eingelieferten Umschlag eines Briefes angebracht ist, kann die fehlende Unterschrift nicht ersetzen (JFG 18, 66; vgl. dagegen zum Absendervermerk auf einer Postkarte KG JFG 16, 91). Dagegen hat das KG (DRW 1940, 199[11]) für ein Testament in Briefform angenommen, daß die in dem Brief selbst fehlende Unterschrift des Erblassers durch seine Namensschrift auf dem Briefumschlage mindestens dann ersetzt werde, wenn das einliegende Schriftstück keinen Zweifel an der Ernstlichkeit und Endgültigkeit seines Inhalts aufkommen läßt. — Eine Selbstbenennung des Erblassers am Anfang des Testaments und irgendwelche auf den Abschluß der Erklärung deutende Merkmale ersetzen die abschließende Unterschrift nicht. Denn nur die Unterschrift läßt einigermaßen sicher erkennen, daß der Erblasser seine letztwillige Verfügung wirksam werden lassen wollte (RG HRR 1942, 754 = DR 1942, 1340 = DNotZ 1942, 336; OLG Freiburg HEZ 2, 39 = DRZ 1949, 19; OLG Schleswig SchlHA 1952, 83 gegen KG DR 1941, 1464 mit Anm Vogels = HRR 1941, 630 = DNotZ 1941, 222; vgl. ferner von Hippel ZAkDR 1941, 269f. und 1942, 104). Es ist für den Regelfall auch bedenklich, einen Schlußvermerk: „Ich, der Ehemann X habe dieses Testament eigenhändig geschrieben und unterschrieben. Y, den (Datum)" zugleich als Unterschrift anzuerkennen. Denn diese Fassung deutet darauf hin, daß der Erblasser seine Erklärung erst durch eine übliche Unterschrift abschließen wollte. Jedoch kann das Tatfrage sein (vgl. OLG Düsseldorf JMBl NRW 1954, 116).

Erforderlich ist **Namensunterschrift,** und zwar soll die Unterschrift den Vornamen und den Familiennamen des Erblassers enthalten; jedoch ist auch eine andere Art der Unterzeichnung unter der Voraussetzung zulässig, daß sie ausreicht, um die Urheberschaft des Erblassers und die Ernstlichkeit seiner Erklärung festzustellen. Das TestG führte als Beispiele an, daß der Erblasser nur mit dem Vornamen oder durch Angabe der Familienstellung (z. B. „Euer Vater") unterschreibt (a.M. RG 110, 308 zu § 2231 Nr 2 aF). In Betracht kommt auch die Unterzeichnung lediglich mit dem Familiennamen oder mit einem Kosenamen, mit dem Pseudonym eines unter diesem Namen bekannten Schriftstellers oder Künstlers sowie die Unterzeichnung eines Einzelkaufmanns mit der ihm zustehenden Firma.

Die bloße Unterzeichnung mit den Anfangsbuchstaben des Vornamens oder des Familiennamens oder beider Namen genügt dagegen nicht den Erfordernissen einer Unterschrift (Begr. zum TestG; Vogels-Seybold § 21 TestG A 8 Abs 3); selbst wenn aus dem Testamentsinhalt die Person des Unterzeichners zweifelsfrei zu ersehen wäre, so würde doch die Unterzeichnung mit dem Anfangsbuchstaben nicht erkennen lassen, daß der Erblasser das Testament endgültig hat abschließen und nicht einen bloßen Entwurf mit seinem Namenszeichen hat versehen wollen. Ebensowenig kann das Handzeichen, auch das beglaubigte (§ 126 Abs 1), als Unterschrift anerkannt werden (RG 110, 168; 134, 310). Das gleiche gilt für Schnörkel, drei Kreuze oder sonstige Unterschriftszeichen.

4. Das Gesetz erfordert **keine Einheit der Errichtungshandlung.** Es ist deshalb gleichgültig, wann der Text des Testaments und ob er etwa im Zustande der Testierunfähigkeit (§ 2229 A 2, 4 u. 5) niedergeschrieben ist, wenn nur das Hindernis im Augenblick des Testamentsabschlusses durch Unterschrift behoben war. Der Erblasser kann auch das von ihm zu einem anderen Zwecke oder als früheres Testament Niedergeschriebene dazu benutzen, um es durch eigenhändige Ergänzung so zu vollenden, daß es sein nunmehr gewolltes Testament darstellt; ob das frühere Testament gültig oder aus dem schon angegebenen Grunde fehlender Testierfähigkeit oder wegen eines Formverstoßes nichtig war, macht dabei keinen Unterschied (RG 111, 247; 115, 111; Warn 1919 Nr 70; KG HRR 1934 Nr 1514).

Durchstreichungen, Radierungen, Einschaltungen beeinträchtigen an sich und vorbehaltlich der Entscheidung aus ZPO § 419 die Gültigkeit des Testaments nicht. Eine Durchstreichung, die nach Abschluß des Testaments vorgenommen wird, wirkt regelmäßig als Widerruf (§ 2255). Ein Streichungsvermerk auf einer Testamentsabschrift kann genügen (OLG Frankfurt NJW 1950, 607). Eine nachträglich hinzugesetzte Einschaltung muß, um als Verfügung (nicht bloße Erläuterung) wirksam zu sein, eigenhändig geschrieben und durch die Unterschrift gedeckt sein (so auch Firsching DNotZ 1955, 293).

Der **Beweis der Formgültigkeit** des Testaments ist im Streitfalle von dem zu führen, der sich auf das Testament beruft (auch gegenüber der Klage auf Feststellung der Nichtigkeit, RG SeuffA 74 Nr 141); ebenso steht es mit der Beweislast bei einem Streite darüber, ob eine Urkunde den letzten Willen des Erblassers enthält oder nur einen Entwurf darstellt (RG LZ 1922, 466[12]). Zu der Frage, ob sich hierbei der auf Grund des Testaments mit dem Erbschein ausgestattete Erbe auf die Vermutung des § 2365 berufen darf, vgl. dort A 2. Ist die Echtheit der Unterschrift dargetan, so wird bis zum Nachweis des Gegenteils auch vermutet, daß die Orts- und Zeitangabe (A 5) der Wahrheit entspricht (ebenso wie nach bisherigem Recht, RG 64, 423; 106, 126; Warn 1919 Nr 70; LZ 1927, 1266[7]; BayObLG 32, 554; über die Beweislast beim undatierten Testament s. A 7). Dagegen ist mit der Echtheit der Unterschrift nur bewiesen, daß das Darüberstehende vom Erblasser erklärt, nicht aber daß es eigenhändig geschrieben sei. Die Eigenhändigkeit dieser Niederschrift ist vielmehr, soweit erforderlich, von dem, der sich auf das Testament beruft, noch besonders zu beweisen (RG SeuffA 74 Nr 141).

Amtliche Verwahrung §§ 2248, 2256 Abs 3, Ablieferungspflicht § 2259. Gemeinschaftliches eigenhändiges Testament § 2267. Urkundensteuer wird seit dem 1. 9. 41 nicht mehr erhoben.

5. Zu Abs 2: Während § 2231 Nr 2 aF die eigenhändige Angabe des Ortes und des Tages der Testamentserrichtung zwingend vorschrieb, bezeichnete § 21 Abs 2 TestG es – im Anschluß an § 578 ÖABGB – nur als rätlich, daß der Erblasser **Zeit und Ort** der Niederschrift seiner Erklärung angibt. Die neue Fassung des § 2247 Abs 2 ist hierbei trotz der Änderung des Wortlauts dem Sinne nach verblieben. Die Gültigkeit des Testaments hängt daher, anders als nach der alten Fassung (§ 2231 Nr 2), nicht davon ab, daß diese Angaben eigenhändig geschrieben oder daß sie richtig oder daß sie überhaupt vorhanden sind. Doch kann das völlige Fehlen dieser Angaben unter besonderen Umständen dazu führen, daß das Testament als ungültig zu behandeln ist (A 7).

Die Zeit der Errichtung soll kalendermäßig nach Tag, Monat und Jahr angegeben werden. Auch vor dem Inkrafttreten des TestG war ein eigenhändiges Testament nicht schon deshalb nichtig, weil es am Tage des Datums begonnen, aber erst am folgenden Tage vollendet worden ist (ErbhRspr § 28 REG Nr 1 mit Anm Vogels). Die Ortsangabe wird im allgemeinen nur in den Fällen von Bedeutung sein, in denen das Testament von einem Deutschen im Ausland oder von einem Ausländer in Deutschland errichtet worden ist (vgl. EG Art 11 Abs 1 Satz 2, Artt 24, 25).

Die Angabe des vom Errichtungsorte verschiedenen Wohnortes des Erblassers genügt nicht der Vorschrift in Abs 2.

6. Zu Abs 5: Fehlen der Zeit- und Ortsangabe. Die Feststellung der Zeit, zu der das Testament errichtet ist, ist bedeutsam, wenn der Erblasser es zu einer Zeit errichtet haben kann, zu der er noch nicht testierfähig (§ 2229 Abs 1) oder zu der er vorübergehend testierunfähig war (§§ 2229 Abs 3 u. 4, 2230), oder wenn der Erblasser mehrere einander widersprechende Testamente hinterlassen hat (vgl. § 2258).

Enthält das Testament eine Zeitangabe, so wird vermutet, daß sie der Wahrheit entspricht (oben A 4). Wer die Nichtigkeit des Testaments wegen Testierunfähigkeit geltend macht, muß daher beweisen, daß der Erblasser zu dieser Zeit testierunfähig war, oder aber daß das Testament in Wirklichkeit zu einer anderen Zeit errichtet worden ist, zu der der Erblasser testierunfähig war (s. § 2229 A 6). Entsprechend hat gegenüber einem mit Zeitangabe versehenen Testament, durch das ein früheres Testament aufgehoben wird (§ 2258 Abs 1), derjenige, der sich auf das frühere Testament beruft, die Unrichtigkeit der Zeitangabe zu beweisen.

Enthält das Testament dagegen keine Zeitangabe, so ist es zwar nicht aus diesem Grunde nichtig (A 5); jedoch muß, wenn die Gültigkeit des Testaments davon abhängt, zu welcher Zeit es errichtet ist, derjenige, der sich auf die Gültigkeit beruft, die Zeit der Errichtung beweisen. Diesen Beweis kann er mit allen zulässigen Beweismitteln führen (KG MDR 1953, 51). Gelingt ihm dieser Beweis nicht, so ist das Testament als ungültig anzusehen. Vgl. auch § 2258 A 2.

Abs 5 ist nicht anwendbar, wenn die Zeit der Errichtung zwar nicht in der in Abs 2 bezeichneten Weise kalendermäßig angegeben ist, wenn sie sich aber in anderer Weise aus der Testamentsurkunde selbst (gegebenenfalls auch aus dem das Testament enthaltenden Umschlag, vgl. oben A 3 sowie JFG 14, 68), sei es auch unter Heranziehung allgemeinkundiger Tatsachen oder sich im Leben des Erblassers zeitlich hervorhebender, auf einen bestimmten Kalendertag fallender Ereignisse feststellen läßt (z. B. „am 50. Geburtstage meiner Frau", „an meinem Silberhochzeitstage"). Dagegen ist Abs 5 zum mindesten entsprechend anzuwenden, wenn die Unrichtigkeit der Zeitangabe nachgewiesen wird und derjenige, der sich auf die Gültigkeit des Testaments beruft, nicht zu beweisen vermag, zu welcher Zeit das Testament wirklich errichtet worden ist.

Enthält das Testament mehrere Zeitangaben, so schließt die jüngste durch Unterschrift gedeckte Zeitangabe das Testament ab (RG 115, 112; KG JW 1935, 3122[44]). Ist aber wegen der mehrfachen Zeitangabe bei Berücksichtigung der sonst im Testament angegebenen und der allgemeinkundigen Tatsachen nicht erkennbar, zu welcher Zeit das Testament errichtet ist, so steht das dem gänzlichen Fehlen der Angabe gleich (KGJ 37 A 119; RJA 16, 247; JFG 9, 91; vgl. RG JW 1939, 352[2]). Auch völlige Unlesbarkeit der Zeitangabe wirkt wie ihr Fehlen, gleichviel ob sie schon bei Errichtung des Testaments gegeben war oder ob sie auf nachträglich eingetretene Veränderungen zurückzuführen ist.

Das Gesagte gilt für die Ortsangabe entsprechend, soweit sie rechtlich überhaupt erheblich ist (s. A 5). Kommt es für die Gültigkeit des Testaments z. B. darauf an, daß es in einem bestimmten ausländischen Staate errichtet worden ist, so genügt der Nachweis, daß es in diesem Staate errichtet wurde, auch wenn sich kein bestimmter Ort ermitteln läßt.

7. Zu Abs 4: Minderjährige sind nach § 2238 Abs 3 auch von der Übergabe einer verschlossenen Schrift, **Lesensunfähige** (§ 2238 A 8) nach § 2238 Abs 4 überhaupt vom schriftlich übergebenen Testament ausgeschlossen. Ist der Lesensunfähige zugleich stumm oder sonst am Sprechen verhindert, so kann er überhaupt nicht testieren (§ 2238 A 8 a. E., § 2243 A 2), während der Minderjährige in einem solchen Falle durch Übergabe einer offenen Schrift testieren kann (§ 2238 A 7). Ein Blinder, der die Blindenschrift beherrscht, kann in dieser Schrift ein eigenhändiges Testament errichten (Vogels-Seybold TestG § 21 A 11).

Über die Rechtsnatur der Bestimmung des Abs 4 s. § 2229 A 2.

§ 2248

Ein nach den Vorschriften des § 2247 errichtetes Testament ist auf Verlangen des Erblassers in besondere amtliche Verwahrung zu nehmen (§§ 2258a, 2258b). Dem Erblasser soll über das in Verwahrung genommene Testament ein Hinterlegungsschein erteilt werden.

KB 321.

Verwahrung des eigenhändigen Testaments

1. § 2248 entspricht § 22 TestG.

2. Zu Satz 1: Die **besondere amtliche Verwahrung des eigenhändigen Testaments** (vgl. § 2246 A 3) macht es nicht, wie die Übergabe der Schrift nach § 2238, zum öffentlichen Testament. Sie findet nur auf Verlangen des Erblassers statt, das formlos und regelmäßig auch durch einen

Vertreter gestellt werden kann (RJA 1, 146). Eine Belehrungspflicht des Gerichts (§ 2241b) besteht nicht; das Gericht ist jedoch nicht gehindert, den Erblasser zu beraten und zu belehren, falls er dies wünscht. Zuständig ist jedes Amtsgericht, § 2258a Abs 2 Nr 4. Nähere Vorschriften über die amtliche Verwahrung enthalten § 2258b sowie AV v. 15. 6. 39 (DJ 1078) und § 27 der Aktenordnung in der Fassung der AV v. 4. 8. 38 (DJ 1259). Kosten der amtlichen Verwahrung KostO §§ 93, 95. Rücknahme des Testaments ist zulässig; sie gilt nicht als Widerruf, § 2256 Abs 3. Ablieferungspflicht nach dem Erbfall § 2259.

3. Zu Satz 2: Wegen des **Hinterlegungsscheins** s. § 2246 A 4.

§ 2249

Ist zu besorgen, daß der Erblasser früher sterben werde, als die Errichtung eines Testaments vor einem Richter oder vor einem Notar möglich ist, so kann er das Testament vor dem Bürgermeister der Gemeinde, in der er sich aufhält, errichten. Der Bürgermeister muß zwei Zeugen zuziehen. Die Vorschriften der §§ 2234 bis 2246 sind anzuwenden; der Bürgermeister tritt an die Stelle des Richters oder des Notars. Ist ein Dolmetscher zuzuziehen, so kann der Bürgermeister den Dolmetscher beeidigen.

Die Besorgnis, daß die Errichtung eines Testaments vor einem Richter oder vor einem Notar nicht mehr möglich sein werde, soll in der Niederschrift festgestellt werden. Der Gültigkeit des Testaments steht nicht entgegen, daß die Besorgnis nicht begründet war.

Der Bürgermeister soll den Erblasser darauf hinweisen, daß das Testament seine Gültigkeit verliert, wenn der Erblasser den Ablauf der im § 2252 vorgesehenen Frist überlebt. Er soll in der Niederschrift feststellen, daß dieser Hinweis gegeben ist.

Für die Anwendung der vorstehenden Vorschriften steht der Vorsteher eines Gutsbezirks dem Bürgermeister einer Gemeinde gleich.

Das Testament kann auch vor demjenigen errichtet werden, der nach den gesetzlichen Vorschriften zur Vertretung des Bürgermeisters oder des Gutsvorstehers befugt ist. Der Vertreter soll in der Niederschrift angeben, worauf sich seine Vertretungsbefugnis stützt.

Sind bei Abfassung der Niederschrift über die Errichtung des in den vorstehenden Absätzen vorgesehenen Testaments Formfehler unterlaufen, ist aber dennoch mit Sicherheit anzunehmen, daß das Testament eine zuverlässige Wiedergabe der Erklärung des Erblassers enthält, so steht der Formverstoß der Gültigkeit des Testaments nicht entgegen.

E I 1925, 1932 Abs 1, 2 II 2113; M 5 281, 282, 295, 296; P 5 342–345, 351; KB 322.

Übersicht:

Nottestament vor dem Bürgermeister

Schrifttum: Vogels, Beurkundung eines Nottestaments durch den Bürgermeister ...; Zeitschrift für Standesamtswesen 1938, 425.

1. Allgemeines. § 2249 entspricht § 23 TestG. Dieses hat die Erfordernisse des Nottestaments gegenüber § 2249 aF erheblich erleichtert.

2. Voraussetzungen. Das **Gemeindetestament** (auch Dorftestament genannt) ist in § 2249 Abs 1 für den Fall naher Todesgefahr des Erblassers und in § 2250 Abs 1 für den Fall vorgesehen, daß der Aufenthaltsort des Erblassers infolge außerordentlicher Umstände abgesperrt ist. Die im § 2249 Abs 1 vorausgesetzte Besorgnis, auf deren objektive Begründetheit es nach Abs 2 Satz 2 nicht ankommt, wird regelmäßig nur in Land- oder kleineren Stadtgemeinden gegeben sein. Doch ist die Art der Gemeinde nicht entscheidend. Auch wenn ein Amtsgericht oder ein Notar darin seinen Sitz hätte, ist das Gemeindetestament nicht ausgeschlossen. Weder der Richter noch der Notar darf rechtzeitig erreichbar sein, die Feststellung (A 7) hat sich daher (vorausgesetzt, daß nicht landesgesetzlich nur der Notar für zuständig erklärt ist, § 2231 A 4) auf beide Möglichkeiten zu erstrecken (RG Warn 1917 Nr 243, KG JRdsch 1925 Nr 1639; offengelassen RG JW 1903 Beil 64[149], Unerreichbarkeit des Amtsrichters für genügend erklärt JW 1902 Beil 216[65], als Tatfrage behandelt JW 1905, 24[26]).

Da § 23 Abs 2 Satz 1 TestG bereits die Mußvorschrift des § 2249 Abs 2 Satz 1 aF in eine Sollvorschrift umgewandelt hat (A 7), ist die Gültigkeit des Testaments nicht mehr davon abhängig, daß die Feststellung diesen Anforderungen entspricht. Die gesetzlichen Bestimmungen, die von den beurkundenden Personen bei der Aufnahme von Nottestamenten zu beachten sind, sind in der „Anweisung des RMdI und des RJM v. 22. 11. 38 für Bürgermeister und Gutsvorsteher zur Aufnahme von Nottestamenten“ (RMBliV 2037; DJ 2013) i d F des Runderlasses v. 14. 6. 39 (RMBliV 1210; DJ 1076) erläutert worden.

Ein gemeinschaftliches Testament kann nach § 2249 auch dann errichtet werden, wenn dessen Voraussetzungen nur bei einem der Ehegatten vorliegen, § 2266. Der Erbvertrag kann nur in ordentlicher Form errichtet werden (vgl. § 2276).

3. Zuständigkeit: Aufenthalt des Erblassers in der Gemeinde, sei es auch bloß vorübergehender Art (Durchreise), genügt. Wohnsitz oder dauernder Aufenthalt ist nicht erfordert.

Zuständig war nach der deutschen Gemeindeordnung für die Aufnahme des Nottestaments der **Bürgermeister** der Gemeinde (DGemO § 6), in Gutsbezirken (DGemO § 12 Abs 2 Satz 2) der **Gutsvorsteher** (Abs 4), oder derjenige, der nach den gesetzlichen Vorschriften (DGemO § 35; vgl. auch § 119 Nr 2) zur Vertretung des Bürgermeisters oder des Gutsvorstehers befugt war (Abs 5). Soweit in den Ländern neue Gemeindeordnungen an die Stelle der deutschen Gemeindeordnung getreten sind (s. Sartorius, Verfassungs- und Verwaltungsgesetze Anhang 4), sind jetzt deren Bestimmungen maßgebend. Der Zweite Teil Art 4 Nr 6 GesEinhG hat die DVO des ZJA der britischen Zone zu § 23 TestG v. 12. 12. 46 (VOBl BrZ 1947, 9) aufrechterhalten; hiernach ist auch der gemäß der deutschen Gemeindeordnung bestellte Hauptgemeindebeamte oder sein Vertreter zuständig.

Der **Vertreter** soll die Quelle seiner Vertretungsbefugnis (die gesetzliche Vorschrift oder den Auftrag, vgl. DGemO § 35 Abs 3) in der Niederschrift angeben. Das Nottestament ist nichtig, wenn es nicht von einer hierzu befugten Person aufgenommen ist (vgl. RG Warn 1938 Nr 21).

EG Art 150, der dem Landesgesetz gestattete, an Stelle des Vorstehers der Gemeinde oder neben ihm andere Personen (Orts-, Dorfgerichtspersonen) zu bestellen, ist aufgehoben (§ 50 Abs 3 Nr 1 TestG; Zweiter Teil Art 3 GesEinhG).

4. Zu Abs 1 Satz 2: Die **Zuziehung von zwei Zeugen** ist, abweichend von § 2233, in allen Fällen zwingend vorgeschrieben. Ihre Bezeichnung mit einem Amtscharakter ist unschädlich (Schöffen RG JW 1905, 24[26]). Die Mitwirkung eines Gemeindebeamten (Gemeindeschreibers) findet nicht oder doch nur in der Eigenschaft eines Zeugen statt (vgl. RJA 14, 278).

5. Zu Abs 1 Satz 3: Die angezogenen §§ 2234—2246 ergeben, daß alle für das ordentliche öffentliche Testament erlassenen Vorschriften (Unfähigkeit des Richters oder Notars oder eines Zeugen, Art der Errichtung durch mündliche Erklärung oder Schriftübergabe, Feststellung der Person und Prüfung der Testierfähigkeit des Erblassers, Belehrungspflicht, ständige Anwesenheit, Inhalt der Niederschrift, die besonderen Bestimmungen bei Taubheit, Sprechunvermögen und Unkenntnis der deutschen Sprache, endlich über die Art der Verwahrung) auf das Gemeindetestament unmittelbar anzuwenden sind, nur daß der Bürgermeister usw. an die Stelle des Richters oder Notars tritt. Die Verletzung einer dieser Vorschriften bewirkt deshalb Nichtigkeit, soweit dies beim ordentlichen öffentlichen Testament der Fall ist und soweit es sich nicht um Formfehler beim Abfassen der Niederschrift handelt (A 10).

Haftung des Bürgermeisters usw. oder der Gemeinde für Versehen: RG 58, 296; JW 1904, 144[15]; Warn 1917 Nr 243, 1925 Nr 30, 1938 Nr 21 = JW 1938, 810; OLG Königsberg JW 1939, 348[15]; s. auch § 2232 A 2.

Auch das Gemeindetestament hat die Eigenschaft einer öffentlichen Urkunde (§ 2241 A 2), jedoch unter Beschränkung der Gültigkeitsdauer auf drei Monate (§ 2252). Kosten der Testamentserrichtung: Anweisung des RMdI und des RJM v. 22. 11. 38 (s. oben A 2) §§ 21—23; Urkundensteuer wird seit dem 1. 9. 41 nicht mehr erhoben.

6. Zu Abs 1 Satz 4: Beeidigung des Dolmetschers: § 2244 A 3.

7. Zu Abs 2 Satz 1: Die Mußvorschrift des § 2249 Abs 2 Satz 1 aF über die **Feststellung** der Besorgnis ist zu einer Sollvorschrift abgeschwächt worden. Fehlt die Feststellung, so ist das Testament gleichwohl gültig. Nur muß im Streitfalle derjenige, der sich auf das Testament beruft, beweisen, daß der Bürgermeister usw. die Besorgnis gehabt habe (vgl. § 2242 A 4); denn die Testamentserrichtung durch den Bürgermeister setzt voraus, daß diese Besorgnis besteht (s. auch A 8).

Die Feststellung braucht nicht ausdrücklich mit den Worten des Gesetzes getroffen zu werden; es genügt, wenn sie sonst dem Inhalt der Niederschrift zu entnehmen ist (RG JW 1903 Beil 64[149]; OLG 40, 139). Es genügt dagegen nicht, wenn nur die Erklärung des Erblassers festgestellt wird, er habe den Bürgermeister mit der Niederschrift seines letzten Willens beauftragt, weil es ihm nicht möglich sei, einen Richter oder Notar nach seinem Aufenthaltsort zu beordern (JFG 3, 164). Vorlesung, Genehmigung und Unterschrift des Erblassers sind für den Feststellungsvermerk nicht erforderlich (RJA 5, 45; § 2242 A 3).

8. **Zu Abs 2 Satz 2:** Über das Vorhandensein der **Besorgnis** entscheidet das pflichtmäßige Ermessen des Bürgermeisters usw. Die Besorgnis ist unbedingte Voraussetzung für die Gültigkeit des Nottestaments (KG HEZ 1, 233 = SJZ 1948, 200 mit Anm Weigelin). Der Bürgermeister hat daher die Aufnahme des Testaments abzulehnen, wenn er bei gewissenhafter Prüfung zu der Überzeugung gelangt, daß die Besorgnis nicht begründet sei (BayVerwGH JW 1921, 1148[1]). Das Nottestament ist aber sowohl dann gültig, wenn der Bürgermeister die Sachlage falsch beurteilt und irrig das vorzeitige Ableben — oder den vorzeitigen Verlust der Testierfähigkeit — besorgt, als auch dann, wenn er selbst dieses nicht befürchtet, sachlich aber eine solche Besorgnis begründet ist (RG 171, 27 = WarnRspr 1943 Nr 63). Nur mit dieser Einschränkung läßt sich die in der 9. Aufl dieses Kommentars zu § 23 TestG in A 8 vertretene Ansicht aufrechterhalten, das Testament sei nichtig, wenn der Bürgermeister die Besorgnis feststelle, obwohl er sie tatsächlich nicht empfunden habe (vgl. Planck-Strecker § 2249 A 2; Vogels 3. Aufl A 10, jedoch Vogels-Seybold 4. Aufl A 10). Das Nottestament ist also insoweit nur dann nichtig, wenn objektiv keine Lebensgefahr zu besorgen war und der Bürgermeister dies auch wußte. Im übrigen ist die ordnungsmäßige Feststellung der Besorgnis (wie in den Fällen der §§ 2238 Abs 4, 2242 Abs 3, 2243–2245) ohne Rücksicht auf den wirklichen Sachverhalt maßgebend. Gesetzgeberischer Grund für diese Vorschrift: RG 109, 372.

9. **Abs 3** enthält Sollvorschriften, deren Verletzung auf die Gültigkeit des Testaments ohne Einfluß ist, den Bürgermeister usw. oder die Gemeinde aber unter Umständen schadenersatzpflichtig macht, falls der Erblasser es mangels eines Hinweises unterlassen hatte, rechtzeitig ein ordentliches Testament zu errichten.

10. **Zu Abs 6:** Als **Formfehler der Niederschrift** im Sinne des Abs 6 kommen nur Verstöße gegen zwingende Formvorschriften in Betracht; Verstöße gegen bloße Sollvorschriften berühren die Gültigkeit des Testaments ohnehin nicht (DRW 1940, 544[8]). Um die Niederschrift eines Nottestaments herzustellen, reicht es aus, wenn die aufgenommene Urkunde erkennen läßt, daß die letztwilligen Erklärungen des Erblassers vor dem Gemeindevorsteher und in Zeugengegenwart abgegeben worden sind. Zu den Fassungsmängeln einer solchen Niederschrift gehört es auch, wenn die Unterschrift eines Zeugen fehlt. Der Mangel ist unschädlich, wenn nur die Niederschrift die Erklärung des Erblassers zuverlässig wiedergibt und der Zeuge sonst als solcher bei der Testamentserrichtung mitgewirkt hat. Das kann gegebenenfalls auch mit Beweismitteln, die außerhalb der Niederschrift liegen, nachgewiesen werden. Läßt sich das nicht feststellen, so ist das Testament nichtig. Im übrigen genügt es für den Begriff der „Niederschrift", daß die rechtserheblichen Umstände und Erklärungen sich aus der Urkunde ergeben, daß sie in Gegenwart der mitwirkenden Personen in ihr schriftlich niedergelegt worden sind und daß dies unterschriftlich bezeugt worden ist (KG HEZ 1, 233 = NJW 1947/48, 188 = SJZ 1948, 200 mit Anm von Weigelin; enger bei etwas anderer Sachlage OLG Gera HEZ 1, 232 = SJZ 1948, 202).

Zweifel an der Testierfähigkeit des Erblassers berühren die Frage nicht, ob das Testament formgültig ist (KG DFG 1940, 15 = DR 1940, 544 mit Anm von Vogels = JFG 21, 38 = DNotZ 1942, 101).

Abs 6 gilt nur für Formfehler, die bei Abfassung der Niederschrift unterlaufen sind (z. B. für Verstöße gegen § 2241 Abs 1, § 2242 Abs 1 Satz 1 und Abs 4; vgl. zum TestG DRW 1940, 544[8]; KG NJW 1947/48, 190); Verstöße gegen andere zwingende Formvorschriften (z. B. Nichtzuziehung der beiden Zeugen) machen das Testament in jedem Falle nichtig (Begr. zum TestG).

11. **Beweislast.** Wer sich auf die Rechtswirksamkeit eines Nottestaments beruft, das unter Verstoß gegen Formvorschriften errichtet worden ist, muß im Streitfalle beweisen, daß es die Erklärungen des Erblassers zuverlässig wiedergibt (BGH LM § 416 ZPO Nr 1).

§ 2250

Wer sich an einem Ort aufhält, der infolge außerordentlicher Umstände dergestalt abgesperrt ist, daß die Errichtung eines Testaments vor einem Richter oder vor einem Notar nicht möglich oder erheblich erschwert ist, kann das Testament

in der durch § 2249 bestimmten Form oder durch mündliche Erklärung vor drei Zeugen errichten.

Wer sich in so naher Todesgefahr befindet, daß voraussichtlich auch die Errichtung eines Testaments nach § 2249 nicht mehr möglich ist, kann das Testament durch mündliche Erklärung vor drei Zeugen errichten.

Wird das Testament durch mündliche Erklärung vor drei Zeugen errichtet, so muß hierüber eine Niederschrift aufgenommen werden. Auf die Zeugen sind die Vorschriften der §§ 2234, 2235 und des § 2237 Nr 1 bis 5, auf die Niederschrift die Vorschriften der §§ 2240, 2241, 2241 a, 2242, 2245, 2249 Abs 6 entsprechend anzuwenden; ferner ist § 2249 Abs 2 sinngemäß anzuwenden. Unter Zuziehung eines Dolmetschers kann ein Testament in dieser Form nicht errichtet werden.

E I 1927 II 2114; M 5 283–286; P 5 346; KB 322.

Übersicht:

Nottestament in besonderen Fällen

1. Allgemeines
2. Der „Ort“
3. Außerordentliche Umstände
4. Die „Absperrung“
5. Die Testamentsformen
6. Das Dreizeugentestament (Abs 2)
7. Die Niederschrift (Abs 3 Satz 1, 2)
8. Die Zeugen (Abs 3 Satz 2)
9. Ausschluß für Dolmetscher (Abs 3 Satz 3)
10. Beweislast
11. Verfolgtentestament

1. **Allgemeines.** § 2250 stimmt inhaltlich mit § 24 TestG überein. Dieses hatte den Abs 2 neu eingefügt. Das **Absperrungstestament** wurde früher meist Seuchentestament genannt. Letztere Bezeichnung ist jedoch durch die Entwicklung überholt (vgl. A 3).

2. Unter dem **Orte,** dessen Absperrung vorausgesetzt ist, wird nicht nur eine Niederlassung (Gemeinde), sondern im weitesten Sinne jeder Punkt der Erdoberfläche, zu Lande oder zu Wasser, z. B. auch ein Haus, eine Wohnung, ein Schiff, ein Stück freies Feld usw. verstanden.

3. Der Kreis der **außerordentlichen Umstände** ist unbeschränkt (polizeiliche, militärische Maßnahmen, Aufruhr, Überschwemmungen, Wegezerstörungen usw.). Das in § 2250 Abs 1 aF angeführte Beispiel (Ausbruch einer Krankheit) ist wegen der Art, in der sich die Seuchenbekämpfung nach den jetzt geltenden gesundheitspolizeilichen Bestimmungen vollzieht, nicht übernommen worden (Vogels-Seybold § 24 TestG A 2).

4. Die **Absperrung** besteht nicht nur, wenn die Möglichkeit des Verkehrs nach allen Seiten aufgehoben ist, sondern auch wenn der Verkehr mit Richter oder Notar (z. B. durch die Notwendigkeit beträchtlicher Umwege) erheblich erschwert ist. Das Testament ist nur gültig, wenn der Bürgermeister usw. oder die drei Zeugen der Überzeugung waren, es liege eine Absperrung im Sinne des Abs 1 vor; unter dieser Voraussetzung ist es unschädlich, daß eine Absperrung in diesem Sinne in Wirklichkeit nicht vorlag (§ 2249 Abs 2 Satz 2; wie hier Vogels-Seybold TestG § 24 A 3). Anders nach § 2250 aF, wo nur der Abs 1 des § 2249 herangezogen war, während § 2250 Abs 1 — entsprechend § 24 Abs 1 TestG — nunmehr auf § 2249 in seinem ganzen Umfange verweist; für das Dreizeugentestament s. auch § 2250 Abs 3 Satz 2 Halbs 2. Vgl. auch § 2249 A 7, 8.

5. **Die Testamentsformen.** Das Gesetz stellt in § 2250 Abs 1 zwei Formen zur Wahl des Erblassers: die Form des **Gemeindetestaments** nach § 2249 (womit nicht gefordert ist, daß außer den besonderen Umständen der A 2–4 auch noch die in § 2249 vorausgesetzte Besorgnis früheren Versterbens gegeben sein müsse) sowie die besondere Form des Testaments durch **mündliche Erklärung vor drei Zeugen (Dreizeugentestament).**

Außerdem steht dem Erblasser noch die ordentliche Testamentsform des eigenhändigen Testaments nach § 2247 zur Verfügung.

6. **Abs 2** sieht einen der alten Fassung des BGB nicht bekannten weiteren Fall des **Dreizeugentestaments** vor. Er will dem Umstand Rechnung tragen, daß in manchen Fällen auch der Bürgermeister nicht rechtzeitig zu erreichen sein wird (Begr. zum TestG). Als Beispiel führte das TestG einen Unfall im Gebirge an. Vorausgesetzt ist **nahe Todesgefahr** des Erblassers. Zur Gültigkeit des Testaments ist nicht erforderlich, daß der Erblasser zur Zeit der Testamentserrichtung tatsächlich in naher Todesgefahr schwebt; es genügt, wenn alle drei Zeugen, vor denen das Testament errichtet wird, befürchten, daß die Errichtung eines Testaments vor einem Notar, Richter oder Bürgermeister wegen der nahen Todesgefahr voraussichtlich nicht mehr möglich sein werde und wenn der Zustand des Erblassers diese Besorgnis, wenn auch nicht tatsächlich, so doch nach dem pflichtmäßigen Ermessen der Zeugen rechtfertigt. Der Besorgnis der Todesgefahr in diesem Sinne ist die Besorgnis des nahen Eintritts der Testierunfähigkeit gleich-

zusetzen, wenn zu befürchten ist, daß die Testierunfähigkeit voraussichtlich bis zum Tode des Erblassers ununterbrochen oder doch nur mit kurzen Unterbrechungen fortdauern werde, welche die Möglichkeit nicht gewährleisten, noch ein Testament zu errichten (BGH 3, 372 = LM § 24 TestG Nr 1 mit Anm von Ascher unter Hinweis auf RG DR 1944, 841 gegen RG DR 1944, 40). Das Testament ist aber auch dann gültig, wenn die drei Zeugen die Todesgefahr nicht besorgt haben, sie aber wirklich bestand (RG DNotZ 1943, 274). Zur Mitwirkungspflicht eines Krankenhauses bei der Errichtung eines Nottestaments vgl. OLG Hamburg JZ 1955, 160.

7. Zu Abs 1 Satz 1 und Satz 2 Halbs 2: Die **Niederschrift** ist wesentlich (DRW 1940, 544[8], wo ausgeführt ist, daß die Annahme völligen Fehlens einer Niederschrift sich mit noch so zahlreichen und groben Verstößen gegen die Vorschriften über die nähere Ausgestaltung der Niederschrift nicht begründen läßt; zustimmend Vogels aaO. S. 546). Von welchem der drei Zeugen oder ob die Niederschrift von einer vierten Person abgefaßt wird, ist gleichgültig. Die Niederschrift muß grundsätzlich in deutscher Sprache (§ 2240), im Falle des § 2245 aber in der betreffenden fremden Sprache aufgenommen werden und hat den einzelnen Formvorschriften der §§ 2241, 2242 zu genügen. Sie soll die in § 2241 a vorgeschriebenen Feststellungen über die Person und die Testierfähigkeit des Erblassers sowie die Feststellung enthalten, daß der Aufenthaltsort des Erblassers infolge außerordentlicher Umstände abgesperrt sei oder daß sich der Erblasser in naher Todesgefahr befinde (§ 2249 Abs 2). Formfehler der Niederschrift sind unter den Voraussetzungen des § 2249 Abs 6 unschädlich. Die Niederschrift muß noch zu Lebzeiten des Erblassers angefertigt (Firsching DNotZ 1955, 297), ihm vorgelesen, von ihm genehmigt und unterzeichnet werden. Diese Erfordernisse gehören nicht zur „Abfassung" der Niederschrift im Sinne des § 2249 Abs 6 (KG JFG 21, 293 = DR 1940, 1685 mit Anm von Vogels = ZAkDR 1941, 101 mit Anm von Lange = HRR 1940, 1288 = DNotZ 1941, 26; a.M. wegen der Unterschrift Firsching DNotZ 1955, 297f. unter Hinweis auf RG DRW 1944, 841. Im letzteren Falle stand aber fest, daß die eigentliche letztwillige Verfügung vorgelesen und von der Erblasserin unterschriftlich genehmigt worden ist). Hat der Bedachte selbst die Niederschrift vorgelesen, so ist die zu seinen Gunsten getroffene Verfügung nach dem Zwecke des § 2235 Abs 1 auch dann nichtig, wenn drei weitere Zeugen vorhanden sind (KG DNotZ 1942, 338 = HRR 1942 Nr 753 = DR 1942, 1339). Versiegelung des Testaments und Verbringung in die besondere amtliche Verwahrung ist nicht vorgeschrieben; sie steht jedoch den Zeugen in entsprechender Anwendung der §§ 2246, 2248 frei. Die Niederschrift hat nur die Beweiskraft einer Privaturkunde (ZPO §§ 416, 440; BGH LM § 416 ZPO Nr 1).

8. Zu Abs 3 Satz 2 Halbs 2: Für die **Zeugen** gelten die allgemeinen Unfähigkeits- und Untauglichkeitsgründe der §§ 2234, 2237 Nr 1–5. Zeuge kann bei einem Dreizeugentestament nur derjenige sein, der sich bewußt ist, daß er für die richtige schriftliche Wiedergabe der Erklärungen des Erblassers mitverantwortlich ist (KG DNotZ 1942, 338 = HRR 1942, 753 = DR 1942, 1339). Zuwendungen an die Zeugen und ihre Angehörigen sowie die Ernennung einer dieser Personen zum Testamentsvollstrecker sind nach § 2235 nichtig. Die nicht angezogenen §§ 2236, 2237 Nr 6 kommen der Natur der Sache nach nicht in Betracht. § 2239 ist nicht erwähnt worden; hieraus folgt jedoch nicht, daß die drei Zeugen nicht während der ganzen Verhandlung anwesend sein müßten. „Vor drei Zeugen" ist nicht gleich „nacheinander vor je einem Zeugen", die Erklärung des Erblassers muß vielmehr gleichzeitig an alle drei gerichtet sein (vgl. RG 161, 127; a.M. OLG Freiburg HEZ 2, 338 = DRZ 1950, 255). § 2242 Abs 4 ergibt ferner, daß sie auch gemeinschaftlich bei Vorlesung, Genehmigung und Unterzeichnung der Niederschrift (oder bei der Feststellung der Überzeugung von der Schreibunfähigkeit des Erblassers) mitwirken müssen (vgl. auch Kipp-Coing § 16 II 2 und A 10). Erst mit Unterzeichnung durch die Zeugen ist der Testamentsakt beendet.

9. Zu Abs 3 Satz 3: Das **Dreizeugentestament ist ausgeschlossen,** wenn die Zuziehung eines **Dolmetschers** nach § 2244 erforderlich wäre. Für das fremdsprachliche Testament bleibt mithin nur der Weg des § 2245. Ferner ist das Dreizeugentestament ausgeschlossen, wenn das Testament durch Übergabe einer Schrift errichtet werden soll (§ 2238 A 4) oder (wegen Sprechunvermögens nach § 2243) nur in dieser Form errichtet werden kann.

10. Beweislast. Vgl. § 2249 A 11 (LM § 416 ZPO Nr 1).

11. Verfolgtentestament. Trotz Formmängeln sind letztwillige Verfügungen, die in der „maßgebenden Zeit" (30. Januar 1933 bis 8. Mai 1945) errichtet worden sind, unter den besonderen Voraussetzungen der Rückerstattungsgesetze (Art 67 REGBrZ; Art 80 REGAmZ; Art 69 BerlREAO) gültig (vgl. hierzu Harmening-Hartenstein-Osthoff-Falk Rückerstattungsgesetz II. Aufl Bl Nr 210).

§ 2251

Wer sich während einer Seereise an Bord eines deutschen Schiffes außerhalb eines inländischen Hafens befindet, kann ein Testament durch mündliche Erklärung vor drei Zeugen nach § 2250 Abs 3 errichten.

E I 1929 II 2115; M 5 287; P 5 349.

Seetestament

1. § 2251 entspricht § 25 TestG. Statt „Schiffes" hieß es bisher „nicht zur Kriegsmarine gehörenden Fahrzeugs".

2. Die **Seereise** erfordert kein festes Reiseziel; sie steht aber im Gegensatz zur bloßen Seefahrt zu Zwecken der Fischerei oder zu kurzen Sport- und Vergnügungsfahrten. Die Seereise ist auch angetreten, wenn vorerst ein Binnengewässer benutzt wird, um die hohe See zu gewinnen (z. B. die Elbe zwischen Hamburg und Cuxhaven). Auch eine Küstenfahrt kann eine Seereise sein. Der Aufenthalt in einem ausländischen Hafen gehört zur Seereise.

3. Schiff. Auf die Art des Schiffes (See- oder Binnenschiff, Motor- oder Segelboot) kommt es nicht an. Auch ein Floß ist zu den Schiffen im Sinne des § 2251 zu rechnen.

Ob die Vorschrift auch auf Luftfahrzeuge (Flugzeuge, Luftschiffe, Ballone) auf einem Fluge über See anzuwenden ist, war schon früher nicht zweifelsfrei (vgl. Goldmann DJZ 1925, 101; A 3 in der 9. Aufl dieses Kommentars). § 25 TestG ist aber wohl überwiegend mindestens entsprechend angewandt worden (Seibert ZAkDR 1938, 666; Vogels-Seybold § 25 A 4; a.M. anscheinend Lange, ZAkDR 1938, 580). Der Wortlaut des § 2251 nF („Schiff" statt „Fahrzeug") zwingt nicht dazu, eine entsprechende Anwendung jetzt nicht mehr zuzulassen (a.M. Palandt-Rechenmacher A 2). Notfalls, insbesondere auch bei Landreisen in Luftfahrzeugen, kann gegebenenfalls das Dreizeugentestament nach § 2250 Abs 2 errichtet werden.

4. Das Testament kann nur **an Bord** des Fahrzeuges, nicht während eines vorübergehenden Landaufenthalts, und nur auf **deutschen Fahrzeugen** errichtet werden. Soweit es sich um Schiffe handelt, gehört dazu grundsätzlich, daß sie im ausschließlichen Eigentum eines Deutschen stehen (vgl. Flaggenrechtsgesetz v. 8. 2. 51 — BGBl I 79 —); es kommt nicht darauf an, ob das Schiff im Schiffsregister eingetragen und ein Schiffszertifikat oder Flaggenzeugnis (§ 3 Flaggenrechtsgesetz) erteilt worden ist. Über Ausländer auf deutschen Schiffen und Deutsche auf ausländischen Schiffen EG Art 11 Abs 1.

5. Deutsche Schiffe sind nach internationalen Gepflogenheiten auch während einer Seereise deutscher Boden. Daher können hier auch deutsche Notare tätig werden (Firsching DNotZ 1955, 284).

Unter den **Zeugen** muß sich nicht notwendig der Schiffsführer befinden.

§ 2252

Ein nach § 2249, § 2250 oder § 2251 errichtetes Testament gilt als nicht errichtet, wenn seit der Errichtung drei Monate verstrichen sind und der Erblasser noch lebt.

Beginn und Lauf der Frist sind gehemmt, solange der Erblasser außerstande ist, ein Testament vor einem Richter oder Notar zu errichten.

Tritt im Falle des § 2251 der Erblasser vor dem Ablauf der Frist eine neue Seereise an, so wird die Frist mit der Wirkung unterbrochen, daß nach Beendigung der neuen Reise die volle Frist von neuem zu laufen beginnt.

Wird der Erblasser nach dem Ablauf der Frist für tot erklärt oder wird seine Todeszeit nach den Vorschriften des Verschollenheitsgesetzes festgestellt, so behält das Testament seine Kraft, wenn die Frist zu der Zeit, zu welcher der Erblasser nach den vorhandenen Nachrichten noch gelebt hat, noch nicht verstrichen war.

E I 1926, 1928, 1930 II 2116; M 5 282, 283, 286, 288; P 5 345, 346, 349.

Gütigkeitsdauer der Not- und Seetestamente

1. § 2252 stimmt voll mit § 26 TestG überein.

2. Zu Abs 1: Die **Gültigkeitsdauer der Nottestamente** ist auf drei Monate beschränkt. Fristberechnung §§ 187, 188. Das Testament verliert mit Fristablauf von selbst seine Kraft, und zwar vermöge gesetzlicher Fiktion unter Rückbeziehung auf den Zeitpunkt der Errichtung.

Es gilt als nicht errichtet und behält somit auch nicht die Wirkung des Widerrufs (§§ 2254, 2258). Auf die beschränkte Gültigkeitsdauer soll der Bürgermeister den Erblasser hinweisen (§ 2249 Abs 3, 2250 Abs 1; vgl. § 2249 A 9); auch soll der Hinterlegungsschein einen Hinweis auf die Bestimmungen des § 2252 enthalten (§ 27 Abs 6 der Aktenordnung i. d. F. der AV v. 4. 8. 38, DJ 1259). Über den Fall, daß eine dem Bürgermeister nach § 2249 Abs 1 oder § 2250 Abs 1 in Verbindung mit § 2238 Abs 1 übergebene Schrift den Erfordernissen des § 2247 entspricht, vgl. § 2238 A 4.

Ein eigenhändiges, vom Bürgermeister beglaubigtes Testament, von dem der Erblasser bei der Errichtung angenommen hat, daß er ein Nottestament im Sinne der §§ 2249, 2252 errichte, ist nicht von vornherein nichtig; seine Fortgeltung wird auch nicht dadurch beeinflußt, daß der Erblasser die Vernichtung der Testamentsurkunde (§ 2255) oder die Errichtung eines neuen Testaments (§§ 2254, 2258) nur deshalb unterläßt, weil er glaubt, das als Nottestament angesehene Testament sei mit Ablauf von drei Monaten seit dem Errichtungstage kraftlos geworden; das Testament kann auch nicht durch Anfechtung (§ 2078) entkräftet werden, falls der Erblasser ebenso verfügt haben würde, wenn er gewußt hätte, daß er ein unbeschränkt gültiges eigenhändiges Testament errichte (RG 104, 320).

☞ **3. Zu Abs 2: Hemmung der Frist** §§ 202–205. Gleichgültig ist, aus welchen Gründen der Erblasser außerstande ist, d. h. es ihm unmöglich ist, vor einem (deutschen) Richter oder Notar in der Form des § 2238 zu testieren, ob wegen Fortdauer der Absperrung, der Seereise oder wegen besonderer Umstände, die in seiner Person liegen (schwere Krankheit). Erhebliche Erschwerung allein genügt nicht, wenn sie nicht mit der Fortdauer der Absperrung zusammentrifft (§ 2250 A 4). Anderseits bleibt die Frist auch dann gehemmt, wenn der Erblasser anderweit im Auslande (sei es auch vor einem deutschen Konsul) oder durch eigenhändiges Testament oder in einer der außerordentlichen Testamentsformen testieren kann.

4. Zu Abs 3: Beim **Seetestament** kann der Erblasser auf ein und derselben Reise so oft und so lange in deutschen Zwischenhäfen verweilt haben, daß die Dreimonatsfrist noch vor beendeter Reise abgelaufen ist (vgl. A 3). Dagegen kommt bei Antritt einer neuen Reise die bis dahin verstrichene und noch nicht abgelaufene Frist nicht mehr in Betracht. Ob es sich um Fortsetzung der alten oder Antritt einer neuen Reise handelt, ist Tatfrage.

5. Zu Abs 4: Der nach der **Todeserklärung** maßgebende Zeitpunkt des Todes (VerschG idF v. 15. 1. 51 – BGBl I 63 – § 9 Abs 2–4) ist regelmäßig so weit hinausgeschoben, daß die Dreimonatsfrist meist verstrichen, aber keine Gewißheit darüber zu erlangen wäre, ob etwa eine Hemmung eingetreten sei (A 3). Um die außerordentlichen Testamente aufrechtzuerhalten ist deshalb die Lebensvermutung des § 10 VerschG beseitigt; die Zeit des Todes wird auf den Zeitpunkt zurückverlegt, an welchem nach den letzten vorhandenen Nachrichten (§§ 3, 5, 6, 9 Abs 3a VerschG) der Erblasser noch gelebt hat.

6. Die **Beweislast** dafür, daß das Testament aus den besonderen Gründen der Abs 2–4 noch über die Dreimonatsfrist hinaus gegolten habe, trifft denjenigen, der aus der Gültigkeit Rechte ableitet. Ist dagegen der Zeitpunkt des Todes des Erblassers streitig, so muß derjenige, der sich auf die Ungültigkeit des Testaments beruft, beweisen, daß der Erblasser bei Ablauf der Dreimonatsfrist noch gelebt hat (Planck-Strecker § 2252 A 1).

§ 2253

Der Erblasser kann ein Testament sowie eine einzelne in einem Testament enthaltene Verfügung jederzeit widerrufen.

Die Entmündigung des Erblassers wegen Geistesschwäche, Verschwendung oder Trunksucht steht dem Widerruf eines vor der Entmündigung errichteten Testaments nicht entgegen.

E I 1753 Abs 2 II 2121 Abs 1; M 5 8; P 5 5, 351–353.

Widerruf des Testaments

1. § 2253 stimmt mit § 32 TestG überein.

2. Zu Abs 1: Es gehört zum Wesen der einseitigen Verfügung von Todes wegen (§ 1937), daß sie **jederzeit frei widerruflich** ist. Der vertragsmäßige Verzicht hierauf ist nichtig (§ 2302). Auch im Testamente selbst kann sich der Erblasser des Widerrufsrechts nicht wirksam begeben oder dafür erschwerte Formen bestimmen (derogatorische Klausel). Der Widerruf ist eine Willenserklärung des Inhalts, daß dasjenige, was vorher erklärt ist, nicht gelten solle; er richtet sich gegen den Inhalt des vorher Erklärten, nicht gegen den Fortbestand der Urkunde über diese Erklärung; danach rechtfertigt sich die folgende Entscheidung: Ein Erblasser hatte in einem teils gültig (eigenhändig geschriebenen), teils ungültig errichteten (mit Maschinenschrift gefertigten) Testament sein früheres Testament in gültiger Form widerrufen, in der irrtümlichen Annahme, daß das neue Testament seinem ganzen Inhalte nach gültig war. Da in dem neuen Testament der Wille zum Ausdruck kam, Bestimmungen des früheren Testaments sachlich aufrechtzuerhalten, diese nur formell ungültig in das neue Testament übernommen waren, ist ein Widerruf insoweit als nicht gewollt und das alte Testament insoweit als in Kraft geblieben behandelt worden (RG Recht 1921 Nr 584, 585).

Hat der Widerruf nicht das ganze Testament, sondern nur eine einzelne Verfügung zum Gegenstande, so ist nach § 2085 zu beurteilen, inwieweit hiervon die Wirksamkeit anderer Verfügungen beeinflußt wird. Auch teilweiser Widerruf einer einzelnen Verfügung (Herabsetzung einer ausgesetzten Zuwendung) und bedingter Widerruf ist zulässig. Letzterer bewirkt, daß die Zuwendung auflösend bedingt ist (Widerruf der dem X vermachten 1000 für den Fall, daß er die Z heirate). Verwirkungsklausel § 2074 A 1. Auf andere Weise, als in den §§ 2253—2258 bestimmt ist, kann eine letztwillige Verfügung nicht aufgehoben werden (RG 104, 323; Gruch 63, 477; Warn 1930 Nr 60). Beschränkte Widerruflichkeit des gegenseitigen Testaments § 2271. Rücktritt vom Erbvertrage §§ 2293—2297.

Ein vor 1. 1. 00 errichtetes Testament kann nur in den Testamentsformen des BGB, demgemäß aber auch durch eigenhändiges Testament widerrufen werden. Dies gilt auch von der Form, in der ein unter PrALR errichtetes wechselseitiges Testament gemäß dem früheren Rechte (EG Art 214 Abs 2) durch einseitige Verfügung von Todes wegen widerrufen werden kann; die §§ 2271, 2296 sind auf einen solchen Widerruf nicht anwendbar; vgl. Vorbem 3 zum 5. Buche.

3. Zu Abs 2: Die wegen Geistesschwäche usw. **Entmündigten** sind nach § 2229 Abs 3 nicht testierfähig, jedoch ausnahmsweise, und zwar ohne Zustimmung ihres gesetzlichen Vertreters zum Widerruf in einer der Formen der §§ 2254—2256, insoweit also auch zur Errichtung eines Testaments (§ 2254) befähigt. Sie können aber nicht stillschweigend gemäß § 2258 widerrufen, da hier ein wirksamer, neuer und abweichender Testamentsinhalt vorausgesetzt ist. Die Möglichkeit zu widerrufen, beschränkt sich ferner auf vor der Entmündigung errichtete Testamente. Der Entmündigte kann deshalb zwar ein erstes Testament wirksam machen, indem er einen noch vor der Entmündigung erklärten Widerruf dieses Testaments (§ 2257) oder ein noch vor der Entmündigung errichtetes zweites abweichendes Testament widerruft (§ 2258; ebenso Planck-Strecker A 4 Abs 4; neuerdings auch OLG Köln NJW 1955, 466 mit umfassenden Nachweisen und ausführlicher Begründung; a.M. Strohal § 42 A 3). Er kann aber nicht den erst nach der Entmündigung erklärten Widerruf durch einen zweiten Widerruf beseitigen und dadurch das einmal widerrufene Testament wieder in Kraft setzen (Vogels-Seybold § 32 TestG A 9). Der Eintritt eines der in § 2229 Abs 4 bezeichneten Zustände schließt die Möglichkeit des Widerrufs aus.

§ 2254

Der Widerruf erfolgt durch Testament.

E I 1933 Abs 1 II 2121 Abs 2 Satz 1; M 5 297, 298; P 5 351—353; 6 73.

Widerruf durch Testament

1. § 2254 stimmt mit § 2254 aF und § 33 Abs 1 TestG wörtlich überein.

2. Der Widerruf kann durch **jede Form des Testaments** erklärt werden (vgl. § 2253 A 2 a.E.), gleichviel in welcher Form das widerrufene Testament errichtet war. Doch bleibt das widerrufene Testament, wenn sich der Erblasser hierzu der außerordentlichen Form bedient (§§ 2249—2251), gemäß § 2252 nur drei Monate wirksam. Nur ein gültiges Testament kann die Widerrufswirkung äußern. Bloßer brieflicher Widerruf gegenüber dem Bedachten genügt nicht (RG JW 1910, 22[34]), wenn er sich nicht als ein gültiges Testament in Briefform darstellt (§ 2247 A 1)

Anfechtung §§ 2078ff. Widerruf des Widerrufs § 2257, stillschweigender Widerruf durch neues, mit dem früheren inhaltlich in Widerspruch stehendes Testament § 2258. Widerruf im Erbvertrage § 2299 Abs 1, s. auch § 2289.

Gebühr für die Beurkundung des Widerrufs KostO § 40 Abs 2; Urkundensteuer wird seit dem 1. 9. 41 nicht mehr erhoben.

§ 2255

Ein Testament kann auch dadurch widerrufen werden, daß der Erblasser in der Absicht, es aufzuheben, die Testamentsurkunde vernichtet oder an ihr Veränderungen vornimmt, durch die der Wille, eine schriftliche Willenserklärung aufzu-

heben, ausgedrückt zu werden pflegt. Hat der Erblasser die Testamentsurkunde vernichtet oder in der bezeichneten Weise verändert, so wird vermutet, daß er die Aufhebung des Testaments beabsichtigt habe.

E I 1934 II 2122; M 5 299—302; P 5 353; 6 73.

Übersicht:

Widerruf durch schlüssige Handlung

Schrifttum: Schmidt, Der Widerruf des Testaments durch Vernichtung oder Veränderung der Testamentsurkunde, MDR 1951, 321; Firsching, Fragen des Testamentsrechts, DNotZ 1955, 294ff.

1. § 2255 stimmt mit § 2255 aF und § 33 Abs 2 TestG wörtlich überein.

Für die Anfechtung der stillschweigenden Widerrufserklärung sind §§ 2078ff. maßgebend (§§ 2078 A 6, 2081 A 1c; RG 102, 69).

2. Der **Widerruf durch schlüssige Handlungen** (§§ 2255, 2256) ist sachlich letztwillige Verfügung (RG 102, 69), setzt deshalb Testierfähigkeit (§ 2229, wegen der Entmündigten § 2253) und persönliches Handeln voraus (§ 2064). Dies schließt nicht aus, daß sich der Erblasser hierzu der Hand eines Dritten als seines Werkzeugs bedient (JFG 6, 146; HRR 1933 Nr 1492). Solange der Dritte den ihm erteilten Auftrag nicht ausführt, bleibt das Testament in Kraft (Reichel AZivPrax 138, 206; JFG 14, 280). Nach dem Tode des Erblassers kann der Dritte nicht mehr als Werkzeug tätig werden (RG SeuffA 70 Nr 248). Es genügt auch nicht, daß der Erblasser der von einem Dritten eigenmächtig vorgenommenen Vernichtung oder Veränderung nachträglich zustimmt. Da es sich auf seiten des Dritten um eine bloß tatsächliche, nicht rechtsgeschäftliche Verfügung handelt, greift § 185 nicht ein.

3. Nur das Vernichten usw. **in Aufhebungsabsicht** ist als Widerruf wirksam. Korrekturen zur Vorbereitung eines neuen Testaments, aber mit der Absicht, das errichtete Testament vorerst weiter bestehen zu lassen, genügen nicht (RG 71, 301). Ebenso ist der Fall zu beurteilen, daß der Erblasser die Summenzahl eines Geldvermächtnisses nachträglich ausstreicht und die doppelte Zahl darüber oder an den Rand setzt, wenn dies nicht in der Absicht geschieht, das bisherige Vermächtnis aufzuheben, sondern in der Absicht, es bestehen zu lassen und durch ein gleichartiges Vermächtnis von gleicher Höhe zu ergänzen; kommt die beabsichtigte Ergänzung nicht zustande (§ 2247 A 4), so bleibt doch die Vermächtnisanordnung in ihrer ursprünglichen Fassung gültig (RG 111, 261; KG HRR 1934 Nr 1514). Vermutete Absicht A 6. Die Absicht muß schon während des Handels vorgelegen haben; anders § 2256 A 7. Ob die Absicht einen den Formerfordernissen des Gesetzes (A 4) entsprechenden Ausdruck gefunden hat, ist vom Revisionsgericht frei zu beurteilen (RG 69, 414; 111, 265f.).

Das OLG Freiburg verneint die Widerrufsabsicht, wenn der Erblasser ein früheres Testament in der irrigen Annahme zerreißt, ein später errichtetes Testament sei formgültig; in solchem Falle liege nur eine scheinbare Willenserklärung vor (RPfleger 1952, 340). Näher liegt es jedoch, einen Irrtum im Beweggrunde anzunehmen und eine Anfechtung nach § 2078 Abs 2 zuzulassen.

4. Vernichten ist Zerstören des Stoffes der Urkunde durch Verbrennen, Zerreißen, Zerschneiden, nicht bloßes Wegwerfen. Zum Zerreißen vgl. OLG Freiburg RPfleger 1952, 340; Anm 3 Abs 2.

Veränderungen der Testamentsurkunde wirken nur dann als Widerruf, wenn sie nach Verkehrsgewohnheiten („pflegt") objektiv geeignet sind, den Willen auszudrücken, eine schriftliche Willenserklärung (nicht gerade eine letztwillige Verfügung, RG Warn 1915 Nr 90) aufzuheben. Deshalb genügen bloße einschränkende Randbemerkungen nicht (RG JW 1911, 590[37]); ebensowenig eine nur auf das Datum beschränkte Durchstreichung mit Bleistift (RG JW 1913, 41[30]) oder unwesentliche Fassungsänderungen (RG 71, 303). In der Regel wird es sich um Durchstreichen der ganzen Urkunde, der Unterschrift, des Textes oder von Teilen des Textes, sei es auch nur mit Bleistift (RG Warn 1915 Nr 90), Herausschneiden oder Abschneiden eines Teiles der Urkunde (HRR 1933 Nr 1492), Radieren, Einklammern usw. handeln. Über den ungewöhnlichen Fall einer mit Tintenstift nach Art einer Schraffierung bewirkten Durchstrichelung der Unterschrift und eines wichtigen Textwortes s. RG Warn 1928 Nr 15. Einreißen der Urkunde, insbesondere in Verbindung mit der Entfernung eines aufgedrückten Privatsiegels kann genügen (RG 69, 413). Ebenso besonders charakteristische Stichworte und Zeichen, wie ein augenfälliges

„annulliert" (RG JW 1911, 545[25]) oder cessat ₰ (deleatur), wenn der **Entwertungsvermerk auf die** Testamentsurkunde selbst gesetzt ist, nicht nur auf den Umschlag, in dem sich das in sich abgeschlossene Testament befindet (RG JW 1925, 475[19]; HRR 1929 Nr 1653; KG HRR 1938 Nr 1228). Eigenhändigkeit und Beifügung von Datum und Unterschrift sind hierbei nicht erforderlich (JFG 6, 148) (vgl. zum Meinungsstreit, inwieweit Entwertungsvermerke wirksam sind, auch Kipp-Coing § 21 II 2 A 6; Schmidt MDR 1951, 324; Firsching DNotZ 1955, 295). Auch ein Streichungsvermerk auf einer Testamentsabschrift kann genügen (OLG Frankfurt NJW 1950, 607).

Ob auf solche Weise nur einzelne Verfügungen oder ob der ganze Testamentsinhalt widerrufen werden sollte, ist Tatfrage. Jedenfalls kann sich der Widerruf auch mit den Mitteln des § 2255 auf einzelne Verfügungen beschränken, ohne daß das Fortgelten des übrigen Testamentsinhalts (§ 2085) von einer neuen Datierung des Testaments abhängig wäre (JFG 6, 146; HRR 1933 Nr 1492; RG 71, 302). Enthält allerdings die Durchstreichung oder dgl. eines Teiles des Textes zugleich eine positive Änderung des Testamentsinhalts (so, wenn von dem Satze: „Ich setze A und B als Erben ein, und zwar dergestalt, daß A mein Vorerbe und B mein Nacherbe sein soll", der mit „und zwar" beginnende Satzteil durchstrichen oder wenn aus der Einsetzung dreier Personen als Erben „zu gleichen Teilen" der Name der einen wegradiert wird), dann handelt es sich um eine neue letztwillige Verfügung, bei deren Errichtung die vorgeschriebenen Formen von neuem gewahrt werden müssen (RG 71, 302f.; Herschel, JW 1933, 148; a.M. Firsching, DNotZ 1955, 295).

Sind mehrere Urschriften vorhanden (JW 1934, 2563[2]), so ist es, namentlich wenn sie der Erblasser sämtlich in Gewahrsam hat, Sache freier, durch die Vermutung des Abs 2 Satz 2 nicht gedeckter, Beurteilung, ob er mit der Vernichtung (RG LZ 1936, 322[11]) oder mit der Veränderung (JRdsch 1925 Nr 1529) nur einer oder einiger Urschriften die Aufhebungsabsicht verfolgte, oder ob er z. B. nur die Zahl der Urschriften vermindern wollte (JFG 14, 280).

Als selbstverständlich ist vorausgesetzt, daß dem Erblasser die Testamentsurkunde zugänglich ist. Dies trifft regelmäßig zu beim eigenhändigen Testament (s. aber §§ 2248, 2256 Abs 3) und beim Dreizeugentestament (§ 2250 Abs 1, 2, § 2251). Die Anwendung des § 2255 ist aber auch gegenüber dem amtlich verwahrten Testament (§§ 2246, 2249) nicht grundsätzlich ausgeschlossen.

Bei dem in schlüssiger Form erklärten Widerruf verbleibt es endgültig. Wiederzusammensetzen der zerstückelten Urkunde, Unterpunktieren der durchstrichenen Stellen ist kein wirksamer Widerruf des Widerrufs.

5. Verlust des Testaments. Ein Testament, das infolge von Kriegsereignissen verlorengegangen ist, wird durch den Verlust nicht wirkungslos. Will der Erblasser das Testament nicht mehr gelten lassen, so kann er es nicht dadurch widerrufen, daß er den Verlust formlos billigt. Das verlorene Testament kann nur in der Form des § 2254 widerrufen werden (BGH JZ 1951, 591 mit zust. Anm Coing = LM § 1960 Nr 1; auch Firsching, DNotZ 1955, 295; Müller, Haus und Wohnung 1952, 67; a.M. Schmidt JZ 1951, 745). Zur Frage der Beweislast, wenn Ansprüche aus einem verlorenen Testament geltend gemacht werden, vgl. A 6.

6. Beweislast. Dafür, daß der Erblasser das Testament vernichtet oder verändert hat, besteht keine Vermutung. Vor allem kann dann, wenn das Testament oder wenigstens seine Originalurkunde unauffindbar ist, nicht ohne weiteres vermutet werden, daß der Erblasser es vernichtet habe. Vielmehr ist dies von der Partei zu beweisen, die sich auf das Nichtbestehen des Testaments beruft (RG JW 1912, 798[16]; OLG Saarbrücken HEZ 2, 262 = DNotZ 1950, 68). Steht fest, daß der Erblasser das Testament vernichtet oder verändert hat, so hat, wer die fortdauernde Wirksamkeit des Testaments behauptet, die Rechtsvermutung des Satz 2 zu widerlegen (ZPO § 292) und nachzuweisen, daß keine Aufhebungsabsicht bestanden habe (RG JW 1911, 283[16]). Bei mehreren Urschriften s. jedoch A 4. Ist die Urkunde vernichtet, so hat er außerdem mit den gewöhnlichen Beweismitteln den von ihm behaupteten Testamentsinhalt nachzuweisen (RG JW 1907, 366[15]). Dasselbe gilt auch, wenn die Testamentsurkunde etwa sonst aus Versehen vernichtet oder durch Zufall untergegangen ist (JW 1935, 3122[43]). Der Testamentserbe, der seine Rechte aus einem unauffindbaren Testament herleitet, kann daher mit allen zulässigen Beweismitteln dartun, daß der Erblasser ein Testament des von ihm behaupteten Inhalts errichtet habe. Hierbei muß eine letztwillige Verfügung ihrem vollen Umfang nach feststehen, wenn Rechte aus ihr hergeleitet werden sollen. Es kann jedoch, obwohl ein Teil des Testaments nicht festgestellt werden kann, der Gesamtwille des Erblassers insoweit erkennbar sein, daß der festgestellte Teil ohne Rücksicht auf den Inhalt und den Umfang des nicht festgestellten Inhalts des Testaments Bestand haben soll und daß dieser Teil durch die Unbestimmtheit der nicht bekannten Verfügungen seinem Umfang nach nicht wesentlich berührt wird; dies reicht dann aus, um diejenigen Ansprüche zu verfolgen, die sich aus dem feststellbaren Teil ergeben (BGH LM § 2085 BGB Nr 1).

§ 2256

Ein vor einem Richter oder vor einem Notar oder nach § 2249 errichtetes Testament gilt als widerrufen, wenn die in amtliche Verwahrung genommene Urkunde dem Erblasser zurückgegeben wird. Die zurückgebende Stelle soll den Erblasser über die im Satz 1 vorgesehene Folge der Rückgabe belehren, dies auf der Urkunde vermerken und aktenkundig machen, daß beides geschehen ist.

Der Erblasser kann die Rückgabe jederzeit verlangen. Das Testament darf nur an den Erblasser persönlich zurückgegeben werden.

Die Vorschriften des Abs 2 gelten auch für ein nach § 2248 hinterlegtes Testament; die Rückgabe ist auf die Wirksamkeit des Testaments ohne Einfluß.

E I 1935 II 2123; M 5 302, 303; P 5 353, 354; 6 73; KB 322.

Übersicht:

Rücknahme aus der amtlichen Verwahrung

1. § 2256 stimmt mit § 34 Abs 1–3 TestG überein. Das TestG hatte Abs 1 Satz 2 neu eingefügt und den § 2272 aF als Abs 4 übernommen (vgl. § 2272 A 1).

2. Der **Widerruf durch Rücknahme** kommt nur bei dem öffentlichen Testament des § 2238 und bei dem Gemeindetestament des § 2249 (und § 2250 Abs 1) in Frage, weil nur bei diesen Testamenten eine amtliche Verwahrung gemäß § 2246 stattfindet. Wegen der übrigen Testamentsformen s. A 7. Das Gesetz legt der Rücknahme (der Rückgabe auf Verlangen des Erblassers) die Widerrufswirkung zwingend bei („gilt als widerrufen“) ohne Rücksicht darauf, ob sie mit dem Aufhebungswillen geschieht (§ 2255 A 3) oder nicht. Der Widerruf kann also nicht durch die Erklärung ausgeschlossen werden, das Testament solle bestehen bleiben; eine mit diesem Vorbehalt geforderte Rückgabe ist abzulehnen; eine neue Hinterlegung des einmal zurückgegebenen Testaments kann es nicht wieder in Kraft setzen. Die bloße Vorlegung zur Einsicht (§ 2264 A 3) ist damit nicht ausgeschlossen. Im übrigen ist auch hier Testierfähigkeit, und zwar im Zeitpunkte der Rückgabe erforderlich (§ 2255 A 2, wegen des Entmündigten § 2253 A 3).

Anfechtung nach §§ 2078 ff. (§ 2078 A 6) ist wegen Mängel im Willen, das Testament zurückzunehmen, möglich, z. B. wenn der Erblasser zu der Rücknahme durch die irrige Annahme bestimmt worden ist, ein späteres Testament sei gültig. Die Rücknahme eines öffentlichen Testaments aus der amtlichen Verwahrung kann aber auch mit der Begründung angefochten werden, der Erblasser habe die rechtliche Bedeutung der Rücknahme als eines Widerrufs nicht gekannt (KG DRW 1940, 1684 mit zust. Anm von Vogels = DNotZ 1941, 28 = HRR 1940, 1287 gegen M 5, 302; KG RJA 11, 180 = KGJ 41, 97), ferner, der Erblasser sei zur Rücknahme durch unrichtige Erwartungen über den weiteren Verlauf eines ihm bekannten Vorfalls bestimmt worden (KG DRW 1942, 143 mit zust. Anm von Vogels = DNotZ 1942, 186).

3. Gegenstand der Rückgabe sind alle nach § 2246 unter Verschluß gebrachten Schriftstücke sowohl das übergebene als das mündlich erklärte Testament, die hierüber aufgenommene Niederschrift und sonstige Anlagen (§ 2246 A 1). Der herausgebende Beamte ist nicht befugt, das Siegel zu öffnen. Die Aufnahme einer Niederschrift über die Rückgabe ist nicht wesentlich (s. aber § 27 Abs 9 der Aktenordnung idF der AV v. 4. 8. 38, DJ 1259). Herauszugeben haben der Amtsrichter und der Urkundsbeamte der Geschäftsstelle gemeinschaftlich (§ 2258b Abs 1).

Die Tatsache der **Rückgabe an den Erblasser wirkt unmittelbar** kraft Gesetzes als Widerruf, vorausgesetzt, wie aus Abs 2 zu ergänzen ist, daß sie auf Verlangen des Erblassers und an ihn persönlich erfolgt, ferner, daß es bereits zur amtlichen Verwahrung nach § 2246 gekommen ist. Hat z. B. der Notar das von ihm aufgenommene Testament nicht gemäß § 2246 Abs 2 an das Amtsgericht zur amtlichen Verwahrung abgeliefert, so wirkt es nicht als Widerruf, wenn er das Testament dem Erblasser aushändigt (RG Warn 1913 Nr 245).

Gebühr für die Rückgabe KostO § 93 Abs 2.

4. Fassung des **Vermerks über die Belehrung** des Erblassers: § 27 Abs 9 der Aktenordnung i. d. F. der AV v. 4. 8. 38, DJ 1259. Die Widerrufswirkung tritt auch dann ein, wenn die Belehrung des Erblassers entgegen der Sollvorschrift des Abs 1 Satz 2 unterblieben ist.

5. Das **Verlangen des Erblassers** bewirkt erst in Verbindung mit der Rückgabe den Widerruf, so daß, wenn sich die Rückgabe verzögert (vgl. A 6) und der Erblasser darüber hinwegstirbt, das Testament in Kraft bleibt (Reichel AZivPrax 138, 206 A 9). Das Verlangen ist an keine Form gebunden, muß nicht notwendig beurkundet werden und ergibt sich regelmäßig schon aus der Annahme der Schriftstücke. Dem Verlangen ist auch dann stattzugeben, wenn das zurückverlangte Testament schon anderweit widerrufen (§ 2254) oder aus anderen Gründen, z. B. durch Zeitablauf nach § 2252 unwirksam geworden ist.

6. Entsprechend dem § 2064 kann auch in Form der Rücknahme der **Erblasser nur persönlich**, also nicht durch Vertreter widerrufen. Er hat mithin dem Verwahrungsbeamten seine Personengleichheit nachzuweisen (vgl. § 2241a). Rückgabe des Hinterlegungsscheins (§ 2246 A 4) genügt nicht, sie ist aber auch nicht wesentlich. Bei erheblicher Entfernung von der Verwahrungsstelle greift die Rechtshilfe ein, nötigenfalls durch Ersuchen eines deutschen Konsuls (RJA 13, 91). Vgl. auch Aktenordnung § 27 Abs 8 i d F der AV v. 4. 8. 38 (DJ 1259). Rückgabe durch die Post ist nicht zulässig (JW 1935, 3559[36]).

7. Die Hinterlegung des **eigenhändigen Testaments** ist in § 2248 nur freigestellt. Dem entspricht es, daß einer Rückforderung des Testaments von der Verwahrungsstelle die zwingende Wirkung des Widerrufs nicht beigelegt ist. Hierfür dienen die einfachen Formen des § 2255 Abs 2. Entsprach die nach § 2238 (A 4) übergebene Schrift den Erfordernissen des eigenhändigen Testaments, so bewirkt die in den Formen der Absätze 1, 2 vollzogene Rückgabe vermöge der zwingenden Wirkung, die das Gesetz ihr beigelegt hat, den endgültigen Widerruf des Testaments auch in seiner etwa möglichen Eigenschaft eines eigenhändigen Testaments (a.M. Firsching DNotZ 1955, 294 A 63 mit Nachw; Planck-Strecker § 2258 A 5, § 2231 A III 2; wie hier Kipp-Coing § 21 A 17, Palandt-Rechenmacher A 4). Die Widerrufswirkung als Folge der Rückgabe ist auch bei dem Dreizeugentestament der §§ 2250, 2251 ausgeschlossen, da auch hier die amtliche Verwahrung vom Gesetze nicht vorgeschrieben ist. Anders bei dem vor einem deutschen Konsul errichteten Testament (KonsG v. 8. 11. 67 § 16a i d F des Ges v. 14. 5. 36, RGBl I 447 und des Ges. v. 16. 12. 50, BGBl 784; Vorbem 4b vor § 2229).

§ 2257

Wird der durch Testament erfolgte Widerruf einer letztwilligen Verfügung widerrufen, so ist im Zweifel die Verfügung wirksam, wie wenn sie nicht widerrufen worden wäre.

E I 1933 Abs 2 II 2194; M 5 298, 299; P 5 351–353.

Widerruf des Widerrufs

1. § 2257 stimmt wörtlich mit § 35 TestG überein. Das TestG hat die Wörter „im Zweifel“ eingefügt (vgl. A 3).

2. Der **Widerruf des Widerrufs** (nicht dessen Anfechtung, § 2078 A 6) ist ausgeschlossen, wenn der erste Widerruf durch Vernichtung oder Veränderung der Testamentsurkunde (§ 2255 A 4) oder durch Rücknahme aus der amtlichen Verwahrung erfolgt war (§ 2256 A 2). In beiden Fällen muß das Testament, wenn es wiederhergestellt werden soll, neu errichtet werden. War dagegen der Widerruf nach § 2254 durch Testament erklärt, so kann dieses widerrufende Testament seinerseits in allen drei Formen der §§ 2254–2256 widerrufen werden.

3. „im Zweifel“: Das frühere Testament lebt nur dann wieder auf, wenn kein gegenteiliger Wille des Erblassers anzunehmen ist. § 2257 hat mithin nur die Bedeutung einer widerlegbaren Vermutung (Begr. zum TestG). Vgl. zum Widerruf eines Widerrufstestaments durch einen Entmündigten OLG Köln NJW 1955, 466; § 2253 A 3. Auch nach § 2257 aF war übrigens der durch Auslegung ermittelbare Wille des Erblassers zu berücksichtigen, wenn er darauf gerichtet war, daß die ursprüngliche letztwillige Verfügung nicht wieder in Kraft treten solle.

4. Die **Wirksamkeit des zweiten Widerrufs** wird auf den Zeitpunkt des ersten Widerrufs **zurückbezogen.** Das erste Testament bleibt sonach regelmäßig in Kraft, wie wenn es überhaupt nicht widerrufen wäre. Dies setzt voraus, daß es noch unversehrt vorhanden, namentlich nicht in der Zwischenzeit nach §§ 2255, 2256 vernichtet, verändert oder zurückgenommen ist. Wäre es durch Zufall untergegangen, so müßte sein Inhalt mit den gewöhnlichen Beweismitteln festgestellt werden (§ 2255 A 5). Der Entmündigte kann den erst nach der Entmündigung erklärten Widerruf nicht widerrufen (§ 2253 A 3). Zulässig ist auch teilweiser oder beschränkter Widerruf des Widerrufs (§ 2254 A 4).

§ 2258

Durch die Errichtung eines Testaments wird ein früheres Testament insoweit aufgehoben, als das spätere Testament mit dem früheren in Widerspruch steht.

Wird das spätere Testament widerrufen, so ist im Zweifel das frühere Testament in gleicher Weise wirksam, wie wenn es nicht aufgehoben worden wäre.

E I 1936 II 2125; M 5 303–305; P 5 354, 355.

Aufhebung durch späteres widersprechendes Testament

1. § 2258 stimmt wörtlich mit § 36 TestG überein. Das TestG hat in Abs 2 „im Zweifel" eingefügt (vgl. A 3).

2. Zu Abs 1: Stillschweigende Aufhebung des früheren **durch ein späteres Testament.** Vorausgesetzt ist, daß beim Erbfall mehrere zeitlich aufeinanderfolgende Testamente des Erblassers vorhanden sind, die — jedes für sich allein — gleichmäßig gültig und wirksam wären, inhaltlich aber einander widersprechen, ohne daß das spätere Testament einen Widerruf des früheren Testaments enthielte (§ 2254). Soweit in einer späteren Verfügung der Wille des Erblassers ausgedrückt ist, eine bestimmte frühere Verfügung aufzuheben, ist nicht § 2258, sondern § 2254 gegeben (BGH LM § 2258 Nr 1). § 2258 behandelt in erster Linie den Fall sachlicher Unvereinbarkeit mehrerer zu verschiedenen Zeiten errichteter letztwilliger Verfügungen. Insoweit ist der Wille des Erblassers nicht allein entscheidend. Zwei letztwillige Verfügungen können auch sachlich unvereinbar sein, wenn der Erblasser, als er die zweite errichtete, nicht an die frühere gedacht hat. Ein Widerspruch im Sinne des § 2258 kann nach Ansicht des BGH aber auch bestehen, wenn die beiden Verfügungen sachlich miteinander vereinbar sind, sofern der Wille des Erblassers feststellen läßt, daß die letzte Verfügung ausschließlich gelten solle (BGH aaO. im Anschluß an Planck-Strecker § 2258 A 1 Abs 2; OLG 16, 271; JFG 3, 161; KG RJA 9, 87; vgl. ferner KG JW 1935, 3122[43]). Läßt sich eine solche Absicht feststellen, dann wird allerdings regelmäßig auch ein Fall des § 2254 vorliegen (vgl. auch F. Leonhard § 2258 Erl I B).

Grundsätzlich (vgl. auch § 2085) bleiben auch bei einem Widerspruch die mehreren Testamente nebeneinander in Kraft (RG JW 1916, 405[9] und 8. 3. 20 IV 432/19; § 2084 A 2 gegen Ende). Nur soweit sie sich widersprechen, legt das Gesetz der späteren Verfügung ausschließliche Wirkung bei. Die bloße Tatsache, daß ein zweites Testament errichtet worden ist, beeinträchtigt also die Wirksamkeit des ersten Testaments nicht; soweit widersprechend verfügt worden ist, braucht jedoch auf seiten des Erblassers kein besonderer Aufhebungswille vorhanden zu sein. Die Widerrufswirkung tritt ein, auch wenn er z. B. das erste Testament ganz vergessen hätte.

Inwieweit sich die mehreren letztwilligen Verfügungen widersprechen, ist in freier Auslegung (§ 133) unter Berücksichtigung auch außerhalb des Testaments liegender Umstände zu ermitteln (RG JW 1913, 991[8] für den Fall, daß in einem älteren und in einem neueren Testamente derselben Person dieselbe Summe vermacht worden ist; RG Warn 1931 Nr 12 für den Fall, daß derselben Person in einem Testament vom September 1923 300000 GM und in einem Testament vom November 1924 200000 M vermacht worden sind). Die aufhebende Wirkung des späteren Testaments bleibt auch dann bestehen, wenn es z. B. infolge Ausfalls der Bedingung, Vorversterbens des eingesetzten Erben, Ausschlagung gegenstandslos werden sollte. Der Entmündigte kann nicht nach § 2258 widerrufen (§ 2253 A 3).

Mehrere gleichzeitig errichtete Testamente heben sich, soweit sie sich widersprechen, gegenseitig auf. Hinterläßt der Erblasser mehrere undatierte eigenhändige Testamente, die sich widersprechen, und läßt sich nicht feststellen, daß eins von ihnen später errichtet ist und daher die anderen aufgehoben hat, so sind alle Testamente als ungültig anzusehen (§ 2247 Abs 5). Ist ein datiertes und ein undatiertes eigenhändiges Testament vorhanden, so hat derjenige, der sich auf das undatierte Testament als das spätere beruft, zu beweisen, daß es später errichtet worden ist; gelingt ihm dieser Beweis nicht, so ist das undatierte Testament, soweit es mit dem datierten in Widerspruch steht, als ungültig zu behandeln (Begr. zum TestG). Vgl. § 2247 A 6. Ist das spätere Testament ohne Zutun des Erblassers abhanden gekommen, steht aber fest, daß er durch dieses Testament ein früheres außer Kraft setzen wollte, ohne daß sich der sonstige Inhalt des späteren Testaments feststellen ließe, so tritt die gesetzliche Erbfolge ein (JW 1935, 3122[43]).

3. „im Zweifel": Abs 2 hat, ebenso wie § 2257, nur die Bedeutung einer widerlegbaren Vermutung (§ 2257 A 3). Vgl. zum Widerruf eines Widerrufstestaments seitens eines Entmündigten OLG Köln NJW 1955, 466; § 2253 A 3.

4. Der **Widerruf des späteren Testaments** kann in allen Formen der §§ 2254–2256 geschehen. Damit fallen die darin getroffenen widersprechenden Verfügungen und das ältere, formell überhaupt nicht aufgehobene Testament bleibt auch inhaltlich voll bestehen.

Zur Aufhebung eines Testaments durch einen späteren Erbvertrag s. § 2289. Für gemeinschaftliche Testamente besteht keine entsprechende Bestimmung; auf sie ist § 2258 anzuwenden.

§ 2258a

Für die besondere amtliche Verwahrung der Testamente sind die Amtsgerichte zuständig.

Örtlich zuständig ist:

1. **wenn das Testament vor einem Richter errichtet ist, das Amtsgericht, dem der Richter angehört;**
2. **wenn das Testament vor einem Notar errichtet ist, das Amtsgericht, in dessen Bezirk der Notar seinen Amtssitz hat;**
3. **wenn das Testament vor dem Bürgermeister einer Gemeinde oder dem Vorsteher eines Gutsbezirks errichtet ist, das Amtsgericht, zu dessen Bezirk die Gemeinde oder der Gutsbezirk gehört;**
4. **wenn das Testament nach § 2247 errichtet ist, jedes Amtsgericht.**

Der Erblasser kann jederzeit die Verwahrung bei einem anderen Amtsgericht verlangen.

Das Gericht, welches das Testament in Verwahrung nimmt, hat, wenn der Erblasser seinen Wohnsitz in dem Bezirk eines anderen Gerichts hat, diesem von der Verwahrung Nachricht zu geben.

DJ 1938, 1258.

Zuständigkeit für die besondere amtliche Verwahrung

1. **Allgemeines.** § 2258a entspricht § 37 TestG. Das TestG hatte — abweichend von der alten Fassung des BGB im Anschluß an die §§ 81, 82 Preuß AGBGB — einheitliche Bestimmungen über die besondere amtliche Verwahrung in den §§ 37, 38 TestG getroffen. Die neue Fassung des BGB hat sie in den §§ 2258a und 2258b übernommen. Die §§ 37, 38 TestG betrafen auch Erbverträge; insoweit verweist jetzt § 2300 auch auf die §§ 2258a und 2258b.

Die **besondere amtliche Verwahrung** ist im Gegensatz zur gewöhnlichen Aktenverwahrung (RG 48, 99) mit besonderen Sicherungen gegen Abhandenkommen oder Beschädigung ausgestattet. Sie ist in § 2246 Abs 2, § 2249 Abs 1 und § 16a KonsG v. 8. 11. 67 i. d. F. des Ges v. 14. 5. 36 (RGBl I 447) und des Ges v. 16. 12. 50 (BGBl 784) vorgeschrieben. Ein eigenhändiges Testament wird auf Antrag des Erblassers (§ 2248) in besondere amtliche Verwahrung genommen. Gebühr für die besondere amtliche Verwahrung: KostO § 93 Abs 1.

2. **Zu Abs 1: Sachliche Zuständigkeit der Amtsgerichte.** Die Regelung der Zuständigkeit für die besondere amtliche Verwahrung und des Verfahrens war früher (A 1) der Landesgesetzgebung überlassen. Nunmehr sind im gesamten Bundesgebiet grundsätzlich — auch für die Länder mit Nurnotariat (EGBGB Art 141) — die Amtsgerichte ausschließlich zuständig. Sondervorschriften gelten in Baden-Württemberg (teilweise) gemäß dem Zweiten Teil Art 4 Nr 4 u. 5 des GesEinhG v. 5. 3. 53 (BGBl I 33); sie betreffen die Zuständigkeit der Bezirksnotare. Über die Ablieferung solcher Testamente, die sich bei anderen Stellen in amtlicher Verwahrung befanden, s. AV v. 4. 8. 38, DJ 1259, Abschn Vc.

3. **Zu Abs 2: Örtliche Zuständigkeit.** Der Wohnsitz des Erblassers ist für die örtliche Zuständigkeit bedeutungslos. Das Amtsgericht des Wohnsitzes ist jedoch von der Verwahrung zu benachrichtigen (Abs 4). Für die Verwahrung der vor einem deutschen Konsul errichteten Testamente ist das Amtsgericht Berlin zuständig (§ 16a KonsG v. 8. 11. 67 idF des Ges v. 14. 5. 36, RGBl I S. 447 und des Ges v. 16. 12. 50, BGBl 784; vgl. früher auch § 50 Abs 4 TestG).

4. **Zu Abs 3: Abweichende Bestimmung des Erblassers.** Das Verlangen des Erblassers, das keiner Form bedarf, kann bei der Testamentserrichtung oder später gestellt werden. § 16 DOfNot ist insoweit überholt (Boehmer DNotZ 1940, 147). Übersendung an das andere Amtsgericht: § 27 Abs 7 der Aktenordnung i. d. F. der AV v. 4. 8. 38, DJ 1259.

5. **Zu Abs 4:** Die **Benachrichtigung des Amtsgerichts des Wohnsitzes** soll die Nachforschungen nach dem Vorhandensein letztwilliger Verfügungen beim Tode des Erblassers erleichtern. Behandlung der Anzeigen durch das Amtsgericht des Wohnsitzes: § 27 Abs 2 u. 13 der Aktenordnung i. d. F. der AV v. 4. 8. 38, DJ 1259. Demselben Zweck diente auch die AV über Benachrichtigung in Nachlaßsachen v. 15. 6. 39 (DJ 1078), durch die angeordnet war, das Gericht, das ein öffentliches oder privates Testament oder einen Erbvertrag in besondere amtliche Verwahrung nimmt, habe das Standesamt des Geburtsortes des Erblassers oder die beim Amtsgericht Berlin zu führende Reichskartei für Testamente von der Verwahrung zu benachrichtigen. Vgl. hierzu Vogels DJ 1936, 756; StAZ 1936, 190; DFG 1936, 209; DJ 1939, 1197; ferner die AVen v. 19. 5. 43 (DJ 287) und v. 12. 2. 45 (DJ 48). S. auch § 2246 A 3 a. E.

§ 2258 b

Die Annahme zur Verwahrung sowie die Herausgabe des Testaments ist von dem Richter anzuordnen und von ihm und dem Urkundsbeamten der Geschäftsstelle gemeinschaftlich zu bewirken.

Die Verwahrung erfolgt unter gemeinschaftlichem Verschluß des Richters und des Urkundsbeamten der Geschäftsstelle. Der Hinterlegungsschein ist von ihnen zu unterschreiben und mit dem Dienststempel zu versehen.

DJ 1938, 1258.

Verfahren bei der besonderen amtlichen Verwahrung

1. **Allgemeines:** § 2258b entspricht § 38 TestG. § 38 Abs 1 Satz 2 TestG (über die Führung des Verwahrungsbuchs) ist als entbehrlich (vgl. § 27 AktenO) nicht übernommen worden. Vgl. im übrigen § 2258a A 1 Abs 1.

Annahme zur Verwahrung und Herausgabe aus der Verwahrung. Nähere Vorschriften trifft § 27 Abs 4, 5 der Aktenordnung i. d. F. der AV v. 4. 8. 38, DJ 1259. Der Richter hat zu prüfen, ob die Voraussetzungen für die besondere amtliche Verwahrung oder für die Herausgabe aus der Verwahrung vorliegen, ob die sachliche und die örtliche Zuständigkeit gegeben ist, ferner ob Umschlag und Verschluß in Ordnung sind; vor der Herausgabe hat sich der Richter auch über die Personengleichheit des Erblassers zu vergewissern (§ 2256 A 6). Belehrung des Erblassers über die Wirkung der Rückgabe: § 2256 Abs 1 Satz 2. — Ermächtigung des Rechtspflegers zur Annahme und Herausgabe: Abschn III der AV v. 4. 8. 38.

2. **Gemeinschaftlicher Verschluß der Verwahrungsbeamten.** Nähere Vorschriften in § 27 Abs 4 der Aktenordnung idF der AV v. 4. 8. 38, DJ 1259.

3. **Hinterlegungsschein** § 2246 A 4.

§ 2259

Wer ein Testament, das nicht in besondere amtliche Verwahrung gebracht ist, im Besitz hat, ist verpflichtet, es unverzüglich, nachdem er von dem Tode des Erblassers Kenntnis erlangt hat, an das Nachlaßgericht abzuliefern.

Befindet sich ein Testament bei einer anderen Behörde als einem Gericht in amtlicher Verwahrung, so ist es nach dem Tode des Erblassers an das Nachlaßgericht abzuliefern. Das Nachlaßgericht hat, wenn es von dem Testament Kenntnis erlangt, die Ablieferung zu veranlassen.

E I 1937 II 2126; M 5 305, 306; P 5 355, 356.

Übersicht:

Ablieferungspflicht

1. Allgemeines
2. Die Ablieferungspflicht
3. "an das Nachlaßgericht"
4. Ablieferungspflicht anderer Behörden
5. Einschreiten des Nachlaßgerichts

1. **Allgemeines.** § 2259 stimmt mit § 39 TestG wörtlich überein. Die Vorschrift soll sicher stellen, daß alle Testamente gerichtlich eröffnet werden.

2. Die **Ablieferungspflicht** obliegt **jeder Privatperson,** die ein nicht nach den §§ 2246–2248 oder sonst in besondere amtliche Verwahrung gebrachtes Testament, auch dasjenige eines im

Inlande verstorbenen Ausländers (KGJ 36 A 85), aus irgendeinem Grunde besitzt. In Betracht kommt vor allem das eigenhändige Testament, ferner das Dreizeugentestament (§§ 2250, 2251), das der Verwahrung nicht unterliegt. Das einmal abgelieferte Testament hat aus Gründen der Rechtssicherheit und wegen § 2264 urschriftlich beim Nachlaßgericht zu verbleiben; der Erbe kann nicht Rückgabe verlangen (KGJ 38 A 145), auch ein naher Angehöriger selbst dann nicht, wenn es sich um das letzte Andenken an einen Kriegsgefallenen handelt (RJA 15, 118). Es genügt, daß das (offene oder verschlossene) Schriftstück sich äußerlich als Testament, als eine Kundgebung des letzten Willens kennzeichnet (JW 1931, 1373[8]). Abzuliefern ist auch ein Testament, das offenbar formungültig ist (JFG 14, 158), nur eine Erbeinsetzung des Verwahrenden selbst enthält, sachlich gegenstandslos geworden oder widerrufen worden ist (z. B. ein öffentliches Testament, das dem Erblasser zurückgegeben worden ist und daher gemäß § 2256 als widerrufen gilt, JFG 15, 92). Ist das Testament überhaupt noch vorhanden, so können auch Durchstreichungen usw. (§ 2255) nicht von der Ablieferungspflicht befreien (a. M. Planck-Strecker § 2259 A 2).

Nicht abzuliefern ist eine Erklärung, durch die der Erblasser lediglich seinen auf Feuerbestattung gerichteten Willen bekundet (Ges über die Feuerbestattung v. 15. 5. 34, RGBl I 380, § 4 Nr 2, 3; DurchfVO v. 10. 8. 38, RGBl I 1000, § 1 i. d. F. v. 24. 4. 42, RGBl I 242; vgl. § 1936 A 7; § 1968 A 2). Eine solche Erklärung ist keine letztwillige Verfügung im Sinne der §§ 1937 bis 1940 (Vogels DRpfl 1938, 274 A 1; Haberstrumpf BayZ 1930, 220).

Ablieferung des Erbvertrags § 2300.

3. Die **Ablieferung an das Nachlaßgericht** (§ 1960 A 3) ist unverzüglich (§ 121) und unverlangt zu bewirken. Die Unterlassung kann strafbar sein (StGB § 274 Nr 1) und jedenfalls den Beteiligten gegenüber schadenersatzpflichtig machen; die Ablieferung kann von ihnen auch mit Klage gefordert werden (RG Warn 1913 Nr 246). S. auch A 5. Mehrere Urschriften des Testaments sind sämtlich abzuliefern (§ 2260 A 2). Die an das Nachlaßgericht abgelieferte Verfügung von Todes wegen wird nicht zur besonderen amtlichen Verwahrung gebracht, sondern bis zu ihrer Eröffnung von der Geschäftsstelle bei den anzulegenden Akten aufbewahrt (§ 27 Abs 11 der Aktenordnung idF der AV v. 4. 8. 38, DJ 1259).

Die Kosten der Ablieferung gehören, weil sie den Erben als solchen treffen, zu den Nachlaßverbindlichkeiten (§ 1967).

4. Die **Ablieferungspflicht der Behörden** (Abs 2 Satz 1) gilt auch für Gerichtsbehörden, die nicht zur besonderen amtlichen Verwahrung und demgemäß nicht zur Eröffnung des Testaments berechtigt sind (§ 2261), so für die Kollegialgerichte, insbesondere auch für das Prozeßgericht (RG 14. 2. 27 IV 766/26; Höver DFG 1937, 134). Im übrigen kommen in Betracht: der Bürgermeister (§§ 2249, 2250 Abs 1), Polizeibehörden und Staatsanwaltschaften im Falle einer Beschlagnahme.

§ 2259 Abs 2 BGB aF hatte noch die Notare neben den Behörden aufgeführt. Für sie kommt jedoch keine Ablieferungspflicht mehr in Betracht; sie sind für die besondere amtliche Verwahrung von Verfügungen von Todes wegen nicht mehr zuständig; daher hatten sie alle von ihnen verwahrten Verfügungen von Todes wegen schon nach § 79 Abs 1 RNotO an das Amtsgericht abzugeben (Ausnahmen für das Land Baden-Württemberg [Oberlandesgerichtsbezirke Stuttgart und Karlsruhe] §§ 85, 86 RNotO). Die von ihnen errichteten Testamente haben die Notare unverzüglich in die besondere amtliche Verwahrung des Amtsgerichts zu bringen (§ 2246 Abs 2), Erbverträge nach Maßgabe des § 2277.

5. **Zu Abs 2 Satz 2:** Das Nachlaßgericht veranlaßt die Ablieferung seitens Behörden durch Ersuchen. Verweigern sie die Herausgabe des Testaments, so ist dem Nachlaßgericht nur der Weg der Aufsichtsbeschwerde an ihre vorgesetzte Behörde gegeben. Privatpersonen können durch Ordnungsstrafen (FGG § 83 Abs 1 in Verb. mit § 33 Abs 1 u. 3 idF des Art 4 der VO v. 5. 8. 35, RGBl I 1065) und durch den vor dem Nachlaßgericht (RJA 11, 95) zu leistenden Offenbarungseid (FGG § 83 Abs 2) zur Ablieferung angehalten werden; auch kann Gewalt gebraucht werden, wenn die Ablieferung nicht auf andere Weise herbeizuführen ist (FGG § 33 Abs 2). Das Nachlaßgericht kann ferner im Wege der Rechtshilfe Privatpersonen über das Vorhandensein einer Verfügung von Todes wegen befragen lassen (RG 69, 271).

§ 2260

Das Nachlaßgericht hat, sobald es von dem Tode des Erblassers Kenntnis erlangt, zur Eröffnung eines in seiner Verwahrung befindlichen Testaments einen Termin zu bestimmen. Zu dem Termin sollen die gesetzlichen Erben des Erblassers und die sonstigen Beteiligten, soweit tunlich, geladen werden.

In dem Termin ist das Testament zu öffnen, den Beteiligten zu verkünden und ihnen auf Verlangen vorzulegen. Die Verkündung darf im Falle der Vorlegung unterbleiben. Die Verkündung unterbleibt ferner, wenn im Termin keiner der Beteiligten erscheint.

Über die Eröffnung ist eine Niederschrift aufzunehmen. War das Testament verschlossen, so ist in der Niederschrift festzustellen, ob der Verschluß unversehrt war.

E I 1938 Abs 1 II 2127; M 5 306, 307; P 5 356.

Übersicht:

Eröffnung des Testaments durch das Nachlaßgericht

1. Allgemeines
2. Eröffnung
   a) Voraussetzungen
   b) Umfang
   c) Sonderfälle
3. Termin und Ladung (Abs 1)
4. Öffnung und Verkündung (Abs 2)
5. Niederschrift (Abs 3)
6. Besonderes

1. Allgemeines. § 2260 stimmt wörtlich mit § 40 TestG überein. Abs 2 Satz 3 ist durch das TestG neu eingefügt worden (vgl. Begr. zum TestG DJ 1938, 1258).

2. Die **Eröffnung des Testaments durch das Nachlaßgericht** oder das nach § 2261 hierzu berufene andere Gericht (Notare sind für die Eröffnung nicht mehr zuständig: RNotO § 79 Abs 2) umfaßt die Öffnung und die Verkündung (Abs 2).

a) Sie setzt voraus, daß das Gericht durch die ihm nach Abschn II der AV v. 15. 6. 39 (DJ 1078) vom Standesbeamten des Geburtsortes des Erblassers oder von der Testamentskartei zugehende Nachricht oder durch Vorlegung einer Sterbeurkunde oder einer Todeserklärung vom Tode des Erblassers Kenntnis erlangt hat. Auch eine zuverlässige nicht amtliche Nachricht vom Tode eines Kriegsteilnehmers kann ausreichen (RJA 14, 141). Eröffnung alter Testamente ohne Todesnachricht § 2263a. Vorausgesetzt wird ferner, daß sich das zu eröffnende Testament, sei es von vornherein, sei es nach späterer Ablieferung (§ 2259) in Verwahrung des Gerichts befindet.

b) Die Gültigkeit eines Schriftstücks, das sich äußerlich als Testament darstellt (§ 2259 A 2), ist vor der Eröffnung nicht zu prüfen; diese darf auch nicht wegen vermeintlicher Zwecklosigkeit unterbleiben (RJA 13, 82; JW 1931, 1373[8]; JFG 14, 158; JFG Erg 16, 71; auch OLG 40, 141 sowie JFG 1, 174, wonach ein angeblich widerrufenes Testament jedenfalls dann zu eröffnen ist, wenn Zweifel darüber bestehen können, ob ein Widerruf vorliegt). Ist ein Testament in mehreren Urschriften errichtet worden (§ 2247 A 2), so sind alle Testamentsschriften zu eröffnen, da es für die Beteiligten, z. B. um Zweifel über die Echtheit oder die inhaltliche Übereinstimmung der Urkunden zu beheben, wichtig sein kann, von jeder dieser Urkunden Kenntnis zu erhalten (JW 1934, 2563[2]). Ist die Urschrift des öffentlichen Testaments im Ausland und kann ihre Ablieferung wegen des ausländischen Rechts nicht durchgesetzt werden, so kann eine Ausfertigung eröffnet werden (RJA 13, 87). Auch sonst kann eine öffentlich beglaubigte Abschrift eröffnet werden, wenn die Urschrift verlorengegangen ist (RJA 15, 25). Die einfache Abschrift eines verlorengegangenen Testaments hat KG RJA 16, 239 nicht zur Eröffnung zugelassen.

c) Sonderfälle: Zur Eröffnung des Testaments eines Ausländers sind die deutschen Gerichte zuständig, wenn hinsichtlich irgendwelchen Vermögens, insbesondere Grundvermögens, die Erbfolge nach deutschem Rechte stattfindet (RJA 16, 215; vgl. auch Höver DFG 1937, 134). Richtet sich hingegen die Erbfolge ausschließlich nach ausländischem Recht, so ist das deutsche Gericht, soweit nicht durch Staatsverträge Abweichendes vereinbart worden ist, nicht befugt, das Testament zu eröffnen (vgl. JFG 15, 78 sowie Vogels DRpfl 1938, 276).

Eröffnung des gemeinschaftlichen Testaments § 2273, des Erbvertrags § 2300.

3. Terminsbestimmung und **Ladung.** Das Nachlaßgericht bestimmt den Termin und lädt die Beteiligten von Amts wegen. Zustellung ist nicht vorgeschrieben, das Erscheinen der Beteiligten kann nicht erzwungen werden (§ 2262). Erscheinen sie freiwillig, so kann das Testament auch ohne Ladung und förmliche Terminsbestimmung sogleich eröffnet werden. Beibringung des Hinterlegungsscheins (§ 2246 Abs 2 Satz 2) ist nicht wesentlich. Weitläufigere Ermittlungen der gesetzlichen Erben der Terminsbestimmung vorangehen zu lassen, liegt nicht im Sinne des Gesetzes („soweit tunlich"; KGJ 45, 134).

Zu den Beteiligten gehören Bedachte, auch bedingt Bedachte, selbst wenn als Bedingung ein vom freien Belieben des Belasteten abhängiges Ereignis gesetzt ist (RG RJA 16, 207ff.), Auflageberechtigte (§ 2194), Testamentsvollstrecker, Personen, bezüglich deren familienrechtliche Anordnungen getroffen sind (Vormünder, Gewalthaber, Ehegatten), soweit sie aus dem offen verliegenden Testament oder aus bereits eröffneten Testamenten des Erblassers dem Nachlaßgerichte bekannt sind, nicht dagegen Nachlaßgläubiger. Die Beteiligten können auch durch Vertreter erscheinen.

Das Nachlaßgericht kann das Testament nicht, auch nicht auf Antrag der Beteiligten, im Wege der Rechtshilfe eröffnen lassen (BayObLG 5, 516; 31, 91; JRdsch 1926 Nr 811).

4. Zu Abs 2: Die **Öffnung** hat sich auf den amtlichen wie auf den vom Erblasser selbst bewirkten Verschluß, die **Verkündung** auf den gesamten Inhalt der zum Testament gehörigen offen (RG 48, 99) oder verschlossen überreichten Schriftstücke einschließlich der Niederschriften und deren Anlagen (§ 2246 A 1) zu erstrecken. Der Richter hat auch solche Schriftstücke zu verkünden, die nach der Meinung des Erblassers letztwillige Verfügungen enthalten sollten, aber den gesetzlichen Erfordernissen, insbesondere beim eigenhändigen Testament, so wenig genügen, daß sie überhaupt keine Testamente sind. Auch widerrufene, durch Fristablauf erloschene (§ 2252) und gegenstandslos gewordene Testamente sind zu verkünden (A 2).

Die Verkündung besteht regelmäßig in der Verlesung der Schriftstücke, doch genügt nach pflichtmäßigem Ermessen des Richters auch Mitteilung des Inhalts. Sie ist wesentlicher Formalakt. Sie vermittelt dem Erben regelmäßig die erforderliche Kenntnis und setzt die Ausschlagungsfrist in Lauf (vgl. § 1944 A 3). Die früher streitig gewesene Frage, ob die Verkündung auch dann erforderlich ist, wenn im Termin keiner der Beteiligten erscheint, ist mit dem TestG (s. A 1) dahin entschieden, daß in diesem Falle die Verkündung unterbleibt. Ein Verzicht der Erschienenen auf die Verkündung ist nicht zu beachten (OLG 6, 179; BayObLG 1950, 391). Sie ist nur dann entbehrlich, wenn das Testament den Beteiligten auf Verlangen im Termin vorgelegt wird (s. auch § 2264). Zu irgendwelchen Erklärungen über die Echtheit des Testaments, Annahme der Erbschaft u. dgl. sind die Beteiligten nicht verpflichtet. Das eröffnete Testament bleibt offen bei den Akten des Nachlaßgerichts. Eine Rückgabe des Testaments an den Ablieferer oder den Erben ist nicht zulässig (JW 1931, 1373[8]; vgl. § 2259 A 2, auch § 2300 A 2).

5. Zu Abs 3: Über die Form der **Niederschrift** bestehen keine besonderen Vorschriften. Zuziehung eines Urkundsbeamten der Geschäftsstelle ist nicht vorgeschrieben. Da es sich nicht um die Beurkundung eines Rechtsgeschäfts handelt, sind die §§ 167f. FGG nicht unmittelbar maßgebend. Wesentlich ist wegen § 1944 A 3, daß der Tag der Verkündung beurkundet wird. Die in Satz 2 vorgeschriebene Feststellung bezieht sich auf alle Verschlüsse der Urkunden, die äußeren sowohl (§ 2246 A 2) wie auf etwaige innere. Beanstanden die Beteiligten die Feststellung, so sind auch ihre Erklärungen in der Niederschrift festzuhalten. Ist das Testament versehentlich bei Lebzeiten des Erblassers eröffnet worden, so wird seine (fortdauernde) Gültigkeit dadurch nicht beeinträchtigt. Der Verschluß ist dann zweckmäßig unter seiner Mitwirkung wieder herzustellen.

6. Besonderes. Die Kosten der Testamentseröffnung sind Nachlaßverbindlichkeiten (§ 1967) und im Nachlaßkonkurse Masseschuld (KO § 224 Nr 4); am Nachlaßvergleichsverfahren sind sie nicht beteiligt (VglO § 113 Nr 6). Gebühr für die Eröffnung KostO §§ 94, 95. Eine Urkundensteuer wird seit dem 1. 9. 41 nicht mehr erhoben.

Die Möglichkeit, ein öffentliches Testament mit Eröffnungsniederschrift zum Nachweise der Erbfolge oder der Ernennung eines Testamentsvollstreckers in Grundbuchangelegenheiten, beim Schiffsregister und beim Reichsschuldbuch zu verwenden, regeln GBO § 35, Schiffsregisterordnung § 41 Abs 1 Satz 2 (BGBl 1951 I 359), RSchuldbG v. 31. 5. 10 § 16.

§ 2261

Hat ein anderes Gericht als das Nachlaßgericht das Testament in amtlicher Verwahrung, so liegt dem anderen Gericht die Eröffnung des Testaments ob. Das Testament ist nebst einer beglaubigten Abschrift der über die Eröffnung aufgenommenen Niederschrift dem Nachlaßgericht zu übersenden; eine beglaubigte Abschrift des Testaments ist zurückzubehalten.

E I 1938 Abs 2 II 2128; M 5 307; P 5 356, 357.

Eröffnung durch ein anderes Gericht

1. § 2261 stimmt wörtlich mit § 41 TestG überein.

2. Das Gericht, das gemäß den §§ 2246, 2248 das Testament in amtliche Verwahrung genommen hatte, wird vielfach nicht zugleich Nachlaßgericht (§ 1960 A 3) sein. Um eine Übersendung der noch uneröffneten Testamentsurschrift zu vermeiden, ist deshalb diesem **andern Gericht die Eröffnung,** und zwar im vollen Umfange des § 2260 **übertragen** worden. Dagegen liegt die Benachrichtigung nach § 2262 lediglich dem Nachlaßgericht ob. Das Verwahrungs-

gericht hat das Testament auch dann zu eröffnen, wenn die amtliche Verwahrung nicht die „besondere" der §§ 2246 Abs 2, 2258a, 2258b (TestG §§ 20 Abs 2, 37, 38) gewesen ist (KG DJ 1941, 407 = DR 1941, 1074 = JFG 22, 199 = DNotZ 1941, 339).

8. Die **Urschrift** des Testaments nebst den Niederschriften und Anlagen, die einen Bestandteil des Errichtungsakts bilden (§ 2246 A 1), ist nach Eröffnung dem — in- oder ausländischen — Nachlaßgericht zu übersenden und von diesem offen aufzubewahren. Lehnt das Nachlaßgericht die Annahme ab, so steht dem übersendenden Gerichte hiergegen keine Beschwerde zu, da ihm die Sorge dafür, daß das eröffnete Testament von der zuständigen Stelle verwahrt werde, nicht obliegt (RJA 15, 289). Wohl aber steht dem Nachlaßgericht die Beschwerde zu, wenn das andere Gericht ihm die Abgabe des Testaments in Urschrift verweigert (JFG 14, 168).

§ 2262

Das Nachlaßgericht hat die Beteiligten, welche bei der Eröffnung des Testaments nicht zugegen gewesen sind, von dem sie betreffenden Inhalt des Testaments in Kenntnis zu setzen.

E I 1939 Abs 1 II 2129; M 5 307, 308; P 5 357.

Benachrichtigung der Beteiligten

1. § 2262 stimmt wörtlich mit § 42 TestG überein.

2. Die **Benachrichtigung der Beteiligten** (§ 2260 A 3) obliegt auch im Falle des § 2261 allein dem Nachlaßgericht. Die gesetzlichen Erben kommen nicht allgemein, sondern nur soweit in Betracht, als sie ausgeschlossen (§ 1938) oder enterbt (§ 2336) oder augenscheinlich im Pflichtteil verletzt sind. Die Beteiligten sind, soweit sie dem Nachlaßgericht, und zwar nach Einziehung gehöriger Erkundigungen (RG 69, 274), bekannt geworden sind, sämtlich, nicht bloß „soweit tunlich" (§ 2260 A 3) in Kenntnis zu setzen, können aber auf Nachricht wirksam verzichten. Ist eine nicht vertretene oder zukünftige Nachkommenschaft bedacht, so hat das Nachlaßgericht beim Vormundschaftsgericht die Bestellung eines Pflegers anzuregen und, wenn ein Pfleger bestellt wird, diesen zu benachrichtigen; gegen die Ablehnung der Anregung steht ihm aber die Beschwerde nicht zu (RJA 15, 26). Die Pflicht zur Benachrichtigung ist von der Rechtswirksamkeit des Testaments im ganzen oder der einzelnen darin getroffenen Verfügungen unabhängig (RG RJA 16, 212; KG JW 1931, 1373[8]). Eine Form der Benachrichtigung ist nicht vorgeschrieben. Regelmäßig genügt einfache Abschrift, nach Umständen auch kurze inhaltliche Mitteilung mit dem Anheimgeben, das Testament einzusehen (§ 2264). Darüber, wie einzelne nicht handschriftlich hergestellte Teile eines eigenhändigen Testaments in der Abschrift ersichtlich zu machen sind s. § 27 Abs 12 der Aktenordnung idF der AV v. 4. 8. 38 (DJ 1259). Bekanntgabe im Wege der Rechtshilfe ist nicht ausgeschlossen (JRdsch 1926 Nr 811; BayObLG 31, 91). Die Kosten der Benachrichtigung gehören zu den Kosten der Eröffnung (§ 2260 A 5).

Benachrichtigung des für die Verwaltung der Erbschaftssteuer zuständigen Finanzamts § 12 ErbSt DVO v. 1. 7. 52 (BGBl I 357), § 187a RAbgO.

§ 2263

Eine Anordnung des Erblassers, durch die er verbietet, das Testament alsbald nach seinem Tode zu eröffnen, ist nichtig.

E I 1938 Abs 3 II 2130; M 5 307; P 5 357.

Nichtigkeit eines Eröffnungsverbots

1. § 2263 stimmt wörtlich mit § 43 TestG überein.

2. **Nichtig** ist auch das Verbot der Benachrichtigung nach § 2262 (RG LZ 1919, 1241[18] und RJA 16, 213) oder der Einsicht nach § 2264.

§ 2263a

Befindet sich ein Testament seit mehr als dreißig Jahren in amtlicher Verwahrung, so hat die verwahrende Stelle von Amts wegen, soweit tunlich, Ermittlungen darüber anzustellen, ob der Erblasser noch lebt. Führen die Ermittlungen nicht zu der Feststellung des Fortlebens des Erblassers, so ist das Testament zu eröffnen. Die Vorschriften der §§ 2260 bis 2262 sind entsprechend anzuwenden.

DJ 1938, 1259.

Eröffnungsfrist für Testamente

1. Eine dem § 2263a, bisher § 46 TestG entsprechende reichsrechtliche Vorschrift gab es früher nicht. Die Frist für die Eröffnung alter Testamente war landesrechtlich geregelt (vgl. Art 82 PrAGBGB).

2. Geltungsbereich. Zu eröffnen sind auch Testamente, die sich beim Inkrafttreten des TestG bereits in amtlicher Verwahrung befanden (Vogels ZAkDR 1938, 666), soweit sie nicht schon auf Grund der AV v. 11. 5. 36 (s. § 2256 A 3) zurückgenommen worden sein sollten.

3. Ermittlungspflicht. Die seit mehr als 30 Jahren in amtlicher Verwahrung befindlichen Testamente werden durch das alljährlich im Oktober vom zweiten Verwahrungsbeamten nach § 27 Abs 10 Satz 3 der Aktenordnung i. d. F. der AV v. 4. 8. 38, DJ 1259 (vgl. auch AV v. 23. 9. 39, DJ 1558) aufzustellende Verzeichnis erfaßt. Der Umfang der anzustellenden Ermittlungen steht im Ermessen des Nachlaßgerichts. In Betracht kommen z. B. Anfragen bei der Polizeibehörde, beim Standesbeamten des Geburtsortes, bei Verwandten, bei der Dienstbehörde des Erblassers usw. Ergeben die Ermittlungen, daß der Erblasser noch lebt, so unterbleibt die Eröffnung. Läßt sich dagegen nicht feststellen, daß er noch lebt, so ist das Testament zu eröffnen.

4. Eröffnung. Für die Eröffnung ist das Nachlaßgericht (§ 2260) oder das in § 2261 bezeichnete andere Gericht zuständig. — Ist das Testament eröffnet worden, obwohl der Erblasser noch lebt, so verliert die Verfügung von Todes wegen hierdurch nicht ihre Gültigkeit. Sie ist wieder in — besondere oder gewöhnliche — Verwahrung zu nehmen. Zweckmäßig ist es, den Erblasser vorher zu benachrichtigen, damit er sich über die Rücknahme des Testaments nach § 2256 schlüssig machen kann (Planck-Strecker § 2260 A 8; Vogels ZAkDR 1938, 666).

§ 2264

Wer ein rechtliches Interesse glaubhaft macht, ist berechtigt, ein eröffnetes Testament einzusehen sowie eine Abschrift des Testaments oder einzelner Teile zu fordern; die Abschrift ist auf Verlangen zu beglaubigen.

E I 1939 Abs 2 II 2131; M 5 308; P 5 357.

Einsichtnahme, Abschrifterteilung

1. § 2264 stimmt wörtlich mit § 47 TestG überein.

2. Rechtliches Interesse, wie BGB § 1953 Abs 3 und FGG § 85, im Gegensatz zum berechtigten Interesse, FGG §§ 34, 78, GBO § 12. Glaubhaftmachung FGG § 15 Abs 2. Interessiert sind (auch bei zweifelloser Ungültigkeit des Testaments, JW 1931, 1373[8]) jedenfalls die Beteiligten (§ 2260 A 3), die gesetzlichen Erben, auch wenn der Erblasser sie nicht bedacht hat (BayObLG DNotZ 1955, 433), nach Umständen auch Nachlaßgläubiger und selbst Eigengläubiger des Erben. Wissenschaftliche, historische und ähnliche Interessen können nach § 34 FGG berücksichtigt werden.

Einsicht in einen eröffneten Erbvertrag: § 2300 A 2.

3. Die **Einsicht** an der amtlichen Verwahrungsstelle, auch derjenigen des „andern Gerichts" (§ 2261), darf den Berechtigten nicht verweigert werden. In dem Recht auf Einsicht ist die Befugnis enthalten, sich selbst Aufzeichnungen zu machen oder Abschriften anzufertigen; KG (RJA 12, 205) gestattet, wenigstens im allgemeinen, auch die Herstellung einer Photographie. Inwieweit das rechtliche Interesse dessen, der die Einsicht begehrt, die Kenntnisnahme des ganzen Testamentes oder nur einzelner Teile rechtfertigt, ist unter Abwägen etwa entgegenstehender anderer rechtlicher Interessen nach den Umständen zu entscheiden. Derjenige, dem das Testament zu verkünden ist, darf auch, und zwar vom ganzen Testament, Einsicht nehmen und Abschrift fordern (RJA 9, 79). Über die Einsichtnahme in ein nur teilweise verkündetes gemeinschaftliches Testament s. § 2273 A 2. Beschwerde nach FGG §§ 19ff.

Die Abschrift kann nur vom Nachlaßgericht, nicht vom Notar gefordert werden (BayObLG DNotZ 1955, 433).

Das Testament umfaßt auch hier die Niederschriften und Anlagen (§ 2261 A 3, § 2246 A 1). Die Beglaubigung der Abschrift richtet sich nach den landesrechtlichen Vorschriften (für eigenhändige Testamente s. auch § 27 Abs 12 der Aktenordnung i d F der AV v. 4. 8. 38, DJ 1259). Von einem öffentlichen Testament kann gemäß FGG § 182 und den Vorschriften des Landesrechts auch eine Ausfertigung verlangt werden. Die Kosten gehen zu Lasten des Einsichtnehmenden. Recht der Steuerbehörden auf Einsicht RAbgO v. 22. 5. 31 § 188.

Dem Erblasser selbst kann das Recht auf Einsicht in das nach den §§ 2246, 2248 in besondere Verwahrung genommene, noch nicht eröffnete Testament oder auf Abschrifterteilung (auch ohne ein rechtliches Interesse glaubhaft zu machen, JFG 4, 159) nicht versagt werden. Da § 2246 nur eine Ordnungsvorschrift ist, muß es genügen, wenn der geöffnete Verschluß unter der bloßen Mitwirkung des Erblassers, unter Umständen selbst ohne solche, wiederhergestellt und hierüber ein Vermerk angefertigt wird (OLG 9, 411; JW 1922, 522[9]; 1927, 1650[2]).

Einsichtnahme der Vertragschließenden in einen in besondere amtliche Verwahrung genommenen Erbvertrag: § 2277 A 4.

Achter Titel

Gemeinschaftliches Testament

1. **Begriff.** Das Gesetz enthält keine Bestimmung darüber, was unter einem gemeinschaftlichen Testament zu verstehen ist. Nach dem sprachlichen Inhalt des Begriffs handelt es sich dabei um letztwillige Verfügungen mehrerer Personen, die gemeinschaftlich getroffen sind. Nicht ohne weiteres ergibt sich, ob die Gemeinschaftlichkeit darin bestehen muß, daß sie in ein und derselben Urkunde enthalten sind, ob sie auf dem Willensentschluß der Verfügenden, gemeinschaftlich testieren zu wollen oder auf beiden Elementen zusammen beruht (vgl. darüber § 2265 Anm 2).

2. **Geschichte.** Das gemeinschaftliche Testament des BGB geht auf eine Rechtsgewohnheit des spätmittelalterlichen Rechts zurück. Es wurde als zulässig angesehen, daß mehrere Testamente in einer Verhandlung errichtet wurden. Solche gemeinsam errichteten Testamente konnten jedes für sich allein widerrufen werden. Erst später nahm man eine gegenseitige Abhängigkeit der in dem Testament enthaltenen wechselbezüglichen Verfügungen an und auch eine gewisse Bindung der Verfügenden. Die Verfügungen blieben zwar zu Lebzeiten der Testierenden frei widerruflich. Der Widerruf hatte aber zur Folge, daß die mit der widerrufenen in Wechselbeziehung stehenden Verfügungen des anderen Teils gleichfalls unwirksam wurden. Diese Unwirksamkeit trat nur dann nicht ein, wenn dem anderen Teil der Widerruf bekannt war und er trotzdem seine Verfügungen bestehen lassen hatte. Der Überlebende verlor nach dem Tode des Mittestierenden, wenn er das ihm Zugewandte annahm, das Recht zum Widerruf (vgl. dazu Kipp-Coing § 24 II).

Die I. Kommission lehnte es ab, das gemeinschaftliche Testament in das BGB aufzunehmen. Man hielt es für überflüssig und bezeichnete es als eine „unklare Mitte zwischen Erbvertrag und Testament" (Mot 5, 253). Die II. Kommission nahm es dagegen mit Rücksicht auf die Gewohnheit in weiten Kreisen auf (Prot 5, 426). Ebenso wie im ABGB und im ALR wurde das gemeinschaftliche Testament jedoch nur für Ehegatten zugelassen (§ 2265).

3. **Systematische Übersicht.** Die Regelung, die das gemeinschaftliche Testament im Gesetz gefunden hat, ist in vieler Hinsicht lückenhaft. Die **§§ 2265—2267** befassen sich mit der **Errichtung des gemeinschaftlichen Testaments.** § 2266 bestimmt folgerichtig, daß ein gemeinschaftliches Nottestament auch errichtet werden kann, wenn die dafür gesetzlich vorgesehenen Voraussetzungen nur bei einem der Ehegatten vorliegen. § 2267 gewährt eine Formerleichterung für das gemeinschaftliche eigenhändige Testament. Es ist nicht erforderlich, daß jeder der Ehegatten seinen letzten Willen in der Form des § 2247 in der gemeinschaftlichen Urkunde erklärt. Vielmehr genügt es, wenn einer der Ehegatten in der dort vorgesehenen Form den Testamentsinhalt niederschreibt und der andere diese Erklärung mitunterzeichnet. Er soll dabei angeben, zu welcher Zeit und an welchem Ort er seine Unterschrift beigefügt hat.

§ 2268 regelt die **Rechtsfolgen,** die sich ergeben, **wenn die Ehe** der gemeinschaftlich testierenden Eheleute **nichtig** ist, wenn sie **vor dem Tode** eines der Ehegatten **aufgelöst** worden ist **oder** wenn der verstorbene Ehegatte bei seinem Tode eine begründete **Klage auf Aufhebung oder Scheidung** der Ehe wegen eines Verschuldens des anderen Eheteils **erhoben** hatte. Im ersteren Fall ist das gemeinschaftliche Testament seinem ganzen Inhalt nach unwirksam, in den beiden anderen bleiben die Verfügungen insoweit wirksam, als anzunehmen ist, daß sie auch für diesen Fall getroffen sein würden.

Sehr häufig setzen **Eheleute** sich in einem gemeinschaftlichen Testament **gegenseitig als Erben** ein und bestimmen, daß ihr Nachlaß nach dem Tode des Überlebenden an einen Dritten fallen soll. Für diesen Fall trifft **§ 2269** Abs 1 eine Auslegungsregel. Ein Testament mit diesem Inhalt ist im Zweifel nicht im Sinne der Anordnung einer Vor- und Nacherbschaft auszulegen, sondern dahin, daß der Dritte den gesamten Nachlaß als Erbe des zuletzt Versterbenden erhalten soll. Absatz 2 enthält eine Auslegungsregel für den Fall, daß ein Vermächtnis angeordnet ist, das nach dem Tode des Überlebenden erfüllt werden soll. Im Zweifel soll angenommen werden, daß dieses Vermächtnis dem Bedachten erst mit dem Tode des Überlebenden anfallen soll.

Die **§§ 2270, 2271** befassen sich mit den **wechselbezüglichen Verfügungen** eines gemeinschaftlichen Testaments. Das sind solche Verfügungen, von denen anzunehmen ist, daß die Verfügung des einen Ehegatten nicht ohne die des anderen getroffen sein würde. § 2270 Abs 1 bestimmt, daß die Nichtigkeit oder der Widerruf der einen Verfügung die Unwirksamkeit der anderen, mit ihr in Wechselbeziehung stehenden zur Folge hat. Das gilt jedoch nach Abs 3 nur für solche wechselbezüglichen Verfügungen, die eine Erbeinsetzung, ein Vermächtnis oder eine Auflage zum Gegenstand haben. Absatz 2 enthält wiederum eine Auslegungsregel, nach der für zwei häufig vorkommende Fälle im Zweifel die Wechselbezüglichkeit der Verfügungen anzunehmen ist. Das soll gelten, wenn Eheleute sich gegenseitig bedenken oder wenn der eine dem anderen etwas zuwendet und dieser für den Fall seines Überlebens eine Verfügung zugunsten einer dem anderen verwandten oder sonst nahestehenden Person trifft. § 2271 regelt den Widerruf wechselbezüglicher Verfügungen. Er erfolgt bei Lebzeiten der Eheleute nach den für den Rückrtitt von einem Erbvertrag geltenden Vorschriften des § 2296. § 2271 Abs 1 Satz 2 stellt klar, daß ein Ehegatte bei Lebzeiten des anderen seine Verfügung nicht einseitig durch eine neue Verfügung von Todes wegen aufheben kann. Absatz 2 bestimmt, unter welchen Voraussetzungen der überlebende Ehegatte seine volle Testierfreiheit zurückerlangen kann. Er hat kein Recht zum Widerruf mehr. Grundsätzlich muß er, um seine volle Testierfreiheit zurückzuerlangen, das ihm Zugewandte ausschlagen. Dann kann er die von ihm in dem gemeinschaftlichen Testament getroffenen wechselbezüglichen Verfügungen aufheben. Hat der Überlebende das ihm Zugewandte angenommen, so kann er seine wechselbezüglichen Verfügungen nur aufheben, wenn der von ihm Bedachte sich einer Verfehlung schuldig gemacht hat, die einen Erblasser zur Entziehung des Pflichtteils berechtigen würde. Absatz 3 regelt den Fall, daß ein pflichtteilsberechtigter Abkömmling bedacht ist, der in hohem Maße verschuldet ist oder sich der Verschwendung ergeben hat. Dem überlebenden Ehegatten wird in diesem Fall hinsichtlich seiner dem Abkömmling gemachten Zuwendungen gestattet, Anordnungen zu treffen, wie sie in § 2338 vorgesehen sind.

§ 2272 behandelt die **Rücknahme** des gemeinschaftlichen Testaments aus amtlicher Verwahrung und **§ 2273** die **Eröffnung und Wiederverschließung** des gemeinschaftlichen Testaments nach dem Tode des zuerst verstorbenen Ehegatten.

§ 2265

Ein gemeinschaftliches Testament kann nur von Ehegatten errichtet werden.

E I 1913 II 2132; M 5 253–257; P 5 424–427.

Übersicht:

Errichtung eines gemeinschaftlichen Testaments

1. Allgemeines
2. Rechtsnatur des gemeinschaftlichen Testaments im allgemeinen
3. Errichtung nur durch Ehegatten

1. Allgemeines. § 2265 war zeitweilig durch das Gesetz über die Errichtung von Testamenten und Erbverträgen vom 31. 7. 38 außer Kraft gesetzt. An seiner Stelle galt der mit ihm wörtlich übereinstimmende § 28 Abs 1 TestG. Durch das Gesetz zur Wiederherstellung der Gesetzeseinheit auf dem Gebiete des Bürgerlichen Rechts vom 5. 3. 53 (BGBl I, 33) ist § 28 TestG wieder aufgehoben worden und es gilt wieder § 2265.

2. Rechtsnatur des gemeinschaftlichen Testaments. Der Begriff des gemeinschaftlichen Testaments ist vom Gesetzgeber nicht näher bestimmt. Von einem gemeinschaftlichen Testament kann, wie der Sinn des Wortes ergibt, nur die Rede sein, wenn die letztwilligen Erklärungen der Ehegatten aus einem gemeinsamen Entschluß hervorgegangen und aufgesetzt sind. Zweifelhaft kann sein, welche besonderen Anforderungen hiernach im einzelnen an die Form des gemeinschaftlichen Testaments zu stellen sind. Das Reichsgericht hat das Wesen des gemeinschaftlichen Testaments darin gesehen, daß die letztwilligen Verfügungen mehrerer Personen in einer einheitlichen Urkunde erklärt werden. Aus der Niederschrift der Verfügung muß sich nach Ansicht des Reichsgerichts ergeben, ob ein gemeinschaftliches Testament in Frage steht oder ob Einzeltestamente vorliegen. Die Urkunde selbst kann aus mehreren Blättern oder Bogen bestehen. Auf den Inhalt der Verfügungen, auf die Einheitlichkeit oder Gemeinschaftlichkeit des Errichtungsaktes oder auf die Absicht der Verfügenden kommt es nach Ansicht des Reichsgerichts nicht an. Nach dieser Rechtsansicht kann ein gemeinschaftliches Testament nicht in der Weise errichtet werden, daß jeder der Ehegatten die beabsichtigte letztwillige Verfügung niederschreibt, sie datiert, unterzeichnet und von dem anderen Ehegatten mitunterzeichnen läßt (RG 50, 309; 72, 204; JW 1917, 925[2]). Diese herrschende Lehre (vgl. Planck-Greiff, 4. Aufl. Vorbem vor § 2265 vor Nr 1) ist von Hippel „Formalismus und Rechtsdogmatik" S. 131 ff. entgegengetreten. Er weist zutreffend auf die Schwierigkeiten hin, bei einem eigenhändigen gemeinschaftlichen Testament zu erkennen, wann überhaupt eine einheitliche Urkunde gegeben ist. Ausgehend von der Erwägung, daß das Testamentsgesetz für das eigenhändige und auch für das gemeinschaftliche Testament Formerleichterungen gebracht hat und daß nach der allgemeinen Tendenz dieses Gesetzes privatschriftliche letztwillige Verfügungen nach Möglichkeit nicht an Formerfordernissen scheitern sollen, hat das OLG Freiburg (DRZ 1948, 179) ein gültiges gemeinschaftliches Testament angenommen, wenn die letztwilligen, inhaltlich in Beziehung zueinander stehenden Verfügungen von Ehegatten auf zwei räumlich miteinander verbundenen Blättern niedergeschrieben sind und wenn der nach § 133 zu ermittelnde Wille der Ehegatten die Gemeinschaftlichkeit erkennen läßt, obwohl die Verfügungen nicht ausdrücklich aufeinander Bezug nehmen. Diesen Erwägungen ist auch OGH 1, 337 beigetreten. Nach dieser Entscheidung genügt es, wenn aus dem räumlichen, zeitlichen, örtlichen und inhaltlichen Zusammenhang der Erklärungen beider Ehegatten, der aus den Niederschriften selbst ersichtlich ist, in Verbindung mit der Lebenserfahrung der Wille beider Ehegatten festgestellt werden kann, ihre Vermögensverhältnisse von Todes wegen gemeinsam zu regeln und ihre äußerlich selbständig formulierten Erklärungen zu einer einheitlichen Erklärung ihres gemeinsamen Willens in einer Urkunde zusammenzufassen. Im Gegensatz zur Rechtsprechung des Reichsgerichts fordert Coing (JZ 1952, 611; Kipp-Coing § 25 VI 2) keine besonderen formellen Kriterien für das gemeinsame Testament. Er läßt das materielle Kriterium des Entschlusses der Ehegatten, gemeinsam zu testieren, entscheidend sein. Dem OGH ist darin zu folgen, daß die auf den äußeren Umstand der Errichtung der Verfügungen in einer Urkunde abstellende Rechtsprechung des Reichsgerichts mindestens für die jetzt geltende Fassung des Gesetzes nicht mehr zutrifft. Der BGH hat diese Frage bisher offengelassen. Er hat jedoch in dem Urteil BGH 9, 113 mit Recht bemerkt, daß, soweit die beiderseitigen Erklärungen in äußerlich selbständigen, besonderen Urkunden enthalten sind, aus diesen selbst eine gemeinschaftliche Erklärung erkennbar sein muß. Der bloße Wille der Ehegatten allein, ein gemeinschaftliches Testament errichten zu wollen, kann noch nicht dazu führen, den von ihnen in getrennten Urkunden errichteten letztwilligen Verfügungen den Charakter eines gemeinschaftlichen Testaments zu geben. Von diesem kann nur gesprochen werden, wenn die jeweils abgegebenen Erklärungen ihren Charakter als gemeinschaftliche erkennen lassen. Das trifft zu, wenn das Testament in der Form des § 2267 errichtet ist. Es kann aber auch, ohne daß der eine Ehegatte die Erklärung des anderen mitunterzeichnet hat, zutreffen, wenn beide Erklärungen auf demselben oder auf miteinander verbundenen Blättern enthalten sind und ihr Inhalt erkennen läßt, daß sie gemeinschaftlich abgegeben sind. Dagegen genügt nach BGH 9, 117 nicht, daß die auf getrennten Bogen niedergeschriebenen Erklärungen der Ehegatten sich nach Inhalt und Fassung im wesentlichen gleichen, und daß die Ehegatten die Urkunden mit ihren Erklärungen ausgetauscht haben.

Das gemeinschaftliche Testament ist gegenseitig (reziprok), wenn sich beide darin gegenseitig bedenken oder einer um des andern willen einen Dritten bedenkt.

Es ist gegenseitig in dem engeren Sinne des § 2270, wechselbezüglich (korrespektiv), wenn nach dem Willen beider Erblasser die Wirksamkeit der Verfügungen der einen Seite von der Wirksamkeit der gegnerischen Verfügungen abhängig sein soll.

In allen Fällen sind die beiderseitigen Verfügungen grundsätzlich einseitig und, abgesehen von dem besondern Falle des § 2271 Abs 2, frei widerruflich. Umgekehrt haben sich mit Abschluß des Erbvertrags beide Erblasser oder der Erblasser und ein Dritter gegenseitig gebunden und dürfen nur in den besonderen Fällen der §§ 2293ff. hiervon einseitig zurücktreten. Das gemeinschaftliche Testament kann in allen vom Gesetz zur Verfügung gestellten **ordentlichen und außerordentlichen Formen** (§§ 2232–2251) errichtet werden. Besonderheiten beim eigenhändigen Testament §2267, beim Nottestament §2266. Bezüglich der Testierfähigkeit gelten die allgemeinen Vorschriften §§ 2229–2230; anders beim Erbvertrag § 2275. Aus der Notwendigkeit einheitlicher Beurkundung folgt, daß sich beide Erblasser derselben Testamentsform bedienen müssen, daß z. B. nicht der eine vor dem Richter oder Bürgermeister, der andere eigenhändig testieren kann. Beim öffentlichen Testament (§§ 2238, 2249) können beide Teile ihren letzten Willen gemeinschaftlich mündlich erklären oder eine Schrift oder auch je eine Schrift mit der mündlichen Erklärung übergeben, daß die Schrift oder die Schriften ihren gemeinschaftlichen letzten Willen enthalten (LZ 1917, 888[10]; JFG 6, 154). Der letzte Wille kann auch von dem einen Teile durch Übergabe einer Schrift, vom andern mündlich erklärt werden. Dagegen ist unzulässig, daß ein Teil den letzten Willen mündlich erklärt, während der stumme oder am Sprechen verhinderte andere Teil eine dem § 2243 entsprechende schriftliche Erklärung übergibt, daß die Niederschrift auch seinen letzten Willen enthalte; die Bezugnahme auf die Niederschrift könnte die in § 2243 geforderte Übergabe einer eigenen Testamentsschrift nicht ersetzen (a. M. Strohal § 43 A 8). Ist ferner der eine Teil, weil er Geschriebenes nicht zu lesen vermag, auf mündliche Erklärung des letzten Willens beschränkt (§§2238 Abs 4, 2247 Abs 4), so muß sich notwendig auch der andere Teil dieser Erklärungsform bedienen, da seine schriftliche Erklärung dem leseunkundigen Partner nicht verständlich sein würde. Ist ein Teil an der schriftlichen, der andere an der mündlichen Erklärung verhindert, so können sie gemeinschaftlich überhaupt nicht testieren.

3. Nur Ehegatten in stehender Ehe können gemeinschaftlich testieren. Nicht Verlobte, denen jedoch der Erbvertrag offen steht (§§ 2275 Abs 3, 2276 Abs 2), und nicht Ehegatten, deren eheliche Gemeinschaft nach den bisherigen Vorschriften (BGB §§ 1586, 1587) aufgehoben ist. Unwirksamkeit des Testaments im Falle der Nichtigkeit oder Auflösung der Ehe § 2268. Besondere Vorschrift für die allgemeine Gütergemeinschaft § 1516. Abs 3.

Das von Nichtehegatten gemeinschaftlich errichtete Testament ist seinem ganzen Inhalte nach nichtig. In der 9. Auflage ist in § 28 TestG Anm 3 unter Berufung auf RJA 9, 12; JFG 14, 160; RG 87, 33 die Ansicht vertreten worden, die in dem von Nichtehegatten errichteten gemeinschaftlichen Testament enthaltenen Verfügungen könnten auch dann, wenn sie den für ein Einzeltestament bestehenden Formerfordernissen genügen, nicht als ein oder zwei Einzeltestamente aufrecht erhalten werden. Dieser Ansicht ist nur für die wechselbezüglichen Verfügungen zuzustimmen. Der Zusammenhang dieser Verfügungen, der auch den Grund für die Bestimmungen der §§ 2270, 2271 bildet, verbietet es, sie als frei widerrufliche und vielleicht ohne Rücksicht auf die Weitergeltung der ihr entsprechenden Verfügungen des anderen Teils aufrecht zu erhalten. Diese Gründe treffen aber auf die nicht wechselbezüglichen Verfügungen nicht zu. Soweit in dem formnichtigen gemeinschaftlichen Testament nicht wechselbezügliche Verfügungen enthalten sind, die den an ein Einzeltestament zu stellenden Formerfordernissen genügen, können diese als Einzeltestament gültig bleiben (KG DR 1942, 1745[5]; Koblenz HEZ 1, 283; Kipp-Coing § 26 I; der BGH hat das Armenrecht für eine Revision versagt, die sich gegen ein Urteil wenden wollte, in dem diese Rechtsansicht vertreten wurde. Beschl v 14. 12. 55 IV ZR 289/55). Dasselbe gilt, wenn ein von Ehegatten errichtetes gemeinschaftliches Testament wegen eines Formmangels nicht rechtsgültig zustande gekommen ist (KG DNotZ 1943, 204) oder wenn ein solches Testament nicht zustande gekommen ist, weil der andere Ehegatte es nicht mit unterzeichnet hat (KG DNotZ 1943, 137). Derjenige, der sich auf die Gültigkeit derartiger Bestimmungen beruft, muß die Voraussetzungen dafür beweisen. Er muß beweisen, daß die Bestimmungen nicht wechselbezüglich sind und gegebenenfalls auch, daß sie trotz der Ungültigkeit anderer in dem Testament enthaltenen wechselbezüglichen Bestimmungen des Erblassers gelten sollen. § 2085 kann hier, wo es sich um die Frage, ob ein formnichtiges gemeinschaftliches Testament teilweise als Einzeltestament aufrecht erhalten werden kann, nicht angewandt werden.

Ferner ist zu beachten, daß auch eine bloß äußerliche Vereinigung mehrerer Einzeltestamente auf demselben Blatte Papier möglich ist (JFG 6, 150; RG 72, 205). Wird aber über das Testament zweier Verlobter nur eine Urkunde in einer notariellen Niederschrift aufgenommen, das von jedem der beiden, dem Notar und den Zeugen, nur einmal unterschrieben wird, so liegt ein gemeinschaftliches, wegen Fehlen der Ehe nichtiges Testament vor (RG JW 1911, 766[29]). Das Testament wird nicht dadurch gültig, daß die Verlobten später heiraten.

Gemeinschaftliche, unter der Herrschaft des älteren Rechts von Nichtehegatten errichtete Testamente bleiben wirksam (RG JW 1911, 766[29]).

§ 2266

Ein gemeinschaftliches Testament kann nach den §§ 2249, 2250 auch dann errichtet werden, wenn die dort vorgesehenen Voraussetzungen nur bei einem der Ehegatten vorliegen.

E II 2133; P 5 428, 429.

Gemeinschaftliches Nottestament

§ 2266 war durch TestG § 50 Abs 3 Nr 1 aufgehoben. An seine Stelle war vorübergehend TestG § 28 Abs 3 getreten.

Das gemeinschaftliche Gemeindetestament nach § 2249 ist zulässig, auch wenn die dort vorausgesetzte Besorgnis nur bei einem der Ehegatten vorliegt. Für das Absperrungstestament (§ 2250 Abs 1) und das Seetestament (§ 2251) ergibt sich schon aus der Natur der Sache, daß die dort aufgestellten Erfordernisse immer für beide Erblasser zutreffen. Im Falle des § 2250 Abs 2 können die Ehegatten, auch wenn sich nur einer von ihnen in naher Todesgefahr befindet, ein gemeinschaftliches Testament vor drei Zeugen errichten. Ein gemeinschaftliches Testament gilt nach § 2252 nur dann als nicht errichtet, wenn seit der Errichtung drei Monate verstrichen sind und beide Ehegatten noch leben (RJA 16, 216). Das Testament bleibt, wenn auch nur einer der Ehegatten innerhalb der Frist verstorben ist, in vollem Umfange, also auch einschließlich der darin enthaltenen nicht wechselbezüglichen Verfügungen, gültig (a. A. Kipp-Coing § 25 IV; Schultheis ZBlFG 17, 174; KG KGJ 51, 87ff.). Überleben beide Ehegatten die Dreimonatsfrist, so wird das Testament hinfällig. Zur Hemmung des Fristablaufs nach § 2252 Abs 2 genügt es, daß einer der Ehegatten außerstande ist, an der Errichtung eines gemeinschaftlichen öffentlichen Testaments teilzunehmen (Planck-Greiff § 2266 A 3). Ebenso sind § 2252 Abs 3 und 4 bereits anzuwenden, wenn nur bei einem der Ehegatten die dort angeführte Voraussetzung gegeben ist.

§ 2267

Zur Errichtung eines gemeinschaftlichen Testaments nach § 2247 genügt es, wenn einer der Ehegatten das Testament in der dort vorgeschriebenen Form errichtet und der andere Ehegatte die gemeinschaftliche Erklärung eigenhändig mitunterzeichnet. Der mitunterzeichnende Ehegatte soll hierbei angeben, zu welcher Zeit (Tag, Monat und Jahr) und an welchem Ort er seine Unterschrift beigefügt hat.

Übersicht:

Formerleichterung für die Errichtung gemeinschaftlicher Testamente

1. Die verschiedenen Fassungen der Bestimmung und ihre zeitliche Geltung. § 2267 lautete in seiner ursprünglichen Form:

Zur Errichtung eines gemeinschaftlichen Testaments nach § 2231 Nr 2 genügt es, wenn einer der Ehegatten das Testament in der dort vorgeschriebenen Form errichtet und der andere Ehegatte die Erklärung beifügt, daß das Testament auch als sein Testament gelten solle. Die Erklärung muß unter Angabe des Ortes und Tages eigenhändig geschrieben und unterschrieben werden.

E II 2134, P 5 425–429.

Diese Bestimmung wurde durch das Testamentsgesetz außer Kraft gesetzt. An ihre Stelle trat § 28 Abs 2 TestG, dessen Fassung mit der jetzt geltenden Fassung des § 2267 übereinstimmt. Die jetzt geltende, von § 28 Abs 2 TestG übernommene Fassung der Bestimmung hat die Formerfordernisse des § 2267 gegenüber dessen ursprünglicher Fassung wesentlich gemindert. Jedoch hat das Gesetz zur Wiederherstellung der Gesetzeseinheit auf dem Gebiete des bürgerlichen Rechts vom 3. 5. 53 (BGBl I, 33) § 51 TestG nicht wiederaufgehoben. Daher gilt § 2267 in seiner alten Fassung für gemeinschaftliche Testamente, die vor dem Inkrafttreten des Testamentsgesetzes (4. 8. 38) errichtet worden sind. Nach § 51 Abs 3 TestG sind aber bei Erbfällen, die sich nach dem Inkrafttreten des Testamentsgesetzes ereignet haben, auch wenn das Testament vorher errichtet worden ist, an dessen Gültigkeit keine höheren Anforderungen zu stellen als nach dem Testamentsgesetz für ein Testament der betreffenden Art zulässig ist. Ist daher im Falle eines vor dem Inkrafttreten des TestG errichteten gemeinschaftlichen Testaments der Mann vor dem Inkrafttreten des Gesetzes verstorben, so richtet sich seine Beerbung nach altem Recht (§ 51 Abs 1 TestG); ist die Beitrittserklärung der Frau nichtig, weil sie entgegen der zwingenden Formvorschrift des § 2267 aF nicht eigenhändig datiert ist, so ist eine Auslegung des Testaments nach 2269 BGB mit Rücksicht auf § 2270 Abs 2 unmöglich (KG JW 1938, 3169[20] mit Anm von Vogels = ZAkDR 1939, 173 mit Anm von Boehmer). Die Verfügung der Frau ist nach § 51 Abs 3 TestG als formgültig anzusehen; stehen aber die Verfügungen der Ehegatten miteinander in Wechselbeziehung, so hat die nach altem Recht begründet gewesene Formnichtigkeit der Verfügung der Frau gemäß § 2270 Abs 1 BGB die Verfügung des Mannes unwirksam gemacht; dies hat zur Folge, daß auch die Verfügung der Frau als unwirksam anzusehen ist. Hieraus ergibt sich weiter, daß die Frau auch an der Errichtung einer neuen, von der früheren abweichenden Verfügung nicht gehindert ist (KG DRW 1939, 1955[11] = ZAkDR 1939, 688 mit Anm von Boehmer; vgl. auch Vogels JW 1938, 3170 und Leopold DRM 1939, 418). Ist der Erbfall nach dem Inkrafttreten des Testamentsgesetzes eingetreten, so kann das nach dem bisherigen Recht formungültige gemeinschaftliche Testament nach § 51 Abs 3 TestG nur Geltung erlangen, wenn die in dem Testament enthaltenen Erklärungen der Ehegatten noch nicht widerrufen sind. Der Zweck des § 51 Abs 3 ist allein, dem Willen der Erblasser Geltung zu verschaffen. Die Vorschrift soll nicht dazu dienen, Testamente aufrecht zu erhalten, die nicht mehr dem Willen des einen oder beider Erblasser entsprechen. Das nach früherem Recht wegen Formmangels nichtige gemeinschaftliche Testament ist nicht schon mit dem Inkrafttreten des Testamentsgesetzes nach § 51 Abs 3 TestG voll wirksam geworden. Vielmehr konnten die Ehegatten, die die Nichtigkeit nach den bisherigen Bestimmungen erkannt hatten, auch weiterhin über ihren Nachlaß von Todes wegen verfügen. Die Heilung des Formmangels ist, wenn dem nicht inzwischen getroffene andere Verfügungen von Todes wegen eines oder beiden Ehegatten entgegenstehen, mit dem Tode des zuerst verstorbenen Ehegatten eingetreten (vgl. entsprechend für den Erbvertrag LM Nr 1 zu BGB § 986, vgl. auch KG DJZ 41, 110). Damit die Heilung eintreten kann, ist es nicht erforderlich, daß die Ehegatten den Willen, die Verfügung weiter gelten zu lassen, geäußert haben (LM Nr 2 zu TestG § 51).

2. Die Bedeutung der Formerleichterung. Die jetzt geltende Fassung des § 2267 läßt durch die Worte „genügt es" erkennen, daß die Bestimmung nur die Form, die sonst bei der Errichtung des gemeinschaftlichen Testaments zu wahren war, erleichtern will. Das gemeinschaftliche Testament kann in allen vom Gesetz zur Verfügung gestellten ordentlichen und außerordentlichen Formen (§§ 2232–2251) errichtet werden. Besonderheiten gelten für das Nottestament (vgl. darüber Anm zu § 2266) und für das eigenhändige Testament. Nach der bislang herrschenden Rechtsprechung und Lehre entspricht es beim gemeinschaftlichen eigenhändigen Testament der Regel des § 2247, daß beide Ehegatten ihre letztwilligen Erklärungen, jeder die seine, in einer die beiden Erklärungen zu einer Einheit zusammenfassenden Urkunde eigenhändig niederschreiben und unterschreiben (vgl. die Fälle in OLG 30, 225; 32, 68 A 1; JFG 5, 164; 6, 150; Planck-Greiff 4. Aufl § 2267 Anm 6 und die 9. Aufl Anm 4 zu § 28 TestG; ferner § 2265 Anm 2). An dieser Rechtsprechung kann nur zum Teil festgehalten werden. Daß beide Erklärungen in einer Urkunde zu einer Einheit zusammengefaßt sind, ist nicht entscheidend. Wesentlich ist vielmehr, daß die in der Form des § 2247 abgegebenen Erklärungen so, wie sie beurkundet sind, als gemeinschaftlich abgegeben erkennbar geworden sind (vgl. dazu im einzelnen § 2265 Anm 2; BGH 9, 113; OGH 1, 337; Freiburg DRZ 1948, 179). Diese Art der Errichtung wird durch § 2267 nicht ausgeschlossen. Es ist nicht erforderlich, daß die Ehegatten ihre Verfügungen gleichzeitig und am gleichen Ort niedergeschrieben haben. Die abgegebenen Erklärungen müssen aber stets von beiden Ehegatten gemeinschaftlich erklärt sein. Dieser Umstand muß aus der Urkunde erkennbar sein. Eine letztwillige Verfügung, die ein Ehegatte zunächst allein errichtet hat, kann nicht nachträglich allein durch Erklärungen des anderen Ehegatten zu einer gemeinschaftlichen umgeformt werden.

3. Formerleichterung des § 2267. Die Formerleichterung des § 2267 besteht darin, daß der Testamentsinhalt nur durch einen Ehegatten niedergeschrieben zu werden braucht.

a) § 2267 alter Fassung. § 2267 in seiner früheren Fassung verlangte von dem anderen Ehegatten die Beifügung einer von ihm unter Angabe des Ortes und Tages eigenhändig zu schreibenden und zu unterschreibenden Erklärung, daß das Testament auch als sein Testament gelten solle.

aa) Die **Einheitlichkeit der Urkunde** wird dadurch nicht ausgeschlossen, daß die von dem einen Ehegatten niedergeschriebene Verfügung auf einem durch sie nicht voll ausgenutzten Blatte und die Erklärung des andern auf einem besonderen Blatte steht, sofern sich nur die Erklärung auf dem zweiten Blatte als eine Fortsetzung der Niederschrift auf dem ersten Blatte darstellt (RJA 17, 58; JFG 5, 164). Der Gebrauch der Gesetzesworte ist für die Erklärung des zweiten Ehegatten nicht wesentlich (JFG 5, 163). Der Vermerk: „einverstanden, genehmigt" kann genügen, wenn der Testamentstext selbst schon die Gemeinschaftlichkeit der Verfügungen andeutet, insbesondere beide Ehegatten als redend aufführt („Wir bestimmen"). Die bloße Mitunterschrift kann jedoch die von dem andern Ehegatten „beizufügende Erklärung" auch in diesem Falle nicht ersetzen (JFG 9, 85). Auch zwei gleichlautende Testamente, von denen das eine vom Ehemann geschrieben und von ihm und der Frau unterschrieben, das andere auf einer besonderen Urkunde von der Frau geschrieben und von ihr und dem Mann unterschrieben ist, sind von der herrschenden Rechtsprechung und Lehre nicht als gültiges gemeinschaftliches Testament angesehen worden; sie können aber als Einzeltestamente gültig sein (RG 72, 204; LZ 1927, 1266[7]). Das von dem zuerst testierenden Ehegatten niedergeschriebene Testament ist in der durch § 2231 Nr 2 vorgeschriebenen Form erst dann *errichtet*, wenn es mit Datum und Unterschrift versehen ist. Die „Erklärung" des andern Ehegatten ist deshalb unwirksam, wenn sie vor Abschluß des Testaments, insbesondere wenn sie unter einem *früheren* Datum als demjenigen des Testaments erfolgt. Dagegen ist es unschädlich, wenn sie nicht hinter das abgeschlossene Testament, sondern auf einen frei gebliebenen Raum zwischen dessen Text und dessen Datum gesetzt wird (JFG 8, 123). Ferner ist auch hier nicht wesentlich, daß die beiden Erklärungen an demselben Orte und Tage abgegeben werden. Die Beitrittserklärung kann vielmehr sowohl zeitlich später als auch an einem anderen Errichtungsort beigefügt werden, allerdings immer nur bei Lebzeiten des Ausstellers der ersten Erklärung (RJA 16, 224).

bb) Eigenhändigkeit ist sowohl für die Erklärung als für das Datum und die Unterschrift – die durch Aufführung des Namens im Text der Erklärung nicht ersetzt wird – erforderlich. Das gemeinschaftliche Privattestament muß also auch in der erleichterten Form jedenfalls *zwei* eigenhändige Angaben des Ortes und Tages enthalten. Im übrigen gilt bezüglich des wahrheitsgetreuen Datums und der sonstigen Erfordernisse das § 2231 Anm 5 u. § 2247 Anm 2ff Gesagte. Etwaige Zusätze und Änderungen müssen gleichfalls den Mindesterfordernissen des § 2267 genügen. Doch wird für den Fall, daß eine unterschriebener, aber nicht besonders datierter Zusatz zu dem von dem einen Ehegatten geschriebenen ersten Teile des gemeinschaftlichen Testaments zwischen diesem Teile und der von dem gleichen Tage wie der erste Teil datierten Beitrittserklärung des anderen Ehegatten steht, die Gültigkeit des Zusatzes regelmäßig daraus hergeleitet werden können, daß sich das erste Datum auf ihn miterstrecken soll (RG JW 1917, 925[2]). Formfehler in der Niederschrift, Datierung und Unterschrift des vorangehenden Testaments machen das gemeinschaftliche Testament in vollem Umfange, Fehler der Nachschrift regelmäßig nur diese Nachschrift nichtig, wenn sich nicht aus § 2270 Abs 1 auch in diesem Falle Nichtigkeit des ganzen Testaments ergibt.

b) § 2267 in der jetzt geltenden Fassung. Das Fehlen der von § 2267 alter Fassung geforderten Erklärung des anderen Ehegatten führte in zahlreichen Fällen zur Nichtigkeit des gemeinschaftlichen Testaments. Entsprechend den Vorschlägen des ERAussch der AkDR (1. Denkschr S. 60) begnügte sich das TestG daher damit, daß der andere Ehegatte seinen Willen, das Testament solle auch als sein Testament gelten, durch eigenhändige Mitunterzeichnung zum Ausdruck bringt (Begr), wobei er angeben soll, zu welcher Zeit und an welchem Orte er seine Unterschrift beigefügt hat (A 4). Vorausgesetzt ist, daß das von dem einen Ehegatten in der Form des § 2247 errichtete Testament letztwillige Erklärungen beider Ehegatten enthält. Die Unterschrift muß die von dem anderen Ehegatten niedergeschriebene Erklärung decken. Auf die Reihenfolge der Unterschriften kommt es nicht an. Die Unterschrift soll den Vornamen und den Familiennamen des Ehegatten enthalten; eine andere Art der Unterzeichnung macht jedoch unter den Voraussetzungen des § 2247 Abs 3 Satz 2 das Testament nicht ungültig. Vgl. § 2247 A 3. Zusätze und Änderungen müssen ebenfalls durch beide Unterschriften gedeckt oder von beiden Ehegatten besonders unterschrieben sein. Möglich ist, daß jeder Ehegatte einen Teil des Testaments niederschreibt; nur muß dann aus der Stellung der Unterschriften zu ersehen sein, daß jeder Ehegatte den vom anderen geschriebenen Teil auch als sein Testament gelten lassen will (vgl. HRR 1928 Nr 718). — Aufrechterhaltung eines formungültigen gemeinschaftlichen Testaments als Einzeltestament des erstverstorbenen Ehegatten: JFG 18, 8.

4. Die **Angabe der Zeit und des Ortes** der Mitunterzeichnung ist, wie nach § 2247 Abs 2, zur Gültigkeit des Testaments nicht notwendig, aber rätlich (vgl § 2247 A 5). Für den Fall, daß diese Angaben fehlen, gilt § 2247 Abs 5 entsprechend (s. dort A 6).

§ 2268

Ein gemeinschaftliches Testament ist in den Fällen des § 2077 seinem ganzen Inhalte nach unwirksam.

Wird die Ehe vor dem Tode eines der Ehegatten aufgelöst oder liegen die Voraussetzungen des § 2077 Abs 1 Satz 2 vor, so bleiben die Verfügungen insoweit wirksam, als anzunehmen ist, daß sie auch für diesen Fall getroffen sein würden.

E II 2135; P 5 446—448.

Einfluß der Nichtigkeit und der Auflösung der Ehe

1. Die Regel des Abs 1: völlige Unwirksamkeit aller in dem gemeinschaftlichen Testamente getroffenen Verfügungen, gleichviel ob sie wechselbezüglich sind oder überhaupt nicht miteinander in Verbindung stehen, greift nur durch, wenn die Ehe nach §§ 16—22 EheG **nichtig** ist. Im übrigen wird sie durch die Ausnahmebestimmung des Abs 2 durchbrochen. Die bisher für Abs 1 noch in Betracht kommende Nichtigerklärung der Ehe infolge wirksamer Anfechtung (§ 1343 Abs 1) ist durch die Aufhebung der Ehe ersetzt worden (EheG §§ 28—37, 39; s. hierüber A 2).

2. Im Falle der **Auflösung der Ehe** vor dem Tode durch Scheidung (§§ 42ff. EheG), Aufhebung (§§ 28—37, 39 EheG), Wiederverheiratung nach vorausgegangener Todeserklärung (§ 38 Abs 2 EheG) oder auch nur der **Erhebung begründeter Scheidungs- oder Aufhebungsklage** aus Verschulden des andern Ehegatten (§ 2077 Abs 1 Satz 2, vgl. dazu § 2077 A 3) ist zuzusehen, ob die Verfügungen eines jeden der beiden Erblasser nach seinem zu ermittelnden Willen auch für diesen Fall Geltung behalten sollten (so auch § 2077 Abs 3). Insoweit bleiben sie bei Kräften. Diese Annahme ist bei wechselbezüglichen Verfügungen im Sinne von § 2270 Abs 1 u. 2 regelmäßig ausgeschlossen, wird aber bei anderen, mit dem ehelichen Verhältnis der Erblasser nicht im Zusammenhang stehenden Verfügungen regelmäßig begründet sein. Sind sie einmal unwirksam geworden, so lebt das gemeinschaftliche Testament auch durch Wiederverheiratung der Ehegatten nicht wieder auf. Dasselbe hat, da es sich um Verfügungen beider Ehegatten handelt, anders als in den durch § 2077 Abs 1 S. 2 geregelten Fällen, auch zu gelten, wenn der mit begründeter Scheidungs- oder Aufhebungsklage verfolgte Ehegatte vor dem klagenden Teile verstirbt. Auch in diesem Falle bleiben insbesondere die wechselbezüglichen Verfügungen beider Teile, wiewohl unbeschadet des gesetzlichen Erbrechts des überlebenden Ehegatten unwirksam (a. M. Strohal § 43 A 23).

Handelt es sich in Wahrheit um zwei selbständige Testamente der Ehegatten, so bleibt lediglich § 2077 anwendbar. Beim Erbvertrage § 2279 Abs 2.

Die Beweislast trifft denjenigen, welcher fortdauernde Gültigkeit der gemeinschaftlichen Verfügungen behauptet.

Die Aufhebung der ehelichen Gemeinschaft (§ 1575) ließ zwar das Band der Ehe bestehen, hatte aber im übrigen die mit der Scheidung verbundenen Wirkungen (§ 1586); dieser Auflösungsgrund ist durch § 84 EheG 38 beseitigt worden. Durch Wiederherstellung der ehelichen Gemeinschaft (§ 1587) lebt das einmal unwirksam gewordene gemeinschaftliche Testament nicht wieder auf.

§ 2269

Haben die Ehegatten in einem gemeinschaftlichen Testamente, durch das sie sich gegenseitig als Erben einsetzen, bestimmt, daß nach dem Tode des Überlebenden der beiderseitige Nachlaß an einen Dritten fallen soll, so ist im Zweifel anzunehmen, daß der Dritte für den gesamten Nachlaß als Erbe des zuletzt versterbenden Ehegatten eingesetzt ist.

Haben die Ehegatten in einem solchen Testament ein Vermächtnis angeordnet, das nach dem Tode des Überlebenden erfüllt werden soll, so ist im Zweifel anzunehmen, daß das Vermächtnis dem Bedachten erst mit dem Tode des Überlebenden anfallen soll.

E II 2136; P 5 406, 407, 459.

Übersicht:

Gegenseitige Erbeinsetzung

1. Grundgedanke und Zweck der Bestimmung. Der am häufigsten vorkommende und praktisch wichtigste Fall des gemeinschaftlichen Testaments ist der, daß die Ehegatten sich gegenseitig als Erben einsetzen und zugleich Verfügungen für den Fall des Todes des Längstlebenden treffen. Durch eine solche Verfügung soll erreicht werden, daß der überlebende Ehegatte für die Dauer seines Lebens im ungeschmälerten und unbeschränkten Genuß des gesamten Vermögens bleibt, daß aber zugleich für die Zeit nach seinem Tode Bestimmungen über das Vermögen getroffen werden, die den Absichten beider Ehegatten gerecht werden. Diese Testamentsform gestattet es ferner, das Vermögen beider Ehegatten überhaupt ungetrennt in einer Hand zu belassen, indem eine Person als Erbe des Längstlebenden bestimmt wird.

Ein so abgefaßtes Testament könnte dahin ausgelegt werden, jeder Ehegatte habe den anderen in erster Linie zu seinem Erben berufen, aber zugleich den Dritten für den Fall, daß der andere Gatte zuerst sterben sollte, als Ersatzerben und für den Fall, daß der andere Gatte zuletzt sterben sollte, als Nacherben eingesetzt. Der Dritte erhält dann beim Tode des überlebenden Ehegatten den „beiderseitigen Nachlaß" aus verschiedenen Berufungsgründen, nämlich den Nachlaß des zuerst Verstorbenen als dessen Nacherbe und den Nachlaß des Überlebenden als dessen Ersatzerbe.

Das Gesetz behandelt diese Art und Weise der Erbfolge als zulässig, stellt aber im § 2269 eine davon abweichende Auslegungsregel auf. Nach dieser soll im Zweifel angenommen werden, daß der Dritte für den gesamten Nachlaß als Erbe des zuletzt versterbenden Ehegatten eingesetzt ist.

Dem § 2269 Abs 1 liegt der Gedanke zugrunde, daß Ehegatten, die in der dort vorgesehenen Weise gemeinschaftlich testieren, das beiderseitige Vermögen als eine Einheit betrachten und daher regelmäßig sowohl ein verschiedenes Rechtsverhältnis während der Lebensdauer des überlebenden Ehegatten als auch die Möglichkeit einer Trennung der beiden Vermögensmassen bei dessen Tode ausschließen wollen (RG 79, 277; 113, 240).

Für die Entscheidung darüber, ob ein einseitiges Testament eines Ehegatten die Einsetzung des anderen Ehegatten zum Vollerben oder zum bloßen Vorerben enthält, kann jener Gedanke nicht analog verwendet werden (RG 13. 11. 24 IV 70/24; OLG Düsseldorf und Kipp JW 1925, 2148[6]).

2. Anwendungsbereich der Bestimmung. § 2269 setzt voraus ein mindestens reziprokes, wenn auch nicht notwendig korrespektives Testament (§ 2265 Anm 2 Abs 2 u. 3), in dem sich die Ehegatten gegenseitig jeder den anderen als alleinigen Erben des Zuerstversterbenden — nicht auch andere Personen neben dem Überlebenden — einsetzen (RG BayZ 1907, 64; LZ 1919, 1241[18]). Ein Fall des § 2269 ist daher nicht gegeben, wenn die Ehegatten sich nur gegenseitig zu Erben eingesetzt haben ohne zu bestimmen, an wen der Nachlaß nach dem Tode des Überlebenden fallen soll. Die Bestimmung, daß der beiderseitige Nachlaß nach dem Tode des Überlebenden an einen Dritten fallen soll, braucht aber nicht ausdrücklich geschehen zu sein. Es ist vielmehr in jedem Fall, in dem gemeinsame Abkömmlinge vorhanden sind, nach den allgemeinen für die Auslegung letztwilliger Verfügungen geltenden Regeln zu prüfen, ob ein Wille des Erblassers festgestellt werden kann, daß der beiderseitige Nachlaß nach dem Tode des Längstlebenden an die Abkömmlinge fallen soll (BGH 3. 4. 52 IV ZR 128/51). Bedenken bestehen in dieser Hinsicht gegen den Beschluß des OLG Hamm (DNotZ 1951, 41). Der Beschluß behandelt ein Testament, in dem die Ehegatten sich gegenseitig zu Alleinerben eingesetzt und weiter bestimmt hatten, daß ihre Kinder sämtlich Vermächtnisse in Höhe ihres Pflichtteils erhalten sollten, falls eines von ihnen aus dem Nachlaß des Erstversterbenden seinen Pflichtteil verlangen sollte. Diese Vermächtnisse sollten beim Tode des Erstversterbenden anfallen, jedoch erst beim Tode des Überlebenden fällig werden. Außerdem sollte das Kind, das den Pflichtteil verlangt, auch aus dem Nachlaß des Überlebenden nur den Pflichtteil erhalten. Diese Bestimmung legt die Annahme nahe, daß die Erblasser damit einen Ausgleich bezwecken. Der Vorteil, den das Kind, das nach dem Tode des zuerst Versterbenden den Pflichtteil verlangte, gegenüber den anderen Geschwistern erreichte, sollte auf die Weise, das den anderen für diesen Fall entsprechende Vermächtnisse zugewandt wurden, ausgeglichen werden (vgl. unten Anm 5). Ein derartiger Ausgleich kann aber nur sinnvoll sein, wenn die Kinder Erben des Längstlebenden sind.

Der Dritte (oder mehrere Dritte) muß ferner erst nach dem Tode des Überlebenden, nicht schon für den Eintritt eines bestimmten Zeitpunkts oder Ereignisses (§ 2104), und zwar auf den beiderseitigen Nachlaß als Erbe berufen sein (sog. Berliner Testament; gegen diese Bezeichnung Endemann JW 1933, 1350).

3. Auslegungsregeln. Auslegungsfragen. § 2269 enthält eine Auslegungsregel (im Zweifel ist anzunehmen). Eine andere Testamentsauslegung, z. B. die Anordnung einer Vor- und Nacherbschaft, ist möglich, jedoch ist derjenige, der einen auf Vor- und Nacherbfolge gerichteten Willen des Erblassers behauptet, beweispflichtig (RG 60, 117). Die im Gesetz enthaltene Auslegungsregel greift durch, wenn nach Prüfung aller Umstände begründete, auf anderem Wege nicht zu lösende Zweifel über die Willensmeinung der Erblasser bestehen bleiben (RG 59, 85; 10. 7. 22 IV 692/21; HRR 1929, Nr 207; Berücksichtigung der Vermögensverhältnisse beider Erblasser, RG 79, 278, aber auch Recht 1914 Nr 944). Die Bezeichnung des als Erbe eingesetzten Dritten als „Nacherbe des zuletzt versterbenden Ehegatten" ist zwar unzutreffend. Sie steht aber einer Auslegung des Testaments in dem von § 2269 vertretenen Sinn nicht entgegen (RG JR 1925 Nr 1016; KG DR 1943, 1108[14]). Sind in einem eigenhändigen gemeinschaftlichen Testament, das von einem Notar entworfen ist, die für den Fall des Todes des zuletzt Versterbenden Berufenen als Nacherben bezeichnet, so soll nach RG 160, 109 die Erbeinsetzung nicht im Sinne des § 2269 ausgelegt werden können. Hiergegen Schiedermair DR 1939, 1937; vgl. auch Leopold, Testamentsrecht 1939 S. 238 Anm 1). Zu beachten ist, daß es für die Auslegung nie darauf ankommt, was die bei der Testamentserrichtung hinzugezogene Hilfsperson oder der Notar, der ein vor ihm errichtetes Testament beurkundet hat, unter den in der Urkunde verwandten Begriffen verstanden hat. Entscheidend ist stets, wie die Erblasser den Begriff verstanden haben. Denn es kommt allein darauf an, ihren Willen festzustellen. Sofern ein Notar ein Testament entworfen hat, kann allerdings in der Regel davon ausgegangen werden, daß er den Inhalt des Testaments mit den Erblassern erörtert und ihnen die fraglichen Rechtsbegriffe erläutert hat und daß die Erblasser ihren letzten Willen unter Benutzung der zutreffenden Rechtsbegriffe niedergelegt haben, so daß diese das besagen, was der Erblasser wirklich gewollt hat. Diese Annahme entfällt aber, wenn der sonstige Testamentsinhalt nicht dem Sinn der darin verwandten Begriffe entspricht (BGH 14. 6. 51 IV ZR 10/50 insoweit bei LM Nr 2 zu § 2100 nicht veröffentlicht, und das insoweit gleichfalls nicht veröffentlichte Urteil vom 2. 10. 52 IV ZR 24/52; vgl. ferner LM Nr 1 zu § 2100). In ähnlicher Weise hat auch das RG in der Entscheidung DR 1944, 493[5] erkannt.

Die Erbfolge, wie sie sich für den durch § 2269 geregelten Zweifelsfall ergibt, kann, wenn diese Vorschrift nicht angewandt werden kann, in derselben Weise erreicht werden, wenn Nichtehegatten einen Erbvertrag schließen, indem ihr Wille, sich gegenseitig zu Alleinerben und Dritte zum Erben des Längstlebenden einzusetzen, klar ausgedrückt wird (Oldenburg HEZ 1, 107; Düsseldorf JMBl NRW 50, 150).

Eine Berufung von Dritten auf den beiderseitigen Nachlaß kann in der Bestimmung gefunden werden, daß das Vermögen beider Ehegatten nach dem Tode des Überlebenden in zwei gleiche

Teile geteilt werden und die eine Hälfte den Verwandten des Mannes, die andere Hälfte denen der Frau zukommen soll (RG 79, 278; Recht 1923 Nr 757). Dagegen gehört nicht hierher der Fall, daß als beim Tode des überlebenden Ehegatten eintretende Erben die Verwandten des Mannes auf den Nachlaß des Mannes und die Verwandten der Frau auf deren Nachlaß berufen sind (RG 79, 277; s. aber auch KG JW 1934, 1423[3]); anders, wenn das beiderseitige Vermögen kraft Gütergemeinschaft bereits zu einer Einheit verbunden war und jeder Erblasser unter seinem Nachlasse nur die Hälfte des beim Tode des Überlebenden vorhandenen gesamten Vermögens verstanden wissen wollte (RG LZ 1914, 1361[19]). Der vom RG DNotV 1933, 193[24] mit Ablehnung der Anwendbarkeit des § 2269 entschiedene Fall lag insofern besonders, als die Erben, die jeder der beiden Ehegatten für die Zeit nach dem Tode des Letztlebenden auf seinen in der Hälfte des gütergemeinschaftlichen Vermögens bestehenden Nachlaß berufen hatte, nicht durch gemeinschaftliche Verfügung eingesetzt worden waren.

4. Rechtsnatur des „Berliner Testaments"

a) Erbrecht des überlebenden Ehegatten. Nach der in § 2269 enthaltenen Auslegungsregel wird der „beiderseitige Nachlaß" als einheitlicher, als „gesamter Nachlaß" behandelt. Es wird angenommen, jeder Ehegatte habe lediglich für den Fall, daß er zuerst sterben sollte, den andern Gatten und für den Fall, daß er diesen überleben sollte, den Dritten als Erben eingesetzt. Der Überlebende wird demgemäß Vollerbe (über die Terminologie s. RG 160, 109 sowie Schiedermair DRW 1939, 937) des Vorverstorbenen. Die beiden Einzelvermögen, das ererbte und das eigene, verschmelzen in seiner Hand zu einem Vermögen. Dieses einheitliche Vermögen erhält der Dritte nur als Erbe des Überlebenden und kraft der von diesem ausgesprochenen Berufung. Die testamentarische Bezeichnung des Dritten als „Nacherbe des zuletzt versterbenden Ehegatten" ist danach in jedem Falle unzutreffend (JFG 15, 247).

Der Überlebende ist als Vollerbe von den dem Vorerben obliegenden Verfügungsbeschränkungen (§§ 2112ff.) frei; er darf im Falle des § 2270 die Verfügungen des gemeinschaftlichen Testaments nur nicht durch bösliche Schenkungen vereiteln. Die Schutzvorschriften der §§ 2287, 2288 BGB sind auf unwiderruflich gewordene, wechselseitige letztwillige Verfügungen in gemeinschaftlichen Testamenten entsprechend anzuwenden (RG 58, 65; 77, 113; Warn 1926 Nr 188; OGH 1, 161; BGH 8. 5. 52 IV ZR 144/51; 8. 7. 54 IV ZR 226/53). Zu beachten ist, daß der nach § 2287 begründete Anspruch nicht zum Nachlaß gehört. Er steht daher dem einzelnen Schlußerben persönlich und nicht der Miterbengemeinschaft zu (RG 77, 7; RG JW 1912, 142; Warn 1926, 188; Seuff Arch 90 Nr. 55; BGH 8. 5. 52 IV ZR 144/51). Der Schlußerbe oder der Vermächtnisnehmer können Ansprüche aus § 2287 oder § 2288 erst geltend machen, wenn ihnen die Erbschaft oder das Vermächtnis angefallen ist. Die §§ 2287, 2288 können nicht entsprechend angewandt werden, wenn dem überlebenden Ehegatten in dem Testament völlige Freiheit, insbesondere auch die Freiheit zur Errichtung abweichender letztwilliger Verfügungen eingeräumt ist (BGH 8. 10. 53 IV ZR 2/53).

Der überlebende Ehegatte kann im übrigen auch aus dem ererbten Vermögen Schenkungen machen. Der Dritte erhält den Nachlaß des Überlebenden, so wie er bei dessen Tode vorhanden ist, also einschließlich dessen, was der Überlebende dazu erworben hat. Für die nach dem ersten Erbfall eingetretene Vermögensminderung kann er keinen Ersatz beanspruchen.

Nichtig ist jedoch eine Übereignung des oder der Hauptbestandteile des Vermögens, die der Überlebende kurz vor seinem Tode in der erkennbar gewordenen Absicht vornimmt, damit das gemeinschaftliche Testament auszuhöhlen und die nach § 2271 Abs 2 eingetretene Bindung gegenstandslos zu machen (LM Nr 4 zu § 2271, vgl. auch OGH 2, 160, dort ist keine Umgehung des § 2271 Abs 2 angenommen worden in einem Fall, in dem der Überlebende seinen Grundbesitz übereignet, aber noch erhebliche Sparguthaben behalten hatte).

Da aber der Übergabevertrag über eine der Höfeordnung der früheren Britischen Zone unterliegende Besitzung Rechtsgeschäft unter Lebenden und auch eine vorweggenommene Erbfolge ist, kann der durch das gemeinschaftliche Testament gebundene überlebende Ehegatte den Hof nicht einer anderen Person übergeben als der, die in dem gemeinschaftlichen Testament als Anerbe bestimmt ist. Eine Veräußerung des Hofes durch Rechtsgeschäft unter Lebenden bleibt dagegen grundsätzlich zulässig (BGH RdL 1951, 129; LM Nr 4 zu HöfO brit. Zone § 17).

Dem überlebenden Ehegatten kann in dem Testament das Recht eingeräumt werden, die für den Fall seines Todes dort getroffenen Verfügungen zu widerrufen und über den Nachlaß anderweit zu verfügen. Diese Bestimmung verstößt nicht gegen § 2065, da der Überlebende, wenn er von dieser Befugnis Gebrauch macht, nicht über den Nachlaß des zuerst Verstorbenen, sondern nur über seinen eigenen Nachlaß verfügt (BGH 2, 35). Die Abänderungsbefugnis kann auch nur für den Fall des Eintritts bestimmter Umstände gegeben sein. Falls in einem solchen Fall weiter bestimmt ist, daß das Vorliegen dieser Umstände nicht der gerichtlichen Nachprüfung unterliegen soll, ist das Gericht nicht befugt zu untersuchen, ob die angeführten Umstände, auf die die Abänderung gestützt worden ist und auf die sie nach dem Inhalt des Testaments auch gestützt werden konnte, tatsächlich vorgelegen haben (vgl. BGH NJW 51, 959 insoweit in BGH 2, 35 nicht mit veröffentlicht).

Es ist indessen möglich, daß mit der im Sinne des § 2269 ausgesprochenen Erbeinsetzung eine bedingte Nacherbeinsetzung, z. B. der Kinder für den Fall der Wiederverheiratung des überlebenden Ehegatten verbunden wird (JFG 15, 39; RG 156, 172); in einem solchen Falle ist im Zweifel anzunehmen, daß der überlebende Ehegatte in seiner Eigenschaft als bedingter Vorerbe nach § 2136 von den gesetzlichen Beschränkungen eines solchen, soweit möglich, befreit sein soll (§ 2136 Anm 2; KG JFG 13, 155; KG JW 1937, 2520[19]; JW 1938, 2748[22]; OLG Köln HEZ 2, 37; Kipp-Coing § 27 II 3 d). BGH NJW 51/354 will jedenfalls für ländliche Verhältnisse keine Auslegungsregel anerkennen, nach der bei einem gemeinschaftlichen Testament kinderloser Ehegatten mit Nacherbeneinsetzung der Wille regelmäßig auf eine befreite Vorerbschaft gerichtet ist.

Wenn bei einem den Voraussetzungen des § 2269 entsprechenden gemeinschaftlichen Testament die Verfügung der überlebenden Frau wegen Formmangels nichtig ist, so kann gemäß § 2084 die Verfügung des vorverstorbenen Mannes dahin ausgelegt werden, daß die Frau Vorerbin und die im Testament bedachten Dritten seine Nacherben sein sollten (JW 1937, 1410[7]).

b) Erbrecht des Dritten. Dem Dritten sind mit dem Tode des Zuerststerbenden im Gegensatze zu § 2108 Abs 2 noch keinerlei vererbliche oder veräußerliche Rechte erwachsen, die den Schutz des § 823 Abs 1 genießen könnten (BGH 6. 5. 54 IV ZR 217/53). Eine ihm gemachte Zuwendung wird vorbehaltlich des § 2069 hinfällig, wenn er vor dem Überlebenden verstirbt.

Bei einseitigen Abkömmlingen des erstversterbenden Ehegatten trifft § 2069 nach seinem Wortlaut nicht zu. Jedoch wird in der Regel angenommen werden können, daß der darin enthaltene Rechtsgedanke auch in diesen Fällen zutrifft (ähnlich Planck-Greiff 4. Aufl. § 2269 Anm 2a). Immerhin besteht für den Dritten oder die Dritten, wenn der überlebende Ehegatte nach den §§ 2270, 2271 an das Testament gebunden ist, keine bloße Hoffnung, Erben zu werden; vielmehr kann dann von einem bereits bedingt oder betagt bestehenden Rechtsverhältnis gesprochen werden, das unter Umständen zwischen den mehreren Dritten als den künftigen Miterben auch zum Gegenstand einer Feststellungsklage gemacht werden kann (RG HRR 1928 Nr 843).

Daß im Rechtssinne nur der Überlebende als Erblasser des Dritten in Betracht kommt, schließt zwar nicht aus, bei Auslegung des Testaments, insbesondere von Anordnungen, die zugunsten der gesetzlichen Erben, der Verwandten oder der Abkömmlinge des Zuerstverstorbenen getroffen sind, diesen für die Auslegungsregeln der §§ 2066—2069 als Erblasser anzusehen. Sind jedoch mehrere Dritte, insbesondere Verwandte beider Erblasser ohne Bestimmung von Anteilen bedacht, so haben sie vermöge der Einheitlichkeit des Nachlasses im Zweifel als gleichmäßig, d. h. ohne Unterschied auf die Herkunft des Vermögens als sämtlich auf den ungetrennten Nachlaß berufen zu gelten. Der Wille der Ehegatten kann aber auch dahin gegangen sein, daß das gesamte Vermögen beim Tode des Überlebenden in zwei Hälften zerlegt werden soll, von denen eine den Verwandten des Mannes, die andere den Verwandten der Frau jeweils nach dem Verhältnis ihrer gesetzlichen Erbteile zufallen soll. Die Aufteilung des Vermögens unter die beiden Verwandtengruppen kann auch zu dem Bruchteil erfolgen, der sich aus dem Verhältnis der Werte beider Vermögen ergibt (RG 79, 278). Schließlich kann auch die Festsetzung der Höhe der Erbteile der als Erben eingesetzten Dritten dem überlebenden Ehegatten vorbehalten werden (OLG 6, 178). § 2065 Abs 2 steht dem nicht entgegen, denn der überlebende Ehegatte verfügt damit nur über seinen eigenen Nachlaß und bestimmt nicht den Gegenstand der Zuwendung aus dem Nachlaß des Zuerstverstorbenen.

Falls eine Auslegung des Testaments ergibt, daß das Vermögen beim Tode des Überlebenden wieder in seine ursprünglichen Bestandteile auseinanderfallen soll, ist die Auslegungsregel des § 2269 widerlegt. Es liegt eine Vor- und Nacherbschaft vor (RG 79, 277; Recht 1923 Nr 757).

5. Pflichtteilsrecht. Sind die als Erben des überlebenden Ehegatten Eingesetzten am Nachlasse des Zuerstverstorbenen pflichtteilsberechtigt, so sind sie nach dem ersten Erbfall nicht gehindert, den Pflichtteil geltend zu machen (RG 30. 6. 04 IV 516/03). Eine Absicht der Ehegatten, dem Überlebenden die unbeschränkte Verfügung über das gesamte Vermögen zu gewähren, ist daher gegen den Willen Pflichtteilsberechtigter nicht durchführbar; dies darf nicht unbeachtet bleiben, wenn beim Streite darüber, ob das Testament im Sinne des § 2269 oder im Sinne der Berufung des Überlebenden zum Vorerben und der Kinder zu Nacherben auszulegen sei, für die Auslegung im ersten Sinne das Vorhandensein jener Absicht geltend gemacht wird (RG Recht 1923 Nr 1023). Die Pflichtteilsberechtigten sind im Falle des § 2269, weil auf den Nachlaß des Zuerstverstorbenen überhaupt nicht als Erben berufen, zu einer Ausschlagung gemäß § 2306 Abs 1 Satz 2 nicht genötigt (OLG 44, 106). Vielmehr bleiben sie trotz Abforderung des Pflichtteils nach dem zweiten Erbfall auf den gesamten Nachlaß erbberechtigt. Dagegen ist Sache der Auslegung, ob sie nach dem Willen der Erblasser, der auch stillschweigend erklärt sein kann, zur Anrechnung des empfangenen Pflichtteils auf den demnächstigen, tatsächlich aus beiden Nachlässen ihnen zufließenden Erbteil verpflichtet sein sollen. Wäre freilich der Pflichtteilsberechtigte, sei es von vornherein, sei es vermöge des § 2306 auf den Pflichtteil am Nachlasse des Zuletztverstorbenen beschränkt, so braucht er sich hierauf den aus dem Nachlasse des Zuerstverstorbenen geforderten Pflichtteil nicht anrechnen zu lassen (Kipp § 27 II 1 c; LZ 1927, 547[2]). Falls die Kinder als Erben des Längstlebenden eingesetzt sind, kann ein Ausgleich auch dadurch geschaffen werden, daß, falls ein Kind nach dem Tode des Erstversterbenden den Pflichtteil fordert, den anderen entsprechende Vermächtnisse, z. B. in Höhe ihres gesetzlichen Erbteils zugewandt werden, die mit dem Tode des Erstversterbenden anfallen, aber erst nach dem Tode des Überlebenden zu zahlen sind (Jastrow DNotV 1904, 424ff.; Planck-Greiff 4. Aufl. § 2269 Anm 2e; Kipp-Coing § 27 II 3 c bei Anmerkung 16).

6. **Vermächtnisanordnungen (Abs 2).** Als Folge des in Abs 1 aufgestellten Satzes, wonach die Anordnungen des gemeinschaftlichen Testaments im Zweifel den beiderseitigen, beim Tode des Überlebenden vorhandenen Gesamtnachlaß zum Gegenstand haben, ergibt sich, daß im Zweifel auch eine Vermächtnisanordnung erst mit diesem Zeitpunkte wirksam wird (RG Warn 1938 Nr 51). Der Bedachte muß deshalb den Tod beider Ehegatten erlebt haben (§ 2160), die Vermächtnisforderung kommt erst jetzt zur Entstehung (§ 2176), vor dem Tode des Überlebenden stehen ihm, da es sich nicht um einen Fall des § 2177 handelt, auch nicht die Rechte des § 2179 zu. Denn, wenn auch der überlebende Ehegatte infolge der Wechselbezüglichkeit der Verfügungen an die Vermächtnisanordnung gebunden ist, hat doch der Vermächtnisnehmer vor dessen Tod noch kein Recht, das abgetreten oder vererbt werden könnte.

Auch hier handelt es sich jedoch nur um eine Auslegungsregel, der Bedachte kann ihr gegenüber den Nachweis führen, daß ihm das Vermächtnis nach dem Willen der Erblasser schon beim Tode des Zuerststerbenden anfallen sollte.

7. **Zeitlicher Anwendungsbereich.** Ist auch nur ein Ehegatte **vor dem 1. 1. 00** gestorben, so kommt § 2269 nicht in Frage, die Auslegung des gemeinschaftlichen Testaments ist vielmehr gemäß EG Art 213 nach älterem Recht zu beurteilen (RG 76, 20; JW 1911, 717[19]). Sind beide Ehegatten nach dem 31. 12. 99 gestorben, so ist § 2269 auch auf ein früher errichtetes gemeinschaftliches Testament anzuwenden, es sei denn, daß die Erblasser die Bestimmungen des Testaments den Vorschriften des älteren Rechtes angepaßt und dadurch den Willen zu erkennen gegeben haben, daß ihre Bestimmungen im Sinne dieser Vorschriften zu verstehen seien (RG JW 1911, 220[27]; Warn 1913 Nr 331; 1938 Nr 22; DJZ 1924, 906; KG DNotZ 1942, 223 sowie RFinH 1 A 121; § 2084 A 5). Möglich ist auch vom Standpunkt des PrALR aus eine Auslegung gegenseitiger Testamente mit dem in § 2269 vorausgesetzten Inhalt (RG 16. 1. 33, IV 351/32).

8. **Erbvertrag und Erbschaftssteuer.** Entsprechende Anwendung beim Erbvertrag § 2280. Über die Behandlung des Falles des § 2269 im Erschaftssteuerrechte s. ErbschStG i. d. F. v. 30. 6. 51 (BGBl I, 764) § 9 Abs 3.

§ 2270

Haben die Ehegatten in einem gemeinschaftlichen Testamente Verfügungen getroffen, von denen anzunehmen ist, daß die Verfügung des einen nicht ohne die Verfügung des anderen getroffen sein würde, so hat die Nichtigkeit oder der Widerruf der einen Verfügung die Unwirksamkeit der anderen zur Folge.

Ein solches Verhältnis der Verfügungen zueinander ist im Zweifel anzunehmen, wenn sich die Ehegatten gegenseitig bedenken oder wenn dem einen Ehegatten von dem anderen eine Zuwendung gemacht und für den Fall des Überlebens des Bedachten eine Verfügung zugunsten einer Person getroffen wird, die mit dem anderen Ehegatten verwandt ist oder ihm sonst nahe steht.

Auf andere Verfügungen als Erbeinsetzungen, Vermächtnisse oder Auflagen findet die Vorschrift des Abs 1 keine Anwendung.

E II 2137; P 5 448–459; 6 397.

Übersicht:

Wechselbezügliche Verfügungen

1. Voraussetzung für die Wechselbezüglichkeit im allgemeinen
2. Die Auslegungsregel des Absatz 2
   a) Allgemeines
   b) Beweislast
   c) Gegenseitiges Bedenken der Ehegatten
   d) Zuwendung an einen Ehegatten und Zuwendungen an Verwandte des anderen oder ihm nahestehende Personen
3. Rechtliche Abhängigkeit der Verfügungen voneinander
4. Andere Verfügungen (Absatz 3)

1. Voraussetzungen für die Wechselbezüglichkeit im allgemeinen. Als wechselbezügliche Verfügungen kommen nach Abs 3 nur Erbeinsetzungen, Vermächtnisse und Auflagen in Betracht. Die Fälle des Abs 2 sind nicht erschöpfend. Wesentlich ist nur, daß zwischen beiden Verfügungen „Zusammenhang des Motivs" (Prot 5, 451) in dem Sinne besteht, daß jeder der beiden Ehegatten eine auf seiner Willensentschließung beruhende Anordnung getroffen hat, die ohne die Verfügung des anderen nicht gewollt sein würde, oder, anders ausgedrückt, daß jede der beiden Verfügungen mit Rücksicht auf die andere getroffen ist und nach dem Willen der Erblasser mit ihr stehen und fallen soll (RG 116, 149). Ein solcher Zusammenhang kann auch dann vorliegen, wenn die beiderseitigen Anordnungen in eine sprachlich einheitliche Verfügung zugunsten desselben Dritten zusammengefaßt sind (RG 88, 330; Warn 1920 Nr 18). Gleichheit des mit den beiderseitigen Anordnungen verfolgten Zweckes ist weder erforderlich noch für sich allein unbedingt genügend, kann aber einen Anhalt dafür bieten, daß beide Verfügungen nach dem Willen der Erblasser voneinander abhängig sein sollen (RG Recht 1921 Nr 1633). Zwischen gleichlautenden Verfügungen wird der Zusammenhang meist ohne weiteres gegeben sein, auch wenn sich die Ehegatten nicht gegenseitig bedenken (§ 2269), vielleicht weil sie insoweit der gesetzlichen Erbfolge nach § 1931 Abs 2 freien Lauf lassen wollen. Er kann auch bei verschiedenartigen Verfügungen vorliegen, z. B. wenn ein Ehegatte seinen Nachlaß nur seinen Verwandten — nicht an Fremde oder einen bestimmten Fremden — zuwendet, weil auch der andere Ehegatte nur seine Verwandten — keine Fremden, keinen bestimmten Fremden bedenkt oder wenn er sich mit einer Auflage beschweren läßt, weil er auch seinerseits dem anderen Teil eine Auflage macht.

Möglich ist zwischen den Verfügungen der beiden Ehegatten in einem gemeinschaftlichen Testament auch ein bloß einseitiges Abhängigkeitsverhältnis derart, daß nur die Verfügung des einen von der des anderen, nicht aber diese Verfügung von jener abhängig gemacht ist. Dann werden (mit JFG 10, 67) die §§ 2270, 2271 entsprechend anzuwenden sein (str).

Dagegen ist das Abhängigkeitsverhältnis für die Zeit nach dem Tode des Zuerststerbenden als verneint anzusehen, wenn ein Erblasser dem anderen ausdrücklich gestattet, spätere abweichende Verfügungen zu treffen (RG 79, 34 u. LZ 1920, 705[12]).

Voraussetzung ist, daß die Verfügungen in einem gemeinschaftlichen Testamente ausgesprochen sind. Stehen die in getrennten Testamenten getroffenen Verfügungen zweier Erblasser, die nicht Ehegatten zu sein brauchen, in dem hier angenommenen gegenseitigen Abhängigkeitsverhältnis, so kann, wenn eine von ihnen unwirksam geworden ist, die andere geeignetenfalls wegen Irrtums im Beweggrunde angefochten werden (§ 2078 Abs 2).

2. Die Auslegungsregel des Abs 2

a) Allgemeines. Auch für die in Abs 2 hervorgehobenen hauptsächlichsten Fälle stellt das Gesetz nur die Auslegungsregel auf, daß die Wechselbezüglichkeit „im Zweifel" gewollt sei. Die Regel hat ihr Vorbild in dem § 493 II 1 PrALR, nicht in einer Norm des gemeinen Rechts (RG 28. 4. 27 IV 579/26). Sie kommt nicht zur Anwendung, wenn pflichtmäßige Willenserforschung (§ 133, § 2084 A 1a) dazu führt, daß die eine von den beiden sich darbietenden Willensmöglichkeiten, nämlich die von den Erblassern gewollte Abhängigkeit oder die von ihnen gewollte Unabhängigkeit der beiderseitigen Verfügungen für zutreffend oder unzutreffend erklärt werden kann. Es ist daher in jedem Fall zu prüfen, ob die betreffende Verfügung nach dem Willen der Erblasser wechselbezüglich sein soll. Nur wenn diese Willenserforschung zu keinem Ergebnis führt, greift insofern die Auslegungsregel des § 2270 Abs 2 ein, wenn es sich um Verfügungen des dort angeführten Inhalts handelt. Bei der hiernach anzustellenden Willenserforschung handelt es sich um eine Auslegung des gemeinschaftlichen Testaments, für die alle für die Testamentsauslegung angeführten Grundsätze gelten. Für die Auslegung können daher auch Umstände außerhalb des Testaments, so frühere oder spätere Äußerungen der Erblasser und ihre beiderseitigen Vermögensverhältnisse in Betracht kommen (KGJ 42, 119; JFG 9, 85; 14, 288; JW 1935, 1442[9]; RG 116, 150; Recht 1929 Nr 1020). Jedoch genügt, wenn die Ehegatten sich gegenseitig zu Erben eingesetzt haben, die Tatsache allein noch nicht, daß zur Zeit der Testamentserrichtung nur die Ehefrau Vermögen besaß, um die Wechselbezüglichkeit auszuschließen. Auch in diesem Fall können die verschiedensten Umstände Anlaß geben, eine Wechselbezüglichkeit der Verfügungen zu wollen, insbesondere, wenn die Ehegatten das Testament in jungen Jahren errichten und vielleicht damit rechnen, daß auch der Ehemann aus seinen Einkünften noch Ersparnisse machen wird (RG DR 1940, 723[5]). Daraus, daß die Ehegatten in einem gemeinschaftlichen Testament, in dem sie sich gegenseitig zu Alleinerben eingesetzt haben, nach dem Tode des Längstlebenden einem Dritten einen Gegenstand vermacht haben, der zur Zeit der Testamentserrichtung im Miteigentum der Ehegatten steht, folgt allein nicht zwingend, daß die von ihnen getroffenen Verfügungen wechselbezüglich sind. Die gegenseitige Erbeinsetzung mag die äußere Voraussetzung für die rechtliche Möglichkeit der von den Ehegatten getroffenen Vermächtnisanordnung darstellen. Für die Frage der Wechselbezüglichkeit ist indes entscheidend auf die sich aus dem Willen der Ehegatten ergebende innere Abhängigkeit der Verfügungen abzustellen (RG 170, 172).

Entgegen der Auslegungsregel des § 2270 Abs 2 ist in der Regel keine Wechselbezüglichkeit anzunehmen, wenn der Wert der Zuwendung des einen Ehegatten an den anderen erheblich hinter dem Wert seines gesetzlichen Erbteils oder gar des Pflichtteils zurückbleibt. Anders ist es, wenn der Ehegatte die Absicht hatte, das Erbrecht seines Ehepartners noch weiter zu beschränken und hiervon mit Rücksicht auf die ihm gemachte Zuwendung abgesehen hat (KG DR 1940, 2171[12]).

Die Entscheidung der Frage, ob die Verfügungen wechselbezüglich sind, kann unter Umständen auch im Wege der ergänzenden Testamentsauslegung getroffen werden. Zwar kann diese nie dazu führen, einen im Testament zweifelsfrei ausgedrückten Willen zu entkräften. Es kann aber sein, daß die Erblasser ihre Verfügungen als wechselbezügliche errichtet haben und daß in späterer Zeit Umstände eingetreten sind, an die sie bei der Errichtung ihres Testaments nicht gedacht haben. Die Wechselbezüglichkeit ist dann zu verneinen, wenn die Erblasser sie für diesen später eingetretenen Fall ausgeschlossen hätten, falls sie diese Umstände bei der Testamentserrichtung vorausschauend bedacht hätten (München HRR 1942 Nr 839).

Letztwillige Verfügungen, die ursprünglich als wechselbezügliche errichtet waren, können diesen Charakter auch später verlieren. Dazu genügt jedoch nicht ein einfacher, formloser Willensentschluß des einen oder beider Ehegatten. Denn die Wechselbezüglichkeit ist eine besondere, auf dem Willen der Erblasser beruhende Eigenschaft ihrer letztwilligen Anordnung. Sie kann nur in der Form einer letztwilligen Verfügung geändert werden. Jeder Ehegatte kann nur die Wechselbezüglichkeit seiner eigenen letztwilligen Verfügungen nachträglich wieder ausschließen. Das kann, ohne daß der andere Ehegatte mitzuwirken oder davon Kenntnis zu haben braucht, durch eine einseitige von ihm errichtete letztwillige Verfügung geschehen. Die Bestimmung des § 2271 steht dem nicht entgegen, da sie nur dem Schutz des anderen Ehegatten dient, dieser aber dadurch, daß die für ihn bestehende Bindung entfällt, nur besser gestellt wird. Der Ehegatte selbst, der die ändernde Bestimmung trifft, bleibt seinerseits gebunden, da die Wechselbezüglichkeit der von seinem Ehepartner errichteten Verfügung solange unberührt bleibt, bis auch dieser sie aufhebt. In einem solchen Fall besteht eine vom Gesetz an sich in § 2270 nicht vorgesehene einseitige Bindung eines Ehegatten.

b) Beweislast. Für gegenseitige Unabhängigkeit der Verfügungen ist in den Fällen des Abs 2, soweit bei der Urkundenauslegung überhaupt von einer Beweispflicht gesprochen werden kann, derjenige beweispflichtig, welcher im Falle der Nichtigkeit oder des Widerrufs der einen die fortdauernde Gültigkeit der andern Verfügung behauptet. S. aber auch § 2358 A 1.

Beim Fehlen der Voraussetzungen des Abs 2 gilt nicht etwa eine Vermutung gegen die Wechselbezüglichkeit, vielmehr ist dann über ihr Vorhandensein nach freiem richterlichem Ermessen zu entscheiden (BayObLG 21 A 90).

c) Gegenseitiges Bedenken der Ehegatten. Die Ehegatten können sich gegenseitig bedenken nur durch Erbeinsetzung oder Vermächtnisse. Eine Auflage (§ 1940), die dem andern Teil zugute kommt, genügt nicht. Doch steht der Erbeinsetzung gleich und ist als Zuwendung aufzufassen, wenn die Ehegatten im Testamente der gegenseitigen gesetzlichen Erbfolge (§ 1931) auch nur stillschweigend freien Lauf lassen.

Aus der wechselbezüglichen Erbeinsetzung der Ehegatten ergibt sich nicht ohne weiteres, daß es auch seinem übrigen Inhalte nach wechselbezüglich sein soll; diese Frage ist vielmehr für jede einzelne Verfügung zu prüfen (JFG 15, 262). In dem häufigen Falle, daß kinderlose Eheleute sich gegenseitig als Erben einsetzen und bestimmen, nach dem Tode des Letztlebenden solle das beiderseitige Vermögen teils an Verwandte des Mannes, teils an Verwandte der Frau fallen, sind regelmäßig wechselbezüglich die Einsetzungen der Gatten im Verhältnise zueinander, außerdem die Einsetzung jedes Gatten im Verhältnisse zu der von ihm ausgesprochenen Einsetzung der Verwandten des andern Gatten, also wenn der Mann zuerst stirbt, die Einsetzung der Frau durch ihn mit der Einsetzung seiner Verwandten durch die Frau, dagegen nicht ohne weiteres mit der von der Frau ausgesprochenen Einsetzung ihrer Verwandten. Möglich ist aber die Erstreckung der Wechselbezüglichkeit auch hierauf, so wenn sich die Ehegatten über die Auswahl der zu bedenkenden beiderseitigen Verwandten, auf deren Bedenkung nicht nur der mit dem einzelnen verwandte Erblasser, sondern beide Gatten Wert legten, verständigt haben (RG SchlHA 1920, 33; auch BayObLG aaO. und Dresden JFG 2, 162).

Über die Anwendung der Auslegungsregel des Abs 2 auf ein gemeinschaftliches Testament von Eheleuten, die in westfälischer Gütergemeinschaft des PrGes v. 16. 4. 1860 lebten, s. RG HRR 1934 Nr 820.

d) Zuwendungen an einen Ehegatten und Zuwendungen an Verwandte des anderen oder ihm nahestehende Personen. Die Ehegatten bedenken sich nicht gegenseitig. In dem gemeinschaftlichen Testament wird vielmehr nur dem einen Ehegatten (A) von dem andern eine Zuwendung gemacht. Der andere (B) erlangt aber gewissermaßen als Gegenleistung, daß für den Fall des Überlebens des Bedachten (A) von diesem eine Verfügung zugunsten einer Person getroffen wird, die mit dem andern (B) verwandt ist oder ihm sonst nahesteht, was auch für einen gemeinschaftlichen Abkömmling der beiden Ehegatten oder eine beiden in gleichem Maße durch Freundschaft oder dergleichen verbundene Person zutrifft (RG 116, 149f.). In der Denkschrift (Heymannsche Ausgabe 433) hat der Tatbestand des Gesetzes keinen zutreffenden Ausdruck gefunden. Der dort angeführte Fall, daß die Verfügung zugunsten des Dritten gerade von demjenigen Ehegatten (B) getroffen wird, welcher auch die Zuwendung an den überlebenden Ehegatten macht, wird von der Auslegungsregel nicht getroffen, die nur für Fälle bestimmt ist, in denen sich Verfügungen beider Ehegatten gegenüberstehen (Planck-Greiff A 4b; s. auch RG JW 1909, 52[18]; a. M. die 5. und die früheren Auflagen dieses Kommentars).

Verwandtschaft § 1589.

Nahestehende Personen: Verschwägerte, Freunde, Hausgenossen usw. Wird die Schwägerschaft mit dem „anderen Ehegatten" nur durch den mitbestimmenden Ehegatten vermittelt, wie dann, wenn der Mann, der von seiner zweiten Frau als Erbe eingesetzt ist, für den Fall seines Überlebens seine erstehelichen Kinder als Erben einsetzt, so hängt es von den Umständen des einzelnen Falles ab, ob diese mit dem anderen Ehegatten verschwägerten Personen als „ihm nahestehend" anzusehen sind (HRR 1932 Nr 627).

3. Rechtliche Abhängigkeit der wechselbezüglichen Verfügungen. Wechselbezügliche Verfügungen sind nach § 2270 Abs 1 insofern voneinander abhängig, als die Nichtigkeit oder der Widerruf der einen die Unwirksamkeit der anderen zur Folge hat. Gleichgültig ist, ob die Nichtigkeit wegen eines materiellen oder eines formellen Mangels, ob sie von Anfang an bestanden hat oder erst als Erfolg der Anfechtung nach § 142 Abs 1 eintritt. Die bloße Möglichkeit, daß eine der wechselbezüglichen Verfügungen infolge einer vielleicht später eintretenden Änderung der tatsächlichen Verhältnisse nichtig wird, genügt indes nicht, um die Wirksamkeit der von ihr abhängigen Verfügung zu erschüttern (KGJ 21, 94 entschieden für den Fall einer Anerbenbestimmung nach dem Reichserbhofgesetz, die sich möglicherweise in späterer Zeit als unwirksam erweisen konnte).

Über den Widerruf vergleiche § 2271 A 2.

In beiden Fällen tritt die Unwirksamkeit der anderen Verfügung unmittelbar kraft Gesetzes ein. Es ist deshalb gleichgültig, ob der andere Teil die Nichtigkeit oder den Widerruf gekannt, oder dem Widerruf sogar zugestimmt hat. Die Unwirksamkeit beschränkt sich jedoch, wenn der andere Teil mehrere Verfügungen getroffen hatte, auf diejenigen seiner Verfügungen, welche zu der nichtigen oder widerrufenen Verfügung im Abhängigkeitsverhältnis gestanden hatten; ob die so beschränkte Unwirksamkeit demnächst auch Unwirksamkeit der sonstigen Verfügungen des andern Teiles zur Folge hat, ist nach § 2085 zu beurteilen (RG 116, 149; Warn 1913 Nr 247).

Ist die Verfügung des einen Ehegatten aus anderen Gründen als wegen Nichtigkeit oder Widerrufs unwirksam, z. B. infolge Ausschlagung des von ihm eingesetzten Erben, so bleibt die Wirksamkeit der anderen Verfügung hiervon unberührt (str), wenn sie nicht als durch Verwirklichung der erledigten Verfügung bedingt zu gelten hat.

Darüber, ob und inwieweit auch teilweiser Widerruf der einen Verfügung (Herabsetzung eines Vermächtnisses) die Unwirksamkeit der anderen Verfügung nach sich zieht, ist nach dem zu ermittelnden Willen der Erblasser zu entscheiden.

4. Andere Verfügungen (Abs 3). Andere Verfügungen, wie familienrechtliche Anordnungen (Vorbem 2 vor § 1937), Ausschließung (§ 1938), Entziehung des Pflichtteils (§ 2336, RG Warn 1933 Nr 152), Teilungsanordnungen (§ 2048), Ernennung eines Testamentsvollstreckers (§ 2197, KGJ 48, 99; DNotZ 1936, 380) werden kraft Gesetzes (A 2) auch dann nicht unwirksam, wenn sie nach dem Willen der Ehegatten mit der nichtigen oder widerrufenen Verfügung wechselbezüglich sein sollen. Dagegen ist ihre Anfechtung aus § 2078 nicht ausgeschlossen. — Entsprechend dem § 2270 beim Erbvertrag § 2298.

§ 2271

Der Widerruf einer Verfügung, die mit einer Verfügung des anderen Ehegatten in dem im § 2270 bezeichneten Verhältnisse steht, erfolgt bei Lebzeiten der Ehegatten nach den für den Rücktritt von einem Erbvertrage geltenden Vorschriften des § 2296. Durch eine neue Verfügung von Todes wegen kann ein Ehegatte bei Lebzeiten des anderen seine Verfügung nicht einseitig aufheben.

Das Recht zum Widerruf erlischt mit dem Tode des anderen Ehegatten; der Überlebende kann jedoch seine Verfügung aufheben, wenn er das ihm Zugewendete ausschlägt. Auch nach der Annahme der Zuwendung ist der Überlebende zur Aufhebung nach Maßgabe des § 2294 und des § 2336 berechtigt.

Ist ein pflichtteilsberechtigter Abkömmling der Ehegatten oder eines der Ehegatten bedacht, so findet die Vorschrift des § 2289 Abs 2 entsprechende Anwendung.

E II 2138; P 5 451–458.

Übersicht:

Widerruf wechselbezüglicher Verfügungen

1. Allgemeines. § 2271 behandelt die Zulässigkeit und die Form des einseitigen Widerrufs wechselbezüglicher Verfügungen eines gemeinschaftlichen Testaments. Absatz 1 betrifft den Widerruf zu Lebzeiten der Ehegatten, Absatz 2 den Widerruf zur Zeit nach dem Tode des einen der Ehegatten. Absatz 3 behandelt die Möglichkeit einer Enterbung in guter Absicht.

2. Der Widerruf

a) Gemeinsamer Widerruf durch beide Ehegatten. Von selbst versteht sich, daß die Ehegatten gemeinschaftlich jederzeit das gemeinschaftliche Testament in allen Formen der §§ 2253 bis 2258 BGB widerrufen können (HRR 1932 Nr 14). Nach § 2289 kann dies auch durch Erbvertrag geschehen.

b) Einseitiger Widerruf eines Ehegatten

aa) Widerruf nicht wechselbezüglicher Verfügungen. § 2271 hat nur den einseitigen Widerruf eines Ehegatten im Auge. Auch dieser ist unbeschränkt zulässig in allen Formen, auch durch Streichung der eigenen Niederschrift gemäß § 2255, jedoch mit Ausnahme des § 2256 (vgl. § 2272), soweit es sich um nicht wechselbezügliche Verfügungen des gemeinschaftlichen Testaments, insbesondere um andere Verfügungen als Erbeinsetzungen, Vermächtnisse und Auflagen handelt (§ 2270 Abs 3; JFG 8, 130; RG Warn 1933 Nr 152: Die in dem gemeinschaftlichen Testament gegen ein gemeinschaftliches Kind ausgesprochene Pflichtteilsentziehung kann danach vom überlebenden Ehegatten mit der Wirkung aufgehoben werden, daß das Kind zwar nicht am Nachlaß des erstverstorbenen, wohl aber an dem des überlebenden Elternteils pflichtteilsberechtigt wird).

bb) Widerruf wechselbezüglicher Verfügungen. Selbst die wechselbezüglichen Verfügungen sind bis zum Tode des Zuerstversterbenden für jeden Teil frei widerruflich, der Widerruf ist jedoch neben dem Erfordernis mindestens beschränkter Geschäftsfähigkeit an die Formvorschrift des § 2296 gebunden: persönlich abgegebene und gerichtlich oder notariell beurkundete Erklärung gegenüber dem anderen Ehegatten. Der Widerruf wird wirksam, wenn er dem anderen Ehegatten zugeht. Es kommt nicht darauf an, ob der andere Ehegatte von dem Widerruf Kenntnis erhält. Falls der Ehegatte, dem der Widerruf zu erklären ist, geschäftsunfähig oder in der Geschäftsfähigkeit beschränkt ist, muß der Widerruf, um wirksam zu werden, dem gesetzlichen

Vertreter zugehen, es sei denn, daß dieser darin eingewilligt hat, daß er dem in der Geschäftsfähigkeit nur beschränkten Ehegatten erklärt wird. Falls der Aufenthalt des anderen Ehegatten unbekannt ist, kann die Erklärung des Widerrufs nach § 132 Abs 2 nach den für die öffentliche Zustellung einer Ladung geltenden Vorschriften der Zivilprozeßordnung erfolgen. Hat der widerrufende Teil alles getan, was von seiner Seite geschehen muß, damit die Erklärung an den anderen Teil gelangt, so ist der Widerruf wirksam, auch wenn er erst nach dem Tode des Widerrufenden dem anderen Ehegatten zugeht (§ 130 Abs 2; RG 65, 270). Er ist jedoch im Hinblick auf den Sinn und Zweck des § 2271 Abs 1 unwirksam, wenn der Widerrufende die Weisung erteilt hat, daß der Widerruf erst nach seinem Tode dem anderen Ehegatten zugehen soll (BGH 9, 233; Natter JZ 1954, 381; Kipp-Coing § 28 Anm 14; a. A. München DNotZ 1944, 113; Schmidt JZ 1953, 602; 1954, 605).

Der einseitige Widerruf der wechselbezüglichen Verfügung ist deshalb unwirksam (s. jedoch A 3, 4), wenn er erklärt wird durch Testament (§ 2254), durch Vernichtung oder Veränderung der Testamentsurkunde (§ 2255; über den Beweis von Inhalt und Formgültigkeit des vernichteten Testaments vgl. RG LZ 1920, 387[5]; LM Nr 1 zu § 2085), durch eine trotz § 2272 etwa doch erfolgte einseitige Rücknahme aus amtlicher Verwahrung oder durch Errichtung eines neuen (sei es auch nur teilweise, z. B. durch die Hinzufügung von Beschränkungen oder Beschwerungen, A 3b, RG Warn 1920 Nr 18) widersprechenden Testaments (§ 2258 und A 2c); dies gilt auch insoweit, als es sich bei dem neuen Testament um andere Verfügungen im Sinne des § 2270 Abs 3, etwa um die Anordnung einer Testamentsvollstreckung handelt (JFG 8, 127).

Eine wechselbezügliche Verfügung, durch die ein Vermächtnis oder eine Auflage angeordnet ist, kann in entsprechender Anwendung des § 2291 mit Zustimmung des anderen Ehegatten durch einseitiges Testament aufgehoben werden. Die Zustimmungserklärung bedarf der gerichtlichen oder notariellen Beurkundung und ist unwiderruflich (ebenso Kipp-Coing § 28 Anm 15; a. A. Planck-Greiff 4. Aufl. § 2271 Anm II 2 b).

cc) Widerruf gemeinschaftlicher Testamente mit wechselbezüglichen und nicht wechselbezüglichen Verfügungen. In der Form des § 2296 können nur die wechselbezüglichen, nicht auch die sonstigen Verfügungen des gemeinschaftlichen Testaments widerrufen werden. Der Ehegatte, der sowohl wechselbezügliche als auch andere Verfügungen einseitig widerrufen will, muß sich deshalb sowohl der Form des § 2296 als auch einer der Formen der §§ 2254—2258 bedienen.

dd) Sonstige den Widerruf betreffende Vorschriften. Wirkung des Widerrufs § 2270 A 3. Der in der Form des § 2296 erklärte Widerruf ist selbst unwiderruflich (§ 2257 kann nicht in Frage kommen). Er hat zur Folge, daß eine vorher errichtete widersprechende letztwillige Verfügung nunmehr Gültigkeit erlangt (RG 65, 275).

c) Kein einseitiger Widerruf nach § 2258 (Abs 1 Satz 2). Satz 2 bestätigt die Regel des Satz 1 auch für den Fall des § 2258, der eine förmliche Widerrufserklärung nicht voraussetzt. Er bezieht sich deshalb gleichfalls nur auf wechselbezügliche Verfügungen. Davon abgesehen verbleibt beiden Ehegatten die unbeschränkte Testierfreiheit. § 2271 steht daher auch nicht entgegen, daß ein Ehegatte in einem einseitigen Testamente seine Verfügung mit der Bestimmung wiederholt, daß sie nunmehr ohne Rücksicht auf bestimmte Verfügungen des anderen Ehegatten getroffen ist (JFG 17, 44; 18, 332 mit Anm von Vogels in JW 1939, 353[21]). Gemeinsam können die Ehegatten auch das wechselbezügliche Testament durch ein neues Testament beseitigen (A 2a). Dagegen reicht die Zustimmung des einen Teiles zu dem einseitigen Testament des anderen Ehegatten hierzu nicht aus (JW 1919, 516[8] mit Anm; JFG 8, 129; 14, 285). — Widerruf eines unter PrALR errichteten gegenseitigen Testaments § 2253 Anm 2 Abs 3

3. Die Bindung des überlebenden Ehegatten

a) Eintritt und Umfang der Bindung: Mit dem Tode des anderen Ehegatten tritt diejenige Gebundenheit des Überlebenden an die im gemeinschaftlichen Testament von ihm selbst getroffenen Verfügungen ein, die beim Erbvertrag grundsätzlich von vornherein besteht (§ 2278 A 1) und in § 2298 Abs 2 auch bei Vorbehalt des Rücktritts für den Fall aufrechterhalten wird, daß von dem Rücktrittsrecht bei Lebzeiten der Vertragschließenden kein Gebrauch gemacht worden ist. Die Gebundenheit des Überlebenden tritt kraft Gesetzes mit dem Tode des Zuerststerbenden ein, nicht, wie nach PrALR II 1 § 492 (RG 31, 240) und nach gemeinem Recht (SeuffA 78 Nr. 145; JFG 3, 163; vgl. auch RG 6, 174; 41, 169) erst mit Annahme der ihm etwa gemachten Zuwendung; sie tritt selbst dann ein, wenn er überhaupt nicht bedacht wäre.

b) Folgen der Bindung. Diese Gebundenheit hat zur Folge, daß letztwillige Anordnungen des Überlebenden, soweit und solange ihnen die wechselbezüglichen Verfügungen des gemeinschaftlichen Testaments entgegenstehen — außer im Rahmen von Abs 2 Satz 2 und Abs 3 —, nicht wirksam sind. Der Überlebende ist insoweit in seiner Testierfreiheit beschränkt. Damit ist zugleich ausgeschlossen, daß der Überlebende die Verfügungen zwar formell bestehen läßt, sie aber durch Hinzufügung von Beschwerungen oder Beschränkungen, z. B. durch die Belastung des eingesetzten Erben mit einem Vermächtnis (SeuffA 78 Nr. 145; aber auch LZ 1928, 1710[1]) oder durch die Ernennung eines Testamentsvollstreckers (RJA 12, 18; BayOLG 19 A. 171; München HRR 1942 Nr 839, aber auch RJA 16, 253) wesentlich abändert (vgl. A 2b bb; JFG 8, 127 und RG Warn 1920 Nr 18).

Der überlebende Ehegatte, der Alleinerbe seines verstorbenen Ehepartners geworden ist, kann grundsätzlich unter Lebenden über den ihm angefallenen Nachlaß frei verfügen (BGH 6. 5. 54 IV ZR 217/53). Er darf im Hinblick auf den entsprechend anwendbaren § 2287 die Verfügungen des gemeinschaftlichen Testaments nicht durch bösliche Schenkungen vereiteln (RG 58, 64; 77, 113; Warn 1926 Nr 188; vgl. auch § 2269 Anm 4a). Ferner darf er sich der nach § 2271 Abs 2 eingetretenen Bindung nicht dadurch entziehen, daß er in der Absicht, das gemeinschaftliche Testament auszuhöhlen und die Bindung gegenstandslos zu machen, kurz vor seinem Tode den oder die Hauptbestandteile seines Vermögens veräußert. Die zu diesem Zweck vorgenommenen Übereignungen sind nichtig (LM Nr 4 zu § 2271; vgl. dagegen OGH 2, 160. Keine Unwirksamkeit der Übereignung eines Grundstücks in einem Fall, in dem der Erblasser noch erhebliche Sparguthaben behielt). Der Übergabevertrag über eine der Höfeordnung der früheren britischen Zone unterliegende Besitzung ist Rechtsgeschäft unter Lebenden und vorweggenommene Erbfolge. Eine durch das gemeinschaftliche Testament eingetretene Bindung des überlebenden Ehegatten kann diesen daher hindern, den Hof einer anderen Person zu übergeben als der in dem gemeinschaftlichen Testament als Anerbe bestimmten, während eine Veräußerung des Hofes durch bloßes Rechtsgeschäft unter Lebenden an sich zulässig bleibt (BGH RdL 1951, 129; LM Nr. 4 zu HöfeO [BZ] § 17).

Letztwillige Anordnungen aus § 1369 oder aus §§ 1638, 1651 Nr 2 (Befreiung des von ihm durch eine wechselbezügliche Verfügung Zugewendeten von der ehemännlichen oder väterlichen Verwaltung und Nutznießung) sind dem überlebenden Ehegatten nicht verwehrt (RG 22. 10. 28 IV A 618/28; Braunschweig DNotZ 1951, 374). Der Gebundene wird nicht gehindert, die von ihm in dem gemeinschaftlichen Testament getroffenen Verfügungen durch eine neue einseitige zu wiederholen und zu bestätigen. Dieser Umstand ist vom KG in der Entscheidung KGJ 20, 139 nicht hinreichend berücksichtigt worden.

c) Inkrafttreten widersprechender Verfügungen nach Anfechtung des gemeinschaftlichen Testaments oder Wegfall des Bedachten. Wenn nach Errichtung eines wechselseitigen Testaments der überlebende Ehegatte in einem weiteren Testament seinen Gatten zweiter Ehe als Erben eingesetzt hat und dieser das erste Testament aus § 2079 mit Erfolg anficht, so tritt Erbfolge auf Grund des zweiten Testaments und nicht etwa gesetzliche Erbfolge ein (RG 130, 213). Wie in diesem Beispielsfall, so erlangt das spätere einseitige Testament des durch eine wechselbezügliche Verfügung gebundenen Ehegatten auch dann seine volle Kraft, wenn sich die wechselbezügliche Verfügung durch den Wegfall des in ihr Bedachten, sei es seinen vorzeitigen Tod, Ausschlagung, Erbverzicht oder Erbunwürdigkeit, erledigt (BayOLG 22, 120; 32, 411; RG 149, 200; Warn 1918 Nr 124; vgl. § 2352 A 1 a. E.).

4. Beseitigung der Bindung

a) Allgemeines. Der Überlebende wird von selbst befreit, wenn sich seine wechselbezügliche Verfügung durch Wegfall des Bedachten erledigt (A 3c).

Er kann sich aber auch von der Gebundenheit befreien dadurch, daß er das ihm Zugewendete ausschlägt. Er kann dann seine Verfügung aufheben. Die Ausschlagung des ihm Zugewendeten für sich allein macht die übrigen Verfügungen des gemeinschaftlichen Testaments nicht hinfällig (KGJ 48, 99). Das Gesetz erfordert jedoch nicht, daß die Ausschlagung der Aufhebung der Verfügung vorangehe. Der vom Überlebenden schon bei Lebzeiten des andern Ehegatten in den Formen der §§ 2254—2256 erklärte und deshalb an sich unwirksame Widerruf (vgl. A 2 b bb), insbesondere ein den wechselbezüglichen Verfügungen widersprechendes Testament (§ 2258) erlangt deshalb nach dem Tode des Zuerstverstorbenen volle Wirksamkeit, sobald die Ausschlagung des Überlebenden hinzutritt (BayObLG 22 A 120; vgl. auch RG 65, 275). Das gemeinschaftliche Testament wird nicht dadurch gegenstandslos, daß beim Tode des zuerst versterbenden Ehegatten kein Nachlaß vorhanden ist. Der Überlebende muß daher auch in diesem Fall, um seine volle Testierfreiheit zurückzuerlangen, ausschlagen.

b) Die **Aufhebung der Verfügung** begreift den eigentlichen Widerruf (§§ 2254—2256) und die Errichtung eines neuen widersprechenden Testaments (§ 2258) in sich. Sie setzt Testierfähigkeit des Überlebenden voraus, ist mithin ausgeschlossen, wenn er geschäftsunfähig geworden ist (§ 2229 Abs 3 u. 4). In diesem Falle bleibt nur Anfechtung des gemeinschaftlichen Testaments aus § 2078 Abs 2 möglich.

Gegenstand der Aufhebung ist unmittelbar nur die eigene vom Überlebenden getroffene oder mitgetroffene Verfügung. Sie hat aber gemäß § 2270 Abs 1 ohne weiteres auch Unwirksamkeit der vom anderen Teil getroffenen (wechselbezüglichen) Verfügungen zur Folge.

c) Die Ausschlagung des Zugewandten

aa) Durch den überlebenden Ehegatten. Die Ausschlagung des Zugewendeten setzt voraus, daß der Überlebende im gemeinschaftlichen Testamente vom Zuerstverstorbenen als Erbe oder Vermächtnisnehmer bedacht ist. Dem ist der Fall gleichzustellen, daß beide Ehegatten zwar nur an Dritte Zuwendungen gemacht, im Verhältnis zueinander aber der gesetzlichen Erbfolge bewußt freien Lauf gelassen (§ 2270 A 1) oder sich auf ihre gesetzlichen Erbteile förmlich eingesetzt haben (JFG 15, 36). Dann befreit sich der Überlebende durch Ausschlagung des ihm anfallenden gesetzlichen Erbteils. Empfinge der Überlebende aus dem Nachlasse des Zuerstversterbenden überhaupt nichts, hätte er sich aber gleichwohl im Sinne der Wechselbezüglichkeit gebunden (§ 2270 A 2d), so könnte er nichts ausschlagen und deshalb auch nicht wirksam widerrufen. Dadurch, daß der Dritte die ihm gemachte Zuwendung ausschlägt, entfällt die Bindung des überlebenden Ehegatten nicht (ebenso Planck-Greiff 4. Aufl. § 2271 Anm IV bα; a. A. Kipp-Coing § 28 III 2b).

Anfechtung der Annahme und Ausschlagung §§ 1954–1956.

bb) Ausschlagung durch Erben des zuletzt verstorbenen Ehegatten. Hatte der Überlebende die Verfügung aufgehoben, ist er aber vor Ablauf der Ausschlagungsfrist verstorben, so vererbt sich zwar gemäß §§ 1952, 2180 Abs 3 das Ausschlagungsrecht auf seine Erben. Ihre Ausschlagung kann aber die Gebundenheit des Überlebenden nicht mehr beseitigen, wenn sie ihr Erbrecht, wie die Regel bildet, selbst erst aus dem wechselbezüglichen Testamente herleiten. Denn die Ausschlagung wirkt gemäß §§ 1953 Abs 1, 2180 Abs 3 auf die Zeit des ersten Erbfalls zurück, ihr Erbrecht und somit auch das Ausschlagungsrecht hätte mithin als von Anfang an nicht vorhanden gewesen zu gelten.

Fällt dagegen der Nachlaß des Überlebenden an seine gesetzlichen Erben, und schlagen diese die darin einbegriffene Erbschaft des Zuerstverstorbenen aus, so sind nunmehr alle gesetzlichen Voraussetzungen erfüllt, um die Gebundenheit zu beseitigen (a. M. Strohal § 43a A 28ff.).

Keinesfalls kann jedoch die Ausschlagung des Zugewendeten durch den in einem neuen widersprechenden Testamente eingesetzten Erben diesen Erfolg haben (RG 95, 214).

5. Ausschluß der Bindung durch Bestimmungen des Erblassers. Allgemein läßt sich sagen, daß nach dem Willen der Ehegatten die nach § 2271 Abs 1 bestehenden Beschränkungen für den Widerruf nicht weiter gehen sollen, als es erforderlich ist, um zu verhindern, daß ein Ehegatte ohne Kenntnis des anderen seine wechselbezüglichen Verfügungen in einer den Interessen jenes Ehegatten widersprechenden Weise ändert. Es kann daher in der Regel angenommen werden, daß nach dem Willen der Ehegatten die Beschränkungen unter der Bedingung entfallen sollen, daß an die Stelle der widerrufenen, den einen Ehegatten begünstigenden wechselbezüglichen Verfügung eine andere tritt, durch die dieser nur besser gestellt wird. Unter dieser Voraussetzung kann ein Ehegatte seine wechselbezüglichen Verfügungen durch einseitiges Testament zu Lebzeiten des anderen Ehegatten, ohne daß dieser davon Kenntnis zu haben braucht, durch andere ersetzen (KG JW 38, 680). In einem Fall, in dem die Ehegatten ihre gemeinschaftlichen Kinder zu Erben eingesetzt und sich gegenseitig den lebenslänglichen Nießbrauch an dem Nachlaß vermacht hatten, hat das Kammergericht ein von dem einen Ehegatten später errichtetes Testament, durch das er den anderen Ehegatten zum Alleinerben eingesetzt hatte, aus den angeführten Gründen für gültig erklärt (DR 1943, 697[6]).

Absatz 2 Satz 1, der die Bindung des überlebenden Ehegatten an die von ihm getroffenen wechselbezüglichen Verfügungen für die Zeit nach dem Tode des anderen Ehegatten vorschreibt, enthält gleichfalls nachgiebiges Recht. Dem überlebenden Ehegatten kann daher im gemeinschaftlichen Testament die Befugnis eingeräumt werden, seine eigenen, den Charakter der Wechselbezüglichkeit tragenden Verfügungen noch nach dem Tode des Zuerstversterbenden (formell oder sachlich, ganz oder teilweise A3b) zu widerrufen (BGH 6. 12. 51 IV ZR173/50). Das Widerrufsrecht kann ihm auch nur unter bestimmten Voraussetzungen eingeräumt werden. Da es dem Erblasser möglich wäre, dem überlebenden Ehegatten ein freies Widerrufsrecht einzuräumen, kann er auch bestimmen, daß das Vorliegen der Voraussetzungen, an die er die Zulässigkeit des Widerrufs geknüpft wissen will, gerichtlich nicht nachprüfbar sein soll (BGH 2, 37). Ein derartiger Widerruf zieht nach § 2270 die Unwirksamkeit der entsprechenden Verfügungen des Zuerstverstorbenen nach sich (RG SeuffA 76 Nr 163; Rostock SeuffA 78 Nr 145; KG JRdsch 1925 Nr 1640; München JFG 15, 262; RG Recht 1923 Nr 54, wo es gebilligt ist, daß die Einräumung der gedachten Befugnis in der Bestimmung der Erblasser gefunden ist: „Wir behalten uns vor, in betreff unseres Vermögens Abänderungen durch Nachzettel zu treffen"; RG DNotV 1932, 348[14], wo der Vorbehalt der Befugnis für den überlebenden Ehegatten, „das Testament" auch nach Annahme der Erbschaft zu ändern, dahin ausgelegt ist, daß er sich nur auf eigene wechselbezügliche Verfügungen dieses Ehegatten richte). Ob dem überlebenden Ehegatten die Befugnis eingeräumt ist, seine wechselbezüglichen Verfügungen nach dem Tode des anderen Ehepartners zu ändern, ist durch Auslegung des Testaments zu ermitteln. Diese Befugnis kann auch auf Grund einer ergänzenden Testamentsauslegung festgestellt werden. Der überlebende Ehegatte kann daher nach dem Tode seines Ehepartners eine Testamentsvollstreckung für den

Schlußerben anordnen, wenn der verstorbene Ehegatte, falls er bei der Testamentserrichtung die später eingetretenen Umstände vorausschauend bedacht hätte, diese Maßnahme gebilligt hätte. Diese Feststellung kann aber nicht allein daraus getroffen werden, daß die Anordnung der Testamentsvollstreckung nach der subjektiven Überzeugung des überlebenden Ehegatten auch im Sinne des Verstorbenen liegt (KGJ 23, 45).

Setzen sich die Ehegatten gegenseitig zu Vollerben und die Kinder zu Erben des Überlebenden mit der Bestimmung ein, daß sich der Überlebende im Falle der Wiederverheiratung mit den Kindern den gesetzlichen Vorschriften entsprechend auseinanderzusetzen hat, so soll nach KG JFG 15, 325 (ebenso JW 1938, 2748[22]; München HRR 1938 Nr. 881) im Zweifel anzunehmen sein, daß sie für den Wiederverheiratungsfall den Überlebenden mindestens von der Bindung an die von ihm verfügte Einsetzung der Kinder auf seinen Nachlaß haben befreien wollen; hiergegen Domke JW 1937, 2521 Anm; a. M. auch Palandt-Seibert § 2269 A 4. Eine allgemeingültige Auslegungsregel des angegebenen Inhalts wird sich nicht aufstellen lassen; vielmehr wird es stets Frage der Auslegung des einzelnen Testaments sein, ob ihm ein auf Befreiung von der Bindung gerichteter Wille der Erblasser entnommen werden kann. Bestimmt ein gemeinschaftliches Testament, daß ein als Erbe des letztlebenden Ehegatten bedachtes Kind, wenn es das Testament anfechte, nur den Pflichtteil erhalte, so kann dieser Bestimmung die Bedeutung zukommen, daß, sofern das Kind vom Nachlasse des Erstverstorbenen den Pflichtteil fordere und damit dem Testament zuwiderhandle, der Überlebende ihm gegenüber an seine Verfügungen nicht mehr gebunden sein solle (OLG 40, 143).

Die Wirksamkeit von Abänderungen, die der überlebende Ehegatte nicht an seinen eigenen Verfügungen, sondern auf Grund einer Ermächtigung des andern Ehegatten an dessen Verfügungen vornimmt, richtet sich nicht nach § 2271 Abs 2, sie hängt vielmehr ausschließlich davon ab, ob und inwieweit eine Ermächtigung zu solchen Abänderungen mit § 2065 vereinbar ist (RG JW 1925, 2121[11]; § 2065 A 2a).

Die Bestimmung, daß der Überlebende zur freien Verfügung über die Erbschaft berechtigt sein solle, enthält im Zweifel nur die Ermächtigung, unter Lebenden, nicht auch von Todes wegen frei zu verfügen (JW 1936, 3264[36]; JFG 15, 358).

6. Fortfall der Bindung infolge schwerer Verfehlungen des Schlußerben. Der Überlebende darf auch nach Annahme der ihm selbst im gemeinschaftlichen Testamente gemachten Zuwendung seine zugunsten eines Dritten gereichende wechselbezügliche Verfügung aufheben, wenn sich der Bedachte einer Verfehlung schuldig gemacht hat, die den Erblasser zur Entziehung des Pflichtteils berechtigen würde (§ 2294). Der Überlebende kann nur seine eigenen Verfügungen und nicht auch die des verstorbenen Ehegatten aufheben. Sofern aber die Ehegatten sich gegenseitig zu Alleinerben und den Schlußerben als Erben des Zuletztversterbenden eingesetzt haben, ist der überlebende Ehegatte praktisch in der Lage, den Schlußerben auch vom Nachlaß des Zuerstverstorbenen auszuschließen. Denn der Schlußerbe kann nur als Erbe des zuletzt versterbenden Ehegatten in den Genuß der Vermögensgegenstände gelangen, die zum Nachlaß des Zuerstverstorbenen gehören.

Form und Wirksamkeit der Aufhebung sowie der Beweis des Aufhebungsgrundes richten sich nach § 2336 (RG 26. 5. 30 IV 364/29). Sie muß durch eine letztwillige Verfügung erfolgen, in der der Grund, aus dem sie erfolgt, angegeben ist. Ist die Aufhebung erfolgt, weil der Bedachte einen ehrlosen oder unsittlichen Lebenswandel führt, so ist sie unwirksam, wenn er sich zur Zeit des Erbfalls von dem ehrlosen und unsittlichen Lebenswandel dauernd abgewandt hat.

Die Gültigkeit der dem Überlebenden selbst gemachten Zuwendung bleibt von der Aufhebung, wie auch im Falle des Abs 3, unberührt.

7. Beschränkung des Bedachten in guter Absicht (Absatz 3). Falls der Bedachte ein pflichtteilsberechtigter Abkömmling beider oder eines der Ehegatten ist, kann jeder Ehegatte ihm nach dem entsprechend anwendbaren § 2289 Abs 2 Beschränkungen auferlegen. Voraussetzung dafür ist, daß der bedachte Pflichtteilsberechtigte sich in solchem Maße der Verschwendung ergeben hat oder in solchem Maße überschuldet ist, daß sein späterer Erwerb erheblich gefährdet wird. Der Ehegatte kann dann bestimmen, daß nach dem Tode des Abkömmlings dessen gesetzliche Erben das ihm Zugewandte als Nacherben oder Nachvermächtnisnehmer nach dem Verhältnis ihrer gesetzlichen Erbteile erhalten sollen. Der Ehegatte kann auch für die Lebenszeit des Abkömmlings die Verwaltung des ihm Zugewandten einem Testamentsvollstrecker übertragen. Der Abkömmling hat dann Anspruch auf den jährlichen Reinertrag. Die Anordnung ist unwirksam, wenn zur Zeit des Erbfalls der Abkömmling sich dauernd von dem verschwenderischen Leben abgewandt hat oder wenn in diesem Zeitpunkt die den Grund der Anordnung bildende Überschuldung nicht mehr besteht.

Sie erfolgt nach §§ 2289 Abs 2, 2338 Abs 2, 2336 durch eine letztwillige Verfügung, in der der Grund angegeben werden muß.

Die Beschränkung kann jeder Ehegatte sowohl seinen eigenen Abkömmlingen auferlegen als auch denen, die nur Abkömmlinge des anderen Ehegatten sind. Er kann sie nur bezüglich der von ihm gemachten Zuwendungen und nicht auch hinsichtlich der von dem anderen Ehegatten herrührenden Zuwendungen treffen. Die Anordnungen können sowohl zu Lebzeiten beider Ehegatten als auch in der Zeit nach dem Tode eines der Ehegatten getroffen werden. Das Wesen dieser Bestimmung besteht darin, daß die Ehegatten unter den gegebenen Voraussetzungen die Anordnung durch eine letztwillige Verfügung treffen können, ohne ihre wechselbezüglichen Verfügungen nach § 2271 Abs 1 Satz 1 zu widerrufen und daß diese Anordnungen auch nicht durch eine nach § 2271 Abs 2 eingetretene Bindung ausgeschlossen wird.

Die von dem anderen Ehegatten getroffenen wechselbezüglichen Verfügungen werden durch die nach Absatz 3 getroffenen Anordnungen nicht berührt. Der Grundsatz des § 2270 Abs 1 ist insoweit durchbrochen.

8. Anfechtung des gemeinschaftlichen Testaments

a) Anfechtung der Verfügungen des zuerst verstorbenen Ehegatten. Die Anfechtung der von dem zuerst verstorbenen Ehegatten getroffenen Verfügungen durch den Überlebenden oder durch dessen Erben ist aus den allgemeinen Gründen der §§ 2078, 2079 zulässig. Sie kann erfolgen, auch nachdem der Überlebende das ihm Zugewandte angenommen hat. Soweit die Anfechtung durchgreift, führt sie gemäß § 2270 Abs 1 zugleich die Unwirksamkeit derjenigen Verfügungen des überlebenden Ehegatten herbei, die mit den angefochtenen wechselbezüglich sind.

b) Anfechtung der eigenen Verfügungen durch den überlebenden Ehegatten

aa) Das Recht zur Anfechtung. Der überlebende Ehegatte kann, nachdem die Bindung nach § 2271 Abs 2 eingetreten ist, auch seine eigenen Verfügungen aus den in §§ 2078, 2079 angeführten Gründen anfechten. Es ist zwar nicht angängig, ihm dieses Recht unmittelbar aus den §§ 2078, 2079 zu gewähren, wie in RG 77, 171 angenommen wurde. Ein solches Anfechtungsrecht könnte der überlebende Ehegatte nur haben, wenn bei einem Einzeltestament dem Erblasser dasselbe Recht nach diesen Vorschriften zustehen würde. Das ist aber, wie § 2080 erkennen läßt, nicht der Fall. Diese Vorschrift enthält eine abschließende und erschöpfende Regelung des Kreises der anfechtungsberechtigten Personen. Hierzu zählt der Erblasser nicht. Der Gesetzgeber hat dem Erblasser kein eigenes Anfechtungsrecht eingeräumt, da er dieses mit Rücksicht auf die Möglichkeit eines Widerrufs des Testaments für entbehrlich hielt. Nur beim Erbvertrag, bei dem ein freies Widerrufsrecht nicht besteht, wurde das Anfechtungsrecht begründet (Mot 5, 48, 322).

Falls der überlebende Ehegatte die von ihm getroffenen wechselbezüglichen Verfügungen nach dem Tode seines Ehepartners überhaupt nicht anfechten könnte, würde das gemeinschaftliche Testament eine ungleich stärkere Bindung schaffen als dieses bei einem Erbvertrag der Fall ist. Dieser kann unter den Voraussetzungen der §§ 2078, 2079 nach § 2281 angefochten werden. Eine solche unterschiedliche Behandlung des Erbvertrags und des gemeinschaftlichen Testaments ist nicht gerechtfertigt. Es müssen daher die bindend gewordenen wechselbezüglichen Verfügungen eines gemeinschaftlichen Testaments durch den überlebenden Ehegatten in entsprechender Anwendung der §§ 2281ff. aus den in den §§ 2078, 2079 angeführten Gründen angefochten werden können (RG 87, 95; Warn 1918 Nr 213; 1931 Nr 25; RG 132, 1; Recht 1920 Nr 424; DNotZ 1933, 580). Hat der überlebende Ehegatte wieder geheiratet, so entsteht dadurch für ihn das Anfechtungsrecht nach § 2079.

bb) Frist für die Ausübung des Anfechtungsrechts. Das Anfechtungsrecht des überlebenden Ehegatten ist zeitlich nicht begrenzt. Eine Ausschlußfrist wie sie § 2082 Abs 3 bestimmt, kann für ihn nicht gelten, da das Anfechtungsrecht die versagte Widerrufsmöglichkeit in den Fällen ersetzen soll, in denen ein Festhalten an den früher getroffenen Bestimmungen des gemeinschaftlichen Testaments nicht gerechtfertigt ist.

Die Anfechtung muß jedoch in entsprechender Anwendung des § 2283 binnen Jahresfrist erfolgen. Nach § 2283 Abs 2 beginnt die Frist im Falle der Anfechtbarkeit wegen Drohung in dem Zeitpunkt, in welchem die Zwangslage aufhört, in den übrigen Fällen in dem Zeitpunkt, in welchem der Erblasser von dem Anfechtungsgrund Kenntnis erlangt. Zur Kenntnis des Anfechtungsgrundes gehört auch die Kenntnis von dem Vorhandensein des gemeinschaftlichen Testaments. Diese Kenntnis erfordert nicht das Bewußtsein von dessen Vorhandensein. Die Frist ist auch dann verstrichen und damit das Anfechtungsrecht untergegangen, wenn der überlebende Ehegatte, nachdem er eine neue Ehe eingegangen ist, die Anfechtung unterlassen hat, weil er an die Regelung seines Nachlasses im ersten Jahre seiner neuen Ehe nicht gedacht hat und sich deswegen an das Vorhandensein des gemeinschaftlichen Testaments nicht erinnert hat. Kenntnis von dem Vorhandensein des gemeinschaftlichen Testaments hat der überlebende Ehegatte solange, als er sich des Testamentes ohne weitere Gedächtnishilfe erinnern würde, falls er sich mit der Frage seiner Nachlaßregulierung befassen sollte.

Der Beginn der Frist wird nicht dadurch hinausgeschoben, daß der überlebende Ehegatte irrig annimmt, das gemeinschaftliche Testament sei nicht bindend. Er könne es, nachdem er wiedergeheiratet habe, durch ein anderes Testament widerrufen oder es sei durch seine Wiederheirat von selbst oder auch dadurch, daß er ein anderes Testament errichtet habe, außer Kraft getreten. Ein solcher Irrtum hat nicht die Unkenntnis einer zum Anfechtungstatbestand gehörenden Tatsache zur Folge, sondern er beruht auf einer rechtsirrtümlichen Beurteilung des Anfechtungstatbestandes. Er hat seinen Grund in der Unkenntnis der gesetzlichen Bestimmungen über das Anfechtungsrecht und kann daher den Fristbeginn nicht hinausschieben (vgl. § 2082 Anm 2b Abs 2 und die dort angeführte Rechtsprechung).

cc) Die Wirkung der Anfechtung. Der überlebende Ehegatte kann nur seine wechselbezüglichen Verfügungen anfechten. Die nicht wechselbezüglichen muß er, wenn er sie nicht weitergelten lassen will, widerrufen, sofern sich nicht ihre Unwirksamkeit entgegen der Regel des § 2085 wegen ihres Zusammenhangs mit den wechselbezüglichen Verfügungen ergibt. Von der Anfechtung werden unmittelbar zunächst nur diejenigen Verfügungen ergriffen, auf die sich der Anfechtungsgrund erstreckt. Im Gegensatz zur Anfechtung des Einzeltestaments (vgl. dazu § 2078 Anm 9a, 2079 Anm 4) führt aber beim gemeinschaftlichen Testament die Anfechtung einer wechselbezüglichen Verfügung grundsätzlich zur vollständigen Nichtigkeit dieser Verfügung. Die Anfechtung kann hier wegen der gegenseitigen Abhängigkeit der wechselbezüglichen Verfügungen in der Regel in ihren Wirkungen nicht beschränkt werden. Die in § 2270 bestimmte Abhängigkeit hat zur Folge, daß der Inhalt einer Verfügung eines Ehegatten, die mit der Verfügung des anderen Ehegatten in Wechselbeziehung steht, nicht einseitig verändert werden kann. Denn in der Regel bedingen sich die wechselbezüglichen Verfügungen in ihrem ganzen Inhalt gegenseitig. Da aber der wechselbezügliche Charakter einer wechselbezüglichen Verfügung ausschließlich auf dem Willen der Ehegatten beruht, kann, sofern im übrigen die Voraussetzungen dafür vorliegen, ausnahmsweise die Anfechtung auch hier in ihren Wirkungen beschränkt sein und nicht zur vollständigen Nichtigkeit der von ihr betroffenen Verfügungen führen. Diese Ausnahme ist gegeben, wenn anzunehmen ist, daß der Erstverstorbene seine mit der angefochtenen in Wechselbeziehung stehende Verfügung in gleicher Weise getroffen hätte, wenn die angefochtene Verfügung des anderen Ehegatten nur den Inhalt gehabt hätte, den sie nach erfolgter Anfechtung haben würde. Die betreffenden Verfügungen der beiden Ehegatten sind in diesem Fall inhaltlich nur beschränkt wechselbezüglich, so daß hier die Wechselbezüglichkeit der beschränkten Wirkung der Anfechtung nicht entgegensteht.

Soweit die Anfechtung einer wechselbezüglichen Verfügung die Nichtigkeit dieser Verfügung herbeiführt, hat diese wegen der in § 2270 bestimmten Abhängigkeit auch die Nichtigkeit der mit ihr in Wechselbeziehung stehenden Verfügungen des anderen Ehegatten zur Folge. Diese wiederum bedingt aus gleichem Grunde die Nichtigkeit anderer Verfügungen, zu denen sie in Wechselbeziehung steht usw.

Sofern das gemeinschaftliche Testament durch die Anfechtung nichtig geworden ist, wird es in allen seinen Wirkungen beseitigt. Das hat zur Folge, daß ein früheres Testament des Erblassers, das durch den Inhalt des angefochtenen Testaments aufgehoben war, weitergilt. Ein später errichtetes Testament, das mit Rücksicht auf die durch das gemeinschaftliche Testament eingetretene Bindung keine Wirksamkeit erlangen konnte, wird jetzt wirksam. Durch das gemeinschaftliche Testament war nur die Testierfreiheit des Erblassers eingeschränkt. Diese Einschränkung ist durch die Anfechtung rückwirkend fortgefallen, so daß ein Grund für die Unwirksamkeit des später errichteten Testaments überhaupt nicht bestanden hat (RG 130, 213).

c) Anfechtung nach dem Tode des zuletzt verstorbenen Ehegatten. Nach dem Tode des zuletzt verstorbenen Ehegatten können die in § 2080 genannten Personen dessen Verfügungen anfechten. Ihr Anfechtungsrecht wird jedoch durch das Anfechtungsrecht des zuletzt verstorbenen Ehegatten begrenzt. Ihnen steht das Anfechtungsrecht infolge des entsprechend anzuwendenden § 2085 insoweit nicht mehr zu, als jener das Recht, die Verfügung aus gleichem Grunde anzufechten, bereits verloren hat. Die in § 2080 genannten Personen machen ein eigenes und kein Recht ihres Erblassers geltend. Ihr Anfechtungsrecht ist sachlich nicht dasselbe wie das ihres Erblassers. Dessen Anfechtungsrecht zielt in erster Linie darauf ab, ihm die durch das gemeinschaftliche Testament eingeschränkte Testierfreiheit wieder zu verschaffen. Das Anfechtungsrecht der in § 2080 Genannten bezweckt dagegen die letztwillige Verfügung zu beseitigen, um den Anfechtungsberechtigten selbst dadurch einen Vermögensvorteil zu verschaffen. Sie können im Gegensatz zu dem zuletzt verstorbenen Ehegatten sowohl die wechselbezüglichen als auch die nicht wechselbezüglichen Verfügungen anfechten. Auch soweit sie die wechselbezüglichen Verfügungen nach § 2285 nicht mehr anfechten können, da der zuletzt verstorbene Ehegatte sein darauf gestütztes Anfechtungsrecht verloren hat, können sie doch aus demselben Anfechtungsgrund die nicht wechselbezüglichen Verfügungen anfechten. Falls sich dann ergibt, daß der überlebende Ehegatte seine wechselbezüglichen Verfügungen nicht ohne die nichtwechselbezüglichen getroffen haben würde, werden jene durch die Anfechtung der letzteren mit unwirksam. Das hat dann wieder die Unwirksamkeit der dazu in Wechselbeziehung stehenden Verfügungen des zuerst verstorbenen Ehegatten zur Folge. In der Regel wird aber daraus, daß der zuletzt verstorbene Ehegatte die Anfechtungsfrist verstreichen lassen und seine nichtwechselbezüglichen Verfügungen nicht widerrufen hat, geschlossen werden können, daß er die Verfügung auch bei Kenntnis der Sachlage getroffen hätte, oder daß er durch den als Anfechtungsgrund geltend gemachten Umstand nicht zu seiner Verfügung bestimmt worden ist. Die in § 2080 genannten Personen würden dann aus diesen Gründen überhaupt nicht anfechtungsberechtigt sein.

d) Anfechtung von Testamenten, die vor dem Inkrafttreten des BGB errichtet sind

Während die Bindung des Erblassers durch ein vor dem Inkrafttreten des BGB errichtetes gemeinschaftliches Testament, also die Rechtslage, vermöge deren er das an sich gültig errichtete Testament nicht frei widerrufen darf, gemäß EG Art 214 Abs 2 (Vorbem 4 zu diesem Buche) nach altem Recht zu beurteilen ist (RG Warn. 1938 Nr. 22), untersteht die Anfechtung eines solchen Testaments, gleichviel ob der erste Erbfall vor oder nach jenem Zeitpunkt eingetreten ist, nicht nur in formeller, sondern auch in materieller Hinsicht dem neuen Rechte, sofern der Anfechtungsgrund erst unter dessen Herrschaft entstanden oder dem Anfechtungsberechtigten bekannt geworden ist (RG 77, 165; KGJ 44, 92).

§ 2272

Ein gemeinschaftliches Testament kann nach § 2256 nur von beiden Ehegatten zurückgenommen werden.

E II 2139; P 5 459.

Die Bestimmung bezieht sich auf die Rücknahme sowohl des öffentlichen als des nach § 2248 hinterlegten eigenhändigen Testaments, obwohl diese Rücknahme keine Widerrufswirkung hat. Sie gilt auch nach Aufhebung oder Scheidung der Ehe, gleichviel, inwieweit das Testament nach § 2268 BGB unwirksam geworden ist (RJA 14, 266). Nach dem Tode eines der Ehegatten kann das gemeinschaftliche Testament überhaupt nicht mehr ausgehändigt werden. Durch eine Aushändigung entgegen dieser Bestimmung an einen Ehegatten wird die Gültigkeit des Testaments nicht beeinträchtigt.

Die Rückgabe geschieht in der Weise, daß beide Ehegatten persönlich und gleichzeitig erscheinen und das Testament herausverlangen. Falls sie sich nicht darüber einigen können, wem das Testament auszuhändigen ist, kann die Rückgabe nicht erfolgen. Die Rückgabe setzt wegen der Widerrufswirkung voraus, daß beide Ehegatten insoweit geschäftsfähig sind, als dies zum Widerruf einer letztwilligen Verfügung erforderlich ist. Das gilt auch, wenn ein eigenhändiges gemeinschaftliches Testament aus der amtlichen Verwahrung zurückverlangt wird (Planck-Greiff 1. Aufl. § 2272 Anm 1).

Über Widerruf gemäß § 2255 siehe § 2271 Anm 2b.

§ 2273

Bei der Eröffnung eines gemeinschaftlichen Testaments sind die Verfügungen des überlebenden Ehegatten, soweit sie sich sondern lassen, weder zu verkünden noch sonst zur Kenntnis der Beteiligten zu bringen.

Von den Verfügungen des verstorbenen Ehegatten ist eine beglaubigte Abschrift anzufertigen. Das Testament ist wieder zu verschließen und in die besondere amtliche Verwahrung zurückzubringen.

Die Vorschriften des Abs 2 gelten nicht, wenn das Testament nur Anordnungen enthält, die sich auf den Erbfall beziehen, der mit dem Tode des erstversterbenden Ehegatten eintritt, insbesondere wenn das Testament sich auf die Erklärung beschränkt, daß die Ehegatten sich gegenseitig zu Erben einsetzen.

E II 2140; P 5, 424, 459.

Übersicht:

Eröffnung des gemeinschaftlichen Testaments

1. Grundgedanke der Vorschrift. Das gemeinschaftliche Testament enthält in der Regel Verfügungen beider Ehegatten. Nur in seltenen Ausnahmefällen versterben diese gleichzeitig. Aus vielen und verständlichen Gründen wünscht der überlebende Ehegatte nicht, daß die von ihm getroffenen letztwilligen Verfügungen schon vor seinem Ableben bekannt werden. Diesem Umstand trägt § 2273 Rechnung. Er bestimmt, daß grundsätzlich nur die Verfügungen des verstorbenen Ehegatten zu verkünden und sonst zur Kenntnis der Beteiligten zu bringen sind. Anderseits müssen alle Verfügungen des verstorbenen Ehegatten eröffnet werden. Gegenüber dieser unbedingten Notwendigkeit muß der oben angeführte Grundsatz zurücktreten. Die Verfügungen des überlebenden Ehegatten können daher nur insoweit geheim gehalten werden, als sie sich von denen des Verstorbenen sprachlich trennen lassen.

2. Zur Fassung des Gesetzes. Die Absätze 1 und 2 stimmen mit § 2273 a F wörtlich überein. Sie sind in dieser Form als Abs 1 und 2 in § 44 des Testamentsgesetzes übernommen worden. Dieser Bestimmung wurde ein dritter Absatz hinzugefügt, der Zweifelsfragen klärte, die in der Rechtsprechung aufgetreten waren. Dieser Absatz wiederum ist als Abs 3 in sprachlich verbesserter Form in die jetzt geltende gesetzliche Bestimmung übernommen worden.

3. Die Eröffnung der Verfügungen des verstorbenen Ehegatten. Auch bei der Eröffnung des gemeinschaftlichen Testaments sind die allgemeinen Bestimmungen über die Eröffnung der Testamente, § 2260–2263, unberührt geblieben. Danach hat das Nachlaßgericht, sobald es von dem Tode des Erblassers Kenntnis erhält, zur Eröffnung eines in seiner Verwahrung befindlichen Testaments einen Termin zu bestimmen, zu dem die gesetzlichen Erben des Erblassers und die sonstigen Beteiligten zu laden sind. In diesem Termin ist das Testament zu öffnen und den Beteiligten nach Maßgabe des § 2273 zu verkünden und auf Verlangen vorzulegen. Mit Rücksicht auf § 2263 können die Ehegatten nicht bestimmen, daß das Testament erst nach dem Tode des zuletzt verstorbenen Ehegatten eröffnet werden darf. Eine solche Bestimmung ist nichtig.

Die Eröffnung erfolgt nach dem Tode des Zuerstverstorbenen, beschränkt sich aber grundsätzlich auf die von diesem getroffenen Verfügungen. Voraussetzung ist, daß die beiderseitigen Verfügungen sich sondern lassen. Das ist der Fall, soweit sie in selbständigen, auch äußerlich auseinander gehaltenen Sätzen enthalten sind, dagegen regelmäßig ausgeschlossen, soweit die Ehegatten in der Mehrheitsform gemeinschaftlich verfügen oder ausdrücklich auf Verfügungen des anderen Teiles Bezug nehmen. Die Verfügungen der beiden Ehegatten müssen sich sprachlich in der Weise voneinander trennen lassen, daß die Verfügungen des zuerst Verstorbenen ihrem Inhalt nach ohne die Verfügungen des Überlebenden verständlich bleiben. Der Trennung steht nicht entgegen, wenn die Beweggründe der Verfügung des zuerst verstorbenen Ehegatten nur aus den Verfügungen des anderen Ehegatten erkennbar sind. Die Wechselbezüglichkeit steht daher einer Trennung auch nicht entgegen. In Zweifelsfällen sind beide Verfügungen zu verkünden. Jedenfalls erstreckt sich die Verkündungspflicht des Richters auf alle von dem betreffenden Erblasser herrührenden oder mitherrührenden Verfügungen, einerlei ob er sie für noch wirksam oder für gegenstandslos geworden erachtet. Er hat deshalb die von dem Erstverstorbenen für den eignen Überlebensfall getroffenen Verfügungen selbst dann zu verkünden, wenn sie zugleich nicht sonderungsfähige Verfügungen des Überlebenden enthalten (RG 150, 315; a. M. BayObLG in RJA 1, 45; früher auch KG in KGJ 24 A 183; 34 A 102; 35 A 109 und JW 1931, 1373[7]; das KG hält an dieser Meinung nach RG 137, 228 u. 150, 317 nicht mehr fest).

Wollen die Beteiligten vom Inhalt des Testaments durch Vorlegung Kenntnis nehmen (§ 2260 Anm 4, § 2267 Anm 3), so sind die ihnen vorzuenthaltenden Stellen zu verdecken, in der Benachrichtigung nach § 2262 sind diese Stellen nicht zu erwähnen, und in den nach § 2264 zu erteilenden Abschriften sind sie wegzulassen.

Die Beschränkung bezüglich der Bekanntgabe und Vorlage gilt nicht für den überlebenden Ehegatten. Er kennt seine Verfügungen und es besteht kein Grund, ihm zu versagen, nachträglich nochmals Einsicht in das von ihm Angeordnete zu nehmen. Er kann aber nicht gestatten, daß das Nachlaßgericht auch anderen die von ihm getroffenen Verfügungen bekannt gibt oder das ganze Testament zur Einsicht vorlegt. Dem steht § 2273 entgegen.

Beschwerde aus § 19 FGG gegen den Ausschluß eines Teiles des gemeinschaftlichen Testaments von der Verkündung (KGJ 35 A 103); ebenso gegen eine Verfügung des Nachlaßgerichts, durch die es nach dem Tode eines Ehegatten seine Entschließung kundgibt, das gemeinschaftliche Testament in vollem Umfange zu verkünden (Recht 1930 Nr 434).

Über die Frage, ob die Ausfertigung eines nur zum Teil eröffneten und verkündeten gemeinschaftlichen Testaments nebst Eröffnungsverhandlung den Erbschein ersetzt (§ 2260 Anm 5a E), s. Semprich und Kaulbach DJ 1940, 59.

4. Anfertigung einer beglaubigten Abschrift (Abs 2). Die beglaubigte Abschrift der (verkündeten) Verfügungen bleibt in gewöhnlicher, nicht besonderer amtlicher Verwahrung. In dem Beglaubigungsvermerk ist anzugeben, daß das gemeinschaftliche Testament weitere Verfügungen des verstorbenen Ehegatten nicht enthält oder daß etwa vorhandene weitere Verfügungen gegenstandslos geworden sind (KG 32, 100; 35, 103; ZBl FG 6, 369).

5. Die **Wiederverschließung** und das Zurückbringen in die besondere amtliche Verwahrung einschließlich Siegelung und entsprechender durch den Verkündungsvermerk vervollständigter Aufschrift usw. vollzieht sich gemäß § 2246, jedoch ist die Mitwirkung von Überwachungspersonen hierbei nicht erforderlich. Falls jedoch das Testament, weil etwa zunächst beglaubigte Abschriften gefertigt werden müssen, in dem zur Eröffnung anberaumten Termin nicht wieder verschlossen werden kann, ist hierzu ein neuer Termin anzuberaumen, der dem überlebenden Ehegatten bekanntzugeben ist, denn dieser hat ein Recht darauf, sich davon zu überzeugen, daß seine Verfügung wieder ordnungsgemäß verschlossen worden ist. Das Testament wird verschlossen ohne Rücksicht darauf, ob der überlebende Ehegatte in dem Termin erschienen ist. Es wird dazu in einen neuen Umschlag gelegt, auf dem die Eröffnung und Wiederverschließung vermerkt wird. Die Erteilung eines neuen Hinterlegungsscheins an den überlebenden Erblasser ist zweckmäßig.

Die Wiederverschließung und weitere Verwahrung erfolgt in jedem Falle durch das Nachlaßgericht, auch wenn das Testament vorher von einem anderen Gericht verwahrt wurde (§ 27 Abs 4 der Aktenordnung i. d. F. der AV v. 4. 8. 38, DJ 1259). Weigert sich das andere Gericht (§ 2261), die Urschrift des von ihm eröffneten gemeinschaftlichen Testaments dem Nachlaßgericht zu übersenden, so steht diesem die Beschwerde zu (JFG 14, 168). Sind für den ersten und zweiten Erbfall verschiedene Nachlaßgerichte zuständig, so ist das zweite Nachlaßgericht nach § 2261 zur endgültigen Aufbewahrung der Urschrift des Testaments berufen (OLG 21, 336; 35, 378; JFG 14, 73).

Befand sich ein eigenhändiges gemeinschaftliches Testament vorher nicht in amtlicher Verwahrung, so ist es offen bei den Akten zu verwahren; auf Verlangen des Überlebenden ist es jedoch in besondere amtliche Verwahrung zu nehmen (KGJ 24 B 11; § 27 Abs 11 der Aktenordnung). Dem Überlebenden darf das Testament keinesfalls zurückgegeben werden (§ 2259 Anm 2). Ratsam ist es, worauf Planck-Greiff 4. Aufl. § 2273 Anm 2c hinweist, in diesem Fall dem Überlebenden eine Bescheinigung über den Verbleib des Testaments zu geben, um so eine gewisse Gewähr dafür zu schaffen, daß das Vorhandensein des Testaments bei seinem Tode bekannt wird.

Die besonderen Vorschriften des § 2273 erledigen sich nicht dadurch, daß der Überlebende der Eröffnung des gemeinschaftlichen Testaments nach seinem ganzen Inhalt zustimmt; dies folgt daraus, daß das Nachlaßgericht mit der Verkündung der Testamente und mit der Wiederverschließung eines nach dem Tode eines Ehegatten verkündeten gemeinschaftlichen Testaments gemäß den §§ 2260, 2273, unabhängig von den Anträgen Beteiligter, von Amts wegen vorzugehen, demgemäß auch den Umfang der Verkündung im Rahmen des Gesetzes zu bestimmen hat (KGJ 35 A 109).

Ist das Testament, weil eine Sonderung der Verfügungen unmöglich war, bereits nach dem ersten Erbfall seinem ganzen Inhalte nach verkündet worden, so hat die Mitverkündung der Verfügungen des Überlebenden doch nur die Bedeutung eines tatsächlichen Vorganges, mit dem sich die Rechtsfolgen der Eröffnung und Verkündung (§ 1944 Abs 2) nicht verbinden. Dementsprechend gelten auch für ein solches Testament die Vorschriften in Abs 2 des § 2273; nach dem Tode des Überlebenden ist es nochmals zu eröffnen und zu verkünden (RG 137, 222 gegen KGJ 24 B 58; 53, 85; JFG 2, 160 und frühere Auflagen), es sei denn, daß die Verfügungen des Überlebenden mit dem Tode des Erstverstorbenen gegenstandslos geworden sind A 6). Auch ein schon vor 1900 seinem ganzen Inhalte nach verkündetes gemeinschaftliches Testament ist bei dem späteren Tode des überlebenden Ehegatten nochmals zu eröffnen (anders KGJ 53, 82 und frühere Auflagen).

Unter Umständen kann es erforderlich sein, das wiederverschlossene Testament bei Lebzeiten des überlebenden Ehegatten nochmals zu öffnen, wenn es in einem Rechtsstreit vorgelegt werden soll oder wenn die Erteilung eines Erbscheins nach dem zuerst verstorbenen Ehegatten beantragt wird (KG 35, 103; 37, 129). In der Regel werden dazu die nach Absatz 2 angefertigten beglaubigten Abschriften genügen. Falls aber daraus der Wille des Erblassers nicht eindeutig entnommen werden kann, ist es gestattet, das Testament wieder zu öffnen. Einsichtnahme und Erteilung von Abschriften können nach § 2264 nur insoweit verlangt werden, als es § 2273 Satz 1 gestattet (Planck-Greiff 4. Aufl. § 2273 Anm 2d). Falls das Gericht bei einer von ihm zu treffenden Entscheidung Teile des gemeinschaftlichen Testaments, die nicht mit eröffnet sind, mitverwertet, müssen diese den Beteiligten bekanntgegeben werden. Es würde sowohl den im Zivilprozeß als auch den in der freiwilligen Gerichtsbarkeit geltenden Grundsätzen widersprechen, wenn das Gericht seine Entscheidung auf Umstände stützen könnte, die vor den Betroffenen geheimgehalten werden.

6. Ausnahme von Absatz 2. Testamente mit ausschließlich für den Tod des Erstversterbenden geltenden Vorschriften (Absatz 3). Abs 3 sieht eine Ausnahme von dem Erfordernis der Wiederverschließung (und mithin auch der nochmaligen Eröffnung beim Tode des überlebenden Ehegatten: Vogels A 4; Palandt-Seibert A 4; Leopold, TestR S. 248 A 2 sowie AV v. 12. 3. 40, DJ 366, Vogels DR 1940, 1652 gegen Lisken DRM 1939, 420; 1940, 9) für den Fall vor, daß das Testament **nur Anordnungen** enthält, **die sich auf den ersten Erbfall beziehen.** Bisher war dies streitig (vgl. einerseits JW 1934, 2999[5]; JFG 14, 168 sowie die 8. Aufl. dieses Komm, anderseits DRpfl 1936 Nr 458; Planck-Greiff § 2273 A 3a; Ebert DGWR 1937, 78). Als Beispiel führt das Gesetz den Fall an, daß sich das Testament auf eine gegenseitige Erbeinsetzung der Ehegatten beschränkt. In Betracht kommen ferner Verfügungen, die die Ehegatten gemäß §§ 1512 bis 1516 BGB über die Anteile ihrer Abkömmlinge am Gesamtgute der fortgesetzten Gütergemeinschaft getroffen haben (Planck-Greiff aaO.). Im Falle des § 2273 Abs 3 bleibt das gemeinschaftliche Testament offen bei den Akten des Nachlaßgerichts.

Gebühr und Urkundensteuer im Falle des Abs 3: Witte DFG 1939, 32.

Vierter Abschnitt

Erbvertrag

1. Gliederung des Abschnitts:

a) Abschluß und Eröffnung des Erbvertrages, §§ 2274–2277, 2300, 2300a;
b) Inhalt des Erbvertrages, §§ 2278–2280, 2298, 2299;
c) Anfechtung, §§ 2281–2285;
d) Wirkungen des Erbvertrages, §§ 2286–2289;
e) Aufhebung, §§ 2290–2292;
f) Rücktritt des Erblassers, §§ 2293–2297;
g) Schenkung von Todes wegen, § 2301;
h) Vertrag über Verfügung von Todes wegen, § 2302.

2. Allgemeines: Der Abschluß von Erbverträgen hat sich erst im Mittelalter herausgebildet. Dem römischen Recht war die Einrichtung als eine unzulässige Beschränkung der Testierfreiheit fremd. Die Verfasser des BGB übernahmen sie wegen dringenden Bedürfnisses, die Erbfolge in gewissen Fällen bindend zu regeln (vgl. Motive 5, 310ff; Protokolle 5, 365ff; s. im einzelnen zur Geschichte des Erbvertrages auch Kipp-Coing 9. Aufl. § 30 I; Bartholomeyczik 1954 § 25 I).

§ 50 Abs 3 TestG hatte die §§ 2274–2277 und 2300 aufgehoben. Sie blieben nur für Erbfälle sowie für die Errichtung und Aufhebung eines Erbvertrages vor dem Inkrafttreten des Testamentgesetzes (4. 8. 38) maßgebend, § 51 Abs 1 und 2 TestG. An ihre Stelle traten die §§ 29 bis 31 und 45 TestG. Das Gesetz zur Wiederherstellung der Gesetzeseinheit auf dem Gebiete des bürgerlichen Rechts vom 5. 3. 53 (BGBl I 33) hat das Testamentsgesetz – außer § 51 TestG – aufgehoben und die §§ 2274–2227 und 2300 wieder aufleben lassen. Im einzelnen entsprechen:

TestG	§ 29 Abs 1	= BGB	§ 2274
	§ 29 Abs 2–4	=	§ 2275
	§ 30	=	§ 2276
	§ 31	=	§ 2277
	§ 45	=	§ 2300
	§ 46	=	§ 2300a.

Wegen der **Übergangsbestimmungen** vgl. Vorbem vor § 2229 A 2, insbesondere zu TestG § 51.

3. Wesen: Vgl. auch § 1941 A 1–3. Der Erbvertrag unterscheidet sich schon wegen seines Vertragscharakters grundlegend vom Testament, insbesondere auch vom gemeinschaftlichen Testament. Die Gegenüberstellung in § 1937: „einseitige Verfügung von Todes wegen (Testament, letztwillige Verfügung)" und § 1941: „durch Vertrag ... (Erbvertrag)" bringt das klar zum Ausdruck. Sein besonderes Merkmal ist jedoch die erbrechtliche Bindung (§ 2289), die mit dem Vertragsschluß eintritt. Das Testament ist dagegen grundsätzlich frei widerruflich, §§ 2253ff. Der Erbvertrag ist anders als das gemeinschaftliche Testament (§ 2265) nicht auf Ehegatten beschränkt.

Beim Erbvertrag wird ferner der Unterschied zwischen einem Rechtsgeschäft unter Lebenden und einer Verfügung von Todes wegen besonders deutlich. Das erstere schafft eine Verbindlichkeit, die sich gegen das gegenwärtige Vermögen richtet oder bewirkt eine unmittelbare dingliche Rechtsänderung im gegenwärtigen Vermögensbestande; der Vertragsgegner erlangt also noch bei Lebzeiten des Erblassers und vor dem Erbfalle ein Forderungsrecht auf Leistung aus seinem Vermögen oder ein dingliches Recht an dessen Vermögensrechten. Das ist jedoch bei der Verfügung von Todes wegen, also auch beim Erbvertrage, nicht der Fall; hier ist der Erblasser weder dinglich noch schuldrechtlich gehindert, unter Lebenden über sein Vermögen zu verfügen (RG SeuffA 77 Nr 60; BGH 8, 30). Der Erbvertrag erzeugt nur eine erbrechtliche Bindung.

Zur Abgrenzung zwischen einem Kauf- und Erbvertrag bei der entgeltlichen Einräumung des Rechts, nach dem Tode des Erblassers dessen Geschäft zu übernehmen, vgl. OLG Hamburg MDR 1950, 615, das einen Kaufvertrag annimmt, während Coing darin einen mit einem anderen Vertrage verbundenen Vermächtnisvertrag sieht (Kipp-Coing § 61 III 2d). Für die Abgrenzung ist die Frage, ob der Berechtigte den Anspruch erst beim Tode des Vertragsgegners geltend machen kann, nicht wesentlich (a. M. OLG Stuttgart JR 1949, 383 für einen Schulderlaß „auf den Tod der Gläubigerin"; dagegen Stachels JR 1949, 385 und Ehlers JR 1950, 86). Entscheidend ist vielmehr, ob der Vertrag einen Anspruch begründet, dessen Erfüllung nur hinausgeschoben worden ist, oder ob der Anspruch selbst erst mit dem Todesfalle entstehen soll. Was die Parteien jeweils gewollt haben, ist im Zweifelsfalle durch Auslegung zu ermitteln (RG HRR 1930, 1464). Stellt der Anspruch sich als ein Entgelt oder Teilentgelt für eine Gegenleistung des Berechtigten dar, so liegt regelmäßig ein Vertrag unter Lebenden vor.

4. Inhalt: Der Erblasser kann vertraglich nur Erben einsetzen sowie Vermächtnisse und Auflagen anordnen (§§ 1941 Abs 1, 2278 Abs 2). Jeder der Vertragschließenden kann aber im Erbvertrage einseitig jede Verfügung treffen, die durch Testament getroffen werden kann (§ 2299 Abs 1), z. B. einen Testamentsvollstrecker ernennen.

Der Erbvertrag kann mit einem anderen Vertrage in derselben Urkunde verbunden werden, § 2277 Abs 1 Satz 2, insbesondere — was weit verbreitet ist — mit einem Ehevertrag (§ 2276 Abs 2), mit einem Unterhaltsvertrag zugunsten des Erblassers oder mit einem Erbverzichtsvertrag. Setzt sich ein Vertrag aus erbvertraglichen Bestimmungen und aus vertragsmäßigen Abmachungen unter Lebenden zusammen (BayObLG 28, 634 = JFG 6, 159), so wird dadurch weder seine Gültigkeit als Erbvertrag in Frage gestellt noch unterliegen deshalb die mit ihm verbundenen schuldrechtlichen Vereinbarungen den Regeln des Erbvertrages (BayObLG 1953, 229).

5. Abschluß des Vertrages: Die einschlägigen Bestimmungen waren in das Testamentsgesetz übernommen, sind jetzt aber wieder in das BGB eingefügt worden (s. Vorbem 2). Sie weichen gegenüber den Vorschriften über die Testamentserrichtung hinsichtlich der Testierfähigkeit und der Form ab. Der Erblasser muß beim Erbvertrage unbeschränkt geschäftsfähig sein (§ 2275 Abs 1; vgl. dagegen für das Testament §§ 2229, 2230, 2238 Abs 3, 2247 Abs 4). Der Erbvertrag muß öffentlich beurkundet werden (§ 2276 Abs 1), während das Testament in ordentlicher Form auch durch eine eigenhändige Erklärung errichtet werden kann (§§ 2231 Nr 2, 2247). Für Ehegatten und Verlobte gelten wegen der Geschäftsfähigkeit und der Form Sondervorschriften (§§ 2275 Abs 2 und 3, 2276 Abs 2). Sie können auch dann als Erblasser einen Erbvertrag schließen, wenn sie beschränkt geschäftsfähig sind. Es genügt die für den Ehevertrag (§ 1432) vorgeschriebene Form (§ 1434), wenn Erb- und Ehevertrag in derselben Urkunde verbunden sind. Letzteres bedeutet allerdings kaum noch eine Erleichterung (vgl. § 2276 A 5).

6. Die Nichtigkeit von Erbverträgen richtet sich nach den allgemeinen Bestimmungen, insbesondere den §§ 116 Abs 2, 117 Abs 1, 118, 125, 134, 138.

Erbverträge können insbesondere auch wegen Verstoßes gegen die guten Sitten nach § 138 nichtig sein. Hierbei kann neben anderem wesentlich sein, ob ein auffälliges Mißverhältnis zwischen den Zuwendungen an den Vertragserben und den von ihm übernommenen Pflichten besteht. Regelmäßig genügt es aber nicht allein, wenn der Vorteil, den der Vertragserbe durch die Erbeinsetzung erlangt — rein wirtschaftlich gesehen — erheblich größer ist als seine Gegenleistungen, die den Erblasser veranlaßt haben, den Erbvertrag zu schließen. Denn der Erblasser kann grundsätzlich nach seinem Belieben letztwillig über sein Vermögen verfügen (BGH 30. 9. 54 IV ZR 68/54 mit Beispielen). Der Bundesgerichtshof hat ferner einen Verstoß gegen die guten Sitten in folgendem Falle bejaht: Der Erblasser war geistig beschränkt; seine ältere Schwester, die ihn pflegte, hat diese Stellung ausgenutzt und ihn, um planmäßig erhebliche Teile seines Vermögens an sich zu bringen, bestimmt, sie durch Erbvertrag als Erbin einzusetzen; sie wußte hierbei, daß ihr Bruder die Tragweite des Vertrages nicht übersah (BGH LM § 138 (Bc) Nr 1 mit Anm von Ascher).

Unwirksamkeit: Die Vorschriften des § 2077 gelten für einen Erbvertrag zwischen Ehegatten oder Verlobten auch insoweit, als ein Dritter bedacht ist (§ 2279 Abs 2).

7. Umdeutung: Ein Erbvertrag, der undurchführbar geworden ist, kann unter Umständen im Wege der Umdeutung (§ 140) aufrechterhalten werden; hierbei sind die Auslegungsregeln der §§ 2084, 2085 zu beachten (OGH JR 1950, 536). Andererseits kann ein Übertragsvertrag, der wegen Verstoßes gegen § 310 nichtig ist, möglicherweise in einen Erbvertrag umgedeutet werden (BGH 8, 34 im Anschluß an RG JW 1910, 467). Es kann sowohl ein nichtiges Rechtsgeschäft unter Lebenden als eine Verfügung von Todes wegen aufrechterhalten werden wie umgekehrt eine nichtige Verfügung von Todes wegen als ein Rechtsgeschäft unter Lebenden. Denn § 140 gilt für alle Arten von Rechtsgeschäften (vgl. RG aaO.; auch OLG Koblenz HEZ 1, 283).

8. Anfechtung, Aufhebung und Rücktritt sind für den Erbvertrag besonders geregelt worden (s. oben Vorbem 1c, e und f).

Anfechtung: Die §§ 2281—2284 behandeln das Anfechtungsrecht des Erblassers, § 2285 dasjenige anderer Personen.

Aufhebung: Die §§ 2290—2292 setzen das beiderseitige Einverständnis der Vertragsteile voraus.

Rücktritt: Die §§ 2293—2297 gewähren dem Erblasser ein besonderes Rücktrittsrecht.

9. **Verwandte Verträge,** die jedoch nicht unter den Begriff des Erbvertrages fallen:

a) Verträge über den Nachlaß eines noch lebenden Dritten (§ 312),
b) schuldrechtliche Verträge über die Errichtung oder Aufhebung einer Verfügung von Todes wegen (§ 2302),
c) Erbverzichte (§§ 2346ff),
d) Versprechen, nach dem Todes des Vertragsgegners an einen Dritten zu leisten, insbesondere Abfindungsvereinbarungen bei Gutsüberlassungen (§§ 330 Satz 2, 331; vgl. hierzu § 2301 A 6).

10. **Zum zwischenstaatlichen Recht** vgl. Art 24 Abs 3 EG BGB; ferner Raape DNotZ 1950, 194.

11. **Rückerstattungsrecht:** Zur Anfechtung von Erbverträgen nach den Rückerstattungsgesetzen im allgemeinen vgl. § 2078 A 10. Inzwischen hat auch das BayObLG ausgesprochen, Art 79 REG (AmZ) schließe es als Sondervorschrift aus, daß nach dem 31. 12. 48 Verfügungen von Todes wegen allein aus den Gründen des Art 1 REG noch rechtswirksam angefochten werden können (BayObLG 1954, 183). Ist ein Erbvertrag, der ein deutsches Grundstück betrifft, in Deutschland geschlossen worden, so kann der später nach England ausgewanderte überlebende Vertragsteil über den auf das Nachlaßgrundstück gerichteten Rückerstattungsanspruch nicht anderweit letztwillig verfügen. Denn auch dieser Anspruch gehört, wie das Grundstück selbst, zum unbeweglichen Vermögen und vererbt sich — im Gegensatz zur Fahrnis — infolge der Rückverweisung des englischen internationalen Privatrechts nach deutschem Erbrecht (OLG Frankfurt NJW 1954, 111).

12. **Neueres Schrifttum:** Boehmer, Schenkungen von Todes wegen und Schenkungen unter Lebenden (§ 2301 BGB), ZAkDR 1939, 610; Firsching, Der Ehe- und Erbvertrag im deutschen, österreichischen und schweizerischen Recht, DNotZ 1954, 229; Flatten, Gemeinschaftliches Testament oder Erbvertrag?, DNotZ 1941, 47; Haegele, Zur Auslegung und Wirksamkeit alter Verfügungen von Todes wegen im Landwirtschaftsrecht, DNotZ 1954, 287; Harrer, Rücktritt und Widerruf beim gebundenen Erblasserwillen, LZ 1924, 16; Hilderscheid, Der einseitige Widerruf eines gemeinschaftlichen Testaments und der einseitige Rücktritt vom Erbvertrag in der notarischen Praxis, DNotZ 1942, 204; Holthöfer, Sicherung des Vertragserben zu Lebzeiten des Erblassers, DRiZ 1954, 141 und JR 1955, 11; Ischinger, Die Bestätigung anfechtbarer Verfügungen von Todes wegen, Rechtspfleger 1951, 159; Raape, Der Notar und das internationale Privatrecht, DNotZ 1950, 188, 194; Schulte, Erbvertrag und Übergabevertrag, RechtdLandw 1951, 29; Schulte, Wie kann der Eigentümer einer landwirtschaftlichen Besitzung für seinen Todesfall seinen Ehegatten sichern und zugleich die Besitzung seinen Abkömmlingen erhalten?, DNotZ 1953, 355; Senft, Gemeinschaftliches Testament oder Erbvertrag?, DNotZ 1941, 242.

§ 2274

Der Erblasser kann einen Erbvertrag nur persönlich schließen.

E I 1941 II 2141; M 5 314; P 5 374, 377.

Abschluß eines Erbvertrages

1. § 2274 stimmt mit § 2274 aF und § 29 Abs 1 TestG wörtlich überein.

2. Das Gesetz unterscheidet zwischen dem **Erblasser** als demjenigen Teile, welcher im Erbvertrag Erbeinsetzungen, Vermächtnisse oder Auflagen aus seinem Vermögen anordnet, und dem „anderen Vertragschließenden", der sich nur auf Annahme der vom Erblasser abgegebenen Erklärungen beschränkt, aber nicht notwendig selbst bedacht zu sein braucht (einseitiger Erbvertrag). Es können aber auch beide Teile als Erblasser auftreten (zweiseitiger Erbvertrag). Endlich können auf der einen Seite mehrere Erblasser (RG 67, 65), auf der anderen mehrere andere Vertragschließende vorhanden sein. Auch das für beide Teile als unwiderruflich erklärte gemeinschaftliche Testament kann in Wahrheit einen Erbvertrag enthalten (RG WarnR 1913 Nr 248), selbst wenn die Unwiderruflichkeit nicht ausdrücklich erklärt ist (vgl. RG LZ 1919, 594[8]).

3. Der Erblasser kann, wie das Testament (§ 2064), so auch den Erbvertrag **nur persönlich** errichten. Dasselbe gilt bei Anfechtung des Erbvertrags, wenn der Erblasser nicht geschäftsunfähig ist (§ 2282), bei Bestätigung (§ 2284), Aufhebung des Vertrags (§ 2290 Abs 2) und bei Erklärung des Rücktritts (§ 2296 Abs 1). Dagegen kann der andere Vertragschließende, wenn er nicht selbst Erblasser ist, auch durch Vertreter handeln, letzteres notwendigerweise, wenn er juristische Person ist.

§ 2275

Einen Erbvertrag kann als Erblasser nur schließen, wer unbeschränkt geschäftsfähig ist.

Ein Ehegatte kann als Erblasser mit seinem Ehegatten einen Erbvertrag schließen, auch wenn er in der Geschäftsfähigkeit beschränkt ist. Er bedarf in diesem Falle der Zustimmung seines gesetzlichen Vertreters; ist der gesetzliche Vertreter ein Vormund, so ist auch die Genehmigung des Vormundschaftsgerichts erforderlich.

Die Vorschriften des Absatzes 2 gelten auch für Verlobte.

E I 1942 II 2142; M 5 314, 315; P 5 374–378.

Geschäftsfähigkeit

1. § 2275 stimmt mit § 2275 aF und § 29 Abs 2–4 TestG überein.

2. **Zu Abs 1: Unbeschränkte Geschäftsfähigkeit** ist nur auf seiten des Erblassers (§ 2274 A 2) erforderlich. Der andere nur vertragschließende Teil braucht nicht geschäftsfähig zu sein und bedarf, da er durch den Erbvertrag in diesem Falle nur einen rechtlichen Vorteil erlangen kann, nicht einmal der Einwilligung seines gesetzlichen Vertreters (§ 107). Der entgegen Abs 1 geschlossene Vertrag ist, wenn es sich nicht um einen Ehegatten oder Verlobten handelt (Abs 2, 3), als Erbvertrag nichtig; er kann (anders nach A 4) auch nachträglich nicht wirksam werden. Nach § 140 ist es aber nicht ausgeschlossen, den Erbvertrag als Testament aufrechtzuerhalten, falls dessen Voraussetzungen genügt ist.

3. **Zu Abs 2 Satz 1:** Eine **Ausnahme zugunsten von Ehegatten und Verlobten,** auch ohne daß zugleich ein Ehevertrag geschlossen wird (§ 2276 Abs 2), macht das Gesetz insofern, als es auf der Erblasserseite auch beschränkte Geschäftsfähigkeit (§§ 106, 114) genügen läßt. Danach können selbst eine noch nicht 16jährige Verlobte oder eine von der Altersschranke befreite Frau (EheG § 1) und im Gegensatze zu § 2229 Abs 3 auch ein wegen Geistesschwäche, Verschwendung oder Trunksucht Entmündigter zwar kein Testament errichten, wohl aber mit Zustimmung ihrer gesetzlichen Vertreter als Erblasser Erbverträge schließen. Die Bestätigung ist jedoch ausgeschlossen (§ 2284).

4. **Zu Abs 2 Satz 2:** Die **Zustimmung des gesetzlichen Vertreters** (Vater, Mutter, Vormund, Pfleger) macht die persönliche Mitwirkung des erblasserischen Teils (§ 2274 A 2) nicht entbehrlich. Sie kann als Einwilligung vorher oder als Genehmigung nachträglich erklärt werden (§§ 183, 184). Sie wird dadurch ersetzt, daß der Erblasser nach Erlangung der unbeschränkten Geschäftsfähigkeit den Erbvertrag durch eine wenn auch nur stillscheigende Erklärung gegenüber dem anderen Ehegatten genehmigt (§ 108 Abs 3). Nach dem Tode des anderen ebenfalls als Erblasser aufgetretenen Ehegatten aber kann die Genehmigung nicht mehr erteilt werden (KGJ 47, 100). In der Zwischenzeit gilt der Erbvertrag als hinkendes Geschäft im Sinne von §§ 108, 109. Die Zustimmung oder Genehmigung ist an die Beobachtung der für den Erbvertrag vorgeschriebenen Form selbst nicht gebunden (§ 182 Abs 2). Nach alledem ist nicht wesentlich, daß die Zustimmung des gesetzlichen Vertreters schon bei Abschluß des Erbvertrags vorliegt (a.M. bei Planck-Greiff § 2275 A 2b Angeführte). Genehmigung des Vormundschaftsgerichts §§ 1828ff. Sie ist für den Gewaltinhaber nicht erforderlich.

5. **Zu Abs 3:** Verlöbnis § 1297.

§ 2276

Ein Erbvertrag kann nur vor einem Richter oder vor einem Notar bei gleichzeitiger Anwesenheit beider Teile geschlossen werden. Die Vorschriften der §§ 2233 bis 2245 finden Anwendung; was nach diesen Vorschriften für den Erblasser gilt, gilt für jeden der Vertragschließenden.

Für einen Erbvertrag zwischen Ehegatten oder zwischen Verlobten, der mit einem Ehevertrag in derselben Urkunde verbunden wird, genügt die für den Ehevertrag vorgeschriebene Form.

E I 1943, 1944 II 2143; M 5 315–319; P 5 379–381.

Übersicht:

Form des Erbvertrags

Schrifttum: Hilderscheid, Die Amtspflichten des Notars bei der Beurkundung von Testamenten und Erbverträgen, DNotZ 1939, 13; Seybold, Formvorschriften für den Ehe- und Erbvertrag, DNotZ 1943, 125.

1. § 2276 stimmt mit § 2276 aF und § 30 TestG überein. Die nach Abs 1 Satz 2 anzuwendenden Vorschriften sind jedoch zum Teil geändert worden (vgl. z. B. zu §§ 2233 aF, 6 TestG = 2233 aF OGH NJW 1949, 822).

2. Zu Abs 1 Satz 1: Dadurch, daß ein Erbvertrag nur **vor einem Richter oder Notar** — nach Landesgesetz auch nur vor dem Notar (§ 2231 A 4) — zustande kommen kann, sind die Form des eigenhändigen Testaments (§ 2247) und die außerordentlichen Testamentsformen der §§ 2249 bis 2251 ausgeschlossen. Das Erfordernis der gleichzeitigen Anwesenheit beider Teile, wie bei der Auflassung § 925, beim Ehevertrag § 1434 und beim Annahmevertrag § 1750 macht ferner die Form des § 128 unanwendbar. Der Erblasserteil muß immer selbst anwesend sein, der bloß vertragschließende Teil kann sich vertreten lassen (§ 2274 A 2). Dagegen ist die Anwesenheit des nur zustimmenden gesetzlichen Vertreters nicht erforderlich (§ 2275 A 4). Im übrigen bleiben nach EG Art 151 mit dem dort gemachten Vorbehalte die allgemeinen Vorschriften der Landesgesetze über die Errichtung gerichtlicher oder notarieller Urkunden unberührt (s. § 2232 A 1).

Ein Erbvertrag kann aber auch in einem Prozeßvergleich beurkundet werden (so OLG Celle DNotZ 1954, 423 für Vergleiche nach der LVO und LwVG). Denn der Prozeßvergleich ersetzt jede für das Rechtsgeschäft sonst durch Bundesgesetz oder Landesgesetz vorgeschriebene Beurkundungsform einschließlich der Beurkundung der gleichzeitig und in Anwesenheit beider Teile vor der Urkundsbehörde abgegebenen Erklärungen (Schlegelberger FGG 6. Aufl. Erl 4 vor §§ 167ff.).

3. Die (außer im Falle des Abs 2) anzuwendenden **Formvorschriften für das öffentliche Testament** ergeben im einzelnen: § 2233: Zuziehung eines Urkundsbeamten der Geschäftsstelle oder zweier Zeugen oder eines zweiten Notars ist im allgemeinen nicht erforderlich. §§ 2234—2237: Gründe der Unfähigkeit oder Untauglichkeit, als Richter, Notar, Urkundsbeamter der Geschäftsstelle oder Zeuge mitzuwirken. § 2238: Der Erbvertrag kann grundsätzlich sowohl durch mündliche Erklärung als auch durch Übergabe einer offenen oder verschlossenen, von den Vertragschließenden selbst oder von einer anderen Person geschriebenen Schrift zustande kommen. Nicht ausgeschlossen ist, daß sich der eine Teil mündlich, der andere (soweit nicht die Vorschriften des § 2238 Abs 3, 4 entgegenstehen) schriftlich mit dem Hinzufügen erklärt, daß die von ihm übergebene Schrift seine Vertragserklärung enthalte. § 2239: Anwesenheit der mitwirkenden Personen während der ganzen Verhandlung. §§ 2240—2242: Form und Inhalt der Niederschrift, die auch von dem nur annehmenden Teile mit zu unterzeichnen ist. § 2243: Die Erklärung des stummen oder am Sprechen verhinderten Teiles kann nur durch Übergabe einer Schrift nebst eigenhändig niedergeschriebener Erklärung abgegeben werden, während sich der andere Teil nach § 2238 beliebig erklären kann. § 2244: Kann auch nur ein Vertragsteil nicht deutsch sprechen, so muß ein beeidigter Dolmetscher zugezogen werden. § 2245: Es kann in einer fremden Sprache verhandelt werden, wenn alle Beteiligten, also auch beide Vertragschließenden, der fremden Sprache mächtig sind.

Gebühr für die Beurkundung des Erbvertrags KostO § 40.

4. Die Erklärung des **„anderen" lediglich vertragschließenden Teiles** beschränkt sich beim einseitigen Erbvertrag auf die Annahme der gegnerischen Erklärungen. Trotzdem ist er, auch wenn er durch Vertreter handelt, damit an die Form des öffentlichen Testaments gebunden. Nach seiner Person — nicht auch nach der Person des Vertreters (vgl. Planck-Greiff § 2276 A 3a; a. M. Strohal § 44 A 17) — sind die Unfähigkeits- und Untauglichkeitsgründe der §§ 2234—2237 zu beurteilen. Dagegen ist die Person des Vertreters entscheidend, wenn das Gesetz je nach gewissen persönlichen Eigenschaften des Erklärenden (Minderjährigkeit, Sprech-, Leseunvermögen usw.) die Einhaltung besonderer Formen vorschreibt.

5. Zu Abs 2: Die **Form des Ehevertrags** bietet jetzt gegenüber Abs 1 kaum noch Erleichterungen. Sie fordert nach § 1434 ebenfalls gleichzeitige Anwesenheit beider Teile vor dem Gericht oder Notar. Auch die Zuziehung von Überwachungspersonen ist in den §§ 169, 177 Abs 2 FGG in derselben Weise geregelt wie jetzt in den §§ 2233, 2242 Abs 3. Die Verständigung mit einem Stummen muß gegebenenfalls durch einen Dolmetscher vermittelt werden (FGG

§ 178). Anderseits ist die Aufnahme der Niederschrift nur in deutscher Sprache und, wenn auf eine Schrift Bezug genommen wird, ohne daß im übrigen die Testamentsform eingehalten ist, nur deren offene Übergabe zulässig (FGG §§ 175, 176 Abs 2).

Die materiellrechtliche Vorschrift des § 2274, daß der Erblasserteil den Vertrag nur persönlich schließen kann, bleibt auch hier in Kraft. Es muß sich um einen wahren Ehevertrag im Sinne von § 1432 handeln. Die mit einem Erbvertrag verbundene Vereinbarung Verlobter, daß in ihrer Ehe das gesetzliche Güterrecht gelten solle, ist vom RG 133, 20 als ein Ehevertrag in diesem Sinne anerkannt. Beide Verträge sind in derselben Urkunde verbunden, wenn sie in einer Niederschrift beurkundet sind. Die bloß äußerliche Verbindung zweier Niederschriften durch Zusammenheften macht sie nicht zu einer Urkunde und reicht daher für Abs 2 nicht aus (a. M. frühere Auflagen). Sind die Voraussetzungen für die erleichterte Form einmal gegeben, so ist der so beurkundete Vertrag auch Erbvertrag in voller Bedeutung des Wortes. Insbesondere können darin einseitig auch andere, sonst nur durch Testament zu treffende Verfügungen getroffen werden (§ 2299).

Die gleiche Vorschrift gilt für Aufhebung des Erbvertrags (§ 2290 Abs 4).

6. Umdeutung: Ein wegen Formmangels ungültiger Erbvertrag kann unter Umständen nach § 140 als ein Vertrag anderer Art (z. B. aus § 312 Abs 2: RG JRdsch 1927 Nr 1403) oder als Testament (KGJ 31 A 112) aufrechterhalten werden.

§ 2277

Die über einen Erbvertrag aufgenommene Urkunde soll gemäß § 2246 verschlossen, mit einer Aufschrift versehen und in besondere amtliche Verwahrung gebracht werden, sofern nicht die Parteien das Gegenteil verlangen. Das Gegenteil gilt im Zweifel als verlangt, wenn der Erbvertrag mit einem anderen Vertrag in derselben Urkunde verbunden wird.

Über einen in besondere amtliche Verwahrung genommenen Erbvertrag soll jedem der Vertragschließenden ein Hinterlegungsschein erteilt werden.

E I 1945 Satz 1, 2 II 2144; M 5 319; P 5 381, 382.

Verschließung und Verwahrung des Erbvertrags

1. § 2277 stimmt mit § 2277aF und § 31 TestG überein.

2. **Verschluß** mit dem Amtssiegel, Aufschrift und Verwahrung der über den Erbvertrag, sei es auch in den Formen des Ehevertrags (§ 2276 Abs 2) aufgenommenen Urkunde „nebst Anlagen" — etwaigen Vertreternachweisen, der vormundschaftsgerichtlichen Genehmigung, wenn sie sogleich erteilt ist, usw. — geschehen wie beim öffentlichen Testament nach § 2246 in Gegenwart der mitwirkenden Personen und im unmittelbaren Anschluß an den Errichtungsakt. Es ist deshalb nicht statthaft, nachträglich zu hinterlegen.

3. Die **Aufschrift** soll den Erbvertrag „näher bezeichnen". Dazu gehört die Angabe des Tages der Errichtung und der Person der Vertragschließenden.

4. **Besondere amtliche Verwahrung** § 2246 A 3. Wenn die Parteien das Gegenteil verlangen, was sie jedoch sogleich zu erklären haben, wird der Vertrag nicht verschlossen und nur in gewöhnliche Verwahrung genommen. Auf Antrag ist ihnen in diesem Falle eine Ausfertigung des Erbvertrags zu erteilen. Die Urschrift des Erbvertrags an die Vertragschließenden herauszugeben, ist grundsätzlich unstatthaft (JFG 17, 237; PrFGG Art 42; DOfNot §§ 15, 16). Jede Partei kann jederzeit verlangen, daß ihr Einsicht in die in besondere amtliche Verwahrung genommene, zu diesem Zwecke wieder zu öffnende Urkunde gewährt oder eine Abschrift erteilt wird (§ 2264 A 3, JW 1927, 1650[2]; dagegen nicht der Notar KGJ 38 A 150). Die Rücknahme aus der besonderen amtlichen Verwahrung steht den Parteien nur gemeinschaftlich zu (vgl. § 2272 A). Sie wirkt abweichend von § 2256 Abs 1 nicht als Widerruf (JFG 17, 237). Hierfür sind vielmehr die Formen der §§ 2290–2292 ausschließlich maßgebend. Wird die amtliche Verwahrung auf Verlangen aller Vertragsteile nachträglich aufgehoben, so ist die Urkunde entsprechend §§ 15 Abs 1, 16 Abs 2 Satz 1 DOfNot zur gewöhnlichen Verwahrung zu bringen, jedoch nicht an die Parteien herauszugeben (JFG 17, 237; Kipp-Coing § 32 A 5; Boehmer DNotZ 1940, 187ff. mit Nachweisen gegen Leonhard § 2277 Erl IV).

Benachrichtigung des Standesbeamten: Früher einheitliche Regelung durch die AV v. 15. 6. 39 (DJ 1078), v. 19. 5. 43 (DJ 287) und v. 12. 2. 45 (DJ 48); jetzt landesrechtliche Bestimmungen, vgl. die Zusammenstellung bei § 2246 A 3.

5. **Zu Abs 1 Satz 2:** Der **andere Vertrag,** mit welchem der Erbvertrag **in derselben Urkunde verbunden** ist, wird regelmäßig, muß aber nicht notwendig ein Ehevertrag sein (§ 2276 Abs 2).

Ist er nicht Ehevertrag, so bestehen für den damit verbundenen Erbvertrag keine Formerleichterungen, es müssen vielmehr insoweit die Formen des öffentlichen Testaments eingehalten sein (§ 2276 Abs 1). Eine „Verbindung" der beiden Verträge in derselben Urkunde erfordert keinen inneren Zusammenhang zwischen ihnen (wie zwischen dem Erbvertrag und einem Leibrentenvertrag im Falle des § 2295); es genügt, daß sie in einer Niederschrift zusammengefaßt sind (§ 2276 A 5).

6. Zu Abs 2: Der **Hinterlegungsschein** (§ 2246 A 5) ist jedem, also auch dem bloß annehmenden Vertragschließenden, zu erteilen.

§ 2278

In einem Erbvertrage kann jeder der Vertragschließenden vertragsmäßige Verfügungen von Todes wegen treffen.

Andere Verfügungen als Erbeinsetzungen, Vermächtnisse und Auflagen können vertragsmäßig nicht getroffen werden.

E I 1940 Abs 3, 1956 Abs 4 II 2145; M 5 313, 333—337; P 5 366, 373, 400—405.

Vertragsmäßige Verfügungen

1. § 2278 ergänzt den § 1941 und faßt zusammen, was dort und in den Bestimmungen der §§ 2298 Abs 1, 2299 Abs 1 schon enthalten ist. Das Gesetz gestattet, im Erbvertrage und unter den Voraussetzungen des § 2276 Abs 2 auch im Ehevertrage nicht nur vertragsmäßige, sondern auch einseitige Verfügungen zu treffen (§ 2299). Nur bezüglich der **vertragsmäßigen Verfügungen** von Todes wegen tritt Gebundenheit der Vertragschließenden ein. Sie hat indes nur erbrechtliche Wirkungen, läßt das Verfügungsrecht unter Lebenden grundsätzlich unbeschränkt (§ 2286) und hindert auch den Bedachten nicht, die ihm vertragsmäßig gemachten Zuwendungen nach Eintritt des Erbfalls auszuschlagen, selbst wenn er ausdrücklich hierauf verzichtet hat (§ 2279 A 1). Bei Lebzeiten des anderen Vertragschließenden kann sich jeder Teil durch Aufhebung mit Zustimmung des anderen Teiles (§§ 2290ff.), gegebenenfalls auch durch Anfechtung (§§ 2281ff.) und einseitigen Rücktritt (§§ 2293ff.) von der Bindung befreien. Damit wird regelmäßig zugleich der ganze Vertrag hinfällig (§ 2298).

Auch Zuwendungen an Dritte können den ausschließlichen Inhalt eines Erbvertrages bilden. Ein solcher wirkt jedoch nicht wie ein Vertrag zugunsten Dritter (§ 328), da keiner der Vertragsteile eine Verpflichtung eingeht und auch für den Bedachten kein Forderungsrecht begründet wird (BGH 12, 119).

2. Unter den „anderen Verfügungen" des Abs 2 sind nur solche von Todes wegen zu verstehen. Daß vertragsmäßige Verfügungen unter Lebenden mit einem Erbvertrage verbunden werden können, ist in § 2276 Abs 2 und § 2277 (A 5) anerkannt (JFG 6, 159). Die vertragsmäßigen Verfügungen von Todes wegen sind wie beim wechselbezüglichen Testament (§ 2270 Abs 3) **gegenständlich beschränkt.** Danach können immer nur einseitig gemäß § 2299 angeordnet werden: Die Ausschließung eines gesetzlichen Erben (§ 1938), die Entziehung des Pflichtteils (§§ 2333ff.), reine Teilungsanordnungen (§ 2048), die Ernennung eines Testamentsvollstreckers (§§ 2197ff., RG 116, 322; anders nach § 557 I 12 PrALR, das für die Ernennung eines Testamentsvollstreckers durch eine vor 1900 errichtete Verfügung von Todes wegen gemäß EG Art 214 Abs 1 maßgebend geblieben ist: RG HRR 1932 Nr 1452), die in einem Erbvertrage erteilte Auflassungsvollmacht (vgl. OLG Köln DNotZ 1951, 36), familienrechtliche Anordnungen aller Art (§ 1937 A 1), Widerruf älterer letztwilliger Verfügungen (§ 2254). Doch steht nichts im Wege, eine vertragsmäßige und insoweit unwirksame Verfügung solchen Inhalts im Wege der Umdeutung gemäß § 140 als einseitige aufrechtzuerhalten. Anderseits sind Erbeinsetzungen usw. nicht schon deshalb vertragsmäßige Verfügungen von Todes wegen, weil sie in einem Erbvertrage getroffen sind. Vielmehr ist nach dem frei zu ermittelnden Willen der Vertragschließenden zu entscheiden, ob und inwieweit eine gegenseitige Bindung oder freie Widerruflichkeit der einzelnen Verfügungen beabsichtigt ist (RG Warn 1917 Nr 91); bei Zuwendungen eines Erblassers an einen Dritten kommt das Interesse, auch bloß moralische Interesse, das der andere Vertragsteil an der Verfügung hat, als Auslegungsmerkmal in Betracht (RG 116, 321; vgl. auch OLG Düsseldorf HRR 1942 Nr 523 bei einem Nachvermächtnis zugunsten der Kinder der Vertragsteile). Vgl. hierzu ferner Weyer DNotZ 1938, 366.

Im Erbeinsetzungsvertrage können sich die Vertragschließenden gegenseitig oder nur der eine den andern oder auch Dritte (§ 1941 Abs 2; RG 67, 65) zu „Vertragserben" — gewöhnlichen Erben, Vor-, Nach- oder Ersatzerben — berufen, sei es auf die ganze Erbschaft oder nur auf einen Bruchteil neben den gesetzlichen oder neben testamentarischen Erben. Stehen sich beide Teile als gesetzliche Erb- oder Pflichtteilsberechtigte gegenüber, so ist Auslegungsfrage, ob der Erbvertrag zugleich den Verzicht auf den gesetzlichen Erbteil oder auf den Pflichtteil enthält. Der nach § 2302 unzulässige Verzicht auf Errichtung eines Testaments kann unter Umständen in vertragsmäßige Einsetzung der gesetzlichen Erben umgedeutet werden.

Wird Grundbesitz oder sonstiges Vermögen durch Vertrag mit der Maßgabe übergeben, daß dieser erst nach dem Tode des Übergebers vollzogen werden soll, so hängt es vom Vertragsinhalt und von den Umständen ab, ob er ein Vertrag unter Lebenden oder ein verschleierter Erbvertrag ist (BGH 8, 23 = LM § 305 BGB Nr. 2 mit Anm von Ascher; BayObLG 1953, 226 = DNotZ 1953, 599; a. M. für ein Landgut OGH NJW 1949, 822 Nr 2, wonach stets ein verschleierter Erbvertrag vorliegen soll; dazu ablehnend Pikalo NJW 1950, 424). Handelt es sich um einen Vertrag unter Lebenden, bei dem nur die Leistungspflicht bis zum Todesfall aufgeschoben worden ist, so kann ein etwaiger Auflassungsanspruch auch schon zu Lebzeiten des Grundstückseigentümers durch eine Vormerkung gesichert werden (BayObLG aaO.).

Beim Vermächtnisvertrage können die Vertragschließenden ebenso wie Dritte als Beschwerte (§ 2147) oder Bedachte in Betracht kommen. Das vertragsmäßig angeordnete Vermächtnis hat gemäß § 2289 den Vorrang, soweit ein einseitig angeordnetes daneben nicht bestehen kann. Kein Vermächtnisvertrag ist es, wenn der Erblasser unter Lebenden eine Pflicht übernimmt, deren Erfüllung nur bis nach seinem Tode hinausgeschoben ist (RG 8. 4. 07 IV 424/06). Auch die einem Kaufvertrage beigefügte Abrede, Übergabe, Auflassung und Zahlung des Kaufpreises sollten erst nach dem Tode des Verkäufers erfolgen und der Bestand des Vertrags durch das Überleben des Käufers bedingt sein, macht den Vertrag nicht zu einem Geschäft von Todes wegen (RG SeuffA 79 Nr 13; OLG Düsseldorf NJW 1954, 1041).

Der Vermächtnisnehmer hat vor dem Eintritt des Erbfalles, auch wenn das Vermächtnis auf einem Erbvertrage beruht, weder einen künftigen Anspruch noch eine rechtlich gesicherte Anwartschaft, sondern nur eine tatsächliche Aussicht. Es ist auch bei einem Grundstücksvermächtnis, das auf einem Erbvertrage beruht, unzulässig, zugunsten des Vermächtnisnehmers eine Auflassungsvormerkung einzutragen, selbst wenn der Erblasser die Eintragung bewilligt hat (BGH 12, 115 gegen OLG Celle NJW 1953, 27; vgl. auch die weiteren Nachweise bei § 2286 A 2).

Haben in einem Erbvertrage die Eltern ihre Kinder auf den Pflichtteil verwiesen, falls diese den Erbvertrag anfechten, so kann hieraus allein noch nicht entnommen werden, daß die Kinder Erben des letztlebenden Elternteils sein sollten (OGH MDR 1950, 669).

Die Vollziehung der im Auflagevertrag gemachten Auflage kann nur von den nach § 2194 Berechtigten verlangt werden, auch wenn sich der andere Teil vertragsmäßig zu der Leistung verpflichtet hat. Die Grundsätze vom Vertrag zugunsten Dritter (§§ 328ff.) kommen nicht in Betracht (RG Warn 1917 Nr. 91).

Errichtung einer Stiftung durch Erbvertrag § 83.

§ 2279

Auf vertragsmäßige Zuwendungen und Auflagen finden die für letztwillige Zuwendungen und Auflagen geltenden Vorschriften entsprechende Anwendung.

Die Vorschriften des § 2077 gelten für einen Erbvertrag zwischen Ehegatten oder Verlobten auch insoweit, als ein Dritter bedacht ist.

E I 1946, 1948 Abs 2 II 2146; M 5 320, 321, 323; P 5 373, 382, 383, 386.

Anwendung testamentsrechtlicher Vorschriften

1. Die **entsprechende Anwendung der testamentsrechtlichen Vorschriften** auf vertragsmäßige Zuwendungen, d. h. Erbeinsetzungen und Vermächtnisse sowie Auflagen (§ 2278 Abs 2) bezieht sich nach RG 67, 66 auf den zulässigen Inhalt, die notwendige Bestimmtheit, die Auslegung solcher Verfügungen, auf Anfall und Erwerb des Zugewendeten und die Pflicht, eine Auflage zu erfüllen (§§ 2064–2076, 2087–2093, 2096–2098, 2100–2107, 2147–2156, 2189–2193, ferner 1937–1959, 2094, 2095, 2176–2180), nicht aber auf § 2265, der das gemeinschaftliche Testament nur für Ehegatten zuläßt. Insbesondere ist der Überlebende, selbst wenn er hierauf im Erbvertrage verzichtet hat, nicht gehindert, das ihm Zugewendete nach dem Erbfall auszuschlagen (§ 2278 A 1).

Auch die allgemeinen Vorschriften über Willenserklärungen kommen nur in dem für letztwillige Verfügungen geltenden Umfange in Betracht (§ 2078 A 2). Doch wird die Willensübereinstimmung und die daraus hervorgehende gegenseitige Gebundenheit ausgeschlossen, wenn Scheingeschäft oder geheimer Vorbehalt im Sinne der §§ 117, 116 Satz 2 vorliegen. Die Anfechtung des Erbvertrages ist in den §§ 2281ff. besonders, aber nicht erschöpfend geregelt worden (§ 2285 A 1).

2. Haben sich **Ehegatten oder Verlobte** in dem zwischen ihnen geschlossenen Erbvertrage oder hat ein Ehegatte usw. in dem mit einem Dritten geschlossenen Erbvertrage den anderen

Ehegatten usw. letztwillig bedacht, so folgt aus Abs 1 verbunden mit § 2077, daß die Zuwendung unwirksam ist, wenn die Ehe nichtig, vor dem Tode des Zuwendenden aufgelöst ist, oder wenn auch nur begründete Scheidungs- oder Aufhebungsklage von ihm erhoben war. Handelt es sich um einen zweiseitigen Vertrag der Ehegatten usw. selbst, so hat die Unwirksamkeit der Zuwendung schon nach § 2298 Abs 1 die Unwirksamkeit des ganzen Erbvertrags und damit auch etwaiger an Dritte gemachter Zuwendungen zur Folge. Dies gilt wie im Falle des § 2268 A 2 grundsätzlich auch dann, wenn der schuldig mit der Scheidungs- oder Aufhebungsklage verfolgte Teil schon vor dem klagenden Teile verstorben ist.

Abs 2 hat dagegen den einseitigen Erbvertrag im Auge, bei dem nur ein Ehegatte usw. als Erblasser auftritt, während sich der andere auf die Annahme der an Dritte gemachten Zuwendungen beschränkt. Auch derartige **Zuwendungen an Dritte** werden in den Fällen des § 2077 nach ausdrücklicher Vorschrift des Abs 2 den Zuwendungen an den Ehegatten usw. gleichgestellt. Da jedoch in dem hier vorausgesetzten Falle auf seiten des nur annehmenden Teiles keine Verfügungen in Frage kommen, deren Unwirksamkeit auch die Unwirksamkeit der Verfügungen des anderen Erblassers zur Folge haben könnte, ist es abweichend von § 2268 A 2 dem Dritten unschädlich, wenn der mit der Scheidungs- oder Aufhebungsklage belangte schuldige Vertragschließende vor dem Erblasser stirbt (a. M. Planck-Greiff A 3, Kretzschmar § 52 A 1, Crome § 659 A 13). Eheverfehlungen des Erblasserteils können bei einem einseitigen Erbvertrag dem bedachten Dritten niemals schädlich werden. Zu beachten ist jedoch, daß es sich hierbei überall nur um gesetzliche Auslegungsregeln handelt (§§ 2077 Abs 3, 2085, 2298 Abs 3). Hängen die dem Dritten gemachten Zuwendungen mit dem ehelichen oder Verlobtenverhältnis der Vertragschließenden nicht zusammen, so werden sie sowohl im Falle des zweiseitigen wie des einseitigen Erbvertrags auch bei Nichtigkeit usw. der Ehe leicht aufrechtzuerhalten sein.

§ 2280

Haben Ehegatten in einem Erbvertrage, durch den sie sich gegenseitig als Erben einsetzen, bestimmt, daß nach dem Tode des Überlebenden der beiderseitige Nachlaß an einen Dritten fallen soll, oder ein Vermächtnis angeordnet, das nach dem Tode des Überlebenden zu erfüllen ist, so finden die Vorschriften des § 2269 entsprechende Anwendung.

E II 2147; P 5 406, 407.

1. Auslegungsregel für den **Ehegattenerbvertrag;** vgl. im einzelnen § 2269 A 1–8. Haben in einem Erbvertrage die Eltern ihre Kinder auf den Pflichtteil verwiesen, falls diese den Erbvertrag anfechten, so kann daraus allein noch nicht entnommen werden, daß die Kinder als Erben des letztsterbenden Elternteils eingesetzt sein sollten (OGH MDR 1950, 669).

Auch andere Personen als Ehegatten können in einem Erbvertrage, in dem sie sich gegenseitig als Erben einsetzen, bestimmen, daß für den gesamten beiderseitigen Nachlaß ein Dritter als Erbe des zuletztversterbenden Vertragsteils eingesetzt sein soll (OLG Oldenburg HEZ 1, 107; OLG Düsseldorf JMBlNRW 1950, 150).

§ 2281

Der Erbvertrag kann auf Grund der §§ 2078, 2079 auch von dem Erblasser angefochten werden; zur Anfechtung auf Grund des § 2079 ist erforderlich, daß der Pflichtteilsberechtigte zur Zeit der Anfechtung vorhanden ist.

Soll nach dem Tode des anderen Vertragschließenden eine zugunsten eines Dritten getroffene Verfügung von dem Erblasser angefochten werden, so ist die Anfechtung dem Nachlaßgerichte gegenüber zu erklären. Das Nachlaßgericht soll die Erklärung dem Dritten mitteilen.

E I 1948 Abs 1 II 2148 Abs 1, 3; M 5 322, 323; P 5 585, 586, 395–397, 418–420.

Übersicht:

Anfechtung durch den Erblasser

1. Die **Nichtigkeit des Erbvertrags,** z. B. wegen Formmangels, kann ohne weiteres von jedermann geltend gemacht werden. Beruht sie nur auf dem Mangel der Willensübereinstimmung, so lassen sich die vermeintlich vertragsmäßigen Verfügungen unter Umständen als einseitige aufrechterhalten (§ 2299). Nichtigkeit der einzelnen Verfügung hat, wenn sie eine vertragsmäßige ist, im Zweifel Unwirksamkeit des ganzen Vertrags (§ 2298), wenn sie einseitig getroffen war, im Zweifel nur Unwirksamkeit eben dieser Verfügung zur Folge (§ 2085).

Die §§ 2281 ff. sind auch auf das gemeinschaftliche wechselbezügliche Testament entsprechend anwendbar (vgl. § 2271 A 8, ferner OLG Kiel HEZ 2, 334).

2. Zu Abs 1 Halbs 1: Die **Anfechtung des Erbvertrags** mit der Nichtigkeitsfolge aus § 142 Abs 1 wegen Irrtums und Drohung oder wegen Übergehung eines Pflichtteilsberechtigten (§§ 2078, 2079) steht jedem zu, dem die Aufhebung des Vertrags unmittelbar zustatten kommen würde (§ 2080, s. aber auch § 2285); das folgt schon aus § 2279 Abs 1 (RG Warn 1934 Nr 128). § 2281 dehnt das Anfechtungsrecht unter den gleichen Voraussetzungen auch auf denjenigen Vertragsteil aus, der als **Erblasser** in Betracht kommt (§ 2274 A 2). Damit ist ihm ein Mittel gewährt, mit dem er seine Gebundenheit beseitigen kann, das der gewöhnliche Erblasser wegen der freien Widerruflichkeit einseitiger Verfügungen von Todes wegen nicht braucht. Hat der Erblasser die Voraussetzungen für eine Anfechtung gemäß § 2078 Abs 2 jedoch selbst durch ein Verhalten herbeigeführt, das gegen Treu und Glauben verstößt, dann kann er nach allgemeinen Rechtsgrundsätzen nicht anfechten (BGH 4, 91 = LM § 2285 Nr 1 mit Anm von Ascher; vgl. auch Fischer Jherings Jahrbücher 71, 230). Das treuwidrige Verhalten des Erblassers müssen sich auch die gemäß den §§ 2285, 2080 anfechtungsberechtigten Personen entgegenhalten lassen (vgl. Ascher aaO.).

Form und Frist §§ 2282, 2283. Widerruf beim gemeinschaftlichen Testament § 2271; Anfechtung eines solchen unter entsprechender Anwendung der §§ 2281 ff. (§ 2271 A 8).

Der andere (nur annehmende) Vertragschließende könnte sich der Anfechtung, an der er regelmäßig kein Interesse hat, nur nach den allgemeinen Grundsätzen über Willenserklärungen bedienen (§§ 119 ff.). Die an der Aufrechterhaltung des Erbvertrags „Interessierten" können nach erklärter Anfechtung unter Umständen Feststellungsklage erheben, daß die Anfechtung unwirksam sei (RG 13. 10. 04 IV 172/04).

3. Zu Abs 1 Halbs 2: Das Anfechtungsrecht wegen **Übergehens eines Pflichtteilsberechtigten** ist nach § 2079 Satz 2 (dort A 4) von vornherein ausgeschlossen, wenn der Erblasser auch bei Kenntnis der Sachlage zu dessen Nachteil verfügt haben würde. Auf das Anfechtungsrecht aus diesem Grunde kann deshalb im Erbvertrage selbst wirksam verzichtet werden. Hat der Erblasser dem Pflichtteilsberechtigten im Erbvertrage den Pflichtteil entzogen, so hat er kein Anfechtungsrecht, wenn das Entziehungsrecht gemäß §§ 2336, 2337 nachträglich wieder erloschen ist (Prot 5, 412). Das Anfechtungsrecht besteht nur, solange der übergangene Pflichtteilsberechtigte als solcher vorhanden ist. Die einmal erklärte Anfechtung bleibt jedoch wirksam, auch wenn demnächst der Pflichtteilsberechtigte vor dem Erbfall weggefallen, ein eigenes Anfechtungsrecht des Übergangenen aus § 2079 somit gar nicht entstanden ist. Ob der Eintritt des Pflichtteilsberechtigten vom Erblasser selbst, z. B. durch Eheschließung oder Annahme an Kindes Statt, herbeigeführt ist, ist an sich unerheblich. Immerhin kann ein Kindesannahmevertrag, der lediglich zu dem Zwecke geschlossen ist, die Anfechtung eines Erbvertrags zu ermöglichen oder es kann wenigstens die daraufhin erklärte Anfechtung nach § 226 oder § 138 nichtig sein (vgl. einerseits RG JW 1917, 536[2] und Ges v. 23. 11. 33, RGBl I 979, Art V, anderseits RG 138, 373; § 1741 A 3).

Ein Erbvertrag, der die Voraussetzung dafür gewesen ist, daß der eine der beiden Miteigentümer des zu entschuldenden Gutes die persönlichen Schulden des anderen für den Fall der Entschuldung auf seinen Eigentumsanteil mitübernommen hat, ist nicht deshalb der Anfechtung nach den §§ 2281, 2079 entzogen, weil in dem bestätigten Entschuldungsplan darauf hingewiesen worden ist (Osthilfe SichVO v. 17. 11. 31 §§ 18, 19; RG 161, 19 = DRW 1939, 1790[2] mit Anm von Hopp).

4. Zu Abs 2 Satz 1: Bei Lebzeiten der Vertragschließenden ist die Anfechtung nach der Regel des § 143 gegenüber dem anderen Teile, wiewohl unter Beobachtung der in § 2282 Abs 3 erteilten Formvorschrift zu erklären. Mit dem **Tode des einen Vertragsteils** ist sein höchstpersönliches Anfechtungsrecht erloschen; es kann daher von seinen Erben nur insoweit, als sie zu den in § 2080 bezeichneten Personen gehören und nur kraft eigenen Rechtes geltend gemacht werden. Auf seiten des überlebenden Teiles kommt eine Anfechtung der zu seinen Gunsten getroffenen Verfügungen des Zuerstverstorbenen nicht in Frage. Seine eigenen Verfügungen zugunsten des anderen Teiles haben sich durch dessen Tod erledigt. Es kann sich also nur noch um die Anfechtung vertragsmäßiger Erbeinsetzungen, Vermächtnisse und Auflagen (§ 2278 Abs 2) **zugunsten Dritter** handeln, gleichviel ob diese Verfügungen von ihm selbst oder von dem anderen

Teile herrühren. In diesem Falle hat der Überlebende (wie nach § 2081) die Anfechtung **dem Nachlaßgerichte gegenüber,** d. h. dem für den Todesfall des Zuerstverstorbenen zuständigen Gerichte zu erklären.

5. Zu Abs 2 Satz 2: Die **Mitteilungspflicht** des Nachlaßgerichts gilt nur gegenüber dem Dritten, nicht auch gegenüber den sonstigen Interessenten, insbesondere den Erben des Vertragsgegners (vgl. § 2081 A 2).

Gebühr für die Entgegennahme der Anfechtungserklärung KostO § 104 Abs 1 Nr 6, § 107.

§ 2282

Die Anfechtung kann nicht durch einen Vertreter des Erblassers erfolgen. Ist der Erblasser in der Geschäftsfähigkeit beschränkt, so bedarf er zur Anfechtung nicht der Zustimmung seines gesetzlichen Vertreters.

Für einen geschäftsunfähigen Erblasser kann sein gesetzlicher Vertreter mit Genehmigung des Vormundschaftsgerichts den Erbvertrag anfechten.

Die Anfechtungserklärung bedarf der gerichtlichen oder notariellen Beurkundung.

E I 1948 Abs 4 II 2148 Abs 2, 2149 Abs 1, 2; M 5 324; P 5 385, 386.

Anfechtungserklärung (Vertretung, Form)

1. Zu Abs 1 Satz 1: Das **Anfechtungsrecht** ist **höchstpersönlich,** wie auch der Abschluß (§ 2274), die Bestätigung (§ 2284), die Aufhebung des Erbvertrags (§ 2290 Abs 2) und der Rücktritt (§ 2296 Abs 1) dem Erblasser nur persönlich zustehen. Auch eine bloße Vertretung in der Erklärung ist ausgeschlossen (Lent DNotZ 1951, 151; vgl. auch BGH 5, 349).

2. Zu Abs 1 Satz 2: Auch der in der **Geschäftsfähigkeit beschränkte** Erblasserteil (§§ 106, 114) muß persönlich anfechten. Er kann aber nicht bestätigen (§ 2284) und ist, abweichend von dem ihm ausnahmsweise nachgelassenen Abschluß des Erbvertrags (§ 2275 A 4), bei der Anfechtung nicht an die Zustimmung des gesetzlichen Vertreters und die Genehmigung des Vormundschaftsgerichts (§ 1831) gebunden (ebenso §§ 2290 Abs 2, 2296 Abs 1; vgl. auch § 1595 Abs 1; ZPO § 612 Abs 1).

3. Zu Abs 2: Zugunsten des **geschäftsunfähigen** Erblasserteils wird, wie in den Fällen des § 1595 Abs 2, ZPO § 612 Abs 2, die Regel des Abs 1 durchbrochen, außerdem aber die Genehmigung des Vormundschaftsgerichts erfordert. Anfechtung nach Wiedererlangen der Geschäftsfähigkeit § 2283 Abs 3.

4. Zu Abs 3: Gerichtliche oder notarielle Beurkundung (§ 128) ist sowohl bei der Anfechtung unter Lebenden (ebenso beim Rücktritt § 2296 Abs 2) gegenüber dem anderen Teile als auch nach dem Tode eines Vertragsteils gegenüber dem Nachlaßgericht erforderlich (§ 2281 A 4). Beurkundung vor einer nicht gerichtlichen Nachlaßbehörde (EG Art 147) genügt nicht. Auf die Anfechtung eines gemeinschaftlichen Testaments durch den überlebenden Ehegatten (§ 2271 A 8) findet auch diese Formvorschrift entsprechende Anwendung (RG 87, 95). Sie gilt aber, wie beim Erbvertrag so auch beim gemeinschaftlichen Testament, nur für die Anfechtung durch den Erblasser selbst, nicht für die durch andere Personen (§ 2281 A 2; JW 1934, 2635[9]).

§ 2283

Die Anfechtung durch den Erblasser kann nur binnen Jahresfrist erfolgen.

Die Frist beginnt im Falle der Anfechtbarkeit wegen Drohung mit dem Zeitpunkt, in welchem die Zwangslage aufhört, in den übrigen Fällen mit dem Zeitpunkt, in welchem der Erblasser von dem Anfechtungsgrunde Kenntnis erlangt. Auf den Lauf der Frist finden die für die Verjährung geltenden Vorschriften der §§ 203, 206 entsprechende Anwendung.

Hat im Falle des § 2282 Abs 2 der gesetzliche Vertreter den Erbvertrag nicht rechtzeitig angefochten, so kann nach dem Wegfalle der Geschäftsunfähigkeit der Erblasser selbst den Erbvertrag in gleicher Weise anfechten, wie wenn er ohne gesetzlichen Vertreter gewesen wäre.

E I 1948 Abs 5 II 2150; M 5 324, 325; P 5 385, 386.

Anfechtungsfrist

1. **Zu Abs 1: Einjährige Ausschlußfrist** wie in § 2082. Sie läuft auch dem in der Geschäftsfähigkeit beschränkten Erblasser (§ 2282 A 2).

2. **Zu Abs 2: Fristbeginn und Fristenlauf** übereinstimmend mit § 1954, s. dort A 2, 3, jedoch ohne daß dem Anfechtungsberechtigten bei seinen Lebzeiten eine zeitliche Schranke (dort 30 Jahre) gezogen wäre. Vgl. auch §§ 124, 2082 A 2 und 2271 A 8b bb (RG Recht 1920 Nr 424). Bei der Fristberechnung ist das Gesetz über den Ablauf der durch Kriegs- und Nachkriegsvorschriften gehemmten Fristen vom 28. 12. 50 (BGBl 821) nebst dem Ergänzungsgesetz vom 30. 3. 51 (BGBl I 213) zu beachten.

3. **Zu Abs 3:** Die Frist läuft auch gegen den **gesetzlichen Vertreter.** Abs 3 durchbricht aber den Grundsatz zugunsten des Vertretenen dann, wenn dieser nach Fristablauf die — wenn auch nur beschränkte — Geschäftsfähigkeit wiedererlangt. In diesem Falle wird ihm gemäß dem in Abs 2 angezogenen § 206 eine sechsmonatige Nachfrist eingeräumt (ebenso § 1595 Abs 2; EheG § 36).

In allen Fällen handelt es sich um die Anfechtung durch den Erblasser. Für diejenige des nur annehmenden Teiles (§ 2281 A 2) gelten die Fristen der §§ 121, 124, für sonstige Anfechtungsberechtigte §§ 2080, 2082.

§ 2284

Die Bestätigung eines anfechtbaren Erbvertrags kann nur durch den Erblasser persönlich erfolgen. Ist der Erblasser in der Geschäftsfähigkeit beschränkt, so ist die Bestätigung ausgeschlossen.

E I 1948 Abs 4 II 2149 Abs 3; M 5 323, 324; P 5 385, 386.

Bestätigung

Schrifttum: Ischinger, Die Bestätigung anfechtbarer Verfügungen von Todes wegen, Rechtspfleger 1951, 159.

1. **Zu Satz 1:** Wie mit der Anfechtung des Erbvertrags vornehmlich bezweckt wird, die vertragsmäßige Bindung zu beseitigen (§ 2281 A 2), so kommt umgekehrt mit der **Bestätigung des anfechtbaren Erbvertrags** der Wille zum Ausdruck, trotzdem gebunden zu bleiben. Es handelt sich mithin nicht sowohl um Bestätigung der im Erbvertrage getroffenen Verfügung von Todes wegen, die, wenn § 2279 Abs 1 Anwendung fände, nur als erneute Verfügung von Todes wegen denkbar wäre (vgl. § 2078 A 9c), sondern um Bestätigung des mit dem Erbvertrage zustande gekommenen Rechtsgeschäfts. Gemäß § 144 Abs 2 ist deshalb die Bestätigung an keine Form gebunden, sie kann auch stillschweigend und braucht nicht gegenüber dem anderen Teil oder dem Nachlaßgericht erklärt zu werden (so jetzt auch BayObLG 1954, 71 = NJW 1954, 1039 mit Nachweisen; Palandt-Rechenmacher 14. Aufl.; a. M. Strohal I § 45 A 16). Der Erblasser kann aber **nur persönlich** bestätigen, wie er auch nur persönlich, nicht durch Vertreter den Erbvertrag schließen (§ 2274), anfechten (§ 2282), aufheben (§ 2290) und davon zurücktreten kann (§ 2296). Es ist auch — anders als bei § 1750 — eine Vertretung in der Erklärung des Willens ausgeschlossen (BGH 5, 349). Der wegen Formmangels nichtige Erbvertrag kann auch nicht durch die Erben des Vertragserben bestätigt werden (RG 8. 4. 07 IV 424/06).

2. **Zu Satz 2:** Dem in der **Geschäftsfähigkeit beschränkten** Erblasser (§§ 106, 114) ist zwar als Ehegatten oder Verlobten nachgelassen, den Vertrag zu schließen (§ 2275 Abs 2), nicht aber auch ihn zu bestätigen. Um so mehr ist dies für den Geschäftsunfähigen ausgeschlossen. Die Bestätigung selbst ist nach allgemeinen Grundsätzen anfechtbar.

§ 2285

Die im § 2080 bezeichneten Personen können den Erbvertrag auf Grund der §§ 2078, 2079 nicht mehr anfechten, wenn das Anfechtungsrecht des Erblassers zur Zeit des Erbfalls erloschen ist.

E I 1949 Abs 2 II 2151; M 5 325, 326; P 5 386, 387.

Anfechtung durch Dritte

1. Außer dem Erblasserteil (§§ 2281–2283) steht gemäß § 2279 Abs 1 das **Anfechtungsrecht auch dritten Personen** zu, soweit ihnen nach § 2080 die Aufhebung des Erbvertrags, der durch Irrtum, Zwang oder nicht gewollte Übergehung eines Pflichtteilsberechtigten beeinflußt ist

(§§ 2078, 2079), unmittelbar zustatten kommen würde. Form und Frist der Anfechtung bestimmen sich allein nach den §§ 2081, 2082. Daher gilt folgendes: Keine Beurkundung der Anfechtungserklärung, kein Verbot der Vertretung (§ 2282), aber 30jährige Ausschlußfrist (§ 2082 Abs 3) und darüber hinaus Verweigerungsrecht des Beschwerten (§ 2083). Die Anfechtung ist nach Maßgabe des § 2081 entweder dem Nachlaßgericht oder gegenüber dem Anfechtungsgegner, bei Anfechtung einer Vermächtnisanordnung also in entsprechender Anwendung von § 143 Abs 4 Satz 1 gegenüber dem Bedachten, nicht gegenüber dem überlebenden Vertragschließenden oder seinen Erben zu erklären (str, wie hier RG 143, 353; Planck-Greiff A 1); vgl. auch § 2081 A 4 Abs 2.

§ 2285 ist auf das wechselbezügliche gemeinschaftliche Testament entsprechend anzuwenden (RG 132, 4 mit Nachweisen; § 2271 A 8).

2. Das Anfechtungsrecht des Dritten ist zwar ein eigenes selbständiges Recht mit besonderem Fristenlauf nach § 2082 Abs 2; es kann aber keine stärkere Wirkung äußern als das **Anfechtungsrecht des Erblassers** selbst, wenn es diesem bereits bis zu seinem Tode zustand. Insofern ist es vom Anfechtungsrecht des Erblassers weitgehend abhängig (vgl. auch OLG Kiel HEZ 2, 337f.). War des Erblassers Recht zu diesem Zeitpunkt durch Ablauf der Jahresfrist (§ 2283) oder durch Bestätigung (§ 2284) **erloschen**, so kann auch der Dritte nicht mehr anfechten. Der am Erbvertrage selbst nicht beteiligte Dritte kann ihn jedoch nicht bestätigen.

Das Anfechtungsrecht des Erblassers erlischt noch nicht dadurch im Sinne des § 2285, daß er sein Anfechtungsrecht ohne Erfolg ausübt (BGH 4, 91). Dem § 2285 könnte jedoch sinngemäß entnommen werden, daß die im § 2080 bezeichneten Personen den Erbvertrag auch dann nicht mehr anfechten können, wenn der Erblasser ergebnislos angefochten hat und sie sich auf dieselben Anfechtungsgründe stützen (vgl. Ascher bei LM § 2285 Nr 1). § 2285 ist jedenfalls nicht anwendbar, wenn ein neuer Anfechtungstatbestand vorgetragen wird; kommt es nach dem neuen Anfechtungsgrund auf das Gesamtverhalten des Anfechtungsgegners an, so kann unterstützend auch auf solche Anfechtungstatbestände zurückgegriffen werden, auf die keine selbständige Anfechtung mehr gestützt werden kann (BGH 4, 94).

§ 2286

Durch den Erbvertrag wird das Recht des Erblassers, über sein Vermögen durch Rechtsgeschäft unter Lebenden zu verfügen, nicht beschränkt.

E I 1951 II 2152; M 5 327, 328; P 5 388, 389.

Verfügungsrecht unter Lebenden

1. Grundsätzlich ist der Erblasser durch den Erbvertrag in der **Verfügung unter Lebenden** ebensowenig beschränkt wie durch sonstige Verfügungen von Todes wegen. Nur bösliche Schenkungen (§ 2287) und die Vereitelung von Vermächtnissen (§ 2288) sind ihm untersagt. Beschränkungen in der Errichtung neuer Verfügungen von Todes wegen ergeben sich aus § 2289. Der Vermächtnisnehmer erlangt, auch wenn das Vermächtnis auf einem Erbvertrage beruht, vor dem Eintritt des Erbfalls weder einen künftigen Anspruch noch eine rechtlich gesicherte Anwartschaft, sondern lediglich eine tatsächliche Aussicht (BGH 12, 115 = JZ 1954, 436 mit Anm von Coing = DNotZ 1954, 264 mit Anm von Hieber). Auch die Aussicht des Vertragserben auf das, was ihm durch Erbvertrag zugedacht ist, schafft keine rechtlich gesicherte Anwartschaft; sie ist insbesondere kein Vermögen im Sinne des § 1836 (BayObLG 1952, 289 = JZ 1953, 242). Der im Erbvertrage Bedachte erlangt mithin als solcher vor dem Erbfall kein Recht, wie der Nacherbe nach §§ 2108ff., gegen tatsächliche oder rechtliche Beeinträchtigungen durch den Erblasser etwa mit Hilfe einstweiliger Verfügungen geschützt zu werden (OLG 21, 363). Ebensowenig ist er als solcher zu dem Antrag auf Entmündigung wegen Verschwendung berechtigt (vgl. auch BayObLG 1952, 289 = JZ 1953, 242).

Ansprüche aus einem Erbvertrage können auch nicht zu Lebzeiten des Erblassers durch eine Vormerkung gesichert werden, auch nicht wenn der Erblasser die Eintragung der Vormerkung bewilligt hat. Die erbrechtliche Bindung des Erblassers ist in den Bestimmungen über den Erbvertrag erschöpfend geregelt; die Beteiligten können diese Bindung, da im Erbrecht keine Vertragsfreiheit besteht, nicht durch schuldrechtliche Vereinbarungen oder dingliche Sicherungsmittel verstärken (KG JFG 23, 148; OLG Frankfurt NJW 1953, 1848; BGH 12, 115 = LM § 883 BGB Nr 2, nur Leitsatz mit Anm von Pritsch = NJW 1954, 633 = JZ 1954, 436 mit Anm von Coing = DNotZ 1954, 264 mit Anm von Hieber; a. M. OLG Celle NJW 1953, 27 = DNotZ 1952, 236; vgl. auch Hieber DNotZ 1952, 432; 1953, 635; Schulte 1935, 360; Holthöfer DRiZ 1954, 141 und JR 1955, 11).

Es ist allerdings Holthöfer zuzugeben, daß vielfach ein Bedürfnis besteht, den Vertragserben (auch den Vermächtnisnehmer) gegen Verfügungen des Erblassers, die ihn schädigen könnten, zu schützen; denn weder § 2287 noch sonstige Vorschriften des bürgerlichen Rechts (§ 826?) reichen hierzu aus. Der Ausweg muß bei der derzeitigen Rechtslage jedoch in einem entsprechenden Rechtsgeschäft unter Lebenden gesucht werden. Die Frage, inwieweit das möglich ist, hat der BGH ausdrücklich offen gelassen (vgl. auch Pritsch aaO.).

Bindung des Erblassers nach den bisherigen Gesetzen, wenn der Erbvertrag vor 1. 1. 00 errichtet ist (EG Art 214 Abs 2).

2. Übergabeverträge haben eine doppelte Natur. Sie sind einerseits Rechtsgeschäfte unter Lebenden, enthalten regelmäßig aber auch eine vorweggenommene Erbfolge und unterscheiden sich hierdurch wesentlich von anderen Grundstücksveräußerungen unter Lebenden. Das gilt nicht nur für Höfe im Sinne der Höfeordnung, sondern auch für andere landwirtschaftliche und nichtlandwirtschaftliche Besitzungen. Denn es handelt sich überall um gleichartige wirtschaftliche Vorgänge (so BGH 19. 10. 54 V ZB 23/54 = NJW 1955, 218 — nur Leitsatz — für Höfe und andere landwirtschaftliche Besitzungen). Der V. Zivilsenat des Bundesgerichtshofs will jedoch die doppelte Natur des Übergabevertrages bei Besitzungen, die nicht der Höfeordnung unterliegen, außer Betracht lassen und in solchen Fällen den Übergabevertrag lediglich als eine Veräußerung unter Lebenden behandeln, weil das Gesetz in den §§ 7, 17 HöfeO für die Übertragung eines Hofes besondere Bestimmungen getroffen habe, die für sonstige Besitzungen nicht gälten (vgl. BGH RechtdLandw 1951, 129 = DNotZ 1951, 344; RechtdLandw 1951, 301 = LM § 23 LVO Nr 5; RechtdLandw 1952, 133 mit Anm von Wöhrmann = LM § 17 HöfeO Nr 4; RechtdLandw 1953, 53 Nr 17 = LM § 12 HöfeO Nr 3; auch BGH 8, 33). Diese unterschiedliche Behandlung ist nicht unbestritten und wird auch durch den Hinweis auf die Regelung der Höfeordnung allein nicht zwingend begründet (für eine Gleichbehandlung OLG Hamm NJW 1954, 1504; anscheinend auch Wöhrmann RechtdLandw 1952, 134).

Der Bundesgerichtshof kommt von seiner Unterscheidung aus zu folgenden Rechtssätzen:

Ein Übergabevertrag, der einen Hof im Sinne der Höfeordnung betrifft, ist als vorweggenommene Erbfolge gemäß § 2289 insoweit unwirksam, als er das Recht eines Dritten beeinträchtigt, der durch Erbvertrag als Hoferbe eingesetzt war (BGH LM § 12 HöfeO Nr 3). Wer durch Erbvertrag oder gemeinschaftliches Testament an eine bestimmte Erbfolge in einen Hof gebunden ist, kann nicht anderweitig — auch nicht durch Übergabevertrag — letztwillig über den Hof verfügen (BGH 30. 1. 51 V BLw 57/49 = DNotZ 1951, 343 = RechtdLandw 1951, 129; insoweit in BGH 1, 121 nicht abgedruckt). Wer durch Erbvertrag oder gemeinschaftliches Testament zum Hoferben bestimmt worden ist, hat ein Beschwerderecht gegen die Genehmigung eines mit einer anderen Person geschlossenen Übergabevertrages, weil die Genehmigung ihn unmittelbar in seinem Recht beeinträchtigt (BGH RechtdLandw 1952, 133 = LM § 17 HöfeO Nr 4).

Handelt es sich dagegen um einen landwirtschaftlichen Besitz, der nicht der Höfeordnung unterliegt, so hat im entsprechenden Falle der vorgesehene Hoferbe kein Beschwerderecht, weil hier der Übergabevertrag allein als Rechtsgeschäft unter Lebenden zu behandeln ist (BGH LM § 23 LVO Nr 5 = RechtdLandw 1951, 301).

Nach westfälischem Güterrecht ist der überlebende Ehegatte befugt, einen Übertrags-(Übergabe-)vertrag zu schließen. Diese Befugnis kann durch einen Erbvertrag oder durch ein gemeinschaftliches Testament der Ehegatten ausgeschlossen werden (BGH 19. 10. 54 V ZB 23/54 = NJW 1955, 218 — nur Leitsatz —; die Entscheidung des BGH ist zum Vorlagebeschluß des OLG Hamm NJW 1954, 1504 ergangen).

§ 2287

Hat der Erblasser in der Absicht, den Vertragserben zu beeinträchtigen, eine Schenkung gemacht, so kann der Vertragserbe, nachdem ihm die Erbschaft angefallen ist, von dem Beschenkten die Herausgabe des Geschenkes nach den Vorschriften über die Herausgabe einer ungerechtfertigten Bereicherung fordern.

Der Anspruch verjährt in drei Jahren von dem Anfalle der Erbschaft an.

E I 1952 Abs 1, 2 II 2153 Abs 1 Satz 1, Abs 2; M 5 328—330; P 5 389—394; 6 351.

Übersicht:

Bösliche Schenkungen

1. Allgemeines
2. Beeinträchtigungsabsicht
3. Der Berechtigte (Vertragserbe)
4. Entstehung des Anspruchs
5. Der Verpflichtete
6. Inhalt des Anspruchs
7. Verjährungsfrist
8. Gemischte Schenkung

1. Allgemeines: Unbeschadet seiner Verfügungsfreiheit unter Lebenden (§ 2286) darf der Erblasser den Vertragserben nicht durch **bösliche Schenkungen** beeinträchtigen. Hierzu gehört auch die gemischte Schenkung (A 8; § 516 A 7; RG JW 1935, 275[5]; OLG Celle MDR 1948, 142), das Schenkungsversprechen (§ 518) und die vollzogene Schenkung auf den Todesfall (§ 2301 Abs 2), während das Schenkungsversprechen von Todes wegen ohne weiteres unwirksam ist (§§ 2301 Abs 1, 2289 Abs 1). Dagegen ist die Hingabe, sei es auch des ganzen Vermögens, gegen Entgelt (z. B. gegen eine Leibrentenverpflichtung) niemals Schenkung. Sie könnte nur „in eklatanten Fällen" (Prot 5, 392) einen Schadenersatzanspruch aus § 826 begründen.

Der Erblasser kann die Anwendbarkeit des § 2287 dadurch ausschließen, daß er sich im Erbvertrage (so gut wie den Rücktritt nach § 2293) völlige Freiheit in der Vornahme von Schenkungen vorbehält (str, vom RG Warn 1918 Nr 124 dahingestellt gelassen). In der Vereinbarung, daß der Vertragserbe nur den Überrest erhalten solle, ist eine solche Ausschließung aber nicht zu finden; vgl. § 2137 Abs 1 mit § 2113 Abs 2 (RG LZ 1919, 1187[4]; Warn 1926 Nr 188). Der Schutz des § 2287 wirkt nicht nur gegenüber Verfügungen, sondern auch gegenüber reinen Verpflichtungsgeschäften (OLG Celle NdsRpfl 1947, 121 = MDR 1948, 142 mit Anm von Kleinrahm).

§ 2287 ist auch auf den Überlebenden beim gemeinschaftlichen Testament anzuwenden (OGH 1, 161 = MDR 1949, 287 mit Anm von Boehmer; BGH DNotZ 1951, 345; § 2271 A 8). Doch ist dieser aus einem unter der Herrschaft des PrALR errichteten gemeinschaftlichen Testament (EG Art 214 Abs 2) in bezug auf Schenkungen unter Lebenden nicht beschränkt (RG Warn 1912 Nr 314; 1918 Nr 124; DJZ 1924, 906).

2. Die **Absicht, den Vertragserben zu beeinträchtigen,** wird nicht durch das Bewußtsein ersetzt, daß die aus anderen unverfänglichen Beweggründen, z. B. aus idealen, sittlichen oder Anstandsrücksichten vorgenommene Schenkung den Vertragserben verkürzen werde. Es muß gerade als der zu erreichende Erfolg bezweckt sein, dem Vertragserben die Vorteile der Erbeseinsetzung zu entziehen (vgl. RG Warn 1938 Nr 144 = DJ 1938, 1368 mit Anm von Vogels). Spielen mehrere Beweggründe mit, so kommt es darauf an, welcher der eigentlich treibende und bestimmende gewesen ist (RG 77, 111; JW 1912 S. 142[18], 467[14]; 1935, 275[5]; Recht 1921 Nr 1398; SeuffA 90 Nr 55). Dieser Rechtsprechung haben sich auch der OGH BrZ und der BGH angeschlossen (OGH 1, 163 = MDR 1949, 287 mit Anm von Boehmer; 2, 167; BGH LM § 146 KO Nr 1: „Bedingter Vorsatz genügt nicht"; ferner BGH 9. 3. 55 IV ZR 121/54 und 6. 7. 55 IV ZR 34/55 = BGH 18, 67 = NJW 1955, 1354, insoweit jedoch bei beiden Fundstellen nicht abgedruckt). Hat der Erblasser den Vertragserben von der beabsichtigten Schenkung verständigt und dieser sich einverstanden erklärt, so kann je nach Sachlage die Benachteiligungsabsicht gefehlt haben oder dem Erben verborgen geblieben sein; der Erbe kann aber auch die Benachteiligungsabsicht erkannt und trotzdem sein Einverständnis erklärt haben (vgl. im einzelnen OGH 2, 169). Die Annahme, im letzteren Falle sei das Einverständnis als „Gestattung böswilligen Tuns" gemäß § 138 nichtig, ist mindestens in dieser Allgemeinheit bedenklich. Der Anspruch aus § 2287 geht gegen den Beschenkten. Es wird in vielen Fällen angemessen sein, mindestens diesem gegenüber den Erben an seiner Einverständniserklärung festzuhalten.

3. Der Berechtigte: Der Herausgabeanspruch entsteht erst in der Person des **Vertragserben.** Er gehört mithin nicht zum Nachlaß und kann deshalb nicht vom Testamentsvollstrecker geltend gemacht werden (RG 77, 5; Recht 1921 Nr 1397; SeuffA 90 Nr 55; RG 24. 6. 20 IV 144/20). Auch die Nachlaßgläubiger sind zu dem Herausgabeverlangen nicht berechtigt. Doch bleibt ihr aus KO §§ 29ff. oder AnfG §§ 3ff. abgeleiteter selbständiger Anfechtungsanspruch unberührt. Vertragserbe ist der von dem Zuerstverstorbenen im Erbvertrag eingesetzte Erbe (auch der Nacherbe, RG Warn 1938 Nr 144), gleichviel ob er den Vertrag selbst mit geschlossen oder darin nur als Dritter bedacht ist. Ist der Nacherbe zugleich Vertragserbe des Vorerben, so wird er gegenüber unentgeltlichen Rechtsgeschäften des Vorerben in erster Linie durch § 2287 geschützt (OLG Celle MDR 1948, 142). Dem nur annehmenden Vertragschließenden (§ 2274 A 2) erwachsen aus der Schenkung keine Rechte.

Mehreren Vertragserben steht der Herausgabeanspruch, weil er nicht zum Nachlaß und deshalb auch nicht zum Gesamthandvermögen der Erbengemeinschaft nach § 2032 A 2b gehört, nach den Grundsätzen der §§ 741ff. jedem für sich zu dem seinem Erbteil entsprechenden Bruchteile zu (RG 77, 7; JW 1912, 142[18]; Warn 1926 Nr 188; SeuffA 90 Nr 55). Nur bei Unteilbarkeit der Leistung ist ein Gesamtgläubigerverhältnis gegeben (§ 432).

4. Entstehung des Anspruchs: Der Anspruch des Vertragserben entsteht erst mit dem **Anfall der Erbschaft,** regelmäßig also mit dem Tode des Erblassers (§ 1942 A 2). Schlägt er die Erbschaft aus, so gilt der Anfall als nicht erfolgt (§ 1953 A 1), damit ist aber auch seinem Herausgabeanspruch der Boden entzogen (a. M. Strohal § 45 A 43). Vor dem Anfall hat auch der Vertragserbe keine Rechte, weder gegen den Erblasser noch gegen den Beschenkten (a. M. Strohal § 45 A 40). Insbesondere kann er wegen seines bloß möglichen Anspruchs nicht durch einstweilige Verfügungen (ZPO §§ 916 Abs 2, 936) geschützt werden (§ 2286 A 1).

5. Der Verpflichtete: Der Herausgabeanspruch ist nur **gegen den Beschenkten** gewährt. Er steht mithin abweichend von § 2288 Abs 2 nicht zu gegen testamentarische oder gesetzliche Erben, wenn sie neben dem Vertragserben berufen sind.

6. Inhalt des Anspruchs: Der Beschenkte ist zur **Herausgabe** nach den für die **ungerechtfertigte Bereicherung** geltenden Grundsätzen, somit zur Herausgabe des Geschenkes selbst oder des dafür erlangten Surrogats oder zum Wertersatz im Umfange des § 818 verpflichtet. Handelt es sich um ein Schenkungsversprechen, so geht der Anspruch auf Befreiung von der Schenkungsverpflichtung. Es ist an sich unerheblich, ob der Beschenkte die Beeinträchtigungsabsicht kennt; wohl aber steigert sich in diesem Falle der Umfang der Herausgabepflicht gemäß § 819.

Kein Auskunftsanspruch: Der Vertragserbe hat weder nach § 2287 noch im Regelfalle nach sonstigen Bestimmungen einen Anspruch auf Auskunft gegen den Beschenkten. Bösliche Schenkungen begründen keine Rechtsbeziehung, aus der sich eine solche Auskunftspflicht ergeben könnte. § 260 Abs 1 kann jedoch insoweit anwendbar sein, als etwa der Vertragserbe einen Inbegriff von Gegenständen verschenkt hat und dessen Bestand streitig ist (BGH 6. 7. 55 IV ZR 34/55 = BGH 18, 67).

Verzicht: Der Vertragserbe kann durch ein Rechtsgeschäft mit dem Beschenkten, aber auch mit dem Erblasser wirksam auf den Herausgabeanspruch verzichten. Bei einem Verzichtsvertrage mit dem Erblasser handelt es sich um einen Vertrag zugunsten eines Dritten (vgl. OGH 2, 169f.). Es ist allerdings nicht einzusehen, warum der „nachträgliche" Verzicht nicht sittenwidrig, die vorherige Einverständniserklärung dagegen in jedem Falle nach § 138 nichtig sein soll (OGH aaO.; ebenso Palandt-Rechenmacher A 2a). Auch hierbei kann es sich um einen Verzichtsvertrag zugunsten des Beschenkten handeln. Ob der Vertrag vor oder nach der Schenkung geschlossen wird, ist rechtlich unerheblich.

7. Zu Abs 2: Dreijährige Verjährungsfrist wie beim Pflichtteilsergänzungsanspruch nach § 2332 Abs 2. Es entscheidet lediglich der Zeitpunkt des Erbschaftsanfalls (§ 1942), gleichviel wann der Vertragserbe von der Schenkung Kenntnis erlangt hat und (abweichend von § 2325 Abs 3) gleichviel, wie lange die Schenkung vor dem Erbfall zurückliegt. Handelt es sich um ein bloßes Schenkungsversprechen des Erblassers, so kann der Vertragserbe gegenüber dem Erfüllungsverlangen des Beschenkten nach § 821 auch nach Ablauf der Verjährungsfrist die Leistung verweigern.

8. Gemischte Schenkung: Schwierigkeiten bereitet die sog. „gemischte Schenkung". Nach der Rechtsprechung des Bundesgerichtshofs geht in solchen Fällen der dem Vertragserben in § 2287 eingeräumte Anspruch in der Regel nur dann auf Herausgabe des „geschenkten" Gegenstandes, wenn der unentgeltliche Charakter des Geschäfts überwiegt, wobei ein Vergleich des Wertes des überlassenen Gegenstandes mit dem Werte der Gegenleistung einen Anhalt geben kann (NJW 1953, 501). Sonst ist nur der „Mehrwert" geschenkt und daher auch nur der überschießende Betrag herauszugeben (RG 148, 239f.). Die abweichende Rechtsprechung des OGH hat der BGH ausdrücklich abgelehnt; hiernach sollte der Anspruch sich auf den geschenkten Gegenstand selbst — gegen Erstattung der Gegenleistung — richten und nicht nur auf einen Unterschiedsbetrag in Geld, wenn festzustellen ist, daß der Gegenstand ohne die teilweise Schenkung dem Beschenkten überhaupt nicht, auch nicht zu einem höheren Preise, zugefallen wäre (OGH 1, 258 für Widerruf wegen groben Undanks; OGH 2, 160 für § 2287).

§ 2288

Hat der Erblasser den Gegenstand eines vertragsmäßig angeordneten Vermächtnisses in der Absicht, den Bedachten zu beeinträchtigen, zerstört, beiseite geschafft oder beschädigt, so tritt, soweit der Erbe dadurch außerstande gesetzt ist, die Leistung zu bewirken, an die Stelle des Gegenstandes der Wert.

Hat der Erblasser den Gegenstand in der Absicht, den Bedachten zu beeinträchtigen, veräußert oder belastet, so ist der Erbe verpflichtet, dem Bedachten den Gegenstand zu verschaffen oder die Belastung zu beseitigen; auf diese Verpflichtung finden die Vorschriften des § 2170 Abs 2 entsprechende Anwendung. Ist die Veräußerung oder die Belastung schenkweise erfolgt, so steht dem Bedachten, soweit er Ersatz nicht von dem Erben erlangen kann, der im § 2287 bestimmte Anspruch gegen den Beschenkten zu.

E I 1956 Abs 3 Satz 2 II 2154; M 5 337; P 5 400, 401, 404, 405.

Vereitelung von Vermächtnissen

1a. Allgemeines: Der **vertragsmäßig bedachte Vermächtnisnehmer** braucht einen besonderen Schutz gegen die böswillige Vereitelung von Vermächtnissen, weil ein Sachvermächtnis regelmäßig nur dann wirksam ist, wenn der vermachte Gegenstand noch zur Erbschaft gehört (§§ 2169f.). Ist das vertragsmäßige Vermächtnis (§ 2278 A 2) auch für den Fall angeordnet, daß sein Gegenstand nicht zur Erbschaft gehört, so bleibt der Beschwerte schon nach §§ 2169 Abs 1, 2170, 2182 Abs 2 zur Leistung verpflichtet, sofern der Gegenstand überhaupt noch vorhanden ist (Verschaffungsvermächtnis).

Gegen die Vereitelung von Auflagen gibt es keinen Schutz.

1. **Abs 1** macht darüber hinaus den Erben auch dann ersatzpflichtig, wenn er den Vermächtnisgegenstand, weil vom Erblasser zerstört, beiseite geschafft oder beschädigt, nicht oder doch nicht unversehrt verschaffen kann (§§ 2171, 2172). Wenn es sich ferner um das Vermächtnis eines bestimmten in der Erbschaft vorhandenen Gegenstandes handelt, so wird gegen die Regel des § 2169 A 1 das Vermächtnis nicht schon dadurch unwirksam, daß dieser Gegenstand zur Zeit des Erbfalls nicht zur Erbschaft gehört. Allgemeine Voraussetzung ist jedoch, daß der Erblasser, indem er das Vermächtnis in dieser Weise **vereitelte,** dabei gegenüber dem Bedachten **in Beeinträchtigungsabsicht** gehandelt hat (§ 2287 A 2; BGH LM § 146 KO Nr 1; OGH 1, 161). § 2288 ist auch auf bindend gewordene letztwillige Anordnungen in gemeinschaftlichen Testamenten anzuwenden (OGH 1, 161 = MDR 1949, 287 mit Anm von Boehmer).

2. An die Stelle des eigentlichen Leistungsgegenstandes (§ 2174) und soweit er sich nicht mehr verschaffen läßt, tritt die **Verpflichtung des Erben zum Wertersatz,** und zwar des gemeinen Verkehrswerts im Zeitpunkte des Vermächtnisanfalls (§ 2176). Die Ersatzleistung liegt als Nachlaßverbindlichkeit in allen Fällen dem Erben (Vertrags- oder gewöhnlichen Erben) ob, auch wenn er nicht der ursprüngliche und von der Leistung freigewordene Beschwerte ist.

3. **Abs 2** handelt im Gegensatz zu den bloß tatsächlichen von rechtlichen Verfügungen, **böslichen Veräußerungen und Belastungen eines bestimmten Vermächtnisgegenstandes,** gleichviel ob ohne oder gegen Entgelt. Das Vermächtnis wird im Falle der Veräußerung durch den Erblasser dem Verschaffungsvermächtnis auch dann gleichgestellt, wenn es von vornherein nicht als solches gemeint war (§§ 2169 Abs 1, 2170). Ebenso entsteht im Falle der Belastung dem Vermächtnisnehmer stets der Anspruch auf Beseitigung der Rechte, der ihm sonst nach § 2165 grundsätzlich versagt ist.

4. Aus der Anwendung des **§ 2170 Abs 2** folgt ein Anspruch auf Wertersatz an Stelle der Verschaffung in Natur oder der Beseitigung der Belastung.

5. **Zu Abs 2 Satz 2:** Während der Anspruch aus § 2287 (dort A 4) von vornherein nur **gegen** den Beschenkten zusteht, haftet in den Fällen des Abs 1, tatsächlicher böslicher Vereitelung des Vermächtnisses, überhaupt nur der Erbe, in den Fällen des Abs 2 gleichfalls der Erbe, aber **aushilfsweise** innerhalb dreijähriger Verjährungsfrist auch der Beschenkte. Dem Bedachten liegt deshalb der Beweis ob, daß und inwieweit er Ersatz vom Erben, der damit nur eine Nachlaßverbindlichkeit zu erfüllen hat, nicht habe erlangen können.

§ 2289

Durch den Erbvertrag wird eine frühere letztwillige Verfügung des Erblassers aufgehoben, soweit sie das Recht des vertragsmäßig Bedachten beeinträchtigen würde. In dem gleichen Umfang ist eine spätere Verfügung von Todes wegen unwirksam, unbeschadet der Vorschrift des § 2297.

Ist der Bedachte ein pflichtteilsberechtigter Abkömmling des Erblassers, so kann der Erblasser durch eine spätere letztwillige Verfügung die nach § 2338 zulässigen Anordnungen treffen.

E I 1953 Abs 1, Satz 1, Abs 2 II 2155; M 5 331, 332; P 5 395, 396, 422; 6 351—353.

Übersicht:

Auswirkung auf andere letztwillige Verfügungen

1. Wirkung auf frühere letztwillige Verfügungen
2. Wirkung auf spätere Verfügungen von Todes wegen
3. Behandlung pflichtteilsberechtigter Abkömmlinge
4. Übergangsrecht
5. Landwirtschaftsrecht
6. Rückerstattung

1. **Zu Abs 1 Satz 1:** In § 2289 kommt die **erbrechtliche Bindung** (vgl. Vorbem 3 vor § 2274), die der Erbvertrag — anders als das gemeinschaftliche Testament (§§ 2265ff.) — schon mit dem Vertragsschluß bewirkt, besonders stark zum Ausdruck. Eine **frühere letztwillige Verfügung**

wird nach § 2258 durch ein späteres Testament insoweit **aufgehoben,** als dieses mit der früheren Verfügung in Widerspruch tritt. Diese Wirkung äußert auch der Erbvertrag. Sie geht aber insofern weiter, als der rechtswirksame Erbvertrag auch frühere Verfügungen aufhebt, die rechtlich neben den neuen vertragsmäßigen, nach § 2278 Abs 2 auf Erbeinsetzungen, Vermächtnisse und Auflagen beschränkten Verfügungen bestehen könnten, aber wirtschaftlich das **Recht des Bedachten beeinträchtigen** würden. Es fallen insbesondere, gegen die Regel des § 2161, früher angeordnete Vermächtnisse und Auflagen durch Einsetzung eines Vertragserben ohne weiteres zusammen, ebenso die Ernennung eines Testamentsvollstreckers (BayObLG 30, 59; HRR 1934 Nr 17). Das vertragsmäßig zugewendete hebt ein früher letztwillig angeordnetes Vermächtnis, wenn beide denselben bestimmten Gegenstand betreffen, auf; sonst hat es vor diesem den Vorrang (KO § 226 Abs 3; vgl. auch VerglO § 113 Nr 7). Die Aufhebung reicht nur so weit, als Beeinträchtigung vorliegt. Soweit dies der Fall ist, können sich auch Dritte auf die Unwirksamkeit der früheren (wie der späteren) Verfügung berufen, z. B. der vom früher eingesetzten Erben verklagte Nachlaßschuldner oder der zugunsten verschiedener Bedachter mit demselben Vermächtnis Beschwerte.

Vorausgesetzt ist, daß der den Erbvertrag schließende Erblasser an die frühere Verfügung nicht durch einen früheren Erbvertrag oder durch wechselbezügliches Testament (§ 2271 Abs 1 u. 2) bereits gebunden war. Inwieweit dies der Fall ist, beurteilt sich gemäß EG Art 214 Abs 2 gegebenenfalls nach dem älteren Rechte, vgl. Vorbem 3 zu diesem Buche. Soweit der Erblasser bereits gebunden ist, kann der neu Bedachte durch den Erbvertrag keine Rechte erwerben und darin also auch nicht beeinträchtigt werden. Die bloße Möglichkeit, sich von der Gebundenheit nachträglich zu befreien (§ 2271 A 4; Anfechtbarkeit des Erbvertrags §§ 2281ff.; Rücktritt §§ 2293ff.), genügt nicht, dem Erblasser die Vertragsfreiheit zu verschaffen (vgl. BayObLG 21 A 10). Dagegen ist der während des Zustandes der Gebundenheit geschlossene Erbvertrag voll wirksam, sobald dies Hindernis gehoben ist. Umgekehrt lebt aber auch die frühere letztwillige Verfügung wieder auf, wenn der neue, sie aufhebende Erbvertrag a) demnächst infolge Aufhebung oder Rücktritt wieder beseitigt ist (vgl. auch § 2258) oder b) wegen Wegfalls des vertragsmäßig Bedachten vor oder nach dem Erbfall gegenstandslos wird, es wäre denn, daß die ältere Verfügung im Erbvertrag gemäß § 2299, § 2254 schlechthin — ausdrücklich oder stillschweigend — widerrufen wäre (zu b streitig; vgl. JFG 5, 181).

2. Zu Abs 1 Satz 2: Spätere Verfügungen von Todes wegen (Testament oder Erbvertrag mit einem Dritten, nicht Verträge unter Lebenden, bei denen nur die Erfüllung bis zum Tode des Verpflichteten hinausgeschoben wird, OLG Düsseldorf NJW 1954, 1041) sind in gleichem Umfange, d. h. insoweit **unwirksam,** als sie das Recht des vertragsmäßig Bedachten beeinträchtigen würden (A 1; wegen der nachträglichen Ernennung eines Testamentsvollstreckers s. RG 139, 43 mit Anm von Boehmer JW 1933, 1301 sowie KG JW 1938, 2746[21]). Der Erblasser wird durch den Abschluß des Erbvertrags nicht in der Testierfähigkeit beschränkt (RG 149, 201 zu § 2271 Abs 1), sondern nur in seiner Testierfreiheit. Eine dem Erbvertrage zuwiderlaufende Verfügung ist deshalb nicht schlechthin nichtig, sondern wird voll wirksam, wenn der Erbvertrag durch Aufhebung, die gemäß § 2297 auch nach dem Tode des anderen Vertragschließenden möglich ist, oder Rücktritt beseitigt wird, oder wenn der vertragsmäßig Bedachte vor oder nach dem Erbfall unfreiwillig oder freiwillig wegfällt (vgl. JW 1933, 2779[6] mit Anm von Zilkens; für das gemeine Recht RG 4, 171 und 18. 5. 22 IV 438/21). Die, wenn auch formlose Zustimmung des Vertragserben zu einem späteren Testament des Erblassers kann die Bedeutung haben, daß er die Bestimmungen des Testaments auch insoweit gegen sich gelten lassen muß, als sie in seine durch den Erbvertrag begründete Rechtsstellung eingreifen (RG 134, 325). War dem Erblasser im Erbvertrage das Recht vorbehalten worden, allgemein oder innerhalb gewisser Grenzen spätere abweichende Verfügungen zu treffen, so kann, soweit hiervon Gebrauch gemacht wird, der Bedachte nicht beeinträchtigt werden (JFG 15, 229). In dem bloßen Vorbehalt des Rücktritts (§ 2293) ist der Vorbehalt der Verfügungsfreiheit noch nicht zu erblicken. Ein neuer Erbvertrag derselben Vertragschließenden ist voll wirksam. Neues gemeinschaftliches Testament § 2292.

3. Zu Abs 2: Der **pflichtteilsberechtigte Abkömmling** (§ 2303) kann vom Erblasser als anderer Vertragschließender oder als Dritter bedacht sein. Sind die Voraussetzungen des § 2338 (Enterbung in guter Absicht) gegeben, so wird angenommen, auch der andere Vertragsteil sei im Familieninteresse hiermit einverstanden. Der Erblasser darf deshalb diese letztwillige Anordnung sowohl bei Lebzeiten des anderen Teiles, auch ohne sein Vorwissen, als nach seinem Tode treffen; sie kann die ganze Zuwendung, nicht nur den Pflichtteil umfassen (KGJ 48, 144). Auf diese Befugnis kann im Erbvertrage nicht wirksam verzichtet werden (§ 138 Abs 1). Dagegen ist der Erblasser erst dann berechtigt, dem Bedachten den Pflichtteil auf Grund des § 2333 zu entziehen, wenn er den Rücktritt vom Erbvertrage erklärt hat (§ 2294); nach dem Tode des anderen Vertragsschließenden gilt insoweit § 2297.

4. Übergangsrecht: Ein Erbvertrag, der nach früherem Recht wegen Formmangels nichtig war, ist auch nach § 51 Abs 3 TestG nicht mit dem Inkrafttreten des Testamentsgesetzes von selbst voll wirksam geworden. Der Erblasser kann daher anderweit von Todes wegen verfügen. Erst mit dem Erbfall wird der Formmangel nach § 51 Abs 3 TestG geheilt, soweit nicht inzwischen getroffene sonstige Verfügungen von Todes wegen entgegenstehen (LM § 986 BGB Nr 1 mit Anm von Pritsch). Vgl. auch Vorbem 2b vor § 2229.

5. Landwirtschaftsrecht: Der Übergabevertrag über einen Hof im Sinne der Höfeordnung hat in der Regel eine doppelte Natur; er ist zwar ein Rechtsgeschäft unter Lebenden, aber zugleich vorweggenommene Erbfolge. Ein solcher Übergabevertrag ist deshalb gemäß § 2289 insoweit unwirksam, als er das Recht eines Dritten beeinträchtigt, der durch Erbvertraß als Hoferbe eingesetzt war (OLG Hamm JMBlNRW 1951, 58 = DRspr II [282] 49a; BGH LM § 12 HöfeO Nr 3; s. auch § 2286 A 2). Eine Übergabe im Wege „vorweggenommener Erbfolge" braucht jedoch nicht bei jeder Übergabe an einen Abkömmling oder sonstigen Hoferbenberechtigten gegeben zu sein. Es kann je nach dem Inhalt des Vertrages (Kaufpreis, Zahlungsweise) auch ein reiner Kaufvertrag zugrunde liegen (vgl. OLG Oldenburg NdsRpfl 1951, 141).

Zur Bindung des Erblassers durch Erbverträge unter der Herrschaft des Reichserbhofgesetzes vgl. BGH LM § 2289 Nr 1 = NJW 1951, 524 gegen OLG Celle DNotZ 1951, 83 = MDR 1950, 419 mit Anm von Rötelmann; ferner LM § 2289 Nr 2.

6. Rückerstattung: Ist ein Erbvertrag, der auch ein deutsches Grundstück umfaßt, in Deutschland geschlossen worden, so kann der später nach England ausgewanderte überlebende Vertragsteil auf Grund der Rückverweisung des englischen internationalen Privatrechts nicht anderweit über den auf das Nachlaßgrundstück gerichteten Rückerstattungsanspruch verfügen (OLG Frankfurt NJW 1954, 111; vgl. auch Vorbem 11 vor § 2274).

§ 2290

Ein Erbvertrag sowie eine einzelne vertragsmäßige Verfügung kann durch Vertrag von den Personen aufgehoben werden, die den Erbvertrag geschlossen haben. Nach dem Tode einer dieser Personen kann die Aufhebung nicht mehr erfolgen.

Der Erblasser kann den Vertrag nur persönlich schließen. Ist er in der Geschäftsfähigkeit beschränkt, so bedarf er nicht der Zustimmung seines gesetzlichen Vertreters.

Steht der andere Teil unter Vormundschaft, so ist die Genehmigung des Vormundschaftsgerichts erforderlich. Das gleiche gilt, wenn er unter elterlicher Gewalt steht, es sei denn, daß der Vertrag unter Ehegatten oder unter Verlobten geschlossen wird.

Der Vertrag bedarf der im § 2276 für den Erbvertrag vorgeschriebenen Form.

E I 1957 II 2156; M 5 339–342; P 5 407, 408; 6 100.

Übersicht:

Aufhebung durch Vertrag

1. Zu Abs 1 Satz 1: Die von der einseitigen Anfechtung aus §§ 2281ff. wohl zu unterscheidende **Aufhebung des Erbvertrags,** d. h. der Gesamtheit oder einzelner der darin getroffenen vertragsmäßigen Verfügungen (Erbeinsetzungen, Vermächtnisse, Auflagen § 2278 Abs 2) kann bei Lebzeiten der Vertragschließenden nur durch Vertrag derselben Personen erfolgen. Inwieweit hiervon zugleich einseitige im Erbvertrage getroffene Verfügungen betroffen werden, bestimmt § 2299 Abs 3. Durch die Aufhebung werden auch die zugunsten Dritter getroffenen Verfügungen hinfällig (RG 134, 327). Sie brauchen nicht zuzustimmen, weil sie durch den Vertragsabschluß keine eigenen Rechte erlangt haben. Wohl aber können sie schon vor dem Erbfall einen Verzichtsvertrag mit dem Erblasser schließen (§ 2352 A 2). Der Aufhebungsvertrag kann sich auch auf die gegenseitige Gebundenheit beschränken und die Verfügungen als einseitige inhaltlich bestehen lassen. Der zweite Vertrag ist nicht deshalb sittenwidrig (§ 138 Abs 1), weil mit ihm bezweckt wird, den im ersten Vertrage dem Sohne des Erblassers zugedachten Erbteil dadurch dem Zugriffe seiner Gläubiger zu entziehen, daß er nunmehr seinen Abkömmlingen zugewendet wird; ein solcher Zweck entspricht dem Grundgedanken des § 2338 Abs 1 (RG SeuffA 74 Nr 55).

Erleichterte Form bei Aufhebung von Vermächtnissen und Auflagen § 2291, Aufhebung durch gemeinschaftliches Testament § 2292.

2. **Zu Abs 1 Satz 2: Nach dem Tode eines Vertragschließenden** ist die Aufhebung des Erbvertrags nur im Falle des § 2297, also nicht durch Vertrag mit den Erben des Zuerstverstorbenen möglich, auch nicht (wie beim wechselbezüglichen Testamente § 2271 und in dem besondern Falle des § 2298 Abs 2), wenn der Überlebende ausschlägt. Die ihm auferlegten Beschwerungen gehen vielmehr auf den nachrückenden Bedachten über (§§ 2161, 2192).

3. **Zu Abs 2 Satz 1:** Für den **Erblasserteil** ist wie beim Abschluß (§ 2274), bei der Bestätigung (§ 2284), beim Rücktritt (§ 2296) und grundsätzlich bei der Anfechtung (§ 2282) **persönliches Handeln** unerläßlich. Der geschäftsunfähig gewordene Erblasserteil kann deshalb den Erbvertrag nicht wieder aufheben.

4. **Zu Abs 2 Satz 2:** Auch der in der **Geschäftsfähigkeit beschränkte** Erblasser (§§ 106, 114) muß persönlich aufheben, bedarf aber hierzu weder der Zustimmung seines Vertreters noch der Genehmigung des Vormunsdchaftsgerichts. Das gleiche gilt bei der Anfechtung und beim Rücktritt §§ 2282 A 2, 2296 A 1.

5. **Zu Abs 3 Satz 1:** Der „**andere** (nur annehmende) **Teil**" kann bei dem Aufhebungsvertrag auch durch Vertreter handeln. Ist er geschäftsunfähig, so muß er dabei vertreten werden. Ist er beschränkt geschäftsfähig, so muß, da er einen rechtlichen Vorteil aufgibt, nach §§ 107, 108, 114 sein gesetzlicher Vertreter zustimmen. Für die Zustimmung gilt das zu § 2275 A 4 Gesagte. **Genehmigung des Vormundschaftsgerichts** §§ 1828ff. Pflegschaft § 1915.

6. **Zu Abs 3 Satz 2:** Abweichend vom Abschluß des Erbvertrags (§ 2275 A 2) ist bei der Aufhebung **Zustimmung des Gewalthabers** (§§ 1630, 1686) des anderen Teiles und sogar vormundschaftsgerichtliche Genehmigung notwendig. Nur die letztere — nicht auch die Zustimmung des Gewalthabers — ist entbehrlich, wenn es sich um einen Aufhebungsvertrag zwischen **Ehegatten und Verlobten** handelt.

7. **Zu Abs 4: Form** des § 2276, bisher TestG § 30: Vertragsschluß vor Richter oder Notar unter gleichzeitiger Anwesenheit beider Teile. Wird der Aufhebungsvertrag mit einem Ehevertrag oder mit der Aufhebung oder Änderung eines Ehevertrags verbunden (§ 1432), so genügt die erleichterte Form des § 2276 Abs 2. Die über die Aufhebung des Erbvertrags aufgenommene Urkunde ist nicht amtlich zu verwahren (§ 2277). Anderseits ist Aufhebung durch Rücknahme des Erbvertrags aus der amtlichen Verwahrung (§ 2256) ausgeschlossen (§ 2277 A 4).

8. **Anfechtung des Aufhebungsvertrags:** Der Aufhebungsvertrag kann nur nach den allgemeinen Grundsätzen über Anfechtung von Rechtsgeschäften angefochten werden (§§ 119ff., 142ff.). Die besonderen für die Anfechtung letztwilliger Verfügungen erteilten Vorschriften der §§ 2078ff. könnten nur auf Grund von § 2279 (A 1) angewandt werden, auf den Erblasserteil überdies nur dann, wenn der Aufhebungsvertrag im Sinne von § 2281 dem Erbvertrage gleichzustellen wäre. Allein Gegenstand der Anfechtung ist in dem hier vorausgesetzten Falle keine vertragsmäßige Zuwendung oder Auflage; im Gegenteil soll eine solche Zuwendung (Auflage) beseitigt, also ein verneinendes Ergebnis erzielt werden, und zwar nicht einmal äußerlich, wie im Falle des § 2081, in Form einer letztwilligen Verfügung, sondern lediglich auf rechtsgeschäftlichem Wege (wie hier Staudinger-Herzfelder 9. Aufl Anm VI; a. M. Planck-Greiff A 4, Kipp-Coing § 36 III).

Nach erfolgreicher Anfechtung lebt der aufgehobene Erbvertrag wieder auf (§ 142 Abs 1). Beschränken sich die Beteiligten auf die Aufhebung des aufhebenden Vertrags, so kann das nur den Sinn haben, den Erbvertrag wiederherzustellen; hierfür muß daher gleichfalls die Form des § 2276 beachtet werden.

§ 2291

Eine vertragsmäßige Verfügung, durch die ein Vermächtnis oder eine Auflage angeordnet ist, kann von dem Erblasser durch Testament aufgehoben werden. Zur Wirksamkeit der Aufhebung ist die Zustimmung des anderen Vertragschließenden erforderlich; die Vorschriften des § 2290 Abs 3 finden Anwendung.

Die Zustimmungserklärung bedarf der gerichtlichen oder notariellen Beurkundung; die Zustimmung ist unwiderruflich.

E II 2157; P 5 415–417; 6 397.

Aufhebung durch Testament

1. Zu Abs 1 Satz 1: Gegenüber § 2290 ist für die Aufhebung eine **erleichterte Form** nachgelassen, soweit es sich um vertragsmäßige **Vermächtnisse oder Auflagen,** nicht also um Erbeinsetzungen handelt (§ 2278 Abs 1). Jede der zulässigen Testamentsformen genügt. Ob die Aufhebung schlechthin (§ 2254) oder durch Errichtung eines inhaltlich abändernden Testaments erfolgt (§ 2258 Abs 1), ist gleichgültig. Der Widerruf des aufhebenden Testaments macht nach § 2258 Abs 2, § 2279 die aufgehobene Verfügung, und zwar als vertragsmäßige, von neuem wirksam, auch wenn die damit gegenstandslos gewordene Zustimmung des anderen Teiles erklärt war.

2. Zu Abs 1 Satz 2: Die **Zustimmung des anderen Vertragschließenden,** auch wenn er selbst nicht bedacht oder beschwert ist, ist als Einwilligung oder Genehmigung gegenüber dem Erblasserteile (§§ 182 bis 184) in der Form des Abs 2, doch ohne das Erfordernis gleichzeitiger Anwesenheit, wie nach § 2276 Abs 1, § 2290 zu erklären. Sie ist **unwiderruflich** (Abs 2), kann auch durch Vertreter abgegeben werden und bedarf unter den Voraussetzungen des § 2290 Abs 3 der Genehmigung des Vormundschaftsgerichts. Sie ist auch wirksam, wenn sie schon im Erbvertrage selbst erklärt ist; sie liegt aber nicht schon darin ausgesprochen, daß dem Erblasser der Rücktritt gemäß § 2293 gestattet ist. Aus § 2290 (A 2) ist zu entnehmen, daß die Zustimmung nach dem Tode des anderen Vertragschließenden durch seine Erben nicht mehr nachgeholt werden kann.

3. Zu Abs 2: Gerichtliche oder notarielle Beurkundung wie bei der Anfechtungserklärung und beim Rücktritt §§ 2282, 2296. Im übrigen vgl. § 128 A 1 Abs 2. Ähnlich bei letztwilligen Verfügungen bei der fortgesetzten Gütergemeinschaft § 1516.

§ 2292

Ein zwischen Ehegatten geschlossener Erbvertrag kann auch durch ein gemeinschaftliches Testament der Ehegatten aufgehoben werden; die Vorschriften des § 2290 Abs 3 finden Anwendung.

E II 2158; P 5 446.

Aufhebung durch gemeinschaftliches Testament

1. Zu Halbs 1: Aufhebung des Erbvertrags durch gemeinschaftliches Testament ist zulässig, wenn die Vertragschließenden zur Zeit der Aufhebung **Ehegatten** sind (§ 2265 Abs 1), mögen sie auch den Erbvertrag seinerzeit als Fremde oder als Verlobte geschlossen haben (RJA 9, 18). Wie im Falle des § 2291 A 1 genügt jede Testamentsform (beim eigenhändigen Testament vgl. § 2267), und auch hier ist gleichgültig, ob sich das gemeinschaftliche Testament auf den Widerruf (sämtlicher oder einzelner Verfügungen) beschränkt oder inhaltlich neue Anordnungen trifft. Abweichend von § 2291 können auf diesem Wege auch vertragsmäßige Erbeinsetzungen aufgehoben werden (RG 134, 327). Eine Vertretung ist schon durch § 2064 ausgeschlossen. Die Errichtung zweier selbständiger Testamente durch die Gatten reicht zur Aufhebung des Erbvertrags auch dann nicht aus, wenn sie in beiderseitigem Einverständnis geschieht (BayObLG 20 A 117).

2. Zu Halbs 2: Die **Beschränkung der Geschäftsfähigkeit** hindert jedenfalls den Erblasserteil nicht, den Erbvertrag durch widerrufendes Testament aufzuheben, weder nach Testamentsgrundsätzen (§§ 2229 Abs 1, 2, 2253) noch unter dem Gesichtspunkt des Aufhebungsvertrags (§ 2290 A 4).

Dagegen handelt es sich auf seiten des anderen (nur annehmenden) Teiles nicht um den Widerruf eigener Verfügungen, sondern um die Entlassung des Erblasserteils aus der vertragsmäßigen Bindung. Er könnte deshalb, wenn er wegen Geistesschwäche usw. entmündigt ist, nach § 2229 Abs 3 als an der Testamentserrichtung verhindert angesehen werden. Allein die Bezugnahme auf § 2290 Abs 3 ergibt, daß das Gesetz die Fähigkeit des nur annehmenden Teiles zur testamentarischen Aufhebung des Erbvertrags lediglich nach den Grundsätzen über den Aufhebungsvertrag beurteilt wissen und dafür sogar erleichterte Formen schaffen will. Auch der beschränkt geschäftsfähige Ehegatte ist deshalb, soweit er sich auf die Aufhebung des Erbvertrags beschränkt, trotz § 2229 Abs 3 testamentsfähig. Doch braucht er, wie die Bezugnahme auf § 2290 Abs 3 weiter ergibt, zu der aufhebenden Verfügung des gemeinschaftlichen Testaments als Minderjähriger oder sonst in der Geschäftsfähigkeit Beschränkter die Einwilligung seines gesetzlichen Vertreters und zugleich, wenn er unter Vormundschaft (oder Pflegschaft) steht, die vormundschaftsgerichtliche Genehmigung. Die letztere kommt jedoch nicht in Frage, wenn er der elterlichen Gewalt unterworfen ist, da es sich stets um Ehegatten handelt (§ 2290 A 6). Sie beschränkt sich auf den aufhebenden Teil des gemeinschaftlichen Testaments, wenn darin zugleich andere Verfügungen getroffen sind. Genehmigt der Ehegatte die testamentarische Aufhebung nachträglich, nachdem er unbeschränkt geschäftsfähig geworden ist, so kann das den mangelhaften Testamentsakt nicht wirksam machen.

§ 2293

Der Erblasser kann von dem Erbvertrage zurücktreten, wenn er sich den Rücktritt im Vertrage vorbehalten hat.

E I 1958 Abs 1 Satz 1 II 2159; M 5 342, 343; P 5 409.

Rücktritt kraft Vorbehalts

1. Der **Rücktritt** ist eine einseitige, von der Zustimmung des anderen Teiles (§§ 2290–2292) unabhängige Aufhebung des Erbvertrags. Form §§ 2296, 2297. Der **Vorbehalt**, wie demnächst auch die Erklärung des Rücktritts können sich auf den ganzen Erbvertrag oder nur auf einzelne vertragsmäßige Verfügungen beziehen. Inwieweit im letzteren Falle auch die anderen Verfügungen hiervon betroffen werden, bestimmt sich nach den §§ 2298, 2299. Das Gesetz spricht nur von einem Vorbehalt zugunsten des Erblassers.

Ein Rücktrittsvorbehalt des „anderen Vertragschließenden" ist nur dann rechtlich möglich, wenn er eine Leistung bewirkt oder eine Verpflichtung übernommen hat und befugt sein will, hiervon zurückzutreten; ein solches Rücktrittsrecht steht, auch hinsichtlich der Form seiner Ausübung, unter den allgemeinen Vorschriften der §§ 346ff.; die Ausübung hebt die Leistungspflicht auf und begründet eine Forderung auf Rückgewähr des Geleisteten (Kipp-Coing § 37 IV 2; anders die 5. und die früheren Auflagen dieses Kommentars, die ein vorbehaltenes Rücktrittsrecht des Vertragspartners des Erblassers in dem Sinne zulassen, daß durch seine Ausübung die Verfügungen des Erblassers ihren Vertragscharakter verlieren, aber als letztwillige Verfügungen wirksam bleiben; einen Rücktritt dieser Art kennt aber das Gesetz nicht).

Im übrigen wird durch den bloßen Vorbehalt des Rücktritts die Bindung des Erblassers nicht beseitigt, sie bleibt vielmehr mit ihren aus §§ 2287–2289 sich ergebenden Wirkungen bestehen, bis der Rücktritt wirklich erklärt ist. Kein Vorbehalt des Rücktritts ist es, wenn der Erblasser sich vorbehält, dem vertragsmäßig Bedachten einseitig noch Beschränkungen oder Beschwerungen aufzuerlegen. Ist der Erbvertrag unter einer auflösenden Bedingung, sei es auch eigenes Handeln des Erblassers (Wiederverheiratung) geschlossen, so wird er mit Eintritt der Bedingung ohne weiteres hinfällig. Die Ausübung des vorbehaltenen Rücktrittsrechts ist an keine Frist gebunden. Nach dem Tode des anderen Teiles greift § 2297 ein.

§ 2294

Der Erblasser kann von einer vertragsmäßigen Verfügung zurücktreten, wenn sich der Bedachte einer Verfehlung schuldig macht, die den Erblasser zur Entziehung des Pflichtteils berechtigt oder, falls der Bedachte nicht zu den Pflichtteilsberechtigten gehört, zu der Entziehung berechtigen würde, wenn der Bedachte ein Abkömmling des Erblassers wäre.

E II 2160 Abs 1; P 5 395–397, 411–413; 6 351–353.

Rücktritt wegen Verfehlungen

1. Der **Erblasser kann wegen einer Verfehlung des Bedachten,** gleichviel ob es der andere Vertragschließende oder ein Dritter ist, einseitig von einer einzelnen vertragsmäßigen Verfügung (Erbeinsetzung, Vermächtnis § 2278 Abs 2), die den Bedachten begünstigt, **zurücktreten,** wenn ihn die Verfehlung gegenüber dem Bedachten als Abkömmling (§ 2333; vgl. BGH LM § 1621 BGB Nr 1 zu § 2333 Nr 5), als Elternteil (§ 2334) oder als Ehegatten (§ 2335) zur **Entziehung des Pflichtteils** berechtigen würde. Auf dieses Rücktrittsrecht kann im Erbvertrage nicht verzichtet (§ 138 Abs 1; RG WarnR 1942 Nr 52), es kann auch nach dem Tode des anderen Vertragschließenden ausgeübt werden (§ 2297). Verfehlungen des nicht bedachten anderen Teiles kommen nicht in Betracht. Ebensowenig Verfehlungen des Bedachten, die vor Abschluß des Vertrags begangen sind. Waren sie dem Erblasser unbekannt, so kann nur die Anfechtung aus §§ 2281, 2078 begründet sein (a. M. Strohal § 46 A 40). Ist das Entziehungsrecht durch Verzeihung oder Besserung des Lebenswandels erloschen (§§ 2337, 2336 Abs 4), so kann auch das Rücktrittsrecht nicht mehr ausgeübt werden. Doch wird der einmal erklärte Rücktritt durch nachträgliche

Verzeihung oder Besserung nicht unwirksam (a. M. Strohal § 46 A 42). Das Gesetz schreibt nicht vor, daß der Grund des Rücktritts in der Erklärung angegeben werden müsse, die gegenüber dem anderen Teil bei Lebzeiten abzugeben ist (wie im Falle des § 2297 nach § 2336 Abs 2, so Strohal § 46 A 46a). Nach allgemeinen Regeln ist für den Grund beweispflichtig, wer sich auf die Wirksamkeit des Rücktritts beruft (BGH NJW 1952, 700). Soweit sich jedoch der im Erbvertrage Bedachte gegenüber einer körperlichen Mißhandlung, die er vorsätzlich am Erblasser verübt hat, auf wirkliche oder vermeintliche Notwehr oder sonstige Schuldausschließungsgründe beruft, hat er zu beweisen, daß sie vorgelegen haben (BGH aaO.). § 2336 Abs 3 ist insoweit — abweichend von § 2297 — nicht anzuwenden. Das ist berechtigt, weil in den Fällen der §§ 2297 und 2333 einer der Beteiligten nicht mehr am Leben ist, während beim Rücktritt nach § 2294 beide Parteien noch leben. Daneben bleibt der Erblasser gemäß § 2289 Abs 2 zur Enterbung in guter Absicht berechtigt.

2. **Nichtpflichtteilsberechtigten Bedachten** gegenüber kommen nur die Verfehlungen des § 2333 in Betracht.

3. Zum gemeinschaftlichen Testament vgl. § 2271 A 6.

§ 2295

Der Erblasser kann von einer vertragsmäßigen Verfügung zurücktreten, wenn die Verfügung mit Rücksicht auf eine rechtsgeschäftliche Verpflichtung des Bedachten, dem Erblasser für dessen Lebenszeit wiederkehrende Leistungen zu entrichten, insbesondere Unterhalt zu gewähren, getroffen ist und die Verpflichtung vor dem Tode des Erblassers aufgehoben wird.

E II 2161; P 5 410, 411; 6 353.

Rücktritt wegen Aufhebung der Gegenpflicht

1. Der Erblasser kann, wie im Falle des § 2291, von einer einzelnen vertragsmäßigen Verfügung (Erbeinsetzung, Vermächtnis § 2278 Abs 2) zurücktreten, wenn der im Erbvertrage **Bedachte** (der andere Vertragschließende oder ein Dritter) **zu wiederkehrenden Leistungen auf Lebenszeit des Erblassers verpflichtet** war und diese Verpflichtung weggefallen ist. Diese Leistungen (§ 197 A 2) werden meist in Gewährung von Leibrente, Ausgedinge, Versorgung in einer Anstalt (Verpfründungsvertrag) u. dgl. bestehen. Die Unterhaltsgewährung ist nur beispielsweise erwähnt. Wenn es sich auch nicht um Leistung und Gegenleistung im eigentlichen Sinne handelt (§§ 320ff.), so müssen doch die vertragsmäßige Verfügung und die Leistungsverpflichtung in einem gewissen ursächlichen Zusammenhange stehen („mit Rücksicht auf").

2. Wesentlich ist, daß der **Bedachte rechtsgeschäftlich,** unter Lebenden oder von Todes wegen (z. B. durch letztwillige Verfügung eines Dritten) zu der Leistung **verpflichtet** ist. Das Bestehen einer gesetzlichen, z. B. einer Unterhaltspflicht genügt nicht. Verpflichtet sich der Bedachte vertragsmäßig, so kann es auch im Erbvertrage selbst geschehen. Doch sind auch in diesem Falle die Verfügung von Todes wegen (im Erbvertrag) und die schuldrechtliche Verpflichtung unter Lebenden streng auseinanderzuhalten (vgl. auch OLG Hamburg MDR 1950, 615).

3. Das **Rücktrittsrecht** ist nur **bei Aufhebung** gegeben, nicht auch bei Nichterfüllung der **Verpflichtung,** deshalb auch nicht bei Unterlassung der nach §§ 133, 157 oder § 242 (RG JW 1921, 1080[6]; 1923, 45[4]; Warn 1926 Nr 6; LZ 1926, 1192[2] u. a.; vgl. auch § 2174 A 5a) gebotenen Aufwertung einer von der Geldentwertung betroffenen Unterhaltsrente. Ebensowenig, wenn die Verpflichtung nicht entstanden oder wenn sie nichtig ist. Wohl aber kann in diesen Fällen der Erblasser zur Anfechtung gemäß §§ 2281, 2078 Abs 2 berechtigt sein. Die Aufhebung kann vertragsmäßig vereinbart oder durch Eintritt von Bedingungen, Unmöglichkeit der Leistung (§ 275) u. dgl. herbeigeführt werden. Ist mit dem Erbvertrage ein gegenseitiger Vertrag unter Lebenden verbunden, durch den der Bedachte sich verpflichtet hat, dem Erblasser auf Lebenszeit Unterhalt zu gewähren, so kann der Erblasser, wenn die Voraussetzungen des § 326 vorliegen, von diesem Vertrage und zugleich gemäß § 2295 vom Erbvertrage zurücktreten (RG 23. 5. 35 IV 31/35). In jedem Falle entsteht mit dem Rücktritte des Erblassers für den Verpflichteten der Anspruch auf Rückgabe des Geleisteten aus § 812 Abs 1 Satz 2. Handelt es sich auf seiten des Bedachten um andere als wiederkehrende oder um zeitlich begrenzte Leistungen, so ist das Rücktrittsrecht aus § 2295 nicht gegeben. Der Erblasser kann aber den Erbvertrag, gerade weil er kein gegenseitiger Vertrag ist, jedenfalls anfechten, auf Grund des § 812 auch Befreiung von der eingegangenen vertragsmäßigen Bindung beanspruchen (str). War die vertragsmäßige Zuwendung von vornherein durch das Fortbestehen der Leistungspflicht des Bedachten bedingt, so wird sie durch den Wegfall dieser Verpflichtung ohne weiteres hinfällig.

§ 2296

Der Rücktritt kann nicht durch einen Vertreter erfolgen. Ist der Erblasser in der Geschäftsfähigkeit beschränkt, so bedarf er nicht der Zustimmung seines gesetzlichen Vertreters.

Der Rücktritt erfolgt durch Erklärung gegenüber dem anderen Vertragschließenden. Die Erklärung bedarf der gerichtlichen oder notariellen Beurkundung.

E I 1958 II 2162 Abs 1, 2; M 5 343, 344; P 5 409, 410.

Form des Rücktritts unter Lebenden

1. Abs 1 entspricht wörtlich der für die Anfechtung erteilten Vorschrift, s. § 2282 A 1/2. Der geschäftsunfähige Erblasser kann nicht zurücktreten.

2. Zu Abs 2 Satz 1: Der **Rücktritt** ist in allen Fällen der §§ 2293–2295 **gegenüber dem anderen Vertragschließenden zu erklären,** und zwar durch Übermittlung der Urschrift oder einer Ausfertigung (nicht einer bloßen Abschrift, KG DNotZ 1933, 578; auch nicht einer beglaubigten Abschrift, OLG Düsseldorf NJW 1949, 789) der gerichtlichen oder notariellen Urkunde gemäß §§ 130ff. (RG 65, 272). Dies gilt auch dann, wenn der andere Teil nicht der Bedachte ist, aus dessen Person der Rücktrittsgrund abgeleitet wird. Zur Aufhebung nach dem Tode des anderen Teiles § 2297. Der Rücktritt ist einseitig nicht widerruflich. Nur wenn er vertragsmäßig, und zwar unter Beobachtung der Form (§ 2290 Abs 4) wieder rückgängig gemacht wird, lebt der Erbvertrag wieder auf.

3. Zu Abs 2 Satz 2: Gerichtliche oder notarielle Beurkundung § 128 A 1 Abs 2. Andere Formen des Rücktritts können auch im Erbvertrage nicht wirksam vereinbart werden. – Ebensowenig beim Widerruf wechselbezüglicher Verfügungen im gemeinschaftlichen Testament § 2271 A 2b bb.

§ 2297

Soweit der Erblasser zum Rücktritte berechtigt ist, kann er nach dem Tode des anderen Vertragschließenden die vertragsmäßige Verfügung durch Testament aufheben. In den Fällen des § 2294 finden die Vorschriften des § 2336 Abs 2 bis 4 entsprechende Anwendung.

E I 1961 II 2163; M 5 348, 349; P 5 397, 421, 422.

Aufhebung nach dem Tode des „Anderen"

1. Zu Satz 1: Nach dem Tode des anderen Vertragschließenden kann das **Rücktrittsrecht** (§§ 2293–2295) **nur durch Testament** ausgeübt werden, gleichviel, ob der Rücktrittsgrund nach dem Tode oder schon bei Lebzeiten des anderen Teiles eingetreten ist. Doch verliert der Vorbehalt des Rücktritts beim zweiseitigen Erbvertrag mit dem Tode des Zuerstversterbenden seine Kraft, die Aufhebung ist jetzt nur noch unter Ausschlagung des Zugewendeten möglich (§ 2298 A 4). Die vertragsmäßige Verfügung (Erbeinsetzung, Vermächtnis, Auflage, § 2278 Abs 2) kann im Testament schlechthin (§ 2254) oder auch mittelbar durch Errichtung eines der Verfügung widersprechenden Testaments aufgehoben werden (§ 2258). Wird das aufhebende Testament widerrufen, so tritt nach § 2257 der Erbvertrag wieder in Kraft. Eine Mitteilung an die Erben des anderen Vertragschließenden ist nicht erforderlich; der nur ihnen gegenüber erklärte Rücktritt wäre unwirksam.

Über die Auslegung einer Wiederverheiratungsklausel in einem Erbvertrage, durch den sich Ehegatten gegenseitig zu Vollerben und die Kinder zu Erben des Überlebenden eingesetzt haben, vgl. § 2271 A 5 Abs 2.

2. Zu Satz 2: Beruht der Rücktrittsgrund nach § 2294 auf einer **Verfehlung des Bedachten,** so muß der Erblasser – abweichend von der Rücktrittserklärung unter Lebenden, § 2294 A 1 – wegen § 2336 Abs 2, den Grund der Entziehung im Testament angeben. Dieser Grund muß ferner zur Zeit der Testamentserrichtung noch bestehen; er darf mithin weder verziehen (§ 2337), noch darf im Falle des § 2333 Nr 5 der Bedachte seinen Lebenswandel gebessert haben. Die Aufhebung ist auch dann unwirksam, wenn der Bedachte sich zur Zeit des Erbfalles von dem ehrlosen oder unsittlichen Lebenswandel im Sinne des § 2333 Nr 5 dauernd abgewendet hat (§ 2336 Abs 4; LG Mönchen-Gladbach MDR 1952, 750).

Der Beweis des Rücktrittsgrundes liegt demjenigen ob, welcher die Aufhebung der Verfügung geltend macht. Auch nachträgliche Besserung macht nach § 2336 Abs 4 die Aufhebung hinfällig. Dagegen beseitigt nachträgliche Verzeihung, ebenso wie beim Rücktritt unter Lebenden (§ 2294 A 1) die einmal erklärte Aufhebung nicht (a. M. Strohal § 46 A 47). Für den nicht mit angezogenen § 2337 gewährt die Möglichkeit Ersatz, das aufhebende Testament zu widerrufen.

§ 2298

Sind in einem Erbvertrage von beiden Teilen vertragsmäßige Verfügungen getroffen, so hat die Nichtigkeit einer dieser Verfügungen die Unwirksamkeit des ganzen Vertrags zur Folge.

Ist in einem solchen Vertrage der Rücktritt vorbehalten, so wird durch den Rücktritt eines der Vertragschließenden der ganze Vertrag aufgehoben. Das Rücktrittsrecht erlischt mit dem Tode des anderen Vertragschließenden. Der Überlebende kann jedoch, wenn er das ihm durch den Vertrag Zugewendete ausschlägt, seine Verfügung durch Testament aufheben.

Die Vorschriften des Abs 1 und des Abs 2 Satz 1, 2 finden keine Anwendung, wenn ein anderer Wille der Vertragschließenden anzunehmen ist.

E I 1959, 1961 II 2164; M 5 344—346, 348, 349; P 5 413, 414, 421, 422.

Zweiseitiger Erbvertrag

1. Zu Abs 1: § 2298 setzt einen **zweiseitigen Erbvertrag** voraus, bei dem beide Vertragschließende als Erblasser — sei es zugunsten des anderen Teiles oder von Dritten — vertragsmäßige Verfügungen (Erbeinsetzungen, Vermächtnisse oder Auflagen, § 2278 Abs 2) getroffen haben. Soweit eine solche gegenseitige Bindung vorliegt, nimmt das Gesetz ohne weiteres, wiewohl unter Vorbehalt des Gegenbeweises nach Abs 3, ein Abhängigkeitsverhältnis zwischen mehreren Verfügungen an. Es läßt deshalb, ebenso wie gemäß § 2270 Abs 1 beim wechselseitigen Testament, bei **Nichtigkeit** auch nur **einer Verfügung den ganzen Erbvertrag,** d. h. sämtliche darin getroffenen vertragsmäßigen Verfügungen **unwirksam** werden. Die Nichtigkeit der Verfügung kann von Anfang an gegeben sein (vgl. RG WarnR 1942 Nr 52 bei Verzicht auf Rücktritt nach § 2294) oder als Erfolg der Anfechtung eintreten (§ 142 Abs 1). Bloßes Unwirksamwerden infolge Wegfalls des darin Bedachten (durch Ausschlagung usw.) genügt nicht.

Inwieweit Nichtigkeit einer vertragsmäßigen Verfügung auch den Bestand einseitiger im Erbvertrage getroffener Verfügungen (§ 2299) beeinflußt, ist nach § 2085 zu beurteilen.

2. Zu Abs 2 Satz 1: Entsprechend dem Widerruf im Falle des § 2270 bewirkt auch der **Rücktritt Aufhebung des ganzen Erbvertrags** im Sinne von Abs 1. Auch hier ist vorausgesetzt, daß es sich um einen zweiseitigen Erbvertrag handelt. Ferner, daß sich der eine oder der andere Teil gemäß § 2293 den Rücktritt vorbehalten hatte. Nicht getroffen werden deshalb die Fälle des Rücktritts wegen einer Verfehlung des Bedachten (§ 2294) und wegen Wegfalls einer ihm auferlegten Verpflichtung (§ 2295). Auch hier ist nur § 2085 entscheidend. Dasselbe gilt, wenn der Rücktritt nur in bezug auf eine einzelne vertragsmäßige Verfügung ausgeübt wird. Für einseitige Verfügungen vgl. § 2299 Abs 3.

3. Zu Abs 2 Satz 2: Das **Erlöschen des Rücktrittsrechts mit dem Tode des anderen Vertragschließenden** (s. jedoch A 4) ist gleichfalls eine Besonderheit, die weder für den einseitigen Erbvertrag (s. § 2297 A 1) noch für die Rücktrittsfälle der §§ 2294, 2295 gilt. Hat sich der Überlebende im Erbvertrage den Rücktritt nicht vom Vertrage, sondern nur von einer einzelnen Verfügung vorbehalten, so kann er im Rahmen dieses Vorbehalts auch nach dem Tode des Zuerstverstorbenen abweichende Verfügungen treffen (a. M. Planck-Greiff A 3b). Kein Erlöschen des Anfechtungsrechts § 2281 Abs 2.

4. Zu Abs 2 Satz 3: Ebenso wie im Falle des wechselbezüglichen Testaments (§ 2271 A 4) kann der Überlebende den im Erbvertrage vorbehaltenen Rücktritt auch dann noch ausüben, wenn er die ihm selbst gemachten **vertragsmäßigen** — nicht notwendig auch die einseitigen — **Zuwendungen ausschlägt.** Es besteht mithin kein Rücktrittsrecht, wenn nur Dritte im Erbvertrag bedacht waren. Eine etwaige Ausschlagung des Dritten ist ohne Bedeutung (a. M. Kipp § 38 bei A 4). Der Rücktritt geschieht jetzt im Wege des **Testaments,** sei es, daß darin schlechthin widerrufen wird (§ 2254), oder daß inhaltlich vom Erbvertrage abweichende Verfügungen getroffen werden (§ 2258 Abs 1). Im einzelnen gilt auch hier das in § 2271 A 4 Gesagte.

5. Zu Abs 3: Das Gesetz gibt nur **Auslegungsregeln.** Insbesondere ist der Nachweis zugelassen, daß der eine der beiden Erblasser die selbständige Geltung seiner Verfügung gewollt habe und sie im Sinne von §§ 2085, 2270 A 1 auch ohne die nichtige oder widerrufene Verfügung des anderen Teiles getroffen hätte. Die in § 2270 Abs 2 in dieser Beziehung aufgestellten Rechtsvermutungen sind hier nicht ohne weiteres maßgebend. Der Wille der Vertragschließenden soll entscheiden, auch wenn er nicht im Erbvertrage selbst Ausdruck gefunden hat. Das Rücktrittsrecht selbst wurzelt im Falle des Vorbehalts nur im Parteiwillen. Es kann deshalb jedenfalls wirksam bedungen sein, das vorbehaltene Rücktrittsrecht solle mit dem Tode des Zuerstverstorbenen nicht erlöschen. Von der für den Rücktritt erteilten Formvorschrift, nämlich dem Gebrauch der

Testamentsform, kann der Überlebende allerdings nicht entbunden werden. Dagegen ist nicht abzusehen, warum er nicht von der materiellrechtlichen Verpflichtung, der Ausschlagung des Zugewendeten als Vorbedingung des Rücktritts, vertragsmäßig befreit werden könnte. Umgekehrt kann der Rücktrittsvorbehalt aus § 2293 wirksam dahin eingeschränkt werden, daß der Rücktritt nur bei Lebzeiten des anderen Teiles zulässig, nach seinem Tode aber selbst mit dem Opfer der Ausschlagung nicht gestattet sein solle. Es ist daher ohne sachliche Bedeutung, wenn Abs 2 Satz 3 in Abs 3 nicht mit angezogen ist (str.; wie hier Planck-Greiff A 4).

Der Vorbehalt kann sich auch auf einen Teil des Vermögens beschränken. Ist z. B. im zweiseitigen Erbvertrage dem Überlebenden ausdrücklich das Recht vorbehalten worden, über Kapital und Fahrnis auch letztwillig frei zu verfügen, so wird hierin in der Regel ein solcher beschränkter Rücktrittsvorbehalt liegen (KG OLG 44, 107).

Der Beweis, daß ein anderer Vertragswille vorliege, ist von dem zu führen, der sich hierauf beruft.

§ 2299

Jeder der Vertragschließenden kann in dem Erbvertrag einseitig jede Verfügung treffen, die durch Testament getroffen werden kann.

Für eine Verfügung dieser Art gilt das gleiche, wie wenn sie durch Testament getroffen worden wäre. Die Verfügung kann auch in einem Vertrag aufgehoben werden, durch den eine vertragsmäßige Verfügung aufgehoben wird.

Wird der Erbvertrag durch Ausübung des Rücktrittsrechts oder durch Vertrag aufgehoben, so tritt die Verfügung außer Kraft, sofern nicht ein anderer Wille des Erblassers anzunehmen ist.

E I 1955, 1956 Abs 1, 1960 II 2165; M 5 333, 347, 348; P 5 398–404, 415–418.

Einseitige Verfügungen

1. **Zu Abs 1: Einseitige Verfügungen** (§ 1937) im Gegensatze zu den vertragsmäßigen können gelegentlich des Erbvertrags (auch im Falle des § 2276 Abs 2) in demselben Rechtsakte von dem einen oder dem anderen Vertragschließenden, auch von dem nur annehmenden Teile getroffen werden. Sie können sowohl Erbeinsetzungen, Vermächtnisse, Auflagen zum **Gegenstand** haben, wenn keine vertragsmäßige Bindung (§ 2278 Abs 2) beabsichtigt ist, als auch letztwillige Anordnungen jeder anderen Art (vgl. § 2278 A 2). Voraussetzung ist, daß sie in einem gültigen Erbvertrage getroffen sind. Ist dieser wegen Formmangels, infolge durchgeführter Anfechtung oder aus anderen Gründen nichtig, so fallen damit auch die einseitigen Verfügungen, die einen Bestandteil des Erbvertrags bilden, zusammen.

2. **Zu Abs 2 Satz 1:** Die **Anwendung der Testamentsvorschriften** bezieht sich zwar nicht auf die Testamentsform. Wohl aber wird persönliche Errichtung (§ 2064) und Testierfähigkeit (§ 2229) erfordert. Die verminderten Erfordernisse des Erbvertrags im Falle des § 2275 Abs 2 genügen nicht (a. M. Planck-Greiff A 2b in der 4. gegen Planck selbst in der 3. Aufl.). Umgekehrt können, wenn der Erbvertrag als solcher z. B. wegen verweigerter Zustimmung des gesetzlichen Vertreters (§ 2275 A 4) unwirksam, aber den Testamentsvorschriften entsprochen ist, die einseitigen Verfügungen als gemeinschaftliches Testament wenigstens dann aufrechterhalten werden, wenn der Vertrag unter Ehegatten geschlossen ist (§ 2265).

3. **Zu Abs 2 Satz 2:** Daß die einseitige Verfügung von dem Verfügenden (nicht auch vom anderen Teile) durch Testament jederzeit frei widerrufen werden kann, ergeben die §§ 2253, 2254, 2258. Es kann aber auch **durch aufhebenden Vertrag** gemäß § 2290 geschehen, wenn er sich nicht auf die einseitige Verfügung beschränkt, sondern zugleich mindestens eine vertragsmäßige Verfügung aufhebt. Daß die aufzuhebende einseitige und die vertragsmäßige Verfügung in einem und demselben Erbvertrag getroffen sein müßten, fordert das Gesetz nicht (a. M. Planck-Greiff A 3b).

4. **Zu Abs 3:** Die **Aufhebung des ganzen Erbvertrags** durch Rücktritt (§§ 2293–2297) des Urhebers der Verfügung oder durch Vertrag (§ 2290), wirkt im Zweifel auch als Aufhebung der darin enthaltenen einseitigen Verfügung. Einen anders gearteten Willen des Erblassers hat zu beweisen, wer die fortdauernde Geltung der einseitigen Verfügung behauptet (vgl. auch § 2298 Abs 3). Beschränkt sich der Rücktritt oder die Aufhebung auf eine einzelne vertragsmäßige Verfügung, so werden die übrigen einseitigen Verfügungen nur unter den Voraussetzungen des § 2085 unwirksam.

§ 2300

Die für die amtliche Verwahrung und die Eröffnung eines Testaments geltenden Vorschriften der §§ 2258a bis 2263, 2273 sind auf den Erbvertrag entsprechend anzuwenden, die Vorschriften des § 2273 Abs 2, 3 jedoch nur dann, wenn sich der Erbvertrag in besonderer amtlicher Verwahrung befindet.

E I 1945 Satz 3 II 2166; M 5 319; P 5 381, 382, 459.

Verwahrung und Eröffnung des Erbvertrags

1. § 2300 entspricht § 45 TestG; neu eingefügt sind die Worte „die amtliche Verwahrung und" sowie die entsprechenden Vorschriften. Diese waren bisher gemäß den §§ 37, 38 TestG unmittelbar auf Erbverträge anzuwenden (vgl. § 2258a A 1). Sachlich hat sich also nichts geändert.

2. Entsprechende Anwendung von **§ 2258a:** Zuständigkeit für die besondere amtliche Verwahrung; diese ist nur erforderlich, wenn die Parteien das Gegenteil nicht verlangen (§ 2277 Abs 1). **§ 2258b:** Verfahren bei der besonderen amtlichen Verwahrung. **§ 2259:** Pflicht zur Ablieferung des urschriftlichen Erbvertrags an das Nachlaßgericht (KGJ 36 A 91), auch wenn er von den Parteien aufgehoben worden ist (JFG 17, 238/239; a. M. Boehmer DNotZ 1940, 192). Der abgelieferte Erbvertrag verbleibt bei dem Nachlaßgericht (DOfNot § 16 Abs 2; Aktenordnung § 27 Abs 11 Satz 3; JFG 17, 259 = ZAkDR 1938, 676 mit Anm von Weber). **§ 2260:** Eröffnungstermin und Verkündung durch das Nachlaßgericht oder **§ 2261:** durch ein anderes Gericht. Beschwerderecht des Nachlaßgerichts gegen verweigerte Übersendung der Urschrift KGJ 37 A 127. **§ 2262:** Benachrichtigung der nicht erschienenen Beteiligten. **§ 2263:** Nichtigkeit des Eröffnungsverbots. Das Recht auf Einsicht und Erteilung von Abschriften steht den Interessenten zu (RG 53, 393), zwar nicht auf Grund des nicht mit angezogenen § 2264, wohl aber nach FGG § 34 (RG JW 1932, 1365). **§ 2273:** Eröffnung des gemeinschaftlichen Testaments.

3. Die **Verfügungen des überlebenden Ehegatten** sind, soweit sie sich sondern lassen, nach § 2273 Abs 1 **nicht zu verkünden.** Es bedarf aber keiner Abschrift von den Verfügungen des Erstverstorbenen und keiner Verbringung in die besondere amtliche Verwahrung (§ 2273 Abs 2), wenn der Erbvertrag gemäß § 2277 Abs 1 von vornherein nur in gewöhnliche amtliche Verwahrung genommen war. Eine Wiederverschließung unterbleibt auch dann, wenn sich der Erbvertrag zwar in besonderer amtlicher Verwahrung befand, wenn er aber lediglich Anordnungen enthält, die sich auf den ersten Erbfall beziehen (§ 2273 Abs 3). Soweit hiernach keine besondere amtliche Verwahrung stattfindet, bleibt der Erbvertrag offen bei den Akten des Nachlaßgerichts (A 2).

§ 2300a

Befindet sich ein Erbvertrag seit mehr als fünfzig Jahren in amtlicher Verwahrung, so ist § 2263a entsprechend anzuwenden.

Eröffnungsfrist für Erbverträge

1. Die Vorschrift geht auf § 46 TestG zurück, der für Testamente und Erbverträge galt; vgl. auch § 2263a mit Anmerkungen.

2. Geltungsbereich: § 2300a gilt nicht nur für Erbverträge, die sich in besonderer amtlicher Verwahrung befinden, sondern auch für solche, die nur in gewöhnliche Verwahrung genommen worden sind (§ 2277 Abs 1 und A 4 dazu). Auch die letztere ist eine amtliche Verwahrung. Insbesondere trifft aber auch für solche Erbverträge der Zweck des § 2263a zu (Boehmer DNotZ 1940, 193). Daher obliegt die in § 2263a vorgeschriebene Ermittlungspflicht auch dem Notar, der Erbverträge in gewöhnlicher Urkundenverwahrung hat, und im Falle des § 39 RNotO dem Amtsgericht, das seine Akten und Bücher verwahrt. § 2300a gilt auch für Erbverträge, die vor dem Inkrafttreten des TestG (4. 8. 38) errichtet worden sind.

3. Die **Verwahrungsfrist** beträgt beim Erbvertrage fünfzig Jahre, beim Testament dagegen nur dreißig Jahre (§ 2263a), weil Erbverträge vielfach, insbesondere in Verbindung mit Eheverträgen, in jüngeren Jahren geschlossen werden.

§ 2301

Auf ein Schenkungsversprechen, welches unter der Bedingung erteilt wird, daß der Beschenkte den Schenker überlebt, finden die Vorschriften über Verfügungen von Todes wegen Anwendung. Das gleiche gilt für ein schenkweise unter dieser

Bedingung erteiltes Schuldversprechen oder Schuldanerkenntnis der in den §§ 780, 781 bezeichneten Art.

Vollzieht der Schenker die Schenkung durch Leistung des zugewendeten Gegenstandes, so finden die Vorschriften über Schenkungen unter Lebenden Anwendung.

E I 1963 II 2167; M 5 350–352; P 5 460–462.

Übersicht:

Schenkung von Todes wegen

Schrifttum: Boehmer, Schenkungen von Todes wegen und Schenkungen unter Lebenden, ZAkDR 1939, 610.

1a) Allgemeines: Das BGB hat die **Schenkung von Todes wegen,** welche im gemeinen Recht als donatio mortis causa Zuwendungen von Todes wegen durch Rechtsgeschäfte unter Lebenden ermöglichte, nicht als selbständige erbrechtliche Einrichtung übernommen. Es hat sie aber auch nicht ganz ausgeschlossen. Vielmehr erkennt es Schenkungen unter der Bedingung, daß der Beschenkte den Schenker überlebt, grundsärtzlich an. Es wendet aber verschiedenes Recht an. Für das nichtvollzogene Schenkungsversprechen und das schenkweise erteilte Schuldversprechen oder Schuldanerkenntnis gelten die Vorschriften über die Verfügungen von Todes wegen (A 1 bis 3). Auf die vollzogene Schenkung von Todes wegen sind dagegen die Vorschriften über Schenkungen unter Lebenden anzuwenden (A 4, 5). Mit diesen Bestimmungen sollte verhindert werden, daß zwingende erbrechtliche Sicherungsvorschriften umgangen werden können, welche zum Schutze der vertragsmäßig bedachten Erben und Vermächtnisnehmer, der Pflichtteilsberechtigten und Nachlaßgläubiger bestehen. Daher ist auch das Bestreben billigenswert, den Absatz 1 weit und den Absatz 2 eng auszulegen.

Das BGB selbst bietet aber eine weitgehende Umgehungsmöglichkeit, indem es in § 331 den **Vertrag zugunsten Dritter** mit Wirkung auf den Todesfall als Rechtsgeschäft unter Lebenden anerkennt und insoweit also die erbrechtlichen Sicherungsvorschriften ausschaltet (vgl. hierzu A 6).

Von den Schenkungen von Todes wegen sind ferner die Fälle zu unterscheiden, in denen nur die **Erfüllung** des Schenkungsversprechens auf den Tod des Schenkers **hinausgeschoben** worden ist. Hierbei handelt es sich um reine Rechtsgeschäfte unter Lebenden (vgl. A 1).

1. Zu Abs 1 Satz 1: Voraussetzungen des Schenkungsversprechens von Todes wegen. Das Schenkungsversprechen steht im Gegensatz zu der vollzogenen Schenkung des Abs 2. Der bloß Versprechende will nicht, daß der Gegenstand der Schenkung jetzt schon aus seinem Vermögen ausscheide. Will er aber jetzt schon dem Beschenkten oder seinen Erben endgültig zur Leistung verpflichtet sein, so handelt es sich um eine Schenkung unter Lebenden, auch dann, wenn die Erfüllung bis nach dem Tode des Schenkers hinausgeschoben ist; es ist mithin nur § 518 anzuwenden (RG 53, 296; 9. 11. 21 V 23/21). Anders dagegen, wenn der Schenker an sein Versprechen nur **unter der** ausdrücklich erklärten oder sich aus den Umständen ergebenden **Bedingung** gebunden sein will, **daß ihn der Beschenkte überlebt** (was auch mit Beschränkung auf den Fall bedungen werden kann, daß der Schenker in einer bestimmten Lebensgefahr umkommt). Der Eintritt gerade dieser Bedingung (des Erlebens des Todes des Schenkers durch den Beschenkten) bildet nach §§ 1923, 2074, 2160 die allgemeine Voraussetzung einer Zuwendung von Todes wegen. Deshalb sind nach folgerichtiger Vorschrift auch die hierfür geltenden Formen zu beobachten (A 2). Die Form des § 518 (dort A 2; gerichtliche oder notarielle Beurkundung) genügt nicht.

§ 2301 Abs 1 ist ferner nicht anwendbar, wenn das Schenkungsversprechen nach seinem Inhalt erst nach dem Tode des Versprechenden angenommen werden darf, aber auch bei vorzeitigem Tode des Versprechensempfängers von dessen Erben angenommen werden kann (OGH MDR 1949, 282).

2. Zu Abs 1 Satz 1: Anwendbare Vorschriften. Nach den **Vorschriften über Verfügungen von Todes wegen** gestaltet sich das Schenkungsversprechen, je nachdem das ganze Vermögen oder nur einzelne Gegenstände zugewendet werden, als Erbeinsetzung oder Vermächtnis. Der Entw I § 1963 erklärte demgemäß „die Vorschriften über den Erbeinsetzungsvertrag oder den Vermächtnisvertrag“ für anwendbar. Dadurch, daß an die Stelle dieser Worte die Worte „Vorschriften über Verfügungen von Todes wegen“ gesetzt sind, sollte nach Prot 5, 461 keine sachliche Änderung herbeigeführt werden. Dem entspricht die Stellung des § 2301 in dem Abschnitt „Erbvertrag". Einem einseitigen Schenkungsversprechen legt das Gesetz hier ebensowenig wie in den §§ 516ff. rechtliche Bedeutung bei. Danach ist ein Schenkungsversprechen von Todes wegen nur bindend, wenn die für den Erbvertrag geltenden Vorschriften eingehalten werden. Anders in einer beiläufigen Bemerkung RG (7. ZS) 83, 227 und die 5. sowie die früheren Auflagen dieses Kommentars, von denen ein einseitiges Schenkungsversprechen in Testamentsform zugelassen wird. Das kann nur in dem Sinne aufrechterhalten werden, daß eine in Testamentsform abgegebene Erklärung, mit der den Worten nach eine „Schenkung" von Todes wegen gemacht ist, in Zweifelsfällen (§ 2084 A 2a) als eine letztwillige Verfügung zur Geltung gebracht werden kann (RG LZ 1924, 162[2]). Das Schenkungsversprechen von Todes wegen kann nicht nach den §§ 530ff. widerrufen werden; es gelten lediglich die §§ 2290ff., 2293ff. über Aufhebung und Rücktritt vom Erbvertrag.

3. Zu Abs 1 Satz 2: Entsprechend § 518 Abs 1 Satz 2 sind das **Schuldversprechen** (§ 780) und das **Schuldanerkenntnis** (§ 781) unter die gleichen Vorschriften gestellt, wenn der abstrakte Vertrag eine Schenkung zum Rechtsgrunde hat und durch das Überleben des Beschenkten bedingt ist.

4. Zu Abs 2: Voraussetzungen. Die **Schenkung ist vollzogen,** wenn die versprochene oder die im Schuldversprechen oder Schuldanerkenntnis übernommene Leistung bewirkt worden ist (s. § 518 A 4).

Hierzu genügt nicht: Die Übergabe des Schenkungsgegenstandes an einen Boten, der die Sache erst nach dem Tode des Schenkers dem Beschenkten überbringt (RG 83, 223), oder ein entsprechender, erst nach dem Tode des Schenkers ausgeführter Auftrag (RG Recht 1924 Nr 169), die bloße Übergabe eines Schuldscheins an den Beschenkten, sei es auch mit der Ermächtigung, den Schenkungsgegenstand nach dem Tode des Schenkers von dem dritten Schuldner in Empfang zu nehmen (RG JW 1904, 337[3]), der Vermerk auf einem vom Beschenkten ausgestellten Schuldschein, der Schein werde mit dem Tode des Erblassers ungültig (RG Warn 1908 Nr 302), die Vollmacht, das Bankguthaben des Schenkers im Falle seines Todes abzuheben, selbst wenn sie mit der Erklärung erteilt wird, das Geld solle dem Bevollmächtigten gehören (RG LZ 1919, 692[6]).

Dagegen genügt: Die Abtretung des Herausgabeanspruchs gemäß § 931 (RG Warn 1909 Nr 33), ebenso die Übergabe eines Sparkassenbuchs im Sinne der Abtretung des Sparkassenguthabens (RG Gruch 50, 651; Warn 1915 Nr 142); eine solche Abtretung an den von Todes wegen zu Beschenkenden kann auch darin gefunden werden, daß ihm ein an die Sparkassenverwaltung gerichtetes Ersuchen übergeben wird, das Guthaben umzuschreiben (RG 23. 6. 19 IV 108/19; vgl. Jena DRW 1939, 1535[44]). Ein schenkweise erfolgender Schulderlaß (§ 397) trägt auch dann, wenn er an die Bedingung geknüpft ist, daß der Schuldner den Gläubiger überlebt, die Vollziehung der Schenkung in sich, (RG 53, 294; Warn 1921 Nr 95). Überall macht es keinen Unterschied, ob die Leistung gleichzeitig mit der Schenkung oder erst hinterher mit der Absicht bewirkt wird, das vorausgegangene Schenkungsversprechen zu erfüllen (RG Warn 1913 Nr 249; 1915 Nr 142).

5. Zu Abs 2: Anwendbare Vorschriften. Nach den **Vorschriften über Schenkungen unter Lebenden** (§ 518 Abs 2) heilt der Vollzug der Schenkung den Formmangel. Damit entfällt auch die Form der Verfügung von Todes wegen. Der Vorbehalt des Widerrufs ist auch bei der vollzogenen Schenkung zulässig. Im übrigen bestimmt sich der Widerruf nach den §§ 530—533 (RG JW 1914, 301[8]).

Auch die vollzogene Schenkung von Todes wegen steht unter der Bedingung, daß der Beschenkte den Schenker überlebt (RG Warn 1921 Nr 95). Sie wird regelmäßig als auflösende aufzufassen sein in dem Sinne, daß die Schenkung, wenn der Beschenkte früher stirbt, mit dessen Tod an den Schenker zurückfallen soll. Sie kann aber auch aufschiebend gewollt sein (§ 158). Staudinger-Boehmer 10. Aufl. Einl § 27 Bem 16 und Palandt-Seibert 8. Aufl. A 3b, c wollten nur die durch das Vorversterben des Bedachten auflösend, nicht die durch sein Überleben aufschiebend bedingte Zuwendung als Vollziehung gelten lassen; hiergegen mit Recht Jena DRW 1939, 1535[44] (vgl. auch Boehmer ZAkDR 1939, 610) in Übereinstimmung mit RG Warn 1921 Nr 95. In beiden Erläuterungsbüchern wird jedoch jetzt auch die hier vertretene Ansicht verfochten (Staudinger-Boehmer 11. Aufl. Einl § 26 Anm 16; Staudinger-Lehmann Vorbem 13 vor §§ 1937ff.; Palandt-Rechenmacher 14. Aufl. A 3c; ferner Kipp-Coing § 61 II 2c; vgl. auch Siebert, Die Nachfolge von Todes wegen in die Mitgliedschaft des Gesellschafters einer OHG in NJW 1955, 812 unter A II 2). Anrechnung der Schenkung auf den Pflichtteil § 2315; Ergänzung des Pflichtteils § 2325.

Im Erbschaftsteuerrecht wird die Schenkung von Todes wegen, wenn sie unter Lebenden vollzogen ist, als Schenkung, sonst als Erwerb von Todes wegen behandelt (ErbschStG v. 30. 6. 51 §§ 1, 2 Abs 1 Nr 3, § 3; RFH 29, 152).

6. Von dem Schenkungsversprechen gemäß § 2301 Abs 1 ist der **Vertrag zugunsten Dritter mit Wirkung auf den Todesfall** zu unterscheiden. Das Gesetz hat die Zulässigkeit solcher Verträge als Rechtsgeschäfte unter Lebenden in § 331 ausdrücklich anerkannt, obwohl sie mit dem Grundsatz des § 2301 Abs 1 nur schwer zu vereinbaren sind. Nach § 331 Abs 1 erwirbt der Dritte, dem nach dem Tode des Versprechensempfängers geleistet werden soll, das Recht auf die Leistung im Zweifel erst mit dessen Tode. Er hat vorher auch keine Rechtsanwartschaft. Eine solche Zuwendung kommt in ihrem Endziel einer Verfügung von Todes wegen nahe; sie hat aber die Eigentümlichkeit, daß das so Zugewendete sich zwar erst mit dem Tode des Gläubigers (= Versprechensempfängers) von dessen Vermögen trennt, jedoch nicht zu seinem Nachlaß gehört. Die Form einer Verfügung von Todes wegen ist für dieses Geschäft nicht vorgeschrieben (vgl. auch Vorbem 3 zu §§ 1937—1941).

Es fehlt nicht an Versuchen, die Anwendbarkeit des § 331 auf bestimmte Fälle zu beschränken, für welche die Verfasser des BGB diese gesetzliche Möglichkeit geschaffen haben, z. B. auf Lebensversicherungsverträge, Gutsübergaben mit Abfindungen oder Leibgedingen zugunsten Dritter, Witwenkassen (so Kipp-Coing § 61 III 3a unter Hinweis auf Motive 2, 265); dazu sollen dann noch die Fälle des Gesellschaftsrechts (§ 727 BGB, § 139 HGB) kommen. Soweit dagegen Verträge zugunsten Dritter nur das Ziel haben, bestimmte Gegenstände (z. B. ein Bankguthaben) aus dem Nachlaß zugunsten des Dritten für den Fall des Überlebens auszusondern, „also nur eine Schenkung von Todes wegen zu ersetzen, bei der der Schenkende kein Opfer bringt", sollen sie als nichtige Umgehungsgeschäfte zu behandeln sein, für welche die Vorschriften der §§ 328, 331 nicht geschaffen seien (Kipp-Coing aaO.; noch enger Boehmer, der den § 331 im allgemeinen nur auf Vermögens- oder Gutsüberlassungsverträge und Lebensversicherungsverträge anwenden will, vgl. Boehmer in RG-Festschrift III 312ff.; bei Staudinger 11. Aufl. Einl § 27; ZAkDR 1939, 611; s. auch Bartholomeyczik Erbrecht 1954 § 59 IV). Das Reichsgericht hat Verträge zugunsten Dritter mit Wirkung auf den Todesfall jedoch in weiterem Umfange anerkannt. Die Rechtsprechung ist dem RG weitgehend gefolgt (RG 80, 175; 88, 137; 106, 1; WarnR 1908 Nr 204; HRR 1930, 1464; KG 41 A 62; auch BGH 8, 31; vgl. jedoch auch RG 98, 279 mit Bedenken gegen RG 88, 137; ferner OLG Stuttgart HEZ 3, 1, wo die Streitfrage auf S. 5 dahingestellt bleibt).

§ 2302

Ein Vertrag, durch den sich jemand verpflichtet, eine Verfügung von Todes wegen zu errichten oder nicht zu errichten, aufzuheben oder nicht aufzuheben, ist nichtig.

E I 1754 II 2168; M 5 8; P 5 5, 462.

Schutz der Testierfreiheit

1. Das Gesetz kennt zwar eine erbrechtliche Bindung des Erblassers durch Erbvertrag (§ 2278 A 1) und im Falle des § 2271 Abs 2 durch Errichtung eines gemeinschaftlichen Testaments, erklärt aber darüber hinaus, um die **Testierfreiheit** weitmöglich zu sichern, jede vertragsmäßige Beschränkung des Erblassers, die Verfügungen von Todes wegen betrifft (Vorbem 2 vor §§ 1937ff.) für nichtig. Dies gilt auch von Beschränkungen, zu denen sich der Erblasser unter dem älteren Rechte verpflichtet hatte (RG 75, 34 und HRR 1930 Nr 1467; KG JRdsch 1927 Nr 246). Die Nichtigkeit, die von jedermann geltend gemacht werden kann, ergreift auch etwa bedungene Vertragsstrafen (§ 344). Ebensowenig begründet der Bruch eines solchen nichtigen Vertrags eine Schadenersatzpflicht (RG 28. 4. 27 IV 579/26).

Auch im Erbvertrage können die Vertragschließenden auf das Recht der Aufhebung gemäß §§ 2290—2292 oder des Rücktritts gemäß §§ 2294, 2295 nicht wirksam verzichten. Die Verpflichtung, keine Verfügung von Todes wegen zu errichten, kann schon nach § 2278 Abs 2 nicht vertragsmäßig eingegangen werden. Sie wäre nur zu halten, wenn sie sich in eine Erbeinsetzung der gesetzlichen Erben umdeuten läßt. Die Verpflichtung, eine ältere Verfügung von Todes wegen nicht aufzuheben, wäre nur wirksam, wenn diese Verfügung, einen dem § 2278 Abs 2 entsprechenden Inhalt (Erbeinsetzung, Vermächtnis, Auflage) vorausgesetzt, inhaltlich oder in überreichter Urschrift auf dem Wege des § 2238 (vgl. § 2276 A 3) zum Bestandteil des Erbvertrags gemacht würde. Die bloße Bezugnahme auf eine ältere Verfügung kann schon wegen Unzulässigkeit des mystischen Testaments nicht genügen (§ 2086 A 1). Noch weniger kann sich der Erblasser einseitig in der Testierfreiheit beschränken oder die Gültigkeit späterer Verfügungen von der Einhaltung selbst gesetzter Formen abhängig machen (derogatorische Klausel, § 2253 A 2). Werden diese Formen nicht beachtet, so kann der Zweifel entstehen, ob die errichtete Verfügung von Todes wegen als fertige und gültige gewollt sei.

Hat der Erblasser jemandem versprochen, ihn als Entgelt für Dienstleistungen oder dgl. durch eine letztwillige Verfügung zu bedenken, so braucht das nicht in jedem Falle nichtig zu sein. Geht das Versprechen ausschließlich auf die Errichtung der letztwilligen Verfügung, so greift allerdings § 2302 ein. Die Vergütung kann aber auch allgemein versprochen worden sein und der Hinweis auf die letztwillige Verfügung kann eine unschädliche Nebenabrede über die Art der Erfüllung enthalten haben (WarnR 1917 Nr 14).

2. Höferecht: Ein Übergabevertrag über einen Hof im Sinne der Höfeordnung fällt nicht unter § 2302. Der Erblasser verpflichtet sich in ihm nicht im Sinne dieser Vorschrift. Übergabeverträge sind vielmehr Rechtsgeschäfte unter Lebenden, die zugleich unmittelbar erbrechtlich wirken (vgl. § 2286 A 2). § 2302 greift auch dann nicht ein, wenn der Hofeigentümer sich zunächst nur durch einen nicht formgerechten, für ihn aber nach Treu und Glauben bindenden Vorvertrag verpflichtet hat, den Hof auf einen bestimmten Abkömmling zu übertragen. Auch darin liegt schon eine Bestimmung des Hofnachfolgers nach Höferecht (BGH 12, 306f. = LM § 7 HöfeO Nr 12 = NJW 1954, 1241, 1644 mit Anm von Rötelmann = RechtdLandw 1954, 193, 311 mit Anm von Pikalo und Rötelmann).

Fünfter Abschnitt

Pflichtteil

I. Formen für die Beteiligung der nächsten Angehörigen am Nachlaß des Erblassers.

1. Allgemeines. Der Grundsatz der Testierfreiheit, der dem Erblasser ermöglicht, nach seinem freien Belieben über seinen Nachlaß zu verfügen, widerstreitet dem natürlichen Empfinden, nach dem mindestens ein Teil des Nachlasses den nächsten Angehörigen zugute kommen muß. Schon die Rechtsordnungen des Altertums haben sich bemüht, diesen Konflikt zu lösen. Drei Möglichkeiten sind dazu gegeben.

a) Die nächsten Angehörigen sind in jedem Fall zu einer bestimmten Quote als Erben am Nachlaß beteiligt, das sog. materielle Noterbrecht.

b) Sie haben gegen die eingesetzten Erben einen Anspruch auf Zahlung einer bestimmten Geldsumme.

c) Sie haben gegen die eingesetzten Erben einen von ihrer Bedürftigkeit abhängigen Unterhaltsanspruch.

2. Römisches Recht. Gegen Ende der römischen Republik wurde der Gedanke der Beteiligung der nächsten Angehörigen an dem Nachlaß des Erblassers, auch wenn dieser ihn anders vergeben hatte, zuerst verwirklicht. Das Centumviralgericht, das für Nachlaßsachen zuständig war, gestattete den Abkömmlingen und Ascendenten, das Testament, durch das sie von der Erbfolge ausgeschlossen waren, mit der Anfechtungsklage anzufechten. Sie führte dazu, daß die gesetzliche Erbfolge eintrat. Die Klage war nicht zulässig, wenn der Erblasser den Berechtigten mindestens ein Viertel des gesetzlichen Erbteils hinterlassen hatte.

Dieses Recht wurde in verschiedener Weise fortgebildet und schließlich von Justinian neu geordnet. Er setzte den Pflichtteil fest auf ein Drittel des gesetzlichen Erbteils, wenn dieser mindestens ein Viertel der Erbschaft betrug, und auf die Hälfte, wenn er weniger als ein Viertel der Erbschaft ausmachte. Die Ascendenten und Descendenten haben Anspruch darauf, als Erbe eingesetzt zu werden. Ist das ohne einen gesetzlich zulässigen Grund nicht geschehen, dann konnten sie mit einer darauf zielenden Klage ihren vollen gesetzlichen Erbteil verlangen. Waren sie als Erben eingesetzt und betrug ihr Erbteil weniger als ihr Pflichtteil, dann hatten sie nur eine Geldforderung gegen die eingesetzten Erben auf das an ihrem Pflichtteil, nicht das an ihrem gesetzlichen Erbteil Fehlende. Darin lag ein Widerspruch. Die Rechte der übergangenen vollbürtigen oder durch den Vater halbbürtig verwandten Geschwister waren etwas anders geregelt.

3. Gemeines Recht. Deutsche Partikularrechte. Das justinianische Recht wurde mit dem darin enthaltenen Widerspruch als gemeines Recht in Deutschland rezipiert. Die deutschen Partikularrechte bekannten sich zunächst vorwiegend zu dem zwingenden materiellen Noterbrecht. Erst später setzte sich das System des Pflichtteilsanspruchs in Form einer bloßen Geldforderung gegen den Erben mehr und mehr durch. In dieser Weise wurde wenigstens in späterer Zeit der Pflichtteilsanspruch nach dem ALR rechtlich beurteilt (vgl. dazu Staudinger-Böhmer, 11. Aufl. Band V Einl § 14 Anm 26). Auch das österreichische ABGB kannte den Pflichtteilsanspruch nur als einen schuldrechtlichen Geldanspruch. Im Gegensatz dazu bekannte sich der code civil zu dem System des materiellen Noterbrechts. Der Erblasser kann nach diesem Recht überhaupt nur über einen bestimmten Teil seines Vermögens, die quotité disponible, unter Lebenden und von Todes wegen frei verfügen. Der Rest, die protion réservée, verbleibt dem Pflichterben. Ebenso hat auch das sächs. BGB das System des zwingenden gesetzlichen Erbrechts verwirklicht.

Über die Regelung des Pflichtteilsrechts im ausländischen Recht vgl. Staudinger-Böhmer aaO. § 15.

4. Beratung des BGB. Bei der Beratung des BGB wurde das gemeinrechtliche System wegen des darin enthaltenen nicht verständlichen Widerspruchs abgelehnt (Mot 5, 386). Auch das französiche System des zwingenden Erbrechts wurde nach längeren Erörterungen verworfen (Prot 5, 490ff.) und das preußische System des Pflichtteilsanspruchs als reiner Geldsummenforderung gegen den Erben vorgezogen.

II. Systematische Übersicht

1. Pflichtteilsberechtigte Personen und Umfang des Pflichtteils. Pflichtteilsberechtigt sind nach § 2303 die Abkömmlinge, Eltern und der Ehegatte des Erblassers, die durch

Verfügung von Todes wegen von der Erbfolge ausgeschlossen sind. Ihr Pflichtteil besteht in der Hälfte des Wertes des gesetzlichen Erbteils. Entferntere Abkömmlinge und die Eltern des Erblassers sind jedoch nur pflichtteilsberechtigt, wenn kein Abkömmling, der sie im Falle der gesetzlichen Erbfolge ausschließen würde, den Pflichtteil verlangen kann oder das ihm Hinterlassene annimmt. Der Anspruch auf den Pflichtteil entsteht nach § 2317 mit dem Erbfall. Er ist vererblich, übertragbar und verjährt nach § 2332 in drei Jahren. Die Zuwendung des Pflichtteils ist nach der Auslegungsregel des § 2304 nicht als Erbeinsetzung anzusehen.

Das Gesetz will grundsätzlich gewährleisten, daß der Pflichtteilsberechtigte auch tatsächlich die Hälfte des Wertes seines gesetzlichen Erbteils bekommt. Der Erblasser kann dieses Recht weder dadurch vereiteln, daß er dem Pflichtteilsberechtigten einen Erbteil zuwendet, dessen Wert geringer ist, oder daß er den ihm zugewandten Erbteil durch Ernennung eines Testamentsvollstreckers oder durch Teilungsanordnungen beschränkt oder mit Vermächtnissen oder Auflagen beschwert. Der Pflichtteilsberechtigte kann nach § 2305, wenn ihm ein Erbteil hinterlassen ist, dessen Wert geringer ist als die Hälfte seines gesetzlichen Erbteils, von den Miterben als Pflichtteil den Wert des an der Hälfte fehlenden Teils verlangen. Übersteigt der dem Pflichtteilsberechtigten zugewandte Erbteil die Hälfte des gesetzlichen Erbteils nicht, dann gelten die vorhin erwähnten Beschränkungen und Beschwerungen nach § 2306 Abs 1 Satz 1 als nicht angeordnet. Wenn der hinterlassene, in der beschriebenen Weise beschränkte oder beschwerte Erbteil größer ist, kann der Pflichtteilsberechtigte nach Satz 2 dieser Vorschrift den Erbteil ausschlagen und dann den Pflichtteil verlangen. Einer Beschränkung der Erbeinsetzung ist nach Abs 2 gleichzuachten, wenn der Pflichtteilsberechtigte als Nacherbe eingesetzt ist. Auch wenn dem Pflichtteilsberechtigten ein Vermächtnis zugewandt ist, kann er nach § 2307 den Pflichtteil verlangen, wenn er jenes ausschlägt. Falls er nicht ausschlägt, kann er als Pflichtteil nur den Unterschiedsbetrag zwischen dem Wert des vollen Pflichtteilsanspruchs und dem Wert des Vermächtnisses fordern. Um Klarheit über die gegen ihn bestehenden Ansprüche zu erzielen, kann der mit dem Vermächtnis beschwerte Erbe den Pflichtteilsberechtigten unter Bestimmung einer Frist auffordern zu erklären, ob er das Vermächtnis annimmt. Das Vermächtnis gilt als ausgeschlagen, wenn der Berechtigte nicht innerhalb der Frist die Annahme erklärt. Die Beschränkungen und Beschwerungen, die auf dem Erbteil oder dem dem Pflichtteilsberechtigten zugewandten Vermächtnis ruhen, sind für dessen Entschließungen über die Ausschlagungen sehr bedeutsam. Mit Rücksicht darauf gibt das Gesetz dem Pflichtteilsberechtigten in § 2308 das Recht, die Ausschlagung anzufechten, wenn ihm unbekannt war, daß einzelne Beschränkungen oder Beschwerungen zur Zeit der Ausschlagung bereits weggefallen waren.

2. Berechnung des Pflichtteils. §§ 2310—2316 enthalten Vorschriften für die Berechnung des Pflichtteils. § 2310 bestimmt zunächst, wie der für die Berechnung des Pflichtteils maßgebende Erbteil festzustellen ist. Dabei werden diejenigen, die durch letztwillige Verfügung von der Erbfolge ausgeschlossen sind, die die Erbschaft ausgeschlagen haben oder für erbunwürdig erklärt sind, mitgezählt. Nicht mitgezählt wird, wer durch Erbverzicht von der gesetzlichen Erbfolge ausgeschlossen ist.

§§ 2311—2314 behandeln, wie Bestand und Wert des Nachlasses festzustellen sind. Der Wert ist, soweit erforderlich, durch Schätzung zu ermitteln. Der Erblasser kann keine bindenden Anordnungen für die Wertbestimmung treffen. Maßgebender Zeitpunkt für die Ermittlung des Wertes ist die Zeit des Erbfalls. § 2313 bestimmt, wie ungewisse oder unsichere Rechte und zweifelhafte Verbindlichkeiten, desgleichen aufschiebend bedingte, zu behandeln sind. Sie bleiben zunächst außer Ansatz. Erst wenn sie sich verwirklichen, hat eine der veränderten Rechtslage entsprechende Ausgleichung zu erfolgen. Auflösend bedingte Rechte und Verbindlichkeiten sind dagegen wie unbedingte zu berücksichtigen. Aber auch hier hat eine Ausgleichung zu erfolgen, wenn die Bedingung eintritt. Um ihm zu ermöglichen, seine Rechte wahrzunehmen, gibt § 2314 dem Pflichtteilsberechtigten gegen den Erben einen Anspruch auf Auskunft über den Bestand des Nachlasses. § 2312 trifft eine besondere Regelung für den Fall, daß einem von mehreren Erben das Recht eingeräumt ist, ein zum Nachlaß gehöriges Landgut zum Ertragswert zu übernehmen.

Zuwendungen unter Lebenden, die der Erblasser einem Pflichtteilsberechtigten gemacht hat, sind, wenn der Erblasser dieses bei der Zuwendung angeordnet hat, auf dessen Pflichtteil anzurechnen. § 2315 bestimmt, wie dieses erfolgt.

§ 2316 behandelt den Pflichtteilsanspruch eines von mehreren Abkömmlingen, wenn unter unter ihnen im Falle der gesetzlichen Erbfolge eine Zuwendung des Erblassers zur Ausgleichung zu bringen sein würde. Der Pflichtteilsanspruch bestimmt sich dann nach demjenigen, was auf den gesetzlichen Erbteil unter Berücksichtigung der Ausgleichspflicht bei der Teilung entfallen würde. Demgemäß kann nach Abs 2 der pflichtteilsberechtigte Erbe, dessen so berechneter Pflichtteil mehr als der Wert des hinterlassenen Erbteils beträgt, von den Miterben den Mehrbetrag als Pflichtteil auch dann verlangen, wenn der hinterlassene Erbteil die Hälfte des gesetzlichen Erbteils erreicht oder übersteigt.

3. Verteilung der Pflichtteilslast. Die §§ 2318–2324, die die Pflichtteilslast zum Gegenstand haben, behandeln insbesondere die Frage, wie sich diese Last auf die Personen, die etwas aus der Erbschaft erhalten haben, in ihrem Verhältnis untereinander verteilt. Auch hier gilt, daß den Beteiligten, soweit sie selbst pflichtteilsberechtigt sind, grundsätzlich ihr eigener Pflichtteil verbleiben soll (§§ 2318 Abs 2, 3; 2319). Abgesehen davon kann der Erblasser durch letztwillige Verfügung bestimmen, wen von den in Frage kommenden Personen in ihrem Verhältnis untereinander die Pflichtteilslast treffen soll. Soweit er keine Anordnungen getroffen hat, gilt folgendes: Der Erbe, der mit Vermächtnissen oder Auflagen beschwert ist, braucht die Pflichtteilslast nicht allein zu tragen. Er kann nach § 2318 Abs 1 die Erfüllung dieser Beschwerungen insoweit verweigern, daß die Pflichtteilslast von dem Vermächtnisnehmer oder dem durch die Auflage Begünstigten verhältnismäßig getragen wird. Dieses Recht hat er jedoch nach § 2323 insoweit nicht, als er nach den folgenden Bestimmungen die Pflichtteilslast nicht zu tragen hat. Derjenige, der den Vorteil daraus hat, daß der Pflichtteilsberechtigte von der gesetzlichen Erbfolge ausgeschlossen ist oder das ihm Zugewandte ausgeschlagen hat, soll auch die Pflichtteilslast mindestens in Höhe des erlangten Vorteils tragen. Das gilt nach § 2320 für denjenigen, der an Stelle des Pflichtteilsberechtigten gesetzlicher Erbe wird oder dem der Erblasser durch Verfügung von Todes wegen den Erbteil des Pflichtteilsberechtigten zugewandt hat. Nach § 2321 gilt es für den, dem es zustatten kommt, daß der Pflichtteilsberechtigte ein ihm zugewandtes Vermächtnis ausgeschlagen hat. Da die Beschwerungen bestehen bleiben, die auf dem Erbteil oder dem Vermächtnis ruhen, das der Pflichtteilsberechtigte ausgeschlagen hat, kann derjenige, dem die Ausschlagung zustatten kommt, nach § 2322 diese Beschwerungen soweit kürzen, daß ihm der zur Deckung der Pflichtteilslast erforderliche Betrag verbleibt.

4. Pflichtteilsergänzungsanspruch. Der Erblasser soll auch das Recht des Pflichtteilsberechtigten nicht durch Schenkungen unter Lebenden beeinträchtigen können. Das Gesetz gibt diesem daher, wenn der Erblasser Schenkungen unter Lebenden gemacht hat, einen Pflichtteilsergänzungsanspruch. Darüber handeln die §§ 2325–2331. Der Anspruch richtet sich nach § 2325 zunächst gegen den Erben. Den Anspruch hat nach § 2326 auch der als Erbe eingesetzte Pflichtteilsberechtigte. Er hat ihn insoweit als der Wert des ihm hinterlassenen Erbteils den Wert des gewöhnlichen Pflichtteilsanspruchs und des Pflichtteilsergänzungsanspruchs nicht erreicht. Er wird durch alle Schenkungen begründet. Ausgenommen sind nach § 2330 nur Schenkungen, durch die einer sittlichen Pflicht oder einer auf den Anstand zu nehmenden Rücksicht entsprochen worden ist. Auf den Pflichtteilsergänzungsanspruch sind Schenkungen, die der Pflichtteilsberechtigte selbst von dem Erblasser erhalten hat, anzurechnen. Darüber handelt § 2327. Entsprechend dem schon vorher erwähnten allgemeinen Grundsatz kann der selbst pflichtteilsberechtigte Erbe nach § 2328 die Ergänzung soweit verweigern, daß ihm sein eigener Pflichtteil einschließlich dessen verbleibt, was ihm zur Ergänzung des Pflichtteils gebühren würde. Soweit der Erbe nicht verpflichtet ist, besteht nach § 2329 ein besonders geregelter Bereicherungsanspruch gegen den Beschenkten. Die Herausgabe des Geschenkes kann nach den Vorschriften über die Herausgabe einer ungerechtfertigten Bereicherung zum Zwecke der Befriedigung wegen des fehlenden Betrages verlangt werden. Der Anspruch richtet sich in erster Linie gegen denjenigen, der zuletzt vom Erblasser beschenkt worden ist. Früher Beschenkte haften nur insoweit, als später Beschenkte nicht verpflichtet sind. Durch Zahlung des ganzen fehlenden Betrages kann der Beschenkte den Herausgabeanspruch abwenden. § 2331 behandelt schließlich Schenkungen aus dem Gesamtgut einer Ehe.

5. Pflichtteilsentziehung. Schwere Verfehlungen, deren sich ein Pflichtteilsberechtigter schuldig machte, berechtigen den Erblasser, ihm den Pflichtteil zu entziehen. Darüber handeln die §§ 2333 ff. Die Gründe, aus denen einem Abkömmling der Pflichtteil entzogen werden kann, sind in § 2333 unter Nr 1 bis 5 aufgezählt. Aus welchen Gründen der Erblasser seinen Eltern und seinem Ehegatten den Pflichtteil entziehen kann, regeln §§ 2334 und 2335. Das Recht, den Pflichtteil zu entziehen, erlischt nach § 2337 durch Verzeihung. Eine Verfügung, durch die die Entziehung angeordnet ist, wird durch die Verzeihung unwirksam. Die Entziehung des Pflichtteils eines Abkömmlings wegen eines ehrlosen oder unsittlichen Lebenswandels wird nach § 2336 Abs 4 darüber hinaus auch schon dann unwirksam, wenn dieser sich zur Zeit des Erbfalls von dem zu beanstandenden Lebenswandel dauernd abgewandt hat. Über die Art und Weise, wie die Entziehung zu erfolgen hat, trifft § 2136 Bestimmungen. Sie geschieht durch letztwillige Verfügungen. Der Entziehungsgrund muß zur Zeit ihrer Errichtung bestehen und in der Verfügung angegeben werden. Derjenige, der sich auf die Entziehung des Pflichtteils beruft, muß beweisen, daß der Grund tatsächlich bestanden hat.

6. Beschränkung des Pflichtteils. Schließlich gestattet § 2338 dem Erblasser, den Pflichtteil eines Abkömmlings zu beschränken, wenn dieser sich in solchem Maße der Verschwendung ergeben hat oder in solchem Maße überschuldet ist, daß sein späterer Erwerb erheblich gefährdet wird. Die Beschränkung kann darin bestehen, daß der Erblasser die gesetzlichen Erben des Pflichtteilsberechtigten zu Nacherben oder Nachvermächtnisnehmern beruft. Er kann auch die Verwaltung des dem Abkömmling Zufallenden einem Testamentsvollstrecker übertragen. Jener hat in diesem Fall nur Anspruch auf den Reinertrag. Die Anordnung hat in derselben Art und Weise zu erfolgen wie die Entziehung des Pflichtteils. Sie wird gleichfalls unwirksam, wenn ihr Grund zur Zeit des Erbfalls nicht mehr besteht, sei es, daß der Abkömmling nicht mehr überschuldet ist oder daß er sich von dem verschwenderischen Leben dauernd abgewandt hat.

§ 2303

Ist ein Abkömmling des Erblassers durch Verfügung von Todes wegen von der Erbfolge ausgeschlossen, so kann er von dem Erben den Pflichtteil verlangen. Der Pflichtteil besteht in der Hälfte des Wertes des gesetzlichen Erbteils.

Das gleiche Recht steht den Eltern und dem Ehegatten des Erblassers zu, wenn sie durch Verfügung von Todes wegen von der Erbfolge ausgeschlossen sind.

E I 1975 Abs 1, 1976 Abs 2, 1978; M 5 382–391; P 5 497–500.

Übersicht:

Pflichtteilsrecht und Pflichtteilsanspruch

1. Pflichtteilsberechtigte. Das Pflichtteilsrecht steht nur zu den **Abkömmlingen** (§ 1924 A 2, beim Zusammentreffen mit der märkischen Witwe RG 65, 249), den **Eltern** (§ 1925 A 2, beim Zusammentreffen mit dem überlebenden Ehegatten, der in westfälischer Gütergemeinschaft gelebt hat, RG 82, 264) und dem **Ehegatten** (§§ 1931–1933).

Pflichtteilsberechtigt sind nicht die Geschwister, Voreltern und sonstigen Verwandten des Erblassers (kein Pflichtteilsrecht der an Stelle ihres verstorbenen Ehemannes als dessen Alleinerbin gemäß § 16 Abs 1 des Ges über die westfälische Gütergemeinschaft vom 16. 4. 1860 in die fortgesetzte Gütergemeinschaft eingetretenen Schwiegertochter des überlebenden Ehegatten gegen dessen Nachlaß: RG 158, 65).

Nur diejenigen **Abkömmlinge** sind pflichtteilsberechtigt, die ohne die von dem Erblasser verfügte Ausschließung zur gesetzlichen Erbfolge berufen sein würden. Dazu gehören nach § 1 Nr 3 des Gesetzes über die Rechtswirkungen des Ausspruchs einer nachträglichen Eheschließung vom 29. 3. 51 (BGBl I, 215) auch die Kinder, die von einem Mann stammen, der auf Grund des Erlasses vom 6. 11. 41 durch Ausspruch des Standesbeamten nach seinem Tode als mit der Kindesmutter verheiratet erklärt worden ist. Dem unehelichen Kind steht kein Pflichtteilsanspruch gegen die Erben seines Vaters zu. Jedoch können diese das Kind wegen der ihm zustehenden Unterhaltsansprüche nach § 1712 Abs 2 mit dem Betrag abfinden, der ihm als Pflichtteil zustehen würde.

Voraussetzung des Pflichtteilsrechts der **Eltern** ist gleichfalls, daß sie ohne ihre Ausschließung durch den Erblasser in der zweiten Ordnung der gesetzlichen Erbfolge als Erben berufen sein würden. Pflichtteilsberechtigt sind daher auch die uneheliche Mutter (§ 1705) und der Vater eines für ehelich erklärten Kindes (§ 1736). Kein Pflichtteilsrecht haben der uneheliche Vater (§ 1589 Abs 2) und Adoptiveltern (§ 1759). Die Verwirkung der elterlichen Gewalt nach § 1680 läßt das Pflichtteilsrecht grundsätzlich unberührt. Regelmäßig wird aber der Tatbestand, der zur Verwirkung der elterlichen Gewalt geführt hat, zugleich einen Pflichtteilsentziehungsgrund nach § 2334 darstellen.

Nach § 2309 sind ferner entferntere Abkömmlinge und Eltern des Erblassers insoweit nicht pflichtteilsberechtigt, als ein Abkömmling, der sie im Falle der gesetzlichen Erbfolge ausschließen würde, den Pflichtteil verlangen kann, oder das ihm Hinterlassene annimmt. Der Pflichtteilsanspruch der Eltern des Erblassers ist nach § 2311 Abs 1 Satz 2 ferner insoweit eingeschränkt, als bei seiner Berechnung der dem überlebenden Ehegatten nach § 1932 gebührende Voraus außer Ansatz bleibt.

Der **Ehegatte,** dem nach § 1933 kein Erberecht zusteht, ist auch nicht pflichteilsberechtigt. Kein Erbrecht und daher auch keinen Pflichtteilsanspruch hat eine Frau, die auf Grund des Erlasses vom 6. 11. 41 nach dem Tode des Mannes durch Ausspruch des Standesbeamten als mit diesem verheiratet erklärt worden ist (§ 1 Nr 2 des Gesetzes über die Rechtswirkungen des Ausspruchs einer nachträglichen Eheschließung vom 29. 3. 51 BGBl I, 215).

2. Voraussetzungen für das Bestehen des Pflichtteilsrechts. Voraussetzung des hier gegebenen Anspruchs auf den vollen Pflichtteil ist, daß der Pflichtteilsberechtigte durch Verfügung von

Todes wegen von der Erbfolge ausgeschlossen worden ist. Und zwar von jeder, nicht bloß von der gesetzlichen Erbfolge, sei es positiv durch die Zuwendung des ganzen Nachlasses an andere als Erben, sei es negativ durch die Anordnung, daß er nicht Erbe sein solle (§ 1938). Der Anspruch auf den vollen Pflichtteil nach § 2303 besteht nur, wenn der Berechtigte vollständig von der Erbfolge ausgeschlossen ist. Die §§ 2305, 2306 regeln den Fall, daß dem Berechtigten ein Erbteil hinterlassen ist, der als solcher oder infolge der damit verbundenen Beschwerungen im Werte hinter dem dem Berechtigten sonst zustehenden Pflichtteilsanspruch zurückbleibt. § 2307 regelt den Fall, daß dem Pflichtteilsberechtigten ein Vermächtnis zugewandt ist. Ein Pflichtteilsanspruch nach § 2303 besteht nicht, wenn der Erblasser den an sich Pflichtteilsberechtigten als Erben eingesetzt und bestimmt hat, er solle, falls er das ihm Zugewandte ausschlage, von der gesetzlichen Erbfolge ausgeschlossen sein. Es kann aber ein Anspruch nach § 2306 bestehen (Planck-Greiff 4. Aufl. § 2303 Anm 3).

Nicht pflichtteilsberechtigt sind Personen, die nach § 2344 für erbunwürdig erklärt sind, die nach § 2346 auf ihr gesetzliches Erbrecht oder ihr Pflichtteilsrecht verzichtet haben, diejenigen, auf die sich nach § 2349 dieser Verzicht erstreckt und ferner diejenigen, denen der Erblasser nach § 2333ff. den Pflichtteil entzogen hat.

Der nach § 2079 Anfechtungsberechtigte hat die Wahl, ob er dieses Recht geltend machen oder den Pflichtteil verlangen will. Ficht er mit Erfolg an, dann gilt der Pflichtteilsanspruch als nicht entstanden, da dann die Verfügung, durch die er von der Erbfolge ausgeschlossen ist, nicht mehr besteht. Verlangt der Anfechtungsberechtigte den Pflichtteil, so wird darin in der Regel eine sein Anfechtungsrecht ausschließende Bestätigung des Testaments zu erblicken sein (vgl. § 2078 Anm 9 d; § 2079 Anm 4 Abs 3). Ist ein zur Zeit des Erbfalls vorhandener Pflichtteilsberechtigter unabsichtlich übergangen, so kann er nach §§ 2079, 2281 Abs 1 die Verfügung von Todes wegen anfechten und sich damit das volle gesetzliche Erbrecht verschaffen.

3. Der Pflichtteilsanspruch. Der ausgeschlossene Pflichtteilsberechtigte erwirbt mit dem Erbfall als Nachlaßgläubiger (§ 1967 A 4) den ordentlichen Pflichtteilsanspruch auf eine der Hälfte seines gesetzlichen Erbteils gleichkommende Geldsumme als persönlichen Anspruch gegen den Erben (§ 2317); bei Vor- und Nacherbfolge kann er bis zum Eintritt des Nacherbfalls nur den Vorerben, nicht auch gleichzeitig den Nacherben belangen (RG 113, 50). Daneben steht ihm nach §§ 2325—2331 als außerordentliches Rechtsmittel der Ergänzungsanspruch zu, soweit der Nachlaß innerhalb der letzten 10 Jahre vor dem Erbfall durch Schenkungen vermindert worden ist. Ist der Pflichtteilsberechtigte als Erbe eingesetzt, so vermindert sich der Pflichtteilsanspruch, soweit er als Erbe bedacht ist (§ 2305). Entsprechend beim Vermächtnis, wenn es nicht ausgeschlagen wird, § 2307 Abs 1. Beschränkungen und Beschwerungen des (gegen die Vermutung des § 2304 zugewendeten) Pflichterbteils werden nach § 2306 ohne weiteres hinfällig.

Der Pflichtteil ist regelmäßig nicht selbst Erbteil, sondern bemißt sich nur wirtschaftlich und ziffernmäßig nach der Hälfte des Wertes des gesetzlichen Erbteils. Dieser „Erbteil" ist identisch mit dem ganzen Nachlaß, wenn der Pflichtteilsberechtigte der einzige gesetzliche Erbe sein würde. Bei der Berechnung des Pflichtteils ist zunächst die Quote, zu der der Berechtigte als gesetzlicher Erbe berufen sein würde, festzustellen. Dabei sind die im § 2310 angeordneten Besonderheiten zu beachten. Berechnungsgrundsätze §§ 2311ff. Und zwar ist der Erbteil zugrunde zu legen, der dem betreffenden Pflichtteilsberechtigten gebührt hätte, wenn er im Augenblicke des Erbfalls aus eigenem Rechte gesetzlicher Erbe des betreffenden Erblassers geworden wäre, sei es auch, daß ihm vorgehende Pflichtteilsberechtigte erst nach dem Erbfall weggefallen sind (vgl. aber auch §§ 2309, 2310). Falls der Ehegatte zugleich erbberechtigter Verwandter ist, bemißt sich sein Pflichtteil doch nur nach dem Erbteil, der ihm als Ehegatte anfallen würde. Über die Aufwertung des Pflichtteilsanspruchs § 2317 A 2.

§ 2304

Die Zuwendung des Pflichtteils ist im Zweifel nicht als Erbeinsetzung anzusehen.

E I 1977 II 2170; M 5 391; P 5 499, 500.

Auslegungsregel

Nach der in dieser Vorschrift enthaltenen Auslegungsregel verschafft die Zuwendung des Pflichtteils dem Bedachten im Zweifel nicht die Erbenstellung (§ 2087), sondern nur ein Forderungsrecht gegen den Nachlaß (§ 2317). Doch kann die Würdigung des besonderen Falles auch zu dem entgegengesetzten Ergebnis führen: Beschränkung des Erbteils auf die Höhe des Pflichtteils (JFG 14, 76; RG Warn 1933 Nr 181).

Ob bei Anwendbarkeit der Regel dem auf den Pflichtteil Gesetzten das Forderungsrecht schlechthin oder als Gegenstand eines Vermächtnisses zukommen soll, so daß § 2307 und auf die Verjährung des Anspruchs nicht § 2332, sondern §§ 195, 198 anwendbar wären, ist ebenfalls Auslegungsfrage, deren Entscheidung davon abhängt, ob der Erblasser dem Pflichtteilsberechtigten etwas zuwenden oder ihn nur von allem ausschließen wollte, auf das er keinen unentziehbaren gesetzlichen Anspruch habe; haben Eltern ein Kind für den Fall, daß es die von ihnen mit Bezug auf seinen Erbteil getroffene Regelung nicht anerkennen würde, auf den Pflichtteil „beschränkt", so liegt es nahe, darin nur die Verweisung auf den gesetzlichen Pflichtteilsanspruch zu finden (RG 113, 237; OLG 44, 106); anderseits hat RG 129, 239 in einer letzwilligen Verfügung, laut der ein Ehemann seine Frau auf den „Pflichtteil im Sinne des § 2304" setzte und ihr „außerdem" ein Vermächtnis in Höhe des Betrags ihres gesetzlichen Pflichtteils hinterließ, eine einheitliche Einsetzung der Frau als Vermächtnisnehmerin auf den doppelten Pflichtteilsbetrag, also auf den Wert ihres gesetzlichen Erbteils gefunden (vgl. auch RG HRR 1932 Nr 958). Die Anordnung eines Vermächtnisses wird anzunehmen sein, wenn der Erblasser besondere Bestimmungen über die Erfüllung des Anspruchs getroffen hat, aus denen folgt, daß das Pflichtteilsrecht nicht angewandt werden soll. Ein Vermächtnis ist daher anzunehmen, wenn der Erblasser bestimmt hat, daß der Berechtigte in Höhe des Pflichtteils Wertpapiere erhalten soll, wenn er die Leistung nur bestimmten Miterben auferlegt oder besondere Bestimmungen für den Zeitpunkt der Fälligkeit getroffen hat. Nur der Ausspruch der gesetzlichen Rechtsfolge und keine selbständige Verfügung ist anzunehmen, soweit der Erblasser in einer Verfügung seine Ehefrau auf den Pflichtteil verweist, nachdem er in derselben Verfügung eine andere Person zum Alleinerben eingesetzt hat. Die Verweisung der Ehefrau auf den Pflichtteil ist nur dann eine ihrer Art nach selbständige Verfügung, wenn der Erblasser diesen Erfolg unabhängig von der Berufung des Alleinerben wollte (RG DR 1941, 1000[10]). Auch die Einsetzung des Pflichtteilsberechtigten zum „Erben" schließt die Annahme nicht aus, daß er gleichwohl nur ein Forderungsrecht haben soll, falls dies nach den zu § 2084 Anm 1, 2 dargelegten Auslegungsgrundsätzen als der wahre, wenngleich unvollkommen ausgedrückte Wille des Erblassers ermittelt werden kann (RG Warn 1913 Nr 428; 1914 Nr 220; HRR 1928 Nr 962). Den Beweis, daß Erbeinsetzung gewollt sei, hat zu führen, wer daraus Rechte herleitet, z. B. der Gläubiger, der den Pflichtteilsberechtigten wegen einer Nachlaßverbindlichkeit in Anspruch nimmt.

§ 2305

Ist einem Pflichtteilsberechtigten ein Erbteil hinterlassen, der geringer ist als die Hälfte des gesetzlichen Erbteils, so kann der Pflichtteilsberechtigte von den Miterben als Pflichtteil den Wert des an der Hälfte fehlenden Teiles verlangen.

E I 1979 II 2171; M 5 391, 392; P 5 500–503.

Übersicht:

Pflichtteilsrestanspruch

1. Anspruchsvoraussetzungen. Vorausgesetzt ist, daß der Pflichtteilsberechtigte durch Verfügung von Todes wegen oder kraft der insoweit unberührt gebliebenen gesetzlichen Erbfolge zwar als **Erbe** berufen, gleichwohl aber im Pflichtteil geschmälert ist, sei es, daß er ausdrücklich **auf weniger als die Hälfte des gesetzlichen Erbteils** eingesetzt ist, oder daß ihm infolge der sonstigen Vergebungen des Nachlasses nicht einmal diese Hälfte verbleibt. Falls der Pflichtteilsberechtigte durch Zuweisung einzelner Nachlaßgegenstände zum Erben eingesetzt ist, ist die Größe des ihm hinterlassenen Erbteils aus dem Verhältnis des Wertes der ihm zugesprochenen Gegenstände zum Wert des Gesamtnachlasses zu ermitteln. Ist er als Vermächtnisnehmer bedacht, so gilt § 2307, im Falle der Beeinträchtigung des hinterlassenen Erbteils durch Beschränkungen und Beschwerungen § 2306.

2. Rechtsnatur des Anspruchs. Der Bedachte bleibt Erbe zu dem ihm zugewendeten Bruchteil der Erbschaft. Daneben steht ihm, insoweit als Nachlaßgläubiger, der **Geldanspruch** des § 2317 **auf den Fehlbetrag** zu, der sich als Unterschied zwischen dem Schätzungswerte des ihm ausgesetzten und der Hälfte des gesetzlichen Erbteils ergibt. Auf diesen Geldanspruch bleibt er, anders als in den Fällen des § 2306 Abs 1 S. 2, auch dann beschränkt, wenn er als Erbe ausschlagen sollte (RG 93, 9; 113, 48). Namentlich ist er in diesem Falle nicht berechtigt, etwa den vollen gesetzlichen Erbteil (§ 1948 Anm 2a, b) oder auch nur den vollen Pflichtteilsanspruch geltend zu machen. Der Grund für diese Regelung besteht darin, daß der zum Erben berufene Pflichtteilsberechtigte grundsätzlich keinen Pflichtteilsanspruch hat. Er kann sich diesen, von dem Ausnahmefall des § 2306 Abs 1 Satz 2 abgesehen, nicht dadurch verschaffen, daß er den Erbteil ausschlägt.

Der Pflichtteilsrestanspruch ist der gewöhnliche, allerdings nur in begrenzter Höhe zustehende Pflichtteilsanspruch. Daraus hat RG 93, 9 geschlossen, daß der Pflichtteilsberechtigte, der den hinterlassenen Erbteil ausgeschlagen hat, in erster Linie nach § 2306 Abs 1 Satz 2 auf den vollen Pflichtteil klagen und für den Fall, daß § 2306 Abs 1 Satz 1 anzunehmen ist, den Pflichtteilsrestanspruch geltend machen kann. Es handelt sich nicht um einen Pflichtteilsergänzungsanspruch.

8. **Haftung der Miterben.** Von einer Ergänzung des Pflichtteils im technischen Sinn spricht das Gesetz nur, wenn der Pflichtteilsanspruch selbst durch Schenkungen unter Lebenden beeinträchtigt worden ist (§§ 2325ff.). Auch der so beschränkte Pflichtteilsanspruch begründet eine Nachlaßverbindlichkeit und ist gemäß § 2046 bei der Auseinandersetzung zu erledigen, an der ja der Pflichtteilsberechtigte als Miterbe gleichfalls teilnimmt. Nach § 2063 Abs 2 können die Miterben sich hinsichtlich dieses Anspruchs auf ihre beschränkte Haftung auch dann noch berufen, wenn sie den anderen Nachlaßgläubigern gegenüber unbeschränkt haftbar geworden sind. Der Miterbe, der selbst pflichtteilsberechtigt ist, kann nach § 2319 die Befriedigung des Pflichtteilsrestanspruchs insoweit verweigern, daß ihm sein eigener Pflichtteil verbleibt.

§ 2306

Ist ein als Erbe berufener Pflichtteilsberechtigter durch die Einsetzung eines Nacherben, die Ernennung eines Testamentsvollstreckers oder eine Teilungsanordnung beschränkt oder ist er mit einem Vermächtnis oder einer Auflage beschwert, so gilt die Beschränkung oder die Beschwerung als nicht angeordnet, wenn der ihm hinterlassene Erbteil die Hälfte des gesetzlichen Erbteils nicht übersteigt. Ist der hinterlassene Erbteil größer, so kann der Pflichtteilsberechtigte den Pflichtteil verlangen, wenn er den Erbteil ausschlägt; die Ausschlagungsfrist beginnt erst, wenn der Pflichtteilsberechtigte von der Beschränkung oder der Beschwerung Kenntnis erlangt.

Einer Beschränkung der Erbeinsetzung steht es gleich, wenn der Pflichtteilsberechtigte als Nacherbe eingesetzt ist.

E I 1981 Abs 1 Satz 1, Abs 2, 2034 Abs 1 II 2172; M 5 394–399, 504, 505; P 5 506–510, 514–516 27; 6 354.

Übersicht:

Fortfall von Beschränkungen und Beschwerungen

1. Gemeinsame Voraussetzungen der in § 2306 geregelten Fälle
   a) Berufung des Pflichtteilsberechtigten als Erbe
   b) Wert des hinterlassenen Erbteils
   c) Wertberechnung im Falle der Anrechnung oder Ausgleichung (§§ 2315, 2316)
   d) In Betracht kommende Beschränkungen
      aa) Einsetzung eines Nacherben
      bb) Ernennung eines Testamentsvollstreckers
      cc) Teilungsanordnungen
   e) Von § 2306 nicht betroffene Beschränkungen und Anordnungen
      aa) familienrechtliche Anordnungen
      bb) Erbeinsetzung unter aufschiebender Bedingung und Ersatzberufung
   f) Beschränkungen anstatt einer Pflichtteilsentziehung
   g) Weggefallene Beschränkungen
2. Erbteil gleich oder geringer als der Pflichtteil (Abs 1 Satz 1)
3. Erbteil größer als der Pflichtteil (Abs 1 Satz 2)
4. Die Ausschlagungsfrist
5. Als Nacherbe eingesetzter Pflichtteilsberechtigter (Abs 2)
   a) Nacherbteil gleich oder kleiner als der Pflichtteil
   b) Nacherbteil größer als der Pflichtteil

1. **Gemeinsame Voraussetzungen der in § 2306 geregelten Fälle.**

a) Berufung des Pflichtteilsberechtigten als Erbe. Wie im Falle des § 2305 ist vorausgesetzt, daß der **Pflichtteilsberechtigte als Erbe berufen** ist. Seine Berufung kann auch hier entweder auf Verfügung von Todes wegen oder darauf beruhen, daß insoweit gesetzliche Erbfolge eintritt (RG Recht 1924 Nr 1002; 12. 1. 25 IV 480/24). Ist er mit einem Vermächtnis bedacht, so gilt § 2307.

b) Der Wert des hinterlassenen Erbteils. Die Beschränkungen und Beschwerungen des dem Pflichtteilsberechtigten ausgesetzten Erbteils werden vom Gesetz verschieden behandelt, je nachdem dieser Erbteil, d. h. die Erbquote ohne Rücksicht auf den durch die Beschränkungen oder Beschwerungen geminderten Wert des Hinterlassenen (RG 93, 8; SeuffA 74 Nr 107; JW 1925, 359[12]; HRR 1939 Nr 369 sowie RFinH 3, 63), größer ist als die Hälfte des gesetzlichen Erbteils oder diese nicht übersteigt (ihr gleichkommt oder dahinter zurückbleibt). Das Gesetz hat dabei nur den Regelfall des § 2303 Abs 1 Satz 2 im Auge.

c) Die Wertberechnung im Falle der Anrechnung und Ausgleichung. Ist der Pflichtteil, weil eine Anrechnung (§ 2315) oder Ausgleichung (§ 2316) oder beides stattzufinden hat, größer oder geringer als die Hälfte des gesetzlichen Erbteils, so ist an deren Stelle der rechnerische Betrag des Pflichtteils in dem Sinne maßgebend, daß der Wert, den der Berechtigte unter Berücksichtigung der Anrechnung und Ausgleichung als Pflichtteil erhalten würde, zu vergleichen ist mit dem Rohwert des hinterlassenen Erbteils, ohne Abzug der Beschränkungen und Beschwerungen (RG 93, 3; 113, 48; Recht 1925 Nr 462; a. A. Breslau HRR 1940 Nr 654, das auch in diesen Fällen dem Gesetzeswortlaut entsprechend nur darauf abstellt, ob der hinterlassene Erbteil quotenmäßig die Hälfte des gesetzlichen Erbteils übersteigt. Ebenso Männer, Recht 1919, 367; Staudinger 9. Aufl. § 2306 Anm 8; § 2315 Anm VI und Natter, JZ 1955, 338).

d) Die in Betracht kommenden Beschränkungen. Als Beschränkungen kommen nur in Betracht:

aa) Die Einsetzung eines Nacherben hinter dem als Vorerben berufenen Pflichtteilsberechtigten (§ 2100). So insbesondere, wenn der überlebende Ehegatte als Vorerbe, die Kinder als Nacherben berufen sind. Dagegen kommt § 2306 nicht in Frage, wenn die Kinder durch gemeinschaftliches Testament nach dem Überlebenden schlechthin als Erben des gesamten beiderseitigen Nachlasses berufen und damit zugleich von der Erbfolge in den Nachlaß des Zuerstverstorbenen ausgeschlossen sind. Aus diesem Nachlasse sogleich den Pflichtteil zu fordern bleibt ihnen unverwehrt (§ 2269 Anm 5). Den Fall, daß der Pflichtteilsberechtigte selbst als Nacherbe eingesetzt ist, behandelt Abs 2 (Anm 5).

bb) Die Ernennung eines Testamentvollstreckers. Sie beschränkt den Erben sowohl in der Richtung der §§ 2203, 2204, als insbesondere dadurch, daß er über einen der Verwaltung des Testamentsvollstreckers unterliegenden Gegenstand nicht verfügen kann (§ 2211).

cc) Teilungsanordnungen § 2048 A 1. Hierzu gehört auch die Anordnung, der Pflichtteilsberechtigte habe sich Zuwendungen unter Lebenden anrechnen zu lassen, deren Kürzung er nach den Grundsätzen der §§ 2315, 2316 nicht zu dulden braucht (RG 67, 309; 113, 46). Dagegen soll nach RG LZ 1932, 1050[9], wenn die Zuweisung bestimmter Nachlaßgegenstände die über eine bloße Teilungsanordnung hinausgehende (gemäß § 2087 A 2 mögliche) Bedeutung hat, den Erbteil des so Bedachten zu bestimmen, Abs 1 Satz 1 unanwendbar sein. Das erscheint bedenklich. Gerade sofern und weil die Anführung der Gegenstände „zunächst und hauptsächlich" die Bedeutung der Erbteilsbestimmung hat, kann die in dieser Anführung nebenbei liegende Teilungsanordnung als nicht angeordnet gelten, ohne daß deshalb auch die Erbteilsbestimmung hinfällig werden müßte. Teilungsanordnungen, die den Pflichtteilsberechtigten nur Rechte einräumen, beschränken den Pflichtteil nicht und fallen daher auch nicht unter die Vorschrift des § 2306.

e) Von § 2306 nicht betroffene Beschränkungen und Anordnungen. Die Aufzählung der für den Pflichtteilsberechtigten nicht verbindlichen Beschränkungen ist erschöpfend. Es werden deshalb von § 2306 nicht betroffen:

aa) Die sog. **familienrechtlichen Anordnungen,** z. B. Bestimmung des Pflichtteils zum Vorbehaltsgut §§ 1369, 1638 u. dgl.

bb) Ebensowenig die **Erbeinsetzung unter einer aufschiebenden Bedingung.** Für den maßgebenden Zeitpunkt des Erbfalls (§ 2317) ist der so Bedachte jedenfalls ausgeschlossen. Ob ihm auch nur die Nacherbenstellung gemäß § 2105 zukommt, bleibt ungewiß. Er ist deshalb auch nicht im Sinne von Abs 2, d.h. unbedingt als Nacherbe eingesetzt (a. M. Kipp § 132 A 11). Daraus folgt, daß er sogleich den Pflichtteil fordern kann, ohne zur Ausschlagung genötigt zu sein. Nimmt er aber nach Eintritt der Bedingung den Erbteil an, so versteht sich von selbst, daß er sich den bereits empfangenen Pflichtteil hierauf anrechnen zu lassen oder ihn zurückzugeben hat. Dasselbe gilt, wenn der Pflichtteilsberechtigte nur zum **Ersatzerben** berufen ist (§ 2096).

f) Beschränkungen anstatt einer Entziehung des Pflichtteils. War der Erblasser nach §§ 2333ff. zur Entziehung des Pflichtteils berechtigt, hat er aber statt dessen in den Formen des § 2306 Beschränkungen und Beschwerungen des Pflichtteilsberechtigten angeordnet, oder hat er unter den Voraussetzungen des § 2338 in guter Absicht verfügt, so kann sich der Bedachte hiervon nicht durch Berufung auf § 2306 befreien.

g) Weggefallene Beschränkungen. Beschränkungen usw., die schon vor dem Erbfall oder durch Ausschlagung des Bedachten mit Wirkung auf die Zeit des Erbfalls weggefallen sind (§§ 1953 Abs 1, 2180 Abs 3), kommen überhaupt nicht in Betracht, der nachträgliche Wegfall kann aber den Pflichtteilserben berechtigen, gemäß § 2308 die Ausschlagung des Erbteils anzufechten. Ist er unbeschränkt und unbeschwert gerade auf den Pflichtteil als Erbe eingesetzt, so kann er nicht ausschlagen und statt dessen den Pflichtteilsanspruch als Nachlaßgläubiger geltend machen (§ 2305 A 2).

2. Erbteil gleich oder geringer als der Pflichtteil (Abs 1 Satz 1). Ist der ausgesetzte Erbteil geringer als der Pflichtteil oder gleich dem Pflichtteil, so fallen die der Erbeinsetzung hinzugefügten Beschränkungen und Beschwerungen im Verhältnis zu dem Pflichtteilsberechtigten kraft Gesetzes weg (RG JW 1911, 370[30]). Die Beschränkungen und Beschwerungen fallen auch gegen den Willen des Pflichtteilsberechtigten fort. Begünstigt wird dadurch aber nur der pflichtteilsberechtigte Erbe. Schlägt dieser aus und fällt sein Erbteil an eine nicht pflichtteilsberechtigte Person, dann gilt § 2306 nicht. Nach der Ausnahmevorschrift des § 2311 Abs 1 Satz 2 behält der überlebende Ehegatte den Voraus auch dann, wenn die auf den Erbteil der Eltern ruhenden Beschwerungen und Beschränkungen nach § 2306 fortfallen.

Die in § 2306 genannten Beschränkungen und Beschwerungen werden grundsätzlich nicht im ganzen, sondern nur hinsichtlich des Erbteils des Pflichtteilsberechtigten unwirksam. Der Erbteil der Miterben bleibt, wenn sie auch auf diesem ruhen, weiter belastet. Die dadurch eintretende Unwirksamkeit einer Verfügung kann nach § 2085 zur Folge haben, daß auch andere Verfügungen unwirksam werden. So kann insbesondere die Unwirksamkeit einer Teilungsanordnung bewirken, daß auch weitere Teilungsanordnungen unwirksam sind.

Aus Satz 1 ergibt sich, daß der Testamentsvollstrecker gegenüber dem pflichtteilsberechtigten Miterben, dem diese Bestimmung zustatten kommt, keine Befugnisse hat. Dieser kann gegen den Testamentsvollstrecker auf Unterlassung der beeinträchtigenden Verfügungen klagen. Er macht damit keinen Pflichtteilsanspruch geltend. § 2213 Abs 1 Satz 3 steht daher seiner Klage nicht entgegen. Anderseits ist der Testamentsvollstrecker diesem Miterben gegenüber auch nicht nach § 2216 verpflichtet, den Nachlaß zu verwalten. Falls er aber den Nachlaß auch für diesen Miterben verwaltet, obwohl ihm bekannt ist, daß er dazu nicht berechtigt ist, haftet er nach den Grundsätzen der Geschäftsführung ohne Auftrag (vgl. Planck-Greiff 4. Aufl. § 2306 Anm 3 a).

Die Beschränkungen und Beschwerungen fallen dagegen nicht ohne weiteres fort, wenn der Erblasser den Pflichtteilsberechtigten ausdrücklich vor die Wahl gestellt hatte, unter gewissen Beschränkungen oder Beschwerungen Pflichtteilserbe oder nur gewöhnlicher Pflichtteilsgläubiger zu werden. Schlägt er in diesem Falle nicht rechtzeitig aus, so bleibt er, obwohl nur Pflichtteilserbe, auch an die hinzugefügten Beschränkungen gebunden (RG Warn 1913 Nr 250). Von diesem Falle abgesehen, bleibt ihm, wenn der Erbteil noch hinter dem Pflichtteil zurückbleibt, der Anspruch auf Vervollständigung nach § 2305; auch bei Ausschlagung des Erbteils hat er nur diesen Anspruch, nicht den Anspruch auf den vollen Pflichtteil (RG 93, 3; 113, 48). Schlägt er aus, so kommt dem nach § 2161 nachrückenden Beschwerten § 2322 zugute. Die Beschränkungen usw., z. B. eine Teilungsanordnung, daß sich der Pflichtteilsberechtigte eine unter Lebenden empfangene Zuwendung auf den Pflichtteil anrechnen zu lassen habe, sind auch dann zu streichen, wenn der Pflichtteilsberechtigte nicht als Erbe berufen, sondern von der Erbfolge ausgeschlossen und dadurch lediglich Nachlaßgläubiger auf den Pflichtteilsanspruch geworden ist (RG 67, 309).

3. Ist der **Erbteil größer als der Pflichtteil (Abs 1 Satz 2),** so entsteht dem Erben das Wahlrecht, entweder den Erbteil auszuschlagen, sich hierdurch von allen Beschränkungen usw. zu befreien und sich auf das Forderungsrecht aus §§ 2303, 2317, dessen Geltendmachung bis zur Ausschlagung ausgeschlossen ist (RG JW 1931, 1354[17]), zu beschränken oder anzunehmen und sich damit den ihm auferlegten Beschränkungen usw. auf die Gefahr hin zu unterwerfen, daß ihm daraus eine Beeinträchtigung im Pflichtteil erwächst, gegen die er sich nur im Rahmen der §§ 2318ff. schützen kann. Die Regelung entspricht dem Sachstande, wie wenn der Erblasser mit der gemeinrechtlichen cautela Socini verfügt hätte. Auch heute noch kann der Erblasser in entsprechender Weise verfügen, auch außerhalb des eigentlichen Pflichtteilsrechts. So kann er anordnen, daß ein Abkömmling die Verwaltung seines Anteils an der fortgesetzten Gütergemeinschaft durch einen Dritten zu dulden habe, widrigenfalls sein Anteil auf die Hälfte herabgesetzt sein solle (§ 1512); eine solche Anordnung hat zwar keine dingliche Wirkung, nötigt aber den Abkömmling, wenn er sich nicht mit der Hälfte begnügen will, ihr nachzukommen (RG LZ 1915, 1657[13]). Vgl. auch über die Verwirkungsklausel § 2074 Anm 1 b. Anfechtung der Ausschlagung § 2308. Verhältnis zu § 2338 dort A 3. – Die Ausschlagung des Erbteils ist auch erforderlich, wenn bei der westfälischen Gütergemeinschaft ein Kind gegenüber einer letztwilligen Verfügung des überlebenden Ehegatten den Anspruch auf den Wert des Schicht- und Pflichtteils nach § 10 Abs 4 des PrGes vom 16. 4. 60 geltend machen will (RG 162, 377 = DRW 1940, 803[20] mit Anm von Vogels).

Der Erbteil des ausschlagenden Pflichtteilsberechtigten fällt nach § 1953 rückwirkend auf die Zeit des Erbfalls demjenigen an, der berufen gewesen wäre, wenn der Ausschlagende zur

Zeit des Erbfalls nicht gelebt hätte. Der danach als Erbe Berufene bleibt in der Regel mit den Beschränkungen und Beschwerungen belastet (§§ 2161, 2192). Der an die Stelle des Pflichtteilsberechtigten eintretende gesetzliche Erbe trägt nach § 2320 die Pflichtteilslast. Um diese decken zu können, kann er nach § 2322 die auf dem Erbteil ruhenden Vermächtnisse und Auflagen soweit kürzen, daß ihm der Betrag zur Befriedigung des Pflichtteilsberechtigten verbleibt.

4. Die **Ausschlagungsfrist** beginnt regelmäßig mit erlangter Kenntnis von dem Erbanfall und dem Grunde der Berufung und nicht vor Verkündung der die Erbeinsetzung enthaltenden Verfügung von Todes wegen (§ 1944 Anm 2—4). Diese allgemeinen Voraussetzungen müssen auch gegeben sein, damit die Frist gegen den Pflichtteilserben zu laufen beginnt (RG 59, 341; Warn 1914 Nr 26).

Fällt bei ihm mit der Kenntnis von jenen Umständen die Kenntnis von der Beschränkung oder Beschwerung nicht zusammen, so wird zu seinen Gunsten der Fristbeginn auf solange hinausgeschoben.

Daraus, daß ihm das Gesetz je nach der Größe des Erbteils zwei verschiedenartige Rechtsbehelfe an die Hand gibt, folgt ferner, daß ihm die Frist auch nicht eher laufen kann, als bis er davon Kenntnis erlangt, daß ihm mehr als die Hälfte des gesetzlichen Erbteils hinterlassen ist.

Ist er deshalb zwar als Erbe, aber auf Summen oder einzelne Gegenstände eingesetzt (§ 2087 Anm 3), so beginnt die Frist erst, wenn er das Wertverhältnis der Zuwendung zum ganzen Nachlaß und damit den auf ihn entfallenen Bruchteil der Erbschaft zu übersehen vermag (RG 113, 47f.).

Ist der Pflichtteilserbe unmittelbar auf einen Bruchteil eingesetzt, so ist mit der Kenntnis dieses Bruchteils in der Regel auch die Kenntnis davon gegeben, ob der hinterlassene Erbteil die Hälfte des gesetzlichen Erbteils übersteigt; auf die Kenntnis vom Bestande des Nachlasses kommt es dann nicht an.

Von dieser Regel ist aber für die Fälle eine Ausnahme zu machen, in denen bei der Berechnung des Pflichtteils Anrechnungs- oder Ausgleichungspflichten zu berücksichtigen sind (Anm 1 c). In diesen Fällen beginnt die Ausschlagungsfrist erst, wenn der Pflichtteilserbe weiß, ob sein Erbteil den ihm bei Berücksichtigung der gesetzlichen Anrechnungs- oder Ausgleichungspflichten zukommenden Pflichtteilsbetrag übersteigt (RG 113, 45; 12. 1. 25 IV 480/24).

Hat der Pflichtteilsberechtigte die Erbschaft in Unkenntnis der Beschränkungen und Beschwerungen angenommen und sich dadurch seines Rechts, die Erbschaft auszuschlagen, begeben, so kann er die Annahmeerklärung nach den allgemeinen Vorschriften der §§ 119ff. anfechten (vgl. § 2308 Anm 3).

5. a) Ist der **Pflichtteilsberechtigte lediglich als Nacherbe eingesetzt** und übersteigt dieser Nacherbteil nicht den Pflichtteil, so verwandelt sich die Nacherbeinsetzung sogleich in die gewöhnliche Erbeinsetzung und es gilt das Anm 2 Gesagte (RG 22. 11. 06 IV 186/06). Das Recht des Vorerben entfällt, soweit es den Erbteil des Pflichtteilsberechtigten ergreifen würde. Ist der Nacherbteil größer als der Pflichtteil, so hat er gemäß Anm 4 das Wahlrecht, ob er die ihm angetragene Nacherbschaft annehmen oder ob er sie ausschlagen und statt dessen den Pflichtteil fordern will. Zur Erklärung hierüber ist er jedoch grundsätzlich nicht vor Eintritt der Nacherbfolge verpflichtet (§ 2142 A 1). Auch dieser Zeitpunkt setzt die Frist nicht in Lauf, solange er nicht Kenntnis von der in seiner Nacherbeinsetzung liegenden Beschränkung erhalten hat (RG 59, 345). Freilich läuft ihm unabhängig hiervon die dreijährige Verjährungsfrist des Pflichtteilsanspruchs aus § 2332 Abs 2, 3. Er ist also, wenn er sich den Pflichtteilsanspruch sichern will, der wiederum von der vorgängigen Ausschlagung der Nacherbschaft abhängig ist, schließlich doch genötigt, von der in § 2142 Abs 1 ihm nur wahlweise nachgelassenen Ausschlagung unter Umständen bereits vor Eintritt der Nacherbfolge Gebrauch zu machen (RG aaO.).

b) Schlägt der Pflichtteilsberechtigte aus, so verbleibt die Erbschaft nach § 2142 Abs 2 dem Vorerben, soweit nicht der Erblasser etwas anderes bestimmt hat. Ob dadurch, daß der Pflichtteilsberechtigte ausschlägt, auch eine weitere Nacherbeneinsetzung unwirksam wird, bestimmt sich nach dem Willen des Erblassers (Warn 1913 Nr 241; JFG 1, 54).

Falls der Nacherbe nicht ausschlägt, steht ihm kein Pflichtteilsanspruch zu. In einem solchen Fall, in dem das Gericht den Vorerben zu Unrecht zur Zahlung des Pflichtteils verurteilt hatte, so daß der Vorerbe leisten mußte, hat OLG Breslau entschieden, daß der Pflichtteilsberechtigte gegen Treu und Glauben verstößt, wenn er dennoch später sein Nacherbenrecht geltend macht. Er muß sich vielmehr so behandeln lassen, als habe er die Erbschaft ausgeschlagen (DR 1943, 91[32]).

§ 2307

Ist ein Pflichtteilsberechtigter mit einem Vermächtnisse bedacht, so kann er den Pflichtteil verlangen, wenn er das Vermächtnis ausschlägt. Schlägt er nicht aus, so steht ihm ein Recht auf den Pflichtteil nicht zu, soweit der Wert des Ver-

mächtnisses reicht; bei der Berechnung des Wertes bleiben Beschränkungen und Beschwerungen der im § 2306 bezeichneten Art außer Betracht.

Der mit dem Vermächtnisse beschwerte Erbe kann den Pflichtteilsberechtigten unter Bestimmung einer angemessenen Frist zur Erklärung über die Annahme des Vermächtnisses auffordern. Mit dem Ablaufe der Frist gilt das Vermächtnis als ausgeschlagen, wenn nicht vorher die Annahme erklärt wird.

E I 1980, 1982 II 2173; M 5 392–394, 399–401; P 5 503–506, 510, 511.

Übersicht:

Pflichtteil und Vermächtnis

1. Allgemeines
2. a) Rechtsfolgen bei Ausschlagen des Vermächtnisses
   b) Rechtsfolgen bei Annahme des Vermächtnisses
3. Auf dem Vermächtnis ruhende Beschränkungen und Beschwerungen
4. Befristete und bedingte Vermächtnisse
5. Ersatzvermächtnisnehmer
6. Fristbestimmung zur Annahme des Vermächtnisses (Abs 2 Satz 1)
7. Wirkung des Fristablaufs
8. Pflichtteilsberechtigter als Erbe und Vermächtnisnehmer

1. Allgemeines. Der Pflichtteilsberechtigte ist niemals genötigt, sich wegen seines Pflichtteilsanspruchs in der Form des **Vermächtnisses** befriedigen zu lassen, gleichviel ob es dem Pflichtteil gleichkommt oder ihn übersteigt oder dahinter zurückbleibt (§ 2306 Anm 2, 3). Doch kann er den Pflichtteilsanspruch erst geltend machen (RG JW 1931, 1354[17]), wenn er das Vermächtnis ausgeschlagen hat (§ 2180).

2. a) Ausschlagung des Vermächtnisses. Dem Pflichtteilsberechtigten steht, falls er das Vermächtnis ausschlägt, die Geltendmachung des Pflichtteilsanspruchs in voller Höhe zu, wie wenn ihm nichts zugewendet wäre. Pflichtteilslast desjenigen, welchem die Ausschlagung zustatten kommt §§ 2321ff. Anfechtung der Ausschlagung § 2308.

b) Annahme des Vermächtnisses. Schlägt der Pflichtteilsberechtigte nicht aus, so kann er, wie im Falle des § 2305 A 2 neben dem Erbteil, so auch neben dem Vermächtnis, falls sein durch Schätzung zu ermittelnder Wert hinter dem Pflichtteil zurückbleibt, Vervollständigung des Pflichtteils mit dem Geldanspruch des § 2317 fordern.

Falls der Erblasser angeordnet hat, daß der Pflichtteilsberechtigte sich einen ihm vermachten Gegenstand mit einem bestimmten Wert auf seinen Pflichtteil anrechnen zu lassen hat, hat die Anrechnung, falls der Pflichtteilsberechtigte das Vermächtnis annimmt, mit diesem Wert zu erfolgen (München HRR 1942 Nr 61). Soweit der Wert des vermachten Gegenstandes höher als der vom Erblasser bestimmte Anrechnungsbetrag ist, enthält die Bestimmung eine weitere Begünstigung des Pflichtteilsberechtigten, die der Erblasser ohne weiteres treffen kann. Falls der wahre Wert hinter dem Anrechnungsbetrag zurückbleibt, wird dadurch praktisch der Pflichtteil des Berechtigten verkürzt. Aber auch dagegen bestehen keine Bedenken, da wie in Anm 2 näher ausgeführt ist, auch Belastungen und Beschwerungen, die auf dem Vermächtnis ruhen, bestehen bleiben und dazu führen können, daß der Pflichtteilsanspruch verkürzt wird. Die Bestimmung des Erblassers über den Anrechnungsbetrag ist dagegen nicht maßgebend für die nach § 2311 vorzunehmende Berechnung des Pflichtteils selbst. Hier ist von den wahren Nachlaßwerten auszugehen. Wenn dem Pflichtteilsberechtigten der Nießbrauch an Gegenständen zugewandt ist, ist dessen Kapitalwert zu berechnen und auf den Pflichtteil anzurechnen. Insoweit er sich das Vermächtnis auf den Pflichtteil anrechnen zu lassen hat, steht es nach KO § 226 Abs 3 dem Pflichtteilsrechte gleich (vgl. auch VerglO § 113 Nr 7).

Eine Anfechtung des Testaments kann nicht darauf gestützt werden, daß das hinterlassene Vermächtnis den Pflichtteil nicht deckt (KGJ 29 A 201).

Die Annahme des Vermächtnisses anzufechten ist der Pflichtteilsberechtigte nur nach den allgemeinen Grundsätzen der §§ 119ff. berechtigt.

3. Auf dem Vermächtnis ruhende Beschränkungen und Beschwerungen. Beim Vermächtnis sind Beschränkungen im Sinne von § 2306 Anm 1 d denkbar entsprechend der Nacherbeinsetzung durch Anordnung eines Nachvermächtnisses nach § 2191. Ferner durch Ernennung eines Testamentsvollstreckers in Beziehung auf den Gegenstand des Vermächtnisses (§§ 2211, 2212) und zur Ausführung der dem Vermächtnisnehmer auferlegten Beschwerungen (§ 2223). Auch Teilungsanordnungen können in Frage kommen. Beschwerungen in Form von Untervermächtnissen und dem Vermächtnisnehmer gemachten Auflagen (§§ 2147, 2192). Alle derartigen Beschränkungen und Beschwerungen bleiben, wenn der Pflichtteilsberechtigte nicht ausschlägt, abweichend von § 2306 Anm 2 auch dann für ihn bindend, wenn der Wert des Vermächtnisses den Pflichtteil nicht erreicht. Trotzdem darf er die hieraus sich ergebenden Einbußen vom Werte des Vermächtnisses nicht absetzen, kann insoweit auch vom Erben keine Vervollständigung mit Hilfe des Pflichtteilsanspruchs verlangen und geht unter Umständen leer aus, wenn ihm nach Erfüllung der auf dem Vermächtnis liegenden Beschwerungen nichts übrigbleibt (§ 2187).

4. Befristete und bedingte Vermächtnisse. Befristungen und Bedingungen der Vermächtniszuwendung gehören nicht zu den „Beschränkungen und Beschwerungen" im Sinne des Gesetzes (§ 2306 Anm 1e bb), soweit damit nicht ein Nachvermächtnis nach § 2191 angeordnet ist. Der Pflichtteilsberechtigte muß nach Satz 1 auch solche Vermächtnisse ausschlagen, wenn er den vollen Pflichtteil verlangen will. Ist das Vermächtnis aufschiebend befristet oder bedingt (§ 2177), so kann er zwar nicht vor dem Eintritte der Bedingung oder des Termins zur Erklärung nach Abs 2 aufgefordert werden. Will er jedoch nicht ausschlagen, sondern sich vorbehalten, neben dem Vermächtnis den Anspruch auf Vervollständigung des Pflichtteils zu erheben (Anm 2b), so kann er durch die Rücksicht auf die dreijährige Verjährungsfrist (§ 2332 Abs 3) genötigt sein, noch vor Eintritt der Bedingung oder des Termins die Annahme des noch schwebenden Vermächtnisses zu erklären und damit die Gefahr der völligen Vereitelung desselben zu übernehmen.

5. Ersatzvermächtnisnehmer. Der Pflichtteilsberechtigte kann den Pflichtteil sofort verlangen, wenn er nur als Ersatzvermächtnisnehmer bedacht und der zunächst Bedachte noch nicht weggefallen ist. Wird die Ersatzberufung später wirksam, so muß das auf den Pflichtteil Geleistete insoweit zurückgewährt werden, als der Wert des Vermächtnisses den Pflichtteil deckt. Die Rückgewähr hat nicht zu erfolgen, wenn der Pflichtteilsberechtigte das Vermächtnis ausschlägt.

6. Fristbestimmung zur Annahme des Vermächtnisses (Abs 2 Satz 1). Da beim Vermächtnis eine gesetzliche Ausschlagungsfrist nicht läuft (§ 2180 A 1), so darf der beschwerte Erbe — nicht ein etwa beschwerter Vermächtnisnehmer —, um sich Gewißheit darüber zu verschaffen, ob er das Vermächtnis oder den Pflichtteil zu leisten hat, dem Bedachten eine angemessene Frist zur Erklärung setzen. Eine Form ist hierfür nicht vorgeschrieben. Mehrere Erben können die Frist nur gemeinschaftlich setzen. Sie ist nicht angemessen, wenn sie früher abläuft als eine Inventarfrist, die dem Erben selbst gemäß § 1994 auf Antrag des Pflichtteilsberechtigten bestimmt worden ist (RG Recht 08 Nr 350). Fristsetzung bei aufschiebend befristeten und bedingten Vermächtnissen Anm 4.

7. Wirkung des Fristablaufs. Der Fristablauf gilt als Ausschlagung mit der Wirkung A 1, auch ohne daß sie gemäß § 2180 dem Beschwerten gegenüber erklärt worden ist. Ob in der Erhebung des Pflichtteilsanspruchs gegen den Erben, zumal wenn er mit dem Beschwerten identisch ist, zugleich die Ausschlagung enthalten sei, ist Tatfrage. Will der Bedachte das Vermächtnis fordern, so hat er zu beweisen, daß er noch vor Ablauf der gesetzten (angemessenen) Frist angenommen habe.

8. Pflichtteilsberechtigter als Erbe und Vermächtnisnehmer. Ist der Pflichtteilsberechtigte sowohl als Erbe eingesetzt wie als Vermächtnisnehmer bedacht, so hat er sich, wenn er das Vermächtnis nicht ausschlägt, jedenfalls dessen Wert auf den Pflichtteil anrechnen zu lassen. Sei es, daß er den die Hälfte des gesetzlichen Erbteils übersteigenden Erbteil ausschlägt (§ 2306 Anm 3) und nur den reinen Pflichtteilsanspruch erhebt. Sei es auch, daß er neben dem zu geringen Erbteil (§ 2306 Anm 2) bloß Vervollständigung des Pflichtteils fordert. Erlangt er auf diesem Wege den vollen Pflichtteil oder kommt der Erbteil von vornherein dem Pflichtteil gleich, und macht er darüber hinaus noch das Vermächtnis geltend, so stellt er sich damit auf den Boden des mit mehr als dem Pflichtteil bedachten Erben. Er kann deshalb in diesem Falle nicht verlangen, daß die dem Erbteil beigefügten Beschränkungen und Beschwerungen gestrichen werden.

§ 2308

Hat ein Pflichtteilsberechtigter, der als Erbe oder als Vermächtnisnehmer in der im § 2306 bezeichneten Art beschränkt oder beschwert ist, die Erbschaft oder das Vermächtnis ausgeschlagen, so kann er die Ausschlagung anfechten, wenn die Beschränkung oder die Beschwerung zur Zeit der Ausschlagung weggefallen und der Wegfall ihm nicht bekannt war.

Auf die Anfechtung der Ausschlagung eines Vermächtnisses finden die für die Anfechtung der Ausschlagung einer Erbschaft geltenden Vorschriften entsprechende Anwendung. Die Anfechtung erfolgt durch Erklärung gegenüber dem Beschwerten.

E I 2040 Abs. 1 II 2174; M 5 510–512; P 5 631; 6 319, 320, 328.

Übersicht:

Anfechtung der Ausschlagung

1. Anfechtungsgrund. Die Kenntnis des Pflichtteilsberechtigten von den dem Erbteil oder dem Vermächtnis beigefügten Beschränkungen und Beschwerungen ist für Ausübung des durch §§ 2306, 2307 ihm verliehenen Wahlrechts so wesentlich (so auch § 2306 A 4), daß ihm das Gesetz gestattet, die Ausschlagung anzufechten nicht bloß unter den allgemeinen Voraussetzungen der §§ 119ff., sondern schon auf Grund der Tatsache, daß die Beschränkungen usw. zur Zeit der Ausschlagung weggefallen und der Wegfall ihm nicht bekannt war. Für beides ist der Anfechtende beweispflichtig. Es ist nicht erforderlich, daß der Anfechtende durch die Unkenntnis zur Annahme bestimmt worden ist. Angefochten werden kann, wenn auch nur eine von mehreren Beschränkungen oder Beschwerungen weggefallen ist.

2. Form und Frist der Anfechtung. Die Anfechtung selbst vollzieht sich in den Formen und Fristen der §§ 1954, 1955. Sie gilt nach § 1957 Abs 1 zugleich als Annahme des Erbteils und hat demgemäß den Verlust des Pflichtteilsanspruchs zur Folge. Daraus folgt aber nicht, daß die Anfechtung als Verzicht auf den Pflichtteil aufzufassen wäre und vormundschaftsgerichtliche Genehmigung nach § 1822 Nr 2 erforderte. Vielmehr handelt es sich sachlich nur um eine veränderte Ausübung des Wahlrechts. Planck-Greiff 4. Aufl. § 2308 Anm 1c nimmt an, daß die vormundschaftsgerichtliche Genehmigung erforderlich ist, wenn zur Zeit der Ausschlagung, ohne daß der gesetzliche Vertreter dies wußte, nicht alle auf den Erbteil gelegten Beschränkungen und Beschwerungen weggefallen waren, da in diesem Fall durch die Ausschlagung ein Pflichtteilsanspruch begründet worden ist.

Die Ehefrau bedarf, um anzufechten, in keinem Fall der Zustimmung des Mannes (§§ 1453 Abs 1, 1519 Abs 2, 1549).

3. Anfechtung der Annahme. § 2308 spricht nur von Anfechtung der Ausschlagung. Ob auch eine irrtümlich, d. h. in Unkenntnis angeordneter Beschränkungen usw. erklärte Annahme anfechtbar sei, ist nach § 119 zu bejahen. Die Unkenntnis einer Beschränkung oder Beschwerung ist bei der Erklärung, eine Erbschaft anzunehmen, ebenso zu behandeln wie der Irrtum über eine verkehrswesentliche Eigenschaft einer Sache nach § 119 Abs 2. Das folgt, wie Planck-Greiff 4. Aufl. § 2308 Anm 3 zutreffend dargelegt hat, aus § 2306 Abs 1 Halbsatz 2. Entsprechendes gilt für die Erklärung der Annahme eines Vermächtnisses. Die Wesentlichkeit eines Irrtums über das Bestehen der Beschränkungen und Beschwerungen folgt hier aus § 2307 Abs 1 Halbsatz 2 (Planck-Greiff aaO.). Kipp-Coing § 65 III läßt im Gegensatz zu Kipp § 132 III a. E. die Anfechtung in analoger Anwendung des § 2308 zu.

Jedenfalls ist die Anfechtung sowohl der Ausschlagung als der Annahme ausgeschlossen, wenn sich der Bedachte nur über die Tragweite der Beschränkungen usw. und den wirtschaftlichen Wert der Zuwendung getäuscht hat (vgl. RG 103, 21 sowie § 1954 A 1).

4. Maßgebender Zeitpunkt für den Wegfall. Maßgebend für den Wegfall der Beschränkung usw. selbst und der Kenntnis hiervon ist die Zeit der Ausschlagung. Ist sie erst nach dieser Zeit, z. B. durch Ausschlagung eines Bedachten, Erbunwürdigkeit, weggefallen, so ist die Anfechtung nicht gegeben, obschon der Wegfall nach §§ 1953 Abs 2, 2344 Abs 2 auf die Zeit des Erbfalls zurückdatiert wird.

5. Anfechtung der Ausschlagung von Vermächtnissen. Für die Anfechtung der Vermächtnisausschlagung gelten sonst keine besonderen Bestimmungen. Die entsprechende Übernahme der für die Erbschaftsausschlagung geltenden Vorschriften ergibt Unanwendbarkeit der §§ 1955 u. 1957 Abs. 2, da an Stelle des Nachlaßgerichts der Beschwerte tritt. Die Anfechtung bedarf deshalb auch keiner Form. Anfechtbar ist auch die fingierte Ausschlagung des § 2307 A 7. — Vererblichkeit des Anfechtungsrechts § 2317 A 3.

§ 2309

Entferntere Abkömmlinge und die Eltern des Erblassers sind insoweit nicht pflichtteilsberechtigt, als ein Abkömmling, der sie im Falle der gesetzlichen Erbfolge ausschließen würde, den Pflichtteil verlangen kann oder das ihm Hinterlassene annimmt.

E I 1983 II 2175; M 5 401–403; P 5 511–513.

Übersicht:

Pflichtteilsrecht entfernterer Abkömmlinge und der Eltern

1. Nachrücken entfernterer Abkömmlinge und der Eltern. Leitender Gedanke ist: „Demselben Stamme darf nicht zweimal ein Pflichtteil gewährt werden" (Mot 5, 401; Prot 5, 512). Jedoch befreit die Auszahlung des Pflichtteils an ein unberechtigtes Stammesmitglied nicht von der Verpflichtung zur Zahlung an den Berechtigten (RG 93, 193). Das Nachrücken entfernterer Abkömmlinge und der Eltern des Erblassers in die Stellung des nächsten Pflichtteilsberechtigten (§ 2303 A 3) soll nicht zur Erhöhung der Pflichtteilslast führen. Anderseits kommt es dem Erben und nicht den entfernteren Berechtigten zugute, wenn der nächste Berechtigte von seinem Pflichtteilsrechte nicht oder nicht rechtzeitig Gebrauch macht. Das selbständige Pflichtteilsrecht des Ehegatten (§ 2303 A 1) wird hiervon nicht berührt. Der entferntere Berechtigte (E) kommt hier nur in der Eigenschaft eines Pflichtteilsberechtigten aus eigenem Rechte in Betracht. Es ist also vorausgesetzt, daß er an sich unmittelbar zur gesetzlichen Erbfolge als Abkömmling oder Elternteil berufen wäre, aber im Einzelfalle durch Verfügungen von Todes wegen von der Erbschaft ausgeschlossen ist (§ 2303), oder daß er, weil ihm ein zu geringer Erbteil oder ein zu geringes Vermächtnis zugewendet ist, auf Vervollständigung des Pflichtteils Anspruch hat (§§ 2305 A 2, 2307 A 2), oder daß er den hinterlassenen größeren, aber mit Beschränkungen oder Beschwerungen verbundenen Erbteil, oder daß er das Vermächtnis ausgeschlagen hat (§§ 2306 A 3, 2307 A 1). Trifft eine dieser Voraussetzungen schon auf den Nächstberechtigten (A) zu und hat A den Pflichtteilsanspruch auch aus anderen Gründen nicht eingebüßt, so kann A den Pflichtteil verlangen und schließt damit allein schon den E aus (A 3).

2. Ausschluß durch Näherberechtigte. Die Pflichtteilsberechtigung der entfernter Berechtigten wird grundsätzlich durch diejenige des Näherberechtigten ausgeschlossen. Ein Pflichtteil des entfernteren Berechtigten E kommt daher nur in Frage, wenn das Erb- oder Pflichtteilsrecht des ihm vorgehenden A weggefallen ist. Der Fall der gesetzlichen Erbfolge ist in Anlehnung an § 1924 Abs 2 nur hypothetisch herangezogen. Keineswegs ist vorausgesetzt, daß A ausdrücklich oder stillschweigend von der gesetzlichen Erbfolge ausgeschlossen wäre (§ 1938). Im Gegenteil erwächst ihm gerade durch die Ausschließung ein Pflichtteilsanspruch (§ 2303). Ob im übrigen derNachlaß, gegen den der Pflichtteilsanspruch zusteht, nach der gesetzlichen oder der gewillkürten Erbfolge vererbt wird, ist ohne Bedeutung.

3. Pflichtteilsrecht entfernter Berechtigter. Der nachrückende Berechtigte E ist nur insoweit pflichtteilsberechtigt, als der ihm vorgehende Berechtigte A den Pflichtteil nicht verlangen kann. Der Fall, daß A bereits vor dem Erblasser verstorben war, ist hierbei gänzlich auszuscheiden, da er nach § 1923 Abs 1 nicht Erbe werden und daher auch keinen Pflichtteilsanspruch erwerben konnte. Es kommen vielmehr nur folgende vier Wegfallsgründe in Betracht.

a) Ausschlagung: Bildet sie die gesetzliche Voraussetzung für Geltendmachung seines Pflichtteilsrechts (§§ 2306 A 3, 2307 A 1), so kann A in diesem Falle den Pflichtteil fordern und ein Pflichtteilsrecht des E kommt insoweit nicht in Frage. Hat dagegen A ausgeschlagen, ohne daß hierdurch der Pflichtteilsanspruch (ganz oder zum Teil) für ihn ausgelöst worden wäre, so ist, da A insoweit den Pflichtteil nicht verlangen kann, der gemäß § 1953 Abs 2 (s. auch § 2069) nachrückende E seinerseits an der Einforderung des Pflichtteils nicht gehindert. So wenn A ausgeschlagen hat, sei es den zu geringen Erbteil (§ 2305 A 2), oder den beschränkten oder beschwerten zu geringen oder dem Pflichtteil gleichkommenden Erbteil (§ 2306 A 2) oder endlich den unbeschränkten oder unbeschwerten den Pflichtteil übersteigenden Erbteil.

b) Erbunwürdigkeit: Ist der Nächstberechtigte A für erbunwürdig erklärt, so gilt er als bereits vor dem Erbfall verstorben und kann selbstverständlich den Pflichtteil nicht verlangen (§ 2344). Dagegen ist der nachrückende E daran nicht gehindert. Steht dem Verlangen des A die Einrede aus § 2345 Abs 2 entgegen, so ist vorerst ungewiß, ob er den Pflichtteilsanspruch hat. Erst wenn der Erbe von der Einrede wirksam Gebrauch gemacht hat, ist sein Verlangen hinfällig.

c) Erbverzicht: Hat A auf das gesetzliche Erbrecht verzichtet und gilt der Verzicht gemäß der Vermutung des § 2350 Abs 2 nicht zugunsten der Eltern des Erblassers, so bleibt ihm, wenn sonst ein Elternteil nachrücken würde, das gesetzliche Erbrecht und als Ausfluß dessen unter den Voraussetzungen A 1 a. E. auch der Pflichtteilsanspruch gewahrt. Pflichtteilsansprüche der Eltern können deshalb nicht in Frage kommen. Beschränkte sich der Verzicht des A, sein gesetzliches Erbrecht unberührt lassend, auf das Pflichtteilsrecht (§ 2346 Abs 2), so wird er gegenstandslos, wenn es demnächst wirklich zur gesetzlichen Erbfolge kommt. War jedoch A bei Eintritt des Erbfalls tatsächlich auf den Pflichtteil gewiesen (A 1 a. E.), so kann er kraft seines Verzichts den Pflichtteil nicht verlangen und der nachrückende E kann deshalb seinerseits den Pflichtteil fordern.

Erstreckte sich der von A auf sein gesetzliches Erbteil erklärte Verzicht nach der Vermutung des § 2349 zugleich auf seine Abkömmlinge, so ist damit sowohl sein eigenes wie das Pflichtteilsrecht der Abkömmlinge ausgeschlossen (§ 2346 A 3), während dasjenige der nachrückenden Eltern unberührt bleibt.

Hat endlich A nur für seine Person, aber schlechthin, sei es auf das gesetzliche Erbrecht oder auf das Pflichtteilsrecht verzichtet, so kann er keinesfalls den Pflichtteil verlangen und eben deshalb steht der Pflichtteilsanspruch nunmehr dem nachrückenden Abkömmling oder Elternteil zu.

d) Entziehung des Pflichtteils nach § 2333 macht den Nächstberechtigten A des Pflichtteilsanspruchs verlustig, beeinträchtigt aber nicht den Anspruch des entfernteren Abkömmlings oder des Elternteils.

Beschränkung des Pflichtteilsrechts in guter Absicht (§ 2338) läßt einen Pflichtteilsanspruch weder auf seiten des in dieser Weise Beschränkten, noch der entfernteren Berechtigten entstehen.

Beginn der Verjährungsfrist § 2332 A 1. Ein zwischen dem nicht pflichtteilsberechtigten näheren Abkömmling und dem Erben ergangenes rechtskräftiges Urteil oder ein zwischen diesen über den Pflichtteil geschlossener Vergleich hat auf das Pflichtteilsrecht des entfernteren Abkömmlings keinen Einfluß (RG 93, 193).

4. Umfang des Pflichtteilsrechts des entfernter Berechtigten. Der entferntere Berechtigte E ist niemals in höherem Umfange pflichtteilsberechtigt, als es der Nächstberechtigte A gewesen wäre. E muß sich deshalb auf seinen Pflichtteil anrechnen lassen, was A darauf verlangen konnte, auch wenn A von seinem Rechte, so insbesondere auf Vervollständigung des Pflichtteils nach §§ 2305 A 2, 2306 A 2, 2307 A 2 nicht Gebrauch gemacht hat. Er muß sich aber auch schlechthin anrechnen lassen, was A als ihm hinterlassen angenommen hat. Die allgemeine Fassung berechtigt nicht, nach der Art der Hinterlassung von Todes wegen oder nach den verschiedenen Wegfallsgründen A 3 a–d zu unterscheiden. Waren derartige Zuwendungen mit Beschränkungen oder Beschwerungen verbunden, so ist der hierdurch verminderte Wert durch Schätzung zu ermitteln. Eine Streichung der Beschränkungen nach den Sondervorschriften der §§ 2306 A 2 oder 2307 A 3 kommt hier nicht in Frage. Anrechnung von Vorempfängen auf den Pflichtteil §§ 2315 A 8, 2316 A 10. (Näheres über vielfach widerstreitende Meinungen zu § 2309 bei Planck-Greiff.)

§ 2310

Bei der Feststellung des für die Berechnung des Pflichtteils maßgebenden Erbteils werden diejenigen mitgezählt, welche durch letztwillige Verfügung von der Erbfolge ausgeschlossen sind oder die Erbschaft ausgeschlagen haben oder für erbunwürdig erklärt sind. Wer durch Erbverzicht von der gesetzlichen Erbfolge ausgeschlossen ist, wird nicht mitgezählt.

E I 1984 II 2176; M 5 403, 405; P 5 513, 514, 516–518.

Übersicht:

Feststellung des maßgebenden Erbteils

1. Ausschließung, Ausschlagung, Erbunwürdigkeit
2. Erbverzicht

1. Ausschließung, Ausschlagung, Erbunwürdigkeit. Für die Berechnung des Pflichtteils als Hälfte des Wertes des gesetzlichen Erbteils (§ 2303 A 3) ist derjenige Erbteil maßgebend, welcher auf den betreffenden Pflichtteilsberechtigten entfallen wäre, wenn es ohne Rücksicht auf die tatsächlich erfolgte Ausschließung (§§ 2303 A 2, 2333), Ausschlagung (§§ 1953, 2306 A 3) oder Erbunwürdigkeitserklärung (§ 2344) zur regelmäßigen gesetzlichen Erbfolge aller im Einzelfall berufenen gesetzlichen Erben gekommen wäre. Mitgezählt wird auch der bei wirklich eingetretener gesetzlicher Erbfolge nach § 1938 Ausgeschlossene. Der Ausschlagende wird mitgezählt ohne Rücksicht darauf, ob er, wie im Falle des § 2306 Abs 1 Satz 2 pflichtteilsberechtigt geworden ist oder dieses Recht eingebüßt hat. Nur der Verzichtende ist und bleibt auch bei dieser bloß fiktiven Erbfolge ausgeschlossen, wie wenn er zur Zeit des Erbfalls nicht mehr lebte (A 2). Dies hat zur Folge, daß der Wegfall eines Erben durch Ausschließung usw. den Divisor nicht vermindert, also den Erbteil und damit den Pflichtteil der übrigen nicht vergrößert, daß vielmehr die Ausschließung usw. lediglich dem Erben zustatten kommt.

Rücken gemäß § 2309 entferntere Abkömmlinge des Erblassers als Pflichtteilsberechtigte ein, so versteht sich schon nach dem Grundsatze des § 1924 Abs 2 von selbst, daß der weggefallene nähere Abkömmling und der Stamm der an seine Stelle tretenden entfernteren Abkömmlinge nicht zweimal gezählt werden.

Auch sonst ist vorausgesetzt, daß eine gesetzliche Erbfolge der mehreren in Betracht kommenden Pflichtteilsberechtigten nebeneinander überhaupt möglich ist. Stünde den Eltern wegen des Vorhandenseins wenigstens eines pflichtteilsberechtigten Abkömmlings kein gesetzliches Erbrecht zu (§ 1930), so haben sie auch kein Pflichtteilsrecht (§ 2309). Erst wenn sämtliche Abkömmlinge durch Ausschlagung, wirksame Entziehung des Pflichtteils, Erbunwürdigkeit oder Erbverzicht weggefallen sind, kommt ein gesetzliches, aber zugleich auch ausschließliches gesetzliches Erbrecht und demgemäß auch Pflichtteilsrecht der Eltern in Frage. Daneben auch die weggefallenen Abkömmlinge mitzuzählen, ist begrifflich unmöglich.

Treffen nach den Grundsätzen der gesetzlichen Erbfolge (§§ 1925, 1931) die Eltern oder der überlebende Ehegatte des Erblassers mit anderen Verwandten zusammen, die als gesetzliche, wenn auch nicht als pflichtteilsberechtigte Erben in Betracht kommen oder kommen würden, so bestimmt sich der Pflichttteil des Elternteils oder Ehegatten wiederum so, als kämen neben ihnen die mitzuzählenden ausgeschlossennen usw. Verwandten wirklich zur gesetzlichen Erbfolge. Der Pflichtteil des Ehegatten bleibt mithin $^1/_2$ von $^1/_4 = {}^1/_8$ des Nachlasses, auch wenn an Stelle des ausschlagenden Kindes nunmehr die Eltern des Erblassers (mit je $^1/_8$) pflichtteilsberechtigt werden, obgleich der Ehegatte gemäß § 1931 neben den Eltern an sich zu $^1/_2$ von $^1/_2 = {}^1/_4$ pflichtteilsberechtigt wäre.

2. Erbverzicht. Im Falle des Erbverzichts, dem in der Regel eine anderweite Abfindung aus dem Vermögen des Erblassers zugrunde liegt, bleibt es auch für die Berechnung des Pflichtteils bei dem Grundsatze des § 2346 A 3. Und zwar gleichviel, ob der Verzicht gegen oder ohne Entgelt erklärt war. Der Verzichtende wird jedoch gezählt, vermindert somit den Pflichtteil der übrigen Berechtigten, wenn sein Verzicht gemäß § 2346 Abs 2 auf das Pflichtteilsrecht beschränkt war. Daß neben ihm die an seine Stelle tretenden Abkömmlinge nicht noch besonders gezählt werden, ist selbstverständlich. — Ebenso § 2316 A 5. Soweit die Erbteile wegen der zu erwartenden Geburt eines Miterben usw. nicht bestimmbar sind (§ 2043), muß vorerst auch die Feststellung des Pflichtteils unterbleiben.

§ 2311

Der Berechnung des Pflichtteils wird der Bestand und der Wert des Nachlasses zur Zeit des Erbfalls zugrunde gelegt. Bei der Berechnung des Pflichtteils der Eltern des Erblassers bleibt der dem überlebenden Ehegatten gebührende Voraus außer Ansatz.

Der Wert ist, soweit erforderlich, durch Schätzung zu ermitteln. Eine vom Erblasser getroffene Wertbestimmung ist nicht maßgebend.

E I 1985, 1986 Abs 1, 2, 1987; II 2177; M 5 405—407, 409; P 5 518.

Übersicht:

Feststellung des Nachlaßwerts

1. Maßgebender Zeitpunkt für die Wertermittlung. Für die Wertermittlung ist wie beim Inventar (§ 2001) der Bestand zur Zeit des Erbfalls maßgebend, auch wenn der dem Pflichtteilsberechtigten in Aussicht gestellte Erbteil schon unter Lebenden an ihn ausgekehrt worden wäre (RG 67, 307). Spätere Wertsteigerungen kommen dem Pflichtteilsberechtigten nicht zugute. Erhebliche Wertverminderungen ändern nichts am Betrage des ermittelten Pflichtteils (RG JW 1910, 238[10]), doch kann der Erbe nach allgemeinen Grundsätzen die beschränkte Haftung geltend machen. Dagegen nimmt der als Erbe eingesetzte Pflichtteilsberechtigte an den Wertveränderungen des Nachlasses teil.

Ob eine dem Erblasser angefallene Erbschaft oder ein ihm angefallenes Vermächtnis endgültig dem Nachlaß zugeführt oder durch Ausschlagung (§§ 1952, 2180 Abs 3) aus ihm ausgeschieden werden soll, hängt von der freien, durch den Pflichtteilsberechtigten nicht angreifbaren Entschließung des Erben ab (aM Planck-Greiff A 2 b α, wonach durch willkürliche Ausschlagung des Erben der Pflichtteil nicht soll verkürzt werden können).

2. Nachlaßverbindlichkeiten. Der Bestand ergibt sich nach Abzug der Nachlaßverbindlichkeiten von den Aktiven des Nachlasses; Rechtsverhältnisse, die infolge des Erbganges durch Vereinigung von Recht und Verbindlichkeit erloschen sind, gelten hierbei entsprechend den §§ 1976, 2143, 2377 u. a. als nicht erloschen (OLG 30, 234).

Bei den nach dem 20. 6. 48 eingetretenen Erbfällen ist die nach dem Lastenausgleichsgesetz v. 14. 8. 52 (BGBl I, 446) zu zahlende Vermögensabgabe eine Nachlaßverbindlichkeit, die bei der Berechnung des Pflichtteils mit dem für die Zeitpunkt des Erbfalls maßgebenden Zeitwert des § 77 LAG anzusetzen ist (BGH 14, 369; a. A. Berücksichtigung des Ablösungswerts nach § 199 LAG: Karlsruhe DNotZ 1954, 146; Mohrbutter und Gewehr MDR 1953, 405).

Die Nachlaßverbindlichkeiten sind nur in dem Umfange anzusetzen, wie wenn es zur reinen gesetzlichen Erbfolge gekommen wäre. Danach sind zwar allgemeine, zur Feststellung und Sicherung des Nachlasses aufgewendete oder noch aufzuwendende Kosten unter den Passiven einzustellen, so die Kosten der Nachlaßverwaltung (RG JW 06, 114[13]; OLG 40, 152), die Kosten der Sicherung des Nachlasses nach § 1960, der Ermittlung der Nachlaßgläubiger, der Inventarerrichtung (§§ 1993, 2314 Abs 2). Ferner gehören dazu die Kosten, die aufgewandt worden sind, um den Bestand und den Wert des Nachlasses zu ermitteln, z. B. die Kosten für Sachverständigengutachten und für etwaige, zu diesem Zweck geführte Rechtsstreitigkeiten.

Dagegen bleiben die durch Errichtung der Verfügung von Todes wegen, Bestellung eines Testamentsvollstreckers (aM SeuffA 62 Nr 42) usw. verursachten Kosten grundsätzlich außer Betracht. Ebenso die Kosten der Nachlaßverteilung, die den einzelnen Erben treffende Erbschaftsteuer (wegen der inzwischen aufgehobenen Nachlaßsteuer vgl. ErbschStG v. 10. 9. 19 § 17 Abs 4) und die lediglich auf Anerkenntnis der Erben beruhenden Schulden.

Vermächtnisse und Auflagen, einschließlich der Ansprüche auf den Dreißigsten (§ 1969 A 7) stehen, und zwar nicht bloß im Konkurse (KO § 226 Nr 5), dem Pflichtteilsanspruche nach, kommen deshalb bei Berechnung des Pflichtteils nicht in Frage (s. aber § 2318 A 1).

Pflichtteilsansprüche selbst kommen nicht in Abzug, da sie einen Nachlaßüberschuß voraussetzen, wohl aber als reine Nachlaßverbindlichkeit die Abfindung eines unehelichen Kindes mit dem Pflichtteilsbetrage nach § 1712 A 2 (RG 90, 202).

3. Der **Voraus** (§ 1932) kommt bei Ermittlung des Pflichtteils von Abkömmlingen als Nachlaßvermögen besonderer Art nicht in Frage. Gegenüber dem elterlichen Pflichtteil wird der überlebende Ehegatte dadurch begünstigt, daß die zum Voraus gehörigen Haushaltungsgegenstände usw. von vornherein aus den Aktiven des Nachlasses ausscheiden. Der Pflichtteil der Eltern ist somit nur von dem übrigen Nachlaß zu berechnen. Er kann daher gegenstandslos sein, wenn der Nachlaß nur aus Hausratsgegenständen besteht.

Die Bestimmung will nur den Ehegatten vor den Eltern des Erblassers begünstigen, nicht den eingesetzten Erben. Sie ist daher nur anzuwenden, wenn der Voraus dem Ehegatten gebührt. Dies trifft nach § 1932 nur dann zu, wenn der Ehegatte neben Verwandten der zweiten Ordnung oder neben Großeltern gesetzlicher Erbe geworden ist; der Fall, daß die in § 1932 angeführten Gegenstände um deswillen an ihn gelangen, weil er durch Verfügung von Todes wegen zum Alleinerben eingesetzt ist, gehört darum nicht hierher (§ 1932 A 1; aM Kassel Recht 1925 Nr 463). Ebensowenig „gebührt" der Voraus dem Ehegatten, wenn er ihm entzogen oder wenn der Ehegatte für erbunwürdig erklärt ist. Dagegen gebührt er ihm auch dann, wenn er demnächst ausgeschlagen wird.

Der Voraus hat nicht selbst auch Pflichtteilseigenschaft. Vielmehr werden bei Ermittlung des Pflichtteils des Ehegatten die zum Voraus gehörenden Gegenstände zusammen mit den übrigen Nachlaßgegenständen unter den Nachlaßaktiven eingestellt.

4. a) Wertermittlung durch Schätzung. Die Ermittlung erfolgt soweit erforderlich durch Schätzung, z. B. nicht bei kurshabenden Wertpapieren, wohl aber bei einem Hause ohne Rücksicht auf den später in der Zwangsversteigerung ermittelten Erlös (RG JW 1910, 238[10]). Maßgebend ist im allgemeinen der gemeine Wert (OLG 44, 105), nicht schlechthin der bei einem Verkauf erzielte Erlös (JW 1910, 238). Der gemeine Wert ist der Wert, den der Nachlaßgegenstand in der Hand jedes Erben haben würde. Im allgemeinen deckt er sich mit dem Verkaufswert. Ein Liebhaberwert, den der Nachlaßgegenstand für einen bestimmten Erben hat, kommt nie in Betracht. Solange es sich nur darum handelt, die Höhe des Pflichtteilsanspruchs zu ermitteln, kann der Pflichtteilsberechtigte nicht den Verkauf oder die Zwangsversteigerung der Nachlaßgegenstände verlangen (RG 72, 183).

Bei einem Landgut ist im Falle des § 2312 der Ertragswert maßgebend. Diese Vorschrift steht dem nicht entgegen, daß der Ertragswert auch in anderen Fällen berücksichtigt wird, z. B. bei der Schätzung eines Landguts für die Inflationszeit mit ihren unverhältnismäßig niedrigen Verkaufspreisen (RG LZ 1926, 1132[2]). Auch sonst kann für die Inflationszeit außer dem Verkaufswert auch der innere Wert in Betracht kommen (RG JRdsch 1927 Nr 1119).

Der innere und nicht der Verkaufswert ist auch maßgebend, soweit für Nachlaßgegenstände gesetzliche Höchstpreise bestehen, die hinter dem wahren inneren Wert zurückbleiben. Um diesen zu ermitteln, ist bei einem Grundstück sowohl der Ertragswert als auch der Gebäude- oder Sachwert in Rechnung zu stellen, wie er sich unter Berücksichtigung des Baukostenindex und der durch das Alter und den Zustand des Gebäudes bedingten Abschreibungen ergibt (BGH 13, 45). Zu beachten ist, daß das Bestehen von Stoppreisen sich wertmindernd auch auf den wahren inneren Wert auswirken kann. Gegenstände, die dem alsbaldigen Verbrauch dienen, wie z. B. Warenbestände eines Handelsunternehmens, werden in der Regel nur mit dem Verkaufswert bemessen werden können (Ascher LM Nr 2 zu § 2311 BGB). Soweit der Pflichtteilsanspruch den Unterschiedsbetrag betrifft, der sich bei Berücksichtigung des inneren Werts der Nachlaßgegenstände und des Verkaufswerts nach den gesetzlichen Höchstpreisen ergibt, kann der Erbe unter Umständen die Zahlung nach § 242 verweigern. Dieses Recht hat er, wenn er den Pflichtteilsanspruch nicht aus seinem Barvermögen befriedigen kann und wenn ihm auch nicht zuzumuten ist, sich die dazu erforderlichen Mittel durch Veräußerung anderer nicht preisgebundener Gegenstände zu beschaffen (BGH 13, 48).

Eine wirtschaftliche Einheit, z. B. ein gewerbliches Unternehmen, kann einen anderen Wert haben als die einzelnen Gegenstände. Dann entscheidet der Wert der wirtschaftlichen Einheit, und zwar nicht nur, wenn er höher ist als der Wert der einzelnen Gegenstände (BayObLG 22 A 188: Konzessionsapotheke), sondern auch, wenn bei Einstellung des Unternehmens, das der Erbe fortsetzt, und Verkauf der dem Betriebe gewidmeten Gegenstände mehr herausgekommen wäre, als das Unternehmen zur Zeit des Erbfalls wert war (Kipp § 131, 2a). Ungewisse Rechte usw. § 2313.

b) Wertbestimmung des Erblassers sind als Teilungsanordnungen maßgebend (§ 2048), jedoch nur insoweit, als sie den Berechtigten nicht im Pflichtteil verkürzen (vgl. auch § 2316 A 9). Abs 2 Satz 2 bestimmt daher, daß eine vom Erblasser getroffene Wertbestimmung nicht zu berücksichtigen ist. Der Pflichtteilsberechtigte muß sie sich aber unbeschränkt gefallen lassen, soweit sie an Stelle gänzlicher Entziehung des Pflichtteils (§ 2333) angeordnet sind. Besondere Wertberechnung bei Vorempfängnissen (§§ 2315, 2316) und ergänzungspflichtigen Schenkungen (§§ 2325, 2328). Auskunftspflicht des Erben § 2314. Pflichtteilsberechnung bei fortgesetzter Gütergemeinschaft § 1511.

5. Umstellung. Daraus, daß der Bestand und der Wert des Nachlasses zur Zeit des Erbfalls maßgebend sind, folgt, daß bei Erbfällen, die vor dem 21. 6. 48 eingetreten sind, der Pflichtteilsanspruch in Reichsmark zu ermitteln ist. Die Aktiven des Nachlasses sind in Reichsmark zu schätzen und die Nachlaßverbindlichkeiten sind mit ihrem vollen Reichsmarkbetrag in Ansatz zu bringen. Der Umstand, daß sie etwa später im Verhältnis 10:1 umgestellt sind, kann zu keiner anderen Beurteilung führen. Falls der Nachlaß nach der auf Reichsmarkgrundlage anzustellenden Berechnung überschuldet ist, besteht kein Pflichtteilsanspruch. Das gilt, da der Pflichtteilsberechtigte von später eingetretenen Wertveränderungen nicht betroffen wird, auch, wenn sich die Verhältnisse durch die Währungsumstellung geändert haben (BGH 7, 138). Der Pflichtteilsanspruch ist nach § 18 Abs 1 Nr 3 UmstG im Verhältnis 1:1 auf DM umgestellt. (Vgl. darüber § 2317 Anm 2b.)

Soweit nach § 2313 bei der Wertermittlung Rechte und Verbindlichkeiten außer Ansatz geblieben sind, kann sich später eine Erhöhung des Pflichtteilsanspruchs ergeben. Traten die für die Bemessung dieses Anspruchs maßgebenden Umstände erst nach der Währungsreform ein, so ist dieser Anspruch als DM-Anspruch entstanden.

§ 2312

Hat der Erblasser angeordnet oder ist nach § 2049 anzunehmen, daß einer von mehreren Erben das Recht haben soll, ein zum Nachlasse gehörendes Landgut zu dem Ertragswerte zu übernehmen, so ist, wenn von dem Rechte Gebrauch gemacht wird, der Ertragswert auch für die Berechnung des Pflichtteils maßgebend. Hat der Erblasser einen anderen Übernahmepreis bestimmt, so ist dieser maßgebend, wenn er den Ertragswert erreicht und den Schätzungswert nicht übersteigt.

Hinterläßt der Erblasser nur einen Erben, so kann er anordnen, daß der Berechnung des Pflichtteils der Ertragswert oder ein nach Abs 1 Satz 2 bestimmter Wert zugrunde gelegt werden soll.

Diese Vorschriften finden nur Anwendung, wenn der Erbe, der das Landgut erwirbt, zu den im § 2303 bezeichneten pflichtteilsberechtigten Personen gehört.

P 6 330–335, 448–450.

Übersicht:

Übernahme eines Landguts zum Ertragswert

1. Zweck der Vorschrift
2. Bestimmung eines anderen Übernahmepreises durch den Erblasser
3. Alleinerbe als Übernehmer
4. Absatz 3

1. Zweck der Vorschrift. Die Vorschriften dienen dazu, dem Übernehmer eines Landguts, falls er selbst zu den pflichtteilsberechtigten Personen gehört (Abs 3), auch hinsichtlich der Pflichtteilslast dadurch Erleichterung zu verschaffen, daß sich die sonstigen Pflichtteilsberechtigten auf der Grundlage des Ertragswerts (§ 2049 A 2) statt, wie sie nach § 2311 verlangen könnten, des Schätzungswerts auf ihren Pflichtteil abfinden lassen müssen. Dies gilt jedoch nur, wenn es wirklich zu der vom Erblasser beabsichtigten Gutsübernahme kommt, nicht also wenn das Gut vorher an einen Fremden veräußert wird. Der Anerbe ist nur als Berechtigter gedacht. Hätte ihn der Erblasser zur Übernahme verpflichtet, so läge hierin eine Beschränkung, von der er sich gemäß § 2306 A 3 durch Ausschlagung befreien dürfte, um den nach dem Schätzungswert zu bemessenden Pflichtteil zu fordern.

2. Bestimmung eines anderen Übernahmepreises durch den Erblasser. Bei der Bestimmung eines andern Übernahmepreises würde ein Herabgehen unter den Ertragswert die übrigen Pflichtteilsberechtigten, ein Überschreiten des Schätzungswerts dagegen den übernehmenden Anerben benachteiligen. Eine solche Bestimmung ist daher für die Pflichtteilsberechnung (nur für diese: HRR 1930 Nr 1111) nicht maßgebend; sie kann aber unter Umständen durch Auslegung auf das zulässige Maß zurückgeführt werden.

3. Alleinerbe als Übernehmer. Ist nur ein Erbe eingesetzt, so gelten für Berechnung des Pflichtteils sonstiger Berechtigter die gleichen Grundsätze, wie sie Abs 1 für den Fall der Berufung mehrerer Erben aufstellt. Auch der Alleinerbe muß zu den Pflichtteilsberechtigten gehören und muß als Erbe mit dem Grundstücke bedacht sein; dieses darf also nicht Gegenstand eines Vermächtnisses sein. Die Anordnung nach Abs 2 braucht vom Erblasser nicht mit ausdrücklichen Worten getroffen zu sein; es genügt, wenn er seinen Willen im Testament in irgendeiner Weise zu erkennen gegeben hat (RG 13. 11. 33 IV 129/33).

4. Abs 3. Dem fremden Erben gegenüber gilt immer der Schätzungswert nach § 2311. — Anerbenrecht nach Landesgesetz Art 64 EG.

§ 2313

Bei der Feststellung des Wertes des Nachlasses bleiben Rechte und Verbindlichkeiten, die von einer aufschiebenden Bedingung abhängig sind, außer Ansatz. Rechte und Verbindlichkeiten, die von einer auflösenden Bedingung abhängig sind, kommen als unbedingte in Ansatz. Tritt die Bedingung ein, so hat die der veränderten Rechtslage entsprechende Ausgleichung zu erfolgen.

Für ungewisse oder unsichere Rechte sowie für zweifelhafte Verbindlichkeiten gilt das gleiche wie für Rechte und Verbindlichkeiten, die von einer aufschiebenden Bedingung abhängig sind. Der Erbe ist dem Pflichtteilsberechtigten gegenüber verpflichtet, für die Feststellung eines ungewissen und für die Verfolgung eines unsicheren Rechtes zu sorgen, soweit es einer ordnungsmäßigen Verwaltung entspricht.

E I 1986 Abs 3, 4; II 2178; M 5 407–409; P 5 518.

Übersicht:

Bedingte und ungewisse Rechte und Verbindlichkeiten

1. Bedingte Rechte und Verbindlichkeiten
2. Ausgleichung
3. Ungewisse und unsichere Rechte, zweifelhafte Verbindlichkeiten
4. Maßgebender Zeitpunkt
5. Ordnungsmäßige Verwaltung

1. Bedingte Rechte und Verbindlichkeiten. Bei der Schätzung des Wertes von bedingten Rechten und Verbindlichkeiten (§ 2311 A 3a) ist auf die größere oder geringere Wahrscheinlichkeit des Eintritts der Bedingung keine Rücksicht zu nehmen. Vielmehr kommen sie vorläufig, je nachdem ob sie aufschiebend oder auflösend bedingt sind, entweder gar nicht oder voll unter den Aktiven in Ansatz. Ebenso für die auflösende Bedingung KO § 66, VerglO § 31, anders für die aufschiebende bei der Abschlagsverteilung im Konkurse KO §§ 154, 168 Nr 2.

2. Ausgleichung. Der Eintritt der aufschiebenden Bedingung bei Rechten, der auflösenden bei Verbindlichkeiten erhöht nachträglich den Anspruch des Pflichtteilsberechtigten. Der umgekehrte Fall vermindert den Anspruch und verpflichtet zur Rückzahlung des zuviel Empfangenen. Der Anspruch bestimmt sich nicht nach den Vorschriften über die Herausgabe einer ungerechtfertigten Bereicherung, sondern nach den allgemeinen Grundsätzen über bedingte Verpflichtungen (§ 159). Sicherheitsleistung (KO § 67) kann weder vom Erben noch vom Pflichtteilsberechtigten verlangt werden. Doch sind gegebenenfalls Arrest und Schadensersatzanspruch aus § 160 zulässig.

3. Ungewisse und unsichere Rechte, zweifelhafte Verbindlichkeiten (Abs 2). Ein Recht ist ungewiß, wenn sein Bestand oder die Person des Berechtigten ungewiß ist. Es ist unsicher, wenn seine wirtschaftliche Verwertbarkeit zweifelhaft ist (RG 83, 253; Warn 1913 Nr 251). Eine Verbindlichkeit ist zweifelhaft, wenn es zweifelhaft ist, ob sie rechtlich besteht oder ob sie tatsächlich verwirklicht werden kann (BGH 3, 394). Danach sind zweifelhafte Verbindlichkeiten alle vom Erben bestrittenen Nachlaßverbindlichkeiten, auch wenn sie schon klageweise geltend gemacht worden sind (Gruch 50, 1014) und Bürgschaften und Pfandrechte für fremde Schulden (SeuffA 68 Nr 129). Ungewisse und unsichere Rechte sowie zweifelhafte Verbindlichkeiten nebst den Kosten darüber geführter Prozesse (RG JW 06, 114[13]) bleiben zunächst ganz außer Ansatz. Hierzu gehören auch dingliche Rechte und Belastungen, künftige Rückgriffsansprüche oder Verbindlichkeiten (RG Warn 1913 Nr 251), regelmäßig auch ein vom Erblasser erworbenes, gemäß § 2108 Abs 2 auf die Erben übergegangenes Nacherbenrecht als bis zum Eintritte des Nacherbfalls unsicheres Recht (RG 83, 253), aber nicht wiederkehrende Hebungen, Renten (RG 72, 381) u. dgl., deren Kapitalwert sich nach allgemeinen Grundsätzen schätzen läßt. Ebensowenig befristete Rechte und Verbindlichkeiten, bei deren Bewertung evtl. der Zwischenzins in Betracht kommt (vgl. auch KO §§ 65, 70, VerglO § 30). Eine an sich unbestrittene Verbindlichkeit ist als zweifelhafte zu behandeln, wenn der Erblasser gegen den Gläubiger eine Forderung hatte, die als ungewisse außer Ansatz bleiben muß und wenn Verbindlichkeit und Forderung aus einer einheitlichen Geschäftsverbindung herrühren, in deren Rahmen die gegenseitigen Forderungen und Verbindlichkeiten von Zeit zu Zeit miteinander verrechnet wurden. In diesem Falle wäre es dem Pflichtteilsberechtigten gegenüber unbillig, wenn die Verbindlichkeit als bestehend berücksichtigt, die Forderung aber, mit der sie an sich zu verrechnen wäre, unberücksichtigt bliebe (BGH 7, 141). Berücksichtigt werden kann die Verbindlichkeit nur insoweit, als sie den Betrag des ihr gegenüberstehenden ungewissen Rechts übersteigt. Entsprechendes gilt, um eine unbillige Benachteiligung der Erben zu vermeiden, wenn in diesem Fall einer an sich unbestrittenen zum Nachlaß gehörenden Forderung eine zweifelhafte Nachlaßverbindlichkeit gegenübersteht.

Als zweifelhafte Verbindlichkeit hat der BGH in einem Urteil v. 22. 11. 51 die nach § 1 des Gesetzes zur Sicherung von Forderungen für den Lastenausgleich v. 2. 9. 48 entstandene Umstellungsgrundschuld angesehen (BGH 3, 394). Öffentliche Abgaben sind, auch wenn sie noch nicht durch einen Abgabebescheid festgesetzt sind, doch keine zweifelhaften Verbindlichkeiten, wenn sie nach dem Gesetz geschuldet werden und alle tatsächlichen Grundlagen für ihre Bemessung feststehen, so daß ihre Höhe nach dem Gesetz errechnet werden kann (BGH 14, 369 für die Abgabeschuld nach dem Lastenausgleichsgesetz v. 14. 8. 52, BGBl I, 446 mit Anm Nr 3 zu LM § 2311).

4. Maßgebender Zeitpunkt. Nach dem in § 2311 aufgestellten Grundsatz kommt es nicht darauf an, ob das Recht oder die Verbindlichkeit im Zeitpunkt des Erbfalls bedingt, ungewiß oder unsicher war. Mit Rücksicht auf die in § 2313 bestimmte Ausgleichspflicht muß aber, auch wenn die Voraussetzungen zur Zeit des Erbfalls vorlagen, stets geprüft werden, ob sie auch noch in dem Augenblick vorliegen, in dem der Pflichtteilsanspruch geltend gemacht wird (BGH 3, 394).

5. Ordnungsmäßige Verwaltun wie § 2038 A 2.

§ 2314

Ist der Pflichtteilsberechtigte nicht Erbe, so hat ihm der Erbe auf Verlangen über den Bestand des Nachlasses Auskunft zu erteilen. Der Pflichtteilsberechtigte kann verlangen, daß er bei der Aufnahme des ihm nach § 260 vorzulegenden Verzeichnisses der Nachlaßgegenstände zugezogen und daß der Wert der Nachlaßgegenstände ermittelt wird. Er kann auch verlangen, daß das Verzeichnis durch die zuständige Behörde oder durch einen zuständigen Beamten oder Notar aufgenommen wird.

Die Kosten fallen dem Nachlasse zur Last.

E I 1988 Abs 1 II 2179; M 5 409, 410; P 5 519–521.

Übersicht:

Auskunftspflicht des Erben

1. **Auskunftsberechtigter.** Der Auskunftsanspruch steht dem Pflichtteilsberechtigten zu, der von vornherein oder durch Ausschlagung gemäß § 2306 Anm 4 nicht Erbe ist und der auch nicht gemäß § 2307 Abs 1 auf einen Vermächtnisanspruch beschränkt ist. Ist der Pflichtteilsberechtigte dagegen Miterbe, so kann er sich gemäß §§ 2027, 2028, 2038 selbst über den Bestand des Nachlasses unterrichten (vgl. § 2038 A 7). Ist er Nacherbe, so gelten die §§ 2121ff., 2127. Ist ihm der Pflichtteil vermächtnisweise zugewendet, so kann ihm der Anspruch auf Auskunfterteilung mitvermacht sein (§ 2174 A 2g).

Das Verlangen der Auskunftserteilung ist nötigenfalls im Klagewege zu stellen. Nach § 254 ZPO kann damit die Klage auf Zahlung des Pflichtteils verbunden werden. Von mehreren Pflichtteilsberechtigten kann jeder das Verlangen selbständig stellen.

2. **Inhalt der Auskunftspflicht.**

a) **Bestandsverzeichnis.** Aus der Auskunftspflicht des Erben folgt nach § 260, daß er auf Verlangen ein Verzeichnis des Bestandes vorzulegen und gegebenenfalls den Offenbarungseid zu leisten hat. Der „Bestand", für den Begriff und maßgebender Zeitpunkt aus § 2311 (A 1) zu entnehmen sind, ergibt sich aus der Vergleichung der Aktiven und Passiven des Nachlasses. Das Verzeichnis hat deshalb nicht nur die Aktiven (so OLG 14, 283; Planck-Greiff A 2), sondern auch die Passiven aufzuführen (RG 129, 242f.; Hamburg JW 1939, 155[15]; LM Nr 1 zu BGB § 260). Es hat sich auch auf die bedingten, ungewissen und unsicheren Rechte und Verbindlichkeiten (§ 2313) und unter Umständen auch auf einen zweiten Nachlaß zu erstrecken, an dem die den Pflichtteil schuldenden Erben als Erbeserben beteiligt sind (RG 72, 380). Ebenso gehören in das Verzeichnis die möglicherweise zum Voraus gehörigen Gegenstände, solange unter den Beteiligten noch nicht feststeht, daß sie gemäß § 2311 A 3 außer Ansatz zu bleiben haben (RG 62, 110). In das Verzeichnis sind auch diejenigen Gegenstände aufzunehmen, die der Erblasser nur in Besitz hatte. Die darauf gerichteten Herausgabeansprüche Dritter sind unter den Verbindlichkeiten aufzuführen (LM Nr 1 zu § 260 BGB).

b) **Auskunft über Ausgleichsposten und Zuwendungen.** Neben dieser den greifbaren (effektiven) Nachlaß betreffenden Auskunftspflicht besteht für den Erben unter Umständen noch eine sich auf die entsprechende Anwendbarkeit der §§ 2057, 2314 gründende Pflicht zur Auskunft über Faktoren des rechnungsmäßigen Bestandes, nämlich über die nach § 2316 A 2 als Ausgleichungsposten in Betracht kommenden Zuwendungen (RG 73, 372; Warn 1912 Nr 173; 1933 Nr 64; BGH 24. 9. 53 IV ZR 37/53) und, wenn es sich um den Pflichtteilsergänzungsanspruch handelt, über die in § 2325 bezeichneten Schenkungen (RG 73, 369; Warn 1933 Nr 64; 12. 11. 34 IV 109/34; vgl. auch § 2057 A 1). Ein Erbe, von dem nichts weiter als Auskunft über den Bestand des Nachlasses verlangt wird, kann aber abwarten, ob in diesen Beziehungen an ihn ein besonderes Verlangen gestellt wird (RG Warn 1913 Nr 378).

c) **Ergänzung des Verzeichnisses.** Ist ein Verzeichnis, das auf diesen Namen Anspruch hat, einmal vorgelegt, so kann wegen angeblicher Mängel nicht dessen Ergänzung oder Vorlegung eines neuen Verzeichnisses verlangt werden. Die Mängel sind vielmehr im Verfahren der eidlichen Bekräftigung des Verzeichnisses oder im Prozeß über den Hauptanspruch auf den Pflichtteil zu erörtern (OLG 23, 1; SächsRpflA 1907, 499; 1913, 252). Anders ist es, wenn der Auskunftspflichtige einen bestimmten Vermögensteil, der festgestelltermaßen zum Nachlaß gehört, überhaupt nicht berücksichtigt und ganz ausgelassen hat, da er annahm, dieser gehöre nicht zum Nachlaß. Es fehlt dann hinsichtlich dieses Vermögensteils noch an einem Nachlaßverzeichnis. Eine Ergänzung des mitgeteilten Bestandsverzeichnisses kann ferner verlangt werden, wenn der Auskunftspflichtige eine unbestimmte Mehrheit von Sachen auf Grund eines Rechtsirrtums nicht aufgeführt hat, z. B. die Sachen, an denen nach Auffassung der Auskunftspflichtigen der Erblasser kein Eigentum, sondern nur den Besitz hatte (LM Nr 1 zu § 260 BGB).

3. **Anspruchsgegner.** Die Auskunfterteilung ist, obwohl zur Vorbereitung eines Anspruchs gegen den Nachlaß dienend, keine eigentliche Nachlaßverbindlichkeit. Beim Vorhandensein mehrerer Erben kann daher der einzelne nicht gemäß § 2058, wohl aber gemäß § 431 in Anspruch genommen werden. Ist bei einer Mehrheit von Erben das Bestandsverzeichnis, durch dessen Vor-

legung über den Bestand des Nachlasses Auskunft erteilt werden soll, von einem Miterben zugleich im Auftrage der übrigen aufgestellt worden, so müssen diese sich einen Mangel der erforderlichen Sorgfalt bei jenem, dem sie die Aufstellung des Verzeichnisses ohne eigene Nachprüfung überlassen haben, im Sinne des § 260 Abs 2 als einen eigenen Mangel der Sorgfalt anrechnen lassen (RG 129, 240).

Als nur vom Auskunftspflichtigen persönlich, nicht aus seinem Vermögen erfüllbar fällt der Anspruch im Nachlaßkonkurse nicht unter die Konkursforderungen; er kann vielmehr auch während des Konkurses gegen den Erben persönlich verfolgt werden (RG BayZ 1920, 78). RG 50, 225 läßt mit Rücksicht auf § 2213 Abs 1 Satz 3 den Anspruch nicht zu gegen den Testamentsvollstrecker (dagegen Strohal I § 52 A 3). Schon auf Grund § 2215 ist der Erbe regelmäßig in der Lage, auch ohne den Testamentsvollstrecker dem Verlangen zu genügen.

4. **Recht auf Anwesenheit bei der Bestandsaufnahme (Abs 1 Satz 2).** Der Pflichtteilsberechtigte hat das Recht auf Zuziehung, wie im Falle des § 2121 Abs 2. Das Recht umfaßt auch die Zulassung eines Vertreters (RG 12. 11. 34 IV 109/34) oder eines Beistandes (JW 1926, 723[3]). Der Erbe braucht dem Verlangen, ein Bestandsverzeichnis im Beisein des Pflichtteilsberechtigten aufzunehmen, nicht zu entsprechen, wenn bereits ein gemäß §§ 1960, 1993ff., 2121 oder 2215 ordnungsgemäß aufgenommenes Verzeichnis vorhanden ist.

5. **Ermittlung des Wertes.** Die Wertermittlung, geboten durch § 2303 Abs 1 Satz 2, geschieht nur auf Grund besonderen Verlangens. Dem Bestandsverzeichnisse (A 2a) brauchen Wertangaben nicht beigefügt zu werden (RG 18. 11. 09 IV 34/09). Zum Zwecke der Wertermittlung kann nach § 809 Vorzeigung der Sachen beansprucht werden, zur Ermittlung des Geschäftswerts eines vom Erblasser betriebenen Unternehmens unter Umständen auch neben einer auf den Todestag abgeschlossenen Bilanz die Vorlegung der Bilanzen und der Gewinn- und Verlustrechnungen früherer Jahre (RG Warn 1918 Nr 229), nicht dagegen noch besondere Bewertungsunterlagen über die Schutzrechte und Fabrikationsgeheimnisse des Unternehmens, da deren Wert sich bereits im Ertragswert des Unternehmens ausdrückt (LM Nr 1 zu § 260 BGB). Der Pflichtteilsberechtigte kann, falls zum Nachlaß Anteile einer GmbH gehören, auch die Mitteilung derjenigen Unterlagen fordern, deren Kenntnis notwendig ist, um die Anteile zu bewerten. Wenn es sich um Anteile an einer Einmann-GmbH handelt, kann der Pflichtteilsberechtigte ein Verzeichnis über die Vermögensbestandteile der Gesellschaft verlangen (BGH 25. 2. 54 IV ZR 171/53). Auch wenn Grund zu der Annahme besteht, daß ein sich als entgeltlich darstellender Vertrag (in dem Falle RG Warn. 1933 Nr. 64 ein solcher, durch den der Erblasser seine Beteiligung an offenen Handelsgesellschaften gegen eine lebenslängliche Rente aufgegeben hatte) eine verschleierte, von der **Auskunftspflicht** (Anm 2b) betroffene Schenkung enthalte, kann die Verpflichtung zur Vorlegung von Bilanzen u. dgl. gegeben sein.

6. **Amtliche Bestandsaufnahme (Abs 1 Satz 3).** Der Berechtigte kann sich mit einem ihm mitgeteilten privatschriftlichen Verzeichnis begnügen, verzichtet aber durch Stillschweigen noch nicht auf das Recht, **amtliche Aufnahme** (wie § 2121 Abs 3) zu verlangen (RG 72, 384). Dieses Recht steht nicht in einem Wahlverhältnis zu dem dem Pflichtteilsberechtigten nach Satz 2 zustehenden Anspruch bei der Aufnahme eines vom Erben selbst aufzustellenden Verzeichnisses zugezogen zu werden. Es kann daher auch noch ausgeübt werden, wenn der Pflichtteilsberechtigte vorher auf ein von dem Erben privat zu erstellendes Verzeichnis geklagt hatte. Anders wäre es, wenn er auf die Aufnahme eines amtlichen Verzeichnisses verzichtet hätte. Ein solcher Verzicht kann aber nur bei einer Sachlage angenommen werden, die über den Willen des Berechtigten keinen Zweifel läßt. Der Pflichtteilsberechtigte braucht sich auch, solange er ein amtliches Verzeichnis verlangen kann, nicht darauf verweisen zu lassen, daß er die Erhärtung des von dem Erben selbst aufgestellten Verzeichnisses durch den Offenbarungseid fordern kann (RG DJ 1940, 1428). Auch dieses Verlangen ist, nötigenfalls im Klagewege, gegenüber dem Erben zu stellen, der seinerseits die amtliche Aufnahme zu veranlassen hat; unmittelbar beim Nachlaßgericht kann ein Pflichtteilsberechtigter, der nicht Erbe ist, die Aufnahme nicht beantragen (KGJ 27 A 51).

7. Die **Kosten,** und zwar einschließlich derjenigen der Zuziehung, der Wertermittlung, der amtlichen Aufnahme, jedoch ausschließlich der Eidesabnahme (§ 261 Abs 3) gehören zu den Nachlaßverbindlichkeiten und sind gemäß § 2311 mit zu berücksichtigen. — Gebühr für die amtliche Aufnahme KostO § 46.

8. **Erlaß der Auskunftspflicht durch den Erben oder durch Verzicht des Berechtigten.** Der Erblasser kann dem Erben die Auskunftspflicht nicht wirksam erlassen, soweit er nicht gemäß §§ 2333ff. einem Pflichtteilsberechtigten gegenüber zur Entziehung des Pflichtteils berechtigt ist. Ein vertragsmäßiger Verzicht erfordert, weil eine Minderung des Pflichtteilsrechts enthaltend, gegenüber dem Erblasser die Form des § 2348. Gegenüber dem Erben ist er an keine Form gebunden (RG 6. 7. 08 IV 585/07).

9. **Inventarfrist und Inventar nach §§ 1993ff.** Unabhängig von § 2314 kann der Pflichtteilsberechtigte in seiner Eigenschaft als Nachlaßgläubiger nach § 1994 dem Erben eine Inventar-

frist setzen lassen und von ihm gemäß § 2006 (FGG § 79) die Leistung des Offenbarungseids verlangen. Dies Verlangen kann jedoch nicht in der Weise durchgeführt werden, daß der Erbe zur Errichtung des Inventars oder seiner Beeidigung durch Urteil gezwungen wird; vielmehr besteht die Folge der Nichterfüllung des Verlangens nach den §§ 1994, 2006 lediglich in der unbeschränkten Haftung des Erben (§ 2006 A 1, 5). Hat dieser schon ein Inventar nach den §§ 1993 ff. errichtet, so kann er den Pflichtteilsberechtigten, der Auskunfterteilung aus § 2314 verlangt, darauf verweisen; unter Umständen kann auch der Pflichtteilsberechtigte seinerseits dieses Inventar als eine ihm persönlich erteilte Auskunft im Sinne des § 2314 gelten lassen und es zur Grundlage für den ihm unter den Voraussetzungen des § 260 Abs 2, 3 zustehenden Anspruch auf Leistung des Offenbarungseides nehmen (RG 129, 240). Neben der Inventarerrichtung kommen in diesen Fällen hinsichtlich der Pflicht des Erben zur Auskunft über den effektiven Bestand des Nachlasses (A 2a) nur noch Ansprüche gemäß A. 5 (Wertermittlung) in Frage. Der Eintritt unbeschränkter Haftung nach § 2005 erledigt nicht auch die Auskunftspflicht des Erben.

§ 2315

Der Pflichtteilsberechtigte hat sich auf den Pflichtteil anrechnen zu lassen, was ihm von dem Erblasser durch Rechtsgeschäft unter Lebenden mit der Bestimmung zugewendet worden ist, daß es auf den Pflichtteil angerechnet werden soll.

Der Wert der Zuwendung wird bei der Bestimmung des Pflichtteils dem Nachlasse hinzugerechnet. Der Wert bestimmt sich nach der Zeit, zu welcher die Zuwendung erfolgt ist.

Ist der Pflichtteilsberechtigte ein Abkömmling des Erblassers, so findet die Vorschrift des § 2051 Abs 1 entsprechende Anwendung.

E I 1989 Abs 1 Nr 2, Abs 2–4, 1990 Abs 1 II 2180; M 5 410–414; P 5 521–523; 6 102, 103; KB 322.

Übersicht:

Anrechnung von Zuwendungen auf den Pflichtteil

1. Allgemeine Bedeutung der §§ 2315, 2316
2. Die Anrechnung auf den Pflichtteil
3. Zuwendung
4. Rechtsgeschäft unter Lebenden
5. Bestimmung des Erblassers über die Anrechnung
6. Hinzurechnung (Abs 2 Satz 1)
7. Bestimmung des Wertes der Zuwendung
8. Anrechnungspflicht für nachrückende Abkömmlinge (Abs 3)
9. Verhältnis zu § 2309. Nachrücken der Eltern des Erblassers
10. Anwendung für die §§ 2303, 2305–2307

1. Allgemeine Bedeutung der §§ 2315, 2316. Nach § 2311 ist für die Berechnung des Pflichtteils der Bestand des Nachlasses zur Zeit des Erbfalls zugrunde zu legen. Zuwendungen, die der Erblasser dem Pflichtteilsberechtigten oder anderen bereits zu Lebzeiten gemacht hat, können danach bei der Bemessung des Pflichtteilsanspruchs grundsätzlich nicht berücksichtigt werden. Hiervon machen die §§ 2315 und 2316 eine Ausnahme. **§ 2315** ordnet die Berechnung und Verrechnung des Pflichtteils eines Abkömmlings, Elternteils oder Ehegatten auch für den Fall, daß er der einzige nächste gesetzliche Erbe sein würde, mit Rücksicht auf gewisse ihm unter Lebenden auf den Pflichtteil gemachte Zuwendungen. **§ 2316** beschäftigt sich mit dem Pflichtteil eines Abkömmlings, neben dem noch wenigstens ein anderer Abkömmling vorhanden ist, mit Rücksicht auf ausgleichungspflichtige Zuwendungen. § 2316 Abs 4 handelt von der Möglichkeit, daß die Zuwendung sowohl auf den Pflichtteil wie (als Ausgleichungspost) auf den Erbteil anzurechnen ist.

2. Die **Anrechnung auf den Pflichtteil** vollzieht sich in der Weise, daß von dem nach Abs 2 berechneten Pflichtteil der Wert der Zuwendung mit demselben Betrage gekürzt wird, zu dem er dem Nachlaß hinzugerechnet war. Der Pflichtteilsberechtigte kann infolgedessen mit seinem Anspruche leer ausgehen (RG 58, 61), hat aber niemals herauszuzahlen.

3. Zuwendung. Zum Begriff der Zuwendung vgl. § 2050 A 7a. Die in § 2050 Abs 1 besonders behandelte Ausstattung des Kindes kann auch insoweit Zuwendung sein, als sie das den Vermögensverhältnissen entsprechende Maß nicht übersteigt und deshalb nicht als Schenkung gilt (§ 1624). Im Gegensatz zu der von Planck-Greiff 4. Aufl. § 2315 Anm 3a vertretenen Ansicht sind als Zuwendungen auch bloße Schenkungsversprechen anzusehen. Planck-Greiff gründet seine Ansicht darauf, daß der versprochene Gegenstand noch zum Nachlaß gehört und daher bei der Wertermittlung ohnehin zu berücksichtigen sei, so daß der Wert des Versprechens nicht nochmals dem Nachlaß hinzugerechnet werden könne. Demgegenüber ist zu beachten, daß das Schenkungsversprechen bei der Ermittlung des Nachlaßwertes als Nachlaßverbindlichkeit zu berücksichtigen ist, so daß, um die dadurch bewirkte Wertminderung auszugleichen, das Versprechen als Zuwendung behandelt werden muß. Ebenso ist das Versprechen, eine nicht zum Nachlaß gehörige Sache zu schenken, als Zuwendung zu berücksichtigen, denn auf jeden Fall ist der Nachlaß mit einer Verbindlichkeit beschwert.

4. Rechtsgeschäft unter Lebenden. Die Zuwendung muß durch Rechtsgeschäft unter Lebenden vermittelt sein. Danach ist ausgeschlossen, daß die Anrechnung auf den Pflichtteil wirksam durch Verfügung von Todes wegen angeordnet werde (RG 67, 307; JRdsch 1927 Nr 1121). Im übrigen kommen Rechtsgeschäfte jeder Art, auch Vertrag zugunsten Dritter in Frage (§ 328). Geschieht die Zuwendung ohne den Willen des Pflichtteilsberechtigten (z. B. durch Schuldenbezahlung), so ist § 516 Abs 2 entsprechend anwendbar.

5. Bestimmung des Erblassers über die Anrechnung. Die Zuwendung muß mit der Bestimmung geschehen, daß sie auf den Pflichtteil angerechnet werden soll. Die Bestimmung ist eine gegenüber dem Empfänger der Zuwendung abzugebende Willenserklärung, die diesem nicht bloß zugehen (§ 130), sondern auch zu seinem Bewußtsein gebracht werden muß. Mit dem sich hieraus ergebenden Erfordernisse, daß die Umstände das Bewußtsein des Empfängers von der Anrechnungspflicht in ihrer Richtung auf den Pflichtteil außer Zweifel stellen müssen, kann die Bestimmung auch stillschweigend erklärt werden (RG SeuffA 76 Nr 57).

In der Anordnung der Anrechnung auf den Erbteil ist sie nicht ohne weiteres enthalten; nur besondere Umstände können im Einzelfall zu der Annahme führen, daß eine solche Anordnung, über ihren nächstliegenden Sinn (§§ 2055, 2316 Abs 1) hinausgehend, unmittelbar auf eine pflichtteilsrechtliche Wirkung abziele und daß dies dem Empfänger bewußt geworden sei (RG aaO., Recht 04 Nr 1312 und JW 1925, 2124[13]).

Die Bestimmung setzt nicht notwendig voraus, daß der Erblasser von vornherein die Absicht hat, den Empfänger der Zuwendung auf den Pflichtteil zu setzen, hat vielmehr auch dann Sinn und Berechtigung, wenn er sich dadurch nur diese Möglichkeit offenhalten will (RG Recht 1921 Nr 149). Bestimmung, Zuwendung und Rechtsgeschäft (A 4) werden regelmäßig zeitlich zusammentreffen („mit der Bestimmung"). Es genügt jedoch, wenn die Bestimmung der Zuwendung vorangeht, aber in Hinblick auf die bevorstehende Zuwendung getroffen wird.

Dagegen bindet die nachträgliche Bestimmung den Empfänger selbst dann nicht, wenn er sich (formlos) damit einverstanden erklärt hätte (RG SeuffA 76 Nr 57). Hat der einzige Abkömmling A aus dem 300 betragenden Vermögen des Erblassers E eine mit Anrechnungspflicht nicht beschwerte Zuwendung von 100 erhalten, und beträgt infolgedessen der Nachlaß des E nur noch 200, so gebührt ihm als Pflichtteil $\frac{1}{2} = 100$. Er bekommt danach unter Lebenden und von Todes wegen zusammen 200. Soll er sich jedoch die vorempfangenen 100 auf den Pflichtteil anrechnen lassen, so beträgt der Pflichtteil nur $\frac{200 + 100}{2} - 100 = 50$. Er bekommt dann zusammen nur 150. Die (wie hier vorausgesetzt) nachträglich auferlegte und übernommene Anrechnungspflicht verkürzt deshalb unter allen Umständen den Pflichtteil des A und enthält somit einen Erbverzicht, der nach §§ 2346 Abs 2, 2348 der öffentlichen Beurkundung bedarf (RG 71, 136). Der gleiche Erfolg tritt zwar auch dann ein, wenn die Anrechnungsbestimmung sogleich mit der Zuwendung verbunden wird. Allein in diesem Falle ist die Bestimmung des Zuwendenden das Entscheidende. Die Zuwendung erhält damit eine besondere rechtliche Beschaffenheit und nur so, wie sie beschaffen ist, also als auf den Pflichtteil anrechnungspflichtig, kann sie der Pflichtteilsberechtigte annehmen oder ablehnen. Sein Widerspruch gegen die Bestimmung wäre, wenn er trotzdem annimmt, unwirksam. Die Annahme in Unkenntnis der Bestimmung hätte Nichtigkeit der Zuwendung zur Folge und würde den Bereicherungsanspruch des Erblassers oder des Nachlasses aus § 812 entstehen lassen. Im übrigen ist der Erblasser nicht gehindert, dem zum Erben eingesetzten Pflichtteilsberechtigten die Anrechnung von Zuwendungen letztwillig zur Pflicht zu machen, soweit hierdurch nicht eine Schmälerung seines Pflichtteils eintritt (§§ 2050 A 7b, 2306 A 2c cc).

6. Hinzurechnung (Abs 2 Satz 1). Der Wert der Zuwendung erhöht, wiewohl nur rechnungsmäßig und nur im Verhältnis zu demjenigen Pflichtteilsberechtigten, welcher die Zuwendung empfangen hat, den nach § 2311 zugrunde zu legenden Wert des Gesamtnachlasses (anders bei § 2316, wo es sich um Berücksichtigung der Ausgleichungspflicht und im Falle des Abs 4 zugleich um Anrechnung auf den Pflichtteil bei einer Mehrheit von pflichtteilsberechtigten Abkömmlingen handelt, vgl. auch §§ 2325, 2327). Die Erb- oder Pflichtteile anderer Beteiligter werden hiervon grundsätzlich nicht berührt.

Kommen verschiedene lediglich auf den Pflichtteil anzurechnende Zuwendungen an verschiedene Pflichtteilsberechtigte in Frage, so ist der Berechnung eines jeden Pflichtteils auch ein verschiedener Gesamtbestand des Nachlasses zugrunde zu legen. Haben z. B. an derartigen Zuwendungen empfangen bei einem Nachlaßreinbestand von 2000 der überlebende Ehegatte E 200, der Abkömmling A 500, so ist der Pflichtteil des E von 2200, des A von 2500 fiktivem Nachlaßbestand zu berechnen. Dafür spricht auch die Entstehungsgeschichte des Gesetzes. Vgl. darüber Planck-Greiff 4. Aufl § 2315 A 6.

7. **Bestimmung des Wertes der Zuwendung.** Für die Wertbestimmung ist die Zeit der Leistung, nicht wie in § 2311 des Erbfalls maßgebend. Spätere Veränderungen des Sachwerts und selbst der Untergang der zugewendeten Sache kommen nicht in Betracht. Fällt eine anrechnungspflichtige Zuwendung in die Zeit vor der Inflation, der Erbfall in die Inflationszeit, so ist für die Frage, mit welchem Werte die Zuwendung anzurechnen ist, in erster Linie der in seinen Verfügungen von Todes wegen niedergelegte Wille des Erblassers maßgebend (RG 21. 9. 36 IV 123/36). Ist ein solcher Wille nicht feststellbar, so muß der Wert des Nachlasses gemäß § 2311 Anm 1, 2 u. 4 für die Zeit des Erbfalls in Papiermark geschätzt und der sich nach der Zuwendungszeit bestimmende Wert der Zuwendung, um die Zusammenrechnung der beiden Werte zu ermöglichen, für die Zeit des Erbfalls in Papiermark umgerechnet werden; die so in Papiermark errechnete Pflichtteilsforderung ist dann gemäß § 2317 Anm 2a aufzuwerten (RG JRdsch 1927 Nr 1120). Hat der Erblasser bei der Anrechnungsbestimmung (A 5) den anzurechnenden Wert festgesetzt, und zwar auf einen hinter dem wirklichen Werte zurückbleibenden Betrag, so ist diese Festsetzung maßgebend (wenn von der Geldentwertung betroffen, in dem für die Zeit des Erbfalls umzurechnenden Betrage). Sind dadurch andere Pflichtteilsberechtigte benachteiligt, so kann ihnen der Ergänzungsanspruch nach § 2325 zustehen. Die Festsetzung eines zu hohen, den Empfänger im Pflichtteil benachteiligenden Wertes kann nur als Erbverzicht zur Geltung kommen (A 5).

Schwierigkeiten können sich, wenn der Erbfall nach der Währungsreform eingetreten ist, bezüglich derjenigen Zuwendungen ergeben, die vor dem 21. 6. 48 gemacht sind. Grundsätzlich ist der Wert der Zuwendung in der damals geltenden Reichsmarkwährung zu ermitteln. Der festgestellte Reichsmarkbetrag muß entsprechend dem in § 2 des WährG enthaltenen Gedanken als DM-Betrag dem Nachlaß hinzugerechnet werden. Von dieser Summe ist der Pflichtteil zu berechnen, der dann wiederum um den in DM ausgedrückten Betrag der Zuwendung zu kürzen ist (BGH 19. X. 55 IV ZR 42/55). Unbilligkeiten können sich ergeben, wenn nicht Sachwerte, sondern Reichsmarkbeträge zugewandt waren. In solchen Fällen wird notfalls im Wege der ergänzenden Testamentsauslegung festzustellen sein, ob die Zuwendung mit einem anderen als ihrem in DM ausgedrückten Nennbetrag anzurechnen ist.

8. **Anrechnungspflicht für nachrückende Abkömmlinge.** Die Anrechnungspflicht trifft auch den nachrückenden Abkömmling, der an Stelle des nächstberechtigten, aber weggefallenen Abkömmlings pflichtteilsberechtigt geworden ist. Jener muß sich auf seinen Pflichtteil die dem weggefallenen Abkömmling gemachten Zuwendungen anrechnen lassen. Die auf diese Weise von der Ausgleichspflicht Betroffenen können Geschwister oder Abkömmlinge des weggefallenen pflichtteilsberechtigten Abkömmlings sein.

Falls der anrechnungspflichtige Abkömmling vor dem Erblasser verstorben ist, muß der an seine Stelle tretende Abkömmling die jenem gemachten Zuwendungen sich ebenso anrechnen lassen wie dieser es müßte, wenn er den Erbfall erlebt hätte und pflichtteilsberechtigt geworden wäre. Es kommt nicht darauf an, ob er den Weggefallenen beerbt oder selbst in den Genuß der Zuwendung gelangt ist. Nichts besonderes gilt, wenn der an die Stelle des Weggefallenen Tretende dessen Abkömmling ist. Ist er dagegen ein mit dem Weggefallenen in der Seitenlinie verwandter Abkömmling des Erblassers, so ist § 1935 entsprechend anzuwenden. Danach ist der ursprüngliche Pflichtteil, der sich ergeben würde, wenn der Vorgehende nicht weggefallen wäre, und der endgültige nach dem Wegfall sich ergebende Pflichtteil zu berechnen. Der ursprüngliche Pflichtteil muß dem Berechtigten verbleiben. Er wird durch die Anrechnung der dem Weggefallenen gemachten Zuwendungen nicht beeinträchtigt. Anderseits mindern Zuwendungen, die dem Pflichtteilsberechtigten selbst gemacht sind, nicht den Teil des Pflichtteils, den er durch den Wegfall des ihm Vorgehenden erhält.

Falls der vorgehende Abkömmling als Pflichtteilsberechtigter dadurch weggefallen ist, daß er durch letztwillige Verfügung von der Erbfolge ausgeschlossen und ihm dabei der Pflichtteil entzogen ist, daß er den Erbteil ausgeschlagen oder für erbunwürdig erklärt ist, ist Abs 3 nur anwendbar, wenn an Stelle des Weggefallenen ein Abkömmling von ihm tritt. Die Geschwister des Weggefallenen brauchen sich die diesem gemachten Zuwendungen nicht auf ihren Pflichtteil anrechnen zu lassen, da dieser nach § 2310 durch den Wegfall des neben ihnen Pflichtteilsberechtigten in seiner Höhe überhaupt nicht berührt wird.

Abs 3 ist nicht anzuwenden, wenn an die Stelle des weggefallenen Abkömmlings die Eltern des Erblassers pflichtteilsberechtigt werden. Aus § 2309 ist aber herzuleiten, daß die Zuwendungen praktisch auch auf ihren Pflichtteil anzurechnen sind (vgl. darüber unten Anm 9).

Was in § 2051 A 1/2 von der Ausgleichungspflicht gesagt ist, gilt hier von der Anrechnungspflicht.

Die entsprechende Anwendung ist auch dann geboten, wenn ein Fremder als Erbe eingesetzt und der nachrückende Abkömmling der einzige in Betracht kommende Pflichtteilsberechtigte ist. Der Erblasser kann die Anwendung des § 2051 dadurch ausschließen, daß er die Anrechnung dem Empfänger der Zuwendung nur für seine Person zur Pflicht macht. Der Nachrückende ist hierfür beweispflichtig.

9. Verhältnis zu § 2309. Nachrücken der Eltern des Erblassers. Zu beachten ist, daß der entferntere Abkömmling nach § 2309 A 3/4 insoweit nicht pflichtteilsberechtigt ist, als der vorgehende Berechtigte den Pflichtteil verlangen kann oder das ihm Hinterlassene annimmt. Nun kann zwar der Empfänger der anrechnungspflichtigen Zuwendung, soweit sie anrechnungspflichtig ist, den Pflichtteil „nicht verlangen". Aber doch nur deshalb nicht, weil er durch den Vorempfang hierauf schon bei Lebzeiten abgefunden worden ist, ohne daß ihm die einmal empfangene Zuwendung wieder entzogen werden kann. Mit Planck-Greiff A 8b muß eine derartige Vorausgewährung dem Hinterlassen gleichgestellt werden. Die Annahme der Zuwendung als „des Hinterlassenen" läßt es deshalb insoweit überhaupt nicht zum Nachrücken entfernterer Pflichtteilsberechtigter kommen. Soweit dennoch die Eltern des Erblassers nachrücken, z. B. wegen Erbunwürdigkeit des einzigen Abkömmlings, der durch anrechnungspflichtige Zuwendungen bereits teilweise auf den Pflichtteil abgefunden ist, haben sie praktisch die Anrechnungspflicht ebenfalls gegen sich gelten zu lassen. Zwar nicht auf Grund von § 2315 Abs 3, der nur auf Abkömmlinge berechnet ist. Wohl aber auf Grund von § 2309, der ein Pflichtteilsrecht der Eltern nur insoweit entstehen läßt, als der weggefallene Abkömmling nicht schon unter Lebenden hierauf abgefunden war. Ist er schon vor dem Erblasser verstorben, so hat sich damit die Anrechnungspflicht überhaupt erledigt. Die Eltern können dann kraft eigenen Rechtes ihren vollen Pflichtteil fordern (§ 2309 A 3).

10. Anwendung für die §§ 2303, 2305–2307. Nach der Absicht des Gesetzgebers soll im Falle der Anrechnung der nach § 2315 zu berechnende Pflichtteilsanspruch derjenige sein, der allein dem Pflichtteilsberechtigten zusteht. Nicht den in § 2303 Abs 1 Satz 2 genannten normalen Pflichtteilsanspruch, sondern den sich aus § 2315 ergebenden wirklichen kann der Berechtigte gegen den Erben geltend machen.

Entsprechend muß auch in §§ 2305 und 2306 auf das Verhältnis des hinterlassenen Erbteils zu dem Wert des nach § 2315 zu berechnenden Pflichtteilsanspruchs abgestellt werden. Denn allein darauf kommt es an, ob und wie weit dieser Anspruch durch die Erbeinsetzung gedeckt ist. Der Berechtigte hat daher nach § 2305 nur insoweit einen Pflichtteilsrestanspruch, als der Wert des ihm Zugewandten den ihm nach § 2315 zustehenden wirklichen Pflichtteilsanspruch nicht deckt. Nur wenn der Wert des hinterlassenen Erbteils diesen Anspruch nicht übersteigt, fallen die auf dem Erbteil ruhenden Beschränkungen und Beschwerungen nach § 2306 Abs 1 Satz 1 fort. Schlägt der Pflichtteilsberechtigte den ihm hinterlassenen Erbteil nach § 2306 Abs 1 Satz 2 aus, dann kann er den ihm nach § 2315 zustehenden Pflichtteilsanspruch nur geltend machen, wenn der Wert des beschwerten Erbteils größer war als dieser Anspruch. Für § 2307 kommt es gleichfalls auf das Verhältnis des Wertes des Vermächtnisses zu dem sich nach § 2315 ergebenden Anspruch an.

§ 2316

Der Pflichtteil eines Abkömmlings bestimmt sich, wenn mehrere Abkömmlinge vorhanden sind und unter ihnen im Falle der gesetzlichen Erbfolge eine Zuwendung des Erblassers zur Ausgleichung zu bringen sein würde, nach demjenigen, was auf den gesetzlichen Erbteil unter Berücksichtigung der Ausgleichungspflicht bei der Teilung entfallen würde. Ein Abkömmling, der durch Erbverzicht von der gesetzlichen Erbfolge ausgeschlossen ist, bleibt bei der Berechnung außer Betracht.

Ist der Pflichtteilsberechtigte Erbe und beträgt der Pflichtteil nach Abs. 1 mehr als der Wert des hinterlassenen Erbteils, so kann der Pflichtteilsberechtigte von den Miterben den Mehrbetrag als Pflichtteil verlangen, auch wenn der hinterlassene Erbteil die Hälfte des gesetzlichen Erbteils erreicht oder übersteigt.

Eine Zuwendung der im § 2050 Abs 1 bezeichneten Art kann der Erblasser nicht zum Nachteil eines Pflichtteilsberechtigten von der Berücksichtigung ausschließen.

Ist eine nach Abs 1 zu berücksichtigende Zuwendung zugleich nach § 2315 auf den Pflichtteil anzurechnen, so kommt sie auf diesen nur mit der Hälfte des Wertes zur Anrechnung.

E I 1989 Abs 1 Nr. 3, Abs 4, 1990 Abs 2 II 2181; M 5 410–416; P 5 521–525, 892; 6 102, 103, 320, 351; KB 323ff.

Übersicht:

Ausgleichungspflicht

1. Voraussetzungen des Abs. 1. Es handelt sich um die Berechnung des Pflichtteils eines Abkömmlings neben einem oder mehreren anderen Abkömmlingen, nicht wie in § 2315 A 1 des Pflichtteilsberechtigten schlechthin, und zwar um die nähere Bestimmung des nach § 2303 A 3 hierfür maßgebenden gesetzlichen Erbteils. Die anderen — näheren oder entfernteren — Abkömmlinge (§ 2309) müssen vorhanden sein, d. h. zur Zeit des Erbfalls gelebt haben. Ob sie, allein oder neben Fremden, Erben oder Pflichtteilsberechtigte geworden sind, ist gleichgültig, wofern sie nur gemäß § 2310 „mitgezählt werden". Nur der Verzichtende und der Erbunfähige bleiben außer Betracht (A 5).

2. Ausgleichungspflicht. Die Bestimmungen über die Ausgleichungspflicht von Zuwendungen im Falle der gesetzlichen Erbfolge sind in den §§ 2050ff. enthalten.

3. Auskunftspflicht. In entsprechender Anwendung des § 2057 ist der Erbe zur Auskunft über auszugleichende Zuwendungen auch dann verpflichtet, wenn ihm der Pflichtteilsberechtigte nicht als Miterbe, sondern nur als Pflichtteilsgläubiger gegenübersteht (RG 73, 372; BGH 24. 9. 53 IV ZR 37/53). Diese Auskunft hat sich auf eine Ausstattung zu erstrecken, deren Ausgleichung ihm zum Nachteil des Pflichtteilsberechtigten (Abs 3) vom Erblasser erlassen worden ist (RG Warn 1912 Nr 173). Ist der Erbe nach § 2056 von der Herauszahlungspflicht befreit, da er durch die Zuwendung mehr erhalten hat, als ihm bei der Auseinandersetzung zukommen würde, so braucht er auch den Pflichtteil nicht zu zahlen. Er könnte gegebenenfalls nur mit dem Pflichtteilsergänzungsanspruch aus §§ 2325ff. belahgt werden (RG 77, 282).

4. Berechnung des Pflichtteils. Auch wenn es nicht zur gesetzlichen Erbfolge und damit zur Durchführung der Ausgleichung kommt, wird doch die Ausgleichungspflicht **rechnungsmäßig berücksichtigt.** Die Hälfte des auf dieser Grundlage ermittelten gesetzlichen Erbteils bildet den Pflichtteil. Dabei ist festzuhalten, daß die Ausgleichung nur unter den Abkömmlingen und nur innerhalb des auf sie entfallenden Nachlaßanteils stattfindet. Dem Wert des Nachlasses, der den Abkömmlingen einschließlich derjenigen zukommen würde, die gemäß § 2310 bei der Berechnung des Pflichtteils mitzuzählen sind, sind die Werte sämtlicher Zuwendungen, die bei der gesetzlichen Erbfolge auszugleichen wären, hinzuzurechnen (§ 2055 Abs 1 Satz 2). Falls bei der gesetzlichen Erbfolge nur Abkömmlinge Erben würden, wäre der Wert der Zuwendungen zu dem Wert des Gesamtnachlasses hinzuzurechnen. Falls neben den Abkömmlingen auch der überlebende Ehegatte des Erblassers zur gesetzlichen Erbfolge gelangen würde, wäre der Wert der Zuwendungen, da der Erbteil des Ehegatten $\frac{1}{4}$ beträgt, nur dem Werte von $\frac{3}{4}$ des Nachlasses hinzuzurechnen. Erb- und Pflichtteil des überlebenden Ehegatten werden sonach durch die Bestimmungen des § 2316 nicht beeinflußt. Beispiel: Nachlaß 2000, Erben neben dem Ehegatten E die Abkömmlinge A mit 1250, B mit 0, C mit 250 ausgleichungspflichtigen Zuwendungen. Gesetzlicher Erbteil des E $\frac{2000}{4} = 500$, hiervon $\frac{1}{2}$ Pflichtteil $= 250$. Der gesetzliche Erbteil jedes Abkömmlings beträgt $\frac{1500 + 1250 + 250}{3} = 1000$, mit Anrechnung der Vorempfänge für A $1000 - 1250 = 0$. Da somit § 2056 einschlägt (RG Warn 1913 Nr 252), berechnet sich für B und C der gesetzliche Erbteil auf je $\frac{1500 + 250}{2} = 875$ und mit Anrechnung der Vorempfänge für B auf $875 - 0 = 875$, für C auf $875 - 250 = 625$. Hiervon $\frac{1}{2}$ Pflichtteil für A $= 0$, für B $= 437\frac{1}{2}$, für C $312\frac{1}{2}$. — Sind bei einem während der Inflationszeit erfolgten Erbfall Zuwendungen aus der Zeit vor der Inflation zu berücksichtigen, so gilt für die Wertberechnung Entsprechendes wie nach § 2315 A 7 (RG JRdsch.1927 Nr 1120). Maßgebend für die Bemessung des Wertes der Zuwendung ist nach § 2055 Abs. 2 die Zeit, zu der die Zuwendung erfolgte. Bei Erbfällen, die nach dem Stichtag der Währungsreform eingetreten sind, gilt für die Berücksichtigung von Zuwendungen, die vor dem Stichtag der Währungsreform gemacht sind, das in § 2315 Anm 7 Abs 2 Ausgeführte.

5. Erbverzicht (Abs 1 Satz 2). Im Falle des Erbverzichts wird der Verzichtende nach § 2310 A 2 nicht mitgezählt, wenn sich der Verzicht auf das gesetzliche Erbrecht erstreckte. In diesem Falle kommt eine Hinzurechnung der ihm gemachten Zuwendungen zum Nachlaß ebensowenig in Frage, wie wenn er vor dem Erblasser gestorben wäre. Dasselbe gilt von den Abkömmlingen des Verzichtenden, wenn der Verzicht nach § 2349 auch für sie wirksam ist. War er dagegen auf die Person des Verzichtenden beschränkt, so sind die nachrückenden Abkömmlinge gemäß § 2051 A 2 an seiner Stelle zur Ausgleichung verpflichtet. Auf dieser Grundlage ist mithin auch ihr Pflichtteil zu berechnen. Hatte der Verzicht nur den Pflichtteil zum Gegenstande (§ 2346 A 4), so wird der Verzichtende mitgezählt (§ 2310 A 2). Kommt auch sein eigener Pflichtteil nicht mehr in Betracht, so ist doch derjenige der übrigen Abkömmlinge nach Ausgleichungsgrundsätzen (A 4), und zwar unter Einbeziehung des Verzichtenden zu berechnen. Rücken infolge des Pflichtteilsverzichts entferntere oder gleich nahe Abkömmlinge nach, so berechnet sich ihr Pflichtteil ebenfalls auf Grund des § 2051 A 2.

6. Pflichtteil des überlebenden Ehegatten. Die Berechnung des Pflichtteils des überlebenden Ehegatten wird, wenn er neben Abkömmlingen als Pflichtteilsberechtigter in Betracht kommt, wie bereits in Anm 4 ausgeführt, durch § 2316 nicht berührt. Die den Abkömmlingen gemachten Schenkungen sind aber nach § 2325 auch für den Pflichtteil des überlebenden Ehegatten bedeutsam, da sich für ihn ein Anspruch auf Pflichtteilsergänzung ergeben kann.

7. Verhältnis des § 2316 zu § 2309. Ergibt die nach § 2316 durchzuführende Berechnung, daß ein Abkömmling wegen der ihm gemachten ausgleichspflichtigen Zuwendungen keinen Pflichtteil mehr fordern kann, dann werden dadurch auch dessen entferntere Abkömmlinge nicht pflichtteilsberechtigt. Vielmehr ist der Abkömmling, der die Zuwendung empfangen hat, rechtlich so zu behandeln, wie nach § 2309 ein Abkömmling, der das ihm Hinterlassene angenommen hat (ebenso Planck-Greiff 4. Aufl. § 2316 Anm 5). Aus § 2309 und auch aus § 2051 Abs 1 ergibt sich weiter, daß einem Abkömmling, der an Stelle eines weggefallenen Abkömmlings pflichtteilsberechtigt geworden ist, nur der für den Weggefallenen nach § 2316 zu errechnende Pflichtteilsbetrag zusteht. Ist an die Stelle des Weggefallenen ein Abkömmling des Erblassers getreten, der nur Seitenverwandter des Weggefallenen ist, dann führt der Wegfall zu einer Erhöhung des Pflichtteils des nunmehr Pflichtteilsberechtigten. § 1935 ist in diesem Fall entsprechend anzuwenden. Dem an die Stelle des Weggefallenen getretenen Abkömmling muß trotz der ihn treffenden Ausgleichspflicht des Weggefallenen ein Pflichtteil in der Höhe verbleiben, wie er ihm ohne die durch den Wegfall eingetretene Veränderung zustehen würde (vgl. § 2315 Anm 8).

8. Mehrbetrag des Pflichtteils (Abs 2). Die Hinzurechnung der Vorempfänge erhöht rechnungsmäßig den Bestand des Nachlaßanteils der Abkömmlinge und kann, verglichen mit dem reinen Nachlaß, auf Kosten des Erben als des Pflichtteilsschuldners zu einer Vergrößerung des einen oder des anderen Pflichtteils führen. Diese Vergrößerung soll dem Pflichtteilsberechtigten auch dann zustatten kommen, wenn er selbst als Erbe eingesetzt ist. In diesem Falle könnte er nach dem Wortlaute des § 2305 mit dem Pflichtteilsanspruche Vervollständigung des zu niedrig bemessenen Pflichtteils nur nach dem Reinbestand des Nachlasses fordern. Und auch dieser Anspruch wäre ausgeschlossen, wenn er auf einen Bruchteil des (reinen) Nachlasses eingesetzt ist, der der Hälfte seines gesetzlichen Erbteils gleichkommt oder sie übersteigt. Abs 2 sichert dem Pflichtteilserben in beiden Fällen das Recht, seinem Anspruch auf Vervollständigung die in Abs 1 angeordnete fiktive Wertberechnung zugrunde zu legen. So könnte , wenn in dem Beispiele A 4 von den drei auf je $^1/_8$ pflichtteilsberechtigten Abkömmlingen B auf $^1/_5$ (also genügend hoch), C auf $^1/_{20}$ (also zu niedrig) eingesetzt wäre, bei einem Reinbestande von 2000 der mit 400 Erbteil bedachte B überhaupt nichts, der mit 100 bedachte C nur den Unterschied zwischen $^1/_{20}$ und $^1/_8 = ^3/_{40}$ oder 150 zur Vervollständigung fordern. Nach Ausgleichungsgrundsätzen soll aber fordern dürfen B zu 400 noch $37\frac{1}{2} = 437^1/_2$ C zu 100 noch $212\frac{1}{2} = 312\frac{1}{2}$ (A 3).

9. Abs 3. Die Bezugnahme auf § 2050 Abs 1 begreift zugleich den nur als Ergänzung hierzu dienenden Abs 2 in sich. Der Erblasser kann einem Abkömmling, den er mit einer **Ausstattung** (§ 2050 Abs 1) oder solchen **Zuschüssen** oder **Aufwendungen für die Vorbildung** bedacht hat, we che das seinen Vermögensverhältnissen entsprechende Maß übersteigen (§ 2050 Abs 2), die Ausgleichungspflicht sogleich bei der Zuwendung oder nachträglich durch Verfügung von Todes wegen (§ 2050 A 4) erlassen. Der Erlaß ist jedoch unwirksam, soweit er anderen Pflichtteilsberechtigten zum Nachteil gereicht. Diese Unwirksamkeit folgt schon aus allgemeinen Grundsätzen, wonach die Bevorzugung eines Abkömmlings in dem Pflichtteilsrecht der übrigen ihre Grenze findet (Prot 5, 892). Die in § 2050 Abs 1 und 3 aufgeführten Zuwendungen sind also bei der Berechnung des Pflichtteils eines Abkömmlings nach § 2316 stets dem Werte des Nachlasses hinzuzuzählen. Ob sie auf den Pflichtteil anzurechnen sind, hängt davon ab, ob der Erblasser nach § 2315 eine dahingehende Bestimmung getroffen hat.

Haben die übrigen Abkömmlinge im Falle des **§ 2050 Abs 3** durch eine bei der Zuwendung getroffene Anordnung des Erblassers einmal das Recht erlangt, Ausgleichung zu fordern und damit ihren Pflichtteil entsprechend zu erhöhen, so können sie sich dieses Rechtes nur in der Form des Erbverzichts (§ 2346 Abs 2) begeben. Soweit es sich bei den unter Erlassung der Ausgleichungspflicht gemachten Zuwendungen um Schenkungen handelt, ist auch der Pflichtteilsergänzungsanspruch nach §§ 2325ff. gegeben. Darüber, daß umgekehrt zum Nachteil des betreffenden Pflichtteilsberechtigten ihm die Ausgleichungspflicht nicht nachträglich auferlegt werden kann, es sei denn, daß er sich durch Erbverzichtsvertrag hiermit einverstanden erklärt hat, vgl. RG 67, 309; 71, 135; SeuffA 76 Nr 57.

10. Zusammentreffen von Ausgleichungspflicht und Anrechnungspflicht (§ 2315). Abs 4 regelt den Fall, daß die Ausgleichungspflicht nach Abs 1 und die Anrechnungspflicht nach § 2315 zusammentreffen, daß der Pflichtteil infolge einer ausgleichungspflichtigen Zuwendung nach § 2316 Abs 1 berechnet worden ist und daß der Erblasser bestimmt hat, die Zuwendung solle auf den Pflichtteil angerechnet werden. Durch Halbierung des nach Ausgleichungsgrundsätzen ermittelten gesetzlichen Erbteils (Beispiel A 4) ist dem Pflichtteilsberechtigten die eine Werthälfte der Zuwendung bereits auf den Pflichtteil angerechnet. Es versteht sich deshalb von selbst und wird durch Abs 4 nur klargestellt, daß für nochmalige Anrechnung derselben Zuwendung auf den Pflichtteil nur die andere Hälfte übrigbleibt. Die durchgeführte Anrechnung ergibt mithin, da eine Herauszahlung niemals in Frage kommen kann (§ 2315 A 2), in dem Beispiel A 4 für A 0 – 625 = 0, für B 437½ – 0 = 437½, für C 312½ – 125 = 187½ als endgültigen Pflichtteil.

Diese Berechnungsweise ist auch festzuhalten, wenn, wie in unserm Beispiel, auf einen Nachlaß von 2000 Mark sowohl Abkömmlinge als der überlebende Ehegatte E pflichtteilsberechtigt sind. Zwar sind die Zuwendungen, deren Anrechnung auf den Pflichtteil zu erfolgen hat, nach der Regel des § 2315 A 6 dem Gesamtnachlasse (2000) hinzuzurechnen, während dieselben Zuwendungen in ihrer Eigenschaft als Ausgleichungsposten gemäß § 2055 A 2 nur zu der auf die Abkömmlinge entfallenden Sondermasse (1500) hinzutreten. Eine Lösung dieses vom Gesetzgeber nicht beachteten Widerspruchs ist unmöglich. Man wird sich deshalb entweder für die eine oder die andere Berechnungsweise zu entscheiden haben. Diese Entscheidung kann, da das Gesetz eine Ausgleichung unter anderen Erben als Abkömmlingen schlechterdings nicht kennt (§§ 2050ff., 2055), nur dahin gehen, daß die ausgleichungspflichtige Zuwendung auch insoweit, als sie zugleich auf den Pflichtteil anzurechnen ist, immer nur der Sondererbmasse der Abkömmlinge hinzugerechnet werden darf.

Anders wäre es, wenn es sich nebeneinander um Ausgleichungsposten im Sinne von § 2050, zugleich aber auch um Zuwendungen handelt, die lediglich auf den Pflichtteil anzurechnen sind (§ 2315 Abs 1). In diesem Falle besteht kein Hindernis, die letzteren dem Gesamtnachlasse hinzuzuzählen, von dem so ermittelten Bestande die Sondererbmasse der Abkömmlinge abzuzweigen, dieser die reinen Ausgleichungsposten hinzuzufügen, danach für beide Gruppen gesondert die gesetzlichen Erbteile, die Pflichtteile und die hierauf anzurechnenden Vorempfänge einzustellen und hiernach den endgültigen Pflichtteil zu bestimmen. Beispiel: Nachlaß 2000 ausgleichungspflichtige Zuwendungen za, nur auf den Pflichtteil anzurechnende Zuwendungen zp, ausgleichungs- und zugleich anrechnungspflichtige Zuwendungen zap. Es haben erhalten E 200 zp, A 1250 za und 300 zp, B 450 zp, C 250 zap und 50 zp. Der rechnungsmäßige Gesamtbestand des Nachlasses beträgt für sämtliche Beteiligte, den überlebenden Ehegatten E wie die drei Abkömmlinge A, B, C zunächst 2000 Reinbestand + der einem jeden von ihnen gemachten, nur auf den Pflichtteil anzurechnenden Zuwendungen zp, mithin für E 2000 + 200 = 2200, für A 2000 + 300 = 2300, für B 2000 + 450 = 2450, für C 2000 + 50 = 2050 (§ 2315 A 6). Hiervon kommen ¾ als Sondermasse der drei Abkömmlinge in Betracht, die jedoch jedem gegenüber verschieden, nämlich für A mit 1725, für B mit 1837½, für C mit 1537½ einzusetzen ist. Jeder dieser drei Sondermassen sind wiederum die allen Abkömmlingen gemachten bloß ausgleichungspflichtigen Zuwendungen za, ebenso aber auch die sowohl ausgleichungspflichtigen als auf den Pflichtteil anzurechnenden Zuwendungen zap hinzuzurechnen. Danach bestimmt sich z. B. für C sein gesetzlicher Erbteil auf ⅓ von 1537½ + 1250 (A za) + 250 (C zap) = $\frac{3037\frac{1}{2}}{3}$ = 1012½, abzüglich 250 zap, also auf 762½. Hiervon ½ = 381¼ Pflichtteil, darauf anzurechnen noch ½ von 250 zap = 125 und 50 zp, bleiben 381¼ – 175 = 206¼ endgültiger Pflichtteil des C.

Handelt es sich nur um ausgleichungs- und zugleich anrechnungspflichtige Zuwendungen (zap) und kommen bloß Abkömmlinge in Frage, so ist rechnerisch das Ergebnis dasselbe, wenn man den Pflichtteil sogleich von dem um die Hinzurechnungen vermehrten Nachlaß berechnet und hiervon die betreffende Zuwendung in voller Höhe absetzt. Vielfach abweichende Berechnungsmethoden, s. bei Planck-Greiff A 8a und b, auch Maenner Recht 1921, 145. — Auskunftspflicht der Beteiligten in entsprechender Anwendung des § 2057 (oben A 3). Zuwendungen aus dem Gesamtgute § 2331.

§ 2317

Der Anspruch auf den Pflichtteil entsteht mit dem Erbfalle.

Der Anspruch ist vererblich und übertragbar.

E I 1992 II 2182; M 5 417–419; P 5 525–527.

Übersicht:

Pflichtteilsanspruch

1. Rechtsnatur des Anspruchs. Der **Pflichtteilsanspruch** begründet eine Nachlaßverbindlichkeit (§ 1967 A 4). Der Erbe (§ 2303 A 3) haftet dafür nach allgemeinen Grundsätzen. Indessen kann begriffsmäßig vom Pflichtteil nicht die Rede sein, wenn der Nachlaß von vornherein überschuldet ist. Der Anspruch folgt im Range erst hinter den sonstigen Nachlaßverbindlichkeiten, jedoch vor Vermächtnissen und Auflagen (§§ 1973 A 4, 1974 A 7, 1991 A 4). Er wird durch das Aufgebot nicht betroffen (§ 1972, s. aber § 2060 A 3) und kann nur gegen den Erben oder den Miterben (§ 2305 A 2), nicht gegen den Testamentsvollstrecker geltend gemacht werden (§ 2213 A 3, aber auch ZPO § 748 Abs 3). Für ihn gilt der Gerichtsstand der Erbschaft (ZPO § 27).

Er entsteht mit dem Erbfalle (§ 1922) unmittelbar kraft des Gesetzes. Daraus wurde unter der Herrschaft des RErbschStG vom 3. 6. 06 § 1 mit Recht gefolgert, daß er der Erbschaftssteuer auch dann unterliege, wenn er gar nicht geltend gemacht werde (RG 77, 238); anders ist die Rechtslage nach ErbschStG vom 10. 9. 19 § 20 Nr 1, 7 und vom 22. 8. 25 § 2 Abs 1 Nr 1, Abs 2 Nr 4. Unverändert ErbschStG i. d. F. v. 30. 6. 51 (BGBl I, 764).

Auch in den Fällen der §§ 2306 A 3, 2307 A 1 hängt von der Ausschlagung des Erbteils oder des Vermächtnisses nicht die Entstehung des Anspruchs ab; bis zur Ausschlagung steht jedoch dem Pflichtteilsberechtigten die Einwendung einer die Geltendmachung zur Zeit hindernden Tatsache entgegen (§ 2332 Abs 1; RG JW 1931, 1354[17]).

Der Anspruch entsteht überhaupt nicht im Falle eines mit dem Erblasser abgeschlossenen Erbverzichtvertrags (§ 2346). Einmal entstanden kann er nicht, wie das Vermächtnis (§ 2176), einseitig ausgeschlagen werden. Wohl aber kann die Pflichtteilsschuld dem Erben durch formlosen Vertrag erlassen werden (§ 397; RG JW 1928, 907[23]). Ein solcher Erlaß liegt aber regelmäßig noch nicht in der Anerkennung der Rechtswirksamkeit eines den Pflichtteilsberechtigten von der Erbfolge ausschließenden Testaments, aus dem ihm gerade der Pflichtteilsanspruch erwachsen ist (RG Recht 1913 Nr 532), und ist jedenfalls dann zu verneinen, wenn die Anerkennung nur gegenüber dem Nachlaßgericht erklärt und von diesem nicht an den Erben weitergegeben, deshalb vom Erben auch nicht angenommen worden ist (RG Recht 1923 Nr 329).

Für die Geltendmachung des Pflichtteilsanspruchs gelten die allgemeinen Vorschriften des Rechtes der Schuldverhältnisse, insbesondere die Bestimmungen über den Verzug und die Verzinslichkeit.

Die Frau bedarf zu Verzicht oder Erlaß nicht der Zustimmung des Mannes (§§ 1406 Nr 1, 1453, 1519, 1549), wohl aber bedürfen Vater und Vormund der vormundschaftsgerichtlichen Genehmigung (§§ 1822 Nr 2, 1643 Abs 2; RG JW 1928, 907[23]). Ein Vertrag, durch den ein von dem Erben über den Tod des Erblassers in Unkenntnis gehaltener Pflichtteilsberechtigter gegenüber dem Erben auf den Pflichtteil verzichtet, ist wegen fehlender Willenseinigung nichtig (RG 93, 297; §§ 154 A 1, 312 A 1). Im übrigen untersteht der Anspruch als eine reine Geldforderung (RG 104, 196; 116, 7) den allgemeinen schuldrechtlichen Vorschriften, so auch hinsichtlich der Verzinslichkeit, die demgemäß erst bei Verzug oder Rechtshängigkeit eintritt (RG LZ 1915, 223[4]; BayObLG 31, 70).

2. a) Aufwertung. Als ein reiner Geldsummenanspruch (kein sog. Wertanspruch in dem insbesondere von Mügel, Aufwertungsrecht[5] 320 vertretenen Sinne) ist der Pflichtteilsanspruch, wenn der Erbfall in der Zeit vor Einführung der neuen Reichsmark eingetreten ist, als eine Markforderung entstanden. Diese ist nach § 242 (9. Aufl. A 5d γ) aufzuwerten; dabei sind zur Herbeiführung eines billigen Ausgleichs zwischen den beiderseitigen Belangen alle Umstände des Falles, namentlich der Umstand zu berücksichtigen, inwieweit sich der Erbe den Wert des Nachlasses erhalten hat (RG 116, 5; JR 1927 Nr 1119 u. 1120; BayObLG 24 A 256, auch 25 A 85). Der Berufung des Erben darauf, daß, wenn der Pflichtteilsberechtigte alsbald nach dem Erbfall befriedigt worden wäre, das Geld in seinen Händen verbraucht oder entwertet sein würde, hat das RG (JW 1927, 1470[9] sowie 1835[14]) einen Erfolg versagt, weil es mit § 242 unvereinbar sei, daß der Erbe durch die bloße Unterlassung rechtzeitiger Zahlung seine Schuld zu einem Teile sollte herabmindern können, zu dem ihm der Wert des Nachlasses verblieben sei. Ob eine in entwertetem Gelde, wenn auch vor Mitte August 1922 (RG 113, 136), auf eine Pflichtteilsschuld geleistete Zahlung noch als Vollzahlung oder nur als eine durch einen Aufwertungsanspruch auszugleichende Teilzahlung zu gelten hat, hängt, wie die gleiche Frage bei der Auszahlung von Markvermächtnissen (§ 2174 A 3a. a. E.), von den nach Treu und Glauben zu beurteilenden Umständen des Falles ab. Das Aufwertungsgesetz vom 16. 7. 25 (§§ 62, 63 Abs 2 Nr 2, § 10

Abs 1 Nr 2) setzt der Aufwertung von Pflichtteilsansprüchen grundsätzlich keine Schranke. Es gilt auch für das Eingreifen dieses Gesetzes hier dasselbe, was (nach § 2174 A 3b) bei Markforderungen aus Vermächtnissen Rechtens ist.

b) Umstellung. Der Pflichtteilsanspruch ist nach § 18 Abs 1 Nr 3 UmstG im Verhältnis 1:1 auf DM umgestellt. Er konnte, da er ein reiner Geldsummenanspruch ist, vor der Währungsreform durch Zahlung seines Reichsmark-Nennbetrages oder durch Hinterlegung unter Verzicht auf das Recht zur Rücknahme nach §§ 372, 376, 378 getilgt werden (BGH 5, 18). Schuldtilgende Wirkung hat die Zahlung des Reichsmark-Nennbetrages jedoch nicht gehabt, wenn sie oder die Hinterlegung des Reichsmarkbetrages in einer gegen Treu und Glauben verstoßenden Weise zur Unzeit erfolgt ist. Das wäre z. B. bei Zahlungen unmittelbar vor der Währungsreform der Fall (Harmening-Duden, Umstellungsgesetz § 13 Anm 34 Abs 4 a. E.; Duden, DRZ 1948, 338; von Caemmerer SJZ 1950, 12).

Ist der vor dem 21. 6. 48 entstandene Anspruch nicht vorher getilgt worden, dann ist die Umstellung im Verhältnis 1:1 erfolgt ohne Rücksicht darauf, welche Wertveränderungen der Nachlaß durch die Währungsreform erfahren hat und auch ohne Rücksicht darauf, wie sich die Umstellung des Anspruchs auf den Nachlaß auswirkt. Die Erben können aber, wenn sich für sie Schwierigkeiten aus der Umstellung ergeben, richterliche Vertragshilfe nach dem Vertragshilfegesetz vom 26. 3. 52 (BGBl I, 198), geändert durch das Gesetz vom 24. 8. 53 (BGBl I, 1003) in Anspruch nehmen. Jeder Miterbe ist nach § 2038 Abs 1 Satz 2 Halbs 2 allein berechtigt, den Antrag zu stellen (BGH 6. 7. 55 IV ZB 54/55). Der Pflichtteilsanspruch kann im Vertragshilfeverfahren gestundet oder herabgesetzt werden, wenn und soweit die fristgemäße oder volle Leistung dem Schuldner bei gerechter Abwägung der Interessen und der Lage beider Teile nicht zugemutet werden kann. Danach ist für die Frage, ob und wie weit Vertragshilfe zu gewähren ist, in erster Linie maßgebend, ob der Wert, den der Nachlaß zur Zeit des Erbfalls hatte, so erheblich gemindert ist, daß es dem Beschwerten nicht zugemutet werden kann, die im Verhältnis 1:1 in DM umgestellte Forderung in voller Höhe zu begleichen. Auch bei dieser „korrigierenden Vertragshilfe" können aber unter Umständen die persönlichen Verhältnisse der Beteiligten insbesondere ihre Vermögens- und Einkommensverhältnisse mitzuberücksichtigen sein (LM Nr 1 zu VHG § 1; dazu Anmerkung Duden JZ 1954, 390; a. A. Stuttgart NJW 1952, 1919). Die Vertragshilfe wird nach §§ 7ff. VHG in einem besonderen Verfahren durch das Gericht gewährt, bei dem der Schuldner seinen allgemeinen Gerichtsstand hat. Mit Einverständnis des Gläubigers kann sie nach § 11 Abs 4 VHG in einem anhängigen Rechtsstreit auch durch das Prozeßgericht gewährt werden.

Aus § 242 kann der Erbe nur Rechte herleiten, soweit er sich auf einen Tatbestand beruft, der im Vertragshilferecht nicht geregelt ist, oder soweit er Rechte in Anspruch nimmt, die über die im Vertragshilferecht gegebenen Möglichkeiten hinausgehen (BGH 2, 152; 8, 347; LM Nr 13 zu BGB § 242 [A]).

3. a) Abs 2: Der einmal entstandene Anspruch ist **vererblich** und **übertragbar** gemäß §§ 398ff. Auch im Falle des § 2306 A 3 ist der Pflichtteilsanspruch zusammen mit dem Ausschlagungsrecht vererblich; dagegen ist er in diesem Falle, solange die Ausschlagung noch aussteht, nicht übertragbar, da er von dem als höchstpersönliches Recht des Erben (§ 2033 A 3c) nicht übertragbaren Recht zur Ausschlagung des Erbteils nicht getrennt werden kann.

War der Pflichtteilsberechtigte als Nacherbe eingesetzt (§ 2306 Abs 2) und ist er vor Eintritt des Nacherbfalls gestorben, ohne das Ausschlagungsrecht verloren zu haben, so geht zwar sein Pflichtteilsanspruch auf seinen Erben über. Dieser ist aber nur dann in der Lage, die Ausschlagung nachzuholen und den Pflichtteilsanspruch geltend zu machen, wenn ihm auch die Nacherbschaft anfällt, von deren Ausschlagung diese Geltendmachung abhängt; geht die Nacherbschaft gemäß § 2108 Abs 2 nach dem Willen des Erblassers auf einen Dritten als Ersatznacherben über, so ist ihre Ausschlagung durch den Erben des Pflichtteilsberechtigten nicht möglich und dieser deshalb außerstande, sich die Geltendmachung des Pflichtteilsanspruchs zu eröffnen (RG JW 1931, 1354[17]).

Die Befugnis zur Ausschlagung eines Vermächtnisses und Geltendmachung des Pflichtteils nach § 2307 steht auch einem von Todes wegen oder unter Lebenden eintretenden Erwerber des Vermächtnisses zu, der damit nur eine Forderung durch eine andre ersetzt.

b) Pfändbarkeits des Anspruchs. § 852 Abs 1 ZPO. Der Abtretung steht trotz § 400 nicht entgegen, daß der Pflichtteilsanspruch nach ZPO § 852 nur pfändbar ist, wenn er durch Vertrag anerkannt oder rechtshängig geworden ist (RG SeuffA 68 Nr 130). Nur unter dieser Voraussetzung ist gegen den Anspruch Aufrechnung zulässig (§ 394) und gehört er auch zur Konkursmasse (KO § 1). Der Grund für die durch § 852 Abs 1 ZPO ausgesprochene Beschränkung besteht darin, daß der Anspruch in familienrechtlichen Beziehungen wurzelt. Er soll daher nicht gegen den Willen des Berechtigten geltend gemacht werden können. § 852 Abs 1 ZPO kann deswegen nicht mehr durchgreifen, wenn der Berechtigte den Anspruch abgetreten hat. Unzulässig ist es, die Pfändung für den Fall auszusprechen, daß der Anspruch anerkannt oder rechtshängig wird (KG JW 1935, 3486). Gegen eine dem Verbot des § 852 ZPO zuwider ausgesprochene Pfändung ist mit der Erinnerung nach § 766 ZPO vorzugehen. Pfändbar ist ein dem Pflichtteilsberechtigten zugewandtes Vermächtnis, und zwar auch soweit es nach § 2307 den Pflichtteilsanspruch deckt (OLG 16, 41). Zur Annahme einer vertraglichen Anerkennung im Sinne dieser Voraussetzung genügt es, wenn der Pflichtteilsberechtigte und der Erbe, sei es auch nur durch schlüssige Handlungen (z. B. auf seiten des Pflichtteilsberechtigten Abtretung, auf seiten des Erben Hinterlegung) darüber einverstanden sind, daß der Pflichtteilsanspruch besteht und geltend gemacht werden solle (HRR 1930 Nr 1164). Verjährung § 2332.

4. Von dem Pflichtteilsanspruch ist das **Pflichtteilsrecht** als die Quelle, aus der jener Anspruch unter gewissen Voraussetzungen entsteht, zu unterscheiden. Dieses Recht äußert schon bei Lebzeiten des Erblassers rechtliche Wirkungen. Es schränkt seine Testierfreiheit zugunsten seiner Abkömmlinge, seiner Eltern und seines Ehegatten ein. Eine Ausnahme von der ihm kraft des Pflichtteilsrechts obliegenden Hinterlassungspflicht bestimmen die §§ 2333ff. Das dort geordnete „Recht zur Entziehung des Pflichtteils" (§§ 2335 Abs 2, 2337), durch dessen Ausübung er sich gegenüber dem Pflichtteilsberechtigten seine volle und unbeschränkte Testierfreiheit verschafft, ist ein gegenwärtiges sog. Recht des rechtlichen Könnens und kann daher auch bei Lebzeiten des Erblassers Gegenstand einer Feststellungsklage sein (RG 92, 1). Auch nach dem Erbfall erschöpfen sich die Wirkungen des Pflichtteilsrechts nicht in dem Pflichtteilsanspruch (vgl. §§ 2306 A 2, 2318 Abs 2 u. 3, 2319).

§ 2318

Der Erbe kann die Erfüllung eines ihm auferlegten Vermächtnisses soweit verweigern, daß die Pflichtteilslast von ihm und dem Vermächtnisnehmer verhältnismäßig getragen wird. Das gleiche gilt von einer Auflage.

Einem pflichtteilsberechtigten Vermächtnisnehmer gegenüber ist die Kürzung nur so weit zulässig, daß ihm der Pflichtteil verbleibt.

Ist der Erbe selbst pflichtteilsberechtigt, so kann er wegen der Pflichtteilslast das Vermächtnis und die Auflage so weit kürzen, daß ihm sein eigener Pflichtteil verbleibt.

E I 1993 II 2183; M 5 420, 421; P 5 546–548.

Übersicht

Abwälzen der Pflichtteilslast auf Vermächtnisse und Auflagen

1. Abs 1
2. Abs 2
3. Abs 3

1. Die **Pflichtteilslast:** die Verbindlichkeit zur Leistung des Pflichtteils trifft grundsätzlich den Erben. Hiervon kann ihn auch der Erblasser nicht befreien. Das Gesetz gewährt ihm jedoch im Verhältnis zu Vermächtnisnehmern und Auflagebeteiligten einen Ausgleich dafür, daß der Pflichtteil nach dem Reinbestande des Nachlasses und ohne Rücksicht auf die hiervon noch zu entrichtenden Vermächtnisse und Auflagen berechnet wird (§ 2311 A 2). Der Erbe darf auch sie zur Tragung der Pflichtteilslast mit heranziehen, indem er den Betrag des Vermächtnisses usw. verhältnismäßig, d. h. um so viel kürzt, als dem Werte des Vermächtnisses usw. im Verhältnis zum Reinbestande des Nachlasses entspricht, z. B. 500 Vermächtnis: 2000 Nachlaß = 1:4. Daher trägt von 400 Pflichtteil der Vermächtnisnehmer 100, sein Vermächtnis kürzt sich von 500 auf 400, er kann sich aber dafür gegebenenfalls durch verhältnismäßige Kürzung ihm etwa auferlegter Beschwerungen erholen (§ 2188).

Die Pflichtteilslast ist auch von den sog. gesetzlichen Vermächtnissen mitzutragen, so vom Recht auf den Dreißigsten (§ 1969), dagegen nicht von dem bloß auf den Erbteil des künftigen Kindes gelegten Unterhaltsanspruch der Mutter aus § 1963.

Der Voraus (§ 1932) kann zwar zur Deckung des Pflichtteils der Abkömmlinge, nicht aber auch desjenigen der Eltern herangezogen werden, da er bei Berechnung des elterlichen Pflichtteils bereits voll abgezogen ist (§ 2311 A 3).

Abs 1 enthält nur ergänzendes Recht. Der Erblasser kann zugunsten des Erben wie der Vermächtnisnehmer usw. hiervon abweichende Anordnungen treffen (§ 2324), auch unter mehreren Vermächtnissen usw. das eine oder das andere von Mittragung der Last befreien (§ 2189).

Gegenüber dem Vermächtnisanspruch ist es Einrede, wenn der Erbe Kürzung auf Grund der Pflichtteilslast verlangt (RG 1. 6. 22 IV 391/21). Für deren Voraussetzungen ist er beweispflichtig.

Ein im Sinne des § 2079 übergangener Pflichtteilsberechtigter bleibt, wenn er von seinem Anfechtungsrecht keinen Gebrauch macht, pflichtteilsberechtigt; der Erbe hat das Recht zur Verteilung der Pflichtteilslast nach Maßgabe der §§ 2318ff. auch dann, wenn ein solcher Pflichtteilsberechtigter den Pflichtteilsanspruch geltend macht (RG Warn 1927 Nr 35).

2. Die Absätze 2 u. 3 enthalten zwingende Vorschriften, durch die das Kürzungsrecht des Erben teils eingeschränkt (Abs 2), teils erweitert wird (Abs 3). Der Erbe kann das Vermächtnis gemäß Abs 1 nur bis auf den Betrag des dem Bedachten gebührenden Pflichtteils herabdrücken und muß es voll entrichten, wenn dem **pflichtteilsberechtigten Vermächtnisnehmer** damit nicht mehr als sein Pflichtteil zugewendet ist (§ 2307). Dagegen kann er sich gemäß Abs 1 wegen der hierdurch eintretenden Erhöhung seiner Pflichtteilslast an anderen ihm etwa auferlegten Vermächtnissen usw. schadlos halten.

3. Die Fassung des Abs 3 ist im Hinblick auf § 2306 wenig geglückt. Übersteigt der Erbteil des **selbst pflichtteilsberechtigten Erben** nicht seinen Pflichtteil, so hat er Vermächtnisse und Auflagen überhaupt nicht zu tragen; sie gelten als nicht angeordnet (§ 2306 A 2). Ist sein Erbteil größer und hat er nicht ausgeschlagen (§ 2306 A 3), so hat er damit auch die Verpflichtung zur Entrichtung der Vermächtnisse usw. selbst auf Kosten des eigenen Pflichtteils übernommen (OLG 14, 308). Er kann mithin auf die Bedachten die Pflichtteilslast nur insoweit übertragen, als es sich um Befriedigung dritter Pflichtteilsberechtigter handelt. Der eigene Pflichtteil verbleibt ihm zwar nur in dem durch die Vermächtnisse usw. bereits geminderten Umfange, weitere Beeinträchtigungen, die ihm aus der Befriedigung dritter Pflichtteilsberechtigter entstehen würden, braucht er jedoch (dies ist die Bedeutung der vorliegenden Vorschrift) nicht zu dulden. Er kann vielmehr die daraus entstehende Pflichtteilslast vollständig auf die Vermächtnisse usw. abwälzen. Nötigenfalls darf er auch das Vermächtnis eines Pflichtteilsberechtigten über die Grenze des Abs 2 hinaus mit heranziehen, da das eigene Pflichtteilsrecht des Erben vor demjenigen des Vermächtnisnehmers jedenfalls den Vortritt hat.

Obwohl die Absätze 2 und 3 zwingende Rechtssätze enthalten, ist doch der Erblasser in einem Fall des § 2306 Abs 1 Satz 2 befugt, den dem Pflichtteilsberechtigten hinterlassenen Erbteil voll zu belasten. Er kann daher auch bestimmen, daß dieser Erbe nicht berechtigt sein soll, Vermächtnisse und Auflagen wegen des Pflichtteilsanspruchs anderer zu kürzen. Darin liegt ein weiteres Vermächtnis zugunsten derjenigen, die sich sonst eine Kürzung gefallen lassen müßten (ebenso Kipp-Coing § 67 II 2 d; Planck-Greiff 4. Aufl. § 2318 Anm 5).

In Abs 3 ist ein Alleinerbe vorausgesetzt, beim Vorhandensein mehrerer Erben s. § 2319. Besondere Gestaltungen der Pflichtteilslast in §§ 2320–2323.

§ 2319

Ist einer von mehreren Erben selbst pflichtteilsberechtigt, so kann er nach der Teilung die Befriedigung eines anderen Pflichtteilsberechtigten so weit verweigern, daß ihm sein eigener Pflichtteil verbleibt. Für den Ausfall haften die übrigen Erben.

E II 2184; P 5 546–548.

Übersicht:

Haftung des pflichtteilsberechtigten Erben für Pflichtteilsansprüche

1. Leistungsverweigerungsrecht nach Satz 1
2. Ausfallhaftung der übrigen Miterben nach Satz 2

1. Leistungsverweigerungsrecht nach Satz 1. Ebenso wie § 2318 Abs 3 beruht diese Bestimmung auf dem Gedanken, daß der Pflichtteilsberechtigte Erbe nicht gezwungen werden soll, den ihm gebührenden Pflichtteilsbetrag zur Erfüllung von Vermächtnissen, Auflagen oder Pflichtteilsansprüchen anderer Personen zu verwenden. Handelt es sich um mehrere Erben, so werden die Pflichtteilsansprüche gleich anderen Nachlaßverbindlichkeiten regelmäßig im Laufe der Auseinandersetzung befriedigt (§ 2046 A 1). Bis zur Teilung ist der einzelne Miterbe durch § 2059 geschützt. Nach der Teilung haftet er gegenüber dem noch unbefriedigten Pflichtteilsgläubiger grundsätzlich als Gesamtschuldner, jedoch in den Fällen der §§ 2060, 2061 nur für den seinem Erbteil entsprechenden Teil des Anspruchs. Das Gesetz gewährt dem selbst pflichtteilsberechtigten Miterben eine in § 2318 Abs 3 auch dem Alleinerben eingeräumte zerstörende Einrede, durch die er sich vom Pflichtteilsanspruch insoweit freimacht, als er im eigenen Pflichtteil verkürzt würde. Diese Einrede, für die der Miterbe beweispflichtig ist, steht ihm auch zu, wenn er unbeschränkt haftet, da hiervon der Pflichtteilsanspruch selbst in seinem Inhalte betroffen wird. § 2319 regelt nicht die Verteilung der Pflichtteilslast unter die Miterben, sondern der Haftung gegenüber dem Pflichtteilsberechtigten.

Dem Erben steht, wenn sein Erbteil mit Vermächtnissen und Auflagen beschwert ist, neben dem Recht, die Beschwerungen nach § 2318 Abs 3 zu kürzen, auch die Einrede gegen den Pflichtteilsberechtigten nach § 2319 Satz 1 zu. Dabei kann der Miterbe im Verhältnis zu dem Pflichtteilsberechtigten beanspruchen, daß ihm ein dem vollen Pflichtteilsbetrag gleichkommender Wert des Nachlasses verbleibt. Er ist nach § 2306 Abs 1 Satz 2 nur den Vermächtnisnehmern gegenüber verpflichtet, ihre Forderung selbst auf Kosten seines eigenen Pflichtteils zu befriedigen (ebenso Planck-Greiff 4. Aufl. § 2319 Anm 1).

2. Der oder die übrigen nichtpflichtteilsberechtigten Erben haften für den Ausfall gemäß §§ 2058, 2060ff. Der Erblasser kann zwar im Verhältnis dieser Erben zueinander die Pflichtteilslast regeln (§ 2324), sie aber nicht ganz hiervon befreien. — Das gleiche beim Pflichtteilsergänzungsanspruch § 2328.

§ 2320

Wer an Stelle des Pflichtteilsberechtigten gesetzlicher Erbe wird, hat im Verhältnisse zu Miterben die Pflichtteilslast und, wenn der Pflichtteilsberechtigte ein ihm zugewendetes Vermächtnis annimmt, das Vermächtnis in Höhe des erlangten Vorteils zu tragen.

Das gleiche gilt im Zweifel von demjenigen, welchem der Erblasser den Erbteil des Pflichtteilsberechtigten durch Verfügung von Todes wegen zugewendet hat.

E I 1995, 1996 Abs 1 II 2185; M 5 421–424; P 5 548–550.

Übersicht:

Pflichtteilslast des an Stelle des Pflichtteilsberechtigten Erbenden

1. Eintritt des gesetzlichen Erben an die Stelle des Pflichtteilsberechtigten
2. Pflichtteilslast
3. Vermächtnis für den Pflichtteilsberechtigten
4. Belastung des durch Verfügung von Todes wegen an Stelle des Pflichtteilsberechtigten Berufenen

1. **Eintritt des gesetzlichen Erben an die Stelle des Pflichtteilsberechtigten.** Aus § 426 folgt, daß mehrere Erben die Pflichtteilslast im Verhältnis zueinander regelmäßig nach dem Verhältnis ihrer Erbteile zu tragen haben. Hiervon macht § 2320 eine Ausnahme.

Als gesetzlicher Erbe an Stelle des Pflichtteilsberechtigten — aber so, daß letzterem der Pflichtteilsanspruch verbleibt — kommt in Betracht, wer infolge Ausschließung des Pflichtteilsberechtigten von der Erbfolge (§ 1938) oder infolge einer gemäß § 2306 Abs 1 Satz 2 erfolgenden Ausschlagung nachrückt.

2. **Pflichtteilslast.** Der einrückende Erbe übernimmt damit nach außen die Haftung für den Pflichtteilsanspruch als Nachlaßverbindlichkeit. Da aber dieselbe Tatsache, welche den Pflichtteilsanspruch erzeugt, ihm den Vorteil der Erbenstellung verschafft, so entspricht es der Billigkeit, daß er im Verhältnisse zu Miterben insoweit auch die Pflichtteilslast allein trägt. Dies hat auch dann zu gelten, wenn er schon ohnedies Erbe ist, aber infolge Wegfalls des Pflichtteilsberechtigten im Erbteil erhöht wird (§ 1935 A 3, RG Warn 1918 Nr 77). Die Pflichtteils- oder Vermächtnislast trifft ihn jedoch nur in Höhe des erlangten Vorteils. Dabei kommen die mit der Erbenstellung überkommenen Beschwerungen (s. auch § 2322), insbesondere die Haftung für sonstige Pflichtteilsansprüche in Betracht. Aber auch der Vorteil, der darin liegt, daß z. B. der überlebende Ehegatte statt neben Abkömmlingen nunmehr neben Eltern usw. erbt und deshalb sowohl durch Erhöhung des Erbteils als durch den Anspruch auf den Voraus begünstigt wird (§§ 1931, 1932; a. A. Kipp-Coing § 67 Anm 8). — Abs 1 enthält nur dispositives Recht (§ 2324 A 1; RG JW 1938, 2143[18] = DJ 1938, 1037 mit Anm von Vogels).

3. **Vermächtnis für den Pflichtteilsberechtigten.** Ob das Vermächtnis dem Pflichtteilsberechtigten zur Abfindung auf den Pflichtteil (§ 2307) oder trotz wirksamer Entziehung des Pflichtteils, also ohne eine Hinterlassungspflicht zugewendet ist, macht keinen Unterschied.

4. Der Grundsatz des Abs 1 wird im Wege gesetzlicher Auslegungsregel auf die **gewillkürte Erbfolge** ausgedehnt, auch hier ohne Unterschied, ob der vom Erblasser Begünstigte durch die Verfügung von Todes wegen überhaupt erst Erbe wird oder nur eine Erhöhung seines gesetzlichen Erbteils erfährt (RG Warn 1918 Nr 77). Er gilt auch, wenn der Begünstigte mit dem Pflichtteilsberechtigten zusammen auf einem Erbteil eingesetzt ist und sein Anteil dadurch größer wird, daß ihm der Anteil des Pflichtteilsberechtigten nach § 2094 anwächst, oder wenn der Begünstigte nach § 2096 als Ersatzerbe an Stelle des Pflichtteilsberechtigten erbberechtigt wird. Im übrigen braucht die Zuwendung nicht gerade als „Erbteil" des Pflichtteilsberechtigten bezeichnet zu werden, wenn sonst die Absicht erhellt, den an Stelle des Ausgeschlossenen oder Ausschlagenden Berufenen in gleicher Weise zu bedenken. Hat der Erblasser zwei eheliche und drei uneheliche Kinder zu je $^1/_6$ und die beiden Kinder des dritten ehelichen Kindes zu je $^1/_{12}$ eingesetzt, dem nicht

bedachten dritten ehelichen Kind ein Vermächtnis zugewandt, das dieses unter Berufung auf seinen Pflichtteilsanspruch ausschlägt, dann ist nach der Regel des § 2320 im Zweifel anzunehmen, daß diese Pflichtteilslast auch von den miterbenden unehelichen Kindern mitzutragen ist (RG DR 1941, 441[7]). Nach § 2324 kann der Erblasser abweichende Anordnungen treffen insbesondere die Pflichtteilslast auch den Miterben auferlegen. Der Erbteil i. S. dieser Bestimmung ist der gesetzliche Erbteil (RG 28. 10. 40 IV 491/39).

§ 2321

Schlägt der Pflichtteilsberechtigte ein ihm zugewendetes Vermächtnis aus, so hat im Verhältnisse der Erben und der Vermächtnisnehmer zueinander derjenige, welchem die Ausschlagung zustatten kommt, die Pflichtteilslast in Höhe des erlangten Vorteils zu tragen.

E I 1996 Abs 1 II 2186; M 5 422, 423; P 5 550, 551.

Schlägt der Pflichtteilsberechtigte das Vermächtnis aus und fordert er dafür gemäß § 2307 den Pflichtteil, so entspricht es der Billigkeit, daß die Pflichtteilslast, zu deren Erfüllung das Vermächtnis bestimmt war, hiermit auch dann verbunden bleibt, wenn es einem anderen (Ersatzbedachten, Anwachsungsberechtigten) anfällt, oder daß die Pflichtteilslast von dem getragen wird, der durch die Ausschlagung befreit und somit um den Wert des Vermächtnisses bereichert wird (dem beschwerten Erben, RG Warn 1914 Nr 168, oder Vermächtnisnehmer). Dies alles nur in Höhe des durch die Ausschlagung erlangten Vorteils (§ 2320 A 2). Zwar steht der Pflichtteilsanspruch selbst nur gegen die Erben zu. Der Leistende hat aber einen schuldrechtlichen Ausgleichungsanspruch gegen denjenigen, welchem das ausgeschlagene Vermächtnis zustatten gekommen ist (Kürzungsrecht desselben § 2322) und darf, soweit dieser reicht oder soweit er selbst der Gewinnende ist, andere Vermächtnisnehmer nicht gemäß § 2318 A 1 zur Pflichtteilslast heranziehen (§ 2323). War mit dem ausgeschlagenen (Unter-)Vermächtnis ein anderer Vermächtnisnehmer beschwert, so kann er diesen, schon bevor er den Pflichtteil auszahlt, durch Zurückbehaltung des Hauptvermächtnisses zur Erstattung nötigen (§ 273). Abweichende Anordnungen des Erblassers § 2324.

§ 2322

Ist eine von dem Pflichtteilsberechtigten ausgeschlagene Erbschaft oder ein von ihm ausgeschlagenes Vermächtnis mit einem Vermächtnis oder einer Auflage beschwert, so kann derjenige, welchem die Ausschlagung zustatten kommt, das Vermächtnis oder die Auflage so weit kürzen, daß ihm der zur Deckung der Pflichtteilslast erforderliche Betrag verbleibt.

E I 1996 Abs 2 II 2187; M 5 423, 424; P 5 549—551.

Kürzung von Vermächtnissen und Auflagen

Die Vorschrift knüpft an §§ 2320, 2321 an, wonach die Pflichtteilslast von dem an Stelle des ausschlagenden Pflichtteilsberechtigten nachrückenden Erben oder von dem durch Ausschlagung des Vermächtnisses Gewinnenden zu tragen ist. Waren die ausgeschlagenen Zuwendungen selbst wieder mit Vermächtnissen oder Auflagen beschwert, so gehen außer der Pflichtteilslast nach §§ 2161, 2192 auch diese Beschwerungen auf den Nachrückenden oder Gewinnenden über.

Bezüglich der Beschwerungen ist er als Erbe durch §§ 1935, 2095 und 1992, als Vermächtnisnehmer durch §§ 2159, 2187 dagegen geschützt, auf mehr als den Betrag der Zuwendung in Anspruch genommen zu werden.

§ 2322 gibt nur dann ein Kürzungsrecht, wenn der Wert desjenigen, was der Nachberufene durch die Ausschlagung erlangt hat, geringer ist als der Betrag der auf dem Erlangten ruhenden Pflichtteilslast und der Beschwerungen. Der Nachberufene hat in erster Linie die Pflichtteilsansprüche zu erfüllen. Falls das Erlangte nicht ausreicht, um außer diesen Ansprüchen auch die auf dem Erlangten ruhenden Vermächtnisse und Auflagen zu erfüllen, kann er diese kürzen, und zwar um den Betrag, um den die Summe aus dem Betrag des Pflichtteilsanspruchs und dem Betrag des Wertes der Vermächtnisse und Auflagen den Wert des Erlangten übersteigt. Falls daher das Erlangte ausreicht, um die Pflichtteilslast und die Beschwerungen zu decken, hat der Nachberufene sie voll zu tragen, auch wenn das ihm Angefallene dadurch ganz aufgezehrt wird. Eine Kürzung nach § 2322 setzt somit immer voraus, daß dem Kürzungsberechtigten von der Zuwendung selbst nichts verbleibt.

Eine eigentliche Kürzung des Vermächtnisanspruchs ist nur möglich, wenn der Anspruch aus dem Vermächtnis auf eine teilbare Leistung geht. Richtet er sich auf eine unteilbare Leistung, z. B. auf die Einräumung des Nießbrauchs am Nachlaß, dann ist der Wert des Vermächtnisses zu schätzen. Der Nachberufene kann dann von dem Vermächtnisnehmer nur fordern, daß ihm gegen die Erfüllung des Vermächtnisses ein Betrag gezahlt wird, der dem Unterschiedsbetrag zwischen dem Wert des Vermächtnisses zuzüglich des Pflichtteilsanspruchs und dem Wert des ihm Zugewandten entspricht. Weigert sich der Vermächtnisnehmer, diesen Betrag zu zahlen, dann kann der Nachberufene die Erfüllung des Vermächtnisses verweigern. Er muß aber an Stelle dessen dem Vermächtnisnehmer einen Betrag zahlen, der dem Wert des Vermächtnisses unter Abzug des sonst von dem Vermächtnisnehmer zu erstattenden Betrages entspricht. (Vgl. das zum Abdruck in der AS vorgesehene Urteil des BGH v. 20. 12. 55 IV ZR 105/55.)

Das Kürzungsrecht verbleibt dem Bedachten wie im Falle des § 2319 A 1, auch wenn er sonst unbeschränkt haften sollte. Der verkürzte Vermächtnisnehmer ist gemäß § 2188 auch seinerseits wieder zur Kürzung berechtigt. Der Erblasser kann abweichende Anordnungen treffen (§ 2324), auch durch Begünstigung eines einzelnen Vermächtnisses das Kürzungsrecht des Erben usw. entsprechend einschränken (§ 2189).

§ 2322 beruht auf dem Grundsatz, daß der Nachberufene, falls es erforderlich ist, den gesamten ihm angefallenen Nachlaß zur Verfügung stellen muß, um den Pflichtteilsberechtigten zu befriedigen. Soweit der Nachlaß dazu nicht ausreicht, muß sich zwar der Vermächtnisnehmer einen Eingriff in sein Recht gefallen lassen. Die Befriedigung des Pflichtteilsanspruchs soll aber nach dem Willen des Gesetzgebers nicht in der Weise geschehen, daß das Vermächtnis beeinträchtigt wird, obwohl dem Erben selbst etwas aus dem Nachlaß verbleibt. Das führt dazu, daß §§ 1089, 1087 in folgendem Fall nicht angewandt werden können. Der Erblasser hat seine Tochter als Alleinerbin eingesetzt und seiner Ehefrau den Nießbrauch am Nachlaß vermacht. Die eingesetzte Erbin schlägt aus und verlangt den Pflichtteil. Die Erbschaft fällt den Enkelkindern an. Diese haben den nach § 2306 Abs 1 Satz 2 entstandenen Pflichtteilsanspruch ihrer Mutter zu erfüllen. Sie können dazu aber nicht unter Berufung auf §§ 1089, 1087 Nachlaßgegenstände verwerten, an denen der Witwe des Erblassers der Nießbrauch einzuräumen ist. Denn das würde praktisch zu einer Kürzung des der Witwe zugewandten Vermächtnisses führen, obwohl den Erben das Nachlaßvermögen, nachdem der Nießbrauch beendet ist, verbleiben würde, soweit es nicht für die Befriedigung der Nachlaßverbindlichkeiten verwandt werden mußte. Eine solche Kürzung widerspräche nicht nur dem Willen des Erblassers, sondern auch dem in § 2322 zum Ausdruck gelangten Grundsatz (vgl. das zum Abdruck in der AS vorgesehene Urteil des BGH v. 20. 12. 55 IV ZR 105/55.).

Da nach § 1932 auf den Voraus des überlebenden Ehegatten die für Vermächtnisse geltenden Vorschriften anzuwenden sind, wäre dieser grundsätzlich gleichfalls zu kürzen. Da aber nach § 2311 Abs 1 Satz 2 bei der Berechnung des Pflichtteils der Eltern der dem überlebenden Ehegatten gebührende Voraus außer Ansatz bleibt, kann der Voraus wegen der Pflichtteilslast der Eltern nicht gekürzt werden (vgl. auch § 2318 Anm 1). Anders ist es, wenn dadurch, daß der Pflichtteilsberechtigte den ihm zugewandten Erbteil ausschlägt, das Recht auf den Voraus erst begründet wird.

§ 2323

Der Erbe kann die Erfüllung eines Vermächtnisses oder einer Auflage auf Grund des § 2318 Abs 1 insoweit nicht verweigern, als er die Pflichtteilslast nach den §§ 2320 bis 2322 nicht zu tragen hat.

E I 1997 II 2188; M 5 424; P 5 551.

Kürzung von Vermächtnissen und Auflagen (§ 2318)

Die (nach § 2324 abänderungsfähige) Vorschrift dient dem Vermächtnisnehmer und Auflagebeteiligten als Mittel, den Beschwerten dazu zu zwingen, von den Befugnissen der §§ 2320—2322 zur Abwälzung der Pflichtteilslast auch wirklich Gebrauch zu machen. Sie erläutert § 2318 Abs 1 und gibt zu erkennen, daß der Erbe die Pflichtteilslast nur insoweit verhältnismäßig auf den Vermächtnisnehmer oder den durch eine Auflage Begünstigten abwälzen kann, als sie ihn sonst treffen würde. Daraus, daß § 2323 nur auf § 2318 Abs 1 verweist, folgt nicht, daß der selbst pflichtteilsberechtigte Erbe das ihm nach § 2318 Abs 3 zustehende Kürzungsrecht auch ausüben kann, soweit die Pflichtteilslast nach § 2320 bis 2322 einen anderen trifft. Das ergibt sich schon daraus, daß das Kürzungsrecht nach § 2318 Abs 1—3 an sich schon nur insoweit besteht, als den Erben die Pflichtteilslast trifft (im Ergebnis ebenso Planck-Greiff 4. Aufl. § 2323 Anm 2; OLG 14, 308; a. A. Kipp-Coing § 67 bei Anm 7, der zu Unrecht auf Planck-Greiff für die von ihm vertretene Ansicht verweist).

§ 2324

Der Erblasser kann durch Verfügung von Todes wegen die Pflichtteilslast im Verhältnisse der Erben zueinander einzelnen Erben auferlegen und von den Vorschriften des § 2318 Abs 1 und der §§ 2320 bis 2323 abweichende Anordnungen treffen.

E I 1994 Satz 2, 1998 II 2189; M 5 421, 424; P 5 548, 551.

Übersicht:

Abweichende Anordnungen des Erblassers über die Pflichtteilslast

1. Abweichende Anordnungen
2. Die Rechtswirkungen abweichender Anordnungen

1. **Abweichende Anordnungen.** Dem Erblasser ist jede anderweite Regelung der Pflichtteilslast gestattet, durch die er nicht in das eigene Pflichtteilsrecht des Erben (§§ 2318 A 3, 2319) oder des Vermächtnisnehmers (§ 2318 A 2) eingreift. Innerhalb dieses Rahmens kann er das Recht des Erben zur verhältnismäßigen Kürzung der Vermächtnisse und Auflagen nicht nur erweitern oder beschränken, sondern auch ausschließen. Eine solche Anordnung braucht, wie auch sonst letztwillige Bestimmungen, nicht ausdrücklich getroffen zu werden (§ 2084 A 1 a–c). So genügt es, wenn sich aus dem Zusammenhange des Testaments, nötigenfalls unter Mitberücksichtigung von Umständen außerhalb des Testaments, als der Wille des Erblassers erkennen läßt: Nachlaßverbindlichkeiten irgendwelcher, auch unvorhergesehener Art sollten im Verhältnisse zwischen einem Vermächtnisnehmer und dem Erben nicht zu einer Kürzung der Zuwendung an jenen führen, sondern zu Lasten des diesem verbleibenden Nachlasses gehen. Es ist dann unerheblich, ob der Erblasser um das Pflichtteilsrecht einer von ihm übergangenen Person gewußt und an die Möglichkeit einer Geltendmachung des Pflichtteilsanspruchs durch sie gedacht hat oder nicht (RG Warn 1927 Nr 35). Dem wirklichen oder mutmaßlichen Willen des Erblassers kann es ferner entsprechen, daß im Innenverhältnis der Miterben die Pflichtteilslast einem anderen als demjenigen Erben zur Last fällt, der sie nach den gesetzlichen Vorschriften an sich zu tragen hat (RG JW 1938, 2143[18]; DNotZ 1938, 252).

2. **Die Rechtswirkungen abweichender Anordnungen.** Die Pflichtteilsschuld mehrerer Erben ist nach außen immer eine gemeinschaftliche und grundsätzlich gesamtschuldnerische Verbindlichkeit gemäß §§ 2058ff. Nur **im Verhältnis zueinander** kann sie der Erblasser damit verschieden beschweren (§ 2046 Abs 2) und dadurch gegenseitige schuldrechtliche Ausgleichungsansprüche unter ihnen begründen. § 2189 gestattet ihm, auch einem einzelnen Vermächtnisnehmer die Pflichtteilslast aufzuerlegen. Doch bleibt der Pflichtteilsberechtigte mit seinem Anspruch in jedem Falle an den Erben gewiesen (§ 2303 A 3).

§ 2325

Hat der Erblasser einem Dritten eine Schenkung gemacht, so kann der Pflichtteilsberechtigte als Ergänzung des Pflichtteils den Betrag verlangen, um den sich der Pflichtteil erhöht, wenn der verschenkte Gegenstand dem Nachlasse hinzugerechnet wird.

Eine verbrauchbare Sache kommt mit dem Werte in Ansatz, den sie zur Zeit der Schenkung hatte. Ein anderer Gegenstand kommt mit dem Werte in Ansatz, den er zur Zeit des Erbfalls hat; hatte er zur Zeit der Schenkung einen geringeren Wert, so wird nur dieser in Ansatz gebracht.

Die Schenkung bleibt unberücksichtigt, wenn zur Zeit des Erbfalls zehn Jahre seit der Leistung des verschenkten Gegenstandes verstrichen sind; ist die Schenkung an den Ehegatten des Erblassers erfolgt, so beginnt die Frist nicht vor der Auflösung der Ehe.

E I 2009, 2010; II 2190; RTVorl. 2298; M 5 581–588; P 6 104, 105.

Übersicht:

Pflichtteilsergänzungsanspruch

1. Zweck der Bestimmung
2. Das Wesen des Pflichtteilsergänzungsanspruchs
3. Schenkungen
4. Ausgleich der Schenkungen
5. Bewertung der Schenkungen
   a) Verbrauchbare Sachen
   b) Andere Gegenstände
6. Beweislast
7. Ausschlußfrist (Abs 3)
8. Schenkungen an den Ehegatten

1. Zweck der Bestimmung. § 2325 soll den Pflichtteilsberechtigten dagegen schützen, daß der Erblasser sein Recht durch Schenkungen unter Lebenden vereitelt. Einen derartigen Schutz enthielt bereits das römische Recht. Er bestand ferner auch im gemeinen, preußischen und sächsischen Recht. Sie gaben dem Pflichtteilsberechtigten Anfechtungs- und Widerrufsrechte gegenüber dem Beschenkten. Das BGB hat sich dem System des code civile Artikel 920ff. angeschlossen und dem Pflichtteilsberechtigten wegen der Schenkungen grundsätzlich einen Anspruch gegen den Erben gewährt. Dieses System ist einfacher und dadurch innerlich gerechtfertigt, daß die Benachteiligung des Pflichtteilsberechtigten in erster Linie durch die Handlung des Erblassers eingetreten ist, für die der Erbe als dessen Gesamtrechtsnachfolger einstehen muß. Nur insoweit der Erbe nicht haftbar gemacht werden kann, ist es berechtigt, dem Pflichtteilsberechtigten einen Anspruch gegen den Beschenkten zu geben (§ 2329).

2. Das Wesen des Pflichtteilsergänzungsanspruchs. Bei dem Pflichtteilsergänzungsanspruch handelt es sich nicht um den Pflichtteilsanspruch, der, wie es für die §§ 2315, 2316 zutrifft, nur von der allgemeinen Regel abweichend berechnet wird. Es ist vielmehr ein Anspruch, der dem Berechtigten neben seinem Pflichtteilsanspruch zusteht. Er ist auch nicht zu verwechseln mit dem Anspruch auf Vervollständigung des Pflichtteils aus §§ 2305, 2307. Grundsätzlich unterliegt er den Vorschriften über den (ordentlichen) Pflichtteilsanspruch (RG LZ 1925, 1071[10]), so auch bezüglich der Auskunftspflicht über die in Betracht kommenden Schenkungen gemäß § 2314 (vgl. § 2314 Anm; RG 73, 369), des Zeitpunkts seiner Entstehung, seiner Vererblichkeit, Übertragbarkeit und Pfändbarkeit (§ 2317, § 852 ZPO). Die Entziehung des Pflichtteils und der Verzicht auf den Pflichtteil ergreift auch den Ergänzungsanspruch. Ein Pflichtteilsergänzungsanspruch kann aber auch bestehen, wenn ein Pflichtteilsanspruch überhaupt nicht besteht, weil der Erblasser kein Vermögen hinterlassen hat.

Er steht nach § 2303 A 3 regelmäßig gegen den Erben und nur ausnahmsweise gegen den Beschenkten zu (§ 2329) und dient dazu, den Berechtigten gegen Verkürzungen seines Pflichtteils unter Lebenden zu schützen. Ob der Berechtigte bereits zur Zeit dieser Verkürzung vorhanden und pflichtteilsberechtigt war, oder ob er es erst später geworden, ist gleichgültig. Ebenso, ob er am Nachlaß als Pflichtteilserbe oder nur als Pflichtteilsgläubiger beteiligt ist (RG 80, 135). Liegt nur der Tatbestand der §§ 2325ff. vor, so kommt eine Nichtigkeit des Vertrags wegen Verstoßes gegen die guten Sitten (§ 138) nicht in Frage. Es greifen hier die gleichen Grundsätze Platz, wie sie für die Fälle der Anfechtung wegen Täuschung oder Drohung (RG 72, 218; 83, 112) und wegen Verstoßes gegen KO § 31 Nr 1 oder AnfG § 3 Nr 1 (RG 69, 143; 74, 226) aufgestellt sind; beim Hinzutreten weiterer Umstände kann auch eine den §§ 2325ff. unterliegende Schenkung gegen die guten Sitten verstoßen (RG 2. 2. 25 IV 531/24).

3. Schenkungen. Der Anspruch wird durch Schenkungen jeder Art begründet ohne Rücksicht auf den Betrag und darauf, ob sie aus dem Stammvermögen oder aus laufenden Einkünften oder ob sie in Benachteiligungsabsicht gemacht sind (§ 2287). Der Anspruch des Pflichtteilsberechtigten geht daher weiter als der des Vertragserben, der durch Schenkungen benachteiligt ist. Der Begriff der Schenkung ergibt sich aus §§ 516 Abs 1, 517. Eine Schenkung ist auch das bloße Schenkungsversprechen. Falls das Versprechen schon zu Lebzeiten des Erblassers erfüllt worden ist, besteht die Schenkung in dem geleisteten Gegenstand. Über das zur Zeit des Erbfalls noch nicht erfüllte Schenkungsversprechen vergleiche unten Anm 4 Abs 2. Für die Frage, ob und inwieweit in einem gegenseitigen Vertrag eine Schenkung enthalten ist, kommt es nicht auf die Verhältnisse zur Zeit des Erbfalls (A 5b), sondern zur Zeit der Schenkung an (RG JW 1916, 1117[7]). Auch gewagte Rechtsgeschäfte, wie z. B. ein Leibrentenkauf, die sich zum Nachteil des Nachlasses ausgewirkt haben, sind daher keine Schenkungen, wenn sie diese Eigenschaft nicht schon von vornherein hatten. Unter Umständen kann eine Schenkung auch in der Begründung der allgemeinen Gütergemeinschaft gefunden werden (RG 87, 301). Auch die gemischte Schenkung (§ 516 A 7, RG Warn 08 Nr 205), die das Maß übersteigende Ausstattung (§ 1624 Abs 1) und die durch Leistung unter Lebenden vollzogene Schenkung von Todes wegen gehören hierher (§ 2301 Abs 2). Ebenso die Zuwendung an eine damit erst begründete Stiftung, auch die Stiftung eines Familienfideikommisses preußischen Rechts oder Zustiftung zu einem bestehenden Familienfideikommiß, und zwar auch dann, wenn der Stifter oder Zustifter selbst die Stellung des ersten oder zeitigen Fideikommißbesitzers einnimmt (RG 54, 399 und LZ 1932, 392[8]; Pr. ZwangsauflösungsG v. 22. 4. 30 — GS 125, 136 — § 134 Abs 1 Nr 4). Grundsätzlich auch die belohnende Schenkung (RG LZ 1918, 1076[23]; JW 1931, 1356[18]). Eine Schenkung kann auch vorliegen, wenn in dem Gesellschaftsvertrag einer OHG, zu der der Erblasser gehörte, vorgesehen ist, daß die Gesellschaft nach dem Tode des Erblassers mit einem von mehreren Erben fortgesetzt werden soll. Die Schenkung besteht in dem Wert der Beteiligung als solcher, nicht in dem nach dem Erbfall aus ihr gezogenen Gewinn. Dieser ist aber bedeutsam für die Bewertung der Beteiligung (RG 171, 353). Eine Schenkung kann ferner darin bestehen, daß der Erblasser zugunsten eines anderen eine Lebensversicherung abgeschlossen hat. Geschenkt sind dann die tatsächlich gezahlten Prämien ,nicht die Versicherungssumme (RG 128, 190; BGH 7, 142f.). Nach § 2 Abs 1

Nr 4 des Erbschaftssteuergesetzes in der Fassung vom 30. 6. 51 (BGBl I, 764) gilt dagegen die Versicherungssumme als von Todes wegen erworben. Nur Anstands- usw. Schenkungen sind ausgenommen (§ 2330). Der beschenkte **Dritte** kann ein Fremder, aber auch ein anderer Pflichtteilsberechtigter (Ehegatten in Abs 3) sein (RG 69, 390). Hat der Ergänzungskläger auch selbst ein Geschenk erhalten, so gilt § 2327. **Klageberechtigt** ist der Pflichtteilsberechtigte, d. h. wer zum Kreise der in § 2303 genannten nahen Angehörigen gehört (§ 2317 A 4), auch dann, wenn er gesetzlicher Erbe ist (RG 58, 124; 80, 135).

4. Ausgleich der Schenkungen. Der Ausgleich erfolgt auf Grund einer fiktiven Berechnung des Nachlasses, indem der verschenkte Gegenstand, d. h. der durch Schätzung ermittelte Wertbetrag der Schenkung ohne Abzüge (vgl. aber § 2329 A 3) dem nach § 2311 maßgebenden Bestande, und zwar wie im Falle des § 2315 A. 6 des Gesamtnachlasses hinzugerechnet, nicht auch tatsächlich zugeführt wird. Der sich hiernach herausstellende Mehrbetrag des Pflichtteils bildet, verglichen mit dem reinen Pflichtteil, die dem Berechtigten unmittelbar zukommende (RG JW 1911, 996[43]) „Ergänzung". Ist ein greifbarer Nachlaß nicht vorhanden, so berechnet sich der Ergänzungsanspruch lediglich nach dem Betrage der Schenkung. Ausgleichungspflichtige Zuwendungen bleiben dabei außer Betracht, da sie nach § 2316 bereits bei Berechnung des ordentlichen Pflichtteils zu berücksichtigen sind (RG 77, 284; JW 1937, 2201[15]). Doch wird der Erbe in diesem Falle regelmäßig nur als Beschenkter aus § 2329 zu haften haben. Für einen Ergänzungsanspruch, auch in der Richtung gegen den Beschenkten, ist überhaupt kein Raum, wenn der Nachlaß selbst bei Hinzurechnung des verschenkten Gegenstandes nicht aktiv wird (RG LZ 1928, 53[4]).

Auch das Schenkungsversprechen ist Schenkung im Sinne von Abs 1. Ist es noch nicht erfüllt, so ist es — wenn die Fälligkeit hinausgeschoben ist, zum Zeitwerte (§ 2313 A 3) — ein Passivum und es wird, wenn der Ergänzungsanspruch erhoben wird (für die fiktive Berechnung), zugleich ein Aktivum des Nachlasses (RG LZ 1928, 53[4]). Das Schenkungsversprechen wird also praktisch bei der Berechnung des Pflichtteils nicht berücksichtigt. Dennoch ist die Unterscheidung zwischen Pflichtteil und Ergänzung wegen der §§ 2326 und 2327 bedeutsam. Gegenüber dem Empfänger des Schenkungsversprechens kann der Erbe Erfüllung nur verweigern, soweit er selbst pflichtteilsberechtigt ist (§ 2328).

5. Bewertung der Schenkungen.

a) Verbrauchbare Sachen § 92. Auch wenn der Erblasser versprochen hatte, verbrauchbare Sachen zu leisten und dieses Versprechen noch nicht zu seinen Lebzeiten erfüllt hat, ist der Wert der geschenkten Sachen zur Zeit ihrer Hingabe maßgebend. Nur um diesen Wert ist das Vermögen des Erblassers durch die Schenkung geschmälert und nur insoweit ist der Ergänzungsanspruch innerlich gerechtfertigt (a. A. die 9. Auflage an dieser Stelle. Wie hier Planck-Greiff 4. Aufl. § 2325 Anm 3a; Kipp-Coing § 68 III). Handelt es sich um den schenkungsweisen Erlaß einer Schuld, so kommt nach der Natur der Sache ebenfalls nur die Zeit der Schenkung in Betracht (RG 80, 137). Fällt eine hierher gehörige Schenkung in die Zeit vor der Inflation, der Erbfall dagegen in die Inflationszeit, so gilt für die Umrechnung des nach der Zeit der Schenkung anzusetzenden Wertes Entsprechendes wie nach § 2315 A 7.

Ebenso wie im Falle des § 2315 Abs 2 können sich auch hier Schwierigkeiten ergeben, wenn die Zuwendung verbrauchbarer Sachen vor dem 21. 6. 48 und der Erbfall nach dem 20. 6. 48 eingetreten ist. Soweit es sich dabei nicht um Geld handelt, ist der in Reichsmark ermittelte Wert der Zuwendung nach dem in § 2 des WährG zum Ausdruck gelangten, der Währungsumstellung zugrunde liegenden Gedanken im gleichen Nennwert als DM-Betrag dem Wert des Gesamtnachlasses hinzuzurechnen. Wenn ein Geldbetrag zugewandt wurde, würde diese Berechnung unter Umständen nicht zu einem Ausgleich, den das Gesetz allein bezweckt, sondern zu einer Bevorzugung des Pflichtteilsberechtigten unter Benachteilung der Erben führen, die auch nicht im Wege der Vertragshilfe ausgeglichen werden kann. Um dieses zu vermeiden kommt nur der innere, durch die Kaufkraft ausgedrückte wirkliche Wert, den das Geldgeschenk im Zeitpunkt der Leistung hatte, in Betracht. Nur dieser Wert ist dann in seinem DM-Nennbetrag dem Nachlaß hinzuzurechnen.

b) Andere Gegenstände (Abs 2 Satz 2). Andere Gegenstände als verbrauchbare Sachen sind mit dem Wert in Ansatz zu bringen, den sie zur Zeit des Erbfalls hatten. Hatten sie aber zur Zeit der Schenkung einen geringeren Wert, so ist nur dieser anzusetzen. Diese Vorschrift entspricht der Regel des § 2311. Die Gefahr der Wertverringerung oder des Untergangs der Sache in der Zeit zwischen Schenkung und Erbfall hat sonach der Ergänzungsberechtigte zu tragen, selbst dann, wenn der Beschenkte daran Schuld trüge. Doch tritt in den Fällen des § 281 an Stelle des geschenkten Gegenstandes der Ersatz oder Ersatzanspruch. Anderseits kommt (zufolge Halbs 2 der vorliegenden Vorschrift) eine bis zum Erbfall eingetretene Wertsteigerung dem Ergänzungsberechtigten nicht zugute. Wertschwankungen in der Zwischenzeit bleiben ganz außer Betracht. Ob sich der geschenkte Gegenstand noch im Vermögen des Beschenkten befindet, ist im Verhältnis zum Erben gleichgültig. Falls der geschenkte Gegenstand von dem Beschenkten vor dem Erbfall veräußert ist, kommt es nicht darauf an, ob der Beschenkte ein Entgelt dafür erhalten hat, sondern allein darauf, ob er zur Zeit des Erbfalls überhaupt noch vorhanden war und welchen Wert er in diesem Zeitpunkt hatte.

6. **Beweispflichtig** für den behaupteten Umfang der Schenkung und die behauptete Werthöhe ist der Ergänzungskläger (RG JW 1916, 1117[7]: Fall der Schenkung eines Landguts mit Inventar). Wendet der Erbe gegenüber der auf den Wert zur Zeit des Erbfalls abgestellten Ergänzungsklage ein, der Wert sei zur Zeit der Schenkung geringer gewesen, so liegt ihm der Beweis ob. Über den Umfang der Begründungspflicht bei einer den Ergänzungsanspruch vorbereitenden Feststellungsklage vgl. RG JW 1916, 675[16].

7. Die **zehnjährige Ausschlußfrist** (Berechnung §§ 187, 188) beginnt auch beim Schenkungsversprechen erst mit Leistung des Gegenstandes. Sie gilt nicht für die dem Ergänzungskläger selbst zugewendeten Schenkungen (§ 2327 A 2), kommt aber auch dem Beschenkten zugute, wenn er gemäß § 2329 an Stelle des Erben belangt wird (RG 81, 204).

8. **Schenkungen an den Ehegatten.** Alle an den Ehegatten gemachten Schenkungen sind ohne zeitliche Beschränkung anrechnungspflichtig. Das gilt nicht, wenn die Ehe vor dem Tode des Erblassers aufgelöst war, sei es durch Tod des anderen Eheteils, durch Scheidung, Aufhebung oder dadurch, daß der Erblasser, nachdem sein Ehegatte für tot erklärt worden war, wieder geheiratet hat (§§ 28, 29, 38, 41 EheGes). In diesem Fall beginnt die Ausschlußfrist hinsichtlich der früher erfolgten Schenkungen mit der Auflösung der Ehe.

Der Pflichtteilsergänzungsanspruch ist auch dann gegeben, wenn die Schenkung bereits vor dem 1. 1. 00 erfolgt, der Erbfall aber erst nach dieser Zeit eingetreten ist (RG 54, 241; 58, 128). Besonderheiten, wenn die Schenkung von Ehegatten in westfälischer Gütergemeinschaft vorgenommen worden ist, RG JW 1911, 996[43]. Zuständiges Gericht ZPO § 27.

§ 2326

Der Pflichtteilsberechtigte kann die Ergänzung des Pflichtteils auch dann verlangen, wenn ihm die Hälfte des gesetzlichen Erbteils hinterlassen ist. Ist dem Pflichtteilsberechtigten mehr als die Hälfte hinterlassen, so ist der Anspruch ausgeschlossen, soweit der Wert des mehr Hinterlassenen reicht.

E I 2011 II 2191; M 5 461; P 5 589.

Übersicht:

Pflichtteilsergänzungsanspruch des als Erbe berufenen Berechtigten

1. Zuwendung der Hälfte des gesetzlichen Erbteils (Satz 1)	2. Zuwendung von mehr als der Hälfte des gesetzlichen Erbteils (Satz 2)

1. **Zuwendung der Hälfte des gesetzlichen Erbteils (Satz 1).** Der Ergänzungsanspruch steht auch dann zu, wenn der Pflichtteilsberechtigte wegen des ordentlichen, nach dem Reinbestande des Nachlasses gemäß § 2303 A 3 berechneten Pflichtteils gedeckt ist und erst infolge der Hinzurechnung des Geschenks (§ 2325 A 4) sich eine Erhöhung des Pflichtteils herausstellt. So namentlich, wenn sich erst hierdurch der Nullbestand des reinen Nachlasses in einen Aktivbestand verwandelt (§ 2325 A 4). Der Pflichtteilsergänzungsanspruch steht dem Pflichtteilsberechtigten auch zu, wenn er den ihm zugewandten Erbteil ausgeschlagen hat (Planck-Greiff 4. Aufl. § 2326 Anm 1).

2. **Zuwendung von mehr als der Hälfte des gesetzlichen Erbteils.** Ist dem Pflichtteilsberechtigten, der auch als Alleinerbe berufen sein kann, mehr als die Hälfte des gesetzlichen Erbteils hinterlassen, so erwirbt er durch eine gemäß § 2306 Abs 1 Satz 2 erfolgende Ausschlagung den ordentlichen Pflichtteilsanspruch und zugleich den Ergänzungsanspruch. Aber auch wenn er den ordentlichen Anspruch nicht hat, sei es, weil der ihm hinterlassene Erbteil frei von Beschränkungen oder Beschwerungen ist oder weil er ihn trotz Beschränkungen oder Beschwerungen annimmt, kann er den Ergänzungsanspruch erheben. Er muß sich dann jedoch das Hinterlassene auf diesen Anspruch anrechnen lassen, soweit es den Betrag des ordentlichen, nach dem wirklichen Nachlaßbestande berechneten Pflichtteils übersteigt, und hat keinen Anspruch auf Ergänzung, wenn er dafür bereits durch das mehr Zugewendete gedeckt ist. Dasselbe gilt nach § 2307 Abs 1, wenn er mit einem Vermächtnis bedacht ist. Die Beschränkungen oder Beschwerungen, mit denen ihm der größere Erbteil oder das größere Vermächtnis hinterlassen ist, haben entsprechend § 2307 A 3 außer Betracht zu bleiben, wenn es sich um Ermittlung des Wertes des Hinterlassenen handelt. Mit Strohal bei Planck A 4 und anderen dort Angeführten (a. A. Planck-Greiff 4. A § 2326 A 4) wird jedoch dem Ergänzungsberechtigten aus § 119

das Recht auf Anfechtung der Annahme zuzugestehen sein, wenn er die beschränkte oder beschwerte Zuwendung, Erbteil oder Vermächtnis, in Unkenntnis von der Schenkung angenommen hatte. Ob der Pflichtteilsberechtigte gewillkürter oder gesetzlicher Erbe geworden, macht wie für § 2325 (RG 58, 126), so auch für § 2326 keinen Unterschied. – Die Vorschrift des Satz 2 begründet keine bloße Einrede, sondern sie schließt den Pflichtteilsergänzungsanspruch aus und ist daher gegebenenfalls auch von Amts wegen zu berücksichtigen (RG 4. 2. 37 IV 197/36).

§ 2327

Hat der Pflichtteilsberechtigte selbst ein Geschenk von dem Erblasser erhalten, so ist das Geschenk in gleicher Weise wie das dem Dritten gemachte Geschenk dem Nachlasse hinzuzurechnen und zugleich dem Pflichtteilsberechtigten auf die Ergänzung anzurechnen. Ein nach § 2315 anzurechnendes Geschenk ist auf den Gesamtbetrag des Pflichtteils und der Ergänzung anzurechnen.

Ist der Pflichtteilsberechtigte ein Abkömmling des Erblassers, so findet die Vorschrift des § 2051 Abs 1 entsprechende Anwendung.

E I 2012 II 2192; M 5 462, 463; P 5 589; 6 104, 105.

Übersicht:

Anrechnung der dem Pflichtteilsberechtigten gemachten Geschenke

1. Allgemeine Voraussetzung. Vorausgesetzt ist, daß neben dem als Ergänzungskläger gedachten selbst beschenkten Pflichtteilsberechtigten noch ein Dritter vom Erblasser Beschenkter in Betracht kommt, der ein Fremder (§ 2329) oder Miterbe oder gleichfalls Pflichtteilsberechtigter sein kann.

2. Hinzurechnung zum Nachlaß und Anrechnung auf die Ergänzung (Abs 1 Satz 1). Wenn das Geschenk in gleicher Weise dem Nachlasse hinzuzurechnen ist wie das dem Dritten gemachte Geschenk, so wird damit nur auf Abs 2 des § 2325 Bezug genommen, der je nach der Art des Schenkungsgegenstandes über den für den Wertansatz maßgebenden Zeitpunkt bestimmt. Nicht aber kommt dem selbst beschenkten Ergänzungskläger auch die zehnjährige Ausschlußfrist des Abs 3 zugute, er hat sich vielmehr die ihm selbst oder seinem Vorfahren gemachten Geschenke ohne zeitliche Beschränkung anrechnen zu lassen (RG 69, 389). Soweit die mehreren Geschenke zugleich ausgleichungspflichtige Zuwendungen darstellen (§ 2050) und deshalb bereits bei Berechnung des ordentlichen Pflichtteils eines Abkömmlings berücksichtigt sind (§ 2316 A 4), scheiden sie völlig aus und kommen für die Ergänzung nicht mehr in Frage, vgl. auch RG 77, 284 und § 2325 A 4. Sind sie nicht ausgleichungspflichtig, so werden sie dem Gesamtnachlaß hinzugerechnet; danach bestimmt sich der dem Betreffenden im ganzen gebührende Pflichtteil. Der Unterschied zwischen diesem und dem ordentlichen Pflichtteil ist der Betrag der Ergänzung. Nur auf diese Ergänzung, nicht auf den Pflichtteil hat sich der Pflichtteilsberechtigte die selbst empfangene Schenkung anrechnen zu lassen. Soweit sie den Ergänzungsbetrag übersteigt, bleibt sie ganz außer Betracht (s. jedoch A 3).

3. Anrechnung auf Pflichtteil und Ergänzung (Abs 1 Satz 2). Nur wenn der Erblasser gemäß § 2315 Abs 1 Anrechnung des Geschenks auf den Pflichtteil angeordnet hatte, muß sich der Ergänzungsberechtigte (entgegen A 2) die selbst empfangene Schenkung auf den gesamten Betrag von Pflichtteil und Ergänzung, und zwar zunächst auf den Pflichtteilsanspruch, soweit sie mehr beträgt als dieser, auch auf die Ergänzung anrechnen lassen. Für die Wertbestimmung ist in diesem Falle nicht § 2325 Abs 2, sondern nach § 2315 A 7 immer nur die Zeit der Schenkung maßgebend.

4. Pflichtteilsberechtigter Abkömmling (Abs 2). Übereinstimmend mit § 2315 Abs 3 (Näheres dort A 8) hat sich der in das Pflichtteilsrecht nachrückende Abkömmling auch bezüglich der seinem Vorfahren gemachten Schenkungen so behandeln zu lassen, wie wenn er selbst der Beschenkte wäre.

§ 2328

Ist der Erbe selbst pflichtteilsberechtigt, so kann er die Ergänzung des Pflichtteils so weit verweigern, daß ihm sein eigener Pflichtteil mit Einschluß dessen verbleibt, was ihm zur Ergänzung des Pflichtteils gebühren würde.

E I 2013 II 2193; M 5 463–466; P 5 589–591; 6 105, 106.

Pflichtteilsergänzungsanspruch gegen den selbst pflichtteilsberechtigten Erben

Aus den allgemeinen, nach § 2325 A 2 auch hier anwendbaren Vorschriften über die **Pflichtteilslast** folgt, daß der pflichtteilsberechtigte Erbe die Last auch insoweit auf Vermächtnisnehmer und Auflagebeteiligte abwälzen darf, als sie durch die Ergänzungspflicht gesteigert ist (§ 2318). Entsprechend dem § 2319 ist ihm, und zwar gleichviel ob er Miterbe oder Alleinerbe ist, jedoch nur gegenüber dem Ergänzungsanspruche, ein im Wege der Einrede verfolgbares Verweigerungsrecht beigelegt, durch das er sich im Genusse des eigenen nach Ergänzungsgrundsätzen ihm selbst gebührenden Pflichtteils erhalten kann. Gegenüber dem Pflichtteilsanspruch selbst ist, abgesehen von § 2319, kein Leistungsverweigerungsrecht gegeben. Der Nachlaß beträgt 2000 DM. Der Erblasser hat einem Dritten eine Schenkung von 2000 DM gemacht. Er hat zwei Söhne, A und B hinterlassen, von denen er A als Alleinerben eingesetzt hat. Der Pflichtteil des B beträgt 500 DM, sein Ergänzungsanspruch 1500 DM. Obwohl A als Pflichtteil und Ergänzung auch 2000 DM gebühren würden, muß er den Pflichtteilsanspruch des B mit 500 DM befriedigen. Für den Ausfall haftet dem Ergänzungsberechtigten, soweit er sich nicht an andere Erben halten kann, nach den Grundsätzen des § 2329 der Beschenkte, und zwar auch dann, wenn er mit dem Erben wiederum identisch ist. In dem oben gebildeten Beispiel muß sich B wegen 1500 DM, A wegen 500 DM an den Beschenkten halten.

§ 2329

Soweit der Erbe zur Ergänzung des Pflichtteils nicht verpflichtet ist, kann der Pflichtteilsberechtigte von dem Beschenkten die Herausgabe des Geschenkes zum Zwecke der Befriedigung wegen des fehlenden Betrags nach den Vorschriften über die Herausgabe einer ungerechtfertigten Bereicherung fordern. Ist der Pflichtteilsberechtigte der alleinige Erbe, so steht ihm das gleiche Recht zu.

Der Beschenkte kann die Herausgabe durch Zahlung des fehlenden Betrags abwenden.

Unter mehreren Beschenkten haftet der früher Beschenkte nur insoweit, als der später Beschenkte nicht verpflichtet ist.

E I 2014–2016 II 2194; M 5 466–468; P 5 592–595.

Übersicht:

Haftung des Beschenkten für den Ergänzungsanspruch

1. Der zur Ergänzung nicht verpflichtete Erbe
2. a) Rechtsnatur des gegen den Beschenkten gerichteten Anspruchs
   b) Inhalt des Anspruchs
3. Anwendung der Bereicherungsvorschriften
4. Pflichtteilsberechtigter als alleiniger Erbe (Abs 1 Satz 2)
5. Abwendung des Anspruchs (Abs 2)
6. Reihenfolge der Haftung mehrerer Beschenkter
7. Beweislast

1. **Der zur Ergänzung nicht verpflichtete Erbe.** Aushilfsweise tritt Haftung des Beschenkten ein, soweit der Erbe zur Ergänzung nicht verpflichtet ist (s. auch A. 4). Der Erbe ist von vornherein nicht dazu verpflichtet, wenn der Nachlaß mit Null aufgeht oder überschuldet ist (§§ 2311 A 1, 2 2325 A 4). Ferner nicht, soweit er nach § 2328 die Ergänzung verweigern kann. Aber auch dann nicht, wenn und soweit er infolge von Wertveränderungen des Nachlasses den entstandenen Ergänzungsanspruch nach den Grundsätzen der beschränkten Haftung (§§ 1975ff., insbesondere 1991 Abs 4, 1992) nicht zu erfüllen braucht, ja sogar nicht erfüllen darf (RG 58, 127).

Alle derartigen Befreiungsgründe schließen es jedoch nicht aus, den als Erbe zur Ergänzung nicht verpflichteten Erben nunmehr persönlich in seiner Eigenschaft als Beschenkter in Anspruch zu nehmen (RG JW 1912, 913[11]). Wegen der verschiedenen Rechtsfolgen muß streng geschieden werden, ob der Beklagte als Erbe oder als Beschenkter in Anspruch genommen wird. Als Erbe ist er auf einen entsprechenden Antrag nur unter Vorbehalt der beschränkten Haftung

(§ 780 ZPO) zu verurteilen. Dagegen kann der Ergänzungsberechtigte Ausfälle, die er infolge Zahlungsunfähigkeit des unbeschränkt haftenden Erben erleidet, nicht gegen den Beschenkten geltend machen. Kipp-Coing § 68 VI 2 will im Gegensatz zu Kipp in den früheren Auflagen (§ 136 VI 3) den Anspruch gegen den Beschenkten auch gewähren, wenn weder der Nachlaß noch das eigene Vermögen des unbeschränkt haftenden Erben ausreicht, um den Ergänzungsanspruch zu befriedigen.

2. a) Rechtsnatur des gegen den Beschenkten gerichteten Anspruchs. Der Ergänzungsanspruch wird dadurch, daß er gegen den Beschenkten verfolgt wird, nicht in seinem Grunde, sondern nur nach Art und Umfang der Haftung verändert (RG 58, 128). Die Normen des Pflichtteilsrechts sind auf ihn auch in diesem Falle anwendbar, soweit dies mit den sich aus der Richtung des Anspruchs gegen den Beschenkten ergebenden Eigentümlichkeiten vereinbar ist (RG 73, 370f.; LZ 1925, 1071[10] und SeuffA 88 Nr 147, beide betr. Anwendbarkeit des § 2306). Namentlich braucht der Beschenkte ebenso wie der Erbe (§ 2325 A 7), eine länger als zehn Jahre zurückliegende Schenkung nicht herauszugeben (RG 81, 204). Die Bestimmung des § 2317 über den Zeitpunkt der Entstehung, die Vererblichkeit und Übertragbarkeit des Anspruchs und § 852 Abs 1 ZPO sind auf den Anspruch gegen den Beschenkten anzuwenden. Die strafweise Entziehung des Pflichtteils und der Verzicht auf den Pflichtteil ergreifen auch den Anspruch gegen den Beschenkten. Ferner hat der Beschenkte das Recht, den Anspruch wegen Pflichtteilsunwürdigkeit nach § 2345 anzufechten. Auch der gegen den Beschenkten gerichtete Anspruch kann nach § 27 ZPO vor dem Gericht geltend gemacht werden, bei dem der Erblasser zur Zeit seines Todes seinen allgemeinen Gerichtsstand hatte.

b) Inhalt des Anspruchs. Der Anspruch geht auf Geld, auf den fehlenden Betrag, dessen Höhe sich nach §§ 2325–2327 unter Abzug des vom Erben Erlangten oder zu Erlangenden berechnet. Gleichwohl ist der Beschenkte grundsätzlich nicht zur Zahlung, sondern zur Herausgabe des Geschenks zum Zwecke der Befriedigung verpflichtet und gemäß Abs 2 nur zur Zahlung berechtigt, d. h. er ist, wie in den Fällen der §§ 1973 A 6, 1990 A 4 verbunden, die Zwangsvollstreckung in die Gegenstände der Schenkung zu dulden. Dementsprechend hat unter Bezifferung des geforderten Geldbetrags auch die Verurteilung zu lauten (RG Recht 1911 Nr 2170; LZ 1932, 392[8]). Soweit die Bereicherung durch Kosten des Schenkungsaktes oder Aufwendungen auf den geschenkten Gegenstand gemindert ist (vgl. Anm 3), ist auch dies bei der Verurteilung zu berücksichtigen. Der Beschenkte kann sich wegen dieser Kosten und Aufwendungen aus dem bei der Zwangsvollstreckung erzielten Erlös vorweg befriedigen. Nur wenn Geld geschenkt war, sind Herausgabe und Zahlung dasselbe. Eine Auskunftspflicht des beschenkten Dritten besteht, abweichend von § 2325 A 2, nur dann, wenn er nach § 260 einen Inbegriff herauszugeben hat (RG 73, 371; 84, 204; BGH 18, 67). „Inbegriff" ist dabei in dem weiten RG 90, 139 dargelegten Sinne zu verstehen (RG JRdsch 1927 Nr 1655). Im Konkurs des Beschenkten hat der Pflichtteilsberechtigte kein Recht auf abgesonderte Befriedigung aus den geschenkten Gegenständen. Die Bereicherung des Beschenkten ist vielmehr in Geld zu beziffern. Der Pflichtteilsberechtigte erhält hiervon, falls dieser Betrag geringer ist als sein Ergänzungsanspruch, andernfalls von diesem die Konkursdividende. Im letzteren Fall kann er sich überhaupt nicht, im ersten nur wegen des Unterschiedes zwischen dem Betrag seines Ergänzungsanspruchs und der in Geld bezifferten Bereicherung nach Abs 3 an einen früher Beschenkten halten.

3. Anwendung der Bereicherungsvorschriften. Wegen der Anwendung der Vorschriften über die Herausgabe einer ungerechtfertigten Bereicherung vgl. § 1973 A 5. Die Bereicherung wird durch die dem Beschenkten entstandenen Kosten des Schenkungsakts (RG Warn 1908 Nr 205) und durch Aufwendungen, die der Beschenkte gemacht hat, um das Geschenk zu erhalten oder dessen Wert zu steigern, vermindert. Von der Rechtshängigkeit oder von dem Augenblick an, in dem der Beschenkte den Mangel des rechtlichen Grundes erfährt, haftet er nicht mehr nach Bereicherungsrecht, sondern nach den allgemeinen Vorschriften. Zur Kenntnis vom Mangel des rechtlichen Grundes (§ 819 Abs 1) gehört regelmäßig Kenntnis vom Stande des Nachlasses und der Ergänzungsbedürftigkeit des Pflichtteils im Sinne von § 2325ff. Doch kann die Kenntnis auch schon zur Zeit der Schenkung gegeben sein, wenn dem Empfänger eine damit verbundene Benachteiligungsabsicht des Erblassers bekannt war (vgl. auch §§ 818 Abs 2, 826). Der fernere Empfänger, dem die Schenkung unentgeltlich zugewendet ist, haftet nach § 822. Handelt es sich um ein noch nicht erfülltes Schenkungsversprechen, so ist der Schenkungsanspruch herauszugeben.

4. Ist der **Pflichtteilsberechtigte der alleinige Erbe,** so kommt von vornherein nur der Ergänzungsanspruch gegen den Beschenkten in Frage. Er kann den Beschenkten wegen des Betrages in Anspruch nehmen, in dessen Höhe die Pflichtteilsergänzung, die ihm gebührt, durch den Wert des Nachlasses nicht gedeckt wird. Ebenso wie bei § 2326 Satz 2 bei der Berechnung des Nachlaßwerts die darauf ruhenden Beschränkungen und Beschwerungen unberücksichtigt zu lassen. Unerheblich ist, ob der Pflichtteilsberechtigte durch gesetzliche Erbfolge oder auf

Grund letztwilliger Verfügung zur Erbfolge berufen ist. Er kann sein Recht, wenn es sich um ein Schenkungsversprechen handelt, auch durch Verweigerung der Leistung ausüben. Ist der Beschenkte Miterbe des Ergänzungsberechtigten, so haftet er jedenfalls als Beschenkter, soweit er nicht schon als Erbe verpflichtet ist (A 1). Der Pflichtteilsberechtigte, welcher der alleinige Erbe ist, ist zur Geltendmachung des Ergänzungsanspruchs gegen den Beschenkten auch dann befugt, wenn die Verfügung über den Nachlaß infolge der Eröffnung des Nachlaßkonkurses dem Konkursverwalter zusteht. Jener Anspruch und ein nach KO § 32 bestehender Anfechtungsanspruch sind keine Gesamtgläubigerforderungen, sondern sie stehen in dem Verhältnisse zueinander, daß mit der Durchführung der Anfechtung und in dem Maße dieser Durchführung die Bereicherung des Beschenkten und damit nach A 3 eine Voraussetzung für die Verpflichtung zur Pflichtteilsergänzung fortfällt (RG LZ 1928, 53[4]). Ein dem Falle, daß der ergänzungsberechtigte Pflichtteilsberechtigte alleiniger Erbe ist, entsprechender Tatbestand kann auch bei einer Erbenmehrheit vorliegen (wie in dem Falle RG aaO., in dem die Kinder und der Ehegatte des Erblassers die gesetzlichen Erben des durch die Schenkung an einen Fremden geminderten Nachlasses geworden waren).

5. Abwendung der Herausgabe durch freiwillige Zahlung des fehlenden Betrags (A 2b), also nicht wie nach §§ 1973 A 7, 1992 A 4 des Wertes der von der Zwangsvollstreckung bedrohten oder ergriffenen Schenkungsgegenstände.

6. Reihenfolge der mehreren Beschenkten: Der zuletzt Beschenkte haftet zuerst. Nur soweit er nicht verpflichtet ist (nicht auch soweit er nicht zahlungsfähig), kann der nächste früher Beschenkte herangezogen werden. Der Anspruch gegen den früher Beschenkten geht nicht etwa dahin, die Zwangsvollstreckung in das ihm gemachte Geschenk insoweit zu dulden, als die Zwangsvollstreckung wegen des Ergänzungsanspruchs in die dem später Beschenkten zugewandten Gegenstände nicht zur Befriedigung geführt hat. Er geht vielmehr dahin, die Zwangsvollstreckung in das Geschenk wegen derjenigen Forderung zu dulden, die sich aus der Differenz zwischen dem Pflichtteilsergänzungsanspruch und der bei dem später Beschenkten durch das Geschenk im maßgeblichen Zeitpunkt noch vorhandenen Bereicherung ergibt. Maßgeblicher Zeitpunkt ist derjenige, in dem der Anspruch gegen den später Beschenkten rechtshängig wird oder in dem dieser von dem Ergänzungsanspruch Kenntnis erlangt. Auch der gegen den früher Beschenkten gerichtete Anspruch ist bereits mit dem Erbfall entstanden. Er ist von dem genannten maßgeblichen Zeitpunkt an kein künftiger oder bedingter mehr. Obwohl sofort gegen die später und früher Beschenkten auf Leistung geklagt werden kann, ist es doch mit Rücksicht auf die Schwierigkeit, den Anspruch gegen den früher Beschenkten zu beziffern, möglich, gegen den später Beschenkten auf Leistung und gegen den früher Beschenkten zunächst auf Feststellung seiner Verpflichtung zu klagen (BGH 17, 336). Die Verpflichtung erlischt insbesondere durch Wegfall der Bereicherung vor Eintritt der Rechtshängigkeit oder der erlangten Kenntnis gemäß §§ 818 Abs 4, 819. Oder durch Fristablauf, während sich ein früher beschenkter Ehegatte hierauf nicht beziehen darf (§ 2325 A 7).

7. Beweislast. Der Ergänzungskläger hat die Schenkung und im Falle A 1 ferner zu beweisen, daß oder inwieweit der Erbe nicht verpflichtet ist. Diese Beweislast trifft ihn auch dann, wenn er den Erben selbst in der Eigenschaft des Beschenkten in Anspruch nimmt (RG 80, 136). Im Falle A. 4 hat er zur Berechnung des ihm gebührenden Betrags den Bestand des Nachlasses darzulegen (RG 84, 207). Der Beklagte ist dafür beweispflichtig, daß er nicht bereichert oder daß ein zunächst haftender später Beschenkter vorhanden ist. Daß dieser nicht verpflichtet sei, ist Replik des Klägers. Von mehreren Pflichtteilsberechtigten kann jeder klagen. Soweit der Beschenkte an ihn herausgibt, mindert sich seine Bereicherung. Verjährung § 2332 Abs 2.

§ 2330

Die Vorschriften der §§ 2325 bis 2329 finden keine Anwendung auf Schenkungen, durch die einer sittlichen Pflicht oder einer auf den Anstand zu nehmenden Rücksicht entsprochen wird.

E I 2018 II 2195; M 5 469; P 5 596.

Anstandsschenkungen

Anstandsschenkungen usw. sind nur so weit ergänzungspflichtig, als sie das hiernach sich bestimmende Maß überschreiten (vgl. auch §§ 534, 1446, 1641, 1804, 2113, 2205). Eine Schenkung, durch die der Schenker sich für geleistete Dienste erkenntlich zeigen will, belohnende Schenkung, kann ganz oder teilweise unter § 2330 wie die entsprechenden Vorschriften fallen; sie braucht es aber nicht (§ 2325 A 3). Unter Umständen kann einer sittlichen Pflicht auch eine größere Schenkung entsprechen, selbst eine solche, die den Nachlaß im wesentlichen erschöpft.

Das zeigt der Fall HRR 1934 Nr 942. Im Geltungsbereich der Höfeordnung der früheren britischen Zone können Zuwendung an ein weichendes Kind anläßlich der Übergabe eines Hofes Schenkungen sein, durch die einer sittlichen Pflicht entsprochen wird (BGH 6. 3. 52 IV ZR 18/51). Die Beweislast dafür, daß oder inwieweit es sich um eine Anstandsschenkung usw. handelt, trifft den, der sich darauf beruft (RG LZ 1918, 1076[23]).

§ 2331

Eine Zuwendung, die aus dem Gesamtgute der allgemeinen Gütergemeinschaft, der Errungenschaftsgemeinschaft oder der Fahrnisgemeinschaft erfolgt, gilt als von jedem der Ehegatten zur Hälfte gemacht. Die Zuwendung gilt jedoch, wenn sie an einen Abkömmling, der nur von einem der Ehegatten abstammt, oder an eine Person, von der nur einer der Ehegatten abstammt, erfolgt oder wenn einer der Ehegatten wegen der Zuwendung zu dem Gesamtgut Ersatz zu leisten hat, als von diesem Ehegatten gemacht.

Diese Vorschriften finden auf eine Zuwendung aus dem Gesamtgute der fortgesetzten Gütergemeinschaft entsprechende Anwendung.

E I 1991, 2017 II 2196; M 5 416, 468; P 5 525, 596.

Vgl. A 1—3 zu § 2054, mit dem die Vorschrift, bis auf den die Eltern eines Ehegatten betreffenden Zusatz in Abs 1, wörtlich übereinstimmt. Sie bezieht sich sowohl auf den ordentlichen wie auf den Pflichtteilsergänzungsanspruch (RG 94, 265).

2332

Der Pflichtteilsanspruch verjährt in drei Jahren von dem Zeitpunkt an, in welchem der Pflichtteilsberechtigte von dem Eintritte des Erbfalls und von der ihn beeinträchtigenden Verfügung Kenntnis erlangt, ohne Rücksicht auf diese Kenntnis in dreißig Jahren von dem Eintritte des Erbfalls an.

Der nach § 2329 dem Pflichtteilsberechtigten gegen den Beschenkten zustehende Anspruch verjährt in drei Jahren von dem Eintritte des Erbfalls an.

Die Verjährung wird nicht dadurch gehemmt, daß die Ansprüche erst nach der Ausschlagung der Erbschaft oder eines Vermächtnisses geltend gemacht werden können.

E I 1999 II 2197; M 5 425—428; P 5 551, 593, 594.

Übersicht:

Verjährung des Pflichtteilsanspruchs

1. Allgemeines
2. Beeinträchtigende Verfügung
3. Kenntnis
4. Schenkungen
5. Besondere Fälle
6. Allgemeine Vorschriften über die Verjährung
7. Dreißigjährige Verjährungsfrist
8. Verjährung gegen den Beschenkten (Abs 2)
9. Ausschlagung der Erbschaft als Anspruchsvoraussetzung (Abs 3)

1. Allgemeines. Die Verjährung sowohl des ordentlichen, als auch des Pflichtteilsergänzungsanspruchs ist in drei Jahren beendet. Um einen Pflichtteilsanspruch handelt es sich auch, wenn der Erblasser bestimmt hat, daß der Erbe unter bestimmten Voraussetzungen nur den Pflichtteil erhalten soll oder wenn er ihn ausdrücklich auf den Pflichtteil gesetzt hat. Anders ist es, wenn der Erblasser den Erben auf einen seinem Pflichtteil entsprechenden Bruchteil zum Erben eingesetzt oder ihm ein Vermächtnis in Höhe des Pflichtteils zugewandt hat. Es handelt sich dann um den Erbauseinandersetzungs- oder Vermächtnisanspruch, der nicht nach § 2332 verjährt. Die Verjährung beginnt, soweit der Anspruch gegen den Erben zusteht (§§ 2303, 2305—2307, 2316 Abs 2, 2325—2328), mit der Kenntnis des Pflichtteilsberechtigten vom Erbfall und von der ihn beeinträchtigenden Verfügung.

2. Beeinträchtigende Verfügung. Eine den Pflichtteilsberechtigten im Sinne dieser Vorschrift in seiner Rechtsstellung beeinträchtigende Verfügung von Todes wegen liegt immer dann vor, wenn die Verfügung einen nach §§ 2303, 2305, 2306 Abs 1 Satz 2 oder Abs 2, § 2316 Abs 2 oder § 2307 einen Pflichtteilsanspruch begründenden Inhalt hat, mag dieser kraft Gesetzes bestehende Pflichtteilsanspruch auch in der Verfügung ausdrücklich anerkannt sein (RG 113, 234). Beim Pflichtteilsanspruch eines Abkömmlings aus § 2316 Abs 2 gegen seine Miterben handelt es sich also um die Verfügung von Todes wegen, durch die dem Abkömmling zwar ein die Hälfte des gesetzlichen Erbteils erreichender oder übersteigender Erbteil hinterlassen, aber weniger als die Hälfte desjenigen zugewendet wird, was auf seinen gesetzlichen Erbteil unter Berücksichtigung der Ausgleichungspflicht (§§ 2050ff.) bei der Teilung des Nachlasses entfallen würde (RG 135, 231).

3. Kenntnis. Die vom Pflichtteilsberechtigten erlangte Kenntnis muß sich auf den für ihn wesentlichen, seine Beeinträchtigung ergebenden Inhalt der Verfügung (RG 70, 362) sowie auf ihre Rechtswirksamkeit erstrecken. Hieran fehlt es z. B., solange er die Unterschrift des Erblassers unter dem ihn von der Erbfolge ausschließenden Testament für unecht hält; die Kenntnis ist in dieser Hinsicht, wie auch sonst (§ 1944 A 2, § 2082 A 2b), mit zuverlässigem Erfahren der in Betracht kommenden Umstände erlangt (RG 115, 27; 135, 236). Es ist nicht erforderlich, daß der Berechtigte die Verfügung in allen Einzelheiten prüft und rechtlich zutreffend beurteilt. Er muß nur erkannt haben, daß er durch die Verfügung von der Erbfolge ausgeschlossen oder sonst in seinem Pflichtteil beeinträchtigt ist. Es genügt nicht, daß er nur von der Tatsache, daß eine Verfügung besteht, Kenntnis hat, und aus dem Verhalten der sonst Beteiligten schließen kann, daß das Testament möglicherweise einen ihn beeinträchtigenden Inhalt hat. Die dadurch etwa begründeten Vermutungen können nicht einer Kenntnis gleichgesetzt werden. Fahrlässige Unkenntnis ist nicht dasselbe wie Kenntnis (LM Nr 1 zu § 2332). Anders ist es, wenn der Berechtigte sich bewußt der Kenntnis des Testaments verschlossen hat, um den Beginn der Verjährungsfrist hinauszuzögern. Die erforderliche Kenntnis kann auch dann fehlen, wenn berechtigte Zweifel an der Wirksamkeit der Verfügung nur auf rechtlicher Beurteilung ihres Inhalts beruhen (RG 140, 75). Auf die Kenntnis vom Stande des Nachlasses und der sich daraus ergebenden Beeinträchtigung des Pflichtteilsrechts kommt es für den Beginn der Frist nicht an (RG 104, 195). Es ist Sache des Pflichtteilsberechtigten, dem der Erbfall und die ihn beeinträchtigende Verfügung bekanntgeworden sind, sich rechtzeitig innerhalb der Verjährungsfrist über alle für die Pflichtteilsfrage in Betracht kommenden Verhältnisse, insbesondere auch über den Bestand und den Wert der Nachlaßmasse, und zwar im Falle des § 2316 nicht nur des reinen Nachlasses, sondern auch der Vorempfänge, die dem Nachlaß bei der Bestimmung des Pflichtteils eines Abkömmlings hinzuzurechnen sind, zu unterrichten (RG 135, 231). Mit der „Verfügung" ist zunächst gemeint die den Berechtigten von der Erbfolge ausschließende oder sonst beeinträchtigende Verfügung von Todes wegen. Die Kenntnis hiervon muß nicht notwendig durch deren amtliche Verkündung erlangt sein. Umgekehrt schließt die Tatsache der Verkündung nicht unbedingt Mangel der Kenntnis aus. Die Vorschrift des § 1944 Abs 2, wonach die Frist nicht vor amtlicher Verkündung der letztwilligen Verfügung zu laufen beginnt, ist nicht entsprechend anwendbar (RG 66, 30).

4. Schenkungen. In zweiter Linie muß unter der „Verfügung" auch eine den Pflichtteilsanspruch begründende Schenkung des Erblassers verstanden werden. Demgemäß ist, soweit es sich um den nach §§ 2325—2328 gegen den Erben zu richtenden Ergänzungsanspruch handelt (anders nach Abs 2 für den Anspruch aus § 2329 gegen den Beschenkten), zum Beginn der Verjährung auch (oder, wenn keine beeinträchtigende Verfügung von Todes wegen vorliegt, nur) Kenntnis von Vornahme jener Verfügung zu erfordern. Kenntnis von der Beeinträchtigung durch die Verfügung ist auch hier nicht erforderlich; vielmehr ist es Sache des Pflichtteilsberechtigten, sich innerhalb der Verjährungsfrist darüber zu unterrichten, ob die ihm ihrem Inhalte nach bekannt gewordene Verfügung des Erblassers eine Schenkung enthält und welchen Wert das Geschenkte in dem nach § 2325 Abs 2 maßgebenden Zeitpunkt hatte (RG 135, 231).

5. Besondere Fälle. Gegen eine pflichtteilsberechtigte Ehefrau läuft die Verjährung auch dann, wenn sie nach güterrechtlichen Vorschriften zur Verfügung über den Pflichtteilsanspruch und zur Klageerhebung nicht befugt ist (RG JW 1910, 820[44]).

Wird durch ein von Ehegatten errichtetes gemeinschaftliches Testament oder durch eine von ihnen gemeinschaftlich vorgenommene Schenkung ein pflichtteilsberechtigter Abkömmling beeinträchtigt, so entsteht der Pflichtteilsanspruch hinsichtlich des Nachlasses des Erstverstorbenen im allgemeinen schon mit dessen Tode (§ 2317 Abs 1). Haben die Ehegatten aber in westfälischer Gütergemeinschaft gelebt, so ist der Anspruch dadurch bedingt, daß das Gesamtgut nicht während der fortgesetzten Gütergemeinschaft eine Vermehrung erfährt, durch die die Pflichtteilsverletzung wieder ausgeglichen wird; die Verjährung beginnt deshalb nicht vor dem Tode des letztlebenden Ehegatten (RG JW 1911, 996[43]; 17. 3. 19 IV 457/18).

6. Allgemeine Vorschriften über die Verjährung. Im übrigen gelten die allgemeinen Verjährungsgrundsätze, so insbesondere § 207 (Vollendung der Verjährung gegen den noch nicht angenommenen, unvertretenen oder in Konkurs geratenen Nachlaß). Die Vereinbarung, die ziffermäßige Berechnung des Pflichtteils solle bis nach beendeter Liquidation des Nachlasses ausgesetzt bleiben, ist Stundung nach § 202 (RG 10. 4. 11 IV 385/10). Durch die Klage des Pflichtteilsberechtigten auf Auskunfterteilung (§ 2314) wird die Verjährung des Pflichtteilsanspruchs nicht gemäß § 209 unterbrochen, da dieser Anspruch durch jene Klage nicht rechtshängig wird (RG 115, 27 und für die entsprechende Vorschrift des PrALR II 2 § 440: RG 22. 4. 07 IV 474/06). Dagegen kann in dem Verhalten des Erben, der auf das Verlangen des Pflichtteilsberechtigten diesem gemäß § 2314 über den Bestand des Nachlasses Auskunft erteilt oder gemäß § 1994 mit § 1967 Abs 2 (§ 2314 A 9) dem Nachlaßgericht ein Inventar einreicht und in dem einen oder andern Falle gar noch dem weiteren Verlangen des Pflichtteilsberechtigten auf Leistung des Offenbarungseides gemäß § 260 oder § 2006 entspricht, eine nach § 208 zur Unterbrechung der Verjährung geeignete Anerkennung des Pflichtteilsanspruchs dem Grunde nach gefunden werden; es ist dann Tatfrage, ob diese Anerkennung sich auf den Pflichtteilsanspruch im ganzen bezieht oder ob sie, bei Unvollständigkeit des aufgestellten Verzeichnisses, nur den Anspruch auf denjenigen Pflichtteilsbetrag deckt, welcher sich aus dem Verzeichnis entnehmen läßt (RG 113, 234; über die Anerkennung des Pflichtteilsanspruchs s. auch RG Warn 1937 Nr 134).

7. 30jährige Verjährungsfrist. Regelmäßige Verjährungsfrist § 195. Sie kommt auch dem zugute, der auf einen dem Pflichtteil entsprechenden Bruchteil der Erbschaft als Erbe oder auf den Pflichtteilsbetrag als Vermächtnisnehmer eingesetzt ist; wer sich auf eine solche testamentarische Anordnung stützt, erhebt nicht den gesetzlichen Pflichtteils-, sondern einen Erbauseinandersetzungs- oder Vermächtnisanspruch (RG 113, 237; JW 1927, 1206[21]; HRR 1932 Nr 958; vgl. § 2304 Anm).

8. Verjährung gegen den Beschenkten (Abs 2) ohne Rücksicht auf erlangte Kenntnis.

9. Ausschlagung der Erbschaft als Anspruchsvoraussetzung (Abs 3). Hängt die Geltendmachung des nach § 2317 Abs 1 mit dem Erbfall entstehenden Pflichtteilsanspruchs von vorgängiger Ausschlagung des dem Pflichtteilsberechtigten zugewendeten Erbteils oder Vermächtnisses ab (§§ 2306 A 3, 2307 A 1, 2317 A 1), so wird die Verjährung durch die Hinausschiebung der Ausschlagung ncht gehemmt. Mit dieser Vorschrift wird dem Umstande Rechnung getragen, daß der Berechtigte sich den Anspruch durch eine in seinem Belieben stehende Willenserklärung jederzeit verschaffen kann (vgl. §§ 199, 200). Freilich kann danach der zum Erben eingesetzte Pflichtteilsberechtigte mit Rücksicht auf die drohende Pflichtteilsverjährung genötigt sein, die Ausschlagung schon zu einem Zeitpunkte zu erklären, wo mangels Verkündung der ihn berufenden Verfügung (§ 1944 A 3) oder wegen Fehlens der Kenntnis von der Beschränkung oder der Beschwerung oder von der Größe des ihm hinterlassenen Erbteils (§ 2306 A 5) oder weil der Fall der Nacherbfolge noch nicht eingetreten ist (§ 2142 A 1), die Ausschlagungsfrist gegen ihn noch gar nicht zu laufen begonnen hatte (RG 59, 346). Die Verjährung wird nicht dadurch unterbrochen, daß der Berechtigte, bevor er die Erbschaft ausgeschlagen hat, einen Pflichtteilsanspruch gerichtlich geltend gemacht hat und mit dieser Klage abgewiesen worden ist (Zitelmann ArchBR 29, 165).

Entsteht der Pflichtteilsanspruch entfernterer Abkömmlinge oder der Eltern erst mit dem Wegfall des nächststehenden Abkömmlings (§ 2309 A 2, 3), so entspricht es dem Grundgedanken des Abs 1, daß die Verjährung erst beginnt, wenn der nachrückende Berechtigte auch von jenem Wegfall Kenntnis erlangt hat; beruht der Wegfall auf Entziehung des Pflichtteils, so läuft die Verjährung nicht, solange der Nachrückende die Entziehungsgründe des § 2333 als nicht vorhanden angesehen hat (RG JW 1912, 70[6]; Warn 1913 Nr 253).

§ 2333

Der Erblasser kann einem Abkömmlinge den Pflichtteil entziehen:

1. wenn der Abkömmling dem Erblasser, dem Ehegatten oder einem anderen Abkömmlinge des Erblassers nach dem Leben trachtet;

2. wenn der Abkömmling sich einer vorsätzlichen körperlichen Mißhandlung des Erblassers oder des Ehegatten des Erblassers schuldig macht, im Falle der Mißhandlung des Ehegatten jedoch nur, wenn der Abkömmling von diesem abstammt;

3. wenn der Abkömmling sich eines Verbrechens oder eines schweren vorsätzlichen Vergehens gegen den Erblasser oder dessen Ehegatten schuldig macht;

4. wenn der Abkömmling die ihm dem Erblasser gegenüber gesetzlich obliegende Unterhaltspflicht böswillig verletzt;

5. wenn der Abkömmling einen ehrlosen oder unsittlichen Lebenswandel wider den Willen des Erblassers führt.

E I 2000 Satz 1, 2001 II 2198; M 5 428–437; P 5 551–565, 649; 6 320, 321.

Übersicht:

Pflichtteilsentziehung gegenüber Abkömmlingen

1. Allgemeines. Die §§ 2333, 2334 und 2335 treffen Bestimmungen über die Entziehung des Pflichtteils, und zwar § 2333 gegenüber Abkömmlingen, § 2334 gegenüber den Eltern und § 2335 gegenüber dem Ehegatten des Erblassers. Im Volksmund wird häufig von Enterbung gesprochen. Darum handelt es sich in den genannten Paragraphen streng genommen nicht. Denn dem Erblasser steht es ohnehin frei, seine Verwandten ohne Angabe von Gründen von der Erbfolge auszuschließen. Falls aber in einer letztwilligen Verfügung angeordnet ist, daß eine bestimmte Person aus bestimmten dort angegebenen Gründen „enterbt" werde, wird in der Regel angenommen werden können, daß ihr damit der Pflichtteil entzogen werden soll (ebenso Planck-Greiff 4. Aufl § 2333 Anm 1). Die Entziehung des Pflichtteils kann eine vollständige oder teilweise sein, auch in der Zuwendung des Pflichtteils unter sonst unzulässigen Beschränkungen und Beschwerungen bestehen (§ 2306). Die Entziehungsgründe sind erschöpfend geregelt, entsprechende Anwendung auf andere Tatbestände ist nicht gestattet (RG 168, 41). Die Entziehungsgründe setzen Verschulden und deshalb auch Zurechnungsfähigkeit des Täters voraus. Das gilt auch für den Entziehungsgrund nach Nr 5. In der 9. Aufl war im Gegensatz zu den früheren Auflagen im Anschluß an von Stackelberg JW 1938, 2940 die Ansicht vertreten worden, daß mit Rücksicht auf den die deutsche Rechtsordnung beherrschenden Gemeinschaftsgedanken der Entziehungsgrund unter Nr 5 kein Verschulden fordere. Diese Auffassung kann nicht geteilt werden. Die Entziehung des Pflichtteils hat den Charakter einer Strafe. Sie ist daher in allen Fällen nur gerechtfertigt, wenn den Betroffenen ein Verschulden trifft (im Ergebnis ebenso RG LZ 1918, 694[7]; Warn 1942 Nr 53; Planck-Greiff 4. Aufl § 2333 Anm 2; Kipp-Coing § 69 I 5).

Das Recht, den Pflichtteil zu entziehen, kann Gegenstand einer Feststellungsklage sein (§ 2317 Anm 4). Über die Anwendbarkeit des älteren Rechts vgl. RG 63, 120.

2. Die Entziehungsgründe

a) Zu Nr 1: **Lebensnachstellung,** sei es auch in Form der Anstiftung oder Beihilfe oder bloß vorbereitender Handlungen. Unter Umständen kann sogar wissentliches Geschehenlassen genügen. Darauf, ob der Erblasser sich mit Lebensnachstellung bedroht gefühlt hat, kommt es nicht an, sondern nur darauf, daß der Pflichtteilsberechtigte den ernsthaften Willen gehabt hat, den Tod herbeizuführen (RG 31. 1. 18 IV 339/16).

b) Zu Nr 2: **Vorsätzliche körperliche Mißhandlung** eines leiblichen Eltern- oder Vorelternteils, nicht der Stiefeltern, ohne daß es auf deren Schwere ankommt, im Sinne der strafrechtlichen Bestimmungen StGB §§ 223ff., nach denen auch die Notwehr zu beurteilen ist (RG JW 1913, 207[21]). Notwehr schließt ein „sich schuldig machen" aus (§ 227, StGB § 53). Der Erbe ist deshalb nach § 2336 Abs 3 auch dafür beweispflichtig, daß der vom Pflichtteilsberechtigten behauptete Stand der Notwehr nicht vorgelegen habe (RG Warn 1913 Nr 402). Auch im Falle der Überschreitung der Notwehr (StGB § 53 Abs 3) kann das Verschulden zu verneinen sein (BGH 20. 3. 52 IV ZR 152/51).

c) Zu Nr 3: **Verbrechen oder Vergehen** im Sinne von StGB § 1, wenn es gegen den Erblasser oder seinen Ehegatten (als Verletzte) gerichtet ist. Anders als bei Nr 2 ist nicht gefordert, daß der Abkömmling von dem Ehegatten des Erblassers abstammt. Es berechtigen daher auch Verfehlungen gegenüber dem Stiefvater oder der Stiefmutter zur Entziehung des Pflichtteils. Ob das vorsätzliche Vergehen als ein schweres aufzufassen sei, ist nach Lage des Einzelfalles zu beurteilen. Dabei kann die eigene verwerfliche Lebensführung des Erblassers als die Tat des mißratenen Abkömmlings mildernd in Betracht kommen (RG JW 1929, 2707[4]). Auch abgesehen hiervon, stellt eine vereinzelte grobe Beleidigung im allgemeinen noch kein schweres Vergehen dar (RG ebenda und Warn 1917 Nr 26). Daß eine strafgerichtliche Verurteilung stattgefunden habe, wird nicht gefordert.

d) Zu Nr 4: **Böswillige Verletzung der Unterhaltspflicht,** soweit sie dem Abkömmling gesetzlich obliegt (§§ 1601ff.). Sie setzt nicht bloß eigenes Leistungsvermögen ohne Gefährdung des eigenen standesgemäßen Unterhalts, sondern auch Kenntnis von der Bedürftigkeit und geflissentliche Vorenthaltung des Unterhalts aus verwerflicher Gesinnung voraus. Eine Verletzung der Unterhaltspflicht liegt auch vor, wenn der Abkömmling dem kranken Erblasser nicht die genügende Unterstützung und Pflege hat zuteil werden lassen. Darauf, daß er es unterlassen hat, die Pflege selbst zu übernehmen, kann die Entziehung nicht gestützt werden, wenn ausreichende

Geldmittel für die Pflege bereitgestellt worden sind. Ein Entziehungsgrund ist auch nicht gegeben, wenn der Abkömmling irrig annahm, nicht unterhaltspflichtig zu sein. Die Entziehung kann auch nicht darauf gestützt werden, daß der Abkömmling seiner Mutter (der Ehefrau des Erblassers) gegenüber die Unterhaltspflicht verletzt hat. Es kann darin aber mit Rücksicht auf § 170b StGB ein Entziehungsgrund nach Nr 3 bestehen.

e) Zu Nr 5: **Ehrloser und unsittlicher Lebenswandel** (zu unterscheiden von einzelnen, nicht auf einem festgewurzelten Hange beruhenden Handlungen: RG LZ 1923, 449[3]; RG 168, 42), wenn er, und zwar noch zur Zeit der die Entziehung anordnenden Verfügung (RG 77, 162), wider den Willen des Erblassers geführt wird; vgl. auch § 2336 A 4. In Betracht kommen z. B. gewerbsmäßige Unzucht, Kuppelei, gewerbsmäßiger Wucher, gewerbsmäßiges Glücksspiel, unsinniges Schuldenmachen, fortgesetzter Ehebruch, Landstreichen, unverbesserliche Rauschgift- oder Trunksucht. Die Frage, ob der Geschlechtsverkehr mit dem Verlobten den Vorwurf eines unsittlichen Lebenswandels begründet, kann nicht allgemein beantwortet werden. Es kommt dabei auf die Umstände des einzelnen Falles an (vgl. BGHSt 6, 46ff.). Daß der Erblasser abgemahnt habe, ist nicht erforderlich. Sein eigener Lebenswandel ist aber von Bedeutung (RG JW 1929, 2707[4]). Da die Bestimmung dem Schutz der Familienehre dient und diejenigen ausschließen soll, die den guten Namen der Familie untergraben oder sich durch ihren unsittlichen Lebenswandel von dem Familienband gelöst haben, müssen bei der Entscheidung, ob der Abkömmling einen ehrlosen oder unsittlichen Lebenswandel geführt hat, die persönlichen Lebenskreise des Erblassers, die dort bestehenden Ehrbegriffe und Rücksichten auf die öffentliche Meinung und die Lebensführung in der Familie überhaupt mitberücksichtigt werden (Warn 1942, Nr 53). Daraus folgt aber nicht, daß der Abkömmling sich einem ehrlosen oder unsittlichen Lebenswandel gegen den Willen des Erblassers, der selbst einen tadelfreien Lebenswandel führt, hingeben kann, weil sonst in der Familie eine leichte Ehr- und Moralauffassung herrscht. Die allgemeinen Ehr- und Sittengesetze sind in jedem Fall maßgebend, wenn der Erblasser sie für sich und seine Abkömmlinge als verbindlich betrachtet. Strengere Anforderungen können zu stellen sein, wenn sie in den Lebenskreisen des Erblassers allgemein gefordert werden und keine überholte der Sittenordnung selbst widersprechende Beschränkung der persönlichen Freiheit bedeuten. Ist das allgemeine und das für den Lebenskreis des Erblassers geltende Ehr- und Sittengesetz nicht verletzt, dann kann die Entziehung des Pflichtteils nicht darauf gegründet werden, daß der Abkömmling allein nach dem subjektiven Empfinden des Erblassers einen unsittlichen oder ehrlosen Lebenswandel geführt hat (Warn 1942 Nr 53). Nach RG Warn 1931 Nr 199 reicht es zur Annahme eines unsittlichen Lebenswandels nicht aus, wenn eine jahrelang ihrem Beruf ordnungsmäßig nachgehende Angestellte mit zwei Männern zu verschiedenen Zeiten nach längerer Bekanntschaft geschlechtlich verkehrt hat; vgl. anderseits über fortgesetztes ehebrecherisches Verhalten als unsittlichen Lebenswandel RG JW 1914, 1081[5] und Warn 1933 Nr 152; über langdauerndes geschlechtliches Zusammenleben einer Verlobten mit ihrem späteren Manne RG LZ 1923, 396[6]; LM Nr 1 zu BGB § 1621; über Verschwendungssucht, die an sich nur zur Beschränkung des Pflichtteils gemäß § 2338 berechtigt, RG LZ 1918 694[7].

Bei der Feststellung, ob der Abkömmling einen ehrlosen oder unsittlichen Lebenswandel geführt hat, dürfen einzelne Handlungen des pflichtteilsberechtigten Abkömmlings, die dieser erst nach der Errichtung des die Pflichtteilsentziehung enthaltenden Testaments begangen hat und die von dem Erblasser bei seiner Verfügung nicht ins Auge gefaßt werden konnten, nicht mitgewürdigt werden. Die Prüfung hat sich auf den Tatbestand zu beschränken, der zur Zeit der Testamentserrichtung abgeschlossen vorlag, der dem Erblasser den Anlaß zur Pflichtteilsentziehung gegeben hat (RG 168, 43). Die Verfehlungen berechtigen zugleich zum Rücktritt vom Erbvertrage (§ 2294) und zur Aufhebung einer gegenseitigen Verfügung nach § 2271 Abs 2.

§ 2334

Der Erblasser kann dem Vater den Pflichtteil entziehen, wenn dieser sich einer der im § 2333 Nr 1, 3, 4 bezeichneten Verfehlungen schuldig macht. Das gleiche Recht steht dem Erblasser der Mutter gegenüber zu, wenn diese sich einer solchen Verfehlung schuldig macht.

E I 2003 II 2199; M 5 442; P 5 579.

Pflichtteilsentziehung gegenüber Eltern

Die **Entziehung des Pflichtteils gegenüber einem Elternteil** ist nur wegen Lebensnachstellung (§ 2333 Nr 1), Verbrechen und Vergehen (Nr 3) und Verletzung der Unterhaltspflicht gegen den Erblasser (Nr 4), also nicht auch wegen Mißhandlung (Nr 2; vgl. auch § 1631 Abs 2). soweit sie nicht unter Nr 3 fällt, und wegen schlechten Lebenswandels (Nr 5) zulässig. Die Unterhaltspflicht kann auch durch schwere Vernachlässigung der Erziehung und Ausbildung verletzt sein (§ 1610 Abs 2). Straflosigkeit der Eltern gemäß StGB §§ 247 Abs 2, 289 Abs 5 kommt nicht in Betracht. Der Pflichtteil kann nur dem schuldigen, nicht auch dem anderen Elternteil entzogen werden.

§ 2335

Der Erblasser kann dem Ehegatten den Pflichtteil entziehen, wenn der Ehegatte sich einer Verfehlung schuldig macht, auf Grund deren der Erblasser nach den §§ 1565 bis 1568 auf Scheidung zu klagen berechtigt ist.

Das Recht zur Entziehung erlischt nicht durch den Ablauf der für die Geltendmachung des Scheidungsgrundes im § 1571 bestimmten Frist.

E I 2005 II 2200; M 5 444, 445; P 5 580.

Übersicht:

Pflichtteilsentziehung gegenüber dem Ehegatten

1. Die Entziehungsgründe
2. Kein Erlöschen des Rechts durch Fristablauf (Abs 2)

1. Die Entziehungsgründe. Die Entziehung des Pflichtteils gegenüber dem Ehegatten setzt eine schuldhafte Verletzung der ehelichen Pflichten (Eheverfehlung) voraus. Die Fälle der Scheidung wegen Verschuldens waren bisher in den angezogenen §§ 1565—1568 geregelt, die durch EheG 38 § 84, EheG 46 § 78 aufgehoben worden sind. Während die §§ 1933, 2077 Abs 1 durch die §§ 27, 28 der 1. DVO vom 27. 7. 38 (RGBl I, 923) geändert worden sind, ist § 2335 nicht geändert worden. Die Bestimmung ist übersehen worden. Es muß daher davon ausgegangen werden, daß die §§ 1565—1568 durch Ehegesetz 46 §§ 42 und 43 und der § 1571 durch EheG § 50 ersetzt sind. Die Scheidungsgründe der §§ 44, 45, 46, 48, die kein Verschulden voraussetzen, kommen nicht in Betracht. A. M. hinsichtlich des § 48 Palandt-Seibert A 1; das alleinige oder überwiegende Verschulden des klagenden Ehegatten an der Ehezerrüttung ist jedoch nur Voraussetzung des Widerspruchsrechtes des beklagten Ehegatten, kein Merkmal des Scheidungstatbestandes. Hat der klagende Ehegatte die Zerrüttung der Ehe allein oder überwiegend verschuldet, so wird in aller Regel eine Eheverfehlung im Sinne der §§ 42, 43 EheG vorliegen, so daß sich das Entziehungsrecht des anderen Ehegatten aus einer dieser Vorschriften ergeben wird. — Die Scheidungsklage braucht nicht, wie in den Fällen der §§ 1933, 2077 bereits erhoben zu sein. Der Richter, der über die Rechtmäßigkeit der Entziehung des Pflichtteils zu entscheiden hat, muß, wenn der Erblasser gestorben ist, bevor das anhängige Scheidungsverfahren beendet war, sich vollständig an die Stelle des Scheidungsrichters versetzen. Als Scheidungsgrund sind jedoch nur die angegebenen Entziehungsgründe und als maßgebender Zeitpunkt für die Frage nach der Berechtigung des Scheidungsbegehrens ist der Tag der Errichtung der letztwilligen Verfügung so zu berücksichtigen, als wäre er der Tag der letzten mündlichen Verhandlung im Scheidungsrechtsstreit. Die Beweislast hat nach § 2336 Abs 3 derjenige, der die Entziehung geltend macht. Sonst ist das für die Scheidung geltende Recht uneingeschränkt anzuwenden. Der Richter hat also zu prüfen, ob diese Gründe zur Scheidung aus Verschulden geführt hätten. Unerheblich ist es, ob auch eine Widerklage des überlebenden Ehegatten Erfolg gehabt hätte (RG 168, 34).

2. Kein Erlöschen durch Fristablauf (EheG § 50, der an die Stelle des § 1571 getreten ist), auch nicht durch Verwirkung des Scheidungsrechts nach ZPO § 616 (JW 1931, 1379[3]), wohl aber durch Verzeihung (§ 2337, EheG § 49; RG JW 1942, 337). Hat der Erblasser die Verfehlung des Ehegatten als ehezerstörend nicht empfunden, so ist ein Scheidungsrecht von vornherein nicht gegeben (EheG § 49; vgl. auch RG Warn 1938 Nr 50). Daß auch der Erblasser dem Ehegatten einen Scheidungsgrund gegeben hat, beseitigt sein Entziehungsrecht nicht.

§ 2336

Die Entziehung des Pflichtteils erfolgt durch letztwillige Verfügung.

Der Grund der Entziehung muß zur Zeit der Errichtung bestehen und in der Verfügung angegeben werden.

Der Beweis des Grundes liegt demjenigen ob, welcher die Entziehung geltend macht.

Im Falle des § 2333 Nr 5 ist die Entziehung unwirksam, wenn sich der Abkömmling zur Zeit des Erbfalls von dem ehrlosen oder unsittlichen Lebenswandel dauernd abgewendet hat.

E I 2000 Satz 2, 2006–2008 II 2201 M 5 430, 447–449; P 5 552, 553, 580, 581; 6 321, 328.

Übersicht:

Pflichtteilsentziehung. Angabe des Grundes. Beweis

1. Die **Entziehung des Pflichtteils** umfaßt auch den Pflichtteilsergänzungsanspruch (§ 2325 A 2). Regelmäßig enthält die Pflichtteilsentziehung zugleich die Kundgebung, der Betreffende solle überhaupt nichts aus dem Nachlaß erhalten, also von der Erbfolge ausgeschlossen sein und deshalb, auch wenn der Entziehungsgrund nicht Stich hält, nach § 2303 keinesfalls mehr als den Pflichtteil erhalten. Umgekehrt enthält die Ausschließung von der gesetzlichen Erbfolge nicht ohne weiteres auch die Entziehung des Pflichtteils. Im übrigen kann diese sowohl ausdrücklich als stillschweigend erklärt, unter den Voraussetzungen des § 2078 auch angefochten werden, und zwar mit dem Erfolge, daß der Enterbte den vollen gesetzlichen Erbteil erhält, wenn der Erblasser ihm diesen ohne den Irrtum belassen haben würde. Als **letztwillige Verfügung** (§ 1937) kann die Entziehung in allen Formen des Testaments und, wiewohl nur als einseitige Verfügung gemäß § 2299 im Erbvertrag ausgesprochen werden, auch wenn dieser gemäß § 2276 Abs 2 ohne Wahrung der Testamentsform abgeschlossen wird. Die in einem gemeinschaftlichen Testament ausgesprochene Pflichtteilsentziehung ist nicht wechselbezüglich (§ 2270 Abs 3).

2. a) Der **Grund der Entziehung** besteht **zur Zeit der Errichtung** auch dann, wenn die Tatsachen der §§ 2333 Nr 1–4, 2334, 2335 der Vergangenheit angehören. Sie müßten denn nach § 2337 bereits verziehen sein. Nur der schlechte Lebenswandel muß bis dahin und im Sinne des Abs 4 sogar bis zum Erbfall angedauert haben. Keinesfalls kann der Erblasser bedingungsweise für den Fall etwa künftig eintretender Tatbestände die Entziehung anordnen. Er kann deswegen auch einem Abkömmling, der zur Zeit der Testamentserrichtung noch nicht geboren ist, nicht den Pflichtteil entziehen. Wohl aber kann er die Entziehung des Pflichtteils für den Fall aussprechen, daß ein bestimmter Tatbestand, der einen Entziehungsgrund enthält, zur Zeit der Testamentserrichtung bereits besteht; es ist ferner nicht ausgeschlossen, daß für die Feststellung des vor der Testamentserrichtung bestandenen Grundes nach dem Grundsatze der freien Beweiswürdigung auch nach der Testamentserrichtung eingetretene Tatsachen berücksichtigt werden (Planck-Greiff A 2a; RG DRW 1939, 382[36]). Dagegen müssen Tatsachen, die in keinem Zusammenhang mit den in der Verfügung angegebenen Entziehungsgründen stehen und daher nicht geeignet sind, den Beweis für das Bestehen dieser Gründe zu stützen, bei der Entscheidung vollständig unbeachtet bleiben, auch wenn sie selbst einen Entziehungsgrund abgeben sollten (RG 168, 42). Ist der Grund für die Pflichtteilsentziehung schon gegeben, so kann der Erblasser die wirkliche Entziehung von ferneren Bedingungen abhängig machen.

b) **Die Angabe des Grundes** erfordert nicht notwendig nähere Darlegung der einzelnen Tatumstände, muß aber erkennen lassen, auf welchen der verschiedenen Entziehungsgründe sich der Erblasser stützen will. Dazu kann der Erblasser in der Verfügung auch auf andere Akten verweisen, wenn sich aus diesen der Entziehungsgrund eindeutig und ohne Schwierigkeiten entnehmen läßt (RG 168, 34 für die Bezugnahme auf Ehescheidungsakten). Der Gebrauch der Worte des Gesetzes genügt jedenfalls bei § 2333 Nr 5 (RG 95, 24; dazu Kipp JW 1919, 503[9]; RG 168, 43).

3. Die **Beweislast** (über deren Umfang bei behaupteter Notwehr vgl. § 2333 zu Nr 2) trifft regelmäßig den Erben, im Falle des § 2329 den Beschenkten. Die Führung des Beweises kann aber auch von den gemäß §§ 2318ff. zur Tragung der Pflichtteilslast herangezogenen Vermächtnisnehmern und Auflagebeteiligten übernommen werden. Der mißlungene Beweis des in der letztwilligen Verfügung angegebenen Grundes kann nicht durch den Nachweis eines andern nicht angegebenen Grundes ersetzt werden. Ist der vom Erblasser angegebene Entziehungsgrund bewiesen, so kann der Pflichtteilsberechtigte nicht mit dem Einwand gehört werden, der wirkliche Beweggrund der Entziehung sei ein anderer gewesen (Reichel AZivPrax 138, 212 A 14).

4. **Dauernde Abwendung vom schlechten Lebenswandel** macht die darauf gestützte Entziehung von selbst hinfällig, wenn sie nur bis zum Erbfall eingetreten ist. Sie ist vom Enterbten zu beweisen (RG 77, 163). Sie muß eine gewisse Zeit schon angedauert haben und die Besorgnis künftiger Rückfälle auszuschließen geeignet sein. Soweit außereheliche Beziehungen den Tatbestand des § 2333 Nr 5 erfüllen, bedeutet es eine Abkehr von dem unsittlichen Lebenswandel,

wenn die betreffenden Personen heiraten (RG 168, 39). Eine Abkehr von einem unsittlichen Lebenswandel hat der BGH auch angenommen, wenn die Verlobten zwar ihre geschlechtlichen Beziehungen fortsetzen, nachdem daraus ein Kind hervorgegangen war, die Heirat aber nur hinausgeschoben werden mußte, da die Eltern der Braut sich ihr widersetzten (LM Nr 1 zu § 1621). Ähnlich § 2338 A 6. Auch in diesem Falle verbleibt dem Enterbten im Zweifel (A 1) nur der Pflichtteil. Falls der Erblasser irrig einen nicht vorhandenen Entziehungsgrund angenommen hat, kann die nach § 2078 Abs 2 zulässige Testamentsanfechtung auch dazu führen, daß der Pflichtteilsberechtigte seinen vollen gesetzlichen Erbteil erhält. Zum gleichen Erfolg kann die Anfechtung führen, wenn der Erblasser durch die irrige Erwartung, der Abkömmling werde seinen ehrlosen oder unsittlichen Lebenswandel nicht aufgeben, zu der Verfügung bestimmt worden ist.

Den Beweis für die Besserung hat der Abkömmling zu führen (RG 77, 163). Dazu gehört im Falle des § 2333 Nr 3 auch der Beweis, daß der Abkömmling sich nicht in Notwehr befunden hat (RG Warn 1913, 402; LM Nr 1 zu § 2294). Die Entziehung entfällt nicht dadurch, daß der Abkömmling sich nach dem Tode des Erblassers gebessert hat (RG Recht 1910 Nr 732).

5. **Entsprechende Anwendung** des § 2336 bei Ausschließung der fortgesetzten Gütergemeinschaft § 1509 und der Entziehung des Anteils am Gesamtgute § 1513, auch PrAGBGB Art 59 § 7. Aufhebung der im gemeinschaftlichen Testament oder im Erbvertrag gemachten Zuwendungen §§ 2271 A 6, 2297 A 2.

§ 2337

Das Recht zur Entziehung des Pflichtteils erlischt durch Verzeihung. Eine Verfügung, durch die der Erblasser die Entziehung angeordnet hat, wird durch die Verzeihung unwirksam.

E I 2004 II 2202; M 5 443, 444; P 5 579, 580.

Übersicht:

Verzeihung

1. Verzeihung
2. Unwirksamkeit der Entziehung

1. **Verzeihung** ist nicht Rechtsgeschäft, nicht empfangsbedürftige Willenserklärung, sondern (wie in den Fällen der §§ 532, 2343, EheG § 49) nur Kundgebung der Gesinnung, durch die Verfehlungen nach §§ 2333ff. nicht mehr beleidigt zu sein. Sie setzt volle Kenntnis des Sachverhalts voraus, muß vom Erblasser selbst, nicht von dem nach §§ 2333 Nr 1–3, 2334 etwa betroffenen Ehegatten oder Abkömmling ausgehen und kann auch bedingt, jedoch nicht im voraus für künftige Verfehlungen erklärt werden. Nicht erforderlich ist, daß der Erblasser sich der nach § 2337 eintretenden Wirkungen bewußt gewesen ist. Verzeihung unter Vorbehalt ist regelmäßig keine Verzeihung. Die Beweislast trifft den Enterbten.

2. **Unwirksamkeit der Entziehung.** Die Verzeihung schließt nicht nur eine künftige Entziehung des Pflichtteils aus, sondern macht auch eine bereits angeordnete Entziehung unmittelbar kraft Gesetzes unwirksam, läßt aber die Erbeinsetzung eines Dritten regelmäßig unberührt (§ 2085; SächsOLG 34, 231). Der Berechtigte erlangt durch die Verzeihung regelmäßig nur den Anspruch auf den Pflichtteil. Falls aber die Verfügung, durch die er von der Erbfolge ausgeschlossen ist, wegen ihres Zusammenhangs mit der Verfügung, durch die dem Berechtigten der Pflichtteil entzogen worden war, gleichfalls unwirksam wird (§ 2085), kann der Berechtigte auf Grund eines früher errichteten Testaments, das allein durch die unwirksame Verfügung widerrufen war, oder als gesetzlicher Erbe zur Erbschaft berufen sein. Unter Umständen kann auch eine Testamentsanfechtung auf die Verzeihung gegründet werden, wenn der Erblasser zu der Verfügung durch die irrige Annahme bestimmt worden ist, er werde dem Pflichtteilsberechtigten die Verfehlungen nie verzeihen (§ 2078 Abs 2). Auch ohne Verzeihung kann die Entziehung gemäß §§ 2253ff. widerrufen und, solange Verzeihung nicht erteilt ist, durch Widerruf des Widerrufs nach § 2257 wieder in Kraft gesetzt werden.

§ 2338

Hat sich ein Abkömmling in solchem Maße der Verschwendung ergeben oder ist er in solchem Maße überschuldet, daß sein späterer Erwerb erheblich gefährdet wird, so kann der Erblasser das Pflichtteilsrecht des Abkömmlinges durch die An-

ordnung beschränken, daß nach dem Tode des Abkömmlinges dessen gesetzliche Erben das ihm Hinterlassene oder den ihm gebührenden Pflichtteil als Nacherben oder als Nachvermächtnisnehmer nach dem Verhältnis ihrer gesetzlichen Erbteile erhalten sollen. Der Erblasser kann auch für die Lebenszeit des Abkömmlinges die Verwaltung einem Testamentsvollstrecker übertragen; der Abkömmling hat in einem solchen Falle Anspruch auf den jährlichen Reinertrag.

Auf Anordnungen dieser Art finden die Vorschriften des § 2336 Abs 1 bis 3 entsprechende Anwendung. Die Anordnungen sind unwirksam, wenn zur Zeit des Erbfalls der Abkömmling sich dauernd von dem verschwenderischen Leben abgewendet hat oder die den Grund der Anordnung bildende Überschuldung nicht mehr besteht.

E I 2002 Abs 1, 3 II 2203; M 5 437–442; P 5 565–579; 6 356, 357.

Übersicht:

Pflichtteilsbeschränkung in guter Absicht

1. Pflichtteilsbeschränkung gegenüber Abkömmlingen. Gründe für die Beschränkung
2. Beschränkung zugunsten der gesetzlichen Erben des Abkömmlings
3. Einsetzung der gesetzlichen Erben als Nacherben oder Nachvermächtnisnehmer
4. Übertragung der Verwaltung auf einen Testamentsvollstrecker
5. Art und Weise der Anordnung
6. Unwirksamwerden der Anordnung

1. **Pflichtteilsbeschränkung gegenüber Abkömmlingen. Gründe für die Beschränkung.** Die Pflichtteilsbeschränkung in guter Absicht ist nur gegenüber Abkömmlingen, nicht auch Eltern und Ehegatten zulässig. Sie ist nicht Entziehung, vielmehr Zuwendung des Pflichtteils verbunden mit fürsorgenden Maßnahmen für den Abkömmling und seine Familie. Vorausgesetzt ist **Verschwendung** (Begriff § 6 A 2a), und zwar ohne Rücksicht auf etwaige Gefahr des Notstandes und darauf, ob sie zur Entmündigung geführt hat, oder **Überschuldung,** und zwar in so hohem Maße, daß der spätere Erwerb erheblich gefährdet ist, d. h. es muß die Besorgnis begründet sein, das aus irgendwelchen Erwerbsquellen, insbesondere durch die Erbschaft selbst ihm zufließende Vermögen werde gleichfalls verschwendet oder von den Gläubigern beschlagnahmt werden. Diese Besorgnis wird durch das Bestehen der Entmündigung nicht notwendig ausgeschlossen.

2. Die **Beschränkung** ist nur **zugunsten der gesetzlichen Erben des Abkömmlings** zur Zeit seines Todes gestattet und nur so, daß sie nach Verhältnis ihrer gesetzlichen Erbteile bedacht werden (§ 2066). Dies trifft auch dann zu, wenn die Abkömmlinge zwar durch Verfügung von Todes wegen, aber im Sinne von § 2052 als Erben berufen sind. Eine nähere Bezeichnung der Erben ist unschädlich, wenn sie sich beim Tode des Abkömmlings als seine gesetzlichen Erben erweisen. Erfolgt die Zuwendung an Fremde oder nach anderen Erbquoten, so ist die Anordnung unwirksam (§ 2306 A 2). Der Erblasser ist jedoch nicht gehindert, die Berufung auf die Erben der ersten Ordnungen zu beschränken (Prot 5, 573); auch einzelne von ihnen auszuschließen, denen gegenüber er zur Entziehung des Pflichtteils berechtigt ist. Der Fiskus zählt auch hier nicht zu den gesetzlichen Erben (§§ 2104, 2149). Falls der Abkömmling keine Leibeserben hinterläßt, ist der Fall der Nacherbfolge nicht eingetreten. Das ihm Hinterlassene fällt dann als Teil seines Vermögens an die von ihm eingesetzten Erben oder zusammen mit seinem Nachlaß an den Fiskus, wenn er keine Verfügung von Todes wegen hinterlassen hat. Entsprechendes gilt, wenn der Erblasser nur die Erben der ersten Ordnung berufen hat und solche beim Tode des Abkömmlings nicht vorhanden sind.

3. **Einsetzung der gesetzlichen Erben als Nacherben oder Nachvermächtnisnehmer.** Nacherbeinsetzung der gesetzlichen Erben setzt voraus, daß der Abkömmling zunächst als Vorerbe berufen ist (§ 2100). Die ihn als Vorerben treffenden Beschränkungen ergeben sich aus §§ 2112ff. Unwirksamkeit wegen Zeitablaufs ist mit Rücksicht auf §§ 2109 Nr 1, 2163 Nr 1, 2210 ausgeschlossen. Über §§ 2115 und 2214 hinaus entzieht § 863 ZPO auch die Nutzungen des Pflichtteils der Pfändung. Diese sind unpfändbar, soweit sie erforderlich sind, um den eigenen standesgemäßen Unterhalt des Pflichtteilsberechtigten zu bestreiten und um die ihm obliegenden Unterhaltsverpflichtungen gegenüber seinem Ehegatten, seinem früheren Ehegatten oder seinen Verwandten zu erfüllen. Der Pfändungsschutz besteht jedoch nicht gegenüber den Ansprüchen der Nachlaßgläubiger oder solcher Gläubiger, deren Recht auch den Nacherben oder dem Testamentsvollstrecker gegenüber wirksam ist.

Ist dem Abkömmling unter den hier fraglichen Beschränkungen ein Erbteil hinterlassen, der größer ist als der Pflichtteil, so bleibt er, wie bei jeder andern dem § 2306 entsprechenden Beschränkung oder Beschwerung, jedenfalls daran gebunden, wenn er nicht ausschlägt (RJA 15, 194). Schlägt er aus, so erwirbt er zwar gemäß § 2306 A 3 den Pflichtteilsanspruch, aber vom Beweis der Tatsache der Verschwendung oder Überschuldung hängt ferner ab, ob er diesen Pflichtteil nur mit den Beschränkungen des § 2338 (unter Verwandlung der Nacherbeinsetzung in eine dem Nachvermächtnis ähnliche Beschwerung) oder ob er ihn unbeschränkt erhält (RG 85, 347 und SeuffA 62 Nr 188). Keinesfalls werden die an Stelle des ausschlagenden Abkömmlings nachrückenden Erben von den angeordneten Beschränkungen betroffen (KGJ 40, 63).

Dasselbe gilt nach § 2307 A 1, wenn dem Abkömmling ein – den Pflichtteil erfüllendes oder übersteigendes – Vermächtnis zugewendet, aber mit einem **Nachvermächtnis** (§ 2191) zugunsten der gesetzlichen Erben beschwert ist. Ist er gerade auf den Pflichtteil als Erbe berufen, so muß er sich gegen die Regel des § 2306 A 2 die aus § 2338 begründete Beschränkung gefallen lassen. Ist er weder als Erbe noch als Vermächtnisnehmer bedacht, sondern nur auf den Pflichtteilsanspruch verwiesen, so sind seine gesetzlichen Erben gleich Nachvermächtnisnehmern zu behandeln. Vererblichkeit des Nacherbenrechts kann, wie im Falle des § 2104, nicht in Frage kommen (§ 2108 A 2).

4. Übertragung der Verwaltung auf einen Testamentsvollstrecker (§§ 2209, 2210) entzieht dem Abkömmling nach § 2211 jedes Verfügungsrecht und schließt zugleich gemäß § 2214 seine Gläubiger vom Zugriff auf den Pflichtteil aus, beschränkt diese auch nach Maßgabe des § 863 ZPO im Zugriff auf den Reinertrag (vgl. Anm 3). Eine Verpflichtung des Testamentsvollstreckers, dem Erben Nachlaßgegenstände herauszugeben, wie sie § 2217 vorsieht, kommt hier nicht in Betracht. Sie kann mit der Nacherbeinsetzung verbunden (§ 2222), aber ebenso dinglich wirksam auch für sich allein angeordnet werden.

Beschränkende Anordnungen anderer Art braucht sich der Abkömmling wegen Verschwendung oder Überschuldung nicht gefallen zu lassen, insbesondere nicht eine Schmälerung des Pflichtteilsbetrags (RG Recht 1914 Nr 645). Desgleichen nicht eine Anordnung, die dem Testamentsvollstrecker auch die Verwaltung des Reinertrags des dem Abkömmling Hinterlassenen, sei es von vornherein und unbedingt, sei es von einem gewissen Zeitpunkt ab oder unter gewissen Voraussetzungen (Abtretung oder Pfändung des Hinterlassenen) zum Zwecke der Naturalverpflegung des Abkömmlings überträgt. Eine andere Frage ist es, ob eine solche Beschränkung des Bedachten in der Verfügung über die Erträgnisse an sich zulässig ist. Dies bejaht RG Warn 1919 Nr 71, indem es annimmt, die Beschränkung sei kein selbständiges rechtsgeschäftliches Veräußerungsverbot im Sinne des § 137 Satz 1, sondern die gesetzliche Rechtsfolge der dem Testamentsvollstrecker eingeräumten Machtbefugnisse und daher ein nach Maßgabe der §§ 2211, 135 kraft Gesetzes eintretendes Veräußerungsverbot (s. aber gegen die Anwendbarkeit des § 135 RG 87, 432; § 2211 A 1).

5. Art und Weise der Anordnung. Anordnung durch letztwillige Verfügung, Angabe des Grundes (Verschwendung oder Überschuldung). Gegenüber dem Anspruch auf unbeschränkte Gewährung des Pflichtteils hat der Erbe, im Falle des § 2329 der Beschenkte die Anordnung selbst und ihre Voraussetzungen zu beweisen.

6. Unwirksamwerden der Anordnung. Dauernde Abwendung usw. wie im Falle des § 2336 A 4. Gleichgültig ist, ob sich der Abkömmling unter dem Zwange äußerer Verhältnisse oder aus eigener besserer Einsicht heraus abgewendet hat (RG 24. 6. 07 IV 121/07). Die von selbst eintretende Unwirksamkeit der Beschränkung kann von jedermann, so auch von den Gläubigern des Abkömmlings geltend gemacht werden. Eine erst nach dem Erbfall eingetretene Besserung des Abkömmlings ist auf die Anordnungen des Erblassers ohne Einfluß, falls er nicht selbst für diesen Fall den Wegfall der Beschränkung angeordnet hat (Planck-Greiff A 5). Das Nachlaßgericht ist nicht befugt, den Wegfall der Beschränkung anzuordnen, insbesondere die Verwaltungsbefugnis des Testamentsvollstreckers aufzuheben (a. M. AG Zittau DJ 1936, 1537. Wie hier KG DR 1942, 1190[8]. Dort wird weiter bemerkt, falls der Testamentsvollstrecker sein Amt niedergelegt hat, könne allerdings das Nachlaßgericht erwägen, ob ein neuer Testamentsvollstrecker gemäß § 2200 Abs 1 BGB ernannt werden solle). Falls die Voraussetzungen für die Beschränkungen nach dem Erbfall weggefallen sind, ist zu prüfen, ob die Auslegung des Testaments, notfalls die ergänzende Auslegung ergibt, daß der Erblasser die Beschränkungen für diesen Fall nicht mehr gewollt hat. Eine dahingehende Auslegung ist allerdings nicht möglich, wenn das Testament insoweit nur die bloße Anordnung enthält, daß der Nachlaß für die Lebenszeit des Abkömmlings durch einen Testamentsvollstrecker verwaltet werden und nach dem Tode des Abkömmlings dessen gesetzlichen Erben als Nacherben anfallen soll (KG DR 1942, 1190[8]). – Beschränkungsrecht aus § 2338 im Falle des Erbvertrags § 2289 Abs 2, des gemeinschaftlichen Testaments § 2271 Abs 3, für den Anteil des Abkömmlings bei der fortgesetzten Gütergemeinschaft § 1513 Abs 2.

Sechster Abschnitt

Erbunwürdigkeit

Das BGB kennt keine allgemeine Erbunwürdigkeit, sondern nur eine solche gegenüber einem bestimmten Erblasser und auch nur bei Angriffen gegen dessen Leben, Testierfähigkeit oder Testierfreiheit. Dem Unwürdigen wird nicht nur, worauf die §§ 2339–2344 abgestellt sind, ein Erwerb als Erbe, sondern nach § 2345 auch ein Anspruch als Vermächtnisnehmer oder Pflichtteilsberechtigter entzogen. Dazu bedarf es einer Anfechtung, zu der nur bestimmte Personen befugt sind. Das Anfechtungsrecht erlischt bei Verzeihung (§ 2243). Die durchgeführte Anfechtung wirkt absolut. Die Vorschriften gelten nach § 1506 Satz 2 auch für die fortgesetzte Gütergemeinschaft. Auch ältere Unwürdigkeitsgründe sind nach ihnen zu beurteilen, wenn der Erblasser nach 31. 12. 99 verstorben ist (EG Art. 213).

§ 2339

Erbunwürdig ist:

1. wer den Erblasser vorsätzlich und widerrechtlich getötet oder zu töten versucht oder in einen Zustand versetzt hat, infolgedessen der Erblasser bis zu seinem Tode unfähig war, eine Verfügung von Todes wegen zu errichten oder aufzuheben;

2. wer den Erblasser vorsätzlich und widerrechtlich verhindert hat, eine Verfügung von Todes wegen zu errichten oder aufzuheben;

3. wer den Erblasser durch arglistige Täuschung oder widerrechtlich durch Drohung bestimmt hat, eine Verfügung von Todes wegen zu errichten oder aufzuheben;

4. wer sich in Ansehung einer Verfügung des Erblassers von Todes wegen einer nach den Vorschriften der §§ 267 bis 274 des Strafgesetzbuchs strafbaren Handlung schuldig gemacht hat.

Die Erbunwürdigkeit tritt in den Fällen des Abs 1 Nr 3, 4 nicht ein, wenn vor dem Eintritte des Erbfalls die Verfügung, zu deren Errichtung der Erblasser bestimmt oder in Ansehung deren die strafbare Handlung begangen worden ist, unwirksam geworden ist, oder die Verfügung, zu deren Aufhebung er bestimmt worden ist, unwirksam geworden sein würde.

E I 2045 II 2204; M 5 517–520; P 5 634–642; KB 325.

Gründe der Erbunwürdigkeit

1. Zu Abs 1: Wie die Entziehungsgründe des § 2333 sind auch die Erbunwürdigkeitsfälle erschöpfend geregelt. Sie umfassen nur ganz bestimmte Verfehlungen, die sich gegen den Erblasser unmittelbar (Abs 1 Nr 1–3) oder gegen eine Verfügung des Erblassers von Todes wegen (Abs 1 Nr 4) richten (s. auch Vorbem). Ehrloses Verhalten schlechthin, insbesondere auch ein asozialer Lebenswandel begründet keine Erbunwürdigkeit; es gibt dem Erblasser allenfalls das Recht, dem Erben den Pflichtteil zu entziehen (§§ 2333, 2334; vgl. Vogels DR 1941, 2450). Die Erbunwürdigkeitsgründe umfassen alle Formen der Teilnahme (StGB §§ 47ff.). Versuch genügt nur im Falle Nr 1.

Zu Nr 1: **Tötung** im Sinne von StGB §§ 211–215, ebenso vorsätzliche Tötung im Zweikampf (§§ 206, 207), nicht aber Tötung des Einwilligenden (§ 216), der dem Verzeihenden nach § 2343 gleichzustellen ist. Notwehr schließt die Widerrechtlichkeit aus. Der Erfolg, den Erblasser testierunfähig zu machen, braucht auch im dritten Falle der Nr 1 nicht bezweckt zu sein, es genügt, daß er z. B. im Falle schwerer Körperverletzung in Siechtum verfällt. Der Vorerbe ist nicht Erblasser, seine Tötung durch den Nacherben macht diesen nicht erbunwürdig.

Zu Nr 2: Die **Verhinderung** setzt voraus, daß der Erblasser einen bestimmten Errichtungs- oder Aufhebungsakt beabsichtigt, ihn aber infolge der auf ihn — gleichviel mit welchen Mitteln — ausgeübten Einwirkung unterlassen hat. Versuch oder nur vorübergehende Einwirkung genügt nicht. Eine etwaige Unwirksamkeit des beabsichtigten Aktes, z. B. wegen Entmündigung (§ 2229 Abs 3) oder infolge Bindung an ein gemeinschaftliches Testament (§ 2271), ist bedeutungslos.

Zu Nr 3: **Täuschung und Drohung** § 123. Der letzteren steht unmittelbar Gewaltanwendung gleich. Daneben bleibt die (weniger weittragende) Anfechtung aus § 2078 Abs 2 unberührt (RG 59, 33).

Täuschung ist angenommen, wenn eine Frau den Erblasser zur Heirat und zugleich zur Erbeinsetzung bestimmte und hierbei verschwieg, daß sie mit einem anderen ein unsittliches Verhältnis unterhielt und fortsetzen wollte (RG JW 1912, 871[32]). Täuschung und Drohung müssen den Erblasser bestimmt haben, eine Verfügung von Todes wegen zu errichten oder aufzuheben. Die Behauptung, der Erblasser sei durch Drohung gezwungen worden, einen Kindesannahmevertrag zu schließen, der ein gesetzliches Erbrecht begründe (§ 1757 Abs 1), reicht daher nicht aus; es können dann unter Umständen aber die Voraussetzungen des Abs 1 Nr 2 gegeben sein (OLG Köln NJW 1951, 158 Nr 15).

Hypnose ist keine Drohung. Der Hypnotiseur kann aber nach Abs 1 Nr 1 erbunwürdig sein, wenn der hypnotische Zustand bis zum Tode des Erblassers gedauert hat. Das in der Hypnose errichtete Testament ist nach § 2229 Abs 4 nichtig.

Zu Nr. 4: **Urkundenfälschung,** insbesondere auch fälschliche Anfertigung einer angeblichen Verfügung und Beseitigung von Urkunden, vor oder nach dem Erbfalle. Doch soll nach allgemeiner Meinung auch die Fälschung die Natur einer Verfehlung gegen den Erblasser haben. Erbunwürdigkeit tritt deshalb nach der Ansicht des Reichsgerichts nicht ein, wenn der Fälscher durch die Fälschung den wahren letzten Willen des Erblassers zu verwirklichen bestrebt war (RG 72, 207; 81, 413; Kipp-Coing § 3 II 4, wenn nachgewiesen sei, daß der Erblasser das von ihm errichtete formungültige Testament tatsächlich für gültig gehalten habe; a. M. Planck-Greiff A 2d; Palandt-Rechenmacher A 2a; Bartholomeyczik § 5 II 3d). Die Beweislast dafür, daß die in Ansehung der Urkunde begangene strafbare Handlung keine Verfehlung gegen den Erblasser bedeutet, soll der Fälscher oder Unterdrücker der Urkunde haben (RG 81, 413). Die Rechtsprechung des Reichsgerichts ist jedoch bedenklich. Jede Fälschungshandlung ist ein unerlaubter Eingriff in den Testiervorgang und insoweit — mindestens in der Form — eine Verfehlung gegen den Erblasser. Es ist auch zu beachten, daß die Verfehlungen nach Abs 1 Nr 4 sich nur mittelbar gegen den Erblasser, unmittelbar jedoch nach dem Gesetzeswortlaut („in Ansehung ...") gegen die Verfügung von Todes wegen als solche richten.

2. Zu Abs 2: Zu Nr 3 u. 4: Die mit Erbunwürdigkeit bedrohten Handlungen sind praktisch unschädlich, wenn a) die erzwungene, erschlichene oder verfälschte Verfügung, sei es von Anfang an wegen Formmangels unwirksam war, sei es vor dem Erbfall (durch Widerruf, Wegfall des Bedachten usw., Zeitablauf im Falle des § 2252) unwirksam geworden ist oder wenn b) die infolge von Täuschung oder Drohung aufgehobene oder vermöge einer Urkundenfälschung nur angeblich aufgehobene Verfügung aus gleichen Gründen schon ohnedies unwirksam wäre oder geworden wäre. In allen diesen Fällen tritt nach dem Wortlaut und Sinne des Abs 2 keine Erbunwürdigkeit ein.

§ 2340

Die Erbunwürdigkeit wird durch Anfechtung des Erbschaftserwerbes geltend gemacht.

Die Anfechtung ist erst nach dem Anfalle der Erbschaft zulässig. Einem Nacherben gegenüber kann die Anfechtung erfolgen, sobald die Erbschaft dem Vorerben angefallen ist.

Die Anfechtung kann nur innerhalb der im § 2082 bestimmten Fristen erfolgen.

E I 2046 Abs 1, 2, 4–6 II 2205; M 5 520, 521; P 5 642, 643, 645; 6 357.

Übersicht:

Anfechtung des Erbschaftserwerbs

1. Allgemeines (Abs 1)
2. Zeitpunkt der Anfechtung
3. Anfechtung gegen Nacherben
4. Anfechtungsfrist (Abs 4)

1. Zu Abs 1: Allgemeines: Die Erbunwürdigkeit tritt nicht kraft Gesetzes, sondern erst nach rechtskräftig durchgeführter **Anfechtung** (§ 2342) mit der Wirkung des § 2344 Abs 1 ein. Der Erbunwürdige selbst kann somit, da er nicht anfechtungsberechtigt ist (§ 2341), die Unwürdigkeit niemals geltend machen.

2. Zu Abs 2 Satz 1: Anfall der Erbschaft § 1942 A 2. Hängt der Anfall an den Erbunwürdigen davon ab, daß ein ihm vorgehender Berufener ausschlägt oder aus anderen Gründen wegfällt, so ist die Anfechtung nicht vor dem Wegfall zulässig. Behauptet dagegen der nach § 2341 Anfechtungsberechtigte, daß sämtliche vor ihm Berufenen erbunwürdig seien, so darf er sich vorläufig — ob mit Recht, wird das Urteil ergeben — auf den Standpunkt des § 2344 Abs 2 stellen und die Anfechtungsklage gleichzeitig gegen die mehreren auch bloß nacheinander berufenen Erbunwürdigen erheben (a. M. Planck-Greiff A 2). Auch für die Ausübung des Anfechtungsrechts aus §§ 2078ff. hat er in diesem Falle sogleich als Anfechtungsberechtigter zu gelten (§ 2080 A 1), wenn auch der Erfolg dieser Anfechtung davon abhängt, daß er die Erbunwürdigkeitserklärung der vorgehenden Berechtigten durch Urteil herbeiführt (§ 2342). Die Anfechtung aus § 2340 ist niemals vor dem Erbfall, wohl aber gegen die Erben des Unwürdigen zulässig.

3. Zu Abs 2 Satz 2: Dem **Nacherben** gegenüber braucht der Anfall der Nacherbschaft (§ 2139) nicht abgewartet zu werden. Die Klage kann, auch gegen mehrere nacheinander oder nur bedingt berufene unwürdige Nacherben zugleich, schon nach Anfall an den Vorerben, regelmäßig also schon nach dem Erbfall erhoben werden (vgl. auch § 2142).

4. Zu Abs 3: Die **Anfechtungsfrist** beträgt gemäß § 2082 ein Jahr nach erlangter Kenntnis vom Erbunwürdigkeitsgrunde. Gegenüber dem unwürdigen Nacherben (A 3) beginnt sie jedoch erst mit Anfall der Nacherbschaft. Es gelten die Verjährungsgrundsätze der §§ 203, 206, 207. Mit Ablauf von 30 Jahren seit dem Erbfalle ist die Anfechtung ausgeschlossen.

Kenntnis hat der Anfechtungsberechtigte nur, wenn er von den Anfechtungstatsachen in zuverlässiger Weise erfahren hat (§ 2082 A 2b). Es genügt daher nicht, wenn er nur persönlich von dem Erbunwürdigkeitsgrunde überzeugt ist, ohne daß dies sachlich begründet und beweisbar ist (a. M. OLG Frankfurt NJW 1947/48, 228; Soergel § 2082 A 1).

§ 2341

Anfechtungsberechtigt ist jeder, dem der Wegfall des Erbunwürdigen, sei es auch nur bei dem Wegfall eines anderen, zustatten kommt.

E I 2046 Abs 3 II 2206; M 5 521; P 5 642–645.

Die Anfechtungsberechtigten

1. Anfechtungsberechtigt ist, abweichend von § 2080 Abs 1, der auch nur mittelbar, bedingt oder erst an späterer Stelle am Wegfall des Erbunwürdigen Interessierte. So insbesondere auch der Vorerbe gegenüber dem Nacherben (§ 2142 A 2), der Nacherbe gegenüber dem Vorerben (§ 2102), endlich immer der Fiskus (§ 1936). Der Erfolg der Anfechtung braucht nicht dem Anfechtenden selbst die Erbenstellung usw. zu verschaffen, er kann vielmehr nach § 2344 Abs 2 auch einem anderen zugute kommen. Der selbst erbunwürdige Berechtigte ist von der Anfechtung nicht ausgeschlossen, solange der auch gegen ihn gerichteten Klage (§ 2340 A 2) nicht rechtskräftig stattgegeben ist (§ 2342 Abs 2). Das Anfechtungsrecht ist als solches weder übertragbar noch pfändbar. Es ist jedoch als Vermögensrecht vererblich (vgl. auch § 2080 A 3). Ebenso steht es gegen die Erben des Unwürdigen zu.

§ 2342

Die Anfechtung erfolgt durch Erhebung der Anfechtungsklage. Die Klage ist darauf zu richten, daß der Erbe für erbunwürdig erklärt wird.

Die Wirkung der Anfechtung tritt erst mit der Rechtskraft des Urteils ein.

E I 2047 II 2207; M 5 521, 522; P 5 645.

Anfechtungsklage

1. Zu Abs 1 Satz 1: Die **Anfechtungsklage** muß die Anfechtung gerade wegen Erbunwürdigkeit, zum Unterschiede von der Anfechtung letztwilliger Verfügungen, und das Verlangen auf Feststellung (A 2) deutlich zum Ausdruck bringen (RG JW 1910, 23[37]); sie ist gegen den erbunwürdigen Erben oder seine Erben, nicht auch gegen den Erwerber eines Erbteils (§ 2033) oder den Erbschaftskäufer zu richten, gegebenenfalls auch als Widerklage gemäß ZPO § 280. Die Anfechtung kann aber nicht mittels Einrede oder etwa im Erbscheinsverfahren erklärt werden (LG Hamburg DR 1941, 2449 Nr 14). Jedoch genügt die gewöhnliche, auch in Form der Einrede geltend zu machende Anfechtung nach § 143 Abs 1 gegenüber dem Vermächtnis- oder Pflichtteilsanspruch des Unwürdigen (§ 2345). Die Klagerhebung durch den Nächstberufenen bedeutet nicht notwendig, wie im Falle des § 1957 Abs 1, zugleich die Annahme der Erbschaft.

2. **Zu Abs 1 Satz 2:** Die **Erbunwürdigkeitserklärung** ist Feststellung nach ZPO § 256. Deshalb ist es auch zulässig, die Klage im Gerichtsstande der Erbschaft zu erheben (ZPO § 27).

3. **Zu Abs 2:** Die **Wirkung** der erfolgreichen Klage (§ 2344) äußert sich mit der Rechtskraft ebenso wie der Wegfall des Erben durch Ausschlagung gegenüber allen nach § 2341 Anfechtungsberechtigten. Dagegen schafft die Klageabweisung nur Recht unter den Parteien. Die Urteilsform ist unentbehrlich und kann nicht durch öffentliche Urkunde nach ZPO § 794 Nr 5 ersetzt werden (RJA 7, 185). Vermöge der rückbeziehenden Wirkung des § 2344 Abs 1 kann der im Falle der Erbunwürdigkeit nachrückende Erbe mit der Anfechtungsklage auch den Erbschaftsanspruch aus den §§ 2018ff. verbinden (vgl. auch § 2340 A 2; a. M. Planck-Greiff A 3; Crome § 665 A 55; wie hier Kipp-Coing § 3 A 16; Palandt-Rechenmacher A 1).

§ 2343

Die Anfechtung ist ausgeschlossen, wenn der Erblasser dem Erbunwürdigen verziehen hat.

E I 2050 II 2208; M 5 524, 525; P 5 649.

Verzeihung

1. **Verzeihung:** Vgl. § 2337 A 1. Gegenstand der Verzeihung können alle Handlungen sein, die in § 2339 Abs 1 aufgeführt sind, auch ein Mordversuch, selbst eine Tötung, wenn z. B. der tödlich Verletzte vor seinem Tode noch die Verzeihung ausspricht (Planck-Greiff A 1). Der Erbunwürdige hat die Verzeihung zu beweisen. Die Verzeihung wirkt auch wegen des Vermächtnis- und Pflichtteilsanspruchs § 2345.

2. **Verzicht:** Der Anfechtungsberechtigte kann auch durch Vertrag mit dem Erbunwürdigen auf die Anfechtung verzichten. Nach Mot 5, 525 soll sich allein nach den Vorschriften über den Erbschaftsanspruch bestimmen, inwieweit ein vertragsmäßiger Anspruch den Berechtigten binde, da diesem dinglichen Anspruch Einwendungen aus einem obligatorischen Recht entgegengesetzt werden könnten. Danach könnte trotz des Verzichts zunächst die Anfechtungsklage erhoben und der Erbe für unwürdig erklärt werden (§ 2342 Abs 1). Der Erbe könnte erst, wenn später der Erbschaftsanspruch erhoben wird, einwenden, der Anfechtungsberechtigte habe verzichtet. Es bestehen aber keine zwingenden Gründe, dem Verzichtsvertrage — unbeschadet des § 138 — eine stärkere Wirkung zu versagen. Regelmäßig ist daher schon die Anfechtungsklage des Verzichtenden abzuweisen (Planck-Greiff A 2).

Der Verzicht des nächsten Anfechtungsberechtigten greift dem etwa später Berechtigten nicht vor.

§ 2344

Ist ein Erbe für erbunwürdig erklärt, so gilt der Anfall an ihn als nicht erfolgt.

Die Erbschaft fällt demjenigen an, welcher berufen sein würde, wenn der Erbunwürdige zur Zeit des Erbfalls nicht gelebt hätte; der Anfall gilt als mit dem Eintritte des Erbfalls erfolgt.

E I 1972, 2048 Abs 1 II 2209; M 5 376, 522, 523; P 5 483, 647—649.

Wirkung der Unwürdigkeitserklärung

1. Die **Wirkungen der Erbunwürdigkeitserklärung** sind die gleichen wie diejenigen der Ausschlagung. Es ist deshalb auf den wörtlich übereinstimmenden § 1953 Abs 1 u 2 (A 1—3) zu verweisen. Gleich dem Ausschlagenden wird auch der Unwürdige bei der Berechnung des Pflichtteils mitgezählt (§ 2310). Der erfolgreiche Anfechtungskläger kann, wenn im gegebenen Falle in der Klagerhebung keine Annahme zu finden ist (§ 2342 A 1), auch jetzt noch die Erbschaft ausschlagen. Ist der Nacherbe schon vor dem Eintritte der Nacherbfolge für unwürdig erklärt worden (§ 2340 A 3), so fällt ihm die Erbschaft nicht mehr gemäß § 2139 an. Das Nacherbrecht kann dann auch nicht mehr auf seine Erben übergehen (vgl. sonst § 2108 A 2), die Erbschaft verbleibt vielmehr nach § 2142 A 2 endgültig dem Vorerben. Mit dem Wegfall des Erbunwürdigen werden auch Rechtsgeschäfte unwirksam, die in bezug auf die Erbschaft von ihm oder ihm gegenüber vorgenommen worden sind. Dritte sind (abweichend vom Falle der Ausschlagung) nicht geschützt, soweit sie sich nicht auf gutgläubigen Erwerb oder Erbschein berufen können (vgl. § 1559 A 3c).

§ 2345

Hat sich ein Vermächtnisnehmer einer der im § 2339 Abs 1 bezeichneten Verfehlungen schuldig gemacht, so ist der Anspruch aus dem Vermächtnis anfechtbar. Die Vorschriften der §§ 2082, 2083, des § 2339 Abs 2 und der §§ 2341, 2343 finden Anwendung.

Das gleiche gilt für einen Pflichtteilsanspruch, wenn der Pflichtteilsberechtigte sich einer solchen Verfehlung schuldig gemacht hat.

E I 1874, 2049 II 2210; M 5 189, 523, 524; P 5 220, 649; 6 321.

Unwürdigkeit bei Vermächtnis und Pflichtteil

Schrifttum: Raape Die Einrede der Erbunwürdigkeit aus § 2345 II usw. in Festschrift Karl Haff 1950, 317.

1. Zu Abs 1: Vermächtnis- und Pflichtteilsunwürdigkeit. Hierzu bedarf es zwar auch der Anfechtung durch den nach § 2341 Berechtigten, in der Regel den Erben oder sonstigen Beschwerten, nicht aber förmlicher Klage nach § 2342. Es genügt vielmehr die Anfechtungserklärung gegenüber dem Unwürdigen nach § 143 Abs 4. Ist der Bedachte zugleich Erbe (Vorausvermächtnis) oder ist der Pflichtteilserbe zugleich nach § 2305 auf Vervollständigung des Pflichtteils berechtigt, so ist in dem Sachgesuch nach § 2342 A 2 regelmäßig auch die Anfechtung des Vermächtnis- und Pflichtteilserwerbs enthalten. Auch hier gelten die Ausschlußfristen des § 2082. Im Wege der Einrede kann die Leistung des Vermächtnisses oder Pflichtteils zeitlich unbeschränkt verweigert werden (§ 2083). Der Anfechtungsgrund wird gemäß § 2339 Abs 2 und durch Verzeihung nach § 2343 hinfällig. Als Vermächtnis kommen auch das Schenkungsversprechen von Todes wegen (§ 2301 Abs 1), der Voraus (§ 1932) und der Dreißigste in Betracht (§ 1969).

2. Zu Abs 2: Der **Pflichtteilsanspruch** umfaßt auch den Pflichtteilsergänzungsanspruch (§ 2325 A 1, 2). Ist er gegen den Beschenkten gerichtet (§ 2329), so ist auch dieser anfechtungsberechtigt. Ebenso der gemäß den §§ 2318ff. zur Tragung der Pflichtteilslast verpflichtete Dritte. Ist gegenüber dem Pflichtteilsberechtigten wirksam angefochten worden, dann können entferntere Abkömmlinge oder Eltern, die bisher durch den Unwürdigen ausgeschlossen waren, den Pflichtteil verlangen (§ 2309). Das gilt auch dann, wenn die Anfechtungsfrist verstrichen war und der Erbe das Anfechtungsrecht nur im Wege der Einrede (§ 2083) geltend gemacht hat (Raape aaO. S. 322).

Siebenter Abschnitt

Erbverzicht

Das Gesetz regelt in dem vorliegenden Abschnitt den Verzicht auf das gesetzliche Erbrecht (§ 2346 Abs 1, §§ 2349, 2350), den Verzicht auf das Pflichtteilsrecht (§ 2346 Abs 2) und dessen Aufhebung (§ 2351) sowie den Verzicht auf Zuwendungen von Todes wegen (§ 2352). Die §§ 2347, 2348 enthalten Bestimmungen über die persönlichen und formellen Voraussetzungen für einen solchen Verzicht.

Der Erbverzicht begründet nicht wie der Erbvertrag einen erbrechtlichen Erwerb, sondern schließt einen solchen, der sonst auf Grund des Gesetzes oder einer Verfügung von Todes wegen eintreten würde, im voraus aus (§§ 2346, 2352), und zwar vermöge eines vor dem Erbfall zwischen dem Erblasser und dem künftigen Erben usw. abgeschlossenen Vertrags. Der Vertrag hat, da er unmittelbar eine Änderung der erbrechtlichen Verhältnisse bewirkt, erbrechtlichen Charakter. Er ist kein Erbvertrag. Nach seinem Inhalt ist er sowohl von der Ausschlagung der Erbschaft oder eines Vermächtnisses als auch von dem nach § 312 Abs 2 zwischen künftigen gesetzlichen Erben über den gesetzlichen Erbteil oder den Pflichtteil geschlossenen Vertrag zu unterscheiden. Die Ausschlagung ist erst nach dem Erbfall möglich. Sie beseitigt rückwirkend das Erbrecht oder den Vermächtnisanspruch, während der Erbverzicht vor dem Erbfall mit dem Erblasser selbst (anders: der Vertrag nach § 312 Abs 2) geschlossen sein muß und diese Rechte überhaupt nicht erst entstehen läßt.

Entsprechende Anwendbarkeit beim Verzicht eines Abkömmlings am Gesamtgute der fortgesetzten Gütergemeinschaft § 1517 Abs 2. Beurteilung eines vor 1. 1. 00 errichteten Erbverzichts und eines vorher geschlossenen aufhebenden Vertrags (§ 2351) nach älterem Recht EG Art 217.

§ 2346

Verwandte sowie der Ehegatte des Erblassers können durch Vertrag mit dem Erblasser auf ihr gesetzliches Erbrecht verzichten. Der Verzichtende ist von der gesetzlichen Erbfolge ausgeschlossen, wie wenn er zur Zeit des Erbfalls nicht mehr lebte; er hat kein Pflichtteilsrecht.

Der Verzicht kann auf das Pflichtteilsrecht beschränkt werden.

E I 1972, 2019 II 2211; M 5 376, 472, 473; P 5 483, 598, 599.

Übersicht:

Verzicht der Verwandten oder des Ehegatten des Erblassers auf das gesetzliche Erbrecht

1. Rechtsnatur und Wesen des Erbverzichts im allgemeinen. Der Erbverzicht ist ein abstraktes, unmittelbar den Verlust des Erbrechts bewirkendes Rechtsgeschäft (RG LZ 1932, 102[5]). Er ist keine Verfügung von Todes wegen und insbesondere kein Erbvertrag. Sonstige Vertragsbeziehungen beurteilen sich nach dem Grundrechtsgeschäft. Wird der Erbverzicht gegen eine Abfindung erklärt, so kann das Abfindungsgeschäft ein Rechtsgeschäft unter Lebenden oder eine vertragsmäßige Verfügung von Todes wegen sein (vgl. über den Unterschied RG SeuffA 77 Nr 60, wo die Bestimmung in einem Überlassungsvertrag, ein gestundeter Teil des Preises solle dem Übernehmer als Erbabfindung unter der Bedingung zustehen, daß er beim Tode des Überlassers noch Eigentümer des Grundstücks sein werde, nicht als Vermächtnisvertrag, sondern als bedingter Schulderlaß unter Lebenden aufgefaßt ist). In dem einen wie in dem andern Falle ist die Wirksamkeit des Erbverzichts regelmäßig durch diejenige des Abfindungsgeschäfts mindestens stillschweigend bedingt. Wenn nicht, so ist doch bei Unwirksamkeit dieses Geschäfts, solange der

Erblasser noch lebt und deshalb der erbrechtliche Erfolg noch nicht eingetreten ist, regelmäßig die Kondiktion des Erbverzichts aus § 812 statthaft (vgl. dagegen Planck-Flad 4. Aufl vor § 2346 Anm 4 Abs 3). Ein Vertrag, durch den ein Elternteil die Wirtschaft einem Kinde überträgt, wogegen dieses sich wegen seines künftigen Erbteils für abgefunden erklärt, ist nicht ohne weiteres als ein Erbverzicht anzusehen, der dazu führen müßte, daß das Kind bei späterem Vermögenserwerb des Übertragenden leer ausgeht; es kommt darauf an, ob sich der Erbverzicht, wenn er nicht ausdrücklich erklärt ist, aus dem ganzen Inhalt des Abfindungsvertrags mit Zuverlässigkeit ergibt (RG LZ 1932, 102[5]).

Im übrigen gelten für den Erbverzicht mit den aus §§ 2347, 2348 sich ergebenden Besonderheiten die allgemeinen Vertragsgrundsätze. So wegen der Anfechtbarkeit nicht die §§ 2281, 2078, sondern die §§ 119, 123.

Ein Irrtum über die Grundlagen der gemeinsamen Berechnung der Abfindung von der Art, wie in dem Falle RG Recht 1913 Nr 2885, kann die Anfechtung des Grundrechtsgeschäfts und auf diesem Wege auch die Unwirksamkeit oder die Rückforderung des Verzichts begründen.

Sind infolge der Aufwertungsgesetzgebung die Grundlagen des gegen eine Abfindung abgeschlossenen Erbverzichtsvertrags weggefallen, so kann die Folge nur die sein, daß der Verzichtende an dem Vertrage nach Treu und Glauben nicht mehr festgehalten werden kann und daß ihm, wenn über den Nachlaß wirksam verfügt ist, ein Pflichtteilsanspruch zusteht (RG SeuffA 90 Nr 152).

Unentgeltlicher Verzicht ist nicht Schenkung (§ 517), unterliegt deshalb auch nicht der Gläubigeranfechtung.

2. a) Erbverzicht durch Verwandte und durch den Ehegatten des Erblassers. Als Regel ist behandelt der Verzicht der Verwandten und des Ehegatten auf das gesetzliche Erbrecht (oder auf Bruchteile desselben; über die Möglichkeit der Umdeutung eines — unzulässigen — Verzichts auf einen realen Teil der Erbschaft in einen Verzicht auf einen Bruchteil s. JFG 15, 98).

Verzicht auf letztwillige Zuwendungen § 2352.

Der Fiskus kann auf sein gesetzliches Erbrecht ebensowenig verzichten, wie er ausschlagen oder davon ausgeschlossen werden kann (§§ 1942, 1938).

Der Verzicht ist wirksam, auch wenn er vor Begründung des betreffenden Verwandtschafts- usw. Verhältnisses, aber in Hinblick darauf oder durch Ehevertrag erklärt ist. Annahmevertrag § 1767 Abs 1.

b) Erklärung gegenüber dem Erblasser. Nur der **mit dem Erblasser** geschlossene Vertrag ist Erbverzicht im Sinne des Gesetzes (RG 63, 428). Die nach dem Erbfall dem Vorerben gegenüber abgegebene Erklärung des Nacherben, zu seinen Gunsten auf das Nacherbrecht zu verzichten, ist daher kein Erbverzicht, sondern eine Übertragung der Nacherbenanwartschaft (RG DNotZ 1942, 145). Der Verzicht auf eine bereits angefallene Erbschaft hat, soweit er nicht Verfügung über den Erbteil ist (§ 2033), nur schuldrechtliche Wirkung. Über Ausschlagung zugunsten eines Dritten vgl. § 1947 A 1. Auch der unter künftigen gesetzlichen Erben (RG 98, 330) gemäß § 312 Abs 2 vereinbarte Verzicht begründet bloß schuldrechtliche Beziehungen.

3. Rechtswirkungen des Erbverzichts. Der Erbverzicht hat unmittelbar den **gänzlichen Wegfall des Erbberechtigten** zur Folge, gleich dem schon vor dem Erbfall eingetretenen Tode oder der Ausschließung (§§ 1923, 1938). Erhöhung seines Erbteils gemäß § 1935 kann nicht mehr in Frage kommen. Er wird, wenn ein fremder Pflichtteil zu berechnen ist, weder bei Feststellung des dafür maßgebenden Erbteils (§ 2310 A 2) noch wegen etwaiger Ausgleichungsposten mitgezählt (§ 2316 A 5). Die für den Erbverzicht erhaltene Abfindung käme auch von vornherein nicht als ausgleichungspflichtiger Vorempfang in Betracht. Der Verzicht auf den gesetzlichen Erbteil ergreift zwar an sich auch den Pflichtteil als die Wertshälfte eben jenes Erbteils. Es steht aber nichts entgegen, den Verzicht auf den gesetzlichen Erbteil zu beschränken und (für den Fall letztwilliger Ausschließung von der Erbfolge) den Pflichtteil vorzubehalten. Der Verzicht auf eine letztwillige Zuwendung (§ 2352) enthält nicht notwendig auch den Verzicht auf das gesetzliche Erbrecht und umgekehrt. Der gegenseitige Verzicht von Eheleuten auf das gesetzliche Erbrecht schließt daher nicht aus, daß sie einander, auch in derselben Urkunde, letztwillig bedenken (RG LZ 1919, 594[8]).

4. Die **Beschränkung des Verzichts auf den Pflichtteil,** und zwar einschließlich des Pflichtteilsergänzungsanspruchs (§ 2325 A 2), beläßt dem Verzichtenden für den Fall, daß es zur gesetzlichen Erbfolge kommt, den vollen gesetzlichen Erbteil. Der Erblasser erlangt durch den Vertrag die Möglichkeit, über den gesetzlichen Erbteil des Verfügenden in vollem Umfang letztwillig zu verfügen. Da der Verzicht sich auch auf den Pflichtteilsergänzungsanspruch erstreckt, braucht er auch bei Schenkungen unter Lebenden keine Rücksicht mehr auf das Pflichtteilsrecht des Verzichtenden zu nehmen. Über die Wirkung des so beschränkten Verzichts auf die Berechnung der übrigen Pflichtteile vgl. §§ 2310 A 2, 2316 A 5. Auch die Verminderung des Pflichtteils infolge der Anerkennung einer erst nachträglich angeordneten Ausgleichungspflicht (§ 2050 A 7b) kann nur durch formgerechten Erbverzicht herbeigeführt werden (RG 71, 133). Verzicht auf bereits entstandene Pflichtteilsansprüche § 2317 A 1. Verzicht auf den Pflichtteil bei Lebzeiten des Erblassers ist gegenüber seinen Verwandten oder seinem Ehegatten, auch wenn sie als Testamentserben berufen sind, nach § 312 Abs 2 zulässig (RG 98, 330), hat aber nur schuldrechtliche Wirkung.

§ 2347

Zu dem Erbverzicht ist, wenn der Verzichtende unter Vormundschaft steht, die Genehmigung des Vormundschaftsgerichts erforderlich; steht er unter elterlicher Gewalt, so gilt das gleiche, sofern nicht der Vertrag unter Ehegatten oder unter Verlobten geschlossen wird.

Der Erblasser kann den Vertrag nur persönlich schließen; ist er in der Geschäftsfähigkeit beschränkt, so bedarf er nicht der Zustimmung seines gesetzlichen Vertreters. Ist der Erblasser geschäftsunfähig, so kann der Vertrag durch den gesetzlichen Vertreter geschlossen werden; die Genehmigung des Vormundschaftsgerichts ist in gleichem Umfange wie nach Abs 1 erforderlich.

E I 2020 Abs 1 II 2212; M 5 474, 475; P 5 599–603; KB 325.

1. **Auf seiten des Verzichtenden** muß denselben Erfordernissen genügt sein, wie sie § 2290 Abs 3 für den bloß vertragschließenden Teil bei Aufhebung des Erbvertrags aufstellt. Vgl. dort A 5/6. Heilung etwaiger Mängel durch nachträgliche Genehmigung des Verzichtenden (§ 108 Abs 3) ist nur bis zum Tode des Erblassers möglich.

2. **Auf seiten des Erblassers** ist, wenn er unbeschränkt geschäftsfähig oder in der Geschäftsfähigkeit beschränkt ist (ebenso wie beim Erbvertrag, § 2274), persönliches Handeln unerläßlich (JFG 17, 181). Dagegen ist (abweichend von § 2275 Abs 1) im Falle der Geschäftsfähigkeit des Erblassers (§ 104) seine Vertretung durch den gesetzlichen Vertreter nach allgemeinen Grundsätzen zulässig; der Vertreter bedarf wiederum, gleichviel ob Vormund oder Gewalthaber (außer wenn es sich um Ehegatten oder Verlobte handelt), der Genehmigung des Vormundschaftsgerichts.

Der einem geschäftsfähigen Erblasser bestellte Gebrechlichkeitspfleger (§ 1910 A 4) kann für den Pflegling auch dann keinen Erbverzichtsvertrag abschließen, wenn dieser infolge seiner Gebrechlichkeit seinen Willen nicht in der vorgeschriebenen Form auszudrücken vermag (RG HRR 1929 Nr. 1651; Kassel JW 1931, 1383[9]). Daß der beschränkt geschäftsfähige Erblasser (§§ 106, 114) ohne Zustimmung des gesetzlichen Vertreters den Verzicht entgegennehmen kann, entspricht dem § 107 und den §§ 2229 Abs 2, 2253 Abs 2, 2290 Abs 2, weicht aber ab von 2275 Abs 2. Die Ehefrau bedurfte schon vor dem 1. 4. 1953 nicht der Zustimmung des Mannes. Alles dies gilt nur vom Erbverzicht selbst, nicht von dem damit etwa verbundenen Rechtsgeschäft (§ 2346 A 1), das nach seiner besonderen Natur (Abfindungsvertrag usw.) zu beurteilen ist.

§ 2348

Der Erbverzichtsvertrag bedarf der gerichtlichen oder notariellen Beurkundung.

E I 2020 Abs 1 II 2313; M 5 473, 474; P 5 599–601.

1. **Beurkundung** § 128, EG Art 141, RNotO § 77, FGG §§ 167ff., hierzu RG 69, 130. Nicht nur die Erklärung des Verzichtenden, sondern die beider Teile muß amtlich beurkundet sein. Ihre gleichzeitige Anwesenheit vor Gericht oder Notar ist nicht erforderlich. Jedoch muß der Vertrag vor dem Tode des Erblassers zustande gekommen sein (§ 152). Ein mit dem Erbverzicht etwa verbundener anderer Vertrag unterliegt den hierfür geltenden besonderen Vorschriften. Inwieweit die Nichtigkeit des einen auch die Nichtigkeit des damit verbundenen anderen Vertrags zu Folge hat, ist nach § 139 zu beurteilen. Der Form, nicht aber zugleich den sonstigen Erfordernissen des Erbverzichts wird auch durch einen protokollarisch beurkundeten prozeßgerichtlichen Vergleich genügt, selbst wenn landesgesetzlich für die Beurkundung bloß Notare zuständig sind (RG 48, 183; SeuffA 79 Nr 80). Die Heilung eines privatschriftlichen Grundstückskaufvertrags, die nach § 313 mit der Auflassung und Eintragung eintritt, macht einen in den Vertrag aufgenommenen Erbverzicht nicht formgültig (JFG 7, 133). Dasselbe gilt, wenn die einen Erbverzicht enthaltende Abschichtung von Kindern, die unter früherem Landesrecht eingekindschaftet waren, durch privatschriftliche Zuweisung von Grundstücken erfolgt (JFG 7. 112, 117).

§ 2349

Verzichtet ein Abkömmling oder ein Seitenverwandter des Erblassers auf das gesetzliche Erbrecht, so erstreckt sich die Wirkung des Verzichts auf seine Abkömmlinge, sofern nicht ein anderes bestimmt wird.

E I 2023 II 2214; M 5 480–483; P 5 604–609; 6 321.

Erstreckung der Verzichtswirkungen auf Abkömmlinge

Der Verzicht eines Abkömmlings oder Seitenverwandten, nicht also auch des Vorfahren oder Ehegatten des Erblassers erstreckt sich auf die Abkömmlinge des Verzichtenden, die bereits vorhandenen wie die künftigen, auch wenn er nicht in ihrem Namen oder in ihrer gesetzlichen Vertretung (§ 2347) erklärt ist. Der ganze Stamm des Verzichtenden wird dadurch ausgeschlossen (RG 61, 16), auch wenn die Abkömmlinge nicht seine Erben werden. Die Vorschrift ist jedoch nachgiebiger Art, betrifft nur das gesetzliche Erbrecht oder den Pflichtteil (§ 2346), der nach § 2352 erklärte Verzicht auf letztwillige Zuwendungen ist mithin für die Abkömmlinge nicht verbindlich (KGJ 34 A 111; KGJ 20, 161; vgl. auch § 2352 A 3). § 2349 enthält keine Auslegungsregel, sondern einen ergänzenden Rechtssatz. Ein abweichender Wille muß in dem Erbverzichtsvertrag zum Ausdruck gelangt sein. Will der Verzichtende den Verzicht erst nachträglich auf seine Person beschränken, so bedarf es der Aufhebung nach § 2351.

§ 2350

Verzichtet jemand zugunsten eines anderen auf das gesetzliche Erbrecht, so ist im Zweifel anzunehmen, daß der Verzicht nur für den Fall gelten soll, daß der andere Erbe wird.

Verzichtet ein Abkömmling des Erblassers auf das gesetzliche Erbrecht, so ist im Zweifel anzunehmen, daß der Verzicht nur zugunsten der anderen Abkömmlinge und des Ehegatten des Erblassers gelten soll.

E I 2022 II 2215; M 5 477–480; P 5 603, 604.

Übersicht:

Verzicht zugunsten eines anderen

1. **Allgemeines.** Der relative Verzicht eines zur gesetzlichen Erbfolge Berechtigten zugunsten eines anderen gesetzlichen Erben kommt diesem vermöge des Wegfalls des Verzichtenden (§ 2346 A 3) gemäß §§ 1930 oder 1935 unmittelbar zugute, wenn es bei der gesetzlichen Erbfolge bleibt. Ist der andere ein Fremder, so bedarf es, um ihn zum Erben zu machen, noch der Erbeinsetzung. Unter Umständen aber und wenn zugleich die Form des § 2276 beobachtet ist, kann sich diese Erbeinsetzung als eine vertragsmäßige schon mit dem Abschluß des Erbverzichtsvertrags vollziehen. Die Begünstigung des anderen braucht nicht ausdrücklich erklärt zu sein. Dem Erbe werdenden anderen muß nicht notwendig der volle und unbeschwerte Erbteil des Verzichtenden anfallen (vgl. JFG 15, 364). Ob dies Voraussetzung des Erbverzichts ist oder ob das Erbewerden zu einem geringeren Anteil oder unter Beschränkungen und Beschwerungen genügt, ist Auslegungsfrage. Unter Umständen ist der Verzicht nur zum Teil wirksam. Ist der Verzicht zugunsten mehrerer Personen erklärt, so tritt im Zweifel seine Unwirksamkeit erst ein, wenn alle weggefallen sind; dies gilt insbesondere auch im Falle des Abs 2, so daß, wenn zugunsten der andern Abkömmlinge des Erblassers verzichtet und bei seinem Tode nur noch einer von ihnen vorhanden ist, im Zweifel diesem der Verzicht in vollem Umfange zugute kommt (RG LZ 1926, 1006[6]). Ist der Verzicht auf den Pflichtteil beschränkt, so kann er, da der Verzichtende trotzdem mitgezählt wird, andern Pflichtteilsberechtigten nicht zugute kommen (§ 2310 A 2). Ein solcher zugunsten des Erben erklärter Verzicht wird von Abs 1 überhaupt nicht getroffen.

2. Der **Erbverzicht eines Abkömmlings** gilt als stillschweigend bedingt dadurch, daß der freiwerdende gesetzliche Erbteil sich innerhalb der ersten Ordnung (§ 1924) oder zugunsten eines Elternteils (auch Stiefelternteils) des Verzichtenden vererbt. Er ist im Zweifel unwirksam, wenn Verwandte späterer Ordnungen oder der Fiskus zur Erbfolge kommen würden. Die Einsetzung eines Fremden zum Alleinerben schließt zwar den Verzichtenden zugleich von der Erbfolge endgültig aus, er behält aber im Zweifel wenigstens den Pflichtteil (§ 2346 A 3). Nicht ausdrücklich geregelt ist der Fall, daß der Verzicht nur zugunsten eines von mehreren gesetzlichen Erben

erklärt worden ist. Das Kammergericht hat früher angenommen, daß sich der Verzicht nur auf denjenigen auswirkt, zu dessen Gunsten er erfolgt ist und daß der Verzichtende im übrigen Erbe bleibt. Der Erblasser hinterläßt seine Witwe, einen Sohn und mehrereGeschwister. Der Sohn hat zugunsten der Witwe verzichtet. Diese und der Sohn sollen dann je zu ½ Erbe werden. Die Geschwister des Erblassers kommen nicht zum Zuge (OLG 46, 240). Diese Rechtsprechung hat das Kammergericht aufgegeben und nunmehr angenommen, daß der zugunsten eines anderen erklärte Verzicht unter der Voraussetzung, daß dieser kraft Gesetzes oder durch Verfügung von Todes wegen Erbe wird, ganz allgemein bewirkt, daß demjenigen, zu dessen Gunsten der Verzicht erklärt ist, der volle Erbteil des Verzichtenden zufällt. Die Witwe würde also in dem erwähnten Fall Alleinerbin geworden sein (DNotZ 1942, 148). Dieser Ansicht ist zuzustimmen. Sie entspricht den Vorstellungen der Beteiligten und auch dem Sinn des Gesetzes.

OLG Hamm (RPfl 1952, 89) hat § 2350 Abs 2 in einem Fall entsprechend angewandt, in dem in einem Adoptionsvertrag im Sinne des § 1767 das Erbrecht des adoptierten Kindes nach dem zuerst versterbenden Ehegatten ausgeschlossen und bestimmt war, daß das Kind das volle Erbrecht erst nach dem zuletzt versterbenden Ehegatten erhalten solle. Zutreffend ist angenommen, daß der zuerst verstorbene Ehemann von seiner Witwe als Alleinerbin und nicht auch von seinen Geschwistern beerbt worden ist.

Im Falle des Abs 1 hat zur Unwirksamkeit seines Verzichts der Verzichtende zu beweisen, daß er nur zugunsten eines anderen verzichtet habe und daß dieser nicht Erbe geworden sei. Dafür, daß ein solcher sowie der nach Abs 2 erklärte Verzicht gleichwohl als unbedingter gewollt sei, ist (Auslegungsregel) beweispflichtig, wer hieraus Rechte für sich ableitet. § 2350 handelt nur vom gesetzlichen Erbrecht, Verzicht auf letztwillige Zuwendungen § 2352 A 1.

§ 2351

Auf einen Vertrag, durch den ein Erbverzicht aufgehoben wird, findet die Vorschrift des § 2348 und in Ansehung des Erblassers auch die Vorschrift des § 2347 Abs 2 Anwendung.

E I 2020 Abs 2 II 2216; M 5 476; P 5 599, 600; 6 322, 329, 330.

Die **Aufhebung des Erbverzichts,** auch des Verzichts auf letztwillige Zuwendungen nach § 2352 ist selbstverständlich nur bis zum Tode des Erblassers möglich. Die Verweisung auf § 2348 schreibt hierfür gerichtliche oder notarielle Beurkundung, die auf § 2347 Abs 2 für den Erblasser das gleiche vor wie beim Abschluß des Erbverzichtsvertrags. Für den durch die Aufhebung bloß gewinnenden Verzichtenden gilt, wenn er in der Geschäftsfähigkeit beschränkt ist, lediglich § 107. Durch die Aufhebung wird der vor Abgabe des Erbverzichts vorhanden gewesene Zustand wiederhergestellt. Der Verzichtende kann zwar auch ohne Aufhebung des Verzichts letztwillig wirksam bedacht, aber nur kraft der Aufhebung wieder gesetzlicher Erbe oder Pflichtteilsberechtigter werden. Der Einfluß der Aufhebung auf die mit dem Erbverzicht verbundenen Abfindungs- usw. Verträge beurteilt sich nach allgemeinen Grundsätzen.

§ 2352

Wer durch Testament als Erbe eingesetzt oder mit einem Vermächtnisse bedacht ist, kann durch Vertrag mit dem Erblasser auf die Zuwendung verzichten. Das gleiche gilt für eine Zuwendung, die in einem Erbvertrag einem Dritten gemacht ist. Die Vorschriften der §§ 2347, 2348 finden Anwendung.

E I 2024 II 2217; M 5 483, 484; P 5 408, 609, 610; 6 100.

Übersicht:

Verzicht auf letztwillige Zuwendungen

1. Verzicht auf testamentarische Zuwendungen. Der Verzicht auf letztwillige Zuwendungen läßt die betreffenden Verfügungen an sich bestehen, entkleidet sie aber der Wirkung, indem er, wie vorzeitiger Tod des Bedachten, den Anfall der Zuwendung an ihn von vornherein ausschließt.

Bei einem gemeinschaftlichen Testament besteht danach für den überlebenden Ehegatten die Möglichkeit, sich durch Abschluß eines Erbverzichtsvertrags mit den durch seine wechselbezügliche Verfügung bedachten Personen von seiner gemäß § 2271 A 3, 4 eingetretenen Gebundenheit zu befreien (RG Warn 1918 Nr 124; vgl. § 2271 A 3c.), ohne das ihm Zugewandte ausschlagen zu müssen.

2. Verzicht auf Zuwendungen durch Erbvertrag. Soweit Zuwendungen im Erbvertrag an den anderen Vertragschließenden gemacht sind, können sie nur in den Formen der §§ 2290—2292 aufgehoben werden (vgl. JW 1938, 2746[21]).

Einseitige, bloß bei Gelegenheit des Erbvertrags getroffene Verfügungen stehen nach § 2299 den testamentarischen gleich und werden deshalb durch Satz 1 mitgetroffen.

Satz 2 betrifft **vertragsmäßige Zuwendungen zugunsten Dritter.** Sie können ebenfalls gemäß §§ 2290—2292, aber auch unbeschadet der Fortdauer des Erbvertrags und ohne Zuziehung des anderen Vertragschließenden durch Vertrag des Erblassers unmittelbar mit dem bedachten Dritten außer Wirksamkeit gesetzt werden. So auch im Falle des § 2280 durch Vertrag des überlebenden Ehegatten mit dem Dritten (RJA 15, 180). Daß das BayObLG 24 A 232 (JFG 3, 166) in einem solchen Falle dem zum Erben des Überlebenden eingesetzten Sohne eines der beiden vertragschließenden Ehegatten wegen seiner Teilnahme am Vertragsschlusse die Eigenschaft eines Dritten abgesprochen hat, ist bedenklich (s. Endemann JW 1925, 2791 zu 1).

3. § 2347: gleiche sachliche, **§ 2348:** gleiche Formerfordernisse wie für den Verzicht auf das gesetzliche Erbrecht nach § 2346. Die ergänzende Vorschrift des § 2349 ist durch Nichterwähnung jedenfalls ausgeschlossen, so daß ein testamentarisches Ersatzerbrecht von Abkömmlingen des Verzichtenden durch den Verzicht auf das testamentarische Erbrecht nicht berührt wird (KGJ 34 A 108; 53, 37). Die Auslegungsregel des § 2069 kann jedoch mit Rücksicht auf § 2350 zugunsten der Abkömmlinge des Verzichtenden nur dann Anwendung finden, wenn der Verzicht erkennbar zu ihren Gunsten erklärt war (HRR 1939 Nr 1163). Hiervon abgesehen ist die Auslegungsregel des § 2350 nicht zu übertragen (a. M. für Abs 1 Planck-Greiff A 5), wiewohl freie Auslegung zu gleichen Ergebnissen führen kann. An die Stelle eines durch Testament bedachten nachträglich weggefallenen Abkömmlings des Erblassers treten daher nach der Auslegungsregel des § 2069 ersatzweise seine Abkömmlinge auch dann, wenn der Weggefallene zugleich mit Wirkung für sie auf das gesetzliche Erbrecht verzichtet hatte. Denn der Verzicht kann nach § 2349 für die Abkömmlinge des Verzichtenden nicht weiter reichen, als er es für den Verzichtenden selbst tut. Anders wäre es, wenn der Ersatzberufene selbst auf sein Erbrecht verzichtet hätte (vgl. KG DNotZ 42, 305 mit einer Begründung, die teilweise HRR 39 Nr 1163 widerspricht). § 2351 handelt dagegen von jeder Form des Erbverzichts und gilt deshalb auch für die Aufhebung des Verzichts auf letztwillige Zuwendungen.

Achter Abschnitt

Erbschein

1. Gliederung des Achten Abschnitts:

a) Erbschein (Begriff und Inhalt), §§ 2353, 2364;
b) Inhalt des Antrags, §§ 2354 bis 2356;
c) Prüfung des Antrags, §§ 2358 bis 2360;
d) Behandlung unrichtiger Erbscheine, §§ 2361, 2362, 2370 Abs 2;
e) Wirkungen des Erbscheins, §§ 2365 bis 2367;
f) Besondere Erbzeugnisse:
  α) Gemeinschaftlicher Erbschein, § 2357;
  β) Erbschein des Vorerben, § 2363;
  γ) Testamentsvollstreckerzeugnis, § 2368;
  δ) Inlandsbeschränkter Erbschein, § 2369;
g) Unrichtige Todeserklärung, § 2370.

2. Allgemeines: Der Erbschein hat sich aus den Erbbescheinigungen des preußischen Rechts (Gesetz vom 12. 3. 1869 betr. die gerichtlichen Erbbescheinigungen) und ähnlichen Einrichtungen anderer deutscher Länder entwickelt. Er ist also erst neueren Ursprungs (vgl. im einzelnen zur geschichtlichen Entwicklung Bartholomeyczik, Erbeinsetzung, andere Zuwendungen und Erbschein S. 251—256).

Der Erbschein ist ein Zeugnis des Nachlaßgerichts, das dem — gesetzlichen oder gewillkürten — Erben auf Antrag über die erbrechtlichen Verhältnisse, insbesondere über sein Erbrecht und — bei mehreren Erben — über die Größe seines Erbteils erteilt wird (§ 2353).

3. Arten des Erbscheins:

a) Der **Alleinerbschein,** § 2353 Fall 1;

b) Der **Teilerbschein,** § 2353 Fall 2; er kann auch auf Antrag eines Miterben über den Erbteil eines anderen erteilt werden (OLG München JFG 23, 334 = HRR 1942, 840; Greiser DFG 1936, 192). Vgl. im übrigen, insbesondere zum Mindestteilerbschein § 2353 A 5;

c) Der **gemeinschaftliche Erbschein,** § 2357, wenn mehrere Erben vorhanden sind. Er ist auf Antrag aller oder jedes einzelnen der Miterben zu erteilen. Er weist das Erbrecht aller Miterben und die Größe ihrer Erbteile aus, ohne etwaige Ausgleichsrechte und -pflichten zu berücksichtigen; er betrifft also die Erbfolge in den ganzen Nachlaß.

d) Der **Gruppenerbschein.** Er faßt mehrere Teilerbscheine in einer Urkunde zusammen (KGJ 41, 90; KG HRR 1935 Nr 1321), setzt jedoch voraus, daß alle aufgeführten Miterben ihn beantragen und die erforderlichen Erklärungen abgeben.

e) Der **gemeinschaftliche Teilerbschein.** Er weist — wie der Gruppenerbschein — nicht alle Miterben, sondern nur mehrere von ihnen aus. Er kann jedoch auf Antrag eines einzelnen der in ihm genannten Miterben ausgestellt werden (KG JFG 13, 41; OLG München JFG 15, 354; KG HRR 1935 Nr 1321; a. M.: KGJ 41, 90; Planck-Greiff § 2357 A 1).

f) Der **Sammelerbschein** (auch vereinigter oder zusammengefaßter Erbschein genannt). Er faßt die Erbscheine über Erbfälle nach mehreren Erblassern, die sich nacheinander beerbt haben, in einer Urkunde zusammen (KGJ 44, 99). Er kann nur ausgestellt werden, wenn dasselbe Nachlaßgericht (§ 2353 A 1) zuständig ist, auch alle einzelnen Erbscheine zu erteilen (BayObLG 1951, 695f.).

g) Der **inlandsbeschränkte (gegenständlich beschränkte) Erbschein,** § 2369. Er setzt voraus, daß kein deutsches Nachlaßgericht zuständig ist, den Erbschein zu erteilen, und daß sich im Inlande Nachlaßgegenstände befinden.

Im übrigen sind nach dem Recht des BGB gegenständlich beschränkte Erbscheine grundsätzlich ausgeschlossen. Das BGB und auch die Rückerstattungsgesetze kennen insbesondere keinen Erbschein, der seinem Inhalt und seiner Wirkung nach nur auf Rückerstattungsansprüche beschränkt ist (BGHZ 1, 15). Für die Zulässigkeit gegenständlicher beschränkter Erbscheine auch bei inländischer Erbschaft BayObLG RJA 13, 16; Endemann JW 1933, 2068 Anm zu Nr 7; vgl. auch Beck DNotZ 1951, 504.

h) Das **Hoffolgezeugnis** nach § 18 Abs 2 Satz 3 Höfeordnung vom 24. 4. 47 (Britische Zone). Das Zeugnis ist ein Erbschein über die Hoferbfolge, also über die Sondererbfolge in das hofgebundene Vermögen (den Hof, §§ 1 bis 3 HöfeO) nach Höferecht. Von ihm zu unterscheiden ist

α) der Erbschein über den Gesamtnachlaß, zu dem ein Hof gehört,
β) der Erbschein über das hoffreie Vermögen.
Vgl. im einzelnen Vorbem 12b.

4. Sonstige erbrechtliche Ausweise:

a) Das **Testamentsvollstreckerzeugnis** (§ 2368). Die Vorschriften über den Erbschein sind mit einigen Abweichungen entsprechend anzuwenden.

b) Das Zeugnis über die Fortsetzung der Gütergemeinschaft (§ 1507). Über sein Verhältnis zum Erbschein vgl. Conrades Recht 1900, 528ff.; s. ferner KGJ 45, 246.

c) Der Ausweis über die Rechtsnachfolge an einzelnen Gegenständen für das Grundbuchamt nach §§ 36, 37 GBO.

d) Die Bescheinigung über die Rechtsnachfolge in eine Buchforderung nach RSchuldbG vom 31. 5. 10 § 16 (vgl. KGJ 45, 154 und 312).

e) Folgezeugnis des Fideikommißgerichts gemäß VO vom 20. 3. 39 (RGBl I 509) § 39.

5. Wirkung des Erbscheins. Dem Erbschein kommt im Verkehr mit Dritten eine besondere Beweiskraft und öffentlicher Glaube zu. Er schafft eine — widerlegbare — Rechtsvermutung, daß sein Inhalt richtig und vollständig ist (§ 2365). Der gutgläubige Dritte wird außerdem — ähnlich wie beim Grundbuch — geschützt, wenn er von dem im Erbschein Bezeichneten rechtsgeschäftlich erwirbt oder an ihn leistet (§§ 2366, 2367).

6. Die **Erteilung** des Erbscheins setzt einen Antrag (§ 2353 A 3) voraus, für den bestimmte Erfordernisse bestehen (§§ 2354–2356). Der Erbscheinsantrag muß den Erblasser und das beanspruchte Erbrecht genau bezeichnen. Ist er mangelhaft, so darf er nicht sofort zurückgewiesen werden; um den Mangel zu beheben, ist vielmehr eine Zwischenverfügung zu erlassen (KG DNotZ 1955, 408).

Das Nachlaßgericht muß von Amts wegen ermitteln (§ 2358 A 1) und darf den Erbschein nur erteilen, wenn es die erforderlichen Tatsachen „für festgestellt erachtet" (§ 2359).

7. Über das **Nachlaßgericht** vgl. § 2353 A 1.

8. Eine **materielle Rechtskraft** kommt den Entscheidungen im Erbscheinsverfahren nicht zu (KG JFG 14, 286 = JW 1936, 3486[73]; KG JFG 18, 170 = JW 1938, 2831[14]; BayObLG 1952, 293; 1953, 264; KG NJW 1955, 1074; vgl. auch § 2359 A 4).

Über die Selbständigkeit des Nachlaßgerichts gegenüber dem Prozeßgericht vgl. § 2359 A 2; über das Verhältnis zum Grundbuchrichter vgl. die zu § 2365 A 3 genannten Erläuterungswerke zur GBO, ferner Kipp-Coing § 84 I mit A 5, 6.

9. Übergangsrecht: Es gilt auch für den Erbschein der Grundsatz des EG Art 213. Ist der Erblasser vor dem Inkrafttreten des BGB (1. 1. 00) gestorben, so bleiben die früheren Gesetze maßgebend (vgl. KGJ 23, 217; 24, 225; 35, 119; 36, 119; OLG 1, 33; 3, 122; 5, 236; 6, 318, 319; BayObLG 2, 87; du Chesne Gruchot 45, 49; Josef Gruchot 47, 346). Bei einem gemeinschaftlichen Testament ist der Erbschein nach dem zweiten Erbfall nach neuem Recht zu erteilen, wenn der eine Ehegatte vor und der andere nach dem Inkrafttreten des BGB gestorben ist (OLG 2, 378).

10. Zwischenstaatliches Privatrecht: Die Vorschriften über den Erbschein sind nur anwendbar, wenn die Beerbung sich nach den deutschen Gesetzen bestimmt (s. EG Art 24ff.). Jedoch greift ergänzend § 2369 ein.

Für die Erteilung von Erbscheinen auf Antrag Vertriebener für Lastenausgleichszwecke nach Erblassern ausländischer Staatsangehörigkeit, die vor dem 1. 4. 52 im Ausland verstorben sind, ist in entsprechender Anwendung des § 73 Abs 3 FGG das Amtsgericht zuständig, in dessen Bezirk das zuständige Ausgleichsamt seinen Sitz hat (KG West NJW 1954, 1331).

11. Interzonales Privatrecht: Die Frage, ob die Sowjetzone und der Sowjetsektor Berlins als Inland im Sinne der Zuständigkeitsbestimmungen des FGG (§§ 36, 43, 66, 73) zu behandeln ist, muß für die einzelnen Bereiche der freiwilligen Gerichtsbarkeit jeweils gesondert entschieden werden. Für das Erbscheinsverfahren sind die unter sowjetischer Besetzung stehenden Gebiete Deutschlands grundsätzlich Inland im Sinne des § 73 Abs 1 u. 2 FGG; denn insoweit sind die Rechtsunterschiede (vgl. BGH 7, 221 zu § 606 ZPO) nicht so wesentlich, daß jene nicht mehr zum Inland als einem Gebiet gemeinsamer Verfahrensordnung im Sinne des § 73 FGG gerechnet werden könnten (BayObLG MDR 1955, 429). Hatte der Erblasser seinen letzten Wohnsitz oder

Aufenthalt in der Sowjetzone, so war ursprünglich allein das dortige Nachlaßgericht für die Erteilung des Erbscheins zuständig (KG West DNotZ 1952, 231). Die Erbscheinserteilung obliegt, nachdem alle Angelegenheiten, für welche bisher gemäß § 72 FGG die Amtsgerichte als Nachlaßgerichte zuständig waren, auf die Staatlichen Notariate übertragen worden sind, gemäß VO vom 15. 10. 52 (GBl f. d. sowj. Zone 1067) und VO vom 21. 11. 52 (VOBl Groß-Berlin-Ost I 565) nunmehr den Staatlichen Notariaten. Dies muß entgegen KG West NJW 1953, 947 grundsätzlich auch dann gelten, wenn der Erbschein für westdeutsche Rechtsverhältnisse bestimmt ist (LG München NJW 1954, 646). Weigert sich die nach § 73 Abs 1 FGG örtlich zuständige Behörde der Sowjetzone aus unsachlichen oder willkürlichen Gründen, insbesondere aus politischen Erwägungen, den beantragten Erbschein zu erteilen, so geht die Zuständigkeit allerdings, weil eine zur Erbscheinserteilung bereite Stelle fehlt, nach § 73 Abs 2 FGG in Verbindung mit § 14 der VO vom 31. 5. 34 (RGBl I 472) und der Anordnungen der All. Kdtr. Berlin vom 16. 2. und 3. 3. 49 auf das Amtsgericht Berlin-Schöneberg über. Ähnliches gilt, wenn die Erbscheinserteilung durch ein sowjetzonales Notariat gegen rechtsstaatliche Grundsätze verstößt (vgl. OLG Stuttgart JR 1952, 73; KG West DNotZ 1952, 231; BayObLG NJW 1954, 1646). § 73 Abs 3 FGG ist nicht entsprechend anwendbar, weil in Fragen der Erbscheinserteilung eine grundsätzliche Verschiedenheit des sachlichen Rechts zwischen der Bundesrepublik und Westberlin einerseits und der Sowjetzone andererseits nicht besteht und daher für die Erteilung eines gegenständlich beschränkten Erbscheins kein Raum ist (KG West JR 1954, 265). Zur Erteilung von Erbscheinen über landwirtschaftliche Besitzungen in der Sowjetzone vgl. Wulff RechtdLandw 1953, 173.

12. Landwirtschaftsrecht:

a) Erbhofrecht: Soweit für die Erteilung eines Erbscheins auf den zeitlichen und örtlichen Anwendungsbereich des RErbhG zurückzugreifen ist, wird für den früheren Rechtszustand auf die Behandlung der einschlägigen Fragen in der vorigen Auflage dieses Werkes verwiesen (vgl. 9. Aufl § 2353 A 7, § 2355 A 3 a. E., § 2358 A 3, § 2366 A 6 Abs 2, § 2369 A 3). Zur Zuständigkeit der Landwirtschaftsgerichte insoweit vgl. OLG Hamm RechtdLandw 1951, 73.

b) Höferecht (vgl. auch Vorbem 3h): Nach § 18 Abs 2 HöfeO (BrZ) ist für die Ausstellung eines Erbscheins das Landwirtschaftsgericht zuständig, wenn zu dem Nachlaß ein Hof (§ 1 HöfeO) gehört (OLG Celle NdsRpfl 1949, 180). Auch die Erteilung eines Erbscheins für einen verwaisten Hof ist ausschließlich Sache der Landwirtschaftsgerichte (bestr.; vgl. einerseits OGH RechtdLandw 1950, 144, andererseits OLG Celle NdsRpfl 1950, 37). Voraussetzung für die Zuständigkeit der Landwirtschaftsgerichte der britischen Zone ist die Belegenheit des Hofes, der zum Nachlaß gehört, in der britischen Zone (BGH 9, 270).

In dem Erbschein ist der Hoferbe als solcher aufzuführen. Nach § 18 Abs 2 Satz 3 HöfeO ist auf Antrag eines Beteiligten lediglich die Hoferbfolge zu bescheinigen (Hoffolgezeugnis). Den Antrag kann nur stellen, wer die Stellung als Hoferbe für sich selbst beansprucht (OGH 3, 173). Im Hoffolgezeugnis ist auch eine etwaige Beschränkung des Hoferben durch das Verwaltungs- und Nutznießungsrecht der Witwe oder eines anderen anzugeben (OLG Celle MDR 1949, 165; NdsRpfl 1955, 189).

Das Verfahren zur Ausstellung des Erbscheins (Hoffolgezeugnisses) auf Grund des § 18 Abs 2 HöfeO unterscheidet sich nicht von einem anderen Verfahren nach der Verfahrensordnung für Landwirtschaftssachen (LVO). Über den Antrag auf Ausstellung ist durch begründeten Beschluß zu entscheiden. In dem Beschluß ist der zu erteilende Erbschein (Hoffolgezeugnis) seinem Inhalt nach festzulegen. In dem Erbschein- oder Hoffolgezeugnisverfahren ist grundsätzlich nur zu prüfen, wer Erbe geworden ist (über den Umfang der Prüfungspflicht im Gegensatz zum gewöhnlichen Erbscheinsverfahren nach dem BGB vgl. Wöhrmann RechtdLandw 1950, 136). Auf Vermächtnisse ist nur insoweit einzugehen, als sie die Holffolge selbst beeinflussen (OLG Celle NdsRpfl 1955, 189). Der Erbschein (Hoffolgezeugnis) selbst kann dem Antragsteller erst nach Rechtskraft des Beschlusses erteilt werden, mit dem über den Erteilungsantrag entschieden wird (BGH NJW 1953, 700). Über den Wegfall des Rechtsschutzbedürfnisses für ein Erbschein- und Hoffolgezeugnisverfahren, wenn ein Antrag auf Feststellung des Hoferben vorliegt, vgl. OLG Celle RechtdLandw 1955, 143. Ist ein Erbschein (Hoffolgezeugnis) über einen Nachlaß, zu dem ein Hof gehört, erteilt worden, ohne daß vorher ein Erbscheinsverfahren nach den Vorschriften der LVO durchgeführt und ohne daß rechtskräftig über die Erteilung des Erbscheins (Hoffolgezeugnisses) beschlossen war, so ist der Erbschein (Hoffolgezeugnis) mangels der erforderlichen formellen Rechtsgrundlage einzuziehen (BGH DNotZ 1954, 213 mit zust. Anm von Rötelmann).

Die Erbscheinserteilung kann mit der sofortigen Beschwerde nach § 23 LVO angefochten werden. Wer nur möglicherweise als weiterer Hoferbe nach dem Hofvorerben in Betracht kommt, hat keine feste Anwartschaft auf die Hofnachfolge; er hat daher kein Beschwerderecht, wenn die von ihm beantragte Einziehung des Hoffolgezeugnisses abgelehnt wird (BGH RechtdLandw 1952, 26).

Das Landwirtschaftsgericht kann auch einen auf das hoffreie Vermögen des Erblassers beschränkten Erbschein ausstellen (OLG Köln RechtdLandw 1953, 281; OLG Hamm JMBl NRW 1953, 52 = DRspr I [174] 41d; OLG Düsseldorf JMBl NRW 1953, 274 = DRspr II [282] 81c; vgl. auch Hense DNotZ 1952, 205; 1955, 370, der allerdings das Nachlaßgericht für zuständig hält).

Für die Ausstellung und Einziehung eines Testamentsvollstreckerzeugnisses ist, auch wenn zum Nachlaß ein Hof gehört, das Nachlaßgericht zuständig (OLG Oldenburg RechtdLandw 1953, 281 = DRspr II [282] 80c; a. M. OLG Hamm NJW 1953, 1759 für den Fall, daß der Nachlaß im wesentlichen aus einem Hof besteht).

Über die Voraussetzungen der Erteilung von Erbscheinen über landwirtschaftliche Besitzungen in der Sowjetzone und den Ostgebieten vgl. Wulff RechtdLandw 1953, 173.

13. Recht der Wiedergutmachung:

a) Rückerstattung: Die Rückerstattungsgesetze kennen keinen Erbschein, der seinem Inhalt und seiner Wirkung nach auf Rückerstattungsansprüche beschränkt ist. Soweit ein Erbschein nur für Zwecke eines Rückerstattungsverfahrens gebraucht wird, genießt seine Erteilung kostenrechtliche Vorteile. Seine unbeschränkte Wirkung büßt er hierdurch jedoch nicht ein (BGH 1, 15). Dennoch macht der vom Nachlaßgericht auf den Erbschein gesetzte — unrichtige — Vermerk „nur gültig für das Rückerstattungsverfahren" den Erbschein nicht ungültig (BayObLG NJW 1952, 825; 1953, 144). Nach OLG Hamm NJW 1954, 1731 Nr 13 kann ein von der Rückerstattungsbehörde verlangter gegenständlich beschränkter Erbschein erteilt werden, wenn sich im Inlande Gegenstände befinden, die dem Erblasser ohne die Entziehungsmaßnahme zur Zeit des Erbfalls gehört hätten und wenn der Erbe deren Rückerstattung begehrt (vgl. auch OLG Bamberg JZ 1951, 510 mit abl. Anm von Aubin).

Die gesetzliche Todesvermutung des Art 43 REG (BrZ), Art 51 REG (AmZ), Art 44 REAO (Berl.) ist im Erbscheinsverfahren nicht anzuwenden. Auch wenn der Erbschein für Zwecke eines Rückerstattungsverfahrens beantragt wird, ist die Vorlage von Sterbeurkunden, Todeserklärungsbeschlüssen oder sonstigen Beweismitteln nicht entbehrlich (BGH 1, 9; OLG Frankfurt MDR 1952, 491; a. M.: Werner JZ 1951, 140; OLG Hamm DNotZ 1950, 180; vgl. ferner NJW 1953, 144 Nr 8). Gleichwohl muß ein Erbschein nicht schon deshalb als unrichtig eingezogen werden, weil er auf die Todesvermutung der Rückerstattungsvorschriften gestützt ist; das allein braucht die Überzeugung, daß er richtig ist, nicht zu erschüttern (BayObLG 1952, 163 = NJW 1953, 144 Nr 8).

b) Entschädigung: § 86 Abs 2 des Bundesergänzungsgesetzes zur Entschädigung für Opfer der nat.soz. Verfolgung (BEG) vom 18. 9. 53 ordnet an, daß das Nachlaßgericht auf Antrag des Erben einen „Erbschein für den Entschädigungsanspruch" zu erteilen hat, wenn die Entschädigungsorgane dies verlangen. Der Erbschein nach § 86 Abs 2 BEG ist ein persönlich beschränkter Erbschein für ein bestimmtes Verfahren (Henrichs NJW 1954, 1715), jedoch kein gegenständlich beschränkter Erbschein entsprechend der Vorschrift des § 2369 BGB und der Regelung für den hoffreien Nachlaß im Bereich der HöfeO (BrZ) (a. M. Pehe JR 1954, 57). Für die Erteilung eines solchen Erbscheins ist die Todesvermutung des § 86 Abs 1 BEG maßgebend (§ 86 Abs 2 Satz 2 BEG). Zur Frage der Erbscheinserteilung in Entschädigungssachen vgl. ferner Schoeneich NJW 1955, 741 II.

14. Neueres Schrifttum:

A. Bücher: Bartholomeyczik, Erbeinsetzung, andere Zuwendungen und Erbschein, 1942; Bartholomeyczik, Erbrecht 1954, § 33 S. 162—172; Kipp-Coing, Erbrecht 1953, §§ 82 bis 86 S. 292 bis 307.

B. Aufsätze: Arnold, Kann im Erbscheinsverfahren von einem Todeserklärungs- oder Todeszeitfeststellungsbeschluß abgewichen werden? MDR 1950, 331; Arnold, Entkräftung der Todeszeitpunktvermutung im Erbscheinsverfahren, MDR 1951, 278; Backs, Testamentarische Beschränkungen des Erben im Erbschein, DFG 1940, 49; Beck, Gegenständlich beschränkter Erbschein, DNotZ 1951, 504; Boos, Erfordernisse des Antrags auf Erteilung eines Erbscheins für verheiratete Töchter, NJW 1949, 335; Firsching, Behandlung der Nachlässe von Ausländern in der Praxis des Notars, DNotZ 1952, 330, 342; Firsching, Unzulässiger Vorbescheid im Erbscheinsverfahren? NJW 1955, 1540; Greiser, Der gemeinschaftliche Teilerbschein, DFG 1936, 190; Guggumos, Ersatznacherbe und Erbschein, DFG 1937, 233; Guggumos, Der Einfluß der Spaltung eines Ausländernachlasses auf den deutschen Erbschein, DFG 1938, 28; Henrichs, Der auf das Entschädigungsverfahren beschränkte Erbschein nach § 86 Abs 2 BEG, NJW 1954, 1715; Hense, Teilerbschein, gegenständlich beschränkter Erbschein und Erbschein über nicht hofgebundenes Vermögen, DNotZ 1952, 205; Hense, Erbschein über hoffreies Vermögen, DNotZ 1955, 370; Höver, Zum Erbscheinsverfahren, DFG 1936, 28; Höver, Zur Behandlung der Testamente Geisteskranker im Erbscheinsverfahren, DFG 1940, 81; Israel, Erbscheine für im Auslande ansässige Erben, HW 1951, 241; Kayser, Die Mitwirkung des Notars im Erbausweisverfahren, DNotZ 1939, 631; Marx, Die Grundregeln des amerikanischen Erbrechts und die Ausstellung eines Teilerbscheins nach § 2369 BGB, NJW 1953, 529; Pehe, Im Entschädigungsverfahren ist die Todesvermutung der Wiedergutmachungsbehörde für das Erbscheinsverfahren maßgebend, JR 1954, 57; Pehe, Über Urkunden im Erbscheinsverfahren, JR 1955, 134; Scholz, Gegenwartsfragen in Nachlaßsachen, JR 1951, 591; Schwenn, Die Anwendung der §§ 2369 und 2368 BGB auf Erbfälle mit englischem oder amerikanischem Erbstatut, NJW 1952, 1113; 1953, 1580; Stählin, Vergleiche im Erbscheinsverfahren, DFG 1942, 71; Wengler, Fragen des deutschen Erbscheinsrechts für Nachlässe, auf die englisches Intestaterbrecht anwendbar ist, JR 1955, 41.

§ 2353

Das Nachlaßgericht hat dem Erben auf Antrag ein Zeugnis über sein Erbrecht und, wenn er nur zu einem Teile der Erbschaft berufen ist, über die Größe des Erbteils zu erteilen (Erbschein).

E I 2068, 2078 II 2218; M 5 558, 559, 574; P 5 670–679, 691.

Übersicht:

Erteilung des Erbscheins

1. Das Nachlaßgericht
2. Der antragsberechtigte Erbe
3. Der Antrag
4. Das Zeugnis über das Erbrecht (Alleinerbschein)
5. Der Teilerbschein
6. Die Erteilung
7. Zugehörigkeit eines Hofes zum Nachlaß

1. **Nachlaßgericht:** FGG §§ 72ff. in Verbindung mit der VO vom 31. 5. 34 (RGBl I 472) und vom 10. 6. 36 (RGBl I 488; vgl. auch Vorbem 1 zu diesem Buche, ferner § 1960 A 3), KonsGG vom 7. 4. 00 (RGBl 213) § 7. Örtliche Unzuständigkeit des Gerichts macht den von ihm erteilten Erbschein nicht unwirksam (FGG § 7). Die Unzuständigkeit kann aber von einem Beteiligten im Beschwerdewege gerügt werden; der Erbschein ist dann ohne Rücksicht auf seine inhaltliche Richtigkeit von demjenigen Gericht, das ihn erteilt hat, entsprechend dem § 2361 einzuziehen (KGJ 53, 88). Das Beschwerdegericht ist nicht befugt, selbst einen Erbschein zu erteilen (RJA 16 S. 40 u. 66).

Das Nachlaßgericht kann ein anderes Amtsgericht ersuchen, den Antragsteller über die zur Begründung des Antrags nach § 2354 oder § 2355 anzugebenden tatsächlichen Verhältnisse zu vernehmen und ihm die in § 2356 Abs 2 vorgeschriebene eidesstattliche Versicherung abzunehmen (RG 95, 286), ihm auch aufzugeben, die in § 2356 Abs 1 bestimmten Urkunden beizubringen (KGJ 44, 102). Einem anderen Gericht kann das Nachlaßgericht es aber nicht übertragen, im Wege der Rechtshilfe den Erbschein selbst zu erteilen. Bittet der Antragsteller, den beim unzuständigen Gericht eingereichten Erbscheinsantrag an das zuständige Gericht abzugeben, so hat das Gericht hierüber nach pflichtgemäßem Ermessen zu befinden; die Verweisung muß nicht etwa deshalb abgelehnt werden, weil sie im Gesetz nicht geregelt ist (OLG Hamm DNotZ 1953, 203).

Das Nachlaßgericht, nicht das Anerbengericht war auch zuständig für die Erteilung eines Erbscheins oder einer erbscheinsähnlichen Bescheinigung in den erbhofrechtlichen Fällen (A 7 in der 9. Aufl. dieses Kommentars). Nach § 18 Abs 2 der Höfeordnung vom 24. 4. 47 sind nunmehr aber im Bereich der früheren britischen Zone die zu Art VI 15 MRVO Nr 84 genannten Gerichte (im 1. Rechtszuge das Amtsgericht als Landwirtschaftsgericht) auch zuständig zu entscheiden, wer kraft Gesetzes oder kraft Verfügung von Todes wegen Hoferbe eines Hofes geworden ist, und einen Erbschein auszustellen (vgl. im übrigen Vorbem 12 vor § 2353). Das Nachlaßgericht ist jedoch zuständig, einen Erbschein über das zum Nachlaß gehörende hoffreie Vermögen zu erteilen (Hense DNotZ 1955, 370).

2. Nur dem **Erben** im Sinne von § 1922 Abs 1 darf der Erbschein erteilt werden, gleichviel ob er durch Gesetz, Testament oder Erbvertrag berufen ist, nicht also dem Erwerber des Erbteils im Sinne von § 2033. Ein an sich nicht unzulässiger Zusatz über die Veräußerung des Erbteils nimmt an den Rechtswirkungen des Erbscheins nicht teil (RG 64, 173). Ebensowenig darf dem Erbschaftskäufer (a. M. Endemann JW 1910, 89), dem nur forderungsberechtigten Vermächtnisnehmer und dem Pflichtteilsberechtigten ein Erbschein erteilt werden. Er darf ferner dem Ersatzerben nicht vor Anfall der Erbschaft, dem Nacherben nicht vor Eintritt der Nacherbfolge (§ 2139; vgl. auch § 2363), dem Vorerben oder auf den Vorerben nicht mehr nach Eintritt des Nacherbfolgefalls ausgestellt werden (ZBlFG 20, 262; HRR 1932 Nr 12). Der Nacherbe kann vor Eintritt des Nacherbfalls auch nicht beantragen, einen Erbschein zugunsten des Vorerben

zu erteilen; seine Befugnisse beschränken sich vielmehr darauf, die Einziehung eines unrichtigen Erbscheins zu betreiben, insbesondere eines solchen, der entgegen § 2363 Abs 1 erteilt worden ist (BayObLG 1948/51, 561 = DRspr I [174] 37 e).

Der Kreis der Personen, denen der Erbschein zu erteilen ist, ist weiter als der Kreis der Antragsberechtigten; s. hierüber A 3.

3. Der **Antrag** (Erfordernisse §§ 2354—2356) ist auf einen bestimmten Inhalt des Erbscheins zu richten (KGJ 42, 128; BayObLG 19 A 207). Er muß den Erblasser und das beanspruchte Erbrecht genau bezeichnen. Ist er mangelhaft, so darf er nicht sofort zurückgewiesen werden; vielmehr ist zunächst eine Zwischenverfügung zu erlassen, um den Mangel zu beheben (KG DNotZ 1955, 408). Haupt- und Hilfsanträge dürfen unter der doppelten Voraussetzung miteinander verbunden werden, daß jeder der Anträge für sich das mit ihm beanspruchte Erbrecht bestimmt bezeichnet und daß die Reihenfolge, in der die Anträge zu prüfen und zu bescheiden sind, dem Nachlaßgerichte vom Antragsteller bestimmt vorgeschrieben wird (RG 156, 172 gegen JFG 3, 155 und die vorige Auflage). Ein Antrag, der sowohl den Erfordernissen des § 2354 als auch denen des § 2355 entspricht, braucht bei Zweifeln über die Gültigkeit der Verfügung von Todes wegen keine Angabe darüber zu enthalten, ob die Erteilung des Erbscheins auf Grund gesetzlicher Erbfolge oder auf Grund der Verfügung von Todes wegen beantragt wird, falls der Inhalt des Erbscheins in beiden Fällen übereinstimmen würde (JFG 5, 184; vgl. A 4). Antragstellung durch einen Bevollmächtigten ist zulässig (RJA 17, 68).

Antragsberechtigt ist der Erbe (A 2), Allein- oder Miterbe, nachdem ihm die Erbschaft angefallen ist — er gibt damit zugleich die Annahme der Erbschaft zu erkennen (§ 1943) —, der Fiskus erst, nachdem die Feststellung gemäß den §§ 1964ff. getroffen ist. An Stelle des verstorbenen Erben sind die Erbeserben, bei einer Mehrheit solcher ist jeder von ihnen ohne Mitwirkung der andern (RJA 13, 84) und im Falle des § 2033 ist der Rechtsnachfolger des Miterben berechtigt, die Erteilung des Erbscheins zu beantragen, jedoch nur auf den Namen dessen, der unmittelbar Erbe geworden ist (RG 64, 173; OLG 44, 106). Die gleiche Befugnis muß wegen des immer vorhandenen Bedürfnisses, einen Erbausweis vorzulegen, auch dem Testamentsvollstrecker (trotz und neben dem Antragsrecht aus § 2368, KGJ 22 A 56), dem Nachlaß- und Nachlaßkonkursverwalter, dem Abwesenheits- und dem nach FGG § 88 bestellten Auseinandersetzungspfleger (RJA 13, 198; 16, 63) und dem Erbschaftskäufer zustehen (vgl. RG 164, 238). Das Gesetz spricht ihnen das Antragsrecht jedenfalls nicht ab. In den Fällen der §§ 792, 896 ZPO kann die Erteilung des Erbscheins auch vom Gläubiger des Erben beantragt werden. War dem Erben schon ein Erbschein erteilt, so haben die Genannten auf eine weitere Ausfertigung Anspruch (FGG § 85, Einsicht und Abschrift § 78).

Nicht antragsberechtigt ist dagegen der Nachlaßpfleger (§ 1960), da er keinen bestimmten Erben zu vertreten hat (RJA 10, 277; BayObLG 32, 552), ferner nicht der Erwerber einzelner Nachlaßgegenstände (LG München DNotZ 1950, 33 für den Käufer eines Nachlaßgrundstücks). Daher kann auch derjenige, den der Erbe bevollmächtigt hat, ein Nachlaßgrundstück an sich selbst aufzulassen, keinen Erbschein — auch keinen auf den Namen des Erben — beantragen (OLG Celle JR 1948, 317 = DRspr I [174] 9c).

Ist ein Erbschein bestimmten Inhalts erteilt worden, so steht das dem Antrag eines anderen, einen Erbschein abweichenden Inhalts zu erteilen, nicht entgegen. Wird dem neuen Antrag entsprochen, so ist es Sache des Nachlaßgerichts, den früheren unrichtigen Erbschein einzuziehen oder für kraftlos zu erklären (KGJ 48, 105; s. aber auch über den Fall, daß der neue Erbschein bei einem anderen Nachlaßgericht als demjenigen beantragt wird, welches den früheren Erbschein erteilt hat, KGJ 44, 105).

4. Das **Zeugnis über das Erbrecht** des Erben bestätigt die Tatsache der Gesamtrechtsnachfolge oder der Erbfolge in den Hof (A 7). Das BGB läßt einen auf einzelne zur Erbschaft gehörige Gegenstände beschränkten Erbschein grundsätzlich nur im Falle des § 2369 zu (OLG 4, 397; 6, 315; 7, 446; 21, 351; JFGErg 18, 180; BGH 1, 15; ebenso Palandt-Rechenmacher § 2369 A 2).

Hiervon ging auch das PrGKG vom 28. 10. 22 aus, indem es in § 78 Abs 5, 6 den Fällen, daß der Erbschein nur zur Verfügung über einen einzelnen Gegenstand gebraucht und zu diesem Zwecke dem Grundbuchamt oder einer andern öffentlichen Behörde übersandt werden soll, durch besondere kostenrechtliche Vorschriften Rechnung trug. Die KostO vom 25. 11. 35 enthält keine derartigen Vorschriften. Sie steht aber ersichtlich ebenfalls auf dem Standpunkt, daß ein gegenständlich beschränkter Erbschein nur im Falle des § 2369 erteilt werden kann, da sie in § 99 Abs 2 Satz 3 nur diesen Fall erwähnt (Korintenberg-Wenz, KostO § 99 A 3; Baumbach-Lauterbach 12. Aufl. KostO § 99 A 2; für sonstige beschränkte Zeugnisse s. § 103; vgl. auch JFGErg 18, 177).

Dagegen standen das frühere BayObLG (2, 191; 14, 74 = RJA 13, 16) und die dort angeführten bayerischen Vorschriften auf dem Standpunkt, daß ein gegenständlich beschränkter Erbschein allgemein erteilt werden darf (ebenso Endemann JW 1933, 2068 zu 7; Planck-

Greiff Vorbem 6); in BayObLG 18 A 225 wird aber in Übereinstimmung mit den früheren Entscheidungen hervorgehoben, daß auch ein gegenständlich beschränkter Erbschein das Erbrecht bezeugt und daher nicht für Gegenstände erteilt werden kann, die der Erbe aus dem Nachlaß durch Erbauseinandersetzung oder als Vorausvermächtnis erlangt hat.

Über die Zulässigkeit eines Erbscheins über hoffreies Vermögen s. Vorbem 12b vor § 2353. Der Erbschein über den inländischen Immobiliarnachlaß eines Erblassers, der auf Grund einer Rückverweisung gemäß Art 27 EGBGB nach deutschem Recht als Erbstatut ausgestellt worden ist, ist jedoch rechtlich kein beschränkter Erbschein im Sinne des § 2369, sondern ein Erbschein nach § 2353 (OLG Köln NJW 1955, 755, vgl. auch § 2369 A 1).

Im übrigen gehören nicht in das Zeugnis: Angaben über den Umfang des Nachlasses, auch nicht über Beschwerungen des Erben durch Vermächtnisse (BayObLG 32, 552; KG DFG 1941, 27 = HRR 1941 Nr 327 zum Nießbrauch der Witwe am Erbteil des Sohnes und zum Ausschluß der Auseinandersetzung), Auflagen, Pflichtteilsansprüche, Teilungsanordnungen, da sie das Erbrecht selbst unberührt lassen, oder über das Ergebnis der Erbauseinandersetzung (BayObLG 18 A 225), ebensowenig Entscheidungsgründe. Auch der Berufungsgrund der Erben ist regelmäßig nicht mit in den Erbschein aufzunehmen (KG DFG 1941, 27 = HRR 1941 Nr 327; so auch schon RJA 16, 45 und 217), falls die Angabe nicht erforderlich ist, um – bei der Berufung auf mehrere Bruchteile aus verschiedenen Gründen (§ 1951 A 2c) – den Umfang des Erbrechts zu bezeichnen. Dagegen sind Beschränkungen aufzunehmen, die, wie die Anordnung der Nacherbfolge oder die Ernennung eines Testamentsvollstreckers (§§ 2363, 2364), das Wesen des Erbrechts verändern.

Im einzelnen hat das Zeugnis, wofür keine bundesrechtlichen Formvorschriften bestehen, Namen und Zeit des Todes des Erblassers sowie Namen und Wohnort der Erben so genau zu bezeichnen, daß Verwechslungen ausgeschlossen sind. Alternative Angabe (Gesetz oder Testament) ist nicht unstatthaft, wenn bei zweifelhafter Gültigkeit des Testaments der Erbe durch das Gesetz in demselben Umfange wie durch das Testament berufen ist (OLG 35, 379; JFG 3, 158; 5, 184). Im Testament enthaltene Vermächtnisanordnungen, Auflagen, Teilungsanordnungen u. a., die in den Erbschein nicht aufzunehmen sind, schließen die erforderliche Übereinstimmung der beiden Berufungen nicht aus; anders ist es jedoch, wenn eine Nacherbfolge oder eine Testamentsvollstreckung angeordnet ist (JFG 5, 187; HRR 1933 Nr 1492). In dem einem Nacherben erteilten Erbschein ist auch der Tag anzugeben, an dem ihm die Erbschaft angefallen ist (RJA 16, 44). Als Verfügungsausweis muß das Zeugnis ganz aus sich verständlich sein; die Bezugnahme auf Urkunden ist unzulässig (RJA 17, 56).

5. Sind **mehrere Erben** vorhanden, so kann der Erbschein nach § 2357 als gemeinschaftlicher, aber auch, und zwar auch neben dem gemeinschaftlichen, nur für einen einzelnen und allein zu benennenden Miterben erteilt werden. In beiden Fällen ist die **Größe des Erbteils,** d. h. (abgesehen von den für das Höferecht geltenden Besonderheiten, A 7) des dem Erben anfallenden Bruchteils der Erbschaft anzugeben, wozu unter Umständen vorher noch der Wert einzelner dem Erben zugewendeter Gegenstände bestimmt werden muß (§ 2087 A 3; OLG 18, 368). Die Angabe des durch Berufung zur Zeit des Erbfalls angefallenen Erbteils genügt, auch wenn eine Erhöhung nach §§ 1935, 2094 noch möglich ist. Solange wegen der zu erwartenden Geburt eines Miterben oder aus einem der anderen in § 2043 angegebenen Gründe der Kreis der Miterben noch nicht als geschlossen feststeht, darf kein gemeinschaftlicher Erbschein erteilt werden.

Teilerbscheine können nach KGJ 42, 128 in der Form erteilt werden, daß den von der Ungewißheit der Größe ihrer Erbteile betroffenen Erben bezeugt wird, ihr Erbteil sei noch unbestimmt, z. B. weil infolge Schwangerschaft der Witwe noch Personen geboren werden könnten, die neben ihnen zu gleichen Teilen erbberechtigt sein würden; ist die Ungewißheit beseitigt, so ist ein solcher Erbschein wieder einzuziehen. Auch wenn die Größe eines Erbteils wegen unüberwindlicher Beweisschwierigkeiten nicht festgestellt werden kann, sich z. B. im Falle einer Zwillingsgeburt die für die Größe eines Erbteils maßgebende Erstgeburt eines bestimmten Kindes nicht feststellen läßt, ist nach FJG 10, 75 die Erteilung eines Erbscheins zulässig, der die bestehenden Zweifel offen läßt.

Unter Umständen, z. B. wenn sich nicht ermitteln läßt, ob alle neben einem Miterben berufenen Erbanwärter den Erbfall erlebt haben, kann dem Miterben auf Antrag auch ein Teilerbschein über einen Mindesterbteil erteilt werden (JFG 1, 176 gegen RJA 11, 14). Ob ein solcher Mindestteilerbschein, wenn ein Miterbe verschollen ist, regelmäßig der Bestellung eines Abwesenheitspflegers für den Verschollenen und der Erteilung eines gemeinschaftlichen Erbscheins vorzuziehen ist (so LG Aachen JR 1951 733 = DRspr I [174] 33c unter Hinweis auf KG JFG 13, 43) ist allerdings zweifelhaft (vgl. auch Scholz JR 1951, 591).

Auf Antrag eines Miterben kann ein Teilerbschein auch nur über das Erbrecht eines anderen Miterben erteilt werden (OLG München HRR 1942, 840).

6. Die Erteilung: Der Erbschein wird erteilt, indem dem Antragsteller oder dem von ihm bestimmten Dritten, der auch eine Behörde sein kann, das Zeugnis ausgehändigt wird, und zwar nach Maßgabe des Landesrechts in Urschrift oder in Ausfertigung. Über den die Anwendbarkeit des § 16 FGG auf den Erbschein betreffenden Meinungsstreit vgl. Schlegelberger, FGG 6. Aufl. § 84 A 8.

Die in Beschlußform gekleidete Ankündigung des Nachlaßgerichts, es werde den beantragten Erbschein erteilen, falls gegen diesen Beschluß binnen bestimmter Frist keine Beschwerde eingelegt werde, enthält nach Meinung des Kammergerichts einen unzulässigen Vorbescheid, der auf Beschwerde eines Beteiligten ohne Sachprüfung aufzuheben ist (KG NJW 1955, 1072 Nr 10 mit zust. Anm von Baur; a. M. Firsching NJW 1955, 1540 mit weiteren Nachweisen; Näheres § 2359 A 3b).

Die Kosten des Erbscheins trägt der Antragsteller (KostO § 2 Nr 1); außerdem haftet der Vollstreckungsschuldner (das. § 3 Nr 4). Sie sind nicht Nachlaßverbindlichkeit.

Gebühr für die Erteilung eines Erbscheins KostO § 99. Über die „Erteilung" des Erbscheins im kostenrechtlichen Sinne s. JFGErg 17, 117. Mitteilung des Erbscheins an das Finanzamt RAbgO § 189a.

7. Zugehörigkeit eines Hofes zum Nachlaß. Vgl. insoweit wegen des früheren Erbhofrechts A 7 der 9. Aufl. dieses Werkes und im übrigen Vorbem 12b vor § 2353.

§ 2354

Wer die Erteilung des Erbscheins als gesetzlicher Erbe beantragt, hat anzugeben:

1. die Zeit des Todes des Erblassers;

2. das Verhältnis, auf dem sein Erbrecht beruht;

3. ob und welche Personen vorhanden sind oder vorhanden waren, durch die er von der Erbfolge ausgeschlossen oder sein Erbteil gemindert werden würde;

4. ob und welche Verfügungen des Erblassers von Todes wegen vorhanden sind;

5. ob ein Rechtsstreit über sein Erbrecht anhängig ist.

Ist eine Person weggefallen, durch die der Antragsteller von der Erbfolge ausgeschlossen oder sein Erbteil gemindert werden würde, so hat der Antragsteller anzugeben, in welcher Weise die Person weggefallen ist.

E I 2069 II 2219; M 5 559, 560; P 5 679; 6 357.

Der Antrag bei gesetzlicher Erbfolge

Gesetzliche Erbfolge. Gewillkürte § 2355. Die nach § 2354 oder § 2355 erforderlichen Angaben brauchen nicht schon in dem Antrag auf Erteilung des Erbscheins enthalten zu sein; fehlen sie, so hat das Nachlaßgericht nach § 2358 zu veranlassen, daß sie nachgebracht werden (RG 95, 287), geeignetenfalls im Wege der Rechtshilfe (§ 2353 A 1). Der Erbscheinsantrag muß den Erblasser und das beanspruchte Erbrecht genau bezeichnen. Ist er mangelhaft, so darf er nicht sofort zurückgewiesen werden. Das Nachlaßgericht hat vielmehr eine Zwischenverfügung zu erlassen, um den Mangel zu beheben (KG DNotZ 1955, 408).

Zu Nr **1:** Zeit des Todes so genau wie zur Beurteilung der Erbfolge erforderlich. Todeserklärung VerschG vom 4. 7. 39 § 9, Vermutung gleichzeitigen Todes § 11 (bisher BGB §§ 18, 20). Vgl. wegen der Todesvermutung auch § 2356 A 1 Abs 1.

Zu Nr **2:** Verwandtschaftsverhältnis §§ 1924—1930, eheliches Verhältnis § 1931. Fiskus § 1936. In Zweifelsfällen ist auch die Staatsangehörigkeit des Erblassers nachzuweisen (EG Artt 24ff.).

Zu Nr **3:** Wegen § 1930 haben die Verwandten der ersten und ferneren Ordnungen, wegen der §§ 1931, 1932 hat der Ehegatte, darzulegen, daß ihnen vorgehende oder neben ihnen berechtigte Erben entweder nie vorhanden waren oder daß und wie (Abs 2) solche Personen vor oder nach Eintritt der Erbfolge weggefallen sind. Wegfallsgründe § 1935 A 2. Auch die Weggefallenen und deren Verwandtschaftsverhältnis sind näher zu bezeichnen. Eine Versicherung, daß die Geburt eines Miterben nicht zu erwarten sei (§ 2043), braucht nicht verlangt zu werden. Entfernte Möglichkeiten (Vorhandensein etwaiger unehelicher Kinder einer verheirateten Frau) sind ohne besonderen Anlaß nicht in Betracht zu ziehen (KGJ 39 A 92).

Zu Nr **4:** Verfügungen von Todes wegen (§ 1937) sind, soweit vorhanden, nicht bloß anzugeben, sondern auch vorzulegen, obwohl das letztere in § 2356 nur für die Urkunden vorgeschrieben ist, auf denen das Erbrecht beruht. Das gilt auch für ein Testament, das noch vorhanden, aber nach § 2258 Abs 1 infolge Widerspruchs mit dem späteren Testament aufgehoben worden ist (vgl. RG DR 1942, 1140 Nr 6, wo die Frage jedoch dahingestellt geblieben ist). Ohne Einsicht und Prüfung der vorhandenen Verfügungen, gleichviel welchen Inhalts, kann der Nachlaßrichter das gesetzliche Erbrecht nach der verneinenden Seite: daß ihm Verfügungen von Todes wegen nicht entgegenstehen, nicht als festgestellt erachten (§ 2359). Noch vorhandene, aber gemäß §§ 2255, 2256 zweifellos widerrufene Urkunden stehen den nicht vorhandenen gleich. Ergibt eine vorhandene Verfügung den Ausschluß der gesetzlichen Erbfolge und wird deren Unwirksamkeit behauptet, so ist auch dies darzulegen (Abs 2).

Zu Nr 5: Im Falle des Rechtsstreits Gehör des Gegners (§ 2360 Abs 1). Anhängigkeit: ZPO §§ 263 Abs 1, 281 (vgl. HRR 1937 Nr 637). — Ist der Erbe selbst der Antragsteller, so liegt die Annahme der Erbschaft regelmäßig schon im Antrage. Ein Antrag mit Vorbehalt der Ausschlagung ist unstatthaft. Andere Antragsberechtigte (§ 2353 A 3) haben zu beweisen, daß die Annahme erfolgt sei (§ 1943 A 1; vgl. auch § 2357 A 3).

§ 2355

Wer die Erteilung des Erbscheins auf Grund einer Verfügung von Todes wegen beantragt, hat die Verfügung zu bezeichnen, auf der sein Erbrecht beruht, anzugeben, ob und welche sonstigen Verfügungen des Erblassers von Todes wegen vorhanden sind, und die im § 2354 Abs 1 Nr 1, 5, Abs 2 vorgeschriebenen Angaben zu machen.

E I 2078 II 2220; M 5 558, 573, 574; P 5 671, 681, 691.

Der Antrag auf Grund einer Verfügung von Todes wegen

1. **Gewillkürte Erbfolge.** Die betreffende Verfügung von Todes wegen (§ 1937) ist zu bezeichnen und nach § 2356 vorzulegen. S. auch § 2360 Abs 2, 3. Erst nach der Eröffnung (§ 2260) kann der Schein erteilt werden.

2. Ob die **sonstigen Verfügungen** auf das Erbrecht des Antragstellers von Einfluß sind und welchen sonstigen Inhalt sie haben, ist gleichgültig.

3. **Vorgeschriebene Angaben:** § 2354 Nr 1: Zeit des Todes, Nr 5: etwa anhängiger Rechtsstreit. Abs 2: Darlegung, inwiefern dem Erbrecht des Antragstellers entgegenstehende oder es schmälernde Berufene weggefallen sind (der vor dem Ersatzerben zunächst Berufene, Miterben, Nacherben). Nr 3 ist nicht mit angezogen. Der Antragsteller braucht deshalb nicht anzugeben, ob und welche Personen vorhanden sind oder waren, die z. B. als stillschweigend mitberufene Abkömmlinge eines Abkömmlings des Erblassers (§ 2069) möglicherweise sein Erbrecht schmälern könnten, sondern nur, daß und in welcher Weise die vorhandenen oder vorhanden gewesenen, vor oder neben ihm eingesetzten Personen weggefallen sind. Hält das Nachlaßgericht nach der ersten Richtung eine Feststellung für erforderlich, so hat es gemäß § 2358 von Amts wegen Ermittlungen anzustellen (KGJ 39 A 95). Die Angaben haben sich auch nicht auf die Personen der gesetzlichen Erben (abgesehen von §§ 2066ff), Pflichtteilsberechtigten oder der übrigen Erben zu erstrecken, sofern kein gemeinschaftlicher Erbschein nach § 2357 verlangt wird.

Wird nach Eintritt der Nacherbfolge ein neuer Erbschein beantragt, so bedarf es nicht unter allen Umständen einer neuen förmlichen Erbausweiserklärung (KGJ 46, 146).

§ 2356

Der Antragsteller hat die Richtigkeit der in Gemäßheit des § 2354 Abs 1 Nr 1, 2, Abs 2 gemachten Angaben durch öffentliche Urkunden nachzuweisen und im Falle des § 2355 die Urkunde vorzulegen, auf der sein Erbrecht beruht. Sind die Urkunden nicht oder nur mit unverhältnismäßigen Schwierigkeiten zu beschaffen, so genügt die Angabe anderer Beweismittel.

In Ansehung der übrigen nach den §§ 2354, 2355 erforderlichen Angaben hat der Antragsteller vor Gericht oder vor einem Notar an Eides Statt zu versichern, daß ihm nichts bekannt sei, was der Richtigkeit seiner Angaben entgegensteht. Das Nachlaßgericht kann die Versicherung erlassen, wenn es sie für nicht erforderlich erachtet.

Diese Vorschriften finden keine Anwendung, soweit die Tatsachen bei dem Nachlaßgericht offenkundig sind.

E I 2070, 2078 Abs 3 II 2221; M 5 560–562; P 5 679, 682, 691.

Übersicht:

Die Nachweispflicht des Antragstellers

Schrifttum: Pehe, Über Urkunden in Erbscheinsverfahren, JR 1955, 134.

1. Zu Abs 1 Satz 1 Halbs 1: Nachweis durch öffentliche Urkunden (ZPO § 415; auch ausländische öffentliche Urkunden: HRR 1935 Nr 1024). Für § 2354 Abs 1 Nr 1 (Zeit des Todes) Sterbeurkunde, Todeserklärung oder Todeszeitfeststellung (VerschG vom 15. 1. 51 §§ 1ff, wegen des Zeitpunkts §§ 9 Abs 2, 3, 23, 44; vgl. auch Buch für Todeserklärungen beim Standesamt I in Berlin: PStG vom 3. 11. 37 § 40). Die Todeserklärung begründet die Vermutung, daß der Verschollene in dem im Beschluß festgestellten Zeitpunkt gestorben ist (VerschG § 9 Abs 1; entsprechend für die Todeszeitfeststellung VerschG § 44 Abs. 2). Die Vermutung kann jedoch im Erbscheinsverfahren durch jedes Beweismittel widerlegt werden (OLG Hamburg NJW 1952, 147[15]; BayObLG 1953, 120 = DRspr I [174] 47; Czapski NJW 1952, 770; a. M. Arnold MDR 1950, 331, 679; 1951, 278; vgl. auch LG Paderborn MDR 1955, 366 für den Fall, daß kein Berichtigungsverfahren nach VerschG § 33a mehr möglich ist); Buch für Todeserklärungen: nPStG § 40). Für Nr 2 (Verwandtschafts- usw. -verhältnis) Geburtsurkunden; Heiratsurkunden, wenn das Erbrecht auf dem ehelichen Verhältnisse beruht; für die ältere Zeit (vor 1876) kirchliche Zeugnisse, Legitimationsurkunden u. dgl. Durch Geburtsurkunden ist auch das Vorhandensein der die Verwandtschaft mit dem Erblasser vermittelnden Zwischenpersonen nachzuweisen.

Geburtsbescheinigungen mit begrenzter Gültigkeitsbestimmung (z. B. „gültig nur zum Zwecke der Taufe") reichen zum urkundlichen Nachweis im Sinne von Satz 1 nicht aus (RJA 15, 290); sie können aber, z. B. wenn das Standesamt im abgetretenen Gebiete liegt und neue Urkunden von dort nur mit unverhältnismäßigen Schwierigkeiten (A 3) zu beschaffen sind, als „andere Beweismittel" im Sinne von Satz 2 in Betracht kommen. Gleiches gilt von der Sterbenachricht des Zentral-Nachweise-Amtes in Berlin über einen Kriegsteilnehmer (KGJ 49, 75).

Durch die dem alten Personenstandsgesetz nach der VO vom 14. 2. 24 (RGBl I 116) eingefügten §§ 15a–15c waren als neue standesamtliche Urkunden die kurzen Geburts-, Heirats- und Todesscheine zugelassen. Sie beweisen, daß die Geburt, die Eheschließung oder der Sterbefall im Register beurkundet ist. Die gleiche Beweiskraft haben nach § 15a Abs 2 Eintragungen in ein Familienstammbuch, wenn sie den für den Schein vorgesehenen Inhalt haben und mit der Unterschrift und dem Siegel des Standesbeamten versehen sind. Hiernach kommt den standesamtlichen Scheinen und den Eintragungen in das Familienstammbuch hinsichtlich der in ihnen angeführten Personenstandstatsachen wenigstens eine mittelbare Beweiskraft zu. Demzufolge sind die Todesscheine regelmäßig geeignet, die Zeit des Todes des Erblassers (§ 2354 Nr 1) oder solcher Personen, durch welche der Antragsteller von der Erbfolge ausgeschlossen oder sein Erbteil gemindert werden würde (§ 2354 Abs 1 Nr 3, Abs 2), gemäß § 2356 Satz 1 nachzuweisen (KG JRdsch 1927 Nr 137a, womit ältere Entscheidungen desselben Gerichts, insbesondere KGJ 53, 86 überholt sind). Entsprechendes trifft für den Nachweis eines ehelichen Verhältnisses (§ 2354 Nr 2) durch den Heiratsschein zu. Dagegen sind die Geburtsscheine zum Nachweis eines Abstammungsverhältnisses (§ 2354 Nr 2) nicht verwertbar, da sie nach § 15b aPStG nur die Namen des Kindes sowie den Ort und Tag seiner Geburt enthalten (KG JRdsch 1927 Nr 137b). Ebensowenig waren früher die Eintragungen der Kinder in den vor dem 1. 7. 38 ausgestellten Familienstammbüchern zum Nachweis eines Abstammungsverhältnisses verwertbar (KG JFG 15, 52; 20, 34 = DRW 1939, 1391[13]; Erste AusfVO zum nPStG vom 19. 5. 38 § 107 Abs 2; anders nach § 107 Abs 1 aaO. für die neuen Familienstammbücher). § 107 Abs 2 aaO. ist jedoch durch Art II Nr 12 der 4. AVO zum PStG vom 27. 9. 44 (RGBl I 219) geändert worden. Die Beweiskraft der Eintragungen in einem solchen Familienstammbuch erstreckt sich nunmehr, wenn sie mit Unterschrift und Dienstsiegel des Standesbeamten versehen sind, im Sinne der §§ 60, 66 PStG auch auf solche näheren Angaben über die Heirat, die Geburt oder den Tod, die sich aus dem inneren und äußeren Zusammenhang des ordnungsgemäß geführten Familienstammbuchs ergeben. Ahnenpässe haben nicht die den Personenstandsurkunden zukommende Beweiskraft (Emig PStG 150; s. aber A 3).

Eine Eheschließung kann im Erbscheinsverfahren nicht durch die Sterbeurkunde des einen Ehegatten oder durch die Geburtsurkunde eines Kindes, sondern nur durch die Heiratsurkunde bewiesen werden (KG HRR 1942, 718).

Verheiratete Miterbinnen brauchen zur Erteilung eines Erbscheins im allgemeinen keine Heiratsurkunden vorzulegen. Nach den §§ 2356 Abs 1, 2354 Abs 1 Nr 2 müssen sie nur das Verhältnis, auf dem ihr Erbrecht beruht, durch öffentliche Urkunde nachweisen. Insoweit ist die bloße Namensänderung einer Erbin infolge Heirat belanglos. Das Nachlaßgericht kann daher auch der verheirateten Miterbin nicht androhen, es werde den Erbscheinsantrag abweisen, wenn die Heiratsurkunde nicht vorgelegt werde. Es muß notfalls zur Frage der Personengleichheit von Amts wegen ermitteln (§ 2258; KG JFG 21, 120; LG Braunschweig DRZ 1948, 395; zustimmend Ripfel DRZ 1949, 89 und Boos NJW 1949, 335; a. M. Boehmer DRZ 1948, 395).

Nach nPStG § 61 werden nur noch beglaubigte Abschriften aus den Familien-, Geburten- und Sterbebüchern (diese nur den in Satz 1 genannten Behörden, Dienststellen und Personen) und im übrigen nur standesamtliche Urkunden (Satz 2; über ihren Inhalt s. §§ 62—64) ausgestellt. Beweiskraft der beglaubigten Abschriften und standesamtlichen Urkunden §§ 66, 60. Zweifel, ob die standesamtlichen Urkunden und demgemäß auch schon die standesamtlichen Eintragungen richtig sind, braucht der Nachlaßrichter nicht selbst aufzuklären. Wenn die Erteilung des Erbscheins hiervon abhängig ist, kann er die Beteiligten auf das Berichtigungsverfahren (§§ 47ff PStG) verweisen. Es verletzt die staatliche Zuständigkeitsabgrenzung, wenn man (mit OLG Hamm JMBl NRW 953, 18 = DRspr I [174] 42a) dem Nachlaßrichter eine Aufklärungspflicht auferlegt. Das Nachlaßgericht sollte sich — auch bei offenbarer Unrichtigkeit — nicht über den Inhalt standesamtlicher Urkunden hinwegsetzen, sondern ihre Berichtigung abwarten (für weitergehende Bindung Arnold MDR 1950, 331 = DRspr I [174] 20d).

Beruht das Erbrecht auf ehelicher Abstammung, so braucht außer der Geburtsurkunde nicht noch die Heiratsurkunde der Eltern vorgelegt zu werden, da das Geburtenbuch (ebenso wie das Geburtsregister nach aPStG § 22 Nr 5, KGJ 36 A 97) auch zur Beurkundung der (ehelichen oder unehelichen) Abstammung bestimmt ist (nPStG §§ 21 Nr 1, 62 Nr 3, 60; Brandis-Maßfeller PStG 532; a. M. Emig PStG 151).

Hängt das in Anspruch genommene Erbrecht davon ab, daß Zwischenpersonen wieder weggefallen sind (§ 2354 Abs 2), so ist je nachdem der Wegfall durch Sterbeurkunden (oder Todesscheine), Todeserklärungen, durch Vorlegung der sie ausschließenden Verfügung von Todes wegen (§ 1938), der Erbverzichtsurkunde (§ 2346), der Ausschlagungserklärung (§ 1945), des rechtskräftigen die Erbunwürdigkeit aussprechenden Urteils (§ 2342) oder des Scheidungs- oder Aufhebungsurteils darzutun. Wie die durch die Todeserklärung begründete Todesvermutung des § 9 VerschG vom 4. 7. 39 (RJA 13, 97), so gilt auch die Lebensvermutung des § 10 für das Erbscheinsverfahren (RJA 13, 211). Todeserklärung ist entbehrlich, wenn das Gericht aus anderen Umständen die Überzeugung vom Wegfall eines Verschollenen gewinnt (RJA 9, 84; vgl. § 1 Abs 2, §§ 39ff. VerschG vom 4. 7. 39). Soweit sich die betreffenden Urkunden bereits in der Hand des Nachlaßgerichts, sei es auch von einer anderen Geschäftsabteilung desselben Gerichts befinden, genügt es, hierauf Bezug zu nehmen (OLG 44, 106: Bezugnahme auf das bei demselben Gericht aufbewahrte standesamtliche Nebenregister, wenn die in Betracht kommenden Daten so genau angegeben werden, daß die Urkunden ohne weiteres zu ermitteln sind).

2. Zu Abs 1 Satz 1 Halbs 2: Die die Erbeinsetzung enthaltende **Verfügung von Todes wegen** muß sich nach §§ 2259—2261 ohnedies schon in der Verwahrung des Nachlaßgerichts befinden. Ob und inwieweit der Erbscheinsrichter den Nachweis der Echtheit des eigenhändigen Testaments erfordern will, steht nach § 2359 in seinem pflichtmäßigen Ermessen, s. jedoch §§ 2360 Abs 2, 2368 Abs 2. Der Antragsteller muß auch ein Testament vorlegen, das noch vorhanden, aber nach § 2258 Abs 1 infolge Widerspruchs mit dem späteren Testament aufgehoben worden ist (vgl. § 2254 A zur Nr 4).

3. Zu Abs 1 Satz 2: Im Gebrauche **anderer Beweismittel** (Zeugen, Sachverständige, z. B. Genealogen, Privaturkunden, z. B. Familienstammbäume, Ahnenpässe) sind dem Gericht keine Schranken gezogen. Auch der Inhalt wirksam gebliebener, aber verloren gegangener Verfügungen von Todes wegen (A 2) kann auf diesem Wege festgestellt werden (§ 2255 A 6; RJA 11, 181; vgl. auch § 2231 A 6 Abs 1 gegen Ende).

Unter unverhältnismäßigen Schwierigkeiten sind solche jeglicher Art zu verstehen, deren Überwindung dem Antragsteller nicht wohl zugemutet werden kann. Dies kann auch dann angenommen werden, wenn die Kosten, um eine Urkunde, insbesondere aus dem Ausland, zu beschaffen, gegenüber den unter gewöhnlichen Umständen aufzuwenden Kosten unverhältnismäßig hoch sind und einen erheblichen Teil des Nachlasses oder des in Betracht kommenden Erbteils verzehren würden (JFG 1, 178). Das Nachlaßgericht mißbraucht die Vorschrift des § 2356 Abs 1 Satz 2 nicht, wenn es bei verschollenen Personen, deren Namen und Geburtsdaten bekannt sind, im Erbscheinsverfahren verlangt, daß ein Todeserklärungsbeschluß vorgelegt werde. Bei dem gleichen Tatbestand kann es auch ablehnen, ein Erbenaufgebot nach § 2358 Abs 2 zu erlassen (OLG Hamburg NJW 1953, 627 mit abl. Anm von Mannheimer = DNotZ 1953, 331).

4. Zu Abs 2 Satz 1: Die **eidesstattliche Versicherung** ist für die „übrigen nach den §§ 2354, 2355 erforderlichen Angaben" vorgesehen. Das Nachlaßgericht darf deshalb den Erbschein nicht schon allein auf Grund der Angaben des Antragstellers erteilen, auch wenn er sie sämtlich eidesstattlich versichert und sie uneingeschränkt glaubhaft erscheinen (KGJ 36 A 115; vgl. auch BGH 8, 188 zu den §§ 22, 23 Wertpapierbereinigungsgesetz). Sie betrifft zumeist die Negative (Nichtvorhandensein gleich oder besser berechtigter Erben, entgegenstehender Verfügungen von Todes wegen, Nichtanhängigsein eines Rechtsstreites), legt dem zu ihr Verpflichteten nicht, wie § 459 ZPO (in der bis zum 31. 12. 33 gültig gewesenen Fassung) eine besondere Prüfungs- und Erkundigungspflicht auf (RGSt 39, 226; vgl. auch München DNotZ 1937, 702), kann aber nach Lage des Falles auch auf bestimmte einzelne Tatsachen abgestellt werden.

Sie ist vom Antragsteller, auch wenn er mit dem Erben nicht identisch ist (§ 2353 A 3), insbesondere auch vom Gläubiger des Erben, oder vom gesetzlichen Vertreter des Antragstellers abzugeben, kann dagegen nicht von einem Bevollmächtigten oder gar von einem Unterbevollmächtigten abgegeben werden (RJA 13, 199; DNotZ 1937, 702; KG JR 1953, 307 = DRspr I [174] 45d); unter Umständen kann aber die Erklärung eines solchen dem Nachlaßgericht Anlaß geben, dem Erben die Versicherung zu erlassen (RJA 17, 68). Statt des gesetzlichen Vertreters kann der Erbe selbst, wenn er eidesmündig ist (ZPO § 455 Abs 2), zur eidesstattlichen Versicherung zugelassen werden (h. M.).

Die örtliche Zuständigkeit von Gericht oder Notar — zwischen denen auch im Falle des Art 141 EG dem Antragsteller die Wahl bleibt — und die Form der Beurkundung bestimmt sich nach Landesrecht, da es sich hierbei nicht um die Beurkundung von Rechtsgeschäften nach FGG §§ 167ff handelt (ZBlFG 20, 337; JFG 15, 143). Über die Frage, ob die eidesstattliche Versicherung auch vor einem deutschen Konsul abgegeben werden kann, s. Féaux de la Croix DJ 1937, 112.

5. Zu Abs 2 Satz 2: Erlaß der Versicherung nach Ermessen des Nachlaßrichters (vgl. DRW 1939, 1951[7]), deshalb auch kein Beschwerderecht aus FGG § 20 gegen die Abforderung (a. M. JFG 12, 207). Vgl. auch § 2357 Abs 4.

6. Zu Abs 3: Offenkundigkeit (ZPO § 291): Offenkundig sind solche Tatsachen, die nach allgemeinen Erfahrungssätzen feststehen (Ableben überalter Personen), oder dem Nachlaßgericht sonst amtlich bekannt sind (BayObLG 14, 55). Mehr als die auf Grund zugelassener Beweismittel oder der Offenkundigkeit gebildete Überzeugung des Gerichts von der Richtigkeit der erheblichen Tatsachen ist nicht erforderlich (JW 1930, 270[1]: Verschiedenheit der Schreibweise eines Namens). Die Tatsache, daß die erste Ehefrau vor der Wiederverheiratung des Erblassers weggefallen ist, will KG JW 1935, 1885[88] nicht als offenkundig gelten lassen.

Nach Erteilung des Erbscheins können die überreichten Urkunden (A 1, 3, 4) zurückverlangt werden. Es sind dann aber vollständige oder auszugsweise beglaubigte Abschriften zurückzubehalten, soweit dies nicht nach Lage des Falles entbehrlich ist (RJA 15, 283).

7. Rückerstattung. Vgl. Vorbem 13a vor § 2353.

§ 2357

Sind mehrere Erben vorhanden, so ist auf Antrag ein gemeinschaftlicher Erbschein zu erteilen. Der Antrag kann von jedem der Erben gestellt werden.

In dem Antrage sind die Erben und ihre Erbteile anzugeben.

Wird der Antrag nicht von allen Erben gestellt, so hat er die Angabe zu enthalten, daß die übrigen Erben die Erbschaft angenommen haben. Die Vorschriften des § 2356 gelten auch für die sich auf die übrigen Erben beziehenden Angaben des Antragstellers.

Die Versicherung an Eides Statt ist von allen Erben abzugeben, sofern nicht das Nachlaßgericht die Versicherung eines oder einiger von ihnen für ausreichend erachtet.

E II 2222; P 5 678, 679.

Übersicht:

Der gemeinschaftliche Erbschein

1. Voraussetzungen (Abs 1)
2. Inhalt des Antrags (Abs 2)
3. Antrag einzelner Erben (Abs 3)
4. Eidesstattliche Versicherung (Abs 4)

1. Zu Abs 1: Gemeinschaftlicher Erbschein. Wird er von sämtlichen Miterben, zu denen aber der Nacherbe neben dem Vorerben nicht gehört, oder für sie von einem nach § 2353 A 3 Antragsberechtigten beantragt, so gelten bezüglich aller Erben die Bestimmungen der §§ 2354 bis 2356 mit den Besonderheiten der Absätze 2–4. Der einzelne Miterbe hat die Wahl, sich den Erbschein nur für seine Person und nur über seinen Erbteil (§ 2353 A 5; Teilerbschein) oder als gemeinschaftlichen über den ganzen Nachlaß erteilen zu lassen; er muß aber in diesem Falle auch die sonst den Miterben obliegenden Angaben machen und Beweise erbringen (A 4).

Zulässig ist auch die Erteilung eines gemeinschaftlichen Teilerbscheins über die Erbteile eines Teiles der Erben, und zwar auch auf Antrag eines einzelnen Miterben (so KG JFG 13, 40 und DFG 1940, 26 = HRR 1940 Nr 413 unter Aufgabe seiner früheren Rechtsprechung RJA 11, 14 und KGJ 41, 90; ebenso München JFG 15, 353; a. M. die 8. Auflage).

Ein Erbschein nach mehreren Erblassern ist nur in der Weise möglich, daß mehrere Einzelzeugnisse über verschiedene Erbfälle in einer Urkunde zusammengefaßt werden (KGJ 44, 99; vgl. aber über die Möglichkeit, in einer Bescheinigung nach GBO § 36 mehrere Erbfälle zu bezeugen, HRR 1938 Nr 1185).

Zum Erbschein über hoffreies Vermögen im Gebiet des Höferechts vgl. Vorbem 12 b vor § 2353.

2. Zu Abs 2: Angabe der Erben und ihrer Erbteile: Kennt der Antragsteller nicht alle Erben, so kann mit einer öffentlichen Aufforderung nach § 2358 Abs 2 geholfen werden. Die Angabe der Erbteile erfordert die bestimmte Bezeichnung der in Anspruch genommenen Bruchteile (RJA 9, 6) ohne Rücksicht auf etwaige Ausgleichsposten. Soweit sie auch nur bei einem Miterben nicht bestimmbar sind (so im Falle des § 2043 der Kinder neben der Witwe), ist die Erteilung des gemeinschaftlichen Erbscheins über „ihre Erbteile" ausgeschlossen; vgl. aber § 2353 A 5.

3. Zu Abs 3: Die **Annahme der Erbschaft** (§ 1943 A 1) wird vom Antragsteller schon durch den Antrag erklärt. Bezüglich der übrigen Erben hat er sie darzulegen und nach § 2356 nachzuweisen. Fehlt eine ausdrückliche Annahmeerklärung, so ist der Fristbeginn, d. h. der Zeitpunkt der erlangten Kenntnis von dem Anfalle und dem Grunde der Berufung (§ 1944 A 2/3) und der Ablauf der Ausschlagungsfrist für jeden der beteiligten Erben nachzuweisen. Alle Nachweise sind grundsätzlich durch öffentliche Urkunden und Versicherung an Eides Statt zu führen (§ 2356). Die Nachweispflicht obliegt auch dem Antragsteller, der nicht selbst Erbe ist (z. B. dem Testamentsvollstrecker, Gläubiger). Über Schwierigkeiten, wenn es sich um Erben unbekannten Aufenthalts handelt, vgl. OLG 21, 349.

Ist ein Miterbe verschollen, so kann ein gemeinschaftlicher Erbschein nur ausgestellt werden, wenn feststeht, daß der Verschollene zur Zeit des Erbfalles gelebt hat oder wenn für diesen Zeitpunkt eine Lebensvermutung (§ 10 VerschG) bestand (LG Münster MDR 1947, 199; OLG Oldenburg NdsRpfl 1952, 53 = DRspr I [110] 23a).

4. Zu Abs 4: Die **eidesstattliche Versicherung** ist grundsätzlich von allen Erben abzugeben, auch wenn nur einer von ihnen den gemeinschaftlichen Erbschein beantragt. Die Verpflichtung der übrigen, hierdurch zur Erteilung des Erbscheins „mitzuwirken", ergibt sich aus § 2038 A 2 (a. M. Strohal II § 67 A 24). Sie können, soweit sie nicht Gründe zur Verweigerung der Versicherung beibringen, im Klagewege dazu angehalten werden, wenn auch die Versicherung selbst nicht erzwungen werden kann. Ob und inwieweit sich der Nachlaßrichter an der Versicherung eines oder mehrerer Erben genügen lassen oder ob er sie ganz erlassen will, steht in seinem pflichtmäßigen Ermessen (§§ 2356 A 5, 2359).

§ 2358

Das Nachlaßgericht hat unter Benutzung der von dem Antragsteller angegebenen Beweismittel von Amts wegen die zur Feststellung der Tatsachen erforderlichen Ermittelungen zu veranstalten und die geeignet erscheinenden Beweise aufzunehmen.

Das Nachlaßgericht kann eine öffentliche Aufforderung zur Anmeldung der anderen Personen zustehenden Erbrechte erlassen; die Art der Bekanntmachung und die Dauer der Anmeldungsfrist bestimmen sich nach den für das Aufgebotsverfahren geltenden Vorschriften.

E I 2071 Abs 1 Satz 2, 2072, 2078 Abs 3 II 2223; M 5 562, 563, 574; P 5 679–683.

Übersicht:
Tätigkeit des Nachlaßgerichts
1. Ermittlung von Amts wegen
2. Öffentliche Aufforderung

1. Zu Abs 1: Offizialtätigkeit des Nachlaßgerichts gemäß FGG §§ 12, 15 (RG 95, 287; 99, 87 Abs 2). Es ist nicht auf die angebotenen Beweismittel beschränkt (KG DJ 1936, 1696; BayObLG 1951, 690; OLG Frankfurt 1953, 507). Im Erbscheinsverfahren gibt es — wie allgemein im Gebiet der freiwilligen Gerichtsbarkeit, von besonderen im Gesetz begründeten Ausnahmen abgesehen — keine Beweislast (OLG Hamm DNotZ 1950, 43). Die Ermittlungen haben sich nicht nur auf das Vorhandensein, sondern gegebenenfalls auch auf die Echtheit, den Sinn und die Wirksamkeit getroffener Verfügungen von Todes wegen, ferner auf die Rechtzeitigkeit der Ausschlagung (JW 1937, 44[28]), die Gebundenheit durch Erb- oder Ehevertrag (RJA 12, 17) oder gemeinschaftliches Testament (JFG 14, 288 = DJ 1936, 1696 mit Anm von Vogels), die Begründetheit einer Testamentsanfechtung (JFG 13, 280), das etwaige Vorhandensein näherer Verwandter des Erblassers (DNotZ 1937, 702), die Staatsangehörigkeit des Erblassers (KG JR 1951, 762) usw. zu erstrecken.

Ob ein Testament vernichtet worden ist, braucht im Erbscheinsverfahren nicht vom Antragsteller bewiesen zu werden. Im Erbscheinsverfahren, das dem Gebiet der freiwilligen Gerichtsbarkeit angehört, gibt es — abgesehen von besonderen im Gesetz begründeten Ausnahmen — keine Beweislast. Der Antragsteller ist zwar für die in § 2354 Abs 1 Nr 1 und 2 sowie Ab 2 angeführten Tatsachen beweispflichtig. Im übrigen hat jedoch das Nachlaßgericht den Sachverhalt nach § 2358 in Verbindung mit § 12 FGG von Amts wegen zu ermitteln (OLG Hamm DNotZ 1950, 43 = DRspr I [174] 21e).

Nach BayObLG (RJA 17, 72) hat das Nachlaßgericht die erforderlichen Ermittlungen auch dann selbst anzustellen, wenn ein Rechtsstreit über das Erbrecht anhängig ist, während das Kammergericht (RJA 9, 75; OLG 34, 318; 40, 155) das Nachlaßgericht für befugt erachtet, das Erbscheinsverfahren bis zur Entscheidung eines schon anhängigen Erbrechtsstreits auszusetzen. Die zweite Auffassung verdient auf Grund der Entstehungsgeschichte des § 2360 und aus Zweckmäßigkeitsgründen den Vorzug. Keinesfalls darf der Antragsteller zur Entscheidung streitiger Tat- oder Rechtsfragen auf den Weg eines erst anhängig zu machenden Rechtsstreits verwiesen werden (KGJ 35 A 110; OLG 46, 245). Zur Bedeutung eines vorliegenden rechtskräftigen Urteils § 2359 A 2.

Anerkennung des Erbrechts durch die Beteiligten überhebt das Gericht nicht der Pflicht zu eigener Prüfung (KGJ 34 A 112). Erklärungen der Miterben im Erbscheinsverfahren geben dem Nachlaßrichter nur einen Anhalt für die Ermittlung der Wahrheit, die ihm von Amts wegen obliegt. Vertreten die Miterben eine Ansicht, die das Testament antastet, auf das der Erbscheinsantrag sich stützt, so liegt darin allein noch keine Anfechtung des Testaments (RG DR 1941, 263[4]).

Gehör der Beteiligten § 2360. Parteistellung im Sinne der ZPO haben sie nicht; trotz der Bezugnahme des § 15 FGG auf die Vorschriften der ZPO über den Zeugenbeweis sind deshalb die §§ 357, 397 ZPO auf Beweiserhebungen im Erbscheinsverfahren nicht anwendbar; es liegt im pflichtmäßigen Ermessen des Nachlaßgerichts, ob und inwieweit es Beteiligte zu Beweiserhebungen zuziehen oder sie vom Ergebnis der Erhebungen verständigen will (BayObLG 32, 383; BayObLG 1948/51, 417). Die eidliche Vernehmung des Antragstellers und der sonstigen Beteiligten ist auch im Bereich der freiwilligen Gerichtsbarkeit zulässig (Kühn SJZ 1949 Sp 581 = DRspr IV [470] 10 b). Das gilt insbesondere, wenn keine anderen Beweismittel vorhanden sind und eine gewisse Wahrscheinlichkeit für die zu erweisende Tatsache besteht (BayObLG 1952, 102; 1953, 5; Palandt-Rechenmacher A 1; Keidel JZ 1954, 564; neuerdings auch Schlegelberger FGG 6. Aufl § 15 A 27; Keidel FGG 6. Aufl § 15 A 10a; a. M. BGHSt 5, 111 für das Verfahren vor den Niedersächsichen Sonderhilfsausschüssen nach dem Nds. Personenschadengesetz vom 22. 9.48). Gegen die Vornahme von Ermittlungen gibt es keine Beschwerde aus FGG § 19.

2. Zu Abs 2. Öffentliche Aufforderung entsprechend den Aufgebotsvorschriften ZPO §§ 948—950, wenngleich ohne Androhung von Rechtsnachteilen, nach Ermessen des Gerichts, so insbesondere wenn das Vorhandensein besser berechtigter Erben (Kinder aus einer bestimmten Ehe) wahrscheinlich ist. Die Verschweigung der Erbrechte im Aufforderungsverfahren hat zwar nicht ihren Verlust, wohl aber zur Folge, daß sie bei der Ausstellung des Erbscheins — vorbehaltlich einer etwaigen späteren Feststellung — nicht berücksichtigt werden (M 5, 563; RJA 9, 84; DRW 1940, 198[10] = JFG 20, 387; DNotZ 1951, 525; a. M. Planck-Greiff A 8; Matthießen ZBlFG 6, 389). Ist ein Besserberechtigter verschollen und nach Angabe des Antragstellers gestorben, so kann das Nachlaßgericht verlangen, daß eine Todeserklärung beigebracht wird, falls ihre Beschaffung nicht unverhältnismäßig schwierig ist (§ 2356 A 1, 3); es ist in solchem Falle nicht verpflichtet, statt der Auflage eine öffentliche Aufforderung zu erlassen (RJA 13, 97; vgl. auch OLG Hamburg NJW 1953, 627[13] mit abl. Anm von Mannheimer).

§ 2359

Der Erbschein ist nur zu erteilen, wenn das Nachlaßgericht die zur Begründung des Antrags erforderlichen Tatsachen für festgestellt erachtet.

E 1 2071 Abs 1 Satz 2, 2078 Abs 3 II 2224; M 5 562, 574; P 5 679, 682, 691.

Erteilung des Erbscheins

1. Nicht zu prüfende Umstände
2. Feststellung des Erbrechts
   a) Tätigkeit des Nachlaßgerichts
   b) Selbständigkeit des Nachlaßgerichts
   c) Besonderes
3. Beschwerde bei
   a) Ablehnung
   b) Ankündigung (Vorbescheid)
   c) Anordnung
   d) Erteilung
   e) Einziehung
4. Bindung an frühere Entscheidungen im Erbscheinsverfahren

1. Das Nachlaßgericht hat, abgesehen von den Fällen der §§ 792, 896 ZPO (§ 2353 A 3), **nicht zu prüfen,** aus welchem Grunde und zu welchem Zwecke die Erteilung eines Erbscheins beantragt wird, sondern es hat gemäß §§ 2353, 2359 den Erbschein zu erteilen, wenn die Voraussetzungen der §§ 2354—2357 erfüllt sind und es die zur Begründung des Antrages erforderlichen Tatsachen für festgestellt erachtet; es darf deshalb dem Erben die Erteilung auch nicht mit der Begründung verweigern, daß er keines Erbscheins bedürfe (JFG 3, 146).

2. Feststellung des Erbrechts.

a) Das Gericht entscheidet nach Abschluß der Ermittlungen (§ 2358) nach freier Überzeugung (ZPO § 286), welche Tatsachen es für festgestellt erachtet. Beweisregeln insbesondere auch wegen des Urkundenbeweises (ZPO §§ 415ff.) bestehen nicht. Eine Begründung ist nicht vorgeschrieben. Aus den festgestellten oder offenkundigen Tatsachen hat das Nachlaßgericht selbständig im bejahenden oder verneinenden Sinne bestimmte Schlußfolgerungen zu dem mit dem Antrage geltend gemachten Erbrecht zu ziehen. Der Erbschein ist entweder so, wie er beantragt ist, zu erteilen oder zu verweigern. Er darf nicht mit einem anderen Inhalt erteilt werden, als beantragt ist (RG 156, 180; KGJ 42, 128; BayObLG 19 A 207; HRR 1933 Nr 1492; JFG 14, 78).

b) Die Selbständigkeit, mit der das Nachlaßgericht im allgemeinen über die Begründetheit des Antrags befindet, gilt auch gegenüber einem Vergleich, den mehrere Erbansprecher über die Erbfolge geschlossen haben (JFG 6, 165), oder einer sonstigen Vereinbarung der Beteiligten (HRR 1932 Nr 16); grundsätzlich auch gegenüber einem im Erbrechtsstreit ergangenen rechtskräftigen Urteil. Ist durch das Urteil das Erbrecht des Antragstellers festgestellt worden, so ist das Nachlaßgericht, wenn nach seiner Auffassung der Sach- und Rechtslage der unterlegene Prozeßgegner oder ein Dritter der wahre Erbe ist, nicht gezwungen, den Antragsteller mit der Wirkung der §§ 2365—2367, welche über die Rechtskraft unter den Prozeßparteien hinausreicht, als Erben auszuweisen. Anderseits darf das Nachlaßgericht, falls durch das rechtskräftige Urteil das Erbrecht eines andern gegen den Antragsteller festgestellt ist, diesem den Erbschein auch dann nicht erteilen, wenn es ihn für den wahren Erben hält. Denn sonst könnte der andere sofort im Prozeßwege, gestützt auf die Rechtskraft des Urteils, die Herausgabe des Erbscheins an das Nachlaßgericht erzwingen und dadurch dessen Kraftlosigkeit herbeiführen (§ 2362 A 1). Es liegt, trotz der grundsätzlichen Unabhängigkeit des Nachlaßgerichts vom Prozeßgerichte, nicht im Sinne des Gesetzes, einen Erbschein unter solchen Umständen zu erteilen. Die Frage ist umstritten. Bis zur 4. Auflage ist in diesem Werke mit der damals herrschenden Meinung schlechthin gesagt worden, daß das zwischen mehreren Erbansprechern ergangene rechtskräftige Urteil das Nachlaßgericht formell nicht binde (wie hier Kipp § 62 I 7 und Herold-Eichler, ZBlFG 20, 206 sowie Warneyer § 2359 I. Für noch weitergehende Bindung des Nachlaßgerichts insbes. Kuttner, JheringsJ 59, 393 und 61, 107; Schlegelberger, FGG § 12 A 17; Endemann III § 146 V; neuerdings auch Kipp-Coing § 83 II 3 mit Anm 41).

Einfluß eines anhängigen Rechtsstreits §§ 2358 A 1, 2360 A 1.

c) Besonderes: Bloße Anfechtbarkeit einer Verfügung von Todes wegen hindert die Erteilung des Erbscheins nicht (a. M. Strohal II § 67 A 17). Ist jedoch die Anfechtung gemäß § 2081 erklärt worden, so hat sich das Nachlaßgericht auch über ihren Erfolg schlüssig zu machen (KGJ 38 A 118; s. auch § 2358 A 1). Das gleiche gilt für die Berechtigung einer Ehescheidungsklage in den Fällen der §§ 1933, 2077 A 3. Bei Erbunwürdigkeit wirkt die Anfechtung erst mit der Rechtskraft des Urteils (§ 2342 Abs 2). Im Erbschein ist die Größe des Erbteils (§§ 2353 A 5, 2357 A 2) anzugeben. Im übrigen vgl. wegen des Inhalts des Zeugnisses § 2353 A 4.

3. Beschwerde. Es sind folgende Fälle zu unterscheiden: Das Nachlaßgericht hat

a) es abgelehnt, einen Erbschein zu erteilen,

b) angekündigt, es werde den beantragten Erbschein erlassen,

c) angeordnet, den Erbschein zu erteilen,
d) den Erbschein erteilt,
e) den Erbschein eingezogen.

Zu a) Gegen die Verfügung, welche es **ablehnt,** einen Erbschein zu erteilen, gibt es die gewöhnliche, an keine Frist gebundene Beschwerde nach FGG §§ 19, 20. Sie steht im Falle des § 2357, wenn auch jeder Miterbe die Erteilung eines gemeinschaftlichen Erbscheins beantragen kann, gemäß FGG § 20 Abs 2 doch nur dem Antragsteller zu (OLG 40, 155 A 1c; JFG 13, 348). Der Vermächtnisnehmer als solcher hat kein Beschwerderecht (JFG 15, 246). Das Nachlaßgericht kann einer Beschwerde gegen seine ablehnende Verfügung selbst abhelfen (FGG § 18 Abs 1).

Zu b) Die **Ankündigung (Vorbescheid)** des Nachlaßgerichts, es werde, falls kein Rechtsmittel eingelegt werde, einen Erbschein bestimmten Inhalts erteilen, ist beschwerdefähig (KG NJW 1955, 1072[10] im Anschluß an RG 137, 222; vgl. auch BayObLG 33, 334). Sie ist auch zulässig. Ein solcher Vorbescheid ist sachdienlich, da ein unrichtiger Erbschein beträchtlichen Schaden anrichten kann. Zwingende gesetzliche Vorschriften stehen dem Vorbescheid nicht entgegen (vgl. im einzelnen Firsching NJW 1955, 1540; a. M. KG aaO. mit zustimmender Anm von Baur). Der Ausweg, in „besonders zweifelhaften Fällen" zunächst die Erteilung des Erbscheins anzuordnen, jedoch „durch eine zeitliche Verschiebung in der Zustellung der Verfügung an den Erbprätendenten und den Antragsteller dem Gericht Gelegenheit zu geben", die Vollziehung nach FGG § 24 Abs 2 auszusetzen (so Baur aaO.), wäre bedenklicher. Der Antragsteller hat Anspruch darauf, daß eine Entscheidung, die das Gericht getroffen hat, ihm auch alsbald mitgeteilt wird. Einer Beschwerde gegen einen Vorbescheid kann das Nachlaßgericht selbst abhelfen, FGG § 18 Abs 1. Es kann ihn aufheben oder inhaltlich ändern, ebenso das Beschwerdegericht.

Zu c) Die bloße **Anordnung,** daß ein Erbschein erteilt werde, berührt zunächst nur den inneren Geschäftsbetrieb des Nachlaßgerichts. Gleichwohl hat die Rechtsprechung die Beschwerde mit dem Ziele zugelassen, die Anordnung aufzuheben oder zu ändern, solange der Erbschein nicht erteilt ist (BayObLG 19 A 209, 213; JFG 13, 354; Keidel FGG 6. Aufl § 20 A 5 B c; vgl. auch zu d). Das Nachlaßgericht kann auch in diesem Falle noch selbst abhelfen, FGG § 18 Abs 1.

Zu d) Ist der Erbschein **erteilt,** d. h. ordnungsgemäß dem Antragsteller oder sonstigen Empfangsberechtigten ausgehändigt (§ 2353 A 6), so kann das Nachlaßgericht (FGG § 18 Abs 1) oder das Beschwerdegericht ihn nicht einfach durch Beschluß aufheben oder inhaltlich ändern. Die Beschwerde kann nur das Ziel haben, das Nachlaßgericht anzuweisen, den angefochtenen Erbschein einzuziehen oder für kraftlos zu erklären, § 2361 (RG 61, 273; BayObLG 19 A 207; 33, 201; HRR 1935 Nr 1171). Ein Antrag, einen erteilten Erbschein zu ändern, kann aber vielfach dahin ausgelegt werden, den Erbschein einzuziehen und einen neuen Erbschein mit dem angegebenen Inhalt auszustellen (RJA 7, 24; 17, 57; JFG 10, 76; vgl. auch JW 1936, 2752[55]).

Zu e) Ist der Erbschein **eingezogen** worden, so entfällt die Möglichkeit, gegen den Beschluß, der die Einziehung angeordnet hat, Beschwerde einzulegen (BayObLG 20 A 212).

4. Zur **Bindung des Nachlaßgerichts** an die Rechtsauffassung des Landgerichts **im Erbscheinsverfahren:** Hat das Nachlaßgericht einen Erbscheinsantrag abgelehnt und ist es auf Beschwerde durch das Landgericht angewiesen worden, den Erbschein zu erteilen, so ist es an die Rechtsauffassung des Landgerichts grundsätzlich gebunden. Auch das Landgericht ist daran gebunden. Nur ausnahmsweise besteht eine Bindung nicht, wenn sich nachträglich der Sachverhalt, welcher der Entscheidung des Landgerichts zugrunde lag, oder das von ihm angewandte Recht in einem für die Entscheidung maßgeblichen Punkte geändert hat (KG JFG 20, 203 = DR 1939, 1959). Nachlaß- und Beschwerdegericht würden jedoch in einem etwaigen neuen, von Amts wegen einzuleitenden Verfahren auf Einziehung des Erbscheins (§ 2361) nicht gebunden sein, da Entscheidungen im Erbscheinsverfahren keine materielle Rechtskraft haben (KG JFG 14, 286; KG NJW 1955, 1074). Das Kammergericht hat in der letztgenannten Entscheidung zutreffend angenommen, daß der Beschluß des BGH vom 28. 10. 54 IV ZB 48/54 nicht entgegenstehe. Dort hat der BGH ausgesprochen: Hat im Verfahren der freiwilligen Gerichtsbarkeit das Landgericht auf die Beschwerde eines Beteiligten eine Entscheidung des Amtsgerichts aufgehoben und die Sache zur erneuten Entscheidung an das Amtsgericht zurückverwiesen, und hat keiner der Beteiligten Beschwerde gegen den zurückweisenden Beschluß eingelegt, so sind in dem weiteren Verfahren nicht nur das Amtsgericht und das Landgericht, sondern auch das Oberlandesgericht an die Rechtsauffassung gebunden, auf welcher der zurückliegende Beschluß beruht (NJW 1955, 21[6]). Das Einziehungsverfahren ist jedoch gegenüber der Erbscheinerteilung ein neues Verfahren.

§ 2360

Ist ein Rechtsstreit über das Erbrecht anhängig, so soll vor der Erteilung des Erbscheins der Gegner des Antragstellers gehört werden.

Ist die Verfügung, auf der das Erbrecht beruht, nicht in einer dem Nachlaßgerichte vorliegenden öffentlichen Urkunde enthalten, so soll vor der Erteilung des Erbscheins derjenige über die Gültigkeit der Verfügung gehört werden, welcher im Falle der Unwirksamkeit der Verfügung Erbe sein würde.

Die Anhörung ist nicht erforderlich, wenn sie untunlich ist.

E I 2071 Abs 2, 2078 Abs 3 II 2225; M 5 562, 574; P 5 679–682, 691.

Anhören Dritter

1. Zu Abs 1: Anhängigkeit eines Rechtsstreits über das Erbrecht (Erbschaftsanspruch, Feststellungsklage, Erbunwürdigkeitsklage, auch Streitigkeiten über den Personenstand als unmittelbare Voraussetzungen des Erbrechts) schließt die Erteilung des Erbscheins nicht aus. Erlangt aber das Nachlaßgericht aus dem Antrage (§ 2354 Nr 5) oder sonst hiervon Kenntnis, so „soll" es den Gegner des Antragstellers vorher mündlich oder schriftlich hören. Zweckmäßig wird es auch die Prozeßakten beiziehen. Hält es auch unter Berücksichtigung der Prozeßergebnisse den Sachverhalt im Sinne des § 2359 für festgestellt, so hat es trotz des schwebenden Rechtsstreits über den Antrag zu entscheiden; andernfalls kann es das Erbscheinsverfahren aussetzen (§ 2358 A 1). Nachlaßverwaltung und Nachlaßkonkurs sind kein Hindernis, dem Erben (auch auf Antrag des Verwalters, § 2353 A 3) den Erbschein zu erteilen. Der Prozeßrichter ist nicht ermächtigt, dem Nachlaßgericht die Erteilung, d. h. Aushändigung des Erbscheins (2353 A 6) durch einstweilige Verfügung zu untersagen.

2. Zu Abs 2: Ist die nach § 2346 vorzulegende **Verfügung von Todes wegen** ein eigenhändiges Testament (§§ 2231 Nr 2; 2247) oder Not- oder Seetestament gemäß §§ 2250, 2251 oder Wehrmachts-Nottestament (9. Aufl. TestG § 27 A 4a), so „soll", auch wenn wegen der Echtheit und Wirksamkeit keine Zweifel bestehen, das Nachlaßgericht die Beteiligten hören, die ohne die Verfügung als in früheren Verfügungen eingesetzte oder als gesetzliche Erben berufen wären. Dasselbe gilt, wenn die errichtete — öffentliche oder nichtöffentliche — Verfügung untergegangen oder verloren ist und ihr Inhalt nur durch andere Beweismittel festgestellt werden kann (§ 2356 A 3).

3. Zu Abs 3: Es ist nicht nur dann **untunlich,** alle oder einzelne Beteiligte **anzuhören,** wenn das unausführbar, sondern auch wenn das unverhältnismäßig schwierig ist oder mit erheblichen Verzögerungen und unverhältnismäßigen Kosten verbunden sein würde (OLG 34, 317; vgl. §§ 2200 Abs 2, 2216 A 4, 2356 A 3). Das Nachlaßgericht entscheidet hierüber nach pflichtmäßigem Ermessen.

§ 2361

Ergibt sich, daß der erteilte Erbschein unrichtig ist, so hat ihn das Nachlaßgericht einzuziehen. Mit der Einziehung wird der Erbschein kraftlos.

Kann der Erbschein nicht sofort erlangt werden, so hat ihn das Nachlaßgericht durch Beschluß für kraftlos zu erklären. Der Beschluß ist nach den für die öffentliche Zustellung einer Ladung geltenden Vorschriften der Zivilprozeßordnung bekanntzumachen. Mit dem Ablauf eines Monats nach der letzten Einrückung des Beschlusses in die öffentlichen Blätter wird die Kraftloserklärung wirksam.

Das Nachlaßgericht kann von Amts wegen über die Richtigkeit eines erteilten Erbscheins Ermittelungen veranstalten.

E I 2073, 2078 Abs 3 II 2226; M 5 563, 564; P 5 683.

Übersicht:

Einziehung; Kraftloserklärung

1. Der unrichtige Erbschein
2. Das zuständige Nachlaßgericht
3. Folge der Einziehung
4. Kraftloserklärung (Abs 2)
   a) Der Beschluß
   b) Bekanntmachung
   c) Wirksamwerden
5. Überprüfung erteilter Erbscheine (Abs 3)
6. Rechtsmittel
7. Rückerstattung
8. Höferecht
9. Kosten

1. Die **Unrichtigkeit des Erbscheins** kann sich durch den Ausgang eines über das Erbrecht geführten Rechtsstreits oder durch neue dem Nachlaßgericht bekannt werdende Tatsachen (Ausschlagung eines Miterben gegenüber der nach § 2357 A 3 als bewiesen angesehenen Annahme, RJA 12, 203, erfolgreiche Anfechtung, Erbunwürdigkeitserklärung, Eintritt der Nacherbfolge, KGJ 48, 112, usw.) oder dadurch ergeben, daß das Gericht aus tatsächlichen oder Rechtsgründen zu einer abweichenden Auffassung kommt. So, wenn es den Nachweis des früher angenommenen Erbrechts jetzt nicht mehr als geführt erachtet (OLG 37, 256). Das trifft nicht nur dann zu, wenn nach seiner nunmehrigen Überzeugung das bescheinigte Erbrecht nicht besteht, sondern schon dann, wenn die nach § 2359 erforderliche Überzeugung des Gerichts erschüttert ist (BayObLG 1950/51, 412); NJW 1953, 144 Nr 8) und es wegen des Erbrechts nunmehr ein non liquet annimmt; bloße Zweifel, die an dem Nachweise des Erbrechts auftauchen, reichen aber nicht aus (JRdsch 1925 Nr 1529). Auch der Fall gehört hierher, daß die beschränkenden Angaben der §§ 2363, 2364 (OLG 32, 81; 35, 367; HRR 1929 Nr 208) oder nach früherem Recht die Aufführung des Anerben nach § 15 Abs 1 ErbhRVO (JW 1936, 3403[18]) zu Unrecht unterblieben oder inhaltlich unrichtig sind oder geworden sind. In allen solchen Fällen sachlicher Unrichtigkeit, ebenso bei Unverständlichkeit und inneren Widersprüchen (KGJ 34 A 227; 42, 220; RJA 17, 56), kann der Erbschein nicht geändert oder ergänzt, er kann vielmehr nur eingezogen oder für kraftlos erklärt und es kann gegebenenfalls ein neuer Erbschein erteilt werden (RG 61, 277; BayObLG 14, 144; 24 A 299 = JW 1926, 823[1]; JW 1936, 3403[18]; OLG Celle NdsRpfl 1955, 189 mit Nachw). Veräußerung des Erbteils nach § 2033 macht den Erbschein nicht unrichtig (RG 64, 173). Schreib- oder Rechenfehler und ähnliche offenbare Unrichtigkeiten können dagegen auf dem Erbschein selbst und den erteilten Ausfertigungen berichtigt werden, da der Grundsatz des § 319 ZPO ebenmäßig für das Gebiet der freiwilligen Gerichtsbarkeit gilt (BayObLG 24 A 149; KG DFG 1937, 87; Höver DFG 1936, 31). Wenn ein Erbschein zwar das Erbrecht richtig bezeugt, aber ohne Antrag oder abweichend vom Antrage erteilt ist, so ist § 2361 entsprechend anzuwenden, es sei denn, daß der Antragsberechtigte oder auch nur einer von mehreren die Erteilung genehmigt hat (RJA 14 S. 268 u. 272; 17 S. 56, 58; JFG 14, 78; OLG München HRR 1942, 752; BayObLG 1950/51, 561). Das gleiche gilt für ein Testamentsvollstreckerzeugnis, das vom Antrage abweicht (OLG München HRR 1942 Nr 752), ferner wenn der Antragsteller nicht antragsberechtigt war, z. B. für den Nacherben vor dem Eintritt des Nacherbfalles (§ 2139; BayObLG 1950/51, 561 = DRspr I [174] 37f).

Auch ein von einem örtlich unzuständigen Gericht erteilter Erbschein ist, aber nur auf Beschwerde, einzuziehen (§ 2353 A 1). Über den Fall, daß eines von mehreren in derselben Urkunde zusammengefaßten Zeugnissen (§ 2357 A 1 gegen Ende) unzulässigerweise erteilt oder unrichtig ist, vgl. KGJ 50, 96.

Zur Einziehung des Erbscheins eines Kriegsvermißten, wenn nicht nachgewiesen ist, daß für ihn im Zeitpunkt des Erbfalls eine Lebensvermutung bestand, vgl. OLG Frankfurt Rpfleger 1953 Sp 36 = DRspr I (174) 42c mit Hinweisen auf OLG Oldenburg NdsRpfl 1952, 53 = DRspr I (110) 23a; OLG Frankfurt Rpfleger 1952, 339 = DRspr I (170) 13a und BGH 5, 240.

2. Gemeint ist in Abs 1 Satz 1 das **Nachlaßgericht,** das den Erbschein erteilt hat. Die Einziehung steht deshalb einem anderen Nachlaßgericht nicht zu, auch wenn es sich mit Recht zur Erteilung für zuständig hält. Dies gilt sowohl dann, wenn, insbesondere wegen eines doppelten Wohnsitzes des Erblassers, mehrere Gerichte als Nachlaßgericht örtlich zuständig sind, als auch dann, wenn der Erbschein von einem örtlich unzuständigen Gericht (§ 2353 A 1) erteilt worden ist (KGJ 44, 104; 53, 88). Die Einziehung ist auch dann Sache des Nachlaßgerichts, wenn die Erteilung vom Beschwerdegericht (§ 2359 A 3) angeordnet worden war; das Beschwerdegericht (A 6) ist nie befugt, den Erbschein selbst einzuziehen; es muß die Ausführung dem Nachlaßgericht überlassen (RJA 16 S. 43 u. 66; BayObLG 1954, 71; OLG Celle NdsRpfl 1955, 189).

3. Zu Abs 1 Satz 2: Die **Einziehung** geschieht von Amts wegen. Sie kann von einem Erben auch dann beantragt oder angeregt werden, wenn die Erteilung seinem Antrage entsprach (BayObLG 31, 174). **Zwangsmittel** FGG § 33 idF des Art 4 der VO vom 5. 8. 35 (RGBl I 1065). Die Einziehung ist vollzogen, wenn das Gericht den tatsächlichen Besitz des ausgehändigten Erbscheins (§ 2353 A 6) oder, bei einer Aushändigung in mehreren Ausfertigungen, der mehreren Scheine wieder erlangt hat. Die bloße Einforderung genügt nicht. Schon die Tatsache der Einziehung macht den Schein **kraftlos,** d. h. sie entzieht ihm endgültig die Wirkungen der §§ 2365ff, auch wenn er etwa versehentlich wieder in Verkehr gesetzt, sogar wenn er vom Nachlaßgericht selbst, weil die Einziehung als ungerechtfertigt erkannt war, wieder ausgehändigt würde. Hier bleibt nur Erteilung eines neuen Erbscheins übrig.

4. Kraftloserklärung. Sie setzt voraus, daß ein unrichtiger Erbschein (A 1) nicht sofort erlangt werden kann.

a) Zu Abs 2 Satz 1: Der **Beschluß,** der den Erbschein für kraftlos erklärt, ist dem Antragsteller (§ 2353 A 3) gemäß § 16 FGG bekanntzumachen und wird ihm sowie dem hiervon unterrichteten Dritten gegenüber schon hierdurch wirksam (§ 2366 A 7).

b) Zu Abs 2 Satz 2: Bekanntmachung: Es gelten die Vorschriften für die öffentliche Ladung der ZPO §§ 204–206.

c) Zu Abs 2 Satz 3: Die **Wirksamkeit** der Kraftloserklärung tritt nach Ablauf eines Monats (ZPO § 206) von dem Ausgabetage des am spätesten erschienenen öffentlichen Blattes ab gerechnet gegen jedermann ein. Der Erbschein verliert damit schlechthin den öffentlichen Glauben der §§ 2365–2367. Der neue richtige Erbschein kann schon unerwartet des Fristablaufs erteilt werden (vgl. § 2353 A 3 a. E.). Daneben bleibt die Einziehungspflicht (A 3) bestehen. Ähnlich Kraftloserklärung einer Vollmacht § 176.

5. Zu Abs 3: Nachprüfung erteilter Erbscheine: Die **Ermittlungspflicht** des Nachlaßgerichts (§ 2358 A 1) dauert auch fort, wenn der Erbschein erteilt ist (KGJ 36 A 114; JFG 5, 171 Abs 2).

6. Rechtsmittel: Beschwerde nach §§ 19, 20 FGG ist zulässig sowohl gegen die die Einziehung anordnende (OLG Hamm DNotZ 1951, 41/42; BayObLG 1952, 164) als gegen die den Antrag auf Einziehung ablehnende Verfügung. Insbesondere ist der wirkliche Erbe nicht auf die Klage aus § 2362 beschränkt (RG 61, 273). Dagegen gibt es keine Beschwerde gegen den Beschluß, durch den ein Erbschein für kraftlos erklärt wird (FGG § 84). Sie ist gleichfalls ausgeschlossen, wenn die Einziehung des Erbscheins vollzogen ist. Der eingezogene und der für kraftlos erklärte Erbschein können nicht wieder in Kraft gesetzt werden. Eine Beschwerde, welche dieses Ziel verfolgt, kann jedoch als Antrag behandelt werden, einen neuen Erbschein zu erteilen, der inhaltlich mit dem früheren übereinstimmt (vgl. § 2359 A 3; JFG 10, 77 u. 79; vgl. auch KG DNotZ 1955, 156 und OLG Oldenburg DNotZ 1955, 158 mit eingehender Anm von Keidel aaO. S. 160, 164). Entsprechendes gilt, wenn die vom Landgericht auf Beschwerde beschlossene Einziehung vom Nachlaßgericht durchgeführt worden ist, für die weitere Beschwerde (OLG Oldenburg NdsRpfl 1948, 151 = DRspr IV [470] 11d; BayObLG 1951, 416; 1953, 197).

Die Beschwerde steht dem Antragsteller des eingezogenen Erbscheins oder seinem Erben zu (KG DRW 1939, 1951[7]). Neuerdings will das KG das Beschwerderecht jedem Antragsberechtigten zubilligen (DNotZ 1955, 156). Hierfür können in vielen Fällen beachtliche Zweckmäßigkeitsgründe sprechen (vgl. Keidel DNotZ 1955, 160). Zu dem Antrage, einen Erbschein einzuziehen, berechtigt eine Rechtsstellung, die dem Gebiet des Erbrechts angehört, nicht schon ein rechtliches oder wirtschaftliches Interesse des Antragstellers (BayObLG JW 1935, 1189[2]). Auch wer im Erbschein als Erbe oder Nacherbe bezeichnet ist, kann geltendmachen, daß er nicht Erbe oder Nacherbe sei (OLG München JFG 13, 351). Aber auch der Nachlaßgläubiger, der einen vollstreckbaren Titel besitzt, kann im Wege der Beschwerde die Einziehung eines Erbscheins betreiben, der auf Antrag eines andern erteilt worden ist (OLG München JFG 23, 154 mit Hinweis auf KGJ 49, 83; BayObLG 34, 406 = JW 1935, 1189; JFG 15, 248). Kein Beschwerderecht der Erbschaftssteuerbehörde RG RJA 15, 14.

7. Rückerstattung: Die in den Rückerstattungsgesetzen geschaffene Todesvermutung (Art 43 REG BrZ; entsprechend Art 51 REG AmZ) ist im Erbscheinsverfahren nicht anwendbar (BGH 1, 13; BayObLG NJW 1953, 144[8], beide mit Nachweisen über abweichende Meinungen). Gleichwohl muß ein Erbschein nicht schon deshalb als unrichtig eingezogen werden, weil er auf die Todesvermutung der Rückerstattungsvorschriften gestützt ist; hierdurch allein braucht die Überzeugung, daß er richtig ist, noch nicht erschüttert zu werden (BayObLG 1952, 163 = NJW 1953, 144[8]; vgl. auch A 1).

Der vom Nachlaßgericht auf den Erbschein gesetzte Vermerk „Nur gültig für das Rückerstattungsverfahren" oder „Nur für Zwecke der Rückerstattung" macht den Erbschein nicht ungültig (BayObLG 1952, 67 = NJW 1952, 825; BayObLG 1952, 163 = NJW 1953, 144[8]). Vgl. auch Vorbem 13a vor § 2353.

8. Zum **Höferecht** vgl. Vorbem 12b vor § 2353.

9. Kosten: Zur Kostentragungs- und Kostenerstattungspflicht im Erbscheineinziehungsverfahren gemäß Art 131 BayAGBGB vgl. BayObLG 1954, 128.

§ 2362

Der wirkliche Erbe kann von dem Besitzer eines unrichtigen Erbscheins die Herausgabe an das Nachlaßgericht verlangen.

Derjenige, welchem ein unrichtiger Erbschein erteilt worden ist, hat dem wirklichen Erben über den Bestand der Erbschaft und über den Verbleib der Erbschaftsgegenstände Auskunft zu erteilen.

E I 2074 II 2227 Abs 1, 2; M 5 564, 565; P 5 683; 6 357, 358.

Ansprüche des wirklichen Erben

1. Der **wirkliche Erbe,** dem der Nacherbe, der Testamentsvollstrecker und der irrtümlich für tot Erklärte gleichgestellt sind (§§ 2363 Abs 2, 2364 Abs 2, 2370 Abs 2), hat neben dem Rechte, die Einziehung zu beantragen (§ 2361 A 3, 6), den durch Klage verfolgbaren **Anspruch auf Herausgabe des unrichtigen Erbscheins** an das Nachlaßgericht. Die Klage steht zu gegen den **Besitzer** des Erbscheins, auch des schon für kraftlos erklärten Erbscheins, mag er den Besitzer selbst oder einenDritten als Erben ausweisen. Auch mittelbarer Besitz genügt (§ 868). Der falsche Erbe ist ohne Besitz und deshalb allein, weil ihm der unrichtige Erbschein erteilt worden ist, nicht verklagbar. Jede Unrichtigkeit im Sinne von § 2361 A 1, auch Unvollständigkeit genügt zur Klagebegründung. Erst mit der Herausgabe an das Nachlaßgericht, die als Einziehung wirkt, wird der Erbschein kraftlos (§ 2361 A 3).

2. Die **Auskunftspflicht** liegt, abweichend von Abs 1, nicht dem Besitzer des Erbscheins als solchem, sondern dem oder den mehreren Personen ob, die darin fälschlich als Erben ausgewiesen sind. Der Erbe oder Miterbe, dessen Erbrecht nur dem Umfange nach unrichtig im Erbschein bezeichnet ist, ist deshalb allein dem wirklichen Erben oder Miterben nicht auskunftspflichtig. Wohl aber trifft die Auskunftspflicht auch den Gläubiger des (falschen) Erben und die sonstigen nach § 2353 A 3 Antragsberechtigten, die sich den falschen Erbschein haben erteilen lassen und dadurch gleichfalls in die Lage gekommen sind, über den Nachlaß zu verfügen, gleichviel ob sie davon Gebrauch gemacht haben oder nicht. Vorlegung eines Bestandsverzeichnisses und Offenbarungseid § 260. Ebenso der Erbschaftsbesitzer § 2027.

§ 2363

In dem Erbscheine, der einem Vorerben erteilt wird, ist anzugeben, daß eine Nacherbfolge angeordnet ist, unter welchen Voraussetzungen sie eintritt und wer der Nacherbe ist. Hat der Erblasser den Nacherben auf dasjenige eingesetzt, was von der Erbschaft bei dem Eintritte der Nacherbfolge übrig sein wird, oder hat er bestimmt, daß der Vorerbe zur freien Verfügung über die Erbschaft berechtigt sein soll, so ist auch dies anzugeben.

Dem Nacherben steht das im § 2362 Abs 1 bestimmte Recht zu.

E I 2075 II 2228 Abs 1, 3; M 5 565, 566; P 5 683, 684.

Übersicht:

Erbschein des Vorerben

Schrifttum: Backs, Testamentarische Beschränkungen des Erben im Erbschein, DFG 40, 49.

I. Zum Inhalt des Erbscheins (A 1—4):

1. Der **Erbschein des Vorerben** muß zum Schutze der Rechte des Nacherben erkennen lassen, daß die aus den §§ 2112ff ersichtlichen Beschränkungen in der Verfügung über Erbschaftsgegenstände bestehen oder — im Interesse des Vorerben — daß und inwieweit sie kraft letztwilliger Anordnung nicht bestehen. Dagegen beweist der Erbschein in der Hand des Vorerben nicht, daß sein Verfügungsrecht noch fortbesteht, d. h. daß es nicht durch Eintritt der Nacherbfolge (§ 2139) oder schon vorher durch Entziehung der Verwaltung (§ 2129) erloschen ist.

Eine vom Erblasser angeordnete Nacherbfolge ist im Erbschein nicht mit zu vermerken, wenn feststeht, daß die dafür gesetzte Bedingung nicht oder nicht mehr eintreten kann (OLG Celle NdsRpfl 1955, 189).

Hat sich die Nacherbfolge durch Zeitablauf (§ 2109) oder durch Wegfall des Nacherben (§ 2108 A 2) ganz erledigt oder ist der Nacherbfall eingetreten, so ist der Erbschein unrichtig geworden (§ 2361 A 1; vgl. auch § 2365 A 2 a. E.). Maßgebend für die nach Abs 1 Satz 1 erforderlichen Angaben ist nicht die Rechtslage zur Zeit des Erbfalls, sondern die zur Zeit der Erteilung des Erbscheins (DRZ 1929 Nr 136; JFG 18, 223). Der Nacherbe hat auf Erteilung eines eigenen Erbscheins erst nach Eintritt der Nacherbfolge Anspruch (§ 2353 A 2, § 2365 A 2 a. E.).

Bei einer Amtspflichtverletzung durch Nichterwähnung einer Nacherbfolge in einem dem Vorerben erteilten Erbschein kann der Nacherbe schon vor Eintritt der Nacherbfolge aus § 839,

GG Art 34 auf Feststellung der Ersatzpflicht des Staates für den Schaden klagen, der ihm infolge unwirtschaftlicher Verwaltung der Erbmasse durch den Vorerben erwachsen ist und in Zukunft noch erwachsen wird (RG 139, 343 zu WeimVerf Art 131).

Zur entsprechenden Anwendung der §§ 2363, 2364 auf das letztwillig verfügte Verwaltungs- und Nutznießungsrecht der Witwe eines Hofeigentümers für das Hoffolgezeugnis (Erbschein) nach § 18 Abs 2 HöfeO vgl. Vorbem 12b von § 2353; OLG Celle MDR 1949, 165 = DRspr II [282] 30d).

2. Die **Voraussetzungen der Nacherbfolge** ergeben sich aus den §§ 2103–2107, 2109.

3. Die Bezeichnung des **Nacherben,** auch des Ersatznacherben, mag er ausdrücklich oder stillschweigend, § 2069, berufen sein (RG 142, 171), hat, wenn sie keine namentliche sein kann (§§ 2101, 2104), nach anderen Merkmalen (künftige Nachkommenschaft des X) so genau wie möglich zu geschehen (RJA 11, 280). Es ist statthaft, einen solchen Erbschein durch namentliche Anführung der Nacherben später zu ergänzen. Sofern ein von der Regel des § 2108 Abs 2 Satz 1 abweichender Wille des Erblassers anzunehmen ist, ist im Erbschein zu vermerken, daß die Nacherbenanwartschaft nicht auf die Erben des Nacherben übergeht; fehlt ein solcher Vermerk, so bedeutet die Fassung des Erbscheins, daß die Anwartschaft vererblich ist (RG 154, 330). Vgl. hierzu auch Guggumos DFG 1937, 233ff.

Auch wenn der Nacherbe sein Anwartschaftsrecht veräußert hat (§ 2108 A 2), ist im Erbschein nicht der Erwerber, sondern der Nacherbe anzugeben (s. 2353 A 2; a. M. KG DRW 1939, 1085[28] = JFG 20, 21; Palandt-Rechenmacher A 1). Ist gemäß § 2222 für den Nacherben ein Testamentsvollstrecker ernannt, so ist zur Sicherung des Rechtsverkehrs mit dem Vorerben diese Ernennung, unter Hinweis auf ihre begrenzte Zweckbestimmung, mit anzugeben (RJA 12, 121; a. M. 2. Aufl.). Die Angabe der Anteile der Nacherben gehört nicht in den dem Vorerben zu erteilenden Erbschein (OLG 32, 81).

Die Feststellung der Nacherben für den Nacherbenvermerk bestimmt sich nicht nach der Ausnahmeregelung der §§ 2354–2356, sondern nach der grundsätzlichen Regelung des § 2358 (§ 12 FGG). Das Nachlaßgericht hat daher die Nacherben von Amts wegen zu ermitteln (OLG Frankfurt NJW 1953, 507).

4. Zu Abs 1 Satz 2: Die **Befreiung des Vorerben von Beschränkungen** seines Verfügungsrechts ist nicht nur dann anzugeben, wenn der Erblasser sie mit den in § 2137 behandelten oder sonstigen Ausdrücken im vollen Umfange des § 2136 angeordnet hat, sondern gemäß dem Zwecke des Erbscheins, als Verfügungsausweis zu dienen, auch dann, wenn es sich nur um die Befreiung von einzelnen gesetzlichen Beschränkungen handelt; wird das nicht angegeben, so ist der Erbschein unrichtig (RJA 12, 204; 16, 62). Auch die Zuwendung eines Nachlaßgegenstandes an den Vorerben als Vorausvermächtnis ist, wenn nicht die Vermutung des § 2110 Abs 2 widerlegt ist, im Erbschein anzugeben (DRW 1940, 455[20] = HRR 1940, 539). Dagegen gehört die in § 2136 auch zugelassene Befreiung von gesetzlichen Verpflichtungen gegenüber dem Nacherben nicht in den Erbschein (OLG 34, 290; RJA 16, 62). Entsprechend bei der Eintragung des Vorerben im Grundbuche GBO § 51.

II. 5. Zu Abs 2: Der **Herausgabeanspruch** des § 2362 Abs 1 – daneben das Recht, Einziehung nach § 2361 zu betreiben – steht dem Nacherben gegen jeden Besitzer des unrichtigen Erbscheins, also, wenn darin Unrichtigkeiten im Sinne des ersten Absatzes enthalten sind, auch gegen den Vorerben zu, und zwar schon vor Eintritt der Nacherbfolge. Dagegen ist er zu dem Verlangen auf Auskunftserteilung nach § 2362 Abs 2 erst nach Eintritt der Nacherbfolge, gegenüber dem Vorerben übrigens schon nach § 2130 A 3 berechtigt.

§ 2364

Hat der Erblasser einen Testamentsvollstrecker ernannt, so ist die Ernennung in dem Erbschein anzugeben.

Dem Testamentsvollstrecker steht das im § 2362 Abs 1 bestimmte Recht zu.

E I 2075, Abs 2, 3 II 2228 Abs 2, 3; M 5 566; P 5 683.

Angabe des Testamentsvollstreckers

1. Nur die **Ernennung des Testamentsvollstreckers** (§§ 2197ff), nicht auch sein Name oder etwaige ihn in der Verwaltung beschränkende oder befreiende Anordnungen (§ 2368 A 2) sind im Erbschein anzugeben (OLG 40, 155 A 1f).

Die Angabe hat zu unterbleiben, wenn der Testamentsvollstrecker den Erben (oder den Erbeserben, KGJ 46, 141) nicht beschränkt, so in den Fällen der §§ 2208 Abs 2, 2223, ferner, wenn es sich um den nur für einen Miterben auszustellenden Erbschein handelt, dessen Erbteil von der Bestellung des Testamentsvollstreckers nicht betroffen wird (RJA 12, 120; OLG 44, 107); dagegen nicht in dem Falle § 2222, in dem die Testamentsvollstreckung die Art der Beschränkung des Vorerben durch das Nacherbenrecht beeinflußt (§ 2363 A 3). Die Ernennung ist ferner nicht anzugeben, wenn sie nach § 2201 unwirksam oder zur Zeit der Erteilung des Erbscheins, z. B. durch Ablehnung des Amtes oder durch Eintritt einer auflösenden Bedingung, bereits hinfällig geworden ist (KGJ 48, 143 gegen RJA 8, 35). Dasselbe gilt, wenn die Ernennung, z. B. wegen einer aufschiebenden Bedingung, noch nicht wirksam geworden ist und ihre Aufnahme in den Erbschein das einstweilen unbeschränkte Verfügungsrecht des Erben ins Ungewisse stellen würde (JFG 10, 72). Vgl. auch GBO § 52.

Das dem Testamentsvollstrecker selbst erteilende Zeugnis behandelt § 2368.

2. Der Testamentsvollstrecker kann — neben dem Rechte, Einziehung nach § 2361 zu beantragen (BayObLG 13, 743; RJA 16, 244) — **Herausgabe des Erbscheins** sowohl vom Erben verlangen, wenn darin die Ernennung des Testamentsvollstreckers nicht angegeben ist oder sonstige Unrichtigkeiten enthalten sind, als auch von jedem dritten Besitzer des unrichtigen Erbscheins. Als Ausfluß seines Verwaltungsrechts gebührt ihm in diesem Falle auch das Recht auf Auskunftserteilung aus § 2362 Abs 2. Wegen des Rechts des Testamentsvollstreckers, selbständig die Erteilung des Erbscheins zu beantragen, vgl. § 2353 A 3.

§ 2365

Es wird vermutet, daß demjenigen, welcher in dem Erbschein als Erbe bezeichnet ist, das in dem Erbschein angegebene Erbrecht zustehe und daß er nicht durch andere als die angegebenen Anordnungen beschränkt sei.

E I 2076 II 2229; M 5 567, 568; P 5 683.

Übersicht:

Beweiswirkung des Erbscheins (Vermutung)

1. Allgemeines: Die durch den Erbschein begründete **Vermutung** ist durch alle Beweismittel widerlegbar (§ 292 ZPO in entsprechender Anwendung); der Gegenbeweis kann unter Umständen demselben Beweis- und Tatsachenstoff, der bereits bei der Erteilung des Erbscheins vorgelegen hat, entnommen werden (RG 92, 71; DR 1942, 977[7]). Die Vermutung hängt ab von der Erteilung, d. h. regelmäßig von der Aushändigung des Erbscheins an den Antragsteller (§ 2353 A 6), auch wenn ihm nur mittelbarer Besitz daran verschafft wird (§ 868). Doch ist die Fortdauer der Vermutung von der Fortdauer des Besitzes oder auch nur vom Vorhandensein des Erbscheins nicht abhängig.

Sie erlischt erst mit der Einziehung oder Kraftloserklärung (§ 2361), denen die Herausgabe an das Nachlaßgericht gleichsteht (§ 2362 A 1), oder dadurch, daß von einem wenn auch unzuständigen Nachlaßgericht (§ 2353 A 1) ein zweiter widersprechender Erbschein erteilt wird. Eine Vermutung hebt dann die andere auf.

Öffentlicher Glaube des Erbscheins §§ 2366, 2367.

2. Zu Halbs 1: Die Vermutung hat, wie bei der Eintragung im Grundbuche (§ 891), unmittelbar das **Erbrecht** des oder der mehreren im Erbschein bezeichneten Erben, insbesondere auch die Größe des Erbteils (§ 2353 A 5), nicht die zugrunde liegenden Tatsachen zum Gegenstande (RG Warn 1913 Nr 300; RG DR 1944/45, 339[15]). Sie wirkt sowohl für den Erben, wenn er das Erbrecht selbst, insbesondere mit dem Erbschaftsanspruche oder einzelne zum Nachlaß gehörende Ansprüche geltend macht, als auch gegen ihn, wenn er wegen Nachlaßverbindlichkeiten belangt wird. Doch braucht der Erbe den Nachweis seines Erbrechts gegenüber den Nachlaßschuldnern nicht durch Erbschein zu führen; diese dürfen die Zahlung auch nicht verweigern, bis er den Erbschein vorlegt (RG 54, 343; Warn 1908 Nr 75; § 2367 A 2). Anderseits soll nach RG (IV. ZS) Warn 1913 Nr 300 (durch Urteil vom 21. 1. 44 VI 107/43 = DR 1944/45, 399[15] erneut ausdrücklich bestätigt) der im Erbrechtsstreit gegenüber dem Erbscheinserben als gesetzlicher Erbe auftretende Kläger seiner Pflicht zur Führung des Gegenbeweises dadurch genügen, daß er nach den allgemeinen Grundsätzen, welche die Beweislastverteilung bei der Erbschaftsklage regeln, die Tatsachen für sein gesetzliches Erbrecht beweist, während der Beklagte die zur Ausschließung dieses Erbrechts dienenden Tatsachen, deshalb auch die streitige Echtheit eines vorhandenen Privattestaments soll beweisen müssen (zustimmend Kipp § 63 A 4 und dort Angeführte; auch Kipp-Coing § 84 A 4). Dagegen hat RG (V. ZS) 92, 71 den für die Rechtsvermutung des § 891 (s. dort A 4 Abs 3) ständig angenommenen Satz auch für

§ 2365 anerkannt, es gehöre zur Führung des Gegenbeweises, jede Möglichkeit auszuräumen, daß das beurkundete Recht entstanden sei. Auch von diesem Standpunkt aus ist aber (mit RG 27. 4. 25 IV 518/24) anzuerkennen, daß der Prozeßrichter gegenüber dem Erbschein freie Hand hat, wenn es sich um die Auslegung eines in seiner Echtheit nicht bestrittenen Testaments handelt.

Gemäß § 857 erstreckt sich die Vermutung auch darauf, daß der Erbe an den Nachlaßsachen Besitz erlangt habe und daß ihm deshalb die Besitzschutzmittel zur Seite stehen. Er wird aber mit Erteilung des Scheines allein nicht schon Erbschaftsbesitzer im gesetzlichen Sinne des § 2018 A 2, 3. Der einem Vorerben erteilte Erbschein, der gemäß § 2363 die Nacherben benennt, bezeugt nicht mit den Wirkungen der §§ 2365–2367, wer Nacherbe ist; diese Wirkungen kommen nur einem Erbschein zu, der den Nacherben nach Eintritt der Nacherbfolge erteilt wird (§ 2353 A 2; JFG 6, 135; HRR 1938 Nr 315).

3. Zu Halbs 2: Beschränkungen: Inhalt und Umfang des Erbrechts werden sowohl nach der positiven als nach der negativen Seite bezeugt, positiv dahin, daß es überhaupt und zugleich, daß es mit den angegebenen Beschränkungen besteht, negativ dahin, daß sonstige Beschränkungen nicht angeordnet sind.

Als mögliche Beschränkungen des Erben kommen jedoch nur in Frage: Anordnung einer Nacherbfolge und Ernennung eines Testamentsvollstreckers gemäß §§ 2363, 2364, nicht auch Teilungsanordnungen, die nur schuldrechtliche Verpflichtungen zwischen den Erben begründen (§ 2048 A 1). Ebensowenig befaßt sich die Vermutung mit Umständen, die nicht auf Anordnung des Erblassers beruhen, wie etwaige Nachlaßverwaltung oder Nachlaßkonkurs oder Entziehung der Verwaltung nach § 2129.

4. Besonderes: Nachweis der Erbfolge durch Erbschein nach GBO §§ 35, 36; FGG § 107 Abs 2. Über die Grenzen der dem Grundbuchrichter (oder Schiffsregisterrichter) gegenüber dem Inhalte des Erbscheins obliegenden Prüfung vgl. Güthe-Triebel GBO § 35 A 17 sowie KG JFG 18, 42; s. aber auch Henke-Mönch-Horber GBO § 35 A 3 Cc.

Ein von einem polnischen Gericht, sei es auch im Einklang mit den dort in Geltung gebliebenen Vorschriften des BGB, erteilter Erbschein genügt nicht zum Nachweise der Erbfolge (JFG 17, 342).

Zum Streitwert: Der Erbschein begründet nur eine Rechtsvermutung und kann wirtschaftlich fast ohne Wert sein. In einem Rechtsstreit, der das Erbscheinsverfahren, z. B. mit einem Antrag auf Abgabe einer eidesstattlichen Versicherung, nur vorbereiten soll, ist daher in der Regel ein geringer Streitwert festzusetzen (BGH 8. 7. 54 IV ZR 210/53).

§ 2366

Erwirbt jemand von demjenigen, welcher in einem Erbschein als Erbe bezeichnet ist, durch Rechtsgeschäft einen Erbschaftsgegenstand, ein Recht an einem solchen Gegenstand oder die Befreiung von einem zur Erbschaft gehörenden Rechte, so gilt zu seinen Gunsten der Inhalt des Erbscheins, soweit die Vermutung des § 2365 reicht, als richtig, es sei denn, daß er die Unrichtigkeit kennt oder weiß, daß das Nachlaßgericht die Rückgabe des Erbscheins wegen Unrichtigkeit verlangt hat.

E I 2077 II 2230; M 5 569–572; P 5 684–686; 6 222.

Übersicht:

Öffentlicher Glaube beim Erwerb vom Erbscheinserben

1. Allgemeines: § 2366 behandelt den **öffentlichen Glauben** des Erbscheins, entsprechend dem Inhalte des Grundbuchs § 892, soweit es sich um **Erwerb** von dem durch Erbschein ausgewiesenen Erben handelt. (Leistung an den Erben § 2367). Entscheidend ist lediglich, ob zur Zeit des Erwerbs ein solcher Erbschein erteilt ist und noch gilt. Nicht ist erforderlich, daß ihn der Erbe bei Abschluß des Geschäfts besitzt oder vorlegt oder daß er oder der Erwerber auch nur davon Kenntnis hat (RG ZBlFG 8, 327). Ebensowenig ist zwischen entgeltlichem und unentgeltlichem Erwerb unterschieden, doch haftet letzterenfalls der Erwerber dem wirklichen Erben nach den §§ 816, 822 auf Bereicherung.

2. Rechtsgeschäft: Der Erwerb muß **durch dingliches Rechtsgeschäft** (Vorbem 5 vor § 104), einseitiges oder zweiseitiges, vermittelt sein. Demnach scheidet aus der Erwerb unmittelbar kraft Gesetzes (so § 412), insbesondere durch Erbgang, mag er sich auch auf Grund einer Verfügung von Todes wegen vollziehen, im Wege der Zwangsvollstreckung oder des Arrestes, soweit es sich dabei nicht gemäß ZPO §§ 894, 897 um die durch Urteil erzwungene Erfüllung eines Rechtsgeschäfts handelt. Über verfügende Rechtsgeschäfte anderer Art als Erwerbsgeschäfte s. § 2367 A 3. Der dem Erbscheinserben aus dem Rechtsgeschäfte zufließende Erwerb (die Gegenleistung) wird als dinglicher Ersatz nach §§ 2019 A 2, 2111 A 2 Bestandteil der Erbschaft, soweit er mit Mitteln der Erbschaft gemacht ist. Im übrigen haftet der falsche Erbscheinserbe nach § 816 auf Bereicherung. Das zwischen ihm und einem Dritten ergehende Urteil wirkt weder für noch gegen den wirklichen Erben.

3. Erbschaftsgegenstand, Sache oder Recht (§ 90) einschließlich der Ersatzstücke (Surrogate) nach § 2019 A 1/2, im Gegensatze zu der Erbschaft als Ganzem (§§ 2030, 2371ff.) oder zum Erbteile. Der Erbschein schützt mithin den nicht, der einen Erbteil auf Grund des § 2033 Abs 1 erwirbt. Zugleich kommt zum Ausdruck („Erbschaftsgegenstand, zur Erbschaft gehörendes Recht"), daß sich der Erwerb auf der Grundlage des dem Erbscheinserben vermeintlich zustehenden Erbrechts vollzogen haben muß. Doch genießen Veräußerungen auf Grund eines anderen vermeintlichen Rechtstitels den Schutz der §§ 932ff.

4. Recht an Erbschaftsgegenständen, z. B. Dienstbarkeiten, Hypotheken usw., Pfandrechte.

5. Befreiung von Rechten dinglicher oder persönlicher Art, sofern sie dem Erben als solchem, auch als Erbschaftssurrogate, zustehen (Löschungsbewilligungen, Erlaß, befreiende Schuldübernahme).

6. Die **Schutzwirkung** des Erbscheins reicht soweit wie die Vermutung des § 2365, nicht weiter. Danach hat die Veräußerung, welche der falsche, aber durch einen noch geltenden Erbschein ausgewiesene Erbe vorgenommen hat, die gleiche Wirkung, wie wenn sie der wahre Erbe bewirkt hätte. Ebenso sind die Veräußerungen des wirklichen Erben, dem ein unbeschränkter Erbschein erteilt ist, voll wirksam, auch wenn er in Wahrheit durch Anordnung einer Nacherbfolge oder Ernennung eines Testamentvollstreckers beschränkt war.

Dagegen bietet der Erbschein keine Gewähr dafür, daß der Erbe nicht in anderer Weise (durch Nachlaßverwaltung, Nachlaßkonkurs, Entziehung der Verwaltung nach § 2129) beschränkt oder daß sein Vorerbenrecht inzwischen durch Eintritt der Nacherbfolge erloschen sei (s. jedoch § 2140), auch nicht dafür, daß er gemäß § 2361 nicht für kraftlos erklärt ist. Angaben, die nicht in den Erbschein gehören (§ 2353 A 4), genießen den öffentlichen Glauben überhaupt nicht.

Der Schutz tritt nur zugunsten des Erwerbers ein, nicht zugunsten des oder der vermeintlichen Erben, also nicht auch wegen der Verfügungen, die vermeintliche Miterben untereinander über Erbschaftsgegenstände getroffen haben. Anderseits wirkt der unrichtige Erbschein auch nicht zuungunsten des Erwerbers, wenn er z. B. nachweist, daß die im Erbschein angegebenen Beschränkungen des Erben tatsächlich nicht bestehen.

Das Vorhandensein eines zweiten widersprechenden Erbscheins hebt die Vermutung des § 2365 (A 1) und damit auch den öffentlichen Glauben des ersten Erbscheins auf (str.; wie hier Planck-Greiff A VII; Palandt-Rechenmacher A 2). Mit Wiedereinziehung des ihm entgegenstehenden Scheines wird jedoch der auf Grund des anderen Erbscheins vollzogene Erwerb wirksam.

7. Der Schutz des Erbscheins versagt, wenn dem Erwerber **Kenntnis der Unrichtigkeit** (§ 2361 A 1) nachgewiesen wird. Hierzu genügt jedoch nicht Kennenmüssen (§ 122 Abs 2) oder Kenntnis von einzelnen Tatsachen, die das bezeugte Erbrecht aufzuheben oder einzuschränken geeignet sind, wenn der Erwerber dadurch nicht die Überzeugung gewonnen hat, daß der Erbschein unrichtig ist. Er braucht deshalb nicht gutgläubig im Sinne von § 932 Abs 2 zu sein. Zweifel, selbst ein auf grober Fahrlässigkeit beruhendes Nichterkennen der Unrichtigkeit, begründen keine Kenntnis. Kenntnis der Anfechtbarkeit steht nach § 142 Abs 2 der Kenntnis der Nichtigkeit gleich. Entscheidend ist der Zeitpunkt der Vollendung des betreffenden Rechtsgeschäfts. Grundsätzlich kommt es auf die Kenntnis des Vertreters an, ausnahmsweise genügt diejenige des Vertretenen (§ 166).

8. Rückgabeverlangen des Nachlaßgerichts: Wer weiß, daß das Nachlaßgericht die Rückgabe des Erbscheins wegen Unrichtigkeit verlangt hat, kann sich auf die Schutzwirkung des Erbscheins nicht berufen, gleichviel ob der Erbschein unrichtig ist und ob das Verlangen des Nachlaßgerichts gerechtfertigt ist. Das gleiche gilt, wenn der Erwerber von der rechtskräftigen Verurteilung zur Herausgabe an das Nachlaßgericht erfährt (§ 2362 Abs 1). Dagegen ist die Kenntnis davon unschädlich, daß die Klage auf Herausgabe erst erhoben ist.

9. Soweit Grundstücke in Frage stehen und der Erbe im Grundbuch eingetragen ist, ist der **öffentliche Glaube des Grundbuchs** (§ 892) für den grundbuchmäßigen Erwerb auch dann maßgebend, wenn das Grundbuch und der Erbschein verschiedene Personen als Erben ausweisen. Doch verliert der Erbschein damit im übrigen, also bei Verfügungen über bewegliche Sachen über Forderungen und sonstige zum Nachlasse gehörige, nicht im Grundbuch eingetragene Rechte nicht seine Schutzwirkung. Inwieweit die Kenntnis von der (richtigen) Eintragung im Grundbuch oder von einem dort eingetragenen (begründeten) Widerspruch der Kenntnis von der Unrichtigkeit des Erbscheins gleichsteht (A 7), ist Tatfrage.

§ 2367

Die Vorschriften des § 2366 finden entsprechende Anwendung, wenn an denjenigen, welcher in einem Erbschein als Erbe bezeichnet ist, auf Grund eines zur Erbschaft gehörenden Rechtes eine Leistung bewirkt oder wenn zwischen ihm und einem anderen in Ansehung eines solchen Rechtes ein nicht unter die Vorschrift des § 2366 fallendes Rechtsgeschäft vorgenommen wird, das eine Verfügung über das Recht enthält.

E I 2077 II 2231; M 5 569–572; P 5 685–687, 728, 729.

Übersicht:

Sonstige Rechtsgeschäfte mit dem Erbscheinserben

1. Allgemeines
2. Leistungen an den Erbscheinserben
3. Verfügungsgeschäfte mit dem Erbscheinserben, die nicht unter § 2366 fallen

1. Allgemeines: § 2367 behandelt den **öffentlichen Glauben** des Erbscheins, entsprechend beim Grundbuche § 893, wenn es sich um Leistungen an den Erben oder um andere als Erwerbsgeschäfte handelt.

2. Zu Halbs 1: Der gutgläubige Nachlaßschuldner wird durch **Leistung an den Erbscheinserben** (§ 241) auch dann befreit, wenn dieser sich nicht als wirklicher Erbe erweist oder wenn der Erbe infolge bestehender, aber im Erbscheine nicht angegebener Beschränkungen (§ 2366 A 6) nicht wirksam annehmen konnte. Der Schuldner ist jedoch nicht berechtigt, die Leistung von der Vorlage eines Erbscheins abhängig zu machen (§ 2365 A 2; Ausnahme bei einer Nachlaßhypothek, wenn der Erbe nicht als Gläubiger eingetragen ist, gemäß § 1144 in Verb. mit GBO § 35 Abs 1; s. auch ZPO § 94).

Ob die Leistung an den Erbscheinserben persönlich oder so bewirkt wird, daß sie der Gläubiger als erfolgt gelten lassen muß (§§ 182ff, 1375, 1443), ist gleichgültig. Hinterlegung steht der Leistung gleich (§ 378). Auch insoweit treten die mit der Leistung an den Berechtigten verknüpften Wirkungen ein, als dadurch kraft Gesetzes (§§ 268, 426, 774, 1143, 1163, 1177) die dem wirklichen Erben zustehende Forderung auf den Leistenden übergeht. Zur Erbschaft gehören auch die Rechte, welche infolge dinglicher Ersetzung Bestandteile der Erbschaft geworden sind (§§ 2019 A 1/2, 2111 A 2).

Der falsche Erbe haftet dem wirklichen Erben nach § 816 Abs 2 auf Bereicherung.

3. Zu Halbs 2: Als **nicht auf Erwerb abzielende Verfügungsgeschäfte,** zweiseitige oder einseitige, die der Erbscheinserbe gegenüber einem Dritten oder dieser gegen den Erbscheinserben vornimmt, kommen in Betracht: Aufrechnung, Anbieten der Leistung, Kündigung, Vorrangseinräumung, Erklärungen an Behörden usw. Dagegen kann der Erbscheinserbe niemals den wirklichen Erben nur schuldrechtlich, so auch nicht durch Abschluß von Mietverträgen über ein Nachlaßgrundstück verpflichten, ebensowenig durch Führung eines Rechtsstreits über zur Erbschaft gehörende Rechte.

§ 2368

Einem Testamentsvollstrecker hat das Nachlaßgericht auf Antrag ein Zeugnis über die Ernennung zu erteilen. Ist der Testamentsvollstrecker in der Verwaltung des Nachlasses beschränkt oder hat der Erblasser angeordnet, daß der Testamentsvollstrecker in der Eingehung von Verbindlichkeiten für den Nachlaß nicht beschränkt sein soll, so ist dies in dem Zeugnis anzugeben.

Ist die Ernennung nicht in einer dem Nachlaßgerichte vorliegenden öffentlichen Urkunde enthalten, so soll vor der Erteilung des Zeugnisses der Erbe, wenn tunlich, über die Gültigkeit der Ernennung gehört werden.

Die Vorschriften über den Erbschein finden auf das Zeugnis entsprechende Anwendung; mit der Beendigung des Amtes des Testamentsvollstreckers wird das Zeugnis kraftlos.

E II 2233; M 5 222; P 5 253–255, 688–691.

Übersicht:

Testamentsvollstreckerzeugnis

1. Zu Abs 1 Satz 1: Das **Testamentsvollstreckerzeugnis** wird dem Testamentsvollstrecker für seine Person erteilt. Es bekundet, abweichend von dem für den Erben erteilten Erbschein, nicht nur die Tatsache der Ernennung (§ 2364 A 1), sondern hat auch seine Person namentlich zu bezeichnen. Auf das Zeugnis hat nicht allein der verwaltende, sondern jeder Testamentsvollstrecker Anspruch, sobald er das Amt angenommen hat, also auch in den Fällen der §§ 2208, 2222, 2223.

Auch wenn zum Nachlaß ein Hof gehört, für den Höferecht gilt, ist nicht das Landwirtschaftsgericht sondern das Nachlaßgericht zuständig, das Testamentsvollstreckerzeugnis zu erteilen (OLG Oldenburg NdsRpfl 1953, 196 = RechtdLandw 1953, 281 = DRspr II [282] 80c; a. M. OLG Hamm JMBlNRW 1953, 137 = RechtdLandw 1953, 224 = DRspr II [282] 77e). Vgl. auch Vorbem 12b vor § 2353.

2. Zu Abs 1 Satz 2: Als **Verwaltungsbeschränkungen** kommen alle von der Regel der §§ 2203 bis 2206 abweichenden Anordnungen in Betracht, soweit sie für den rechtsgeschäftlichen Verkehr des Testamentsvollstreckers mit Dritten erheblich sind (RJA 7, 24; vgl. auch JW 1938, 2476[15]); insbesondere also Beschränkungen aus den §§ 2208, 2209, 2222, 2223 und Anordnungen für die Amtsführung mehrerer Testamentsvollstrecker, § 2224 Abs 1; aber auch Anordnungen über Fortdauer der Verwaltung nach § 2210 A 1 oder über deren zeitliche Begrenzung sind anzugeben (OLG 40, 158).

Befreiungen in der Eingehung von **Verbindlichkeiten** §§ 2207, 2209 A 3.

3. Zu Abs 2: Der **Nachweis der Ernennung** durch öffentliche Urkunde ist in den bei § 2360 A 2 erwähnten Fällen nicht möglich. Er erledigt sich, wenn das Gericht nach § 2200 selbst die Ernennung vornimmt. Zur Erteilung eines Testamentsvollstreckerzeugnisses auf Grund eines ausländischen (englischen) Privattestaments: JW 1936, 1154[43].

Gehör des Erben, Untunlichkeit wie § 2360 A 2, 3.

4. Zu Abs 3 Halbs 1: Die entsprechende Anwendung der **Vorschriften über den Erbschein** ergibt:

Die Größe des betreffenden Erbteils ist anzugeben, wenn der Testamentsvollstrecker nur einem von mehreren Erben bestellt ist (§ 2353). Im übrigen ist die Person des Erben gleichgültig; die Angabe hierüber ist, um Verwechslungen mit dem Erbschein zu verhüten, sogar eher zu vermeiden. Die in den §§ 2354–2356 vorgschriebenen Angaben und Nachweise liegen dem Testamentsvollstrecker nur insoweit ob, als davon die Gültigkeit seiner Ernennung abhängt. Jeder der mehreren Testamentsvollstrecker kann das Zeugnis für sich allein (wiewohl unter Aufführung auch der übrigen zur Führung des Amtes Mitberechtigten, § 2224), als auch als gemeinschaftliches beantragen, hat aber dann die Annahme des Amtes durch die übrigen nachzuweisen (§ 2357). Zur Ermittlungs- und Prüfungspflicht des Nachlaßgerichts vgl. §§ 2358, 2359, insbesondere, wenn ein Wechsel in der Person des Testamentsvollstreckers eintritt (§ 2361 Abs 3). Der Gegner ist zu hören, nach Befinden auch der streitende Erbansprecher, wenn ein Rechtsstreit über die Gültigkeit der Ernennung anhängig ist (§ 2360).

Das Zeugnis ist einzuziehen, wenn sich ergibt, daß eine wirksame Anordnung oder Annahme des Amtes nicht vorliegt oder der Inhalt des Zeugnisses sonst unrichtig ist, § 2361 (RJA 10, 121; 16, 67; Beschwerde gegen die Erteilung mit dem Ziel auf Einziehung: JW 1928, 1943[3]). Ebenso wie ein Erbschein kann ein Testamentsvollstreckerzeugnis nur entsprechend dem gestellten Antrag erteilt werden; weicht es vom Antrag ab, so ist es selbst dann einzuziehen, wenn es richtig ist, es sei denn, der Antragsteller habe es nachträglich genehmigt (OLG München HRR 1942, 752; vgl. auch § 2361 A 1). Klagerecht des Erben oder des wirklichen Testamentsvollstreckers auf Herausgabe des unrichtigen Zeugnisses und Auskunftspflicht § 2362.

Beweiskraft und öffentlicher Glaube des Zeugnisses §§ 2365–2367 (so für den Fall, daß eine von § 2224 Abs 1 Satz 2 abweichende Anordnung des Erblassers im Zeugnisse nicht angegeben ist, OLG 34, 319). Gegenständlich beschränktes Zeugnis nach § 2369 (KGJ 36 A 112; JW 1936, 1154[43]).

5. Zu Abs 3 Halbs 2: Mit der **Beendigung des Amtes** (§§ 2225–2227) wird das **Zeugnis von selbst kraftlos** (RG Warn 1910 Nr 426). Eine Einziehung im gesetzlichen Sinne, nämlich mit der Wirkung, daß das Zeugnis dadurch kraftlos wird, ist in diesem Falle demgemäß nicht möglich (RJA 5, 37; 16, 66). Trotzdem besteht eine Amtspflicht des Nachlaßgerichts, das Zeugnis zu den Akten zu ziehen oder auf ihm zu vermerken, daß und seit wann das Amt des Testamentsvollstreckers erloschen ist (JFG 16, 299; s. auch OLG München NJW 1951, 74 mit Nachw.).

Die Vorlegung des Zeugnisses bietet Dritten keine Gewähr dafür, daß die Befugnisse des Testamentsvollstreckers noch fortbestehen. Sie sind nur gemäß § 2218 A 1 geschützt. Jedoch können sie sich insoweit auf den öffentlichen Glauben des Zeugnisses berufen, als es keine Beschränkung der Amtsdauer des Testamentsvollstreckers enthält, die auf einer Anordnung des Erblassers beruht (§ 2365 A 3; RG 83, 352). Kein Recht des Dritten, den Nachweis des Amtes gerade durch das Zeugnis zu verlangen (RG 100, 282 und JW 1910, 802[9]), s. aber ZPO § 94 (§ 2365 A 2; § 2367 A 2). Über die Haftung des Testamentsvollstreckers, falls er eine von ihm erteilte Vollmacht nebst dem Testamentsvollstreckerzeugnis bei Beendigung des Amtes in den Händen des Bevollmächtigten läßt, s. § 2225 A 4.

6. Besonderes: Antragsrecht des Gläubigers auf Erteilung des Zeugnisses ZPO §§ 792, 896; Recht auf Akteneinsicht und Ausfertigung FGG §§ 78, 85, Ges vom 30. 9. 36 (RGBl I 853); GBO § 35 Abs 2 (hierzu RG HRR 1933 Nr 138). Gebühr für das Zeugnis KostO § 101 Abs 1 Nr 2 (hierzu DRpfl 1939 Nr 158). Recht des Testamentsvollstreckers, die Erteilung des Erbscheins zu beantragen, § 2353 A 3.

Das Nachlaßgericht darf kein Zeugnis darüber erteilen, daß die in einem Erbschein aufgeführte Anordnung einer Testamentsvollstreckung, z. B. durch Ablehnung des ernannten Vollstreckers, fortgefallen ist (RJA 16, 53).

§ 2369

Gehören zu einer Erbschaft, für die es an einem zur Erteilung des Erbscheins zuständigen deutschen Nachlaßgerichte fehlt, Gegenstände, die sich im Inlande befinden, so kann die Erteilung eines Erbscheins für diese Gegenstände verlangt werden.

Ein Gegenstand, für den von einer deutschen Behörde ein zur Eintragung des Berechtigten bestimmtes Buch oder Register geführt wird, gilt als im Inlande befindlich. Ein Anspruch gilt als im Inlande befindlich, wenn für die Klage ein deutsches Gericht zuständig ist.

E I 2079 II 2234; M 5 574, 575; P 5 691–696; 6 21.

Übersicht:

Inlandsbeschränkter Erbschein

Schrifttum: Vgl. Vorbem 14 vor § 2353, insbesondere Beck, Guggumos, Hense, Israel, Marx, Schwenn.

1. Zu Abs 1: Inlandsbeschränkter Erbschein (s. auch Vorbem 3g vor § 2353).

a) Voraussetzungen: Ein inlandsbeschränkter (gegenständlich beschränkter) Erbschein kann unter der Voraussetzung verlangt werden, daß nach materiellem Rechte ein ordentlicher Erbschein durch die inländischen Gerichte nicht erteilt werden kann (oder daß die Zuständigkeit eines deutschen Nachlaßgerichts nicht festzustellen ist, JW 1933, 2068[7]). Jene Voraussetzung trifft zu, wenn der Erblasser ein Ausländer war und gemäß einem Staatsvertrag oder EG Art 25 nach ausländischem Rechte beerbt wird (JFG 8, 116; 10, 81; s. ferner Aubin JZ 1951, 511). Jedoch ist der Erbschein über den inländischen Immobiliarnachlaß eines Erblassers, der auf Grund einer Rückverweisung gemäß Art 27 EGBGB nach deutschem Recht als Erbstatut erteilt worden ist, rechtlich kein beschränkter Erbschein im Sinne des § 2369, sondern ein Erbschein nach § 2353 (so schon KG JFG 16, 23 = JW 1937, 2527[23] mit zustimmender Anm von Lewald; vgl. auch Guggumos DFG 1938, 28). Denn die Rückverweisung schafft hinsichtlich des inländischen Immobiliarnachlasses ein besonderes Erbstatut, nach welchem die Erbfolge insoweit in sachlicher wie förmlicher Hinsicht uneingeschränkt nach deutschem Recht zu beurteilen ist (OLG Köln NJW 1955, 755; dort ist auch zutreffend dargelegt worden, daß die Entscheidung BGH 1, 9 mit ihren allgemeinen Bemerkungen über den Inhalt der Erbscheine (S. 15) diesem Schluß, der auf den Besonderheiten der Rückverweisung beruhe, nicht entgegenstehe). Darauf, ob der Erblasser zur Zeit seines Todes seinen Wohnsitz oder seinen Aufenthalt im Inlande oder im Auslande hatte, kommt es nur insofern an, als sich die örtliche Zuständigkeit des Gerichts, das den beschränkten Erbschein zu erteilen hat, im ersten Falle nach § 73 Abs 1, im zweiten Falle nach § 73 Abs 3 FGG bestimmt (KGJ 36 A 102; RJA 11, 182; 13, 216; 17, 53; a. M. 2. Aufl und BayObLG RJA 13, 19).

Auch beim beschränkten Erbschein für im Inlande befindliche Nachlaßgegenstände (Sachen oder Rechte, § 90) handelt es sich um die Bezeugung eines Erbrechts, d. h. einer Gesamtnachfolge, für deren Voraussetzungen das betreffende ausländisch Recht maßgebend ist (KGJ 36 A 109; RJA 17, 53; JFG 15, 78). Wegen der formellen Voraussetzungen für die Erteilung des Erbscheins gilt aber das deutsche Recht (§§ 2353ff). Ob das für die Beerbung maßgebende ausländische Recht die Einrichtung des Erbscheins kennt, ist unerheblich (RJA 12, 210; DRW 1940, 802[19] = DJ 1940, 552). Als Inland kann auch ein Konsularbezirk in Betracht kommen (KonsGG vom 7. 4. 00 § 26).

b) Zum **Inhalt des beschränkten Erbscheins:** Die allgemeine Angabe, daß der Erbschein für den „im Inlande befindlichen Nachlaß" erteilt werde, genügt. Es ist sogar bedenklich, die inländischen Nachlaßgegenstände einzeln aufzuführen. Denn die rechtliche Zugehörigkeit der Gegenstände zum Nachlaß und das Verfügungsrecht des Erben über sie kann im Erbschein ohnehin nicht bezeugt werden. Der inlandsbeschränkte Erbschein wirkt vielmehr — wenn auch mit der ihm eigenen Beschränkung — wie ein gewöhnlicher Erbschein. Er weist nur das Erbrecht aus. Die unverbindliche Angabe einzelner Nachlaßgegenstände könnte leicht dazu führen, dem Erbschein auch insoweit Bedeutung beizumessen und im Rechtsverkehr irrezuführen (wie hier Bartholomeyzik aaO. 1942, 314; 1954, 164 [s. Vorbem 14 A vor § 2353]; Palandt-Rechenmacher A 2; a. M. Planck-Greiff A 6; A 1 der 9. Aufl dieses Werkes). Der Antragsteller muß allerdings darlegen, daß sich im Inlande Nachlaßgegenstände befinden. Das setzt § 2369 Abs 1 voraus.

2. Zu Abs 2 Satz 1: Behördlich gebuchte Gegenstände, so insbesondere in Grundbuch, Schiffsregister, Reichs- und Staatsschuldbuch, Patentrolle, Musterregister, Handelsregister.

3. Zu Abs 2 Satz 2: Vermögensrechtliche **Ansprüche,** für deren Verfolgung nach §§ 12ff, nicht bloß § 23 ZPO ein deutsches Gericht zuständig ist.

4. Einzelfragen: Die Ausnahmevorschrift gestattet nicht, den gegenständlich beschränkten Erbschein über eine Erbfolge nach dem allgemeinen bürgerlichen Recht auch ohne die besonderen Voraussetzungen des § 2369 zu erteilen (§ 2353 A 4), wohl aber ist sie für das Testamentsvollstreckerzeugnis (§ 2368) entsprechend anwendbar (JFG 15, 81).

Zum interzonalen Privatrecht vgl. Vorbem 11 vor § 2353. Zum Höferecht vgl. Vorbem 12b ebenda. Zum Erbschein im Rahmen der Wiedergutmachung (Rückerstattung, § 86 BEG) vgl. Vorbem 13 ebenda.

Über Einzelfragen zum Nachlaßabkommen zwischen dem Deutschen Reich und der Republik Österreich vom 5. 2. 27 (RGBl II 505) vgl. RG 167, 383; KG DJ 1940, 552; KG DNotZ 1953, 406.

Will ein Vertriebener für Zwecke des Lastenausgleichs einen Erbschein nach einem Erblasser ausländischer Staatsangehörigkeit beantragen, der vor dem 1. 4. 52 im Auslande gestorben ist, so ist entsprechend § 73 Abs 2 FGG das Amtsgericht zuständig, in dessen Bezirk das zuständige Ausgleichsamt seinen Sitz hat (KG DNotZ 1954, 607).

Gebühr für die Erteilung des beschränkten Erbscheins KostO § 99 Abs 2 Satz 3.

§ 2370

Hat eine Person, die für tot erklärt oder deren Todeszeit nach den Vorschriften des Verschollenheitsgesetzes festgestellt ist, den Zeitpunkt überlebt, der als Zeitpunkt ihres Todes gilt, oder ist sie vor diesem Zeitpunkte gestorben, so gilt derjenige, welcher auf Grund der Todeserklärung oder der Feststellung der Todeszeit Erbe sein würde, in Ansehung der in den §§ 2366, 2367 bezeichneten Rechtsgeschäfte zu Gunsten des Dritten auch ohne Erteilung eines Erbscheins als Erbe, es sei denn, daß der Dritte die Unrichtigkeit der Todeserklärung oder der Feststellung der Todeszeit kennt oder weiß, daß sie aufgehoben worden sind.

Ist ein Erbschein erteilt worden, so stehen demjenigen, der für tot erklärt oder dessen Todeszeit nach den Vorschriften des Verschollenheitsgesetzes festgestellt ist,

wenn er noch lebt, die im § 2362 bestimmten Rechte zu. Die gleichen Rechte hat eine Person, deren Tod ohne Todeserklärung oder Feststellung der Todeszeit mit Unrecht angenommen worden ist.

E I 2089, 2090 II 2335; M 5 597–600; P 5 725, 726.

Übersicht:

Unrichtige Todeserklärung oder Todeszeitfeststellung

1 a. Allgemeines: § 2370 ist durch den Ersten Teil Art 5 Nr 11 GesEinhG vom 5. 3. 53 (BGBl I 33) neu gefaßt worden. Hierbei sind die Fälle, in denen der Tod und der Zeitpunkt des Todes gemäß den §§ 39ff VerschG durch gerichtliche Entscheidung festgestellt ist, einbezogen und den früher in § 2370 allein geregelten Fällen der Todeserklärung gleichgestellt worden. Die nachfolgenden Ausführungen zur Todeserklärung gelten daher für die Todeszeitfeststellung entsprechend.

1. Ist jemand **auf Grund einer Todeserklärung** (VerschG vom 4. 7. 39 § 9, früher BGB § 18) **vermeintlicher Erbe** des für tot Erklärten geworden, so bleiben auch ohne Erteilung eines Erbscheins die von ihm oder ihm gegenüber vorgenommenen Rechtsgeschäfte der in den §§ 2366, 2367 bezeichneten Art zugunsten des gutgläubigen Dritten wirksam. Und zwar sowohl gegenüber dem irrig für tot Erklärten, in dessen Vermögen zur Zeit der Vornahme des Rechtsgeschäfts überhaupt keine Erbfolge eröffnet war, als auch gegenüber demjenigen, welcher nach dem ermittelten wirklichen — früheren oder späteren — Zeitpunkte des Todes des Erblassers in Wahrheit schon zur Zeit der Vornahme des Rechtsgeschäfts sein gesetzlicher oder gewillkürter Erbe geworden war. Die Schutzwirkung tritt nur ein, wenn der als Erbe Aufgetretene unter der Voraussetzung der Richtigkeit des in der Todeserklärung angenommenen Todestags auch wirklich Erbe des für tot Erklärten geworden wäre. Eine Vermutung, daß dem so sei, würde nur durch wirklich erteilten Erbschein begründet (§ 2365).

2. Kenntnis erfordert, wie im Falle des § 2366 A 7, positives Wissen **von der Unrichtigkeit der Todeserklärung,** also davon, daß der für tot Erklärte noch gelebt hat oder zu welchem anderen Zeitpunkt er gestorben ist.

3. Aufhebung der Todeserklärung infolge der **Anfechtungsklage** mit Rechtskraft des darauf ergehenden Urteils ZPO § 976 Abs 3. Kenntnis davon, daß die Klage erhoben worden, ist unschädlich. — Nach dem **VerschG vom 4. 7. 39** wird die Todeserklärung erst mit der Rechtskraft des sie aussprechenden Beschlusses wirksam (§§ 29, 49 Abs 1); eine Aufhebungsklage kommt nur noch gegenüber den vor Inkrafttreten des Gesetzes ergangenen Ausschlußurteilen in Betracht (§ 48 Abs 1b). Der Kenntnis von der Aufhebung der Todeserklärung zufolge Anfechtungsklage steht nach § 49 Abs 2 die Kenntnis von der **Aufhebung nach den §§ 30–33 gleich.**

4. Zu Abs 2 Satz 1: Dem **fälschlich für tot Erklärten** steht gegen den Erbschaftsbesitzer nach §§ 2031, 2027 der Anspruch auf Herausgabe seines Vermögens und Auskunftserteilung zu. Die Pflicht zur Auskunft und zur Herausgabe des Erbscheins liegt nach § 2362 auch dem Besitzer des unrichtigen Erbscheins ob. Nicht minder ist das vermeintliche Nachlaßgericht, das den unrichtigen Erbschein erteilt hat, nach § 2361 zur Einziehung verpflichtet.

5. Zu Abs 2 Satz 2: Die Vorschrift entspricht § 2031 Abs 2.

Neunter Abschnitt

Erbschaftskauf

Der Erbschaftskauf, dessen Grundsätze auch für Veräußerungsgeschäfte anderer Art gelten (§ 2385), betrifft nicht das Erbrecht, sondern nur die Erbschaftsgegenstände und deren Ersatzstücke (Surrogate) nach dem Bestande zur Zeit des Kaufes (§ 2374). Er begründet deshalb wenigstens auf der Aktivseite der Erbschaft keine Gesamtnachfolge, macht aber den Käufer neben dem gleichfalls forthaftenden Verkäufer in jedem Falle für die Nachlaßverbindlichkeiten haftbar (§§ 2382 bis 2384). Im allgemeinen gelten die Kaufgrundsätze, sie sind aber wegen der erbrechtlichen Natur des Geschäfts durch eine Anzahl besonderer Vorschriften ergänzt worden. § 2371 fordert für den Kauf gerichtliche oder notarielle Beurkundung.

Der Erbschaftskauf kommt verhältnismäßig selten vor. Die nachfolgenden Vorschriften haben daher nur geringe praktische Bedeutung.

§ 2371

Ein Vertrag, durch den der Erbe die ihm angefallene Erbschaft verkauft, bedarf der gerichtlichen oder notariellen Beurkundung.

E II 448; M 2 352–354; P 2 114, 115; 5 444.

Übersicht:

Form des Vertrages

1. Der Erbschaftskauf
2. Die angefallene Erbschaft
3. Gerichtliche oder notarielle Beurkundung

Schrifttum: Patschke, Erbteilsübernahme durch den Miterben, NJW 1955, 444.

1. Der **Erbschaftskauf** ist Kauf im Sinne von §§ 433ff (gegenseitiger Vertrag im Sinne der §§ 320ff; vgl. RG Warn 1933 Nr 163), somit schuldrechtliches Geschäft. Er untersteht den besonderen hierfür erteilten Vorschriften auch dann, wenn er in die Form des Vergleichs eingekleidet ist (RG JW 1910, 998[3]).

Er wirkt nicht dinglich. Ein Miterbe kann aber den von ihm verkauften Nachlaßanteil, mag er seinen ganzen Erbteil oder nur einen Bruchteil davon darstellen, gemäß § 2033 Abs 1 auf den Käufer mit dinglicher Wirkung übertragen; es ist Auslegungsfrage, ob der als Verkauf bezeichnete Vertrag zugleich die dingliche Übertragung enthält (RG 137, 173; Warn 1915 Nr 264). Davon bleibt der Grundsatz unberührt, daß der Verkauf eines Erbteils auch dann der Form des § 2371 bedarf, wenn sogleich die dingliche Übertragung in der Form des § 2033 Abs 1 vorgenommen wird (RG 137, 171).

Der Alleinerbe kann die Erbschaft nicht als Ganzes unmittelbar auf den Käufer als Gesamtnachfolger übertragen; er ist vielmehr als Verkäufer verpflichtet, die einzelnen zur Erbschaft gehörigen Sachen und Rechte oder, bei Verkauf eines Bruchteils der Erbschaft, Nachlaßgegenstände im Werte des verkauften Bruchteils (RG Warn 1917 Nr 183) nach den für diese Gegenstände geltenden besonderen Vorschriften auf den Käufer als Einzelnachfolger so zu übertragen, daß er sie hat, wie wenn er an Stelle des Verkäufers Erbe geworden wäre. Entsprechendes gilt, wenn ein Miterbe bei schon geteiltem Nachlaß noch einen Erbschaftskauf abschließt (RG 134, 296).

Genehmigung des Erbschaftskaufs durch das Vormundschaftsgericht erforderlich nach §§ 1822 Nr 1, 1643.

2. Gegenstand des Kaufes ist die **angefallene Erbschaft** als Vermögensinbegriff oder der Anteil eines Miterben (§ 1922 Abs 2), im ganzen oder nach Bruchteilen, nicht aber das Erbrecht selbst. Ein Erbanspruch auf Bestandteile des Nachlasses ist vor der Teilung gesetzlich nicht gegeben und deshalb bis dahin auch kein möglicher Gegenstand des Verkaufs (RG 61, 76). Zum Anfall der Erbschaft s. § 1942. Der Kauf ist nichtig, wenn er über den Nachlaß eines noch lebenden Dritten geschlossen wird und die Ausnahme des § 312 Abs 2 nicht Platz greift. Ist der Erb-

fall eingetreten, so kann auch die dem Verkäufer noch nicht angefallene Erbschaft, insbesondere die Nacherbschaft bedingungsweise (für den Fall des Anfalls), es kann sogar die einem Dritten angefallene Erbschaft vom Nichterben unter Einhaltung der Form wirksam verkauft werden (§§ 434, 2376).

3. **Gerichtliche oder notarielle Beurkundung** §§ 128, 152, Nichtigkeit wegen Nichtbeobachtung der Form § 125. Der Formzwang erstreckt sich, bei Strafe der Nichtigkeit des Vertrags, auf alle Vertragsabreden, nicht bloß auf das eigentliche Veräußerungsgeschäft. Nur soweit solche Abreden im Vertrage einigermaßen Ausdruck gefunden haben, können sie beachtet werden, selbst wenn ihre Auslegung nur unter Hinzunahme anderer, formloser Nebenabreden gelingt (RG JW 1910, 998[3]).

Ein Vergleich unter Erbschaftsbewerbern, durch den sie die Erbschaft ohne Rücksicht darauf, wem von ihnen sie ganz oder teilweise angefallen sei, untereinander nach Anteilen verteilen, kommt darauf hinaus, daß die einen sich für den Fall, daß sie Erben sein sollten, zur Veräußerung von Bruchteilen der Erbschaft an die andern für den Fall verpflichten, daß diese (überhaupt oder zu dem betreffenden Teile) nicht Erben sein sollten. Auch ein solcher Vertrag unterliegt deshalb als auf eine Erbschaftsveräußerung gerichtet dem Formzwange (RG 72, 210; JW 1905, 721[12]; Warn 1919 Nr 23, 1939 Nr 46). Das gleiche gilt, wenn bei einem Streite zwischen Erbschaftsbewerbern über die Gültigkeit eines Testaments der eine dem andern gegenüber die Gültigkeit oder die Nichtigkeit durch Vertrag anerkennt (RG 72, 209; s. aber auch Warn 1909 Nr 512), nicht aber für einen Erbauseinandersetzungsvertrag, wenn über Bestehen und Umfang des Erbrechts der Beteiligten kein Streit besteht (RG 6. 8. 36 IV 84/36).

Der Mangel der Form kann nicht (was RG 79, 240 dahingestellt läßt) durch Übertragung des Erbteils gemäß § 2033 Abs 1 geheilt werden; § 313 Satz 2 oder GmbHG § 15 Abs 4 ist nicht entsprechend anwendbar (RG 129, 123; 137, 175; HRR 1934 Nr 1035; zu § 313 Abs 2 auch OLG Schleswig SchlHolstA 1954, 54 = DRspr I [174] 47i–k; vgl. auch Kipp-Coing § 120 II). Doch liegt in der Übertragung des Erbteils meist eine formgerechte Wiederholung des Kaufgeschäfts. Unter Umständen kann ein, z. B. wegen unrichtiger Preisangabe, nichtiger Erbschaftskauf gemäß § 140 in eine Erbauseinandersetzung umgedeutet werden; dies gilt auch dann, wenn die Erbauseinandersetzung wegen Zugehörigkeit eines Grundstücks zum Nachlaß nach § 313 nichtig war, dieser Mangel aber durch die in den Vertragserklärungen enthaltene Auflassung und die Eintragung im Grundbuch geheilt wurde (RG 129, 122; zu vgl. mit HRR 1934 Nr 1035).

Die Formvorschrift gilt nicht für Erbschaften, die vor dem 1. 1. 00 angefallen sind (RG 73, 291).

Zur Frage, ob der vorkaufsberechtigte Miterbe Arglist einwenden kann, wenn der Miterbe, der seinen Erbanteil verkauft hat, und sein Käufer sich auf die Formungültigkeit des Kaufvertrags berufen, vgl. RG 170, 203; das Reichsgericht hat dort die insbesondere nach RG 157, 209 entstandene Rechtsfrage aus tatsächlichen Gründen dahingestellt gelassen. Die Frage wird aber, wenn man die Formvorschriften mit Hilfe des § 242 nicht zu sehr aufweichen will, regelmäßig zu verneinen sein.

§ 2372

Die Vorteile, welche sich aus dem Wegfall eines Vermächtnisses oder einer Auflage oder aus der Ausgleichungspflicht eines Miterben ergeben, gebühren dem Käufer.

E I 488 Abs 3 II 450 Abs 2; M 2 355; P 2 112, 113.

Vorteile, die dem Käufer gebühren

1. Ergänzende Vorschrift. Der **Wegfall von Vermächtnisse und Auflagen** kommt dem Käufer als Gegenstück für die Erfüllung der Nachlaßverbindlichkeiten zugute, die ihm durch § 2382 auferlegt wird. § 2376 ergibt dasselbe beim Wegfall der Nacherbschaft.

2. **Ausgleichspflicht** §§ 2050 ff. Die daraus hervorgehende Erhöhung des gesetzlichen Erbteils gebührt dem Käufer, wie ihm der Verkäufer nach § 2376 auch dafür haftet, daß infolge der Ausgleichung der Erbteil nicht gemindert wird.

§ 2373

Ein Erbteil, der dem Verkäufer nach dem Abschlusse des Kaufes durch Nacherbfolge oder infolge des Wegfalls eines Miterben anfällt, sowie ein dem Verkäufer

zugewendetes Vorausvermächtnis ist im Zweifel nicht als mitverkauft anzusehen. Das gleiche gilt von Familienpapieren und Familienbildern.

E I 488 Abs 2 II 450 Abs 1, 3; M 2 354, 355; P 2 112–114.

Umfang des Verkaufs

1. Zu Satz 1: Auslegungsregeln, z. T. abweichend von der Nacherbfolge § 2110. Vorausgesetzt ist Verkauf des **Erbteils** durch einen Miterben, dem durch **Nacherbfolge** oder **Wegfall eines Miterben** (§§ 1935, 2094ff) ein weiterer Erbteil anfällt.

Vorausmachtverhältnis § 2150, das auch im Voraus bestehen kann, § 1932. Doch haftet nach § 2376 der Verkäufer für das Nichtvorhandensein auch eines solchen Vermächtnisses.

2. Zu Satz 2: Familienpapiere („Urkunden rechtlicher Art, Personenstandsatteste, Korrespondenzen, Tagebücher, Familiennotizen usw.", Prot 2, 114) **und Familienbilder** gelten ebenfalls im Zweifel nicht als mitverkauft, gleichviel ob sie Vermögenswert haben oder nicht (vgl. § 2047 A 3). Die Regel gilt beim Verkaufe sowohl des Erbteils als der ganzen Erbschaft.

§ 2374

Der Verkäufer ist verpflichtet, dem Käufer die zur Zeit des Verkaufs vorhandenen Erbschaftsgegenstände mit Einschluß dessen herauszugeben, was er vor dem Verkauf auf Grund eines zur Erbschaft gehörenden Rechtes oder als Ersatz für die Zerstörung, Beschädigung oder Entziehung eines Erbschaftsgegenstandes oder durch ein Rechtsgeschäft erlangt hat, das sich auf die Erbschaft bezog.

E I 489, 490, 491 Abs 1 II 451 Abs 1; M 2 356–358; P 2 115–121, 126; 6 182.

Herausgabepflicht des Verkäufers

1. Gegenstand der **Herausgabepflicht** ist nicht wie im Falle der §§ 2018 A 4, 2130 die Erbschaft als Ganzes, sondern sind die einzelnen **Erbschaftsgegenstände,** Sachen oder Rechte (§ 90). Nach der Natur dieser Gegenstände bestimmt sich gemäß § 433 Abs 1 die Pflicht zur Übergabe, Auflassung und Übertragung.

Maßgebend ist jedoch nicht die Zeit des Erbfalls, sondern die **Zeit des Verkaufs.** Zur Verschaffung schon vorher veräußerter, wenn auch bei Dritten noch vorhandener Gegenstände ist der Verkäufer überhaupt nicht, zur Ersatzleistung nur im Rahmen des § 2375 verpflichtet. Anderseits gehören zur Erbschaft und sind deshalb mit herauszugeben auch nach dem Erbfall vom Erben als solchem erworbene Rechte, wie z. B. Ansprüche gegen den Testamentsvollstrecker, Nachlaßpfleger, gegen Miterben (Ausgleichspflicht), aus der Geschäftsführung (§ 1959); ferner der Erbschaftsanspruch (§§ 2018ff), der Anspruch gegen den Vorerben (§ 2130) und die nach § 857 erlangten Besitzrechte.

Sonstige Verpflichtungen des Verkäufers ergeben sich aus allgemeinen Kaufs- und Vertragsgrundsätzen, so insbesondere aus § 260 die Pflicht, ein Verzeichnis vorzulegen und unter den Voraussetzungen des § 260 Abs 2 den Offenbarungseid zu leisten.

Der vom Scheinerben kaufende Erwerber ist nach § 2030 dem Erbschaftsanspruch des wahren Erben ausgesetzt. Auch eine Genehmigung durch letzteren macht den Verkauf nicht nach § 185 wirksam, da es sich hierbei (abgesehen von der Veräußerung eines Erbteils nach § 2033) nicht um eine Verfügung handelt. Im übrigen ist der Käufer für den unter dem Titel des Erbschaftskaufs vom Nichterben abgeleiteten Erwerb nicht durch §§ 932ff, sondern nur, wenn ein Erbschein erteilt ist, nach den §§ 2366, 2367 oder durch den öffentlichen Glauben des Grundbuchs geschützt.

2. Auch die **Ersatzstücke (Surrogate) der Erbschaft** sind herauszugeben, falls sie zur Zeit des Verkaufs noch beim Erben vorhanden sind (A 1). Es gelten hierfür die gleichen Grundsätze wie für die Erbengemeinschaft (vgl. § 2041). Danach ist auch in Natur (s. aber § 2375 A 2) herauszugeben, was der Erbe mit Mitteln der Erbschaft, aber für sich erworben hat (§§ 2019 A 2, 2111 A 2). Er kann die Herausgabe andererseits nicht durch den Nachweis abwenden, daß er den Ersatz aus eigenen Mitteln beschafft habe. Die Nutzungen verbleiben dem Verkäufer (§ 2379).

Handelt es sich um den durch Verfügung nach § 2033 vollzogenen Verkauf eines Erbteils, so erlangt der Käufer, indem er die Rechtsstellung des Miterben erwirbt, vermöge der dinglichen Wirkung der Ersetzung (Surrogation) gemäß § 2041 dadurch unmittelbar die Verfügung auch über die Ersatzstücke der Erbschaft. Soweit die Auseinandersetzung durchgeführt und damit die Erbengemeinschaft aufgehoben ist, bestimmt sich auch hier die Herausgabepflicht nach § 2374.

§ 2375

Hat der Verkäufer vor dem Verkauf einen Erbschaftsgegenstand verbraucht, unentgeltlich veräußert oder unentgeltlich belastet, so ist er verpflichtet, dem Käufer den Wert des verbrauchten oder veräußerten Gegenstandes, im Falle der Belastung die Wertminderung zu ersetzen. Die Ersatzpflicht tritt nicht ein, wenn der Käufer den Verbrauch oder die unentgeltliche Verfügung bei dem Abschlusse des Kaufes kennt.

Im übrigen kann der Käufer wegen Verschlechterung, Unterganges oder einer aus einem anderen Grunde eingetretenen Unmöglichkeit der Herausgabe eines Erbschaftsgegenstandes nicht Ersatz verlangen.

E I 491 II 451 Abs 2; M 2 357, 358; P 2 115–120, 126.

Wertersatzpflicht des Verkäufers

I. Zu Abs 1 (A 1–4):

1. In der Zeit vom Anfall **bis zum Verkauf der Erbschaft** ist der Erbe in der Verfügung über die Erbschaft unbeschränkt (Abs 2). Gleichwohl gewährt Abs 1, wenn es nachmals zum Verkaufe kommt, dem Käufer auch für früher vorgenommene unentgeltliche Verminderungen im Wege ergänzender Bestimmung einen Ausgleich. Der Verkäufer des Erbteils haftet hierfür zu dem entsprechenden Teile.

2. Zu den **verbrauchten** Sachen (§ 92) gehört ausgegebenes Erbschaftsgeld, auch wenn es z. B. erst durch Verkauf von Nachlaßgegenständen an deren Stelle getreten wäre, soweit damit nicht Ersatzstücke für den Nachlaß erlangt sind (§ 2374 A 2). Verbrauch durch Verbindung, Vermischung, Verarbeitung §§ 946ff. Verbraucht ist auch eine Nachlaßforderung, deren Aufrechnung der Erbe mit seiner eigenen Schuld an den Nachlaßschuldner vornimmt oder geschehen läßt.

Unentgeltliche Veräußerungen sind nicht nur Schenkungen, vgl. § 2113 A 4a. **Unentgeltliche Belastung** liegt auch dann vor, wenn der Erbe für seine eigene Schuld eine Hypothek oder ein Pfandrecht an einem Erbschaftsgegenstande bestellt, da ein hierfür empfangener Gegenwert jedenfalls nicht Surrogat des Nachlasses wird.

3. Für den **Wertersatz**, dessen Höhe der Käufer zu beweisen hat, ist der Zeitpunkt des Verbrauchs usw. maßgebend. Es ist kein Grund erfindlich, warum Wertveränderungen bis zum Kaufschluß je nachdem zum Vorteil, namentlich aber auch zum Nachteil des Verkäufers gehen sollten. Er kann der minder weit gehenden Ersatzforderung auch durch das Mehr, Wiederherstellung des vorigen Standes begegnen. Keine Ersatzpflicht besteht im Falle des § 2385 Abs 2.

4. Zu Abs 1 Satz 2: Für die **Kenntnis des Käufers** ist der Verkäufer beweispflichtig. Kennenmüssen (§ 122 Abs 2) genügt nicht.

II. 5. Zu Abs 2: Vom Verkaufsabschlusse ab haftet der Verkäufer nach allgemeinen Grundsätzen.

§ 2376

Die Verpflichtung des Verkäufers zur Gewährleistung wegen eines Mangels im Rechte beschränkt sich auf die Haftung dafür, daß ihm das Erbrecht zusteht, daß es nicht durch das Recht eines Nacherben oder durch die Ernennung eines Testamentsvollstreckers beschränkt ist, daß nicht Vermächtnisse, Auflagen, Pflichtteilslasten, Ausgleichungspflichten oder Teilungsanordnungen bestehen und daß nicht unbeschränkte Haftung gegenüber den Nachlaßgläubigern oder einzelnen von ihnen eingetreten ist.

Fehler einer zur Erbschaft gehörenden Sache hat der Verkäufer nicht zu vertreten.

E I 492, 493 II 452; M 2 358, 359; P 2 121, 122; 6 322, 324.

Gewährleistungspflicht des Verkäufers

I. Zu Abs 1, Mängel im Recht (A 1–5):

1. Gewährleistung wegen eines Mangels im Rechte. Allgemeine Voraussetzung dafür ist, daß der Käufer den Mangel bei Abschluß des Kaufes nicht kennt (§ 439 Abs 1). Erlaß der Haftung ist nichtig, wenn der Mangel arglistig verschwiegen ist (§ 443). Da die Erbschaft als Inbegriff den Gegenstand des Kaufes bildet, so haftet der Verkäufer nicht für Rechtsmängel der einzelnen zur Erbschaft gehörigen Gegenstände nach den §§ 434–439, wenn er die Haftung nicht vertragsmäßig übernommen hat. Ob dies durch einen Verkauf nach einem Verzeichnis geschehen sei, ist Tatfrage. Er haftet insbesondere auch nicht für ihre Zugehörigkeit zur Erbschaft, sondern nur dafür, daß sie, falls sie zum Vermögen des Erblassers gehörten, durch Erbfolge auf ihn übergegangen sind oder daß er in Erbeneigenschaft daran Rechte erlangt hat. Für den Mangel ist der Käufer beweispflichtig (§ 442).

Die Haftung verpflichtet den Verkäufer, wenn er nicht Erbe ist, dem Käufer vom wahren Erben die Erbschaft oder den veräußerten Erbteil (§ 2033) zu verschaffen, die vorhandenen Beschränkungen oder Beschwerungen zu beseitigen. Die Rechte des Käufers bestimmen sich gemäß § 440 Abs 1 nach den §§ 320–327. Sein Schadenersatzanspruch ist wegen einzelner beweglicher Sachen oder Rechte an solchen Sachen von den Voraussetzungen der §§ 440 Abs 2 bis 4, 441 abhängig. Ist ein Erbteil verkauft, so haftet der Verkäufer nur nach dem Verhältnis dieses Erbteils. Keine Haftung des Schenkers § 2385 A 4.

2. Haftung **für das Bestehen des Erbrechts,** im Falle des § 2033 des Miterbenrechts, beim Verkauf einer Nacherbschaft vor Eintritt der Nacherbfolge für die Berufung zum Nacherben (§ 2371 A 2).

3. Beschränkungen durch das Recht eines **Nacherben** §§ 2112ff, durch Ernennung eines **Testamentsvollstreckers** §§ 2203ff. Dagegen besteht keine Haftung dafür, daß nicht Nachlaßverwaltung angeordnet oder Nachlaßkonkurs eröffnet ist, es sei denn, daß arglistiges Verschweigen vorliegt.

4. Vermächtnisse einschließlich der gesetzlichen Vermächtnisse des Voraus § 1932, des Dreißigsten § 1969, nicht aber des Unterhaltsanspruchs aus § 1963 (A 5 das.). **Auflagen, Pflichtteilslasten** gehören nicht zu den nach § 2378 (vgl. aber § 2382 A 2) vom Käufer zu erfüllenden Nachlaßverbindlichkeiten. **Ausgleichspflichten** § 2372 A 2. **Teilungsanordnungen** § 2048.

5. Unbeschränkte Haftung § 2383 A 1, 2.

II. 6. Keine Haftung für Sachmängel nach den §§ 459ff. Nach dem Kaufabschlusse haftet der Verkäufer für jedes Verschulden.

§ 2377

Die infolge des Erbfalls durch Vereinigung von Recht und Verbindlichkeit oder von Recht und Belastung erloschenen Rechtsverhältnisse gelten im Verhältnisse zwischen dem Käufer und dem Verkäufer als nicht erloschen. Erforderlichenfalls ist ein solches Rechtsverhältnis wiederherzustellen.

E I 499 II 453; M 2 365; P 2 129.

Durch Vereinigung erloschene Rechtsverhältnisse

1. Zu Satz 1: Die **Vereinigung von Recht und Verbindlichkeit** oder **von Recht und Belastung** ist in Wahrheit eingetreten und äußert auch nach dem Verkaufe gegen Dritte (hierdurch befreite Bürgen, erloschene Pfandrechte) volle Wirkung. Sie „gilt“ nur im Verhältnis der Vertragsgegner nicht als eingetreten (so auch § 1991 A 2), so daß der verkaufende Erbe je nachdem wieder als Nachlaßgläubiger gegen den Käufer auftreten kann (§ 2378), sich aber von ihm auch als Nachlaßschuldner behandeln lassen muß.

Im Falle des Verkaufs eines Erbteils (§ 2033) kommt es nach § 2032 (A 2d) nicht zur Konfusion oder Konsolidation. Daß sich der Erwerber des Erbteils eine Schuld des verkaufenden Miterben an den Nachlaß bei der Auseinandersetzung mit den übrigen Miterben auf den gekauften Erbteil anrechnen lassen muß, folgt aus § 2042 Abs 2 mit §§ 756, 755 Abs 2 (RG 78, 273; § 2042 A 3).

2. Zu Satz 2: Wiederherstellung insbesondere erloschener Nebenrechte, wie Bürgschaft, Pfand, Hypothek.

§ 2378

Der Käufer ist dem Verkäufer gegenüber verpflichtet, die Nachlaßverbindlichkeiten zu erfüllen, soweit nicht der Verkäufer nach § 2376 dafür haftet, daß sie nicht bestehen.

Hat der Verkäufer vor dem Verkauf eine Nachlaßverbindlichkeit erfüllt, so kann er von dem Käufer Ersatz verlangen.

E I 495 II 454; M 2 360, 361; P 2 122–124.

Pflichten des Käufers

1. § 2378 regelt nur die **Haftung gegenüber dem Verkäufer.** Wegen der Haftung gegenüber den Nachlaßgläubigern vgl. die §§ 2382, 2383.

2. Die Verpflichtung, die **Nachlaßverbindlichkeiten zu erfüllen,** auch soweit sie erst nach dem Erbfall entstanden sind (§ 1967), wirkt, wenn sie nicht besonders vereinbart wird, nicht als förmliche Schuldübernahme nach den §§ 414ff, da auch der Verkäufer nach wie vor Schuldner bleibt (§ 2382 A 1). Auch § 416 ist deshalb nicht ohne weiteres anwendbar. Doch ist entsprechend § 415 Abs 3 der Käufer zur rechtzeitigen Befriedigung der Nachlaßgläubiger, gegebenenfalls zum Schadenersatz an den Verkäufer verpflichtet, aber nur im Rahmen der beschränkten Haftung, wenn er nicht die unbeschränkte Haftung des Verkäufers gekannt hat (§ 2376 A 1, 5). Der Verkäufer kann seine Leistungen an den Käufer nicht davon abhängig machen, daß er Zug um Zug von der Haftung für die Nachlaßverbindlichkeiten befreit wird; auch dem Wiederverkäufer einer Erbschaft (§ 2385 A 1) steht ein solches Recht gegenüber dem Wiederkäufer nicht zu (RG 101, 185).

Vermächtnisse, Auflagen und Pflichtteilslasten bleiben im Verhältnis der Vertragsgegner auf dem Verkäufer liegen, es sei denn, daß der Käufer ihr Vorhandensein gekannt hat (§ 2376; RG HRR 1930 Nr 2021). Soweit der Verkäufer dafür einzustehen hat, kann er auch nicht nach Abs 2 Ersatz verlangen. Die Ausgleichspflicht ist nicht Nachlaßverbindlichkeit.

3. Zu Abs 2: Der **Ersatzanspruch des Verkäufers** folgt aus der Unterstellung, daß schon mit dem Erbfall eine Gesamtnachfolge des Käufers in die Nachlaßverbindlichkeiten stattgefunden habe. Der Erfüllung steht gleich: Leistung an Erfüllungs Statt (§ 364), Hinterlegung (§ 378) und Aufrechnung einer Eigenforderung des verkaufenden Erben gegen den Nachlaßgläubiger (§ 389).

Beim Verkauf eines Erbteils geht im Umfange des § 2376 die gesamtschuldnerische Haftung aus den §§ 2058ff auf den Käufer über. Befreiung hiervon bei Ausübung des Vorkaufsrechts § 2036 A 1.

Sonstige Verpflichtungen des Käufers, wie Zahlung des Kaufpreises, Abnahmepflicht (§ 433 Abs 2), Kosten (§§ 448, 449), Zinspflicht (§ 452), ergeben sich aus den allgemeinen Kaufvorschriften.

§ 2379

Dem Verkäufer verbleiben die auf die Zeit vor dem Verkaufe fallenden Nutzungen. Er trägt für diese Zeit die Lasten, mit Einschluß der Zinsen der Nachlaßverbindlichkeiten. Den Käufer treffen jedoch die von der Erbschaft zu entrichtenden Abgaben sowie die außerordentlichen Lasten, welche als auf den Stammwert der Erbschaftsgegenstände gelegt anzusehen sind.

E I 495 II 455; M 2 360, 361; P 2 120—123.

Nutzungen, Lasten

1. Zu Satz 1: Daß die **Nutzungen** (§§ 99—101) **dem Verkäufer verbleiben,** enthält eine Minderung der durch die §§ 2374, 2375 ihm auferlegten Herausgabe- und Ersatzpflicht.

2. Zu Satz 2: Lasten (§ 103) **und Zinsen** bleiben auf dem Verkäufer, obwohl sie als Nachlaßverbindlichkeiten gemäß § 2378 vom Käufer zu tragen wären.

3. Zu Satz 3: Abgaben (insbesondere Erbschaftsteuer; sie ist keine eigentliche Nachlaßverbindlichkeit und, soweit der Nachlaß mithaftet, zugleich eine außerordentliche Last, RG 172, 149f) und **außerordentliche Lasten** § 2126 A 1. Die Vorschrift enthält keine Auslegungsregel, sondern nachgiebiges Recht (RG JW 1910, 998[3]).

Beim Verkauf eines Erbteils gehen Nutzungen und Lasten in dem als Ergebnis der Auseinandersetzung ermittelten Überschuß unter (§ 2047 A 1). Für die Anwendung des § 2379 bleibt deshalb regelmäßig kein Raum. Doch bleiben vor Kaufschluß bereits verteilte Reinerträge (§ 2038 A 6) dem Verkäufer.

§ 2380

Der Käufer trägt von dem Abschlusse des Kaufes an die Gefahr des zufälligen Unterganges und einer zufälligen Verschlechterung der Erbschaftsgegenstände. Von diesem Zeitpunkt an gebühren ihm die Nutzungen und trägt er die Lasten.

E I 494, 495 Satz 1, II 456; M 2 359, 360; P 2 122, 123.

Übergang der Gefahr, der Nutzungen und Lasten

1. Die Vorschrift weicht von § 446 Abs 1 nur insoweit ab, als nicht der Zeitpunkt der Übergabe, sondern derjenige des Kaufabschlusses maßgebend ist.

§ 2381

Der Käufer hat dem Verkäufer die notwendigen Verwendungen zu ersetzen, die der Verkäufer vor dem Verkauf auf die Erbschaft gemacht hat.

Für andere vor dem Verkaufe gemachte Aufwendungen hat der Käufer insoweit Ersatz zu leisten, als durch sie der Wert der Erbschaft zur Zeit des Verkaufs erhöht ist.

E I 496 II 457; M 2 361, 362; P 2 124–126; 6 182.

Verwendungen vor dem Verkauf

1. **Zu Abs 1:** Ergänzende Vorschrift. **Notwendige Verwendungen** (§ 994 A 1/2). Hierzu gehören auch die gewöhnlichen Erhaltungskosten. Auch diese sind dem Verkäufer, obwohl ihm die Nutzungen verbleiben (§ 2379), zu ersetzen, da die Bestimmung des § 994 Abs 1 Satz 2 auf den Erbschaftskauf nicht übertragbar ist. Für die Notwendigkeit ist der Zeitpunkt der Verwendung maßgebend. Der Anspruch besteht auch, wenn die Sache zur Zeit des Kaufabschlusses untergegangen oder verschlechtert ist. Die gewöhnlichen Lasten (vgl. § 995 A 1) treffen nach § 2379 A 2 den Verkäufer.

2. **Zu Abs 2:** Ein Ersatzanspruch wegen anderer, d. h. **nützlicher Verwendungen** besteht übereinstimmend mit § 996 nur, wenn noch zur Zeit des Verkaufs der Wert der Erbschaft durch sie erhöht ist. Nach diesem Zeitpunkt gemachte Verwendungen kann der Verkäufer nach Maßgabe des § 450 ersetzt verlangen. Verwendungen auf die Erbschaft durch Erfüllung von Nachlaßverbindlichkeiten (§ 2022 Abs 2) begründen den Ersatzanspruch des Verkäufers nach § 2378 Abs 2. Aufwendungen, um Nutzungen zu gewinnen, trägt der Verkäufer als Nutzungsberechtigter (§ 2379 A 1).

Beim Verkauf eines Erbteils kommen Ersatzansprüche des verkaufenden Miterben gegen die übrigen Erben in Frage. Sie können vom Verkäufer gleich einem gewöhnlichen Nachlaßgläubiger gegen die Erbengemeinschaft, darunter auch den Erbteilskäufer, verfolgt werden. Da solche Ersatzansprüche nicht zum Erbteil gehören, gelten sie ohne besondere Abrede nicht als mitverkauft. Ist der Erbteil erst nach der Auseinandersetzung verkauft, so gilt die Regel des Abs 2.

§ 2382

Der Käufer haftet von dem Abschlusse des Kaufes an den Nachlaßgläubigern, unbeschadet der Fortdauer der Haftung des Verkäufers. Dies gilt auch von den Verbindlichkeiten, zu deren Erfüllung der Käufer dem Verkäufer gegenüber nach den §§ 2378, 2379 nicht verpflichtet ist.

Die Haftung des Käufers den Gläubigern gegenüber kann nicht durch Vereinbarung zwischen dem Käufer und dem Verkäufer ausgeschlossen oder beschränkt werden.

E I 497 II 458; M 2 362, 363; P 2 126, 127.

Haftung des Käufers gegenüber Nachlaßgläubigern

1. **Zu Abs 1 Satz 1:** Der **Käufer** wird nicht Gesamtnachfolger des Erblassers (§ 2371 A 1); er **haftet** aber vom Kaufabschluß an, wie beim Kauf eines Vermögens (§ 419), **für alle Nachlaßverbindlichkeiten** neben dem verkaufenden Erben als Gesamtschuldner (§§ 421ff), soweit dieser nicht durch förmliche Schuldübernahme gemäß den §§ 414ff hiervon befreit ist (KGJ 52, 60: Haftung für die dem Nachlaßpfleger festgesetzte Vergütung).

Für den Kreis der Nachlaßgläubiger kommt keine andere Begrenzung in Frage, als sie für das Erbrecht überhaupt im Anschluß an § 1967 in Rechtsprechung und Rechtslehre erörtert ist; dies gilt auch für Verbindlichkeiten aus einem vom Erben als solchem vorgenommenen Rechtsgeschäft (RG 112, 129; § 1967 A 3). Der Käufer haftet nicht, wenn der Verkäufer nicht Erbe war. Beschränkung der Haftung § 2383.

2. **Zu Abs 1 Satz 2:** Der Käufer haftet im Außenverhältnis unbeschränkbar (Abs 2) auch für Vermächtnisse, Auflagen, Pflichtteilslasten (§§ 2378, 2376) sowie für die gewöhnlichen Lasten und die Zinsen der Nachlaßverbindlichkeiten (§ 2379).

3. Zu Abs 2: Die Vorschrift regelt die **Unwirksamkeit abweichender Vereinbarung** gegenüber den Nachlaßgläubigern (entsprechend § 419 Abs 3). Wegen dieser Folgen muß der von der Rechtsprechung für § 419 entwickelte Grundsatz, der Erwerber eines einzelnen Gegenstandes könne nur dann als Vermögensübernehmer behandelt werden, wenn ihm die Verhältnisse des Veräußerers bekannt gewesen seien (RG 134, 125; 154, 375; 160, 14) hier entsprechend gelten (RG 171, 192). — Bei Verkauf und Übertragung eines Erbteils (§ 2371 A 1) tritt der Käufer in die Gesamthaftung der Miterben gemäß §§ 2058—2063 ein (RG 60, 131); Rechtsnachfolger des Verkäufers im Sinne von ZPO § 325 ist er auch dann nicht, wenn er diesem gegenüber nach § 2378 verpflichtet ist, die ausgeklagte Nachlaßverbindlichkeit zu erfüllen (§ 425 A 2g; RG HRR 1930 Nr 2021). Zum Erlöschen der Haftung des Erbteilskäufers infolge Ausübung des Vorkaufsrechts vgl. § 2036 A 1.

4. Lastenausgleich. Nach § 60 LAG kann auf gemeinsamen Antrag der Beteiligten unter bestimmten Voraussetzungen die Schuldübernahme genehmigt werden, wenn der Erwerber beim Erbschaftskauf die Abgabeschuld des Veräußerers übernommen hat oder übernimmt.

§ 2383

Für die Haftung des Käufers gelten die Vorschriften über die Beschränkung der Haftung des Erben. Er haftet unbeschränkt, soweit der Verkäufer zur Zeit des Verkaufs unbeschränkt haftet. Beschränkt sich die Haftung des Käufers auf die Erbschaft, so gelten seine Ansprüche aus dem Kaufe als zur Erbschaft gehörend.

Die Errichtung des Inventars durch den Verkäufer oder den Käufer kommt auch dem anderen Teile zustatten, es sei denn, daß dieser unbeschränkt haftet.

E I 498 II 459; M 5 363—365; P 5 127—129.

Übersicht:

Haftungsbeschränkung

1. Haftung des Käufers, Vorschriften:
   a) Aufgebot der Nachlaßgläubiger
   b) Ablauf der Fünfjahresfrist
   c) Nachlaßkonkurs
   d) Nachlaßvergleichsverfahren
   e) Nachlaßverwaltung
   f) Unzulänglichkeitseinrede
   g) Inventarerrichtung
   h) Aufschiebende Einreden
   i) Verkauf eines Erbteils
2. Unbeschränkte Haftung des Käufers
3. Ansprüche des Käufers aus dem Kauf
4. Wirkungen der Inventarerrichtung

1. Zu Abs 1 Satz 1: Die **Haftung des Käufers** besteht neben dem Verkäufer als Gesamtschuldner (§ 2382 A 1). Beide können selbständig, jeder für sich und grundsätzlich ohne Wirkung für oder gegen den anderen, das **Recht der beschränkten Haftung** geltend machen oder des Rechtes verlustig gehen (Vorbem vor § 1967).

a) Aufgebot der Nachlaßgläubiger §§ 1970—1973: Beide sind antragsberechtigt, das vor oder nach Kaufschluß erwirkte Ausschlußurteil kommt auch dem anderen Teil zugute (ZPO § 1000). Für das Verweigerungsrecht (§ 1973 Abs 1) auch des Verkäufers ist der jeweilige Umfang des nunmehr in der Hand des Käufers befindlichen Nachlasses maßgebend. Die Bereicherung (§ 1973 A 5) kann auf seiten des Verkäufers nur im Kaufpreis, in gezogenen Nutzungen (§ 2379), Verwendungsansprüchen, soweit sie nicht zum Ausgleich der Verwendungen dienen (§ 2381) und im Verbrauch ohne Ersatzpflicht bestehen (§ 2375 A 3). Auf seiten des Käufers mindert der gezahlte oder geschuldete Kaufpreis den Betrag seiner Bereicherung.

b) Ablauf der Fünfjahresfrist § 1974: Rechtzeitige Geltendmachung der Forderung gegenüber dem Verkäufer wirkt, wenn sie vor Kaufabschluß erfolgt, auch gegen den Käufer. Nach Kaufabschluß wirkt sie nur gegen den, demgegenüber sie vorgenommen ist.

c) Nachlaßkonkurs §§ 1975ff: Nach Kaufschluß kann formell („in Ansehung des Verfahrens") nur der Käufer, niemals der Verkäufer Gemeinschuldner werden, nur unter besonderen Voraussetzungen ist auch der Verkäufer antragsberechtigt (KO § 232 Abs 1, 2). Der Konkurs ergreift jedoch den gesamten Nachlaß (s. auch A 3), somit auch die noch in der Hand des Verkäufers befindlichen Nachlaßgegenstände (KO §§ 1, 118); auch die vom oder gegen den Verkäufer vorgenommenen Rechtshandlungen sind nach KO §§ 7, 8 unwirksam. Auch ihm gegenüber dauern die Wirkungen der §§ 1976, 1977 fort (Konfusion, Aufrechnung), ebenso seine Verantwortung gegenüber den Nachlaßgläubigern aus §§ 1978—1980 neben derjenigen des Käufers, die mit Kaufschluß beginnt. Unter Umständen kann schon die Tatsache des Verkaufs die Verantwortung des Verkäufers aus § 1978, zugleich für Verschleuderungen des Käufers begründen. Während der Dauer des Nachlaßkonkurses sind beide durch ZPO §§ 784, 785 gegen Inanspruchnahme ihres eigenen Vermögens geschützt.

d) Nachlaßvergleichsverfahren: Der Käufer ist berechtigt, den Antrag auf Eröffnung des Verfahrens zu stellen, der Verkäufer nur unter den besonderen Voraussetzungen des § 232 Abs 2 KO (VerglO § 113 Nr 1). Vergleichsschuldner ist der Käufer oder der Verkäufer, je nachdem ob der eine oder der andere den Antrag gestellt hat; die Vorschrift des § 232 Abs 1 KO ist, soweit sie zur Folge hat, daß nur der Käufer Gemeinschuldner werden kann (s. unter c), auf das Vergleichsverfahren nicht zu übertragen. Der Antrag kann auch vom Käufer nicht mehr gestellt werden, wenn der Verkäufer unbeschränkt haftet, gleichviel ob dessen unbeschränkte Haftung schon vor Kaufabschluß (Abs 1 Satz 2) oder erst nachher eingetreten ist (VerglO § 113 Nr 3).

e) Nachlaßverwaltung §§ 1975ff: Ihre Anordnung zu beantragen steht dem Käufer unbeschränkt zu. Das gleiche Recht muß auch dem Verkäufer, und zwar nicht nur soweit er Nachlaßgläubiger sein sollte (§ 1981 A 2), sondern auch, wiewohl unter entsprechender Einschränkung gemäß KO § 232 Abs 2, als Mittel zugestanden werden, sich die durch das Verhalten oder die Vermögenslage des Käufers gefährdete beschränkte Haftung für die Nachlaßverbindlichkeiten zu sichern, die er auch weiter zu vertreten hat. Im übrigen gilt das zu c) Gesagte. Ein Verkauf der Erbschaft durch den Konkurs- oder Nachlaßverwalter ist nicht Erbschaftskauf im Sinne des § 2371, sondern nach allgemeinen Kaufgrundsätzen zu beurteilen.

f) Unzulänglichkeitseinrede §§ 1990–1992: Sie steht dem Verkäufer wie dem Käufer zu. Doch können sich beide nur durch Herausgabe des eigentlichen Nachlasses (§ 1990 A 4), der Verkäufer also nicht durch Herausgabe des Kaufpreises oder der ihm sonst gegen den Käufer zustehenden Ansprüche befreien. Ebensowenig kann der Käufer den gezahlten Kaufpreis als Aufwendung in Rechnung stellen (§ 1991 A 2). Das Einlösungsrecht steht beiden zu (§ 1992 A 4).

g) Inventarerrichtung §§ 1993ff: Die Inventarfrist kann auch nach Kaufschluß sowohl dem Erben wie dem Käufer gesetzt werden. Abgesehen von Abs 2 bestimmen sich Fristenlauf, Versäumnisfolge, Nachteile mangelhafter Errichtung, Eidesverweigerung jedem Teile gegenüber durchaus selbständig. Ebenso wirkt der Mangel des Vorbehalts im Urteile nur gegen den Verurteilten (ZPO § 780).

h) Aufschiebende Einreden §§ 2014, 2015, ZPO § 782: Sie stehen beiden Teilen zu; die Frist läuft auch für den Käufer von der Annahme der Erbschaft ab und endet mit der Inventarerrichtung, gleichviel von wem sie ausgeht. Der Antrag des einen auf Erlaß des Aufgebots kommt auch dem anderen zustatten (ZPO § 1000).

i) Verkauf eines Erbteils: Ist er gemäß § 2033 vom Verkäufer dem Käufer übertragen, so gelten für beide, als wenn sie Miterben wären, die Grundsätze der §§ 2058–2062. Der beschränkt haftende Verkäufer kann jedoch, da er keinen Anteil mehr am Nachlasse hat, bis zur Teilung jede Befriedigung aus seinem Vermögen verweigern (§ 2059 Abs 1). Nach Ausübung des Vorkaufsrechts wird der Käufer gemäß § 2036 von jeder Haftung frei.

2. Zu Abs 1 Satz 2: Unbeschränkte Haftung des Verkäufers zur Zeit des Kaufschlusses läßt **auch den Käufer,** unbeschadet seiner Ersatzansprüche gegen den Verkäufer aus § 2376 A 5, den Gläubigern gegenüber unbeschränkt haftbar werden. Dagegen berührt es den Käufer nicht, wenn die unbeschränkte Haftung des Verkäufers erst nach Kaufschluß eintritt (s. aber auch A 1d).

3. Zu Abs 1 Satz 3: Ansprüche des Käufers gegen den Verkäufer (§§ 2374–2377) begründen an sich Eigenverbindlichkeiten des letzteren, können aber entsprechend § 1978 A 4 während der Dauer der Nachlaßverwaltung oder des Nachlaßkonkurses nur vom Verwalter gegen den Verkäufer geltend gemacht werden, wenn dieser beschränkt haftet.

4. Zu Abs 2: Inventar s. A 1g. Vorausgesetzt ist ordnungsmäßige Errichtung. Das „ungetreue Inventar" (§ 2005) läßt nicht nur den Errichtenden, sondern, wenn inzwischen die auch ihm gesetzte Inventarfrist verstrichen ist, auch den anderen Teil die beschränkte Haftung verlieren.

§ 2384

Der Verkäufer ist den Nachlaßgläubigern gegenüber verpflichtet, den Verkauf der Erbschaft und den Namen des Käufers unverzüglich dem Nachlaßgericht anzuzeigen. Die Anzeige des Verkäufers wird durch die Anzeige des Käufers ersetzt.

Das Nachlaßgericht hat die Einsicht der Anzeige jedem zu gestatten, der ein rechtliches Interesse glaubhaft macht.

E II 460; P 2 120.

Anzeige vom Verkauf

1. **Anzeigepflicht des Verkäufers** entsprechend der des Vorerben bei Eintritt der Nacherbfolge. Vgl. § 2146.

2. Zum **rechtlichen Interesse** im allgemeinen BGH 4, 324.

3. Gebühr für die Entgegennahme der Anzeige KostO § 104 Abs 1 Nr 9, § 107.

§ 2385

Die Vorschriften über den Erbschaftskauf finden entsprechende Anwendung auf den Kauf einer von dem Verkäufer durch Vertrag erworbenen Erbschaft sowie auf andere Verträge, die auf die Veräußerung einer dem Veräußerer angefallenen oder anderweit von ihm erworbenen Erbschaft gerichtet sind.

Im Falle einer Schenkung ist der Schenker nicht verpflichtet, für die vor der Schenkung verbrauchten oder unentgeltlich veräußerten Erbschaftsgegenstände oder für eine vor der Schenkung unentgeltlich vorgenommene Belastung dieser Gegenstände Ersatz zu leisten. Die im § 2376 bestimmte Verpflichtung zur Gewährleistung wegen eines Mangels im Rechte trifft den Schenker nicht; hat der Schenker den Mangel arglistig verschwiegen, so ist er verpflichtet, dem Beschenkten den daraus entstehenden Schaden zu ersetzen.

Urkundlich unter Unserer Höchsteigenhändigen Unterschrift und beigedrucktem Kaiserlichem Insiegel.

Gegeben Neues Palais, den 18. August 1896.

(L. S.)

Wilhelm.

Fürst zu Hohenlohe.

E I 500 II 401, M 2 305, 306, P 2 129, 130; 6 182, 183.

Weiterverkauf; sonstige Veräußerungsverträge

1. **Zu Abs 1 Halbs 1:** Durch **Weiterverkauf der Erbschaft** oder Weiterveräußerung (A 2) entstehen unmittelbare Rechtsbeziehungen nur zwischen dem jeweiligen Verkäufer und Käufer. Der Umfang der Herausgabepflicht einschließlich der Ersatzstücke bestimmt sich nach der Zeit des zweiten und folgenden Verkaufs (§ 2374 A 1), doch haftet der spätere Verkäufer auch für Wertminderungen des Nachlasses durch seine Rechtsvorgänger (§ 2375) und neben der Gewährleistung des § 2376 zugleich dafür, daß sein eigenes Recht an der Erbschaft frei von Mängeln ist. Die weiterverkaufte Erbschaft ist schon mit dem Abschlusse des betreffenden Vertrags durch Vertrag erworben, auch wenn er einen gemäß § 2033 noch zu übertragenden Erbteil zum Gegenstand hat. War der erste Vertrag durch Herausgabe der Erbschaftsgegenstände noch nicht erfüllt, so ist der spätere Verkäufer seinem Abkäufer gleichwohl selbst herausgabepflichtig, wenn nicht gewollt ist, daß er sich hiervon durch Abtretung des Herausgabeanspruchs an den vorgehenden Verkäufer befreien darf. Den Nachlaßgläubigern werden und bleiben gemäß den §§ 2382, 2383 neben dem Erben auch alle späteren Erwerber der Erbschaft gesamtschuldnerisch verhaftet (vgl. auch KO § 233).

2. **Zu Abs 1 Halbs 2: Andere Veräußerungsverträge** sind Tausch, Hingabe an Erfüllungs Statt, Schenkung (Abs 2), Vergleich, insbesondere wenn er unter streitenden Erbschaftsbewerbern über die Überlassung der Erbschaft an den in Wahrheit nicht Erbberechtigten geschlossen wird, vgl. § 2371 A 3; RG 72, 209; 171, 366.

Verzichtet ein Kind, das für den Fall, daß der überlebende Elternteil heiratet, als Nacherbe nach diesem eingesetzt worden ist, bevor der Nacherbfall eintritt, durch Vertrag mit diesem Elternteil zu dessen Gunsten, so überträgt es damit seine Nacherbanwartschaft auf den Elternteil; der Vertrag bedarf daher der Form der §§ 2033 Abs 1, 2371, 2385. Ist ein solcher Verzichtsvertrag wegen des Verhaltens eines Teiles sittenwidrig und richtet sich die Sittenwidrigkeit gegen den anderen Teil, so ist nach ständiger Rechtsprechung auch das dingliche Erfüllungsgeschäft nichtig (RG 17. 6. 41 VII 119/40.)

3. Zu Abs 2 Satz 1: Beschränkte Verpflichtung des Schenkers gegenüber § 2375.

Bloße Beurkundung des Schenkungsversprechens nach § 518 Abs 1 genügt nicht, der Mangel wird auch nicht nach Abs 2 durch Herausgabe der Erbschaftsgegenstände geheilt, da sich hierin die Leistung des Schenkers einer Erbschaft nicht erschöpft, wohl aber, wenn ein Erbteil verschenkt ist, durch Verfügung gemäß § 2033 Abs 1. Wird die Schenkung nach §§ 812 oder 531, 527, 528 zurückgefordert, so liegt dem Schenker die Verpflichtung ob, den Beschenkten von den auf ihn übergegangenen Verpflichtungen, insbesondere von der Haftung für die Nachlaßverbindlichkeiten wieder zu befreien.

4. Zu Abs 2 Satz 2: Der zweite Halbsatz regelt die **Haftung für Arglist** (RG 55, 214) entsprechend § 523 Abs 1. Auch die Schenkung der Erbschaft erfordert nach § 2371 Beurkundung der beiderseitigen Willenserklärungen.

FSC
www.fsc.org
MIX
Papier | Fördert gute Waldnutzung
FSC® C083411

Kolibri 360 GmbH
Ferdinand-Jühlke-Straße 7
99095 Erfurt, Deutschland
produktsicherheit@kolibri360.de